U0156040

“十三五”国家重点出版物出版规划项目

锻 压 手 册

第3卷

锻压装备

第4版

中国机械工程学会塑性工程分会　组编

赵升吨　刘家旭　主编

机 械 工 业 出 版 社

《锻压手册　第3卷　锻压车间设备》自1993年第1版问世以来，至今已近30年。其间，第2版、第3版及第3版修订本分别于2002年、2008年和2013年出版。本手册作为中国第一本由锻压设备领域高水平专家编写的系统而全面的工具书，因其详实的内容、丰富的数据资料和很强的实用性，多年来受到广大锻压行业读者的欢迎，为我国锻压行业的发展发挥了重要作用。

工业4.0的“智能制造”新理念正在对传统制造业的各个领域产生着深刻的影响，为适应先进锻压装备知识的更新换代、新技术的普及和推广，以及研发和正确应用的需求，我们对《锻压手册　第3卷　锻压车间设备》第3版的内容进行了大幅度调整、删除、缩减和更新，并增加了如智能工厂、智能机器、伺服压力机、智能化装备等与智能制造相关的内容，增加了如流体高压成形机、板料数控渐进成形设备、复杂型面滚轧机等工艺技术较为成熟、有一定应用规模的锻压装备，同时根据锻压装备行业的发展，将第4版第3卷卷名改为《锻压手册　第3卷　锻压装备》。

本卷共8篇，首先从机械压力机、液压机、能量锻造设备等具有行程限定、压力限定、能量限定三大类特征的锻压装备开始，其次阐述了伺服压力机、回转成形设备、自动化装置及机器人、备料装备，最后论述了智能化装备。

本手册可供锻压装备制造与使用企业的广大工程技术人员使用，也可作为大专院校相关专业师生、科研单位有关人员的参考用书。

图书在版编目（CIP）数据

锻压手册. 第3卷，锻压装备/中国机械工程学会塑性工程分会组编；赵升吨，刘家旭主编. —4版. —北京：机械工业出版社，2021.8
“十三五”国家重点出版物出版规划项目
ISBN 978-7-111-68622-4

Ⅰ.①锻…　Ⅱ.①中…②赵…③刘…　Ⅲ.①锻压-技术手册②锻压设备-技术手册　Ⅳ.①TG31-62

中国版本图书馆CIP数据核字（2021）第133240号

机械工业出版社（北京市百万庄大街22号　邮政编码100037）
策划编辑：孔　劲　责任编辑：孔　劲　李含杨　王春雨
责任校对：樊钟英　封面设计：马精明
责任印制：郜　敏
盛通（廊坊）出版物印刷有限公司印刷
2021年9月第4版第1次印刷
184mm×260mm · 67.75印张 · 3插页 · 2388千字
0001—1500册
标准书号：ISBN 978-7-111-68622-4
定价：269.00元

电话服务　　　　　　　　网络服务
客服电话：010-88361066　　机　工　官　网：www.cmpbook.com
　　　　　010-88379833　　机　工　官　博：weibo.com/cmp1952
　　　　　010-68326294　　金　　书　　网：www.golden-book.com
封底无防伪标均为盗版　　机工教育服务网：www.cmpedu.com

《锻压手册》 第 4 版 指导委员会

《锻压手册》第 4 版 编写委员会

主　任　苑世剑

副主任　张凯锋　郭　斌　赵升吨　陆　辛

　　　　郎利辉　刘家旭　蒋　鹏

委　员　赵国群　华　林　李建军　李亚军

　　　　李光耀　张士宏　夏汉关　蒋浩民

　　　　詹　梅

秘　书　何祝斌

《锻压手册　第3卷　锻压装备》第4版编写人员

主　　编　赵升吨　刘家旭

副 主 编　李亚军　林　峰　金　淼　刘　钢

秘　　书　张大伟

篇负责人

第1篇　赵升吨　刘家旭

第2篇　金　淼　刘　钢

第3篇　李永堂　张　君

第4篇　赵升吨　张大伟

第5篇　华　林　夏琴香

第6篇　李亚军　刘家旭

第7篇　刘家旭　杨正法

第8篇　赵升吨　张　琦

编写人员（按姓氏笔画排列）

于　江　马学鹏　王　军　王　雪　王　敏　王　霞　王小松
王玉山　王世明　王东明　王永飞　王利民　王妙芬　王国峰
王国强　王金荣　王宝雨　牛　婷　邓加东　龙锦川　史苏存
付文智　付永涛　付建华　邢伟荣　成小乐　吕　言　朱元胜
朱春东　朱鹏程　乔　健　乔根荣　华　林　刘　钢　刘　强
刘元文　刘玉斌　刘旭明　刘庆生　刘林志　刘艳雄　刘晋平
刘家旭　刘雪飞　刘崇民　刘敬广　齐会萍　阮卫平　孙　茂
孙　林　孙　胜　孙国强　孙海洋　严　惠　严建文　李　卓
李　森　李　新　李永革　李永堂　李亚军　李贵闪　李继贞
李靖祥　杨　建　杨正法　杨艾青　杨红娟　肖刚锋　吴宏祥
吴带生　吴树亮　何祝斌　何琪功　余发国　余朝辉　谷瑞杰
邹宗园　汪义高　宋宝韫　张　君　张　波　张　勇　张　浩
张　琦　张　超　张　磊　张大伟　张世顺　张亦工　张宗元
张贵成　张海杰　张营杰　陈　军　陈　晖　陈　超　陈世平
陈建平　陈海周　陈绳德　苑世剑　范淑琴　林　峰　林清利
和瑞林　金　淼　周亚宁　郑良才　赵　震　赵升吨　赵加蓉
赵国栋　赵晓卫　胡正寰　胡战胜　胡振新　柯尊芒　段丽华
侯永超　姚　静　姚宏亮　秦泗吉　秦襄陵　贾　鋆　夏琴香
原加强　柴　星　钱东升　倪振兴　徐　超　徐永超　徐济声
凌步军　凌家友　高俊峰　高智杰　黄　宁　黄　胜　曹光荣
曹建锋　常　欣　常增岩　董建虎　韩　飞　韩　冬　韩英淳
韩星会　韩静涛　曾　琦　雷步芳　裴兴华　樊志新　潘宪平
燕　杨　薛菲菲　魏新节

前　言

锻压装备主要经历了蒸汽一代（蒸汽-空气锤时代）、电气一代（交流异步电动机驱动时代）和数控一代（伺服电动机驱动时代），正在迈向智能一代。先进且智能的高端装备，是先进制造技术、信息技术和智能技术的集成和融合，通常是具有感知、分析、推理、决策和控制功能的装备的统称，是制造业智能化、数字化和网络化的具体体现。新材料产业、新能源产业、高端制造业和交通、电力、电器工业，以及先进锻压工艺的迅猛发展，对锻压装备提出了越来越高的要求，特别是在“高档数控机床专项”实施以来，我国在先进锻压装备领域取得了长足的进步。针对这一情况，中国机械工程学会塑性工程分会启动了《锻压手册》第4版的编纂工作。

中国机械工程学会塑性工程（锻压）分会于1993年组织编写并出版了《锻压手册　第3卷　锻压车间设备》，并于2002年、2008年、2013年分别修订出版了第2版、第3版、第3版修订本。《锻压手册　第3卷　锻压装备》第4版由来自我国不同类型锻压设备的研发水平名列前茅的高校、企业/研究所45家（高校14所、企业/研究所31家）共157位（高校46人、企业/研究所111人）专家、学者编撰而成，参与编写的企业、研究所的数量和人数均超过了2/3。本卷结构、内容变化显著，基本为重构、新增或更新内容，对第3版内容进行了大幅度删除、缩减、更新，增加了大量智能化相关内容，由原来的10篇69章变为现在的8篇48章，因此对卷的名称也做了一定调整。

为适应先进锻压装备知识的更新换代、新技术的普及和推广，以及研发和正确应用的需求，本卷进行了如下五个方面的调整和增删：

1）大幅度调整篇幅结构，删减、压缩、淘汰了作用地位下降的装备篇幅，如在第3版中，锻锤、螺旋压力机单独成篇，而本版中将其压缩成第3篇能量锻造设备中的章内容，而且内容也做了大量更新。

2）为了更聚焦于锻压装备，鉴于部分成形设备发展体系完备，独立性较强，将第3版中有关的加热设备、快速成形设备内容删除。

3）将第3版中的曲柄压力机、旋转成形设备、机械化自动化装置及设备、剪切设备机器辅助设备的篇名变更为机械压力机、回转成形设备、自动化装置及机器人、备料装备，对结构体系也做了大量调整，增加了新内容。

4）增加了有关装备智能化的内容，新增的第4篇伺服压力机、第8篇智能化装备全面展示了智能制造及关键技术、装备智能化实施途径，以及略有所成的典型智能机器及生产线。

5）增加了工艺技术较为成熟、有一定应用规模的第3版未收录的锻压装备，如流体高压成形机、板料数控渐进成形设备、复杂型面滚轧机等。

秉承《锻压手册》的实用性和先进性，在本卷的编写过程中，力求提供典型产品的主要技术参数、实物照片、原理图等，明确设备应用范围与对象，不编写标准元器件的结构细节和设计计算内容，列出目前国内外标志性设备（如8万t液压机、100t旋压机等）。本卷由西安交通大学赵升吨、济南铸造锻压机械研究所有限公司刘家旭任主编，首先从机械压力机、液压机、能量锻造设备等具有行程限定、压力限定、能量限定这三类特征的锻压装备开始，其次阐述了伺服压力机、回转成形设备、自动化装置及机器人、备料装备，最后论述了智能化装备。

本卷共8篇，第1篇由西安交通大学赵升吨、济南铸造锻压机械研究所有限公司刘家旭统稿，第2篇由燕山大学金淼、哈尔滨工业大学刘钢统稿，第3篇由太原科技大学李永堂、中国重型机械研究院股份公司张君统稿，第4篇由西安交通大学赵升吨、张大伟统稿，第5篇由武汉理工大学华林、华南理工大学夏琴香统稿，第6篇由北京机电研究所李亚军、济南铸造锻压机械研究所有限公司刘家旭统稿，第7篇由济南铸造锻压机械研究所有限公司刘家旭、天水锻压机床（集团）有限公司杨正法统稿，第8篇由西安交通大学赵升吨、张琦统稿。

参与本卷编写的单位多、人员多，且80%以上为年轻学者，覆盖面广，完成了编写团队的更新换代，保证了未来20年编写修订工作的可持续发展。1~3版的老作者们为本卷编写奠定了坚实的基础，在本卷编写过程中，《锻压手册》第4版编写指导委员会的专家和机械工业出版社的孔劲编辑提出了宝贵的意见与建议，在此向他们致以诚挚的谢意。

西安交通大学　赵升吨

济南铸造锻压机械研究所有限公司　刘家旭

目　录

第2篇 液 压 机

第3篇 能量锻造设备

第4篇 伺服压力机

第5篇 回转成形设备

第6篇 自动化装置及机器人

第7篇 备料装备

第 8 篇　智能化装备

第1篇　机械压力机

概　　述

西安交通大学　赵升吨

按驱动方式划分，锻压设备主要经历了蒸汽一代（蒸汽-空气锤时代，即工业 1.0 的产物）、电气一代（交流异步电动机驱动时代，即工业 2.0 的产物）。其中，电气一代锻压设备随着交流异步电动机的发明，相继诞生了机械压力机、液压机、螺旋压力机、液压仿形旋压机、冷镦机等。

机械压力机占锻压设备的一半以上，它是以电动机为原动机直接拖动的一种机械传动式机器，主要包括通用机械压力机、热模锻压力机、板料多工位压力机、多连杆压力机、数控回转头压力机、棒料剪切机、高强度钢板热成形压力机、平锻机、冷挤压机、冷镦机、拉深压力机和落料压力机等。广泛应用于冲压、下料、模锻、挤压（精压）等成形工艺，在车辆制造、航空航天、电器与家电等领域发挥着重要作用。

本篇阐述了通用机械压力机、热模锻压力机、板料多工位压力机、高速压力机、多连杆压力机、数控回转头压力机、高强度钢板热成形压力机，以及其他压力机（平锻机、冷挤压力机、凸轮驱动式多工位拉深压力机等）的工作原理、用途与特点、主要技术参数和典型公司产品。结合不同机械压力机的结构与工作特点，并重点介绍了独具特色的典型结构或关键零部件，如曲柄滑块工作机构、离合器与制动器、电动机与飞轮，热模锻压力机的装模高度调节机构及顶件机构，板料多工位压力机的送料机构、伺机服送料系统，高速压力机的静平衡与动平衡机构、自动化生产线周边设备，多连杆压力机的拉伸垫，数控回转头压力机的数控系统与 CAM 软件，高强度钢板热成形压力机自动化生产线配套设备等。

第1章

通用机械压力机

西安交通大学　赵升吨　张大伟　李靖祥　范淑琴　王永飞
广东锻压机床厂有限公司　阮卫平　张贵成
佛山市顺德区荣兴锻压设备有限公司　胡战胜

1.1 概述

1.1.1 通用机械压力机的工作原理

机械压力机指采用机械传动作为工作机构的压力机，工作机构多由曲柄、连杆、滑块等组成，是塑性成形设备中最主要的设备，可分为通用和专用两种。通用机械压力机能进行各种锻造和冲压工艺，如板料冲压、模锻、挤压（精压）等，虽然其形状和吨位大小不同，但其工作原理及基本组成部分大致相同。图 1-1-1 和图 1-1-2 所示为其结构和传动原理。

通用机械压力机由以下六大部分组成。

1）工作机构。它的作用是将曲柄的旋转运动转变为滑块的直线往复运动，通常由曲柄、连杆和滑块组成，从而构成了曲柄连杆机构的工作形式。

2）传动系统。通常包括带传动、齿轮传动。它的作用是传递电动机的运动和能量到工作机构，以满足工件成形的要求。

3）操纵系统。其作用是在电动机经常开动、飞轮不断运转的条件下，控制工作机构的运动或停止。该系统通常是由离合器或制动器组成的。

4）能源系统。其作用是提供工件变形所需的能量，包括电动机和飞轮两部件。

5）机身。把压力机所有部分连接成一个整体，组成一部完整的机器，并支承其自重。

6）辅助及附属装置。一类是保证压力机正常运转的辅助装置，如润滑系统、超载保护装置、滑块平衡装置、电路系统；另一类是为了工艺方便和扩大压力机工艺应用范围的附属装置，如顶出装置等。

上述前 5 个部分为机械压力机的基本部件，基本部件和辅助及附属装置构成完整的通用机械压力机。

通用压力机的种类很多，按机身的形式可分为开式压力机和闭式压力机；按曲柄连杆机构的组数（或连杆的个数，或按连杆与滑块连接的“点”数）可分为单点压力机、双点压力机和四点压力机；按传动的形式可分为上传动压力机和下传动压力机。GB/T 28761—2012《锻压机械　型号编制方法》对机械压力机的分类和型号做出了指导性规定。

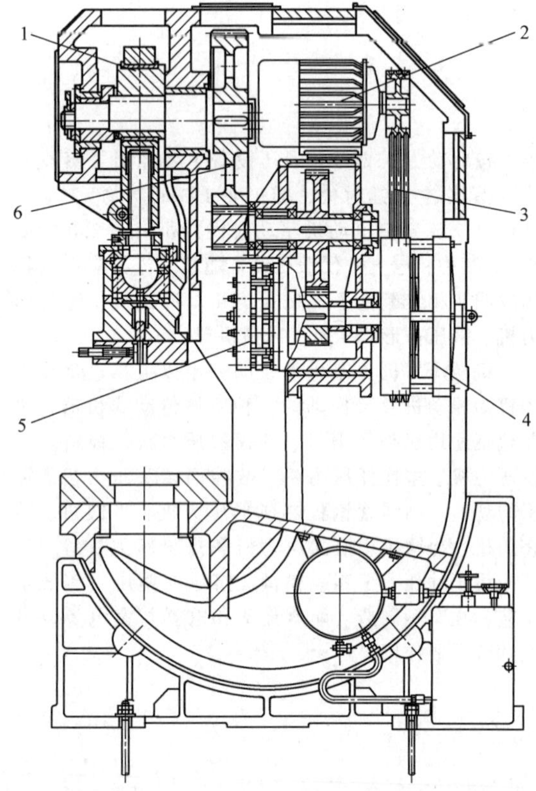

图 1-1-1　通用机械压力机的结构

1—曲柄连杆机构　2—交流异步电动机　3—带传动系统　4—离合器　5—制动器　6—两级齿轮减速系统

图 1-1-1 所示为开式压力机。其机身三面敞开，操作方便，但机身刚度较差，中小型压力机多为开式压力机。而闭式压力机，其机身前后敞开，刚度

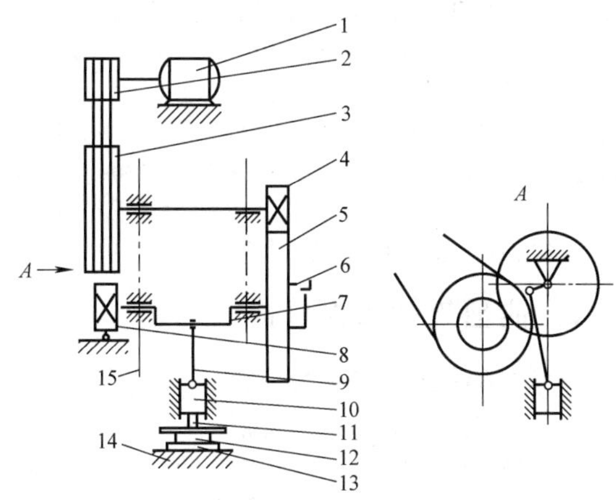

图 1-1-2　通用机械压力机的传动原理

1—电动机　2—小带轮　3—大带轮　4—小齿轮　5—大齿轮　6—离合器　7—曲轴　8—制动器　9—连杆　10—滑块　11—上模　12—下模　13—垫板　14—工作台　15—机身

较好，但操作不太方便，中大型压力机多为闭式压力机。图 1-1-1 和图 1-1-2 中的曲柄连杆机构只有一组，故称为单点压力机，适用于工作台面尺寸较小的压力机。

1.1.2　通用机械压力机的基本特性

1）机械压力机属于机械刚性传动，工作时机身形成一个封闭力系，对地面的冲击振动小，所能承受的负荷（或工作能力）完全决定于所有受力零件的强度和刚度要求，并且传动系统通常为带有离合器与制动器的传动带及齿轮传动。

2）由于曲柄、连杆、滑块为刚性连接，滑块有严格的运动规律，有固定的下死点，因此，在曲柄压力机上便于实现机械化和自动化，生产率高。

3）机械压力机的机身刚度大，滑块导向性能较好，所以加工出的零件精度高，可以完成挤压、精压等精度较高的无屑加工。

4）机械压力机的传动系统具有带飞轮传动的特点。工件塑性变形所需要的能量主要来自非锻冲阶段飞轮所存储的转动动能的波动量。通常，机械压力机承受的是短期高峰的负荷特性，为提高工作的平稳性，降低电动机功率，减少对电网的冲击，因而设置飞轮。

1.1.3　通用机械压力机的主要技术参数

机械压力机的主要技术参数反映了一台压力机的工艺能力、所能加工零件的尺寸范围及有关生产率等指标，是使用压力机和设计模具的主要依据。除了主要技术参数之外，还有压力机主要尺寸、重量、电动机功率等运输和安装所需的尺寸。通用机械压力机的主要技术参数包括以下几项：

1）公称力（kN）。它指滑块运动到距下死点前某一特定距离 S_P（公称力行程）或曲柄旋转到离下死点某一特定角度 α_P（公称力角）时，滑块上允许承受的最大作用力。JB/T 1647.1—2012 规定，闭式单点压力机的公称力 P_g 为 1600～20000kN，双点压力机的公称力 P_g 为 1600～50000kN；GB/T 14347—2009 规定开式压力机的 P_g 为 40～3000kN。公称力表示了其能提供长期使用的压力，它是机械压力机的主参数。

我国公称力标准采用 R5 和 R10 系列。R5 系列的公比为 $\sqrt[5]{10}$，用于小型压力机；R10 系列的公比为 $\sqrt[10]{10}$，用于大中型压力机，这两种分别有 12 种和 15 种规格。具体系列如下（单位为 kN）：63、100、160、250、400、680、800、1000、1250、1600、2500、3150、4000、6000、6300、8000、10000、12500、16000、20000、25000、31500、40000、50000、63000、80000、100000、125000。

2）滑块行程。它指滑块从上死点到下死点所移动的距离，它的大小随工艺用途和公称力不同而不同。很显然，滑块行程 S 等于曲柄半径 R 的两倍，即 $S=2R$。滑块行程等于模具的开启高度。拉深压力机的滑块行程较大，精压机的滑块行程较小。

3）滑块每分钟行程次数。它是指滑块每分钟从上死点运动到下死点，然后再回到上死点所往复的次数（次/min）。有负荷时，实际滑块行程次数小于空载次数，这是由于有负荷时电动机的转速小于空载时的转速。有自动上、下料装置的比手工进行上、下料时滑块的实际行程次数高，实际生产率总是小于或等于压力机的生产率，这可用行程利用系数 C_n 表示，则机械压力机实际工作时每分钟的滑块行程次数就是 nC_n。

4）最大装模高度及装模高度调节量。装模高度指滑块处于下死点时，滑块下表面到工作台垫板上表面之间的距离。如图 1-1-3 所示，当机械压力机的装模高度调整装置将滑块调整到上极限位置时，装模高度达到最大值，称为最大装模高度 H_{max}；反之，当机械压力机的装模高度调整装置使机械压力机的滑块运动到下极限位置时，装模高度达到最小值，该高度称为最小装模高度 H_{min}。

很显然，装模高度的调节量 $\Delta H=H_{max}-H_{min}$。

部分企业和一些旧的标准（如 JB 1395—1974）仍沿用最大封闭高度 h_{max} 和封闭高度调节量 Δh 的概念，最大封闭高度和最大装模高度之间相差了一个工作台垫板的厚度 δ，如图 1-1-3 所示。由于通常机械压力机出厂时，工作台板上都带有工作垫板，所以最大装模高度和装模高度调节量比最大封闭高度和封闭高度调节量更有用。

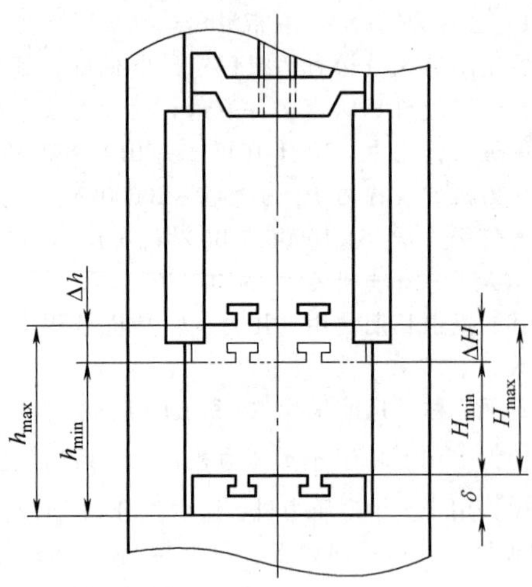

图 1-1-3　装模高度（封闭高度）及其调节量之间的关系

由于机械压力机装模高度调整好以后，滑块就具有固定的下死点，工作过程中滑块必须越过下死点才能回程再进行下一次锻冲动作，因此，实际的模具闭合高度必须小于机械压力机的最大装模高度，否则会造成压力机损坏。对于模具高度小于最小装模高度的情况，可采用在模具下增加垫板的方式来增加模具的高度，使实际的模具高度比 H_{min} 大。

此外，还有其他性能参数，如工作台面尺寸、滑块底面尺寸、立柱间距离等，设计和使用机械压力机时可查阅有关的手册及产品使用说明书。目前我国相关标准（如 GB/T 14347—2009、JB/T 1647.1—2012）制定了开式单点和闭式单点、双点、四点等系列产品的性能参数。

1.2　曲柄连杆工作机构

1.2.1　运动分析和受力分析

1. 曲柄连杆机构的运动分析

通用机械压力机多采用节点正置的滑块和连杆节点 B 的运动轨迹位于曲柄旋转中心（和连接点 B 的连线上）的曲柄连杆机构，如图 1-1-4a 所示。其中，R 为曲柄半径，L 为连杆长度，ω 为曲柄的角速度。曲柄的旋转中心点 O 有时会偏离滑块的直线运动方向，偏离的距离 e 称为偏置距，这种机构称为偏置机构。无偏置称为正置机构，向前偏称为正偏置机构（常用在平锻机上），反之为负偏置机构（用在热模锻压力机上）。下面仅对节点正置的情况进行分析，至于其他类型的曲柄连杆机构的运动与受力分析可参阅相关的资料。

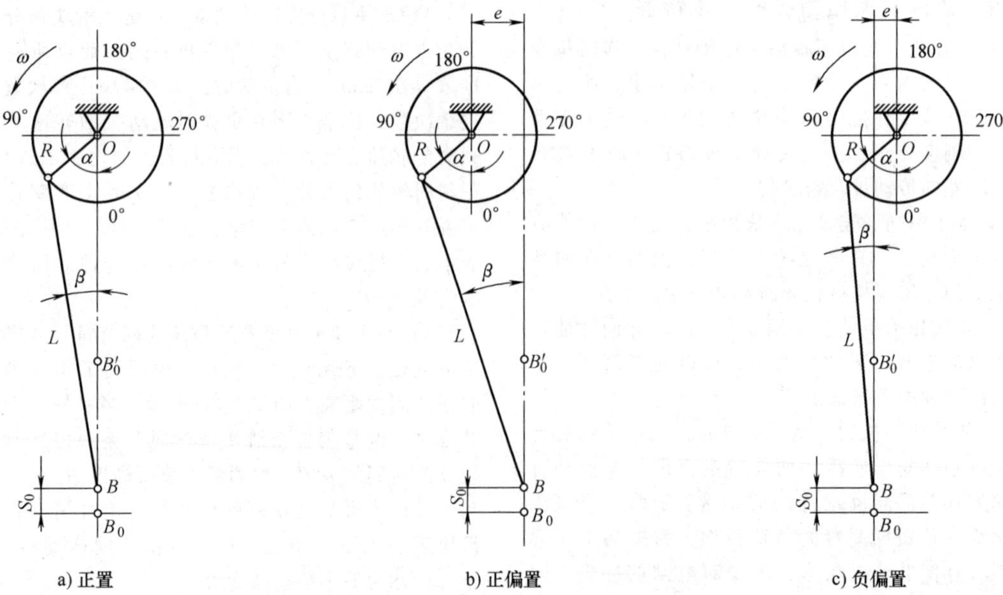

图 1-1-4　不同类型的曲柄连杆机构

在图 1-1-5 所示的节点正置的曲柄连杆机构中，B_0 和 B_0'分别代表滑块的上死点和下死点。由于曲柄压力机滑块是在接近下死点的一段区间工作的，因此在研究滑块的运动规律时，取滑块行程的下死点 B_0 为行程 S 的起点，滑块从 B_0 到 B 点的位移为 S_0。位移 S_0 的正方向由 B_0 指向曲柄旋转中心点 O，曲柄转角由 A_0 点算起，以顺时针方向（与曲柄实际转动方向相反）转到 A 点时，曲柄转角为 α。

为方便工业生产，机械压力机停机时滑块一般都位于上死点，所以当再次开机时，时间零点位于上死点，而曲柄转角 α 则定义在上死点处，如图 1-1-5 所示。设 ω 为旋转角速度，α 为曲柄转角，而

γ 为曲柄相对于上死点的旋转角，S 为滑块位移，其零点定义为滑块下死点位置 B_0，滑块位移的正方向朝上。

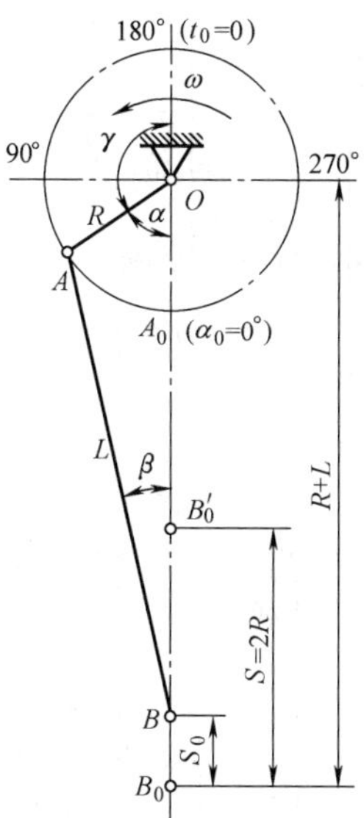

图 1-1-5　节点正置的曲柄连杆机构

1）曲柄转动的角速度 ω 为一常数。当曲柄转到图 1-1-5 所示位置时，有

$$\gamma=\omega t \tag{1-1-1}$$

$$\alpha+\gamma=180° \tag{1-1-2}$$

则有

$$\alpha=180°-\omega t \tag{1-1-3}$$

而滑块的位移为

$$S=(R+L)-(R\cos\alpha+L\cos\beta) \tag{1-1-4}$$

由图 1-1-5 并根据正弦定理得

$$\sin\beta=\frac{R\sin\alpha}{L}$$

令

$$\frac{R}{L}=\lambda$$

则

$$\sin\beta=\lambda\sin\alpha$$

$$\cos\beta=\sqrt{1-\sin^2\beta}$$

即

$$\cos\beta=\sqrt{1-\lambda^2\sin^2\alpha}$$

将上式代入式（1-1-4）可得

$$S=R\left[(1-\cos\alpha)+\frac{1}{\lambda}\left(1-\sqrt{1-\lambda^2\sin^2\alpha}\right)\right] \tag{1-1-5}$$

由于 λ 一般小于 0.3（对于通用机械压力机，λ 一般在 0.1～0.2 范围内），故式（1-1-5）可进行简化。根据二项式定理，取

$$\sqrt{1-\lambda^2\sin^2\alpha}\approx1-\frac{1}{2}\lambda^2\sin^2\alpha$$

代入式（1-1-5），得

$$S=R\left[(1-\cos\alpha)+\frac{\lambda}{4}(1-\cos2\alpha)\right] \tag{1-1-6}$$

求出滑块的位移与曲柄转角的关系后，将位移 S 对时间 t 求导，可得到滑块的速度 v，即

$$\begin{aligned}v&=\frac{dS}{dt}=\frac{dS}{d\alpha}\cdot\frac{d\alpha}{dt}\\&=\frac{d}{d\alpha}\left\{R\left[(1-\cos\alpha)+\frac{\lambda}{4}(1-\cos2\alpha)\right]\right\}\cdot\frac{d\alpha}{dt}\\&=R\left(\sin\alpha+\frac{\lambda}{2}\sin2\alpha\right)\cdot\frac{d\alpha}{dt}\end{aligned}$$

而由式（1-1-3）可得

$$\frac{d\alpha}{dt}=\frac{d}{dt}(180°-\omega t)=-\omega$$

则

$$v=-\omega R\left(\sin\alpha+\frac{\lambda}{2}\sin2\alpha\right) \tag{1-1-7}$$

将式（1-1-7）继续对时间 t 求导，并考虑到上面的假设：曲柄的转动角速度 ω 在机械压力机整个工作过程中近似为一常数（对于传统的异步电动机驱动，并带有很大转动惯量的飞轮的通用机械压力机而言，这一假设基本合理；但对于其他类型的机械压力机，如交流伺服压力机，这一假设不成立），这样曲柄的转动角速度 ω 对时间 t 求导时的值为零。从而可得出当曲柄的转动角速度 ω 为一常数时，滑块的加速度和曲柄转角的关系，即

$$\begin{aligned}a&=\frac{dv}{dt}=\frac{dv}{d\alpha}\cdot\frac{d\alpha}{dt}\\&=\frac{d}{d\alpha}\left[-\omega R\left(\sin\alpha+\frac{\lambda}{2}\sin2\alpha\right)\right]\cdot\frac{d}{dt}(180°-\omega t)\end{aligned}$$

即

$$a=\omega^2R(\cos\alpha+\lambda\cos2\alpha) \tag{1-1-8}$$

已知：J31-315 机械压力机的滑块行程 S = 315mm，连杆长度 L = 1450mm，滑块的行程次数仍为 20 次/min，曲柄转速 n = 20r/min，则滑块位移、速度和加速度的曲线如图 1-1-6 所示。

由滑块的位移计算式（1-1-6）及图 1-1-6 所示曲线可以看出，滑块位移曲线在曲柄处于上死点时位移达到最大值，而对于图 1-1-4b、c 所示的正偏置与负偏置曲柄连杆机构，当曲柄处于上死点时，滑块位移并未达到最大值，这是因为正偏置与负偏置曲柄连杆机构分别存在着急进、急回特性。在专用的机械压力机中，常采用偏置的曲柄连杆机构以得到不同的运动与受力要求。例如，平锻机常采用正偏置的曲柄连杆机构，以充分利用正偏置时连杆对滑块产生的巨大侧向压力，来避免模锻时滑块产生倾翻，提高模锻件的质量；而热模锻压力机工作时变形力巨大，为了降低连杆对滑块作用的巨大侧向

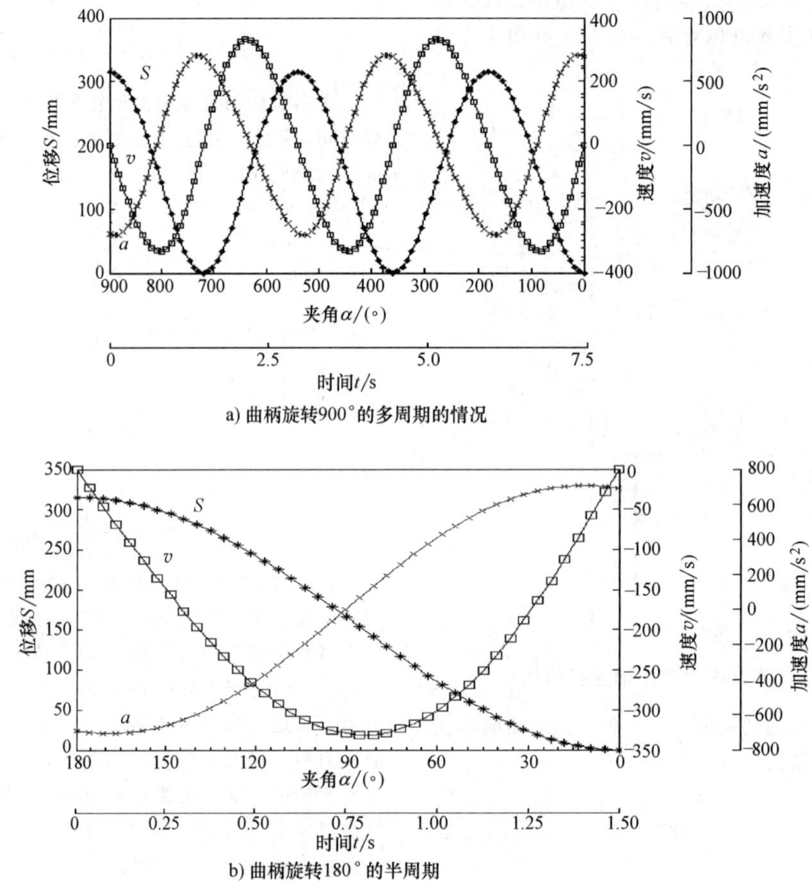

图 1-1-6　J31-315 机械压力机的滑块位移、速度和加速度曲线

力，宜采用图 1-1-4c 所示的负偏置的曲柄连杆机构。

由速度计算式（1-1-7）、加速度计算式（1-1-8）和图 1-1-6 曲线可以看出，当曲柄位于 90°及 270°附近时，滑块速度最大；当滑块在上下死点时，滑块的速度为零，加速度值最大，相应的运动惯性力较大，并且转速越高，ω 值越大，惯性力也越大，特别是对高速压力机（滑块行程次数的最高值可达 4000 次/min）来说，设法平衡惯性力对保证压力机正常工作就显得尤为重要。否则，由惯性力引起的不平衡力会使机器工作时产生较大的振动和噪声，从而降低加工件的质量。

滑块在行程上各点的速度是不同的，当其处于上死点时速度为零，随后逐渐提高，达到最大值后逐渐降低，当其处于下死点时速度为零，回程与向下行程一样。从能量守恒的角度来考察滑块运动的一个周期可以发现，当滑块处于上死点时，其重力势能最大；随着滑块的下行，到达行程中点时速度近似达到最大值，此时滑块的动能最大，滑块的势能部分地转化为其动能；而当滑块继续从 $\alpha=90°$ 的行程中点向下运动时，滑块的动能及势能均下降。当到达下死点时，其重力势能及动能均变为最小值；从 $\alpha=90°$ 变化到 $\alpha=0°$ 时，滑块必定要向外输出能量。

在设计机械压力机时，滑块运动的速度应符合生产工艺的要求。对拉深工艺，滑块速度应不大于被拉深材料塑性变形所允许的最大速度，以避免工件拉深破裂。因为随着应变速率的增加，金属板料拉深时的变形抗力增加而塑性降低。我国现有通用机械压力机的滑块最大速度可达 130～450mm/s，而拉深工艺允许的最大拉深速度见表 1-1-1。

2）曲柄转动的角速度 $\omega(t)$ 为一确定的可变函数。依据图 1-1-5 并考虑当曲柄以变化的角速度 $\omega(t)$

表 1-1-1　金属板料拉深工艺允许的最大拉深速度

材料	碳钢	不锈钢	铝	硬铝	黄铜	铜	锌
最大拉深速度/(mm/s)	400	180	890	200	1020	760	760

从位于上死点的位置（时间零点 $t=0$）逆时针向下旋转 γ 角时，曲柄转角 γ 可采用下式进行计算。

$$\gamma = \int \omega(t)\mathrm{d}t$$

$$\alpha = 180° - \int \omega(t)\mathrm{d}t$$

按照情况 1）中曲柄转动的角速度 ω 为一常数的方式进行推导，可以得到滑块位移 S 关于曲柄转角 α 的变化关系式，即

$$S=R\left[(1-\cos\alpha)+\frac{\lambda}{4}(1-\cos2\alpha)\right] \quad (1\text{-}1\text{-}9)$$

可以看到，滑块的位移计算式和上述的曲柄角速度为常量的计算式（1-1-6）一样，并未发生变化。将位移 S 对时间 t 求导，可得到滑块的速度 v，即

$$v=\frac{\mathrm{d}S}{\mathrm{d}t}=\frac{\mathrm{d}S}{\mathrm{d}\alpha}\cdot\frac{\mathrm{d}\alpha}{\mathrm{d}t}$$
$$=\frac{\mathrm{d}}{\mathrm{d}\alpha}\left\{R\left[(1-\cos\alpha)+\frac{\lambda}{4}(1-\cos2\alpha)\right]\right\}\cdot$$
$$\frac{\mathrm{d}}{\mathrm{d}t}\left[180°-\int\omega(t)\mathrm{d}t\right]$$

即

$$v=-\omega(t)R\left(\sin\alpha+\frac{\lambda}{2}\sin2\alpha\right) \quad (1\text{-}1\text{-}10)$$

将式（1-1-10）继续对时间 t 求导，可得出滑块的加速度和曲柄转角的关系，即

$$a=\frac{\mathrm{d}v}{\mathrm{d}t}=R\left(\sin\alpha+\frac{\lambda}{2}\sin2\alpha\right)\cdot\frac{\mathrm{d}}{\mathrm{d}t}[-\omega(t)]+$$
$$[-\omega(t)]\cdot\frac{\mathrm{d}}{\mathrm{d}t}\left[R\left(\sin\alpha+\frac{\lambda}{2}\sin2\alpha\right)\right]$$
$$=-\omega'(t)R\left(\sin\alpha+\frac{\lambda}{2}\sin2\alpha\right)+[-\omega(t)]\cdot$$
$$\frac{\mathrm{d}}{\mathrm{d}\alpha}\left[R\left(\sin\alpha+\frac{\lambda}{2}\sin2\alpha\right)\right]\cdot\frac{\mathrm{d}\alpha}{\mathrm{d}t}$$
$$=-\omega'(t)R\left(\sin\alpha+\frac{\lambda}{2}\sin2\alpha\right)-\omega(t)R(\cos\alpha+$$
$$\lambda\cos2\alpha)\cdot\frac{\mathrm{d}}{\mathrm{d}t}\left[180°-\int\omega(t)\mathrm{d}t\right]$$

即

$$a=-\omega'(t)R\left(\sin\alpha+\frac{\lambda}{2}\sin2\alpha\right)+$$
$$\omega^2(t)R(\cos\alpha+\lambda\cos2\alpha) \quad (1\text{-}1\text{-}11)$$

机械压力机在实际进行锻冲时，为了提高工作效率，常要求机械压力机的滑块在空程向下和回程向上的两个阶段的速度越快越好，越接近锻冲工件的阶段，则希望速度慢慢下降，而在进行锻冲工件时希望滑块速度尽可能地低一些。低的滑块速度有利于提高被加工材料的塑性变形能力，提高产品质量，降低废品率，延长模具寿命，减少冲击振动与噪声，改善工作环境。传统的交流伺服电动机驱动的机械压力机无法实现曲柄旋转角速度的快速准确的调节，而被称为第三代锻压设备的交流伺服压力机则可方便地通过使交流伺服电动机变速，实现曲柄旋转角速度变化规律的任意设定，达到对滑块速度的有效控制。

这里仍以 J31-315 机械压力机为例，设其滑块每分钟的行程次数仍为 20，即曲柄转速 $n=20\text{r/min}$，其周期为 3s，行程 $S=315\text{mm}$，连杆长度 $L=1450\text{mm}$，若取角速度函数 $\omega(t)$ 为图 1-1-7 所示的曲线时，则可得到曲柄转角与滑块位移、速度和加速度的关系曲线，如图 1-1-8 所示。

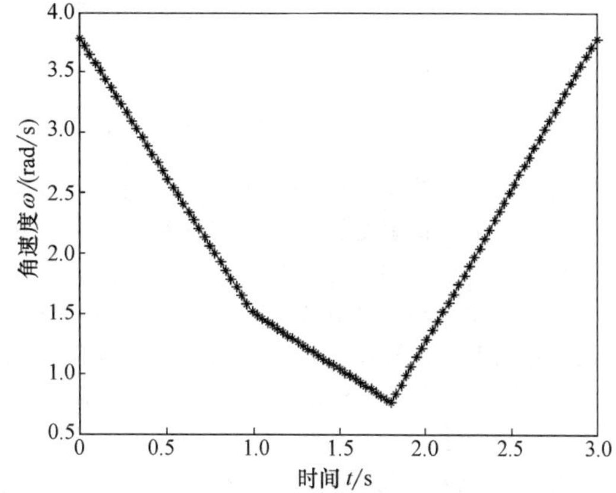

图 1-1-7　J31-315 机械压力机角速度函数 $\omega(t)$ 曲线

不同的锻冲工艺对曲柄旋转的角速度变化规律要求不一样，可实现上述的快速空程向下、慢速压制、快速回程的要求。

上面所述的曲柄旋转角速度 $\omega(t)$ 的函数表达式为

$$\omega(t)=\begin{cases}k\left(1-\frac{3}{5}t\right) & 0\pm3n<t\leqslant1\pm3n\\ k\left(0.65-\frac{1}{4}t\right) & 1\pm3n<t\leqslant1.8\pm3n\\ k\left(-1+\frac{2}{3}t\right) & 1.8\pm3n<t\leqslant3\pm3n\end{cases} \quad (1\text{-}1\text{-}12)$$

式中　$k=\frac{2\pi}{1.66}$；

$n=0, 1, 2, 3, \cdots$。

新型的锻压设备（也称为第三代锻压设备）常采用交流变频电动机、交流伺服电动机、开关磁阻电动机、横向磁场电动机等作为原动机，并在新型电动机与曲柄连杆机构之间设置有减速用的传动带和齿轮系统，以实现对电动机转矩的放大。与传统的交流异步电动机相比，这种新型的电动机运转时，

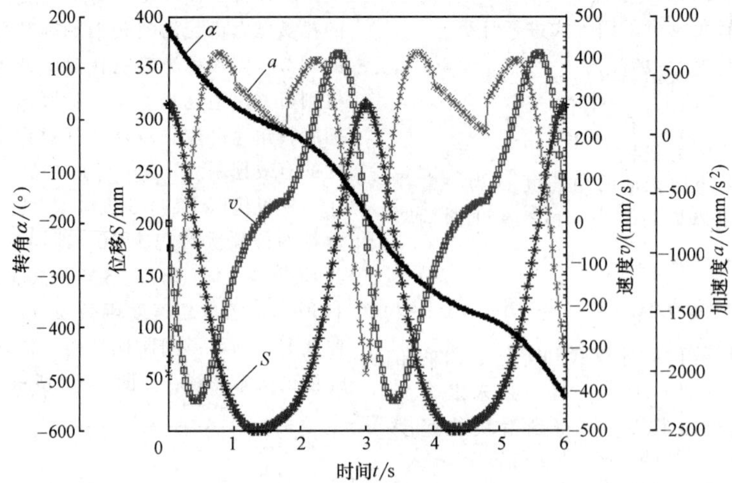

图 1-1-8　曲柄转角与滑块位移、速度和加速度的关系曲线

在额定转速以下为恒转矩输出，而在额定转速以上为恒功率输出。也就是说，当采用这种新型电动机驱动机械压力机的曲柄连杆机构时，电动机常常工作在恒转矩或恒功率的状态。在恒转矩及恒功率的原动机作用下，机械压力机的曲柄连杆工作机构的滑块将会产生不同的运动规律。对此另有篇章叙述，这里就不再论述。

2. 曲柄连杆机构的静力学分析

鉴于通用机械压力机进行锻冲时主要受力零部件的强度分析采用静力分析结果已能满足工业实际要求，这里仅进行曲柄连杆机构的静力学分析。对于机械压力机关键零部件的应力集中区域、疲劳强度校核、刚度计算和高速压力机，宜采用动力学、有限元与模态分析的方法。对机械压力机曲柄连杆机构锻冲时的作用力及曲轴扭矩的计算，是曲柄连杆机构和传动系统设计的基础，对于保证机械压力机安全可靠地工作至关重要。另外，当设计机械压力机的电动机与飞轮时，工件锻冲变形阶段的功能分析也需要曲柄连杆机构的静力学分析结果。

图 1-1-9 所示为曲轴、连杆、滑块的受力情况。其中，滑块受到来自工件变形抗力 P 的作用，相应的连杆产生对滑块的作用力 P_{AB} 及导轨给予滑块上的反作用力 Q，滑块与导轨之间的摩擦系数设为 μ。这里忽略曲轴轴颈与机身和连杆大端、连杆小端与滑块连接等处的摩擦力。P_A 为大齿轮或大带轮上的切向力。

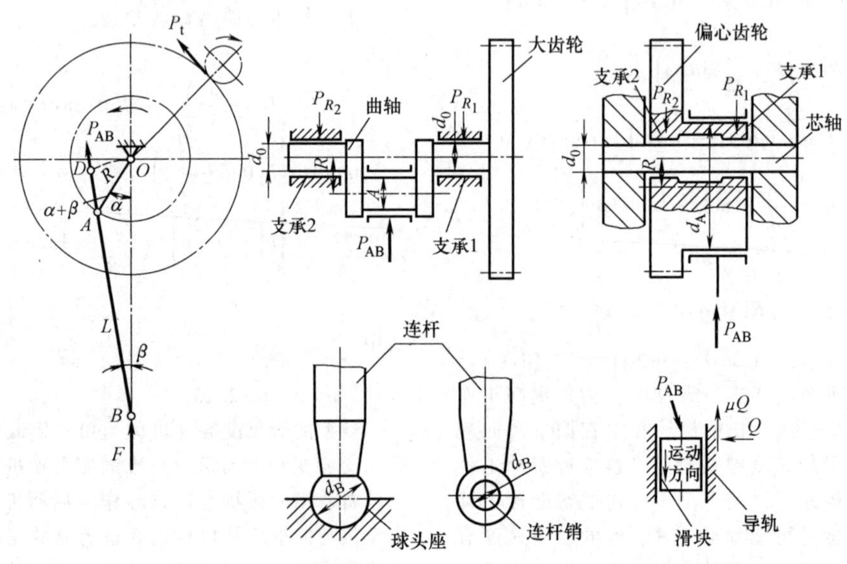

图 1-1-9　曲轴、连杆、滑块的受力情况

1）不考虑所有的摩擦时。依据图 1-1-9 中 B 点的受力平衡，可得

$$P_{AB}=P/\cos\beta \quad (1\text{-}1\text{-}13)$$

$$Q=P\mathrm{tg}\beta \quad (1\text{-}1\text{-}14)$$

由于通用机械压力机的 β 角一般较小，因此 $\cos\beta\approx1$，$\mathrm{tg}\beta\approx\sin\beta=\lambda\sin\alpha$，故式（1-1-13）和式（1-1-14）可简化为

$$P_{AB}\approx P \quad (1\text{-}1\text{-}15)$$

$$Q\approx P\lambda\sin\alpha \quad (1\text{-}1\text{-}16)$$

在连杆给予曲轴上的力 P_{AB} 的作用下，曲轴上所受的扭矩为

$$M_q^1=P_{AB}m_1 \quad (1\text{-}1\text{-}17)$$

式中　m_1——图 1-1-9 中 OD 线段的长度，它相当于连杆力 P_{AB} 对曲轴回转中心取矩时的力臂，因为没有考虑摩擦，故称 m_1 为理想当量力臂；

M_q^1——曲轴的理想扭矩。

由图 1-1-9 可得

$$m_1=R\sin(\alpha+\beta)=R(\sin\alpha\cos\beta+\cos\alpha\sin\beta)$$

如前所述，因通用机械压力机的 β 很小，故 $\cos\beta\approx1$，$\sin\beta=\lambda\sin\alpha$，所以由式（1-1-15）和式（1-1-17）及上式可得

$$m_1=R\left(\sin\alpha+\frac{\lambda}{2}\sin2\alpha\right) \quad (1\text{-}1\text{-}18)$$

$$M_q^1=PR\left(\sin\alpha+\frac{\lambda}{2}\sin2\alpha\right) \quad (1\text{-}1\text{-}19)$$

由式（1-1-19）可知，在机械压力机所受变形抗力一定时，曲轴所受的扭矩随曲柄转角 α 变化而变化。α 越大，m_1 越大，则 M_q^1 越大。因此，压力机公称力行程 S_g 或公称力角 α_g 的含义就可以从式（1-1-19）得到反映。很显然，曲轴上可承受的最大扭矩 M_{qmax}^1 为

$$M_{qmax}^1=P_gR\left(\sin\alpha_g+\frac{\lambda}{2}\sin2\alpha_g\right) \quad (1\text{-}1\text{-}20)$$

2）考虑摩擦时。由于机械压力机在工作时的变形抗力是巨大的，所以在工作时，曲柄连杆机构的零件承受着很大的摩擦力，各零件的实际受力比理想状态下的要大。忽略摩擦系数 μ 对计算有关零件强度和电动机功率等会造成一定的误差，为此就要分析有关摩擦的真实情况。曲柄连杆机构中的摩擦主要发生在 4 个部位，即滑块与导轨之间的摩擦、曲轴两支承处的摩擦、连杆大端和曲柄颈之间的摩擦及连杆小端处的摩擦。根据功率平衡原理，曲轴所需增加的摩擦扭矩 M_μ 在单位时间内所做的功，即功率应等于克服各处摩擦所消耗的功率。当设摩擦当量力臂为 m_μ 时，由功率平衡原理可得

$$m_\mu=\frac{1}{2}\mu\left[(1+\lambda\cos\alpha)d_A+\lambda d_B\cos\alpha+d_0+2\lambda R\sin\alpha\left(\sin\alpha+\frac{\lambda}{2}\sin2\alpha\right)\right] \quad (1\text{-}1\text{-}21)$$

这样，由于上述 4 个部分产生的摩擦，必然增大了驱动曲轴产生旋转运动所需的力矩，由该摩擦造成的曲轴上所需增加的传递扭矩 M_μ 为

$$M_\mu=Pm_\mu \quad (1\text{-}1\text{-}22)$$

这样，总的当量力臂 $m_q=m_\mu+m_1$，则由式（1-1-18）和式（1-1-21）可得

$$m_q=R\left(\sin\alpha+\frac{\lambda}{2}\sin2\alpha\right)+\frac{1}{2}\mu\left[(1+\lambda\cos\alpha)d_A+\lambda d_B\cos\alpha+d_0+2\lambda R\sin\alpha\left(\sin\alpha+\frac{\lambda}{2}\sin2\alpha\right)\right] \quad (1\text{-}1\text{-}23)$$

因此，当滑块上需要产生向下的变形力 P 时，曲轴上所需传递的总扭矩 M_q 为

$$M_q=Pm_q \quad (1\text{-}1\text{-}24)$$

从式（1-1-21）可看出，M_μ 与曲轴的位置及结构尺寸有关，但通用机械压力机进行锻冲时对应的曲柄转度 α 通常不大于 30°。而当 α 在 0°~30°范围内时，式（1-1-21）中所表示的摩擦当量力臂 m_μ 的值变化范围不大，故在近似计算中，可认为 m_μ 为一常数，并取 $\alpha=0°$时的值。因此，式（1-1-21）中的摩擦当量力臂 m_μ 可表示为

$$m_\mu\approx\frac{1}{2}\mu[(1+\lambda)d_A+\lambda d_B+d_0] \quad (1\text{-}1\text{-}25)$$

摩擦系数 μ 随机械压力机的种类不同而不同，对开式压力机，$\mu=0.04\sim0.05$；对闭式压力机，$\mu=0.045\sim0.055$。

1.2.2　设计计算

1. 曲轴

（1）曲轴的结构形式及材料　曲轴（主轴）是曲柄压力机传递运动和动力的主要零件，它与滑块的行程和允许的作用力有关。通用压力机的曲轴有 4 种基本形式。

1）纯曲轴。如图 1-1-10a 所示，它有两个对称的支承颈和一个曲柄颈，曲柄半径为 R，适用于滑块行程较大的压力机，按曲柄数目又可分为单曲柄和双曲柄，后者适用于工作台面尺寸较大的压力机，如双点或四点压力机。纯曲轴的曲柄直径较小，传动效率高，在中、小型压力机上广泛采用。

2）偏心轴。如图 1-1-10b 所示，曲柄颈短而粗，支座间距小，结构刚性好。缺点是偏心直径大，摩擦损耗多［这可由式（1-1-21）看出］，制造困难，适用于行程较小的压力机。该曲轴形式广泛应用于热模锻压力机上。

3）曲拐轴。如图 1-1-10c 所示，由于曲拐颈在轴的一端，形成悬臂，刚性较差。随着曲柄半径 R 的增大，摩擦损耗增大，但结构简单、容易制造、维修方便，适用于小行程开式单柱压力机，并且曲拐轴轴线垂直于机身正面，为纵向放置。

4）偏心齿轮和芯轴。如图 1-1-11 所示，曲柄颈是大齿轮上所带的偏心部分，所以称为偏心齿轮。偏心齿轮通过芯轴安装在机身上，芯轴与大齿轮同心，大齿轮旋转时偏心齿轮起曲柄作用。偏心距等于曲柄半径。从图 1-1-11 所示的三种不同的偏心齿轮和芯轴结构可以看出，芯轴在压力机工作时不传递扭矩，而仅承受弯矩的作用，从而改善了芯轴的受力情况。

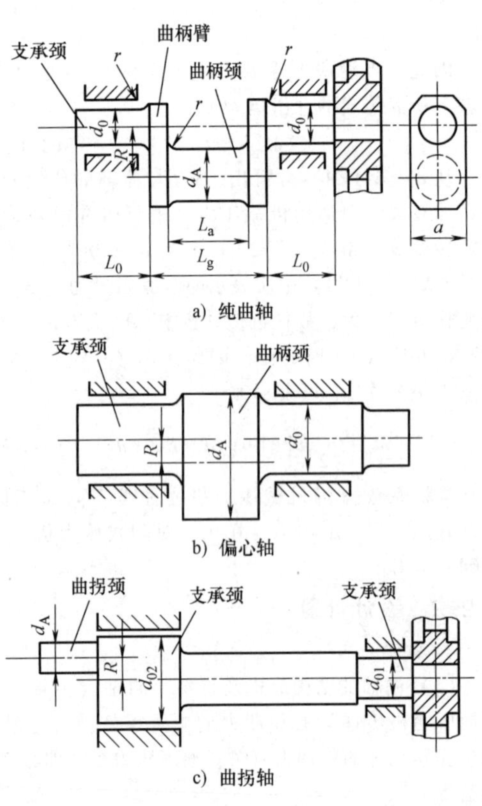

图 1-1-10　曲轴的不同结构形式

（2）曲轴的强度计算　这里仅对纯曲轴的情况进行考察分析。机械压力机在工作时，曲轴受剪切、弯矩和扭矩的联合作用，负荷情况等较复杂，有些因素还难以估计，所以在计算时常常有一些简化。图 1-1-12 a 和图 1-1-12b 所示为按弯扭联合作用校核 $C—C$、$B—B$ 截面的强度，图 1-1-12c 用来校核 $C—C$ 截面的抗弯强度。$B—B$ 截面的强度按扭转和剪切联合作用的强度计算，即 $\sigma=\sqrt{M_w+M_c}/W$。经对大量的理论及试验结果分析表明，对通用机械压力机，可只校核 $C—C$ 截面的抗弯强度和 $B—B$ 截面的抗扭强度。

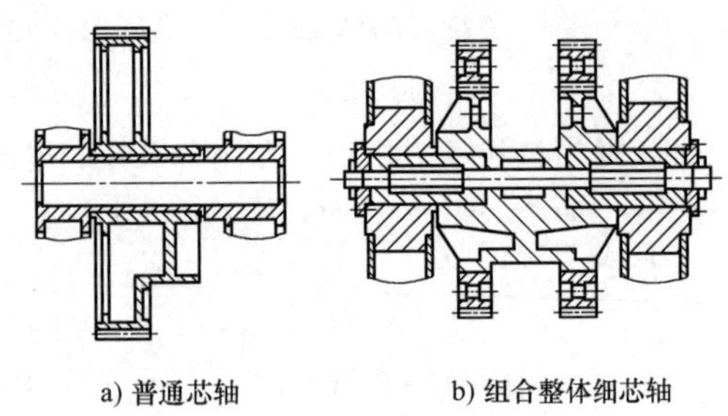

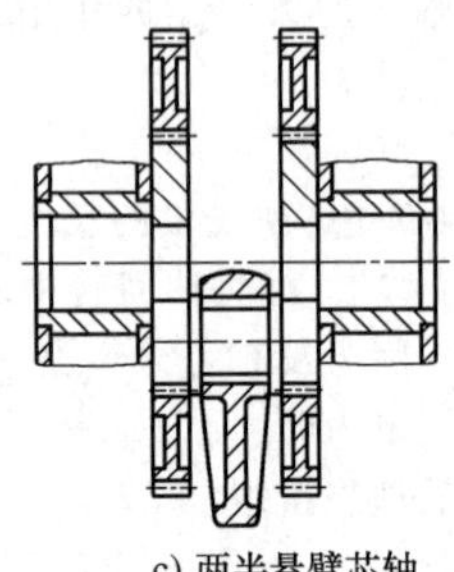

图 1-1-11　中大型板料成形用机械压力机使用的偏心齿轮与芯轴复合而成的曲轴

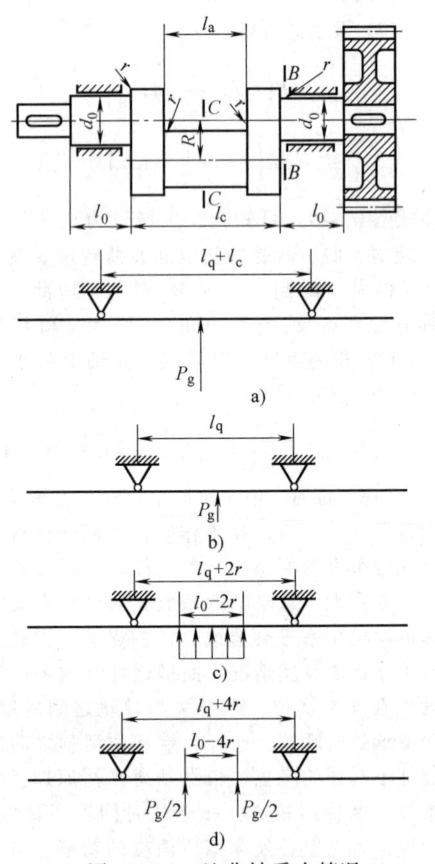

图 1-1-12　纯曲轴受力情况

图 1-1-12 中的纯曲轴的 $C—C$ 截面的抗弯强度条件为

$$\sigma=\frac{M_w}{W}=\frac{[(l_q-l_a)/4+2r]P_g}{0.1d_A^3}\leqslant[\sigma] \tag{1-1-26}$$

式中 M_w——$C—C$ 截面的最大弯矩；

W——抗弯截面模量。

若令 $\sigma=[\sigma]$，则由 $C—C$ 截面决定的滑块许用负荷为

$$[P]_{C—C}=\frac{0.1d_A^3[\sigma]}{\frac{1}{4}(l_q-l_a+8r)} \tag{1-1-27}$$

对于大行程的机械压力机，如拉深压力机，扭矩不能忽略，应按第三或第四强度理论校核，其强度条件为

$$\sigma=\frac{P_g}{0.1d_A^3}\sqrt{[(l_q-l_a)/4+2r]^2+[R(\sin\alpha_g+0.5\sin2\alpha_g)/2]^2}\leqslant[\sigma] \tag{1-1-28}$$

式中 α_g——公称力角。

图 1-1-12 中纯曲轴 $B—B$ 截面的弯矩比扭矩小得多，因此只考虑扭矩，相应的该截面的最大剪应力为

$$\tau=\frac{M_q}{W}=\frac{P_g m_q}{0.2d_0^3}\leqslant[\tau] \tag{1-1-29}$$

令 $\tau=[\tau]$，则由 $B—B$ 截面决定的滑块许用负荷为

$$[P]_{B—B}=\frac{0.2d_0^3[\tau]}{m_q} \tag{1-1-30}$$

若忽略摩擦当量力臂的变化时，则将式（1-1-23）或式（1-1-25）代入式（1-1-30）可得

$$[P]_{B—B}=\frac{0.2d_0^3[\tau]}{R\left(\sin\alpha+\frac{\lambda}{2}\sin2\alpha\right)+\frac{1}{2}\mu[(1+\lambda)d_A+\lambda d_B+d_0]} \tag{1-1-31}$$

式（1-1-26）~式（1-1-31）中，$[\sigma]=\frac{\sigma_s}{n}$，$n$ 是安全系数，取 2.5~3.5，曲轴刚度要求高的取上限，低的取下限；$[\tau]=0.75[\sigma]$。

曲轴常用材料的许用应力见表 1-1-2。

表 1-1-2 曲轴常用材料的许用应力

材料	45 调质	40Cr 调质	37SiMn2MoV	18CrMn2MoV 调质
σ/MPa	360	500	650	750
$[\sigma]$/MPa	100~150	140~200	180~260	210~300
$[\tau]$/MPa	75~100	100~150	140~200	160~230

（3）滑块许用负荷图 滑块许用负荷图指机械压力机在工作时，滑块上的允许作用力 $[P]$ 与曲柄转角 α 之间的关系曲线。在使用机械压力机时，需要知道滑块上的许用负荷图，这样才能保证滑块在任何位置上的作用力不超过相应的许用值，使其能安全工作。

不同结构的机械压力机，有不同的滑块许用负荷图。从式（1-1-27）可以看出，当曲柄连杆机构设计完成后，即对某一实际使用的曲柄压力机，式（1-1-27）右边各参数均为确定不变的量，因此由曲轴 $C—C$ 截面强度决定的滑块许用负荷 $[P]_{C—C}$ 为一水平线，如图 1-1-13 中的 abc 线所示。但对于行程较大的拉深压力机，由于其应力表达式（1-1-28）中含有变量 α，故滑块许用负荷 $[P]$ 的曲线不是一条直线。

对于曲轴上的 $B—B$ 截面，由式（1-1-31）可看出，滑块许用负荷 $[P]$ 随着曲柄转角的不同而变化，α 增大，$[P]_{B—B}$ 减小，因此由曲柄 $B—B$ 截面的材料强度决定的滑块许用负荷 $[P]_{B—B}$ 如图 1-1-13 中的 ecd 所示。

由此可见，要保证曲柄压力机安全工作，则作用在滑块上的工件变形抗力 P 必须落在图 1-1-13 中的 acd 折线以内的区域。

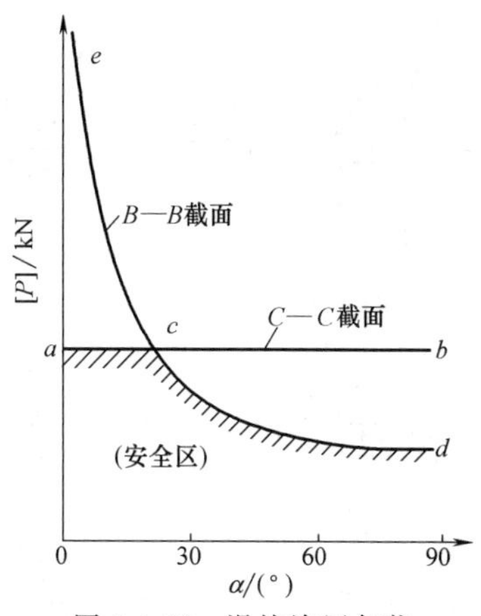

图 1-1-13 滑块许用负荷

为了保证机械压力机上在公称力角 α_g 的范围内均能发挥其最大力 P_g，则 $[P]_{C—C}\geqslant P_g$，而图 1-1-13 中的 ecd 曲线和 abc 的交点上的曲柄转角 $\alpha_g'\geqslant\alpha_g$。

在实际生产中，当在临界工作状态 $[P]_{C—C}=P_g$ 及 $\alpha_g'=\alpha_g$ 时，对于 $[P]_{B—B}$-α 曲线中 ecd 来讲，当 $\alpha=\alpha_g$ 时，$[P]=P_g$。

对于确定的机械压力机及已设计完成的曲柄，

式（1-1-31）中的 d_0 和 $[\tau]$ 均不发生变化，令 $0.2d_0^3[\tau]$ 等于一个常数 a，$m_q=x$，$[P]_{B-B}=y$，则式（1-1-30）相当于函数 $y=\frac{a}{x}$。要得到这一函数曲线，只要确定 a 值即可。而由上述分析可得 $a=P_g(m_{l\alpha_g}+m_\mu)$，即 a 应为

$$a=P_g\left\{R\left(\sin\alpha_g+\frac{\lambda}{2}\sin2\alpha_g\right)+\frac{1}{2}\mu\left[(1+\lambda)d_A+\lambda d_B+d_0\right]\right\} \quad (1\text{-}1\text{-}32)$$

这样曲轴 B—B 截面决定的滑块许用负荷 $[P]_{B-B}$ 的表达式为

$$y=\frac{a}{x} \quad (1\text{-}1\text{-}33)$$

$$y=[P]_{B-B} \quad (1\text{-}1\text{-}34)$$

$$x=m_q \quad (1\text{-}1\text{-}35)$$

2. 连杆

机械压力机的曲柄连杆工作机构将曲柄的旋转运动转换成滑块的直线往复运动，而连杆则做平面运动。连杆的大端与曲轴铰接，而其小端则和滑块铰接。按驱动同一滑块运动的连杆个数划分，可将机械压力机分为单点（一根连杆）、双点（两根连杆）、四点（四根连杆）三种不同类型。

按机械压力机装模高度调节方式的不同，可将机械压力机中的连杆分为下列两种结构形式。

1）长度可调节的连杆。连杆的长度指连杆大小端铰接中心之间的长度。很显然，图 1-1-14 中所示的连杆长度是可调节的。该连杆由连杆体和调节螺杆组成，调节螺杆下端用球头（见图 1-1-14a）或柱销（见图 1-1-14b）与滑块连接。图 1-1-14 所示的两种结构均采用手动方式进行装模高度的调节。而对大型压力机，由于滑块尺寸大，质量大，往往采用图 1-1-15 所示的蜗轮或齿轮机构进行装模高度的机动调节。

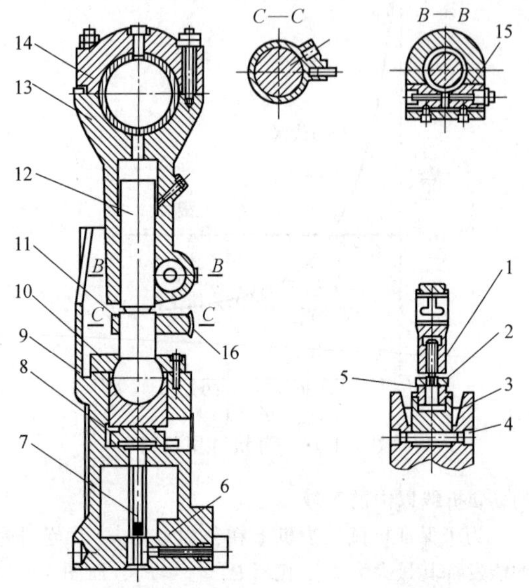

a) 球头式　　b) 柱销式

图 1-1-14　长度可调的连杆结构

1、13—连杆体　2、12—调节螺杆　3—滑块　4—柱销　5—蜗轮　6—模柄夹块　7—打料横杆　8—压塌块　9—球座　10—法兰　11—棘轮　14—连杆盖　15—锁紧装置　16—把手

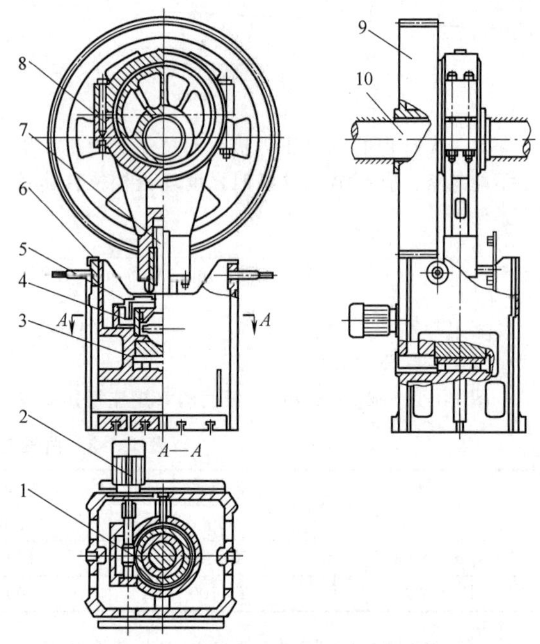

图 1-1-15　J31-315 型机械压力机连杆长度调节装置

1—蜗杆　2—调模电动机　3—过载保护装置　4—蜗轮　5—拨块　6—滑块　7—调节螺杆　8—连杆体　9—偏心齿轮　10—芯轴

2）长度不可调节的连杆。为了保证连杆有足够的强度、刚度和尺寸精度，受力较大的大中型机械压力机多采用长度不可调节的连杆，如图 1-1-16 和图 1-1-17 所示。图 1-1-17 所示的柱塞式导向连杆常用在大型压力机上。很显然，这两种结构形式中连杆大小端的长度不变，但曲柄压力机的封闭高度又必须要能调节，为此，对该结构的连杆采用调节连杆小端与滑块下表面之间的距离的方法来达到对封闭高度调节的目的。这是因为对任何一台通用机械压力机而言，工作台上表面距曲轴回转中心的长度 L_0 是一个不变的值，即为常数，如图 1-1-18 所示。这样从图 1-1-18 可得机械压力机的封闭高度 h_{max} 为

$$h_{max}=(L_0-R)-(L_1+L_2) \quad (1\text{-}1\text{-}36)$$

通常，曲柄半径 R 是不可调节的，这样 (L_0-R) 就是一个不变的常数 C，则式（1-1-36）就可进一步简化为

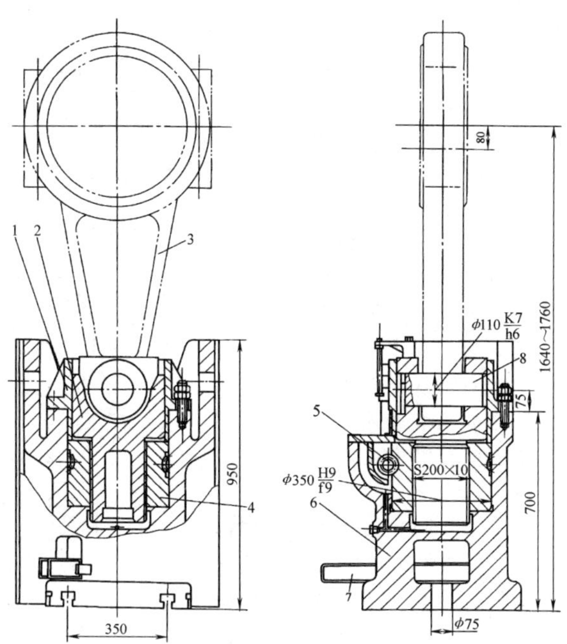

图 1-1-16　JA31-160 连杆及装模高度调节装置

1—导套　2—连接螺杆　3—连杆　4—蜗轮　5—蜗杆　6—滑块　7—顶料杆　8—柱销

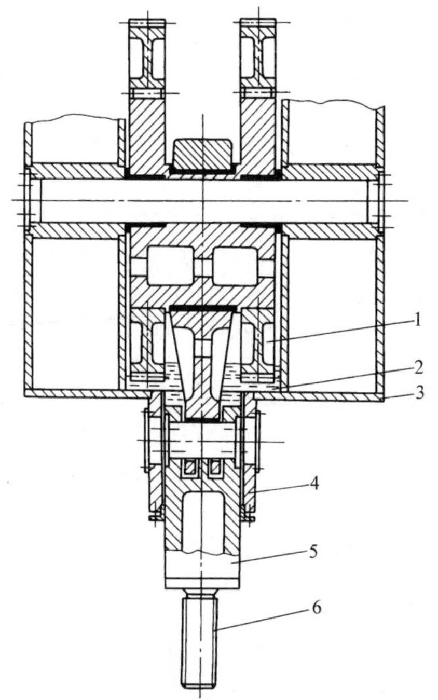

图 1-1-17　柱塞式导向连杆及装模高度调节装置

1—偏心齿轮　2—油槽　3—上横梁　4—导套
5—导向柱塞　6—调节螺杆

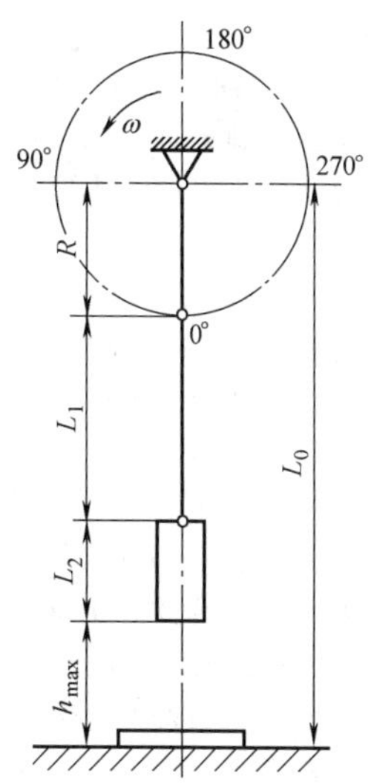

图 1-1-18　封闭高度调节原理

$$h_{max}=C-(L_1-L_2) \tag{1-1-37}$$

很显然，对封闭高度 h_{max} 进行调节，可通过改变 L_1 或 L_2 的任何一个均可以达到。所以，上述的连杆长度可调结构（见图 1-1-14）是通过改变式（1-1-37）中的 L_1 来达到的，而图 1-1-16 和图 1-1-17 则是通过改变式（1-1-37）中的 L_2 来达到对封闭高度的调节。热模锻压力机则是通过改变 L_0 来达到对封闭高度的调节。

连杆体一般用 HT250 灰铸铁或 QT600-3 球墨铸铁铸成，调节螺杆一般用 45 钢或 40Cr 钢锻成，圆球传力部分表面硬度为 42HRC，圆柱销用 40Cr 锻成、表面硬度为 52HRC。

3. 滑块与导轨

滑块将连杆的摆动转变为直线往复运动，为模具提供初步的导向，这是因为锻冲工艺要求的精确导向还要进一步靠模具上的导柱、导销、导板来保证。滑块将连杆传递来的作用力通过模具传递给工件，在工作时连杆产生的侧向力通过滑块导轨传至机身获得平衡。此外，在滑块上还要安装其他辅助装置，如打料杆、超载保护装置、装模高度调节装置等。

开式压力机滑块的结构（见图 1-1-14）为箱形件，滑块底面中心有模柄孔，模具通过夹持块夹紧，而对大中型压力机（见图 1-1-15），上模则用 T 形螺栓通过 T 形槽和滑块相连。

常见的滑块与导轨的结构形式如图 1-1-19 所示。在图 1-1-19a 和 1-1-19b 中有两个 V 形导轨，一个固定、一个活动，只能单面调节导轨间隙。这种结构形式主要用于小型压力机。

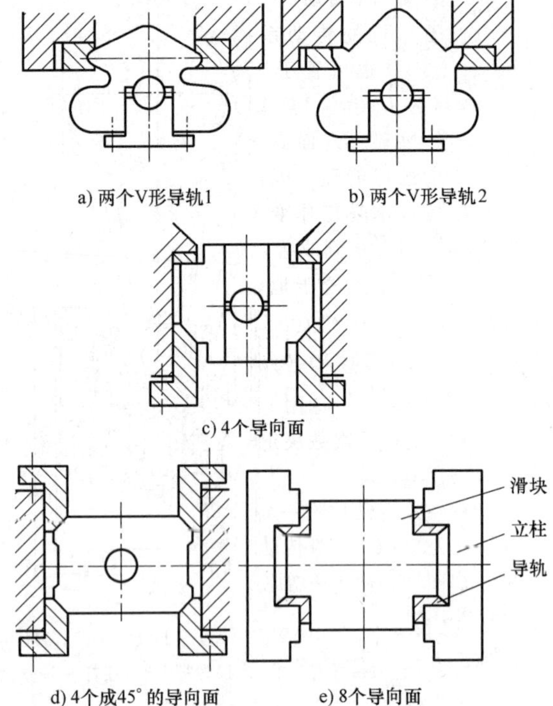

图 1-1-19　常见的滑块与导轨的结构形式

在图 1-1-19c 中有 4 个导向面，其中两个面是固定的，承受滑块工作时的侧压力，另外两个成 45°的面是可调的（通过螺栓来调节导轨间隙）。这种结构形式多用于大中型闭式压力机。

在图 1-1-19d 中有 4 个成 45°的导向面，每个导向面都可通过螺栓进行调节，使各个方向能得到较为精确的间隙。这种结构形式主要用于滑块比较重又不能做水平移动的压力机，如带有附加柱塞导向式连杆的偏心齿轮压力机。

图 1-1-19e 有 8 个导向面，每个导向面都有一组推拉螺钉，可进行单独调节。这种结构导向精度高，调节方便。滑块是一个复杂的箱形结构，用铸铁铸成或用钢板焊成，常用的材料有 HT250 铸铁、QT600-3 球墨铸铁及 Q235 钢等，而导轨滑动面常用的材料有铸造锡青铜 ZQSn6-6-3（非标在用材料）、以 Q235 为基体表面高温烧结 FCuPb10Sn10 耐磨材料的双金属导板、HT250 灰铸铁、酚醛层压布板和 SF-Ⅱ复合材料等。

1.3　传动系统

机械压力机传动系统的分析设计主要包括传动类型、传动参数和传动能力。

1.3.1　传统系统布置类型

1. 曲轴横放和纵放

曲轴横放和纵放指曲轴中心线平行还是垂直于压力机正面。图 1-1-1 所示的曲轴为纵放结构。目前，小型开式压力机常采用曲轴横放结构形式。这种结构形式的曲轴及传动轴尺寸较长，受力不好，外形不美观，但安装维修方便。大中型压力机，特别是多点压力机常采用纵放结构形式，便于将传动系统封闭在机身内进行集中润滑、外形美观，所以美国、日本的小型压力机均采用这一结构形式，如我国进口的通用开式压力机均采用曲轴纵放结构形式。

2. 开式传动和闭式传动

齿轮安装在机身外面暴露在空气中的传动称为开式传动，而闭式传动的传动齿轮常处于机身内的润滑油箱内，使齿轮得到良好的润滑，机床外形美观。很显然，开式传动齿轮润滑不良，磨损严重。日本及美国的绝大部分开式压力机均为闭式传动，而我国绝大多数开式压力机均为开式传动。采用曲轴纵放的结构形式易于实现闭式传动，而曲轴横放的结构形式较难实现闭式传动。

3. 双边传动与单边传动

当机械压力机的曲轴或传动轴仅由一端的齿轮驱动时称为单边传动（见图 1-1-15），而当曲轴由两端的齿轮同时驱动时则为双边传动（见图 1-1-17）。双边传动齿轮传递的扭矩理论上为单边的一半，因此可减小齿轮模数，改善轴的受力条件，但制造成本较高，安装调整不便。

4. 上传动和下传动

机械压力机的传动系统可置于工作台之上（见图 1-1-1），也可置于工作台以下（见图 1-1-20），前者为上传动，后者为下传动。下传动重心低，运转平稳；地面高度小；有增加滑块高度和导轨长度的可能性，因而提高了滑块的运动精度；由于连杆承受工作变形力，故机身的立柱和上梁的受力情况得到改善。但下传动平面尺寸大，重量大，传动系统置于地坑之中，检修传动部件不便。

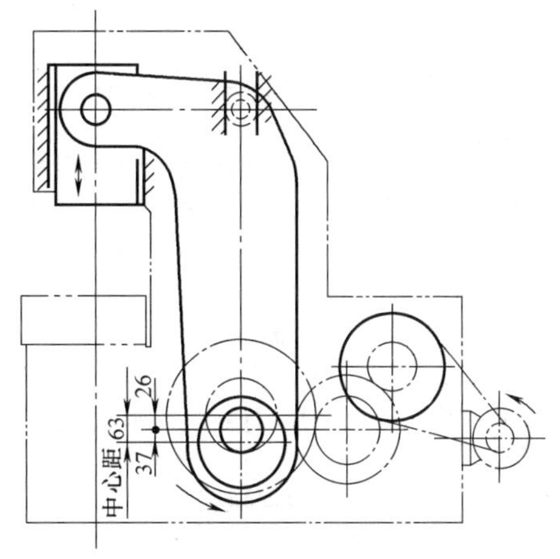

图 1-1-20　下传动开式压力机

1.3.2　传动级数和各级传动比分配

总传动比取决于选用电动机的转速和滑块行程次数。由滑块行程次数决定的电动机同步转速和传动级数见表 1-1-3。

各级最大传动比有一定限制，带传动为 6～8，齿轮传动为 7～9。各级传动比分配遵循“最大传动比原则”和“传动比递增原则”，即各级传动尽量用到允许的最大传动比。从高速轴到低速轴，各级传动比按 2.0～2.5→2.9～3.9→5.5～8.5 递增，并且最好安排成不循环小数，以避免总是齿轮的部分齿受力。

表 1-1-3　由滑块行程次数决定的电动机同步转速和传动级数

滑块行程次数 n/(次/min)	70～80	>80	70～80	30～10	<10
电动机同步转速 n/(r/min)	750	1000	1500/1000	1500/1000	1500/1000
传动级数	1	1	2	3	4

1.3.3　离合器和制动器的安放位置

由于机械压力机的传动系统采用减速方式，因此离合器和制动器常安放在同一轴上，或者制动器安装在比离合器安放轴转速更低的下一级轴上。

单级传动压力机的离合器和制动器只能置于曲轴上采用刚性离合器的压力机。由于刚性离合器的结构特点，且不宜在高速下工作．故离合器只能置于曲轴上；制动器相应地也只能置于曲轴上。由于存在诸多弊端，目前刚性离合器属于被淘汰的对象。

采用摩擦离合器时，对于具有两级和两级以上传动的压力机，离合器可置于转速较低的曲轴上，也可置于中间转速的传动轴上。摩擦离合器通常与飞轮一起安装在同一传动轴上，而制动器位置总是与离合器同轴。

对采用偏心齿轮的闭式传动压力机，离合器通常置于转速较高的传动轴上，尤其对板料冲压用的闭式压力机，离合器与制器绝大多数和飞轮一起被安放在高速轴上。

从机械压力机能量消耗来看，当摩擦离合器安放在低速轴上时，由于从动系统的零件数较少，因而离合器接合时摩擦功也较小，离合器磨损发热小，工作条件良好。由功率守恒原理可知，在低速轴上，离合器需要传递的扭矩较大，结构尺寸大；离合器处于较高速轴上的情况正好和上述情况相反。

通常，滑块行程次数较高的压力机（如热模锻压力机）离合器最好安装在曲轴上，这样从动系统的零部件数量少，从动系统转动惯量小，离合器与制动器动作过程产生的损耗功少，相应的摩擦面的磨损与发热小，工作条件得以改善。因此，可利用大齿轮的飞轮作用，能量损失小，离合器工作条件也较好。特别对热模锻压力机来讲，因其公称力很大，工作时易发生“闷车”事故，所以更应设法改善离合器的工作条件，降低其发热磨损，延长寿命。

对于大中型通用板料成形的机械压力机，离合器常常安放在高速轴上，并且置于设备顶部敞开的空间。这样，一方面离合器的结构尺寸较小，另一方面维修与更换摩擦材料比较方便。图 1-1-21 所示的闭式单点压力机的离合器与制动器均安放在最高速的飞轮轴上。

1.3.4　传统系统的布置与传动参数

机械压力机的传动系统通常都是由高速级的带传动与（或）中低速级的齿轮减速系统组成。传动系统的布置包括传动轴的布置、数量和齿轮的数量。传动轴的数量取决于传动级数，而传动级数取决于

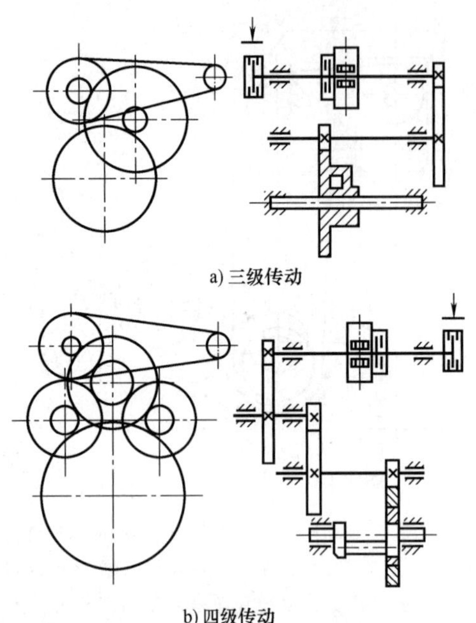

a) 三级传动

b) 四级传动

图 1-1-21　闭式单点压力机的传动系统

总传动比和各级传动比的允许最大值。机械压力机的传动系统有各种布置方式，传动轴的布置方式和数量影响传动系统的空间尺寸，进而影响机械压力机的轮廓尺寸及美观程度。因此，传动系统的布置对提高产品的市场竞争力，保证产品质量，方便维修和使用至关重要。

传动系统的齿轮数量除取决于传动级数外，还取决于传动类型、旋转方向及齿轮模数。例如，为减小大齿轮模数可采用双齿轮传动或双边传动，为调整双点或四点压力机偏心齿轮的转向需增加惰轮（过桥齿轮）等，都需要增加齿轮和传动轴的数量。

表 1-1-4 列出了现有通用机械压力机主传动系统参数。由表 1-1-4 可以看出，公称力为 31.5～160kN 的小型开式压力机常采用 1～2 级传动，公称力为 160～250kN 的常采用两级及以上传动。

济南二机床集团有限公司生产的 J31-250、J31-315 和 J31-400 压力机采用图 1-1-21a 所示的布置，J31-630 和 J31-1250 采用图 1-1-21b 所示的布置，前者为两级齿轮传动，后者为三级齿轮传动。J31-630 和 J31-1250 压力机采用两个小齿轮带动末级大齿轮，大齿轮模数可减小，齿轮啮合的径向力可部分抵消。

图 1-1-22 所示为闭式双点压力机齿轮和传动轴的布置方式。图 1-1-22a 所示为两曲轴同向旋转，图 1-1-22b 所示为两曲轴异向旋转。利用异向旋转可抵消连杆施加于滑块上的侧向力，而利用图 1-1-22c 和图 1-1-22d 所示可增大和减小连杆间的距离，适应不同台面尺寸的要求。其中，图 1-1-22d 要加大大齿轮模数，而图 1-1-22b 和图 1-1-22c 均需增加传动轴和齿轮的数量，增大了制造费用。

图 1-1-23 所示为四级传动的双边传动方式。此时，驱动偏心齿轮绕芯轴旋转的为两端的小齿轮。这样可减小大齿轮的模数，但双边传动如果制造装配精度不高，会造成传力不均匀等情况，使得某个齿轮受力情况恶劣、寿命降低。

图 1-1-24 所示为两种四点压力机的传动方式。其中，图 1-1-24a 所示为日本小松压力机传动系统的布置方案，图 1-1-24b 所示为英国维尔金 · 米切尔公司的压力机传动系统。从图 1-1-24 可以看出，在日本小松的布置方案中，两连杆间距大、滑块尺寸大，但同向旋转的曲轴的两连杆会在滑块上造成较大的侧向力，而英国维尔金 · 米切尔公司的传动系统，两连杆间距小、滑块尺寸小，两连杆产生的侧向力相互抵消，从而提高了滑块的导向精度。

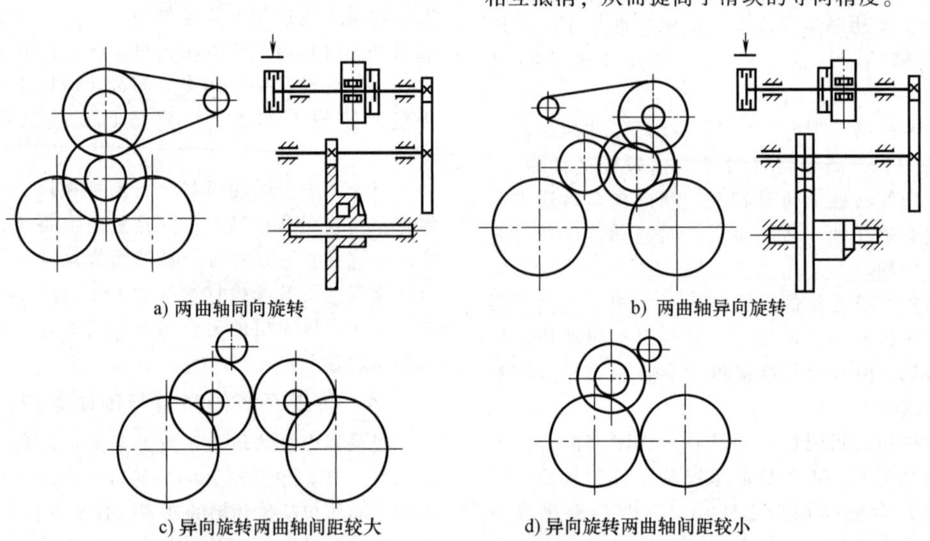

a) 两曲轴同向旋转　　b) 两曲轴异向旋转

c) 异向旋转两曲轴间距较大　　d) 异向旋转两曲轴间距较小

图 1-1-22　闭式双点压力机齿轮和传动轴的布置方式

表 1-1-4　一般通用机械压力机主传动系统参数

压力机型号	电动机转速/(r/min)	滑块行程次数/(次/min)	总传动比	传动级数	第一级(带传动)			第二级(齿轮传动)							第三级(齿轮传动)						
					传动比	D_1/mm	D_2/mm	传动比	z_1	z_2	m_n/mm	B/mm	ξ_1	ξ_2	传动比	z_1	z_2	m_n/mm	B/mm	ξ_1	ξ_2
J23-31.5	900	200	4.61	1	4.61	77	355														
J23-63	930	170	5.42	1	5.42	78	423														
J23-10	930	145	6.36	1	6.36	78	496														
J23-16	930	120	7.75	1	7.75	86	667														
J23-25	1430	55	26	2	3.72	154	572	7	13	91	8	140	0.3	-0.3							
J23-40	1440	45	33.2	2	4.75	162	742	7	13	91	10	170	0.3	-0.3							
JB23-63	1450	40	36.3	2	4.96	163	810	7.31	13	95	12	180	0.3	-0.3							
J23-100A	1310	45	31.2	3	2.78	200	557	2.36	22	52	8	80	0	0	4.76	13	62	10	140		0.6
J13-160	960	40	24	2	4	225	900	6	11	66	14	220	0.4	0							
JA31-160A	965	32	30.2	2	4.68	265	1240	6.45	11	71	16	170	0.45	-0.45							
JB31-160	720	40	18.2	2	3	300	900	6.06	16(2 个)	97(2 个)	12	120	0.68	0.98							
J36-160	1420	20	69.4	3	2.79	280	780	5.36	19	102	10	120	0	0	4.63	19	88	12(人字齿)	200	0	0
JA11-250	960	37	26.5	3	3.53	260	917	1.94	16	31(2 个)	10	130		0.8	3.88	17(2 个)	66	11	200		0.8
J31-250	1360	28	48.6	2	5.57	192	1075	8.73	11(2 个)	96(2 个)	14	150	0.4	0							
J31-250	1460	20	67.5	2	2.80	304	850	4.16	18	75	13	140	0	0	5.79	14	81	18	240	0.48	0
J36-250	1460	17	85.5	3	3.59	265	950	6.13	15	92	14	150	0.46	-0.46	3.89	18	70	18(圆弧齿)	230	0	0
J31-315	1460	25	58	3	2.58	330	850	4.78	18	86	14	160	0	0	4.7	17	80	20	250	0	0
J2-010D	1440	10	140	3	2.93	355	1040	7.81	16	125	12(人字齿)	160	0	0	6.11	17	104	20	250	0	0
J31-400	1440	23	62.9	3	4.14	310	1282	2.35	20	47	16	160	0.34	-0.34	6.46	13(2 个)	84(2 个)	18	200	0.45	-0.45
J31-400	1440	20	72	3	3.03	330	1000	4.06	18	73	16(斜齿)	170	0	0	5.79	14	81	22	295	0.48	0
J36-400	1440	16	90	3	2.73	400	1092	5.55	18	100	14	140	0	0	5.88	17	100	14(人字齿)	250	0	0
J36-630	1440	9	146	3	2.77	372	1400	8.06	16	129	14	250	0.4	-0.4	4.8	15	72	26	270	0.25	0.397
JA36-800	1440	10	136.5	3	2.62	400	1050	8.24	17	140	16	230	0	0	6.34	15(2 个)	95(2 个)	22	270	0.296	0
JB36-800	980	12	74.3	3	2.7	505	1363	4.95	19	94	18(人字齿)	230	0	0	5.55	18(2 个)	100(2 个)	22	220	0.8	1.6

注：B—齿宽，D_1、D_2—带传动中小轮、大轮直径，m_n—法向模数，z_1、z_2—齿轮传动中小齿轮、大齿轮的齿数，ξ—齿轮变位系数。

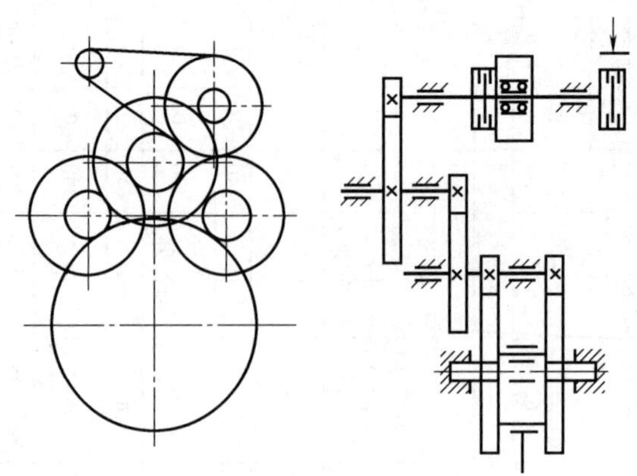

图 1-1-23　四级传动的双边传动方式

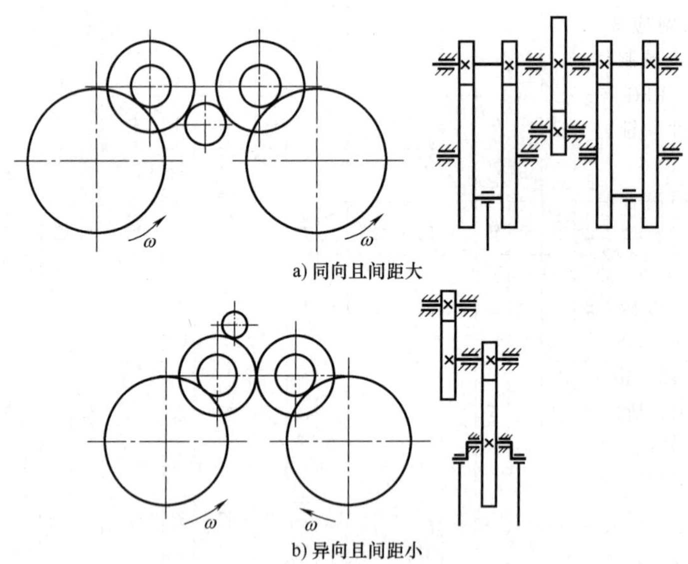

图 1-1-24　四点压力机的传动方式

1.4　离合器与制动器

机械压力机目前基本上是采用交流异步电动机作为原动机。交流异步电动机的起动电流是额定电流的 5~7 倍，而且交流异步电动机的起动与停止过程动作迟缓（时间可达几秒、几十秒），机械压力机所需的电动机功率很大（最低几千瓦，一般都是几十千瓦、上百千瓦，甚至上千瓦），而机械压力机在锻冲时又常常需要频繁地使滑块运动与停止（如机械压力机单次操作规范时滑块行程次数常为每分钟十几次、几十次），所以通过每分钟十几次、几十次频繁地使机械压力机的电动机通断电的起停来实现机械压力机的锻冲是不可行的。此外，机械压力机承受的往往是短期高峰负荷，因此机械压力机的传动系统往往都带有大惯量的飞轮，锻冲的主要能量来自飞轮旋转动能的输出。基于以上两方面，以及方便操作工人调试模具，保证工人的人身安全，机械压力机中基本上都设置有离合器与制动器这一机械压力机的心脏部件。机械压力机工作的可靠性、安全性与操作维修的方便性都与离合器与制动器密切相关。

1.4.1　机构形式

离合器与制动器有多种类型，通用机械压力机常用刚性的或摩擦的离合器与制动器，其中，刚性离合器仅用于小型压力机（公称力 1000kN 以下），并且常和带式制动器配合使用。牙嵌式和滑销式刚性离合器是老式淘汰结构，已基本上被转键式及超越式离合器所取代。由于刚性离合器存在诸多弊端，属于要淘汰的结构形式，因此这里对其就不进行介绍。

摩擦离合器和摩擦制动器的结构比较完善，普遍应用于大、中型压力机上。摩擦离合器传递的扭矩大、工作平稳、没有冲击，滑块可在任意位置使离合器离合，调整模具方便，超负荷时，摩擦片之间打滑可起一定的保险作用。摩擦离合器与摩擦制动器按照摩擦副所处的环境分为干式（空气中）和湿式（液体），驱动摩擦盘运动的动力通常主要有压缩空气、液压油与电磁力三种，其中以气动方式应用最为广泛。根据摩擦材料的形状，摩擦离合器可分为圆盘式和浮动镶块式两种，浮动镶块式更换摩擦材料较为方便。

气动摩擦离合器（PFC）与气动摩擦制动器（PFB）是通用机械压力机的心脏部件，广泛应用于机械压力机之中。PFB 往往采用气压脱开摩擦副、弹簧压力压紧 PFB 摩擦副来产生机械制动的方式。为了使 PFC 与 PFB 的动作协调而不发生干涉，常要求两者应具有正确的联锁关系，即要求在 PFC 摩擦副接合前，PFB 摩擦副应先分离而不制动；而在 PFB 摩擦副接触进行机械制动前，PFC 摩擦副先分离。为满足上述要求，PFC 与 PFB 多采用气阀联锁和刚性联锁，其中刚性联锁方式工作可靠，操纵系统简单，动作迅速。

机械压力机的摩擦离合器和摩擦制动器的结构比较复杂，对其结构进行深入细致的分析和掌握至关重要。

对于摩擦离合器，可从以下几个方面来进行结构分析。

1）找到摩擦工作副。由于摩擦材料常采用网状剖面线或涂黑方式表示，所以在图样中很容易找到。

2）以摩擦副为分界线找出主动及从动部分有关零件。通常与离合器轴紧固在一起或随其同时转动的部分为从动部分，与飞轮（或大齿轮）紧固在一起的为主动部分。

3）控制操纵离合部件。通常摩擦离合器与制动器均采用气动方式进行离合动作，而这一操纵力常由气缸内的活塞来产生。活塞有圆形及圆环形之分，活塞上必定带有橡胶密封圈，而这个密封圈在图样上常采用网状剖面线或涂黑来表示，这样由密封圈就能很容易找到活塞，由活塞可找出气缸及有关操纵力的传递路线。由活塞也可方便地找出离合器分离时的复位力产生机构，通常这一复位力是由离合器活塞上的复位弹簧或制动器的制动弹簧通过联锁机构来实现的。

4）联锁方式。离合器与制动器的动作应满足协调性要求，即当离合器接合前，制动器摩擦面应先脱开而不制动；当制动器制动前，离合器摩擦面应先分离而脱开，这样才能保证两者协调一致地动作而不发生干涉。

离合器与制动器常用的联锁方式有刚性联锁和柔性联锁。刚性联锁方式的动作协调性不能调节，而柔性联锁方式可根据不同的要求进行调节。刚性联锁包括刚性中心推杆及刚性管道气阀两种形式，柔性联锁包括压力继电器、行程开关、节流阀和纯电气等各种形式。当需要在实际结构中寻找联锁机构时，可从离合器与制动器活塞之间的连接形式去分析。

5）摩擦副间隙调整装置。无论是离合器还是制动器，其摩擦材料在工作一段时间后都会产生磨损。摩擦材料的过量磨损，使两者动作迟缓、灵敏性变差，因此在离合器与制动器使用一段时间后，就要进行摩擦副间隙的调整。常用的间隙调整装置有垫片组、台阶块及螺纹。

同样，对于摩擦制动器，可从以下几个方面来进行结构分析。

1）确定摩擦工作副。

2）寻找运动部分和不运动部分。

3）分析控制摩擦副合分机构的工作原理。

4）分析摩擦副调整机构的工作原理。

下面以气动摩擦离合器与气动摩擦制动器的气阀联锁与刚性联锁为例进行结构分析。

1. 气阀联锁

PFC 与 PFB 气阀联锁指通过控制 PFC 和 PFB 气动系统中气阀进排气的先后次序等来实现离合、制动协调工作、不发生干涉的工作机构。

图 1-1-25 所示为济南二机床集团有限公司生产的 J31-315 型机械压力机上采用的气阀联锁 PFC 与 PFB 结构。图中左侧是悬臂布置的制动器，在 PFC 轴的两轴承之间的是离合器，PFC 与 PFB 有各自单独的气缸，离合器与飞轮及大带轮成为一体。

由于 PFC 和 PFB 有各自独立的气缸，因此制动器和离合器之间的动作配合不再采用刚性联锁，而是通过在气路系统中控制 PFC 和 PFB 气缸的进排气，用电磁阀的通断电时间来保证协调性。这种联锁方式调整方便。

如图 1-1-25 所示，离合器的主动部分包括大带轮（飞轮）、主动摩擦盘和环状活塞等，从动部分包括从动盘、从动轴和制动器的内摩擦盘等，接合摩擦工作副为主动摩擦盘和从动盘上的镶块（或称为摩擦块），它们的操纵机构由气缸（在大带轮上）、环状活塞和压缩空气控制系统所组成。制动器悬臂在支承外面，气缸与制动器相连，活塞通过导向销与制动盘连接，浮动摩擦镶块的端面为长圆形，用石棉树脂塑料制成，离合器和制动器各有 10 个摩擦块。摩擦面间的间隙由垫片调整。

当电磁空气分配阀通电打开时，压缩空气先进入制动器气缸，活塞向左移动，通过拉杆及制动盘压缩制动弹簧，制动弹簧失去制动作用；随后压缩空气由从动轴的中间孔道和连接管进入离合器气缸，克服脱开弹簧的作用力，离合器的环状活塞向右移动，

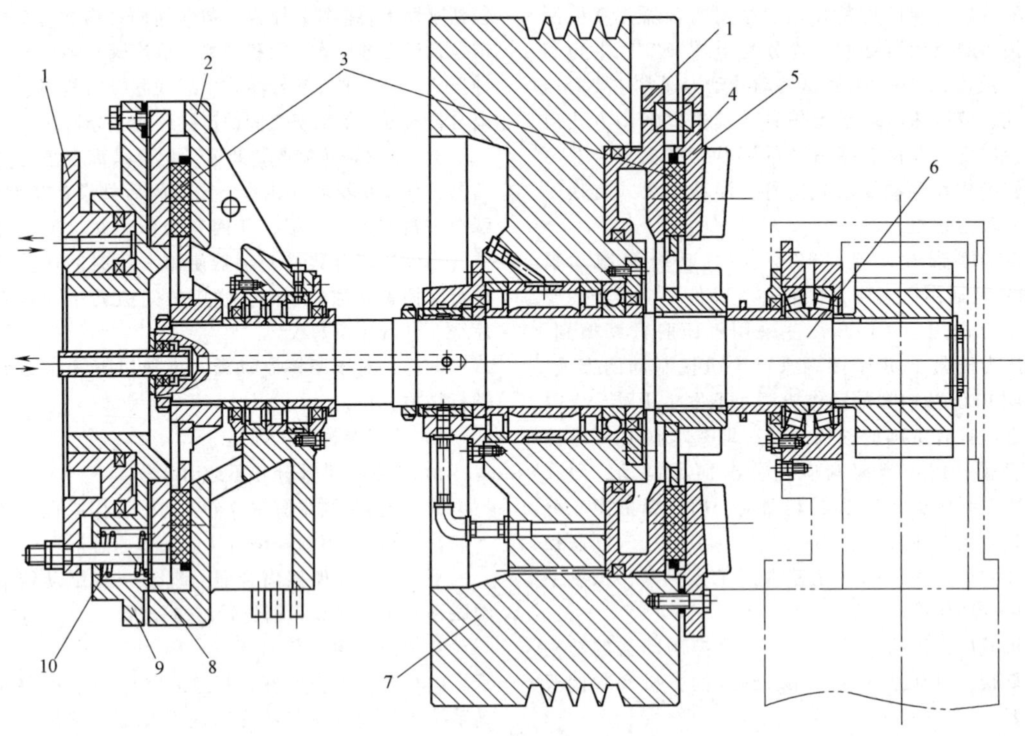

图 1-1-25　气阀联锁 PFC 与 PFB 结构

1—环状活塞　2—制动盘　3—浮动摩擦镶块　4—脱开弹簧　5—主动摩擦盘
6—从动轴　7—大带轮　8—导向销　9—气缸　10—制动弹簧

将浮动摩擦镶块压紧在主动摩擦盘上，依靠它们之间的摩擦力所形成的摩擦力矩，由大带轮带动从动轴旋转。当需要离合器脱开时，电磁空气分配阀断电，使离合器气缸先排气，在其脱开弹簧力的作用下，环状活塞向左复位，于是活塞、浮动摩擦镶块和主动摩擦盘松开，大带轮空转；随后制动器气缸排气。在制动弹簧力的作用下，制动盘将浮动摩擦镶块压紧在制动座上，进行摩擦制动，使从动系统停止运动。

2. 刚性联锁

PFC 与 PFB 刚性联锁指在结构上采用了 PFC 的摩擦盘和 PFB 的摩擦盘之间的一种机械刚性互动的结构关系，从而使得在 PFC 接合过程中 PFC 气缸的气动力先克服制动弹簧的压缩正压力，迫使 PFB 摩擦副先分离，再继续使气缸的活塞运动将 PFC 摩擦副压紧，完成 PFC 摩擦接合的动作；反之，在气缸排气后，PFB 制动弹簧先将 PFC 摩擦副分开，然后再使活塞后退将 PFB 摩擦副压紧。这种联锁方式可靠地保证了 PFC 与 PFB 之间正确的联锁关系。这种联锁方式的 PFC 与 PFB 往往采用同一个气缸，目前常见的 PFC 与 PFB 的刚性联锁结构有轴中心推力杆式和 PFC 与 PFB 组合式两种。其中，轴中心推力杆式常在老式的、PFC 和 PFB 均悬臂地布置在 PFC 轴两端的结构中采用，而 PFC 与 PFB 组合式常用在中小吨位的机械压力机之中，其 PFC 与 PFB 的结构紧密地组合在一起。

图 1-1-26 所示为 JH23-63 型机械压力机使用的 PFC 与 PFB 组合式刚性联锁结构。JH23-63 型机械压力机的气动摩擦离合器-制动器在结构上是一个整体，采用机械刚性联锁的方式，两者共用一个气缸。

由图 1-1-26 可知，该气动摩擦离合器-制动器动作过程如下：当 PFC 气缸 1 所需压缩空气进入离合器气缸后，气动力推动气缸盘向左运动，先压缩制动弹簧 5，使制动器摩擦面先分离，气缸盘再继续向左运动，离合器主、从动摩擦片被压紧而传递动力和扭矩，大带轮（飞轮）6 带动从动轴转动，完成 PFC 的接合；而当离合器气缸与大气相通时，在制动弹簧力的作用下，离合器气缸盘向右运动，离合器摩擦副先脱开，气缸盘再继续向右运动，制动器的摩擦片被压紧，产生机械摩擦制动作用，从而迫使从动部分停止运动。

很显然，图 1-1-26 所示的 PFC-PFB 刚性联锁方式，可靠地保证了 PFC 与 PFB 动作的协调性。但将图 1-1-25 和图 1-1-26 对比后可知，图 1-1-26 中的 PFC 气缸进、排气必然伴随着 PFC 与 PFB 的相继动作，两者动作紧密相连，联锁特性难以改变。而图 1-1-25 中 PFC 与 PFB 的动作可单独控制，即 PFC 脱

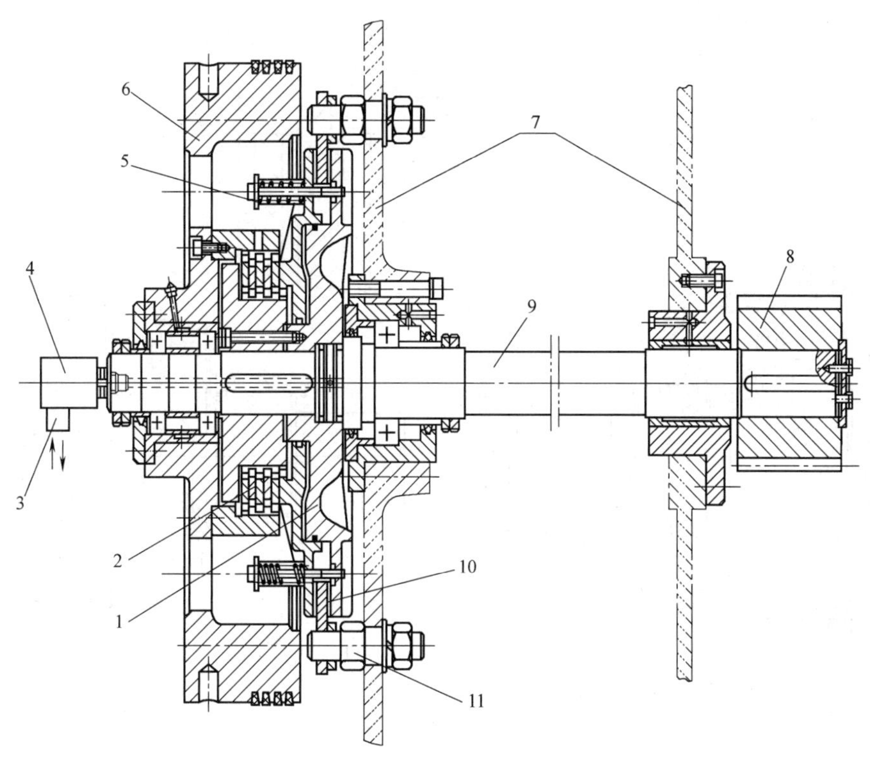

图 1-1-26　PFC 与 PFB 组合式刚性联锁结构

1—PFC 气缸　2—PFC 摩擦副　3—PFC 进排气口　4—回转接头
5—制动弹簧　6—大带轮（飞轮）　7—机身
8—小齿轮　9—PFC 轴　10—PFB 摩擦副　11—PFB 摩擦盘固定柱

开后，PFB 可不制动，从动系统可空载运行，相应地图 1-1-25 中 PFC 和 PFB 的联锁特性可任意调节、柔性好。但上述的两种联锁方式在工业实际中都是在滑块锻冲工件后向上运动，在接近上死点的位置才使 PFC 摩擦副分开而使 PFB 摩擦副贴合制动。

另外，当 PFC 与 PFB 不采用上述的组合结构方式，而采用分别悬臂地布置于 PFC 与 PFB 轴的支承轴承之外的形式时，如图 1-1-27 所示。左端为离合器，右端为制动器，两者的控制操纵活塞 2 和制动器内齿圈 11 通过推杆 5 刚性联锁。离合器的主动部分包括大带轮（飞轮）7、离合器内齿圈 8、主动摩擦片 9、气缸 1、活塞 2 和推杆 5 等。从动部分包括带有小齿轮的空心传动轴 4、从动摩擦片 6、离合器外齿圈 3、制动器外齿圈 13 和摩擦片 12 等。摩擦副为主动摩擦片和从动摩擦片，操纵机构由气缸、活塞和压缩空气控制系统等组成。

当电磁空气分配阀通电开启后，压缩空气进入离合器气缸，向右推动活塞 2，空心传动轴 4 内的推杆 5 向右移动，压缩制动弹簧 10，于是制动器松开，离合器主、从动摩擦片被压紧，大带轮（飞轮）7 便可带动空心传动轴 4 转动；当电磁空气分配阀断电后，离合器气缸与大气相通，在制动弹簧 10 的作用下，空心传动轴 4 内的推杆 5 推动活塞 2 向左移动，离合器脱开，制动器的摩擦片被压紧，产生制动作用，从而吸收从动部分动能，使从动部分停止运动。这种离合器-制动器的从动摩擦片使用铜基粉末冶金材料，当摩擦材料过度磨损后，需要重新调整间隙。调整时，只要松开右端制动器上的锁紧螺钉和圆螺母，扳动螺旋，即可达到调整摩擦副间隙的目的。

1.4.2　摩擦离合器的设计计算

1. 摩擦材料的选择

对离合器和制动器的摩擦材料的要求是：摩擦系数大，并在一定的温度范围内保持稳定，耐磨、耐热，使用寿命长；有足够的强度，良好的磨合性能，胶合能力强。机械压力机离合器和制动器常用的摩擦材料性能见表 1-1-5。目前，一种新型半金属摩阻材料，具有良好的耐磨性、耐热性、导热性及热稳定性，已成功地应用到曲柄压力机的摩擦离合器和制动器上，值得在实际中大面积推广应用。

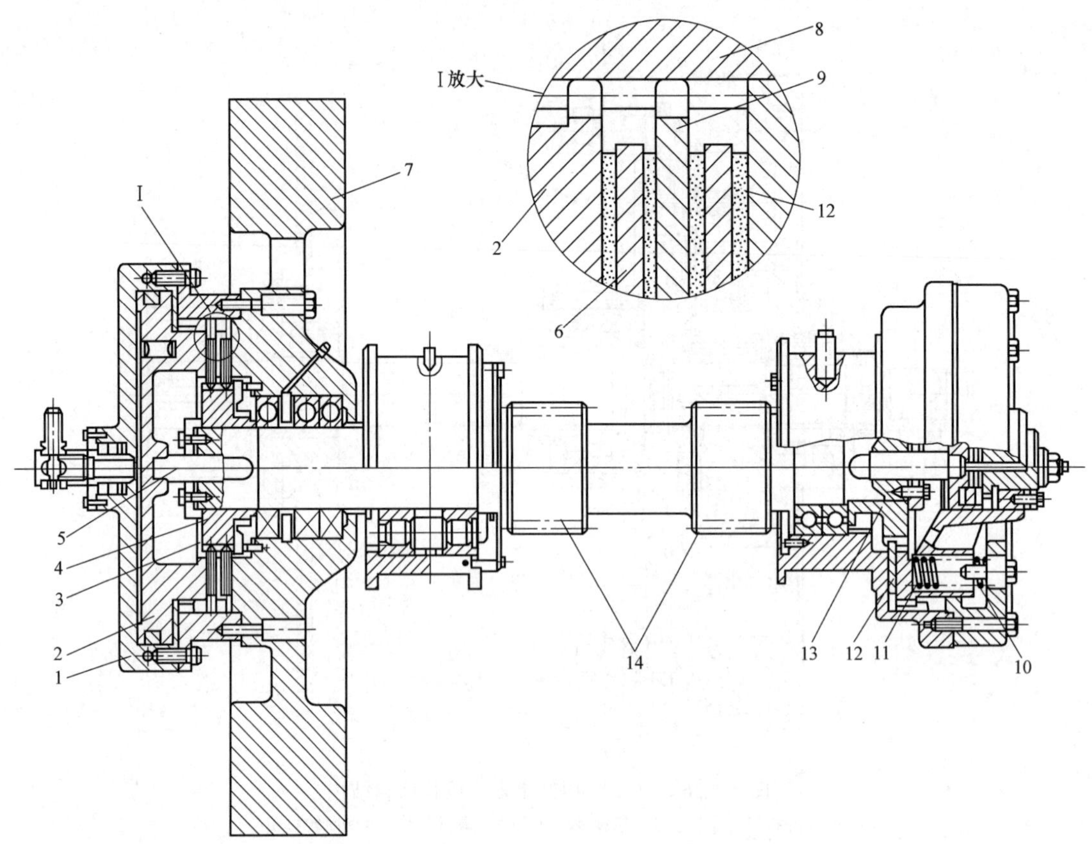

图 1-1-27　JA-160B 型机械压力机的刚性联锁的盘式离合器与盘式制动器均悬臂的结构

1—气缸　2—活塞　3—离合器外齿圈　4—空心传动轴　5—推杆　6—从动摩擦片　7—大带轮（飞轮）
8—离合器内齿圈　9—主动摩擦片　10—制动弹簧　11—制动器内齿圈　12—摩擦片　13—制动器外齿圈　14—小齿轮

表 1-1-5　机械压力机离合器和制动器常用摩擦材料的性能

性　能		材　料		
		石棉塑料 Z64	铜基粉末冶金	石棉铜
摩擦系数 μ		0.3~0.35	0.4	0.3~0.35
许用压强 [q] /MPa	离合器	1.0~1.5	1.0~1.5	0.3~0.5
	制动器	≤0.6	<1.0	0.1~0.3
许用摩损系数 [K] /(J/cm^2 · min)	离合器	150	—	—
	制动器	≤120	—	50~70
摩擦面许用温度/℃		600	350~750	100

2. 最大扭矩和摩擦面尺寸的确定

机械压力机完成规定的锻冲任务，即施加在曲轴上的扭矩应大于 M_q，需要离合器摩擦面传递的扭矩 M_{lq} 为

$$M_{lq}=\frac{\beta M_q}{i\eta} \qquad (1\text{-}1\text{-}38)$$

式中　β——储备系数，考虑在压缩空气压力波动和摩擦系数不稳定等情况下，仍能使离合器正常工作，取 $\beta=1.1\sim1.3$；

M_q——曲轴所需传递的扭矩，见式（1-1-23）和式（1-1-24）；

i——安装离合器的轴至曲轴（或并心齿轮）的传动比；

η——离合器轴至曲轴之间的传动效率，一级齿轮传动 $\eta=0.97$，二级齿轮传动 $\eta=0.94$。

由离合器实际结构尺寸确定的其所能传递的扭矩 M_{la} 应大于或等于 M_{lq}，即

$$M_{la}\geqslant M_{lq} \qquad (1\text{-}1\text{-}39)$$

$$M_{la}=\mu q\sum FR_f \qquad (1\text{-}1\text{-}40)$$

式中　μ——摩擦材料的摩擦系数，见表 1-1-5；

q——摩擦面的压强，许用压强 [q] 见表 1-1-5；

$\sum F$——摩擦副总的摩擦面积；

R_f——摩擦当量半径。

对摩擦片式：

$$F=m\pi(R_2^2-R_1^2) \tag{1-1-41}$$

式中　m——摩擦面数；

R_1、R_2——摩擦片工作面的内、外半径。

对浮动镶块式：

$$F=ZF_i \tag{1-1-42}$$

式中　Z——摩擦块数；

F_i——每个摩擦块单边面积。

对盘式及浮动镶块式，R_f 的计算公式为

盘式：

$$R_f=\frac{2(R_2^3-R_1^3)}{3(R_2^2-R_1^2)} \tag{1-1-43}$$

浮动镶块式：

$$R_f=\frac{R_1+R_2}{2} \tag{1-1-44}$$

在摩擦离合器的接合过程中，由于从动系统的惯性及摩擦力的存在，使得在离合器接合过程中主、从动摩擦面存在相对滑动，相对滑动所消耗的摩擦功转化为热能，使摩擦盘温度升高。当发热和散热达到平衡时，温度即趋于稳定；反之，摩擦材料会因过热而失效，摩擦系数发生热衰退现象，无法传递额定的转矩。通常用磨损系数 K 来进行近似核算，即

$$K=\frac{A_t}{\sum F}nC_n\leqslant[K] \tag{1-1-45}$$

式中　n——滑块每分钟行程次数；

C_n——滑块行程利用系数，见表 1-1-6；

$[K]$——摩擦材料的许用磨损系数，见表 1-1-5；

A_t——接合一次摩擦材料表面所消耗的摩擦功。

$$A_t=J_1\omega_m^2/2 \tag{1-1-46}$$

式中　J_1——离合器从动部分的转动惯量；

ω_m——离合器轴的额定角速度。

表 1-1-6　通用机械压力机滑块行程利用系数

行程次数 n/(次/min)	15	20~40	40~70	70~100	100~500
滑块行程利用系数 C_n	0.70~0.85	0.50~0.65	0.45~0.55	0.35~0.45	0.20~0.40

1.4.3　制动器的设计计算

制动器的设计出发点是利用制动力矩在一定的制动角范围内所做的功足以克服离合器脱开后从动部分的运动能量，即制动力矩 M_z 为

$$M_z\geqslant\frac{J_1\omega_m^2}{2\varphi_z i} \tag{1-1-47}$$

式中　φ_z——制动器的制动角，应以曲轴（或偏心齿轮）的转角来度量；

i——制动器轴至曲轴（或偏心齿轮）的传动比。

从式（1-1-47）可以看出，增大制动角，可使制动力矩变小，从而可缩小制动器的结构尺寸，但制动角过大，调整模具不便，工作灵敏性差。对圆盘式制动器，$\varphi_z\leqslant5°$，对带式制动器 $\varphi_z\leqslant10°\sim15°$。此外，减少压力机从动系统的转动惯量及降低制动器轴的转速也可降低 M_z。

关于制动器摩擦面尺寸的确定及其发热磨损的校核，基本上与摩擦离合器相同，这里不再赘述。但设计制动器时，其摩擦材料的参数［q］和［K］均比离合器的小。

目前，国内外机械压力机使用的离合器和制动器已经标准化、系列化，工业发达国家更是如此。作为机械压力机的制造商无须自己亲自生产离合器和制动器部件，只要提供所需的离合器和制动器的主要技术参数，就可在市场上采购到所需的产品。

Eaton-Airflex 伊顿工业离合制动器（上海）有限公司隶属于伊顿集团属下的 Airflex 分部，是国际著名的机械压力机用离合器和制动器的制造商。由 J. O. Eaton 在 1911 年建立，全球总部在美国俄亥俄州的克利夫兰，在 125 个以上的国家销售产品，全球职员超过 55000 人。伊顿集团 Airflex 分部是世界上最大的工业离合器和制动器制造商之一，前身是美国 Fawick 公司，于 1938 年由 Thomas L. Fawick 先生创立，1968 年被伊顿公司收购，其产品广泛应用于金属加工、石油、矿山、船舶、造纸等行业。目前，在世界各地的锻压机械、石油钻机、矿山磨机、露天矿电铲、船舶推进系统等机械设备上都可见到 Airflex 的产品，如图 1-1-28 和图 1-1-29 所示。

a) 钳式制动器

b) 离合/制动器组

c) 空冷式制动器

d) 水冷盘式制动器

e) 空冷式离合器

图 1-1-28　Eaton-Airflex 伊顿工业离合制动器有限公司的产品类型

a) 开式压力机270kN用C25离合器/制动器组合件

b) 闭式压力机用45CBC离合器/制动器组合件

图 1-1-29　Eaton-Airflex 伊顿工业离合制动器有限公司的产品实际应用情况（美）

1.5　电动机与飞轮

如上所述，机械压力机的传动系统具有带飞轮传动的特点。在滑块空定行程或回程时，电动机输出能量使飞轮增速，飞轮的动能增加进行储能；在工作行程时，毛坯变形所需要的能量主要靠飞轮释放的能量供给，但总的能量仍是由电动机提供的，并且在机械压力机上，电动机的功率与飞轮的转动惯量是相互匹配的。

1.5.1　电动机功率的选择与校核

机械压力机工作时的所有能量都来自电动机，所以电动机的选择是至关重要的。对工业实际中大量的不同规格的通用机械压力机进行统计，结果表明，电动机的额定功率 N_e(kW) 与公称力 P_g(t) 之间大致存在如下的关系：

$$N_e \approx 0.1P_g \tag{1-1-48}$$

要选择合适的电动机功率，就必须首先获得机械压力机一个完整工作周期中所消耗的能量 A，然后求出电动机的平均功率 N_m，最后再选定所需的电动机功率 N。根据机械压力机工作过程的能量守恒原理可得

$$N_m = \frac{A}{1000t} \tag{1-1-49}$$

$$N = KN_m \tag{1-1-50}$$

式中　A——机械压力机一个完整工作周期中所需的总能量（J）；

t——一个完整工作周期总的耗时（s），$t=\frac{60}{nC_n}$，n 是滑块每分钟行程次数，C_n 是滑块行程利用系数（见表 1-1-6）；

K——修正系数，为电动机实际功率与平均功率的比值（见表 1-1-8），一般取 1.2~1.6。

机械压力机一次工作循环的总能耗为

$$A = \sum A_i \quad (i=1\sim7) \tag{1-1-51}$$

式中　A_1——工件变形功（属有效能量）；

A_2——拉深垫工作功，即进行拉深时拉深垫消耗的功（属有效能量）；

A_3——工作行程中受力零件摩擦所消耗的能量；

A_4——工作行程中由于机械压力机零部件受力弹性变形消耗的能量；

A_5——空程向下和回程向上所消耗的能量（连续行程时占总能量 A 的 10%~35%）；

A_6——单次行程时滑块停顿飞轮空转所消耗的能量（占总能量 A 的 6%~30%）；

A_7——单次行程时离合器接合时消耗的能量（占总能量 A 的 20%左右）。

上述各项功计算很麻烦，除了工件变形功 A_1 和拉深垫消耗的摩擦功 A_2 外，其余各项功都可用机械压力机的效率表示。于是机械压力机一个完整工作周期所需的平均功率为

$$N_m = \frac{k(A_1+A_2)nC_n}{1000\times60\eta_0} \tag{1-1-52}$$

式中　A_1——工件变形功（属有效能量）；

A_2——拉深垫工作功，即进行拉深时拉深垫消耗的功（属有效能量）；

n——滑块每分钟的行程次数（次/min）；

C_n——行程利用系数。手工送料时 $C_n=0.4\sim0.8$（行程次数高的取下限，低的取上限），自动连续送料时 $C_n=1.0$；

k——电动机安全运转系数，$k=1.2\sim1.6$（行程次数低的取下限，高的取上限）；

η_0——机械压力机的总效率，$\eta_0=20\%\sim45\%$。对于快速或小吨位的压力机，由于常用于冲裁工艺，有效能量较小，故效率较低；对于带拉深垫的压力机，由于进行拉深工艺，有效能量较大，故效率较高。η_0 也可参考表 1-1-7 选取。

表 1-1-7　机械压力机的传动效率

机械压力机传动形式	机械压力机总效率 η_0(%)		工作行程效率 η_1(%)
	手工送料	自动送料	
单级传动压力机	20	25	35
多级传动压力机	30	40	50
带拉深垫压力机	45	—	70

由式（1-1-50）计算出电动机的功率，再按电动机手册选择与 N 值相近的电动机额定功率作为电动机的 N_e，然后再重新计算实际的 K 值，作为计算飞轮时使用，即

$$K=\frac{N_e}{N} \tag{1-1-53}$$

通用机械压力机常采用的电动机有 Y 型一般鼠笼式异步电动机、JH 型高速差率鼠笼式异步电动机、JR2 型绕线转子式电动机和新型节能电动机等。

1.5.2　飞轮校核

飞轮校核的目的主要是考查机械压力机在进行锻冲工件后，飞轮的转速下降是否在电动机转差率的允许范围之内。若飞轮转速下降过快，会造成交流电动机过热而烧坏。因为机械压力机锻冲工件时主要依靠飞轮释放能量，而往往忽略电动机在锻冲工件的短暂区间内的能量消耗。例如，用 J31-315 压力机冲裁直径为 100mm、厚度为 23mm 的 Q235 钢板时的变形力为 3150kN，工件变形功为 22800J，冲裁力作用时间为 0.2s，机械效率为 0.25。经计算，不安装飞轮，需要电动机的功率为 453kW；安装飞轮后，电动机功率仅为 30kW，为不安装飞轮时的 7% 左右。校核时，假设机械压力机工作行程中消耗的能量全部由飞轮释放，即

$$\frac{1}{2}J_f(\omega_1^2-\omega_2^2)=A_0 \tag{1-1-54}$$

式中　A_0——工作行程时压力机所消耗的能量（$A_0=A_1+A_2+A_3+A_4$）；

J_f——飞轮的转动惯量；

ω_1、ω_2——锻冲开始前、后飞轮的角速度。

若令飞轮的平均角速度为 ω_m，即

$$\omega_m=\frac{\omega_1+\omega_2}{2} \tag{1-1-55}$$

设飞轮运转的转速不均匀系数 δ 为

$$\delta=\frac{\omega_1-\omega_2}{\omega_m} \tag{1-1-56}$$

将式（1-1-55）、式（1-1-56）代入式（1-1-54），得

$$J_f=\frac{A_0}{\omega_m^2\delta} \tag{1-1-57}$$

另外，飞轮的转动惯量也可用式（1-1-58）进行简化计算，即

$$J_f=\frac{A_1+A_2}{\delta\omega_m^2\eta_1} \tag{1-1-58}$$

式中　A_1——工件变形功（属有效能量）；

A_2——拉深垫工作功，即进行拉深时拉深垫消耗的功（属有效能量）；

η_1——压力机工作行程效率，见表 1-1-7；

ω_m——飞轮平均角速度，可近似按电动机额定转速 n_e 下的飞轮角速度 ω_e 计算，即

$$\omega_m=\omega_e=\frac{\pi n_e}{30i} \tag{1-1-59}$$

式中　n_e——电动机额定转速（r/min）；

i——电动机轴至飞轮轴的传动比；

δ——飞轮转速的不均匀系数，可按表 1-1-9 选取，也可按电力拖动理论公式（1-1-60）计算。

$$\delta=2\varepsilon K(S_e+S_t) \tag{1-1-60}$$

式中　ε——与 K 值及其他因素有关的参数，见表 1-1-8；

S_e——电动机的额定转差率；

S_t——额定转矩下，传动带滑动时的当量滑差率，不带拉深垫时，$S_t=0.4$；带拉深垫时，$S_t=0.4$。

有些压力机为了充分利用飞轮效应，采用绕线式电动机或高滑差率的电动机，其允许滑差率比普通电动机高 2~3 倍。各种机械压力机的工作行程效率见表 1-1-10。

表 1-1-8　K 值和 ε 值

行程次数/(次/min)	≤20	>20~40	>40
K	1.2	1.3	1.4~1.6
ε	0.85	0.90	0.95

表 1-1-9　飞轮不均匀系数 δ

压力机结构形式	所用电动机的额定转差率		
	0.02~0.04	0.05~0.08	0.08~0.13
不带拉深垫	0.20	0.25	0.30
带拉深垫	0.15	0.20	0.25

表 1-1-10　机械压力机工作行程效率 η_1

压力机结构形式	η_1(%)	
	手工送料时	自动送料时
单级传动快速压力机	20	25
多级传动慢速压力机	30	50
带拉深垫压力机	45	70

1.6　机身

机身是压力机的一个基本部件。所有零部件都装在机身上面，工作时机身要承受全部工作变形力(某些下传动压力机除外)。因此，机身的合理设计对减轻压力机重量，提高压力机刚度，以及减少制造工时都具有直接的影响。

机身分为两大类，即开式机身和闭式机身，前者三面敞开，操作方便，但刚度较差，适用于中小型压力机；后者两侧封闭，刚度较好，但操作不如开式的方便，适用于中大型压力机和某些精度要求较高的小型压力机。机身结构分为铸造结构和焊接结构两种。铸造材料有 HT250 或 HT300 灰铸铁、QT500-7 球墨铸铁和 ZG270-500 铸钢等；焊接结构使用材料多为 Q235A 钢，要求高的则用 Q235B（替代以前的 16Mn）钢。铸造结构的材料比较容易供应，减振性较好，但重量较重，刚度较小；焊接结构与之相反，重量较轻，刚度较大，外形比较美观，但减振性较差。

1）开式机身。通用压力机常见开式机身类型如图 1-1-30 所示。按机身背部有无开口可分为双柱机身（见图 1-1-30a）和单柱机身（见图 1-1-30b、c）。按机身是否可以倾斜分为可倾式机身（见图 1-1-30a）和不可倾式机身（见图 1-1-30b、c）。按机身的工作台是否可以移动分为固定台式（见图 1-1-30b）和活动台式（见图 1-1-30c）。此外，还分柱形台式、转动台式等。不同类型的机身有不同的用途，双柱可倾式机身便于从机身背部卸料，有利于冲压工作的机械化和自动化；活动台式机身可以在较大范围内改变压力机的装模高度，适用工艺范围较广；单柱固定台式机身一般用于公称力较大的开式压力机。

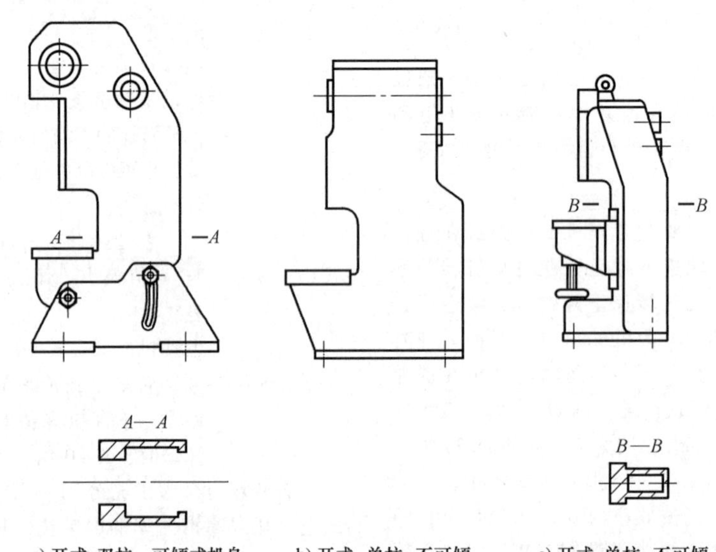

a) 开式、双柱、可倾式机身　　b) 开式、单柱、不可倾、固定台式机身　　c) 开式、单柱、不可倾、活动台式机身

图 1-1-30　通用压力机常见开式机身类型

由于开式机身近似 C 形，在受力变形时产生垂直位移和角位移（见图 1-1-31 中的 Δh 和 $\Delta\alpha$），上下模具不能很好对中，尤其是角位移 $\Delta\alpha$ 加剧模具的磨损和影响冲压件质量，严重时会折断冲头，故在开式压力机机身结构设计时尤其应控制角位移 $\Delta\alpha$。设计时引入角刚度参数 C_α，$C_\alpha=F/\Delta\alpha$，通过优化床身横截面可提高 C_α 值。由于 $\Delta\alpha$ 的存在，开式机身多用于小型压力机。

2）闭式机身。通用压力机常见闭式机身类型如图 1-1-32 所示。闭式机身形成一个对称的封闭框架，受力后只产生垂直变形，不产生角变形，闭开式机身刚度好，广泛应用于大中型曲柄压力机。整体式机身（见图 1-1-32a）加工装配工作量较少，但需要大型加工设备，运输安装也较困难；组合式机身(见图 1-1-32b）是由上横梁、立柱、底座和拉紧螺栓组合而成，考虑到工作时框架受力，装配时立柱须进行预紧，保证设备工作时不产生错移。组合式机身的预紧如图 1-1-33 所示。应用较多的预紧方法之一是电加热法，先将各部分安装好并拧紧螺母做上标记，计算预紧所需拧动的螺母转角，加热预先

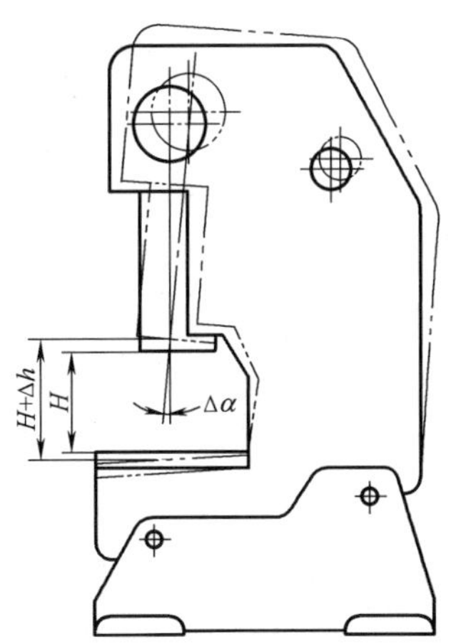

图 1-1-31　开式压力机的弹性变形及其对冲模的影响

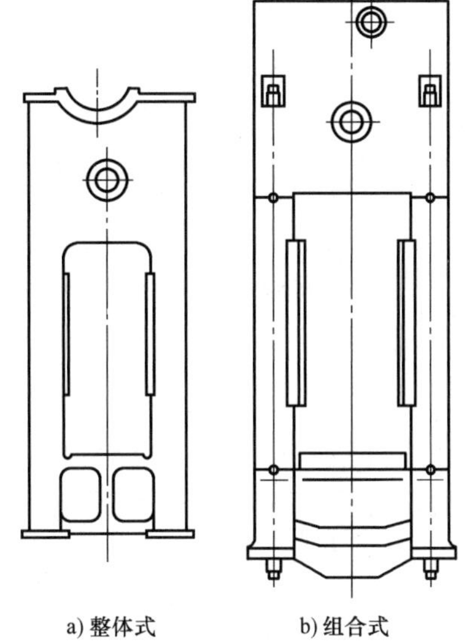

a) 整体式　　b) 组合式

图 1-1-32　通用压力机常见闭式机身类型

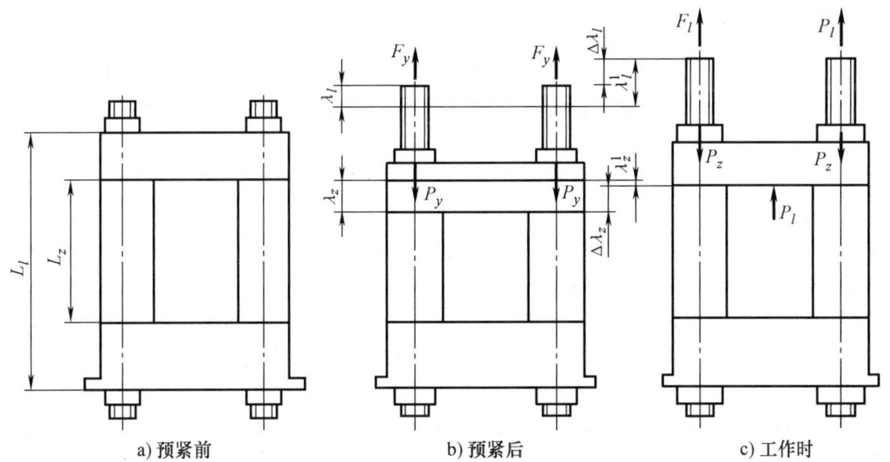

a) 预紧前　　b) 预紧后　　c) 工作时

图 1-1-33　组合式机身的预紧

绕在拉紧螺柱上的电阻丝，使螺柱受热伸长，将螺母旋转计算好的角度值，电阻丝断点后即可达到预紧状态。可以将机身分成几部分加工和运输，因此加工运输比较方便，在大中型压力机上此种机身应用较多。

1.7　典型公司产品简介

开式单点机械压力机是结构形式最简单的通用机械压力机，日本小松、日本会田、中国台湾金丰都推出了成系列十分成熟的产品。我国标准中 JH21 系列压力机是一款高性能、通用性强的开式单点压力机，适用于汽车、家电、日用五金等行业金属零件的冲孔、落料、成形、折弯、浅拉深等多种工序。其主要技术参数见表 1-1-11。

表 1-1-11　JH21 系列开式压力机的主要技术参数

参数名称	JH21-25	JH21-45	JH21-63	JH21-80	JH21-110	JH21-125	JH21-160	JH21-200	JH21-250	JH21-300
公称力/kN	250	450	630	800	1100	1250	1600	2000	2500	3000
公称力行程/mm	2.8	3.2	4	5	5	5	6	6	6	6
滑块行程/mm	80	120	140	140	180	160	200	250	250	250
滑块行程次数/(次/min)	50~100	45~90	45~80	45~75	35~65	35~65	30~55	25~45	25~40	25~40

（续）

参数名称	JH21-25	JH21-45	JH21-63	JH21-80	JH21-110	JH21-125	JH21-160	JH21-200	JH21-250	JH21-300
最大装模高度/mm	250	270	300	320	350	350	400	470	500	500
装模高度调节量/mm	50	60	70	90	90	100	100	100	110	110
喉深/mm	210	225	270	290	350	350	390	430	475	475
工作台板尺寸/mm(前后×左右)	400×700	440×810	520×870	560×1000	680×1100	680×1100	760×1300	840×1400	930×1500	930×1500
工作台板厚度/mm	80	110	130	140	155	160	165	180	190	190
工作台离地面高度/mm	780	820	900	920	900	920	915	1000	1100	1100
立柱间距/mm	470	510	560	650	710	700	850	880	930	960
滑块底面尺寸/mm(前后×左右)	250×360	340×410	400×480	450×560	520×630	540×670	600×760	650×860	700×930	700×930
模柄孔尺寸/mm(直径×深度)	ϕ40×60	ϕ50×60	ϕ50×65	ϕ50×80	ϕ60×80	ϕ60×80	ϕ60×90	ϕ60×90	ϕ60×100	ϕ60×100
主电动机功率/kW	3	5.5	5.5	7.5	11	11	15	15	22	22

JH21 系列开式单点压力机如图 1-1-34 所示。例如，广东锻压机床厂有限公司生产制造的该系列压力机具有如下特点：机身采用整体箱式焊接结构，刚度较大；焊接后去应力退火，精度保持性高；曲轴纵放，传动齿轮置于机身内并浸油润滑，结构紧凑、造型美观，齿轮传动条件好，噪声低；滑块体采用六面长导轨导向，精度高及精度保持性好；采用气动湿式组合摩擦离合器与制动器，结合平稳，噪声小、寿命长，安全可靠；滑块内设置了液压过载保护装置，机器工作安全可靠；采用集中润滑，方便可靠；能实现急停、寸动、单次和连续冲裁，通用性高；预留接口可与自动送料装置配合，以实现单机或多机自动化冲压生产。

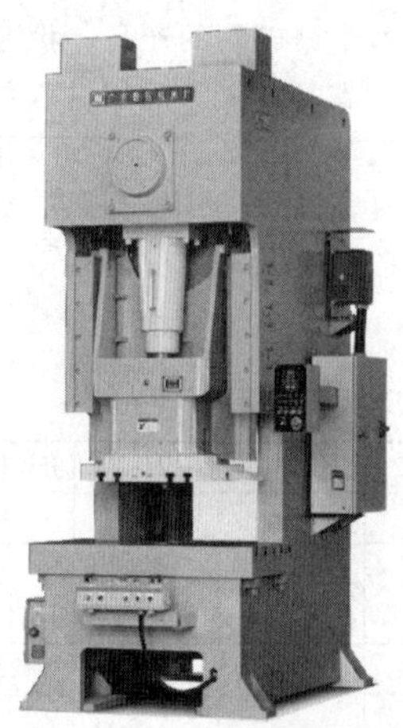

图 1-1-34　JH21 系列开式单点压力机

对传统开式单点压力机的控制系统进行升级换代，并与国际接轨的 OCP 系列开式单点高性能压力机具有较高的通用性，一般适合于小型、单工程薄钢板及连续模的下料、冲孔、折弯成形等工作，可单冲、连续模、机械手连线的作业。广泛用于电子、通信、计算机、家电、医疗器械、文具、五金、钟表、交通车辆（汽车、摩托车、自行车等）等行业。OCP 系列开式单点高性能压力机如图 1-1-35 所示，其主要技术参数见表 1-1-12。

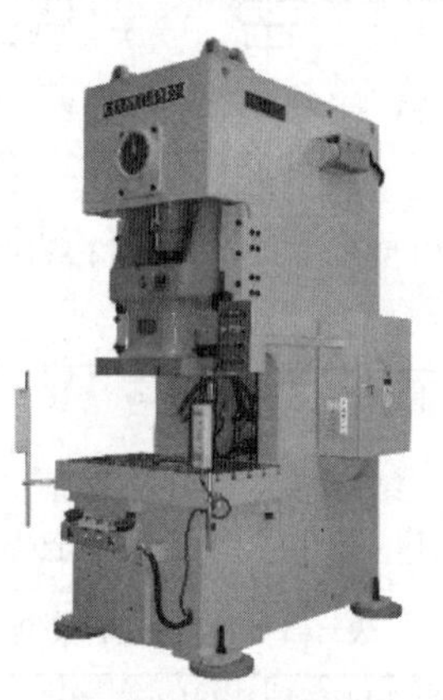

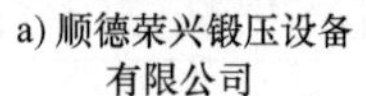

a) 顺德荣兴锻压设备有限公司

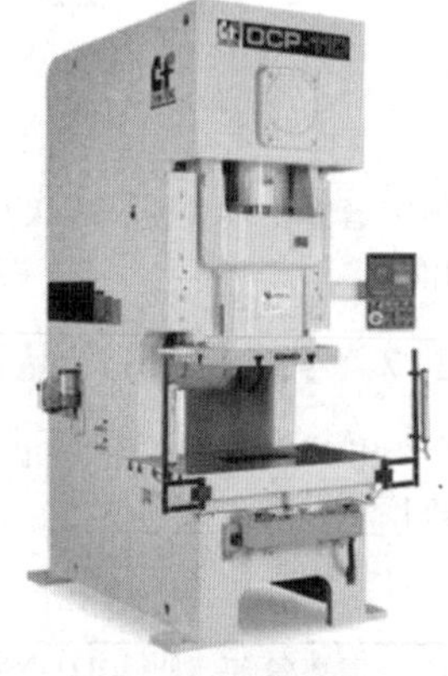

b) 台湾金丰机器工业股份有限公司

图 1-1-35　OCP 系列开式单点高性能压力机

OCP 系列产品特点：机身开口变形小，采用优质钢板焊接并经时效和抛丸钝化处理，冲压作业时

表 1-1-12　OCP 系列开式单点固定台式压力机的主要技术参数

参数名称	OCP-80			OCP-110			OCP-160			OCP-200		
	S	H	L	S	H	L	S	H	L	S	H	L
公称力/kN	800			1100			1600			2000		
公称力行程/mm	5	3.2	5	5	3.2	5	6	4	6	6	4	6
滑块行程/mm	100	60	160	110	70	180	130	80	200	150	95	200
滑块行程次数/(次/min)	55～110	75～150	40～75	50～100	65～135	30～65	40～85	55～150	25～50	35～70	45～95	20～45
最大装模高度/mm	300	300	330	320	320	350	350	350	450	410	410	450
装模高度调节量/mm	80			90			100			110		
工作台板尺寸/mm(左右×前后)	1000×460	1000×460	1000×600	1150×520	1150×520	1150×680	1250×600	1250×600	1250×760	1400×680	1400×680	1400×820
工作台板厚度/mm	100	120	100	120	140	120	150	175	150	160	187.5	160
电动机功率/kW	7.5×4			11×4			11×4			15×4		

滑块与工作台之间的开口角度较一般压力机小 30%，因此加工精度高，并且能有效延长模具使用寿命；采用三维设计软件进行整机结构设计并进行主要零部件的有限元分析优化，使得压力机的刚度更大，平衡性能更好，所以能长期维持其高精度；采用矩形六面加长导轨导向结构，滑块在前后、左右方向的位移极小，有效提高了模具的使用寿命；各运动副均经表面硬化处理及精密研磨，辅以强制润滑各旋转和滑动部位，传动平稳，其噪声小，振动也小，工作环境舒适、环保；采用气压联体型离合-制动器，辅以双联电磁安全阀控制，采用双手按钮操作，可轻松实现寸动、单次、连续操作，通用性强，安全可靠性高；整机采用外置式液压超负荷保护装置，不同于压塌块式的过载保护，其反应灵敏（过载时的应答时间在 0.01s)，可瞬间卸荷并紧急停止，达到有效保护作用，只要将压力机寸动操作到上死点位置，该过载保护装置就自动补压复位，过载解除的效率很高；整机采用 PLC 及触摸屏搭配变频调速系统控制，人机操作界面简单，数字化控制程度高，搭配周边自动化装置，可轻松实现自动化绿色生产；包括气压式模垫在内的压力机的安装、维护、解体等，无须地坑及其他辅助设备，移动方便，可大大节省设备使用保养费用。

双点压力机的运动原理如图 1-1-36 所示。固定在电动机 1 上的小带轮 2，通过传动带 3 把电动机的旋转运动传递给大带轮 4，大带轮可以把运动传给小齿轮 5，从而通过大齿轮 6 把运动传给固定在大齿轮上的曲轴 7，连杆 8 上端与曲轴 7、下端与滑块 9 用铰链连接，因此就将电动机的旋转运动变成滑块的直线往复运动。通过组装在大带轮内的离合器制动器能控制小齿轮的运动或停止，从而使得滑块运动或停止。

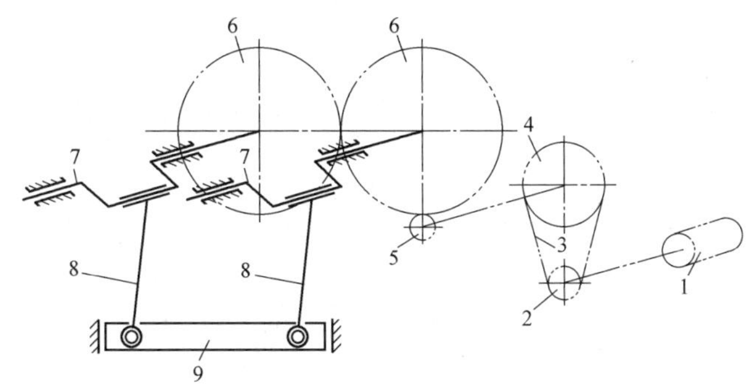

图 1-1-36　双点压力机的运动原理

1—电动机　2—小带轮　3—传动带　4—大带轮　5—小齿轮　6—大齿轮　7—曲轴　8—连杆　9—滑块

开式双点固定台式压力机如图 1-1-37 所示。JH25 系列开式双点固定台式压力机的主要技术参数见表 1-1-13。该系列压力机具有如下特点：高刚度机身设计，采用钢板焊接，经过退火消除内应力，提高了整机精度的稳定性和可靠性；双曲轴采用逆转方式设计，抵消连杆滑块的侧向力，提高了传动平稳性；滑块体采用六面长导轨导向，精度高、精度保持性好；采用气动湿式组合摩擦离合器与制动器，结合平稳，噪声小，寿命长，安全可靠；滑块内设置了液压过载保护装置，机器工作安全可靠；

采用集中润滑，用 PLC 控制自动润滑，方便可靠；能实现急停、寸动、单次和连续冲裁，通用性高；预留接口可与自动送料装置配合，以实现单机或多机自动化冲压生产。

a) JH25系列

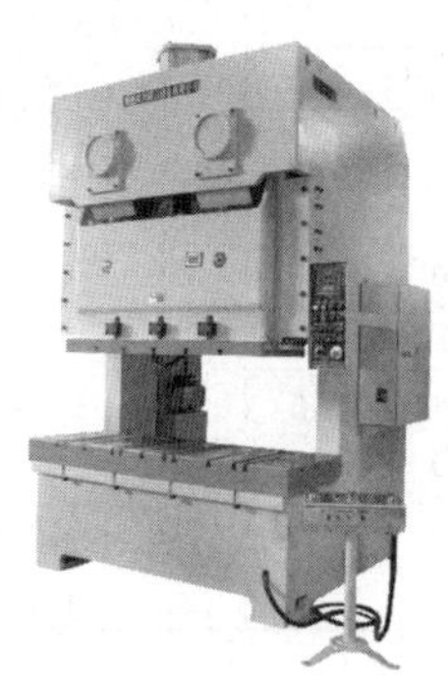

b) CDP系列

图 1-1-37　开式双点固定台式压力机

CDP 系列开式双点高性能压力机是 C 形开式机身所能达到最大能力的压力机，通用性高，主要用于薄板的冷冲压工序，可以完成如落料、切边、成形、浅拉深等，尤其适用于利用连续模进行自动化生产的场合，如汽车、家电、电器等工业部门的冲压生产，其主要技术参数见表 1-1-14。CDP 系列产品除了具有 OCP 系列压力机所具有的性能外，还有如下显著特点：采用中置式矩形六面加长导轨导向结构，滑块的导向中心与滑块中心重合，并且在滑块的全行程进行导向，因此抗偏载能力强，可有效提高模具的使用寿命；双曲柄连杆机构对向回转，有效消除滑块运转对导轨产生的侧向力，提高压力机运行的平稳性；本系列压力机具有宽阔的作业面积，具有易于实现自动化的各种功能，是通用压力机的代表产品，特别适用于多品种、小批量的生产，可有效降低生产成本。

表 1-1-13　JH25 系列开式双点固定台式压力机的主要技术参数

参数名称	JH25-110	JH25-160	JH25-200	JH25-250	JH25-300
公称力/kN	1100	1600	2000	2500	3000
公称力行程/mm	5	6	7	7	7
滑块行程/mm	180	200	250	280	280
滑块行程次数/(次/min)	35~65	30~55	25~45	20~35	20~35
最大装模高度/mm	400	450	500	550	550
装模高度调节量/mm	90	100	110	120	120
喉深/mm	350	390	430	470	470
工作台板尺寸/mm(前后×左右)	680×1880	760×2040	840×2420	920×2700	920×2700
工作台板厚度/mm	150	160	170	180	180
立柱间距/mm	1450	1650	2000	2200	2200
滑块底面尺寸/mm(前后×左右)	520×1420	580×1500	650×1850	700×2100	700×2100
模柄孔尺寸/mm(直径×深度)	ϕ60×75	ϕ60×80	ϕ70×90	ϕ70×100	ϕ70×110
主电动机功率/kW	11	15	22	30	30

表 1-1-14　CDP 系列开式双点固定台式压力机的主要技术参数

参数名称	CDP-110			CDP-160			CDP-200			CDP-250		
	S	V	H	S	V	H	S	V	H	S	V	H
公称力/kN	1100			1600			2000			2500		
公称力行程/mm	5		3	6		3	6		3	7		3.5
滑块行程/mm	180		110	200		130	250		150	280		170
滑块行程次数/(次/min)	50	35~65	50~100	45	30~55	40~85	35	25~45	35~70	30	20~35	30~60
最大装模高度/mm	400			450			500			550		
装模高度调节量/mm	90			100			110			120		
工作台板尺寸/mm(左右×前后)	1880×680			2040×760			2420×840			2700×920		
工作台板厚度/mm	130		165	150		185	170		220	170		225
电动机功率/kW	15×4			18.5×4			22×4			30×4		

闭式机械压力机如图 1-1-38 所示，闭式单点、双点压力机的主要技术参数见表 1-1-15 和表 1-1-16，闭式落料机械压力机的主要技术参数见表 1-1-17。

a) 顺德荣兴锻压设备有限公司SSP系列闭式单点压力机

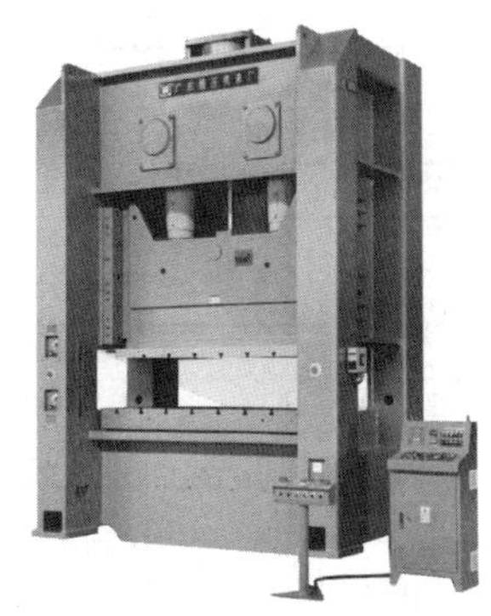

b) 广东锻压机床厂有限公司STPP系列闭式双点压力机

图 1-1-38　闭式机械压力机

表 1-1-15　SSP 系列闭式单点压力机的主要技术参数

参数名称	SSP-110L	SSP-160L	SSP-200L	SSP-250L	SSP-300L
公称力/kN	1100	1600	2000	2500	3000
公称力行程/mm	5	6	6	6	6
滑块行程/mm	180	200	250	250	250
滑块行程次数/(次/min)	35~65	30~55	25~45	25~40	25~40
最大装模高度/mm	350	400	470	500	500
装模高度调节量/mm	90	100	100	110	110
机身侧窗口尺寸/mm(前后×上下)	550×520	600×620	650×690	650×720	650×720
立柱间距/mm	1000	1200	1300	1350	1380
工作台板尺寸/mm(前后×左右)	680×950	760×1150	840×1250	930×1300	930×1330
工作台板厚度/mm	155	165	180	190	190
工作台距地面高度/mm	900	915	1000	1110	1110
滑块垫板尺寸/mm(前后×左右)	520×630	600×760	650×860	700×930	700×930
滑块垫板高度/mm	80	90	90	100	100
滑块垫板模柄孔尺寸/mm	$\phi 60$	$\phi 60$	$\phi 60$	$\phi 60$	$\phi 60$
主电动机功率/kW	11	15	15	22	22

表 1-1-16　STPP 系列闭式双点压力机的主要技术参数

参数名称	STPP-160	STPP-250	STPP-300	STPP-350	STPP-400	STPP-400K	STPP-500	STPP-600
公称力/kN	1600	2500	3000	3500	4000	4000	5000	6000
公称力行程/mm	6	7	7	7	7	7	7	9
滑块行程/mm	200	250	250	280	300	300	320	320
滑块行程次数/(次/min)	30~55	25~45	20~35	20~35	20~35	20~35	15~30	15~30
最大装模高度/mm	450	500	550	600	600	700	800	800
装模高度调节量/mm	100	110	120	120	140	140	140	200
机身侧窗口尺寸/mm(前后×上下)	760×520	920×520	1200×630	1200×630	1200×630	1200×680	1200×700	1200×700
工作台板尺寸/mm(前后×左右)	800×1860	840×2200	1000×2500	1100×2700	1100×2700	1200×3000	1300×3200	1300×3200

（续）

参数名称	STPP-160	STPP-250	STPP-300	STPP-350	STPP-400	STPP-400K	STPP-500	STPP-600
滑块底面尺寸/mm（前后×左右）	700×1800	750×1900	900×2200	1000×2400	1000×2400	1100×2800	1200×3000	1200×3000
立柱间距/mm	2120	2300	2600	2800	2800	3100	3400	3400
主电动机功率/kW	18.5	22	30	37	37	45	55	55

表 1-1-17　闭式落料机械压力机的主要技术参数

参数名称	单点				双点				四点
	JL31-500	JL31-1000	JL31-1250	JL31-1600	JL36-400	JL36-500	JL36-800	JL36-1600	JL39-800
公称力/kN	5000	10000	12500	16000	4000	5000	8000	16000	8000
公称力行程/mm	7	10	13	13	10	10	13	13	10
滑块行程次数/(次/min)	18	12	10	10	10～25	18	10-18	10-16	10-25
滑块行程/mm	200	400	500	500	300	300	500	700	400
最大装模高度/mm	400	700	900	1100	700	800	950	1300	1100
装模高度调节量/mm	150	250	350	400	400	300	400	600	300
导轨间距/mm	1780	1860	1860	1910	2670	3860	4060	90°直角导轨	4060
滑块底面尺寸/mm(前后×左右)	1300×1700	1600×1800	1600×1800	1800×1800	1250×2850	1700×3840	1800×4000	2200×5000	2200×3800
工作台板尺寸/mm(前后×左右)	1300×1700	1600×1800	1600×1800	1800×1800	1600×2800	2000×3800	1800×4000	2200×5000	2200×3800
工作台板厚度/mm	200	280	300	300	200	200	280	240	280
工作台距地面高度/mm	700	700	700	700	860	650	700	700	700
移动工作台形式			前开	前开	前开	前开	前开	前开	前开
电气控制形式	PLC	PLC	PLC	PLC	PLC	PLC	PLC	PLC	PLC
主电动机功率/kW	30	90	110	132	45	37	110	132	110
地面以上高度/mm	5650	8000	8500	8500	6900	7205	8500	8500	8000
压力机外形尺寸/mm	4300×4400	4850×6500	5000×6500	5000×6600	3300×5100	4000×6300	5400×7100	5760×8400	5500×7000
整机重量/kg	66000	165000	21000	295000	110000	160000	250000	485000	293000

广东锻压机床厂有限公司生产制造的 STTP 系列闭式双点压力机的主要特点是采用闭式结构、高刚度机身设计、钢板焊接，经过退火消除内应力，提高了整机精度的稳定性和可靠性；曲轴纵放，传动齿轮置于机身内并浸油润滑，结构紧凑、造型美观，齿轮传动条件好，噪声低；滑块体采用六面长导轨导向，精度高、精度保持性好；采用气动湿式组合摩擦离合器与制动器，结合平稳，噪声小、寿命长，安全可靠；滑块内设置了液压过载保护装置，设备工作安全可靠；采用集中润滑，用 PLC 控制自动润滑，方便可靠；能实现急停、寸动、单次和连续冲裁，通用性高；预留接口可与自动送料装置配合，以实现单机或多机自动化冲压生产。

STPP 系列闭式双点压力机主要特点是高刚度闭式机身，采用优质钢板焊接，经过退火消除内应力，提高了整机精度的稳定性和可靠性；双曲轴采用逆转方式设计，抵消了连杆滑块的侧向力，提高了传动平稳性；滑块体采用八面全导轨导向，精度高、精度保持性好；采用气动湿式组合摩擦离合器与制动器，结合平稳，噪声小、寿命长，安全可靠；滑块内设置了液压过载保护装置，设备工作安全可靠；采用集中润滑，用 PLC 控制自动润滑，方便可靠；能实现急停、寸动、单次和连续冲裁，通用性高；预留接口与自动送料装置配合，易于实现单机或多机自动化冲压生产。

顺德荣兴锻压设备有限公司制造的 SSP 系列闭式单点快速压力机是经优化设计的闭式框架机身高精密度通用压力机，具有如下特点：经三维设计软件优化设计的机身采用龙门箱式整体焊接结构，并经内应力消除，具有超高刚度，其精度高、振动和噪声小，工作环境舒适；齿轮二级传动，主传动轴采用重载滚动轴承，运转精度高，并辅以电动稀油自动循环润滑，可抑制热变形，进一步提高加工精度；滑块采用八面加长导轨全程导向，具有很高的运行精度，耐偏心负荷能力强；滑块底面作业面积大，比同样能力的 OCP 系列大 25%，因此适用于小型连续模的自动化生产；装模高度采用电动调节，有效提高了模具调整的效率；连杆调节螺牙采用液压锁紧，可有效消除螺纹间隙，确保下死点精度稳定；采用气压联体型离合-制动器，辅以双联电磁安全阀控制，采用双手按钮操作，可轻松实现寸动、单次、连续操作，通用性强，安全可靠性高；整机采用外置式液压超负荷保护装置，不同于压塌块式的过载保护，其反应灵敏（过载时的应答时间在 0.01s），可瞬间卸荷并紧急停止，达到有效保护作用，只要将压力机寸动操作到上死点位置，该过载保护装置就自动补压复位，过载解除的效率很高；整机采用 PLC 及触摸屏搭配变频调速系统控制，人机操作界面简单，数字化控制程度高，配以周边自动化装置，可轻松实现自动化绿色生产。

根据某家电公司空调用钣金件制造工艺，以国产 SSP 系列压力机为主构建了多机多站式自动冲压生产线，如图 1-1-39 所示。该生产线主要由 4 台 SSP 系列压力机和机械手等辅助自动化装置组成，具体为四台单站式机械手、一个存料台、一台 SSP-250 闭式单点压力机、一台 SSP-300 闭式单点压力机和两台 SSP-350 闭式单点压力机。

图 1-1-39　多机多站式自动冲压生产线

参考文献

[1]　赵升吨. 高端锻压制造装备及其智能化 [M]. 北京：机械工业出版社，2019.

[2]　王敏，方亮，赵升吨，等. 材料成形设备及其自动化 [M]. 北京：高等教育出版社，2010.

[3]　李永堂，付建华，白墅洁，等. 锻压设备理论与控制 [M]. 北京：国防工业出版社，2005.

[4]　何德誉. 曲柄压力机第二版 [M]. 北京：机械工业出版社，1987.

[5]　王卫卫. 材料成形设备 [M]. 北京：机械工业出版社，2011.

[6]　ZHAO S D，WANG J，WANG J，et al. Expansion-chamber muffler for impulse noise of pneumatic frictional clutch and brake in mechanical presses [J]. Applied Acoustics. 2006，67 (6)：580-594.

[7]　HE Y P，ZHAO S D，ZOU J，et al. Study of utilizing differential gear train to achieve hybrid mechanism of mechanical press [J]. Science in China，Series E：Technological Sciences，2007，50 (1)：69-80.

[8]　赵升吨，赵弘，周明勇，等. 机械压力机操作规范的计算机控制 [J]. 仪器仪表学报，2002，23 (3)：848-849.

[9]　赵升吨，何予鹏，王军. 机械压力机低速锻冲急回机构运动特性的研究 [J]. 锻压装备与制造技术，2004，39 (3)：24-32.

[10]　赵升吨，崔晓永，张学来，等. 机械压力机气动摩擦离合器用旋转接头合理结构的探讨 [J]. 锻压装备与制造技术，2004，39 (2)：39-42.

[11]　何予鹏，赵升吨，杨辉，等. 机械压力机低速锻冲机构的遗传算法优化设计 [J]. 西安交通大学学报，2005，39 (5)：490-493.

[12]　何予鹏，赵升吨，王军，等. 具有低速锻冲特性的机械压力机工作机理的研究 [J]. 机械工程学报，2006，42 (2)：145-149.

[13]　赵升吨，王军，何予鹏，等. 机械压力机节能型气压式制动方式设计理论 [J]. 机械工程学报，2007，43 (9)：16-20.

[14]　邵中魁，赵升吨，刘辰，等. 机械压力机行程调节方式合理性探讨 [J]. 锻压装备与制造技术，2012，47 (4)：8-12.

[15]　赵升吨，邵中魁，盛朝辉. 机械压力机工作机构合理性探讨 [J]. 锻压装备与制造技术，2013，48 (3)：14-19.

第2章

热模锻压力机

中国第二重型机械集团公司　史苏存　余朝辉
西安交通大学　王永飞

2.1　热模锻压力机的用途、特点及主要技术参数

热模锻压力机的工作原理与通用曲柄压力机一样，是通过不同形式的曲柄滑块机构把主传动的旋转运动转变为滑块的直线往复运动，并借助固定在机身的工作台和滑块上的上、下模具实现加热金属的成形的。在模锻过程中所需的模锻力是通过压力机飞轮转速降低所释放的能量产生的。

现代热模锻压力机通常由主要执行机构、主传动、离合器和制动器、机身、气动和电气控制系统、润滑系统、辅助机构等组成。它们彼此间在功能上是相互联系的，其中主要执行机构是用来实现滑块直线往复运动的工作机构，在实际应用中主要有曲柄滑块机构和曲柄楔块机构；辅助机构是扩大热模锻压力机工艺用途、减少压力机和模具调整时间、提高压力机工作可靠性的装置，主要包括上下顶出装置、装模高度调节装置、平衡器、飞轮制动器、过载保护装置、解除闷车装置、模具快速更换装置，以及压力指示器温度监测、滑块行程指示和装模高度调节量指示装置等。

热模锻压力机主要用来生产精度要求比较高、批量比较大的模锻件，如汽车的前梁、曲轴、羊角等锻件。

热模锻压力机有如下特点：

1）整机刚度高，以适应锻件精度高的要求。热模锻压力机的垂直刚度为

$$C_h=(54\sim76)\sqrt{F_g}$$

式中　C_h——垂直刚度（kN/mm）；

F_g——公称力（kN）。

2）滑块抗倾斜能力强，以适应多模膛模锻的需要。

3）滑块行程次数高，以便使锻件滞留模具内的时间短，延长模具的使用寿命。

4）具有上下顶出装置，以适应锻件模锻斜度小的需要。

5）具有解脱“闷车”装置，以解决由于操作失误或坯料温度过低所造成的事故。

热模锻压力机种类繁多，按其工作机构的不同可分为两大类，即连杆式热模锻压力机和楔式热模锻压力机。连杆式热模锻压力机的工作机构为曲柄滑块机构，而楔式热模锻压力机则由曲柄连杆通过楔块推动滑块工作。

热模锻压力机的基本技术参数是压力机结构设计和计算、模具设计、设备选用、安装等的依据，主要包括公称力、公称力角、滑块行程、滑块行程次数、最大装模高度及其调节量、压力机工作台板尺寸和滑块底面尺寸。

1）公称力 F_g。曲柄距下死点某一特定角度下，滑块允许的承载能力称为热模锻压力机的公称力。

2）公称力角 α。公称力角指压力机在公称力下的曲柄距下死点的最大偏角，它的大小对热模锻压力机使用功能及主要执行机构、主传动、离合器和制动器等主要部件的结构尺寸影响极大，增大公称力角固然可以扩大压力机的工艺使用范围，但压力机的结构尺寸会增大，因而提高了制造成本。原则上，应是在满足模锻工艺用途的前提下，尽量减小公称力角。

3）滑块行程 S。滑块行程指压力机滑块在上下死点间移动的距离。它取决于锻造时安置在热模锻压力机上的毛坯最大高度，锻件在最大高度下的取料、翻转、吹除氧化皮和模具润滑装置，以及其他操作要求。

4）滑块行程次数 n。滑块行程次数指压力机在空负荷状态下，滑块每分钟由上死点运动到下死点，再由下死点返回上死点连续运动的次数。热模锻压力机的滑块行程次数应尽可能高，以减少锻件与模具的接触时间，但滑块行程次数过高会引起热模锻压力机动载的急剧增加。因此，在确定自动热模锻压力机滑块行程次数时，通常要低于通用热模锻压力机。

5）最大装模高度及其调节量。装模高度指热模

锻压力机滑块处于下死点位置时，滑块底面与压力机工作台上平面的距离。为适应不同锻模在闭合时的高度要求，最大装模高度应能在一定范围内调整，其调节量称为装模高度调节量。当装模高度处于最大时，称为最大装模高度。

装模高度的确定原则是应能满足固定于热模锻压力机上下模座的模具高度要求。

6）工作台板尺寸和滑块底面尺寸。工作台板尺寸和滑块底面尺寸应能满足上下模座尺寸要求，应根据压力机在公称力范围内所能锻造的最大零件尺寸和模锻工艺工序的安排来选择。现有大多数热模锻压力机工作台板和滑块底平面的前后尺寸都大于左右尺寸，这主要是考虑模锻长轴类锻件的需要，以及压力机的结构设计要求。

热模锻压力机的技术参数尚无统一的国家标准。表 1-2-1 和表 1-2-2 列出了中国第二重型机械集团公司（简称中国二重）按德国奥姆科（EUMUCO）技术生产的 MP 系列和 KP 系列热模锻压力机的主要技术参数，表 1-2-3 列出了我国其他工厂生产的热模锻压力机的主要技术参数，表 1-2-4 和表 1-2-5 列出了日本小松公司生产的 CAH 系列和 C2S 系列的热模锻压力机主要技术参数，表 1-2-6 列出了俄罗斯伏龙涅什（3TMIT）公司生产的热模锻压力机的主要技术参数，表 1-2-7 列出了捷克斯麦拉尔（SMERAL）和英国马赛（MASSAY）等生产的热模锻压力机的主要技术参数。

表 1-2-1　MP 系列热模锻压力机的主要技术参数（中国二重）

参数名称		参数值							
公称力 P_g/kN		10000	16000	20000	25000	31500	40000	50000	63000
滑块行程次数 n/(次/min)		100	90	85 70	85 65	60	55	45	42
滑块行程 S/mm		250	280	300	320	340	360	400	450
装模高度调节量 ΔH_1/mm		14	18	20	22.5	25	28	32	35
工作台板尺寸/mm	左右 L	850	1050	1210	1300	1400	1500	1600	1840
	前后 B	1120	1400	1530	1700	1860	2050	2250	2300
最大装模高度 H_1/mm		700	875	950	1000	1050	1110	1180	1250
额定传动功率 P/kW		45	75	90	110	132	185	230	300

表 1-2-2　KP 系列热模锻压力机的主要技术参数（中国二重）

参数名称		参数值					
公称力 P_g/kN		25000	31500	40000	63000	80000	125000
滑块行程次数 n/(次/min)		63	55	50	40	40	30
滑块行程 S/mm		290	310	330	390	420	500
装模高度调节量 ΔH_1/mm		12	12	15	20	20	25
最大装模高度 H_1/mm		1000	1050	1100	1320	1420	1800
滑块底面尺寸/mm	左右 A	1220	1270	1450	1600	1650	2190
	前后 B_1	1300	1350	1500	1650	1700	2240
工作台板尺寸/mm	左右 L	1260	1310	1500	1700	1700	2240
	前后 B	1700	1750	1800	2000	2000	2800
主电动机功率 P/kW		110	132	185	300	370	530

表 1-2-3　其他工厂生产的热模锻压力机的主要技术参数

参数名称		参数值						
结构形式		曲轴纵放式		曲轴横放式				
公称力 P_g/kN		10000	16000	20000	25000	31500	40000	80000
滑块行程 S/mm		250	280	300	320	350	400	460
滑行程次数 n/(次/min)		90	85	80	70	55	50	39
最大装模高度 H_1/mm		560	720	765	1000	950	1000	1200
装模高度调节量 ΔH_1/mm		10	上、下各 5	21	22.5	23	25	25
导轨间距/mm		1050	1250	—	—	1300	—	1820
工作台板尺寸/mm	左右 L	1000	1250	1035	1140	1240	1450	1700
	前后 B	1150	1120	1100	1250	1300	1500	1830

（续）

参数名称		参数值						
结构形式		曲轴纵放式		曲轴横放式				
电动机功率 P/kW		55	75	115	135	180	202	45×2(主)
质量/t		50	75	117	163	203	285	858
外形尺寸/mm	长	2600	3190	6900	—	4230	8100	6700
	宽	2400	2680	5300	—	4870	8000	5200
	高	5550	5610	9020	—	8700	10900	11350
生产厂		济南重型机器厂	太原重工股份有限公司	北方重工集团有限公司	北方重工集团有限公司	中国第一重型机械集团公司	北方重工集团有限公司	中国第一重型机械集团公司

表 1-2-4　日本小松公司生产的 CAH 系列热模锻压力机的主要技术参数

参数名称		参数值								
公称力 P_g/kN		6300	8000	10000	16000	20000	25000	30000	40000	50000
滑块行程 S/mm		224	224	240	280	300	320	360	380	400
最大装模高度 H_1/mm		550	600	650	760	900	900	1000	1100	1200
装模高度调节量(工作台) ΔH_1/mm		10	10	10	12	14	16	18	20	20
滑块行程次数 n/(次/min)		115	115	100	70	60	55	50	50	45
工作台板尺寸/mm	左右 L	720	770	900	1050	1150	1250	1350	1500	1750
	前后 B	890	940	1000	1150	1250	1350	1450	1600	1800
滑块底面尺寸/mm	左右	650	700	800	950	1050	1150	1250	1400	1650
	前后	650	700	800	900	1000	1100	1170	1300	1650
主电动机功率 P/kW		37	37	55	75	90	110	150	220	300

表 1-2-5　日本小松公司生产的 C2S 系列热模锻压力机的主要技术参数

参数名称		参数值			
公称力 P_g/kN		4000	6300	8000	10000
滑块行程 S/mm		250	270	280	300
最大装模高度 H_1/mm		850	850	900	950
装模高度调节量 ΔH_1/mm		100	100	100	100
滑块行程次数 n/(次/min)	可变速	20~50	18~46	17~43	16~40
	定速	45	40	38	35
模座尺寸/mm	左右	1100	1250	1450	1600
	前后	600	800	850	900
滑块底面尺寸/mm	左右	1050	1200	1400	1550
	前后	600	800	850	900
主电动机功率 P/kW		37	75	90	130

表 1-2-6　俄罗斯伏龙涅什生产的热模锻压力机的主要技术参数

参数名称		参数值											
型号		KA8538	KD8040B	KE8542	KB8544B	K8045	KB8046	KG8048	KA8549	K8049	K8551	K8051	K8052
公称力/kN		6300	10000	16000	25000	31500	40000	63000	80000	90000	125000	140000	160000
滑块行程/mm		200	280	300	350	360	400	460	480	490	520	520	600
滑块行程次数/(次/min)		100	90	85	70	60	50	40	40	40	35	35	32
最大装模高度/mm		600	710	850	1000	1000	1200	1350	1590	1600	1800	1800	1900
装模高度调节量/mm		10	10	10	10	12	10	13	13	13	17	17	20
工作台板尺寸/mm	左右	760	930	1050	1280	1600	1710	2100	2100	2100	2500	2500	2300
	前后	850	1000	1200	1400	1550	1620	1950	2300	2300	3100	3100	3500
滑块底面尺寸/mm	左右	650	800	894	1090	1420	1470	1900	1900	1900	2460	2460	2650
	前后	700	980	944	1150	1800	2000	1850	2350	2350	2680	2680	3450
主电动机功率/kW		37	55	90	110	132	160	320	400	400	500	630	630

表 1-2-7　捷克斯麦拉尔和英国马赛热模锻压力机的主要技术参数

参数名称		参数值					
型号		LKM630/750-c	LKM1000/1000-c	LZK1000	LZK4000	H 型 600	H 型 1000
公称力 P_g/kN		6300	10000	10000	40000	6000	10000
滑块行程 S/mm		180	220	220	380	203	254
滑块行程次数 n/(次/min)		110	100	100	55	100	95
最大装模高度 H_1/mm		530	580	620	1000	508	622
装模高度调节量 ΔH_1/mm		10	10	10	15	—	—
工作台板尺寸/mm	左右 L	750	1000	1000	1520	—	—
	前后 B	900	950	950	1600		
滑块底面尺寸/mm	左右	720	950	960	1450	609	762
	前后	650	630	630	1300	660	762
电动机功率 P/kW		30	55	55	—	25	50
制造国别		捷	捷	捷	捷	英	英

2.2　热模锻压力机的工作原理及结构

2.2.1　连杆式热模锻压力机

图 1-2-1 所示为连杆式热模锻压力机的典型传动。该类压力机具有两级传动，一级为带传动，另一级为齿轮传动。离合器 8 和制动器 16 分别装在偏心轴 9 的两端，用气动联锁。滑块 11 多为象鼻式，因有附加导向面，可以提高抗倾斜能力。在机身下部装有双楔形工作台 12，以便调节装模高度。在滑块内部装有上顶件装置 14，在机身下部装有下顶件装置 13，以便顶出工件。

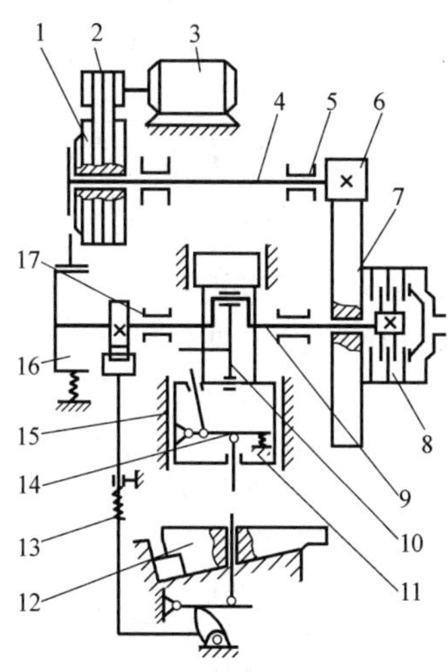

图 1-2-1　连杆式热模锻压力机的典型传动

1—大带轮　2—小带轮　3—电动机　4—传动轴　5、17—轴承　6—小齿轮　7—大齿轮　8—离合器　9—偏心轴　10—连杆　11—滑块　12—双楔形工作台　13—下顶件装置　14—上顶件装置　15—导轨　16—制动器

北方重工集团有限公司生产的热模锻压力机为连杆式热模锻压力机，机身为整体空心结构，用拉紧螺栓预紧。连杆采用双支点式，改善了受力状态，提高了稳定性。齿轮用人字齿轮，运转平稳。压力机装有轴承温度检测装置，提高了运转安全性。

图 1-2-2 所示为中国二重的 MP 系列热模锻压力机结构，该机也属连杆式压力机。从图 1-2-2 中可以看出，该种机型具有如下特点：

1）机身结构合理，刚度高，精度好。公称力小于 40000kN 的压力机为整体实心结构，不用拉紧螺栓预紧，加工安装方便；公称力大于 40000kN 的压力机采用组合结构，用 4 根拉紧螺栓预紧在一起，便于制造和运输。

2）滑块不用象鼻附加导轨，而用 X 形长导轨结构。这种导轨结构的导轨间隙不受温度变化的影响，因而可以将间隙调得较小。在调定后可保持稳定，无须经常调整。

3）偏心轴采用合金钢锻件，偏心部分左右较宽，偏心颈和支承颈较粗，强度、刚度较好。过渡圆角较大，应力集中较小。

4）连杆采用合金钢铸件，与滑块连接采用直径很大的柱销。柱面直接承受工作力，受力条件较好。柱销接触面长，抗倾斜能力大。

5）离合器和制动器采用小惯量的单盘浮动镶块式结构（公称力大于 63000kN 的压力机离合器为多片式结构），具有发热少、摩擦块寿命长、磨损后易于更换等优点。

6）飞轮和制动器盘等零件与偏心轴的连接采用无键胀套连接，具有装卸方便和不削弱轴的强度等优点。

7）设有工艺变形力指示器、轴承温度监控器、润滑监控器及其他故障显示器，并用微型计算机自动监视工作，因而大大提高了工作的可靠性。

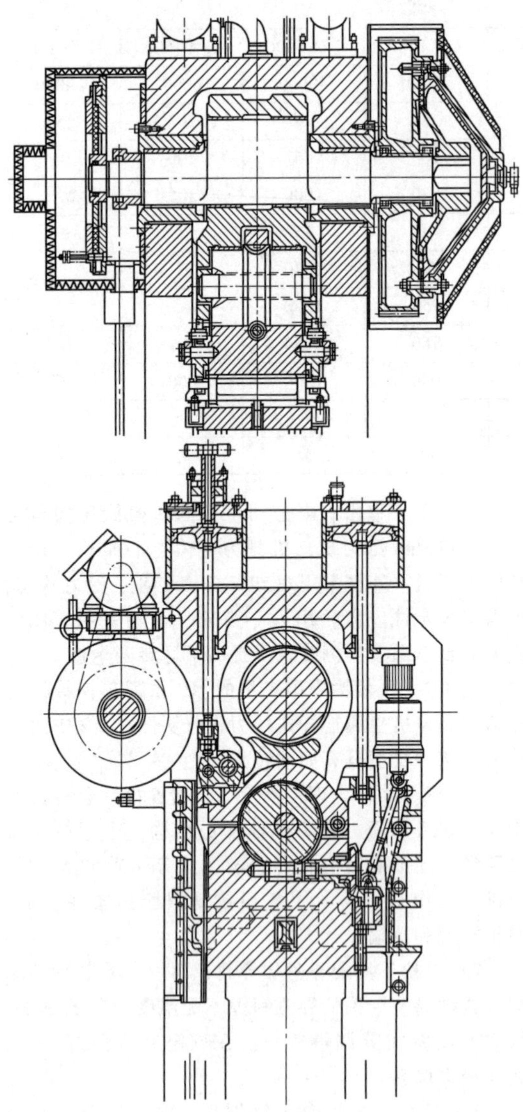

图 1-2-2　MP 系列热模锻压力机结构

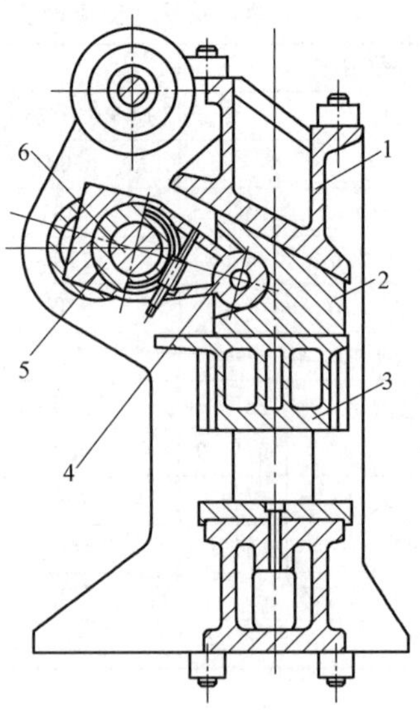

图 1-2-3　KP 系列热模锻压力机的结构原理

1—机身　2—传动楔块　3—滑块　4—连杆　5—偏心蜗轮　6—曲轴

2.2.2　楔式热模锻压力机

图 1-2-3 所示为 KP 系列热模锻压力机的结构原理。由图 1-2-3 可知，曲柄连杆并不直接带动滑块，而是通过传动楔块 2。楔块的斜面呈 30°倾角，表面经淬火处理。工作变形力有一半由楔块承受，只有一半传到曲轴和连杆，因而曲轴和连杆的尺寸较小。

楔式热模锻压力机有如下优点：

1）滑块允许承受的偏载能力高，倾斜度小，有利于进行多模膛和自动化模锻，有助于减少导轨的受力和磨损。由于采用楔式传动，楔面接触面积大，故滑块上可以承受公称力的面积也大，一般为整个滑块底面积的 24%，为双支点连杆式热模锻压力机的 3 倍。在锻造同样的细长件时，楔式热模锻压力机滑块倾斜度不及普通热模锻压力机的 1/3。

2）机器刚度大，锻件精度高。由于机身均有拉紧螺栓预紧，结构设计合理；工作机构采用楔块传动，没有连杆压缩变形的影响，故压力机的垂直变形小，仅为单支点连杆式热模锻压力机的 60%，为双支点连杆压力机的 75%。

但是，楔式热模锻压力机结构复杂，造价高，故公称力大于 63000kN 的压力机使用楔式传动才比较合适。

2.3　热模锻压力机的装模高度调节机构及顶件机构

2.3.1　装模高度调节机构

1. 楔形工作台式装模高度调节机构

楔形工作台有双楔式及单楔式，前者应用较为广泛。

楔形工作台按调节方式可分为手动调节式和机动调节式，采用后者可以省时省力，如图 1-2-4 所示。

在安装调整模具时，须注意不得将工作台面降至最低位置，至少应在最低位置以上 5mm，以便在发生“闷车”时，调节工作台面使之下降，解脱“闷车”状态。

2. 偏心压轴式装模高度调节机构

图 1-2-5 所示为偏心压轴式装模高度调节机构，MP 系列热模锻压力机即采用此种机构。其工作原理如下：将压缩空气通入平衡缸 2 的上腔和控制缸 1 的

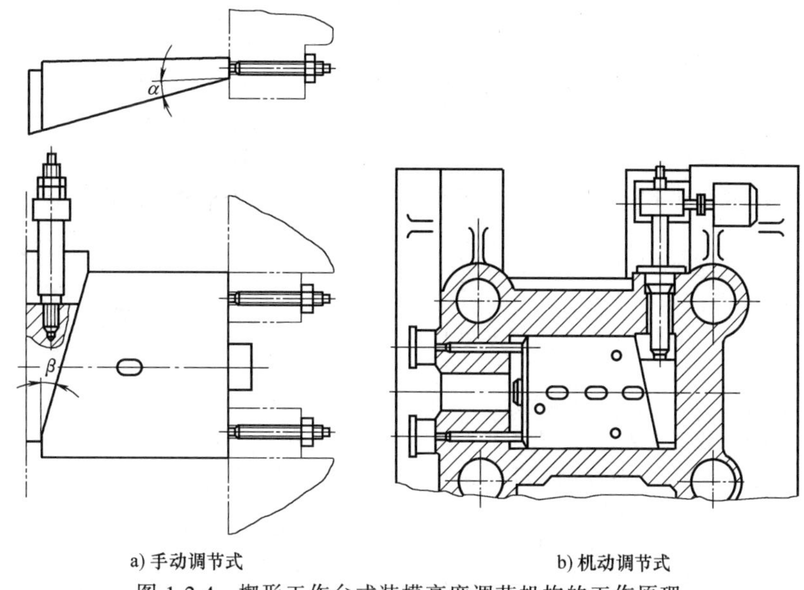

a) 手动调节式　　b) 机动调节式

图 1-2-4　楔形工作台式装模高度调节机构的工作原理

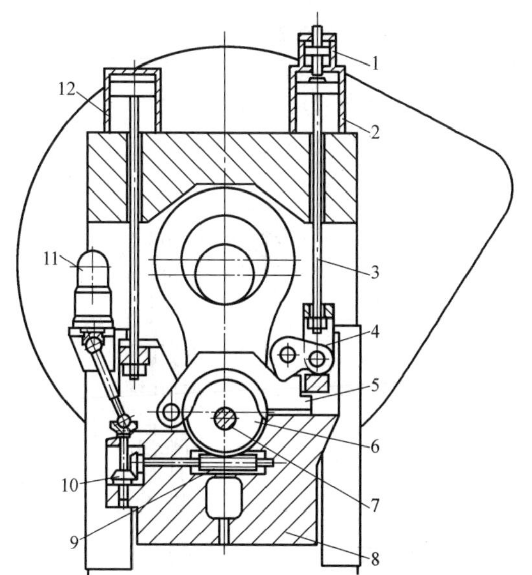

图 1-2-5　偏心压轴式装模高度调节机构

1—控制缸　2、12—平衡缸　3—活塞杆　4—锁块　5—弓形闸瓦　6—偏心压轴　7—连杆销　8—滑块　9—蜗杆　10—锥齿轮　11—电动机

上腔，使活塞杆 3 下行，脱开锁块 4，这样弓形闸瓦 5 即将偏心压轴 6 松开。由于偏心压轴左右两边的圆柱面与连杆销 7 不同心，而偏心压轴中部嵌有与蜗杆 9 相啮合的蜗轮齿，故当电动机 11 通过锥齿轮 10、蜗杆 9 带动偏心压轴转动时，则可调节压力机的装模高度。调整好后，使平衡缸上腔与控制缸上腔排气，因平衡缸的下腔是与气罐相通的，因而活塞杆上升，锁块压住弓形闸瓦，从而将偏心压轴锁紧。

3. 楔式压力机的装模高度调节机构

图 1-2-6 所示为 MP 系列楔式压力机的装模高度调节机构。在连杆 1 的大端装有偏心蜗轮 2，偏心蜗轮的内孔与曲轴 3 配合，其外周的 120°范围内开有轮齿。当蜗杆 4 旋转时，则蜗轮转动，改变了曲柄颈与连杆大端的连接点，这样即改变了连杆的长度，调节了压力机的装模高度。为了锁紧调节机构，可转动锥齿轮副，通过锁紧螺杆 8 使锁紧楔块 7 向内运动，将压紧块 6 压于偏心蜗轮上，使其不能转动。

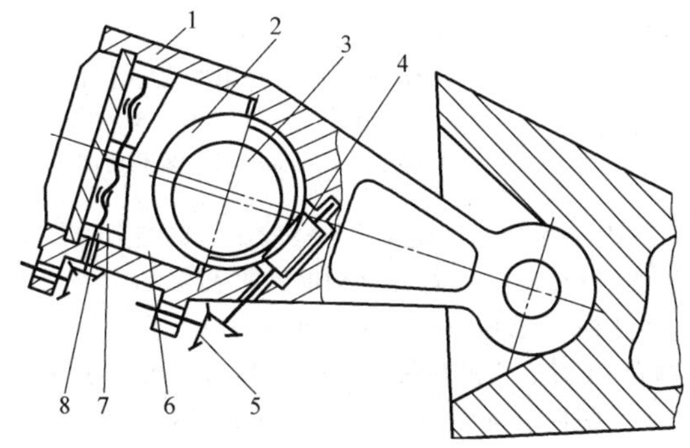

图 1-2-6　楔式压力机的装模高度调节机构

1—连杆　2—偏心蜗轮　3—曲轴　4—蜗杆　5—锥齿轮　6—压紧块　7—锁紧楔块　8—锁紧螺杆

装模高度调节机构还有捷克斯麦拉尔 LKM 系列和 LZK 系列压力机采用的偏心销式及德国哈森克来弗尔（HasellC1ever）VER 系列压力机采用的偏心轴承式等。

2.3.2　顶件机构

热模锻压力机对顶件机构有如下几点要求：

1）要有足够大的顶件力，以便能将锻件由模膛中顶出。

2）要有足够长的顶出行程，并且可调。

3）下顶件机构的顶出动作要滞后于滑块的回程动作。

4）要求下顶件机构在顶出锻件后有一段停留时间，以便操作者夹持锻件。

根据设计安装位置的不同，顶件机构可分为上顶件机构和下顶件机构。

1. 上顶件机构

图 1-2-7 所示为连杆式热模锻压力机常用的上顶件机构。在滑块回程时，由于连杆摆动，装在其上的凸块 8 推动推杆 6、杠杆 5 将顶件杆 4 压下，顶出锻件。复位弹簧 7 可使整个机构复位。调整楔块 2 的左右位置，可改变杠杆 5 的起始位置，从而调节了顶出行程。

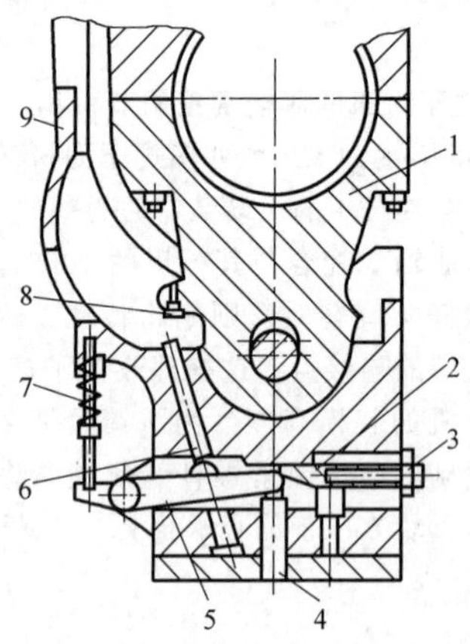

图 1-2-7　连杆式热模锻压力机常用的上顶件机构
1—连杆　2—楔块　3—螺钉　4—顶件杆　5—杠杆
6—推杆　7—复位弹簧　8—凸块　9—象鼻滑块

图 1-2-8 所示为楔块式热模锻压力机的上顶件机构。当滑块 1 空程向下运动时，平衡缸的活塞杆 8 通过连杆 7 推动摆杆 2，使顶出横梁 3 及顶件杆 5 始终压向下方。当滑块进入工作行程时，由于装在机身上的缓冲器 4 限位，使顶出横梁相对滑块上移。顶件杆在弹簧 6 的作用下向上复位。当滑块向上回程并脱离缓冲器时，在平衡缸下腔空气压力的作用下，活塞杆向上运动，通过连杆、摆杆及顶出横梁推动顶件杆向下运动，顶出锻件。

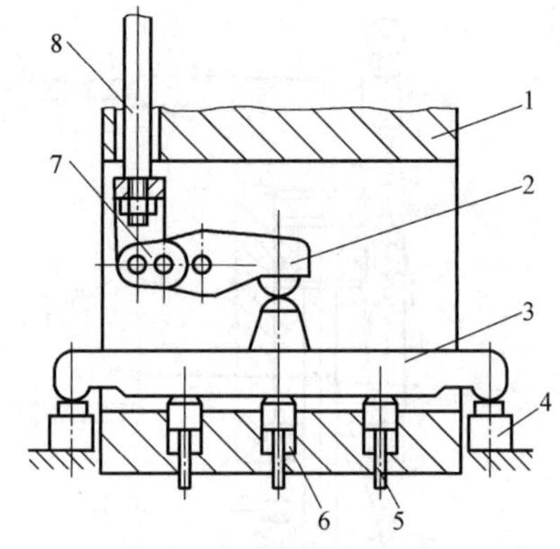

图 1-2-8　楔块式热模锻压力机的上顶件机构
1—滑块　2—摆杆　3—顶出横梁　4—缓冲器
5—顶件杆　6—弹簧　7—连杆　8—活塞杆

2. 下顶件机构

下顶件机构有机械式、液压式及气动式，其中以机械式应用最为广泛。

图 1-2-9 所示为机械式下顶件机构，该机构由装在曲轴上的凸轮 1 驱动，当凸轮旋转时，即可使下摆杆 8 以顶件轴 11 为轴心而摆动。在顶件轴的另一侧安装有一足够宽度的摆架 10，在其上可并排布置多根顶件杆 9。当下摆杆 8 摆动时，摆架 10 也随之摆动，因而它可推动顶件杆顶件。旋转调节螺母 6，即可调节顶件行程的起始位置。下摆杆另一端的气缸 12 可控制顶件杆在最高位置停留的时间。

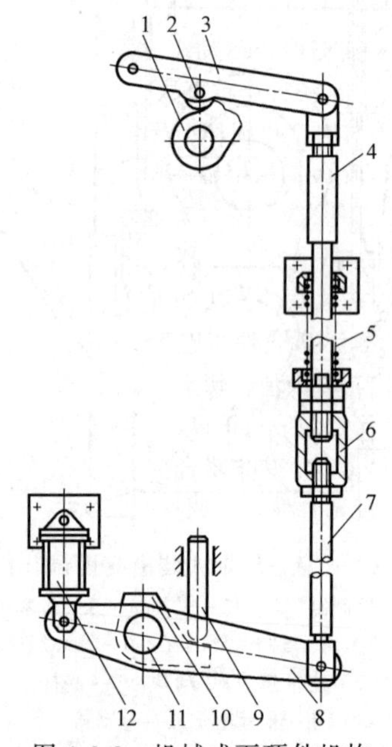

图 1-2-9　机械式下顶件机构
1—凸轮　2—滚轮　3—上摆杆　4—上拉杆
5—弹簧　6—调节螺母　7—下拉杆　8—下摆杆
9—顶件杆　10—摆架　11—顶件轴　12—气缸

图 1-2-10 所示为液压式和气动式下顶件机构。前者采用液压传动，一般液压缸体积较小，而后者采用气压传动，因而气缸体积较大。

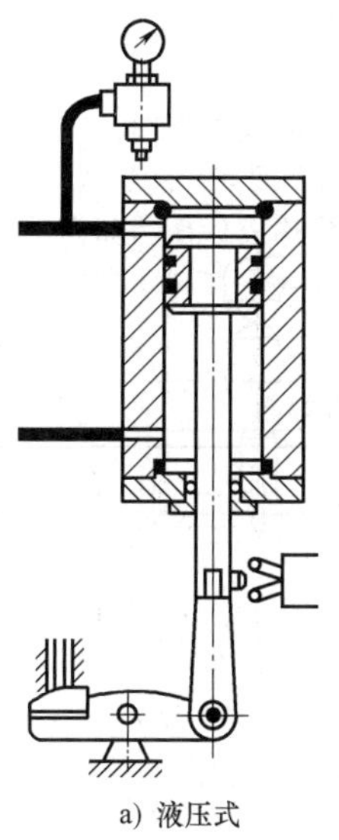

a) 液压式

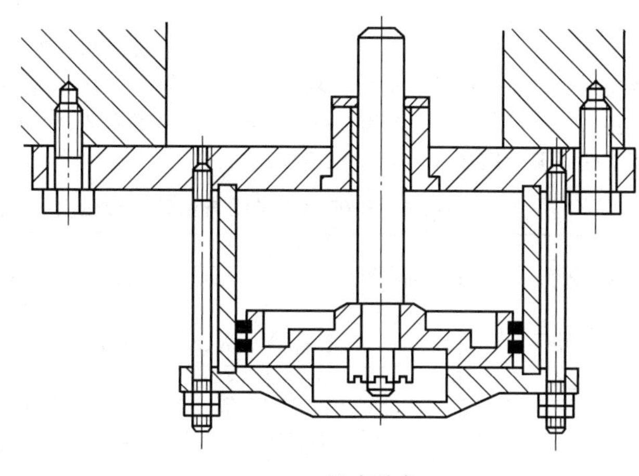

b) 气动式

图 1-2-10　液压式和气动式下顶件机构

2.4　热模锻压力机过载及其解除

当设备选用不合理、锻件温度过低、模具调整不当、重复放入锻件或模具上留有硬性异物等时，都可能导致压力机过载。过载严重时，滑块不能越过下死点即被迫停止运动。此种过载现象，通常称为“闷车”，是一种严重事故。产生闷车时，会使离合器的摩擦材料产生损坏，受力零件所受应力过高，影响压力机寿命。产生闷车事故时，处理起来往往很困难，当用现有方法均不能解脱时，只有切割模具，这将造成很大的经济损失。

防止闷车过载的方法如下：

1）准确计算锻件工艺变形力，合理选择压力机。计算应留有余地，切不可冒险大意。

2）严格控制锻造温度，当锻件温度过低时，宁愿重新加热，绝对禁止凑合蛮干。

3）仔细调整模具，调整好以后必须认真锁紧装模高度调节机构。

4）操作要小心，严防锻件重叠和将硬物遗留在模具中。

消除闷车过载有如下方法可供选择。

1）“打反车”，即将工作机构反转运动。其方法是用专用空气压缩机将离合器的进气气压提高一倍左右，即 1～1.2MPa。将电动机反转，并接通离合器，利用飞轮惯量，使滑块反向退回，从而消除闷车。消除闷车时应用调整行程按钮操作压力机。

2）锤击楔形工作台板，或者用强力的调节装置移动调节楔块，使工作台板下降。

3）对采用液压螺母预紧机身的压力机，可以通过液压螺母使机身卸载，从而消除闷车状态。

4）某些热模锻压力机的装模高度调节机构兼有预防过载和消除闷车的作用，可以启用此种机构。

5）切割模具。

2.5　预锻及精整成形压力机

用热模锻压力机进行模锻时，为了充分提高热模锻压力机的工作效率和模锻件的精度，需要使用配套压力机——预锻及精整成形压力机。此种压力机一般采用液压式的，在全行程上都施加公称力，并且无过载“闷车”危险。图 1-2-11 所示为此种压力机的结构原理。该机采用高速液压泵直接驱动，滑块运动速度较快，因而在完成多个预成形工序后，毛坯温度仍能保持锻造温度，可直接送往热模锻压力机进行模锻。

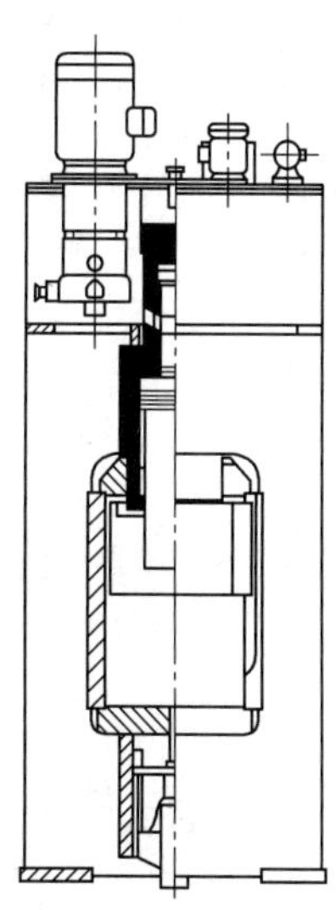

图 1-2-11　预锻和精整成形压力机的结构原理

该压力机机身为预应力整体钢板结构，液压缸、导向装置和工作台板装于框架内。滑块导轨呈 X 形，因而滑块受热后仍可保持其恒定的导轨间隙。压力机还备有顶出器。

该机在操作上有“调整”“单次行程”和“连续运转”三种方式。滑块的上、下死点位置可预置，滑块可实现快速下降、减速并转为加压速度压制工件，而且加压速度可按照压制工件情况自动调整。加压后，滑块以高速返回上死点。

在进行多个工序的预锻工序时，可借助程序控制装置预选滑块不同的下死点。

HVP 系列预锻与精整成形压力机的主要技术参数见表 1-2-8。

表 1-2-8　HVP 系列预锻与精整成形压力机的主要技术参数

参数名称	HVP								
	200	315	500	630	800	1000	1250	1600	2000
	参数值								
公称力/kN	2000	3150	5000	6300	8000	10000	12500	16000	20000
回程力/kN	300	400	500	500	500	600	700	800	1000
滑块行程/mm	300	350	400	425	450	450	500	550	600
工作台表面宽度/mm	820	920	1030	1130	1230	1430	1640	1840	2040
工作台表面深度/mm	650	750	900	1000	1100	1300	1500	1650	1800
净空高/mm	700	750	800	850	850	900	900	950	1000

参考文献

[1] 陆爱国，朱新武，孙成建. 10000kN 热模锻压力机有限元分析 [J]. 锻压装备与制造技术，2012 (6)：28-31.

[2] AIGUO L U，ZHU X，SUN C. Finite element analysis of 1000 tons hot die forging press [J]. China Metal Forming Equipment & Manufacturing Technology，2012，47 (6)：28-31.

[3] 张涛，于兆卿，阎洪涛. 热模锻压力机组合机身的受力及刚度分析 [J]. 锻压技术，2014，39 (11)：62-65.

[4] 凌艳路，贺小毛，蒋鹏，等. 63 MN 热模锻压力机自动锻造线上模具设计和快换技术应用 [J]. 锻压技术，2016，41 (6)：96-99.

[5] CHEN M，WUXUE D，SUN Y. Finite Element Analysis of Hot Die Forging Press Frame [J]. Machine Building & Automation，2013，204：117-124.

[6] 赵旭辉. 热模锻压力机的应用现状分析 [J]. 金属加工 (热加工)，2014 (5)：54.

[7] 陈超，赵升吨，崔敏超，等. 伺服式热模锻压力机关键技术的探讨 [J]. 机床与液压，2017，45 (7)：158-161.

[8] SU C，SUN Y，XU C，et al. Application of artificial intelligence methods in fault diagnosis technology of hot die forging press [J]. Forging & Stamping Technology，2015，40 (4)：102-105.

[9] ZHAO J W. Research on impact factors of working coordination of MP-type hot die forging press [J]. Forging & Stamping Technology，2014，39 (1)：86-90.

[10] 陈超，赵升吨，崔敏超，等. 伺服式热模锻压力机驱动电机的研究 [J]. 锻压装备与制造技术，2016，51 (1)：13-16.

[11] DU J W，SUN Y G，SONG Q Y. Combination Finite Element Analysis of Hot Die-forging Press Frame [J]. Cfhi Technology，2011 (3)：1-3.

[12] HAO X. Analysis of causes and solutions of forging mismatch in production by hot die forging press [J]. Die & Mould Technology，2018 (2)：31-36.

第3章

板料多工位压力机

燕山大学　秦泗吉

齐齐哈尔二机床（集团）有限责任公司　林清利

3.1　板料多工位压力机的用途、特点及主要技术参数

3.1.1　用途

板料多工位压力机是一种高速、高效、自动化程度很高的冲压设备。在滑块的一次行程中，能够按照冲压工艺设计要求，在不同工位上同时完成落料、冲孔、拉深、弯曲及切边等多种工序的加工，每次冲压完成后，上一工位的工件被传送至下一工位，末工位完成的成品被传送到输出皮带机上输出。工件在工位之间的传送由送料机构完成。滑块的每次行程都同时冲压各工位上的工件，因此在连续行程时，滑块每分钟的行程次数就是机器每分钟生产的零件数，适用于大批量生产。一般认为，对于小尺寸冲压件，合理批量是8万件/月，较大尺寸冲压件是1万~3万件/月。随着快速换模技术的应用，多工位压力机的适用范围也在不断扩大。在无线电工业、电器、仪表、日用品和五金等行业，中小规格的多工位压力机应用很广，而在汽车、轴承等行业中，则应用较大规格的多工位压力机。近年来，随着汽车工业的发展，我国已成功研制出大型的板料多工位压力机，如济南二机床集团公司开发的20000kN和50000kN的多工位压力机，齐齐哈尔二机床（集团）有限责任公司引进德国技术开发的25000kN和32000kN多工位压力机。

图1-3-1所示为在一台多工位压力机上冲压汽车车灯零件的工艺。

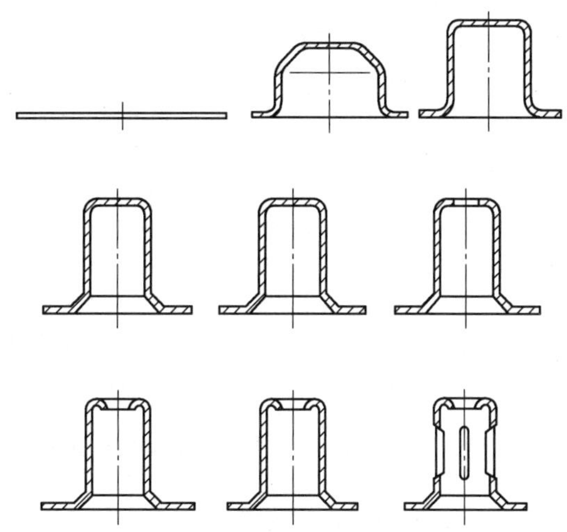

图1-3-1　冲压汽车车灯零件的工艺

板料多工位压力机具有以下优点：

1）与多台压力机组成的自动化生产线相比，板料多工位压力机具有生产率高、自动化程度高、人工成本低、占地面积小等优点。结合采用自动上下料技术、自动换模技术和自动对接技术等，多工位压力机的生产率可显著提高，因不需要半成品中间运输及贮存，也节省了车间面积。

2）因工序细化，每个工位都可以使用简单模，因而便于模具的加工和热处理，延长了模具使用寿命。

3）滑块行程次数高且连续生产，生产率显著提高，生产周期短。

4）因机器采用自动送料，双手不用进入冲压空间，所以工人操作很安全，劳动强度降低，劳动条件改善。

5）操作工人显著减少，降低了生产成本。

板料多工位压力机的主要缺点：由于自动化程度、工作效率及可靠性等方面的要求较高，多工位压力机一般系统庞大、结构复杂，其制造技术难度大、周期长，制造成本高、价格昂贵。此外，由于安装维修难度较大，多工位压力机对模具材料、模具使用寿命的要求也更高。

目前，新研制的多工位压力机生产线，由于采用了快速换模和自动对接技术，大大缩短了换模时间，合理批量的件数已大为下降，因此扩大了多工位压力机的应用范围。采用自动检测技术、可靠性设计技术等，多工位压力机已逐步具有高可靠性、低故障率，以及易于维护、维修成本低和维修时间短等优点。以多工位压力机替代由多台压力机组成

的冲压自动线是冲压件生产的发展方向。

3.1.2　特点及模具设计要求

多工位压力机可分为机械式多工位压力机、机械式多工位压力机和液压式多工位压力机。

机械式多个工位压力机和机械式多工位压力机的主要区别是，前者单个成形工位可以单独调整，同时外置了落料滑块，从而将落料工序集成于多工位压力机的生产线。

液压式多工位压力机的主要特点：装模空间大，适用于不同高度的模具；滑块运动规律可调；下死点停留时间可调；过载自动保护。而机械式多工位压力机的主要优点是电动机驱动，传动效率高，能耗低。以下主要介绍机械式多工位压力机。

与通用压力机不同，多工位压力机的滑块上有许多个小滑块，每个小滑块可单独调节装模高度，在各个小滑块上按冲压工艺要求安装有上模工作台和相应的下模，并且各自都有可靠的顶出机构。各工位的冲压件依靠送料系统的端拾器或夹钳，以及其他定位装置定位。

为了在工位间传送工件，一般要求各个下模的高度一致，以形成送料平面。为使各工位的工件能正确定位，以及传送过程中不致发生歪倒，各个工序上的工件必须用平面或凸缘与送料平面接触。为了不影响工位间的传送，模具的导柱安排在上模并随上模运动，而导套在下模。中间工序的冲孔废料要从模具中排除，所以下模设有排除废料装置。

为了防止在毛坯落料时引起的滑块振动，影响其他工序的冲压精度，大型多工位压力机常在其他压力机上落料，或者在多工位压力机左侧的侧滑块上落料（如多个工位压力机），将毛坯送到第一工位，然后由送料系统端拾器或夹钳送到第二工位去加工。在这种情况下，第一工位是空工位或称为接料工位。

3.1.3　主要技术参数

多工位压力机的主要技术参数有公称力、工位数、工位间距、滑块行程、滑块行程次数等。多工位压力机的型号中反映了公称力的大小，如 J71-125 指公称力为 1250kN 的板料多工位压力机。

表 1-3-1～表 1-3-3 列出了济南二机床集团有限公司、齐齐哈尔二机床（集团）有限责任公司和营口锻压机床有限责任公司生产的多工位压力机的主要技术参数。表 1-3-4 和表 1-3-5 列出了德国舒勒（SCHULER）公司和日本日立造船公司生产的多工位压力机的主要技术参数。

表 1-3-1　济南二机床集团有限公司多工位压力机的主要技术参数（6 连杆式）

参数名称	型号						
	TLS4-1000	TLS4-1200	TLS4-1600	TLS4-2000	TLS4-2500	TLS4-3000	TLS4-4000
	参数值						
公称力/kN	10000	12000	16000	20000	25000	30000	40000
公称力行程/mm	13	13	13	13	13	13	13
滑块行程/mm	800	800	1000	1000	1000	1000	1000
滑块行程次数/(次/min)	8～25	8～25	8～20	8～20	8～20	8～20	8～20
最大装模高度/mm	1300	1300	1400	1400	1600	1600	1600
装模高度调节量/mm	600	600	600	600	600	600	600
工作台板尺寸/mm(前后×左右)	2200×4000	2200×4000	2000×4000	2400×4500	2400×4600	2400×4600	2500×4600
	2400×4600	2500×4600	2500×4600	2600×4600	2500×6100	2500×6100	2500×8000
滑块底面尺寸/mm(前后×左右)	2200×4000	2200×4000	2000×4000	2400×4500	2400×4600	2400×4600	2500×4600
	2400×4600	2500×4600	2500×4600	2600×4600	2500×6100	2500×6100	2500×8000
主电动机功率/kW	160	220	250	300	355	450	500

表 1-3-2　齐齐哈尔二机床（集团）有限责任公司多工位压力机的主要技术参数（6 连杆式）

参数名称	参数值				备注
公称力/kN	16000	20000	25000	32000	
滑块行程/mm	750	800	1000	1000	
滑块行程次数/(次/min)	连续:12～30 调整:3～5	连续:10～30 调整:3～5	连续:10～30 调整:3～5	连续:10～30 调整:3～5	
工位数/个	5	5	5、6	5、6	工位数可变
最大装模高度/mm	1100	1100	1300	1300	
装模高度调节量/mm	300	300	300	300	

（续）

参数名称	参数值				备注
工作台板尺寸/mm（左右×前后）	6250×2000	6250×2400	7500×2500	7500×2500	
滑块底面尺寸/mm（左右×前后）	6250×2000	6250×2400	7500×2500	7500×2500	
拉深垫能力/kN	0～1500	0～2000	0～2500	0～3000	数控液压
拉深垫有效行程/mm	0～200	0～200	0～250	0～270	可调
主电动机功率/kW	315	400	560	630	

表 1-3-3　营口锻压机床有限责任公司多工位压力机的主要技术参数（曲柄连杆滑块）

参数名称	参数值								
公称力 P_g/kN	400	630	1250	2500	8000	10000	12500	16000	24000
公称力行程 S_g/mm	—	—	7.1	—	13	13	13	13	13
滑块行程 S/mm	150	220	200	200	800	800	800	1000	1000
滑块行程次数 n/(次/min)	40	25～35	25	20～25	10～16	10～16	10～16	10～16	10～16
工位数/个	7	6	8	9	—	—	—	—	—
工位间距 A/mm	150	210	210	300	—	—	—	—	—
最大装模高度 H_1/mm	240	400	380	430	1200	1300	1300	1300	1400

表 1-3-4　德国舒勒公司多工位压力机的主要技术参数

参数名称		参数值									
公称力 P_g/kN		400	630	1000	1250	1600	2000	4000	8000	15000	22000
工位数/个		8～11	8～13	8～12	8～12	8～12	8～12	11	8～13	8	14
工位间距 A/mm		180	215	200	255	360	400	400	450	520	350
滑块行程 S/mm		160	220	230	280	380	380	400	360	380	400
最大落料直径 D/mm	单排	170	210	175	220	350	390	390	420	480	350
	双排交叉	90	110	110	125	210	210	—	—	260	—
行程次数 n /(次/min)	固定	30	25	22	22	20	18	15	12	16	15
	可变	25～50	20～40	20～40	9～36	12～24	12～24	11～22	10～18	12～18	8～16

表 1-3-5　日立造船公司多工位压力机的主要技术参数

参数名称	参数值						
公称力/kN	20000	23000	27000	32000	35000	60000	
滑块行程次数/(次/min)	10～25	9～25	8～17	8～16	7～16	6～12	9～18
工位数/个	6	6	5	5	5	6	14
送料间距/mm	850	700	1800	2000	1900	1000	812.8
上下行程/mm	100	100	200	350	200	150	101.6
夹钳行程/mm	250	200	350	450	500	350	355.6
工作台板尺寸/mm（左右×前后）	5100×2000	2300×2500+2300×2500	3600×2300+5400×2300	2000×2300+4000×2300+4000×2300	3800×2800+5700×2800	6000×3000	5791×2134+5791×2134

选用多工位压力机时，要根据加工工件所需的工位数及各工位冲压力总和，并考虑冲压件的拉深高度等。根据在多工位压力机上进行拉深工艺的特点，一般要求在上模回程到至少两倍拉深件高度时，夹钳或送料系统才开始传送工件。由于传送工件的行程一般比夹紧和提升工件的行程长，其对应的曲柄转角也较大。对曲柄连杆机构和 6 连杆机构压力机，各个动作对应的曲柄转角也是不同的。

在制订工艺时应注意，分配到每一工位的最大冲压力一般不许超过压力机公称力的 1/3，而且冲压力总和必须在滑块许用负荷曲线以内，并希望尽量均衡地安排各工位受力，避免滑块因偏载而倾斜，影响模具使用寿命及冲压件质量。制订工艺时还应考虑工位间距 A，其与冲压毛坯的最大直径 D 有关，对圆形件取 $A \geqslant 1.2D$，对矩形件取 $A \geqslant 1.5D$。此外，还应考虑工位间距对模具强度及导柱、导套安排的影响。

3.2　板料多工位压力机的主体结构

板料多工位压力机一般包括上料装置、主机（包括压边系统）和卸料装置，以及工件的传送装置等部分。大型多工位压力机自动化生产线的组成为供料系统（又称线头自动处理系统，包括上料小车、磁力分张、含双料检测的上料机械手、磁力输送带、零工位对中等）、主机（包括数控液压垫）、伺服三坐标传送系统，以及线尾下料系统等。大型多工位压力机的主机一般选择六连杆传动机构，采用变频无级调速驱动（或采用伺服驱动），并配以湿式离合器和制动器等。

3.2.1　典型结构简介

1. 曲柄连杆滑块机构

图 1-3-2 所示为营口锻压机床有限责任公司生产的 1250kN J71-125 型八工位压力机主体结构。这台八工位压力机的机身为组合式钢板焊接结构，通过拉紧螺栓的预紧，把上梁、左右立柱及工作台连成整体。在上梁装有离合器轴承座、传动轴及曲轴轴承等零部件，在左右立柱上分别装有平导轨和可调的斜导轨。电动机通过一级 V 带传动，经摩擦离合器带动二级齿轮传动系统，使二套曲柄连杆机构带动主滑块进行直线往复运动。双曲柄曲轴轴线与压力机正面平行，便于与机械送料机构的传动。

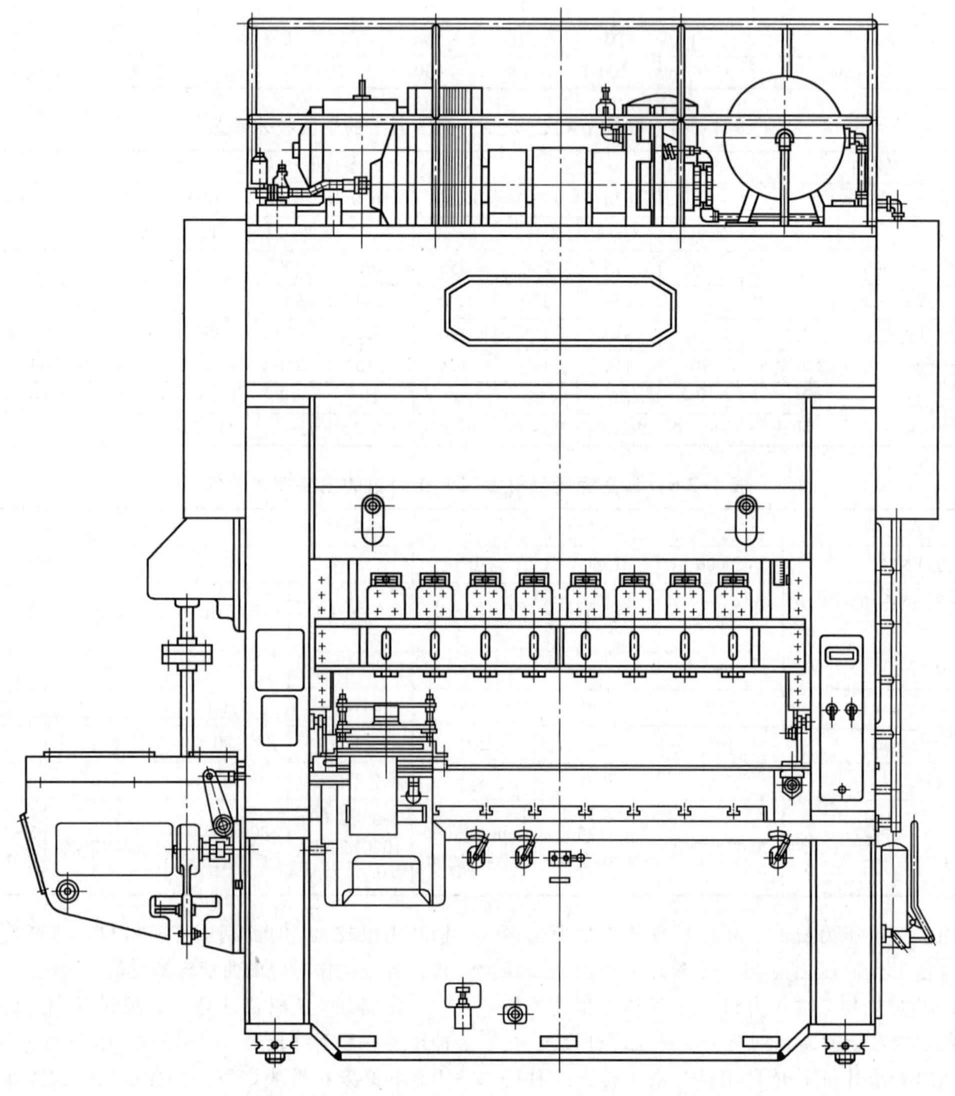

图 1-3-2　J71-125 型八工位压力机主体结构

主滑块上装有 8 个小滑块，每个都可单独调节装模高度，调节量为 50mm。每个小滑块都有顶出杆，顶出行程为 30mm。整个滑块部件的重量由两个气动平衡缸平衡。

这台机器上还装有夹板纵向移动机构、辊式送料机构及双排交叉送料机构等，它们是由曲轴左端的小齿轮，通过齿轮、凸轮、杠杆和摆杆等机构驱动的。

2. 六连杆机构

为了使滑块运动曲线更符合拉深成形的要求和提高生产率，大型多工位压力机一般采用六连杆传动机构。图 1-3-3 所示为齐齐哈尔二机床（集团）有

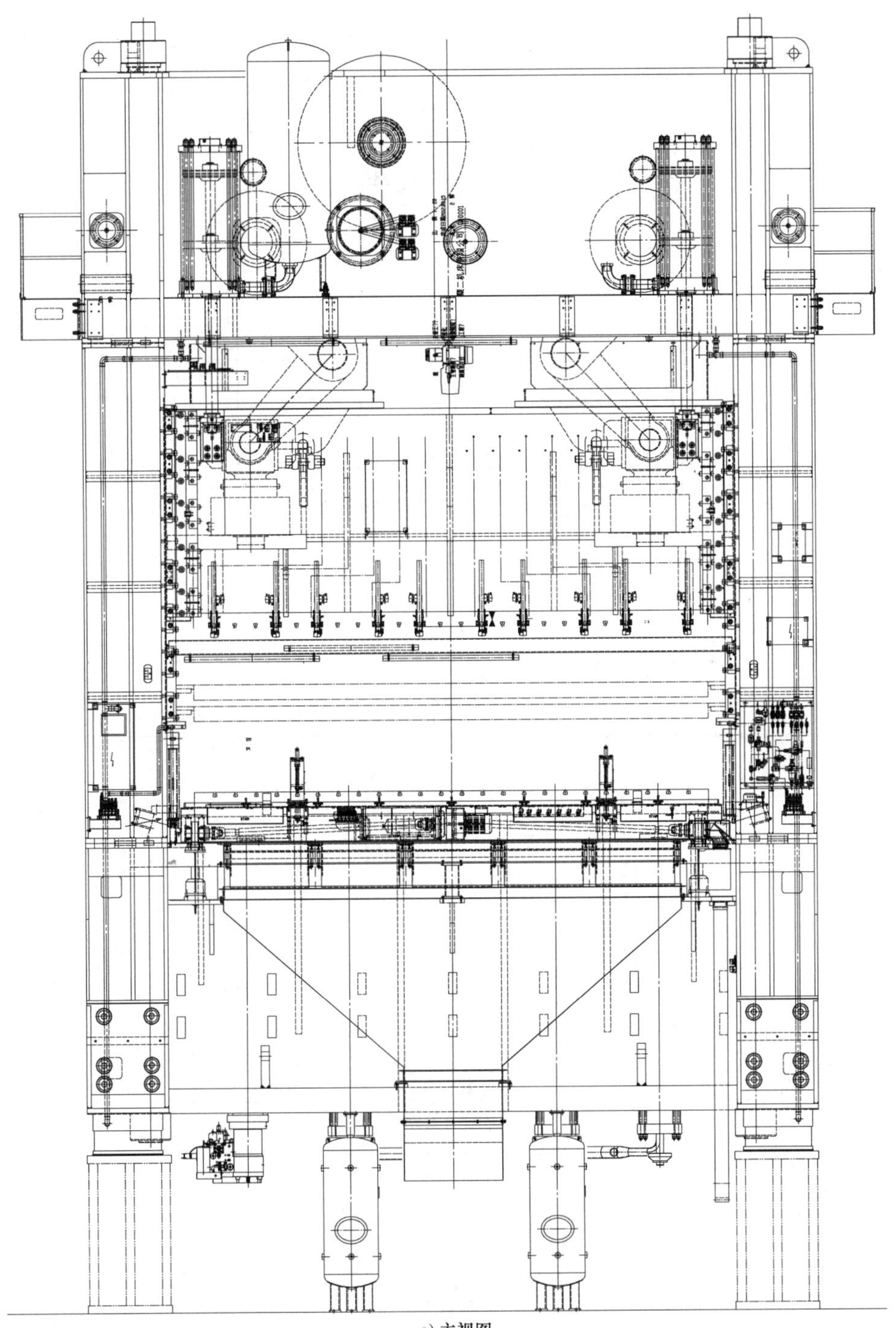

a) 主视图

图 1-3-3　TDL-4-2500 型多工位压力机主体结构

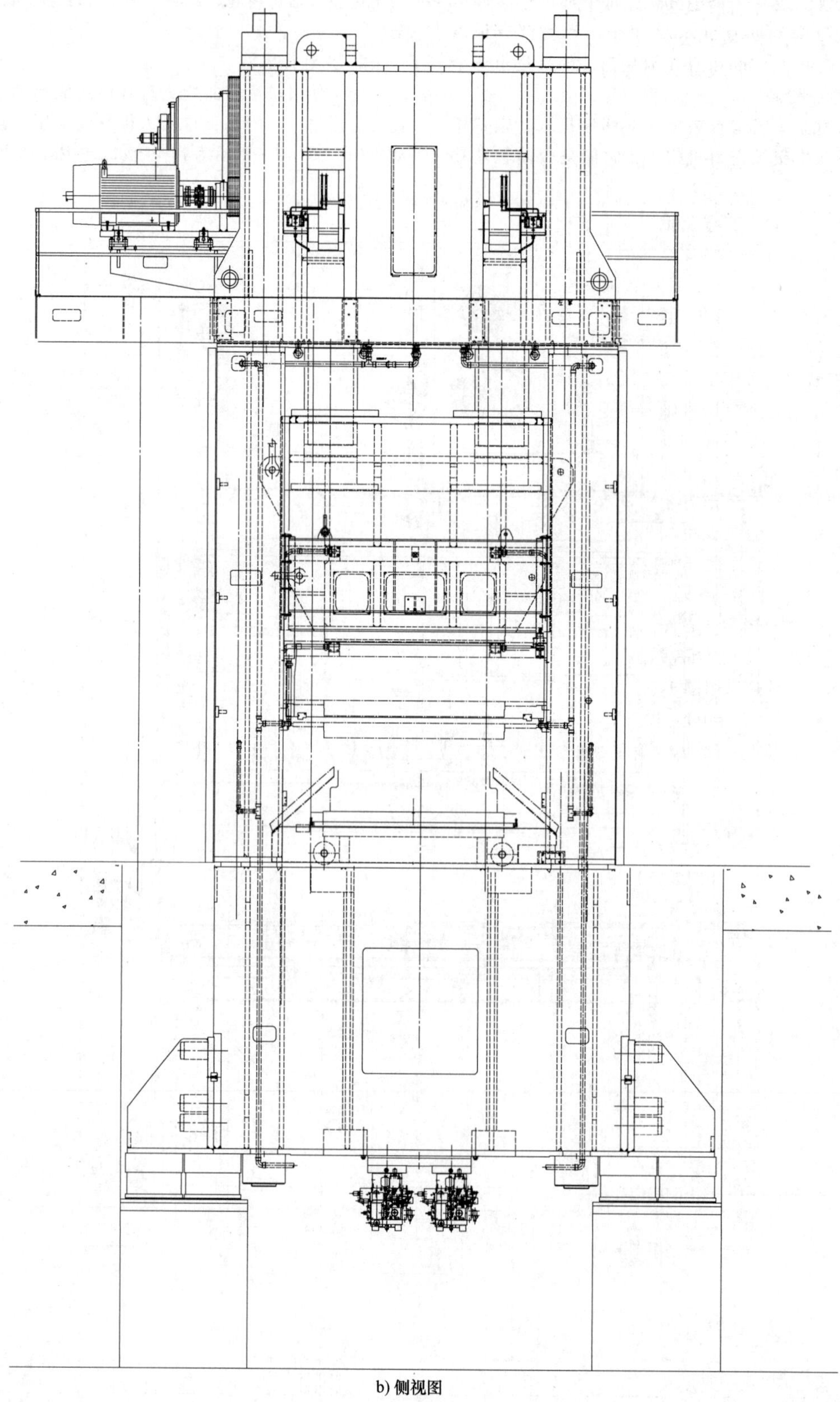

b) 侧视图

图 1-3-3　TDL-4-2500 型多工位压力机主体结构（续）

限责任公司生产的 TDL-4-2500 型多工位压力机主体结构。主要设计参数：公称力为 25000kN；滑块总行程为 1000mm；滑块最大行程次数为 30 次/min；公称力行程为 13mm；电动机功率为 560kW。

TDL-4-2500 型多工位压力机机身为四柱闭式组合结构，整个机身由上梁、立柱、底座经 4 个大螺栓预紧而成。选择六连杆机构主传动方式，采用对称 4 点布置、滑块节点负偏置结构，即有 4 套相同的六连杆机构与滑块在 4 个对称位置相连。采用变频无级调速电动机驱动，配以湿式离合器和制动器，经三级减速（一级带传动减速和两级齿轮传动减速），再与曲柄连接，经调速杆和连杆驱动滑块进行直线往复运动。飞轮轴采用专用的滚动轴承，保证了精度与使用寿命。次级轴与齿轮的连接采用胀圈方式，以保证良好的同轴性。严格控制齿轮与齿轴材质、滑动轴承材质，由马格梳齿机加工的小空刀人字齿轮和齿轴，齿形好、精度高，特殊的工艺可以保证人字齿轮的同步性。压力机的系统运转平稳，传动噪声低，预期寿命长。

图 1-3-4 所示为 TDL-4-2500 型多工位压力机采用的六连杆机构构型。在图 1-3-4 中，r_1 为曲柄杆，θ_1 为曲柄转角。之前，许多国内外制造企业设计的拉深成形压力机多采用图 1-3-5 所示的滑块正置结构六连杆机构构型（$e=0$）。图 1-3-4 和图 1-3-5 中的 *BAD* 三角形杆称为调速杆，*DE* 连杆与滑块相连。

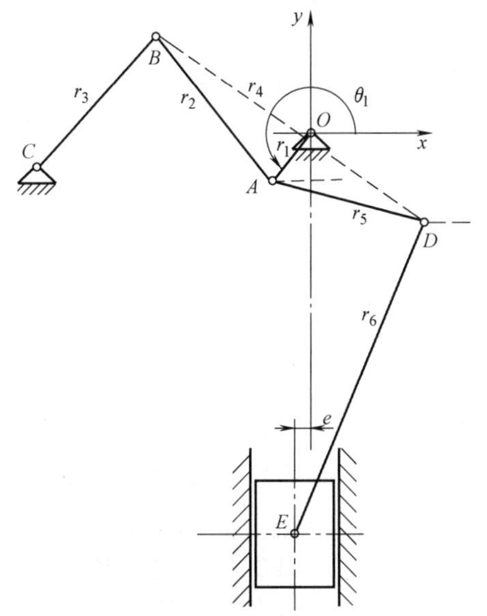

图 1-3-4　六连杆机构构型

在总行程、成形速度和加速度及行程比等相同要求的条件下，按图 1-3-4 和图 1-3-5 两种构型都能优化得到满足要求的杆系尺寸。比较两种构型可以发现，图 1-3-4 所示构型的行程放大效果显著优于图 1-3-5 所示构型，即在相同行程的情况下，曲柄半径可显著减小。利用图 1-3-4 所设计的 TDL-4-2500 型多工位压力机，行程与曲柄半径比约为 4.69，而对应图 1-3-5 构型的值约为 3.40。较小的曲柄半径更有利于偏心轴的制造和安装，对提高其动态性能和压力机的可控性也是有益的。

此外，在相同设计条件下，按图 1-3-4 所示构型设计的压力机单个连杆对滑块在工艺行程阶段所产生的水平作用力较小。缺点是图 1-3-4 中的个别杆的尺寸比图 1-3-5 中的稍大。

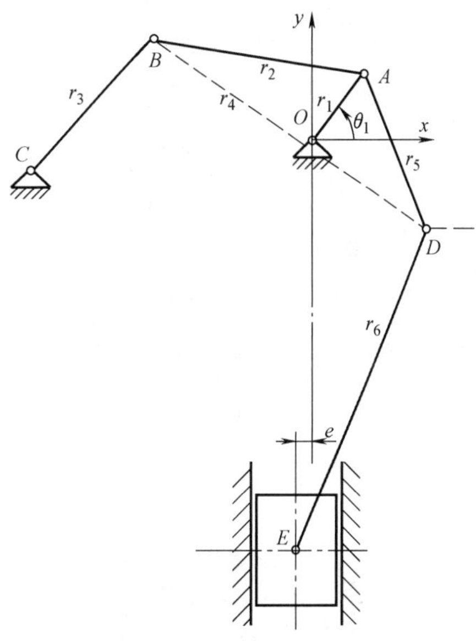

图 1-3-5　滑块正置结构六连杆机构构型

3.2.2　主要零部件

对一般多工位压力机的主体结构，其主要零部件如下：

1. 机身

机身可分为开式和闭式两大类，开式机身只用于小型压力机，闭式机身一般为双柱式，大型压力机有三柱式甚至四柱式的。表 1-3-5 中有两个工作台的为三柱式机身（如公称力为 27000kN 的），有 3 个工作台的为四柱式机身（如公称力为 32000kN 的）。

为便于运输，机身超过一定重量都做成组合式的。组合式机身一般分为上中下三部分，由螺栓预紧成一体。

2. 传动

在多工位压力机的主传动中都应用摩擦离合器。例如，表 1-3-2 中的 25000kN 和 32000kN 大型多工位压力机都采用了湿式离合器和制动器，可使滑块在任意位置锁紧，安全可靠。当采用机械联动送料方式时，为了带动送料机构，机器的传动轴平行于压力机正面放置，通过双曲柄曲轴或两个偏心齿轮带动连杆、滑块运动。图1-3-6所示为苏联巴尔纳乌尔机械压力机厂生产的公称力大于1000kN的多工位压力机传动系统。它采用一级带传动二级人字齿轮传动减速，各传动轴都位于上横梁内，便于单独进行部件安装及试车。压力机两侧均有一个双边驱动的偏心齿轮，分别带动各自的连杆，每个连杆均在相应的立柱内，其中心线与立柱中心线在同一平面上。当压力机工作时，立柱只承受拉力，不承受弯矩，提高了压力机精度。

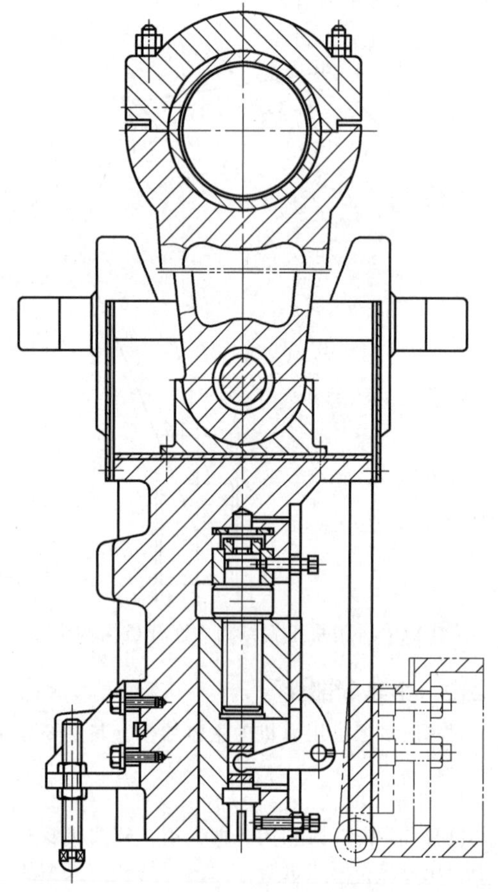

图1-3-6　一种国外压力机传动系统

多工位压力机传动系统的零件布置一般为对称结构，使其在受力时变形均匀对称，以提高压力机的动态精度。多数大中型多工位压力机采用变速电动机或无级调速装置，以适应不同的工艺要求。中小型多工位压力机每分钟行程次数为25~70次，大中型压力机为6~25次。

大型多工位压力机的工作机构宜采用多连杆机构，以使滑块在工作行程时有较低的、较均匀的速度，可以提高工件质量，延长模具使用寿命，而在回程时速度较快，以保证生产率。例如，济南二机床集团有限公司为美国DANA冲压公司提供的LS4-2000A型和LS4-40000kN多工位压力机，齐齐哈尔二机床（集团）有限责任公司为福迪汽车有限公司生产的25000kN和32000kN多工位压力机，这些压力机的工作机构都是采用了六连杆机构。滑块的成形速度为18~20m/min，适应了生产汽车车门等覆盖件的需要。

3. 滑块

滑块结构比较复杂，除了具有主滑块以外，对应各个工位还有小滑块。它们都装在主滑块下面或里面，都有各自的装模高度调节机构和顶出装置。大型多工位压力机的小滑块也有平衡装置。大多数压力机的主滑块也设有装模高度调节机构。

大型多工位压力机多采用气压顶出装置，中小型多工位压力机则采用机械顶出装置，图1-3-7所示为一种小滑块及其机械顶出装置。当固定在机身上的平面凸轮与小滑块上的摆杆接触时，摆杆摆动，推动顶出杆顶出。为了保证工件放在正确的位置，上顶出装置在上模开始回程时就开始顶出。

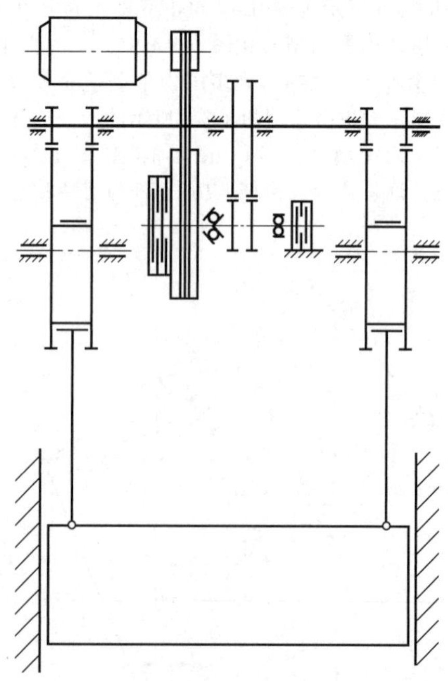

图1-3-7　小滑块及其机械顶出装置

大型多工位压力机主滑块上设有液压过载保护装置，其中有的在小滑块上也设有液压过载保护装置。采用先进的液压过载保护系统，多点联通、反应灵敏可靠。当任何压力点过载时，压力机及相关系统即刻停机，保护系统安全可靠。

4. 气垫或液压垫

在中小型多工位压力机上常采用气压顶出和压边，气垫放置在工作台中对应的每一个工位，因受到工位间距的限制，气垫外形尺寸也受限制，对于不同的工艺，其不同工位的压边力、顶出力均有较大差别，可以采用多层气垫。各工位可根据工艺要求，安装结构相同、层数不同的气垫，以满足不同工艺的要求。

对大型多工位压力机，当要求更高的压边力时，应采用液压垫，以满足工艺要求。表 1-3-2 中所列的多工位压力机已采用数控液压垫，压边力随行程变化规律可通过编程控制。

需要说明的是，目前开发的压边系统在压力机工作过程中是耗能的，并且能耗占比较高，为总能耗的 1/4 ~ 1/3。由于在成形过程中板厚变化不大，压边力在加载过程中即使很大，但相对位移很小，压边力本身做功很小，所消耗的能量大部分都变成了流体的动能或弹性元件的势能，即目前的压边力施加方式都是高耗能的，这与成形工艺本身所需要的做功不符。此外，这种压边力施加方式使得压边力都作为被动力与成形载荷叠加施加于压力机滑块上，这无疑增大了压力机的吨位和装机功率。因此，应根据工艺特点开发可独立施加压边力载荷的低能耗的压边力系统。

3.3　板料多工位压力机的送料机构及伺服送料系统

自动送料系统是多工位压力机的重要组成部分。虽然目前先进的压力机都配备伺服送料系统，但考虑传统压力机的工作模式，以及便于对现有送料方式的改造，以下首先介绍传统送料方式，然后介绍伺服三坐标送料系统。

3.3.1　机械联动送料机构

对中小型多工位压力机，为保证送料过程与主机运动的协调一致，工件的传送动力一般由主机提供。即送料机构与主机是机械联动的。

一般情况下，多工位压力机生产线的落料工序是在其他压力机上完成的，然后用推杆式或真空吸盘式装置来送料。对于自身带有落料工位的多工位压力机，一般采用卷料，选用辊式送料机构来实现料的传送。

辊式送料机构的安装位置随机器而异，有的位于左立柱外的侧滑块下；对于无侧滑块的压力机，则位于主滑块下左侧第一工位处。多数辊式送料机构的运动是经过主传动，再通过齿轮、偏心轮、连杆及单向离合器等机构，最后带动送料辊单向间歇运动。卷料进入辊子前，需经过校平等装置。为了提高材料利用率，有些多工位压力机上还设有双排交叉送料机构，用来控制辊式送料机构。

多工位压力机工序之间工件的传送机构是夹板纵向送进机构和夹钳横向夹紧机构。夹板有平面运动和空间运动两种形式，平面运动的工作循环是：夹紧→送进一个工位距→张开→退回一个工位距；空间运动的工作循环是：夹紧→提升一个高度→送进一个工位距→落下→张开→退回一个工位距。常用的平面运动夹板纵向送料机构传动方式有凸轮传动和行星齿轮传动两种。

图 1-3-8 所示为双滚子凸轮传动送料机构。凸轮 1 通过两个装在杆 2 上的滚子使杆 2 左右运动，带动摆杆 3 摆动，摆杆 3 通过机构使拉杆 4 带动夹板机构 5 左右往复运动一个工位距，实现纵向送进。夹板机构的初始位置可通过调节带左右螺纹的拉杆 4 的长度而改变。

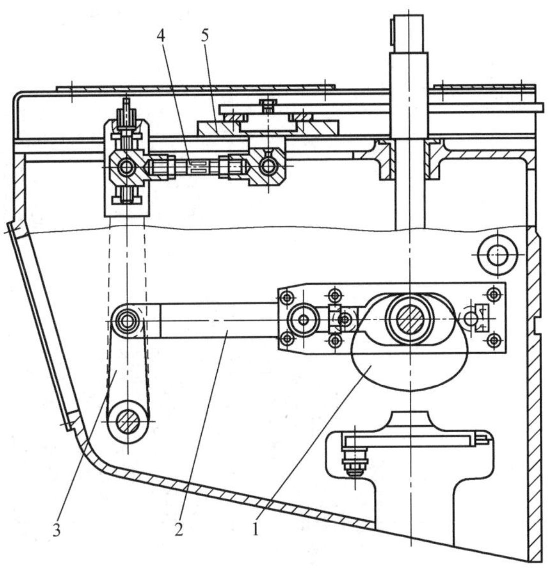

图 1-3-8　双滚子凸轮传动送料机构
1—凸轮　2—杆　3—摆杆　4—拉杆　5—夹板机构

图 1-3-9 所示为行星齿轮传动送料机构。行星齿轮 3 由转臂 2 带动，绕固定的太阳轮 1 转动，曲柄销偏心地安装在行星齿轮上，小滑块 4 套在曲柄销上，它可在夹板滑座 5 的导向槽内滑动。当行星齿轮绕太阳轮转动时，通过曲柄销上的小滑块带动夹板滑座左右运动一个工位距。可根据送料要求，设计太阳轮直径与行星齿轮直径及曲柄销的偏心距之比，以使曲柄销中心的运动达到所要求的运动轨迹。若当太阳轮直径、行星齿轮直径及曲柄销的偏心距满足一定关系时，曲柄销中心轨迹在某一时间段接近水平线或竖直线，这样的设计可满足送料夹板稳定送进或停止不动等要求。

横向夹紧机构的类型也比较多，图 1-3-10 所示为中小型多工位压力机上常用的横向夹紧机构。两套凸轮板 1 固定在滑块两侧，当滑块向下运动时，凸

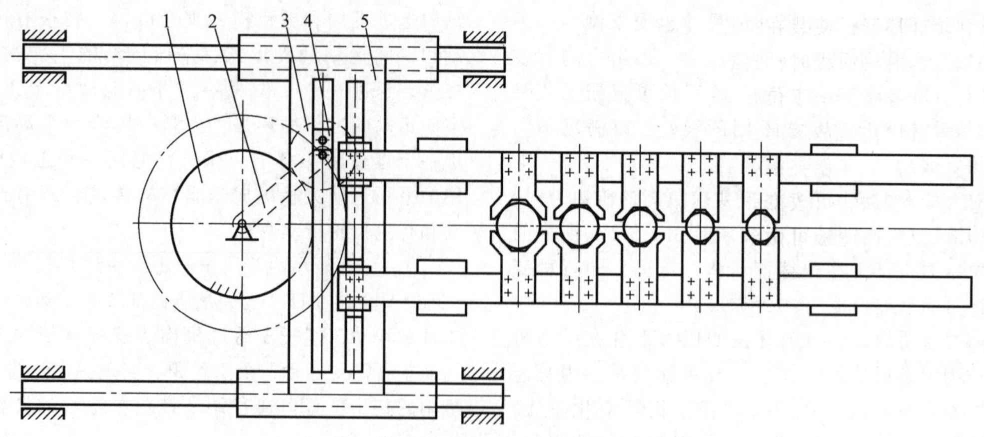

图 1-3-9　行星齿轮传动送料机构

1—太阳轮　2—转臂　3—行星齿轮　4—小滑块　5—夹板滑座

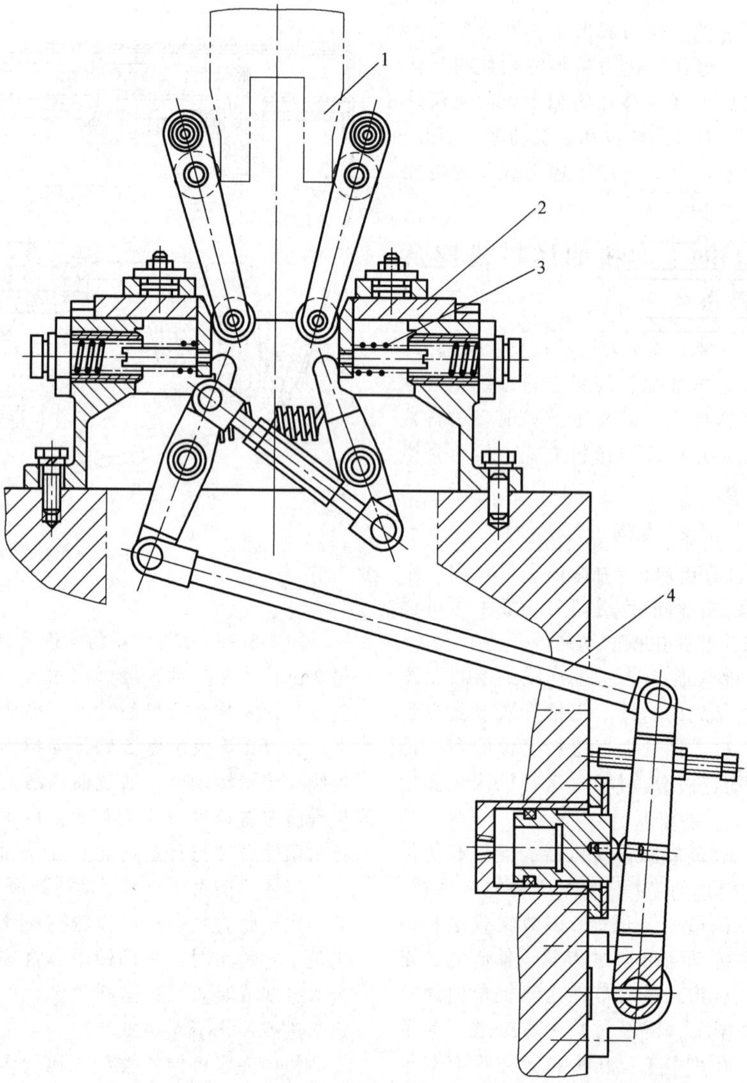

图 1-3-10　中小型多工位压力机常用的横向夹紧机构

1—凸轮板　2—夹板　3—弹簧　4—杠杆系统

轮板将夹板 2 撑开，使装在夹板上的夹钳张开，与工件脱离。当滑块回程时，夹板在弹簧 3 的作用下夹紧工件，准备向下一工位传送。在试冲、模具调整或冲压过程中出现故障时，向气缸内送进压缩空气，推动杠杆系统 4 使夹板张开。当改变凸轮板对滑块的安装位置时，可改变张开、夹紧角度及夹钳开口大小，更换凸轮板可做到不改变角度而改变开口大小。在一些小型多工位压力机上，也有使用手柄代替气缸使夹板张开的。

图 1-3-11 所示是多工位压力机的齿轮-齿条传动横向夹紧机构。滑块两侧的凸轮板通过摆杆、连杆带动三级齿轮、齿条传动，使夹钳张开与夹紧。夹紧力由压缩空气推动气缸中的活塞来产生，当在活塞左端通入压缩空气时，夹板立刻张开。

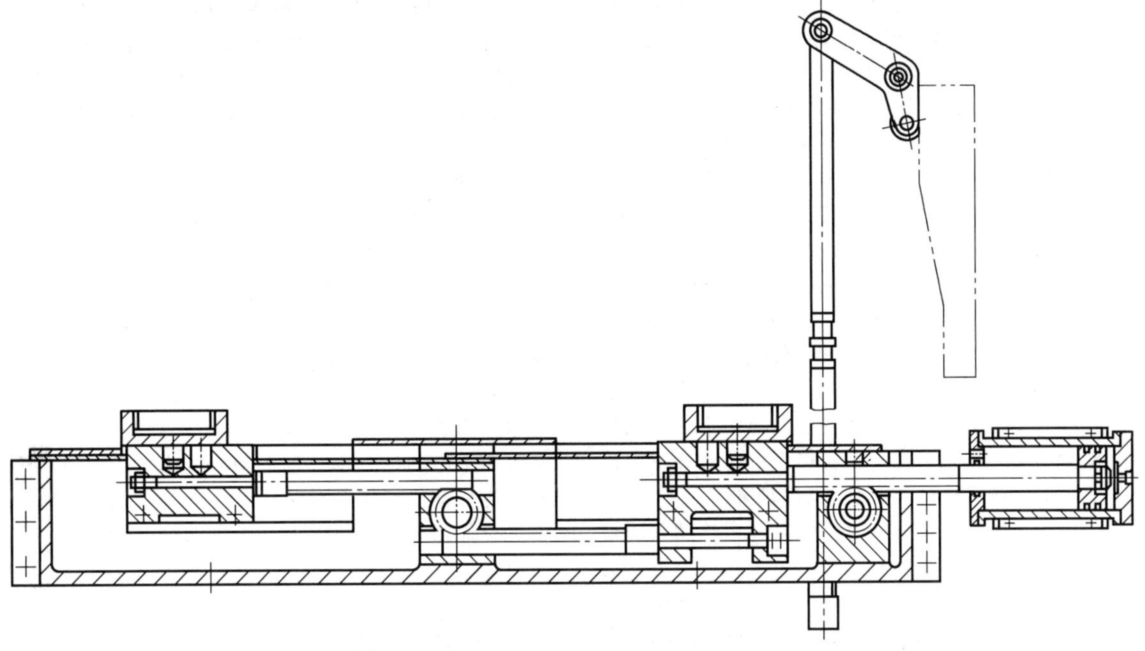

图 1-3-11　齿轮-齿条传动横向夹紧机构

夹板空间运动也称三坐标运动，它的传动形式很多，有由主传动输出动力，通过传送、升降、夹紧三组凸轮及齿轮、齿条、杆系等实现空间运动的机械式传送装置，也有由直流伺服电动机经减速器带动齿轮、齿条等实现空间运动；送料夹板的送进用一个伺服电动机驱动，升降及夹钳的夹紧、张开各由两个伺服电动机驱动。由于送料夹板夹紧后升起，所以下模面不一定是平面，允许各工位模具表面有突起。

送料机构的运动比较复杂，为了使它们能很好地配合主滑块的运动，需要制订合适的工作循环图。图 1-3-12 所示为营口锻压机床有限责任公司生产的 J71-125 型多工位压力机的工作循环图（滑块位于最上位置对应曲柄转角为 0°，曲柄逆时针方向为正）。因主机是曲柄连杆滑块机构，辊式送料机构的送进、停歇及纵向夹板送料机构的进、退，横向夹紧机构的张、夹都是对称的。送料辊在 270°～90°送料，90°～270°停歇。为了使送料工作更稳定，横向夹紧机构的动作开始时滞后于纵向夹板动作 5°，结束时又提前 5°。夹板从 295°到 65°送进，然后停歇 5°，

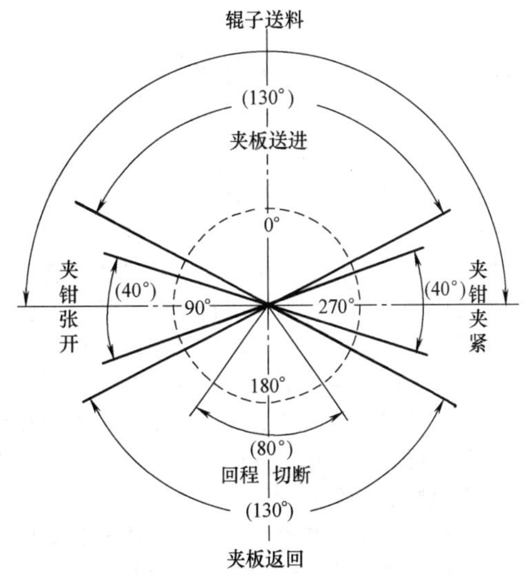

图 1-3-12　J71-125 型多工位压力机的工作循环图

在夹钳张开 5°之后，即从 115°开始退回，在 245°～295°停歇 50°，夹钳在此范围内夹紧。废料切断机构从 140°～180°是切断行程，180°～220°回程，其余时

间在后死点停留。

为了准确地向压力机送进单个坯料及将工件准确地送到下一工位，在多工位压力机上设置了自动检测装置。

为了防止误送双料，常用两种检测装置，一种是厚度检测装置，当送入双料时，由于它们的厚度超过预定值，检测头的杠杆放大机构使微动开关动作，发出信号，压力机停止工作；另一种是重量检测装置，当将坯料送到支承板上时，若误送双料，超过了配重头的平衡作用，通过杠杆系统使回转轴旋转，支承板倾斜，使坯料从支承板上滑出。

为了确保夹钳夹紧工件，常在夹钳的夹爪上配备检测装置，一种是气压检测装置，当夹紧了工件时，装在夹爪一侧的检测销打开常闭三通阀，使气源与压力开关接通，由压力开关发出信号使压力机正常工作；另一种是电气检测装置，以低压弱电流通过前夹爪和工件传到后夹爪，构成一条回路，表示工件已夹紧，如果没有夹紧工件或无工件，则立即停车。

在一些大型多工位压力机上，为防止工位间传送装置因受力或扭矩过大而损坏，在传动环节中设置了扭矩过载保护装置及力过载保护装置。

采用机械联动式送料时，要通过主传动系统带动多个凸轮机构实现提升、夹紧和送料三个方向的运动，因而传送机构非常复杂。过长的传动链对送料精度和效率都有较大影响，机构磨损及能耗大。此外，机械式送料机构受压力机的结构影响较大，结构参数确定后难以改动，对不同的成形制件，可替代性差。

3.3.2 伺服三坐标送料系统

伺服驱动送料方式出现在20世纪80年代，即将送料机构由主机驱动，改为由伺服电动机直接驱动，实现送料运动。压力机滑块的位置与传送机构之间的运动关系由电子信号控制，可保证压力机与传送机构协调工作，安全可靠地完成冲压作业。可以根据具体使用要求，规划端拾器末端轨迹，优化设计传动机构尺寸。伺服驱动送料系统不仅具有速度快、送料参数可在一定范围内调节和易于操作等优点，并且机械传动部分简单，便于进行模块化设计，实用性更高。目前，伺服送料系统已成功用于多工位压力机生产线。

以下以与TDL-4-2500型多工位压力机相配的横杆式三坐标伺服送料系统为例予以介绍。

1. 伺服三坐标送料系统组成及关键零部件

伺服三坐标送料系统由运动系统和控制系统组成，运动系统包括以三坐标送料机构为主的传动模块和以电动机、变速器为主的伺服驱动模块，控制系统包括运动控制模块和动态反馈模块。送料系统通过控制器等接收多工位压力机主滑块的实时运动数据，并将其作为送料系统驱动模块的输入参数，以达到主机与送料系统的协同工作。

送料机构固定部分可安装在压力机立柱之间或之外，如可固定在进给水平以上（悬浮式）或以下（落地式）。这就使新设计的压力机选择配置更具灵活性，并方便地应用于现有压力机的改造。

采用模块化设计原则，可以在一定范围内仅更换送料横杆或端拾器部分，以适应不同的压力机配置要求或不同的产品生产要求，可缩短更换不同生产产品的周期。

2. 夹紧和提升单元

三坐标送料系统具有的夹紧/张开和提升/下降功能由两套完全相同的独立单元实现，它们沿压力机工位排列方向前后各一套并沿相对方向布置。

每个单元的夹紧/张开和提升/下降运动由两组双曲柄连杆滑块机构组成，两组曲柄滑块机构前后对称布置，共由4个伺服电动机驱动，如图1-3-13所示。每组的双曲柄滑块机构有两个自由度，分别由两个电动机驱动。伺服电动机经减速器带动曲柄连杆滑块机构驱动实现设定运动。整体结构要进行优化设计，以使系统有足够的刚度和较小的质量。

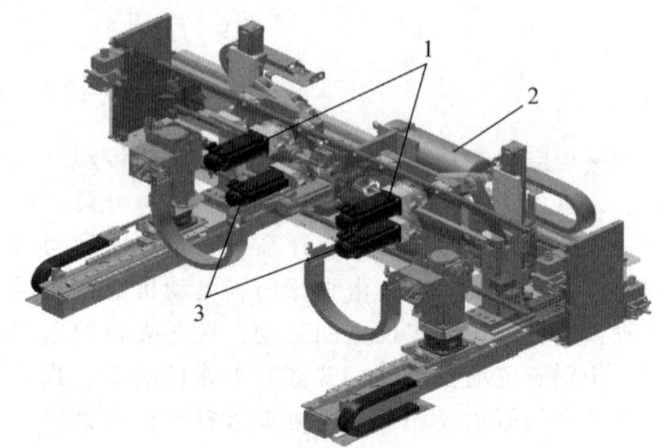

图1-3-13 夹紧/张开和提升/下降单元

1—提升电动机 2—储气罐 3—夹紧电动机

每套提升单元有2个平衡缸、1个气罐，平衡重力以减少传动过程中的冲击，降低噪声并可提高齿轮机构与伺服驱动装置的寿命。

减速装置采用了可承受大扭矩的行星齿轮减速机。在设计中，还设有防止三坐标送料装置损坏的闭合与提升机械限位装置。

3. 步进驱动单元

因沿送料方向所需的驱动功率较大，为降低单套驱动装置的电动机功率，可设计四套或两套完全相同的步进驱动单元，以悬浮式分别布置在相应的位置。

步进送料机构同样由伺服电动机驱动，经行星齿轮减速器带动齿轮齿条驱动实现送进和退回。设计中也采用了机械限位装置，可避免损坏送料横杆。

送料横杆（步进梁）分为三段，每段对接处安装有机械式连接器，用机械连接器将数段横杆紧固在一起，每个对接处安有两个接近开关，通过它在显示屏上显示信息，提示操作者了解对接处的状态。只有在所有接近开关都处于开的状态下，传送机构才能启动。

送料横杆防偏保护机构对步距梁和导轨在发生意外情况时起到保护作用。各轴均设有零点位置定位销，确保送料横杆处于零点位置。这样可以保证在伺服驱动送料横杆移位后能精确、快速地回到零位。

图 1-3-14 所示为伺服三坐标送料装置（具体结构与图 1-3-13 略有不同），图中未画出夹钳或端拾器。由于送料横杆在做传送运动之前，要完成对工件的夹紧与提升动作，横杆的位置在两个方向发生了变动。设计中采用了特殊的铰链机构（详见后面的叙述），使送料横杆（步进梁）做夹紧和提升运动时，不发生转动。

实际工作中，送料横杆的三个方向运动可以单独进行，也可以根据需要做复合运动。如做提升运动的同时可以做送料运动。

这种设计的突出优点是所有驱动电动机都是固定不动的，随动部件的质量很小，这能在很大程度上降低伺服电动机的驱动功率。

表 1-3-6 列出了送料系统的工作参数。各参数都是在一定范围内可调，以适应不同的送料要求或适用于不同的多工位压力机。三坐标传送系统的参数与多工位压力机主机参数有一定的关联性。

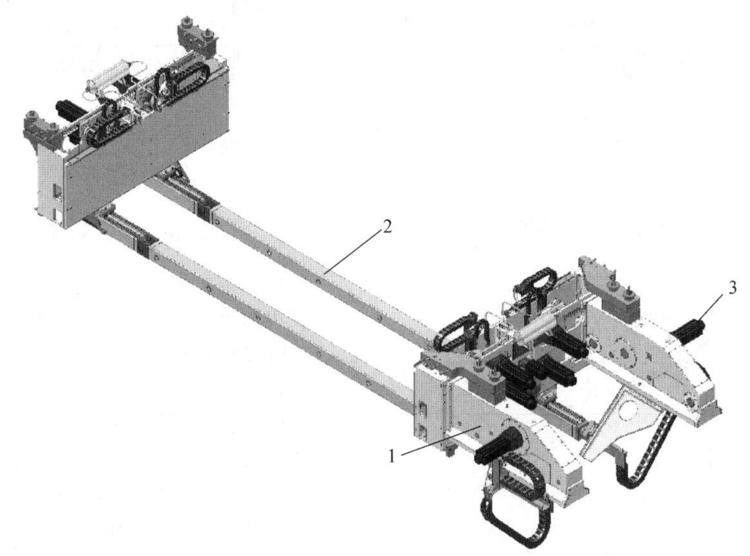

图 1-3-14　伺服三坐标送料装置

1—齿轮齿条传动箱　2—送料横杆（步进梁）　3—送进电动机

表 1-3-6　送料系统的工作参数

参数名称	送进行程/mm	提升行程/mm	夹紧行程/mm	最大工作频次	有效载荷(包括夹爪)
参数值	900～2500	0～250	0～350	30 次/min	≤250kg

（1）工作循环图　设计送料系统时，需根据主机滑块运动规律和送料要求，规划端拾器轨迹，设计动作时序和工作循环图。

根据送料系统的工作参数要求和压力机主滑块的运动规律，设定送料系统的动作、送料位移及与曲柄转角的关系。因送料系统与 TDL-4-2500 型多工位压力机相连，压力机杆系为偏置六连杆机构（见图 1-3-4），滑块上下死点对应曲柄转角位置并不是最上或最下位置。以曲柄转动角度为刻度，以滑块在上死点对应曲柄转角位置为初始角，来划分各送料步骤的运动时间。送料系统的送料动作、运动位移和曲柄转动角度见表 1-3-7。

图 1-3-15 所示为伺服三坐标送料系统工作循环图。图 1-3-15 中所示的曲柄转角与图 1-3-4 中的一致，即以逆时针为正，其大小为曲柄与水平轴方向的夹角。压力机滑块在上下死点对应曲柄转角分别为 $\alpha_1 = 28.5°$ 和 $\alpha = 242°$。

在送料机构夹紧、张开和退回三个动作中，因

表 1-3-7　送料动作、运动位移和曲柄转动角度

送料动作	运动位移/mm	曲柄转动角度/(°)
夹紧	200	75
停歇	0	
提升	200	75
送进	1250	134
下降	200	75
停歇	0	
张开	200	75
退回	1250	134

送料横杆端拾器不携带工件，故与其他三个步骤相比，时间可以适当缩减。在完成夹紧和送料之后的下降动作后，需要有一段短暂的停留时间才能进行下一个动作。在提升和送进、送进和下降及张开与退回的两两动作之间都可以有重叠部分，即这些两两动作之间可以重合，此时送料横杆做复合运动。表 1-3-7 和图 1-3-15 是根据 TDL-4-2500 型压力机和所生产的特定产品给出的一种动作时序和工作循环。

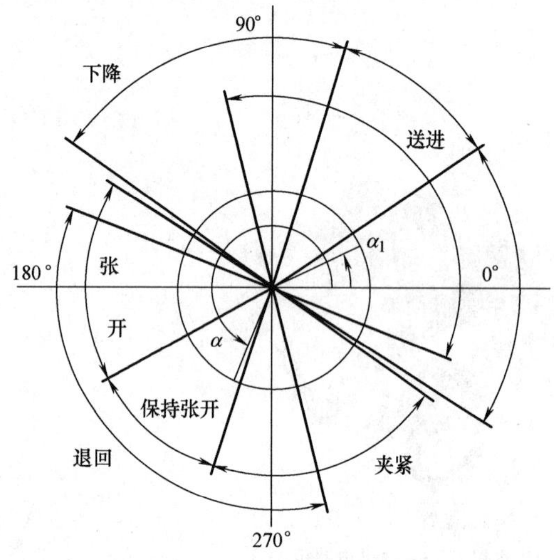

图 1-3-15　伺服三坐标送料系统工作循环图

对于一定的送料系统，可针对不同的压力机和生产产品，在一定范围内调整规划路径和工作循环。

（2）传动机构　将送进方向的运动与提升和夹紧方向的运动解耦，提升和夹紧运动可用一个平面机构实现，此机构需有两个自由度，有多种设计方案。图 1-3-16 所示为送料系统的提升和夹紧传动机构。图中的 x、y 和 z 分别为夹紧、送进和提升方向。机构由两组曲柄连杆滑块机构组成，平面内有两个自由度，符合机构设计要求，l_1 和 l_3 分别为驱动曲柄。

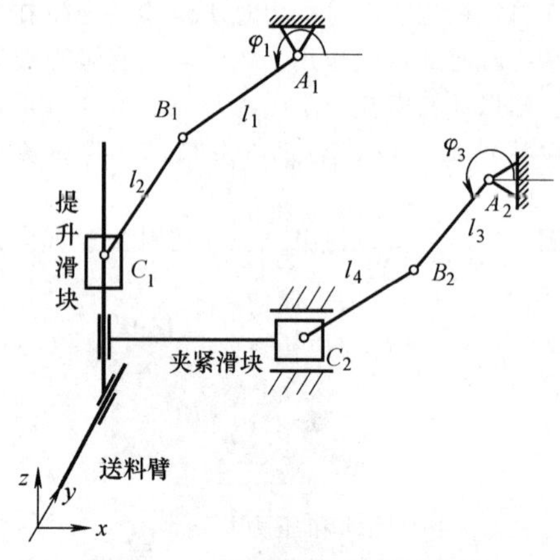

图 1-3-16　提升和夹紧传动机构

如图 1-3-16 所示，送料过程的夹紧和提升动作由平面内两组曲柄连杆滑块机构实现，而送进方向（y 方向）的运动由齿轮齿条传动机构完成。注意，送料横杆在送料过程中只产生三个方向的移动，而不产生转动，而在传送前后，工件产生了夹紧/张开与提升/下降运动，横杆位置发生了两轴位置的变动。为了实现这一的运动要求，设计一摆杆与齿条和送料横杆相连，摆杆轴固定在齿条处，摆杆可绕轴转动，而摆杆与另一移动副相连，该移动副与送料横杆铰接，摆杆可绕铰接轴转动。这样，当摆杆摆动时，不会与横杆的平动发生干涉。

第4章

高速压力机

徐州锻压机床厂集团有限公司　柯尊芒
宁波精达成形装备股份有限公司　郑良才

高速压力机由于用于精密零件的高速冲压，要求其具备较高的精度，因此也称为高速精密压力机。随着工业的发展，功能性冲压件（微电机的定/转子硅钢片冲压件、工业电动机的定/转子硅钢片冲压件、小型变压器硅钢片、易拉盖、引线框架、接插件等）的需求日益增加，促使压力机的冲压效率不断提高，高速压力机的应用逐步得到推广。本章中提及的高速压力机指能够适应多工位级进模要求的、速度高的压力机。

制约高速压力机速度的主要因素有滑块行程、公称力、冲压件的尺寸和压力机的结构等因素，因而很难用一个简单的数字作为划分的标准。一般将高速压力机分为两大类，第一类为冲压小型精密零件的高速压力机，此类高速压力机送料步距小，滑块行程次数高，模具工位数多；第二类为冲压中型精密零件的快速压力机，此类压力机送料步距大，滑块行程次数与第一类高速压力机相比较低，模具工位数较少，此类压力机中同时包含第一类高速压力机中的快速压力机。

4.1　高速精密冲压工艺对设备的要求

4.1.1　高速度

在日本将 SPM×*S*（SPM 即 stroke perminuter，是滑块每分钟行程次数；*S* 是滑块行程）= 90000mm/min 作为高速压力机的最低界限，目前最高的每分钟滑块行程次数（冲压速度）为 4000 次/min（行程 8mm、公称力 100kN），达不到其最低界限。一些公司仅对公称力为 600kN 以下的小型高速压力机按表 1-4-1 进行划分，划分时未考虑滑块行程。

表 1-4-1　600kN 以下高速压力机划分

超高速	≥1000 次/min
高速	>400~1000 次/min
次高速	>250~400 次/min
常速	≤250 次/min

大量试验数据表明，压力机滑块行程次数达到 400 次/min 时会出现共振，不少专家学者认为 400 次/min 以上为高速比较恰当。在我国，2008 年，国家标准化管理委员会批准成立了“全国锻压机械标准化技术委员会数控高速压力机工作组（SCA/TC220/WG1）”，该工作组设在江苏省徐州锻压机床厂集团有限公司（简称徐锻集团），开展了高速压力机相关标准的制定。在由徐锻集团和济南铸造锻压机械研究所有限公司（简称铸锻所）共同起草的 JB/T 10168—2015《闭式高速精密压力机 技术条件》中，依照公称力和滑块行程次数对高速压力机进行了界定（见表 1-4-2）。

表 1-4-2　高速压力机划分（按公称力）

公称力/kN	≤450	>450~800	>800~2000	>2000~4000
滑块行程次数/(次/min)	≥500	≥400	≥300	≥200

目前实用的滑块行程次数（冲压速度）为：微电机定/转子硅钢片，200~400 次/min；集成电路引线框架，300~500 次/min；接插件端子，800~1300 次/min；金属薄片冲裁，1500~2500 次/min。

此外，也有学者建议将与压力机配套的送料机送料速度作为衡量压力机是否为高速的参考指标，但由于送料速度与送料步距、送料宽度、送料精度等指标相关，因此很难给出具体的参考指标。

4.1.2　高刚度

当高速压力机冲裁时，在冲头冲断板料的瞬间，压力机各部分的弹性变形能转化为动能突然释放，使冲头急速冲断板料并向凹模突进，直接影响冲裁质量和模具的使用寿命，因此高速压力机需要较高的刚度。高速压力机的刚度决定了动态精度及振动特性，没有具体的标准，一般从通用闭式压力机的 1/2 变形量为最低标准（即为通用闭式压力机刚度的两倍，为 1000~1400kN/mm），在 JB/T 10168—2015《闭式高速精密压力机 技术条件》中，要求高速压力机的刚度应不低于 40 $\sqrt{P_g}$ kN/mm（P_g 为压力机公称力，单位为 kN），同时要求压力机滑块和工作台板的挠度允差应不大于 0.15/1000mm。随着冲压件技术水平的提高，高速压力机的刚度呈现逐步提高的趋势。

4.1.3　高精度

高速压力机的精度包括各项静态精度和动态精度（下死点动态重复精度），直接影响着冲压件的尺寸精度和模具的使用寿命。高速压力机的各项静态精度最低应达到日本 JIS B 6402：1997《机械压力机　精度测试》标准中特级精度以上，各项静态精度指标与零部件的制造水平有关。日本能率提出的高速压力机的基本精度指标见表 1-4-3。

表 1-4-3　高速压力机的基本精度指标

公称力/kN	<300	450~600	800~1250	>1500
在公称力下机床的总变形量/mm	≤0.3	≤0.5	≤0.5	≤0.7~0.9
静态精度	JIS 特级精度值 1/3 以下			
每次行程的下死点精度/μm	≤±1.5	≤±2.0	≤±3.0	≤±5.0

不同于各项静态精度，动态精度没有统一的标准（包括数据和测试方法），除去锁紧不够可靠，影响动态精度的主要因素为转速变化和温度变化。国外对控制动态精度形成了不少方法，如采用动态精度的动态补偿机构、多连杆驱动机构、低密度高强度材料、恒温润滑系统和低膨胀系数材料等。冲压不同产品对高速压力机的精度要求是不同的。一般而言，含有微成形工序的零件对动态精度要求较高，冲制较薄零件对动态精度要求较高。

我国高速压力机曾经执行的标准为 JB/T 8782—1998《闭式高速精密压力机精度》，除其中的工作台板上平面和滑块底面的平面度参照日本 JIS B 6402：1997《机械压力机　精度测试》中的一级精度，其余（工作台板上平面对滑块底面的平行度、滑块上下运动对工作台板的垂直度）参照特级精度。2011 年，由徐锻集团、扬州锻压机床有限公司（简称扬锻集团）和铸锻所起草的 GB/T 29548—2013《闭式高速精密压力机 精度》中，首次将高速压力机分为高速精密压力机和高速超精密压力机，分别制定出了不同的精度标准。其中，高速精密压力机参照或接近日本 JIS B 6402：1997 中的特级精度，精度数值进一步提高，形成了高速超精密压力机的精度指标。同时，该标准中按高速压力机公称力给出了在“加温恒速”“恒温恒速”“加温加速”下的下死点动态重复精度允差值（见表 1-4-4）。

表 1-4-4　下死点动态重复精度允差值　　（单位：μm）

精度等级	测试状态	不同公称力下的下死点动态重复精度允差值				
		≤450kN	>450~800kN	>800~2000kN	>2000~4000kN	>4000kN
精密	加温恒速	100	120	150	180	220
	恒温恒速	10	15	20	25	30
	加温加速	140	180	240	280	320
超精密	加温恒速	50	60	75	90	110
	恒温恒速	6	8	10	15	20
	加温加速	70	90	120	140	160

4.1.4　与周边设备的集成

高速压力机需要与料架、材料校平机、送料机、模具和废料回收装置等共同构成冲压线以完成冲压工作，这就要求高速压力机在机械和电气上能够与周边设备衔接，实现对冲压过程的监测（生产计数、材料状态、材料厚度、送料线高度、冲压力、主轴转速、行程、下死点位置、气动系统压力、润滑系统温度和流量等）和控制。

4.2　高速压力机的分类及主要应用领域

4.2.1　国外高速压力机的发展历程

高速压力机从诞生到现在已有 100 多年的历史。美国亨利拉特公司（HENRY&WRIGHT）于 1910 年制造了世界最早的四柱底传动高速压力机，当时称为 dieing machine。其特点是曲轴装在工作台下，通过四根导柱驱动滑块运动，具有体积较小、重心低、稳定性好、传动系统水平分力较小及容易操作的优点，滑块行程次数一般为 200~300 次/min。日本的能率、新潟和会田（AIDA）也分别在 1947 年、1949 年和 1950 年研制成功底传动高速压力机。该类机型往复运动部分的重量大，在滑块行程次数较高（一般不超过 400 次/min）时由于惯性力引起的问题也越来越严重。直到 1955 年，该机仍为高速压力机的代表机型。随着电动机电气工业的发展，各国纷纷研制高速压力机。20 世纪 50 年代，联邦德国、美国、瑞士的几家锻压机床制造厂为适应大批量的硅钢片和薄板零件的生产，发展了早期的上传动高速压力机。其特点是：将卷料自动送进，应用简单的级进模顺序冲压，因减少滑块行程而提高滑块行程次数。1953 年，联邦德国舒勒公司（SCHLUER）生产出首台 1250kN 闭式双点上传动高速压力机，该机的公称力为 1250kN，滑块行程为 20mm，滑块行程次数为 150 次/min。该机型为上传动高速压力机的代表结构形式，其 SA 系列高速压力机采用预应力八面直角滚针导轨和平衡滑块式平衡机构，压力机运行平稳，动态精度高，被广泛应用于微电机定/转子硅钢片的高速级进冲压。表 1-4-5 列出了舒勒 SA-S 系列高速压力机的部分技术参数。

表 1-4-5　舒勒 SA-S 系列高速压力机的部分技术参数

参数名称	SA-125S-1,8	SA-200S-2,2	SA-315S-2,7	SA-315S-3,3	SA-500S-3,3
公称力/kN	1250	2000	3150	3150	5000
滑块行程/mm	25	30	35	35	35
最大带钢宽度/mm	260	400	630	630	630
滑块行程次数/(次/min)	80~1000	80~800	80~600	80~400	80~400
上模重量/kg	800	1200	1600	2400	2400
装模高度调节量/mm	75	75	100	100	150
滑块提升量/mm	50	75	75	75	100
最大装模高度/mm	400	450	525	525	565
工作台板尺寸/mm（前后×左右）	1800×850	2200×1000	2700×1200	3300×1200	3300×1450
滑块底面尺寸/mm（前后×左右）	1800×700	2200×810	2700×900	3300×900	3300×1000

20 世纪六七十年代，瑞士布鲁德尔（BRUDERER）公司研制的 BSTA 系列柱式导向的上传动开式高速压力机，当滑块行程为 30mm 时，最高滑块行程次数达到 400 次/min；20 世纪 60 年代末，滑块行程次数提高到 600 次/min 和 800 次/min，20 世纪 70 年代初开发的 BSTA41 型 400kN 高速压力机达到了 1200 次/min 的超高速。表 1-4-6 列出了布鲁德尔 BSTA 系列高速压力机的部分技术参数。随后各压力机制造商开展了高速压力机速度的竞争。

1974 年，美国明斯特（MINSTER）公司推出的“蜂鸟（Hummingbird）”系列 HB2-60 型 550kN 闭式双点超高速压力机，滑块行程次数达到 1600 次/min；1975 年开发的 HB2-30 型 270kN 闭式双点超高速压力机，滑块行程次数进一步提高到 2000 次/min。随后，日本、联邦德国也相继研制出自己的超高速压力机，步入了超高速压力机时代。20 世纪 80 年代中期，日本票本铁工所引进瑞士 ESSA 技术制造的 600kN 高速压力机，最高滑块行程次数为 1500 次/min，用于加工集成电路引线框架、精密接插件和其他精密零件（这些零件尺寸误差要求控制在 10~20μm）；能率制作所开发的小型高速压力机的滑块行程次数达到了 3000 次/min，在满负载条件下达到了 JIS 标准中的特级精度要求，标志着高速压力机发展到超高速和超精密阶段。如今，日本电产京利（KYORI）的 MACH-100 型高速压力机在公称力为 100kN、滑块行程为 8mm 时，滑块行程次数已达到 4000 次/min。表 1-4-7 列出了电产京利 MACH 系列高速压力机的部分技术参数。

表 1-4-6　布鲁德尔 BSTA 系列高速压力机的部分技术参数

<table>
<tr><th colspan="2">参数名称</th><th>BSTA200-70</th><th>BSTA500-110</th><th>BSTA800-145</th><th>BSTA1600-181</th><th>BSTA2500-250BF</th></tr>
<tr><td colspan="2">模具安装尺寸(左右)/mm</td><td>700</td><td>1100</td><td>1450</td><td>1810</td><td>2500</td></tr>
<tr><td colspan="2">公称力/kN</td><td>200</td><td>500</td><td>800</td><td>1600</td><td>2500</td></tr>
<tr><td rowspan="2">滑块行程/mm</td><td>固定(标准)</td><td>15</td><td>≤64</td><td>≤82</td><td>≤100</td><td>≤60</td></tr>
<tr><td>可调(标准)</td><td>8、13、16、19、25、32、38</td><td>16、19、25、32、38、44、51</td><td>16、19、26、35、43、51、58、63</td><td>19、25、34、43、52、60、67、75</td><td>—</td></tr>
<tr><td rowspan="2">滑块行程次数/(次/min)</td><td>固定行程</td><td>100~2000</td><td rowspan="2">100~1120</td><td rowspan="2">100~1000</td><td rowspan="2">100~800</td><td>100~750</td></tr>
<tr><td>可调行程</td><td>100~1800</td><td>—</td></tr>
<tr><td colspan="2">送料宽度(压力机)/mm</td><td>190</td><td>250</td><td>380</td><td>80~180</td><td>790</td></tr>
<tr><td colspan="2">装模高度调节量/mm</td><td>40</td><td>64</td><td>76</td><td>89</td><td>≤70</td></tr>
<tr><td colspan="2">最大装模高度/mm</td><td>178~236</td><td>206~294</td><td>240.5~340</td><td>268~385</td><td>475~545</td></tr>
</table>

（续）

参数名称	BSTA200-70	BSTA500-110	BSTA800-145	BSTA1600-181	BSTA2500-250BF
工作台板尺寸/mm(前后×左右)	690×426	1080×650	1430×910	1790×1070	2350×1350
滑块底面尺寸/mm(前后×左右)	690×270	980×420	1270×510	1700×600	2500×860
电动机功率/kW	15	22	37	50	50

表 1-4-7　电产京利 MACH 系列高速压力机的部分技术参数

参数名称	MACH-100		MACH-300W	
公称力/kN	100		300	
滑块行程/mm	8/10	13/16	16	20/25
滑块行程次数/(次/min)	500~4000/3600	500~3200/2800	500~2500	500~2200/2000
最大装模高度/mm	190	185	205	200
装模高度调节量/mm	30		30	
工作台板尺寸/mm(前后×左右)	400×440		750×450	
滑块底面尺寸/mm(前后×左右)	400×250		750×340	
电动机功率/kW	22		30	

进入 20 世纪 80 年代后，由于半导体和电子工业的迅速发展，大规模集成电路和电器元件、微电机、芯片等产品的大量需求，更有力地推动了高速压力机向超精密方向的发展，特别是世界超微电子设备市场竞争激烈，高速精密压力机在 800~1000 次/min 范围内的超精密加工达到了前所未有的水平。各高速压力机制造商把主要目标集中在提高下死点动态精度上，推出了一批新型、高速、高精度压力机：日本三菱公司生产的 HP 系列超高精密压力机，采用了可调式动力平衡机构和滑块下死点位置力检测及自动控制系统，使滑块在下死点的位置精度控制在 5μm 以内，在 300~1000 次/min 范围内高速运转时，机床振幅低于 50μm。目前的下死点精度指标可以达到±2μm 以内。

20 世纪 80 年代以来，高速压力机的结构出现了新突破，如多连杆传动机构、静压轴承导向、热平衡系统和下死点位置自动调整机构都已获得应用。日本电产京利公司 FDA-F 系列高速压力机在离合器/制动器控制回路中具有飞轮速度自动补偿功能，在滑块行程次数（冲压速度）为 1200 次/min 时，滑块在第一个行程和第二个行程的下死点偏差仅有 10μm。

国外高速压力机在超着小型化、高速化和超精密化发展的同时，推出了一系列中大型高速压力机，如意大利 BALCONI 公司的 2DMhs 系列高速压力机（部分技术参数见表 1-4-8），在公称力为 6300kN、滑块行程为 35mm 时达到了 320 次/min 的高速度；美国明斯特公司的 PM4-600 型高速压力机，在公称力为 5400kN、滑块行程为 30mm 时也达到了 350 次/min 的高速度。

表 1-4-8　意大利 BALCONI 公司 2DMhs 系列高速压力机的部分技术参数

参数名称	2DMhs-250	2DMhs-315	2DMhs-400	2DMhs-500	2DMhs-630
公称力/kN	2500	3150	4000	5000	6300
滑块行程/mm	30	30	38	35	35
滑块行程次数/(次/min)	120~500	120~480	100~400	100~350	80~320
最大装模高度/mm	450	450	500	600	600
装模高度调节量/mm	130	100	100	150	150
滑块提升量/mm	100				
立柱间距/mm	530	700	700	830	830
工作台板尺寸/mm(前后×左右)	2000×1200	2200×1200	2800×1400	3000×1400	3200×1400
滑块底面尺寸/mm(前后×左右)	2000×840	2200×980	2500×1200	3000×1200	3000×1200

20 世纪末，伴随全球家电行业和汽车行业的高速发展，带动了高速压力机的进一步发展。家电行业出于环保要求，对高效率变频电动机和低噪声电动机需求量大；普通汽车一般搭载 50 个左右的电动机，高级车则要搭载 100 个以上。汽车电动机包括辅机用小型电动机和驱动用主机电动机，其中前者要求电动机的控制性能高、电磁噪声极小和优良的耐久性能。这些新的需求，要求高速压力机进一步提高精度及效率。日本会田（AIDA）公司推出了双边驱动的 MSP 系列，采用单排四点结构，双边驱动，精度更高，其部分技术参数见表 1-4-9。日本山田多比（YAMADA DOBBY）在其 EPISODE 系列高速压力机部分机型中采用单排三点结构，其 EPS-200 型高速压力机在公称力为 2000kN、滑块行程为 30mm 时，最高滑块行程次数为 450 次/min，工作台尺寸达到 2000×1000mm，其 EPS-220 为单排四点结构，在公称力为 2200kN、滑块行程为 30mm 时，最高滑块行程次数为 420 次/min，工作台尺寸达到 2700×1000mm。这些产品满足了高精度电动机定/转子硅钢片的冲压需求。此外，日本株式会社 ISIS 于 2004 年开发出了单排三点结构高速压力机 PLENOX80-16，最高转速为 500 次/min，工作台面达到 1600×800mm，主要用于精密电子类零件的高速冲压。

表 1-4-9　日本会田（AIDA）公司 MSP 系列高速压力机的部分技术参数

参数名称	MSP-2200-200	MSP-3000-230	MSP-3000-270	MSP-4000-280
公称力/kN	2500	3150	4000	5000
滑块行程/mm	30	30	38	35
滑块行程次数/(次/min)	120~500	120~480	100~400	100~350
最大装模高度/mm	450	450	500	600
装模高度调节量/mm	130	100	100	150
立柱间距/mm	530	700	700	830
工作台板尺寸/mm(前后×左右)	2000×1200	2200×1200	2800×1400	3000×1400
滑块底面尺寸/mm(前后×左右)	2000×840	2200×980	2500×1200	3000×1200

4.2.2　我国高速压力机的发展历程

我国高速压力机起步较晚，始于济南铸造机械研究所"六五"期间承担的原机械部"60t 闭式高速精密冲床研制"。1982 年，由济南铸锻机械研究所和北京低压电器厂共同研制出我国第一台高速压力机 J75G-60（公称力为 600kN、滑块行程次数为 400 次/min），随后研制出了公称力为 300kN、滑块行程次数为 600 次/min 的高速压力机。该机采用整体框架式预应力机身、机械无级变速装置、柱式滚动导轨和强制油冷式热平衡系统，以及平衡块式平衡装置和轻合金滑块。

20 世纪 80 年代中期，齐齐哈尔第二机床厂从联邦德国舒勒公司引进 SA 系列中 800kN、1250kN 及 2000kN 三个规格的高速压力机的设计及制造技术，成功制造了 SA 系列高速压力机。该机采用组合式预应力机身、八面直角预应力滚动导轨和副滑动平衡机构，适合于中、小型电动机定/转子硅钢片的级进冲压加工。上海第二锻压机床厂从德国豪立克-罗斯（Haulick+Roos）公司引进 RVD32-540 和 RVD63-800 两个规格的高速压力机，并在此基础上开发了 1000kN、1250kN 和 2000kN 三种产品，其部分技术参数见表 1-4-10。近期推出了全新的 J75G-800 型高速压力机，公称力为 800kN，最高滑块行程次数为 900 次/min。

表 1-4-10　RVD 系列高速压力机的部分技术参数

参数名称	RVD32-540	RVD63-800	RVDS100-1180	RVDS125-1400	RVDS200-1600
公称力/kN	320	630	1000	1250	2000
滑块行程/mm	40	45	40	50	30
滑块行程次数/(次/min)	100~500	80~500	80~500	80~500	80~250
最大装模高度/mm	245	300	380	320	450
装模高度调节量/mm	50	80	100	100	100
工作台板尺寸/mm(前后×左右)	540×530	780×600	1180×780	1400×780	1550×1170
电动机功率/kW	18	22	30	30	37

同期，徐锻集团自主研发了 JF75G-100 闭式双点高速压力机，采用组合式框架机身、高刚性四角八面滑动导轨、全滑动轴承主轴结构，配备反向平衡机构及气缸式静平衡机构，在滑块行程为 30mm 时，滑块行程次数达 300 次/min。在此基础上开发了 JF75G-200 闭式双点高速压力机，最高滑块行程次数为 200 次/min；同时，推出了 J21G 系列开式高速压力机（公称力为 250～600kN，滑块行程为 30mm，最高滑块行程次数为 300 次/min），采用铸造机身、V 型滑块导向和气缸静式平衡机构。上述两个系列产品已小批量投放市场，满足了一定的市场需求。

以上产品均没有大批量投放市场，究其原因，主要是受到当时的模具制造业水平、小型精密冲压件的市场需求量和高速压力机周边设备配套水平的制约。2000 年后，得益于家电行业的迅猛发展、模具制造水平的提高，高速精密压力机的市场需求量迅速增加，徐锻集团于 2002 年推出了 VH 系列开式高速压力机并批量投放市场。该系列产品采用全滚动主轴结构、空气弹簧静平衡机构和超长 V 型导轨，主要服务于变压器 E/I 铁心及部分微型电动机铁心行业，表 1-4-11 列出了其部分技术参数。徐锻集团于 2003 年开始对其原有的 JF75G 闭式双点高速压力机进行技术改造，主轴部分改为全滚动结构，四角八面导轨改为无间隙滚动结构，以及采用空气弹簧静平衡机构等，于 2006 年完成了国内首台 3000kN 闭式双点高速压力机的研发，形成了公称力为 800～3000kN、滑块行程次数为 150～450 次/min 的闭式双点高速压力机的制造能力，主要服务于微电机铁心行业，很大程度上满足了市场需求，其部分技术参数见表 1-4-12。徐锻集团于 2004 年成功研制出 SH-25 型 250kN 超高速压力机，采用精密三圆导柱结构，其中辅助导柱采用静压结构，主轴部分采用滚动+滑动复合结构，配备动态平衡装置及润滑油温控制系统。当滑块行程为 20mm 时，滑块行程次数达 1200 次/min。随后进行了系列化，形成了公称力为 160～500kN 的超高速压力机制造能力，用于满足微电子类零件的精密冲压。

表 1-4-11　徐锻集团 VH 系列高速压力机的部分技术参数

参数名称	VH-16	VH-25	VH-45	VH-65
公称力/kN	160	250	450	650
公称力行程/mm	1.2	1.6	1.6	2
滑块行程/mm	10/20/30	10/20/30	10/20/30	20/30
滑块行程次数/(次/min)	150～650/600/550	150～600/550/500	150～550/500/450	150～400/350
最大装模高度/mm	210/205/200	220/215/210	265/260/255	325/320
装模高度调节量/mm	50			
工作台板尺寸/mm(前后×左右)	480×290	500×300	740×450	850×520
滑块底面尺寸/mm(前后×左右)	250×140	260×158	340×290	420×340
电动机功率/kW	2.2	3	5.5	11

表 1-4-12　徐锻集团 JF75G 系列高速压力机的部分技术参数

参数名称	JF75G-80	JF75G-125	JF75G-200	JF75G-300
公称力/kN	800	1250	2000	3000
公称力行程/mm	3			
滑块行程/mm	30			
滑块行程次数/(次/min)	200～400	200～400	150～400	100～350
最大装模高度/mm	360	380	420	520
装模高度调节量/mm	50			
工作台板尺寸/mm(前后×左右)	1100×700	1300×850	1700×950	2000×1000
滑块底面尺寸/mm(前后×左右)	1100×500	1300×650	1700×760	2000×800
电动机功率/kW	22	30	37	55
总重量/kg	19500	24800	35850	57850

随后扬锻集团、宁波精达成形装备股份有限公司（简称宁波精达）、扬力集团有限公司、宁波米斯克精密机械工程技术有限公司（简称米斯克）、山东金箭精密机器有限公司（简称金箭）和中山市胜龙锻压机械有限公司（简称中山胜龙）等陆续开展了闭式高速压力机的研发。其中，扬锻集团开发了 800～3000kN 的 J76 系列闭式双点高速压力机（部分技术参数见表 1-4-13），进行了单排三点闭式高速压力机的研发，其 YSH300 型 3000kN 闭式三点高速压力机，在滑块行程为 30mm 时，设计最高滑块行程

次数为 600 次/min；之后开发了国内首台 5500kN（滑块行程为 1.6mm）闭式双点高速压力机，在滑块行程为 40mm 时，设计最高滑块行程次数为 230 次/min。不同于曲柄滑块机构，宁波精达采用正弦机构（也称无连杆机构），开发出了应用于空调翅片冲压的闭式双点高速精密压力机（GC 系列），在此基础上开发了适用于微电机定/转子硅钢片领域的 GD 系列闭式双点高速压力机，其部分技术参数见表 1-4-14。在小型闭式高速压力机领域，米斯克开发了 Super 系列多连杆高速压力机（300~600kN），用于微电子行业中精密零件的高速冲压。其 Super-30 型 300kN 高速压力机，当在滑块行程为 25mm 时，最高滑块行程次数为 1050 次/min。

表 1-4-13　扬锻集团 J76 系列闭式双点高速压力机的部分技术参数

参数名称	J76-80	J76-125	J76-200	J76-300	J76-550
公称力/kN	800	1250	2000	3000	5500
公称力行程/mm	2	3			1.6
滑块行程/mm	30				40
滑块行程次数/(次/min)	200~600	160~500	160~450	160~400	80~230
最大装模高度/mm	380/400	400/420	420/460	450/480	550
装模高度调节量/mm	50				100
工作台板尺寸/mm(前后×左右)	1100×750	1300×850	1700×950	2100×1000	3000×1500
滑块底面尺寸/mm(前后×左右)	1100×500	1300×600	1700×650	2100×750	3000×1400
适用材料宽度/mm	100	150	250	350	550
电动机功率/kW	22	22	37	55	75
总重量/kg	18000	24000	36000	65000	166000

表 1-4-14　宁波精达 GD 系列闭式双点高速压力机的部分技术参数

参数名称	GD63	GD125	GD200	GD200A	GD300	GD300A
公称力/kN	630	1250	2000	2000	3000	3000
公称力行程/mm	3					
滑块行程/mm	30					
滑块行程次数/(次/min)	150~400	150~400	160~350	160~350	160~350	160~350
装模高度/mm	320~380	350~410	370~450	380~480	400~480	420~520
工作台板尺寸/mm(前后×左右)	950×600	1300×650	1700×950	1700×950	2000×950	2000×1000
滑块底面尺寸/mm(前后×左右)	762×530	1315×600	1470×700	1700×760	2000×800	2000×800
电动机功率/kW	11	15	22	22	30	30

在开式高速压力机领域，除徐锻集团外，扬锻集团、扬力集团和米斯克等陆续推出了开式高速压力机系列产品。在导向结构上呈现两种形式，第一种为三圆导柱结构，主要用于精密微电子类零件的高速冲压，普遍采用整体铸造机身和平衡装置，其中开式超高速压力机采用反向动态平衡机构。限于现有的制造精度水平，除徐锻集团外，其他各公司普遍采用辅助导柱固定的三圆导柱结构，如扬锻集团的 YHA 系列开式高速压力机（公称力为 250~600kN，滑块行程为 30mm），采用肘杆弹簧平衡装置，其公称力为 250kN 的开式高速压力机，在滑块行程为 30mm 时达到了 800 次/min 的高速度；扬力集团的 SHC-25 型 250kN 开式超高速压力机，在滑块行程为 20mm 时也达到了 1000 次/min 的高速度。第二种为传统 V 型导向或矩形导向，承载刚度大，但速度稍低，多用于小型微电机定/转子硅钢片、E/I 铁心等零件的高速冲压，也可用于部分空调翅片的冲压，滑块行程稍大，速度更低。例如，扬锻集团 JL21 系列空调翅片冲压用开式高速压力机，公称力为 450kN 的压力机在滑块行程为 40mm 时，最高滑块行程次数为 250 次/min，公称力为 800kN 的压力机则为 120 次/min。

目前，国内市场微电机铁心定/转子硅钢片、变压器铁心硅钢片和空调翅片等零件的制造能够完全满足。但引线框架及高精度接插件行业所需的高档高速精密压力机仍需进口，目前国内浙江帅锋和宁波精达等公司从事引线框架冲压所需高速压力机的研发。

4.2.3　高速压力机的分类

1）按机身形式分类。分为开式高速压力机（见

图 1-4-1)、闭式高速压力机（见图 1-4-2）和四柱式高速压力机（见图 1-4-3），四柱式主要用于底传动结构。

图 1-4-1　开式高速压力机

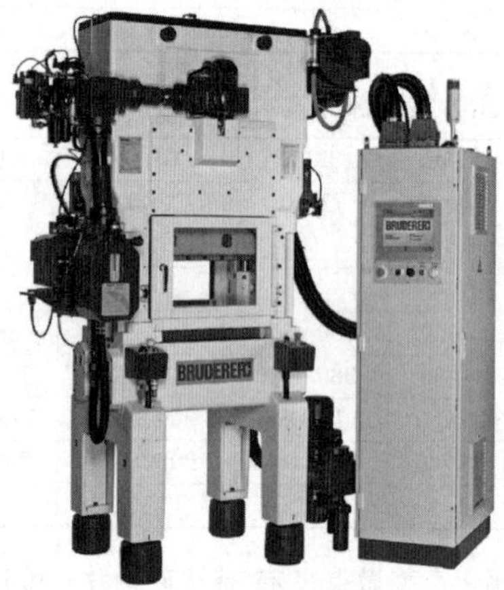

图 1-4-2　闭式高速压力机

图 1-4-3　四柱式高速压力机

2）按传动系统布置分类。分为底传动高速压力机和上传动高速压力机，以上传动高速压力机居多，但底传动高速压力机在某些特定行业具有优势。

3）按施力点数分类。分为单点高速压力机、双点高速压力机、三点高速压力机和四点高速压力机。随着施力点数的增加，滑块的刚度逐步增大，同时可以适应宽台面要求。图 1-4-4 所示为日本株式会社 ISIS 的 PLENOX 系列单排三点超精密高速压力机，其技术参数见表 1-4-15。

图 1-4-4　PLENOX 系列单排三点超精密高速压力机

表 1-4-15　PLENOX 系列单排三点超精密高速压力机的技术参数

参数名称	60-9	60-13	80-11	80-13	80-16	100-16
公称力/kN	600	600	800	800	800	1000
滑块行程/mm	25					
最大行程次数/(次/min)	600	500	600	500		
装模高度/mm	250	300	300	325		
装模高度调节量/mm	45		65			
工作台板尺寸/mm(前后×左右)	940×580	1300×650	1100×700	1300×700	1600×800	1600×800
滑块底面尺寸/mm(前后×左右)	940×500	1300×500	1100×570	1300×570	1600×570	1600×570
整机重量/kg	14 000	15 000	19 500	21 000	24 000	25 000
电动机功率/kW	22			30		

四点结构分为两种形式，第一种形式为传统四点，即四点呈矩形布置。西安交通大学研发的 J75-80 型 800kN 四点高速压力机即为此形式，采用无离合器-制动器结构、偏心块式平衡装置、连杆长度固定及空气弹簧减震装置等形式，在滑块行程为 5mm，最高滑块行程次数为 1500 次/min，四点通过精密齿轮传动保证同步。另一种为单排四点结构，应用最多。图 1-4-5 所示为日本会田（AIDA）采用单排四点结构的 MSP 系列高速压力机（技术参数见表 1-4-9）。

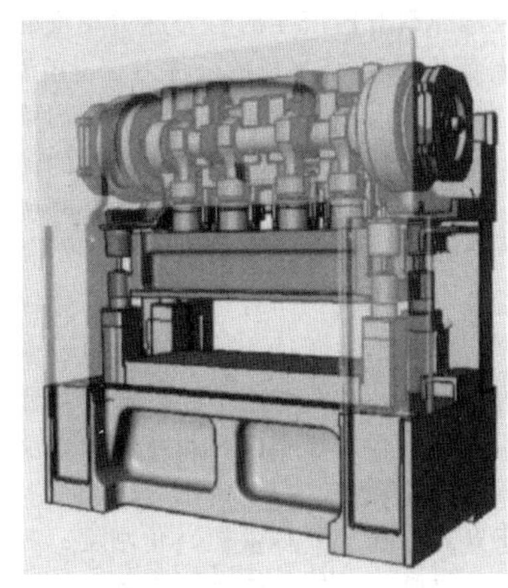

图 1-4-5　MSP 系列高速压力机（单排四点结构）

4）按驱动机构形式分类。分为正弦机构高速压力机（见图 1-4-6）、曲柄滑块机构高速压力机和多连杆机构高速压力机。国外公司（瑞士 BRUDER-ER、日本 YAMADA DOBBY、日本 KYORI、日本 AI-DA 等）对多连杆机构进行了深入研究和应用，各具特色。

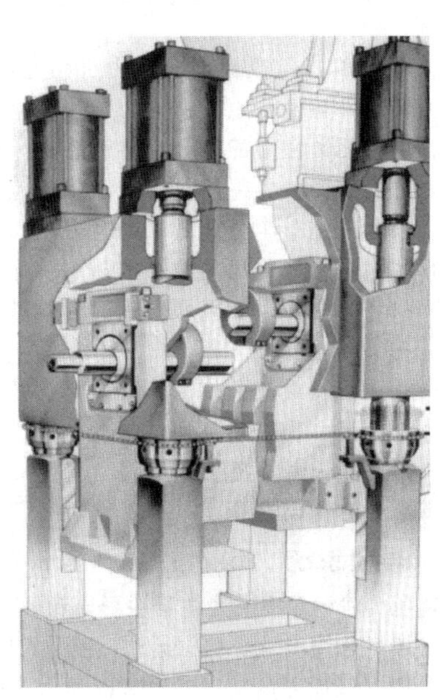

图 1-4-6　美国 OAK 公司正弦机构高速压力机

5）按驱动系统数目分类。除多连杆压力机外，在普通高速压力机传动系统中一般有一套电动机、离合器-制动器和飞轮组成的驱动系统。随着高速压力机向超大吨位（公称力）和宽台面的方向发展，采用一套驱动系统，对于双点、三点和四点高速压力机，各点之间的同步性受到影响，从而影响整机运行精度。日本会田（AIDA）在其 MSP 系列（见图 1-4-5）中采用了两套驱动系统，布置在曲轴的两端，消除了起动瞬间曲轴偏转角造成的同步误差。

6）按驱动电动机形式分类。分为常规电动机驱动高速压力机和伺服电动机驱动高速压力机。高速压力机多采用电磁调速电动机作为动力源，但随着用户节能要求的提出，变频调速电动机逐步应用到高速压力机中。目前，仅有部分小型开式高速压力机（所用电动机功率较小，多在 10kW 以内）使用电磁调速电动机。伺服电动机在高速压力机上的应用，首先从数控转塔压力机开始，其驱动形式为单/双伺服电动机直接驱动曲柄滑块机构、伺服电动机直接驱动多连杆传动机构，在滑块行程为 1.4mm 时，行程次数能够达到 1800 次/min。随后，部分厂家开始在高速压力机中引入伺服电动机作为动力源，压力机的柔性得到了提升。

4.2.4　高速精密压力机的主要应用领域

1. 工艺领域

分为以连续模或简单模冲裁卷料的高速压力机和以级进模对卷料进行冲裁、成形和浅拉深的多用途高速压力机。

2. 冲压零件应用领域

分为冲压变压器铁心类高速压力机、冲压微电机铁心类高速压力机、冲压引线框架类（集成电路引线框架、分立器件引线框架）高速压力机、冲压易拉盖类高速压力机、冲压空调翅片冲压类高速压力机、冲压工业电动机铁心类高速压力机、冲压链条类高速压力机、冲压接插件类高速压力机及其他冲压金属及非金属小型零件压力机等。

4.3　主要部件及其特点

4.3.1　机身

1. 结构分类及特点

机身按结构分为开式机身和闭式机身。

开式机身（见图 1-4-7）是开式高速压力机的核心零件，传动部件、滑块部件、润滑及气动部件等均安装在机身内，多采用铸件，因此具备良好的减振性能。

闭式机身分为整体框架式机身和组合框架式机身两种，其中组合式机身应用最为普遍。整体框架式机身分为普通框架结构和预应力框架结构两种。

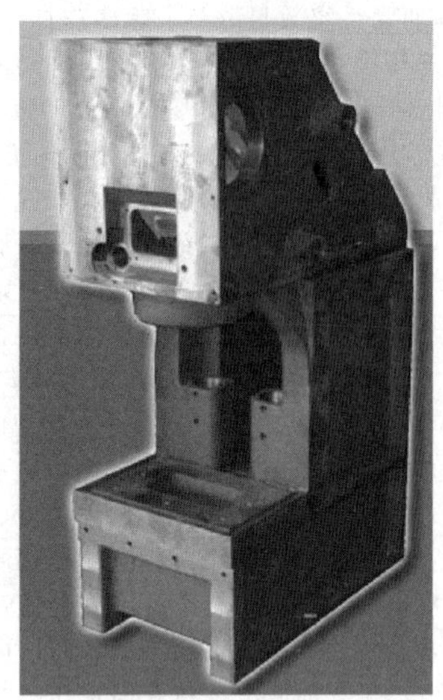

图 1-4-7　开式机身

图 1-4-8 所示为日本山田多比（YAMADA DOBBY）公司 EH 系列采用的整体框架式机身，其铸造和加工均较复杂，因此多用在 1000kN 以下高速压力机上。

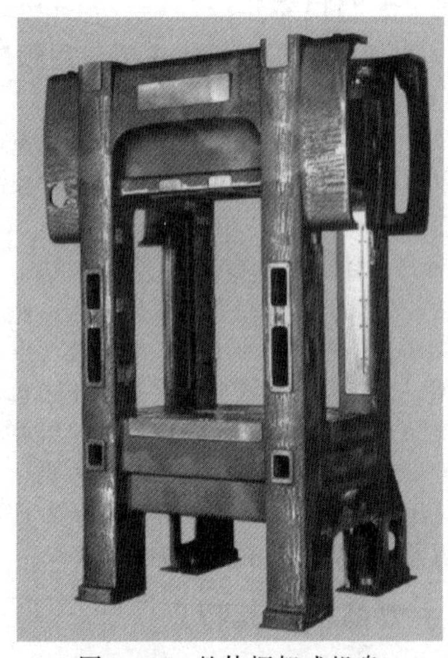

图 1-4-8　整体框架式机身

组合式机身由上横梁、左右立柱和下横梁（底座）组成，称为“三段式”机身，应用较为普遍。上横梁、左右立柱和下横梁（底座）通过四根拉紧螺栓拉紧构成一个整体，拉紧力一般不低于公称力的两倍。也有部分公司在上横梁与左右立柱之间、左右立柱与下横梁之间直接采用螺钉连接。为了防止各部分之间相互错位，可采用圆形或方形销定位。目前多利用在加工过程中的定位孔中安装定位套以实现定位，定位精度及定位刚度较高，该方法对加工精度要求高。也有部分公司使用“两段式”机身，由上横梁和下横梁（底座）组成（即立柱一部分并入上横梁，其余部分并入下横梁），采用该形式时滑块辅助导向多采用圆柱导向。

2. 结构设计要求

（1）提高机身刚度　压力机高速冲裁时，当材料即将被冲断的一瞬间，压力机各部分的弹性变形能转变成动能突然释放，使冲头急速地冲断板料并向凹模孔中突进。美国尼亚加拉（Niagara）公司将压力机突然卸载时所产生的与公称力相反的载荷称为“反向负载”，与压力机的公称力、扭矩和能量三项指标并列，成为标志高速压力机能力的第四种负载能力。由于突然卸载，上模在几毫秒的时间内剧烈振动，由此引起曲轴与连杆轴承的强烈撞击，对压力机非常不利，容易产生螺钉松动，防护装置和罩壳等部位配合不良，同时也会影响高速压力机的送料精度。国外相关测试表明：在高速冲裁时，压力机的弹性变形和冲断时的加速度对冲裁质量和模具使用寿命都有很大影响，因此需要考虑反向负载并提高压力机的刚度。

对于开式机身，要尽量提高角刚度；对于闭式机身，则需要通过增加立柱及拉紧螺栓的强度和横截面积等措施进一步提高机身的垂直刚度。在机身承受载荷时，除立柱的伸长变形外，工作台和上横梁会产生扭曲变形，造成滑块底面及工作台板上平面之间的距离变化，影响模具的使用寿命及冲压件的精度，因而工作台、下横梁及上横梁应有足够的截面尺寸及合理的结构以提高抗弯刚度。此外，还需要考虑机身的水平刚度，以克服热变形及偏心载荷的影响。

（2）提高机身抗震性能　压力机高速运转时，往复及回转部件重量产生的惯性力与速度呈平方关系增加，周期性惯性力的存在，将引起机床的剧烈振动，除采用平衡装置外，在床身结构上应采取减振措施，如合理分布床身重量以提高振动的固有频率，选择减振性能好阻尼系数高的材料，降低重量动静比和机身重心，以及采取合理的焊缝形式（焊接零件）等。

（3）考虑级进模具的使用　要有足够的装模空间和工作台孔尺寸，以满足冲压自动化的要求，便于送料、出产品、废料及快速换模装置的安装，同时还应考虑外形美观等。

4.3.2　导向系统

高速压力机的导向一般包括主导向和辅助导向。主导向一般用来直接承受机构运动过程中的侧向力，辅助导向用以保证导向精度，也有的压力机仅有主导向或辅助导向，因机型及传动机构不同而异。总体而言，高速压力机的导向系统依其结构特点，可分为滚动导向和滑动导向（包括静压导向）。滚动导向分为平面滚动导向和柱式滚动导向。柱式滚动导向可分为两柱、三柱和四柱三种形式，也可按运动部位分为导柱运动导套固定和导套运动导柱固定两种，其中的固定导柱也可兼起拉杆拉紧作用。滑动导向（静压导向）是一种特殊的滑动式柱式导向，导柱和静压轴承之间没有刚性接触，靠静压油膜导向，精度及刚性较好。

对于开式高速压力机，滑动主导向可分为 V 型、W 型和六面导轨导向，用于承受曲柄滑块机构产生的侧向力，其导向间隙可根据磨损情况进行调整。为提高导向刚度，可适当延长导向长度。滑块主导向也有使用滚动导轨块形式，导向精度比滑动导向稍高。采用主导向和辅助导向相结合（即“三圆导柱”结构）是开式高速压力机导向系统的发展趋势，其中承受侧向力的主导向多采用滑动形式，辅助导向可以采用滑动（静压）结构和滚动结构。

对于闭式高速压力机，导向形式较多。目前使用最多的是四角八面导向和“六圆导柱”导向（对于双点压力机）两种（主传动为曲柄滑块机构），各有利弊。对于四角八面导向，滑块在水平面内各个方向的位移均受到约束，导向刚度大，精度高。其发展经历了从滑动导向向预应力滚动导向的演变，共同点是导向部分可进行调整，以适应导向间隙变化或实现预压。采用预应力滚动导向可以把滑块的下死点水平位移控制在最小范围内，为硬质合金模具的使用和提高模具寿命创造条件。预应力滚动导向的导向元件一般由循环式导向元件（如 THK 的 LM 滚珠滚动块）或片式导向元件（如 THK 的板式滚柱链）组成。采用四角八面导向时，曲柄滑块机构的侧向力也可由其承受（早期设计产品），如今则由圆导柱来承受。“六圆导柱”导向结构有利于实现滑块的轻量化，对导向元件的可靠性要求较高。此外，由于导向部位位于送料线平面附近，滑块偏转点比八面导向低，有利于提高导向刚度。“六圆导柱”导向可分为滑动导向（含静压导向）和滚动导向，在主导向和辅助导向部位均有应用，其发展趋势为静压导向。

以下简要介绍国外各公司的导向系统。

1. 瑞士 BRUDERER 导向系统

图 1-4-9a 所示为瑞士 BRUDERER 生产的 BSTA 高速精密压力机导向系统，图 1-4-9b 所示为导柱导向局部放大视图。由于其特殊的设计，当冲压过程中温度发生变化时，导向系统能够进行微量移动，避免了高速运动过程中产生的温度应力。导向系统为静压结构，刚度大。在冲压过程中如果因负载不均、材料未完全通过模具、模具上有碎屑，以及模具结构不合理而产生偏心载荷时，由于独特的传动系统及导向系统，滑块的偏转点位于材料水平面，保证了滑块运行的垂直度，从而延长了模具的使用寿命。

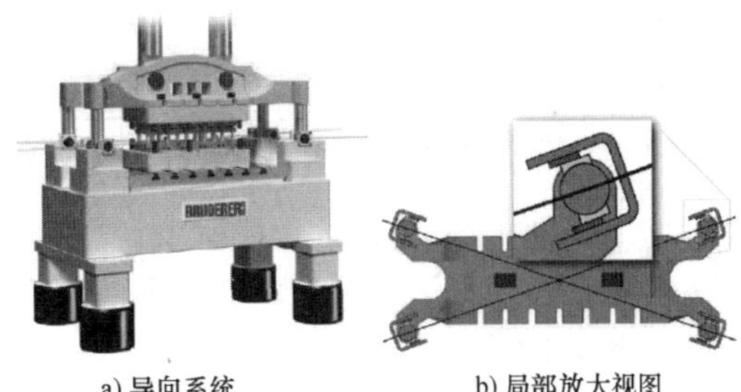

a) 导向系统　　b) 局部放大视图

图 1-4-9　BSTA 高速精密压力机导向系统

2. 日本 AIDA 导向系统

日本会田（AIDA）的高速精密压力机，依系列不同先后采取了多种形式的导向形式，其导向系统由两部分组成，即柱塞导向（主导柱部分）和辅助导向。柱塞导向多采用滑动（静压）结构，以承受曲柄滑块机构运动过程中产生的侧向力，柱塞部分设计时具备适应热变形的能力。辅助导向包括预应力四角八面导轨导向和圆柱导向，其中圆柱导向分为滑动（静压）结构、棱柱体结构和复合结构，各有利弊。

HMX 系列高速压力机（技术参数见表 1-4-16）采用的预应力导轨结构如图 1-4-10 所示。它是一种通过调整螺钉调节导轨面过盈量的四角八面直角预应力滚针导轨，采用平面直线滚针轴承作为承载元件。为保证导向刚度，将多个平面直线滚针轴承上下拼接，在上下两部分平面直线滚针轴承之间安装

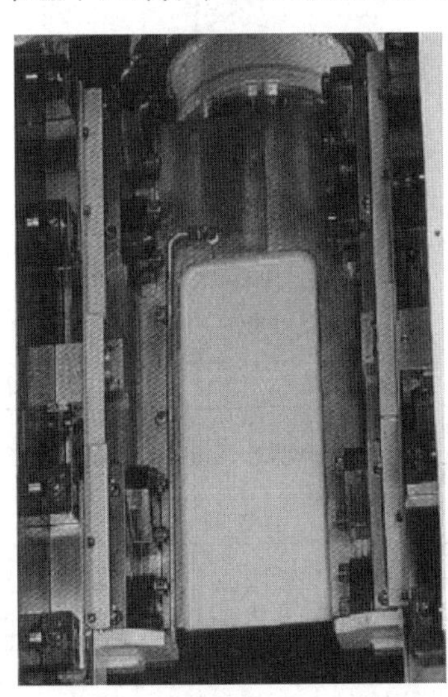

图 1-4-10　预应力导轨结构

齿轮，在滑块和立柱上安装齿条，保证平面直线滚针轴承中的滚针只滚不滑。安装时一般调整到“零隙”或过盈状态，可以保证导轨在长时间内不做调整。

表 1-4-16　HMX 系列高速压力机的技术参数

参数名称	HMX-1250	HMX-2000	HMX-3000	HMX-3000W
公称力/kN	1250	2000	3000	3000
滑块行程/mm	30			
工作能量/J	1200	2000	3000	3000
滑块行程次数/(次/min)	200~800	200~600	160~500	120~410
装模高度/mm	380~430	400~480	420~520	420~520
工作台板尺寸/mm(前后×左右)	1300×850	1700×950	2000×1000	2300×1200
滑块底面尺寸/mm(前后×左右)	1300×600	1700×650	2000×750	2300×1000
最大上模重量/kg	500	900	1300	1500
立柱侧开口宽度/mm	350	460	560	560

与其他公司一样，AIDA 公司的圆柱导向采用静压结构，并在此基础上进行了改进，如将静压结构与滚动导向结构并用，在保证导向刚度的同时保证了导向精度。HMX 系列部分机型采用的棱柱体导向结构如图 1-4-11 所示。由于滚动体为滚针，与滚珠相比，刚度更大，其初始间隙为 3μm 左右，初次磨损后间隙仅为 8~10μm，导向精度较高。

图 1-4-11　棱柱体导向结构

3. 日本 ISIS 导向系统

辅助导向系统中的导柱和导套之间采用静压结构，制造时（20℃）其间隙为 7~8μm；导套采用含铅、铜、钴等的特殊材料，冲压时受热膨胀，静压结构的间隙进一步缩减到 3~4μm。滑块的导向精度、刚度及耐久性好，但制造难度大。

4. 美国 OAK 导向系统

美国 OAK 公司高速压力机主要有 LP 系列（部分技术参数见表 1-4-17）和 SS 系列（部分技术参数见表 1-4-18），其中 SS 系列为闭式双点超高速压力机。这两个系列产品所采用的导向系统如图 1-4-12 所示。它由 12 组零间隙的滚动导向元件组成，分为上下两部分，有效抑制了滑块的水平位移，保证了滑块的垂直度，抗偏心载荷能力好。

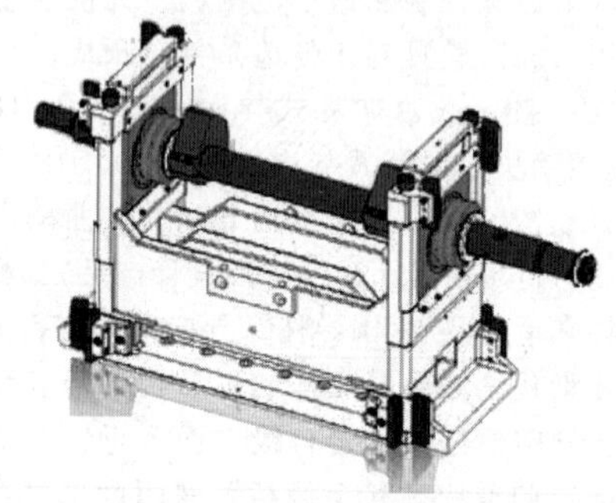

图 1-4-12　OAK 公司高速压力机导向系统

表 1-4-17　LP 系列高速压力机的部分技术参数

参数名称	LP-30-24	LP-60-24	LP-100-60	LP-200-72	LP-300-72
公称力/kN	267	534	889	1778	2667
公称力行程/mm	0. 8	1. 6			
滑块行程/mm	38	51	76		
模具安装尺寸(左右)/mm	622	622	1524	1842	
装模高度/mm	203~254	227~305	用户定制		
滑块行程次数/(次/min)	133~400				
滑块提升量/mm	76	102	127	152	

（续）

参数名称	LP-30-24	LP-60-24	LP-100-60	LP-200-72	LP-300-72
工作台板尺寸/mm(前后×左右)	864×394	902×495	1905×572	2362×762	2515×914
滑块底面尺寸/mm(前后×左右)	724×394	876×498	1829×572	2248×762	2010×889
电动机功率/hp	10	15	25	40	50

注：1hp=745.700W。

表 1-4-18　SS 系列高速压力机的部分技术参数

参数名称	SS-30-30	SS-30-36	SS-60-36	SS-60-42	SS-60-48
公称力/kN	267	267	533	533	533
模具安装尺寸/mm	775	927		1080	1232
公称力行程/mm	0.8		1.6		
滑块行程/mm	38				
滑块行程次数/(次/min)	300~1500	300~1200	300~1000	300~800	300~700
装模高度/mm	用户定制				
装模高度调节量/mm	51		76		
滑块提升量/mm	76				
工作台板尺寸/mm(前后×左右)	1016×394	1181×394	1207×495	1359×495	1511×495
滑块底面尺寸/mm(前后×左右)	876×394	1029×394	1181×498	1334×498	1486×498
电动机功率/kW	11		15		

此外，也有厂家采用“全滚动”的导向系统（见图 1-4-13），即主导向和辅助导向部分采用滚珠（含保持架），由于导向间隙小，导向精度得到提高；通过增大滚珠直径及数量（直径和高度方向增加）来提高导向刚度。

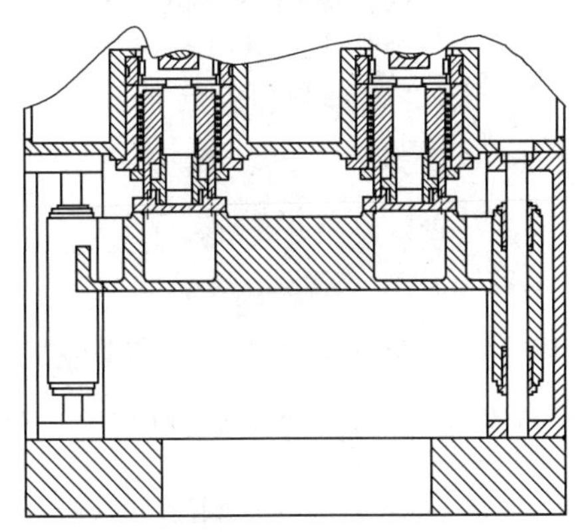

图 1-4-13　“全滚动”导向系统

4.3.3　传动系统

高速压力机传动布置方式分为上传动和下传动两种。在 20 世纪五六十年代，底传动形式一直处于主导地位。底传动具备体积小、重心低、稳定性好、传动系统水平分力较小等优点，而且不会使润滑油滴到工件上，能够满足特定行业，如食品、橡胶、纸、薄膜、塑料等的需求。由于底传动往复运动部件重量大，进一步提速后造成的振动显著增大，使滑块下死点动态精度变差，影响了冲压件的精度和模具的使用寿命，从而限制了高速压力机速度的进一步提高。除特定行业，上传动高速压力机已经成为目前的主流。

传动系统中的驱动机构主要有如下形式。

1. 曲柄滑块机构

曲柄滑块机构在高速压力机中应用最多，从单点、双点逐渐发展到三点和四点，行程次数可达到最高的 4000 次/min。按机构中连杆和滑块的连接方式分为球头式和销轴式。球头式的自由度多，能很好适应加工及装配误差，应用最为广泛。球头另一端与连杆的连接方式有螺钉连接（销定位）和螺纹连接（也可进行装模高度调整）两种，也有将连杆和球头螺杆合成一体的，但要求有较高的加工精度。此外，也有将球头与连杆直接铰接的，如台湾瑛瑜公司 Apex 产品采用的新型球头连接方式，如图 1-4-14 所示。

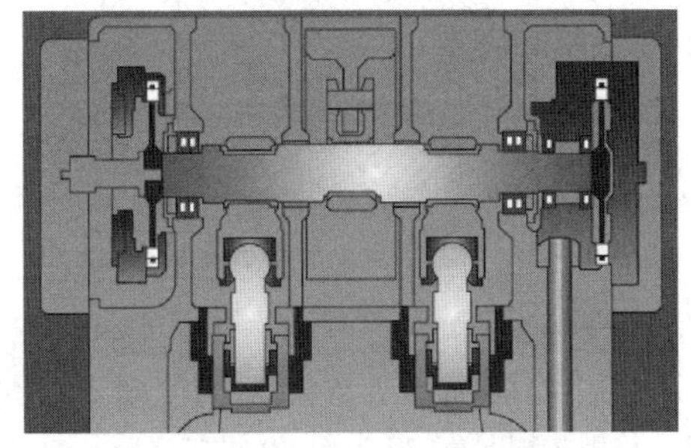

图 1-4-14　新型球头连接方式

当承受偏心载荷时，球头式结构由于其多自由度，容易产生倾斜，造成导向部分承受过大的负载。当采用销轴式时，由于其自由度收到了限制，仅能绕销轴转动，可承受较大的偏心载荷而不发生倾斜，刚性好，是大型高速压力机普遍采用的连接形式，为今后的发展方向。但是，采用销轴式结构对加工精度要求高。销轴式常用的连接方式为销轴瓦安装在连杆中，销轴瓦绕安装在导柱中的销轴转动，连杆的一部分位于导柱中（见图 1-4-15）；另一种形式为连杆下部为分叉形，导柱的一部分位于连杆内部。销结构经特殊设计能够实现压力机超载时的卸荷（见图 1-4-16），多用在小型高速压力机上。

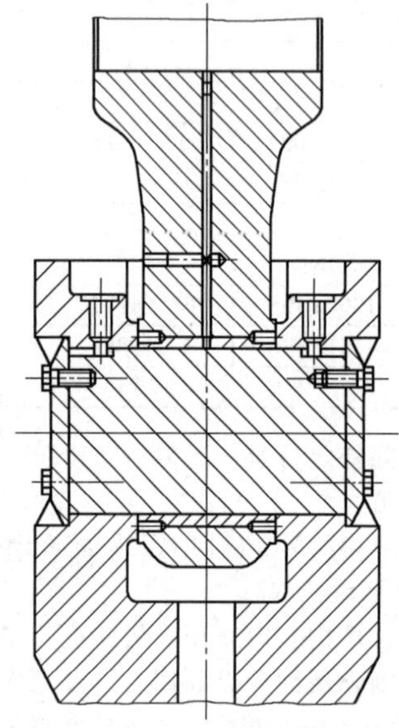

图 1-4-15　销轴式连接结构

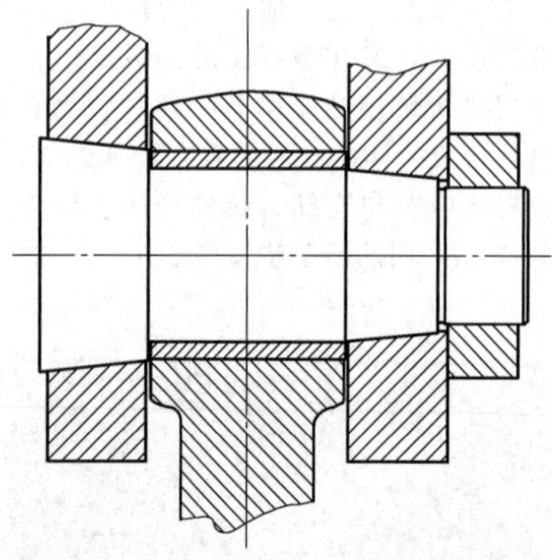

图 1-4-16　销结构（带超载卸荷功能）

2. 正弦机构

使用正弦机构的最大的优势在于能够降低机身高度，徐锻集团早在 20 世纪 70 年代就将该机构应用于开式单柱压力机并沿用至今。应用在高速压力机上则是美国的 OAK 公司（见图 1-4-6），机构的各摩擦副由滑动摩擦更换为滚动摩擦，为提高速度创造了条件。在 267kN 公称力、38mm 滑块行程时，滑块行程次数可达 1500 次/min。由于减少了连杆，机床总间隙得到了压缩。

3. 瑞士 BRUDERER 杠杆机构

瑞士 BRUDERER 公司的 BSTA 高速压力机的传动机构如图 1-4-17 所示。该机构的滑块位移曲线为正弦曲线，其加速度曲线也为正弦曲线，从而使机构的惯性力较小，公称力为 200kN 的高速压力机的滑块行程次数就可达到 2000 次/min。该机构由曲柄滑块机构和杠杆机构串联而成，曲轴部分仅承受 60%的公称力；装模高度调整布置在两侧，由伺服电动机驱动蜗轮蜗杆机构，也可用于滑块的快速提升；装模高度调整每侧仅承受 20%的公称力，该位置可用作冲压过程中的下死点补偿，因能够保证极高的下死点精度，满足了高速精密冲压的要求。该系统的配重系统（动平衡系统）能够在各个运动位置平衡横向和纵向的惯性力。此外，该机构的曲轴部位可提供多达 10 个滑块行程，从而扩大了设备的使用范围。

图 1-4-17　BSTA 高速压力机的传动机构

4. 日本山田多比（YAMADA DOBBY）双连杆机构

图 1-4-18 所示为日本山田多比公司 NXT 系列产品（公称力为 250~2000kN，部分技术参数见表 1-4-19）采用的双连杆机构，属于多连杆机构范畴。除中部的曲柄滑块机构外，该机构左右对称，运动过程中实现横向惯性力的自动平衡；通过下部中间支点的上下位置，可微量调整滑块的下死点位置。在运行过程中，该机构在下死点附近速度降低显著，造成在上死点处过大的加速度，限制了滑块行程次数的进一步提高。

图 1-4-19 所示为日本山田多比公司 MXM 系列产品（部分技术参数见表 1-4-20）采用的另一种多连杆驱动机构。该机构比 NXT 系列产品所采用的驱动机构简单，同时降低了整机高度。由于导柱中心和

肘杆中心存在较大偏差，公称力过大，容易产生较大的侧向力，因此该系列产品最大公称力为 800kN。

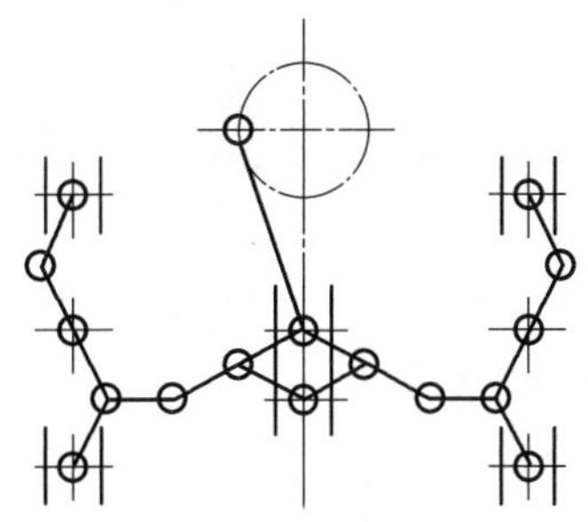

图 1-4-18　NXT 系列高速压力机的双连杆机构

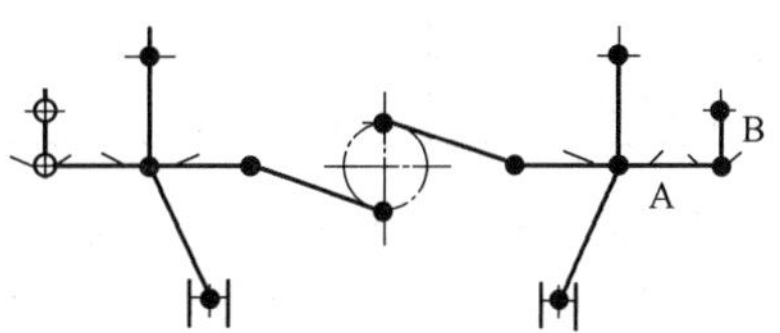

图 1-4-19　MXM 系列高速压力机的多连杆驱动机构

表 1-4-19　NXT 系列高速压力机的部分技术参数

参数名称	NXT-25	NXT-40	NXT-60	NXT-80	NXT-125	NXT-200
公称力/kN	250	400	600	800	1250	2000
公称力行程/mm（滑块行程为 30mm 时）	1.2		1.6	1.6	2.6	2.9
滑块行程/mm	15/20/25/30	15/20/25/30/35/40	15/20/25/30/40/50	15/20/25/30/40/50	20/25/30/40/50/60	30/40/50/60/80/100
滑块行程次数/(次/min)	180~1100/1000/900/800	180~1000/850/750/700/500/400	150~800/750/700/650/400/400	150~650/650/600/550/350/300	100~450/400/400/350/300/250	80~300/275/250/200/150/120
装模高度/mm	224/224/224/225	225	300/300/300/301/302/303	322/322/322/323/325/326	400/400/401/402/404/406	400/401/402/403/406/408
装模高度调节量/mm	50	50	50	50	80	60
工作台板尺寸/mm（前后×左右）	640×450	760×590	950×650	1100×800	1350×800	1700×1000
滑块底面尺寸/mm（前后×左右）	640×320	760×360	950×420	1100×540	1350×600	1700×800
立柱侧开口宽度/mm	220	260	260	340	430	450
底座开孔尺寸/mm	500×80	620×80	720×80	850×80	1000×130	1300×250
最大上模重量/kg	60	100	200	350	600	1200
机床总重/t	5.9	8.7	12.5	18.3	40	65
电动机功率/kW	15	15	22	30	37	45

表 1-4-20　MXM 系列高速压力机的部分技术参数

参数名称	MXM-15	MXM-20	MXM-30	MXM-40	MXM-60	MXM-80
公称力/kN	150	200	300	400	600	800
公称力行程/mm	0.8		1.2		1.6	
滑块行程/mm	10/13/15/20		15/20/25/30		15/20/25/30/40	
滑块行程次数/(次/min)	180~2000/1800/1700/1500	180~1500	180~1300/1200/1050/950	180~1100/1000/900/850	150~900/900/800/750/650	150~650/650/650/600/550
装模高度/mm	230		240		300	320
装模高度调节量/mm	20		50			
工作台板尺寸/mm（前后×左右）	500×400		640×450	760×590	1100×800	1350×800
滑块底面尺寸/mm（前后×左右）	500×300		640×320	760×360	1100×500	1350×540
立柱侧开口宽度/mm	150		220	260	340	

（续）

参数名称	MXM-15	MXM-20	MXM-30	MXM-40	MXM-60	MXM-80
底座开孔尺寸/mm	380×50		500×80	620×80	720×80	1000×130
机床总重/t	4.2		6.0	7.5	16.0	22.0
电动机功率/kW	15				22	30

5. 日本电产京利（Nidec-kyori）多连杆机构

图 1-4-20 所示为日本电产京利 ANEXⅡ系列高速压力机采用的多连杆机构（部分技术参数见表 1-4-21）。比其他多连杆机构简单，机构完全对称，可实现横向及纵向惯性力的平衡。由于该机构左右两侧导向滑块的位移受到垂直方向上的限制，为达到设计行程，曲柄处需要较大的偏心量，从而限制了其设计行程的增大（该机型仅提供两种行程）。为进一步提高速度，日本电产京利对该系列产品进行了全新设计，分别推出了 ANEX-H 系列和 FENIX 系列产品（部分技术参数见表 1-4-22），其中后者速度达到了曲柄滑块机构的极限速度。其后推出的 FLEXCAM 系列产品，具备三段行程可调功能。行程调整时，装模高度不会发生变化，行程调整时间仅为 15s，在试模时也可进行行程切换。

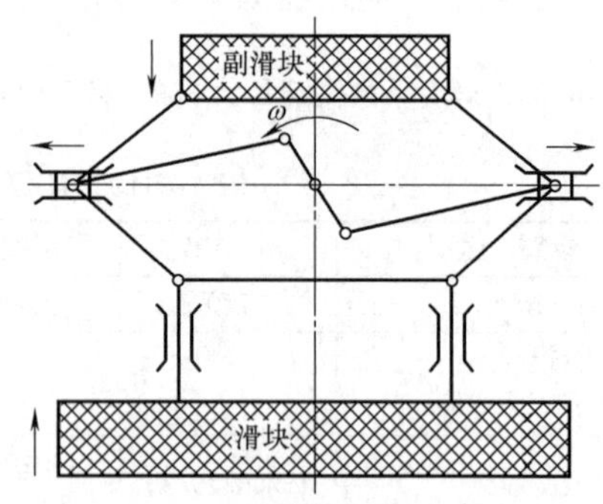

图 1-4-20　ANEXⅡ系列高速压力机的多连杆机构

表 1-4-21　ANEXⅡ系列高速压力机的部分技术参数

参数名称	ANEX-30Ⅱ	ANEX-40Ⅱ	ANEX-60Ⅱ
公称力/kN	300	400	600
公称力行程 /mm	2		
滑块行程/mm	20/25/32	20/25/30/32	20/25/32
滑块行程次数/(次/min)	200～1200/1050/900	180～1000/900/850/850	100～750/750/650
最大装模高度/mm	240		300
装模高度调节量/mm	40	50	80
工作台板尺寸/mm(前后×左右)	600×400	750×500	1100×600
滑块底面尺寸/mm(前后×左右)	600×300	750×340	1030×500
上模重量/kg	最大 80	105～155	最大 450
总重量/kg	6500	8000	14000
电动机功率/kW	11	15	22

表 1-4-22　ANEX-H、FENIX 系列高速压力机的部分技术参数

参数名称	ANEX-15H	ANEX-30H	ANEX-40H	FENIX-30	FENIX-40
公称力/kN	150	300	400	300	400
公称力行程/mm	1.2	2			
滑块行程/mm	10	14/16/20/25/32	16/20/25/32	16/20/25/32	
最高滑块行程次数/(次/min)	1800	1500/1400/1350/1150/1000	1200/1100/1000/950	1500/1400/1250/1100	1400/1250/1100/1000
最大装模高度/mm	200	240			
装模高度调节量/mm	30	40	50	40	50
工作台板尺寸/mm(前后×左右)	500×360	600×400	750×500	640×450	750×500
滑块底面尺寸/mm(前后×左右)	500×260	600×300	750×340	640×320	750×340
底座开孔尺寸/mm	350×80	400×100	560×120	400×100	560×120
机床总重/t	4.5	6.5	8.0	6.5	8.0
电动机功率/kW	15				22

多连杆机构还有许多形式，在此不再陈述。除瑞士 BRUDERER 公司的 BSTA 机型采用杠杆传动机

构外，其他公司开发的多连杆传动机构有多种形式，其基本特征都是在冲压过程中降低滑块速度，实现增力效果，同时降低高速下加速度对下死点精度的影响。根据多连杆机构的具体形式，可设置下死点动态精度补偿机构。由于多连杆机构的滑块运动在上死点附近惯性力显著增大，从而限制了滑块行程次数的提高。

4.3.4　离合器与制动器

高速压力机大多使用组合式的干式或湿式摩擦离合器-制动器。按驱动形式分为气动式和液压式。按摩擦面形式分为盘式、浮动镶块式和圆锥式。其主要构造与普通压力机上的离合器-制动器是相同的。高速压力机大多采用气动干式摩擦离合器-制动器（盘式或浮动镶块式），为了提高快速制动性能，尤其是大型高速压力机，通常将离合器与制动器分开布置（见图 1-4-21）。随着高速压力机向大型化发展，在一台高速压力机上逐渐采用两套摩擦离合器-制动器，这有利于减小曲轴的扭转变形，保证多点的同步性，如日本 AIDA 公司的 MSP 系列高速压力机（见图 1-4-5）。

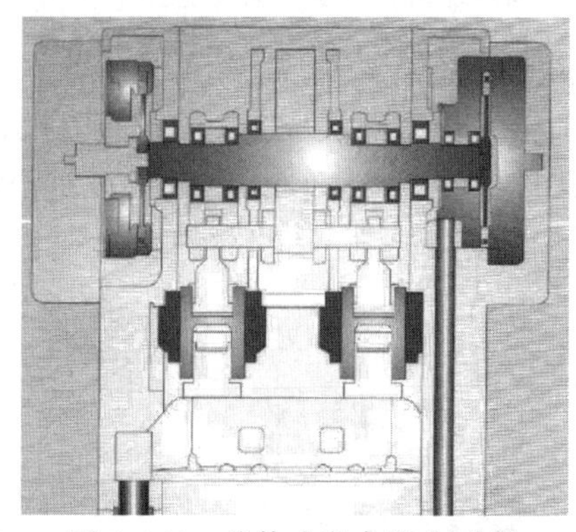

图 1-4-21　分体式离合器-制动器

1. 高速压力机离合器-制动器的设计要求

由于离合器完成结合需要一定时间，此时压力机速度一直处于变化状态，从而引起滑块下死点的变化，影响超精密零件的冲压精度。国外高档高速压力机能够在曲轴旋转一周达到最高转速，并在一周内快速制动，其离合器-制动器多以自制为主。

离合器-制动器设计应注意如下问题：

1）具备较低的惯量，制造时可采用低密度材料，如铝合金。

2）具备合适的离合扭矩和制动扭矩，以提高离合器的结合速度和制动器的快速制动能力。

3）提高压缩空气压力，尽量减小离合器气缸容积。

4）增大离合器进气口直径及电磁阀流量。

5）减小活塞移动距离。

6）尽可能减小摩擦片之间的间隙，并保持摩擦间隙均匀一致。

2. 减小高速压力机离合器-制动器制动角的措施

在高速精密压力机上，提高制动能力，减小制动角，对于保护模具、提高冲压件成品率及防止设备损坏具有十分重要的意义。为此可采取以下措施：

1）提高制动器制动扭矩。对于普通压力机，设计的离合器离合扭矩大于制动扭矩；为提高高速压力机的快速制动性能，一般要求制动扭矩大于离合扭矩，也可以在结构布置上采用双制动器，以提高制动效果。

2）减少离合器及压力机从动部分的惯量。在选择、设计离合器时，一方面要考虑降低离合器-制动器自身的惯量，另一方面要考虑降低压力机相关从动系统的惯量。对于某些影响从动惯量较大的零部件，可以在保证刚度的前提下使用低密度的合金材料。

4.3.5　静平衡机构

静平衡机构应用于高速压力机的主要目的：对于无螺纹锁紧装置的高速压力机，可以实现消除部分螺纹间隙，提高滑块运行的平稳性；在一定速度范围内改善下死点动态精度；降低装模高度，调整电动机的负荷。

静平衡机构多应用在小型开式高速压力机及部分国产闭式高速压力机上，国外高速压力机仅在装模高度调整时才使用静平衡机构。

静平衡机构采用的静平衡元件主要有气缸、空气弹簧（多为自密封式两曲或三曲结构）和弹簧。使用气缸时，对加工精度要求较高，而且气缸的线速度允许值（一般要求小于 1m/s）制约了高速压力机的转速，因此气缸多在小型开式高速压力机上使用，气缸通过管路与气包相通。对于大型高速压力机所使用的气缸，多为自容式（见图 1-4-22），具备停机自动排水功能。使用空气弹簧和弹簧时，对加工精度要求较低，同时能够避免气缸在高速时容易出现的缸体发热问题，并且不需要润滑；使用弹簧时，由于不含有橡胶，因此避免了润滑油的侵蚀。

静平衡机构与机身、滑块的连接方式主要有直接连接，如气缸固定在机身，气缸杆与滑块连接，随同滑块一起运动，应用较多；间接连接（见图 1-4-23），应用在部分小型开式高速压力机上，可以减小整机高度。

4.3.6　动平衡机构

高速压力机运转时，往复运动件重量所产生的惯性力与压力机每分钟行程次数 n、滑块行程长度 H 及往复运动件的重量成正比。高速压力机的滑块行程虽然比较小，一般小于 50mm，但其往复运动件的

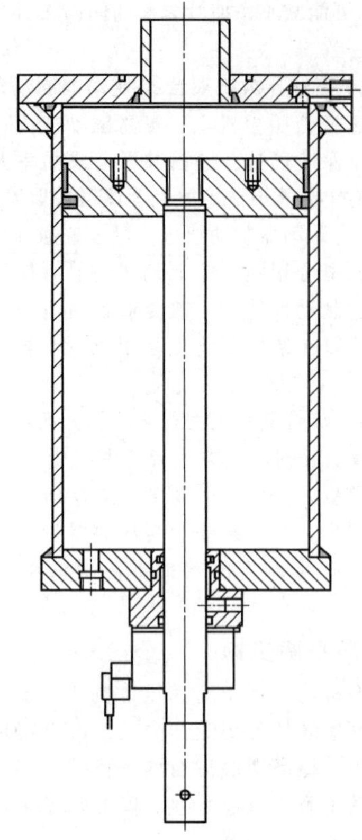

图 1-4-22　自容式气缸

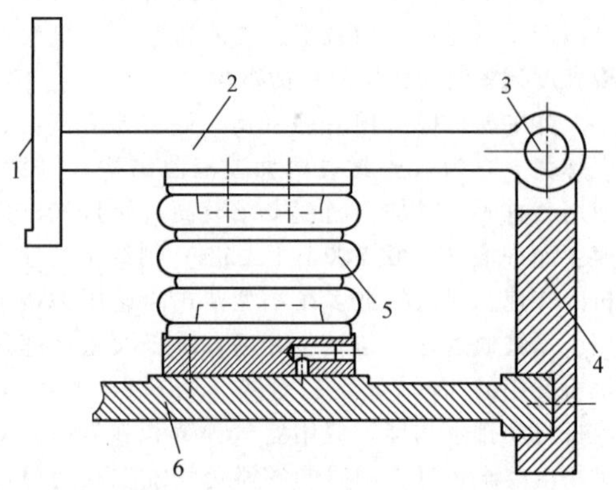

图 1-4-23　静平衡机构的间接连接方式
1—滑块安装面　2—杠杆　3—支点
4—立杆　5—空气弹簧/弹簧　6—机身

重量所产生的惯性力仍然可达到其自重的数倍，甚至十几倍，尤其对某些多连杆高速压力机，有可能达到数十倍。惯性力将作用在支承轴承和导轨上，若不考虑惯性力的平衡，将引起设备的剧烈振动，进而影响压力机的正常运转和动态性能，降低模具使用寿命。因此，高速压力机需要采取动平衡机构，动平衡机构尤其是超高速压力机必不可少的部件。

动平衡机构并非高速压力机的必备装置，对于某些往复运动件重量较轻且对冲压件精度要求不高的小型高速压力机可以不采取动平衡机构，一般采用静平衡机构以提高机床运行的平稳性。常用的静平衡机构包括气缸、空气弹簧和弹簧等，但需要采取一定的隔振措施，以降低对其他精密设备的影响。

1. 动平衡机构的基本要求

动平衡机构的主要功能是平衡曲轴、滑块运动部件和上模等在高速运动过程中所产生的惯性力，在结构上需要满足以下基本要求：

1）完全平衡滑块运动部件所产生的垂直与水平方向的惯性力。

2）滑块行程及上模重量变化时不影响平衡效果。

3）尽量减小回转部件重量以减小制动角。

在结构上要完全满足上述条件有很大困难，从高速压力机实际应用的动平衡机构来看，大部分为不完全动平衡机构，很少为完全动平衡机构。

2. 动平衡机构的形式

1）平衡块式。图 1-4-24 所示为应用在某型高速压力机上的平衡块式动平衡机构，是一种简单的不完全动平衡机构。平衡块用螺钉固定在曲轴偏心相反方向上，能够平衡曲轴的不平衡重量所产生的惯性力，进而实现回转平衡。若结构空间允许，可以将配重块进一步加大，实现对滑块运动部件及上模所产生水平与垂直惯性力的部分平衡，国内外部分高速压力机采用该方式。对于滑块行程可调的高速压力机，当滑块行程变化时，偏心重量发生转移，因而平衡块的平衡效果受到影响。

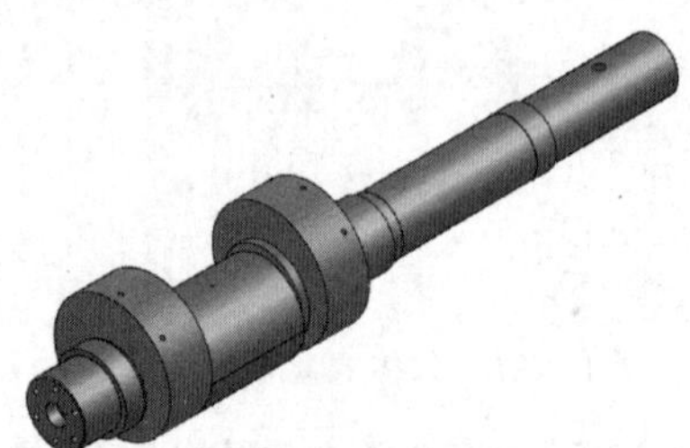

图 1-4-24　平衡块式动平衡机构

2）副滑块平衡机构。图 1-4-25 所示为副滑块平衡机构原理。其原理是在主滑块对称的方向增加副滑块，以抵消滑块所产生的惯性力，根据主副曲柄的长度比确定副滑块的重量，同时曲柄上配上平衡块以取得更好的平衡效果。这种动平衡机构比较简单，是一种较理想的不完全动平衡机构，应用的比较多。当上模重量及滑动行程发生变化时，动平衡效果会受到一定程度的影响；当滑块行程固定时，上模重量需要限制在一定范围内。当去掉主连杆及副连杆时，该机构仍可实现对滑块惯性力的平衡，即以上部的正弦机构平衡下部的正弦机构。

3）多杆配重平衡机构。多连杆机构（见图 1-4-17）由于自身的对称性，水平惯性力可以相互抵消，仅

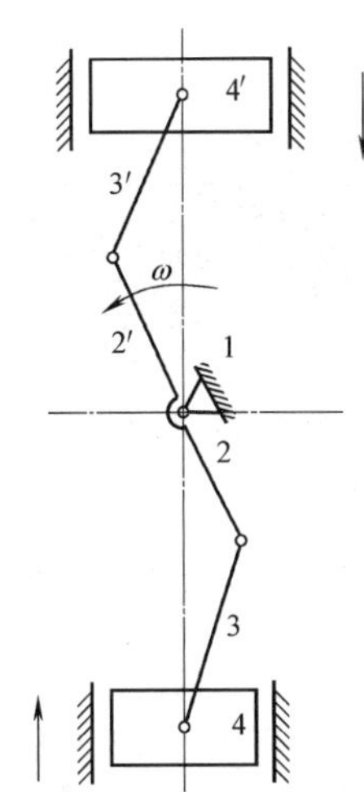

图 1-4-25　副滑块平衡机构原理

1—机身　2—主曲柄　3—主连杆　4—主滑块　2′—副曲柄　3′—副连杆　4′—副滑块

需平衡垂直方向的惯性力。在图 1-4-18 中若除去其中的曲柄滑块机构，则传动机构左右对称，也可抵消水平方向惯性力，垂直方向惯性力可采用副滑块平衡机构进行平衡。

4）多连杆动态平衡机构。BSTA 高速压力机多连杆动态平衡机构（见图 1-4-15），能够平衡水平与垂直方向的惯性力。平衡块的重心移动轨迹为椭圆，在轨迹任一位置上所产生的惯性力，大小相等、方向相反，并相互抵消。这种动平衡机构的优点是当调整偏心改变滑块行程时，平衡块重心随之自动调整，保持完全动平衡。此外，该平衡机构还可实现对回转件的平衡作用，减少其转动惯量，从而减小制动角，提高了制动器的制动性能。

对于上述四种动平衡机构的应用，应根据主传动的驱动形式、结构布局，采取其中的一种或多种动平衡机构。当上模重量变化不大时，上述机构能够实现惯性力的部分或完全平衡，但当上模重量变化较大时，动平衡效果变差。为了达到更好的平衡效果，需要根据上模重量对动平衡系统进行重量调整，但实施时较为烦琐。日本三菱公司 HP 系列高速压力机独特的动平衡配重调整机构（见图 1-4-26），可适应不同的上模重量，其原理是当上模重量发生改变时，调节机身外侧的手柄（带模具重量刻度），可以调整平衡块在机身上的支点位置，从而实现完全动平衡。

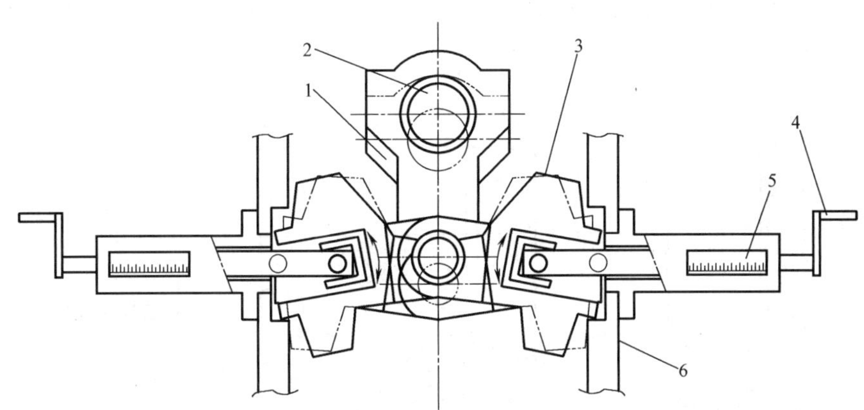

图 1-4-26　动平衡配重调整机构

1—连杆　2—偏心轴　3—平衡配重　4—调节手柄　5—模具重量刻度　6—机身

4.3.7　滑块部件

滑块部件为压力机的重要部件，主要包括滑块体、装模高度调节装置及过载保护装置等。

1. 滑块体

滑块体的结构形式取决于导向和传动系统的形式。随着高速压力机滑块行程次数的不断提高，要求滑块体在满足刚度的前提下减轻重量，这可通过结构优化及使用铸件，还可使用新材料如超硬铝合金、陶瓷合金等。滑块体为箱型结构，按导向形式可分为圆柱导向箱型结构和平面导向箱型结构。图 1-4-27 所示为圆柱导向箱型结构滑块体，图 1-4-28 所示为平面导向箱型结构滑块体。

圆柱导向箱型结构滑块体的高度尺寸显著小于平面导向箱型结构，刚度稍差。装模高度调节装置一般不设置在滑块体上，减轻了滑块部件重量，利于提高滑块行程次数。图 1-4-27a 所示结构采用“导柱运动、滑块体（导套）静止”的导向方式（滑块体辅助导向），导柱悬臂布置，适用于小吨位高速压力机；图 1-4-27b 采用“滑块体（导套）运动、导柱静止”的导向方式，提高了导向刚度和滑块刚度。

图 1-4-28 所示的平面导向箱型结构采用四角八面形式，刚度大，尤其能适应大吨位高速压力机需求。

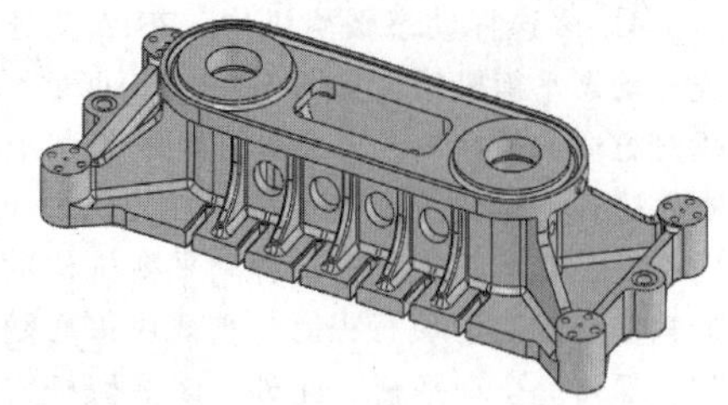

a) 导柱运动、滑块体(导套)静止

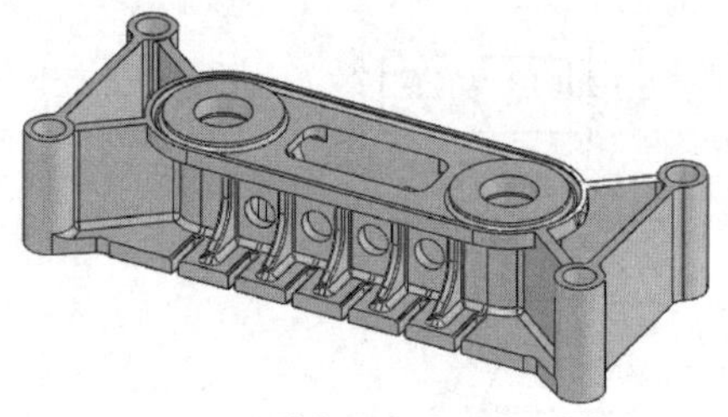

b) 滑块体(导套) 运动、导柱静止

图 1-4-27 圆柱导向箱型结构滑块体

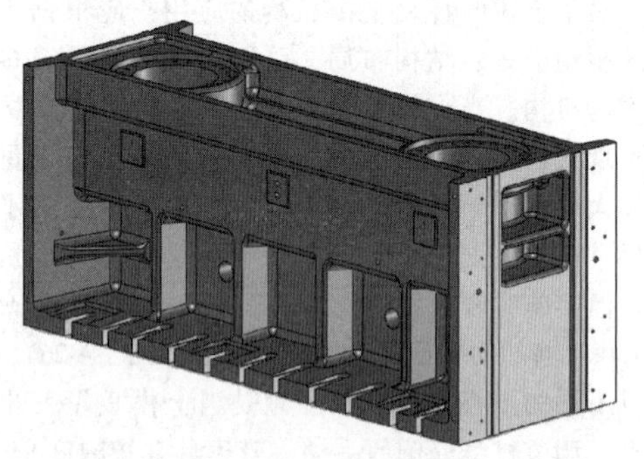

图 1-4-28 平面导向箱型结构滑块体

2. 装模高度调节装置

高速压力机的装模高度调节装置，按动力源分为手动、气动和电动，均有应用。手动方式主要应用于小吨位高速压力机。高速压力机装模高度调节量小且要求精确调整，这就要求电动调节须有合适的调节速度。普通压力机的装模高度调节装置一般布置在滑块体中，而高速压力机的装模高度调节装置则逐渐远离滑块等运动部件布置，其目的是尽量降低冲压振动对调节装置的影响。

装模高度调节装置的布置方式主要有：

1）将装模高度调节装置直接安装在滑块体中。

2）将装模高度调节装置零件（蜗轮箱、导套等）直接安装在上横梁下部。

3）将装模高度调节装置中的固定零件直接铸造在上横梁，其余零件安装在上横梁中。

4）将蜗轮蜗杆等传动件安装在滑块体中，电动机等驱动件安装在立柱等部位（见图 1-4-29）。

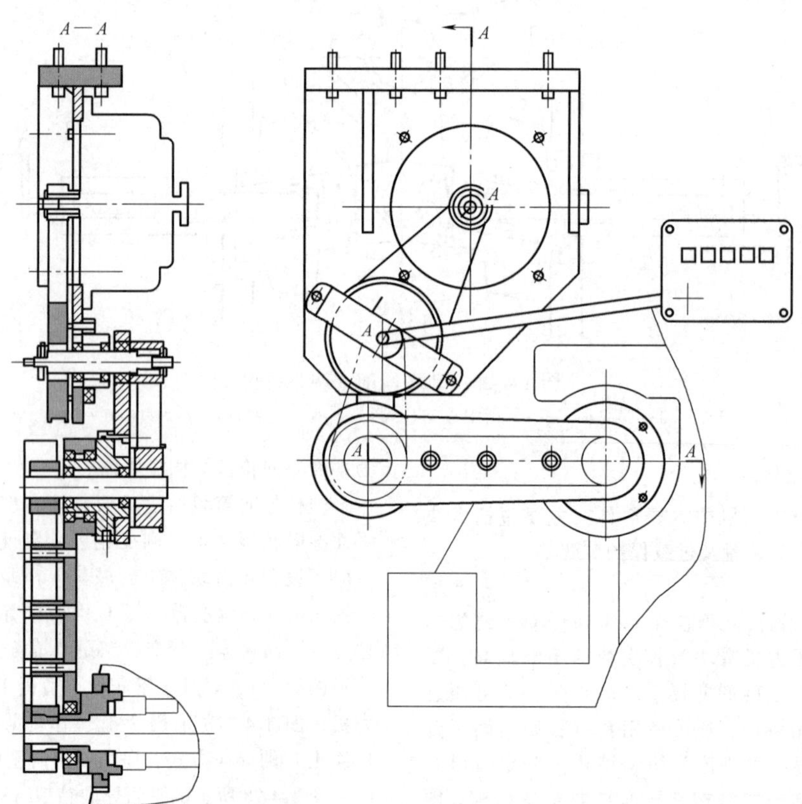

图 1-4-29 装模高度调节装置

对于单点高速压力机，装模高度手动调节是直接旋转滑块部件中的螺纹，来增加或减少滑块的装模高度；气动和电动调节统称为机动调节，是通过气动马达或电动机带动减速及调整机构，实现装模高度调节。

双点及多点高速压力机装模高度调节装置的主要传动方式如下：

1）并联方式。对于双点高速压力机，采用电动机驱动蜗轮蜗杆机构，在蜗杆两端分别带动单个装模高度调节装置（见图 1-4-30）；对于三点高速压力机，采用电动机驱动减速机构及轮系，分别带动单个调节装置；对于单排四点高速压力机，可由 4 个调节装置中的蜗杆通过联轴器连成一根轴，这根轴可分段进行相位微调，补偿四点的加工与装配误差，并由双电动机驱动，实现四点同步调节（见图 1-4-31）。对于上述实施方式均要考虑各点的单独调节问题。

2）串联方式。对于双点高速压力机，可以采用图 1-4-32 所示的串联方式布置装模高度调节装置，即采用电动机通过减速机构驱动单边的调节装置，再通过该装置中蜗杆的一端驱动另一边的调节装置。

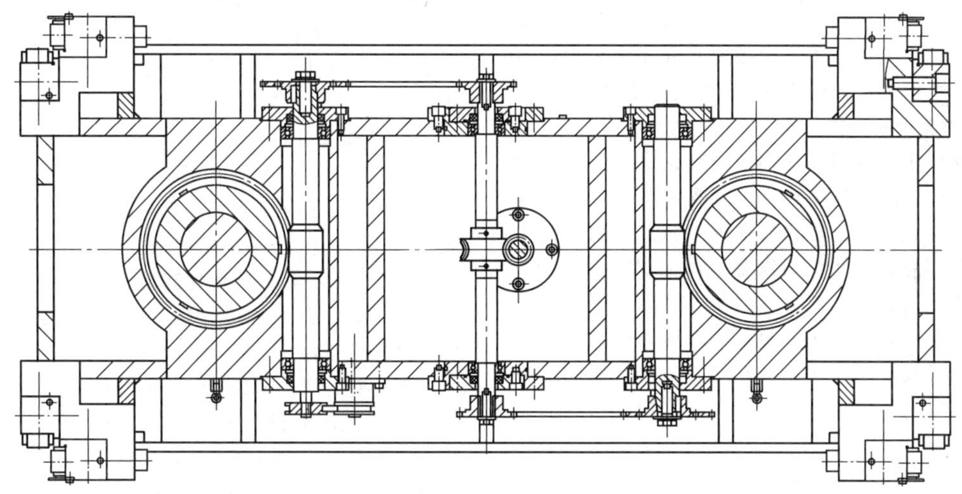

图 1-4-30　装模高度调节装置（双点并联）

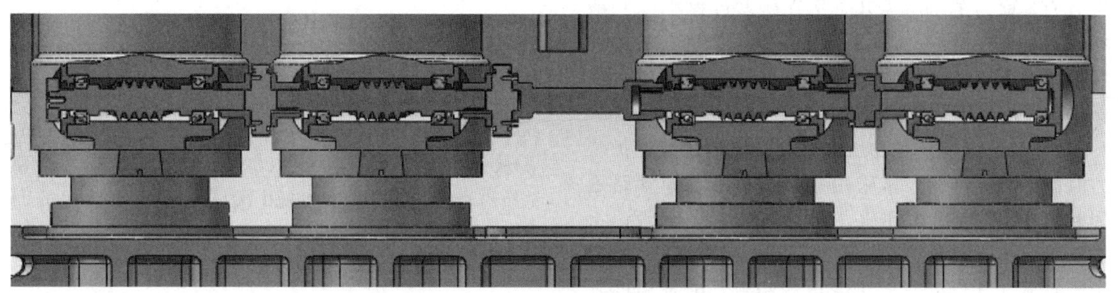

图 1-4-31　装模高度调节装置（四点并联）

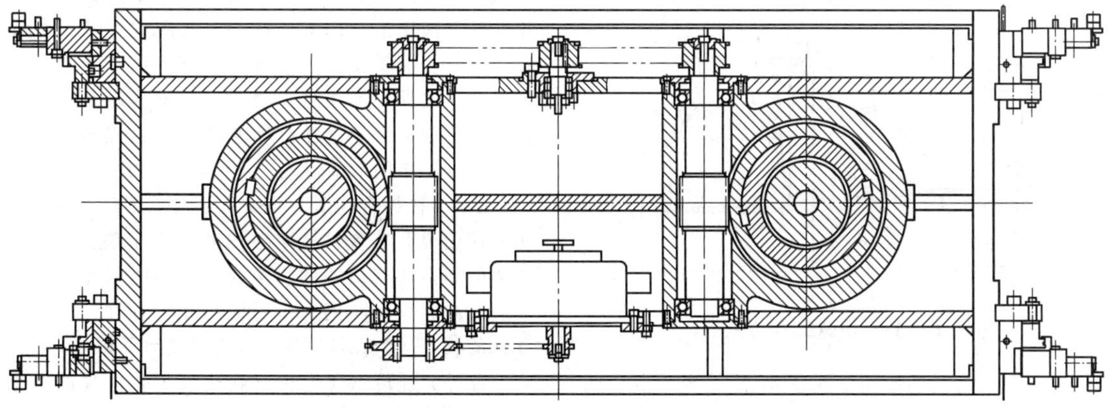

图 1-4-32　装模高度调节装置（双点串联）

实现装模高度调节的装置还有：

1）OAK 公司的上横梁整体升降装置（见图 1-4-6）。其工作原理是：首先松开上横梁上部的锁紧液压缸，使用安装在电动机轴端的链轮通过链驱动机身四处的调整螺母，调整螺母内为螺纹结构，螺母的旋转带动上横梁、传动部件及滑块部件沿着拉杆（安装在立柱）上升或下降，实现装模高度的调节。使用该结构时，调节重量较大。一旦出现机动调节故障，手动调节较困难。

2）工作台板升降装置。采用该装置时，连杆长度固定，消除了中间的螺纹连接环节，有利于下死点精度的提高。通过工作台板的升降实现装模高度的调节，要求工作台板具备一定的支撑刚度。

3. 过载保护装置

为了防止超载损坏压力机，理论上需要采用两类保护装置，即限制扭矩保护装置和限制冲压力保护装置。实践表明，超载损坏压力机，多数是由于模具调整不当或两块坯料重叠工作而引起的，多发生在离下死点很紧的地方，因此大多采用限制滑块冲压力的保护装置。在限制滑块冲压力的保护装置中，液压式或液压气动式虽然结构复杂，但因为具有保护精度高、超载解除后能自动恢复、借助油压表/气压表可以估算实际冲压力等优点，在大中型压力机上得到了广泛的应用。

高速压力机由于滑块行程次数高、实际使用冲压力为公称力的 60%~70% 及公称力行程小（一般在 3.2mm 以内）等，并非所有高速压力机都采用过载保护装置，或者仅采用螺纹锁紧装置。选用过载保护装置应注意如下问题：

1）快速卸荷。当冲压力超过设定的过载保护压力时需要快速卸荷，常采用的方法有沿着原管路返回和沿着零件结合面卸荷（见图 1-4-33）。从理论上讲，后者卸荷时间更短。按第一种方式，目前能够实现过载 1/1000s 内滑块停止并卸荷，配备温度补偿阀，能够消除油温上升而引起的压力波动。

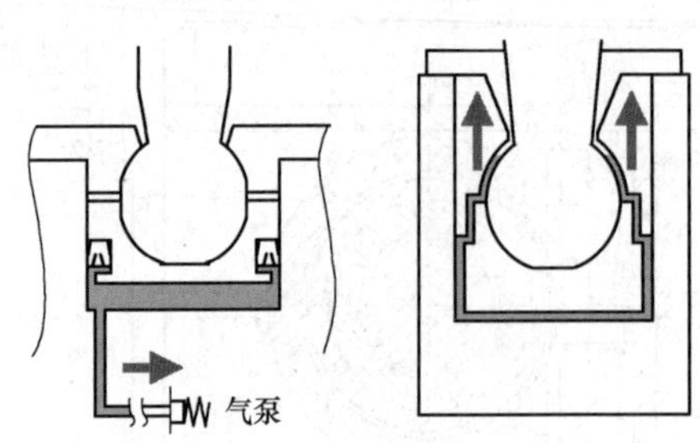

图 1-4-33　快速卸荷方式

2）各“点”的影响。对于双点（含三点、四点等）高速压力机而言，当冲裁过程中出现冲裁力不均衡，如果过载保护管路联通，由于连通器的原理，造成个别“点”冲压力下降，会造成“冲不断”的现象，因此最好采取各点独立的方式。

3）卸荷压力。根据卸荷压力一般选在 20MPa 左右来确定液压垫截面积，压力过低会造成液压垫刚性差，影响下死点动态精度。

4.3.8　快速提升装置

高速压力机由于滑块行程小，当模具需要清理或检修时，需要增大设备的装模高度。如果模具正常使用时的装模高度已处于最大、模具复杂或模具尺寸较大，则需要将模具从设备中取出，费时费力。因此，部分高速压力机需要具备快速提升功能以提高工作效率。

1. 快速提升量

高速压力机的快速提升量没有相关标准，快速提升量的大小与压力机的结构形式及应用领域有关。例如，美国 OAK 公司的高速压力机主要应用在空调翅片冲压领域，其 LP 系列高速压力机（公称力为 300~3000kN，最高滑块行程次数为 400 次/min）的快速提升量范围为 75.2~152.4mm，而且快速提升量大于装模高度调节量 25.4~50.8mm；其超高速的 SS 系列高速压力机（公称力为 300~1000kN，最高滑块行程次数为 1500 次/min）的快速提升量范围为 75.2~203.2mm。意大利 BALCONI 公司的 2DMhs 系列高速压力机（公称力 800~6300kN，最高滑块行程次数 800 次/min）的快速提升量则统一为 100mm。我国台湾地区瑛瑜公司（INGYU）的 Apex 系列高速压力机主要应用于精密微电子行业，该系列的 300~600kN 高速压力机（最高滑块行程次数为 1400 次/min）的快速提升量为 50mm，800~2200kN 高速压力机（最高滑块行程次数为 800 次/min）的快速提升量为 70mm。

2. 快速提升形式

1）上横梁提升。美国 OAK 公司采取该形式，其工作原理是：上横梁上部安装四件液压缸，正常工作时，液压缸下部油压增大，实现锁紧及过载保护功能。当需要提升时，液压缸下部卸荷，上部油压升高，借助于油压将上横梁、传动系统及滑块部件一并抬起。由于液压缸布置在上部，提升量仅取决于液压缸中的活塞行程，可以做得很大。

2）导柱提升。图 1-4-34 所示为我国台湾瑛瑜公司的快速提升装置，借助导柱内的液压垫，通过液压垫的卸荷实现滑块的快速提升，液压垫在工作时兼起过载保护的功能。由于液压垫的存在，增加了导柱的长度，为保证刚度，提升量受到了限制。

此外，还可以通过快速到达最大装模高度实现滑块的快速提升。对于一般高速压力机，当模具检

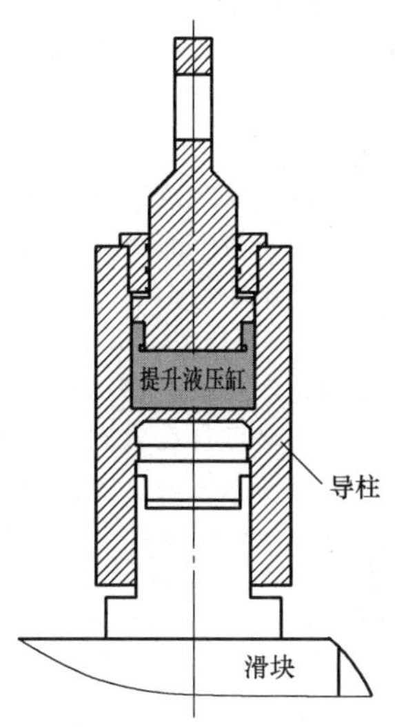

图 1-4-34　瑛瑜公司的快速提升装置

修及清理完毕后将滑块调回到原位置时，需要再次确认位置的准确性，所需时间较长。使用该方法对蜗轮蜗杆及螺纹等零件的制造精度要求较高。

4.3.9　润滑系统

压力机所有有配合相对运动的部分必须进行润滑，以减少零件的磨损，延长设备的使用寿命，保持正常的工作精度，降低能量消耗和维修费用。可靠的润滑系统对高速压力机尤为重要。

高速压力机多采用稀油润滑，优点是内摩擦系数较小，因而消耗于克服摩擦力的能量较小；流动性好，易进入摩擦表面的各个润滑点；采用循环润滑系统时冷却效果好，并可将黏附在摩擦表面上的杂质和由于研磨产生的金属颗粒带走。对于高速压力机而言，润滑系统更重要的是冷却作用，通常需要结合温度控制装置一起使用。

高速压力机多采用机动集中润滑方式，同时在个别部位采用分散润滑（手动），如飞轮轴承部位多采用浓油润滑方式。

高速压力机常用的润滑系统有递进式、单线阻尼式和油气润滑等，其中使用最多的为递进式润滑系统。

1）递进式。该润滑系统由润滑泵、递进式油量分配器、管路附件和控制部分组成。系统供油时，递进式油量分配器中的一系列活塞按一定顺序做差动往复运动，各出油点按一定顺序依次出油，出油量主要取决于递进式分配器中活塞行程与截面积。系统用润滑油的运动黏度为 20~1600mm^2/s，工作压力为 1~40MPa，排量范围为 0.05~20ml/次，过滤精度为 150μm，可设润滑点 1~200 个，递进式油量分配器最多可接三级。

递进式润滑系统润滑泵的额定压力为 5MPa 左右，额定流量多小于 1L/min。

递进式油量分配器从结构上分为集成式和片式两大类，能够实现周期或近似连续润滑。集成式油量分配器的使用最大公称力为 6MPa，片式油量分配器的使用最大公称力可达 25MPa，最小开启压力为 1.4MPa。分配器可配备给油指示杆和堵塞报警器，实现各润滑油供油状况的监控，一旦系统堵塞或某点不出油，指示杆便停止运动，报警装置立即发出报警信号。分配器输出的最佳管径与长度，见表 1-4-23。

表 1-4-23　分配器输出的最佳管径与长度

管径/mm	4	6	8	10
长度/m	0.5~2.5	1.2~3.5	1.5~4.5	1.8~5.5

2）单线阻尼式。该润滑系统是一种低压润滑系统，由润滑泵、分配元件、管路附件和控制部分组成。可以通过控制元件按比率分配油量，能够实现周期润滑或连续润滑。多用于小型高速压力机，使用该系统最大的缺点是不能够对润滑状况进行检测，因此对润滑系统中润滑油的清洁度要求较高。系统用润滑油的运动黏度为 20~750mm^2/s，工作压力为 0.17~2.5MPa，可设润滑点 1~50 个。

构成该润滑系统的润滑泵可以是齿轮泵、电磁泵、弹簧活塞泵、膜片泵和摆线泵，其中使用摆线泵润滑系统的润滑油量可达到 6L/min 左右，有助于润滑过程中的冷却。

随着高速压力机滑块行程次数的提高，单线阻尼式润滑系统在应用中做了改进，主要有：进一步增大润滑泵的流量，达到每分钟十几升或几十升，进一步增强润滑系统的冷却能力；润滑系统中不使用分配元件，通过大流量润滑油强力冲刷油路及摩擦副中的杂质；根据润滑要求，同一台高速压力机中采用一套或两套润滑系统对不同部位进行润滑。

为降低热变形对下死点精度的影响，一般将下横梁设计成油箱，即增大了油箱容积又增强了下横梁的刚度，图 1-4-35 所示为某公司的下横梁结构，其中前后方向为贯通油箱。此外，也有公司将油箱布置在上横梁，利用上横梁的结构存放润滑油，用以冷却传动部件高速运转过程中产生的热量（见图 1-4-36）。

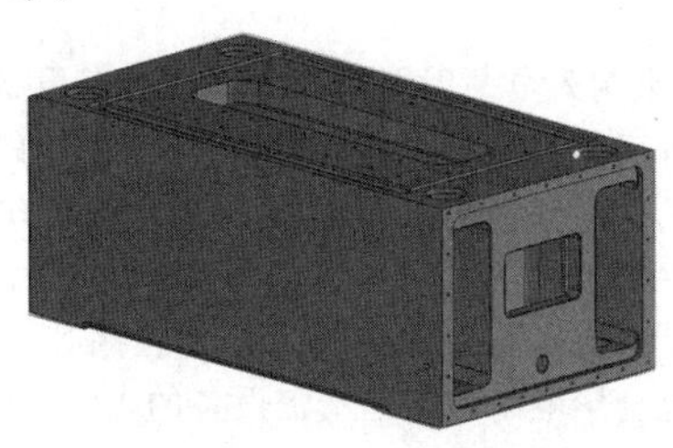
图 1-4-35　下横梁结构

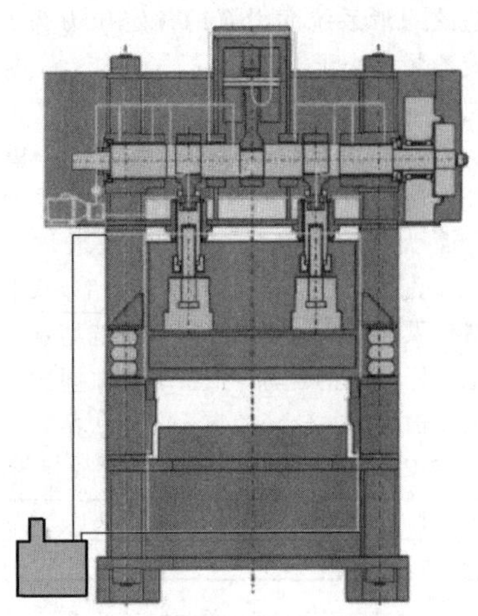

图 1-4-36　意大利 BALCONI 公司高速压力机润滑系统

3）油气润滑。油气润滑指将单独输送的润滑剂和压缩空气（过滤精度为 5μm，空气压力为 0.3～0.4MPa）进行混合并形成湍流状的油气混合流后输送到润滑点，该润滑系统由气动泵、油气分配块、气源处理元件、控制部分和喷嘴、螺旋尼龙管等附件组成，使用润滑油的黏度范围广，可以对油和气分别进行控制。

该润滑方式特别适用于滚动轴承，具有一定的空气冷却效果，可以降低轴承的运行温度，从而延长轴承的使用寿命。采用该润滑方式耗油量少，可以避免其他润滑系统可能出现的漏油问题。目前仅有少数厂家使用这种润滑方式。

4.3.10　减振器

高速压力机在工作过程中由于不平衡惯性力和冲压力的存在，会产生较大的振动，需要加装减振装置，否则将产生如下危害：

1）影响设备正常运行。现代化高速冲压生产线自动化程度和精度高，振动会严重影响冲压线内组成设备的性能和寿命，引发故障，从而影响冲压线的生产率，振动造成的危害表现为机械连接部位松动甚至零件失效，以及电器接线部分的松动等。

2）影响冲压件精度。由于振动使被加工材料和模具长时间处于高频振动状态，冲压材料的输送、定位及模具的合模均受到影响，从而影响冲压件的精度。

3）影响人员、周围环境及其他精密设备。高速冲压设备工作频率范围（3～30Hz）与人体的各器官存在交叉，会使周围人员感觉不适。该工作频率范围也与钢结构厂房、居民建筑等的固有频率范围存在重合，也会对其造成影响。此外，高速冲压设备的振动也会影响附近其他精密设备的正常运转。

由于高速压力机的形式多样，制造精度及冲压件精度存在差异，因此所选用的减振器存在差异性。高速压力机用减振器的形式主要有弹簧阻尼隔振器、气囊式阻尼隔振器和橡胶板等。

1. 弹簧阻尼隔振器

弹簧阻尼隔振器是以金属螺旋弹簧为隔振元件的等刚度线性隔振器，其中的阻尼液用于吸收振动所产生的能量。该隔振器压缩量可以达到 60mm（对应的固有频率为 2Hz）左右，可以根据设备参数确定阻尼系数的大小。该隔振器使用较多，其优点是低频隔振效果较好，缺点是有效频率范围较窄，整机振幅较大并易传播高频振动。主要应用于中大型高速压力机，适用滑块行程次数多在 600 次/min 以内。图 1-4-37 所示为日本 AIDA 公司使用的两种隔振器。其中，图 1-4-37a 所示的结构较复杂，为其早期产品，使用时通过螺钉与压力机相连。目前，可以在隔振器与机床之间放置摩擦系数较大的防滑垫板，省去了螺钉连接，安装方便。

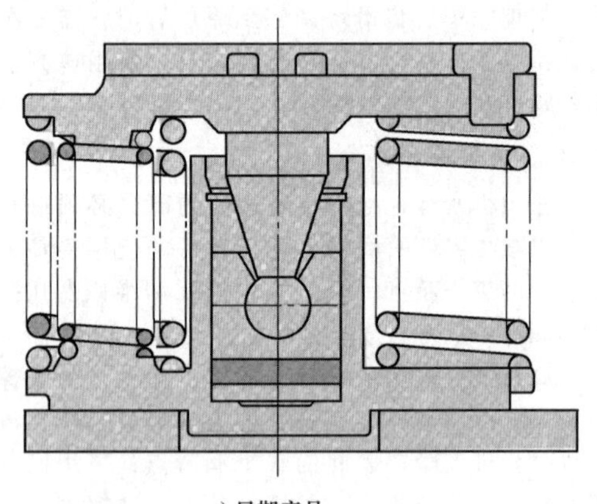

a) 早期产品

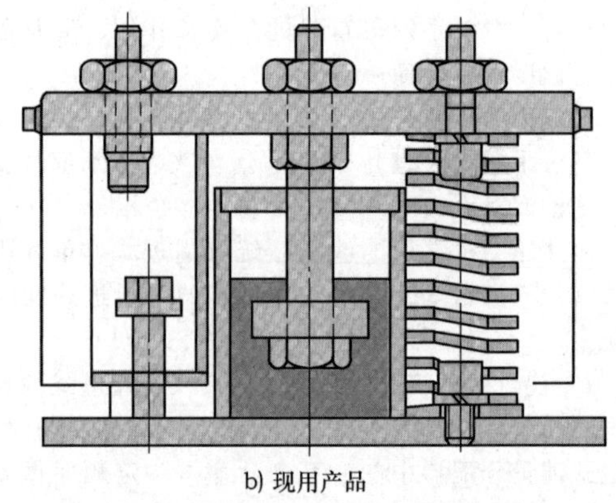

b) 现用产品

图 1-4-37　日本 AIDA 公司高速压力机隔振器

2. 气囊式阻尼隔振器

气囊式阻尼隔振器（见图 1-4-38）是以气囊为隔振元件的变刚度非线性隔振器，比弹簧阻尼隔振器更软（固有频率为 1～2Hz），可以通过气囊内压实现刚度的调整，主要应用于精度非常高的中小型高速及超高速压力机。

图 1-4-38　气囊式阻尼隔振器

3. 橡胶板

根据材料的软硬和厚度不同，最多可以压缩几个毫米，对滑块行程次数小于 1000 次/min 的高速压力机基本没有隔振效果。由于橡胶材料的耐油性、老化等原因，其隔振性能容易在一段时间后丧失。因此，使用橡胶板作为减振器仅用在某些要求精度不高的开式高速压力机上。

4.4　自动化周边设备简介

自动化周边设备和压力机共同组成自动化冲压线。采用自动化冲压线生产方式可以降低产品成本及操作者熟练程度，提高劳动生产率、产品精度、材料利用率和生产作业的安全性等，同时节约占地面积，省去半成品库存，便于管理，进而提高生产企业的竞争力，因此广泛应用于微电机、微电子、汽车和家电等行业。由于自动化冲压线种类较多，本章介绍的自动化周边设备主要应用于与高速/快速压力机结合的高效精密冲压线，此类冲压线多用于生产大批量零件，如微电机及工业电动机的定/转子铁心、空调翅片、精密引线框架等，最低运行速度在 100 次/min 左右（大型冲压线），最高可在 1000 次/min 以上（小型冲压线），冲压零件厚度多小于 1.0mm，甚至小于 0.1mm。对于大型冲压线，由于其送料步距大，虽然压力机自身运转速度不高，但其送料速度却远大于小型冲压线的送料速度。

图 1-4-39 所示为常见的微电机铁心高速冲压线，图 1-4-40 所示为微电子类零件高速冲压线，图 1-4-41 所示为空调翅片高速冲压线。因冲制产品的不同，自动化周边设备也不同。周边设备的选择与冲压件的种类、冲压工艺、精度要求和生产率有关。微电机铁心高速冲压线中的自动化周边设备主要有料架、裁焊机、校平机、送料机（含拉料）、给油机、收料及成品输送设备等；微电子类零件高速冲压线中的自动化周边设备主要有料架、校平机、送料机、给油机、收料架及负压吸废料机等；空调翅片高速冲压线中的自动化周边设备有料架、过油装置、放料装置、吸料装置、集料装置、集料器和废料输出装置等。相比于微电机铁心和微电子类高速冲压，空调翅片冲压速度较低，其所用周边设备不再论述。

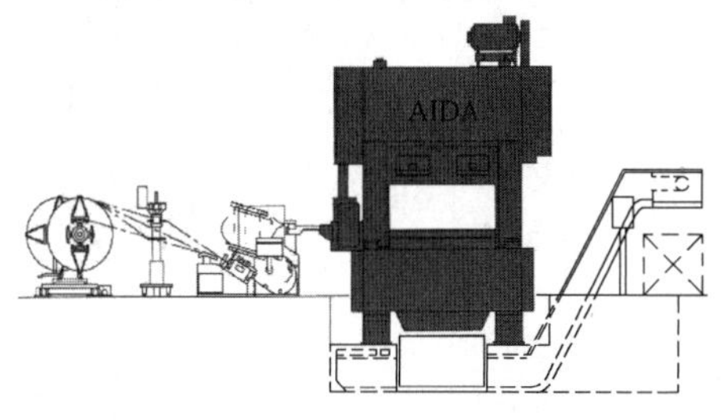

图 1-4-39　微电机铁心高速冲压线

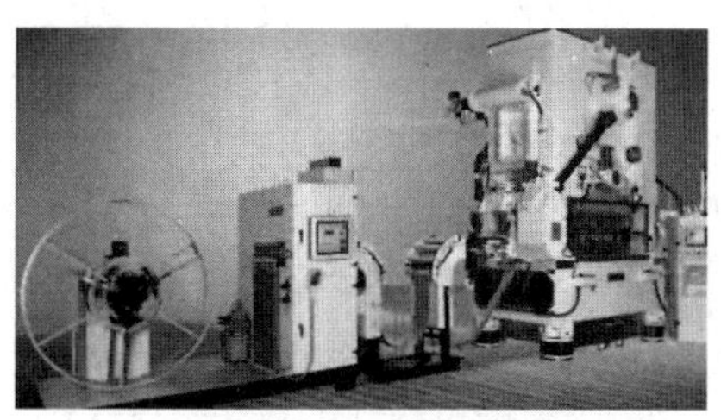

图 1-4-40　微电子类零件高速冲压线

图 1-4-41　空调翅片高速冲压线

4.4.1　料架

料架是支撑卷料、展放卷料（开卷）的一种简单装置。按适用行业主要分为微电机及工业电动机行业用料架和微电子行业用料架，图 1-4-42 所示为微电机及工业电动机行业用料架。按可置料头数分为单头料架（见图 1-4-42a）和双头料架（见图 1-4-42b）。双头料架的一侧卷料向压力机送料时，另一侧可做上料准备，从而节省上料时间。按有无动力可分为无动力料架和有动力料架。无动力料架依靠后续的校平机或送料机的辊轴或夹钳的拉力拉动材料，实现展卷；为了防止展卷速度过快造成的材料下垂过量或展卷过慢造成的送料装置的负担，有动力料架可用限位开关和杠杆来保证展卷速度与进给速度的协调。杠杆压在材料上，当材料下垂到一定位置时，杠杆另一端接触限位开关，切断电路，电动机停止转动。当下垂的卷料逐渐提升到一定位置时，电路闭合，展卷重新开始。按卷料内径的扩张方式可分为机械扩张和液压扩张。料架和送料装置之间要有一定的距离，以防电动机启动频繁而产生送料故障，影响送料进给精度。台湾雷城工业股份有限公司（以下简称“台湾雷城”）的单头料架和双头料架的主要技术参数见表 1-4-24 和表 1-4-25。

a) 单头料架

b) 双头料架

图 1-4-42　微电机及工业电动机行业用料架

表 1-4-24　单头料架的主要技术参数

参数名称	MU-150	MU-200	MU-300	MU-400	MU-500	MU-600	MU-700	MU-800
最大材料宽度/mm	150	200	300	400	500	600	700	800
料架荷重/kg	300	500	800	1200	2000		3000	
卷料内径/mm	450~530							
卷料外径/mm	1200							
送料速度/(m/min)	16							
扩张方式	手动							
料架	主动/被动							
感应方式	接触式							

表 1-4-25　双头料架的主要技术参数

参数名称	DMU-150	DMU-200	DMU-300	DMU-400	DMU-500
最大材料宽度/mm	150	200	300	400	500
料架荷重/kg	300×2	500×2	800×2	1500×2	2000×2
卷料内径/mm	450~530				
卷料外径/mm	1200				
送料速度/(m/min)	16				
扩张方式	手动				
料架	主动/被动				
感应方式	接触式				

图 1-4-43 所示为微电子行业（如引线框架、端子等）用料架，也称为平面横式电子控制材料架。采用这种料架，卷料可重叠堆放，减少装卸料次数，其主要技术参数见表 1-4-26。

图 1-4-44 所示为微电子行业用轻型自动材料架。其感应方式分为金属棒导电感应和电子微动感性，前者适用于各种五金、电子零件的连续冲压加工，后者可适用于各种金属与非金属的连续冲压加工。这种材料架构造简单，承重较小，主要技术参数见表 1-4-27。

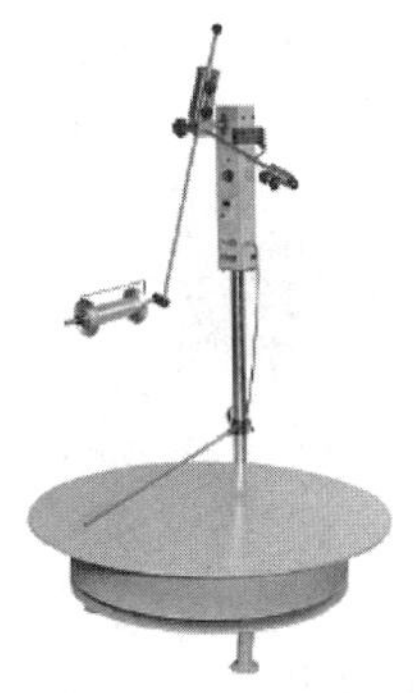

图 1-4-43　平面横式电子控制材料架

表 1-4-26　平面横式电子控制材料架的主要技术参数（台湾雷城）

参数名称	EH-100	EH-150	EH-200
最大材料宽度/mm	85		100
材料厚度/mm	0.1~1		
料架荷重/kg	1000	1500	2000
卷料外径/mm	1000		
积载高度/mm	600		
送料速度/(m/min)	30		

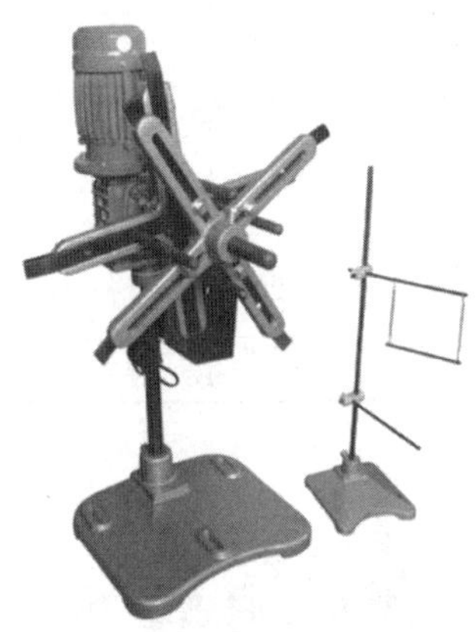

图 1-4-44　轻型自动材料架

表 1-4-27　轻型材料架的主要技术参数（台湾雷城）

参数名称	RU-150A	RU-150B	RU-200A	RU-200B
最大材料宽度/mm	150		200	
料架荷重/kg	100		200	
卷料内径/mm	200~420	290~420	200~420	290~420
卷料外径/mm	800		1000	
送料速度/(m/min)	22			

4.4.2　裁焊机

裁焊机（见图 1-4-45）主要用在微电机铁心冲压线上，前置为双头料架，用于卷料的裁剪及两卷材料的焊接，从而节省了再次对模时间。卷料焊接部位的定子、转子需要人工去除。裁焊机的裁切动力来自气压或油压，采用气压式夹持/定位。裁焊机的主要技术参数见表 1-4-28。

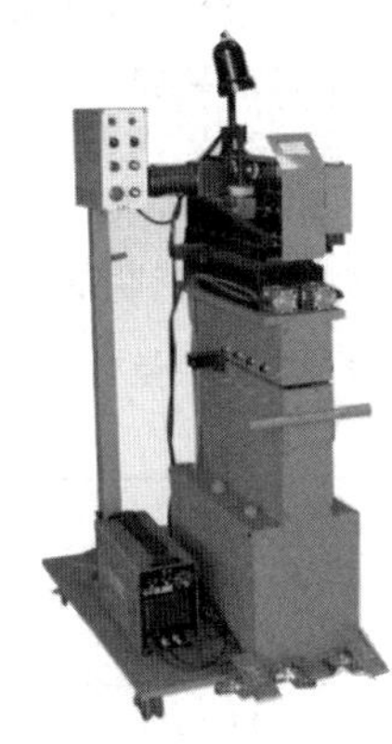

图 1-4-45　裁焊机

表 1-4-28　裁焊机的主要技术参数

参数名称	CMLD-250	CMLD-380
裁切动力	油压/气压	
裁切宽度/mm	250	380
焊接长度/mm	250	380
最大裁切厚度/mm	4.5	
夹持/定位方式	气压式	

4.4.3　校平机

校平机也称矫正机、整平机，设在料架（或裁焊机）与送料机之间，用于校平送进的卷料。校平机的工作原理如图 1-4-46 所示。在材料的上表面布置 2~3 个上轧辊，在材料的下表面则布置 3~4 个下轧辊。上、下轧辊呈交错排列，上轧辊可在一定的范围内进行上下调节，以便使上、下轧辊对材料有一合适的校平力。大型校平机通常还设前、后夹辊 1

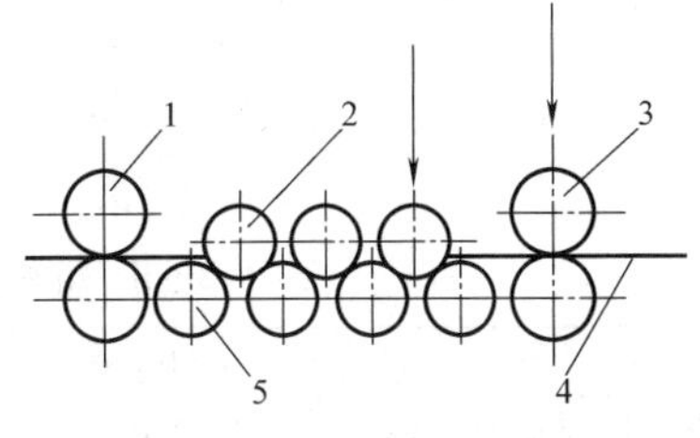

图 1-4-46　校平机的工作原理

1—前夹辊　2—上轧辊　3—后夹辊
4—材料　5—下轧辊

和 3，前、后夹辊通常由校平装置自身的电动机提供动力。小型校平机可不设前、后夹辊。通过对卷料连续反复的施加压力，使材料内部具有的弯曲应力释放，从而使材料变得平整。校平机可分为不带动力和带动力两种，不带动力的校平机仅限于窄料、步距短及精度要求不高的情况，材料是由送料机带动的使用较少。

校平辊的直径取决于校平材料厚度，见表 1-4-29。校平辊与上、下夹辊的材料一般选用中碳钢，通过调质处理达到规定的表面硬度。校平辊应保证一定的圆度，其表面粗糙度不大于 *Ra* 0.4μm；而上、下夹辊的表面要求摩擦性能好，一般先加工至 *Ra*1.6μm，然后再打毛以增强摩擦性能。

表 1-4-29　校平辊直径与材料厚度的关系

（单位：mm）

材料厚度范围	校平辊直径	校平辊工作长度
0.2~0.8	40	≤1500
0.4~1.6	50	≤2000
0.6~2.3	60	≤2000
0.9~3.2	70	≤2000
1.2~4.5	80	≤2000

校平机常使用如下三种驱动形式：

1）由电动机驱动前夹辊送进卷料，由送料机将卷料从校平机中引出而不使用后夹辊。

2）由电动机同时驱动前夹辊和后夹辊分别推送和拉引卷料。

3）由电动机同时驱动前后夹辊与校平轧辊。

随着材料厚度的减小及校平精度的提高，校平机中的轧辊数逐渐增多。根据送进材料的厚度不同，校平机分为两类，一类用于校平硅钢片等黑色金属，如图 1-4-47 所示，多用于微电机铁心冲压，材料厚度多为 0.3~0.5mm。图 1-4-47b 也称为 S 型校平机，一般为 9 辊或 17 辊校平。其进出料方式不同，采用光电传感器控制送料速度，保证与高速压力机同步，使用较多。浙江平湖公司的 S 型精密校平机的主要技术参数见表 1-4-30。也有将料架和校平机组合成一个整体（见图 1-4-48），称为料架校平机，节约了空间，表 1-4-31 列出了广东东莞瑞辉公司（简称“东莞瑞辉”）料架校平机的主要技术参数。

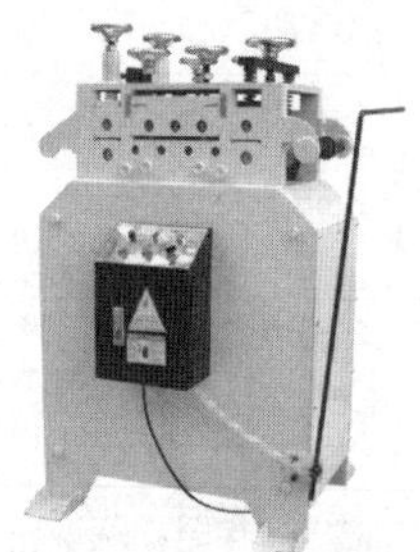

a) 通用型

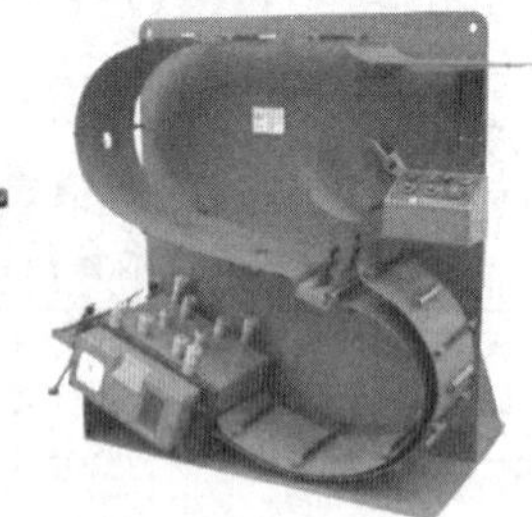

b) 高速S型

图 1-4-47　校平机

表 1-4-30　S 型精密校平机的主要技术参数

参数名称	FJS503A	FJS503B-1	FJS503C-1
校平宽度/mm	15~120	60~170	100~270
校平厚度/mm	0.25~0.6	0.35~0.6	0.35~0.6
最大送料速度/(m/min)	45	50	50
出料口高度/mm	700~1200	1200~1450	1200~1450
同步方法	自动(手动微调)		

图 1-4-48　料架校平机

表 1-4-31　料架校平机的主要技术参数（东莞瑞辉）

参数名称	RGL-200	RGL-300	RGL-400	RGL-500	RGL-600
最大材料宽度/mm	200	300	400	500	600
材料厚度/mm	0.3~3.2				
料架荷重/kg	1000	1500	2000	3000	3000

（续）

参数名称	RGL-200	RGL-300	RGL-400	RGL-500	RGL-600
材料内径/mm	460~520				
卷料外径/mm	1200				
校平速度/(m/min)	16				
扩张方式	手动/油压				

另一类用于校平不锈钢，铝、铜合金等有色金属，称为精密型校平机，如图 1-4-49 所示。它主要用于引线框架、端子等的冲压材料的校平，材料厚度多在 0.6mm 以下，辊子数可达 22 个，其主要技术参数见表 1-4-32。

a) RLV-F型

b) RLF型

图 1-4-49　精密型校平机

表 1-4-32　精密型校平机的主要技术参数（东莞瑞辉）

参数名称	RLV-150F	RLV-200F	RLV-300F	RLV-400F	RLF-200	RLF-300
最大材料宽度/mm	100	200	300	400	200	300
材料厚度/mm	0.1~1.5				0.1~1.4	
校平辊数/个	上 8/下 9				上 11/下 11	
整平滚轮直径/mm	30				12	
校平速度/(m/min)	6~22				5~20	
感应方式	接触式/光电式					

4.4.4　送料机

对于高速冲压而言，卷料的自动送进需要满足：送料机必须与压力机同步，压力机每一行程送完一次；送料动作必须与压力机滑块行程节拍协调，送料必须在实际冲压开始前完成；送料步距应保持稳定，并且可调。

送料机是自动化周边设备的核心设备，因材料、送料精度和送料速度不同有多种类型。按送料原理分为辊式送料机、夹钳式送料机和摆辊-夹钳式送料机，其中前两种应用的最多。

1. 辊式送料机

辊式送料机在高速压力机中使用最广，它是利用辊子与卷料之间的摩擦力向前送料的，材料厚度不能太厚，多在 3.5mm 以内；由于没有往复运动的影响，送料速度快。辊式送料机又分为高速滚轮送料机（见图 1-4-50a）、福克森辊式送料机（见图 1-4-50b）和伺服滚轮送料机（见图 1-4-50c），除伺服滚轮送料机的动力来自伺服电动机外，其余两种动力源均来自高速压力机的曲轴。

（1）高速滚轮送料机　图 1-4-51 所示为高速滚轮送料机的工作原理。曲轴 2 的旋转带动拉杆 1，通过超越离合器 7 带动下辊 6 做间歇回转运动，使处于上辊 5 与下辊 6 之间的材料进给。安装在滑块体上的打杆 3 在滑块下行时作用在提升杆 8 上，实现材料的放松，多为凸轮结构。安装在曲轴 2 上的偏心盘 4 可以对送料步距进行微量调整，通过调整偏心盘 4 与曲轴 2 之间的相位确定送料角度，多采用弹簧压紧材料。高速滚轮送料机的送料精度为±0.05mm，当采用模具内的导正销定位时，送料精度可达±0.01mm。送料速度可达 20m/min，送料机内设置逆向装置时可达 30m/min。表 1-4-33 列出了台湾雷城高速滚轮送料机的部分技术参数。

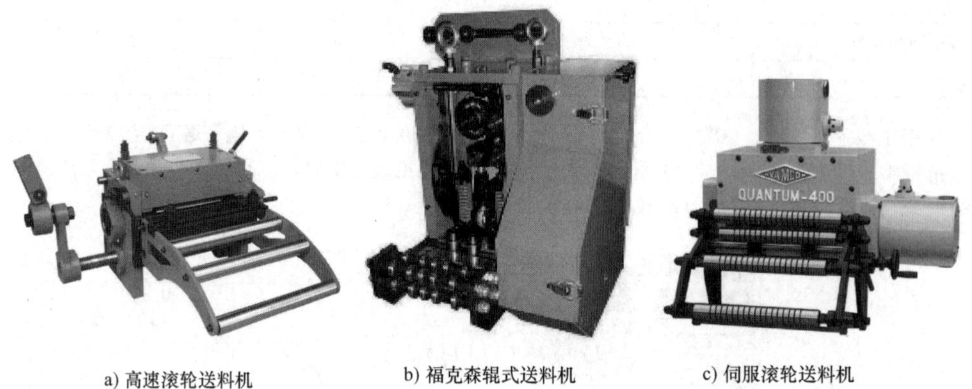

a) 高速滚轮送料机　b) 福克森辊式送料机　c) 伺服滚轮送料机

图 1-4-50　辊式送料机

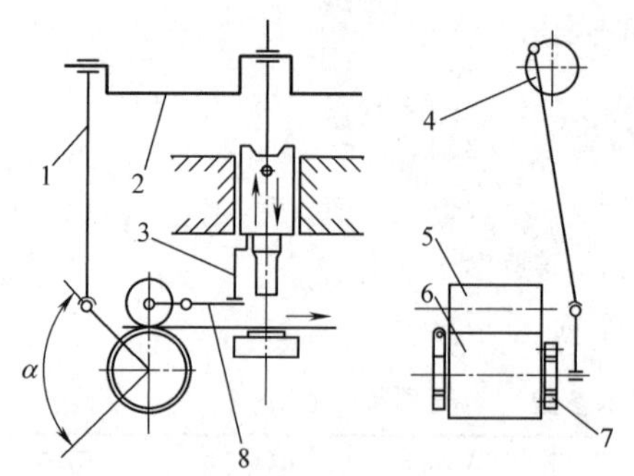

图 1-4-51　高速滚轮送料机的工作原理

1—拉杆　2—曲轴　3—打杆
4—偏心盘　5—上辊　6—下辊
7—超越离合器　8—提升杆

表 1-4-33　台湾雷城高速滚轮送料机的部分技术参数

参数名称	RFS-65NS	RFS-805NS	RFS-138NS
滚轮宽度/mm	60	800	130
送料长度/mm	50	50	80
材料厚度/mm	0~1.6	0~1.6	0~1.6
材料线高度/mm	55~100	55~100	60~120
参数名称	RFS-1310NS	RFS-2010NS	RFS-7030NS
滚轮宽度/mm	130	200	700
送料长度/mm	100	100	300
材料厚度/mm	0~3.5	0~3.5	0~3.5
材料线高度/mm	70~140	70~140	100~190

（2）福克森辊式送料机　20 世纪 60 年代，美国成功研制出福克森（Ferguson）凸轮分度机构，并应用于辊式送料机。该型送料机称为福克森辊式送料机，送料精度可达±0.01mm，速度为 60m/min，如图 1-4-52 所示。凸轮驱动送料机目前处于高速压力机辊式送料机的主导地位，多用于微电机铁心冲压领域。与其他形式的送料机相比，福克森辊式送料机的加速度特性最为理想，在送料开始和结束时加速度为零，因而不会发生加速度突变。

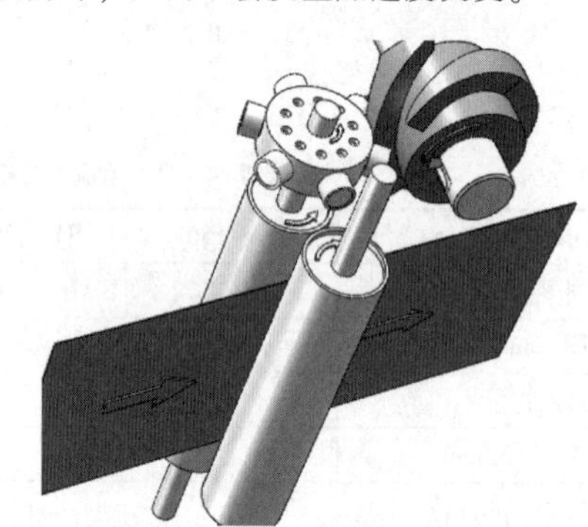

图 1-4-52　福克森辊式送料机（蜗杆凸轮式）

福克森辊式送料机的间歇传动机构多为蜗杆凸轮式，也有采用平面凸轮式的，如美国明斯特公司，利用更换送料辊和一对交换齿轮的办法改变送料步距，最大送料速度达 80m/min，利用液压联锁控制抬辊和压辊动作。福克森辊式送料机有两种不同的结构形式，一种为更换料辊式，另一种为交换齿轮式。当需要改变送料步距时，更换料辊式需要更换下送料辊，不能快速适应多种步距要求。交换齿轮式，即在分度机构输出轴和送料辊之间增加 4 个齿轮，达到改变送料步距的目的，能够在一定范围内实现送料步距的“无级”调整。由于该方式比更换料辊式多了两级齿轮传动，因而精度下降 35%～40%，且对齿轮加工精度要求较高。表 1-4-34 列出了台湾雷城交换齿轮式送料机的主要技术参数。

表 1-4-34　台湾雷城交换齿轮式送料机主要技术参数

参数名称	FGC-150S	FGC-200S	FGC-300S
材料宽度/mm	150	200	300
材料厚度/mm	0.1～1.6		
材料线高度/mm	60～120		
送料角度/(°)	180		
放松角度	可调		
安装位置	机床左侧		
送料方向	左→右		

福克森辊式送料机的送料步距与齿轮齿数及分割器有关，不同的分割器分割数与送料步距有如下关系，见表 1-4-35。

表 1-4-35　分割数与送料步距之间的关系

分割数	12	10	8	6	4	3
送料步距/mm	5.5～61	6.6～73	8.3～91	11～122	16.5～183	22～245

在提高辊式送料机精度方面，国内外各送料机制造商主要采取如下方法：

1）防止和减少送料辊和材料之间的滑动。

2）送料行程终点处的精确定位。

3）改善送料装置的加速度特性。

4）提高分度精度，减少分度机构到送料辊之间传动的精度损失。

此外，为减小材料在送料开始的滑动和惯性作用，采用 S 型校平机或在校平机与送料机之间设置“U”形引料装置。

（3）伺服滚轮送料机　伺服滚轮送料机采用伺服电动机独立驱动，不依赖于压力机的曲轴，仅需要获取高速压力机的曲柄转角，因而机械部分比较简单，送料步距调整范围大，并且调整方法简单。由于采用伺服驱动技术，送料装置的加速度特性可以达到最优，可实现最高 180m/min 的送料速度，而且还可以根据高速压力机的下死点数据确定送料时机，从而提高冲压件的成品率。随着伺服电动机价格的不断降低，伺服滚轮送料机将逐步成为辊式送料机的主流。

伺服滚轮送料机有单伺服和双伺服之分，双伺服是在原有伺服电动机驱动上下料辊的基础上，放松部分也采用伺服电动机驱动。伺服电动机驱动料辊的方式有伺服电动机直接驱动和通过同步带（或齿轮）驱动，材料压紧方式有气缸压紧和空气弹簧压紧两种方式，多采用凸轮机构进行放松。伺服滚轮送料机的关键在于尽量降低从动系统的惯量，从而提高整个系统的快速响应能力。美国 VAMCO 公司 Quantum 和 SR 系列伺服送料机的部分技术参数见表 1-4-36 和表 1-4-37。

表 1-4-36　Quantum 系列伺服送料机的部分技术参数

参数名称	Quantum-36	Quantum-45	Quantum-250HS	Quantum-550HS	Quantum-1550
材料宽度/mm	0～915	0～100	0～250	0～550	0～1550
材料厚度/mm	0～6.5	0～1.0	0～4.0	0～6.5	0～3.0
每分钟最高行程次数/(次/min)	1000	2000	1800	1000	1000
送料速度/(m/min)	100	61	175	165	90

表 1-4-37　SR 系列伺服送料机的部分技术参数

参数名称	SR-250	SR-250HS	SR-400	SR-400HS	SR-500	SR-500HS
材料宽度/mm	0～250		0～400		0～500	
材料厚度/mm	0～4.0				0～6.0	
每分钟最高行程次数/(次/min)	500					
送料速度/(m/min)	65	75	60	70	65	70

2. 夹钳式送料机

夹钳式送料机也称夹式送料机，有三种类型，即机械夹钳式送料机（见图 1-4-53）、气动夹钳式送料机（见图 1-4-54）和液压夹钳式送料机。液压夹钳式送料机应用于送进大尺寸的板料，不用于中小型压力机，在此不再介绍。其中机械夹钳式送料机应用最多，主要用于送进较薄和较软材料。

（1）机械夹钳式送料机　机械夹钳式送料机的夹钳与被送进的材料之间基本没有相对滑动，而且在送料行程终点处设有限位挡块，低速时送料精度高于辊式送料机，但在高速冲压时，由于往复运动部件的惯量大，造成送料精度有所下降，因此送料频率和送料速度低于辊式送料机。机械夹钳式送料机除能进行单条带料送进时，经过特殊设计，也可实现送进多条带料（见图 1-4-53b）。为降低运动部件的惯量，采用铝合金或工程塑料制造往复运动零件已成为发展趋势，但由于机械夹钳式送料机能够实现送料步距的无级调整，加工制造比福克森辊式送料机简单，成本低，因而广泛用于中小型高速精密压力机。随着技术的发展，机械夹钳式送料机的

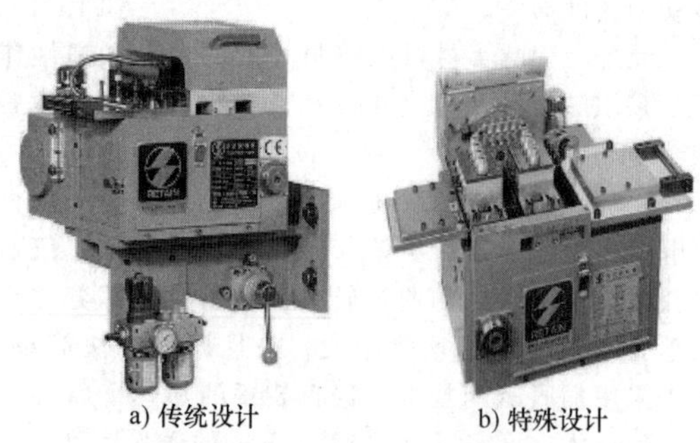

图 1-4-53　机械夹钳式送料机

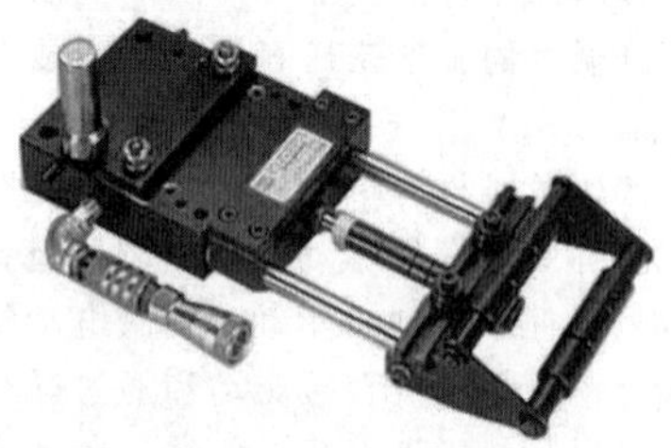

图 1-4-54　气动夹钳式送料机

送料速度和精度不断提高，表 1-4-38 列出了台湾雷城机械夹钳式送料机的主要技术参数。

表 1-4-38　机械夹钳式送料机的主要技术参数（台湾雷城）

参数名称	GF-906N	GF-1512N	GFN-1006	GFN -1512
材料宽度/mm	0~90	0~150	0~100	0~150
材料厚度/mm	0.1~1.5	0.1~1.5	0.05~1.5	0.05~1.5
材料线高度/mm	60~120	60~120	60~120	60~120
送料长度/mm	60	120	60	120
送料角度/(°)	180	180	180	180
放松角度	可调整	可调整	可调整	可调整
安装位置	机床左侧	机床左侧	机床左侧	机床左侧
送料方向	左→右	左→右	左→右	左→右
每分钟最高行程次数/(次/min)	1200	1200	1500	1500

（2）气动夹钳式送料机　气动夹钳式送料机以压缩空气为动力，结构简单、调节方便、易损件少，主要用于特定行业的中小型压力机上。它是通过气缸实现材料的夹紧送进，可通过增加缓冲器及采用铝合金材料，吸收并减小惯性力冲击，降低噪声，送料精度能够达到±0.025mm 以内。如图 1-4-55 所示，当滑块下行时，通过引导板 1 安装在滑块或上模的弹簧式引导杆 2 压下送料机中的导杆 3，移动夹板 5 压紧材料准备下次送料。当滑块上行时，移动夹板向前送料，在送料行程终点处设有挡料轮 6。气动夹钳式送料机的主要技术参数见表 1-4-39。

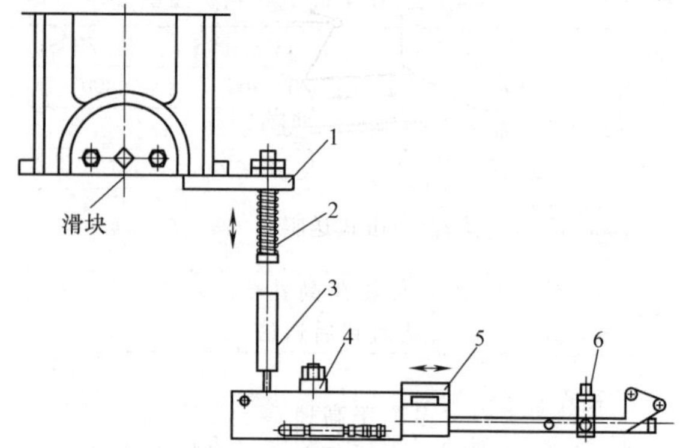

图 1-4-55　气动夹钳式送料机工作原理
1—引导板　2—弹簧式引导杆　3—导杆
4—固定夹板　5—移动夹板　6—挡料轮

表 1-4-39　气动夹钳式送料机的主要技术参数（广州东泰）

参数名称	AF-2C	AF-3C	AX2	AX4
最大材料宽度/mm	70	80	38	38
最大送料长度/mm	76	80	50	100
材料厚度/mm	0.8	1.2	1.2	1.1
固定夹板摩擦力/N	30	45	—	—
移动夹板摩擦力/N	53	68	—	—
牵引力/N	16.5	19.5	11.4	11.4
最高送料速度/(次/min)	200	180	280	220

3. 摆辊-夹钳式送料机

图 1-4-56 所示为瑞士 Bruderer 公司在高速压力机上安装的摆辊-夹钳式送料机。由压力机的主轴通过万向轴与送料机的角度同步来驱动，送料步距无级可调。其工作原理如图 1-4-57 所示。送料辊不是单方向回转，而是通过一套行星齿轮机构产生的往复运动转化为上下料辊的摆动送进材料。料辊只有在送料时才压紧材料，材料提升装置使原材料精确而连续地送到冲压模具的定位销。在冲裁过程中用压料板压住材料，回程时上料辊抬升，材料被夹钳夹住。

图 1-4-56　摆辊-夹钳式送料机

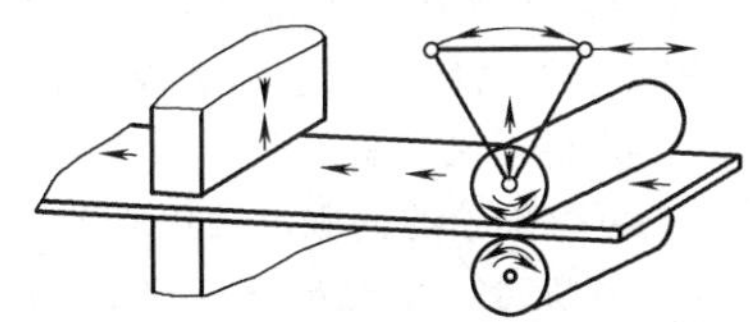

图 1-4-57　摆辊-夹钳式送料机的工作原理

送料机大都单独安装在高速压力机左侧或前侧，材料从左至右或从前到后送进，也有如下使用方式：

1）推拉送料。多见于高速滚轮送料机（见图 1-4-58a）和伺服送料机（见图 1-4-58b），用于输送较软材料，如铜、铅和塑料等，由两台送料机组成。两个高速滚轮送料通过机械拉杆实现送料辊的动作协调性，为降低对材料表面的压伤，上辊轮可采用 PU 材质；对于两个伺服送料机，可通过共用一个控制单元，实现送料辊的动作协调性。

2）双列送料。如图 1-4-59a 所示，可以采用双伺服送料机，将多种材料送进模具。由一个控制单元控制两个独立的送料单元，每个送料单元均可在垂直及水平方向上进行调整，两个平行料带之间的距离可调，还可以更换料辊形式以适应成形材料，也可以在同一伺服送料机上同时送进两种材料（见图 1-4-59b）。

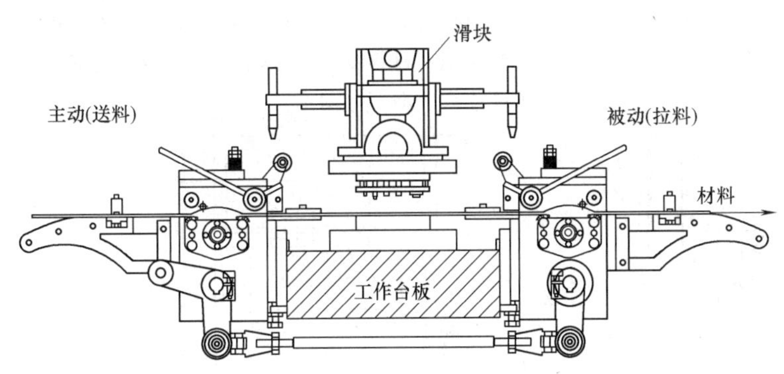

a) 高速滚轮送料机　　b) 伺服送料机

图 1-4-58　推拉送料

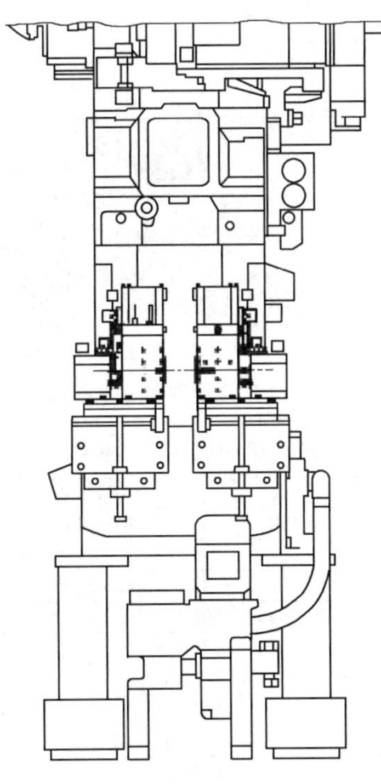

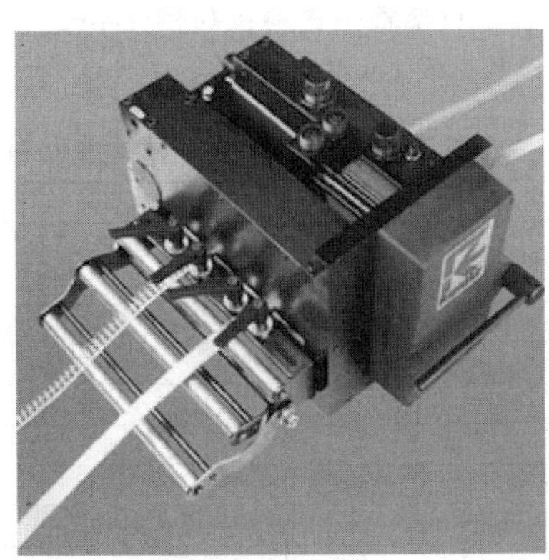

a) 双伺服送料　　b) 在同一伺服送料机上同时送进两种材料

图 1-4-59　双列送料

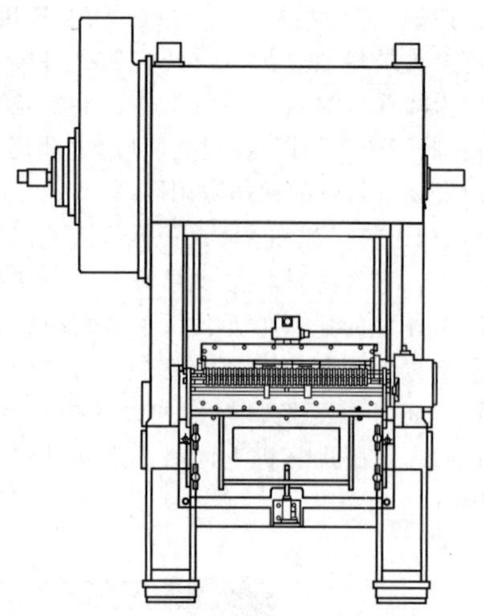

图 1-4-60　超宽送料

3）超宽送料。如图 1-4-60 所示，可用于大型定/转子硅钢片、饮料罐等行业需要超宽材料场合，也可用于 S 形开料系统送料。动力源可取自高速压力机曲轴，也可由单独的伺服电动机驱动。VAMCO 公司的伺服送料机可以实现最宽 1550mm 的快速送料，送料速度可达 90m/min。

4）双联送料。如图 1-4-61 所示，主要用于冲压电机定/转子硅钢片场合。当高速压力机工作台板尺寸不能满足同一模具同时冲压定子和转子硅钢片时，常采用此方式。两台高速压力机分别冲压转子和定子硅钢片，两台伺服送料机共同使用一个控制系统。

送料机的选择主要考虑材料的特性（软硬程度、材料厚度、材料宽度）、送料步距、送料速度、送料角度和送料形式等因素。

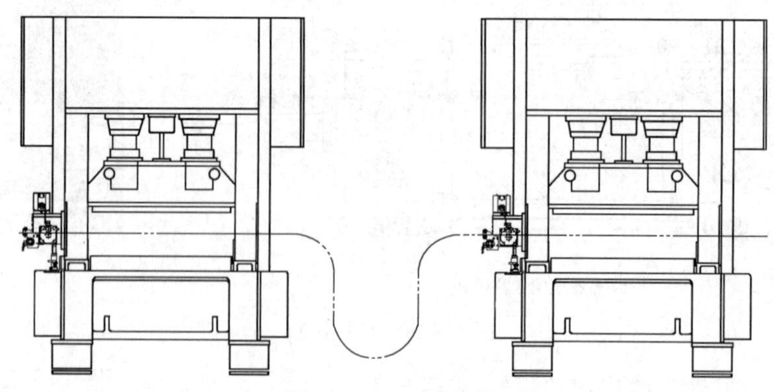

图 1-4-61　双联送料

4.4.5　三合一料架整平送料机

三合一指料架、整平机、数控送料机三机合一，简称三合一送料机。三合一送料机一般根据材料厚度对应所能达到的矫正能力分成 6 大系列，基本上能满足家用电器、集装箱、汽车摩托车零部件和不锈钢制品等行业的绝大部分产品的生产需求。东莞瑞辉 MAC1 系列三合一料架整平送料机如图 1-4-62 所示，其主要技术参数见表 1-4-40。

图 1-4-62　东莞瑞辉 MAC1 系列三合一料架整平送料机

表 1-4-40　MAC1 系列三合一料架整平送料机的主要技术参数

参数名称	MAC1-300	MAC1-400	MAC1-600	MAC1-800
材料宽度/mm	50～300	50～400	50～600	50～800
材料厚度/mm	0.2-3.0			
卷料重量/kg	2000/3000		3000/5000	5000/7000
卷料内径/mm	508			
卷料外径/mm	1200			
料架扩张方式	油压/气压			
最大速度/(m/min)	16-24			
矫正滚轮数量/个	上 4/下 3			
使用空气压力/(kgf/cm^2)	0.49			
使用电源电压/V	380/220			

注：$1kgf/cm^2$ = 0.0980665MPa。

该机的优点：

1）结构紧凑，占地面积小。

2）工作中能自动监测材料的使用情况。

3）整平上下滚轮可选配采用可掀式结构设计，易于维修保养。

4）送料线高度采用螺旋升降机设计，易于调整送料高度，方便使用。

5）料架可选配油压或气压扩张，整平入口压臂将卷料前端压平，方便材料进入滚轮，节省人力，安全性高。

6）可选配上料小车装置，节省人力，高效安全。

7）操作方便，自动化程度高，精度高。

表 1-4-41 列出了该公司 MAC2～MAC6 系列三合一送料机机型对应的材料厚度，其他具体参数不再列出。

表 1-4-41　三合一送料机机型所对应材料厚度

三合一送料机机型	MAC2 系列	MAC 3 系列	MAC 4 系列	MAC 5 系列	MAC 6 系列
材料厚度/mm	0.3～3.2	0.5～4.5	0.6～6.0	0.8～9.0	1.4～12

4.4.6　给油机

给油机（见图 1-4-63）用于对材料的表面润滑，多置于模具前，依靠油泵或重力将冲压油输送到给油机的滴油管，由其均匀地滴到毛毡滚轮上，要求毛毡滚轮具有一定的储油能力及较小的摩擦系数。给油机多为单面滴油，各点油量可调。使用时材料通过上下毛毡滚轮，经过润滑后可提高冲压模具使用寿命。雷城给油机的部分技术参数见表 1-4-42。

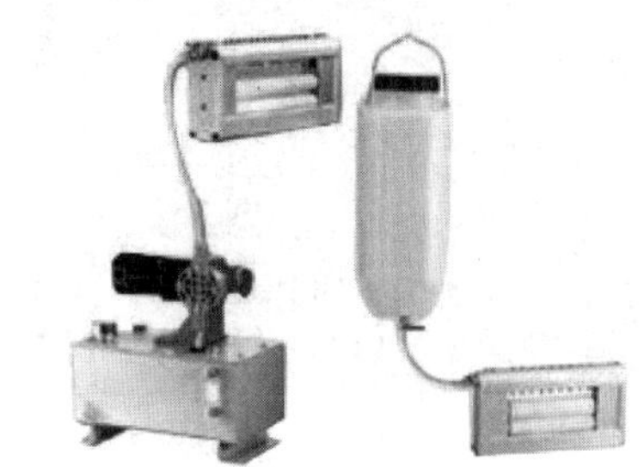

图 1-4-63　给油机

表 1-4-42　雷城给油机的部分技术参数

参数名称	CT-65	CT-100	CT-200	CT-300	CT-400	CT-450	CT-600	CT-700	CT-800
最大材料宽度/mm	65	100	200	300	400	450	600	700	800
材料厚度/mm	0.1～0.3					0.2～0.5			

4.4.7　负压吸废料装置

高速和超高速冲压引线框架、端子等零件时，负压吸废料装置可有效防止废料回跳并进行回收。负压吸废料装置由真空设备（也称自动吸废料机，见图 1-4-64）、管路及吸废料漏斗组成。吸废料漏斗上端面与高速压力机的下台面（通常在下横梁内部）密封连接，通过真空设备产生负压吸出细小废料。表 1-4-43 列出了负压吸废料装置的技术参数。

图 1-4-64　真空设备（自动吸废料机）

表 1-4-43　负压吸废料装置的技术参数

参数名称	XF-30	XF-50
最大气流量/(m^3/h)	210	300
最大真空度/kPa	-16.7	-18
吸管直径/in	2	2.2
风机转速/(r/min)	2800	2890
箱体尺寸/mm（长×宽×高）	400×400×400	500×500×500

注：1in = 25.4mm。

4.4.8　收料装置

因冲压件和模具结构差异，自动化收料装置也不同。采用自动化收料装置（也称自动理件装置）可以减少辅助劳动时间和劳动强度，能及时保证下道工序的需要。按冲压压的不同，收料装置分为微电机类收料装置、微电子类收料装置。

1. 微电机类收料装置

包括微电机铁心硅钢片收料装置和变压器 E/I 铁心（静止电动机）硅钢片收料装置。当硅钢片在模具中进行扣片时，成品（见图 1-4-65）通过输送带或滑道进行传输（见图 1-4-66），再进行手工分拣或自动落入收料箱。

图 1-4-65　铁心成品

图 1-4-66　铁心成品输送及分拣

当微电机模具中不具备扣片功能时，铁心硅钢片依靠图 1-4-67 和图 1-4-68 所示的槽式理件装置（俗称导笼）进行散片的收集。槽式理件装置用于将冲压后的电机硅钢片或圆盘状零件同心地叠起来。理件过程是在装在冲模下部的圆形断面的滑槽中完成的。滑槽在长度方向弯成曲线形，弯曲半径较大，便于工件滑出。外壳由冷拉钢杆焊成。滑槽的下端

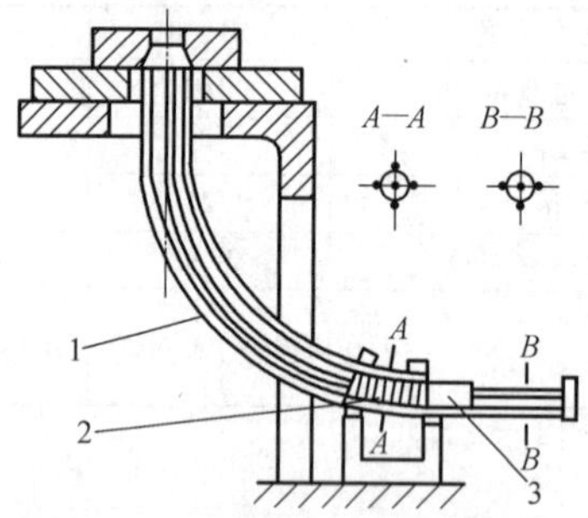

图 1-4-67　槽式理件装置（一）

1—集件槽　2—硅钢片　3—支承滑块

图 1-4-68　槽式理件装置（二）

伸出至压力机的前方。槽式理件装置一般没有固定规格，需要根据压力机制造商提供的地基形式、机床下横梁相关尺寸自行制作。

当变压器 E/I 铁心模具中不具备扣片功能时，铁心硅钢片依靠图 1-4-69 和图 1-4-70 所示的滑道式理件装置进行散片的收集。图 1-4-69a 中冲压后的工件由自动出件装置推入导槽 2 内，工件沿导槽滑下并凹口朝下落入滑道 3 上，工件在滑道上沿滑道滑至挡板 4 前停止，按顺序依次排列。图 1-4-69b 中冲压后的工件由自动出件装置推入导槽 2 内，工件在自重的作用下沿导槽的斜面滑落到滑道 3 上（滑道由两条钢条组成，并与水平面形成一定的倾角），在滑道的下端有挡板 4。落入滑道的工件沿着滑道滑至挡板处停止，按顺序依次排列。滑道式理件装置一般没有固定规格，需要自行制作。

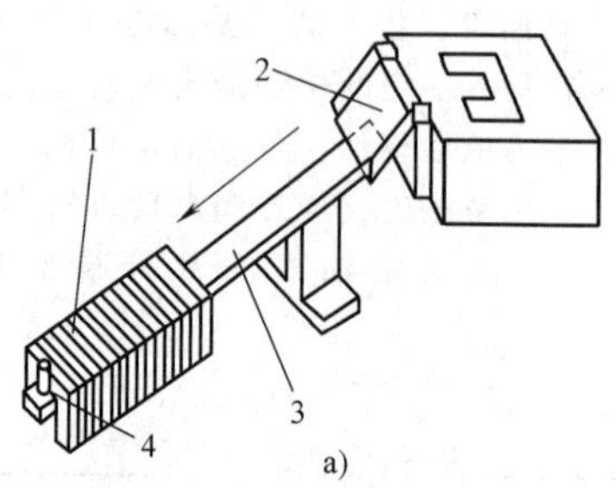

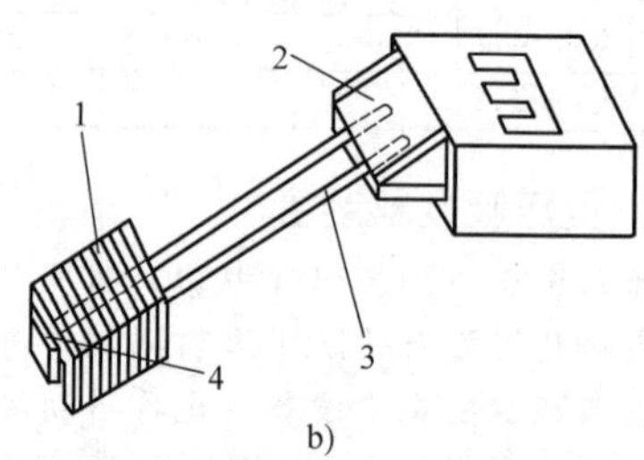

图 1-4-69　滑道式理件装置（一）

1—硅钢片　2—导槽　3—滑道　4—挡板

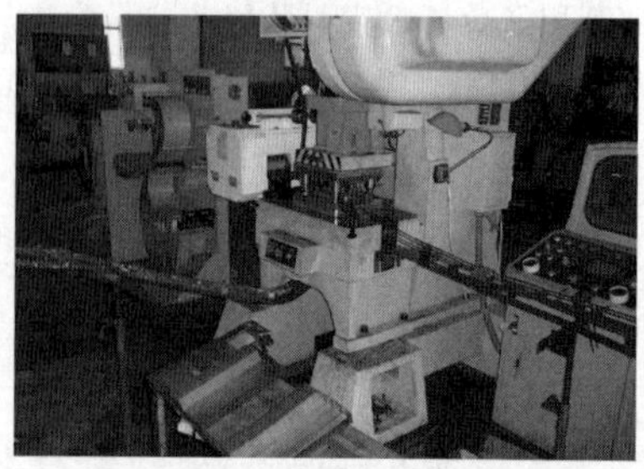

图 1-4-70　滑道式理件装置（二）

2. 微电子类收料装置

微电子类收料装置（也称收料机）（见图 1-4-71）用于冲压完连续带状产品的收卷，并可以附加层间纸，能自动调整收料速度，多用于端子冲压行业。其

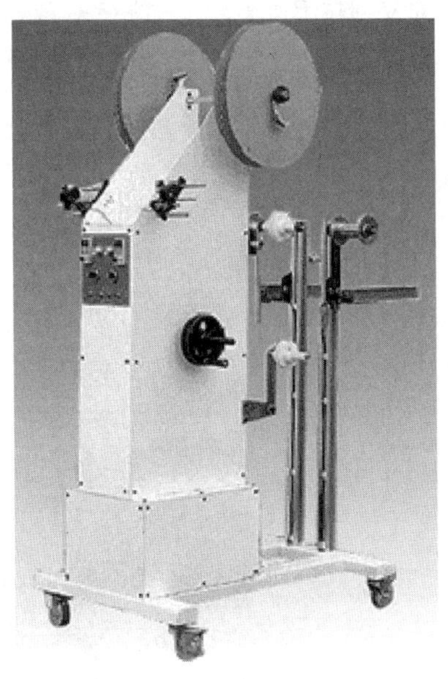

a) 立式

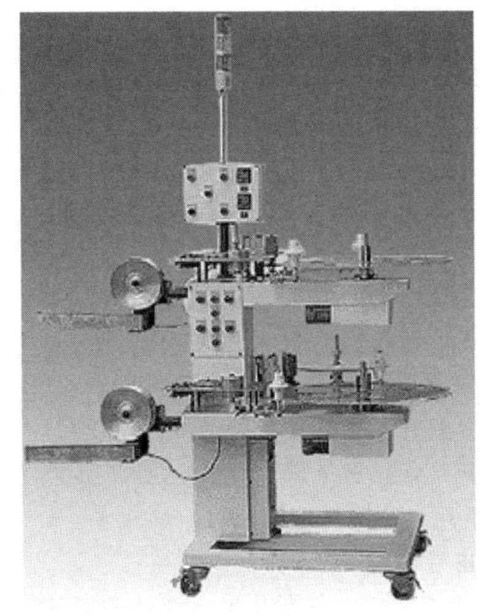

b) 卧式

图 1-4-71　微电子类收料装置（收料机）

主要技术参数见表 1-4-44。

表 1-4-44　微电子类收料装置（收料机）的主要技术参数

参数名称	SQG-03(立式)	WSQ-02(卧式)
收料速度/(m/min)	20	20
收料盘数/个	2	2
收料重量/kg	20	20
收料盘外径/mm	650	610
收料回转方向	顺时针、逆时针	顺时针、逆时针
层间纸感应方式	电子感应	光电感应
端子收取感应方式	光电感应	光电感应

4.5　高速压力机的发展趋势

1. 高速度

高速压力机从诞生至今，速度不断提高。从最初底传动结构的 200～300 次/min 到 20 世纪 50 年代的 400 次/min，再到 20 世纪 70 年代的 800～1600 次/min，如今则达到 3000～4000 次/min。高速压力机速度的不断提高，极大地提高了生产率，同时降低了成本。这主要得益于标准化、系列化、批量化的功能性冲压件（如微电机定/转子铁心、引线框架等）市场需求旺盛，同时冲压件厚度逐渐缩小，所需冲压吨位逐渐缩小，这就为高速压力机速度的提高创造了条件。从高速压力机发展的历程看，每次速度的飞跃式提高，高速压力机的公称力和行程呈现出减小的趋势。

2. 高刚度和高精度

由于在高速压力机上采用硬质合金模具，凸模和凹模在水平面内的相对位移必须减少到最小限度，才能避免模具的损坏，延长使用寿命，这就要求高速压力机具备一定的水平刚度；由于“反向负载”的存在，要求进一步增加高速压力机的垂直刚度。通常采用合理的结构设计（机身设计、导向方式等）并加大设计富余量（加大曲轴、销或球头等零件尺寸），可提高压力机的刚度。

随着高速压力机向高速度的方向发展，与之相应的精度则进一步提高。高精度指高的静态几何精度和动态精度（下死点精度）。静态几何精度与高速压力机的制造水平有关，基本以日本工业标准的特级精度标准（JIS B 6402：1997）为最低标准，国外各公司的内控标准在此基础上进行了大幅度的压缩。多在恒温车间进行制造和装配，特别注重材料的热处理，以消除残余应力对整机精度的影响。高速压力机动态精度则是通过采取温度控制和下死点动态补偿机构来实现。温度控制主要有如下方式：

1）预热。这是美国 MINSTER 推荐采用的方法，即在高速压力机开始工作前对压力机进行预热，并使压力机运转过程中的温升不超过这一温度。预热的温度、时间和高速压力机的工作速度由关。

2）设置油冷机。这是瑞士 BRUDERER 推荐采用的方法，即使冷却油流经高速压力机内部，以抑制温度上升。

3）混合采用加热和冷却。这是日本 YAMADA DOBBY 公司采用的方法。采用定时器在压力机开机前几小时自动接通加热器和油泵，逐渐提高压力机内部温度；在压力机开始工作后再利用润滑油冷却装置使高速压力机温度不超过设定值并保持恒定。目前，许多公司均采用此方法。

此外，还有日本 KYORI 公司 NEW-BEAT 系列高速压力机（肘杆式传动机构）上采用按一定顺序加热杆系的方法，即首先使连杆和连接杆受热膨胀，使下死点位置稍微上升；然后使上下两肘杆和导杆受热膨胀，使得下死点位置下降，从而达到下死点位置的平衡，使下死点位置保持稳定。

3. 上传动占主导地位

在 20 世纪四五十年代，各国几乎一致认为高速压力机以底传动形式为最好，其重心低、稳定性较好、曲柄滑块机构的水平分力影响较小。当进入 20 世纪 50 年代后期和 60 年代时，发现底传动结构的运动部件重量大，往复运动的惯性力和振动大，不利于速度的提高，再加上还必须增加压力机的固定部分的重量，才能抵消运动部分的惯性效应及改进压力机的动态性能，因此底传动不得不重新让位于上传动。

上传动压力机具备维修方便、空间布置好、运动部件重量较轻等优点，目前已成为高速压力机的主流，普遍为国内外高速压力机制造商所采用，并在传动机构、导向方式、动平衡机构等方面进行了大量的创新。下传动高速压力机仅在部分行业占有一席之地。

4. 闭式结构占主导地位

与闭式高速压力机相比，开式高速压力机在机身形式、传动系统、装模高度调节装置和滑块形式上较简单，能够满足部分小型零件的高速冲压。其公称力一般在 800kN 以内，运转速度按其内部有无动平衡机构可分为两种，一种是在 800 次/min 以内的高速压力机，采取形式多样的静平衡机构；另一种是采取动平衡机构、超过 1000 次/min 的超高速压力机。由于开式压力机角变形的存在，因此仅能用在冲压件精度要求不高的行业。虽然可以采取措施进一步降低角变形，如在喉口处增加拉杆（瑞士 BRUDERER 公司早期的 180kN 和 300kN 的三导柱结构）、采用增强型防护门（瑛瑜公司的 civic 系列开式高速压力机，见图 1-4-72）及在机身前部增加拉杆等，但随着对冲压件精度要求的进一步提高，采用闭式结构是一种趋势，一方面闭式结构相对较大的空间便于动平衡机构的安装，从而有助于提高速度（3000~4000 次/min 的超高速压力机均为闭式结构），进而提高生产率；另一方面可以提高冲压件精度及延长模具使用寿命。此外，采用闭式结构可以增大工作台板宽度，有助于多工位级进模的使用。

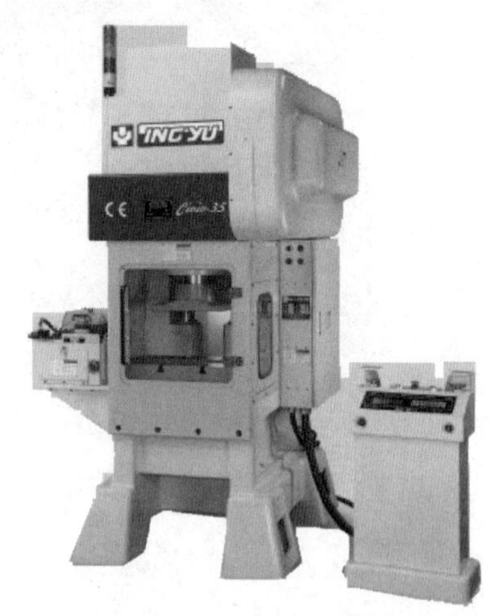

图 1-4-72　增强型防护门（瑛瑜 civic 系列）

5. 双点结构逐渐向三点和单排四点发展

闭式高速压力机大多数为双点结构，但随着冲压模具中工位的增加和冲压件尺寸的不断加大，造成工作台板宽度和冲压力不断增大，如意大利 BALCONI 公司的高速压力机，冲压力为 6300kN，滑块行程为 35mm，最高滑块行程次数为 320 次/min，工作台板尺寸（前后×左右）3200×1400mm。采用双点结构则需要进一步加大滑块及导向刚度，若采用四角八面导向方式，会造成滑块重量过大，影响速度的进一步提高。因此，不少公司采用三点或四点结构，辅助导向采用圆柱导向形式，即能实现滑块重量的轻量化，又能提高工作速度，如日本 YAMADA DOBBY 和 ISIS 采用三点结构，公称力最小为 600kN，日本 AIDA 则采用单排四点结构。采用三点或单排四点结构的难点在于保证多点之间的同步性，主要靠精确的理论计算、精密加工及检测来保证，图 1-4-73 所示为日本 ISIS 在三坐标测量仪上对滑块

图 1-4-73　滑块部件的检测（日本 ISIS）

部件进行检测。此外，对于超宽台面的大型闭式多点高速压力机，还应当解决传动过程中扭矩对各点相位的影响，如日本 AIDA 公司在其 MSP 系列单排四点高速压力机采用双边驱动技术。

6. 采用新材料

随着高速压力机精度的不断提高，新型材料在该领域得到了应用。应用这些新材料，其主要目的是在保证刚度的前提下减轻运动部件重量、减小温度变化对下死点的影响及提高承载能力。这些新材料主要有：

1）低密度材料。为减轻滑块运动部件重量，美国 OAK 公司部分高速压力机产品滑块采用超硬铝合金材料，滑块重量降低了 60%左右；日本电产京利（Nidec-kyori）公司的 100kN、4000 次/min 的超高速压力机滑块采用了陶瓷-铝合金复合材料，从而使滑块运动部件的惯性力下降了 40%，有助于克服速度变化对下死点精度的影响。

2）低膨胀系数材料。日本 ISIS 公司 U 系列高速压力机的主要驱动部件及连接件都采用低热膨胀系数的合金铸件 Nobinate-5 ［w(Ni) = 36%，w(CO) = 6%］，其热膨胀系数只有钢的 1/3～1/4，而硬度与 FCD45-50 相当。此外，也有部分公司采用线膨胀系数更小的因瓦合金（Invar）作为滑动轴承材料，以减小热变形对下死点精度的影响。

3）其他特殊材料。随着高速压力机速度的提高，复合材料开始应用于滑动支承或导向部位，如以现有滑动轴承为机体，在摩擦部位镀摩擦性能更好的巴氏合金材料；在球碗等承受冲击载荷大的部位采用 25-6-3-3 铝黄铜或铍青铜等，长时间工作后的变形量大为减少，保证了高速压力机工作的可靠性。

7. 采用高精度轴承

为解决压力机高速运转中的发热，由于滚动轴承摩擦系数小且对加工误差的适应性强，不少制造商选择了将传动系统中的滑动轴承更换为滚动轴承，由于受力过程中为点接触或线接触，刚度在一定程度上被削弱。因此，日本 AIDA 公司使用了图 1-4-74 所示的复合轴承（滚动轴承+滑动轴承），可以充分发挥滚动轴承和滑动轴承的优势。在冲压时，滑动轴承起作用，刚度大；在非冲压时，滚动轴承起作用，摩擦系数显著降低，有利于高速运转。

图 1-4-74　AIDA 公司的复合轴承

但是，由于滚动轴承（多采用调心滚子轴承和圆柱滚子轴承）在承受冲击载荷时为线接触，刚度小，尤其是在重载时表现出下死点精度的不稳定性，因此多用于中小吨位高速压力机。随着高速压力机整体制造精度的提高，油温控制系统和大流量润滑系统的采用，滑动轴承应用过程中的发热问题得到有效解决，逐渐重新应用到高速及超高速压力机中。与滚动轴承相比，滑动轴承在承受冲击载荷时为面接触，刚度大，有益于下死点精度的稳定。此外，通过设置合适的润滑系统参数，可实现滑动部位的液体动力润滑，保证达到滑动副的无磨损，从而提高了整机的可靠性。此外，在高速压力机向大吨位发展时，使用滚动轴承势必造成结构尺寸庞大，这也限制了滚动轴承的应用。

高速压力机中使用滑动轴承的趋势是：应用新材料和进一步提高制造精度。新型滑动轴承材料一般需要满足较高的承载能力，同时具备较低的线膨胀系数。滑动轴承及其相关部件多在恒温车间进行制造，并借助先进仪器进行检测；使用过程中进行温度的精确控制，从而将滑动轴承的优势发挥到极致。高速压力机中使用滚动轴承的趋势是进一步提高精度，注重与高速压力机的完美结合。其表现是根据自身高速压力机设计条件订制滚动轴承，甚至设计滚动轴承交由专业厂制作。

8. 操控系统人性化及智能化

高速压力机经历百余年的发展，机械结构渐趋稳定。国外高速压力机制造商开始逐渐关注高速压力机的操控系统（见图 1-4-75），使得高速压力机呈现出金属切削机床的某些特征，如采用手轮精确调节装模高度，采用基于 windows 的可视化操作系统进行冲压参数的输入与存储，采用在线监测系统（如 BRANKAMP 系统）实时监测冲压线的运行参数（各部位冲压力、行程、装模高度、下死点位置、送料步距、送料宽度、气动系统压力和润滑系统参数等）及冲制品重量并提高生产率，以及采用互联网技术进行在线故障监测与处置等。

9. 采取各种有效防止振动和噪声的措施

为了降低噪声和振动，一方面各公司大都倾向于采用铸造机身并优化重量分布，在结构设计上避开共振区；另一方面采取形式多样的主动减振（动平衡机构）和被动减振装置（减振器）。此

图 1-4-75　舒勒压力机的操控系统

外，逐渐将高速压力机放置在隔音室，有效避免了冲压过程中产生噪声的向外传播，在设计上呈现出冲压线和隔音室的一体化设计（见图 1-4-76），方便操作。

图 1-4-76　日本山田多比（YAMADA DOBBY）的 MXM 系列高速压力机隔音室

10. 应用伺服驱动技术

伺服驱动技术已经在压力机领域得到了广泛应用，目前主要应用于大型闭式压力机和数控转塔压力机。采用伺服驱动技术一方面可以简化传动系统，另一方面可以实现滑块行程的无级可调，从而增加高速压力机的柔性。应用在大型闭式压力机领域一般要结合多连杆驱动机构，充分发挥多连杆机构的省力特性，满足特种材料的冲压要求，并能够降低冲压噪声，实现节能。伺服驱动技术在数控转塔压力机上的应用，能够实现滑块行程的调整，增加冲压的柔性，滑块行程次数（冲压速度）能够达到 2000 次/min。伺服驱动技术目前还没有在高速压力机领域取得应用，仅有部分制造商开始尝试，如日本 YAMADA DOBBY 公司开发的 Fit-3 型高速伺服压力机（见图 1-4-77），采用伺服电动机驱动，无离合器和制动器，简化了传动系统。随着伺服驱动技术的进一步发展和普及。伺服驱动技术有可能应用于高速压力机领域。可以采用伺服电动机+曲柄滑块机构的形式，实现滑块在冲压过程中的降速；伺服电动机采用摆动模式运转能够实现滑块行程的调整，从而简化滑块行程调整机构。多连杆机构的省力特性也可通过合理设计非圆齿轮来实现，若能解决其制造精度问题，有可能取代部分多连杆传动机构。

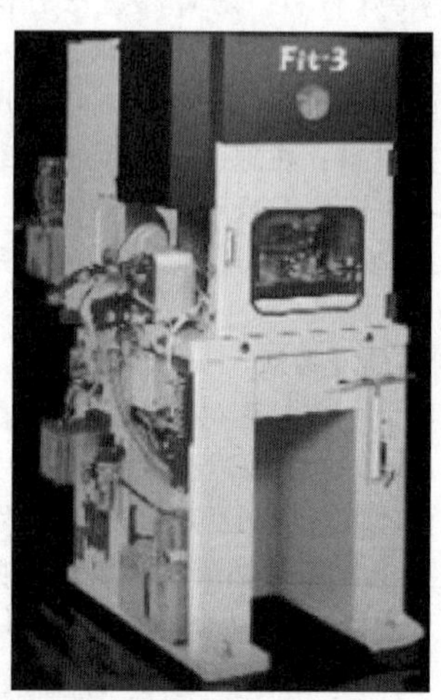

图 1-4-77　日本 YAMADA DOBBY 的 Fit-3 型高速伺服压力机

参考文献

[1]　范宏才. 现代锻压机械［M］. 北京：机械工业出版社，1994.

[2]　何德誉. 专用压力机［M］. 北京：机械工业出版社，1989.

[3]　何德誉. 曲柄压力机［M］. 2 版. 北京：机械工业出

版社，1987.
[4] 第一机械工业部 铸造锻压机械研究所. 国外冲压自动化发展概况 [M]. 北京：机械工业出版社，1978.
[5] 李光华. 多工位级进模高速压力机压时存在的问题及其对策 [J]. 模具工业，2000，23 (5)：20-22.
[6] 姜成，张庆飞. 为高速高精度冲压设备提高良好工作环境-高速精密压力机的隔振 [J]. 锻造与冲压，2005 (8)：59-61.
[7] 上田祥雄. 国际冲压先进制造技术与装备：电动机市场与高速精密冲床 [J]. 锻造与冲压，2007 (12)：20-28.
[8] 会田工程技术（上海）有限公司. 会田冲压手册 [M]. 上海：上海科学技术出版社，2004.

第5章

多连杆压力机

济南二机床集团有限公司　张世顺　黄　宁　刘敬广

5.1　多连杆压力机的用途、特点及主要技术参数

5.1.1　多连杆压力机的用途、特点

从20世纪20年代中期某公司推出多连杆传动结构至今，因其优异的性能而得到广泛应用。多连杆压力机特别适合进行形状复杂的大型薄板或薄筒形状零件的拉深成形，以及较厚板材的冲孔、落料、成形等工艺，如进行轿车车门内外板、侧围等大型覆盖件的冲压生产，重型货车大梁的成形、落料、冲孔等的生产。

相比于曲柄压力机，多连杆压力机的主要特点有：

1）工作速度慢，冲击小，噪声低，模具使用寿命长。与传统的曲柄压力机相比，多连杆压力机的滑块在工作行程区间内的运行速度更慢，接触金属材料的瞬间冲击更小，从而大大降低了材料被撕裂的危险性。同时，由于低速度，也降低了压力机的噪声与振动，减小了模具的冲击与磨损，延长了模具使用寿命。

2）生产质量好，生产率高。由于多连杆机构在冲压阶段速度低且平稳，明显低于曲柄压力机，这对提高冲压件的质量极为有利；而回程时速度较快，具有明显的急回特性，可以在满足冲压工艺的前提下提高压力机的生产率。

3）工作行程长，拉深深度大。与曲柄压力机相比，多连杆压力机的工作行程更长，且在工作时都处于满载荷状态，特别适用于深拉深件的加工生产。

4）具有增力效果。多连杆机构具有明显的增力效果，可用于较厚板材及高强度材料的冲压加工，与规格参数相似的曲柄压力机相比，可降低驱动的负载。

5）设计制造周期较长，加工制造成本高。随着连杆机构的复杂化，设计制造周期变长，滑块运行精度的保证将非常困难，安装调试难度大，机构的重量和惯量也越大且制造成本高。

6）占用自动化送料时间，对自动化要求较高。图1-5-1所示为滑块行程次数为16次/min、滑块行程为1400mm的四连杆、六连杆、八连杆滑块行程曲线。由图1-5-1可知，滑块距下死点相同时（图中粗实线为距下死点600mm）的模具开启角度（滑块离下死点的距离大于某一给定数值时，曲柄转过的角度）随着连杆数量的增多而降低，角度越大，越有利于送料。所以，多连杆压力机为自动化送料提供的时间较短，对自动化的要求较高。

5.1.2　单动多连杆压力机的主要技术参数

世界各国生产多连杆压力机的厂家很多，其技术参数不尽相同。到目前为止，我国尚未制定多连杆压力机技术参数标准，但国内有些厂家制定了自己

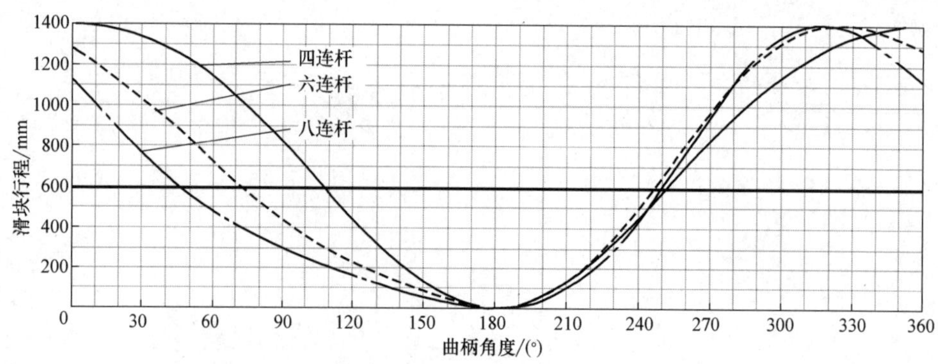

图1-5-1　四连杆、六连杆、八连杆压力机滑块行程曲线

的企业标准，可以满足用户需要。现将多连杆压力机的主要技术参数分述如下：

1）公称力。公称力指压力机在结构上能够安全地承受的最大容许冲压能力。实际工作时，应充分考虑板料厚度及材料强度的偏差、模具的润滑状态和磨损变化等条件，使冲压能力留有一定的宽裕度。

2）公称力行程。公称力行程指压力机能承受公称力时距下死点的距离。压力机在公称力行程以上的任何位置均不能承受公称力。

3）滑块行程。滑块行程指滑块从上死点到下死点所经过的距离。滑块行程选择时应能保证冲压件可以顺利地放入模具和从模具中取出。

4）滑块行程次数。滑块行程次数是滑块每分钟行程次数的简称，指滑块每分钟运行的行程次数（滑块从上死点到下死点，然后再回到上死点称为一次），行程次数越多，压力机的生产率越高。

5）装模高度。装模高度指滑块在下死点时，滑块底面到工作台板上平面的距离。当装模高度调节装置将滑块调至最上位置时，装模高度达到最大值，称为最大装模高度。装模高度调节装置所能调节的距离，称为装模高度调节量。上下模具的闭合高度应小于压力机的最大装模高度。

除上述主要技术参数外，选择压力机时还须考虑工作台板尺寸、滑块台面（滑块底面）尺寸等参数。表 1-5-1 和表 1-5-2 列出了双点、四点单动多连杆拉深压力机的技术参数。用户在订购设备时，具体参数还需根据其生产车型、材料种类、生产工艺等具体确定。

表 1-5-1　双点单动多连杆拉深压力机的技术参数（济南二机床①）

参数名称	LS2-800	LS2-1000	LS2-1250
公称力/kN	8000	10000	12500
公称力行程/mm	13	13	13
滑块行程/mm	800	1000	1000
滑块行程次数/(次/min)	8~20	8~20	8~20
最大装模高度/mm	1200	1200	1200
工作台板尺寸/mm(左右)	3600	3600	3600
工作台板尺寸/mm(前后)	1800	1800	1800
滑块台面尺寸/mm(左右)	3600	3600	3600
滑块台面尺寸/mm(前后)	1800	1800	1800
主电动机功率/kW	132	132	190

① 济南二机床为济南二机床集团有限公司简称。

国外多连杆压力机的技术参数与国内基本相同。

5.1.3　双动多连杆压力机的主要技术参数

表 1-5-3 列出了双动多连杆压力机的技术参数。

表 1-5-2　四点单动多连杆拉深压力机的技术参数（济南二机床）

参数名称	LS4-800	LS4-1000	LS4-1300	LS4-1600	LS4-2000	LS4-2400	LS4-2500
公称力/kN	8000	10000	13000	16000	20000	24000	25000
公称力行程/mm	13	13	13	13	13	13	13
滑块行程/mm	800~1200	1000~1400	1000~1400	1000~1400	1000~1400	1000~1400	1000~1400
滑块行程次数/(次/min)	8~16	8~20	8~20	8~20	8~20	8~20	8~20
最大装模高度/mm	1200	1500	1500	1500	1500	1500	1500
工作台板及滑块尺寸/mm(左右)	4000~5000	4000~5000	4000~5000	4000~5000	4000~5000	4000~5000	4000~5000
工作台板及滑块尺寸/mm(前后)	2000~2600	2000~2600	2000~2600	2000~2600	2000~2600	2000~2600	2000~2600

表 1-5-3　双动多连杆压力机的技术参数（济南二机床）

参数名称	型号					
	双点			四点		
	LD2-600/400	LD2-800/500	LD2-800/600	LD4-1000/500	LD4-1250/750	LD4-2500/1300
	参数值					
公称力/kN(内滑块/外滑块)	6000/4000	8000/5000	8000/6000	10000/5000	1250/7500	25000/13000
公称力行程/mm(内滑块/外滑块)	13/6	13/6	25/10	13/6	13/6	13/6
滑块行程/mm(内滑块/外滑块)	900/700	940/660	1100/900	1000/700	1000/700	1200/900

（续）

参数名称	型号					
	双点			四点		
	LD2-600/400	LD2-800/500	LD2-800/600	LD4-1000/500	LD4-1250/750	LD4-2500/1300
	参数值					
行程次数/(次/min)	8～16	8～16	8～16	8～16	8～16	8～16
装模高度/mm（内滑块/外滑块）	1600/1500	1800/1600	1750/1500	2000/1780	2000/1700	2000/1700
装模高度调节量/mm（内滑块/外滑块）	500/500	500/500	350/350	600/600	600/600	600/600
工作台垫板尺寸/mm（前后×左右）	2100×3500	2200×4000	2000×3100	2500×4600	2500×4700	2500×4700
内滑块底面尺寸/mm（前后×左右）	1600×2900	1700×3500	1500×2000	1900×3900	1900×4000	1900×4000
外滑块底面尺寸/mm（前后×左右）	2100×3500	2200×4000	2000×3100	2500×4600	2500×4700	2500×4700
主电动机功率/kW	160	160	160	220	220	400

5.2 单动多连杆压力机

多连杆压力机主要有六连杆压力机、八连杆压力机及十连杆压力机等。目前应用较多的是六连杆和八连杆压力机，其中六连杆压力机应用越来越普遍，只有当用户对拉深性能要求特别高时才选用八连杆压力机。八连杆压力机只有部分厂家具备其设计制造能力，而济南二机床同时具备六连杆、八连杆设计制造技术。十连杆机构常用于双动压力机上，但是由于其结构太复杂，制造调试及后期维护费用太高，目前已很少应用。

5.2.1 单动六连杆压力机的主要结构及应用场所

1. 单动六连杆压力机的主要结构

单动六连杆机构是多连杆机构中最简单也是最常用的机构之一，由偏心齿轮、拉杆、角架与连杆等组成，如图 1-5-2 所示。图 1-5-3 所示为其运动分析。压力机正常工作时，电动机通过传动带带动飞轮旋转，飞轮与高速轴相连，高速轴齿轮与惰轮、中间大齿轮啮合，通过中间小齿轮驱动左右偏心齿轮转动，再通过六连杆机构带动滑块做上下往复运动。利用连杆上任意一点的连杆曲线的多样性，来实现连杆下端轨迹符合预期的轨迹要求。

图 1-5-2　六连杆拉深压力机结构
1—拉杆　2—偏心齿轮　3—角架　4—连杆
5—导柱　6—惰轮　7—高速齿轮轴　8—中间齿轮

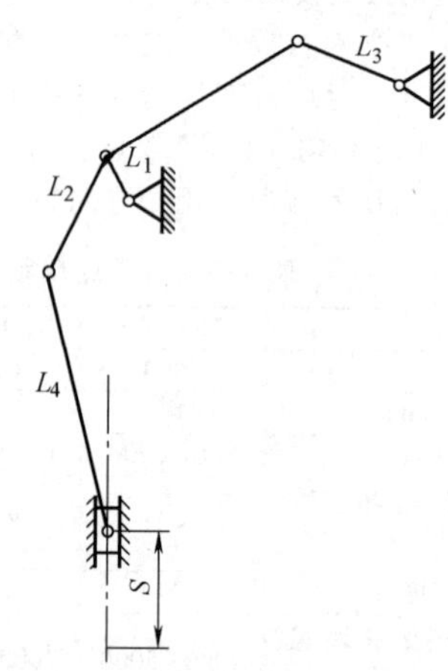

图 1-5-3　六连杆机构运动分析
L_1—曲柄　L_2—角架　L_3—拉杆　L_4—连杆

图 1-5-4 所示为滑块行程为 1400mm、滑块行程次数为 16 次/min 的四连杆和六连杆压力机的滑块行程、速度曲线。由图 1-5-4 可知，六连杆压力机可以使滑块在拉深过程中保持一段低而均匀的拉深速度，拉深结束后，滑块快速回程，过上死点后滑块又快速接近坯料，进入下一个拉深过程。这种速度特性，就可以保证滑块在拉深阶段速度较慢，回程时速度较快，可以给自动化留出更多的时间，从而在保证拉深件质量的前提下，最大限度地提高冲压线的生产率。

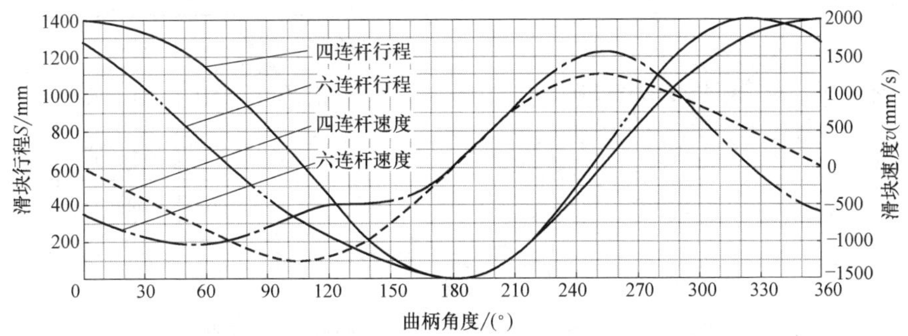

图 1-5-4　四连杆、六连杆压力机滑块行程、速度曲线

2. 单动六连杆压力机的特点及应用场所

六连杆机构的本质是利用四连杆机构连杆上任意一点的连杆曲线的多样性实现连杆下端的轨迹，达到符合预期的轨迹要求。六连杆压力机目前被广泛应用于汽车覆盖件的拉深工艺，对于修边冲孔、翻边整形等工序模具较为复杂、斜楔导向较长的也可以使用六连杆压力机，有助于减少模具磨损，提高模具寿命。

5.2.2　单动八连杆压力机的主要结构及应用场所

1. 单动八连杆压力机的主要结构

单动八连杆压力机是拉深压力机中应用非常广泛的多连杆压力机，由偏心齿轮、上拉杆、摇杆、下拉杆、角架与连杆等组成，如图 1-5-5 所示。图 1-5-6 所示为八连杆机构运动分析。当压力机正常工作时，电动机带动飞轮旋转，飞轮安装在高速轴上，高速轴与惰轮及其中一个中间大齿轮啮合，惰轮与另外一个中间大齿轮啮合，中间小齿轮与偏心齿轮啮合，通过偏心体驱动八连杆机构进而带动滑块上下往复运动。

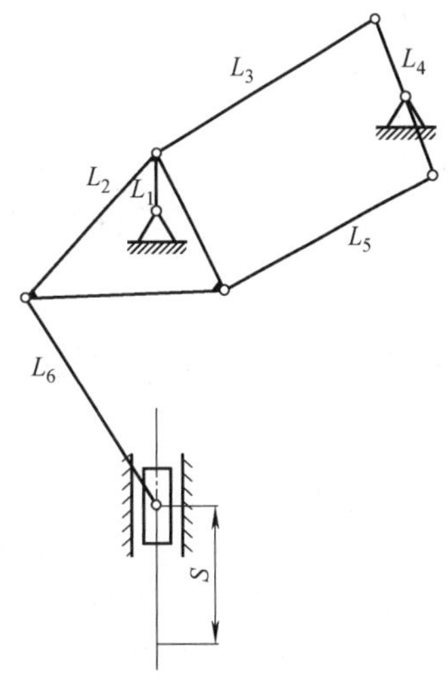

图 1-5-6　八连杆机构运动分析

L_1—曲柄　L_2—角架　L_3—上拉杆　L_4—摇杆　L_5—下拉杆　L_6—连杆

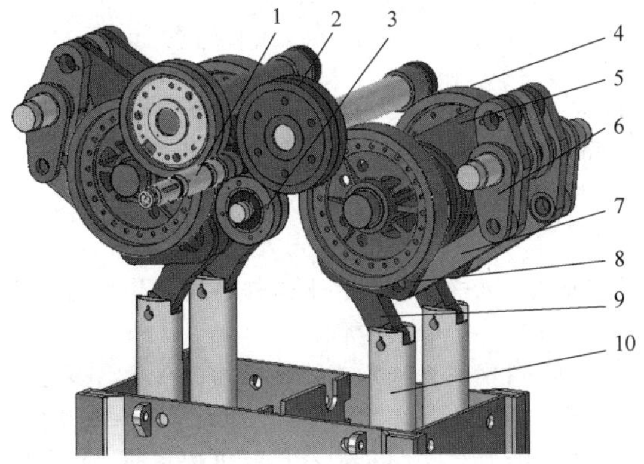

图 1-5-5　八连杆拉深压力机结构

1—高速轴　2—中间齿轮　3—惰轮　4—偏心齿轮　5—上拉杆　6—摇杆　7—下拉杆　8—角架　9—连杆　10—导柱

图 1-5-7 所示为滑块行程为 1400mm、滑块行程次数为 16 次/min 的六连杆、八连杆压力机滑块行程、速度曲线。由图 1-5-7 可知，八连杆机构具有和六连杆机构相似的特性，也能实现滑块在拉深过程中有一段接近匀速的速度曲线，拉深结束后快速抬起，从而有利于拉深件的成形，提高拉深件的成形质量。在相同滑块行程的前提下，八连杆压力机的滑块速度曲线优于六连杆压力机。

2. 单动八连杆压力机的特点及应用场所

八连杆机构与六连杆机构特性相似，且拉深过程中速度更低，因此八连杆压力机比较适用于拉深深度较大或形状较复杂的零件。同时，八连杆压力机的机构比较复杂，影响压力机精度的因素比较多，对零件加工精度的要求较高，压力机精度调试比较复杂，设计和制造的难度比六连杆压力机高。所以，目前八连杆压力机常用于深拉深工艺。

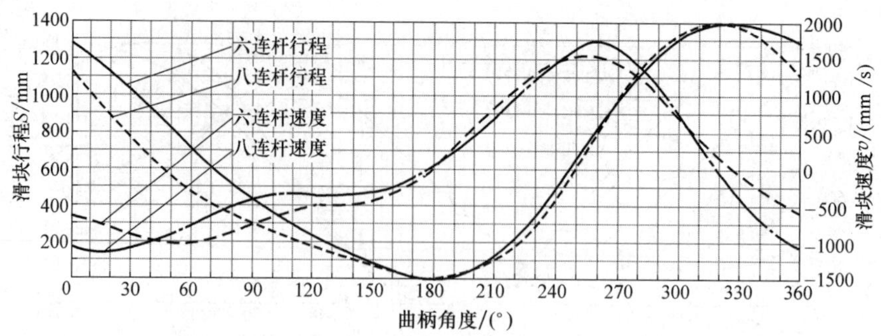

图 1-5-7　六连杆、八连杆压力机滑块行程、速度曲线

5.2.3　单动十连杆压力机的主要结构及应用场所

图 1-5-8 所示为十连杆机构运动分析，图 1-5-9 所示为滑块行程为 900mm、滑块行程次数为 16 次/min 的八连杆和十连杆压力机滑块行程、速度曲线。由图 1-5-9 可知，单动十连杆压力机除具有八连杆压力机滑块在拉深过程中速度曲线有一段接近直线外，其回程速度明显高于八连杆压力机，而且滑块在上死点附近有一段停留等待时间，这样就可以为自动送料系统提供更多的时间，为提高整线节拍提供了有力的保证。

十连杆机构也常被用于双动机械压力机的外滑块主传动机构中，它可以保证滑块在冲压工作时，外滑块对坯料进行固定压边从而保证内滑块进行平稳的冲压，但是滑块运行精度的保证将非常困难、安装调试难度大、制造成本高，目前应用越来越少。

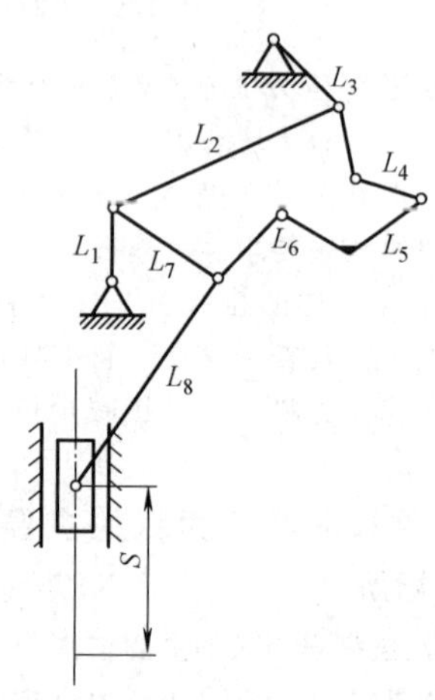

图 1-5-8　十连杆机构运动分析

L_1—曲柄　L_2—上拉杆　L_3—上摇架

L_4—下拉杆　L_5—下摇架　L_6、L_7、L_8—连杆

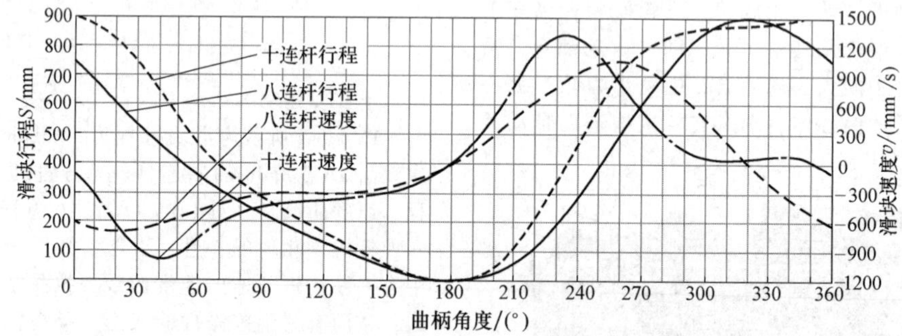

图 1-5-9　八连杆、十连杆压力机滑块行程、速度曲线

5.3　双动多连杆压力机的主要结构

双动多连杆压力机有两个滑块，即内滑块和外滑块。内滑块用来拉深工件，外滑块用来压紧毛坯的边缘。内外滑块的运动需要正确的配合，向下行程时外滑块先压紧毛坯，内滑块后拉深工件，防止工件边缘起皱；向上行程时内滑块先回程，外滑块后回程，以便将工件从凸模中脱出。外滑块一般采用八连杆结构，内滑块可以采用曲柄连杆结构、六连杆结构、八连杆结构、十连杆结构，其机构分析如图 1-5-10~图 1-5-12 所示。

内、外滑块均采用八连杆机构，在双动多连杆压力机中应用最为广泛，其结构如图 1-5-13 所示。内滑块八连杆机构与单动八连杆机构相同，外滑块八连杆机构与内滑块八连杆机构共用曲柄、上拉杆和摇杆上臂，摇杆上分出内、外滑块八连杆机构下臂，内滑块摇杆下臂通过内滑块下拉杆与偏心体上的内滑块三角板相连，外滑块摇杆下臂通过外滑块下拉杆与偏心轴上的外滑块三角板相连，内、外滑块三角板分别通过其连杆与导柱相连。

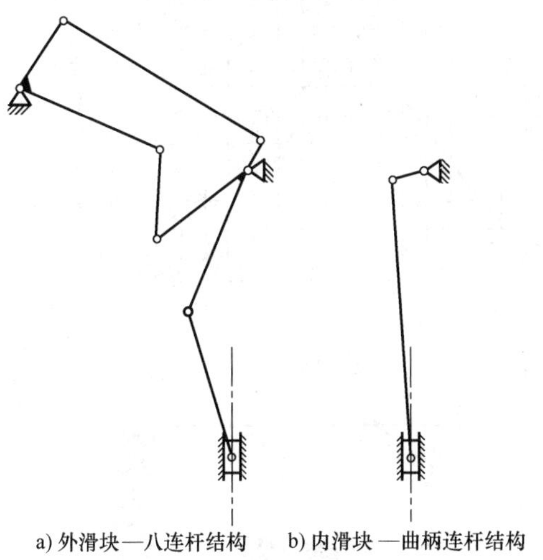

a) 外滑块—八连杆结构　b) 内滑块—曲柄连杆结构

图 1-5-10　双动压力机机构分析（一）

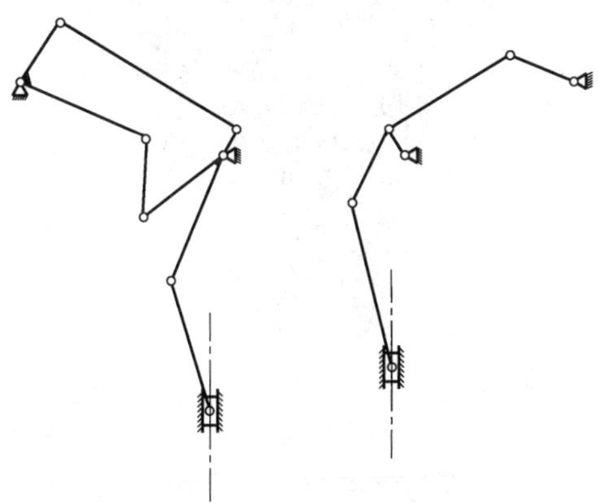

a) 外滑块—八连杆结构　b) 内滑块—六连杆结构

图 1-5-11　双动压力机机构分析（二）

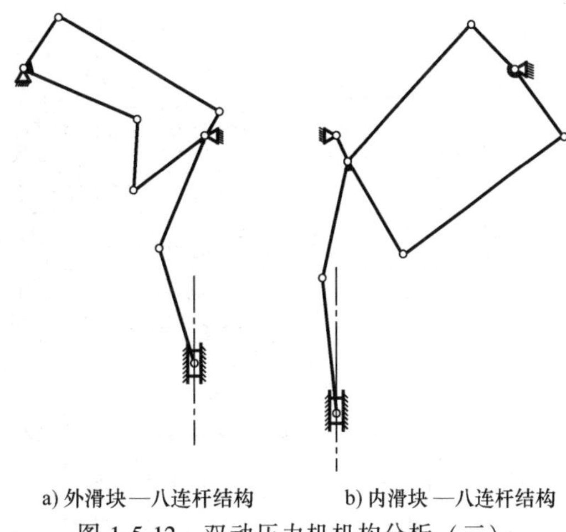

a) 外滑块—八连杆结构　b) 内滑块—八连杆结构

图 1-5-12　双动压力机机构分析（三）

对内滑块公称力为 10000kN、外滑块公称力为 6000kN 的双动八连杆压力机，当内滑块行程为 1000mm、外滑块行程为 800mm、滑块行程次数为 16 次/min 时，内、外滑块行程、速度曲线如图 1-5-14 所示。从图 1-5-14 中可以看出，内滑块开始拉深前，外滑块需要提前压紧坯料。整个拉深过程中，外滑块始终处于压紧状态，内滑块拉深结束后，外滑块继续保持压紧状态一段时间，等内滑块抬起一段时间后，外滑块再结束压紧状态并快速抬起，为自动送料系统打开送料空间。

当双动多连杆压力机进行拉深工作时，坯料外缘被压紧的动作是由机构驱动的外滑块完成的，外滑块在拉深过程中保持不动，其速度在压紧瞬间接近于零。当单动多连杆压力机进行拉深时，滑块和压边圈接触时具有一定的开始拉深速度，工件的拉深在固定凹模上完成。

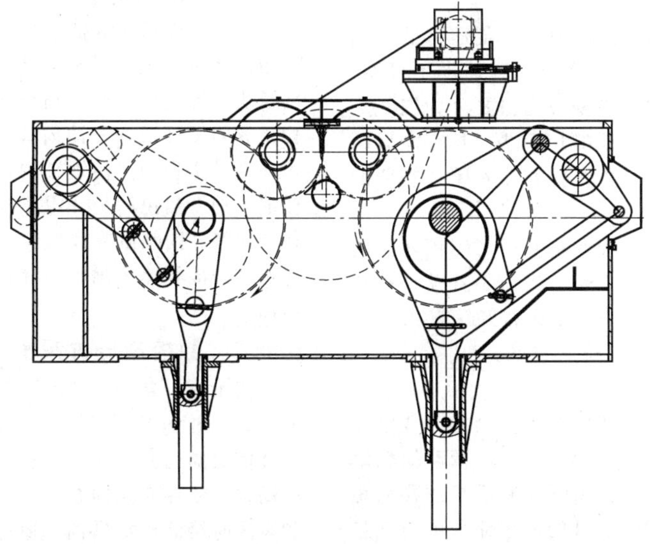

图 1-5-13　双动多连杆压力机内外滑块均为八连杆结构

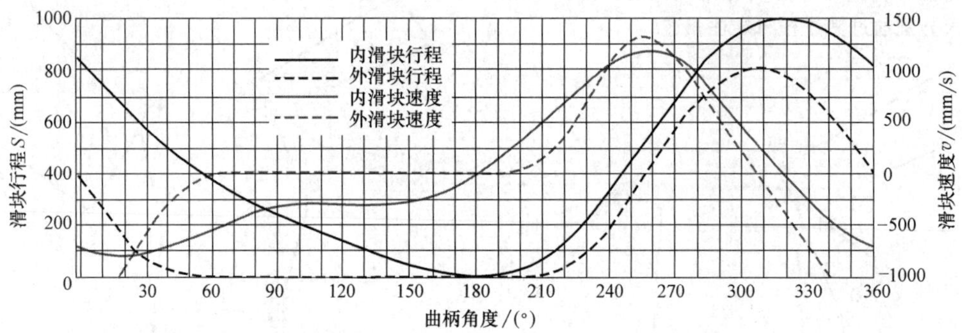

图 1-5-14　内、外滑块八连杆压力机滑块行程、速度曲线

由于双动多连杆压力机的结构极其复杂，设计、制造成本高，精度调试难度大，维护保养费用高等，已逐步被带有拉深垫的单动多连杆压力机取代。

5.4　拉深垫的主要类型及结构

当压力机在拉深工件时，需要将工件边缘压紧，防止工件起皱，这种压边装置称为拉深垫。拉深垫是压力机使用的关键设备之一，其性能指标直接影响着压力机的生产节拍和冲压精度。目前应用最多的拉深垫主要有气动拉深垫和数控液压拉深垫，由于数控液压拉深垫控制精度高、行程大、速度快等特点，已得到越来越多的应用。

近年来，随着高强度钢、铝合金等新材料的不断应用，以及对精度、能耗等要求的不断提高和伺服技术的不断发展，又出现了伺服液压拉深垫、气液混合伺服拉深垫及伺服模垫等新型拉深垫，这些拉深垫柔性更高，性能更好，可以适应不同材料、不同车型的生产。

5.4.1　气动拉深垫

气动拉深垫通过向气缸内通入一定压力的空气来提供压边力，压边力的大小及回程速度不可调，控制精度较低。气动拉深垫按功能主要分为纯气式拉深垫、具有行程调整功能的拉深垫、具有滞后闭锁功能的拉深垫、具有行程调整和滞后闭锁功能的拉深垫四种形式。

图 1-5-15 所示为带行程调整及滞后闭锁功能的纯气式结构拉深垫。其中，滞后闭锁装置及行程调整装置都是选配项，用户可以根据实际需求进行选择。

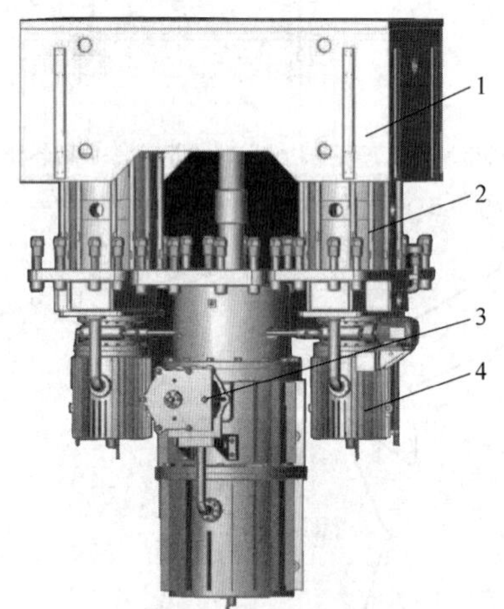

图 1-5-15　带行程调整及滞后闭锁功能的纯气式结构拉深垫

1—顶冠　2—气垫主缸
3—滞后闭锁装置　4—行程调整装置

1. 行程调整装置

图 1-5-16 所示为行程调整装置的结构。调整装置用来调整拉深垫的最大行程，电动机带动蜗轮蜗杆，使调节螺杆上下移动，调整缓冲活塞的移动距离，达到拉深垫行程调整的目的。这部分可与气垫主缸或滞后闭锁缸组合安装。

2. 滞后闭锁装置

图 1-5-17 所示为滞后闭锁装置结构。滞后缸的作用是将拉深垫在最下位置时锁住，使拉深垫不能随滑块一起返回，避免损伤拉深完的工件。滞后动作是靠闭锁缸活塞杆的前移，关闭滞后缸液压腔的回油口来实现的。闭锁缸的作用是向拉深垫后缸提供液压油，当拉深垫在最下位置时封闭液压腔，锁住拉深垫，闭锁缸靠压缩空气提供动力，靠活塞与活塞杆的面积比来增压，提供一定压力和容量的液压油。

5.4.2　数控液压拉深垫

图 1-5-18 所示为数控液压拉深垫结构，主要由液压缸、蓄能器、阀块等组成。拉深工作时，通过调节伺服阀的开口来控制压边力的大小，此时异步电动机带动柱塞泵向蓄能器补油。回程时，蓄能器和泵同时给液压缸供油，通过伺服阀调节拉深垫的上升速度。与气动拉深垫相比，液压垫实现了压边

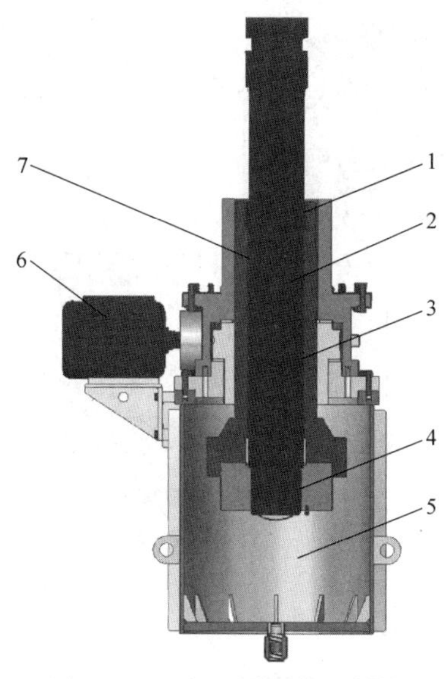

图 1-5-16　行程调整装置结构

1—涡轮箱　2—调节螺杆　3—涡轮
4—缓冲块　5—调整缸
6—调整电动机　7—调整轴

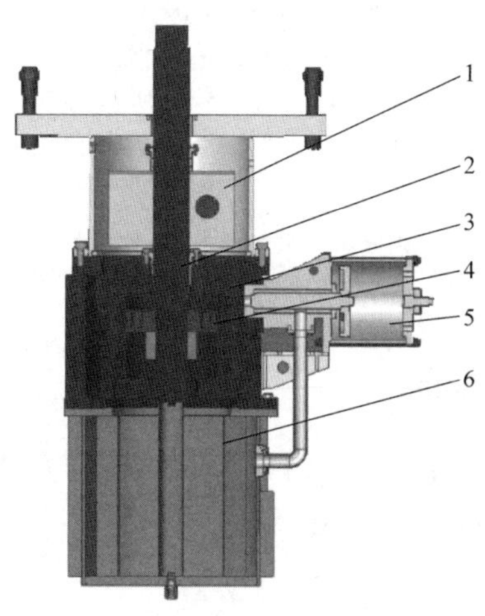

图 1-5-17　滞后闭锁装置结构

1—托架　2—闭锁轴　3—滞后上缸
4—活塞　5—闭锁缸　6—滞后下缸

力精确可控，拉深时每点的压力可根据工艺需要进行调整，具有预加速、预建压功能，成形接触时冲击小，是目前应用最为普遍的拉深垫。

5.4.3　伺服液压拉深垫

图 1-5-19 所示为某公司生产的伺服液压拉深垫。伺服电动机带动定量泵驱动液压缸上下往复运动，伺服电动机、定量泵、低压蓄能器、高压蓄能器、液压缸上下腔构成了闭环系统。液压缸的速度和压力由位移传感器及压力传感器传送给伺服电动机，由伺服电动机进行精确控制，具有预加速、预建压、

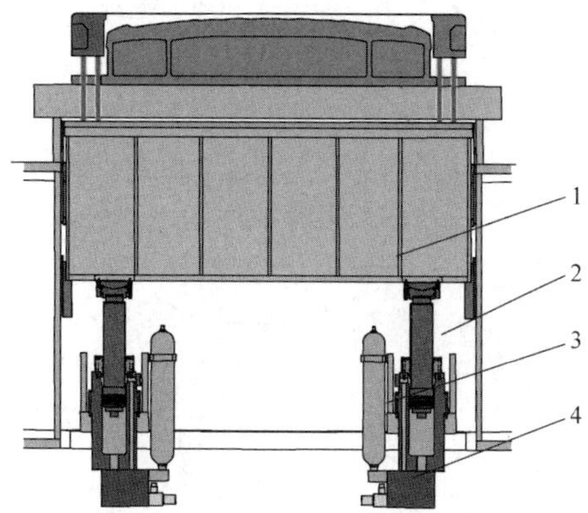

图 1-5-18　数控液压拉深垫结构

1—顶冠　2—液压缸　3—蓄能器　4—控制阀组

下死点保压等功能，提高了冲压件的成形质量，降低了接触时的冲击，节能减排效果显著，并且占地空间小，维护费用低。

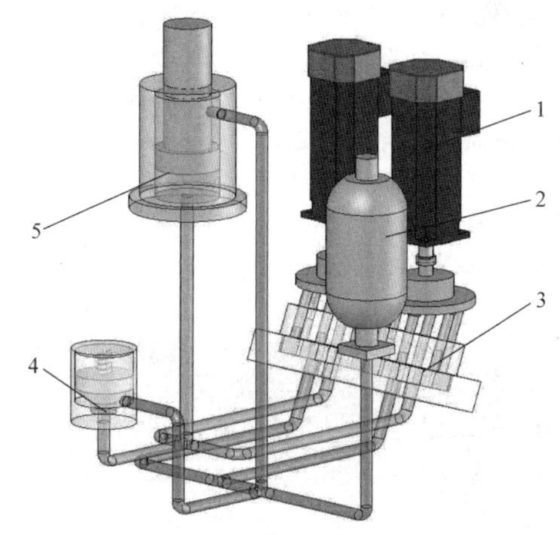

图 1-5-19　伺服液压拉深垫

1—伺服电动机　2—低压蓄能器　3—定量泵
4—高压蓄能器　5—液压缸

5.4.4　气液混合伺服拉深垫

图 1-5-20 所示为某公司生产的气液混合伺服拉深垫。拉深时，气缸提供大约 40% 的压边力，液压缸提供大约 60% 的压边力。压力机的机械能通过滚珠丝杠带动伺服电机发电转换成了电能，使系统发热量减小，系统冷却功率减小。回程时，通过气缸提供顶出力，通过伺服电机控制回程的速度及位置。这种结构的拉深垫兼顾了气动拉深垫控制简单及伺服液压拉深垫控制精确、节能等优点，但其结构复杂，占地面积较大，后期维护费用较高。

5.4.5　伺服模垫

图 1-5-21 所示为某公司生产的伺服模垫。顶冠与螺母连接，沿旋转的滚珠丝杠上下运动，滚珠丝

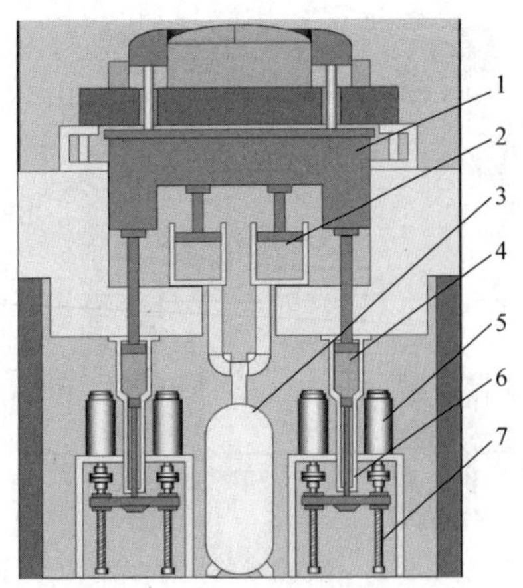

图 1-5-20　气液混合伺服拉深垫

1—顶冠　2—气缸　3—储气罐　4—液压缸
5—伺服电机　6—活塞　7—滚珠丝杠

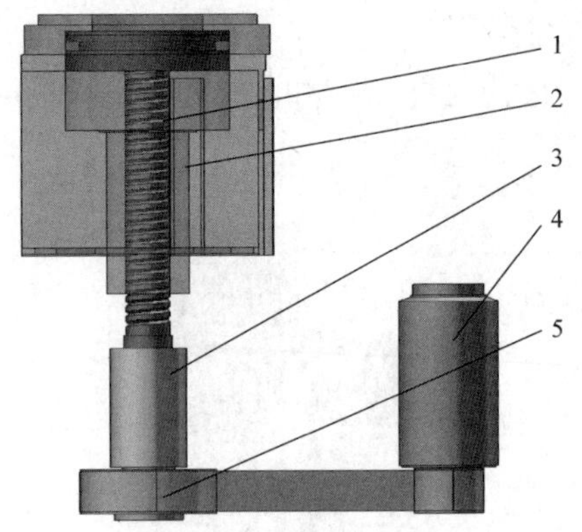

图 1-5-21　伺服模垫

1—滚珠丝杠　2—螺母　3—轴　4—伺服电机　5—同步带

杠与轴连接，通过同步带轮与伺服电机连接，传递电机输出扭矩。当拉深工作时，伺服模垫通过滚珠丝杠将顶冠收到的滑块下行程加压力转换成回转运动，进而使伺服电机发电。顶冠的运行速度及压边力全部由伺服电机直接控制，可实现下死点保压等功能，具有柔性高、节能显著、占地面积小等优点。缺点是安装调试难度大，滚珠丝杠采购成本及后期维护费用较高。

5.5　典型产品简介

1. JIER 为美国福特汽车公司提供的全自动冲压生产线

截至目前，济南二机床已为美国福特汽车公司提供了 9 条冲压生产线，配置均为 LS4-2500×1+LS4-1600×1+LS4-1000×2（LS4-1000×3）。首台压力机采用八连杆结构，后序压力机采用六连杆结构，自动化采用双臂送料装置。图 1-5-22 所示为济南二机床为美国福特汽车公司提供的多条全自动冲压生产线。

图 1-5-22　济南二机床为美国福特汽车公司提供的多条全自动冲压生产线

2. JIER 为上汽通用汽车公司提供的国内首条全伺服冲压生产线

济南二机床为上汽通用汽车公司武汉工厂提供的国内首条全伺服冲压生产线的配置为 SL4-2000×1+SL4-1000×3。所有压力机全部采用六连杆机构，自动化采用双臂送料装置，最高生产节拍可达 18spm（18 次/min）。图 1-5-23 所示为济南二机床为上汽通用汽车公司提供的全伺服冲压生产线。

3. JIER 为一汽大众青岛分公司提供的全自动冲压生产线

济南二机床为一汽大众汽车青岛分公司提供的全自动冲压生产线的配置为 LS4-2100×1+LS4-1200×5。其中，首台压力机采用八连杆结构，后序压力机采用六连杆结构，自动化采用双臂送料装置。图 1-5-24 所示为济南二机床为一汽大众青岛分公司提供的全自动冲压生产线。

4. JIER 为吉利汽车贵阳分公司提供的全自动冲压生产线

济南二机床为吉利汽车贵阳分公司提供的全自动冲压生产线的配置为 LS4-2400×1+J39-1400×1+J39-1000×3。其中，首台压力机采用八连杆结构，后序压力机采用曲柄连杆结构，自动化采用济南二机床自主研发的单臂送料装置。图 1-5-25 所示为济南二机床为吉利汽车贵阳分公司提供的全自动冲压

图 1-5-23　济南二机床为上汽通用汽车公司提供的全伺服冲压生产线

图 1-5-24　济南二机床为一汽大众青岛分公司提供的全自动冲压生产线

图 1-5-25　济南二机床为吉利汽车贵阳分公司提供的全自动冲压生产线

生产线。

5. JIER 为东风日产乘用车公司提供的全自动冲压生产线

济南二机床为东风日产乘用车公司提供的冲压线的配置为 LS4-2400×1+J39-1000×3。其中，首台压力机采用六连杆结构，后序压力机采用曲柄连杆结构，自动化采用双臂送料装置。图 1-5-26 所示为济南二机床为东风日产乘用车公司提供的冲压生产线。

图 1-5-26　济南二机床为东风日产乘用车公司提供的冲压生产线。

6. JIER 为日本、法国等国的知名汽车企业提供的全自动冲压生产线

济南二机床为日产汽车公司北美工厂及日产汽车公司九州工厂提供的全自动冲压生产线的配置为 LS4-2400×1+S4-1000×3。其中，首台压力机采用八连杆结构，后序压力机采用曲柄连杆结构，自动化采用 V 形送料装置。

济南二机床为法国标致雪铁龙集团提供的全自动冲压生产线的配置为 LS4-2400×1+S4-1000×3。其中，首台压力机采用八连杆结构，后序压力机采用曲柄连杆结构，自动化采用双臂送料结构。

参考文献

[1] He K, Li W M, Du R X. Dynamic Modelling with kinetostatic method and experiment validation of a novel controllable mechanical metal forming press [J]. International Journal of Manufacturing Research, 2006, 1 (3): 354-378.

[2] 姚健，周微，郭为忠. 多连杆压力机模块化运动学性能分析 [J]. 锻压技术，2008，33 (6)：111-162.

[3] 何予鹏，赵升吨，杨辉，等. 机械压力机低速锻冲机构的遗传算法优化设计 [J]. 西安交通大学学报，2005，39 (5)：490-493.

[4] 谢慧萍，季英瑜. 基于 ADAMS 软件的六连杆冲压机构的优化设计 [J]. 轻工机械，2009，27 (2)：47-50.

[5] 李建，王建新，殷文齐，等. 六连杆机械压力机传动机构优化设计 [J]. 一重技术，2011 (1)：7-10.

[6] 程超，丁武学，孙宇. 八连杆压力机传动机构的优化设计 [J]. 锻压技术，2017，42 (8)：88-92.

[7]　李初晔，孙彩霞，郑会恩．基于 ANSYS 的多连杆机构性能优化 [J]．锻压技术，2011，36 (6)：80-83.

[8]　夏链，张进，韩江，等．八连杆机械式压力机动力学分析 [J]．锻压技术，2012，37 (4)：164-167.

[9]　HSIEH W H，TSAI C H．On a novel press system with six links for precision deep drawing [J]．Mech Mach Theor，2011，46 (2)：239-252.

[10]　高霞．六连杆压力机力学特性研究 [J]．机械设计与研究，2013，29 (4)：143-146.

[11]　李辉，张策，宋轶民，等．可控压力机的动力学建模和仿真 [J]．机械工程学报，2005，41 (3)：180-184.

第6章

数控回转头压力机

江苏金方圆数控机床有限公司　吴宏祥　王　雪

6.1　概述

6.1.1　发展过程简介

数控回转头压力机是一种高效、精密的板材冲孔、浅拉深设备，是较早出现的数控锻压机械。1972年，CNC技术进入板材加工机械领域，回转头压力机也得到了应用；1974年出现了微机数控系统后，数控回转头压力机得到了迅速发展。20世纪80年代，西方发达国家及日本在钣金加工领域广泛使用数控回转头压力机进行板材的冲孔及浅拉深加工。

目前，国外生产数控回转头压力机的厂商很多，如日本的AMADA、MURATEC，比利时的LVD，瑞典的PULLMAX，意大利的PrimaPower等公司。

数控回转头压力机在我国也是最早开发的数控锻压机械。第一台400kN的数控回转头压力机由济南铸造锻压机械研究所于1984年研制成功，接着又开发了250kN和300kN两个系列，随后扬州锻压机床厂、上海第二锻压机床厂、黄石锻压机床厂等都纷纷引进技术生产数控回转头压力机。目前，国内生产厂商主要有济南铸造锻压机械研究所有限公司、江苏金方圆数控机床有限公司（简称江苏金方圆）、江苏亚威机床股份有限公司（简称江苏亚威）、江苏扬力集团（简称扬力）、黄石锻压机床有限公司（简称黄石锻压）台湾台励福、青岛大东自动化科技有限公司（简称青岛大东）等。

经过40多年的发展，数控回转头压力机在结构和性能上不断发展，按机身形式、控制轴数、主传动方式等可以划分成不同的类型。按机身形式可分为开式C形或J形、闭式O形；按控制轴数可分为3轴、4轴、5轴、6轴、8轴；按主传动方式可分机械式、液压式、伺服式。

数控回转头压力机经过40多年、三代大的发展，其综合技术指标及性能得到了飞速发展。第一代采用的是机械式主传动，由电动机带动飞轮、离合器、曲柄连杆机构实现冲压功能，具有结构简单、价格低等的优点，但由于其冲压速度（每分钟滑块行程次数）慢，效率低，噪声大等缺点，因此许多厂商目前已经不再推广此产品。第二代采用的是液压式主传动，通过液压缸驱动冲头，利用电液伺服阀进行冲压控制，冲压行程、速度可控，冲压速度快达1000次/min以上。但是，由于液压元件多，液压油需要经常更换，耗电量大（液压站主电动机始终工作），维护使用成本高。针对前两种驱动方式的不足，各大厂商纷纷研发出了第三代伺服式主传动，由伺服电动机驱动冲头，冲压速度快，冲压行程程序控制，精度极高，结构简单，耗电量低，目前已经成为一种主流。

数控回转头压力机广泛应用于汽车、航空工业、计算机、机床、高低压开关柜、电梯、纺织机械、供热通风与空调行业、家具、装饰材料加工等行业。

6.1.2　工作原理

数控回转头压力机作为一种通用、高效、高精密的冲压设备，主要用于薄板成形加工，加工板料厚度为0.5~6mm，能够实现板料的冲孔、拉深、成形等功能。

板料在压力机上的加工过程：首先在工作台上将要加工的板料放好，夹钳打开，原点定位销伸出，以原点定位销为基准，完成*X*方向定位；*Y*方向以夹钳的钳口夹为基准进行定位，夹钳闭合，此时板料被夹紧，原点定位销缩回。然后将准备好的加工程序（NC代码）通过输入装置传入机床数控系统（CNC），启动NC进入自动加工循环模式。这时板料将会按照数控系统里的加工程序NC指令在*X/Y*送料系统驱动下进行移动，并使欲进行冲孔的位置位于冲模的下方对准冲头。在转盘换模系统的转盘上装着24、32、38、40等多套各种不同规格的模具，模具的选择靠*T*轴实现。在NC代码中T指令的控制下进行选模，转盘回转，将所选择的模具准确地移到冲头下方。当*X/Y/T*轴定位全部完成后，压力机按照NC程序自动冲压，直至完成一次冲压加工。加工结束压力机会自动进入下一冲孔循环，直至完成全部加工，如图1-6-1所示。

对大孔和特殊形状的轮廓，可采用步冲（即用一只小冲头连续冲出不同的轮廓线，此时板料只做小距离移动）的方式进行加工。一张板料在加工完成前只需进行一次装夹动作，减少了装夹的误差。这样就可以用有限数量的模具来进行各种不同形状、尺寸的孔洞加工，不仅降低了成本，而且增加了加工的灵活性。

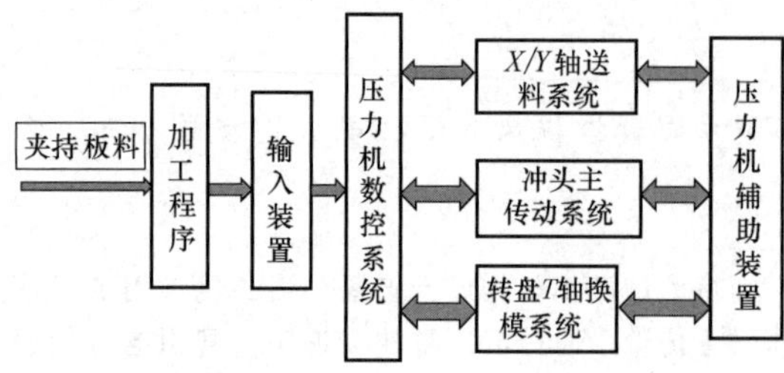

图 1-6-1　压力机工作过程

6.1.3　基本构成

数控回转头压力机主要由数控系统（含伺服驱动、伺服电动机）、机身部件、主传动部件、送料部件（含夹钳）、转盘部件、工作台及旋转模传动部件、模具、再定位部件、气动和润滑等部分组成。

图 1-6-2 所示为数控回转头压力机的典型结构。

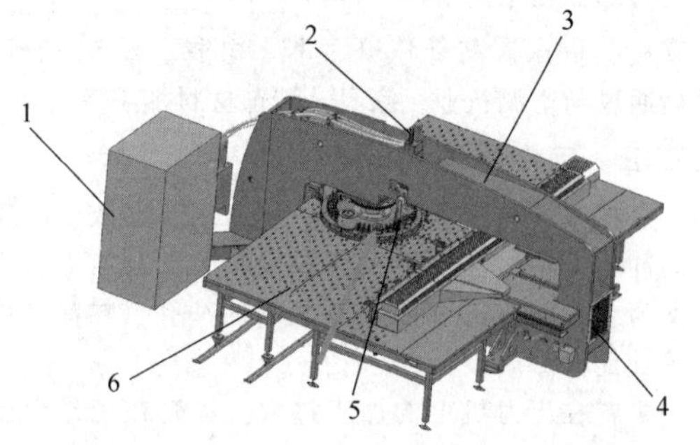

图 1-6-2　数控回转头压力机的典型结构
1—数控系统　2—主传动部件　3—机身部件
4—送料部件　5—转盘部件　6—工作台

1）数控系统。它是压力机自动控制的核心，通过 NC 指令控制板料的送料、冲压、换模及润滑等辅助动作，同时实时监控压力机的状态，实现了整个冲压过程的自动加工。

2）主传动部件。它是压力机的重要组成部分，主要作用是根据数控系统发来的 NC 指令控制冲头打击模具，完成冲压板材的动作。

3）机身部件。图 1-6-2 所示为高刚性 O 形闭式机身，机身内安装回转头部件，主传动驱动机构安装在机身上，机身也是油路、气路、润滑部件及 *Y* 轴等传动部件的支撑。

4）送料部件。包括横梁及用于安装夹钳的拖板等，主要作用是根据数控系统发来的 NC 指令控制板材在 *X*、*Y* 方向的移动，实现板料的进给运动。

5）转盘部件。它由模位转换（*T* 轴伺服系统）和模具旋转（*C* 轴伺服系统）两部分组成，根据数控系统发出的 NC 指令进行自动转换模位和旋转模具。转盘分为上下转盘，分别用于安装上下模具。上下转盘还分别有与模位个数相当的定位孔，当转盘转到对应模具位置时，通过气缸控制 T 形定位销插入相应的定位孔中，实现对转盘位置的二次精确定位。转盘一般配置有 24、32、38、45 等多个工位。

6）工作台。实现对板料的支撑，用于进给伺服系统对板料的定位。

数控回转头压力机的其他辅助设备还有润滑设备、浮动夹钳、再定位和脚踏开关等气动部件，以及润滑电动机和各种传感器等，主要实现了压力机一些辅助和专用的功能。

6.1.4　分类与特点

数控回转头压力机根据主轴驱动形式的不同可以分为以下几类：

1）机械驱动主传动数控回转头压力机。如图 1-6-3 所示，机械驱动主传动结构最初的机械式主传动部件由电动机、飞轮、离合器、曲轴、连杆和滑块等组成。滑块垂直上下运动，通过模具实现对金属板料的冲压。连杆连接曲轴和滑块，将曲轴的旋转运动转变为滑块的直线往复运动。飞轮通过传动带与电动机相连，并储存一定的能量。冲压时，离合器闭合，飞轮能量通过曲轴连杆机构传递到冲头上。冲压完成后，离合器脱开，同时制动器结合，将曲轴停止在上死点，如此往复。在机械式主传动

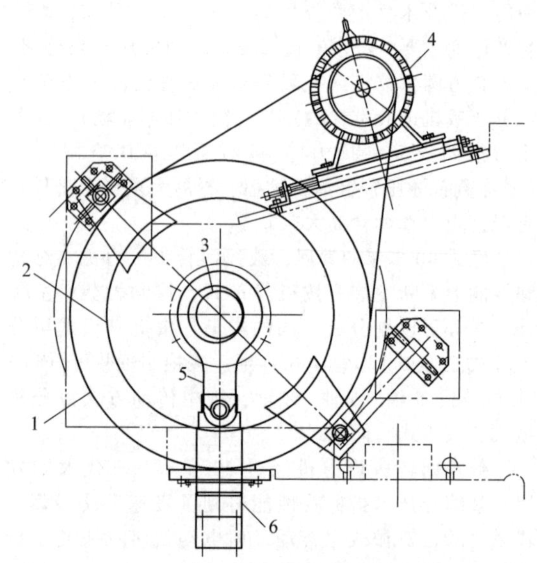

图 1-6-3　机械驱动主传动结构
1—飞轮　2—离合器　3—曲轴
4—电动机　5—连杆　6—滑块

部件中，离合器与制动器的结合频次直接影响主传动部件的工作效率和使用寿命。

数控回转头压力机所用的离合器主要有两种，即气动摩擦离合器和液压离合器。由于气动摩擦离合器具有成本低、结构简单等特点，目前主要应用在经济型数控回转头压力机上；液压离合器具有结合频率高、体积小、摩擦片永不磨损、噪声低等特点，在 20 世纪 80 年代至 20 世纪 90 年代中期，在国外数控回转头压力机上广泛使用，速度远远快于气动摩擦离合器的数控回转头压力机。

采用液压离合器的数控回转头压力机通过一个主电动机带动飞轮旋转，其冲压运动由离合器进行控制，具有结构简单，产品价格低的优点，缺点是效率较低，噪声大。

2）液压驱动主传动数控回转头压力机。如图 1-6-4 所示，液压驱动主传动结构的冲压通过电液伺服阀控制液压缸从而实现冲压的功能。与机械驱动主传动数控回转头压力机相比，这种压力机在冲压速度上有了极大的提升，加工效率较高，同时可方便进行冲压行程及速度的程序控制，对于浅拉深件的高度及质量可控。

液压驱动主传动数控回转头压力机在 1997—2010 年得到了快速发展，由于采用液压驱动的回转头压力机在全行程范围内具有恒压力的特点，更适宜一些特殊加工工艺的需要，如浅拉深、敲落孔等一些成形工艺。另外，这类回转头压力机的冲压噪声也可通过控制冲头的软冲功能来实现低噪冲压，从而实现静音加工。

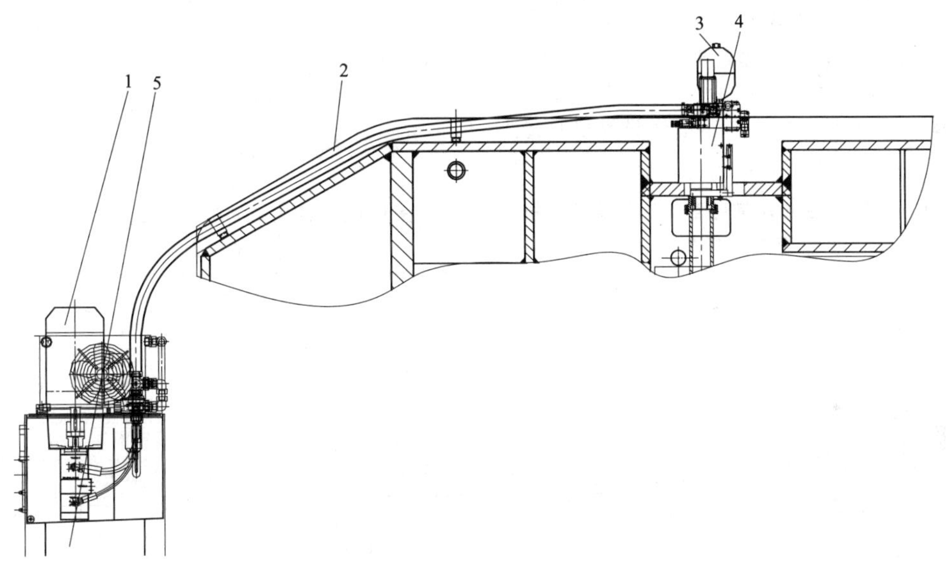

图 1-6-4　液压驱动主传动结构

1—主电动机　2—油管　3—蓄能器　4—液压缸　5—油箱

3）伺服电动机驱动主传动数控回转头压力机。伺服电动机驱动主传动结构形式较多，主要是伺服电动机通过不同的机械传动机构，实现对滑块的上下冲压功能。其主要优点表现在：速度快，能耗低，噪声小，结构简单，维护方便。图 1-6-5 所示是其中的一种结构形式。

伺服电动机驱动主传动数控回转头压力机与液压驱动主传动数控回转头压力机相比具有以下特点：

1）高柔性。滑块可以设置成自由工作模式。在该模式下，可以设定与加工工艺相适应的运动模式，如在成形时设定滑块高的空行程速度和低的工作速度，根据特定的工艺需要可以设定滑块在下死点或下死点附近停留等。

2）高生产率。伺服电动机驱动数控回转头压力机的实际行程可根据加工件的工艺需要设定为生产

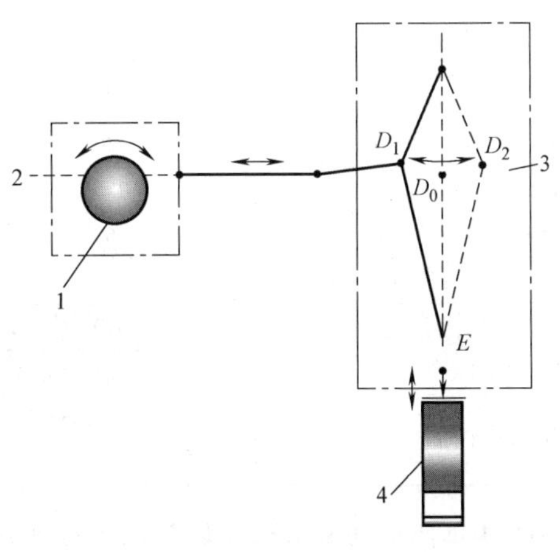

图 1-6-5　伺服电动机驱动主传动结构

1—伺服电动机　2—曲柄机构　3—肘杆机构　4—冲头

必要的最小值，而且可以调控保持与加工工艺相适合的冲压速度，从而最大限度地减小空行程，大大提高生产率。

3）低噪声。通过低噪声模式，可大幅度降低噪声。同时，由于模具振动大大减小，大幅度地延长了模具的使用寿命。

4）环保。由于无须离合器，无摩擦片、无液压油，更易于实现绿色加工。

5）节能。只有在加工时主伺服电动机才工作，不像机械驱动或液压驱动，其主电动机始终处于工作状态，因此节能效果明显，平均节电在 30%～50%。

2010 年以后，伺服电动机驱动主传动数控回转头压力机得到了迅猛发展，目前已经成为主流产品。

6.1.5　主要技术参数

下面以目前国内外典型厂商的主要产品为例，列出相关的技术参数。

1）江苏金方圆 MT-300E 单电伺服数控回转头压力机的主要技术参数见表 1-6-1。

表 1-6-1　MT-300E 单电伺服数控回转头压力机的主要技术参数

参数名称		MT-300E	
公称力/kN		300	
最大加工板料尺寸(含一次再定位)/mm		1250×5000/1500×5000	
滑块行程/mm		40	
最大加工板料厚度/mm		6.35	
板料最大移动速度(1mm 板厚)/(m/min)		X 轴	80
		Y 轴	60
1mm 步距、4mm 行程最高冲孔频率/(次/min)		800	
孔距精度/mm		±0.1	
一次冲孔最大直径/mm		88.9	
模位数/个		38	
转盘转速/(r/min)		30	
供气压力/MPa		0.55	
旋转工位转速/(r/min)		60	
最大可承受板料质量/kg		150	
数控系统		JFY	
控制轴数/个		5(X、Y、T、C)+1(A)	
外形尺寸/mm(长×宽×高)		5340×5550×2350/5850×5550×2350	

MT-300E 单电伺服数控回转头压力机外观如图 1-6-6 所示。

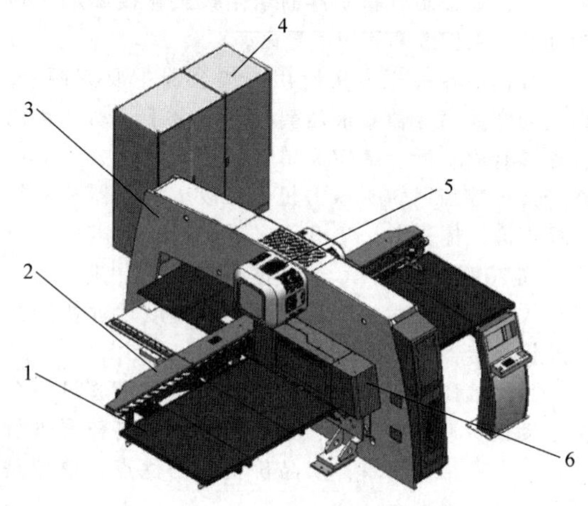

图 1-6-6　MT-300E 单电伺服数控回转头压力机外观

1—随动工作台　2—横梁　3—机身　4—电气柜　5—主传动　6—护罩

2）江苏亚威 HPE-3048 伺服数控回转头压力机的主要技术参数见表 1-6-2。

表 1-6-2　HPE-3048 伺服数控回转头压力机的主要技术参数（江苏亚威）

参数名称		HPE-3048
公称力/kN		294
最大加工板料尺寸(含一次再定位)/mm		1250×5000
最大加工板料厚度/mm	碳钢板	6.35
	不锈钢板	4
一次冲孔最大直径/mm		88.9
冲孔精度/mm		±0.1
冲头冲压频率/(次/min)		1500
最高冲孔频率(次/min)(1mm 步距、6mm 行程)		700
最高冲孔频率(次/min)(25.4mm 步距、6mm 行程)		400
板料最大移动速度/(m/min)		102
转盘转速/(r/min)		30
控制轴数/个		5(X、Y、T、C、Z)
工作综合功率/kW		6.1
气源压力/MPa		0.6
外形尺寸/mm(长×宽×高)		5410×5000×2260
重量/kg		16000

3）日本 AMADA 公司 EM2510NT 伺服数控回转头压力机的主要技术参数见表 1-6-3。

4）日本村田 MOTORUM 2048UT 伺服数控回转头压力机的主要技术参数见表 1-6-4。

表 1-6-3　EM2510NT 伺服数控回转头压力机的主要技术参数（日本 AMADA 公司）

参数名称		EM2510NT
公称力/kN		200
最大加工板料尺寸/mm(宽×长)		1270×5000
送料速度/(m/min)	X 轴	100
	Y 轴	80
工位数/个		58/45
旋转工位/个		2/4
送料系统	X 轴	丝杠
	Y 轴	丝杠
加工板料厚度/mm		3.2(4.5)
冲压频率/(次/min)		1800(刻印)
		X/Y:500/330(25.4mm 步距、5mm 行程)
		780(1mm 步距、5mm 行程)
C 轴旋转速度/(r/min)		60
T 轴旋转速度/(r/min)		30
孔距精度/mm		±0.10
一次冲孔最大直径/mm		114.3
夹钳数/只		3
最大板料质量/kg		150(F4),50(F1)
数控系统		FANUC180i-PB
控制轴数/个		4+2
整机重量/t		18

表 1-6-4　MOTORUM 2048UT 伺服数控回转头压力机的主要技术参数（日本村田）

参数名称		MOTORUM 2048UT
公称力/kN		200
最大加工板料尺寸/mm(宽×长)		1250×5000
送料速度/(m/min)	X 轴	100
	Y 轴	75
工位数/个		54/44
旋转工位/个		2/4
送料系统	X 轴	丝杠
	Y 轴	丝杠
加工板料厚度/mm		3.2(4.5)
冲压频率/(次/min)		900(刻印)
		355(25mm 步距,8.3mm 行程)
		900(0.5mm 步距, 1.4mm 行程)
C 轴旋转速度/(r/min)		100
T 轴旋转速度/(r/min)		33
孔距精度/mm		±0.10
一次冲孔最大直径/mm		114.3
夹钳数/只		3
最大板料质量/kg		150(F4),50(F1)
数控系统		FANUC18iP
控制轴数/个		4+1
整机重量/t		12

6.2　机身与类型

6.2.1　机身分类

机身是压力机的重要组成部分，压力机的各种装置均安装其上，它的承载能力和变形大小直接影响加工质量和模具的使用寿命。当前，数控回转头压力机机身主要分为开式和闭式两种。开式机身包括 C 形、双 C 形和 J 形，其特点是三面敞开，操作、安装和维修比较方便。虽然双 C 形机身能减小机身的变形对模具的影响，然而又增加了机身的复杂性。

目前，小吨位的数控回转头压力机大都采用 C 形结构，如图 1-6-7 所示。

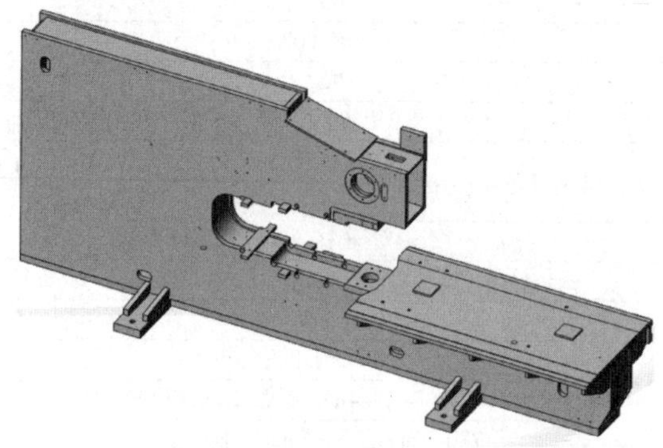

图 1-6-7　C 形开式机身

闭式机身如图 1-6-8 所示。其操作、安装和维修不如开式机身方便，但刚性好，适应于大吨位的数控回转头压力机。

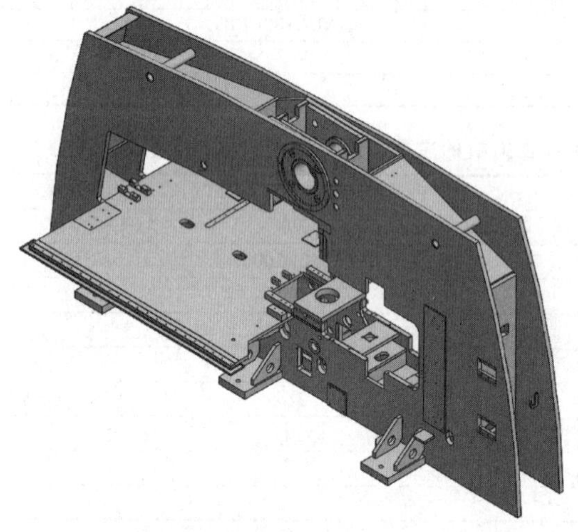

图 1-6-8　闭式机身

6.2.2　特点

数控回转头压力机典型的开式机身形式为 C 形（或 J 形）结构，它的主要优点是：

1）由于机身三个方向均有开口，故容易接近模具，装拆模具方便，前后、左右方向均可以进行操作，对操作者极其便利。

2）机身结构简单，重量轻，占地面积小，造价比较便宜。

3）便于机身的加工制造，其他部件的安装也比较容易。

4）上、下料方便，便于实现自动化生产作业。

开式机身与闭式机身相比，同样的主板厚度、同样的送料范围，其整体的刚性要比闭式机身差些。在实际冲压过程中，冲头与凹模之间易产生同轴度的偏移，从而改变了冲头与凹模之间的间隙，引起模具压力分布不均，加剧了模具磨损，降低了模具的使用寿命，并且还会影响板料的加工质量，故不适合于精密冲裁或厚板加工。

增大机身的刚度、减小机身变形是机身设计的重要环节。随着计算机技术的发展，运用有限元分析技术对机身进行优化设计已经越来越被人们所采用。

图 1-6-8 所示为采用有限元分析技术设计的整体闭式机身，其左右两个立柱将上下两个横梁连接在一起，形成了牢固的箱式框架结构，也称为桥式机身，它具有垂直方向的刚性好，机身受力比较均匀，弯曲变形小的特点。采用钢板焊接结构；加强筋合理布置，使质量分布均匀；整体呈 O 形结构，刚性好，工作稳定，具有使用寿命长，质量稳定的特点。因为变形小，故而能延长模具和机器的使用寿命，保证较高的零件加工精度；同时减小了机身的振动和噪声，减小了机身在加工制造过程中的变形及扭曲，保证了机身的加工精度和稳定性，较适于冲压厚板和冲压频次要求较高的钣金加工。

此外，数控回转头压力机机身还有一种 A 形结构，这是早期德国的 Behrens 公司开发的一种机身结构，它具有如下特点：

1）三根立柱把上下 A 形框架连接在一起，构成了封闭的三角形箱体结构，具有良好的对称性，稳定性最佳，强度高，垂直和水平方向的刚性均很好。

2）冲头一般设置在 A 形框架的形心附近，这使得三根立柱和上、下 A 形框架受力均匀，应力和变形也均匀一致，可提高材料的利用率。

3）由于弹性变形小，故振动和噪声很小，可保证冲压出高精度的零件，延长模具的使用寿命。

4）机身结构比较复杂，加工比较困难，造价高，模具的装拆和操作也不太方便，故这种结构的机身一般用于要求比较特殊的场合，如吨位大（120t）、冲压件尺寸大和要求精度高、厚板加工等情形。

综上所述，开式（C 形）机身适于对板料精度要求不太高、300kN 以下的回转头压力机，但受喉口深度的影响，板料纵深尺寸不宜太大，否则会影响板料加工精度和模具使用寿命。

O 形桥式机身垂直方向的刚度较大，板料加工精度较高，振动和噪声较小，比较适于对冲压精度和冲压频率要求较高的、300～600kN 范围内的回转头压力机。

A 形闭式机身受力均匀，稳定性好，垂直和水平方向的刚度均较大，能较好地保证板料加工质量，延长模具寿命，但结构比较复杂，加工困难，造价高，比较适于 800kN 以上回转头压力机。

6.3　压力机主传动

6.3.1　压力机主传动控制工作流程

当板料进给运动完成到达需要冲压位置时，数控系统改变相关 I/O 信号，触发主传动系统，控制冲头从预压点位置向下死点位置运动。当冲头达到下死点位置时，触发冲头返程信号，主传动系统控制冲头进行返回预压点位置运动。当冲头回到预压点位置时，触发板料进给允许的 I/O 信号，进给伺服系统控制板料到下一个定位位置，从而完成一次冲压循环过程。整个冲压循环工作流程如图 1-6-9 所示。

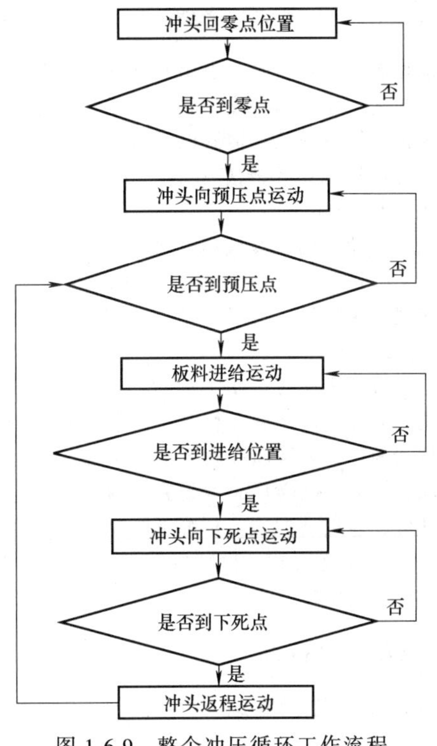

图 1-6-9　整个冲压循环工作流程

6.3.2　电伺服主传动原理与分类

目前，国际上电伺服主传动数控回转头压力机常用的主传动方式有以下几种方案。

方案一：斜楔式主传动结构，如图 1-6-10 所示。

动作原理：伺服电动机 1、电动机座 2、联轴器 3 组成的驱动系统驱动丝杠 6 转动，丝杠组件将旋转运动转变为直线运动；滚轮组件 8 与丝杠螺母座 5、连接杆 7 连接，滚轮在斜楔面上做水平直线运动；楔块 9 与滑块 11 连接，滚轮组件的直线运动经斜楔后转变为滑块 11（冲头）的上下直线运动。

此结构部件装配较方便，整个主传动结构可以在操作台上装配完成。缺点是：丝杠带动滚轮组件在楔块面上做水平直线往复运动，滚轮的速度与加速度变化容易造成各运动零部件产生振动和冲击，影响加工精度；由于传动元件多，传动链长、效率低，难以保证高的可靠性。

方案二：肘杆式主传动结构，如图 1-6-11 所示。

动作原理：通过伺服电动机 1 使曲柄 3 旋转一周，臂 4 进行一个往复的进退动作。在这一往复动作中，当臂 4 从左端位置到达进退行程的中央位置时，肘机构从靠左弯曲的状态向伸长状态变化，滑块 12 即从上死点运动到下死点；当臂 4 从进退行程的中央位置到达右端位置时，肘机构从伸长状态向靠右弯曲的状态变化，滑块即从下死点运动到上死点。

此结构虽无飞轮等传动装置，但传动元件多、传动链复杂，影响连杆机构动作的因素很多；加工困难，制造精度要求高，难以维护；由于电动机通过行星减速器驱动肘杆机构实现冲压，而行星减速器的传动比较大，因此这种结构很难实现高速冲压。另外，由于在冲孔动作时，需要承受大的冲击载荷，对于动力传递机构而言，各杆件都需要有足够的强度，即需要有足够大的尺寸，这样在高速冲孔时，存在自身质量运动产生的惯性力所引起的振动问题。

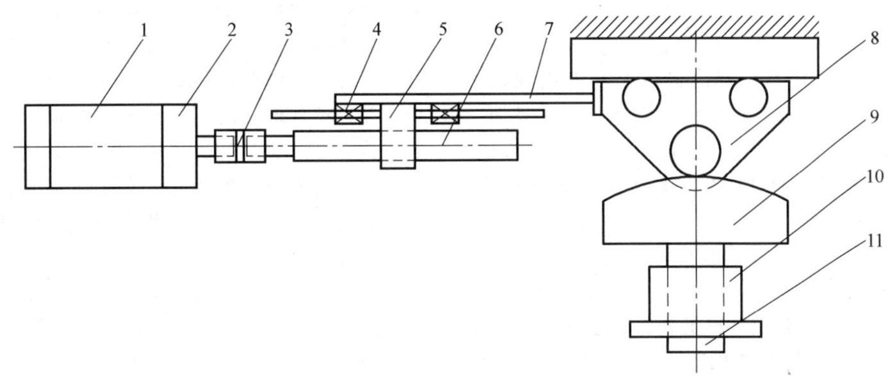

图 1-6-10　斜楔式主传动结构

1—伺服电动机　2—电动机座　3—联轴器　4—直线导轨滑块机构　5—丝杠螺母座　6—丝杠　7—连接杆　8—滚轮组件　9—楔块　10—滑块导向座　11—滑块

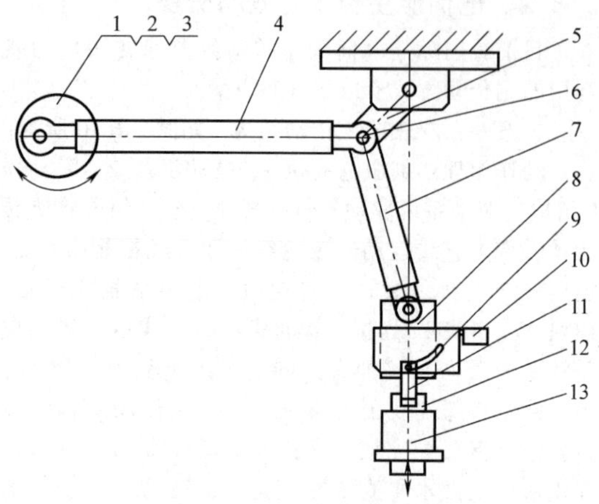

图 1-6-11　肘杆式主传动结构

1—伺服电动机　2—电动机座　3—曲柄
4—臂　5—上侧肘杆　6—销　7—下侧肘杆
8—上连接杆　9—凸轮组件　10—凸轮传动缸
11—下连接杆　12—滑块　13—滑块导向座

方案三：摆杆式主传动结构，如图 1-6-12。

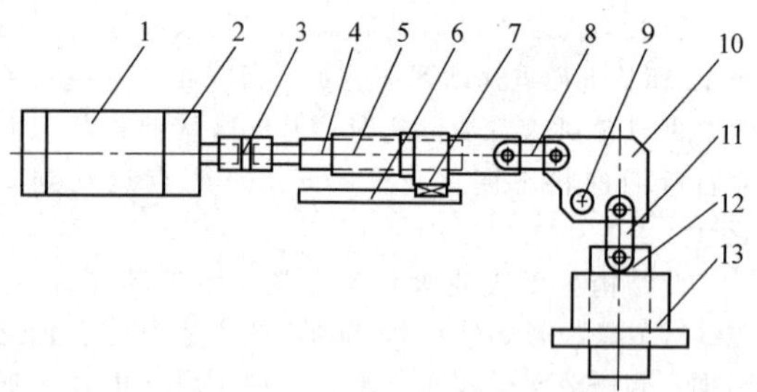

图 1-6-12　摆杆式主传动结构

1—伺服电动机　2—电动机座　3—联轴器
4—丝杠　5—丝杠螺母座　6—滑枕及直线导轨
7—连接座　8—水平连杆　9—销轴　10—摆杆
11—上下连杆　12—滑块　13—滑块导向座

动作原理：伺服电动机 1、电动机座 2、联轴器 3 组成的驱动系统驱动丝杠 4 转动，丝杠螺母座 5 将旋转运动转变为直线运动，连接座 7 底面与直线导轨的滑枕连接，一端与丝杠螺母座 5 的端面连接，一端与水平连杆 8 连接，由滑枕及直线导轨 6 导向，水平连杆 8 将直线运动传递给摆杆 10，摆杆 10 绕销轴 9 摆动，经上下连杆 11 将摆杆 10 的摆动转变为滑块 12 的上下运动。

此结构有丝杠组件、滑枕及直线导轨组件、连杆及摆杆组件等，传动元件多、传动链长，难以保证高的可靠性，且装配及维护复杂，制造成本高。

方案四：双电伺服曲柄连杆主传动结构，如图 1-6-13 所示。

曲柄连杆结构主要由带偏心的曲轴 2，一端装在偏心轴上、一端由销与滑块连接的连杆 3，由连杆带动而做上下直线运动的滑块 4 及作为动力源的伺服电动机 1 组成。伺服电动机 1 直接安装在曲轴的两端。

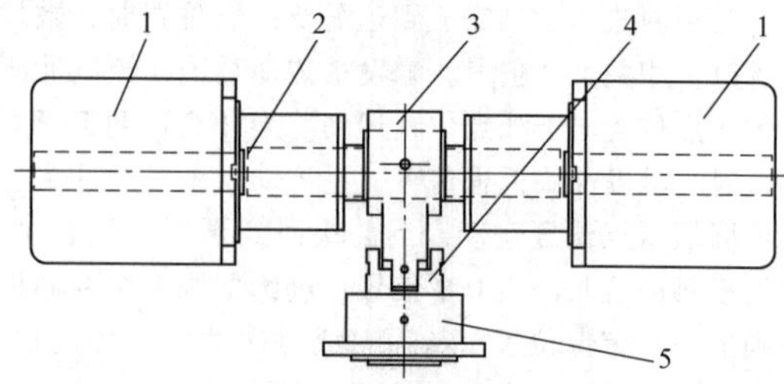

图 1-6-13　双电伺服曲柄连杆主传动结构

1—伺服电动机　2—曲轴　3—连杆　4—滑块　5—滑块座

动作原理：驱动的动力由装在曲轴两端的伺服电动机产生，连杆的一端与带偏心的曲轴连接，另一端由销与滑块连接，伺服电动机驱动曲轴转动或摆动，经过连杆机构转变为滑块的上下直线运动，从而实现冲压加工。

此主传动结构无减速机、飞轮等传动链，传动元件少，结构简单，制造维护方便，传动效率高，更能实现高速冲压，但对电动机的安装、调试及控制要求高。

电伺服主传动与液压主传动相比，无液压油冷却系统、无液压油泄漏及废油处理的污染；与机械式主传动相比，无飞轮、离合器等装置，简化了机械传动，大大降低噪声，可设置低噪声作业：设定滑块的低噪声运动曲线，可降低冲裁噪声；通过精确设定滑块停止位置，提高成形模具的加工精度，适应各种冲压模式。

6.4　模具与转盘

6.4.1　转盘结构原理

转盘（也称回转头、转塔），是数控回转头压力机上用来存放模具的地方，相当于加工中心上的刀具库。数控回转头压力机的转盘共有两片，即上转盘、下转盘，根据其厚度不同又分为厚转盘、薄转盘，无论哪种形式均可搭载长型结构模具，通常的工位数有 24、32、38、45 等，如图 1-6-14 所示。

上转盘用来安装上模的导向套、模具支撑弹簧、上模总成；下转盘用来安装下模座、模具压板、下模、中心支架等。

数控回转头压力机转盘上的模具分布常见的有单排分布、双排分布和三排分布，过多的分布排数，容易造成冲孔力的偏载。一般来说，三排分布时，冲头常做成移动式的，即需要冲哪一排的模具，冲头通过移动装置就移动到相应的那一排模具上方。

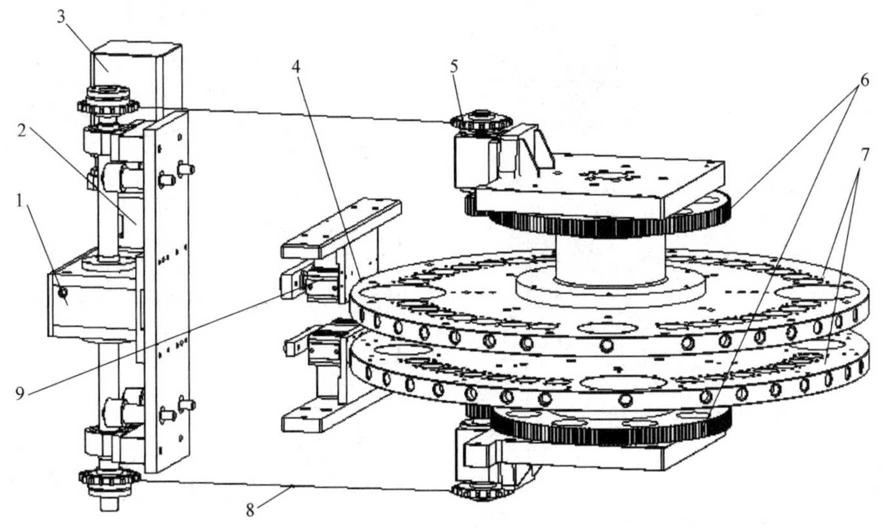

图 1-6-14　转盘结构

1—减速器　2—联轴器　3—伺服电动机　4—转盘定位销　5—传动链轮　6—齿轮　7—转盘　8—传动链条　9—定位气缸

为了使上下转盘准确定位，在上下转盘的外圆或端面上都装有锥形定位孔。当转到相应模位时，转盘定位销插入就可以精确定位，保证上下模位的同轴。驱动转盘转动的轴通常称为 *T* 轴，*T* 轴驱动包括伺服电动机、减速器、链轮链条（同步带轮同步带）、转盘定位销、定位气缸（定位油缸）、上下转盘。

当数控系统发出信号，需要使用某一模位时，转盘定位销自动拔出，伺服电动机转动，经减速后带动转盘转动，当该模位转到冲头的正下方时，停止转动，转盘定位销插入相应的销孔内，从而使上下转盘准确定位。

该传动结构由一台伺服电动机驱动，伺服电动机通过同步带与传动轴相连，传动轴通过联轴器连到蜗轮箱上，蜗轮蜗杆驱动旋转模旋转到任何所需的角度。旋转模结构如图 1-6-15 所示，旋转模三维图如图 1-6-16 所示。

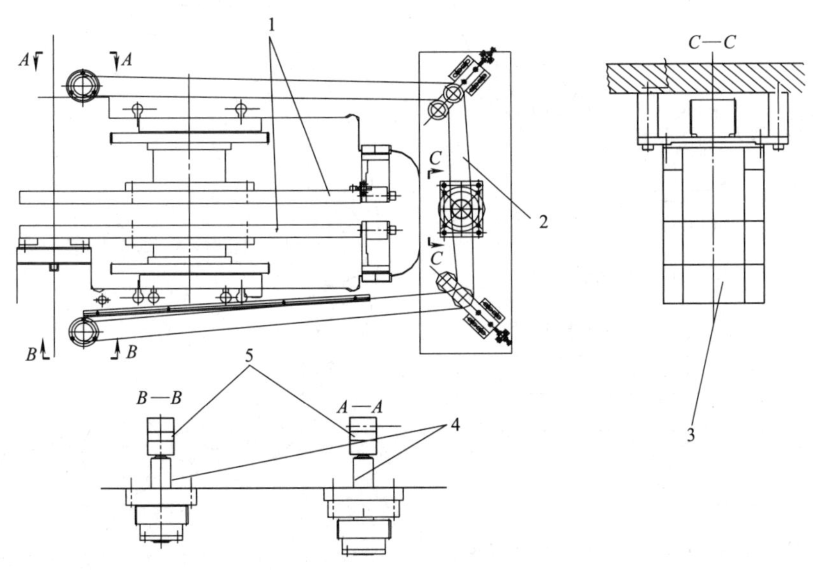

图 1-6-15　旋转模结构

1—转盘　2—同步带　3—伺服电动机　4—传动轴　5—联轴器

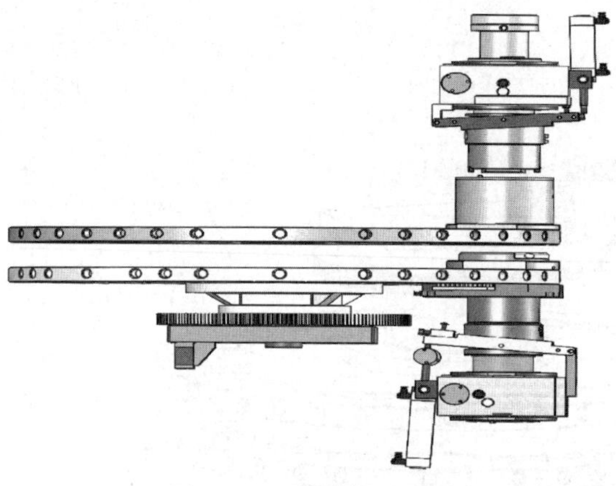

图 1-6-16 旋转模三维图

6.4.2 转盘的类型

根据工位数和模具类型，转盘可分为以下几种。

1）B、D 工位转盘模位配置，见图 1-6-17 和表 1-6-5。

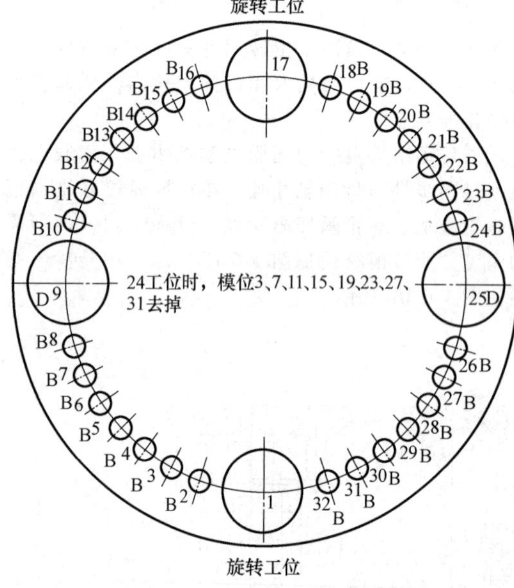

图 1-6-17 B、D 工位转盘模位配置

表 1-6-5 工位类型、数量及模具尺寸

类型	名称	模具尺寸/mm	工位数量/个
B 工位	1¼in	$\phi 1.6 \sim \phi 31.75$	28
D 工位	3½in	$>\phi 31.75 \sim \phi 88.9$	2
旋转工位		$\phi 1.6 \sim \phi 55$	2

2）A、B、D 工位转盘模位配置，见图 1-6-18 和表 1-6-6。

3）A、B、C、D 工位转盘模位配置，见图 1-6-19 和表 1-6-7。

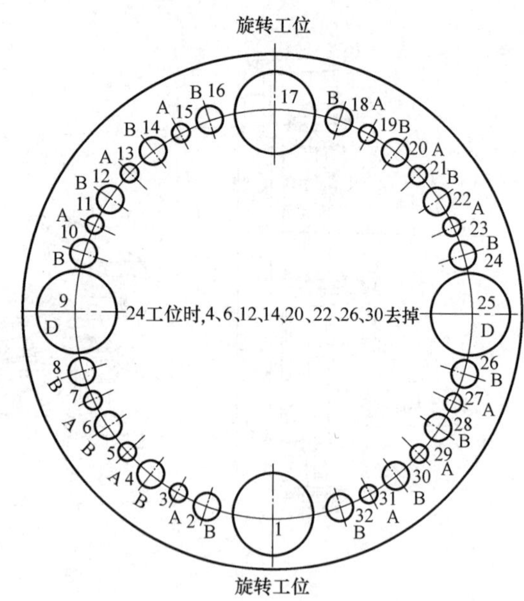

图 1-6-18 A、B、D 工位转盘模位配置

表 1-6-6 工位类型、数量及模具尺寸

类型	名称	模具尺寸/mm	工位数量/个
A 工位	1/2in	$\phi 1.6 \sim \phi 12.7$	12
B 工位	1¼in	$>\phi 12.7 \sim \phi 31.75$	16
D 工位	3½in	$>\phi 31.75 \sim \phi 88.9$	2
旋转工位		$\phi 1.6 \sim \phi 55$	2

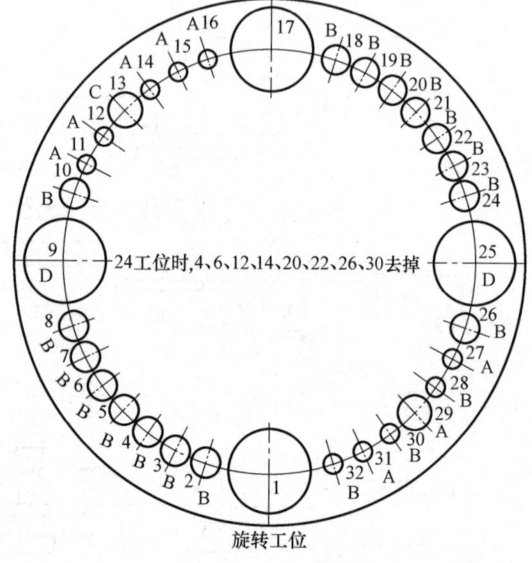

图 1-6-19 A、B、C、D 工位转盘模位配置

以上模位配置为单排工位配置，还有双排、三排工位配置（见图 1-6-20 和表 1-6-8）。

表 1-6-7　工位类型、数量及模具尺寸

类型	名称	模具尺寸/mm	工位数量/个
A 工位	1/2in	ϕ1.6~ϕ12.7	10
B 工位	1¼in	>ϕ12.7~ϕ31.75	16
C 工位	2in	>ϕ31.75~ϕ50.8	2
D 工位	3½in	>ϕ50.8~ϕ88.9	2
旋转工位		ϕ1.6~ϕ55	2

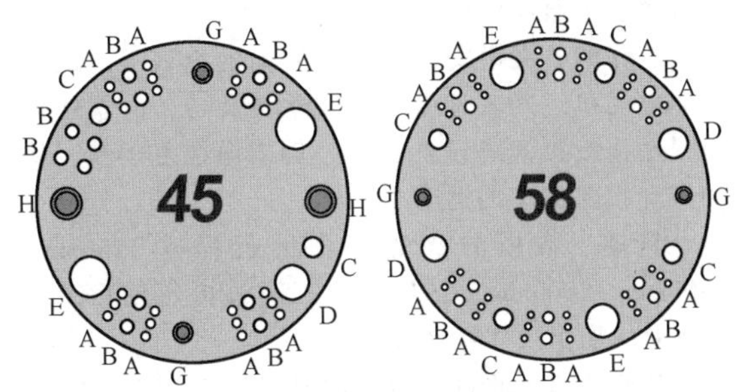

图 1-6-20　三排转盘模位配置

表 1-6-8　工位类型、数量及模具尺寸

类型	名称	模具尺寸/mm	45 工位数量/个	58 工位数量/个
A 工位	1/2in	ϕ1.6~ϕ12.7	24	36
B 工位	1¼in	>ϕ12.7~ϕ31.75	12	12
C 工位	2in	>ϕ31.75~ϕ50.8	2	4
D 工位	3½in	>ϕ50.8~ϕ88.9	1	2
E 工位	4½in	>ϕ88.9~ϕ114.3	2	2
G 工位	1¼in	ϕ12.8~ϕ31.7	2	2
H 工位	2in	ϕ31.8~ϕ50.8	2	0

6.4.3　模具类型

模具是用来加工板料的主要工具，目前比较常见的数控回转头压力机模具有两种，即长模具和短模具。B 工位短模具的结构如图 1-6-21 所示。

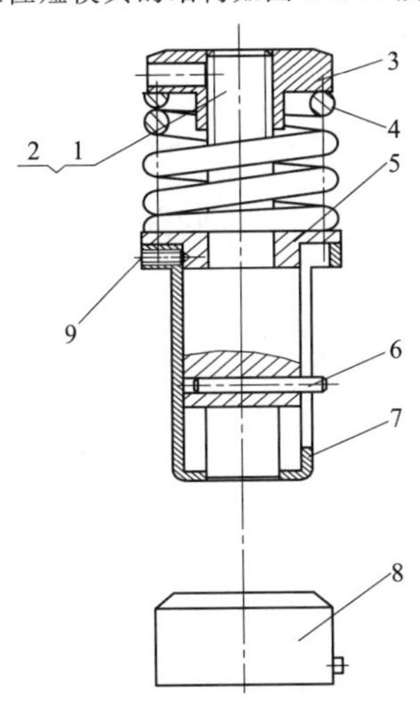

图 1-6-21　B 工位短模具的结构

1—上模芯　2、9—锁紧螺钉　3—打击头　4—退料簧　5—套　6—导向键　7—压料套　8—下模

D 工位短模具的结构如图 1-6-22 所示。以模具上的导向键与转盘上的键槽配合控制模具方向。

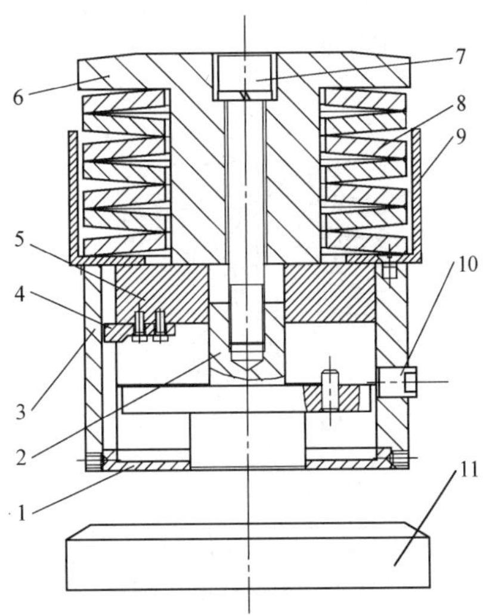

图 1-6-22　D 工位短模具的结构

1—退料板　2—上模芯　3—压料套　4—定位键　5—模套　6—打击头　7—连接螺钉　8—退料簧　9—套　10—导向键　11—下模

A、B 工位的长模具结构相似，如图 1-6-23 所示。非圆模一般配 0°、90°（当模具所冲孔形与夹钳夹持的板边平行时为零度角，逆时针方向为正）两个键槽，圆模和正方模则只有一个键槽。由于 A 工位模座较小，如需将正方形模具转换 45°使用，一般可考虑在下模座上加工 225°键槽。

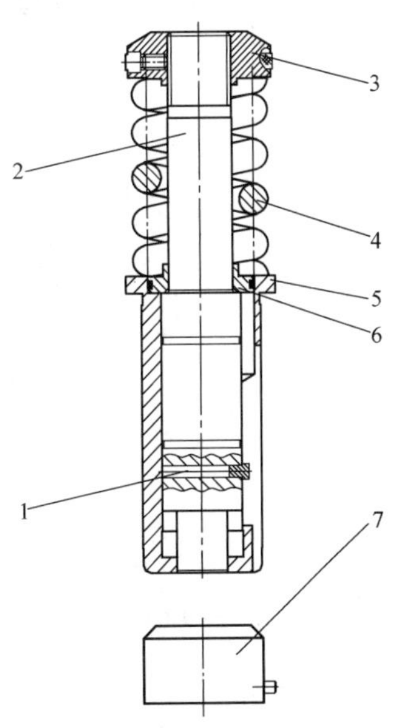

图 1-6-23　A、B 工位长模具的结构

1—导向销　2—上模　3—打击头　4—弹簧　5—压料套　6—套　7—下模

C、D 工位的长模具结构相似，如图 1-6-24 所示。非圆模一般配 0°、90°两个键槽，圆模和正方模则只有一个键槽。在使用一段时间需要更换模具时可只换三件，即上模、下模和卸料板。

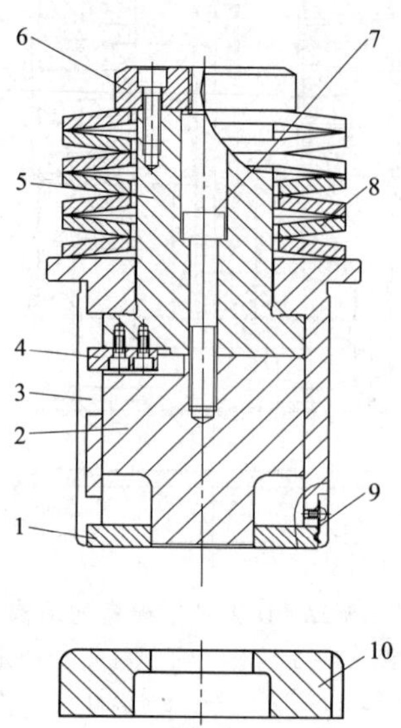

图 1-6-24　C、D 工位长模具的结构
1—压料套　2—上模　3—套　4—导向键
5—模套　6—打击头　7—螺钉　8—碟簧
9—固定钩　10—下模

6.5　送进机构与工作台

6.5.1　送进机构原理

数控回转头压力机的送料部件通常包括横梁、Y 轴传动、夹钳、支撑板料的工作台等。横梁一般为焊接结构，在它的上面装有滚珠丝杠、直线导轨和联轴器、伺服电动机。

工作时，夹钳安装在 X 轴方向的拖板上，通过伺服电动机经联轴器带动滚珠丝杠旋转，由丝杆螺母带动拖板在直线导轨上沿 X 轴方向往复运动，从而带动板料在 X 向运动。

目前，常用的 X 轴方向的行程有 1250mm、1500mm、2000mm、2500mm，若通过再定位后，则 X 方向的加工尺寸将会扩大一倍。

Y 轴传动是通过伺服电动机经联轴器带动滚珠丝杠旋转，由丝杠螺母带动连接座（与横梁连接），带动横梁部件沿 Y 向运动。Y 轴方向行程通常为 1250mm、1500mm。

夹钳是用来夹持板料的一个机械手，夹钳通常有气动或液压两种。其中，气动夹钳占主导。夹钳一般通过 T 形槽或燕尾槽与横梁上的拖板连接。为适应自动化生产线的需要，夹钳通常设计成程序控制型，即智能夹钳。

工作台的主要作用是支撑被加工板料。送进部分的结构如图 1-6-25 所示。

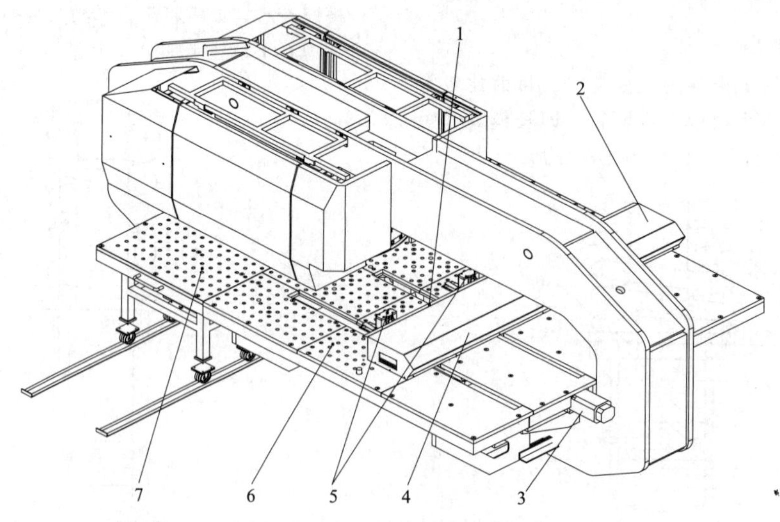

图 1-6-25　送进部分的结构
1—拖板　2—X 轴伺服电动机　3—Y 轴伺服电动机　4—横梁　5—夹钳　6—固定工作台　7—活动工作台

6.5.2　工作台结构

工作台结构分全钢球、全毛刷及钢球毛刷混合型三种，其选用根据被加工板料的厚度、材质及工件表面质量等决定。

支撑板料的工作台通常有两种：一种为固定工作台，另一种为活动工作台。

固定工作台指所有的工作台在工作时都固定不动，板料在加工工作中不会超出工作台。

活动工作台指工作时送料工作台随板料一起运动。采用这种工作台的优点是工作台面相对小些，但运动时活动工作台增加了转动惯量，动态特性稍差。

全钢球工作台承载力大，运动阻力小，但板料移动时噪声大，容易划伤板料，适于厚板加工，一般加工板厚大于 3mm 时多采用此种结构。

全毛刷工作台承载力较全钢球工作台小，运动阻力大，但噪声小、不易划伤板料，较适于板厚小于 2mm 的薄板加工。

钢球毛刷混合工作台兼顾上述两种工作台的特点。工作台部分如图 1-6-26 所示，由固定工作台和活动工作台组成。中间工作台固定在机身上，两边工作台与横梁相连，随横梁移动，板料和毛刷台面 Y 方向无相对运动，减少了划伤。

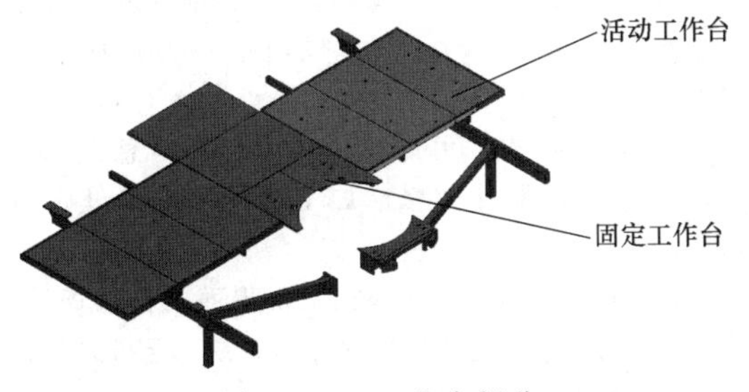

图 1-6-26　工作台部分

6.6　数控系统与 CAM 软件

6.6.1　数控系统工作原理

数控系统是数控机床的核心，数控回转头压力机一般采用专用的工业控制系统，由输入输出设备 PMC、CNC 单元、伺服驱动单元、驱动装置、I/O 输入输出接口及电气控制元件等组成，如图 1-6-27 所示。

目前，国产数控回转头压力机上常用的数控系统主要有日本的 FANUC 0i、德国的 SIEMENS 840D 和 BECKHOFF 系统等，针对压力机的工作特点，上述数控系统一般均具有以下功能：

1）直线轴包括 X 轴、Y 轴，旋转轴包括 V 轴、T 轴、C 轴。

2）对超程等多项机械电气故障有报警显示。

3）具有自诊断功能。

4）具有软限位功能。

5）具有国际通用 G 代码编程。

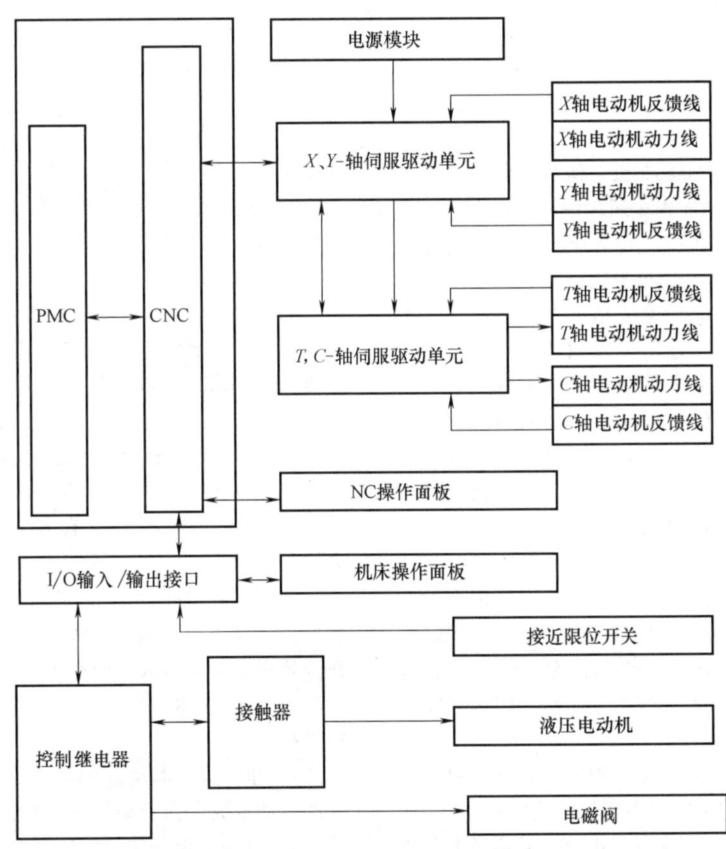

图 1-6-27　工业控制系统组成框图

6）具有模具补偿功能。

7）具有螺距补偿功能。

8）具有反向间隙补偿功能。

9）具有坐标偏移功能。

10）具有再定位功能。

11）具有自动、手动和半自动等方式。

12）具有夹钳保护功能。

13）具有加工计数功能。

14）具有参数编程功能。

15）具有子程序调用功能。

16）具有快速定位及冲压锁定功能。

17）具有单步冲功能。

18）具有各种 M 功能。

19）具有绝对、增量编程。

20）具有条件、非条件跳转功能。

6.6.2　CAD/CAM 自动编程软件

目前，国内外应用于数控回转头压力机的 CAD/CAM 自动编程软件主要有：

1）以色列的 Metalix cncKad 一体化钣金自动编程软件。

2）日本的 AMADA 钣金专用软件 AP100。

3）村田的 maratec campath G4 钣金编程软件。

4）英国的 Radan 专业钣金件、结构件设计加工软件。

5）德国的 wicam PN 4000 专业钣金设计及加工一体化系统。

6）西班牙的兰特 lantek 钣金编程软件。

7）德国的 JETCAM 钣金通用编程软件。

近几年来，国产数控回转头压力机主要应用的自动编程软件是 Metalix 公司为钣金制造行业提供的 cncKad 软件。该软件是一套完整的从设计到生产的一体化钣金 CAD/CAM 自动编程软件，具有模具库管理、自动选模加工、优化路径等多方面功能，可由 CAD 绘图自动生成 NC 加工程序，可以实现单个零件编程、自动排料及至完成整套方案。

1. Metalix cncKad 作为专业钣金加工用自动编程软件，其主要功能有：

1）绘图功能。cncKad 的绘图功能强大，使用直观方便，除标准的绘图功能外，还根据钣金的特点，增加了一些特殊的绘图方式，如切口、腰圆、三角形、倒直角和倒圆角、轮廓捏合、形状的检查编辑及自动修正、汉字冲压、DXF/IGES/CADL/DWG 文件的输入等。

2）冲压功能。支持自动加冲头、特殊模具、自动分度、自动重定位、共边冲切等功能。

3）后置处理。自动或交互式处理涵盖所有的加工工艺，如冲孔、成形、刻印、滚轮模具等加工。

先进的后置处理能生成各种有效的 NC 代码，支持子程序、宏程序等；优化的模具路径和最少的模具旋转，支持喷油、真空吸料和滑块速率等机器功能。

加工程序从一种机床转到另一种机床只是简单到单击几下鼠标而已，这些都源于 cncKad 综合的后置处理方式，通过消除过量的计算机文件使运行更加优化。

4）CNC 程序的图形模拟。软件支持任何 CNC 程序的图形模拟，包括手写的 CNC 代码；编辑处理也非常简单，软件能自动检查错误，如丢失的参数、夹钳错误和超程错误等。

5）从 NC 到图形。无论是手写的还是用其他方法编写的 NC 代码，都可以简单地转换成零件图形。

6）数据报告。可以打印包含全部信息在内的数据报告，如零件数量、加工时间、模具设定等信息。

7）DNC 传输。采用 Windows 界面的传输模块，使 PC 和机床设备之间的传输非常容易，还可以从设备中批量输出程序到 PC 中。

2. 主要特点

1）支持设备全过程的 CNC 操作，包括绘图、自动或交互式处理方式、后置处理、CNC 程序模拟、手动和自动套裁、NC 文件的下载和上传等。

2）可以直接输入 AutoCAD 等 CAD 软件生成的图形文件。

3）软件支持多种不同的数控设备，可以把一个零件生成不同设备的 NC 文件，供多台设备同时加工一个零件时使用。

4）自动再定位。当板料尺寸大于一定范围时，机器实现自动再定位，再定位指令自动产生；若用户有特殊要求，可以自行对再定位指令进行修改或删除。

5）自动夹钳避让。通过自动再定位产生指令，自动避开夹钳死区内的冲压，减少了废料；无论一张钢板上有一个零件还是有多个零件，都可以实现夹钳避让操作。

6）条料处理技术。为了减少冲压过程中的材料变形，可以采用条料处理技术，切断模具可以选择在分条指令的前面或后面使用。

7）修剪技术。结合共边冲切功能，自动冲碎边脚碎料。

8）单个夹钳移动。带可移动夹钳的机器可由本软件自动生成夹钳移动的 NC 指令。

9）最少的模具旋转。最少的模具旋转选项可减少自动分度工位的磨损，并提高生产率。

10）支持更多的冲压方式，如三角冲碎、斜面冲碎、圆弧冲碎等独特高效的冲压方式。

11）强大的自动冲压功能。自动冲压功能包含自动添加微连接、智能选模具和丰富的冲压报警检测等功能。

12）自动套裁功能（选配）。Metalix cncKad 所包含的 AutoNest 组件是一套真正的板料自动优化排样软件，它囊括了所有钣金优化排样的技术方法。

3. 编程简介

（1）绘制加工板料的图形

1）双击桌面上的 cncKad 图标，启动该软件，如图 1-6-28 所示。

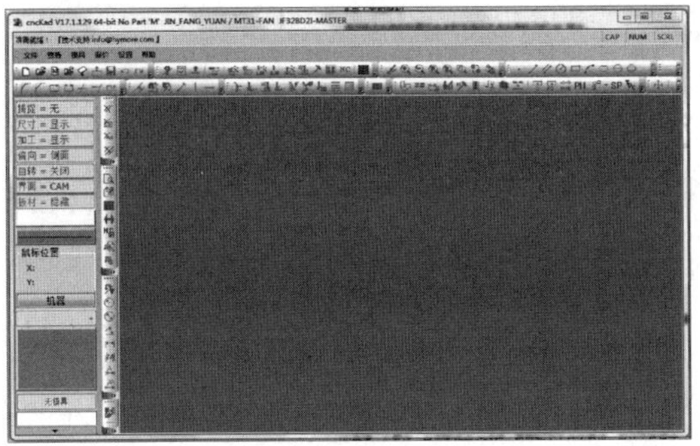

图 1-6-28　软件启动

2）新建一个文件，弹出图 1-6-29 所示的对话框。根据加工件的要求，定义零件尺寸、零件类型、材料类型、厚度等参数。在“用户信息”选项卡中可输入加工板料的“零件号”“客户”“项目”等相关信息，如图 1-6-30 所示。

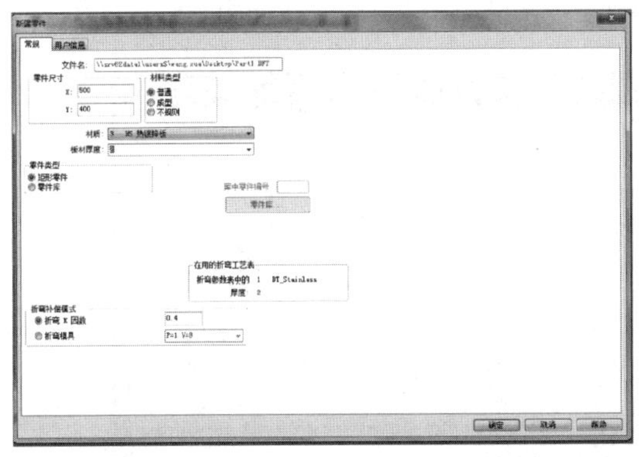

图 1-6-29　“新建零件”对话框

3）运用 cncKad 强大的绘图功能，可以方便地绘出加工零件，也可以从另外的设计软件中输入文件。cncKad 支持多种文件格式，如 dxf、igea、cadl 等，如图 1-6-31 所示。

4）修改图形常用过滤功能。按照图 1-6-32 所示进行设定。当删除时，单击“全选”按钮，只能删除“圆形”或“圆弧”，而其他图形元素不被删除；若选择相应的复选框，即可在删除时实现过滤器的功能。

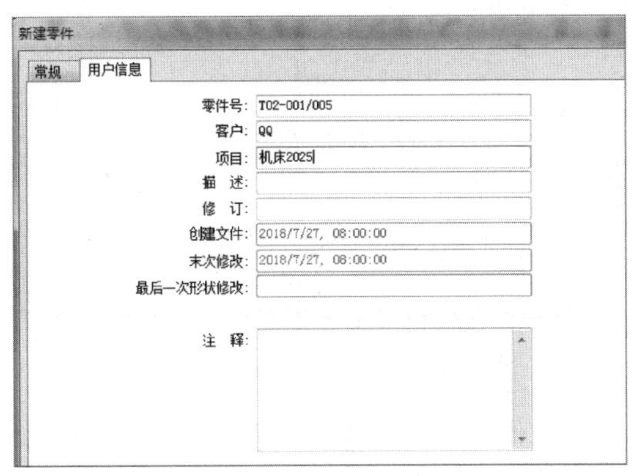

图 1-6-30　“用户信息”选项卡

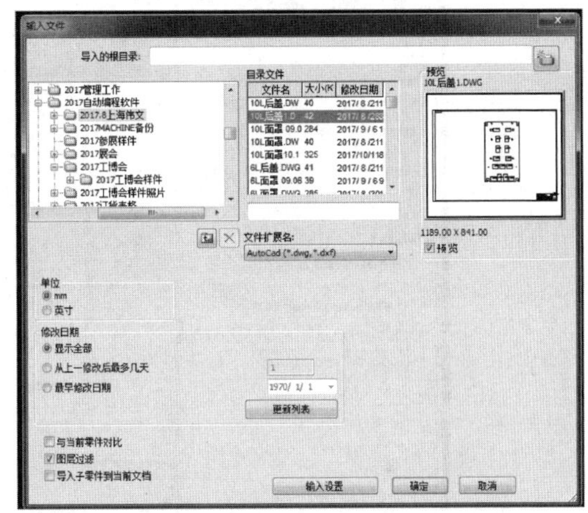

图 1-6-31　“输入文件”对话框

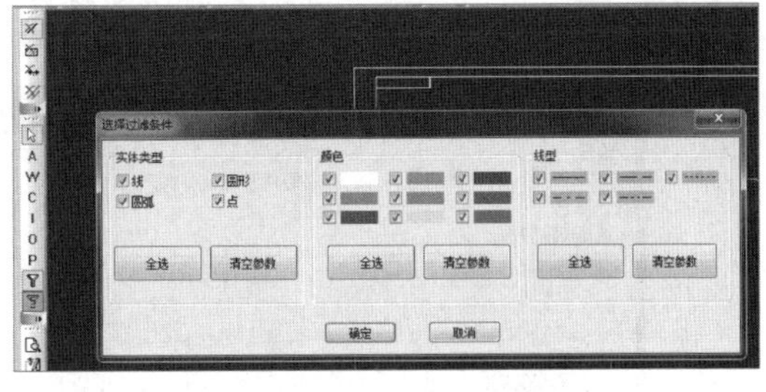

图 1-6-32　修改图形

5）运用软件的图形检查功能，可以检查图形是否封闭、清除重复的线段等，如图 1-6-33 所示。至此，板料图形绘制完成。

（2）选择机器类型　板料图形准备好后，在添加冲压前必须选择机器类型。cncKad 的机器设置功能就是针对不同的机床、不同的数控系统，设置特

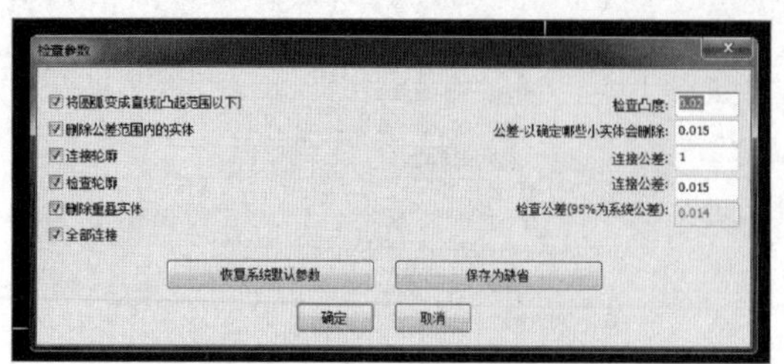

图 1-6-33　“检查参数”对话框

定的数控代码、数控程序格式及参数，并生成配置文件。当生成系统数控程序时，系统根据该系统文件的定义生成用户所需要的特定代码格式的加工指令。在“设置”菜单中选择“机器设置”，在图 1-6-34 所示的“机器选择”对话框中将加工板料所用的“机器型号”添加到“已选用的机器”列表框内，即可生成适用于该机器的加工指令代码。

（3）建立转塔文件　根据机器实际安装的模具表建立转塔文件，或者将模具库中的模具按需要装入转塔的各固定工位上。

1）在“模具”菜单中选择“转塔设置”，弹出图 1-6-35 所示的对话框。

2）单击“选择转塔文件”中的“编辑转塔”按钮，弹出图 1-6-36 所示的模具设定图框。

图 1-6-34　“机器选择”对话框

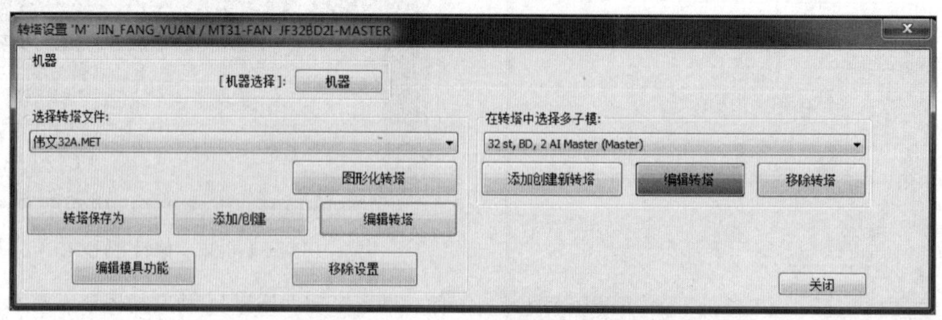

图 1-6-35　“转塔设置”对话框

3）单击“在转塔中选择多子模”中的“编辑转塔”按钮，弹出图 1-6-37 所示的图形化转塔。

4）当创建转塔时，对于加工中用到的常见特殊模具，cncKad 提供了一个很方便的可以直接创建的方法，即在“模具”菜单下选择“存为特殊模具”（见图 1-6-38），弹出图 1-6-39 所示的对话框。选择特殊模具参数，单击“添加到模具库”按钮即可。

（4）添加冲压

1）一般零件均可通过软件的自动冲压功能添加冲压。根据需要，通过设置相关的冲压参数，便可实现自动冲压，如图 1-6-40 所示。

图 1-6-36　模具设定图框

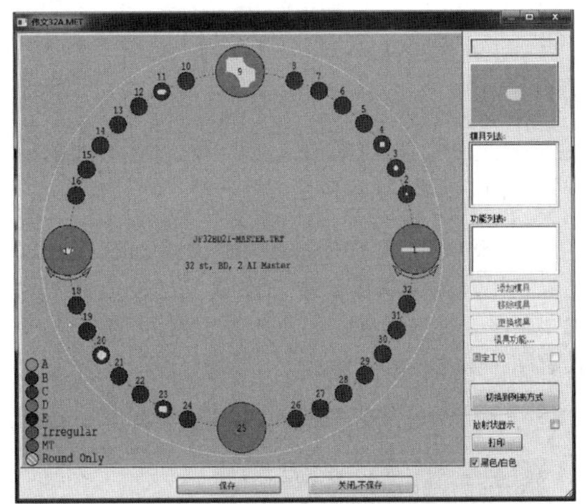

图 1-6-37　图形化的转塔

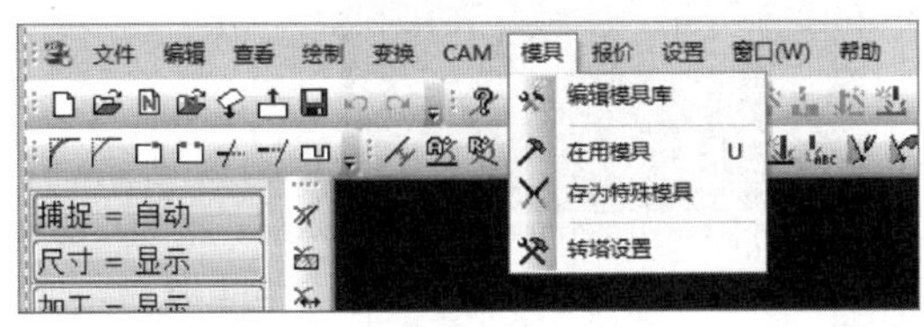

图 1-6-38　选择“存为特殊模具”选项

2）对于特殊图形，也可手工添加冲压，如图 1-6-41 所示。可以根据需要选取模具、冲压类型和冲压时的模具顺序等，设定后在图形中直接添加冲压。

3）添加冲压完成后，单击工具栏中的“设置板料机夹钳”按钮，弹出图 1-6-42 所示的对话框。在此对话框中，可以根据实际需要设定“板材尺寸”“板材厚度”“板材数量”等参数。

4）同时，在此对话框中选择“夹钳”选项卡，

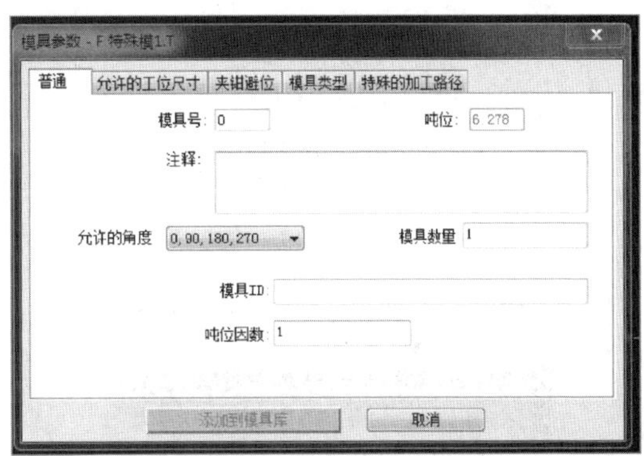

图 1-6-39　“模具参数”对话框

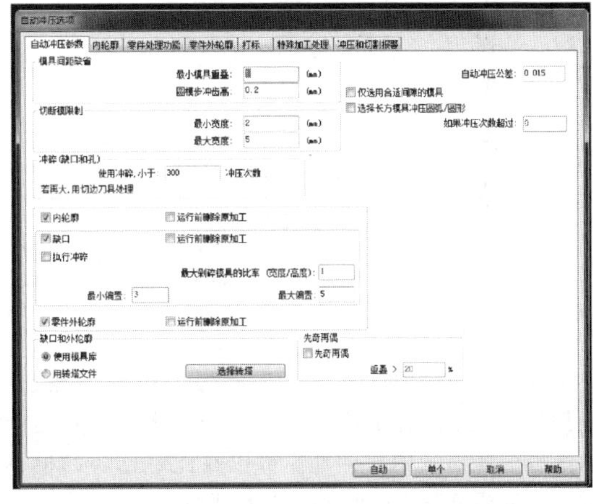

图 1-6-40　“自动冲压选项”对话框

如图 1-6-43 所示。根据需要，可设定夹钳的数量及位置。

（5）生成 NC 程序　完成上述的各种加工参数

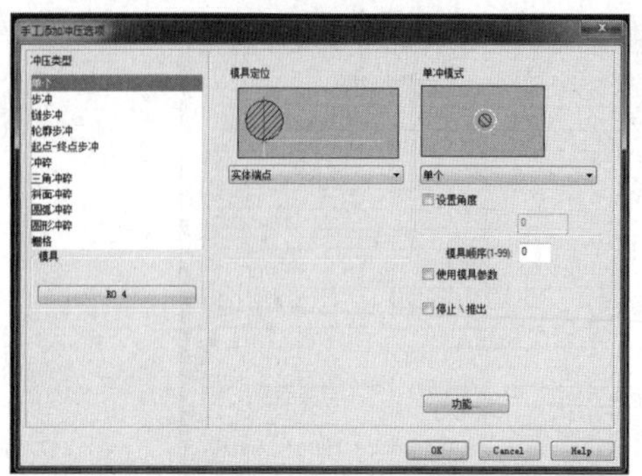

图 1-6-41　“手工添加冲压选项”对话框

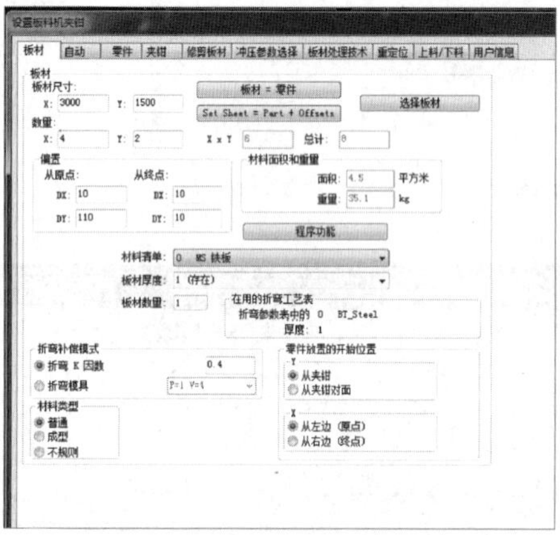

图 1-6-42　“设置板料机夹钳”对话框

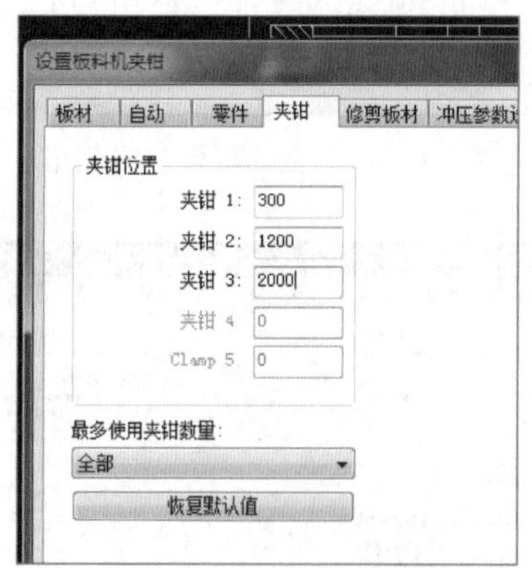

图 1-6-43　“夹钳”选项卡

的设定后，便可以生成 NC 加工指令了。

1）单击工具栏中的“生成加工指令”按钮，根据软件系统的提示单击“下一步”按钮，直至弹出图 1-6-44 所示的对话框。可以在此对选择的模具进行上移或下移，以调节冲压的顺序。

2）在“程序生成器选项”对话框中输入“程序号”及生成 NC 指令文件所在的“文件名”，如果选择“NC 代码生成后，运行程序模拟器”复选框，则生成 NC 后进入程序模拟（见图 1-6-45）。

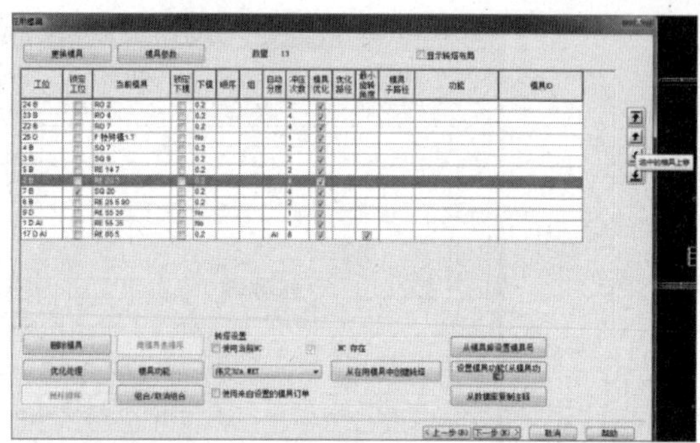

图 1-6-44　“在用模具”对话框

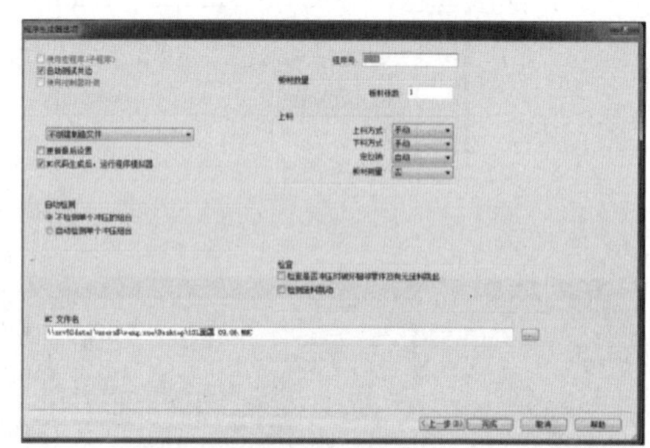

图 1-6-45　“程序生成器选项”对话框

3）模拟加工程序的过程与在机器上的实际加工过程一样，可以在模拟中发现加工过程是否正确，加工顺序是否最佳等，如有不妥，则可重新设定模具顺序，如图 1-6-46 所示。

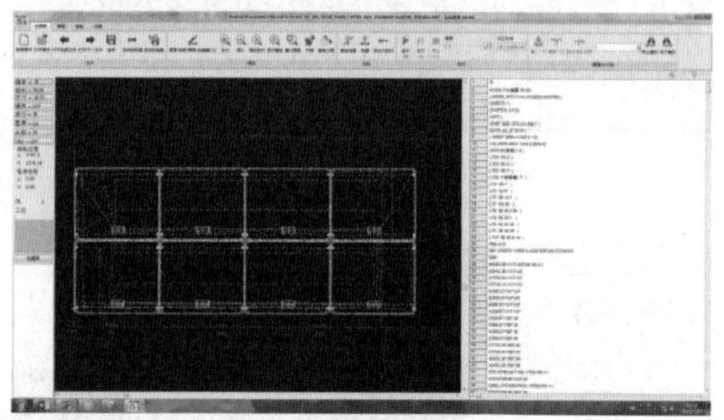

图 1-6-46　确定加工过程是否正确

（6）传送程序　如图 1-6-47 所示，可直接将生

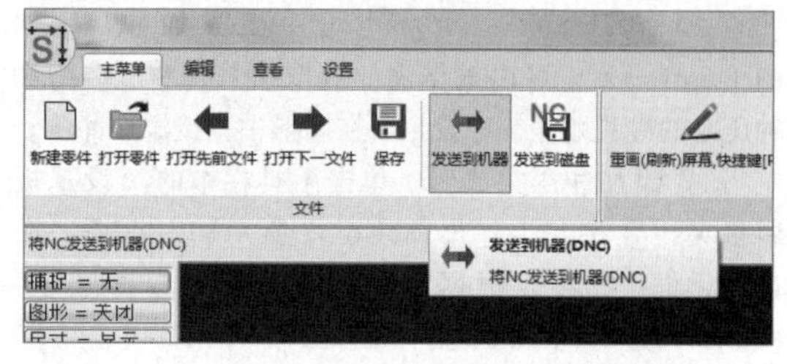

图 1-6-47　将生成的 NC 程序代码发送到磁盘

成的 NC 程序代码发送到磁盘，使用机器所用数控系统配套的传输软件将程序传入机器的 CNC 系统，以进行板料加工。

6.7　配套装置

6.7.1　夹钳结构

夹钳作为夹持板料的一个机械手，安装在横梁拖板上，其动力源有压缩空气和液压油两种，分别称为气动夹钳和液压夹钳。

夹钳一般通过 T 形槽或燕尾槽与横梁上的拖板连接，通过螺杆锁紧。夹钳结构如图 1-6-48 所示。

6.7.2　再定位结构

冲压板料时，通常会遇到金属板料尺寸大于回转头压力机行程的情况。此时，需要使用再定位功能，通过分区加工，实现大尺寸板料的冲压。

使用再定位功能时，金属板料的移动需要夹钳和再定位杆的配合来完成。同时，由于移动了夹钳，板料坐标系原点在回转头压力机中的位置发生了改变，因此数控系统必须根据新的板料坐标系原点，重新计算板料在回转头压力机中的位置。

再定位功能实现的主要步骤如图 1-6-49 所示。

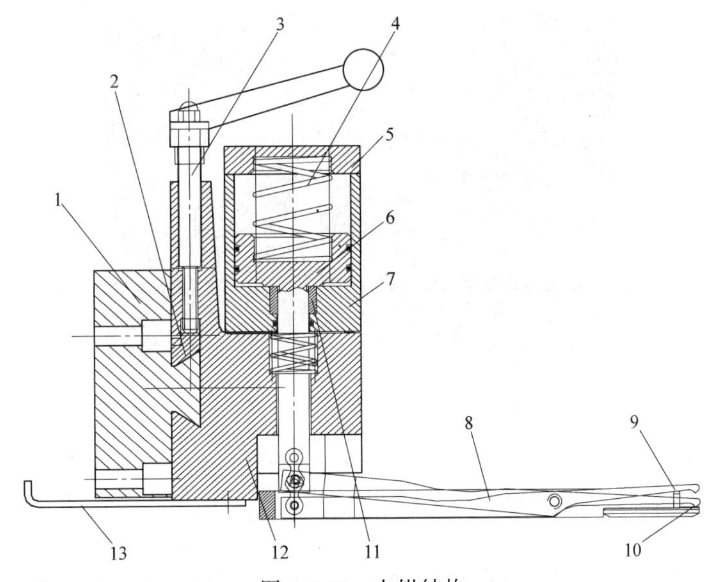

图 1-6-48　夹钳结构

1—托板　2—夹紧块　3—螺杆　4—弹簧　5—压盖　6—活塞　7—气缸　8—下钳体　9—上钳体　10—下齿板　11—导套　12—基座　13—开关板

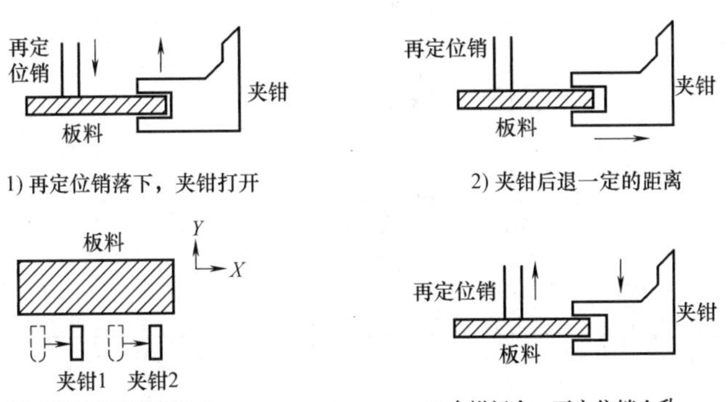

图 1-6-49　再定位功能实现的主要步骤

1）再定位销落下压住板料，达到固定板料位置防止板料拖动的目的，然后夹钳打开。

2）夹钳沿 Y 轴后退 2mm，防止夹钳沿 X 轴移动时与板料侧边摩擦，此时数控系统将板料 Y 坐标偏移 2mm。

3）夹钳沿 X 轴移动一定的距离，距离由参数决定，此时数控系统自动计算将板料的 X 轴坐标值偏移的距离。

4）所有的偏移完成后，夹钳闭合夹住板料，然后再使定位销回到原位。

综上所述，再定位的作用就是当压力机进行再定位时，把钢板压紧在工作台上，夹钳自动移动时，保证钢板固定不动。当钢板在 X 轴方向的长度超过了 X 轴行程时，超过的部分必须经过再定位后才能完成冲孔，这项功能扩大了压力机在 X 轴向的加工范围（再定位只能在 X 轴）。

数控回转头压力机再定位的结构如图 1-6-50 所示。

6.7.3　气动系统

回转头压力机的气动系统由气源处理装置、控制阀、执行元件（气缸）和管路构成，气源接口位于机器正面，所需供气压力 0.55MPa，各供气部位分别是旋转套的升降、转盘定位销、再定位、夹钳、原点定位块、抽真空废料门（选件），气动系统分布如图 1-6-51 所示。

气动系统原理如图 1-6-52 所示。

图 1-6-50　再定位的结构

1、6—气缸　2、5—再定位销　3—转盘　4—再定位架

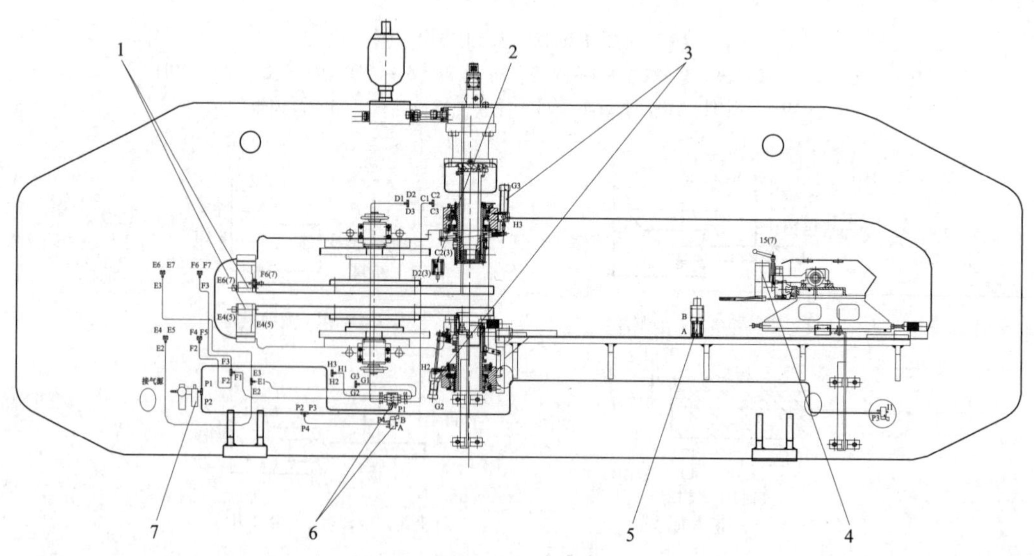

图 1-6-51　气动系统分布

1—转盘定位销气缸　2—再定位气缸　3—旋转套升降气缸　4—夹钳气缸　5—原点定位气缸　6—控制阀　7—三联件

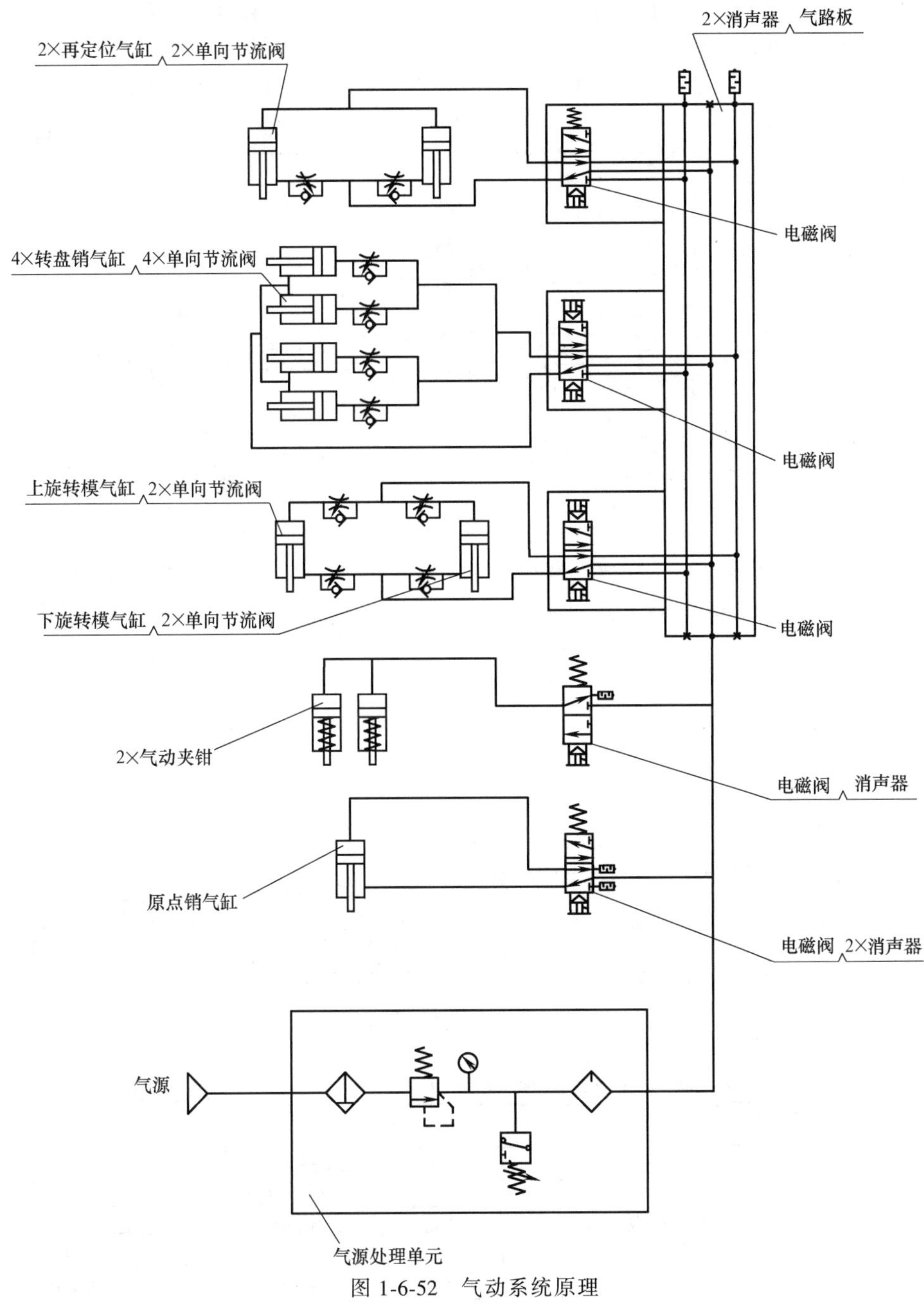

图 1-6-52　气动系统原理

6.7.4　润滑系统

数控回转头压力机的润滑采用自动润滑与人工定期润滑相结合的润滑方式。润滑点分布如图 1-6-53 所示。

润滑方式还可分为集中稀油润滑、单体稀油润滑和浓油自动润滑。

以集中稀油润滑为例，如图 1-6-54 所示，油液主要由手动泵提供，通过润滑泵将油液加到指定的位置后，向主要润滑点，即 X 与 Y 轴导轨、丝杠、定位缸、下垫板供油，使用美孚威达 4 号机床导轨油。

单体稀油润滑主要用于转盘齿轮箱、链条、蜗轮箱、上旋转模旋转套、下旋转模下模座等处，用 46#机油润滑，除齿轮箱外，应每班润滑一次。

浓油润滑主要由电动油脂润滑泵提供，罐装油脂为适合油泵使用的小包装油脂，直接拧入油泵安装使用。使用完毕后直接更换，不须人工补充油剂，油脂洁净，使用方便。油脂由递进分配器进油通道进入柱塞腔，按顺序推动各柱塞工作，向润滑点依次供油。此套脂润滑系统设有循环指示器，分配器每一次工作循环，指示杆动作伸出，接触接近开关输出信号指令，以监测润滑系统运作状况。这部分使用 00#~0#锂基脂，必须根据环境温度选择不同黏稠度的润滑脂。其润滑原理如图 1-6-55 所示。

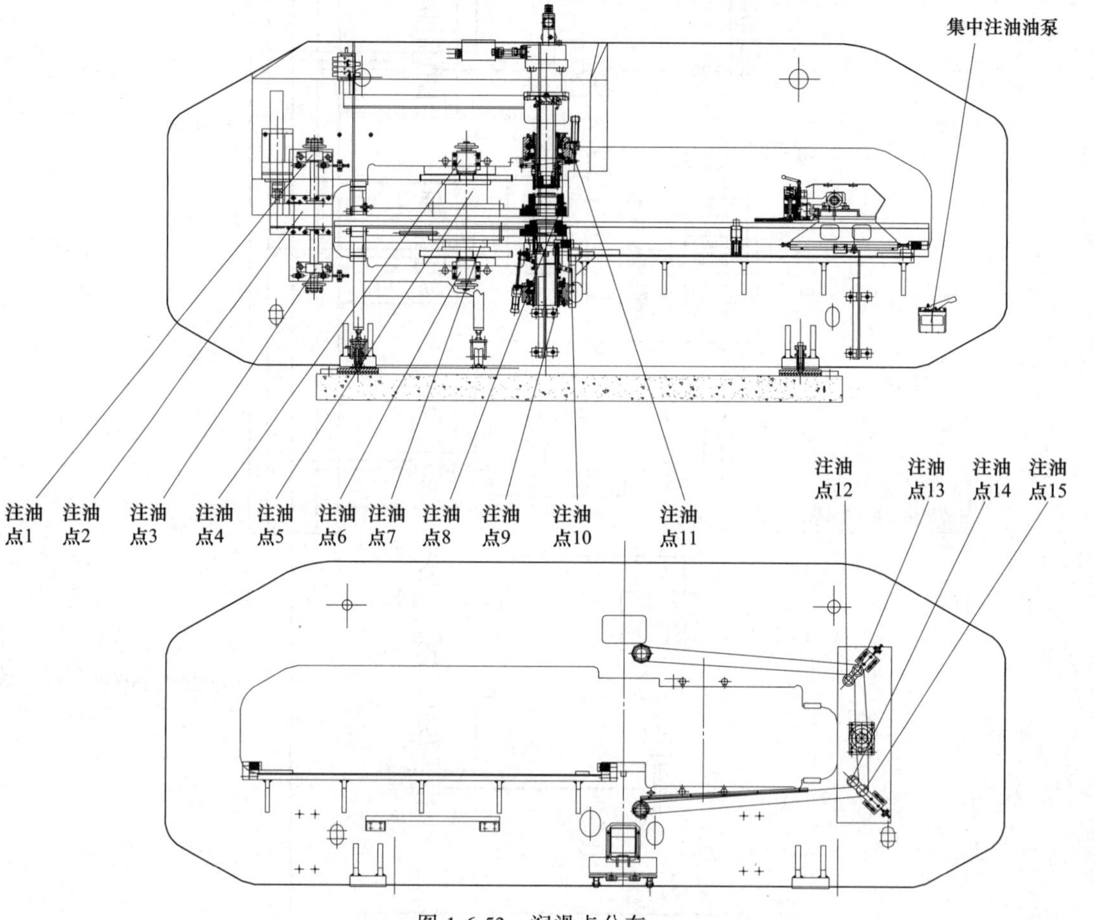

集中注油油泵

注油点1　注油点2　注油点3　注油点4　注油点5　注油点6　注油点7　注油点8　注油点9　注油点10　注油点11

注油点12　注油点13　注油点14　注油点15

图 1-6-53　润滑点分布

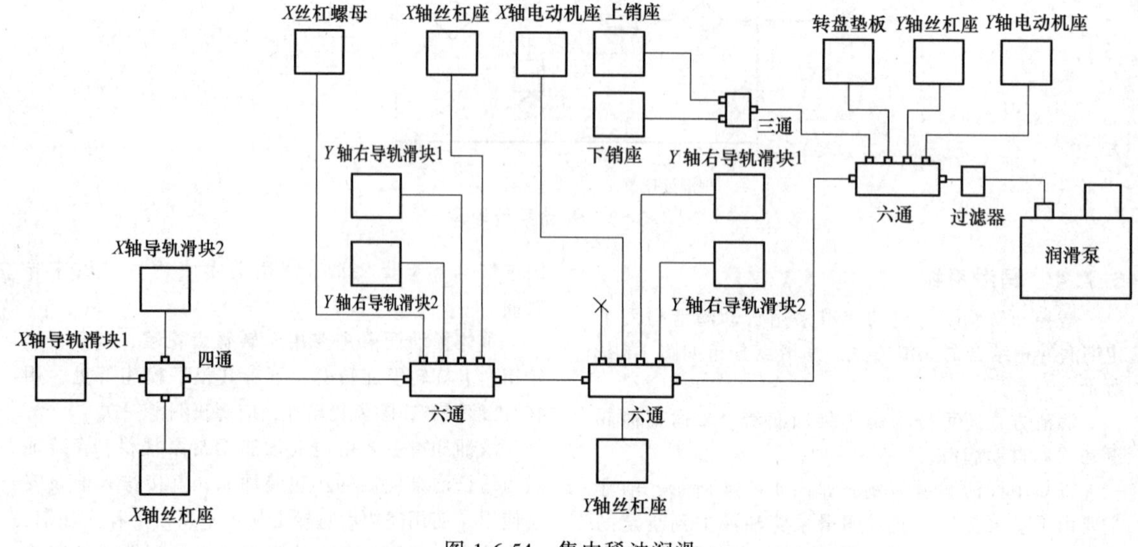

图 1-6-54　集中稀油润滑

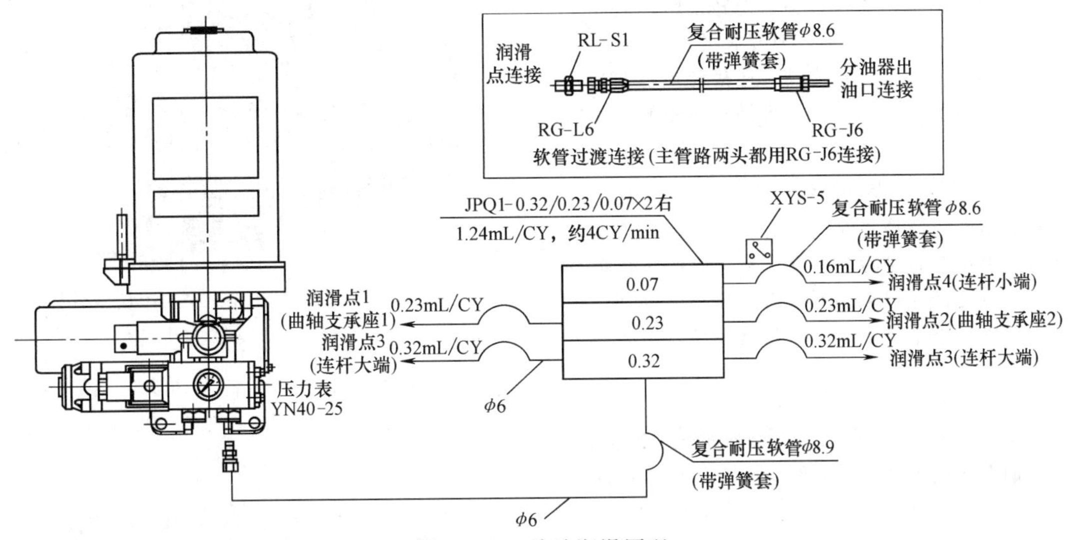

图 1-6-55　浓油润滑原理

人工脂润滑：传动轴的支撑座要定时用白色润滑脂润滑。转盘及定位销在机器出厂时已经经过精细的调整，用户在使用过程中不得随意装卸，以免影响机器的加工精度，甚至损坏机器。定位销的销轴要定时用白色润滑脂润滑，转盘支撑的圆锥滚子轴承是通过转盘支座上的压入式油嘴用白色润滑脂润滑，转盘上的大小齿轮副用黑硫油润滑，同步带轮用黄硫油润滑，工作台滚轮用白色润滑脂润滑，这些部位一般情况下每月加油一次。

6.7.5　多子模结构

多子模是一种新颖的模具结构，具有扩大压力机加工工艺范围，增加模具数量，减少模具安装时间，提高加工效率等优点。

按工位数分，目前有 8 工位、16 工位、20 工位的多子模；按旋转特性分有可旋转和不可旋转两类多子模供用户使用。

多子模驱动结构如图 1-6-56 所示。其工作原理：

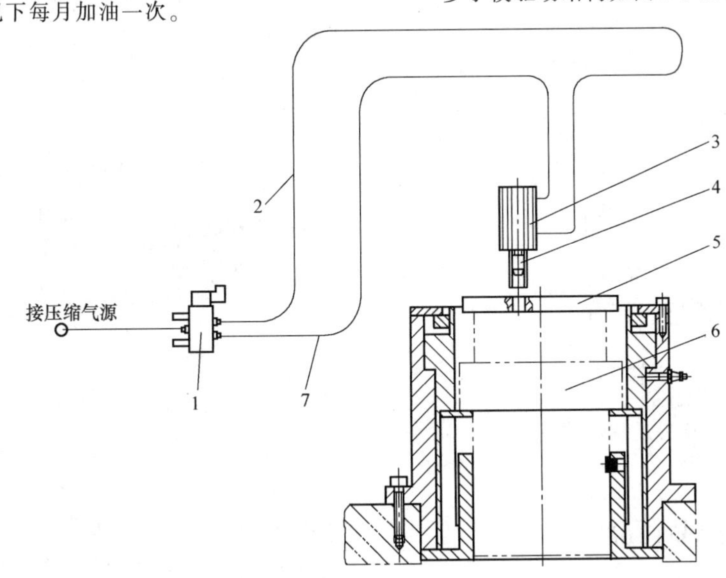

图 1-6-56　多子模驱动结构

1—三位五通电磁阀　2、7—气管　3—气缸　4—定位销　5—多子模上模模盖　6—多子模上模总成

在冲头内安装气缸 3，其活塞杆上连接定位销 4，并在多子模上模模盖 5 上的相应位置开定位孔（供定位销插入和拔出用），定位销起固定模盖作用。因多子模上模盖和模具下部可产生相对旋转，故可以使与模盖连接的多子模小打击头在旋转模转动时和子模脱离同步转动状态，从而实现子模的选取动作。

气缸用气管和感应开关线从连接套顶部两孔处引出。气动系统采用 1 只二位五通单控电磁阀，由 PLC 控制。

6.7.6　压力过载保护装置（见图 1-6-57）

电伺服主传动装置在连杆滑块与旋转模连接座的下方设有压力过载保护装置，目的是当主传动冲压过程中可能产生过载力时，对主传动关键部件进行保护，避免不必要的破坏和伤害的产生，将损失降低到最小。

压力过载保护装置主要由上下连接座、剪切片、打击头组成，如图 1-6-57 所示。当有过载力产生时，打击头向上切断剪切片，从而不会有冲压力传递到模具上，对模具及主传动系统进行了有效保护。

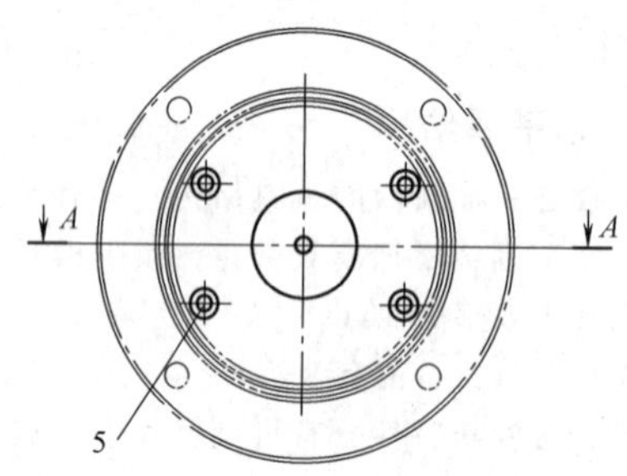

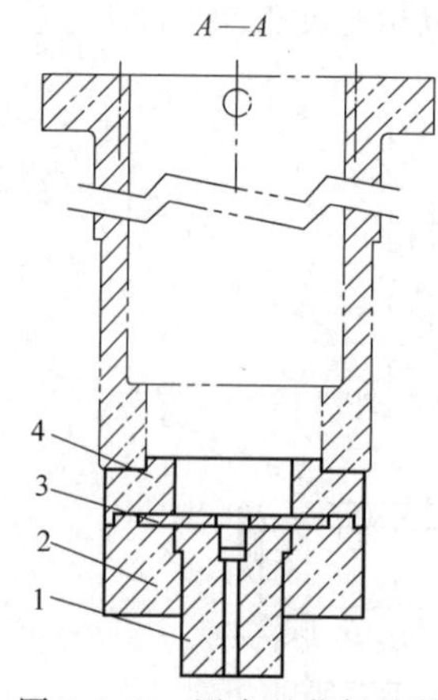

图 1-6-57　压力过载保护装置

1—打击头　2、4—连接座　3—剪切片　5—连接螺钉

6.8　典型公司产品简介

6.8.1　国内主要产品

济南铸造锻压机械研究所有限公司生产的产品主要有 SPH、SPE 系列数控伺服回转头压力机、SKYB 系列数控液压回转头压力机（见图 1-6-58）和 SKYE 系列数控伺服回转头压力机。

图 1-6-58　济南捷迈 SKYB31225C 型数控液压回转头压力机

江苏金方圆生产的数控回转头压力机主要有 DMT 系列双伺服（见图 1-6-59）、MT 系列单伺服、HVT 液压、VT 系列及 ET 系列。

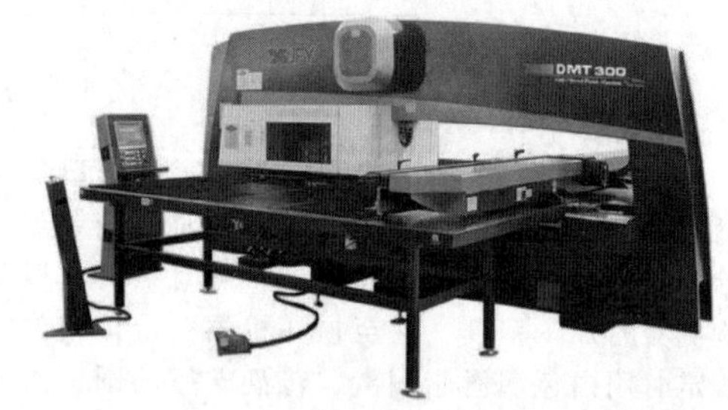

图 1-6-59　江苏金方圆 DMT-300 双伺服数控回转头压力机

江苏亚威生产的数控回转头压力机主要有 HPE、HPQ 系列（见图 1-6-60）和 HPl、HPH 系列，其中 HPE 系列为伺服主传动方式。

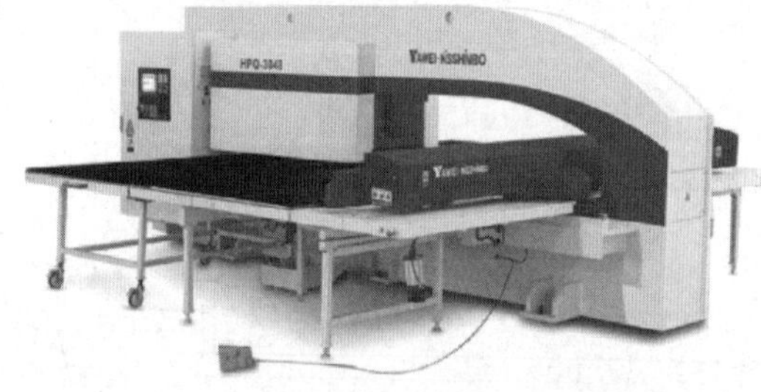

图 1-6-60　江苏亚威 HPQ-3048 数控回转头压力机

江苏扬力生产的数控回转头压力机主要有 T30 和 MP 系列，其中 T30 为液压传动方式，MP10、MP20 和 MP30 为伺服主传动方式（见图 1-6-61）。

黄石锻压与比利时 LVD 合作的主要产品为经济型的 Strippit P 系列及高尖端全配置的 Strippit M 系列、Strippit V 系列（见图 1-6-62）、Strippit VX 系列

图 1-6-61　江苏扬力 MP10～MP30 伺服数控回转头压力机

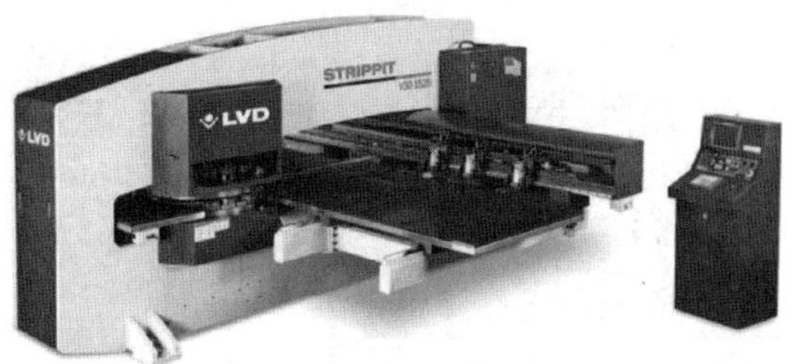

图 1-6-62　黄石锻压 Strippit V30-1525 高性能回转头压力机

和 Strippit-PX 系列高性能回转头压力机。

台湾台励福的主要产品为 HPS（见图 1-6-63）、HP、VISE 以及 CP 系列数控回转头压力机。

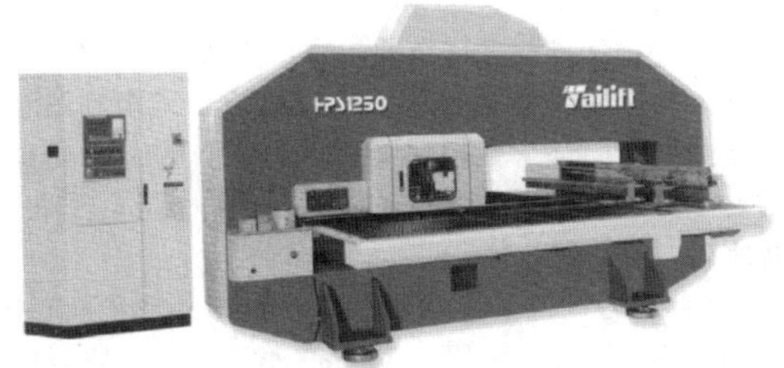

图 1-6-63　台湾台励福 HPS1250 油压伺服数控回转头压力机

青岛大东生产的数控回转头压力机包括伺服主传动的有全电双伺服、全电单伺服 D-ED300（见图 1-6-64）、D-ES300，液压主传动的有 D-T30、D-HP30、D-Y80 和 D-T50 等。

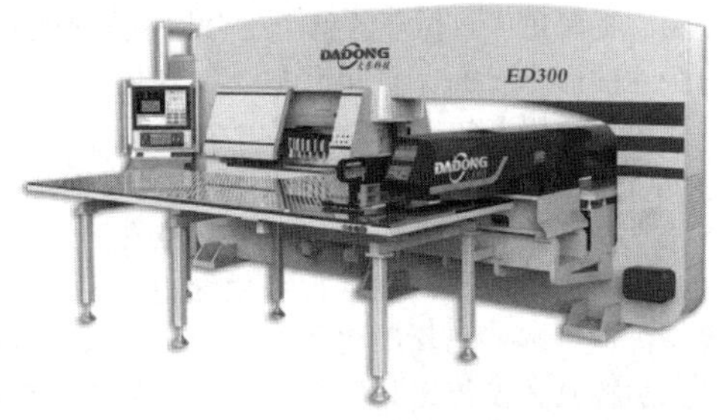

图 1-6-64　青岛大东 ED300 全电单伺服数控回转头压力机

随着数控回转头压力机的应用日益广泛，近年来还出现了许多新的生产厂商，主要有济南建达、济南汇力、无锡锡锻、无锡金球、东莞大同数控、河北汉智、湖北三环锻压、香港梁发记、台湾中龙等，当前代表产品均为单电伺服主传动数控转塔床。

近二十年来，国内的回转头压力机也随着钣金业的蓬勃发展得到了长足的进步，但与发达国家相比还有较大的差距，很多关键配套件，如液压系统、数控系统、丝杆、直线导轨等还依赖于进口。

6.8.2　国外主要产品

当前，国外的生产厂商主要有日本的 AMADA、MURATEC，比利时的 LVD，瑞典的 PULLMAX，意大利的 PrimaPower 等，其中以日本 AMADA 为代表。这些企业产品的发展趋势是设备向高效率、高精度、网络化、智能化方向发展，以伺服主传动方式为主，液压传动、机械传动方式逐渐减少。

在伺服主传动上，尤其以日本 AMADA 公司 2003 年推出的 EM2510NT 型数控回转头压力机为代表。该机将伺服电动机转子与曲轴直接相连，实现了电动机直接驱动曲轴，使得结构更紧凑，效率更高。该机主要技术参数见表 1-6-9。

表 1-6-9　EM2510NT 型数控回转头压力机的主要技术参数

参数名称	参数值
公称力/kN	200
冲压频率/(次/min)	500(5mm 行程、25.4mm 步距)
	780(5mm 行程、2mm 步距)
	1800(1.4mm 行程、0.6mm 步距)
送料速度/(m/min)	*X* 轴，100
	Y 轴，180

其主要优点：①消除了油液泄漏；②运动控制更加柔性；③系统无须预热，可直接快速起动；④节电 30%～40%；⑤步冲频率进一步提高。

近年来，日本 AMADA 公司新开发了 EM-NT 系列紧凑型、环保、智能的双伺服回转头压力机。以 EMZ3510NT 机型为例，因无须加油，在降低成本、减少能耗方面发挥出了巨大威力（见图 1-6-65）。为解决高速冲压的跳料问题，装备了真空式下模座。冲裁时，由于真空作用，不但消除了跳料，而且凸模进入凹模刃 1∶3 的深度由 2.5mm 缩短至 1mm，延长了模具的使用寿命。此外，可配置自动上下料单元和材料自动堆垛系统 MP2512L，以及可通过附加料架、连接自动仓库等进行系统升级，以实现无人化操作。

日本村田机械（MURATEC）的产品主要有机械数控伺服电动机驱动式多工位回转头压力机，如 M3058TG/M3048TG（见图 1-6-66）、M2548TS、M2558TS、

图 1-6-65　日本 AMADA 的 EMZ3510NT

M2048TS、M2048TE、M2044TC 等，依靠连杆机构和伺服电动机驱动控制，实现了高速、静音及无油化、环保加工等。其伺服电动机连杆机构采用全新碳纤维增强塑料，实现了轻量化、高刚度。独特的转塔结构，使向下翻边的高度可达 2mm，向下的成形加工高度达 20mm，自动旋转工位的旋转速度可达 180r/min。该机所具有的下模升降装置，使成形加工时的加工速度和加工范围限制得以消除，也可以消除板料表面可能产生的划伤；下方推力的成形加工可以在不托起板料的情况下实现翻边、凸台等高精度成形加工，成形加工后可以避免以往的由于板料在工作台上移动而造成的向下成形工艺与下模表面的碰撞干涉。

图 1-6-66　村田机械的 M3058TG/M3048TG 数控回转头压力机

M3058TG 和 M3048TG 型数控回转头压力机的主要技术参数见表 1-6-10。

表 1-6-10　M3058TG 和 M3048TG 型数控回转头压力机的主要技术参数

参数名称		参数值
公称力/kN		300
最大加工板厚/mm		6.35
加工板料尺寸($Y\times X$)/mm		X:1250/1525,Y:2500
冲压频率/(次/min)	连冲	510(7mm 行程、25.4mm 步距)
	步冲	1000(1.4mm 行程、0.5mm 步距)

意大利 PrimaPower 公司中文名称“普玛宝”，早在 1998 年就推出了伺服电动 E 系列回转头压力机技术，向可持续性生产迈出了一大步。

目前，普玛宝已经将该系列产品更新到第三代，它的特点在于，节约能源，设计符合人体工学原理，同时精确度和生产力极高。其冲压行程是数控的，因此除具有高的冲压效率，成形能力也极其精准；用户界面配备了触屏板，操作方便。

图 1-6-67 所示为普玛宝的 E5x Evolution 型数控回转头压力机。其加工板料最大尺寸为 2530mm×1270mm，无须重定位；冲压最大直径为 89mm，转塔转速为 24r/min，可冲压最大板料厚度为 8mm。

图 1-6-67　普玛宝的 E5x Evolution 型数控回转头压力机

6.8.3　数控回转头压力机技术的发展趋势

全球新一轮工业革命浪潮正席卷而来，无论是德国政府正大力推行的“工业 4.0”，还是美国政府所倡导的“第四次工业革命”，都预示着数字化、智能化技术将深刻改变制造业的生产模式和产业形态，以其为基础构建的“智慧工厂”将成为未来制造业的必然发展趋势。数控回转头压力机作为装备制造的终端产品之一，其未来的发展目标也是电子化、数字化、网络化：

1）压力机内部自动化系统，包括传感器、I/O 模块、执行元件、伺服驱动和传动齿轮、齿条及人机界面等的电子化、数字化功能。

2）压力机控制信息采用统一的数据库和软件平台，数据或信息可以自上而下和自下而上有效流动，从而为“智慧工厂”对生产线数据和生产过程数据进行初步的管理奠定基础。

3）压力机产品生命周期的集成信息，即把产品的设计研发、生产制造、安装调试、改进升级，直至报废、拆解进入再循环的整个生命周期集成起来，作为企业的需求分析、订单获取、物料供应、仓储运输直至售后服务的基础。

毋庸置疑，数控回转头压力机将朝着高速化、精密化、高可靠性的方向发展，未来具有网络系统的高速伺服冲柔性生产线将占据主导地位，由冲压装置，自动拆垛、码垛装置，上下料机器人，自动定位、翻转或穿梭传送装置等，再加上数控系统组成的全自动冲压生产线，可以方便地通过编程的方式改变压力机的运动轨迹和作业内容，具有加工过程的自适应控制、信息的检测处理、参数的自动优化、专家系统的引进和系统故障的自动诊断功能等，特别适合多品种、小批量的现代化生产方式，是进行高速、高效、高质量冲压生产的一种有效方式，是现代冲压生产技术的重要发展方向。

6.8.4　结束语

虽然经过多年的发展，我国数控回转头压力机取得较大的进步，在世界市场上也占有比较重要的地位，但我们也应清晰地看到，在中、高档数控回转头压力机的可靠性和数控回转头压力机的配套件方面，以及综合技术水平，与国外发达国家相比仍有一定的差距，因此还应做好以下几个方面的工作。

1）不断拓展数控回转头压力机的应用领域。

2）不断深化数控回转头压力机成形工艺的研究、应用。

3）加快数控回转头压力机配套件的国产化步伐。

4）进一步提高数控回转头压力机的可靠性。

5）不断提高数控回转头压力机的自动化集成能力。

只有这样，我国数控回转头压力机水平才能真正与世界同类产品相抗衡。

第7章

高强度钢板热成形压力机

天津市天锻压力机有限公司　吕　言
扬州精善达伺服成形装备有限公司　孙　林
济南奥图自动化股份有限公司　和瑞林

7.1 概述

近年来，高强度钢板热成形技术已成为汽车车身轻量化的主要途径之一，用该技术所生产的零件厚度一般为1.0~2.5mm，如图1-7-1所示。高强度钢板热成形技术将传统热锻造与冷冲压技术相结合，在高温下对高强度钢板进行冲压，并在模具内成形、淬火，制成高强度钢零件。与冷冲压制件类似，热冲压制件的连续批量生产需要通过热冲压生产线来实现，如图1-7-2所示。伴随中国汽车制造业与国际汽车业的快速接轨，国内汽车制造厂商对热冲压产品的使用量一定会逐步大幅度提高。

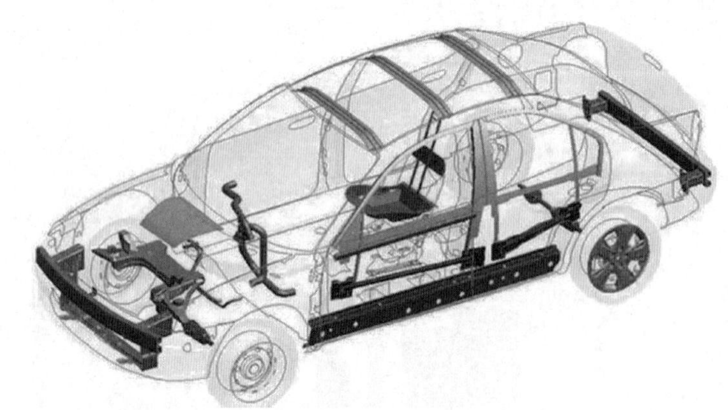

图1-7-1　高强度钢板热成形技术在车身上的应用

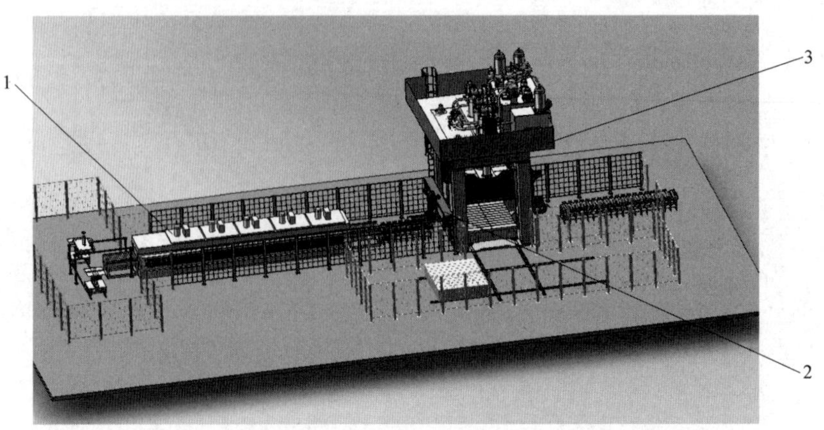

图1-7-2　热冲压生产线（源自360网络图片）
1—加热炉　2—自动化装置　3—热成形压力机

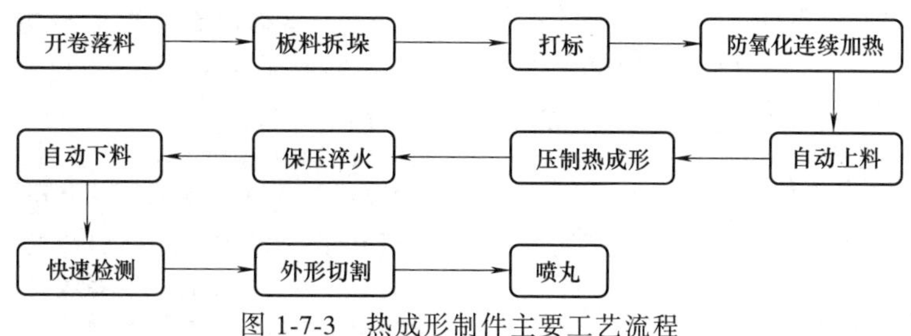

图 1-7-3　热成形制件主要工艺流程

热成形制件主要工艺流程如图 1-7-3 所示。

7.1.1　高强度钢板热成形技术

汽车的轻量化使得高强度钢板零部件的需求日益增加，世界各国的相关企业和研究院所均在高强度钢板成形加工的研究中投入了大量的精力。高强度钢板本身虽具有强度高的优点，但也存在成形性差、回弹难以控制、容易破裂等缺点，因此采用传统的冷冲压成形工艺难以实现复杂零件的成形，从而需要热冲压成形技术来实现。

与传统的冷成形技术相比，热成形技术的特点是，加工板料上存在一个不断变化的温度场，在温度场的作用下，板料内部的基本组织和力学性能发生改变，导致板料应力场变化；同时板料的应力场又反作用于温度场，所以热成形技术就是板料内部温度场与应力场共存且相互耦合的变化过程。具体过程：将常温下的普通高强度钢在炉中加热到 860~940℃，使材料组织均匀奥氏体化；然后送入内部带冷却系统的模具内进行冲压成形。随着合模快速冷却，奥氏体转变为马氏体，使冲压件得到硬化，这时材料的强度得到大幅度提高，这个技术又称为“冲压硬化”。

热冲压成形技术按工艺过程分为直接热冲压成形工艺和间接热冲压成形工艺两大类。在直接热冲压成形工艺中，坯料被加热后直接送至闭式模具内进行冲压成形和淬火，然后进行冷却、激光切割(或切边冲孔)、表面清理等后续工艺；在间接热冲压成形工艺中，先进行冷冲预成形，然后进入加热、热冲压成形、激光切割、表面清理等工艺。目前，行业内大规模批量生产大多采用前者，间接热冲压成形工艺适用于形状复杂或深拉深的零件。

影响高强度钢板热成形的质量及效率的因素如下：

1）板料加热温度。将板料通过加热炉加热到材料组织均匀奥氏体化，一般加热后温度控制在 860~940℃，这样淬火后的板料会形成均匀的马氏体组织，抗拉强度及硬度比原材料均提高了两倍以上。如果加热温度不足，则奥氏体在淬火后会形成大量的托氏体，无法有效提升板料的抗拉强度及硬度；如果加热的温度过高，不仅可能会造成板料表面过烧，而且会形成晶粒粗大的奥氏体，淬火后形成的马氏体晶粒极为粗大，抗拉强度明显降低。因此，应控制好板料的加热温度，通常由加热炉程序控制来实现。

2）加热时间。在合理的加热时间范围内，将材料组织均匀奥氏体化。如果加热时间不够，则材料组织无法均匀奥氏体化；如果加热时间过长，则会形成晶粒粗大的奥氏体，因此加热时间的合理化安排，能够减少能源浪费，降低生产成本。板料加热时间，包括保温时间，取决于板料自身的工艺需求，通常由加热炉程序控制来实现。

3）冲压成形温度。板料从加热炉取出，到放入模具合模之前的这个过程，板料暴露在空气中，如果转运及合模时间过长，一方面会加重板料的高温氧化，另一方面可能导致材料发生贝氏体及铁素体的转变，影响材料成形及成形后的性能，因此为了使板料得到优越的性能提升，合模时板料的温度控制就至关重要。从板料出炉到合模的时间长短主要取决于自动化传料装置及热成形压力机的下行合模速度，世界主要设备制造商都在致力于提升自动化及压力机节拍，以满足热成形工艺的需求。

4）冷却速率。在冷却阶段，板料与模具表面接触而冷却淬火，发生相变，从奥氏体转变成马氏体而实现组织强化。这种相变与冷却淬火的速率有关，只有当冷却速率超过一定数值时，才能使奥氏体均匀转变成马氏体。相反，如果冷却速率过低，板料中将出现贝氏体等其他组织，影响成形件的性能；如果冷却速率过快，材料内部残余应力过大，将导致成形件开裂。冷却速率取决于板料在模具内的压强及水冷系统的设计，同时板料成形的前后温度差对具体工件来说是定值，所以冷却速率决定了板料成形的保压时间，也明确了热成形压力机必须具备保压功能。

5）成形力。加热后的板料成形性能得到显著提高，屈服强度明显降低，因此板料在成形过程中所需成形力较小，但在板料成形后的保压阶段，由于板料淬火，内部应力明显增强，为了维持工件形状且抑制回弹，需要较大的压力将模具保持在合模状态。一般而言，公称力为 8000~12000kN 的压力机能满足绝大部分热冲压件的成形需求，但随着热成形技术的发展，热成形压力机有向大型发展的趋势。

高强度钢板热成形技术的优点：

1）高温成形，塑性好，成形极限高，回弹小，尺寸稳定性好。

2）工件在加工变形及随模具淬火后，强度、硬度高，抗凹性好。

3）成形力小，压力机吨位要求低，变形工序数少，生产周期短。

以某车型车身热成形典型件——纵梁（见图 1-7-4）为例，图 1-7-5 所示的纵梁成形力监测曲线为压力机控制系统触摸屏上实时读取的，横轴代表滑块位置，纵轴代表工件成形力。从工件的成形特性可以看出，热成形工件在变形初期需要的成形力很小；在合模淬火整形时，为使得板料在淬火后的变形被抑制，保证工件的成形性，需要较大的成形力保持合模状态。根据上述工件热成形的特点，将热成形压力机的能量合理分配，做到空载时速度最大，加压时快速建压，提供足够合模力，将有效提升生长线效率，节省能耗，提升工件性价比。

图 1-7-4　某车型车身热成形典型件—纵梁

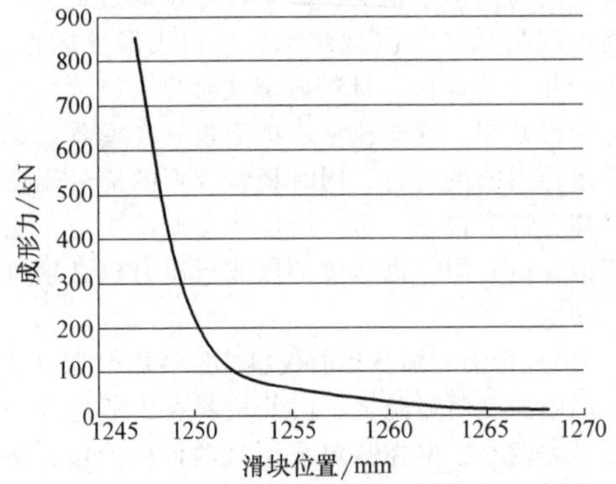

图 1-7-5　热成形典型件纵梁成形力监测曲线

7.1.2　高强度钢板热成形主要设备

高强度钢板热成形生产线主要由开卷落料线、板料拆垛系统、打标站、加热炉、上料装置、热成形压力机、水冷冲压模具、下料装置、快速检测台、切割装备及喷丸设备构成。其中，热冲压生产线中的压力机、加热炉、上下料装置及热冲压模具是核心设备，整线自动化控制系统是生产线的灵魂，直接决定生产线的效率。

7.2　热成形压力机的类型及特征

7.2.1　类型

压制高强度钢板热成形工件的设备主要有液压机、多连杆复合驱动压力机、多连杆伺服驱动压力机。

1. 液压机

国内高强度钢板热成形生产线用液压机的主要生产厂商有天津市天锻压力机有限公司（简称天锻公司）、合肥合锻智能制造股份有限公司（简称合锻智能）、扬州精善达伺服成形装备有限公司（简称扬州精善达）等，下面以 12000kN 板材快速热压成形液压机为例进行简单介绍。

液压机主要由主机和控制机构组成，主机包括机身、液压缸、移动工作台、机架平台等。控制机构包括液压动力系统、电气控制系统、安全系统及其他辅助部件。液压动力系统由高压油泵、液压阀、油箱、蓄能器等组成，为压力机提供可控制的液压动力源。电气控制系统由电气箱、PLC、触摸屏、报警系统等组成，通过液压动力系统及电气控制系统控制主机滑块输出动作和压力。

1）机身采用组合预紧式框架结构，具有较好的受力状态，因此具有较好的刚性和稳定性。机身中间设有滑块，支柱内侧布置的 4 条整体可调斜楔式导轨。导轨面积大、间隙小，抗偏载能力强，精度保持性好，可适合双工件的压制；导轨采用稀油润滑，润滑系统根据需要进行设定调节。由于滑块在下行过程中可能存在润滑油外泄的情况，热料遇到润滑油存在火灾风险，所以对导轨增加防护罩，避免润滑油飞溅，同时也能避免外界杂质对导轨造成损伤。滑块导轨护罩一般分为伸缩式金属护罩、“皮老虎”式护罩（见图 1-7-6）、固定弯板式护罩等，其中“皮老虎”式护罩能很好适应热成形压力机滑块的高速运动。

2）主液压缸采用一个柱塞缸及四个活塞缸结合的五缸结构，此设计既能增强设备的抗偏载能力，使滑块压力更为均匀，也能调整工作液压缸的数量，从而实现压力及速度的分级，满足多种热成形工艺的需求。

图 1-7-6　热成形压力机上应用的滑块导轨“皮老虎”式护罩

3）移动工作台为侧向 T 形移出方式，驱动方式为变频器加减速机齿轮传动。移动工作台配有贴合检测装置，当移动工作台下平面和下横梁上平面贴和后，机器才允许工作。移动工作台的操作采用手动单独操作，与滑块动作互锁，即只有滑块回程到上极限位置时移动工作台才允许工作。

4）液压动力系统由泵及蓄能器构成。其中，高压泵采用电控比例变量高压柱塞泵，主要为液压缸及蓄能器组提供动力源；蓄能器本产品用到两种，分别为活塞式蓄能器和皮囊式蓄能器，分别参与滑块的慢速加压和回程两种工艺动作，通过蓄能器瞬时流量大、响应快、能提供高压的特点，来提升滑块慢下及回程的速度，在有效降低装机功率的同时提升液压机的生产节拍，满足多种热成形工艺的需求。

液压系统控制部分由各个功能块组成，在电气系统的配合下，实现对油液的方向、速度、压力的控制，从而实现对滑块动作的控制；液压系统中的关键部位都设有检测点，可以实时显示液压机状态及快速诊断液压机出现的故障。

为了满足热成形模具成形工艺需求，匹配相应的模具控制辅助油路（见图 1-7-7），用于控制模具中特有的工作液压缸，实现顶料及拉深功能；系统压力由比例溢流阀控制，可实现精确调压；还配有用于模具冷却水的管路系统，包括水温传感器及水流量传感器，可实时显示水温及水流量，保证模具的温度满足实际工艺需求，最大化地确保工件的成形质量及成品率；还配有检测料片温度的红外测温仪，可准确检测加热后的料片经过转运机器人放置到模具内后料片的实时温度，检测料片的温度是否满足工艺成形性的要求，如图 1-7-8 和图 1-7-9 所示。

本机液压系统管路部分采用非焊接管路，有效抑制了由于焊接质量及管路清洗问题造成的系统污

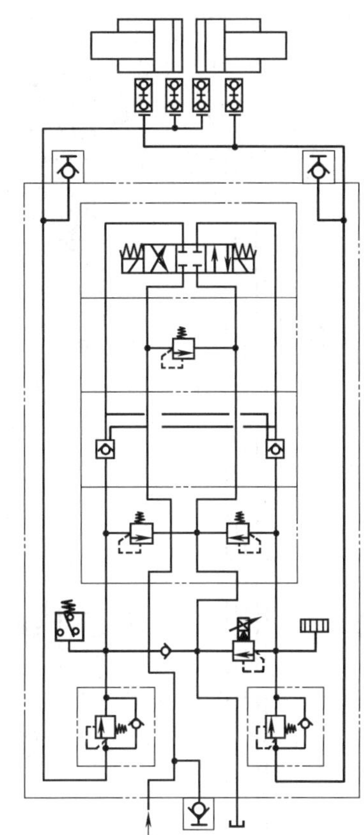

图 1-7-7　模具控制辅助油路

图 1-7-8　压力机温度监控系统

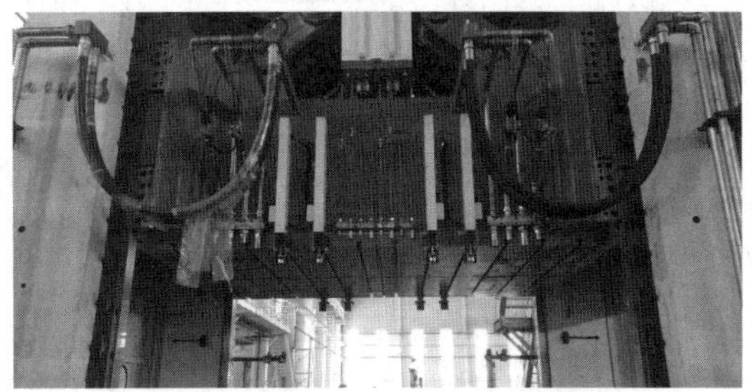

图 1-7-9　天锻公司压力机在屹丰现场模具辅助油路、气路和水路现场连接情况

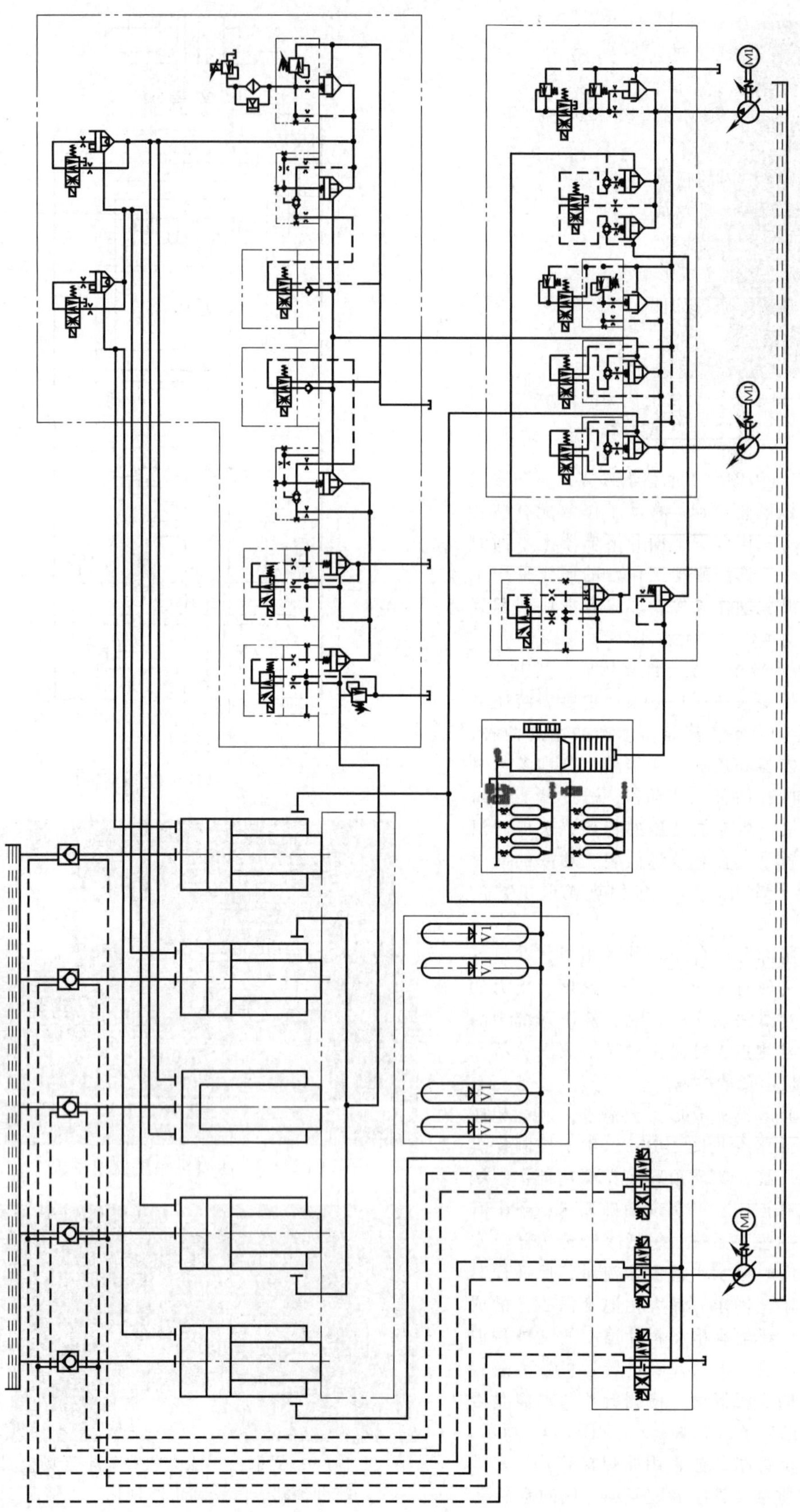

图 1-7-10　12000kN 板材快速热压成形液压机液压原理

染和漏油；液压机生产过程中所加工的板料都为900℃左右的热料，已经超过了液压油燃点的几倍，一旦发生漏油现象，就会产生严重的安全事故，所以液压机应用在热成形生产线上存在一定的弊端。

液压机在行程范围内的任意位置均可加压，同时保压时间任意可调，满足热成形工件的需求，而且在保压过程中可有效降低能耗。

12000kN 板材快速热压成形液压机的主要技术参数见表 1-7-1，其液压原理如图 1-7-10 所示，机身结构如图 1-7-11 所示。

表 1-7-1　12000kN 板材快速热压成形液压机的主要技术参数

序号	参数名称	12000kN 板材快速热压成形液压机
1	公称力/kN	12000
2	回程力/kN	1500
3	滑块行程/mm	1600
4	开口高度/mm	2600
5	地面上高度/mm	≤10000
6	滑块底面尺寸/mm(左右×前后)	3600×2500
7	工作台板尺寸/mm(左右×前后)	3600×2500
8	工作台高度/mm	650
9	最大模具重量/kg	40
10	工作台移出方式	T 形移出
	数量/个	2
11	工作台驱动方式	交流电动机变频驱动
12	工作台重复定位精度/mm	±0. 05mm
13	工作介质	46 号抗磨液压油
14	滑块下行最大速度/(mm/s)	1000(可调)
15	滑块工作最大速度/(mm/s)	350(可调)
16	滑块回程最大速度/(mm/s)	800
17	滑块位移显示精度/mm	0. 1
18	机器结构形式	组合框架

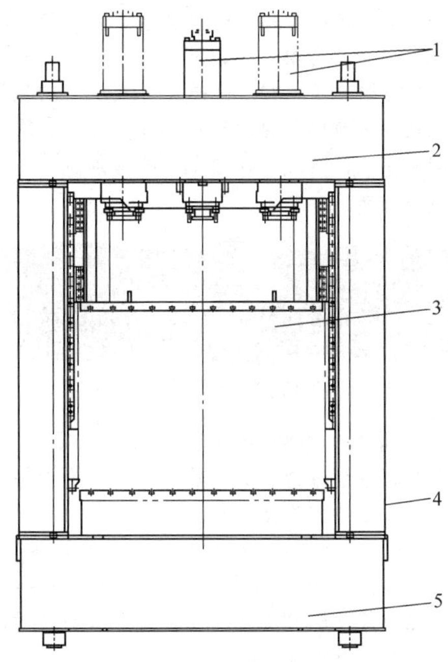

图 1-7-11　12000kN 板材快速热压成形液压机机身结构

1—驱动液压缸　2—上横梁　3—滑块组件　4—支柱　5—下横梁

2. 多连杆复合驱动压力机

多连杆复合驱动压力机将机械压力机的特性和液压机的特性相结合，采用机械、液压复合式驱动结构，既有机械压力机的快速性，又有液压机的优良操作性，具备很高的位置和压力控制精度，可满足复杂成形工艺的需求。该机具有以下特点：压力机的压力可任意设定；压力机的行程可任意设定；压力机成形速度可任意设定。

多连杆复合驱动压力机也是由主机和控制机构组成的，主机框架与液压机基本相同；控制机构也由液压系统、电气控制系统、安全系统及其他辅助部件组成，模具辅助系统也与液压机相同。与传统液压机的区别在于，该压力机驱动部分由高精度低阻尼复合液压缸带动小滑块运动，再通过连杆增力机构驱动主滑块工作，取代了传统液压机上的驱动液压缸；设备还采用了独特的平衡滑块和上模重量的气液平衡装置，在降低装机功率的情况下，实现了滑块的高速运动。

与传统液压机相比，多连杆复合驱动压力机的运动更加平稳、高速，同时更加节能；在提高动态性能的同时，提高了设备的安全性，可以大大缩短紧急停止时的滑块的下滑量，确保人身和设备的安全。滑块具备模具闭合高度自动调节功能，其中蜗轮蜗杆采用稀油浸油润滑方式，有别于传统曲柄连杆机械压力机的干油润滑方式，蜗轮蜗杆能够在更可靠的润滑条件下工作。模具封闭高度调整的精度可达±0. 1mm。

多连杆复合驱动压力机具有区别于普通压力机的特色结构：

1）高速复合液压缸（见图 1-7-12）。主液压缸采用高精度低阻尼复合液压缸，具有快速腔、加压腔及回程腔，可实现滑块快速下行、加压慢行及快速回程。由于连杆增力机构在接近下死点位置时具有6~8倍的增力系数，所以复合液压缸的公称力为设备公称力的1/8左右，这样复合液压缸的加压腔面积也就是同吨位普通液压机的1/8左右，降低了油液的需求量，加快了各动作的响应速度，同时降低了装机功率。

图1-7-12　高速复合液压缸

2）智能偏心力矩检测及安全保护系统。压力机除了具有故障自诊断系统、远程监控及维护保养系统外，还具有各种智能功能，如偏心力矩检测（调试模具中压力机的压力中心和模具型芯的偏移量）及安全保护，压力机的最大偏载保护、超载保护，试模过程中各种压力、位置及速度的动态显示及记录（模具的4点压力值）。

智能伺服压力机采用高精度传感器（见图1-7-13）检测压力机支柱的形变量，从而实时反馈生产过程中压力机前后左右的偏心力矩，而且该偏心力矩值可根据不同的模具而设置，并以当前模具配方数据的形式存储，以便快速更换模具和模具相关参数。压力机的自动检测偏心力矩功能，可以保护压力机和模具，延长设备使用寿命。

图1-7-13　高精度传感器现场使用情况

3）对称多连杆增力机构。多连杆增力机构（见图1-7-14）可以将复合液压缸的压力转化为滑块压力，具有较高的增力系数。多连杆是通过动态仿真和计算得到的具有一定强度和特定压力行程曲线的机构，减速比具有非线性的特点；各杆之间通过轴销连接；在工作行程内速度低而平稳，满足了冲压时合理的拉深速度，提高了冲压件的质量及模具的使用寿命，同时滑块空程速度快，有利于提高生产率；合理运用有限的能量，配合往复式的驱动形式，避免了无穷大力和死点的出现，同时可保证滑块机械同步，在冲裁加工时无过冲问题，在成形加工时滑块对导轨的侧压载荷小，因而能长期保持压力机的精度。

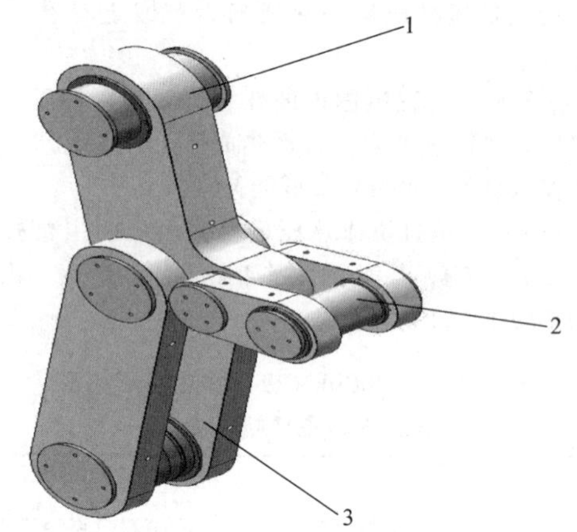

图1-7-14　多连杆增力机构

1—肘杆　2—驱动杆　3—出力杆

4）微调机构。微调机构（见图1-7-15）是多连杆压力机的重要组成部分，蜗轮蜗杆具有传动平稳的特点，可实现滑块平稳、慢速的运行；操作人员可根据模具的需求调整模具的闭合高度。

微调机构由微调电动机、联轴器、蜗轮蜗杆、微调制动器、微调电气控制部分等组成。微调电动机可正反转运行，对应调整滑块上下微动。通过调整电动机的频率实现微调速度的变化。

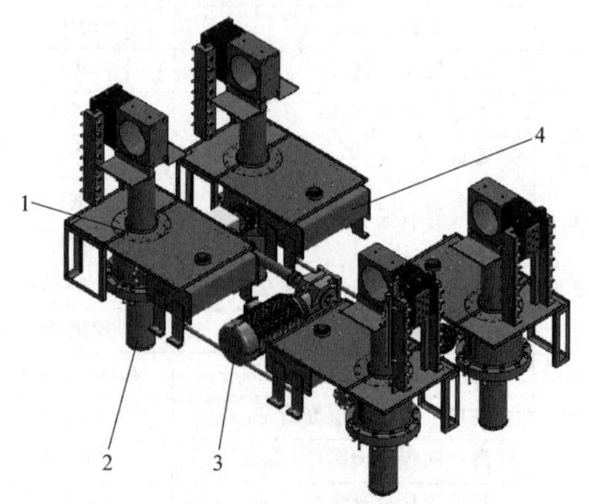

图1-7-15　微调机构

1—微调丝杆　2—微调箱体
3—微调电动机　4—微调导板

5）平衡缸系统。平衡缸系统由平衡缸、功能阀块、蓄能器及连接管路构成（见图1-7-16），用于平衡滑块、上模及安装于滑块上的其余装置的重量，是多连杆复合驱动压力机实现节能及快速响应的关键所在。

平衡缸系统安装在设备的两侧（见图1-7-17），

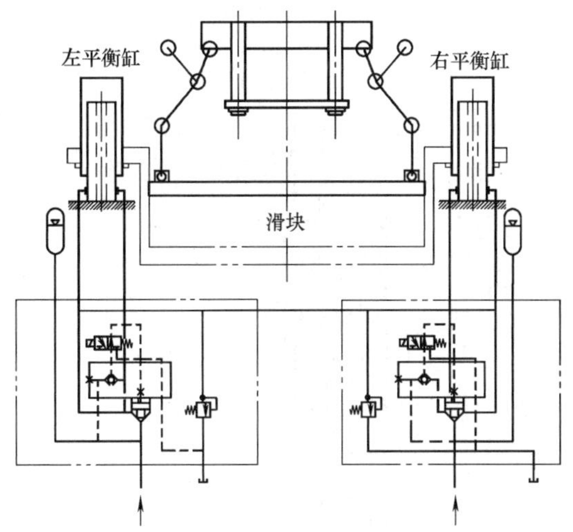

图 1-7-16　平衡缸系统

图 1-7-17　平衡缸系统现场情况

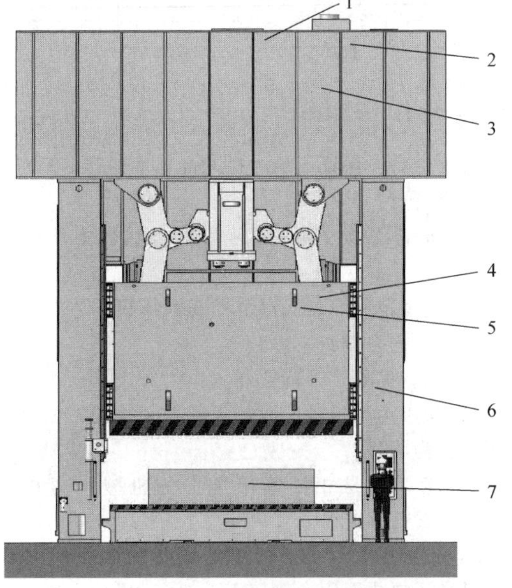

图 1-7-18　12000kN 多连杆复合驱动压力机结构
1—复合液压缸　2—平衡缸组件　3—上横梁
4—微调装置　5—滑块　6—支柱　7—工作台

能有效抑制偏载，压力随滑块在行程中位置的变化而不断改变，由系统本身的特性决定，但压力的波动范围较小，一般在平衡点上下 1.5MPa 以内，即无论滑块在哪个位置，平衡缸都会有效平衡全部或部分重量，减轻主驱动的负担。

国内多连杆复合驱动压力机的主要生产厂商有天锻公司、扬州精善达等。以 12000kN 多连杆复合驱动压力机为例，其主要技术参数见表 1-7-2，结构如图 1-7-18 所示，压力机液压原理如图 1-7-19 所示，压力行程曲线如图 1-7-20 所示，速度行程曲线如图 1-7-21 所示。

表 1-7-2　12000kN 多连杆复合驱动压力机的主要技术参数

序号	参数名称	复合驱动热成形压力机
1	加压点/点	4
2	公称力/kN	12000
3	滑块行程/mm	1100(可调)
4	装模高度/mm	1000～1500
5	地面上高度/mm	≤11000
6	滑块调节量/mm	500
7	空载滑块行程次数/(次/min)	14～18
8	滑块底面尺寸/mm(左右×前后)	3600×2500
9	工作台板尺寸/mm(左右×前后)	3600×2500
10	工作台高度/mm	650
11	工作台移出方式	T 形移出
	数量/个	2
12	工作台驱动方式	交流电动机变频驱动
13	工作台重复定位精度/mm	±0.05
14	工作介质	46 号抗磨液压油
15	滑块下行最大速度/(mm/s)	1000
16	滑块工作最大速度/(mm/s)	200
17	滑块回程最大速度/(mm/s)	1000
18	滑块位移显示精度/mm	0.1

3. 多连杆伺服驱动压力机

多连杆伺服驱动压力机是多连杆复合驱动压力机的升级版，与多连杆复合驱动压力机相比，具有高效率、高精度、高品质、节能、高性价比的特点；主机框架、滑块气液（或气动）平衡装置及控制系统、模具辅助控制油路及水路等与多连杆复合驱动

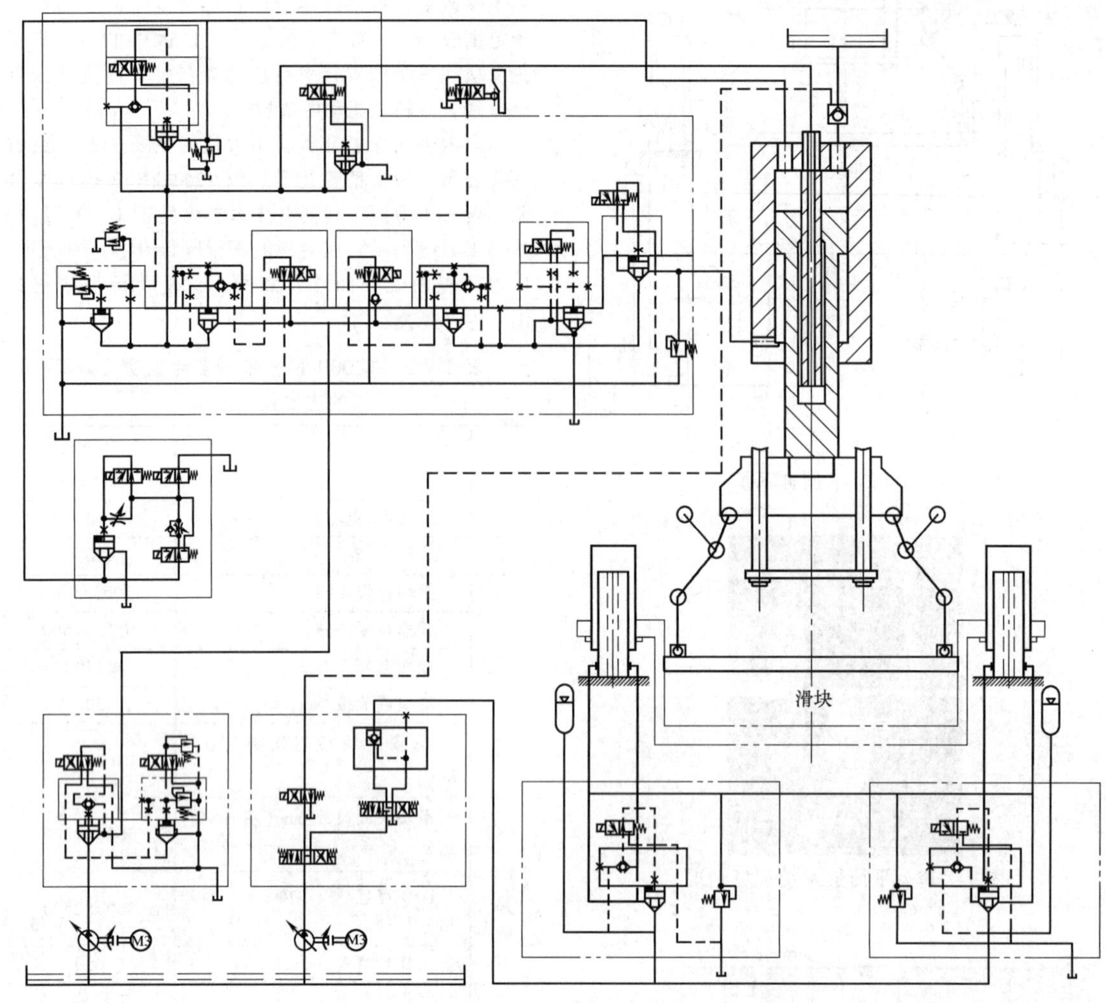

图1-7-19 12000kN多连杆复合驱动压力机液压原理

压力机基本一致，区别在于多连杆伺服驱动压力机采用伺服电动机作为驱动源，通过减速机连接丝杆与丝杆母，驱动小滑块运动，替代了多连杆复合驱动压力机的驱动部分，具有最佳组合形式，同时电气部分做了相应升级；压力机采用伺服驱动，可与机械手按凸轮形式进行控制，提高整线的生产节拍，并能保证设备的安全性。

多连杆伺服驱动压力机不仅具备液压机的高品质成形性能和优异的操作性能，同时具备与机械压力机媲美的高生产率。可以任意设定、控制滑块的合模速度，仿真各种生产线上的压力机的工作状态，满足多种工艺曲线要求，从而使模具上线后的再调整减少到最少；可以任意设定、控制压力机的输出压力（最小可以控制在额定输出压力的3%以内），有效地防止了由于误操作造成的模具损坏，延长了压力机的寿命，保证了压力机的高精度运行。

主要特点：

1）抗偏载能力强，同步性好（成形力均匀），精度高。

2）加工范围广，成形范围是液压机的1.5倍以上，拉深比提高20%~30%。

3）结构简单，维修性好。

4）噪声值较机械压力机降低15~20dB，相对于液压机更为明显。

5）能耗约是相同输出压力的机械压力机的40%，液压机的30%。

6）大大简化了液压系统，有效降低了漏油风险，提高了热成形压力机使用上的安全性。

采用交流伺服电动机和伺服控制系统，具有以下优点：

1）伺服系统可实现位置模式、速度模式、力矩模式的精确控制。

2）高速性能好，低速运行平稳，稳定性强，机械振动小。

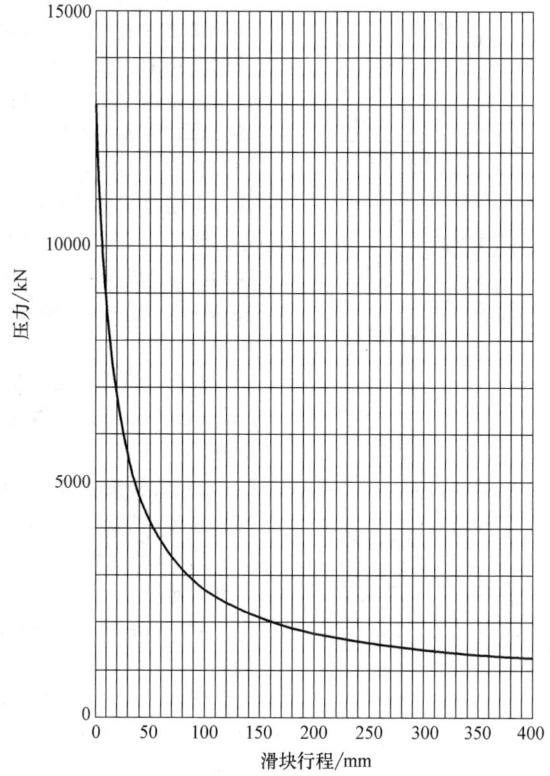

图 1-7-20　12000kN 多连杆复合驱动压力机压力行程曲线

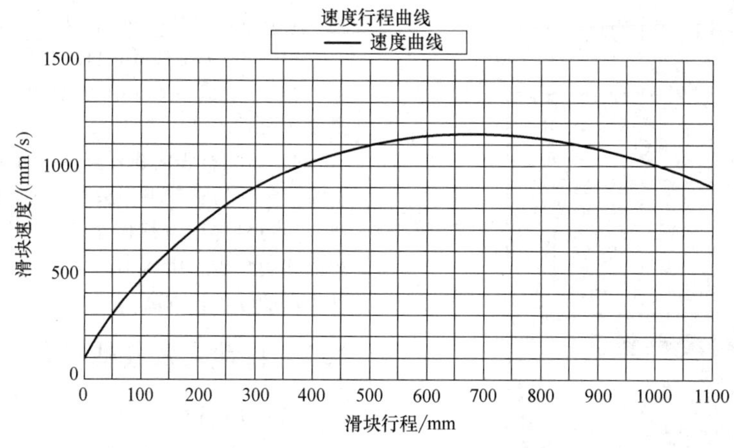

图 1-7-21　12000kN 多连杆复合驱动压力机速度行程曲线

3）响应速度快，速度范围为 0~1000mm/s，加速时间不超过 0.5s。

4）抗过载能力强，避免瞬间负载波动而造成的过载报警。

5）大大降低了噪声污染。

6）节能。相比同生产工艺的传统压力机节能30%以上。

天锻公司、扬州精善达等针对热成形工艺开发了 12000kN 多连杆伺服驱动压力机，产品的主要技术参数、速度行程曲线及压力行程曲线与多连杆复合驱动压力机基本一致。该机的主要技术参数见表 1-7-3，结构如图 1-7-22 所示。

表 1-7-3　12000kN 多连杆伺服驱动压力机的主要技术参数

序号	参数名称	伺服驱动热成形压力机
1	加压点/点	4
2	公称力/kN	12000
3	滑块行程/mm	1100(可调)
4	装模高度/mm	1000~1500
5	地面上高度/mm	≤11000
6	滑块调节量/mm	500
7	空载滑块行程次数/(次/min)	14~18
8	滑块底面尺寸/mm(左右×前后)	3600×2500
9	工作台板尺寸/mm(左右×前后)	3600×2500
10	工作台高度/mm	650
11	工作台移出方式	T 形移出
	数量/个	2
12	工作台驱动方式	交流电动机变频驱动
13	工作台重复定位精度/mm	±0.05
14	滑块下行最大速度/(mm/s)	1000
15	滑块工作最大速度/(mm/s)	200
16	滑块回程最大速度/(mm/s)	1000
17	滑块位移显示精度/mm	0.1

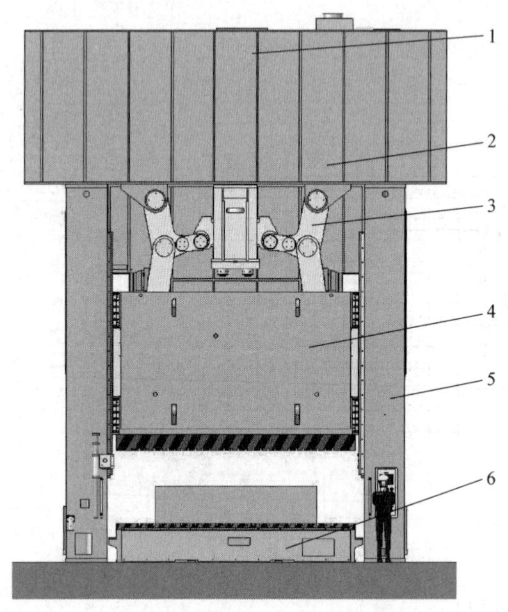

图 1-7-22　多连杆伺服驱动压力机结构
1—主驱动装置　2—上横梁　3—连杆机构
4—滑块　5—支柱　6—工作台

7.2.2　特征

根据前述高强度钢板热成形工艺的需求，热成形压力机需具备快速合模冲压和保压功能。冷冲压成形压力机（包括传统的液压机及机械压力机）不适合于钢板热冲压成形工艺，因为传统的液压机不具备快速合模及冲压功能，传统机械压力机又不具备保压功能。高强度钢板热冲压成形压力机要兼顾传统液压机和机械压力机的优点，因此需要量身定做，综合考虑生产零件效率及压力机成本、制造周期。目前，用于批量生产的热冲压成形压力机的常规最大压力值为 800~1600tf，压力机工作台板已基本实现了行业内的标准化，尺寸（前后×左右）为 2000mm×2200mm 或 2200mm×3000mm 或 2500mm×3600mm，压力机吨位级工作台板尺寸具体取决于生产需求。

热冲压成形压力机应具备的功能：

1）具有快速合模能力，减小板料在合模前的温降。

2）具备长时间保压功能，板料需要保压来实现淬火和形状稳定。

3）配备板料温度检测系统，板料压制前有最低温度限定，压力机要反馈板料温度。

4）配备快速冷却系统，用于板料合模淬火处理。

5）滑块要快速建压。由于板料在合模状态下淬火，内部应力剧增，产生的抗力较大，所以滑块建压速度越快，工件的成形效果越好。

6）吨位、工作台板足够大。为提高生产率，可进行一模两件或一模多件成形，这时模具的尺寸增加，而且需要的压力机吨位增大。

7）压力机刚性好，可提高成形件质量。

8）具备模具辅助油路及气路控制系统，满足模具使用要求。

9）压力行程曲线要合理。由于加热后的板料对合模成形力需求较小，保压淬火阶段压力需要较大，所以压力机的压力行程曲线如果与工件的成形力行程曲线越贴近，则压力机的能耗越理想，设备及零件生产的性价比越高。

7.3　自动化及其他设备

7.3.1　加热炉

1. 加热炉的特质

加热炉是热成形工艺设备中不可或缺的关键设备，其功能就是将板料加热至完全奥氏体化温度。

为满足板料的热成形需求，热成形连续加热炉应具有以下特质：

1）加热炉必须有足够的加热功率，以保证炉内板料在设定时间内完全奥氏体化。

2）防氧化功能。对于没有防氧化涂层的钢板，在高温下容易氧化脱碳，需要加热炉采取严格的气体保护。

3）为了实现在给定生产节拍下的连续自动化生产，加热炉必须具备自动化的进、出料功能，定位精度要高。

4）加热炉必须具备炉内温度多段控制及监测功能，以保证板料温度的均匀性。

5）加热炉必须配备应急发电动机，并确保加热炉的控制系统有意外断电后的自动起动功能。

2. 加热原理

保证板料在一定时间内均匀加热且完全达到奥氏体化，是对加热炉最基本的工艺要求。通常有三种加热方式，如图 1-7-23 所示。

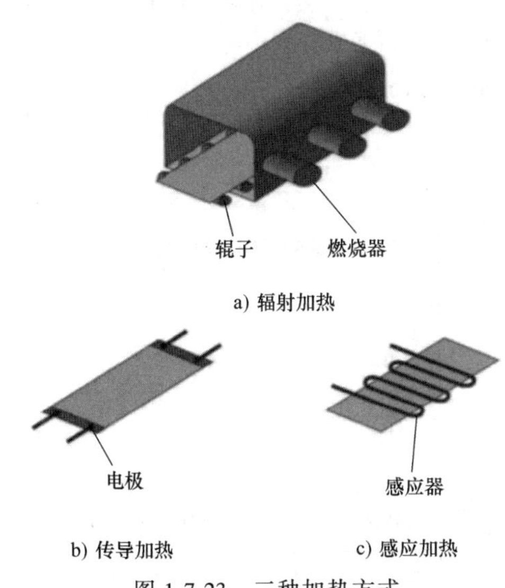

图 1-7-23　三种加热方式

1）辐射加热。通过燃气燃烧加热或电阻丝加热，将热量通过辐射的方式传递至板料。辐射加热方式是传统连续加热炉的主要加热原理，板料加热速度和时间可准确控制，加热均匀，已大量用于批量热冲压件生产的加热炉。

2）传导加热。将板料夹在两电极之间，当电流通过板料时，根据电阻的热效应原理而自行加热。传导加热方式可以更好地控制板料的加热速度、受热程度及受热范围等，灵活可控，但其主要缺点是加热过程中无法控制板料温度分布的均匀性，特别是对于异形板料，故极少用于批量热冲压件生产的加热炉。

3）感应加热。感应加热由高频发生器和感应线圈（即感应器）两部分组成。当板料被送入感应器时，发生电磁感应，产生交变磁场，磁力线通过金属产生涡流，涡流使分子做高速无规则运动产生热量。相比辊底式加热炉，由于没有废气和辊子造成的热量损失，感应加热的效率能提高 2 倍，但感应加热在热冲压成形加热炉领域的工业化应用尚处在研发阶段。

3. 加热炉的分类

高强度钢板热冲压成形生产线上一般用到两种加热炉，即辊底式加热炉和多层箱式加热炉。

1）如图 1-7-24 所示，辊底式加热炉是前期热冲压成形生产线中最常用的加热炉，主要包括上料辊道、加热炉、出料辊道及对中提升装置。板料由上料辊道自动快速送入加热炉内，在炉内加热至均匀奥氏体化后由出料辊道快速对中并送至指定位置后举升至一定高度，再由机械手或机械臂抓取后快速送至压力机内。板料上料辊道通常由钢制炉辊组成，由变频电动机驱动，速度可调，负责将板料按要求速度送入炉内；辊底式加热炉通常由钢制的炉膛和炉盖组成，炉盖放置在炉体顶部的纱封上，由石英砂等介质填充气密。加热炉的大小及功率负载量取决于板料的处理需求量，需求量越大，加热炉的炉体长度越大，炉内均匀布置相应数量的耐热陶瓷辊。

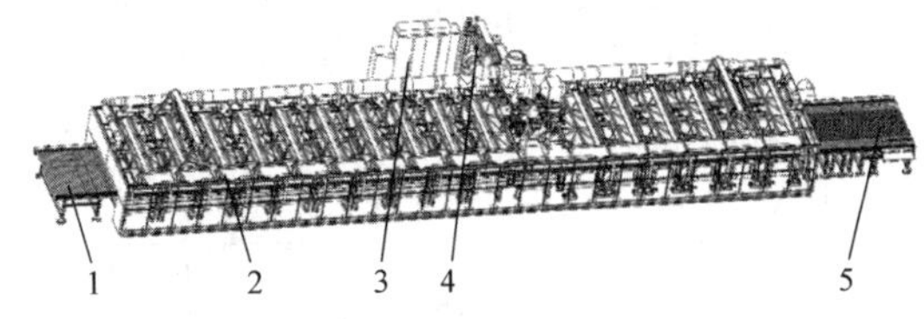

图 1-7-24　辊底式加热炉

1— 上料辊道（进料台）　2—加热炉　3—电柜
4—空气干燥站　5—出料辊道及对中提升装置（出料对中台）

对于间接热冲压成形（对预成形件进行加热再热冲压成形）技术而言，需要使用双层辊底式加热炉，即在单层辊底式加热炉上部再增加一层辊底式加热炉，并在进出炉位置有上下运动连接，以便实现零件支架的循环使用，如图 1-7-25 所示。主要用于镀锌钢板热冲压件的生产，已用于宝马车型镀锌热冲压件的生产上。

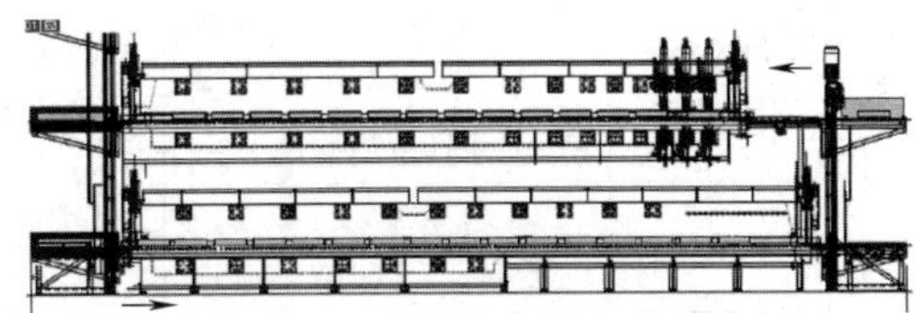

图 1-7-25　双层辊底式加热炉
（源自 Schwarts 资料）

2）多层箱式加热炉是传统单层加热炉的改进，可按生产节拍需求增加炉层，其炉膛为箱形，类似于抽屉结构的加热炉，故又称为箱式加热炉。根据

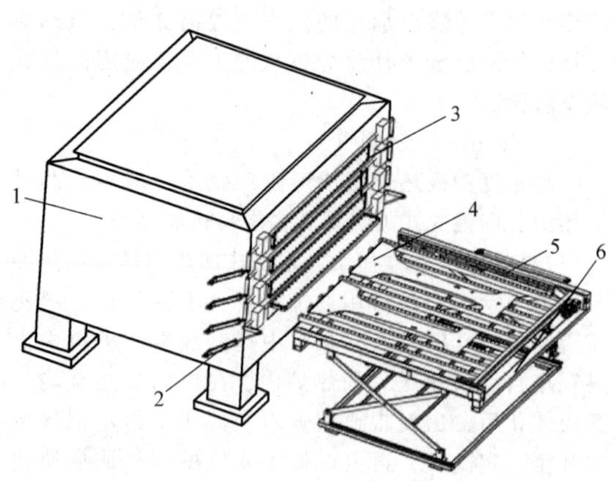

图 1-7-26　多层箱式加热炉及上下料叉结构
1—主体　2—气动连杆　3—炉门
4—料片　5—进出机构　6—升降机构

加热炉炉层层数可分为单层箱式和多层箱式加热炉（见图 1-7-26）。单层箱式加热炉主要用于热冲压件试制，多层箱式加热炉既可用于零件试制也可用于批量生产。

多层箱式加热炉采用电加热方式，板料被放置在炉膛内的支架上，支架可自转或固定不动，在炉膛的上层、下层及两侧都布置有电阻丝进行加热。板料在加热过程中基本保持静止，确保工艺过程稳定，当加热结束后由进出机构和升降机构将其移出。

辊底式加热炉和箱式加热炉的特点对比见表 1-7-4，在实际中的应用如图 1-7-27 和图 1-7-28 所示。

箱式加热炉具有制造和养护成本低、占地面积小、能耗低、可柔性化生产的诸多优点，随着自动化技术的不断成熟，箱式加热炉在未来热成形生产线中的运用将越来越广泛。

表 1-7-4　辊底式加热炉和箱式加热炉的特点对比

序号	内容	加热炉		对比结论
		辊底式加热炉	箱式加热炉	
1	能源介质	加热方式可分为纯电加热、纯天然气加热或电气混合加热	加热方式只能为纯电加热	辊底式加热炉优于箱式加热炉
2	占地面积	本体一般较长，占地面积相对较大	一般体积较小，相对占地面积也较小	箱式加热炉优于辊底式加热炉
3	板料防氧化	可有效地隔绝空气与保护气体之间的置换，防止板料氧化	在开关炉门的同时会发生空气与保护气体之间的置换，消耗大量的保护气体，使板料存在被高温氧化的可能	对于非涂层板件的生产，辊底式加热炉可有效防止氧化，而箱式加热炉无法实现
4	板料位置精度	采用了板料对中定位装置，可以准确控制料片位置	板料放置在固定位置，保持不动，无法调节	辊底式加热炉优于箱式加热炉，提高了自动化能力
5	能耗	使用时必须整炉进行加热	可以选择使用一个或几个腔体单独加热	箱式加热炉优于辊底式加热炉
6	制造及维护保养	需要对加热元件、陶瓷辊棒、传动系统进行保养，且单件费用较高	炉体本身结构简单，维护元件相对较少	就加热炉本身而言，辊底式加热炉的制造和维护保养费用都相对较高，但多层箱式加热炉的自动化部分要略微复杂。总体来说，辊底式加热炉生产线的整体费用明显高于多层箱式加热炉
7	炉温分段控制	可以很容易地实现炉温分段控制，满足板料加热曲线的需要	无法实现	辊底式加热炉优于箱式加热炉
8	柔性化生产	适用于单一批量生产	不但适合单一零件大批量生产，还能满足多品种小批量生产和试模	箱式加热炉优于辊底式加热炉

图 1-7-27　辊底式加热炉在实际生产中的应用

图 1-7-28　多层箱式加热炉在实际生产中的应用

7.3.2　自动化

1. 热成形自动化系统的构成及主要部件

高强度钢板热成形生产线主要包括拆垛系统、打标系统、加热炉、上下料系统、压力机和整线控制系统等，如图 1-7-29 所示。

(1) 拆垛系统　一般生产用坯料是通过落料线裁剪成的异形板料，材质通常为 22MnB5，常用铝硅涂层板或裸板，裸板在加热后的工位转运中会暴露于空气中，表面被氧化后会形成氧化皮，生产过程中需要定期清理模具。

热成形生产线的生产率受限于较长的保压冷却时间，生产节拍明显低于冷冲压成形，为了提高生产率，模具通常设计为一模多件，即一次冲压成形多个零件，目前能做到最多一模六件。模具内板料排布示例如图 1-7-30 所示。

拆垛通常采用带有真空吸盘的端拾器，垛料根据材料的不同需要采取不同的分张措施。为保障拆垛工作的顺利执行，垛料的几何尺寸须满足自动拆垛的条件，见表 1-7-5。

拆垛系统一般包括垛料小车、定位托盘、磁力分层器、拆垛端拾器、拆垛机器人或机械手。坯料通过人工吊装到定位托盘上后定位，再将磁力分层器靠近垛料使之分层，带料托盘可由垛料小车送到

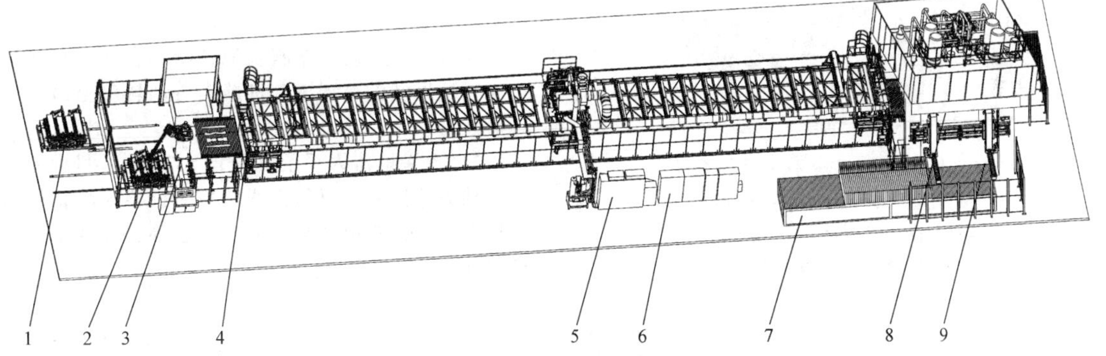

图 1-7-29　高强度钢板热成形生产线

1—垛料小车　2—端拾器　3—拆垛机器人　4—辊底式加热炉　5—加热炉电柜　6—压力机及自动化电柜　7—下料链板机　8—压力机　9—上下料机械手

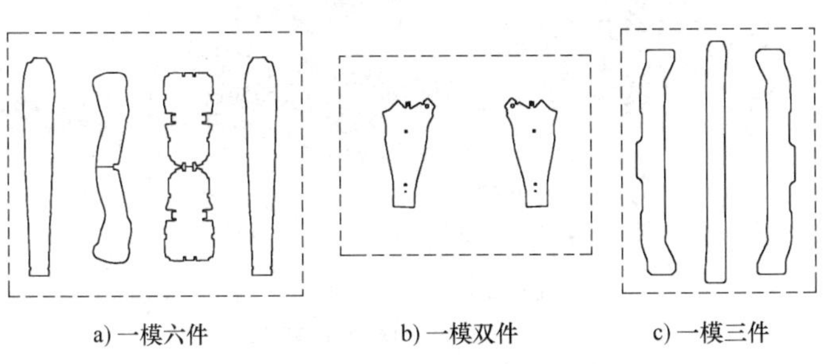

图 1-7-30　模具内板料排布示例

表 1-7-5　垛料的几何尺寸要求

图例	尺寸要求	图例	尺寸要求
	$c=5\text{mm}$ $H_{\max}=500\text{mm}$		$w=5\text{mm}$
	$d=5\text{mm}$		$h=50\text{mm}$

指定拆垛区，也可通过叉车送到拆垛区，机器人或机械手再到拆垛区抓取进行打标和为加热炉上料。

为实现整线连续不间断生产，至少应有两个拆垛区，一个拆垛区的垛料拆分完毕后，机械手或机器人自动跳转到另外一区进行拆垛。图 1-7-31 所示为使用桁架机械手拆垛的系统布局。垛料通过定位托盘由叉车或桥式起重机送到拆垛区。采用机器人拆垛时，一般安装于加热炉进料台前方，垛料由自动运行的垛料小车送到拆垛区。

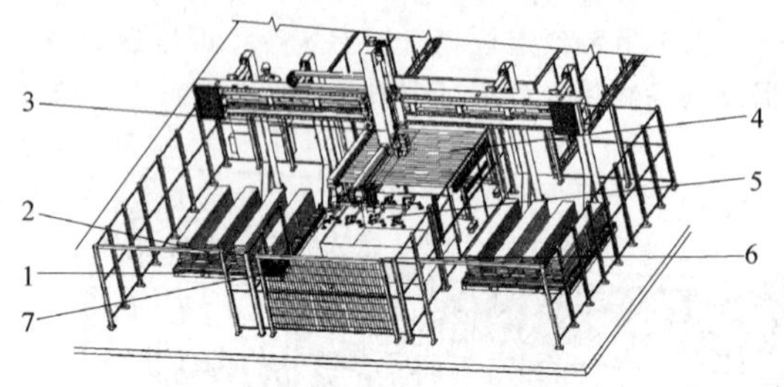

图 1-7-31　使用桁架机械手拆垛的系统布局
1—定位托盘　2—垛料　3—拆垛机械手
4—加热炉进料台　5—端拾器
6—废料箱　7—机械打标

1）垛料小车（见图 1-7-32）。准备好的垛料，由垛料小车送到拆垛区。垛料小车采用变频电动机驱动，速度可调；停止通过行程开关控制，达到定位准确的目的。

为保证端拾器每次抓取单张钢板，需要通过磁性分离装置使垛料的上层钢板之间产生间隙。磁力分层装置通过摆臂装置固定到小车两侧，通过滑动和摆动来调节位置。垛料放置完毕后，人工将磁力分层装置靠近板料，实现板料的分张。

2）拆垛流程。垛料到达指定位置后，拆垛机器人或机械手将端拾器移动到垛料上方，将板料抓起进行双料检测和打标。拆垛循环时间一般不超过 12s。生产中，机器人的动作循环流程如图 1-7-33 所示。

垛料小车上装有末料检测传感器，在一个托盘上垛料被拿空的情况下，机器人自动转移至另一个托盘区。

3）拆垛机器人系统（见图 1-7-34）。目前，常用六轴关节机器人进行拆垛，并为机器人配备端拾器快换装置，实现端拾器的自动快换，降低工人工作强度。

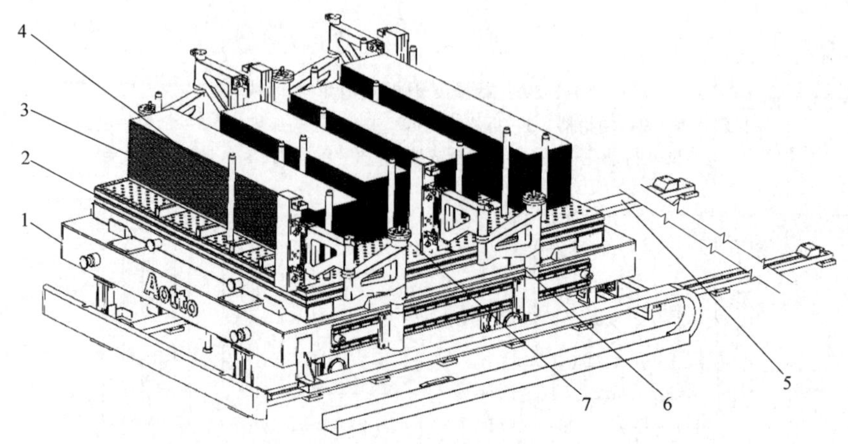

图 1-7-32　垛料小车
1—小车主体　2—定位托盘　3—垛料　4—定位杆　5—导轨　6—摆臂装置　7—磁力分层装置

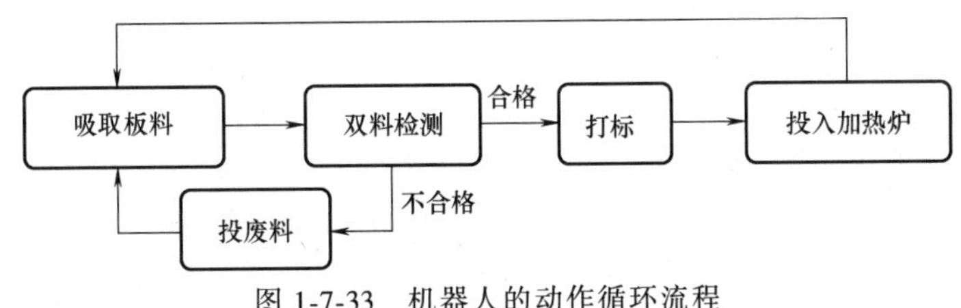

图 1-7-33　机器人的动作循环流程

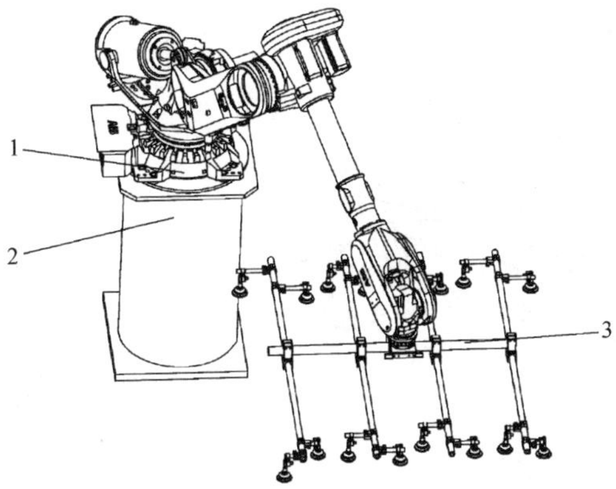

图 1-7-34　拆垛机器人系统

1—六轴关节机器人　2—机器人底座　3—拆垛端拾器

4）拆垛机械手（见图 1-7-35）。专用拆垛机械手也是很常见的配置，使用拆垛机械手的优点在于布置紧凑、占地面积小。

拆垛机械手具有三个直线运动和一个末端旋转运动，能满足拆垛、打标、抛废料及加热炉上料的需求。机械手采用伺服运动控制系统，通过专用的运动控制软件进行编程，具有精度高、速度快、轨迹编程灵活简易等特点，一般配备手持式移动操作屏，方便调试。

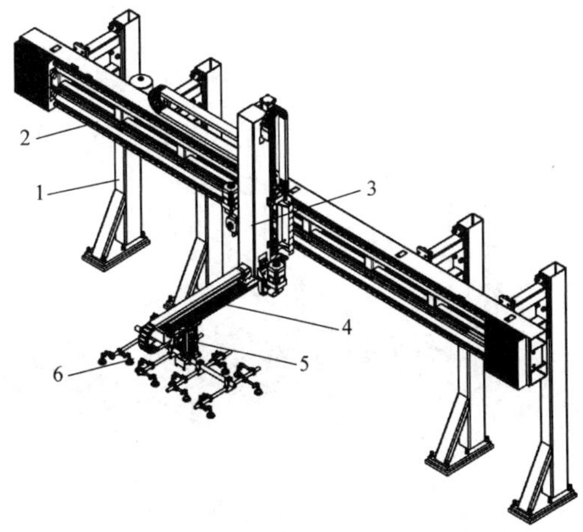

图 1-7-35　拆垛机械手

1—支架　2—Y 轴　3—Z 轴　4—X 轴

5—旋转轴　6—拆垛端拾器

拆垛机械手作为专用设备，设计时需要充分考虑空间布局需求，使机械手各轴行程覆盖垛料托盘、加热炉进料台、打标站和废料箱 4 个工作区域。

5）拆垛端拾器（见图 1-7-36）。拆垛端拾器一般由多种规格的铝合金圆管通过转换接头连接成一体，结构应方便调整，满足不同的板料布局。使用真空吸盘抓取板料，每个吸盘通断气均可通过拆垛系统上的阀岛进行控制；上方安装有快换盘，可与机器人六轴的快换主盘进行对接，实现机械、气路和电信号自动对接。

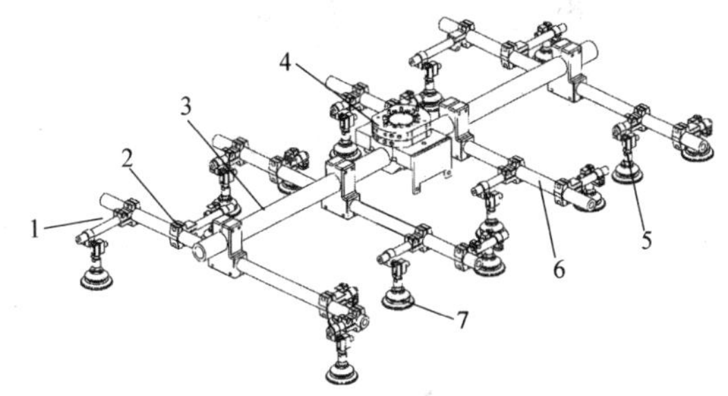

图 1-7-36　拆垛端拾器

1—枝干　2—转换夹头　3—主杆　4—快换盘

5—弹簧杆　6—分杆　7—吸盘

（2）打标系统　零件一般使用气动打标或激光打标进行标识，记录相关重要的生产信息，包括批次号，生产日期等。

1）气动打标。气动打标装置一般包含支座、横梁、移动部分和蓄能冲击气缸等，如图 1-7-37 所示。根据垛料数量配置相同数量的冲击气缸。为满足不同模具的板料布局，冲击气缸的位置可编程自动调整。

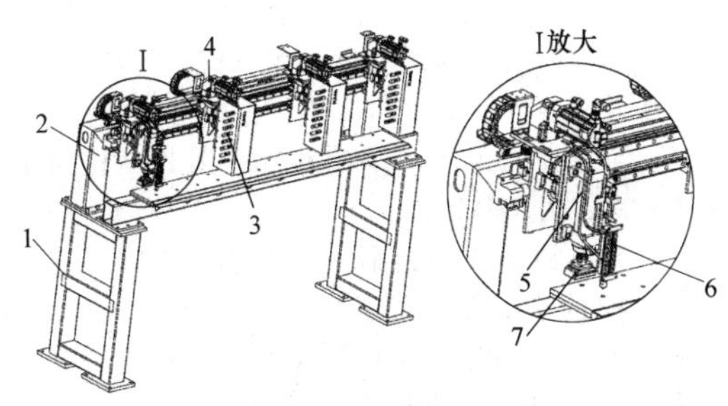

图 1-7-37　气动打标装置

1—支座　2—横梁　3—移动部分　4—减速电动机

5—冲击气缸　6—测距气缸　7—字盒

可选择安装测距单元，实现打标和双料检测在同一工位进行。

2）激光打标。根据整线节拍需求，激光打标装置一般设置有两组激光刻印头，从下向上对零件进行刻印，如图 1-7-38 所示。可根据工件间距情况，使激光刻印头的位置进行自动调整，以保证工件打标区域在激光刻印范围内。

（3）上下料系统　为避免高温板料从加热炉出来后到送进压力机的过程中损失过多热量，保证高温板料从加热炉内出来后快速转移到压力机模具内进行压制和淬火，获得较多均匀的马氏体组织，这就要求上料装置具有较快的搬运速度。板料搬运行程一般需要达到 3.5m 左右，需要搬运装置具有较高的刚性。

常见的上下料系统有标准六轴机器人系统、单臂机械手上下料系统和双臂机械手上下料系统。

1）标准六轴机器人上下料系统（见图 1-7-39）。早期的热成形生产线的上下料系统多采用六轴关节机器人。

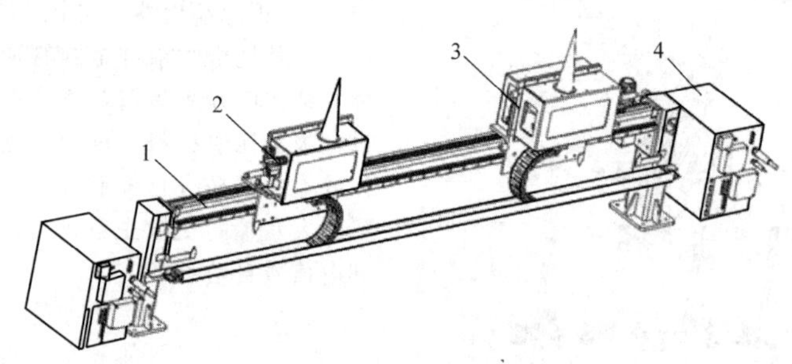

图 1-7-38　激光打标装置

1—支架梁　2—激光发射头　3—移动部分　4—激光发生控制器

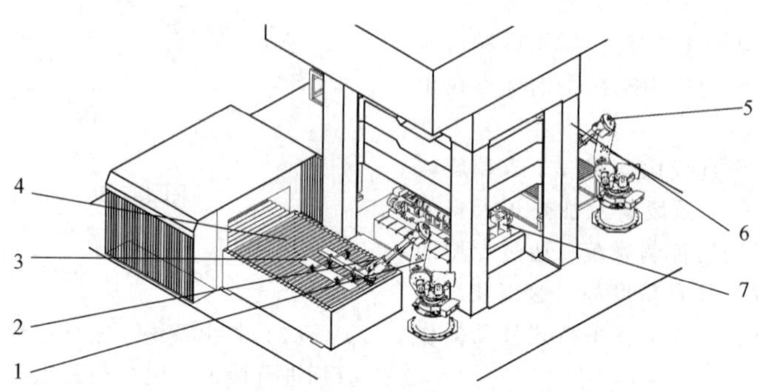

图 1-7-39　标准六轴机器人上下料系统

1—上料机器人　2—端拾器　3—高温板料　4—加热炉出料台　5—下料机器人　6—压力机　7—模具

受限于机器人的运行速度和空间尺寸，采用机器人上下料相对于专用机械手来说生产率较低。

2）单臂机械手上下料系统（见图 1-7-40）。它采用升降轴与进给轴两轴运动的方式，循环完成抬起、送进、落下、退回的动作，实现对板料的快速搬运。与机器人上下料系统相比，因其动作简单，速度较快，生产率高。

单臂机械手的端拾器一般直接安装在手臂下方，从板料或工件的正上方进行抓取，相对双臂机械手来说，手臂负载要求较大，刚度要求更高；因手臂横向固定不能运动，需要通过调整端拾器来实现板料和模具相对位置的要求，系统的柔性较差。

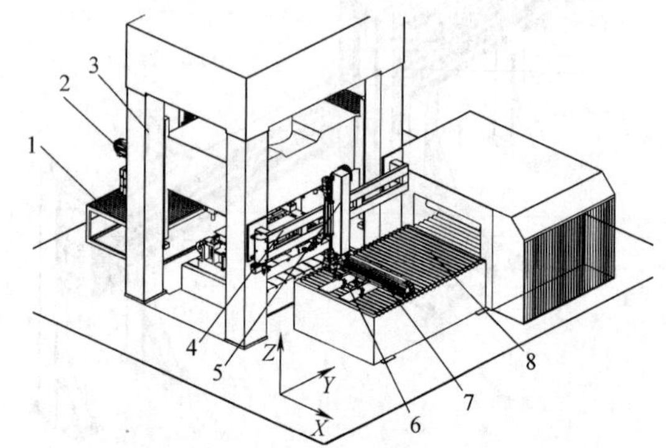

图 1-7-40　单臂机械手上下料系统

1—下料传送机　2—下料手　3—压力机　4—横梁　5—Z 轴　6—端拾器　7—X 轴　8—加热炉出料台

3）双臂机械手上下料系统（见图 1-7-41）。双臂机械手一般安装在压力机前后立柱上，采用 X 轴、Y 轴、Z 轴典型的三坐标结构，手臂循环完成夹紧、抬起、送进、落下、松开、返回动作，以实现板料或工件的快速传送。双臂机械手适用于压力机行程较小而左右立柱间距较大的场合。对于长薄板料的搬运更具优势，机械手的手臂和端拾器可以无干涉地在压力机模具和立柱之间避让，占用压力机冲压时间少。相对于单臂机械手上下料系统，双臂机械手上下料生产线的节拍更高。

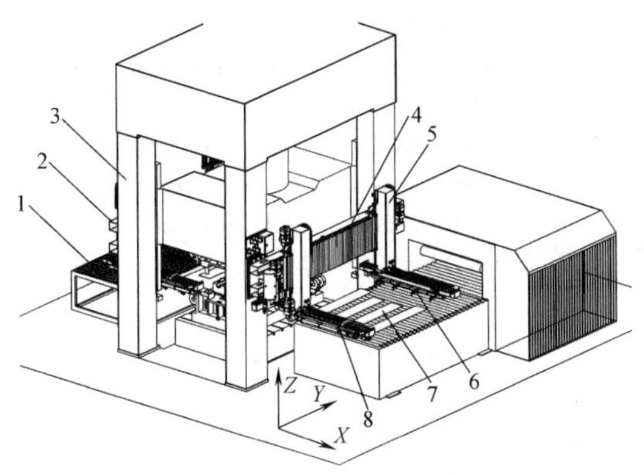

图 1-7-41　双臂机械手上下料系统

1—下料输送机　2—下料机械手　3—压力机　4—Y 轴　5—Z 轴　6—端拾器　7—板料　8—X 轴

双臂机械手上下料在搬运节拍上具有绝对优势，也是目前热成形生产线上主流采用的搬运设备。上下料端拾器可以根据模具、工件情况，选择使用耐高温夹钳或磁性吸盘，双臂从板料的两侧同时进行抓取和运动，对系统的实时同步性要求较高，各轴所需的运动参数见表 1-7-6。

表 1-7-6　各轴所需的运动参数

轴	行程/mm	速度/(m/s)	加速度/(m/s²)	精度/mm
进给轴(X)	0~3500	≤4.5	≤12	<±0.1
横向轴(Y)	0~1200	≤1.5	≤12	<±0.1
升降轴(Z)	0~750	≤1.5	≤12	<±0.1
传输臂负载	80kg			

（4）电气控制系统　整线电气控制系统采用集成安全系统与工业以太网的 PLC，压力机、加热炉 PLC 与自动化系统 PLC 的数据交换采用 ProfiNet 或 EtherCAT 现场总线进行通信。自动化系统 PLC 控制包括拆垛单元、机器人、上下料系统、视觉系统等整线设备，并通过联入云端及车间智能制造执行系统 MES 实现智能制造。整线电气控制系统构架如图 1-7-42 所示。

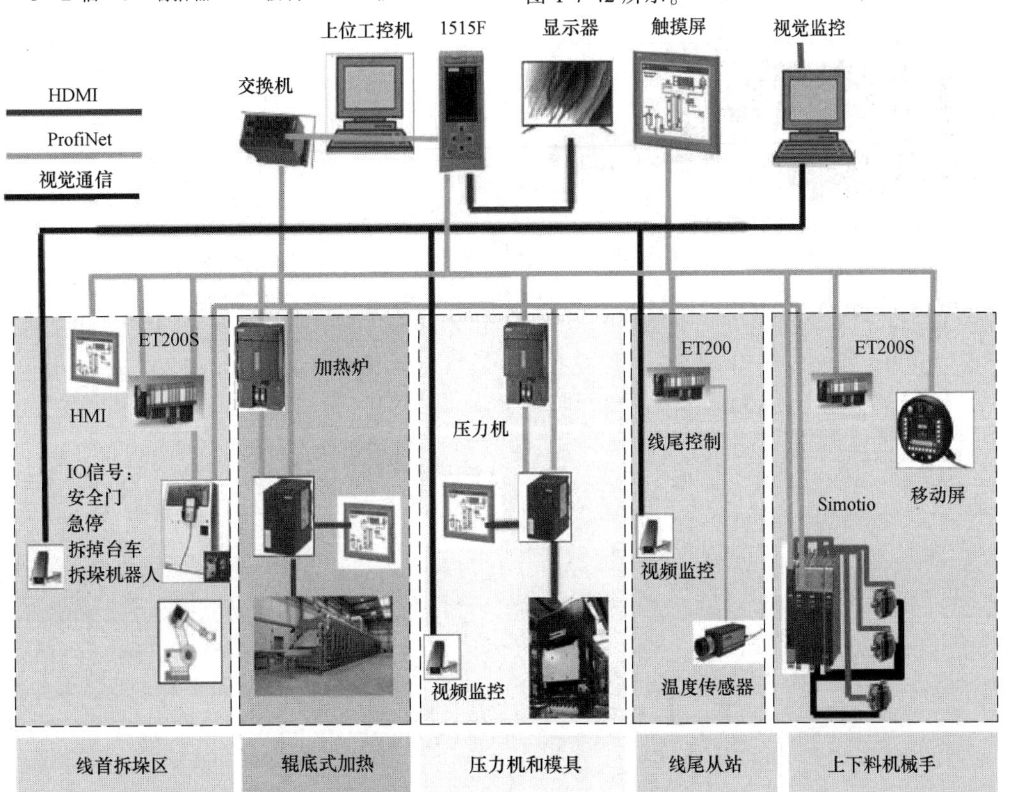

图 1-7-42　整线电气控制系统构架

7.3.3　典型公司产品简介

由济南奥图自动化股份有限公司做自动化集成，天津市天锻压力机有限公司、合肥合锻智能制造股份有限公司、扬州精善达伺服成型装备公司提供压力机，本特勒、施瓦茨提供加热炉，已经为国内外用户提供了数十条性能优越、运行稳定的高效热成形生产线，生产节拍为 4～5 次/min，达到了国际先进水平，如图 1-7-43 和图 1-7-44 所示。

图 1-7-43　某公司现场图片

图 1-7-44　高速双臂机械手

参考文献

[1]　胡平，盈亮，戴明华，等. 热冲压先进制造技术［M］. 北京：科学出版社，2018.

[2]　徐柏鸿. 高强板车身零件热冲压成形技术［J］. 世界制造技术与装备市场，2015（6）：93-96.

[3]　HE R L，MIAO J Z，ZHEN D F. Development and application of high-performance manipulator for hot stamping［C］//Proceedings of The 3rd International Conference（ICHSU2016）Xian China，2016：553-559.

[4]　MA M T，ZHANG Y S，SONG L F，et al. Research and Progress of Hot Stamping in China［C］//Advanced Material Research. Switzerland：Trans Tech Publication Ltd. 2015，1063：151-168.

[5]　SUN Y，ZHU B，ZHANG Y S. The structure design and performance analysis of the transportation fork in hot stamping production line［C］//International Conference of ICA3M Shenzhen China，2015.

第8章 其他压力机

西安交通大学　赵升吨　王永飞　范淑琴
中国第二重型机械集团公司　史苏存
齐齐哈尔二机床有限责任公司　余发国
燕山大学　秦泗吉
扬州精善达伺服成形装备有限公司　高智杰　严　惠

8.1　平锻机

8.1.1　平锻机的用途、特点及主要技术参数

平锻机结构类型很多，按夹紧滑块分模面的方向可以将平锻机分为两大类，即垂直分模面平锻机和水平分模面平锻机，其中以水平分模面平锻机应用最为广泛。

我国的平锻机主要引自西德奥姆科和哈森科勒费尔公司，多数为大拉杆式水平分模面平锻机，也称为颚式水平分模面平锻机，主要用于中、小批量的手工生产，该平锻机样式单一且陈旧。至今在我国自行设计制造的平锻机中，部分设备仍在沿用20世纪50~70年代的结构，技术早已落伍，而且制造质量也不稳定，特别是加工和装配效果远低于发达国家。

平锻工艺特别适用于局部镦粗的长杆形锻件和带孔的零件。例如，图1-8-1所示的汽车半轴，在平锻机上锻造就非常方便。为了锻造这类锻件，需要有两个分模面。棒料先由可分凹模夹紧，然后由镦粗冲头镦粗，最后冲头退回，凹模分开，取出锻件，其工艺过程如图1-8-2所示。一般锻件锻造比都比较大，不能一次完成，因此在同一副模具上有几个模膛，锻打几个工步才能完成一个锻件。

为了适应平锻工艺的需要，平锻机应具有如下特点：

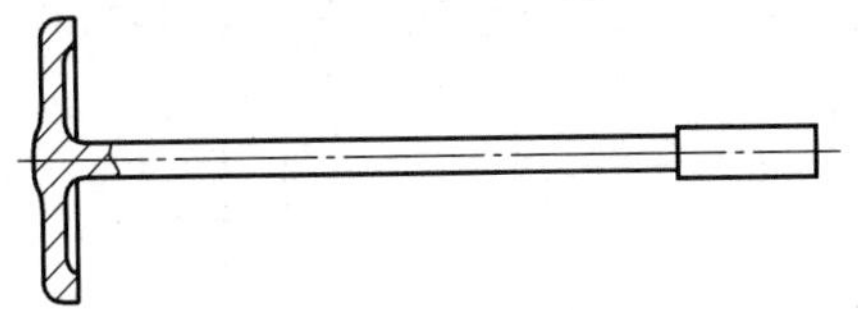

图1-8-1　汽车半轴

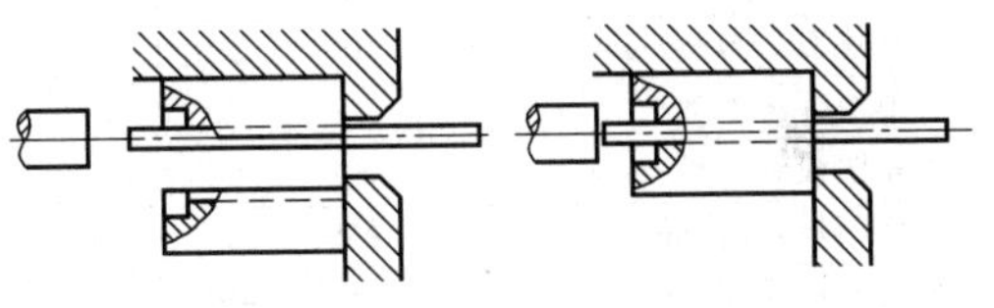

a) 凹模开启，放入棒料　　b) 凹模闭合，夹紧棒料

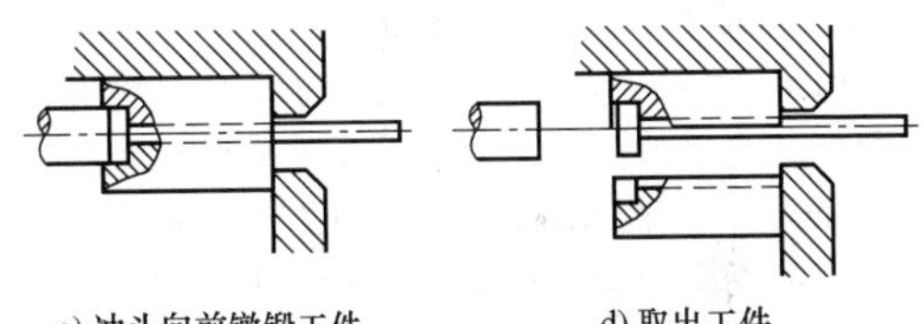

c) 冲头向前镦锻工件　　d) 取出工件

图1-8-2　平锻工艺过程

1）有两套机构，分别带动镦锻冲头和夹紧凹模。两套机构按照预定的运动规律运动，满足工作循环图的要求。

2）镦锻滑块有较长的导向装置，可承受较大偏心载荷，适应多模膛模锻。

3）驱动凹模的夹紧机构有过载保护装置，防止在夹紧过程中过载破坏。

在GB/T 28761—2012中，平锻机属锻机（代号为D）的第一组，其型号及分类见表1-8-1。

表1-8-1　平锻机型号及分类

组	型	名称
平锻机	71	垂直分模面平锻机
	72	水平分模面平锻机

平锻机是以主滑块（镦锻滑块）的公称力作为主参数，如D72-800代表8000kN水平分模面平锻机。平锻机的主要技术参数见表1-8-2和表1-8-3。

表 1-8-2　垂直分模面平锻机的主要技术参数（一重集团公司）

参数名称		参数值			
主滑块公称力/kN		5000	8000	12500	20000
主滑块全行程/mm		280	380	460	610
主滑块有效行程/mm		190	250	310	340
夹紧滑块行程/mm		125	160	220	312
主滑块行程次数/(次/min)		45	33	27	25
夹紧凹模尺寸/mm	长	450	550	700	850
	宽	180	210	260	320
	高	435	660	820	1030
电动机	功率/kW	28	55	115	155
	转速/(r/min)	900	720	585	

表 1-8-3　SM 型水平分模面平锻机的主要技术参数

参数名称	参数值											
主滑块公称力/kN	800	1250	2000	3150	4500	6300	9000	12500	16000	20000	25000	31500
夹紧力/kN	1060	1700	2650	4200	6000	8500	11800	17000	21200	26500	33500	4200
主滑块有效行程/mm	100	110	130	150	170	190	215	245	280	310	350	380
主滑块行程次数/(次/min)	75	70	65	55	45	35	32	28	25	23	20	18
夹紧凹模开口度/mm	80	90	100	120	135	155	180	205	230	255	290	325
标称凹模宽度/mm	250	280	315	380	450	530	600	680	760	850	950	1060
最大凹模宽度/mm	450	490	570	650	760	860	960	1100	1220	1360	1560	1700
电动机功率/kW	7.5	11	11	15	22	30	37	60	75	90	110	132

8.1.2　垂直分模面平锻机

图 1-8-3 所示为比较广泛采用的一种垂直分模面平锻机。美国的阿杰克斯（Ajax）、国民机器公司（Natlollal）、苏联的新克拉马托工厂（HKM3）和我国的一重集团公司生产的平锻机（特别是中大型）就属于此种类型，其传动原理如图 1-8-4 所示。电动机经带轮将动力传给传动轴 6，经小齿轮 10 和大齿轮 13 驱动曲轴 11，再经连杆 12 带动主滑块 14 和冲头 15 运动，完成镦锻动作。在曲轴的另一端装有凸轮机构 5，驱动侧滑块 4 往复运动，通过夹紧机构 1 和夹紧滑块 17 带动凹模 16 运动，完成夹紧动作。夹紧凹模与镦锻冲头的运动配合是由凸轮轮廓的正确设计来达到的。机身 2 是一箱形结构，做成整体，并有纵向拉紧螺栓加固。主滑块做成象鼻式，导轨

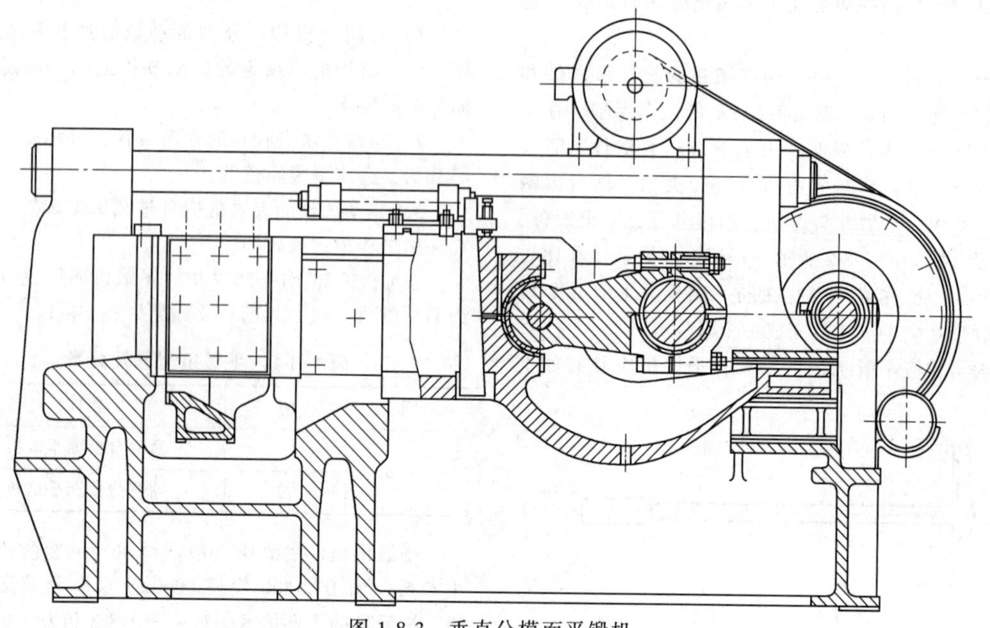

图 1-8-3　垂直分模面平锻机

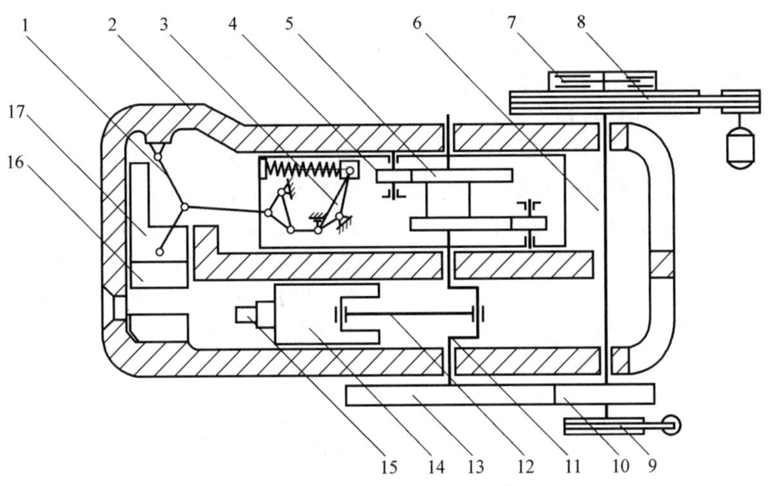

图 1-8-4　垂直分模面平锻机的传动原理

1—夹紧机构　2—机身　3—过载保护装置　4—侧滑块　5—凸轮机构　6—传动轴　7—圆盘式离合器　8—大带轮　9—带式制动器　10—小齿轮　11—曲轴　12—连杆　13—大齿轮　14—主滑块　15—冲头　16—凹模　17—夹紧滑块

面较长，抗偏载能力较强，满足多模膛模锻的需要。在侧滑块中装有过载保护装置 3，当夹紧滑块过载时能起到保护作用。此外，还有圆盘式离合器 7 和带式制动器 9，用来控制压力机的开动与停止。

夹紧机构的运动原理如图 1-8-5 所示。由双凸轮双滚子机构和肘杆机构组成。凸轮和滚子控制侧滑块，再经过肘杆控制夹紧滑块。

垂直分模面平锻机的工作循环图如图 1-8-6 所示。

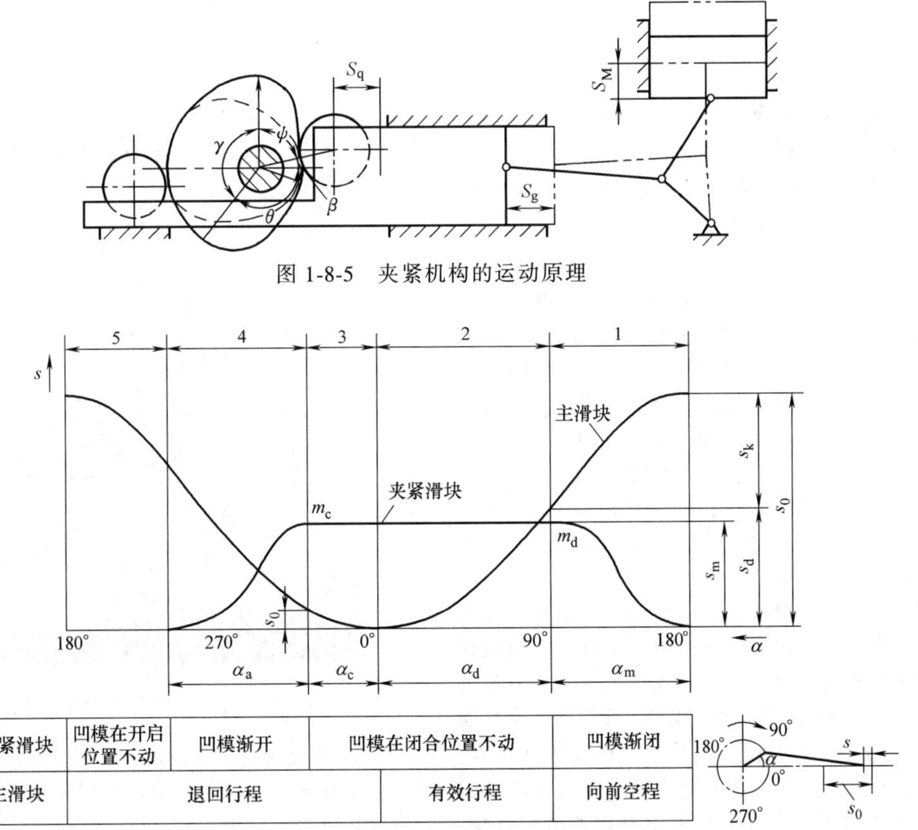

图 1-8-5　夹紧机构的运动原理

夹紧滑块	凹模在开启位置不动	凹模渐开	凹模在闭合位置不动	凹模渐闭
主滑块	退回行程		有效行程	向前空程

图 1-8-6　垂直分模面平锻机的工作循环图

它由 5 个阶段组成，即向前空程阶段、有效行程阶段、脱开行程阶段、回程阶段和凹模在开启位置不动阶段。在有效行程阶段进行镦锻，在脱开行程进行脱模。夹紧机构由于采用凸轮机构，各阶段能得到有效的保证。

垂直分模面平锻机夹紧机构过载保护装置的工作原理如图 1-8-7 所示，它是由四连杆机构 5（即 *HGEF*）及保险弹簧 2 组成。在正常工作的情况下，由于保险弹簧的预压力及定位块 4 的定位作用，四连杆机构形成一个刚性结构，因此 *D* 点不动，等于夹紧机构 1 与侧滑块 3 在 *D* 点做固定铰链连接，如图 1-8-7 中实线所示。当夹紧机构因遇到障碍物，使夹紧滑块 6 不能向前运动时（图中为不能向下），侧滑块 3 继续向前运动（图中向左），从相对运动原理来看，侧滑块可视为不动，夹紧滑块向后移动一段距离 Δs。这样，四连杆机构就要产生运动，如图 1-8-7 中双点画线所示，同时保险弹簧进一步压缩。当障碍物被去除以后，四连杆机构又恢复到原来的状态。当 *F*、*E*、*G* 三点在一直线时，弹簧的附加压缩距离达到最大值。

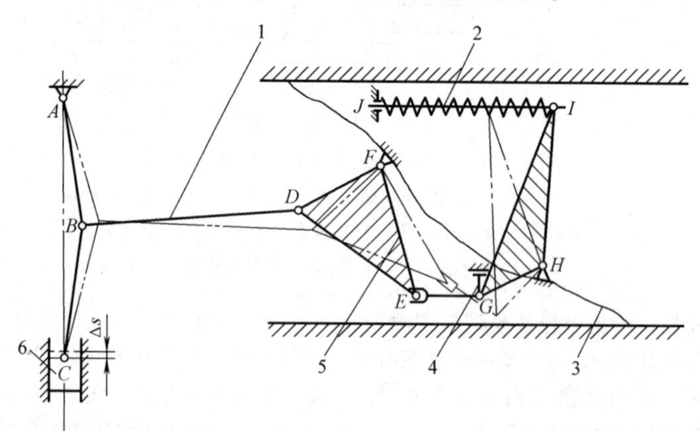

图 1-8-7　垂直分模面平锻机夹紧机构过载保护装置的工作原理

1—夹紧机构　2—保险弹簧　3—侧滑块　4—定位块　5—四连杆机构　6—夹紧滑块

垂直分模面平锻机的特点是凹模的分模面为垂直方向，模槽垂直布置，因此劳动条件较差，实现机械化自动化比较困难。

8.1.3　颚式水平分模面平锻机

1. 工作原理及结构特点

图 1-8-8 所示为德国奥穆科公司（Eumuco）生产的颚式水平分模面平锻机的外形，中国第二重型机械集团公司也生产这样的平锻机。图 1-8-9 所示为其结构，图 1-8-10 所示为其传动原理。从图 1-8-9 和图 1-8-10 中可以看出，它有两套工作机构。由电动机 1、大带轮 2、小齿轮 3 和大齿轮 4 驱动曲轴 5 旋转，通过连杆 6 和主滑块 7 进行镦锻工作。在连杆的末端有带动夹紧机构 11 的一套连杆系统，驱使上机身（夹紧横梁）10 摆动，完成夹紧动作。夹紧凹模的运动轨迹为一弧线，犹如上颚运动一样，故有颚式水平分模面平锻机之称。大部分机构和部件均装在下机身 9 上。在夹紧机构中，装有一套过载保护装置 12，防止夹紧时过载。在下机身内装有偏心调节机构 8，用以调节夹紧凹模的夹紧程度。滑块做成象鼻式的，以便加长滑块长度，提高导向精度。此外，还装有摩擦离合器与制动器（浮动镶块的），用来起闭压力机。从以上的传动原理和结构得知，它和上述的垂直分模面平锻机的区别在于分模面是沿水平方向的，模槽也按水平排列。因此，操作比较方便，实现机械化与自动化比较容易，机身受力比较合理，重量较轻，故近年来这种形式的平锻机发展较快。

图 1-8-8　颚式水平分模面平锻机的外形

2. 夹紧机构工作原理

颚式水平分模面平锻机夹紧机构的工作过程如图 1-8-11 所示。图 1-8-11a 所示为凹模完全张开时夹紧机构的位置，此时主滑块位于后死点。图 1-8-11b

所示为凹模闭合时夹紧机构的位置，此时夹紧连杆 O_4K（此状态标为 O_4K_2）已接近垂直位置，夹紧连杆上端铰链中心 K（此状态标为 K_2）与连线 O_4G 间的距离为 h，此时主滑块处于有效行程开始位置。

当曲轴继续转动、推动主滑块继续前进时，夹紧连杆就继续向垂直位置靠拢，但由于凹模已经闭合，上机身不能继续向下运动，因而迫使夹紧连杆伸长，并在凹模间产生夹紧力。随着 h 值变小，连杆伸长量增大，凹模的夹紧力也变大，直至图 1-8-11c 所示位置时，夹紧力达到最大，此时主滑块处于前死点位置。

当曲轴再继续回转时，夹紧机构的 K 点（此状态为点 K_4）允许继续向左摆动一个微小距离 B，如图 1-8-11d 所示。这时夹紧力将会稍微减小，但不影响机构的夹紧性能。例如，某水平分模面平锻机，其夹紧波动量仅为 0.07mm，完全可以满足夹紧棒料的要求。这种两次过死点的机构，有利于增大主滑块的有效行程数值。

图 1-8-11e 所示为凹模开始张开时的状态。此时机构中除杆 AB、BC 和 CD 外，其余各杆所处的位置与图 1-8-11b 的相同。

由上述的工作过程可知，曲柄滑块机构（属四连杆机构）中连杆的外伸点 C 的轨迹为一蛋形曲线，利用此曲线的特性可以使夹紧凹模在夹紧位置时近似不动，与垂直分模面平锻机夹紧机构中的凸轮作用相似。

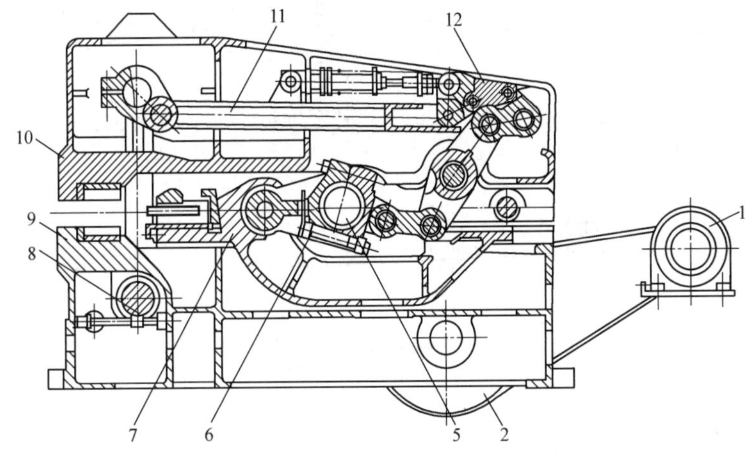

图 1-8-9　颚式水平分模面平锻机的结构

1—电动机　2—大带轮　（3—小齿轮　4—大齿轮）（从略）　5—曲轴　6—连杆　7—主滑块　8—偏心调节机构　9—下机身　10—上机身（夹紧横梁）　11—夹紧机构　12—过载保护装置

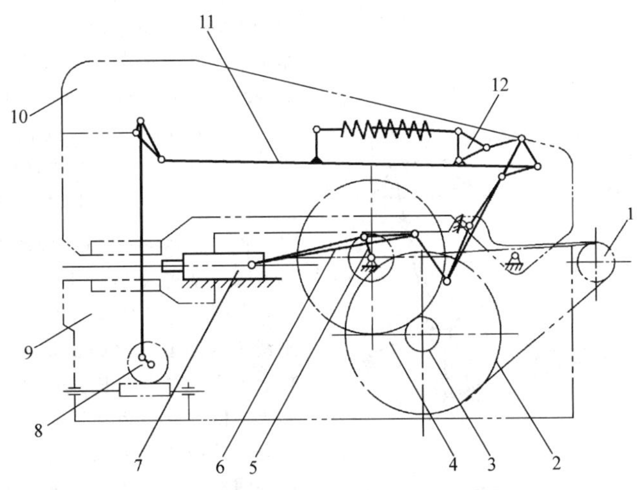

图 1-8-10　颚式水平分模面平锻机的传动原理

1—电动机　2—大带轮　3—小齿轮　4—大齿轮　5—曲轴　6—连杆　7—主滑块　8—偏心调节机构　9—下机身　10—上机身（夹紧横梁）　11—夹紧机构　12—过载保护装置

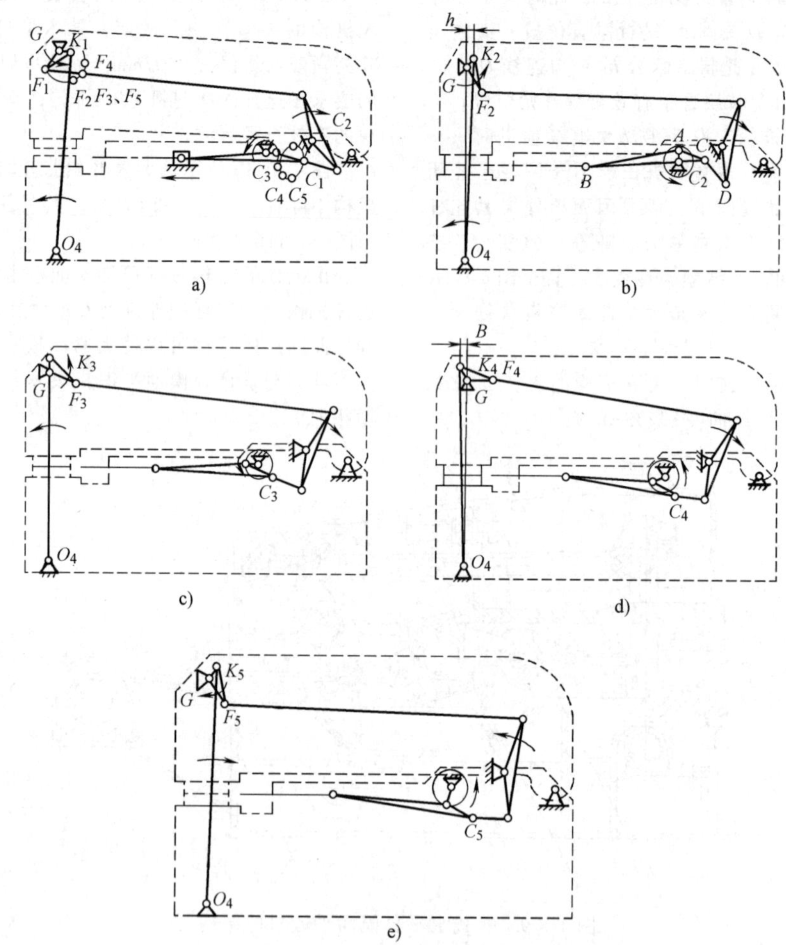

图 1-8-11　颚式水平分模面平锻机夹紧机构的工作过程

3. 夹紧机构过载保护装置

图 1-8-12 所示为鄂式水平分模面平锻机夹紧机构过载保护装置的工作原理。它的工作原理与垂直分模的相似，也是由一套四连杆机构 4（即 $BCDE$）组成。在正常情况下，由于保险弹簧 2 的预压力与定位块 3 的定位作用使四连杆机构固定不动，如图 1-8-12 中实线所示。当过载时，产生如图 1-8-12 所示的虚线状态，故能起到保护作用。

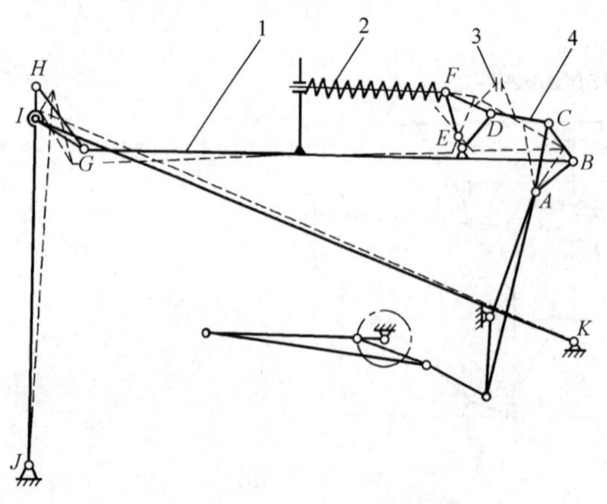

图 1-8-12　颚式水平分模面平锻机夹紧机构过载保护装置的工作原理

1—夹紧机构　2—保险弹簧　3—定位块　4—四连杆机构

8.1.4　开式水平分模面平锻机

图 1-8-13 所示为德国哈森公司（HasellC1ever）的开式（WSHK 型）水平分模面平锻机的结构，图 1-8-14 所示为其传动原理。从图 1-8-14 可知，这种平锻机的凹模分模面也是水平的，模槽也是水平排列。但上机身 9 是固定不动的，它用拉紧螺栓（见图 1-8-13）或卡板与下机身 8 紧紧连接在一起，犹如开式压力机的开式机身一样，故有开式水平分模面平锻机之称。曲轴 5 除了通过连杆 6 驱动主滑块做往复运动以外，还通过一套夹紧机构 12 驱动夹紧滑块 10 做直线运动。在夹紧机构中装有过载保护装置 13，以防止夹紧过载破坏。主滑块 7 和夹紧滑块

10 的导轨面都很长，精度较高。在夹紧机构中装有偏心调节装置 11，以便调节夹紧滑块的夹紧程度。

图 1-8-15 所示为德国哈森公司开式水平分模面平锻机夹紧机构的工作过程。它是由四连杆机构 O_1KZO_2 及曲柄肘杆机构 O_2VUO_4DM 串接而成的八杆机构，图 1-8-15a 所示为平锻机在停车时各构件所处的位置，此时夹紧凹模张开，其活动凹模处于行程开始的位置；图 1-8-15b 所示为平锻机有效行程开始时各构件所处的位置，此时夹紧凹模已完全闭合；图 1-8-15c 所示为镦锻终了、冲头开始拔出时的情况，此时夹紧凹模仍然紧闭，只有当冲头拔出并向后移动一段距离后，夹紧凹模才打开，即完成脱开行程以后才打开。在凹模夹紧阶段，夹紧力有微小波动，但很小，完全可以夹紧棒料。为了延长夹紧时间，即扩大有效行程，肘杆 O_4D 和 DM 有两次共线位置。

图 1-8-16 所示为德国哈森公司开式水平分模面平锻机夹紧机构的过载保护装置。与前述两种平锻机的区别在于采用液压保护。超载时，液压缸 7 内的油压升高。当压力超过碟形弹簧 2 的压力时，则大阀 5 打开，缸内的油溢出，活塞杆 9 缩进缸内，这样就使夹紧滑块退让一距离，起到保护作用。同时，由凸轮杆 11 触动限位开关 10，发出信号，使压力机停止工作。当夹紧机构做回程运动时，液压缸向后运动，缸内形成负压，因此大阀自行关闭，小阀 4 打开，缸内充液，直至恢复到正常位置。由此可见，此保护装置相当于一个限压阀。

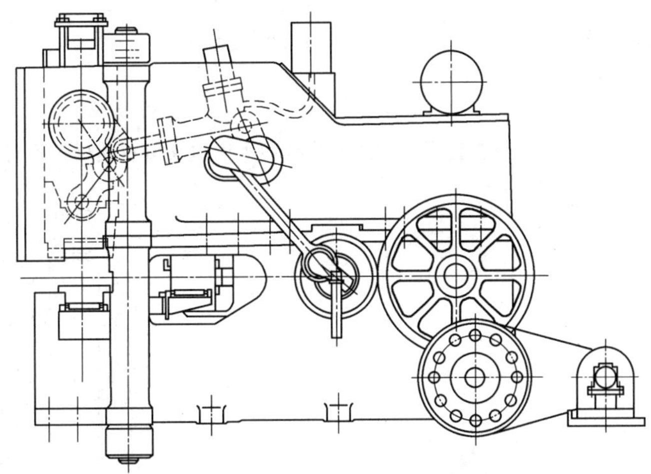

图 1-8-13 德国哈森公司开式水平分模面平锻机的结构

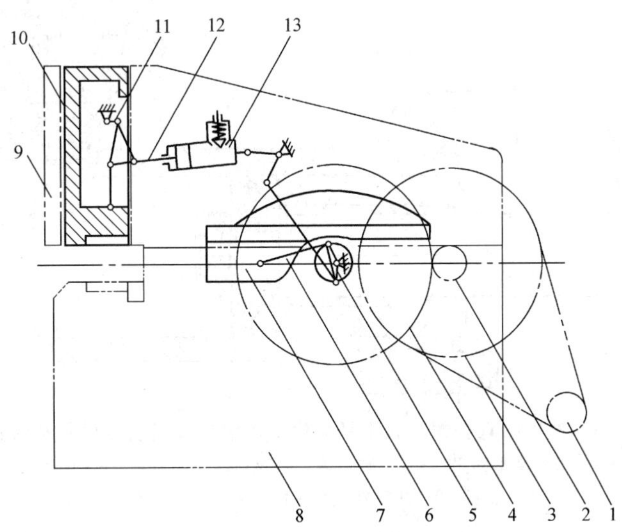

图 1-8-14 德国哈森公司开式水平分模面平锻机的传动原理

1—电动机 2—小齿轮 3—大带轮 4—大齿轮 5—曲轴 6—连杆 7—主滑块 8—下机身 9—上机身 10—夹紧滑块 11—偏心调节装置 12—夹紧机构 13—过载保护装置

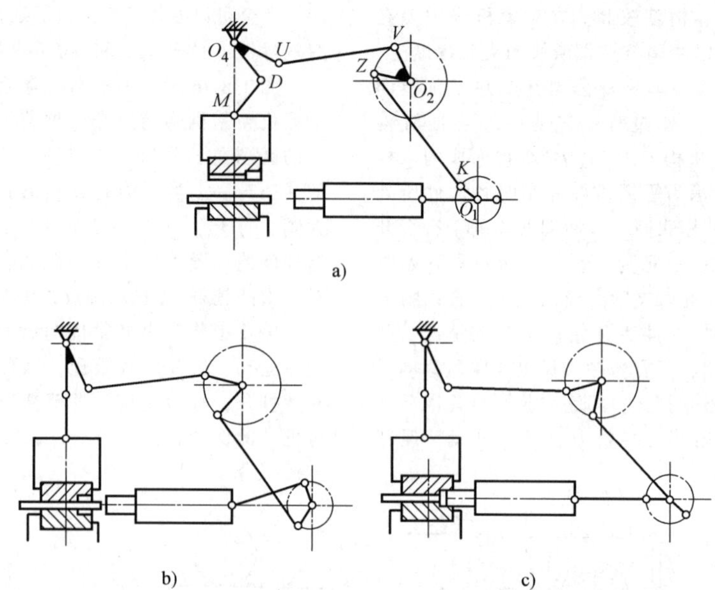

图 1-8-15　德国哈森公司开式水平分模面平锻机夹紧机构的工作过程

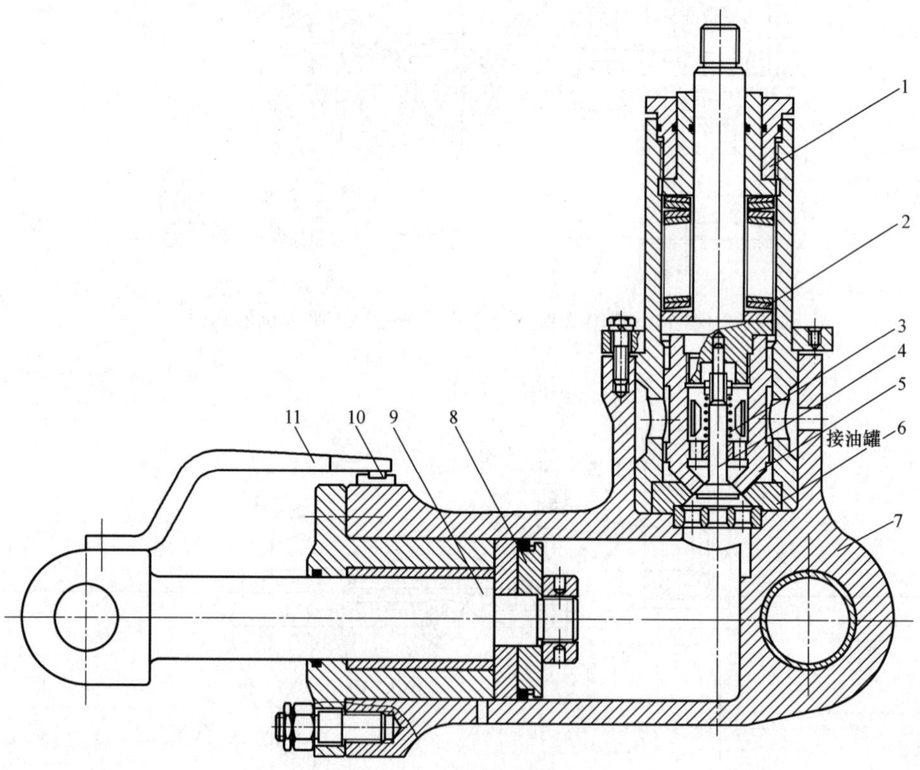

图 1-8-16　德国哈森公司开式水平分模面平锻机夹紧机构的过载保护装置

1—调节螺钉　2—碟形弹簧　3—小阀弹簧　4—小阀　5—大阀　6—阀座　7—液压缸　8—活塞　9—活塞杆　10—限位开关　11—凸轮杆

8.1.5　平锻机的滑块许用负荷图

对平锻机来说，由于要进行多模膛模锻，滑块做成象鼻式的，因此平锻机的滑块许用负荷图除了如本篇第 2 章所述的由曲轴的强度及齿轮的强度决定以外，还应由滑块本身的强度决定。

下面以颚式水平分模面平锻机的滑块为例，说明滑块许用负荷图的建立。

图 1-8-17 所示为颚式水平分模面平锻机的滑块计算。在偏心力 F 的作用下，导轨的反力为 N_1'、N_2'和 N_1''、N_2''，假设其作用点位于距导轨外缘 1/12 导轨长度的地方。由于这些反力的作用，在滑块象鼻部分造成弯曲应力。如果弯曲应力受到许用弯曲应力的限制，则作用在滑块上的许用负荷也受到限制。

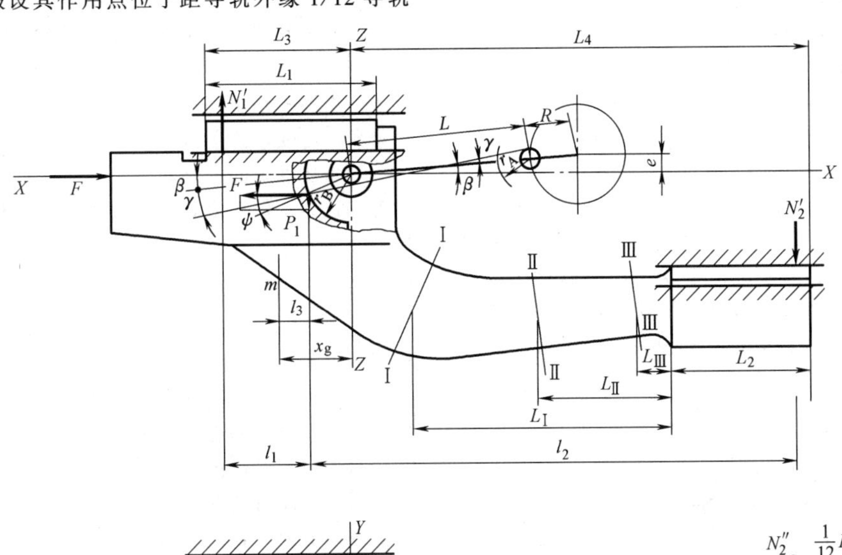

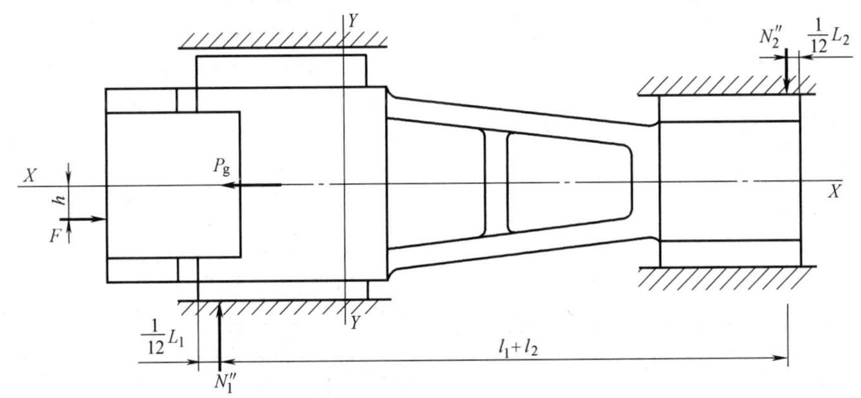

图 1-8-17　颚式水平分模面平锻机的滑块计算

按照图 1-8-17 所示的受力简图，推导出水平分模面平锻机的滑块许用负荷计算公式为

$$[F]\leqslant\frac{W_1[\delta_W]}{L_ik[\tan(\beta+\gamma)l_1+ch]}-\frac{mg(l_1-l_3)}{\tan(\beta+\gamma)l_1+ch} \tag{1-8-1}$$

式中　$k=\dfrac{1}{l_1+l_2}$

$c=\dfrac{W_1}{W_2}$

$\beta=\arcsin\dfrac{e}{R+L}$

$\gamma=\arcsin\dfrac{r_A+r_B}{L}\mu$

$l_1=L_3-\dfrac{L_1}{12}-r_B\cos\psi$

$l_2=L_4-\dfrac{L_2}{12}+r_B\cos\psi$

$l_3=x_g-r_B\cos\psi$

$\psi=\varphi+\beta+\gamma$

$\varphi=\arctan\mu$

$[F]$——滑块许用负荷（N）；

$[\delta_W]$——许用弯曲应力（Pa），对 ZG270-500 铸钢，$[\delta_W]$ =75MPa；

L_i——支反力 N_2'或 N_2''至计算截面（如Ⅰ-Ⅰ、Ⅱ-Ⅱ或Ⅲ-Ⅲ截面）的距离（m）；

W_1——垂直方向计算截面系数（如Ⅰ-Ⅰ、Ⅱ-Ⅱ或Ⅲ-Ⅲ截面）（m^3）；

W_2——水平方向计算截面系数（如Ⅰ-Ⅰ、Ⅱ-Ⅱ或Ⅲ-Ⅲ截面）（m^3）；

L_1、L_2——前导轨和后导轨长度（m）；

L_3、L_4——滑块销孔中心至前导轨前沿和后导轨后沿的距离（m）；

x_g——滑块销孔中心至滑块重心的水平距离（m）；

R——曲柄半径（m）；
L——连杆长度（m）；
e——结点偏置值（m）；
r_A——曲柄颈半径（m）；
r_B——连杆小头半径（m）；
h——模膛偏置值（m）；
μ——摩擦系数，$\mu=0.035\sim0.045$；
m——滑块质量（kg）；
g——重力加速度（m/s^2）。

用式（1-8-1）计算出 B115 型 8000kN 水平分模面平锻机的滑块许用负荷图如图 1-8-18 所示。由图 1-8-18 可以看出，当模膛离滑块中心线越远时，容许镦锻力越小。垂直分模面平锻机的滑块许用负荷图与图 1-8-18 相似，但垂直分模面平锻机由于模膛垂直分布，条件更为恶劣，故在远离中心线的模膛锻造时，容许的锻造力比水平分模的更小。

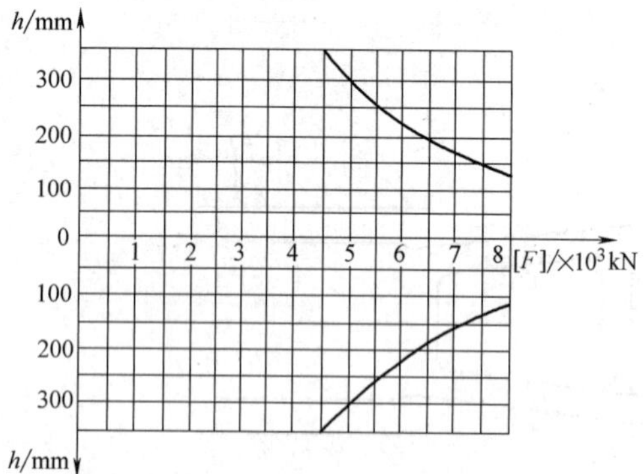

图 1-8-18　B115 型 8000kN 水平分模面平锻机的滑块许用负荷图

8.2　冷挤压机

8.2.1　概述

冷挤压加工是低成本、高精度、批量生产具有代表性的加工方法，特别是作为制品，要求确保最终形状的净成形（无屑、无加热、将复杂制品成形为最终形状的加工方法），或者以降低成形负荷、延长模具寿命为目的，在制品中确保高精度、复杂形状的高附加价值成形部的净成形加工，而将其余部分设置为非约束部的近净成形（以减少机械加工和电气加工等的除去加工的工序和成本为目标，获得接近最终制品形状的成形方法）为目标。

冷挤压是一种先进的少屑加工（近终形状加工法）或无屑加工（最终形状加工法）工艺之一，是精密塑性体积成形技术中的一个重要组成部分。它是在常温下将固态的金属坯料放入模具模膛内，在强大的压力和一定的速度作用下，通过模膛产生塑性变形，从模膛中挤出而获得所需形状、尺寸，以及具有一定力学性能的挤压件。冷挤压的工艺过程：先将经处理过的坯料放在凹模内，借助凸模的压力使金属处于三向受压应力状态下产生塑性变形，通过凹模的下通孔或凸模与凹模的环形间隙将金属挤出，即靠模具来控制金属流动，靠金属体积的大量转移来成形零件。目前，冷挤压技术已成为在机械、仪表、电器、轻工、宇航、船舶、军工等许多行业中得到广泛使用的金属压力加工工艺方法。

冷挤压加工的关键问题是如何降低被加工材料的变形抗力、提高模具的承载能力及延长模具的使用寿命。

8.2.2　冷挤压加工的优点

与其他加工工艺相比，冷挤压工艺的优点主要体现在以下几个方面：

1）提高原材料利用率。冷挤压是利用金属的塑性变形来制成所需形状的零件，是少或无屑加工工艺，与切削加工相比，节省原材料。冷挤压件的材料利用率一般可达到 80% 以上。例如，解放牌汽车活塞销切削加工材料利用率为 43.3%，而用冷挤压工艺时材料利用率提高到 92%；万向节轴承套改用冷挤压工艺后，材料利用率由过去的 27.8% 提高到 64%。可见，采用冷挤压工艺生产机械零件，可以节约大量钢材和有色金属材料。

2）生产率高。冷挤压是通过压力机简单的往复运动生产零件，生产率高，特别是生产批量大的零件，用冷挤压工艺生产可比切削加工提高几倍、几十倍、甚至几百倍。例如，汽车活塞销用冷挤压工艺比用切削加工制造的生产率提高 3.2 倍，当前已有冷挤压活塞销自动机，使生产率进一步提高。一台冷挤压活塞销自动机的生产率相当于 100 台普通车床或 10 台四轴自动车床的生产率。

3）制件可以获得理想的尺寸精度和表面粗糙度。由于金属表面在高压、高温（挤压过程中产生的热量）下受到模具光滑表面的熨平，因此产品表面很光，表面强度也大为提高。冷挤压件的精度可达 IT7～IT8 级，有色金属冷挤压件的表面粗糙度可达 $Ra1.6\sim0.4\mu m$。有的冷挤压件无须再切削加工，只需在要求特别高之处进行精磨即可。

4）提高零件的力学性能。由于冷挤压工艺采用金属材料冷变形的冷作强化特性，即挤压过程中金属坯料处于三向压应力状态，变形后材料组织致密且具有连续的纤维流向，因而制件的强度有较大提高。此外，合理的冷挤压工艺可使零件表面形成压应力而提高疲劳强度。因此，某些原需要热处理强化的零件用冷挤压工艺后可省去热处理工艺，有些零件原需要用强度高的钢材制造，用冷挤压工艺后就可用强度较低的钢材替代。例如，过去采用 20Cr

钢经切削加工制造解放牌活塞销，现改用 20 钢经冷挤压制造活塞销，经测定各项性能指标，采用冷挤压工艺制造的活塞销性能高于切削加工制造的活塞销。

5）适用面广，可加工形状复杂、难以切削加工的零件，如异形截面、复杂内腔、内齿、异形孔及盲孔、表面看不见的内槽等。这些零件采用其他加工法难以完成，而用冷挤压加工却十分方便。

6）降低零件成本。由于冷挤压工艺具有节约原材料、提高生产率、减少零件的切削加工量、可用较差的材料代用优质材料等优点，大批量生产时，零件成本将大大降低。

7）性价比高。优质钨钢模具的使用寿命为普通钢制压制模的 5~10 倍，大幅减少因使用普通钢制模具的换模次数，在提高生产率的同时降低了生产成本。

8.2.3　冷挤压加工方式

根据金属被挤出的方向与凸模运动方向的关系，冷挤压加工一般可分为下述几种方式：

（1）正挤压加工　挤压时，金属的流动方向与凸模的运动方向一致。正挤压又分为实心件正挤压和空心件正挤压两种，如图 1-8-19 所示。正挤压加工可以制造各种形状的实心件和空心件，如螺钉、心轴、管子和弹壳等。

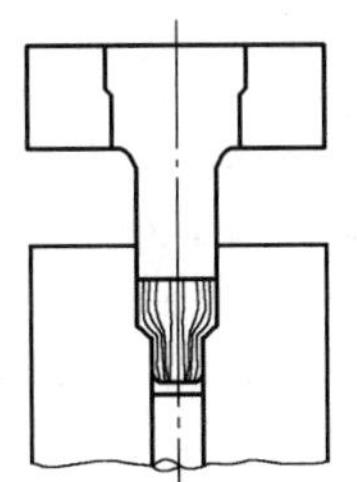
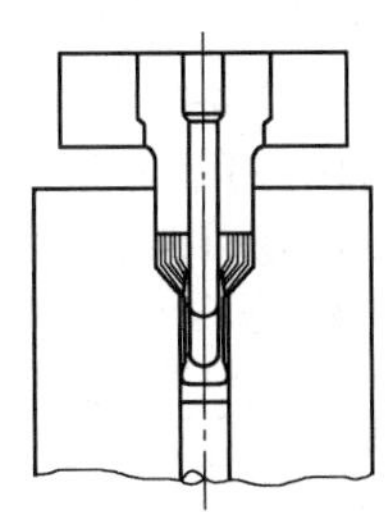

图 1-8-19　正挤压加工

（2）反挤压加工　挤压时，金属的流动方向与凸模的运动方向相反，如图 1-8-20 所示。反挤压加工可以制造各种断面形状的杯形件，如仪表罩壳、万向节轴承套等。

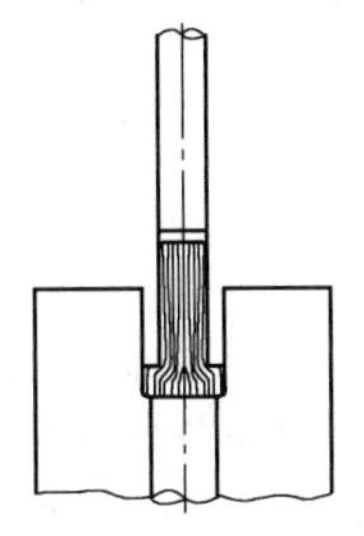
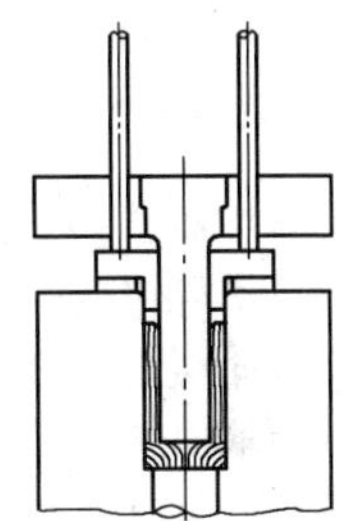

图 1-8-20　反挤压加工

（3）复合挤压加工　挤压时，坯料一部分金属流动方向与凸模的运动方向相同，而另一部分金属流动方向则与凸模的运动方向相反，如图 1-8-21 所示。复合挤压加工可以制造双杯类零件，也可以制造杯杆类零件和杆杆类零件。

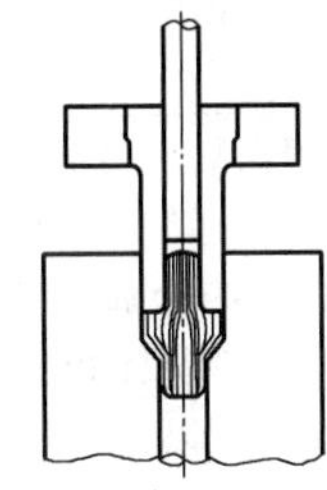
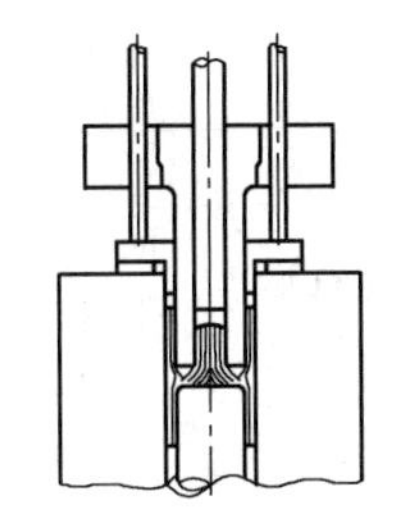
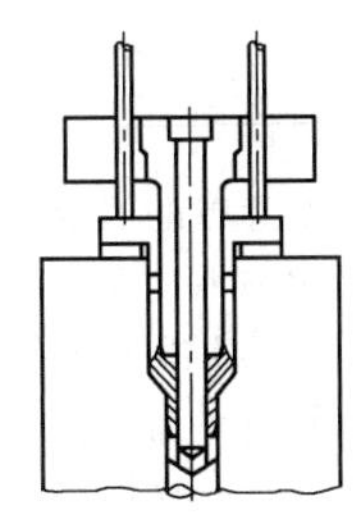

图 1-8-21　复合挤压加工

（4）减径挤压加工　减径挤压加工是在开式模具内使坯料变形且变形程度较小的正挤压法，坯料断面仅轻度缩减，如图 1-8-22 所示。主要用于制造直径相差不大的阶梯轴类零件，以及作为深孔杯形件的修整工序。

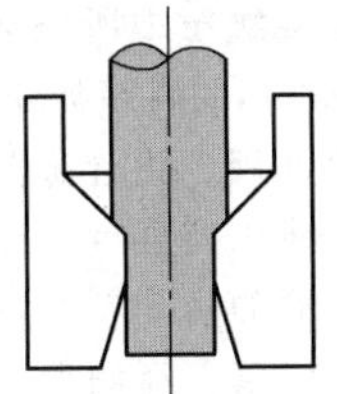

图 1-8-22　减径挤压加工

（5）冲击挤压加工　壁厚（挤出部分的厚度）非常薄（直径的 1/20~1/50）的反挤压成形加工，如图 1-8-23 所示。只能用于铅、铝及锌等软质金属

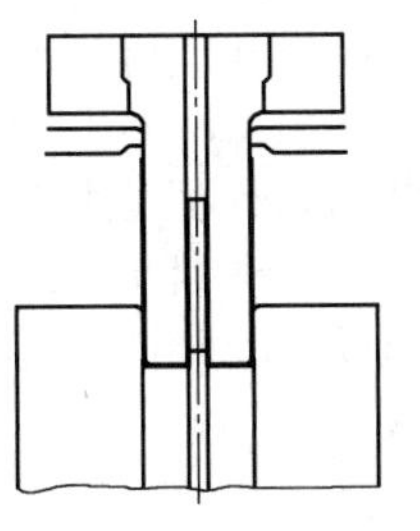
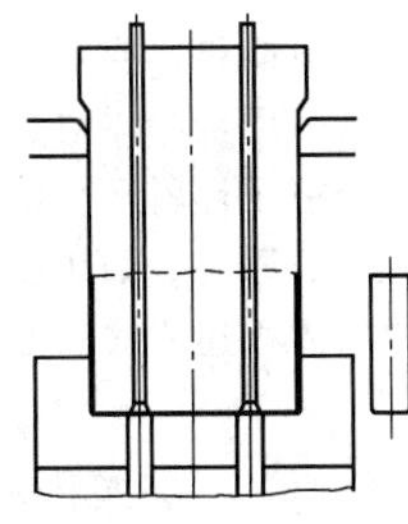

图 1-8-23　冲击挤压加工

的成形加工。

(6) 径向挤压（镦压）加工　挤压时，材料在长度方向受压，使其长度变短，金属沿与凸模轴线相垂直的方向流动，使该方向的断面积增大，如图 1-8-24 所示。

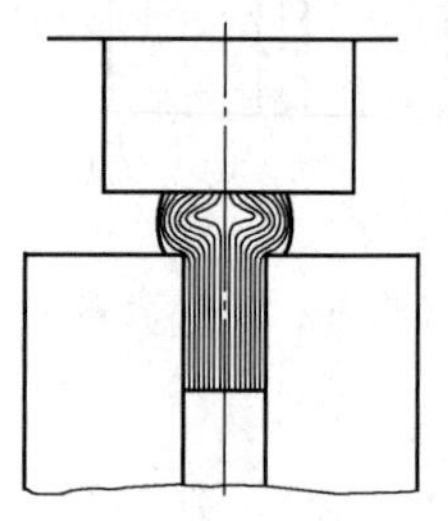
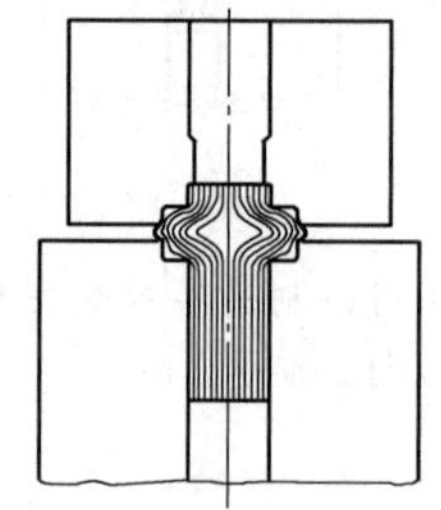

图 1-8-24　径向挤压（镦压）加工

正挤压加工、反挤压加工与复合挤压加工是冷挤压加工中应用最广泛的三种加工方式，它们的金属流动方向与凸模的轴线平行，因此又称这三种加工方式为轴向挤压。轴向挤压可以制备各种实心和空心零件，如球头销、梭心壳、弹壳等。径向挤压加工是近十几年才发展起来的，主要用于加工通信器材的号码盘、自行车的花键盘等。

以上是几种基本的冷挤压加工方式，随着冷挤压技术的发展，有时还将冷体积模锻等归属为冷挤压。由于其具有明显的优势，无论在汽车、拖拉机、轴承、电信器材、仪表等机电制造中，还是在自行车、缝纫机等轻工业中，以及国防工业系统中都有广泛的应用。

8.2.4　冷挤压件的制作

1. 制作冷挤压坯料要考虑的因素

1) 冷挤压坯料的形状和尺寸。挤压件的坯料形状设计是否合理，将直接关系到产品的形状与尺寸，并且还将影响到模具的使用寿命。冷挤压用坯料通常都是棒料或块料，其截面形状可根据产品的相应截面形状确定。

一般情况下，确定坯料形状的原则是：旋转体及轴对称多角类选用圆柱形坯料；矩形产品可选用矩形坯料。此外，还应考虑采用何种挤压加工方式，如采用正挤压加工时，用实心坯料能挤出实心件，用空心料能挤出空心件。采用反挤压加工时，坯料的形状采用实心或空心均可。

冷挤压坯料尺寸的计算应符合工件挤压前后体积相等的原则。如果挤压后还要进行切削加工，则坯料的体积还应按工件实际体积再加上切削量，即

$$V_{坯}=V_{件}+V_{修} \tag{1-8-2}$$

式中　$V_{坯}$——坯料体积（mm^3）；

$V_{件}$——工件实际体积（mm^3）；

$V_{修}$——修边余量或切削加工量（mm^3），一般取挤压件体积的 3%～5%。

求得的坯料体积与坯料横截面积 F_0 之比即为坯料的高度 h_0，即

$$h_0=\frac{V_{坯}}{F_0} \tag{1-8-3}$$

2) 坯料的制作要求。冷挤压坯料的制作要求非常细致、严格，对平面度、表面粗糙度和精度有一定的要求。坯料的制作可采用剪切加工、板材落料加工、切削加工及其他特殊方法加工，坯料的上、下端面必须平整。

3) 坯料的软化热处理。冷挤压工艺的关键是努力降低材料的变形抗力，提高模具的承载能力。

对坯料进行软化热处理的目的是降低材料硬度，提高塑性，得到良好的金相组织，消除内应力，以降低材料的变形抗力，提高模具的使用寿命和零件质量。

在冷挤压工序之间，还应根据变形程度和冷作硬化程度的大小适当安排工序间软化热处理工序。

对于黄铜与硬铝挤压件，挤压后务必进行消除内应力的退火；对于要求高的碳钢和不锈钢件，挤压后也需进行消除应力退火的工序。

黄铜常用加热至 250～300℃、保温 2h、缓慢冷却至室温的退火方法消除内应力；不锈钢 12Cr18Ni9Ti 的消除内应力退火温度为 750℃；对于硬铝挤压件，常用加热到 110℃、保温 6h、缓冷至室温的方法进行去应力退火处理，以便消除冷挤压所产生的残余应力。

4) 坯料的表面处理与润滑。润滑对冷挤压加工的影响也十分重要。坯料与凸、凹模和芯轴接触面上的摩擦，不仅影响金属的变形和挤压件的质量，而且直接影响挤压单位面积压力的大小、模具的强度和使用寿命等。所以，冷挤压加工时的润滑常常可能成为冷挤压加工成败的关键。为尽量减小摩擦的不利影响，除对模具工作表面的表面粗糙度要求高外，还必须采用良好且可靠的润滑方法。

常用的润滑剂有液态的（如动物油、植物油、矿物油等），也有固态的（如硬脂酸钠、二硫化钼、石墨等），它们可以单独使用，也可以混合使用。

对于有些材料，为了确保冷挤压过程中的润滑层不被过大的单位接触压力所破坏，坯料要经过表面化学处理，如碳素钢的磷酸盐处理（磷化）、奥氏体不锈钢的草酸盐处理、铝合金的氧化、磷化或氟硅化处理、黄铜的钝化处理等。经化学处理后的坯料表面覆盖一层很薄的多孔状结晶膜，它能随坯料一起变形而不剥离脱落，经润滑处理后在孔内吸附的润滑剂可以保持挤压过程中润滑的连续性及有效

的润滑效果。

2. 冷挤压变形程度

在冷挤压过程中，变形程度是决定使用设备压力大小及影响模具使用寿命的主要因素之一，若要提高生产率，就必须增大每次挤压的变形程度，以减少挤压次数。但变形程度越大，相应的变形抗力也越大，就会降低模具的使用寿命，甚至引起凸模折断或凹模开裂。因此，对各种挤压材料，都应选择合适的变形程度。

（1）变形程度的计算　变形程度是表示挤压时金属塑性变形量大小的指标，最常用的表示方法有两种，即断面减缩率和挤压比。

1）断面减缩率的计算公式为

$$\varepsilon_F=\frac{F_0-F_1}{F_0}\times 100\% \tag{1-8-4}$$

式中　ε_F——冷挤压的断面减缩率，常用材料的断面减缩率见表 1-8-4 和表 1-8-5；

F_0——冷挤压变形前坯料的横截面积（mm^2）；

F_1——冷挤压变形后工件的横截面积（mm^2）。

表 1-8-4　碳素钢及低合金钢的冷挤压断面减缩率 ε_F（许用变形程度）

材料牌号	反挤压 ε_F(%)	正挤压 ε_F(%)
10	75～80	82～87
15	70～73	80～82
35	50	55～62
45	40	45～48
15Cr	42～50	53～63
34CrMo	40～45	50～60

表 1-8-5　有色金属的冷挤压断面减缩率 ε_F（许用变形程度）

金属材料	ε_F(%)		备注
铝	正挤压	95～99	强度低的材料取下限 强度高的材料取上限
防锈铝	反挤压	90～99	
纯铜、黄铜、硬铝	正挤压	90～95	
镁	反挤压	75～90	

2）挤压比的计算公式为

$$G=\frac{F_0}{F_1} \tag{1-8-5}$$

式中　G——挤压比；

F_0——冷挤压变形前坯料的横截面积（mm^2）；

F_1——冷挤压变形后工件的横截面积（mm^2）。

ε_F、G 之间存在如下关系：

$$\varepsilon_F=\left(1-\frac{1}{G}\right)\times 100\% \tag{1-8-6}$$

（2）许用变形程度　冷挤压时，一次挤压加工所容许的变形程度，称为许用变形程度。不同材料有各自的许用变形程度。在工艺上，每道冷挤压工序的变形程度应尽量小于许用值，使模具承受的单位挤压力不超过模具材料许用应力（目前一般模具材料的许用应力为 2500～3000MPa）。确定许用变形程度数值是冷挤压工艺计算的一个重要依据，因为冷挤压许用变形程度的大小决定了产品所需的挤压次数。如果计算出的冷挤压变形程度数值超过许用值，则必须用多次挤压完成，以延长模具的使用寿命，避免损坏模具。

冷挤压的许用变形次数取决于下列因素：

1）被挤压材料的力学性能。材料越硬，许用变形程度就越小；塑性越好，许用变形程度就越大，见表 1-8-4 和表 1-8-5。

2）模具强度。选用的模具材料越好，并且模具制造中冷热加工工艺合理、模具机构也较合理，模具强度就越高，许用变形程度就越大。

3）冷挤压的变形方式。在变形程度相同的条件下，反挤压的力大于正挤压，因此反挤压的许用变形程度低于正挤压。

4）坯料表面处理与润滑。坯料表面处理越好、润滑越好，许用变形程度也就越大。

5）冷挤压模具的几何形状。冷挤压模具工作部分的几何形状对金属的流动有很大的影响。几何形状合理时，有利于挤压时的金属流动，单位挤压力降低，许用变形程度可以大些。

在一般生产条件下，模具强度、润滑条件及模具的几何形状都是尽量做到最理想的状态，因此许用变形程度将主要取决于被挤压材料和变形方式这两个因素。

3. 冷挤压模具的特点

冷挤压加工时，单位挤压力较大，因此对冷挤压模具的强度、刚度及寿命等方面的要求要比一般冲模高。与一般冲模相比，它主要有以下特点：

1）模具的工作部分与上、下底板之间都设置有足够的支承面与足够厚度的嵌入型淬硬垫板，以承受挤压加工时的大压力，减少上、下底板上的单位压力，此淬硬垫板的面积根据许用面积决定。

2）模具的工作部分均采用光滑的圆角过渡，以预防由于应力集中而导致模具本身的损坏。

3）冷挤压模的上、下模板应有足够的厚度和刚度，一般采用 45 钢或铸钢。

4）模具工作部分的材料及热处理要求应比一般冲模要求高。

4. 冷挤压模具设计要求

1）模具应有足够的刚度和强度，应能在冷热交替应力的作用下保证正常工作，模具结构要合理，如采用组合式模具。

2）选用合适的模具材料。工作部分必须要有相当的韧性和耐磨性；几何形状及参数要合理、准确，有利于坯料塑性变形、降低单位挤压应力，尽量采用光滑圆角过渡，防止应力集中。

3）模具的易损部位应考虑通用性和互换性，并便于更换、修理。

4）对于精度要求较高的挤压件，模具设计要有良好的稳定导向装置。

5）坯料的取放应方便，坯料应易于放入模膛。

6）模具应安全可靠，制造工艺简便，成本低，使用寿命长。

为满足以上各项要求，必须慎重考虑模具结构的设计、材料的选择、制作工艺及其热处理等问题。

5. 冷挤压设备的选用与压力计算

对冷挤压设备的基本要求：

1）刚性好，滑块导向精度高。

2）滑块空行程和回程速度较快。

3）滑块工作行程速度较慢，不能有“脉冲”现象。

4）有安全防护装置，防止冲头断裂或坯料崩裂飞出造成人身事故。

5）便于观察挤压情况和控制挤压深度。

冷挤压力的计算公式为

$$P=\frac{KqF}{10000} \tag{1-8-7}$$

式中　P——挤压力（kN）；

K——安全系数，取 1.2；

F——型腔在挤压方向上的投影面积（mm^2）；

q——材料单位挤压应力，见表 1-8-6。

表 1-8-6　材料单位挤压应力 q

材料的抗拉强度/MPa	单位挤压应力 q/MPa
250～300	1500～2000
300～500	2000～2500
500～700	2500～3000
700～800	3000～3500
800～900	3500～4000

8.2.5　CPTEK-兴锻品牌冷温精锻设备典型结构

1. 伺服肘杆式冷温精锻精密压力机（ZXSFN 系列）**传动机构**（见图 1-8-25）

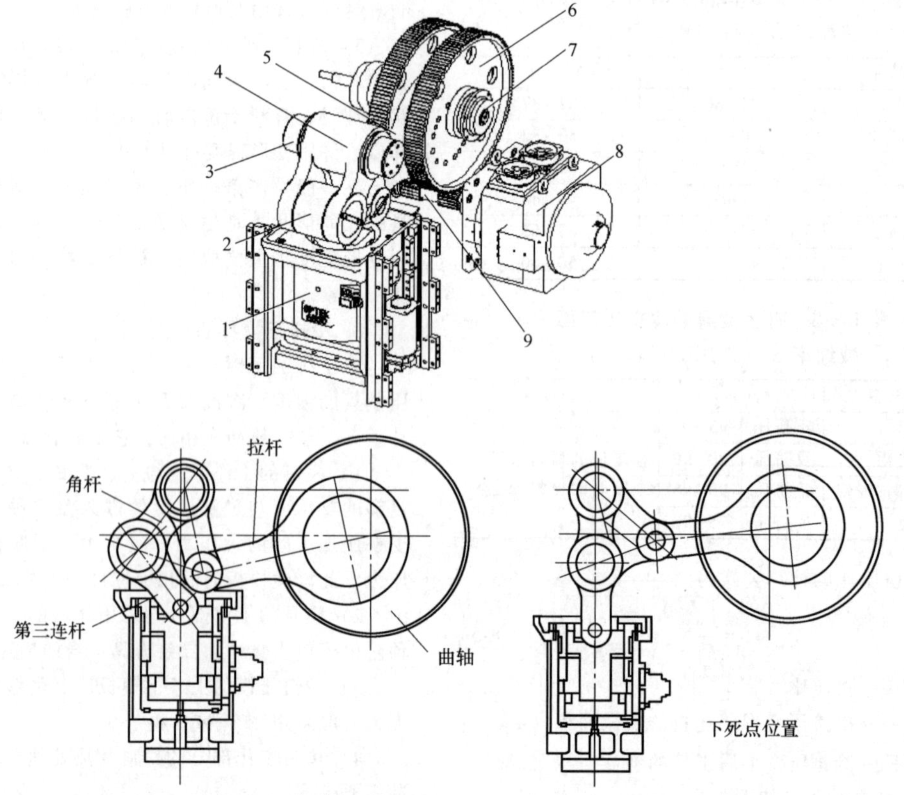

图 1-8-25　伺服肘杆式冷温精锻精密压力机（ZXSFN 系列）传动机构
1—滑块组件　2—拉杆　3—角架轴　4—角架　5—偏心体连杆　6—偏心齿轮组件　7—偏心齿轮轴　8—伺服电动机　9—高速齿轮轴

伺服肘杆式冷温精锻精密压力机（ZXSFN 系列）传动机构有以下特点：

1）由于增加了第三连杆，可加速从下死点上升，给下模顶料的上升留有较大余地，自动搬送装置的夹紧动作较为安定。

2）在下死点附近，滑块与第三连杆成垂直状态。因此，负荷由机架直接承受，可避免下死点附近的过载引起的停机。

3）支点数较少，结合部的间隙量减少，因此综合间隙较小，提高了精度。

2. 伺服多连杆式冷温精锻精密压力机（ZXSFL 系列）**传动机构**（见图 1-8-26）

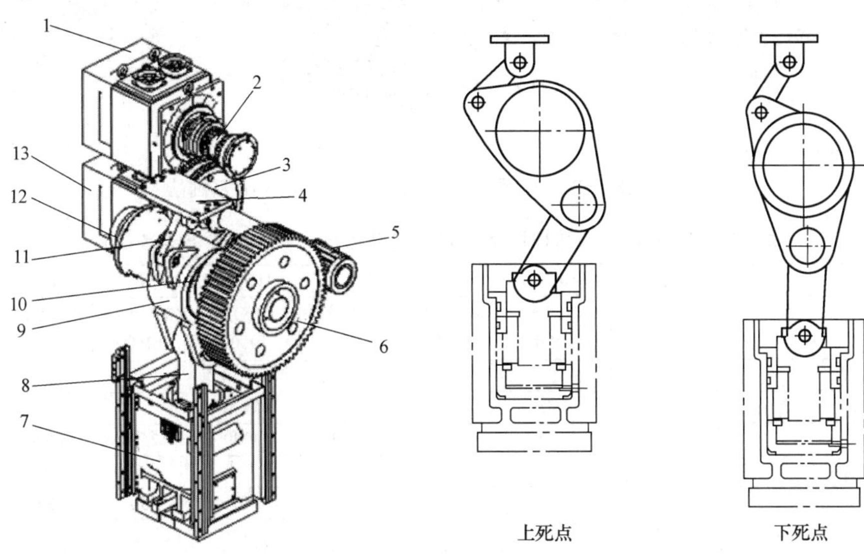

图 1-8-26　伺服多连杆式冷温精锻精密压力机（ZXSFL 系列）传动机构

1—1 号伺服电动机　2—高速小齿轮轴　3—高速齿轮　4—支座　5—主小齿轮　6—大齿轮　7—滑块组件　8—下连杆　9—偏心连杆　10—挡片　11—上连杆　12—偏心轴　13—2 号伺服电动机

伺服多连杆式冷温精锻精密压力机（ZXSFN 系列）传动机构有以下特点：

1）机身结构紧凑、刚性强。

2）满负荷的工作区域较长，工作效率高。

3）具有增力特性。

4）减少模具与工件的接触冲击。

5）具有慢进快回的特性，以满足挤压成形制品的变形速度要求。

3. 冷温精锻精密压力机下顶料装置（见图 1-8-27）

从图 1-8-27 可以看出，该冷温精锻精密压力机采用下顶料的方式。下顶料的力通过偏心轴 1 上的凸轮 13 拨动摆杆 12，带动顶料轴 2 完成顶料动作。

8.2.6　CPTEK-兴锻品牌冷温精锻压力机

1. ZXSFN 系列伺服肘杆式冷温精锻压力机

图 1-8-28 所示的 ZXSFN 系列伺服肘杆式冷温精锻压力机主要用于冷锻、温锻加工。表 1-8-7 列出了 ZXSFN 系列伺服肘杆式冷温精锻压力机的主要技术参数。

主要特点：

1）能保持高精度，最适合高刚度、高生产率的加工要求。

2）滑块的运动用肘杆机构实现，与曲轴式相比，其特点是滑块在下死点附近的速度非常慢，在

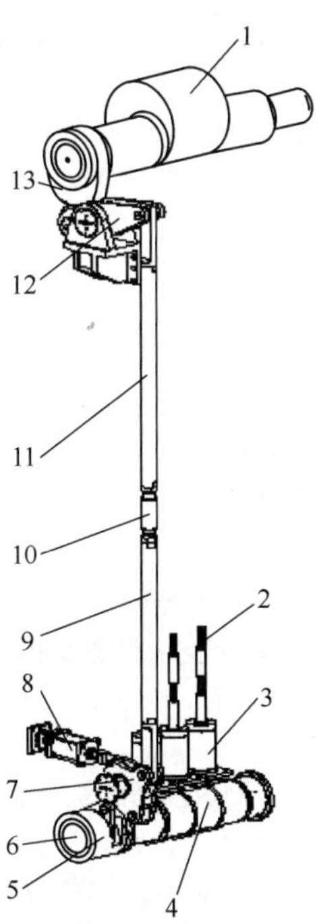

图 1-8-27　冷温精锻精密压力机下顶料装置

1—压力机偏心轴　2—顶料轴　3—导杆导套装置　4—卡盘机构　5—摆盘机构　6—支撑轴　7—角架机构　8—气缸装置　9—下拉杆　10—调节螺杆　11—上拉杆　12—摆杆　13—凸轮

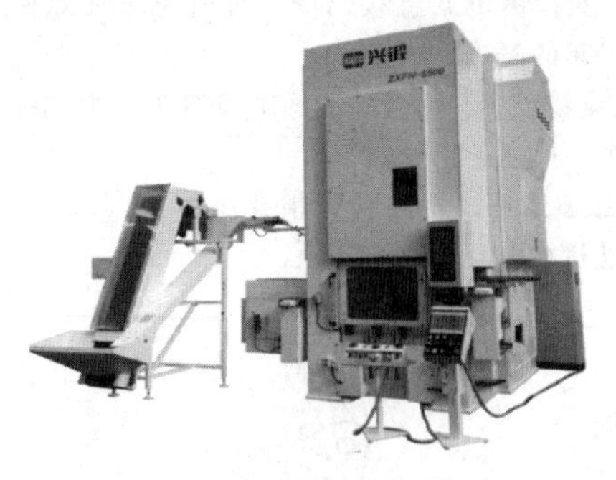

a) ZXSFN-6500型

b) ZXSFN-4000型

c) ZXSFN-1250型

图 1-8-28　ZXSFN 系列伺服肘杆式冷温精锻压力机

表 1-8-7　ZXSFN 系列伺服肘杆式冷温精锻压力机的主要技术参数

规格		400T	650T	800T	1000T	1250T	1600T	2000T
型号		ZX(S)FN-4000	ZX(S)FN-6500	ZX(S)FN-8000	ZX(S)FN-10000	ZX(S)FN-12500	ZX(S)FN-16000	ZX(S)FN-20000
结构形式		肘杆式单点						
参数名称		参数值						
公称力/kN		4000	6500	8000	10000	12500	16000	20000
公称力行程/mm		10	13	13	13	13	13	20
滑块行程/mm		200	250	250	250	250	250	300
滑块行程次数/(次/min)		25~50	20~40	20~40	15~30	15~30	15~30	15~30
最大装模高度/mm		450	550	650	650	700	700	800
装模高度调节量/mm		50	50	50	50	50	50	50
滑块底面尺寸/mm(左右×前后)		700×500	800×700	900×800	900×900	1200×1000	1300×1100	1400×1200
工作台板尺寸/mm(左右×前后)		700×600	800×700	900×800	1000×900	1200×1000	1300×1100	1400×1200
下垫板厚度(可协商)/mm		115(120)	150	150	160	180	250	250
主电动机功率/kW		37	45	75	110	160	200	250
上顶出	类型	氮气弹簧						
	顶出力/kN	40	65	80	100	125	160	200
	顶出行程/mm	50	50	100	100	100	100	120
	工位数/个	3	3	3	3	3	3	3
下顶出	类型	机械						
	顶出力/kN	200	320	500	600	630	800	1000
	顶出行程/mm	100	100	110	110	110	110	110
	顶杆直径/mm	$\phi50$	$\phi60$	$\phi70$	$\phi70$	$\phi80$	$\phi80$	$\phi90$
	工位数/个	3	3	3	3	3	3	3
参考依据(序列号)		071409-0117	071650-0102	071800-0113	071100-0118	071120-0105	071160-0116	新定

工作行程末端附近产生最大压力且保持较长的时间。特别适合于压印、压花、精整等压缩加工和挤压成形加工。

3）高刚度钢板制成的闭式机架，加工精度能长期维持，同时能延长模具寿命。

4）采用湿式离合制动器，高刚度的闭式机架，噪声和振动小。

5）设备安装无须地坑，移动方便。

6）小型化机身，无突出部位，使压力机的接近性好，安全性高，操作、保养、点检便利。

7）机架侧面开口大，极易配置自动化装置。

8）配有抬模器和夹模装置，可缩短换模时间。

2. ZXSFL 系列伺服多连杆式冷温精锻压力机

图 1-8-29 所示的 ZXSFL 系列伺服多连杆式冷温精锻压力机主要用于冷锻、温锻加工。表 1-8-8 列出了 ZXSFL 系列伺服多连杆式冷温精锻压力机的主要技术参数。

主要特点：

1）长行程连杆式压力机。

2）机架侧面开口大，可方便配置自动化装置。

3）滑块驱动采用特殊的连杆机构，行程中点的直动性好，在下死点前较高的位置就能产生很大的压力，特别适用于长形产品的加工。

4）加工区域内滑块的速度慢，与坯料接触时的冲击小，材料流动良好，产品精度高，模具寿命长。

5）滑块上面的连杆摆动角度小，滑块受到的侧向推力小，动态精度高，并可长期维持初始精度。

6）高刚度钢板制作的一体型机架，刚度大，生产稳定。

7）下模脱料装置行程长，适合长形产品的加工。

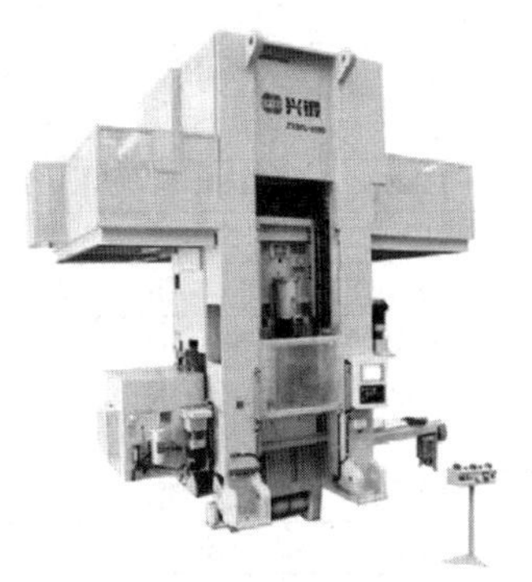

a) ZXSFL-6500型(长行程)

b) ZXSFL-6500型

c) ZXSFL-12500型

图 1-8-29　ZXSFL 系列伺服多连杆式冷温精锻压力机

表 1-8-8　ZXSFL 系列伺服多连杆式冷温精锻压力机的主要技术参数

规格		400T	650T	800T	1000T	1250T	1600T	2000T
型号		ZX(S)FL-4000	ZX(S)FL-6500	ZX(S)FL-8000	ZX(S)FL-10000	ZX(S)FL-12500	ZX(S)FL-16000	ZX(S)FL-20000
结构形式		连杆式单点						
参数名称		参数值						
公称力/kN		4000	6500	8000	10000	12500	16000	20000
公称力行程/mm		13	15	25	25	25	25	25
滑块行程/mm		400	450	400	500	500	500	550
滑块行程次数/(次/min)		20~40	15~30	15~30	15~30	15~30	15~30	15~30
最大装模高度/mm		800	1000	1000	1000	1000	1000	1200
装模高度调节量/mm		50	50	50	50	50	50	50
滑块底面尺寸/mm(左右×前后)		800×800	900×900	1000×900	1000×900	1200×1000	1300×1100	1400×1200
工作台板尺寸/mm(左右×前后)		800×800	1000×1100	1000×1100	1000×1100	1200×1000	1300×1100	1400×1200
下垫板厚度(可协商)/mm		200(130)	150	150	160	180	250	250
主电动机功率/kW		37	45	132	132	160	200	250
上顶出	类型	氮气弹簧						
	顶出力/kN	80	130	160	200	250	320	400
	顶出行程/mm	50	80	100	100	100	100	120
	工位数/个	3	3	3	3	3	3	3
下顶出	类型	机械						
	顶出力/kN	320	520	640	800	1000	1250	1600
	顶出行程/mm	130	130	130	130	130	130	130
	顶杆直径/mm	$\phi50$	$\phi60$	$\phi70$	$\phi70$	$\phi80$	$\phi80$	$\phi90$
	工位数/个	3	3	3	3	3	3	3
参考依据(序列号)		071400-0106	071659-0120	071800-0119	新定			

（续）

规格		1600T	2000T	2500T		3000T	
型号		ZX(S)FL2-16000	ZX(S)FL2-20000	ZX(S)FL2-25000	ZX(S)FL2-25000	ZX(S)FL2-30000	ZX(S)FL2-30000
结构形式		连杆式双点	连杆式双点	连杆式单点	连杆式双点	连杆式单点	连杆式双点
参数名称		参数值					
公称力/kN		16000	20000	25000	25000	30000	30000
公称力行程/mm		25	25	25	25	25	25
滑块行程/mm		500	700	600	600	700	700
滑块行程次数/(次/min)		15~30	15~30	15~25	15~25	15~25	15~25
最大装模高度/mm		1000	1400	1300	1500	1400	1600
装模高度调节量/mm		10	10	50	10	50	10
滑块底面尺寸/mm(左右×前后)		1500×1200	1700×1400	1600×1300	1800×1500	1800×1400	1900×1600
工作台板尺寸/mm(左右×前后)		1700×1200	1900×1400	1600×1300	2000×1500	1800×1400	2100×1600
下垫板厚度(可协商)/mm		250	250	300	300	350	350
主电动机功率/kW		200	250	315	315	400	400
上顶出	类型	液压	液压	氮气弹簧	液压	氮气弹簧	液压
	顶出力/kN	320	400	500	500	600	600
	顶出行程/mm	100	120	150	150	150	150
	工位数/个	5	5	3	5	3	5
下顶出	类型	机械					
	顶出力/kN	1250	1600	2000	2000	2400	2400
	顶出行程/mm	130	130	150	150	180	180
	顶杆直径/mm	ϕ80	ϕ90	ϕ100	ϕ100	ϕ100	ϕ100
	工位数/个	5	5	3	5	4	5
参考依据(序列号)		新定					

3. ZXSN 系列伺服肘杆式单点/双点精密压力机

ZXSN 系列伺服肘杆式单点/双点精密压力机主要用于压印、压花、精整、精密冲裁等加工。图 1-8-30 所示为 ZXSN 系列伺服肘杆式单点/双点精密压力机。表 1-8-9 列出了 ZXSN 系列伺服肘杆式单点/双点精密压力机的主要技术参数。

主要特点：

1）滑块的运动利用肘杆机构实现，与曲轴式相比，其特点在于滑块的运动模式。滑块在下死点附近的运动速度慢，在工作行程末端附近产生最大压力，并且保持较长的时间，这对于压缩加工的产品是非常必要的。因此，主要用于压印、压花、精整、精密冲裁等加工。

2）高刚度钢板的一体型机架。精度高，并且能提高模具寿命。

3）采用湿式离合制动器，高刚度的闭式机架，噪声和振动小。

4）机架侧面开口大，极易配置自动化装置。

5）伺服压力机的运动模式均可以实现。

6）如果将伺服电动机驱动换成飞轮（离合制动器）和变频电动机，则为本系列的姊妹系列——肘杆式单点/双点精密压力机 ZXN 系列。

a) ZXSN2-2200型(双点)

b) ZXSN2-6500型(双点)

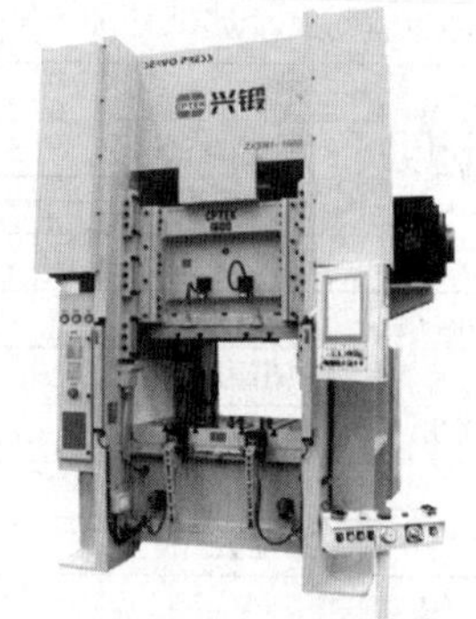

c) ZXSN1-1600型(单点)

图 1-8-30　ZXSN 系列伺服肘杆式单点/双点精密压力机

表 1-8-9　ZXSN 系列伺服肘杆式单点/双点精密压力机的主要技术参数

参数名称	ZXSN1-1600	ZXSN1-2000	ZXSN1-2500	ZXSN1-3000	ZXSN1-4000	ZXSN2-2000	ZXSN2-2500	ZXSN2-3000	ZXSN2-4000	ZXSN2-6000	ZXSN2-10000
公称力/kN	1600	2000	2500	3000	4000	2000	2500	3000	4000	6000	10000
公称力行程/mm	6	7	7	7	7	7	7	7	7	10	10
连续作业能量/J	12000	18000	20000	25000	35000	20000	20000	27000	37000	70000	110000
滑块行程/mm	100	200	200	200	250	200	200	200	250	280	300
滑块行程次数/(次/min)	~120	~110	~100	~100	~90	~120	~100	~80	~90	~80	~60
最大装模高度/mm	350	450	450	550	650	450	450	550	650	700	700
装模高度调节量/mm	90	100	100	100	100	70	100	150	100	120	120
滑块底面尺寸/mm(左右×前后)	700×600	750×650	800×700	1000×750	1200×850	1500×800	1600×700	1800×850	2000×900	2100×1000	2200×1100
工作台板尺寸/mm(左右×前后)	700×650	750×700	850×750	1000×800	1200×900	1500×1000	1600×750	1800×1000	2000×1000	2100×1100	2200×1200
工作台厚度/mm	160	180	190	200	230	200	190	220	250	280	300
侧面开口尺寸/mm(前后×高度)	450×340	500×400	500×400	550×530	600×600	600×400	600×400	650×700	680×600	730×650	780×650
允许上模最大重量/kg	800	1000	1000	1200	1500	1500	1500	2000	2500	3000	4000
地面到工作台表面高度/mm	1000	1000	1000	1000	1100	1000	1000	1000	1100	1200	1300

4. 变频冷温挤压肘杆式（ZXFN）和多连杆式（ZXFL）压力机

图 1-8-31 所示的 ZXFN/ZXFL 系列变频冷温挤压肘杆式和多连杆式压力机主要用于冷锻、温锻加工。

表 1-8-10 列出了 ZXFN/ZXFL 系列变频冷温挤压肘杆式和多连杆式压力机的主要技术参数。

（1）ZXFN 系列压力机的主要特点

1）能保持高精度，最适合高刚度、高生产率的加工要求。

2）滑块的驱动采用肘杆机构，与曲轴式相比，其特点在于滑块在下死点附近的运动速度非常慢，在工作行程末端附近产生最大压力，且保持较长时间。特别适合于压印、压花、精整等压缩加工和挤压成形加工。

3）高刚度钢板制成的闭式机架，加工精度能长期维持，同时能延长模具寿命。

4）采用湿式离合制动器，高刚度的闭式机架，噪声和振动小。

5）设备安装无须地坑，移动方便。

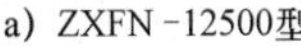

a）ZXFN-12500型　　b）ZXFN-10000型　　c）ZXFL-8000型

图 1-8-31　ZXFN/ZXFL 系列变频冷温挤压肘杆式和多连杆式压力机

表 1-8-10　ZXFN/ZXFL 系列变频冷温挤压肘杆式和多连杆式压力机的主要技术参数

名称	冷温挤压肘杆式压力机						冷温挤压多连杆式压力机					
型号	ZXFN-4000	ZXFN-6500	ZXFN-8000	ZXFN-10000	ZXFN-12500	ZXFN-15000	ZXFL-4000	ZXFL-8000	ZXFL-12500	ZXFL-6500	ZXFL-10000	ZXFL-16000
类型	单点						单点			双点		
公称力/kN	4000	6500	8000	10000	12500	15000	4000	8000	12500	6500	10000	16000
公称力行程/mm	7	7	10	13	13	13	10	13	15	13	15	15
滑块行程/mm	200	250	250	280	250	280	400	450	500	400	450	500
滑块行程次数/(次/min)	30～50	20～45	20～40	20～40	15～35	15～30	20～40	15～30	15～30	15～30	15～30	15～30
最大装模高度/mm	450	550	600	650	650	700	800	900	900	1000	1100	1100
装模高度调节量/mm	50	50	50	50	50	50	50	50	50	50	50	50
滑块底面尺寸/mm(左右×前后)	700×500	800×700	900×700	1000×900	1200×1000	1300×1100	800×800	1000×900	1100×1000	1100×1000	1200×1000	1300×1000
工作台板尺寸/mm(左右×前后)	700×600	800×700	900×800	1000×900	1200×1000	1300×1100	800×800	1000×900	1100×1000	1100×1000	1200×1000	1300×1000
工作台厚度/mm	115	150	150	160	200	250	200	150	170	180	200	250
底座顶料装置能力/kN	200	320	400	500	600	650	350	400	500	350	500	600
底座顶料装置行程/mm	100	130	110	110	110	110	150	180	200	180	180	200
工位数/个	1	3	1	1	1	1	3	3	3	3	3	3
主电动机功率/kW	37	45	75	110	160	250	37	75	110	75	185	200
供给空气压力/MPa	0.5	0.5	0.5	0.5	0.5	0.5	0.5	0.5	0.5	0.5	0.5	0.5

6）小型化机身，无突出部位，使压力机的接近性好，安全性高，操作、保养、点检便利。

7）机架侧面开口大，极易配置自动化装置。

8）配有抬模器和夹模装置，可缩短换模时间。

（2）ZXFL 系列压力机的主要特点

1）长行程连杆式压力机。

2）机架侧面开口大，可方便配置自动化装置。

3）滑块驱动采用特殊的连杆机构，行程中点的直动性好，在下死点前较高的位置就能产生很大的压力，特别适用于长形产品的加工。

4）在加工区域内滑块的运动速度慢，与坯料接触时的冲击小，材料流动良好，产品精度高，模具寿命长。

5）滑块上面的连杆摆动角度小，滑块受到的侧向推力小，动态精度高，并可长期维持初始精度。

6）高刚度钢板制作的一体型机架，刚性高，生产稳定。

7）下模脱料装置行程长，适合长形产品的加工。

8）配有抬模器和夹模装置，可缩短换模时间。

5. CPTEK-兴锻品牌冷温精锻压力机的特点

（1）扩大加工对象产品

1）如前所述，CPTEK 的肘杆式压力机，采用特殊的肘杆机构，滑块的运动模式对于挤出成形非常有利，作业能量也有提升，不仅是镦压加工、精整加工，而且对于前方挤压或后方挤压加工都能够扩大加工范围。

2）3 工位的下顶料装置可以任意选择，使得多工位自动加工容易实现。

3）装备油压发生装置和闭塞锻造用的模架，可以进行交叉型连接件的闭塞锻造（同时还必须要变更装模高度、给油方式、进行力矩、作业能量的检查）。

4）将锻造技术用于钣金成形，废除切削、研削等后序加工等。

5）扩大加工领域，将 FN 系列与矫平送料机组合使用，可以实现将锻造加工加入级进加工。

（2）高精度

1）高刚度对称一体型机架，机架的伸长及滑块的挠曲变形较少，能够实现底厚高精度的加工。

2）滑块为直角八面的长导轨构造，承载负荷时滑块的动态精度高，偏心负载能力强。由于采用特殊的肘杆机构，滑块上作用的横向推力较其他同类产品小。

3）采用了特殊的肘杆机构，在肘杆运动模式特有的慢接触之上，实现了快速返程的滑块运动模式。从镦压、精整加工到挤压加工，与过去的锻造加工相比，加工范围扩大。在多工位加工装置的自动搬送中，与模具的干涉域减少，扩大了加工领域，有利于模具设计。

4）综合间隙小。在特殊肘杆式机构中，影响综合间隙的连杆节点较少，此外各节点部的部件经过高精度加工，与润滑技术相结合，节点部间隙即使很小也不会烧结。

总起来说，综合间隙减小，切断冲击也就少，不仅提高了产品精度，也使得压力机和模具的使用寿命延长。

（3）高机能

1）油压式过载保护装置。

2）图形显示吨位计。成形时显示行程负荷曲线的图形，由此进行成形过程中的解析，从而做出最适合的工位布局设定。通过压力机的力矩曲线或设定行程负荷曲线，与实际成形时的行程负荷曲线进行比较，能够检出异常，对产品和模具实行间接的品质管理。

3）装模高度自动设定。通过预先控制各产品的模具装模高度，可免去模具交换时装模高度调整的烦琐操作，缩短模具交换时间。如果与加工产品的底厚检出机构组合使用，连续加工中能够自动进行装模高度的调节。

总之，近几年来，江苏中兴西田数控科技有限公司经过不断的大力度开发，投入市场的 CPTEK-兴锻品牌冷温精锻压力机，既有肘杆式，又有长行程多连杆式，既有变频普通型，又有伺服高级版，既可以用于体积成形类的冷温精锻，又有可以用于板材的复合成形，为企业转型发展的实际需求提供了众多的选择，实现了替代进口，填补国内空白，对客户产业升级起到了一定的推进作用。

8.3　冷镦机及多工位自动成形机

8.3.1　概述

冷镦机及多工位自动成形机都属于锻压机械中的线材成形自动机大类，是一种高效的自动化的锻压机械，主要以盘料或棒料为原料，连续生产螺栓、螺母、销钉、钢球及滚柱等标准件，以及形状复杂的冷成形件和锥齿轮轴、球头销、火花塞等汽车零件，是实现少、无屑加工工艺的设备。图 1-8-32 所示为在螺栓联合自动机上加工螺栓的工艺过程。

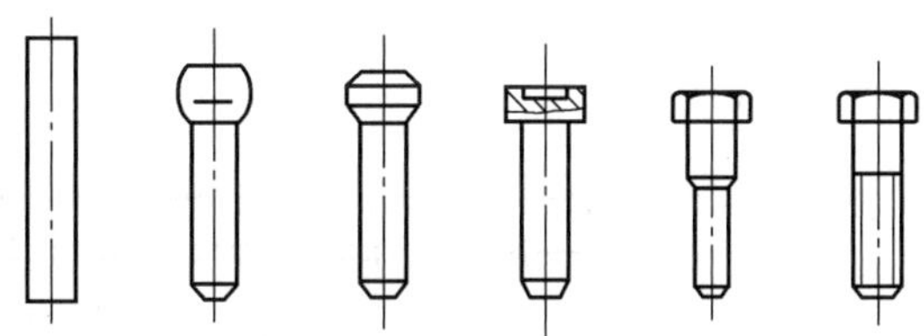

图 1-8-32　螺栓的加工工艺过程

冷镦机及多工位自动成形机均采用冷镦技术，它的主要优点概括为以下几个方面：

1）钢材利用率高。冷镦是一种少、无屑加工方法，如加工杆类的六角头螺栓、圆柱头内六角螺钉，采用切削加工方法，钢材利用率仅为 25%～35%，而用冷镦技术，它的利用率可高达 85%～95%，仅料头、料尾及切六角头边存在一些工艺消耗。

2）生产率高。与通用的切削加工相比，冷镦成形效率要高出几十倍以上。

3）力学性能好。采用冷镦技术加工的零件，由于金属纤维未被切断，因此强度要比切削加工的优越得多。

4）适于自动化生产。适宜冷镦技术生产的零件，基本属于对称性零件，适合采用高速自动冷镦机生产，也是大批量生产的主要方法。

随着生产的不断发展，需求量的不断增加，以及使用高碳钢和不锈钢材料制造的其他零件的行业日益增多，出现了将材料加热到接近再结晶温度进行镦锻的多工位自动温镦机，以及将材料加热到锻造温度进行切断和成形的多工位热镦机。

冷镦机及多工位自动成形机的品种很多，有单击整模自动冷镦机、双击整模自动冷镦机、高速双击整模自动冷镦机、三击双工位自动冷镦机、螺母多工位自动冷镦机、螺栓多工位自动冷镦机、螺栓联合自动机、多工位自动冷成形机、多工位自动热镦机及多工位自动温镦机等。

8.3.2　关键零部件

1. 主传动系统

冷镦机及多工位自动成形机的品种很多，根据功能的不同，传动系统也各不相同，这里举两个例子来说明。

（1）双击整模自动冷镦机　双击整模自动冷镦机主要用于生产螺栓类零件，图 1-8-33 所示为齐齐哈尔二机床有限责任公司研制的 Z12-12 型自动冷镦机的传动原理。

电动机 1 通过带轮 2、3 和 V 带的传动，使曲轴 4 转动，经过连杆 5 带动滑块 9 做往复运动，同时又使齿轮 40、41 转动。

棒料的送进是靠凸轮轴 42 上的偏心圆盘 7 旋转，带动拉杆 10、摇杆 22、离合器 21、轴 24 和齿轮 23、20，使轴 19 和送料滚子 26 做单向间歇转动，从而把经过校直装置 25 校直的棒料压送进切断凹模 29 内，直至碰到挡铁 34 为止。这时切刀 33 向前移

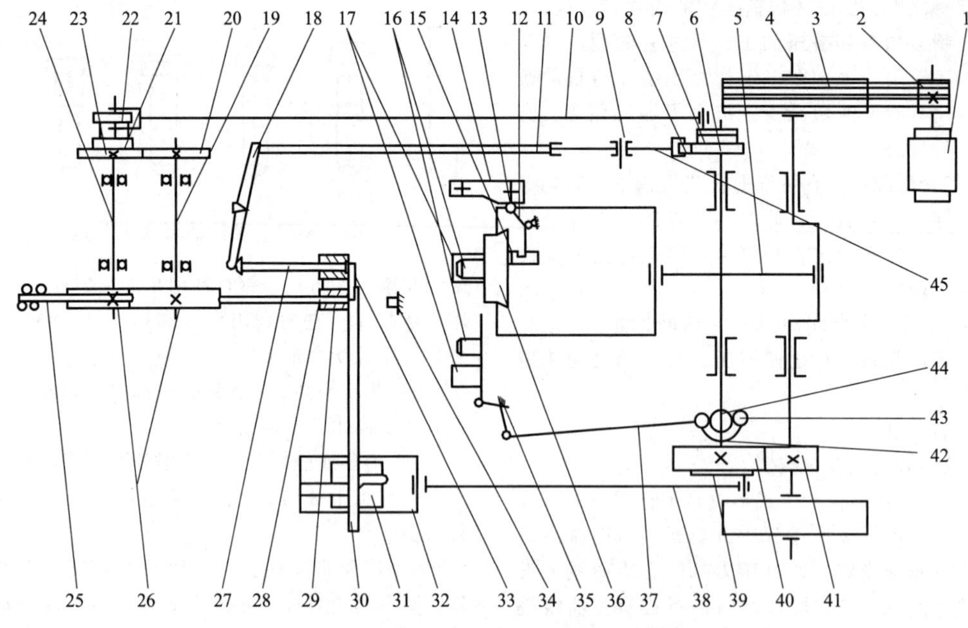

图 1-8-33　Z12-12 型自动冷镦机的传动原理

1—电动机　2、3—带轮　4—曲轴　5、37—连杆　6、44—凸轮　7、39—偏心圆盘　8、13—滚子　9、32—滑块　10、11、38—拉杆　12、18—杠杆　14—导板　15—定位销　16—冲头　17—精修冲头　19、24—轴　20、23、40、41—齿轮　21—离合器　22、45—摇杆　25—校直装置　26—送料滚子　27—推料器　28—凹模　29—切断凹模　30—刀杆　31—曲线板　33—切刀　34—挡铁　35—杠杆轴　36—滑板　42—凸轮轴　43—双滚子

动，此运动是靠凸轮轴 42 上的偏心圆盘 39 旋转，并通过拉杆 38、滑块 32、曲线板 31 的传动，使刀杆 30 和切刀 33 向前运动。切刀 33 切断棒料，并将其送至镦锻线上，直到滑块 9 向前移动。装在滑块前端的冲头 16 把坯料向前朝着凹模 28 的孔的方向送入一段距离，但坯料还未进入凹模 28 的孔前，切刀 33 急速退回初始位置。滑块继续向前移动，冲头 16 把坯料继续推入凹模 28 并顶到推料器 27 上后，即对工件头部进行粗镦；随后滑块 9 向后退，此时装有冲头 16 和精修冲头 17 的滑板 36 向上移动，将精修冲头 17 移至镦锻线上，待滑块 9 第二次向前移动时，即对工件头部进行精镦。镦好的工件在滑块向后退时，由推料器 27 推出。推料器是靠凸轮 6 的转动，通过滚子 8、摇杆 45、拉杆 11 使杠杆 18 摆动，而推动推料器将制件推出，此时送料滚子 26 又旋转，再次送料开始新的循环。

滑板 36 的上下移动是靠凸轮 44 旋转来带动装有双滚子 43 的连杆 37 移动，经杠杆轴 35 的摆动，使滑板 36 上下移动，升降滑板 36 的定位销 15 由导板 14、滚子 13、杠杆 12 和弹簧使其拔出和插入。

（2）多工位自动成形机　多工位自动成形机一般有 3~5 个工位，工艺范围很广，除生产螺栓、螺母之外，还能加工形状复杂、头部较大的异形件。多工位自动成形机工序间坯料的转送由夹钳机构完成，坯料从切断工位到第一镦锻工位的转送，往往采用片状切刀“连切带送”来完成。有的机器为了提高坯料断面质量，常采用套筒刀来切断，这样做需要增加一套捅料机构和一把夹钳。

多工位自动成形机的工位有垂直排列和水平排列两种，采用垂直排列时，安装模具及调整夹钳都比较方便，但若在坯料转送过程中，上面工位发生掉料时，会把下面夹钳砸坏，同时润滑冷却液会集中在下面工位。目前，很多机器采用工位水平排列，模具拆装及夹钳调整比较困难，需要设置专用装置，使模具及夹钳能转到机器外侧。

图 1-8-34 所示为 Z48-48/5 型多工位自动成形机的传动原理。

该机是由电动机通过带轮及气动离合器带动曲轴回转，从而驱动滑块往复运动完成镦锻工作。在曲轴一端用凸轮驱动一套杆系带动夹钳往复运动，完成工件在各工位之间的传送工作。在曲轴的另一端装一套轮系，分别通过偏心盘驱动拉杆做往复运动，完成送料、切断、捅出和凹模推出工作。

从图 1-8-34 可以看出，多工位自动成形机运动机构很多，除完成镦锻工作的主滑块外，还有送料、切料、顶出等机构及各工位之间的转送机构。为了保证这些机构运动协调、工作可靠、运动平稳，必须有恰当的工作循环图，这是机器设计及调试的依据，十分重要。主滑块是机器工作的主体，所有其他机构都是配合它动作，所以主滑块的位移曲线是制订工作循环图的基准。与通用压力机不同，在冷镦机及多工位自动成形机中，把主滑块在后死点的曲柄转角定为 0°，主滑块位移起始点取在前死点，即当 $\alpha=0°$ 时 $S=2R$，当 $\alpha=180°$ 时 $S=0$。

图 1-8-35 所示为 Z48-48/5 型多工位自动成形机的工作循环图。

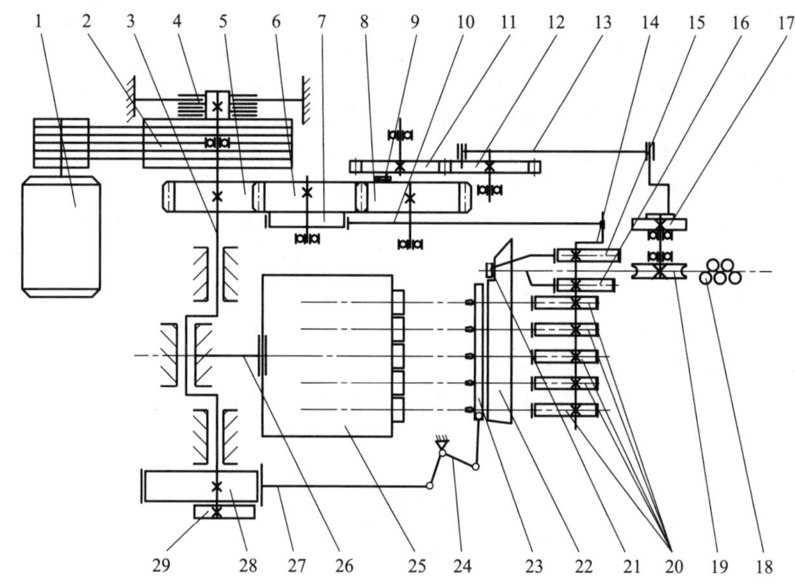

图 1-8-34　Z48-48/5 型多工位自动成形机的传动原理

1—主电动机　2—带轮　3—曲轴　4—制动离合器　5、6、8、11、12—传动齿轮　7—偏心盘　9—连杆　10—大拉杆　13—送料拉杆　14—摆杆　15—切断凸轮　16—捅出凸轮　17—送料机构　18—校直机构　19—送料轮　20—推出凸轮　21—切断　22—凹模座　23—夹钳机构　24—夹钳摆杆　25—滑块　26—滑块连杆　27—夹钳传动拉杆　28—夹钳凸轮　29—平衡盘

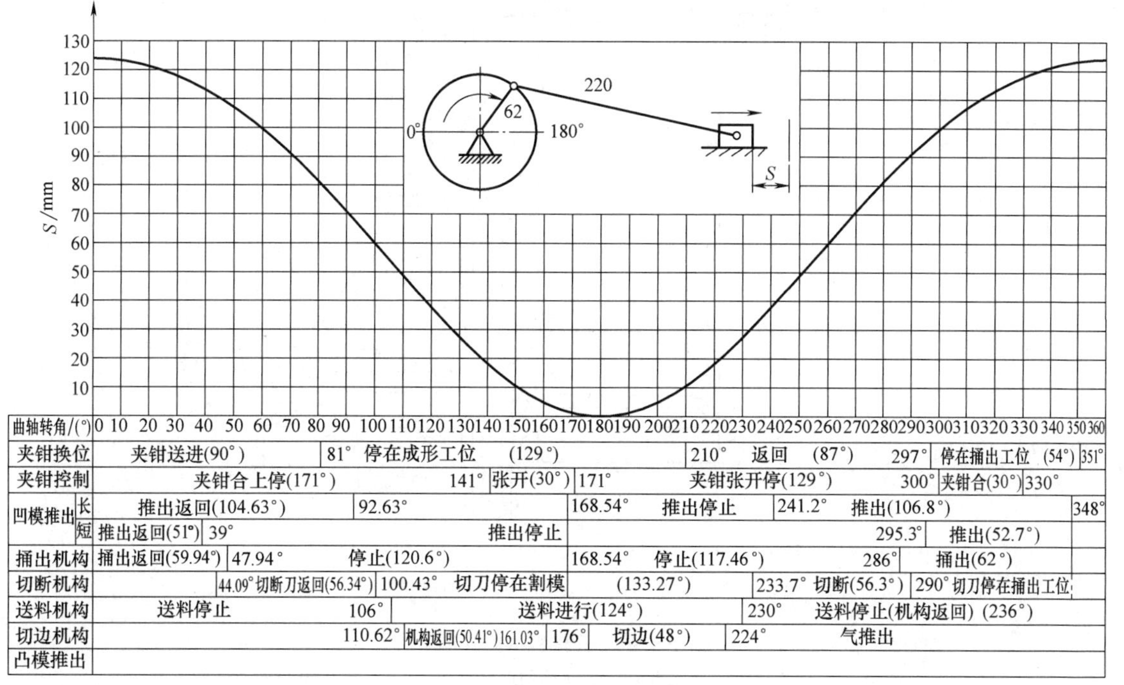

曲轴转角/(°)		0 10 20 30 40 50 60 70 80 90 100 110 120 130 140 150 160 170 180 190 200 210 220 230 240 250 260 270 280 290 300 310 320 330 340 350 360					
夹钳换位		夹钳送进(90°)	81° 停在成形工位 (129°)	210° 返回 (87°) 297°	停在捅出工位 (54°)	351°	
夹钳控制		夹钳合上停(171°) 141°	张开(30°)	171° 夹钳张开停(129°) 300°	夹钳合(30°)	330°	
凹模推出	长	推出返回(104.63°)	92.63°	168.54° 推出停止	241.2° 推出(106.8°)	348°	
	短	推出返回(51°)	39° 推出停止	295.3°	推出(52.7°)		
捅出机构		捅出返回(59.94°)	47.94° 停止(120.6°)	168.54° 停止(117.46°) 286°	捅出(62°)		
切断机构			44.09° 切断刀返回(56.34°)	100.43° 切刀停在割模	(133.27°)	233.7° 切断(56.3°)	290° 切刀停在捅出工位
送料机构		送料停止 106°	送料进行(124°)	230° 送料停止(机构返回) (236°)			
切边机构		110.62°	机构返回(50.41°) 161.03°	176°	切边(48°)	224° 气推出	
凸模推出							

图 1-8-35　工作循环图

2. 送料、切料及顶出机构

冷镦机及多工位自动成形机的送料机构、切料机构及顶出机构种类非常多，但从工作原理来看，都属于间歇运动机构。下面对冷镦机及多工位自动成形机的送料机构、切料机构及顶出机构做一简单介绍。

(1) 送料机构　送料机构的运动一般由曲轴带动的辅助滑块或曲轴带动的分配轴上的偏心轮、凸轮等驱动，并通过凸轮杠杆系统或齿轮摆杆系统等中间环节，使单向离合器或棘爪棘轮机构动作，实现滚轮的单向送进；也有的机器直接用气动离合器的脱开和结合来控制滚轮的单向送进。

图 1-8-36 所示为送料机构的送料箱。

其中，送料轮主要是夹持材料，并把材料送入切断机构，每种线径都有相对应的两个送料轮装在机器上。而送料轮压紧缸和锁紧柄主要是根据材料直径和材质来调整送料轮的空气压力和更换送料轮的。送料机构如图 1-8-37 所示。由曲轴上的齿轮传递动力，通过一系列齿轮传动，驱动拉杆 1 传递的摆动通过调整摆架 2 传递到驱动齿轮 6 上，从而驱动材料前进。

其他送料机构的基本原理与上述相似，差别仅在于单向离合器的结构、压料力产生的方式和驱动方式的不同。

在自动冷镦机上，常用的单向离合器有圆辊式单向离合器（圆辊式超越离合器）、异形辊式单向离合器（异形辊式超越离合器）、棘轮机构式单向离合器三种。

(2) 切料机构　切料机构按刀杆的运动方式有往复式切料机构和摆动式切料机构两类。

图 1-8-38a 所示为一种往复式切料机构。弹簧 5 拉伸，使得摆架 3 上的滚子紧贴凸轮 4，凸轮转动使得摆架往复摆动，带动刀架 2 与切刀 1 往复移动，完成切料动作。

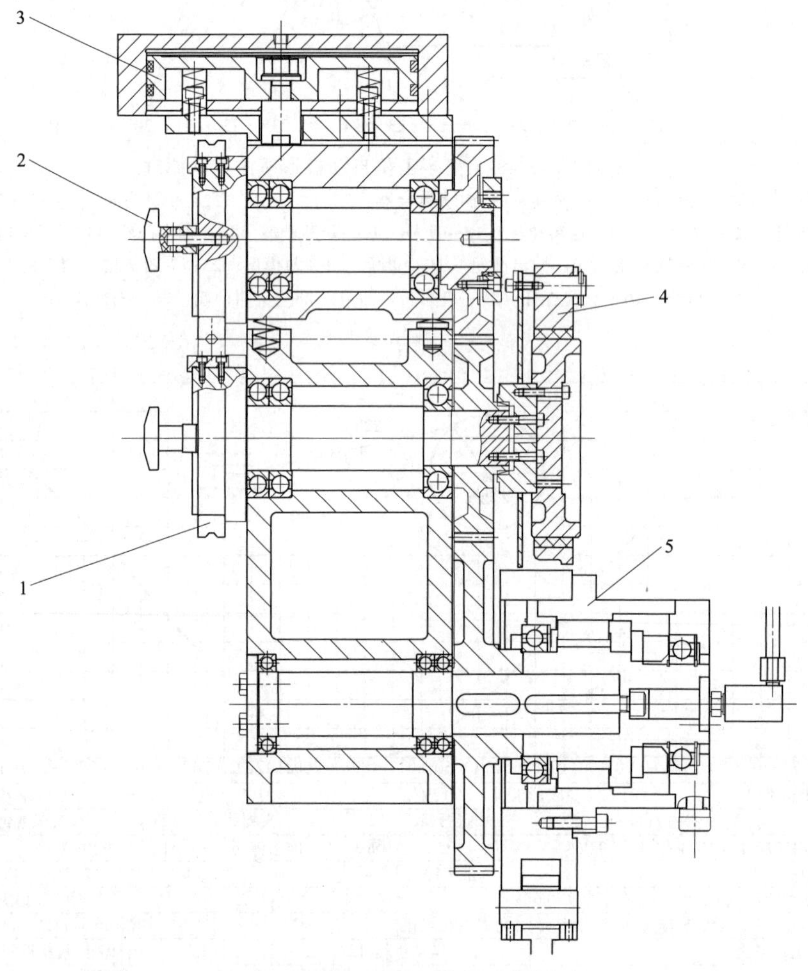

图 1-8-36　送料机构的送料箱

1—送料轮　2—锁紧柄　3—压紧缸　4—防倒送料机构　5—PCR80-60 单向离合器

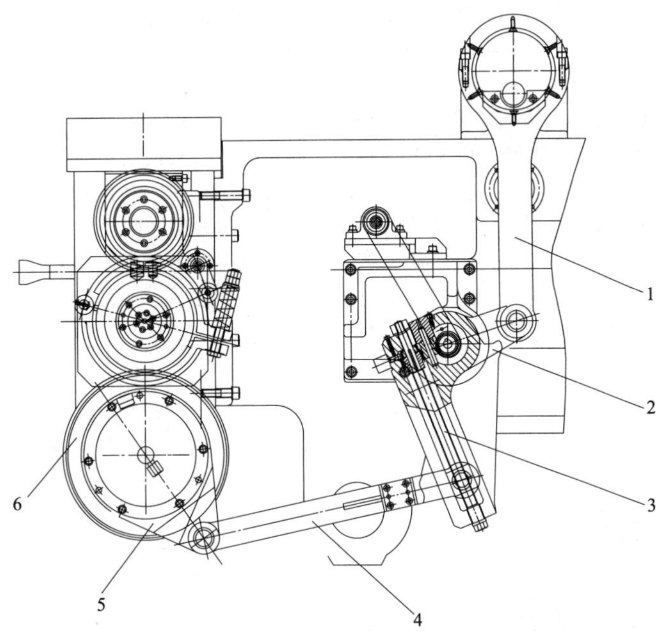

图 1-8-37　送料机构

1—驱动拉杆　2—调整摆架　3—调整螺杆　4—调整拉杆　5—PCR80-60 单向离合器　6—驱动齿轮

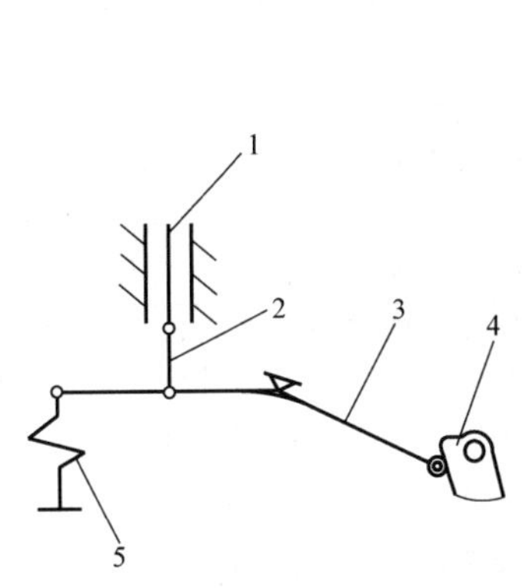

a) 往复式切料机构(1)

1—切刀　2—刀架　3—摆架　4—凸轮　5—弹簧

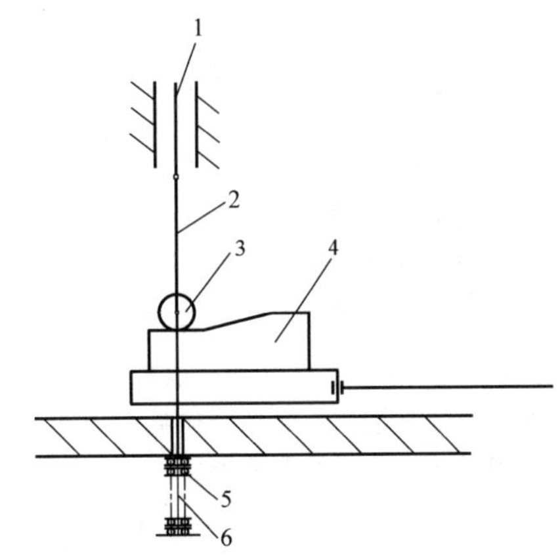

b) 往复式切料机构(2)

1—切刀　2—刀杆　3—滑轮　4—凸轮板　5—弹簧　6—杆

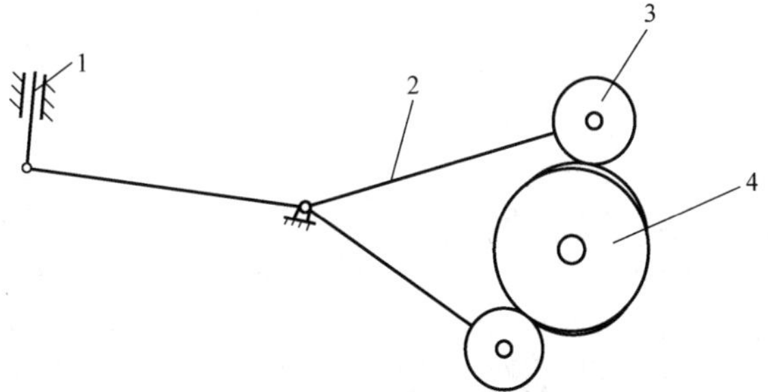

c) 摆动式切料机构

1—切断刀　2—摆架　3—滚子　4—双凸轮

图 1-8-38　切料机构

图 1-8-38b 所示为另一种往复式切料机构。辅助滑块带动凸轮板 4 向前移动，利用滑轮 3 在凸轮板上的移动轨迹，推动刀杆 2 带动切刀 1 完成切料，由于滑轮 3 带动杆 6，使得弹簧 5 被压缩，辅助滑块带动凸轮板 4 退回时，被压缩的弹簧 5 恢复形状带动切刀 1 退回，完成循环。

图 1-8-38c 所示为摆动式切料机构。双凸轮 4 通过滚子 3 驱动摆架 2 运动，带动切断刀 1 摆动，实现切断。

切断工具中有固定的割模和移动的切刀，依靠割模与切刀之间的运动和力来完成材料的切断，如图 1-8-39 所示。

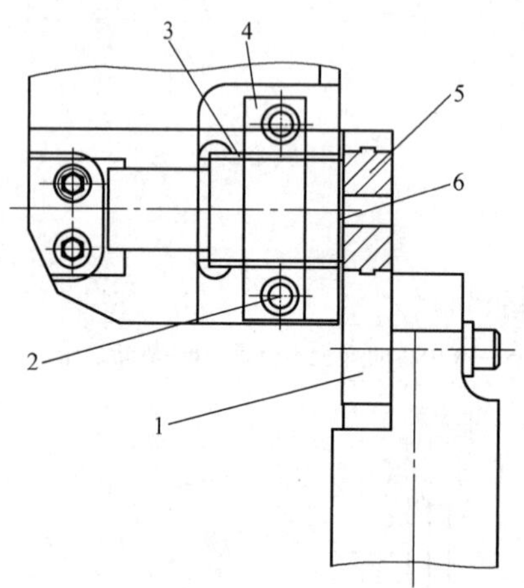

图 1-8-39　切断工具

1—切刀座　2—紧固螺栓　3—割模套
4—压板　5—切刀　6—割模

切断面的状态极大地影响着制件的形状、尺寸和外观。因此，得到重量均匀和切断伤痕少的坯件，是提高制件价值的非常重要的保证条件。

切断面状态受割模与切刀之间的间隙影响。一般说来，间隙大，会发生塌边、卷边，制件受伤；间隙小，切刀的背面摩擦材料切断面会在切断面上产生研伤，但随着材料的材质、硬度、直径等的不同，切刀与割模的最佳间隙也不同，因此应一边确认切断后坯件的切断面状态、切断重量的偏差等情况，一边调整间隙。

图 1-8-40 所示为切刀与割模的间隙。

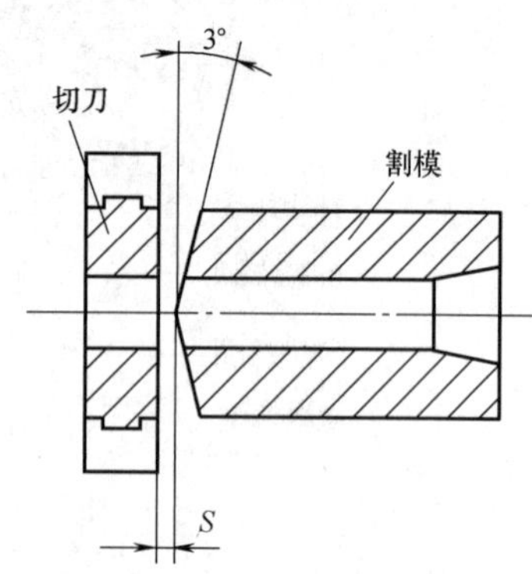

图 1-8-40　切刀与割模的间隙

将割模面切成图 1-8-40 所示 3°时的标准间隙是：低碳钢，$S=0.04D$（D 为材料直径）；硬钢，$0.02S=D$。当割模、切刀的面的形状被加工成圆弧或凹陷时，间隙 S 为 0.1～0.2mm。

挡料机构主要是用挡料器来确定切断长度的。由送料滚送来的材料在接触到挡料器前端的位置时被切断。表 1-8-11 列出了切断面与间隙的关系。

材料的切断长度依靠前后移动挡料器来调整。通过操作盘上的挡料器调整按钮就能进行调整，用计数器指示挡料端杆的移动距离。由送料轮送来的材料顶到挡料器上，在该处被切断。图 1-8-41 所示为挡料机构。

表 1-8-11　切断面与间隙的关系

缺陷		缺陷消除方法	缺陷消除的具体对策
端面倾斜	θ	坯料更硬些 消除切断时的弯曲 切削刃更锐	预拔坯料、再磨刀刃 缩小间隙 倾斜剪切
倾角	a b	坯料更硬些 切削刃更锐	预拔坯料， 缩小间隙，高速剪切
压痕	a b	坯料更硬些 消除切断时的弯曲	预拉拔坯料、 使用润滑剂，缩小间隙
台阶		调整间隙	缩小间隙 倾斜剪切

（续）

缺陷		缺陷消除方法	缺陷消除的具体对策
毛刺		调整间隙 切削刃更锐	缩小间隙 再磨切削刃
疮痂状		坯料更硬些 调整间隙	预拔坯料，调大间隙 使用润滑剂，倾斜剪切
二次剪切或精整面		坯料更软些 调整间隙	坯料退火 调大间隙
表面凸凹		坯料更硬些 调整间隙 切削刃更锐	预拉拔坯料 调大间隙，再磨切削刃 高速剪切

注：摘自 ICFG（国际冷镦组织）资料。

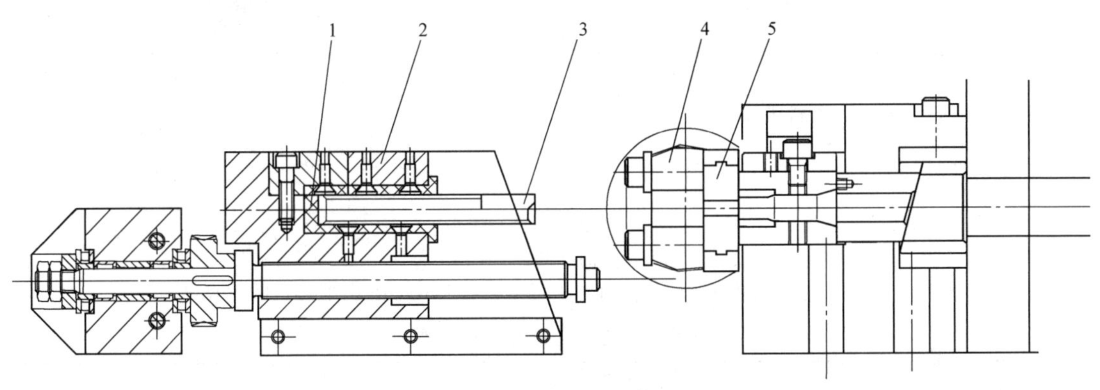

图 1-8-41　挡料机构

1—MC 尼龙　2—盖　3—挡料器　4—切刀杆　5—切刀

（3）顶出机构　该压力机是多工位的，其顶出机构有 4 个，分别为捅料机构、顶料机构、切边机构、凸模顶出机构。

捅料机构如图 1-8-42 所示。切断后的坯料被切

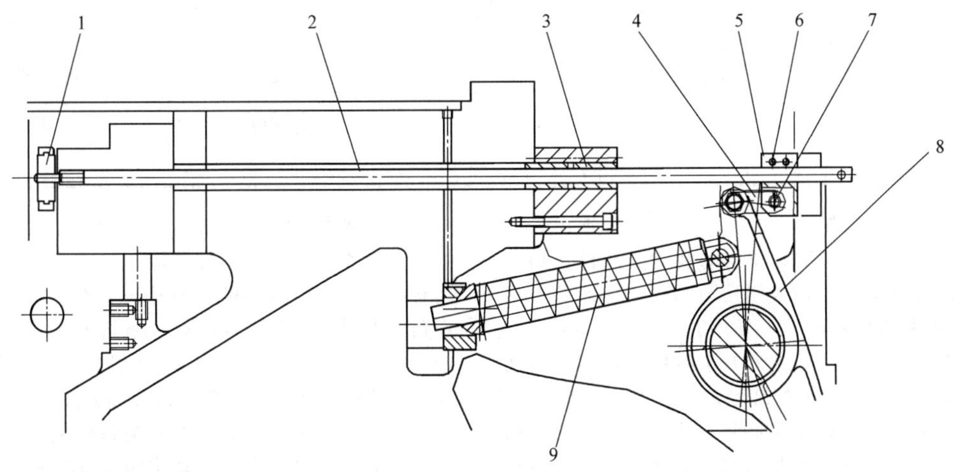

图 1-8-42　捅料机构

1—切刀　2—捅料杆　3—衬套　4—连杆　5—调整块　6—紧固螺栓　7—连接销　8—捅料摆架　9—回程弹簧

刀 1 进一步送到捅料位置，再被捅料杆 2 从切刀捅出。被捅出的坯料再被移送夹钳的钳爪抓住，送往镦锻工位。

顶料机构如图 1-8-43 所示，是将镦锻完的坯件从凹模顶出的机构。从凹模顶出的坯件被换位夹钳送到下一工位。

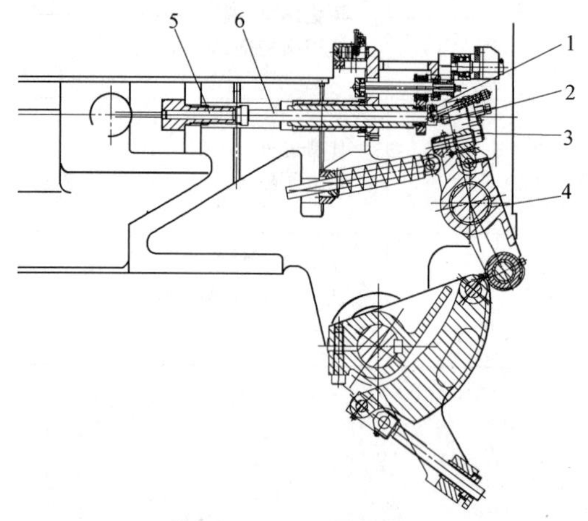

图 1-8-43　顶料机构
1—锁紧螺栓　2—锤击螺栓　3—顶料安全销
4—顶料摆架　5—顶料中间销　6—顶料主销

在坯件顶出量的调整方面，要使在顶料摆架顶完顶料主销的位置，坯件被完全从凹模中顶出，而且换位夹钳动作时夹钳爪与顶料销不干扰，通常应使顶料销比凹模高出 0.5mm 左右。

切边机构如图 1-8-44 所示。切边是在滑块前死点对坯件进行冲裁的加工，它以与一般的顶料不同的时间将坯件从凹模中顶出，即把最终工位凹模内的坯件瞬间向外推出的机构。切边时根据制件杆长不同，将顶料凸轮换成切边专用凸轮并调整。

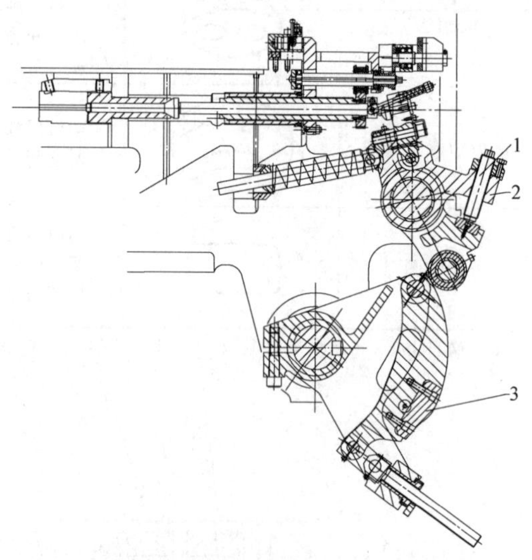

图 1-8-44　切边机构
1—调整螺　2—摆架　3—切边凸轮

表 1-8-12 列出了切边的不良状态。

表 1-8-12　切边的不良状态

状态(或原因)	偏心	前工位的体积不足、纵向弯曲等	顶料慢、凸模压得过度	顶料快、凸模压得不够
现象		缺肉	毛刺膨胀	缺肉

凸模顶出机构如图 1-8-45 所示。凸模顶出是将留在凸模中的坯件从模具顶出的装置。凸模顶出从镦锻结束后立即开始动作。

3. 夹钳传送机构

夹钳传送机构主要用于工序间传送坯料，因此必须具备夹持坯料及传送坯料两个动作。夹钳传送机构的好坏，决定了机器能否正常工作，它的结构应简单可靠，动作应平稳准确，调整要方便迅速。夹钳传送机构的形式有多种，常用的典型结构形式有摆动抽插式、往复翻转式及大张嘴式。这里主要介绍大张嘴式夹钳传送机构。

大张嘴式夹钳传送机构能同时进行夹持和传送坯料两个动作，因而可大大延长夹钳传送坯料的工作角，增加运动稳定性，对冷镦机的生产率有很大的提升。将坯料送到下个工位的装置称为换位装置。在该装置中，将夹住坯料的部分称为夹钳装置。

图 1-8-46 和图 1-8-47 所示为机构夹钳换位装置和开合装置。该机构在凸轮 1 的控制下通过由曲柄 3、轴 2、连杆 4 和滑块 14（见图 1-8-47）构成的曲柄滑块机构使滑块 14 做往复直线运动，在运动时由

于弧形运动使它离开凹模，这就避免了工件与推出杆之间的干涉，因而消除了工件掉落的可能性。夹钳的开/闭是通过凸轮 5、6、7 驱动连杆 8、9 和联轴节 10 实现的，该装置通常备有一个工装用于夹钳 12、13 在机器上定中心。夹钳的夹紧力是由作用到小活塞 11 上的可调气压确定。

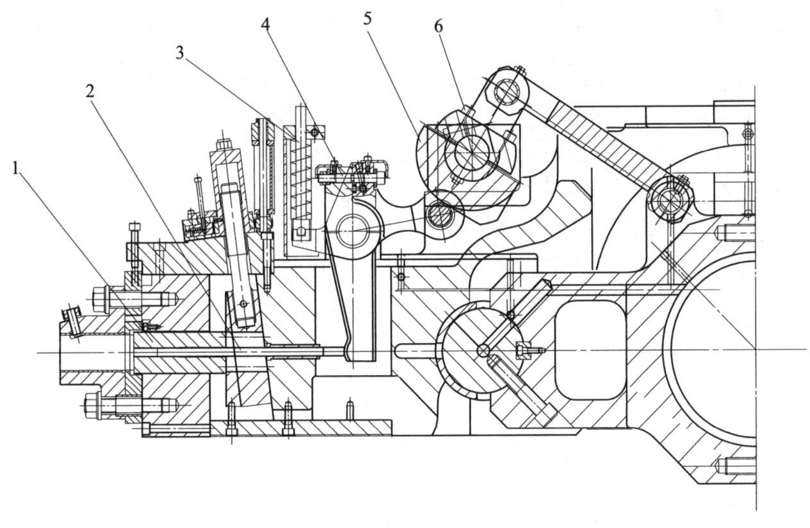

图 1-8-45　凸模顶出机构

1—负荷块（模垫）　2—凸模顶出主销　3—弹簧导杆　4—凸模顶出安全销　5—凸模顶出凸轮　6—锁紧螺栓

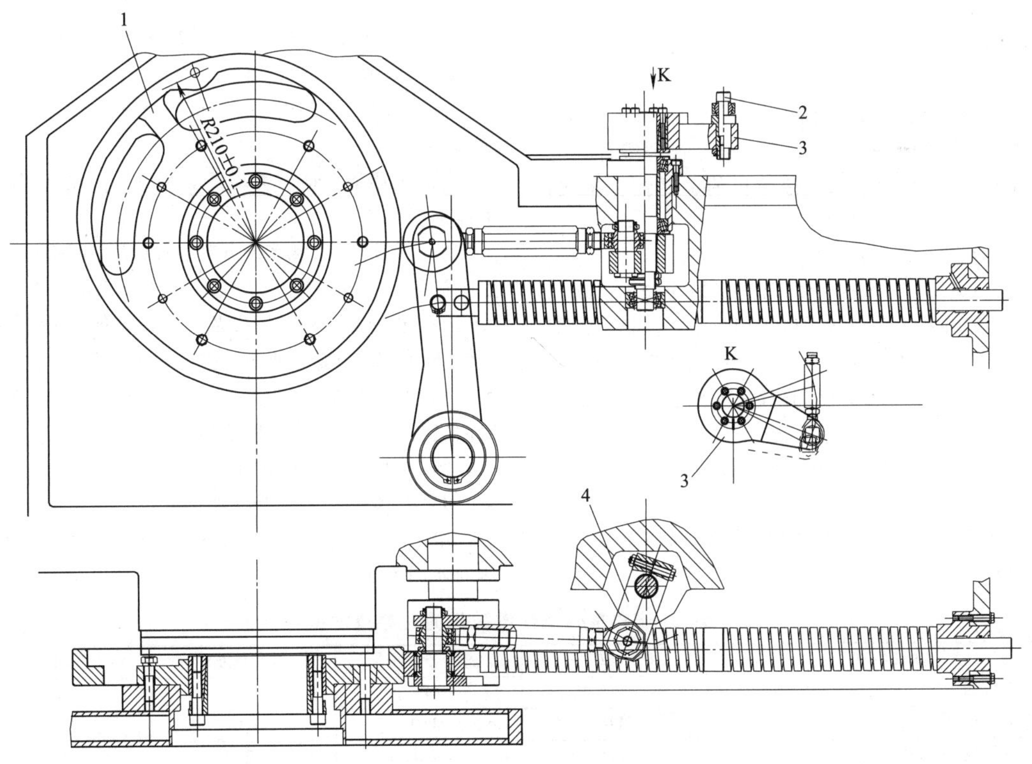

图 1-8-46　夹钳换位装置

1—凸轮　2—轴　3—曲柄　4—连杆

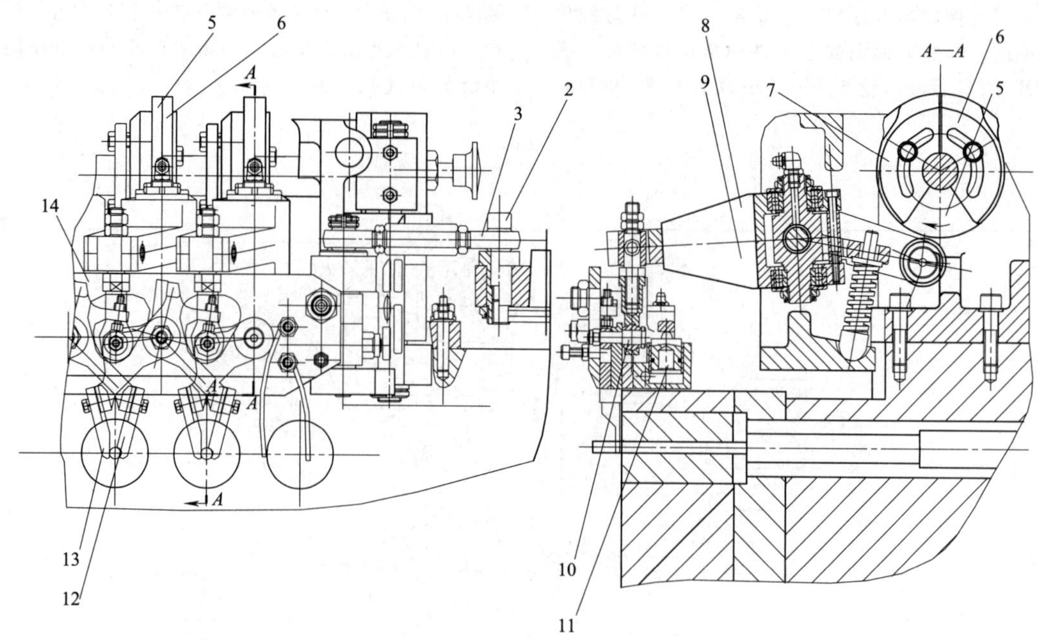

图 1-8-47　夹钳开合装置

1、5、6、7—凸轮　2—轴　3—曲柄　4、8、9—连杆　10—联轴节　11—小活塞　12、13—夹钳　14—滑块

注：件号 1 和件号 4 见图 1-8-46。

8.3.3　产品简介

下面所列产品是由齐齐哈尔二机床集团有限公司研制的。

1. 多工位螺栓镦锻机

多工位螺栓镦锻机主要用于加工杆类零件。表 1-8-13 列出了 BP 系列螺栓镦锻机的主要技术参数。其特点为：

1）生产率高，达到世界先进水平。

2）机器具有高智能化的监测保护功能。出现问题自动停机并有故障部位人机界面显示。具体控制部位主要有模具损坏、制件异常、夹钳、凹模推出、凸模推出、短料、气动系统、润滑系统和电器系统等。

3）操作方便。

① 夹钳机构能自动抬起，并在抬起后转到机器外侧，使得操作者调整更加方便。

② 通过伺服电动机和编码器自动调整送料长度及挡料长度。

③ 凹模推出螺套，开钳凸轮和夹钳箱体关键部位采用自动液压锁紧，增加了高速状态下机器的可靠性，大大节省了调整时间。

④ 冲头调整位置及凹模推出行程位置都有刻度显示。

4）机器备有动平衡装置，使得机器在高速状态下能够稳定生产。

5）镦锻异常监测系统可自动监测掉料或叠料故障、生产制件异常，以防止损坏模具，制造不合格制件。

6）最后工位具有切边及不切边功能，并有高压气体切边推出功能，使切边推出更加可靠。

7）润滑系统安装有上吸泵，将油吸入离心分离器内进行单独过滤，以保证油的清洁。

8）采用交流变频调速，生产率可无级变化。

9）凹模座及夹持器经硬化处理，采用浮动模具时，增大了模具直径，提高了模具及凹模座、夹持器的使用寿命。

表 1-8-13　BP 系列螺栓镦锻机的主要技术参数

参数名称	BP-430SS	BP-430 EL	BP-440SS	BP-440EL
成形工位数/个	4	4	4	4
制件最大杆部直径/mm	M10	M10	M14	M14
模外成形直径/mm	22	22	27	27
镦锻力/kN	800	800	1300	1300
最高生产率/(片/min)	230	230	210	70
主电动机功率/kW	30	30	55	45

（续）

参数名称	BP-430SS	BP-430 EL	BP-440SS	BP-440EL
制件杆部长度/mm	14～75	8～75	15～100	80～255
切断直径/mm	12	12	15.3	15
切断长度/mm	16～115	17～115	25～140	310
凹模推出长度/mm	80	80	13～110	80～255
凸模推出长度/mm	20	17	30	45
滑块行程/mm	160	160	200	420
切断刀行程/mm	32	32	45	45
机器总重量/kg	19000	17000	30000	37000

2. 六工位筒形件冷成形机

NF系列多工位筒形件冷成形机具有一个切断工位和五个（或六个）成形工位，可将线材镦制成筒形件坯料的半成品和比较复杂的异形件。表 1-8-14 列出了该系列六工位（不包含切断工位）筒形件冷成形机的主要技术参数。其特点为：

1）生产率高。

2）操作简单。

3）在操作位置可以完成切断长度及送料长度调整，并具有数字显示。

4）凸模冲头前后调整位置具有数字显示。

5）推出机构具有过载保护功能。

6）采用减速器电动机自动完成夹钳抬起功能。

7）装有圆辊式超越离合器，有挡料功能，不用换棘轮。

8）送料采用双排送料轮，保证足够的送料力，适用于盘圆料。

9）机械手可实现平行传递或翻转传递工件，满足变形工艺的需要，钳爪更换快捷方便，不需调整。

10）最后工位设有电子感应器，若冲孔不正常，会自动停机。

11）对规格小于 12mm 的产品，采用双速电动机，根据工件变形难易程度选用高速或低速，生产更加方便快捷。

12）对规格大于 16mm 的大型产品，主滑块具有辅助导轨，模具寿命长，制件精度高。

表 1-8-14　六工位（不包含切断工位）筒形件冷成形机的主要技术参数

参数名称	NF-11/6L	NF-18/6L	NF-21/6L	NF-27/6L	NF-33/6L	NF-42/6L
工位数/个	6	6	6	6	6	6
制件规格(mm)	M6	M6～M10	M8～M12	M10～M16	M20	M24
切断最大直径/mm	11	16	19	24	30	36
切断最大长度/mm	20	36	30	36	36	80
凸模尺寸/mm(直径×长度)	28×85	38×155	50×180	60×180	75×200	115×230
镦锻力/kN	560	1200	2000	3000	3600	6500
生产率/(片/min)	200	80～120	100	80	65	60
凹模外径/mm	40	59	79	99	110	132
割模外径/mm	40	59	79	99	110	132
凹模推出长度/mm	18	42	55	45	65	75
凸模推出长度/mm	—	17	25	—	36	42
最大制件长度/mm	15	40	55	45	62	75
滑块行程/mm	80	160	160	180	210	220
模间距/mm	50	60	80	100	140	165
主电动机功率/kW	15	22	45	55	75	120
机床重量/t	4.8	8	16.5	26	44	100

3. 高速球柱冷镦机

Z33G-13/10 型高速球柱冷镦机是我国轴承行业目前生产钢球、滚柱最理想的高效自动化冷镦设备。表 1-8-15 列出了其主要技术参数。其特点为：

1）冲头夹持器与滑块分离，制件不受滑块运动间隙的影响，制件精度高。

2）采用凸轮转动和在镦锻线以上摆动式全封闭套筒切断，切断面质量好，切刀调整方便。

3）夹钳具有开钳装置，延长了钳爪寿命；夹钳和切刀具有机外调整构件，可一次装夹。

4）凹模座为开式，冲头夹持器有气动旋转抬起功能，更换模具方便。

5）推出长度、插出长度、送料长度可调。

6）有校直机构，料头、料尾有限位控制装置。

7）记数、线数、送料长短变化、制件受力状态由计算机控制，废料可自动分送，出现故障自动停机并有显示。

8）罩子为滑道全封闭式，只要拉开侧板，机体全部露出，调整维修方便，并具有防噪声小和造型好等特点。

9）机器运动平稳，可放在平整的水泥地面上使用，不需要地基。

表 1-8-15　高速球柱冷镦机的主要技术参数

参数名称	Z33G-13/10		Z33G-20/16	
	滚柱	钢球	滚柱	钢球
线材最大直径/mm	9.2		15	
切断长度/mm	25		35	
凸模推出长度/mm		5		10
凹模推出长度/mm	20		30	
最大直径/mm	10	13	16	20
滚子最大长度/mm	20		30	
生产率/(片/min)	400		250	
镦锻力/kN	480		1100	
主电动机功率/kW	18.5		37	
机器总重量/kg	11000		30000	
冲头行程/mm	28		42	
滑块行程/mm	52		78	

表 1-8-16 列出了专用的高速钢球、滚柱冷镦机的主要技术参数。

表 1-8-16　高速钢球、滚柱冷镦机的主要技术参数

参数名称	ZA31-25	ZA32-28
	滚柱	钢球
最大直径/mm	25	28
最小直径/mm	14	15
滚柱最大长度/mm	50	—
滚柱最小长度/mm	20	—
切断最大长度/mm	60	50
切断最小长度/mm	25	20
推出长度/mm	55	22
插出长度/mm	28	25
滑块行程/mm	210	180
冲头行程/mm	125	95
镦锻力/kN	2000	2200
生产率/(片/min)	70	80
主电动机功率/kW	55	55
机器总重量/kg	33000	33000

8.4　凸轮驱动式多工位拉深压力机

8.4.1　概述

1. 凸轮驱动式多工位拉深压力机的应用及发展概况

凸轮驱动式多工位拉深压力机是一种高效率、高精度的深拉深多工位压力机，它可以用来加工形状复杂的零件，尤其是筒形件、方盒件，典型产品有新能源汽车动力电池外壳、手机电池外壳、化妆品外壳、笔杆、笔帽等，如图 1-8-48 所示。

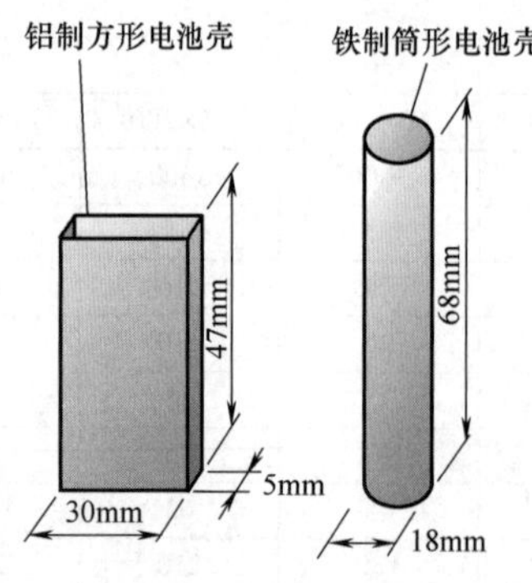

a) 电池壳（来源：日本旭精机）

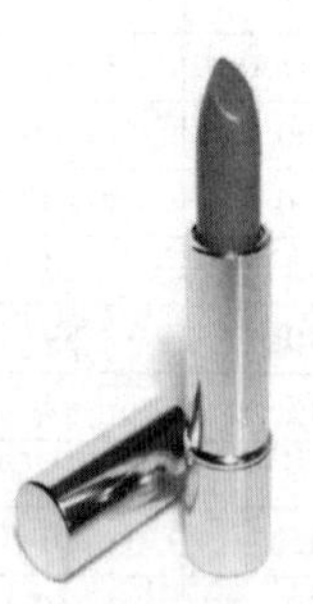

b) 化妆品外壳（来源：百度）

c) 笔杆和笔帽（来源：百度）

图 1-8-48　典型产品

凸轮驱动式多工位拉深压力机的生产主要分布在亚洲、欧洲、美洲，其中美国、英国、日本代表了国际先进水平。至今已有 150 余年历史的美国 Baird 公司生产的凸轮驱动多工位拉深压力机，最大公称力可达 1000kN，最高加工速度可达 300 次/min；日本旭精机工业株式会社自 1964 年引进美国 Baird 公司的多工位拉深压力机技术以来，至今已开发出 TRP、ATP、HTP、STP、ITP 等系列凸轮驱动多工位拉深压力机，加工压力为 150～1500kN，最高加工速度与美国的产品相当；英国百特工程公司生产的凸轮驱动和曲轴驱动两大系列多工位拉深压力机，公称力为 200～2200kN，滑块行程次数最高可达 200 次/min。

20 世纪 90 年代初期，济南铸造锻压机械研究所研制成功了 J72 系列凸轮驱动式中小型多工位拉深压力机，加工压力为 150~750kN，最高加工速度可达 200 次/min，接近国外 20 世纪 90 年代中期水平。

21 世纪后，由于大量使用进口设备，对国内凸轮驱动式多工位拉深压力机的研究和生产造成了较大冲击。随着国内新能源汽车动力电池市场需求的不断增大及国外产品的高价格垄断，使得国内凸轮驱动式多工位拉深压力机的研究和生产又逐渐成为热点。

2. 凸轮驱动式多工位拉深压力机的优势和特点

与传统的曲柄连杆式多工位压力机相比，凸轮驱动式多工位拉深压力机的优势和特点如下：

1）非常适用于壁厚薄、拉深程度深的零件加工。它的拉深工艺设计是采用多次浅拉深，每步拉深是将需要拉深的金属尽量挤推到工件的底部，从而在每个工步有足够的金属进入拉深，这样既保证壁厚的精度，又不会出现工件壁厚局部变薄或断裂。

2）非常适用于尺寸精度要求高的零件加工。由于凸轮驱动的各部件总间隙非常小（凸轮和滚轮的间隙控制在<0.01mm），对于在精度上有极高要求的工件，此设备非常适用。

3）凸轮的端面可设计成 4 个或 4 个以上的部分，即升程段、远静止段、回程段、近静止段。在升程段对工件进行拉深；在远静止段，滑块停留在下死点对零件进行精整保压。这 4 个或更多的分段动作是曲柄压力机所不能及的。

4）该机的多工位拉深工位数可根据需要设计多达十几个，配以刚性同步送料机构，可提高设备的稳定性，使生产率成倍提高，最高为同吨位压力机的十几倍并提高质量。

5）凸轮的升程、回程曲线可根据工件的特殊工艺要求设计成不同的曲线，以满足用户需求。

6）凸轮驱动式多工位拉深压力机除具有一般多工位压力机的性能外，配置辅助装置后，还可以进行横向冲裁、静压、切边、滚压螺纹、攻丝等工序，显著扩大了多工位压力机的应用范围。

8.4.2 关键零部件

1. 传动机构

压力机滑块不是由曲柄连杆机构驱动，而是由两个等径凸轮驱动，如图 1-8-49 所示。

等径凸轮的定义：其理论轮廓上相反的两径值之和为常数的滚子从动件盘形凸轮。也就是在一个平面凸轮上对称安装两个带滚轮的移动式从动件，从动件的位移中心通过凸轮转动的中心，不管凸轮转到任何角度，这两个从动件的滚轮中心连线都是

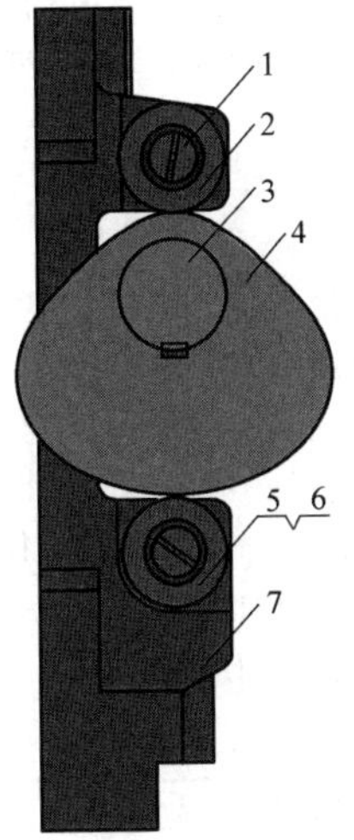

图 1-8-49　驱动滑块的等径凸轮机构

1—上轴　2—上从动轮　3—主轴　4—主凸轮　5—下轴　6—下从动轮　7—滑块

定值。这样的凸轮机构称为等径凸轮。等径凸轮运行时，两边的从动件就会同时、同相、同速地左右移动且移动的距离恒定，这相当于“等径”概念。

主凸轮 4 的轮廓线，大径及小径均有 60°的圆弧区域，曲线部分是由正弦加速度曲线方程与从动滚子的包络线方程联立计算而得的。

其计算公式如下：

1）用解析法建立凸轮理论轮廓曲线（滚子中心轨迹）的参数，如图 1-8-50 所示。

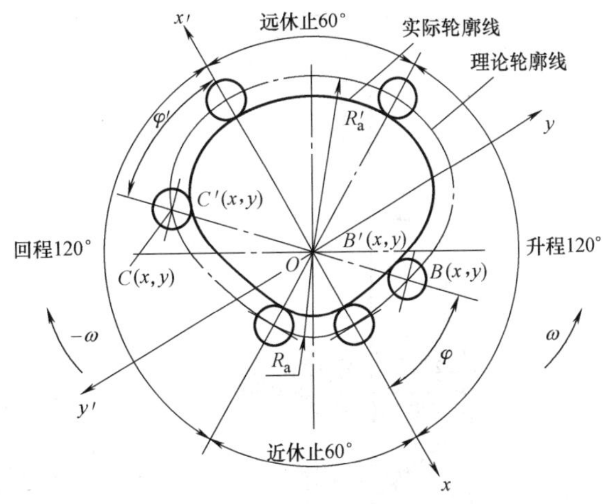

图 1-8-50　凸轮理论轮廓曲线（滚子中心轨迹）的参数

选取局部坐标系 Oxy，在求凸轮理论轮廓曲线的方程时，为方便起见，应用反转法给整个机构以一个绕凸轮轴心 O 的公共角速度 $-\omega$，这时凸轮将固定不动，而从动件将沿 $-\omega$ 方向转过任意一个角度 φ，

这时滚子中心将位于 B 点。由图 1-8-50 可见，在 Oxy 直角坐标系中，B 点的坐标，即理论轮廓线的参数方程为

$$x=(R_a+S)\cos\varphi \qquad (1\text{-}8\text{-}8)$$

$$y=(R_a+S)\sin\varphi \qquad (1\text{-}8\text{-}9)$$

式中　x——理论轮廓线上任意一点的横坐标（mm）；

y——理论轮廓线上任意一点的纵坐标（mm）；

R_a——理论轮廓线的基圆半径（mm）；

S——从动件的位移（mm）。

对于正弦加速度曲线规律

$$S=H\left(\frac{\varphi}{\varphi_0}-\frac{1}{2\pi}\sin\frac{2\pi}{\varphi_0}\varphi\right) \qquad (1\text{-}8\text{-}10)$$

式中　H——凸轮的总升程（mm）；

φ_0——凸轮工作行程或回程在循环图上所占有的角度。

由图 1-8-50 可见，在 $Ox'y'$ 直角坐标系中，用上述同样的方法，可推导出回程时理论轮廓曲线的参数方程为

$$x'=(R'_a-S)\cos\varphi' \qquad (1\text{-}8\text{-}11)$$

$$y'=(R'_a-S)\sin\varphi' \qquad (1\text{-}8\text{-}12)$$

式中　R'_a——理论轮廓线上的大径（mm）。

2）凸轮实际轮廓线参数方程。该凸轮的实际轮廓线是圆心在理论轮廓线上的一族滚子圆的包络线，其直角坐标参数方程为

$$x_1=x+R_R\frac{dy/d\varphi}{\sqrt{(dx/d\varphi)^2+(dy/d\varphi)^2}} \qquad (1\text{-}8\text{-}13)$$

$$y_1=y-R_R\frac{dx/d\varphi}{\sqrt{(dx/d\varphi)^2+(dy/d\varphi)^2}} \qquad (1\text{-}8\text{-}14)$$

式中　x_1——凸轮实际轮廓线上任一点的横坐标（mm）；

y_1——凸轮实际轮廓线上任一点的纵坐标（mm）；

R_R——从动滚半径（mm）。

对式（1-8-8）求导得

$$\frac{dx}{d\varphi}=\frac{dS}{d\varphi}\cos\varphi-(R_a+S)\sin\varphi \qquad (1\text{-}8\text{-}15)$$

对式（1-8-9）求导得

$$\frac{dy}{d\varphi}=\frac{dS}{d\varphi}\sin\varphi+(R_a+S)\cos\varphi \qquad (1\text{-}8\text{-}16)$$

对式（1-8-10）求导得

$$\frac{dS}{d\varphi}=\frac{H}{\varphi_0}\left(1-\cos\frac{2\pi}{\varphi_0}\varphi\right) \qquad (1\text{-}8\text{-}17)$$

将式（1-8-15）~式（1-8-17）分别代入式（1-8-13）、式（1-8-14）中，便可求得凸轮实际轮廓线的坐标值。

2. 传送机构

凸轮驱动的传送机构如图 1-8-51 所示。从主轴 1 上通过一对伞齿轮 2、3 带动立轴 4，立轴带动送料

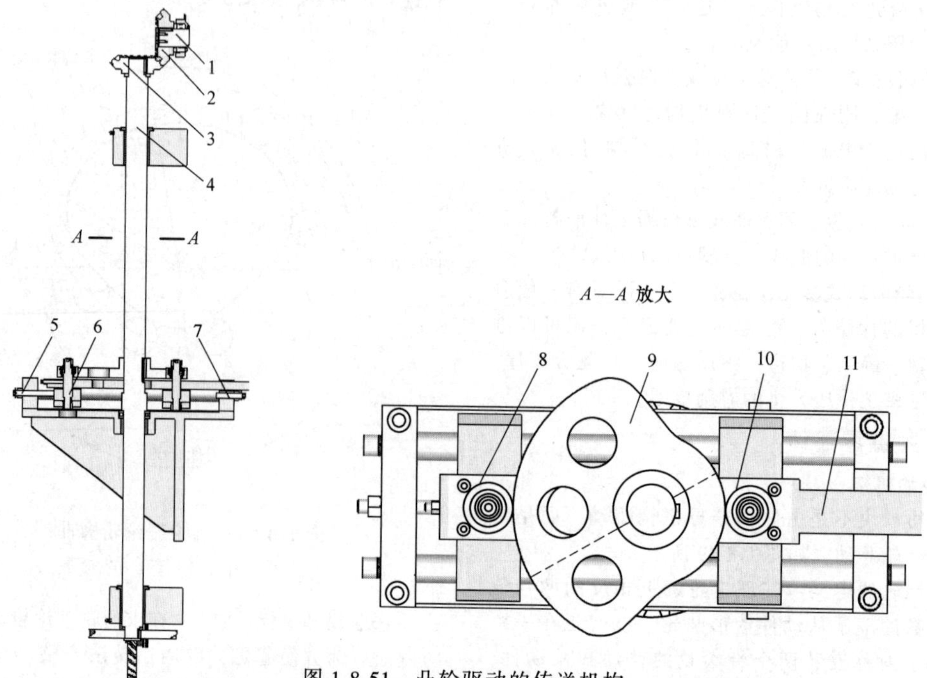

图 1-8-51　凸轮驱动的传送机构

1—主轴　2、3—立轴伞齿轮　4—立轴　5、7—限位螺钉　6—小轴
8—左从动滚　9—送料等径凸轮　10—右从动滚　11—滑板

等径凸轮 9 转动，与左从动滚 8、右从动滚 10 保持无隙接触，从而带动滑板 11（见图 1-8-51）做往复运动。图 1-8-52 所示的连接板 1 固定在滑板 11（见图 1-8-51）上的槽内，带动送料夹板 6 做往复运动。当滑块运行到下死点附近时，凸模与下顶料杆一起向下运动，工件在水平方向固定不动。夹头 5 可在套 2 中滑动。套 2 用压板 4 固定在送料夹板 6 上，这样夹头 5 即可随送料夹板 6 做往复运动，又可在套 2 内滑动做前后移动。当工件不动，送料夹板向左移动时，工件前后方向的最大轮廓迫使夹头向远离工件的方向移动，使工件脱离夹头，这时凸模进行拉深。当送料夹板向左移动到前一工位位置时，前一工位上固定不动的工件利用夹头头部的斜面将夹头撑开，待夹头对准工件中心时，则夹住工件。当滑块回程凸模松开工件时，送料夹板右移，将工件送到下一工位。

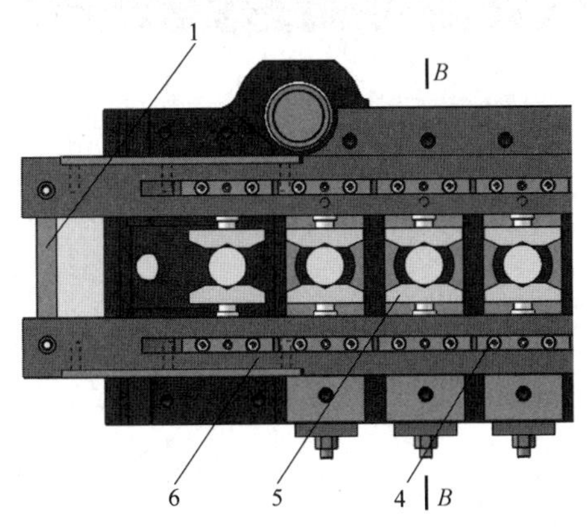

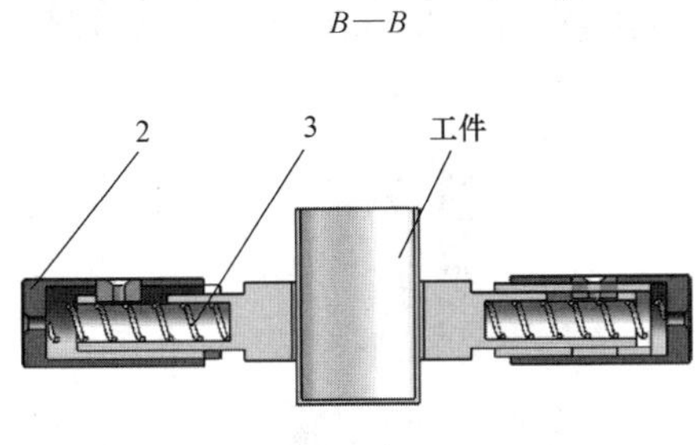

图 1-8-52　送料夹板和夹头

1—连接板　2—套　3—弹簧　4—压板　5—夹头　6—送料夹板

该机构与其他类型的传送机构相比，具有传送平稳、传送精度高的特点，满足了加工精密零件对高精度传送的要求。其主要特点有：

1）传动环节少，减小了由于各传动副间隙而产生的误差。

2）主动件、从动件始终保持无间隙接触，小轴被做成偏心轴，在装配过程中或凸轮与滚子磨损出现间隙时，通过调整偏心可消除间隙。

3）通过使送料等径凸轮遵循适当的运动规律，使两个极限位置的加速度为零，并且在两个极限位置均有一段停留时间。此外，在两个极限位置设有两个限位螺钉（见图 1-8-51 中的 5、7），以限制极限位置的过冲量，这样就克服了运动零件的惯性对传动精度的影响。

4）送料夹板只做工位之间的往复运动，而没有张开和闭合运动，比其他平面传送机构少了一个运动，故传送平稳，能在较高速度（300 次/min）下平稳工作。

3. 整体模架

凸轮驱动式多工位拉深压力机采用整体模架结构，如图 1-8-53 所示。其中，上模架固定在滑块上，下模架固定在工作台上。各工位的上模装在上模方块 7 内，然后放入相应的方孔内，用压板 2 压紧，上下位置可用螺钉 1 调整。下模装在固定块 6 内，用螺钉 4 及压板固定，前后位置可用调节螺钉 3 调整。该结构与其他多工位压力机的模具固定方式相比有以下优点。

1）换模简单。其他类型的多工位压力机换模调模时间一般需 6~10h，换模麻烦，调整费力，零件的经济批量一般为 2 万~3 万件以上，使多品种、小批量的制件不适于在多工位压力机上生产。使用该模架后，换模时间一般只需 2~3h 即可，使制件的经济批量降至 3000~5000 件，从而使机器的应用范围扩大。

2）工位数和工位间距可变。当所加工零件的尺寸变化比较大、所需工序数不同时，在某些情况下，需要改变工位数或工位间距，这在其他类型的多工位压力机上是不能实现的，而在这种结构的多工位压力机上，只需更换模架和工件传送凸轮，并适当调整上下顶料机构，就能实现上述目的。

3）模架精度高。该模架各工位中心相对位置精度及各项几何公差指标均在 0.015mm 以内，这是生产高精度零件的重要条件。

4. 送料装置

该机构的带料送进采用偏摆的送料装置，双排落料。首先靠坯料的一边落料，然后以第一排落料孔定位，进行第二排落料。该定位装置与主机同步动作，保证先将坯料定位住，然后进行第二排落料。落料结束后，定位钩抬起，继续送料。

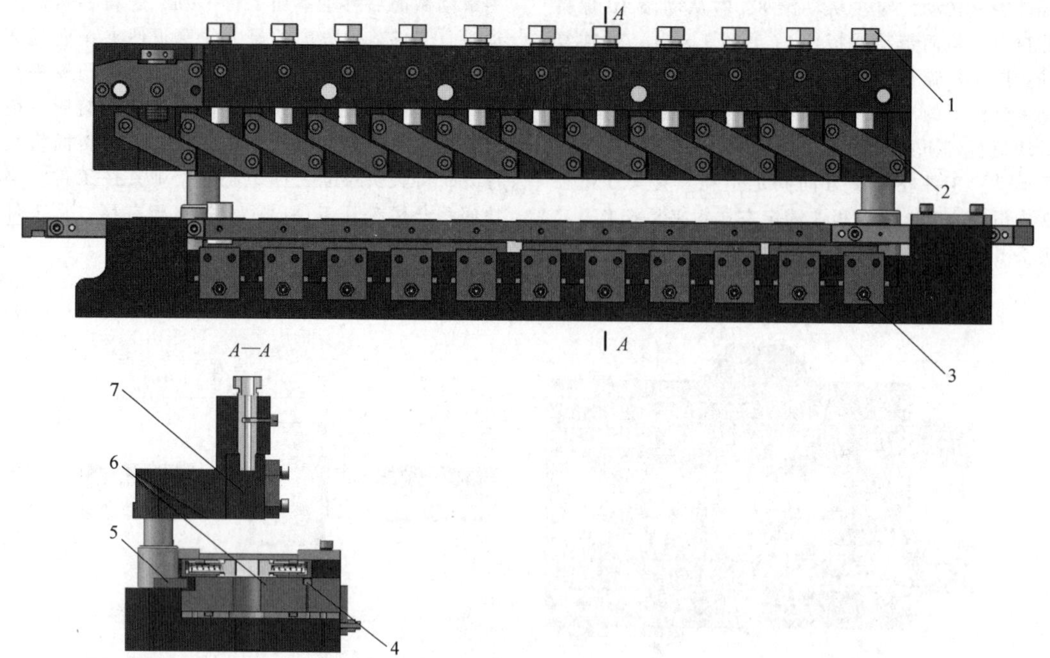

图 1-8-53　整体模架结构
1、4—螺钉　2—压板　3—调节螺钉　5—压板　6—固定块　7—上模方块

8.4.3　典型公司产品简介

1. 日本旭精机 iTP-60 多工位压力机

2002 年 7 月，日本旭精机开始制造 iTP-60 多工位压力机，用于中小金属片深拉深。该机型采用半双柱框架结构及直动式垂直传动机构；采用伺服横动加工装置，能更高速、高精度地生产深拉深产品。其主要技术参数见表 1-8-17。

表 1-8-17　iTP-60 多工位压力机的主要技术参数

参数名称	参数值	
公称力/kN	600	
推荐力/kN	420	
滑块行程/mm	180	
滑块停留角度/(°)	20	
闭合高度/mm	510	
主电动机功率/kW	15,4P	
每分钟行程次数/(次/min)	40~150	
最大拉深/mm	77	
最大材料宽度/mm	168	
最大送料长度/mm	102	
工位数/个	14	16
工位间隔/mm	90	77
最大落料直径/mm	88	

2. 扬州精善达伺服成形装备有限公司 DKC-800 凸轮驱动式多工位压力机

扬州精善达伺服成形装备有限公司生产的 DKC-800 凸轮驱动式多工位压力机主体采用框架结构，与顶部上梁采用螺栓预紧，结构简单，同时保证较好的刚度。主轴采用滚动轴承结构，有效减小了传动间隙；配合动平衡装置，保证设备精度和高速运行的稳定性。其主要技术参数见表 1-8-18。

表 1-8-18　DKC-800 凸轮驱动式多工位压力机的主要技术参数

技术参数	量值	
公称力/kN	800	
推荐力/kN	600	
滑块行程/mm	180	
滑块停留角度/(°)	20	
闭合高度/mm	550	
主电动机功率/kW	18.5,4P	
每分钟行程次数/(次/min)	40~150	
最大拉深/mm	75	
工位数/个	15	17
工位间隔/mm	90	76.2
最大落料直径/mm	90	

参考文献

[1]　丰向军，刘家旭，毕建涛．中小型多工位压力机的现状与发展［J］．锻压机械，2001，36（1）：1-3.

[2]　钱志良．平面运动从动件等径凸轮机构的设计［J］．机械设计与研究，2004，20（4）：26-28.

[3]　陆杨，王孝华．一种新型防逆送料装置在自动冷镦机

送料机构中的应用［J］. 锻压装备与制造技术，2015，50（03）：53-54.

［4］ 秦晓雷，李洪伟，王建新. 肘杆式水平分模面平锻机运动学模型［J］. 一重技术，2013（05）：22-25.

［5］ 李健，李庆华. 三角摆杆肘杆式冷挤压机机构运动学分析［J］. 重型机械，1998（02）：39-41.

［6］ 彭玉春. 考虑主传动机构配合间隙的冷镦机力学性能分析与检测［D］. 温州：温州大学，2019.

［7］ 薛豪俊. 环保型伺服冷镦机关键技术研究［D］. 上海：上海大学，2020.

［8］ 刘纲. 自动冷镦机结构的优化设计分析［J］. 建材与装饰，2019（31）：218-219.

［9］ 周建虎，卜王辉. 低成本曲轴链轮冷挤压工艺开发［J］. 锻造与冲压，2021（07）：38-43.

［10］ 王欣，胡仁高，许春玲，等. 冷挤压与热时效对GH4169合金孔结构高温低循环疲劳寿命的影响［J］. 中国有色金属学报，2021，31（03）：691-698.

［11］ 春晓雷，李洪伟，王建新. 肘杆式水平分模平锻机运动学模型［J］. 一重技术，2013（05）：22-25.

［12］ GU Z Q，CHEN M Z，WANG C Y，et al. Static and Dynamic Analysis of a 6300 KN Cold Orbital Forging Machine［J］. Processes，2020，9（1）：23-31.

［13］ LEI S，CHUN D Z，XIN L，et al. Optimum design of the double roll rotary forging machine frame［J］. Mechanical Sciences，2020，11（1）：193-199.

［14］ 张国杰. 平锻机锻件缺陷分析及对策［J］. 锻压装备与制造技术，2013，48（02）：78-79.

［15］ 张志. 浅析平锻机润滑系统的改进过程［J］. 科协论坛（下半月），2011（01）：28.

［16］ 史艳兵，李瑞彬. 垂直分模平锻机曲轴裂纹分析［J］. 热处理技术与装备，2007（03）：50-52.

［17］ ZHENG G，CAO Z Q，ZUO Y J. A dynamic cold expansion method to improve fatigue performance of holed structures based on electromagnetic load［J］. International Journal of Fatigue，2021，148（1）：106253-106241.

［18］ ANDREW D L，CLARK P N，HOEPPNER D W. Investigation of cold expansion of short edge margin holes with pre-existing cracks in 2024-T351 aluminium alloy［J］. Fatigue & Frachure of Engineering Materials & Structures，2014，37（4）：406-416.

［19］ 杨煜. 国内外冷挤压技术发展综述［J］. 锻压机械，2001（01）：3-5.

［20］ 杨万博，霍元明，何涛，等. TC16 钛合金航空紧固件冷镦成形实验研究［J］. 塑性工程学报，2020，27（10）：7-12.

［21］ 张永军，张波，张鹏程，等. 中碳冷镦钢的室温压缩变形及其不均匀应变硬化行为［J］. 锻压技术，2019，44（02）：167-172.

［22］ 惠有科，王华君，谢冰，等. 堆焊双金属冷镦粗加工中的变形行为［J］. 锻压技术，2017，42（10）：1-4.

［23］ 廖泽南. 梯形内螺纹振动辅助冷挤压机床设计与试验研究［D］. 南京：南京航空航天大学，2018.

第2篇 液压机

概　　述

燕山大学　金森
哈尔滨工业大学　刘钢

液压机是一种利用液体压力传递能量，以实现各种压力加工工艺的设备。由于其广泛的适应性，液压机被广泛应用于机械、冶金、航空航天、汽车制造等国民经济的各个领域，对这些领域的技术进步具有重要作用。近年来，随着新能源、电力、石油化工、汽车制造等工业的发展，对锻造、冲压及相关压力加工产品的规格及质量的要求越来越高，这极大地提高了对液压机的要求，促进了液压机的发展。

自由锻液压机主要用于生产各类大型自由锻件，通常配备有操作机。21世纪以来，我国大型自由锻液压机的装备能力及水平已达到国际先进水平，最大公称力已接近200MN。目前，大型自由锻液压机的本体结构大多采用了全预紧机身、平面导向结构，有效地提高了机身的刚度和活动横梁的导向精度；液压系统大量采用比例控制技术，万吨级自由锻液压机的位置控制精度已可达到±1mm，锻造频次可达到80次/min以上。

模锻液压机是模锻件，尤其是大型模锻件的主要生产装备。随着800MN模锻液压机在中国第二重型机械集团有限公司顺利投产，我国模锻液压机的装备能力和水平也已跻身世界前列。伴随主被动同步平衡技术的引入，大型模锻液压机动梁运动过程中的平行度可达到0.2mm/m，位置精度可控制在±1mm以下，万吨级大型等温模锻液压机的动梁运动速度可低至0.005mm/s，中型等温模锻液压机的动梁运动速度可低至0.001mm/s。

板料冲压液压机主要用于各类钣金件的成形生产。我国的板料冲压液压机、折弯机等均已形成了较为完整的系列化产品。高速板料冲压液压机的空程下降速度可达400mm/s，工作速度为5~40mm/s，高速下降与工作速度间可实现平稳过渡。随着数控、柔性工件传送、模具自动仓库、模具工作参数自动调整等技术的日臻完善，大型液压机冲压生产线已基本实现自动化，可进行板类冲压件的及时定制化生产。

流体高压成形机主要用于板材的充液拉深成形和管材的内高压成形。板材成形时的介质压力可达到100MPa，管材成形的介质压力可高达400MPa，高压热气胀成形机的介质压力可达到70MPa。

多点成形压力机是三维曲面钣金件的柔性化生产装备，设备能力已经达到30MN，可实现60mm厚钢板的三维曲面柔性成形。

挤压机是各类型材的主要生产设备，是结构最为复杂的成形装备，通常以大型挤压机为核心组成高度自动化的生产线。卧式挤压机多用于有色金属型材挤压，尤其是铝型材的生产，国内最大卧式铝型材挤压机的公称力已达到225MN，最大制品的外接直径可达1100mm。大型立式挤压机主要用于黑色金属及钛等难成形金属的管棒类制品的生产。国内大型立式挤压机的公称力已达到680MN。

粉末干压成形压机主要用于粉末冶金制品的生产中，最大公称力已达到40MN，可以压制沿高度方向具有3个以上台面，高精度、高密度的制品。

本篇将分别针对自由锻液压机、模锻液压机、板料冲压液压机、挤压液压机、流体高压成形机、液压板料折弯机与折边机、多点成形设备、精冲液压机、粉末干压成形压机、超塑性成形液压机、模具研配液压机、快锻液压机及复合材料成形液压机等，从其用途、压力加工工艺过程、本体结构特点、主要技术参数、关键结构件的设计方法、液压传动系统、电气控制系统、发展趋势及典型产品等方面进行论述。

第1章

绪论

燕山大学　金淼　邹宗园　姚静

1.1　液压机的工作原理

液压机是一种以液体为介质来传递能量以实现多种锻压工艺的机器。

液压机是根据帕斯卡原理制成的，其工作原理如图 2-1-1 所示。两个充满工作液体具有柱塞（活塞）的封闭容腔由管道连通，当小柱塞 1 上作用有力 P_1 时，液体的压强为 $p=\frac{P_1}{A_1}$。根据帕斯卡原理，在密闭的容器中液体压强在各个方向上完全相等，压强 p 将传递到容腔内的每一个点，这样大柱塞 2 上将产生向上的作用力 P_2，使工件 3 变形，且

$$P_2=P_1\frac{A_2}{A_1}$$

式中　A_1——柱塞 1 的横截面积；

A_2——柱塞 2 的横截面积。

液压机一般由本体（主机）及液压系统两部分组成。

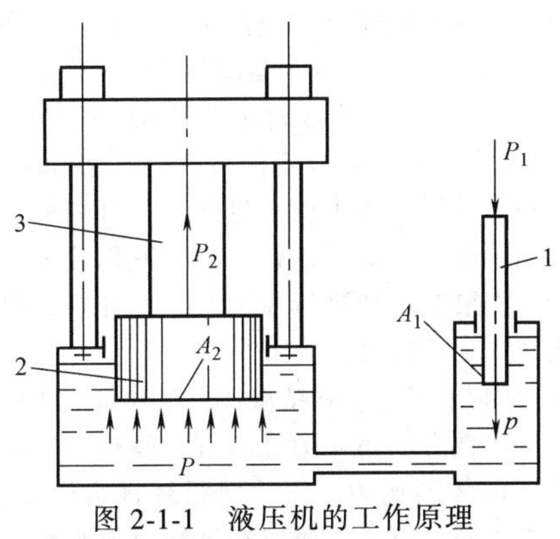

图 2-1-1　液压机的工作原理
1—小柱塞　2—大柱塞　3—工件

最常见的液压机本体结构如图 2-1-2 所示。它由上横梁 1、下横梁 8、4 根立柱 9 和 16 个内外螺母组成一个封闭框架，框架承受全部工作载荷。工作缸 2 固定在上横梁上，工作缸内装有工作柱塞 3，它与活动横梁 4 相连接，活动横梁以 4 根立柱为导向，在上、下横梁之间往复运动，活动横梁下表面一般固定有上模（上砧），而下模（下砧）则固定于下横梁的工作台上。当高压液体进入工作缸并作用于工作柱塞时，产生了很大的作用力，推动柱塞、活动横梁及上模向下运动，使工件 6 在上、下模之间产生塑性变形。回程缸 7 固定在下横梁上，回程时工作缸通低压液体，高压液体进入回程缸，推动回程柱塞 5 及活动横梁向上运动，回到原始位置，完成一个工作循环。

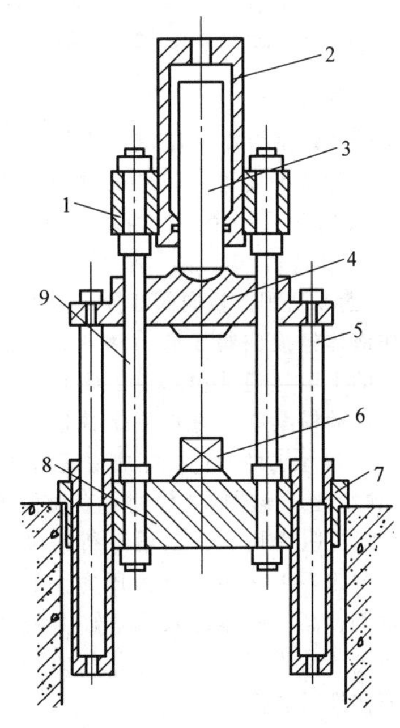

图 2-1-2　液压机本体结构
1—上横梁　2—工作缸　3—工作柱塞
4—活动横梁　5—回程柱塞　6—工件
7—回程缸　8—下横梁　9—立柱

许多中小型液压机采用活塞式工作缸，如图 2-1-3 所示。当活塞缸的上腔与下腔交替通入高压液体时，可以相继实现工作行程与回程，而不需要单独设置回程缸。

液压缸的工作循环一般包括停止、充液行程（空程）、工作行程及回程。不同动作是靠液压控制

系统中各种功能的阀的动作来实现转换的。

液压机的液压系统包括各种高低压泵、高低压容器（油箱、充液罐、蓄能器等）、阀门及相应的连接管道等。其传动方式可分为泵直接传动和泵-蓄能器传动两种。

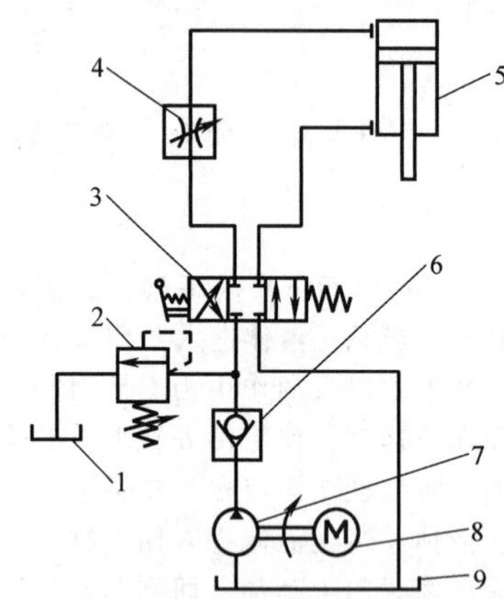

图 2-1-3　活塞缸液压机及其液压系统

1—油箱　2—溢流阀　3—换向阀　4—节流阀　5—液压缸　6—单向阀　7—泵　8—电动机　9—油箱

1. 泵直接传动

泵直接传动是由泵将高压液体直接供给液压机的工作缸及其他辅助装置，其最简单的液压系统如图 2-1-3 所示。它通过一个三位四通滑阀，即换向阀 3 来实现各种行程。

1）快速运动行程。换向阀 3 处于直通位置，泵供给的工作液体经换向阀 3 通入活塞缸上腔，活塞式液压缸 5 的下腔接通油箱。由于此时动梁的运动阻力很小，活动横梁在自重作用下快速下降，直到上模（上砧）接触工件为止，完成快速运动行程。

2）工作行程。换向阀 3 仍处于直通位置，当上砧接触工件后，阻力增大，动梁下行速度减慢，泵的出口压强（工程上常习惯称为压力，下文均称压力）随之增高，高压液体进入活塞缸上腔并作用于活塞上，通过活动横梁对工件进行压力加工，活塞缸下腔的液体排回油箱。

3）回程。换向阀 3 换到交叉相通位置，高压液体进入活塞缸下腔，带动活动横梁上行，活塞缸上腔的液体排回油箱。

4）停止。换向阀 3 处于中间位置，活塞缸上下腔内的液体均被封闭于缸内，下腔的液体支持运动部分的重量，停止任意所需的位置。

2. 泵-蓄能器传动

泵-蓄能器传动则是在液压系统中增加了蓄能器，蓄能器的主要作用是贮存高压液体，使泵的负荷均匀化。它一般利用高压气体来保持工作液体的压力。当液压机不需要大量高压液体时，如回程或停止时，泵供出的高压液体可以部分或全部贮存于蓄能器中，而当液压机需要大量高压液体时，则由泵及蓄能器同时供给。

泵-蓄能器传动的液压控制系统原理如图 2-1-4 所示。它通过一个摇杆式四阀分配器来实现各种行程。

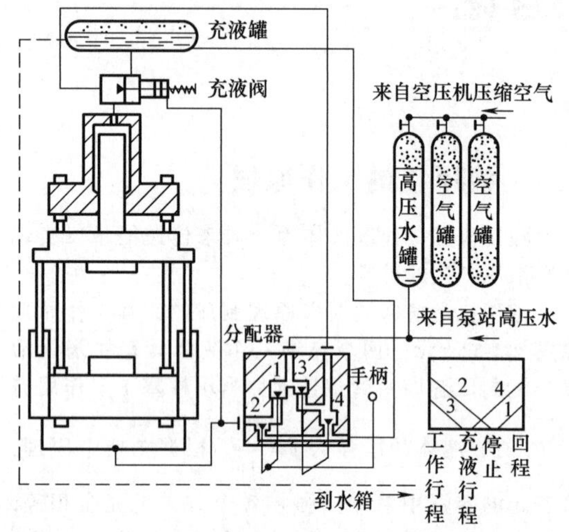

图 2-1-4　泵-蓄能器传动的液压控制系统原理

1、3—进水阀　2、4—排水阀

1）空程。工作循环开始时，回程缸排水阀 2 打开，活动横梁从上停止位置靠自重下行，回程缸中的液体排回低压水箱或充液罐。工作缸内液体压力下降，充液罐和工作缸内的液体产生压力差，在压力差的作用下充液阀开启，充液罐中的液体流入工作缸内，实现活动横梁空程向下的行程，直到上砧（上模）接触工件时，动梁运动停止，工作缸和充液罐液体压力差消失，充液阀在弹簧作用下自动关闭。

2）工作行程。空程下行结束后，充液阀关闭，回程缸仍通低压。当工作缸进水阀 3 开启时，从高压泵或蓄能器来的高压液体，经充液阀腔进入工作缸，活动横梁对工件进行压力加工。此时，回程缸排水阀 2 处于开启状态。

3）回程。工作行程结束后，工作缸进水阀 3 先关闭，工作缸排水阀 4 随之打开，卸掉工作缸和管道中高压液体的压力，而后回程缸排水阀 2 关闭，回程缸进水阀 1 打开，使回程缸和充液阀控制腔接通高压液体，充液阀反向开启，动梁向上做回程运动，工作缸中油液排回充液罐。

4）停止（悬空）。当活动横梁上行到停止位置时，回程缸进水阀 1 关闭，此时回程缸的排水阀 2 仍处于关闭状态，而工作缸排水阀 4 继续打开，工作缸仍通低压，活动横梁由封闭在回程缸内的液体所支撑，所以活动横梁可以停在行程中的任意位置上。

在泵直接传动时，泵供给的液体压力随工件变形阻力而变化，不是恒定的。活动横梁的行程速度取决于泵的供液量，而与工件变形阻力无关。泵-蓄能器传动时，泵和蓄能器供给液体的压力保持在蓄能器压力波动值范围内，波动范围为最高压力的10%～15%，工作行程的速度则随工件变形阻力的增加而降低。

有时为了供给液压机以更高压力的工作液体，在工作缸与相应的阀之间增设增压器。增压器的结构如图 2-1-5 所示。缸 8 与下梁铸成一体，通过立柱 4 与上梁 1 构成受力机身。缸 8 内有空心柱塞 2，它本身又是空心柱塞 7 的工作缸，当高压液进入缸 8 后，推动空心柱塞 2 向上运动，将增压后的液体从空心柱塞 7 中压出。回程由回程缸 6 来实现，增压比为大、小柱塞直径平方之比。

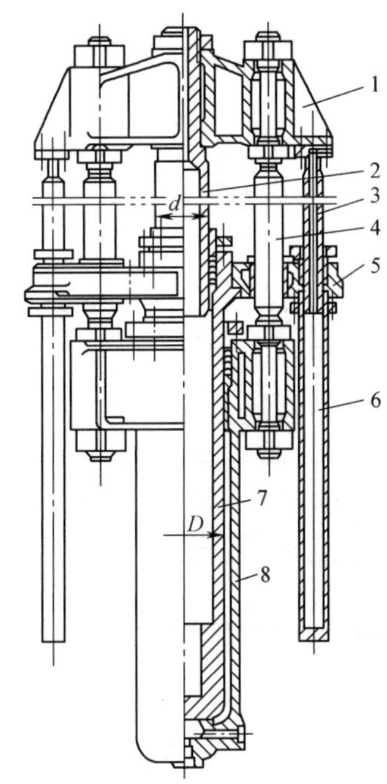

图 2-1-5　增压器的结构

1—上梁　2、7—空心柱塞　3—回程柱塞　4—立柱　5—动梁　6—回程缸　8—缸

液压机的工作介质主要有两种，采用乳化液的一般称为水压机，采用油的称为油压机，两者统称为液压机。

乳化液由 2%的乳化脂和 98%的软水搅拌而成，它应具有较好的防腐蚀和防锈性能，并有一定的润滑作用。乳化液价格便宜，不燃烧，不易污染场地，故耗液量大的及热加工用的液压机多采用乳化液作为工作介质。

油压机中应用最广的是液压油，有时也采用透平油或其他类型的机械油。油在防腐蚀、防锈和润滑性能方面都比乳化液好，油的黏度也比较大，也容易密封。因此，近年来，采用油为工作介质的越来越多，但是油易燃，成本高，易污染场地。

1.2　液压机的特点及应用场合

与其他锻压设备相比，液压机具有以下特点。

1. 优点

1）基于液压传动的原理，执行元件（缸及柱塞或活塞）结构简单。结构上易于实现很大的作用力、较大的工作空间及较长的行程，因此适应性强，便于压制大型工件或较长、较高的工件。

2）在行程的任何位置均可产生压力机额定的最大压力。可以在下转换点长时间保压，这对许多工艺是十分需要的。

3）可以用简单的方法，即各种阀的组合，在一个工作循环中调压或限压，而不至于超载，容易保护各种模具。

4）活动横梁的总行程可以在一定范围内任意、无级地改变，滑块行程的下转折点可以根据压力或行程的位置来控制或改变。

5）活动横梁的速度可在一定范围内进行调节，从而适应工艺过程对速度的不同要求。用泵直接传动时，活动横梁速度的调节与压力及行程无关。

6）与锻锤相比，工作平稳，撞击、振动和噪声较小，对工人健康、厂房基础、周围环境及设备本身都有很大好处。

2. 缺点

1）用泵直接传动时，安装功率比相应的机械压力机大。

2）由于工作缸内升压及降压都需要一定时间，阀的换向时间较长，空程速度不够快，因此在快速性方面不如机械压力机，高速冲压自动机仍以机械压力机为主。近年来，液压机在快速性方面已经有了不少改进。

3）由于液体具有可压缩性，如卸载时瞬时释放能量会引起振动，因此不太适合冲裁、剪切等工艺。

4）工作液体具有一定使用寿命，到一定时间需更换。

3. 应用场合

液压机是塑性成形生产中应用最广的设备之一，是工业生产中必不可少的设备之一。液压机在工作中具有广泛的适用性，在许多场合，如板材压制成形，管、棒、线、型材挤压成形，金属锻造成形，粉末冶金、塑料及橡胶制品、胶合板压制、打包，人造金刚石、耐火砖压制，碳极压制成形，轮轴压制、校直等，获得了广泛的应用。

1.3　液压机的分类与型号

根据 GB/T 28761—2012，锻压机械共分为八类，用大写汉语拼音字母（正楷大写）表示，见表 2-1-1。

表 2-1-1　锻压机械分类及字母代号

类别	机械压力机	液压机	自动锻压(成形)机	锤	锻机	剪切与切割机	弯曲校正机	其他、综合类
字母代号	J	Y	Z	C	D	Q	W	T

注：对于有两类特性的机床，以主要特性分类为准。

通用锻压机械的型号表示方法为

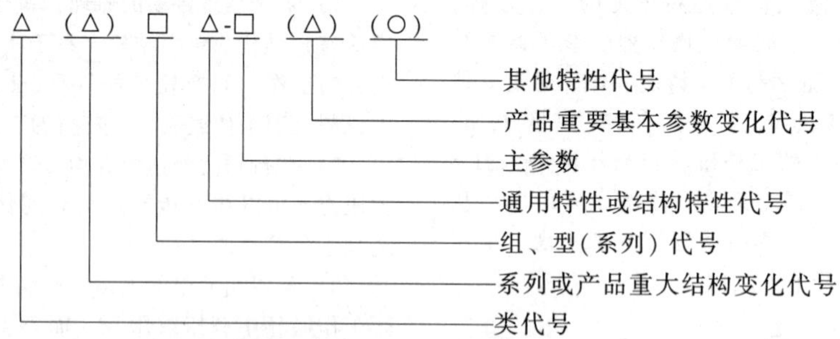

注：1. 有“（）”的代号，如无内容时则不表示，有内容时则无括号。
2. 有“△”符号的，为大写汉语拼音字母。
3. 有“□”符号的，为阿拉伯数字。
4. 有“○”符号的，为大写汉语拼音字母或/和阿拉伯数字。

其中，通用特性或结构特性代号见表 2-1-2。

表 2-1-2　通用特性或结构特性代号

名称	功　能	代号	读音
数控	数字控制	K	控
自动	带自动送卸料装置	Z	自
液压传动	机器的主传动采用液压装置	Y	液
气动传动	机器的主传动(力、能来源)采用气动装置	Q	气
伺服驱动	主驱动为伺服驱动	S	伺
高速	机器每分钟行程次数或速度显著高于同规格普通产品，有标准的以标准为准，没有标准的按高出同规格普通产品的 100%以上计	G	高
精密	机器运动精度显著高于同规格普通产品，有标准的以标准为准，没有标准的按高出同规格普通产品的 25%以上计	M	密
数显	数字显示功能	X	显
柔性加工	柔性加工功能	R	柔

液压机的类别代号为正楷大写“Y”。根据 GB/T 28761—2012，液压机下面又按其用途分为 10 个组别，见表 2-1-3。例如，公称力为 3150kN 的四柱万能液压机型号表示为 Y32-315。

表 2-1-3　液压机分类（GB/T 28761—2012）

组	型	名称	主参数
手动液压机	00	手动液压机	公称力/kN
	01		
	02		
	03		
	04		
	05		
	06		
	07		
	08		
	09		

（续）

组	型	名称	主参数
锻造、模锻液压机	10		
	11	单柱式锻造液压机	公称力/kN
	12	四柱式锻造液压机	公称力/kN
	13		
	14	四柱式模锻液压机	公称力/kN
	15	框架式模锻液压机	公称力/kN
	16	多向模锻液压机	公称力/kN
	17	等温锻造液压机	公称力/kN
	18	专用模锻液压机	公称力/kN
	19		
冲压、拉伸液压机	20	单柱单动拉伸液压机	公称力/kN
	21	单柱冲压液压机	公称力/kN
	22	单动厚板冲压液压机	公称力/kN
	23		
	24	双动厚板拉伸液压机	公称力/kN
	25	快速薄板拉伸液压机	公称力/kN
	26	精密冲裁液压机	公称力/kN
	27	单动薄板冲压液压机	公称力/kN
	28	双动薄板拉伸液压机	公称力/kN
	29	纵梁压制液压机	公称力/kN
一般用途液压机	30	单柱液压机	公称力/kN
	31	双柱液压机	公称力/kN
	32	四柱液压机	公称力/kN
	33	四柱上移式液压机	公称力/kN
	34	框架液压机	公称力/kN
	35	卧式液压机	公称力/kN
	36	切边液压机	公称力/kN
	37		
	38	单柱冲孔液压机	
	39		
校正、压装液压机	40	单柱校直液压机	公称力/kN
	41	单柱校正压装液压机	公称力/kN
	42	双柱校直液压机	公称力/kN
	43	四柱校直液压机	公称力/kN
	44		
	45	龙门移动式液压机	公称力/kN/工作台长/mm×宽/mm
	46		
	47	单柱压装液压机	公称力/kN
	48	轮轴压装液压机	公称力/kN
	49		
热压、层压液压机	50		
	51	胶合板热压液压机	公称力/kN/热板尺寸长/mm×宽/mm
	52	刨花板热压液压机	公称力/kN/热板尺寸长/mm×宽/mm
	53	纤维板热压液压机	公称力/kN/热板尺寸长/mm×宽/mm
	54		
	55	塑料贴面板热压液压机	公称力/kN/热板尺寸长/mm×宽/mm
	56		
	57		
	58	金属板热压液压机	公称力/kN/热板尺寸长/mm×宽/mm
	59		

（续）

组	型	名称	主参数
挤压液压机	60		
	61	金属挤压液压机	公称力/kN
	62	双动金属挤压液压机	公称力/kN
	63	冷挤压液压机	公称力/kN
	64	热挤压液压机	公称力/kN
	65	电极挤压液压机	公称力/kN
	66	卧式金属挤压液压机	公称力/kN
	67		
	68	模膛挤压液压机	公称力/kN
	69		
压制液压机	70	侧压式粉末制品液压机	公称力/kN
	71	塑料制品液压机	公称力/kN
	72	磁性材料液压机	公称力/kN
	73		
	74	陶瓷砖压制液压机	公称力/kN
	75	超硬材料(金刚石)压制液压机	公称力/kN
	76	耐火砖液压机	公称力/kN
	77	碳极液压机	公称力/kN
	78	磨料制品液压机	公称力/kN
	79	粉末制品液压机	公称力/kN
打包、压块液压机	80		
	81	金属(废金属)打包液压机	公称力/kN
	82	非金属打包液压机	公称力/kN
	83	金属屑压块液压机	公称力/kN
	84		
	85	立式打包机	公称力/kN
	86	卧式打包机	公称力/kN
	87		
	88		
	89		
其他液压机	90	金属压印液压机	公称力/kN
	91	内高压成形液压机	公称力/kN
	92		
	93	冷等静压液压机	公称力/kN
	94	热等静压液压机	公称力/kN
	95	轴承模压淬火液压机	公称力/kN
	96	移动回转压头框式液压机	公称力/kN
	97	多点成形液压机	公称力/kN
	98	模具研配液压机	公称力/kN
	99		

液压板料折压机属于弯曲校正机类别，见表 2-1-4。

例如，1000kN/3200mm 五轴数控液压板料折弯机的型号表示为：W67KY-100/3200L5。

在锻机（代号 D）的热锻液压机组还包括自由锻液压机（11 型）、热模锻液压机（12 型）和温锻液压机（13 型）。

表 2-1-4　板料折液压机分类

组	型	名称	主参数
板料折压机	60		
	61		
	62	折边机	可折板厚/mm×可折板宽/mm
	63	多边折边机	可折板厚/mm×可折板宽/mm
	64		
	65		
	66	板料折弯成形机	公称力/kN/可折最大宽度/mm
	67	板料折弯机	公称力/kN/可折最大宽度/mm
	68	板料折弯剪切机	公称力/kN/可折板厚/mm×板宽/mm
	69	三点式板料折弯机	公称力/kN/可折最大宽度/mm

第2章

自由锻液压机

燕山大学　金森　邹宗园　姚静

2.1　概述

1. 自由锻液压机简介

自由锻液压机是用于自由锻造生产的工艺设备，主要用于拔长、镦粗、冲孔、弯曲、错移和锻接等自由锻造生产工艺。其中，大型自由锻液压机是重型装备制造业的关键设备，其生产的关键零部件关乎国防、水利、电力、航空航天、冶金、化工等重要领域，如电力设备的转子、护环，核电压力容器，水轮机大轴，航天火箭燃烧室筒体，化工容器的筒体、封头和船用曲轴等大型锻件，都是大型自由锻液压机的产品。大型自由锻液压机生产的典型锻件如图 2-2-1 所示。

a) 电力用大锻件

b) 核电类大锻件

c) 船用大锻件

d) 化工容器类大锻件

图 2-2-1　大型自由锻液压机生产的典型锻件

2. 基本参数

液压机的基本参数是根据液压机的工艺用途及结构类型确定的，它反映了液压机的工作能力及特点，也基本上决定了液压机的轮廓尺寸及本体总重。

以三梁四柱式自由锻液压机为例，液压机的基本参数包括以下几项：

(1) 公称力及其分级　公称力也称公称吨位，指液压机名义上能产生的工作力，在数值上等于工作液体压力和工作柱塞总工作面积的乘积（取整数），它反映了液压机的主要工作能力。为了充分利用设备，降低功率并满足工艺要求，一般大中型液压机将公称力分为两级或三级。泵直接传动的液压机不需要从结构上进行压力分级。

(2) 开口高度 H　开口高度也称最大净空距，指活动横梁（滑块）停在上限位置时，从工作台面到活动横梁下表面的距离，如图 2-2-2 所示。它反映了液压机在高度方向上工作空间的大小，应根据模具及相应垫板的高度、工作行程及放入坯料、取出工件所需空间大小等工艺因素来确定。开口高度对液压机的总高、立柱长度、液压机本体稳定性及安装厂房高度等都有很大影响。

(3) 滑块行程 S　最大滑块行程 S 指滑块（活动横梁）位于上限位置时，滑块（活动横梁）的立柱导套下平面到立柱限程套上平面的距离，也即滑块（活动横梁）能够移动的最大距离，如图 2-2-2 所示。最大滑块行程应根据工件成形过程中所需要的

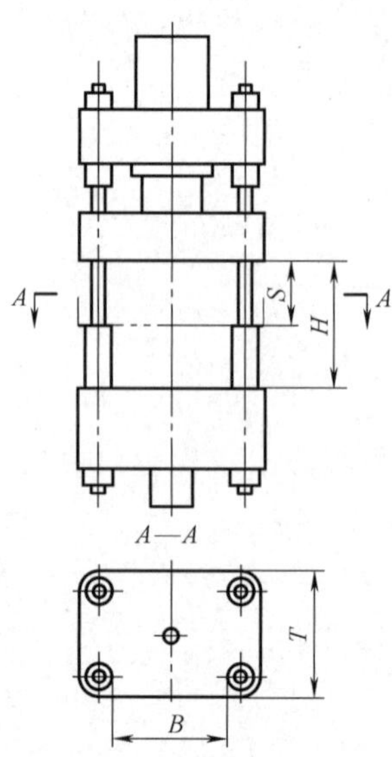

图 2-2-2　液压机的基本参数

最大工作行程来确定，它直接影响工作缸和回程缸及其柱塞的长度，以及整个机身的高度。

(4) 工作台面尺寸　工作台一般安装在下横梁上，其上安放模具或工具，工作台面尺寸指工作台面上可以利用的有效尺寸，如图 2-2-2 中的 $B\times T$（左右×前后）。工作台面尺寸取决于模具或工具的平面尺寸及工艺过程的安排。大中型锻造或厚板冲压液压机，往往设置移动工作台。移动工作台的行程则和更换模具及工艺操作方式有关。

(5) 滑块（活动横梁）速度　滑块（活动横梁）速度可分为滑块工作速度、滑块空程速度（充液行程速度）及滑块回程速度。滑块工作速度应根据不同的工艺要求来确定，它的变化范围很大，并直接影响工件质量和对泵的功率需求。滑块空程及回程速度一般可以高一些，以提高生产率，但若速度太快，会在停止或换向时引起冲击及振动。

(6) 允许最大偏心距　在液压机上进行的许多工艺操作中，往往会产生偏心载荷。偏心载荷在液压机的宽边与窄边都会发生。允许最大偏心距指工件变形阻力接近公称力时所能允许的最大偏心值。在选择液压机时，应根据工艺特点来考虑此值。

(7) 顶出力及顶出行程　有些液压机，如模锻液压机和冲压液压机，往往在下横梁中装有顶出机构，以顶出工件或拉延时使用。顶出力及顶出行程由工艺要求来确定。

以上所述为三梁四柱结构形式液压机最常见的基本参数，对于各种不同工艺用途及不同结构形式的液压机，均有各自不同的基本参数。我国机械工业部门已制定出各种不同工艺用途的液压机形式与基本参数的部颁标准，如 JB/T 9957.2—1999《四柱液压机　型式与基本参数》、JB/T 1881—2010《切边液压机　型式与基本参数》等。

2.2　自由锻液压机的本体结构

液压机本体一般由机身、液压缸部件、运动部分及其导向装置，以及其他辅助装置组成。液压机本体结构的设计应考虑以下三个基本原则：①尽可能地满足工艺要求，便于操作；②具有合理的强度、刚度及运动部分的导向精度，使用可靠，不易损坏；③具有很好的经济性，重量轻，制造维修方便。其中，工艺要求是最主要的影响因素。

2.2.1　结构形式

工艺要求是影响液压机本体结构形式的最主要因素，由于在不同液压机上完成的工艺是多种多样的，因此液压机的本体结构形式也必然是多种多样的。根据机身形式的不同，有立式液压机与卧式液压机；根据机身组成方式的不同，有梁柱组合式液压机和整体框架式液压机等；根据工作缸数量的不同，有单缸液压机、三缸或多缸液压机；根据立柱数量的不同，有四柱液压机、双柱液压机和多柱液压机；根据预紧方式的不同，有局部预紧式液压机和全预紧式液压机；根据传动方式的不同，有上传动液压机、下传动液压机和缸动式液压机；根据传动介质的不同，有水压机和油压机；根据导向方式的不同，有柱面导向液压机和平面导向液压机，其中平面导向根据导向面的布置又可分为八面导向、X 形导向等。

1. 机身形式

(1) 梁柱组合式　梁柱组合式机身是液压机本体结构中广泛应用的一种机身结构形式。其横梁为铸造结构，也有采用焊接结构的。横梁通过立柱拉紧，共同组成一个封闭的承力框架，机身承受液压机的全部工作载荷。

梁柱组合式又分四柱、双柱、三柱和多柱。一般小型液压机可用双柱，结构比较简单，操作方便，但液压机稳定性较差。下拉式快速锻造液压机中多采用双柱式。三柱式常用于卧式挤压液压机中。对于工作台面要求很大或大吨位液压机，则可采用多柱式结构，常见的有六柱或八柱的。四柱上传动液压机如图 2-2-3 所示，双柱上传动液压机如图 2-2-4 所示，双柱下拉液压机如图 2-2-5 所示，四柱下拉液压机如图 2-2-6 所示。

图 2-2-3　四柱上传动液压机

(2) 整体框架式　整体框架式机身则是将上横梁、下横梁及两侧立柱铸造或焊接成一个整体，如图 2-2-7 所示。其截面一般为空心箱形结构，抗弯性能较好；立柱部分做成矩形截面，便于安装平面可调导向装置。整体框架式机身在塑料制品、粉末冶金、薄板冲压及小型挤压液压机中获得了广泛应用。

2. 双柱和四柱结构的比较

四柱液压机与双柱液压机某些性能的对比如图

图 2-2-4　双柱上传动液压机

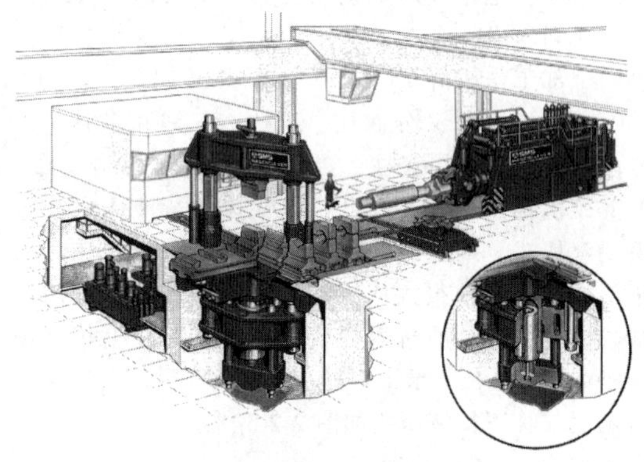

图 2-2-5　双柱下拉液压机

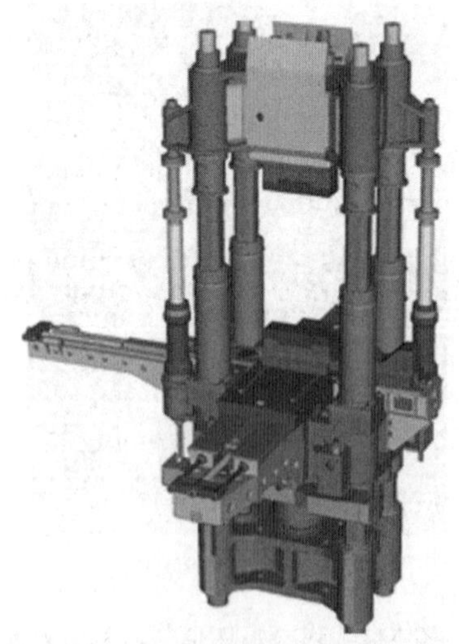

图 2-2-6　四柱下拉液压机

2-2-8 所示。由图 2-2-8a 可见，双柱液压机操作者的可视域较四柱液压机宽阔得多，为准确控制主机及其辅机，直接观察锻件带来很多方便；双柱液压机可容纳较大型辅具，锻造更大尺寸的封头及管板类锻件。双柱液压机的框架主方向（与框架纵向中心平面正交）与工作台移动方向（下称工作台主方

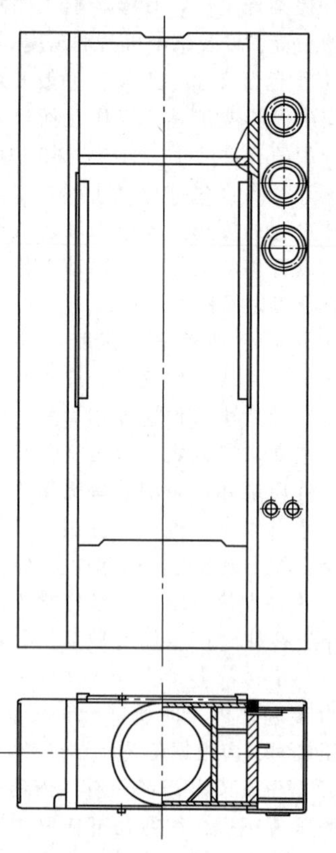

图 2-2-7　焊接的整体框架式机身

向）以某一角度斜置，而四柱液压机的这两个方向则相同，如图 2-2-8b 所示。对于沿工作台主方向具有同样横向开间（横向立柱间净宽）的双柱和四柱液压机，双柱液压机沿框架主方向的柱间宽度显然大于四柱液压机，如图 2-2-8c 所示。因此，可容纳沿框架主方向移入液压机框架的大直径封头及管板类锻件，并可使锻件中心与液压机中心重合。对于此类工艺，双柱液压机具有优势。由图 2-2-8d 可见，对于双柱液压机，因工件易于接近液压机中心，可减少工作台移动的次数或距离，有利于提高生产率。由图 2-2-8e 可见，对于双柱液压机，桥式起重机及锻件易于接近液压机中心，操作方便；对于只能用桥式起重机操作的大型钢锭或锻件具有一定优势，可锻更大尺寸的环类锻件。与前者相同，因双柱斜置，允许大直径环类件伸出框架外，因此可锻更大尺寸的环类锻件。

3. 上传动、下传动和缸动式结构的比较

上传动结构是传统的三梁四柱结构，即上、下横梁与立柱组成的机身是不动的，而活塞与活动横梁组成运动部分，如图 2-2-9 所示。由上横梁 3、下横梁 8、4 个立柱 5 及 16 个立柱螺母 2 组成刚性机身，回程缸 12 固定于上横梁 3 上。沈阳重型机械集团有限责任公司（以下简称沈重）生产的四柱上传

动液压机的基本参数见表 2-2-1。

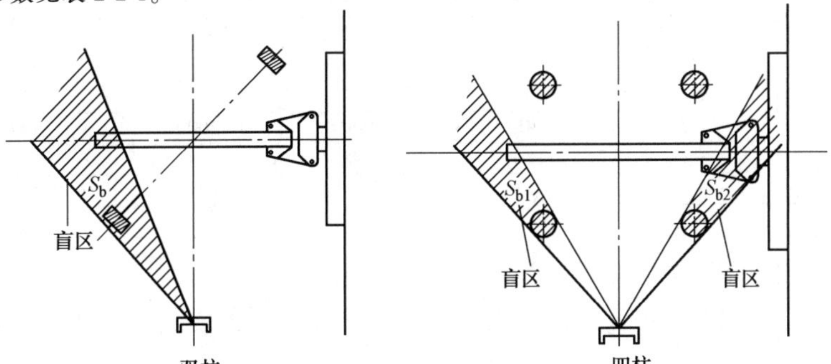

双柱　　四柱

a) 可视域

双柱　　四柱

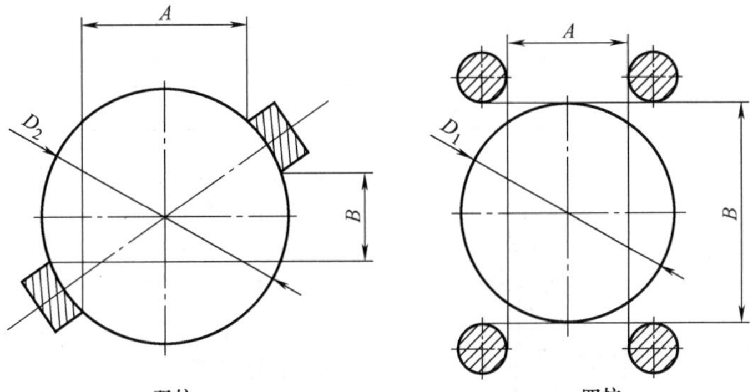

b) 框架主方向与工作台主方向

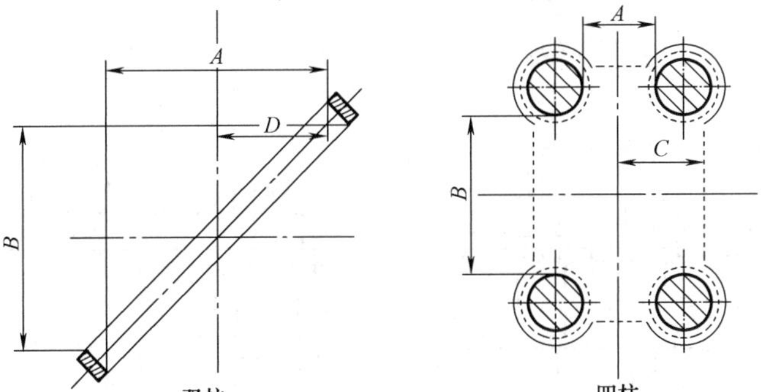

双柱　　四柱

c) 框架主方向的柱间宽度

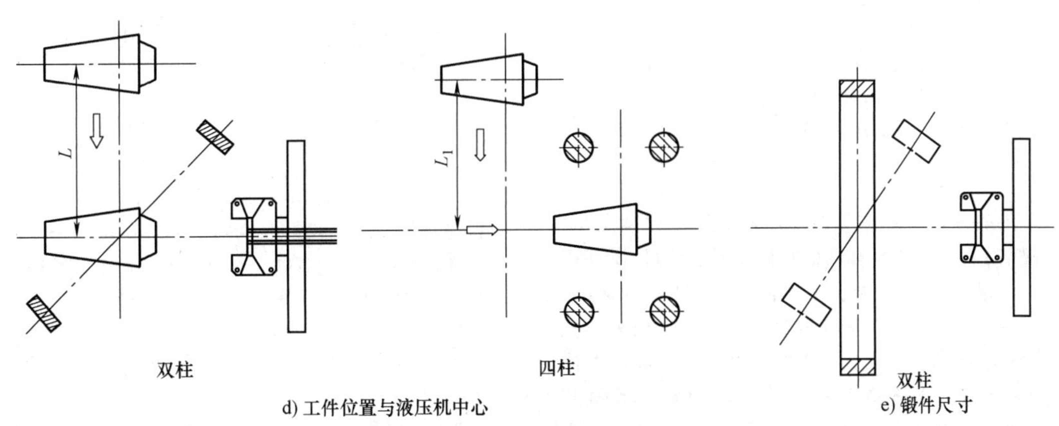

d) 工件位置与液压机中心　　e) 锻件尺寸

图 2-2-8　双柱液压机与四柱液压机某些性能的对比

表 2-2-1 四柱上传动液压机的基本参数（沈重）

参数名称	YDZ 1000	YDZ 2000	YDZ 2500	YDZ 3000	YDZ 6000	YDZ 12500
公称力/MN	10	20	25	30	60	125
液体压力/MPa	20	20	32	32	32	32
最大行程/mm	800	1800	2000	2000	2600	3000
工作行程/mm	—	180	200	200		275
滑块工作速度/(m/s)	—	0.1	0.15	0.15	0.075×0.1	0.075×0.1
滑块空程速度/(m/s)	—	0.3	0.3	0.3	0.3	0.25
工作次数/(次/min)	—	8~10	10~12	8~10	4~12	5
快锻次数/(次/min)	—	35~45	35~45	35~45	15~20	20
柱距/mm	1480×1350	3000×1600	3400×1600	3657×1524	4000×2600	6300×3458
闭合高度/mm	1750	3800	3900	3815	4500	7000
工作台面尺寸/mm（左右×前后）	2100×900	6000×2000	5000×2000	6000×2200	8000×3150	10000×4000
设备重量/t	—	488.3	551.2	620	1362.4	2658.5
外形尺寸/m（长×宽×高）	26.88×15.78×12.35	27.36×13.76×13.74	26.8×15.2×13.15	31.6×20.5×22.357	44.435×26.57×23.55	—

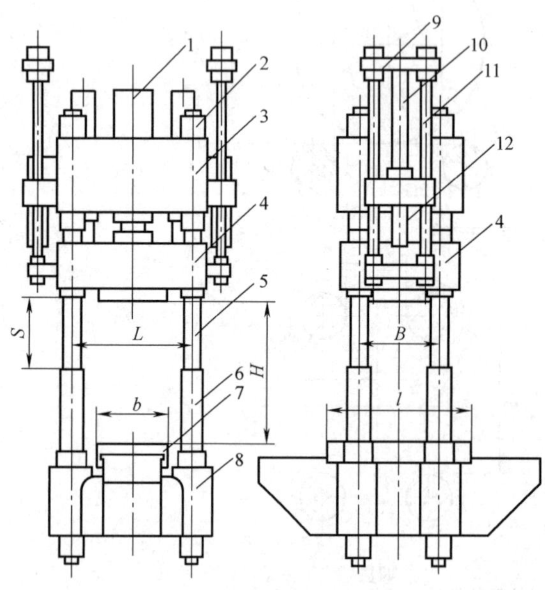

图 2-2-9 四柱上传动液压机

1—工作缸 2—立柱螺母 3—上横梁 4—活动横梁 5—立柱 6—限程套 7—移动工作台 8—下横梁 9—小梁 10—回程柱塞 11—拉杆 12—回程缸 S—滑块（活动横梁）行程 L—横向立柱中心距 B—纵向立柱中心距 b—工作台面宽度（左右） l—工作台面长度（前后） H—开口高度（最大净空距）

下传动液压机如图 2-2-10 所示。其结构特点是，由上横梁 1、下横梁 9 和两根立柱 4 通过螺母 11 连接成一个活动的刚性机身，工作缸 10 也是可运动的，它固定在下横梁上，随活动机身一起运动。而工作柱塞 8 则是不动的，它固定在固定梁 7 上，当高压液体通过工作柱塞中的孔道进入工作缸时，推动工作缸并带动整个活动机身向下运动，使锻坯在上砧 2 与固定在移动工作台 5 上的下砧之间发生塑性变形。活动机身以安装于固定梁内的导向装置来导向。回程时，工作缸卸压并排液，高压液体进入固定于固定梁上的回程缸 6 中，推动回程柱塞 3 向上运动，使整个活动机身上升到初始位置，完成一个工作循环。

双柱下拉式锻造液压机常与两台锻造操作机、横向移砧装置、砧库、送料回转小车、升降回转台等组成锻造液压机组，如图 2-2-11。

国内系统生产双柱下拉式快锻液压机的厂商主要有兰州兰石重工有限公司（以下简称兰石重工），其产品的基本参数见表 2-2-2。

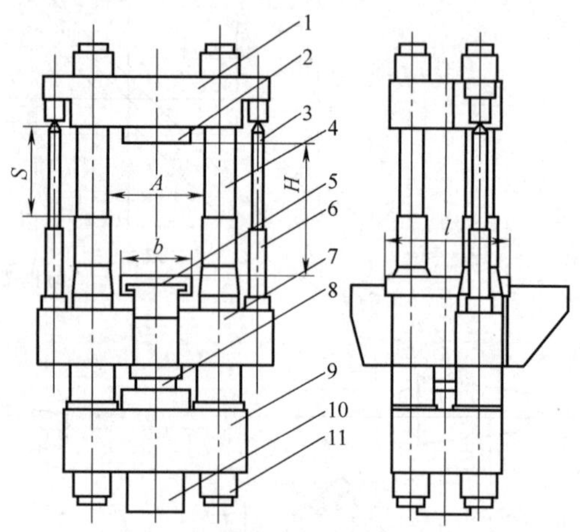

图 2-2-10 下传动液压机

1—上横梁 2—上砧 3—回程柱塞 4—立柱 5—移动工作台 6—回程缸 7—固定梁 8—工作柱塞 9—下横梁 10—工作缸 11—螺母

下拉式结构一般多用于中小型锻造液压机上，其优点为：

1）液压机重心低，几乎与地面处于同一水平位置，因此在快速锻造时，稳定性好。

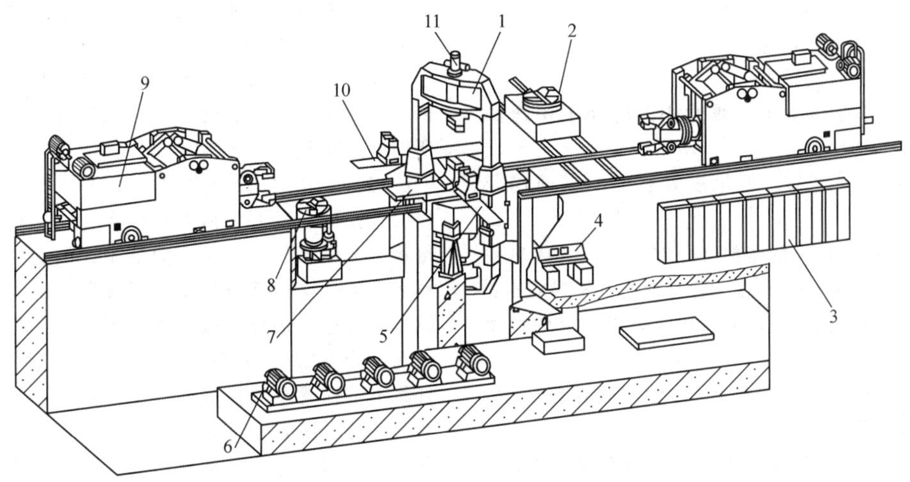

图 2-2-11　双柱下拉式锻造液压机组

1—液压机　2—送料回转小车　3—电控柜　4—操作台　5—横向移砧装置　6—主泵
7—移动工作台　8—升降回转台　9—锻造操作机　10—砧库　11—上砧快换装置

表 2-2-2　双柱下拉式快锻液压机的基本参数（兰石重工）

参数名称	KD5MN	KD6.3MN	KD8MN	KD10MN	KD12.5MN	KD16MN	KD20MN	KD25MN
结构形式	A 整体框架,B 预应力分体框架							
公称力/MN	5	6.3	8	10	12.5	16	20	25
开口高度(最大净空距)/mm	1600	2000	2200	2350	2600	2900	3200	3900
最大工作行程/mm	650	850	1000	1000	1200	1400	1600	1800
柱间净空距/mm(左右×前后)	—	1500×800	1700×1000	1850×1000	1950×1100	2000×1100	2200×1100	2400×1380
移动工作台尺寸/mm(左右×前后)	—	1000×3000	1200×3200	1200×3200	1510×4000	1610×5000	1800×5000	2000×5000
移动工作台行程/mm	—	±800	±1000	±1000	±1350	±1500	±1500	±1600
横向移砧工作台宽/mm	—	500	560	560	650	680	750	1000
横向移砧工作台行程/mm	—	1150	2300	2300	2700	2700	3000	3300
回程力/kN	—	—	1750	1750	2073	3400	3500	3600
允许锻造偏心距/mm	—	—	ϕ240	ϕ240	ϕ300	ϕ320	ϕ360	ϕ400
锻造速度 /(mm/s)	95	95	95	95	90	90	90	90
最高快锻频次/(次/min)	85	85	85	85	82	82	82	80
最高常锻频次/(次/min)	45	45	45	45	45	45	45	45
锻造控制精度/mm	±1	±1	±1	±1	±1	±1	±1	±1
额定工作力/MPa	31.5	31.5	31.5	31.5	31.5	31.5	31.5	31.5

2）液压系统在地面以下，地面上几乎没有什么管道，当工作介质为油时，不易着火，比较安全。管道连接处不受液压机晃动或机身变形的影响，不易损坏。

3）上横梁宽度不决定于工作缸外径，因此上横梁可设计得很窄，便于用起重机操作。

4）立柱按对角线布置，在纵横两个方向上可布置活动工作台及横向移砧装置，操作人员有较宽广的工作视野，液压机辅助工具也有较大的工作空间。

5）液压机地面上的高度小，可安装在高度较低的车间里。

其缺点为：

1）地坑深度太深，地下工程量较大。

2）运动部分质量大，惯性大。

缸动式结构的特点是三梁都固定不动，只有工作缸在中梁的大导套中进行上、下运动。缸动式结构液压机如图 2-2-12 所示。

其特点是，在主机身 12 上，由 4 根立柱 11、内外螺母 9、上横梁 10 组成一个固定的上机身，工作柱塞 7 固定于上横梁上，其中有通液孔，可用以供给工作缸 5 的工作液体。工作缸是可以移动的，它在主机身的导向套 2 内做上下往复运动，上砧 1 直接固定在工作缸缸底，因此这种锻造液压机取消了活动横梁。工作缸外表面做成方形，在导向套内平面导向，可用楔形垫板来调节导向间隙。回程缸 3 固定在主机身的上部，回程柱塞 4 通过托板 6 带动移动工作缸做回程运动，而托板则以小立柱 11 导向，并可防止工作缸转动。

这种结构形式的特点：

1）移动部分质量小，惯性小，适合于快速锻造，消耗驱动功率也少。

2）导向部分上移，氧化皮等脏物不易损伤导向面。

3）由于工作柱塞的密封部分在上部，远离热锻件，当采用油为工作介质时，若有泄漏，不易着火。

4）基础费用低。当用液压机来替换已有的锻锤时，可以利用原有的基础。

5）由于取消了活动横梁，作业空间比较宽敞，易于进行辅助作业。

这种结构的锻造液压机，美国伯利斯（Bliss）公司，德国施罗曼（Schloemann Siemag，SMS）公司以及日本制钢所（JSW）均有生产。

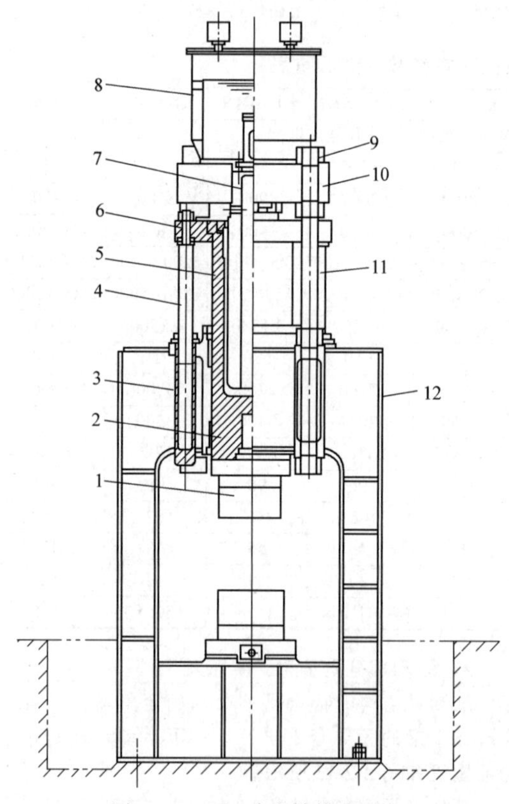

图 2-2-12　缸动式结构液压机

1—上砧　2—导向套　3—回程缸　4—回程柱塞　5—工作缸　6—托板　7—工作柱塞　8—充液罐　9—内外螺母　10—上横梁　11—立柱　12—主机身

2.2.2　机身的预紧方式

对于非整体框架式机身，横梁与立柱组合的预紧方式包括局部预紧式和全预紧式。

（1）局部预紧式　对于三梁四柱液压机，承载框架由上横梁、下横梁及四根立柱组合而成，法兰支承柱塞式工作缸安装于上横梁，移动工作台安装于下横梁，立柱两端的螺母将上下梁与立柱紧固为框架，立柱插入上下梁的部分被施加了预紧力，即所谓的局部预紧框架结构。

（2）全预紧式　全预紧结构的立柱包括拉杆和柱套，拉杆穿过上下横梁和柱套，在拉杆两端用螺母将上下横梁与立柱预紧为框架，因立柱不再只是插入上下横梁的部分被施加了预紧力，而是在预紧螺母间的通长部分均被施加了预紧力，称此预紧方式为“全预紧”，如图 2-2-13 所示。这种结构通过拉杆将上下横梁及立柱紧固为整体框架，立柱全长预紧，并承受压应力。在锻造载荷作用下，立柱仅承受压弯载荷，各工况下断面内只有压应力，可采用铸钢或铸焊结构。锻造载荷产生的拉应力完全由拉杆承担，虽然截面内的拉应力较大，但脉动幅值很小，抗疲劳性能提高。全预紧框架结构的优点是疲劳强度好，承载能力高。

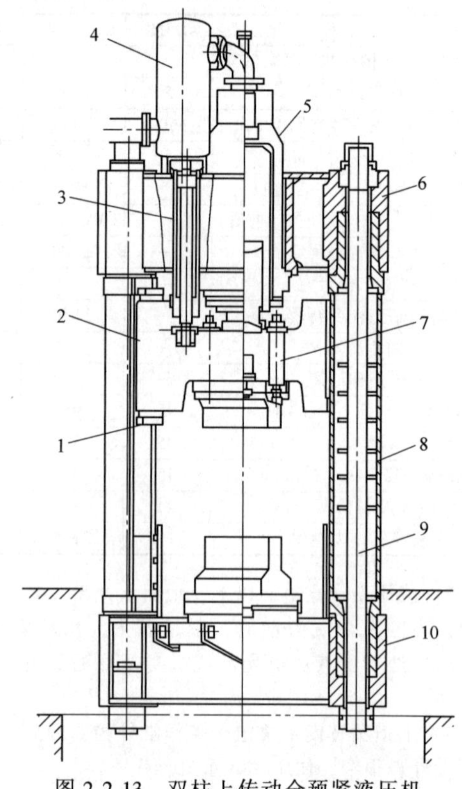

图 2-2-13　双柱上传动全预紧液压机

1—导向装置　2—活动横梁　3—回程缸　4—充液罐　5—工作缸　6—上横梁　7—上砧夹紧装置　8—柱套　9—拉杆　10—下横梁

预应力框架的拉杆可以采用单根（见图 2-2-13），也可以多根（见图 2-2-14 和图 2-2-15）。采用多根的优点：拉杆直径小，可以用高强度合金钢棒材，两端稍加镦粗后加工出螺纹；可以用较小的液压预紧缸分别预紧每个拉杆，简便易行；小直径拉杆可使零件加工误差在螺纹根部产生的弯曲应力较小。

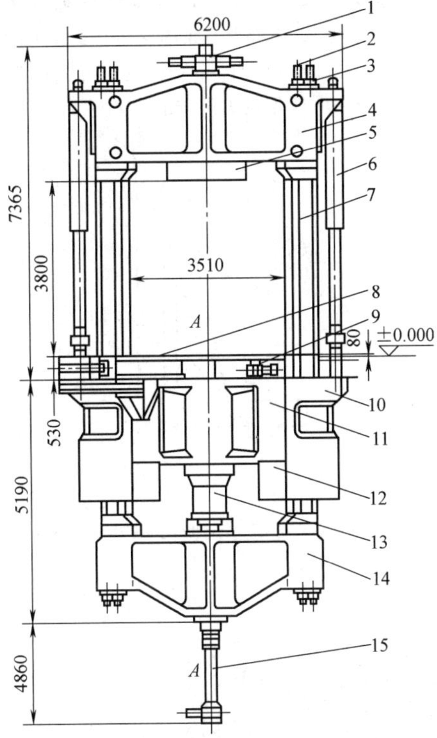

图 2-2-14　全预紧双柱多拉杆结构液压机本体结构

1—上砧旋转装置　2—拉杆　3—螺母　4—上横梁　5—上砧板　6—回程缸　7—立柱　8—移砧台　9—锁紧机构　10—侧梁　11—固定横梁　12—支承梁　13—主缸　14—下横梁　15—伸缩缸

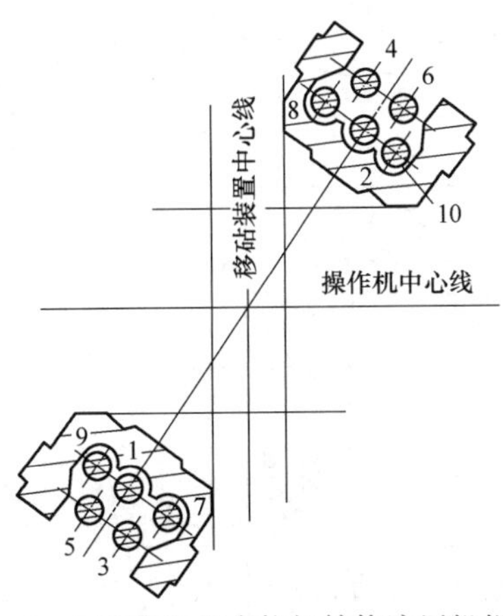

图 2-2-15　全预紧双柱多拉杆结构液压机机身截面

1~10—10 根拉杆的预紧顺序

对于预紧力的设计，要求其能够保证组合结构的整体性，承载后预紧连接的构件间仍然保持紧密连接，不能出现开缝现象。设单根立柱所受的最大载荷为 P_{max}，则需要单根立柱上施加的预紧力应能保证在最大载荷下，立柱中还存在一定的压应力。图 2-2-16 所示为拉杆与柱套的受力及变形关系，ΔL_1 为拉杆的预拉伸量，ΔL_2 为立柱的预压缩量。

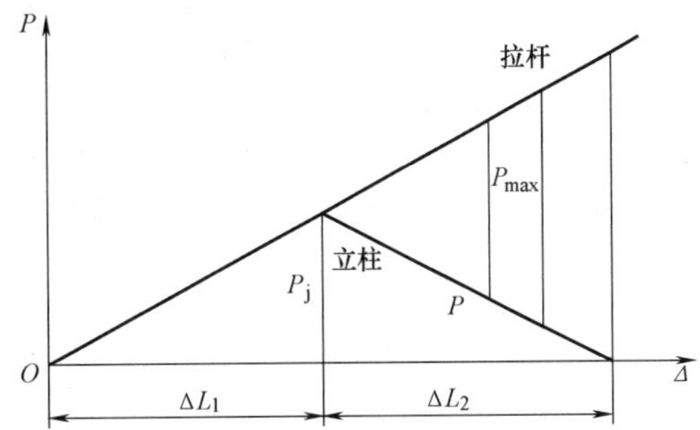

图 2-2-16　拉杆与柱套的受力及变形关系

2.2.3　导向装置

目前，液压机的滑块均采用导套与立柱配合并用立柱导向。由于活动横梁往复运动频繁，并且在偏心加压时有很大的侧推力，因此不可能让活动横梁与立柱直接接触，互相磨损，必须选择耐磨损、易更换的材料制造两者之间的导向装置。导向装置的质量直接关系到活动横梁的运动精度及被加工件的尺寸精度，也会影响工作缸密封件与导向面的磨损情况，对模具寿命及机身的受力情况也均有影响，为此必须合理选择导向装置的结构及配合要求。

柱面导向形式多用于圆截面的立柱，在活动横梁的立柱孔中采用导套结构，分为圆柱面导套和球面导套。圆柱面导套如图 2-2-17a 所示。在活动横梁的立柱孔中各装有上、下两个导套，它们是由两半组成，为了拆装方便，两半导套的剖分面最好有 3°~5°的斜度，导套两端装有防尘用的毡垫。这种导套结构简单，制造方便，但在偏心载荷引起活动横梁倾斜时，导套和立柱间的接触为线接触，使液压机机身受力情况恶化，磨损加剧。因此，此种结构

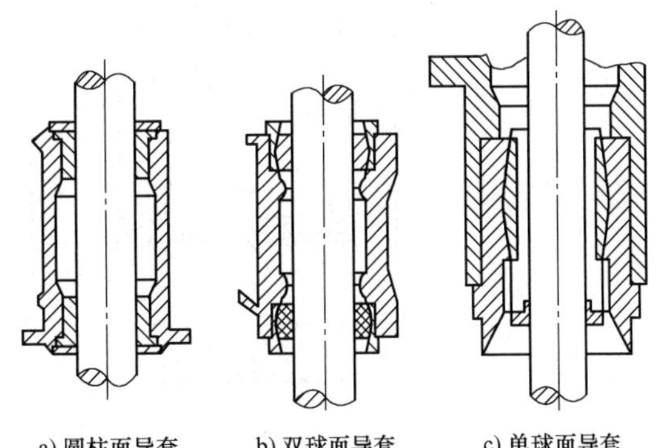

a) 圆柱面导套　b) 双球面导套　c) 单球面导套

图 2-2-17　常用导套结构

一般用在中、小型液压机上。

球面导套有双球面和单球面两种，如图 2-2-17b 和图 2-2-17c 所示。在活动横梁倾斜时，球面导套和球面支承之间能相对滑动，使立柱与导套仍能保持面接触，改善了液压机机身的受力情况，但结构较复杂，一般适用于中型或大型液压机。当活动横梁与柱塞均为球铰连接时，采用双球面导套，而当中间柱塞与活动横梁为刚性连接时，一般采用单球面导套。

导套材料一般采用铸造锡青铜 ZQSn6-6-3，小液压机也有用铁基粉末冶金的。单个导套的高度一般取为立柱直径的 75%，厚度为 20～30mm。导套的内、外圆应同心，要求在一次装卡下加工成形。

由于锻造大钢锭时温度很高，活动横梁的温度可能上升 100℃左右。为了防止活动横梁受热膨胀而在导向处卡死，在室温时，立柱对角线上导套内侧间隙应大于外侧间隙。对于中小型液压机，导套直径上间隙值为 1.5～3mm，大型液压机则为 0.75～3mm，可根据横梁热膨胀计算来确定。

以前，液压机的立柱多为圆形截面，因此只能用柱面导套，间隙无法或难以调整。现在，一般将立柱的中间导向部分加工成方形截面，从而可以采用平面可调导向结构，如图 2-2-18 所示。用调整垫片来调节装于立柱孔内的楔形导向板，从而方便地调整导向间隙。导向板与立柱间应保证经常润滑。由于平面导向易于调整间隙，因此得到越来越多的应用。平面导向形式有多种，如图 2-2-19a 所示的四面导向，如图 2-2-19b 所示的在立柱内侧导向的 X 形导向，如图 2-2-19c 所示的八面导向。

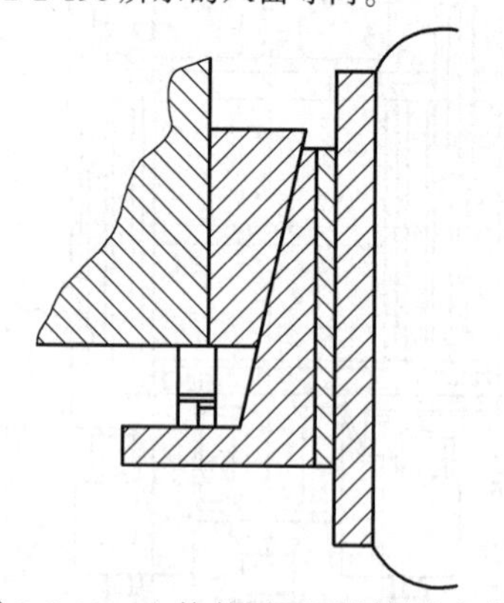

图 2-2-18　立柱的平面可调导向机构

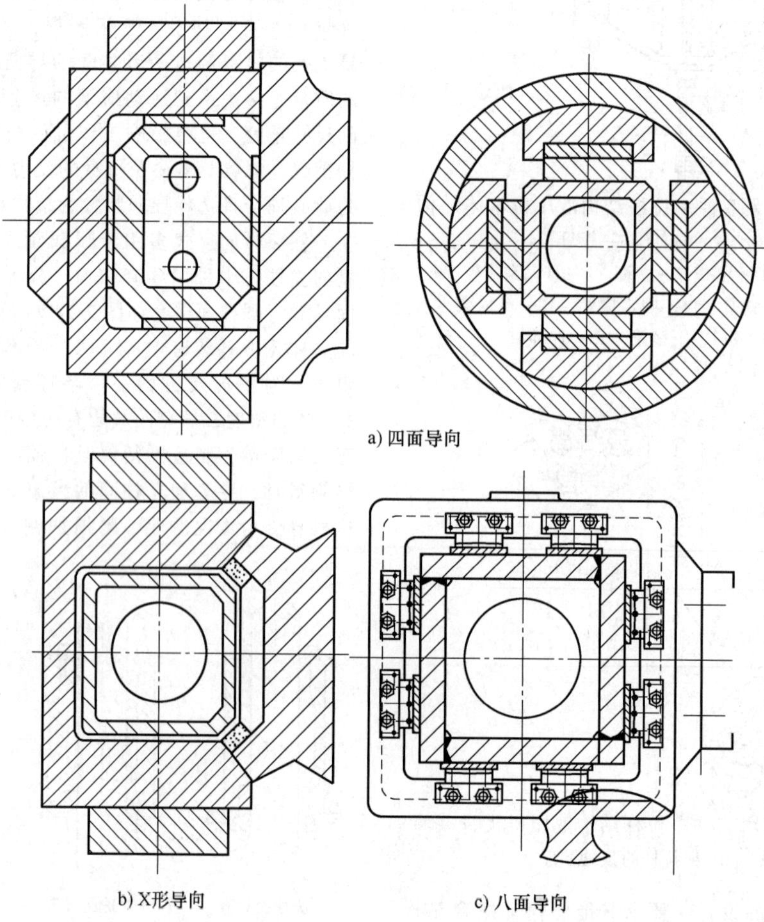

a) 四面导向

b) X形导向

c) 八面导向

图 2-2-19　平面导向形式

当结构上许可时，应尽可能增加立柱导向部分总长度，以增加抗弯能力，如在有的液压机中，导向部分的总高度达立柱截面尺寸的 7 倍。

2.2.4 相关设计要求

自由锻液压机的本体结构需满足相应的强度和刚度等设计要求。下面以梁柱组合式结构为例，介绍相关本体结构的设计要求。

1. 立柱

对于传统的局部预紧的三梁四柱结构，其立柱最小直径可按简单拉伸计算，四根立柱平均承受拉伸载荷，应力值不允许超过立柱材料的弹性许用应力。立柱直径必须圆整为标准值，并且要注意，要保证立柱的最小直径满足上述要求。

对于全预紧结构，其立柱由空心柱套和预紧拉杆组成。此时，拉杆的直径仍然按照传统三梁四柱结构液压机的立柱直径设计方法来设计，但所采用的载荷不再是液压机的公称力，而是液压机正常工作时拉杆所承受最大载荷，一般取最大工作载荷的 1.2~1.5 倍。而空心柱套的最小截面应进行校核，柱套承受的最大载荷为其预紧状态下所承受的载荷。柱套的截面一般都设计为方形截面，便于采用平面导向结构。

2. 横梁

关于横梁的设计，其跨度和宽度可根据工作台面尺寸及液压缸、立柱的布置来确定，高度可根据经验进行初选。初选方法：上横梁高度为立柱直径的 3~3.5 倍，下横梁高度为立柱直径的 3.5~4 倍；然后进行结构设计，布置面板和筋板；最后要进行强度和刚度校核。如果强度或刚度不合适，还要对其几何尺寸进行修改。

一般来说，对横梁的刚度要求为立柱间每米跨度上挠度不超过 0.15mm。由于横梁均属于跨度比较小而高度相对大的梁，因此在计算挠度时，除了考虑弯矩引起的挠度外，还必须考虑由于剪力引起的挠度。当进行强度设计时，首先要简化受力模型，现有的设计方法仍然是把梁简化为细长梁，采用材料力学的方法求解，要求中间截面的应力值要小于横梁材料的许用应力。

活动横梁与工作缸的柱塞或活塞杆相连接，以传递液压机的作用力。活动横梁中有立柱孔，为立柱提供往复运动的导向。下表面安装砧子，活动横梁应有足够的承压能力，除了保证足够的承压强度外，活动横梁还应具有一定的刚度和抗弯能力，常将它设计成高度略低于上横梁而壁厚均匀的封闭箱形体。大型液压机的活动横梁有时设计成两半或多半组合式，用拉杆连接，这时还要保证承载后各组合结构之间的紧密结合。活动横梁和立柱间的导向套上的面压许用值一般取 6~8MPa。

2.3 液压机的控制系统

2.3.1 液压传动系统

1. 水传动系统

水压机的液压传动可以分为液压泵直接传动和带有蓄能器的水泵站传动两种方式。

（1）液压泵直接传动　液压泵直接传动由泵直接供高压液体给水压机使用，它具有以下特点：

1）水压机活动横梁的行程速度取决于泵的供液量，而与工艺过程中锻件变形阻力无关。当泵的供液量为常量时，则水压机的工作速度不变，故易于实现恒速，适用于要求恒速的水压机。

2）高压泵所消耗的功率相当于水压机做功的功率，即泵的供液压力和消耗功率取决于加工工件的变形阻力。工件变形阻力大，供液压力与消耗功率也大；反之则小。

3）由于在工作行程中活动横梁速度恒定，以及供液压力与工件变形阻力存在相适应的变化规律，故可利用该恒定的速度及变化的压力作为操纵分配器的信号，实现水压机的自动控制。

4）基本投资低，占地面积较少，日常维护和保养简单。

当采用液压泵直接传动时，若选用定量高压泵，则其电动机安装功率必须按水压机的最大功率，即最大工作压力和最大工作速度确定，这将使整个工作循环内电动机功率不能充分利用。为使电动机安装功率不致过大，液压机的工作行程速度一般不宜太高。

（2）泵-蓄能器传动　泵-蓄能器传动有以下特点：

1）水泵和蓄能器供液压力基本保持在蓄能器压力波动值范围内，可以看作恒压。

2）能量的消耗与水压机行程大小成正比，而与工件变形阻力无关。

3）液压机的工作行程速度取决于工件变形阻力，阻力大则速度慢，阻力小则速度快。

4）工作平稳。可以在瞬间获得比较高的工作速度，特别是在镦粗和冲孔等需要加大行程速度时，可以由蓄能器供给高压水。

液压泵直接传动有效率高的优点，而泵-蓄能器传动则有电动机额定功率低的优点。在两种不同的传动系统的水压机上锻造相同零件时，采用泵-蓄能器传动的水压机通常可提供较高的空程向下和工作行程速度，并且锻造前的停歇时间较短。两种传动方式的比较见表 2-2-3。

表 2-2-3 两种传动方式的比较

项目	液压泵直接传动	泵-蓄能器传动
泵的出口压力	随液压机的负荷变化而变化	与液压机负荷无关，而与蓄能器压力相同
液压机的速度控制	使用变量泵时，可改变泵的流量；使用定量泵时，需利用旁通回路使部分液体流回油箱，从而实现液压机的速度控制	控制主阀分配器中阀的开启量，即控制流量，从而控制液压机速度
恒速性	液压机速度取决于泵的供液量，采用定量泵可保持液压机速度恒定	液压机的速度随负荷变化而改变。若需保持恒速，则需装备特殊的装置
泵的流量	根据液压机最高速度选择	根据液压机一个工作循环内所需液体量的平均值确定
压力的调整	利用调压阀可改变供液压力，故压力调整较为方便	蓄能器压力决定了液压机的最高压力，故压力调整困难
漏损	液压机停止工作时，管道中处于低压，故漏损少	在蓄能器与分配器之间常处于高压，故漏损多

2. 泵站系统主要组成

泵站系统主要由液压泵、高压蓄能器、高压空气压缩机、液位显控器、水箱、乳化液搅拌箱及各种液控阀、闸阀组成。

（1）液压泵　液压泵是水压机的主要动力设备。在锻造水压机中，以往复式柱塞泵和回转式柱塞泵应用较为广泛。特别是在带有蓄能器的传动中，一般都采用往复式柱塞泵。往复式柱塞泵可分为立式和卧式两种。广泛应用的是卧式往复式柱塞泵，给水量可达 1000L/min，压力最大为 40MPa。图 2-2-20 所示为卧式三柱塞往复高压泵结构。卧式三柱塞往复柱塞泵有上海大隆机器有限公司生产的 3W · 1BZ 及 3W · 2BZ 系列，可用于乳化液或液压油，出口压力为 16~40MPa，流量为 400~1300L/min。

在高压泵出水口端带有止回阀和循环阀。止回阀相当于单向阀，主要作用是防止液体倒流；循环阀相当于卸荷阀，通过控制循环阀可控制泵的工作状态（空载或工作）。

（2）高压蓄能器　高压蓄能器是水泵蓄能站传动系统中的主要设备之一。在水压机工作的间歇瞬间或低峰阶段，以及在水泵供水量超过水压机消耗量时，蓄能器将过多的高压水储存起来，留待水压机高峰负荷时使用。高压蓄能器一般有三种：重锤式、空气活塞式及空气无活塞式。

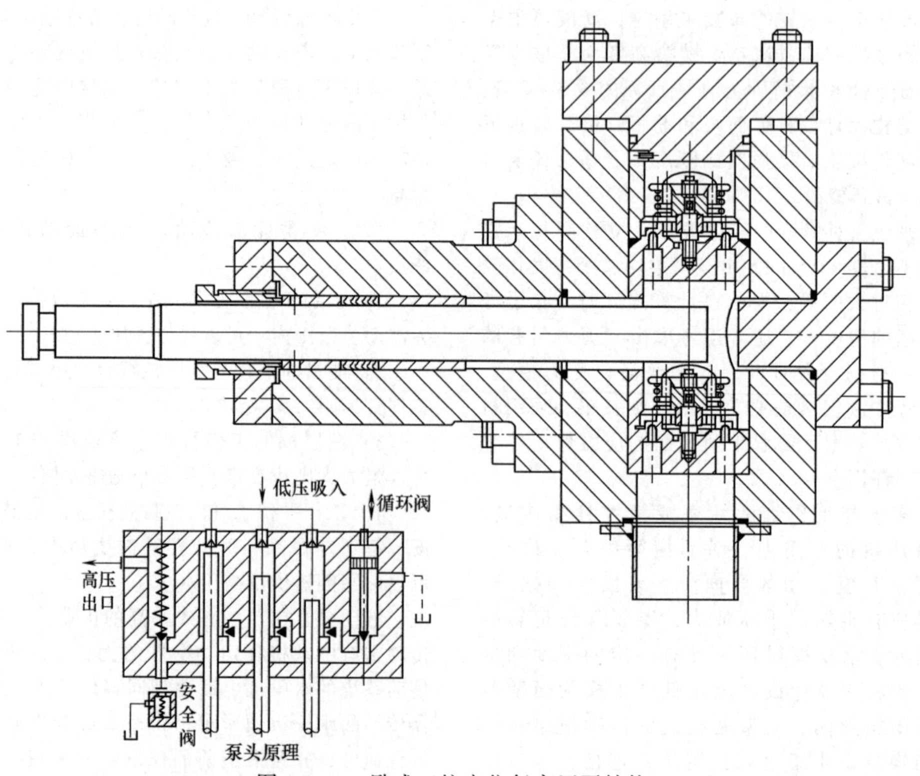

图 2-2-20 卧式三柱塞往复高压泵结构

(3) 高压空气压缩机　高压空气压缩机用来形成并维持空气蓄能罐中压缩空气的压力。当蓄能站正常运转之后，空气压缩机仅需在一定的时间向蓄能罐补充消耗掉的气体。蓄能站空气压缩机的负荷率虽然很低，但却是水泵蓄能站不可缺少的设备。

蓄能站中的空气压缩机，由于设备的利用率很低，故而即便是大容量的蓄能站，也不宜采用大排气量的空气压缩机。据经验，在蓄能站中所选用的空气压缩机，一般不超过 $60m^3/h$（标准状态）的排气量。当然，选用小排气量的空气压缩机，蓄能罐的充气时间很长。

(4) 液位显控器　液位显控器用于现场直接显示容器内的真实液位及其升降变化速度。其检测信号输入具有足够输入点数的可编程序控制器（PLC）或微型计算机，可在屏幕上显示液位及其速度变化曲线，可实现对整个泵站的远程自动控制、检测和报警。

(5) 水箱　水泵蓄能站的液体是由开式水箱供给的。高压水泵的进水管与水箱相连。水箱应尽量安置在高处（一般在 2m 以上），以提高水头，从而能比较容易地进入泵内。水箱除供给各处液体外，还接收各系统所排回的无压液体。水箱一般都是矩形箱体的焊接结构。储水箱的顶部是开式的，为了避免尘屑落入箱内，设有防尘盖。

(6) 乳化液搅拌箱　锻造水压机最常用的工作介质是乳化液，乳化液是在水中加质量分数为 1%～2%的乳化油（即普通切削油）而成的。所使用的水应该是软水。如果水的硬度过大，就需要采用碳酸钠软化。为了使水与乳化液混合均匀，最好经搅拌设备进行搅拌。

(7) 最低液面阀　最低液面阀是一种液压控制阀，它的作用是控制蓄能站高压蓄水罐的液位不低于允许最低液位，以防止压缩空气进入管道。当高压蓄水罐中的液体处于允许最低液面时，蓄水罐的液位指示器即发出信号，通过气动分配器的作用，将高压水源接通最低液面阀的控制腔，迫使最低液面阀关闭。此时高压蓄水罐中的液体不再外流，水压机所需的高压水全部由高压水泵供应。当水泵供液过剩时，管道内液压升高将最低液面阀强制顶开，使液体进入高压蓄水罐。此时，最低液面阀起着止回的作用，只许高压水流入蓄水罐而不许蓄水罐中的高压水外流。待蓄水罐液面上升后，最低液面阀即行恢复原状。

某液压机的泵-蓄能器传动的液压系统原理如图 2-2-21（见书后插页）所示。

2.3.2　油传动系统

1. 阀控液压系统

早期的锻造油压机广泛采用滑阀控制，这种滑阀是西德研制的专用产品。滑阀的通流能力小，液流阻力大，当系统需要更大的流量时，不得不采用两个或多个滑阀并联使用，或者设计非标准的大通径阀，不仅使设备结构庞大，增加了成本，而且滑阀结构尺寸随着通径的加大而急剧增加，造成其质量大，行程长，从而导致响应慢，换向时间长，同时换向冲击加大，泄漏量增加。另外，由于滑阀采用的是间隙密封，抗污染能力差，容易卡死。随着油压机吨位不断增大，液压系统流量和压力的不断提高，滑阀系统的适应性已达到极限，并逐渐退出历史的舞台。

二通插装阀，以其通流能力大、响应快、抗污染能力强、工作可靠、高度集成等优点逐渐被锻造油压机系统采用，并根据油压机工作特点逐步形成专用的插装阀体系。20 世纪 80 年代，比例技术开始和插装阀相结合，开发出各种不同功能和规格的二通、三通比例插装阀。20 世纪 90 年代后期，电液比例插装阀开始应用于国外快锻油压机上。电液比例插装阀不仅流量大、响应快，而且具有一定的抗污染能力。近些年，大通径比例插装阀得到越来越多的应用。

(1) 工作原理　自由锻液压机典型的阀控液压系统如图 2-2-22 所示。该液压系统主要由定量泵、比例节流阀、控制器、溢流阀和液压缸组成。

自由锻液压机典型的工作过程包括空程下降、减速、工进加压、停止、卸压、回程。

液压机开始工作时，主缸进液阀和回程缸排液阀根据逻辑关系开启，活动横梁空程下降。该阶段主要由高位油箱供油，对活动横梁的无级调速是通过控制回程缸排液阀开口大小来实现的。该阶段主缸进液比例阀也开启，主泵补充部分流量。

当活动横梁即将接触工件时，系统进入减速、工进加压、停止阶段，回程缸排液阀和主缸进液阀开口度同时减小，活动横梁减速下降缓慢接触工件，减小冲击。工进加压的速度主要由主缸进液阀和回程缸排液阀协同调节来控制。锻造结束后，主缸进液阀和回程缸排液阀关闭，然后触发数字开关信号发讯，使主缸排液阀按照一定的比例斜坡开启，主缸平稳卸压，此时自由锻液压机处于停止位。

进入回程阶段后，主缸排液比例阀一直处于全开状态，活动横梁的回程速度完全由回程缸进液比例阀决定。

(2) 插装阀　当前，绝大多数锻造油压机的液压控制系统为插装式阀控系统。

1) 插装式单向阀。插装式单向阀一般应用于锻造油压机泵口、充液、主缸和回程缸的隔离等，它的结构相对简单，但其特性直接影响着油压机的充

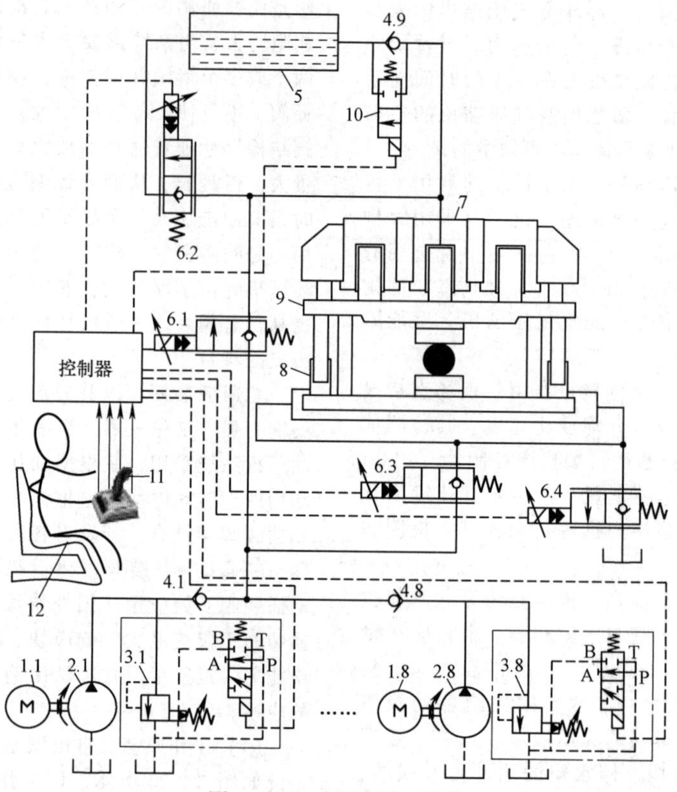

图 2-2-22　阀控液压系统

1.1~1.8—电动机　2.1~2.8—液压泵　3.1~3.8—溢流阀　4.1~4.9—单向阀　5—高位油箱
6.1~6.4—比例插装阀　7—主缸　8—回程缸　9—活动横梁　10—电磁换向阀　11—操作手柄　12—操作者

液效果、下降速度、建压时间等，如图 2-2-23 所示。

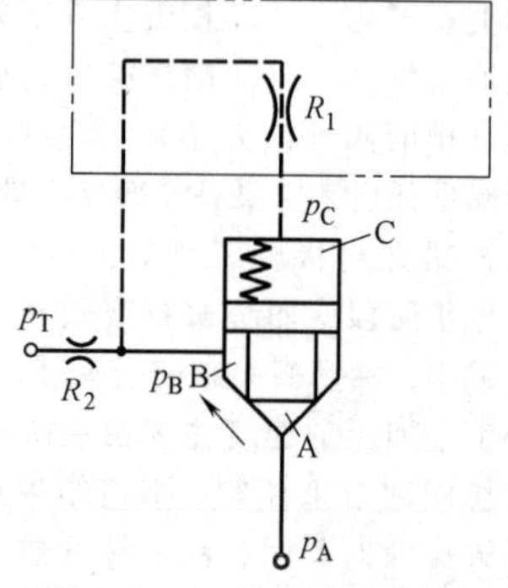

图 2-2-23　插装式单向阀

A 侧进油时，$p_A>p_C$，A 腔向上的作用力大于 C 腔向下的作用力，阀芯开启；B 侧进油时，由于 B 腔向上的作用力小于 C 腔向下的作用力，阀芯不能开启。实现单向通流功能。

2）电磁换向插装阀。电磁换向插装阀广泛应用于油压机的液压系统中，尤其是开关控制式油压机系统，它用以控制油压机液压系统中工作液体的流动方向和液流的通与断，它的启闭特性直接影响着油压机的快速性和稳定性。图 2-2-24 所示为电磁换向插装阀。

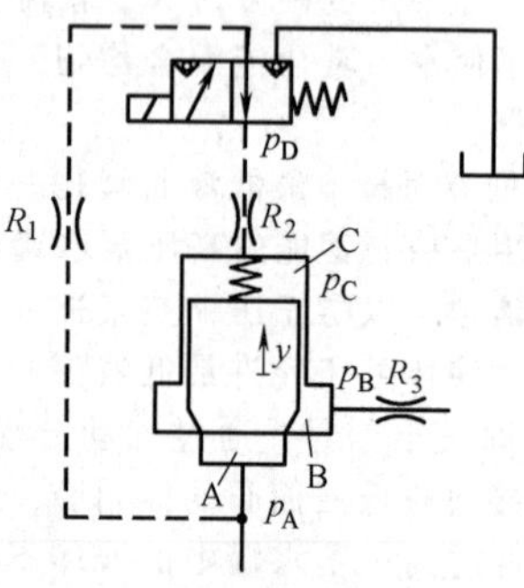

图 2-2-24　电磁换向插装阀

若先导阀处于断电状态，A 腔与 C 腔相通，$p_A=p_D=p_C$，$p_B=0$，由于 C 腔作用面积大于 A 腔，此时主阀芯关闭。当先导阀换向后，电磁铁通电，换向阀接通油箱，p_D 和 p_C 压力值降低，主阀芯开启。

3）三级插装阀。

① 进液型三级插装阀组。图 2-2-25 所示为进液型三级插装阀组的工作原理。由于它能够形成先慢后快的主阀开启曲线，所以它常用在高压进油回路上。该结构是由两个插装阀 1、2，一个先导电磁阀 3 及液阻 4，节流阀 5、6 组成。电磁阀 3 为第一级

阀，小规格二通插装阀 2 为第二级阀，大规格二通插装阀 1 为第三级阀。控制方式采取内控。

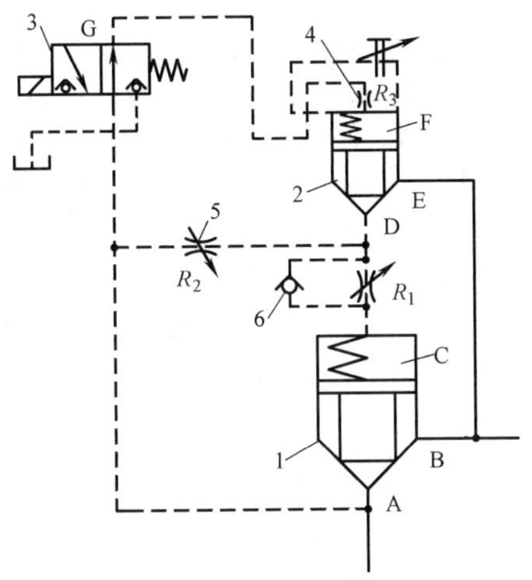

图 2-2-25　进液型三级插装阀组的工作原理
1、2—插装阀　3—电磁阀　4—液阻　5、6—节流阀

② 排液型三级插装阀组。在锻造油压机的液压控制系统中，最主要的冲击与振动发生在主缸卸压瞬间，为使主缸卸压平稳，减少冲击振动，应使主缸卸荷阀小开口卸压大开口卸荷，排液型三级插装阀就是为此而研发的。

排液型三级插装阀组的工作原理如图 2-2-26 所示。这种快速阀组是在图 2-2-25 所示的主阀控制腔与阀 2 入口之间加入了液控先导二通插装阀组，作为第三、四级先导控制元件，用以控制主阀在 A 口先缓慢卸压后大量放油，实际上是一种开启速度先慢后快的快速二通插装阀组。

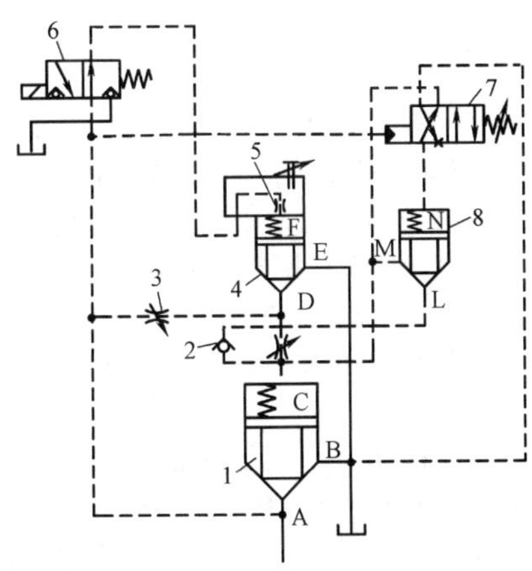

图 2-2-26　排液型三级插装阀组的工作原理
1—大规格二通插装阀（主阀）　2—单向节流阀　3—节流阀　4—小规格二通插装阀　5—液阻　6—先导电磁阀　7—液控先导二通插装阀组的插装阀　8—液控先导二通插装阀组的先导阀

4）比例插装阀。电液比例控制技术是一种为适应可靠、廉价、控制精度和响应特性均能满足工程技术实际需要的工程技术，从 20 世纪 60 年代末迅速发展起来的。比例插装阀是以传统的工业用液压阀为基础，采用可靠、廉价的模拟电-机械转换器和与之相应的阀内设计，从而获得对油质要求与一般工业阀相同、阀内压力损失小、性能又能满足大部分工业控制要求的比例控制元件。

比例技术与插装阀相结合，形成了电液比例插装技术。它通过改变液压控制中的先导级，使液压控制由间断开关控制发展为连续比例控制，根据输入的电气信号，能连续地、按比例地对油液的压力、流量等参量进行控制。插装阀技术在结构上体现了先导控制、座阀主级和插装式连接的完美结合，在回路设计上体现出液压阻力控制系统学的设计原则。

目前，国外 Rexroth 公司、Parker 公司、Atos 公司、Vickers 公司结合比例控制，特别是带阀内检测反馈的最新技术，大量推出全系列、标准化、通用化的比例压力和流量控制，以及带负载感应及压力补偿的比例插装控制元件，可以说二通插装阀和电液比例控制技术相结合已成主流。尤其在当前锻造油压机行业，电液比例插装阀的应用大大提高了油压机的整体性能。我国的油压机系统以 Rexroth 公司、Parker 公司、Atos 公司、Vickers 公司的比例插装阀为主，各公司的电液比例插装阀的技术参数见表 2-2-4。从表 2-2-4 中可以看出，电液比例插装阀不仅流量大，工作压力高，而且具有优良的动态特性。现有的电液比例插装阀的工作原理主要有位移-力反馈型、位移-电反馈型和三级控制型。

表 2-2-4　电液比例插装阀的技术参数

参数名称	Rexroth	Parker	Atos	Vickers
型号系列	2WRC	TDL	LIZQI	CVCS
公称尺寸/mm	63	63	63	63
先导阀类型	伺服阀	比例阀	高性能比例阀	比例阀
工作压力/MPa	42	35	35	35
最大流量/(L/min)	3676(K 型)	4808	4250	2160
响应时间/ms(100%行程)	60 (p_a=30MPa)	14.7 (p_x≥5MPa)	24	340 (Δp≥1MPa)
滞环(%)	≤0.5	≤1	≤0.1	≤8
重复精度(%)	≤0.2	≤0.5	≤0.1	≤3
工作原理	位移-电反馈型	三级控制型	位移-电反馈型	位移-力反馈型

① 位移-力反馈型。美国威格士的比例节流阀属

于位移-力反馈电液比例插装阀，如图 2-2-27 所示。它通过一个电流控制 PWM 信号，利用自调节液压设计来控制流量，实现对主阀芯的伺服控制，而不用电反馈传感器。它的主阀芯属于位移-力反馈型，可变液阻 R_1 和先导阀口组成 A 型液压半桥，先导阀芯和主阀芯之间由流量引起的压力变化耦合关联。

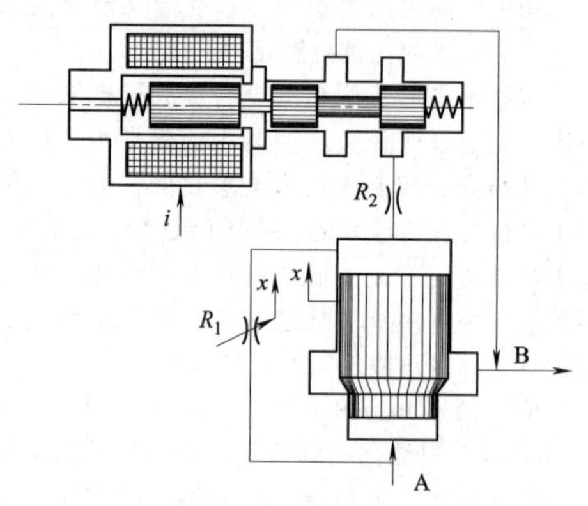

图 2-2-27　位移-力反馈型电液比例插装阀

② 位移-电反馈型。博士力士乐公司、阿托斯公司的电液比例插装阀属于位移-电反馈型先导式比例节流阀，图 2-2-28 所示为位移-电反馈型电液比例插装阀。阀的主级采用二通插装结构。主阀芯位移经耐高压位移传感器检测，并反馈至比例放大器的输入端。其控制框图如图 2-2-29 所示。比例放大器及电磁铁的非线性，以及先导级与主级的液动力、摩擦力等干扰，均由电反馈大闭环所抑制。只要位移传感器的精度足够高，阀的稳态精度就可达到相当高的水平。此外，由于电信号处理方便，故动态校正可采用多种方式。

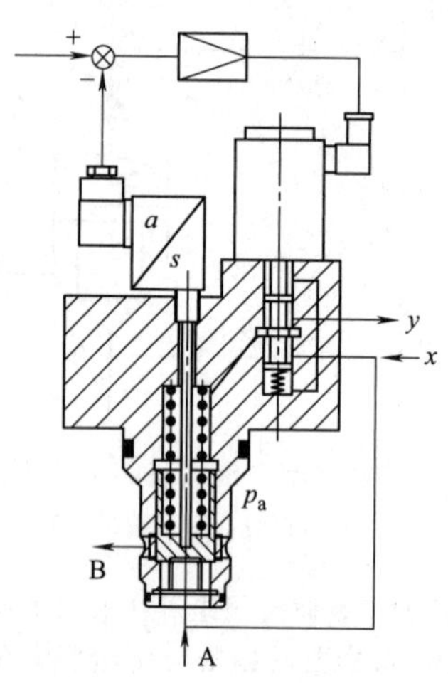

图 2-2-28　位移-电反馈型电液比例插装阀

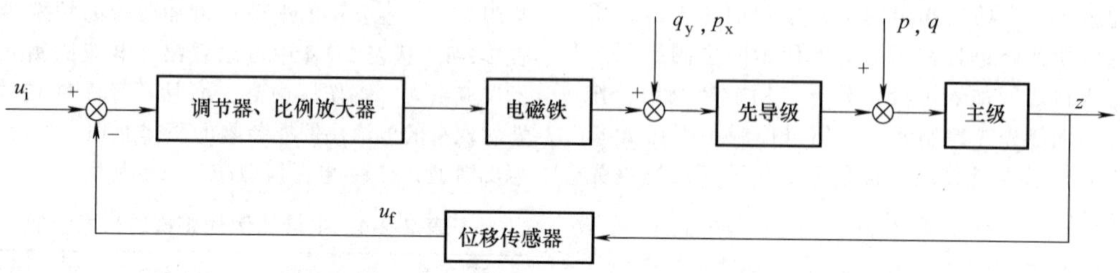

图 2-2-29　位移-电反馈型控制框图

③ 三级控制型。派克的比例节流阀属于三级控制型，如图 2-2-30 所示。它为三级结构，一级和二级属于位移-电反馈型，是典型的伺服阀控缸位置闭环控制系统，伺服活塞上装有位置传感器，通过偏差控制来精确控制伺服活塞的位置，进而有效地限制主阀芯的行程，即主阀芯的开口量。主级为带节流阀芯的插装阀，它的主阀芯属于位移-力反馈型。位移-力反馈型比例节流阀利用自调节液压设计，实现对主阀芯的内部位置控制而不需要电反馈传感器，成本低，稳态精度良好但动态响应低。与位移-力反馈型相比，位移-电反馈型阀具有更大的结构柔性，校正方便，一些非线性因素的干扰可通过电反馈大闭环来抑制，只要位移传感器的精度足够高，阀的稳态精度就可达到相当高的水平，动态特性也可通过多种校正方式使其最优。三级控制由于采用液压先导控制，再加上主阀位移-力反馈闭环控制，该类型阀具有一定的动态响应速度及较好的稳态控制精度。

5）比例插装阀的选型计算。普通方向阀以最大流量作为公称流量来选择插装阀。与普通的电磁方向阀不同，比例插装阀的额定流量（公称流量）是阀口两端最低压差时（一般约定为 $\Delta p = 1\text{MPa}$ 时）与最大信号对应的流量，而阀的实际流量为

$$Q = Q_{额定}\sqrt{\Delta p_{实际}/\Delta p_{额定}} \tag{2-2-1}$$

因此，选用比例插装阀时，要结合系统整个工况，在计算好工作流量的前提下，对比例插装阀的分辨率、转换时间和阀口压差做全面分析比较后，才能正确地选定。电液比例插装阀的分辨率指流量工作区所对应的输入值范围，分辨率越高，流量接近于最大流量，则阀的工作区间应该越大，即输入值越接近于 100% 电流值。假如阀的分辨率为 10%，

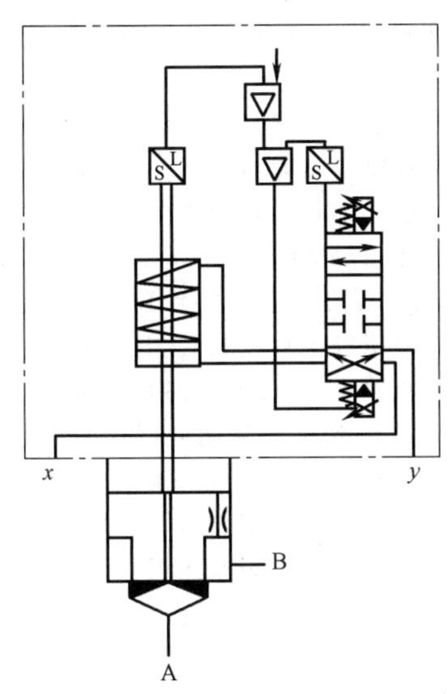

图 2-2-30　三级控制型电液比例插装阀

而阀的滞环为 1%，此时滞环就相当于 10%。显然，很难用这么差的分辨率来进行控制，而且分辨率越高，重复精度造成的偏差也会越小，因此应尽可能使最大流量接近 100%额定电流给定，充分利用阀芯行程，以扩大调节范围、提高控制性能。对于锻造油压机电液比例控制系统，一般油压机的工作速度调节范围大，分辨率高可使无级调速时操作手柄的速度可控区域大，便于进行高质量的操纵。对于主缸进液阀，选用比例插装阀时，还须计算油压机在加减速过程中的阀口压降。

与油压机液压控制系统进液阀相比，回程缸的排液阀的工作压降一般很大，同样还得考虑液压机下降过程中的压差变化，以达到准确选用的目的。

在选用比例插装阀时，一要考虑设计要求，二要考虑其性能，三要考虑成本，四要考虑供货期。

2. 泵控液压系统

泵控液压系统又称正弦泵控系统。第一台正弦泵控系统是由德国潘克（Pahnke）锻造技术公司于 1975 年设计开发的。由正弦泵传动的锻造油压机的加压速度随泵的排量变化而变化，而加压和回程的方向变换由泵本身的转换实现，完全摈弃了充液阀及换向阀，其锻造精度可通过控制正弦泵实现，因此液压机在空程下降、加压及回程时没有压力冲击，而且正弦泵控系统由于不用充液阀和换向阀，系统简化，故障点减少，降低了建压、卸压时间及节流损耗，大大提高了传动效率。正弦泵控系统最初投入成本较高，但可以通过节能得到成本补偿。

（1）主要特点　正弦泵为径向柱塞泵，高压油的流量大小和方向通过改变转子和定子之间的偏心距大小及方向来调整，定子移动由“伺服阀控液压缸”控制。特点如下：①具有±100%输出输入能力，能够很迅速地完成高低压油口的转换；②响应时间短，RX-500（流量峰值为 1000L/min）输出由 0L/min 变为 1000L/min 需要的响应时间小于 150ms；③变量精度高、误差小于 0.5%；④压力高：50%输出流量压力允许达 450bar（$1bar=10^5Pa$）；⑤允许转速为 1200r/min、使用转速为 992r/min；⑥按要求条件正常使用寿命 3 万 h 以上。

正弦泵控系统属于闭式容积控制，具有如下的特点。

1）系统响应快，容易实现快速锻造。首先，径向柱塞泵响应的快速性是促成该系统快速响应的主要因素；其次，系统借助回程缸蓄能器提高快锻次数。图 2-2-31 所示为正弦泵控系统工作原理。主液压泵 1、主液压泵 2 及充液泵 7 分别为不同功用的泵组集合。回程缸 6 与蓄能器组 4 连通，蓄能器组是否投入使用由阀 5 的通断控制。主缸 3 加压锻造时回程缸油液压入蓄能器组中，在活动横梁达到“下死点”返程时，蓄能器中的高压油使活动横梁迅速上升，确保锻造的尺寸精度和快速性。

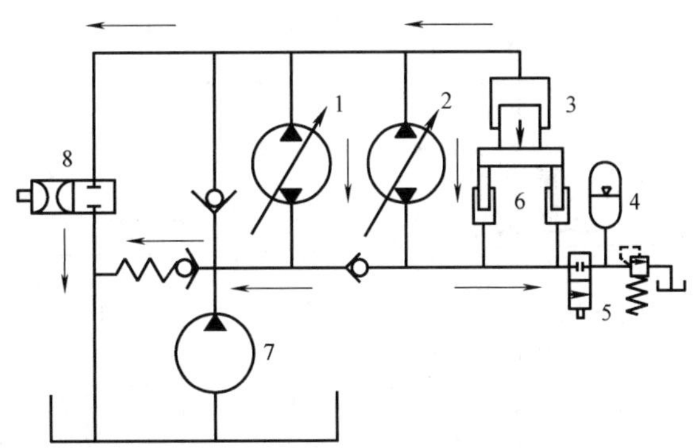

图 2-2-31　正弦泵控系统工作原理

1、2—主液压泵　3—主缸　4—蓄能器组　5—阀
6—回程缸　7—充液泵　8—泄压阀

2）管道简单、泄漏点少，维护方便。正弦泵控系统中的控制阀很少，基本都是为了保证系统的安全、油路通断及完成辅助动作，不具有控制油液流量大小和方向功能。阀控系统中不可或缺的充液罐组、卸压泄荷阀组、主缸、回程缸的比例插装阀组等在正弦泵控系统中是不需要的。

3）易于实现理想的正弦锻造曲线，控制精度高。主控元件与被控元件之间在工作过程中构成封闭容腔，只要主控元件的输入信号为正弦信号，被控元件的速度将以正弦曲线形式变化。

4）发热量小、节能显著、元件寿命长。阀控系统属于节流控制，效率为 30%；正弦泵控系统属于容积控制，可以根据锻造需要提供能量，效率可达 60%~70%，这是系统节能的主要原因。正弦泵控系统让大量的压缩能得到反复利用。在图 2-2-34 中，当主缸卸压时，压缩能一方面用于加速主液压泵 2 使其达到额定转速，一方面用于回程缸和回程管路升压。阀控液压系统则把压缩能通过卸压泄荷阀返回到油箱中散热。活动横梁下降动能充分利用，图 2-2-34 中活动横梁下降动能通过主液压泵 2 传递到主缸中。

5）振动和冲击小。正弦曲线在波峰和波谷处斜率变化平稳是压力冲击小的一个主要原因。

另外，系统的卸压泄荷过程是通过所有主泵同步控制完成，多点工作，使冲击和振动减小。

（2）工作原理　图 2-2-32 所示为泵控液压系统的工作原理，显示了锻造液压机的三种运动状况，即快进、锻压、回程的油液流动情况。

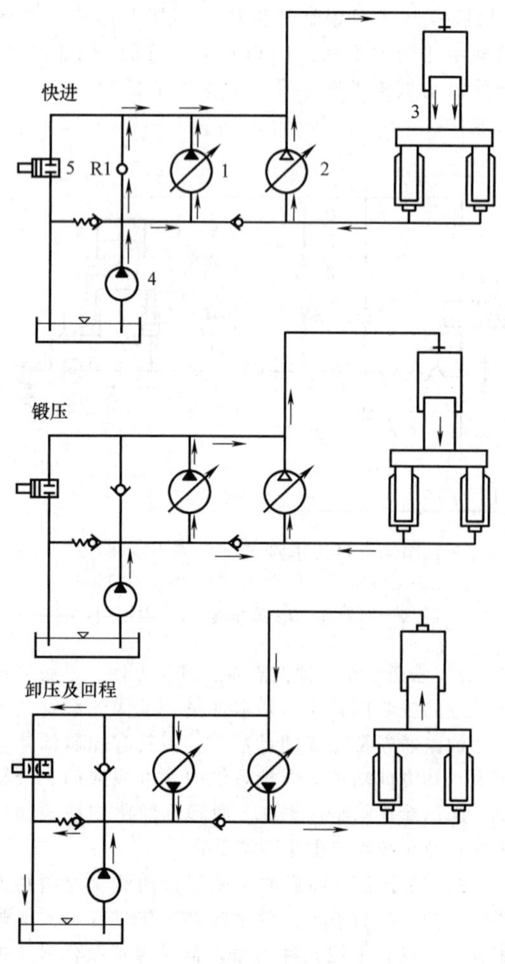

图 2-2-32　泵控液压系统工作原理

1、2—主液压泵　3—液压缸　4—充液泵　5—泄压阀

1）快进。主液压泵 1、主液压泵 2 及充液泵 4 与液压缸 3 相通。主液压泵 2 从回程缸吸取油量决定液压机滑块下降速度。主液压泵 2 为马达工况，由回程缸压力驱动其运转。此时主液压缸中没有压力，当活动横梁快接触到工件时，调小主液压泵 2 的排量，以减小回程缸输出流量，进而使活动横梁速度减慢，防止活动横梁撞击锻件。

2）锻压。液压机上砧接触工件，负载决定系统压力，便在液压机主缸及与其相通的管道中产生压力。同时，止回阀 R1 闭合，主液压泵 1、2 产生的压力使锻件发生形变。与此同时，回程油路泄压，锻压速度直接取决于主液压泵输出的流量，可在 0 到最大值范围内精确调节。为了避免压力溢流阀不必要的能量损失，当达到最大工作压力时，泵会自动控制稳压。

3）回程。当锻造压下过程完成后，主液压泵 1、主液压泵 2 反向转动，实现主缸卸压。主液压泵 2 将主缸压力直接输送给回程缸，实现卸压的同时加快回程缸建压速度。当压力平稳卸掉后，开启开关阀 5，实现大流量卸荷。当回程缸输出力足以克服活动横梁重量和摩擦力等时，实现回转。

4）停止工作。在工作停止时，主液压泵的流量为 0。锻造液压机靠回程泵保持在某一位置。在停止较长时间情况下，锻造液压机由停止阀控制，所有主液压泵都空载运行。电动机有效能量消耗比额定能量消耗少 5%。

（3）液压泵

1）国产液压泵。表 2-2-5 列出了国产液压泵的情况。其中 CY14-1 系列是目前使用的主力柱塞泵产品，其技术参数见表 2-2-6。

2）力士乐（Rexroth）公司的轴向柱塞泵。德国力士乐公司是世界著名的液压泵、阀门及工业液压元件制造商，生产多种轴向柱塞泵，既有斜盘式，也有斜轴式，又分为定量泵（F 系列）及变量泵（V 系列）。

在液压机中用得最多的是 A4VSO 系列，为斜盘式轴向柱塞变量泵，其结构如图 2-2-33 所示。这种斜盘式轴向柱塞泵的轴承受力情况良好，寿命长，可以无级变量；有斜盘角度指示器，额定工作压力为 35MPa；噪声低，控制响应时间短；为通轴结构，可以形成组合泵。它的控制机制可以有多种，最常用的是恒功率控制（LR）、比例阀控制（EO、DFE）和伺服阀控制（HS4）等，其技术参数见表 2-2-7。

在某些情况下，可选多台轴向柱塞定量泵（A4FO）组合，也可实现一定的变量要求，且经济性更好。

表 2-2-5　国产液压泵情况

类别		型号	排量/(mL/r)	压力/MPa	转速/(r/min)	变量形式	生产厂
轴向柱塞泵	斜盘式轴向柱塞泵	CY14-1B	1.25~400	31.5	1000~3000	有定量、手动、伺服、液控变量、恒功率、恒压、电动、比例等	启东高压油泵有限公司 邵阳维克液压有限责任公司 天津高压泵阀厂
		TDXB	31.8~97.5	31.5	1500~1800	有定量、手动、恒功率、恒压、电液比例、负载敏感等	济南第七三一三厂
	斜轴式轴向柱塞泵	CY-Y	10~250		1000~1500	有定量、手动、恒压、恒功率等	邵阳维克液压有限责任公司
		A7V	20~500	35	1200~4100	有恒功率、液控、恒压、手动等	北京华德液压泵分公司 贵州力源液压公司
		A2F	9.4~500		1200~5000	定量泵	
		A4V	40~500		1320~2600	有总功率控制、恒压手动变量	北京华德液压泵分公司 佛山市科达机械有限公司

表 2-2-6　CY14-1 系列轴向柱塞泵的技术参数

参数名称		10CY(M)14-1B	25CY(M)14-1B	63CY(M)14-1B	80CY(M)14-1B	160CY(M)14-1B	250CY(M)14-1B
连续工作压力/MPa		31.5	31.5	31.5	31.5	31.5	31.5
公称流量/(L/min)	1000r/min	10	25	63	80	160	250
	1500r/min	15	37.5	94.5	120	240	375
额定转速/(r/min)		1500	1500	1500	1500	1000、1500	1000、1500
额定工况传动功率/kW	供油	14.5	36.5	73.5	93.3	139	218
	自吸	8.7	21.8	55	70	93、139	145、218
最大传动功率/kW		5.7	14.1	35.8	46.6	92.2	133.2
重量/kg		19	35	63	63	128	227

表 2-2-7　A4VSO 系列轴向柱塞变量泵技术参数（Rexroth）

参数名称	40	71	125	180	250	355	500	750	1000
排量/(cm^3/r)	40	71	125	180	250	355	500	750	1000
最大转速/(r/min)	2600	2200	1800	1800	1500	1500	1320	1200	1000
流量(最大转速时)/(L/min)	104	156	225	324	375	533	660	900	1000
最大功率(35MPa)/kW	61	91	131	189	219	311	385	525	583
最大转矩(35MPa)/N·m	223	395	696	1002	1391	1976	2783	4174	5565
近似重量/kg	39	53	88	102	184	207	320	460	605

A4VSO 型柱塞泵有 9 个柱塞，均匀布置于缸体内，与主传动轴成一定角度倾斜排列。在转速提高的情况下，可提高柱塞的回程力。采用球面配油，能自动定心，提高了泵的耐冲击性和抗振动性能。斜盘的摆角可在±15°内无级改变，因此液流可以反向。内装供给增压油和控制油的增压泵。过滤在吸油回路或增压回路，可以任选。A4VSO 及 A4FO 均适用于开式回路。

A2F 及 A7V 系列均为斜轴式结构，如图 2-2-34 所示。有 7 个柱塞均匀分布于缸体内，主传动轴 6 带动缸体 2、柱塞 1、球面配油盘 3 及外壳 4 一起旋转。缸体等与主传动轴成一定角度，可以在±25°内变化；额定压力为 35MPa，峰值压力为 40MPa。A7V 在变量机构方面有所改进，使结构更加紧凑，工艺合理，有较高的自吸能力，但只能单向输油。

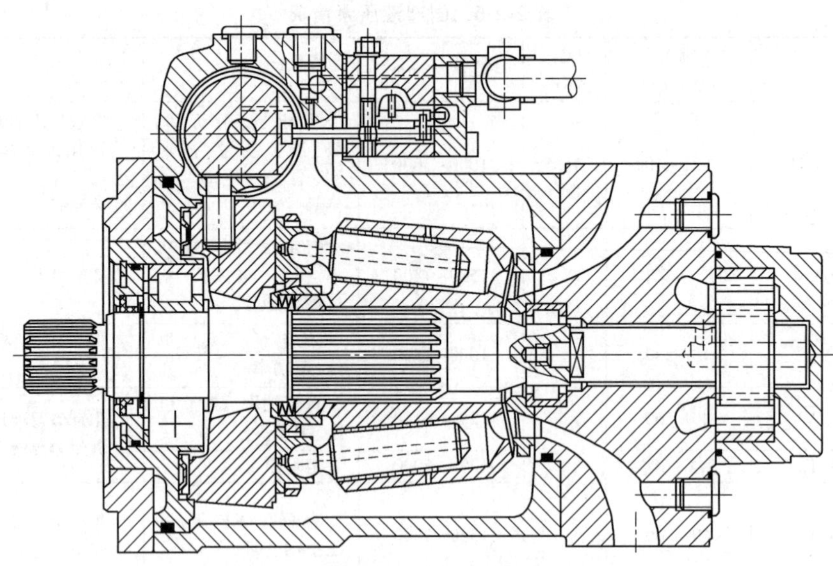

图 2-2-33　斜盘式轴向柱塞泵的结构（Rexroth）

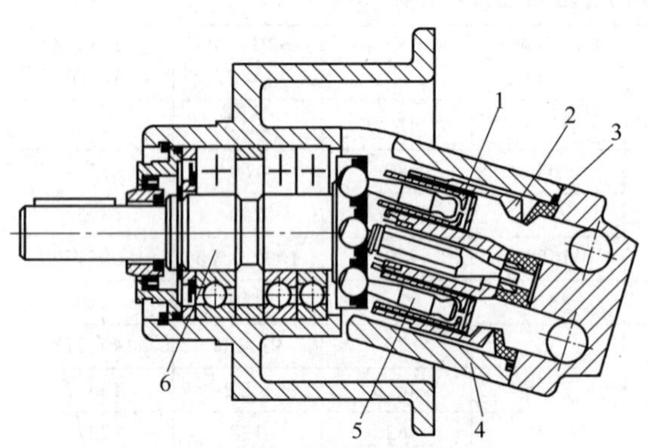

图 2-2-34　A2V 型斜轴式柱塞泵（Rexroth）
1—柱塞　2—缸体　3—配油盘　4—外壳　5—球头杆　6—主传动轴

3）威普克（Wepuko）公司的径向柱塞泵。德国威普克公司生产的 RX 系列高压径向柱塞泵适用于潘克公司的改进型正弦泵控系统液压机，其结构如图 2-2-35 所示。11 个柱塞均匀分布于缸体的径向，因此振动及噪声均很小。由于导向靴 4 的倾角很小，因此柱塞上几乎不承受侧向力。

3. 阀控液压系统和泵控液压系统特点对比（见表 2-2-8）

2.3.3　电气控制系统

随着工业生产的日益现代化和微电子技术，特别是电子计算机技术的飞速发展，计算机的功能越来越强，而它的成本越来越低，在液压机上应用电子计算机来进行工业生产过程控制，已成为提高生产自动化水平、生产率、产品质量和精度的重要途径。国内外生产的各类液压机，几乎都采用了计算机控制。只有在为小型加工厂或加工精度要求不高的小型液压机中，仍保留着传统的继电器控制方式。

液压机控制用计算机主要分为可编程序控制器（PLC）和工业控制计算机两大类。

1. 可编程控制器

可编程控制器是以原有的继电器、逻辑运算、顺序控制为基础，逐步发展成为既有逻辑控制、计时、计数、分支程序、子程序等顺序控制功能，又有数学运算、数据处理、模拟量调节、操作显示、联网通信等功能。PLC 结构简单、编程方便、性能可靠，已广泛应用于工业生产过程控制。

2. 工业控制计算机

工业控制计算机控制方式是以工业控制计算机或单片/单板机作为主控单元，通过外围接口器件或直接应用数字阀对液压系统进行控制，同时利用各种传感器组成闭环回路式控制系统，达到精确控制的目的。

现代化的大中型液压机，由于系统复杂，常采取 PLC 与工业控制计算机联合控制。对于一个车间，当拥有多台计算机控制的设备时，为了提高整个车间的自动化生产与自动化管理水平，常采取三级分布式计算机控制系统，即车间级、工作站级和设备级。

1）车间级。进行数据库管理、材料计划、零件计划、生产系统模拟，编制作业计划和零件编程等。

2）工作站级。进行作业分配、系统诊断、监控作业、协调操作和管理单元信息。

3）设备级。实时控制设备并反馈状态。

表 2-2-8　阀控液压系统和泵控液压系统特点对比

项　　目	阀控液压系统	泵控液压系统
原动机启动	系统必须有空循环回路,以防止原动机启动时产生过载	泵变量机构处于零流量位置,系统中没有卸荷回路
系统空载运转	也必须有卸荷回路,以减少系统发热;即使如此,系统在空循环时也需要消耗一部分能量,这部分能量也转化为系统的热量	泵可回到零流量位置,因此减少了系统的空载能量损失
系统过载	为保护系统安全,要通过安全阀或溢流阀排出多余的液压油,消耗了大量的能量,使系统发热	系统压力达到设定压力时,多余的油不从溢流阀溢流,用减少泵流量输出的方式实现系统的安全保护
系统调速	通过节流阀调节实现调速,产生节流损失	可用增加或减少泵流量输出的方式来进行调速,实现流量负载匹配
系统换向	通过换向阀实现系统换向	可用双向变量泵实现泵的进出油口换向,不需要换向阀
泄漏和阻力	阀控液压系统中存在阀的内漏损和液流通过阀时产生的阻力损失,系统中使用的阀数目越多,漏损和阻力损失就越大	泵控液压系统由于减少了控制阀,因此减少了阀的漏损和阻力损失
工作部件数量	运行时充液罐组、各阀组等多个部件工作	运行时工作部件数量较少
机械故障	系统有充液阀、充液油箱及大型低压管道,易引起突发性机械故障或经常性故障	无充液罐及其相关设备,避免了因其所产生的大多数经常性故障
维护检修	维护检修点多,液压阀的机械磨损等要求较频繁地调整检修	维护检修点少,系统相对阀控简化,故障点少
振动和冲击	阀控液压机三级插装阀卸压能有效减小冲击,但因其是开关阀,冲击不可避免;电液比例插装阀能更好地改善卸压过程,使其快速平稳	正弦曲线波峰和波谷处斜率变化平稳,压力冲击小。另外,系统的卸压泄荷过程是通过所有主泵同步控制完成,多点工作,冲击和振动点分散减小
液压机响应速度	阀控液压机系统需要较多液压阀作为控制元件,大中型液压机液压阀通径较大且数目较多,灵敏度较差	采用伺服阀控伺服缸,实现了正弦泵响应的快速性,进而保证了泵控液压系统的快速性;元件数目少,提高了系统灵敏度
快锻精度	±1mm	±1mm
最初投入成本	最初投入成本相对较低	最初投入成本高,主要是由于主泵价格昂贵
关键元件	阀控液压系统主要依靠比例插装阀。电液比例插装阀不仅流量大、响应快,而且具有一定的抗污染能力。大通径比例插装阀常用来提高油压机的快锻速度、精度和自动化水平	泵控液压系统主要依靠正弦变量泵。正弦泵响应快,效率高、可靠性高,耐冲击、寿命长、控制精度高。正弦泵决定了泵控液压机的响应速度、锻造精度及平稳性
系统工作压力范围	最高工作压力为 35MPa	最高工作压力为 40MPa
系统对油液清洁度的要求	阀控液压机主系统控制元件插装阀有一定的抗污染能力,油液过滤精度一般 20μm 即满足要求;伺服控制系统过滤精度一般为 5μm	泵控液压机油液进入主系统时要求油液过滤精度为 10μm 甚至更高;伺服阀要求油液过滤精度为 3μm 或 5μm

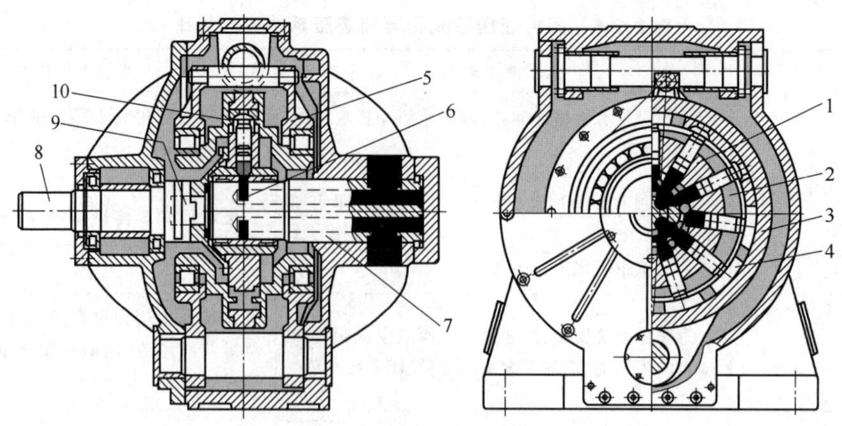

图 2-2-35　威普克 RX 径向柱塞泵的结构
1—旋转缸体　2—径向柱塞　3—冲程环　4—滑靴　5—保持环　6—控制槽
7—控制轴　8—驱动轴　9—十字盘　10—控制柱塞

第一级，即设备级，由对生产加工设备的运行进行过程控制或程序控制的控制器组成，如 PLC、CNC 控制器、单板机等。控制指令来自上一级，并及时反馈设备的运行情况。

第二级，即工作站级，是对各单元中的自动化设备进行控制的控制器，每一单元可看作一个工作站，其中可以有几台自动控制设备，由工作站级的计算机来管理整个单元的工艺流程，协调各加工设备的节奏及出现故障时的应急处理，并向上一级输送生产情况及设备运行情况。

第三级为生产管理级计算机，用于编制作业计划，进行生产调度、故障处理，进行工艺流程最优控制的计算，并对整个生产过程进行监督。

电气控制原理如图 2-2-36 所示。主站周期性地读取从站的输入信息，并周期性地向从站发送输出信息，同时还提供智能化现场设备所需的非周期性通信以进行组态、诊断和报警处理。PLC 主站及控制计算机通过控制网络直接读写各节点的数据，再由每一节点进行输入/输出控制。监测计算机通过 TCP/IP 协议与控制计算机进行通信，用来显示系统监测信息。控制计算机通过网络与 PLC 系统交换信息，并完成液压机的位置与压力闭环控制。

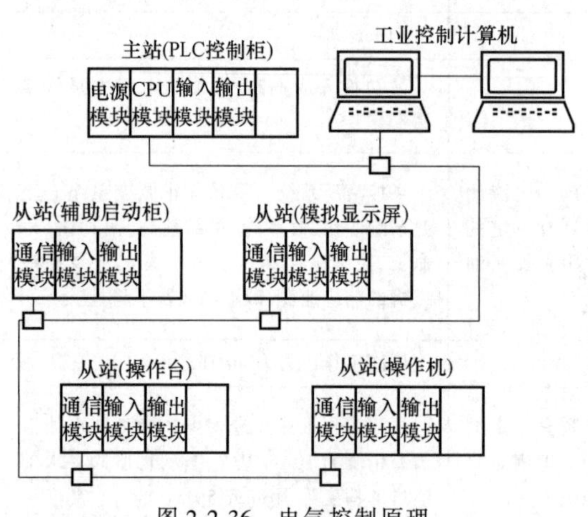

图 2-2-36　电气控制原理

2.4　自由锻液压机的辅助装置

辅助装置的配置对发挥锻造液压机组的效能，缩短辅助工作时间，减少加热次数，减轻工人的体力劳动，提高锻件的产量和质量，从而极大地提高经济效益都有重要影响。各种先进完善的辅助装置的配备可以使液压机的非机动时间减少到最小，从而使锻件热损失大大减少。

自由锻液压机的辅助装置主要有锻造操作机、装出料机、横向移砧装置、砧库、上砧快换及旋转装置、旋转台、升降回转台、钢坯运送小车和工具操作机等。其中，锻造操作机是现代化锻造液压机组必须配备的最重要的辅助装置，将在本书第 6 篇第 2 章中进行详细介绍。

1. 装出料机

装出料机主要用于向加热炉装卸锻坯与钢锭，或者将它们从加热炉送至液压机，如图 2-2-37 所示。装出料机可以是无轨的，也可以是有轨的。

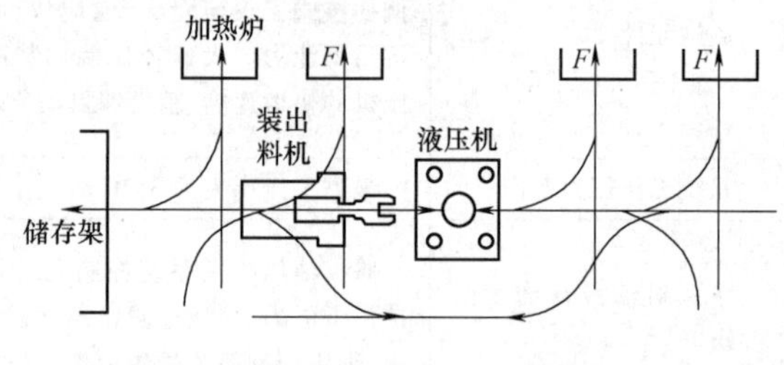

图 2-2-37　装出料机配置

2. 横向移砧装置

为了更迅速地更换砧子，除了移动工作台外，还往往添设横向移砧装置。它采用液压驱动，上面放三或四套砧子，其中心线一般与移动工作台中心线互成一定角度或成 90°，如图 2-2-38 所示。

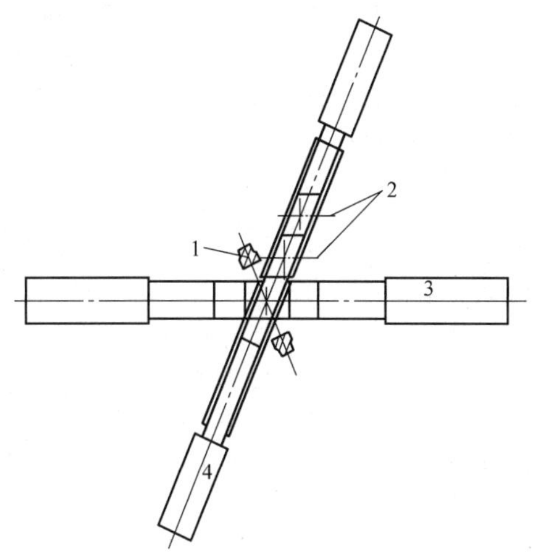

图 2-2-38　移动工作台与横向移砧装置

1—压力机立柱　2—砧子中心线　3—移动工作台　4—横向移砧装置

一般情况下，对于三梁四柱液压机，进行不大的改动就可配置横向移砧装置。对于侧向较窄的液压机，可将横向移砧装置按照图 2-2-39 所示进行布置。

冶金工厂中只用于开坯或锻轴的液压机，可以不要移动工作台，只配置横向移砧装置即可。

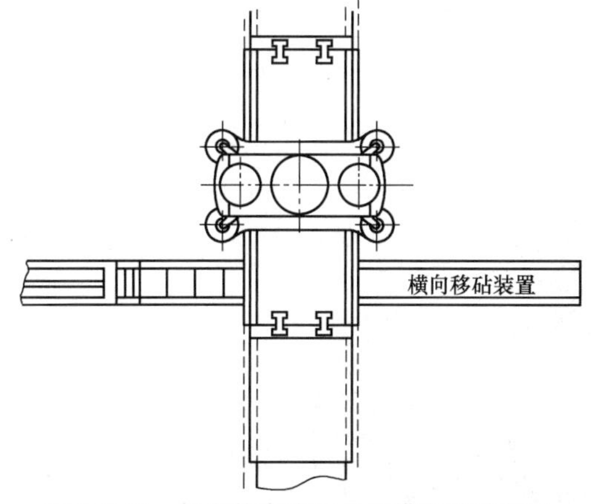

图 2-2-39　侧向较窄液压机的横向移砧装置

3. 砧库

它位于液压机外侧，用于存放砧子和迅速更换砧子，常见的有旋转砧库（见图 2-2-40）及平行砧库（见图 2-2-41）两种。砧库中一般存放 3~4 套砧子，并与横向移砧装置及移动工作台配合使用。此时，横向移砧装置一般只放两套砧子。更换砧子时，由司机在控制台上选定，即可自动将所需砧子移到液压机，以备下一锻造工序使用。

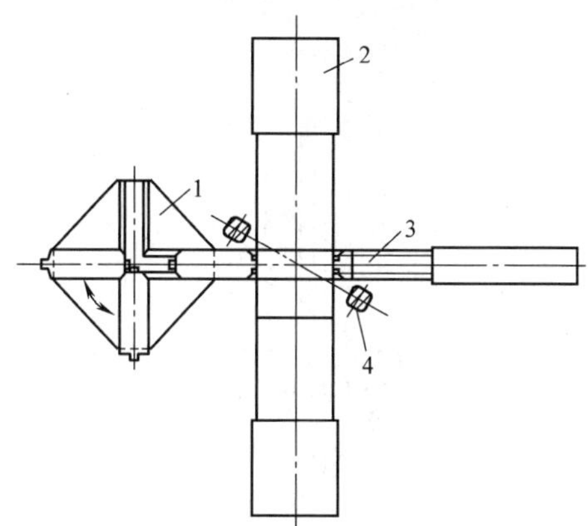

图 2-2-40　旋转砧库

1—旋转砧库　2—移动工作台　3—横向移砧装置　4—液压机立柱

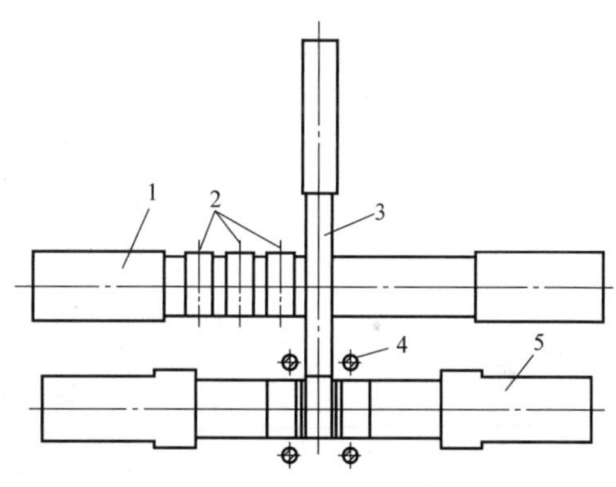

图 2-2-41　平行砧库

1—平行砧库　2—砧子中心线　3—横向移砧装置　4—液压机立柱　5—移动工作台

4. 上砧快换及旋转装置

过去，更换一次上砧耗时很多，采用上砧快换及旋转装置后，可以节约不少时间。如图 2-2-42 所示，平时用蝶形弹簧 3 夹紧上砧 6，当放松液压缸 1 动作时，即可快速更换上砧，或者将上砧旋转 90°。采用这种装置需要在活动横梁上开孔，因此应仔细核算梁的强度和刚度。

在锻造大的圆板形锻件时，需要上砧连续旋转，为此可设置如图 2-2-43 所示的上砧连续旋转装置。上砧 6 安装于圆形旋转垫板 4 上，圆形旋转垫板圆周上有大齿圈，它由液压马达 1 通过小齿轮 3 带动旋转一定的角度，一般与锻件厚度控制装置联动。

5. 旋转台

旋转台也适用于锻造圆盘形锻件。锻造时，用桥式起重机将旋转台吊到工作台上代替下砧，锻坯

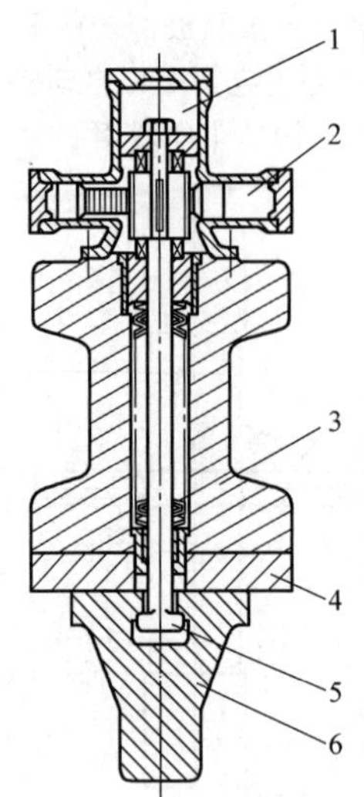

图 2-2-42　上砧快换及旋转装置
1—放松液压缸　2—旋转液压缸　3—夹紧用蝶形弹簧　4—垫板　5—夹紧用 T 形杆　6—上砧

放在旋转台上，如图 2-2-44 所示。上砧加压锻造时，旋转台 2 与底座 1 接触，以承受液压机的锻造力；上砧离开后，通过蝶形弹簧使旋转台上浮，再由液压马达 5 驱动旋转，液压油由橡皮软管接通。

6. 升降回转台

升降回转台设置在液压机和锻造操作机之间，如图 2-2-11 中的 8 号件。它在升起后，可托住锻件，并旋转使之调头，以便于锻造操作机夹持。升降回转台如图 2-2-45 所示。

7. 钢坯运送小车

钢坯运送小车作为有轨操作机的补充，可减少桥式起重机的操作工序。运送小车可将钢锭或锻坯运到或运出液压机工作区域，以尽可能减少对锻造工序的干扰。钢坯运送小车有两种形式，一种是平顶的，另一种则具有可旋转的凹顶，后者不仅能运送锻件或钢锭，并且可使工件旋转调头，便于操作机变换锻件夹持端。图 2-2-46 所示为有可旋转凹顶的钢坯运送小车。

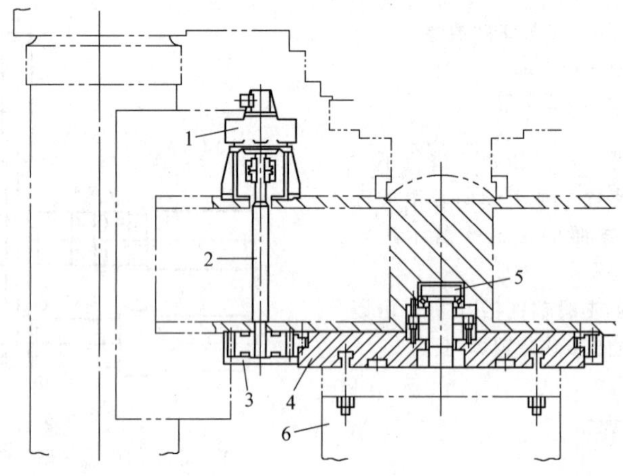

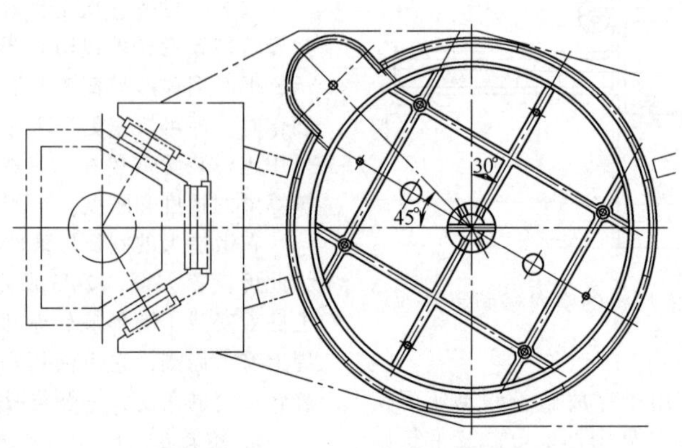

图 2-2-43　上砧连续旋转装置
1—液压马达　2—传动轴　3—小齿轮　4—圆形旋转垫板　5—旋转轴　6—上砧

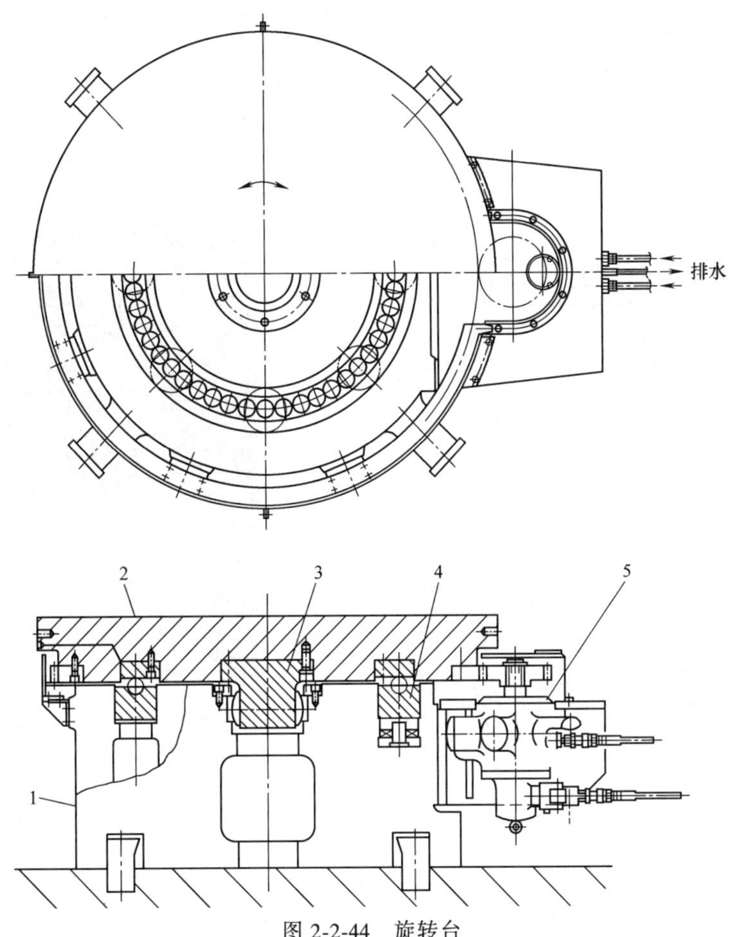

图 2-2-44　旋转台

1—底座　2—旋转台　3—中心轴　4—上浮装置　5—液压马达

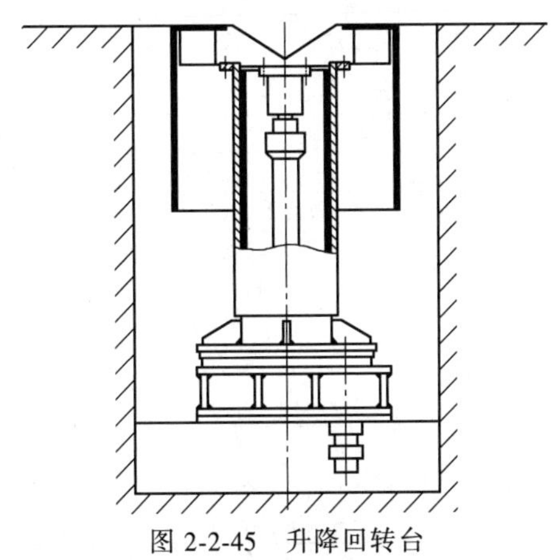

图 2-2-45　升降回转台

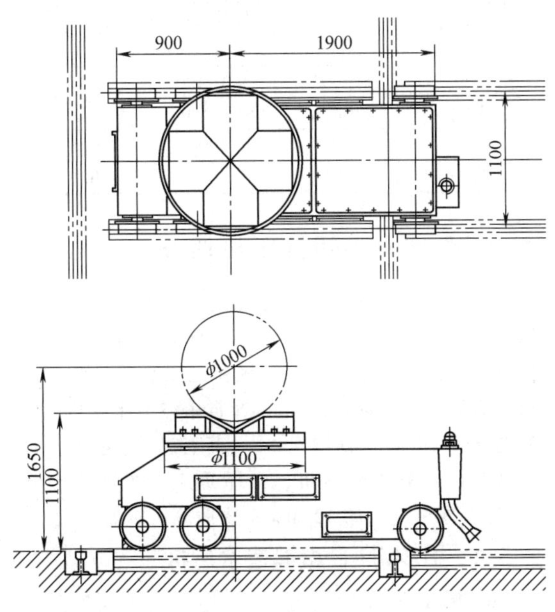

图 2-2-46　有可旋转凹顶的钢坯运送小车

8. 工具操作机（剁刀操作机）

工具操作机（剁刀操作机）主要用于将锻造时所需的压肩工具或剁刀送入上砧与锻件之间，一般是有轨的，可以移动、升降及旋转，如图 2-2-47 所示。图 2-2-48 所示为工具操作机与液压机的配置关系。

锻造液压机与应配备的锻造操作机及工具操作机的关系见表 2-2-9。

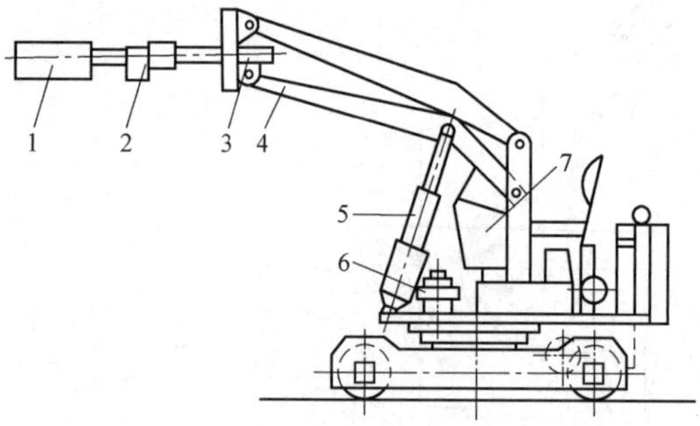

图 2-2-47　工具操作机

1—剁刀　2—钳口　3—钳头夹紧液压缸　4—升降臂　5—升降缸　6—台架回转液压马达　7—操纵台

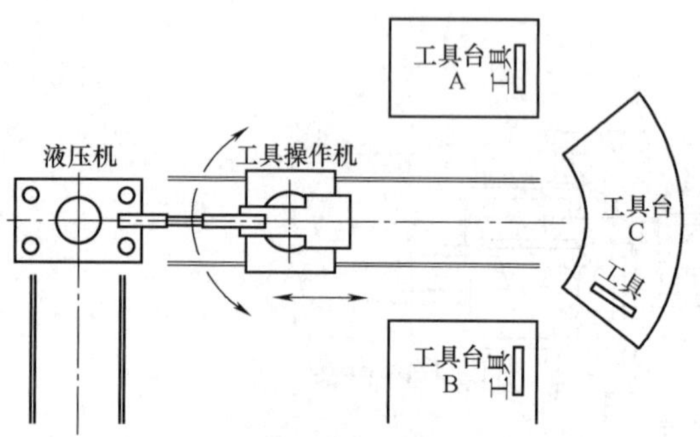

图 2-2-48　工具操作机与液压机的配置关系

表 2-2-9　锻造液压机与应配备的锻造操作机及工具操作机的关系

锻造液压机公称力/MN	应配备的锻造操作机		应配备的工具操作机/t
	夹持重量/t	荷重力矩/kN·m	
120	180~200	3600~4000	3
31.5	40~50	800~1000	1
16	20	400	0.5
12.5	10	200	0.3

2.5　典型自由锻液压机简介

近些年我国投产了多台大型自由锻液压机，包括中国第一重型机械集团公司（简称中国一重）的 150MN 自由锻造水压机、中国第二重型机械集团公司（简称中国二重）的 160MN 自由锻造水压机、上海电气集团股份有限公司（简称上海电气）的 165MN 自由锻造油压机、太原重工股份有限公司（简称太原重工）的 125MN 自由锻液压机等。

2.5.1　150MN 自由锻造水压机

1. 概述

150MN 自由锻造水压机由中国一重自主设计和研制的，如图 2-2-49 所示。它于 2006 年投产，已锻造百万千瓦核电及火电、石化容器、冶金等重大装备急需的大型锻件近千万 t，在世界上首次锻成了 AP1000 核电锥形筒体、AP1400 核电核心锻件等关系着国家命脉的核心锻件，经济和社会效益显著。其主要技术参数见表 2-2-10。

图 2-2-49　150MN 自由锻造水压机

表 2-2-10　150MN 自由锻造水压机的主要技术参数表

序号	参数名称		参数值
1	公称力/MN		150
2	压力分级/MN	1 级(中间缸)	50
		2 级(两侧缸)	100
		3 级(三缸)	150
3	液体工作压力/MPa		31.5
4	最大镦粗力/MN		150
5	最大偏心距/mm		350
6	回程力/MN		15
7	活动横梁	行程/mm	4000
		锻件控制精度/mm	≤±3
8	最大净空距(开口高度)/mm		8200×3500
9	立柱间距/mm		≥3700
10	主缸	数量/套	3
		能力/MN	3×50= 150
		结构形式	柱塞式
11	回程缸	数量/套	2
		能力/MN	2×7.5=15
		结构形式	柱塞式

2. 本体结构

150MN 自由锻造水压机为上传动“三梁四柱”式结构，其本体由上横梁、活动横梁、下横梁、立柱、主缸、回程缸、平衡缸、移动工作台及气动换砧装置等部件组成。

150MN 自由锻造水压机机身采用了全预应力组

合框架结构。4 根拉杆穿过上、下横梁上的立柱孔和 4 根空心立柱（正方形）将上横梁、下横梁及立柱紧固为具有预应力的框架，上、下横梁与立柱间以平面接合，以双向正交的平键定位。立柱为铸钢-焊接结构，分三段铸造后焊接为整体。

上横梁为整体铸钢结构，长度为 10285mm，宽度为 5000mm，高度为 3800mm，重量超过 300t。活动横梁也为整体铸钢结构，长度为 11700mm，宽度为 5360mm，中部主体部分高度为 2400mm，四角部导向筒为正方形，高度为 4400mm。每个导向筒的孔内需安装 16 套导向装置，其表面装有铜导向板，重量约 300t。下横梁是三横梁中尺寸和重量最大的，由 5 个铸钢件组合，通过拉杆预紧为一个整体，横向轮廓最大尺寸为 12700mm，纵向轮廓最大尺寸为 10000mm，最大高度为 5250mm，总重 960t。

3. 控制系统

（1）液压控制系统　150MN 自由锻造水压机的工作介质是水（乳化液），采用水泵-蓄能器传动方式，其主要技术参数见表 2-2-11。

表 2-2-11　150MN 自由锻造水压机液压控制系统的主要技术参数表

参数名称		参数值
高压水泵	额定压力/ MPa	32
	流量/(L/min)	1000
	台数/台	9
	单台泵电动机功率/ kW	710
蓄能器	单台容积/ m^3	25
	压力/ MPa	32
	数量/个	1
高压气罐	单台容积/ m^3	25
	压力/ MPa	31.5
	数量/个	1

为避免油控阀和水控阀的缺陷，采用了油水联合先导控制比例阀，即先导水取自主管道的高压水，不经先导阀直接作用在主阀的关闭方向，而独立的先导油则经伺服阀作用于主阀的开启方向，通过伺服阀和主阀芯位移传感器形成的闭环控制调整主阀开口度，并可通过调节伺服阀的流量控制主阀的开启速度。采用失电卸压功能的伺服阀实现了主阀失电自动关闭的被动安全保护。应用此阀控制主缸平缓充压以减小加压冲击、快速压下以提高锻造速度、平缓卸压以减小卸荷冲击、减速停机以实现准确定位，由此消除了水压机的水击振动，使活动横梁的位控精度达到±2mm，锻件尺寸偏差为±3mm。

充液罐采用两台大容量气-水罐，使两台充液罐的液位、压力、温度检测仪表互为备用，提高了系统的可靠性。缓冲罐位于充液罐和充液阀之间，可有效缓解充液管道的压力冲击。

图 2-2-50 所示为 150MN 自由锻造水压机泵站。

图 2-2-50　150MN 自由锻造水压机泵站

（2）电气控制系统　150MN 自由锻造水压机的电气自动化操作系统的总体技术方案是以工业计算机（IPC）、可编程控制器（PLC）为控制系统的核心，采用最新网络系统构成递阶分布式体系结构。该体系结构是当代先进水平的控制系统结构，具有安装配线简单、维护方便等优点。

150MN 自由锻造水压机的电气自动化系统以西门子公司可编程控制器（PLC）S7-400（CPU416-2）作为核心控制单元，泵站的电气及自动化系统以西门子公司可编程控制器（PLC）S7-300（CPU315-2）作为核心控制单元。现场设备采用分布式 I/O 站—ET200M 控制，与主机 CPU 采用 Profibus-DP 总线方式，整个系统的配置简单、可靠、实用。Profibus-DP 的最大数据传输速率为 12Mbit/s，并可以采用工业以太网与工业控制计算机（IPC）连接，对锻造过程及系统运行状态进行实时记录和监控。

150MN 自由锻造水压机控制系统配置有 3 台工业控制计算机，采用工业以太网方式与核心控制器 S7-400 通信。3 台 IPC 通过 OSM 西门子工业交换机连接在一起，其中一台放置在主操作台上作为操作工 HMI，用于操作指导、工况显示及故障报警，一台用于锻件尺寸测量系统，另一台放置在主电室（操作室或水泵站）用于工艺开发与模型计算、锻造信息录入等，带一台打印机。另设置一台便携式计算机作为锻造工艺数学模型开发的离线计算机。

2.5.2　160MN 自由锻造水压机

1. 概述

160MN 自由锻造水压机由中国二重自主研制，如图 2-2-51 所示。它于 2007 年投产，主要用于钢锭镦粗、拔长、冲孔（扩孔）、芯棒拔长、扭转、弯曲、错移、剁切、精整等自由锻造工序作业；配置了上砧快换及夹紧装置，可锻造外径达 6800mm 的大型筒型锻件、5m 轧机支承辊、低压转子、核电转子、航空航天及大型舰船锻件，适用于 500~600t 级钢锭的锻造。

在实现 160MN 锻造力的前提下，横向开裆达到 7m，净空距要达到 7.7m，活动横梁行程达到 4.2m。160MN 自由锻造水压机具有很高的整机刚度，同时上横梁、活动横梁、下横梁、立柱、拉杆等关键件的强度和刚度也很高。

图 2-2-51　160MN 自由锻造水压机

160MN 自由锻造水压机的主要技术参数见表 2-2-12。

表 2-2-12　160MN 自由锻造水压机的主要技术参数

参数名称	参数值
公称力/MN	160
净空距/mm	7700
横向开裆/mm	去掉护套 7000
活动横梁最大行程/mm	4200
活动横梁定位精度/mm	±2

2. 本体结构

160MN 自由锻造水压机本体结构采用三梁四柱插入式全预应力结构、整体箱形结构的上横梁和活动横梁、下横梁的板条预紧结构、工作台移动缸与工作台的球铰接触及滚动支承、主缸柱塞与活动横梁双球面短中间杆连接结构、方立柱 16 面可调间隙的平面导向结构等，保证了 160MN 自由锻造水压机的高刚度，很好地解决了传统结构液压机上长期存在的问题，避免了端面接触式全预应力结构的缺点。其本体结构模型如图 2-2-52 所示。

3. 控制系统

（1）液压控制系统　160MN 自由锻造水压机采用泵-蓄能器传动系统，其水泵蓄能站占地 1584m^2。160MN 自由锻造水压机液压系统的主要技术参数见表 2-2-13。

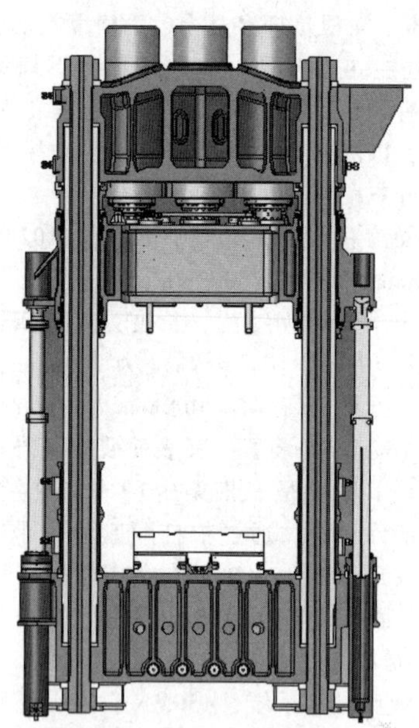

图 2-2-52　160MN 自由锻造水压机本体结构模型

表 2-2-13　160MN 自由锻造水压机液压系统的主要技术参数

参数名称	参数值
泵供水量/(m^3/h)	450
泵站工作水压力/MPa	32
水罐容积/m^3	25
气罐容积/m^3	56
水罐机动容积/m^3	7
冷却水供水量/(m^3/h)	250(净环水)
冷却水供水压力/MPa	0.3

水泵蓄能站主要设备组成包括 2 个水箱（每个 60m^3），13 台柱塞高压泵（泵流量为 60m^3/h，压力为 32MPa）；3 个 7.3m^3 水罐；13 个 7.3m^3 气罐；3 套全液位显示控制器；2 台空压机（供气量为 2.3m^3/min，压力为 40MPa）；3 个液压闸阀 ND125；1 个最低液面阀 ND200；15 个电磁分配器 Dg10；3 个两阀分配器（右型）DN10；13 个手动闸阀 Dg80；2 台换热器；2 台低压离心泵，1 个高压过滤器，1 个保险阀 DN40，1 个泵站总安全阀，1 台乳化液搅拌箱等。

工作时，柱塞高压泵把水箱中乳化液加压到 32MPa，以 480m^3/h 的流量向工作的 160MN 自由锻造水压机提供高压乳化液。在水罐中，上部是气体，并与气罐相通，水罐上设有全液位显示控制器，可直观显示水位高低，设定水位并可发出信号以控制柱塞泵和最低液面阀。水罐提供尖峰耗水量。当液压机工作时，水泵和水罐提供水量。如果出现事故，压力继续升高，当压力达到最高时，水位也达到最高，电动机将停止转动，起保护泵和降低能耗的作用。该泵站设有一电控室，负责对全部设备的控制和监控。

水泵蓄能站主要特点：蓄能器与柱塞高压泵组合能较好地满足液压机对压力和流量变化较大的要求；控制自动程度高；多重安全保护；水罐上设有全液位显示控制器，可直观显示水位高低；全设备均为国产，节约了投资，并为维修的备件供应提供了方便。

操作系统在液压机的整个系统运行中起着关键性的作用，160MN 自由锻造水压机的操作系统为油控水系统，采用比例伺服控制阀作为先导阀控制大通径的水阀。160MN 自由锻造水压机操作系统的液压部分包括液压站、MS3 提升缸阀台部分、MS1 主缸阀台部分、MS2 侧缸阀台部分、MS4 移动缸阀台部分及泄荷阀部分。这几个部分分别控制液压机的动横梁提升、下降、加压和移动工作台的移动，各个动作过程均由一个关闭阀和一个伺服阀来控制，而各个液压阀的控制均由电气系统控制来实现。

（2）电气控制系统　为了保证整个控制系统的稳定性和设备运行的可靠性，其电气系统可编程序控制器（PLC）采用的是德国西门子公司生产的 S7-400 系统；为了保证对各个阀台控制的工艺要求，整个自控系统应用了“集中控制，分散采集”的现场总线网络控制结构，通过 Profibus 总线远程控制各个远程子站 ET200S。

为了保证操作人员对于整个设备的运行状况及状态了如指掌，自控系统还设置了 2 台上位工业控制计算机，通过工业以太网将从下位机（PLC）采集到的运行信息实时地显示在上位工业控制计算机的显示器上，其硬件组态结构如图 2-2-53 所示。操作系统主要部件按照功能进行分块集成。采用进口的 IPC 及 PLC 和线性位移采集卡及典型的电气设计，实现液压机可选择的多项工艺动作。

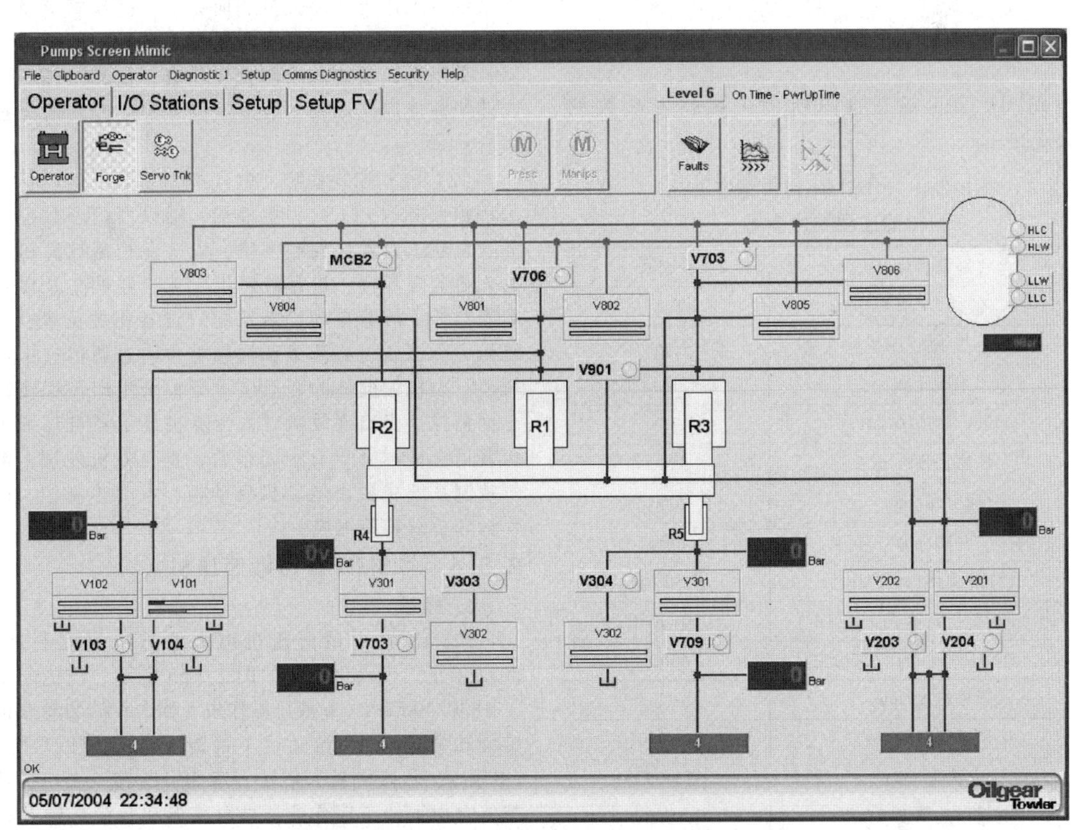

图 2-2-53　160MN 自由锻液压机硬件组态结构

2.5.3　165MN 自由锻造油压机

1. 概述

165MN 自由锻造油压机由中国重型机械研究院股份公司设计，上海电气制造，2008 年 4 月投产，如图 2-2-54 所示。适用于大型钢锭的开坯和各种轴类、饼类、环类等锻件所对应的镦粗、拔长、滚圆、冲孔、扩孔等锻造。可实现常锻（液压机发挥 150MN 以下压力且有空程快下动作的锻造）、快锻（液压机最大限度发挥 50MN 及其以下压力等级的快速锻造）和镦粗（液压机最大限度发挥 165MN 压力进行镦粗锻造）。操作控制模式包括手动、半自动、自动、联动、操作机优先制联动和液压机优先制联动，并配备了回转升降台和全液压有轨锻造操作机。

图 2-2-54　165MN 自由锻造油压机

165MN 自由锻造油压机的主要技术参数见表 2-2-14。

表 2-2-14　165MN 自由锻造油压机的主要技术参数

参数名称	参数值
公称力/MN	165
压力分级/MN	55/110/165
工作介质	耐磨液压油
系统工作压力/MPa	35
柱塞行程/mm	3500
净空距/mm	8000
开裆/mm	7500
允许载荷偏心距/mm	300
工作台面尺寸/mm（前后×左右）	5000×12000
工作台行程/mm（左右）	4500
锻件精度/mm	±2
工作速度/(mm/s)	80～240
总高度/mm	25600
地面以上高度/mm	18000
地面以下深度/mm	7600

该机具有闷车自动保护系统及主机关键件动态监测与预警系统，可实现泵站和地下室设备运行状况安全监视、锻件实际厚度尺寸大屏幕显示功能。当出现系统漏油时，对有压源——充液罐和低压补偿器具有自动封闭功能，以免造成火灾。液压机运动精度检测采用进口的磁致伸缩位移传感器。

2. 本体结构

该机主机为三梁四柱三缸上传动全预应力框架结构，由框架、动梁、主缸、回程缸小动梁、移动工作台装置和液压机底座等组成。液压机的锻造力由三个主缸产生，回程系统由柱塞缸、导杆和小动梁等组成。主缸采用双球面中间杆结构，回程缸采用双球铰结构。动梁与每根立柱的外廓采用平面导向，导向间隙采用斜块调整；动梁内装有上砧快换装置，动梁可移出。

3. 控制系统

（1）液压控制系统　液压控制系统由泵站和主控系统组成，泵站主要由油箱、主泵装置、主泵控制阀块、主泵冲洗装置和冷却过滤循环装置等组成。采用油箱集成式泵站，油箱为全封闭的开式油箱，设有旁路冷却过滤循环系统。

主控系统主要由主缸控制阀系统、回程缸控制阀系统、工作台移动缸控制阀系统、高压管道及管道附件等组成。主控系统布置在液压机一侧的地下室；采用进口锻造阀控制主工作缸，使其按任意给定曲线完成启闭动作，锻造阀设置独立专用的外控系统。

（2）电气控制系统　电气控制系统以西门子可编程控制器（PLC）为主控器，辅以西门子数控单元，组建工业现场控制网络，以工业控制计算机作为人机监控界面，进行液压机工艺参数调整及设备状态监控。故障自动诊断系统对设备相关位置、系统压力和温度、充液罐和油箱液位、过滤器进出口压差、主机关键件的变形应力等整个生产流程实行全面监控。当出现故障时，计算机显示器自动弹出报警信息提示并伴有声光报警，直至停机处理。电气控制系统主要由电动机启动柜、电气控制柜、操作台和分线箱等组成。

2.5.4　125MN 自由锻液压机

1. 概述

125MN 自由锻液压机由太原重工研发制造，2012 年正式投入生产，如图 2-2-55 所示。该机配备了 1800/4000kN · m 液压操作机、横向移砧装置和钢锭旋转升降台，主要适用于钢锭镦粗、拔长、冲孔（扩孔）、芯棒拔长、扭转、弯曲、错移、剁切、精整等自由锻造工序作业，进行直形和台阶形轴及棒类件、方及扁坯类件、环形件、套筒类件、饼类件及各种特定的自由锻件的锻造生产。可生产镦粗锻件的最大重量为 300t。

125MN 自由锻液压机的主要技术参数见表 2-2-15。

2. 本体结构

液压机本体由双柱斜置式预应力组合机身、主

图 2-2-55　125MN 自由锻液压机

缸、侧缸、组合式活动横梁、活动横梁导向装置、回程缸、上砧快速夹紧和旋转装置、工作台移动装置和基础梁装置等部件构成，整体座于两个基础梁装置上，如图 2-2-56 所示。

表 2-2-15　125MN 自由锻液压机的主要技术参数

参数名称		参数值
公称力分级/MN	一级，中缸力	38
	二级，两侧缸力	76
	三级，主缸+侧缸力	114
	主缸+侧缸最大镦粗力	125
	回程力	16
油介质工作压力/MPa	主系统工作压力	31.5/35
	控制系统工作压力	23
	辅助系统工作压力	12~31.5
速度/(mm/s)	主缸+侧缸锻造时，≤	87
	主缸锻造时，≤	160
	侧缸锻造时，≤	130
	主缸+侧缸镦粗时，≥	43
	空程下降，≤	250
	回程	250
活动横梁工作行程/mm		3800
最大净空距/mm(垂直开裆-工作台上平面与活动横梁垫板下平面之间距离)		7500
立柱间的净距/mm		6000×1080
最大允许偏心距/mm		250(114MN 偏心负荷时)
热状态下精整时的锻造精度/mm		±2
移动工作台尺寸/mm(长×宽)		10000×4000

(1) 双柱预应力组合机身　双柱式预应力组合机身按最大锻造力和最大允许偏心距设计、调整和固定拉杆的预应力，并充分考虑了偏心锻造对于主液压缸、横梁和立柱的影响。125MN 自由锻液压机机身如图 2-2-57 所示，由上横梁、下横梁、双空心立柱、圆拉杆、拉杆螺母和定位键组成，并通过矩形的十字定位键将上、下横梁与立柱牢固地镶嵌在一起。多根整体锻造的低应力特殊螺纹拉杆，贯穿上、下横梁与双空心立柱，采用超高压预紧装置，按照设定的预紧程序和预紧力进行预紧，从而使整个机身处于应力预紧状态。

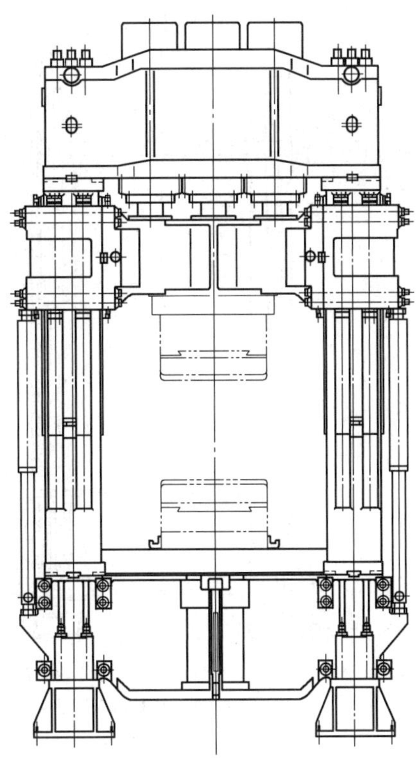

图 2-2-56　125MN 自由锻液压机本体结构

(2) 主缸　采用三个等直径主缸，通过螺柱并排固定于上横梁中心线的三个缸孔中。在常锻液体工作压力下，根据三缸的选择，可产生三级常锻压力。工作缸柱塞与活动横梁的连接均设计为双球铰短摇杆结构。柱塞下部为空心体，内装有凸球面垫和双凹球短圆柱铰轴，通过一个安装在活动横梁中的凸球面垫将力传递到活动横梁，减小偏心载荷对缸导套和密封处的水平力作用，从而提高密封和导向的寿命。

(3) 活动横梁的导向装置　组合式活动横梁的两个矩形孔中设置有 24 套楔形导向装置，通过固定于立柱四周的耐磨导板导向。采用干油集中自动润滑系统和低表面压力的平面导向结构，保证了活动横梁的运动导向精度和导板的寿命，使活动横梁在立柱上保持刚性运动，以保证锻件的尺寸误差。这种导向系统尤其利于克服偏心负荷，具有坚固性、精确性，以及借助于斜楔实现间隙易调节性的特性，调整方便，导向精确。

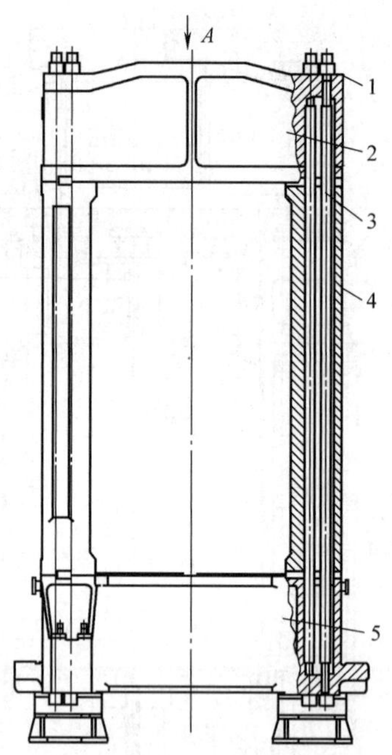

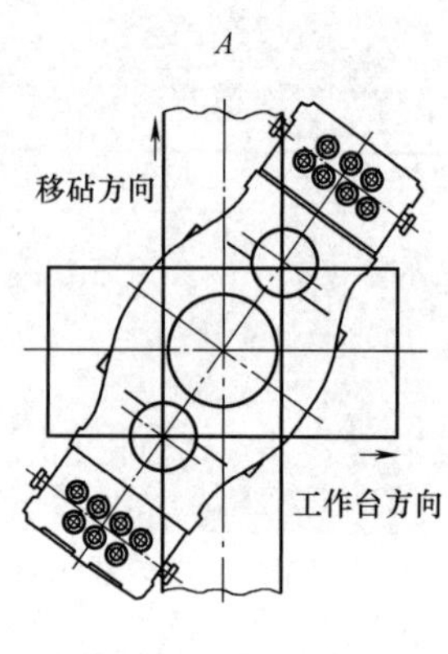

图 2-2-57　125MN 自由锻液压机机身

1—拉杆螺母　2—上横梁　3—圆拉杆　4—立柱　5—下横梁

(4) 回程缸　4 个回程缸用于活动横梁及上砧的提升，通过两组球铰座和螺钉分别将缸固定在活动横梁的下平面，将柱塞固定在下横梁两侧面的台阶上。

(5) 上砧快速夹紧装置　上砧夹紧装置由 4 套预压蝶形弹簧和可液动松开的 T 形拉杆组成，呈矩形分置于活动横梁中部的垂直孔中。T 形拉杆可穿出活动横梁和上垫板，伸入到安装于上砧顶部的导向柱的 T 形孔内。

(6) 工作台移动装置　工作台移动装置是一个重要的功能性部件。工作时，可将几种锻造工具同时放置在工作台上，通过工作台的移动进行镦粗、拔长和冲孔工作，承受各种工况下的锻造负荷，以及完成工具的更换。工作台移动装置由移动台、导滑板、驱动缸和盖板等组成，通过两个柱塞缸驱动，实现左右双向移动。

3. 控制系统

(1) 液压控制系统　125MN 自由锻液压机液压系统的工作原理如图 2-2-58 所示。采用二通插装式逻辑阀的液压泵直接传动方式。主缸、侧缸和回程缸采用比例阀控制，可实现高压快速泄压，整个锻造过程无冲击平滑过渡。

主泵采用 28 台高性能的高压轴向柱塞泵，其中 14 台为轴向柱塞定量泵，14 台为电液伺服控制轴向柱塞变量泵，分别由一台双出轴电动机驱动一台定量泵和一台变量泵。所有泵按一定组合形式排列、匹配使用，以满足系统各工作缸的运行速度和压力要求。主泵电动机采用 10kV 电压供电。8 台供油螺杆泵从主油箱吸油，经过滤后向主泵供油。同时，两台螺杆泵对主油箱系统油液进行加热、冷却和过滤循环。

主系统集成控制阀块由若干不同功能单元的二通插装式逻辑阀、控制盖板、先导控制阀、安全阀、叠加阀和蓄能器组成，控制油路中的油流方向、压力和流量，具有流阻小、响应快、内泄漏少、启闭特性和过载保护性能好等特点。在主工作缸设置了比例泄压阀，阀门打开可控，以节流液压缸里的高压油，使系统实现柔性泄压。

回程缸设计有压力限制安全溢流阀和安全支承、活动横梁下降/提升调整回路、紧急安全手动提升（下降）回路，以及蓄能器加载、保压和压力限制等回路。

(2) 电气控制系统　电气控制系统由上位工业控制计算机（IPC）和可编程序控制器（PLC）两级控制构成。通过计算机和 PLC 系统的协调工作，实现对液压机工作过程的在线智能管理和控制。IPC 实现锻造液压机设备的参数设置、人机对话操作和故障检测。PLC 对液压机及其辅助设备进行精确过程控制，包括对锻造尺寸的控制，以及液压机与操作机联动。工作制度分三种方式，即手动、半自动和联机自动控制，在操作台上通过转换开关进行选择。

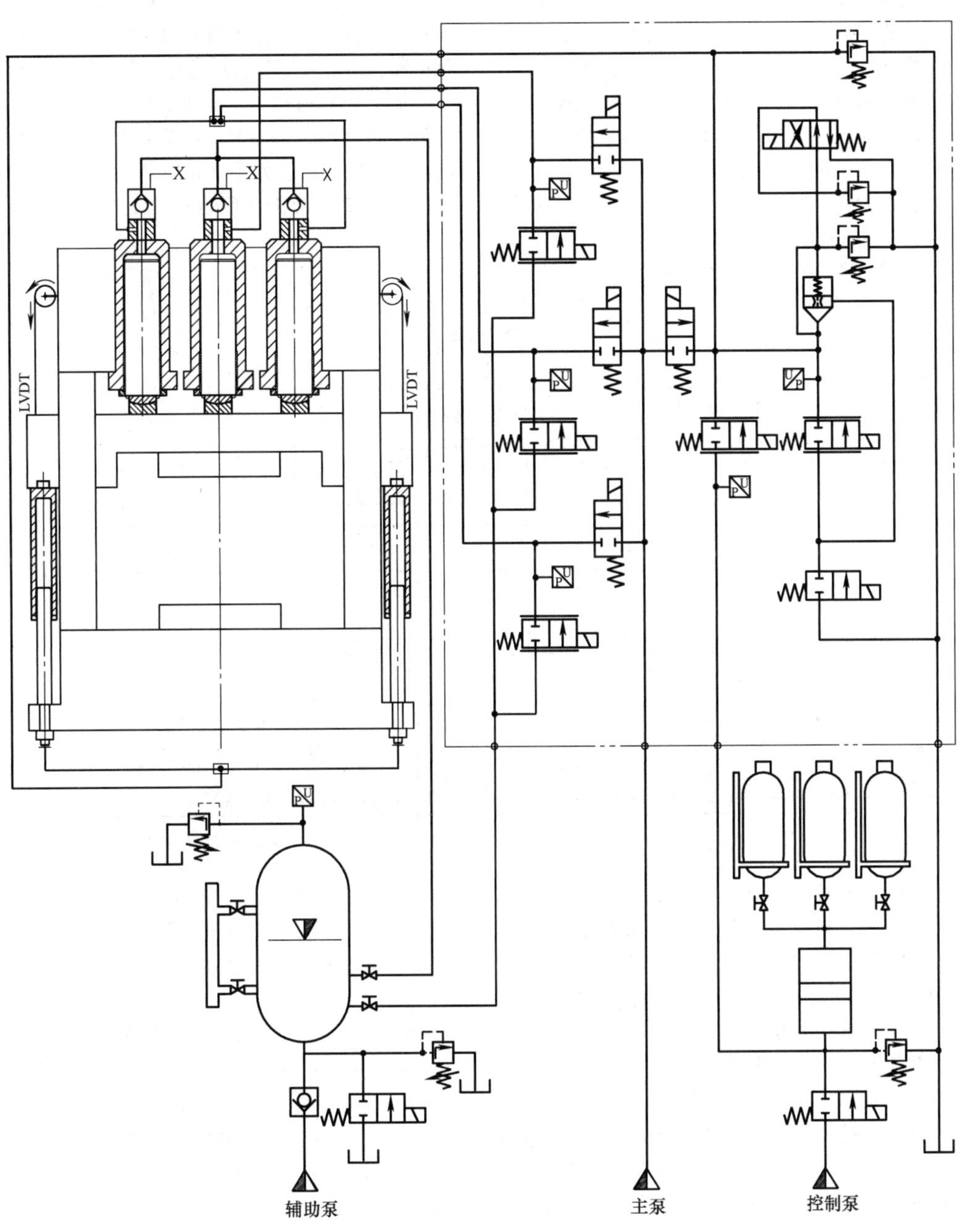

图 2-2-58　125MN 自由锻液压机液压系统的工作原理

电气控制系统的主要特点：所有控制清晰再现；所有工序过程监测；多级计算机系统连接；人机交互操作界面；智能故障诊断与维护；容易修改或补充。

电气控制系统设备包括动力柜、控制柜、操作台、若干总线控制箱和接线盒，分别安装在高低压配电室、控制室、泵站和液压机现场。液压机供电采用高、低压两种方式，主泵为高压供电 10kVAC，辅助系统供电为 380V，三相四线制。为避免大电流冲击，系统联锁控制各台主泵电动机依序起动。

可编程控制器（PLC）采用西门子的 S7-400 系列产品，CPU 程序存储容量大、运算速度快。PLC 编程软件采用 STEP 7，采用模块化结构程序设计，各模块之间可以通过任意组合满足各种工况要求。各种输入/输出模块使 PLC 直接与电气元件，如电液阀线圈、按钮、接近开关、压力继电器、传感器、编码器和比例阀控制器连接，满足液压机的位置、压力、速度，以及各主、辅助机构动作的可靠控制和安全联锁。由 PLC 处理锻造控制系统的所有输入数据和反馈信号，并实现过程控制的所有功能要求。

整个 PLC 通过一个开放的标准化工业现场控制通信总线（Profibus-DP）连接各个部件，组成计算机操作网络系统，如图 2-2-59 所示。分布式的内部总线允许 CPU 与 I/O 间进行快速通信，具有调整、扩展灵活的特点。

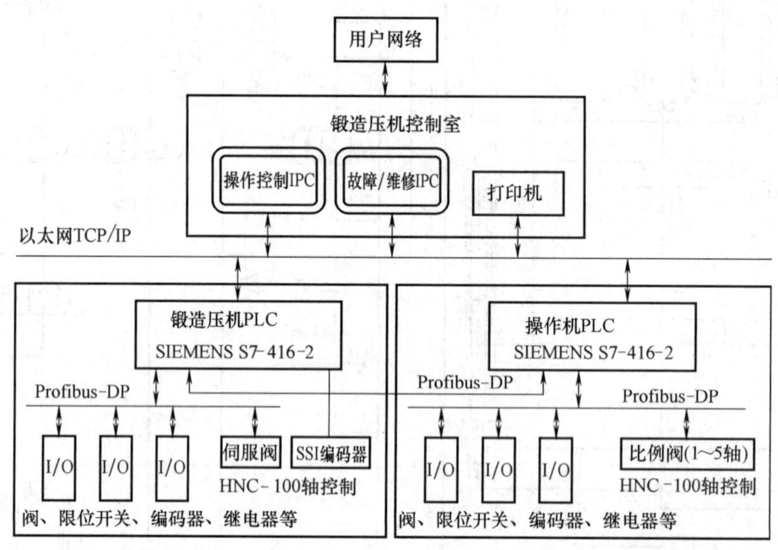

图 2-2-59　125MN 自由锻液压机计算机操作网络系统

锻造尺寸控制技术特点：集成在 PLC 中；全数字化传感器系统；机身延伸量自动补偿修正；按钮开关键赋值；锻造行程记忆修正与上转换点过运行补偿；锻造行程设定、显示与下转换点连续显示、存储；工件上平面位置检测与操作机动作控制；工件上边缘位置检测与液压机速度切换控制；压下和回程速度无级控制。

可视化上位计算机可通过本地 TCP/IP 网络与液压机控制系统连接，通过彩色监视器和键盘提供人机对话操作。可将上位工业控制计算机系统连接到液压机或操作机的 PLC 系统，进行生产、工艺和控制信息的传输、数据交换和管理通信。IPC 监控界面（HMI）加 Siemens 视窗控制中心（Wincc）组态软件，可使操作者获得下列功能信息：

1）帮助信息，如无响应、错误的开关设置、不正确的数据输入和未设定初始位置等。

2）泵的选择和状态显示。

3）文字形式显示故障信息。

4）液压机设定数据和实际数据的补充显示。

5）执行机构行程、速度和压力参数设定、实时显示。

6）设备状态数据，如报警、阀通断电、各动作联锁条件的检测和显示。

7）工艺参数，如钢锭材质和温度、锻造比、位置、速度、压力及工作曲线的检测和显示。

8）控制、工艺和生产数据库中的数据处理状态。

参考文献

[1]　俞新陆. 液压机的设计与应用［M］. 北京：机械工业出版社，2009.

[2]　全国锻压机械标准化技术委员会. 锻压机械　型号编制方法：GB/T 28761—2012［S］. 北京：中国标准出版社，2013.

[3] 牛勇，权晓惠，张营杰，等. 现代自由锻造装备技术研究现状与发展趋势 [J]. 精密成形工程，2015，7（06）：17-24.

[4] 吴生富，金森，聂绍珉，等. 液压机全预紧组合机架的整体性分析 [J]. 锻压技术，2006（03）：111-114.

[5] 高梦迪，刘志峰，黄海鸿，等. 液压机滑块导向装置最佳配合设计方法研究 [J]. 中国机械工程，2016，27（24）：3267-3272.

[6] 姚静. 锻造油压机液压控制系统的关键技术研究 [D]. 燕山大学，2009.

[7] 姚静，俞滨，李亚星，等. 一种插装式比例节流阀主阀套通孔新结构研究 [J]. 中国机械工程，2014，25（04）：466-470.

[8] 杨泽全. 液压机控制系统的安全性和可靠性 [J]. 机械设计，2018，35（S1）：355-357.

[9] 吴生富. 150MN 锻造液压机 [M]. 北京国防工业出版社，2012.

[10] 杨大祥，韩炳涛. 165MN 自由锻造油压机的液压控制系统 [J]. 重型机械，2006（3）：11-16.

[11] 王丽薇，解文科，薛峰. 125MN 双柱快速锻造液压机本体模态分析 [J]. 锻压技术，2010，35（06）：70-73.

第3章

模锻液压机

清华大学　林峰　张磊

中国第二重型机械集团公司　史苏存　于江

3.1　大型模锻液压机

3.1.1　用途

大型模锻液压机是随着航空工业的需要而逐步发展起来的，因此大型模锻液压机主要用于生产航空模锻件。航空模锻件的材料包括铝合金、钛合金、高温合金、超高强度钢等，其制成的零件重量占飞机机体结构重量的 20%～35%，占发动机结构重量的 30%～45%，是飞机及其发动机结构的关键部件。下面以航空模锻件为例介绍大型模锻液压机的作用。

钛合金强度高、密度低，并且具有优良的耐蚀性，在现代飞机上得到越来越多的应用。例如，在苏-27 飞机中钛合金用量达飞机总质量的 18%左右；在美国第四代战斗机 F-22 上钛合金用量达 41%；相对于战斗机等军用飞机来说，大型运输机的选材更侧重经济性和安全性，在俄罗斯的伊尔 76 上钛合金用量也达到了 12%。航空用钛合金模锻件具有投影面积大、结构复杂及高温成形时变形抗力大等特点，因此航空用钛合金模锻件成形必须在大型模锻液压机上进行。图 2-3-1 所示为国内外生产的典型的大型钛合金整体模锻件。

a) 整体承力框

b) F-22后机身发动机舱整体隔框

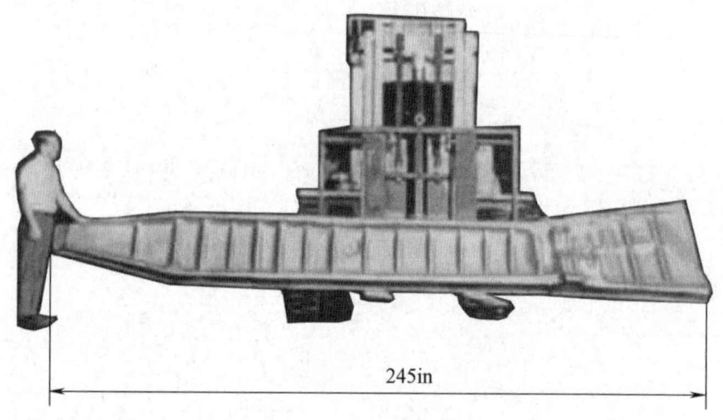

c)波音747主起落架传动横梁

图 2-3-1　国内外生产的典型的大型钛合金整体模锻件

图 2-3-1a 所示为西安三角防务股份有限公司生产的整体承力框锻件，材质为 TC4-DT 钛合金，锻件长 3.7m、宽 1.832m，锻件包容体投影面积为 5.4m²，锻件重量为 980kg；图 2-3-1b 所示为 F-22 后机身发动机舱整体隔框闭式模锻件，材质为 TI-6Al-4V 钛合金，锻件长 3.8m、宽 1.7m，投影面积超过 5.16m²，锻件重量为 1590kg；图 2-3-1c 所示为波音 747 主起落架传动横梁，锻件材质为 TI-6Al-4V 钛合金，锻件长 6.20m、宽 0.95m，投影面积为 4.06m²，锻件重量为 1545kg。

涡轮盘是航空发动机最重要的热锻部件之一，涡轮盘材料及其成形技术也是发展高推重比发动机的关键技术之一。随着高推重比、高功重比发动机的发展，对涡轮盘强韧性、疲劳性能、可靠性及耐久性提出了更高的要求。图 2-3-2 所示为西安三角防务股份有限公司生产的高温合金涡轮盘锻件。图 2-3-2a 所示的涡轮盘锻件材质为 GH864 高温合金，锻件直径为 1100mm；图 2-3-2b 所示的涡轮盘锻件材质为 GH4698 高温合金，锻件直径为 1300mm。

虽然航空大型铝锻件模锻时所需的压力较钛合金和高温合金低，但大型梁框等铝锻件的尺寸和投影面积一般较大，需要大吨位和大台面的模锻液压机。图 2-3-3 所示为国外公司生产的几种典型的航空铝合金结构模锻件，它代表了当今国外大型铝合金锻件的产品及工艺水平。

a) GH864

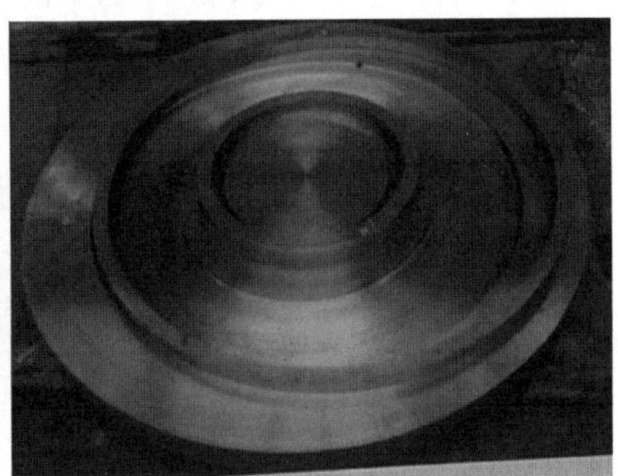

b) GH4698

图 2-3-2　高温合金涡轮盘锻件

a) 法国650MN模锻液压机上压制的铝合金飞机框梁

b) A380飞机整体翼梁模锻件

c) A380飞机上7085铝合金整体模锻件

图 2-3-3　典型的航空铝合金结构模锻件

3.1.2　结构

大型模锻液压机主要有框架式机身和预应力钢丝缠绕机身两种结构。

1. 框架式机身

框架式机身有整体框架式机身、组合框架式机身和多牌坊框架式机身三种型式。

1）整体框架式机身。整体框架式机身是将上横梁、下横梁及两侧立柱铸造或焊接成一个整体，在中小型液压机中已得到广泛应用。整体框架式机身具有较高的刚度，由于立柱部分不再是圆形截面，因此滑块（活动横梁）的导向可以采用可调间隙的平面导向结构，导向精度高，一般采用 4 个 45°斜面导向或 8 个平面导向。

由于钢板的力学性能一般优于铸钢件，在施工中不受铸造工艺条件约束，容易将不同厚度的钢板组合在一起，因此不仅能提高机身的强度和刚度，而且可以节省材料、减轻重量且便于制造，外形也比较美观，但需要增加很多焊接工作量，还需对钢板进行坡口加工。

2）组合框架式机身。在大、中型液压机中，由于整体机身的尺寸和重量都很大，会给铸造、焊接、热处理及机械加工带来很多困难，因此往往采用组合式结构，即将上、下横梁和两侧立柱分别制造，再用大型螺栓组合在一起，如图 2-3-4 所示。立柱由柱套 3 及拉杆 4 组成，通过拉杆 4 施加的预紧力将上横梁 1、下横梁 5 及它们的支承套与柱套 3 预紧在一起，组成一个刚性框架。柱套有两个斜平面，活动横梁以 *X* 形导向面（见图 2-3-5）在两边柱套的 4 个斜平面上导向，导向面的间隙是可以调节的。这种结构的机身刚度高，立柱的柱套及拉杆可分别承受偏心锻造时的弯矩及轴向拉力。

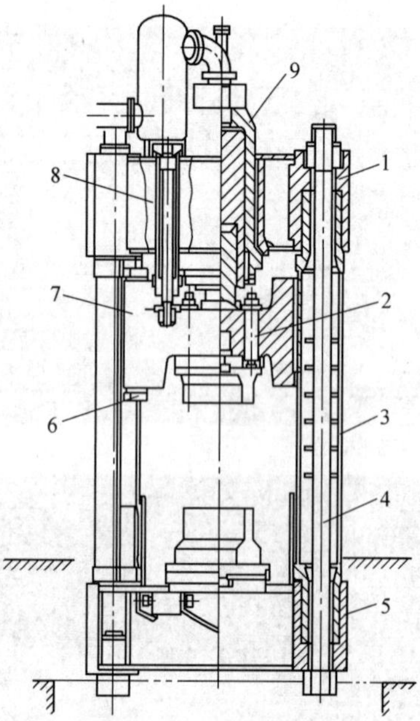

图 2-3-4　组合框架式机身
1—上横梁　2—上砧夹紧装置　3—柱套　4—拉杆　5—下横梁　6—导向可调装置　7—活动横梁　8—回程缸　9—工作缸

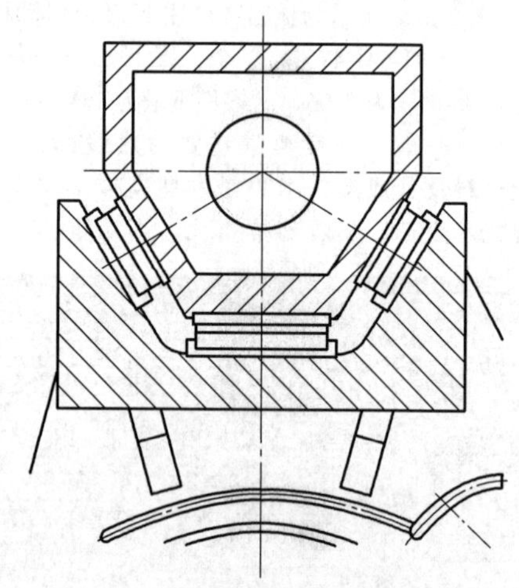

图 2-3-5　活动横梁与柱套的 *X* 形导向面

3）多牌坊框架式机身。当大型模锻液压机工作台面也很大时，多采用多牌坊框架式机身，如图 2-3-6 所示。通常用两块框板连接成一个框架组，然后将多个框架组组合成一个大机身，框架组之间有支撑连接件，用螺栓将框架组横向连接并紧固。

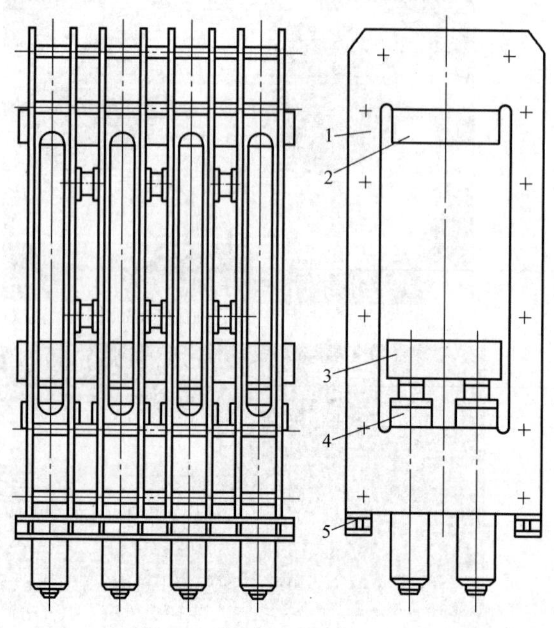

图 2-3-6　多牌坊框架式机身
1—框架　2—横梁　3—活动横梁　4—工作缸　5—底座

2. 预应力钢丝缠绕机身

预应力钢丝缠绕机身如图 2-3-7 所示。预应力机身由上、下拱形梁与两侧立柱组成，外面用高强度钢带一层层缠绕预紧，钢带的截面尺寸为 1mm×4mm 或 1.5mm×5mm。总的预紧力大约是公称力（最大工作载荷）的 1.5 倍或更高，这样立柱在工作时始终处于压应力状态。

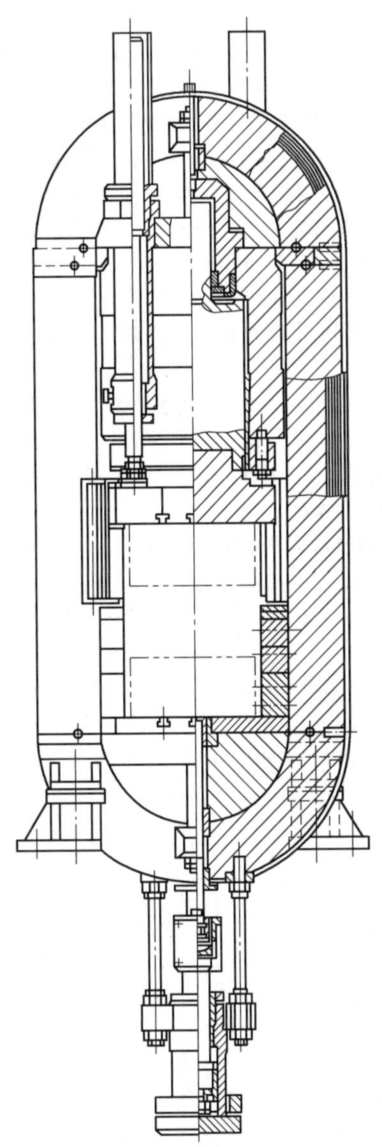

图 2-3-7　预应力钢丝缠绕机身

这种机身的优点是结构轻巧、尺寸小，抗疲劳性能好，制造容易，成本较低。它充分利用了高强冷轧钢带强度高（其强度一般是高质量锻件的 2～3 倍）的特点，预紧及工作时虽然承受了很大的拉应力，但应力波动幅度很小，仅为预拉应力的 5% 左右，因此抵抗疲劳载荷的能力强，而立柱始终处于压应力状态，也不易破坏。与一般机身相比，应力集中的部位也较少。

3.1.3　动梁同步控制系统

同步平衡系统是大型模锻液压机区别于锻造液压机的重要标志，其作用在于防止活动横梁在承受偏心力矩时发生倾斜，使其水平度仍保持在较高精度范围内，以保证模锻件所需的尺寸精度，也利于改善液压机机身的受力状态，延长压力机的使用寿命。

模锻液压机的同步平衡系统是一个自动调节系统，具有以下特点：

1）系统所需平衡的偏心力矩很大，因此相应的机构比较庞大。

2）系统的作用是使动梁的基准面保持水平，而为使一个面保持水平，必须使此面内相交的两条线保持水平，因此它总是由两套相同的系统组成，每套系统各控制一条线的水平度。

3）通常的位置控制系统所研究的内容是系统对指令信号的响应，而同步平衡系统则是系统对负载的响应，因为动梁的稳态位置总是水平位置，而不需调整到某一倾斜位置。

按照其工作原理，同步平衡系统可分为以下几种类型：

1. 主缸同步控制

主缸同步控制工作原理如图 2-3-8 所示。它是在活动横梁和下横梁的四角上安装 4 个液压同步缸，各对角线上一角同步缸的上腔和另一角同步缸的下腔用管道相连通，形成封闭系统。当出现偏心载荷时，如活动横梁受到顺时针方向的偏心力矩 $M_1=Pe$，使动梁产生倾角 φ，则管道 A 中液体受到压缩，压力升高，而管道 B 中容积增大，压力下降，从而产生一个反力矩 M_2，对抗动梁倾斜。如果 $M_1>M_2$，动梁继续倾斜，达到某一规定值 φ_A 时，通过齿条、齿轮及变比齿轮箱带动自整角机，产生一个电压量，使相敏继电装置发出动作信号，开启阀门，向管道

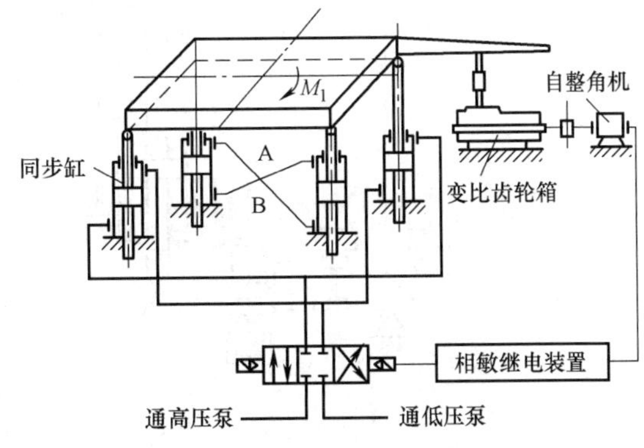

图 2-3-8　主缸同步控制工作原理

A 中补充高压液体，使反力矩 M_2 增大，直到超过偏心力矩 M_1 使活动横梁反向转动，倾角 φ 开始减小；当 φ 小到某一角度 φ_Δ 时，相敏继电装置又发出信号，关闭补液阀门，停止补液。

图 2-3-9 所示为同步补偿系统中活动横梁倾角 φ 与时间 t 的关系曲线。

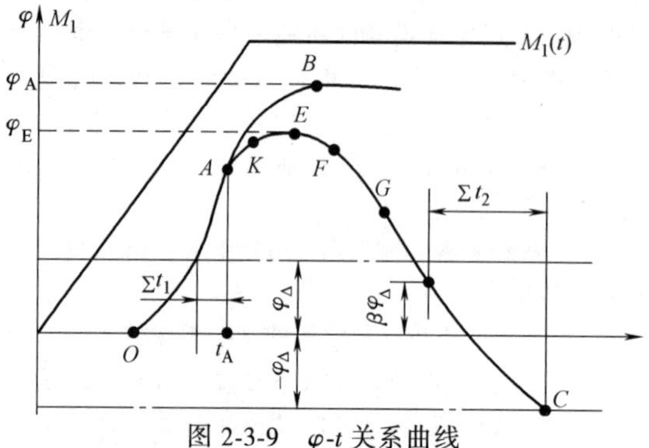

图 2-3-9　φ-t 关系曲线

当 φ 达到 φ_A 后，自整角机组产生电压量 E_φ，相敏继电装置发出动作信号，经一段滞后时间 Σt_1，动梁倾斜达到 A 点阀门才开启，补偿系统开始工作，向管道 A 补液。在 Σt_1 时间内，动梁仍按封闭曲线规律（OA 段）倾斜，这一段称为封闭段。如果补偿系统不工作，只靠同步缸的封闭作用来承受大部分偏心力矩时，动梁的最大转角 φ_A（B 点）称为封闭精度。

从 A 点开始，向同步缸内补液，动梁的倾斜先减慢然后停止，达到最大倾斜角 E 点，倾角 φ_E 称为动精度，这一段称为补偿段。

E 点以后，反力矩 M_2 开始超过偏心力矩 M_1、动梁的重量矩和摩擦力矩，使动梁由 E 点开始反向转动，动梁倾角开始减小，直到小于 $\beta\varphi_\Delta$ 时，相敏继电装置又发出信号，关闭补液阀门。经一段 Σt_2 的滞后时间，由于惯性，动梁不可能正好回到水平位置，而是往反向超越一些，达到 C 点，若动梁在 C 点的反向倾角 φ_C 不超过 $-\varphi_\Delta$，则系统是稳定的。

φ_Δ 和 $-\varphi_\Delta$ 之间的区域称为不灵敏区或稳定区，倾角 φ_Δ 称为静精度。C 点的位置取决于在 Σt_2 时间内由于补液阀门不能及时关闭而补进的液量 $\Sigma t_2 Q$（Q 为补偿泵的流量），如补偿液量太大而使 C 点超过 $-\varphi_\Delta$ 时，则相敏继电装置又将发出信号，使补液滑阀反向动作，向管道 B 补液。这将使同步缸产生与偏心力矩方向相同的力矩，又使动梁沿顺时针方向倾斜，并超过上述不灵敏区 φ_Δ，从而使动梁产生一种非线性自激振荡，则系统将处于不稳定状态。

应尽可能减少滞后时间 Σt_1 及 Σt_2，因为它将使系统不稳定且降低精度。为使系统工作稳定，必须有不灵敏区 φ_Δ，加大 φ_Δ 会使系统工作更稳定，但它会降低动精度。

2. 同步缸同步控制

同步缸同步控制工作原理如图 2-3-10 所示。4 和 5 为节流阀 6 的驱动缸，上腔的柱塞直径比下腔的柱塞直径大，它们通过杠杆系统可以开闭节流阀 6 和溢流阀 8。同步缸 3 的上、下缸分别与驱动缸 4 或 5 相连。

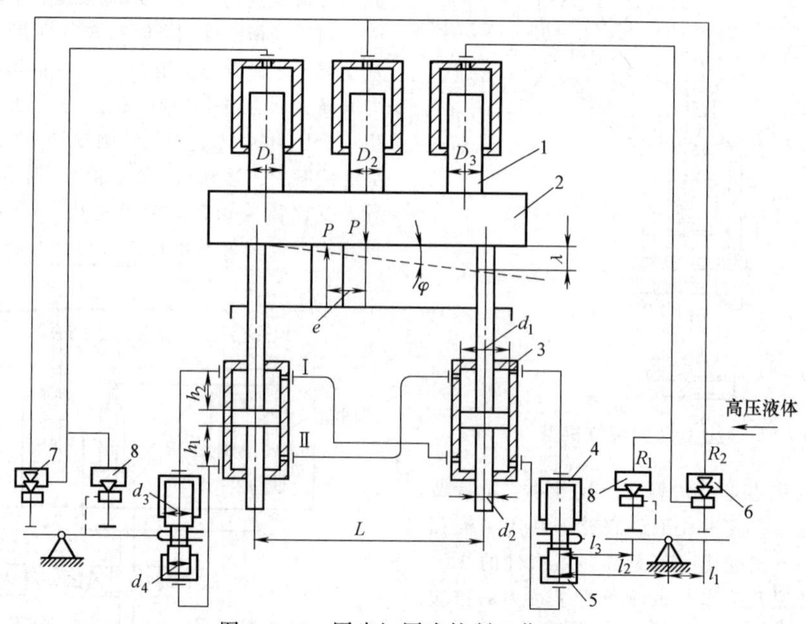

图 2-3-10　同步缸同步控制工作原理

1—工作柱塞　2—动梁　3—同步缸　4、5—节流阀驱动缸　6、7—节流阀　8—溢流阀

当液压机中心载荷工作时，节流阀完全打开。当承受偏心载荷时，偏心弯矩 Pe 引起动梁倾斜一个角度 φ（图中为左偏心，动梁顺时针旋转），管道 I 中压力升高，管道 II 中压力降低。当压力差达到一定值后，右边驱动缸中柱塞被推上移，使节流阀 6 逐步关小，右侧工作缸 D_3 中压力下降；与此同时，左边驱动缸柱塞被推下移，使节流阀 7 逐步开大，减少了流向左边工作缸 D_1 中的液流阻力。由于两边工作缸中压力的变化，使整个液压机工作缸合力作用点左移，逐步与锻件变形力的作用中心线相接近，以减小或消除偏心矩。当动梁倾角 φ 很大，使节流阀完全关闭时，溢流阀 8 打开，使工作缸完全卸载。

3. 回程缸同步控制

回程缸同步控制工作原理如图 2-3-11 所示。从蓄能器来的高压液体通过闸阀 6 通向调节器Ⅰ和Ⅱ，此外蓄能器还直接通到补偿器 18 的平衡缸和调节器Ⅰ中的保护单向阀 21。

回程缸 B_2、B_3 通过阀箱 5 与调节器Ⅰ的节流阀下口及补偿器 18 的下活塞相通。同步缸 C_2、C_3 的下腔及 C_1、C_4 的上腔由管道 A 连通并通向调节器Ⅰ和Ⅱ的节流阀 23 与 15，同步缸 C_2、C_3 的上腔及 C_1、C_4 的下腔由管道 B 连通并通向调节器Ⅰ与Ⅱ的节流阀 24 与 16。

当液压机中心载荷工作时，节流阀 22 被压靠在压差转换器 25 的活塞上，回程缸中的液体排到低压回水管。同步缸上、下腔内液压相等，故压差转换器 25 及 8 两侧压力平衡，居中位。

当承受偏心载荷时按两种规范工作。按第一种规范工作时，调节器Ⅰ起作用。如果动梁在偏心力矩 M_1 作用下沿逆时针方向倾斜，管道 A 中的液体受压缩而压力上升，管道 B 中的压力下降，压差 Δp 形成同步缸的封闭平衡力矩 M_2，同时将压差转换器 25 的滑框向左推动，通过顶杆推动左边的节流阀 22 使其逐渐封小节流阀孔，回程缸 B_2 和 B_3 排液受阻，压力增高，形成回程缸反力矩 M_3。节流阀 22 向左边的移动和回程缸中的压力升高一直进行到调节器Ⅰ中的压差 Δp 和回程缸中的压力增值 Δp_1 相平衡时为止。如果节流阀 22 完全关闭，则回程缸 B_2 和 B_3 的排液孔道被完全堵死，平衡滑阀 19 被顶开，泵站来的高压液体通过节流阀 20 与回程缸 B_2 和 B_3 相通，左边回程缸中压力再次上升，以平衡偏心力矩。当回程缸 B_2 和 B_3 中的压力增加到一定值时，开始推动与其相连的补偿器 18 的下活塞向上运动，从而使管道 A 中的压力进一步升高，起到向同步缸补液的作用，增加了同步缸的平衡力矩 M_2，由同步缸和回程缸产生的总的反力矩来平衡偏心力矩。

单向阀 21 是当压力超出允许压力时保护回程系统的。节流阀 20 用于调节流量并将调节器Ⅰ与泵站断开，节流阀 23、24 则用来阻尼相应系统中的振动，并可将压差转换器 25 与管道 A、B 断开。

当偏心力矩反方向作用时，调节器Ⅰ中右侧部分按相同的原理动作。按第二种规范工作时，调节器Ⅱ起作用。如果动梁在偏心力矩 M_1 作用下逆时针方向倾斜，在同步缸中产生压差 Δp，并传到调节器Ⅱ中压差转换器 8 的两侧，8 的滑框开始向左移动，压缩弹簧 7 并通过凸轮 10、杠杆 9 使滑阀 12 及 13 左移，泵站与补偿器 18 的下缸及回程缸 B_2、B_3 相通，使回程缸 B_2 和 B_3 中压力上升，并使补偿器的下柱塞向上运动，从而使管道 A 的压力进一步升高。当补偿器柱塞向上运动时。通过拉杆 17 使凸轮 10 转动，杠杆 9 的滚轮在弹簧 11 的作用下沿凸轮的轮廓线滚动，从而滑阀 12、13 又回到原来位置。压差转换器 8 的滑框和补偿器柱塞的移动进行到压差 Δp 和弹簧 7 产生的力相平衡时为止。因此，调节器Ⅱ具有反馈环节，使得系统的精度高、稳定性好，但缺点是当动梁速度很高时，调节器不能流过由回程缸中排出的大量液体，故第二种工作规范适用于低速下工作，如模锻有色合金锻件。

3.1.4　典型大型模锻液压机及主要参数

1. 国外典型模锻液压机及主要参数

目前，中国大陆以外最大的模锻液压机为前联设计制造的 750MN 模锻水压机，它建成于 20 世纪 60 年代初期，后来建造的一台是苏联为法国设计制造的 650MN 模锻水压机，1976 年投产。下面分别介绍国外大型模锻液压机及主要参数。

1）美国洛维（Lower）公司设计及制造的 315MN 和 450MN 模锻水压机。它们采用下拉式结构，如图 2-3-12 所示。其运动部分由上横梁，下横梁及 6 根组合式立柱组成，占本体总重量的 60%。每根立柱由三块矩形厚板组成，每块板的厚度为 355mm，长度为 33.5m，由重量为 275t 的钢锭锻成；立柱的两端制成钩头状，以传递力量。上横梁和固定横梁则由锻造厚钢板直立叠组而成，具有很强的抗弯强度和刚度。9 个 ϕ1200mm 的工作缸位于地面之下。这种结构使水压机所占空间分成两个区域，地面上进行锻造工艺，地下部分则供机修部门观察液压机运行情况，降低了厂房高度，但地坑很深。

315MN 和 450MN 模锻水压机及美国 200MN 以上的模锻液压机的主要参数见表 2-3-1。

2）苏联 750MN 模锻水压机。其特点是模锻空间和工作行程都很大，是目前除中国二重 800MN 模锻液压机外世界上公称力最大的模锻水压机。其机身包含四组框架，框架的立柱由 6 块厚度各为 200mm 的钢板组成，框架的横梁则由 7 块厚度各为

180mm 的钢板用 ϕ100mm 的螺栓紧固组成。为使大面积的工作台和活动横梁受载均匀，共设置 12 个工作缸，每个框架上装有 3 个工作缸。活动横梁和支承在框架上的下横梁则由厚度为 400mm 的钢板组成，用螺栓紧固。

750MN 模锻水压机及苏联其他 200MN 以上模锻液压机的主要参数见表 2-3-2。

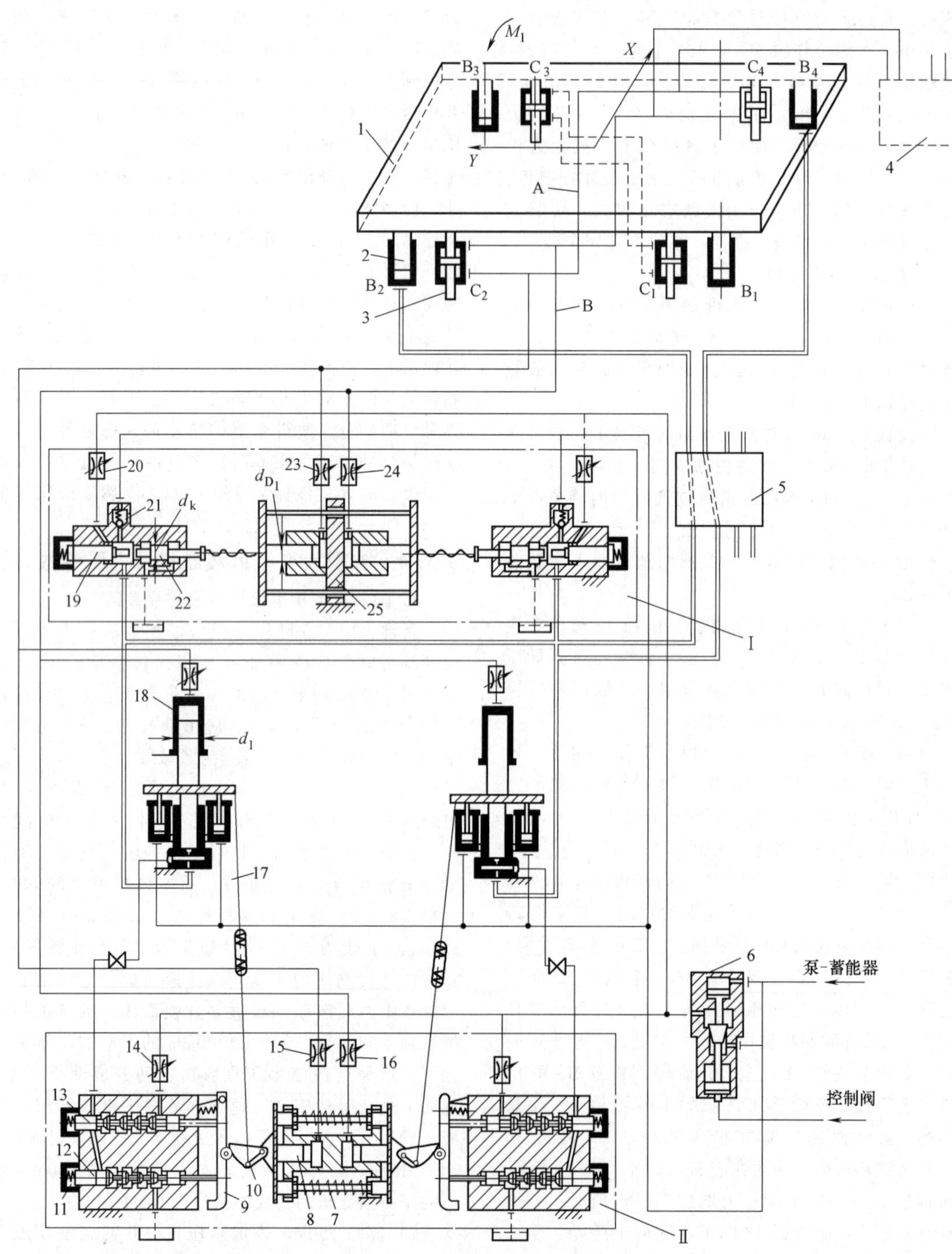

图 2-3-11　回程缸同步控制工作原理

1—活动横梁　2—回程活塞　3—同步缸活塞　4、5—阀箱　6—闸阀　7、11—弹簧　8、25—压差转换器　9—杠杆　10—凸轮　12、13—滑阀　14、15、16、20、22、23、24—节流阀　17—拉杆　18—补偿器　19—平衡滑阀　21—单向阀　Ⅰ、Ⅱ—调节器

表 2-3-1　美国 200MN 以上模锻液压机的主要参数

参数名称	参数值					
公称力/MN	260	315	315	315	450	450
结构形式	四柱四缸 下拉式	板框四缸 下拉式	四柱六缸 下拉式	八柱八缸 上传动	六柱九缸 下拉式	八柱八缸 上传动
工作液体压力/10^5Pa	420	350	315	315	315	315
开口高度/mm	4267	7315	3600	4572	4267	4572
最大行程/mm	2134	3658	1830	2440	1830	1830
工作台面尺寸/m(前后×左右)	—	—	9.3×3.66	7.32×3.66	9.9×3.66	7.93×3.66
地面上高度/m	—	—	14	15.8	15	15.5
总高/m	—	—	34	26.2	35	26.5
本体总重/t	1350	1970	6470	4500	9000	6486
设备总重/t	—	—	—	5860	—	—
制造公司	Cameron	Cameron	Lowey	United	Lowey	Mesta
使用公司	Cameron	Cameron	Wyman Gordon	Alcoa 美国铝公司	Wyman Gordon	Alcoa 美国铝公司
投产年月	1980	1970	1955.3	1955.5	1955.9	1955.5

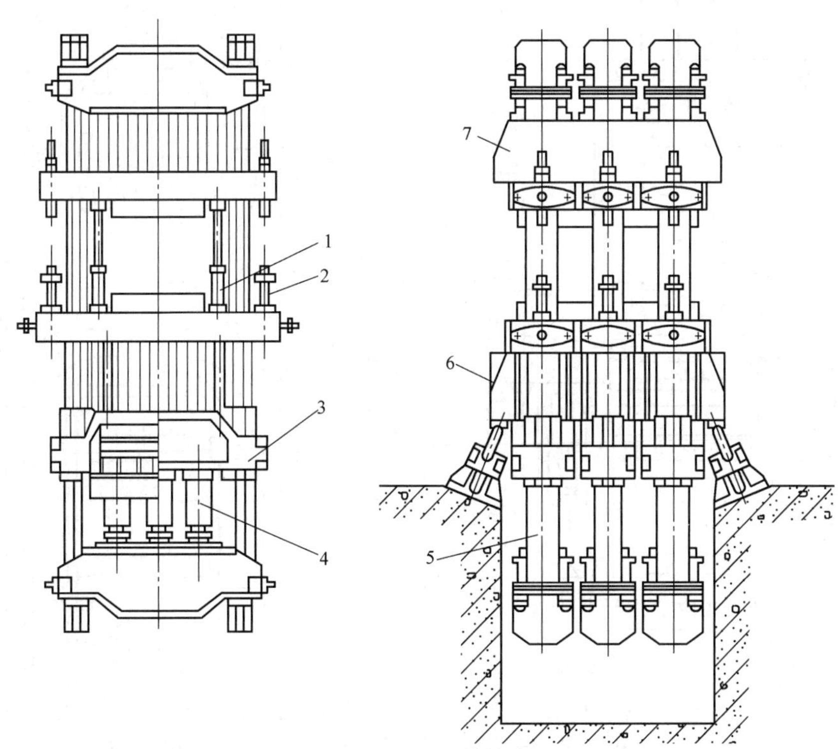

图 2-3-12　450MN 模锻水压机

1—回程缸　2—同步缸　3—工作缸支撑梁　4—工作缸　5—立柱　6—固定梁　7—纵梁

表 2-3-2　苏联 200MN 以上模锻液压机的主要参数

参数名称	参数值				
公称力/MN	300	300	300	300	750
结构形式	八柱八缸 上传动	八柱八缸 上传动	四柱四缸 缸柱同轴线	筒式单缸	八柱十二缸 板框式上传动
工作液体压力/10^5Pa	210/315/473	320/450	320	1000	200/320
开口高度/mm	2700	3350	3100	1500	4500
最大行程/mm	1830	1800	800	350	2000
工作台面尺寸/m(前后×左右)	10×3.35	10×3.3	2.5×1.5	2.5×1.5	16×3.5
地面上高度/m	16.4	13	8.3	5.0	21.9

（续）

参数名称	参数值				
总高/m	24.6	21.5	13.3	11.4	34.7
本体总重/t	5200	6500	1150	895	—
设备总重/t	—	—	1500	1395	26000

3）法国 650MN 模锻水压机。20 世纪 70 年代，由苏联新克拉马托尔斯克机械制造厂制造并安装在法国 Aubert & Duval 的 650MN 模锻水压机的结构特点是有正、侧两组框架，如图 2-3-13 所示。正面主

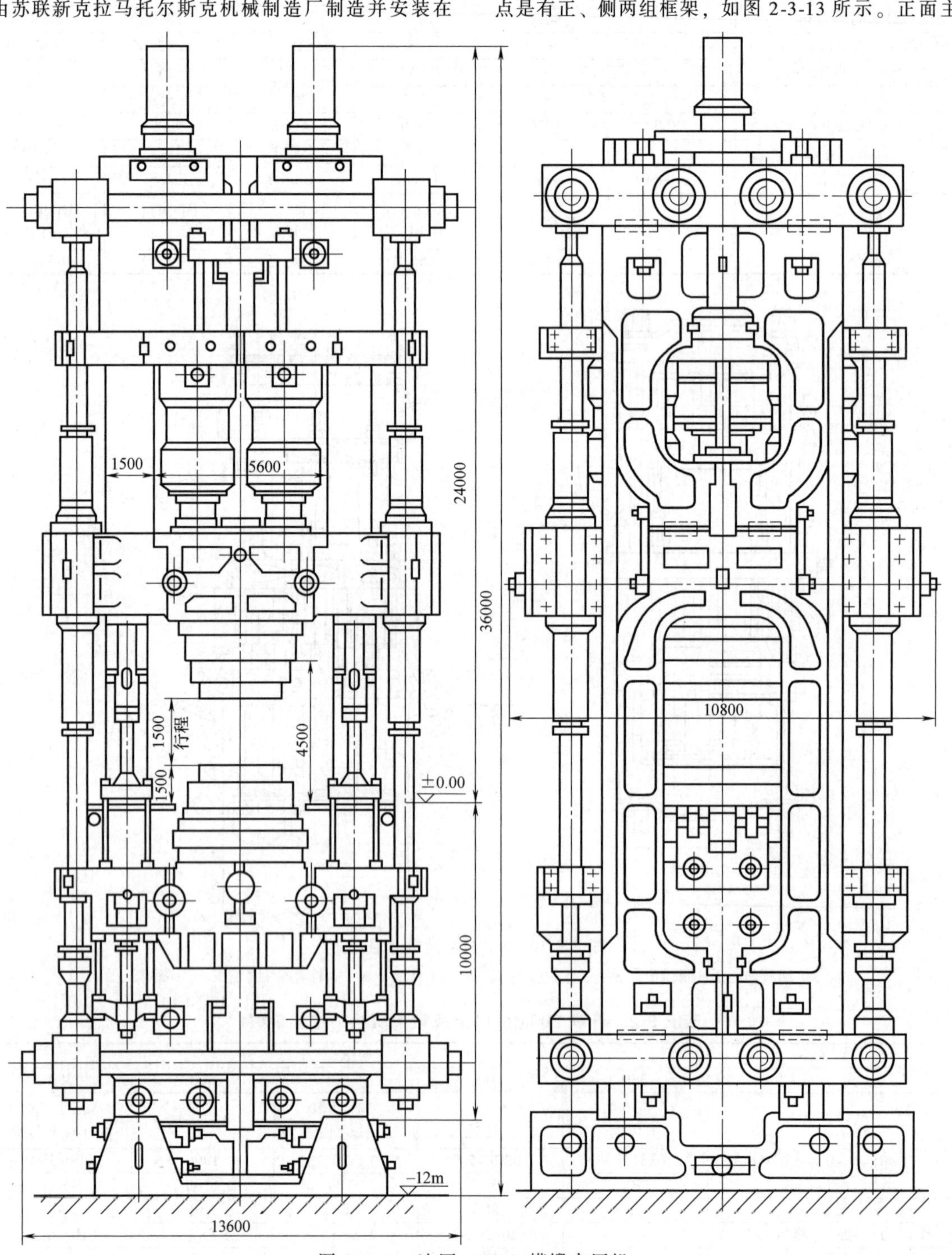

图 2-3-13　法国 650MN 模锻水压机

机身为钢板组合预紧框架，分前后两排，各由两组共 10 块 C 形钩头板、中间夹十字形梁、用拉杆预紧而成。侧向框架则用于增加压力机的纵向刚度，每边均由上、下侧板组成，两者互相铰接，即上侧板的滑块可沿下侧板的凹槽上下滑动，以适应模锻时立柱被拉长的情况，并改善安装条件及补偿可能产生的偏斜。

650MN 模锻水压机及其他国家 200MN 以上模锻液压机的主要参数见表 2-3-3。

表 2-3-3　其他国家 200MN 以上模锻液压机的主要参数

参数名称	参数值				
公称力/MN	300	200	200	300	650
结构形式	框架式四缸上传动两水平缸	八柱四缸上传动	二梁二缸上推下拉	框架式单缸上传动	正侧框架五缸上传动
工作液体压力/10^5Pa	422	500	600	500	320/630
开口高度/mm	—	1500	2500	2500	4500
最大行程/mm	3000	400	1000	1000	1500
工作台面尺寸/m（前后×左右）	5×2	2.5×1.5	3×2	5×2	6×3.5
地面上高度/m	14.6	—	7.8	16	24
总高/m	19.8	—	12.5	—	36
本体总重/t	—	—	1500	12000	—
设备总重/t	—	—	—	16330	—
制造公司	Cameron	Somua	ACB	Hydraulik	HKM3(苏)
使用工厂	Cameron（英国 Livingston）	法国 Pamlers Issire	法国 Creuot-Loire	德国 Otto-Fochs	法国 Intre Forge Issoire
投产年月	1967	1953	1965	1964	1976

2. 国内大型模锻液压机及主要参数

1）300MN 模锻水压机。中国第一重型机械集团公司自行设计并制造的大型 300MN 模锻水压机如图 2-3-14 所示，它主要用于模锻各种航空用铝合金及铝镁合金锻件。

300MN 模锻水压机为八柱八缸上传动结构，每两个立柱和一个上小横梁、一个下小横梁通过加热预紧构成一个横向的刚性框架。八个工作缸成对地分别装在 4 个上小横梁内。4 个框架的上小横梁分成两组，成对地以螺栓和键通过加热预紧组成一个整体，而 4 个框架的下部则以下横梁将 4 个横向框架构成一个刚性的整体。因此，相当于具有共同的活动横梁和下横梁的两台四柱式立式水压机。

活动横梁和下横梁均由纵向厚钢板和两侧的铸钢侧梁通过拉紧螺栓加热预紧而成。在活动横梁的下面装有垫板，其上可直接固定上模座。下横梁上则有可移动工作台，它由三块锻钢板以工字扣连成整体，其上也有垫板，用以固定下模座，移动工作台可向一侧移出 8m 行程。

工作缸的柱塞由上、下球面铰接，下面再通过垫板支承在活动横梁上。4 个平衡缸、4 个回程缸及 4 个同步缸均按对称位置以球面支承于活动横梁和下横梁之间。

模锻水压机下部装有中央顶出器，5 个顶杆可同时或分别使用。

外侧的 4 个立柱下部装有立柱应力测量装置，当立柱应力超过额定应力（1200×10^5Pa）时，能发出声响信号，同时自动切断泵站的来水，并使水压机工作缸卸压，以保证水压机安全。

300MN 模锻水压机的主要参数见表 2-3-4。

2）400MN 模锻液压机。400MN 模锻液压机是一台高精度、中台面、高比压的航空模锻液压机，如图 2-3-15 所示。它安装于西安三角航空公司，已于 2012 年 3 月热试车成功，于 2012 年 9 月正式投产，成功锻造了大型高温合金涡轮盘及起落架等关键航空锻件。

400MN 模锻液压机是当前世界上最大的单缸模锻液压机，是具有完全自主知识产权的、自主设计制造的创新装备。它的主要技术特征为：单主缸（400MN 压制力，可超载 10%），单牌坊机身（承载能力为 440MN）机身预紧系数为 1.7（预紧力为 680MN）；预应力钢丝缠绕及剖分-坎合结构的高强度主缸、机身及动梁；八平衡缸布局；60MPa 泵直接传动系统（最高压力可达 70MPa），高精度及超低

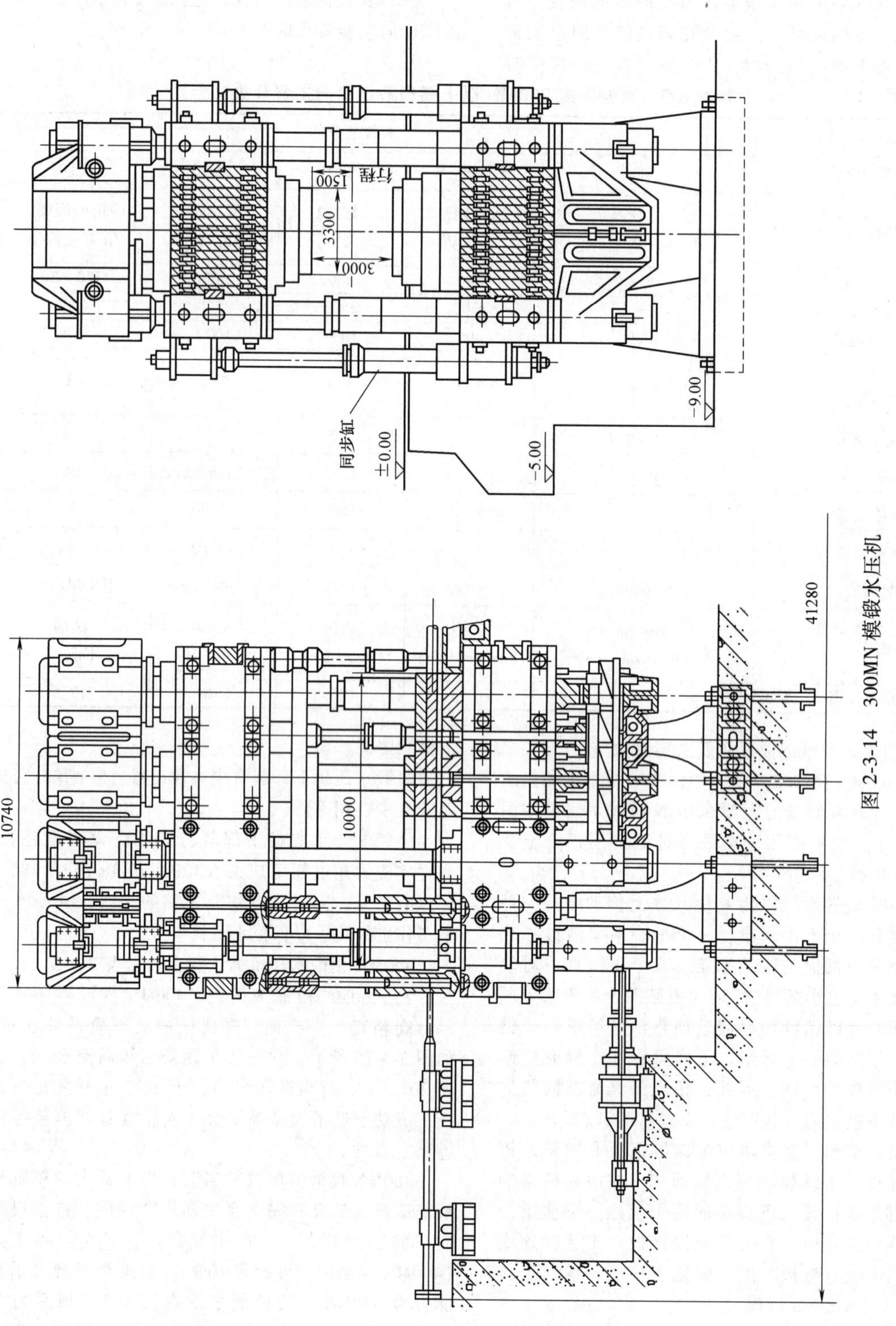

图 2-3-14　300MN 模锻水压机

表 2-3-4　300MN 模锻水压机的主要参数

参数名称		参数值
公称力/MN		300
分级压力/MN	第一级	100
	第二级	210
	第三级	300
工作液体压力/MN	泵站	320
	变压器	150,450
	充液罐	5~8
工作液体	主系统	乳化液
	同步系统	矿物油
活动横梁最大行程/mm		1800
行程速度/(mm/s)	加压行程	0~30
	空程和回程	-150
净空距/mm		3900
允许偏心距/mm	纵向	400
	横向	200
工作台面尺寸/mm(左右×前后)		3300×10000
回程缸数量/个		4
回程缸柱塞直径/mm		180
活动部分重量/t		2100
总平衡力/MN		16
总回程力/MN		39
同步缸	数量/个	4
	活塞直径/mm	ϕ900/ϕ400
	初始压力/Pa	200
	最大工作压力/10^5Pa	—
	缸间距离/mm	10000×8000
工作台移动缸	柱塞直径/mm	320
	移动力/MN	2.5
	行程/mm	8000
中央顶出器	顶杆数/个	5
	顶出力/MN	7.5
	行程/mm	300
侧顶出器	顶出力/MN	5.0
	行程/mm	1000
立柱间距/mm	横向	5600
	纵向	3×2700
变压器	台数/台	2
	行程/mm	2600
	下缸直径/mm	ϕ370
	变压缸直径/mm	2×ϕ315、ϕ460
	一次行程压出液体容积/L	430
	相当于活动横梁行程/mm	60
充液罐	容积/m^3	2×37
	压力/10^5Pa	5~8
低压缓冲器	容积/m^3	4×6
	压力/10^5Pa	5~8
同步系统主油泵	压力/10^5Pa	200
	流量/(L/min)	3×200
轮廓尺寸/mm	总高	26500
	地上高	16100
	地下深	10400
	宽度	32645
	长度	49300
零件重量/t ≤	小横梁	单重,129
	立柱	单重,101
本体部分重量/t		7100
总重/t		8067

速结合的压制程序设置等。该机的技术特点如下：

① 预应力钢丝缠绕及剖分-坎合结构。预应力钢丝缠绕及剖分-坎合技术是通过将大型部件剖分为若干子件，并在子件界面处进行坎合处理，提高界面在压应力下的抗剪切能力，在强大的预紧力下将各子件组成具有极高整体性的大型结构。这一技术可充分利用材料的强度潜力，提高结构的疲劳寿命和部件的设计灵活性，降低了制造难度和制造成本。400MN 模锻液压机的机身、主缸及动梁都采用了该技术。

图 2-3-15　400MN 模锻液压机

400MN 模锻液压机主承载机身缠绕后的总重达 2090t。基于预应力钢丝缠绕及剖分-坎合的设计思想，机身主体被剖分成 20 块重量为 55~85t 的子件，经坎合处理结合界面后，在压机地基旁进行原位卫星式机器人水平缠绕，组成整体机身结构。这一设计、制造和施工方法，很好地解决了超大零部件的加工、运输及风险控制问题。

400MN 模锻液压机的活动横梁重达 530t（包含垫板、顶出缸等），同样采用预应力钢丝缠绕及剖分-坎合结构，使每个子件的重量不超过 84t，保证了制造质量和生产周期。

400MN 模锻液压缸的主缸为目前世界上最大模锻液压缸，内径为 2920mm，外径超过 4000mm，芯筒高 2600mm，重约 400t。如果采用非预应力整体结构，则将是对我国重型锻造能力的巨大挑战。而预应力钢丝缠绕及剖分-坎合结构设计，不但减小了芯筒壁厚，还使芯筒可采用分层、分块组合结构，由厚度为 125mm 的内衬筒、4 块厚度为 365mm 的伞形块及钢丝层组成。主缸的加工制造难度大大降低，而且强度得到了极大的增强。液压缸采用活塞缸设计，为了解决超高压、大间隙的动静密封难题，设计中采用了独特的可控膨胀量密封结构，取得了良好的效果。

由于在该机的设计中广泛采用了先进的预应力钢丝缠绕及剖分-坎合结构，其整体重量仅为 3324t，而且绝大多数零件重量低于 89t（仅动梁平衡梁部件超过此标准，重 108t）。

② 单缸-单牌坊结构。随着航空及发动机材料合金化程度、变形抗力和锻件精密程度的提高，对模锻压制强度的要求越来越高。因此，提出了最小载荷传递链的概念，即模锻液压缸到锻模的距离越短、环节越少，模锻液压机所提供的压制力越佳，其压制效果和成形精度就越高。最理想的布局是超高压、单缸布局。

但自 20 世纪 30 年代重型模锻液压机出现以来，由于设计、制造能力的限制，大都采用多缸布局（苏联 750MN 模锻液压机共有 12 个主缸），只有德国 OTTO　FUCHS 的 300MN 模锻液压机（建于 1960 年）和美国 Web 公司的 350MN 模锻液压机（由德国潘克公司于 1990 年设计建造）采用了单缸结构。而这两台液压机都表现出了优良的锻造性能。

由于采用了预应力钢丝缠绕及剖分-坎合结构，西安三角航空的 400MN 模锻液压机顺利实现了超高压单缸的理想液压缸布局，而且成为目前世界上最大的单缸模锻液压机。同时，单缸还大大简化了液压传动系统的管路系统和多缸同步控制要求。通过采用超高压泵（60MPa）的直接传动，400MN 模锻液压机的压制速度可在大范围内实现精确可控，而且具备速度曲线跟随能力。这些特性都使得该机特别适于高温合金、高强钢及新型钛合金的锻造要求。对于先进涡轮盘、汽轮机和整体框架等集中载荷、超高抗力零部件的高精度成形，具有重要意义。

③超高压（60MPa）泵直接传动系统。400MN 模锻液压机采用 60MPa 超高压泵直接传动系统设计，具有传动平稳、可靠性高、速度/压力连续可调等特点，特别适合高温合金、钛合金、高强钢等高合金化材料组织控制所需的大范围变化压制速度的要求，可实现超低速锻造和等应变速率的精确控制，为先进模锻工艺及锻件组织控制奠定了基础。

400MN 模锻液压机的主要参数见表 2-3-5。

3）300MN 单缸精密模锻液压机。苏州昆仑先进制造技术装备有限公司的 300MN 单缸精密模锻液压机也是一台全面采用预应力钢丝缠绕及剖分-坎合结构设计的单缸、单牌坊模锻液压机，而且压力达到了 90MPa。

300MN 单缸精密模锻液压机的机身如图 2-3-16 所示。其结构与 400MN 模锻液压机的类似，也是采用预应力钢丝缠绕及剖分-坎合结构设计的，整个机身被分解成 20 个分段，但在机身缠绕施工方法上则体现了新技术创新。采用的是卫星式机器人原位垂直缠绕，即各分段（20 段）在安装基础上且机身处于垂直状态进行组装并缠绕，这是绝无仅有的高难度施工方法。苏州昆仑先进制造技术装备有限公司采用自主创新的全周平衡、分散构形的缠绕机器人成功进行了缠绕施工。这一方法为超大型机身（如 1000MN 液压机机身）的制造难题提供了可靠的解决方案，是预应力钢丝缠绕技术取得了新的突破。

表 2-3-5　400MN 模锻液压机的主要参数

参数名称		参数值
公称力/MN		300
主缸尺寸/mm		1 个、单作用活塞缸设计，活塞直径为 2920 活塞杆直径为 2900
回程-平衡缸尺寸/mm		8 个，内径为 630 活塞杆直径为 610
工作介质		液压油
液体工作压力/MPa		0～60
最大行程/mm		1400
动梁速度/(mm/s)	空程	120
	工作	20～25
	回程	150
允许偏心距/mm		200
柱间距/mm		4200
开口高度(净空高度)/mm		4000
工作台板尺寸/mm(左右×前后)		3500×4500
移动工作台行程/mm		5400
外形尺寸/mm(左右×前后×高)		9800×8300×21665
本体总重/t		3400
净功率/kW		7480
输入功率/kW		11000

该机的主缸也同样是采用预应力钢丝缠绕及剖分-坎合结构的分层、分块组合缠绕结构，其内径达到 2060mm。采用增压-增速双作用增压器。该项目所用增压器具有增压和增速两种工作模式。在增压模式下，增压器又具有两种不同增压比可选择。在最大增压模式下，可将主泵压力（工作压力 31.5MPa）最大增压至 90MPa，此时液压机的额定载荷最大可达 300MN，最大压制速度为 20mm/s。在一般增压模式下，增压后压力最大为 45MPa，锻造公称力约为 150MN，最大压制速度约为 40mm/s。当增压器工作在增速模式时，可在一定的锻造行程内实现系统降压力增速度。在增速模式下，该机最大锻造速度可达 90mm/s，但锻造公称力下降为 65MN。

300MN 单缸精密模锻液压机的主要参数见表 2-3-6。

图 2-3-16 300MN 单缸精密模锻液压机的机身

表 2-3-6 300MN 单缸精密模锻液压机的主要参数

参数名称	参数值
公称力/MN	300
工作缸尺寸/mm	1 个,内径为 2060 活塞杆直径为 2040
回程缸尺寸/mm	4 个,内径为 560 活塞杆直径为 400
油液工作压力/MPa	0-90(系统压力 30, 增压后 90)
最大行程/mm	1400
工作行程/mm	1400
工作速度/(mm/s)	300MN 时,20(行程 200); 150MN 时,40; 100MN 时,64.8 (行程 1400);65MN 时,90
空程速度/(mm/s)	120
回程速度/(mm/s)	150
允许偏心距/mm	100
柱间距/mm	3328
开口高度(净空高度)/mm	4729
工作台板尺寸/mm(左右×前后)	3260×3500
移动工作台行程/mm	4000
外形尺寸/mm(左右×前后×高)	2700×8680×18504
本体总重/t	2000
电机功率/kW	净功率为 5882,输入 功率为 7400

4）800MN 模锻液压机。中国第二重型机械集团公司（简称中国二重）在 800 MN 液压机的研制过程中，认真参考了苏联为法国 Aubert & Duval 设计制造的 650MN 模锻水压机的设计，并结合自身的制造能力，进行了改进和技术创新。

根据公开的文献，800MN 模锻液压机采用的是组合式 C 形板框机身结构。整个机身由 20 块 C 形板分 4 组，与上下十字健梁、夹紧梁和水平预紧拉杆组成含前后两个闭合框架的机身主体。为了增加前后纵向刚度，在机身主体的两侧、上下夹紧梁之间各设置了一副可自由伸长的抗弯侧机架。

C 形板是该组合机身的关键部件之一，由整体机身的立柱部分和半个上下横梁部分构成类似字母“C”的形状。每块 C 形板由 9 块轧制钢板焊接而成，其中立柱部分是 3 段厚度为 320mm 的 20MnMo 钢板，上下横梁（含过渡圆角）各是 3 段厚度为 350mm 的 20MnNiMo 钢板。中国二重凭借其强大的加工能力，采用分步加工方法和质量保证体系，克服了 C 形板长度超长的加工难题，并保证了其尺寸和几何公差。加工后的 C 形板高度为 36119mm、宽度为 4165mm，单重约 250t。

为了防止 C 形板框机身结构在长期使用中出现十字键梁的移动，在机身的设计中增加了十字键梁的定位装置，并对 C 形板、夹紧梁、上十字键梁等关键部件进行了结构受力和预紧力的优化。

除 C 形板及上下 8 根拉杆外，机身的其他主要构件都采用铸钢件。800MN 模锻液压机总重达 22000t，共采用了 80t 以上的大型铸件 32 件，体现了我国在重型铸造技术上新的进步。

该机采用了等公称力的五缸布局，呈“梅花”状排列。每个液压缸的公称力为 160MN，液压缸外径达 2900mm。中间主缸可独立运动，也可作为穿孔缸，最大行程为 2500mm。前后各两个主缸并列在机身牌坊中间，其中心位于机身牌坊的中心线上，最大行程为 2000mm。

该机的工作台面尺寸为 4000mm×8000mm，长度上小于俄罗斯的 750MN 模锻水压机和西南铝业（集团）有限责任公司的 300MN 液压机，这体现了 800MN 模锻液压机希望具备较高压制强度的先进设计理念。该机的活动梁采用大型箱形铸件组合结构，设计制造难度较大。

该机采用了 4 个同步平衡缸，都布置在机身立柱内侧及工作台与动梁之间。对角线的同步平衡液压缸组成一组，上下腔互联，并接到具备瞬间大流量控制能力的高响应液压系统。同步平衡液压缸的内径为 1280mm，活塞杆直径为 600mm，最大平衡力为 21MN，平衡控制精度达 0.2mm/m。

在该机的其他结构设计中，中国二重还提高了主缸的设计强度，以延长其使用寿命；采用滚动式移动工作台（法国 Aubert & Duval 公司 650MN 模锻水压机为滑动式)，以降低工作台滑动副的磨损和驱动力；改进基础底座设计和增加液压机支撑环节，以提高液压机整体的稳定性和抗震能力。

800MN 模锻液压机采用液压油作为工作介质，工作压力为 63MPa。采用 Oilgear 公司的 35MPa 液压泵，经 1∶1.9 的增压器增压到 65MPa，保证了液压缸的工作压力。

800MN 模锻液压机的主要参数见表 2-3-7。

表 2-3-7　800MN 模锻液压机的主要参数

序号	参数名称		参数值
1	工作介质及液体压力	工作介质	液压油
		工作压力(无级调控)/MPa	0~63
2	公称力/MN		800
	最大压制力/MN		800
3	最大垂直穿孔力/MN		160
4	主缸	数量/个	4
		柱塞直径/mm	ϕ1800
		最大压制力/MN	160
		行程/mm	2000
5	垂直穿孔缸	数量/个	1
		柱塞直径/mm	ϕ1800
		最大压制力/MN	160
		行程/mm	2500
6	垂直穿孔回程缸	数量/个	2
		柱塞直径/mm	ϕ780/ϕ450
		回程力/MN	10
		行程/mm	2500
7	工作台移动缸	数量/个	1
		推/拉力/MN	9/4.6
		行程/mm	9500
8	回程缸	数量/个	4
		柱塞直径/mm	ϕ900
		回程力/MN	80(4×20)
9	同步缸	数量/个	4
		活塞直径/mm	ϕ1300/ϕ620
		最大同步力/MN	4×23
10	顶出器	数量/个	3
		公称顶出力/MN	8
		行程/mm	600
		布置方式	1 个中间顶出器，两个布置在液压机外侧
11	主柱塞、垂直穿孔柱塞的工作行程速度/(mm/s)		0.2~30
12	垂直方向压力为 0~400MN 时的最大速度/(mm/s)		30
	垂直方向压力为 400MN~600MN 时的最大速度/(mm/s)		20
	垂直方向压力为 600MN~800MN 时的最大速度/(mm/s)		10
	垂直穿孔力为 160MN 时，最大速度(单独动作)/(mm/s)		50
13	主柱塞、垂直穿孔柱塞的空程和回程速度/(mm/s)		150
14	移动工作台行程速度/(mm/s)		50~250
15	顶出器行程速度/(mm/s)		10~150
16	活动横梁行程/mm		2000
17	垂直穿孔最大行程/mm		2500
18	垂直方向净空高度/mm		5000
19	工作台面尺寸/mm		4000×8000
20	允许最大锻造偏心距(800MN)/mm	横向(左右)	200
		纵向(工作台移动方向)	300
21	活动横梁平行度(同步精度)/(mm/m)		≤0.2
22	活动横梁运动位置精度/mm		≤±1

（续）

序号	参数名称		参数值
23	压制速度精度(%)	0.2~5mm/s	±50
		5~50mm/s	±5
24	下死点压力保压精度(%)		≤±1.25
25	移动工作台运动位置精度/mm		≤±1
26	外形尺寸/mm(长×宽×高)		32000×16260×40060
27	地面以上高度/mm		24660

3.2　多向模锻液压机

3.2.1　用途

多向模锻液压机是黑色金属模锻液压机中发展出的一种。

多向模锻的工艺特点：除了像常规模具的水平分模面外，模具还可以有垂直分模面，并且在模锻工序的同时，可以方便地完成冲孔工序，因此可以生产出不同形状的具有内孔的模锻件，从而节约昂贵的特种金属材料。一些工业发达国家已用来生产石油开采用的不锈钢阀门、火箭壳体及导弹喷嘴等产品。

3.2.2　结构

多向模锻液压机的结构如图 2-3-17 所示。主要特点是增加了一对水平缸 1，有时在活动横梁上还装有穿孔缸 2。

图 2-3-18 所示为垂直分模由穿孔缸完成冲孔工序的多向模锻工艺，图 2-3-19 所示为水平分模由水平缸完成冲孔工序的多向模锻工艺。

我国自行设计并制造了 8MN 及 100MN 多向模锻液压机各一台，100MN 的多向模锻液压机如图 2-3-20 所示，其主要参数见表 2-3-8。国外多向模锻液压机的主要参数见表 2-3-9。

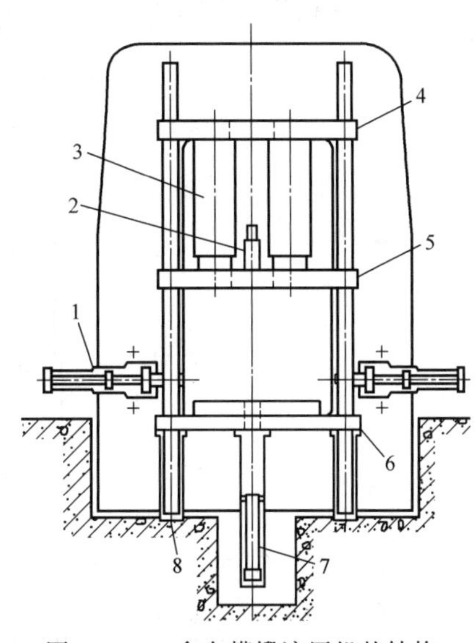

图 2-3-17　多向模锻液压机的结构

1—水平缸　2—穿孔缸　3—主缸　4—上横梁　5—活动横梁　6—下横梁　7—顶出缸　8—回程缸

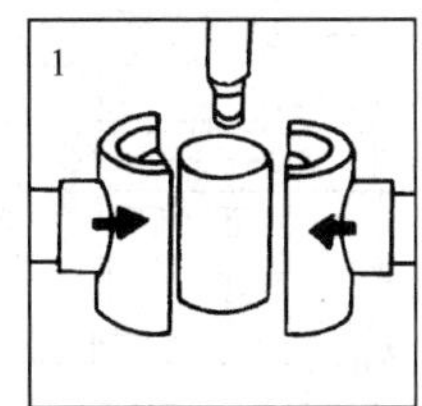

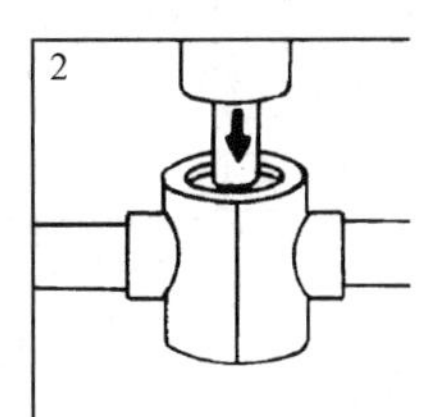

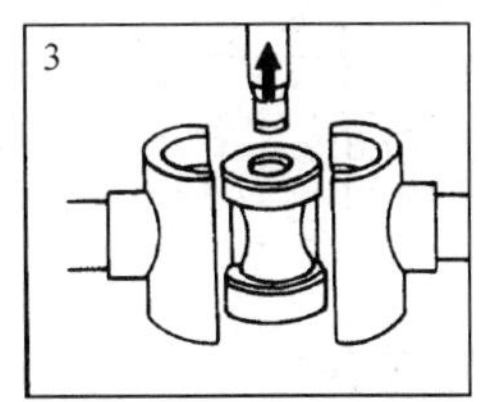

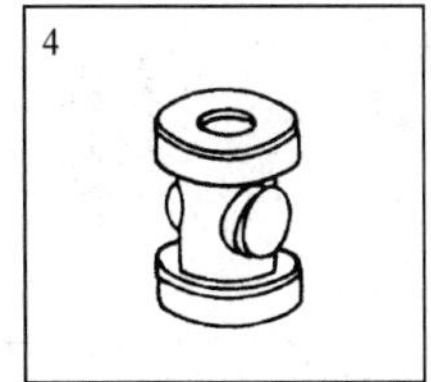

图 2-3-18　垂直分模多向模锻工艺

1—水平锻造　2—垂直冲孔　3—垂直冲头拔出、水平模具分开　4—锻造完成

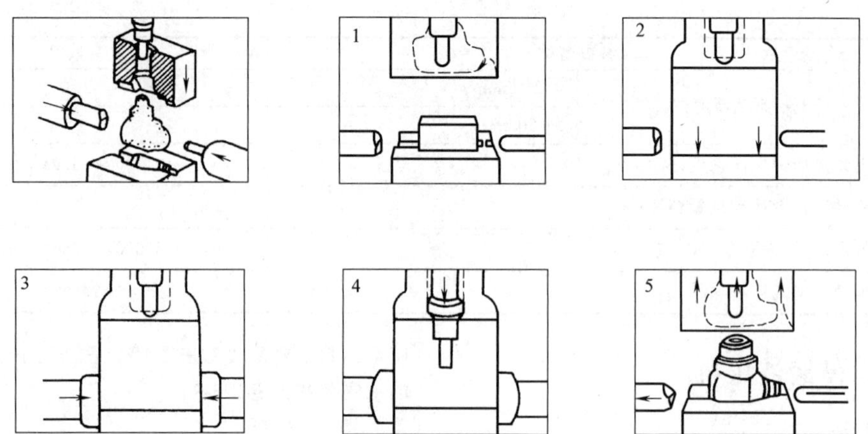

图 2-3-19　水平分模多向模锻工艺

1—锻坯就位　2—垂直锻造　3—水平冲孔　4—垂直冲孔　5—复位

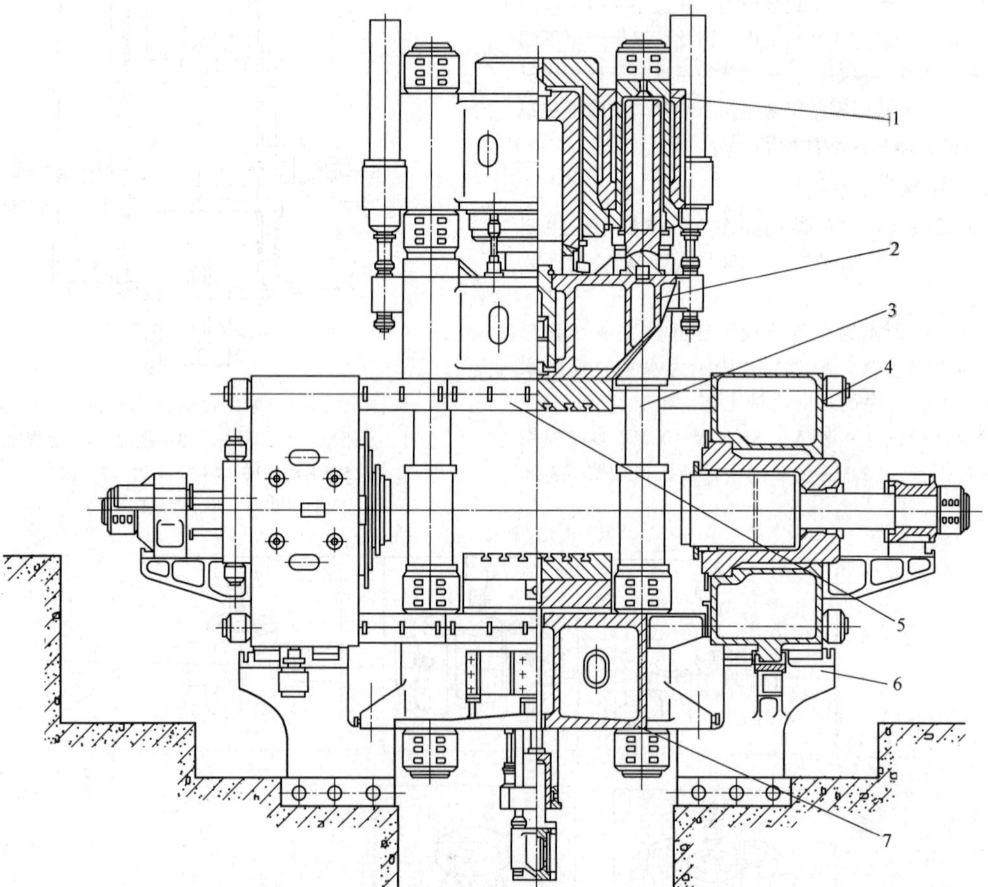

图 2-3-20　国产 100MN 多向模锻液压机

1—上横梁　2—活动横梁　3—立柱　4—水平梁　5—水平柱　6—支承　7—底座

表 2-3-8　国产多向模锻液压机的主要参数

参数名称	参数值	
公称力/MN	8	100
设计制造单位	西安重型机械研究所有限公司设计、上海重型机器厂制造	中国第二重型机械集团公司
使用单位	开封高压阀门有限公司	西南铝业(集团)有限责任公司
压力分级/MN	2.7/5.4/8.0	30/70/100
工作液体	乳化液	乳化液
工作液体压力/10^5Pa	320	320/450
开口高度/mm	2000	2900
水平柱塞端面间距/mm	2000	5800
垂直部分最大行程/mm	800	1600
水平部分最大行程/mm	2×500	2×900
工作行程速度/(mm/s)	125	60
空程及回程速度/(mm/s)	250	150
工作台面尺寸/mm(左右×前后)	1000×1300	3000×3500
允许最大偏心距/mm	50	260
水平缸压力/MN	2×5	2×50
水平缸工作行程速度/(mm/s)	125	30I60
水平缸空程及回程速度/(mm/s)	250	100
顶出器顶出力/kN	500	5000
顶出器最大行程/mm	200	500
最小模具尺寸/mm	—	800×500×300
地面上高度/mm	6760	12800
地面下深度/mm	2600	7500
长度/mm	—	22970
宽度/mm	—	29550
本体总重/t	86.5	—
设备总重/t	203	2147
投入生产年月	1970	1982.3

表 2-3-9　国外多向模锻液压机的主要参数

参数名称	参数值								
公称力/MN	36	45	72	100	180	300	300	315	650
制造单位	LakeErie(美)	Farouhar(美)	Bliss(美)	Baldwin(美)	Cameron(美)	Cameron(英)	Hydraulik(德)	United(美)	HKM3(苏)
使用单位		Cameron(美)		Cameron(美)	Cameron(美)	Cameron(英)	Otto-Fochs(德)	Alcoa(美)	Inter Forge Issoire(法)
投产年月				1953	1961	1967	1964	1955	1976
结构形式		三梁四柱上传动		三梁四柱下拉式	八缸板框式上传动	四缸板框式上传动	单缸框架式上传动	八柱八缸上传动	正侧框架五缸上传动
开口高度/mm	2300	3175		3658	4572		2500	4572	4500
最大行程/mm	1140	1524		1524	2134	3000	1220	2440	1500
工作液体压力/10^5Pa	315	345		345/552	207/414	422	500	315	320/630
水平缸力/MN	2×18	2×18	2×9	2×34.3/4.9	2×20/40	2×60	2×10	2×30	2×70
水平缸行程/mm	610	610		610	1067	1067			
穿孔力/MN				25.5	48	60			150
穿孔行程/mm				610	754	1067			
顶出力/MN		4.3	4.5	6.4	9.4	10.8			
顶出行程/mm		610		610	1524	2133			

3.2.3 典型设备及主要参数

我国第一条 40MN 多向模锻自动化生产线的典型设备及主要参数如下。

1. 生产线概况

由中冶重工（唐山）有限公司自行研制、设计、制造的国内首条 40MN 多向模锻自动化生产线已于 2012 年 7 月正式投产。该生产线采用自动化流水作业，主要工序包括带锯床下料、中频感应加热、高压水除鳞、坯料定位、多向模锻、锻件下线、模具冷却喷涂等。

在生产线上配备三台六轴机械手，均为日本川崎产品，其中两台为 ZX300S 型，分别担任向液压机上料和从液压机中将锻好的锻件取出；另一台为 RS80N 型，担任模具的冷却、清理及喷涂润滑。

中频感应加热炉的功率为 1200kW。

2. 40MN 预应力钢丝缠绕多向模锻液压机

多向模锻液压机在结构设计上的主要特点是在锻造时机身必须同时承受垂直和水平两个方向上的压制载荷力，因此承载机身的设计与制造上的难度较大。

目前，国际重型多向模锻液压机的承载机身主要采用整体机身结构和独立水平机身结构两种形式。整体机身结构受力情况严酷，都采用性能好的厚钢板层叠结构，而且水平载荷一般不大于垂直载荷的 1/4。独立水平机身结构中垂直和水平载荷引起的应力互不影响，但垂直机身和水平机身的工作区重叠，必须互相避让，从而极大地增加了设计难度。

清华大学机械工程系林峰教授领导的设计组与中冶重工（唐山）有限公司共同设计了全新结构形式的 40MN 预应力钢丝缠绕多向模锻液压机。在清华大学成熟的预应力钢丝缠绕机身技术的基础上，提出一种全新的“正交预紧机身”，如图 2-3-21 所示。

在正交预紧机身中，将机身轮廓的圆弧分为 4 段，即上圆弧梁、下圆弧梁、左圆弧梁和右圆弧梁，分别置于机身的上下和两侧，圆弧之间则用立柱的直线段连接。由于缠绕的钢丝在直线段不会产生预紧力，因此图 2-3-21 所示的机身轮廓可以将预应力钢丝缠绕产生的预紧力集中到上下和左右 4 个位置，构成垂直和水平两个正交方向的预紧力（P_v 和 P_h），与多向模锻时产生的垂直和水平方向上对机身的压制载荷力（F_v 和 F_h）相平衡。

由于预应力钢丝缠绕技术的特点，正交预紧机身在垂直和水平方向上产生的预紧力能够分别达到多向模锻时在垂直和水平方向上最大压制载荷力的 1.2~2.0 倍，甚至更高，可以有效地保证整体机身在承受多向载荷单独或联合作用时的安全性。

40MN/64MN 多向模锻液压机的垂直最大压制载荷力为 40MN，水平最大压制载荷力为 2×8MN，下穿孔最大压制载荷力为 8MN，4 个方向的总共压制载荷力为 64MN。

新型 40MN/64MN 多向模锻液压机已经热试成功，并于 2012 年正式投产。生产实践表明，正交预紧机身有效地承受了垂直和水平压制载荷的作用，保持了良好的整体性和承载能力。

图 2-3-22 所示为 40MN/64MN 多向模锻液压机，表 2-3-10 列出了其主要参数。

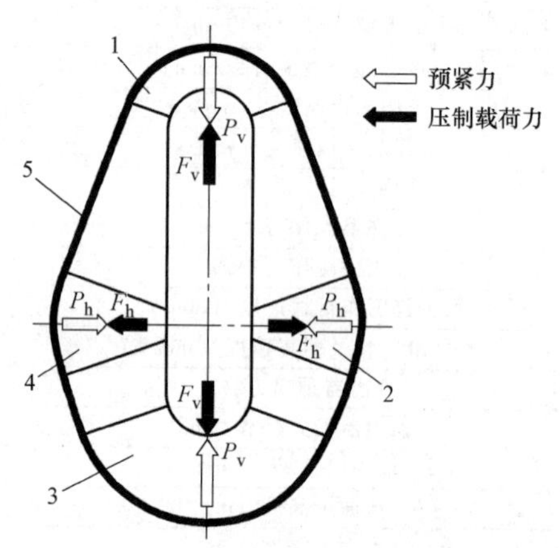

图 2-3-21 预应力钢丝缠绕“正交预紧机身”
1—上圆弧梁 2—右圆弧梁 3—下圆弧梁
4—左圆弧梁 5—预应力钢丝

图 2-3-22 40MN/64MN 多向模锻液压机

3. 典型锻件产品

该生产线已成功锻造出材质为 20 钢的 6in（in = 25.4mm）真空阀体（见图 2-3-23）和材质为 F347、F321、F304、F11、F91、A105 的 3in 加氢阀体（见图 2-3-24）。

表 2-3-10　40MN/64MN 多向模锻液压机的主要参数

参数名称	参数值	
公称力/MN	40	
最大压制载荷力/MN	垂直	40/24
	水平	2×8
	下顶出	8
工作液压/MPa	58	
最大行程/mm	动梁	840
	中间穿孔缸	840
	水平侧缸	420
	下顶出	420
速度/(mm/s)	动梁	空程,200
		回程,200
		压制,80
	中间穿孔缸	空程,200
		回程,200
		压制,50
	水平侧缸	空程,200
		回程,200
		压制,50
	下顶出	空程,200
		回程,200
		顶出,50
允许最大偏心距/mm	垂直	120
	水平	120
闭合高度/mm	垂直	2026
	水平	1460
输入功率/kW	2500	

图 2-3-23　6in 真空阀体多向模锻件

图 2-3-24　3in 加氢阀体多向模锻件

3.3　等温锻造液压机

3.3.1　用途

超塑性指金属在一定温度范围内和一定组织结构条件下，以一定低应变速率进行变形时可出现超常好的塑性指标，且流动应力极低的金属特性，又分为微晶超塑性和相变超塑性。等温锻造是在保持锻件的锻造温度基本不变的情况下进行锻造，一般是在十分慢的变形速度下进行，因此合适的等温锻造条件常可使金属在超塑性状态下变形。

等温锻造时，应保持模具的温度基本不变并等于锻件的温度，以消除锻件毛坯与模具之间的热传导损失。

等温锻造（超塑性）具有以下显著的优点：

1）显著提高金属材料的塑性。

2）极大地降低了金属的变形抗力，只相当于普通模锻的几分之一到几十分之一。

3）能使形状复杂、薄壁、高筋的锻件在一次模锻中锻成，而用普通模锻时，则需要多次模锻（多次加热），从而影响锻件的表面质量。普通模锻时锻件缺陷的表面厚度为 0.25mm 左右，而等温模锻件则为 0.05mm 左右。

4）金属充满型槽的性能良好，可以得到尺寸精密的锻件，减少切削加工量，节约金属。

5）锻件晶粒组织细小均匀，因此产品整体上有均匀的力学性能。

表 2-3-11 列出了钛合金涡轮盘锻件的两种模锻工艺比较。

表 2-3-11　两种模锻工艺比较

工艺参数	普通模锻	等温锻造
毛坯加热温度/℃	940	940
模具加热温度/℃	480	940
变形速度/(mm/s)	12.7~42.3	0.025
平均单位压力/10^6Pa	50.0~58.3	11.7
模锻工步次数/次	4	1

航空工业中常用的钛合金、高温合金、粉末合金等高性能材料的锻造温度范围窄、变形抗力大，使用常规的模锻方法成形困难重重，此类难变形合金材料用等温锻造技术可以很好地模锻成形，所以等温锻造技术在航空材料压力加工中得到了较为广泛的应用。

美国铝业公司、美国国家宇航局、美国 Wyman-Gordon 公司等采用等温锻造技术制造 Ti-6Al-6V-2Sn 钛合金的飞机大梁、Ti-6Al-6V-2Sn 钛合金起落架前轮、Ti-6Al-4V 钛合金框架加强板、TAZ-8A 高温合金的涡轮叶片、飞机水平安定面连杆、舱隔及轴承支座等。

目前，宝钢集团上海五钢有限公司（原上钢五厂)、航空工业陕西宏远航空锻造有限责任公司（原航空 148 厂)、中航工业贵州安大航空锻造公司（原航空 3007 厂）等单位运用等温锻造技术研制生产出了大量铝合金、钛合金、高温合金、粉末合金等大中小型高品质航空锻件，主要有 TC11 钛合金压气机盘、TC6 钛合金压气机盘、TC17 钛合金压气机盘、β-T25 钛合金压气机盘、TA19 钛合金发动机机匣、TC4 钛合金发动机轴颈、TB6 钛合金飞机隔框、TA15 钛合金整体框、GH4169 高温合金压气机盘、FGH95 粉末冶金高温合金涡轮盘等大量等温锻件。

3.3.2　结构

等温锻造液压机的结构与大型模锻液压机结构相同，一般也都有框架式机身和预应力钢丝缠绕机身两种结构。这两种结构已经在本章 3.1 节中进行了说明，此处不再描述。

3.3.3　典型设备及主要参数

常用材料最佳超塑性应变速率范围为 10^{-4} ~ $10^{-2}s^{-1}$，对应液压机活动横梁的速度是 0.1 ~ 0.001mm/s。而一般液压机活动横梁的速度范围是 5 ~ 150mm/s，显然不能适应超塑性工艺的要求。用于等温锻造的模锻液压机应具有下述两个特点：

1）能在整个模锻过程中（2 ~ 8min）保持模具温度等于锻件的锻造温度。

2）能控制比较合适的很慢的变形速度，且在不同变形阶段能有不同的最佳变形速度。例如，在毛坯变形的初始阶段，可以采取较大的应变速率进行锻造，然后再以小的应变速率锻造，最后从毛坯的充填需要和材料的反弹角度考虑，进行一段时间保压。

1. 国外等温锻造液压机及主要参数

美国喀麦隆公司曾将其在休斯敦工厂的一台 80MN 液压机改装成等温锻造液压机。日本住友公司已有 HCF-1500 型等温锻造液压机商品出售。苏联中央锻压机械设计局和第聂伯罗彼得罗夫斯克重型压力机生产联合体共同研制的 K20.601 型超塑性锻造液压机已投入批量生产，它可用于模锻铝合金、镁合金、钛合金和钢的封头、法兰、套管及十字管等，其主要参数见表 2-3-12。

表 2-3-12　K20.601 型超塑性锻造液压机的主要参数

参数名称	参数值
上工作缸作用力/MN	12.5
下工作缸作用力/MN	12.5
顶出器作用力/MN	4
工作液体压力/10^5Pa	320
净空高度/mm	3000
活动横梁行程/mm	1600
顶出器行程/mm	500
移动工作台尺寸/mm（前后×左右）	2500×2000
普通模锻工作行程速度/(mm/s)	8 ~ 16
超塑性模锻行程速度/(mm/s)	0.2 ~ 2.0
空程速度/(mm/s)	100
外形平面尺寸/mm（前后×左右）	15000×9000
高度/mm	1486
液压机重量/t	505

2. 国内等温锻造液压机及主要参数

1）THP 10 系列等温锻造液压机。天津市天锻压力机有限公司生产的等温锻造液压机有 THP10 系列，其中最大的 THP10 8000 为 80MN，它的机身是钢板焊接预应力组合框架，共有 5 个工作缸，中间工作缸作用力为 60MN，四角各布置一个 10MN 的工作缸，当液体工作压力为 25MPa 时，总作用力为 80MN，而当工作压力为 31.5MPa 时，最大作用力为 100MN。等温锻造时的工作行程速度为 0.5 ~ 0.005mm/s，用比例伺服阀（力士乐产品）闭环控制，总的速度控制采取泵控加阀控，能够实现微米级别的速度控制。在超微速锻造时，有等速、等应变和变应变三种控制速度模式。

利用四角 4 个侧缸来调平纠偏，4 个角上各装有一套索尼的直线位移传感器，当位移传感器的读数间有差异时，用侧缸各自的比例伺服阀来自动调整（共 4 套比例伺服阀)，以保持活动横梁的水平，精度可达 0.04 ~ 0.05mm/m。而中间主缸的速度则应略滞后于 4 个侧缸。该机已使用投产，用以锻造钛合金等锻件，其主要参数见表 2-3-13。

表 2-3-13　THP10 系列等温锻造液压机的主要参数

参数名称	参数值	
	THP10-2000B	THP10-8000
公称力(25MPa)/MN	20	80
回程力/MN	3	5.6
耐压力(31.5MPa)/MN		100
工作压力/MPa	25	25
系统耐压力/MPa		31.5
压力分级/MN		40、60、80
最大开口高度/mm	2500	2500
活动横梁行程/mm	1000	1600

（续）

<table>
<tr><td colspan="2" rowspan="2">参数名称</td><td colspan="2">参数值</td></tr>
<tr><td>THP10-2000B</td><td>THP10-8000</td></tr>
<tr><td colspan="2">上顶出器行程/mm</td><td>100</td><td>200</td></tr>
<tr><td colspan="2">下顶出器行程/mm</td><td>500</td><td>400</td></tr>
<tr><td colspan="2">移动工作台行程/mm</td><td>1800</td><td>3500</td></tr>
<tr><td rowspan="6">动梁速度
/(mm/s)</td><td>空程下降(快)</td><td rowspan="2">200</td><td>100</td></tr>
<tr><td>空程下降(慢)</td><td>20</td></tr>
<tr><td>工作速度(一般)</td><td>0.1~60</td><td>0.5~10</td></tr>
<tr><td>工作速度(慢速)</td><td>0.002~0.1</td><td>0.005~0.5</td></tr>
<tr><td>回程</td><td>120</td><td>100</td></tr>
<tr><td>漫速回程</td><td></td><td>20</td></tr>
<tr><td colspan="2">上顶出器顶出力/kN</td><td>1000</td><td>315</td></tr>
<tr><td colspan="2">下顶出器顶出力/kN</td><td>2000</td><td>630</td></tr>
<tr><td colspan="2">移动工作台推动力/kN</td><td>10</td><td>60t(承载能力)</td></tr>
<tr><td colspan="2">移动工作台有效面积(左右×前后)/mm</td><td>1500×1700</td><td>3000×3500</td></tr>
<tr><td colspan="2">移动工作台移动速度/(mm/s)</td><td>80</td><td>60</td></tr>
<tr><td colspan="2">移动工作台上平面距地面高/mm</td><td>350</td><td></td></tr>
<tr><td colspan="2">上、下顶出器工作速度/(mm/s)</td><td>30</td><td></td></tr>
<tr><td colspan="2">框架左、右净空距/mm</td><td>2000</td><td></td></tr>
<tr><td colspan="2">任意压力下保压时间/min</td><td></td><td>≥100</td></tr>
<tr><td colspan="2">允许偏心距(15MN 作用力时)/mm</td><td></td><td>ϕ200</td></tr>
<tr><td colspan="2">总功率/kW</td><td>445</td><td>1460</td></tr>
<tr><td colspan="2">机器总重/t</td><td>160</td><td>631</td></tr>
<tr><td rowspan="3">机器轮廓尺寸
/mm</td><td>左右×前后</td><td>13200×9680</td><td>18638×16720</td></tr>
<tr><td>地面上高</td><td>8415</td><td>11030</td></tr>
<tr><td>地面下深</td><td>2700</td><td>5500</td></tr>
</table>

2）25MN 等温锻造液压机。徐州压力机械有限公司生产的 25 MN 数控等温锻造液压机适用于航空发动机钛合金叶片的超塑性成形工艺，1999 年年底在西安航空发动机公司投入生产。

它的机身为钢板焊接预应力组合框架，工作缸共有 4 个，对称分布。活动横梁的导向为四角八面平面导向。

25MN 等温锻造液压机的技术特点如下：

① 低速的实现及其控制。等温锻造要求活动横梁的工作速度为 0.05~0.30mm/s，速度稳定性误差为±0.03mm/s。通过控制比例伺服阀开口的大小来改变输出流量，以实现低速。为保持比例伺服阀调定的输出流量的稳定，比例伺服阀接有压力补偿器，以保持比例伺服阀进出口之间有稳定的压差，一般压差 Δp 为 3.5MPa。比例伺服阀采用德国 BOSCH 公司产品。在回程缸油路还设有一个比例减压溢流阀，以使回程缸能保持一个恒定的背压，从而保持低速的稳定性。

② 偏载时活动横梁的调平控制。在 25MN 的负载下，速度为 0.05~0.30mm/s，要求负载偏心 200mm 时，活动横梁的倾斜不大于 0.25mm/m。4 个工作缸呈矩形分布，为控制动梁前后、左右 4 个方向的平行度，采用 4 个比例伺服阀分别控制 4 个工作缸的位移和速度，以实现 4 个工作缸的同步。即使各缸的负载不同，由于比例伺服阀装有压力补偿器，使比例伺服阀输入输出口保持一个恒定的压差，从而使比例伺服阀保持一个恒定的输出流量，不会随负载的变化而变化。在动梁的四角装有 4 套行程检测机构，分别检测动梁四角的位移，以一个角的行程检测机构检测到的位移为基准，其他 3 个行程检测机构检测到的位移分别与之比较。当出现偏差时，检测结果被反馈到工业控制计算机，经工业控制计算机运算处理后，控制比例电磁铁，改变比例伺服阀的开口大小及其输出流量，使 4 个工作缸保持同步。

③ 动梁的位置精度与位置重复精度。25MN 等温锻造液压机要求的位置精度误差为±0.1mm，位置重复精度误差为 0.05mm。它们也是由比例伺服阀来控制实现。当动梁位移接近设定位移值时，使比例伺服阀的开口变小，输出流量变小，动梁速度减慢，接近设定位置，然后停止，从而准确定位。

④ 保压时压力的稳定。25MN 等温锻造液压机

要求保压时的压力稳定性误差为±3%，当定压压制时，主缸压力达到设定压力时开始保压，压力传感器检测主缸压力，当压力出现变化时，检测结果被送到工业控制计算机运算处理后，控制比例伺服阀开口大小，使主缸补压或卸压。

⑤ 温度控制系统包括加热装置、水冷板、温控仪、水冷系统等。采用中频感应加热，分为上、下两部分。超塑性成形模具安装在加热装置内，分模面和加热装置上、下两部分结合面一致。加热装置上、下两部分均有多处测温口。

水冷板分上、下水冷板，用以防止加热板的热量传到液压机的动梁和工作台上，水冷板内通循环水。加热装置、模具和水冷板之间加水泥石棉板隔热。温控仪采用动圈式。

⑥ 电控系统采用工业控制计算机和可编程序控制器（PLC）双机系统，PLC 完成对外围常规器件的操作，工业控制计算机完成位置检测、控制运算和各比例系统的控制。

25MN 等温锻造液压机的主要参数见表 2-3-14。

表 2-3-14　25MN 等温锻造液压机的主要参数

参数名称		参数值
公称力/MN		25
回程力/MN		2
顶出力/MN		2
动梁行程/mm		1500
顶出缸行程/mm		500
打料行程/mm		100
开口高度/mm		2500
打料力/kN		200
动梁速度/(mm/s)	快下	100~200
	等温锻工作速度	0.05~0.30
	普通锻工作速度	0.3~5
	漫速回程	1~5
	快速回程	90
顶出缸顶出速度/(mm/s)		90
工作台有效尺寸/mm	左右	2500
	前后	1800
移动工作台载重/t		30
液体工作压力/MPa		25
工件工作温度/℃		≤1200

3）200MN 等温锻造液压机。200MN 等温锻造液压机于 2015 年在中航工业集团陕西宏远航空锻造有限责任公司热载试车成功。该机结构件采用超厚钢板焊接而成，机身采用多拉杆预紧框架式结构。设备开口高度为 3600mm，具有上、下顶料装置，可实现单独控制和同步工作。具有双 ┣形移动工作台，可满足不同尺寸工件的锻造需求。该机具备锻造速度和位移精确可控功能，尤其是通过滑块工作速度 0.005mm/s 的超低速控制能力，提高了锻件的综合性能及整个锻件的变形均匀性，达到机械加工量少的目标。

该液压机本体由机身、主缸、侧缸、滑块（组合结构）、上顶出缸、四角调平装置、移动工作台、上水冷板、移动工作台导轨、下顶出装置、滑块锁紧装置、工作台锁紧装置等部分组成，如图 2-3-25 所示。

200MN 等温锻造液压机的主要参数见表 2-3-15。

图 2-3-25　200MN 等温锻造液压机

表 2-3-15　200MN 等温锻造液压机的主要参数

参数名称		参数值
公称力/MN		40~200
回程力/MN		16
液体最大工作压力/MPa		31.5
顶出力/MN		2
滑块行程/mm		1600
滑块速度/(mm/s)	模锻	0.5~10
	等温锻造	0.005~0.5
在 200MN 载荷下承力面尺寸/mm		2350×2700

4）400MN 等温锻造液压机。安装在西安三角防务股份有限公司的 400MN 大型等温锻造液压机不仅具有模锻功能，还具有等温锻功能。该机等温锻时，锻造速度为 0.01~0.5mm/s。该机结构特点及主要参数在本章 3.1 节中已经介绍，此处不再描述。

3.4　中小型模锻液压机

3.4.1　用途

由于节约能源及昂贵的各种高强、高合金材料的需要，近年来精密模锻工艺发展很快。例如，常规模锻的模锻斜度是 3°~7°，而在精密模锻中希望将模锻模斜度降低到 0.5°~1°，甚至是 0°。由于液压机的加压速率易于控制，因此更适合于精密模锻。

3.4.2　结构

精密模锻工艺对液压机提出了一系列新的要求：

1）机身应有足够的刚度，以便能够得到具有很小尺寸公差的锻件。

2）应具有很好的抗偏心载荷能力，以便在偏心载荷时仍能得到精密的锻件。

3）滑块（活动横梁）的导向结构应能保证所需的水平方向尺寸精度。

4）控制系统应能准确控制活动横梁的停位精度，以便保证垂直方向的尺寸精度。

5）应有模具预热装置，以便将模具温度调节到较优的水平，并能防止机身受热。

3.4.3　典型设备及主要参数

1）下面介绍日本住友重机械工业株式会社（Sumitomo Heavy Machinery Co. Ltd）推出的 HCF 系列中小型模锻液压机。

该系列液压机采用长的 8 个平行平面的滑块导向机构，减少了偏心载荷引起的反作用力，导向间隙易于调整；导向面做成分段式，可以方便地更换容易磨损的导轨下部衬板。

该模锻液压机的特点是在一个小面积上施加比较大的作用力，因此必须把模锻力尽可能均匀地分布到机身上，以减少应力集中。

HCF 系列中小型模锻液压机采用了切换时间短而恒定的液压逻辑阀，从而保证了滑块的停位精度。高压管道内液体（油）的可压缩性对阀的动作响应时间有影响，因此应尽量减少高压管道的长度。采取在液压机顶部安置充液油箱及液压逻辑阀集成块，充液阀与泄压阀组合在一起，安装于充液油箱中，可以在短时间内实现无冲击地泄压。将模锻终了时滑块停留时间缩短到最短，以提高生产率及锻件精度，并减少锻件温度的降低，改善锻件表面质量。

该系列模锻液压机的停位精度比自由锻液压机高一个数量级，要求在±0.1mm 左右。为此，滑块行程位置检测系统应有高的检测精度，能经受由于加压及泄压引起的振动，可靠性好，并且安装方便，占据空间不大。住友公司采用了发条传动装置的检测器，内部装有编码器，发条传动装置给绳索以恒定的张力，用马达的转角来检测绳索端部的线位移，它可抗冲击、可靠性高。采用在滑块两侧检测行程位置的双测量系统，以消除偏心载荷时滑块倾斜的影响。

检测出的滑块行程包含了由于以下变形引起的累积误差：

① 工作台的挠度。

② 模具的压缩变形。

③ 滑块的压缩变形。

④ 机身的伸长。

上述变形量的总和随施加的锻造变形力而变化。住友系统中包含有校正功能，它可以根据工作压力的变化来自动校正检测出的行程。

由于电气及液压系统的滞后，在设定停止位置后，滑块会超程。此超程量与停止指令给出时的加压速率及指令传递系统的滞后有关。住友系统将加压速率反馈回去并相应将加压速率减低到某一水平以减少超程。因此，可以将停位精度控制到小于±0.1mm。

图 2-3-26 所示为滑块停位附近的行程-时间曲线。锻造过程中，模具的温度对锻件的表面质量、金属的流动及模具的强度均有很大影响。当生产批量很大时，依靠从毛坯传来的热量足以防止模具降温，但在小批量生产形状复杂的锻件及模锻塑性成形性能不好的材料时，就需要有预热装置及保温装置。采用装于模座中的加热器来预热模具并将模具表面温度保持在 150～300℃。为了使模具表面温度保持在 300℃ 左右，模座本身也需要加热到比较高的温度。为了减少热量传到液压机机身上，在模座与滑块及工作台之间安装有隔热板及水冷却板。

中小型模锻液压机常用于小批量生产，因此应提高液压机工作的柔性。快速更换及装夹模具是一个有效的措施，滑块及工作台内均应安装液压顶出装置。

日本住友重机械株式会社生产的 HCF 系列中小型模锻液压机及其主要参数见图 2-3-27 及表 2-3-16。

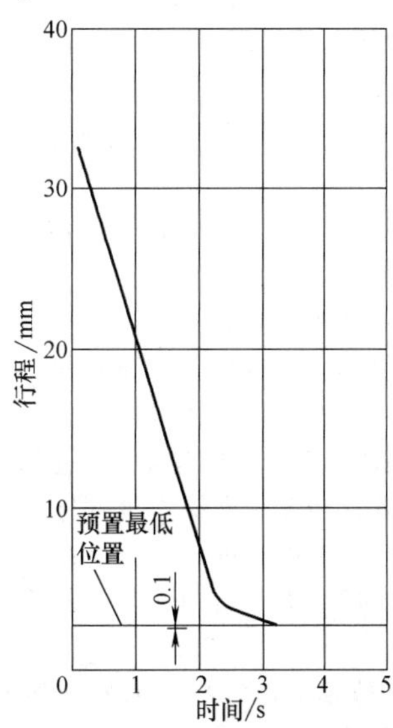

图 2-3-26　滑块行程-时间曲线

表 2-3-16　HCF 系列中小型模锻液压机的主要参数（Sumitomo）

参数名称	参数值				
公称力/MN	5.0	10.0	15.0	20.0	30.0
行程 S/mm	800	900	1000	1200	1500
开口高度 H/mm	1000	1200	1500	2000	2500
模座边长(正方形)A/mm	800	900	1000	1200	1500
地面上高 B/mm	5000	6000	7000	8000	10000
地坑深 C/mm	1600	1800	2000	2200	2600

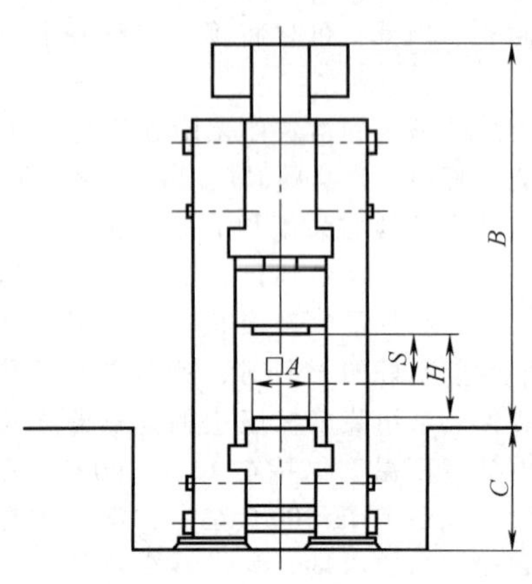

图 2-3-27　HCF 系列中小型模锻液压机（Sumitomo）

2）德国拉斯科（Lasco）公司生产有多种系列的中小型热模锻液压机，其中 VPA、VPE 系列用于热挤压、热镦锻、预成形及切边和矫直，公称力为 2500~50000kN；VPZ 系列用于冲孔、拉伸和缩口，公称力为 5000~31500kN。

Lasco 生产的 AR 系列热模锻液压机用于自动进行长形锻件（如汽车前梁）的预成形。

AR 系列热模锻液压机配备有悬挂式自动操作机，可以将汽车前梁等长形锻件的方钢坯预锻成形，如图 2-3-28 所示，AR 系列热模锻液压机组如图 2-3-29 所示。

AR 系列热模锻液压机加压速度快，每分钟可加压 60 次（包含操作机动作时间），上、下砧可以横向迅速更换，由平砧换为凹砧，如图 2-3-30 所示。

由于有图 2-3-29 中的支承导向板，工件自由端不会弯曲变形。当工件需要两端均锻压时（如汽车前梁），则液压机可以前后各配一台悬臂操作机，如图 2-3-31 所示。当第一台操作机夹持工件把一端锻完时，第二台操作机接过工件，锻造另一端，此时第一台操作机即可夹取新的钢坯，因此生产率可大为提高。

AR 系列热模锻液压机组的外观如图 2-3-32 所示。AR 系列热模锻液压机与辊锻机制坯相比，柔性好，可以容易而快速地更换砧型。另外，工具成本

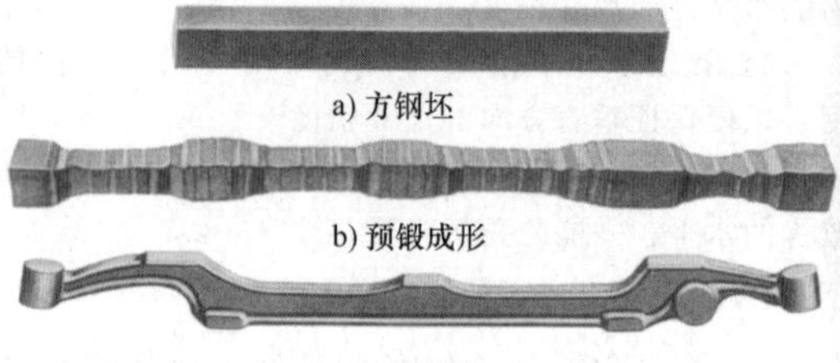

a) 方钢坯

b) 预锻成形

c) 终锻件

图 2-3-28　汽车前梁锻造工序

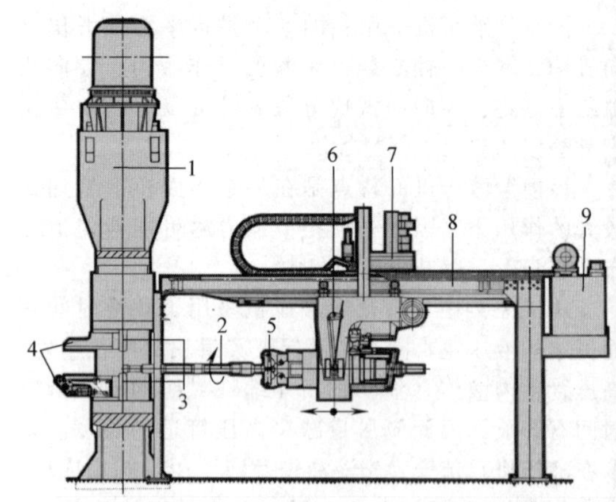

图 2-3-29　AR 系列热模锻液压机组（Lasco）
1—多用途高速热模锻液压机　2—工件　3—预成形工具（平砧）　4—支承工件自由端的导向板　5—夹钳（可液压旋转）　6—滑动架（有四速液压纵向送进）　7—液压控制阀块　8—悬臂滑动架　9—液压站

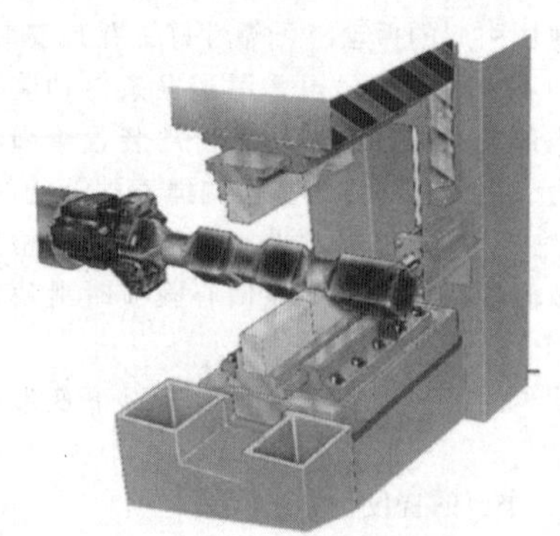

图 2-3-30　横向快速换砧

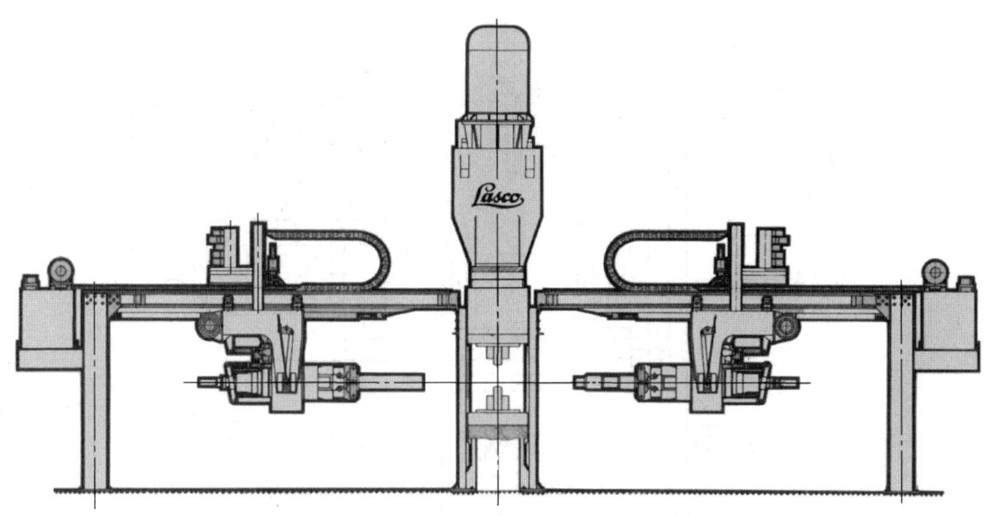

图 2-3-31　配备两台悬臂操作机的液压机

图 2-3-32　AR 系列热模锻液压机组的外观（Lasco）

低，砧型磨损后可以简单地加工修复，而辊锻模在磨损后的修复则十分昂贵，而且每一种预成形形式都需要一套相应的专用模具。

AR 系列锻造液压机的操作过程全由计算机自动控制，各种预成形程序均可预先存储。

图 2-3-32 所示为 Lasco 公司生产汽车前梁及曲轴的生产线，可生产重量小于 120kg 的前梁，每根需时仅 76s；可生产重量 100kg 的曲轴，每根需时仅 120s。

3.5　模锻液压机中的同步平衡系统

同步平衡系统根据补偿原理可分为同步补偿系统、同步节流系统和同步补偿与回程缸节流系统等，其详细原理见本章 3.1.3，在此不再赘述。

美国的两台 315MN 模锻液压机、洛维公司的 450MN 模锻液压机和苏联乌拉尔重型机械厂（Y_3TM）的 300MN 模锻液压机均采用同步补偿系统，我国西南铝业（集团）有限责任公司 300MN 模锻液压机采用的也是同步补偿系统。苏联的 750MN 和 300MN 的模锻液压机采用同步节流系统。法国的 650MN 模锻液压机采用同步补偿与回程缸节流系统。

我国西南铝业（集团）有限责任公司 300MN 模锻液压机同步平衡系统的改造如下。

该液压机原同步平衡系统为同步补偿系统，如图 2-3-33 所示。

动梁倾斜度的检测为变压器方式连接的自整角机组，控制元件为电压继电器，液压部分的主控元件为电液换向阀。为使每次加压结束后同步缸各腔具有相同的基准压力，设置了由电磁分配器控制的 4 个液压闸阀，基准压力由中压蓄势器提供，液压油由径向柱塞泵供给。

改造前的同步平衡系统存在如下问题：

1）不能进行无载调节。在无载时（回程与空程）不能投入工作，否则系统会失去稳定而导致质量很大的活动横梁剧烈振荡。由于无载时不能进行调节，致使加载前动梁有较大的初始倾斜，只能在动梁压住锻件后，靠人工点动调整，大大影响生产率的提高。

2）性能较差。电、液环节总时滞较大，系统性

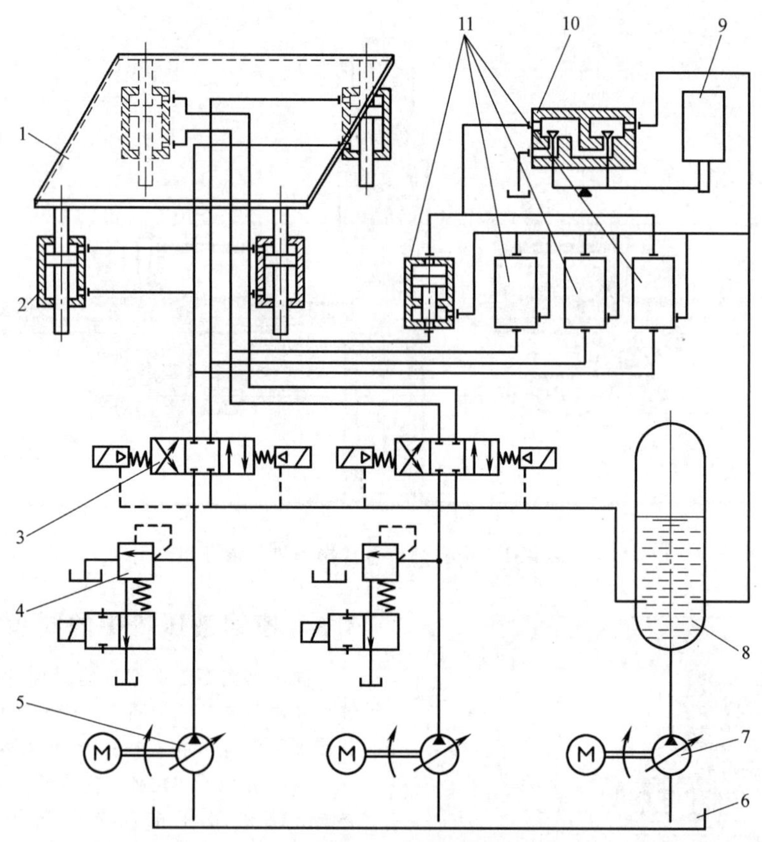

图 2-3-33　300MN 液压机原同步平衡系统

1—活动横梁　2—同步缸　3—电液方向阀　4—电控卸荷溢流阀　5—径向手动变量泵　6—油箱　7—叶片泵　8—蓄能器　9—电磁铁　10—分配器　11—液压闸阀

能不够理想，尤其是液压系统原理上的原因，如系统动特性较差，动态偏差大及过渡过程长等，严重时导致保护装置动作而使整机停车。

3）基准压力选择过高。系统供液压力为 200×10^5Pa，蓄能器的基准压力为 65×10^5Pa，同步缸上、下腔所能达到的最大压差为 135×10^5Pa，压利用率仅为 2/3，系统的平衡能力尚有潜力可利用。

4）辅助机构过多，维修工作量大。

5）液压泵损坏频繁。原系统要求液压泵在整个加压期间始终满载运转，加上液压泵制造质量不高，导致液压泵损坏频繁。

该系统由西安重型机械研究所负责进行改造，改造后的同步平衡系统如图 2-3-34 所示。

按变压器方式连接的自整角机组，通过位移转角变换及增速机构检测动梁水平度。如果动梁发生倾斜，自整角机组将有相应的输出，经鉴相、滤波、放大后，得到的反馈电压在电平检测器与整定电压（相应于动梁的死区）进行比较，当前者小于后者时，电平检测器无输出，其后的电液环节仍处于零位状态。当反馈电压大于或等于整定电压时，电平检测器输出固定幅度的方波，此方波与压力机运行状态进行逻辑组合后，使相关的电子开关导通，相应的阀门动作，泵瞬间升压并向需要增压的同步缸相应腔内补液，产生平衡力矩，动梁倾斜减少并降至零，然后反向旋转校回。当反馈电压等于或小于整定电压与返回系数的乘积时，电平检测器输出为零，系统回复到零位状态，所有控制阀门断电，泵空运转，同步缸封闭。

与原系统相比，新系统在元件及控制原理上有如下改进：

1）电气系统全部采用半导体线路，电子开关采用可控硅，因而电气系统的时滞很小，逻辑组合控制部分为系统在有载与无载两种情况下采用变参数调节创造了条件。

2）主控阀门改用插装式锥阀，动作时滞（包括先导阀）仅为 0.03s，包括电气、检测系统在内，系统的总时滞也不大于 0.05s，比原系统缩短了半个数量级。

3）基准压力的获得不采用蓄能器而采用溢流阀，不仅避免了原系统中气体进入同步缸的现象，而且使压力稳定度提高。基准压力由原 65×10^5Pa 降为 25×10^5Pa，提高了系统的平衡能力。

4）为使系统在有载与无载两种工作状况下以不同的补偿流量工作（即不同的系统总放大系数），图 2-3-34 中的阀 5、6、11 构成了变流量环节。节流阀 5、远程调压阀 11 均可调整无载时的补偿流量，但特性有所不同。有载时的补偿流量由变量泵调整，二者的转换由负载特性控制阀 6 控制。

5）泵的卸荷装置不采用升压迟钝的电控溢流阀，改用插装式锥阀，泵仅在需要补偿的瞬间负载运行，其余时间均为空转。

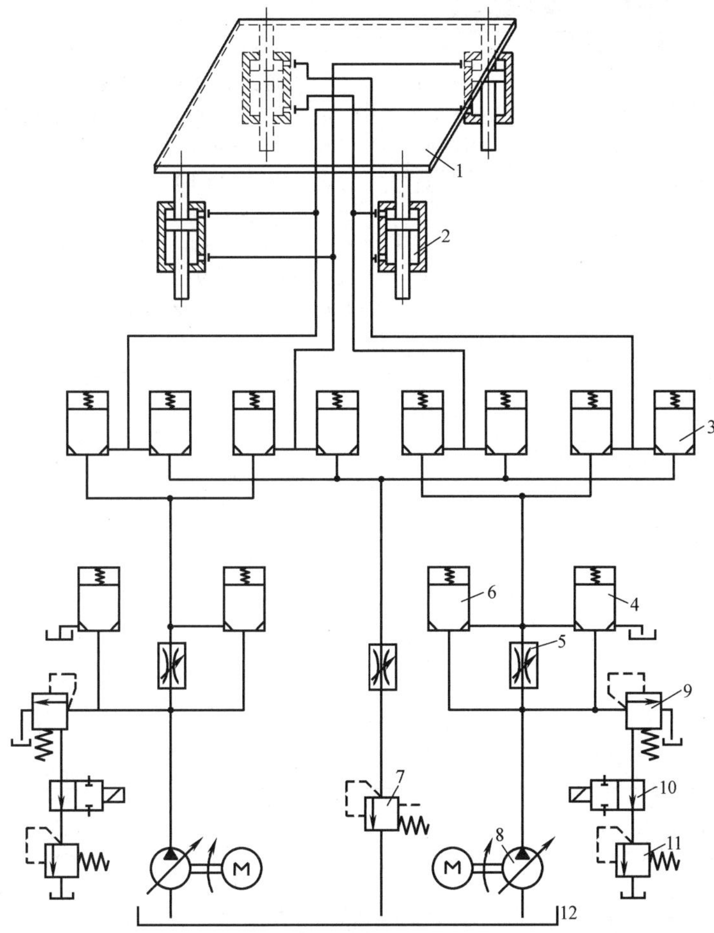

图 2-3-34　改造后同步平衡系统

1—活动横梁　2—同步缸　3—主控插装阀组　4—循环阀　5—节流阀
6—负载特性控制阀　7—基准压力控制阀　8—轴向手动变量泵　9—安全阀
10—电磁阀　11—远程调压阀　12—油箱

6）所有阀门元件全部集成在一块体积不大的阀体内，通道及连接简单，结构紧凑。

300MN 模锻液压机同步平衡系统的上述技术改造取得了显著的效果。

1）新系统采用了变参数的调节方式，实现了液压机在负载与无载两种状况下的自动调节，即系统的全自动控制，无须司机人工来消除初始倾斜。

2）新系统具有很高的稳态精度及较好的动态性能指标，稳态精度达 0.043mm/m，比苏联为法国制造的 650MN 液压机的稳态精度 0.42mm/m 几乎提高了一个数量级。新系统允许以液压机最高速度加载，使这台液压机不仅可用于精密模锻，也可用于锻造温度范围窄的合金材料。

3）改造后，同步平衡系统的负载能力提高 30%，使系统对于偏心力矩的超负荷具有较大的能力储备，而原系统常由于超负荷而停车。

4）新系统的液压元件采用集成方式组合，管道极少，结构紧凑，占地少，运行可靠。

5）液压泵仅在需要补偿的短时间内负载运行，

延长了泵的使用寿命，降低了液温，保证了系统能长时间连续运转。

改造后，生产同样批量的产品，液压机开动的时间可缩短一半，经济效益显著。改造后的同步平衡系统精度已处于世界领先水平，见表 2-3-17。

表 2-3-17　模锻液压机同步平衡系统精度

公称力/MN	300	300	750	650	300
制造工厂	Schloe-mann	УЗТМ	НКМЗ	НКМЗ	中国一重制造西重所改造
精度指标/(mm/m)	0.92	0.20	0.30	0.42	0.043

参考文献

[1]　李蓬川. 大型航空模锻件的生产现状及发展趋势 [J]. 大型铸锻件, 2001 (2): 39-43.

[2]　郭鸿镇, 姚泽坤, 苏祖武. 大型钛合金隔框锻件等温精密模锻试制研究 [J]. 金属学报, 2002, 38 (增): 366-369.

[3]　曹春晓. 钛合金在大型运输机上的应用 [J]. 稀有金属快报, 2006 (25): 17-21.

[4]　曹春晓. 航空用钛合金的发展状况 [J]. 航空科学技术, 2005 (4): 3-6.

[5]　HOWSON T E, BROADWELL R G. The design production and metallurgy of advanced very large titanium aerospace forging [J]. The Minerals, Metals & Materials Society, 1997: 143-152.

[6]　王淑云, 李惠曲, 东鹏, 等. 大型模锻件和模锻液压机与航空锻压技术 [J]. 锻压装备与制造技术, 2009, 44 (5): 31-34.

第4章

板料冲压液压机

济南铸造锻压机械研究所有限公司　刘家旭
合肥合锻智能制造股份有限公司　严建文

4.1　概述

板料冲压液压机主要用于各种金属板材的冲压成形，成形工艺主要有落料、冲裁、拉深、弯曲、翻边等。

板料冲压液压机冲压板料成形：图 2-4-1 所示为板料在安装于液压机上滑块的凹模和下工作台的凸模及压边圈作用下，压制成形为图 2-4-2 所示的车身覆盖件。

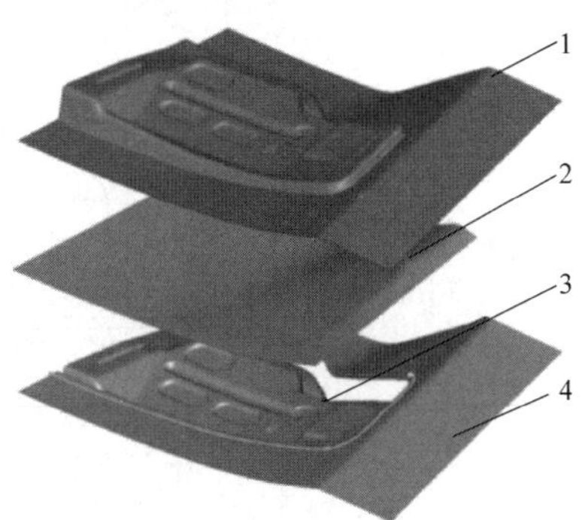

图 2-4-1　板料冲压成形
1—凹模　2—板料　3—凸模　4—压边圈

图 2-4-2　车身覆盖件

板料冲压液压机易于制造及维修保养。对比其他板料冲压设备，板料冲压液压机在压力、行程、速度参数的调节及过载保护方面相对简单易行和可靠，并且主体结构不太复杂；动力系统中泵、阀等液压元件的标准化也易于大量生产和采购。近些年，随着制造业，尤其是汽车工业的迅猛发展，板料冲压液压机市场也在逐年扩大。

板料冲压液压机分为单动液压机和双动液压机，有预应力组合框架式和四柱式机身结构，可配置上下液压垫、前后或左右及 T 形的移动工作台，可上下置的可调缓冲机构，以及手动或自动的模具锁紧装置等；可进行冷热薄板或厚板零件的冲压拉深成形；由于液压机独有的特点，采用高频响比例插装阀控制滑块的快降速度，液压系统可实现压力自动动态分级，对滑块和液压垫多点压力比例调节伺服控制，在汽车大型覆盖件的深拉深成形上优势明显。板料冲压液压机具体有压制汽车大型覆盖件及结构件的伺服冲压液压机及其人工或自动生产线、压制超高强度钢板的热冲压液压机及其生产线、厚板热压或冷压成形的封头液压机、车门折边包边的车门包边液压机、货车纵梁成形的汽车纵梁液压机等，其应用领域涉及汽车整机制造、航空航天、船舶、石化、家用电器等众多行业。

随着机械制造业的快速发展，为了满足冲压件的自动化生产，板料冲压液压机生产线的自动化连线技术也日臻成熟。目前，大多数板料冲压液压机已逐步实现自动化成线，可通过整个自动化搬运系统自动完成需冲压板件的拆垛、磁力分层、双料检测、工件清洗涂油、精确定位、机器人上料、伺服冲压、机器人传送、机器人下料等工作。

板料冲压液压机采用全自动换模系统、自动监控系统、人机操作界面、高行程次数、高精度冲压等先进技术，日趋数控化、伺服化、柔性化、自动化；板料冲压液压机已成为新型数控锻压装备的主要设备。

4.2　通用中小型冲压液压机

4.2.1　用途及概述

通用中小型冲压液压机主要用于各种金属板料的冲压成形，包括落料、冲裁、拉深、弯曲、翻边等。常见的通用中小型冲压液压机的主机结构形式有四柱式及单柱式、框架式等。

通用中小型冲压液压机一般可实现滑块的空程快速下降、减速下降、工作压制、保压延时、慢速回程、快速回程及停止等动作。液压机的整个行程大小、工作行程的起点与终点、工作液体压力及压制速度、保压时间等均可根据工艺要求来调整。液压机工作时有定压成形与定程成形两种工作方式。定压成形是当液压机工作液体压力达到设定压力时，可进行保压、延时及自动回程，延时时间可根据工艺要求进行调整；定程成形是滑块到达设定的行程位置后，转入保压、延时及自动回程。

4.2.2　四柱式及单柱式通用中小型冲压液压机

四柱式通用中小型冲压液压机用途广泛，除了用于板料的冲裁、拉深、弯曲、翻边等冲压工艺外，还可用于冷挤、校正、压装、粉末制品、磨料制品、塑料制品和绝缘材料的压制成形等工艺。

四柱式通用中小型冲压液压机如图 2-4-3 所示。主要由上横梁、滑块、下横梁通过 4 根立柱及相应的螺母组件等组成一封闭的刚性机身，主缸安装在上横梁内，充液箱安装在主缸顶部，液压动力系统及控制台安装在主机侧面地面上。在滑块下平面和工作台上平面均开有 T 形槽以固定模具。下横梁中心安装有顶出缸，用以顶出工件，也可用于压边或双向压制。四柱式通用中小型冲压液压机为 Y32 系列，公称力小的通用中小型冲压液压机也可做成单柱式，为 Y30 系列，更小的也可做成单柱台式。

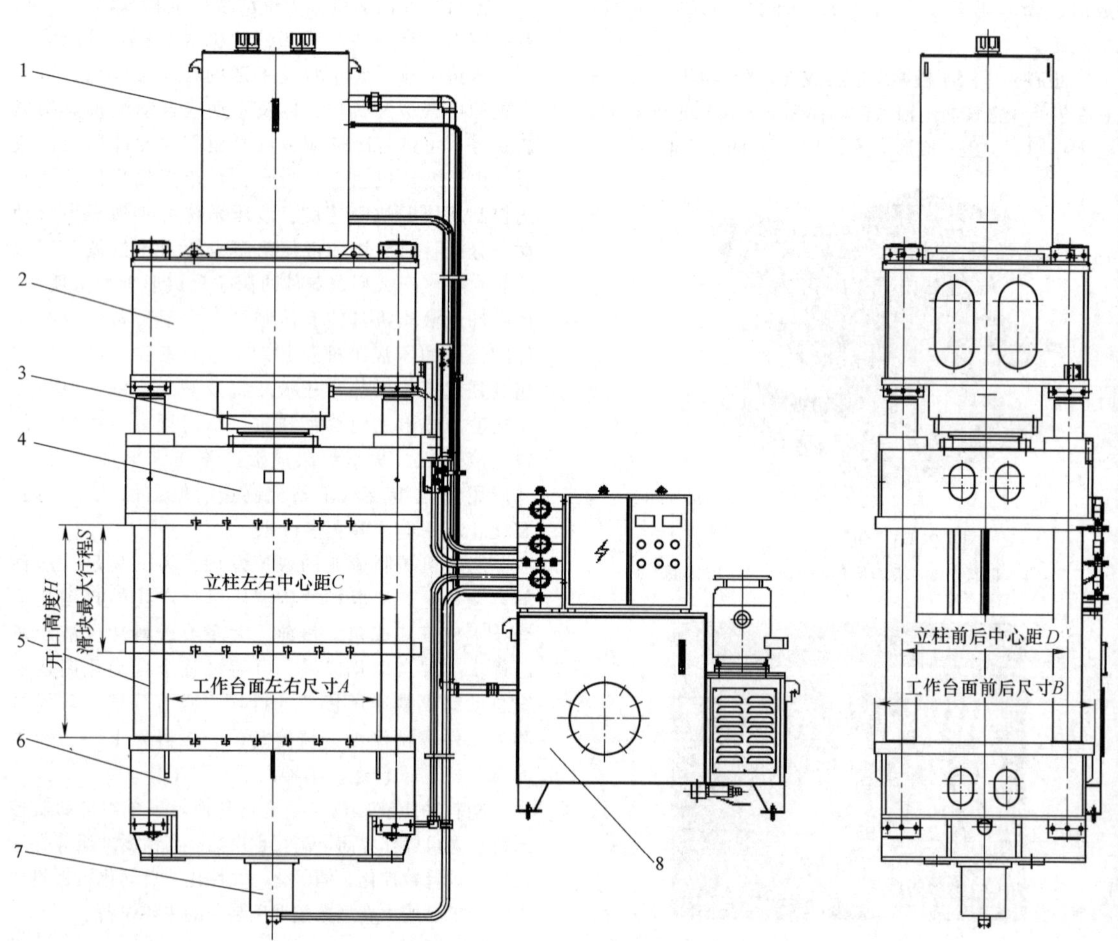

图 2-4-3　四柱式通用中小型冲压液压机

1—充液装置　2—上横梁　3—主缸　4—滑块　5—立柱　6—下横梁　7—顶出缸　8—液压动力系统及控制台

四柱式通用中小型冲压液压机的主要参数见表 2-4-1。

表 2-4-1　四柱式通用中小型冲压液压机的主要参数

序号	参数名称	200	315	500	630	800	1000
1	公称力/kN	2000	3150	5000	6300	8000	10000
2	开口高度/mm	1300	1400	1500	1600	1700	1800
3	行程/mm	800	900	1000	1100	1200	1200
4	快降速度/(mm/s)	200	200	200	200	200	200
5	工作速度/(mm/s)	18~37	15~30	13~27	11~22	14~29	11~23
6	回程速度/(mm/s)	200~250	200~250	200~250	180~220	200~250	180~220
7	顶出缸力/kN	250	400	400	500	630	630
8	顶出缸行程/mm	200	250	250	300	300	400
9	电动机总功率/kW	40	50	65	70	130	130
10	工作台面尺寸/mm（左右×前后）	1000 × 1000	1500 × 1200	2000 × 1500	2000 × 1500	2400 × 1600	2400 × 1600
		1500 × 1200	2000 × 1500	2400 × 1600	2400 × 1600	2800 × 1800	2800 × 1800
		2000 × 1500	2400 × 1600	2800 × 1800	2800 × 1800	3200 × 2000	3200 × 2000

四柱式通用中小型冲压液压机的液压控制系统过去多采用滑阀控制，现在多采用插装阀控制。由于插装阀具有通油能力大、流阻损失小、密封性能好、泄露少、阀芯动作响应灵敏、系统效率高、可靠性好等优点，并且可集成于阀体上，减少了外部管路连接，冲击小，噪声低，便于维修和排除故障，因此插装阀集成系统在通用中小型冲压液压机中得到了广泛应用。

图 2-4-4 所示为 Y32-315 型通用中小型冲压液压机采用插装阀的液压控制系统。此系统可提供滑块空程快速下降、滑块慢速下降及加压、保压、卸压、回程，以及滑块在上位停止、顶出缸顶出与退回、定程成形、压力设定和行程调整等功能。

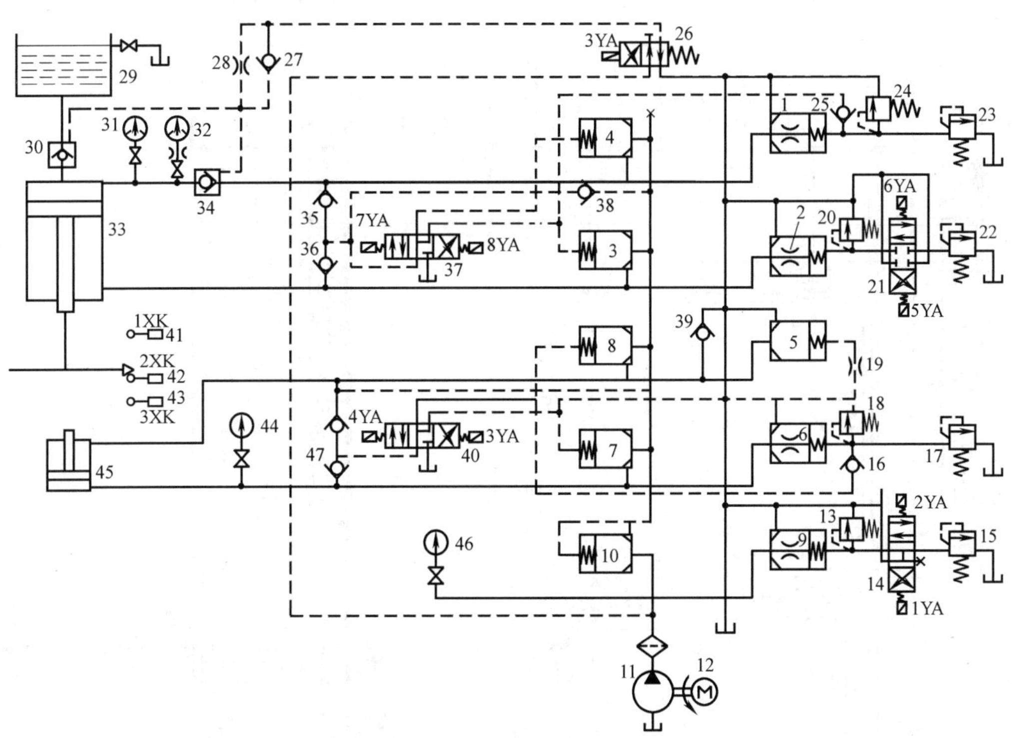

图 2-4-4　Y32-315 型通用中小型冲压液压机的液压控制系统

1~10—插装阀　11—高压泵　12—电动机　13、15、17、18、20、22、23、24—溢流阀
14、21、26、37、40—电磁换向阀　16、25、27、35、36、38、39、47—单向阀　19、28—节流阀
29—充液箱　30—充液阀　31、32—电接点压力表　33—主缸　34—液控单向阀
41、42、43—行程开关　44、46—压力表　45—顶出缸

插装阀 1 用于主缸上腔卸压排油，插装阀 4 用于主缸上腔进油；插装阀 2 用于主缸下腔排油，插装阀 3 用于主缸下腔进油；插装阀 5、8 则分别用于顶出缸上腔排油（顶出）及进油（退回），插装阀 6、7 分别用于顶出缸下腔排油（退回）及进油（顶出）。插装阀 9、10 则用于高压泵的空循环或负载（供油压力）。

溢流阀 13 调至 27.5MPa，为系统最大压力，起安全保护作用；溢流阀 15 调至 1.5~2.0 MPa，用于控制用油，即控制充液阀 30 及液控单向阀的开启；溢流阀 22 起支撑运动部分重量的作用，防止滑块因自重下降；溢流阀 23 则用于控制主缸的最大工作压力，当调至 25MPa 时，相当于公称力为 3150kN。

行程开关 1XK～3XK 则依次控制行程上端点、滑块由快降转为慢降点及行程下端点。

四柱式通用压力机一般还有许多可选配的附件，如冲裁缓冲装置、移动工作台、液压系统加热或冷却装置、打料装置、位移传感器装置、触摸式工业显示屏、换模用浮动导轨和滚动托架、模具快速夹紧机构、滑块锁紧机构、PLC（可编程控制器）、换模小车、光幕安全保护装置等。

其中，冲裁缓冲装置有三种：

1）液压缓冲。利用缓冲液压缸的节流排油吸收板料冲裁断裂时的动能，以减少冲击与振动。

2）机械缓冲。小吨位液压机采用蝶形弹簧缓冲。

3）利用伺服控制系统。冲裁中，当达到所需最大冲裁力时，滑块停止加压，靠液压机释放机身和主缸液体存储的弹性能来继续冲裁，直至板料断裂，从而将这一部分弹性能转换为有用功。

4.2.3　框架式通用中小型冲压液压机

框架式通用中小型冲压液压机主要为 Y27 系列单动薄板冲压液压机。该系列液压机主要用于金属板材的拉深、弯曲、成形、冲裁落料、翻边等各种冲压工艺，广泛应用于汽车制造、家用电器、厨卫用具等很多领域。

框架式通用中小型冲压液压机如图 2-4-5 所示。

框架式通用中小型冲压液压机一般配置有前移式移动工作台和液压垫，液压垫安装在下横梁内部。在滑块下平面和移动工作台上平面加工有 T 形槽和模具定位孔等，供模具安装和定位用。移动工作台台板加工有足够的顶杆孔，以备拉深工艺的压边用。在单动冲压液压机上适宜于采用反拉深工艺，即凹模安装在滑块上，凸模安装在工作台上，如图 2-4-6 所示。液压垫缸内的液体压力可以调节，以适应不同的压边力需要。在滑块中还可根据需要安装打料缸，用于工件成形后的脱模。

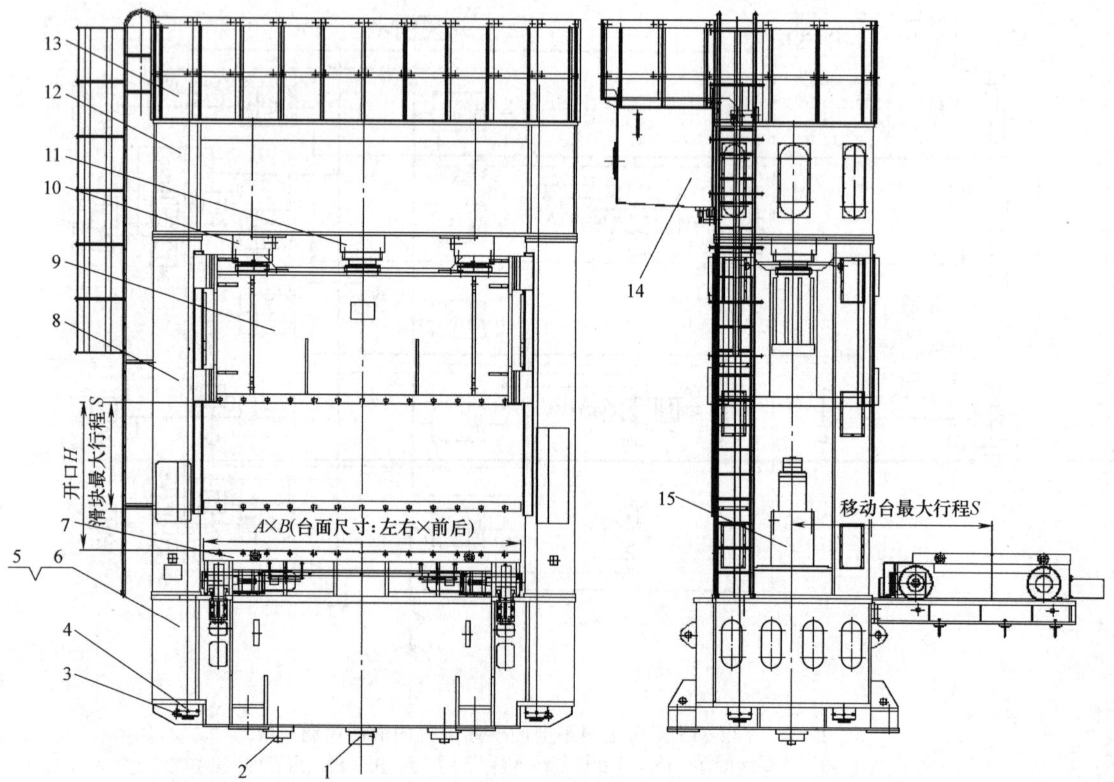

图 2-4-5　框架式通用中小型冲压液压机

1—液压垫顶出活塞缸　2—液压垫侧缸　3—拉杆　4—螺母　5—液压垫　6—下横梁　7—移动工作台　8—立柱　9—滑块　10—侧缸　11—工缸　12—上横梁　13—保护装置　14—主油箱及液压动力系统　15—缓冲缸

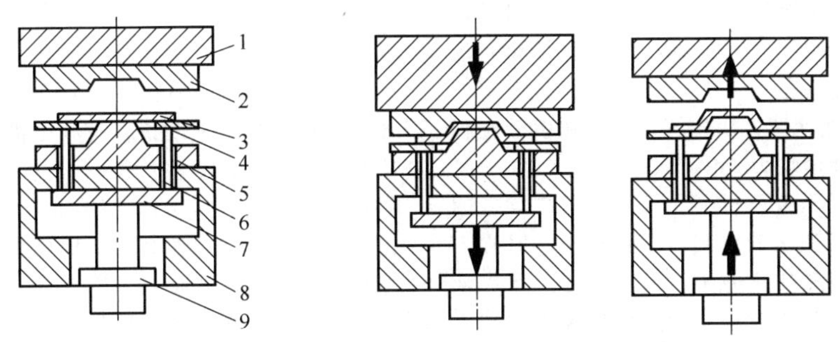

图 2-4-6　单动冲压液压机上利用液压垫缸反拉深

1—滑块　2—凹模　3—工件　4—压边圈　5—凸模　6—顶杆　7—浮动板
8—工作台　9—液压垫缸

为适应生产线方式和自动送料，现在的冲压液压机移动工作台也可以在左右方向移动。

从设备柔性化的发展趋势考虑，快速换模始终是个核心问题。除了利用移动工作台外，也可以采用换模小车。换模小车在固定的导轨上运动，装模高度与工作台高度一致；换模小车上有滚道支撑模具，在滚道侧面有导向滚轮。推入、拉出模具有机动的也有手动的。也有采用换模用浮动导轨和滚动托架，托架上辊轮可以轻便地将模具推入工作台中。

液压控制系统一般采用插装阀集成系统，图 2-4-7 所示为 YA27-500 型单动冲压液压机的液压控制系统。

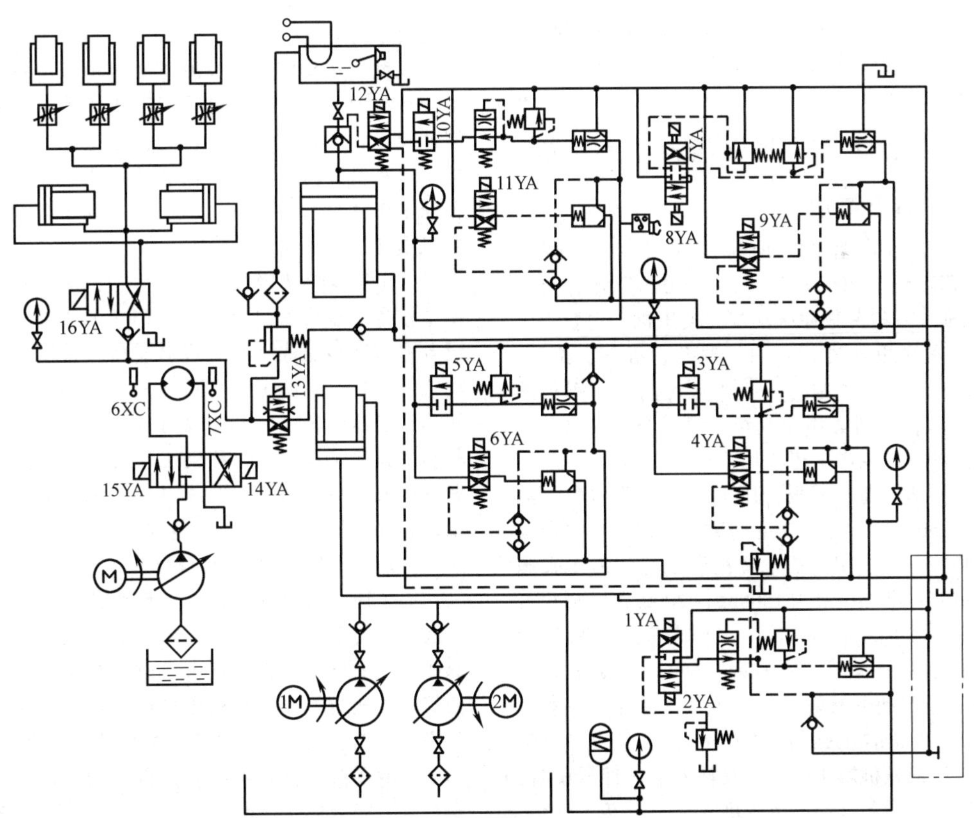

图 2-4-7　YA27-500 型单动冲压液压机的液压控制系统

框架式通用中小型冲压液压机也设有冲裁缓冲装置、模具快速夹紧机构等十多种可选配附件。

生产框架式通用中小型冲压液压机的厂商很多，如重庆江东机械有限责任公司的 YJ27 系列、湖州机床厂有限公司的 YA27 和 YF27 系列、天津天锻压力机有限公司（简称天锻）的 YT27 和 THP27 系列以及合肥合锻智能制造股份有限公司（简称合锻智能）的 YH27 系列等。在上述系列中，空程下行和回程时的滑块运动速度一般为 120~200mm/s，合锻智能推出的 RZU 系列快速薄板深拉深单动液压机的空程下行速度和回程速度均为 350~400mm/s。

在单动薄板冲压液压机上，可以用下横梁内的液压垫起拉深时压边缸的作用，但当拉深不对称工件时，无法实现四角压边力不一致的要求。可在液压机上设置四角调压液压垫，以解决拉深不对称工件要求四角压边力不同的问题。其结构是在下横梁中间安装一个顶出力较小的活塞缸，用于液压垫的快速顶出和退回；在下横梁四角安装 4 个能产生大压边力的柱塞缸，每个柱塞缸均配有一个充液阀，供液压垫快速上升时充油液，快速下降时排油液。在 4 个柱塞缸的各自进油管路上装有比例溢流阀、远程调压阀及压力传感器等。当进行拉深时，滑块下行压下液压垫，4 个柱塞缸油腔的油液被强制通过溢流阀排出，排油压力分别由先导比例调压阀控制。可在触摸屏上设定 4 个比例溢流阀的不同电流，即可产生不同的压边力。液压垫设置有位移传感器、限位等，可以通过压力、位置实现闭环控制，满足复杂成形工艺的要求。

4.3　大型快速及高速薄板冲压液压机

4.3.1　用途及概述

大型快速及高速薄板冲压液压机指滑块快降及回程速度不小于 300mm/s、压制速度不小于 15~40mm/s 框架式的薄板冲压及拉深液压机，主要用于对各种金属薄板件进行弯曲、冲孔、落料、拉深、整形、成形等工艺，也适用于淬火超高强度钢板的淬火热冲压，特别适用于汽车、摩托车、家电、军工等行业的冲压生产工艺 。

大型快速及高速薄板冲压液压机的公称力一般为 5000~25000kN，开口高度、滑块行程、工作台面与液压垫等可根据用户需求和压制工艺的需要来确定，滑块开口高度一般为 1500mm~2000mm；滑块行程一般为 1000mm~1400mm；工作台面的有效尺寸（左右×前后）一般为 2500mm×1600mm~5000mm×2500mm。液压垫的有效尺寸（左右×前后）一般为 1700mm×1100mm~4100mm×2000mm。大型快速及高速薄板冲压液压机属于新一代高性能液压冲压设备，冲压频次是单动薄板冲压液压机的 1.5~2 倍。

4.3.2　主要结构简述

大型快速及高速薄板冲压液压机的外形（移动台为侧移式）如图 2-4-8 所示。大型快速及高速薄板冲压液压机机身采用预紧分体框架式结构，主要由主机、液压缸、液压系统、电气系统、润滑系统、冷却系统等部分组成。其中，主机包括上横梁、下横梁、立柱、拉杆、螺母、滑块、移动工作台、液压垫、主缸、液压垫缸等。大型快速及高速薄板冲压液压机的冲压速度快，对液压机的刚度和强度要求高，其机身通过 8 个螺母、4 根拉杆连接成具有足够刚度和强度的封闭框架结构，其上下横梁与立柱之间结合面设有定位装置，拉杆采用液压预紧方式紧固，确保整机刚性。

上横梁内装有主缸组件，滑块安装于上横下梁之间，滑块上平面与主缸组件通过螺栓连接，下横梁内装有液压垫组件，在下横梁上平面装有移动工作台及其提升夹紧装置、定位装置、贴合检测装置。立柱位于液压机的左右两侧，其外侧布置了 4 条直角导轨作为滑块导向，导向结构的硬度高、耐磨性好、导向精度高。

主传动通常采用三缸或双缸结构。液压垫缸通常采用三缸结构。有时根据工件压制工艺的需要，液压垫缸也可采用四缸或五缸结构，通过四角或五角调压，实现液压垫的数字化控制，一般用于工件精度要求高的场合。

大型快速及高速薄板冲压液压机可根据需要配备缓冲装置，缓冲装置可采用下置式或上置式冲裁缓冲装置，可实现落料、切边、冲孔等冲裁缓冲功能。通常当移动工作台为前移式时采用下置式，当移动工作台为侧移式时采用上置式（上置式缓冲装置成本高于下置式）。

为了实现快速换模和柔性生产，液压机设有移动工作台。移动工作台可根据用户的需要选择，可设置为前后移动式、左右移动式和左右双台 T 形移动式等方式；移动工作台可采用变频调速，实现其快速和慢速的转换；其驱动方式可选自移式、链条驱动或其他驱动方式。移动工作台上通常设有手动和自动夹紧器，用于夹紧模具。夹紧器的规格和数量根据模具的重量设定，应保证模具夹紧的可靠性，实现快速、准确、稳定的换模功能。

为了便于维修和维护，大型快速及高速薄板冲压液压机由上下两个油箱组成。上油箱置于上梁后部或置于上梁顶部，为设备主缸部分提供油液；下油箱置于地面以下，为液压垫部分及提升夹紧缸部分提供油液。无液压垫的液压机只设有上油箱。

在液压机上部设有栏杆。围栏为封闭式，配有安全梯。安全梯在距地面 3m 以上有栏圈。在安全梯上设置一个与主机互锁的开关。

4.3.3　拉深工艺流程

大型快速及高速薄板冲压液压机拉深工艺如图 2-4-9 所示。凹模固定于滑块上，凸模固定于移动工作台上；液压垫和液压垫缸相连，液压垫缸固定于

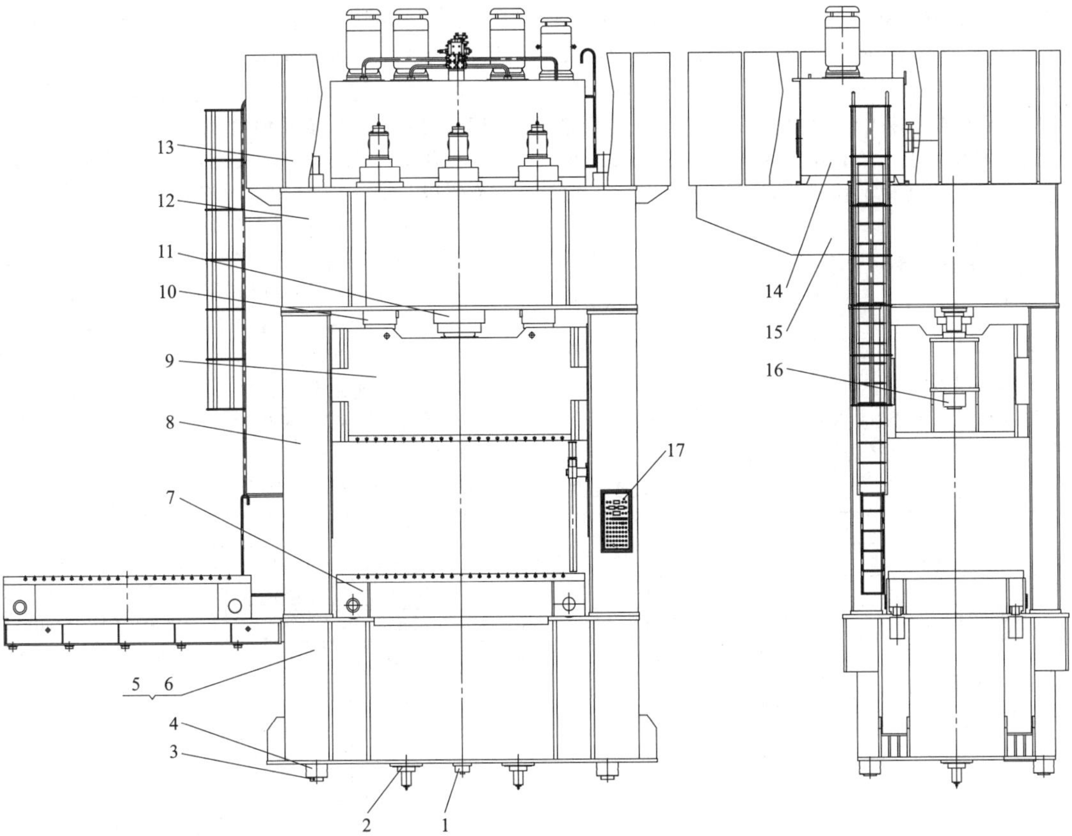

图 2-4-8　大型快速及高速薄板冲压液压机的外形

1—液压垫顶出活塞缸　2—液压垫侧缸　3—拉杆　4—螺母　5—下横梁　6—液压垫　7—移动工作台　8—立柱　9—滑块　10—侧缸　11—主缸　12—上横梁　13—保护装置　14—主油箱及液压动力机构　15—平台　16—缓冲缸　17—电气控制面板

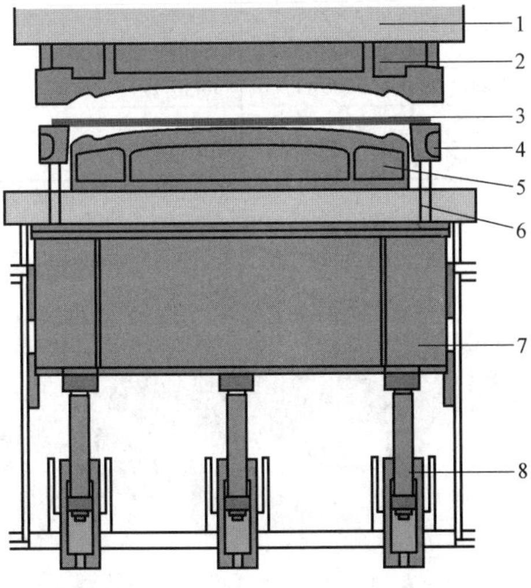

图 2-4-9　大型快速及高速薄板冲压液压机拉深工艺

1—滑块　2—凹模（上模）　3—拉深工件　4—压边圈　5—凸模（下模）　6—顶杆　7—液压垫　8—液压垫缸

下横梁上，压边圈通过顶杆与液压垫连接，下横梁内设有液压垫导向机构。当液压垫缸进出油时，可驱动液压垫实现上下运动，便可实现压边圈的压紧与松开。工作时，液压垫通常为被动退回，实现工件的拉深工艺。

大型快速及高速薄板冲压液压机液压垫拉深运动流程如图 2-4-10 所示。状态一为液压垫上升到初始位置，状态二为进入拉深成形阶段，状态三为拉

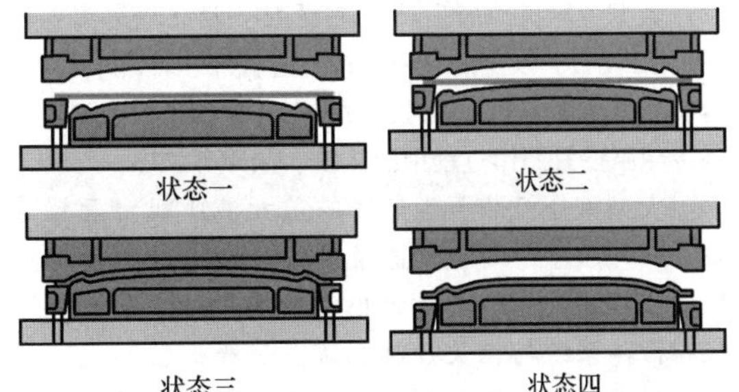

图 2-4-10　大型快速及高速薄板冲压液压机液压垫拉深运动流程

深成形过程，状态四为拉深成形结束，滑块回程，液压垫下沉，以防止板料回弹。其工艺流程为：液压垫初始位置在上限位。滑块快降→滑块慢降压制(同时液压垫被动退回)→滑块加压→保压延时及卸压→滑块回程→液压垫顶出至上限位。液压垫的顶出起始时间可由滑块的回程中设定的位置激发，以提高工作频次。

4.3.4　发展趋势

现在，用户对拉深工件质量要求越来越高，要求拉深力和压边力在整个拉深过程中实现精确力和速度的柔性可控，对其液压系统提出了更高的要求。可通过在系统中配置伺服泵和阀、压力和位置传感器等，经电气系统的分析、推理、决策等进行有机控制，实现液压机的数控化，完成参数的数字控制，而且具有友好的人机界面。

随着信息技术的发展，高性能智能液压机的概念应运而生。国内液压机行业在 20 世纪 90 年代以前，多在主机结构、吨位上进行研究和设计，技术发展较慢。进入 21 世纪，国内液压机生产厂商在液压机的智能控制技术研究方面加大力度，借助传感技术及各种感知元器件、比例伺服液压技术及元件、自动化控制技术及可编程控制系统、通信技术、信息化技术等，实现了大型快速及高速薄板冲压液压机的数控化、智能化、自动化、柔性化，使液压机成为典型的智能制造装备。

大型快速及高速薄板冲压液压机的主要参数见表 2-4-2。

表 2-4-2　大型快速及高速薄板冲压液压机的主要参数

参数名称	参数值						
公称力/kN	5000	6300	8000	10000	16000	20000	25000
开口高度 H/mm	1500	1500	1800	1800	2000	2000	2000
行 程 S/mm	1000	1000	1200	1200	1400	1400	1400
快降速度/(mm/s)	≥400	≥400	≥400	≥400	≥400	≥400	≥400
100%公称力时滑块的工作速度/(mm/s)	15	15	15	15	15	15	15
30%公称力时滑块的工作速度/(mm/s)	40	40	40	40	40	40	40
回程速度/(mm/s)	≥300	≥300	≥300	≥300	≥300	≥300	≥300
液压垫力/kN	1500	2000	2500	3150	5000	6300	8000
液压垫行程 Sd/mm	300	300	400	400	400	400	400
工作台面尺寸/mm (左右× 前后)	2500×1600	2500×1600	3200×2000	3200×2000	4000×2200	4000×2200	4000×2200
	2800×1800	2800×1800	3500×2000	3500×2000	4500×2500	4500×2500	4500×2500
	3200×2000	3200×2000	4000×2200	4000×2200	5000×2500	5000×2500	5000×2500
	3500×2000	3500×2000	4500×2500	4500×2500	—	—	—
液压垫尺寸/mm (左右× 前后)	1700×1100	1700×1100	2300×1400	2300×1400	3200×1700	3200×1700	3200×1700
	2000×1400	2000×1400	2600×1400	2600×1400	3800×1700	3800×1700	3800×1700
	2300×1400	2300×1400	3200×1700	3200×1700	4100×2000	4100×2000	4100×2000
	2600×1400	2600×1400	3800×1700	3800×1700	—	—	—

4.4　大型液压机冲压生产线

4.4.1　用途及概述

大型液压机冲压生产线主要用于大型汽车覆盖件(见图 2-4-11) 及金属薄板结构件的拉深、冲孔、切边、落料、整形等工艺，同时还适用于各类汽车大中型覆盖件冷冲压模具制作过程中的试模、试冲等工序。

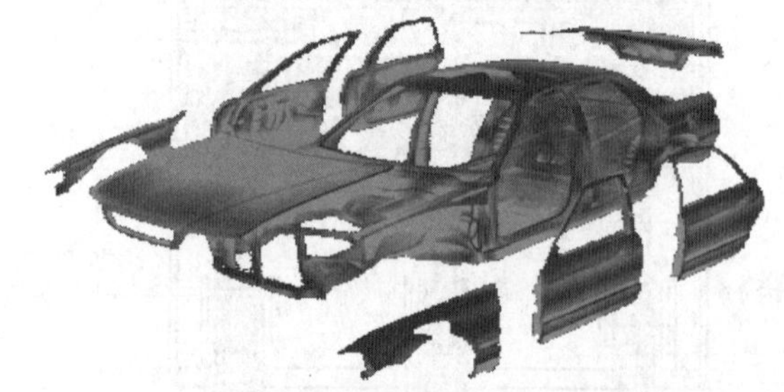

图 2-4-11　大型液压机冲压生产线成形的汽车覆盖件

大型液压机冲压生产线的单元液压机台面尺寸较大，冲压生产线组合通常是以一台大吨位单动液压机或双动液压机与数台单动液压机为主机，配以板料传输系统与相关控制系统。一般板料经过首台液压机的冲压得到主要形状，再经过后续液压机的冲压得到零件的最终形状。

传统的人工上下料的大型液压机冲压生产线(见图 2-4-12) 由于冲压件质量不能保证、生产率低、需要多名操作工、工作环境差及人身安全问题多等，已被逐步改造或淘汰。

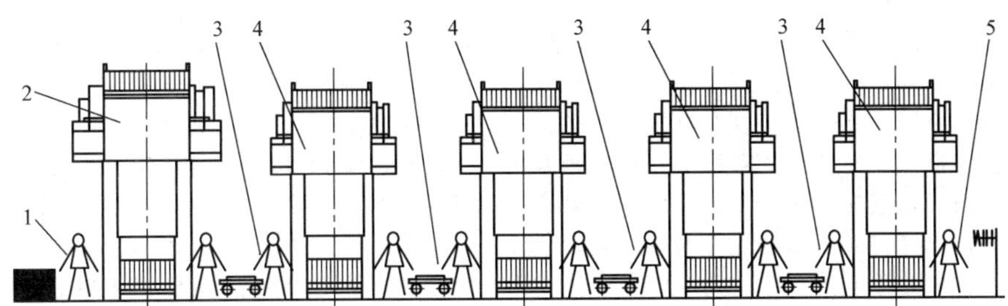

图 2-4-12　人工上下料的大型液压机冲压生产线
1—人工上料　2—首台液压机　3—人工传运料　4—后序液压机　5—人工下料

目前，大型液压机冲压生产线已基本实现自动化。首先是组成冲压生产线主机的数控化，奠定了冲压生产线自动化的基础，而柔性工件传送技术、机外仿真技术、脱机编程技术的日臻完善，特别是模具系统的实用化，包括模具自动仓库、模具自动识别与提取、模具工作参数自动调整等技术的成熟和应用，使大型液压机自动化冲压生产线（见图 2-4-13）可进行板类冲压件的及时定制化生产。

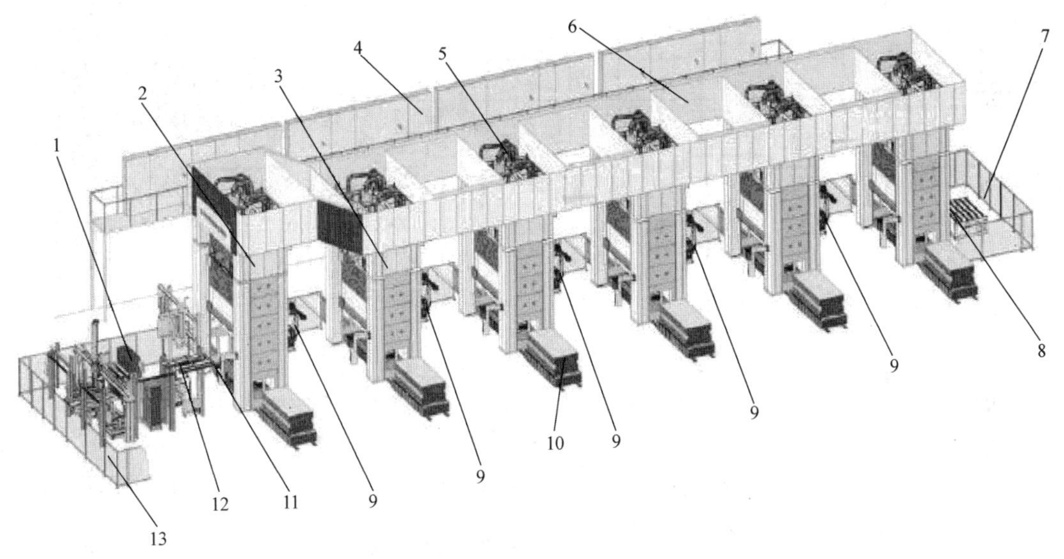

图 2-4-13　大型液压机自动化冲压生产线
1—板料引入装置　2—首台液压机　3—后序液压机　4—电气控制平台　5—液压系统　6—全线贯通平台　7—成品件输送机　8—下料机械手　9—传输机械手　10—侧移工作台　11—上料机械手　12—对中台　13—安全围栏

4.4.2　组成

一般 4~6 台单动冲压液压机组合成生产线的冲压单元，配合垛料输送系统、磁性分离系统、双料检测系统、拆垛及磁性输送系统，以及清洗机、涂油机、视觉对中、冲压专用机器人系统、机器人冲压同步软件、七轴、线尾输送机、端拾器、整线控制系统集成（及相应软件）、检验台、照明等设备设施和相关技术支持。

1. 大型冲压液压机生产线的液压机单元设备设计特点

例如，生产线的首台液压机（带液压垫）为 20MN，其后为 10MN、8MN 带缓冲的液压机，各液压机为预应力框架式结构，中心距为 7000mm，整线贯通基础及贯通平台，全线废料自动收集传输，各液压机两侧设电动安全门，并与主机连锁。

在自动化液压机生产线上，整线稳定运行至关重要。整线液压机机身主要件的设计需采用有限元进行分析和优化，确保其刚度和强度，外观光整、美观、统一；滑块及液压垫导向性好，导板硬度高，耐磨性好；自移式移动工作台定位、贴合检测精度高；缓冲装置的缓冲力可自动跟随冲裁力，不需要人工来设定；缓冲缸起缓冲作用的位置可调，随着缓冲缸压力的平滑释放，其冲裁过程中产生的冲击和振动力大大降低，从而降低噪声，优化工作环境，并有效延长了液压机和模具的寿命；主要液压元件，如主要液压缸密封圈、先导电磁阀、比例溢流阀及主油泵、油管和液压连接件等，以及电气元件的选配应保证质量可靠、互换性好；整线液压机应规范化统一设计，液压原理应简明清晰，利于单个液压机出现故障时能迅速排查找出问题并及时维修，使整线迅速进入正常运行状态。

2. 整线工艺流程

整线工艺流程：拆垛台车开进（拆垛台车自动更换）→磁力分张→拆垛机器人取料→双料检测（双料无法脱离→报警，人工处理→机器人重新取料→双料检测→无双料，执行下道工序）→板料传输→板料清洗涂油→双料检测（检测到双料→报警，人工处理→无双料，执行下道工序）→板料自动对中→上料机器人送料→(首台液压机冲压)→机器人取料、送料→(液压机冲压)→(根据工序数量循环)→机器人取料、送料→(末端）液压机冲压→线尾机器人取料、放料→带式输送→人工码垛。

大型冲压液压机生产线系统布局如图 2-4-14 所示。

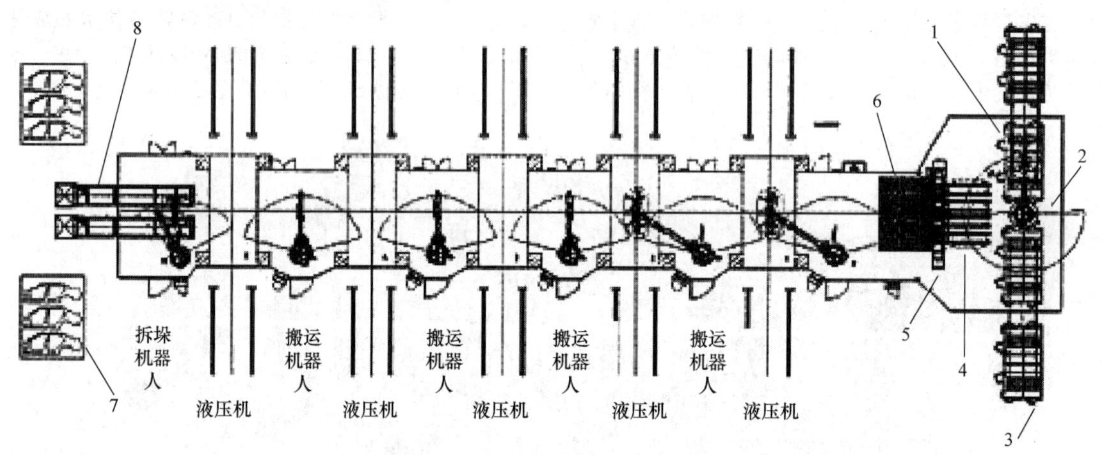

图 2-4-14　大型冲压液压机生产线系统布局

1—垛料小车工作位置　2—拆垛机器人　3—垛料小车装置位置　4—磁性输送带
5—涂油机　6—对中台　7—成品堆放区　8—工件输送带

3. 电气控制

冲压线自动化系统包含线首单元、中间机器人单元、线尾单元、生产线电子显示屏和全线控制中心（包括压力机控制系统控制接口)。

冲压生产线总控制台一般采用工业 PC 系统，管理生产线的运行、停止和零件的更换，生产线所有单元之间动作协调及各单元工作状况的汇集，处理所有故障信息及帮助菜单，存储和传送机器人的控制程序，并能联机主电柜 PLC 程序。

总控制台工业 PC 系统只对生产线起到监控和数据收集、数据备份、数据存储的作用；当总控制台 PC 出现故障而无法正常工作时，不影响生产线的运行和换模。

整线上还设有上位机管理系统，通过交换机、以太网与整套冲压线控制系统的 PLC 进行数据通信；设有全线控制中心，能纵览冲压线全线的转换（如自动换模等）和数据累计；设有电气防护系统和整线监控系统。生产线线首一般设置一台工业显示器，实时分区显示录像画面，显示拆垛画面、上料画面及各工序搬送画面。

4.5　热冲压成形液压机及生产线

4.5.1　用途及概述

热冲压成形液压机（生产线）将热冲压工艺移植到高速薄板冲压液压机上，使其既具有一般高速薄板冲压液压机的高频次生产特性，又具备热塑性成形工艺的能力，主要用于金属薄板的淬火热冲压成形。目前，热冲压成形液压机（生产线）主要应用于超高强度汽车结构件，如 A 柱、B 柱、前后保险杠、车顶纵梁、防撞梁等工件的冲压成形。

使用该系列液压机（生产线）生产的热冲压结构件的抗拉强度可达 1500MPa，厚度可以减薄 30% 以上。由于能显著提高汽车结构件的强度而又减轻了整车重量，提高了能源利用率，降低了燃料消耗及废气排放，目前已成为汽车轻量化的主要技术之一。

热冲压成形工艺路线：板材落料→加热、奥氏体化→模具内成形→模具内淬火，转化为马氏体组织→表面去除氧化皮（裸板）→切边和切割工艺孔。

使用该系列液压机（生产线）生产的工件表面质量好，工件各处强度均匀。为进一步提高生产率，目前可以做到一模两件和一模四件。

常见的热冲压结构件如图 2-4-15 所示。

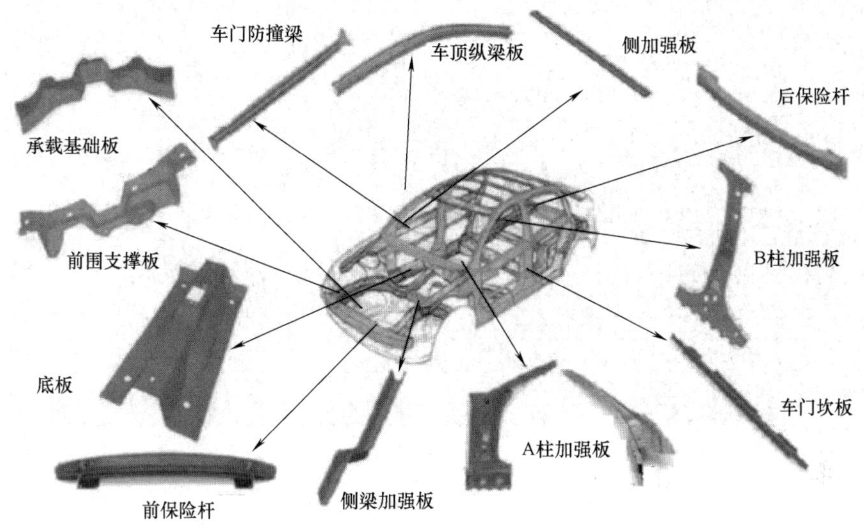

图 2-4-15　常见的热冲压结构件

4.5.2　热冲压成形液压机技术特点

热冲压成形液压机的公称力一般为 5000～20000kN，目前最常用的是 12000kN 和 15000kN 热冲压成形液压机。该吨位液压机的成形力基本可以满足各类汽车热冲压结构件成形的要求，是目前使用范围广泛的一种热冲压成形液压机。其主要参数见表 2-4-3。

表 2-4-3　热冲压成形液压机的主要参数

序号	参数名称		参数值	
1	公称力/kN		12000	15000
2	开口高度/mm		2200	2300
3	滑块最大行程/mm		1300	1300
4	移动工作台尺寸/mm	左右	3000	3000
		前后	2500	2500
5	立柱左右内间距/mm		3700	3700
6	立柱前后内间距/mm		2700	2700
7	滑块速度/(mm/s)	快降	≥1000	≥1000
		工作	30～300	30～300
		回程	600～800	600～800

热冲压成形液压机的主机结构与高速薄板冲压液压机类似，不同的是该种液压机的液压系统及电气控制系统是全新的系统，是与热冲压成形工艺相匹配的系统。

4.5.3　热冲压成形生产线组成

热冲压成形生产线是在热冲压成形液压机的基础上配置加热炉系统、高速上料系统、水冷模具系统、高速下料系统、喷丸系统、多轴激光切割机或落料压力机和模具等自动化设备，从而组成的自动化生产线。热冲压成形生产线如图 2-4-16 所示。

所有生产线中的设备都在一个生产线控制系统中监控。各个设备通过 Profinet 连接。生产线控制系统允许操作人员通过中央控制面板操作整条产线，并且允许快速简单地更换产品配方。单独设备的安全模块通过 ProfiSafe 连接至生产线控制系统。

生产线控制柜包含所有生产线具体项目和安全特性，用于整条生产线。在控制柜中，所有的通信都直接来自单机和发送至单机。

生产线内设有操作者控制面板，通过主控面板可以对整线进行操作。从主控面板可以对整线进行产品切换控制，以及显示所有的状态信息、警告和生产信息。每个设备单元装备有单独的操作面板便于设定，这些面板也可用于单独编程。

生产线设有软件和网络连接卡。终端计算机或控制系统通过 VPN 连接到互联网，可以通过计算机操作对机床进行远程控制和远程诊断。

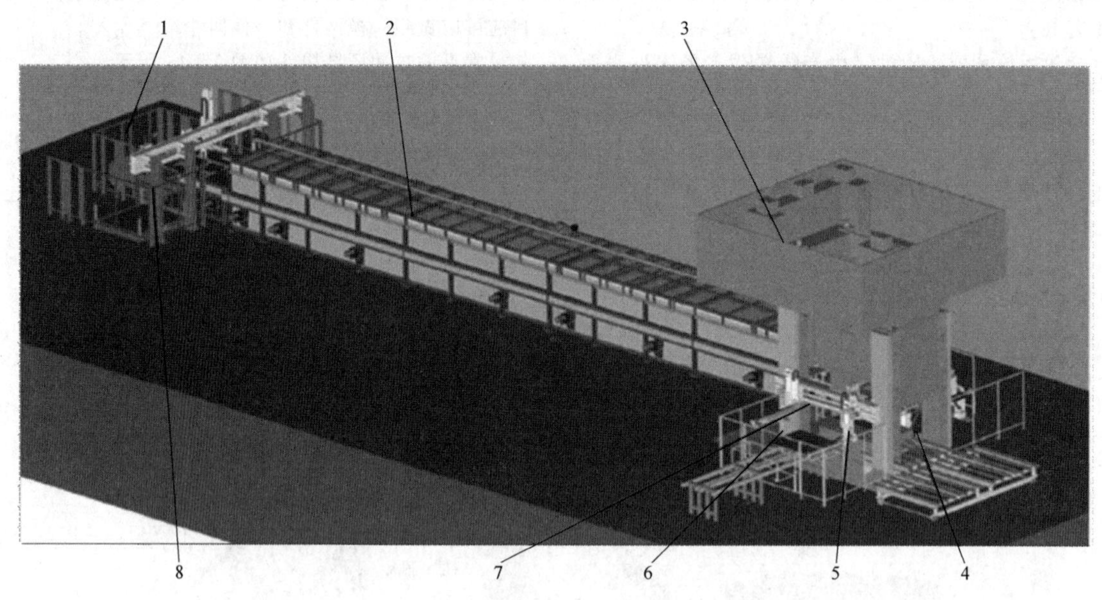

图 2-4-16 热冲压成形生产线

1—高速上料系统 2—加热炉系统（辊底式） 3—热冲压成形液压机 4—水冷模具系统 5—全自动化控制系统 6—高速下料系统 7—高速机械手 8—机器人拆垛系统

4.6 车门包边液压机

4.6.1 用途及概述

汽车左右前车门、后车门和发动机舱盖、行李舱盖（后背门）称为四门两盖，是汽车车身总成的重要组成部分。汽车车门折边包边液压机用于门盖内外板焊接总成装配后的压合，该工艺是各类汽车门盖生产中的关键工序。门盖包边质量的好坏，关系着整车外观质量和成车装配质量。

在大台面通用液压机上采用上下模具压合的方式进行包边，包边质量好、效率高。若更换不同的模具，可生产不同的门盖总成。

轿车门盖包边一般采用公称力为 1600～2000kN 的液压机，旅行车或货车车门包边一般采用公称力为 2500～3150kN 的液压机。在液压机上安装门盖包边复合模具，一次行程即可完成 45°预包边和 90°包边。若在液压机上配备单向或双向移动工作台，或者配备换模台车进行模具更换，就可适应不同的门盖包边。这种方式具有一定的柔性，适合各种批量、各种车型门盖的包边，并能满足产品换型要求，但模具设计和制造比较复杂。

4.6.2 主要结构简述

车门包边液压机的机身采用组合框架式，包括上梁、立柱和下梁，通过立柱施加一定的预紧力使其联系在一起。该预紧力对整机刚度的影响很大。

汽车车门包边液压机的液压系统一般采用上置式，占地面积小，工作场地宽敞，操作方便。设有无压力对模功能，方便对模；通过压力和位移传感器，对液压机的参数可实现全数字控制、压力闭环控制；设有齐全的安全装置及安全控制系统，并可设置自动化连线或自动化连线接口。

新型双移动工作台的车门折边液压机设有左右、前后均可移动的工作台，加上拉深垫、缓冲装置及快速换模系统，使液压机在操作与换模上更为方便。

近年来，为适合小批量、多品种的汽车市场个性化需求，国内生产的汽车车门包边液压机加强了快速换模这一柔性化功能。移动工作台和模具快速夹紧系统是实现快速换模的两个主要装置。移动工作台从原来的只能前后移动的单工作台逐渐发展为能够侧向移出或侧向 T 形移出的双移动工作台，甚至向三移动工作台（一个侧向移出，另两个在另一侧 T 形移出）转变。对于有双移动工作台的液压机，模具夹紧系统主要用于上模的快速夹紧，一般选用手推式夹紧器，共用 6 个或 8 个，夹紧力为 40kN 或 60kN，用气压或液压驱动。

汽车车门包边工艺顺序：内外门复合在一起后，由输送带直接送入液压机内模具的顶起架上，模具上设有一块可翻转的挡板，工件进入模具区被挡板定位并发出信号，顶起架下落，开关发出信号，工件就位准确，挡板翻转，液压机滑块自动进行压制。压制完成后，滑块回程，模具顶起架顶起，输送带将工件移出，并发出下一工件可送入的信号。针对小批量多品种生产模式，输送线可以变宽、变高，以适应不同的模具。输送机由电动机及减速机组驱动。

汽车车门包边液压机可配备 T 形双移动工作台。当一个工作台在液压机内工作时，另一个工作台在机外进行模具更换。如果生产中只用两套模具，则可分别装在两个工作台上交替使用。T 形双移动工作台（俯视）如图 2-4-17 所示。在液压机机身外左侧或右侧安装一个井字形的导轨支架，便于工作台向左向或向右移出压力机后，可以向前或向后 T 形移动。工作台上装有两组滚轮，4 个大直径左右移动滚轮 7 供向左或向右移动用，4 个小直径前后移动滚轮 8 供 T 形向前、向后移动用。两组滚轮由减速机通过正齿轮与伞齿轮传动，在工作台移动时，8 个滚轮均转动。在井字形的 4 条导轨汇集点附近有 4 个活塞缸，供切换时提升与下降工作台之用。在导轨右端支架上有切换挡块三 3，前、后端有到位挡块 1，而切换挡块一和切换挡块二 14 和 9 可使滚轮对准轨道。变频调速开关一和变频调速开关二 12 和 11 可使工作台平稳停止。电缆卷筒 15 及抗拉电缆 16 用于在工作台运动时收放电缆。

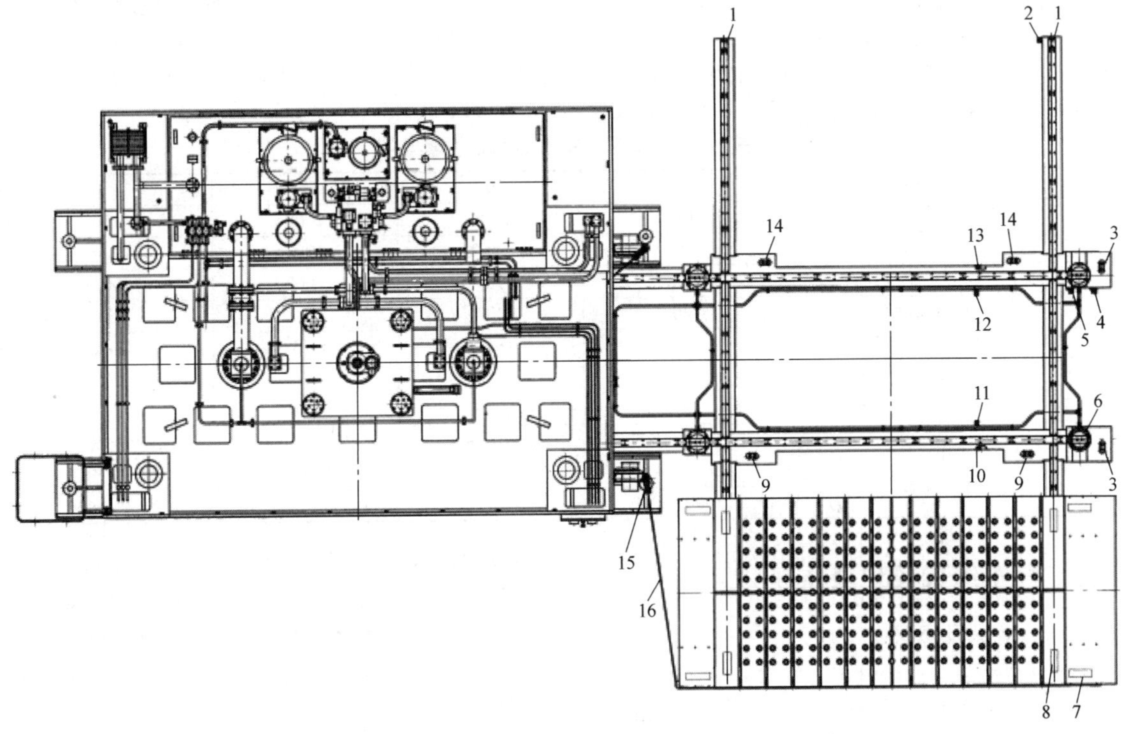

图 2-4-17　T 形双移动工作台（俯视）

1—到位挡块　2—到位开关四　3—切换挡块三　4—到位开关三　5—变频开关三　6—切换用液压缸　7—左右移动滚轮　8—前后移动滚轮　9—切换挡块二　10—到位开关二　11—变频调速开关二　12—变频调速开关一　13—到位开关一　14—切换挡块一　15—电缆卷筒　16—抗拉电缆

在液压机下横梁上设有盲孔，当工作台移入液压机中心时，滚轮落入盲孔，因此压制时滚轮不会受力。

当压制工序结束、工作台要移出液压机时，先使工作台提升，大直径左右移动滚轮 7 与左右向导轨接触，并驱动工作台右移，此时小直径前后移动滚轮由于直径小，不接触导轨，只是空转。当工作台右移碰到变频开关时，工作台减速且平稳移动到切换挡块三，到位开关三 4 发出信号，工作台停止移动，此时大直径滚轮准确地停在活塞缸上方的井字形凹槽中。活塞缸下降，使大直径滚轮脱离导轨，而小直径滚轮与 T 形导轨接触，使工作台可以前后移动。

当回程向后移入时，先碰到变频调速开关一 12，工作台变慢速后移，碰到切换挡块一 14，工作台停止，由到位开关一 13 发出信号，活塞缸上升顶出，使大直径滚轮接触导轨，小直径滚轮脱离导轨，工作台左移，进入液压机。

车门包边液压机可用于汽车左右车门、行李舱盖及发动机舱盖的包边，也可在该系列液压机上设置冲裁功能，在车门零件拉深成形后，可以在包边压力机上进行冲裁切边，还可以设置液压垫进行一些简单零件的拉深。

快速换模系统对于提高生产率、减轻工人劳动强度十分有效。快速换模系统包括多种移动形式和多个数量的移动工作台、重型换模小车、快速模具夹紧机构和模具识别系统。通过 PLC 和变频器可实现液压机和移动工作台的联动。

根据用户需要，移动工作台的数量可设计为 2 个、3 个或 4 个，可选择左右开出、T 形开出或双 T 形等多种形式，能完成纵横两个方向的移动。可以选配手动或自动模具锁紧。

4.6.3　典型产品简介

目前，国内通用的车门包边液压机有两种形式：①对于农用车和货车的生产单位，由于模具成本及对车门质量要求较低，可选用四柱式车门包边机，其结构简单，经济实用；②对轿车及其他较高级的车辆制造厂，应选用框架式车门包边液压机。其刚性好、精度高、抗偏载能力强。

国内生产车门包边液压机的厂商有合锻智能（YH25 系列，见表 2-4-4）、天锻（THP37 系列）、湖州机床厂有限公司（YF32 系列）、徐州压力机械有限公司（YX52 系列和 XP-E 系列）等。

合锻智能的 SHPH25 系列伺服驱动车门包边液压机，采用伺服电动机-泵系统代替传统液压电气系统。压力采用伺服电动机-压力传感器闭环控制，位置采用伺服电动机-位移传感器闭环控制，从而实现参数数字控制，可靠性高，维修保养方便。该系列的机身有分体框架式和四柱式两种供选择，除电动机总功率外，其主要参数见表 2-4-4，其移动工作台设有前移、单（双）台侧移、双（四）台 T 形移等多种方式。

表 2-4-4　车门包边液压机的主要参数

序号	参数名称	160	200	250	3150
1	公称力/kN	1600	2000	2500	3150
2	开口高度/mm	1800	1800	1900	1900
3	行程/mm	900	900	1000	1000
4	快降速度/(mm/s)	200	200	250	250
5	工作速度/(mm/s)	20-45	18-37	18-37	15-30
6	回程速度/(mm/s)	150	150	150	150
7	电动机总功率/kW	~45	~45	~50	~50
8	工作台面尺寸/mm（左右×前后）	2600×1800	2800×1800	3000×2000	3000×2000
		2800×1800	3000×2000	3200×2200	3200×2200
		3000×2000	3200×2200	3600×2400	3600×2400

4.7　汽车纵梁成形液压机

4.7.1　用途及概述

纵梁是汽车底盘中组成汽车车架的主要零件，长度较大，如货车纵梁的长度可达 8~16m，由 6~12mm 厚钢板冷压成形并镦底校平，冲压设备的公称力一般为 30000~60000kN。以前在纵梁上的不同部位冲孔也由冲压设备完成，由于近几年高速冲孔设备及激光切割技术的发展，冲孔工序由专门的冲孔设备完成，液压机主要完成纵梁的成形、镦底、校平等工序。

采用液压机压制汽车纵梁，配置了涂油、自动上下料、零件码垛等装置，实现了自动化生产，大大减轻了工人的劳动强度、提高了生产率，促进了我国汽车制造业的发展。

4.7.2　技术特点

汽车纵梁成形液压机是在冷态下将厚钢板压制成 U 形截面的长梁。过去，由于受生产制造、安装运输等设备的限制，多采用几台小的液压机并联组合而成。目前，主要采用整体液压机。

汽车纵梁成形液压机的关键是活动横梁的同步调平系统。由于模具的压力中心与液压机的压力中心不完全一致，板材厚度存在误差，板材各处润滑状况也不完全一致，这些均会导致液压机工作时存在偏载。

特别是由于排放标准的提高，汽车发动机需要进行相应的改进，以满足尾气排放要求而设计的变截面梁（见图 2-4-18）成形时存在较大偏载，使得成形时活动横梁倾斜，极大影响了成品质量。

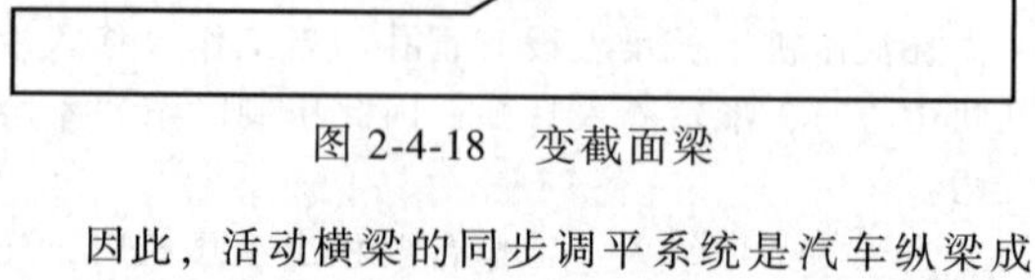

图 2-4-18　变截面梁

因此，活动横梁的同步调平系统是汽车纵梁成形液压机的核心技术。同步调平系统可分为主动调平系统和被动调平系统。主动调平系统是根据检测的活动横梁的位置偏差控制主液压缸的加压过程、调控主液压缸的压力实现纠偏调平，可实现较大的纠偏调平力。被动调平系统是根据检测的活动横梁的位置偏差控制回程缸的压力实现纠偏调平，纠偏调平力不大。当前，纵梁成形液压机多采用被动调平系统实现活动横梁的纠偏，提升产品的质量。

同步调平系统的工作原理：在活动横梁四角设置 4 个调平液压缸，采用高精度位置检测装置对压制过程中活动横梁四角的位置进行检测。活动横梁同步调平系统在纵梁成形过程中，通过高精度的位移传感器实时监测活动横梁两端的位置偏差，检测信号实时传递给 PLC，通过 PLC 系统的纠偏运算后给纠偏控制元件（伺服阀）发出相应的指令，实现纠偏动作。同时，PLC 可实时跟踪纠偏结果并调整纠偏指令。该系统柔性较高，精度可达 0.3mm/m，如图 2-4-19 所示。

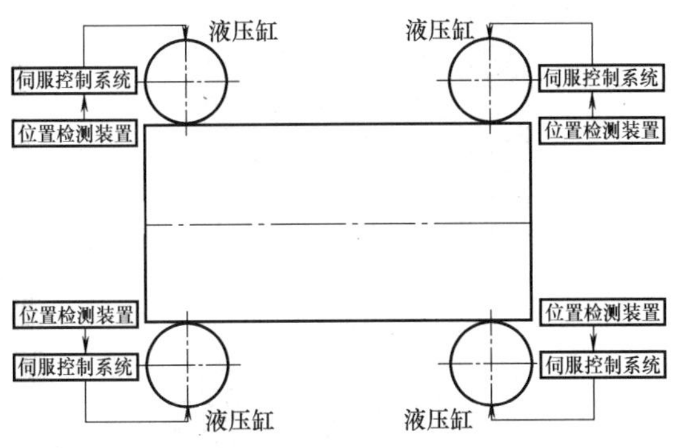

图 2-4-19　活动横梁同步调平系统

汽车纵梁成形液压机通常配置多个液压垫，每个液压垫独立控制。如果多个液压垫顶出同步偏差较大，容易造成纵梁的刮伤、变形等缺陷。多个液压垫的同步技术主要有泵控同步和伺服阀控同步。①泵控同步是每个液压垫采用单独的电子泵驱动，液压垫的位置通过位移传感器检测。通过 PLC 系统同步控制运算后给相应的电子泵发出指令，实现多个液压垫的同步控制。该控制方式的主要缺点是同步精度不高，总成本比较高。②伺服阀控同步是把流量控制元件由电子泵换成伺服阀，采用普通液压泵供油。该系统的同步精度较高，是目前广泛采用的控制方式。

随着汽车工业的迅猛发展，汽车纵梁成形液压机的吨位也随之加大，目前最大吨位为 70000kN。汽车纵梁成形液压机的结构可采用多柱式和框架式。以框架式为例，框架式纵梁成形液压机包括机身、左右移动工作台、活动横梁、多组液压垫、液压系统、电气系统和辅助系统等。该框架式机身由上横梁、下横梁、立柱并通过多根拉杆及螺母组成封闭的框架结构。活动横梁上设有斜楔装置（该装置导向精度高，性能稳定可靠），可调整活动横梁的导向。移动工作台采用电动驱动，可根据需要向左或向右移动，实现快速换模。框架式纵梁成形液压机可根据需要选配冲裁缓冲系统化，实现无冲击低噪声冲孔落料工艺。主缸采用分别控制单独加压技术，可满足不同长度梁的成形需求。活动横梁采用双位移传感器控制主动/被动调平系统控制，抗偏载力矩大，纠偏精度高，成形质量高。压力采用比例伺服闭环控制，实现无极可调，精度高。设有多个液压垫，采用闭环位置跟踪控制，实现多个液压垫的同步，液压垫压力采用比例伺服闭环控制，实现无极可调，精度高。可选配的附件还有打料装置、自动上下料系统和 CNC 控制等。汽车纵梁成形液压机如图 2-4-20 所示。

图 2-4-20　汽车纵梁成形液压机

汽车纵梁成形液压机的主要参数见表 2-4-5。

表 2-4-5　汽车纵梁成形液压机的主要参数

序号	参数名称	YH29-3150	YH29-4000	YH29-5000	YH29-6300
1	公称力/kN	31500	40000	50000	63000
2	开口高度/mm	1500	1700	1700	1800
3	行程/mm	800	900	900	1000
4	移动台尺寸/mm(左右×前后)	8000×1200	10000×1300	12000×1300	14000×1300
5	前后立柱间距/mm	1800	2100	2100	2200
6	液压垫数量/个	6	6	6	6
7	单个液压垫力/kN	1000	1500	1500	2000
8	液压垫行程/mm	250	250	280	300
9	单个液压垫尺寸/mm(左右×前后)	1100×500	1400×500	1500×600	1700×600
10	滑块快降速度/(mm/s)	150	150	150	150
11	滑块工作速度/(mm/s)	15	12	10	10
12	滑块回程速度/(mm/s)	100	100	100	100

目前，生产汽车纵梁成形液压机厂商可提供全自动的智能生产线，包括料片堆放平台、搬运机械手、双料检测、涂油装置、上料装置、零件下料装置、零件收集装置等。可实现从料片到成品的全自动生产，生产节拍可达 70s/件。

4.8　双动拉深液压机

4.8.1　用途及概述

双动拉深液压机主要用于金属薄板的深拉深成形工艺，如汽车大型覆盖件的成形工艺，也可以用于其他的板料，如不锈钢洗涤槽容器类零件的制造。

4.8.2　主要结构简述

双动拉深液压机的结构特点是有内外两个滑块(活动横梁)，如图 2-4-21 所示。拉深滑块 6 装在里边，压边滑块 5 装在外边，各有自己的导轨。双动拉深时的动作流程如图 2-4-22 所示。开始时，拉深滑块 2 和压边滑块 1 一起快速下行，当接近工件 5 时，改为慢速下行；当压边滑块通过压边圈 4 压住工件 5 时，压边滑块不再下行而变为保压状态。此时，拉深滑块 2 继续下行，进行拉深。拉深完成后，拉深滑块可实现保压延时、卸压和快速回程，压边滑块也相应卸压和快速回程，然后液压垫 8 和顶杆 7 将工件 5 顶出。

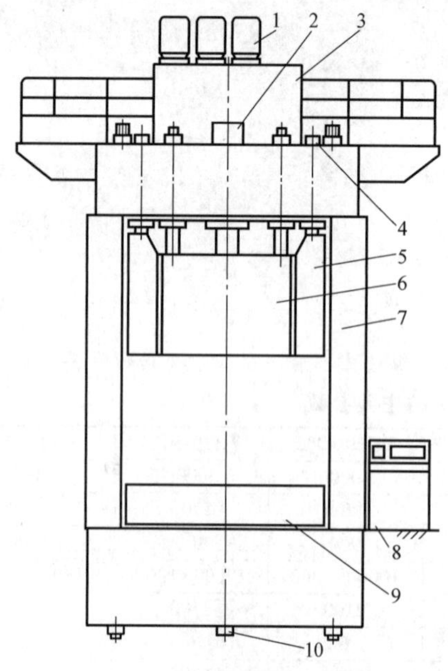

图 2-4-21　拉深液压机结构

1—液压动力部分　2—拉深工作缸　3—充液箱　4—压边工作缸　5—压边滑块　6—拉深滑块　7—机身　8—电控装置　9—移动工作台　10—顶出缸

压边滑块一般由分布在 4 个角的压边缸驱动，可以分别调压，以利于不对称零件的拉深。拉深滑块和压边滑块也可通过定位销联成一体，实现单动，此时的作用力将为两者之和。例如，对于 Y28-400/630 型的双动拉深液压机，拉深力为 4000kN，压边力为 2300kN，单动时作用力则为 6300kN。

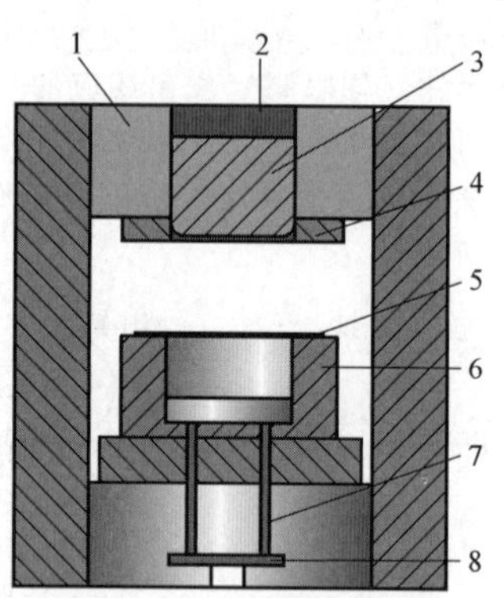

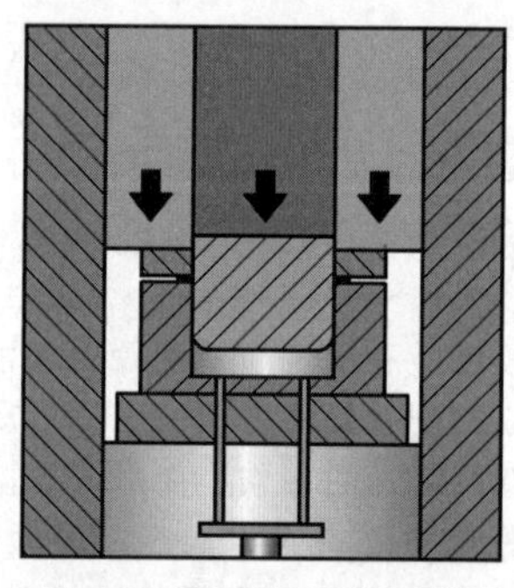

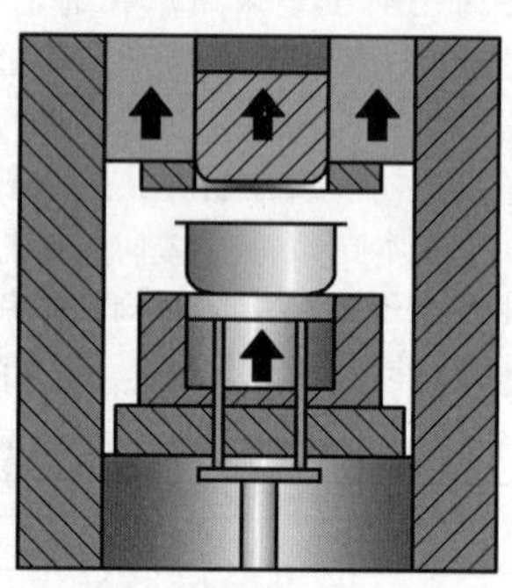

图 2-4-22　双动拉深时的动作流程

1—压边滑块　2—拉深滑块　3—凸模　4—压边圈　5—工件　6—凹模　7—顶杆　8—液压垫

小吨位的双动拉深液压机通常做成四柱式，结构简单，经济实用，以立柱为导向。较大吨位的则做成预应力框架结构，以四角八面平面导轨导向，导向精度高，抗偏载能力强。并设有移动工作台，便于更换大型模具。

双动拉深液压机的液压控制系统如图 2-4-23 所示。4 个压边缸装在拉深滑块的四角，随拉深滑块一起运动。此液压系统采用插装阀，插装阀 1V 为拉深缸上腔的排油阀，4V 为拉深缸上腔的进油阀，液控单向阀 1 则由电磁换向阀 9 来控制。插装阀 2V 为拉深缸下腔的排油阀，它可通过溢流阀 11 来建立支承作用，使滑块不会因重力而下降。3V 则为拉深缸下腔的进油阀。插装阀 5V ~ 8V 则属于顶出阀块，5V 和 7V 分别为顶出缸上腔的排油阀和进油阀，6V 和 8V 分别为顶出缸下腔的排油阀和进油阀。当压边时，压边滑块停止不动，拉深滑块继续下行，压边缸上腔的油经压边阀块中的远程调压阀 6 所控制的溢流阀、单向阀进入拉深活塞中的通道及拉深缸下腔，再经插装阀 2V 流回油箱。行程开关 2ST 控制滑块快速下行转慢速，3ST 控制慢速下行转加压，4ST 或电接点压力表控制加压转为保压，时间继电器 3KT 控制保压转卸压，压力继电器 KV 控制卸压转回程，1ST 则控制回程转为停止。

4.8.3　发展状况

我国生产双动拉深液压机的厂商很多，如湖州机床厂有限公司生产的 Y28 系列四柱式双动拉深液压机（100/150 -800/1300）和 YF28 系列框架式双动拉深液压机（100/150-800/13000）；合肥合锻智能制造股份有限公司生产的 YH28 系列（100/180-1600/2400）；天津天锻压机有限公司生产的 YT28 及 THP28 系列。徐州压力机械有限公司为一汽模具公司生产的 YX28-1700/2500 双动拉深液压机用于薄板拉深及试模，作为单动使用时，最大作用力为 25000kN。

目前，双动拉深液压机大都采用插装阀进行液压控制，可实现内、外滑块的比例调速和比例调压，实现压力闭环控制。拉深滑块（内滑块）具有四点调平功能，压边滑块（外滑块）可实现四缸单独调压，液压垫也可实现比例调压。采用高精度的磁栅行程检测系统，能分别检测显示拉深滑块、压边滑块、液压垫的行程位置，并构成位置闭环控制的反馈环节，提高了液压机的控制精度。

双动拉深液压机的主要参数见表 2-4-6。

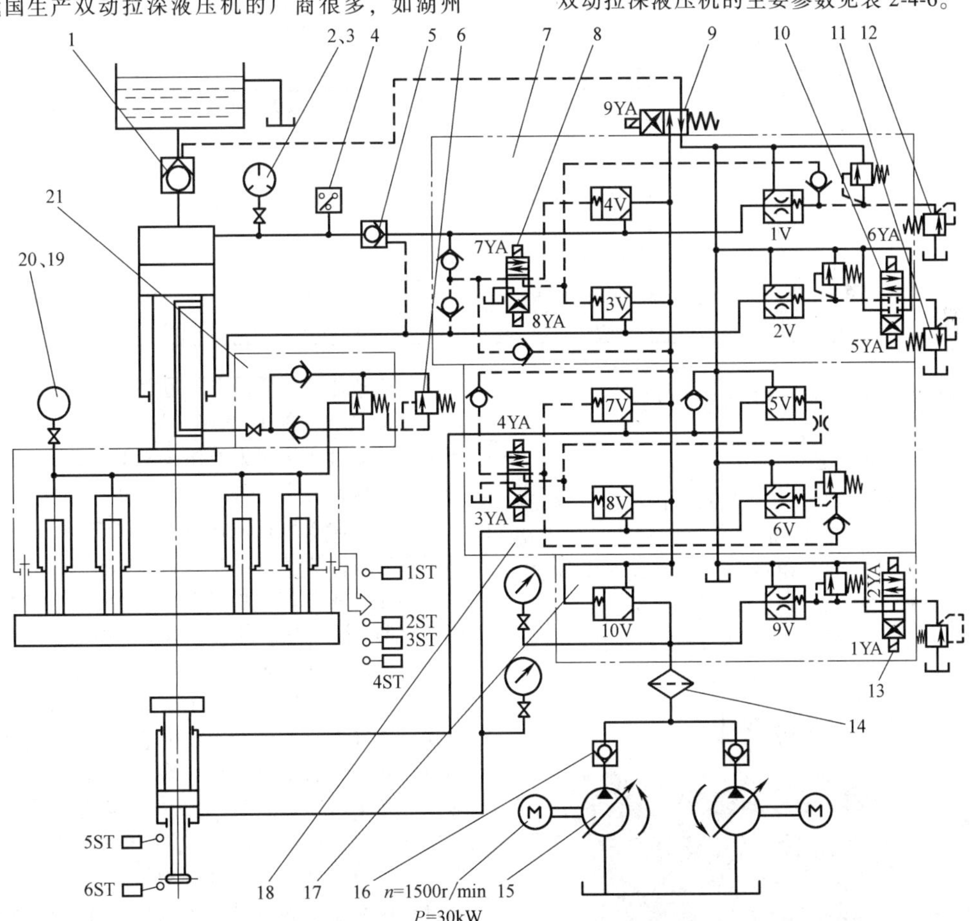

图 2-4-23　双动拉深液压机的液压控制系统

1、5—液控单向阀　2、3、19、20—电接点压力表及开关　4—压力继电器　6—远程调压阀　7—拉深阀块　8、10、13—三位四通电磁换向阀　9—二位四通电磁换向阀　11、12—溢流阀　14—滤油器　15—压力补偿变量泵　16—单向阀　17—调压、卸荷阀块　18—顶出阀块　21—压边阀块　1V ~ 10V—插装阀

表 2-4-6　双动拉深液压机的主要参数

序号	参数名称		400/600	630/1030	800/1300	1300/2000	1600/2400
1	公称力/kN		6300	10300	13000	20000	24000
2	拉深力/kN		4000	6300	8000	13000	16000
3	压边力/kN		2000	4000	5000	7000	8000
4	拉深滑块开口/mm		1700	1900	2100	2300	2400
5	压边滑块开口/mm		1600	1800	2000	2200	2300
6	单动开口/mm		1600	1800	2000	2200	2300
7	拉深滑块行程/mm		1200	1400	1600	1700	1800
8	压边滑块行程/mm		1100	1300	1500	1600	1700
9	单动行程/mm		1100	1300	1500	1600	1700
10	拉深滑块速度/(mm/s)	快降	250	300	400	400	400
		工作	10~23	16~36	20~40	23~46	18~40
		回程	200~250	250~300	250~300	300~350	200~350
11	压边滑块速度/(mm/s)	快降	250	300	400	400	400
		工作	10~23	12~26	12~25	12~25	15~25
		回程	150~200	200~250	200~250	200~250	200~250
12	单动速度/(mm/s)	快降	300	300	400	400	400
		工作	10~23	15~30	17~34	19~38	17~35
		回程	200~250	230~280	230~280	300~350	300~350
13	液压垫力/kN		2000	3150	4000	5000	6300
14	液压垫行程/mm		300	300	400	400	450
15	液压垫顶出速度/(mm/s)		90	90	90	90	90
16	液压垫回程速度/(mm/s)		150	150	150	150	150
17	电动机总功率/kW		~80	~180	~250	~410	~500
18	工作台面尺寸/mm（左右×前后）		2500×1600	2800×1800	4000×2200	4000×2200	4000×2200
			2800×1800	3200×2000	4500×2500	4500×2500	4500×2500
19	对应拉深滑块/mm（左右×前后）		1700×1000	2000×1200	3200×1700	3200×1700	3200×1700
			2000×1200	2200×1400	3800×1700	3800×1700	3800×1700
20	对应液压垫尺寸/mm（左右×前后）		1700×1000	1700×1100	3200×1700	3200×1700	3200×1700
			2000×1200	2000×1400	3800×1700	3800×1700	3800×1700

4.9　封头拉深液压机及生产线

4.9.1　用途及概述

封头拉深液压机适用于金属板材的冷压（热压）弯曲、拉深成形等工艺，是生产大型封头、拉深圆筒、大型金属容器的专用设备，生产线包含主机、模具快换装置、全自动上下料、对中等装置，配上不同规格的模具，可以完成不同规格封头的拉深成形，如图 2-4-24 所示。

图 2-4-24　封头成形件

封头拉深液压机设有压边滑块，在拉深过程中，压边力的大小可在 0~26MPa 范围内根据工艺需要进行调节。通过比例压力控制技术对压边力-位移曲线的拟合，保证封头拉深件薄厚均匀。

封头拉深液压机采用线性拟合技术，可有效提高封头质量，降低次品率；具有大批量工艺参数的存取功能，如封头的模具参数自动存取功能，最多能够存储上千套模具的相应参数，细化了用户任务，十分方便用户的频繁换模，减少了人为差错。

封头拉深液压机具有主参数曲线的显示与记录功能。通过直观的动态图形和表格，显示各液压缸的位置和压力的实时变化（数字窗口有 1 个位移量显示、两个压力显示）。通过对主参数记录的分析，可以帮助用户优化工艺过程，不断提高产品质量。

封头拉深液压机采用人性化的人机界面技术。通过触摸屏显示和设置压力机的各种数据参数，如压机行程、压边滑块和拉深滑块的压力等，针对不同的工件和要求，可以设置不同的参数，实现柔性化加工。

4.9.2　主要结构简述

封头拉深液压机的结构如图 2-4-25 所示。封头拉深液压机主要由主机、拉深缸、压边缸、上料装置、对中装置、顶出旋转装置、旋臂机构、下料装置、成品小车、坯料小车、液压系统、电气系统、润滑系统和冷却系统等部分组成。其中，主机包括上横梁、下横梁、立柱、螺母、拉深滑块、压边滑块、移动工作台等。封头拉深液压机对液压机的刚度和强度要求较高，其机身通过 16 个螺母、4 根立柱连接成具有足够刚度和强度的封闭结构，拉杆采用液压预紧方式紧固，确保整机刚性。

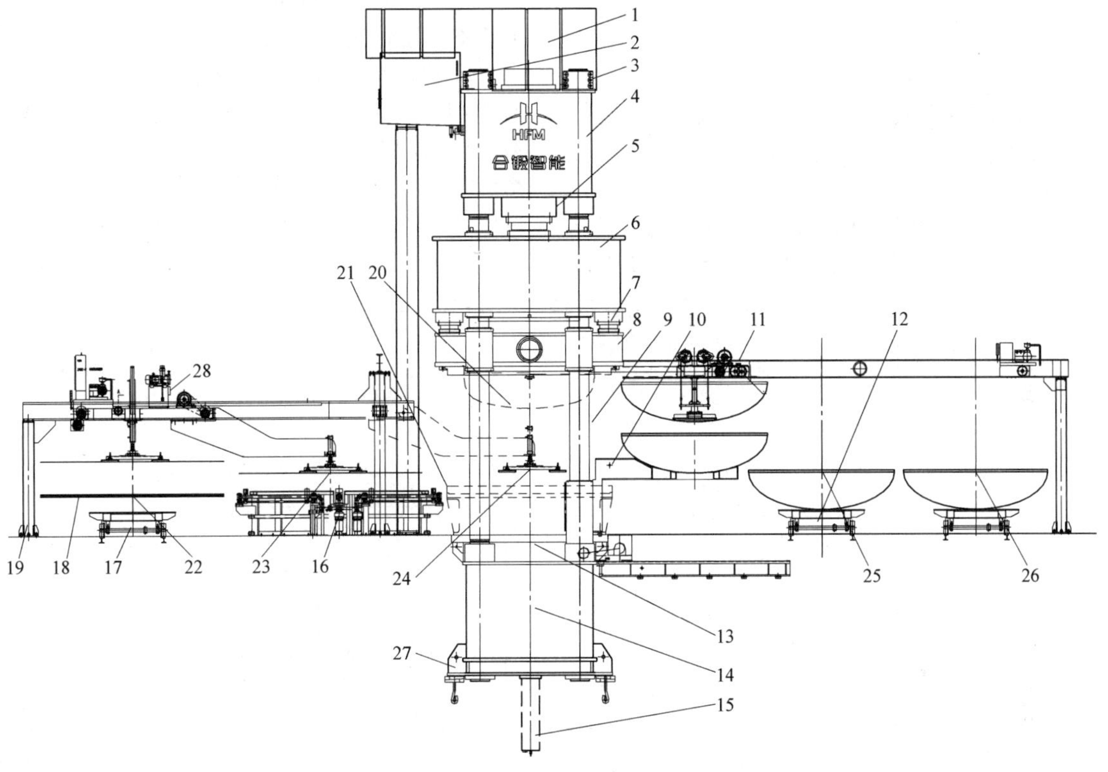

图 2-4-25　封头拉深液压机的结构

1—保护装置　2—主油箱　3—螺母　4—上横梁　5—拉深缸　6—拉深滑块　7—压边缸　8—压边滑块　9—立柱　10—旋转装置　11—下料装置　12—成品小车　13—移动工作台　14—下横梁　15—顶出旋转装置　16—对中装置　17—坯料小车　18—坯料　19—上料装置　20—拉深模具　21—下模具　22—上料工位Ⅰ　23—上料工位Ⅱ　24—上料工位Ⅲ　25—下料工位Ⅰ　26—下料工位Ⅱ　27—下油箱 1　28—下油箱 2

上横梁内装有主缸组件，拉深滑块和压边滑块安装于上下横梁之间，拉深滑块上平面与主缸组件通过螺栓连接，拉深滑块下平面安装拉深模具连接筒，连接筒由快换液压缸夹紧。压边缸安装在拉深滑块内，下端通过法兰连接压边滑块，压边滑块内安装有快换模圈装置。下横梁内装有顶出旋转装置，用于工件拉深完成后顶出和旋转涂油；在下横梁上平面装有移动工作台及其提升加紧装置、定位装置、贴合检测装置。立柱与滑块的导向采用合金材料，硬度高、耐磨性好、导向精度高。

拉深部分通常采用三缸结构，压边部分通常采用八缸结构。

为了实现快速换模和柔性生产，该液压机设有移动工作台。移动工作台一般采用前后移动式，可采用变频调速，实现其快速和慢速的转换，其驱动方式为自移式。

上模快换装置及连接筒由内承压筒、中承压筒、外承压筒、夹紧块和液压缸等组成，通过更换不同的承压筒，实现与压边圈不同的组合，完成不同规格封头的压制。

上料装置：封头的坯料由送料小车码垛送至上料工位Ⅰ，通过送料装置将封头的坯料从上料工位Ⅰ送至上料工位Ⅱ，在该工位实现封头坯料定位后，又将封头坯料送至上料工位Ⅲ，实现封头的压制。

定位装置：该装置的主传动齿轮、轴、丝杠、螺母、导向杆等封闭在机身内，在机身的中心安装主电动机支架，机身的中部装有冷压封头坯料的自动定中心装置，通过它保证冷压封头坯料的自动定中心。

旋臂机构：通过变频调速电动机、减速机和齿轮传动，将它的动力传入旋臂装置，使得该装置绕立柱转动，将成形后的冷压封头从液压机的中部送至液压机外侧。

下料装置：由旋臂机构送至液压机外侧的冷压封头经该装置中的取料机构取出，分别送至下料工位Ⅰ和下料工位Ⅱ，通过质量检测和码垛后由出料小车运出。

为了便于维修和维护，封头拉深液压机设有上下 3 个油箱。上油箱布置于上横梁后部或置于上横梁顶部，为设备拉深缸和压边缸提供动力。下油箱 1 置于地面以下，为顶出旋转装置及提升夹紧缸部分提供动力。下油箱 2 放置在上料机构上，为上料机构中的液压缸提供动力。

液压机上部设有栏杆。围栏为封闭式，配有安全梯。安全梯在距地面 3m 以上有栏圈。在安全梯上设置一个与主机互锁的开关。

4.9.3　动作流程

封头拉深液压机的动作流程如图 2-4-26 所示。凸模 8 固定于拉深滑块 1 上的上模快换装置及连接筒 3 上，模圈 4 安装于压边滑块 5 内，根据不同规格工件采用不同规格模圈，压边圈 7 固定于模圈上，凹模 10 固定于移动工作台上，顶出旋转装置 11 固定于下横梁内。

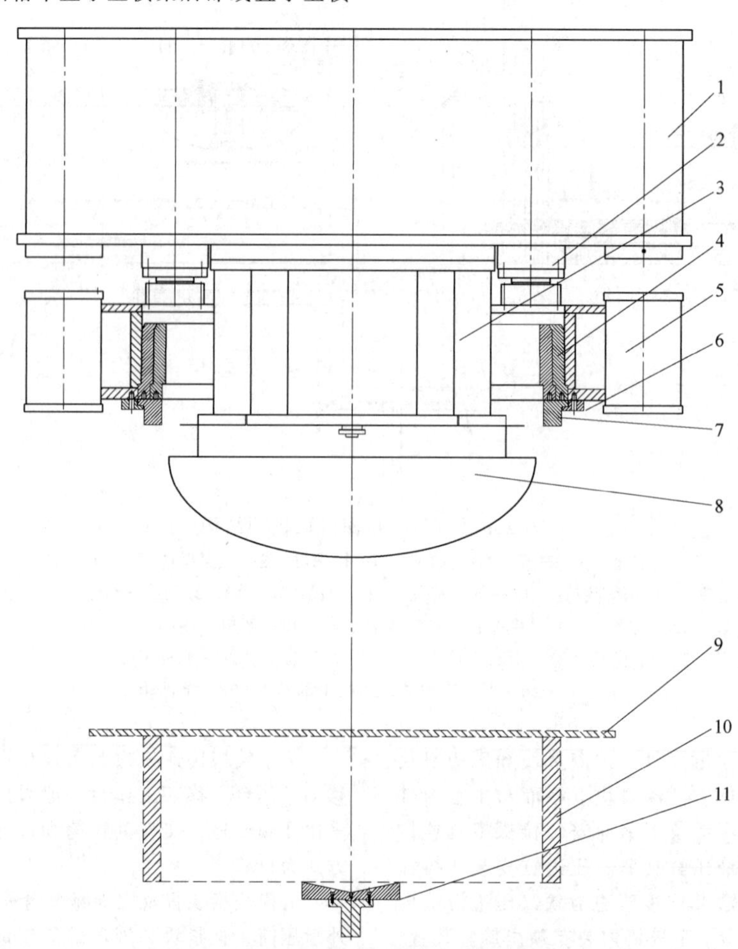

图 2-4-26　封头拉深液压机的动作流程

1—拉深滑块　2—压边缸　3—上模快换装置及连接筒　4—模圈　5—压边滑块　6—压边圈安装法兰　7—压边圈　8—凸模　9—工件　10—凹模　11—顶出旋转装置

封头拉深液压机的拉深流程如图 2-4-27 所示。状态一为液压机初始位置；状态二为拉深滑块和压边滑块在拉深缸的驱动下一起快速接近工件；状态三为拉深滑块不动，压边滑块下行压边圈压住工件；状态四为压边滑块不动（有压边力），拉深滑块下行拉深工件；状态五为拉深滑块、压边滑块退回到位，顶起旋转装置顶起工件。其工艺流程为：液压机初始位置→拉深滑块与压边滑块一起快降→压边滑块单独快降→压边滑块加压→拉深滑块下行拉深工件→保压延时及卸压→拉深滑块、压边滑块回程→顶起旋转装置顶起工件→(工件移走后) 顶起旋转装置退回。顶起旋转装置顶出起始时间可由滑块的回程中设定的位置激发，以提高工作频次。

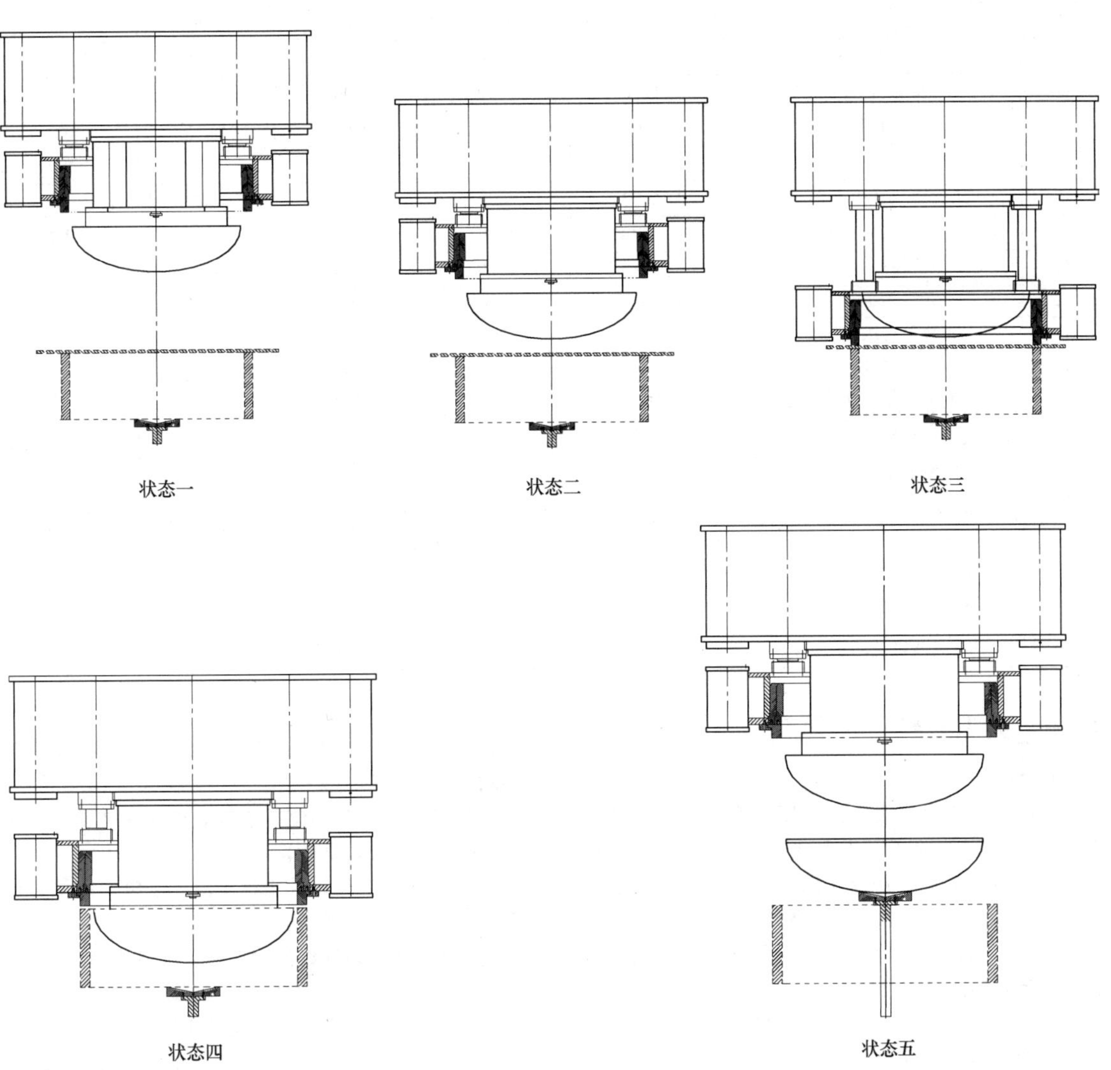

图 2-4-27　封头拉深液压机拉深流程

4.9.4　发展趋势

目前，用户对拉深件的质量要求越来越高，要求拉深力和压边力在整个拉深过程中实现精确力和速度的柔性可控，因此对其液压系统提出了更高的要求。这可通过在系统中配置伺服阀、压力传感器和位置传感器等，经电气系统进行分析、推理、决策等，实现液压机的数控化，而且具有友好的人机界面。

随着信息技术的发展，提出了高性能的智能液压机概念。国内液压机生产厂商在封头拉深液压机的智能控制技术方面加大研究力度，借助传感技术及各种感知元器件、比例伺服液压技术及元件、自动化控制技术及可编程控制系统、通信深技术、信息化技术等，实现了封头液压机生产线的数控化、智能化、自动化、柔性化，使封头拉深液压机生产线成为典型的智能制造装备。

封头拉深液压机的主要参数见表 2-4-7。

表 2-4-7　封头拉深液压机的主要参数

序号	参数名称		400/680	600/1200	1800/3300	2000/4000	3000/6000
1	拉深力/kN		6800-压边力	12000-压边力	33000-压边力	40000-压边力	60000-压边力
2	拉深回程力/kN		800	1500	3500	4000	2500
3	压边力/kN		0~4000	0~6000	0~15000	0~20000	0~30000
4	压边回程力/kN		630	6300	1500	1200	1300
5	顶出力/kN		630	400	2000	1600	2000
6	拉深行程/mm		1200	1400	1500	2500	2150
7	压边行程/mm		1200	600	800	1400	1200
8	顶出行程/mm		860	850	1450	2400	2200
9	压边滑块最大开口/mm		1800	2000	2000	3800	3420
10	左右立柱内间距/mm		1690	2000	2900	4345	4250
11	压边滑块内台阶孔/mm		830	1020	1740	3450	3050
12	移动台尺寸/mm(左右×前后)		1600×1600	1800×1800	2600×2600	4000×3800	3800×3600
13	移动台速度/(mm/s)		40	50	50	60	70
14	移动台移动方向		前移	前移	前移	前移	前移
15	移动台移动距离/mm		1600	2000	4400	4000	3800
16	顶出托盘尺寸/mm		260	140	400	800	700
17	拉深滑块速度/(mm/s)	快降	150	200	180	150	150
		工作	6~15	6~15	10~20	10~20	10~20
		回程	150	120	150	150	150
18	压边滑块速度/(mm/s)	快降	150	150	50	50	50
		工作	6~15	6~15	10	10	10
		回程	150	150	50	50	50
19	电动机总功率/kW		≈70	≈120	≈370	≈470	≈450

4.10　典型公司产品简介

1. 用途

合锻智能的大型液压机冲压生产线主要用于大型汽车覆盖件的冲压，实现冲压件的拉深、冲孔、切边、落料、整形。整线采用自动化生产，可以实现自动拆垛、定位、上料、送料、冲压、下料及自动输送，实现自动化运行且全封闭式生产。冲压废料采用废料输送机进行收集。

压机布置：2000T+1000T+1000T+1000T。

大型液压机自动化生产线主要由 4 台压力机、冲压自动化系统、控制系统及相应软件等组成。带模生产节拍要求：4~5 件/min。

2. 特点

1）机身采用预紧分体框架式结构，滑块采用四角八面导轨导向。

2）多种方式移动台可实现前移、侧移、双台 T 形移动。

3）全吨位冲裁功能。

4）液压垫分段压力控制。

5）无压力对模功能，方便对模。

6）滑块、液压垫的压力采用比例系统控制。

7）工艺参数全数字控制，压力闭环控制，线性度高，精度为 0.1MPa，使设定压力与实际压力基本符合，提高了压力精度，消除了油温等外界环境对系统的干扰。

8）压力、行程、位置参数通过触摸屏设定，通过 PLC 控制，自动化程度高。

9）滑块和液压垫采用绝对值式磁致伸缩位移传感器进行检测和控制。

10）具有模具参数存储功能、故障诊断功能。

11）齐全的安全装置及安全控制系统。

12）高效的水冷装置可满足连续生产的需要。

3. 可选配置

1）四点柔性控制液压垫。

2）模具识别系统。

3）模具快速夹紧器。

4）冲压自动化系统。包括拆垛小车、磁性分层装置、料高自动检测装置、末料自动检测装置、双料自动检测器、板料输送带、清洗机、涂油机、过渡带、对中装置、冲压自动化专用（上料、定位、取件、传输等）传送机器人、线尾输送带、自动化传送装置的抓取机构（端拾器）或自动化连线接口。

4. 大型液压机冲压生产线液压机的主要参数（见表 2-4-8）

表 2-4-8　大型液压机冲压生产线液压机的主要参数

序号	参数名称		2000T	1000T
1	公称力/kN		20000	10000
2	液压垫力/kN		5000	—
3	液压垫顶出力/kN		1000	—
4	最大开口高度/mm		2400	2400
5	滑块最大行程/mm		1600	1600
6	液压垫有效行程/mm		0~350	—
7	滑块速度/(mm/s)	快速下行	≥800	≥800
		工作	30~150	30~150
		回程	450	450
8	液压垫速度/(mm/s)	上升	150	—
		下降	160	—
9	移动工作台有效尺寸/mm	左右	5000	5000
		前后	2500	2500
10	液压垫尺寸/mm	左右	4100	—
		前后	2000	—
11	冲裁缓冲力/kN		—	6000
12	冲裁缓冲行程/mm		—	50
13	冲裁缓冲可调行程/mm		—	600
14	工作台移动方向		左右侧移	左右侧移
15	压力机地面以上高度/m		≤10.5	≤10.5
16	压力机中心间距/mm		6500	6500

5. 大型液压机冲压生产线（见图 2-4-28）

图 2-4-28　大型液压机冲压生产线

第5章

挤压液压机

中国重型机械研究院股份公司　张君　侯永超　杨建　杨红娟　薛菲菲
王军　成小乐　付永涛　黄胜　段丽华　张宗元　柴星
清华大学　张磊
内蒙古北方重工业集团有限公司　陈建平

5.1 概述

5.1.1 工作原理

金属挤压是将金属锭坯放入挤压容室中，在主缸产生的高压下，锭坯在由挤压杆、挤压垫、挤压容室和模具形成的封闭容室内被挤压变形，通过模具成形为与模具形状相同的制品，采用形状不同的模具，可以生产截面形状非常复杂的制品。挤压可以生产长直形的棒料、实心和中空型材、管材和线材。针对不同的材料和挤压方法，挤压可以在室温或高温下进行。根据挤压温度的不同，挤压可以分为常温挤压、热挤压和高温挤压，常温挤压的温度范围为 20～300℃，热挤压的温度范围为 300～600℃，高温挤压指温度在 600℃以上的挤压。挤压过程如图 2-5-1 所示。

图 2-5-1　挤压过程
1—挤压容室　2—挤压杆　3—挤压坯料
4—挤压模具支撑　5—模具定径带
6—焊合室　7—挤压制品

图 2-5-1 中所示的挤压力一般由液压机或机械压力机产生，由挤压杆 2 施加挤压力到挤压坯料 3 上，坯料在挤压容室 1 内形成三向压应力（为了承受高的径向力和抗磨损，挤压容室一般由可以更换的内衬和外衬等组成），轴向力通过挤压模具支撑 4 传递到挤压机前梁上，在挤压力的作用下，挤压坯料 3 通过焊合室 6 在模具定径带 5 成形为挤压制品 7。

1. 金属挤压种类

金属挤压分为正挤压、反挤压（见图 2-5-2）和有效摩擦挤压三种形式。

正挤压指挤压方向与坯料的变形方向相同，如图 2-5-2a 所示。在正挤压过程中，挤压杆和挤压垫 1 及挤压模具 4 分别放置于坯料的两侧。在挤压杆和挤压垫 1 的驱动下，坯料 3 在挤压容室 2 中通过挤压模具 4 变形，变形方向与挤压杆运动方向相同，挤压成挤压制品 6。

反挤压指挤压杆运动方向与坯料的变形方向相反，如图 2-5-2b 所示。在反挤压过程中，挤压杆和挤压垫 1 及挤压模具 4 放置于坯料 3 的同一侧，在挤压杆和挤压垫 1 的驱动下，坯料 3 在挤压容室 2 中通过挤压模具 4 变形，由于坯料 3 另一侧有挡板 5 的作用，坯料变形方向与挤压杆运动方向相反，挤压成挤压制品 6。反挤压的挤压杆一般为中空的。

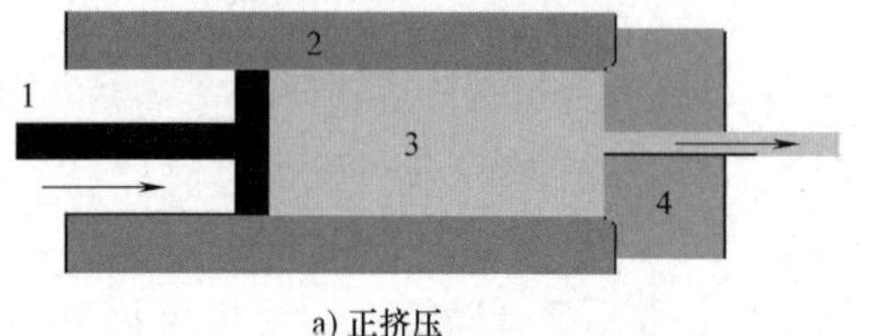

a) 正挤压

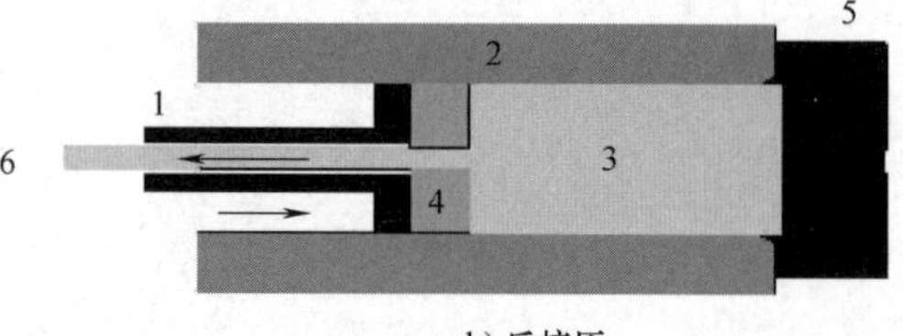

b) 反挤压

图 2-5-2　正挤压和反挤压
1—挤压杆和挤压垫　2—挤压容室　3—坯料　4—挤压模具　5—挡板　6—挤压制品

有效摩擦挤压是沿金属流动方向施力于挤压筒，利用挤压筒与锭坯之间的高摩擦应力促进金属流出挤压模模孔的挤压方法。挤压时，挤压筒沿金属流出方向以高于挤压杆的速度移动，挤压筒作用给锭坯的摩擦力方向与通常正向挤压时的相反，从而使摩擦力得到有效利用，促进金属的流动。实现有效摩擦挤压的必要条件是挤压筒与锭坯之间不能有润滑剂，以便建立起高的摩擦应力。有效摩擦挤压时金属的流动如图 2-5-3 所示。图中 1′、2′、3′、4′、5′为金属流动区，1′、2′区的金属向中心剧烈地流动。锭坯表面层 4′区的金属也向中心流动，而进一步地压缩中心层，形成细颈区Ⅱ，使其变形量增加。难变形区Ⅰ、Ⅳ很小，在锥模前端消失。

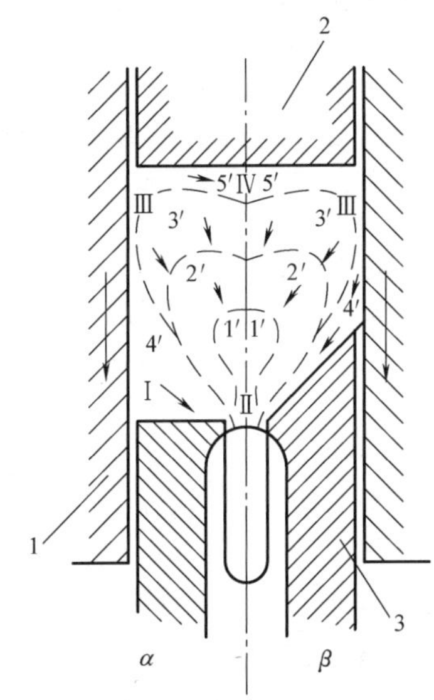

图 2-5-3　有效摩擦挤压时金属的流动

1—挤压筒　2—挤压杆　3—挤压模

α—平模　β—锥模　Ⅰ、Ⅳ—难变形区

Ⅱ—细颈区　Ⅲ—金属充满区

1′、2′、3′、4′、5′—金属流动区

有效摩擦挤压的金属流动更为均匀，挤压产品沿截面的组织性能一致性增强，沿长度方向机械性能更加稳定，对军工、核电和汽车等挤压产品要求高的更为适用。

2. 金属挤压过程中金属流动形式

根据金属挤压流动的特性，Laue76 将挤压过程中金属的流动形式划分为 4 种，如图 2-5-4 所示。其中，流动形式 S 中的材料流动均匀，塑性变形只存在模具出口处，死区出现在变形区两侧的挤压模具上，是一种比较理想的状态，适合表示坯料与挤压容室和挤压模具之间的摩擦力很小情况下的挤压过程。流动形式 A 是在挤压铅和锌时发现的，由于坯料和挤压容室的摩擦力增大，导致死区扩张到挤压容室上而形成的。流动形式 B 是坯料与挤压容室和模具的摩擦力进一步增大所致，粘连在挤压容室上的金属相互剪切，死区在挤压容室上进一步扩大。流动形式 C 是流动形式 B 进一步发展而成的，死区扩大到整个挤压容室上。

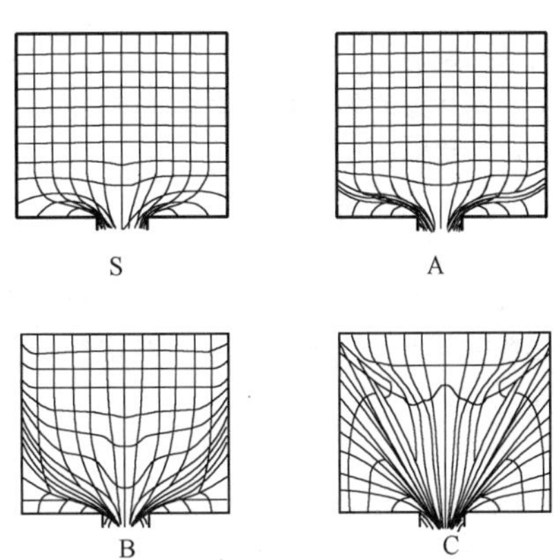

图 2-5-4　挤压过程中金属的流动形式

3. 金属挤压过程影响因素

挤压制品的特性与锭坯变形过程中金属的流动形式密切相关，影响锭坯变形过程中金属流动形式的因素主要有：①挤压形式，即正挤压或反挤压；②挤压机公称力和挤压容室形状；③挤压速度；④锭坯和挤压容室初始温度；⑤工模具温度；⑥挤压比；⑦锭坯长度与合金类型；⑧模具、挤压容室摩擦的影响；⑨模具设计的形式和排布。

(1) 摩擦　在金属挤压过程中，模具和锭坯之间的摩擦影响着挤压制品的精度和表面质量，摩擦与制品挤压形式有关。正挤压过程中的摩擦如图 2-5-5 所示。

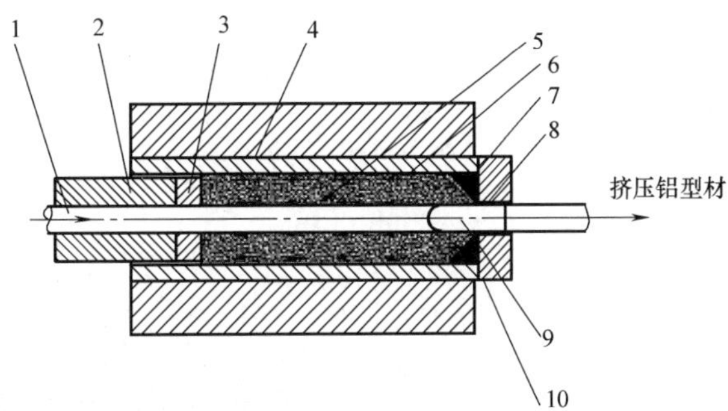

图 2-5-5　正挤压过程中的摩擦

1—穿孔针　2—挤压杆　3—挤压垫　4—挤压容室

5—穿孔针与铝锭坯之间的摩擦　6—挤压容室与铝锭坯之间的摩擦　7—死区处金属摩擦　8—定径带处金属摩擦　9—变形区　10—模具

在正挤压过程中，摩擦力与挤压运动方向相反，成为阻力。由黏性理论可知：摩擦力与接触面积的

大小有关。在正挤压过程中，充填过程后，挤压容室和锭坯之间的接触面积就等于锭坯外表面面积。由于在挤压容室内表面产生了很大的压应力，挤压容室和锭坯之间的摩擦可以认为是黏性摩擦，可由式（2-5-1）计算：

$$F_f = mkA_R \tag{2-5-1}$$

式中　F_f——摩擦力；

m——摩擦因子，对于黏性摩擦条件，$m=1$；

k——材料剪切强度；

A_R——接触面积。

在挤压过程中，模具定径带处的压应力特别高，此压应力大于或等于挤压的压应力，比锭坯的流动应力大。根据摩擦因子的定义，模具定径带处的摩擦力由式（2-5-2）确定，即

$$F_f = m_1 kA_{R_1} + m_2 kA_{R_2} \tag{2-5-2}$$

式中　下标 1——黏性摩擦区；

下标 2——滑动摩擦区。

（2）挤压力　在金属挤压过程中，设备名义挤压力必须大于金属的挤压力。

在正挤压过程中，突破时挤压力最大，挤压力 P_T 由以下几部分组成。

$$P_T = P_D + P_F + P_R \tag{2-5-3}$$

式中　P_D——锭坯塑性变形力；

P_F——克服摩擦所需的力；

P_R——克服厄余或锭坯内部变形功所需力，一般指在摩擦区附近产生的厄余功。

（3）挤压比　金属挤压有时采用多孔模，挤压比定义为

$$ER = \frac{A_C}{n(A_E)} \tag{2-5-4}$$

式中　n——多孔模的孔数；

A_C——挤压容室面积；

A_E——挤压制品面积。

金属挤压比反映了金属挤压时机械能的大小。当挤压比较小时，锭坯塑性应变较小，在挤压过程中所做功少，晶粒比较粗大，接近于铸造组织。一般挤压比不小于 10。当挤压比较大时，由于塑性应变较大导致挤压力大，同时挤压过程所做功增大。实际中常采用的挤压比为 10~30。

（4）挤压温度　金属挤压过程是热加工过程，加热的目的主要是为了降低锭坯的变形抗力。温度是最重要的挤压参数。提高温度可以降低锭坯的流动应力，挤压容易进行，但较高温度限制了挤压速度，因为高速挤压产生的热量导致挤压制品在模具出口处温度超过固熔温度而导致出现产品缺陷。在挤压过程中，挤压温度与锭坯初始温度、锭坯与挤压容室之间的热量交换、变形和摩擦产生的热量有关。

（5）挤压速度　挤压速度也是挤压过程的重要参数，挤压速度加快会导致突破时挤压力的增加，同时挤压温升增大，主要是由于应变速率的增加与挤压速度的增加成正比例。

（6）材料流动应力　材料的流动应力对塑性变形过程有重要影响，而材料流动应力由以下因素决定：

1）材料的化学和冶金成分。

2）变形温度 T、应变 $\bar{\varepsilon}$ 和应变率 $\dot{\bar{\varepsilon}}$。

因此，材料流动应力可以表达为

$$\bar{\sigma} = f(\bar{\varepsilon}, \dot{\bar{\varepsilon}}, T) \tag{2-5-5}$$

锭坯的流动应力与挤压温度和挤压速度有关。

5.1.2　主要技术参数

按照金属挤压工艺的要求，金属挤压机主机多采用三梁四柱结构，如图 2-5-6 所示。

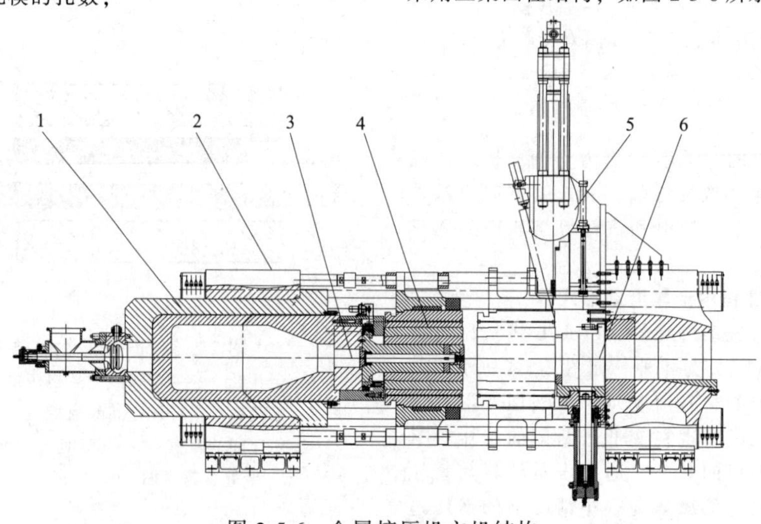

图 2-5-6　金属挤压机主机结构

1—主侧缸　2—机身　3—挤压工具　4—挤压筒　5—主剪刀　6—模架

金属挤压机的主机多采用预应力组合机身结构形式，主机本体主要由组合机身、主侧缸、挤压筒、移动缸、移动模架、快换模装置、主剪刀装置和挤压工具组成。现代的金属挤压机设计均采用计算机有限元分析软件，对挤压机的关键零部件，如预应力结构组合机身、主缸、三层挤压筒等进行结构优化设计和应力场、位移场分析。

金属挤压机主机的主要技术参数如下：

1. 挤压力/挤压回程力

在挤压过程中，坯料在挤压杆的作用下从密闭的挤压筒中经模具口被挤出，挤压杆挤出金属所需要的力就是挤压力，挤压力是金属挤压机能力的基本参数，也称公称力。挤压力可以用直接测定法、电测法和机械测定法等方法进行实测，也可以按照前述的公式（2-5-3）进行计算。

挤压回程力是在挤压结束后，挤压杆回退所需要的力。按照经验，挤压回程力一般为名义挤压力的 6%～7%。

2. 穿孔力

在穿孔挤压过程中，穿孔针上承受的力就是穿孔力。穿孔力由两部分组成，一部分是穿孔针端面上所受的力，另一部分是穿孔针侧面承受的摩擦力。穿孔力可由式（2-5-6）计算：

$$F_c=\frac{\pi}{2}d^2\sigma_S\left(2+\frac{d_c}{D_t-d_c}\right) \tag{2-5-6}$$

式中　F_c——穿孔力；

d——挤压锭坯外径；

d_c——穿孔针直径；

D_t——挤压筒内径；

σ_S——穿孔实际条件下的金属变形抗力。

在锭坯穿孔过程中，穿孔针承受的是压力；在管材挤压过程中，穿孔针承受的是拉力；在固定针工艺挤压过程中，穿孔针所受拉力可由式（2-5-7）计算：

$$P_{m1}=0.3\mu\sigma_0P_e-\frac{\pi}{4}\sigma_0(d^2-d_1^2) \tag{2-5-7}$$

$$P_e=\beta A_0\sigma_0\ln\lambda-0.577\sigma_0\pi DL$$

式中　P_{m1}——穿孔针所受拉力（N）；

P_e——有效摩擦挤压时的挤压力（N）；

A_0——挤压筒或挤压筒与穿孔针之间的环形面积（mm^2）；

σ_0——与变形速度和温度有关的变形抗力（MPa）；

λ——挤压比；

D——挤压筒直径（mm）；

L——镦粗后的锭坯长度（mm）；

β——修正系数，取 $\beta=1.3\sim1.5$，硬合金取下限，软合金取上限；

d——穿孔针大端直径（mm）；

d_1——穿孔针瓶针头直径（mm）；

μ——铝锭坯和穿孔针的热摩擦系数。

3. 挤压筒锁紧力/打开力

挤压筒的锁紧力主要是保证在挤压过程中挤压筒端面和模具贴合面严密结合不分离，从而使金属不从贴合面处漏出，故挤压筒和模具贴合面上的单位压力必须大于挤压筒内的最大工作压力。按照经验，挤压筒锁紧力一般为名义挤压力的 8%～10%。挤压筒打开力指挤压结束后分离挤压筒和变形后的锭坯所需要的力，一般略小于挤压筒锁紧力。

4. 主剪刀剪切力/模内剪剪切力

铜和不锈钢等金属的挤压常采用滑锯或摆锯分离压余和挤压制品，铝及铝合金挤压则多采用剪刀分离压余和挤压制品。主剪刀剪切力主要是剪切分离压余和挤压制品所需要的剪切力，剪切力的大小和被剪切的金属性质、截面面积和剪切时的温度有关。按照经验，主剪刀剪切力一般为名义挤压力的 3%～5%。模内剪剪切力是分离模具和挤压制品所需的剪切力，一般小于主剪刀剪切力 10%～15%。

5. 挤压速度

不同金属挤压过程中的挤压速度相差很大，黑色金属的挤压温度在 1000℃以上，考虑挤压筒内衬的使用寿命，挤压速度应尽可能快，一般为 100～300 mm/s；铜及铜合金的挤压温度在 850℃左右，挤压速度可略低一些，约为 50 mm/s；铝及铝合金的挤压温度为 450～520℃，对于不同的铝合金，挤压速度变化很大，一般为 0.2～25 mm/s。确定挤压速度主要考虑：①金属塑性变形区的温度。金属塑变形温度范围越宽，挤压速度越快。②挤压时金属的润滑条件。润滑得越好，挤压速度越快。③挤压制品截面形状的复杂程度。截面越复杂，挤压速度越慢。④金属本身的黏滞性。黏滞性低的金属挤压速度快。⑤对于难变形金属的挤压，速度相对较慢。

6. 穿孔速度

穿孔挤压实际上是锭坯的变形，不决定挤压制品的内表面质量，因此速度可以适当放快，一般挤压机是由挤压速度确定了主液压泵的数量，在这个泵总的流量情况下，穿孔速度应尽可能快。黑色金属和铜合金的穿孔速度一般为 100～250 mm/s，铝及铝合金的穿孔速度为 75～100 mm/s。

7. 挤压行程

挤压行程也就是挤压机主柱塞的行程，与挤压机的主机结构有关。对于传统长行程的挤压机，锭坯是在挤压筒和挤压杆之间送入，主柱塞的行程一般大于挤压筒长度、锭坯长度和挤压垫的厚度之和，一般选取挤压行程为挤压筒长度的 2.2～2.3 倍。

对于短行程挤压机，无论是前上料还是后上料挤压机，挤压行程都比较短。考虑挤压杆和固定挤压垫的拆卸，挤压行程一般为挤压筒长度的 1.2～1.3 倍，即短行程挤压机的挤压行程比长行程挤压机短一个挤压筒的长度。

8. 穿孔行程

对于内置穿孔系统的挤压机，穿孔行程比较短，一般略大于挤压筒长度即可；对于后置式穿孔系统的挤压机，穿孔行程在内置穿孔系统的基础上增加一个主柱塞行程。

9. 挤压筒行程

对于常规行程的挤压机，挤压筒行程比较短，主要考虑主剪刀下降、闷车锭坯清理等，挤压筒行程一般为挤压筒长度的 1/2；对于前上料短行程挤压机，由于锭坯要从挤压筒和前梁之间送入，挤压筒行程就长些，一般比挤压行程略大。

10. 固定非挤压时间

固定非挤压时间指从挤压完成、主缸卸压开始到下一挤压周期开始，主缸升压到临界突破点 100bar（$1bar=10^5Pa$）之间的时间。对于金属挤压机来讲，固定非挤压时间由式（2-5-8）确定：

$$T=t_1+t_2+t_3+t_4+t_5+t_6+t_7+t_8+t_9 \qquad (2\text{-}5\text{-}8)$$

式中　t_1——挤压杆卸压和后退时间；

t_2——挤压筒卸压和打开时间；

t_3——主剪刀下降时间；

t_4——主剪刀上升时间；

t_5——送料机械手从等待位进入挤压中心时间；

t_6——挤压杆前进到顶料位置的时间；

t_7——送料机械手从挤压中心退出到等待位时间；

t_8——挤压筒闭合锁进时间；

t_9——挤压杆前进到镦粗结束时间。

以上动作可以同时进行，挤压筒打开的同时，主剪刀就可以下降，而挤压筒打开的同时，挤压杆也在后退。因此，计算固定非挤压时间要根据每个挤压机的具体情况确定。

固定非挤压时间直接影响挤压生产的效率，固定非挤压时间越短，挤压生产的效率就越高。为了减少固定非挤压时间，应尽可能地降低上述的时间，即①采用快速平稳的主缸和挤压筒卸压方法，快速地对主缸和挤压筒进行卸压；②提高主缸和挤压筒的返回速度，减少主缸和挤压筒后退时间；③提高主剪刀的下降和上升速度，降低主剪刀剪切时间；④提高送料机械手前进、后退速度，采用液缸驱动的行程放大机构，可以将速度提高一倍；⑤提高主侧缸压力增加速度，减少镦粗时间。

5.2　挤压方法与挤压生产流程

5.2.1　挤压方法

采用挤压方法可以生产金属棒料、管子、型材，截面的形状可以是不变的，也可以逐渐变化的或阶梯变化的。完成上述挤压制品的挤压方法如图 2-5-7 所示。

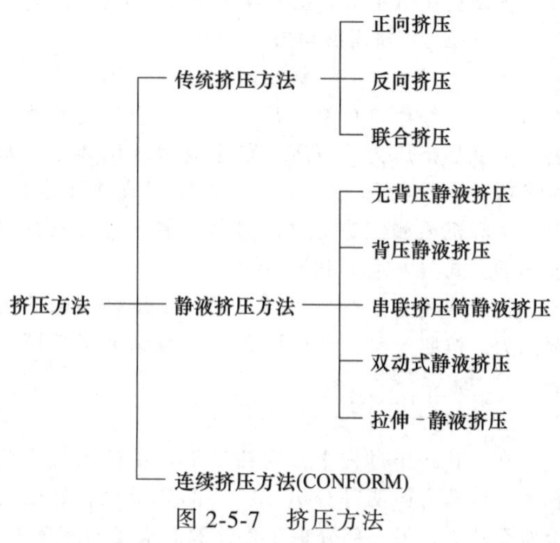

图 2-5-7　挤压方法

所谓传统挤压方法，指挤压杆直接把挤压力传递给锭坯的挤压方法。这种挤压方法包括正向挤压法、反向挤压法及联合挤压法。

1. 正向挤压法

正向挤压时，金属流出的方向与挤压杆前进的方向一致，这是正向挤压法的基本特征。采用正向挤压法挤压的实心及空心制品如图 2-5-8 所示。

当挤压杆 1（见图 2-5-8a）按箭头所指的方向移动时，通过挤压垫片 2 将挤压力传递给挤压筒内衬 4 中的锭坯 3，而使金属从模具 5 的孔中挤出，形成挤压制品 7。模座 6 用来装置模具。

当挤压空心制品时，金属在模具和穿孔针 8 的间隙中流出，形成挤压制品（见图 2-5-8b）；当挤压铝合金空心制品时，可以采用舌型模挤压（见图 2-5-8c）。采用这种挤压方法时，处于挤压筒内衬 4 中的金属，在挤压力的作用下，先被模具 5 的模桥部分分成两股（或多股）金属流，然后在模具的焊腔部分重新焊合，在模舌部分形成挤压制品的空心。

正向挤压法的主要优点：

1）适用于任何挤压设备，对设备无特殊要求。

2）锭坯表面与挤压筒内衬表面间摩擦力较大，并且在模具近处形成金属弹性区，因而锭坯的外部缺陷不影响挤压制品的表面；在锭坯变形区，锭坯产生较大的剪切变形，有利于提高挤压制品的表面质量。

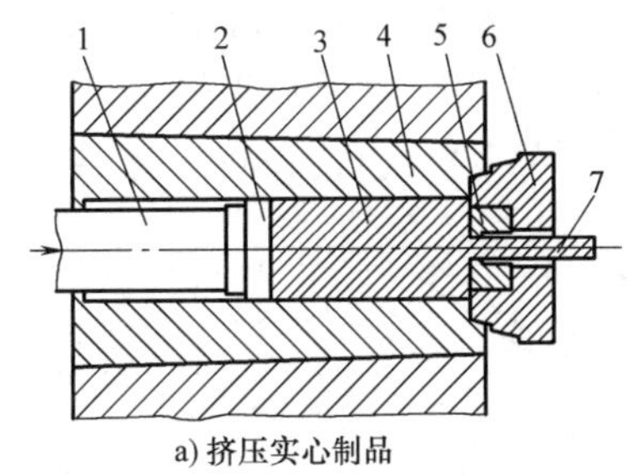

a) 挤压实心制品

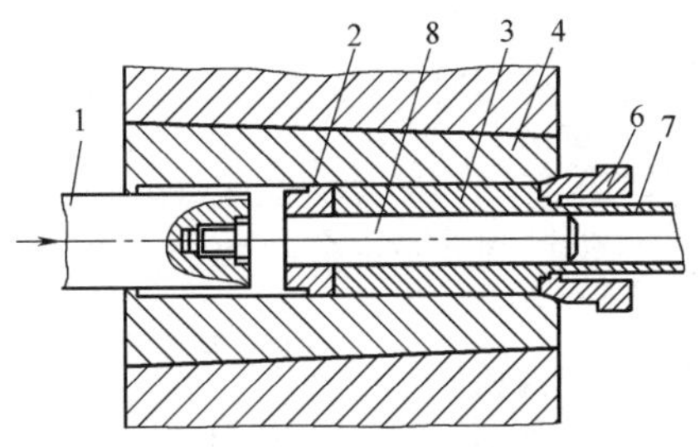

b) 用穿孔针挤压空心制品

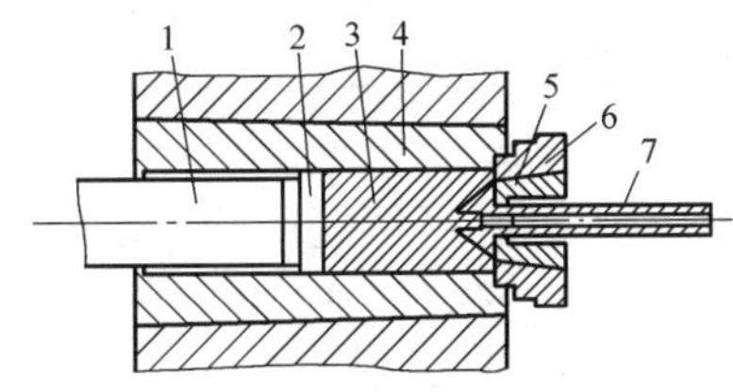

c) 用舌型模挤压空心制品

图 2-5-8 正向挤压的实心及空心制品

1—挤压杆 2—挤压垫片 3—锭坯 4—挤压筒内衬 5—模具 6—模座 7—挤压制品 8—穿孔针

3）可以得到任意外形的制品，制品断面只受挤压筒内径、挤压系数的限制。

正向挤压法的不足之处：

1）存在较大的外摩擦（锭坯与挤压筒之间），消耗 30%~80%的挤压力。

2）挤压过程不够稳定，从而导致变形不均，造成挤压制品组织和力学性能不均。

3）金属沿截面的流动速度不均，可能导致挤压制品（尤其是大型挤压制品）内部分层，形成缺陷。

4）压余、缩尾等金属损失较大。

2. 反向挤压法

反向挤压法如图 2-5-9 所示。这种挤压法的主要特征是金属流出的方向与挤压杆前进（相对而言）的方向相反，挤压筒与锭坯之间无相对运动。

图 2-5-9a 所示为通过挤压筒传递挤压力的反向挤压。在这种情况下，原来装挤压杆的部分改装堵

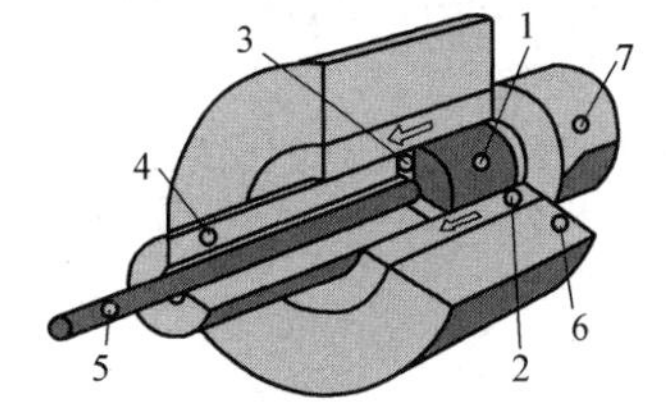

a) 通过挤压筒传递挤压力

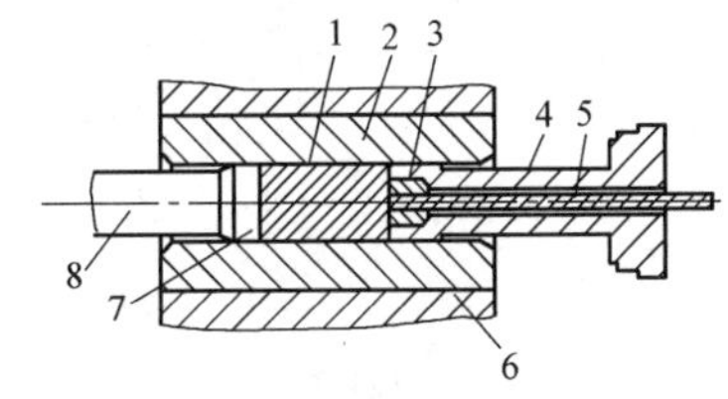

b)通过锭坯传递挤压力

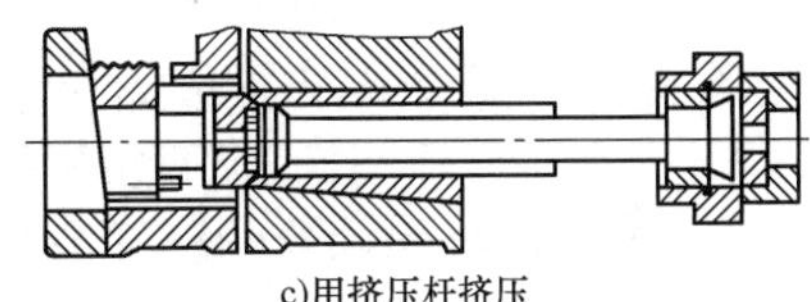
c)用挤压杆挤压

图 2-5-9 反向挤压法

1—锭坯 2—挤压筒内衬 3—模具 4—挤压杆 5—挤压制品 6—挤压筒外套 7—堵板 8—挤压杆

板 7，封住挤压筒内衬 2 的一端；将原来装模座的部位，装设一个不动的挤压杆 4（也可视为变形的模座），并在该挤压杆的头部装置模具 3。当主柱塞按箭头方向推进时，挤压筒与锭坯一起移动，迫使金属锭坯在模具 3 的孔中流出，形成挤压制品 5。图中 6 所示为挤压筒外套。

图 2-5-9b 所示为通过锭坯传递挤压力的反向挤压。在这种情况下，挤压杆 8 按箭头方向移动时，靠摩擦力使挤压筒内衬 2 与锭坯 1 一起移动，金属从装在挤压杆 4 上的模具 3 孔中被挤出，形成挤压制品 5。

图 2-5-9c 所示为用挤压杆挤压空心制品。此时金属在挤压垫片（相当于芯棒）与挤压筒内径形成的间隙中流出。

反向挤压法的优点：

1）由于不存在锭坯与挤压筒间的摩擦力，因而挤压力比正向挤压时低得多。以挤压易切削黄铜［w（Zn）为 39%；w（Pb）为 2%~3%］为例，在正向挤压与反向挤压两种情况下，挤压力与锭坯质量的关系如图 2-5-10 所示。在反向挤压过程中，挤压杆全行程范围内的挤压力保持不变，可在较低的温度下用较高的挤压系数挤压难变形材料。

2）金属变形均匀，沿挤压制品长度上的组织及力学性能基本一致。

3）与正向挤压法相比，压余等废料损失显著降低，有较高的成品率；可采用较大的锭坯，有助于提高设备效率和生产的连续化。正、反向挤压时工艺参数的对比见表 2-5-1。

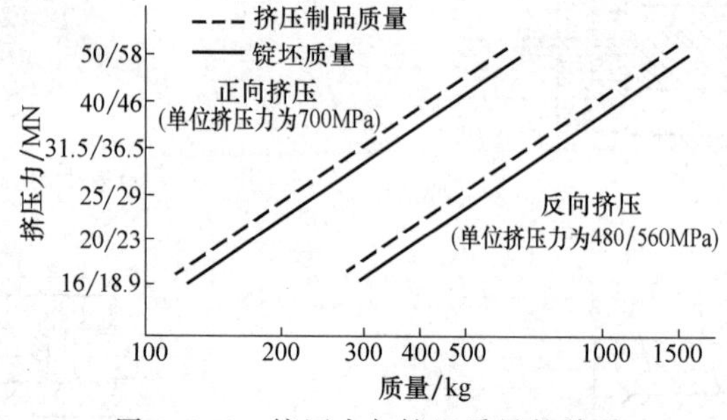

图 2-5-10　挤压力与锭坯质量的关系

注：材料密度为 8.5kg/dm^3，质量为锭坯最大长度时的质量。图中分式的分子是计算挤压力；分母是计算挤压力与挤压筒推进力之和。

表 2-5-1　正、反向挤压时工艺参数的对比

挤压方法	挤压力/MN	挤压筒内径/mm	挤压筒内径/mm	单位挤压力/MPa	锭坯尺寸/mm（直径×长度）	锭坯质量/kg	压余厚度/mm	压余和脱皮损失/kg	损失占锭坯重的百分比（%）	挤压制品净重/kg
正向挤压	16	170	71	165×670	165×670	122	47	14	11.5	108
	20	190	70.5	184×750	184×750	169	52	18.5	11.0	150.5
	25	215	69	208×850	208×850	245	60	26	10.6	219.0
	31.5	240	69.5	233×950	233×950	344	67	35.1	10.2	308.9
反向挤压	16/18.5①	205	48.5	200×1075	200×1075	287	21	16.7	5.8	270.3
	20/23①	230	48	223×1200	223×1200	398	23	21.5	5.4	376.5
	25/29①	255	49	247×1350	247×1350	549	26	27.9	5.1	521.1
	31.5/36.5①	285	49	277×1500	277×1500	768	29	36.4	4.7	731.6

① 分子的数字为计算挤压力，分母的数字为计算挤压力与挤压筒推进力之和。

反向挤压法与正向挤压法相比也存在以下缺点：

1）挤压机的挤压筒必须能够移动，为了保证反向挤压时的生产率，挤压筒的行程应略大于挤压筒的长度。因此，不是任何一台挤压机都适于反向挤压。

2）挤压制品的表面质量较差。

3）挤压周期一般比正向挤压时长，但由于可以加大锭坯的尺寸和质量、压余损失少、挤压速度快，因而在一定程度上补偿了辅助时间的增加，而使反向挤压具有更高的生产率。

4）挤压制品的最大外接圆直径受空心挤压杆强度的限制。

当挤压铜制品时，正向与反向挤压时挤压机能力、锭坯尺寸及挤压制品截面外接圆直径的对比见表 2-5-2。

表 2-5-2　正向与反向挤压时挤压机能力、锭坯尺寸及挤压制品截面外接圆直径的对比

正向挤压				反向挤压			
挤压机能力/MN	锭坯尺寸/mm		挤压制品截面外接圆直径/mm	挤压机能力/MN①	锭坯尺寸/mm		挤压制品截面外接圆直径/mm
	直径	长度②			直径	长度	
5.0	80~140	375	63~112	5.0/5.8	90~170	600	20~112
6.3	90~160	425	71~125	6.3/7.3	100~190	670	24~125
8.0	100~180	475	80~140	8.0/9.3	115~212	60	28~140
10	112~200	530	90~160	10/11.6	128~240	850	32~160
12.5	125~224	600	100~180	12.5/14.5	145~265	950	40~180
16	140~250	670(710)	112~200	16/18.6	165~300	1075	45~200

（续）

正向挤压				反向挤压			
挤压机能力/MN	锭坯尺寸/mm		挤压制品截面外接圆直径/mm	挤压机能力/MN①	锭坯尺寸/mm		挤压制品截面外接圆直径/mm
	直径	长度②			直径	长度	
20	160~280	750(800)	125~224	20/23.2	185~335	1200	53~224
25	180~315	850	140~250	25/29	205~375	1350	60~250
31.5	200~355	950	160~280	31.5/36.5	230~425	1500	70~280
40	224~400	1060	180~315	40/46.4	260~475	1700	80~315
50	250~450	1180	200~355	50/58	290~530	1900	90~355
63	280~500	1330	224~400	63/73	225~600	2140	100~400
80	315~560	1500	250~450	80/92.8	370~670	2400	112~450
100	355~630	1680	280~500	100/116	410~750	2690	125~500
125	400~710	1870	315~560	125/145	460~850	3000	145~560

① 分子为计算挤压力；分母为计算挤压力+挤压筒推进力。

② 括号内表示标准铝挤压机锭坯长度。

3. 联合挤压法

联合挤压法如图 2-5-11 所示。将锭坯 4 装入挤压筒 3 中先行填充挤压（见图 2-5-11a）；然后撤掉挤压力，提起锁键，把装在压型嘴上的空心挤压杆 6 和装在挤压杆上的模具一同退出，再用动梁上的挤压杆 1 经过挤压垫片 2，把锭坯 4 推至模具处（见图 2-5-11b 和图 2-5-11c）；下放锁键，进行反向挤压（见图 2-5-11d），直至空心挤压杆全部进入挤压筒后转为正向挤压（见图 2-5-11e）。

5.2.2 挤压生产流程

1. 挤压车间生产流程

一般的挤压生产车间，有两种生产情况：①从挤压→拉伸或轧制→成品完成全部生产过程；②只完成挤压及挤压的后步工序，生产挤压制品或坯料。本节按第 2 种考虑，铝及铝合金挤压车间的生产流程如图 2-5-12 所示。铜及铜合金挤压车间的生产流程如图 2-5-13 所示。

2. 挤压车间设备组成

挤压车间（工厂）设备的组成取决于挤压制品的材质、种类、生产量和生产流程等因素。

挤压机是决定挤压车间生产品种、能力的关键设备，一般称为挤压车间的主设备；而配合完成挤压生产过程的所有其他设备，统称为挤压车间的辅助设备。主设备的生产能力是选择辅助设备生产能力的基本依据。一般情况下，要使后者的生产能力略大于前者，以保证主设备的生产能力不受辅助设备的约束。

铝及铝合金挤压车间的设备组成如图 2-5-14 所示。铜及铜合金挤压车间的设备组成如图 2-5-15 所示。设备的选用与搭配应以满足工艺要求为依据，生产不同的挤压制品其辅助设备也不同，如生产线坯，则在挤压机后应配备线坯卷曲机等。即使是生产同样的产品，选用的配套设备也会因设计者不同而有所差异。设备配套关系比较灵活，难能一概而论。

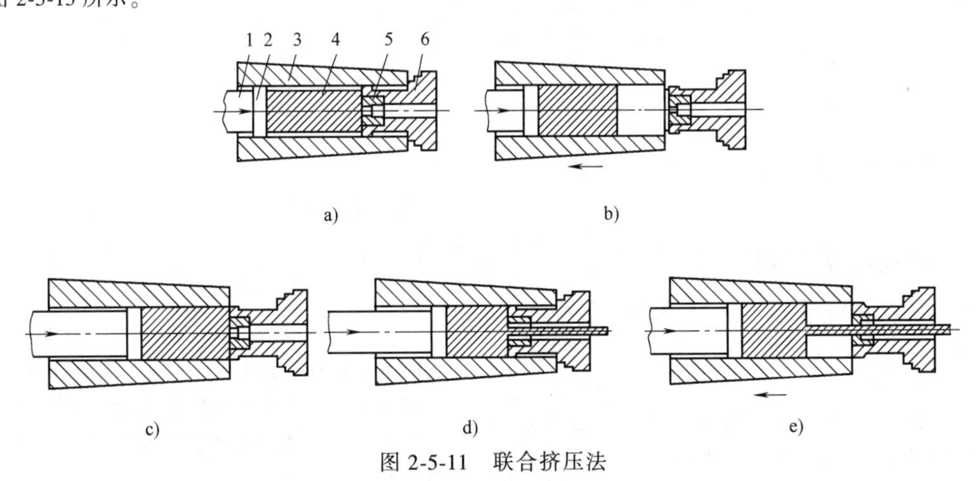

图 2-5-11　联合挤压法

1—挤压杆　2—垫片　3—挤压筒　4—锭坯　5—模具　6—空心挤压杆

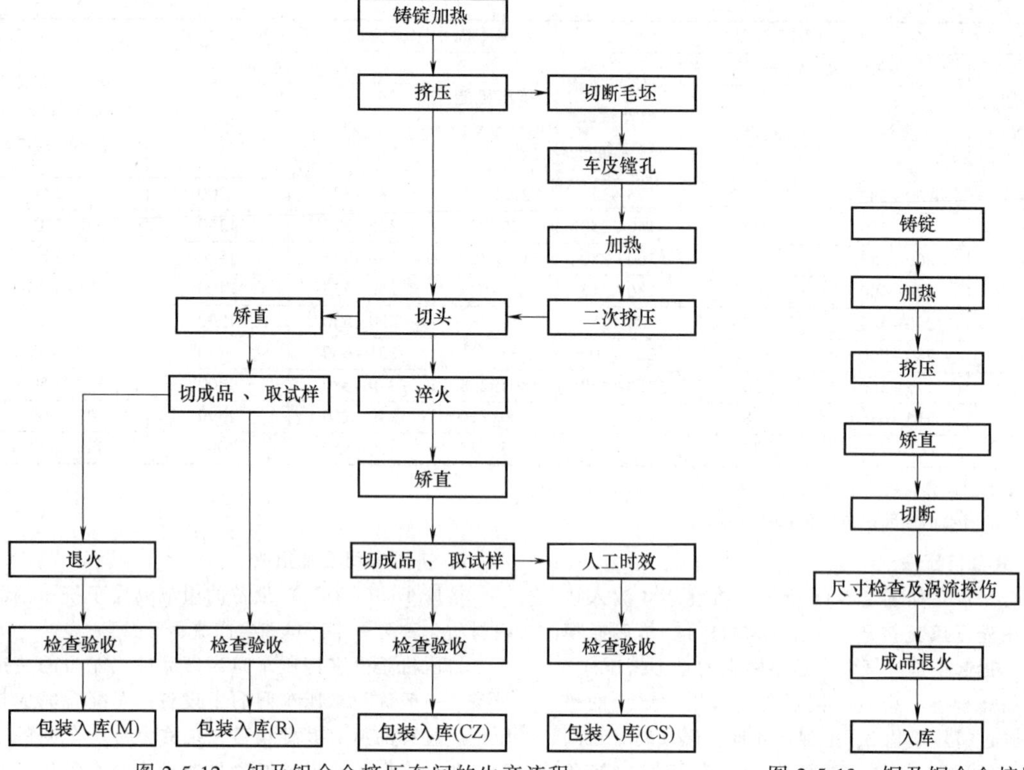

图 2-5-12　铝及铝合金挤压车间的生产流程

图 2-5-13　铜及铜合金挤压车间的生产流程

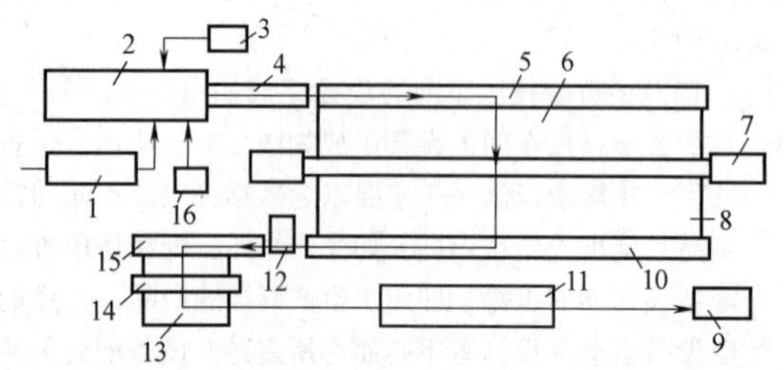

图 2-5-14　铝及铝合金挤压车间的设备组成

1—锭坯加热炉　2—挤压机　3—压余处理设备　4—移动平台　5—受料台　6—冷床　7—张力矫直机　8—存料台　9—包装设备　10—锯床送料台　11—时效炉　12—切断锯　13—存料台　14—检查台　15—锯后料台（定尺料台）　16—模具加热器

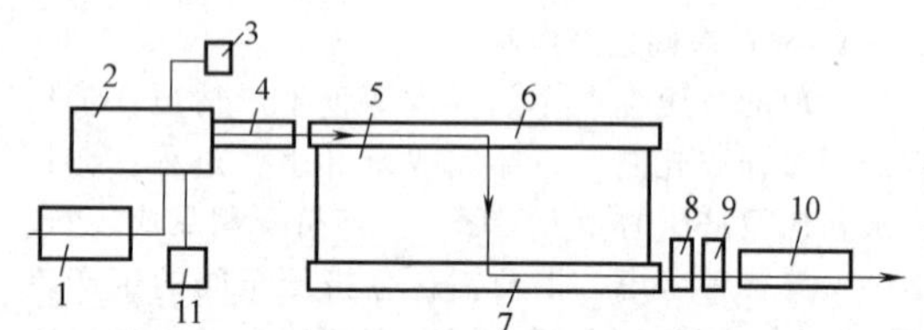

图 2-5-15　铜及铜合金挤压车间的设备组成

1—锭坯加热炉　2—挤压机　3—压余处理设备　4—移动平台　5—冷床　6—受料台　7—运输设备　8—圆锯　9—压头及检查设备　10—矫直机　11—模具加热炉

5.3　典型挤压液压机

典型挤压液压机按挤压工艺、工作轴线的位置、结构类型、传动方式及生产产品，可以分为很多种类，如图 2-5-16 所示。

图 2-5-16 所示的典型挤压液压机的分类，仅仅是侧重研究挤压机的某个具体问题时，概括挤压机类型的方法，这种分类实际上是交错的。本篇仅按挤压工艺对典型挤压液压机分类进行展开介绍。

5.3.1　正向挤压机

正向挤压机根据挤压工艺分为正向单动短行程和正向单动长行程挤压机及正向双动短行程（包括内置式穿孔装置和外置式穿孔装置）和正向双动长行程（包括内置式穿孔装置和外置式穿孔装置）挤压机。

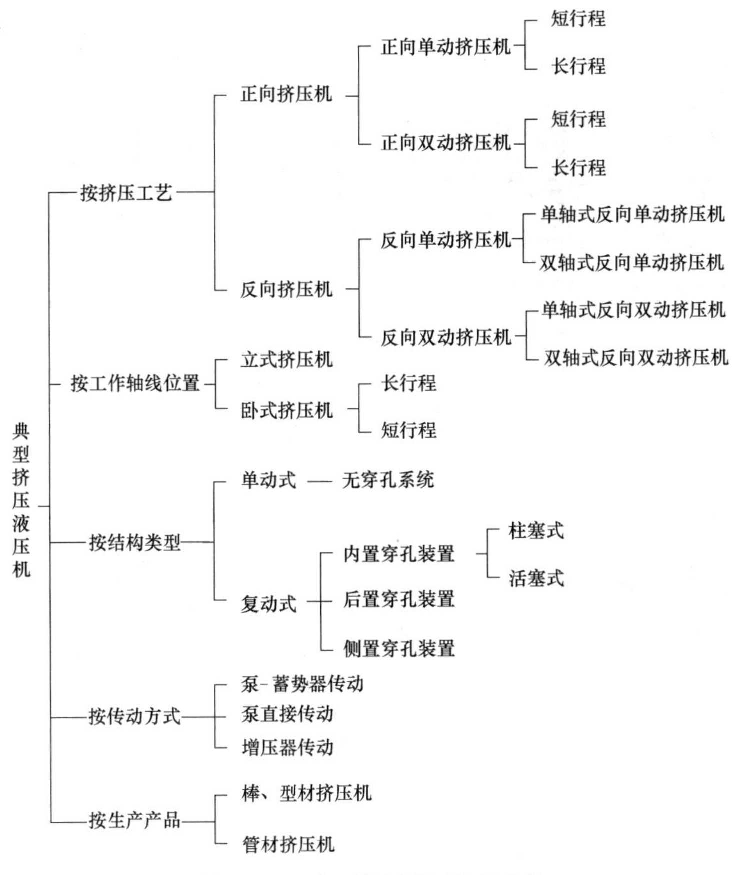

图 2-5-16　典型挤压液压机的分类

1. 正向单动挤压机

（1）正向单动短行程挤压机　正向单动短行程挤压机按其上料方式可分为短行程前上料和短行程后上料。这两种挤压机的不同之处是：前上料挤压机供锭坯时，挤压筒在挤压杆位，锭坯在挤压模与挤压筒之间，而后上料挤压机供锭坯时，挤压筒在模具锁紧位，锭坯在挤压筒与挤压动梁之间，此时挤压轴必须水平或垂直移离压机中心位。

正向单动短行程前上料挤压机如图 2-5-17 所示，正向单动短行程后上料挤压机如图 2-5-18 所示。

（2）正向单动长行程挤压机　正向单动长行程挤压机供锭坯时，挤压筒在模具的锁紧位，锭坯在挤压筒和挤压杆之间。正向单动长行程挤压机如图 2-5-19 所示。

2. 正向双动挤压机

正向双动挤压机一般也为两种，即正向双动短行程挤压机和正向双动长行程挤压机。正向双动挤压机根据穿孔装置布置方式的不同，分为内置式穿孔装置和外置式穿孔装置。按照控制方式，分为液压定针和机械定针，如图 2-5-20 和图 2-5-21 所示。

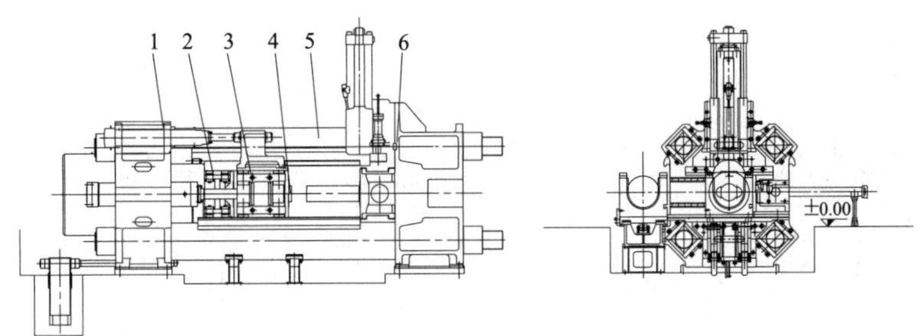

图 2-5-17　正向单动短行程前上料挤压机

1—后梁　2—挤压动梁　3—挤压筒装置　4—挤压工具　5—压套拉杆　6—前梁

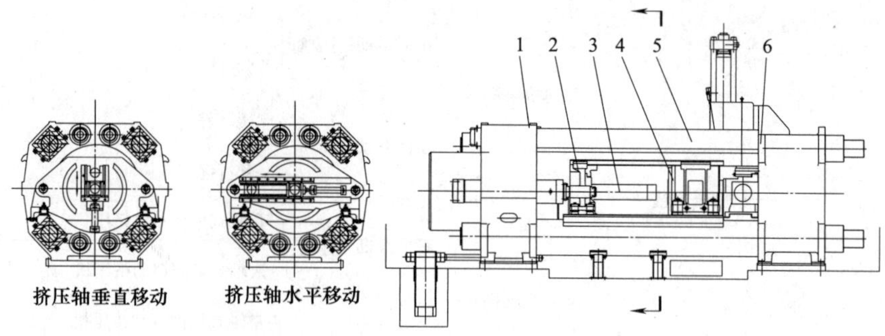

图 2-5-18　正向单动短行程后上料挤压机

1—后梁　2—挤压动梁　3—挤压工具　4—挤压筒装置　5—压套拉杆　6—前梁

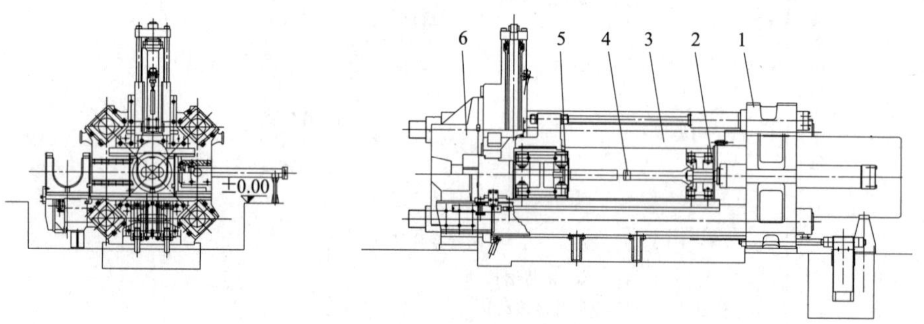

图 2-5-19　正向单动长行程挤压机

1—后梁　2—挤压动梁　3—压套拉杆　4—挤压工具　5—挤压筒装置　6—前梁

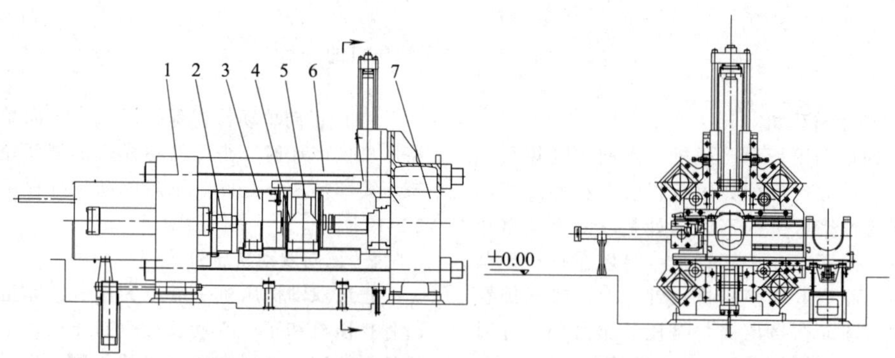

图 2-5-20　正向双动短行程内置式穿孔装置挤压机

1—后梁　2—内置式穿孔装置　3—挤压动梁　4—挤压工具　5—挤压筒装置　6—压套拉杆　7—前梁

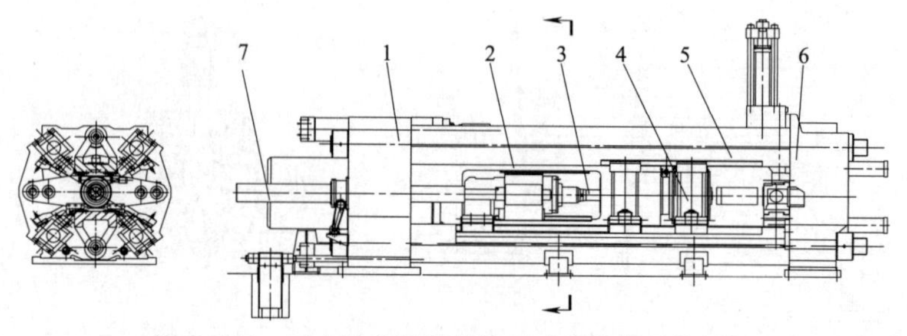

图 2-5-21　正向双动短行程外置式穿孔装置挤压机

1—后梁　2—挤压动梁　3—挤压工具　4—挤压筒装置　5—压套拉杆　6—前梁　7—机械限位

（1）正向双动长行程挤压机　正向双动长行程挤压机的穿孔装置与正向双动短行程挤压机基本相同。正向双动长行程内置式穿孔装置挤压机和正向双动长行程外置式穿孔装置挤压机如图 2-5-22 和图 2-5-23 所示。

（2）正向双动挤压机穿孔装置　外置式穿孔装置的定针控制一般为机械定针。内置式穿孔装置的定针控制可以是液压定针，也可以是机械定针，如图 2-5-24 和图 2-5-25 所示。

5.3.2　反向挤压机

反向挤压机分为：单轴式单动及双轴式单动反向挤压机和单轴式双动（包括内置式穿孔装置和外置式穿孔装置）及双轴式双动（包括内置式穿孔装置和外置式穿孔装置）反向挤压机。

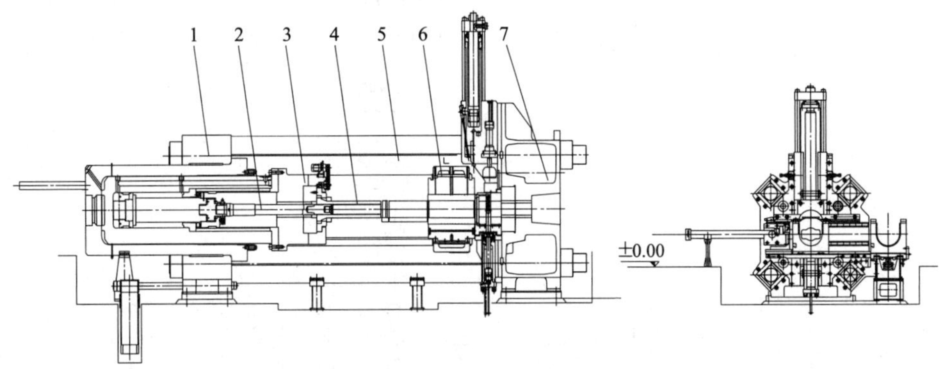

图 2-5-22　正向双动长行程内置式穿孔装置挤压机

1—后梁　2—内置式穿孔装置　3—挤压动梁　4—挤压工具　5—压套拉杆　6—挤压筒装置　7—前梁

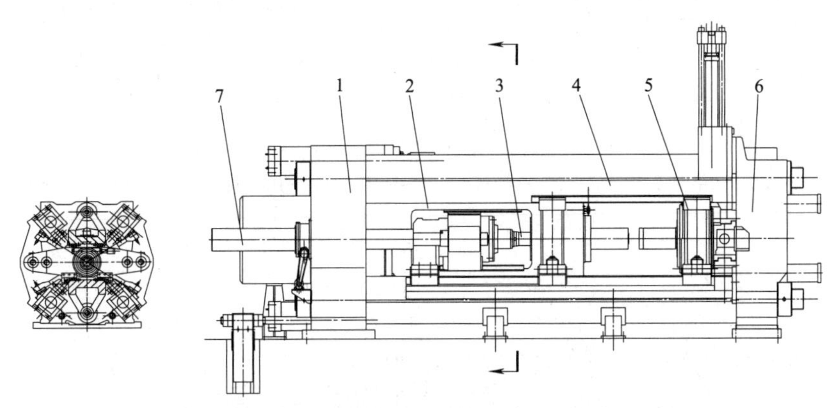

图 2-5-23　正向双动长行程外置式穿孔装置挤压机

1—后梁　2—挤压动梁　3—挤压工具　4—挤压筒装置　5—压套拉杆　6—前梁　7—机械限位

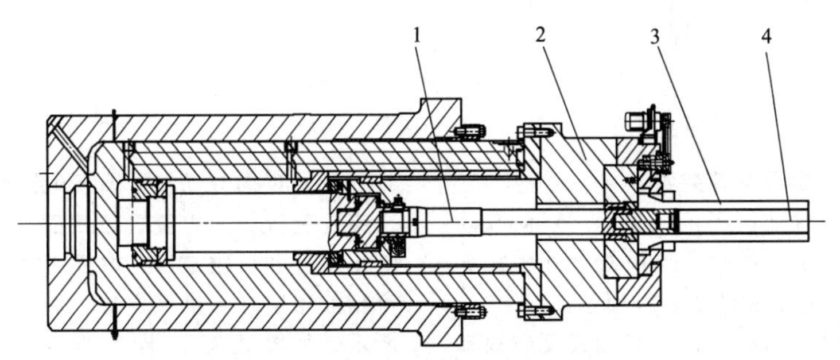

图 2-5-24　内置式穿孔装置（液压定针）

1—穿孔装置　2—挤压动梁　3—挤压杆　4—穿孔针

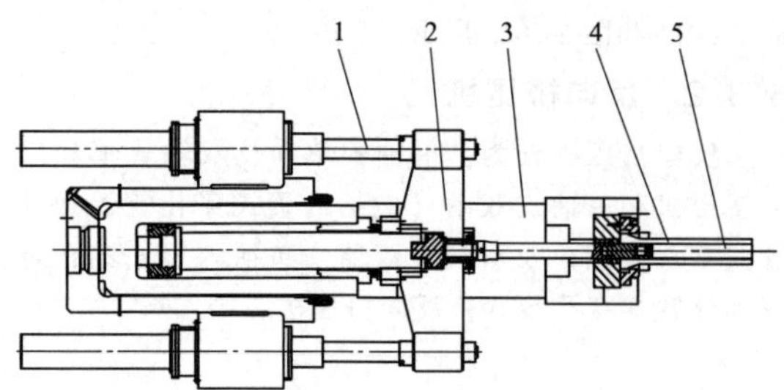

图 2-5-25　内置式穿孔装置（机械定针）
1—穿孔限程装置　2—穿孔装置　3—挤压动梁
4—挤压杆　5—穿孔针

1. 反向单动挤压机

（1）单轴式反向单动挤压机　单轴式反向单动挤压机是在活动横梁上安装堵头，在移动模座上安装模轴，挤压时堵头堵住挤压筒的一端，由活动横梁推着挤压筒一起同步运动，直至挤压结束，如图 2-5-26 所示。

（2）双轴式反向单动挤压机　双轴式反向单动挤压机是在活动横梁上安装挤压杆，在移动模座上安装模轴，挤压时挤压杆和挤压筒一起向前运动达到同步，直至挤压结束，如图 2-5-27 所示。

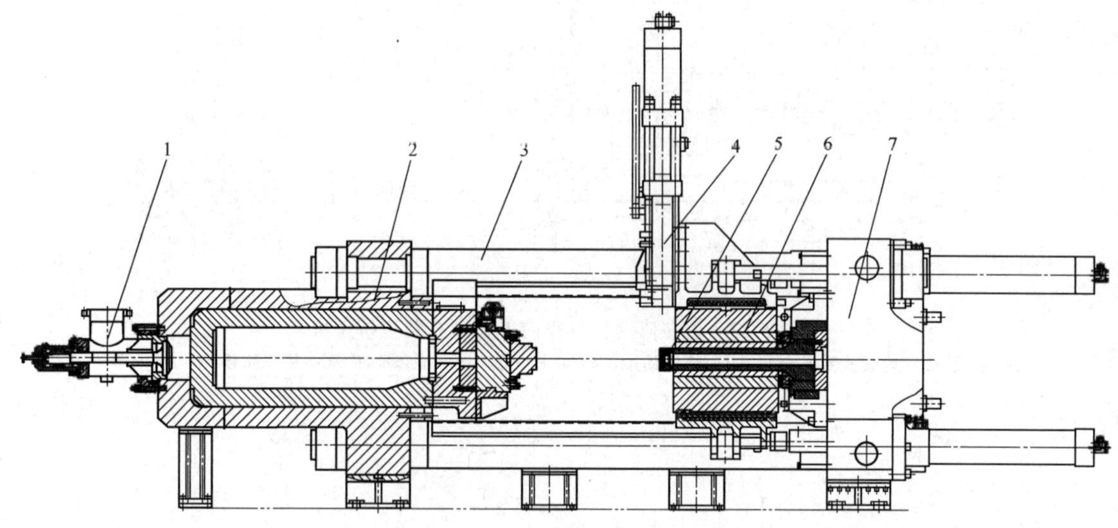

图 2-5-26　单轴式反向单动挤压机
1—充液阀　2—主缸及后梁　3—拉杆压套　4—剪刀　5—挤压工具　6—挤压筒　7—前梁

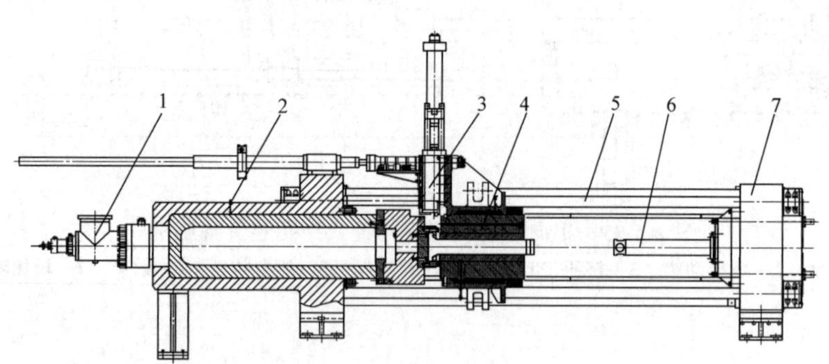

图 2-5-27　双轴式反向单动挤压机
1—充液阀　2—主缸及后梁　3—剪刀　4—挤压筒　5—拉杆压套　6—挤压模轴　7—前梁

2. 反向双动挤压机及穿孔装置

（1）单轴式反向双动挤压机　单轴式反向双动内置式穿孔装置挤压机和单轴式反向双动外置式穿孔装置挤压机如图 2-5-28 和图 2-5-29 所示。

（2）双轴式反向双动挤压机　双轴式反向双动内置式穿孔装置挤压机和双轴式反向双动外置式穿孔装置挤压机如图 2-5-30 和图 2-5-31 所示。

（3）反向双动挤压机穿孔装置　反向双动挤压机穿孔装置分为内置式和外置式两种，定针方式有液压定针和机械定针。内置式穿孔装置的定针控制可用液压定针和机械定针，如图 2-5-32 和图 2-5-33 所示。外置式穿孔装置的定针控制一般为机械定针。

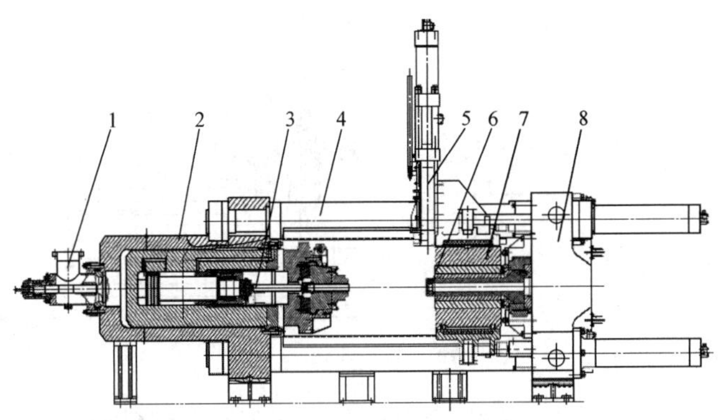

图 2-5-28　单轴式反向双动内置式穿孔装置挤压机

1—充液阀　2—主缸及后梁　3—内置式穿孔装置　4—拉杆压套
5—剪刀　6—挤压模轴　7—挤压筒　8—前梁

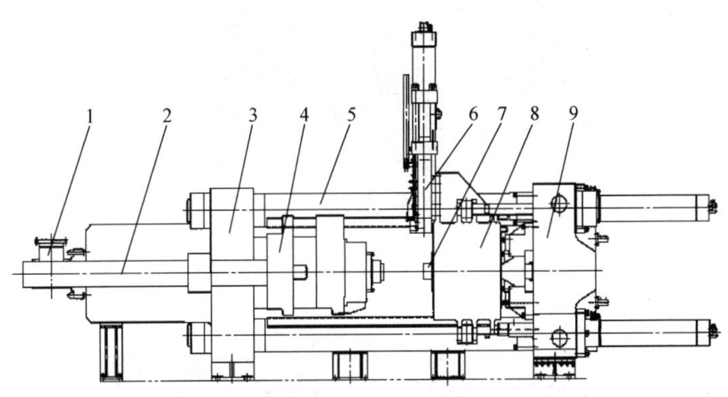

图 2-5-29　单轴式反向双动外置式穿孔装置挤压机

1—充液阀　2—外置式穿孔装置　3—后梁　4—穿孔动梁　5—拉杆压套
6—剪刀　7—挤压模轴　8—挤压筒　9—前梁

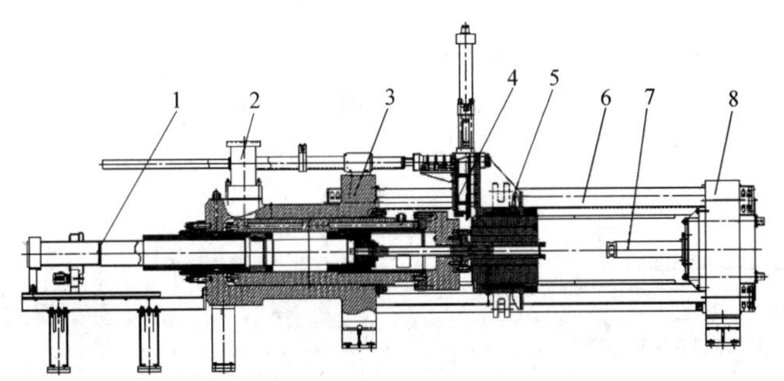

图 2-5-30　双轴式反向双动内置式穿孔装置挤压机

1—内置式穿孔装置　2—充液阀　3—主缸及后梁　4—剪刀　5—挤压筒
6—拉杆压套　7—挤压模轴　8—前梁

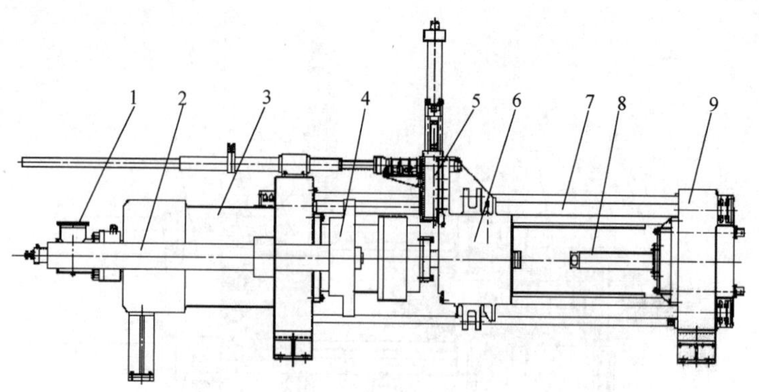

图 2-5-31　双轴式反向双动外置式穿孔装置挤压机

1—充液阀　2—外置式穿孔装置　3—主缸及后梁　4—穿孔动梁　5—剪刀　6—挤压筒　7—拉杆压套　8—模轴　9—前梁

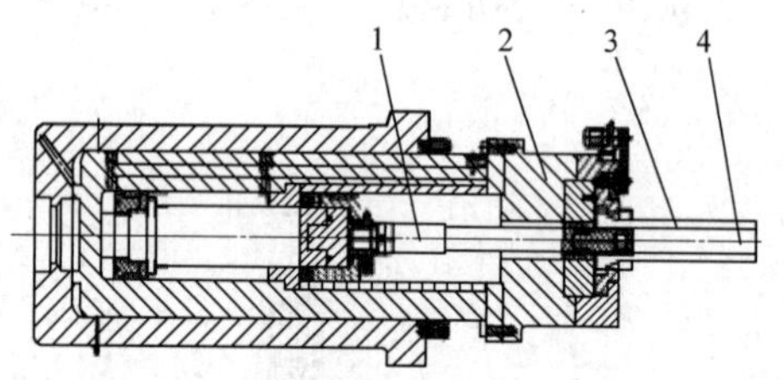

图 2-5-32　内置式穿孔装置（液压定针）

1—穿孔装置　2—活动横梁　3—挤压杆　4—穿孔针

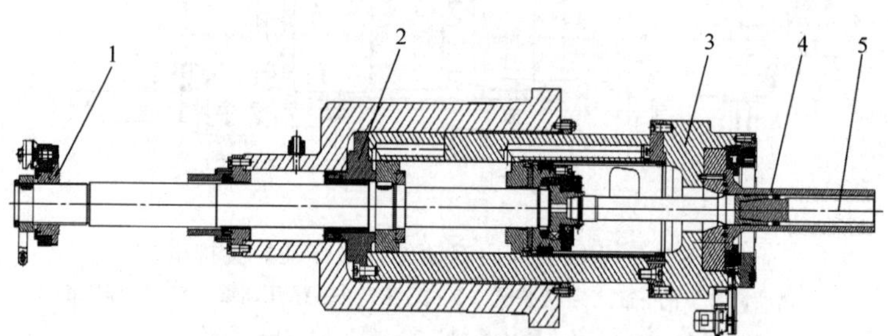

图 2-5-33　内置式穿孔装置（机械定针）

1—穿孔限程装置　2—穿孔装置　3—活动横梁　4—挤压杆　5—穿孔针

复合式穿孔装置也是外置式穿孔的一种结构形式，特点是穿孔液压缸外置，其定针控制采用液压定针形式，但定针效果近似于机械定针，如图 2-5-34 所示。

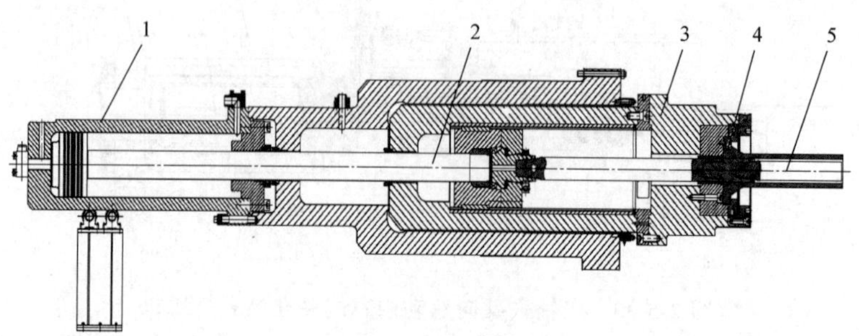

图 2-5-34　复合式穿孔装置（液压定针）

1—穿孔油缸　2—穿孔装置　3—活动横梁　4—挤压杆　5—穿孔针

5.3.3 主要技术参数

1. 正向单动短行程铝挤压机的主要技术参数（见表2-5-3）

表2-5-3 正向单动短行程铝挤压机的主要技术参数

参数名称	型号										
	8MN	12.5MN	16MN	25MN	36MN	50MN	75MN	90MN	100MN	125MN	150MN
	参数值										
公称力/MN	8	12.5	16	25	36	50	75	90	100	125	150
回程力/MN	0.56	0.8	1.1	1.5	2.37	2.95	4.4	5.0	6.6	8.3	13.0
挤压筒锁紧力/MN	0.86	1.12	1.42	2.53	4.25	5.06	9.8	11.5	15	12	20
主剪力/MN	0.43	0.56	0.88	1.27	1.69	1.97	3.2	4.1	4.76	5.0	5.7
主柱塞行程/mm	1000	1150	1210	1580	1850	2150	2250	2650	2850	3150	3300
挤压筒行程/mm	1150	1300	1360	1630	2000	2300	2450	2850	3050	3350	3500
挤压速度/(mm/s)	0.2~20	0.2~20	0.2~20	0.2~20	0.2~20	0.2~20	0.2~20	0.2~20	0.2~20	0.2~20	0.2~20
挤压筒内径/mm	125~150	130~170	150~200	210~250	280~320	320~400	420~520	460~560	520~600	580~650	600~700
挤压筒长度/mm	600	700	800	1100	1350	1500	1650	1850	2000	2200	2300
介质压力/MPa	25~28	25~28	25~28	25~28	25~28	28~30	28~30	28~30	28~30	28~30	31.5

注：1. 表中公称力值是按表中所列介质压力（主泵压力）的计算值，若选用其他压力时，各公称力值允许有差异。
2. 主柱塞行程为采用固定挤压垫行程，当采用活动垫时，允许有差异。
3. 挤压筒行程为锁紧缸行程参数，此时锁紧缸布置在后梁，若锁紧缸布置在前梁时，允许有差异。

2. 正向单动长行程铝挤压机的主要技术参数（见表2-5-4）

表2-5-4 正向单动长行程铝挤压机的主要技术参数

参数名称	型号										
	8MN	12.5MN	16MN	25MN	36MN	50MN	75MN	90MN	100MN	125MN	150MN
	参数值										
公称力/MN	8	12.5	16	25	36	44.3	75	90	100	125	150
回程力/MN	0.56	0.8	1.1	1.5	2.37	2.95	4.4	5.0	6.6	8.3	13.0
挤压筒锁紧力/MN	0.86	1.12	1.42	2.53	4.25	5.06	9.8	11.5	15	12	20
主剪力/MN	0.43	0.56	0.88	1.27	1.69	1.97	3.2	4.76	4.76	5.0	5.7
主柱塞行程/mm	1300	1500	1700	2350	2750	3050	3300	3750	4050	4500	4800
挤压筒行程/mm	800	900	1200	1600	1900	2100	2300	2800	3000	3200	3400
挤压速度/(mm/s)	0.2~20	0.2~20	0.2~20	0.2~20	0.2~20	0.2~20	0.2~20	0.2~20	0.2~20	0.2~20	0.2~20
挤压筒内径/mm	125~150	130~170	150~200	210~250	280~320	320~400	420~520	460~560	520~600	580~650	600~700
挤压筒长度/mm	600	700	900	1100	1350	1500	1650	1850	2000	2200	2300
介质压力/MPa	25~28	25~28	25~28	25~28	25~28	28~30	28~30	28~30	28~30	28~30	31.5

注：1. 表中公称力值是按表中所列介质压力的（主泵压力）计算值，若选用其他压力时，各公称力值允许有差异。
2. 主柱塞行程为采用固定挤压垫行程，当采用活动垫时，允许有差异。
3. 挤压筒行程为锁紧缸行程参数，此时锁紧缸布置在后梁，若锁紧缸布置在前梁时，允许有差异。

3. 正向双动短行程铝挤压机的主要技术参数（见表 2-5-5）

表 2-5-5　正向双动短行程铝挤压机的主要技术参数

参数名称	型号										
	8MN	12.5MN	16MN	25MN	36MN	50MN	75MN	90MN	100MN	125MN	150MN
	参数值										
公称力/MN	8	12.5	16	25	36	50	75	90	100	125	150
回程力/MN	0.56	0.8	1.1	1.5	2.37	2.95	4.4	5.0	6.6	8.3	13.0
挤压筒锁紧力/MN	0.86	1.12	1.42	2.53	4.25	5.06	9.8	11.5	15	12	20
穿孔力/MN	2.5	3.8	4.8	7.5	11.8	15	22.5	27	30	37.5	45
主剪力/MN	0.43	0.56	0.88	1.27	1.69	1.97	3.2	4.1	4.76	5.0	5.7
主柱塞行程/mm	1000	1150	1360	1750	2000	3050	3300	3750	3050	3350	3500
穿孔行程/mm	640	740	840	1150	1400	1550	1700	1900	2050	2250	2350
挤压筒行程/mm	1000	1150	1360	1750	2000	2100	2300	2800	2250	3200	3400
挤压速度/(mm/s)	0.2~20	0.2~20	0.2~20	0.2~20	0.2~20	0.2~20	0.2~20	0.2~20	0.2~20	0.2~20	0.2~20
挤压筒内径/mm	125~150	130~170	150~200	210~250	280~320	320~400	420~520	460~560	520~600	580~650	600~700
挤压筒长度/mm	600	700	800	1100	1350	1500	1650	1850	2000	2200	2300
介质压力/MPa	25~28	25~28	25~28	25~28	25~28	28~30	28~30	28~30	28~30	28~30	31.5

注：1. 表中公称力值是按表中所列介质压力（主泵压力）的计算值，若选用其他压力时，各公称力值允许有差异。

2. 表中穿孔力值是采用内置式穿孔装置、液压定针时而确定的，取值约为公称力值的 30%。若选用其他形式的穿孔装置时，穿孔力值允许有差异。

4. 正向双动长行程铝挤压机的主要技术参数（见表 2-5-6）

表 2-5-6　正向双动长行程铝挤压机的主要技术参数

参数名称	型号										
	8MN	12.5MN	16MN	25MN	36MN	50MN	75MN	90MN	100MN	125MN	150MN
	参数值										
公称力/MN	8	12.5	16	25	36	50	75	80	100	125	150
回程力/MN	0.56	0.8	1.1	1.5	2.37	2.95	4.4	5.0	6.6	8.3	13.0
挤压筒锁紧力/MN	0.86	1.12	1.42	2.53	4.25	5.06	9.8	11.5	15	12	20
穿孔力/MN	2.5	3.8	4.8	7.5	11.8	15	22.5	27	30	37.5	45
主剪力/MN	0.43	0.56	0.88	1.27	1.69	1.97	3.2	4.1	4.76	5.0	5.7
主柱塞行程/mm	1300	1500	1700	2350	2750	3050	3300	3750	4050	4500	4800
挤压筒行程/mm	800	900	840	1600	1900	2100	2300	2800	3000	3200	3400
穿孔行程/mm	640	740	1200	1150	1400	1550	1700	1900	2050	2250	2350
挤压速度/(mm/s)	0.2~20	0.2~20	0.2~20	0.2~20	0.2~20	0.2~20	0.2~20	0.2~20	0.2~20	0.2~20	0.2~20
挤压筒内径/mm	125~150	130~170	150~200	210~250	280~320	320~400	420~520	460~560	520~600	580~650	600~700
挤压筒长度/mm	600	700	800	1100	1350	1500	1650	1850	2000	2200	2300
介质压力/MPa	25~28	25~28	25~28	25~28	25~28	28~30	28~30	28~30	28~30	28~30	31.5

注：1. 表中公称力值是按表中所列介质压力（主泵压力）的计算值，若选用其他压力时，各公称力值允许有差异。

2. 表中穿孔力值是采用内置式穿孔装置、液压定针时而确定的，取值约为公称力值的 30%。若选用其他形式的穿孔装置时，穿孔力值允许有差异。

5. 单轴式反向单动铝挤压机的主要技术参数（见表 2-5-7）

表 2-5-7　单轴式反向单动铝挤压机的主要技术参数

参数名称	型号											
	LJD8F-1	LJD12.5F-1	LJD16F-1	LJD25F-1	LJD36F-1	LJD50F-1	LJD60F-1	LJD75F-1	LJD90F-1	LJD100F-1	LJD125F-1	LJD150F-1
	参数值											
公称力/MN	8	12.5	16	25	36	50	60	75	90	100	125	150
主缸力/MN	6.8	11.3	14	23	32.7	44.3	53.1	66.5	81.4	90.5	110	126.6
侧缸力/MN	1.4	1.4	2.1	2.7	3.6	5.7	7.5	8.9	9.5	10.8	15.3	24.7
回程力/MN	0.56	0.8	1.1	1.5	2.0	2.95	4.4	4.6	5.8	6.6	7.76	12.0
挤压筒向前力/MN	0.86	1.12	1.42	2.53	4.6	5.06	7.4	9.6	11.5	15	15.9	19
主剪力/MN	0.43	0.56	0.88	0.94	1.6	1.97	2.89	3.2	4.1	4.76	5.0	5.4
主柱塞行程/mm	900	1000	1100	1550	1750	1890	1980	2100	2300	2500	2700	2910
挤压筒行程/mm	1000	1100	1200	1700	1820	1980	2090	2200	2420	2640	2860	3080
挤压速度/(mm/s)	0.2~20	0.2~20	0.2~20	0.2~20	0.2~20	0.2~20	0.2~20	0.2~20	0.2~20	0.2~20	0.2~20	0.~20
挤压筒内径/mm	125~160	130~190	150~220	210~280	280~360	320~450	360~500	400~560	460~600	520~650	580~710	600~770
挤压筒长度/mm	800	900	1000	1450	1650	1800	1900	2000	2200	2400	2600	2800
介质压力/MPa	25~28	25~28	25~28	25~30	25~30	28~30	28~30	28~30	28~30	28-30	28-30	31.5

注：1. 表中公称力值是设备的最大挤压力。

2. 主柱塞行程为采用固定挤压垫行程。当采用活动垫时，允许有差异。

3. 挤压筒行程为锁紧缸行程参数，此时锁紧缸布置在后梁。若锁紧缸布置在前梁时，允许有差异。

6. 双轴式反向单动铝挤压机的主要技术参数（见表 2-5-8）

表 2-5-8　双轴式反向单动铝挤压机的主要技术参数

参数名称	型号											
	LJD8F-2	LJD12.5F-2	LJD16F-2	LJD25F-2	LJD36F-2	LJD50F-2	LJD60F-2	LJD75F-2	LJD90F-2	LJD100F-2	LJD125F-2	LJD150F-2
	参数值											
公称力/MN	8	12.5	16	25	36	50	60	75	90	100	125	150
主缸力/MN	6.8	11.3	14	23	32.7	44.3	53.1	66.5	81.4	90.5	110	126.6
侧缸力/MN	1.4	1.4	2.1	2.7	3.6	5.7	7.5	8.9	9.5	10.8	15.3	24.7
回程力/MN	0.56	0.8	1.1	1.5	2.0	2.95	4.4	4.6	5.8	6.6	7.76	12.0
挤压筒向前力/MN	0.86	1.12	1.42	2.53	4.6	5.06	7.4	9.6	11.5	15	15.9	19
主剪力/MN	0.43	0.56	0.88	0.94	1.6	1.97	2.89	3.2	4.1	4.76	5.0	5.4
主柱塞行程/mm	900	1000	1100	1550	1750	1890	1980	2100	2300	2500	2700	2910
挤压筒行程/mm	1680	1890	2100	3050	3470	3780	3990	4200	4620	5040	5460	5880
挤压速度(mm/s)	0.2~20	0.2~20	0.2~20	0.2~20	0.2~20	0.2~20	0.2~20	0.2~20	0.2~20	0.2~20	0.2~20	0.2~20
挤压筒内径/mm	125~160	130~190	150~220	210~280	280~360	320~450	360~500	400~560	460~600	520~650	580~710	600~770
挤压筒长度/mm	800	900	1000	1450	1650	1800	1900	2000	2200	2400	2600	2800
介质压力/MPa	25~28	25~28	25~28	25~30	25~30	28~30	28~30	28~30	28~30	28~30	28~30	31.5

注：1. 表中公称力值是设备的最大挤压力。

2. 主柱塞行程为采用固定挤压垫行程。当采用活动垫时，允许有差异。

3. 挤压筒行程为锁紧缸行程参数，此时锁紧缸布置在后梁。若锁紧缸布置在前梁时，允许有差异。

7. **单轴式反向双动铝挤压机的主要技术参数**（见表 2-5-9）

表 2-5-9　单轴式反向双动铝挤压机的主要技术参数

参数名称	型号											
	LJS8F-1	LJS12. F-1	LJS16F-1	LJS25F-1	LJS36F-1	LJS50F-1	LJS60F-1	LJS75F-1	LJS90F-1	LJS100F-1	LJS125F-1	LJS150F-1
	参数值											
公称力/MN	8	12.5	16	25	36	50	60	75	90	100	125	150
主缸力/MN	6.8	11.3	14	23	32.7	44.3	53.1	66.5	81.4	90.5	110	126.6
侧缸力/MN	1.4	1.4	2.1	2.7	3.6	5.7	7.5	8.9	9.5	10.8	15.3	24.7
回程力/MN	0.56	0.8	1.1	1.5	2.0	2.95	4.4	4.6	5.8	6.6	7.76	12.0
挤压筒向前力/MN	0.86	1.12	1.42	2.53	4.6	5.06	7.4	9.6	11.5	15	15.9	19
穿孔力/MN	2.5	3.8	4.8	7.5	11.8	15	17.1	22.5	27	30	37.5	45
主剪力/MN	0.43	0.56	0.88	0.94	1.6	1.97	2.89	3.2	4.1	4.76	5.0	5.4
主柱塞行程/mm	900	1000	1100	1550	1750	1890	1980	2100	2300	2500	2700	2910
穿孔行程/mm	640	740	840	1200	1400	1550	1700	1700	1900	2050	2250	2350
挤压筒行程/mm	1000	1100	1200	1700	1820	1980	2090	2200	2420	2640	2860	3080
挤压速度/(mm/s)	0.2~20	0.2~20	0.2~20	0.2~20	0.2~20	0.2~20	0.2~20	0.2~20	0.2~20	0.2~20	0.2~20	0.2~20
挤压筒内径/mm	125~160	130~190	150~220	210~280	280~360	320~450	360~500	400~560	460~600	520~650	580~710	600~770
挤压筒长度/mm	800	900	1000	1450	1650	1800	1900	2000	2200	2400	2600	2800
介质压力/MPa	25~28	25~28	25~28	25~30	25~30	28~30	28~30	28~30	28~30	28~30	28~30	31.5

注：1. 表中公称力值是设备的最大挤压力。
2. 表中穿孔力值是采用内置式穿孔装置、液压定针时而确定的，取值约为公称力值的 30%。若选用其他形式的穿孔装置时，穿孔力值允许有差异。

8. **双轴式反向双动铝挤压机的主要技术参数**（见表 2-5-10）

表 2-5-10　双轴式反向双动铝挤压机的主要技术参数

参数名称	型号											
	LJS8F-2	LJS12.5F-2	LJS16F-2	LJS25F-2	LJS36F-2	LJS50F-2	LJS60F-2	LJS75F-2	LJS90F-2	LJS100F-2	LJS125F-2	LJS150F-2
	参数值											
公称力/MN	8	12.5	16	25	36	50	60	75	90	100	125	150
主缸力/MN	6.8	11.3	14	23	32.7	44.3	53.1	66.5	81.4	90.5	110	126.6
侧缸力/MN	1.4	1.4	2.1	2.7	3.6	5.7	7.5	8.9	9.5	10.8	15.3	24.7
回程力/MN	0.56	0.8	1.1	1.5	2.0	2.95	4.4	4.6	5.8	6.6	7.76	12.0
挤压筒向前力/MN	0.86	1.12	1.42	2.53	4.6	5.06	7.4	9.6	11.5	15	15.9	19
穿孔力/MN	2.5	3.8	4.8	7.5	11.8	15	17.1	22.5	27	30	37.5	45
主剪力/MN	0.43	0.56	0.88	0.94	1.6	1.97	2.89	3.2	4.1	4.76	5.0	5.4
主柱塞行程/mm	900	1000	1100	1550	1750	1890	1980	2100	2300	2500	2700	2910
挤压筒行程/mm	1680	1890	2100	3050	3470	3780	3990	4200	4620	5040	5460	5880
穿孔行程/mm	640	740	840	1200	1400	1550	1700	1700	1900	2050	2250	2350
挤压速度/(mm/s)	0.2~20	0.2~20	0.2~20	0.2~20	0.2~20	0.2~20	0.2~20	0.2~20	0.2~20	0.2~20	0.2~20	0.2~20
挤压筒内径/mm	125~160	130~190	150~220	210~280	280~360	320~450	360~500	400~560	460~600	520~650	580~710	600~770
挤压筒长度/mm	800	900	1000	1450	1650	1800	1900	2000	2200	2400	2600	2800
介质压力/MPa	25~28	25~28	25~28	25~30	25~30	28~30	28~30	28~30	28~30	28~30	28~30	31.5

注：1. 表中公称力值是设备的最大挤压力。
2. 表中穿孔力值是采用内置式穿孔装置、液压定针时而确定的，取值约为公称力值的 30%，若选用其他形状的穿孔装置时，穿孔力值允许有差异。
3. 挤压筒长度不同，则主柱塞行程、挤压筒行程、穿孔行程相应变化。

5.4　特种挤压液压机

5.4.1　普通静液挤压机结构

普通静液挤压机的基本结构如图 2-5-35 所示。钢丝缠绕静液挤压机的结构如图 2-5-36 所示。

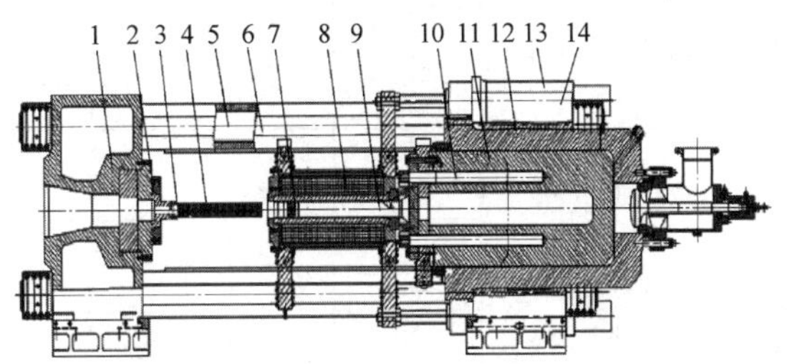

图 2-5-35　普通静液挤压机的基本结构

1—前梁　2—模座　3—模具　4—坯料　5—拉杆　6—压套　7—静液循环装置　8—挤压筒　9—挤压杆　10—回程柱塞缸　11—主柱塞　12—主缸　13—挤压筒移动缸　14—后梁

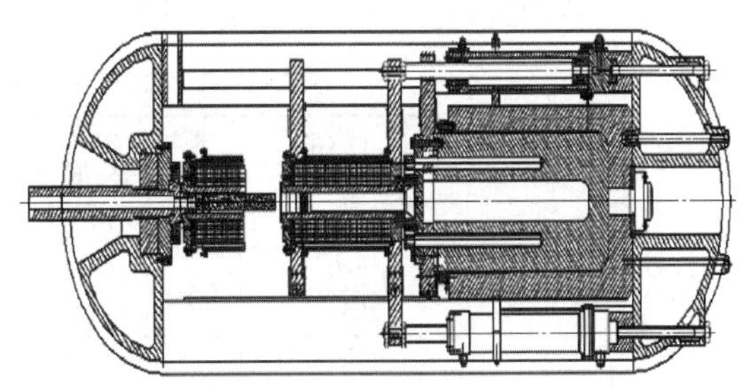

图 2-5-36　钢丝缠绕静液挤压机的结构

5.4.2　典型的静液挤压机系列

1）在静液挤压机研究方面，英国、瑞典、日本等国处于领先地位，这些国家生产的静液挤压机基本上形成了系列。日本神户制钢公司静液挤压机的主要技术参数见表 2-5-11。

表 2-5-11　日本神户制钢公司静液挤压机的主要技术参数

型号	挤压力/MN	锭坯尺寸/mm	传压介质最大压力/MPa	外形尺寸/mm				
				设备挤压中心高度 H_1	设备地面以上最大高度 H_2	设备宽度 W_1	设备宽度 W_2	设备长度 L
KHSE-630	6.3	ϕ70×700	1500	575	2800	2780	970	8110
KHSE-1250	12.5	ϕ100×1000		700	3450	3335	1110	10150
KHSE-2000	20	ϕ125×1250		840	4320	4000	1250	12800
KHSE-3150	31.5	ϕ160×1600		1000	5270	4700	1450	15550
KHSE-4000	40	ϕ180×1800		1075	5885	5155	1590	17410

我国以中国重型机械研究院股份公司（简称中国重型院）为代表的挤压机生产厂商对静液挤压机进行了系统的研究，在 20 世纪 70 年代就制造了 5MN 静液挤压机，现正在开展 55MN 大型静液挤压机的研制工作。

2）英国菲尔丁公司于 1965 年为该国的原子能当局设计制造了一台 16MN 静液挤压机，现安装在斯普林菲尔德（Springfild）厂核燃料实验室中。该机的主要技术参数见表 2-5-12。

表 2-5-12　16MN 静液挤压机的主要技术参数

参数名称		参数值	参数名称		参数值
挤压力/MN		16	空程速度/(mm/s)		190
静液压力/MPa		1256	挤压筒	内径/mm	110
主缸	主柱塞行程/mm	1540		行程/mm	768
	主柱塞工作速度/(mm/s)	20		移动力/MN	1.86/2.44
辅助缸柱塞力/MN		1.6/0.78	最大锭胚尺寸/mm（直径×长度）		ϕ98×508
增压器	内径/mm	127	附加容器尺寸/mm（直径×长度）		ϕ38×3700
	行程/mm	1540	背压管尺寸/mm（直径×长度）		ϕ25.4×6160
	移动力/MN	0.22/1.86	生产率/(锭/h)		45

3）钢丝缠绕结构静液挤压机。采用高强度金属丝来预紧特殊结构的机身，使机身可以承受巨大的载荷。瑞典通用电器公司（ASEA）于 1973 年首先研究出了这种机身。目前，这种机身的承载能力已

达到 800 MN。该公司将钢丝缠绕的静液挤压机称为“昆塔司”（Quintus），并基本上形成了 QEB 系列，其主要技术参数见表 2-5-13。

表 2-5-13　QEB 系列静液挤压机的主要技术参数

型号	公称力/MN	传压介质最大压力/MPa	锭坯最大尺寸/mm（直径×长度）	挤压机外形尺寸/mm（长×宽×高）	设备自重/t	电动机总功率/kW	生产率/（次/h）
QEB12	12	1280	ϕ91×925	6950×840×1340	33.5	295	31
		1640	ϕ84×660		30		35
		2050	ϕ70×495		28		31
QEB16	16	1280	ϕ107×1000	7450×960×1500	45.5	368	28
		1640	ϕ94×800		42.5		33
		2050	ϕ84×605		39.5		35
QEB20	20	1280	ϕ122×1130	8000×1100×1650	59.5	478	25
		1640	ϕ107×850		55		32
		2050	ϕ94×670		51.5		35
QEB25	25	1280	ϕ141×1200	9350×1260×1850	88.9	588	24
		1640	ϕ122×970		79.5		29
		2050	ϕ107×775		73.5		33
QEB32	32	1280	ϕ161×1390	10350×1400×2050	122	735	21
		1640	ϕ141×1010		110		28
		2050	ϕ122×885		102		29
QEB40	40	1280	ϕ180×1430	11220×1560×2320	166	882	20
		1640	ϕ161×1180		155		24
		2050	ϕ141×925		143		28
QEB50	50	1280	ϕ204×1400	11550×1790×2650	225	1100	20
		1640	ϕ180×1320		209		22
		2050	ϕ161×1040		198		25
QEB63	63	1280	ϕ226×1550	11650×1970×2930	290	1400	20
		1640	ϕ200×1350		290		
		2050	ϕ180×1200		281		

瑞典通用电器公司为瑞典、日本、英国、荷兰生产 QEB40 型挤压机各 1 台，前 3 台用于挤压铜包铝线材和扁材，后 1 台用于铜合金管材挤压生产。

我国的中国重型院对钢丝绕静液挤压机的研究也取得了良好的成果，并提出了完整的铜丝缠绕预应力结构的计算方法，积累了较丰富的工艺经验。

5.5　挤压液压机的主要构件设计

5.5.1　主要构件组成

图 2-5-37 所示为带有内置式穿孔装置的卧式挤压液压机的主机结构。

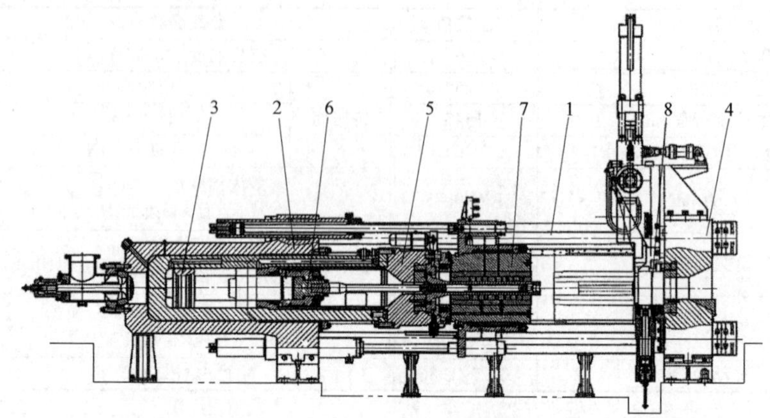

图 2-5-37　带有内置式穿孔装置的卧式挤压液压机的主机结构

1—机身　2—后梁　3—主缸　4—前梁　5—动梁　6—穿孔装置　7—挤压筒　8—移动模架及快速换模装置

由于篇幅所限，并根据目前挤压液压机的主流结构形式，本文仅对采用预应力框架结构和横向移动模架的挤压液压机结构形式进行叙述。

5.5.2　机身设计

挤压液压机的机身是承受挤压力的最基本构件。现有挤压液压机的机身结构分类如图 2-5-38 所示。

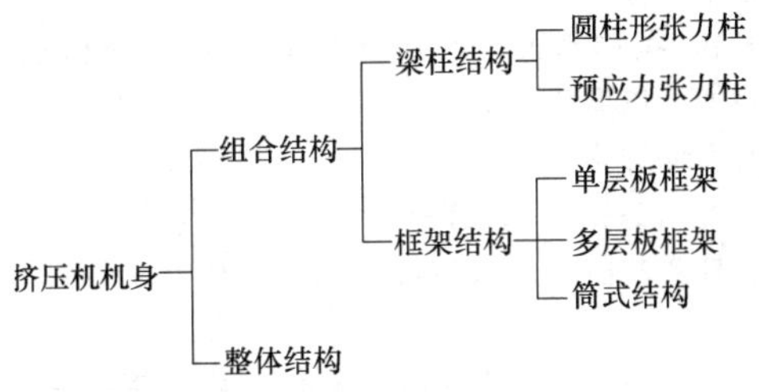

图 2-5-38　现有挤压液压机的机身结构分类

梁柱结构指用张力柱连接前、后梁的结构。在现有的挤压液压机中，采用圆柱形张力柱结构的占绝大多数，而预应力张力柱结构大约已有 30 多年的历史。框架结构为多年前的设计，本文不做阐述。

（1）圆柱形张力柱结构　圆柱形张力柱结构按张力柱的数量可分为两柱、三柱、四柱结构。两柱结构承载能力有限，而且稳定性不好，因而没有得到广泛的应用。三柱结构有正三角形、倒三角形、侧三角形配置之分，当采用回转模座时，侧三角形配置较为方便。大、中型挤压液压机大多采用四柱结构。在有些挤压液压机上，张力柱除了承受挤压力外，还兼作动梁及挤压筒的导轨。图 2-5-39 所示为典型的圆柱形张力柱结构

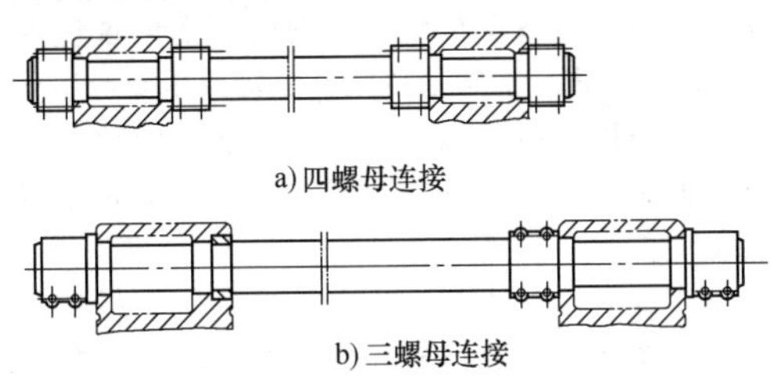

图 2-5-39　典型的圆柱形张力柱结构

（2）预应力框架结构　预应力框架结构机身的结构特点是用拉杆螺母和承压构件——箱形压套代替了传统的用螺母紧固的圆柱形张力柱，将前、后梁用预应力组成一个刚性机身。加热拉杆使拉杆变长，拧紧螺母，使拉杆处于受拉状态、压套处于受压状态，从而使得整个机身处于预应力状态。有些厂商，先给机身加载一定的预加载荷，使拉杆产生伸长变形，在压套的一端加入垫板，从而使整个机身处于预应力的状态。在挤压过程中，预应力张力柱周期性应力的幅度只有非预应力张力柱幅度的 50%左右（由设计确定），从而提高了机身的刚度，有利于保证挤压制品的质量。图 2-5-40 为预应力框架结构机身。

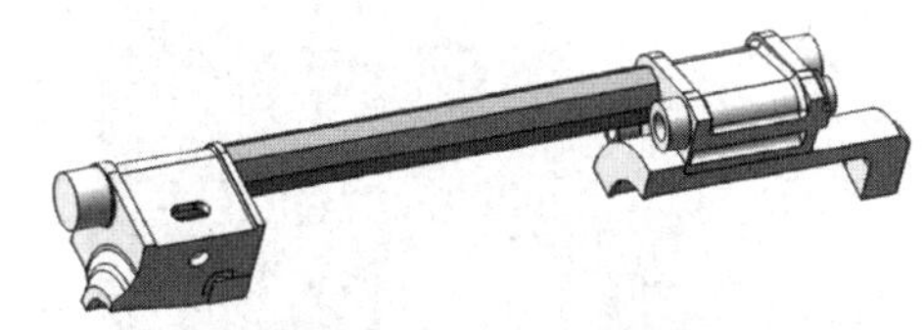

图 2-5-40　预应力框架结构机身

图 2-5-41 为 150 MN 卧式液压挤压机预应力框架结构，由前梁、后梁、拉杆、压套和螺母等组成。挤压机框架的预应力施加方式是在挤压机的拉杆两端通过加热获得拉杆伸长量，旋紧螺母而对压机框架进行预紧。预紧力是挤压力的 1.25 倍，拉杆螺母端部采用斜面设计，以消除前部螺纹的应力集中。拉杆处于拉应力状态，外层空心压套处于压应力状态。压套具有较大的抗弯截面。在挤压过程中拉杆的周期性应力变化幅度只有传统张力柱结构的 23%左右。再加上压套有较大的抗弯截面，在挤压力的作用下，机身伸长和弯曲变形小，有很大的机身刚度，利于保证制品精度。下部导向是在机身下面两个压套上固定的高硬度导向板，采用水平和垂直的平面导向，利于挤压杆、挤压筒和模具之间的中心调整；上部导向利用机身上面两个压套的斜面上固定的高硬度导向板作为导轨，该导向形式导向精度高，调整方便，而且对挤压中心因温度变化引起的改变明显减小。

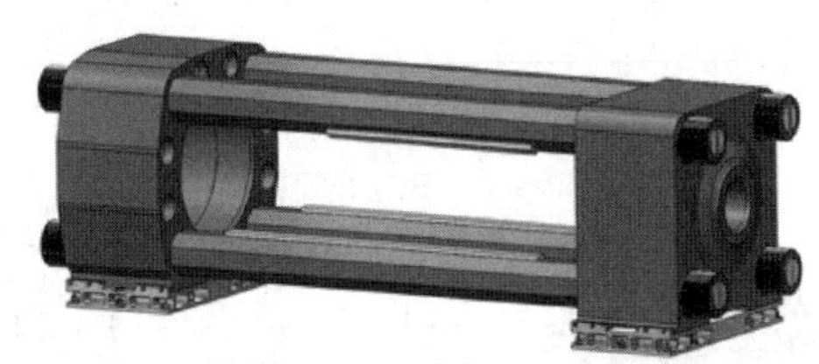

图 2-5-41　150 MN 卧式液压挤压机预应力框架结构

5.5.3　后梁设计

后梁是挤压液压机最重要的承载构件之一。后梁的结构既取决于制造厂工艺的可能性，又取决于挤压液压机挤压力的大小和用途。在比较小型的挤压液压机上，后梁一般与主缸做成整体锻钢结构，而大型挤压液压机主缸都为单体构件，装在后梁的镗孔中。后梁采用拉杆螺母及压套与前梁连接，构成挤压液压机预应力机身。后梁上还装有侧缸、挤压筒移动缸等构件，有些厂商则将挤压筒安装在前梁上。

图 2-5-42 所示为缸梁一体式 36 MN 卧式挤压液压机。缸梁一体式液压挤压机结构形式简单、精度

高，适用于中小型液压挤压机。

图 2-5-42　缸梁一体式 36 MN 卧式挤压液压机

从目前发展的趋势上看，大型液压挤压机多采用后梁、主缸分开的结构形式。一般后梁采用铸钢件，高精度液压机可选用锻钢件。后梁设计必须经过强度计算，应在自重尽可能小的条件下提高可靠性。

5.5.4　主、侧缸部件设计

挤压液压机的主缸应有良好的制造工艺性，运行可靠，维修方便。在不解体的情况下，就能更换密封装置。主缸及主柱塞的长度选择，应在可能的条件下保证不拆开挤压液压机就能更换主缸及主柱塞。主缸及主柱塞的长度还取决于主柱塞的工作行程。对于短行程挤压液压机，其行程略大于挤压筒的长度。

图 2-5-43 所示为卧式挤压液压机的主、侧缸部件。

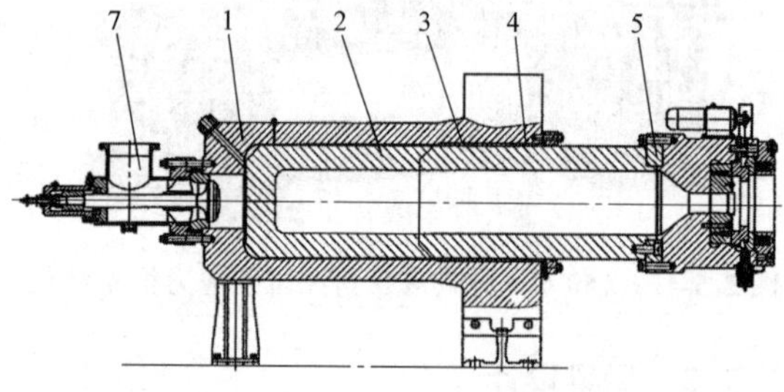

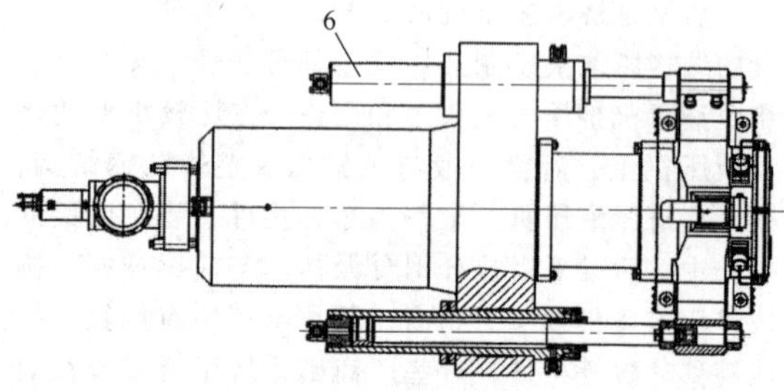

图 2-5-43　卧式挤压液压机的主、侧缸部件

1—缸体　2—主柱塞　3—导套　4—密封
5—柱塞压盖　6—侧缸　7—充液阀

在图 2-5-43 中，主缸采用柱塞缸，另设有两个侧缸 6 用于主缸回程和挤压机空程前进。主缸由缸体 1、主柱塞 2、导套 3、密封 4、柱塞压盖 5 和充液阀 7 等组成。该挤压机的主缸体与后梁做成整体，侧缸则水平对称布置在主缸两侧。

依据挤压液压机结构的差异，主柱塞大致可分为如下几种形式：

1）在单动式（无穿孔装置）挤压液压机上，主柱塞可以做成实心柱体或出于减轻自重目的做成空心筒体结构。

2）在具有内置穿孔装置的复动式挤压液压机上，柱塞的前端做成空心结构，以便在其内部设置穿孔缸。

3）在设有后置穿孔装置的复动式挤压液压机上，主柱塞制作成空心结构，在其中心孔通过穿孔杆。

4）在设有侧置穿孔装置的复动式挤压液压机上，主柱塞尾部一般制作成空心结构，在其内部设置主柱塞回程缸。

主缸内的铜套在主柱塞往复运动时起导向和中心定位的作用，故也有导套之称。一般用青铜 ZQSn6-6-3、ZQSn12-1、ZQ8-12 等材料制造。铜套的长度与主柱塞直径的比值一般取为 0.5～0.75，比值过大，则会增加挤压液压机的总长度和设备自重。

5.5.5　前梁设计

前梁多为整体铸钢结构、空心铸钢腹板结构或整体锻件，有些厂商把前梁做成实心结构或钢板焊接结构，整体锻件的前梁有助于提高挤压制品的成品率。大型挤压液压机整体铸钢结构前梁重量可达 200t，甚至更重。前梁通过拉杆螺母及压套与后梁连接，构成挤压液压机预应力机身。前梁设计必须经过强度计算，应在自重尽可能小的条件下提高可靠性。

前梁出口的形状及尺寸应根据挤压型材规格参数设计，图 2-5-44 所示为 125 MN 卧式挤压液压机整体铸造式前梁结构及其出口尺寸。该前梁上整体铸造了模架，用于安装模具。有些前梁设计时，为了减轻前梁重量，降低前梁铸造难度，将模架与前梁分开铸造后将模架与前梁通过键和螺钉连接。

5.5.6　动梁设计

动梁的结构与有无穿孔装置及穿孔装置的配置方式有关。在无穿孔装置或后置穿孔装置时，动梁在挤压轴线方向的长度比较短，动梁只起到两个作用：一是在挤压机主柱塞向前推进时，支撑主柱塞外伸部分的自重；二是利用动梁下部或上部的导向装置控制挤压杆的方向；在内置或侧置穿孔装置的挤压液压机上，为了使穿孔针的中心线与挤压轴线重合，经常在动梁内设置穿孔装置的导向装置。在这种情况下，动梁一般做成窗口式，在窗口内设置穿孔装置的导向装置，因而与一般的结构相比，动梁在挤压轴线方向的长度至少要增加一个相当于穿孔行程的长度。

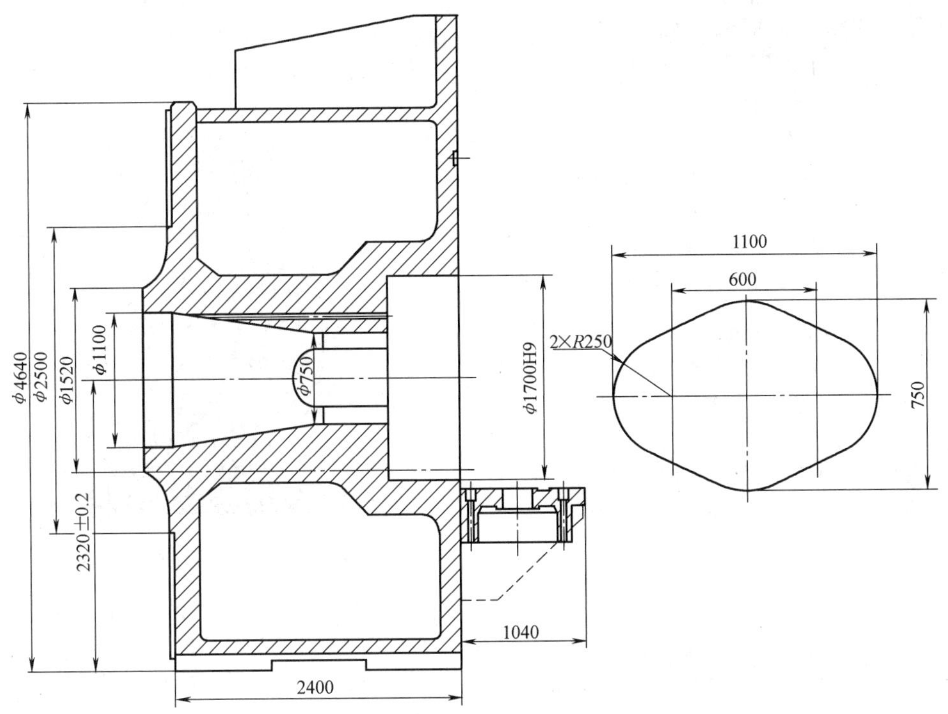

图 2-5-44　125 MN 卧式挤压液压机的整体铸造式前梁结构及其出口尺寸

为了提高挤压杆更换效率，降低挤压杆更换难度，动梁上设置有挤压杆快换装置。图 2-5-45 所示为挤压杆快换结构。挤压杆压盖 14 有压紧位和拆装位两个状态，千斤顶装置 12 可控制挤压杆压盖 14 在压紧状态和解除压紧状态转换，在解除压紧状态时，电动机减速装置 7 可控制挤压杆压盖 14 在锁紧位和拆装位之间转换，更换挤压杆简单省力，机械化程度高。通过限位装置确定挤压杆压盖的拆装位置和锁紧位置，控制精确，容易实现自动控制，更换效率高。更换挤压杆 10 过程中，挤压杆 10 不需要转动，挤压杆 10 的定位精度高，工作稳定可靠，挤压杆 10 使用寿命长。

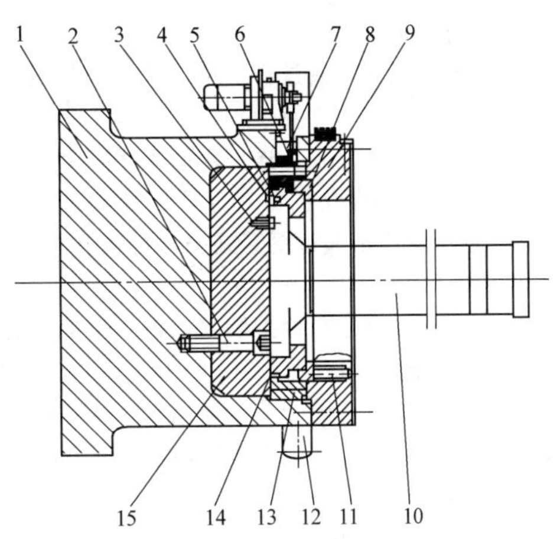

图 2-5-45　挤压杆快换结构

1—活动横梁　2—螺钉　3—防转块　4—碟簧装置 2　5—铜套 2　6—铜套 1　7—电动机减速装置　8—压盖　9—压盖法兰　10—挤压杆　11—碟簧装置 1　12—千斤顶装置　13—导套　14—挤压杆压盖　15—挤压杆垫

5.5.7　穿孔装置设计

以内置式穿孔装置为例，该装置设置在主柱塞内部，挤压时与主柱塞一起随动，这种穿孔柱塞的行程是在各种穿孔装置中最短的，相当于挤压筒的长度。由于这一原因，可以缩短挤压液压机总长度，有利于减轻设备自重。但采用内置穿孔装置，结构就较复杂，自身长度较大，而且是传递挤压力的构件，从维护方面看，内置式穿孔装置不如外置式便于检查与维修。

内置式穿孔装置的挤压液压机结构如图 2-5-46 所示。穿孔缸为活塞缸。缸体 1 为主柱塞的内孔。其他主要由活塞杆（活塞）2、导套 3、旋转芯轴

（针支座）4、蜗轮蜗杆 5 和穿孔针 6 等组成。

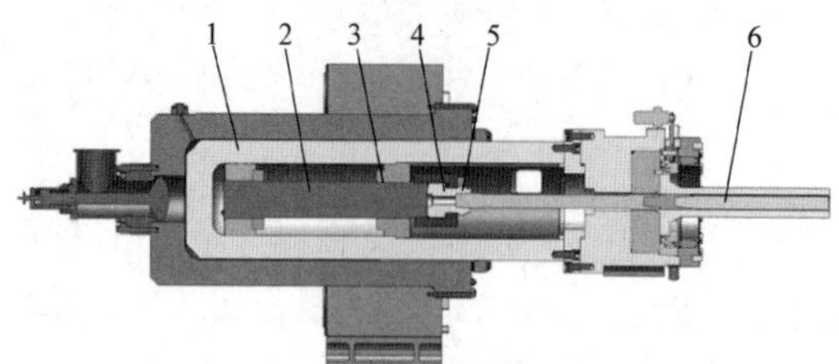

图 2-5-46 内置式穿孔装置的挤压液压机结构（主缸部分）
1—缸体 2—活塞杆 3—导套 4—旋转芯轴 5—蜗轮蜗杆 6—穿孔针

内置式穿孔装置的特点如下：

1）两个伸缩缸用于穿孔缸前后两腔的进排油。穿孔活塞设在主柱塞的内孔后部，其他部件均安装在主柱塞的内孔前部和活动横梁内。

2）穿孔针座的前部通过铜套在挤压杆内孔中导向，以保证穿孔针的同心度，如图 2-5-47 所示。

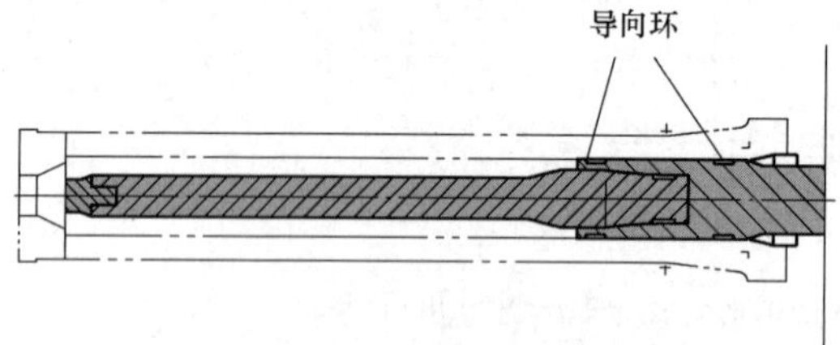

图 2-5-47 穿孔针导向装置

3）穿孔针采用螺纹进行连接，采用涡轮蜗杆手动旋转。

4）穿孔针座和穿孔针连杆之间采用浮动的连接方式，从而消除了穿孔机身对穿孔针导向精度的影响；穿孔针座的前部通过铜套在挤压杆内孔中导向，以保证穿孔针的同心度。

5）穿孔针设有过载保护装置，PLC 采集穿孔针支撑腔压力传感器的信号。当压力高于设定值时，穿孔针支撑腔阀门轻微开启，穿孔针可略微前进，以降低支撑腔压力；如果压力继续升高，则挤压停止。

5.5.8 挤压筒设计

挤压筒是挤压机的重型构件，它在高温、高压的条件下工作，甚至在挤压最简单的轻合金制品时，挤压筒的单位压力也可达到 400~500MPa；在挤压复杂的薄壁制品时，这个压力则要高至 600~750MPa；而在采用有焊腔的舌型模时，这个压力必须提高到 800~900MPa。在这种情况下，为保证挤压过程的进行，挤压筒温度要达到 350~500℃。

在挤压钢、钛及其他低塑性金属和合金时，挤压筒的工作条件就更为恶劣。在这种情况下，挤压筒承受的单位压力可达 1200~1300MPa，有时高达 2000MPa，挤压筒的温度可达 500~550℃。

为使挤压筒的内、外壁应力趋于均匀，目前已普遍采用多层（2~5 层）结构，但以 3 层最为常见。图 2-5-48 所示为卧式挤压液压机挤压筒的三维模型。

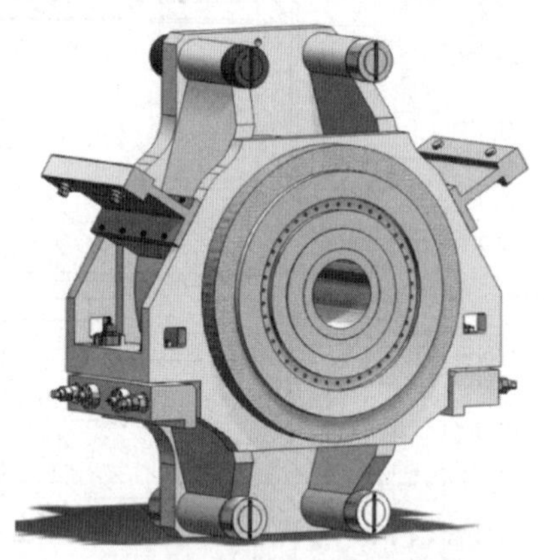

图 2-5-48 卧式挤压液压机挤压筒的三维模型

该挤压筒采用 3 层组合筒，利用装配产生的压应力来抵消挤压力引起的拉应力，3 层挤压衬筒内衬的材料通常选为 4Cr5MoSiV1 热作模具用钢。图 2-5-49 所示为挤压液压机挤压筒装配图。

从图 2-5-49 中可见，挤压筒主要由外壳 1、外衬 2、中衬 3、内衬 4、加热和冷却系统 5 和挤压筒快换装置 6 等部分组成。

在挤压前，挤压筒应进行预热。目前被广泛应用的预热方式有两种，即电阻加热和感应加热。无论是采用电阻加热，还是采用感应加热，都应以挤压筒预热的温度分布均匀为原则。

图 2-5-50 所示为采用电阻加热的挤压筒的加热和冷却系统。挤压筒的加热采用电阻加热管进行加热，电阻加热为热传导方式，可以分区域加热，加热区域可以单独控制，可以在 18 h 之内将挤压筒从室温加热到 450 ℃；加热母线采用 NCT1. 4828，不产生氧化，使用寿命长；采用三角连接接线方式，电能的利用率更高；连线方式为快换接头，方便挤压筒的更换；挤压筒采用压缩空气进行冷却，空气冷却通道放置在内衬的外表面，实现挤压筒温度的分区控制，压缩空气的接管均放置于挤压筒外壳上，冷却孔采用不锈钢管隔热，并采用偏心装置。挤压筒上装有高效的挤压筒加热及温度自动控制装置。

挤压筒上同样装有间隙传感器，用于自动检测挤压中心；中心检测采集的数据或偏移量可在上位计算机上显示，偏移量超过允许值时可报警。挤压筒的导向部分在水平和垂直方向也安装有调节装置，方便挤压筒的中心调整。在挤压筒外壳后端设置有挤压筒组件快速更换装置，采用卡键式固定方法，卡键和挤压筒之间为锥面连接。挤压筒的材料为低塑性材料，必须注意键槽、切环、内孔加热等因素引起的应力集中。

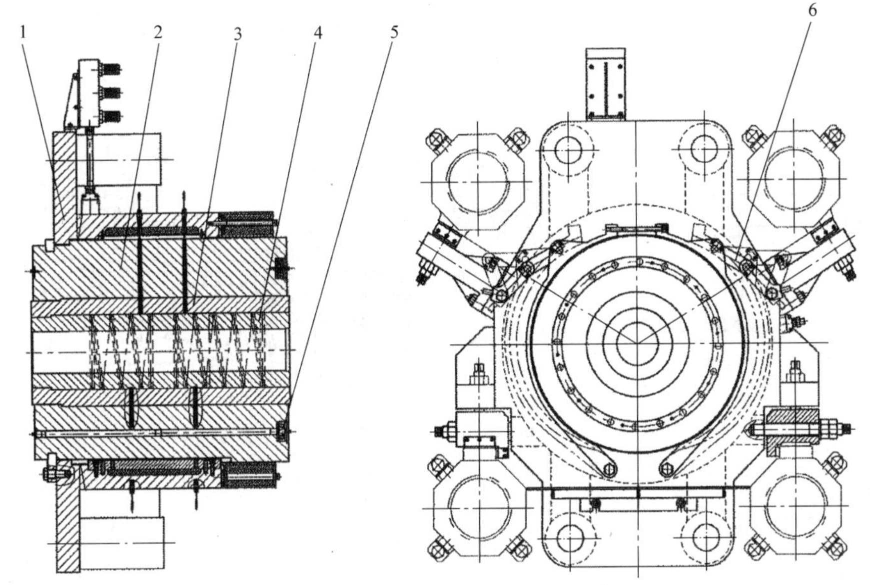

图 2-5-49　挤压液压机挤压筒装配图

1—外壳　2—外衬　3—中衬　4—内衬　5—加热和冷却系统　6—挤压筒快换装置

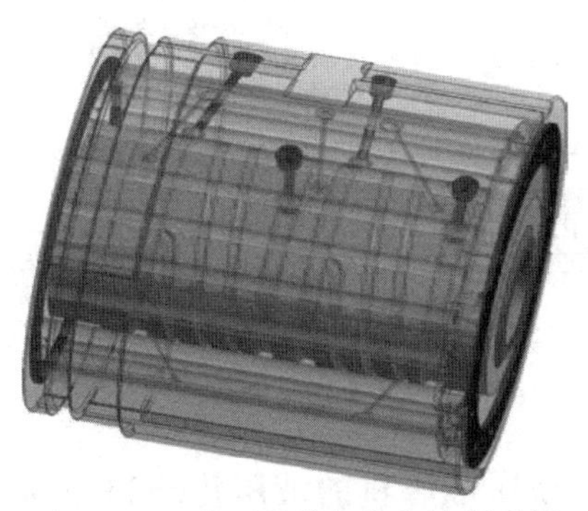

图 2-5-50　挤压筒的加热和冷却系统

图 2-5-51　挤压筒装配外观三维模型

图 2-5-51 所示为挤压筒装配外观三维模型。当挤压筒移动缸为 2 个或 4 个时，对称地布置在挤压轴线的两侧。当移动行程短（相当于 1/2 挤压筒长）时，挤压筒移动缸装在前梁上；当移动行程长（相当于挤压筒长）时，挤压筒移动缸既可装在前梁上，也可装在后梁上。当装在后梁上时，柱塞工作的环境条件好，但柱塞长度长；当装在前梁上时，则情况恰好相反。

5.5.9　横向移动模架及快速换模装置设计

横向移动模架及快速换模装置是为克服纵向移动模架的缺点而设计的。其基本设计思想是将模具的清理、检查、润滑、更换移到挤压生产线外进行。常用的滑移模座设有两个或三个工作位置（简称工位），图 2-5-52 所示为两工位直线移动模架及快速换模装置，其模架移动靠液压缸驱动。横向移动模架可以缩短挤压周期，提高挤压液压机的工作效率，同时改善了模具的工作条件。

图 2-5-53 所示的两工位直线移动模架，一个工位用于挤压，另一个工位用于更换模具。在模架上设置有闷车料的处理工位，当遇到闷车料时，移动模架移至闷车工位，挤压筒锁紧后挤压杆前进，将闷车的铝锭坯挤压成一个小直径的铝棒。模架设有导向，导向装置具有足够的刚度。模架下部设有两个压模装置，采用连杆机构在剪切时压紧模具，防止模具跳动。压模液压缸模架下部设有模内剪，模

内剪推动模具上升，剪切分离铝型材和模具。在模架上方的前梁中设有氮气冷却装置。该装置采用气缸驱动，可以使氮气通道插入模具和模具后的模支撑，对模具进行氮气冷却，并在挤压时保护模具，延长模具寿命。模具和模座之间设有隔热气隙，模具组件由两部分组成。

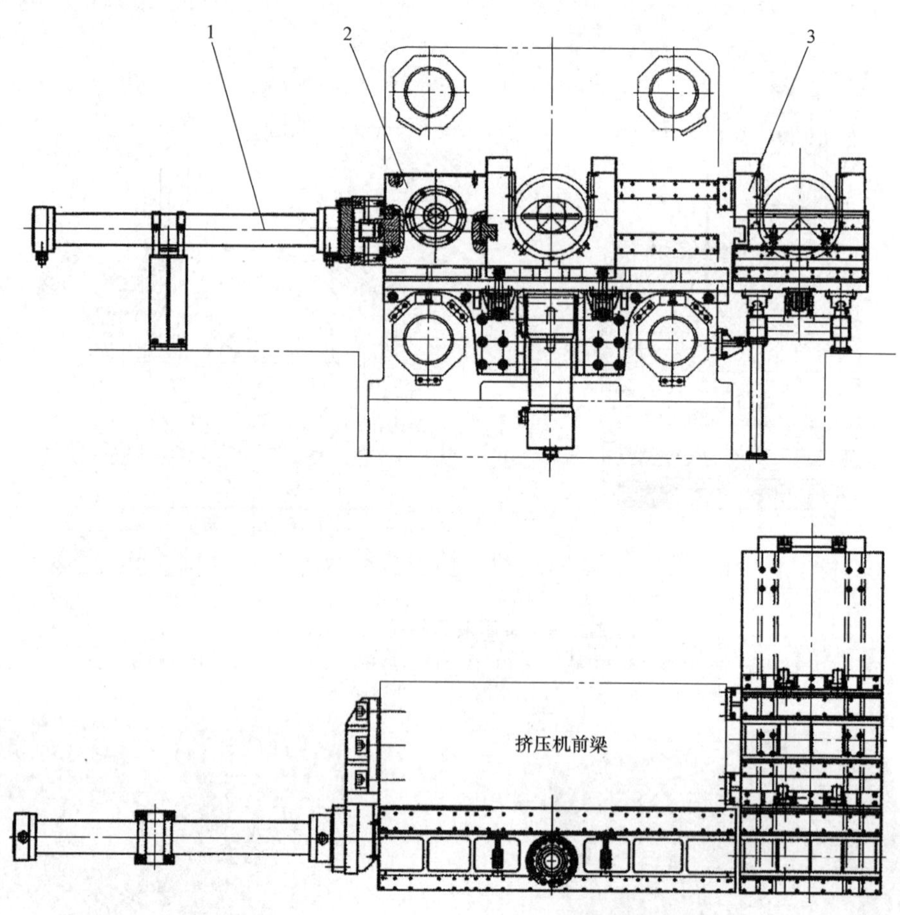

图 2-5-52　两工位直线移动模架及快速换模装置

1—移动模架驱动液压缸　2—移动模架　3—快速换模装置

图 2-5-53　两工位直线移动模架

5.6　挤压液压机的液压传动和控制系统

5.6.1　挤压液压机的动作要求和液压系统的主要特点

1）挤压液压机液压系统的工作压力要满足最大挤压力的要求。选择较大的工作压力，可以显著地减小缸径，使液压机尺寸减小，液压系统流量也相应减小。目前，挤压液压机液压系统的工作压力常采用 20～32MPa。

2）挤压液压机液压系统的流量要满足挤压速度要求。挤压速度根据工艺试验所取得的最佳速度范围、生产率要求和现实可能性而定。挤压速度是保证挤压过程顺利进行和保证挤压制品质量的关键因素，铝及铝合金挤压液压机的挤压制品一般都是成品，其挤压速度一般取 0.2～20mm/s，在低速段往往采用闭环控制。铜及铜合金挤压液压机的挤压速度一般取 5~55mm/s。与有色金属不同，钢材挤压由其材料的性质决定，具备一些显著的特点，如钢的强度、硬度高于铝及铝合金、铜及铜合金，变形抗力大（挤压应力一般在 400MPa 以上，甚至可达 1200MPa），钢的挤压温度均在 1000℃以上。与此相适应，钢材挤压液压机的挤压速度一般取 100~400mm/s。

3）挤压液压机液压系统有泵-蓄能器传动和泵直接传动两种方案。泵-蓄能器传动装机功率小，但一次性投资大；挤压速度与工作阻力有关，不易控制；泵-蓄能器系统的液压冲击大，能量损失大。随着大功率变量泵的研发和应用，挤压液压机更为普遍的是采用泵直接传动。泵直接传动和泵-蓄能器传动的对比见表 2-5-14。

表 2-5-14　泵直接传动和泵-蓄能器传动的对比

项目	泵直接传动	泵-蓄能器传动
泵的出口压力	随液压机的负荷变化而变化	与液压机负荷无关，而与蓄能器压力相同
液压机的速度控制	使用变量泵时，可改变泵的流量，需利用旁通回路使部分液体流回油箱，从而实现液压机的速度控制	控制主阀分配器中阀的开启量，即可控制流量，从而控制液压机速度
恒速性	液压机速度取决于泵的供液量，采用定量泵可保持液压机速度恒定	液压机的速度随负荷变化而改变。若需保持恒速，则需装备特殊的装置
泵的流量	根据液压机最高速度选择	根据液压机一个工作循环期间内所需液量的平均值选择
压力的调整	利用调压阀可改变供液压力，故压力调整较为方便	蓄能器压力确定了液压机的最高压力，故压力调整困难
漏损	液压机停止工作时，管道中处于低压，故漏损少	在蓄能器和分配器之间常处于高压，故漏损多
工作介质	一般用油较多，用水（或乳化液）也可	一般用乳化液较多，用油也可，但用油时需注意漏损，蓄能器罐需使用氮气

4）挤压液压机液压系统压力高，流量大，广泛采用二通插装阀来控制。插装阀的应用始于 20 世纪 70 年代。这种阀结构简单、易于标准化和系列化；压力损失小、高压大流量；振动小、噪声低、可靠性高；集成化方便。

5.6.2　挤压液压机的液压传动及控制

1. 挤压液压机主机部分的传动及控制

在挤压液压机液压系统的主回路中，采用滑阀系统的只限于流量较小的小型挤压机，而且完全可以用插装阀系统替代。大、中型挤压机液压系统的主回路几乎都采用了插装阀系统，而挤压液压机的辅助操作液压系统因流量小仍然采用滑阀系统，使用方便、灵活。

（1）主机部分的动力系统　液压机中常用的高压大流量液压泵有斜盘式轴向柱塞泵、斜轴式轴向柱塞泵及径向柱塞泵，这三种泵主要以油为工作介质。水介质的高压大流量泵则一般为卧式往复三柱塞泵。

表 2-5-15 列出了国产液压泵情况。其中，CY14-1 系列是目前使用的主力柱塞泵产品，其技术参数见表 2-5-16。

表 2-5-15　国产液压泵情况

类别		型号	排量/(mL/r)	压力/MPa	转速/(r/min)	变量形式	生产厂
轴向柱塞泵	斜盘式轴向柱塞泵	CY14-1B	1.25~400	31.5	1000~3000	有定量、手动、伺服、液控变量、恒功率、恒压、电动、比例等	启东高压油泵有限公司 邵阳维克液压有限责任公司 天津高压泵阀厂
		TDXB	31.8~97.5		1500~1800	有定量、手动、恒功率、恒压、电液比例、负载敏感等	济南第七三一三厂
	斜轴式轴向柱塞泵	CY-Y	10~250		1000~1500	有定量、手动、恒压、恒功率等	邵阳维克液压有限责任公司
		A7V	20~500	35	1200~4100	有恒功率、液控、恒压、手动等	北京华德液压泵分公司 贵州力源液压公司
		A2F	9.4~500		1200~5000	定量泵	北京华德液压泵分公司 佛山市科达机械有限公司
		A4V	40~500		1320~2600	有总功率控制、恒压手动变量	

表 2-5-16 CY14-1 系列轴向柱塞泵的技术参数

参数名称		10CY(M)14-1B	25CY(M)14-1B	63CY(M)14-1B	80CY(M)14-1B	160CY(M)14-1B	250CY(M)14-1B
连续工作压力/MPa		31.5	31.5	31.5	31.5	31.5	31.5
公称流量/(L/min)	1000r/min	10	25	63	80	160	250
	1500r/min	15	37.5	94.5	120	240	375
额定转速/(r/min)		1500	1500	1500	1500	1000、1500	1000、1500
额定工况传动功率/kW	供油	14.5	36.5	73.5	93.3	139	218
	自吸	8.7	21.8	55	70	93、139	145、218
最大传动功率/kW		5.7	14.1	35.8	46.6	92.2	133.2
重量/kg		19	35	63	63	128	227

德国力士乐公司是世界著名的液压泵、阀门及工业液压元件制造商，生产多种轴向柱塞泵，主要有斜盘结构和弯轴结构两大类，又分为定量泵（F 系列）及变量泵（V 系列）。该公司产品性能参数高、质量好，得到广泛采用。它的控制机制可以有多种，最常用的是恒功率控制（LR）、比例阀控制（EO、DFE）和伺服阀控制（HS4）等。A4VSO 系列轴向柱塞变量泵的技术参数见表 2-5-17。

表 2-5-17 A4VSO 系列轴向柱塞变量泵的技术参数

参数名称	型号								
	40	71	125	180	250	355	500	750	1000
	参数值								
排量/(cm^3/r)	40	71	125	180	250	355	500	750	1000
最大转速/(r/min)	2600	2200	1800	1800	1500	1500	1320	1200	1000
流量(最大转速时)/(L/min)	104	156	225	324	375	533	660	900	1000
最大功率(35MPa)/kW	61	91	131	189	219	311	385	525	583
最大转矩(35MPa)/N·m	223	395	696	1002	1391	1976	2783	4174	5565
近似重量/kg	39	53	88	102	184	207	320	460	605

A2V 系列轴向柱塞变量泵的技术参数见表 2-5-18。

A7V 的额定压力为 35MPa，峰值压力为 40MPa，适用于开式回路，其技术参数见表 2-5-19。

液压泵的泵头控制和泵头组合控制目前一般采用以下两种方式：

1）如图 2-5-54 所示，系统共有六台主泵，每台泵出口都设有单向阀、电磁循环阀和溢流阀。单向阀防止液流回流，电磁循环阀使泵泄荷循环，溢流阀调节系统压力。P1、P2 泵在单向阀后并一起供油给挤压筒，P3、P4 泵在单向阀后并一起供油给挤压杆，P5、P6 泵在单向阀后并一起供油给压余剪、模架移动和模内剪。挤压杆、挤压筒、压余剪会同时动作，所以 P1 和 P2、P3 和 P4、P5 和 P6 这三组泵之间设有隔断阀，压余剪、模架移动和模内剪依次动作，所以并联在一起。

表 2-5-18 A2V 系列轴向柱塞变量泵的技术参数

参数名称		型号								
		12	28	55	107	250	355	500	1000	2000
		参数值								
排量 V_{gmax}/(cm^3/r)		11.6	28.1	54.8	107	250	355	500	1000	2000
最高转速/(r/min)	闭式回路 n_{gmax}	6000	4750	3750	3000	2500	2240	2000	1600	1200
	半闭式回路 n_{nmax}	—	—	2200	1750	1320	1200	1060	850	650
流量/(L/min)	在 n_{gmax} 下 Q_{gmax}	70	133	206	321	625	795	1000	1600	2400
	在 n_{nmax} 下 Q_{nmax}	—	—	120	187	330	426	530	850	1300

（续）

参数名称		型号								
		12	28	55	107	250	355	500	1000	2000
		参数值								
功率/kW $\Delta P=100\times10^5$Pa	在 Q_{gmax} 下 P_{gmax}	12	22	34	54	104	133	167	267	400
	在 Q_{nmax} 下 P_{nmax}	—	—	20	31	55	71	88	141	216
扭矩 M/N·m（$\Delta P=100\times10^5$ 在 V_{gmax} 下）		18	45	87	170	398	564	795	1590	3180
近似重量(包括控制装置)/kg		22	36	65	113	250	300	420	917	1950

表 2-5-19 A7V 系列轴向柱塞变量泵的技术参数

参数名称		型号						
		20	28	40	55	58	80	78
		参数值						
排量/(cm³/r)	V_{gmax}	20.5	28.1	40.1	54.8	58.5	80	78
	V_{gmin}	0	8.1	0	15.8	0	23.1	0
最高转速/(r/min)	在 $P_{abs}\times0.9\times10^5$Pa $n_{max0.9}$	3800	2800	3200	2360	2850	2120	2540
	在 $P_{abs}1.5\times10^5$Pa $n_{max1.5}$	4750	3600	3750	3000	3350	2750	3000
输出流量/(L/min)	在 $n_{max0.9}$ 下 $Q_{max0.9}$	76	76	124	125	161	164	192
	在 $n_{max1.5}$ 下 $Q_{max0.9}$	94	98	146	160	190	213	227
功率/kW（$\Delta P=100\times10^5$Pa）	在 $Q_{max0.9}$ 下 $P_{max0.9}$	13	13	21	21	28	28	33
	在 $Q_{max1.5}$ 下 $P_{max1.5}$	16	17	25	27	33	37	39
扭矩 M/ N·m（$\Delta P=100\times10^5$Pa）	在 V_{gmax} 下	33	45	64	87	93	127	124
	在 V_{gmin} 下	—	13	—	25	—	37	—
近似重量(包括控制装置)/kg		19	19	28	28	44	44	53

参数名称		型号						
		107	117	160	250	355	500	1000
		参数值						
排量/(cm³/r)	V_{gmax}	107	117	160	250	355	500	1000
	V_{gmin}	30.8	0	46.2	0	0	0	0
最高转速/(r/min)	在 $P_{abs}0.9\times10^5$Pa $n_{max0.9}$	1900	2240	1650	1400	1250	1120	900
	在 $P_{abs}1.5\times10^5$Pa $n_{max1.5}$	2450	2650	2100	1850	1650	1500	1200
输出流量(L/min)	在 $n_{max0.9}$ 下 $Q_{max0.9}$	197	254	256	340	430	513	873
	在 $n_{max1.5}$ 下 $Q_{max0.9}$	254	300	326	449	568	728	1164
功率/kW（$\Delta P=100\times10^5$Pa）	在 $Q_{max0.9}$ 下 $P_{max0.9}$	34	44	44	58	74	93	150
	在 $Q_{max1.5}$ 下 $P_{max1.5}$	44	52	56	77	98	125	200
扭矩 M/ N·m（$\Delta P=100\times10^5$Pa）	在 V_{gmax} 下	170	186	254	397	564	795	1590
	在 V_{gmin} 下	49	—	73	—	—	—	—
近似重量(包括控制装置)/ kg		53	76	76	105	165	245	520

这种控制方式结构简单，能够满足挤压速度要求，但缺点也很明显：空程运动，挤压杆、挤压筒、压余剪需要同时动作时，泵的流量分配受到了很大的限制，不能充分发挥每台泵的作用，空程效率低。

2）如图 2-5-55 所示，系统共有 P1～P6 六台主泵，每台泵出口都设有单向阀 1、电磁隔断阀 2、单

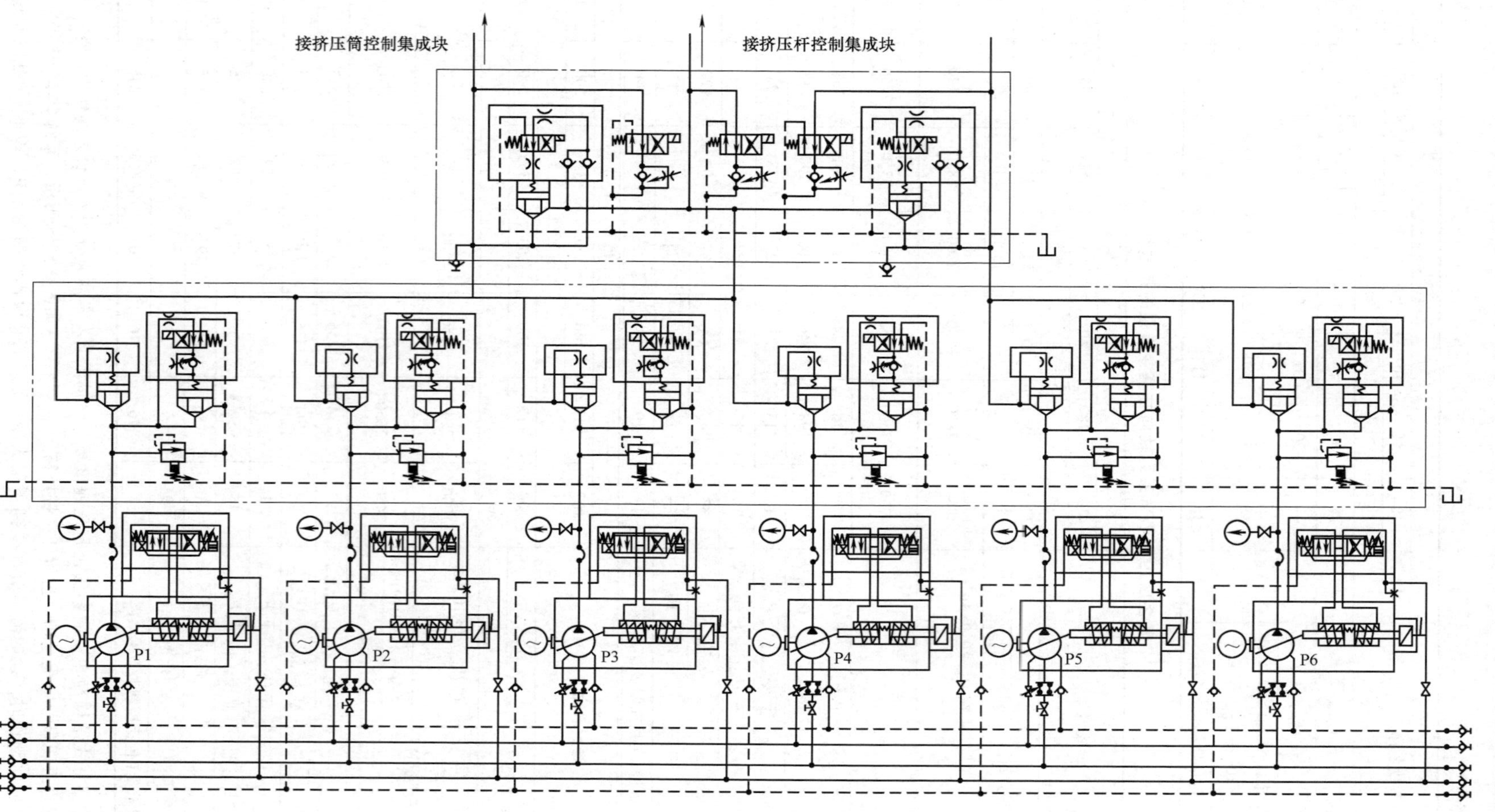

图 2-5-54　液压泵泵头组合控制方式（一）

P1~P6—主泵

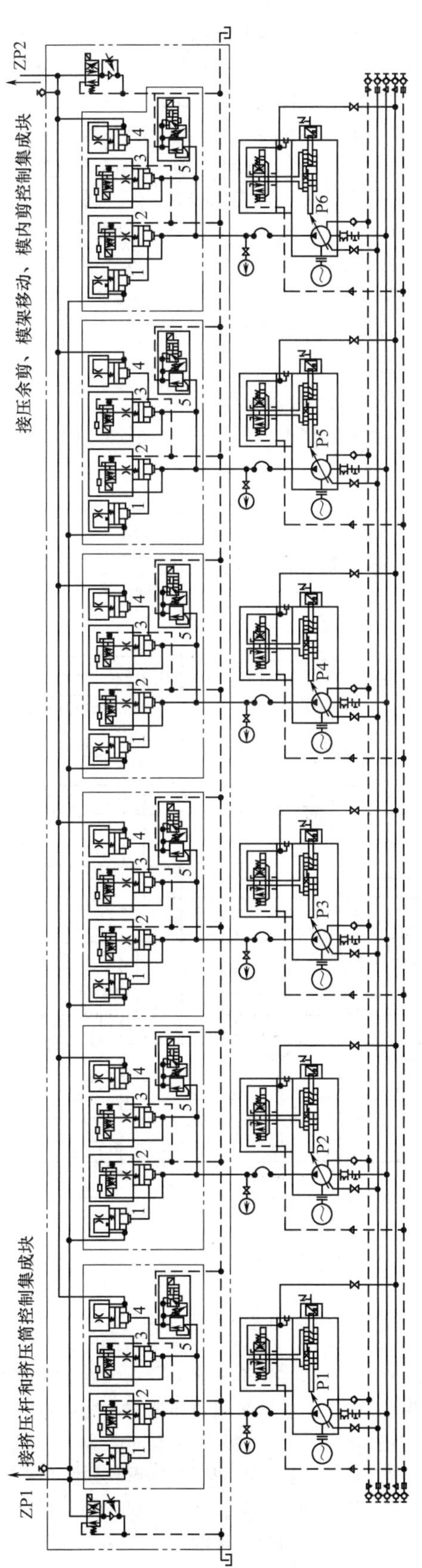

图 2-5-55　液压泵泵头组合控制方式（二）

1、3—单向阀　2、4—电磁隔断阀　5—电磁溢流阀

P1~P6—主泵

向阀 3、电磁隔断阀 4 和电磁溢流阀 5。六台主泵在单向阀 1 后并一起形成油源 ZP1，在单向阀 3 后并一起形成油源 ZP2。这是一台短行程后上料式挤压机，挤压杆和挤压筒不同时动作，压余剪、模架移动和模内剪不同时动作，ZP1 供油给挤压杆和挤压筒，ZP2 供油给压余剪、模架移动和模内剪。

这种控制方式在每台泵的泵头都有隔断阀，每台泵可以控制任意一个执行机构。如果系统同时动作的执行机构有三组，每台泵出口可以并设三组隔断阀，形成三路油源。为了方便集成块设计，用电磁溢流阀来完成泄荷和压力设定。与方式一中的电磁循环阀相比，电磁溢流阀泄荷时的压损会稍微高一些。这种控制方式结构复杂，成本高，但整体性能优越。系统的流量分配相当方便，能充分发挥每一台泵的作用，提高压机生产率。

(2) 主缸、侧缸的控制　主缸、侧缸为挤压液压机提供挤压力。主缸为柱塞缸，侧缸为活塞缸，主缸后面设有大通径充液阀。空程前进或后退时，充液阀打开，侧缸带动主缸，侧缸主动，主缸被动。挤压时，侧缸、主缸一起加压。其液压控制原理如图 2-5-56 所示。

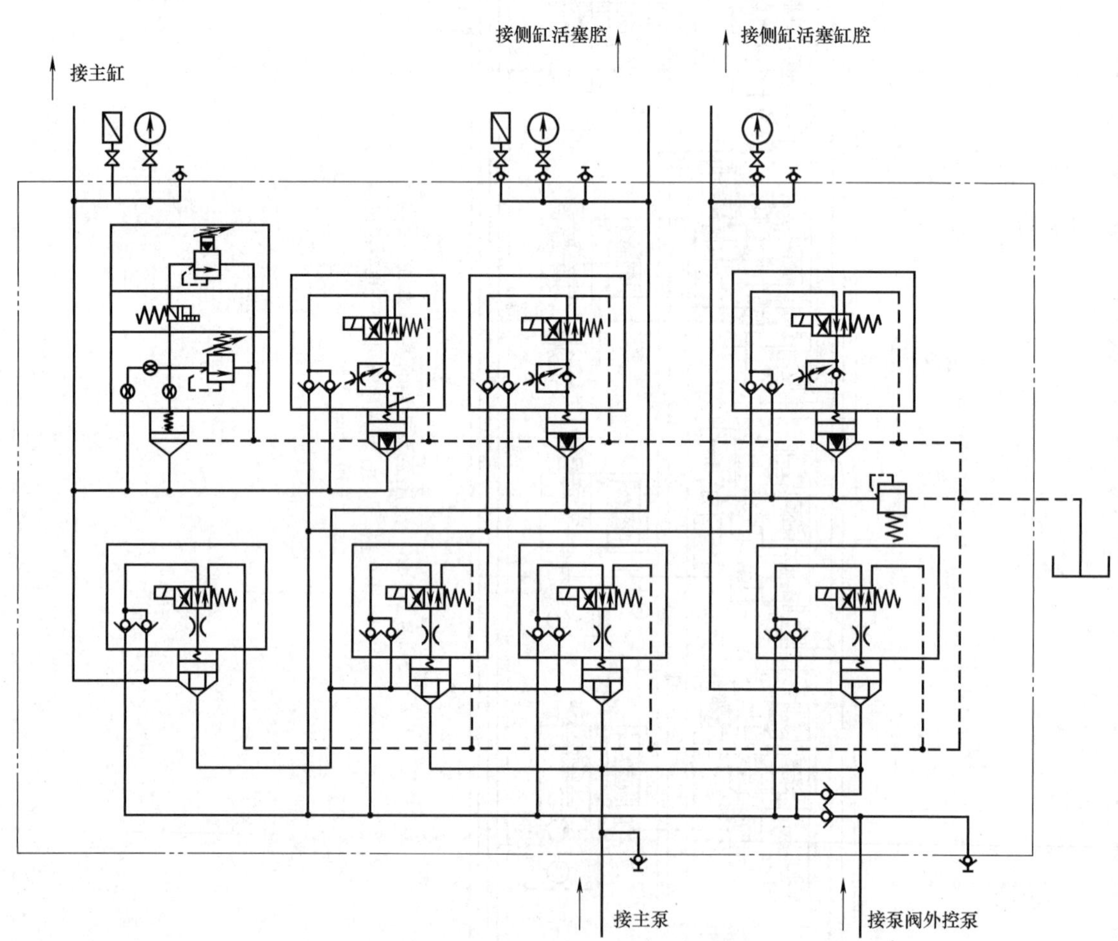

图 2-5-56　主缸、侧缸的液压控制原理

该阀块由主缸、侧缸活塞腔进液阀和主缸、侧缸活塞腔泄压阀、主缸、侧缸活塞腔断电保护阀、侧缸活塞腔排液阀、侧缸活塞杆腔进液阀、侧缸活塞杆腔排液阀组成。挤压机工作时，主缸、侧缸活塞腔以及与之相配的管路中的油液一直处于高压压缩状态，压缩容积能达到总容积的 2%左右。泄压阀是一个比例溢流阀，在挤压完成时，通过比例调节能够平稳快速地完成侧缸卸压。

(3) 穿孔缸的控制　穿孔缸一般为内置式活塞缸，其液压控制原理如图 2-5-57 所示。

穿孔装置阀块由穿孔缸活塞腔进液阀、穿孔缸活塞腔排液阀、穿孔缸活塞杆腔进液阀、穿孔缸活塞杆腔排液阀、高频响比例阀组成。穿孔缸活塞腔排液阀和穿孔缸活塞杆腔排液阀均是插装式比例溢流阀。穿孔缸活塞腔比例阀可以通过电气调节的方法控制穿孔力的大小，建立回程时必要的背压，同时实现穿孔装置的柔性卸压。穿孔缸活塞腔比例阀可以控制穿孔针的支撑背压，避免拉断穿孔针。高频响比例阀专门用于固定针挤压，能够方便灵活地控制穿孔针的位置精度和位置震荡精度。

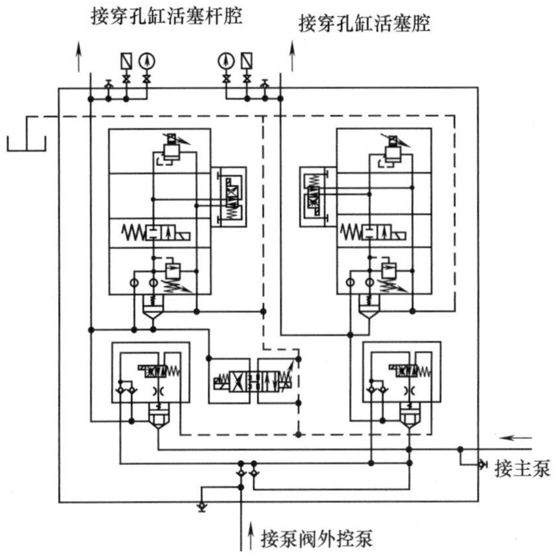

图 2-5-57　穿孔缸的液压控制原理

2. 挤压筒锁紧缸的控制

挤压筒锁紧一般由四个活塞缸同步驱动，油路采用并联方式。有的挤压机的锁紧缸缸体固定在前梁上，有的固定在后梁上。固定在前梁上，活塞杆腔锁紧；固定在后梁上，活塞腔锁紧。其液压控制原理（以锁紧缸固定在后梁上为例）如图 2-5-58 所示。

该阀块由挤压筒锁紧缸活塞腔进液阀、挤压筒锁紧缸活塞腔排液阀、挤压筒锁紧缸活塞杆腔进液阀、挤压筒锁紧缸活塞杆腔排液阀、挤压筒锁紧缸活塞腔保压阀组成。如果是大型挤压机，挤压筒锁紧缸活塞腔还会专设泄压阀（可用比例溢流阀）。

为防止挤压筒密封压力受挤压力和穿孔力波动的影响，导致密封处金属在挤压力下外流，该阀块的保压系统可与挤压和穿孔主系统隔离，挤压筒锁紧另设有小流量高压泵。各压力油口均设有检测接口，挤压筒锁紧缸活塞腔设有压力传感器，可以输出压力信号，用于仪表显示和控制。

3. 剪刀缸的控制

剪刀缸是活塞缸，一般垂直安装在前梁上，其液压控制原理如图 2-5-59 所示。

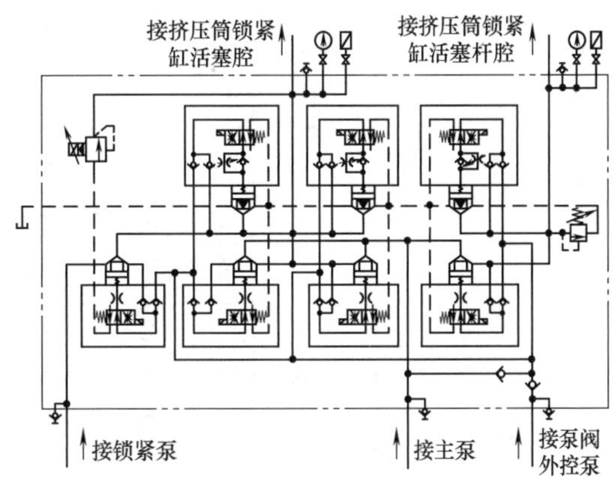

图 2-5-58　挤压筒锁紧缸（固定在后梁上）的液压控制原理

该阀块由剪刀缸活塞腔进液阀、剪刀缸活塞腔排液阀、剪刀缸活塞杆腔进液阀、剪刀缸活塞杆腔支撑阀、剪刀缸活塞杆腔排液阀、剪刀缸保持阀组成。

装有剪刃的滑块直接连着剪刀缸活塞杆，滑块比较重，挤压机吨位越大，滑块越重。为消除剪刀缸下降时滑块重量对下降速度的影响，剪刀活塞杆腔支撑阀采用两级插装式溢流阀，第一级起安全保护作用，第二级起平衡作用，可以灵活调节剪刀缸活塞杆腔背压，起到平衡滑块重量的作用。插装阀系统也有内泄，为防止内泄引起剪刃下滑，该阀块在剪刀缸活塞杆腔设置了剪刀缸保持阀，该阀的油源来自辅助系统的蓄能器。

4. 模架移动缸的控制

挤压机模架由一活塞缸驱动在挤压位和换模位之间来回移动，其液压控制原理如图 2-5-60 所示。

该阀块由模架移动缸活塞腔进液阀、模架移动缸活塞腔排液阀、模架移动缸活塞杆腔进液阀、模架移动缸活塞杆腔排液阀及安全阀组成。

5.6.3　挤压液压机辅机部分的传动及控制

挤压液压机辅机的传动及控制包括 3 个部分：①挤压筒锁紧、泵阀外控及辅助动作控制，为防止压力波动，挤压筒锁紧另设有小流量高压泵；②主变量泵的变量机构及插装阀的先导阀均需要稳定的控制油源；③挤压液压机除了坯料挤压的主机外，还有坯料运输、挤压工具循环、压余清理、润滑等辅助设备，这些辅助设备要求动作平稳流畅、故障率低，能满足生产节拍需要。对于这 3 个部分，恒压泵+蓄能器系统是比较好的选择。锁紧泵的压力和主系统一致，泵阀外控及辅助动作控制恒压泵的压力取 16~20MPa。辅助动作采用滑阀进行节流调速和比例调速，配合各种开关完成对各种动作的控制。

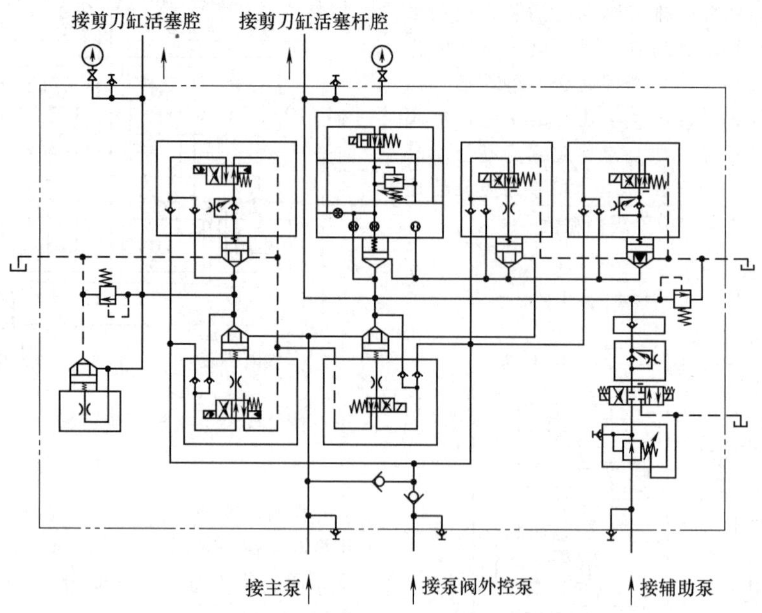

图 2-5-59　剪刀缸的液压控制原理

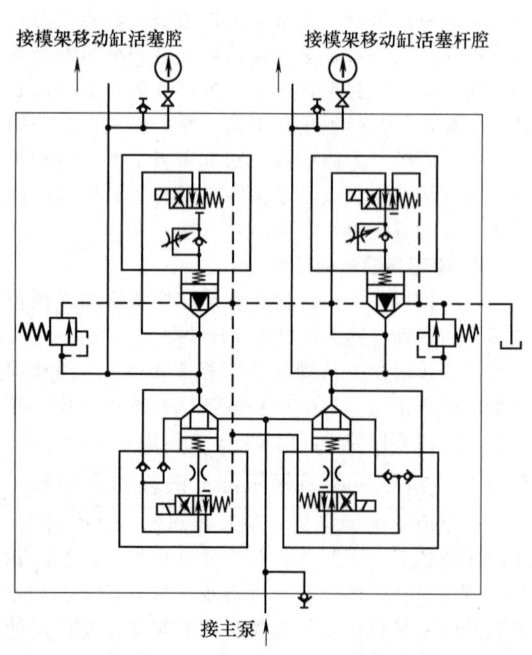

图 2-5-60　模架移动缸的液压控制原理

5.6.4　液压系统的冷却循环系统及泵冲洗系统

泵直接传动挤压液压机液压系统比泵-蓄能器液压系统高效节能得多，但泵的功率损失、液压系统沿途管道的能量损失、电动机或液压缸组件的油量损失等依然会使系统发热，油温升高。油液黏度随温度变化较大，容易引起系统性能不稳定。另外，液压元件对油液的污染度比较敏感。因此，挤压液压机液压系统配套有独立的冷却循环系统。冷却循环系统由循环泵、加热器、过滤器、冷却器及相应附件组成。循环泵可以是叶片泵或螺杆泵，压力可以选 1.0MPa，流量根据系统的总功率和系统油箱的大小综合考虑。加热器、过滤器和冷却器既要与循环泵的流量和压力匹配，又要与各个产品的技术参数匹配。

泵的冲洗取决于不同厂商不同产品的要求，泵冲洗系统由冲洗泵、加热器、过滤器、冷却器及相应附件组成，冲洗压力、冲洗流量均来自于泵的技术参数，冲洗泵可以是叶片泵或螺杆泵，加热器、过滤器和冷却器既要与循环泵的流量和压力匹配，又要与各个产品的技术参数匹配。

5.7　挤压生产线上的后部精整设备及机械化设备

5.7.1　后部精整设备的形式与组成

铝挤压后部精整设备的基本形式有：Z 形布置和 U 形布置。

Z 形布置的铝挤压后部精整设备如图 2-5-61 所示。

U 形布置的铝挤压后部精整设备如图 2-5-62 所示。

Z 形布置铝挤压后部精整设备的成品锯和锯后

辊道布置在冷床后端远离挤压机的方向，与导出辊道及冷床构成“Z”形布局；U 形布置铝挤压后部精整设备的成品锯和锯后辊道布置在冷床前端靠近挤压机的方向，与导出辊道及冷床构成“U”形布局。

铝挤压后部精整设备由出口导正装置、联合淬火装置、导出辊道、牵引机、移动锯、出料辊道、大料侧移装置、出料辊道挑料、冷床、过桥、拉伸机、储料平台、锯前辊道挑料、锯前辊道、成品锯、定尺装置、锯后辊道、锯后辊道挑料和自动堆垛装置等部分组成。

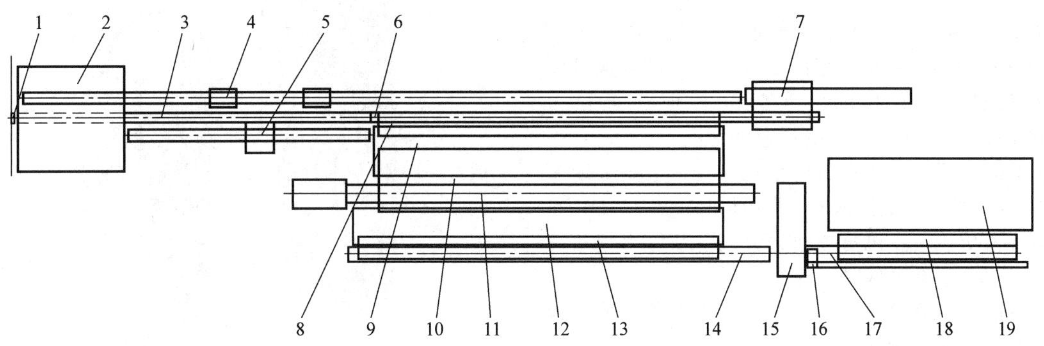

图 2-5-61　Z 形布置的铝挤压后部精整设备

1—出口导正装置　2—联合淬火装置　3—导出辊道　4—牵引机　5—移动锯　6—出料辊道　7—大料侧移装置　8—出料辊道挑料　9—冷床　10—过桥　11—拉伸机　12—储料平台　13—锯前辊道挑料　14—锯前辊道　15—成品锯　16—定尺装置　17—锯后辊道　18—锯后辊道挑料　19—自动堆垛装置

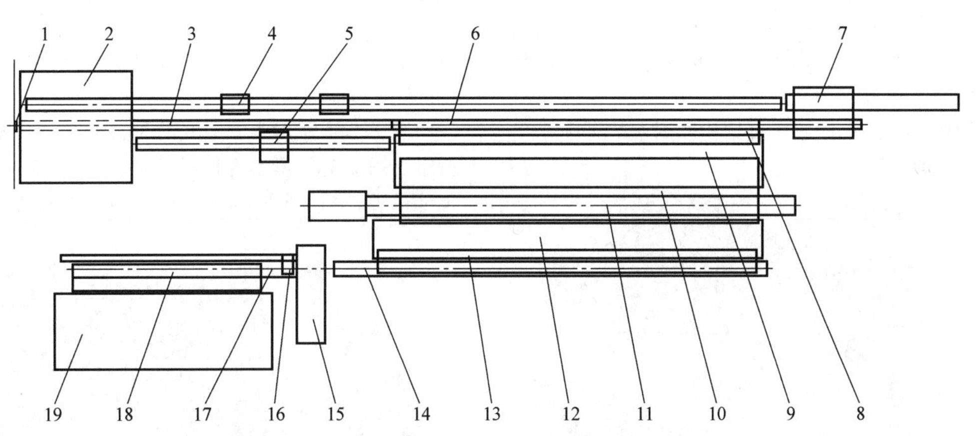

图 2-5-62　U 形布置的铝挤压后部精整设备

1—出口导正装置　2—联合淬火装置　3—导出辊道　4—牵引机　5—移动锯　6—出料辊道　7—大料侧移装置　8—出料辊道挑料　9—冷床　10—过桥　11—拉伸机　12—储料平台　13—锯前辊道挑料　14—锯前辊道　15—成品锯　16—定尺装置　17—锯后辊道　18—锯后辊道挑料　19—自动堆垛装置

5.7.2　机械化设备

机械化设备的主要功能是完成铝锭坯从铝棒加热炉到挤压机中心的上料，以及挤压残料回收等挤压机辅助工作，降低劳动强度，提高劳动生产率，实现自动化生产。根据主机的结构形式可分为单动铝挤压机用机械化设备和双动铝挤压机用机械化设备。

1. 单动铝挤压机机械化设备

单动铝挤压机用机械化设备部分包括铝锭坯支撑辊、推锭装置、夹持式送锭机械手、铝锭润滑系统和接残料装置等。

2. 双动铝挤压机机械化设备

双动用铝挤压机用机械化设备部分包括铝锭坯支撑辊、推锭装置、夹持式送锭机械手、活动挤压垫、模具循环装置、压余分离器、铝锭润滑系统和接残料装置等。

5.8　立式挤压机

1. 360MN 黑色金属钢管垂直挤压液压机组

我国新建成的具有自主知识产权的目前世界上最大的 360MN 黑色金属钢管垂直挤压液压机组于 2009 年在包头北方重工集团正式投产，已能成批量生产各种钢管。目前生产的最大钢管直径为 1270mm，长度为 1850mm，重量约 20t。

360MN 垂直挤压液压机组包含一台世界上最大的 360MN 黑色金属垂直挤压液压机和一台 150MN 穿孔制坯液压机。在机身方面，首次将预应力钢丝缠绕技术运用于重型热加工装备。

360MN 黑色金属垂直挤压液压机采用拱形梁预应力钢丝缠绕双牌坊机身，六缸下传动，上、下拱梁整体总重约为 200t，制造周期长、难度大，质量也难以保证，为此将上拱形梁剖分为左弧、中弧和右弧 3 个子结构，结合面经坎合处理。上半圆垫梁重约 216t，也剖分为左、右两个子件。动梁则总重约 400t，它将 6 个工作缸的载荷传递给挤压轴，根据其前后、左右对称的形状，沿对称面剖分为 4 个子件；结合面经坎合处理后，在腰部圆周上缠绕钢丝，施加足够的预紧力，其结构如图 2-5-63 所示。

360MN 和 150MN 液压机结构如图 2-5-64 所示。

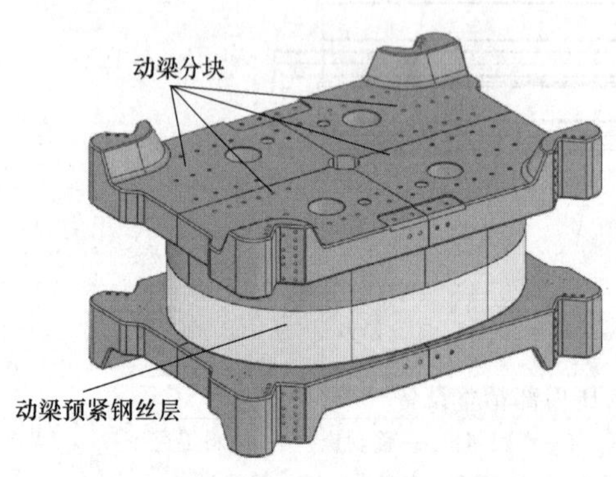

图 2-5-63　360MN 压力机动梁结构

ϕ1400mm 的黑色金属挤压筒也采取预应力剖分坎合结构，由 4 个坎合件经钢丝缠绕预紧而成，总重仅 150t。

150MN 穿孔制坯液压机主要进行钢锭的闭式镦粗、穿孔和切底，为 360MN 挤压机提供荒管坯。

150MN 穿孔制坯液压机采用六个主缸下传动结构，机身则采用拱形梁-垫梁预应力钢丝缠绕单牌坊机身。它的上垫梁、下垫梁和动梁重量均约为 100t 左右，因而未采用剖分预紧结构，而采用整体铸造。

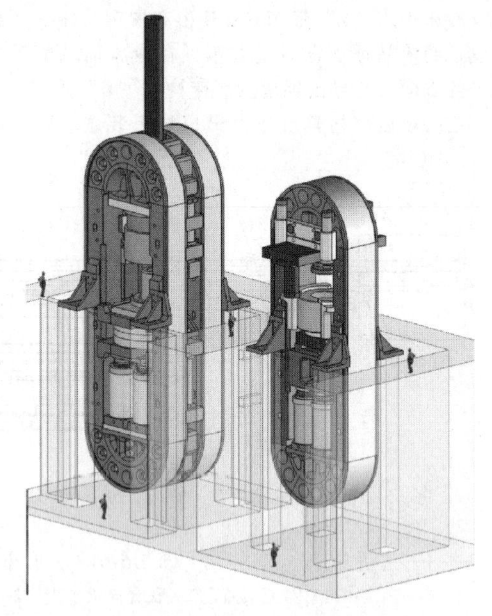

图 2-5-64　360MN 和 150MN 液压机结构

整个 360MN 机组由清华大学完成设计后，由北方重工集团组织制造，中冶集团二十二冶负责缠绕施工及设备的安装调试。缠绕部分由清华大学提供技术支持，全部液压驱动及电气控制系统则由德国 Pahnke 公司承担。

图 2-5-65 所示为安装好的 360MN 和 150MN 液压机组，图 2-5-66 所示为挤好的钢管从 360MN 液压机顶部吊出，图 2-5-67 所示为挤出的钢管成品。

图 2-5-65　安装好的 360MN 和 150MN 液压机组

表 2-5-20 列出了 360MN 黑色金属垂直挤压液压机的主要技术参数，表 2-5-21 列出了 150MN 穿孔制坯液压机的主要技术参数。

图 2-5-66　挤好的钢管从 360MN 液压机顶部吊出

图 2-5-67　挤出的钢管成品

2. 美国威曼·高登（Cameron）公司 315MN 垂直挤压机组

美国 Cameron 公司为适应石油和电力工业的需求，开发了垂直挤压（正向挤压或反向挤压）制管工艺——即 Cameron 工艺，该公司拥有重型垂直挤压设备，即 3 万吨级大流量挤压机两台，分别安装在美国休斯敦和苏格兰的利汶斯顿。此种工艺保证了难变形的合金材料在挤压过程中始终处于三向压应力下，因而可获得高质量，适于几乎所有工程用钢种的管状件，垂直高速挤压具有使钢管同心度高、表面质量好、弯曲度小等一系列优点。

美国威曼·高登（Cameron）公司 315MN 垂直挤压机组由一台 315MN 垂直挤压机和一台 126MN 制坯机组成，于 1967 年投产，采用穿孔制坯方式制造空心荒管坯。

表 2-5-20　360MN 黑色金属垂直挤压液压机的主要技术参数

参数名称		参数值
公称力/MN		360
挤压行程/mm		2600
立柱最大间距/mm		2400
最大闭合高度/mm		6700
挤压速度/(mm/s)	360MN 时	0~62
	240MN 时	0~75
回程力/MN		20
回程速度/(mm/s)		200
液压传动方式		液压泵直接传动
液压系统最大压力/MPa		42
净功率/kW		21900
输入功率/kW		≈31000
挤压筒内径/mm		最小 950,最大 1550
最大挤压产品尺寸/mm		ϕ1200、长 12000、最大重量 20t
总重量/t		3950(含一套工模具、移动工作台及附属导轨)
地面上高度/m		11.1
地面下深度/m		11.4
平面尺寸/m(宽×厚)		8.2×8.8

表 2-5-21　150MN 穿孔制坯液压机的主要技术参数

参数名称		参数值
公称力/MN		150
穿孔行程/mm		2200
立柱最大间距/mm		4000
最大闭合高度/mm		6700
穿孔速度/(mm/s)	150MN 时	0~140
	125MN 时	0~168
回程力(锁模力)/MN		40
回程速度/(mm/s)		200
液压传动方式		液压泵直接传动
液压系统最大压力/ MPa		42
净功率/kW		21900
输入功率/kW		≈31000
镦粗筒内径/mm		最小 900、最大 1500
最大制坯尺寸/mm		ϕ1500、高 1850、最大重量 20t
总重量/t		2004(含一套工模具,移动工作台及附属导轨)
地面上高度/m		10.9
地面下深度/m		9.6
平面尺寸/m(宽×厚)		7.5×7.65

315MN 挤压机设备为板框结构，四缸下传动。地面上高度为 14.6m，活动横梁工作行程为 1.8m。可成形钢管最大直径为 1.2m，最大长度达 12m，壁

厚为 18.8~152mm。

3. 原苏联 450MN 垂直挤压机

原苏联曾经拟建世界上最大垂直挤压机组——450MN 垂直挤压机，并完成了挤压机方案设计，但由于种种原因，该设备最终并未制造出来。

该设备为梁柱结构，六缸下传动。工作台面尺寸为 4m×4m，液压缸行程为 4.1m，工作行程为 1.75m。挤压筒最大内径为 1.8m，可挤压钢管的最大直径为 1.4m，最大长度为 12.7m，挤压筒可承受的最大挤压力为 700MPa。该设备总高度为 31m，地面上高度为 23m、宽度为 15m，设备本体重量为 1.47 万 t。

5.9 典型公司产品简介

近些年全球金属挤压机发展迅猛，发展最快的还是我国，我国业已成为世界金属挤压机使用和制造的大基地，全世界一半以上的金属挤压机出现在我国，不仅数量众多，而且技术先进，尤其是在近二十年的发展中取得了重大突破。我国建立了金属挤压/锻造装备技术国家重点实验室，专门研究先进的挤压装备技术，中国重型院、中国第二重型集团公司（简称中国二重）、上海重型机器厂有限公司、太原重工股份有限公司（简称太原重工）和沈阳重型机械集团有限责任公司（简称沈阳重工）等国有大中型企业为我国的挤压装备技术发展奠定了基础。

国外的金属挤压机供货厂商比较著名的有德国 SMS（西马克）公司、意大利 Danielibreda（达涅利布莱达）公司和 Presezzi（布莱塞茨）公司、法国的 Clecim（克莱西姆）公司、西班牙 Tecalex（德卡莱斯）公司和日本的 UBE（宇部）公司等。

金属挤压机近些年发展的主要趋势是重型化，越来越多的大型挤压机（万吨级≥90 MN）逐步建成。我国占据了全球大型挤压机的 85%以上。我国已经投产的大型挤压机见表 2-5-22。

表 2-5-22 我国已投产的大型挤压机

序号	挤压机型号	数量/个	使用单位	制造商	投产时间
1	125MN 双动水压铝挤压机	1	西南铝业集团	沈阳重工制造/中国重型院改造升级	1971 年
2	100MN 油压双动铝挤压机	1	山东丛林集团	中国重型院	2002 年
3	125MN 油压双动铝挤压机	1	辽宁忠旺集团	中国重型院	2007 年
4	100MN 油压双动铝挤压机	1	青海国鑫铝业	太原重工	2011 年
5	100MN 油压单动铝挤压机	1	山东兖矿轻合金公司	中国重型院	2012 年
6	110MN 油压单动铝挤压机	1	吉林麦达斯铝业公司	太原重工	2012 年
7	100MN 油压单动铝挤压机	1	吉林利源铝业有限公司	德国 SMS 公司	2013 年
8	110MN 油压单动铝挤压机	1	广西南南铝业有限公司	中国重型院	2013 年
9	120MN 油压单动铝挤压机	1	中铝萨帕（重庆）有限公司	中国重型院	2013 年
10	125MN 油压单动铝挤压机	3	辽宁忠旺集团	中国重型院	2013 年
11	125MN 油压双动铝挤压机	1	山东裕航特种合金装备有限公司	中国重型院	2013 年
12	90MN 油压单动铝挤压机	4	辽宁忠旺集团	中国重型院	2013 年
13	90MN 油压双动铝挤压机	1	山东裕航特种合金装备有限公司	太原重工	2013 年
14	150MN 油压双动铝挤压机	1	山东兖矿轻合金有限公司	德国 SMS 公司	2014 年
15	90MN 油压单动铝挤压机	1	广东凤铝铝业有限公司	中国重型院	2014 年
16	100MN 油压单动铝挤压机	1	华中铝业有限公司	太原重工	2015 年
17	160MN 油压双动铝挤压机	1	吉林利源铝业有限公司	德国 SMS 公司	2016 年
18	160MN 油压双动铝挤压机	1	山东南山铝业有限公司	德国 SMS 公司	2016 年
19	90MN 油压单动铝挤压机	1	广东坚美铝业有限公司	广东兴桥	2016 年
20	225MN 油压单动铝挤压机	2	辽宁忠旺集团	太原重工	2017 年
21	90MN 油压单动铝挤压机	1	辽宁忠大铝业有限公司	太原重工	2017 年
22	125MN 油压双动铝挤压机	1	山东南山铝业有限公司	太原重工	2018 年
23	90MN 油压单动铝挤压机	1	广东豪美铝业有限公司	太原重工	2018 年
	合 计	29			

国内外挤压机供货商有代表性的挤压机主要是大型挤压机，其中先进典型的挤压机包括中国重型院供货的 120MN 正向单动短行程前上料挤压机、60MN 反向双动挤压机，太原重工的 225MN 正向单动短行程前上料挤压机，沈阳重工的 125MN 正反向双动挤压机，德国 SMS 公司 150MN、125MN 正向双动挤压机，日本 UBE 公司 80MN 正向单动短行程后上料挤压机和意大利 Danielibreda 公司 80MN 正向单动短行程前上料挤压机等。

5.9.1　120MN 正向单动卧式短行程挤压机

该 120MN 正向单动卧式短行程挤压机由中国重型院设计、上海重型机器厂有限公司制造，2013 年在中铝萨帕特种铝材（重庆）有限公司试车成功，投入生产。

120MN 正向单动卧式短行程挤压机至今已全自动化高速高效连续 8 年，与国内外同级装备相比，空程运行速度实现了翻番，固定非挤压时间由 90s 左右缩短至 38.6s，挤压生产产品能耗由原来的 188kW · h/t 降低至 160kW · h/t，产品成品率由原来的 48%提高至 68.8%，解决了重型装备运行速度慢、效率低、能耗高的行业共性难题，实现了技术与装备的重大突破，各项主要性能指标均达到国际领先水平。120MN 正向单动卧式短行程挤压机生产现场如图 2-5-68 所示。

图 2-5-68　120MN 正向单动卧式短行程挤压机生产现场

1. 基本技术参数（见表 2-5-23）

挤压产品主要应用于航空航天、军工、新能源汽车、高铁等国家战略性新兴产业，打破了国外的技术垄断，极大地推动了我国重型机械行业的技术进步，社会效益显著。

2. 挤压机主机形式及技术特点

120MN 油压单动短行程前上料铝挤压机采用预应力组合机身结构形式，主机本体由组合机身、主缸、侧缸、挤压筒及其移动缸、移动模架及快换模装置、主剪装置、挤压工具等部分组成。

表 2-5-23　120MN 正向单动卧式短行程挤压机的基本技术参数

参数名称		参数值
挤压力/MN		120
回程力/MN		7.9
挤压筒锁紧力/MN		12
挤压筒松开力/MN		8
残料分离剪切力/MN		5
模内剪分离力/MN		3.6
模架移动横剪力/MN		3
挤压杆行程/mm		2350
模架横向移动行程/mm		2580
分离剪行程/mm		1800
挤压速度/(mm/s)		0.2~20(无级调速)
空程速度(差动)/(mm/s)		320
回程速度/(mm/s)		320
挤压筒闭合速度/(mm/s)		300
挤压筒松开速度/(mm/s)		320
主剪下降速度/(mm/s)		420
主剪回程速度/(mm/s)		480
模架移动速度/(mm/s)		300
挤压筒加热功率/kW		280
挤压筒加热温度/℃		≤520
制品尺寸/m	矩形(最宽×高)	750×50
	矩形(宽×最高)	350×430
制品尺寸/mm	圆形(最大外径)	ϕ440
系统压力/MPa	主系统	30
	辅助系统	20
挤压机中心高度/mm		1050

挤压机的设计采用计算机三维有限元分析软件，对挤压机的关键零部件，如预应力结构组合框架、主缸、组合挤压筒等进行结构优化设计和应力场、位移场、温度场分析。该挤压机的技术特点如下：

1）高效节能挤压装备固定非挤压时间的减少集成技术。该技术集成了短行程前上料挤压机主机结构、高压大流量快速卸压技术、主缸和挤压筒锁紧压力协调控制技术、挤压过程压力控制技术、自适应机械手速度提高技术、重型零部件快速控制技术及固定非挤压时间影响因素的分析技术。通过 120MN 高效节能挤压装备集成设计技术的具体应用，使固定非挤压时间缩短 58%~65%。

2）大型铝挤压机的摆动式液压剪切技术。进行残料剪切时，主剪刀受到摆动液缸的推力作用，使模具压紧装置紧贴在模具上，从而使得剪切时剪刀运动部分一直紧贴模具快速下降。主剪刀摆动液压缸作用于主剪刀装置，使其摆动控制模具压紧装置与模具的压紧和分离。而当整个主剪刀体摆动时，小腔旋转法兰和大腔旋转法兰依靠设计的旋转特征使主剪刀缸的供油系统也能以旋转装置中心线为中心旋转，满足摆动式主剪刀旋转供油，进而完成摆动式主剪刀的旋转供油要求。该技术一方面使大型甚至特大型挤压机实现摆动式主剪刀功能成为可能，另外一方面通过采用该供油方式较传统的采用胶管连接的方式能有效地降低成本，同时解决了主剪刀剪切不干净的难题。

3）挤压机工模具更换，“闷车”处理的高效化和快速化。该技术融合了挤压杆快换和挤压筒快换技术，以及闷车处理的快速化和高效化技术，通过设计的快速更换装置将挤压杆和挤压筒进行快速更换，这不仅提高了工作效率，同时节约了检修时间。使用专用的闷车模具进行闷车处理，将闷车铝锭挤成直径更小的铝锭，以便其他小吨位挤压机直接利用。实践证明，采用该技术的闷车处理时间比原来缩短 67%～75%。

4）挤压生产线挤压成形过程分析、建模研究和能耗降低计算模型。主要包括常规挤压过程分析、建模研究；高效节能挤压过程的热力耦合有限元力学分析建模；多向约束多场作用下铝及铝合金高效节能挤压成形规律和温度变化机理和能耗降低计算公式建立等。

通过对比常规行程挤压机和短行程前上料挤压机挤压过程的有限元数值模拟，得到两种不同挤压过程的金属流动变化规律和力能关系。通过结果的对比分析，获得了短行程前上料挤压机能量降低的计算公式，从而建立高效低能耗挤压成形能量降低计算模型，实现了节能效果的量化计算。

3. 液压系统

该机的液压系统由油箱及所属元件、主泵和辅助泵装置、主系统阀站和辅助系统阀站、冷却过滤循环系统、气动系统、充液系统、高低压管道及气动管道、蓄能稳压及压力显示系统、梯子围栏等组成。

120MN 正向单动卧式短行程挤压机主要用于生产薄壁、复杂断面的工业铝型材，因此设备的挤压速度常处于低速段。当挤压速度超过 5mm/s 时，设备采用变量泵开环容积调速；当挤压速度为 0.2～5mm/s 时，则采用小流量变量泵配合高频响应的比例阀联合闭环调速，同时通过 PID 模糊控制技术来提高调速的灵敏性和准确性，从而实现铝型材先进的等速挤压工艺。

该机的主缸内径大，因此采用主充液阀来对主缸进行进液和排液。当主缸空程快速前进时，液压油从油箱能够快速通过充液阀对主缸进行填充；当活动横梁回退时，液压油从主缸可快速通过充液阀回到油箱。

此外，为保证挤压机快速平稳运行，除了合理地选择阀的规格、型号，调整阀的功能元件以改变阀的启闭速度，以及合理地选择管道的规格和管道的布置方式外，同时还取决于高压液压缸的高压卸荷功能的优劣，即卸荷必须既快又平稳。在挤压完成时，内径为 2160mm 的主缸内液体压缩量达 220L，若按 3s 卸压时间算，卸压时流量达 4400L/min，相当于 12 台 355L/min 大流量泵的排量。为了防止主缸卸压时对阀体及设备的冲击，因此采用了多级动态卸压阀专利技术。

多级动态卸压阀的工作原理：通过远程控制打开流量较小的先导阀进行一次卸压，当压力降到调试人员设定的压力值时，液控阀启动，从而打开主阀芯，进行快速卸荷。主阀芯开启的时间和速度均可通过控制元件进行调节，进而使主缸卸压过程快速且平稳。

4. 电气控制系统

该机的电气控制系统采用现场总线控制，将控制系统按功能分布，由可编程控制器系统，工业控制计算机系统，压力、温度、位移检测系统联合组成现场总线控制系统，实行集中监控、分区管理、分散控制。

120MN 正向单动卧式短行程挤压机电气控制系统采用功能强大的 AB 系列工业可编程控制器产品作为主站及分布站。以处理器为中心，与远程 I/O 构成 ControlNet 总线网络系统，对机组进行逻辑控制和精度控制；根据预设工艺参数和要求，对挤压机动作进行准确控制，并从时间上对各个运行过程进行合理分配，可进行参数修改，从而实现机组的各种工作制度和工艺过程的自动控制；同时采用 IPC + RSVIEW STUDIO 为人机接口，监控系统监控整个生产线的生产流程，在屏幕上以多画面和表格直观实时地显示机械、液压、电气设备的工作状态，并可实现参数输入、输出、工件数据进行管理和显示机组实际工艺参数、故障报警信息提示等。在可靠性、过程自动化控制、工艺变更及参数输入、缩短自动周期等方面可达到最佳工作状态。同时借助 HMI 和可编程控制器实现实时通信，既可采集挤压机生产线工作过程中的各种参数，实现自动化参数在线管理、调节，又可通过 HMI 输入各种工艺参数，调整挤压生产线的各种工作状态，使得设备工作时平稳可靠，挤压时间和辅助工作时间大为缩短，产品的产量和成品率进一步提高，从而使设备在最佳参数匹配下进行工作。

5. 辅助机构

该机的辅助机构包括铝锭坯支撑辊、推锭装置、夹持式送锭机械手和接残料装置等。机械化设备的主要功能是完成铝锭坯从铝棒加热炉到挤压机中心的上料以及挤压残料回收等挤压机辅助工作，降低劳动强度，提高劳动生产率，实现自动化生产。

5.9.2　225 MN 单动卧式铝挤压机

该 225MN 单动卧式短行程挤压机由太原重工设计，为营口忠旺铝业有限公司设计制造的，该机采用前上料方式，目前是国内最大的卧式挤压机。挤压产品最大外接圆直径达 1100mm，最大挤压力达 225MN，2017 年在营口忠旺铝业有限公司试车成功，投入生产。

225MN 单动卧式短行程挤压机投产后，进一步巩固了辽宁忠旺集团在高精密、复杂大截面工业铝挤压产品生产方面的领先优势。该机采用了目前世界上先进的在线铝锭热剥皮、短行程前上料，各种复杂大截面在线热处理、矫直等关键技术，完全自主研发，拥有完全自主知识产权。主要适用于大型铝合金型材、棒材及大型带筋壁板等的挤压加工，能够满足复杂截面、大截面、高精度铝型材挤压成形及自动化生产要求，整体水平居于世界领先地位，将有效提升用户在铝型材加工方面的核心竞争力，同时也将促进我国相关产业发展。

225MN 单动卧式短行程挤压机零部件吨位重、外形尺寸大，加工精度高，实现了最大零部件铸件 431t 成品的浇注，最大锻件 226t 成品的锻造、热处理。225 MN 单动卧式短行程挤压机生产现场如图 2-5-69 所示。

图 2-5-69　225 MN 单动卧式短行程挤压机生产现场

1. 基本技术参数（见表 2-5-24）

225MN 单动卧式短行程铝挤压机的投产不仅拓宽了我国挤压机的产品系列，巩固和提升了我国在大型挤压机领域的世界领先地位，标志着我国产品向超大型化、极大制造迈出的关键一步。

2. 225MN 单动卧式铝挤压机的特征

225MN 单动卧式铝挤压机采用前上料方式，由挤压机本体、液压传动装置与控制系统、机械化设备、自动检测与控制装置和电气控制系统等组成。挤压时采用一个柱塞主缸和四个侧缸同时上压，挤压机设有快换筒、快换杆、快换模。挤压筒、挤压梁下导向为平面导向，挤压筒上导向为 45 度 X 形导向，对中调整方便，精度高。主剪上带有自动打压余装置，可将黏结在剪刃上的残料清除掉，并设有挤压筒、挤压梁对中检查装置。挤压筒分区加热，配合有风冷系统，延长了挤压筒的使用寿命。挤压机配置有模座、挤压杆卡紧装置，该装置能对模座、挤压杆进行有效卡紧，使模座、挤压杆固定性好。挤压机采用计算机控制系统，具有如下功能：①可实现人机对话；②高精度的对中检查及报警；③可实现挤压筒分区加热、冷却优化；④订单计划、指令回馈、挤压生产报告、工艺储存、模具的安排、工艺优选的高级电子数据；⑤液压系统的故障检查和电控系统的诊断维护。

表 2-5-24　225 MN 单动卧式短行程挤压机的基本技术参数

参数名称		参数值
挤压力/MN		225
回程力/MN		21
主缸挤压力/MN		184
侧缸挤压力/MN		42
挤压筒锁紧力/MN		20（可调）
挤压筒松开力/MN		25
主剪切力/MN		8
主剪回程力/MN		1.8
模内剪分离力/MN		4.5
挤压杆行程/mm		5000
挤压筒行程/mm		2400
主剪行程/mm		3000
挤压速度/(mm/s)		0.2~20（无级调速）
速度精度(%)	0.2~3mm/s	≤5
	>3mm/s	≤3
主柱塞空程速度/(mm/s)		200
主柱塞回程速度/(mm/s)		200
挤压筒闭合速度/(mm/s)		250
挤压筒松开速度/(mm/s)		250
主剪下降速度/(mm/s)		300
室温加热到 500℃需时/h		18
挤压筒加热温度/℃		≤500±5
制品尺寸/mm	矩形(宽×高)	1450×450
	圆形(最大外径)	ϕ1100
系统压力/MPa	主系统	31.5
	控制系统	31.5
	辅助系统	20
挤压机中心高度/mm		1100

3. 液压传动装置与控制系统

（1）液压传动装置　挤压机的液压传动装置采

用集成化设计，集中布置在挤压机后部地坑内，由进口力士乐（Rexroth）电液比例控制轴向柱塞变量泵、定量泵、恒压变量轴向柱塞泵和国产 3G 型三螺杆泵循环过滤冷却系统构成。主泵供油系统通过两根连通管从油箱吸油，循环加热系统能保证吸油管中的油温符合开泵要求。

10 台电液比例控制轴向柱塞变量泵和 10 台轴向柱塞定量泵，按一定组合形式排列、匹配使用，可使泵组产生最大流量 9400 L/min，以满足系统各执行机构的运行速度和压力的要求，实现最大 20mm/s 挤压速度的调节。其他定、变量轴向柱塞泵分别用于挤压筒锁紧、变量泵控制和辅助设备系统控制。

（2）控制系统　液压控制系统采用当今世界先进的挤压机控制技术。挤压机液压操纵系统由集成控制阀块构成，各台主泵的泵头阀组和主系统的集成控制阀块采用二通插装阀，由不同功能的插装件、控制盖板和先导控制阀组成，控制油路中的油流方向、压力和流量，具有流阻小、响应快、内泄漏少、启闭特性和过载保护性能好等特点。先导阀采用德国 REXROTH 公司产品，按规定操作程序，实现系统柔性升压、升速。通过控制各阀启闭瞬时的动作时间差，使工作缸柔性换向，运行平稳，降低了振动和噪声，并有助于对外泄漏的控制。在主缸、侧缸系统中采用电液比例阀调压，可实现挤压吨位控制与保护，以及系统柔性卸压。

油循环系统主要用于液压系统循环过滤和主泵轴承的冲洗，根据需要对系统油液进行加热和冷却。与过滤器串列式集成布置的板式油冷却器及 SRY 型油用管状电加热器，根据设置于油箱上的温度传感器设定的油温工作范围，自动接通进水电磁水阀进行冷却，或者自动接通加热器电源进行加热。加热时应确保 U 形吸油管中的液压油同时被加热。在冬季，当油箱不需冷却时，为防止水管冻裂损坏，在进水冷却管路上加有手动截止阀。

为满足主柱塞空程前进和快速回程速度要求，在主缸底部安装有大通径的充液阀，可实现高压与低压充排液系统的隔离。

油箱安装在挤压机后上方，总容积约为 $100m^3$。油箱上设置有空气滤清器、温度传感器、液位控制指示器（模拟量）、液位液温计和放油用球阀等。所有集成阀块及其相互间的连接管路均布置在油箱的顶部，油箱还布有电缆桥架和电气控制箱。

管路系统和液压装置设计有必要的缓冲、防震措施，如设缓冲垫、软管、避震喉，以及能吸收振动的可曲挠式橡胶管接头。

4. 机械化设备

挤压机机械化设备由锭、垫、压余机械化处理系统构成，包括运锭装置、推锭装置、供锭机械手、挤压垫润滑装置和压余运输装置。

（1）运锭装置　运锭装置将感应炉加热好的锭坯用吊具运送到移动辊道上，移动辊道平稳运送至供锭机械手入口一侧，由推锭装置将锭坯推入供锭机械手的钳口上。

（2）推锭装置　推锭装置支架横跨移动辊道和供锭机械手，由电动机（变频控制）带动链轮、链条和推头，将锭坯运送小车上的锭坯推到供锭器上。推头的位置由编码器控制，可以检测每一根锭坯的实际长度，提供给下次循环。

（3）供锭机械手　供锭机械手为活塞缸驱动式，设置于挤压筒的后端面与挤压杆之间的挤压中心外侧，可从挤压筒的后端面将锭坯水平送至挤压机的中心。供锭机械手钳口辊子采用滚针轴承，耐温 100℃。

（4）挤压垫润滑装置　固定挤压垫的润滑装置装在挤压机的上机身非操作侧，采用液压缸驱动摆入或摆出。挤压垫的润滑采用氮化硼粉末。

（5）压余运输装置　挤压结束后，压余被主剪分离，经由压余输出溜槽装置滑到压余运输装置上的压余收集箱中。当压余达到一定数量后，将压余收集箱运输到机身的外侧，然后通过桥式起重机车将压余收集箱吊走。

5. 电气控制系统

该机的电气控制系统采用当今先进的电气控制技术——上位计算机和 PLC 两级控制，并为实现车间联网管理提供以太网接口。通过计算机和 PLC 系统的协调工作，实现对挤压机工作过程的在线智能管理和控制。操作台上设有操作按钮，上位计算机设触摸开关、挤压速度、行程、挤压力、挤压筒温度等参数的数字显示，以及挤压机状态和故障指示灯显示。

系统控制采用 S7-400 系列可编程序控制器（PLC）、PROFIBUS-DP 总线通信方式，CPU 程序存储容量大、运算速度快。采用 PLC 模块连接各种输入/输出，使 PLC 直接与电气发信元件，即按钮，接近开关，压力继电器，压力，温度，位置传感器，编码器，比例阀控制器和电磁阀等连接，满足挤压机的位置、压力、速度、对中检测、挤压筒温度及各主、辅助机构动作的可靠控制和安全联锁。油箱顶部电磁阀由 ET200M 远程模块直接控制。

5.9.3　150MN 正向双动卧式铝挤压机

150MN 正向双动卧式铝挤压机是我国兖矿轻合金有限公司从全球久负盛誉的德国西马克梅尔公司（SMS Meer）（它是世界优质的挤压机与其他重型机器制造者）引进的，并于 2012 年 12 月正式投产。

该机是当时世界上首台吨位最大、工艺最为先进的双动铝挤压机，使兖矿轻合金有限公司率先成为世界上能够生产超大直径、超大断面、硬合金的挤压材企业。150MN 正向双动卧式铝挤压机生产现场如图 2-5-70 所示。

图 2-5-70　150MN 正向双动卧式铝挤压机生产现场

1. **基本技术参数**（见表 2-5-25）

表 2-5-25　150MN 正向双动卧式铝挤压机的基本技术参数

参数名称		参数值
挤压力/MN		150
工具组件尺寸/mm	直径	1300
	高度	1200
主泵台数/台		12
油箱容量/L		52000
动力负荷/ kVA		4000
设备尺寸/m	高度	12
	宽度	5
	长度	40
设备总重/t		2000
挤压速度(无级调速)/(mm/s)		0.2~14
可挤锭坯尺寸/mm	长度	700~2000
	直径	540、650、800
压力梁开口尺寸/mm	宽度	1150
	直径	735
主剪下降速度/(mm/s)		300
室温加热到 500℃时间/h		18
挤压筒加热温度/℃		≤500±5
制品尺寸/mm	长度	2000~6000
	宽度≤	1100
	外径≤	700
系统压力/MPa	主系统	28.5
	辅助系统	20MPa
冷却水用量/(m^3/h)		60

2. **150MN 正向双动卧式铝挤压机的特征**

150MN 正向双动卧式铝挤压机可挤型材的宽度为 1100mm，管材外径为 700mm，棒料直径为 450mm。150MN 正向双动卧式铝挤压机的特点：前装料，短行程，预应力梁，锭坯质量大，非生产时间短，生产率高，经济效益好。

150MN 正向双动卧式铝挤压机设计为卧式三梁四柱结构、预应力框架，采用模轴与挤压杆“双轴”系统、内置式穿孔装置，挤压筒移动缸安装在后梁上。机身的承压压套同时兼作活动梁和挤压筒运动的导向板安装基体，活动梁和挤压筒运动导向采用下导向为水平面导向，上导向为“X”导向。双动挤压机配有一个穿孔针，通过穿孔针和模具组合可以挤压出无缝管等产品。该机的主缸是由三个锻件组装的，总长约 6m、内径约 3m。挤压筒重量超过 70t，是用经过热处理的工具钢锻造的，由德国金德公司（KIND&Co）加工制造，有 4 个电阻加热区与双区空气冷却系统。

正向双动挤压的过程：主缸驱动挤压杆前进，先将盛锭筒内的锭坯镦粗，当锭坯完成填充变形时，主缸会停下，挤压杆中心的穿孔针会从中间穿过锭坯直至模具一端。完成锭坯的穿孔后，主缸继续驱动挤压杆前进，挤压盛锭筒内的锭坯通过模具成形。

在穿孔针进入锭坯进行穿孔时，会受到来自穿孔针前端面上锭坯金属的正压力及侧表面上金属向后流动的摩擦力。随着穿孔深度的增加，金属向后流动的阻力会逐渐增大，穿孔针侧表面所受摩擦力也会逐渐增大，从而使穿孔所需要的力也迅速增大；当穿孔深度达到一定值时，作用在穿孔针前端面上的力足以使穿孔针前面的一个金属圆柱体与锭坯之间产生剪切变形而被完全剪断，此时穿孔力达到最大值；当穿孔针继续前进时，随着料头被推出模孔，穿孔力降低，直至穿孔结束，穿孔力下降至最小值。

150MN 正向双动卧式铝挤压机具有以下特征：①向前移动挤压筒完成装料；②棒料中心定位，棒料与挤压筒内衬间无摩擦；③可以对短小及拼接棒料进行挤压；④压余剪间隙可自动调节（已获专利）；⑤装锭机整合润滑喷头，挤压垫润滑不占用辅助生产时间；⑥挤压筒按需加热和冷却；⑦挤压筒和动梁无损线性导向系统；⑧免维护紧凑结构设计的液压驱动系统；⑨完美的自动化过程控制系统。

3. **液压控制系统**

150MN 正向双动卧式铝挤压机有 12 台轴向柱塞泵，泵的速度可调，油槽容量为 52000L，每台泵由 200kW 电动机驱动，每分钟泵送油的总量为 6000L，额定压力为 28.5MPa，较大的可达 35MPa，采用了较新设计，与常规的液压控制系统相比可节能 30%~50%。其液压控制系统具有工作液体的容积巨大、卸压流量及充液流量大、卸压及换向过程中液压冲击大等特点，具体包括以下几个方面的控制：

（1）卸压控制　该机采用比例溢流阀和终泄压阀配合控制的卸压方式，通过电气控制系统控制比例溢流阀的工作。在卸压初始阶段有着良好的卸压性能，但当压力卸至 3MPa 左右时，其卸压速度却急剧减慢，此时启用终泄压阀使工作缸压力快速卸除。

（2）挤压速度控制　该机采用了挤压速度分段选择、无极调整的控制方式，当挤压速度 > 5mm/s 时，使用不同数量的比例变量泵与定量泵进行组合工作的形式，实现挤压速度的开环容积式调速；当挤压速度≤5mm/s 时，使用专门配置的小流量比例变量泵和高频响插装式比例节流阀组成的控制回路来实现挤压机的低速闭环控制。

（3）内置式穿孔装置控制　穿孔装置控制包括位置控制和压力控制。位置控制是将穿孔针位置的检测信号与定针位置设定参数进行比较，通过控制穿孔针液压系统的动作来实现的。压力控制分为 5 个阶段：

1）当穿孔针穿过空心锭时，为了准确定针，需在穿孔前将侧缸活塞腔和环形腔同时加压，并关闭充液阀。

2）当锭坯镦粗时，为了准确定针，当穿孔针回退到设定位置时，给穿孔缸活塞腔一定的背压。

3）镦粗后，穿孔针随挤压杆动，穿孔针会产生一定的震荡，此时需在穿孔缸活塞腔增加一定背压，以降低震荡幅度。

4）当穿孔针定位模具定径带后，根据穿孔缸环形腔的压力变化，对穿孔缸活塞腔选择是否增加背压，使穿孔环形腔压力维持在一定值。

5）通过设定最大穿孔力和最大把持力来限定穿孔过程和固定挤压过程中穿孔针上受到的最大摩擦力，防止穿孔针被损坏。

（4）主控系统控制阀　该机采用带外控功能的两级控制插装阀。两级插装阀控制盖的设计、加工及调整维护均比较方便。通过调整先导控制阀下叠加的双作用单向节流阀，同样可以实现对主阀启闭速度的有效控制，所带外控功能可以有效改善大型两级插装阀动作响应慢的缺点。

（5）辅控系统控制阀　该机的辅控系统是由定量泵和蓄能器构成的恒压传动系统提供油源，选用带中位机能的比例或普通电磁换向阀作为辅机的控制阀。

4. 自动化过程控制系统

150MN 正向双动卧式铝挤压机的自动化过程控制系统采用模块化设计，包括从产前模拟到过程优化，再到过程控制及生产计划的生成，不仅可以提高产品质量，减少人工，还可以使现代化的挤压工厂的成本效率达到最佳水平。模块化自动化过程控制系统包括以下 3 个部分：

（1）CADEX—实现最佳制品质量　计算机辅助正向挤压 CADEX（Computer Aided Direct Extrusion）采用热模拟来优化挤压过程。每根被挤压棒料的热能都经过计算，确保挤压是在最优化棒料和温度梯度下完成。因此，CADEX 等温挤压在保持由 CADEX 计算的棒料温度时还可实现等压挤压，确保了在最短挤压时间内达到最佳制品质量。

（2）MIDIS—透明生产计划　管理信息诊断指示系统 MIDIS（Management Information Diagnostic Indication System）用来进行生产计划，并生成客户控制系统（HOST）和机器的 PICOS. NET 系统间的接口。为此，该系统接收挤压请求，对其进行过程参数优化后传送给机器。MIDIS 保留操作反馈数据，清楚地按照批次、订单、班组、月份及年度进行报告。

（3）PICOS. NET—完美的挤压控制系统　有了工艺信息和控制系统 PICOS（Process Information and Control System）. NET 的人机界面，挤压机操作者可以监控生产的整个序列。该工具用来将生产过程和特定过程参数可视化。它能够显示实时数值、指数，其警报功能可在生产发生故障时提供诊断。PICOS. NET 还能协调挤压生产线中的上下游设备。可根据不同应用来整合众多特殊功能，如棒料长度优化和阶段报告。多年来，该系统已成为挤压机控制领域的全球化标准。

5. 后部精整设备

150MN 正向双动卧式铝挤压机的后部精整设备由奥马夫公司（OMAVS · p · A）提供，包括淬火系统、出料台、双线牵引机（牵引力 18kN）和拉伸矫直机（拉力 6MN）。

5.9.4　80MN 正向单动卧式后上料铝挤压机

80MN 正向单动卧式后上料铝挤压机由山东丛林集团从日本宇部兴产公司（该公司设计并制作的挤压机以高效著称）引进，于 2002 年底投产。其结构合理，在各大挤压机中，单台产量最高，投产后比同等吨位挤压机等产量下的用电资费每年节约 380 万人民币左右。80MN 正向单动卧式后上料铝挤压机的投产，使得山东丛林集团成为当时全球唯一的在同一厂房内拥有两条现代化的重型铝型材挤压生产线企业，成为我国工业铝型材与管材生产基地及交通运输挤压铝材的供应基地。

80MN 正向单动卧式后上料铝挤压机可实现等温挤压，为挤压特宽空心型材生产提供了强劲的设备保障，并成功为法国阿尔斯通公司和南京蒲镇车辆厂生产了宽度为 938mm、高度为 40.4mm、长度大于 10m、壁厚为 2.6~4.8mm 的 10 个空腔的特宽薄壁空心型材，其横截面各部尺寸符合用户公差要求（横向平面度、直线度小于 1mm），纵向弯曲、扭曲满足公差要求，表面光洁平滑，无明显挤压纹路，产品力学性能达到欧洲标准要求。积累了丰富的模具设计及型材挤压生产经验和技术储备。

该设备使山东丛林集团成为我国地铁、轻轨等行业用宽幅、薄壁、中空的大型结构型材的专业性生产基地，对我国地铁、轻轨用超宽空心型材的发展带来极大的推动作用。80MN 正向单动卧式后上料铝挤压机如图 2-5-71 所示。

图 2-5-71　80 MN 正向单动卧式后上料铝挤压机

1. 基本技术参数（见表 2-5-26）

表 2-5-26　80 MN 正向单动卧式后上料铝挤压机的基本技术参数

参数名称	参数值
挤压力/MN	80.3
闭合力/MN	7.26
回程力/MN	2.82
挤压筒密封力/MN	7.54
挤压筒打开力/MN	6.07
主剪力/MN	1.84
滑动模架剪力/MN	1.40
主柱塞行程/mm	2630
挤压筒行程/mm	1075
液压油所需量/L	23500
冷却水所需量/(L/min)	3200
压缩空气所需量/(Nm^3/min)(标准状态)	1.0
压缩空气压力/MPa	0.4~0.7
非挤压时间/s	≤17
挤压杆快进速度/(mm/s)	350
挤压杆回程速度/(mm/s)	350
挤压筒前进速度/(mm/s)	300
挤压筒回退速度/(mm/s)	300
主剪下降速度/(mm/s)	350
主剪回升速度/(mm/s)	350
31MPa 时挤压速度/(mm/s)	18.6
28MPa 时挤压速度/(mm/s)	20.5
挤压筒加热器功率/kW	216
加热温度设定值/℃	450
可挤锭坯长度/mm	500~1800
可挤锭坯直径/mm	406.4_{-2}^{0}
挤压筒内径/mm	417
前梁开口宽度/mm	750
前梁开口直径/mm	550
主系统压力/MPa	31
辅助系统压力/MPa	7
挤压筒锁紧系统压力/MPa	26.5

2. 80MN 正向单动卧式后上料挤压机的特征

80MN 正向单动卧式后上料挤压机是用于铝合金的、油压、卧式、单动、预应力、挤压杆滑动、后上料的挤压设备，其主体由主缸组件、前梁组件、连接这两部分的 4 根重型张力柱、4 根重型预应力管套、带挤压杆及滑动机构的主活动横梁、挤压筒组件、挤压筒加热系统、载锭器、盒式换模装置、含压余敲打器的剪刀及液压单元构成，由焊接钢结构的机座支承。该机的结构特征如下：

（1）预应力式设备结构　4 根重型钢套在前梁和主缸机身之间受到预张力柱施加的预应力作用。这种预应力设计有以下优点：

1）主张力柱在整个长度范围内受到预应力，并在预应力管套的作用下使前梁的移动降低到最小，并且当受到挤压力时，使设备的对中精度的偏差达到最小。

2）前梁及主缸机身被紧密地连接在一起，使设备结度构具有良好的刚度和强度。

（2）主缸组件　主缸及侧缸分别配备有适合于单动和双动的柱塞。这些缸的喉部装有长的由青铜制成的喉形套管，而柱塞用 V 形的密封垫片及青铜套筒钢制密封管进行密封。在密封管和液压缸法兰之间用间隙片进行调整，以保证密封的精度。主缸背端配有大流量的充液阀，以保证在主柱塞快速闭合时工作油能够从油箱向主缸中自由流入。同时，主缸机身上配有两个挤压筒换挡液压缸。

（3）前梁组件和盒式换模装置　前梁材料是一种高质量的球墨铸铁，施加了挤压力后，它的受压状况及变形量已通过计算机系统进行精密分析。前梁的中心部位有适当尺寸和形状的开孔，以使挤压的产品穿过。此开孔备有硬钢制成的嵌入件，以承受施加在前梁上的压力。此挤压机装配了两个模盒。模盒由双动液压缸驱动，在前梁内侧滑动。需要时，滑动模架液压缸也可作为剪切使用。

（4）带挤压杆及滑动机构的主活动横梁　挤压杆是用一个容易装卸的夹紧装置牢固地安装在活动横梁的前端。挤压杆组件由电动机驱动进行垂直运动，留出空间将铝锭上载到挤压机中心位置。同时提供一个锁紧装置，以保证挤压杆与挤压筒的对中精度。在整个行程范围内，活动横梁在设备机座上受 FLAT 的支承和导向。主活动横梁由一种高质量球墨铸铁制成。

（5）挤压筒组件　挤压筒组件由一个挤压筒支架、电阻加热器等组成。挤压筒支架由 6 个支点支承，下部滑动垫片在整个行程范围内沿机座的导轨在垂直和水平两个方向受到导向。上部滑动垫片由与上预应力管相接触的耐磨护板来导向，使挤压筒支架保持平稳地移动。挤压筒支架由主缸机身上的两个挤压筒换挡液压缸进行驱动。可调节定位螺栓起调节挤压筒支架对中的作用。

(6) 主剪　垂直剪刀安装在前梁内侧。剪刀导向部分为矩形，压余敲打器安在主剪组件上，用于将压余从剪刀中敲打出来。剪切时，模座被锁紧系统固定，以保证剪切精度。该锁紧系统由纵向压模装置和横向压模装置组成。

(7) 载锭器　载锭器由电动机进行驱动，并在活动辊的支承下做直线运动，以保证铝锭在上料过程中被支承在挤压机的中心位置。当铝锭尺寸发生变化时，通过更换活动辊支承的内衬，可方便地将铝锭的中心调整到挤压机的中心位置。当载锭器将铝锭移送到挤压机中心位置后，载锭器上的铝锭推进装置将铝锭推入挤压筒内。

(8) 挤压筒加热系统　挤压筒由外部电阻元件进行加热。这些加热元件被分配在 4 个区域内，并且以区域独立的 SSR 方式自动控制，以保持挤压筒需要的工作温度。

3. 液压系统及润滑系统

该机工作的液压动力由变量泵（主泵）、定量泵和辅助泵提供。整个设备的用油量仅为 23.5m^3，几乎所有的液压系统构成部件都集中安置在油箱周边，从而使液压系统的检修更为方便。液压系统配置了 8 台德国力士乐排量为 355mL/r，工作压力为 31 MPa 的柱塞式变量泵作为系统的主泵；3 台流量为 183.3L/min、112.9L/min、94.6L/min，工作压力为 7MPa 的定量泵作为辅助泵；两台流量为 134.8L/min、73.9L/min，工作压力为 7 MPa 的定量泵作为主泵的控制泵；1 台流量为 0～85L/min，工作压力为 26.5MPa 的定量泵作为挤压筒锁紧泵，3 台流量为 272.8L/min、169.9L/min、94.6 L/min，工作压力为 7 MPa 的定量泵作为加速和冷却过滤泵；3 台流量为 558 L/min，工作压力为 0.7 MPa 的定量泵作为冷却过滤泵。

主泵的输出油量由预设装置控制，主泵安置在主缸后方的地平面上。定向阀、卸压阀和安全阀之类的逻辑阀都安装在集中式阀站上以供使用，从而形成简单的管路并能最大限度地防止漏油。逻辑阀具有控制高压、大流量而无冲击的优点。挤压筒密封泵用于保持挤压前和挤压时挤压筒换挡液压缸内的密封压力。所有高压管路都采用无缝钢管制成，其连接部位采用带 O 形密封圈的面对面法兰，或者用深螺纹进行连接。主缸的吸入阀（蝶阀）装在油箱的外部，因而维护时不必清空油箱。

该设备除主活动横梁外，挤压机的所有活动部件都采用自动润滑材料。使用这种材料，挤压筒支架、滑动模架、挤压筒剪刀等的滑动表面均不需要润滑。自动润滑泵用于润滑主活动横梁的靴衬板和滑动挤压杆衬板。

4. 自动化控制系统

该机采用先进的控制系统对设备的工艺动作进行高度自动化控制，主要体现在以下几个方面：

(1) 挤压循环控制　本机的控制允许选用全自动重复的循环或半连续的自动循环。本机采用下列循环：①基于控制模式选择的循环分为手动、1 个循环自动（挤压筒前进时启动）和全自动（连续生产时）三种；②基于模具类型的循环分为平模循环和平模循环时的排气循环两种。

(2) 挤压速度控制　挤压速度可以通过操作柜上的预设装置，从零无级调速至最大的速度值。在全自动循环中，可对挤压速度进行程序控制，能够确定填充速度、挤压速度和减速比值。

(3) 挤压筒温度控制　挤压筒内的加热器配有热电偶。根据热电偶信号显示，向加热器中输入适当电能，温度则由一个控制和显示的综合装置来控制。

(4) 安全控制　挤压机的安全控制有联锁装置，防止因错误操作而可能导致的设备损坏，如只有载锭器退出到初始位置，主柱塞才能向前运行。操作柜上装有紧急停止按钮。

参考文献

[1] 魏军. 金属挤压机 [M]. 北京：化学工业出版社，2005.

[2] 张君，谢东钢，杨合，等. 大型铝型材短行程挤压设备研究 [J]. 锻压装备与制造技术，2006，5：23-26.

[3] 张君，何养民，韩炳涛. 100 MN 油压双动铝型材挤压生产线 [J]. 机械工人，2003，4：46-48.

[4] 王富耻，张朝晖. 静液挤压技术 [M]. 北京：国防工业出版社，2008.

第6章

流体高压成形机

哈尔滨工业大学　苑世剑　刘钢　王小松　徐永超
大连理工大学　何祝斌

6.1 概述

6.1.1 流体高压成形机的分类及工作原理

流体高压成形机指采用高压流体（水、油或气体）作为传力介质，将板材或管材成形为复杂曲面薄壁构件的一类专用液压机。根据坯料形状特征和材料成形性能，流体高压成形工艺分为三类，即管材内高压成形（采用水介质）、板材液压成形（主要采用油或水介质）和高压热气胀成形（采用气体介质）。相应地，流体高压成形机主要分为管材内高压成形机、板材液压成形机和高压热气胀成形机三类，见表2-6-1。

表2-6-1　流体高压成形机分类

类型	介质种类	介质最高压力/MPa
管材内高压成形机	水	400
板材液压成形机	水或油	100
高压热气胀成形机	气体	70

管材内高压成形机是采用内高压成形工艺生产复杂管状零件的专用设备，主要由合模压力机和高压系统两大部分组成。基本工作原理是：由合模压力机为模具施加合模力，使模具闭合严密，由高压系统驱动冲头对管材两端密封、控制管端位移和流体介质压力的加载曲线，实现管状零件成形。管材内高压成形机的开发得益于两个方面的技术突破：一是水介质超高压动密封技术，实现生产条件下400MPa以上长时间超高压稳定密封；二是超高压计算机闭环伺服控制技术，不但要实现对给定加载曲线高精度跟踪，而且控制系统应快速响应和反馈，以保证最快在30s左右加工一个零件。

板材液压成形机是采用板材液压成形工艺生产复杂曲面零件的专用设备，主要由双动液压机主机和充液拉深成形系统两大部分组成。基本工作原理是：由双动液压机提供压边力和拉深力，由充液拉深成形系统按照加载曲线实时控制液室压力、拉深位移、压边力和流体流量等工艺参数，使板材成形为曲面零件。

高压热气胀成形机是采用管材高压热气胀成形工艺生产难变形材料管状零件的专用设备，主要由合模压力机和气压成形系统两大部分组成。基本工作原理是：由合模压力机为模具施加合模力，由气压成形系统控制模具内管材的温度、管材内气体介质压力加载曲线，使管材成形为变截面管状零件。

6.1.2 流体高压成形机的特点及应用范围

流体高压成形机是针对流体高压成形工艺和产品需求开发的一类专用设备。与传统压力机相比，具有如下特殊性：

1）具有超高压流体介质的建立、传输和控制系统。

2）利用流体介质空间任意可达的特点，可在材料正向、反向和切向三个方向对材料特定部位施加压力，控制材料的塑性变形过程。

3）多轴闭环伺服控制。除传统压力机的上下动作之外，流体高压成形机可实现多向压力和位移控制，最多可达32轴伺服控制。因此，流体高压成形机的结构和控制系统比传统压力机更加复杂，其设计、制造和控制等方面的技术难度都高于普通液压机。流体高压成形机的特点和应用范围如下：

1）管材内高压成形机的主要特点：采用水介质，介质最高压力为400MPa，并且液压建立和传输速度快；可实现高强钢、不锈钢、铝合金等管材构件的室温成形；生产率高、成本低，适于大批量生产。

管材内高压成形机主要用于汽车和航空航天空心变截面轻量化整体构件的生产。目前，欧美年产均达5000余万件，新型轿车50%的结构件为内高压成形件，主要应用范围包括底盘、车身及排气管件。用于轿车零件生产的内高压成形机生产节拍大约为30s/件，单班可年产25万件。

2）板材液压成形机的主要特点：采用油或水介质，介质最高压力为100MPa；油介质具有易密封特点，并可起到润滑作用，适于大型板材构件成形。

板材液压成形机主要用于成形铝合金等低塑性材料、大高径比、复杂型面的薄壁板材零件，或者带有冲压负角、普通冲压难以成形的板材零件。由于生产率较低，在中小批量零件的生产中更有优势，因此适于航空航天蒙皮、贮箱、整流罩等大型复杂曲面构件及轿车覆盖件的生产。

3）高压热气胀成形机的主要特点：采用气体介质，最高压力一般只需 35MPa；适于高温成形，成形性能可控、成形极限高；回弹小、尺寸精度高；气体介质无污染、生产率高。高压热气胀成形机主要用于成形室温塑性低的铝合金、镁合金和钛合金等轻质材料零件，包括轿车、自行车车架构件，以及运载火箭、卫星、飞船、高速飞行器和飞机的关键构件等。

6.2　管材数控内高压成形机

6.2.1　组成与功能

与普通液压机不同，内高压成形机要求超高压与多轴数控加载，因此包括合模压力机和高压系统两大部分。合模压力机可采用框架式或四柱式液压机，主要利用了液压机可在全行程任意位置输出最大压力、易于调压和保压的优点；高压系统包括高压源、水平缸、液压系统、水压系统和计算机控制系统等 5 部分，如图 2-6-1 所示。

内高压成形机的主要动作包括：合模→施加合模力→充填加压介质→管端密封→执行加载曲线→卸内压和合模力→退回冲头→开模→零件顶出。执行加载曲线是内高压成形机的关键功能，图 2-6-2 所示为内高压成形机加载参数曲线。其中，合模力要始终大于管材内液压产生的开模力，由高压源提供的内压与由水平缸驱动的轴向位移相匹配，使管材成形。可见，内高压成形机是多轴数字化控制的先进成形设备。

1. 合模压力机

合模压力机与普通液压机的区别：滑块下行运动过程中不进行成形操作，仅在使模具闭合后提供合模力，保证成形过程中模具不分缝，避免零件出现飞边或管端密封失败。液压机的优点是可以在全行程的任意一个位置输出系统的最大压力，并易于实现调压和保压。

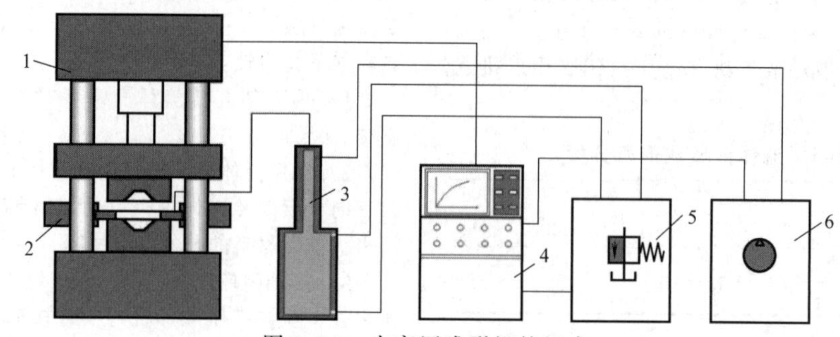

图 2-6-1　内高压成形机的组成

1—合模压力机　2—水平缸　3—高压源　4—计算机控制系统　5—液压系统　6—水压系统

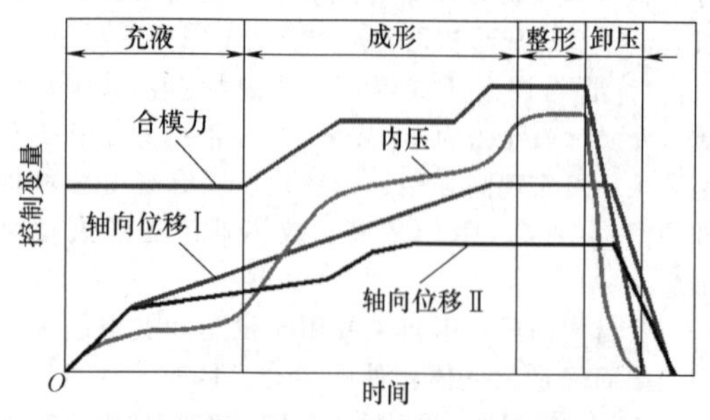

图 2-6-2　内高压成形机加载参数曲线

对于大吨位（20MN 以上）的合模压力机，应能够提供可变合模力（见图 2-6-2）。可变合模力的合模压力机具有以下两方面优势：

1）内高压成形过程中，随管材内部流体压力的变化，流体压力作用在模具上所产生的开模力也不断变化，使合模力随开模力的变化而变化，可避免合模压力机始终在最高吨位下工作造成能源浪费。

2）合模力作用在模具上，随流体压力变化调控合模力，可降低模具应力，有助于减小模具尺寸、提高模具寿命和零件尺寸精度。

2. 高压源

内高压成形需要的压力往往高达 300～400MPa 或更高的压力，因此需要采用增压器作为高压源，为管材变形提供高压传力介质。

增压器的工作原理如图 2-6-3 所示。通过液压泵将较低压力的液压油注入增压器大活塞的一端，驱动活塞运动，根据活塞受力平衡条件 $p_1A_1=p_2A_2$，高压腔压力 $p_2=p_1A_1/A_2$，其中低压腔与高压腔的面积比 A_1/A_2 称为增压比，即增压器两端的压力比。一般低压端选用工作压力 25MPa 液压泵供油，当增压比为 8 时，增压器高压腔压力为 200MPa；当增压比为 16 时，则增压器高压腔压力为 400MPa。

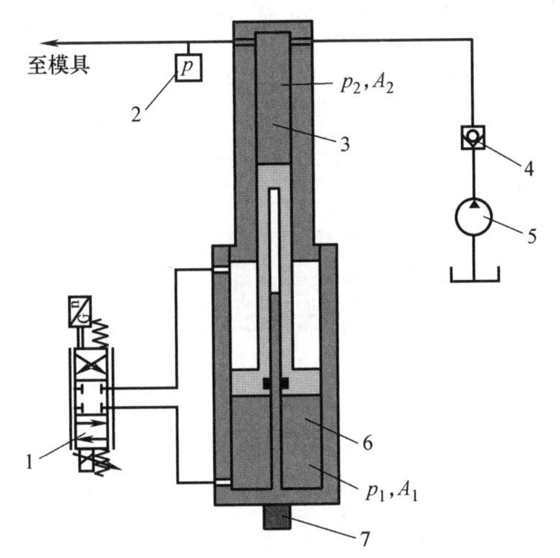

图 2-6-3　增压器工作原理

1—比例阀　2—压力传感器　3—高压腔　4—超高压单向阀　5—补液泵　6—增压器低压腔　7—位移传感器

按照增压方式的不同，可以将增压器分为单动增压器与双动增压器两种。单动增压器有一个高压腔，一个低压腔，柱塞的动作可分为增压行程和复位行程，在增压行程内可以提供高压，而在到达行程终点后必须复位回到起点才可以进行下一次增压。

双动增压器有两个高压腔和一个低压腔，活塞在两个方向的行程中均能够输出高压流体，可连续输出的高压流体容积远大于高压腔容积。但由于两端高压腔出口均必须设置单向阀，在增压过程中如果压力过高，则要通过泄荷回路等措施降压，压力控制较复杂。单动与双动增压器对比见表 2-6-2。

增压器低压腔介质一般采用液压油，而高压腔介质可以用乳化液或液压油。采用液压油作为高压介质的优点是黏度较大、容易密封，不腐蚀设备和零件；缺点是成本较高，且难以清理，易污染零件，同时液压油高压下的体积压缩量大，系统能量损耗大，见表 2-6-3。在 400MPa 下，油的体积压缩量达到约 17%，而水仅为 8%左右。虽然水的体积压缩量小，但易导致设备机体和成形零件腐蚀，因此内高压成形一般采用乳化液作为加压介质，即使用 5%～10%乳化油与水混合形成的乳化液，既克服了液压油高压下的体积压缩量大的缺点，又具有防锈作用。

表 2-6-2　单动与双动增压器对比

序号	类型	优点	缺点	适用范围
1	单动增压器	压力控制平稳，可以控制降压	体积较大，每行程容积有限	高压流体容积较小，每行程可完成一次加工的管件
2	双动增压器	体积较小、高压流体容积不受高压腔容积限制	换向压力波动，降压控制困难	大容积高压流体输出，适用各种容积管件成形

表 2-6-3　油与水介质的体积压缩量对比

介质	压力/MPa					
	50	100	150	200	300	400
	体积压缩量(%)					
水	1.05	2.11	3.16	4.21	6.32	8.42
油	2.21	4.42	6.64	8.85	13.27	17.70

3. 水平缸

内高压成形中要通过水平缸驱动冲头，在适当的时刻实现管端密封、并随着压力的变化将管材推入模具型腔。多通管件成形时还需要在支管方向采用冲头施并加背压，相应地需要更多水平缸控制每个冲头的轴向位移。

为了达到冲头轴向位移控制精度，多采用伺服液压缸，左侧冲头 3 安装在伺服液压缸活塞杆端部，由左侧伺服液压缸位移传感器 1 实时检测左侧伺服液压缸活塞 12 位移，并采用比例阀构成位移伺服控制系统，精确控制左侧伺服液压缸活塞 12 的位移；水平液压缸可通过左侧伺服液压缸支座 2 安装于垫板 11 上，构成封闭力系承担冲头行程受到的反力，如图 2-6-4 所示。

4. 液压系统

典型内高压成形机液压系统原理如图 2-6-5 所示。包括液压泵 1、蓄能器 6、增压器回路 5、水平缸回路 4、冲孔缸回路 3 和顶出缸回路 2。水平缸与增压器回路采用比例阀控制，进行闭环伺服控制，而冲孔/顶出回路控制冲孔缸与顶出缸，采用普通的换向阀控制即可。液压系统泵站流量应保证液压缸快速进给与增压器快速增压，为避免液压系统功率过大，可采用蓄能器。对于伺服液压系统，泵站需配备高精度过滤器和冷却系统。

5. 水压系统

内高压成形机采用专用水压系统进行乳化液的填充、回收和过滤处理，其工作原理如图 2-6-6 所示。成形结束后，散落在合模压力机台面的乳化液被收集至乳化液箱 5，经过滤后循环使用。填充泵 7 在加压前向管材内充入乳化液、排出气体，补液泵 6 负责将增压器高压腔填满乳化液。为了提高效率，水压系统流量一般要大于 300~400L/min，压力为 5~10MPa。

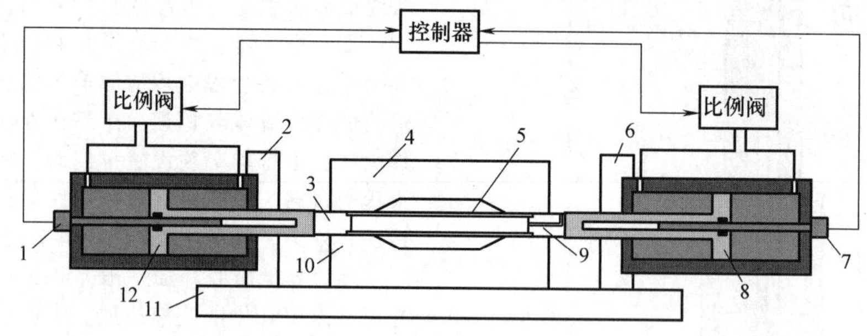

图 2-6-4　水平缸工作原理

1—左侧伺服液压缸位移传感器　2—左侧伺服液压缸支座　3—左侧冲头　4—上模　5—管材　6—右侧伺服液压缸支座　7—右侧伺服液压缸位移传感器　8—右侧伺服液压缸活塞　9—右侧冲头　10—下模　11—垫板　12—左侧伺服液压缸活塞

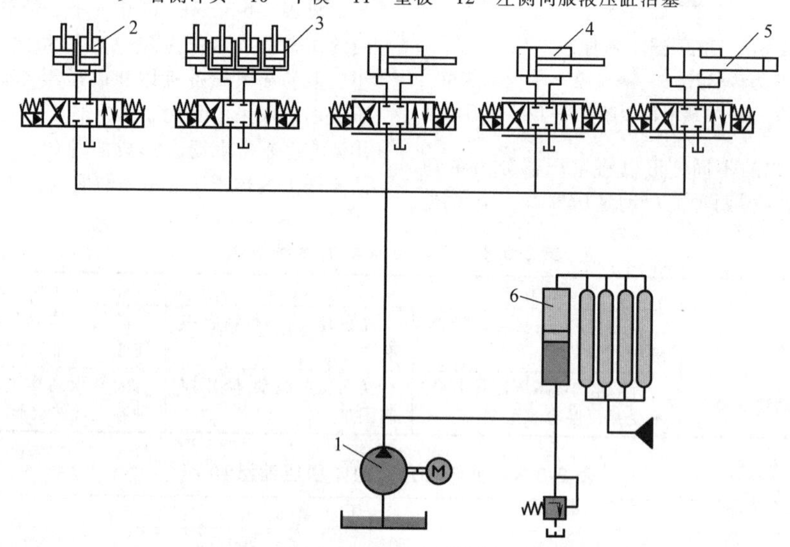

图 2-6-5　典型内高压成形机液压系统原理

1—液压泵　2—顶出缸回路　3—冲孔缸回路　4—水平缸回路　5—增压器回路　6—蓄能器

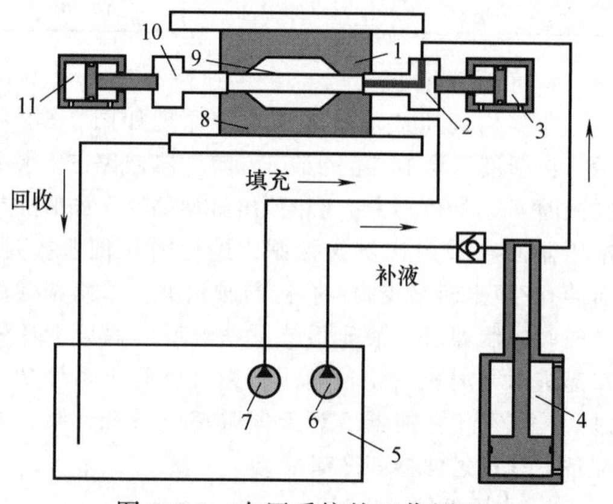

图 2-6-6　水压系统的工作原理

1—上模　2—右侧冲头　3—右侧水平缸　4—增压器　5—乳化液箱　6—补液泵　7—填充泵　8—下模　9—管材　10—左侧冲头　11—左侧水平缸

6. 计算机控制系统

内高压成形机前述五大部分，均需通过计算机控制系统联合起来，才能按照工艺、工序要求和设定加载曲线实现生产过程的自动化，达到要求的生产节拍。计算机控制系统主要包括：①工业控制计算机或 PLC；②数据采集板卡；③压力与位移传感器；④信号放大器；⑤控制软件。

计算机控制系统根据设定的加载曲线向伺服阀、电磁阀等控制元件发出指令，驱动合模压力机、高压源、水平缸、液压系统、水压系统等各部分联合动作，并根据由压力传感器、位移传感器反馈的内压和轴向位移数据，按照加载曲线的要求输出控制量以实时控制各执行元件的动作，完成内高压成形的全自动生产过程。图 2-6-7 所示为某型号内高压成形机计算机控制系统原理。该系统采用了主站与子站的组合方式，显示单元 1 负责显示内高压成形机当前状态与输入工艺曲线，控制主站 2 通过控制 3 个子站完成内高压成形机的全部动作，伺服液压缸位移与增压器压力的闭环伺服控制由液压缸与增压器控制子站 5 完成，泵站控制子站 4 负责各泵站开关信号的输入与输出，以及电动机启停、电磁阀的开闭等动作，合模压力机子站 3 控制合模压力机的动作。

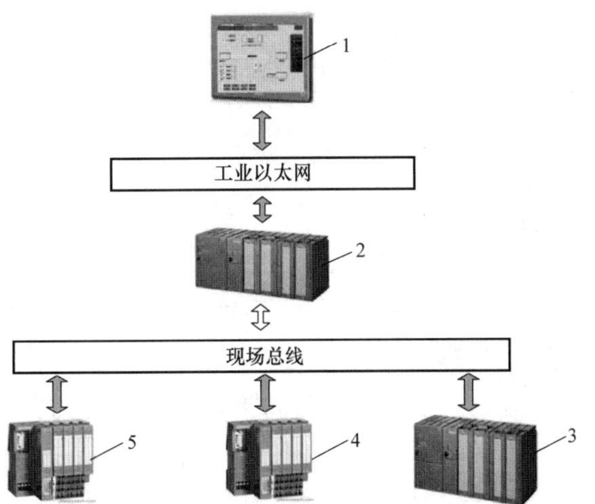

图 2-6-7　内高压成形机计算机控制系统原理
1—显示单元　2—控制主站　3—合模压力机子站
4—泵站控制子站　5—液压缸与增压器控制子站

6.2.2　主要参数及选用原则

1. 主要参数定义

（1）合模压力机的主要参数　合模压力机的主要参数包括公称合模力、工作台面有效尺寸、最大行程、开口高度和滑块速度，如图 2-6-8 所示。

1）公称合模力（F_n）反映了设备的主要工作能力，为液压机名义上能产生的最大压力。

2）工作台面有效尺寸（$L \times B$）反映了压力机平面尺寸上工作空间的大小，除根据零件和模具尺寸确定工作台面尺寸外，还应留出足够的操作空间，便于维修和更换模具、冲头和水平缸，并满足涂润滑剂、观察工艺过程等操作上的要求等。

3）最大行程（S）指活动横梁能移动的最大距离，直接影响工作缸和回程缸及其柱塞的长度以及整个机架的高度。

4）开口高度（H）是指液压机活动横梁停在上限位置时从工作台上表面到活动横梁下表面的距离，决定了合模压力机在高度方向上的工作空间。

5）滑块速度包括工作行程速度和空程速度（快速下行及回程）两种，上、下模接触之前滑块均应快速运动，以提高生产率。

（2）高压系统的主要参数

1）高压源是高压系统的核心部件，用于内高压

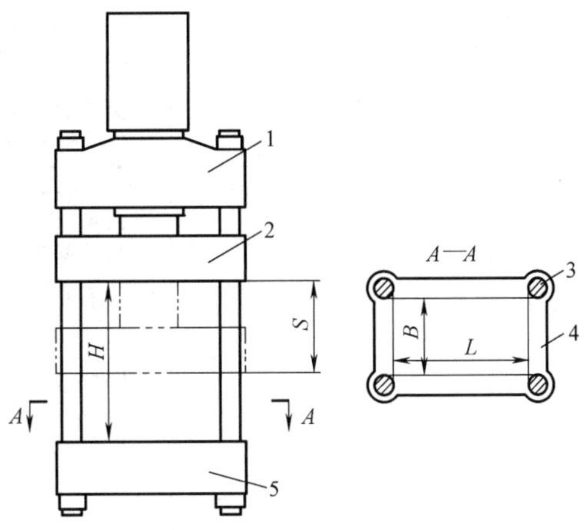

图 2-6-8　合模压力机的主要参数
1—上模梁　2—活动横梁　3—立柱
4—工作台　5—下模梁

成形的高压源一般采用单动增压器产生成形过程所需的内压，其主要参数包括最大压力和高压腔容积。高压腔容积主要指单动式增压器每个行程所能排出的高压流体体积。

2）水平缸的主要参数。水平缸一般采用活塞缸，其主要参数包括最大推力、行程和最大速度。最大推力是水平缸在液压泵站输出最大工作压力时可以产生的推力；行程是水平缸活塞从液压缸一端到另一端可移动的最大位移。

3）液压系统的主要参数包括液压泵最大压力和液压泵流量。增压器和水平缸往往可以采用同一个液压泵，此时应综合考虑二者的流量和压力需要，选取合适的液压泵。为了避免内高压成形机功率过大，一般采用液压泵与蓄能器联合作用的方式，以提高系统效率、降低系统功率。

4）水压系统的主要参数包括快速填充泵流量、增压器补液泵流量和回收泵流量。快速充填泵和补液泵的流量对生产率有重要影响，回收泵的流量对乳化液回收和生产的环境保护有重要影响。

2. 主要参数选用原则

（1）合模压力机　合模压力机主要参数的选用原则见表 2-6-4。

合模压力机的公称合模力对内高压成形机的规格影响最大，为便于工程应用时查阅，表 2-6-5 列出了成形压力为 100MPa 时不同投影长度和管径零件成形所需的合模力。当成形压力或管材参数变化时，可根据表中的数值通过插值计算得到需要的合模力。

（2）高压系统　高压系统主要参数的选用原则见表 2-6-6。

表 2-6-4　合模压力机主要参数的选用原则

序号	参数	选用原则
1	公称合模力	1)根据零件增压整形时产生的最大开模力确定 2)考虑可能的零件规格变化,留一些余量 3)选取略高的标准系列公称合模力
2	工作台面尺寸($B×L$)	两个水平缸置于设备两侧时: 1)根据工件及模具的宽度确定 B 2)根据工件和冲头长度、模具垫板和水平缸底座等尺寸确定 L
		两个水平缸置于设备一侧时(如 U 形件): 应考虑模具和水平缸总体轮廓、模具压力中心位置确定 B 和 L
3	最大行程(S)	1)根据工件成形所要求的最大工作行程来确定 2)对于两管端落差较大的零件,应通过增大最大行程满足装件、取件的要求 3)对于两管端落差较小的零件,应采用适当的垫板以减小活动横梁行程,缩短模具开启与闭合的时间
4	开口高度(H)	1)根据模具(含垫板)的高度确定 2)根据工作行程及放入坯料、取出工件所需空间大小等工艺因素来确定
5	滑块速度	根据生产率与合模压力机功率综合选取

表 2-6-5　成形压力为 100MPa 时的合模力

管径/mm	投影长度/mm								
	500	1000	1500	2000	2500	3000	3500	4000	4500
	合模力/10^3N								
25.4	130	250	380	510	640	760	890	1020	1140
38.1	190	380	570	760	950	1140	1330	1520	1720
50.8	250	510	760	1020	1270	1520	1780	2030	2290
63.5	320	640	950	1270	1590	1910	2220	2540	2860
76.2	380	760	1140	1520	1910	2290	2670	3050	3430
88.9	450	890	1330	1780	2220	2670	3110	3560	4000
101.6	510	1020	1520	2030	2540	3050	3560	4060	4570

表 2-6-6　高压系统主要参数的选用原则

序号	部件	参数名称	选用原则
1	高压源	最大压力	1)高于零件成形所需最大整形压力 2)考虑零件形状和材料变化导致的压力升高 3)选取略高的标准系列最大压力
		高压腔容积	1)考虑管件成形前后体积变化 2)考虑高压下流体介质压缩导致的体积变化
2	水平缸	最大推力	1)大于冲头进给所需推力 2)选取略高的标准系列水平缸最大推力
		行程	1)满足内高压成形工艺冲头进给和后退的空间要求 2)避免增加合模压力机工作台面尺寸
		最大速度	1)满足管端密封要求 2)满足轴向进给速度要求 3)满足生产节拍要求
3	液压系统	最大压力	采用常规液压传动压力(25MPa)
		流量	1)满足增压器活塞在最高速度和最大压力工作的需要 2)满足水平缸活塞在最高速度和最大压力工作的需要 3)考虑系统效率和功率,与蓄能器相结合
4	水压系统	快速填充泵流量	1)满足管件排空气体要求 2)满足生产率要求
		增压器补液泵流量	1)满足高压腔补充流体介质容积要求 2)满足增压器工作频率要求
		回收泵流量	1)满足回收流体体积要求 2)满足生产节拍要求

增压器的最大压力是代表内高压成形机加工能力的核心指标之一，为了便于选取增压器的最大压力，表 2-6-7 列出了对于不同下屈服强度的材料，成形不同的相对圆角半径 r/t（r 为圆角半径，t 为壁厚）时所需要的整形压力。工业生产中常用增压器的压力档次为 200MPa 或 400MPa，可以满足常见零件的成形。

工业生产中常用的水平缸的最大推力包括 1000kN、1500kN 和 2000kN 等。表 2-6-8 列出了不同直径管材在不同成形压力条件下需要的水平推力，表中数据已综合考虑了液压反力、管材变形力与摩擦力的影响。

表 2-6-7　不同强度材料成形所需的整形压力

r/t	下屈服强度 R_{eL}/MPa								
	200	250	300	350	400	450	500	550	600
	整形压力/MPa								
2	200	250	300	350	400	450	500	550	600
3	100	125	150	175	200	225	250	275	300
4	67	83	100	117	133	150	167	183	200
5	50	63	75	88	100	113	125	138	150

表 2-6-8　不同直径管材所需的水平推力

管材直径/mm	成形压力 p_c/MPa							
	50	100	150	200	250	300	350	400
	水平推力/10^3N							
25.4	3	7	10	13	16	20	23	26
38.1	7	15	22	30	37	44	52	59
50.8	13	26	40	53	66	79	92	105
63.5	21	41	62	82	103	124	144	165
76.2	30	59	89	119	148	178	207	237
88.9	40	81	121	161	202	242	282	323
101.6	53	105	158	211	263	316	369	422

6.2.3　内高压成形生产线的构成

典型汽车零件内高压成形生产线的布置如图 2-6-9 所示。主要设备包括数控弯管机、润滑单元、预成形机、内高压成形机、激光切割机与清洗单元等。

以副车架零件为例，典型的生产工序如图 2-6-10 所示。根据内高压成形件的生产节拍要求、设备投资规模和产品成本核算，可以选择采用人工完成各工序间的零件传送（生产节拍约 2min/件），也可以选用机械手（生产节拍可达 30s/件）。

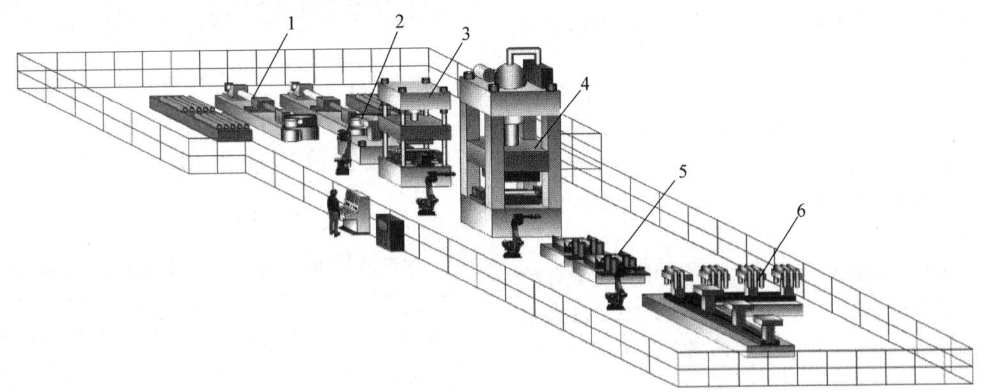

图 2-6-9　典型汽车零件内高压成形生产线的布置

1—数控弯管机　2—润滑单元　3—预成形机　4—内高压成形机　5—激光切割机　6—清洗单元

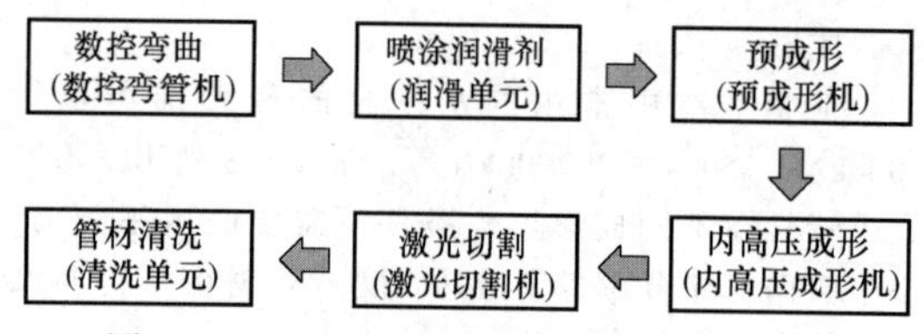

图 2-6-10　内高压成形件典型的生产工序

6.2.4　典型产品简介

2000 年以前，国际上仅德国和瑞典的少数厂商能够生产销售数控内高压成形机，我国在 2000 年研制出国内首台内高压成形机，并用于汽车零件批量生产。经过生产实践和不断改进，已经突破了超高压与多轴位移闭环伺服控制关键技术，开发了内高压成形数控系统与控制软件，形成了具有自主知识产权的数控内高压成形机，至今已发展至第三代。我国数控内高压成形机典型产品系列及主要参数见表 2-6-9。

表 2-6-9　数控内高压成形机典型产品系列及主要参数

参数名称	IHF-5000/400-3	IHF-3000/400-3	IHF-2000/400-3	IHF-1000/400-3
公称力/kN	5000	3000	2000	1000
最大行程/mm	1500	1200	1200	1000
工作台面尺寸/mm（左右×前后）	5000×2500	4000×2500	3500×2200	2500×1500
最高压力/MPa	400	400	400	400
水平缸推力/kN	300	200	200	100
伺服轴数/轴	6	3	3	3
液压冲孔回路	16	16	16	10
控制方式	闭环伺服	闭环伺服	闭环伺服	闭环伺服

数控内高压成形机具有以下特点：

1）合模压力机和高压系统具有独立的控制系统。可以联机组成内高压成形机，实现全自动生产，又可以各自独立使用。

2）合模力随内压可变。内高压成形过程中，压力机的合模力随内压实时变化，大幅度降低了模具受力和变形，提高了零件尺寸精度。

3）工艺参数闭环精确控制，实现数字化加载。在超高压条件下，通过硬件与软件的协同，可根据成形工艺要求，对内压与轴向位移按设定的曲线进行数字化加载。

4）具有自主知识产权的数控系统与控制软件。采用鲁棒控制与 PID 控制相结合的策略，实现了高精度及高效率控制；采用参数化分级管理方式控制权限，可诊断处理关键参数的异常变化，保护设备正常工作。

5）国产化增压器。增压器是内高压成形设备的心脏，增压器的设计制造完全国产化，并经过大批量（20 万～30 万件/年）生产的考验，可靠性高、成本低。

图 2-6-11 所示为工业生产用 50MN 和 30MN 大型数控内高压成形机。

a) 50MN三轴　　b) 30MN三轴

图 2-6-11　工业生产用大型数控内高压成形机

6.3　板材液压成形机

6.3.1　组成与功能

板材液压成形机主要包括主机和充液拉深成形系统，如图 2-6-12 所示。板材液压成形机的主机通常为普通双动压力机，充液拉深成形系统独立于主机。主机既可以作为通用设备使用，也可与充液拉深成形系统一体化集成控制，作为专用设备使用。主机除通用压力机所必备的拉深缸、压边缸外，还可在主缸中间设置第三缸，用于反拉深成形，进一步扩展功能。

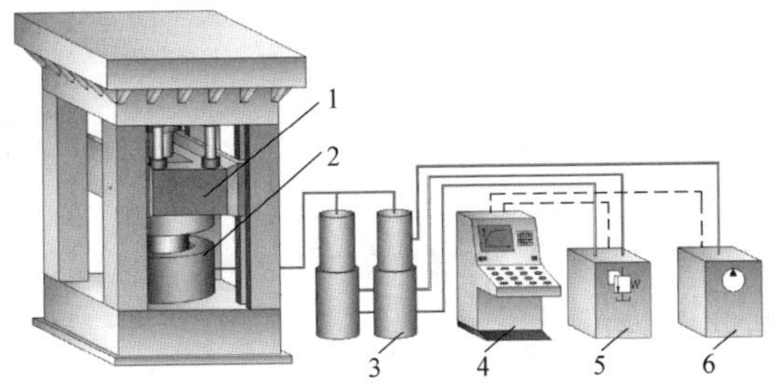

图 2-6-12　板材液压成形机

1—双动压力机　2—液压成形模具　3—油水介质压力转换器　4—计算机控制系统　5—液压系统　6—水压系统

充液拉深成形系统包括油水介质压力转换器、液压系统、水压系统及计算机控制系统，主要功能是用于模具型腔内流体介质充填、流体压力的建立及控制。

1）油水介质压力转换器为充液拉深成形系统的关键执行部件，主要功能是实现从低压到高压之间的能量传递，为模具充液室提供高压流体介质，或者容纳模具充液室内排出的高压流体介质，以满足高压、大流量流体压力控制的要求，其结构原理如图 2-6-13 所示。油水介质压力转换器由两个串联的不同直径的液压缸组成，大端为低压腔，小端为高压腔，高低压缸体依靠法兰连接，缸体端部靠螺纹与端盖连接。通过选择低压腔与高压腔的面积比，可以调整压力转换数值。为了提高高压腔的密封可靠性，高压端采用组件密封，密封件通过轴向预紧结构产生一定压缩，并可根据磨损情况调节预紧量；通过轴向压缩补偿，保证长期运行后的密封圈与柱塞的接触压力，以满足超高压对密封可靠性的要求。高压端与成形模具充液室连接，污染严重时，只需对其进行单独过滤即可。

油水介质压力转换器低压腔加装压力阀控制压力 p_1，高压腔与模具的充液室相连，通过低压腔的压力控制实现对高压腔压力 p_2 的控制。当高压腔压力 p_2 高于设定压力时，活塞后退，压力 p_2 降低；相反，活塞前进，压力 p_2 升高。为满足大型零件成形对超高压力、大流量流体介质的控制需要，通常需要配置多组压力转换器。

2）液压系统是油水介质压力转换器的动力系统，通过液压泵及各种压力阀、方向阀等驱动高压源前进、后退，实现对油水介质压力转换器低压腔的压力进行调节、控制。

3）水压系统主要由过滤器、回收泵等构成，主要功能是为油水介质压力转换器的高压腔及模具充液室填充流体介质，以及对成形过程中溢出的流体介质进行回收、过滤，以便下次进行填充。

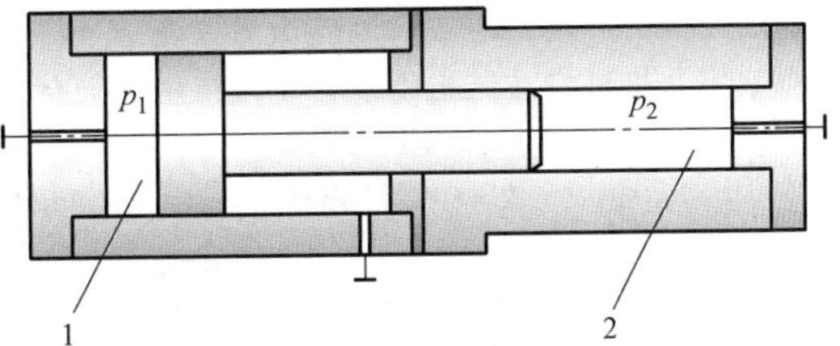

图 2-6-13　油水介质压力转换器的结构原理

1—低压腔　2—高压腔

4）板材液压成形机的计算机控制系统（见图 2-6-14）主要由工业控制计算机或 PLC、继电器及传感器等构成，是整个板材液压成形机的控制核心。通过耦合器与压力机控制系统连接，实现一体化集成控制、通信，对压力信号、位移/位置信号进行过程监控及控制，可实现拉深位移、压边力及流体压力等关键工艺参数的闭环控制，具备手动和自动功能。软件方面，为保证主机功能的完整性，一般通过独立运行的软件作为充液拉深成形控制系统程序，以保证与成形主机系统的控制程序建立较清晰的界面，并可方便地切换。

对于大型复杂曲面零件的液压成形，流体压力作用面积大、设备吨位大、瞬间流体流量大，高压大流量流体压力成形要求对拉深位移、拉深速度、压边力大小进行精确控制，同时对压力转换器群组的压力、活塞位移、流量及同步性进行并行匹配控制，过程控制难度大。如果工作介质流量及流体压力得不到精确控制，会导致流体压力无法与拉深行程合理匹配，过低或过高压力容易减薄破裂或起皱，导致生产成本高。因此，必须通过数控系统对高压大流量流体压力成形过程，包括高压大流量流体压力建立、工作介质流量及压边力、拉深位移进行一体化匹配控制，包括成形结束对流体压力、拉深力及压边力的均衡卸载。

6.3.2　典型结构

按主机机身结构，可以把板材液压成形机分为四柱式和框架式两大类；按主机功能，可以分为基于双动压力机和基于单动压力机的板材液压成形机。

板材液压成形机通常以通用的双动四柱压力机、双动框架压力机为主机（见图 2-6-15），其优点是通用压力机已经标准化、系列化，通用设备在生产企业比较常见，易于改造升级，使其具备液压成形功能；液压机行程可调，工艺适应性好，适合不同深度零件的成形；滑块运动平稳，工作过程中不易产生速度突变，可避免冲击和流体压力大幅波动。双动框架压力机机身在结构刚度、导向精度方面优于四柱压力机，但成本较高；双动四柱压力机的优点是功能完善、操作空间大、设备造价低。

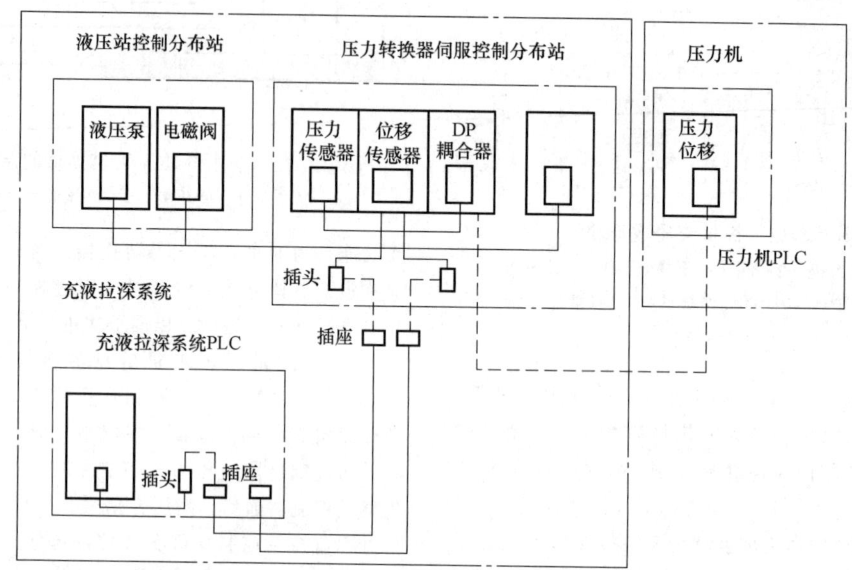

图 2-6-14　板材液压成形机的计算机控制系统

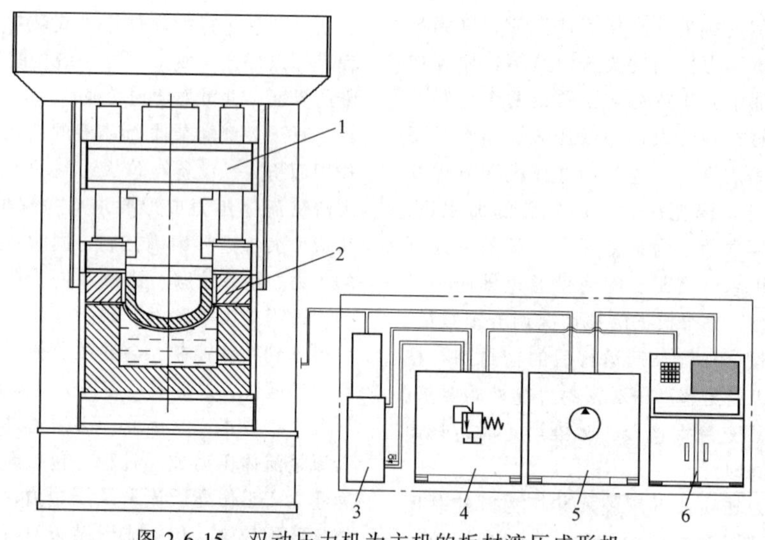

图 2-6-15　双动压力机为主机的板材液压成形机

1—双动压力机　2—液压成形模具　3—油水压力转换器　4—液压系统　5—水压系统　6—计算机控制系统

如果成形主机为单动压力机，还应配置用于压边的模架及其液压系统，使其具有压边力控制功能，如图 2-6-16 所示。主机滑块只能提供拉深力，压边力需通过安装在压力机台面的压边模架加载。压边模架作为充液成形系统中的一部分，主要由上模板、下模板、液压缸、导柱、导套等构成，液压缸通过活塞杆施加拉力进行静态压边，模架的开模、合模及压边力加载均需一路液压系统作为动力源来实现，通过控制系统对其进行控制。压边模架下置并安装在工作台面上，占据较大的台面工作空间，模具空间有限，所能成形零件尺寸减小。为充分利用压力工作台面空间，也可将压边模架安装到主机滑块，模具可以占据主机整个工作台，拉深过程中液压缸活塞腔始终保持合理压力，活塞杆后退进行动态压边。压边模架上置并安装到主机滑块，使拉深行程受到影响，成形件最大深度只能达到液压缸行程大小。因此，压边模架采用上置形式还是下置形式，需根据工件大小及深度确定。

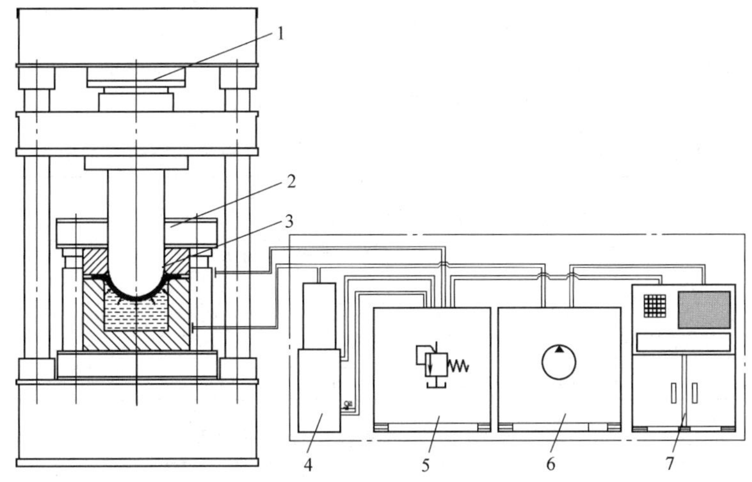

图 2-6-16　单动压力机为主机的板材液压成形机

1—单动压力机　2—压边模架　3—液压成形模具　4—油水压力转换器　5—液压系统　6—水压系统　7—计算机控制系统

在充液拉深成形系统流体压力加载及控制方面，当成形所需最大压力超过 25MPa 时，可通过压力转换器进行压力加载及控制；如果流体介质排量很大，可通过压力转换器群组并行进行压力加载及控制。当成形所需最大压力低于 25MPa 时，可通过液压（水）系统直接加载，适合大型薄壁板材零件的成形，特别是汽车覆盖件的成形。

6.3.3　主要参数

板材液压成形机的主要参数包括流体压力、拉深力、压边力及工作台尺寸。通常，根据零件液压成形所需的流体压力确定拉深力、压边力，再根据模具尺寸确定工作台尺寸，应综合考虑上述两方面选择成形设备。板材液压成形机的最高流体压力通常能达到 100MPa，一般可以满足薄板液压成形的需要。

1）板材液压成形的流体压力指在成形过程中使坯料脱离凹模圆角的最小压力。流体压力在成形过程中不仅能够增强坯料与凸模之间的有益摩擦，而且还能够减小坯料与凹模圆角的接触，消除坯料与凹模圆角之间的不利摩擦，有利于成形极限的提高。

2）板材液压成形机的拉深力由两部分组成，其中一部分为普通拉深的拉深力，另一部分为流体压力的反向作用力。因此，液压成形的拉深力 F_D 为

$$F_D = \pi d_p t R_m K_d + \frac{\pi d_p^2}{4} p_{cr} \tag{2-6-1}$$

式中　d_p——拉深件直径（mm）；

t——板材厚度（mm）；

K_d——与拉深比、相对厚度相关的系数（取值范围在 0.2～1.1 之间）；

p_{cr}——成形所需的流体压力（MPa）；

R_m——抗拉强度（MPa）。

为便于工程应用时查阅，表 2-6-10 列出了流体压力为 10MPa、厚度为 1mm、不同直径铝合金板材成形所需的拉深力。当成形压力或材料参数变化时，可根据表中的数值通过插值计算得到需要的拉深力。

3）板材液压成形机的压边力指施加在坯料法兰区保证不起皱、流体压力能够建立起来的力。通常，板材液压成形时发生溢流后，在坯料法兰区下表面形成的流体压力分布为：凹模圆角附近液体压力基本与成形所需的流体压力 p_{cr} 相同，法兰区由内到外压力逐渐减小，法兰外缘处压力为零。理想的液压成形压边力应该随着拉深的进行与法兰区下表面液体作用力平衡，但在成形过程中不断变化，计算复杂。对于设备参数估计，可以按式（2-6-2）计算：

$$F_Q = \frac{p_{cr}}{2} S_f \tag{2-6-2}$$

式中　S_f——坯料法兰区面积。

在实际液压成形工艺中，可根据零件具体情况调整压边力。表 2-6-11 列出了不同流体压力不同直径零件成形时所需的压边力。

6.3.4　典型产品简介

由于板材液压成形的多方面优点，该技术在各国的工业生产中得到重视，并出现了多家板材液压成形机研制单位和生产厂商，研发了系列化板材液压成形机。板材液压成形机的主要参数见表 2-6-12。目前，研制的最大板材液压成形机的主机吨位为 150000kN，

工作台面尺寸（左右×前后）为 4500mm×4500mm，高压流体容积为 5000L，最大压力为 100MPa。我国研制的板材液压成形机具有以下特点：

1）采用一体化集成控制，一机多用。主机和充液拉深成形系统硬件具有独立性、界面清晰，软件方面通过独占接口的通信实现对主机能力参数的一体化控制，既支持压力机作为通用设备使用，又能与充液拉深成形系统配合作为液压成形的专用设备。

表 2-6-10　流体压力为 10MPa、厚度为 1mm、不同直径铝合金板材成形所需的拉深力

抗拉强度 R_m/ MPa	直径/mm							
	500	1000	1500	2000	2500	3000	3500	4000
	拉深力/10^3N							
100	212	816	1814	3202	4985	7159	9726	12686
350	251	895	1931	3356	5181	7395	10001	13000
650	298	989	2073	3540	5417	7677	10331	13376
800	322	1036	2143	3633	5534	7819	10495	13565

表 2-6-11　不同流体压力不同直径零件成形时所需的压边力

流体压力 p_{cr}/MPa	直径/mm							
	500	1000	1500	2000	2500	3000	3500	4000
	压边力/10^3N							
10	515	2060	4637	8243	12879	18546	25243	32970
20	1030	4120	9724	16486	25758	37092	50486	65940
30	1545	6180	13911	24729	38637	55638	75729	98910
40	2060	8240	18458	32972	51516	74184	100972	131880

2）可实现多向加压。根据材料性能及零件形状尺寸，通过多路高压源施加正向压力、反向压力及径向压力，改变变形顺序、调整应力状态，实现大拉深比、薄壁复杂曲面零件的成形。

3）流体压力闭环控制，压力控制精度高。对主机拉深位移、拉深速度、压边力大小及高压源群组的压力、流量及位移同步性进行闭环控制，按照设定的加载曲线进行高精度控制。

4）高压流体容积大，压力分级控制，适合于大型复杂零件成形。通过大容积压力转换器并联同步控制及分级压力控制，可实现大容积的高压流体流量控制，最大容积达到 5m^3，满足大型板材零件的成形需要。

5）清洁水介质，生产环境好。板材液压成形零件表面清洁、易清洗，方便存储转运、后续热处理及表面处理。

表 2-6-12　板材液压成形机的主要参数

参数名称	SMF -5000/100-500-A	SMF -3000/100-200-A	SMF -2000/100-150-A
公称力/10^3N	5000	3000	2000
拉深力/10^3N	3500	2000	1200
压边力/10^3N	1500	1000	800
最大开口高度/mm	3000	2500	2300
最大拉深行程/mm	2500	2000	1800
最大压边行程/mm	2500	2000	1800
工作台面有效尺寸/mm（左右×前后）	5000×3500	3500×2500	2500×2000
最高液体压力/MPa	100/25	100/25	100/25
高压液体容积/L	50/500	50/200	50/150

6.4　高压热气胀成形机

6.4.1　组成与功能

高压热气胀成形机包括合模压力机、气压成形系统两大部分，其组成如图 2-6-17 所示。气压成形系统包括气体增压单元、计算机控制单元、液压泵站、水平压力机和模具加热/冷却单元 5 个分系统。该设备可以对模具进行整体加热，对气体介质快速增压，并控制气体压力随时间及轴向位移变化。高压热气胀成形机的主要工作过程：闭合模具→施加合模力→管端密封→执行加载曲线→退回冲头→开模。

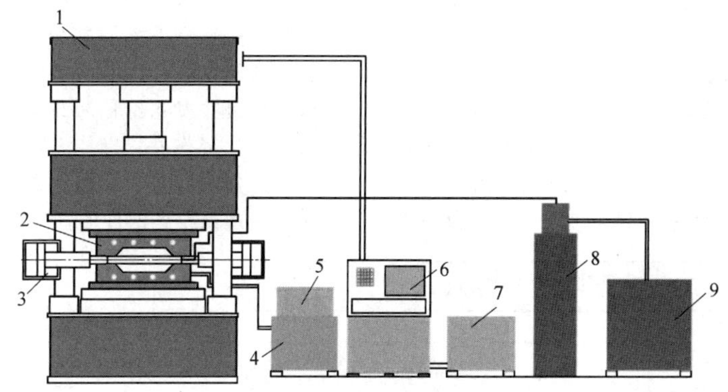

图 2-6-17　高压热气胀成形机的组成

1—合模压力机　2—模具　3—水平缸　4—加热器　5—控温箱　6—计算机控制系统
7—液压泵站　8—高压气源　9—气体增压系统

1. 合模压力机

合模压力机的主要功能是合模、保压和开模。由于不同材料的高压热气胀成形工艺不同，对合模压力机的要求也有所差别。对于通过模具加热管材的高压热气胀成形工艺（适于铝合金和镁合金管件成形），由于对合模速度没有特殊要求，可采用传统三梁四柱或框架式液压机作为合模压力机；对于管材温度高于模具的成形工艺（适于高强钢和钛合金管件成形），为尽快完成管材成形，需较高的合模速度，一般需采用带有高速蓄能器的合模压力机。

2. 气体增压单元

由于高压热气胀成形机的最高压力需要达到35~70MPa，无法直接通过常规气瓶提供，因此需要采用气体增压单元通过增压获得，并且需要克服气体流动、温度等因素的干扰，精确控制管材内部用于成形的气体压力。

气体增压单元的基本原理是将 10~15MPa 普通气瓶中的气体（空气、氮气或氩气）增压至 35~70MPa，并根据成形需要分别储存于 35MPa 高压气瓶和 70MPa 高压气瓶中，在高压热气胀成形工艺需要时再通过高压气体介质输出阀组和管路传输到待加工的管材内。

高压气体介质的压力精确控制较为困难，其影响因素包括两个方面：

1）气体的体积压缩量大，增压或降压都需要较大的流量，容易造成压力控制的滞后，引起气压波动。

2）常温气体进入高温管材，会吸热升温体积膨胀，导致压力升高，即热致升压效应。

因此，气压控制系统不但要考虑通过流量增高压力，还要根据热致升压效应调节气体的输入量，否则会造成压力超调和大幅波动，无法满足高压热气胀成形工艺要求。

3. 加热和冷却单元

加热单元的作用是将管坯或模具加热到需要的温度，而冷却单元主要用于水冷板的温度控制及模具的快速冷却（见图 2-6-18）。高压热气胀成形机多采用感应加热方式，利用环绕或内置于模具中的感应加热线圈，通过高频感应加热器进行加热。管坯预热可以采用感应加热、工业用加热炉或高温烘箱等方式。

感应加热具有以下优点：

1）加热速度快，效率高，可大大缩短加热时间，减少能源消耗。

2）响应速度快，在使用范围内可实现功率的无级调节，有利于温度的精确控制。

3）感应加热线圈采用空心纯铜管绕制而成，其尺寸和形状可根据模具外形灵活设计，结构简单，安装方便。

模具加热工作过程：模具闭合后，开启感应加热器对模具进行快速加热；由于感应加热本身存在的趋肤效应，加热过程中模具由内向外温度逐渐升高，需注意调节加热功率使模具温度均匀化。在感应加热和气胀成形过程中，需要根据实时测量的模

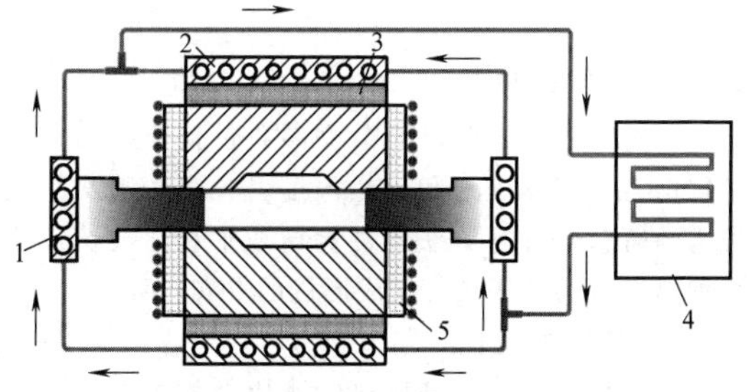

图 2-6-18　模具加热单元

1—冲头水冷板　2—水冷板　3—加热板
4—水冷机　5—隔热板

具温度和管材温度控制感应加热器功率，以保持温度恒定。

4. 计算机控制系统

高压热气胀成形机的合模压力机、气体增压单元、加热和冷却单元等均由计算机控制系统控制，实现气压和轴向位移的匹配加载。因此，需要专门开发的气压-位移闭环伺服控制软件，其中的恒压/变压控制系统流程如图 2-6-19 所示。主要包括硬件系统和操控软件系统两部分，其中硬件系统包括压力、温度和位移传感器等，将关键工艺参数的实际数值检测出并发送给信号处理单元，再经采集卡传输给一体化工作站；操控软件系统用于设置工艺参数和传感器参数等，并将控制信号传递给实时控制模块，实现系统各部件的伺服控制。

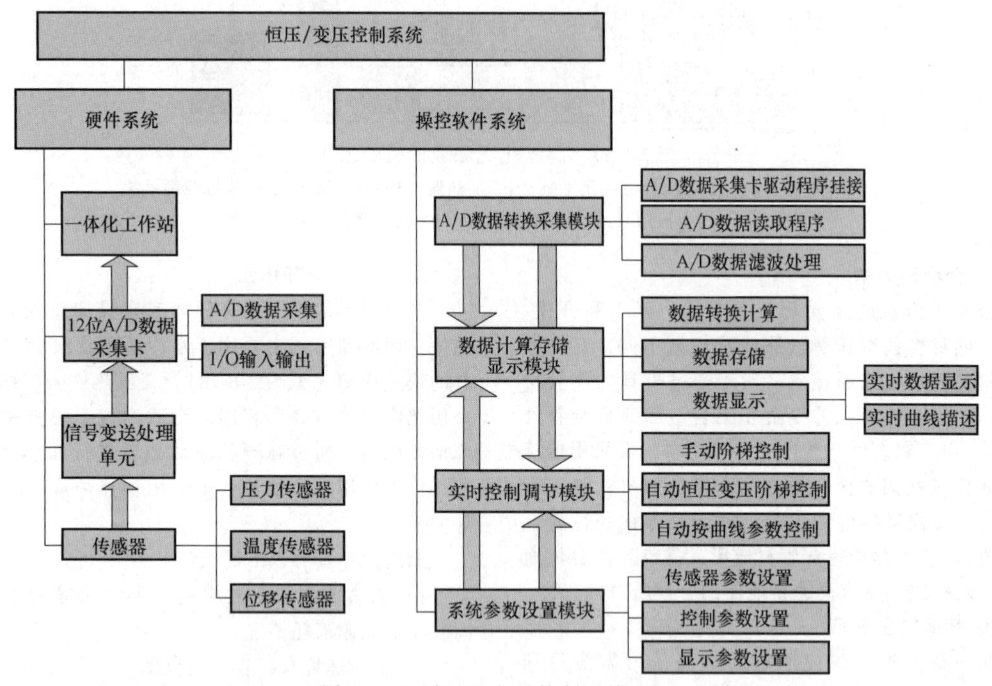

图 2-6-19　恒压/变压控制系统流程

除了上述的高压热气胀成形机，一条完整的管材高压热气胀成形自动化生产线还需要配置自动上、下料单元。对于铝合金、镁合金等无缝管坯，可以采用传统的气动手指夹持，或者采用输送带上、下料。对于带有轴向焊缝的硼钢管，由于焊缝在模具中的相对位置直接影响最终零件的成形，因此通常需要采用专用的旋转定位系统来保证每一根有缝管坯的焊缝在加热、传输和成形过程中都处于合理的方位。

6.4.2　主要参数

高压热气胀成形机的主要参数包括合模力与水平缸推力、气体压力和加热温度。合模力与水平缸推力的概念与计算方法同内高压成形机，气体压力与加热温度为高压热气胀成形机的专有参数。

1. 最高加热温度

最高加热温度是高压热气胀成形机的另一主要参数，取值范围可参考表 2-6-13。如果仅进行铝合金热气胀工艺，最高加热温度可选为 450℃；而对于大多数钛合金构件的高压热气胀成形，成形温度需在 700～900℃ 范围内，因此设备的最高加热温度要达到 900℃，才能满足钛合金构件成形的要求；对于超高强钢，加热温度需为 900～1000℃；对于需要更高成形温度的构件，如 Ti2AlNb 基金属间化合物等材料，则最高加热温度需达到 1000～1300℃。设备能够实现的最高加热温度主要取决于模具加热单元的加热器功率和保温隔热结构设计，需要根据成形零件的材料、尺寸和成形工艺的具体需要确定，部分超高温成形工艺还需在真空或惰性气体保护环境下完成。

表 2-6-13　高压热气胀成形机最高加热温度参考值

序号	成形材料	最高加热温度/℃
1	镁合金	300
2	铝合金	450
3	钛合金	900
4	超高强钢	1000
5	TiAl 基金属间化合物等	1200

2. 气体压力

高压热气胀成形机的气体压力需要根据管材在

成形温度下的力学性能参数和所需成形零件的几何尺寸确定。气体压力的选取原则：

1）在满足成形效率和工艺要求的前提下，尽量采用较低的成形压力，这有利于提高系统安全性和压力控制精度。

2）针对零件变形需要，可采用非线性的阶梯形气压加载曲线，既能满足成形性对应变速率的要求，又能满足生产率的要求。

3）为了适应材料和零件的变化，按照略高于气体压力计算值的标准系列选取。

对于零件相对内圆角半径（R/t，R 为零件最小内圆角半径，t 为壁厚）为 2~4 时，可参照表 2-6-14 选取气体压力。

表 2-6-14　高压热气胀成形机气体压力参考值

序号	成形材料	零件相对内圆角半径/(R/t)	气体压力/MPa
1	镁合金	3	35
2	铝合金	3	35
3	钛合金	2	70
		4	35
4	超高强钢	4	70
5	TiAl 基金属间化合物等	3	35

6.4.3　典型产品简介

我国近年来已经突破了超高压气体的快速传输及压力精确控制等关键技术，研制出具有气压与轴向补料多轴闭环伺服控制功能的数控高压热气胀成形机，实现了铝合金、钛合金和镁合金异形截面管件、大膨胀率变径管的高压热气胀成形。

图 2-6-20 为我国开发的工业生产用高压热气胀成形机。其最高加热温度为 900℃，温度控制精度为 ±5℃；气体压力分别为 35MPa 和 70MPa，压力控制精度为±0.2MPa；水平位移控制精度为±0.1mm。可以实现气压加载曲线与轴向位移的匹配控制，适用于钛合金、铝合金等材料的高压热气胀成形。

该高压热气胀成形机具有以下特点：

1）具有手动、半自动及全自动工作模式。

2）采用感应加热方式加热模具，加热速度快，温度控制精度为±5.0℃。

3）高压热气胀成形全过程由计算机自动控制，平均生产节拍为 45s/件。

4）气体增压单元结构紧凑，使用方便、易维护。

表 2-6-15 列出了铝合金高压热气胀成形机的标准配置，适于铝合金零件批量生产。针对中小型零件与大型零件高压热气胀成形的需要，表中所列两个型号的主要区别在于合模压力机的工作台面尺寸与高压气瓶容积。多台生产用高压热气胀成形机已用于复杂异形铝合金管件大批量生产，代替了传统多工序"硬模成形"技术，提高了生产率和产品复杂程度，降低了生产成本。

a) 最高压力70MPa

b) 最高压力35MPa

图 2-6-20　工业生产用高压热气胀成形机

表 2-6-15　铝合金高压热气胀成形机的标准配置

序号	参数名称	HGF 500/35-200-A	HGF-315/35-100-A
1	公称力/10^3N	500	315
2	最大开口高度/mm	1500	900
3	最大行程/mm	900	600
4	工作台面有效尺寸/mm（左右×前后）	1800×1500	1500×1200

（续）

序号	参数名称	HGF 500/35-200-A	HGF-315/35-100-A
5	最高气体压力/MPa	35	35
6	高压气瓶容积/L	200	100
7	水平缸推力/10^3N	100	50
8	模具加热方式	感应加热	感应加热
9	最高加热温度/℃	450	450
10	加载控制方式	闭环伺服	闭环伺服
11	设备总功率 * /kW	110	95
12	设备总重量 * /t	30	18
13	设备外形尺寸 * /mm （左右×前后×高度）	4.5×2×5	4×1.8×4.5

参考文献

[1] 苑世剑. 现代液压成形技术［M］. 2 版. 北京：国防工业出版社，2016.

[2] 苑世剑. 精密热加工新技术［M］. 北京：国防工业出版社，2016.

[3] 苑世剑，王小松. 内高压成形技术研究与应用新进展［J］. 塑性工程学报，2008，15（2）：22-30.

[4] 苑世剑，韩聪，王小松. 空心变截面构件内高压成形工艺与装备［J］. 机械工程学报，2012，48（18）：21-28.

[5] 苑世剑，刘伟，徐永超. 板材液压成形技术与装备新进展［J］. 机械工程学报，2015（8）：20-28.

[6] 中国机械工程分会塑性工程分会. "数控一代"案例集［M］. 北京：中国科学技术出版社，2016.

[7] NGAILE G, WELCH G. Optimal load path input in tube hydroforming machines. Proceedings of the Institution of Mechanical Engineers, Part B［J］. Journal of Engineering Manufacture, 2012, 226（4）: 694-707.

[8] MANABE K. Advanced in-process control system for sheet stamping and tube hydroforming processes［J］. Key Engineering Materials, 2014, 622-623: 3-14.

[9] WANG K H, LIU G, ZHAO J, et al. Experimental and modelling study of an approach to enhance gas bulging formability of TA15 titanium alloy tube based on dynamic recrystallization［J］. Journal of Materials Processing Technology, 2018, 259: 387-396.

[10] LIU G, WANG J L, DANG K X, et al. Effects of flow stress behaviour, pressure loading path and temperature variation on high-pressure pneumatic forming of Ti-3Al-2.5V tubes［J］. Int J Adv Manuf Technol, 2016, 85: 869 - 879.

[11] BUDAI A F, ACHIMAS G, NEUGEBAUER R, et al. Method and tool design for passive sheet metal hydroforming on conventional single action presses［J］. Journal of Manufacturing Science and Engineering, Transactions of the ASME. 2013, 135（2）: 021014-1-021014-7.

第 7 章

液压板料折弯机与折边机

江苏亚威机床股份有限公司　王金荣　乔根荣　曹光荣　陈晖

天水锻压机床（集团）有限公司　王东明　杨正法

7.1　概述

7.1.1　工艺简介及驱动形式

板料折弯机是一种将金属板料在冷态下弯曲成形的加工机械。各种箱形、盒形零件是板料加工的主要类型之一，将平面板料折弯成一定的角度是其中最重要的工序。

1. 折弯工艺特点

板料折弯机使用最简单的通用折弯模具，可以对平面进行各种角度弯曲，操作简单，通用性好，模具成本低，更换方便，而且折弯机本身的主驱动简单，只需做上、下往复直线运动。图 2-7-1 所示为在折弯机上的集中典型操作。

在板料折弯机上可以做出不同几何形状的板料零件，成品比轧制型材轻，且外形美观。用折弯件焊接成的构件，如各式机箱、机柜、面板、支架等，比同类铸钢件在重量上轻 30%～50%，并且制作简单、生产率高。因此，板料折弯机被越来越广泛地

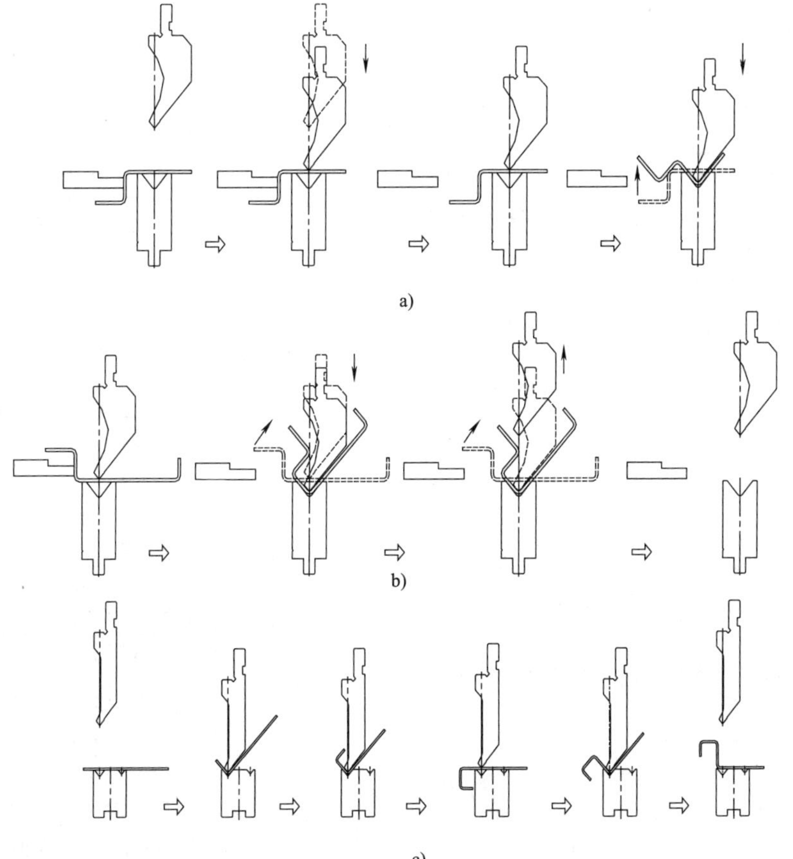

图 2-7-1　在折弯机上的集中典型操作

应用于各种行业，特别是电子电讯、仪器仪表、家用电器、计算机、电气开关柜、幕墙装饰、电梯、环保设备、物流快递、工程机械、汽车行业、宇航工业及机车车辆等。

为制作成一个多道弯边的工件，需要进行许多道折弯工序。过去在普通折弯机上，对于整批的折弯件（一批往往从几十件到几百件）只能一道道工序整批完成，即在调好后挡料位置后，对整批零件进行第一道折弯工序，整批折完后，再整批进行第二道工序，如此一道道工序下去，不但需要有很大的在制品堆放场地，繁重的一张张钢板需要搬运，而且整批零件长时间积压在折弯工序上，严重影响后续工序的流水作业。

近年来，数控板料折弯机的发展十分迅猛，结构功能不断更新，精度和自动化程度日益提高，从根本上改变了上述落后的生产过程，由于后挡料机构可以由数控系统通过伺服电动机及滚珠丝杠传动来迅速而准确地定位，因此一个多弯折弯件的全部折弯工序可以自动且连续地在数控折弯机上完成，不但折弯精度高，而且整批折弯的尺寸精度一致，不需要在制品的堆放面积和堆放时间，也大大减少了在制品的搬运劳动。

2. 驱动形式

1）机械驱动。最早的板料折弯机是由机械压力机演变而来的，也是采用电动机驱动飞轮，经离合器和制动器，带动曲柄连杆结构及滑块做上下往复运动。但由于老式机械传动的固有缺点，如行程和速度都是固定的；滑块上的最大作用力取决于曲轴转角，无法在行程各阶段随意调整；闭口高度调整困难、灵活性差；特别是不易实现数控化和自动化操作，因此近来已被液压驱动所取代，仅在小规格折弯机中尚有极少量应用。

2）液压驱动。液压驱动是目前板料折弯机中占绝对优势的主导驱动形式。其突出优点在于它的灵活性，它不像机械式曲柄连杆机构中行程基本上是固定的，它容易改变行程，且在行程的任意点上均可产生最大的作用力。由于调节行程、速度和压力均很简单而方便，因此很容易实现快速空程接近，慢速加压折弯再快速回程，而且行程的转换点（上、下死点）也可随各种工艺的要求而随意改变。

液压驱动已成为数控板料折弯机的最主要也是最普遍的形式。

3）新型伺服电动机机械驱动。在现在电力电子技术发展的基础上，一种最新型的数控板料折弯机又回归到机械驱动上，称为全电伺服数控折弯机。它是以交流伺服电动机通过滚珠丝杠来驱动折弯模块，由光栅尺精确检测滑块的位置，反馈到数控系统，由数控系统实现对左右两台伺服电动机的同步控制。它的优点是节能、噪声小、行程准确，而且避免了液压传动中到处用油可能对环境带来的污染；制造及维修成本得以降低，而机床的可靠性与效率得以提高。

7.1.2　三种主要折弯方式

1. 自由折弯

如图 2-7-2 所示，凹模的形状固定不变，板料置于凹模表面，折弯机滑块带动凸模下行，将板料在凹模内折弯成一定角度。板料折弯的角度取决于凸模进入凹模的深度，因而可以利用一副模具将工件折弯成不同的角度。其优点是结构较简单，折弯力较小；缺点是板料厚度不均对折弯角度有影响，回弹较大，且拉深性能不好的板料在折弯区外侧易产生裂纹。

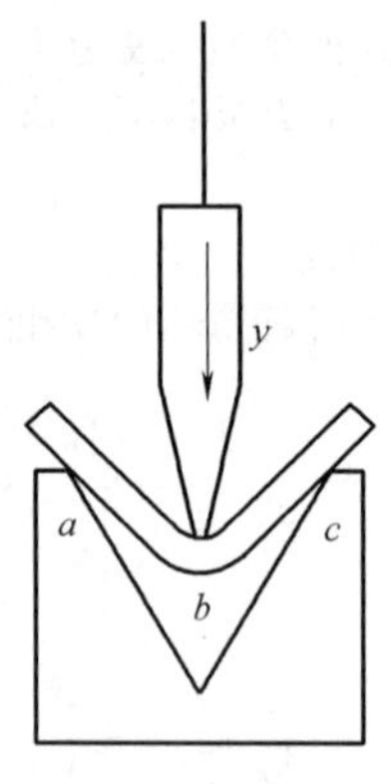

图 2-7-2　自由折弯

2. 三点弯曲

图 2-7-3 所示为瑞士汉默勒（Hammerle）公司

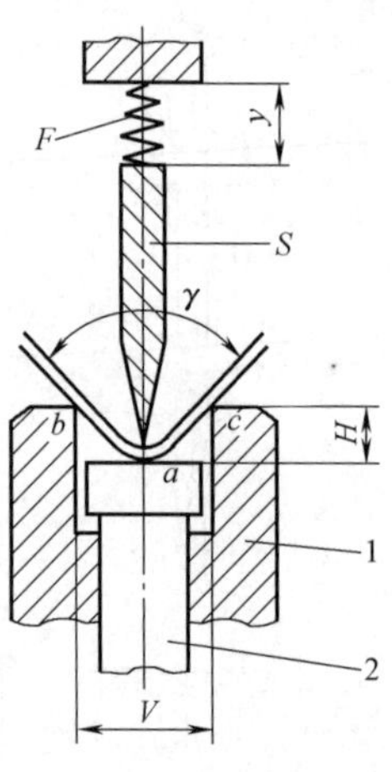

图 2-7-3　三点弯曲
1—底板　2—凹模

首创的一种折弯方式，即三点弯曲。它的特点是凹模的底板深度 H 可以精确调节并固定，这样就相当于调整了凸模进入凹模的深度，但调节更容易且更精确。在折弯时，板料与模具接触的三个点 b、a、c 都在板料的同一侧表面，因此板料的厚度偏差对折弯角度基本上没有影响。此外，凸模顶端和凹模底板都接触板料，改变了板料弯曲区域的应力状态，中性层外侧由自由折弯时的拉应力转变为压应力，不易产生裂纹，且回弹力量大大减少，能获得±10′的折弯精度。但是，其凸模液压垫与凹模深度调节机构相当复杂。

3. 压底弯曲

图 2-7-4 所示为压底弯曲。由模具形状来保证折弯件的形状和尺寸精度，所以加工的折弯件质量较高且稳定；缺点是所需的压弯力较大，模具制造周期长且费用高，多用于大批量生产的中、小型零件和质量要求较高的钣金结构件的弯曲。

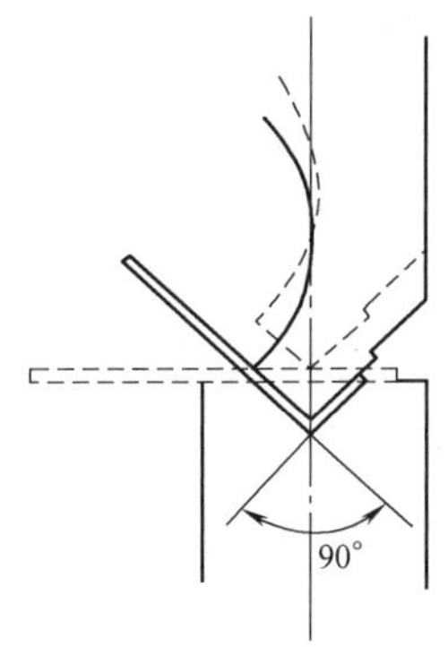

图 2-7-4　压底弯曲

7.1.3　本体（主机）结构简介

液压板料折弯机的本体结构分为上传动和下传动两类。上传动液压板料折弯机的本体结构如图 2-7-5 所示。该折弯机为江苏亚威机床股份有限公司（简称江苏亚威）生产，型号为 PBH-110/3100，整体机身由厚钢板焊接而成，主要由左、右两块墙板组成，具有足够的强度与刚度；两个液压工作缸安装于左、右两侧，用以驱动滑块 2 及在其上固定的凸模 6 做上、下往复运动，凹模 7 则固定在工作台 8 上。在机身后侧均安装有后挡料系统，用以实现板料折弯处的精确定位。在折弯过程中，后挡料的调整最为频繁，它的定位精度直接影响工件折弯边的尺寸精度。

下传动液压板料折弯机则是将工作缸布置在下横梁中间，滑块工作时向上运动。由于回程时是靠重力落下，因此工作缸可以采用单作用的柱塞缸，结构简单。但主要缺点是板料在滑块上升过程中需

图 2-7-5　上传动液压板料折弯机的本体结构

1—上滑块护罩　2—滑块　3—侧防护　4—激光安全防护　5—凸模夹紧装置　6—凸模　7—凹模　8—工作台　9—吊臂　10—数控系统　11—前托料　12—立板

要操作人员一直扶持，故操作不方便。一般认为，小吨位、行程短的下传动液压板料折弯机适于长度较短的薄板折弯。日本天田（Amada）公司曾致力于下传动液压板料折弯机的开发研究，推出过 Fine&Bender 系列。

7.1.4　折弯力的估算

板料折弯机的折弯力与被弯板料的厚度、弯曲长度、板料的力学性能、弯曲半径，凹模槽口宽度有关。对于自由折弯，一般将板料视为简支梁，两支点间的距离为凹模槽口宽度 V，载荷作用于中点，根据自由弯曲来估算折弯力。

一般可由表 2-7-1 查出。表中查出的 F 值为每米长度的板料所需的折弯力（tf），因此还需乘以所折板料的实际长度（m）。

自由折弯力的计算公式为

$$F=65t^2s/V \tag{2-7-1}$$

式中　F——自由折弯力（tf/m）；

t——板料厚度（mm）；

s——板料折弯系数（普通碳钢取 1；不锈钢取 1.6；铝取 0.65）；

V——凹模槽口宽度（mm）。

压底折弯力计算公式为

$$F=0.109St(1+t/V) \tag{2-7-2}$$

式中　F——压底折弯力（tf/m）；

t——板料厚度（mm）；

S——板料抗拉强度（MPa）；

V——凹模槽口宽度（mm）。

表 2-7-1　板料折弯力对照表（自由折弯）（YAWEI）

板料厚度 t/mm	凹模槽口宽度 V/mm																									
	6	8	10	12	16	18	20	24	32	35	40	50	60	63	80	100	120	130	140	150	160	180	190	200	230	260
	最小折边长度 b/mm																									
	4.5	5	7	8.5	12	13	15	17	23	25	28	35	43	45	57	71	85	92	100	105	115	130	135	140	160	180
	弯曲半径 r/mm																									
	1	1.2	1.6	2	2.5	2.8	3	3.5	5	5.5	6	8	9.5	10	12	15.5	19	21	23	24.5	26	28	30	32	36	40
	折弯力/(tf/m)																									
0.5	2.5																									
0.8	7	4.8																								
1.0	11	8	6																							
1.2		12	9	7																						
1.5			15	12	8																					
2.0				23	16	13	12	9.5																		
2.5					26	22	20	15	11																	
3.0							30	24	16	14	12															
4.0								44	31	28	23	18														
5.0									53	47	43	31	25													
6.0											61	45	36	34												
8.0												88	69	65	47	36										
10														110	80	60	47	43	39							
12															120	90	71	65	58	55	50					
16																	140	125	115	105	95	81	80	71		
18																			148	135	125	110	100	95	80	
20																					140	130	120	110	90	

注：本表格中的数据是在 90°折弯，材料抗拉强度 R_m = 450MPa，折弯力为 1m 长度板料基础上计算的结果。

7.2　同步系统与滑块定位

在液压板料折弯机中，由于宽度方向尺寸较大，一般均由左、右两个液压缸来驱动滑块下行。同步系统是用以保持两个液压缸的活塞能够精确地同步运动，从而确保在折弯时滑块及凸模的下表面与工作台及凹模的上表面平行。因此，同步系统是液压板料折弯机中保证折弯精度的关键装置。滑块工作行程的定位控制，则直接影响凸模进入凹模的深度，因此在自由折弯方式中，是影响折弯角及折弯质量的重要因素。

几种不同的同步系统及滑块定位控制方法分述如下。

7.2.1　扭轴同步系统

扭轴同步系统的工作原理如图 2-7-6 所示。它的主要部分是一根较粗的刚性扭轴 2，其两端固定在左、右机身 1 的内侧，并在两边通过两个小滑块 3 与工作滑块 4 相连。当滑块承受偏载或两侧运动不同步时，由扭轴的巨大抗扭刚度来平衡。这种系统

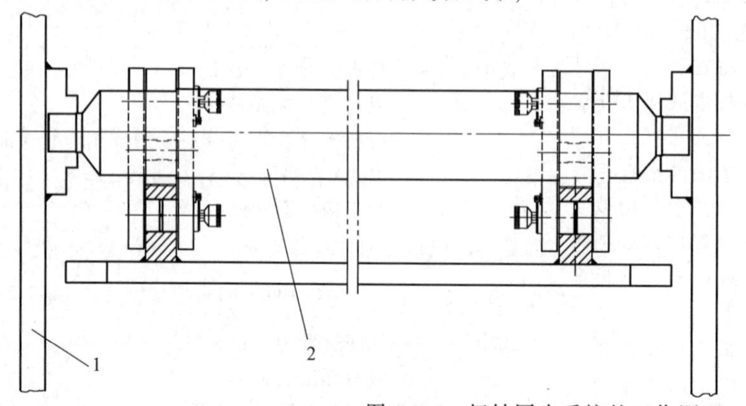

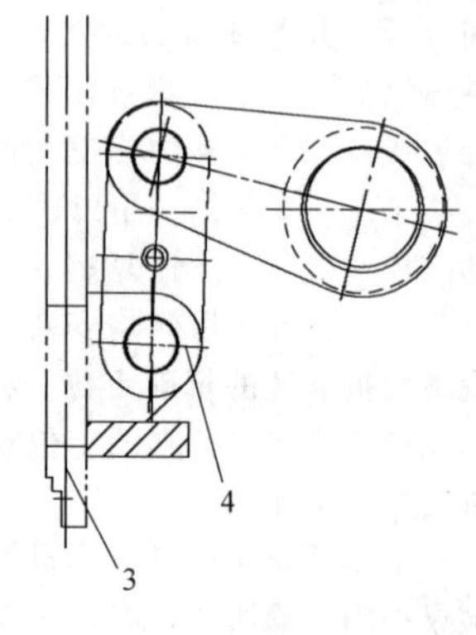

图 2-7-6　扭轴同步系统的工作原理

1—机身　2—刚性扭轴　3—小滑块　4—工作滑块

吉构简单，具有一定的同步精度与抗偏载能力，因比在中、小规格的折弯机中仍有较多应用。但对于公称力很大的折弯机，若仍采用扭轴式，则扭轴直径必须很大，这会大大增加机器重量，故不适合。

.2.2　电液伺服同步系统和定位控制

这是目前使用得最多也是精度最高的同步系统，它采用全闭环电液伺服控制技术，滑块位置信号由两侧光栅尺反馈给数控系统，再由数控系统控制同步阀的开口大小，调节液压缸进油量的多少，从而控制滑块同步运行。

江苏亚威在 PB 系列数控液压板料折弯机上采用的电液伺服比例同步系统及定位控制的工作原理如图 2-7-7 所示。该系统由带电反馈的电液比例换向阀、光栅尺、比例放大器、同步位置控制模板等组成。在滑块运动过程中，同步位置控制模板通过线性光栅尺检测滑块两端的位移量，从而计算出滑块的同步误差值，并根据 CNC 系统设定的目标定位点数值进行数字同步调节和定位控制。

同步位置控制模板及比例放大器的工作原理框图如图 2-7-8 所示。同步位置控制模板的设计采用 HSB 总线通信形式，与上位机进行通信，接收上位机有关控制滑块的参数数据及控制命令；实现滑块两端线性光栅尺的位移计数；接收操作者对滑块的开关量控制信号；进行模数转换计算，将控制比例方向阀的模拟控制电压信号通过比例放大器转换为数字信号，完成对折弯机的同步调节、位置控制及动作顺序和压力的控制。

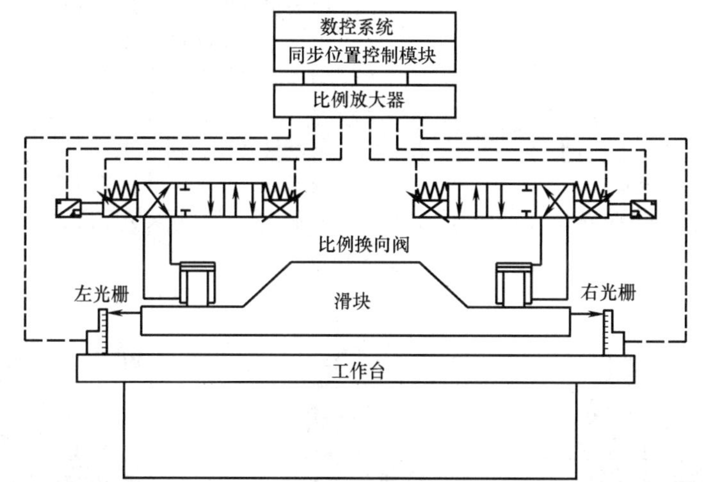

图 2-7-7　电液伺服比例同步系统及定位控制的工作原理（HOERBIGER）

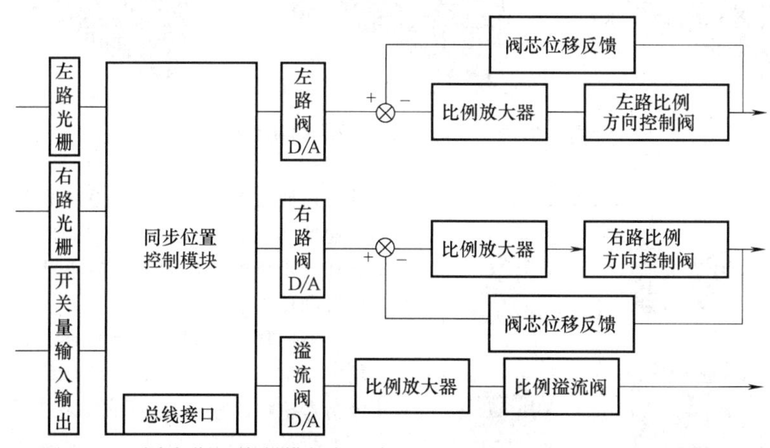

图 2-7-8　同步位置控制模板与比例放大器的工作原理框图（YAWEI）

比例放大器接收同步位置控制模板的模拟电压信号，并检测比例方向控制阀阀芯的反馈位置信号，实时比较滑块的实际定位值，然后调整比例方向控制阀电磁铁的开口大小，完成对比例方向控制阀阀芯的闭环控制。

使用电反馈比例方向控制阀，可将阀芯位置通过反馈电路转换为电压信号送入比例放大器，使阀芯的位置控制处于闭环状态，从而可保证精确的折弯位置。与不带电反馈的比例方向控制阀比较，电反馈比例方向控制阀的控制简单、平稳、精度高。

同步位置控制模板从上位机接收的滑块运动参数有上死点位置、快速下行速度、速度切换点、慢速折弯速度、下死点位置、在下死点的保持时间、卸压距离、卸压速度、回程开口、折弯力等。折弯机滑块的位移-时间曲线如图 2-7-9 所示。

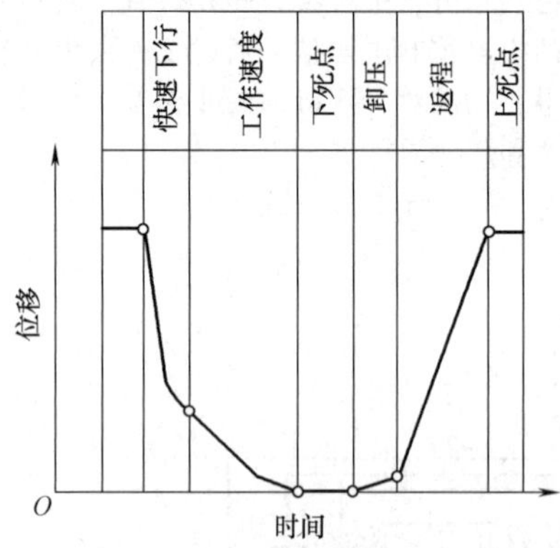

图 2-7-9　折弯机滑块的位移-时间曲线

折弯机的液压控制系统为德国 HORBIGER、REXROTH、BOSCH 等折弯机专用液压系统，所用位置检测元件为增量式光栅尺/磁栅尺，CNC 系统为荷兰 DELEM、瑞士 CYBELEC 等折弯机专用数控系统。

7.2.3　双向伺服泵同步与定位控制高灵敏度的复合驱动系统

近年来，随着伺服电动机、双向泵技术的进步与成本降低，双向伺服泵同步驱动控制系统在折弯机上得到越来越广泛的应用。日本天田（Amada）公司在其 HDS-NT 系列数控折弯机中，对上传动的每侧活塞缸均采用 AC 伺服电动机带动可双向旋转的柱塞泵单独供油，各个缸中的压力油的流量、压力和走向均可自动伺服控制，定位精度可达 0.001mm。

江苏亚威生产的 PBM-110/3100 新一代油电复合驱动折弯机，采用高动态响应的 AC 伺服电动机和双向泵作为驱动滑块的动力装置。双向泵驱动滑块的动作流程如图 2-7-10 所示。

双向伺服泵控同步驱动控制系统由数控系统、伺服放大器、伺服电动机、双向定量泵、液压阀、液压缸、滑块和滑块位置传感器组成，如图 2-7-11 所示。折弯机滑块实际位置通过左、右光栅尺检测

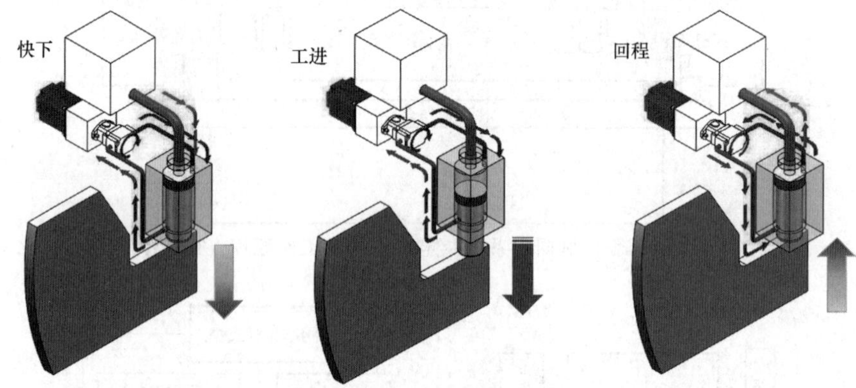

图 2-7-10　双向泵驱动滑块的动作流程

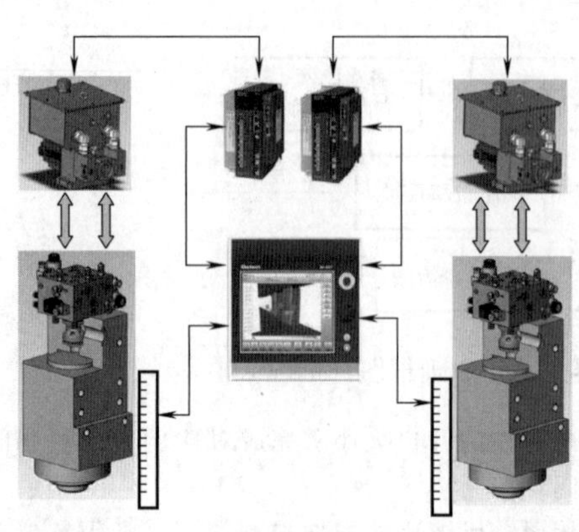

图 2-7-11　双向伺服泵同步驱动控制系统

并反馈回数控系统，数控系统根据折弯机各阶段所需速度和压力，给左、右伺服电动机相应的同步转速和转矩指令，控制左、右液压缸同步速度、最终位置和压力。

双向伺服泵同步驱动控制系统具有高速度、高精度、节能环保等优势，其节能效果比常规数控电液折弯机电能消耗减少 60%左右，比常规数控电液折弯机效率提升 30%以上，油耗比常规数控电液折弯机减少 80%以上，液压故障率减少 80%，并且具有发热小、噪声低等优势。

7.2.4　全电伺服同步系统和定位系统

全电伺服同步系统取消了液压缸及液压系统控

方式，采用高灵敏的 AC 伺服电动机驱动滑块。图 7-12 所示为日本小松公司生产的电伺服折弯机。同步系统采用 4 组伺服电动机传动系统，由伺服动机经减速机、同步带轮、同步带减速，带动滚丝杠驱动滑块上下运动，完成板料折弯；由光栅精确检测滑块的位置，并反馈到数控系统，由数系统实现对多组伺服电动机进行同步控制，与传电液折弯机相比，电动机功率消耗完全由负载大决定，节省大量电能，节能率达 60%以上。

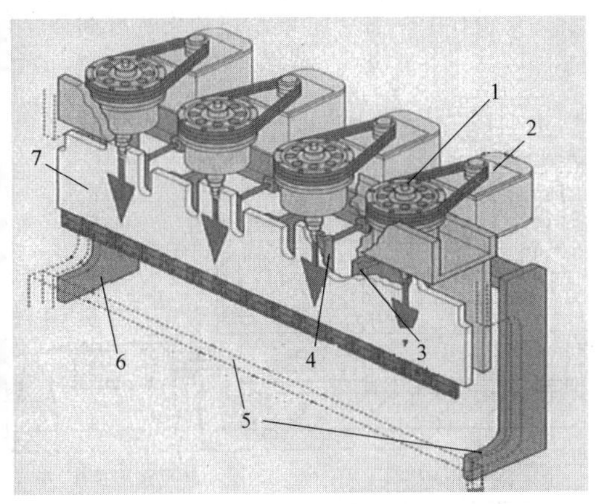

图 2-7-12　电伺服折弯机

1—滚珠丝杠　2—AC 伺服电动机　3—滑块导轨　4—线性编码器　5—极厚机身　6—修长补正机身　7—滑块

7.3　组成部件及功能介绍

7.3.1　后挡料定位系统

在折弯机上，板料的精确定位主要依靠后挡料架来实现。由于在板料连续折弯的各个工序中，要频繁地改变定位，因此后挡料架不仅要能够精确定位，而且每次定位的改变要十分迅速。

现代数控液压板料折弯机的后挡料定位系统一般采用数字式交流伺服电动机驱动，大导程精密滚珠丝杠传动，直线导轨导向。后挡料定位系统共设有前后（X_1、X_2）、左右（Z_1、Z_2）和上下（R_1、R_2）六个数控轴，如图 2-7-13 所示。上述六个数控轴再加上控制两个工作缸垂直位移的（Y_1、Y_2）两个数控轴，就是一般所谓的八轴数控。

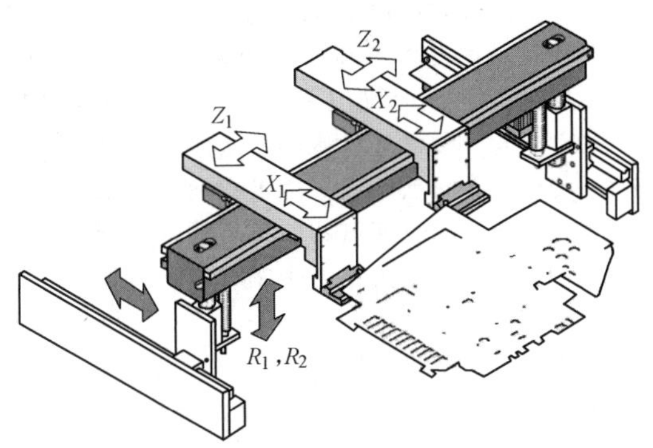

图 2-7-13　后挡料定位系统的数控轴

7.3.2　工作台及滑块挠度补偿系统

板料折弯机的滑块在进行折弯工序时，由于两个工作缸是在两端加压，因此滑块中部会产生向上的挠度，从而造成凸模进入凹模的深度在全长上不一致，直接影响折弯件的直线度。为此，很多板料折弯机上均设有挠度补偿系统。扰度补偿的方式有多种，如下所述。

1）采用下传动方式，把工作缸布置在下横梁（工作台）的中间，使上、下横梁的挠度方向一致。这种方式并不常见，只在少数机型上采用。

2）工作台固定加凸，即采用编程加工的方式把工作台工作平面加工成中间稍微凸起，以补偿折弯时产生的挠度。这是方式只能对特定的折弯状态产生一定补偿效果，并不能得到理想的补偿曲线。

3）采用下工作台液压挠度补偿方式，如图 2-7-14 所示。即在下工作台中布置一组辅助缸（补偿缸），在折弯时，通过补偿缸自动产生相应的向上压力，使得前中后三块立板之间产生相对位移，来实现中立板的凸起补偿，这是目前比较普遍采用的方式之一。

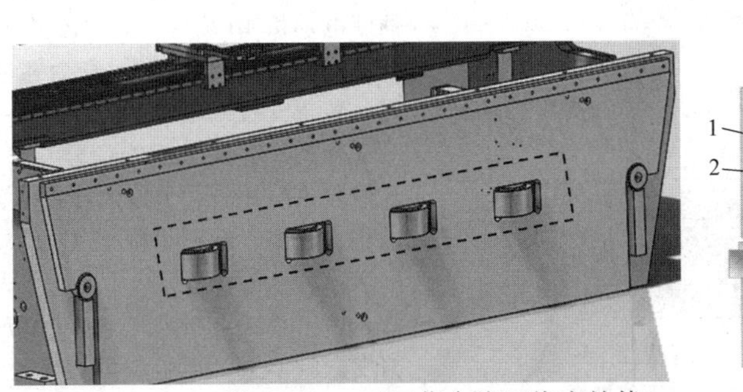

图 2-7-14　下工作台液压挠度补偿

1—后立板　2—中立板　3—前立板　4—补偿缸

4）在折弯机机身上，除两侧有两个工作缸外，中间再布置两个辅助缸。当空程向下时，辅助缸只充液跟随下行，折弯时辅助缸也加压，使滑块产生向下的挠度来补偿。这种方式已很少有生产厂商采用。

5）工作台斜楔凸起装置。在工作台全长上布置若干斜楔，如图 2-7-15 所示。凹模装在垫板 2 上，垫板 2 通过斜楔 3 支承在工作台 1 上。当蜗杆 6 旋转时，带动蜗轮 5 和螺杆 4 旋转，从而使斜楔 3 向左移动，使垫板 2 向上凸起。由于中间挠度最大，中间的斜楔行程也大，两侧的斜楔行程逐渐减少。各个斜楔的不同行程量是由各个蜗杆传动装置不同的传动比来实现。各个蜗杆在同一轴上，可以通过手轮或电动机驱动，也可以用伺服电动机驱动，成为数控系统的一个数控轴。这种方式已经极少采用。

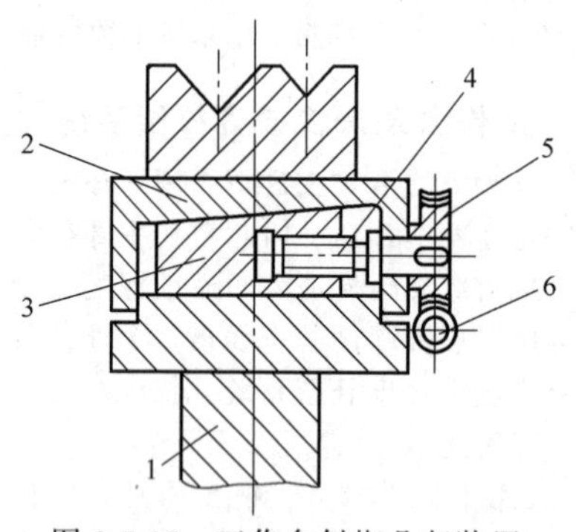

图 2-7-15　工作台斜楔凸起装置
1—工作台　2—垫板　3—斜楔
4—螺杆　5—蜗轮　6—蜗杆

6）机械补偿装置。现在普遍采用的另一种机械补偿装置如图 2-7-16 所示。凹模装在下模座 1 上，

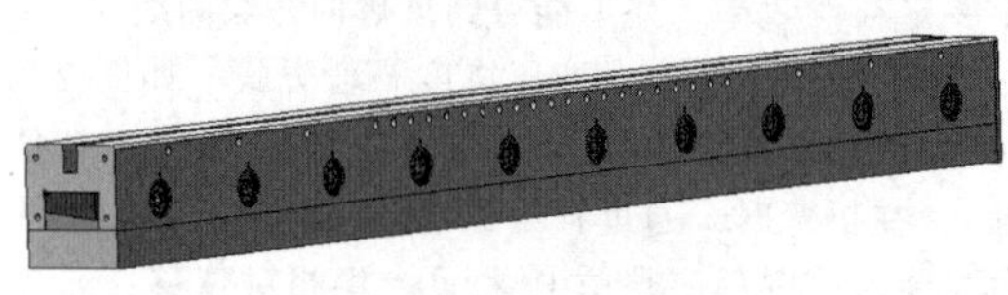

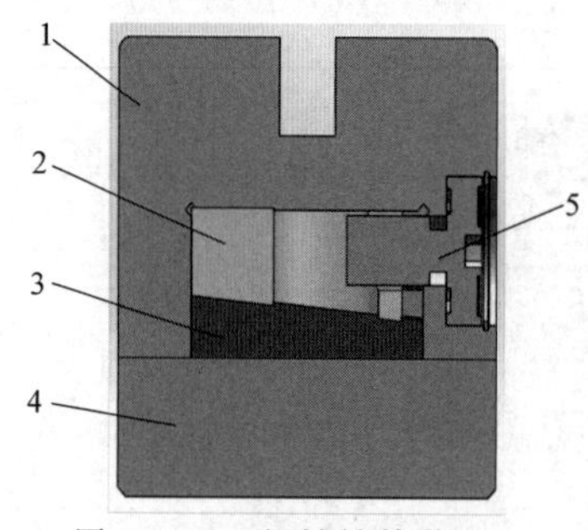

图 2-7-16　机械补偿装置
1—下模座　2—上斜锲块　3—下斜楔块
4—螺杆　5—微调螺钉

通过一侧拉杆拖动下斜锲块 3，与上斜锲块 2 产生相对位移，从而使上斜锲块 2 和下模座 1 产生上下位置变化。上下锲块之间的斜度是由中间向两边逐渐减少的，这样可以保证得到圆滑的补偿曲线。一侧的拉杆可以通过手轮或电动机驱动，也可以用伺服电动机驱动，成为数控系统的一个数控轴。

7.3.3　凹模深度调节机构

在瑞士汉默勒（Hammerle）公司推出的三点折弯工艺中，凹模内底板的深度将影响板料的折弯精度，因此设计了一套气缸-楔块机构来进行调节，如图 2-7-17 所示。

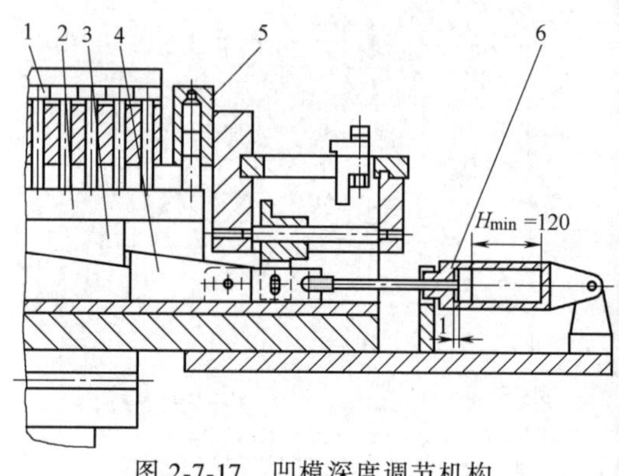

图 2-7-17　凹模深度调节机构
1—凹模底板　2—垫块　3—上楔块
4—下楔块　5—小气缸　6—气缸

当气缸 6 的活塞杆在压缩空气作用下向右运动时，带动下楔块 4 也向右运动，推动上楔块 3 及垫块 2，并克服小气缸 5 活塞的阻力，使凹模底板 1 向上移动，此时，工件的弯曲角度将变大；若气缸 6 的活塞杆向左运动，则在小气缸 5 的作用下，凹模底板 1 向下移动，此时工件的弯曲角度将变小。由于楔块机构的刚度大，因此在折弯时调整好的弯曲角不会改变。气缸 6 活塞杆移动距离的精确定位，则由计算机和一套闭环系统来实现。

图 2-7-18 所示为气缸活塞杆移动距离定位机构。计算机根据工件所需的折弯角度大小发出指令，使伺服电动机 10 旋转，通过齿形带传动系统 6、7、8，经摩擦圆盘 5 和丝杠 9，变为螺母 2 的直线运动。同时，装于丝杠右端的检测元件——数码盘 4 也随之一起转动，并发出反馈信号，输回计算机，与原输入信号进行比较，形成闭环控制，准确限定了螺母 2 的移动距离，从而也限定了撞块 1 及与其相连的气缸活塞杆 3 的位置。

由于在三点折弯工艺中，板料厚度变化对折弯精度影响不大，而板料的力学性能及相应的折弯力大小将主要影响折弯角度。为此，在凸模上装有测量折弯力的传感器，将折弯过程中的折弯力及其变化特性存入计算机内凸模进入凹模深度的数学模型，在折弯下一块板料时，与测得的数据进行比较，计算出凸模进入凹模深度的修正量。

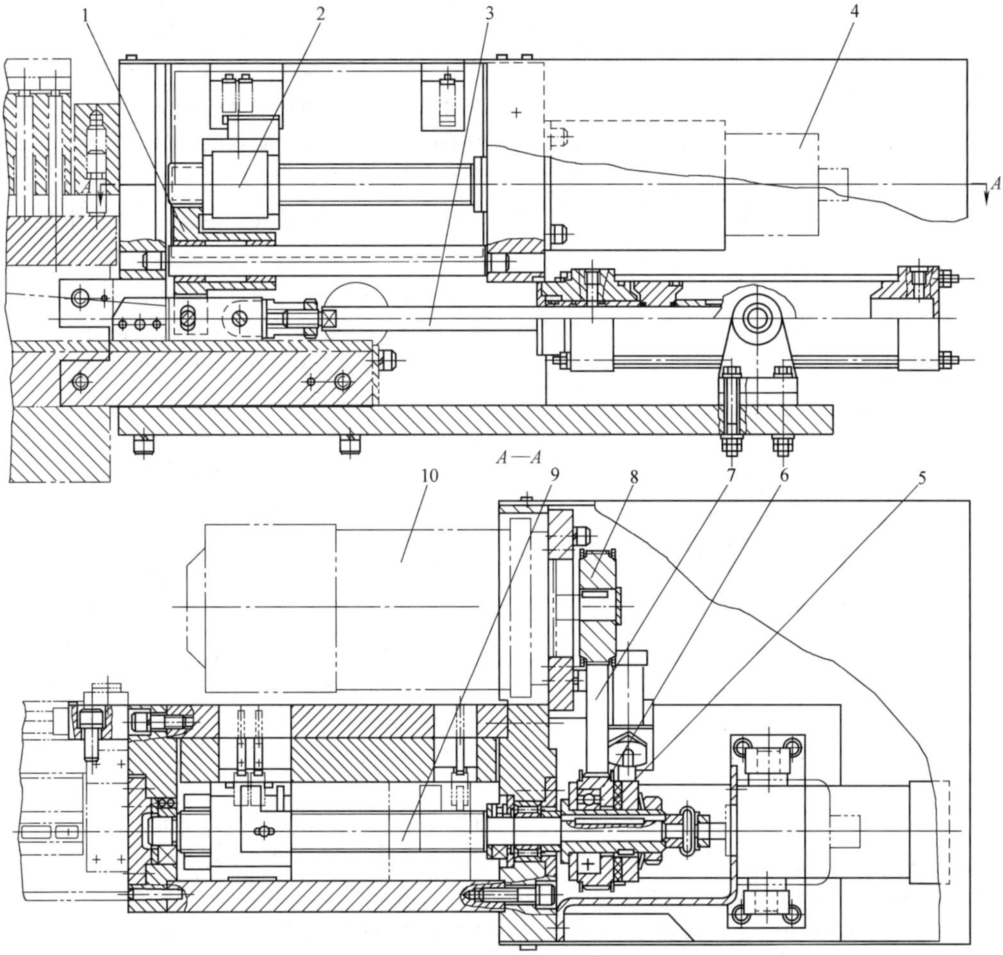

图 2-7-18　气缸活塞杆移动距离定位机构
1—撞块　2—螺母　3—活塞杆　4—数码盘　5—摩擦圆盘
6、7、8—齿形带传动系统　9—丝杠　10—伺服电动机

7.3.4　凸模快速夹紧机构

板料折弯机的凸模一般在全长上由几段组成。以前，是用许多螺钉通过压板将每段凸模分别固定在滑块或凸模座上，每次换模及调整时，费时又费力，极大地影响了生产率。现在，都采用凸模快速夹紧机构。

图 2-7-19 所示为使用最广泛的凸模机械快速夹紧机构。该快速夹紧机构通过压板 2 安装在上滑块 1 上，工作原理是采用锁紧手柄 4 撬动凸模压板 5 将凸模压紧，换模时松开锁紧手柄 4，通过弹簧 8 推开凸模压板，可将凸模从该机构侧面或正面下方取出或安装。该机构可通过移动斜锲块 7 的水平位置来调整凸模高度的一致性及板料折弯的角度精度。

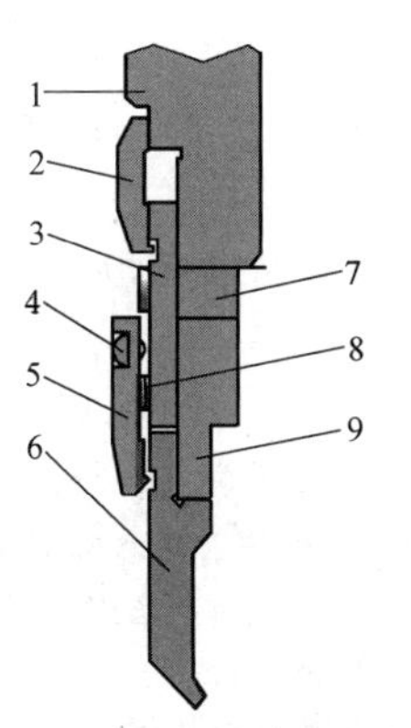

图 2-7-19　凸模机械快速夹紧机构
1—上滑块　2—压板　3—过渡板　4—锁紧手柄　5—凸模压板　6—凸模　7—斜锲块　8—弹簧　9—连接板

图 2-7-20 所示为另一种凸模快速夹紧机构，即凸模液压快速夹紧机构。在夹紧软管 6 中充以压力油，即可夹紧凸模。当更换凸模时，松开液压夹紧，扳开安全销 9，即可取下凸模，非常方便快捷。同时，在每个凸模的上方还有液压垫，它由液压腔 1 和隔膜 2 组成，液压腔在全长上是互相贯通的，可以保证凸模沿工作台全长上对工件均匀加压。在折弯工件时，若凸模压力过大，通过推力杆 12 将隔膜 2 向上推动 2mm 时，安全销 9 被推出，使深度截止器 10 转动，触动限位开关，发出滑块返程信号。

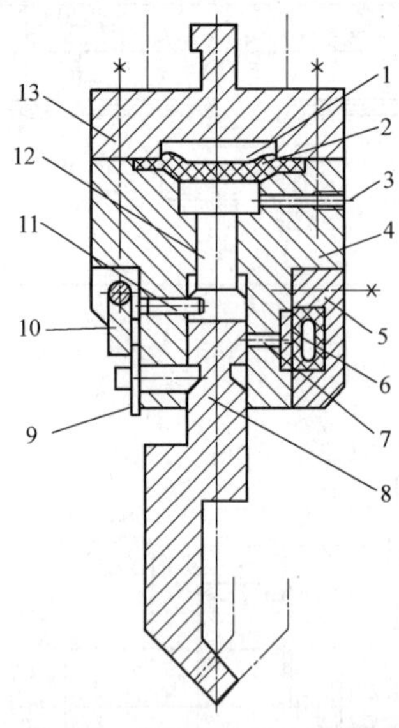

图 2-7-20　凸模液压快速夹紧机构
1—液压腔　2—隔膜　3—润滑油入口　4—凸模座　5—侧盖　6—夹紧软管　7—夹紧销钉　8—凸模　9—安全销　10—深度截止器　11—锁钉　12—推力杆　13—顶盖

分段凸模的宽度各不一样，以便灵活组合，如通快公司的凸模组合为宽度 25mm 的两块，宽度为 30mm、35mm、40mm、45mm、50mm 的各一块，以上合计 250mm 为基本组合；两端各为 100mm，然后再增加 100mm、200mm、300mm、500mm 的加长块，以组成不同长度的尺寸组合。

7.3.5　板料厚度自动测量

板料厚度的偏差会引起折弯角度的变化，为此德国蒙格勒（Mengele）公司的数控折弯机上装有高精度板厚测量仪。在折弯前，将测得的实际板厚与名义板厚的偏差作为参数输入数控系统，以修正凸模进入凹模的深度，这种方法对于厚度偏差较大的厚板尤为适用。例如，对于 5mm 厚的钢板，使用板厚测量仪时，折弯角度最大偏差为 1°，而不用时的偏差为 6°。

瑞典普尔玛克思（Pullmax）公司的数控折弯机上装有 Sensomatic 板料厚度传感器，它用固定在上模上的感应头与板料直接接触以测出板厚，输入数控系统，以修正滑块的行程，改变凸模进入凹模的深度。试验表明，一种有八道折弯工序厚度为 5mm 的折弯件，折弯角度为 90°和 135°。不测量板厚的 4 个折弯件，折弯角度在 90°时的偏差为 4°，在 135°时的偏差为 5°。而测量板厚的 11 个折弯件，折弯角度的偏差不超过 0.3°。

7.3.6　折弯角度自动测量和回弹补偿

板料的力学性能经常会有所差异，这种力学性能的差别会引起折弯角度的变化，从而影响折弯精度。例如，折弯 90°时，较软的板料角度可能接近 91°，而较硬的板料则可能只有 89°，因此必须进行修正。板料的不同力学性能还会影响回弹率，而补偿回弹率的调整很费工时，因此折弯角度和回弹率的自动测量与自动补偿对提高折弯角度的精度十分重要。

比利时 LVD 公司开发了自动测量折弯角度和回弹的自适应控制系统。当触头接触板料并随板料一起运动时，不断向控制系统发送关于折弯角度的信息，以控制凸模的进入深度。为了补偿回弹，采用了折弯力测量系统，在工作台上装有应变传感器，当工作行程达到终点时，折弯力减少 30%，凸模自动退让，再次测量折弯角，算出回弹量，并设定一个新的压下深度，进行复压。有了这一自适应系统，不需要试折弯，调整时间大大缩短。此系统已在该公司 PPI 和 PPE 系列折弯机上使用，属于选购件。

法国普罗梅坎（Promecam）公司的数控折弯机上也有类似的折弯角度自动测量装置。将角度传感器测头做成 V 形，置于凹模的轴向孔内，与凹模工作表面贴合。当板料放在凹模上时，也抵靠在传感器 V 形测头的表面。当凸模下行进入凹模时，传感器产生相应的位移并通过角度检测机构输出相应的信息。经计算机处理后，在屏幕上显示实时角度值。当位移与设定值相符合时，数控系统发出指令，暂停向液压缸供油，测出由于板料回弹产生的角度变动量，反馈到数控系统予以补偿。

瑞士贝勒（Beyeler）公司生产的 RT 型板料折弯机上采用了 ROTAX 新型的回转凹模折弯工艺，如图 2-7-21 所示，在此工艺中实现了折弯角度测量和回弹补偿。它用两个长辊代替凹模，每个辊子上各有一个平面，折弯时在凸模压力作用下，两个辊子随着在模座中的回转对板料进行折弯。通过辊子回转的角度就能方便地测量出实际的折弯角度。在折弯过程中，将测得的角度值不断输入数控系统。RT 系列折弯机的两个工作缸各由伺服阀控制，可使凸模进入凹模的深度和平行度达到 0.01mm 的精度。

两个长辊均由若干段长度为 800mm 的辊子组成，每一段辊子都能独立地测量折弯角度，并把全部数据反馈到折弯工作台座的液压补偿系统中。后者由自己的伺服阀控制，可以根据测得的角度，立即作用到折弯件的某一部分上进行修正。

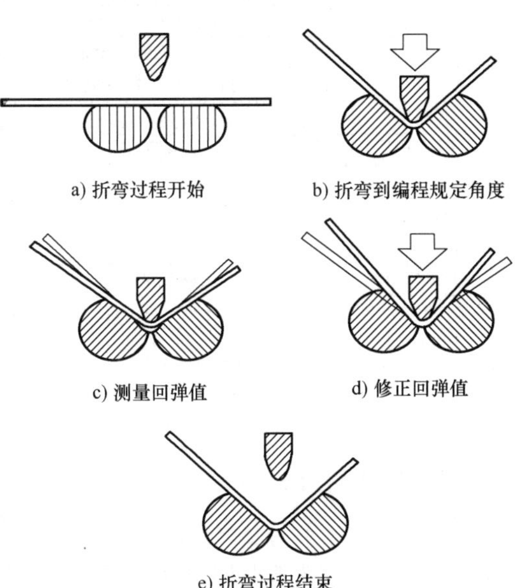

图 2-7-21　回转凹模折弯工艺

对于回弹的测量，则如图 2-7-21 所示。当折弯达到设定的角度时（见图 2-7-21b），记录这时的压力值，数控系统控制滑块略微松开，使压力减小到原先记录压力的 50%，滑块停止，再次测量折弯件的实际角度，这样就测得回弹值的一半（见图 2-7-21c），数控系统根据这一数值可计算出修正量。继续进行折弯时，加入此修正量，最终得到精确的折弯角度。进行上述回弹测量和补偿，约增加 15% 的工作循环时间。

回转凹模折弯工艺的另一优点是凹模对板料不产生划痕和不损伤其表面。

7.3.7　前托架与随动托料

在板料定位时，为方便扶持板料，折弯机一般会配置前托架。前托架可根据操作者的需求调节高度，也可按步距或沿直线导轨左右移动。前托架的台面一般始终保持水平，可提高板料定位的稳定性。

在板料折弯过程中，板料会随折弯过程的进行而逐渐翘起，若不适当托住，会因板料的自重而导致折弯件变形。过去这些都由操作工人托住，劳动强度很大，且不安全。

为解决上述存在的问题，减少操作工人的劳动负荷，增加板料折弯后的精度，大多采用在板料折弯机上配备随动前托架，在折弯时，随着板料的翘起自动托住板料。随动托料一般有三种形式：

1）浮动式。由气缸支承前托架，能随板料的翘起而升起，进气压力应调节到仅对板料起支承作用，而不会引起额外变形。

2）被动伺服式。板料在前托架上压住支承销，当板料抬起时，支承销发出信号，由液压伺服机构控制前托架同步升起。

3）主动伺服式。当滑块运行至折弯夹紧点时，伺服电动机起动，驱动托料台面随板料同步升起，数控系统根据板料折弯速度自动计算托料翻转的角速度，使得板料在折弯过程中完全被托料托住；在滑块回程时，托料可以慢速回程，板料不会突然下落而损坏板料。

图 2-7-22 所示为主动机械伺服式随动托料。当凸模 1 位置到折弯夹紧点时，垂直上下传动组 5 和翻转传动组 7 开始同时起动，跟随板料 2 被折弯后的旋转升起而同步升起。

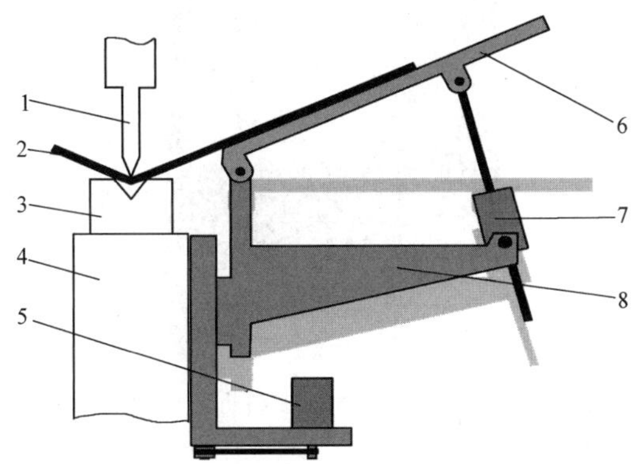

图 2-7-22　主动机械伺服式随动托料

1—凸模　2—板料　3—凹模　4—立板　5—垂直上下传动组　6—托料台板　7—翻转传动组　8—底座

随动托料装置一般设左右两套，可一起使用，也可单独使用。有的随动托料装置还可以沿导轨左右移动，如移动到折弯机之外，以便换模、模具运输和其他操作。

7.3.8　数控系统

数控液压板料折弯机的各数控轴均由数控系统控制，现在已有折弯机的专用数控系统作为商品供应，比较著名的有荷兰 Delem 公司的 DA 系列（DA52S、DA56S、DA58T、DA66T、DA69W、……）和瑞士的 Cybelec DNC 系统（Touch 8、Touch 12、Modeva15T、……），它们的数控轴一般为 3～10。例如，江苏亚威生产的 PBH-110/3100-8C 数控折弯机配置了 Delem 公司的 DA66T 折弯机专用数控系统，为八轴（Y_1、Y_2、X_1、X_2、R_1、R_2、Z_1、Z_2）伺服控制，定位精度一般可控制在±0.01mm。

DA69W 数控系统基于实时 Windows 操作系统、

三维彩色人机界面，具有自学习数据库和图形编程工具，自动折弯工序计算和干涉探测；具有三维图形编程、角度校正传感器接口、Windows 网络功能与工厂网络集成及数控系统与网络上的任何计算机交换数据、存取产品程序等特点；具有模具安全区域、自由折弯力、折弯允差、工作台挠度补偿、板料展开长度、强制折弯力、大圆弧计算、角度校正数据库和多模具站设置等功能。

除了上述两家专业开发数控板料折弯机控制系统的生产公司，也有许多国内外折弯机的生产厂商研发属于自身机械的数控系统，其中国外的代表有德国痛快、瑞士百超、日本天田等，国内厂商自行研发数控系统的不多，其中以江苏亚威为代表，该公司自主研发的 NCY10P-1601 板料折弯机数控系统如图 2-7-23 所示。

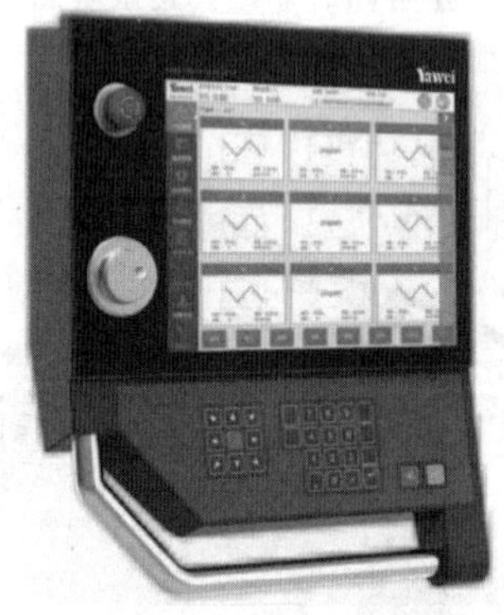

图 2-7-23　NCY10P-1601 板料折弯机数控系统

其参数配置见表 2-7-2。

表 2-7-2　NCY10P-1601 数控系统的参数配置

参数名称	参数内容
CPU	Intel@ ATOM processor N455
主频	1.6GHz
内存	板载 DDR 内存　2G
显示芯片	Gen3.5 DX9, 200MHz
显示内存	可配置与主内存共享
显示屏	15in,1024x768,26 万色
触摸屏	电阻屏
板载 FLASH	2G
VAG 接口	1
标准键盘、鼠标接口	1
USB 接口	USB2.0　X 3
网络接口	10M/100M 自适应　X 2
RS232 接口	1
CAN 接口	1
手脉接口	1

7.4　折弯机的联动

在特定场合中，折弯板料的长度往往大于单台折弯机的折弯长度，为了实现这种超长板料的折弯，需要进行双机甚至多机联动作业，即将两台或多台折弯机拼接在一起，并使其同步工作。

江苏亚威的 2-PBA、2-PBB、2-PBH、2-PBC 系列折弯机配置荷兰 Delem 公司 DA52S 数控系统，需在两台折弯机的滑块中间安装同步控制装置。图 2-7-24 所示为亚威 2-PBA 机型。同步控制装置的工作原理如图 2-7-25 所示。挡板 4 通过直线导轨 1 与左滑块 2 相连，安全螺栓 5 和位置传感器 6 通过安装底板 7 与右滑块 3 相连，安全螺栓 5 的高度比位置传感器 6 的高度略高，用于放置单机模式时挡板 4 碰到位置传感器 6。同步控制装置上的位置传感器检测两边滑块的位置差，然后实时地对滑块的运行速度进行调整，以确保两边滑块在同一水平面同步运行。当配置 Delem 公司的 DA58T、DA66T 数控

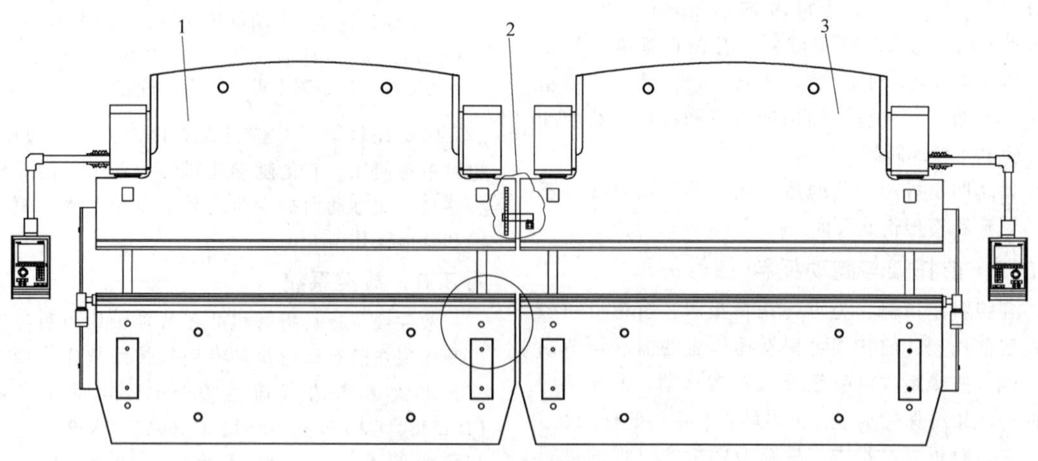

图 2-7-24　亚威 2-PBA 机型

1—左折弯机　2—同步控制装置　3—右折弯机

系统时，则无须安装同步控制装置，通过两台折弯机的数控系统实时通信，调整滑块的运行速度，确保两边滑块在同一水平面同步运行。江苏亚威的 3-PBB 系列折弯机配置荷兰 Delem 公司的 DA66T 数控系统可实现三机联动运行。

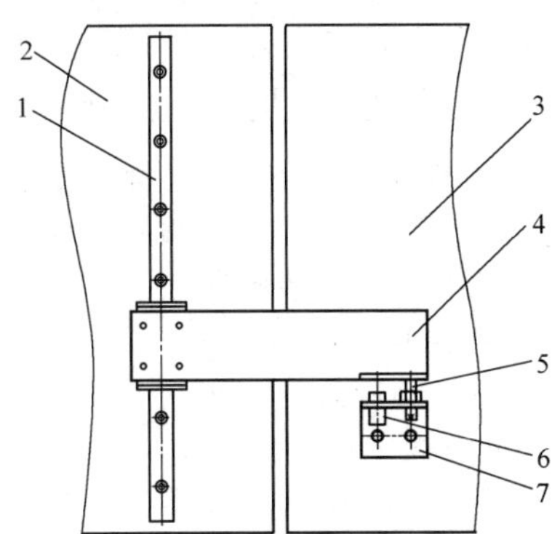

图 2-7-25　同步控制装置的工作原理

1—直线导轨　2—左滑块　3—右滑块　4—挡板
5—安全螺栓　6—位置传感器　7—安装底板

折弯机的双机或多机联动功能可根据实际工况进行选择，关闭折弯机的联动控制功能，每台折弯机都可当作单机独立运行，并且不会影响其他折弯机的运行。

7.5　板料折弯机的型号与技术参数

7.5.1　型号

国内生产的板料折弯机型号的编制方法一般有两种。

一种是按照 GB/T 28761—2012《锻压机械　型号编制方法》的规定编制。以型号代码 WH67Y-100/3200 为例，其具体含义为：

W—锻压机械分类及字母代号中的弯曲校正机代码。

H—折弯机生产厂商系列号。

67—代表一般板料折弯机，68 代表板料折弯剪切机，69 代表三点式板料折弯机。

Y—代表液压传动，如果为 K 则表示数控。

100—表示折弯机的公称力为 1000kN。

3200—表示工作台的长度为 3200mm。

另一种是以折弯机的英文缩写为开头的方式进行编制。以江苏亚威生产的 PBH-110/3100 型号为例，其具体含义为：

PB—折弯机英文 Press Brake 的缩写。

H—折弯机系列号。

110—表示折弯机的公称力为 1100kN。

3100—表示工作台的长度为 3100mm。

如果型号前面再加一个数字 n，则表示 n 台联动，如 2-PBH-500/6200 表示两台公称力为 5000kN、工作台长度为 6200mm 的联动折弯机，又称为双机联动数控板料折弯机。

我国生产的板料折弯机的种类很多，如江苏亚威生产的 PBA、PBB、PBC、PBE、PBH、PBM 系列，江苏金方圆数控机床有限公司公司生产的 PR、PE 系列，江苏扬力集团有限公司生产的 YHB、MB 系列，天水锻压机床（集团）有限公司（简称天水锻压）生产的 WH67、WH67K 系列，湖北三环锻压机床有限公司（简称湖北三环）生产的 PPEB 系列。

国外生产的数控板料折弯机的种类也很多，如德国通块（Trumpf）公司生产的 Tru Bend 系列、日本天田（Amada）公司生产的 HDS、HG、HM 系列、比利时 LVD 公司生产的 PPEB 系列、日本村田（Murata）公司生产的 Muratec HYB 系列、瑞士百超（Bystronic）公司生产的 Xpert、Xcite、Xacte 系列等。

7.5.2　技术参数

国内外折弯机生产厂商较多，各家的技术参数与型号编制方式也不尽相同，但都包含如下几个重要参数：最大公称力、最大工作长度、运行速度、机床外形尺寸、重量等。以江苏亚威生产的 PBH 系列小吨位数控板料折弯机技术参数为例，见表 2-7-3。

表 2-7-3　PBH 系列小吨位数控板料折弯机的技术参数

参数名称	参数值								
折弯压力/kN	800	1100	1100	160	1600	2200	2200	3000	3000
折弯长度/mm	2550	3100	4100	3100	4100	3100	4100	3100	4100
立柱间距/mm	2150	2600	3600	2600	3600	2600	3600	2600	3600
喉口深度/mm	350	410	410	410	410	410	410	410	410
装模高度/mm	480	520	520	520	520	530	530	580	580
中立板高度/mm	800	800	800	800	800	800	900	900	900
滑块行程/mm	175	215	215	215	215	215	215	265	265
快下速度/(mm/s)	200	200	200	160	170	130	130	125	125
工作速度/(mm/s)	14	14	14	11	11	10	10	9	9
快回速度/(mm/s)	170	160	160	140	140	120	120	110	110

（续）

参数名称	参数值								
主电动机功率/kW	7.5	11	11	15	15	18.5	18.5	22	22
油箱容积/L	230	300	360	380	430	400	500	450	600
长/mm	3140	3610	4610	3630	4630	3650	4650	3310	4670
宽/mm	1540	1550	1550	1600	1600	1850	1850	1890	1890
高/mm	2450	2620	2670	2670	2720	2735	2935	2980	3080
机床重量/kg	6500	8800	11000	10300	12500	12800	16000	16000	24400

对其他公司生产的折弯机的技术参数，限于篇幅在此不一一列举，用户可查询各公司的相关样本资料。

7.6 折边机

7.6.1 本体结构

折边机主要由折边梁、固定横梁、活动横梁和机身组成，如图 2-7-26 所示。除了简易的手动折边机，活动横梁和折边梁两个活动部件主要通过电动机驱动，活动横梁可以上下移动，折边梁可以绕着轴线旋转。折边梁通常由单个电动机驱动，通过同步轴将驱动力矩传递到折边梁两侧。

7.6.2 工作原理

折边机的工作原理如图 2-7-27 所示。活动横梁向下运动压紧板料（见图 2-7-27a），折边梁绕着固定轴旋转（见图 2-7-27b），从而推动板料自由端弯曲变形形成折边（见图 2-7-27c），折边梁复位，活动横梁抬升复位（见图 2-7-27d）。

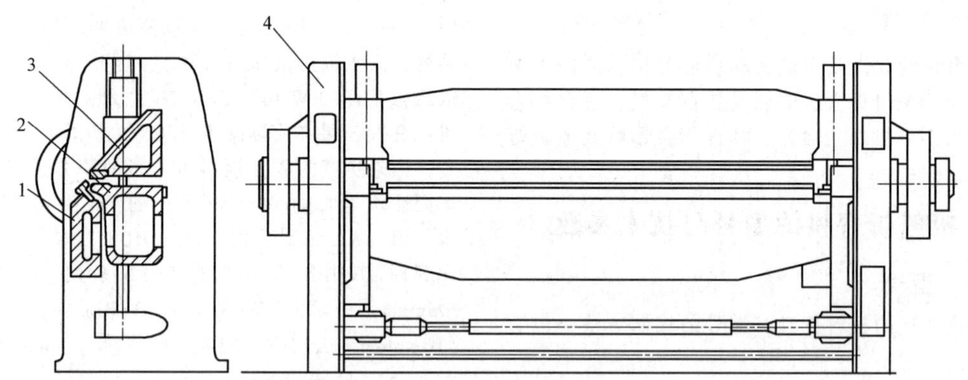

图 2-7-26 摆梁式折边机的组成

1—折边梁 2—固定横梁 3—活动横梁 4—机身

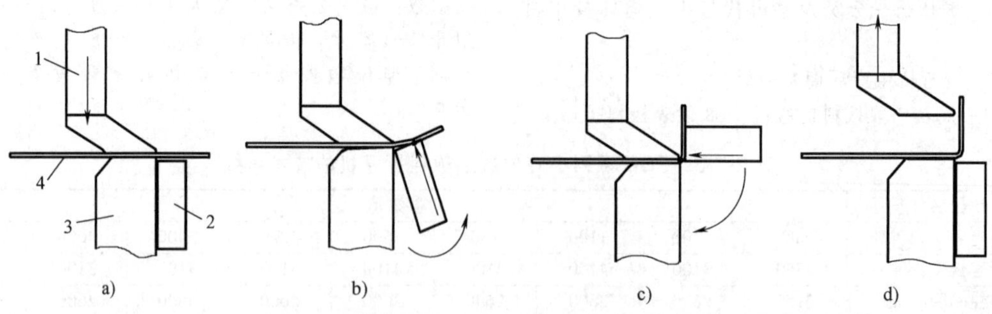

图 2-7-27 折边机的工作原理

1—活动横梁 2—折边梁 3—固定横梁 4—板料

折边机的工作特点是板料被固定在固定横梁和工作台面上，板料前端伸出悬臂端受到折边梁的弯矩力，迫使板料弯曲变形，形成折弯。折边机主要应用于薄板的箱、柜和盒类零件的成形。

7.6.3 典型产品简介

目前，国内在折边机领域的研发投入较少，产品的结构与功能较为简单，多为手动式折边机，而国外厂商则在不断地进行深度开发，产品性能和功能都有所拓展。以下，重点介绍德国 RAS 公司的折边机。

德国 RAS 拥有 GIGBend、UpDownBend 两个系列的折边机和一款 MBC 折边中心。

1. **产品特点**

（1）旋转半径调整　旋转半径调整机构位于折边梁上，可以满足不同板厚折弯时不同旋转半径的需求。如图 2-7-28 所示，当板厚增加（$t_2>t_1$）时，折边梁旋转轴 A 向上移动而折边梁向下移动，之后折边梁绕着 A 轴旋转，旋转中心移动且半径增大（$R_2>R_1$）。

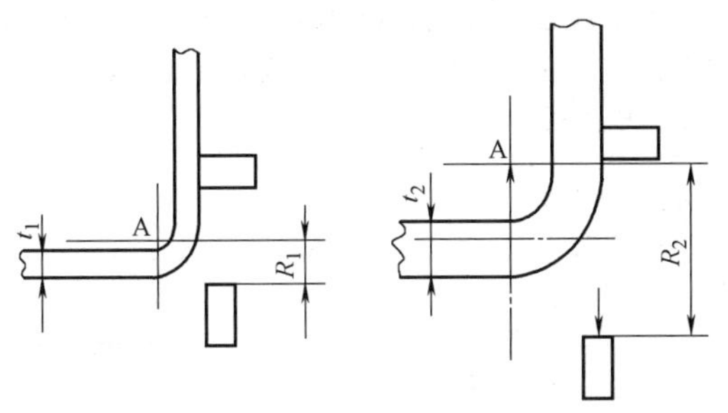

图 2-7-28　折边梁旋转半径调整

（2）直线度补偿　为保证折边件直线度要求，RAS 系列折边机拥有一个直线度补偿机构，如图 2-7-29 所示。没有补偿时，折边梁在折边过程中下凹（见图 2-7-29a），该机构通过不均匀加载，使折边梁中间上凸（见图 2-7-29b），以抵抗折边过程中折边梁下凹的变形，从而减小折边过程中折边梁的弯曲变形（见图 2-7-29c），保证折边件的直线度要求。

（3）正负角度折边　德国 RAS 开发的 UpDownBend 机型，折边梁可旋转 180°，实现负角度折边。如图 2-7-30 所示，折边梁由初始位置旋转至板料上方（见图 2-7-30a），然后活动横梁向下移动夹紧板料（见图 2-7-30b），折边梁顺时针旋转折弯板料（见图 2-7-5c），最后活动横梁和折边梁撤离（见图 2-7-30d）。

此外，MBC 摆梁式折边中心进一步扩展了设备的自动化功能，实现了模具自动更换、板料自动旋转定位，从而完成板料全自动折边。

2. **规格参数**

RAS 摆梁式折边机规格尺寸变化较大，表 2-7-4 列出了其中典型的机型及其参数。

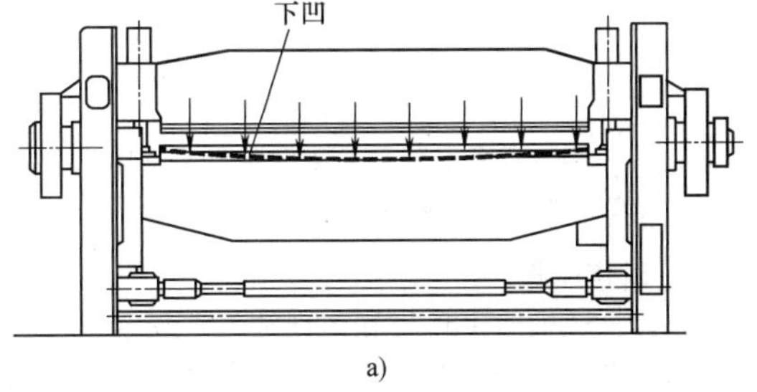

a)

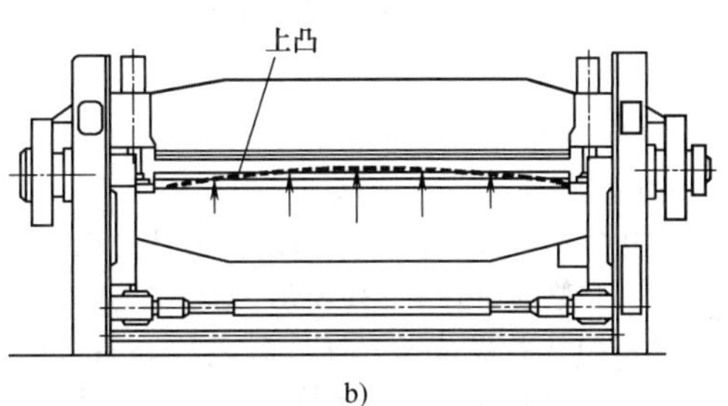

b)

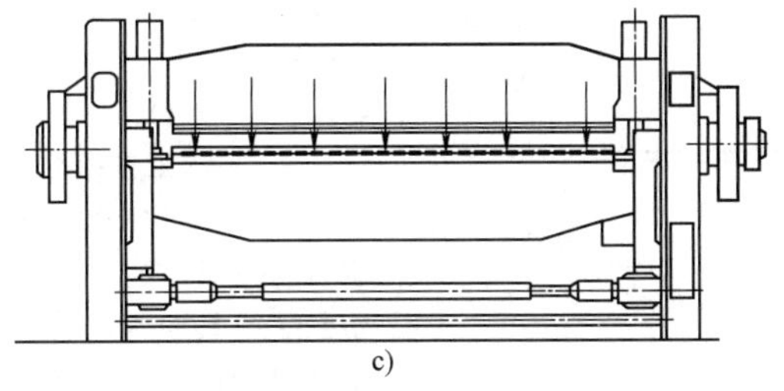

c)

图 2-7-29　折边机直线度补偿机构

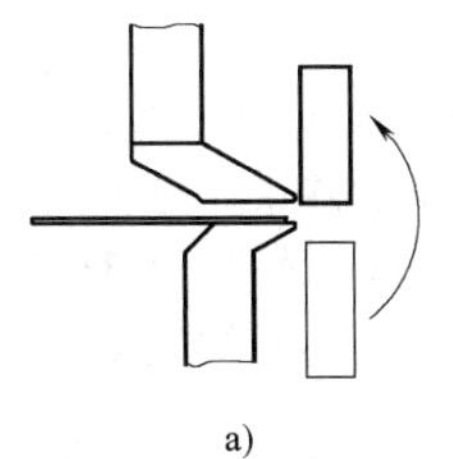

a)

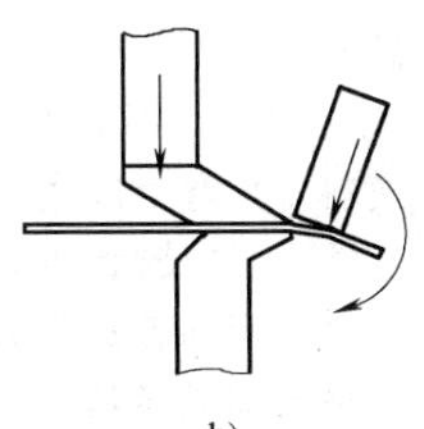

b)

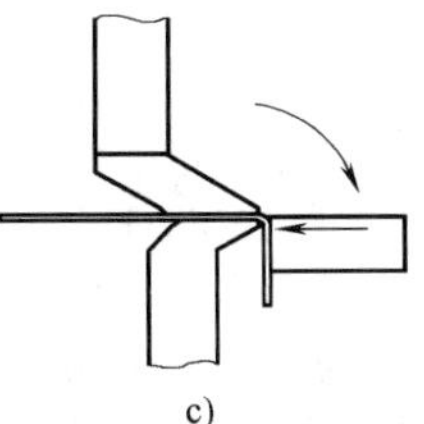

c)

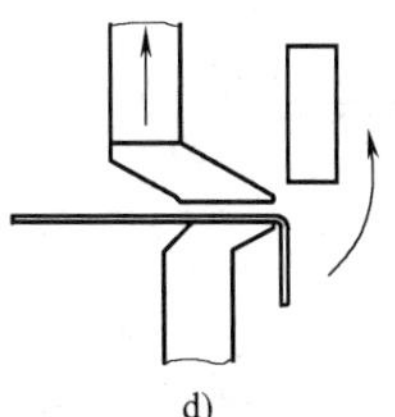

d)

图 2-7-30　正负角度折边

表 2-7-4　典型的机型及其参数

机型	折边长度/mm	最大厚度/mm	折弯方向	编程方式
MiniBendCenter(MBC)	600	3	双向	半自动编程
TURBOBendplus 62.25	2540	2.5	上折	高自动化编程
UpDownCenter78.30	3200	4	双向	全自动编程
UpDownCenter78.40	4060	3	双向	全自动编程
GIGABend76.40	4060	5	上折	高自动化编程

7.7　四边折边机

意大利萨瓦尼尼（Salvagnini）公司于 1977 年率先成功研制出四边折边机。芬兰芬宝（Pinn power）紧随其后推出了自己的折边机产品，并在 21 世纪初推出了纯电伺服折边机。随着技术的发展，折边机驱动技术由液压驱动、液压伺服驱动再向电伺服驱动发展，设备的加工精度和响应速度都在不断提升。2014 年，萨瓦尼尼推出 MAC2.0 概念，保证不同性能的板料首件加工即可满足精度要求，推动着折边机向智能化方向发展。

四边折边机可通过一副组合模具实现复杂工艺的零件加工，并且可在一次定位后对板料多边进行折边加工，是一种加工盒类零件的理想设备，广泛应用于电力电子、轨道交通、开关电柜、电梯等行业。

7.7.1　工作原理

1. 折边原理

四边折边机的折边是通过一副组合模具的相对运动实现的，其原理如图 2-7-31 所示。上压紧模具 1 下压，压紧板料 3 并保持压力（见图 2-7-31a）；折边模具 4 与下压紧模具 2 之间保持一定间隙并沿特定轨迹运动，推动板料变形，形成折边（见图 2-7-31b 和图 2-7-31c）；折边模具 4 与上、下压紧模具 2 后撤至初始位置，取出成形件（见图 2-7-31d）。

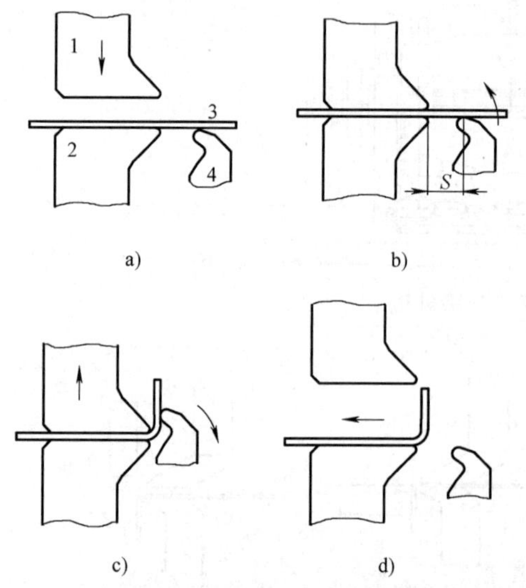

图 2-7-31　四边折边机的折边原理
1—上压紧模具　2—下压紧模具　3—板料　4—折边模具

四边折边机可以实现双向折边，如图 2-7-32 所示。图 2-7-32a 中下折边模具接触板料后向上运动形成上折边，图 2-7-32b 中上折边模具接触板料后向下运动形成下折边。

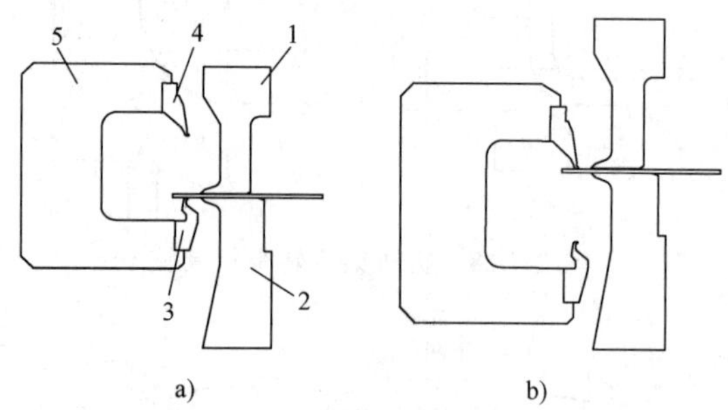

图 2-7-32　四边折边机的双向折边
1—上压紧模具　2—下压紧模具　3—下折边模具　4—上折边模具　5—C 形模座

2. 工作流程

四边折边机的工作流程如图 2-7-33 所示。包括自动定位（见图 2-7-33a）→送料夹紧（见图 2-7-33b）→折边（见图 2-7-33c）→旋转再定位（见图 2-7-33d）→循环再折边（见图 2-7-33e）→成形（见图 2-7-33f）。

3. 成形工艺简介

与折弯机相比，四边折边机通过模具间的动作组合，可以用同一副模具完成多种形状工件的加工，节约了模具成本和模具更换时间。下面简单介绍一下几种折边工艺的实现过程。

（1）“Z”形折边　通过上、下折边模具连续折边（见图 2-7-34）。可获得“Z”形工件，无须板料翻面。

（2）大圆弧折边　如图 2-7-35 所示，通过多次送料、折弯，以直代曲形成圆弧。当单次送料距离足够小时，圆弧表面就会变得光滑。与折边机相比，多道折弯圆弧成形效率高，光滑圆弧成形无须不同规格的圆弧模具。

（3）复平　如图 2-7-36 所示，折边模具将板料先折弯成锐角（见图 2-7-36a），将板料移动到上压紧模具下（见图 2-7-36b），通过上压紧模具下压形成复平（见图 2-7-36c）。与折弯机相比，无须更换复平模具即可完成该工艺，大大缩短了加工时间。

（4）特殊成形工艺　通过折边模具轨迹规划，可以加工一些复杂工艺。图 2-7-37 所示为局部复平工艺。

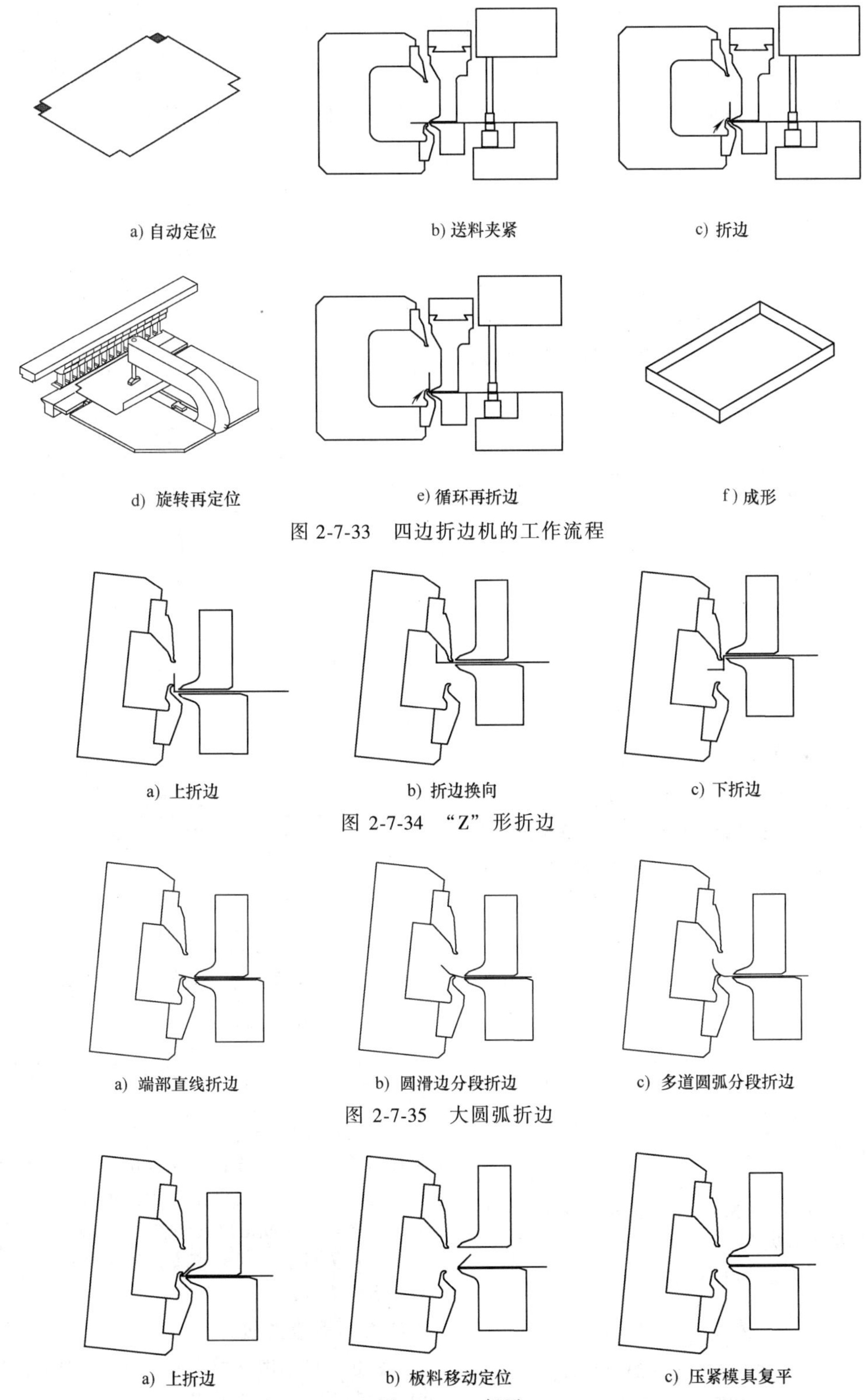

图 2-7-33　四边折边机的工作流程

图 2-7-34　“Z”形折边

图 2-7-35　大圆弧折边

图 2-7-36　复平

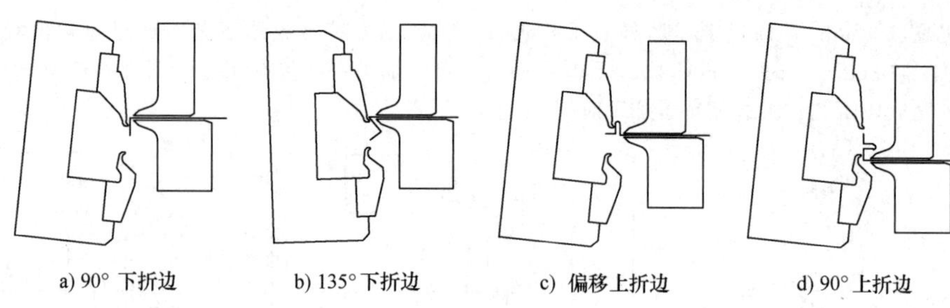

图 2-7-37　局部复平工艺

4. 主要参数计算

（1）折边弯矩　对于普通宽板的弯曲，变形程度较大，一般均认为是小曲率弯曲变形（即相对弯曲半径 $r/t<10$）。这时，弹性变形部分的切应力形成的力矩占比很小，可忽略，板料截面进入塑性状态，故称之为纯塑性弯曲。

工程上，折边弯矩 M 通过线性纯塑形弯曲的弯矩估算，即

$$M = 2br_c^2\int_0^{\varepsilon_0}(R_{eL}+f\varepsilon_\theta)\varepsilon_\theta \mathrm{d}\varepsilon_\theta = \frac{R_{eL}bt^2}{4}+\frac{fbt^3}{12r_c} \tag{2-7-3}$$

式中　b——板料折弯宽度；

r_c——中性层曲率半径；

R_{eL}——板料屈服强度；

ε_θ——弹性变形区与塑性变形区分界点上的切应变；

f——硬化模数，其值为 $f=\frac{R_m}{1-Z}$，R_m 为板料抗拉强度，Z 为断面收缩率。

（2）折边力　在折边过程中，压紧模与折边模具的间隙可根据需要进行设定。在工程应用中，认为板料折弯所需弯矩与外部力形成的力矩平衡（见图 2-7-38），由此可得板料折边力 F_b。

$$F_b=\frac{M_p}{l_e} \tag{2-7-4}$$

式中　l_e——等效力臂长度；

M_p——板料折弯所需弯矩。

由 2-7-4 可见，在其他条件一定的情况下，压紧模具与折边模具的间隙越大，则等效力臂长度 l_e 越大，相应的折边力就越小。

（3）压紧力　为保证折边精度，板料在折边时必须无窜动（见图 2-7-39），上压紧模具提供的压紧力产生的摩擦力必须大于折边水平分力，即

$$F_{fu}+F_{fd}=2\mu F_y \geqslant F_b$$

$$F_y \geqslant \frac{F_b}{2\mu}$$

式中　F_{fu}、F_{fd}——板料上下表面的摩擦力；

μ——压紧模具与板料表面的摩擦系数。

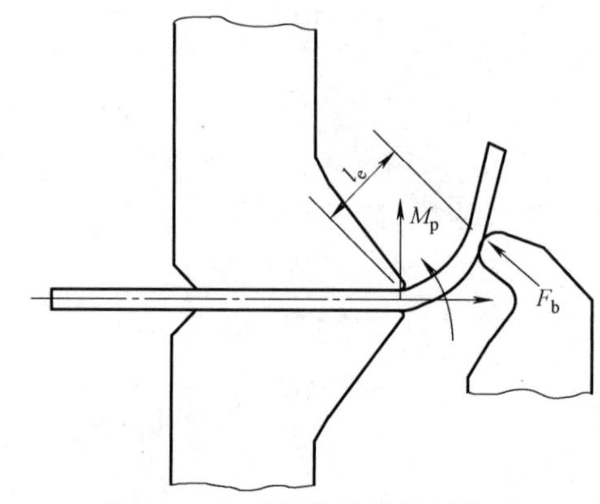

图 2-7-38　弯矩与力的分析模型

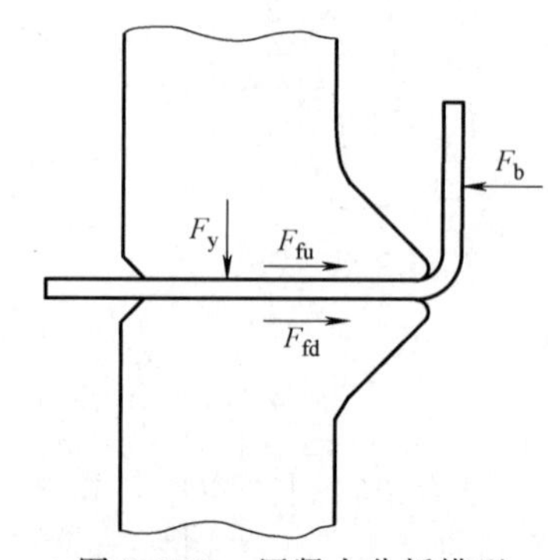

图 2-7-39　压紧力分析模型

7.7.2　结构概述

四边折边机由折边主机、定位装置、工作台面、操作机及数控系统组成，如图 2-7-40 所示。

待折边板料被放置在工作台面中央后，操作机将板料推送至定位装置实现定位，然后操作机夹紧板料送料，由折边主机完成所需折边。一道边完成后，操作机或送或退出旋转再送，实现下一道折边。板料同一侧可以实现多道不同工艺的折边，可以对板料多边进行折边。

7.7.3　折边主机

折边主机如图 2-7-41 所示。主要包括机身、双向折边装置、上压紧装置及控制系统等。其中，机

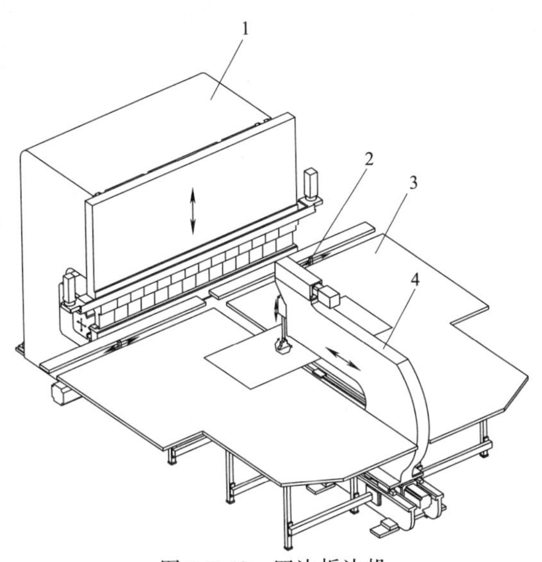

图 2-7-40　四边折边机

1—折边主机　2—定位装置　3—工作台面　4—操作机

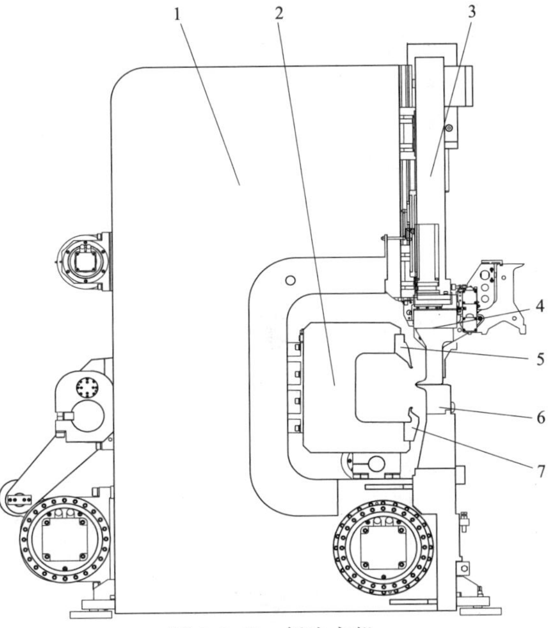

图 2-7-41　折边主机

1—机身　2—双向折边装置　3—上压紧装置　4—可伸缩的上压紧模具　5—上折边模具　6—下压紧模具　7—下折边模具

身上安装了下压紧模具；双向折边装置上安装了上、下折边模具（5、7）。上压紧装置包括了压紧滑块和可伸缩的上压紧模具两个部分。

通过上压紧装置上下开合，带动上压紧模具移动，实现板料的夹紧、松开；通过上、下折边模具的平面轨迹控制，实现板料的多种形式折边。通过这一副组合模具的动作、位置控制，折边机可以实现复杂工艺折边。

1. 双向折边装置

双向折边装置有连杆式、斜楔式等多种结构形式。结构形式虽有差异，但工作原理基本相同，即驱动折边模具在一定范围内的任意轨迹移动，从而实现不同折边工艺的加工。

连杆式双向折边装置如图 2-7-42 所示，偏心轮 8 和连杆 6、7 构成了曲柄摇杆机构，偏心轮 8 的旋转会驱动折边滑块 5 左右运动和少量的上下移动。偏心轮 10 和连杆 9 及折边滑块构成了曲柄摇杆机构，偏心轮 10 的旋转驱动折边滑块绕旋转轴旋转，实现折边滑块的上下运动和少量左右移动。通过偏心轮 8、10 旋转角度的运动规划可以实现任意形状的折边轨迹。偏心轮的旋转是通过伺服电动机驱动控制的，通过电动机编码器实现半闭环控制。

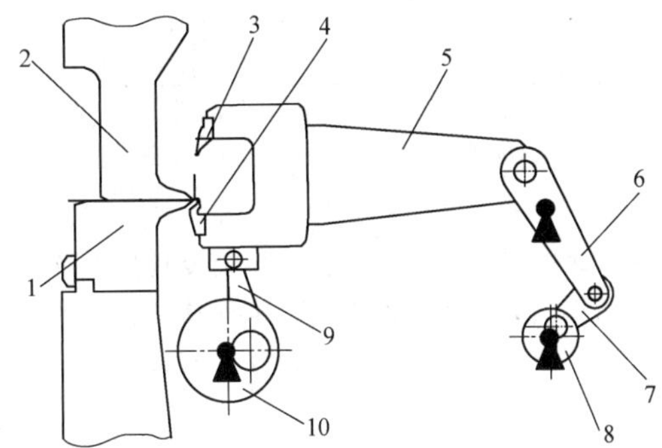

图 2-7-42　连杆式双向折边装置

1—下压紧模具　2—上压紧模具　3—上折边模具　4—下折边模具　5—折边滑块　6、7、9—连杆　8、10—偏心轮

2. 可伸缩上压紧模具

根据模具调整时的运动方式，可伸缩上压紧模具可分为离合式、插入式等。无论何种结构形式，其功能基本相似。

离合式上压紧模具如图 2-7-43 所示，包括燕尾导轨座、避让组合模具、片模、片模调整机构、段模和模块拨条驱动等。避让组合模具可以收缩或展开；片模调整机构可以带动指定片模向下旋转进入工作区，向上旋转退出工作区；模块拨条驱动可以带动段模沿燕尾导轨座长度方向来回移动，并且每次移动数量可以任意设置。

通过以上动作配合，可伸缩上压紧模具可满足多种折边需求：①自动调整压紧模具长度，保证不同长度的折边全长能够被压紧；②能够在加工带内翻边的盒类工件时收缩避让进出工件，完成折边全长压紧。

（1）模具长度调整　上压紧模具一般有三种，即基础模具、薄片模具和标准段模，如图 2-7-44 所示。基础模具长度不可调整，其长度为最小折边长度；标准段模是模具长度调整的主要部分，模具长度调整时先调整标准段模的数量，当调整长度小于标准段模长度时，需要使用薄片模具进行调整；薄片模具用于对模具长度进行细微调整。目前，薄片模具的尺寸可以做到 4mm，单边可以进行 4mm 最小尺寸的调整。

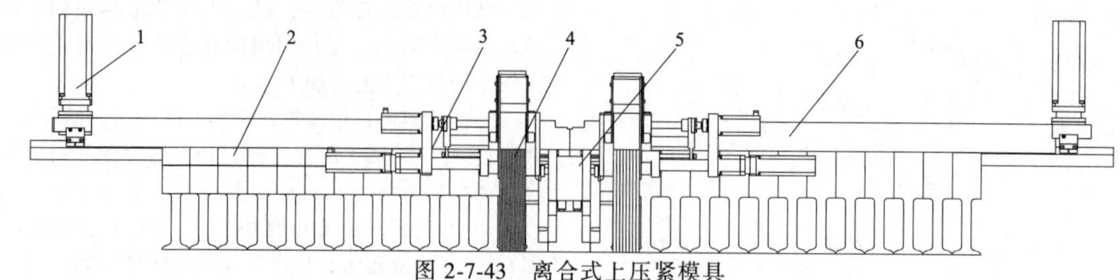

图 2-7-43　离合式上压紧模具

1—燕尾导轨座　2—避让组合模具　3—片模　4—片模调整机构　5—段模　6—模块拨条驱动

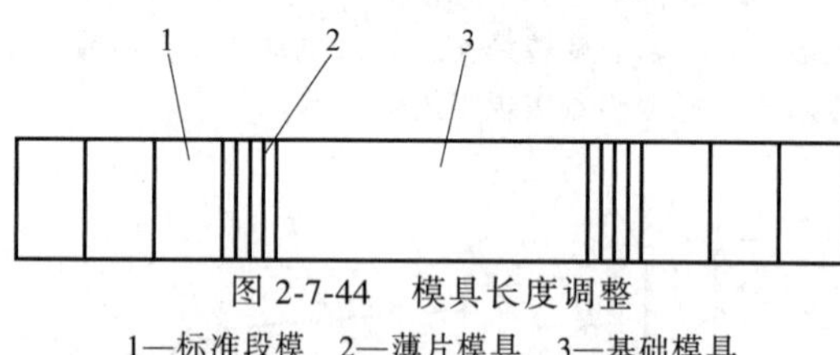

图 2-7-44　模具长度调整

1—标准段模　2—薄片模具　3—基础模具

（2）模具收缩避让　模具收缩避让功能的实现一般是通过提升部分模具，为两侧模具提供移动空间，两侧模具在外力作用下向中间移动，将模具收缩到一定长度，从而可以进出工件，如图 2-7-45 所示。

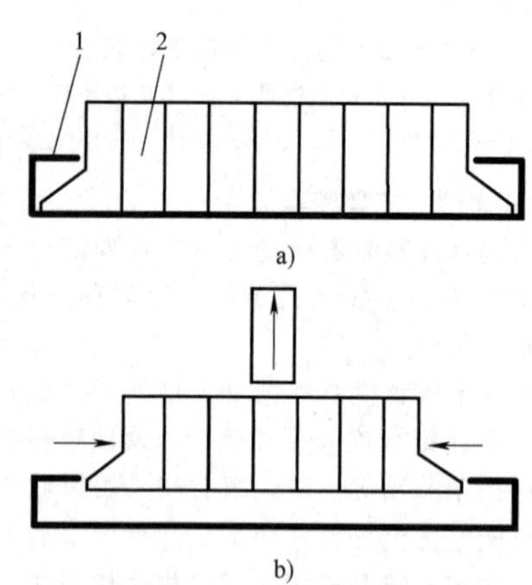

图 2-7-45　模具收缩避让

1—带内翻边的盒类工件　2—可伸缩的压紧模具

7.7.4　定位机构

定位机构的功能是建立板料与设备的位置关系，通过位置换算可以确定操作机夹紧板料后的送料长度和旋转角度。根据板料形状有两种定位方式，如图 2-7-46 所示。当板料定位侧没有缺口时，需要将前侧挡块 2、3 和左右两侧挡块 1、4 全部伸出工作台面作为定位基准，如图 2-7-46a 所示；当板料定位侧有矩形缺口时，只需要伸出前侧挡块 2、3 或左右两侧挡块 1、4，该挡块的两垂直面即可作为定位基准，如图 2-7-46b 所示。无论是哪一种定位方式，其定位原理都是相同的，即需要两个方向的定位基准，并且将板料推送到定位边。

定位机构的工作流程：板料被放置在定位范围内，定位挡块从板料外侧升起，左右两侧定位挡块向中间移动，推动板料到指定位置，实现左右方向的定位；推杆向前移动，推动板料与前定位面贴合，实现前后方向的定位。

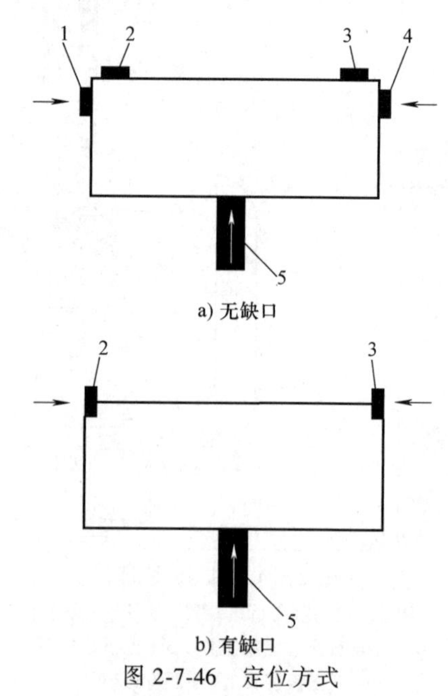

图 2-7-46　定位方式

1—左侧挡块　2、3—前侧挡块

4—右侧挡块　5—后侧推杆

7.7.5　操作机

配合定位机构，操作机能够实现板料折边的自动定位。其主要功能有两点，即夹紧板料送料和夹紧板料旋转。操作机主要由固定底座、下压料器、上压料器和移动座组成，如图 2-7-47 所示。上压料器 3 下移夹紧板料，移动座 4 移动带动板料到折边位置，完成第一道折边工序后，上压料器 3 与下压料器 2 旋转带动板料在工作台面上旋转，完成板料的换向折边。

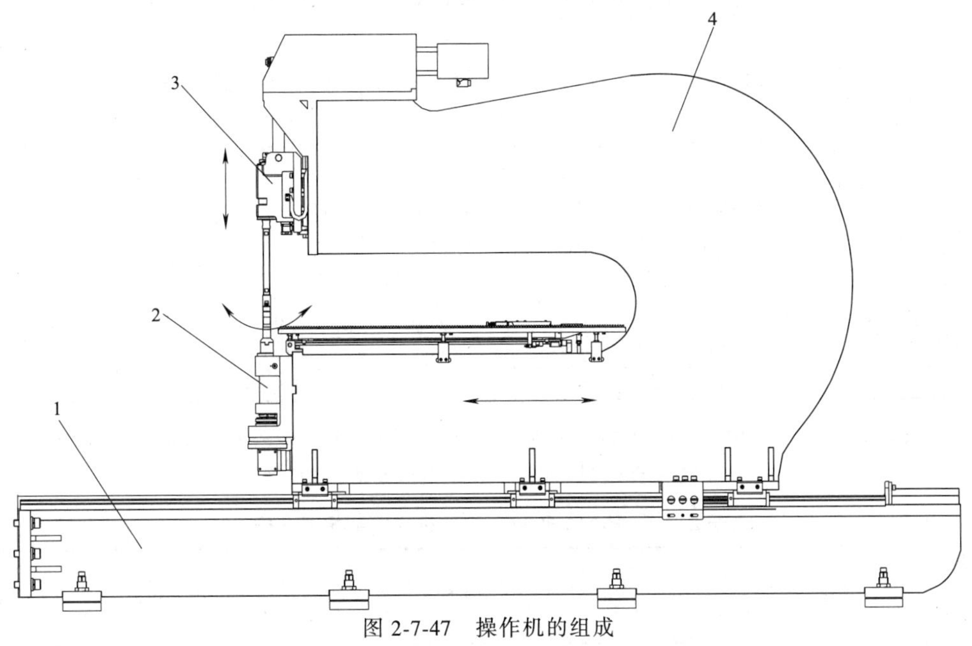

图 2-7-47　操作机的组成

1—固定底座　2—下压料器　3—上压料器　4—移动座

7.7.6　主要技术参数

国内江苏亚威拥有 FB 系列折边机，包括 FB2516、FB2216 等多个型号，其主要技术参数见表 2-7-5。

国外四边折边机的主要生产厂商有 Salvagnini、Prima Power 和 Trump 等。

Salvagnini 公司有 P1、P2 和 P4Xe 3 个系列的折边机，以满足市场的不同需求。P1 是一款适应小型工件加工的经济型四边折边机，最大板厚小于 2mm；P2 是一款较为通用的紧凑型加工单元，最大板厚达到 3.2mm；P4Xe 系列具有多个规格多种配置，根据客户需求可以衍生多种加工方式，满足个性化市场需求。Salvagnini 折边机的主要技术参数见表 2-7-6。

表 2-7-5　FB 系列折边机的主要技术参数

参数名称		型号	
		FB2516	FB2216
		参数值	
最大加工板料尺寸/mm(长×宽)		2500×1250	2200×1250
最大折弯板厚/mm	普通碳钢(R_m=410MPa)	3.2(±90°,L<2000)	3.2(±90°,L<2000)
	不锈钢(R_m=660MPa)	2.5(±90°,L<2000)	2.5(±90°,L<2000)
	铝合金(R_m=265MPa)	4(±90°,L<2000)	4(±90°,L<2000)
最小折弯板厚/mm		0.5	0.5
最大折边高度/mm		165	165
折边定位精度/mm		±0.10	±0.10

注：L 表示板料长度，下同。

表 2-7-6　Salvagnini 折边机的主要技术参数

参数名称	型号或系列					
	P4Xe-2116	P4Xe-2516	P4Xe-3816	P4Xe-3125	P2	P1
	参数值					
最大进料尺寸/mm(长×宽)	2495×1524	2795×1524	3990×1524	3495×1524	2495×1600	1575×1000
最大折边长度/mm	2180	2500	3200	3100	2180	1250

（续）

参数名称		型号或系列					
		P4Xe-2116	P4Xe-2516	P4Xe-3816	P4Xe-3125	P2	P1
		参数值					
最大折弯板厚/mm	普通碳钢（R_m=410MPa）	3.2(±90°)	3.2(±90°)	3.2(±90°)	3.2(±90°)	3.2(±90°)	1.6(±90°)
	不锈钢（R_m=660MPa）	2.5(±90°)	2.5(±90°)	2.5(±90°)	2.5(±90°)	2.5(±90°)	1.3(±90°)
	铝合金（R_m=265MPa）	4(±90°)	4(±90°)	4(±90°)	4(±90°)	4(±90°)	1.6(±90°)
最小折弯板厚/mm		0.4	0.5	0.5	0.5	0.4	0.4
最大折边高度/mm		165	165	165	254	165	127
最大折弯力/kN		330	660	660	510	330	
最大压紧力/kN		530	1060	1060	780	530	
平均功耗/kW		6	14	14	20	5	3

Prima Power 公司推出了 BCeSmart、EBe 等系列，BCeSmart 是一款经济型紧凑型电伺服折边机，EBe 系列具有多个规格产品。Prima Power 折边机的主要技术参数见表 2-7-7。

表 2-7-7　Prima Power 折边机的主要技术参数

参数名称		型号				
		EBe 4	EBe5.3	EBe 6	EBe 3820	BCe Smart
		参数值				
最大进料尺寸/mm(长×宽)		2850×1500	2850×1500	3800×1700	4000×1530	2850×1500
最大折边长度/mm		2250	2750	3350	3800	2250
最大折弯板厚/mm	普通碳钢（R_m=410MPa）	3.0	3.2	3/3.2（L≤3000）	2/3.2（L≤3000）	2.5/3.0（L≤1900）
	不锈钢（R_m=660MPa）	2.0	2.2	2/2.2（L≤3000）	1.5/2（L≤3000）	1.8/2.0（L≤1900）
	铝合金（R_m=265MPa）	4.0	4.0	3.5/4.0（L≤3000）	3.0/4（L≤3000）	3.5/4.0（L≤1900）
最小折弯板厚/mm		0.5	0.5	0.5	0.5	0.5
最大折边高度/mm		200	200	200	200	200
最大折弯力/kN		320	410	410	410	320
最大压紧力/kN		520	900	1000	1000	520
平均功耗/kW		9.5	13.5	13.5	13.5	4

7.7.7　四边折边机的特点

（1）高柔性　一方面，一副模具可以满足多种工艺需求（上下折边、圆弧折边、复平、边折边复平等），无须等待、定制、采购特殊模具，适应多种形状加工的需求；另一方面，能够自动为不同尺寸、形状的工件进行编程，自动对工件进行加工，不需要进行试教等人为干涉。

（2）高效率　折边过程中，板料全自动定位、送料、折边、换向，通过数控系统的统一控制，动作节拍紧凑，串联动作变并联动作，生产率高。例如，简单的盒子类零件 4 道边折弯一般只需要 20s，相当于机器人折弯的 2~3 倍。上压紧模具自动调整及一副模具实现多种工艺加工，大大缩短了复杂工件模具的调整时间。对于大批量、多规格的零件加工，效率优势明显。

（3）绿色节能　随着纯电动伺服折边机和电液伺服折边机的应用，折边机能耗可以降低 50%（与液压驱动系统相比），液压维护成本降低且无液压油泄露等污染，使设备更加节能环保。

（4）高品质　一次定位完成多边折弯，消除多次重复定位引起的定位误差积累，提高了折弯精度。通过控制折边运动轨迹，减少板料和折边模具的相对摩擦，采用“纯滚动”折边模式，可以有效降低板料表面划伤。

7.8　典型产品简介

7.8.1　普通液压折弯机

普通液压折弯机是对机械挡铁、后挡料、液压系统、折弯压力、挠度补偿可实现手动或机动调整的折弯机。折制不同厚度、不同宽度、不同材质板料时，需要人工调整机械挡铁位置、后挡料位置、折弯压力、上下模具更换和挠度补偿等。

1）普通液压折弯机组成。普通液压折弯机主要由工作台 1、下模 2、上模 3、上模垫板 4、滑块 5、液压缸 6、机身 7、液压系统 8、扭轴机构 9、机械挡铁机构 10、电气系统 11、挠度补偿机构 12、托料装置 13 和后挡料机构 14 等组成，如图 2-7-48 所示。

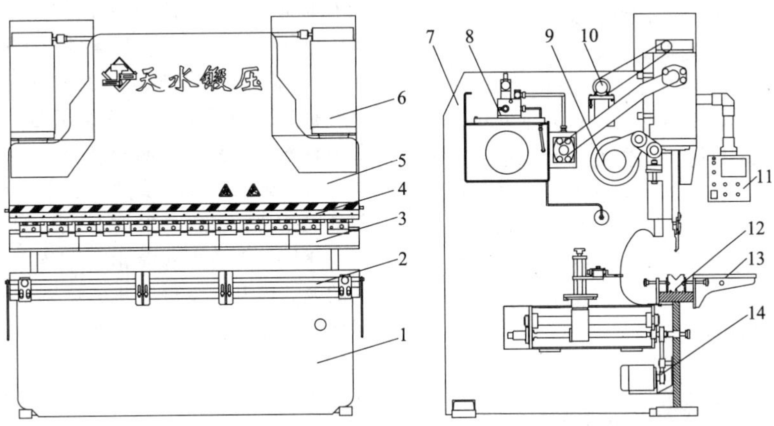

图 2-7-48　普通液压折弯机的组成

1—工作台　2—下模　3—上模　4—上模垫板　5—滑块　6—液压缸　7—机身　8—液压系统　9—扭轴机构　10—机械挡铁机构　11—电气系统　12—挠度补偿机构　13—托料装置　14—后挡料机构

2）普通液压折弯机的主要技术参数包括公称力、工作台长度、滑块速度、整机功率等，见表 2-7-8。

表 2-7-8　普通液压折弯机的主要技术参数（天水锻压）

序号	参数名称		参数值
1	公称力/kN		1000
2	工作台长度/mm		3200
3	立柱间距离/mm		2700
4	喉口深度/mm		350
5	滑块行程/mm		160
6	滑块行程调节量/mm		10~160
7	最大开启高度/mm		420
8	整机功率/kW		7.5
9	滑块速度/(mm/s)	下行速度	100
		工作速度	10
		返程速度	80
10	外形尺寸/mm	长	3564
		宽	1920
		高	2500
11	整机重量/kg		7600

7.8.2　数控折弯机

根据滑块控制方式不同，数控折弯机分为扭轴同步数控板料折弯机、电液同步数控液压板料折弯机和伺服泵控同步数控液压板料折弯机。

1）扭轴同步数控板料折弯机由数控系统、伺服电动机、伺服驱动器、连杆、蜗轮蜗杆、机械挡铁组成半闭环位置控制系统。有些扭轴同步数控板料折弯机采用位移传感器检测滑块位置，采用比例压力阀控制折弯力。机械挡铁也可以采用数控系统、普通电动机、变频器、连杆、蜗轮蜗杆、机械挡铁、旋转编码器组成机械挡铁半闭环位置控制系统。

2）电液同步数控液压板料折弯机。对驱动滑块的液压缸实现电液比例控制，由数控系统、比例放大器、比例方向阀、液压缸、滑块位置检测传感器组成滑块闭环位置控制系统。同时，采用比例压力阀控制液压系统压力。

3）数控板料折弯机。GB/T 34376—2017《数控板料折弯机技术条件》对数控板料折弯机的定义为：

① 对滑块和/或挡料装置采用数控系统控制的液压板料折弯机为数控液压板料折弯机。

② 以电液比例或伺服阀驱动液压缸运动，并通过位移传感器检测和反馈、控制折弯机液压缸同步运动的数控液压板料折弯机为电液同步数控液压板料折弯机。

③ 以机械或液压方式保持折弯机液压缸同步运动的数控液压板料折弯机为扭轴同步数控板料折弯机。

总之，采用数控系统能实现对后挡料、机械挡铁、滑块、折弯压力、挠度补偿、挡料位置及折弯角度等进行编程和控制。与普通板料折弯机相比，数控板料折弯机的规格调整方便快捷，适合于复杂工件和单件小批量生产。

7.8.3　伺服泵控折弯机

随着伺服电动机、双向油泵的技术进步与成本降低，伺服泵控折弯机具有能耗低、噪声小、成本低等优点，近年来得到广泛应用。

1）工作原理。伺服泵控折弯机由数控系统、伺服放大器、伺服电动机、双向定量泵、液压阀、液压缸、滑块、滑块位置传感器组成滑块位置闭环控制系统。工作原理：折弯机滑块实际位置通过左、右光栅尺检测并反馈回数控系统，数控系统根据折弯机各阶段所需速度和压力，给左、右伺服电动机相应的同步转速和转矩指令，控制左、右液压缸的同步速度、位置和压力。折弯机待机时伺服电动机停转，系统功率消耗最小。与电液比例系统相比，节能效果在 40% 以上，液压油节约 60% 左右。图 2-7-49 所示为伺服泵控折弯机。

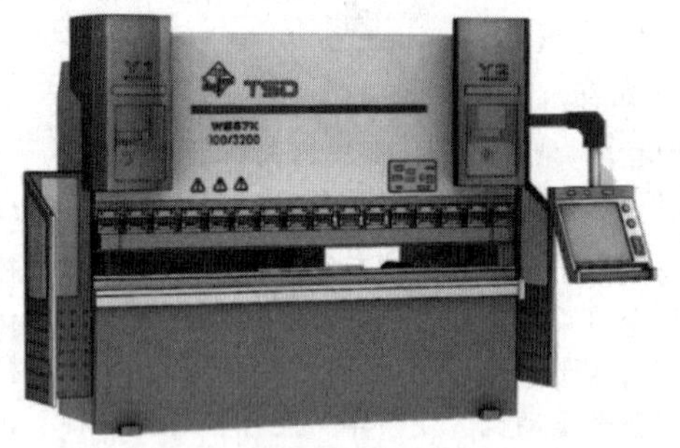

图 2-7-49　伺服泵控折弯机（天水锻压）

2）技术参数。伺服泵控折弯机的主要技术参数包括公称力、工作台长度、滑块速度及整机功能等，见表 2-7-9。

表 2-7-9　伺服泵控折弯机的主要技术参数（天水锻压）

序号	参数名称		参数值
1	公称力/kN		1000
2	工作台长度/mm		3200
3	立柱间距离/mm		2700
4	喉口深度/mm		400
5	滑块行程/mm		260
6	最大开启高度/mm		470
7	主电动机功率/kW		2×3
8	滑块速度/(mm/s)	下行速度	200
		工作速度	20
		返程速度	180
9	后挡料行程/mm		700
10	外形尺寸/mm	长	3800
		宽	1685
		高	2760
11	整机重量/kg		8200

7.8.4　基于机器人操作的折弯单元

随着工业机器人技术与产业的发展，钣金加工行业形成了以高档数控折弯机与基于机器人辅助上、下料及物料立体仓库的系统集成应用。基于机器人操作的折弯单元，广泛应用于轨道交通、高低压电柜、电梯门板、厨具、防盗门生产等行业。

1）折弯过程的随动。在板料折弯过程中，板料会随折弯过程的进行而逐渐翘起，如不适当托住，会因板料的自重而导致折弯件变形。由操作工人托住，劳动强度大且不安全。目前，板料折弯机采用随动前托架，在折弯时随着板料的翘起自动托住板料。比较简单的方式是由气缸支承前托架，能随板料的翘起而升起，进气压力应调节到仅对板料起支承作用，而不会引起额外变形。

2）机器人与折弯机随动。所有形式的机器人吸持板料并跟随折弯机滑块运动，进行跟随折弯，涉及机器人三轴运动轨迹合成，随滑块速度、位置实现非线性插补运动。如果跟随轨迹误差太大或不同步，板料折弯变形较大甚至报废，因此折弯跟随路径规划与插补控制是机器人与数控折弯机系统集成的核心技术。

3）折弯机专用机器人。国内外普遍应用通用机器人或桁架式机器人组成折弯单元。配置通用机器人的有库卡（Kuka）、ABB、安川、埃斯顿等公司；配置桁架式机器人的有江苏亚威、天水锻压、扬州恒佳等公司。各公司开发了适合机器人折弯的工艺软件包，以满足折弯机与机器人之间的随动。埃斯顿公司开发的折弯机器人专用折弯机离线编程软件 Estun Smart Robot Bending V3.2，无须人工手动示教，只需要将折弯工件图导入软件，软件会自动生成机器人折弯程序，解决了折弯跟随问题，缩短了编程时间，适应多品种生产。折弯工艺软件包支持与折弯机系统的 I/O 和 Ethernet 两种通信方式，可实现读取折弯机信号、模具参数、折弯速度等参数，直接使用示教盒调用折弯机指令，控制折弯机起动。嘉意机床（上海）有限公司开发的机器人折弯 LK-EBC-Eev4.0 软件包，可根据折弯速度自动调整、自动跟踪，利用 PC 通信总线将机器人控制系统与折弯机控制系统集成，统一管理，实现小批量和多品种柔性生产。

基于桁架式机器人操作的折弯单元如图 2-7-50 所示，其主要技术参数见表 2-7-10。

江苏亚威的机器人折弯单元的主要部件及布置如图 2-7-51 所示。当机器人自动折弯时，机器人 7 在移动底座 2 上行进，通过抓手 5 从上料台 3 上抓取板料，将板料放置于对中台 4 上定位；然后，机器人 7 再通过抓手 5 将板料运送至折弯机 6 相应位置进行折弯，若板料需要翻面折弯，机器人 7 可先将板料安放于翻面架 8

上，再在板料的反面重新抓取，实现翻面。折弯完成后，机器人 7 通过抓手 5 将工件堆垛于下料台 1 上。机器人的主要技术参数见表 2-7-11。

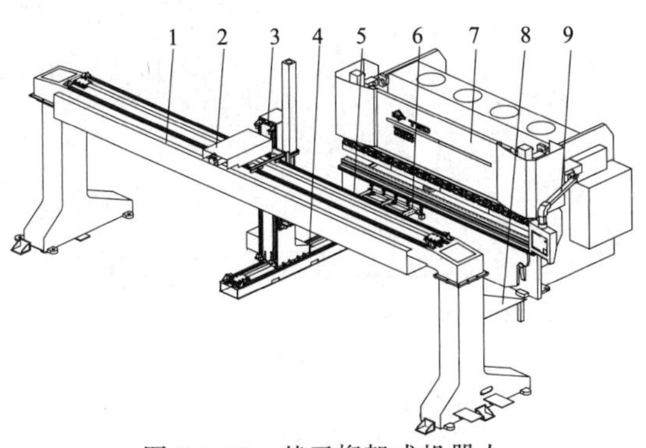

图 2-7-50　基于桁架式机器人操作的折弯单元（天水锻压）

1—机器人　2—X 轴　3—Y 轴　4—Z 轴　5—R_1 R_2 轴　6—气动吸盘系统　7—数控折弯机　8—对中台　9—控制系统

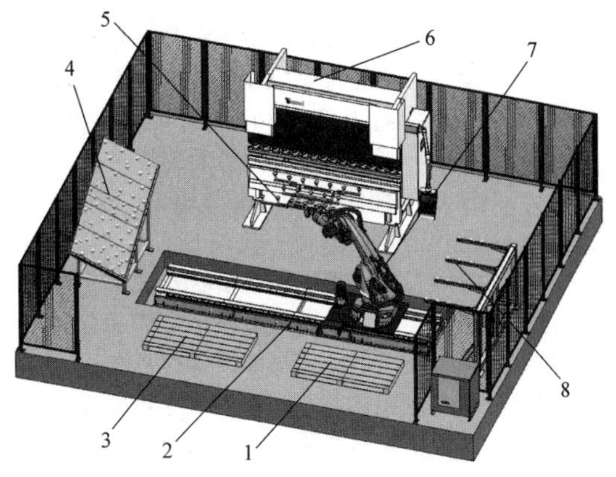

图 2-7-51　机器人折弯单元的主要部件及布置（江苏亚威）

1—下料台　2—移动底座　3—上料台　4—对中台　5—抓手　6—折弯机　7—机器人　8—翻面架

表 2-7-10　桁架式机器人的主要技术参数（天水锻压）

参数名称	型号			
	GDJQR-30	GDJQR-50	GDJQR-80	GDJQR-100
	参数值			
最大负载/kg	30	50	80	100
定位精度/mm	±0.1	±0.1	±0.1	±0.1
X 轴速度/(mm/s)	1200	1000	800	800
Y 轴速度/(mm/s)	1200	1000	800	800
Z 轴速度/(mm/s)	1200	1000	800	800
R_1 轴速度/(mm/s)	365	365	180	180
R_2 轴速度/(mm/s)	185	185	90	90
总功率/kW	7.5	12	15	18
机床重量/kg	2600	3100	3600	3900

表 2-7-11　机器人的主要技术参数

参数名称		型号			
		ER10-1600	ER50-2100	ER170-2605	ER220-2605
		参数值			
最大负载/kg		10	50	170	220
定位精度/mm		±0.1	±0.15	±0.2	±0.2
工作范围/(°)	轴 1	±180	±180	±180	±180
	轴 2	-60,+140	-80,+160	-53,+78	-53,+78
	轴 3	±360	±360	±360	±360
	轴 4	±135	±135	±123	±118
	轴 5	185	185	90	90
	轴 6	±360	±360	±360	±360
最大速度/[(°)/s]	轴 1	137	86	79	79
	轴 2	101	82	75	66
	轴 3	170	106	82	75
	轴 4	320	137	105	105
	轴 5	320	121	102	70
	轴 6	422	157	140	151
总功率/kW		2.6	5.5	9	9
机床重量/kg		170	600	1375	1400

7.8.5　重型数控制管成形机

随着输电、通信、基建打桩、大型钢结构建筑、风电、石油输气管道等行业的发展，对折弯机品种、规格的要求不断提高。近年来由大型折弯机派生出一种专门生产各种管道的重型数控制管成形机。

（1）制管成形机的发展　电力输电、通信、基建打桩、钢结构建筑、输油、输气等行业都需要钢管。此类钢管加工通过将板料逐步折制成形、焊接、整形等工艺完成。天水锻压是国内最早为通信管塔、输油输气制管行业提供成套制管设备的企业。

（2）制管成形机的特点　制管成形机向大吨位、多液压缸、超长工作台方向发展。制管成形机公称力为 10000~100000kN，加工长度为 8~18m，滑块由两液压缸到多液压缸驱动。天水锻压生产的两缸 TDY37K-3600/13000 制管成形机，公称力为 36000kN、长度为 13m，如图 2-7-52 所示。湖北三环生产的 6 缸 PPF6000/125 制管成形机，公称力为 60000kN、长度为 12.5m，如图 2-7-53 所示。德国 SMS-MEER Group 公司生产的 9 缸制管成形机，公称力为 100000kN，长度为 18m，如图 2-7-54 所示。

图 2-7-52　36000kN、13m 的两缸制管成形机（天水锻压）

图 2-7-53　60000kN、12.5m 的 6 缸制管成形机（湖北三环）

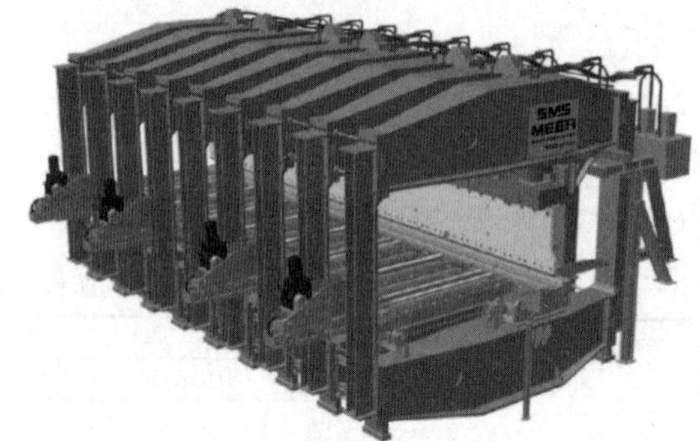

图 2-7-54　100000kN、18m 的 9 缸制管成形机（MEER）

（3）制管成形机组成　制管成形机一般配置在制管自动生产线上，主机结构形式为框架式结构。重型数控制管成形机主机由工作台 1、出料机构 2、机身 3、导轨 4、滑块 5、液压系统 6、液压缸 7、上模 8、下模 9 和电气系统 10 等组成，如图 2-7-55 所示。重型数控制管成形机辅机由后送料机构 1、后托料机构 2、前托料机构 4、纵向进料机构 5、前送料机构 6 和侧出料机构 7 等组成，如图 2-7-56 所示。

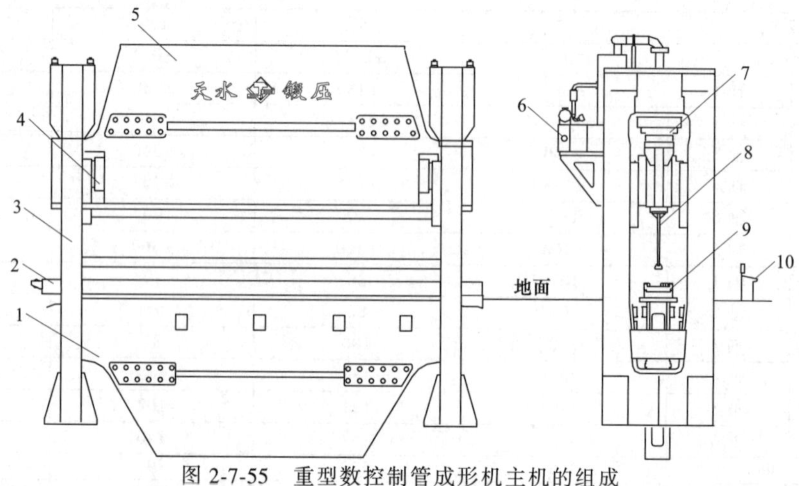

图 2-7-55　重型数控制管成形机主机的组成

1—工作台　2—出料机构　3—机身　4—导轨　5—滑块　6—液压系统　7—液压缸　8—上模　9—下模　10—电气系统

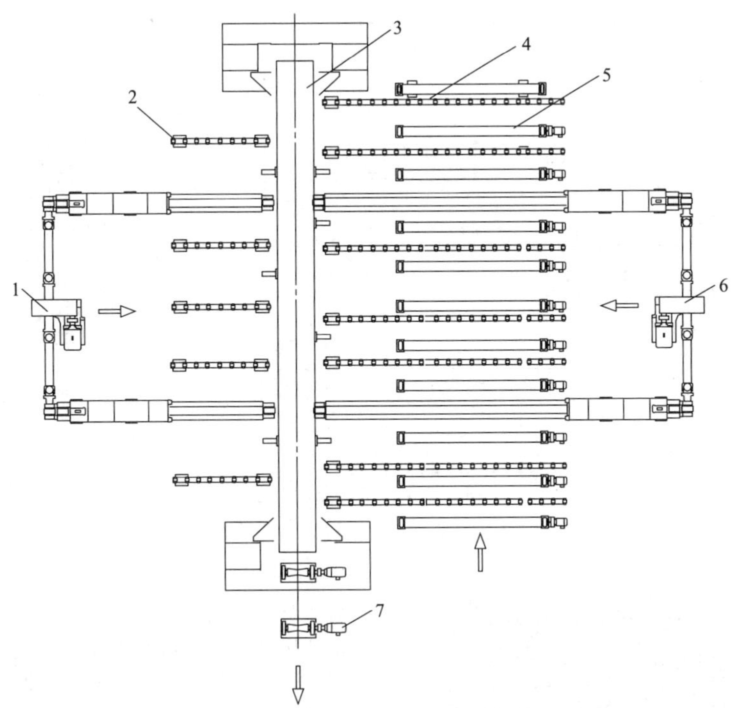

图 2-7-56　重型数控制管成形机辅机的组成

1—后送料机构　2—后托料机构　3—制管成形机　4—前托料机构
5—纵向进料机构　6—前送料机构　7—侧出料机构

（4）主要技术参数　重型数控制管成形机的主要技术参数包括公称力、成形长度、滑块速度和液压缸数量等，见表 2-7-12。

表 2-7-12　重型数控制管成形机的主要技术参数

（天水锻压、湖北三环、MEER 公司）

参数名称	规格		
	3600t/13m	6000t/12.5m	10000t/18m
	参数值		
公称力/kN	36000	60000	100000
正面距离/mm	13000	12500	21000
折弯长度 mm	12200	12200	18000
折弯直径 mm	Φ1626	Φ1524	Φ1626
主液压缸数量/个	2	6	9
最大开启高度/mm	2700	2500	2600
滑块行程/mm	600	400	500
驱进速度/(mm/s)	90	60	50
工作速度/(mm/s)	10	8	20
回程速度/(mm/s)	90	60	50
功率/kW	360	800	1400
重量/kg	695000	1150000	1600000
生产厂商	天水锻压	湖北三环	MEER 公司

（5）制管成形机工作流程

1）输入板料。制管成形机通过纵向进料机构 5（见图 2-7-56，下同）的辊道，将制管成形机上游设备加工后的板料输送到成形区前方中间位置；纵向进料机构 5 的辊道落下，板料落在前托料机构 4 上。

2）折制前半圆。放置在前托料机构 4 上的板料，由前送料机构 6 按照数控系统编程的工步与送料值，依次送料、折制，分步折制出前半圆管坯。

3）制管成形机主机折制。制管成形机 3 的主机滑块按照数控系统编程的工步与定位值，驱动滑块同步运行、精确定位，分步将板料折制成管坯。

4）折制后半圆。由后送料机构 1 按照数控系统编程的工步与送料值，依次送料、折制，分步折制出后半圆管坯。

5）圆管坯输出。待全部折制工步完成后，侧出料机构 7 将开口圆管坯推送，同时 V 形出料辊道旋转，将开口圆管坯输出到下游设备，制管成形机完成圆管坯加工。

（6）制管成形机关键功能部件

1）框架式主机。框架式主机主要由工作台 1、左立柱 2、导轨 3、滑块 4、上横梁 5、液压缸 6、右立柱 7、上模 8 和下模 9 等组成，如图 2-7-57 所示。滑块 4 由安装在上横梁上的液压缸 6 驱动。主缸旁安装有位置传感器。由数控系统、电液比例系统、液压缸、位置反馈传感器组成电液比例闭环位置控制系统。滑块定位精度为 0.03mm，重复定位精度为 0.02mm。图 2-7-58 所示为框架式主机实物模型。

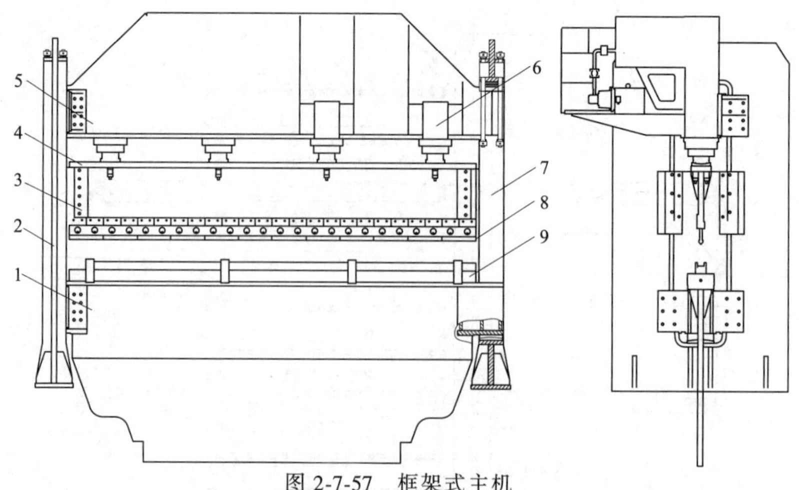

图 2-7-57　框架式主机

1—工作台　2—左立柱　3—导轨　4—滑块　5—上横梁　6—液压缸　7—右立柱　8—上模　9—下模

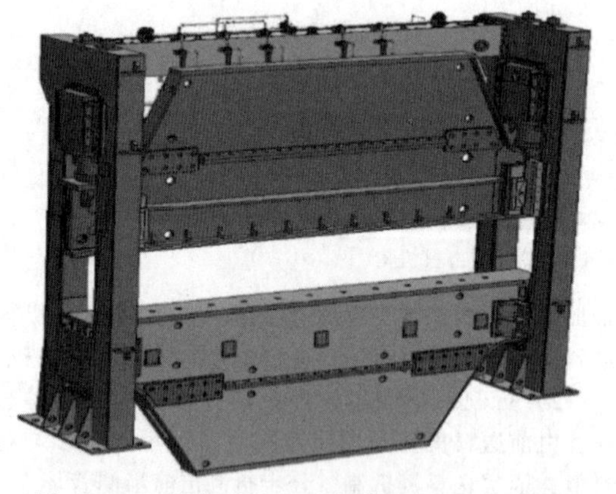

图 2-7-58　框架式主机实物模型（天水锻压）

2）纵向进料机构。纵向进料机构主要由多组输送辊道和升降机构组成，功能是将成形机上游设备加工的板料输入到成形区。板料经多组辊道输送，最终停留在成形机正前方中间位置；然后多组辊道通过升降机构降落，将板料落在固定托料架上，准备下一步工序。

3）前、后送料机构。前、后送料机构分别位于主机前、后两侧，由导轨、送料小车和传动系统组成。数控系统、驱动器、电动机、减速器、齿轮齿条副、送料小车和旋转编码器组成半闭环位置控制系统。送料小车内安装的水平辊具有伸出和旋转功能，可托起并驱动开口管坯旋转。

4）侧出料机构。侧出料机构由出料小车和侧出料 V 形辊道组成。出料小车由电动机或液压马达驱动，采用钢丝绳牵引方式；出料小车在下模顶面，沿工作台长度方向运行。出料时，圆管坯由推料小车推送到 V 形出料辊道上，再由 V 形辊道输出。

5）多缸液压系统。由四组液压缸 3（Y1～Y4 液压）、四组电液比例方向阀 8、四组安全阀 5、四组液压泵 15、电磁溢流阀 17、一组比例压力阀 11、四组液压缸位置传感器 4 等组成。每组液压系统原理完全一致，图 2-7-59 所示为制管成形机多缸电液比例系统。

制管成形机的四组液压缸驱动滑块运动，滑块运动共分为 5 个行程：①快速下行，滑块以 85mm/s 的速度快速下行；②慢速工进，滑块到快慢速切换位置后转入 10mm/s 的慢速工进，开始折制板料；③保压，板料折制到设定的位置后开始保压；④卸压，保压结束后液压系统卸压；⑤快速返程，卸压完成后滑块以 75mm/s 的速度返程。

6）多缸控制系统。由于液压油的物理特性决定了其响应速度和动态特性都较差，而且在液压电液比例系统启动、停止及换向时都会出现大的滞后性，导致给定量与执行系统速度之间有非线性区域，该区域恰恰影响液压系统定位精度。如果以控制线性电气轴的模型来控制非线性液压轴，速度会不稳定，而且位置闭环会不停地修正由速度不稳定所带来的位置偏差，液压执行机构也不稳定，会造成较大的定位误差。

目前，国内外多缸电液比例同步控制系统由荷兰 DELEM 公司、瑞士 CYBELEC 公司、比利时 LVD 公司和德国 BOSCH-REXROCH 等国外几家公司生产。其中，荷兰 DELEM 公司的 DA65W 系列产品和瑞士 CYBELEC 公司的 MODEVA12 系列产品装备了国内绝大多数两缸同步液压板料折弯机。对于电液比例多缸（大于等于四缸）同步控制系统，只有比利时 LVD 公司、德国 BOSCH-REXROCH 可以生产，LVD 公司的 CADMAN 数控系统不提供商业化产品，BOSCH-REXROCH 公司产品先后提供从 MX4～MAC8 系列控制系统。

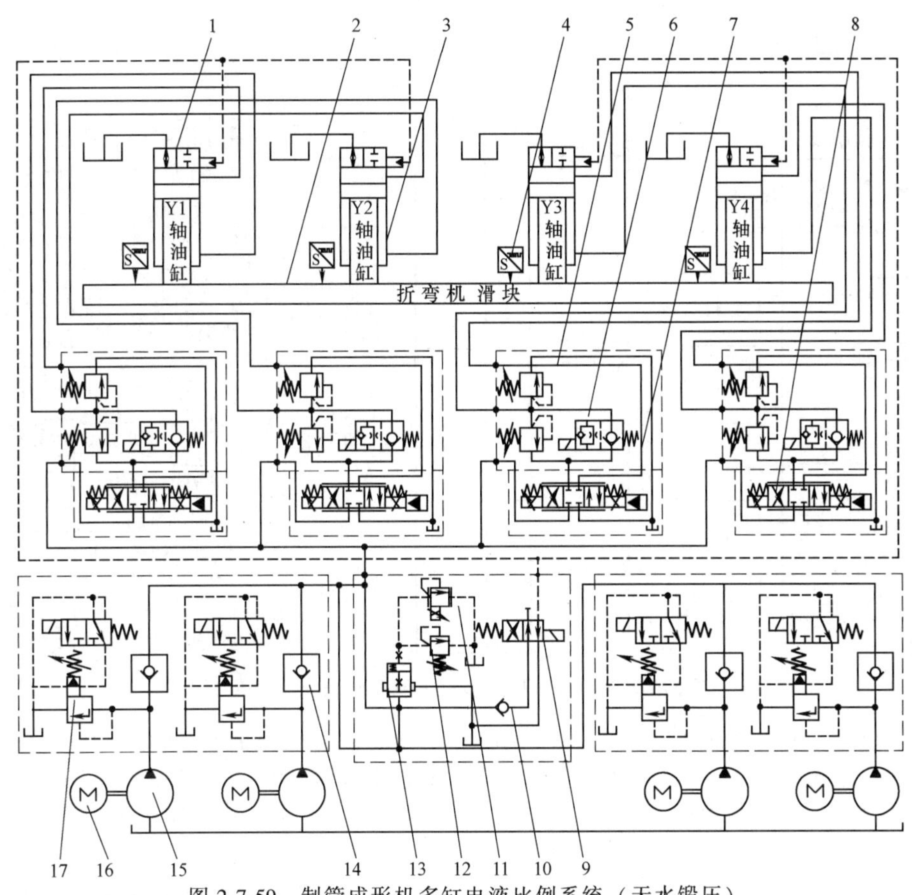

图 2-7-59　制管成形机多缸电液比例系统（天水锻压）

1—充液阀　2—滑块　3—液压缸　4—位置传感器　5—安全阀　6—背压阀　7—快速阀
8—电液比例方向阀　9—电磁换向阀　10、14—单向阀　11—比例压力阀　12—压力控制阀
13—压力插件　15—液压泵　16—电动机　17—电磁溢流阀

天水锻压发明了专利产品——采用 T-CPU 控制多缸电液比例同步系统。T-CPU 是该系统的主控制器，就单个液压缸控制而言，T-CPU 可以通过模拟量控制比例方向阀的开度和方向，从而控制液压缸的运动方向和速度大小；液压缸速度和位置反馈传感器（光栅尺或磁栅尺）通过 IM-174 接口模块输入脉冲信号反馈给 T-CPU，液压缸实际速度和位置反馈值通过 PROFIBUS-DP（DRIVE）从 IM-174 模块传送至 T-CPU，由 T-CPU 控制器计算出的控制设定值传送至 IM-174 模块，传送的控制设定值作为模拟量值从 IM-174 模块输出至电液比例方向阀，电液比例方向阀控制液压缸运行，从而组成一个单轴位置闭环电液比例控制系统。

在 T-CPU 软件系统中，"同步轴"概念的提出使多缸同步控制成为可能。"同步轴"是在同步控制多个轴时，其中以一个轴的控制数据或以这个轴的实际反馈传感器为主轴，提供控制基准，其他轴均为从轴，按比例系数或按预设的曲线进行同步跟踪。在该系统中预设了一个电子虚拟轴 Y0 轴作为"主轴"，其他 Y1、Y2、Y3、Y4 4 个轴为同步"从轴"，是主轴的跟随轴，将同步控制的速度和位置赋值给"主轴"，各"从轴"同时获得速度和位置的所有赋值。在动态控制过程中，"从轴"分别跟随"主轴"的主控值，主控值和从轴的速度与位置之比按照一比一计算。图 2-7-60 所示为制管成形机多缸控制系统。

7.8.6　重型数控悬臂成形机

由于汽车悬臂吊车生产向大型和重型化方向发展，对重型折弯机自动化和精度要求不断提高。重型数控悬臂成形机是由折弯机派生的新机型。

（1）悬臂成形机用途　汽车悬臂吊车行业对大吨位悬臂吊关键受力构件起重臂要求高，材料选用不仅要求有良好的综合力学性能，还要有良好的工艺性能，如弯曲性、焊接性和可加工性等。普通碳素钢已经不能满足结构性能要求，所以材料选用高强度钢 WELDOX1100。汽车悬臂的截面形状为多边

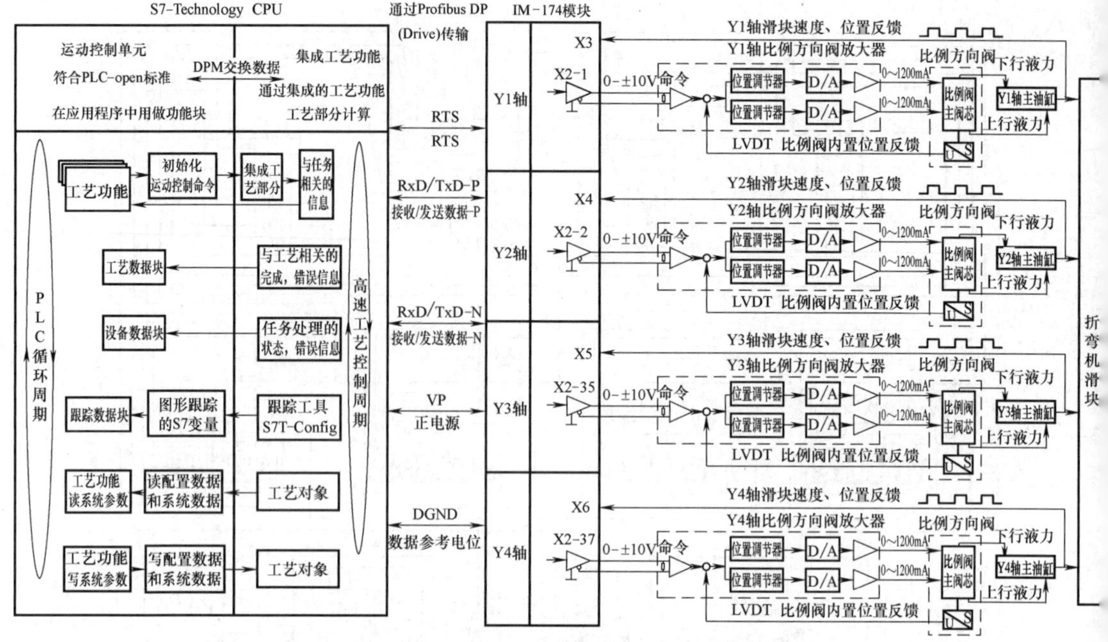

图 2-7-60　制管成形机多缸控制系统（天水锻压）

或 U 形，U 形截面悬臂上下槽板尺寸、几何公差精度要求很难保证。折弯会出现槽板扭曲、旁弯，开口尺寸中间大两端小，槽板两边高低不一的变形，因此折弯应严格按照参数控制，并提高折弯机上、下模具精度。

（2）悬臂成形机现状　高精度数控悬臂成形机比通用折弯机在加工精度等参数上均高出国家标准，意大利的 Colgar、瑞典的乌斯维肯、比利时的 LVD 等几家企业能生产这种高精度悬臂成形机。在该类设备中，除滑块采用电液比例数控技术外，下模自动开口、多点挠度自动补偿是此类设备的共性和关键技术。国外各厂商的具体技术实现方法各有不同，但设计思想是一致的，这种关键技术在实际使用中已得到了充分验证，对提高悬臂成形机的加工精度至关重要。图 2-7-61 所示为重型数控悬臂成形机。

图 2-7-61　重型数控悬臂成形机（天水锻压）

（3）悬臂成形机精度要求　与现行国家标准相比，悬臂成形机对加工精度的要求全面提升。数控悬臂成形机与板料折弯机的主要参数对比见表 2-7-13。

表 2-7-13　数控悬臂成形机与板料折弯机的主要参数对比

参数名称	GB/T 14349—2011《板料折弯机精度》	数控悬臂成形机
加工工件直线度/(mm/m)	0.65	0.35
加工工件角度	全长±1°	全长±25′
悬臂筒体直线度/(mm/m)	≤1	≤0.3
下模开口调节精度/mm	无	±0.1
纵向挠度补偿调节精度/mm	无	±0.01
横向挠度补偿调节精度/mm	无	±0.01

（4）重型数控悬臂成形机的主要参数（见表 2-7-14）

（5）悬臂成形机关键功能部件

1）立柱厚度分层、前后分体结构。对于重型成形机，立柱总宽刚度高，在受力时变形小，通常采用等厚度分层、前后分体组合。由于喉口深度限制，需要在厚度上进行分层组合，如图 2-7-62 所示。立柱前部内侧 6 和立柱前部外侧 7，通过分层定位销轴定位、分层连接螺钉 2 连接，完成后再与立柱后部通过垂直定位键 4 定位、前后法兰螺钉 3 连接，使三者连成一个刚性体立柱。

表 2-7-14　重型数控悬臂成形机的主要参数（天水锻压）

序号	参数名称	参数值
1	公称力/kN	30000
2	折弯工件长度/mm	14200
3	有效内间距/mm	11100
4	侧喉口深度/mm	1000
5	滑块行程/mm	1300
6	运动部位重量/t	186
7	滑块定位精度/mm	0.02
8	滑块工作速度/(mm/s)	10
9	滑块驱进速度/(mm/s)	80
10	滑块回程速度/(mm/s)	70
11	主缸数量/个	2
12	主电动机功率/kW	2×75
13	成形机长度/mm	18520
14	成形机宽度/mm	16595
15	主机地上高度/mm	9280
16	主机地下深度/mm	4185
17	油箱油量/L	4000
18	总重量/t	817

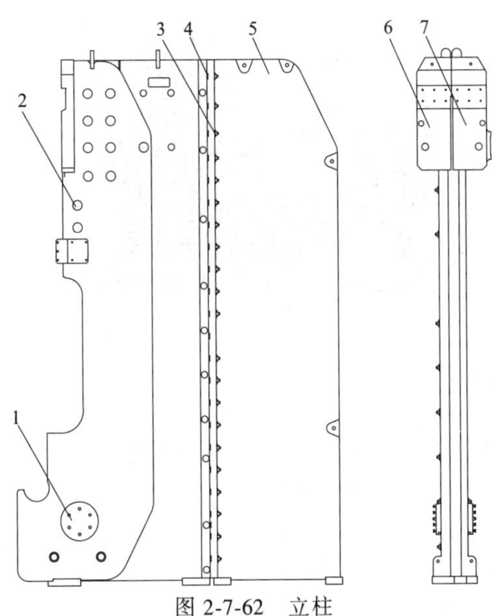

图 2-7-62　立柱

1—分层定位销轴　2—分层连接螺钉　3—前后法兰螺钉　4—垂直定位键　5—立柱后部　6—立柱前部内侧　7—立柱前部外侧

2）滑块厚度分层、上下分体结构。先将滑块下体前部、后部组合，然后与滑块上体组合，这种结构能增加滑块刚度，保证折弯工件的直线度，如图 2-7-63 所示。滑块由滑块下体前部 7、滑块下体后部 6 和滑块上体 5 三部分组成。滑块下体前部和滑块下体后部通过销轴 4 定位、前后法兰螺钉 3 连接。与滑块上部的连接，通过多排定位键 2 定位、上下法兰螺钉 1 连接完成，使三者连接成一个刚性体滑块。

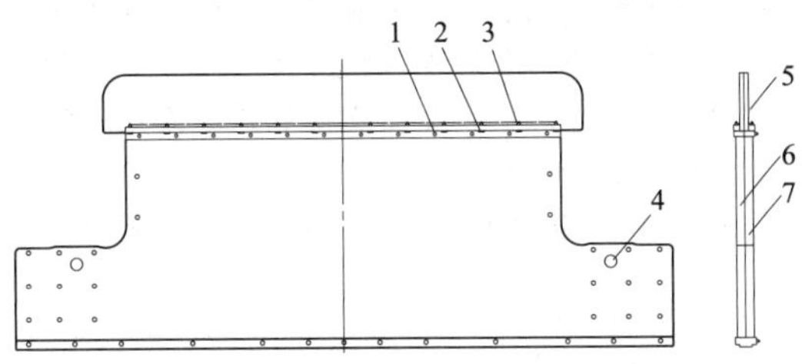

图 2-7-63　滑块

1—上下法兰螺钉　2—定位键　3—前后法兰螺钉　4—销轴　5—滑块上体　6—滑块下体后部　7—滑块下体前部

3）工作台分体结构。根据成形机的结构，工作台分为两种形式。图 2-7-64a 所示为上下两体连接形式，此结构适用于长工作台或龙门式立柱机型。由工作台上体 1 和工作台下体 5 组成，上下体由夹板 3 和销轴 2 定位，中间通过上下螺钉 4 连接。图 2-7-64b 所示为前后分体连接形式，此结构用于 C 形立柱机型。工作台前体 8 和工作台后体 7 通过前后连接螺钉 6 连接。

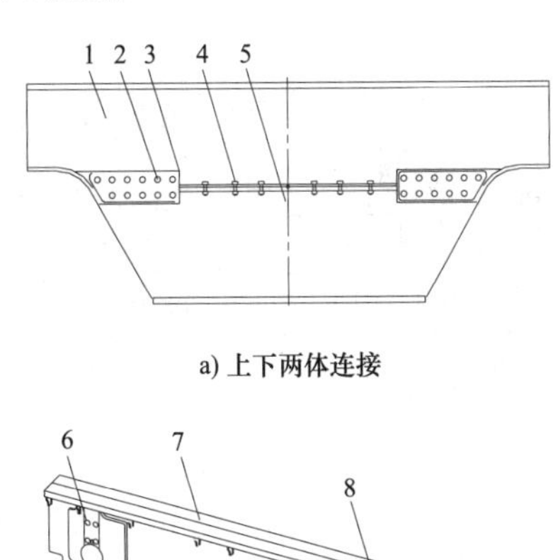

图 2-7-64　工作台

1—工作台上体　2—销轴　3—夹板　4—上下螺钉　5—工作台下体　6—前后连接螺钉　7—工作台后体　8—工作台前体

4）四点复合滚动导轨（见图 2-7-65）。导轨采用上、下、左、右四点滚动导轨，在重型成形机上能保证运动直线度和最小的摩擦阻力。导轮为带偏心销的双列滚柱轴承，上下结构使导轨导向长度成倍增加，保证了滚动导轨的稳定性。

5）下模开口调整机构（见图 2-7-66）。如图 2-7-66a 所示，在下模长向两侧各安装一台开口调整伺服电动机 1，两台伺服电动机同步运行；下模调整齿轮 9 安装在伺服电动机轴上，下模及模座 4 下面安装有下模调整齿条 8，通过齿轮齿条运动调整下模开口；下模及模座 4 下面安装数列下模顶升液压缸组 6，下模及模座 4 下面有多组锯齿底座Ⅰ 7 和锯齿底座Ⅱ 10，齿距为 10mm，上下啮合，下模及模座 4 被顶起后上下锯齿脱开，准备下模调整。

下模开口调整时，首先下模顶升液压缸组 6 将下模及模座 4 顶起，并与锯齿底座Ⅰ 7、锯齿底座Ⅱ 10 上下脱离；其次由伺服电动机驱动下模调整齿轮 9 旋转，与下模调整齿条 8 啮合，推动模座开口变大或变小，调整到位后，驱动机构停止；最后下模顶升液压缸组 6 卸压落下，上下模座锯齿重新啮合，并通过补偿机构锁紧液压缸 12 将模座与底座锁紧。

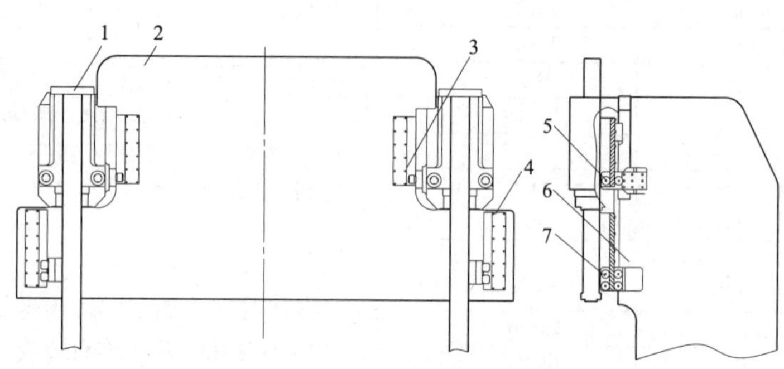

图 2-7-65　四点复合滚动导轨

1—主液压缸　2—滑块　3—上导轨板　4—下导轨板
5—上导轮　6—立柱　7—下导轮

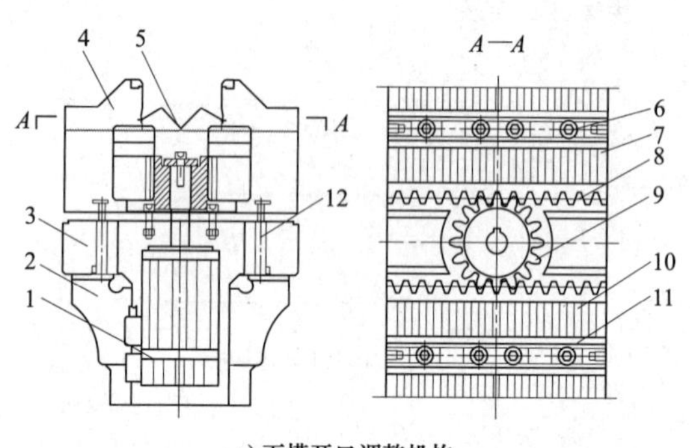

a) 下模开口调整机构

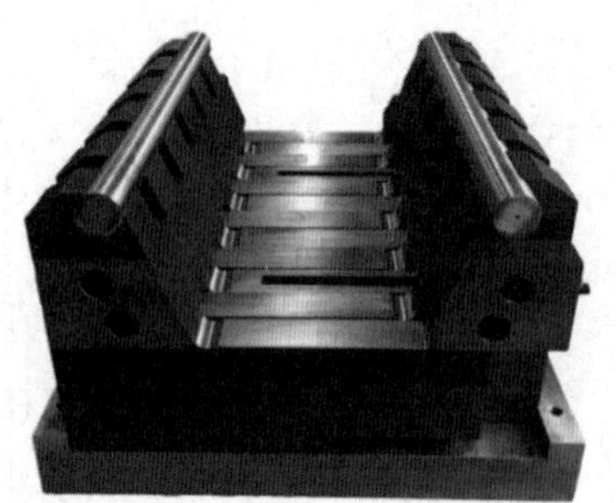

b) 下模开口调整机构实物

图 2-7-66　下模开口调整机构

1—开口调整伺服电动机　2—成形机下工作台　3—下模多点挠度补偿机构　4—下模及模座
5—防尘护罩　6—下模顶升液压缸组　7—锯齿底座Ⅰ　8—下模调整齿条　9—下模调整齿轮
10—锯齿底座Ⅱ　11—下模移动导轨　12—补偿机构锁紧液压缸

6）下模多点挠度补偿形式。在大吨位折弯机中常会采用一种多点挠度补偿结构，如图 2-7-67 所示。上半部分是纵向挠度补偿机构，下半部分是横向挠度补偿结构。下模挠度补偿由纵向总补偿和横向多点局部补偿共同完成。

在纵向补偿机构中，纵向补偿上斜块 5 和纵向补偿下斜块 7 是上下对应楔块形式，纵向补偿丝杠 6 由伺服电动机驱动；在多组横向补偿机构中，横向补偿上斜块 3 和横向补偿下斜块 8 是上下对应楔块形式，横向补偿伺服电动机 2 直驱横向补偿下斜块 8。纵横向上下斜块贴合紧密，微间隙配合，能相对滑动。

在横向补偿机构中，通过横向补偿伺服电动机 2 带动横向补偿下斜块 8 前后移动，横向补偿上斜块 3 升起或落下，达到横向补偿目的。在全长方向布置多组相同机构，每个斜面上下运动的位移量不同，不同的移动量组成不同的补偿曲线，补偿曲线由人机界面设置，在实际使用过程中可以修正。通过纵向和横向补偿，根据理论要求，配置出任意补偿曲线，获得精准补偿，实现高精度钢管加工。

补偿机构锁紧液压缸 11，一方面在纵、横向补偿机构工作时顶起下模和底座，减轻补偿移动重量，另一方面在主机工作时锁紧下模、底座、补偿机构，消除间隙。

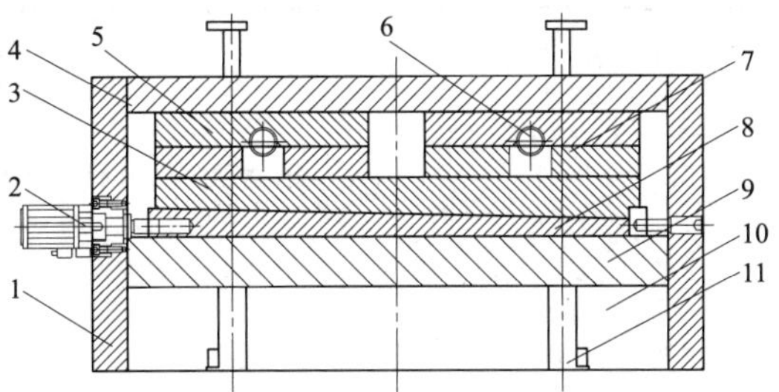

图 2-7-67　下模多点挠度补偿机构

1—补偿机构挡板　2—横向补偿伺服电动机　3—横向补偿上斜块　4—补偿机构盖板　5—纵向补偿上斜块　6—纵向补偿丝杠　7—纵向补偿下斜块　8—横向补偿下斜块　9—补偿机构下底板　10—下工作台　11—补偿机构锁紧液压缸

参考文献

[1]　王德信. W62-4 型 4mm 折边机 [J]. 锻压机械, 1996 (2): 39-40.

[2]　朱乃燔, 王宏祥. W63K-2x2000 型数控四边折边机的研究 [J]. 锻压机械, 1994 (1): 47-51.

[3]　余同希, 章亮炽. 塑性弯曲理论及其应用 [M]. 北京: 科学出版社, 1992.

[4]　刘荣. 全伺服直接驱动的自动化折弯单元的研发 [D]. 南京: 南京航空航天大学, 2014.

[5]　吴舒海, 陈文家. 二自由度七杆机构链型和拓扑特性研究 [J]. 农业装备技术, 2010, 36 (2): 45-48.

[6]　李硕本. 冲压工艺学 [M]. 北京: 机械工业出版社, 1982.

[7]　卢时平, 杨振玉. 折板机技术 [M]. 上海: 上海科学技术文献出版社, 1990.

[8]　王东明, 张怀德, 马麟, 等. 基于 T-CPU 的多缸电液比例同步控制系统研究与应用 [J]. 制造技术与机床, 2012 (6): 105-108.

[9]　王东明. 悬臂成形机关键技术在制管成形机中的应用研究 [J]. 制造技术与机床, 2018 (6): 176-179.

[10]　吕毓军. 折弯机四点复合导轨系统设计与研究 [J]. 制造技术与机床, 2017 (7): 78-80.

[11]　吕毓军. 折弯机三大件多层分体结构设计研究 [J]. 锻压装备与制造技术, 2017 (6): 31-34.

[12]　王东明, 马麟, 张怀德, 等. 用可编程控制器进行多组液压缸控制的控制器及方法: ZL201210526804.6 [P], 2015-11-18.

[13]　李刚. 北钢 JCOE 生产线装备及工艺 [J]. 钢管, 2015 (10): 42-48.

[14]　全国锻压机械标准化技术委员会. 板料折弯机　精度: GB/T 14349—2011 [S]. 北京: 中国标准出版社, 2011.

[15]　全国锻压机械标准化技术委员会. 数控板料折弯机技术条件: GB/T 34376—2017 [S]. 北京: 中国标准出版社, 2017.

第8章

多点成形设备

吉林大学　付文智

8.1　概述

8.1.1　多点成形的概念

随着现代工业的飞速发展，对金属板类件的需求量越来越大，特别是在航空航天、轮船舰艇、汽车等生产行业，板类件更是占有举足轻重的地位。在实际的工业生产中，金属板料三维曲面件主要是通过冲压等工艺手段成形的。而在传统的板料成形方法中，根据成形件的形状和材质的不同，需要设计与制造板料成形相应的模具，这就造成了为成形一种板类件需要一套或数套模具的情况；同时，设计、制造与调试这些模具，又要消耗大量的人力、物力和时间。随着时代的发展，新产品的更新换代越来越快，板类件生产的多品种、小批量趋势越来越明显，而模具的设计制造周期比较长，需要长时间的反复试模，且模具材料和加工成本都比较高，因此传统的模具成形方法很难满足此类多品种、小批量零件的生产要求。开发能够迅速适应产品更新换代需要、自动化程度高、适应性广的新技术、新设备已成为板料成形领域的迫切需要。

多点成形的构想就是在这种需求下提出的。多点成形是将柔性成形技术和计算机技术结合为一体的先进制造技术。它利用了多点成形设备的“柔性”特点，无须更换模具就可实现不同曲面零件的成形，从而实现准无模成形，并且通过运用分段成形技术，可以实现小设备成形大型三维曲面件，适合于大型板料的成形，使零件生产率大大提高。

多点成形是金属板料三维曲面成形的新技术，其基本原理是将传统的整体模具离散成一系列规则排列、高度可调的基本体（或称冲头）。在整体模具成形中，板料由模具曲面来成形，而多点成形则由基本体群冲头的包络面（或称成形曲面）来完成板料成形，如图 2-8-1 所示。各基本体的行程可分别调节，通过改变各基本体的位置就改变了成形曲面，也就相当于重新构造了多点成形模具，由此体现了多点成形的柔性特点。

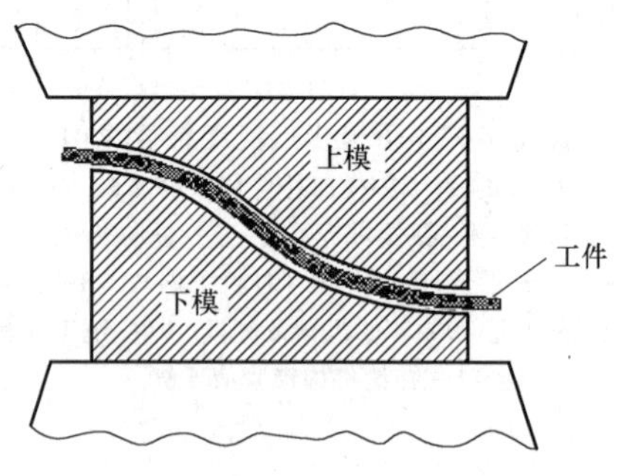

a) 整体模具成形

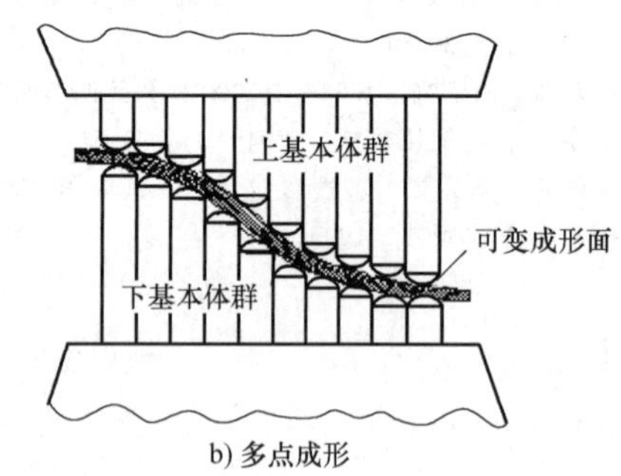

b) 多点成形

图 2-8-1　整体模具成形与多点成形的比较

调节基本体行程需要专门的调整机构，而板料成形又需要一套加载机构，以上、下基本体群及这两种机构为核心就构成了多点成形压力机。一个基本的多点成形设备应由三大部分组成，即 CAD 软件系统、计算机控制系统及多点成形主机，如图 2-8-2 所示。CAD 软件系统根据要求的成形件目标形状进行几何造型、成形工艺计算，将数据文件传给计算机控制系统，计算机控制系统根据这些数据控制基本体的调整机构，构造基本体群成形面，然后控制加载机构成形出所需的成形件。

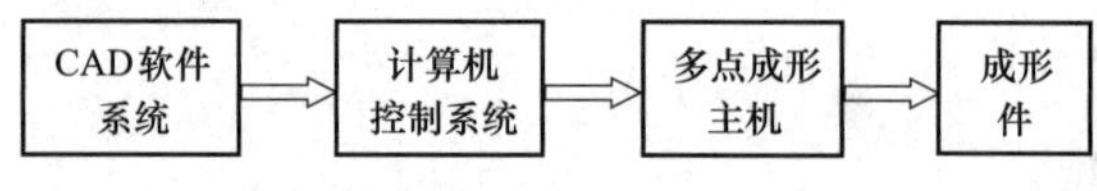

图 2-8-2　多点成形设备的基本构成

8.1.2　基本原理

1. 基本体控制类型

多点成形的基本体控制类型可分为固定型、被动型与主动型，如图 2-8-3 所示。

a) 固定型

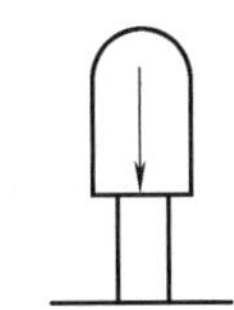
b) 被动型

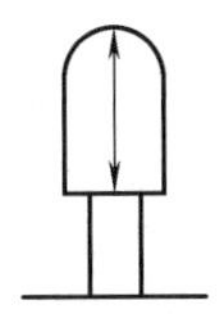
c) 主动型

图 2-8-3　基本体控制类型

1）固定型。在成形前即调整到目标位置，成形过程中相邻各基本体之间无相对运动，无须单独控制。

2）被动型。在成形前基本体都处于伸出的平面状态，没有曲面形状，成形过程中在成形压力或板料反作用力推动下被迫缩回移动，无速度控制功能。

3）主动型。在成形前基本体群处于任意位置的平面状态，成形过程中基本体群可实现速度、加速度及位移等的实时独立控制，控制装置复杂，成形效果好。

2. 典型成形方法

由以上三种不同基本体控制类型的组合可以形成六种成形方法，即多点模具成形、半多点模具成形、多点压机成形、半多点压机成形、主动半多点模具成形和被动多点成形，其中具有代表性和实用性的有四种成形方法，即多点模具成形、半多点模具成形、多点压机成形和半多点压机成形，而主动半多点模具成形和被动多点成形的实用性不好。

1）多点模具成形。多点模具成形是在成形前把基本体调整到所需的适当位置，使基本体群形成零件曲面的包络面，而在成形时各基本体间无相对运动。其成形过程实质与整体模具成形基本相同，只是把模具分成离散点。这种成形方法的成形过程如图 2-8-4 所示。多点模具成形的主要特点是装置简单，而且容易制作成小型设备。

2）半多点模具成形。半多点模具成形是在成形前先把上基本体群（或下基本体群）调成所需曲面的包络面，而另一侧基本体群处于伸出且为平面状态，不需要调整出曲面的包络面。当成形时，上基本体群整体产生向下位移，即基本体间无相对运动，起到离散模具的作用，下基本体群（或上基本体群）由于受另一组基本体群的压力而在钢材推动下基本体产生差异运动，直至成形结束。这种成形方法的成形过程如图 2-8-5 所示。半多点模具成形的主要特点是可以明显减少控制点数目，但控制基本体和板料的接触力比较困难。

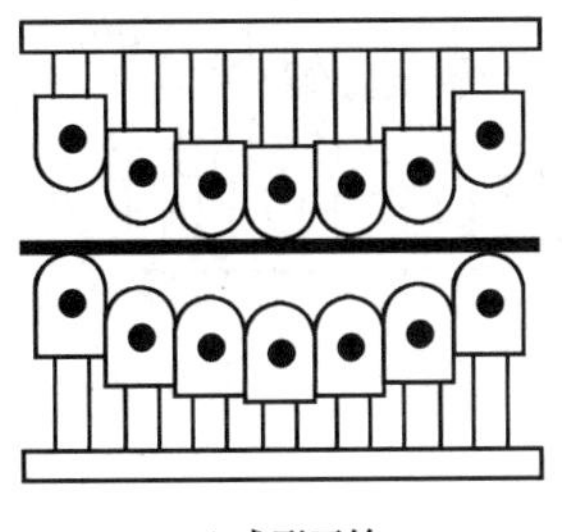
a) 成形开始

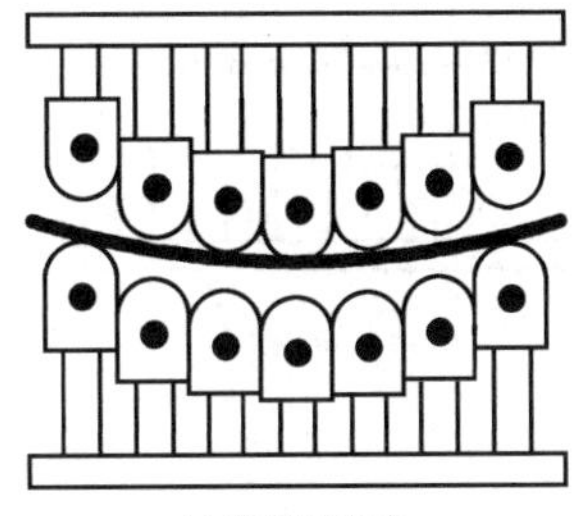
b) 成形过程中

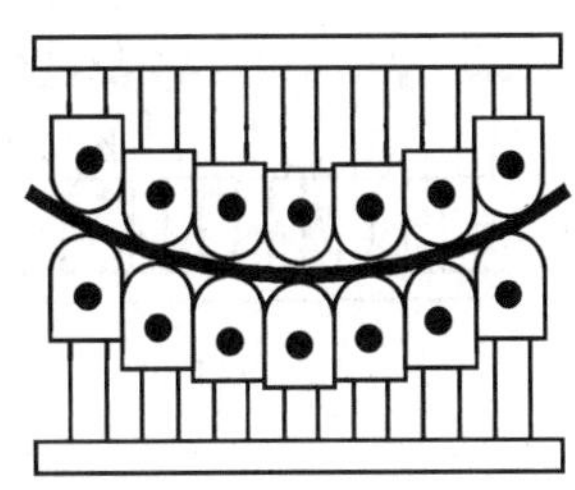
c) 成形结束

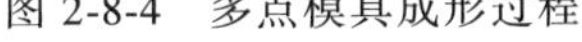
图 2-8-4　多点模具成形过程

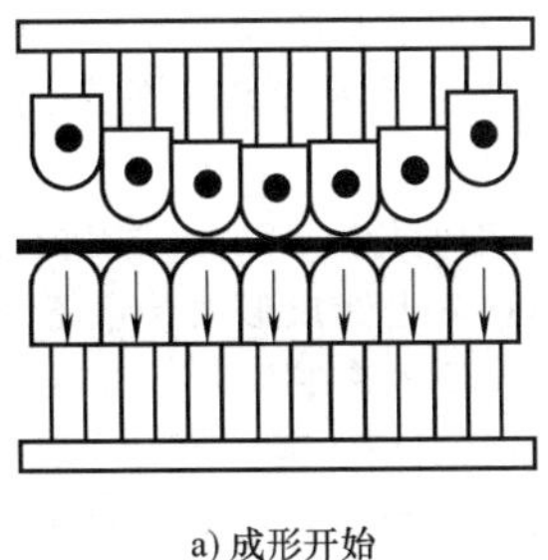
a) 成形开始

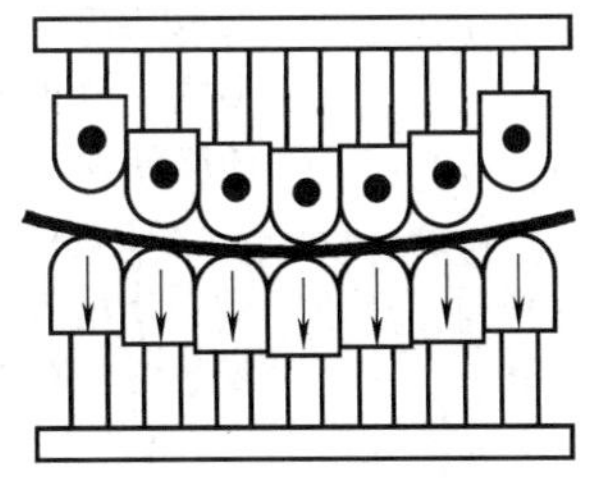
b) 成形过程中

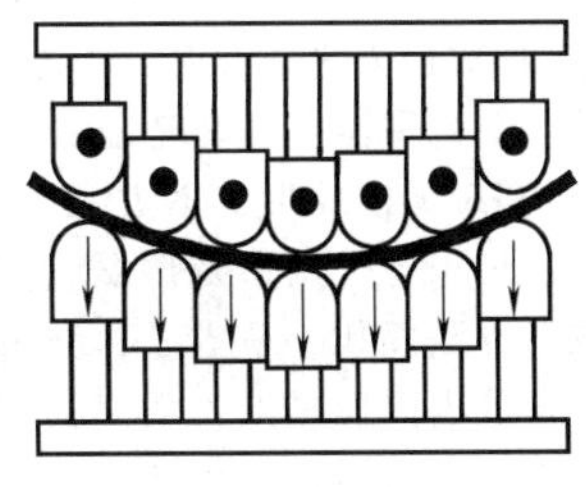
c) 成形结束

图 2-8-5　半多点模具成形过程

3）多点压机成形。这种成形方法为上、下基本体均是主动型基本体。在成形前对基本体并不进行预先调整，只要基本体群处于任意位置（最好是基本体行程的一半位置）平面状态，而是在成形过程中，每个基本体根据需要分别移动到合适的位置，形成零件曲面的包络面。在成形过程中，各基本体间都有相对运动，每个基本体都可单独控制，每对基本体都相当于一台小型压机，故称为多点压机成形法。其成形过程如图 2-8-6 所示。多点压机成形时能够充分体现柔性特点，不但可以随意改变材料的变形路径，而且还可以随意改变板料的受力状态，使被成形件与基本体的受力状态最佳，实现板料最佳变形。

4）半多点压机成形。这种成形方法为主动型基本体与被动型基本体组成的成形方式。即在成形时，对主动型基本体群根据需要控制其行程，而另一方基本体由于受到主动基本体群的压力而被迫运动，因此称之为半多点压机成形法。图 2-8-7 所示为其成形过程。当采用这种方法成形时，可以改变板料的成形路径，但控制被动基本体群和板料间接触力很困难，接触力过大，板料和基本体接触的地方易出凹坑或划痕，影响成形件的表面质量；接触力过小，板料不能成形到所需的形状，影响成形件的使用。所以，这种方法在板料多点成形时不常使用。

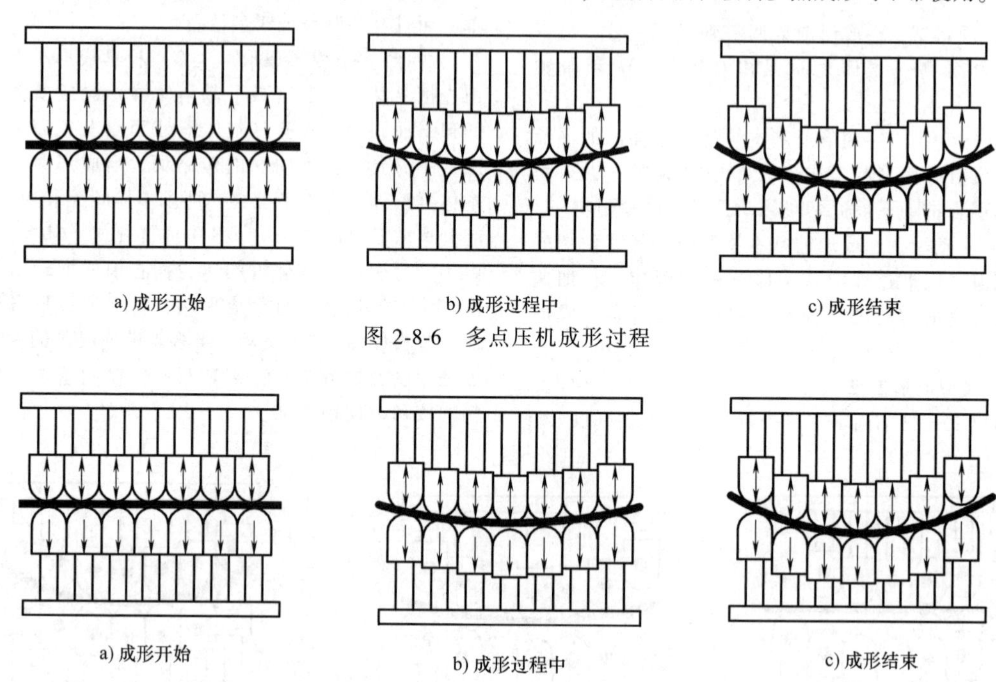

a) 成形开始　b) 成形过程中　c) 成形结束

图 2-8-6　多点压机成形过程

a) 成形开始　b) 成形过程中　c) 成形结束

图 2-8-7　半多点压机成形过程

8.1.3　多点成形的特点

在多点成形设备中，基本体群及由其形成的“可变模具”是多点成形压力机的主要组成部分。从这个意义上讲，“多点成形”也可称为“无模成形”。这种成形方法具有很多传统成形方式无法比拟的优点，其先进性主要表现为：

1）实现无模成形，不需另外配置模具。因此，不存在模具设计、制造及调试费用的问题。与整体模具成形方法相比，节省了大量的资金与时间，更重要的是过去因模具造价太高而不得不采用手工成形的单件、小批零件的生产，在此系统上可完全实现规范的自动成形。无疑，这将大大提高成形质量。

2）该技术由基本体群的冲头包络面成形板料，而成形面的形状可通过对各基本体运动的实时控制自由地构造出来，甚至在板料成形过程中都可随时进行调整。因而，板料成形路径是可以改变的，这也是整体模具成形无法实现的功能。结合有效的数值模拟技术，设计适当的成形路径，即可消除板料的成形缺陷，提高板料的成形能力。另外，根据成形面可变的特点，还能实现反复成形的工艺过程，消除回弹，减小残余应力。

3）利用成形面可变的特点，可以实现板料的分段、分片成形，在小设备上能成形大于设备成形面积数倍甚至数十倍的大尺寸零件。

4）这种成形设备的通用性强，适用范围宽。通常整体模具成形方法只适用于指定厚度的板料，而该系统可成形最大厚度与最小厚度之比达到 10 的各种材质板料。

5）多点成形的几何造型等处理都是由 CAD 软件系统完成的，多点成形压力机又是采用计算机进行控制，因而容易实现自动化。

总之，多点成形技术不仅适用于大批量的零件生产，而且同样适用于单件、小批量的零件生产。采用该技术可以节省大量的模具设计、制造及修模调试的费用。所加工的零件尺寸越大，批量越小，这些优越性越突出。

8.1.4　多点成形压力机的规格

多点成形设备的整体结构是一台压力机，通常由压力机主机、上下基本体群、柔性压边装置、板料进给装置、基本体调平装置、控制系统、弹性垫及附件等构成。其中，基本体群的包络面构成了加工板类件时的成形曲面，因此它是多点成形设备的核心部分；柔性压边装置可加大板类件的变形量，防止起皱。

多点成形压力机的型号及其技术参数见表 2-8-1。型号 YAMh 中的 Y 代表液压，A 代表自动化，M 代表多点模具，h 代表能够成形的最佳板料厚度。除了表 2-8-1 中所列型号、参数外，若用户需要其他规格与参数的设备，也可根据其需求进行相应设计，并选择合适的板料接送料装置和零件形状测试装置。

表 2-8-1　多点成形压力机的型号及其技术参数

参数名称	型号					
	YAM1	YAM3	YAM5	YAM10	YAM20	YAM40
	参数值					
最佳板料厚度/mm	1	3	5	10	20	40
板料厚度/mm	0.6~3	0.6~6	1~10	2~20	4~40	8~80
板料宽度/m	<0.3	<0.4	<0.8	<1.2	<2.0	<4.0
板料长度/m	<1	<2	<4	<6	<10	<18
曲面高度差/mm	50	100	200	400	500	600
额定成形力/kN	200	630	2000	4000	10000	20000
电动机功率/kW	5	7.5	22	45	110	160

8.1.5　主要应用领域

多点成形技术在板料三维曲面成形方面有着广阔的应用前景，这种技术无须模具及保存各种模具的大型厂房，特别适合于曲面板类件的多品种、小批量生产及新产品的试制。目前，多点成形技术已经应用于高速列车流线型车头制作、船体外板成形、建筑物内外饰板的成形及医学工程等多个领域中。

1. 高速列车车头

高速列车流线型车头覆盖件的压制是多点成形技术实际应用的一个典型实例。流线型车头的外覆盖件通常要分成 50~80 块不同曲面，每一块曲面都要分别成形后进行拼焊。图 2-8-8 所示为采用多点成形技术制造的高速列车流线型车头及覆盖件。

a) 高速列车车头

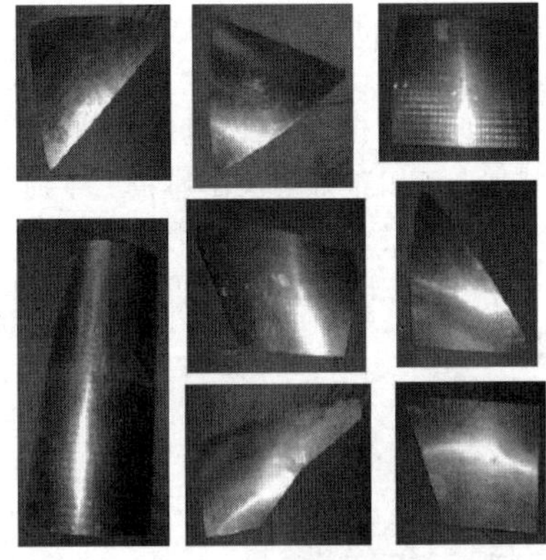

b) 高速列车车头覆盖件

图 2-8-8　高速列车流线型车头及覆盖件

2. 奥运鸟巢钢构件

图 2-8-9 所示为北京 2008 奥运会用国家体育场——鸟巢建筑工程用箱型弯扭钢构件加工过程及成形好的单元结构件。“鸟巢”大量采用由钢板焊接而成的箱形构件，其三维弯扭结构不同部位的弯曲与扭曲程度不同，所用材料 Q345（16Mn）是低合

金高强度结构钢，成形厚度从 10mm 变化到 60mm，其回弹量变化很大。若采用整体模具成形，将花费巨额的模具制造费用；若采用水火弯板等手工方法成形，需要大量的熟练工人，而且还难以保证成形的一致性。而采用多点成形技术，不仅节省了高额的模具费用，成形效率提高数十倍，还大大提高了成形精度，使整块钢板的最终综合精度控制在几毫米内。该技术实现了中厚板类件从设计到成形过程的数字化，圆满解决了鸟巢建筑工程钢构件加工的技术难题。

图 2-8-9　箱型弯扭钢构件加工过程及成形好的单元结构件

3. 船舶用外板成形

船舶工业是为水上交通、海洋开发及国防建设提供技术装备的现代综合性产业，是军民结合的战略性产业，是先进装备制造业的重要组成部分。进一步发展壮大船舶工业，是提升我国综合国力的必然要求，对维护国家海洋权益、加快海洋开发、保障战略运输安全、促进国民经济持续增长、增加劳动力就业具有重要意义。

三维曲面船板件的曲面成形加工是船体结构件加工中的重要环节，而船体外板加工的质量与效率将直接影响船舶建造的质量与周期。三维曲面船板件的成形加工一般采用的是机械横向压制成二维形状，再用水火弯板法使工件纵向弯曲的组合加工等方法。这种加工方式依赖操作人员的技术水平和经验，存在着操作技术复杂、加工效率低、弯板质量稳定性差、劳动强度大、环境友好度小、标准化工艺规程实施困难等问题。采用多点成形技术，利用多点成形的柔性特点，可以很好解决中厚板三维曲面件的成形技术难题。通过多点成形压力机成形的船舶外板（见图 2-8-10），三维成形质量好，成形效率高，对提高船舶外板的加工具有实际意义。

图 2-8-10　采用多点成形技术加工中的船舶外板

4. 建筑物内外饰板的成形

随着楼宇建筑的多样化，许多楼宇的用户都要求办公楼个性化，在楼体内外进行必要的装饰。图 2-8-11 所示为哈尔滨某公司的办公楼装饰板的应用样件。装饰板材质为铝合金板，材料厚度为 3mm。首先进行楼体外观造型设计，再依据多点成形的特点将装饰造型进行分块，一般可分成数块（每块尺寸为 280mm×2400mm），分别造型和成形，然后把合格的成形件按分割顺序进行拼接。楼宇装饰板是窄长条形，利用多点成形的分段成形技术，实现了用小设备成形大型件。板料在每次成形时，都要受到未成形区和已成形区的影响，成形区的受力及变形情况比整体成形时要复杂得多，控制较难。图 2-8-11 所示为采用一次成形面积为 140mm×140mm 的 100kN 多点成形压力机，应用单向分段和双向分段技术成形的建筑用装潢外饰板，成形件总高度超过 2.4m。

图 2-8-11　办公楼装饰板的应用样件

5. 人头颅骨修复

利用医院提供的患者脑部分层 CT 原始数据或 CT 片，经人工整理，可以多种方式把颅骨形状信息输入三维 CAD 造型软件中，获得患者的脑部三维造型数模（见图 2-8-12），可与计算机进行交互式设计，以决定骨板的最佳成形位置，完成多点成形过程中必要的计算，并提供多种方式对计算结果进行检验，确保计算结果的正确性。软件所采用的高品质三维彩色图像显示技术及实时交互功能提高了软件的易用性。

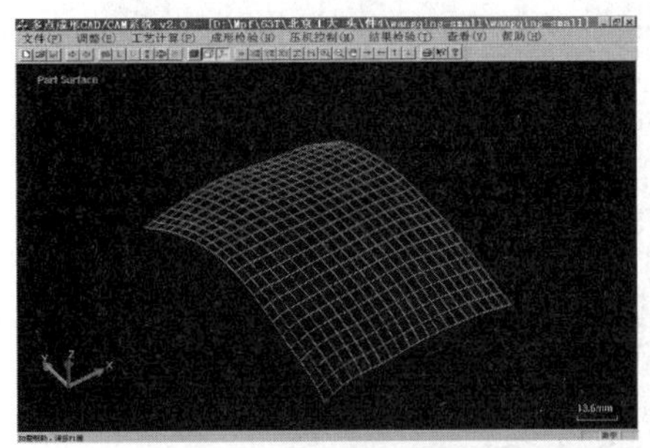

图 2-8-12　利用 CT 数据构造脑部三维造型数模

尤其对使用钛合金薄板的颅骨骨板（厚度为 0.3mm 和 0.5mm）而言，成形过程是需要精确成形力控制的，图 2-8-13 所示为多点成形的医用颅骨骨板实用件。当成形力较小时，易引起成形不足，回弹也比较大；当成形力过大时，虽然回弹很小，但成形结果曲率分布有可能不均匀，这是由于基本体冲头部分对骨板料局部压力过大而引起的。因此，多点成形与整体模具成形不同，它对成形力的要求较严格，成形力不可过大，否则易于在骨板料表面产生压痕等缺陷，造成曲率分布不均匀。

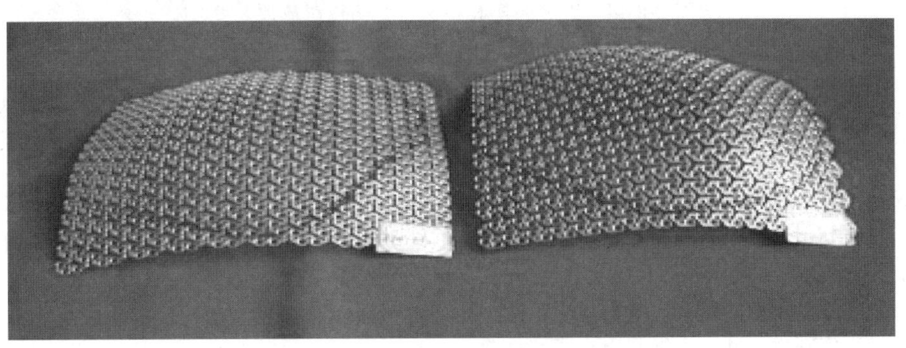

图 2-8-13　多点成形的医用颅骨骨板实用件

8.1.6　国内外发展状况

多点成形的构想最早是在 20 世纪 60 年代由日本人提出的，随后各发达国家都对其开展了相关的研究与开发工作。日本早在数十年前就开始了板料柔性加工方法的研究工作，最早提出的构想是用相对位置可以相互错动的“钢丝束集”代替模具进行板料成形。很多大型造船公司为实现船体外板曲面成形的自动化，对板料柔性加工技术的研究尤为重视。日本造船协会曾经组织多家造船公司的技术力量试制了多点式压力机，但未能解决好成形曲面的光滑度、成形后回弹量的大小与曲面形状关系等问题，最后因无法承担制造这种压力机的高额费用而未能实用化。日本三菱重工业株式会社也研制了一种比较简单的成形设备，但由于其整体设计不周，该压机只适用于变形量很小的船体外板的弯曲加工，而且成形效率与以前的成形法相比提高不大。另外，东京工业大学及东京大学也进行了多点式压力机及成形试验方面的研究工作，但未取得重大进展。

美国麻省理工学院（MIT）也进行了多年类似的研究，他们称之为柔性制造的可变型面工具 RTFF（Reconfigurable Tooling for Flexible Fabrication），在柔性成形、形状控制、形状测量及变形模拟与仿真等方面开展了研究工作；1999 年与美国航空部门合作，投资 1400 多万美元，制造了模具型面可变的拉弯成形装置（见图 2-8-14）。该装置共有 2688 个冲头，一次成形面积为 $24ft^2$（4ft×6ft）（1ft＝0.3048m），但此装置只能构造单个成形凸模，较适用于单向曲率零件的拉弯成形，很难应用于双向曲率都较大的曲面零件成形，因而应用范围很有限。

吉林大学的李明哲教授在日本日立公司从事博士后研究期间，对无模成形的基本理论与实用技术进行了系统研究。在基本理论研究时，将这种无模成形方法命名为“多点成形法”，并提出了成形原理不同的 4 种有代表性的多点成形的基本方法（即多点模具成形、半多点模具成形、多点压机成形、半多点压机成形），并首次提出了实现无回弹成形的反复成形法，发明了有效防止压痕及皱纹的网状结构弹性垫；在实用化方面，他主持开发研制出世界上第一台达到实用化程度的无模多点板料成形设备。该设备能用于加工较复杂三维曲面形状（如扭曲面等）的零件，工作效率比传统的线状加热等方法提高了数十倍。

图 2-8-14 美国的模具型面可变的拉弯成形装置

李明哲教授回国后组建了无模成形技术开发中心，带领一批年轻的研究人员在多点成形设备、多点成形理论与实用化技术等方面开展了更为全面、系统的研究工作。几年来，吉林大学无模成形技术开发中心在多点成形技术的研究与开发方面取得了一系列具有自主知识产权、达到国际领先水平的成果。在有关多点成形法的基础研究方面，对多点成形的理论和技术作了系统的研究。首次提出了用多点分段成形技术实现大尺寸、大变形量、高精度成形的概念和方法，大大地拓展了多点成形技术的应用领域。该中心还首次利用有限元法对多点成形过程进行数值模拟，对多点成形的受力状态和成形结果进行了分析。在多点成形设备方面，该中心研制成功世界首台商品化多点成形设备，并陆续开发出薄板多点成形用实用机、快速调型多点成形压力机等。在计算机软件方面，该中心开发出世界首套专门用于多点成形的 CAD/CAM 一体化软件。该中心目前已经在无模多点成形领域处于国际领先水平，具备了独立研究与自主开发大型、新型多点成形设备的能力；并能根据用户的要求设计相应的装置。

8.2 多点成形压力机的主要结构

多点成形压力机按工艺用途分类已有多种，但按多点成形压力机的主机结构分类，则可分为单柱式多点成形压力机、三梁四柱式多点成形压力机、整体框架式多点成形压力机。单柱式多点成形压力机可分为整体机身和组合机身两种结构。在实际工作中，由于单柱式多点成形压力机机身的变形，滑块与工作台会产生一定的夹角，故多用在对精度要求不高的场合；三梁四柱式多点成形压力机是通过四根立柱把上下横梁连接起来，带滑块的活动横梁依靠四根立柱导向，具有结构简单、制造成本低等特点，故应用较为广泛；整体框架式多点成形压力机用焊接框架立柱代替三梁四柱式多点成形压力机中的立柱，滑块的导向依靠固定在立柱上的导轨，具有导向精度高、抗偏载能力大等优点，但制造成本比三梁四柱式压力机高，多用于对精度要求较高的场合。

8.2.1 多点成形压力机的构成

无论哪种多点成形压力机，其主机结构总是由若干不同功能的组件所组成。多点成形压力机由多点成形主机、工业控制计算机、自动控制装置、CAD/CAM 软件系统等构成，如图 2-8-15 所示。

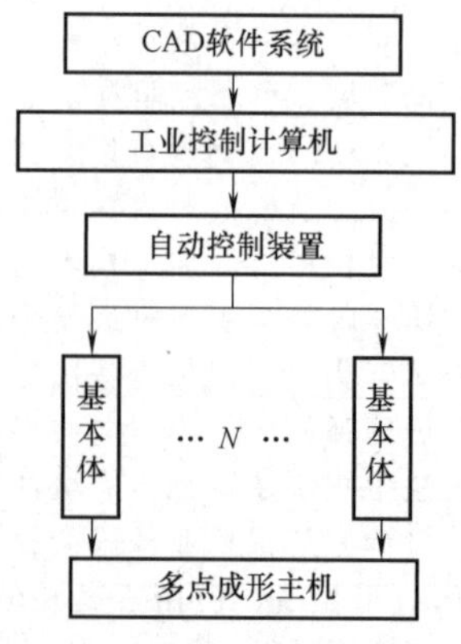

图 2-8-15 多点成形压力机的构成

首先，用 CAD 软件系统在工业控制计算机上对零件进行造型、工艺设计及板料成形生产的可行性论证。软件系统根据零件的不同形状和不同要求，对成形件进行力学性能计算、缺陷倾向预测、检测信号处理、冲头与板料接触情况分析等。如果分析结果可以实现正常的成形过程，则给出一组调形相关数据，并传送给自动控制装置；如果不可行，就显示出一系列数据并分析不可行的原因。这时，要通过人机对话，改变设计参数，再重新计算，直到满意为止。自动控制装置主要由单片机和其他控制电路、CAM 软件及调形系统等组成，可以把 CAD 软件系统形成的数据文件转换成可执行的控制数据，同时对主机执行情况进行在线检测和控制。多点成形主机主要由液压泵站、主机机身、调整用机械手和上下基本体群等组成，在主机中将电能转换成液压能、液压能转换成机械能、机械能又转换成多点成形能，它的运动精度、基本体调整精度、成形力的大小都会对零件的成形结果产生重要的影响。利用三坐标测量仪对多点成形件进行检测，并把所测得的曲面数据反馈到工业控制计算机。CAD 软件系统对这些测得的数据进行比较和分析，如果结果未达到给定精度，则可以修改调形用数据，再进行一次调形并压制，直到结果满意为止。其次，微机控制系统主要由单片机和常规电气系统组成，该系统把 CAD 软件系统形成的数据文件转换成主机能执行的控制量，同时对主机执行情况进行在线检测和控制。最后，机械系统是由机身、调形系统和基本体群组成，也是多点成形压力机的关键部分，它是集传递动力、影响位置精度、平衡各方向作用力的综合体。

8.2.2　单柱式结构

单柱式结构又称为 C 形结构或开式结构。多点成形压力机的单柱式结构如图 2-8-16 所示，主要由机身、泵站、工作缸和工作台等组成。单柱式结构最突出的优点是机身为开放结构，操作方便，可在三个方向接近工件，因此装卸模具和工件均简单方便。目前，单柱式多点成形压力机主要用于校正、压装、板料弯曲成形等工艺中。但是，单柱式结构最大的缺点是机身悬臂受力，且受力后变形不对称，使主缸中心线与工作台的垂直度产生角位移。这样将使模具间隙偏于一侧，一定程度上影响了工件压制质量。此外，在一般简单的单柱式压力机设计中，滑块大多没有导轨，完全依靠活塞与缸的导向面配合导向，因此机身变形后将使活塞承受相当的弯曲应力。为了使最大变形在允许范围内，设计时许多应力均取用较低值。故较相同参数的三梁四柱式和框架式结构的压力机重量大得多。

此外，在单柱式多点成形压力机中，通过采用分段成形方式，在宽度方向可以成形一次成形面宽度的 2.5 倍；长度方向只要成形后的工件不与机身干涉，可以成形无限长的工件。这是单柱式多点成形压力机被采用的原因之一。

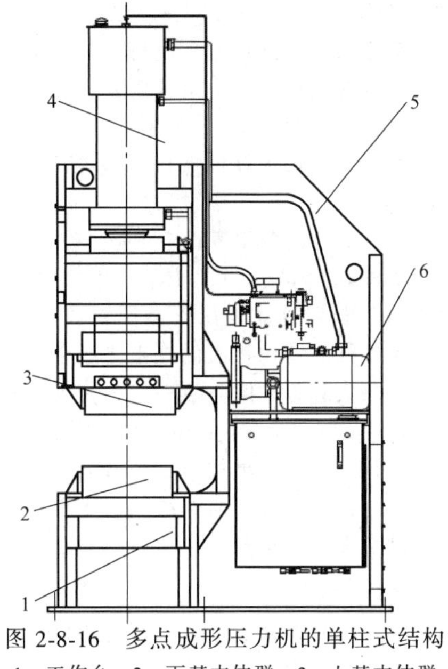

图 2-8-16　多点成形压力机的单柱式结构
1—工作台　2—下基本体群　3—上基本体群
4—工作缸　5—机身　6—泵站

8.2.3　三梁四柱式结构

三梁四柱式结构为多点成形压力机最常见的结构形式之一，其主要特点是加工工艺性较其他类型压力机简单。图 2-8-17 所示为三梁四柱式多点成形压力机的典型结构，它的机身是由上横梁、活动梁、工作台（下横梁）和四根立柱组成。工作缸安装在上横梁内，活动梁与工作缸的活塞连接成一个整体，以立柱为导向上下运动，并传递工作缸内产生的力，对板料进行压力加工。由于机身连接成为一整体框架，所以机身承受了整个工作力。

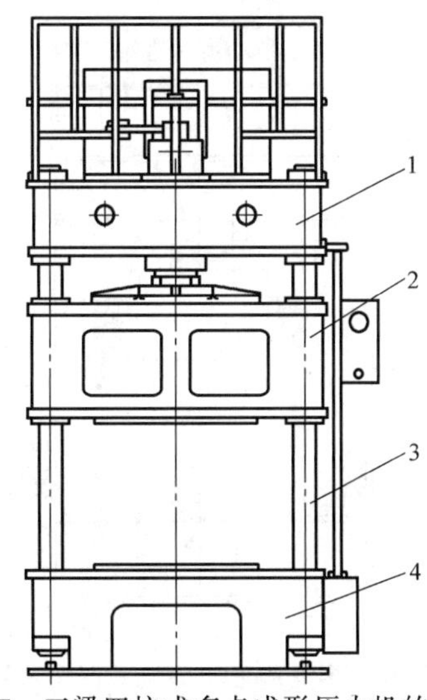

图 2-8-17　三梁四柱式多点成形压力机的典型结构
1—上横梁　2—活动梁　3—立柱　4—工作台

按照工作缸的安装方式，三梁四柱多点成形压力机可分为立式及卧式两种，也可发展成立卧联合式。三梁四柱多点成形压力机的组成包括工作部分（包括工作缸、活动梁等）、机身部分（包括上横梁、工作台及立柱）和辅助部分（包括顶出缸、移动工作台等）。

三梁四柱式结构最显著的特点是工作空间宽敞，便于 4 个方向观察和接近基本体群；整机结构简单，工艺性较好，但四柱需要用大型圆钢或锻件制成。此外，三梁四柱式结构最大的缺点是承受偏心载荷能力较差，最大载荷下偏心距一般为跨度（即左右方向的中心距）的 3%左右；由于立柱刚度较差，在偏心载荷作用下，活动横梁与工作台间已产生倾斜和水平位移，同时立柱导向面磨损后不能调整和补偿。这些缺点在一定程度上限制了它的应用范围。

8.2.4　框架式结构

框架式结构在各种多点成形压力机中应用相当广泛。多点成形压力机的框架式结构如图 2-8-18 所示。从主要零部件布置和承载观点来看，机身结构由上横梁、工作台和左右支柱三部分组成。一般情况下，上横梁内布置主缸和侧缸，工作台上固定模具，左右支柱内侧作为导轨的安装定位基准。在中小型压力机上，还可利用支柱内部空间布置电气元件和液压元件。整体框架式结构多用于小型多点成形压力机，可分为焊接结构和铸造结构两种结构形式。由于机身在工作中承受拉力和弯曲应力，因此大多采用型钢、钢板焊接和整体铸钢结构。只有在小吨位和小台面的多点成形压力机才能采用铸铁铸造的整体结构。

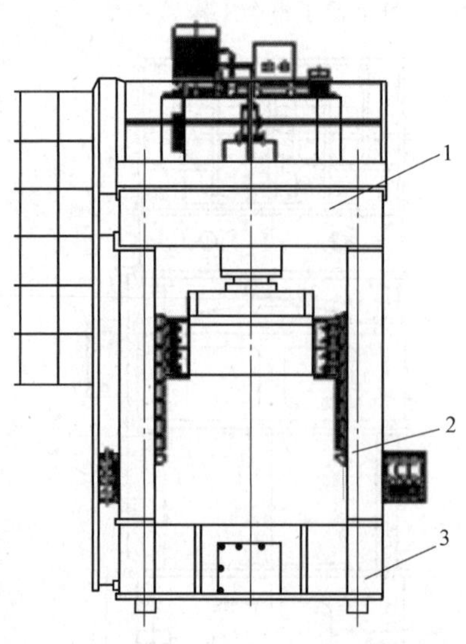

图 2-8-18　多点成形压力机的框架式结构

1—上横梁　2—立柱　3—工作台

整体焊接结构的优点是省去了整个铸造工序，制造周期短；在结构设计上可根据受力情况合理布置和选用不同厚度的钢板，因此重量最轻。缺点是钢板焊前加工量较大，需要相应的焊接设备和熟练的焊接技术，以尽量减少焊接变形和残余内应力；焊后一般必须进行去应力退火。此外，焊后加工也较为复杂。

整体框架结构的特点是零件数量少、重量轻、刚度大，但零件单件重量较重，焊后加工工艺较为复杂，有时甚至需要专门设备加工，以保证工作台面平直度和导轨支承面对工作台的垂直度。由于单件重量较重，设计时应仔细考虑吊运和加工设备的工作能力。

8.2.5　典型多点成形压力机简介

1. 2000kN 单柱多点成形压力机

已开发的 2000kN 单柱多点成形压力机（见图 2-8-19）采用机械手调形，主机机身属于单柱结构。最大成形压力为 2000kN，上下基本体群采用 28×20 布置方式。该设备是世界上首台商品化的多点成形压力机，其参数主要是为高速列车流线型车头覆盖件成形的要求而设计的。依据用户的需要，根据分块设计数据，通常成形件的长度与宽度尺寸为 500~1000mm，由此确定多点成形压力机一次成形尺寸为 600mm×840mm。该设备开发成功后运行状态良好，已经应用于高速列车覆盖件成形中，生产了多台份的成形件。

图 2-8-19　2000kN 单柱多点成形压力机

2. 630kN 薄板多点成形压力机

630kN 薄板多点成形压力机是具有高柔性压边功能的薄板成形用多点成形压力机。该设备采用机械手进行调形，最大成形压力为 630kN，上下基本体群采用 40×32 布置方式。

主机机身采用三梁四柱式结构，工作缸偏心布置，目的是增加设备的成形件尺寸，扩大应用范围。该设备上、下基本体群各由 1280 个基本体组成，其一次成形尺寸为 320mm×400mm。其宽度方向可成形一次成形面宽度的 2.5 倍，而长度方向对成形件没有严格的长度限制。630kN 薄板多点成形压力机及局部放大如图 2-8-20 所示。

630kN 薄板多点成形压力机的最大特点是基本体横截面尺寸很小，并具有高柔性压边功能。在上下基本体群的四周布置了 40 个压边缸，配有上下不同厚度压边圈两套，可以用于薄板零件的柔性压边，因此可以实现薄板三维曲面零件的柔性成形。

a) 630kN薄板多点成形压力机

b) 局部放大区域

图 2-8-20　630kN 薄板多点成形压力机及局部放大

3. 30000kN 中厚板多点成形压力机

最新开发的 30000kN 中厚板多点成形压力机的所有基本体可以同时调形，调形效率提高了数十倍，属于框架式结构。设备的最大成形压力为 30000kN，上基本体群采用 20×18 布置方式，下基本体群采用 20×21 布置方式，基本体截面尺寸为 150mm×150mm，一次成形尺寸为 3000mm×2700mm。采用分段成形方式时，在宽度方向可以成形的成形面宽度为 3000mm；长度方向对成形件没有严格的长度限制，只要成形后的工件不与机身干涉，就可以成形无限长的工件。30000kN 中厚板多点成形压力机及其应用如图 2-8-21 所示。

本台设备是针对船舶外板厚度为 15~40mm 而开发成的中厚板多点成形压力机，上、下基本体群可以同时调形的。这种结构的调形时间与基本体数量无关，只与基本体的行程和调形电动机的转速有关；与机械手调形方式相比，调形效率得到明显提高。

4. 3000kN 多点成形压力机

开发的 3000kN 多点成形压力机的所有基本体可以同时调形，调形效率提高了数十倍，属于移动框架式结构。设备的最大拉伸力为 9000kN，上压成形压力为 3000kN，上基本体群采用 30×30 布置方式，下基本体群采用 30×65 布置方式，基本体截面尺寸为 40mm×40mm，一次成形尺寸为 3000mm×2700mm。采用分段成形方式时，在宽度方向可以成形的成形面宽度为 3000mm；长度方向对成形件没有严格的长度限制，只要成形后的工件不与机身干涉，就可以成形无限长的工件。

a) 30000kN中厚板多点成形压力机

b) 成形过程中

c) 压力机的应用

图 2-8-21　30000kN 中厚板多点成形压力机及其应用

图 2-8-22 所示为目前被广泛应用的 3000kN 拉压复合式多点成形压力机及其应用。其在生产实际中的优秀制备成果使得多点成形技术实现了从理论到实践的广泛推广，在缩短产品开发周期的同时，降低了生产成本，并且大大提高了成形精度，产生了良好的经济效益和社会效益。

开发的 25000kN 拉压复合式多点成形压力机，集柔性拉伸成形机与多点成形压力机为一体（见图 2-8-23），主要是针对复杂形状，如凸凹变化的复杂形状零件的成形。所有基本体可以同时调形，调形效率提高了数十倍，属于移动框架式结构。设备的最大拉伸力为 9000kN，上压成形压力为 3000kN，上下基本体群采用 30×40 布置方式，基本体截面尺寸为 40mm×40mm，一次成形尺寸为 1200mm×1600mm。

韩国东大门设计广场由两万余张各不相同的三维曲面件组成。应用柔性拉伸成形机与多点成形压力机配套的柔性成形设备，圆满实现了大量铝合金板料的柔性成形，节约了巨额模具费与人工费，缩短了工期，并提高了工程质量。

a) 3000kN拉压复合式多点成形压力机

b) 局部放大区域

c) 压力机的应用

图 2-8-22 3000kN 拉压复合式多点成形压力机及其应用

a) 25000kN拉压复合式多点成形压力机

b) 局部放大区域

c) 压力机的应用

图 2-8-23 25000kN 拉压复合式多点成形压力机及其应用

8.3　多点成形压力机的基本体

8.3.1　基本体结构

多点成形的离散冲头根据其头部是否可以旋转分为固定冲头（见图 2-8-24）和摆动冲头（见图 2-8-25）。按截面形状不同可分为圆形和多边形，圆形一般不推荐应用。从理论上说，多边形按边数可分为三边形、四边形、五边形、六边形、七边形、八边形等，但从实际应用角度，多边形按边数可以分为四边形、六边形、八边形等；从实际成本角度，多边形的边数取四边形为佳。在多点成形中，压力机的输出力通过基本体冲头传递到板料而使其发生变形。为了使板料发生弯曲塑性变形时基本体截面边界不与板料干涉，产生刻痕，一般将基本体冲头的头部设计为球冠状（见图 2-8-24a）。板料在规则排列的多点冲头形成的包络面下成形，板料与冲头的球冠部分近似于点接触。应确保板料与基本体冲头的接触点处于基本体截面范围内，即板料与基本体冲头接触点处于球冠面上，否则基本体边界棱边就会在零件表面上产生刻痕，导致零件报废。为了保证多点成形时零件表面不受伤害，避免冲头头部与板料发生干涉，球冠应与板料充分相切接触。因此，合理的冲头参数设计对得到高质量的成形件具有重要意义。

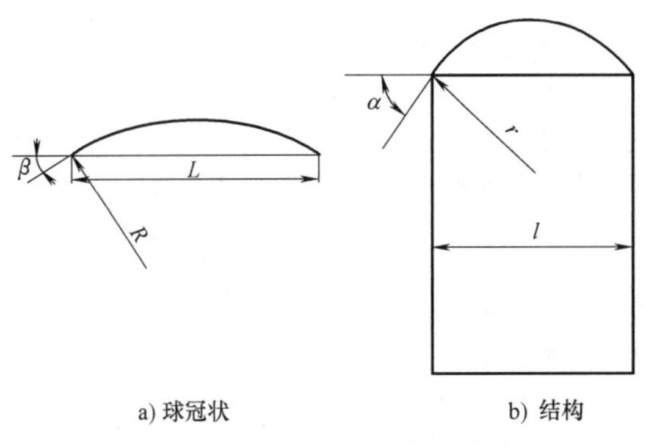

a) 球冠状　b) 结构

图 2-8-24　固定冲头

图 2-8-24a 所示为成形件边界局部剖面形状轮廓线。设成形件的局部跨度为 L，成形件的曲率半径为 R，成形件边部的切线与基本体横截面夹角为 β，由几何关系可得 $\beta=\arcsin(L/2R)$。图 2-8-24b 所示为基本体冲头结构，由基本体和球头两部分组成。设基本体横截面为正方形，其边长为 l，球冠的半径为 r，且边长中点球冠边部的切线与基本体横截面的夹角为 α，由几何关系可得 $\alpha=\arcsin(l/2r)$。可见在成形过程中，为了避免成形件与冲头边界产生刻压痕迹，成形件任意局部与基本体横截面夹角为 $\beta\leqslant\alpha$ 是比较合理的，即成形面与基本体横截面夹角最大值为 α。目前，市场上应用比较多的基本体结构就是这种头部为球冠状的结构。

为了解决中厚板料多点成形的压痕问题，不能再采用聚氨酯板作为弹性垫，开发设计了一种可以随着成形过程的进行而摆动的基本体冲头，即摆动冲头（见图 2-8-25），其基本构成为摆动体、旋转球和基本体。摆动体与基本体之间可通过一个旋转球实现摆动体摆动以适应板料变形，又通过整体弹簧、4 个弹簧或聚氨酯进行柔性连接，使板料成形过程中的摆动体旋转达到自适应摆动。在摆头单元多点模具成形工艺中，成形前，各冲头根据成形目标件调整至指定高度，摆动体均保持水平状态，如图 2-8-26a 所示；成形时，各摆动体随着上模下压，板料对上下基本体群的各摆动冲头进行挤压而使摆动体发生旋转，并随着进一步变形，各摆动体进行自适应摆动，直至成形结束，摆动冲头与板料实现完全贴合，如图 2-8-26b 所示；成形结束，上下基本体群分离，摆动体会在弹簧或聚氨酯的弹性元件作用下保持平衡，并恢复至水平状态，如图 2-8-26c 所示。

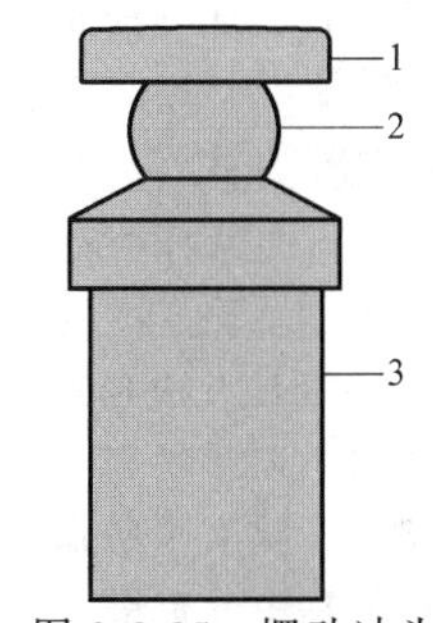

图 2-8-25　摆动冲头

1—摆动体　2—旋转球　3—基本体

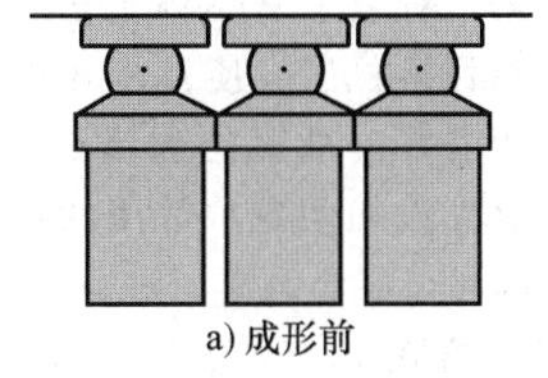
a) 成形前

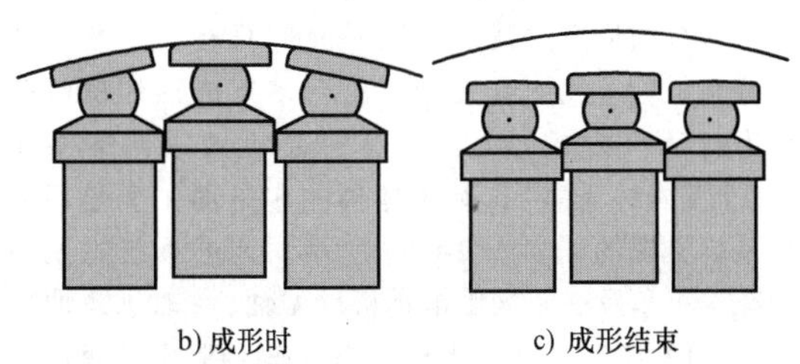
b) 成形时　c) 成形结束

图 2-8-26　多点压机成形中摆动冲头自适应旋转

在摆动单元多点压机成形工艺中，成形前，各冲头不需要进行调形，上下各基本体群处于同一高度且摆动冲头保持水平状态，只需在上下基本体群之间空出能够接送零件的空间即可；在成形时，各基本体再根据设定的高度进行轴向移动成形，各摆动冲头摆动体始终与板料接触，并在板料的挤压作用下实现自适应摆动，使摆动体与板料达到完全贴合，直至成形结束。与摆头单元多点模具成形相同，卸载过程中，各摆动体会在弹簧等弹性介质的恢复力作用下恢复至水平平衡状态。由于各摆动体在成形过程中会偏转，为了避免相邻摆动体之间发生干涉，各摆动体之间通常留有一定的间隙，即摆动体的尺寸小于基本体的边长。同时，在板料的成形过程中，摆动体能够进行自适应摆动，与板料充分贴合，极大地改善了板料的受力状态，提高了成形件的成形质量。也正是由于摆动体的自调形作用，摆动冲头可不必考虑固定冲头球冠与板料干涉参数的限制，为建模和研究方便，本文中均选用平面状态的摆动体。另外，摆动冲头也可选用具有一定弹性属性的材料，如此摆动体在成形过程中不仅可以达到自适应摆动，也可实现自适应变形，使冲头的曲率在变形过程中根据接触板料的曲率进行变化，从而使两者达到高度贴合，进一步改善板料的受力状态，提高板料成形质量。

8.3.2　基本体控制方式

多点成形设备在成形零件之前都要进行一次调形。首先，用 CAD 软件系统在工业控制计算机上对零件进行造型、工艺设计及成形可行性分析。CAD 软件系统根据零件的不同形状和不同要求，对成形件进行力学性能计算、缺陷倾向预测、反馈信号处理、冲头与板料接触状态分析等。自动控制装置主要由工业控制计算机或单片机和其他控制电路组成，可以把三维 CAD 软件系统生成的数据文件转换成可执行的控制数据，对上下基本体群进行调形，使每个基本体移动到目标位置，使基本体的头部与板料的接触点构成所需零件曲面的包络面。因此，就有一个基本体调形方式的问题。常用的调形方式有串行调形、并行调形与混合调形三种。

1. 串行调形方式

串行调形方式就是在同一时间只有一个基本体在调整位置，我国开发的第一台多点成形样机就采用串行调形方式，上下各有一套机械手调形系统（逐个基本体调整），基本体群的包络面主要是靠调形系统实现的，如图 2-8-27 所示。调形系统主要由大车、小车及 3 个伺服电动机（*X* 轴、*Y* 轴、*Z* 轴）、*XY* 方向的滚珠丝杠等组成。当 *X* 轴伺服电动机旋转时，滚珠丝杠带动大车沿 *X* 轴方向前进或后退，实现大车（小车在大车上）和 *Z* 轴伺服电动机沿 *X* 轴方向运动。当 *Y* 轴伺服电动机旋转时，滚珠丝杠带动小车和 *Z* 轴伺服电动机沿 *Y* 轴方向前进或后退，实现 *Z* 轴伺服电动机的 *Y* 轴方向运动。这样就可以实现 *Z* 轴伺服电动机在每个冲头位置处的精确定位，再通过离合器使机械手与基本体连接与分离，旋转 *Z* 轴伺服电动机就可以实现调整基本体的高度。这种调形方式在同一时间只能有一个基本体在调整中，其余基本体都在等待，调形效率较低，而且一种形状一般需调整较长时间。

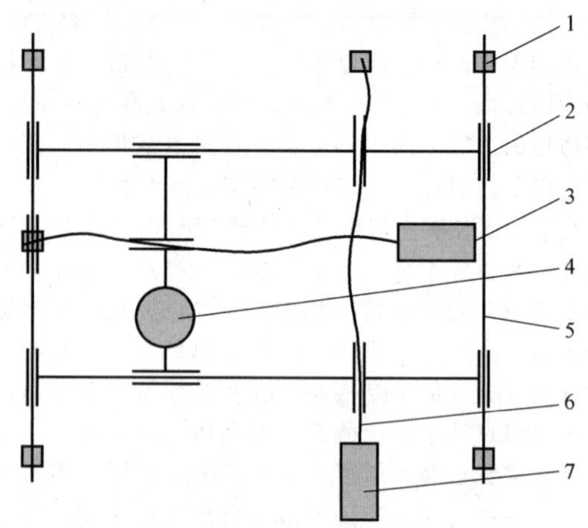

图 2-8-27　串行调形方式

1—滚动轴承　2—滑动轴承　3—*Y* 轴伺服电动机　4—*Z* 轴伺服电动机　5—导杆　6—滚珠丝杠　7—*X* 轴伺服电动机

2. 混合调形方式

随着多点成形技术的应用，串行调形方式虽然能够以低成本实现多点成形设备的调形功能，但由于多点成形设备调形时间较长，严重制约了该技术的进一步发展。随着多点成形设备的实用化，基本体数量的增加，提高调形速度的问题就更加突出。这样，在设计第一台商品化的多点成形设备时采用了混合调形方式，即总体上是串行调形方式，但局部却采用并行调形方式，如图 2-8-28 所示。当 *X* 轴、*Y* 轴伺服电动机旋转（两个电动机可以同时也可以单独）时，两个 *Z* 轴离合器都不得电，*Z* 轴伺服电动机Ⅰ和轴伺服电动机Ⅱ在大小车上沿 *X* 轴、*Y* 轴移动；当 *X* 轴、*Y* 轴伺服电动机锁紧时，两个 *Z* 轴离合器都得电，对 *Z* 轴伺服电动机Ⅰ和 *Z* 轴伺服电动机Ⅱ输入不同的数据，两个电动机对应基本体就会调整不同的高度，也就是机械手在一个位置可以同时调整两个基本体，调形速度高于串行调形方式；依据技术要求，在一个位置机械手（可以设计多个）也可以调整多个基本体，调形速度明显高于串行调形方式。与串行调形方式相比，这种结构也可称为集成式结构，调形效率提高数倍，机械手占用的面积也很小。

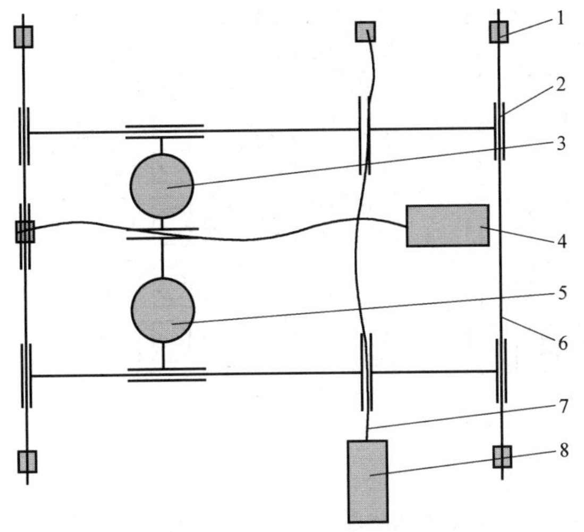

图 2-8-28　混合调形方式

1—滚动轴承　2—滑动轴承　3—Z 轴伺服电动机Ⅰ　4—Y 轴伺服电动机　5—Z 轴伺服电动机Ⅱ　6—导柱　7—滚珠丝杠　8—X 轴伺服电动机

3. 并行调形方式

为了提高多点成形压力机的工作效率，缩短基本体群的调形时间，研制开发了一种所有基本体同时调整位置的调形方式，即并行调形方式。这种方式减掉了机械传动系统和机械手，改为电动机直接与基本体连接，每个基本体都配有全套的动力、计算、检测为一体的驱动控制系统，大大提高了调整速度。新开发的 200kN 和 3150kN 快速调形多点成形压力机都采用了并行调形方式，实现了快速、高效、精确地对基本体进行调控。并行调形方式彻底克服了串行调形方式的弱点，使上下基本体群的所有基本体可以同时进行调形，每个基本体都按既定的目标移动。它的调形原理主要是靠一台计算机实现多个基本体的同时调整，在一台计算机下布置多个中继器，由每一个中继器控制多台电动机。每个基本体都配有一套完整的独立调形机构，独立调形机构由调整电动机、位移检测装置、控制电路组成。位移检测装置一般安装在调整电动机的后部，使独立调形机构与基本体组合为一个紧凑的机械式调形单元。调形单元自身就会按计算机的数据要求调整基本体，使基本体群头部组成的形状就是目标形状。三种典型调形方式的框图如图 2-8-29 所示。

4. 不同调形方式的调形过程

多点成形设备都包含数百乃至成千上万个基本体，它的调形方式是影响多点成形设备调形效率的关键因素。

图 2-8-30a 所示为串行调形方式。从图中的左下方基本体开始向上逐个调整，直到完成这一列后，再转向第二列由上而下地逐个调整，完成第二列后，再转向第三列由下而上地逐个调整，直到最后一列，整个调形过程结束。图 2-8-30b 所示为混合调形方式。在此例中，机械手在一个位置时，同时对 4 个基本体进行调整。开始时，机械手在基本体群的左上方，在此位置对第一列的上数第一和第四、第 4 列的上数第一和第四共 4 个基本体同时进行调整；然后机械手向下移动一个基本体间隔，对挨着的下方 4 个基本体同时进行调整，依次向下调整。图 2-8-30c 所示为并行调形方式。此种调形方式与混合调形方式和串行调形方式有较大不同，其工作原理和机械设计方案完全不同于前两种。并行调形方式为每个基本体都设置一套独立的控制单元，统一由计算机控制。调形指令发出后，所有基本体同时启动，向着各自的基本体目标位置移动，直至到达目标位置才停止。当最后一个基本体停止运动时，整个调形过程结束。

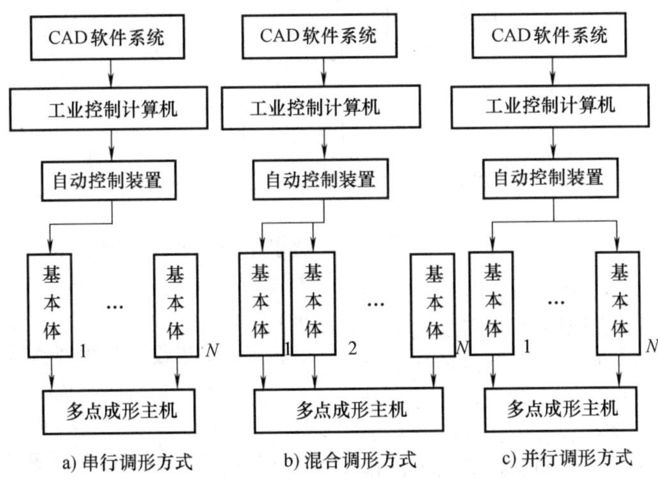

图 2-8-29　三种典型调形方式的框图

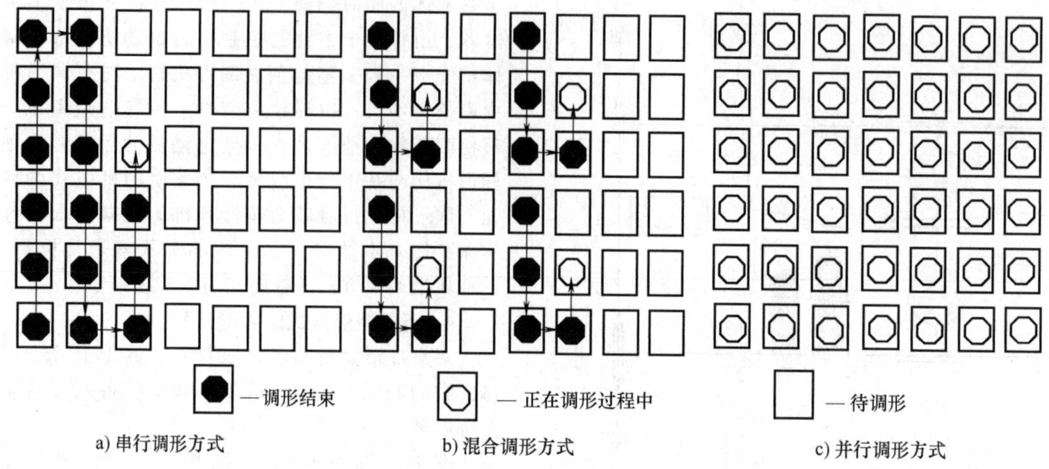

图 2-8-30　在基本体轴向观察三种调形方式状态

设上下基本体群各有 N 个基本体，设每个基本体的平均调形时间为 τ，则

串行调形方式所需调形时间为

$$t_c = N\tau$$

混合调形方式所需调形时间为

$$t_h = \frac{N\tau}{4}$$

并行调形方式所需调形时间为

$$t_b = \tau$$

以上下基本体群各有 100 个基本体为例，假设每个基本体的平均调形时间为 5min，则串行调形方式所需调形时间为 $t_c = 500\text{min} \approx 8.33\text{h}$，混合调形方式所需调形时间为 $t_h = 125\text{min} \approx 2.08\text{h}$，而并行调形方式所需调形时间仅为 $t_b = 5\text{min}$。从上述分析可知，并行调形方式是工作效率最高的调形方式，它的调形时间是串行调形方式的 1/100，调形效率明显提高。

多点成形的调形及成形过程如图 2-8-31 所示。将零件的几何数据输入到装有造型专用软件的计算机，根据成形件的毛坯材质和形状，进行有限元计算、数据结果分析、工件材料参数确定、零件三维造型，并把得到的一系列造型数据分别传输给控制系统，控制每个基本体移动到精确位置，使成形件与基本体的接触点构成一个成形面；然后压制零件并对成形件进行检测。如果成形件满足所需零件的尺寸要求，就说明一个零件的成形结束；否则，再次调形进行修正，直至满足零件的尺寸要求为止。

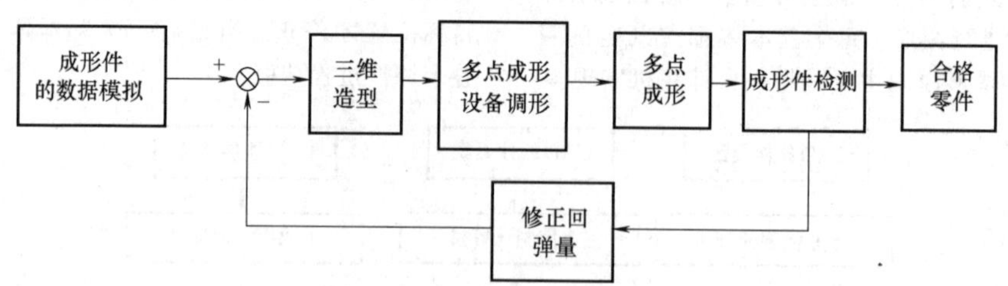

图 2-8-31　多点成形的调形及成形过程

8.3.3　基本体规格

基本体群的包络面构成了加工板类件时的成形曲面，因此其为多点成形压力机的核心部分。在多点成形设备开发设计阶段，最先需要确定的技术参数就是基本体结构参数，包括基本体截面尺寸、基本体冲头球冠半径及基本体行程。依据零件成形的不同板料厚度和不同材质可以预测和计算基本体截面尺寸；将零件放置在一个平面内，以零件三个点接触平面为基准，测量零件高度差，依据零件高度差和回弹量确定基本体行程（应在机械可加工范围）。

多点成形设备的主要技术参数是基本体截面尺寸，基本体截面尺寸与成形件的板料厚度、板料材质、零件成形精度等有直接关系。基本体截面尺寸与成形件板料厚度的关系见表 2-8-2。表 2-8-2 列出了与基本体截面尺寸相对应的最佳成形板料厚度，以及可以成形的板料厚度范围和零件落差。最佳成形板料厚度一栏列出的值为最佳可成形板料厚度 h，在实际工作中，可依据零件变形量的大小和材质的屈服强度大小适当加大可成形的板料厚度范围，可以在最佳成形板料厚度值上下浮动。根据试验经验，可成形的板料厚度范围可以按式 $H/2 \leqslant h \leqslant 2H$ 进行估算。以 YAM5 型设备为例，可成形的板料厚度范围为 $2.5\text{mm} \leqslant h \leqslant 10\text{mm}$。如果材料的屈服强度不是很高，而且变形量不是很大，也可以成形厚度值大于 10mm 的加工件；如果不产生明显的加工缺陷，也可以成形厚度值小于 2.5mm 的加工件。此外，若用户需要其他规格与参数的设备，也可以根据其需求进行相应设计，并选择合适的接送料装置和测试装置。

表 2-8-2　基本体截面尺寸与成形件板料厚度的关系（单位：mm）

序号	基本体截面尺寸	最佳成形板料厚度	可成形的板料厚度范围	零件落差
1	7×7	0.5	0.3～1	80
2	10×10	1.5	0.8～3	100
3	15×15	2	1～5	150
4	20×20	5	2～10	200
5	30×30	12	5～25	300
6	40×40	15	8～20	400
7	100×100	20	15～40	500
8	150×150	30	20～60	600

8.4　主要研究与开发的内容

随着现代工业的发展，金属板料成形件的需求量越来越大，要求越来越高，传统的板料成形方法已不能适应这种发展的要求，三维板类件的生产需要更加先进的制造技术。目前，多点成形技术正在向大型化、精密化及连续化方向发展，这对提高生产率和加工精度具有重要的理论价值和现实意义。

8.4.1　多点成形工艺

1. 板类件可成形性分析

首先要对零件图样（或软件形式）在多点成形设备上的可成形性进行分析，主要应考虑如下方面：

1）多点压力机的最大可成形能力（如基本体群的数目或一次成形的最大面积等）。

2）多点压力机允许的加工程度（如各基本体最大行程和许用轴向作用力）。

要考虑的基本体主要参数有横向数量、纵向数量、间距、最大行程、许用载荷和基本体球头半径等。

2. 确定成形工艺方案

确定某一零件的多点成形工艺，主要是依据零件原始坯料尺寸。根据其毛坯尺寸大小，判定需要采用整体成形工艺，还是采用分段逐次成形工艺；对同一形状零件，两种成形工艺的调形是不同的，分段成形要考虑过渡成形区。

3. 基本体与工件接触点的计算

在成形过程中，被成形件与加载基本体头部之间的接触点与接触状态时刻变化。为准确地控制多点成形压力机的各基本体，得到理想的成形效果，还要精确地计算成形时的接触点变化。

4. 计算基本体的行程

要实现位移控制，就需要准确计算所有基本体的行程。得到了基本体与成形件的接触点后，就可以通过基本体球头半径、各基本体轴线的位置坐标等参数分别计算出上、下各基本体的行程。

5. 其他相关工艺计算

可根据所给的材料特征计算出压力机所需的总成形力及各基本体所承受的成形力。可计算出每个冲头处成形件各方向曲率、该处成形件位置等信息，以便于对成形结果进行分析。

对于工艺计算的结果，软件提供了采用表格或直接标注在基本体上等多种方式进行显示，方便用户查看。

8.4.2　多点成形缺陷分析

由于多点成形特有的点接触成形方式，多点成形中会出现压痕等特殊的成形缺陷，这些缺陷与冲压成形中常见的回弹、起皱等缺陷一起影响多点成形件的表面质量和尺寸精度，制约着多点成形技术的实用化和大范围的推广应用。同时，多点成形的柔性成形特点也为消除这些不良现象提供了新途径。

大量的试验表明，多点成形中产生的主要缺陷有压痕、起皱、回弹与直边效应等。

1. 压痕

压痕是多点成形中所特有的成形缺陷。在多点成形中，板料受到的外力来自于基本体对板料的接触作用力。凸模一般都是球形，两者的接触区域是球面的一部分，接触面积极小，基本上为点接触。在接触处，板料将会受到很大的作用力，必定要在板料上留下压痕，从而影响成形件的外观和精度。这种压痕通常包括凸凹压痕和表面凹坑两种情况，如图 2-8-32、图 2-8-33 所示。

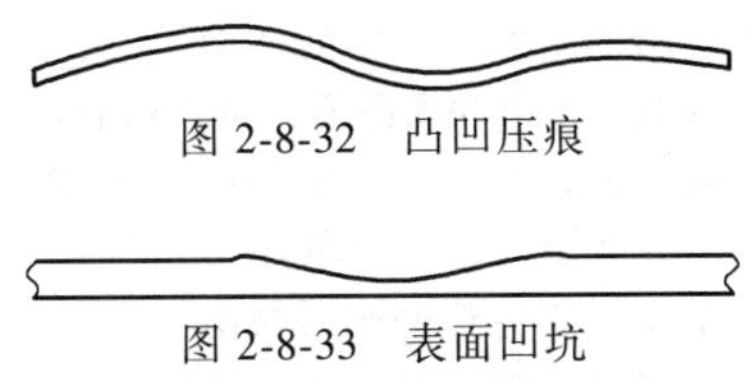

图 2-8-32　凸凹压痕

图 2-8-33　表面凹坑

压痕产生于接触压力的高度集中，因此增大接触面积，均匀分散接触压力的措施都有抑制压痕的效果。经过实践探索，目前在工艺上主要采用以下方法：

1）采用大半径的冲头。这种方法可增大接触面积，降低接触压强，对减轻压痕比较有效。但有时受成形件形状的限制，如对于大曲率的零件，大半径的冲头是无法成形的。

2）使用弹性垫。这种方法对于抑制压痕特别有效，对于防止其他不良现象也有一定效果。

另外，调整冲头的排列，采用多点压机成形方式，使板料各部分尽量均匀地变形，也是抑制压痕的有效办法。

2. 起皱

无论是传统的冲压成形还是多点成形，起皱都是其共有的缺陷。在薄板冲压成形过程中，当切向压应力达到或超过板料的临界应力时，板料就可能产生皱纹。在实际冲压成形时，常采用压边或拉伸筋控制拉深过程中冲压件起皱，但由此会导致板料成形过程中流动性差，使冲压件过早地发生拉裂。毛坯材料中如果包含压边部分，会造成材料浪费，还要求生产过程增加工序，降低生产率。因此，研究无压边成形是很有意义的工作。采用无压边成形探讨起皱的规律，很多学者做过大量的研究，但是关于薄板成形件如何防止皱纹的发生，以及传统模具成形和多点成形时产生皱纹的对比还鲜有报道。

多点成形的塑性失稳主要表现为起皱（见图 2-8-34）、横向折线、折叠等。

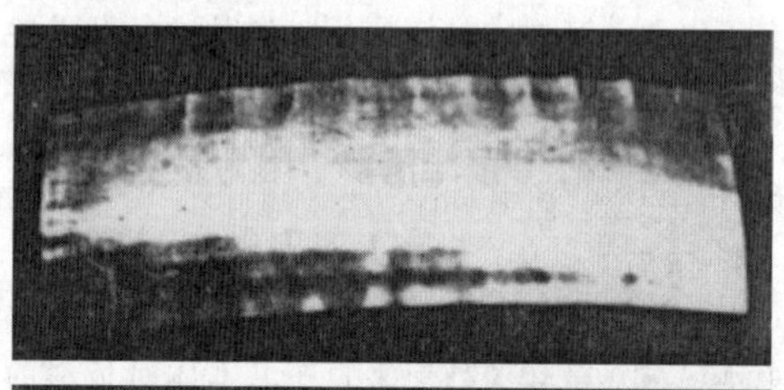

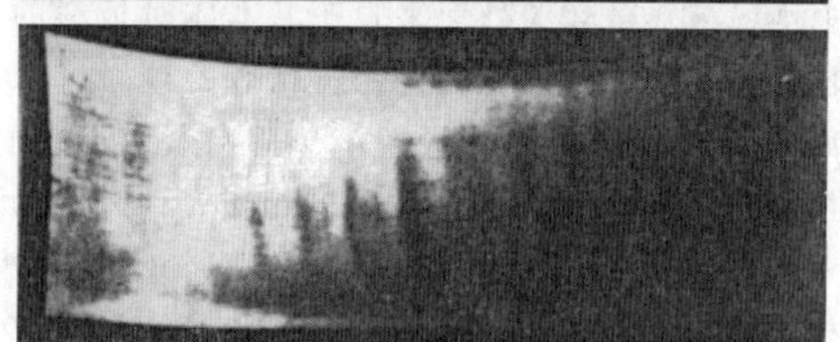

图 2-8-34　多点成形中的起皱

起皱起因于成形过程中的变形不均，压痕也与变形不均有关。如果在保证零件最终形状的前提下，调整板料的变形路径，使各部分在成形过程中保持变形均匀，或者最大限度地减小不均匀程度，则可以减少甚至完全避免这些变形缺陷的出现。在变形过程中，改变变形路径在整体模具成形中是很难做到的，但在多点成形中是完全能够实现的。

当采用多点压机成形时，冲头与工件随时保持接触，因此只要优选变形路径，就会使板料各部分的变形在成形过程中最大限度地均匀化，这样也就减小了出现变形缺陷的可能性。这种成形技术称之为最佳变形路径成形。

如果多点压机成形方法不能实现，可采用多道多点模具成形的方法，来模拟多点压机成形方法，既逐次改变多点模具的成形面形状，进行多道次成形，逼近最佳变形路径。成形试验表明，按这种成形方法，能够明显地抑制起皱等缺陷，提高材料的成形极限。另外，使用弹性垫，或者使用压边圈也是防止成形件起皱的有效方法。多点成形时的压边又分为刚性压边与柔性压边。

3. 回弹

回弹是板料成形不可避免的现象，当回弹量超过尺寸公差时，就成为成形缺陷，影响零件的几何精度。因此，回弹一直是影响、制约模具和产品质量的重要因素。在过去三十年的时间里，许多人就弯曲回弹分析与工程控制问题进行了研究，但由于问题的复杂性，目前仅能在一定程度上预报出近似的回弹值，再经过修模或采取其他措施控制、补偿回弹。在对回弹问题的大多数基础研究中，均进行以下假设：①变形前，垂直于轴的横截平面在弯曲后仍为平面；②弯曲半径与板料厚度相比很大，沿板厚方向应变呈线性分布，并且径向应力可以忽略；③板料初始变形时为平面，未施加预应力。

二维回弹理论通常在板料的横截面上由给定的材料本构方程及弯曲半径计算出合力和弯矩，用来确定残余应力和回弹后半径。其中有代表性的是基于弹塑性弯曲的工程理论。在有限元算法上普遍采用显式算法计算成形过程，再用隐式算法计算回弹。由于影响因素较多、过程复杂，今后回弹计算仍将是板料成形研究的主攻方向之一。

4. 直边效应

由多点成形方法制出的样件，特别是对于柱面类成形件，中心部位的变形量往往大于边缘部位，在边缘部位产生所谓的直边效应。直边效应主要产生于柱面类件的成形中，成形后两端存在未变形区，卸载后未变形区仍为直边。这种现象在整体模具成形中也同样存在，但多点成形又有其不同的特点，而且多点成形中有办法使之消除。

多点成形中产生直边效应的原因主要有以下两种：

1）由多点成形的变形过程（见图 2-8-35）可以看出，左上方的最外基本体 E 不对板料施加作用，否则将导致板料反向弯曲。因此，自下模基本体 e 的接触点之外再没有弯矩作用，必然是直边。

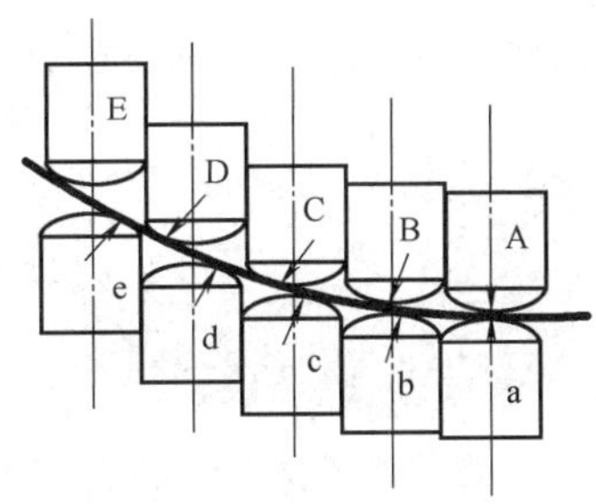

图 2-8-35　多点成形的变形过程

2）从受力特点上看，越是靠近边部，弯矩越小，而且开始接触时间也越晚，接触作用的时间也越短，故相对于中间部位来说，靠近边部的板料变形小，弹性变形的成分所占比例较大，卸载后弹性回复也较大，因此曲率半径也变得越大。

利用多点成形柔性化的特点，直边效应是完全可以消除的。克服直边效应最有效的方法是分段成形法，如图 2-8-36 所示。采用这种方法，使板料的各个部位均经历基本相同的变形过程，因此各个部位所受的弯矩、所受的接触作用时间、所产生的塑性变形及所产生的回弹也基本相同，从而消除了由于变形不均匀引起的直边效应。

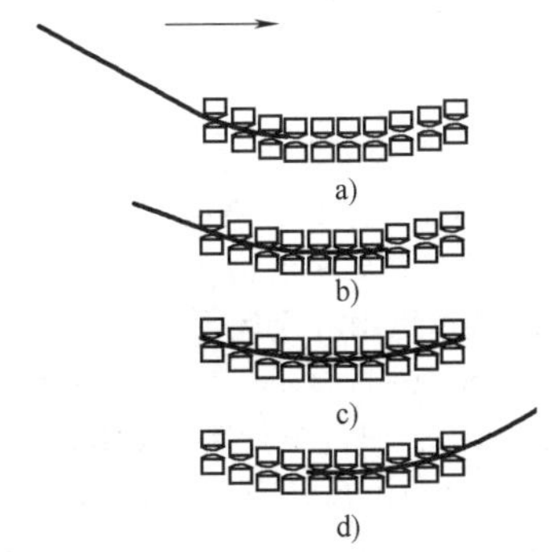

图 2-8-36　分段成形消除直边效应

8.4.3　多点成形实用技术

1. 无缺陷成形的弹性垫技术

压痕、滑伤、粘着、折线和皱纹等缺陷产生的原因主要是板料与基本体接触面积小，受到集中载荷的作用。例如，若一个基本体对板料施加的成形力为 1kN，板料与基本体的接触面积只有 $1mm^2$ 时，则平均压力可达到 1GPa。如此大的压力，很容易使板料产生上述缺陷。

防止压痕缺陷最简单的方法是用和板料相同大小的上下两块板（简称夹板）把板料夹于其中进行成形。但是，如果夹住板料的夹板材质较软（如橡胶垫等），并且夹板厚度也比较薄，就不能抑制皱纹的产生，控制压痕也无太大的效果。若夹板比较厚，由于其自身弹性变形不均匀，对加工精度的影响也较大。

以硬金属材质为夹板，虽容易防止压痕的产生，但当夹板较薄时，因为夹板在板料之前产生失稳变形，对皱纹和折线的防止无太大的效果，并且因为夹板本身也产生塑性变形，不能重复使用；当夹板较厚时，不仅造成大量浪费，而且在成形时所需载荷也将大幅度提高。

图 2-8-37 所示为使用弹簧钢的正交形弹性垫。上下带钢正交重叠，在相当于冲头的中心部位，即交叉点中黑圆点部分用铆钉或点焊固定。也就是说，正交部分的数量与试验装置中上冲头或下冲头数相同，只固定垫内长宽方向中心列。这种弹性垫能自由发生弯曲、扭曲等变形，对于不固定的交叉点，允许在重叠的两带板间发生滑移变形。弹性垫起到均布载荷的作用，改善了板料的受力状态，使制品的表面质量更好。

成形时，将图 2-8-37 所示结构的两块弹性垫重合，把板料夹于其间（见图 2-8-38）使用。因为在成形中弹簧钢带板产生目标形状的变形，并且将冲头集中载荷分散地传递给板料，所以能显著抑制压痕的产生。另外，板料和弹性垫总是接触，并且大都全部接触，所以能起到抑制皱纹的作用。成形后，弹性垫完全恢复到原来的形状，成为平整状态。经过试验已经证实：这种弹性垫是防止不良现象非常有效的工具。

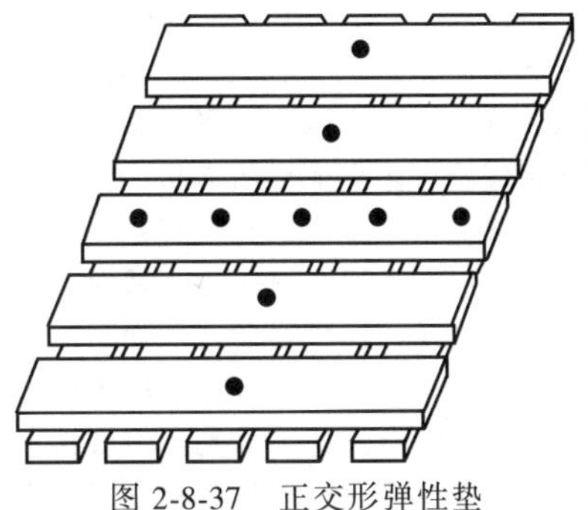

图 2-8-37　正交形弹性垫

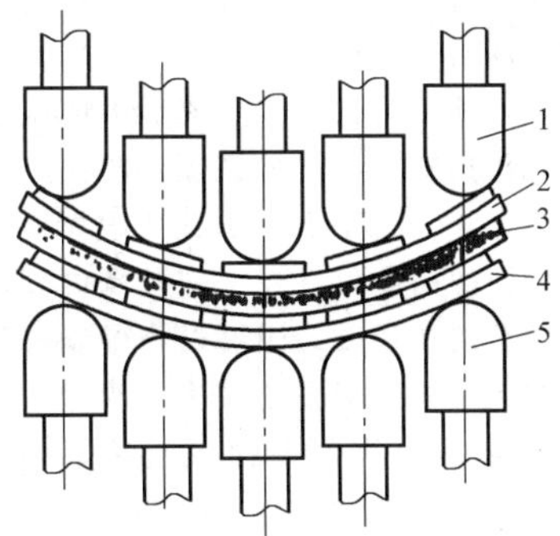

图 2-8-38　使用弹性垫时成形情况

1—上冲头　2—上垫　3—板料　4—下垫　5—下冲头

2. 高柔性压边技术

对于薄板类零件而言，拉伸毛坯的法兰变形区在切向压应力的作用下易发生失稳起皱现象，严重影响拉深件的质量。通常的解决方式是使用压边装置产生足够的摩擦抗力，以增加板料中的拉应力，控制材料的流动，避免起皱。压边圈是通过调节正向压力而改变毛坯与模具接触面的摩擦力，增加板料中的拉应力，从而减小毛坯的切向正应力，达到控制金属流动、避免起皱的目的。生产中传统压边装置有两类，即弹性压边装置和刚性压边装置。弹性压边装置多用于普通压力机，通常有三种形式，即橡胶压边装置、弹簧压边装置、气垫式压边装置。这三种压边装置的压边力与行程的关系有很大不同，橡胶压边装置的压边力与行程是非线性关系，弹簧压边装置的压边力与行程是线性增加关系，气垫式压边装置的压边力受行程影响比较小，压边力接近常数。橡胶压边装置和弹簧压边装置的压边力随行程的增加而增加，与所需的压边力要求相反，因此橡胶压边装置及弹簧压边装置通常只用于浅拉深。气垫式压边装置的压边效果较好，但是气垫结构复杂，制造、维修困难，而且需要压缩空气，故限制了其应用的范围。刚性压边装置的特点是压边力不随行程变化，拉伸效果较好，并且模具结构简单。

多点成形压力机是柔性成形设备，不需专门的模具，一台多点成形压力机可以成形多种尺寸、多种材质、多种板厚、不同形状的薄板类零件。针对多点成形压力机的这些特点，无论是橡胶压边装置、弹簧压边装置、气垫式压边装置，还是刚性压边装置都不适合应用于多点成形压力机。多点成形压力机的压边装置应该满足如下几个特点：①压边力应该可无级调节；②易于实现压边力适时控制；③压边面位置要能变化；④压边面要能变形。针对这样的要求，研制了一种适合于多点成形的新型高柔性压边装置，根据成形件的工艺特点、变形大小、材料特性及其弹性模量和成形件形状可以确定压边力的大小，而且与板料直接接触的柔性压边圈随成形件的形状不同而也有所变形。

图 2-8-39 所示为针对多点成形柔性压边原理制备的压力机压边缸布置的俯视图，即在上下基本体群的周围布置 40 个液压缸，并适当设置液压缸的压力，使压边面的高度可以在一定范围内变化。这时如果选择较薄的压边圈，还可以获得非等高的压边面，以此实现高柔性压边，获得最好的成形效果。试验多点成形压力机的柔性压边装置如图 2-8-40 所示。

压边力是为了防止起皱、保证成形过程顺利进行而施加的力，它是影响薄板多点成形件质量的重要工艺因素，也是控制板料成形缺陷的重要手段。在板料多点成形中，起皱、破裂等主要缺陷都可以通过柔性压边力的调整来消除或减少。

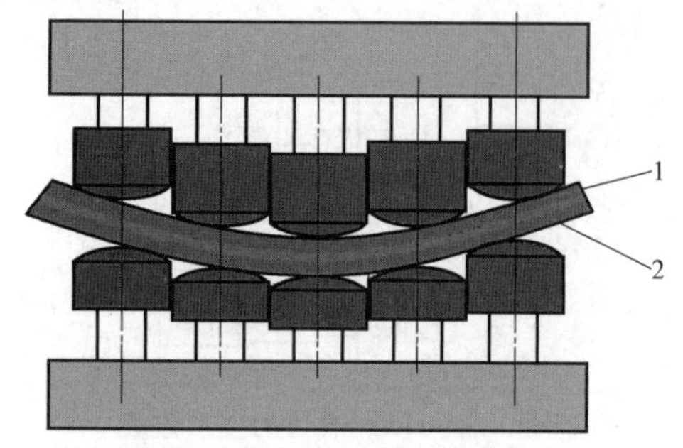

图 2-8-39　压边缸布置的俯视图
1—上压边圈　2—下压边圈

图 2-8-40　柔性压边装置

以 08AL 汽车用钢板为例，板料尺寸（长×宽×厚）为 480mm×400mm×1mm，其性能参数如下：弹性模量为 207GPa，屈服强度为 200MPa，泊松比为 0.3。在一次最大成形尺寸为 400mm×320mm 的多点成形压力机上，进行了长、宽方向曲率半径均为 400mm 的马鞍形曲面试验，最大成形压力为 630kN。利用压边力的数字可调性，在马鞍形目标形状不变条件下，选取不同的压边力进行成形，试验结果如图 2-8-41 所示。从中可以看出，在薄板多点成形时，通过设置不同的压边力，对成形件的起皱有不同程度的缓解：在 630kN 多点成形压力机总压边力为 10kN 时的成形件，起皱特明显；在 630kN 多点成形压力机总压边力为 40kN 时的成形件，起皱明显减小；在 630kN 多点成形压力机总压边力为 45kN 时的成形件，起皱消失。

3. 多道成形技术

对于变形量很大的工件，可选取最佳路径、多道成形，使成形过程中板料各部分的变形尽量均匀，以消除起皱等成形缺陷，提高板料的成形能力。此方法的基本思想是以小均匀变形积聚到大变形，以

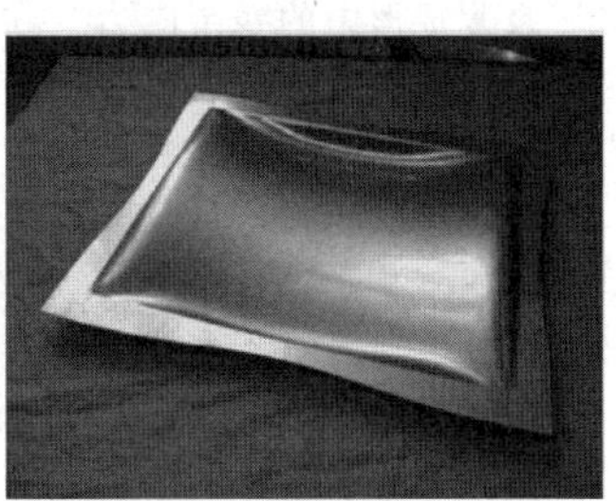

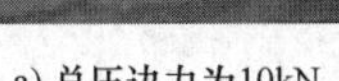

a) 总压边力为10kN　b) 总压边力为40kN　c) 总压边力为45kN

图 2-8-41　不同压边力作用下的试验结果

小应变积累到有限应变。其基本特点是把变形量很大的工件分成数次压制，每次只压制很小的变形量。实际上前几步压制可视为预成形（制坯）过程，最后一步可视为终成形。这种成形方法效率较低，成形效果却很好，一般适用于变形量比较大的工件。此方法的关键是确定每道成形时的压下量，以获取适当的变形路径。

这种成形方法能够成形变形量很大的较为复杂的形状，而且从接送料的角度讲，这种方法很容易控制。与整体模具成形相比，多点成形提供了更多的可选择的成形路径，因此会获得更好的效果。

4. 分段成形技术

多点分段成形充分利用了多点成形设备的柔性特点，把工件在不分离的情况下分成若干个成形区域分别成形，从而能够实现利用小设备对大型板料的成形（见图 2-8-42）。这种成形方法可以减小设备尺寸，实现以往只能利用手工完成的特大型板料的压制，从而大大降低产品的成本。同时，多点分段成形方法也可以提高板料的成形极限。但由于分段成形时，板料的每次成形都要受到未成形区及已成形区的影响，成形区的受力及变形情况比整体模具成形时要复杂得多，控制较难。

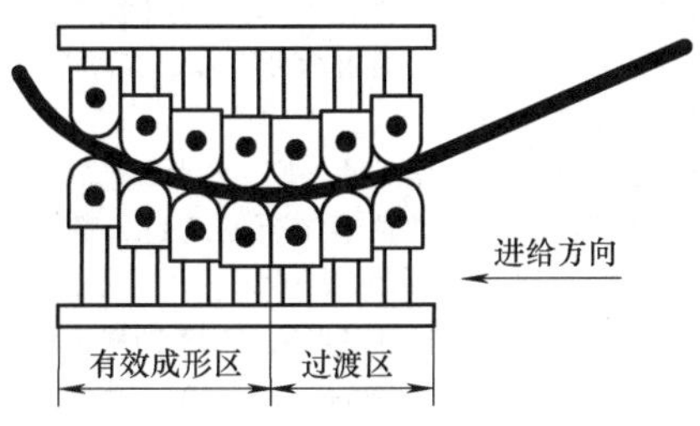

图 2-8-42　分段成形技术

分段成形时，在一块板料上既有强制变形区（不考虑过渡区时），又有相对不产生变形的刚性区，而且在产生变形的强制变形区与不产生变形的刚性区之间必然形成一定的自由变形过渡区。图 2-8-43 所示为没有过渡区的分段成形零件的变形状态。由图 2-8-43 可以看出，在过渡区中，与基本体接触的区域，因其受刚性端的影响，使板料的变形结果与基本体所控制的形状产生较大差别，而不与基本体接触的区域，也会受到强制变形区的影响，使其产生一定的塑性变形。这样即使目标形状是最简单的二维变形，在过渡区中也会变成复杂的三维变形。

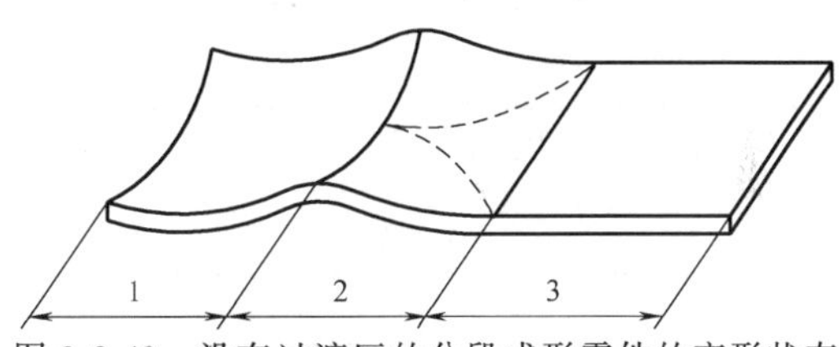

图 2-8-43　没有过渡区的分段成形零件的变形状态

1—强制变形区　2—自由变形区　3—未变形区

5. 无回弹反复成形技术

回弹是板料冲压成形中不可避免的现象，在多点成形中可采用反复成形（见图 2-8-44）的方法减小回弹与降低残余应力。

（1）反复成形法减小回弹的分析

1）首先使材料沿其与回弹方向相反方向变形到超过目标形状，其变形量比目标形状变形量大，这时所增加的变形量应比目标形状应有的回弹值还大。由于三维变形较其简化后的二维变形的回弹量小，因此所增加的变形量完全可参考简化后的二维变形的回弹量。第一次变形时沿其厚度方向的应力分布如图 2-8-45a 所示。

2）在第一次变形状态下，使材料往相反方向变形，即沿其与回弹方向相同方向继续变形至超过目标形状，这时所增加的变形量应小于第一次变形所增加的变形量。第二次变形沿其厚度方向的应力分布如图 2-8-45b 所示。

3）继续反向加载时，材料沿其与回弹方向相反方向继续变形至超过目标形状，这时所增加的变形量应小于第二次变形所增加的变形量，此时的应力分布如图 2-8-45c 所示。

这样，以目标形状为中心，重复上述成形过程，使板料逐渐地靠近到目标形状，最后在目标处结束成形。

（2）反复成形中的残余应力　在多次反复成形过程中，残余应力的峰值逐渐变小，周期变短，最后可实现无回弹变形（见图 2-8-44），这是最根本的原因。

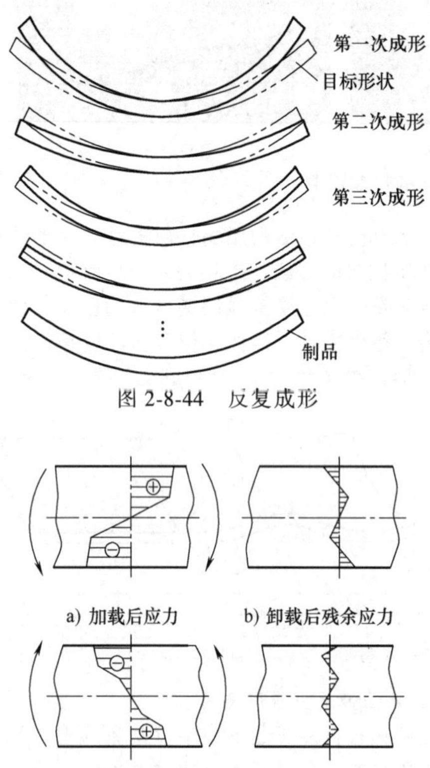

图 2-8-44　反复成形

图 2-8-45　反复成形时的应力变化

8.4.4　发展趋势

随着航空、航天、海运、高速铁路、化工等行业的发展，对三维曲面板类件的需求也在不断地增加，传统的板料成形方法已不能适应这种发展的要求，三维板类件的生产需要更加先进的制造技术。目前，多点成形技术正在向大型化、精密化及连续化方向发展。

1）大型化。多点成形作为一种柔性制造新技术，特别适用于三维板类件的多品种小批量生产及新产品的试制，所加工的零件尺寸越大，其优越性越突出。已开发的鸟巢工程用多点成形装备的一次成形尺寸为 1350mm×1350mm，成形面积接近 $2m^2$，而分段成形件的长度达 10m。随着多点成形技术的推广与普及，设备的一次成形尺寸也在逐渐变大，甚至可达到 $10m^2$ 左右。

2）精密化。在若干年以前，多点成形技术只能用于中厚板的简单形状曲面成形，很多人都认为多点成形不可能实现薄板成形及复杂形状工件的成形。目前，多点成形技术在薄板成形与复杂工件成形方面取得了明显进展，已经能够用厚度为 0.5mm，甚至 0.3mm 的板料成形曲面类工件，而且能够成形像人脸那样比较复杂的曲面（见图 2-8-46）。随着多点成形技术的逐渐成熟，目前正在向精细化方面发展，其成形精度也将得到更大提高。

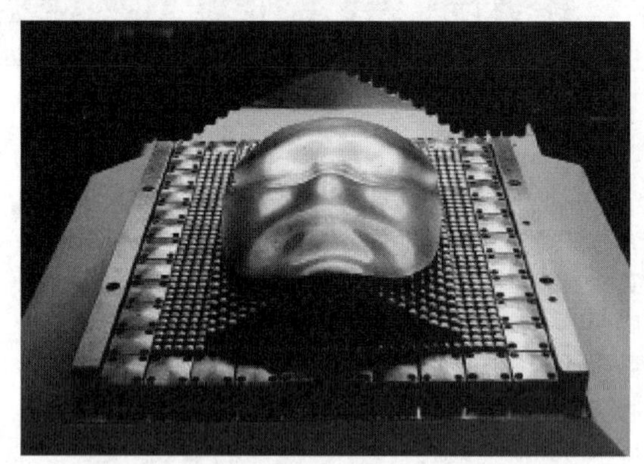

图 2-8-46　用多点成形技术成形的人脸

3）连续化。多点成形技术与连续成形技术的结合可以实现连续柔性成形。其主要思路如下：在可随意弯曲的成形辊上设置多个控制点，构成多点调整式柔性辊，通过调整控制点形成所需要的成形辊形状，再结合柔性辊的旋转，实现工件的连续进给与塑性变形，进行工件的无模、高效、连续、柔性成形。

参考文献

[1]　付文智. 多点成形设备及其调形用关键零部件研究［D］. 长春：吉林大学，2004.

[2]　LI M Z, LIU Y H, SU S Z. Multi-point forming: a flexible method for a 3D surface sheet ［J］. Journal of Materials Processing Technology, 1999, 87: 277-280.

[3]　钱直睿，李明哲，孙刚，等. 球形多道次多点成形的数值模拟研究［J］. 吉林大学学报：工学版，2007，37（2）：338-342.

[4]　钱直睿，李明哲，谭富星，等. 多点压机成形与多道次多点模具成形的数值模拟研究［J］. 塑性工程学报，2007，14（3）：20-23.

[5]　李明哲，蔡中义. 板材多点反复成形的残余应力分析［J］. 机械工程学报，2000，36（1）：50-54.

[6]　付文智，李明哲，严庆光，等. 多点成形压力机的反复成形技术研究［J］. 农业机械学报，2004，35（2）：126-128.

[7]　QIAN Z R, LI M Z, TAN F X. The Analyse on the Process of Multi-point Forming for Dish Head ［J］. Journal of Materials Processing Technology, 2007, 187-188: 471-475.

[8]　LI M Z, CAI Z Y, SUI Z, et al. Multi-point forming

technology for sheet metal [J]. Journal of Materials Processing Technology, 2002, 129 (1): 333-338.

[9] LI M Z, CAI Z Y, LIU C G. Flexible manufacturing of sheet metal parts based on digitized-die [J]. Robotics and Computer-Integrated Manufacturing, 2007, 23 (1): 107-115.

[10] LI M Z, CAI Z Y, SUI Z, et al. Principle and applications of multi-point matched-die forming for sheet metal [J]. Proceedings of the Institution of Mechanical Engineers, Part B: Journal of Engineering Manufacture, 2008, 222 (5): 581-589.

[11] CAI Z Y, LI M Z. Optimum path forming technique for sheet metal and its realization in multi-point forming [J]. Journal of Materials Processing Technology, 2001, 110 (2): 136-141.

[12] CAI Z Y, LI M Z. Multi-point forming of three-dimensional sheet metal and the control of the forming process [J]. International Journal of Pressure Vessels and Piping, 2002, 79 (4): 289-296.

[13] 付文智，李明哲，李东平，等. 多点成形压力机及成形工艺的最新进展 [J]. 机械科学与技术，2005，23 (12): 1499-1502.

[14] 刘纯国，蔡中义，李明哲. 多点成形中压痕的形成与控制方法 [J]. 吉林大学学报：工学版，2004，34 (1): 91-96.

[15] PENG L, LAI X, LI M Z. Transition surface design for blank holder in multi-point forming [J]. International Journal of Machine Tools and Manufacture, 2006, 46 (12): 1336-1342.

[16] SUN G, LI M Z, YAN X P, et al. Study of blank-holder technology on multi-point forming of thin sheet metal [J]. Journal of materials processing technology, 2007, 187: 517-520.

[17] LIU C G, LI M Z, FU W Z. Principles and apparatus of multi-point forming for sheet metal [J]. The International Journal of Advanced Manufacturing Technology, 2008, 35: 1227-1233.

[18] LI M Z, FU W Z, PEI Y S, et al. 2000kN Multi-point Forming Press and its Application to the Manufacture of High-speed Trains [J]. Advanced Technology of Plasticity, 2002, 28: 979-984.

[19] LIU Q, FU W Z, LU C, et al. Size Effect in Micro Multi-Point Sheet Forming [J]. Advanced Science Letters, 2011, 4: 6-7.

[20] LIU Q, LU C, FU W Z, et al. Optimization of cushion conditions in micro multi-point sheet forming [J]. Journal of Materials Processing Technology, 2012, 212 (3): 672-677.

[21] 陈志红，付文智，李明哲. 蒙皮多点拉形过程中压痕的数值模拟及控制 [J]. 材料科学与工艺，2011 (6): 791-795.

[22] 曹鋆汇，付文智，李明哲，等. 高分子板材多点热成形中的压痕及其影响因素 [J]. 吉林大学学报：工学版，2013 (6): 1536-1540.

[23] 曹鋆汇，付文智，李明哲，等. 聚碳酸酯板材多点热成形数值模拟与成形精度分析 [J]. 农业机械学报，2014，45 (1): 335-340.

[24] 李雪，李明哲，蔡中义. 使用弹性介质的多点成形过程数值模拟研究 [J]. 塑性工程学报，2003，10 (5): 20-24.

[25] WANG S, CAI Z Y, LI M Z. Numerical investigation of the influence of punch element in multi-point stretch forming process [J]. The International Journal of Advanced Manufacturing Technology, 2010, 49 (5-8): 475-483.

[26] 钱直睿. 多点成形中的几种关键工艺及其数值模拟研究 [D]. 长春：吉林大学，2007.

[27] 李明哲，付文智，李湘吉. 板材多点成形样机的研制 [J]. 哈尔滨工业大学学报，2000，32 (4): 62-64.

[28] 孙刚. 多点成形时工艺方式与变形缺陷的数值模拟研究 [D]. 长春：吉林大学，2004.

[29] 刘强. 多点成形压力机机身结构的有限元数值模拟及优化设计 [D]. 长春：吉林大学，2004.

[30] 刘纯国，李明哲，隋振. 多点技术在飞机板类部件制造中的应用 [J]. 塑性工程学报，2008，15 (2): 109-114.

[31] ZHANG Q F, CAI Z Y, ZHANG Y, et al. Springback compensation method for doubly curved plate in multi-point forming [J]. Materials & Design, 2013, 47: 377-385.

[32] SU S Z, LI M Z, LIU C G, et al. Flexible Tooling System Using Reconfigurable Multi-Point Thermoforming Technology for Manufacturing Freeform Panels [J]. Key Engineering Materials, 2012, 504: 839-844.

第9章 精冲压力机

武汉理工大学　华林　刘艳雄
重庆江东机械有限责任公司　李永革　汪义高
湖北三环锻压设备有限公司　张勇

9.1　概述

9.1.1　精密冲裁工艺简述

精密冲裁是在普通冲裁的基础上逐渐形成的一种冲裁工艺，其基本成形原理如图 2-9-1 所示。精密冲裁模具由压边圈、凸模、凹模、反顶杆组成。在精密冲裁过程中，压边圈 1 首先以压边力 F_b 压紧坯料 3；然后凸模 2 开始往下挤压坯料，同时反顶杆 5 以一定的反压力 F_c 顶住坯料与凸模同步往下运动。因此，在冲裁力 F_p、压边力 F_b 和反压力 F_c 的共同作用下，变形区的材料在三向静压应力状态下发生纯剪切塑性变形。通过一次精密冲裁成形，即可获得高尺寸精度与高断面质量的精密冲裁件。

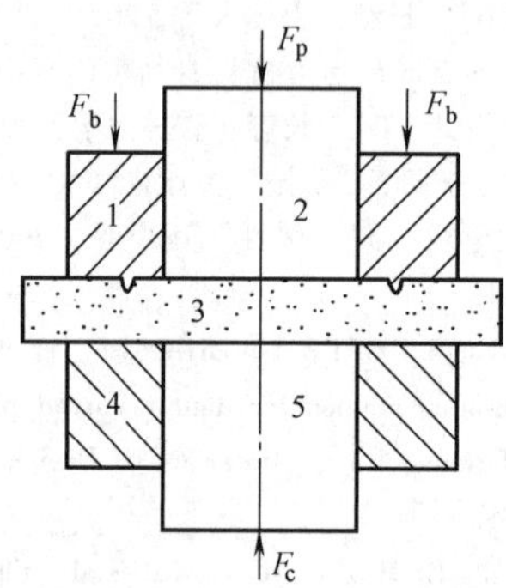

图 2-9-1　精密冲裁的基本成形原理

1—压边圈　2—凸模　3—坯料　4—凹模　5—反顶杆

与普通冲压工艺相比，精密冲裁工艺具有以下特点：

1）具有压边圈和反顶杆，并且需要同时提供压边力、反压力和冲裁力。随着精密冲裁技术的发展，精密冲裁工艺与冷锻、挤压、拉深、弯曲等成形工艺复合形成复合精密冲裁工艺，将精密冲裁落料二维平面件发展为一次复合精密冲裁制备三维立体件，极大地提高了零件精度、性能和生产率。因此，在复合精密冲裁过程中，还需要提供额外的第四、第五力，满足冷锻等成形工艺要求。

2）精密冲裁凸凹模间隙小（凸凹模单边间隙一般小于料厚的 0.5%），并且在精密冲裁过程中，凸模不能进入凹模，因此需要严格控制模具的运动精度。

9.1.2　精密冲裁装备的结构要求

精冲压力机是专为完成精密冲裁工艺设计制造的精密冲裁装备，它必需充分满足精密冲裁工艺的特定要求。因此，精冲压力机需满足下列功能和结构要求：

1）能同时至少提供三种单独的作用力。精密冲裁工艺过程是在压边力、反压力和冲压力三个互相独立的力的同时作用或按一定顺序作用下进行的。其中，压边力和反压力的大小需要根据具体零件精密冲裁工艺条件，如精密冲裁材料种类、料厚和精密冲裁件本身的复杂程度在一定范围内单独无级可调。另外，还要求压边系统有无级可调的部分自动卸压装置。精密冲裁开始时，首先在压边力的作用下将 V 形压边圈压入材料实现压边，然后自动卸压到事先调定的大小保压，再精密冲裁，这样就充分发挥了精冲压力机的能力。冲裁完毕滑块返程时，压边圈和反顶杆卸载复位。精冲压力机提供的卸料力和顶件力可以不同步，这样先后从凸模上卸下废料和从凹模内顶出工件。

另外，随着复合精密冲裁工艺越来越广泛的应用，为满足冷锻等成形工艺要求，精密冲裁装备还需要提供第四、第五，甚至更多的力。对于第四、第五种力，一般在复合精密冲裁模具中设置有单独作用的液压缸，而精冲压力机需要提供单独控制的液压油路。复合精密冲裁时，只需将精冲压力机的液压油路与复合精密冲裁模具的液压缸连接即可。

2）冲裁速度可调。在精密冲裁过程中，材料发生剧烈塑性变形，凸模刃口和凹模刃口与板料新生表面间摩擦产生热量。板料越厚、强度越高、润滑条件越差，所产生的热量越大。为了避免刃口瞬时温升过高，一方面应改善润滑冷却条件，另一方面就应该限制冲压速度。同时，随着冲压速度的降低，材料变形抗力降低、成形性能提高，从而提高了精密冲裁断面质量。一般生产上要求压力机的冲裁速度在一定范围内无级可调，以适应精密冲裁不同厚度、不同材料的零件和不同技术难度的零件。精密冲裁的速度一般为 5~50mm/s，在良好的润滑条件下，板料越厚、强度越高、外形轮廓越复杂的零件，宜采取较低的冲裁速度，反之取大值。

由于精密冲裁模具和装备昂贵，精密冲裁生产线投入非常高，对精密冲裁的生产率提出了高的要求。目前，液压式全自动精冲压力机的冲压效率为 40~70 次/min，而高速机械精冲压力机达到了 150 次/min，甚至更高。精冲压力机滑块的每分钟行程次数决定了精密冲裁的生产率，是一个重要的技术参数。为了既满足精密冲裁工艺对于冲裁速度的限制，又满足提高设备生产率的要求，必须在限制冲裁速度的同时尽量加快空行程的速度。精密冲裁成形过程中滑块的运动曲线如图 2-9-2 所示。滑块运动曲线全行程由 4 个阶段组成：第 1 阶段，快速工进；第 2 阶段，叠料检测，为了保护精密冲裁模具，需进行废料检测；第 3 阶段，慢速冲裁；第 4 阶段，快速回程。

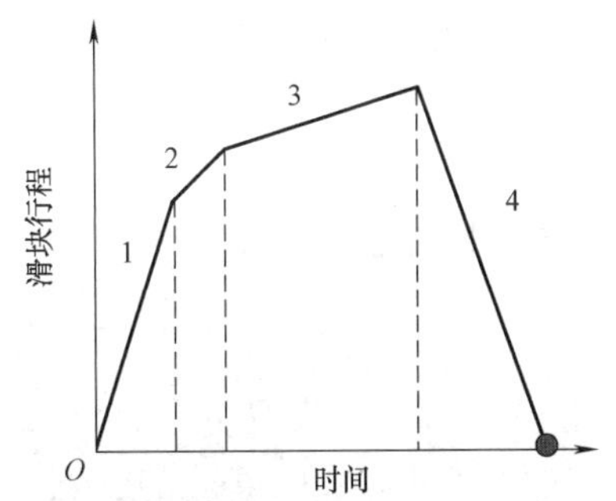

图 2-9-2　精密冲裁成形过程中滑块的运动曲线
1—快速工进　2—叠料检测　3—慢速冲裁　4—快速回程

3）机身刚度高。精密冲裁模具凸凹模的单边间隙最小可达到 5μm，而随着精密冲裁技术应用范围的扩大，精密冲裁成形时的最大载荷达到 10000kN 以上。在如此巨大的成形载荷下，为了保证模具的运动精度和精密冲裁件的成形精度，精冲压力机的机身刚度要非常高，使机身有足够的能力抵抗变形和吸收振动。对于普通冲压机而言，其机身刚度一般达到 1/1000 即可满足要求，而精冲压力机的机身刚度需要达到 1/10000，是普通冲压机机身刚度的 10 倍。

4）导向精度高。为了保证模具的运动精度和零件的成形精度，不仅要求精冲压力机机身具有高刚度，还要求精密冲裁成形过程中具有高精度导向。这主要因为，一方面确保精密冲裁过程中凸凹模冲切零件精确对中；另一方面还要求具有高的抗偏载性能，满足在精密冲裁，尤其是复合精密冲裁过程中承受大偏心载荷时的精度要求，否则会降低工件质量和模具寿命。

5）滑块重复定位精度高。为了减小毛刺高度，提高模具寿命，精密冲裁结束后凸模严禁进入凹模型腔。为了保证既能将工件从条料上冲下来，而凸模又不进入凹模型腔，要求精冲压力机的滑块具有较高的重复定位精度，其值不能低于 ±0.01mm。对于机械压力机，必须采用特殊的结构，克服滑块与肘杆连接部位的间隙和运动系统的累积误差，尽量减少满载下机身的弹性变形。液压式精冲压力机应能精密微调滑块位置，微调精度的误差小于 0.01mm。

6）具有灵敏可靠的模具保护装置。精密冲裁结束后，目前一般采用高压气体将工件和废料吹出模具工具区域而进入到传送带上。在精密冲裁生产时，由于各种误差，废料或工件有可能没有被吹走而停留在模具工具区域内，这样在下一次精密冲裁时，废料或工件将会损坏模具，甚至损坏精冲压力机。为了保护昂贵的精密冲裁模具和精冲压力机，当工件或废料留在模具工作区域内时，要有灵敏可靠的自动检测系统，实现自动检测，保证精冲压力机及时停止工作，避免损坏模具和精冲压力机。

总之，精密冲裁装备不仅要有很高的运动精度、刚度和稳定性，同时对剪切速度，送料、卸件、滑块上下死点的位置精度，机身弹性变形及噪声消减等都有较高的要求。通过改造普通的锻压设备进行精密冲裁已经不适应当前的要求，所以本手册重点只介绍专用精冲压力机。

9.1.3　精密冲裁装备的分类

1. 按照主传动的结构分类

按照主传动系统分类，精冲压力机可分为机械式精冲压力机和液压式精冲压力机两种。

主传动系统为机械传动的精冲压力机称为机械式精冲压力机，主传动系统为液压传动的精冲压力机称为液压式精冲压力机。无论是机械式精冲压力机，还是液压式精冲压力机，它们的压边力系统和反压力系统目前都采用液压传动。

液压式精冲压力机结构简单，压力恒定，不会超载，并且能实现大吨位精密冲裁（主冲裁力可达 10000kN 以上）。它传动平稳，噪声小，抗偏载能力强，容易按照工艺过程的要求实现对滑块运动特性的精确控制，在使用过程中也不会由于机械传动副的磨损引起积累误差，便于调节和控制，应用非常普遍。目前，液压式精冲压力机的主冲裁力为 2000~12000kN，已经实现系列化，但液压式精冲压力机滑块的重复精度控制不如机械式，并且液压系统易泄漏，对各种控制阀的机械加工精度要求极高，造价较高。因此，一般尺寸小、厚度薄的精密冲裁件，以及对压力机重复定位精度要求高时可采用机械式。

机械式精冲压力机的吨位一般较小，大于3200kN 公称力的机械式精冲压力机国内外非常少。机械式精冲压力机的另一特点是可实现高速精密冲裁。近年来，市场上传统的机械式精冲压力机的应用越来越少，逐步被液压式精冲压力机取代，随之研发的为机械伺服高速精冲压力机，其主冲裁力为150~320kN，冲压频次达到 220 次/min。因此，对于机械式精冲压力机，高速精密冲裁为其主要发展方向。

2. 按照主传动和滑块的位置分类

按主传动和滑块的位置分类，可分为上传动精冲压力机和下传动精冲压力机。

对于下传动精冲压力机，大部分传动部件和液压装置均安装在压力机下部的机身，减少和降低了压力机高度，使精冲压力机结构紧凑、重心低、运转平稳，可以减轻工作行程中传动系统各相关传动零件间的间隙对精密冲裁成形的影响。目前，绝大多数精冲压力机均采用下传动。但是，上传动精冲压力机的结构比下传动精冲压力机简单，维修及安装方便，故一些经济型简易精冲压力机仍有使用。

9.1.4　精密冲裁生产线

典型的全自动精密冲裁成形生产线如图 2-9-3 所示。为了提高生产率，实现自动化生产，精密冲裁材料一般为卷料，因此首先要进行开卷。板料卷曲后会发生弯曲塑性变形，为了保证精密冲裁件的平面度，板料需要进行校平。然后通过精冲压力机的自动送料系统将条料进行送进，在自动送进系统含有条料自动润滑系统，将条料的上下两面涂抹润滑油。涂有润滑油的条料进入到模具型腔后，模具闭合，在模具中进行精密冲裁成形。一次精密冲裁成形结束后，模具打开，通过高压气体将零件及废料吹出到传送带上，将零件及废料运送到料箱，或者通过机械手将零件和废料取出。剩余的条料废料在每隔一定冲次后由废料剪剪断，获得一定长度的废料，便于回收处理。

对厚度大于 10mm 的板料，由于板料厚度太大，很难制成卷料，因此一般采用条料直接进行送进精密冲裁。

精密冲裁成形后的零件需要进行去毛刺处理，可以采用振动光饰机去毛刺；对于尺寸精度或表面质量要求较高的零件，可以采用专用的毛刷去毛刺设备进行去毛刺处理。对于有特殊性能要求的精密冲裁件，还需要进行热处理。

图 2-9-3　典型的全自动精密冲裁成形生产线
1—开卷　2—校平　3—精冲压力机主机

全自动复合精密冲裁生产工艺是一种先进的中厚板成形工艺，相比于传统的冲压+机械加工成形方式，能大大地提高生产率、材料利用率，降低成本，改善劳动环境；同时，由于复合精密冲裁保留了塑性成形的流线，提高了零件性能。以链轮为例：传统的链轮生产工艺为，通过普通冲压落料得到齿坯（见图 2-9-4a），然后将多片齿坯叠在一起，通过铣齿机铣出齿形（见图 2-9-4b）。传统工艺的生产率为1~3 件/min，尺寸精度及一致性难以保证，而且生产环境恶劣，工人劳动强度大。

采用全自动精密冲裁生产工艺后，链轮一次精密冲裁成形（见图 2-9-5），生产率达到 10~25 件/min，尺寸精度为 IT6~8 级，且自动化生产，劳动环境好，符合国家绿色制造的发展需求。

目前，精密冲裁工艺和装备在汽车、高铁、机械、摩托车、航空航天、武器装备、核电、能源化工等领域得到了广泛应用。采用精密冲裁和复合精密冲裁技术生产的典型零部件如图 2-9-6 所示。

a) 普通冲压落料

b) 铣齿

图 2-9-4　传统链轮生产工艺

图 2-9-5　精密冲裁生产的链轮

图 2-9-6　采用精密冲裁和复合精密冲裁技术生产的典型零部件

9.2　液压式精冲压力机主要系统

9.2.1　结构

1. 全自动液压式精冲压力机

KHF1200 型全自动液压式精冲压力机如图 2-9-7 所示，其主机的三维立体结构如图 2-9-8 所示。该结构为典型的全自动液压式精冲压力机的结构，采用下传动式，主缸布置在机身的下部，压边缸布置在精冲压力机的上方，反顶缸嵌入主缸的内部，这种布置使精冲压力机结构紧凑。同时，为了满足滑块的快速工进和快速回程，主滑块下还设计有快速闭合缸。快速缸体积小，运行速度快。在精密冲裁过程中，快速闭合缸首先推动滑块快速上行，通过位移传感器检测到滑块运行到设定位置后进行废料检测。如果不存在废料，则滑块继续上行进行冲裁，此时主缸开始工作，提供大的冲裁力，同时压边缸

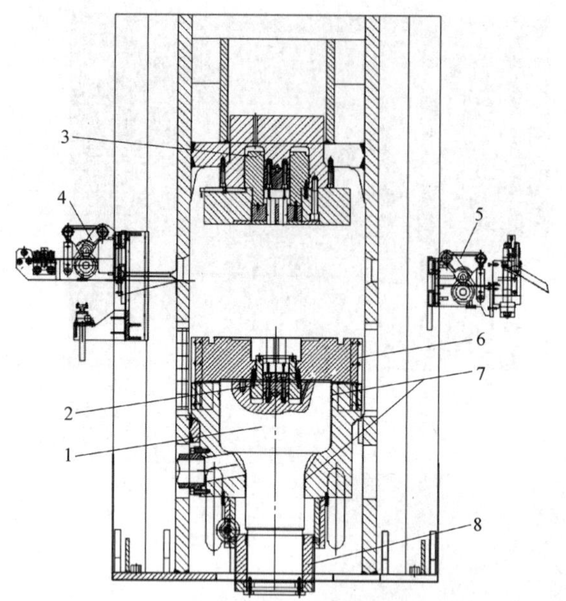

图 2-9-7　KHF1200 型全自动液压式精冲压力机
1—主缸　2—反顶缸　3—压边缸　4—送料系统
5—废料剪切系统　6—八面导向系统
7—主缸导向带　8—主滑块上死点限位螺母

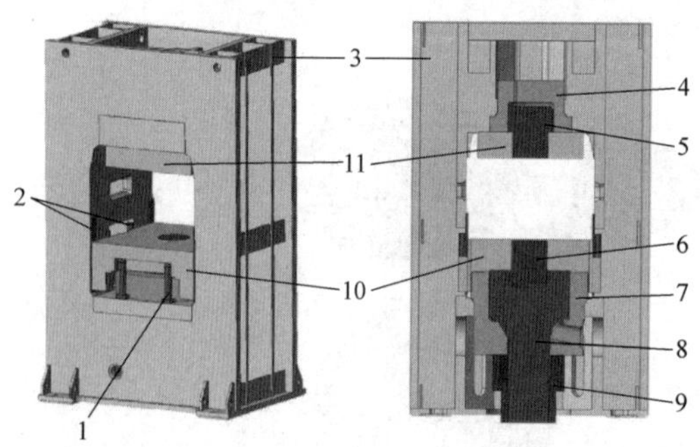

图 2-9-8　主机的三维立体结构
1—快速缸　2—导轨　3—机身　4—压边缸
5—压边活塞　6—反顶活塞　7—主缸　8—主活塞
9—机械挡块　10—滑块　11—上工作台

和反顶缸的活塞被传力杆顶着往后退，由于压边缸和反顶缸为背压缸，因此活塞后退过程中能稳定地提供压边力和反压力。

这种类型的精冲压力机一般具有双重导向，第一重导向为主缸的活塞与缸体之间的导向，第二重导向为滑块与机身上的导轨导向。目前应用最多的为八面导轨导向，具有很强的抗偏载能力，但因此导致结构复杂，对导轨的加工精度要求非常高。

对于精密冲裁工艺，要求滑块具有高的重复定位精度。液压式精冲压力机上设计有限位块，通过限位块限制主缸活塞向上运行的上死点。限位块的位置可通过伺服电动机驱动螺母旋转来调节。

为了实现全自动精密冲裁，精冲压力机上还配有送料机构。送料机构进距误差不能超过 0.1mm，否则由于误差累计，在级进复合精密冲裁成形时会导致零件不能精确定位，损坏零件和模具。目前，送料结构一般采用伺服电动机驱动。另外，精冲压力机上还配有废料剪，当条料送进到设定距离后自动将废料剪断，便于废料的收集。

从上述可以看出，全自动液压式精冲压力机的结构复杂，对加工精度要求非常高，造价因此非常昂贵。在全自动液压式精冲压力机国产化之前，进口一条全自动液压精密冲裁生产线投资超过千万。目前，国内自主研发的 KHF 型全自动数控精冲压力机达到国际先进水平，并得到了广泛应用，但基于制造成本，售价也仍然较高。精密冲裁生产线高昂的投资限制了精密冲裁技术的推广，由于精密冲裁技术的先进性，经济型液压式精冲压力机在我国应运而生，应用也非常广泛。

2. 经济型液压式精冲压力机

在精密冲裁工艺应用初期，不少精密冲裁件生产厂商对普通液压机（大多采用液压机行业的 YJ32 型液压机）进行改造，如采用蝶形弹簧、聚氨酯橡胶等弹性元件来建立起精密冲裁所需要的压边力和反压力，或者采用专用的精密冲裁液压模架，同时再增加一个可以提供压边力和反压力的附加液压系统，实现精密冲裁件的生产。精密冲裁液压模架产生的压边力和反压力比采用蝶形弹簧等建立起的压力更稳定，可以实现无级可调，更容易实现顶件和卸废料的不同步，但由于是后续再增加一个附属液压系统到原来的液压机上，无法实现液压控制和电气控制的总体设计，导致生产设备现场凌乱。另外，液压模架所具备的抗偏载能力较差，不适合多工位连续精密冲裁的生产；液压模架的大小也受限于用于改造的液压机有效工作台面的限制。

为此，我国逐渐开发出较专用的经济型数控精冲压力机。图 2-9-9 所示为 YJK 经济型液压式精冲压力机。该机型为上传动精冲压力机，主缸布置在精冲压力机的上部，提供主冲裁力。压边缸嵌入主缸柱塞，提供压边力。反顶缸设计在精冲压力机的下部，提供反压力。机身采用整体框架结构，滑块导向采用四角八面可调导轨，保证滑块导向精度和高抗偏载能力。根据客户需求，还可配置条料自动上下料装置或卷料自动上下料装置、废料剪切装置及吹件装置或机械手取件装置，实现自动上下料。

与全自动精冲压力机相比，此类精冲压力机的冲裁效率稍有不足。考虑到此因素，可以在控制系统中采用当今较为实用的液压伺服控制技术。由于液压伺服的按需供能特性，在快下、进料、取件等过程中，伺服电动机只以很低的转速转动，以保持高压齿轮泵自身的润滑，一定程度上可以节约电能的消耗，从而进一步降低生产成本。

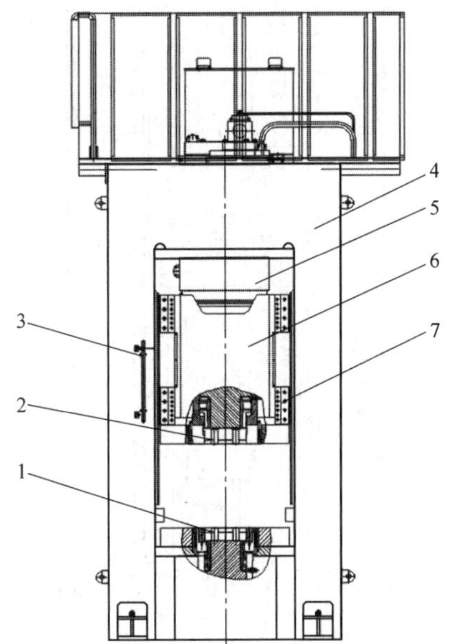

图 2-9-9　YJK 经济型液压式精冲压力机

1—反顶缸　2—压边缸　3—滑块位移传感器　4—整体式机身　5—主缸　6—滑块　7—四角八面导轨

9.2.2　机身

KHF 320 型液压式精冲压力机机身通常采用厚板焊接的整体框架式结构（见图 2-9-10），其加工流程为：首先将不同厚度（通常为 20～400mm）的钢板焊接在一起，然后进行整体去应力退火，最后进行整体数控精加工，以保证机身的尺寸精度。这种结构的机身具有较高的强度和刚度，并且可以为滑块提供间隙可调的平面导向结构，导向精度高、抗偏载能力强，可以满足精密冲裁的工艺要求。此外，机身经拓扑优化和尺寸优化之后，可以达到节省材料、减轻重量且便于制造的目的。

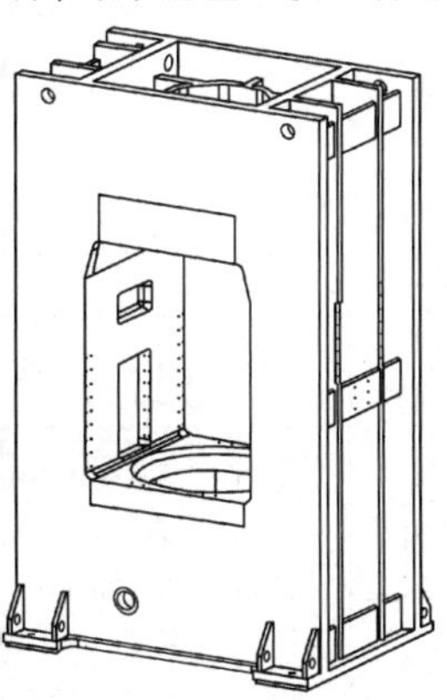

图 2-9-10　KHF320 型液压式精冲压力机机身

9.2.3　导向系统

1. 导向结构形式

精密冲裁工艺要求滑块具有良好的导向精度和刚度，导向结构是精冲压力机的核心技术，它的优劣标志着精冲压力机质量的好坏。液压式精冲压力机的整机导向机构分为四大类：第一类为传动机构和导向机构合为一体，利用液压缸的内腔作为导轨；第二类为传动机构和导向机构分置，液压缸只传递动力，另有独立的导向机构；第三类为结合第一类和第二类的结构，既有独立的导向机构，又利用液压缸导向；第四类为在第三类的基础上再在上下工作台之间增加导柱导套导向。

（1）第一类导向结构　HSR 型液压式精冲压力机和国产 Y26 型液压式精冲压力机均利用液压缸导向。其工作缸即为导轨，如图 2-9-11 和图 2-9-12 所示。这类导轨的结构由于将传动机构和导向机构两者结合在一起，因此结构紧凑，较为简单。

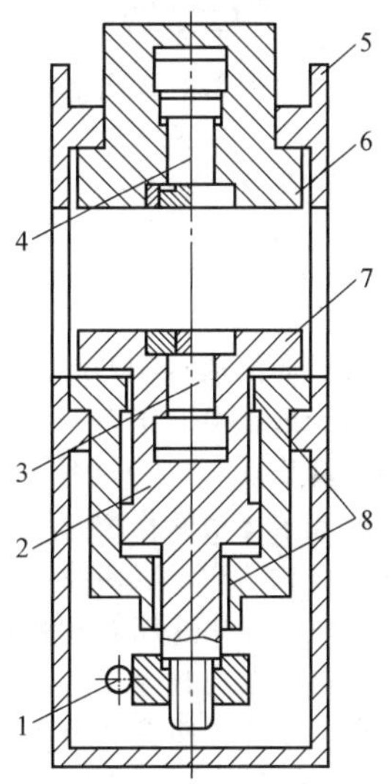

图 2-9-11　HSR 型液压式精冲压力机

1—封闭高度调节装置　2—活塞　3—反顶缸　4—压边缸　5—机身　6—上工作台　7—下工作台　8—滑块导轨

HSR 型液压式精冲压力机利用液压缸作为导轨，这是一种滑动导轨结构。导轨材料为耐磨合金，可以保持导轨的精度和延长模具寿命。这种导轨的导向刚度比滚动导轨好，但导向精度较差。

图 2-9-12 所示为 Y26 型液压式精冲压力机。其基本结构与 HSR 型液压式精冲压力机基本相同，也是利用液压缸作为滑动导轨，但导轨结构完全不同。HSR 型液压式精冲压力机的导轨采用耐磨材料，允许承受偏心载荷。当受到偏心载荷作用时，导轨的油膜被挤坏而使柱塞与导轨直接接触，而 Y26 型采用台阶式内阻尼静压导轨，通过内阻尼使导轨建立静压，使

柱塞和导轨面始终被油膜隔离而不接触。

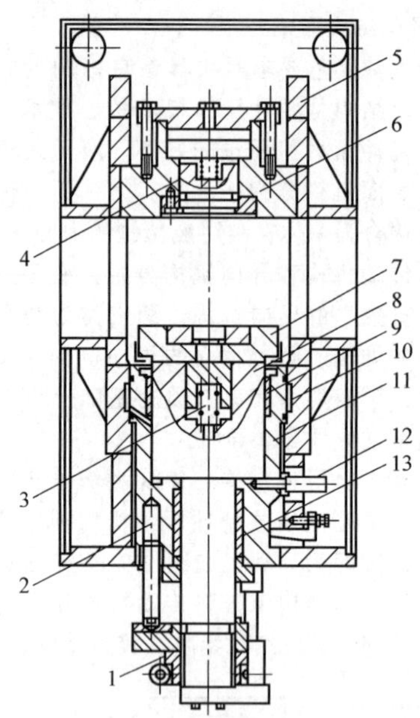

图 2-9-12　Y26 型液压式精冲压力机

1—封闭高度调节装置　2—回程缸　3—反向压力柱塞　4—压边柱塞　5—机身　6—上工作台　7—下工作台　8—主柱塞　9—台阶式上导轨　10—环形油腔　11—主缸　12—进油管　13—台阶式下导轨

（2）第二类导向结构　HFP 型液压式精冲压力机的导轨结构属于第二类，作为导向机构的导轨和作为传动机构的液压缸分置，如图 2-9-13 所示。液压缸主活塞只起液压传动的作用，导向装置为加有预压的八排滚柱导轨结构。该精冲压力机的主活塞为差动活塞，可使滑块快速闭合和快速回程。主泵为供油量可调的高压轴向柱塞泵，可调节闭合、冲裁和回程的速度。闭合、冲裁和回程这三个阶段为一个工作循环，也就是一个行程次数。

（3）第三类导向结构　这类导向结构兼有第一类和第二类的特色，既有独立的导轨导向机构，又利用液压缸导向。HFA 型液压式精冲压力机及国产的 KHF 型液压式精冲压力机均采用了这种先进的导向结构形式，如图 2-9-14 所示。主缸采用导向带滑动导向，在液压缸和活塞之间设置导向带，起导向作用的同时也防止了活塞与液压缸直接接触造成的磨损；主滑块采用八面导向结构，具有很强的抗偏载能力，可以确保偏载作用下精密冲裁件的成形精度。

这种导向结构的导向精度高，抗偏载能力强，KHF1200 型液压式精冲压力机抗偏载性能的测试结果见表 2-9-1。但这种导向结构形式复杂，其液压缸滑块环形导轨和滑块平面导轨应严格对中且间隙要均匀，所以加工精度要求极高。

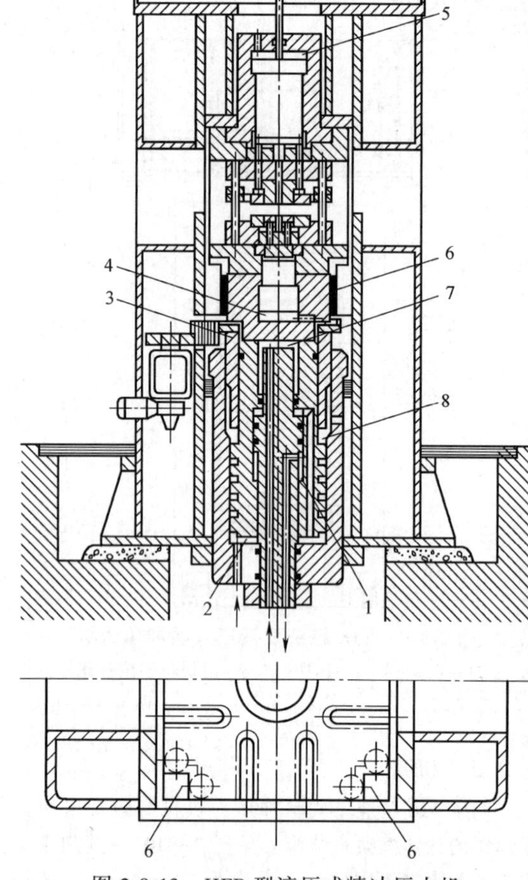

图 2-9-13　HFP 型液压式精冲压力机

1—滑块快速回程缸　2—冲裁压力缸　3—可调限位块　4—反顶缸　5—压边缸　6—预压式滚压导轨　7—滑块快速闭合缸　8—液压缸限位

表 2-9-1　KHF 1200 型液压式精冲压力机抗偏载性能的测试结果

偏载测量	偏载载荷 /kN	倾斜量 /mm
（图：100，100，420，700，600）	1000	0.040/600
	2000	0.086/600
	3000	0.132/600
	4000	0.179/600
	5000	0.226/600
	6000	0.272/600

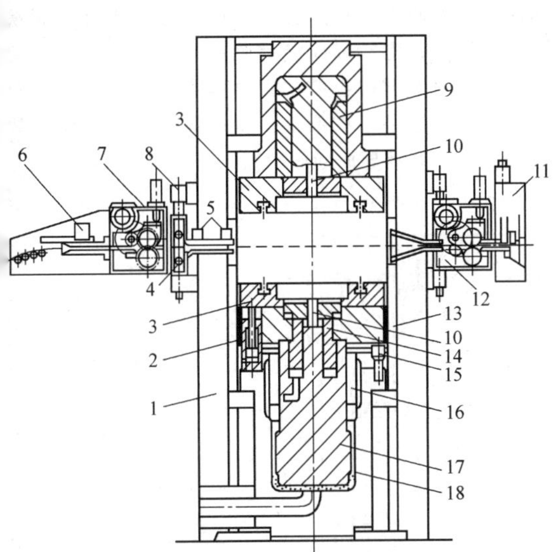

图 2-9-14　HFA 型液压式精冲压力机结构

1—机身　2—快速闭合液压缸　3—工作台　4—喷油器　5—条料定位装置　6—料端控制装置　7—送料机构　8—进料高度调节机构　9—压边缸　10—反压缸　11—废料剪　12—出料装置　13—中心支柱　14—平面导轨　15—伺服电动机　16—限位块　17—主缸活塞　18—环形导轨

（4）第四类导向结构　除采用上述三类导向结构外，还可在第三类导向结构的基础上，在精冲压力机的上工作台面和滑块间增加滚珠式导柱导套机构，如图 2-9-15 所示，从而形成了三重复合精密导向。三重导向各有分工，又相辅相成：第一重导向为主缸滑动减摩导向带导向，在主活塞与主缸之间设置滑动减摩导向带，起到“扶正”活塞的作用，同时也避免了主活塞与主缸的直接接触，大大降低了磨损；第二重导向为主滑块八面滑块导向，具有很高的导向刚度，确保精密冲裁过程中不会因偏载而导致加工精度不足或模具受损；第三重导向为模具精密滚珠导柱导套滚动导向，作为三重导向的最后一重，也是距离精密冲裁模具最近的一重导向，它具有极好的导向精度，可以确保精密冲裁凸凹模精准对中，从而保证了精密冲裁件的成形精度。

图 2-9-15　在上工作台面和滑块间增加滚珠式导柱导套机构

2. 精冲压力机常用导轨结构

（1）八面滑块导轨结构　KHF 型液压式精冲压力机的八面滑块导轨结构如图 2-9-16 所示。在主滑块的四角设计有 4 个导轨结构，负责左右导向；在进料方向上的滑块两边上设计有 4 个导轨结构，负责前后导向。对每个导轨机构，安装在机身上的静导轨采用 45 钢整体淬火处理，表面硬度为 45～48HRC；安装在滑块上的动导轨则采用耐磨性好的铜基合金（见图 2-9-17），上面钻有数个孔，用于存储石墨，并设计有油道，通过液压系统自动往滑块导轨中注射润滑油，从而实现导向机构自润滑，并且免于维护。

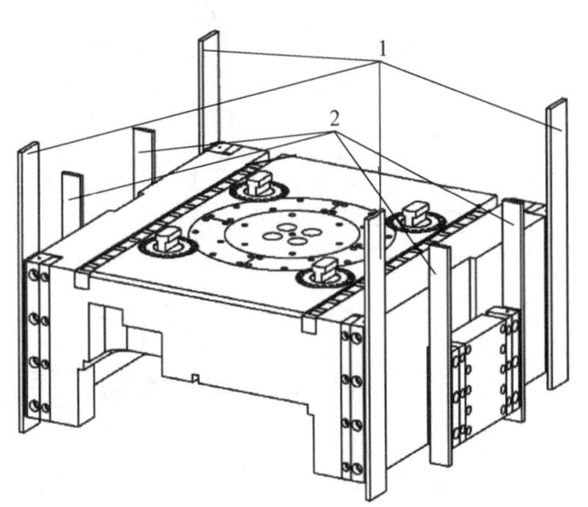

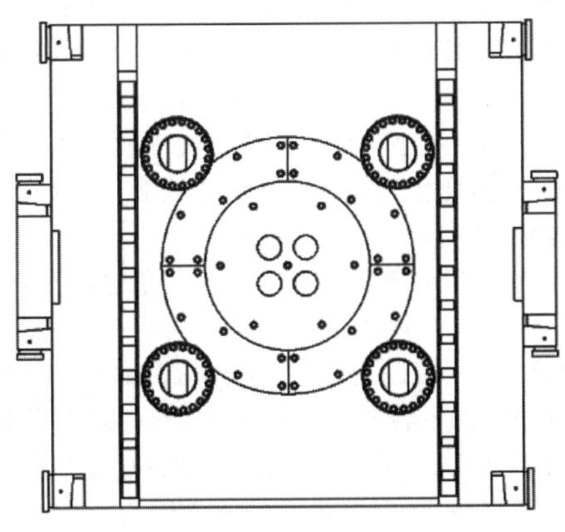

图 2-9-16　八面滑块导轨结构

1—左右导向　2—前后导向

八面滑块导轨结构对于导轨的安装精度要求非常高，通常情况下，导轨滑动面的间隙为 5～10μm。此外，在设备长期的使用过程中，滑块导轨之间相互摩擦导致滑块导轨间隙增大，从而影响导向精度、上下工作台面之间的平行度及下工作台行程对上工作台面的垂直度等，严重时会降低零件的加工精度。因此，为了便于导轨的安装和调整，需要对八面滑块导轨结构各滑动导向面间隙进行独立调整。八面滑块导轨间隙调整机构如图 2-9-18 所示。每个导轨机构上设计有一个楔形块，通过旋转螺栓使楔形块移动，从而调整导向面间隙。

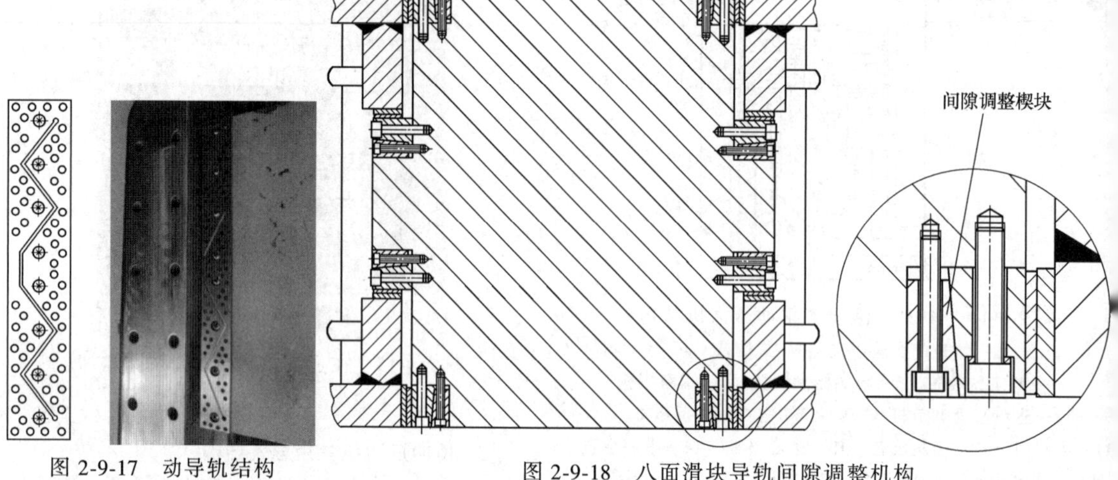

图 2-9-17　动导轨结构

图 2-9-18　八面滑块导轨间隙调整机构

（2）内阻尼静压导轨结构　在此以定压供油开式静压导轨为例，说明静压导轨的工作原理。通常将移动件导轨分成若干段，每一段相当于一个独立的支承，每个支承由油腔和封油面组成，如图 2-9-19 所示。

来自液压泵并经过滤的压力为 P_s 的油液经节流器节流后压力降为 P_r，进入导轨油腔。当导轨面上有足够的总压力可平衡运动件的重量时，支承即被浮起，此时油液通过上、下支承的间隙 h 流出，压力降为零。当浮起量大于支承上下两个平面的表面平面度时，即形成纯液体摩擦。当作用在上下支承的载荷 F 增大时，则上支承有下沉的趋势，油膜被压缩，导轨面间的油液外流的液阻增大。由于节流器的调压作用，使油腔压力 P_r 随之增大（在承载能力范围内）以平衡外部载荷。当采用固定节流器时，由于油腔压力 P_r 与导轨间隙 h 的三次方成反比，故导轨间隙的微量变化就能获得较大的油腔压力增量，因此油膜刚度较高。

Y26 型精冲压力机采用台阶式内阻尼静压导轨，将静压导轨压力油与主缸压力油合二为一，通过内阻尼使导轨与柱塞间的腔内产生静压，如图 2-9-20 所示。它由柱塞 1、台阶式上导轨 2、台阶式下导轨 4 和环形油腔 3 组成。本结构最主要的特点是利用导轨本身端部的台阶来产生阻尼，因此称为台阶式静压导轨。又由于一般的静压导轨阻尼元件均对称布置在导轨外部的四周，而本导轨的阻尼产生在导轨内部，因此称为内阻尼。

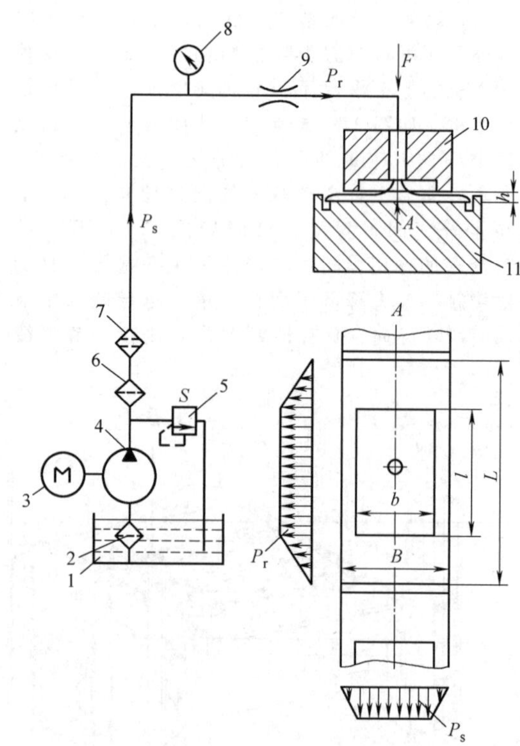

图 2-9-19　定压供油开式静压导轨

1—油池　2—进油滤油器　3—电动机　4—液压泵　5—溢流阀　6—粗滤油器　7—精滤油器　8—压力表　9—节流器　10—上支承　11—下支承

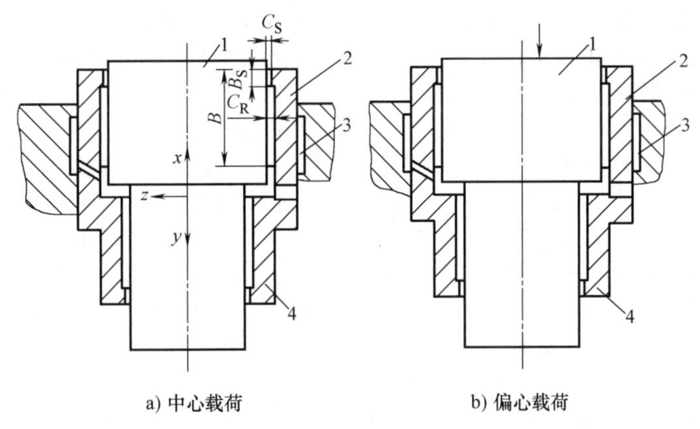

a) 中心载荷　　b) 偏心载荷

图 2-9-20　台阶式内阻尼静压导轨

1—柱塞　2—台阶式上导轨　3—环形油腔　4—台阶式下导轨

当精冲压力机工作时，如果载荷作用在导轨的几何中心，则柱塞 1 处于中心位置，四周间隙相等，如图 2-9-20a 所示。当承受偏心载荷时，若偏心力作用于柱塞 1 的右侧（见图 2-9-20b），则柱塞将沿顺时针方向转动，柱塞大头向右偏，小头向左偏。这样，柱塞大头右侧台阶处的间隙 C_S 减小，端泄量减小，压力降减小，而柱塞大头左侧台阶处的间隙 C_S 增大，端泄量增大，压力降增大，结果在柱塞两端形成压力差，右侧压力大于左侧压力。同理，柱塞小头部分也形成压力差，但方向相反，因而产生一个逆时针方向力矩。这个与外加偏心载荷引起的转动方向相反的力矩称为抗偏载力矩。抗偏载力矩使柱塞回到中心位置。同样，若偏心力作用于柱塞的左侧，则产生一个顺时针方向的抗偏载力矩，使柱塞回到中心位置。导轨的承载能力越大，抗偏载力矩越大，刚度越高。

9.2.4　模具保护系统

液压式精冲压力机的模具保护系统原理如图 2-9-21

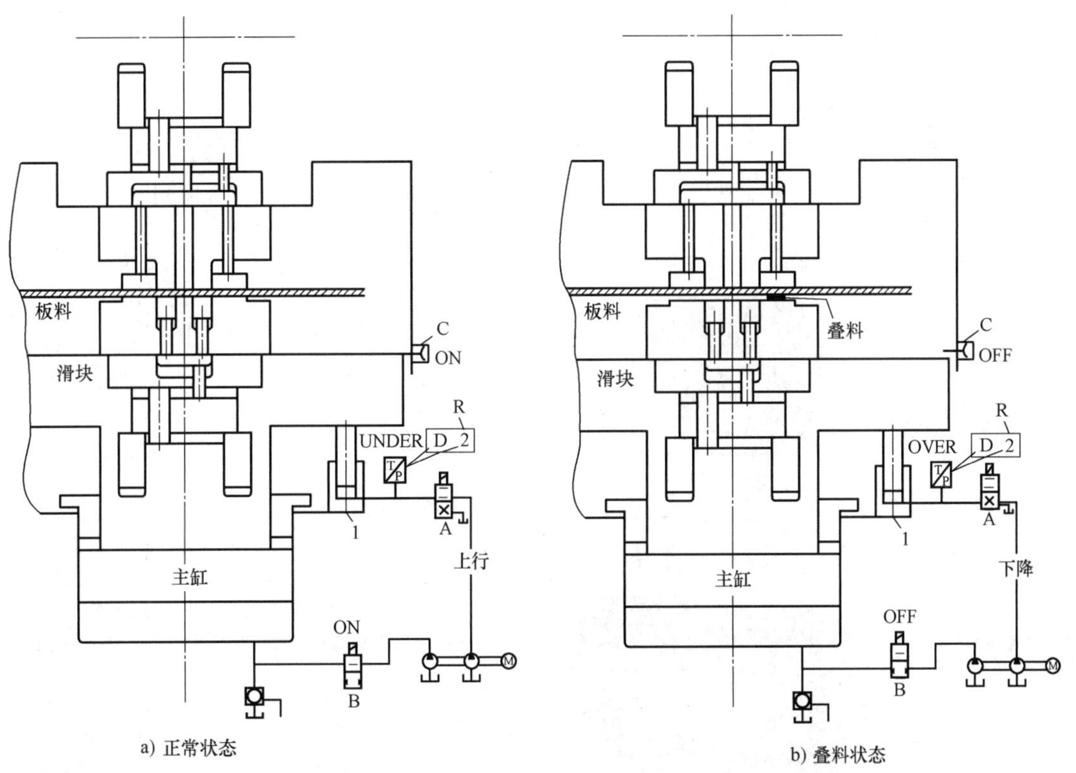

a) 正常状态　　b) 叠料状态

图 2-9-21　液压式精冲压力机的模具保护系统原理

所示。1 为快速缸，设置于滑块下方；2 为异物监测检出压力，在模具的数据清单上设定，通过触摸画面输入；A 为上升/下降切换阀，控制快速缸的上升和下降。B 为加压切换阀，为主缸的切换阀门；C 为异物监测解除位置传感器，根据滑块位置进行检测。一般根据板料厚度或模具结构等调整监测解除位置，通常在加压切换阀 B 开始工作设定位置以下 0.2mm 左右。D 为压力传感器，测量快速液压缸的压力；R 为异物监测检出传感器。

其工作原理为：滑块上升至异物监测解除位置传感器 C 设定位置过程中，压力传感器 D 会监视快速缸 1 的压力。如果监测到的压力超过异物监测检出压力 2 的设定值，表明发现异物，立即停止加压切换阀 B 往主缸注油加压，切换阀 A 的阀门切向下降动作，滑块随即下降，从而保护模具。如果监测到的压力没有超过异物监测检出压力的设定值，即表明异物监测后没有发现异物，此时异物监测解除位置传感器 C 的状态为 ON，解除异物检测状态，加压切换阀 B 及快速缸切换阀 A 均保持状态不变，往主缸供油，滑块继续上行，完成冲裁。

9.2.5　复合精密冲裁多力系结构

复合精密冲裁时，除了需要冲裁力、压边力和反压力外，还需要额外的第四力（冷锻力）、第五力（冷锻反压力）等来实现零件的局部成形。复合精密冲裁多力系结构原理如图 2-9-22 所示。通过精冲压力机的主缸提供冲裁力与精密冲裁运动，反顶缸提供精密冲裁反压力和反顶运动，由压边缸提供压边力和压边运动。对于第四、第五力，则是根据零件成形特征，在模具相应部位设计液压缸。如图 2-9-22 所示，在模具中设计冷锻液压缸和冷锻反顶液压缸，其液压力源来自精冲压力机的液压系统。

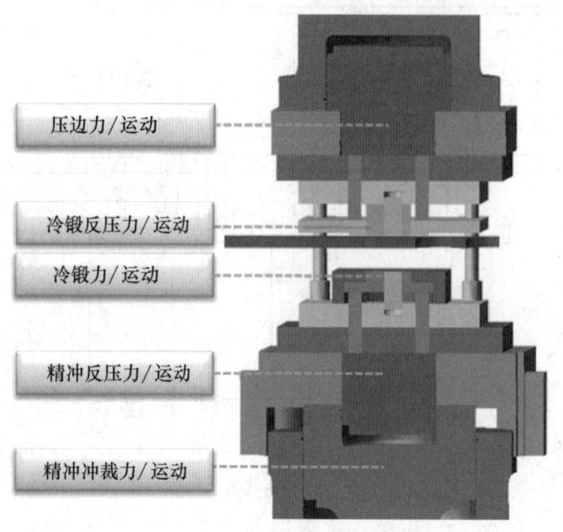

图 2-9-22　复合精密冲裁多力系结构原理

在精冲压力机液压系统中设计有第四力、第五力的液压油路，只需通过油管将模具上的液压缸和精冲压力机上的液压油路连接起来即可。随着精密冲裁件的结构越来越复杂，对力系数量的要求也越来越多，目前已经研发出了第六、第七力系。

虽然采用这种多力系结构会使模具结构变得复杂，使模具加工成本升高，但通过一次冲压即可成形复合形状的中厚板结构件（如变速器、发动机、离合器、制动器等传动制动结构件），避免后续的机械加工工序，则能提高生产率，提高零件的尺寸精度和尺寸一致性及力学性能，对于大批量生产的中厚板结构件具有良好的技术经济性。

9.3　机械式精冲压力机主要系统

9.3.1　主传动系统

1. 普通机械式精冲压力机

图 2-9-23 所示为 MFA 型机械式精冲压力机，它采用双肘杆传动，双肘杆铰链部分采用滚针轴承实现无间隙传动；采取液压锁紧，消除封闭高度调节装置零件间的间隙。采取上述措施后，压力机封闭高度的精度可达±0.01mm。

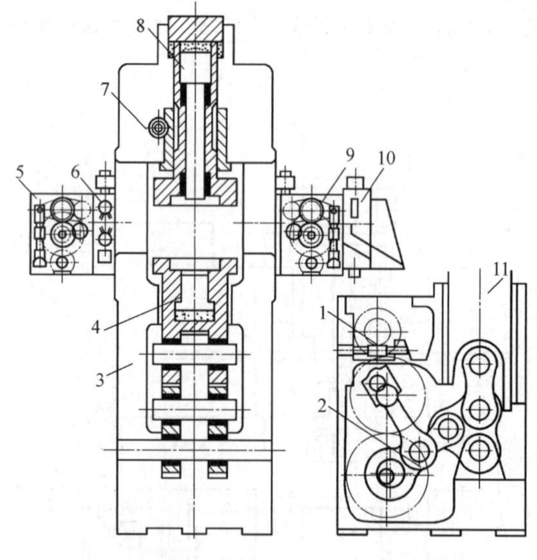

图 2-9-23　MFA 型机械式精冲压力机

1—减速机构　2—肘杆系统　3—框架式机身
4—反向压力活塞　5—送料机构　6—喷油润滑器
7—封闭高度调节装置　8—压边活塞
9—出料机构及抛料装置　10—废料剪　11—主滑块

从图 2-9-23 可以看出，该机的传动系统包括电动机、变速器、带轮、飞轮、离合器、蜗轮蜗杆、双边传动齿轮、曲轴和双肘杆机构。变速器为无级变速，在压力机的额定范围内可获得不同的冲裁速度和相应的每分钟行程次数。除变速器外，压力机还通过带轮和蜗杆蜗轮两级减速。

双肘杆传动滑块的运动曲线如图 2-9-24 所示。从图 2-9-24 可以看出，双肘杆传动滑块的运动曲线可以满足精密冲裁工艺过程的快速闭合、慢速冲裁和快速回程的要求。

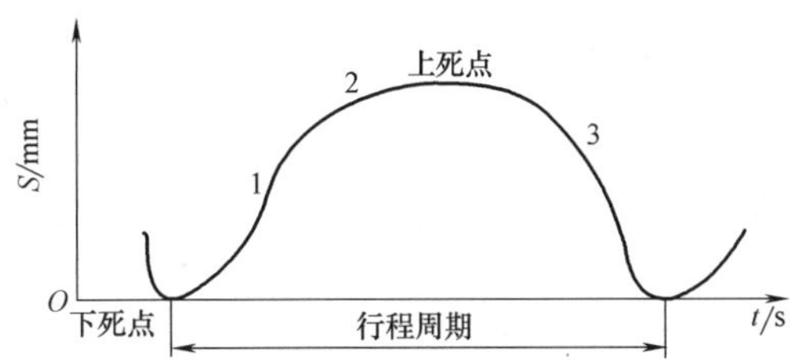

图 2-9-24　双肘杆传动滑块的运动曲线

1—快速闭合　2—慢速冲裁　3—快速回程

2. 高速机械伺服精冲压力机

NCF320 型高速机械伺服精冲压力机如图 2-9-25 所示。其机身采用整体焊接结构，主传动机构及滑块安装在下方，滑块导向采用八面导轨导向。主传动系统采用双直驱伺服电动机、行星减速器驱动曲柄肘杆机构实现冲裁总压力。压边力和反压力采用液压缸实现，伺服阀实现液压动作高速响应。压边缸位置上下可调并有锁紧装置，从而实现工作行程可调。机身配有前后伺服送料机构，出口配有废料剪和零件输出传送带等辅助设施。

该机的主要参数：主冲裁力为 3200kN，最大滑块行程为 70mm，最大滑块行程次数为 220 次/min，最大冲裁板厚为 10mm。基于伺服电动机特性，3200KN 载荷时能够保持冲裁频率 120 次/min，2500KN 载荷能够保持冲裁频率 160 次/min，2000KN 载荷能够保持冲裁频率 200 次/min。如果采用单伺服电动机驱动，则伺服电动机所需要的功率非常大。为了满足此高速重载精冲压力机的要求，NCF320 采用双伺服电动机驱动。其主传动系统的机构运动模型如图 2-9-26 所示。伺服电动机 1 控制驱动曲柄 R_1，伺服电动机 2 控制驱动曲柄 R_2，双伺服电动机的旋转运动通过双曲柄七杆机构转换为滑块的直线往复运动。驱动曲柄 R_1 的伺服电动机 1 为低速大扭矩电动机，主要控制完成慢速冲裁过程，即提供冲裁行程、冲裁力和冲裁速度；驱动曲柄 R_2 的伺服电动机 2 为高速小扭矩电动机，主要控制完成快速闭合、快

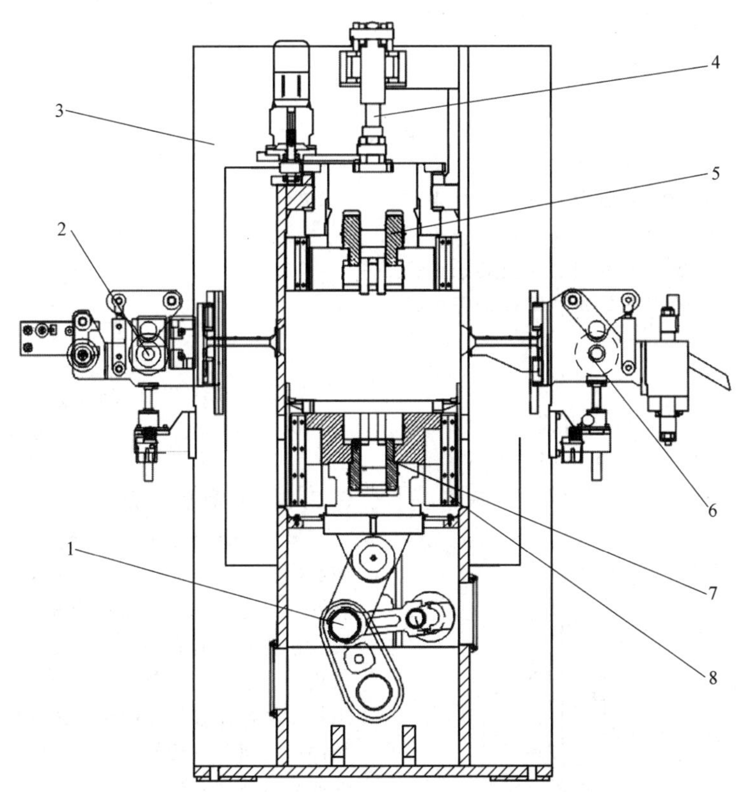

图 2-9-25　NCF320 型高速机械伺服精冲压力机

1—主传动机构　2—进料机构　3—机身　4—上工作台位置调节机构

5—压边缸　6—废料剪　7—反顶缸　8—八面导向系统

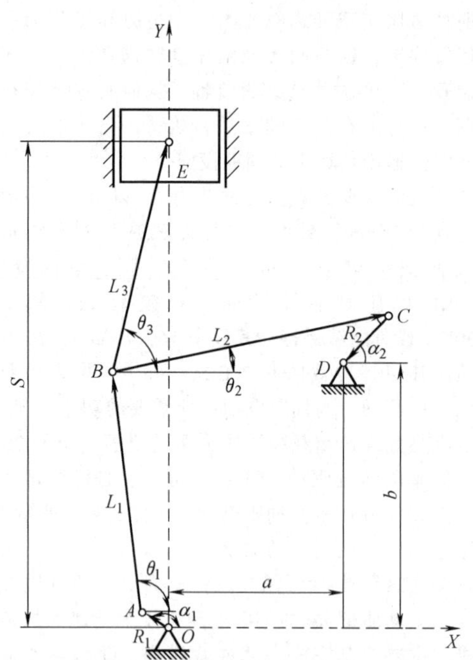

图 2-9-26　主传动系统的机构运动模型

速回程过程，即提供空程行程、空程力、空程速度。冲裁行程较小，曲柄 R_1 的长度可适当取小，以减小伺服电动机 1 受到的扭矩；空程行程较大，曲柄 R_2 的长度可适当取大，使滑块行程满足设计要求。因此，采用这种双伺服电动机协调驱动方式，成功地解决了单伺服驱动压力机存在机械增益与滑块最大行程相互制约，以及混合驱动压力机存在常规电动机不可控的问题，可使精冲压力机在满足滑块行程要求、总压力要求、冲裁速度可调等多重要求的前提下，提高精冲压力机的工作效率，降低伺服电动机的驱动扭矩。

9.3.2　导向系统

MFA 型机械式精冲压力机采用滚柱导轨结构，其横截面如图 2-9-27 所示。导轨由四排滚柱组成，后两排平行安装在机身后侧，保持在同一平面内；

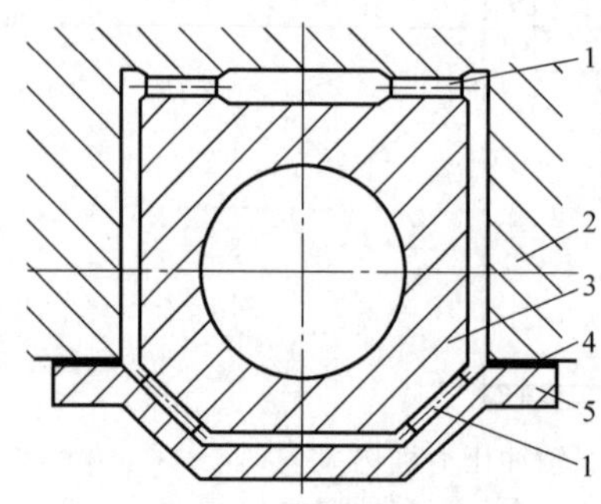

图 2-9-27　滚柱导轨的横截面

1—滚柱导轨　2—机身　3—滑块　4—垫片　5—盖板

前两排滚柱和机身前面成 45°角，对称安装在刚度较好的盖板上。盖板用一组螺钉紧固在压力机的前方。通过盖板与机身间垫片的厚度来控制滚柱的预压量（过盈量），一般预压量为 0.05mm。

在有预压量的情况下，当滑块上下运动时，滚柱将在导轨平面间无间隙纯滚动，使滑块始终处于中心位置，可获得很高的导向精度，运动阻力极小，但这种结构的导向刚度较差。为了提高导轨的刚度，20 世纪 80 年代开始采用图 2-9-28a 所示的滚柱导轨结构，取代了图 2-9-28b 所示的旧结构。新结构的保持器可固定在机身上，滑块运动时滚柱如同履带一样绕保持器滚动。旧结构的保持器将跟随滑块一起运动，在纯滚动的条件下，保持器运动的距离是滑块运动距离的一半。因此，在相同的结构空间条件下，新结构比旧结构具有更远的支撑距离。显然，在支撑反力相同时，新结构可获得更大的抗颠覆力矩，从而提高导轨的刚度。

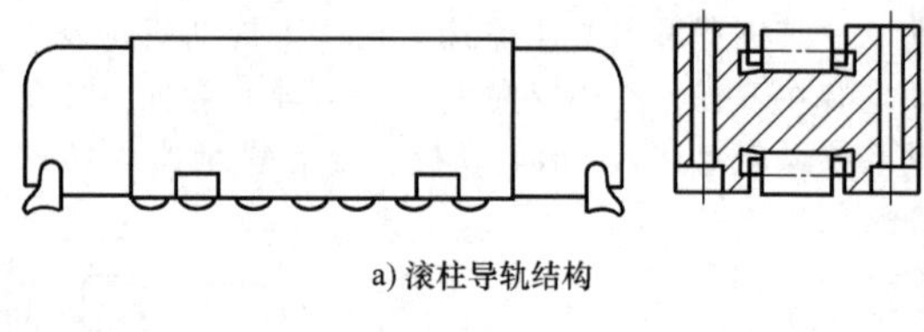

a) 滚柱导轨结构

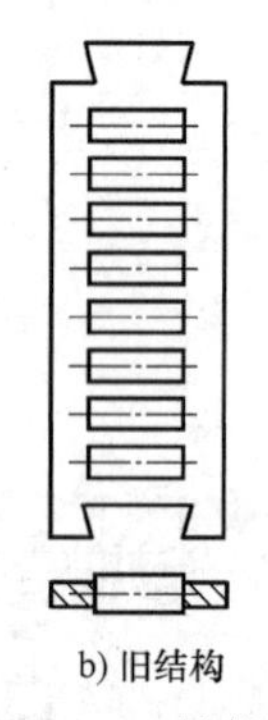

b) 旧结构

图 2-9-28　导轨结构

9.3.3　模具保护系统

机械式精冲压力机控制行程的模具保护系统如图 2-9-29 所示。其上工作台为浮动工作台 2，用液压悬挂，以提高模具保护的灵敏度；在上下工作台相关的位置各装有开关 1 和开关 3。在正常情况下，当滑块向上运行时，先使开关 1 动作，随后抬动浮动工作台 2 再使开关 3 动作，在这种顺序动作条件下，精冲压力机正常运转，如图 2-9-29a 所示。如果有工件或废料滞留在模具工作空间（见图 2-9-29b）而滑块向上运行时，由于异物的存在，使开关 3 先于开关 1 动作，立即使滑块停止前进，从而避免事故发生，保护模具和设备。

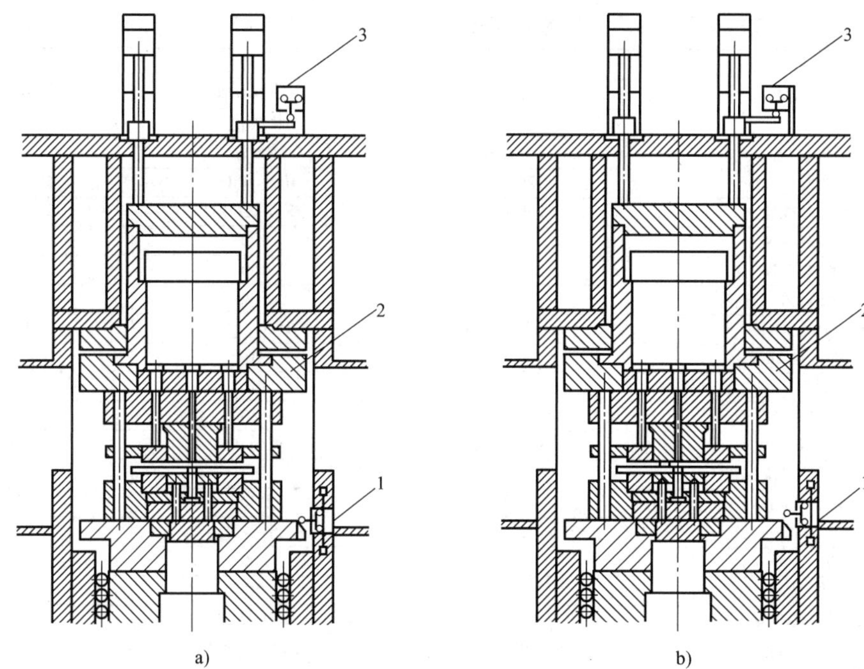

图 2-9-29　机械式精冲压力机控制行程的模具保护系统

1、3—开关　2—浮动工作台

.4　典型精冲压力机产品简介

.4.1　全自动液压式精冲压力机

全自动液压式精冲压力机的型号及主要技术参　　数见表 2-9-2～表 2-9-7。

表 2-9-2　KHF 系列液压式数控精冲压力机的型号及技术参数（黄石华力锻压机床有限公司）

参数名称	型号					
	KHF320	KHF500	KHF6300	KHF800	KHF1000	KHF1200
	参数值					
冲裁力/kN	3200	5000	6300	8000	10000	12000
齿圈力/kN	1600	2000	3200	4000	5000	500
反向压力/kN	800	1000	1600	2000	2500	2500
卸料力/kN	600	900	1200	1400	1500	1500
顶件力/kN	300	450	600	700	750	750
废料剪切力/kN	350	500	500	750	750	750
滑块行程/mm	150/200	150/230	150/230	180/300	180/300	180/300
齿圈行程/mm	25	40	40	40	40	40
反顶行程/mm	25	40	40	40	40	40
冲压频率(依零件而定)/(次/min)　≤	75	65	60	50	45	45
滑块闭合速度/(mm/s)	200	200	200	200	200	200
冲裁速度/(mm/s)	5～60	5～40	5～40	5～40	5～35	5～35
滑块返程速度/(mm/s)	200	200	200	200	200	200
最大装模高度/mm	620	700	700	780	780	940
最小条料长度/mm	2500	2800	3000	3000	3100	3100
送料步距/mm	1～999.9	1～999.9	1～999.9	1～999.9	1～999.9	1～999.9
送料步距精度/mm	0.1	0.1	0.1	0.1	0.1	0.1
最大料宽/mm	300	400	450	450	450	450
最大料厚/mm	12	16	16	16	16	20
外形尺寸/mm (长×宽×高)	3500×2000 ×3500	4200×2200 ×3800	4200×2200 ×3800	4200×2800 ×4500	5000×3000 ×5000	5000×3000 ×5000
电动机功率/kW	55	105	110	195	195	195
油箱容积/L	1200	2000	2000	3000	3000	4000
机床重量/kg　≈	22000	38000	45000	58000	68000	76000

表 2-9-3　YJF26 型精冲压力机的型号及主要技术参数（重庆江东机械有限责任公司）

参数名称	型号		
	YJF26-630	YJF26-800	YJF26-1000
	参数值		
总压力/kN	6300	8000	10000
压边力/kN	320～3200	400～4000	500～5000
反压力/kN	160～1600	200～2000	250～2500
卸料力/kN	640	800	1000
顶件力/kN	320	400	500
废料剪切力/kN	500	500	750
滑块行程/mm	150～230	180～300	180～300
压边行程/mm	40	40	40
反压行程/mm	40	40	40
封闭高度调节距离/mm	80	120	120
封闭高度调节精度/mm	≤0.02	≤0.02	≤0.02
滑块上死点重复定位精度/mm	≤0.03	≤0.03	≤0.03
快下速度/(mm/s)	200	200	200
冲裁速度/(mm/s)	5～40	5～40	5～30
快回速度/(mm/s)	200	200	200
冲程次数(按工件最高)/(次/min)	40	40	35
装模空间/mm	370～450	400～520	400～520
上工作台面有效尺寸/mm(左右×前后)	890×910	1000×1000	1200×1200
下工作台面有效尺寸/mm(左右×前后)	910×900	1000×1250	1200×1350
送料步距范围/mm	1～999.9	1～999.9	1～999.9
送料步距精度/mm	0.1	0.1	0.1
最大卷料宽度/mm	400	450	450
最大卷料厚度/mm	10	12	12
主电动机功率/kW　≈	110	150	200

表 2-9-4　Y26A 系列全自动精冲压力机的型号及主要技术参数（武汉华夏精冲技术有限公司）

参数名称	型号			
	Y26A-1000A	Y26A-2500A	Y26A-6300A	Y26A-8000A
	参数值			
总压力/kN	1000	2500	6300	8000
最大压边力/kN	400	1500	3000	4000
最大反向压力/kN	200	800	1500	2000
最大顶件力/kN	150	600	1000	1200
最大卸料力/kN	300	1200	1600	1800
废料剪切力/kN	150	350	700	800
工作行程/mm	20/150	20/200	40/300	40/300
齿圈行程/mm	20	30	40	50
顶出行程/mm	20	30	40	50
冲裁速度/(mm/s)	15～45	10～30	5～25	5～20
闭合速度/(mm/s)	180	120	100	100
回程速度/(mm/s)	200	200	200	180
机身侧面开口/mm	200	290	550	620
机身前面开口/mm	540	705	1160	1250
送料进给力/kN	0.35	4.9	10	14
送料辊的夹紧力/kN	2	17.4	20	75
最大送料步长/mm	220	220	400	400
最小板(带)料长度/mm	1500	2000	3200	3400
总功率/kW	30	55	120	135
油箱容量/L	800	1600	2200	2500
压缩空气最大消耗量/6bar(M3/3/M),3/4in	1.5	1.5	1.5	1.5
精冲压力机重量/kg	4500	7500	2800	40000

注：$1bar=10^5Pa$。

表 2-9-5　HFAplus 型精冲压力机的型号及主要技术参数（瑞士 Feintool SMG）

参数名称	型号				
	HFA 3200plus	HFA 4500plus	HFA 7000plus	HFA 8800plus	HFA 11000plus
	参数值				
总压力/kN	2000~3200	3000~4500	4675~7000	5850~8800	7400~11000
压边力/kN	140~1400	200~2000	320~3200	400~4000	500~5000
反压力/kN	70~700	100~1000	160~1600	200~2000	250~2500
顶件力/kN　≤	225	365	520	800	800
卸料力/kN　≤	240	520	520	800	800
废料剪切力/kN	310	310	310	750	750
模具高度最大/最小滑块行程/mm	100/180	150/320	150/230	200/305	200/305
压边行程/mm	25	40	40	40	40
反压行程/mm	25	40	40	40	40
滑块行程次数(按工件最高达)/(次/min)	80	70	60	55	50
上工作台面尺寸/mm(左右×前后)	630×630	800×800	900×900	1000×1000	1100×1100
下工作台面尺寸/mm(左右×前后)	640×900	810×1000	910×1260	1010×1600	1110×1700
模具安装高度/mm	330~410	330~410	330~410	355~460	355~460
冲裁速度/(mm/s)	5~70	5~70	5~70	5~70	5~70
闭合速度/(mm/s)	200	200	200	200	200
回程速度/(mm/s)	200	200	200	200	200
进给步距/mm	1~999.9	1~999.9	1~999.9	1~999.9	1~999.9
进给步距增量/mm	0.1	0.1	0.1	0.1	0.1
条料长度/mm　≥	2600	3400	3700	3950	4200
条料宽度/mm	40~350	40~350	40~450	40~450	40~450
材料厚度/mm　≤	16	16	16	16	16
总功率/kW　≈	97/112	118/135	140/160	192/200	290/275
主传动功率/kW	90/104	110/127	132/152	160/184	250/230
油箱容量/L　≈	2000	2000	2000	3000	3000
重量/t　≈	20	33	41	62	74

表 2-9-6　HFAfit 型液压式精冲压力机的型号及主要技术参数（瑞士 Feintool 亚洲版）

参数名称	型号			
	HFA4500fit	HFA7000fit	HFA8800fit	HFA11000fit
	参数值			
总压力/kN	3000~4500	4675~7000	5850~8800	7400~11000
滑块行程/mm	230	230	305	305
模具安装高度/mm	330~410	330~410	355~460	355~460

表 2-9-7　日本 Mori 液压式精冲压力机的型号及主要技术参数

参数名称	型号									
	160	250	320	400	500	650	800	1000	1200	1500
	参数值									
总压力/kN	1600	2500	3200	4000	5000	6500	8000	10000	12000	15000
压边力/kN	800	1200	1600	2000	2500	3200	4000	5000	5000	6000
反压力/kN	400	600	800	1000	1250	1300	2000	2500	2500	3000
废料剪切力/kN	300	400					600			700
工作行程/mm	30~100	30~120								30~150
滑块最大行程次数/(次/min)	60	55	55	50	50	50	50	40	35	30
冲裁速度/(mm/s)	3~70	3~60	3~60	3~60	3~60	3~60	3~50	3~50	3~45	3~40
最大上升速度/(mm/s)	220	220	220	200	200	200	200	200	180	160
最大下降速度/(mm/s)	220	220	220	220	220	220	200	200	180	160

（续）

参数名称	型号									
	160	250	320	400	500	650	800	1000	1200	1500
	参数值									
最短条料长度/mm	2400		2450	2500	2800	3000	3100			3500
宽度/mm	20~200	40~250			40~320		40~450			60~55
最大料厚/mm	10		15		16					20
总功率/kW	49	56	81	101		115	145	180		205
闭合高度/mm	230~320	300~380		320~400			350~450			400~52
最大开启高度/mm	370	520		540		600	660			700

9.4.2 全自动机械式精冲压力机

全自动机械式精冲压力机的型号及主要技术参数见表 2-9-8~表 2-9-11。

表 2-9-8 MFA 型机械式精冲压力机的型号及主要技术参数（瑞士 Feintool）

参数名称	型号	
	MFA1600	MFA2500
	参数值	
总压力/kN	1600	2500
压边力/kN	20~800	30~1250
反压力/kN	20~800	30~1250
顶件力/kN	210	210
卸料力/kN	210	210
废料剪切力/kN	150	150
滑块行程/mm ≈	62	69
压边行程/mm	25	25
反压行程/mm	25	25
探测行程/mm	6	6
滑块行程次数/(次/min)	25~100	20~80
封闭高度/mm	210~355	255~380
进给步距/mm	0.1~499.9	0.1~499.9
条料长度/mm ≥	1650	1850
条料宽度/mm	20~250	20~250
材料厚度/mm	0.5~8	1~12
总功率/kVA ≈	72	92
主传动功率/kW	22	37
压缩空气消耗/(m^3/h)	80	80
油箱容量/L	350	350
重量/L	12	15

表 2-9-9 日本 Mori 机械式精冲压力机的型号及主要技术参数

参数名称	型号		
	100	160	200
	参数值		
总压力/kN	1000	1600	2000
压边力/kN	300	600	800
反压力/kN	240	400	500
废料剪切力/kN	70	120	150
工作行程/mm	50	58	60
最大行程次数/(次/min)	100	100	100
最短条料长度/mm	1600	1700	1800
材料宽度/mm	20~160	20~200	20~150

（续）

参数名称	型号		
	100	160	200
	参数值		
材料最大厚度/mm	6	8	6
总功率/kW	15	35	35
主电动机功率/kW	5.5	22	22
油冷却器/(kW/h)	2.5	2.5	2.5
油箱容量/L	150	250	150
上工作台面尺寸/mm	430	550	560
下工作台面尺寸/mm	430	560	560
闭合高度/mm	230~280	290~340	305~355
最大开启高度/mm	330	398	415

表 2-9-10　XFT2500 speed 型机械伺服高速精冲压力机的主要技术参数（瑞士 Feintool）

序号	参数名称	参数值
1	主冲裁力/kN	2500
2	齿圈力/kN　≤	1250
3	反压力/kN　≤	625
4	滑块行程/mm	0~70
5	齿圈行程/mm	25
6	反压行程/mm	25
7	空载频率/(次/min)	200
8	冲裁次数/(次/min)	1~140
9	装模高度调节量/mm	255~380
10	最大装模高度/mm	380
11	废料剪切力/kN	300
12	可冲裁最大板宽/mm	250
13	可冲裁最大板厚/mm	10
14	伺服电动机额定功率/kW	2×59

表 2-9-11　NCF320 型机械伺服高速精冲压力机主要技术参数（黄石华力锻压机床有限公司）

序号	参数名称	参数值
1	主冲裁力/kN	3200
2	齿圈力/kN　≤	1600
3	公称力行程/mm	4.5
4	反压力/kN　≤	800
5	滑块行程/mm	0~70
6	齿圈行程/mm	25
7	反压行程/mm	25
8	空载频率/(次/min)	220
9	冲裁次数/(次/min)	1~220
10	装模高度调节量/mm	50
11	最大装模高度/mm	620
12	齿圈压板有效面积/mm	300
13	反压板有效面积/mm	300
14	废料剪切力/kN	350
15	可冲裁最大板宽/mm	300
16	可冲裁最大板厚/mm	10
17	主伺服电动机 1 额定功率/kW	165
18	主伺服电动机 1 额定扭矩/N·m	4000
19	主伺服电动机 1 最大扭矩/N·m	8000
20	主伺服电动机 2 额定功率/kW	165
21	主伺服电动机 2 额定扭矩/N·m	4000
22	主伺服电动机 2 最大扭矩/N·m	8000
23	减速机传动比	6.3

9.4.3　经济型精冲压力机

经济型或简易型精冲压力机的型号及主要技术参数见表 2-9-12 和表 2-9-13。

表 2-9-12　YJK26 系列经济型精冲压力机的型号及主要技术参数（重庆江东机械有限责任公司）

参数名称	型号					
	YJK26-SF200	YJK26-SF315	YJK26-SF630	YJK26-SF800	YJK26-SF1000	YJK26-SF1250
	参数值					
总压力/kN	2000	3150	6300	8000	10000	12500
压边力/kN	800	1200	2400	3200	4000	5000
反压力/kN	500	600	1200	1600	2000	2500
卸料力/kN	190	280	570	760	950	1200
顶件力/kN	120	140	290	380	480	600
滑块行程/mm	400	300	400	500	600	600
压边行程/mm	25	40	40	40	40	400
反压行程/mm	25	40	40	40	40	40

（续）

参数名称	型号					
	YJK26-SF200	YJK26-SF315	YJK26-SF630	YJK26-SF800	YJK26-SF1000	YJK26-SF1250
	参数值					
快下速度/(mm/s)	200	200	220	230	230	230
冲裁速度/(mm/s)	5~37	5~35	5~30	5~30	5~28	5~26
快回速度/(mm/s)	200	200	220	230	230	230
最大装模高度/mm	450	450	500	500	600	600
工作台面有效尺寸/mm(左右×前后)	660×660	800×900	1000×1000	1000×1000	1400×1400	1400×1400
主电动机功率/kW	23	39	78	98	107	131

表 2-9-13　YPKJ 系列简易型液压精冲压力机的型号及主要技术参数（宁波帕沃尔精密液压机械有限公司）

参数名称		型号					
		YPKJ-200	YPKJ-400	YPKJ-630	YPKJ-800	YPKJ-1000	YPKJ-1200
		参数值					
主缸公称力/kN		2000	4000	6300	8000	10000	12000
主缸最大工作压力/MPa		25	25	25	25	25	25
滑块最大行程/mm		300	350	350	350	400	400
压边缸压边力(上、下)/kN		1000	1500	2500	3150	4000	5000
压边缸最大工作压力/MPa		25	25	25	25	25	25
压边缸最大行程(上、下)/mm		25	30	40	40	40	40
滑块速度/(mm/s)	空载上(下)行	240	275	250	250	270	265
	加压	15	16.5	15	12	12	14
	回程	180	250	215	195	225	260
滑块到工作台距离/mm		250~550	400~750	400~750	400~750	400~800	400~800
工作台有效尺寸/mm	左右	550	700	800	900	1000	1000
	前后	550	700	800	900	1000	1000
伺服电动机功率/kW		18.5	30	45	45	30×2	37×2

参考文献

[1] 华林，胡亚明，宋燕利，等. 精冲技术与装备［M］. 武汉：武汉理工大学出版社，2015.

[2] 涂光祺. 精冲技术［M］. 北京：机械工业出版社，2006.

[3] 周开华. 精冲技术［M］. 北京：国防工业出版社，1980.

[4] 涂光祺. 精冲液压模架：在通用压机上实行精冲［J］. 锻压技术，1984 (6) 29-32.

[5] ZHAO X，LIU Y，HUA L，et al. Finite element analysis and topology optimization of a 12000KN fine blanking press frame［J］. Structural and Multidisciplinary Optimization，2016 (54)：375-390.

[6] CAO C，HUA L，LIU S. Flange forming with combined blanking and extrusion process on sheet metals by FEM and experiments［J］. International Journal of Advanced Manufacture Technology，2009 (45)：234-244.

[7] LIU Y，TANG B，HUA L，et al. Investigation of a novel modified die design for fine：blanking process to reduce the die：roll size［J］. Journal of Materials Processing and Technology，2018 (260)：30-37.

[8] 刘艳雄，李杨康，华林，等. 基于遗传算法精冲压力机快速缸液压伺服系统设计及 PID 控制优化［J］. 武汉理工大学学报（交通科学与工程版），2017，41 (1)：52-56.

[9] 刘艳雄，胡斌，华林. 机械伺服高速精冲压力机的驱动系统设计与仿真［J］. 锻压技术，2018，43 (03)：107-111.

[10] 胡文涛，刘艳雄. 机械式高速精冲压力机动平衡优化［J］. 锻压技术，2018，43 (05)：56-62.

[11] 胡俊伟. 10000kN 精冲压力机虚拟设计研究［D］. 武汉：武汉理工大学，2011.

第10章

粉末干压成形压机

兰州兰石集团有限公司　刘崇民　孙茂　贾鋆
扬州工匠机械技术有限公司　王霞

10.1　液压式粉末干压成形压机

德国DORST公司、美国Cincinnatic公司、瑞士OSTERWALDER公司开发的CNC系列液压式粉末干压成形压机代表了目前世界粉末液压机发展的方向。近几年来，我国在粉末干压成形压机的研制方面也有长足发展，主要生产厂商有上海兰石重工机械有限公司、天津天锻压力机有限公司、重庆江东机械有限责任公司、南通锻压设备股份有限公司等。

当粉末制品的形状复杂、要求精度高、成形力较大时，采用液压式粉末干压成形压机更能满足生产工艺与生产率的要求，能极大地提高一次成形多台阶产品的制造能力。

液压式粉末干压成形压机主要由压机本体、液压传动系统、电控系统、多层组合模架和辅助装置等组成。

10.1.1　主要特点

1）可根据工艺要求输入理想的压制特性及位置与速度控制参数，控制精度达±0.01mm，具备高压力、高精度、多轴联动等特点。粉末制品具有精度高、形状复杂、密度均匀、没有裂纹等优点，将成为粉末干压成形设备发展的方向之一。

2）主缸采用两级双速复合液压缸设计，液压缸内设置液控单向阀，大缸活塞的上、下腔通过液控单向阀连通，能够实现同等供液流量下的快速运动；在空程范围内可高速移动，速度达400mm/s，接近机械式高速压力机的平均速度，使液压式粉末干压成形压机具有与相同数量级机械式粉末干压成形压机的生产率。

3）压机采用预应力分体组合机身。上横梁、下横梁、立柱通过高强度拉杆与螺母预紧组成刚性封闭框架，立柱抗弯性能好，有利于承受压制过程中的弯矩，预应力拉杆仅承受轴向拉应力。这种结构提高了液压式粉末干粉成形压机的整体刚性，抗偏载能力强，抗疲劳强度高。

4）采用大行程、高速度、精确平面导向技术。活动梁与凹模托采用X形导向结构，动梁及凹模托在X形导向机构的八个平面铜滑板上运动，导向间隙均匀、调整精确。

5）液压传动系统采用伺服变量泵与液压蓄能器相结合的供液方式，模块化、集成式设计；所有阀件布置在必须控制的液压缸最近处，压机能耗降至最低。液压系统应用伺服技术，可以实现压力、流量和功率的精确控制，行程与速度可连续精细调整。

6）多层组合模架均采取通用性设计，能够压制形状复杂、密度均匀、精度高的粉末制品；上模冲有延缓回程装置，脱模时可避免压坯出现裂纹；模架进出主机本体采用导轨导入方式，模架组合及更换非常方便。

7）液压式粉末干压成形压机由于凹模采用液压支撑技术，更合适采用浮动压制成形法，使坯体密度分布更为均匀，避免产品出现密度分层等缺陷。

8）计算机数字控制（CNC）和具有动力源的模架（CPA）能压制更加复杂的零件，为开发新的压制方法和新工艺提供了支持。

9）可实现三级编程，即零件尺寸输入编程（PRP）、计算机辅助编程（CAP）、自由编程（FRP），在这3个编程级别上都可以进行压制过程优化。数控系统可实现模冲弯曲变形补偿、压机立柱变形补偿、自动添粉高度修正及仿形添粉等功能。

10）检测与质量保证系统对全部压制轴进行压力和位置监控，自动检测、数字化显示压制位置、压制力及其他压制参数，同时提供产品成分、质量、工艺参数的统计数据。

11）为保证人员、设备、生产操作过程的安全，电控部分设置了许多传感器，包括压力、位移、液位、温度、限位、接近开关等，用于在发生异常情况时对设备紧急停止。

12）工业控制计算机（IPC）作为工程师工作站，通过本地以太网接受企业生产管理系统的指令，完成SPC统计过程控制，实现生产数据报表、生产过程、材料计划、零件计划及作业计划的统一管理。

10.1.2　本体结构及主要技术参数

液压式粉末干压成形压机分为两种不同的系统，一种是采用简单动作粉末压机配置多动作模架；另一种是多动作粉末压机配置简单压模。前者，可以压制沿高度方向具有 3 个以上台面，高精度、高密度的粉末制品，零件的精度主要受到模架和压模本身的影响。后者，通常可以经济地压制沿高度方向 3 个台面但密度较低的粉末制品，零件的精度直接受整个压机可能产生的弹性变化的影响，精度相对较低。目前，国内外生产厂商基本采用第 1 种粉末压制系统。图 2-10-1 所示为液压式粉末干压成形压机。由于机身高，采用半地下式设计。

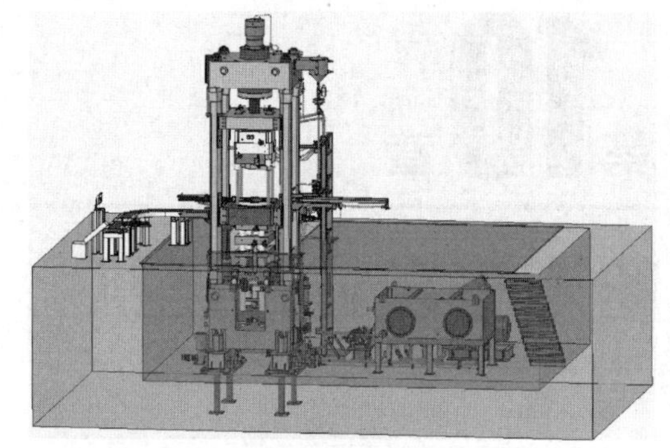

图 2-10-1　液压式粉末干压成形压机

表 2-10-1 列出了 CNC 系列液压式粉末干压成形压机的主要技术参数：

表 2-10-1　CNC 系列液压式粉末干压成形压机的主要技术参数

参数名称	型号				
	LS-MPP 300	LS-MPP 500	LS-MPP 800	LS-MPP 1000	LS-MPP 1250
	参数值				
上滑块最大压力/kN	3000	5000	8000	10000	12500
上滑块最大行程/mm	300	350	350	400	400
上滑块最大速度/(mm/s)	±400	±400	±350	±350	±350
上滑块加压速度/(mm/s)	0-30	0-30	0-25	0-25	0-25
最大下拉力(凹模)/kN	1500	2000	3800	3800	4000
最大支撑力(凹模)/kN	1500	2000	3800	3800	4000
凹模托最大行程/mm	200	250	250	250	300
凹模托最大速度/(mm/s)	±100	±100	±100	±100	±100
粉末填充深度/mm	200	200	250	250	250
装粉靴行程/mm	320	400	500	500	550
装粉靴定位精度/mm	±0.1	±0.1	±0.1	±0.1	±0.1
控制精度/mm	±0.01	±0.01	±0.01	±0.01	±0.01
重复精度/mm	±0.01	±0.01	±0.01	±0.01	±0.01
每分钟行程次数/(次/min)	19	17	15	13	13
功率/kW	106	132	183	230	274

液压式粉末干压成形压机本体主要由机身、主缸、活动梁、凹模托、下缸组成。压机本体机身通常采用整体框板式结构和预应力分体组合结构。

图 2-10-2 所示为整体框板式机身，它是将上横梁、下横梁及两侧立柱采用焊接方式连接成一个整体。整体框板式机身具有较高的刚度，焊接完成后须整体进行热处理。因此，整体框板式机身比较适合小型液压式粉末干压成形压机。

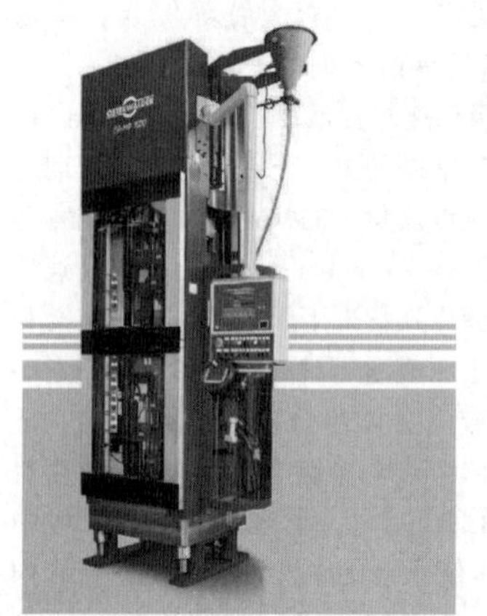

图 2-10-2　整体框板式机身

预应力分体组合机身在压制力为 5000KN 以上的液压式粉末干压成形压机中有较多应用。如图 2-10-3 中所示，机身由上横梁、下横梁、矩形截面立柱通过高强度拉杆及两端的螺母预紧组成一个刚性封闭框架。立柱抗弯刚度好，有利于承受压制过程中的弯矩，预应力拉杆仅承受轴向拉应力。这种结构提高了液压式粉末干压成形压机的整体刚度，预应力拉杆应力波动幅度值小，抗疲劳强度高。

主缸是液压式粉末干压成形压机的核心部件，如图 2-10-4 所示。主缸采用两级双速复合液压缸设计，小缸轻载实现高速进给和回程，大缸重载完成零件压制。大缸活塞内置液控单向阀，可将活塞上、下两腔联通，这种设计是液压式粉末干压成形压机主缸结构上的一个突破。

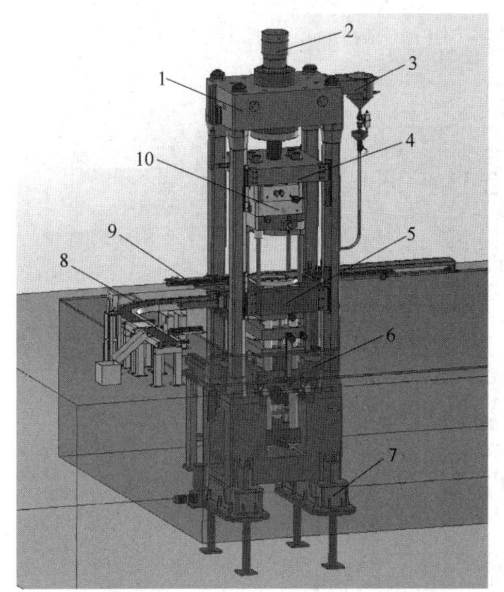

图 2-10-3　预应力分体组合机身

1—预应力机身　2—快速缸　3—上料装置　4—活动梁和上夹紧缸　5—凹模托　6—下缸　7—基础梁　8—料输送装置　9—取料装置　10—上三下四模架

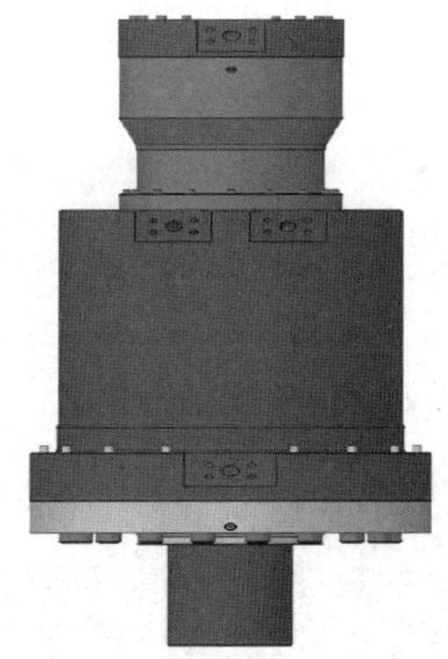

图 2-10-4　主缸（两级双速复合液压缸）

主缸安装在机身上横梁的下表面，采用法兰支撑、螺栓连接；活塞杆与活动梁上表面精确定位后刚性连接在一起，如图 2-10-5 所示。

活动梁下表面装有两个 L 形连接板和 4 个垂直夹紧液压缸，可与多层模架的上板定位并连接。凹模托（见图 2-10-6）通过水平方向的 4 个夹紧液压缸与模架的中板（凹模板）连接在一起。凹模托由两个下缸支撑垂直运动，可实现浮动压制与下拉脱模。这种结构可以使每个模冲都能单独补偿所有的弹性挠曲，模架进出压机本体也迅速、方便。

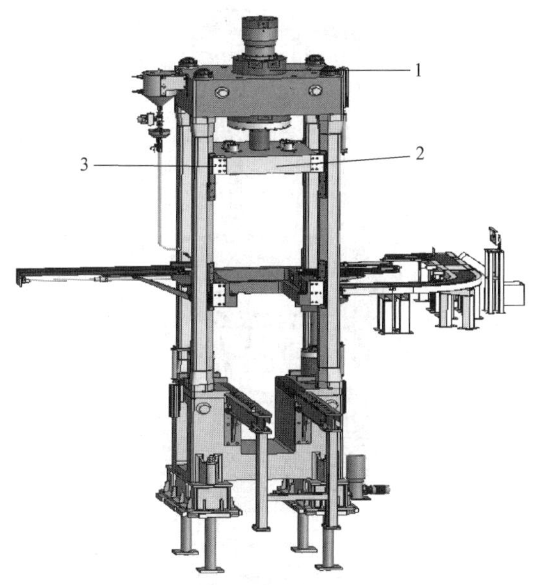

图 2-10-5　主缸、活动梁的连接及 X 形导向结构

1—主缸　2—活动梁　3—X 形导向结构

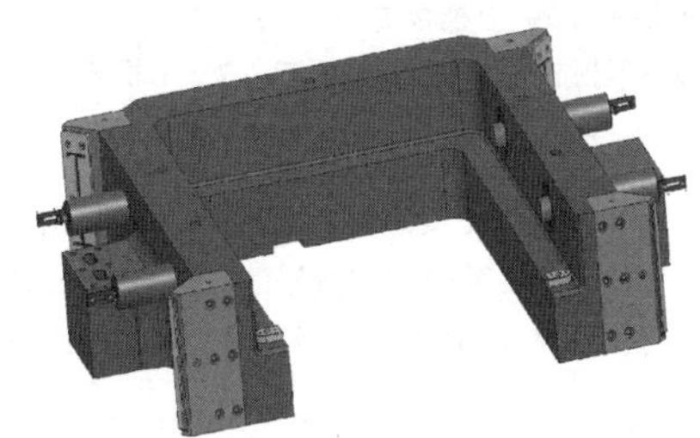

图 2-10-6　采用 X 形导向、水平夹紧机构的凹模托

整体框板式机身和预应力分体组合机身的滑块均采用高精度的平面导向。压机活动梁、凹模托与机身立柱间的运动副多采用 X 形平面导向结构，如图 2-10-5 和图 2-10-6 所示。动梁与凹模托在 X 形导向机构的八个平面铜滑板上运动，导向间隙非常均匀并可精确调整。

粉末干压成形是一个顺序控制过程，为了生产复杂零件及高性能的一次成形制品，液压式粉末干压成形压机一般采用多层组合模架作为模压工具。图 2-10-7 所示为液压驱动式上三下四组合模架。

模架是设备中可移动的部分，用于安装模具与模冲。装粉后模架的凹模板（凹模）可与压机上、下缸一起做垂直运动，完成粉末零件的压制成形。模架主要由模板、支架、结合器等组成。每一层模板可安装一个模冲用来压制零件台面，通过外置或内嵌式集成液压缸驱动，实现粉料的移送；保持模板、模冲、凹模、芯棒的工作位置，控制浮动模冲的压制速度。所有压制力、速度、位移均能实现高精度可靠控制。多层模架均为通用性设计，要有足

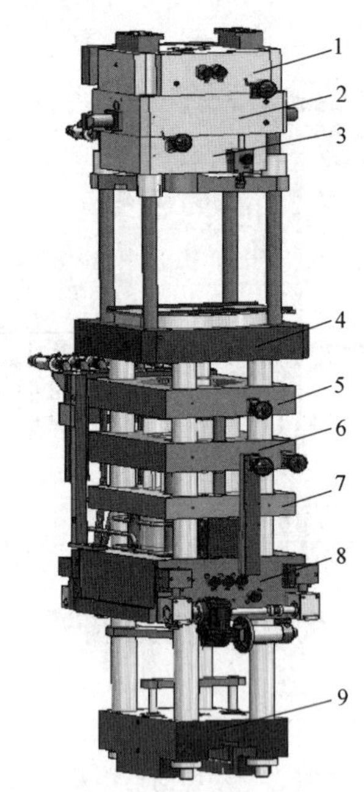

图 2-10-7　液压驱动式上三下四组合模架
1—上模板一　2—上模板二　3—上模板三　4—凹模板
5—下模板一　6—下模板二　7—下模板三
8—固定板　9—下模板四

够的强度、刚度；模架进出主机本体可采用导轨导入方式，便于模架组合及更换。模冲与凹模之间的定位均采用导柱导向结构，用以提高模具的定位精度。

每层模板都有单独的动力源，保证各层模板能够独立运动。这种带动力源的模架一般有两种形式：

1）液压驱动式模架。这类模架的每层模板由液压传动系统的液压缸驱动，能够保证各层模板独立运动。相对于传统机械式模架，液压驱动式模架有以下优点：①装粉后各模冲的运动能够使粉末重排，从而精确调整各个压制台面的装粉量；②压制时协调各模冲运动，可以保证压制时密度分布的均一性；③脱模时安排模冲的脱模顺序，可以有效防止脱模时由于压制初坯在压制力消失后回弹产生裂纹的可能；④液压驱动式模架结构比传统机械式模架结构简单，容易在设计过程中实现模架设计的标准化、系列化；⑤结构柔性高，生产不同的零件只需更换模具和连接座。

2）液压套缸驱动式模架。相比于液压驱动式模架，主要有以下不同之处：①模架模板比较厚，驱动液压缸嵌在模板内，模板也可加工成缸体；②连接座除了连接模冲和模板，还被用作驱动液压缸的活塞，使模冲的长度缩短；③由于模板不再需要运动，在各模板之间可放置垫块。液压套缸式结构极大地提高了模架的刚度，但加工难度较大，目前仅有少数国外公司在生产这种模架。

图 2-10-8 所示为不同规格的液压驱动式模架。

图 2-10-8　不同规格的液压驱动式模架

10.1.3　液压传动系统

图 2-10-9 所示为液压式粉末干压成形压机的液压传动系统。由于机组是一种半地下式设计，液压传动系统布置在地面以下。

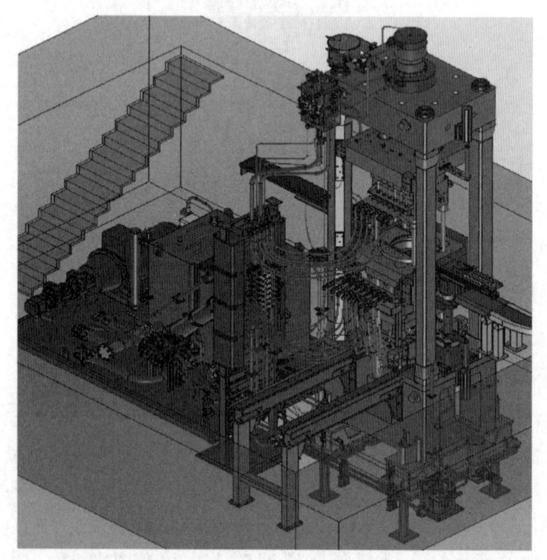

图 2-10-9　液压式粉末干压成形压机的液压传动系统

液压传动系统为液压式粉末干压成形压机提供动力源，可布置在地面或地面以下，采用液压泵直接传动。液压系统常选用伺服变量泵与蓄能器相结合作为动力源，系统工作压力为 31.5MPa。

液压系统的控制阀组采用开关阀组和伺服比例阀组相结合的方式。空程和压制初期采用开关阀大流量控制；压制状态时，根据工艺程序采用伺服比例阀控制，从而完成速度、位置的精确控制。这种方式较好满足了两级双速液压缸低压大流量和高压小流量的工况要求。

液压传动系统由主泵装置、主控制装置、循环过滤系统、油箱等组成。图 2-10-10 所示为液压式粉末干压成形压机的液压原理。

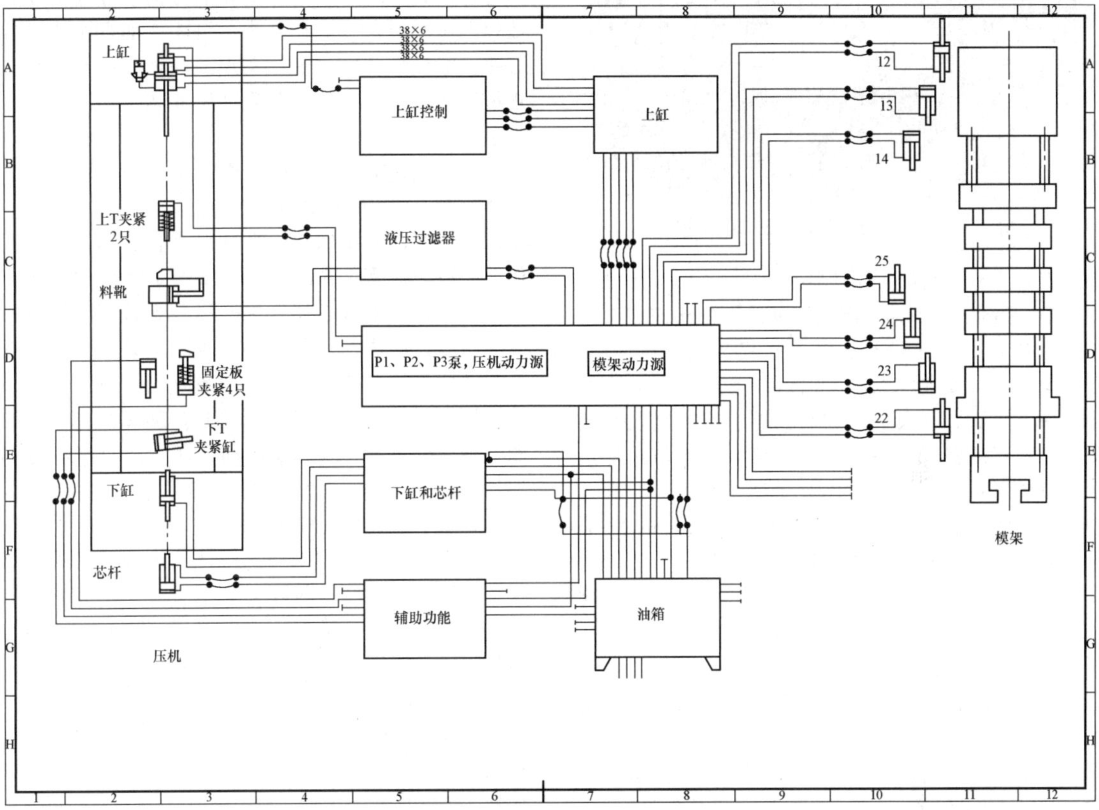

图 2-10-10　液压式粉末干压成形压机的液压原理

主泵装置采用一台电动机驱动三台串联组合泵，如图 2-10-11 所示。P1 泵与 P2 泵是伺服变量泵，为整个液压系统提供动力源；P3 泵是辅助泵，给系统的冷却、过滤循环提供动力。

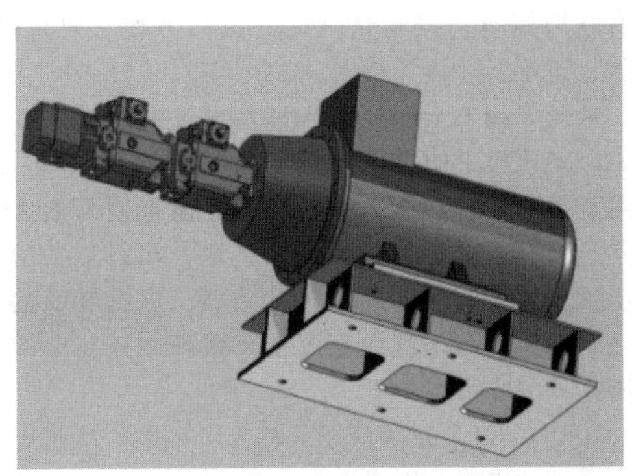

图 2-10-11　串联组合泵

P1 泵与 P2 泵同时提供低压大流量时，通过两级双速液压缸的快速缸（小缸）实现主滑块高速进给与快速回程，大缸活塞下腔的油液通过液控单向阀补充到上腔。压制时，根据工艺要求，P1 泵、P2 泵分别或同时为主缸、下缸、模架工作缸等提供不同压力等级的高压油源；不工作时，通过泵头阀组实现无负载空循环。

主控制装置是液压系统的核心部件，用以控制压机、模架各工作缸的空程快进、加压、保压、回程等动作，主要包括送料缸工作回路、上缸工作回路、模架缸工作回路、夹紧缸工作回路、下缸工作回路及芯杆缸工作回路。主控装置集成设计阀块如图 2-10-12 所示。

1）送料缸工作回路：主要完成粉料的收集、输送及自动装粉，驱动料靴以便自动填充凹模。一个内置行程传感器的液压缸将当前位置传送给控制系统，通过电子/液压闭环控制实现送料装置位置的准

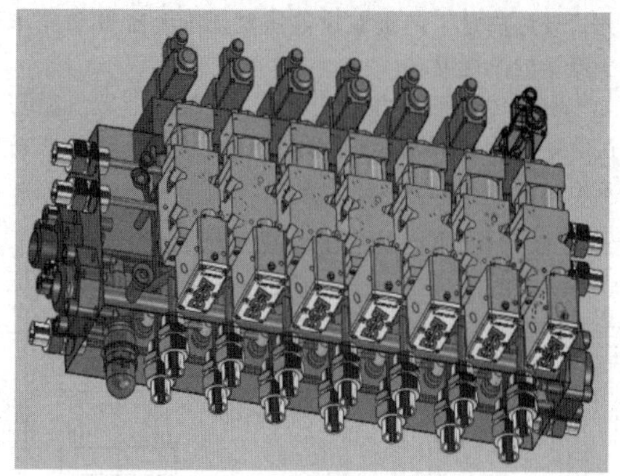

图 2-10-12　主控装置集成设计阀块

确控制及多重填料的定位控制。

2）上缸工作回路：既主缸回路，主要完成两级双速液压缸的高速进给、快速回程、压制和保压，压制速度可实现连续调整。包括快速缸（小缸）控制回路、压制缸（大缸）控制回路、循环阀控制回路。采用蓄能器自动快速回程装置，回程与快降最大速度均可以达到 400mm/s。一套外置的上缸行程测量装置将当前位置传送给控制中心，通过电子/液压闭环控制实现上滑块位置的准确控制。

3）模架缸工作回路：主要根据零件压制工艺要求，控制模架缸单轴或多轴协同运动，可配合下缸实现同步控制。模架缸具有单向锁紧功能。

4）夹紧缸工作回路：主要完成活动梁与模架上板、凹模托与模架中板（凹模）的连接，基础板、模具夹紧的控制；实现压机模架、模具、辅具等定位锁紧的工作回路。

5）下缸工作回路：既凹模缸（凹模托缸）工作回路，可实现凹模上、下运动及压制过程中的位置保持。将凹模移动到送料位置，产生凹模支撑力实现浮动压制过程，使凹模向下移动、制品脱模。下缸控制是实现各台面等速压制的关键回路。一套外置的行程测量装置将当前位置传送给控制系统，通过电子/液压闭环控制实现下缸位置的准确控制。下缸工作回路的控制精度对产品成形质量具有决定性作用。

6）芯杆缸工作回路：控制芯杆缸活塞的顶出、缩回功能。

10.1.4　电气控制系统

20 世纪 50 年代末，德国 MANNESMANN 公司在粉末干压成形压机上首先应用可控冲头模架（CPA），采用计算机数字控制（CNC）技术提升了粉末成形压机的生产率与产品质量。我国从 20 世纪 80 年代初开始，在粉末干压成形压机上应用 CPA 和 CNC 技术。迄今为止，电控模式发展很快，从集中式控制开始，发展成为各种分布式控制。应用于干粉压制成形压机 CNC 系统的模式有集中式控制模式、STD 总线结构的网络分布式控制模式、以 ISA 总线工业控制计算机为平台的分布式控制模式、基于个人计算机的虚拟分布式控制模式等。

计算机虚拟分布式控制模式是当前粉末干压成形压机控制系统体系结构的发展方向。虚拟分布式数控系统利用高性能计算机，用软件的方法实现在分布式数控系统中用硬件实现的功能，缩小了硬件规模，降低了成本，提高了可靠性和可维护性，从而更易开发、扩充和升级。

液压式粉末干压成形压机电气控制由可编程控制器（PLC）、快速触摸屏及通过以太网组成的现场总线集散控制系统组成。设备单元包括电控室、操作箱、PLC 柜及液压传动远程站等。液压式粉末干压成形压机的电气控制系统一般包含位置、速度控制和压力控制两个闭环控制系统。多数设备单元配备自动装粉、取料及重量检测系统，可以完成从装粉、压制到取件整个周期循环的自动化生产。对压制过程中的位移、压制速度和压制力进行平稳精确地控制，保证粉末制品的密度均匀性及成形精度，控制精度、重复精度均能达到±0.01mm。

一套中心 PLC 和工业控制计算机用于设备运行程序控制、逻辑控制和数字显示。PLC 系统主要包括主机控制模块、模架控制模块、操作箱控制模块，通过现场总线实现各模块间的通信联络。

工业控制计算机可作为工程师工作站，通过本地以太网接受公司生产管理系统的指令，完成统计过程控制（SPC）及实现生产数据报表、生产过程、材料计划、零件计划、作业计划的统一管理。工程师工作站包括应用程序、用户的支撑软件（NX、Excel）、制品材料数据库和制品零件实例库等。

采用计算机和 PLC 对粉末干压成形压机的行程、速度、压力进行控制，不仅可使压机精度和柔性增加，而且能对压机和模冲的运动进行在线监控。电气控制系统能够动态显示过程参数及保存故障记录，具有结构简单、控制精度高、操作方便、效率高、节能、抗干扰性强等特点。

液压式粉末干压成形压机采用计算机数字控制技术，使压机上的应用控制器、吨位控制器、PC 控机编程等功能都包括其中，同时还能把制品的工艺等信息储存在计算机中并进行读取，执行复杂的工艺，减少各种制品的复杂工艺表格，提高制品的一致性，从而提高压机的生产率及精确制造复杂的多台阶零件的能力。

图 2-10-13 所示为液压式粉末干压成形压机电气控制系统的结构及组成。

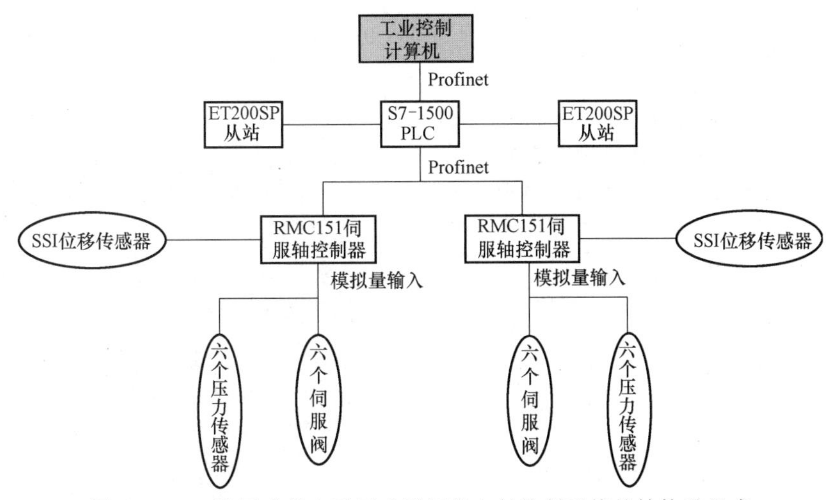

图 2-10-13　液压式粉末干压成形压机电气控制系统的结构及组成

由图 2-10-13 可以具体描述液压式粉末干压成形压机电气控制系统的结构、组成及功能。液压式粉末干压成形压机电气控制系统包括数控部分和电控部分。数控部分也称上位机，包括设置在设备上的工业面板。操作者可以直接将压制产品的各项参数和设备的运行参数输入至控制中心 CPU，从而实现对压制产品的数字化控制。电控部分也称下位机，包括设置在设备上的 PLC、伺服控制器、继电器、接触器等电气单元，可控制电动机的起动、停止，液压系统电磁阀的带、失电及伺服阀的开口度；采集压力、位移、温度等传感器的数据并实时处理；控制附属取料装置的气动阀岛；保护操作人员和设备的安全等。

数控部分选用精智系列 TP1500 工业面板，可实现触摸和键盘（鼠标）两种操作方式，如图 2-10-14 所示。上位机软件是实现计算机数字控制的核心，一般选用专业的组态软件。其对于工业面板和 PLC 应有良好的兼容性，可与下位机 PLC 共同组成 Profinet 网络以进行数据传输。操作者通过工业面板界面输入产品数据和各轴压制参数，压机就可以完成自动压制过程；还可通过测量成形产品数据自动调整控制轴参数，从而实现产品质量的自动优化。产品压制的工艺按步骤划分，每一步都对应各个轴相应的动作要求；操作者在可编程范围内按照产品的要求逐一输入，设置完成后数据可自动保存至主站 PLC 及从站伺服控制器内。上位软件具备自诊断和报警功能，可对工艺安全、设备安全进行报警和故障自诊断。料靴和取料装置也通过上位机进行控制，设置的内容可随工艺和产品的不同进行调整。

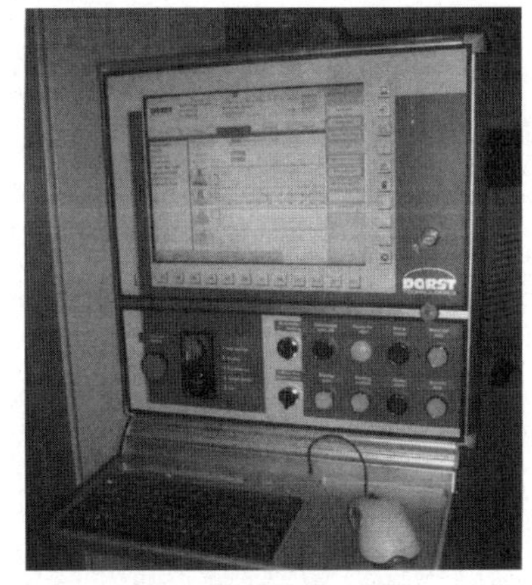

图 2-10-14　可实现触摸和键盘（鼠标）两种操作方式的工业面板

开放的软件架构和预留的计算机网络硬件接口可随时接入企业的 Internet，增强了系统的冗余性和扩展性，不仅可以实现压机的远程诊断功能，也为将来整个工厂实现综合自动化提供了支持。图 2-10-15 所示为压机工业控制面板上触摸屏显示的主要参数设置界面。

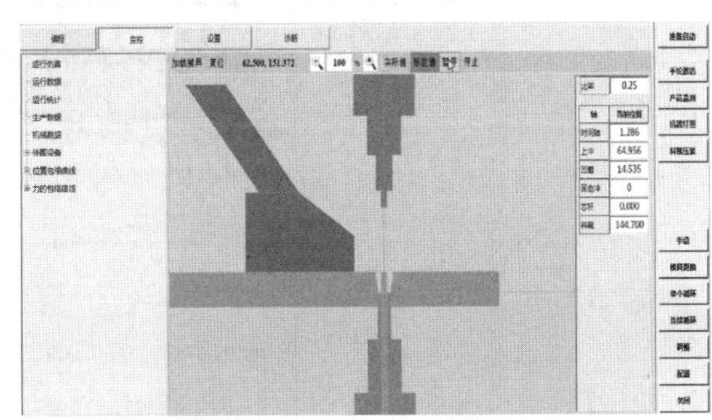

图 2-10-15　压机工业控制面板上触摸屏显示的主要参数设置界面

液压式粉末干压成形压机的电控部分按照位置

和功能包括地上电气柜 S、操作终端 PS、地下电气柜 M 和取料装置控制柜 H。整个电气控制系统以可编程控制器（PLC）作为控制中枢，再分别连接 ET200SP 从站到 S 柜和 H 柜，S7-1500 PLC 和 ET200SP 从站及操作终端 PS 之间通过组建 Profinet 网络进行通信。地上电气柜 S 放置在主机背面，柜内主要放置两个 RMC151E 伺服轴控制器和一个 ET200SP 从站，模架上的压力传感器、旋转编码器、拉线电阻尺、光栅尺、接近开关等都连接到此柜内模块。操作终端上的按钮、指示灯、报警灯、电源开关等也都连接至此处。柜内设置有交流 220V 电源和直流 24V 电源，设备照明、空调等设备也可连接在此处。地下电气柜 M 放置在地坑内，外部电源直接引入此柜，整个压机的供电电源通过地下电气柜 M 进行分配。液压站内的所有具有电气属性的部件都连接到此柜内，主泵电动机通过柜内的软启动器、接触器、继电器完成启动和停止动作。操作终端（操作箱）PS 布置在压机正面，便于人员操作与观察，在结构上设计为可移动式。PS 上布置有触控面板、电源开关、控制方式转换开关、主泵电动机启停按钮、运行指示灯、急停开关等；压机的全部日常操作都在 PS 上完成。H 柜用于连接取料装置的控制部件，可根据设备各种要求进行不同配置，柜内元件通过 ET200SP 从站与压机 PLC 主站相连接。图 2-10-16 所示为液压式粉末干压成形压机的操作箱。

图 2-10-16　液压式粉末干压成形压机的操作箱

操作箱触摸屏上设置有“主机”“工艺”“生产”“诊断”“取料装置”“报警”等界面，分别满足不同情况下的设备及工艺需求。液压式粉末干压成形压机操作模式可分为手动、调整、自动三种操作方式。在自动运行状态下可以进行手动干预，即手动优先，这种设置首先考虑的是人员与设备安全。调整方式一般用于设备调试及模具安装。操作上采用菜单式组合程序，有效提高了工作效率与工艺适应性。操作人员通过触摸屏界面，按照压制零件的要求逐一输入产品数据和各轴压制参数，就可进行自动或手动操作。液压式粉末干压成形压机基本上采用自动操作，实现了自动化生产。设置完成后数据可自动保存至主站 PLC 和从站伺服控制器内。系统还能够通过测量成形产品数据自动调整轴控参数，从而实现产品质量的自动优化。

可编程控制器（PLC）系统的电控部分通过工业设计软件博途（TIA）完成对 PLC 的编程，如图 2-10-17 所示。液压式粉末干压成形压机完成 PLC 程序设计后，实现对压机上缸、下缸、料靴、模架缸等 11 个液压伺服轴的精确控制，控制精度达±0.01mm。在位置控制的同时，系统还要根据上位机参数对单轴的压力和保压时间进行控制。为保证液压传动系统安全，保证设备、工艺操作及人员安全，电控部分设置有许多传感器，包括压力、液位、温度、位移、限位、接近开关等，用于在发生异常情况时对设备紧急停止。

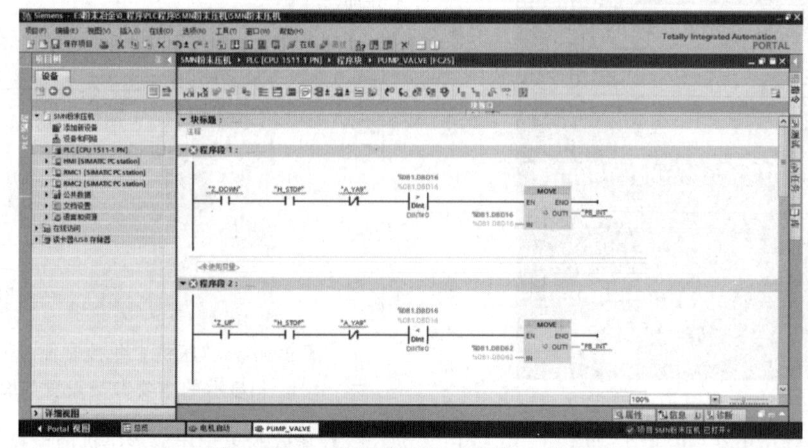

图 2-10-17　采用博途软件设计的梯形图

基于粉末成形工艺特点，液压式粉末干压成形压机的数控软件系统采用专用的软件平台，以模块化的结构及灵活的扩展方式为主旨搭建。软件系统由数据处理系统、智能控制系统与监控系统组成。其中，数据处理系统对输入数据进行错误检查和排除，存储以往操作数据，统计分析关键数据，计算存储显示其平均值和方差值。智能控制系统对液压系统的电液比例位置控制系统进行智能控制。监控系统对与压机运行、生产工艺及安全相关的参数进行监测，包括系统压力、滑块位置与速度、下缸位置与速度、制品重量及压制过程中的压力偏差值等。图 2-10-18 所示为控制面板上工艺软件显示的压制零件工艺尺寸设置界面。

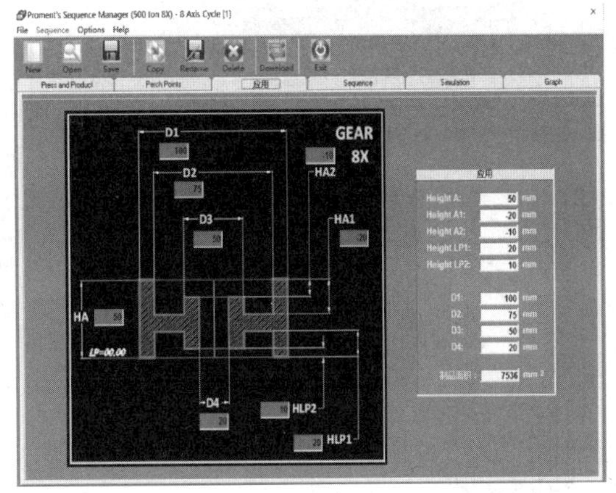

图 2-10-18　压制零件工艺尺寸设置界面

10.1.5　多台面复杂零件压制工艺流程

粉末冶金技术已被广泛应用于机械、电子、交通、航空等领域，尤其在汽车制造领域。具有高密度、高强度、复杂形状的轿车发动机和传动系统内的零件采用粉末冶金技术制造尤为合适。图 2-10-19 所示为粉末制品通用的工艺流程。

不同类型的粉末通过均匀混合后输送到包含各种模具的粉末干压成形压机压制成形，再经过烧结、后处理工序后才能成为合格的零件。图 2-10-20 所示为液压式粉末干压成形压机生产的粉末制品零件。

多台面零件在液压式粉末干压成形压机上完成压制是很复杂的，下面以变速箱同步器齿毂为例叙述其生产过程。压制类似多台面复杂零件，压机要有多层上模冲和多层下模冲，每层模冲都必须能够独立动作。依据零件的工艺要求及粉末流动规律独立进行精确的位置、速度、压力控制，才能制造出高质量的产品。图 2-10-21 所示为液压式粉末干压成形压机压制同步器齿毂的工艺过程。该零件是在 5000kN 液压式粉末干压成形压机上采用上三下四模架完成的。

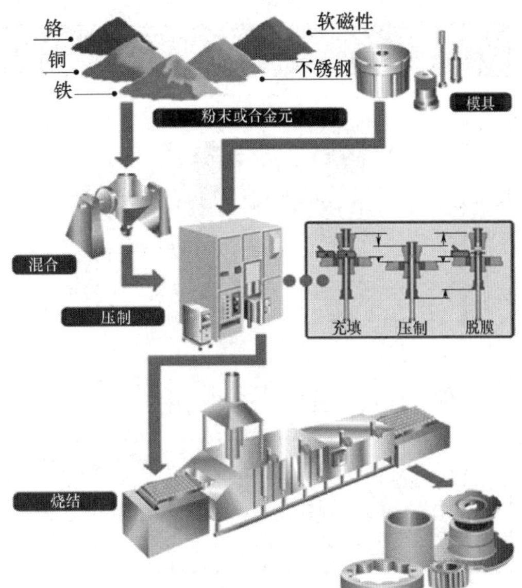

图 2-10-19　粉末制品通用的工艺流程

图 2-10-20　液压式粉末干压成形压机生产的粉末制品零件

首先按照零件各台面的装粉量，将模冲和凹模移动至各自的装粉位置；料靴将粉料送到模腔位置后往复移动几次，使粉末装得更加均匀。为了防止上模冲加压下行时粉末溅出，凹模向上移动一段距离。其次依据零件形状，通过各模冲无预压运动使粉末在模腔中重新分布，此时模腔内粉末的体积保持不变；根据零件工艺程序决定各模冲的具体压制参数，采用浮动压制方式进行压制。再次松开上模冲的压力，让零件产生一定的回弹，根据实际需要，有时也会保持压力，或者进行斜坡卸压。然后凹模与所有模冲同时上行一段距离，准备零件的脱模，凹模与芯杆下行，分阶段退出中间凹模，防止脱模时零件回弹出现裂纹。最后将上模冲退回，零件脱出。图 2-10-22 所示为液压式粉末干压成形压机压制的同步器齿毂，图 2-10-23 所示为压机压制同步器齿毂时的复合动作顺序图。

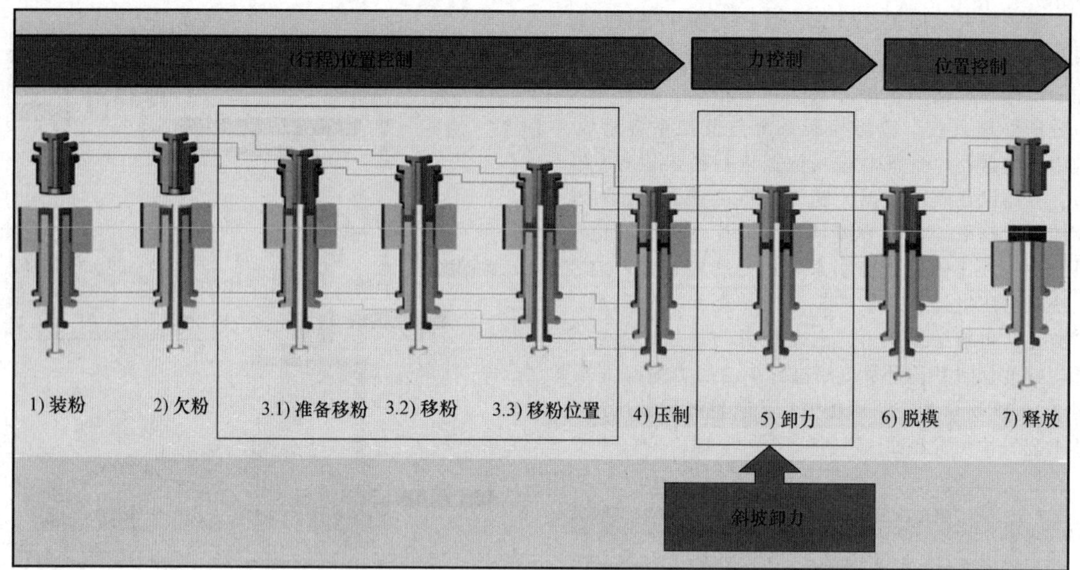

图 2-10-21　液压式粉末干压成形压机压制同步器齿毂的工艺过程

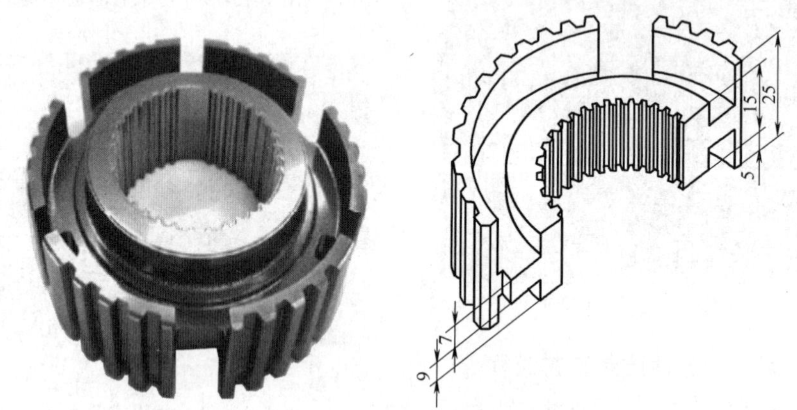

图 2-10-22　液压式粉末干压成形压机压制的同步器齿毂

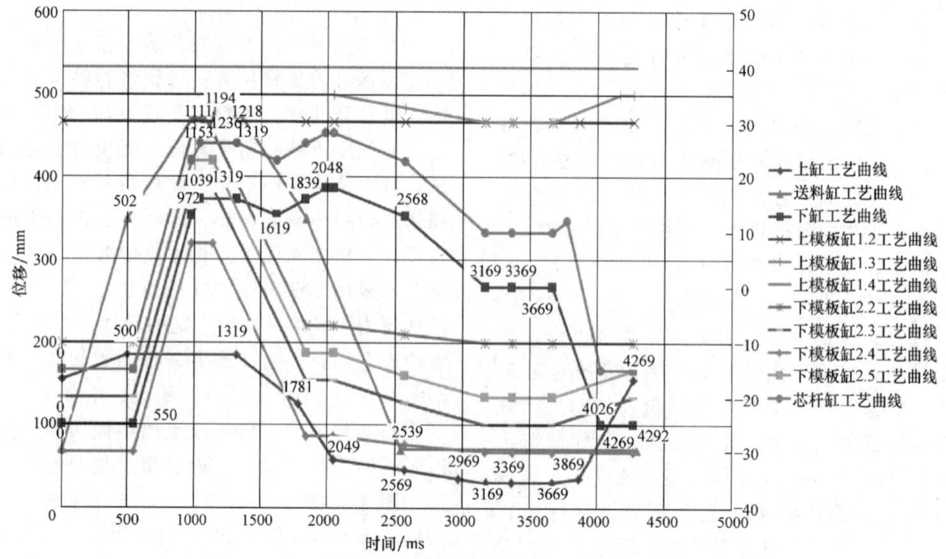

图 2-10-23　压机压制同步器齿毂时的复合动作顺序图

液压式粉末干压成形压机的压制方法有单向压制、双向压制、浮动压制；脱模方式有下拉式和顶出式。液压式粉末干压成形压机主要采用浮动压制方法和下拉式脱模，这种方式可以在压制复杂多台面零件时保证零件的几何尺寸与精度，能使压坯密度均匀分布，避免零件出现密度分层等缺陷。

10.2　机械式粉末干压成形压机

机械式粉末干压成形压机与通用压力机有相似之处。在粉末干压成形技术发展之初，部分设备是用普通压力机增加辅助装置改造而成，但随着生产技术的发展，对粉末制品要求的不断提高，其功能已不能满足要求，故发展出一种新的压机系列，即不增添其他辅助装置就能用于粉末干压成形的压机，以下简称机械式粉末压机。

10.2.1　主要特点

机械式粉末压机的驱动装置可位于压机的顶部或底部（见图 2-10-24），与大部分的压力机的驱动结构类似，成形压制力和脱模力所需要的能量都是由电动机驱动的飞轮传递的。飞轮一般安装在高速端且连续运转，通过飞轮轴上的离合器和制动器来进行起动和停车。

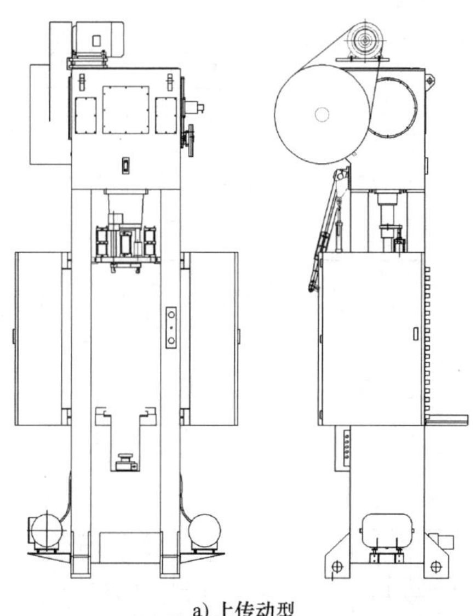

a) 上传动型

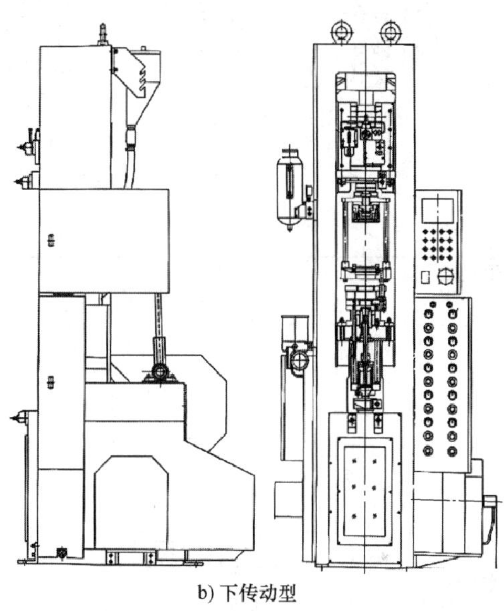

b) 下传动型

图 2-10-24　上传动型和下传动型对照

驱动装置位于底部的压机，一般都需要有拉杆机构，将压制成形力传递给加压机构，力的传递距离比较长，弹性变形量大，但这类结构的优点在于压机的重心比较低，设备在运行过程中比较稳定、抖动小，故一般应用在 100t 以内较小吨位的压机上。驱动装置位于顶部的压机，电动机、飞轮及变速机构都放置在压机顶部，靠近加压机构，力的传递距离短，100t 以上的机械式粉末压机多采用这种布置方式。

机械式粉末压机的特点：

1）制品加压机构。因为要满足制品的密度要求，所以需要机械式粉末压机能对制品从上、下两个方向同时施压；机械式粉末压机在压制阶段的做功段比较长，往往等于或大于制品的长度。机械式粉末压机的额定公称力（吨位）标定一般按成形压制力标定。按制品加压机构的特点分类，一般有凸轮加压型、偏心轮或曲轴加压型和肘杆加压型。

2）制品脱模机构。机械式粉末压机在加压结束后必须能满足制品脱模的要求，脱模行程也要大于制品的长度。而脱模时的功率有时比压制所需的功率还要大，所以在制品成形所需压机的选型时要注意这点。按设备脱模机构的特点分类，可分为拉下式脱模和顶出式脱模。

3）送粉系统一般由存粉料的料斗、送料软管、送粉靴及驱动装置组成。机械式粉末压机一般通过凸轮机构直线或摆动送粉，也有通过伺服电动机或气缸、液压缸等驱动送粉的结构。送粉系统基本上可分为往复式容积供料系统、往复式定量供料系统和弧形供料系统，如图 2-10-25 所示。

4）模架系统。模架系统是粉末干压成形过程中所用工具的总称。模架的功能是把模具和压机连接起来，传递压力及动作，并使模具主要零件完成粉末压制要求。模架的主要零件由安装模具的各层模板部件、导向部件、调节行程的调整部件及承受压力的承压部件组成。按模架与主机的连接方式，机械式粉末压机可分为模架可拆卸型和模架固定型。模架的结构也从最基本的上一下一发展到普遍配置的上二下三，甚至对于某些特殊制品，已经用到上四下四的结构。一般来说，模架越复杂，所能成形的产品就越多，但成本也越高，配套的设备高度增加很多，会导致压机运动过程中的稳定性下降，故选择模架时，应根据公司的产品结构进行最优化选择，不能一味求全。

对于生产不同类型的零件，可以选配不同结构的模架，具体选型可参照表 2-10-2。

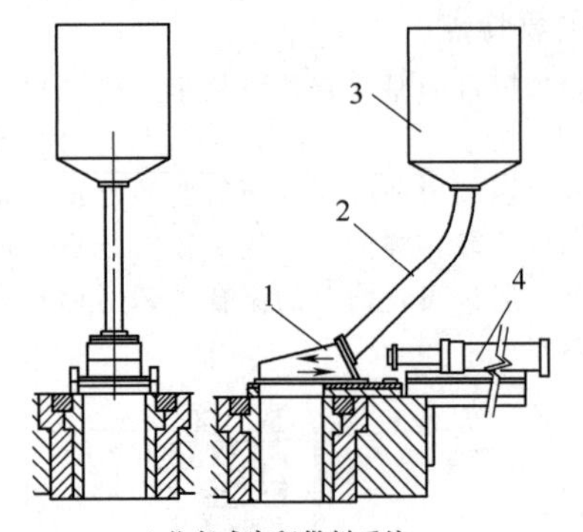

a) 往复式容积供料系统

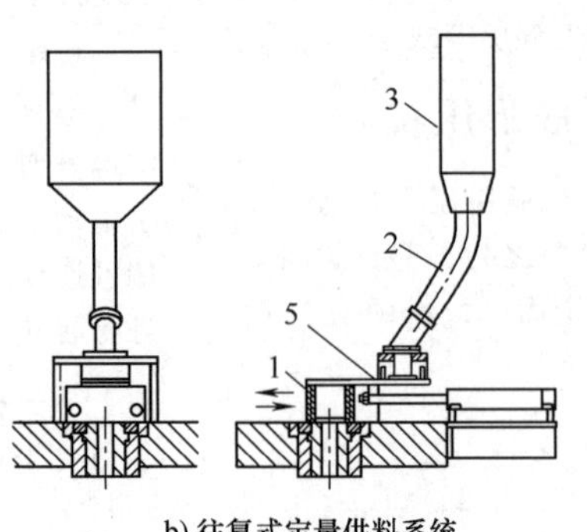

b) 往复式定量供料系统

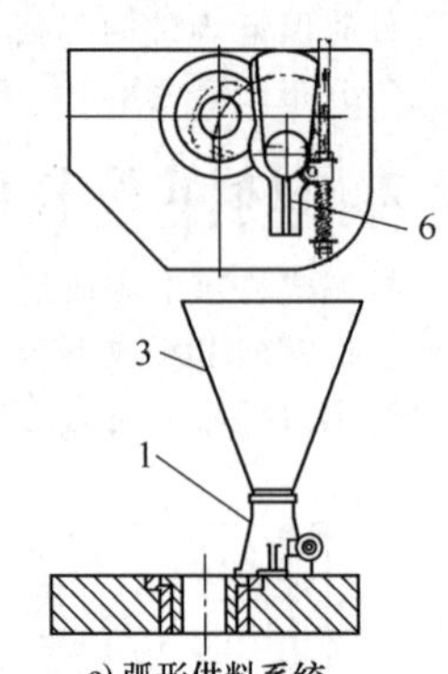

c) 弧形供料系统

图 2-10-25　送粉系统的分类

1—送料靴　2—送料软管　3—料仓　4—驱动缸　5—定量板　6—摆臂

表 2-10-2　模架的具体选型

模架名称	上一下一式	上一下二式	上二下三式
简介	一块上模板和一块下模板	一块上模板和两块下模板	两块上模板和三块下模板
结构	A型 1—上模板　2—下模板	B型 1—上模板　2—下浮动模板 3—下固定模板	C型 1—上模板　2—上浮动模板 3、4—下浮动模板　5—下固定模板
适宜压制的压坯形状	A类 ①　②	B类 ③　④	C类 ⑤　⑥　⑦ ⑧　⑨　⑩
模架使用范围			

10.2.2　结构分类和主要技术参数

目前，国内市场销售的国产机械式粉末压机的结构类型可以归纳为三大类，即凸轮驱动加压机械式粉末、肘杆驱动加压机械式粉末及偏心或曲轴驱动加压机械式粉末。

1. 凸轮驱动加压机械式粉末压机

这种压机的压制力一般不大于 90t，属于小吨位压机，因此传动机构一般也位于压机下部。压机的主轴上至少要有两个凸轮，控制上下压头的运动。控制下压头的凸轮也控制凹模的粉料充填高度和压制结束后的脱模行程。通过改变凸轮外形形状或凸轮镶嵌件就可以控制压机压制的运动曲线，压力可同时或顺序施加于压坯的顶部和底部。结构优点：可以实现预先要求的加速或匀速加压，动作平稳。缺点：加压机构属于点或线接触，易磨损，不宜用于大吨位压机。

在这种结构中，一般是凸轮操纵连杆或杠杆机构，将主轴的旋转运动转换成压头的直线往复动作。

图 2-10-26 所示为一种凹模固定的凸轮驱动加压机械式粉末压机。在这种结构中，凹模固定不动，通过上下压头的轴向对压进行产品压制，压制完成后下压头顶出式脱模。优点：速度快，能耗低，维护简单。缺点：只能安装一上一下形式的模架，成形形状简单的制品。其主要参数见表 2-10-3。

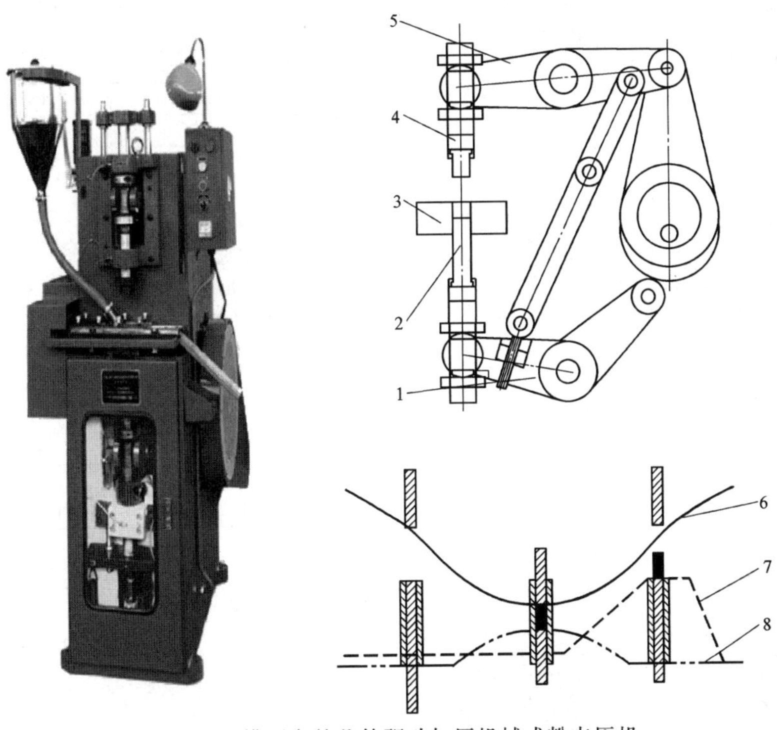

图 2-10-26　凹模固定的凸轮驱动加压机械式粉末压机

1—下压杠杆　2—下压头　3—固定凹模　4—上压头　5—上压杠杆

6—上压头曲线　7—下压头脱模曲线　8—下压头压制曲线

表 2-10-3　凹模固定的凸轮驱动加压机械式粉末压机的主要参数（来源：天通吉成机器技术有限公司）

参数名称	型号	
	C35030J	C35060J
	参数值	
最大压制力/kN	30	60
上滑块最大行程/mm	48	70
最大装料高度/mm	30	50
滑块行程次数/(次/min)	18～54	15～50
料斗容量/L	3	6
工作台面高度/mm	800	1000
电动机功率/kW	1.1	2.2
压机重量/kg	500	1000
外形尺寸/mm(长×宽×高)	420×540×1350	1600×540×1900

图 2-10-27 所示为一种带可拆卸模架的凸轮驱动加压机械式粉末压机。因为附有可拆卸模架，可以成形高精度复杂产品。其主要参数见表 2-10-4。

2. 肘杆驱动加压机械式粉末压机

图 2-10-28 所示为目前国内市场上常见的一种肘杆驱动加压机械式粉末压机的结构。这种肘杆驱动上压头结构的特点是加压曲线比典型的偏心或曲轴驱动缓和，对粉料的加压时段长，有利于粉末压制力的传递。脱模动作通过摆动杠杆驱动，脱模力相对比较大。其主要参数见表 2-10-5。

3. 偏心或曲轴驱动加压机械式粉末压机

偏心或曲轴驱动加压机械式粉末压机是应用广泛的机械式粉末压机，也是国内目前生产最多的机

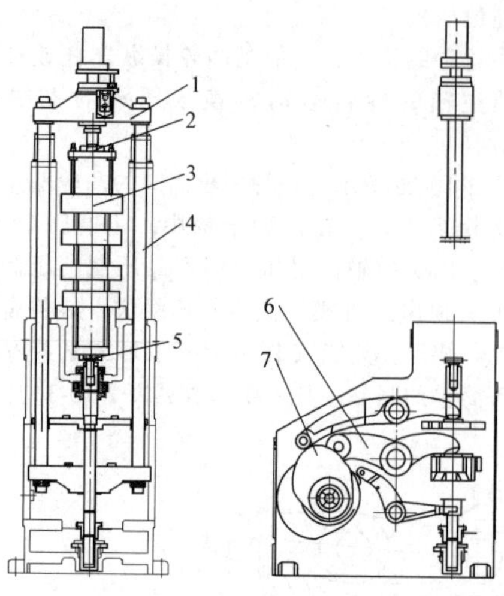

a) 结构

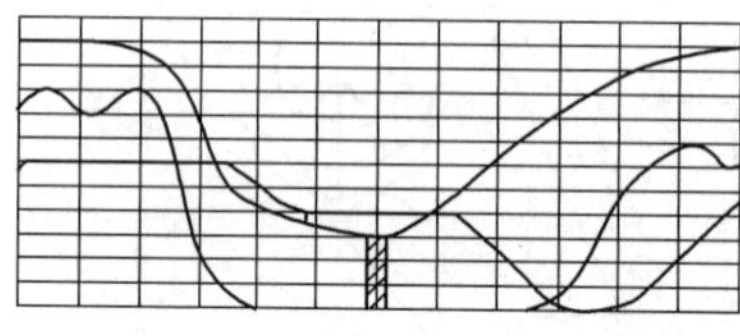

b) 运动曲线

图 2-10-27　带可拆卸模架的凸轮驱动加压机械式粉末压机

1—上横梁　2—上压头　3—模架　4—拉杆　5—下压头　6—杠杆机构　7—凸轮机构

型，如图 2-10-29 所示。通过偏心轮或曲轴将主轴的旋转运动转换成压头的直线往复运动，一级减速机构中一般带有飞轮蓄能装置，瞬间压制力大，加压时间短，运动曲线谷底较尖。在连杆或压头部件中都设计有调节机构，以便调控压头的最终压制成形位置，从而成形不同高度的制品。其主要参数见表 2-10-6。

表 2-10-4　带可拆卸模架的凸轮驱动加压机械式粉末压机的主要参数（来源：扬州工匠机械技术有限公司）

参数名称	型号	
	GY-030B	GY-060B
	参数值	
最大加压力/kN	30	60
最大脱出力/kN	15	30
上滑块行程/mm	60	80
上滑块行程调整量/mm	30	40
粉末填充深度/mm	40	60
脱模行程/mm	30	40
最终加压行程/mm	5	5
凹模动作方式	拉下式	拉下式
过(欠)量装粉行程/mm	3	3
滑块行程次数/(次/min)	18~54	18~48
主电动机功率/kW	1.5	3
模架种类	上一下一	上一下一
	上一下二	上一下二
	上二下三	上二下三
模架固定方式	可拆卸	可拆卸

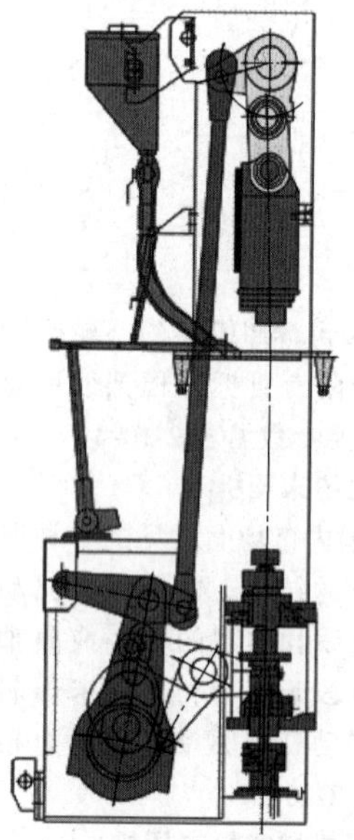

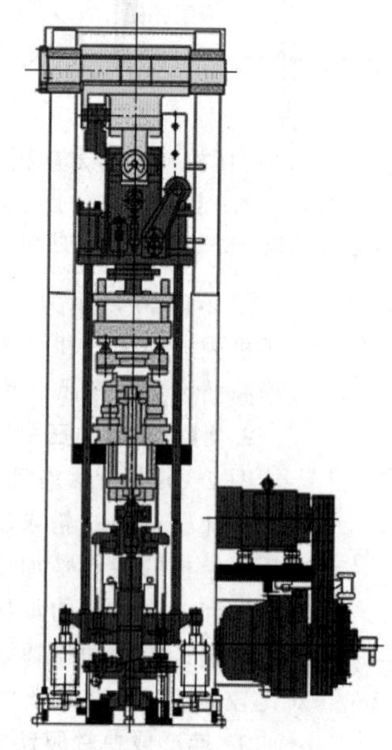

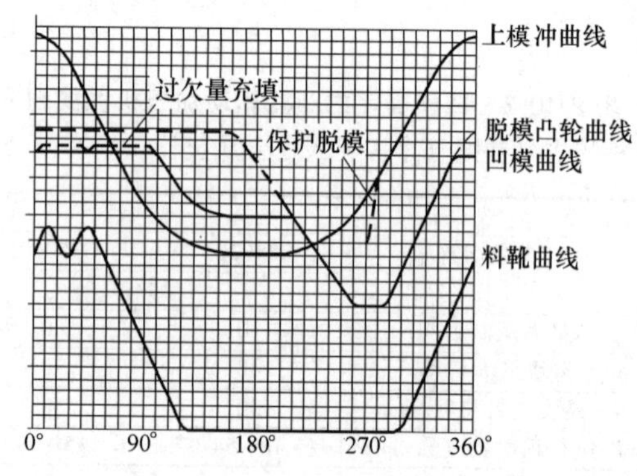

图 2-10-28　肘杆驱动加压机械式粉末压机

表 2-10-5　肘杆驱动加压机械式粉末压机的主要参数（来源：扬州海力精密机械制造有限公司）

参数名称	型号					
	HPP-200S	HPP-250S	HPP-450S	HPP-600S	HPP-1000S	HPP-2000S
	参数值					
最大压制力/kN	200	250	450	600	1000	2000
最大脱模力/kN	150	200	400	400	500	1000
凹模最大受压力/kN	100	125	225	300	500	1000
凹模最大返回力/kN	8.5	8.5	12	15	20.5	25
上模冲行程/mm	150	150	175	180	200	210
上模冲调节行程/mm	60	60	70	70	80	70
最大装料高度/mm	100	100	120	120	130	130
最大压制行程/mm	100	100	120	120	120	120
最大顶压行程/mm	10	15	20	20	20	20
过(欠)量装粉行程/mm	5	5	5	5	5	5
凹模面位置调整量/mm	15	15	15	20	30	50
滑块行程次数/(次/min)	8~24	8~24	5~20	5~20	5~20	5~20
主电动机功率/kN	5.5	5.5	7.5	15	22	30
压机重量/kg	3600	3800	5500	8900	14000	22500

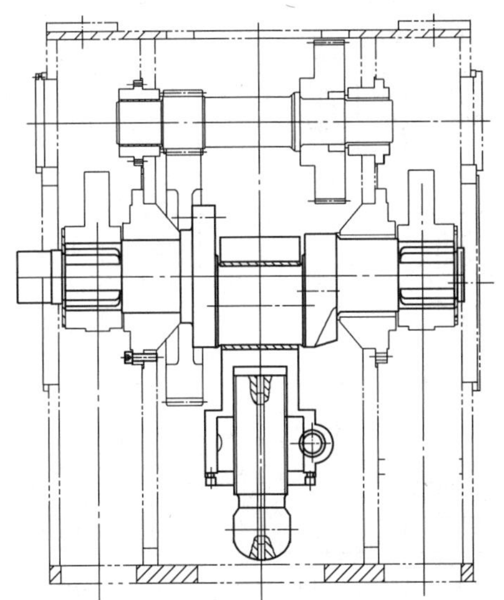
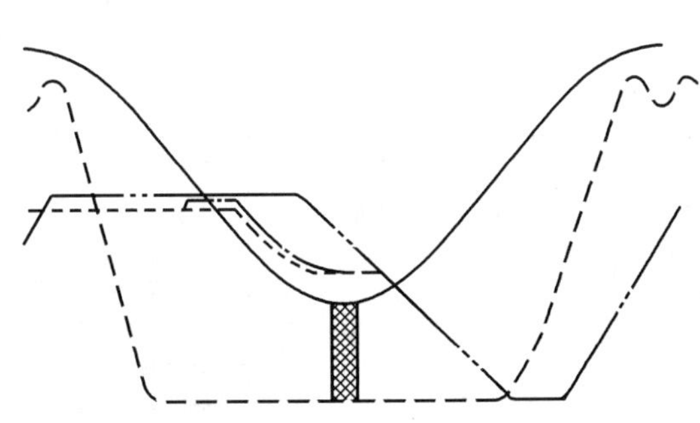

图 2-10-29　偏心或曲轴驱动加压机械式粉末压机的结构

表 2-10-6　偏心或曲轴驱动加压机械式粉末压机的主要参数（来源：宁波汇众粉末机械制造有限公司）

参数名称	型号						
	FY260	FY300D	FY300G	FY450D	FY500D	FY800D	FY900D
	参数值						
模架配置	上二下三	上三下四	上二下三	上三下四	上三下四	上三下四	上三下四
最高压制力/kN	2600	3000	3000	4500	5000	8000	9000
最大出模力/kN	1300	1500	1500	2250	2500	4000	4500
最大装粉高度/mm	150	130	130	150	150	150	150
上滑块行程/mm	200	175	175	200	188	200	200
上模冲调节行程/mm	150	150	150	150	150	150	150
凹模支撑力/kN	1300	1500	1500	2250	2500	4000	4500
滑块行程次数/(次/min)	5~14	5~14	5~14	5~12	5~12	5~12	5~12
过(欠)量装粉行程/mm	8	8	8	9	9	10	10
电动机功率/kW	37	37	37	45	45	55	55
最终加压行程/mm	0.5~15	0.5~15	0.5~15	0.5~15	0.5~15	0.5~15	0.5~15
凹模面调整量/mm	±7.5	±7.5	±7.5	±10	±10	±10	±10
压机重量/kg	32000	34500	33000	50000	52000	88000	90000

10.2.3　常见的国外机械式粉末成形压机的规格和参数

目前，国内品牌基本上已经能够满足国内机械式粉末压机的市场需求，但仍有一些国际上比较知名的粉末压机品牌，主要以欧洲及日本的品牌比较常见，美国的品牌因设计技术壁垒已经逐渐少见。在此仅介绍一些经典的常见的国外机械式粉末压机的主要技术参数。

1）日本玉川机械株式会社 S 系列和 T-HS 系列机械式粉末压机的主要参数见表 2-10-7 和表 2-10-8。

表 2-10-7　S 系列机械式粉末压机的主要技术参数

参数名称	6	15	20	10	20A	40A	40N	60	60N	100	100N	200	200EX	500EX
压制力/kN(tf)　≤	58 (6)	147 (15)	196 (20)	98 (10)	196 (20)	392 (40)	392 (40)	588 (60)	588 (60)	98 (10)	98 (10)	1960 (20)	1960 (200)	4900 (500)
顶出力/kN(tf)　≤	58.8 (6)	147 (15)	196 (20)	98 (10)	196 (20)	392 (40)	392 (40)	392 (40)	392 (40)	490 (50)	490 (50)	980 (100)	1490 (150)	2450 (250)
压坯直径/mm　≤	45	75	75	75	75	100	100	100	100	100	100	150	150	200
装粉深度/mm　≤	60	100	100	80	100	120	120	120	120	130	150	130	150	150
顶出行程/mm　≤	45	75	65	80	100	120	120	120	120	130	150	130	150	150
凹模挡块力/kN(tf)	29.4 (3)	68.6 (7)	98 (10)	98 (10)	98 (10)	147 (15)	147 (15)	294 (30)	294 (30)	490 (50)	490 (50)	686 (70)	980 (100)	2450 (250)
上压头行程/mm	110	130	150	150	150	175	175	180	180	200	200	210	200	200
装粉靴行程/mm	115	130	130	130	130	200	200	200	200	200	200	230	230	250
欠或过量装粉行程/mm	—	—	—	5	5	5	5	5	5	5	5	5	7.5	7.5
每分钟行程次数/(次/min)	10~40	10~40	10~40	10~40	10~40	5~20	5~20	5~20	5~20	5~20	5~20	5~20	5~20	—
润滑	1#	1#	1#	1#	1#	2#	2#	3#	3#	3#	3#	4#	4#	4#
电动机/kW	2.2	3.7	3.7	2.2	3.7	7.5	7.5	11	11	22	22	30	30	37
总高度/mm　≈	1970	2345	2580	2370	2660	3030	3170	3350	3550	4010	4155	4560	6630	7500
总宽度/mm　≈	1140	1220	1285	1375	1665	1850	1900	2080	2245	2720	2780	2700	3220	3800
总深度/mm　≈	1290	1290	1470	1200	1415	1630	1600	1690	1370	1975	1610	2460	2620	2905
压机重量/kg　≈	900	1300	2300	2300	3500	5000	5000	8500	9500	14000	16000	20000	30000	58000

表 2-10-8　T-HS 系列机械式粉末压机的主要技术参数

参数名称	3	10N	10B	20N	40
压制力/kN(tf)　≤	29.4(3)	98(10)	98(10)	196(20)	392(40)
顶出力/kN(tf)　≤	19.6(2)	29.4(3)	29.4(3)	49(5)	49(5)
压坯尺寸/mm　≤（宽×长）	30×30	40×30	40×30	60×40	75×75
装粉深度(凹模)/mm	30	15	30	20	30
装粉深度(浮动模冲)/mm	—	15	30	20	30
顶出行程(凹模)/mm	30	15	30	20	30
浮动模冲挡块力/kN(tf)	—	29.4(3)	98(10)	49(5)	392(40)
上压头行程/mm	50	60	70	70	80

（续）

参数名称	3	10N	10B	20N	40
装粉靴行程/mm	60	60	60	70	120
每分钟行程次数/(次/min)	25~100	25~100	25~100	20~80	15~80
润滑	密封油浴	密封油浴	密封油浴	密封油浴	密封油浴
电动机/kW　≈	0.75	2.2	2.2	3.7	5.5
总高度/mm　≈	1520	1770	2655	2130	3010
总宽度/mm　≈	760	1080	1235	1300	1780
总深度/mm　≈	1190	1460	1465	1740	1845
压机重量/kg　≈	850	1650	2500	3200	6000

2）日本良家精机株式会社 PCMH 系列与 PCH　系列机械式粉末压机的主要技术参数见表 2-10-9。

表 2-10-9　PCMH 系列与 PCH 系列机械式粉末压机的主要技术参数

参数名称	PCMH 系列						PCH 系列		
	PCMH-12SU	PCMH-20SU	PCMH-40SU	PCMH-60SU	PCMH-100SU	PCMH-200SU	PCH-400SU	PCH-500SU	PCH-750SU
A 型									
压制力/kN(kgf)	117.6 (12000)	196 (20000)	392 (40000)	588 (60000)	980 (100000)	1960 (200000)	3920 (400000)	4900 (500000)	7350 (750000)
顶出力/kN(kgf)	58.8 (60000)	117.6 (12000)	235.2 (24000)	392 (40000)	588 (60000)	1470 (150000)	2156 (220000)	2156 (220000)	2450 (250000)
上模冲行程/mm	110	130	160	180	200	200	200	200	200
上模冲调整量/mm	50	60	80	120	150	150	150	150	150
最大装粉深度/mm	80	100	120	140	150	150	150	150	150
最大顶出行程/mm	50	70	80	90	100	100	100	100	100
最大预压行程/mm	8	10	10	10	10	10	10		
上模冲压紧行程/mm	65	85	95	110	120	120	110	110	110
欠(过)量装粉行程/mm	任选(5)	任选(5)	任选(5)	任选(7.5)	7.5	7.5	7.5	7.5	7.5
凹模浮动挡块力/kN(kgf)	49 (5000)	98 (10000)	196 (20000)	294 (30000)	490 (50000)	980 (100000)	1960 (200000)	1960 (200000)	2450 (250000)
每分钟行程次数/(次/min)	10~40	10~40	8~32	6~24	6~24	6~24	6~24	5~20	6~15
主电动机功率/kW	3.7	3.7	5.5	7.5	11	22	30	37	55
液压助推器功率/kW			11	11	18.5				
变速装置	带型	带型	带型	带型	带型	带型	直流电动机	直流电动机	直流电动机
压力指示器	油压机	油压机	油压机	油压机	油压机	油压机	液压应变计	液压应变计	液压应变计
离合器与制动器	复合型	复合型	复合型	复合型	复合型	复合型	复合型	复合型	复合型
可动或浮动芯棒的芯棒气缸	装有	装有	装有	装有	装有	装有	装有	装有	装有
净重/kg　≈	2500	3000	5500	9500	12000	24000			
压机尺寸/mm　≈ (宽度×深度)	1200×1100	2000×1300	2100×1500	2400×1600	2600×1900	3400×2250			
压机总高/mm　≈	2550	2900	3360	4580	5100	5700			
C 型									
复合上模冲装粉行程/mm		25	25	30	30	35	30	35	35
复合模冲顶出行程/mm		12.5	12.5	15	15	17.5	15	15	15
外上模冲力/kN(kgf)		196 (20000)	392 (40000)	588 (60000)	980 (1000000)	1960 (200000)	3920 (400000)	4900 (500000)	7350 (750000)
内上模冲力/kN(kgf)		117.6 (12000)	245 (25000)	392 (40000)	490 (50000)	480 (100000)	1470 (150000)	1960 (200000)	3920 (400000)

（续）

参数名称	PCMH 系列						PCH 系列		
	PCMH-12SU	PCMH-20SU	PCMH-40SU	PCMH-60SU	PCMH-100SU	PCMH-200SU	PCH-400SU	PCH-500SU	PCH-750SU
	C 型								
净重/kg ≈		3400	5900	10000	13000	25000	35000	45000	65000
压机尺寸/mm ≈（宽度×深度）		2000×1300	2100×1500	2400×1600	2600×1900	3400×2250	3000×2400	3100×2500	3330×2720
压机高度/mm ≈		3400	4000	4930	5700	6600	7500	7700	8720

3）美国 Casbarre 公司机械式粉末压机的主要技术参数见表 2-10-10～表 2-10-12。

表 2-10-10　美国 Casbarre 标准系列机械式粉末压机的主要技术参数

公称力 /sh ton	行程 /mm	装粉深度 /mm	凹模台板厚度 /mm	每分钟冲程次数 /(次/min)	公称力 /sh ton	行程 /mm	装粉深度 /mm	凹模台板厚度 /mm	每分钟冲程次数 /(次/min)
5	63	25	12	15～19	100	228	158	79	7～25
10	76	38	19	10～60	150	228	158	79	7～25
15	114	63	31	10～60	200	228	158	79	7～25
20	114	82	41	8～50	300	228	158	79	7～25
30	133	82	41	8～50	500	228	158	79	7～17
45	177	114	57	7～40	750	228	158	79	7～17
60	228	158	79	8～40	—	—	—	—	—

注：1sh ton=907.185kg，下同。

表 2-10-11　美国 Casbarre 模架系列机械式粉末压机的主要技术参数

公称力 /sh ton	行程 /mm	装粉深度 /mm	每分钟冲程次数 /(次/min)	公称力 /sh ton	行程 /mm	装粉深度 /mm	每分钟冲程次数 /(次/min)
5	63	38	15～19	100	228	158	7～25
10	88	50	10～60	150	228	158	7～25
15	114	69	10～60	200	228	158	7～25
20	127	82	8～50	400	254	158	6～19
30	139	82	8～50	600	254	158	7～17
45	177	114	7～40	800	254	158	7～17
60	228	158	7～40	—	—	—	—

表 2-10-12　美国 Casbarre 多动作系列机械式粉末压机的主要技术参数

公称力 /sh ton	行程 /mm	装粉深度 /mm	芯棒力 /sh ton	顶出力 /sh ton	每分钟冲程次数 /(次/min)
60	228	158	30	50	7～40
125	228	158	50	100	7～40
200	228	158	100	125	7～25
350	254	158	150	200	7～25
500	254	158	200	250	7～20
750	254	158	250	350	7～17

4）德国 DORST 公司 TPA 系列全自动机械式粉末冶金成形压机的主要技术参数见表 2-10-13。

表 2-10-13　德国 DORST 公司 TPA 系列全自动机械式粉末冶金成形压机的主要技术参数

参数名称	6	15/3	25/3	50/4	100/3	140	200	450
最大压制力/kN	60	150	250	500	1000	1400	2000	4500
最大脱模力/kN	40	80	250	400	800	1000	1500	3000
凹模支撑力(在压制位置)/kN	30	50	250	400	600	800	1200	2500
上压头行程/mm	95	100	200	200	220	220	220	220
最大装粉深度/mm	70	65	185	185	180	180	180	180
最大脱模行程/mm	35	35	90	90	95	90	90	90

（续）

参数名称		6	15/3	25/3	50/4	100/3	140	200	450
最大压制行程/mm		35	30	95	95	85	90	90	90
最大顶压行程/mm		6	6	18	18	18	15	18	18
电动机功率/kW		3	3.1	11	11	22	22	30	55
每分钟压制次数(无级变速)/(次/min)		9.5~63	9~50	4~31	4~31	5~24	6~24	6~24	4~16
上模冲顶压/夹持装置最大行程/mm		25	30	115	115	125	80	85	85
上模冲顶压/夹持装置最大压力/kN		70	2.8	7.16	7.16	9.7	9.5	5.8	24
压机尺寸/mm ≈	高度	2220	2500	3300	3300	4100	3900	4900	7500
	宽度	960	1125	1830	1830	1970	2000	3500	3000
	纵深	1060	1250	1425	1425	1470	2800	2370	4050
压机重量/kg ≈		1000	1915	4400	4400	9870	12700	19000	30000

10.3　机液混合式粉末干压成形压机

机械式和液压式粉末成形压机各有其优缺点，机械式粉末成形压机速度快精度高，但加压时间短，压制力传递距离短；液压式粉末成形压机耗能大，精度低，速度慢，但加压时间可以根据制品调节，能成形更大、更复杂的产品。

由于机械压力机是连续动作的，而液压驱动的活塞直线运动则必须在行程终点位置先停止，然后再反向加速，因此当压制较简单的制品，而添粉工序又不延长整个压制周期时，则机械压力机的生产率要高于液压机。但是，在压制复杂制品和添粉工序时间较长的情况下，机械压力机会因某个工序的耗时而延长整个压制周期，即必需按照比例来增加压制周期。相反，在液压机的压制周期内，某段工序可以自由改变或延长，而不需按照一定比例延长其他工序段的时间。

瑞士奥斯瓦尔德公司推出的新一代 KPP 系列机械液压混合式数控粉末制品压力机，结合了机械压力机和数控液压机的优点，上冲头采取机械传动，由蜗轮蜗杆通过一个双偏心轴进行正弦运动，从而获得最佳生产速度和能耗效率。下冲头（凹模）、添粉靴和其他附加上、下分冲头则为液压驱动，可以开环控制或闭环控制，像数控液压机一样自由编程，增加了设备的柔性。图 2-10-30 所示为 KPP 系列机械液压混合式数控粉末制品压力机的标准工序。

仿形添粉是在添粉靴回撤时凹模进行一个与添粉靴同步的抬高、下降动作，在模膛的前后面形成个楔形添粉，如图 2-10-31 所示。由于静压力的作用，在模膛前后形成的不均匀粉末分布得到很好的补偿。通过仿形添粉，可以避免粉末密度变化和密度不均变形，改善了压制品的同心度。

KPP 系列机械液压混合式数控粉末制品压力机的主要技术参数见表 2-10-14。

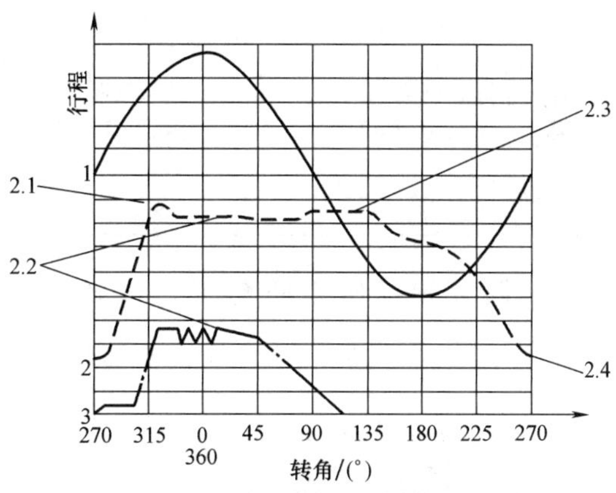

图 2-10-30　KPP 系列机械液压混合式数控粉末制品压力机的标准工序

1—上冲动作　2—凹模动作　3—料靴动作

2.1—过量添粉位置　2.2—仿形添料

2.3—欠量添粉　2.4—拉下式脱模

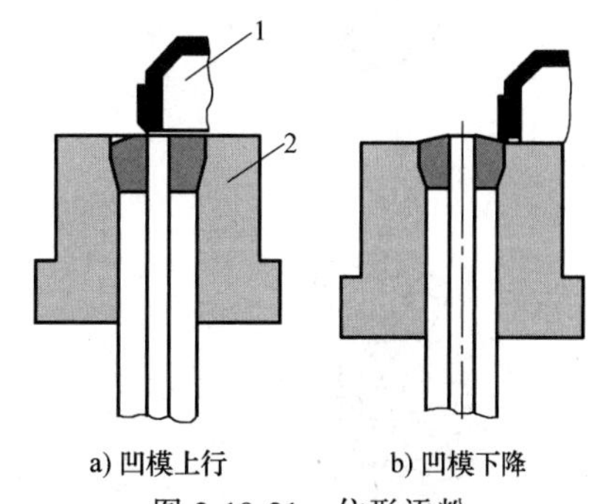

图 2-10-31　仿形添粉

1—添粉靴　2—凹模

目前，国内也有很多粉末压机公司在开发研制机液混合式粉末干压成形压机，控制技术和理论上也日渐成熟。

表 2-10-14　KPP 系列机械液压混合式数控粉末制品压力机的主要技术参数（Osterwalder）

参数名称	KPP 系列					
	630	1000	1400	2500	3800	4500
	参数值					
上滑块最大压制力/kN	630	1000	1400	2500	3800	4500
最大拉下力(凹模)/kN	400	750	1050	2000	2800	2800
压实时最大反压力/kN	400	750	1050	2000	3000	3000
下芯杆力(向上/向下)/kN	28/12	50/35	50/35	50/35	50/35	50/35
上冲头压制保持力/kN	40	60	60	100	100	100
上滑块行程/mm	200	218	218	218	218	218
压实高度调节量/mm	80	80	80	80	80	80
添粉高度/mm	180	180	180	180	180	120
凹模行程/mm	180	180	180	180	180	120
下芯杆行程/mm	150	150	150	150	150	150
添粉靴行程/mm	320	320	320	320	320	320
上冲头压制保持行程/mm	100	100	100	100	100	100
最小可编程增量/mm	0.01	0.01	0.01	0.01	0.01	0.01
重复精度/mm	<0.01	<0.01	<0.01	<0.01	<0.01	<0.01
装粉靴定位精度/mm	0.1	0.1	0.1	0.1	0.1	0.1
每分钟行程次数/(次/min)	6~35	6~30	6~30	5~22	5~22	5~18
电动机功率(不含附加冲头)/kW	29	44	62	87	128	128
模架最大宽度/mm	620	720	800	920	1020	1020
总重量/kg	11000	16000	22000	40000	68000	70000

10.4　粉末制品压制成形工艺设计

单轴向干压成形法生产的粉末冶金制品的形状、尺寸及密度依赖于成形模具及模架。前面已经简单介绍了不同结构的模架对应不同结构的产品，图 2-10-32 所示为常见粉末冶金制品。

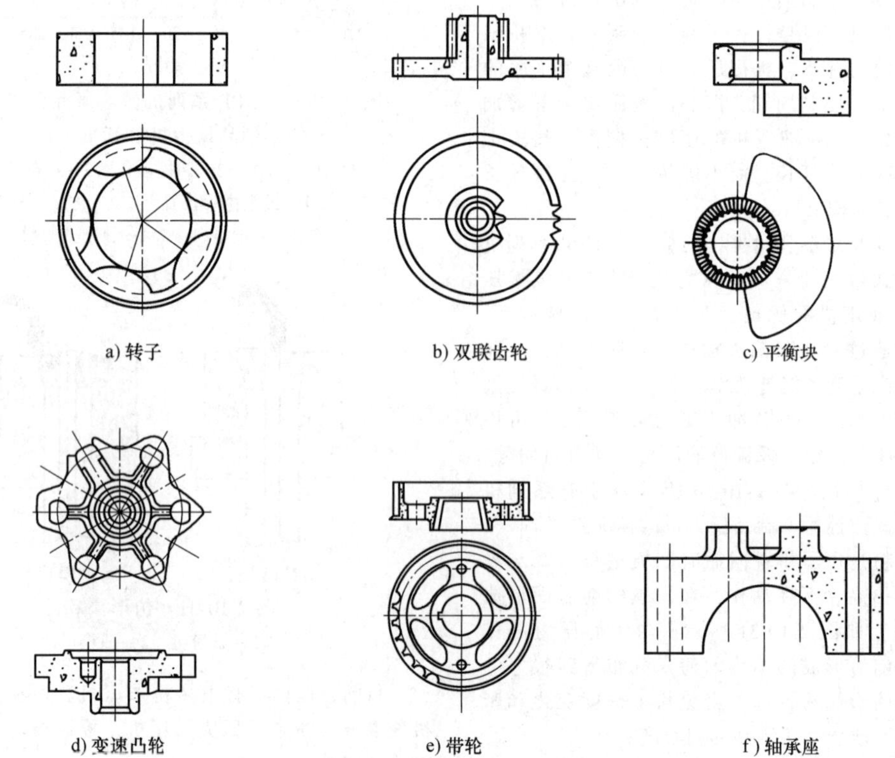

a) 转子　b) 双联齿轮　c) 平衡块　d) 变速凸轮　e) 带轮　f) 轴承座

图 2-10-32　常见粉末冶金制品

10.4.1　成形模具的要求

成形模具通常由凹模、芯棒、上下模冲等部分组成。根据粉末成形原理，对成形模具有如下基本要求：

1）能保证压制出符合技术要求的压坯，包括密度、几何形状、尺寸精度及表面粗糙度。

2）模具材料能保证合理的机械物理性能，能满足大批量生产的需求。

3）对沿压制方向横截面有变化的压坯，为保证各台面有基本相同的压缩比，必须采用多模冲结构，除固定模冲以外的浮动模冲应具有粉末移送功能和充填、段差及脱模位置可调的功能，以便于压坯的顺利成形。

4）外形及参数有一定的通用性，结构简单，安全可靠，安装和拆卸方便。

10.4.2　模具结构

1）Ⅰ型。指柱状、筒状、板状等形状最简单的一类压坯，如图 2-10-32a 所示的转子。Ⅰ型压坯通常由凹模、一个上模冲、一个下模冲和芯棒（有孔的压坏）组成的模具成形，其模具结构方案如图 2-10-33 所示。

2）Ⅱ型。指端部有外凸缘或内凸缘的一类压坯，如图 2-10-32b 所示的双联齿轮。Ⅱ型压坯通常要由凹模、一个上模冲、两个下模冲及芯棒组成的模具成形，其模具结构方案如图 2-10-34 所示。

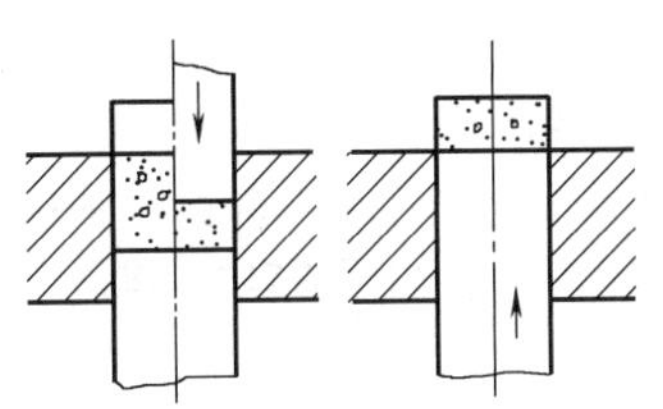
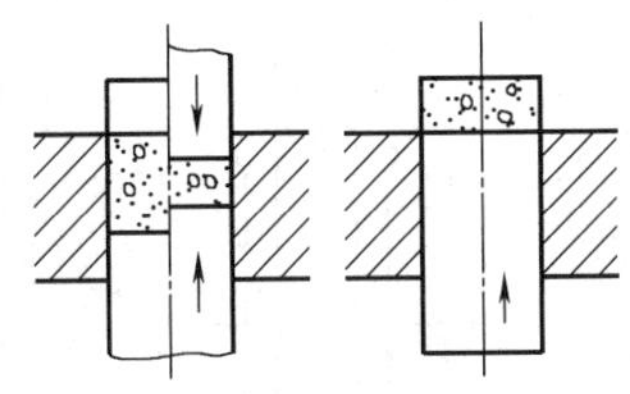
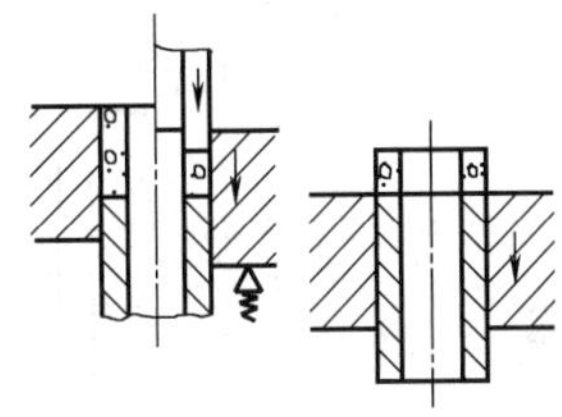

图 2-10-33　Ⅰ型模具结构方案

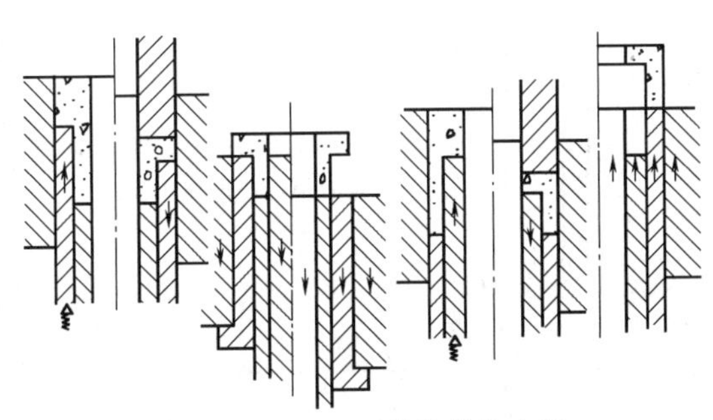

图 2-10-34　Ⅱ型模具结构方案

3）Ⅲ型。指上、下端面有两个台面的一类压坯，包括台阶在中间类的和带一个内台阶、一个外台阶的压坯，如图 2-10-32c 所示的平衡块。Ⅲ型压坯由凹模、两个上模冲、两个下模冲和芯棒组成的模具成形，其模具结构方案如图 2-10-35 所示。

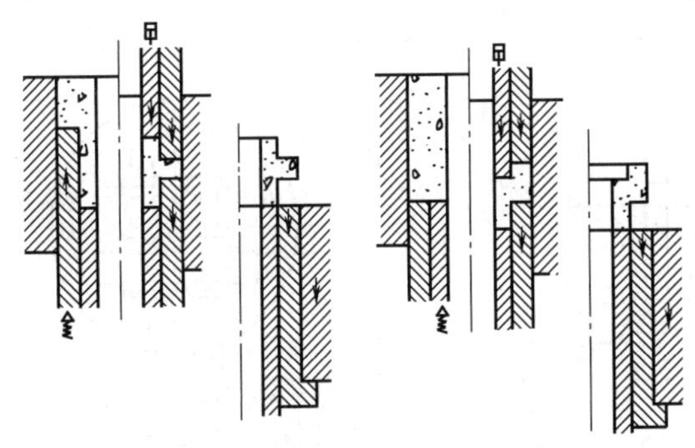

图 2-10-35　Ⅲ型模具结构方案

4）Ⅳ型。指下部有三个台面的一类压坯，包括两个外台阶面类和四槽类，如图 2-10-32d 所示的变速凸轮。Ⅳ型压坯必须由凹模、一个上模冲、三个下模冲和芯棒组成的模具成形，其模具结构方案如图 2-10-36 所示。

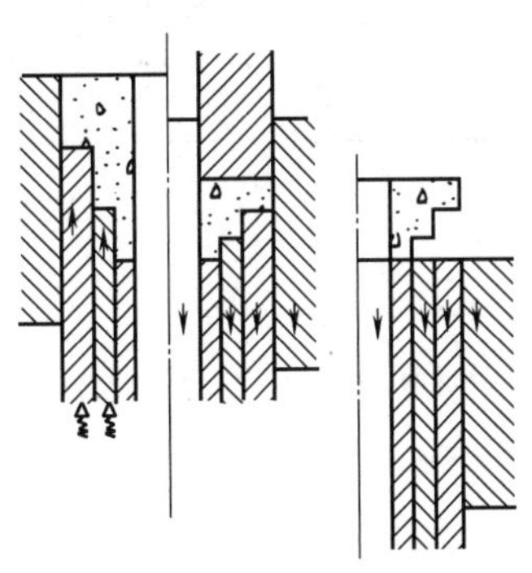

图 2-10-36　Ⅳ型模具结构方案

5）Ⅴ型。指上部有两个台面、下部有三个台面的一类压坯，如图 2-10-32e 所示带轮。当压坯外凸缘的径向尺寸较小时，可用带台阶凹模成形，则可成形下部有 4 个台面的压坯。同理，当采用台阶芯棒成形时，也可以成形下部有 4 个台面的压坯。若压机压头上带有侧缸，可以成形上部带有三个台面的压坯。上三下四压坯是目前用粉末冶金成形压机可压制成形的、形状最复杂的压坯，Ⅴ型模具结构方案如图 2-10-37 所示。

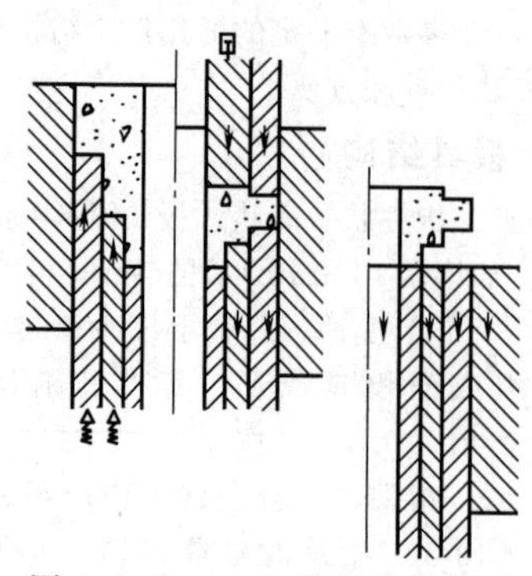

图 2-10-37　V 型模具结构方案

6）特殊形状压坯。指压坯带有球面或斜面、侧面或端面带有螺旋齿、多平行孔、轴承座（见图 2-10-32f）、连杆、侧向槽和孔、复合材料等类压坯。因形状特殊，用上述常规方法无法成形。除考虑补偿装粉外，还应考虑成形及脱模的需要。一些特殊形状压坯的成形模具结构方案见表 2-10-15。

表 2-10-15　一些特殊形状压坯的成形模具结构方案

序号	特殊形状	成形模具结构示例	说明
1	$D/D'\leqslant 1.25$	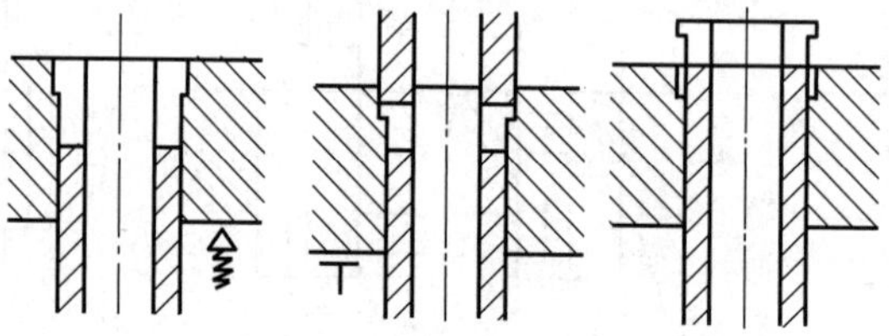	凹模带有台阶，凹模同时具有下冲模的作用
2	$d/d'\leqslant 1.2$	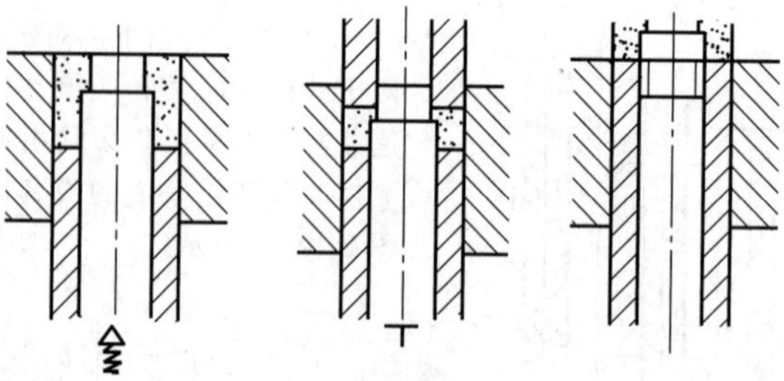	芯棒带有台阶，芯棒同时具有下冲模的作用
3	内外球面	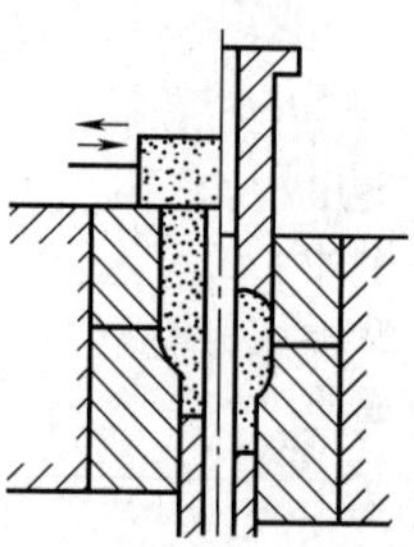	用带球面的凹模或芯棒成形，保证模具的使用寿命，依靠整形修正球面
4	平行孔	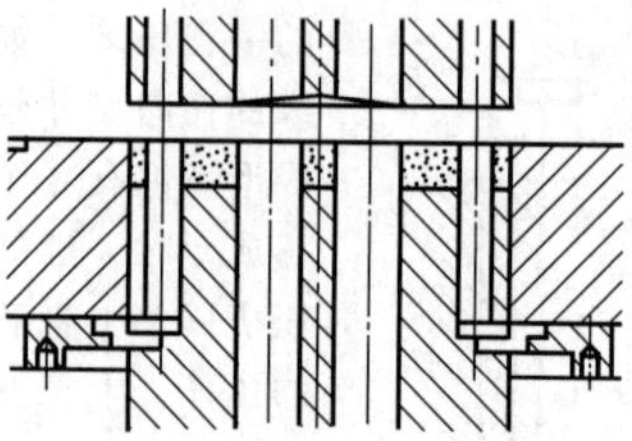	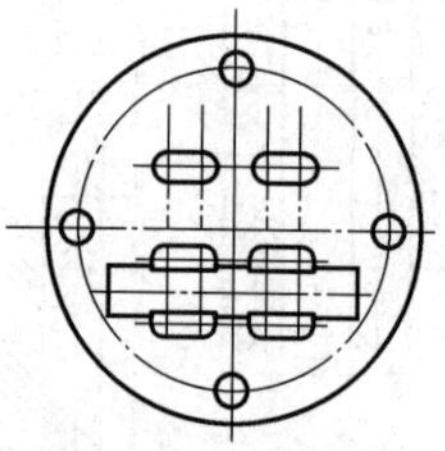 成形时，多根芯棒受挤压，芯棒寿命短，压坯脱模困难

（续）

序号	特殊形状	成形模具结构示例	说明
5	轴承座和连杆	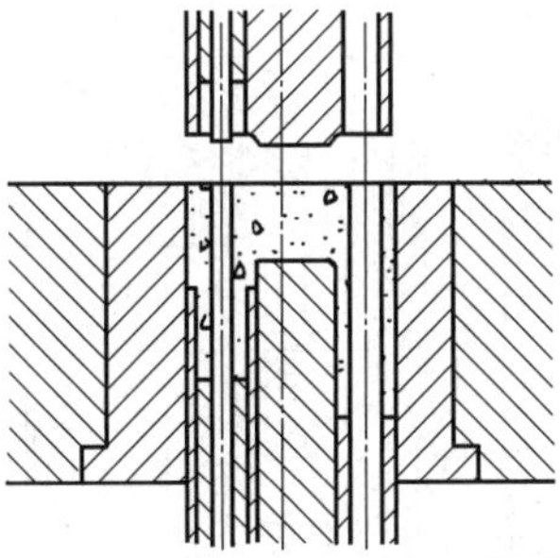	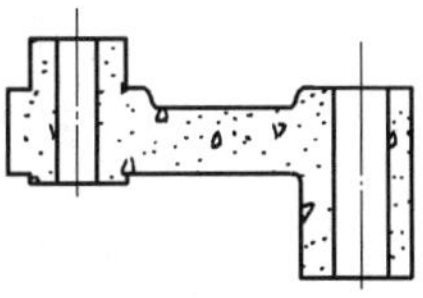 冲模承受侧向力影响，孔距和几何公差超差
6	组合凹模	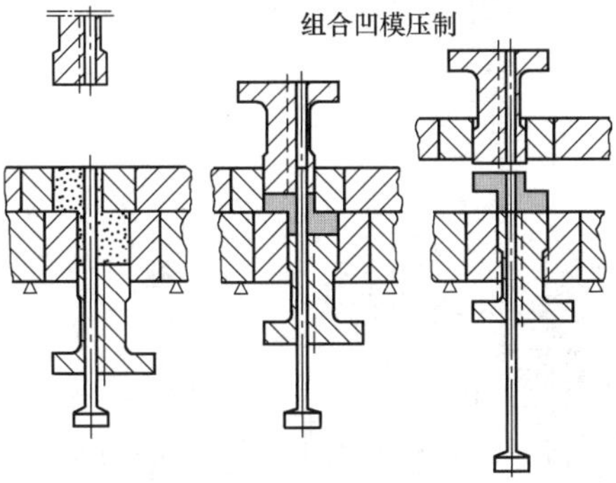 组合凹模压制	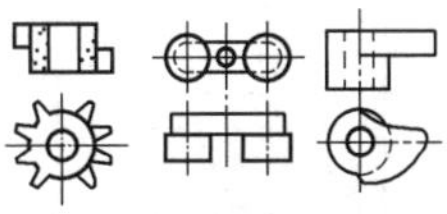  上下形状不同、错位的特殊形状压坯的成形
7	复合材料	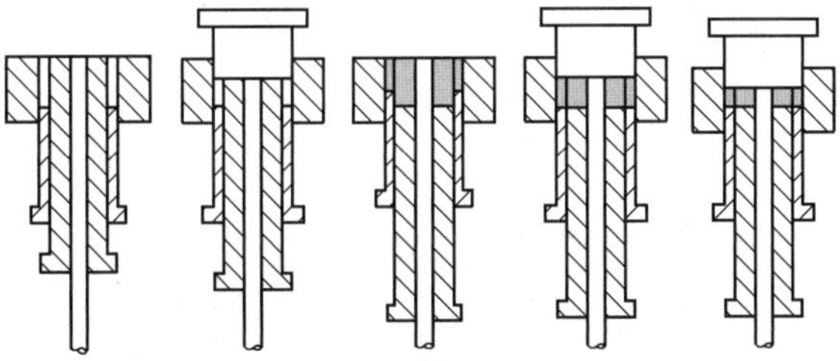	 内外或上下两种材质，二次装粉，同时完成成形
8	横向槽	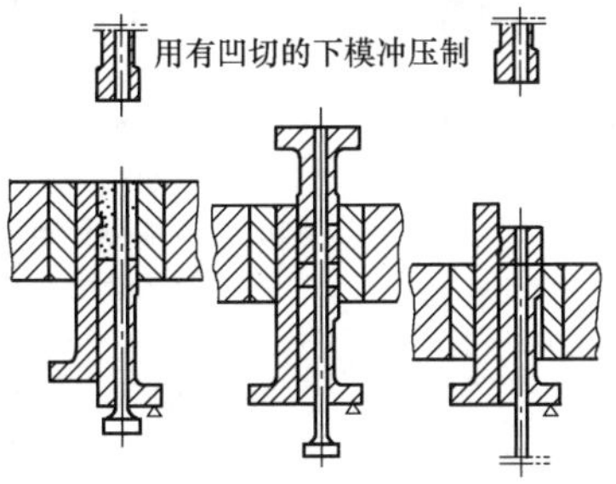 用有凹切的下模冲压制	 侧面带有沟槽，要带有突起的下冲模完成成形过程
9	横向孔	与轴相交的横向孔 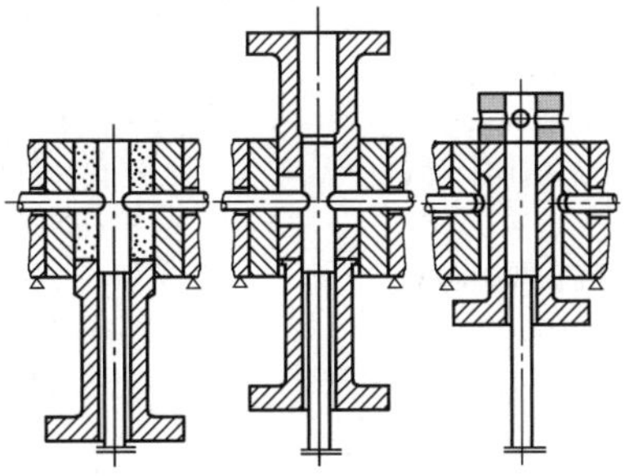	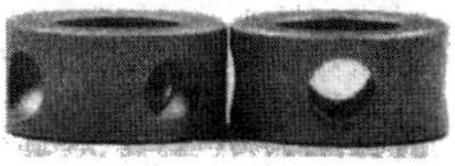 横向芯棒完成成形过程

（续）

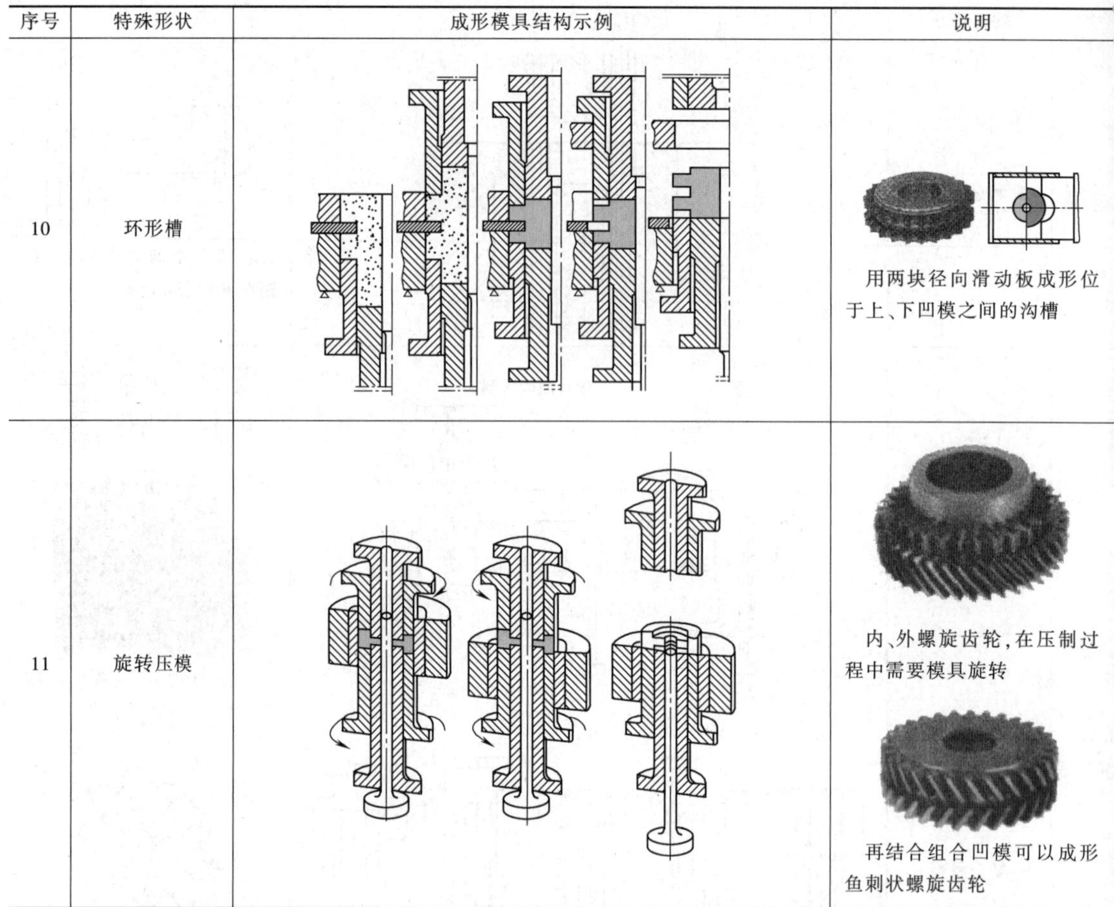

序号	特殊形状	成形模具结构示例	说明
10	环形槽		用两块径向滑动板成形位于上、下凹模之间的沟槽
11	旋转压模		内、外螺旋齿轮，在压制过程中需要模具旋转 再结合组合凹模可以成形鱼刺状螺旋齿轮

参考文献

[1]　俞新陆. 液压机的设计与应用［M］. 北京：机械工业出版社，1987.

[2]　罗宗强，刘华，周玉山. 粉末冶金压力机的发展现状与展望［C］. 中国机械工程学会先进制造技术与齿轮学术会议，2000.

[3]　Paul B. 粉末冶金零件的粉末成形压机、模架及成形能力发展趋向［J］. 粉末冶金工业，2011，2（5）：12-18.

[4]　熊晓红，卢怀亮，黄树槐. 智能型粉末成形液压机的研究［J］. 华中理工大学学报，1998，26（8）：38-40.

[5]　王劲松. 多台阶铁基粉末结构件在 CNC 压机上压制成形［J］. 粉末冶金工业，2003，13（1）：21-25.

[6]　孙奕澎，孙绍周. 粉末冶金多台阶复杂结构件自动成形工艺设备［J］. 粉末冶金工业，2001（6）：30-35.

[7]　郑惠，魏伟. 基于三上四下模具的多台面同步器齿毂成形［J］. 模具工业，2013，39（11）：64-66.

[8]　赵升吨，张学来，高长宇，等. 高速压力机的现状及其发展趋势［J］. 锻压装备与制造技术，2005，40（1）：17-25.

[9]　孙继龙，左鹏军. 多层模架全自动粉末冶金专用液压机设计［J］. 液压与气动，2010（8）：54-56.

[10]　周照耀，黄春曼，何晖，等. 集成液压缸驱动的多层模板粉末压制成形模架［J］. 华南理工大学学报，2006，34（2）：8-11.

[11]　沈福保，许云灿. 国内机械式粉末成形压机发展历程与展望［J］. 机械制造与自动化，2014（3）86-91.

[12]　韩凤麟. 粉末冶金设备实用手册［M］. 北京：冶金工业出版社，1997.

[13]　印红羽，张华诚. 粉末冶金模具设计手册［M］. 2 版. 北京：机械工业出版社，2002.

[14]　申小平. 粉末冶金制造工程［M］. 北京：国防工业出版社，2015.

第11章

其他液压机

哈尔滨工业大学　王国峰
重庆江东机械有限责任公司　李永革　陈世平　刘雪飞　凌家友　汪义高
太原重工股份有限公司　张亦工　赵国栋
天津市天锻压力机有限公司　李森　王世明　胡振新　陈海周　吴树亮　刘林志
宁波精达成形装备股份有限公司　郑良才
兰州兰石集团有限公司　何琪功　马学鹏　刘旭明
合肥合锻智能制造股份有限公司　魏新节

11.1　超塑成形液压机

11.1.1　功能与组成

超塑成形指利用某些金属在特定条件下所呈现的超塑性进行锻压成形的方法。金属的塑性通常用延伸率表示，其值一般小于40%。但在特定的条件下金属呈超塑性，其特征是：延伸率可提高几十到几百倍，最高可达2000%以上。超塑成形技术利用了材料良好的塑性变形能力和低的流动应力，特别适合于制造复杂形状零件，在零件的减重和降低成本方面有着很大的优势，而且制造出的构件没有回弹，加工重复性好，这也使得超塑成形技术在很多领域得到了广泛的应用。

应用最为广泛的超塑成形方法是板材气压成形，也称吹塑成形。吹塑成形是一种用低能、低压获得大变形量的板料成形技术。通过设计制造专用模具，在模具与板料中间形成一个封闭的压力空间，板料被加热到超塑性温度后，在气体作用下，坯料产生超塑性变形，逐渐向模具型面靠近，直至同模具完全贴合形成预定形状。具备超塑性的材料包括钛合金、铝合金、镁合金、高温合金、锌铝合金、铝锂合金等。超塑成形如图2-11-1所示。超塑成形过程主要为胀形过程，并且整个过程都在非常低的应变速率下进行，成形时间长。

超塑成形是一种复杂工艺，需要同时控制许多关键参数，如成形温度、应变速率、夹紧力，以及夹具的移动（位置和速度）；需要专门的超塑成形液压机，来均匀地加热模具和超塑性坯料，准确地控制气压、动模的压下速度、位置等。标准的超塑成形液压机主要包括计算机控制系统、液压系统、加热平台、温度控制系统、气压系统、保温和冷却系统、炉门运动机构等7个部分，如图2-11-2所示。

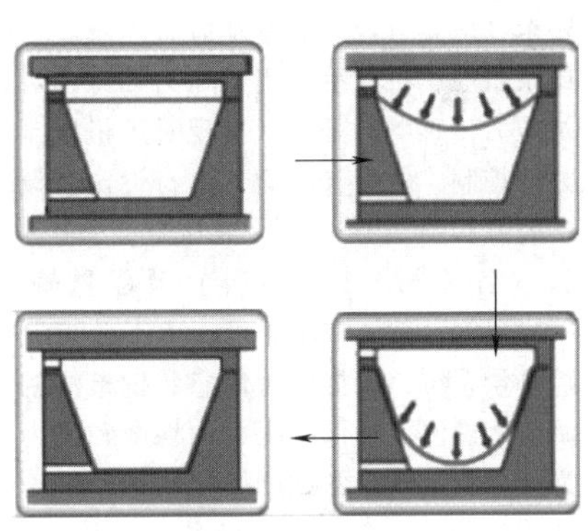

图2-11-1　超塑成形

1. 计算机控制系统

与传统的冷冲压成形控制过程相比，超塑成形的控制过程更加复杂，是一个典型的顺序控制过程。一个完整的控制过程包括了开炉、装模、装料、关炉、排空、加热、超塑成形、冷却等一系列的过程控制。控制过程中最核心也是最难的问题是成形过程中成形压力变化的控制和温度的控制。为此，超塑成形机有大量的位置传感器、压力传感器、热电偶等来检测和反馈设备的各种状态信息。相应地，设备也就有大量的I/O数据。另外，该设备功能的实现主要由电磁阀、活塞、液压缸等执行器来实现的，是一个典型的开关量控制类型。

超塑成形机控制器是根据指令和传感信号控制设备完成一定的动作和作业任务的装置，它是设备的心脏，决定了设备的性能的优劣。新式人机界面和控制器正在改变传统成形机的控制方式，这些控

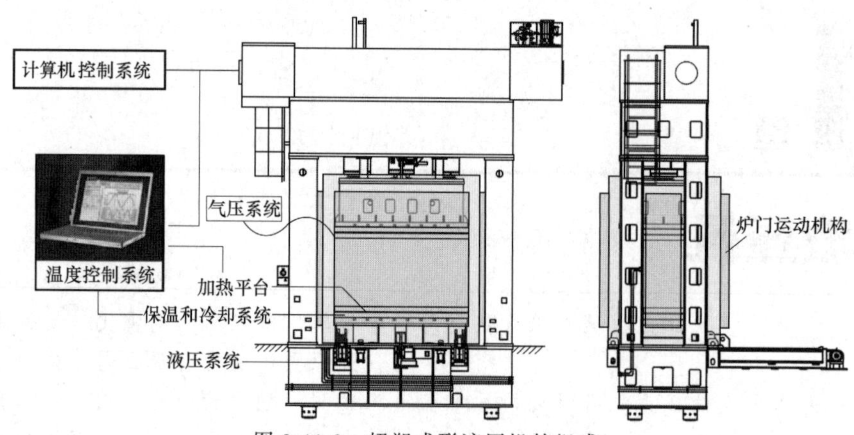

图 2-11-2　超塑成形液压机的组成

制器更快速、灵活、通用性强。这种计算机化的控制器还增强了数据收集和数据处理能力。

2. 液压系统

超塑成形液压机的液压系统需要满足热加压的工作环境要求，应具有液压油冷却装置。液压系统采用电子液压泵供应压机压制所用的压力油源，可以通过液压阀及压力传感器的配合，实现对压机压制速度和压制压力的控制，所有参数均可进行设定和调整。液压系统由能源转换装置（泵、液压缸）、能量控制和分配装置（各种阀、节流器等）及能量输送装置（管路、油箱等）三大部分组成。液压系统设有自动压力跟踪补偿系统，根据压力传感装置检测的数据进行自动调节，确保模具保压压力的均衡和压力曲线的吻合。为使系统工作正常，严格控制油箱的液位，压机配备油箱油位检测装置，低油位与主机程序联锁，具有高、低油位信号显示，避免了系统缺油或超限。

基本液压工艺动作：前、后、左、右、保温门推开，主缸下行（辅缸拉力），自动加压、自动保压，主缸回程，各保温门关闭、前后门分别开启（需要时可手动操作或自动运行），以及下平台顶起、下平台移出、下平台退回、下平台落下、各保温门闭合等。

主缸配备比例压力控制阀和比例调速阀，以对对压机液压工作压力分别进行调节、控制，所需压力可以在 HMI 触摸屏上设定、显示，主缸压力在许用范围内任意调节。主缸可在垂直行程范围内任意停止并保持相对高度。

液压站配备油温加热系统和油温冷却系统。确保压机正常工作油温大于 0℃且小于 60℃。确保设备在环境温度为 0~45℃的条件下工作。

3. 加热平台

加热平台是超塑成形设备的核心部件，由上下加热平台、前后炉门和侧壁围挡构成一个封闭的加热室，通过控制上下加热平台的加热功率，实现对整个加热室及固定在平台上的成形模具的温度控制。加热平台在 700~1100℃的高温环境下服役，材料必须选择耐热钢或高温合金。由于平台中布置有 10 多个加热用通孔，平台的制备难度很大，而超塑成形金属平台的高质量制备使得我国航空钣金装备技术得到了明显的提高。

国外制备的金属平台均选用耐热钢系列材料，主要包括 HR6、SteelX. N37 和 Supertherm。其中，前两种材料分别对应于我国的 ZG40Cr25Ni20 和 4Cr25Ni35，我国从国外进口的某热成形金属平台就是由 SteelX. N37 耐热钢制备的。Supertherm 合金的高温力学性能相对来说最好，被国外相关专家推荐用于制备超塑成形金属平台用材。K403 合金是我国在 800℃左右服役的钛合金热成形和超塑成形金属平台材料选型和制备最好的一种高温合金，MX246A 合金是由钢铁研究总院自主研发的一种新型 Ni_3 Al 基高温合金，是我国目前在 1100℃高温环境下综合性能最好的高温材料之一。表 2-11-1 列出了几种高温平台材料的高温力学性能和抗氧化性能。

对于服役温度较低的热成形金属平台，耐热钢材料基本能满足平台的要求，但长期服役会因蠕变、氧化等问题而发生变形甚至断裂，平台的服役寿命有限，选择中温强度最好的 K403 合金较为理想。对

表 2-11-1　几种高温平台材料的高温力学性能和抗氧化性能

性能	K403	MX246A	HR6	Steel X. N37	Supertherm
$R_{m,800℃}$/MPa	880	880	280	290	—
$R_{m,1000℃}$/MPa	480	540	100	102	—
$R_{u\,10000/982}$/MPa	60	—	9.5	11	21
$R_{u\,10000/1030}$/MPa	75	—	14	17	—
1100℃氧化速率/[g/(m^2·h)]	0.1	0.05	0.6	0.58	0.70

于服役温度在 1000℃以上的超塑成形金属平台，因耐热钢高温强度较低而很难满足该要求，Supertherm 是耐热钢中性能最好的材料，有希望满足超塑成形金属平台的要求，但由于该材料中的 Co、W 含量很高，该材料成本已接近于高温合金，按当前原材料价格计算，Supertherm 和 K403 合金的配料成本分别为 150 元/kg 和 175 元/kg。而 K403 合金的高温力学性能是 Supertherm 的 3 倍左右，用该材料制作平台也非常不合适。MX246A 合金是我国目前工作温度在 1000℃以上的综合性能最好的一种材料，相比 K403 合金，MX246A 合金更适合制备超塑成形金属平台。

4. 温度控制系统

超塑成形液压机采用平台辐射式加热，上、下平台加热板内设置多组电加热管，加热板内设多点测温元件测量加热板温度。每组加热单元采用独立控温系统；加热功率单元可单独调节温度，并在加热温度范围内可任意设定调节范围，确保了大面积加热板的热均匀性。加热系统还应具有自调节功能，可自动优选 PID（比例、积分、微分）参数，保证加热板的控制精度。加热板具有加热速度快、热均匀性好等优点，加热板内上下各布置多组温度传感器，用于测量加热板温度，保证温度均匀。电加热存在温度容易损耗的特点。在主机工作台面和加热板之间放置水冷板，保证加热过程中热量不传递到主机上，避免主机产生热变形。而水冷板与加热板直接接触，大量热量将被冷却水带走，因此在水冷板与加热板之间安装耐火材料（如耐火砖等）。

为了提高热辐射的传导效率和炉内均温性能，可在前、后、左、右方向双侧保温门各设一定数量的加热管，每侧加热管还可按照高度分区设置，每个区均有独立的温度检测和控制系统，精准温控防止电热管过烧损坏，便于更换，方便维修检查，根据上滑块开启情况自动打开或关闭相应高度的加热器，可有效提高生产率、炉温均匀性、降低平台功率负荷、提高整体加热性能。

5. 气压系统

超塑成形液压机的气压系统在设备工作台的不同部位通常设有多个成形气压接口，包括高压接口和低压接口，还有抽真空接口。气压系统的主要技术参数见表 2-11-2。

表 2-11-2 气压系统的主要技术参数

成形介质	惰性气体(氩气)
供气压力/MPa	≥5
出口最高成形气压/MPa	≥4
气压控制精度/MPa	±0.01
最小可控气压/MPa	0.01

设备的气压控制系统主要由信号采集元件、气压调节执行元件、自动控制部分组成。在每路气路的出口处均安装有两个信号采集元件，即气体用压力传感器，每路成形气压由两组压力、流量控制组成。其中，一组压力控制范围为 0～0.16MPa，另一组的压力控制范围为 0.16～4MPa，每条气路的气压控制范围为 0～4MPa。此系统包括两条绝对气路：最大压力为 4MPa，压力传感器精度为 0.2%全量程。每条气路在低压（0～0.16MPa）和高压（0.16～3.5MPa）区域分别由两路气压控制阀组成。

6. 保温系统和冷却系统

（1）保温系统 保温门结构为金属板焊接框架，内壁装有多层复合保温层，左右保温门也可设有加热装置，加热装置也为电热管装置且温度可控。补偿由于侧门开关导致的温度不匀，以及提高升温速率、保证炉内温度不至于大量散失又要尽量降低整体厚度、减轻重量，降低保温门升降机构运行时的重力负担；保温层设计为可更换结构，保证保温门外表面温度不超过 50℃；外部装有金属安全网，以防止操作人员触碰到保温门。

保温层不采用石棉保温材料或玻璃丝保温材料，而是采用 1600℃陶瓷纤维隔热材料，该材料具有良好的隔热功能，杜绝低劣隔热材料对人产生致癌危险。

（2）冷却系统 通常在上、下平台上均布置有加热板，为防止上下平台温度过高，在加热板和主机之间除了放置隔热材料之外，还需配置水冷板，以冷却上下平台。其需求水压 0.3～0.4MPa，流量为 6～10m^3/h，可根据加热温度的不同选择适当的水流量。冷却水的入口温度为 20～40℃，入口-出口温升一般在 20℃左右，水质为一般城市管道供水，无生物沉积。

超塑成形液压机需配备的冷却系统包括水箱、动力泵和应急汽油机水泵 1 套，以满足大功率加热时散发的热量的需要。循环水通过上下水冷板、液压油冷却器和加热模块是保证设备正常工作的重要条件。当突遇停电时，打开汽油机水泵切换冷却水管路至应急管路，开始循环冷却，保证设备不致受高温而损坏。

7. 炉门运动机构

在超塑成形过程中，移动平台将模具移入规定的加热区域，液压机驱动活动横梁下行并压紧模具，侧炉门横向移动闭合，炉门下行并闭合；加热成形后，前后炉门松开并上行，侧炉门移动松开，活动横梁上行，移动工作台移出。至此，完成一整套的工作循环。当加热模具和工件时，炉门处于封闭状态，以隔绝外界环境，防止炉腔内热量损失。为避免损坏炉门，炉门开启前，侧炉门完成前移动作与炉腔脱离，要求设计的加热系统能够完成前后炉门的升降和侧炉门的横向移动动作。

用于炉门升降机构有很多，常见的升降机构分为手动式、电动式和气动式三种。手动式炉门升降机构一般有两种，即质量小于 200kg 的轻型炉门和升降次数较少、质量大于 2000kg 的重型炉门。这种机构投资较小，操作简单，多采用滑轮机构，由人工启闭。电动式炉门升降机构可以升降各种尺寸、重量的炉门，升降速度比较均衡，带有行程限位和制动装置。但总体来说，电动炉门升降机构占地面积较大，造价高，经济适用性不强。气动炉门升降机构结构较简单，牵引力足够大且动作迅速，常用来升降质量小于 1500kg 的炉门结构，车间内有压缩空气气源方可采用，且一般需要设置配重。

11.1.2 主要技术参数

超塑成形液压机的主要技术参数见表 2-11-3。

11.1.3 典型产品简介

对于超塑成形液压机，成形温度一般为 600～1100℃，不同设备的成形温度（最高加热温度）也不一样。根据液压机温度及所能成形的金属材料范围，可分为铝合金超塑成形液压机和钛合金超塑成形液压机。铝合金超塑成形液压机的液压机温度为 600～700℃，主要用于铝合金和镁合金等超塑性温度相对较低材料的超塑成形；钛合金超塑成形液压机的成形温度为 1000～1100℃，适用于钛合金、高温合金等超塑温度较高材料的超塑成形。

超塑成形液压机的成形温度范围不同决定了成形机内部加热系统、加热平台、温控系统和冷却系统的不同。当设计超塑成形液压机时，应根据适用温度范围的不同，合理选择适宜的加热系统、平台材料、温控系统和冷却系统等。

美、法、英都有专业的超塑成形（SPF）设备制造公司，法国的 ACB 是一家较大的钣金设备制造公司，为多家航空企业研制了多台专业 SPF 液压机，曾于 1994 年研制了一台 28000kN 的 SPF 液压机，工作台面尺寸（前后×左右）为 2290mm×5350mm，带有压力为 4MPa 的气路两个，可移动下平台一个，成形温度可达到 1000℃。目前，法国 ACB 公司可制造多种型号的超塑成形液压机，如图 2-11-3 和表 2-11-4 所示。其成形温度可以达到 1000℃，气压可达到 5MPa，金属平台为铸造高温合金，可以很方便地从加热区中移出。图 2-11-3a 所示为正在使用的一台 8000kN 超塑成形液压机，其主要技术参数见表 2-11-5。

表 2-11-3 超塑成形液压机的主要技术参数

设备主要技术参数	单位
主缸最大压力	kN
压力控制精度	最大压力的%
位移控制精度	±mm
最大开启/最小闭合高度	mm/mm
上、下加热平台尺寸	前后/mm×左右/mm
平台平面度	±0.15mm/1000mm（平台任一点测量）
加热室尺寸	前后/mm×左右/mm×高/mm
平台最高加热温度/最小可控温度	℃/℃
温控精度	≤±℃
加热室内部含上下加热平台控制温度组数量	组
温升率	℃/h
模具热值显示	组热偶
保温门外表面温度	≤℃
最大工作气压	MPa
气压控制精度	全量程±0.4%
循环水压力	0.3～0.4MPa
整机工作功率	kW

a) 8000kN

b) 600kN

c) 超塑成形后开模

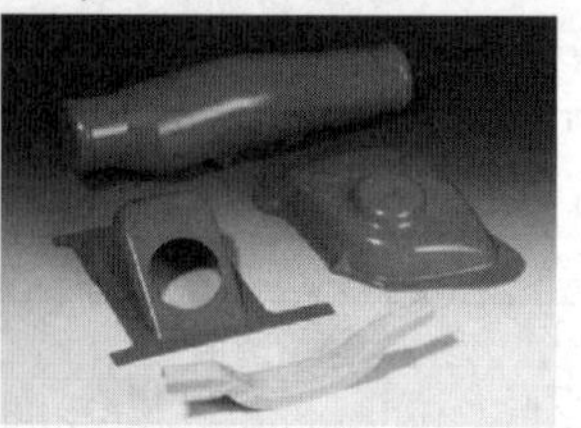

d) 典型零件

图 2-11-3 法国 ACB 公司制造的超塑成形液压机及典型零件

表 2-11-4 法国 ACB 公司制造的超塑成形液压机的型号及主要技术参数

参数名称	型号				
	FSP125	FSP250	FSP500	FSP800	FSP1000
	参数值				
公称力/KN	1250	2500	5000	8000	10000
最大装模高度/mm	800	1000	1200	1500	1600
工作台面尺寸/mm（前后×左右）	760×760	1520×760	1520×1520	2290×1520	1520×3050

表 2-11-5 8000kN 超塑成形液压机的主要技术参数

参数名称	参数值
平台尺寸/mm（前后×左右）	2400×1700
最大装模高度/mm	2050
滑块行程/mm	1550
平台区数量/个	18
每个平台区的加热功率/kW	12.5kW
侧壁加热区	前后各 1 个
侧壁加热区的加热功率/kW	12
设备加热功率/kW	474

英国 Rhodes Interform Limited 公司生产液压机已经有 150 多年的历史，专门设计和制造专用的压力设备。子公司包括国际知名的 Fielding and Platt、Chester Hydraulics、John Shaw、Henry Berry、Beauford Engineers 和 Berry Refractories。其中，John Shaw 公司和 Chester Hydraulics 公司可以设计制造多种超塑成形液压机（见图 2-11-4)，其制造的超塑成形液压机可进行高温成形，气压控制系统先进，可以热开模取件。表 2-11-6 列出了 Chester Hydraulics 公司制造的部分超塑成形液压机。由表 2-11-6 可见，该公司是最早开发制造超塑成形液压机的公司之一。

图 2-11-4 英国 Rhodes Interform Limited 公司制造的超塑成形液压机

表 2-11-6 英国 Chester Hydraulics 公司制造的部分超塑成形液压机

公称力/kN	平台尺寸/mm（前后×左右）	生产年份	使用厂家
4000	2438×1219	1977	Spuerform UK Worcester England
1000	915×610	1986	Sperform USA Riverside California
4500	2438×1219	1986	Sperform USA Riverside California
15500	2438×1219	1988	General Dynamics Corp. Fort Worth Texas
24000	2438×1219	1988	Mc Donnell Douglass Corp. St. Louis Missouri
30000	2350×3050	1989	British Aerospace Military Div. Preston
2000	2000×1000	1991	Rolls Royce PLC Barnoldsiwick
5200	1300×1200	1992	Hurel Dubois Meudon la Foret, France

11.2　模具研配液压机

11.2.1　概述

模具研配液压机是对冲压模具、冲裁模具、腔型模具、锻造模具、塑料模具及橡胶模具等进行精加工、调试和修复的大型精密设备，它适用于航空航天、轨道交通、汽车、农机、家用电器等多个领域。

1. 模具研配液压机分类

模具研配液压机根据所具备的功能又可分为模具研配液压机和模具试模液压机。

2. 模具研配液压机的用途及特点

模具研配液压机主要用于制造大、中型汽车覆盖件的冲压模具和冲裁模具的精加工、调试和修复。这种模具的平面尺寸很大、质量大、价格十分昂贵，而加工精度又要求很高，直接影响汽车的外形美观和质量。

大型模具的加工由毛坯粗加工、精加工和检测三部分组成。粗加工一般是在仿形铣上铣削成形，精加工则是将粗加工后的模具坯料放在模具研配液压机上进行研配，检测是利用三座标精密测量仪或试模等方法来最后检查模具是否合格。

研配是采用砂轮打磨或手工刮研来对模具进行进一步精加工，以去除多余的部分，其过程如下：首先把标准凸模安装在研配液压机滑块的下平面上，将红丹粉均匀涂在标准凸模的型面上，粗加工后的凹模坯料安装在下横梁的移动工作台的上平面（移动工作台与下横梁已锁紧），滑块慢速下降，将标准凸模的型面与凹模坯料的粗加工面轻轻接触，使凹模粗加工面着上红色。然后滑块回升到上极限位置，根据凹模粗加工面上的红点分布，将着色的接触点打磨掉。最后滑块再次下行给凹模着色，滑块回程后再次打磨，如此反复着色与打磨，直至标准型面与凹模型面接触率达到合格时为止。

凸模的研配是以研配合格的凹模为标准型，按照上述研配凹模的相同过程进行研配打磨。为了修整方便，研配液压机常设有滑块翻转机构，可将翻转 180°。

凸、凹模研配完成后，最后组装成一套成品模具，再运送到大吨位液压机上试模。若发现问题，再返回研配液压机进行修整。

这种类型模具研配液压机的特点：

1）工作台面的尺寸大，开口高度大、作业空间大，公称力小、回程力大等。

2）滑块在动态和静态时有较高的平行度，滑块的停止位置精度高，并能在触摸屏上显示。

3）滑块有可靠的自动锁紧装置，以防滑块意下落。

4）机身的刚度好，精度高。

由于大、中型汽车覆盖件的冲压模具和冲裁具的尺寸和重量都很大，因此运送和安装到另一大吨位液压机上试模的工作十分费时和费力，效不高。模具试模液压机则可以根据实际需要，同具备试模和研配两种功能，即可以同时用于研配试模两种工序。单纯研配用的液压机主缸的公称较小，具备试模、研配用的试模液压机的主缸公力必须足够大，才能完成试模工序。

3. 模具研配液压机的组成

模具研配液压机主要由机身、滑块、主缸、翻缸、翻转板、机械微调装置、移动工作台、检修台、液压系统和电气系统等组成，如图 2-11-5 所示。

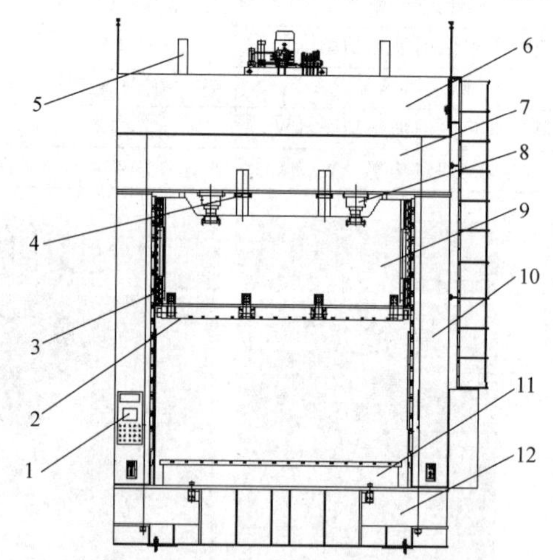

图 2-11-5　模具研配液压机的组成

1—操作面板　2—翻转板　3—导轨　4—翻转缸　5—机械微调装置　6—检修平台　7—上横梁　8—主缸　9—滑块　10—立柱　11—移动工作台　12—底座

11.2.2　关键零部件

1. 机身

模具研配液压机机身的特点是工作台面大、开口高度大、作业空间大等，对于单纯用于研配的液压机，其主缸公称力较小，而回程力较大。

大、中型模具研配液压机的机身绝大多数采用预应力组合框架结构，采用四角八面平面导轨导向。这种预应力组合框架结构的刚度好、精度高。

2. 滑块翻转机构

当待研配的上模固定在滑块下平面时，为了研配及修模方便，需要将上模翻转 90°或 180°。为此，模具研配液压机设置有滑块翻转机构，用于实现上模翻转动作，如图 2-11-6 所示。滑块翻转机构由翻转板、翻转缸、翻转铰链、翻转板锁紧装置等组成。

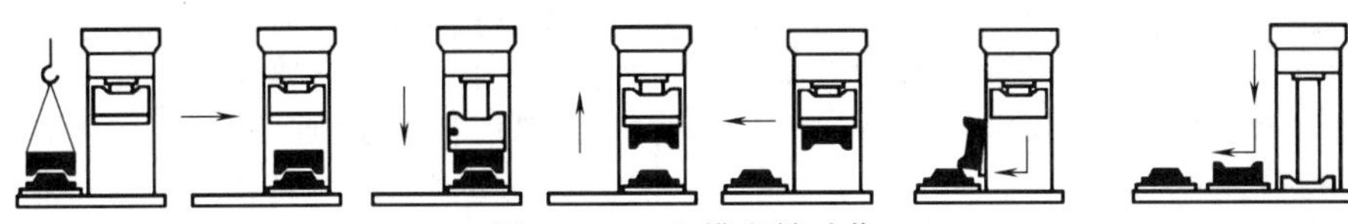

图 2-11-6 上模翻转动作

(1) 翻转 90°机构 如图 2-11-7 所示，翻转板与滑块用铰链连接，翻转缸通过铰轴安装在滑块上，翻转缸活塞杆通过铰轴与翻转板连接。当需要修模时，翻转缸推动翻转板和上模翻转 90°~100°，将模具置于液压机外侧，便于修整打磨模具。打磨完成，翻转板由翻转缸翻回原位并锁紧，翻回复位精度高。

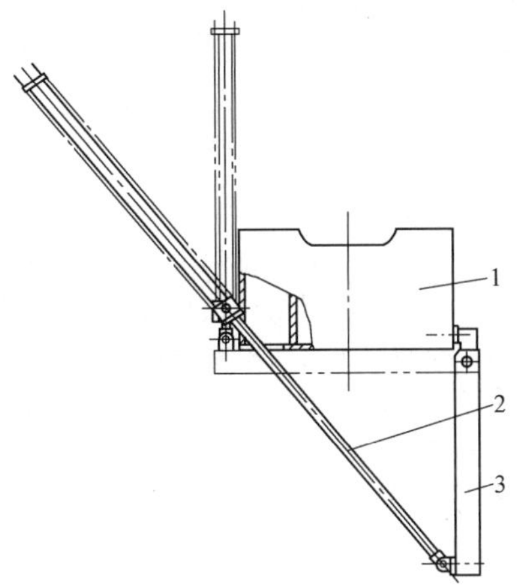

图 2-11-7 翻转 90°机构

1—滑块 2—翻转缸 3—翻转板

(2) 翻转 180°机构 如图 2-11-8 所示，翻转板与滑块用铰链连接，翻转缸通过铰轴安装在滑块内侧，翻转缸活塞杆端头采用挂钩与翻转板相连。

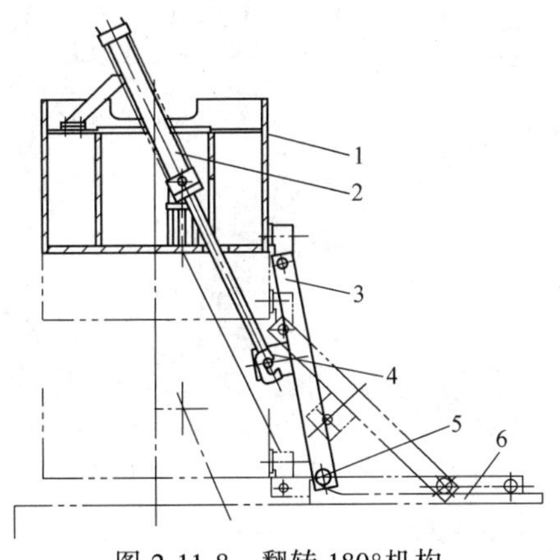

图 2-11-8 翻转 180°机构

1—滑块 2—翻转缸 3—翻转板

4—挂钩 5—滚轮 6—曲线导轨

当翻转板翻出时，首先将滑块回程到上极限位置，将移动工作台移出到移出位置，然后由翻转缸活塞杆推出，带动翻转板翻出到 100°位置；滑块慢速下降，使翻转板滚轮降落到曲线导轨上，挂钩与翻转板销轴脱开，滚轮沿曲线导轨向前滚动，滑块继续下降直至翻转板翻转 180°，滑块停止下降，翻转结束。

翻转板翻回时，首先滑块上升，带动翻转板上升，滚轮沿曲线导轨向后滚动，翻转板由水平位置向垂直状态翻转；当翻转板翻转到 100°位置时，销轴自动进入挂钩，此时滑块继续上升到上极限位置，滑块上升停止，翻转缸活塞杆退回，挂钩带动翻转板翻回到位，由翻转板锁紧装置将翻转板与滑块锁紧，翻转板翻回结束。

3. 机械微调装置

机械微调装置由支撑套、传动轴、减速器及电动机或液压马达、微动步进控制装置（见图 2-11-9）和同步限位装置（见图 2-11-10）等组成，可以实现滑块微动下行步距 0.02~0.05mm/次。

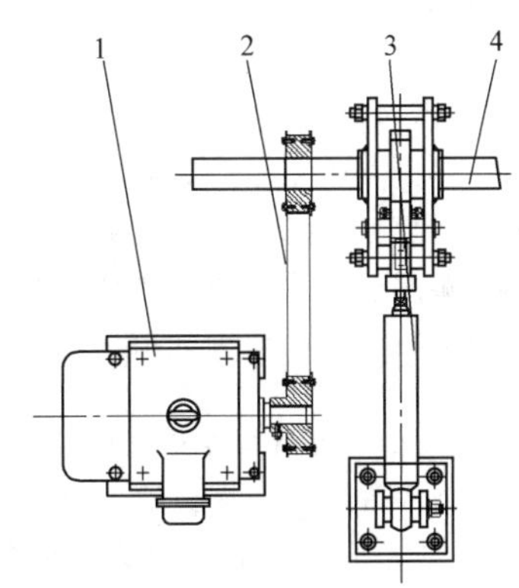

图 2-11-9 微动步进控制装置

1—微动电动机 2—同步带 3—微动步进装置 4—传动轴

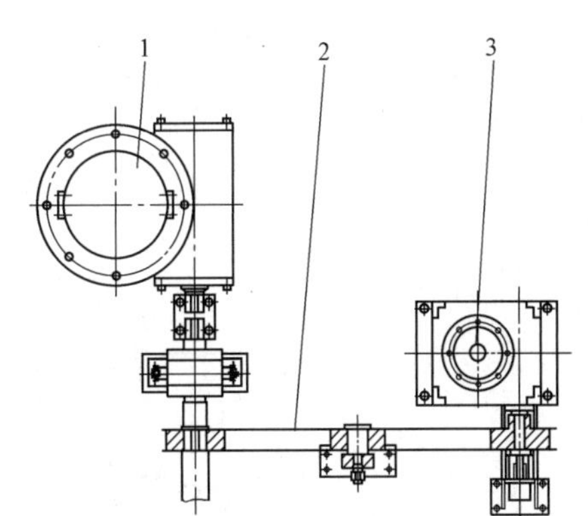

图 2-11-10 同步限位装置

1—丝杠传动装置 2—同步带 3—同步限位装置

4. 液压缸

液压缸均为活塞缸，公称力较小，回程力较大，缸体和活塞杆的加工精度和表面粗糙度要求高，密封圈要求采用低摩擦系数材质。

5. 移动工作台

移动工作台主要由移动平台、提升夹紧缸、减速机和驱动电动机等组成，如图 2-11-11 所示。移动工作台的主要特点：移动距离大，一般为 6mm 左右；移动工作台的承重量大，因模具较大、较重，一般都为 50t 左右；移动工作台的重复复位精度高，一般都≤±0. 03mm。

图 2-11-11　移动工作台

6. 安全装置

模具研配液压机目前都配有上极限插销锁紧装置、安全柱、棘轮锁紧装置等安全装置，有的液压机在主缸下腔还配有液压支承保险回路等。

1）上极限插销锁紧装置。当滑块在上极限位置时，按锁紧按钮，有两套液压锁紧装置自动锁住滑块，防止滑块在液压机不工作和更换模具时下滑。

2）安全柱。安全柱对角安装，当滑块回到上死点时，采用手动或气缸将安全柱推入滑块和底座之间，防止滑块在液压机不工作和更换模具时意外下滑。

3）棘轮锁紧装置。齿排锁紧装置对角安装，滑块可以在行程范围内的任意位置采用齿排锁紧装置锁紧。齿排锁紧装置由气缸、锁紧齿、齿排等组成，如图 2-11-12 所示。

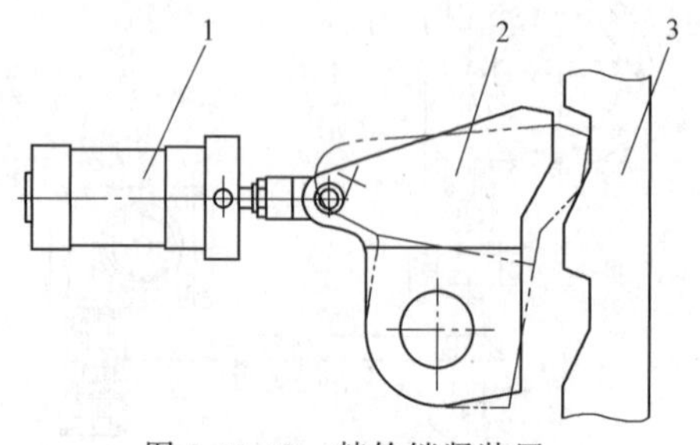

图 2-11-12　棘轮锁紧装置
1—气缸　2—锁紧齿　3—齿排

4）液压支承保险回路。为防止滑块意外掉落在活塞式主缸下腔设置有安全防爆管液压支承阀块并采用带阀芯检测功能的安全支承插件盖板，符合CE/UL 等安全标准，确保安全。采用液压支承保险回路，滑块可在任意位置静止，同时与主缸上腔联锁，确保支承阀不打开，主缸上腔无法上压。如图 2-11-13 所示。

图 2-11-13　液压支承保险回路
1—液压支承保险回路　2—主缸

7. 电液控制系统

模具研配液压机的定位精度高，电液控制系统一般采用可编程控制器结合位移传感器和比例伺服系统的闭环控制。比例伺服系统可采用比例阀加定量泵组控制、比例泵组控制及伺服电动机加定量泵组控制等多种方式。

11. 2. 3　典型产品简介

1. 模具研配液压机

重庆江东机械有限责任公司（简称江东机械）生产的 YJK98 系列模具研配液压机，是在引进国际先进技术、依据国内外市场需求的基础上开发出的高精度、高性能、高安全性的液压机，如图 2-11-14 所示。其主要技术参数见表 2-11-7。

图 2-11-14　YJK98 系列模具研配液压机

天津市天锻压力机有限公司（简称天锻）生产的 THP98 系列模具研配液压机的主要技术参数见表 2-11-8。

合肥合锻智能制造股份有限公司（简称合锻智能）生产的 YH98 系列模具研配液压机的主要技术参数见表 2-11-9。

表 2-11-7 YJK98 系列模具研配液压机的主要技术参数（江东机械）

参数名称		型号					
		YJK98-50	YJK98-100	YJK98-200	YJK98-SF200	YJK98-315	YJK98-SF400
		参数值					
公称力/kN		500	1000	2000	2000	3150	4000
主缸回程力/kN		220	450	820	820	950	950
开口高度/mm		2000	2200	2600	2850	2500	2800
滑块行程/mm		1800	1800	2500	2850	2000	2800
工作台面尺寸/mm	左右	2500	3000	5000	5000	5000	5000
	前后	1500	2000	2500	2600	2500	2600
滑块速度/(mm/s)	快速下降	80	55	150	100	150	120
	慢速下降	10	8	3~15	3~15	5~20	10
	微动下降	3~8	3~8	0.5~2	0.5~2	0.5~2	0.1
	慢速回程	23	16	10	10	10	10
	回程	58	55	110	100	110	110
机械寸动/(mm/次)		0.05	0.05	0.05	0.05	0.05	0.05
移动工作台承载/t		10	20	50	50	50	50
移动工作台行程/mm		3100	4100	5400	5800	2600	6500
翻转板翻转角度/(°)		180	180	180	180	无	180
翻转板承重/t		5	10	30	30	无	30
主电动机功率/kW		15	30	82	55	90	90
外形尺寸/mm	前后	6500	8100	9800	11000	7000	75000
	左右	4500	5250	7000	7500	8000	8200
	地面上高	6370	6800	8700	8900	8700	9000
机身形式		整体	组合	组合	组合	组合	组合

表 2-11-8 THP98 系列模具研配液压机的主要技术参数（天锻）

参数名称		型号					
		THP98-50	THP98-100A	THP98-160	THP98-200	THP98-200A	THP98C-300
		参数值					
公称力/kN		500	1000	1600	2000	2000	3000
回程力/kN		200	500	700	1000	720	1000
液体最大工作力/MPa		16	21	25	20	25	25
滑块行程/mm		1000	2700	1300	2300	1300	1800
开口高度/mm		1300	2800	1500	2500	1300	2400
翻转机构翻转能力/kN		15	20	30	80	40	—
翻转机构翻转角度/(°)		180	180	180	180	180	—
工作台面尺寸/mm	左右	4600	1400	2200	1000	1600	4600
	前后	2500	1200	2000	700	1200	2500
滑块速度/(mm/s)	快速下降	60	60	55	60	54	60
	慢速下降	3~10	3~8	10	0.5~2	4~8	—
	微动下降	0.5~2	—	—	—	—	—
	工作	—	—	3~10	—	—	4~30
	慢速回程	10	—	22	—	—	—
	回程	60	60	40	60	50	40
移动工作台承载/t		3	50	8	20	8	40
移动工作台行程/mm		1650	5700	2600	2200	2600	2700
主电动机功率/kW		21	57	22	20	22	38
外形尺寸/mm	前后	7124	3950	4900	3472	4150	7100
	左右	10675	6295	6370	3345	6295	8085
	地面以上	8470	5215	6400	4400	5015	7100
机身形式		整体	组合	组合	四柱	组合	组合

表 2-11-9　YH98 系列模具研配液压机的主要技术参数（合锻智能）

参数名称		型号							
		YH98-10	YH98-25	YH98-50	YH98-100	YH98-150	YH98-160	YH98-200	YH98-315
		参数值							
公称力/kN		100	250	500	1000	1500	1600	2000	3150
液压垫力/kN		—	250	—	—	—	—	800	1250
开口高度/mm		2000	2000	2800	2800	1800	2800	2800	2000
滑块行程/mm		1200	1400	1800	2700	1500	2000	2600	1400
液压垫行程/mm		—	1400	—	—	—	—	300	300
移动工作台行程/mm		1500	1800	2600	5200	3200	6000	5200	1800
工作台面尺寸/mm	左右	2500	2000	4000	4000	2000	4500	4600	2000
	前后	1500	1500	2500	2500	1500	2400	2500	1500
滑块速度/(mm/s)	快下	100	250	60	60	60	120	100	300
	慢下	2	40~12	15	10	3~10	10	3~15	23~9
	微动	1.5~4	1.5~4	1~2	1~2	0.5~2	1.5~4	0.5~2	2~4
	回程	70	85	60	60	60	—	110	160
主电动机功率/kW		18	22	45	20.5	20.5	48	92.5	60

2. 模具试模液压机

模具试模液压机是集研配模具、修复模具和试模为一体的大型液压机。为了方便修模后不需搬运、直接在该机上试模而专门设计制造的大吨位液压机，国内的模具试模液压机通常不带模具翻转功能，但带有数控液压垫和冲裁缓冲装置。成形参数，尤其是所使用的压力机参数可调，对试模液压机起决定性作用。模具试模液压机是尽可能按照实际生产情况对模具进行试验，试模液压机与生产压力机的特性参数（如工作台和滑块的刚度和挠度）能全面吻合，对于实现快速而可靠的试模非常有利，试模液压机与生产压力机参数越接近，生产压力机上的试模时间就越短，越能提前正式生产。模具试模液压机只能有限模拟机械压力机的运动特征，特别是速度曲线，但工作能力不受行程限制，无论是精密研配还是批量前的试冲压，由于其灵活性使模具具有一个任意的运动曲线，而且成本较低。

模具研配试模液压机集研配压力机和生产压力机于一体，具备精确研配功能和生产压力机的优越特性，如图 2-11-15 所示。

图 2-11-15　模具研配试模液压机

江东机械生产的 YJK98S 系列模具研配试模液压机的主要技术参数见表 2-11-10。瑞典 AP&T 公司生产的 ZF 系列模具研配试模液压机的主要技术参数见表 2-11-11。

表 2-11-10　YJK98S 系列模具研配试模液压机主要技术参数（江东机械）

参数名称	型号			
	YJK98S-SF1600	YJK98S-2000	YJK98S-SF2300	YJK98S-2500
	参数值			
公称力/kN	16000	20000	23000	25000
主缸回程力/kN	1860	2000	2300	2000
液压垫力/kN	4000	4000	4500	4500
缓冲力/kN	—	10000	10000	10000
开口高度/mm	2000	2200	2200	2200
滑块行程/mm	1400	1800	1600	1300
液压垫行程/mm	400	300	350	350

（续）

参数名称		型号			
		YJK98S-SF1600	YJK98S-2000	YJK98S-SF2300	YJK98S-2500
		参数值			
工作台面尺寸/mm	左右	5000	5000	5000	5000
	前后	2600	2500	2500	2500
滑块速度/(mm/s)	快速下降	450	500	500	500
	慢速下降	18~45	20~70	20~70	50~70
	微动下降	2~5	0.1~0.5	0.1~0.5	0.5
	慢速回程	80	60	70	70
	回程	350	500	500	400
移动工作台承载/t		50	50	50	50
移动工作台行程/mm		3000	2700	6000	7000
主电动机功率/kW		300	660	550	590
机身形式		组合	组合	组合	组合

表 2-11-11　ZF 系列模具研配试模液压机的主要技术参数（瑞典 AP&T）

参数名称	型号			
	ZF-4000-25/13	ZF-12500-46/25MB	ZF-16000-46/25MB	ZF-25000-50/27MB
	参数值			
公称力/kN	4000	12500	16000	25000
工作速度/(mm/s)	25~74	32~115	25~115	20~100
压力机床身尺寸/mm(长×宽)	2500×1300	4600×2500	4600×2500	5000×2700
压力机高度/mm	6285	12880	12880	12890
总重量/kg	58000	285000	300000	370000

11.3　快锻液压机

11.3.1　概述

快锻液压机是自由锻造液压机发展的主要方向，具有锻造速度快、锻件尺寸控制精度高、机械化程度高和节能、节材效果显著等特点，特别适合锻造温度范围窄的高合金钢或特殊金属材料锻件生产。

快锻液压机的主要工况有常锻和快锻。常锻主要工序为镦粗和拔长，占用工时较多；快锻主要工序为精整，占用工时较少。与传统自由锻液压机相比，常锻工况下，液压机的空程速度和工作速度均显著增加，也具有一定的锻造频次，更有利于提高锻件生产率；快锻工况下，根据锻件的压下量和行程不同，锻造频次最高可达 120 次/min，一般为 60~100 次/min，锻件尺寸控制精度可达±1mm，更有利于提升锻件质量。

快锻液压机的主机结构形式有上推式和下拉式，如图 2-11-16 所示。上推式，即主缸置于液压机上部的上横梁与活动横梁之间；下拉式，即主缸置于液压机下部的下横梁与固定横梁之间。考虑到活动部分的惯量因素，大型液压机主要采用上推式，而中小型液压机多采用下拉式。快锻液压机液压系统的传动方式为油泵直接传动，控制方式为阀控或泵控。阀控，即采用开关阀或比例阀控制系统流量和压力；泵控，即采用变量泵调节系统流量和压力。本节主要介绍上推式阀控快锻液压机。

1. 主要技术参数

（1）基本系列　主参数（公称力）系列按 GB/T 321 规定的优先数 R10 的圆整值作为公比，近似于等比数列排列，见表 2-11-12。主要技术参数见表 2-11-13 和表 2-11-14。

（2）主要技术参数及定义

1）公称力：液压机名义上能产生的最大力（MN），它反映了液压机的主要工作能力。在数值上等于主（侧）缸柱塞的总面积（m^2）与液压系统最大工作压力（MPa）的乘积（取整数）。

2）液压系统最大工作压力：液压系统中液体的最大单位工作压力，即液体的最大压强。最大工作压力过低，设备重量和占地面积增加，成本会增高；最大工作压力过高，密封和液压元件的寿命会缩短，可靠性降低。一般情况下，最大工作压力取值为 25~50MPa，多数取值为 31.5~35MPa。

3）最大回程力：指除了考虑运动部件克服各种阻力和自身重力外，还要考虑为产生满足锻造频次的加速度而提供的力。

4）最大净空距：指活动横梁或整体机身处于上极限位置时，上砧垫板下平面至工作台上平面的距离。

a) 上推式

b) 下拉式

图 2-11-16　快锻液压机的主机结构形式

表 2-11-12　主参数（公称力）系列

参数名称	参数值								
公称力/kN	5	6.3	8	10	12.5	16	20	25	31.5、30①
	40、35①	50、45①	63、60①	80	100	125、120①	160、165①	200、185①	—

① 适用时，该数值作为相应公称力的可选择参数。

表 2-11-13　快锻液压机的主要技术参数（一）

公称力/MN		5	6.3	8	10	12.5	16	20	25	31.5
开口高度 H/mm		1800	2000	2200	2350	2600	2900	3200	3900	4000
最大行程 S/mm		800	850	1000	1100	1200	1400	1600	1800	2000
横向内侧净空距 L/mm		1300	1500	1700	1800	1900	2000	2200	2500	2800
移动工作台台面尺寸/mm(长×宽)		2800×900	3000×1000	3200×1200	3350×1300	3500×1400	4000×1500	4500×1800	5000×2000	5200×2100
移动工作台行程/mm	向操作机侧	1100	1200	1500	1500	1750	2000	2000	2500	2500
	离操作机侧	400	400	500	500	750	1000	1000	1500	1500
	双向相等时	750	800	1000	1000	1300	1500	1500	2000	2000
横向偏心距 e/mm		100	100	120	130	140	160	180	200	250
空程速度/(mm/s)　≥		250	250	250	250	250	250	250	250	250
回程速度/(mm/s)　≥		250	250	250	250	250	250	250	250	250
工作速度/(mm/s)　≥		100	95	95	90	90	90	90	90	90

表 2-11-14　快锻液压机的主要技术参数（二）

公称力/MN	40	50	63	80	100	125	160	200
开口高度 H/mm	4400	4800	5500	6000	6500	7500	8000	8500
最大行程 S/mm	2200	2400	2600	3000	3200	3500	4000	4500
横向内侧净空距 L/mm	3000	3400	3800	4200	5200	6000	7500	8000
移动工作台台面尺寸/mm(长×宽)	5500×2400	5700×2800	6000×3200	7000×3400	8000×3700	10000×4000	12000×5000	13000×5500
横向偏心距 e/mm	250	250	300	300	300	350	350	400
空程速度/(mm/s)　≥	250	250	250	200	200	200	200	200
回程速度/(mm/s)　≥	250	250	250	200	200	200	200	200
工作速度/(mm/s)　≥	85	85	85	85	85	85	80	65

5）立柱间净距：两个（4 个）立柱内侧允许工件进出距离。

6）横向偏心距：锻件的受压中心至液压机工作台中心线之间的距离。一般指常锻工况时最大锻造力下所允许的最大偏心距离。

7）最大行程：活动横梁或整体机身能够移动的最大距离。

8）工作速度：也称加压速度，指在常锻工况下，上砧单位时间内的压下行程。

9）空程速度：上砧在接触工件前单位时间内的向下行程。

10）回程速度：上砧在加压锻造后单位时间内的向上行程。

11）压下量：也称锻透深度，锻件被压缩前后高度方向的差值。

12）行程控制精度：程序自动锻造时，上砧行程设定位置与实际位置的偏差。

2. 主要技术特点

（1）锻造速度快　采用多缸分级锻造，在规定条件下进行快速锻造和节能锻造；常锻工况的工作速度可达 80~160mm/s，快锻工况下的锻造频次可达 60~100 次/min，既提高了锻件生产率，又降低了功率损耗，节约了能源。

（2）锻件尺寸控制精度高　采用位置检测系统实时检测活动横梁的行程并进行闭环控制，针对快速锻造时连续锻打的工作特点，采用智能调节器自动补偿活动横梁位移，使锻件的热态精整尺寸控制精度最高可达±1mm。

（3）锻造操作环境“宜人化”　配有功能齐全的机械化装置，如工作台移动装置、砧子横向移动装置、上砧夹紧装置和钢锭旋转升降台；配有锻造工具调配系统，可编制程序组合，调用上、下砧具，有效缩短了辅助作业时间，减轻了工人劳动强度。

配有全液压轨道式锻造操作机，可与液压机进行联动，实现程序自动锻造。锻造操作机采用比例伺服控制，可对夹持锻件的钳头进行高精度自动控制，配合液压机完成钢锭开坯、拔长、整圆等联动锻造工艺操作。液压机采用 PLC 与计算机两级控制，具有单人操作的友好人机交互操作系统与故障诊断系统，可多层面、实时地向操作者提供生产工艺、设备状态等信息。

3. 主要应用领域

锻造在国民经济中占有极其重要的地位。即使在计算机技术、信息技术和工业现代化高速发展的今天，锻造仍然是大到上天、下海、入地材料的加工，小到金银首饰制作，国计民生须臾不离的技术。只要有金属，只要有材料加工，就会有锻造。

由于新型合金材料不断出现，这类材料塑性差、变形抗力大、热加工温度范围窄，要求锻压设备既要能力大，又要速度快，传统意义上的锻造液压机无法兼具这两个条件，而快锻液压机却能够胜任。因此，快锻液压机很快受到现代锻造企业的广泛青睐，尤其是对于特殊钢和钛合金锻造生产企业，快锻液压机已经成为必需装备。快锻液压机不仅能加工耐热合金、不锈钢、高速钢和模具钢等材料，还可以生产较大规格的方、圆、扁坯锻材，以及盘件、环件、炮筒和炮尾座等各种自由锻件，而且适宜于多品种、小批量生产；与精锻机联合作业，还可生产大型管坯、车轴等产品。

基于我国航空航天、船舶、导弹等军工国防工业，以及大型运输机、高速列车、城市轨道交通等现代化交通运输业的快速发展，自主研发研制的关键产品，均需大型化、整体化的锻件，如百万千瓦级火电和超临界、超超临界核电用汽轮机转子、特大支承辊、大型高温高压厚壁筒体、船用大马力低速柴油机组合曲轴等，而这些锻件的生产又非配备大吨位、高精度和高效率的锻造液压机不可。因此，快锻液压机向大型化、自动化、精密化、紧凑化和成套化等方向发展是必然趋势。

4. 重点研发方向

（1）液压机与辅助设备联合作业　快锻液压机要进一步提高锻件质量和生产率，必须要有相配套的辅助设备。在现代化的大型自由锻造车间内，快锻液压机、锻造操作机、锻造起重机已经实现了联合作业，整个锻造生产过程全部机械化，并配有锻件尺寸自动测量系统、液压机与操作机数控联动系统及锻造加热炉自动控制系统。

（2）液压机安全节能监测技术研究　液压机安全节能监测技术研究的主要内容如下：

1）拉杆变形长效在线检测与行程位置补偿。

2）光纤传感监测技术应用。

3）光纤传感防火报警技术应用。

4）生产线节能测试与环保技术研究。

5）远程监控及故障诊断系统。

（3）液压机液压系统协同仿真　快锻液压机液压系统经常工作在高压、大流量状态，并且动作切换频繁，极易产生冲击和振动，影响液压机整体工作性能。液压系统是复杂的非线性、时变系统，涉及液压、机械、电气和控制等多学科，单靠手工计算或简单的液压仿真无法获取系统的准确工作性能指标，只有通过多学科仿真软件（见图 2-11-17），基于对液压机本体和主控系统进行精确建模，同时利用软件之间协同仿真接口，才能获取液压系统的

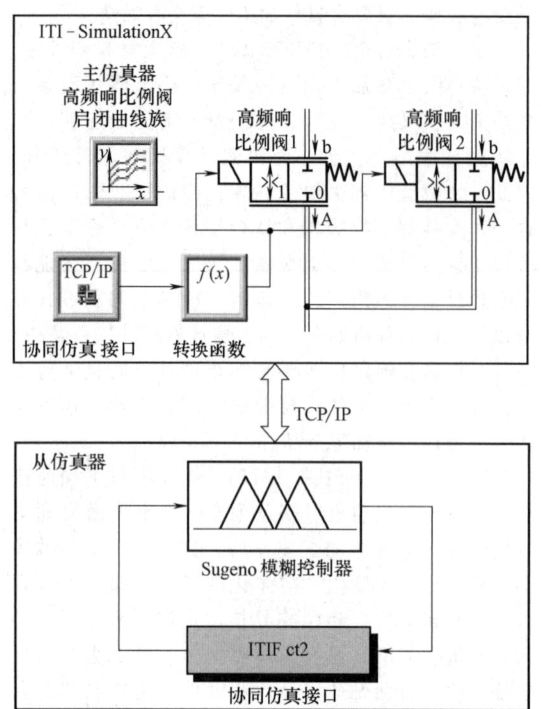

图 2-11-17　液压系统协同仿真模型

准确工作特性，并给出最优设计方案。

（4）液压机数字化样机关键技术研究　对快锻液压机成套设备进行动力学、有限元分析，建立其机、电、液联合仿真模型，并实现多学科、多性能工程分析数据可视化集成，开发快锻液压机成套设备数字化样机产品（见图 2-11-18），着重对快锻液压机动态特性进行研究，对液压机本体进行三维设计造型、模态计算分析、机械固有频率分析、主要零部件疲劳寿命分析，目的是降低新产品开发成本，缩短开发周期，确保新产品的功能、性能或内在特性，以数字化样机取代物理样机进行验证，使数字化样机具有与物理样机相同的效果，在几何外观、物理特性及行为特性上与产品机保持一致。

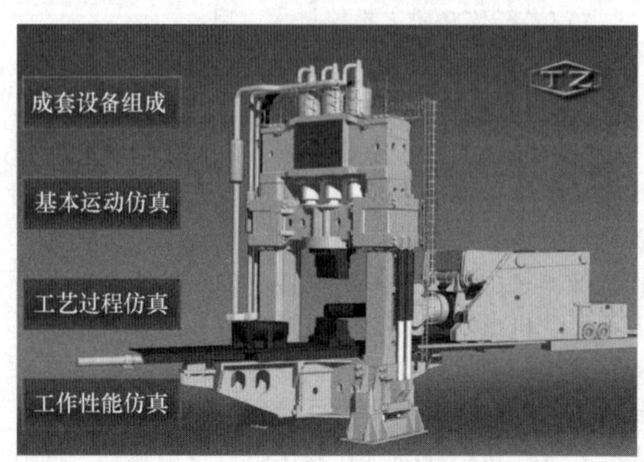

图 2-11-18　快锻液压机成套设备数字化样机产品

5. 发展现状及趋势

自 2006 年以来，国内一些传统锻造企业开始着手于旧设备淘汰或改造，新建的现代锻造企业也开始投资上马新设备，并对设备性能提出了更高要求，高速度、高精度、低能耗的快锻液压机备受青睐，已成为主流设备。太原重工股份有限公司和兰石重工新技术有限公司是国内比较知名的快锻液压机制造企业，太原重工股份有限公司同时还完成了国家工信部和标准化委员会下达的“油泵直接传动双柱斜置式自由锻造液压机”行业标准制订工作。

尽管我国快锻液压机在级别、数量和大锻件产量上已位居世界之首，成为了锻造大国，但还远不是锻造强国。一方面，拥有世界最大、最多的锻造液压机；另一方面，一些关键领域和行业所需的高技术含量、高质量要求的大锻件，如百万千瓦级火电和核电用汽轮机转子（超临界、超超临界）、特大支承辊、大型高温高压厚壁筒体、船用大马力低速柴油机组合曲轴等，尚处于生产能力低下或无法生产状态。

随着节能减排、绿色和可持续发展及中国制造 2025 等国家战略的加紧落实，快锻液压机产品研制也必将更加着力于践行绿色制造、智能制造，更加注重应用成形工艺模拟技术、数字化样机技术和计算机网络技术等先进设计方法和手段，更加注重实现锻造生产过程科学化和锻造企业现代化，更加注重降低污染排放，保护环境，致力于追求技术、经济和社会效益的最大化。

11. 3. 2　主要结构

快锻液压机的主要结构包括液压机本体和机械化装置。

液压机本体按机身结构和布置方式可分为四柱式和双柱斜置式两种，如图 2-11-19 所示。四柱式快锻液压机是传统三梁四柱预应力结构，双柱斜置式快锻液压机则采用上、下横梁和两根矩形立柱通过多根拉杆预紧组成受力框架，与锻造轴中心线成一定角度布置。与四柱式快锻液压机相比，双柱斜置

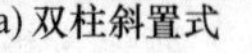
a) 双柱斜置式

b) 四柱式

图 2-11-19　快锻液压机机身结构和布置方式

式机身有较大的截面惯性矩和抗弯刚度，允许偏心锻造范围大；有较大的操作空间，可视性和工艺适应性好。

1. 预应力组合受力机身

预应力组合受力机身主要有四柱单拉杆和双柱多拉杆两种结构，如图 2-11-20 所示。按最大锻造力和最大允许偏心距设计、调整拉杆的预应力，上、下横梁与立柱接触部分的横截面尺寸相当，梁的高度方向受压缩后的变形不可忽略，用于计算的被压缩构件尺寸应包括上、下横梁和立柱的有效高度。

理论和实践证明，预应力组合受力机身具有较高的整体刚度、抗疲劳强度、承载能力和安全可靠性。同时，上、下横梁的内侧不再需要固定螺母，不需频繁地紧固外侧大螺母，处于立柱内拉杆的循环应力幅值大为减小，如图 2-11-21 所示。可以说，在整机寿命周期内不会产生立柱断裂事故，各个构件的使用寿命因此而延长，大大降低了设备维修费用和寿命周期成本。

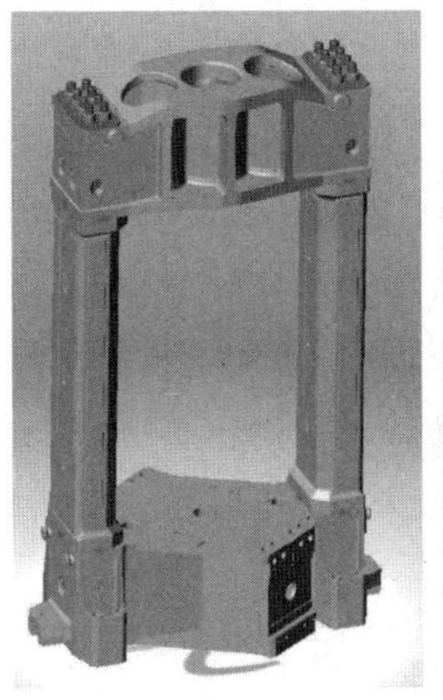

a) 双柱多拉杆

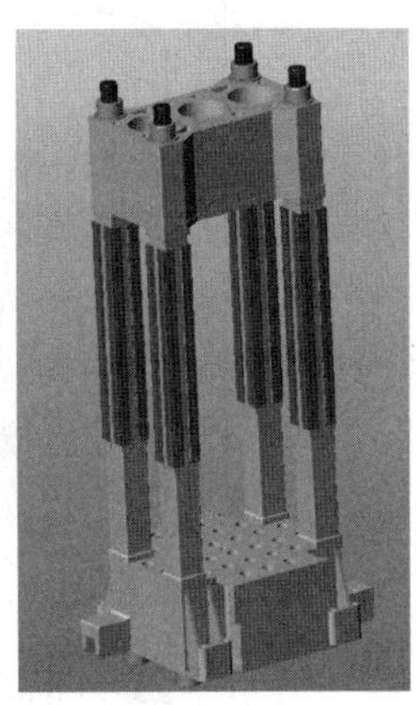

b) 四柱单拉杆

图 2-11-20　快锻液压机预应力组合受力机身

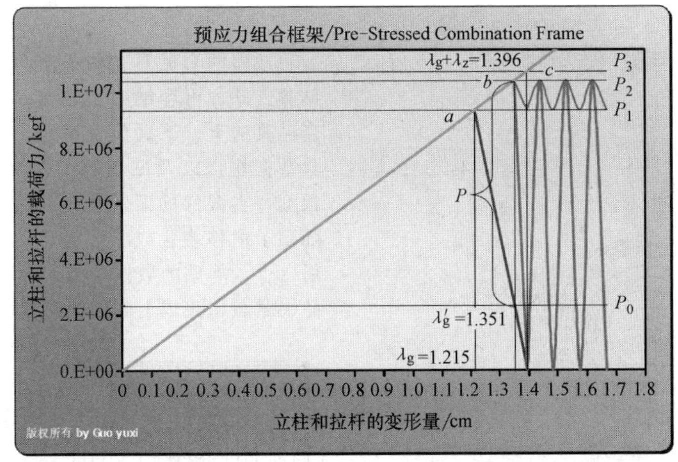

图 2-11-21　预应力组合受力机身拉杆和立柱受力-变形曲线

2. 主缸

除小吨位的快锻液压机采用单缸结构外，大中型快锻液压机均采用三缸结构，具体可分为等径缸和不等径缸两种布置方式。无论采用哪种布置方式，都可以实现多缸分级锻造，即不同锻造力对应不同锻造频次。主缸多为柱塞缸，与活动横梁的连接为球面铰接摇杆结构，如图 2-11-22 所示。柱塞下部为空心体，内装有一个凸球面垫和双凹球圆柱摇杆，通过另一个安装于活动横梁的凸球面垫，将力传递到活动横梁。凸球面垫上均开有润滑槽和连接孔，与干油集中润滑系统匹配连接。球面铰轴回转半径与活动横梁在偏心载荷的回转半径相协调，以减小偏心载荷对主缸导套和密封的影响，延长其使用寿命。

3. 上砧夹紧装置

为了缩短更换上砧时间，减轻工人劳动强度，活动横梁上安装有 4 套上砧快速旋转夹紧装置，如图 2-11-23 所示。布置平面呈正方形，在更换上砧时，可以与下砧对齐或成 90°安装。

4. 导向装置

导向装置为具有特殊构造的超长导向结构和绕立柱四周的组合式活动横梁，如图 2-11-24 所示。当液压机承受偏心载荷时，通过增加平面导向长度，导向面接触应力变低，变形也大为减小，消除了圆形张力柱点接触应力和偏磨损的现象；通过在线实时监测装置监控活动横梁运行水平度，可进一步提高导向装置的运行精度。

5. 回程缸

回程缸多为柱塞缸，采用倒装式结构，设置于立柱外侧面。根据液压机吨位不同，可布置两个或 4 个。缸底和柱塞分别通过球铰座和螺钉与活动横梁、下横梁连接。回程力大小需要根据运动部件克服阻

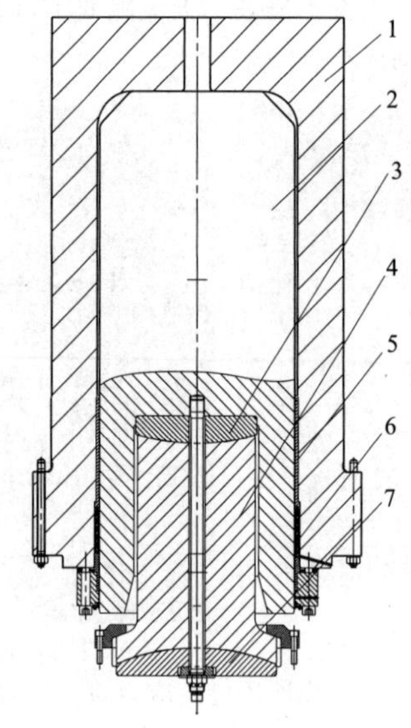

图 2-11-22　主缸结构

1—缸体　2—柱塞　3—上凸球面垫　4—摇杆　5—导套　6—密封　7—下凸球面垫

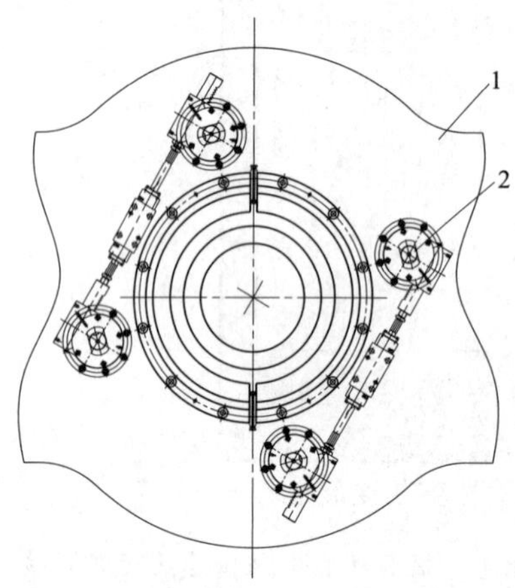

图 2-11-23　上砧快速旋转夹紧装置

1—活动横梁　2—上砧夹紧装置

力、自身重量和锻造频次要求确定。回程用蓄能器站及其控制阀块尽量靠近回程缸布置，以缩短连接管道长度，减少管道内油液的附加质量，增加液压系统固有频率和频响特性。

6. 机械化装置

为了缩短更换砧具时间，减轻工人劳动强度，工作台移动装置、砧子横向移动装置和砧库相互配合，按锻造工具调配系统的程序组合调用上、下砧具。如图 2-11-25 所示，工作台移动装置和砧库装置均与砧子横向移动装置成正交布置，工作台移动装置置于砧子横向移动装置与砧库装置之间，砧库装置置于砧子横向移动装置的外端部。各装置均配有连续检测行程位置的绝对值编码器。工作台移动装置可放置两套砧具，砧子横向移动装置可容纳三套砧具，砧库可容纳四套砧具。上位机预先编制好每套砧具的上、下砧位置编号，屏幕上可随时显示砧具数据块，以及砧具当前位置和调整位置等信息。根据每类锻件的锻造程序对砧具进行调配，当砧具随砧子横移装置或工作台移动装置进入液压机中心后，上、下砧的数据信息会传递给控制系统，由上砧夹紧装置完成上砧的快速自动更换。

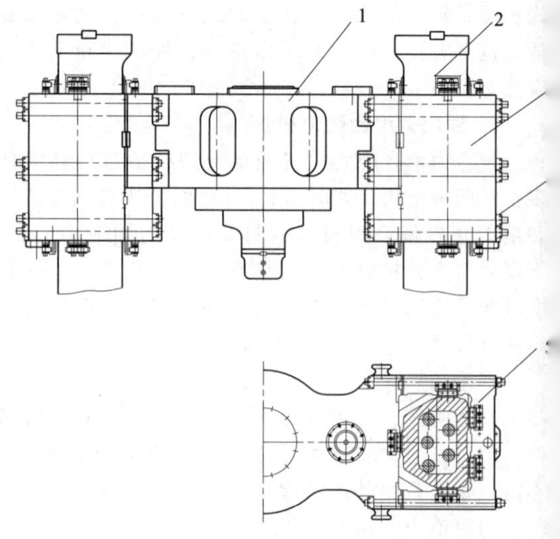

图 2-11-24　导向装置

1—活动横梁　2—立柱　3—导向架　4—螺杆　5—导向块

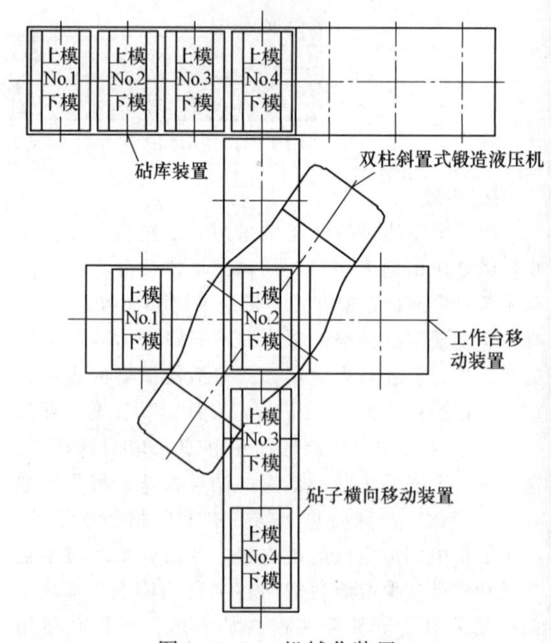

图 2-11-25　机械化装置

旋转锻造工作台是一套独立的承载和传动装置，适用于某些特殊锻件的回转锻造和碾平作业，具体应用时，将其吊到移动工作台的镦粗模工位上，液压驱动油源已连接到移动工作台的快速接头上，将移动工作台一角的盖板打开，将安装在旋转锻造工作台内的接头软管与装在移动工作台内的快速接头连接，即可由操作台上电动控制，对旋转锻造工作台进行操作。

11.3.3 电液控制系统

1. 液压系统

快锻液压机的液压系统能够以优化和节能方式适应锻造程序不断变化的要求，系统压力按照锻件材料的变形阻力大小而相应变化，使电能的消耗减少到最小，并可在最大工作压力下连续压下，特别适用于执行高压连续和间隙式压力工作程序。

快锻液压机的液压系统主要由动力系统、主控系统和充液系统组成。动力系统通常集中设置于锻造车间内靠近液压机本体的封闭房间内，其组成包括主油箱、主泵组、控制泵组、辅助泵组、泵头控制阀块和管路系统，以及加热/冷却/过滤（HCF）循环系统，当采用大排量、高转速的主泵时，还需配有主泵供油增压系统和轴承冲洗系统。主控系统通过控制主缸、侧缸和回程缸压力，实现活动横梁快下、加压、卸压、回程和停止等动作，主缸、侧缸和回程缸压力分别由相应的集成阀块控制。充液系统的作用是在活动横梁快速下降时向工作缸提供大量油液，卸压和回程时接收工作缸排出的油液，其组成主要包括充液罐组件及充液阀。

动力系统是保证设备正常运行的关键，主油箱和加热/冷却/过滤（HCF）循环系统如图 2-11-26 所示。主油箱油温由热电偶温度变送器采集，并通过控制系统对温度进行调节控制，使系统始终保持正常工作温度。系统内油介质的清洁度必须达到使用元件要求。

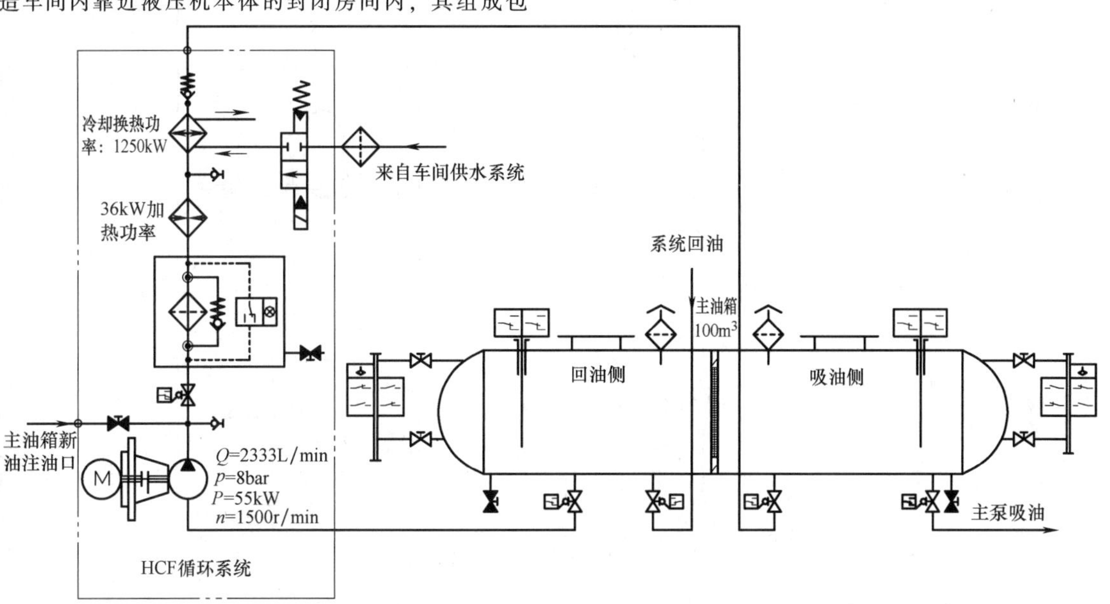

图 2-11-26　主油箱及 HCF 循环系统

注：$1bar = 10^5 Pa$。

主控系统液压原理如图 2-11-27 所示。采用了集成设计和分布式控制技术，通过将不同功能的插装件、控制盖板和先导控制球阀，以及快锻阀、安全阀、蓄能器、压力传感器和测压接头等组合设计成各集成阀块，并置于各工作缸附近，再通过合理地规定、控制油路中的油流方向、压力和流量，同时通过操作程序控制各阀启闭瞬时的动作时间差，使各工作缸柔性升压、升速，实现系统柔性控制，降低了振动和噪声。当主控系统工作时，活动横梁快速下降或回程，需要充液系统向工作缸提供大量油液，或者接收工作缸排出的油液。充液系统可以采用高位上油箱，也可以采用低压充液罐。高位上油箱比较简便，但会增加厂房高度，也存在一定的安全风险，通常在中小型快锻液压机上采用。若采用低压充液罐，应使其靠近液压机本体，并通过管道与工作缸附近的充液阀相连接；充液罐内的液位和压力需要实时控制，以满足系统正常运行要求。

常锻工况下，根据工艺需要，加压可以选择主缸、侧缸或主缸、侧缸同时工作方式。当活动横梁快速下降或转慢速下降完成、上砧接触到锻件后，根据锻造压力分级，相应的充液阀和快锻阀关闭，来自泵站的高压油通过进油插装阀流入主缸和/或侧缸，液压机开始加压，加压速度取决于预选泵的数量。

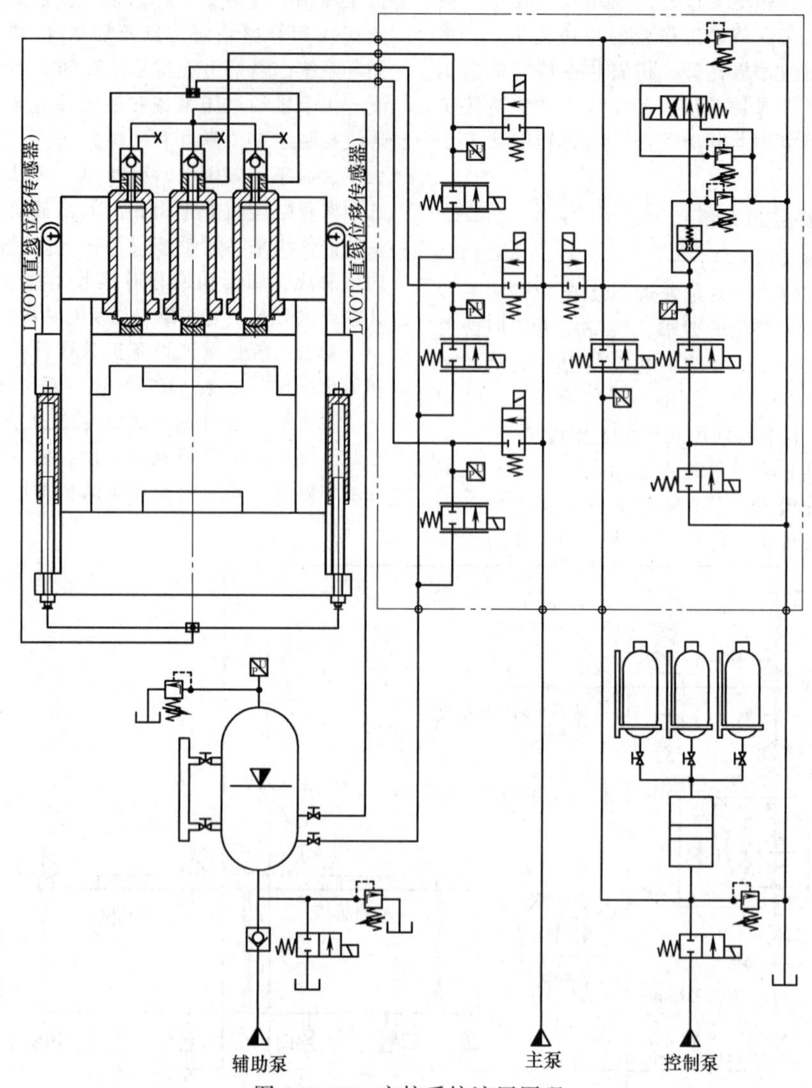

图 2-11-27　主控系统液压原理

快锻工况下，当主缸、侧缸分别工作时，相应工作缸的充液阀处于关闭状态，进油阀处于常开状态，来自泵站的高压油进入主缸或侧缸加压，同时将回程缸的油通过一个进油阀排回到蓄势站的蓄能器中；当压下行程达到设定位置时，主缸或侧缸的高频响比例阀开启卸压和排油，蓄势站又将蓄能器的油压回到回程缸，推动活动横梁回程；当回程到设定位置时，高频响比例阀关闭，主缸或侧缸进行下一个加压循环。锻造频次取决于所需的锻透深度、回程量，以及锻造速度和回程速度。当液压机与操作机联动时，选择操作机优先于液压机控制，锻造频次也与操作机行程步距相关。另外，回程缸设计有压力限制安全溢流阀和安全支承，活动横梁下降/提升调整回路，紧急安全手动提升（下降）回路，蓄能器加载、保压和压力限制等回路。

2. 电气控制系统

电气控制系统由上位工业控制计算机（IPC）和可编程控制器（PLC）两级控制构成。通过计算机和 PLC 系统的协调工作，实现对液压机工作过程的在线智能管理和控制。IPC 实现锻造液压机设备的参数设置、人机对话操作和故障检测。PLC 对液压机及其辅助设备进行精确过程控制，包括对锻造尺寸的控制，以及液压机与操作机联动。U 形操作台如图 2-11-28 所示，具有良好的可视性和可操作性，液压机和操作机由单人操作，工作制度分三种方式，即手动、半自动和联机自动控制，在操作台上通过转换开关进行选择。

电气控制系统的主要特点如下：

1）所有控制清晰再现。

2）所有工序过程监测。

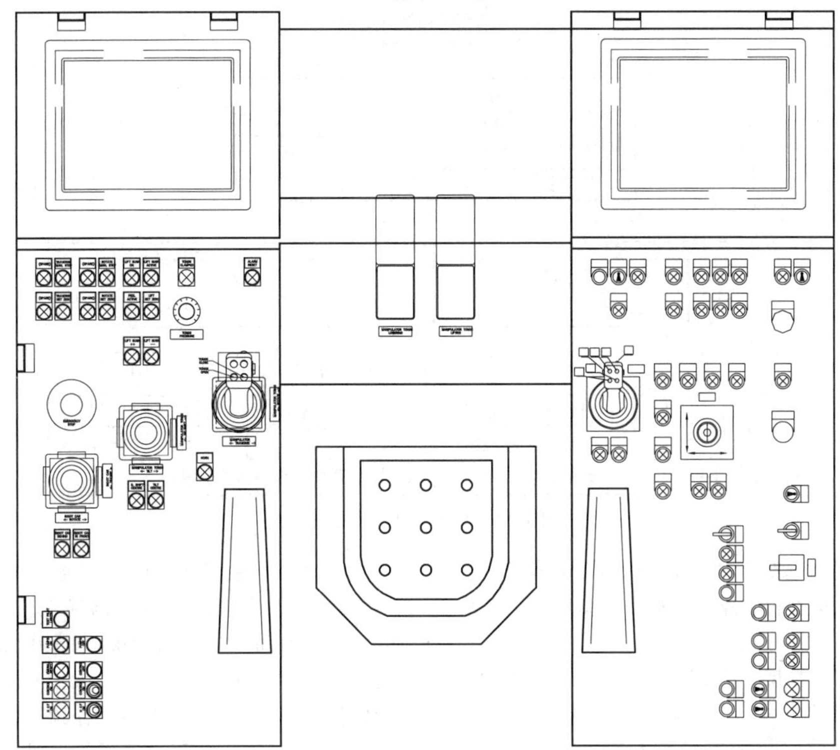

图 2-11-28　U 形操作台

3）多级计算机系统连接。

4）人机交互操作界面。

5）智能故障诊断与维护。

6）容易修改或补充。

电气控制系统设备包括动力柜、控制柜、操作台、若干总线控制箱和接线盒，分别安装在高、低压配电室、控制室、泵站和液压机现场。液压机供电采用高、低压两种供电方式，主泵为高压供电（10kV，AC），辅助系统供电为 380V，三相四线制。为避免大电流冲击，系统联锁控制各台主泵电动机依序起动。

可编程控制器（PLC）采用西门子 SIMATIC S7-400 系列产品，CPU 程序存储容量大、运算速度快。PLC 编程软件采用 STEP 7，各模块之间可以通过任意组合满足各种工况要求。各种输入/输出模块使 PLC 直接与电气元件，如电液阀线圈、按钮、接近开关、压力继电器、传感器、编码器和比例阀控制器连接，满足液压机的位置、压力、速度和各主、辅助机构动作的可靠控制及安全联锁。由 PLC 处理锻造控制系统的所有输入数据和反馈信号，并实现过程控制的所有功能要求。

整个 PLC 通过一个开放的标准化工业现场控制通信总线（Profibus-DP）连接各个部件，组成计算机操作网络系统，如图 2-11-29 所示。分布式的内部总线允许 CPU 与 I/O 间进行快速通信，具有调整、扩展灵活的特点。

锻造尺寸控制技术特点如下：

1）集成在 PLC 中。

2）全数字化传感器系统。

3）机身延伸量自动补偿修正。

4）按钮开关键赋值。

5）锻造行程记忆修正与上转换点过运行补偿。

6）锻造行程设定、显示与下转换点连续显示、存储。

7）工件上平面位置检测与操作机动作控制。

8）工件上边缘位置检测与液压机速度切换控制。

9）压下和回程速度无级控制。

可视化上位计算机可通过本地 TCP/IP 网络与液压机控制系统连接，通过彩色监视器和键盘提供人机对话操作。可将上位工业计算机系统连接到液压机或操作机的 PLC 系统，进行生产、工艺和控制信息的传输、数据交换和管理通信。IPC 监控界面（HMI）加 Siemens 视窗控制中心组态软件，使操作者获得下列功能信息：

1）帮助信息，如无响应、错误的开关设置，不正确的数据输入和未设定初始位置等。

2）泵的选择和状态显示。

3）文字形式显示故障信息。

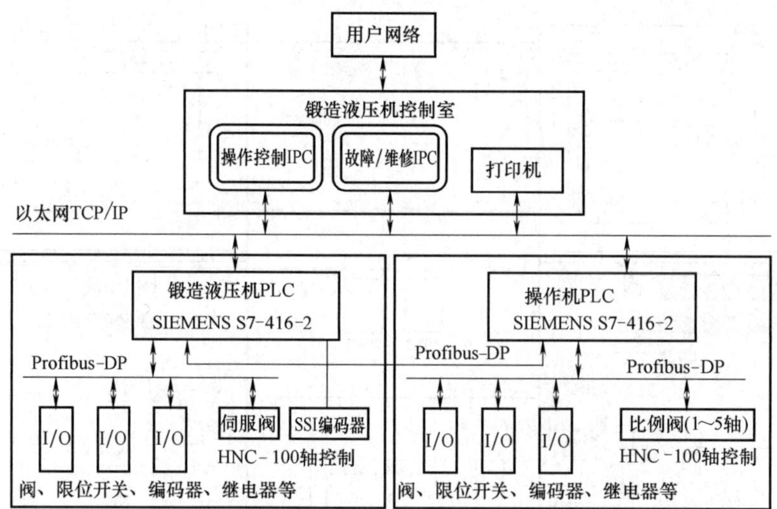

图 2-11-29　计算机操作网络系统

4）液压机设定数据和实际数据的补充显示。

5）执行机构行程、速度和压力参数设定、实时显示。

6）设备状态数据，如报警、阀通断电、各动作联锁条件的检测和显示。

7）工艺参数，如钢锭材质和温度、锻比、位置、速度、压力及工作曲线的检测和显示。

8）控制、工艺和生产数据库中的数据处理状态。

11.3.4　典型产品简介

据不完全统计，我国 60MN 以上级别的快锻液压机约有 20 多台，其中的大部分见表 2-11-15。

表 2-11-15　我国 60MN 以上级别的快锻液压机

序号	公称力/MN	用户名称	机身形式
1	185	中信重工机械股份有限公司	双柱
2	165	上海重型机器厂有限公司	四柱
3	140	江苏苏南重工机械科技有限公司	四柱
4	125	太原重工股份有限公司	双柱
5	125	通裕重工有限公司	四柱
6	100	西南铝业集团有限公司	双柱
7	80	中钢集团邢台机械轧辊有限公司	双柱
8	80	马鞍山钢铁股份有限公司	双柱
9	80	重庆焱练重型机械有限公司	双柱
10	80	中冶京诚装备技术有限公司	双柱
11	80	中国第二重型机械集团公司	双柱
12	80	中冶陕压重工设备有限公司	四柱
13	70	重庆长征重工有限责任公司	四柱
14	70	宁波通迪重型锻造有限公司	双柱
15	63	扬州诚德重工有限公司	双柱
16	63	无锡大昶重型环件有限公司	双柱
17	60	北方锻钢制造有限责任公司	双柱
18	60	山东南山铝业股份有限公司	双柱
19	60	沈阳有色金属加工有限公司	双柱

1. 185MN 快锻液压机

185MN 快锻液压机由德国潘克公司设计制造，如图 2-11-30 所示。该机配备了 2500/7500kN · m 锻造操作机，可生产镦粗锻件最大重量为 500t。该机在结构上采用双柱斜置式多拉杆预应力组合受力机身，上横梁布置 3 个等径液压缸，可实现 3 种压力分级锻造；4 个回程缸柱塞、缸体分别与下横梁、活动横梁连接。液压系统采用正弦传动系统（PMSD），整个锻造过程可以实现无冲击、平滑过渡。

该机的主要技术参数见表 2-11-16。

表 2-11-16　185MN 快锻液压机的主要技术参数

参数名称	参数值
公称力/MN	185
压力分级/MN	55/110/165
最大净空距/mm	8500
立柱间净距/mm	7500
允许载荷偏心距/mm	350
工作台面尺寸/mm(前后×左右)	5400×13000
锻件精度/mm	±1
最大锻造速度(三缸)/(mm/s)	65
锻造频次 165MN(三缸)/(次/min)(压下量 100mm,行程 250mm)	≥8
锻造频次 110MN(两缸)/(次/min)(压下量 5mm,行程 75mm)	≥4
地面以上高度/mm	20000

2. 165MN 快锻液压机

165MN 快锻液压机由中国重型机械研究院股份公司设计、上海重型机器厂有限公司制造，如图 2-11-31 所示。该机配备了 2500/7500kN · m 锻造操作机，可生产镦粗锻件最大重量为 450t。该机在结构上采用四柱单拉杆预应力组合受力机身，上横

图 2-11-30　185MN 快锻液压机

梁布置 3 个等径液压缸，可实现 3 种压力分级锻造；回程系统由柱塞缸、导杆和小上梁等组成，布置在上横梁，与活动横梁采用球铰结构连接。液压系统采用 48 台主泵，主缸、侧缸和回程缸采用比例阀控制，整个锻造过程可实现无冲击、平滑过渡。

该机的主要技术参数见表 2-11-17。

表 2-11-17　165MN 快锻液压机的主要技术参数

参数名称	参数值
公称力/MN	165
压力分级/MN	55/110/165
最大净空距/mm	8000
立柱间净距/mm	7500
允许载荷偏心距/mm	300
工作台面尺寸/mm(前后×左右)	5000×12000
锻件精度/mm	±2
最大锻造速度(三缸)/(mm/s)	80
锻造频次 55MN(单缸)/(次/min)(压下量 50mm,行程 100mm)	≥20
地面以上高度/mm	16700

图 2-11-31　165MN 快锻液压机

3. 125MN 快锻液压机

125MN 快锻液压机由太原重工股份有限公司设计制造，如图 2-11-32 所示。该机配备了 1800/4000kN · m 锻造操作机、横向移砧装置和钢锭旋转升降台，可生产镦粗锻件最大重量为 300t。该机在结构上采用双柱斜置式多拉杆预应力组合受力机身，上横梁布置 3 个等径液压缸，可实现 3 种压力分级锻造；活动横梁采用八面导向，配有上砧旋转夹紧装置；4 个回程缸柱塞、缸体分别与下横梁、活动横梁连接。液压系统采用 28 台主泵，4 台螺杆泵供油，空程下降采用低压充液罐补油，主缸、侧缸和回程缸采用比例阀控制，可以实现高压快速泄压，整个锻造过程无冲击、平滑过渡。

该机的主要技术参数见表 2-11-18。

表 2-11-18　125MN 快锻液压机的主要技术参数

参数名称	参数值
公称力/MN	125
压力分级/MN	38/76/114
最大净空距/mm	7500
立柱间净距/mm	6000
允许载荷偏心距/mm	250
工作台面尺寸/mm(前后×左右)	4000×10000
锻件精度/mm	±2
最大锻造速度(三缸)/(mm/s)	87
锻造频次 38MN(单缸)/(次/min)(压下量 25mm,行程 50mm)	≥30
锻造频次 38MN(单缸)/(次/min)(压下量 5mm,行程 30mm)	≥60
地面以上高度/mm	18930

图 2-11-32　125MN 快锻液压机

4. 80MN 快锻液压机

80MN 快锻液压机由太原重工股份有限公司设计制造，如图 2-11-33 所示。该机配备了 1250/3000kN · m 锻压操作机、横向移砧装置和钢锭旋转升降台，可生产镦粗锻件最大重量为 150t。该机在结构上采用双柱斜置式多拉杆预应力组合受力机身，上横梁布置 3 个不等径液压缸，可实现 3 种压力分级锻造；活动横梁采用四面导向，配有上砧旋转夹紧装置；两个回程缸柱塞、缸体分别与下横梁、活动横梁连接。液压系统采用 18 台主泵，4 台螺杆泵供油，空程下降采用低压充液罐补油，主缸、侧缸和回程缸采用比例阀控制，可以实现高压快速泄压，整个锻造过程无冲击、平滑过渡。

该机的主要技术参数见表 2-11-19。

表 2-11-19　80MN 快锻液压机的主要技术参数

参数名称	参数值
公称力/MN	80
压力分级/MN	30/42/72
最大净空距/mm	6000
立柱间净距/mm	3800
允许载荷偏心距/mm	400
工作台面尺寸/mm(前后×左右)	2800×6000
锻件精度/mm	±1
最大锻造速度(三缸)/(mm/s)	87
锻造频次 30MN(双缸)/(次/min)(压下量 5mm,行程 25mm)	≥75
锻造频次 42MN(单缸)/(次/min)(压下量 25mm,行程 50mm)	≥40
锻造频次 72MN(单缸)/(次/min)(压下量 50mm,行程 100mm)	≥25
地面以上高度/mm	15665

图 2-11-33　80MN 快锻液压机

5. 25MN 快锻液压机

25MN 快锻液压机由兰石重工新技术有限公司设计制造，如图 2-11-34 所示。该机配备了 200/500kN · m 锻造操作机和横向移砧装置。该机主机结构采用下拉式，机身结构为双柱斜置式单拉杆预应力组合受力机身。固定梁通过 4 个互为 90°相邻的键与 4 个支座连接，4 个支座既起到支承主机的作用，又是一个减震的弹性元件；主缸柱塞与下横梁采用球面铰接结构；两个回程缸以液压机中心线为中心，对称安装在固定的导向套上；柱塞杆与上横梁之间采用双球面铰接结构；立柱采用矩形截面，导向装置安装于固定梁矩形孔内，在矩形孔与矩形立柱的 4 个导向面之间，分别装有上、下导向板，通过调节导向板垫片组，按斜度比可方便、准确地调整立柱与导向板的导向间隙；上砧快换夹紧装置由预压的蝶形弹簧组和可液动的 T 形拉杆组成，贯穿于上横梁，与机身中心线重合。

该机的主要技术参数见表 2-11-20。

表 2-11-20　25MN 快锻液压机的主要技术参数

参数名称	参数值
公称力/MN	25
最大净空距/mm	3900
立柱间净距/mm	2400
允许载荷偏心距/mm	200
工作台面尺寸/mm(前后×左右)	1800×5000
锻件精度/mm	±1
最大锻造速度(三缸)/(mm/s)	90
地面以上高度/mm	6810
地面以下高度/mm	10000

图 2-11-34　25MN 快锻液压机

11.4　复合材料成形液压机

11.4.1　概述

1. 复合材料成形工艺

复合材料具有轻质、高强、高磨、耐烧蚀、防弹、透波、隐身、无磁、防腐、绝热和绝缘等特点，在航空航天、汽车、舰船、兵器等领域已成为主导；在交通、建筑、石化、能源、电子、农林等国民经济建设和社会生活领域已成为重要材料。

目前，复合材料成形的方法很多，包括手糊成形、喷射成形、纤维缠绕成形、树脂传递模塑工艺（RTM）、模压成形（SMC、GMT、LFT-D）等。

热固性复合材料（SMC）模压成形是将一定量的片状模塑料（SMC）放入指定温度的模具中加压，使料片熔融流动并能均匀地充满模腔，经过压力设备进行加压，一定时间固化成形获得复合材料制件的一种方法，其工艺流程如图 2-11-35 所示。

热塑性复合材料 LFT-D 模压成形是将聚合物基体颗粒（主要是 PP）和添加剂输送到重力混合计量单元中，根据部件的力学性能要求进行材料的混配。经混配好的原料再被送入双螺杆挤出机中进行塑化，熔融的混合物通过一个薄膜模头形成类似瀑布的聚合物薄膜，该聚合物薄膜直接被送入到双螺杆混炼挤塑机的开口处。此时，玻璃纤维粗纱通过特别设计的粗纱架，在经过预热、分散等程序后被引入聚合物薄膜的顶端与薄膜汇合一同进入到双螺杆挤塑机中，由螺杆切割粗纱，并把它们柔和地混合到预熔的聚合物当中，然后直接送入压制模具中成形，其工艺流程如图 2-11-36 所示。

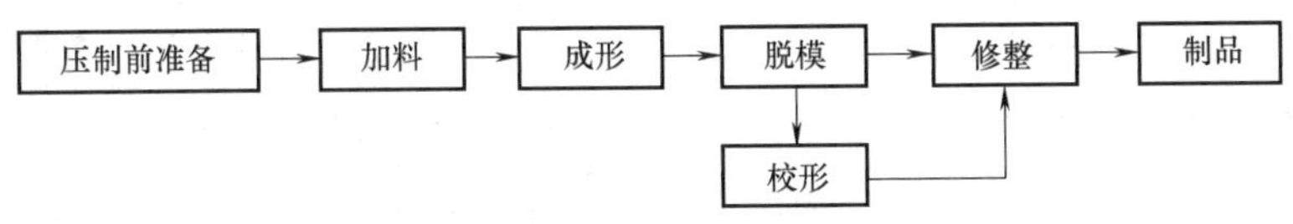

图 2-11-35　SMC 模压成形工艺流程

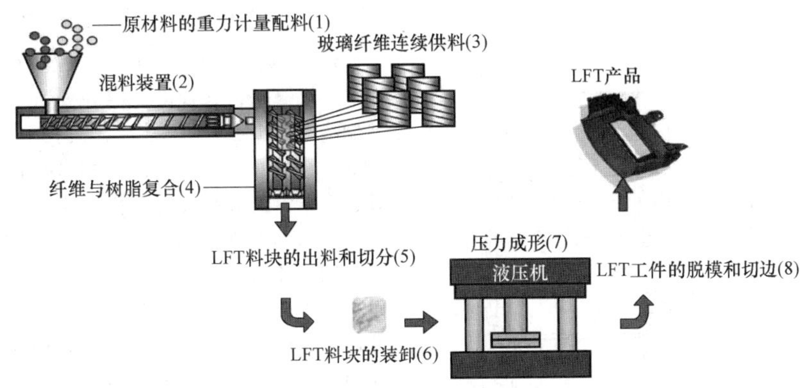

图 2-11-36　LFT-D 模压成形工艺流程

2. 复合材料主要应用

复合材料是一种混合物，在很多领域，如汽车工业、工程、农用机械、建筑、卫浴、体育、游艇、高铁、轨道客车、电子、电工、舰船、兵器、石化、能源、农林等都得到了广泛的应用，如图 2-11-37 和图 2-11-38 所示。

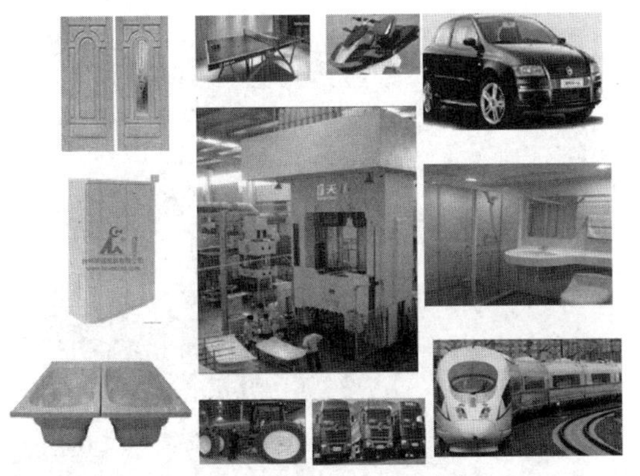

图 2-11-37　复合材料的应用领域

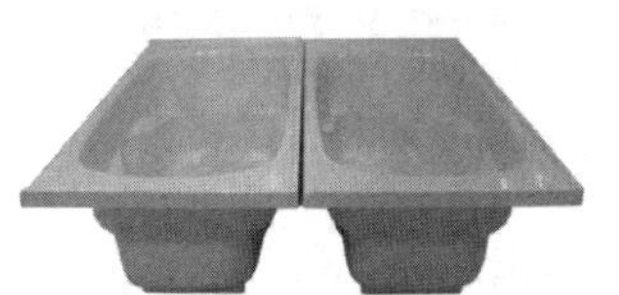

玻璃钢浴盆
（芜湖科逸住宅设备有限公司）

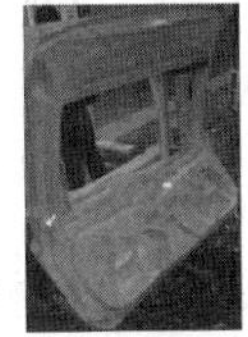

汽车尾门
（东风佛吉亚汽车外饰有限公司）

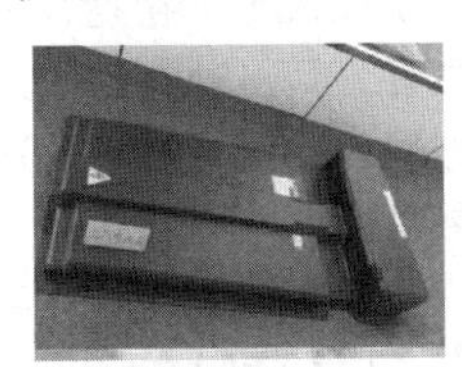

LFT电池盒盖
（山东格瑞德集团有限公司）

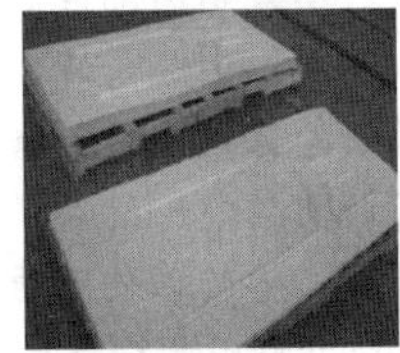

玻璃钢门皮
（振石集团华美复合新材料有限公司）

图 2-11-38　典型复合材料液压机产品

3. 复合材料成形液压机分类

液压机从机身结构分可分为四柱式、整体框架式和组合框架式三种结构，如图 2-11-39 所示。当生产制品对液压机精度要求不高时，可选用四柱式结构；当需要高精度成形、压制时，则选用框架式结构。当液压机吨位和工作台面比较小时采用整体框架结构，吨位和工作台面较大时则采用组合框架式结构。

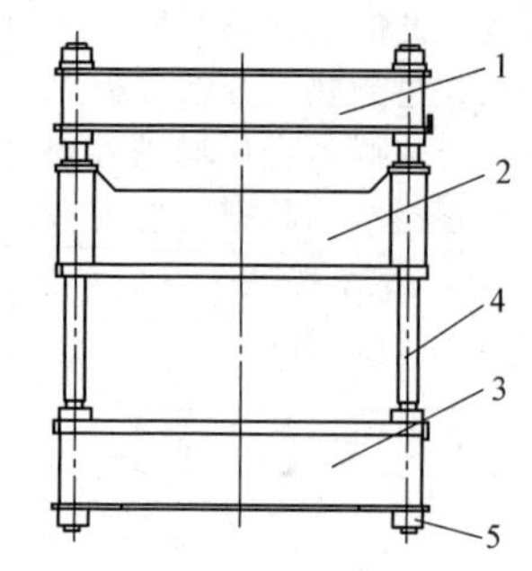

1—上横梁　2—滑块　3—下横梁　4—拉杆　5—螺母

a) 四柱式机身

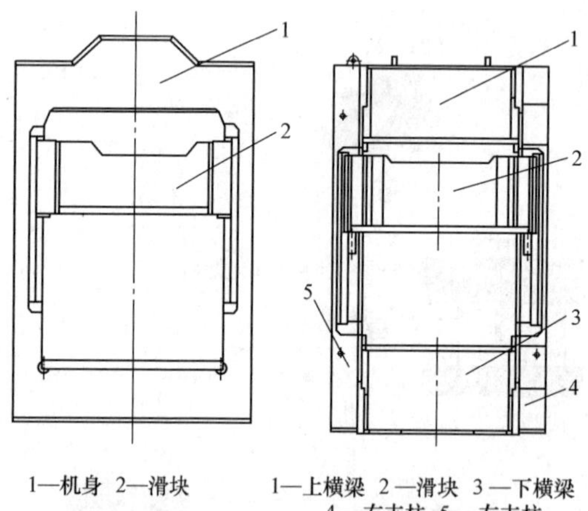

1—机身　2—滑块　　1—上横梁　2—滑块　3—下横梁　4—右支柱　5—左支柱

b) 整体框架式机身　　c) 组合框架式机身

图 2-11-39　复合材料液压机机身结构

11.4.2　复合材料模压生产线

复合材料模压成形效率高、质量易于控制、可实现大型复杂零部件制品的一次性成形，在复合材料量产成形中综合成本优势较好，是一种典型成形工艺。复合材料种类繁多，不同种类复合材料模压成形所需的模压设备具有差异性，本小节选择具有代表性、生产率及自动化程度均较高的 LFT-D 长纤维增强热塑性复合材料在线模压生产线进行叙述。

1. LFT-D 模压产线国内外概况

（1）LFT-D 的概念　LFT（Long Fiber reinforced Thermoplastics）是一种长纤维增强热塑性材料，也是与普通的纤维增强热塑性材料相比较而言的。通常情况下，纤维增强热塑性材料中的纤维长度小于 1mm，而 LFT 中纤维的长度一般大于 2mm，目前加工工艺已能够将 LFT 中的纤维长度保持在 5～20mm 或以上。长纤维经过浸渍专用的树脂体系，得到被树脂充分浸润的复合材料，常用的基体树脂有 PP、PA、也可使用 PBT、PPS、SAN 等树脂，不同的树脂选用不同的纤维，根据用途不同，做成不同形状，直接取代热固性复合材料产品。

LFT-D 是长纤维增强热塑性复合材料在线直接生产制品的一种工艺技术，与 GMT 和 LFT-G 成形工艺比较，省去了半成品工艺步骤（见图 2-11-40），材料选择灵活，生产率高，生产成本较低。

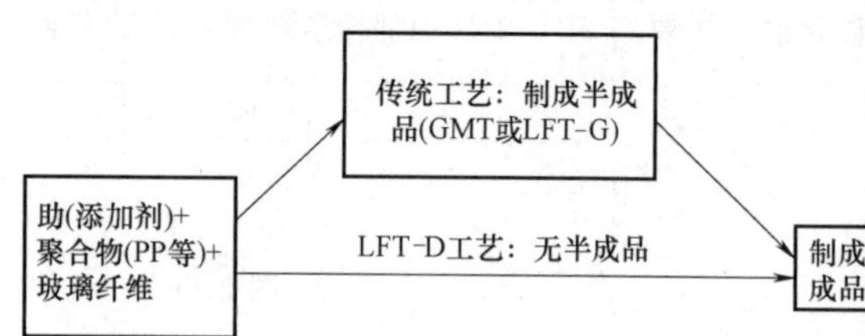

图 2-11-40　LFT-D 与 GMT 和 LFT-G 成形工艺比较

（2）国内外概况　LFT-D 在线模压生产线以德国迪芬巴赫公司为代表的国外公司于 1995 年开始研发制造并逐步实现销售，生产线技术已成熟，得到了全球长纤维增强热塑性复合材料制品客户的认可，实现了百条以上生产线的销售及应用（见图 2-11-41），推动了 LFT-D 在线模压工艺的应用及发展。

国内 LFT-D 在线模压生产线起步较晚。2010 年，上海耀华大中新材料有限公司引进首条德国迪芬巴赫公司生产线，福建海源自动化机械股份有限公司、重庆江东机械有限责任公司、天津市天锻压力机有限公司等相继消化吸收国外技术并自主开发。其中，重庆江东机械有限责任公司联合中国汽车研究院、北京航空航天大学、长城汽车于 2013 年承接国家重大科技专项，联合开发 LFT-D 生产线及工艺技术研究，并在汽车零部件制造方面进行应用推广。截止到 2018 年，已有福建海源自动化机械股份有限公司、重庆江东机械有限责任公司、天津市天锻压力机有限公司等国产 LFT-D 模压生产线实现实际应用。

图 2-11-41　德国迪芬巴赫 LFT-D 模压产线

(3) 生产线的工艺流程 LFT-D 模压生产线的工艺流程以德国迪芬巴赫公司的为典型成熟生产工艺，国内外液压机公司生产线存在一些小的区别，但基本大同小异（见图 2-11-42）。

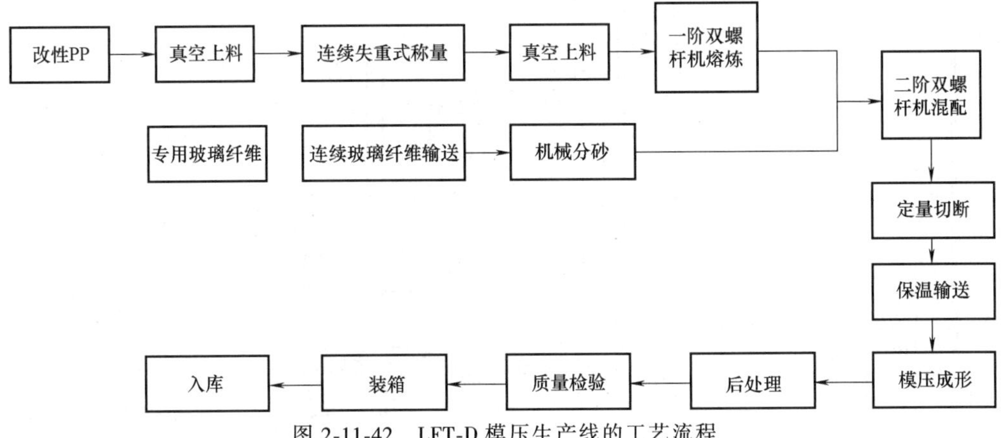

图 2-11-42 LFT-D 模压生产线的工艺流程

2. LFT-D 模压生产线组成系统及功能描述

各液压机公司的 LFT-D 模压生产线组成系统有一定差异，但总体类似（见图 2-11-43），主要由配料系统、保温输送系统、机器人上下料系统、专用快速液压机、模具温度控制系统和总控单元等组成。

图 2-11-43 LFT-D 模压生产线的组成系统
1—模具温度控制系统 2—机器人上下料系统
3—专用快速液压机 4—总控单元
5—配料系统 6—保温输送系统

(1) 配料系统 配料系统是制作 LFT-D 原材料的必备设备，用于基体树脂 PP、PA 及助剂等的上料、计量添加及充分混合熔化，纤维的分散、润砂、定量进纤，并在配料系统中完成纤维的切断及与基体树脂 PP、PA 及助剂等充分浸润，形成达到要求性能 LFT-D 原材料。

配料系统（见图 2-11-44）由原料供给装置、双螺杆双阶混炼挤出机、纤维分砂及计量供给系统、电气控制系统组成。

(2) 保温输送系统 保温输送系统用于将螺杆挤出机挤出的复合材料定长切断成料块并输送至待抓取位，以便机器人将料块抓送到模压成形液压机进行模压成形。

保温输送系统有单输送带结构及双输送带结构，一般可输送 1~4 块料块供送料机器人一次抓取，满足一模一件或一模多件成形的要求。有独立的电气控制系统，采用 PLC 控制。输送带外围有电加热式保温罩，可使复合材料料块在被抓取前保持所需的温度。

输送带采用伺服电动机驱动，能够实现料块的精确定位和灵活的速度匹配。

保温输送系统的主要技术参数见表 2-11-21。

表 2-11-21 保温输送系统的主要技术参数

序号	参数名称	参数值
1	过渡输送带输送线速度范围(可调)/(mm/s)	10~200
2	输送带输送线速度范围(可调)/(mm/s)	10~200
3	剪断长度精度/mm	±1
4	保温罩保温范围/℃	(180~285)±10
5	输送带宽度/mm	300~800
6	输出料块最大允许料宽/mm	250~750
7	允许机器人同时抓取的料块数量/块	1~4

LFT-D 模压制品件的质量与 LFT-D 热熔料的温度直接相关，保温系统中的保温设计是关键环节，保温设计方式很多，但设计的总体原则为：保证 LFT-D 物料在机器人抓取前的温度满足工艺要求及上下表面温度均匀性。

(3) 机器人上下料系统 机器人上下料系统是将保温输送带指定料位上的 LFT-D 物料快速准确送入液压机内模具指定放料位，以及将压制成形件取出液压机的装置，由上料机器人、上料端拾器、下料机器人、下料端拾器及控制系统组成。

机器人是标准部件，依据工件大小、重量、液压机工作台面尺寸进行计算选取；下料端拾器的类

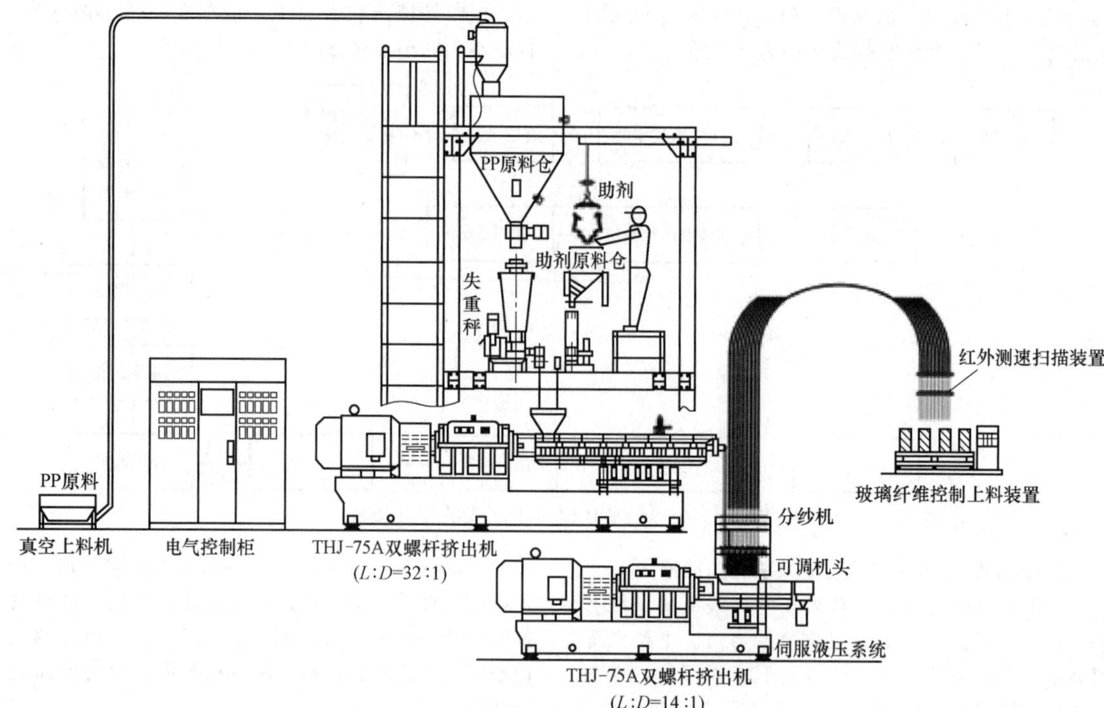

图 2-11-44　配料系统

型较多，主要依据工件的表面特性、大小、形状进行设计；上料端拾器（见图 2-11-45）的结构形式总体相似，尺寸按工艺辅料方式进行设计。上料端拾器主要采用针刺方式进行取放 LFT-D 热熔料，设计时一般需注意如下事项：

图 2-11-45　上料端拾器

1）刺针防坠设计：采取合适的紧固方式，刺针即使松动也不会发生坠落。防止机器人上料时，刺针因松动而掉入模具内，对模具造成损伤。同时，需对端拾器进行定期维护检查，防止各部位因受力而松动。

2）刺针物料防坠设计：复合材料加热后为熔融状态，易松脱。一方面，刺针角度与刺针表面粗糙度需要经过严格计算，总体范围为 35°～55°（见图 2-11-46）；另一方面，采用传感器实时监测物料是否脱落，当熔融态物料脱落时，机器人和液压机立即停止工作。

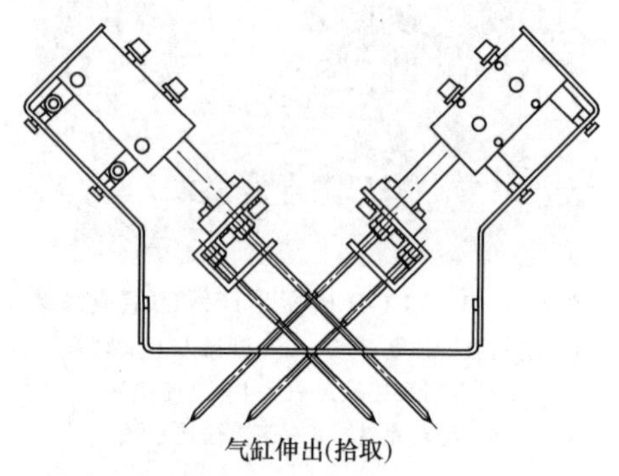

图 2-11-46　上料端拾器针刺设计

（4）专用快速液压机　LFT-D 模压生产线专用快速液压机依据 LFT-D 原材料模压成形工艺需求进行设计制造，区别于常规液压机的显著特点：快下及快回速度快、压制及开模速度分段可调或连续可调，配备四角调平系统及电气控制系统与生产线自动化联线的自动化程序接口。

1）LFT-D 模压生产线专用快速液压机运行工艺流程。机器人系统放料后移出液压机到安全位置→生产线给液压机发启动通信指令→滑块解锁→滑块空载快下→滑块空载快下减速→滑块慢下压制（多段速度设定或按需求的工艺曲线，四角调平系统启用）→保压（补压）→泄压→开模（四角调平系统开模）→滑块慢回→滑块快速回程→滑块慢速回程到位→滑块锁紧→液压机给机器人系统发信取件→机器人到取件位置→模具模内辅缸伸出顶件→机器人系统发信取件并离开液压机→模具内辅缸回位→液压机等待生产线下次启动通信指令。

2）LFT-D 模压生产线专用快速液压机工艺需求特点。

① 压制前的 LFT-D 材料在液压机闭模前须保持较高的温度（180~220℃），为防止材料表面过多温降而影响产品表面质量，要求液压机快下速度较快，一般为 600~800mm/s，同时以此速度快回，以提高生产率。

② 液压机需要在闭模后的压制前段速度较快，压制后段在材料固化前需较低的压制速度，在四角调平系统的调平作用下确保大型薄壁件的厚度均匀性，液压机的压制速度一般为 1~80mm/s 可调，可曲线过渡。

③ LFT-D 模压件的表面强度较低，为防止开模对零件表面质量的破坏，开模初始速度较慢；为满足特殊工件的模内涂层工艺，需要较小及稳定的开模高度，开模后段有较快的速度以提高效率。开模速度一般为 1~80mm/s 可调。

④ 配四角调平系统，满足大型薄件的厚度均匀性、模内涂层工艺及压制偏载对液压机的伤害。

⑤ 配模内辅助系统，满足工件侧孔及顶料取件需求。

3）LFT-D 模压生产线专用快速液压机功能部件。

① 四角调平系统。当采用复合材料成形液压机压制大型薄壁复合材料件时，工件不对称的偏载会导致压制过程为不平行压制，无法满足高精度零件要求；同时，为降到低偏载对主机的影响，一般配有四角调平系统。四角调平系统在德国力乐公司、美国奥格尔公司等多家著名国外公司已成熟运用很长时间，国内液压机公司也已相继开发运用，总体设计思路及控制原理相近。

四角调平系统由安装于液压机底座四角的 4 个调平缸、比例伺服阀、压力传感器、调平缸位移传感器、安全阀和四轴控制器等组成。调平缸位移传感器一般为内置安装，以减小滑块四角在慢下调平过程中的位置检测误差。滑块在慢下压制过程中，通过调平缸位移传感器进行实时检测，实时检测数据进入四轴控制器进行运算，四轴控制器依据检测数据对 4 个比例伺服阀进行实时闭环调节，保证滑块慢下过程中四角位置的实时运行差值在允许差值范围内。

② 快速充液装置。LFT-D 模压生产线专用快速液压机滑块快下速度为 800mm/s 左右，主加压缸充液速度要求很快，滑块快下运行进入工进时需要充液阀快速关闭，以防止进入主加压缸的压力源不会因为充液阀未及时关闭而从充液阀直接回油，导致液压机无法实现快速工进及快速加压，从而出现无法适应成形温度区间较窄的压制工艺。液压机滑块返程前需要快速泄压并有效控制泄压冲击。

③ 速度控制系统。LFT-D 模压生产线专用快速液压机运行速度快、速度柔性可调，其速度控制系统设计思路多种，图 2-11-47 所示为常用快速液压机的比例插装阀速度控制系统。

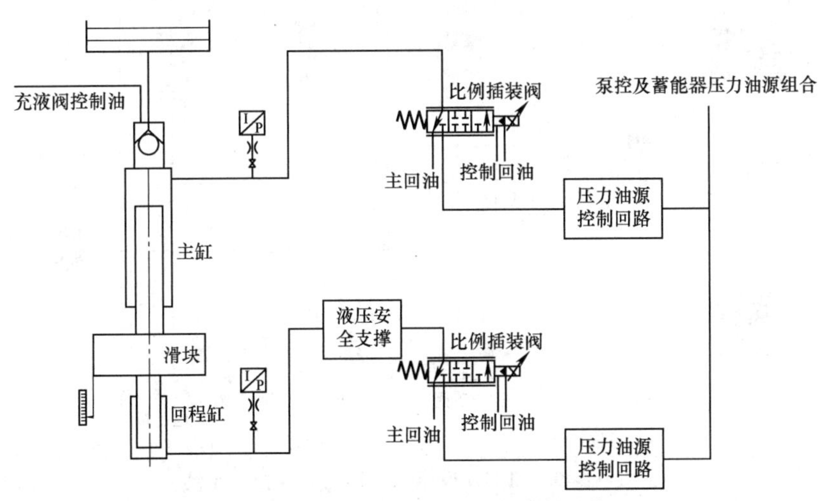

图 2-11-47　比例插装阀速度控制系统

工作原理：滑块空程快下重量为滑块重量及模具上模重量，空程快下速度由回程缸比例插装阀与位移传感器配合进行速度闭环控制；当滑块进入有压慢下后，滑块速度由主缸比例插装阀与位移传感器配合进行速度闭环控制；滑块的液压支撑由回程缸比例插装阀与回程缸压力传感器进行压力闭环控制，达到稳定的压力支撑；在主缸后压阶段，主缸压力由主缸比例插装阀与主缸压力传感器进行压力闭环控制。

(5) 模具温度控制系统　LFT-D 模压工艺的模具温度一般控制在 45~65℃，模具温度控制可直接依据模具及制品大小选取模温机（见图 2-11-48），模温机的主要技术参数见表 2-11-22。

图 2-11-48　模温机

表 2-11-22　模温机的主要技术参数

参数名称	参数值				
电源	3 相、380V、50Hz				
设备总功率/kW	39	63	85.5	127.5	127.5
设备总电流/A	60	96	131	195	195
热媒体	水				
控制方式	PC 板自优化微处理器				
控温精度/℃	PID　±1				
最高温度/℃	98℃				
最低温度/℃	进水温度　10℃				
加热功率(可调)/kW	36	60	90	120	120
加热方式	直接加热(直接冷却)				

(6) 总控单元　图 2-11-49 所示为 LFT-D 模压生产线的总线控制系统。

1) 系统组成。系统由现场总线、工业以太网、安全网络等组成

2) 系统功能。实现生产线联线，完成 LFT-D 模压生产线自动化运行，协调玻璃纤维供给系统、分纱机、失重秤、挤出机、输送带（含切断机）、送料机器人及快速压力机顺利完成生产节拍所需动作衔接，同时保证各设备之间衔接合理、可靠及生产线总体运行状况协调流畅，并实现监控管理系统功能（图形化监控、生产管理、数据采集与归档报表、故障与报警）。

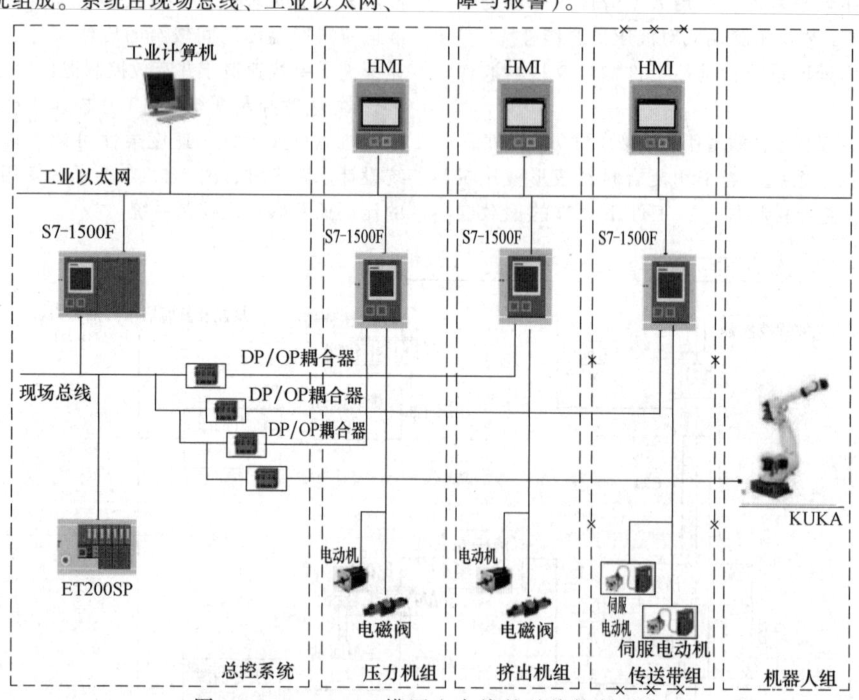

图 2-11-49　LFT-D 模压生产线的总线控制系统

3) 系统控制方式。有全线自动控制、区域联动控制、单机手动控制三种控制方式。其中，全线自动控制、区域联动控制由生产线自动化系统提供，单机手动控制由各设备控制系统提供，生产线自动化系统对三种控制方式须能有效切换。

(7) LFT-D 模压生产线的主要技术参数　目前，我国还没有 LFT-D 模压生产线行业标准，汇总的部分 LFT-D 模压生产线装备生产厂家的技术参数，见表 2-11-23。

表 2-11-23　部分 LFT-D 模压生产线的主要技术参数

单元名称	参数名称		2000t 机组	3000t 机组	4000t 机组	5000t 机组
液压机	公称力/tf		2000	3000	4000	5000
	开口高度/mm		2400	2600	2600	2800
	滑块行程/mm		1800	2000	2000	2200
	四角调平力/tf		300	400	500	600
	工作台面有效尺寸/mm	左右	3000	3500	4000	4500
		前后	2000	2500	3000	3500
	滑块速度/(mm/s)	快下	800	800	800	800
		工进	1~80	1~80	1~80	1~80
		开模	1~80	1~80	1~80	1~80
		快回	800	800	800	800
	对应滑块速度下四角调平精度/mm	1mm/s	0.06	0.06	0.06	0.06
		2mm/s	0.10	0.10	0.10	0.10
		10mm/s	0.30	0.30	0.30	0.30
		20mm/s	0.40	0.40	0.40	0.40
挤出机组	挤出能力/(kg/h)		500	600	700	800
模温机	加热功率/kW		60	90	120	150
压件周期/s			30~60	40~75	40~90	45~120
生产线配电功率/kW			≈600	≈700	≈760	≈850

11.4.3　构成及关键技术

1. 复合材料成形液压机的结构特点

复合材料成形液压机主要由机身、液压缸、液压系统、电气控制系统、安全系统及其他辅助部件组成，如图 2-11-50 所示。

图 2-11-50　复合材料成形液压机

(1) 机身　主机机身采用框架式结构，主要由上横梁、下横梁、支柱、滑块、主缸、检修平台等组成，为方便固定模具，在滑块下平面及工作台上平面布置有 T 形槽，T 形槽的大小及布置形式根据甲方的工艺需要而定。整机的设计全部采用计算机优化设计并经有限元应力分析，机身的强度高，刚度好，外形美观。

机身的主要结构件（如机身、滑块）等采用钢板焊接结构，焊后经回火、随炉冷却以消除焊接应力；焊接采用 CO_2 气体保护焊，焊缝经打磨无焊渣和流疤现象；主要结构件经先进设备进行精加工，保证了整体机身外观平整美观、精度高、刚度好。

(2) 导轨装置　导轨装置采用抗热辐射的外 X 形导轨，滑块装有镶石墨柱含油润滑的可调导板；支柱外侧布置 4 条导轨作为滑块的导向，导轨面积大、间隙小。

(3) 液压缸　主缸采用柱塞缸结构，布置在上横梁内，下部通过法兰及螺钉与滑块连接。回程缸采用柱塞缸结构，布置在左右支柱内侧，为上顶式，上部通过螺钉与滑块连接。脱模缸采用柱塞缸，布置在机身四角，配有垫块来调节脱模缸高度，以适应不同大小的模具。

缸体和柱塞采用锻钢，杆部表面硬度应达到 45~55HRC。

(4) 换模装置　为了方便操作者更换模具，复合材料成形液压机需配置电动换模小车，如图 2-11-51 所示，由电动机驱动。

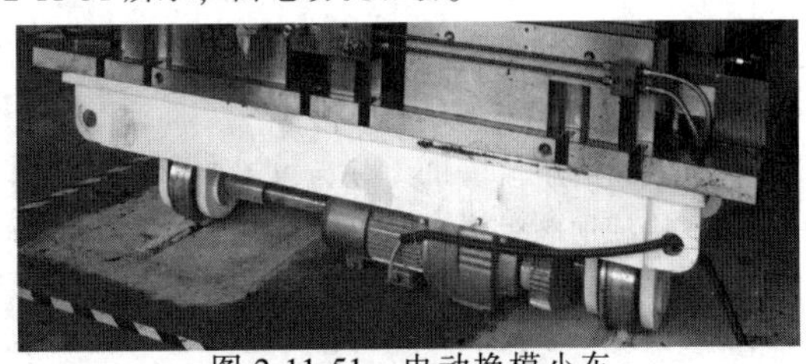

图 2-11-51　电动换模小车

2. 四角调平和微开模系统

液压机配备四角调平和微开模系统，调平和微开模功能可单独使用也可同时使用。平行度调节系统为单独的闭环系统，控制器与 PLC 通过数据总线进行数据交换，平行度控制系统参数为自动调节，可以通过置数按钮来人工调整初始位置，消除不同模具的初始偏差。当液压机承受较大偏心负载时，通过调平系统迅速做出反应，使液压机平行度得以精确保持。

四角调平和微开模装置安装在液压机滑块（工作台）的 4 个角上。它为液压机滑块在负载运动时提高精度保持性提供了更为可靠的保证；液压机的脱模动作也由该系统完成。四角调平和微开模系统是由调平缸、控制阀组、位移传感器、压力传感器、伺服比例阀及来自系统的动力源和电气控制装置组成的一套闭环控制系统组成，如图 2-11-52 所示。

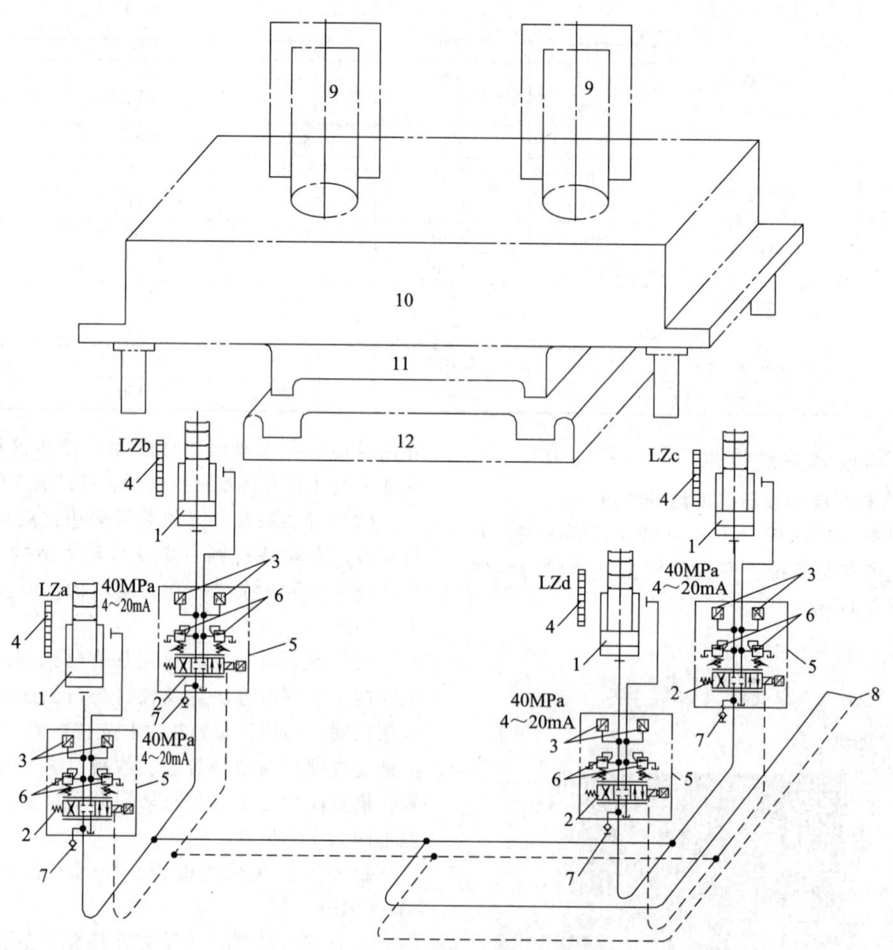

图 2-11-52　四角调平和微开模系统整体结构

1—活塞缸　2—比例伺服阀　3—压力传感器　4—直线位移尺　5—阀体　6—叠加式溢流阀　7—油压接头　8—高压泵来油　9—液压缸　10—滑块　11—上模　12—下模

3. 顶出机构

模具辅助液压顶出机构分为上下两路，每一路由 4 路液压辅助阀组构成；辅助油路最大工作压力不超过 15MPa，最大流量不超过 40L/min；滑块上预留的辅助油路位于其后方，工作台上预留的辅助油路位于机身左侧。每组油路的控制和开关在人机交互界面中可任意设定和选择（见图 2-11-53）。

4. 液压控制系统

液压控制系统（见图 2-11-54）均采用伺服电动机结合高压泵，节能降噪，性能稳定可靠。伺服电动机具有动态响应快、过载时间长、系统发热量小等特性。整个液压系统的电动机启动时对电网冲击小，节能性高，噪声低，系统性能稳定可靠，长期运营成本低。

滑块的压力控制采用数字显示和数字控制。压力测量元件采用压力传感器，主缸压力通过触摸屏显示、设置、调节。该套比例压力控制系统可使滑块压力在公称力的 20%～100%内无级调节，并且显示精度达到 0.1MPa，压力控制精度在±0.3MPa 内，具有分段加压、分段泄压、分段排气功能。

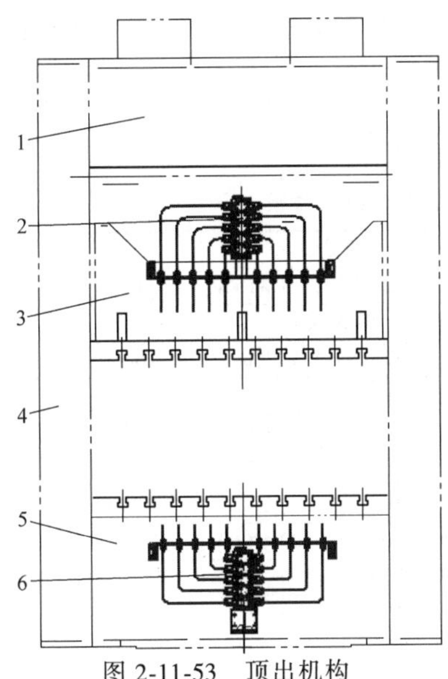

图 2-11-53　顶出机构

1—上横梁　2—上模辅助油路　3—滑块
4—支柱　5—下横梁　6—下模辅助油路

5. 电气控制系统

触摸屏是复合材料成形液压机 PLC 的显示和操作终端，主要用于显示和调节滑块的位置、速度、压力等技术参数，显示该机的主要技术参数、运转状态（包括各部位阀体的通断）、帮助菜单等，通过触摸屏大大提高可靠性，同时调整简单、方便操作，人机交互性强。同时具备故障信息显示功能，若液压机出现故障时，查找原因十分方便。

操纵箱设有液压各部分动作的操作按钮、功能转换开关、触摸屏及电动机的启停按钮，并设有各部分的报警、监视指示灯等。

PLC 是电气控制系统的核心，用于采集各部位传感器和开关量数据，依照编制的程序控制各部位阀体和执行元件完成整机的操作；可实现各种工艺动作循环，使控制更为灵活，动作准确可靠。

11.4.4　典型产品简介

1. 典型复合材料成形液压机产品

对于热塑性复合材料模压成形液压机产品及其生产线，2010 年以来，天津市天锻压力机有限公司、福建海源自动化机械股份有限公司、重庆江东机械有限责任公司等相继消化吸收国外技术并自主开发，陆续投入市场并应用于汽车、建筑等各个行业。

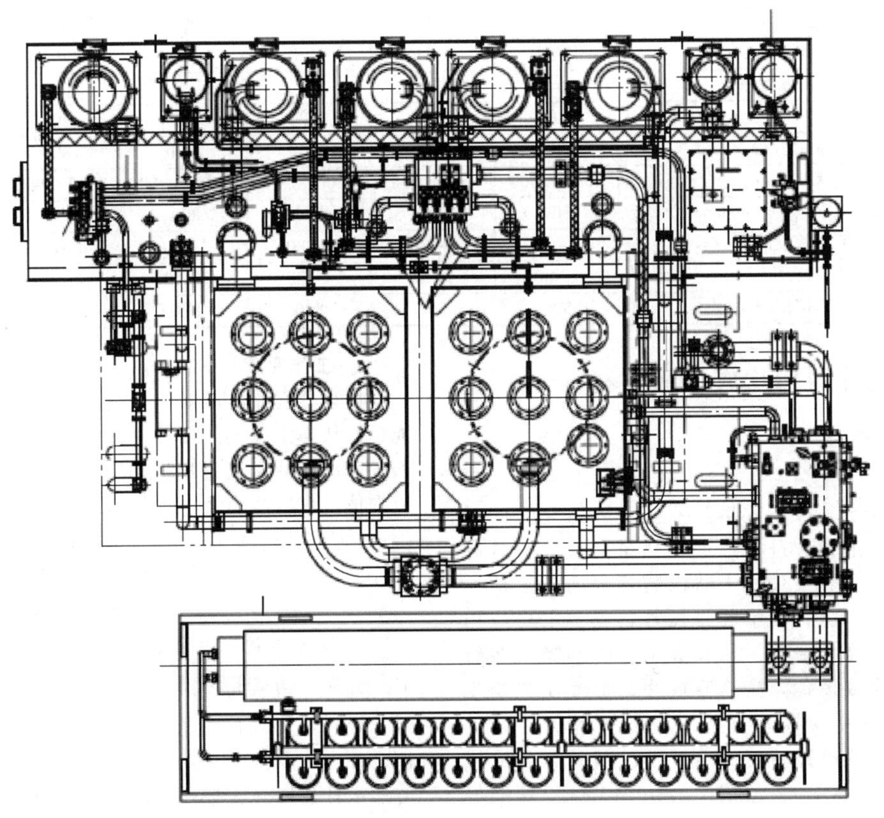

图 2-11-54　液压控制系统布局

天津市天锻压力机有限公司生产的 YT71S 系列复合材料制品液压机，最大吨位可达 100MN，主要适用 SMC、BMC 等热固性复合材料的模压工艺，也可适用 GMT、LFT 等热塑性复合材料的模压工艺，广泛应用于汽车零部件、建筑材料、电子材料和卫浴洁具等行业中。

2. 典型复合材料成形液压机推荐技术参数（见表 2-11-24 和表 2-11-25）

表 2-11-24　典型热固性复合材料成形液压机推荐技术参数（天锻）

序号	参数名称	型号					
		YT71S-3000	YT71S-2500	YT71S-2000	YT71S-1500	YT71S-1000	YT71S-630
		参数值					
1	公称力/kN	30000	25000	20000	15000	10000	6300
2	预压力/kN	10000	7500	6000	4500	3000	1800
3	开模力/kN	6000	500	4000	3000	2000	1250
4	开口高度/mm	3200	3000	2700	2200	2000	1800
5	滑块行程/mm	2600	2400	2200	1800	1600	1200
6	工作台面尺寸/mm（左右×前后）	4000×3000	3500×2500	3000×2000	3000×2000	2400×1800	1600×1400
		4300×3200	3200×2200	3200×2500	3500×2500	3000×2000	2000×1800
7	快下速度/(mm/s)	300	300	300	300	300	250
	工作速度/(mm/s)	1～25	1～25	1～25	1～25	1～25	1～20
	开模速度/(mm/s)	1～25	1～25	1～25	1～25	1～25	2～20
	回程速度/(mm/s)	250	250	250	200	200	120

表 2-11-25　典型热塑性复合材料成形液压机推荐技术参数（天锻）

序号	参数名称	型号					
		YT71S-4000	YT71S-3000	YT71S-2500	YT71S-2000	YT71S-1500	YT71S-1000
		参数值					
1	公称力/kN	40000	30000	25000	20000	15000	10000
2	预压力/kN	13000	10000	7500	6000	4500	3000
3	开模力/kN	8000	6000	5000	4000	3000	2000
4	开口高度/mm	3400	3200	3000	2700	2200	2000
5	滑块行程/mm	2800	2600	2400	2200	1800	1600
6	工作台面尺寸/mm(左右×前后)	4000×3000	3500×2500	3200×2500	3000×2200	2800×2000	2400×1800
7	快下速度/(mm/s)	800	800	800	800	800	800
	工作速度/(mm/s)	1～80	1～80	1～80	1～80	1～80	1～80
	开模速度/(mm/s)	1～80	1～80	1～80	1～80	1～80	1～80
	回程速度/(mm/s)	800	800	800	800	800	800

11.5　换热器板片成形液压机

11.5.1　概述

换热器是由一系列具有一定波纹形状的金属片叠装而成的一种高效换热器。各种板片之间形成薄矩形通道，通过板片进行热量交换。它具有换热效率高、热损失小、结构紧凑轻巧、占地面积小、应用广泛、使用寿命长等特点，主要应用于制冷、供暖、冶金、海水淡化、核电等众多行业急需的换热设备。换热器板片成形液压机是生产换热器板片的核心设备，将不锈钢板（或钛板）压制成具有高精度的连续波纹板片，其波纹深度一般为 4mm，公差范围为±0.15mm。压制好的板片无须再加工，板片间相互加密封垫后直接组装成板式换热器。

1. 工作原理

换热器板片成形液压机是以液体为介质来传递能量，从而实现换热器板片压制成形的设备。换热器板片成形液压机是根据帕斯卡原理制成的，一般由本体、液压系统及电气控制三部分组成。传动系统由动力机构、控制机构、执行机构、辅助机构和工作介质组成。动力机构通常采用液压泵作为动力源。

2. 基本参数（见表 2-11-26）

11.5.2　结构形式与特点

换热器板片成形液压机是压制力大、行程小、刚度高、速度慢的专用液压机，需要巨大的压制力克服板片的回弹；板片波纹深度一般为 4mm，所以压制板片时行程很小。为保证板片波纹深度公差范围在±0.15mm 以内，活动梁在额定载荷的挠度要保证不大于 0.1mm/m，为保证压制件质量，压制速度一般为 0.2mm/s。

换热器板片成形液压机的公称力取决于压制板片换热面积的大小，一般为 40～400MN。由于用于压制板片的模具厚度一般十分接近，所以换热器板片成形液压机工作时的有效净空距为 300～500mm。

换热器板片成形液压机的结构大体有三梁四柱、钢丝缠绕及叠板多缸三种形式。

1. 三梁四柱板片成形液压机（见图 2-11-55）

采用传统锻造液压机的结构，有本体机身（上横梁、立柱、下横梁三部分组成）、工作台面、活动横梁、工作缸等部分组成。与传统锻造液压机不同的是，工作台面及活动横梁面的大小取决于压制最大板片的面积大小，有效净空距远小于传统锻造液压机。

表 2-11-26　换热器板片成形液压机的基本参数

参数名称	型号						
	40MN	80MN	100MN	150MN	200MN	250MN	300MN
	参数值						
主机公称力/MN	40	80	100	150	200	250	300
最大工作行程/mm	350	350	450	450	500	500	500
工作台面尺寸/mm(前后×左右)	1900×1200	2400×1200	3500×1300	3600×1500	3500×1800	3900×1800	4200×2000
压印速度/(mm/s)	0～8	0～8	0～8	0～8	0～8	0～8	0～8
压印行程/mm	5	5	5	5	5	5	5
回程速度/(mm/s)	150	150	200	200	200	230	230
控制精度/mm	±0.1	±0.1	±0.1	±0.1	±0.1	±0.1	±0.1

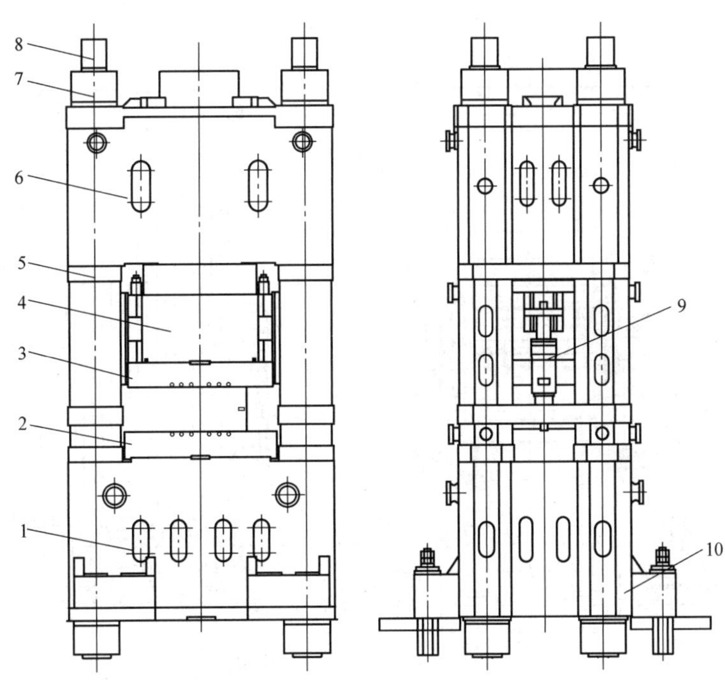

图 2-11-55　三梁四柱板片成形液压机

1—下横梁　2—下工作台　3—上工作台　4—工作缸　5—立柱　6—上横梁　7—立柱螺母　8—拉杆　9—回程缸　10—基础梁

2. 钢丝缠绕板片成形液压机（见图 2-11-56）

其本体机身由上下拱形梁与立柱组成，外面缠绕具有预紧力的高强度钢带，其余组成与传统三梁四柱板片成形液压机相同。钢丝缠绕板片成形液压机具有结构轻巧、造价低廉等特点。

3. 叠板多缸板片成形液压机（见图 2-11-57）

其本体机身由多块框架板叠加式预应力组合而成，在工作台下方配有向上作用的液压缸板，集成短行程高压液压缸；通过起动液压缸板上的液压缸，在换热器板片下方均匀并直接产生所需的压印力，从而消除错误的力发布及相应的变形。该机具有活动梁快速空程下行、梳块左右移动、工作台慢速上行，系统加压、增压、保压、泄压及工作台慢速回程、活动梁快速回程等诸多功能。

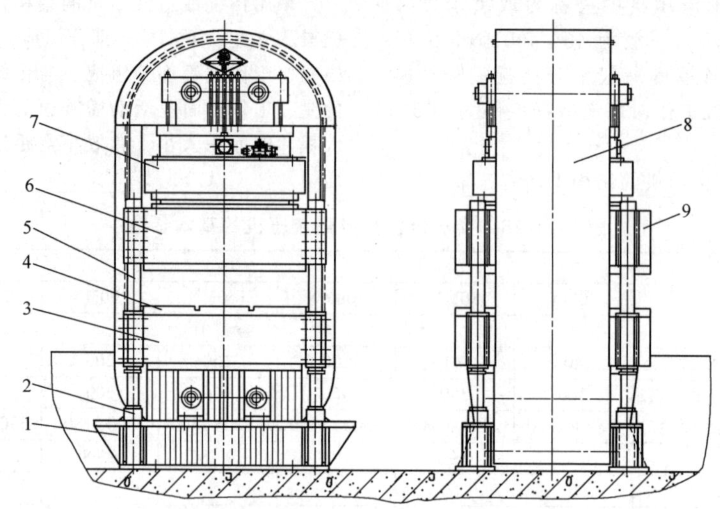

图 2-11-56　钢丝缠绕板片成形液压机

1—基础梁　2—回程缸　3—工作台　4—下垫板　5—导向装置　6—上垫板　7—工作缸　8—机身　9—活动横梁

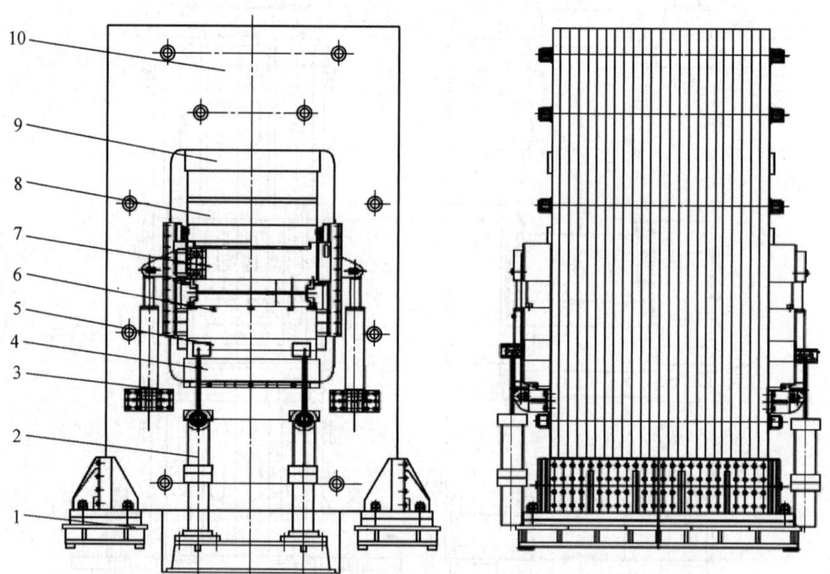

图 2-11-57　叠板多缸板片成形液压机

1—基础梁　2—增压装置　3—回程缸　4—下垫块　5—多缸体　6—工作台　7—活动横梁　8—下梳块　9—上梳块　10—机身

11.5.3　智能生产线简介

换热器板片成形液压机智能生产线包括板片成形液压机专用上下料装置（含覆膜、揭膜装置）、压力机上下料装置，压力机工作台面清理装置、板片自动检测装置、自动扣、粘垫装置、智能转运装置、生产线控制系统，自动化立体仓库、板片成形液压机、压力机等设备，形成完整的智能生产线，如图 2-11-58 所示。

11.5.4　典型产品简介

1. 兰州兰石集团有限公司产品介绍

兰州兰石集团有限公司的产品主要有三梁四柱板片成形液压机，公称力为 40~80MN 的液压机；叠

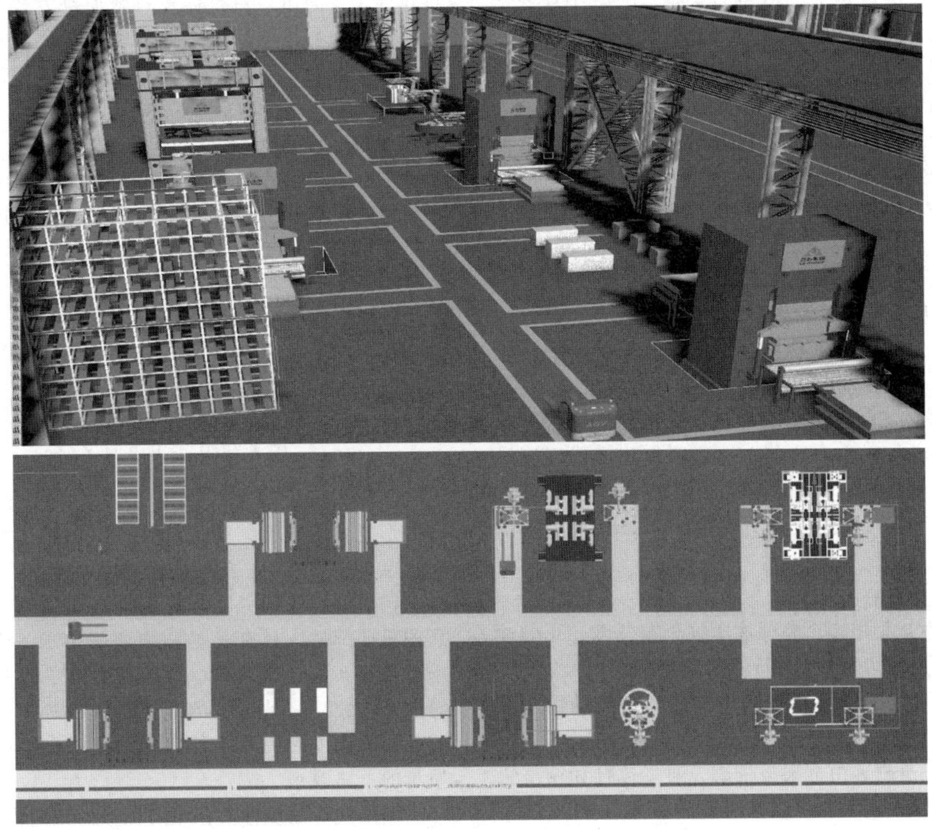

图 2-11-58 换热器板片成形液压机智能生产线

板多缸板片成形液压机，公称力为 150~400MN。其中，拥有自主知识产权的 300MN 叠板多缸板片成形液压机(见图 2-11-59) 打破了国外技术的封锁与垄断。

图 2-11-59 300MN 叠板多缸板片成形液压机

主要特点有：

1) 主缸采用 58 个阵列式液压缸分布技术，实现超大投影面积和高精度的薄板成形，同时使得压印力分布均匀，压印精度高：使工作台面压印力分布、压印变形均匀，实现超大投影面积和高精度的薄板成形。

2) 机组采用全液压比例伺服驱动、计算机控制，实现压下速度、压印力无级设定，在薄板成形装备上首次引入液压系统压力、流量智能闭环控制技术，整机节能降耗明显。

3) 采用梳形滑块和移动距离锁止技术，大大减小主缸工作行程，缩短压印周期，提高压印效率，降低能耗。

4) 机组具有模拟显示、故障自诊断、安全保护系统，自动化程度高，操作简便，运行安全可靠。

2. 清华大学、太平洋公司产品介绍

清华大学开发的预应力钢丝缠绕板片成形液压机（见图 2-11-60）目前应用比较广泛，公称力为 100~200MN。

图 2-11-60 钢丝缠绕板片成形液压机

主要特点有：

1) 组合形线缠绕结构预应力梁。对跨度较大的重载机身，为减轻上下横梁的重量，并减小梁底部的拉应力，采用单牌坊结构，由上、下半圆梁与两侧立柱组成封闭框架结构，外面缠绕高强度钢丝从而实现预紧。该结构形式具有结构轻，尺寸小，加工制造、运输、安装均相对容易，成本低，抗疲劳性能好等特点。

2）新型导向系统。全新的导向与机身无直接关系，脱离立柱的短导柱结构刚度好、导向精度高，降低了机身加工和安装难度。

3）机器人自动缠绕新工艺。采用围绕原装好的机身以一定的张力自动缠绕排线和预紧，特别是垂直缠绕机器人是预应力缠绕技术的重大突破。

3. 德国 SCHULER 公司产品介绍

国外具有影响力的生产换热器板片成形液压机的厂家主要为 SCHULER 公司，代表产品为叠板多缸板片成形液压机，公称力为 100～250MN（见图 2-11-61）。

主要特点有：

1）主缸采用多个阵列液压缸分布技术，总的冲压力与传统压力机设计相比可以低一些。因为传统压力机设计需要 20%的超出力，用于部分补偿变形的问题。

2）机身框架由框架板组成，通过拉杆和调整垫连接，刚度大、结构合理，有效地满足了薄板压印精度≤±0.1mm 的要求。

3）液压装置安装有隔声罩。如果多缸压力机的液压装置放在地面上，为了将压力机的噪声水平降低至<80 dB（A），液压装置必须被安置在隔声罩里面。隔声罩为独立结构，罩顶由隔声段组成。更换液压泵时，隔声段可以拆卸。

图 2-11-61　德国 SCHULER 公司板片成形液压机

11.6　蒙皮拉伸机

11.6.1　概述

1. 蒙皮拉伸工艺及用途

蒙皮是构成飞机气动外形的重要部件，其尺寸大、品种多、外形复杂，主要采用拉伸成形（简称拉形）工艺。蒙皮拉伸成形属薄板类成形，主要通过拉伸设备的钳口对拉伸板料施加拉力和弯矩的运动，使板料与拉伸成形工装的贴合面逐步扩展，并最终完全贴合的成形方法，具体分为横向拉伸（见图 2-11-62a）和纵向拉伸（见图 2-11-62b）。蒙皮拉伸成形过程比其他类型的成形过程复杂得多，它涉及拉、弯、扭复合加载动作及其组合，并同时受材料性能、材料变形趋势、拉伸成形方式、设备运行参数等的影响。

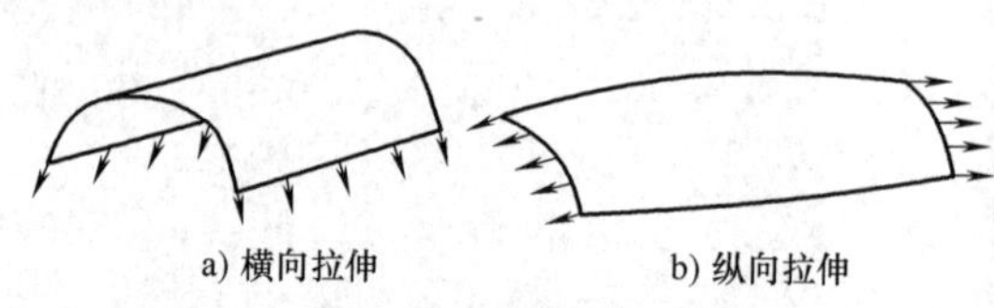

a) 横向拉伸　　b) 纵向拉伸

图 2-11-62　拉形工艺

飞机蒙皮类零件广泛用于机翼和机身部件中，其外形复杂多样，结构尺寸大，单机零件数量占整个钣金件的 30% 左右。蒙皮外表面直接与气流接触，构成了飞机的气动外形，是构成飞机气动力外形的重要部件，具有气动和强度的要求。因此，要求外形准确、流线光滑，表面无划伤、擦伤、粗晶等缺陷；蒙皮又是飞机的主要零件，对其制造不仅有外形准确度和力学性能指标的要求，也有对表面质量的严格要求。

实际生产蒙皮件时，蒙皮拉形的工艺更为复杂，以常见的截面外凸的蒙皮件为例，其多采用拉伸成形的工艺。拉形的一般过程为：首先利用夹钳对板料施加拉伸力，称为预拉伸（见图 2-11-63a），一般

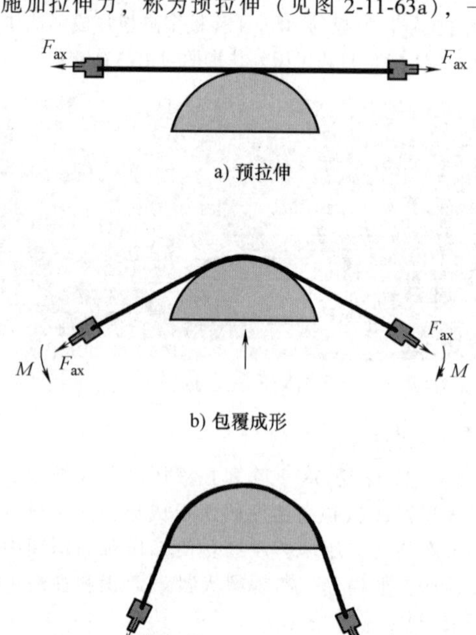

图 2-11-63　蒙皮拉形的一般过程

拉至板料屈服点；然后通过夹钳运动或（和）模具上顶使板料包覆成形（见图 2-11-63b），直至板料完全贴模；最后还可以施加一定的补拉伸（见图 2-11-63c），此时板料与模具完全贴合，蒙皮件制造完毕。

2. 蒙皮拉伸机的分类

蒙皮拉伸机按照拉形工艺工作原理可以分为三类，即横向蒙皮拉伸机（见图 2-10-64a）、纵向蒙皮拉伸机（见图 2-11-64b）和加上压装置蒙皮拉伸机（见图 2-11-64c）。

横向蒙皮拉伸机是夹钳沿板料横向两侧加紧板料，横向两侧夹钳不产生主动拉力，在工作台顶升的拉形模具作用下使板料和拉形模具贴合的拉形成形方法。横向蒙皮拉伸液压机一般适用于纵向尺寸比横向尺寸小、横向曲度较大、挠度较小的双曲度零件。

纵向蒙皮拉伸机是夹钳沿板料纵向两侧夹紧板料，纵向两端夹钳能产生主动拉力，在工作台和夹钳的双重作用下，使板料贴模的成形方法。纵向蒙皮拉伸机一般适用于纵向长度较大，成形曲面纵向曲度大的双曲度蒙皮件。

加上压装置蒙皮拉伸机是上压装置提供局部成形力并控制凹凸模相对运动的一种蒙皮拉伸液压机。加上压装置蒙皮拉伸机适用于有局部成形凹凸槽的双曲度零件。

11.6.2　关键零部件

1. 结构特点

蒙皮拉伸机由机身、工作台、U 形托架、钳口、移动踏台及各种功能液压缸等组成，如图 2-11-65 所示。

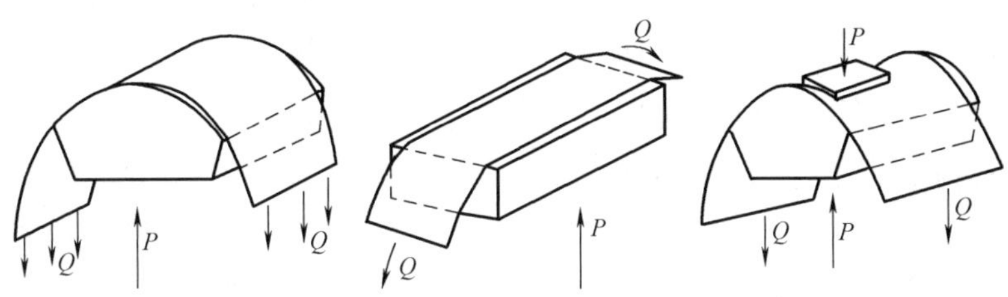

a) 横向蒙皮拉伸机　　b) 纵向蒙皮拉伸机　　c) 加上压装置蒙皮拉伸机

图 2-11-64　蒙皮拉伸机的分类

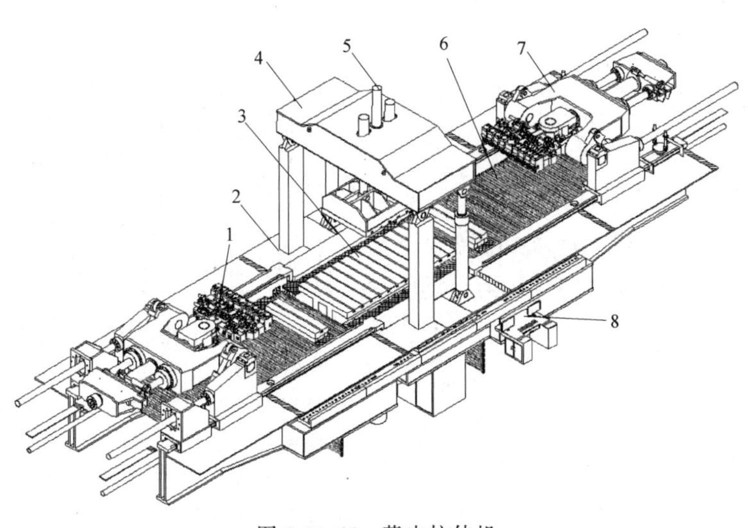

图 2-11-65　蒙皮拉伸机

1—钳口　2—机身　3—下工作台　4—上工作台　5—液压缸　6—移动踏台　7—托架　8—电气控制台

（1）龙门机构　龙门机构由龙门架、上工作台、主缸、下工作台、立柱、摆动机构等组成，如图 2-11-66 所示，安装在支撑钳口托架的导轨梁两侧。当上工作台下降到下死点时，与钳口水平时的中心位置平齐，同时便于在上工作台安装模具。移动式龙门可在任意位置施压。龙门架水平移动的行程应保证龙门架移动在钳口之外，确保不影响上下料。

（2）上工作台　上工作台液压缸带动上工作台及其模具上下运动，在上工作台上设置有安装模具的 T 形槽。上工作台在上工作台液压缸的作用下可以实现倾斜角度，同时（沿纵向自水平面与下工作

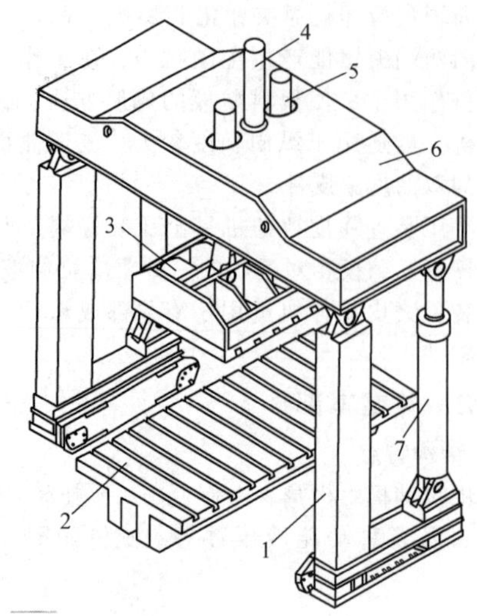

图 2-11-66　龙门机构

1—立柱　2—下工作台　3—上工作台　4—导向机构　5—主缸　6—龙门架　7—摆动机构

台平行）可实现倾斜加压至最大压力，如图 2-11-67 所示。

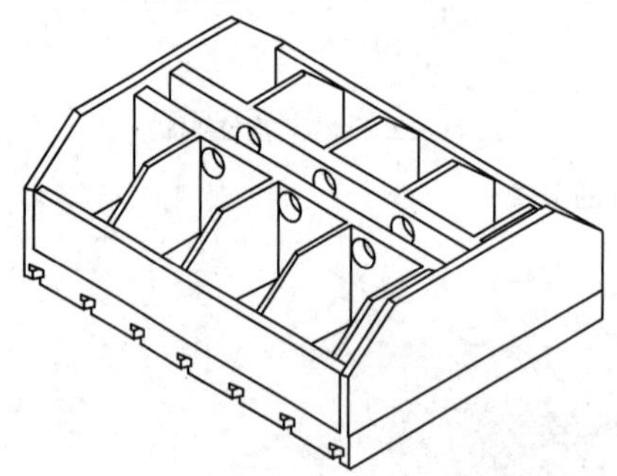

图 2-11-67　上工作台

（3）主工作台　主工作台位置控制模式为连续可控，可使工作台降低到低于钳口水平面一定值，这样当比较狭窄的模具安装在工作台上后，成形时两个钳口可以相距很近而不至于碰到工作台。对于其他形式的成形，工作台的上升要比钳口位置高。如图 2-11-68 所示，升起的工作台能承受高度方向上的侧向载荷，载荷可以沿工作台的横向或纵向，这是在成形一个需要工作台倾斜的零件时产生的，这时工作台的两个液压缸升起位置不同，或者是由于成形的零件有不同的曲度，一侧的拉伸角度与另一侧的不同。

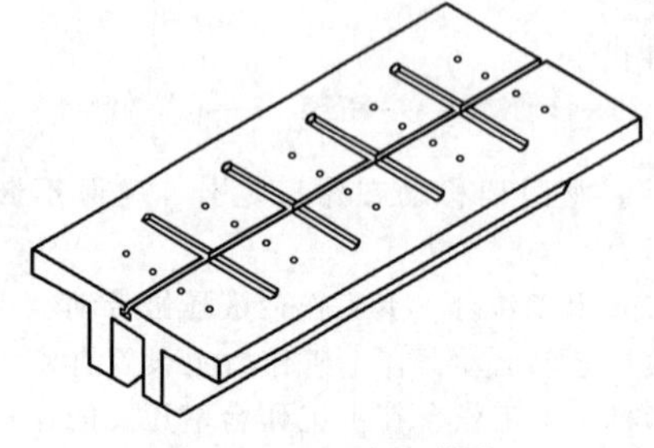

图 2-11-68　主工作台

（4）辅助工作台　辅助工作台如图 2-11-69 所示。导向杆采用优质锻造合金钢，并有高强度的青铜衬套。当工作台处于最高位置时，工作台面承受纵向和侧向载荷。可靠的导向装置保护了液压缸不受侧向载荷，从而大大延长了其使用寿命。

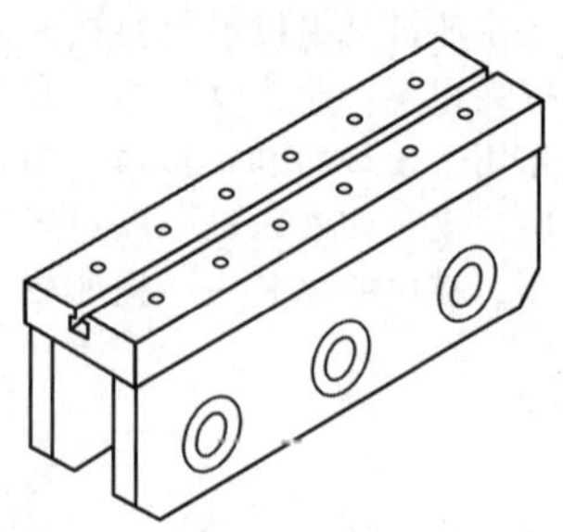

图 2-11-69　辅助工作台

（5）机身　机身由两组纵向导轨梁（上端为支撑钳口托架的导轨梁，下端为支撑工作台的导轨梁），通过两个工作台移动导轨及一个固定横梁（内安装主工作台顶升缸），采用多组螺栓连接组合而成。支撑钳口托架的导轨梁由钢板焊接而成，导轨梁的上表面是钳口托架的支撑导轨，每个导轨装有 4 个抗磨硬化钢条，两个在上面，两个在下面，与托架滑块的铜质衬垫配合。支撑钳口托架的导轨梁两端分别通过地脚螺栓相连，并紧固到地基上。支撑工作台的导轨梁由钢板焊接而成，导轨梁终端与固定横梁采用螺栓固定，其余部分安装在地基上，并采用地脚螺栓进行固定。机身是蒙皮拉伸液压机的主要受力部分。机身的结构如图 2-11-70 所示。

（6）托架　托架主要是用于安装钳口，完成钳口的纵向移动（包括摆动）、钳口的俯仰、钳口拉伸，以及钳口垂直面上的旋转等功能。钳口托板主要由架体、拉伸缸、俯仰缸、旋转缸、推动缸等结构组成，如图 2-11-71 所示。钳口的纵向移动可通过推动缸来实现，同时两端的推动缸配合运动还可实现钳口托架在水平方向的摆动；钳口可通过旋转缸实现在垂直面上的旋转；钳口的俯仰是靠钳口托架两侧的俯仰缸来实现的。正是通过这些运动复合作用来实现钳口在三坐标轴上的运动。由于钳口托架具有很高的自由度，所以钳口托架必须能提供锁紧功能。该锁紧必须能承受在成形窄零件时钳口所产生的力矩，同时每个液压缸有独立的伺服控制。

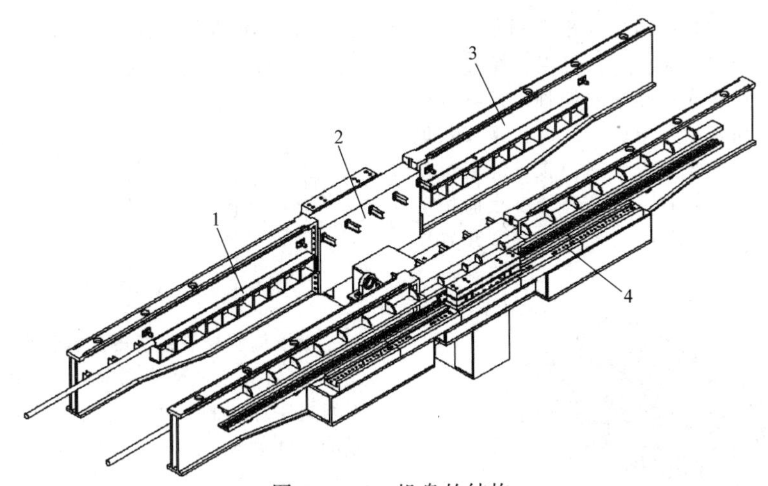

图 2-11-70　机身的结构
1—工作台导轨梁　2—固定横梁　3—钳口托架导轨梁　4—工作台移动导轨

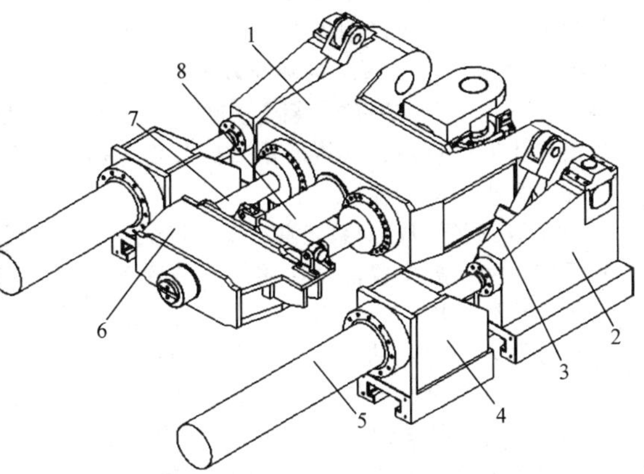

图 2-11-71　钳口托架的结构
1—架体　2—移动座　3—俯仰缸　4—推动座
5—推动缸　6—顶推座　7—拉伸缸　8—旋转缸

(7) 钳口　钳口由钳口镶块、夹紧缸、弧形缸、弧形限位装置、主轴及相关轴套等组合而成，如图 2-11-72 所示。钳口的主要功能是完成蒙皮板料的夹紧，并通过钳口的变形能达到一定弧度，可实现不同种类的弧形板料的夹紧。钳口下端设计有卡钳镶块座，可以把夹紧负荷从夹紧缸传递到镶块，对蒙皮件提供均匀的夹紧力。具有锯齿面的夹紧镶块是由工具钢制成的，再通过磨削达到需要的齿距（标准的齿距是 5 个齿/in，1in = 25.4mm）；同时镶块是可更换的，也可安装其他齿距的镶块。

(8) 液压缸　主缸缸体均采用 20MnMoNb，以保证材质的均匀性。液压缸内孔精加工后滚压，以提高表面硬度，增加耐磨性；提高表面粗糙度，以利密封。活塞杆采用 35 锻钢，经退火处理后粗加工、表面硬化处理、精加工而成，精度高，耐磨性好。各液压缸的密封均采用优质的进口密封元件，密封可靠，使用寿命长。

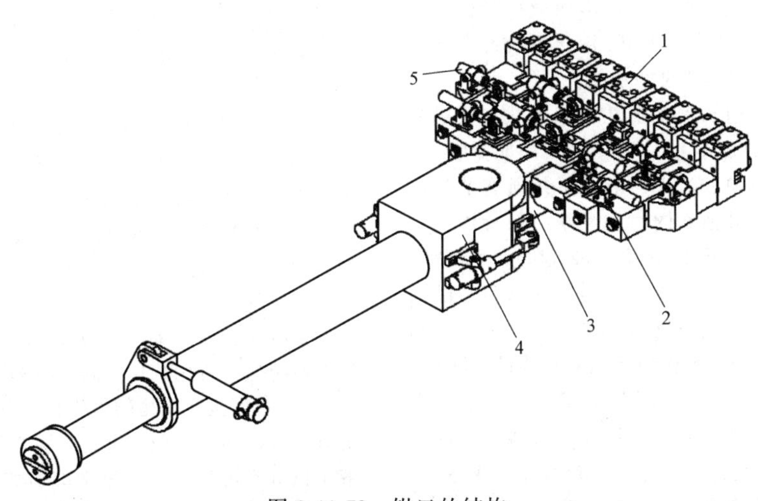

图 2-11-72　钳口的结构
1—钳口及夹紧缸　2—弧形限位装置　3—主嵌体　4—主轴及相关轴套　5—弧形缸

（9）移动踏台 本机在钳口托板内侧布置了安全移动踏台。在工作中，操作人员可以在踏台上安全行走，这样方便操作人员随时对制件、模具进行调整。所有的滑动和转动件均适当地用盖板或其他设施进行了保护，以防止外来物造成损坏。盖板易于接近并可拆卸以便于检查。转动和滑动表面用毛毡或加强橡胶板保护。移动踏台及辅助安全装置如图2-11-73所示。

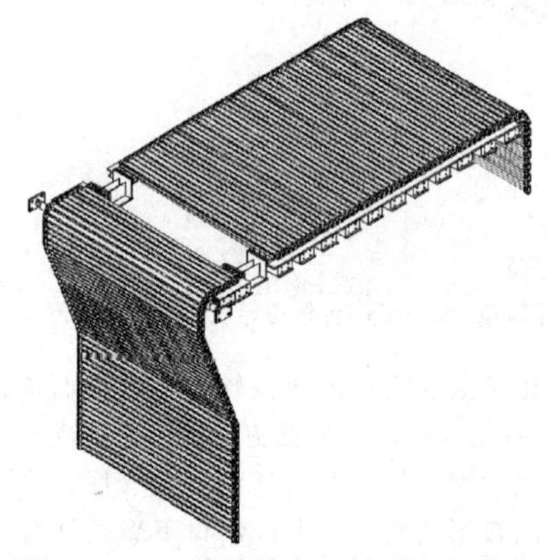

图2-11-73 移动踏台及辅助安全装置

2. 液压控制系统

液压控制系统的设计应符合ISO液压标准的规定，包括全部泵、阀、管道、液压缸、压力控制、热交换、仪表等，元件选用国际知名品牌产品，如MOOG、ATOS、PARKER、BOSCH-REXROTH等公司产品。所有部件，包括密封、衬垫、O形圈等，都适用于正规石油基的液压油。

所有阀门和类似的液压机构均在明处。泵组和阀块设计采用一一对应模式，管路阀块布置清晰明了，便于设备的日常维护。液压控制系统的设计上应使维修时液压油无须排放。使用油液冷凝机来保持油温（或水/油的热交换器）。液压系统配有异常报警系统和自动关闭有关泵的功能。

动力站系统采用比例泵加比例阀形式，通过程序计算控制泵站的出油量，更好地匹配能量输出，从而达到节能、降噪的效果。液压系统所有的油均百分之百过滤。通过独立的过滤系统，保持液压系统中油液清洁度不低于NAS8级，最大限度地保护液压设备。所有的高性能阀在进口端都配有独立的高精度过滤器。液压系统开机前要进行在线冲洗，随机提供冲洗装置，以便冲洗时提供旁路绕过控制阀。

设备的各主要执行元件均采用液压伺服控制系统，这样易于实现直线运动的速度、位移及力的控制，满足驱动力、力矩和功率大，尺寸小、重量轻，加速性能好，响应速度快，控制精度高，稳定性容易保证等要求。液压伺服控制系统由液压控制、反馈测量和液压执行元件组成，其工作原理如图2-11-74所示。

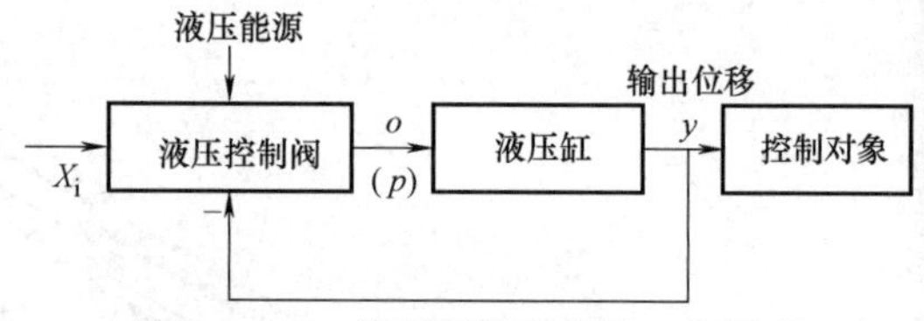

图2-11-74 液压伺服系统的工作原理

液压伺服控制系统的工作特点如下。

1）在系统的输出和输入之间存在反馈连接，从而组成闭环控制系统。反馈介质可以是机械的、电气的、气动的、液压的或它们的组合形式。系统的主反馈是负反馈，即反馈信号与输入信号相反，两者相比较得偏差信号 $X_v = X_i - y$，该偏差信号控制液压能源，即输入到液压元件的能量，使其向减小偏差的方向移动，即以偏差来减小偏差。系统输入信号的功率很小，而系统的输出功率可以达到很大。因此，它是一个功率放大装置。功率放大所需的能量由液压能源供给，供给能量的控制是根据伺服系统偏差大小自动进行的。

2）液压伺服控制系统具有以下特征：①具有跟随系统，液压缸位置由伺服阀阀芯位置确定；②具有放大系统，执行元件输出的力或功率远远大于输入信号输入的力或功率；③具有闭环系统，带反馈环节；④具有误差系统，误差随输入信号产生，从而导致执行元件运动，系统通过反馈力图消除误差，如果误差消除不再产生，则系统也就停止工作了。

3）在本机的液压伺服控制系统中，控制信号的形式为电液伺服系统。电液伺服系统中误差信号的检测、校正和初始放大采用电气和电子元件或计算机，形成模拟伺服系统、数字伺服系统或数字-模拟混合伺服系统。电液伺服系统具有控制精度高、响应速度快、信号处理灵活和应用广泛等优点，可以组成位置、速度和力等方面的伺服系统。

4）在本机上使用的液压伺服控制系统对液压执行机构的影响更是意义重大。液压执行机构的动作快，换向迅速。就流量-速度传递函数而言，基本上是一个固有频率很大的振荡环节，而且随着流量的加大和参数的最佳匹配，可以使固有频率增大到与电液伺服阀的固有频率相当。因此，液压执行机构的频率响应较快，易于高速起动、制动和换向。与机电系统执行机构相比，固有频率通常较高。

5）液压执行机构的体积和重量远小于同功率的机电执行机构的体积和重量。因为随着功率的增大，液压执行机构的体积和重量的增加远比机电执行机构增加的慢，这是因为前者主要靠增大液体流量和压力来增大功率，虽然动力机构的体积和重量也会增加一些，但却可以采用高强度和轻金属材料来减小体积和重量。

6）液压执行机构传动稳定、抗干扰能力强，特别是低速性能好，而机电执行机构传递的平稳性较差，而且易受电磁波等各类外来干扰因素的影响。液压执行机构的调速范围广，功率增益高。

3. 电气控制系统

电气部分由动力电路和控制电路两部分组成。动力电路包括驱动液压机动力系统主泵、润滑泵和控制泵、机械传动机构的变频电动机。另外，还有作为液压系统油液冷却装置的油冷机。

控制电路主要由四大部分组成，即外部信号检测机构、电磁铁及继电器等执行机构、PLC 逻辑运算控制机构和监控机构。电气控制系统的核心部分为可编程控制器，通过检测外部开关量、模拟量，PLC 内部运算输出给继电器和比例溢流阀、比例伺服阀来达到对设备的控制。采用平板工业控制计算机作为监视系统，以实现对设备运行状况的实时监测与控制。

电气控制系统的特点：①采用工业控制计算机和 PLC 控制，系统安全可靠、精度高；②具有配方参数录返、存储功能（可以自动记录并存储拉伸完成后的制件设备参数，在进行下一次相同制件拉伸成形时，调用已经记录的数据进行自动拉伸成形）；③具有屈服点探测功能；成形过程中能够动态显示拉力-变形量等曲线；④具有切线跟踪装置（夹持制件过程中，夹钳始终与制件保持切线方向，在满载荷作用下避免对设备造成损坏）。

电气控制系统基于工业以太网控制。采用高性能主站 PLC+分布式 I/O 从站+液压伺服控制器的架构。其中，PLC 主要负责工艺控制及运动控制的协调，分布式 I/O 从站负责数据采集及执行机构的动作输出，液压伺服控制器负责主要运动轴的伺服控制。电气控制系统架构如图 2-11-75 所示。

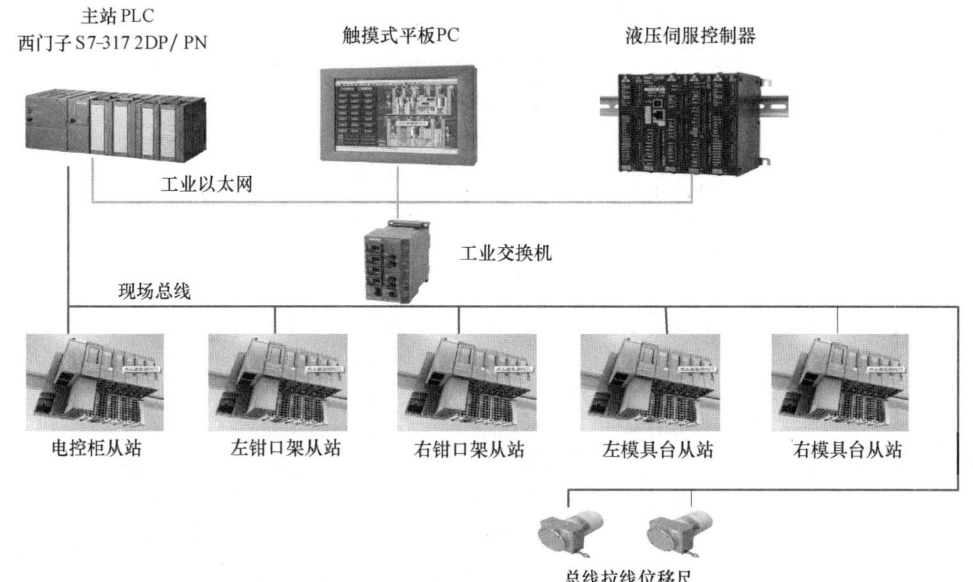

图 2-11-75　电气控制系统架构

采用西门子分布式 I/O 从站，分布式从站较集中式的优势主要体现在：减少硬线连接，通过总线连接主站和从站，提高信号连接的可靠性及稳定性，进而也减少出错的可能。整个控制系统的通信基于 SIEMENS 的工业以太网设计，操作台控制柜为主站，4 个托架、两个旋转轭、工作台、液压站、龙门等分别设置分站，交换机选择工业以太网交换机。

工业控制计算机加多任务操作系统，主从控制器之间通过现场总线通信，实现快速的数据交换。主站控制部分选用高性能数据运算能力的 CPU，总线型拉线位移传感器作为左右托架及模具台水平移动的行程监控。另外，控制柜从站中的运动控制器通过现场总线与操作箱主站通信，作为整套系统的伺服控制系统。智能化数控操作界面面向操作者的设计理念，使操作更便捷化、形象化、图像化，如图 2-11-76 所示。由原来的固定模式转变成对设备进行编程操作，满足不同零件对应的工艺程序。

该电气控制系统共有 6 个控制站点：

1）左侧机构。右侧机构移动托架装置从控站。包括模拟量控制、编码器反馈、伺服阀反馈、各种换向阀及行程开关控制。

2）控制柜从站。包括模拟量控制、编码器反馈、压力控制、伺服控制、比例变量泵流量及压力控制、各个泵组压力控制、各电动机状态监控及油箱油温和液位控制。

3）左侧模具平台、右侧模具平台从控站。包括编码器反馈、压力控制、伺服控制、双缸上下限位控制。

4）操作柜从控站。包括模拟量控制、交换机工控机监控控制。

电气控制系统网络拓扑如图 2-11-77 所示。

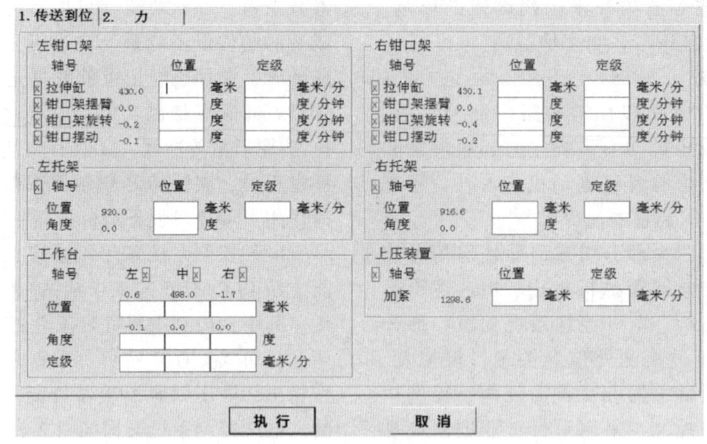

图 2-11-76　智能化数控操作界面

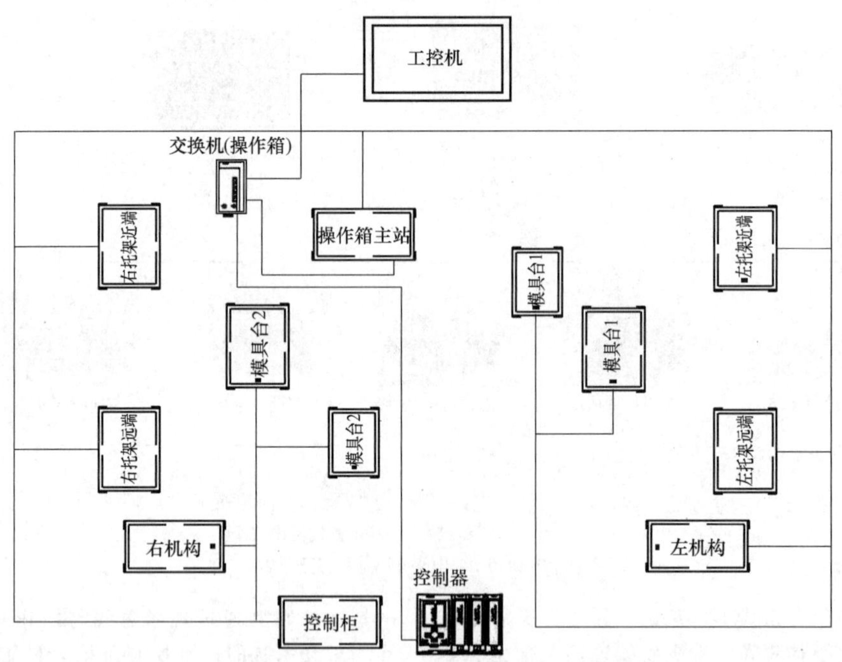

图 2-11-77　电气控制系统网络拓扑

11.6.3　典型产品简介

1. 典型蒙皮拉伸机制造公司

先进的数控蒙皮拉形设备的制造技术主要集中掌握在美、法等国的公司手中，如法国的 ACB 公司、美国的 Cyril Bath 公司等。美国 Cyril Bath 公司宣称其蒙皮拉伸机的吨位可以达到3000tf，以满足大型蒙皮拉伸成形需要。我国于 1994 年从美国 Cyril Bath 公司引进的 vtl-1000 蒙皮拉伸机，主要用于双曲度钣金件的拉伸成形，由微机进行 C N C 控制，可自动加工零件。加工零件的尺寸范围为：最长 12m；最宽 4m；最厚，铝为 10mm，不锈钢为 4mm，钛合金为 3mm。最大成形吨位 1000tf。

天津市天锻压力机有限公司自主研发的 600（2×300）tf 数控蒙皮拉伸机正式下线。针对曲率平缓的简单模具和曲率变化大的复杂模具（如 S 形和马鞍形），该机配备了两套不同的钳口组件——适用于简单模具的大钳口组件和适用于复杂模具的小钳口组件。这两种夹钳组件均由 9 个子夹钳组成，其夹紧方式为液压直接作用，夹紧力可调，而且子夹钳为独立液压缸，便于更换和维修。根据拉形模具的外形和所需拉形件的形状，夹钳可以调整成为 S 型、弧形和马鞍形。

2. 典型蒙皮拉伸机的主要技术参数（见表 2-11-27～表 2-11-29）

表 2-11-27　横向蒙皮拉伸机的主要技术参数（天锻）

参数名称		参数值		
公称力/kN		6000	12000	15000
机身尺寸/mm	总长	13500	180080	20130
	总宽	4200	5500	6680
	最大高度（地面以上）	6100	3200	4350
	最大深度(地面以下)	3700	3600	3500
	拉伸轴与水平台面距离	800	1000	950
	模具工作台尺寸(长×宽)	4000×800	5500×800	800×6000
水平拉伸装置	钳口最大距离/mm	4200	6000	6000
	钳口最小距离/mm	20	20	20
	钳口水平摆动角/(°)	0±15	0±15	0±15
垂直拉伸装置	最大垂直行程/mm	1100	1100	1100
	倾角(在行程范围内)/(°)	0±10	0±10	0±10
成形机构特性	最大长度(含钳口)/mm	4200	5500	6000
	最小长度(最低位置)/mm	20	20	20
	最大抓紧宽度(钳口之间)/mm	4140	5500	6000
钳头	最大拉紧长度/mm	4140	5500	6000
	最大抓紧深度/mm	240	240	240
	钳口最大张开距离/mm	50	50	50
力	最大拉力/kN	3000	6000	7500
	垂直成形力/kN	6000	12000	15000
	钳口咬紧力/(kN/mm)	3.5	3.5	3.5
速度/(mm/s)	最大成形速度	4	4	4
	最大快速成形速度	10	10	10
成形精度(重复性精度)/mm	加工位移最小精度	±1.25	±1.25	±1.25
压力/10^5Pa	系统工作	315	315	315
	钳口控制	50～480	50～480	50～480

表 2-11-28　纵向蒙皮拉伸机的主要技术参数（天锻）

参数名称		参数值		
公称力/kN		1000	6000	10000
机身尺寸/mm	总长	16000	20000	24130
	总宽	4200	5000	6690
	最大高度(地面以上)	6100	6500	6500
	最大深度(地面以下)	2000	2800	3200
	拉伸轴与水平台面距离	800	800	1015
	模具工作台(长×宽)	4000×2000	4000×2000	5000×2000
	辅助工作台(数量-长×宽)	2-600×2000	2-600×2000	2-600×2000
水平拉伸装置	钳口最大距离/mm	4200	7000	10000
	钳口最小距离/mm	20	20	800
	钳口水平摆动角/(°)	0±15	0±15	±10
垂直拉伸装置	最大垂直行程/mm	1200	2000	2000
	倾角(在行程范围内)/(°)	0±10	0±10	0±10
钳口	钳口最大开口/mm	30	50	50
	钳口喉深/mm	80	100	100
	钳口间距/mm	7500	7500	10000

（续）

参数名称		参数值		
钳口	钳口单端拉伸行程/mm	500	500	1000
	钳口最小弯曲半径(向下)/mm	850	850	850
	钳口最小弯曲半径(向上)/mm	2000	2000	2000
	钳口俯仰角度/(°)	90	90	0~ 45
	钳口转动角度/(°)	±10°	±10°	±10°
	钳口摆动角度/(°)	±10°	±10°	±10°
力	最大拉力/kN	1000	3000	5000
	垂直成形力/kN	2000	6000	10000
	钳口咬紧力/(kN/mm)	3.5	3.5	3.5
速度/(mm/s)	成形速度	0~3.3	0~3.3	0~3.3
	空载速度	0~6.6	0~6.6	0~6.6
	钳口俯仰空载速度	0~0.75	0~0.75	0~0.75
成形精度(重复性精度)	定位精度/mm	±0.5	±0.5	±0.5
	重复定位精度/mm	±0.3	±0.3	±0.3
	角度控制精度/(°)	±0.2	±0.2	±0.2

表 2-11-29　综合蒙皮拉伸机的主要技术参数

参数名称		参数值		
公称力/kN		6000	10000	12000
机身尺寸/mm	总长	13500	24130	38000
	总宽	4200	6690	10000
	地面以上最大高度	6100	5840	5000
	地面以下最大深度	3700	3700	4000
钳口	钳口拉力/kN	2×3000	2×5000	2×6000
	钳口间距/mm	500~6000	25~8000	25~12000
	钳口转动角度/(°)	±10	±10	±30
	钳口摆动角度/(°)	±10	±10	±10
	钳口拉伸速度(设置)/(mm/s)	0~8	0~10	0~20
	钳口拉伸速度(成形)/(mm/s)	0~3	0~10	0~20
托架	拉伸缸行程/mm	300	450	1000
	托架行程/mm	2750	3000	5600
	托架摆动角度/(°)	±10	±15	±15
	托架吨位/kN	4×1500	4×2500	4×3000
工作台	工作台行程/mm	1000	2000	2000
	工作台吨位/kN	6000	10000	12000
	工作台面尺寸/mm(左右×前后)	2500×500	4000×600	4000×500
	工作台倾斜角度/(°)	±15	±15	±15
	工作台空载速度/(mm/s)	0~8	0~8	0~8
	工作台成形速度/(mm/min)	10~120	0~300	0~200
龙门	龙门压力/kN	—	4000	4000
	龙门有效尺寸/mm(左右×前后)	—	4000×600	4000×600
	龙门下压速度/(mm/s)	—	0~3.3	0~3.3
	龙门行程/mm	—	1300	1300
	龙门移动速度/(mm/s)	—	2500	0~500
成形精度(重复性精度)	定位精度/mm	±0.5	±0.5	±0.5
	重复定位精度/mm	±0.3	±0.3	±0.3
	角度控制精度/(°)	±0.2	±0.2	±0.2

11.7　移动回转头框式液压机

11.7.1　概述

1. 移动回转头框式液压机的用途

移动回转头框式液压机是对大幅面厚板、型材进行点压加工的设备。主要应用于船舶制造行业，如船壳、船体骨架、船舱等船体结构零件的冷成形加工，是大幅面、异形、多曲度厚板冷成形工艺中重要的设备。

目前，我国造船工业所使用的船体板材成形加工装备，主要是 C 形结构的单臂液压机，受其机身结构的限制，存在两方面不足：

1）机身结构刚度提高困难。为提高机身结构刚度，需大幅增加机身重量，有时为加大设备可加工零件的厚度，零件需要在加热状态下压制。

2）压制零件的板幅受到限制。因压头和工作台三面敞开，使喉深参数不能太大，限制了压制零件的板幅。单臂液压机不能完成大型船体结构零件的成形加工。

随着造船工业新模式、新规范的实施，对船体板材成形加工设备向大型化提出要求，移动回转头框式液压机成为造船工业中船体板材成形加工必不可少的装备。

天津市天锻压力机有限公司于 2010 年承担了国家“高档数控机床与基础制造装备”科技重大专项中“大型六轴数控移动回转头框式液压机成套装备”课题的研究，并已经完成。图 2-11-78 所示为项目中的 15MN 移动回转头框式液压机。

2. 移动回转头框式液压机功能概述

移动回转头框式液压机相比传统板材成形加工设备，增加了压头移动功能和回转功能、工作台移动功能和回转功能、送料功能及起吊功能，实现了对船体结构中超厚超大零件的成形、输送及吊装的连续加工。由于结构的改变及功能的增加，提高了设备的压制力，扩大了设备的加工规范，提高了零件曲率精度，降低了工人的劳动强度。不同类型船体板材成形设备功能对比见表 2-11-30。

移动回转头框式液压机主要由机身、主缸、移动工作台、送料装置及起吊装置组成，如图 2-11-79 所示。

图 2-11-78　15MN 移动回转头框式液压机

表 2-11-30　不同类型船体板材成形设备功能对比

功能项目	单臂液压机	框架式液压机	压头移动液压机	移动回转头框式液压机
加工板材	受限	受限	受限	受宽度影响
压头位置	固定	固定	移动	移动、回转
成形工艺	冷、热	冷、热	冷	冷
成形精度	低	高	高	高
机床刚度	低	高	高	高
传动方式	液压	液压	机、液	机、液、电
压制自由度	1	2	3	5
控制方式	继电器	计算机	计算机	计算机
生产率	低	低	中	较高

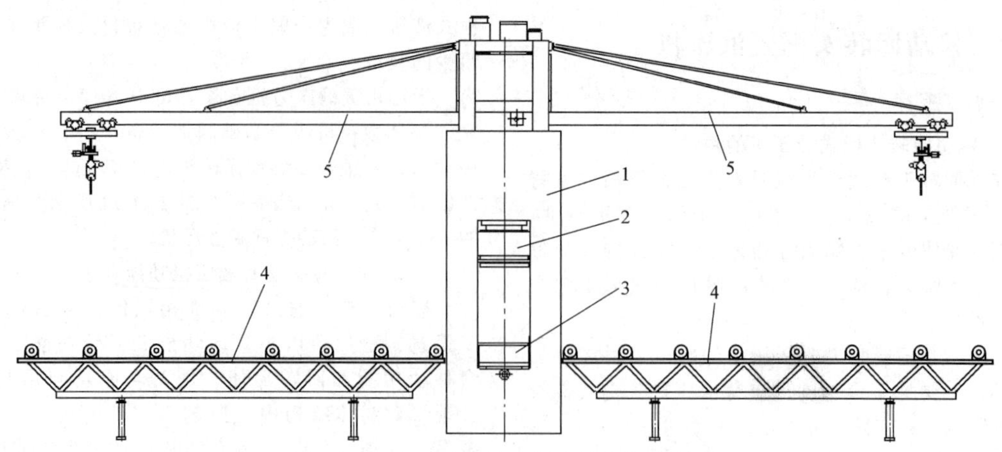

图 2-11-79　移动回转头框式液压机的组成

1—机身　2—主缸　3—移动工作台　4—送料装置　5—起吊装置

11.7.2　关键零部件

1. 机身

机身为液压机的受力框架，移动回转头框式液压机机身的特点是工作台面大，模具可以安装在工作台面内的任意位置、任意角度。

机身采用台肩定位组合框架式结构，主要由上横梁、左支柱、右支柱、下横梁及连接螺栓组成。上横梁采用中空结构，主缸可以在上横梁中间移动；下横梁采用中空结构，移动工作台可以在下横梁中间移动；移动工作台上平面与下横梁上平面在同一平面内。机身结构如图 2-11-80 所示，机身三维效果如图 2-11-81 所示。

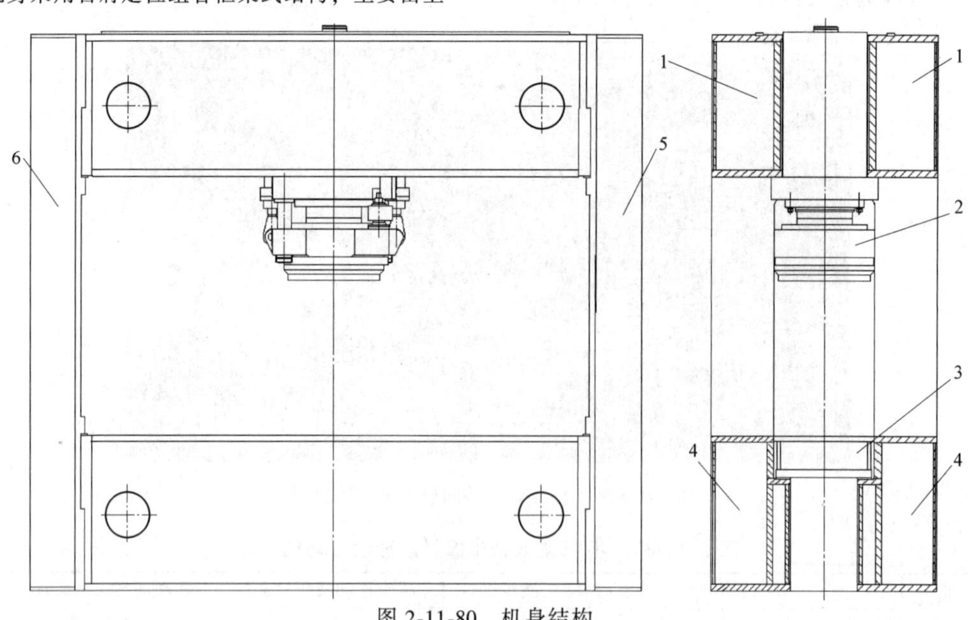

图 2-11-80　机身结构

1—上横梁　2—主缸　3—移动工作台　4—下横梁　5—右支柱　6—左支柱

2. 主缸

主缸为液压机的施力载体，移动回转头框式液压机主缸的特点：液压缸不仅可以上下运动加载，还可以沿上横梁左右方向移动，回转头还可以绕液压缸中心回转，从而实现模具在工作台面内任意位置、任意角度的压制。回转头安装于主缸下端。主缸外形如图 2-11-82，主缸工作图如图 2-11-83。

（1）主缸移动机构　主缸移动机构是驱动主缸在上横梁左右方向准确移动的机构，采用电动机驱动、机械传动，驱动主缸准确移动至工件需要压制的部位，移动位置可以预设。移动机构主要由移动小车、电动机、减速机、传动丝杠副、位置检测传感器等组成。主缸顶部通过螺钉与移动小车连接，移动小车承载主缸及液压系统的自重，通过移动小车的移动带动主缸移动。丝杠母安装于移动小车上，丝杠安装于机身顶部，电动机驱动丝杠转动，丝杠带动丝杠母做直线运动，驱动移动小车移动，从而带动主缸移动，位移检测传感器测量移动的距离。主缸位于机身中心时设为零位，可以分别向左右移动。主缸移动机构如图 2-11-84。

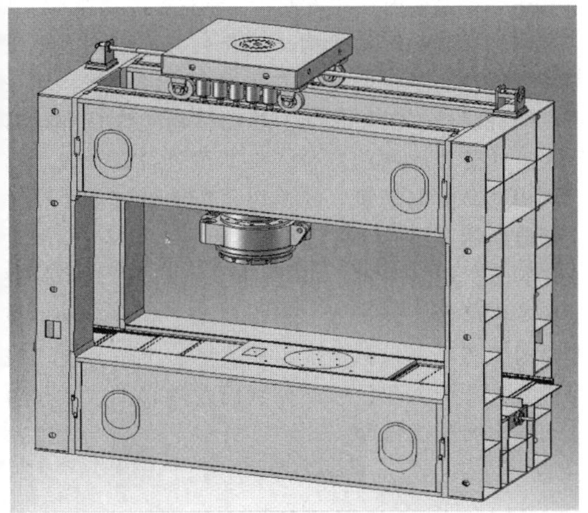

图 2-11-81　机身三维效果

(2) 主缸夹紧机构　主缸夹紧机构安装于移动小车上，保证主缸移动到位后或进行压制时不会左右窜动。主缸夹紧机构在主缸移动时处于松开状态，不移动时处于夹紧状态。夹紧机构采用碟簧机械夹紧结构，液压驱动松开机构，实现在断电状态下主缸保持夹紧状态。

图 2-11-82　主缸外形

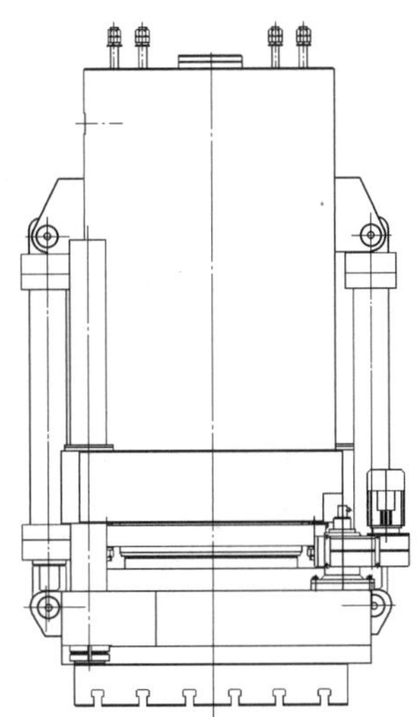

图 2-11-83　主缸工作图

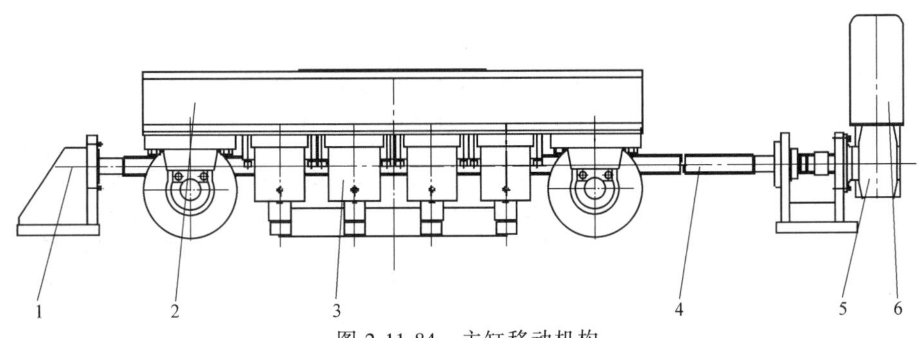

图 2-11-84　主缸移动机构

1—传感器　2—移动小车　3—主缸夹紧机构　4—丝杠　5—减速机　6—电动机

(3) 回转头回转机构　回转头回转机构是驱动回转头准确回转的机构，采用电动机驱动、机械传动，驱动回转头准确转动至工件需要压制的角度，回转角度可以预设。回转机构主要由电动机、减速机、传动齿轮副、位置检测传感器等组成。回转头安装于主缸下端，电动机驱动小齿轮转动，带动回转头上的大齿轮转动，从而带动回转头回转，位移检测传感器测量转动的角度。回转头可以 360°任意位置回转。回转头回转机构如图 2-11-85。

(4) 回转头夹紧机构　回转头夹紧机构安装于柱塞内部，保证回转头回转到位后或进行压制时不会转动。回转头夹紧机构在回转头回转时处于松开状态，不回转时处于夹紧状态。夹紧机构采用碟簧机械夹紧结构，液压驱动松开机构，实现在断电状态下回转头保持夹紧状态。

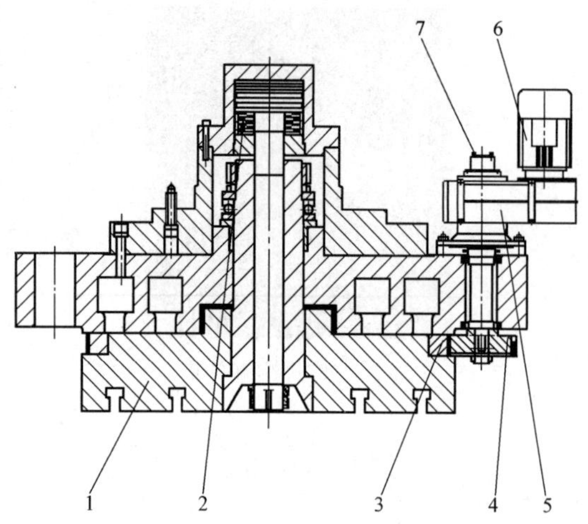

图 2-11-85　回转头回转机构

1—回转头　2—夹紧碟簧　3—大齿轮　4—小齿轮　5—减速机　6—电动机　7—传感器

3. 工作台

移动工作台为液压机的承载部件，移动回转头框式液压机移动工作台的特点：可以沿下横梁左右方向移动，移动工作台中间的回转盘还可以绕移动工作台中心回转，移动工作台还可以移至下横梁任意位置加载，回转盘可以转至任意角度加载，实现模具在工作台面内任意位置、任意角度的压制。

（1）工作台移动机构　工作台移动机构是驱动移动工作台在下横梁左右方向准确移动的机构，采用电动机驱动、机械传动，驱动移动工作台准确移动至工件需要压制的部位，移动位置可以预设。移动机构主要由电动机、减速机、传动丝杠副、位置检测传感器等组成。移动工作台底部安装有丝杠母，丝杠安装于机身内部，电动机驱动丝杠转动，丝杠带动丝杠母做直线运动，驱动移动工作台移动，位移检测传感器测量移动的距离。移动工作台位于机身中心时设为零位，可以分别向左右移动。工作台移动机构如图 2-11-86。

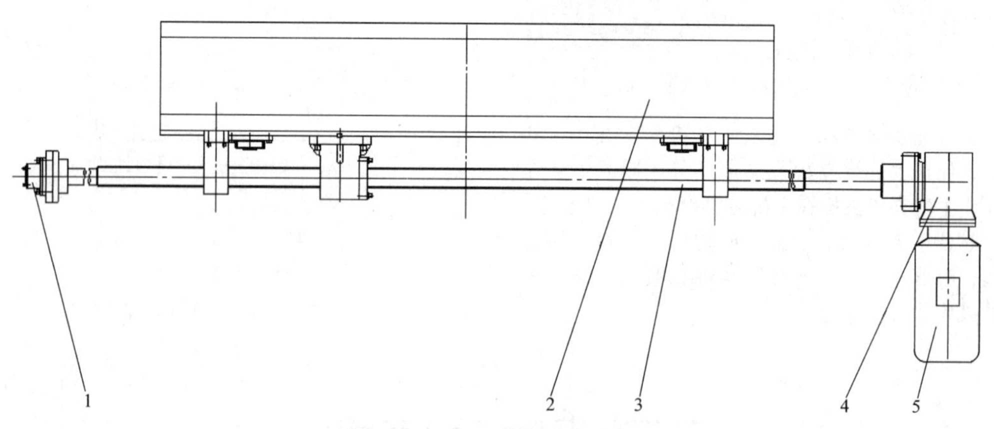

图 2-11-86　工作台移动机构

1—传感器　2—移动工作台　3—丝杠　4—减速机　5—电动机

（2）回转盘回转机构　回转盘回转机构是驱动回转盘准确回转的机构，采用电动机驱动、机械传动，驱动回转盘准确转动至工件需要压制的角度，回转角度可以预设。回转机构主要由电动机、减速机、传动齿轮副、顶升液压缸、位置检测传感器等组成。回转盘安装于移动工作台中间，回转时，顶升液压缸将回转盘顶起，电动机驱动小齿轮转动，带动回转盘上的大齿轮转动，从而带动回转盘回转，位置检测传感器测量转动的角度。回转盘可以 360 度任意位置回转，压制时顶升液压缸落下。回转盘回转机构如图 2-11-87。

4. 送料装置

移动回转头框式液压机配有两套送料装置，分别安装于机身前后位置，有升降及输送功能，以完成船体结构中超厚超大零件的进出料动作，两套送料装置可以单独动作，也可以同时动作。送料装置主要由架体、输送辊、输送驱动机构、升降液压缸、升降导向装置等组成，如图 2-11-88。输送辊及输送驱动机构安装于架体上，架体的升降采用液压缸驱动，导向轮导向。输送辊的转动采用电动机驱动，链轮链条传动。为保证送料位置准确，电动机采用有制动功能的电动机；为适应电动机带负载起停的工况，电动机采用起重电动机。

5. 起吊装置

移动回转头框式液压机配有起吊装置，主要用于零件及模具的吊装。起吊装置有两种形式，一种安装于机器顶部，伸出机身，可以分别沿机身左右方向及前后方向运行（见图 2-11-89a），主要用于零件及模具在送料装置宽度方向的移动；另一种安装于上横梁底部，可以沿机身左右方向运行（见图

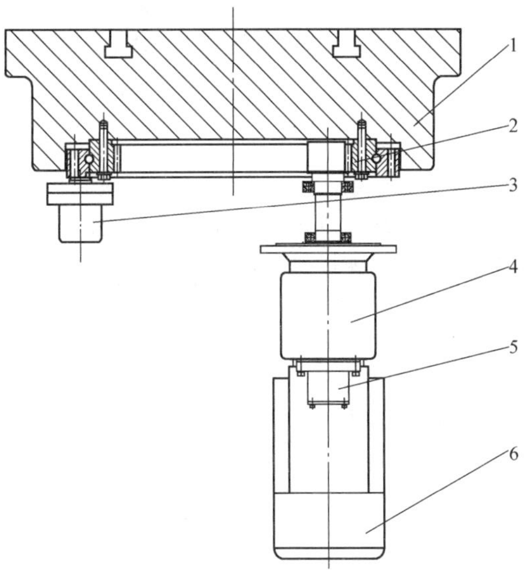

图 2-11-87　回转盘回转机构
1—回转盘　2—齿轮　3—顶升液压缸　4—减速机　5—传感器　6—电动机

图 2-11-88　送料装置

2-11-89b)，主要用于外形尺寸较小零件及模具的吊装。

6. 液压控制系统

移动回转头框式液压机的液压控制系统主要分为两部分：一部分为主机液压控制系统，另一部分为送料装置液压控制系统。

主机液压控制系统采用恒功率变量泵供油、插装式集成阀调节控制、比例压力阀控制主缸压力，实现调整、手动及半自动工艺动作。主缸工作曲线如图 2-11-90 所示。

送料装置液压控制系统采用齿轮泵供油、电磁阀控制、一泵供一缸的方式，实现送料装置的平稳

a) 安装于机器顶部

b) 安装于上横梁底部

图 2-11-89　起吊装置

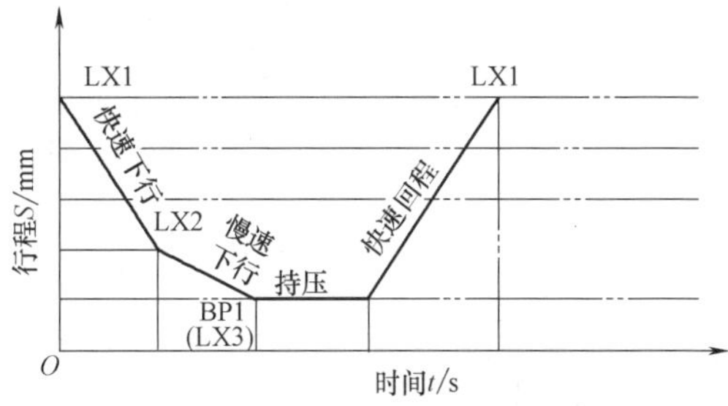

图 2-11-90　主缸工作曲线

升降。

7. 电气控制系统

移动回转头框式液压机的电气控制系统由以下 4 部分组成（见图 2-11-91）：

1）触摸屏人机界面（HMI）。作为主控系统和监视系统，它既可显示数据，又可写入数据。

2）可编程控制器（PLC）。作为整个控制的核心，它通过运行存储在其内存中的程序，把经过输入电路的物理过程得到的输入信息变换成所要求的输出信息，进而再通过输出电路的物理过程去实现控制。

3）检测元件（传感器）。将外部信号反馈给 PLC，本设备主要用到以下几种检测元件。

① 旋转编码器。将主缸移动位置、移动工作台移动位置和回转头旋转位置、回转盘旋转位置反馈给 PLC 高速计数模块。

② 压力变送器。将主缸压力以模拟量形式反馈给可编程控制器的模拟量输入模块。

③ 直线位移尺。与 PLC 的设备网模块连接，用

以显示主缸上下行程的位置。

4）执行元件。接受可编程控制器输出的信号，结合液压系统完成整个工艺动作循环。

① 比例电磁铁。通过接受可编程控制器输出的模拟量信号，改变电磁铁的摆角开度，从而完成对主缸压力的控制。

② 电磁铁。控制相应油路的通断及油路的换向。

管理层为触摸屏，通过 RS232 与 PLC 连接。触摸屏上可以显示物理层（检测元件及执行元件）各元件的工作状态，可设定液压机的控制点（如位置发信点和压力发信点），显示 PLC 内部的工作状态及错误信息，并在液压机有异常故障时显示液压机异常原因及提供解决方法；触摸屏可以存储多种模具参数，记录液压机的有关工作数据信息（如主缸的工作速度、压力，工作台的移动速度及位置等等）。

系统的大脑，即 PLC 的结构由电源模块，数字输入模块、数字输出模块，模拟量输入模块、模拟量输出模块，设备网模块及高速计数模块等组成，如图 2-11-91。

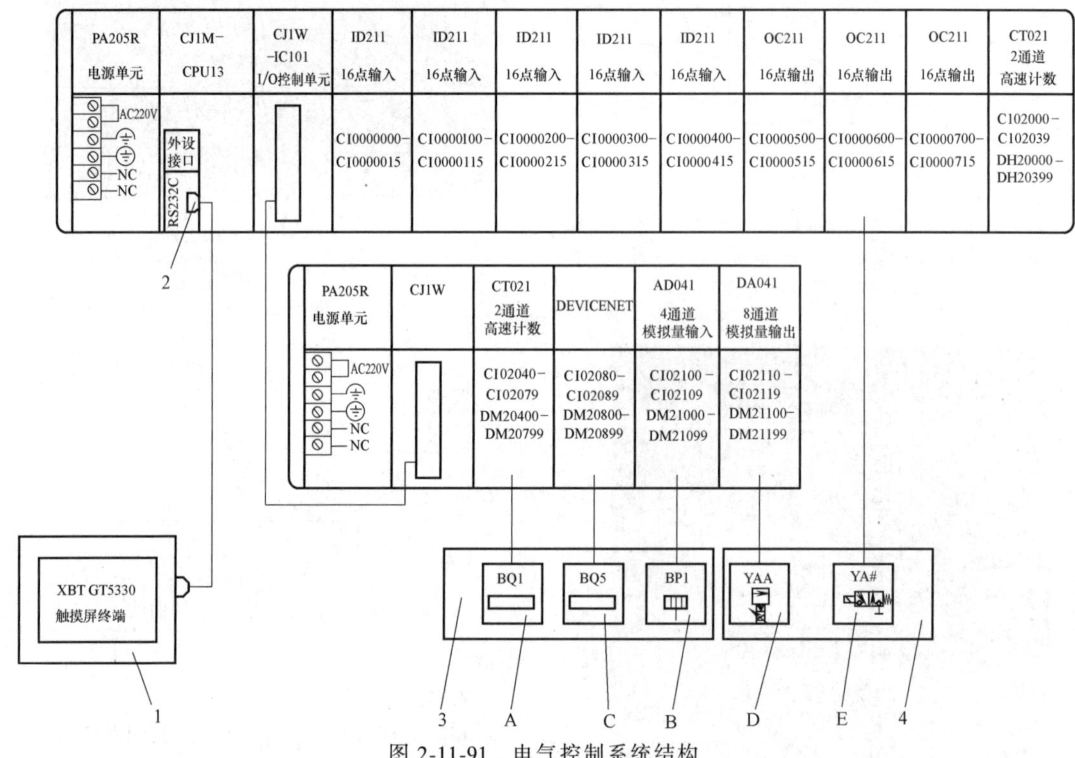

图 2-11-91　电气控制系统结构

1—触摸屏人机界面（HMI）　2—可编程控制器（PLC）　3—检测元件　4—执行元件
A—旋转编码器　B—压力变送器　C—直线位移尺　D—比例电磁铁　E—电磁铁

压制中心的智能数字变频定位移动机构和回转机构控制系统包括主缸的移动、回转头回转、移动工作台移动及回转盘回转，通过与传动机构连接的变频电动机控制其输出的控制部分，其控制部分包括触摸屏、与触摸屏相连的 PLC、与 PLC 相连的变频器。其中，变频器的输出端与变频电动机相连，在主缸移动的传动机构上还设置有作为位置检测元件的旋转编码器，旋转编码器的信号输出端与 PLC 相连。移动定位装置和回转定位装置控制系统采用智能数字量变频器控制，其控制简单可靠，并确保压头及工作台移动和回转定位精度高，响应快。对主缸及移动工作台移动、回转头及回转盘回转位置的检测，由于选用旋转编码器与 PLC 的高速计数模块连接，传输速率快，检测的分辨率可达到 μm 级。同步过程控制程序选用 PLC 的高速计数模块来采集编码器数据，通过比较，进行跟踪，实现同步。

主缸的上下位移行程是通过直线位移传感器来检测的，直线位移传感器与 PLC 之间通过设备网工业现场总线传递信号。模拟量是连续量，多数是非电量，而 PLC 只能处理数字量、电量，为此要由传感器将模拟量转换成电量。主缸的压力测量元件是 2 线制的压力传感器，其量程为 0~40MPa，输出信号为 4~20 mA 。压力传感器将 4~20mA 模拟量信号通过模拟量输入模块转化为 0~4000 的数字信号。

11.7.3　典型公司产品参数及典型零件

1. 典型公司产品参数

天津市天锻压力有限公司生产的移动回转头框式液压机已经形成了一个系列产品，型号为 THP34Y。天津市天锻压力有限公司在充分研究船体结构板材成形工艺的基础上，调研了多个设备使用厂家的需求后，归纳总结了比较合理的参数，见表 2-11-31。

2. 典型零件

移动回转头框式液压机主要用于船壳、船体骨架、船舱等船体结构零件的冷成形加工，实现了大型船体结构板材的精确加工，典型零件结构如图 2-11-92 所示。

加工后的零件如图 2-11-93 所示。

表 2-11-31　移动回转头框式液压机的主要技术参数（天锻）

参数名称	型号				
	THP34Y- 630	THP34Y- 1000	THP34Y- 1250	THP34Y- 1600	THP34Y- 2000
	参数值				
公称力/kN	6300	10000	12500	16000	20000
液压系统最大工作压力/MPa	25	25	25	25	25
回转头下平面至工作台上平面最大距离/mm	1600	1800	1800	1800	2000
上横梁下平面至工作台上平面最大距离/mm	2500	3000	3000	3200	3400
回转头直径/mm	1100	1100	1100	1200	1500
回转头工作行程/mm	600	1000	1000	1000	1000
回转头和工作台左右移动距离/mm	±1500	±1800	±1800	±2000	±2000
回转头和回转盘回转范围/(°)	360	360	360	360	360
工作台面有效尺寸/mm(左右×前后)	5000×2500	6000×2700	6000×2700	6800×3000	6800×3100
移动工作台有效尺寸/mm(左右×前后)	1700×1000	2700×1200	2700×1200	2700×1500	2700×1500
回转盘直径/mm	800	1000	1000	1200	1200
回转头空载下行速度/(mm/s)	60~100	60~100	60~100	60~100	60~100
回转头工作下行速度/(mm/s)	2.5~5	2.5~5	2.5~5	2.5~5	2.5~5
回转头回程速度/(mm/s)	60~100	60~100	60~100	60~100	60~100
回转头和工作台移动速度/(mm/s)	20	20	20	20	20
回转头和工作台回转速度/(r/min)	0.5	0.5	0.5	0.5	0.5

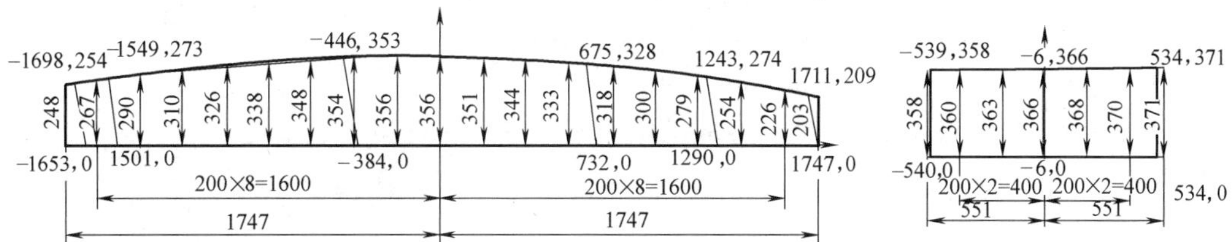

图 2-11-92　典型零件结构

图 2-11-93　加工后的零件

11.8　层压机

合肥合锻智能制造股份有限公司　魏新节

11.8.1　概述

层压机是指把多层物质进行压合的机械设备，即在多层物质的表面施加一定的压力，将这些物质紧密地压合在一起。根据层压的目的不同，压合的条件各不相同。现在的层压机多为真空层压机，真空层压机主要用于印刷电路板、智能卡片/身份证、集成显卡、太阳能电池板、医疗层压板和精密陶瓷等的生产。使用层压机生产的印刷电路板和智能卡片如图 2-11-94、图 2-11-95 所示。

图 2-11-94　印刷电路板

图 2-11-95　智能卡片

目前，合肥合锻智能制造股份有限公司与德国 LAUFFER 合作生产的新一代真空层压机，有用于生产印刷电路板的 RMV 系列层压机，用于生产智能卡片、集成显卡的 VKE 系列层压机，以及用于生产太阳能电池板和精密陶瓷的层压机，如图 2-11-96～图 2-11-98 所示。

图 2-11-96　RMV 系列层压机

图 2-11-97　VKE 系列层压机

图 2-11-98　用于生产太阳能电池板和精密陶瓷的层压机

新一代真空层压机具有以下特点：

1）最小化。集成热油加热和电气系统，集成液压和计算机控制，使得设备的占地面积最小化。

2）优化的加热技术。新开发的热油加热装置使生产能耗更低。

3）即插即用。采用标准化的软硬件，对物流、安装和培训的需求最小化。

4）标准任选。模块化设计允许预定义以满足生产需要，具有很高的成本效益。

11.8.2　主要结构形式及关键技术

1. 主要结构形式

RMV 系列层压机的主要结构形式如图 2-11-99 所示。

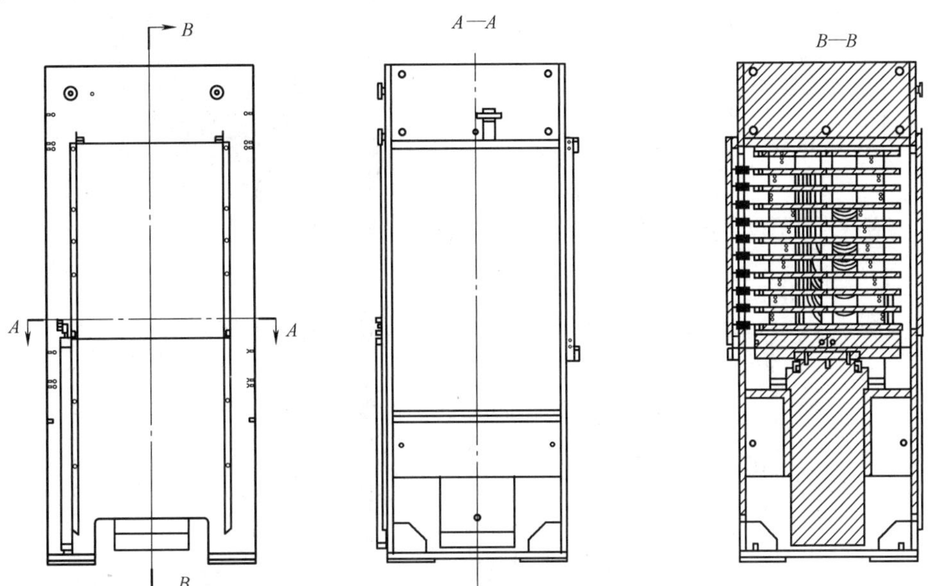

图 2-11-99　RMV 系列层压机的主要结构形式

RMV 层压机的特点：稳健的结构设计；单元机真空功能；淬硬滑块和伺服液压系统；正常范围和高温下均可应用；自动化复合压力机系统。

VKE 系列层压机的主要结构形式如图 2-11-100 所示。

VKE 系列层压机的特点：稳健的结构设计；双循环冷却技术；自动化复合压力机系统。

UVL 系列层压机的主要结构形式如图 2-11-101 所示。

UVL 试验用层压机的特点是高柔性、生产转移简便、高质量。

2. 关键技术

层压机的关键技术是控制系统的设计。控制系统是层压机的核心，用于协调其他几大系统按功能要求进行工作。控制系统的自动化程度、温度控制精度、故障检测功能的先进性是衡量层压机先进程度的关键。

控制系统组成：

1）真空系统（加热压力机）。

2）重量补偿系统。

3）先进的加热系统。

4）产品测量系统。

5）控制软件：

① 使用 HMI 控制站进行冗余的 PLC 设备控制。

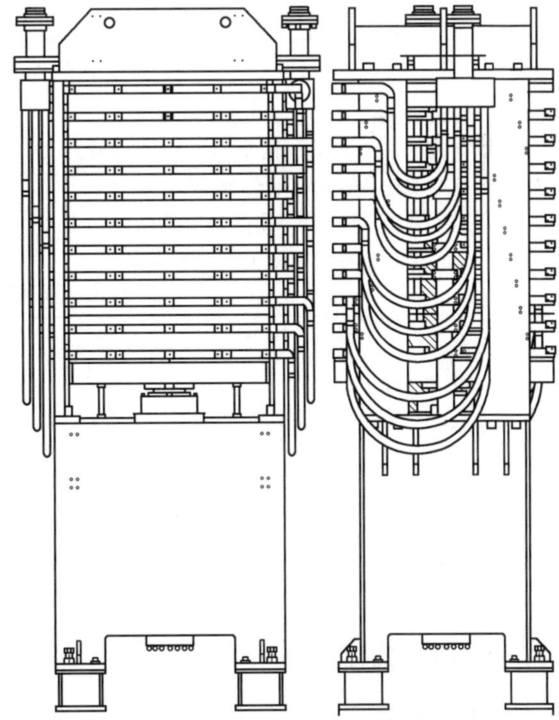

图 2-11-100　VKE 系列层压机的主要结构形式

② 事件驱动的程序设计。通过时间或工艺参数，如温度、压力、真空参数进行压力机循环控制。

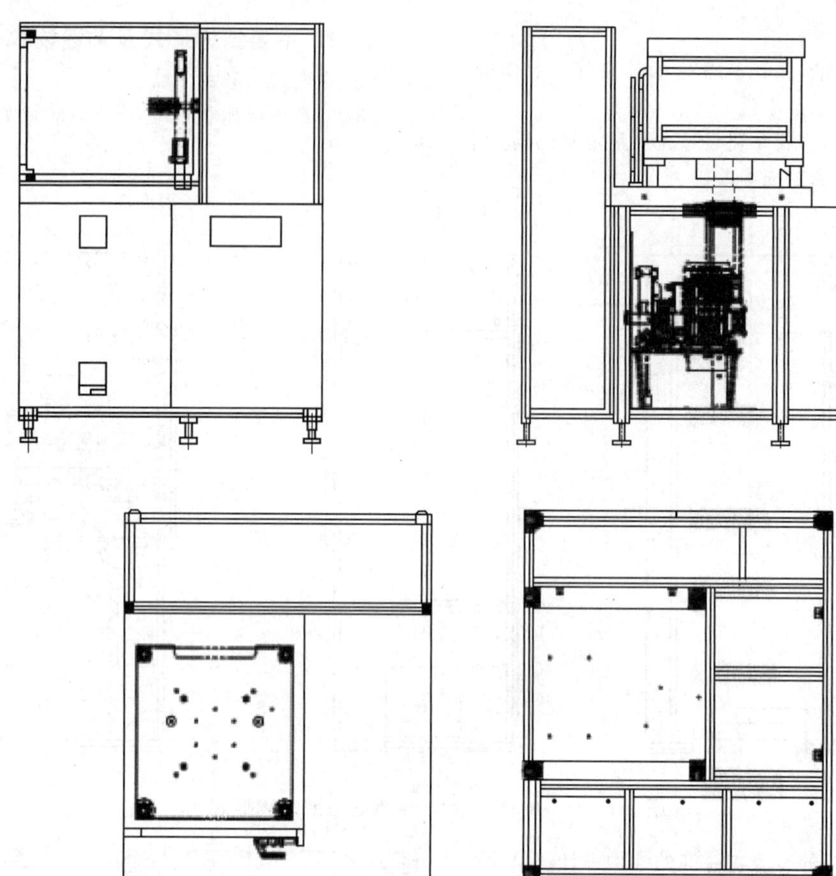

图 2-11-101　UVL 系列层压机的主要结构形式

③ 实时显示相关工艺参数和报警功能。

④ 直观的 HMI 处理和简单的工艺/配方设计。

⑤ 所有工艺参数的自动化统计。

⑥ 工厂管理系统/ERP 系统的可选接口。

⑦ 可选的在线远程访问服务和维护干预。

⑧ 可选的多种语言支持。

⑨ 可选的即插即用配方处理。

⑩ 可选的工具管理软件。

11.8.3　主要技术参数（见表 2-11-32）

表 2-11-32　双层压机的主要技术参数

参数名称	型号		参数名称	型号	
	40(80)/80	63(125)/125		40(80)/80	63(125)/125
薄板格式	多达 10×4	10×4 8×6 2×8×3	压力加热机 公称力/kN(tf)	400/800 (44/88)	630/1250 (69/138)
每薄板卡片	ID 1 24	ID 1 40/48 ID 3 16	压力冷却机 公称力/kN(tf)	800 (44/88)	1250 (138)
板尺寸/mm(in) (长×宽)	630×450 (24.8×17.7)	750×580 (29.5×22.8)			

11.9　塑封液压机

11.9.1　概述

塑封液压机是一种用于热固性塑料（即环氧树脂和硅树脂的混合料）成形的机械设备。热固性材料成形产品具有高质量的表面和精度，以及干净卫生、耐化学药品性和良好的绝缘性等优点，因而使得塑封液压机得以广泛应用。

图 2-11-102 所示为塑料成形液压机，公称力为 500～6000kN，带有预热系统和喷射系统。图 2-11-103 所示为带有转盘系统的塑封液压机，公称力为 800～3200kN，转盘尺寸为 900～1800mm，同时带有

单件和多件生产系统。图 2-11-104 所示为传递模塑液压机，带有全自动化的封装系统。

图 2-11-102　塑料成形液压机

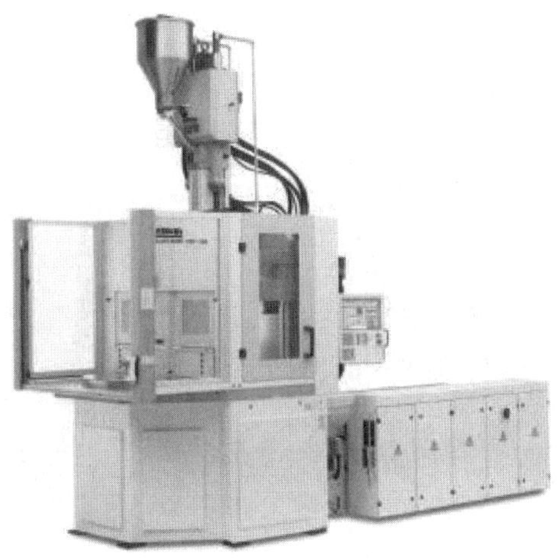

图 2-11-103　带有转盘系统的塑封液压机

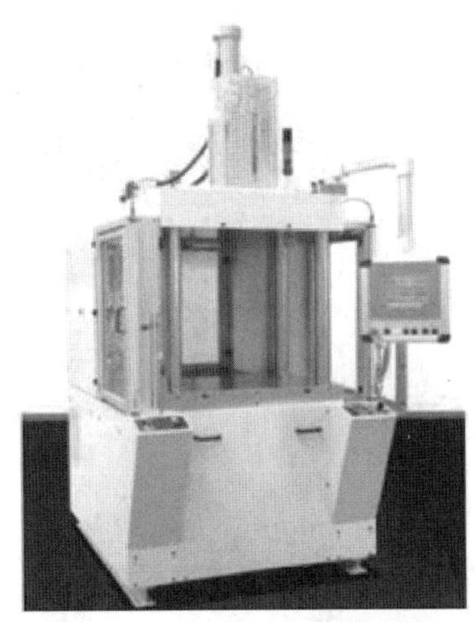

图 2-11-104　传递模塑液压机

塑料成形液压机主要用于薄壁零件及具有开口的平面零件的生产，如电灯开关（见图 2-11-105）及对卫生要求很高的产品的生产，如餐具盒、马桶座或医疗用品等。传递模塑液压机主要用于电子元件封装材料，如晶体管（见图 2-11-106）、电阻器、二极管、电容器等产品的生产，以及线圈、螺线管、继电器、变压器及类似产品的封装和成形。

图 2-11-105　电灯开关

图 2-11-106　晶体管

11.9.2　主要结构形式及关键技术

以塑料成形液压机为例，介绍塑封液压机的主要结构与功能。

塑料成形液压机配备有零件顶出装置、夹紧装置和进料装置等。

（1）顶出装置（见图 2-11-107）

1）带有测量系统的中心液压顶出机构。

2）可对顶部和底部顶出动作进行特殊编程。

（2）夹紧装置（见图 2-11-107）

1）低维护设计，对润滑剂的要求极低。

2）液压装置采用环保密封，避免污染。

3）重复定位精度达±0.1mm 的伺服控制。

4）工作压力和高压释放由压力和时间限定和控制。

（3）进料装置（见图 2-11-108）

1）采用新型密封表面技术，进行无尘进料。

2）填料罐可根据不同模具进行调整并固定。

3）精确而快速的进料运动，由电力驱动，进料速度可编程。

4）原材料通过气动滑台放置在型腔上方。

5）如果需要，可使用型板进行精确填料。

（4）喷气嘴（见图 2-11-109）　零件移动装置上安装有特殊喷气嘴，用于清洗模具，喷气动作可

图 2-11-107　顶出和夹紧装置

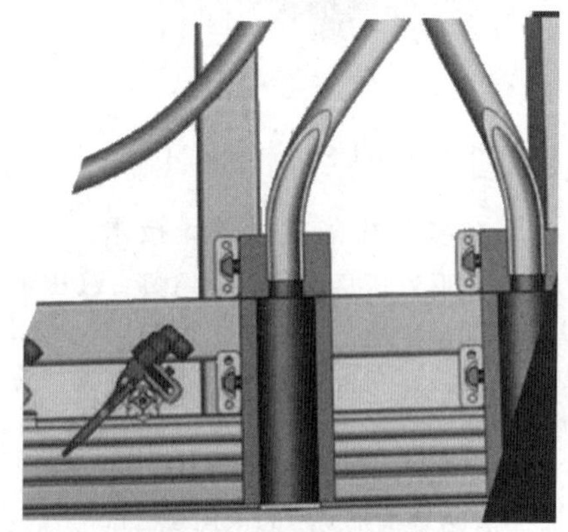

图 2-11-108　进料装置

图 2-11-109　喷气嘴

编程。

(5) 料斗（见图 2-11-110）

1）装有振动搅拌器，以防止材料固结。

2）安装有装料高度指示器。

3）无死角。

4）料斗中所有与材料接触的部件都可以轻松地拆卸，更换材料时可快速清洗。

图 2-11-110　料斗

(6) 带材料预热的体积进料装置（见图 2-11-111）

1）多达 8/16 腔的体积进料剂量可相互独立调节。

2）可直接控制体积进料，数值存储在模具程序中。

3）通过内部模具压力传感器进行自优化体积进料控制。

4）根据使用的材料，进料精度可达±0.4g。

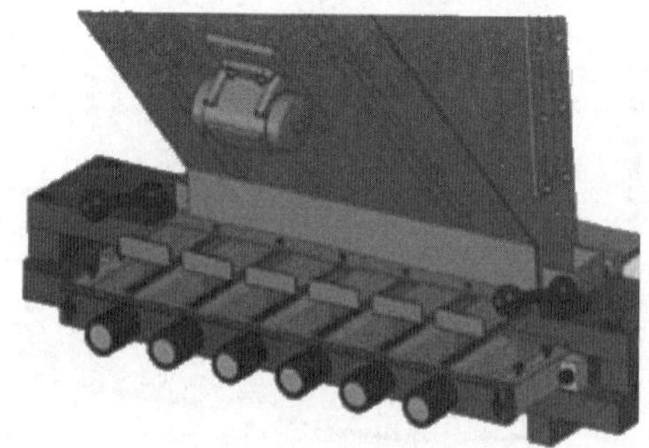

图 2-11-111　体积进料装置

(7) 基于重量的进料装置（见图 2-11-112）

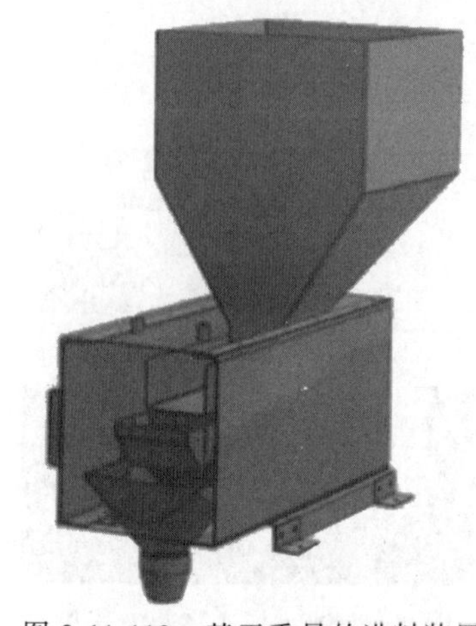

图 2-11-112　基于重量的进料装置

1）多达 8 腔的重量进料可相互独立调节。

2）通过称重装置控制进料重量，数据记录可存储。

3）根据使用的材料，进料精度达到±0.2g。

11.9.3　技术参数

塑封液压机的主要技术参数见表 2-11-33。

表 2-11-33　塑封液压机的主要技术参数（合锻智能）

参数名称	型号							
	KPA50	KPA100	KPA160	KPA200	KPA250/320	KPA320	KPA400	KPA500
	参数值							
最大公称力/kN	500	1000	1600	2000	2500/3200	3200	4000	5000
回程力/kN	110	110	110	110	110/170	170	170	170
工作台面尺寸/mm（左右×前后）	420×420	520×520	630×630	630×630	720×720	820×820	820×820	920×920
最小闭合高度/mm	350(450)	350(450)	350(450)	350(450)	400(500)	400(500)	400(500)	400(500)
开口高度/mm	700(800)	700(800)	700(800)	700(800)	800(900)	800(900)	800(900)	800(900)
夹紧行程/mm	350	350	350	350	400	400	400	400
工作台高度/mm	1000	1000	1100	1100	1200	1300	1350	1400

注：括号内的数值为相应的可供用户选择的另一组参数。

参考文献

[1] 葛永成．锥形件超塑胀形试验研究［D］．南京：南京航空航天大学，2008，2：3-4.

[2] 孟凡本．基于 PAC 的超塑性成形机控制系统设计与实现［D］．上海：上海交通大学，2012：3-6.

[3] 沈兴全，吴秀玲．液压传动与控制［M］．北京：国防工业出版社，2005.

[4] 骆合力，李尚平，曹栩，等．钛合金热成形和超塑成形金属平台材料选型和制备［J］．航空制造技术，2011，16：63-65.

[5] 潘信强，刘红梅，顾玉宏．一种超塑成形设备的控制与应用［J］．锻压设备与制造技术，2017，52（3）：68-69.

[6] PETIOT A，FAVRE T. Tool Thermal Behavior in SPF Environment［J］. Materials science forum，2007：111-123.

[7] 姚保森．我国锻造液压机的现状及发展［J］．锻压装备与制造技术，2005（3）：28-30.

[8] 蔡墉．我国自由锻压机和大型锻件生产的发展历程［J］．大型铸锻件，2007（1）：37-44.

[9] 俞新陆．液压机的设计与应用［M］．北京：机械工业出版社，2008.

[10] 聂绍珉．现代大中型锻造液压机的特点及发展趋势（上）［J］．金属加工，2008（23）：20-23.

[11] 聂绍珉．现代大中型锻造液压机的特点及发展趋势（下）［J］．金属加工，2009（1）：40-42.

[12] 郭玉玺．机械行业标准《油泵直接传动双柱斜置式自由锻造液压机》释义［J］．锻压技术，2012，37（5）：185-194.

[13] 高俊峰．我国快锻液压机的发展与现状［J］．锻压技术，2008，33（6）：1-5.

[14] 张亦工，郭玉玺，李翔．现代新型自由锻造液压机［J］．锻造与冲压，2009（1）：52-58

[15] 张亦工．基于 ITI-SimulationX 的快锻液压机液压系统仿真［J］．机械工程与自动化，2012（5）：49-51.

[16] 张亦工，赵国栋，王丽薇．大型快锻液压机虚拟样机协同仿真平台开发［C］//第十三届中国机械工程学会塑性工程分会年会论文集．武汉，2013.

[17] 张亦工．采用 TwinCAT 的液压机实时监测系统设计与实现［J］．现代制造工程，2012（9）：91-94.

第3篇　能量锻造设备

概　　述

太原科技大学　李永堂

能量锻造设备是一类利用工作部分（落下部分或活动部分）在下行程中所积蓄的动能对锻件进行打击，使锻件获得塑性变形的设备，在机械制造领域应用非常广泛。从最古老的手工锻锤，经过了第一次工业革命的蒸汽锻锤，到如今的电液锤和其他新型设备，能量锻造设备经历了从手工操作、机械操作、电气操作到智能控制的发展、创新和蜕变，品种和规格不断增加，性能不断完善和提高，是金属零件塑性成形的主要设备，因其具有驱动方式简练、价格低廉与操作简单等优势，在锻压生产中一直发挥着重要的作用。

能量锻造设备的型式和种类多种多样。按工艺用途，可分为自由锻设备和模锻设备；按驱动动力、结构特点和工作原理的不同，能量锻造设备主要分为机械锤、空气锤、蒸汽-空气锤、高速锤、液压模锻锤、电液锤和螺旋压力机等。其中，锤类设备根据打击特性的不同又分为有砧座锤和对击式锤；螺旋压力机根据动力和结构原理的不同又分为摩擦螺旋压力机、液压螺旋压力机、电动螺旋压力机和离合器式高能螺旋压力机。因此，本篇简单介绍了能量锻造设备的工作特性与分类，以及相应的节能与减振技术。重点对摩擦式、电动式、离合器式螺旋压力机，液气锤与液压锤进行了论述。基于在一些特殊的场合与领域仍在使用空气锤、蒸-空锤，因此也对其进行了简单介绍。

与其他锻压设备相比，能量锻造设备具有如下鲜明的技术和工艺特点：它是一类冲击成形设备，成形速度快，因此金属的流动性和锻件成形工艺性好；每分钟行程次数高，因而具有较高的生产率；操作灵活，工艺柔性好，作为模锻设备，在同一台设备上可以完成镦粗、拔长、滚挤、预锻、终锻等各种工序的操作，一般不需配备制坯设备；它是一类定能量设备，没有固定的下死点，工作部分的运动不受行程限制，其锻造能力也不严格受设备的吨位限制，适用面宽。此外，当锻件变形量较小时，可以产生很大的打击力；该类设备结构简单，制造周期短，性价比高，安装方便。

随着生产的发展和科学技术的进步，能量锻造设备也正经历着不断的改进和创新，一批批新技术和新产品不断涌现。其中最具代表性的有：砧座微动型液压模锻锤，由于具有节能、减振、环保和机电一体化等优点，因而显示出了强大的生命力；高效节能电液锤的能量利用率高，工艺柔性好，可实现自动化与智能化操作，因而得到了更广泛的推广和应用；离合器式高能螺旋压力机兼有压力机与能量锻造设备的特性，工艺适应性强，因而在大型锻造领域更具有竞争优势。

第1章

能量锻造设备概述

太原科技大学　李永堂 牛婷

1.1　能量锻造设备工作特性

1.1.1　特点和工作过程

利用蒸汽或液压等传动机构使落下部分［活塞、锤杆、锤头、上砧（模块）］产生运动并积累动能，将此动能施加到锻件上，使锻件获得塑性变形能，以完成各种锻压工艺过程的锻压机器称为锻锤。图 3-1-1 所示为锤头打击固定砧座的有砧座锤的工作原理；图 3-1-2 所示为上下锤头对击的对击锤（也称无砧座锤）的工作原理。

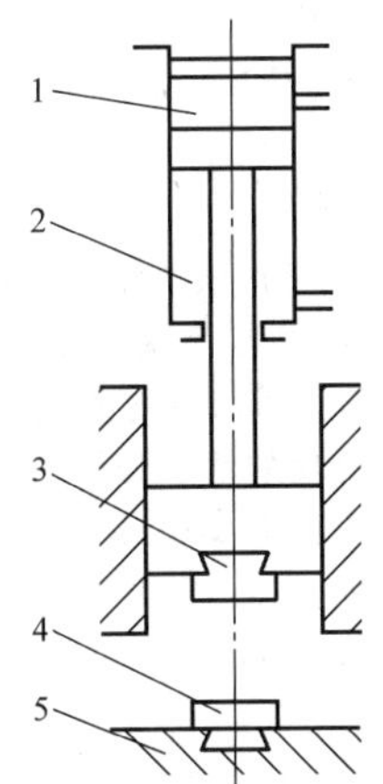

图 3-1-1　蒸汽-空气锤（有砧座锤）的工作原理

1—活塞　2—气缸　3—上锤头　4—下锤头　5—固定砧座

锻锤以很大的砧座或可动的下锤头作为打击的支承面。在工作行程时，锤头的打击速度瞬时（千分之几秒）下降至零，工作是冲击性的，能产生很大的打击力，通常会引起很大的震动和噪声。

锻锤的规格通常以落下部分质量来表示，但因它是限能性设备，其确切的性能参数应是打击能量 E_0（J），对有砧座锤为

$$E_0=\frac{1}{2}m_1v_1^2 \tag{3-1-1}$$

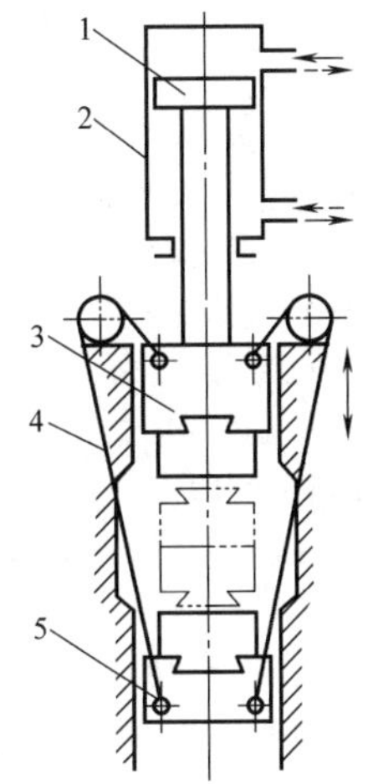

图 3-1-2　对击锤（无砧座锤）的工作原理

1—活塞　2—气缸　3—上锤头　4—钢带　5—下锤头

式中　m_1——落下部分的质量（kg）；

v_1——落下部分接触锻件时的打击速度（m/s）。

对于对击锤，打击能量 E_0（J）为

$$E_0=\frac{1}{2}m_1v_1^2+\frac{1}{2}m_2v_2^2 \tag{3-1-2}$$

式中　m_2——下锤头的质量（kg）；

v_2——下锤头的打击速度（m/s）。

锻件在锤上的成形过程是打击过程，可利用力学上的弹性正碰撞理论分析其打击特性，得出锤头与砧座的质量比 m_2/m_j 及打击力度量的设计准则。

1.1.2　工程热力学基础

锻锤的工作过程是一种能量的转移与传递过程，将燃料的化学能或电能转换成锻锤输出的机械能。要实现这种转换，离不开工作介质。蒸汽-空气锤的工作介质是蒸汽或压缩空气，空气锤、高速锤和液压模锻锤的工作介质是压缩空气或氮气。因此，分析这些气体工作介质的基本特性对于提高这种能量转换的热效率具有重要意义。

1. 气体工作介质的热力性质

锻锤中所使用的气体工作介质主要分为两类：一类是压缩空气或氮气，这些气体在常温常压下距离液态较远，符合理想气体假设条件，通常可以作为理想气体处理；另一类是水蒸气，距离液态较近，不能作为理想气体处理。

（1）理想气体状态方程　工作介质的 3 个基本状态参数，即压力 p、温度 T 和比体积 v 之间存在一定的关系，这种关系式称为工作介质的状态方程。实际气体的状态方程十分复杂，但理想气体的状态方程却比较简单。综合波义耳定律、查理定律和盖·吕萨克定律等试验定律，可得理想气体的状态方程为

$$pv=R_gT \tag{3-1-3}$$

式中　R_g——气体常数，其数值只与气体的种类有关，而与气体的状态无关。

（2）理想气体的气体常数　对质量为 m 的理想气体，状态方程可写为

$$pV=mR_gT \tag{3-1-4}$$

式中　V——气体所占的体积。

若气体的量以 mol（摩尔）为单位，则状态方程可以写为

$$pV_m=MR_gT \tag{3-1-5}$$

式中　M——1mol 物质的质量，称为摩尔质量，在数值上等于该气体的相对分子质量，即分子 M_r；

V_m——1mol 物质的体积，称为摩尔体积，$V_m=Mv$。

令 $R=MR_g$，则可得理想气体状态方程的另一种形式：

$$pV_m=RT \tag{3-1-6}$$

式中　R——与气体的种类和状态无关的常数，称为通用气体常数（也称为摩尔气体常数），其值可由气体在任意状态下的参数确定。

在标准状态（p_0 = 101325Pa，T_0 = 273.15K）下，1mol 任何气体所占体积为 $22.414\times10^{-3}\text{m}^3$，带入式（3-1-6）得

$$R=\frac{p_0V}{T_0}=\frac{101325\times22.414\times10^{-3}}{273.15}\text{J/(mol}\cdot\text{K)}\approx8.314\text{J/(mol}\cdot\text{K)} \tag{3-1-7}$$

有了通用气体常数，任何一种气体的气体常数可由式（3-1-8）确定：

$$R_g=\frac{R}{M} \tag{3-1-8}$$

（3）理想气体的比热容　单位工作介质温度升高 1K（或 1℃）所需要的热量称为该工作介质的比热容，其定义式为

$$c=\frac{\delta q}{\text{d}t} \tag{3-1-9}$$

根据工作介质量的单位不同，可分为质量热熔 c 和摩尔热熔 c_m 等，它们之间存在一定的换算关系。

工作介质的比热容也与工作介质经历的热力过程有关。工程热力学中常用到的是质量定容热容 c_V 和质量定压热容 c_p。根据热力学第一定律和理想气体的性质，可得理想气体质量定容热容（也称比定容热容）和质量定压热容（也称比定压热容）为

$$c_V=\frac{\text{d}u}{\text{d}t} \tag{3-1-10}$$

$$c_p=\frac{\text{d}h}{\text{d}t} \tag{3-1-11}$$

式中　u、h——分别为工作介质的比热力学能和比焓。

工作介质的比定容热容与比定压热容之间的关系为

$$c_p-c_V=R_g \tag{3-1-12}$$

或　$$c_{p,m}-c_{V,m}=R \tag{3-1-13}$$

根据式（3-1-9）可以进行热量的计算，可按计算精度要求，选取平均比热容（曲线值或直线关系式）和定值比热容进行计算。当使用定值比热容时，定值比定压热容与定值比定容热容存在以下关系：

$$\gamma=\frac{c_p}{c_V}=\frac{c_{p,m}}{c_{V,m}} \tag{3-1-14}$$

式中　γ——称为比热比或质量热容比。对于理想气体，其值与等熵指数 κ 相等；对于空气、氮气等双原子气体，$\gamma=\kappa=1.4$。

2. 气体工作介质的状态参数

描述工作介质状态参数除了上述提到的压力、温度和比体积之外，还有熵、焓和热力学能，这 3 个参数在分析气体工作介质热力过程中是非常重要的。

热力学能指组成热力系的大量微观粒子本身所具有的能量，用 U 表示。单位质量工作介质的热力学能称为比热力学能，用 u 表示。工作介质的热力学能包括分子热运动而形成的内动能和分子之间相互作用力而形成的内势能，前者取决于工作介质的温度，后者取决于工作介质的比体积，因此它是与工作介质状态有关的状态参数。对于理想气体来说，比热力学能仅与温度有关，是温度的单值函数，即

$$u=u(T) \tag{3-1-15}$$

焓也是与工作介质热力状态有关的一个参数，用 H 表示；单位质量工作介质的焓称为比焓，用 h 表示。根据定义有

$$H=U+pV \tag{3-1-16}$$

$$h=u+pv \tag{3-1-17}$$

显然，对于理想气体来说，工作介质的焓也只与温度有关且为温度的单值函数。

在可逆过程中，工作介质在某瞬间的热量变化与绝对温度的比值是一个与工作介质状态有关的状态参数，克劳修斯将这一状态参数定名为熵，用 S 表示，即

$$dS=\frac{\delta Q_{re}}{T} \tag{3-1-18}$$

同样，单位质量工作介质的熵称为比熵，即

$$ds=\frac{\delta q_{re}}{T} \tag{3-1-19}$$

式中　δQ_{re}、δq_{re}——下标强调 δQ 或 δq 必须是可逆过程的换热量。

3. 功和热量

功和热量是锻锤中工作介质能量转换和传递的主要能量形式。其中，与锻锤能量转换关系最密切的是膨胀功。膨胀功是气体工作介质体积膨胀或受到压缩时与外界交换的能量，对于简单可压缩系的可逆过程，当工作介质从状态 1 变化到状态 2 时，系统对外做的膨胀功为

$$W=\int_1^2 p\mathrm{d}V \tag{3-1-20}$$

式中　p——工作介质的压力；

V——工作介质的体积。

膨胀功 W 的正负取决于 $\mathrm{d}V$ 的正负，系统膨胀时对外做功（膨胀功）为正。反之（压缩功）为负。

热量也是一种工作介质通过热力过程与外界交换的过程能量。若用 q 表示单位质量工作介质的热量，根据比热容和比熵的定义式，有

$$q=\int_1^2 c\mathrm{d}t \tag{3-1-21}$$

$$q=\int_1^2 T\mathrm{d}s \tag{3-1-22}$$

为直观地进行过程分析，工程热力学中常应用状态参数坐标图。其中压容图（p-v 图）和温熵图（T-s 图）应用较多。在 p-v 图上，过程曲线下的面积表示过程膨胀功（见图 3-1-3），在 T-s 图上，过程曲线下的面积表示热量（见图 3-1-4）。

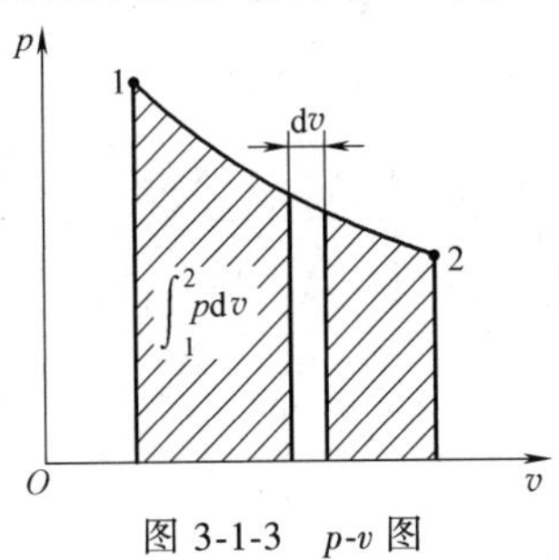

图 3-1-3　p-v 图

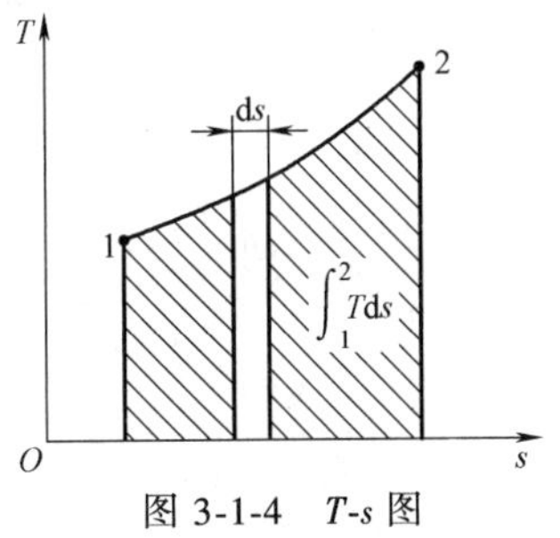

图 3-1-4　T-s 图

根据热力学第一定律，热功之间的转换关系（即闭口系统能量方程）为

$$Q=\Delta U+W \tag{3-1-23}$$

即加给工作介质的热量转变成工作介质热力学能的增量和对外做的膨胀功。

功是一种有序能，热能是一种无序能，热功转换从本质上说是有序能与无序能之间的转换。通过气体体积变化是实现将无序能转换成有序能的最有效的方法。

4. 工作介质的热力过程

在锻锤的工作过程中，工作介质通过热力过程实现能量的转换。典型的热力过程包括定容过程、定压过程、定温过程和可逆绝热过程等。

（1）理想气体的定温过程　工作介质温度保持不变的热力过程称为定温过程。根据定义和状态方程，可得理想气体定温过程的方程式为

$$pv=常量$$

在图 3-1-3 中，定温过程用一条等轴双曲线表示；在图 3-1-4 中，定温过程是一条平行于横坐标的直线。

根据式（3-1-10）、式（3-1-11）、式（3-1-18）、式（3-1-23）和理想气体状态方程，可得理想气体定温过程比热力学能、比焓和比熵的变化为

$$\Delta\mu=0$$

$$\Delta h=0$$

$$\Delta s=R_g\ln\frac{v_2}{v_1}=R_g\ln\frac{p_2}{p_1} \tag{3-1-24}$$

理想气体定温过程的膨胀功为

$$W=\int_1^2 p\mathrm{d}v=pv\ln\frac{v_2}{v_1}=R_gT\ln\frac{p_1}{p_2} \tag{3-1-25}$$

理想气体定温过程的热量为

$$q=T\cdot \mathrm{d}s=R_gT\ln\frac{v_2}{v_1} \tag{3-1-26}$$

（2）理想气体的可逆绝热过程　工作介质与外界无热量交换的热力状态变化过程称为绝热过程，可逆绝热过程又称为定熵过程，即

$$s=常量$$

根据式（3-1-18）、式（3-1-23）、式（3-1-13）和式（3-1-12），可得理想气体比熵的变化为

$$\Delta s=c_p\ln\frac{v_2}{v_1}+c_V\ln\frac{p_1}{p_2} \tag{3-1-27}$$

对于可逆绝热过程，有

$$c_p\ln\frac{v_2}{v_1}+c_V\ln\frac{p_2}{p_1}=0 \tag{3-1-28}$$

由 $c_p/c_V=\gamma$，得

$$\gamma\cdot\ln\left(\frac{v_2}{v_1}\right)^{\gamma}+\ln\frac{p_2}{p_1}=0 \tag{3-1-29}$$

$$\ln\left(\frac{v_2}{v_1}\right)^{\gamma}=\ln\frac{p_1}{p_2} \tag{3-1-30}$$

由式（3-1-30）可得

$$\left(\frac{v_2}{v_1}\right)^{\gamma}=\frac{p_1}{p_2} \tag{3-1-31}$$

即

$$p_1v_1^{\gamma}=p_2v_2^{\gamma}=pv^{\gamma}=常量$$

对于理想气体，由此可得可逆绝热过程方程式为

$$pv^k=常数 \tag{3-1-32}$$

在图 3-1-4 中，可逆绝热过程是一条垂直于横轴的直线，在图 3-1-3 中是条不等边的双曲线。

可逆绝热过程的热力学比能、比焓和比熵的变化为

$$\Delta s=0$$
$$\Delta u=c_V\Delta T$$
$$\Delta h=c_p\Delta T \tag{3-1-33}$$

根据定义，可得可逆绝热过程的热量为

$$q=0$$

理想气体可逆绝热过程的膨胀功为

$$\omega=\int_1^2 p\mathrm{d}v=\int_1^2 pv^k\frac{\mathrm{d}v}{v^k}=\frac{1}{k-1}(p_1v_1-p_2v_2) \tag{3-1-34}$$

或

$$\omega=\frac{1}{k-1}p_1v_1\left(1-\left(\frac{p_2}{p_1}\right)^{(k-1)/k}\right) \tag{3-1-35}$$

$$\omega=\frac{1}{k-1}p_1v_1\left(1-\left(\frac{v_2}{v_1}\right)^{(k-1)}\right) \tag{3-1-36}$$

5. 水蒸气的热力性质和过程分析

水蒸气是锻锤使用的主要工作介质，它具有比热容大、导热性能好、流动性和膨胀性好等优点，而且水蒸气又是应用最早的一种工作介质。通过长期的研究与应用，对于水蒸气的热力性质和过程分析，已经积累了大量的资料和准确的数据。

（1）水蒸气的产生过程和状态参数　工程上所用的水蒸气是在锅炉中定压加热产生的。水蒸气的定压产生过程可分为 3 个阶段：①未饱和水的定压饱和阶段，这一阶段压力不变，温度上升，熵值增大，比体积略有增加；②饱和水的定压汽化阶段，这一阶段压力不变，温度不变（为饱和温度），熵增加，比体积增大，直至饱和水全部变成与其温度相同的干饱和蒸汽；③干饱和蒸汽的定压过热阶段，将干饱和蒸汽在定压条件下继续加热，温度上升，比体积增大，熵值增加，该阶段的蒸汽称为过热蒸汽。

在不同的压力下重复上述过程，可得到不同的汽化过程曲线，如图 3-1-5 所示。将不同压力下的饱和水状态点连起来，可得饱和水线（也称为下界限线）；将干饱和蒸汽状态点连起来，可得干饱和蒸汽线（也称为上界限线），两线向上交于一点，称为临界状态点，相应的蒸汽参数称为临界参数。这一点（临界点）、两线（饱和水线和干饱和蒸汽线）将图分为 3 个区域和这 5 种状态。3 个区域是饱和水线左侧的未饱和水区、干饱和蒸汽线右侧的过热蒸汽区和两线之间的湿饱和蒸汽区；5 种状态是未饱和水、饱和水、湿饱和蒸汽、干饱和蒸汽和过热蒸汽。另外，在湿饱和蒸汽区中，按干饱和蒸汽所占比例不同标有等干度线（见图 3-1-5 中的虚线）。

（2）水蒸气热力性质图　由于水蒸气距液态较近不能作为理想气体处理，因此不能应用理想气体方程式和由此导出的参数与过程量计算公式，工程计算时，常使用水蒸气热力性质表和水蒸气热力性质图。

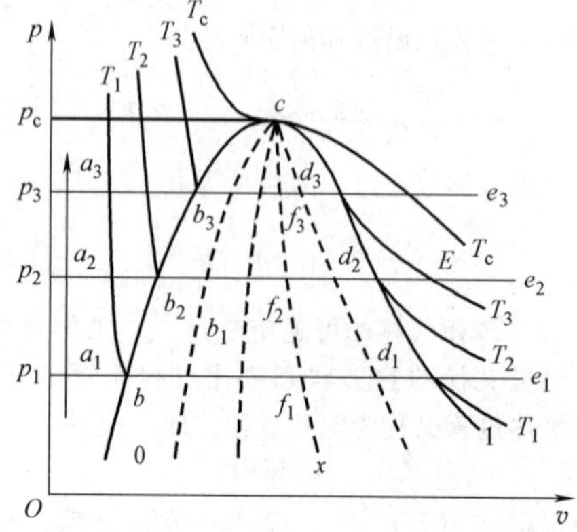

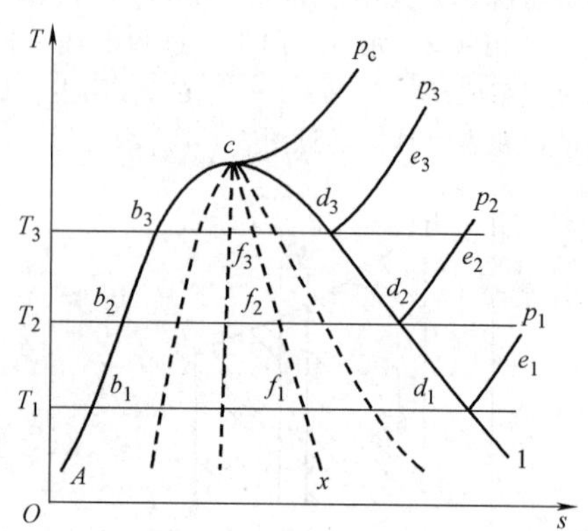

图 3-1-5　水蒸气的 p-v 图和 T-s 图

水蒸气热力性质表分为两类：一类是饱和水与干饱和蒸汽热力性质表，按压力排列或按温度排列列出了饱和水、干饱和蒸汽相对应的水蒸气比体积、比焓和比熵等参数，并通过干度可计算出湿饱和蒸汽区相应参数；另一类是未饱和水及过热蒸汽的热力性质表，列出了未饱和水区和干饱和蒸汽区不同温度、不同压力下的比体积、比焓和比熵等参数。

水蒸气热力性质图主要指以比熵为横坐标、比焓为纵坐标的比焓-比熵图，即 h-s 图，其结构如图 3-1-6 所示。在 h-s 图中具有等压线、等温线、等容线和等干度线，并标出了下界限线、上界限和临界点。利用 h-s 图可以很直观地查出不同状态的水蒸气所对应的各种参数值，用于过程分析也很方便。

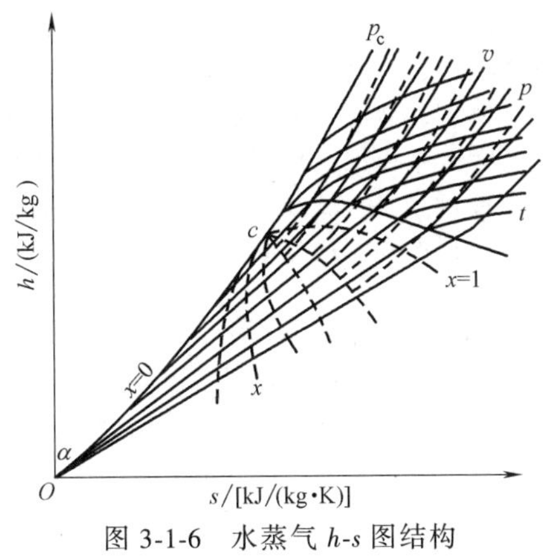

图 3-1-6　水蒸气 h-s 图结构

（3）水蒸气热力过程分析　在蒸汽锤中，系统与外界的功和热量的交换是通过工作介质的热力过程来实现的。分析水蒸气的热力过程就是通过求取过程始末状态参数来计算功和热量的变化。分析时，利用蒸汽热力性质表、参数定义式、热力学基本定律及由此导出的热力学基本方程式。一般情况下，蒸汽锤中水蒸气的变化过程是介于定温过程与可逆绝热过程之间的多变过程，其过程方程式为

$$pv^n = c \tag{3-1-37}$$

式中　n——多变过程指数，$n = 1 \sim 1.4$。

n 值的确定与工作介质过程性质和蒸汽的状态有关，对于锻锤来说，从锅炉房输出的蒸汽，经过较长的管道输送到锻压车间，各个环节上均有热量损失，到锻锤工作缸中实际上已接近干饱和蒸汽。因此，工程计算时，令 $n=1$ 计算是可行的。其过程的膨胀功可用式（3-1-34）计算。

1.1.3　锻锤的打击特性

1. 锻锤的打击过程和打击效率

锤的打击过程分为两个阶段（见图 3-1-7）。第一阶段为加载阶段。打击开始时锤头的速度为 v_1，砧座的速度 $v_2=0$。在此阶段，随着砧块（或模具）彼此接近，落下部分的动能转化为锻件塑性变形能、锤击系统内部的弹性变形能和系统运动的动能。第一阶段结束时，锤头和砧座达到一致的向下速度 u，这时锻件变形最大，砧座及基础下沉。

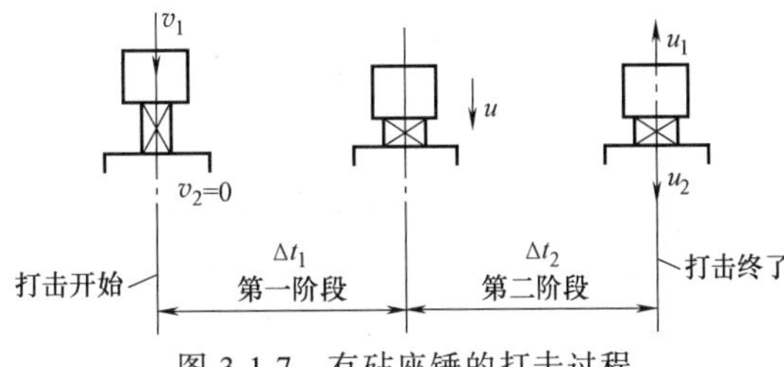

图 3-1-7　有砧座锤的打击过程

对于对击锤，$v_2 \neq 0$，上、下锤头相互靠拢，对图 3-1-2 所示的钢带式无砧座锤，$m_2>m_1$，u 的方向朝上，这能改善打击时锤带的受力状况。

第二阶段为卸载阶段。第一阶段末锻锤系统所具有的弹性变性能在第二阶段释放，导致在打击终了后，锤头和砧座或上下锤的反向分离速度分别达到 u_1 和 u_2，此时二者开始分离。有砧座锤砧座以 u_2 的初速度打击基础，严重的地面冲击振动由此产生；无砧座锤上下锤头是在空中对击，地面基本上没有冲击振动。

由于此打击过程的外碰撞量可以忽略不计，锤击系统的动量守恒，打击过程动量变化为

$$m_1 v_1 + m_2 v_2 = (m_1 + m_2) u = m_1 u_1 + m_2 u_2 \tag{3-1-38}$$

式 3-1-38 中的 m_2 也可视为砧座重量。

导致锤击系统运动状态发生变化的材料性质可用恢复系数 K 表示，即

$$K = \frac{u_2 - u_1}{v_1 - v_2} \tag{3-1-39}$$

恢复系统表示锤击系统在锻击后相对速度与锻击前相对速度的比值，此处可将其视为锻件的弹塑性指标。K 值随锻件温度的增高而减少，其值在 0～1 之间。

由式（3-1-38）和式（3-1-39）可确定打击过程结束时锤头和砧座（或上、下锤头）的最后速度，即

$$u_1 = v_1 - \frac{m_2}{m_1 + m_2}(v_1 - v_2)(1+K) \tag{3-1-40}$$

$$u_2 = v_2 - \frac{m_2}{m_1 + m_2}(v_1 - v_2)(1+K) \tag{3-1-41}$$

打击终了时，系统具有的动能 E_{kt} 为

$$E_{kt} = \frac{1}{2} m_1 u_1^2 + \frac{1}{2} m_2 u_2^2 \tag{3-1-42}$$

锻锤打击能量 E_0 消耗在锻件的塑性变形能量

E_w 为

$$E_w = E_0 - E_{kt} \tag{3-1-43}$$

在进行锻造时，希望锻件的塑性变形能在锻锤的打击能量中所占比例越高越好，这可用打击效率 η 来表示。由上述各式，可导出 η 的表达式，即

$$\eta = \frac{m_2}{m_1+m_2} \cdot (1-K^2) = \frac{\lambda}{1+\lambda} \cdot (1-K^2) \tag{3-1-44}$$

λ 为有砧座锤砧座与锤头的质量比。以 $\lambda = \frac{m_2}{m_1}$ 表示。由式（3-1-44）可知，锻锤的打击效率决定于 K 和 λ 值。恢复系数 K 值取决于锻件的锻造温度。温度越高，K 值越小，打击效率就越高；反之，锻造温度过低，甚至打冷铁，对锻锤的能量利用不利。自由锻工艺的锻件一般能在较高的锻造温度下变形，故自由锻锤的 K 值可取为 0.3，而模锻件在终锻模膛内终锻成形时，已接近终锻温度，所以模锻锤的 K 值应取为 0.5。由式（3-1-44）又可知，为了获得高的打击效率，有砧座锤必须要有一个巨大的砧座。对自由锻锤，因锻件塑性好，K 值小，锻件易于成形，为了减少金属消耗，降低制造成本，其 λ 值一般取 10~15。

对于有砧座锤，取 $K=0.3$，$v_1 = 9\text{m/s}$，$v_2 = 0$，根据式（3-1-44），当给出一定的 λ 值时，可得出图 3-1-8 所示的打击效率 η 的变化曲线。当 λ 值超过 10 以后，打击效率的提高就不甚显著，但从打击过程对模锻件变形质量的影响来看，砧座受力时的退让量越小越好，这就引出打击刚度越大越好的概念。

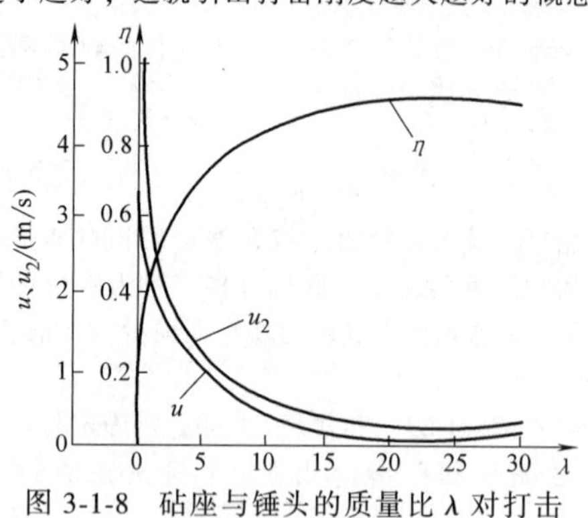

图 3-1-8　砧座与锤头的质量比 λ 对打击效率 η 和打击刚度的影响

打击刚度可用打击第一阶段末系统的运动速度 u 和 u_2 来衡量。当 $v_2=0$ 时，由式（3-1-38）和式（3-1-41）可得

$$u = \frac{v_1}{1+\lambda} \tag{3-1-45}$$

$$u_2 = \frac{v_1(1+K)}{1+\lambda} \tag{3-1-46}$$

这两种速度的变化曲线如图 3-1-8 所示。当 λ 超过 10 以后，其下降的幅度非常显著，即打击刚度逐渐提高，因此为了提高打击效率和打击刚度，必须增加模锻锤砧座的质量，一般应使 λ 值为 20~25；如果要求模锻精度较高，则可取 $\lambda=30$。

对击锤的打击效率 η 为

$$\eta = \frac{m_1 m_2}{m_1+m_2} \cdot \frac{(v_1-v_2)}{m_1 v_1^2 + m_2 v_2^2}(1-K^2) \tag{3-1-47}$$

由式（3-1-47）可知，要获得最高的打击效率，必须在打击瞬间保持上下锤头的动量相等，这就是对击锤设计的基本原则。考虑上、下锤头运动时间相等，可导出

$$\frac{m_2}{m_1} = \frac{v_1}{v_2} = \frac{H_1}{H_2} = r \tag{3-1-48}$$

r 为上、下锤头的质量比，也是速度比和行程比。图 3-1-2 所示的钢带式对击锤，其 $r=1$。虽然有打击效率高、对地面无冲击振动的优点，但因有下锤头大行程带来模锻操作不便的缺点，促使机身微动式对击锤的发展，式（3-1-48）就是这种无砧座锤的基本设计准则。这类设备在国内外都有很大的发展。

2. 锻锤的打击力

锻锤是限能量的锻压设备，它的主要性能参数是落下部分的打击能量。但是，对其可能产生的打击力也应有其度量准则，以满足锻锤零件的强度校核、模具承压面的确定及正确选用和使用设备的需要。

有砧座锻锤打击力 F 可按动量的改变等于打击力的平均值与打击时间的乘积而导出，即

$$F = \frac{m_1(v_1-u)}{\Delta t_1} \tag{3-1-49}$$

因打击时间很短，故打击力 F 很大，相当于落下部分重量 W 的几千倍至一万多倍。锻件的温度越低，变形量越小，打击力越大。锻造时，不能以最大打击速度锻击冷锻件或空击，因这会产生极大的打击力，对模具和锻锤易损零件的寿命都有不利的影响。

打击第一级阶段的时间 Δt_1 为

$$\Delta t_1 = \frac{2(\Delta h + s)}{v_1 + u} \tag{3-1-50}$$

式中　Δh——锻件线性塑性变形量（m）；

s——打击第一阶段砧座的退让量（m）。

一般认为，蒸汽-空气模锻锤的最大打击力 P(kN) 与落下部分重量 W（t）的比值 R 为 10000，$F=RW$，即一台 3t 模锻锤相当于一台 30000kN 的热模锻压力机。实际上，比值 R 随模锻锤的吨位而变化，吨位越小，R 越大，吨位越大，R 越小。根据理

论分析和实验，1～3t 模锻锤可取 $R=12000\sim13000$，5t 锤取 $R=10000$，10t、16t 锤取 $R=8000$。对自由锻锤，在计算零件强度时，可按落下部分每 1t 重、打击力等于 6000kN 考虑。但从工艺方案看，一般认为 5t 自由锻锤相当于 5000kN 水压机。

1.2　能量锻造设备分类

1.2.1　机械锤

由电动机驱动、靠机械传动提升锤头的锻锤，统称为机械锤。它是一类主要依靠重力势能实现锻件变形的单作用落锤，如图 3-1-9 所示。根据连接机构不同，机械锤分为夹板锤（或夹杆锤）、弹簧锤和链条锤（或钢丝绳锤）。

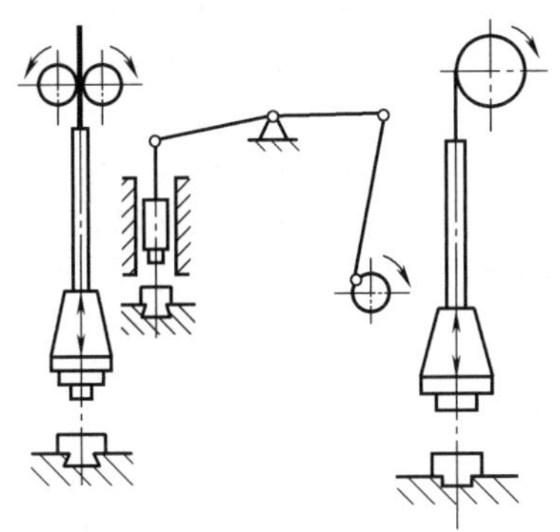

图 3-1-9　机械锤

1.2.2　空气锤

空气锤有工作缸和压缩缸，两缸之间由旋阀连通，如图 3-1-10 所示。其工作介质也是压缩空气，它在压缩活塞和工作活塞之间仅起柔性连接作用。电动机通过减速机构带动曲拐轴旋转，驱动压缩活塞做上下往复运动，使被压缩的空气经旋阀进入工作缸的上腔或下腔，驱动落下部分做向下或向上运动，进行打击或回程。

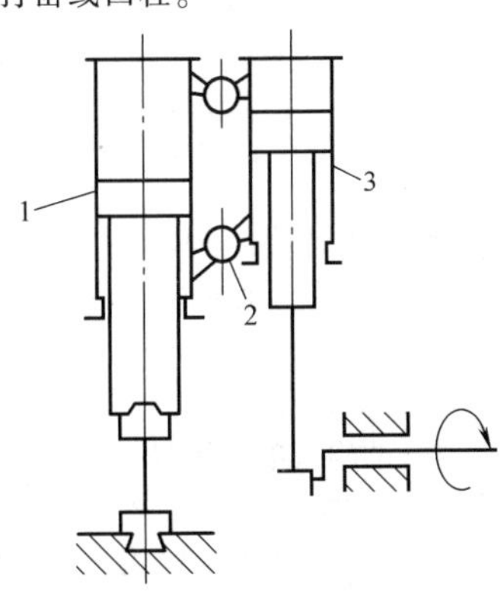

图 3-1-10　空气锤工作原理
1—工作缸　2—旋阀　3—压缩缸

1.2.3　蒸汽-空气锤

以来自动力站的蒸汽或压缩空气作为工作介质，通过滑阀配气机构和气缸驱动落下部分做上下往复运动的锻锤称为蒸汽-空气锤，其工作原理图如图 3-1-1 所示。工作介质通过滑阀配气机构在工作气缸内进行各种热力过程，将热力能转换成锻锤落下部分的蒸汽-空气锤动能，从而完成锻件变形。根据工艺用途不同，蒸汽-空气锤主要分为蒸汽-空气自由锻锤和蒸汽-空气锤模锻锤两大类。

1.2.4　高速锤

高速锤的工作原理是气缸中一次性充入高压氮气，回程时靠来自于液压系统的高压液体驱动锤头回程，使气缸中的气体得到进一步压缩；打击时，液体快速排出，气体膨胀做功，驱动锤头快速下落。与此同时，气缸中气体反作用力驱动锤身向上运动，与锤头实现对击。该锤的打击速度可达 15～25m/s，与其他同样重量的设备相比，打击能量要大得多，所以又称为高能高速锤。

1.2.5　液压模锻锤

液压模锻锤采用液气驱动。工作前，气缸一次性充入压缩空气或氮气，来自于液压系统的压力液推动上锤头回程；工作过程中，气体的反复压缩和膨胀，将液体的压力能转换成锻锤打击能量，从而实现锻件变形。其打击原理是工作缸中压缩气体推动上锤头向下做加速运动；与此同时，通过联动油路推动下锤头（或锤身）微动上跳，与上锤头实现对击。液压模锻锤的打击速度与蒸汽-空气锤相同，主要用于模锻，也可用于自由锻。

1.2.6　电液锤

电液锤是以电为能源来源，通过液压将锤头提起建立重力势能。电液锤的工作原理与电液动力头相同，主缸活塞上腔充有一定压力的氮气、活塞下腔是压力油，通过操纵组合阀使油进入活塞下腔，在压力油的作用下锤杆带动锤头上升，同时压缩上腔的氮气使之蓄能，即为提锤。通过操纵组合阀使活塞下腔压力油快速放回油箱，锤头快速下落实现打击。打击时，在锤头的重力和液体的推动下，将锤头的势能转化为动能，以打击锻件。

1.2.7　螺旋压力机

螺旋压力机是一种利用驱动装置使螺旋工作机构的飞轮旋转加速，积蓄大量动能。以螺杆滑块机构作为执行机构，将积累的动能作用到锻件上，依靠滑块动能完成锻件变形的锻压设备。它的打击特性与锻锤类似。

1.3　能量锻造设备节能与减振

由于蒸汽锤是一种能耗大、效率低的设备，所以本节中的能量锻造设备节能主要是针对蒸汽锤进行的节能技术改造。能量锻造设备在工作过程中会对地基产生巨大的冲击及振动，巨大的振动会对地基及周围环境产生很大影响，必须建立合理的基础使振动值控制在一定的范围内，以满足环境保护的有关要求，使厂房、设备、精密仪器和操作工人都能在振动允许的范围内正常工作。

1.3.1　蒸汽锤的节能改造

蒸汽-空气锻锤采用蒸汽驱动时热效率极低，其能量利用率不足 2%；即使采用压缩空气驱动，其能量利用率也不足 3%～5%。此外，由于采用蒸汽驱动，其动力源复杂，并由此带来了交通运输量增加、环境污染严重和浪费水资源等问题。液气动力头（也称电液动力头）的发展和推广应用，为锻锤的革新和节能技术改造提供了方向和手段，大大提高了能量利用率，减小了环境污染，节约了水资源，并简化了动力源。

1. 液气动力头的结构特点和主要技术参数

用液气动力头对蒸汽-空气自由锻锤和模锻锤进行节能技术改造（又称换头）是将锻锤的蒸汽驱动改为液气驱动。图 3-1-11 所示为改造后的 1t 模锻锤结构。液气动力头包括工作缸部分（气包 1 和液气缸 2）、液压系统和操作控制系统。改造后的锻锤保留了原锤的气缸垫板、锤头、锤杆、立柱和底座等绝大部分零部件，只是用液气缸代替原来的蒸汽缸。液气缸中一次性冲入压缩空气或氮气，工作期间不排气。液压系统采用泵直接传动的开式液压系统，控制系统中可装上 PC 控制器，以实现手动控制、脚踏板控制和自动程序控制操作，供用户选择。

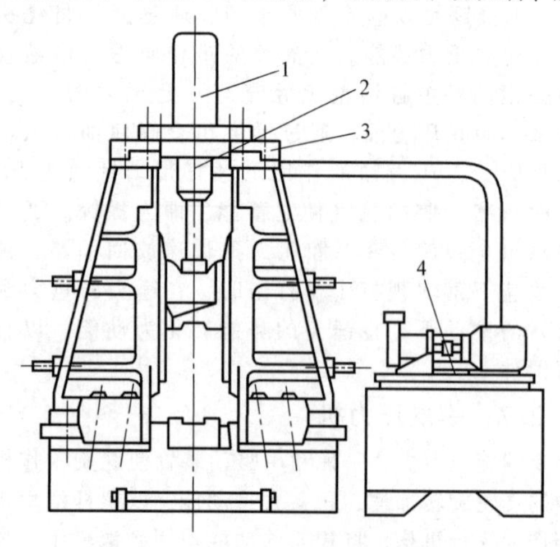

图 3-1-11　改造后 1t 模锻锤结构
1—气包　2—液气缸　3—气缸垫板　4—泵站

表 3-1-1 列出了改造后的自由锻锤与模锻锤的主要技术参数。

表 3-1-1　改造后的自由锻锤与模锻锤的主要技术参数

参数名称	1t 模锻锤	0.5t 自由锻锤
额定打击能量/kJ	25	15
打击速度/(m/s)	7	7.07
全行程打击次数/(次/min)	70	76
工作行程/mm	800	500
锤杆直径/mm	120	135
电动机功率/kW	45	30

2. 模锻锤改造液气动力头工作原理和性能特点

图 3-1-12 所示为改造后的 1t 模锻电液锤工作原理。工作缸上腔气室内一次性充入压缩空气或氮气，进而封闭。回程时，来自液压泵 6 的高压液体经单向阀和进排油组合阀 2 进入工作缸下腔，推动活塞、锤杆和锤头上升并压缩气室内气体蓄能。当操作电磁方向控制阀 3 进行打击时，工作缸下腔液体通过进排油组合阀 2 中的快排油阀流回油箱，上腔气体膨胀做功推动锤头系统加速下行完成打击。蓄能器 4 的作用是控制油压保持稳定，因而节省了一套控油源。

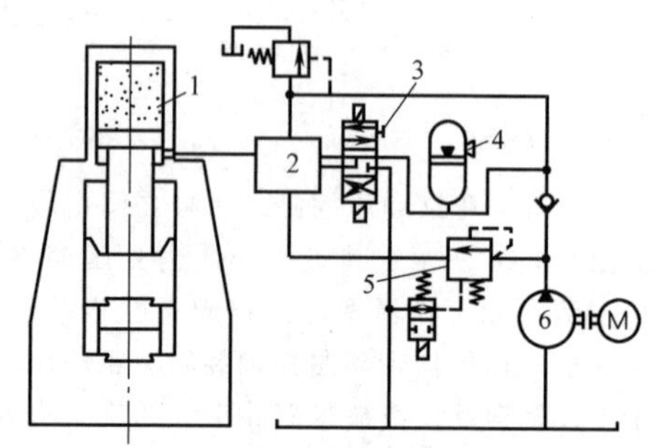

图 3-1-12　改造后的 1t 模锻电液锤工作原理
1—工作缸　2—进排油组合阀　3—电磁方向控制阀　4—蓄能器　5—电磁溢流阀　6—液压泵

此外，该动力头还可实现轻打或重打、单打、操作连打和程控连打、寸动对模和在任意位置悬锤等功能。

25kJ 液气动力头具有如下特点：

1）主机部分结构简单，保留了原锤绝大部分零部件，在保证原锤结构特点和工艺性能基本不变的情况下，既降低了技术改造的费用，又减少了维修工作量。

2）液压系统采用泵直接传动的开式回路，系统简单且有利于液体的循环和冷却。由于采用泵直接传动，可以保证锻锤较长时间连续打击，扩大了锻锤的使用范围。

3）进排油组合阀采用二通插装阀集成块结构，动作灵活可靠，通油流量大，能实现打击时迅速排油。

4）控制系统装有日本和泉公司生产的 FA-2J 程序控制器，与脚踏板操作和手动按钮操作相结合，可以实现手动操作（包括脚踏板操作）、半自动操作和自动的程序控制操作。

通过对 1t 模锻锤节能技术改造后的调试和试生产表明，25kJ 液气动力头能满足模锻生产要求，各项技术性能指标达到了设计要求。经过试生产的实践，还对原设计进行了若干改进与完善。

3. 自由锻锤改造用液气动力头

0.5t 自由锻锤是一种悬臂式自由锻锤，因考虑节能效益而进行了节能技术改造。15kJ 液气动力头就是针对该 0.5t 悬臂式自由锻锤节能改造而设计研制的。其技术性能功能参数见表 3-1-1。图 3-1-13 所示为 15kJ 液气动力头的工作原理。

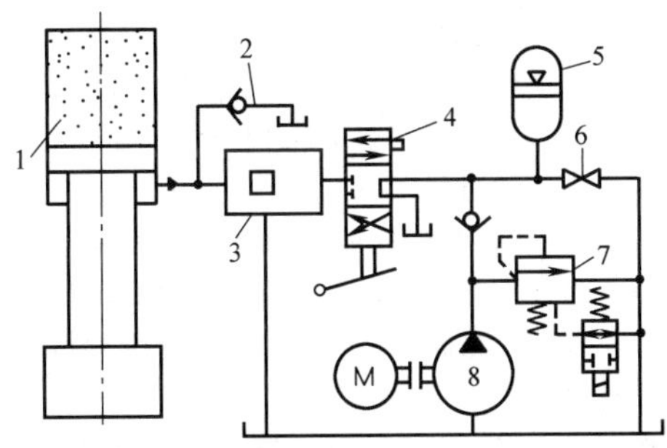

图 3-1-13　15kJ 液气动力头的工作原理

1—工作缸　2—安全阀　3—快放油阀　4—手动换向阀　5—蓄能器　6—截止阀　7—电磁溢流阀　8—液压泵

起动电动机，电磁溢流阀 7 处于卸荷状态，泵供出的油液低压卸荷，泵空运转。工作时，电磁阀换向，泵出的油经单向阀和手动换向阀 4 回油箱，此时锤头不动，扳动手动换向阀手柄，高压液体经手动换向阀 4 和快放油阀 3 进入工作缸 1 下腔，推动活塞和锤杆上升并使上腔气体压缩蓄能；扳动手动换向阀手柄至另一端位置，快放油阀 3 打开，工作缸下腔中油液经快放油阀排回油箱，落下部分在上腔气体膨胀作用下加速下行，进行打击。在回程过程中，将手动换向阀 4 的手柄扳至中位，落下部分可悬在任意位置。蓄能器 5 的作用是吸收压力脉动和冲击，并在连打时在一定程度上增加行程次数。为防止打击时工作缸下腔产生压力冲击，在工作缸下腔处安装了安全阀 2。

用 15kJ 液气动力头对 0.5t 悬臂式自由锻锤进行节能技术改造后，全行程打击次数为 76 次/min，轻打时可达 120 次 / min 以上，可满足自由锻生产的需要。此外，考虑工人操作习惯，该动力头采用手柄操作。

1.3.2　锻锤的减振基础

锻锤的基础分为普通基础及隔振基础两种。

1. 锻锤的普通基础

（1）普通基础结构　按基础的结构形式，可分为大块式和壳体式两种。大块式是锻锤普通基础的传统形式。大块式中又分为整体大块式（见图 3-1-14a、b）和分离大块式（见图 3-1-14c）两种。分离大块式是将基础分为上、下两块，其作用是减轻锻锤机身的动应力。这种形式曾在我国流行过一段时间，但因施工麻烦。事实上所起作用也不大，目前已不采用。20 世纪 60 年代，我国首创在锻锤下采用截头正圆锥壳体式基础（见图 3-1-14d），其最大优点是在软弱地基上建造锤基础可以不必打桩，并可节省混凝土用量。由于壳体的作用，加强了基础下地基土的稳定性和承载能力，还充分利用了壳体内、外的土重，增加了基础惯性。但壳体基础的底面积比大块式大，因此对车间工艺布局带来不便，使加热炉或切边压力机离锤较远，甚至影响厂房柱距的布置，因此仅用于软弱地基土建锤的情况。

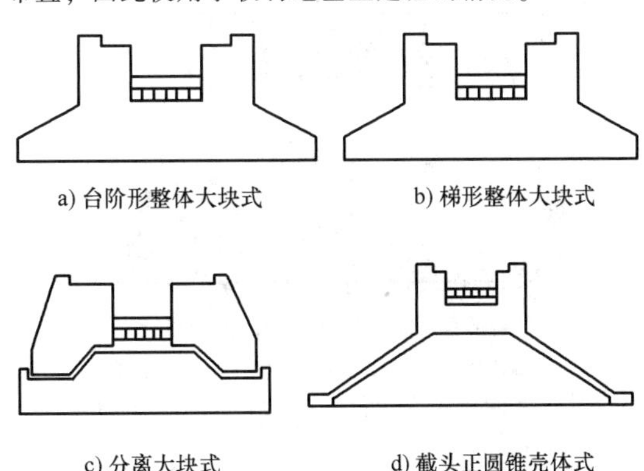

a) 台阶形整体大块式　b) 梯形整体大块式

c) 分离大块式　d) 截头正圆锥壳体式

图 3-1-14　锻锤基础的几种形式

图 3-1-15 和图 3-1-16 所示为大块式单柱自由锻锤普通基础和模锻锤普通基础。为了防止地基发生不均匀沉陷而使基础发生倾斜（基础倾斜后很难补救），锤的打击中心（即锤杆中心）、机器与基础的总中心与基底形心应处于一直线上。当砧座不在基础中心时（如单柱蒸汽-空气自由锻锤及空气锤），应尽可能使基础底面积中心砧座向中心移动。

在图 3-1-16 中，砧座下垫层（枕木或橡胶垫）的作用是保护锤基础的冲击面不被损坏，使砧座传至锤基础的动载变得均匀，并起缓冲减振作用。当垫层过薄时，由于偏心打击时砧座底面与垫层间不可能全部均匀接触，会使局部应力过大，致使垫层材料损坏或砧座燕尾转角处开裂；若垫层过厚，又会使砧座振动过大，影响操作。建议采用表 3-1-2 推荐的垫层厚度。

在基础施工中，应严格保证放置砧座的基础凹坑地面的水平度。允许的水平度偏差如下：采用木垫时为 1/1000，采用橡胶垫时为 0.5/1000。当采用组合砧座时，安装时必须将缝隙密封，防止在工作过程中挤进沙土使砧座倾斜。

为了防止氧化皮、润滑油、生产用水、尘土或地下水进入凹坑，宜将砧座与凹坑间的空隙密封，一般用木楔将砧座与凹坑楔紧，然后再在空隙间及其上部分用麻丝沥青填充封严，并在顶面 5～10cm 厚度范围内用沥青玛蹄脂浇灌。

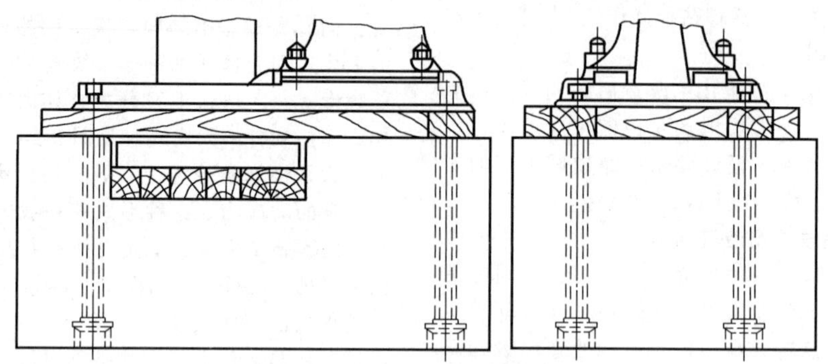

图 3-1-15　单柱自由锻锤普通基础

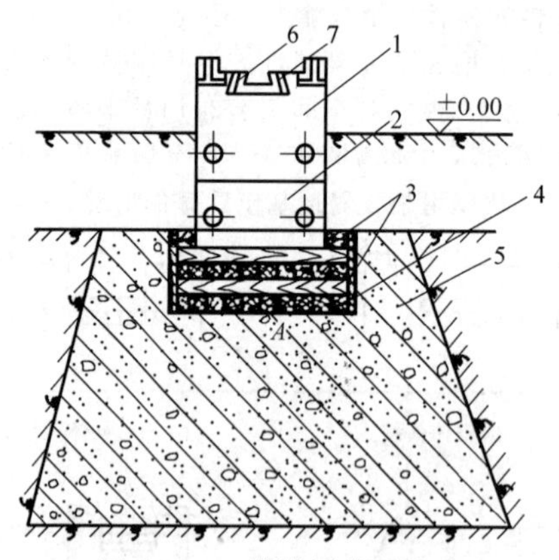

图 3-1-16　模锻锤普通基础

1—砧座组件Ⅰ　2—砧座组件Ⅱ　3—油毡　4—枕木　5—钢筋混凝土　6—模座　7—楔

（2）橡胶垫层在锻锤砧座下的应用　对锻锤砧座下的垫层，国内外以往多按传统做法采用木材砧垫，它不仅在材质级别上需要高级，而且由于木材本身材质不均匀和存在各种缺陷，以及木材防腐处理很难达到要求，以致成材率很低，消耗很大。随着橡胶工业的发展，我国于 1963 年开始采用纯橡胶板代替木材用作 45～1000kg 锻锤砧座的垫层，效果良好。从 1972 年开始，进一步采用普通运输橡胶带代替木材用作 150～3000kg 的锻锤的砧座垫层，也取得了满意的结果。

橡胶垫由普通运输胶带或橡胶板组成，其胶含量（质量分数）应大于 40%，硬度不低于 65HS，胶种应优先采用氯丁胶、天然胶或顺丁胶。运输胶带的物理、力学性能应符合国家有关标准的规定。对使用时间每日平均超过 18h 的锻锤（如钢铁厂用于开坯的锻锤），则宜采用耐热型橡胶带（板）。使用橡胶垫时，应注意勿使油类侵入砧座凹坑，以免橡胶变质。若条件许可，优先采用耐油、耐热性能好的品种作为垫层材料。

表 3-1-2 中所列运输胶带厚度是硬度为 65HS 时的数值。当硬度较大时，垫层厚度应略大于表列数值。橡胶板比运输胶带略软，当决定橡胶垫厚度时，应考虑这个因素。

橡胶带（板）铺设时，宜顺条（块）排列，各条（块）之间不宜搭接和顶紧，并将砧座凹坑铺满。

表 3-1-2　垫层厚度（垫层最小总厚度）

锤落下部分公称质量/t	木垫/mm	运输胶带/mm
≤0.25	150	10
0.50	250	10
0.75	300	20
1.00	400	20
2.00	500	30
3.00	600	40
5.00	700	50
10.00	1000	—
16.00	1200	—

砧座下改用橡胶垫层代替枕木层时，为使下砧面至地平面距离不变，可在砧座凹坑内进行二次浇灌钢筋混凝土。

（3）锻锤普通基础的合理设计

1）锻锤打击能量的传播。锻锤在实际的工作条件下是进行弹塑性打击，其任务是把打击前运动部

分所积蓄的动能最大限度地转变为热坯料的塑性变形能，则

$$E_0=\frac{1}{2}m_1v_1^2=E_w+E_t+E_{ht} \qquad (3\text{-}1\text{-}51)$$

式中　E_w——锻件的塑性变形能；

E_t——打击后锻锤零件及锻件的弹性变形能；

E_{ht}——打击后系统的回跳动能。

回跳动能由落下部分回跳动能及砧座的回跳动能组成，回跳动能 E_{ht} 见式（3-1-42）中的 E_{kt}。打击终了，落下部分回跳动能$\frac{1}{2}m_1v_1^2$将转变为使锤头上升到原始位置的势能，而砧座的回跳动能$\frac{1}{2}m_2v_2^2$，一部分能量将消失在枕木垫层和基础中，其余部分能量将传给土壤并通过土壤传给周围建筑，构成对周围建筑及居民的振动公害。对于打击后锻锤零件和锻件的弹性变形能 E_t（不可恢复），除了消失于系统内部的弹性波能（将转变为热能）外，剩余的波能将逸出至周围介质中。锻锤零件所得到的冲量将产生弹性变形波和应力波，它们以一定的速度从打击中心向机器外缘传播，并从锻锤零件表面反射回来，消耗了一部分能量而造成空气接触层的声音振动能，即噪声。在砧座下端面所引起的高频振动能，在一定条件下可传给基础和土壤，同样可产生振动公害。

2）锻锤振动对环境和人体的影响。锻锤振动对环境的影响是通过它引起的地面振动表现出来的，这种地面振动就是所谓的“振动公害”。衡量地面振动强弱的尺度一般可用振幅、振动速度和振动加速度等参数表示，如以振动加速度为基础衡量人体对振动强度的感觉时，其单位为 dB。当地面振动强度达到 65dB 时会影响人的睡眠；达到 70dB 时，大多数人将感到不适。在振动环境中工作的工人，连续 8h 所能忍受的最大振动加速度为 90dB，而在 100dB 下只能连续工作 1.5h。长期忍受振动将有损人体健康，引起中枢神经和心血管系统的功能障碍，使末梢血管收缩，血压升高，心跳加快，消化器官的运动受到抑制等，还可导致内分泌变化、关节疼痛、失眠、手指麻木等疾病，即振动病。

3）锻锤基础结构尺寸的确定。我国对有砧座锻锤基础的计算方法和设计规范已经相当完善。确定锻锤基础尺寸时，应确定基础底面积和质量。假设基础的允许振幅为 1mm，打击速度为 6～9m/8，基础底面积及其质量分别为：

a. 对于双作用自由锻锤，每落下部分质量 1t，可取基础底面积为 3～11m²（土壤松软者取大值，坚硬者取小值，模锻锤也如此）。

b. 对于双作用模锻锤，每落下部分质量 1t，可取基础底面积为 3.3～13m²。

c. 对于双作用自由锻锤，每落下部分质量 1t，可取基础质量为 35t。

d. 对于双作用模锻锤，每落下部分质量 1t，可取基础质量为 48t。

确定上述基础的底面积和质量后，即可根据锻锤安装时结构上的需要确定出其他有关的结构尺寸。

虽然在锻锤砧座下面设置了庞大的基础，而且砧座与基础间还设置了防振的木垫或橡胶垫，但锻锤在打击过程中经基础所传播出来的冲击振动效应仍然很大，它成为一种严重的公害。近年来，各国都先后制定了各种限制振动标准或保健标准，如果锻锤振动超过容许的保健标准，则由政府出面罚款或限令停产，这就促使锻锤隔振基础有了很大的发展。

2. 锻锤的隔振基础

（1）锻锤隔振基础的工作原理和结构类型　有砧座锤在打击过程中，落下部分所积蓄的动能大部分消耗于锻件的塑性变形，约有 30%的有效动能将转化为锤头及砧座的回跳动能。其中，砧座的回跳动能将使砧座向下做加速运动，产生振动能。除一小部分能量被砧下的垫层吸收外，大部分能量将直接作用于锻锤的混凝土基础上，使锻锤基础产生振动，并通过土壤使振动传给周围环境。这不仅严重影响周围精密仪器、设备的正常运行，降低厂房建筑结构的稳定性及其使用寿命，而且是一种危害人体健康的工业公害。隔振技术是解决锻锤工作时产生振动公害的有效途径。

锻锤隔振就是控制锻锤基础的振动响应（即基础振幅、振动速度和振动加速度），其实质就是尽可能减小锻锤对土壤的动力效应。隔振技术是在锻锤的砧座（或与砧座结为一体的惯性块）与基础之间设置刚度较小的弹性元件或阻尼元件，依靠弹性元件的变形将砧座的动能转变为弹性能，从而大幅度缓解作用于基础的动压力，利用弹性元件本身的阻尼或附加阻尼器，将振动能量及时转化为热能而耗散，使砧座振动得以迅速衰减，保证锤头下次打击之前砧座完全停止运动。

为使锻锤激起的振动不向四周传播，有两种隔振方法：

1）基础下隔振，也称为惯性块隔振或浮基础隔振。它是在基础下部设置弹簧和阻尼器等隔振元件，并在基础与这种隔振元件的下部及四周设置箱形的外基础，如图 3-1-17 所示。在隔振元件上运动的基础以其巨大的质量参与抑制振动，发挥了惯性块的作用，因而有基础振幅小、隔振效果好的优点。因结构庞大、施工周期长、成本较高，并且不利于老

基础的改造，现已较少采用。但在砧座质量太小而要求隔振效果很好，或者当砧座底面积太小而又需防止偏心打击下砧座的偏摆过大，以及对于空气锤等自身结构不大、采用基础下隔振施工并不困难等情况下，采用基础下隔振仍然是合理的。图 3-1-18 所示为空气锤基础下的隔振结构。

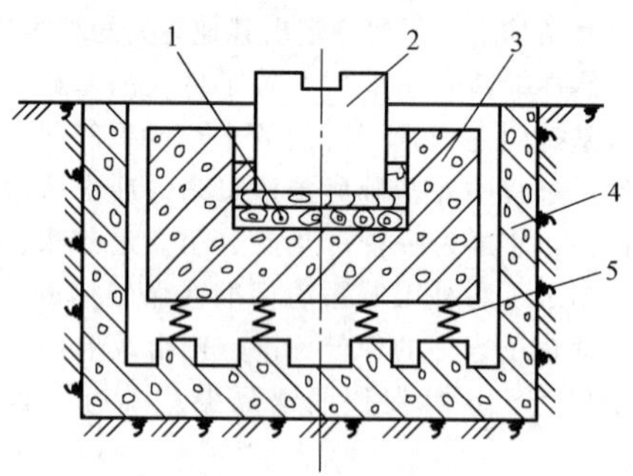

图 3-1-17　基础下隔振
1—砧下垫层　2—砧座　3—浮基础（惯性块）　4—外基础　5—隔振元件

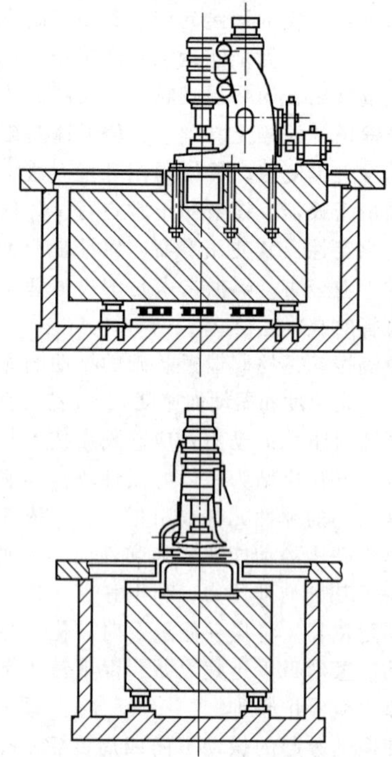

图 3-1-18　空气锤基础下的隔振结构

2）砧下直接隔振。此法是将砧下垫层由通常的垫木改为隔振元件以吸收能量，其隔振原理如图 3-1-19 所示。它具有结构简单、施工成本低的优点，特别适合于非隔振基础改造为隔振基础。目前，我国研制的隔振基础大多采用这种结构原理。图 3-1-20 所示为同吨位锻锤采用三种基础形式的结构和尺寸。从中可看出基础结构形式的发展阶段和施工成本上的差异。

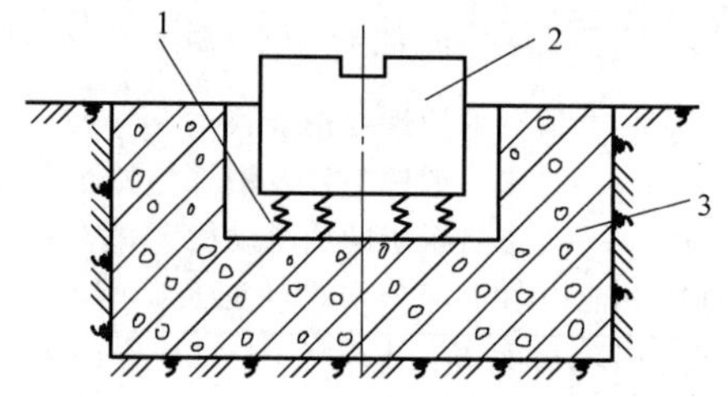

图 3-1-19　砧下直接隔振原理
1—隔振元件　2—砧座　3—基础

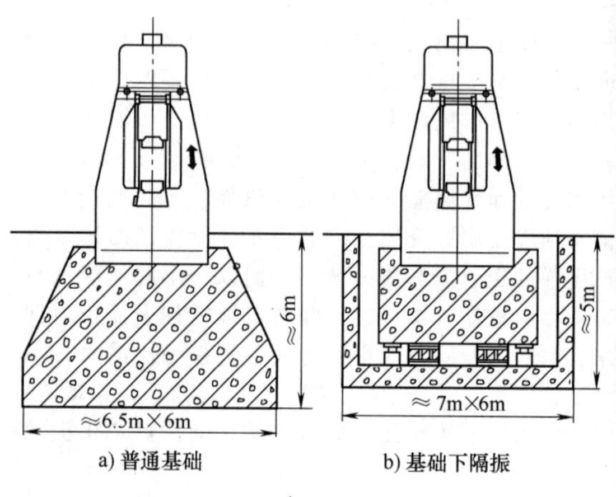

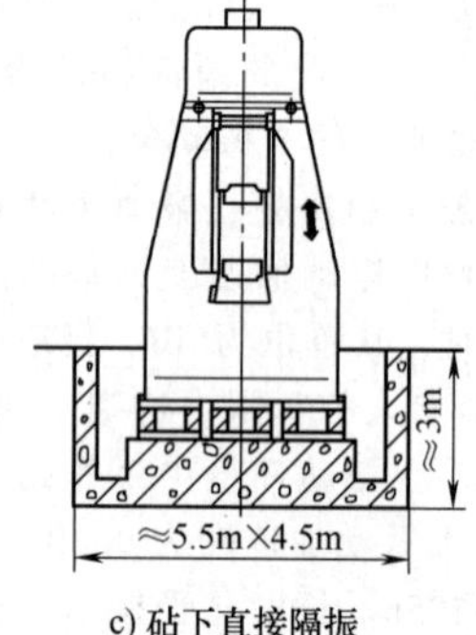

图 3-1-20　同吨位锻锤采用三种基础形式的结构和尺寸

（2）锤锻隔振基础的设计与计算

1）对锻锤隔振设计的基本要求。

a. 隔振器下部基础的振动强度应小于环境和卫生标准的有关规定，并小于用户提出的允许值。

b. 基础下隔振的砧座振幅宜小于 8mm，砧下直接隔振的砧座振幅需控制在 20mm 以下。

c. 在锻锤下一次打击前，砧座应停止运动。为此，隔振系统的阻尼比不应小于 0.25。当隔振系统采用螺旋弹簧为弹性元件时，需另配阻尼器。

d. 锻锤打击后，隔振器的上部质量不应跳离隔振器。为此，隔振器的刚度应足够小。通常隔振系统的固有频率应小于 5Hz。

e. 为防止砧座和惯性块运动过程中出现偏摆，应使锻锤打击中心、隔振上部质量中心、隔振器反力中心尽可能在一条铅垂线上，必要时可为砧座设置导向装置，或者采用悬吊式隔振方式以降低砧座重心。

2）主要振动参数计算。

a. 分析砧座（及惯性块）振动时，可以假定隔振器下的基础不动，采用图 3-1-21 所示的有阻尼单自由度自由振动模型，按式（3-1-52）计算砧座（及惯性块）的最大竖向位移：

$$s_1=\frac{(1+e)m_0v_0}{(m_0+m_1)\omega_n}\exp\left[-\zeta\frac{\pi}{2}\right] \tag{3-1-52}$$

式中　s_1——砧座最大竖向位移；

m_0——落下部分质量；

m_1——振动器上部质量；

v_0——落下部分最大冲击速度；

e——回弹系数，模锻锤取 0.5，自由锻锤取 0.3；

ω_n——隔振系统的固有频率，$\omega_n=\sqrt{\frac{k_1}{m_1}}$；

ζ——隔振系统的阻尼比，$\zeta=\frac{C}{2\sqrt{m_1k_1}}$；

k_1——隔振器的竖向刚度；

C——隔振器的竖向阻尼系数。

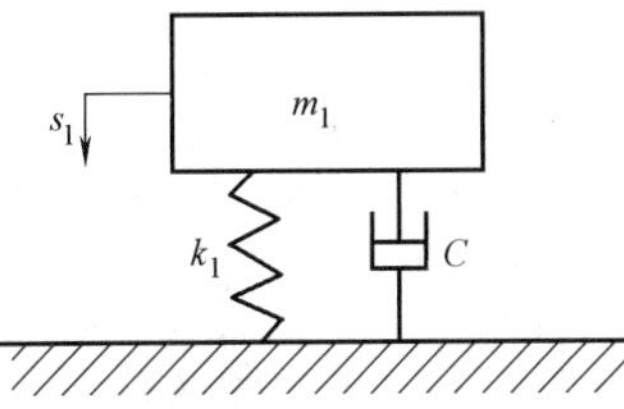

图 3-1-21　有阻尼单自由度自由振动模型

b. 分析隔振器下基础的振动时，可采用图 3-1-22 所示的单自由度强迫振动模型，按式（3-1-53）计算基础最大竖向位移：

$$s_2=\frac{p(t)_{\max}}{k_2}=\frac{k_1(1+e)m_0v_0}{k_2(m_0+m_1)\omega_n}\sqrt{1+4\zeta^2}\exp\left[-\zeta\left(\frac{\pi}{2}-\arctan2\zeta\right)\right] \tag{3-1-53}$$

式中　s_2——基础的最大竖向振动位移；

$p(t)_{\max}$——隔振器作用于基础的最大动载荷。

$$p(t)_{\max}=\frac{k_1(1+e)m_0v_0}{(m_0+m_1)\omega_n}\sqrt{1+4\zeta^2}\exp\left[-\zeta\left(\frac{\pi}{2}-\arctan2\zeta\right)\right] \tag{3-1-54}$$

k_2——基础底部的折算刚度，$k_2=2.67k_Z$；

k_Z——基础底部地基土的抗压刚度，按 GB 50040—2020《动力机器基础设计标准》的规定取值。

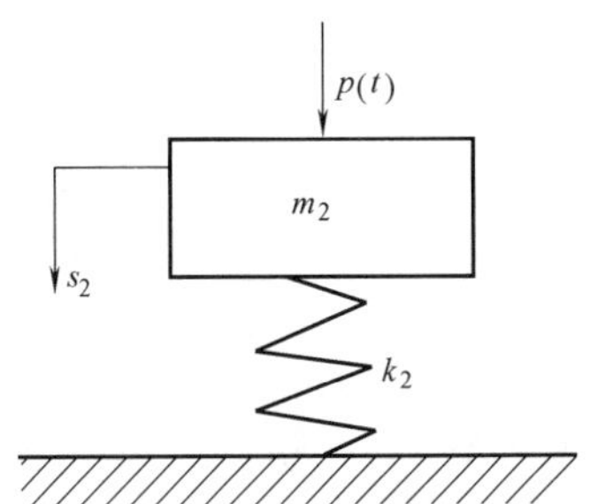

图 3-1-22　单自由度强迫振动模型

注：$p(t)$ 为隔振器作用于基础的动载荷，包括弹性力与阻尼力。

3. 隔振器

为了隔离振源，防止振动扩散，包括弹性元件和阻尼元件的隔振器的性能直接决定着锻锤隔振效果的好坏、隔振基础使用寿命及其成本。通常对锤用隔振材料和隔振器的性能要求是：动弹性模量低、弹性好、刚度小；承载能力大、强度高；阻尼大、消振能力强；性能稳定、抗酸、碱、油污的侵蚀性能好、使用寿命长。目前，国内外冲击性锻压设备常用的隔振（阻尼）材料及隔振器（阻尼器）见表 3-1-3。以下并对几种性能较好的隔振器进行简单的介绍。

表 3-1-3　常用的隔振材料及隔振器

隔振(阻尼)材料		隔振(阻尼)器
弹性材料	金属材料	板弹簧、卷弹簧、环形弹簧、碟形弹簧
	非金属弹簧	橡胶隔振器、空气弹簧
阻尼材料	干摩擦阻尼	钢丝绳阻尼器
	黏稠介质阻尼	黏性阻尼器、油阻尼器
	液气阻尼	利用空气和水组合成浮动式隔振装置

（1）黏性阻尼器　这种阻尼器的结构如图 3-1-23 所示。液压缸中的阻尼介质是一种黏稠半流体状的高分子材料，其阻尼比为 0.1～0.5。随着不同的阻尼值将有不同的配方，这是德国隔而固（GERB）公司的专利产品。它对冲击振动的隔离效果良好，能使锻锤的振动迅速衰减。该公司有黏性阻尼器和螺旋弹簧组合隔振器的系列标准产品，可供各种动力和锻压机械隔振基础选用。

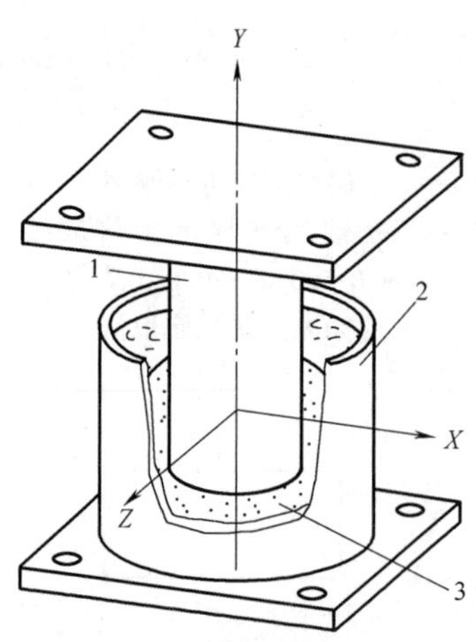

图 3-1-23 黏性阻尼器的结构
1—活塞 2—液压缸 3—黏性液体

（2）橡胶隔振器 在我国现有的锻锤隔振基础中应用较广的是橡胶隔振器。它具有重量轻、安装方便、容易实现理想的非线性特性的优点，但耐高温、低温性能差，且易老化，蠕变和热膨胀现象明显。根据经验，对要求一般的可采用天然橡胶，要求耐油的可采用丁腈橡胶，对要求高阻尼的可采用丁基橡胶。目前常用的隔振材料都是中等硬度的橡胶，其硬度为 30~70HS，尤其是当硬度为 40~55HS 时的性能最好。

（3）钢丝绳阻尼器 它是将钢丝绳绕制成圆柱螺旋弹簧状，并采用专用夹板固定的一种干摩擦阻尼器，其结构如图 3-1-24 所示。其主要机理是利用多股细钢丝的弯曲刚度和各钢丝间的摩擦阻尼作用获得减振效果。当外界干扰幅度较小时，动态变形力尚不能克服钢丝间的静摩擦力，金属内部分子间的结构阻尼起主导作用（此时阻尼系数很小）；当系统载荷超过一定限度时，钢丝间产生相对滑动，就具有较大的干摩擦阻尼，使振动能得以衰减。由于其变形容量大，因而具有优良的阻尼损耗特性；抑制共振能力强；能在较宽的频带和大振幅范围内进行减振和隔振；并且制造简单，其刚度和阻尼调节方便（阻尼比与钢丝绳圈直径、钢丝股数、阻尼器长度、钢丝绳圈数和缠绕方式有关）；适合环境温度范围宽。它已广泛应用于机械、航空、航海和宇航领域，国内有不少高等学校和研究机构已有工程应用实例。

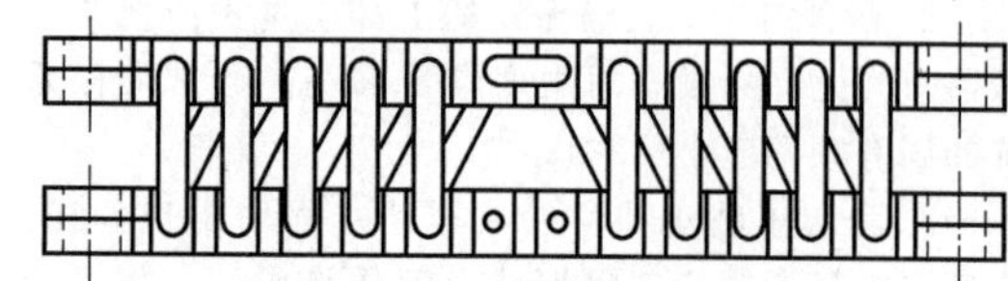

图 3-1-24 钢丝绳阻尼器的结构

（4）碟簧隔振器 一般都将碟簧作为弹性元件，通过多片碟簧的叠合（并联）或对合（串联），或二者兼用的形式增加其变形量和承载能力。由研究得知，多片碟簧的叠合因变形而产生片间的摩擦，会产生很好的阻尼效应。因其加载与卸载特性线不重合，通过不同的组合方式，能获得锻锤隔振基础所需的承载能力和阻尼比。与螺旋弹簧隔振器相比，它能获得数值大且易于调节的阻尼值；与板弹簧隔振器相比，具有体积小、结构紧凑、承载能力大、维修工作量小的特点，特别适合于大吨位锻锤和老基础改造的隔振基础使用。

除上述几种隔振器和阻尼器外，作为新型隔振元件的空气弹簧在国外，特别是日本有所发展。它是在柔性密闭橡胶囊中充入压缩空气，利用空气的可压缩性实现弹性作用的。它具有理想的非线性特性；对不同的载荷有较强的适应性，且寿命较长；在正常载荷下弹簧的刚度很低，而大位移时刚度很大，适用于低频隔振系统。但因附属设备较多、基础结构复杂，在国内的锻锤基础中尚无应用实例。

参考文献

[1] 闵鹏. 智能锻压机械发展展望（一）[J]. 锻压装备与制造技术，2020，55（3）：7-14.

[2] 郝龙，王忠玉. 锻压设备发展趋势分析 [J]. 一重技术，2018，47（3）：69-71.

[3] 陈柏金，张连华，马海军，等. 程控电液自由锻锤 [J]. 锻压装备与制造技术，2020，55（6）：16-19.

[4] 罗通，杨阳，陈开勇，等. 电液锤上 GH901 合金涡轮盘模锻成形工艺 [J]. 精密成形工程，2021，13（1）：111-120.

[5] 黄雪涛，谢虎，等. 锻压设备橡胶隔振器疲劳寿命研究 [J]. 热加工工艺，2018，47（21）：191-193.

[6] 王志华. 锻锤壳体减振基础的研究与设计 [D]. 哈尔滨：哈尔滨理工大学，2005.

第2章

螺旋压力机

北京机电研究所　张浩　李卓
西安交通大学　张大伟
太原科技大学　付建华
青岛青锻锻压机械有限公司　吴带生 朱元胜

2.1　螺旋压力机概述

螺旋压力机是目前我国锻造行业应用最广、在用数量（超过万台）最多的锻造设备。螺旋压力机结构简单、造价低廉、维护便利，又具有非常强的工艺适应性，因而在汽车、航空、航天、铁路、耐材、餐具、医疗器械等行业得到广泛应用，生产的锻件重量从几十克（叶片）到几百千克（船艇曲轴），对我国锻造行业具有重要影响。

2.1.1　分类及基本工作原理

1. 分类

螺旋压力机历史悠久，在其发展历史上具有几十种变形形式，种类繁多。螺旋压力机按结构布置分为上传动和下传动；按工作原理分为惯性螺旋压力机和离合器螺旋压力机两大类；按动力形式分为摩擦传动、电动传动、液压传动和离合器传动四类，每类按传动结构又分若干形式，详见表 3-2-1。

在长期应用中，螺旋压力机种类逐渐固定，工业中不再使用或很少使用的（如三盘、四盘摩擦压力机、下传动螺旋压力机）、使用很少的（如锥形摩擦盘墩头摩擦压力机）未列入。随着电动螺旋压力机发展成熟，液压螺旋压力机已经很少应用，仅列于分类表。同一类型用于不同工艺（如锻造、镦锻、冷压等）的螺旋压力机仅能量系列不同，见后续有关章节。

表 3-2-1　螺旋压力机的分类

分类	工作原理	动力形式	传动结构
螺旋压力机	惯性螺旋压力机	摩擦螺旋压力机	双盘传动
			双锥盘传动
			三盘传动
			离合器传动(无盘传动)
		电动螺旋压力机	弧形定子直接传动
			圆形定子直接传动
			电动机-齿轮减速传动
			楔式螺旋压力机
		液压螺旋压力机	推缸式传动
			螺旋推缸式(副螺杆式)传动
			推缸齿条,齿轮(双螺杆)传动
			液压马达直接传动
			液压马达-齿轮减速传动
		复合传动螺旋压力机	摩擦、气动复合传动
			液压、气动复合传动
	离合器螺旋压力机(高能螺旋压力机)	复合传动螺旋压力机	离合器、液压复合传动
			离合器、气动复合传动

2. 基本工作原理

螺旋压力机的工作原理有两种，即惯性打击和离合器驱动打击+惯性打击。前者标志是飞轮需要正反转，后者标志是飞轮工作时始终单向旋转。惯性螺旋压力机和离合器螺旋压力机的本体结构如图3-2-1和图3-2-2所示。离合器螺旋压力机具有输出能量大的特点，俗称高能螺旋压力机。

工作机构采用了螺旋滑块机构，正反转动螺杆可使滑块上下移动，刚好满足模具开合要求。螺旋有增力作用，可使旋转螺杆的力放大若干倍传给滑块。驱动螺杆的动力巧妙地利用了飞轮。在螺旋压力机上，飞轮的作用是重要的，它既是传动元件，又是施力元件和储能元件。

(1) 惯性螺旋压力机的工作原理　惯性螺旋压力机（见图3-2-1）的螺母固定于上横梁或滑块上。飞轮与螺杆做螺旋运动，储能备用。当滑块与毛坯接触时，运动组件（以下称工作部分）受阻减速表现出惯性，飞轮的切向惯性力被螺旋副机构放大后施于毛坯，开始工作行程；所储能量耗尽，运动停止，一次打击过程结束。惯性螺旋压力机的工作特点是一次打击，工作部分所储存的动能完全释放。

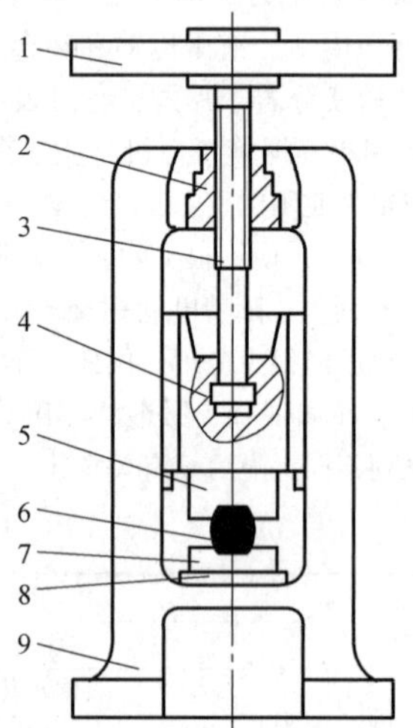

图3-2-1　惯性螺旋压力机的本体结构

1—飞轮　2—螺母　3—螺杆　4—滑块　5—上模　6—毛坯　7—下模　8—垫板　9—机身

螺旋压力机运动部分能量执行JB/T 2547.2—2010和JB/T 2474—2018，其总动能是螺旋运动形式的，由下式描述：

$$E=\frac{1}{2}I_f\omega_{max}^2+\frac{1}{2}mv_{max}^2 \qquad (3\text{-}2\text{-}1)$$

引入当量概念，可写为

$$E=\frac{1}{2}I\omega_{max}^2 \qquad (3\text{-}2\text{-}2)$$

$$I=I_f+\frac{h^2}{4\pi^2}m \qquad (3\text{-}2\text{-}3)$$

式中　E——运动部分能量；

I_f——飞轮（包括螺杆等旋转件）的转动惯量；

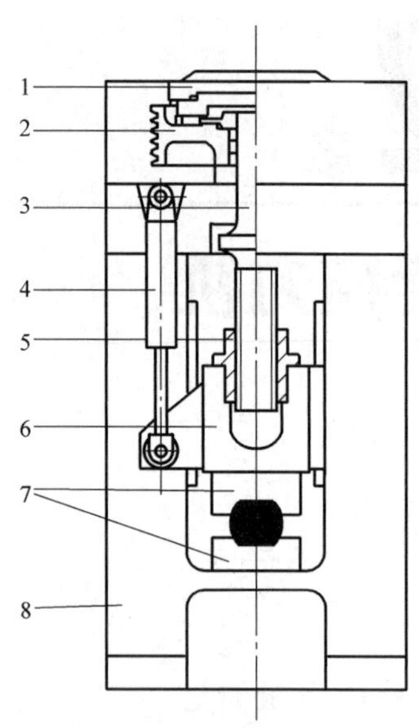

图3-2-2　离合器（高能）螺旋压力机的本体结构

1—离合器　2—飞轮　3—螺杆　4—回程缸　5—螺母　6—滑块　7—模具　8—机身

ω_{max}——飞轮（包括螺杆等旋转件）最大角速度；

v_{max}——滑块最大线速度；

I——惯性螺旋压力机运动部分当量转动惯量，简称当量转动惯量；

h——螺纹导程；

m——运动部分质量。

(2) 离合器螺旋压力机的工作原理　离合器螺旋压力机（见图3-2-2）的螺母固定在滑块上，与滑块一起做往复运动。螺杆由离合器从动盘带动。飞轮总朝一个方向旋转，仅在向下行程时与离合器结合。回程采用液压缸提升滑块，提升滑块时螺杆反向空转。尽管结构不同，同样利用了螺旋副增力作用和飞轮的惯性作用。工作中，飞轮在转差率许可的范围内释放部分动能，是名副其实的调速飞轮。

离合器螺旋压力机虽然结构复杂，但其工作性能有很大提高。

1) 加速行程短，打击速度快，大幅提高了行程次数。由于采用了调速飞轮，不需要等待飞轮储能而预留较大空程，滑块行程仅需满足工艺要求即可。离合器一经结合，滑块立即得到最大速度。飞轮降速一般为12.5%，速度在全程（包括工件变形行程）近乎常数。

2) 可控性提高。由于采用了离合器，其开合由电信号或机械打滑装置控制。采用位移传感器可测量滑块行程，从而控制离合器脱开点。虽然在螺旋压力机上模锻，锻件的精度不靠变形量控制而由模具打靠保证，但对多次打击成形的锻件，若能控制每次打击的变形量而合理分配每次锻击能量，这在工艺上有利于多工位锻造。

3）强度安全性提高。由于离合器压力可控，即使控制开关失灵，离合器也将出现打滑，就像惯性螺旋压力机装了打滑飞轮一样，传给螺杆的仅为打滑力矩，压力机不会超载，因此是螺旋压力机中最安全的。

离合器螺旋压力机一次锻击所利用的飞轮能量引入当量概念，可用下式表达：

$$E=\frac{1}{2}I_g\omega_1^2 \tag{3-2-4}$$

$$I_g=(1-\delta^2)I_f+\frac{h^2}{4\pi^2}m \tag{3-2-5}$$

式中　I_g——离合器（高能）螺旋压力机当量转动惯量；

δ——降速系数，$\delta=\omega_2/\omega_1$；

m——直线运动部分质量；

ω_1、ω_2——打击前后飞轮的角速度。

2.1.2　设计与应用理论

1. 螺旋压力机基本参数

螺旋压力机的主要技术参数反映了其工艺能力、加工零件的尺寸范围及有关生产率等指标。世界各国有不同的规定，同一国家各厂家也有差异。例如，有的国家以螺杆的直径为主参数，有的国家以公称力为主参数。就行程次数而言各厂家也不统一，有的区分为理论行程次数及实际行程次数，有的又分为连续打击行程次数及在一定条件下的行程次数等。我国也颁布了系列标准，以规定不同类型螺旋压力机的基本参数，如 JB/T 2474—2018、JB/T 2547.2—2010。

一般螺旋压力机的主要技术参数包括公称力、打击能量、滑块行程、滑块行程次数、最小装模高度、工作台尺寸等。现将这些主要技术参数分述如下：

（1）公称力 F_g　这是螺旋压力机最重要的主要技术参数，用以表示其规格。在此压力下，螺旋压力机能提供给工件较多的有效能量，但它不是压力机的最大压力，只是一个参考值而已。螺旋压力机属能量限定机器，理论上应以能量为主参数，但螺旋压力机又有压力机的特性，我国沿用力作为主参数。在螺旋压力机中，有明确含意的力为冷击力（指没有毛坯，模具对模具直接打击的力）。在整体飞轮螺旋压力机中，最大力为极限冷击力；在打滑飞轮螺旋压力机中，最大力为公称打滑冷击力。两者均为全能量打击时的冷击力，这两个力分别是上述两类压力机强度设计的依据。人们愿意以最大力为基础定义标称力。由于历史的原因，对整体飞轮螺旋压力机，公称力一般取为极限冷击力的 1 /3；对打滑飞轮螺旋压力机，公称力一般取为公称打滑冷击力的 1/2。公称力 F_g 按 R5 系列递增顺序排列。

（2）许用力 F_a　许用力 F_a 为螺旋压力机连续打击时所允许的最大载荷，为公称力的 1.6 倍，是螺旋压力机最有实用意义的力参数。

（3）最大打击能量 E_T　指一台螺旋压力机所能提供的最大打击能量，是螺旋压力机最主要的技术参数，反映了该设备的最大工作能力。它是指飞轮、螺杆和滑块能量运动部分运行至下止点时应具有的动能，因此也称为运动部分总动能。在大、中型螺旋压力机中，有时也会考虑上模的质量。最大打击能量与公称力之间的关系可由下述的统计和经验公式描述：

$$E_T=kF_g^{\frac{3}{2}}\times E^{-\frac{7}{2}} \tag{3-2-6}$$

式中　E_T——运动部分能量（kJ）；

F_g——公称力（kN）；

k——系数。k 值与压力机类型及工艺用途有关，k 值一般为 0.15～0.5。对于锻造型压力机，k 取大值；对于精压型压力机，k 取小值。

（4）滑块最大行程 S　指滑块从由设计规定的上止点至下极限位置之间的距离。它的大小反映了螺旋压力机的工作范围。行程较大，则能加工变形程度较大、高度较高的工件，通用性较强。由于螺旋压力机向下行程是储蓄能量的过程，因此该参数不仅与锻件取放所需的工艺空间有关，而且与压力机的运动参数与结构参数有关。对于飞轮螺杆固定式螺旋压力机，滑块行程设计主要考虑飞轮储蓄动能的需要；对于离合器（高能）螺旋压力机，主要考虑装模、锻件取放等需要。

（5）理论滑块行程次数 n　指螺旋压力机每分钟能完成的全行程的次数，反映了螺旋压力机的生产率，即滑块每分钟全行程往复的次数。

$$n=\frac{60}{t} \tag{3-2-7}$$

式中　n——滑块行程次数（次/min）；

t——螺旋压力机空行程时滑块往复运动一次的时间（s）。

（6）最小装模高度　滑块处于下极限位置时，滑块下表面到工作垫板上表面之间的距离。上下模的闭合高度应大于螺旋压力机的最小装模高度。有时也采用最小封闭高度这一参数，它是指滑块处于下极限位置时，滑块下表面到工作台表面之间的距离，它与最小装模高度之间相差一个垫板厚度。

（7）工作台面尺寸　指工作台面上可以利用的有效平面尺寸。它的大小直接影响所安装模具的平面尺寸，由螺旋压力机的工作能力、使用要求确定。

除以上的主要技术参数外，螺旋压力机的其他技术参数还包括导轨间距、主电动机功率、螺旋压力机的外形尺寸及总重量等内容。

2. 螺旋压力机力能关系

力能关系分析是螺旋压力机理论的重要组成部分。螺旋压力机的打击力和能量之间的关系是设计和使用螺旋压力机的理论基础。

（1）螺旋压力机工作时能量的转化　螺旋压力机的运动部分（以飞轮螺杆固定式螺旋压力机为例，主要包括飞轮、螺杆和滑块，大、中型螺旋压力机中，有时也会考虑上模的质量）在传动系统的作用下，经过规定的向下驱动行程所储存的能量。由式（3-2-1）~式（3-2-5）可知，运动部分的打击能量 E 由直线运动动能和旋转运动动能两部分组成。一般情况下，对于飞轮螺杆固定式螺旋压力机，前者仅为后者的 2%~3%，因此常将 E 称为飞轮能量。

当打击终了时，滑块速度为零，运动部分能量 E 转化为工件的变形功 W_d、机身及模具等受力件的弹性变形功 W_t、克服机械摩擦所消耗的摩擦功 W_m，即

$$E=W_d+W_t+W_m \tag{3-2-8}$$

工件的变形功 W_d 因加工工艺的不同而异。若为精锻和精压工艺，可近似用下式求得：

$$W_d=\int_0^{\lambda}F_d\mathrm{d}\lambda \tag{3-2-9}$$

式中　F_d——工件变形力（kN）；

λ——工件最大线变形量（mm）。

打击时，螺旋压力机的螺杆、螺母、机身及安装在其上的模具等因受力而发生弹性变形，各自将吸收相应的弹性变形功，W_t 就是这些受力零件所消耗的弹性变形功之和。在弹性极限内的弹性变形功为

$$W_t=\frac{1}{2}F\delta \tag{3-2-10}$$

式中　F——打击力（kN）；

δ——机身及模具等受力件的弹性变形量（mm）。

在弹性极限范围内，螺旋压力机的总刚度 C 为

$$C=\frac{F}{\delta} \tag{3-2-11}$$

由式（3-2-10）及式（3-2-11）可得

$$W_t=\frac{F^2}{2C} \tag{3-2-12}$$

由于总刚度 C 是确定的，则 W_t 值的大小就取决于打击力 F 的大小。

螺旋压力机在打击时，螺旋副、螺杆下端与止推轴承之间，以及滑块与导轨之间等处都有用于克服摩擦力而消耗的摩擦功 W_m，可用式（3-2-13）近似计算：

$$W_m=(1-\eta)E \tag{3-2-13}$$

式中　η——机械效率，一般 $\eta=0.8\sim0.85$。

（2）飞轮螺杆固定式螺旋压力机的力能关系　根据螺旋压力机工作时能量的转化分析可知，螺旋压力机在滑块的一次行程中，储存于运动部分的打击能量只有部分用于工件的成形，即工件的变形功 W_d 为

$$W_d=E-(W_t+W_m) \tag{3-2-14}$$

由式（3-2-12）可见，弹性变形功 W_t 与打击力 F 有关，而摩擦功 W_m 可近似认为是一常数，这样就可建立如图 3-2-3 所示的整体飞轮式螺旋压力机的力能关系曲线。从图 3-2-3 中可知，螺旋压力机运动部分所储存的动能 E 转化为弹性变形 W_t、摩擦功 W_m 及工件变形功 W_d 的分配情况。对于变形量大、需要压力较小的锻件，压力机能给出较大的塑性变形能（即有效能量），产生较小的打击力；而对于变形量小、壁薄的锻件（如叶片），压力机给出的有效能量较小，但能产生较大的打击力。由此可见，螺旋压力机是能量限定设备，而能量的分配关系与不同的打击力相对应。打击力越大，用于锻件变形的能量越小，机身及模具吸收的弹性变形能就越大；如果在模具中没有毛坯的情况下进行打击（即冷击），滑块的压力将达到最大值 F_{max}（压力机总刚度 C 越大，此力也越大）。这时飞轮的能量除克服一小部分摩擦功外，几乎全部被压力机的弹性变形所吸收，因而压力机负荷最重，甚至将造成设备的损坏，因此绝对禁止在飞轮全能量下进行冷击。

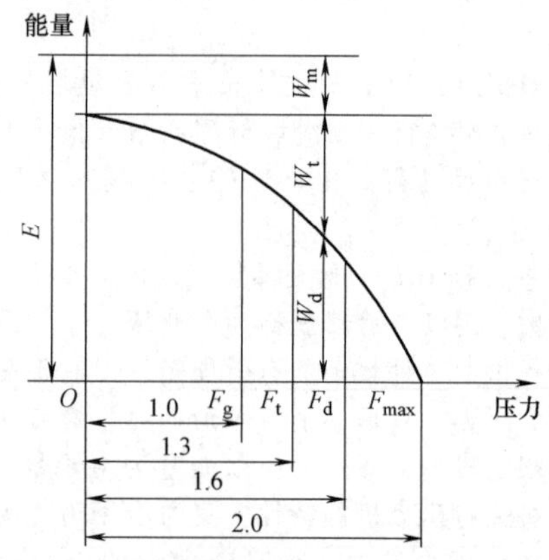

图 3-2-3　整体飞轮式螺旋压力机的力能关系曲线

为了充分利用螺旋压力机的能力，且又能满足工艺特点的需要，压力机应在工件变形力 $F=(1.0\sim2.0)F_g$ 的范围内工作。对于变形量较小的精压和校正工序，通常需要以大压力、小能量来工作，

所以螺旋压力机可在 $1.6F_g$ 附近的区段工作，即当根据所需工艺力 F 选择螺旋压力机时，压力机的标称压力可选取为 $F/1.6$；对于变形量稍大的模锻工序，螺旋压力机可在 $1.3F_g$ 附近的区段工作，同样，螺旋压力机的标称压力可选取为 $F/1.3$；对于变形量和变形能的需要都较大的模锻，螺旋压力机可在 $(0.9\sim1.1)\ F_g$ 区段工作，即螺旋压力机的标称压力可选取为 $F/(0.9\sim1.1)$。

图 3-2-3 所示的力能分析是基于整体飞轮。实际上，在保证螺旋压力机具有大能量的条件下，为了降低其最大冷击力，以减轻机器的重量和造价，在大型螺旋压力机中，一般都采用带摩擦超载保险装置的组合式飞轮，如图 3-2-4 所示。

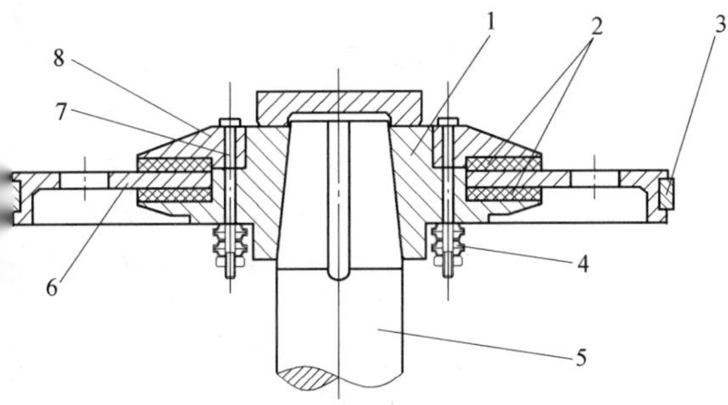

图 3-2-4　带摩擦超载保险装置的组合式飞轮

1—轮毂　2—摩擦片　3—摩擦带　4—蝶形弹簧　5—螺杆　6—飞轮轮缘　7—拉紧螺栓　8—压圈

飞轮轮缘 6 、轮毂 1 和压圈 8 三者之间装有摩擦片 2，通过蝶形弹簧 4 和拉紧螺栓 7 以一定的压力压紧并结合在一起。当打击力达到某一限制值（超载）时，组合飞轮中的轮缘部分就会相对于轮毂发生打滑，使飞轮轮缘的大部分剩余能量消耗于摩擦发热，从而把用于机身及模具弹性变形的能量转化为组合飞轮中的打滑摩擦功，以减轻螺旋压力机机身的负荷，而机器的重量及造价可大为降低。

图 3-2-5 所示为采用组合式飞轮的螺旋压力机的力能关系曲线。曲线 1 表示没有保险装置时的力能关系曲线，其最大冷击力 $F_{max1}=2.7F_g$。若设置了上述的摩擦式保险装置后，当打击力超过 F_g 时，由于组合飞轮之轮缘将相对于轮毂产生打滑，飞轮中多余的能量便转化为摩擦功，并作为热能被消耗。因此，这时螺旋压力机的力能关系曲线自 R 点以后将变为单点画线所示的曲线 2。曲线 1 与曲线 2 之间的高度差 W'_m 表示组合飞轮打滑磨损所消耗的能量。由于组合飞轮存在着打滑，最大打击力将由 F_{max1} 降至 F_{max2}，因而降低了螺旋压力机的最大载荷，也即具有过载保护的能力。

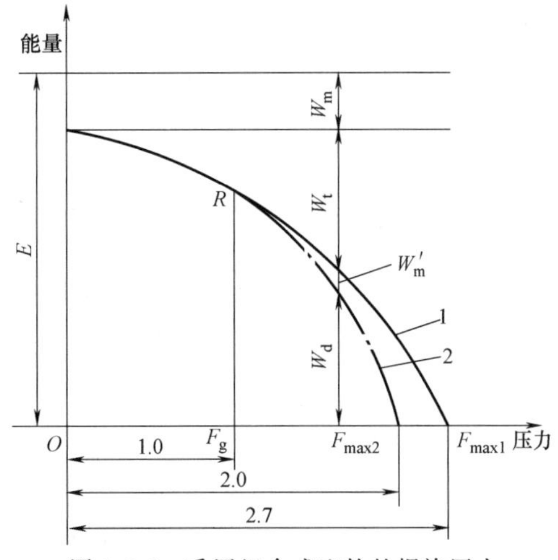

图 3-2-5　采用组合式飞轮的螺旋压力机的力能关系曲线

（3）离合器（高能）螺旋压力机的力能关系　离合器螺旋压力机突破了传统飞轮螺杆固定式螺旋压力机的飞轮正反向旋转的运动方式，飞轮旋转方向单一且转速基本恒定，通过离合器控制飞轮与螺杆之间的结合或脱开，可以提供较大的有效能量，其力能关系与传动飞轮螺杆固定式螺旋压力机有所不同，如图 3-2-6 所示。

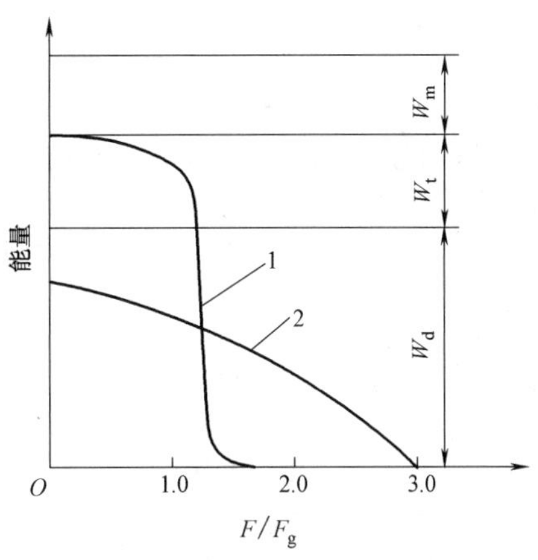

图 3-2-6　离合器螺旋压力机的力能关系曲线

1—离合器螺旋压力机　2—普通螺旋压力机

离合器（高能）螺旋压力机的锻击过程由 3 个连续的工作阶段组成：离合器脱开前，其力能关系与飞轮螺杆固定式螺旋压力机的力能关系一样，只是能量较大，是普通螺旋压力机的 2 倍；离合器脱开后，类似于一台运动部分转动惯量较小的普通螺旋压力机。

（4）螺旋压力机的能量调节　螺旋压力机是一种通用设备，它可以完成各种不同的锻压工艺。当所加工的工件不同时，所要求的变形能量和最大压力也各不相同。为了节省能量和保护设备，希望锻打时螺旋压力机给出的能量刚好满足工艺要求。当在摩擦压力机上模锻，上、下模打靠时，飞轮释放出的能量正好消耗完（无剩余动能），如图 3-2-7a 所示。

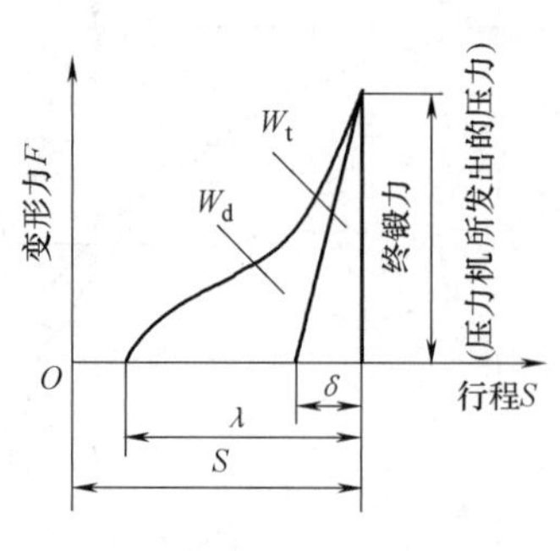

a) 工件塑性变形时飞轮能量正好释放完

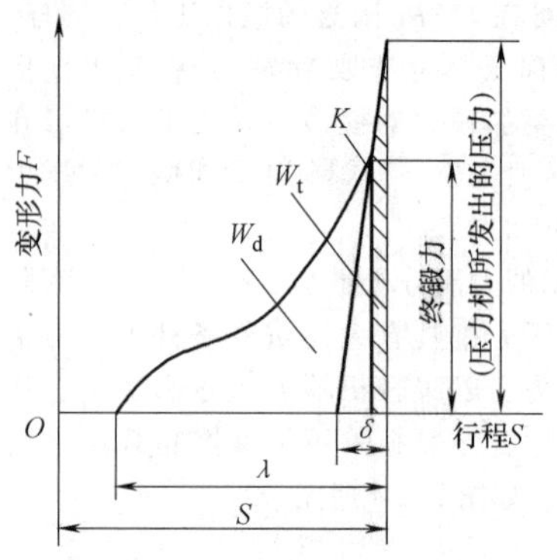

b) 工件塑性变形时飞轮能量还有剩余

图 3-2-7　螺旋压力机模锻时负荷图

在实际锻件的螺旋压力机成形时，经常会有另两种非理想状态出现：一种是锻件所需的能量大于压力机飞轮提供的最大有效变形能，压力机的最大压力小于锻件的终锻力，于是锻件出现“欠锻”，此时可以采取再次打击的方法，使锻件成形，对压力机不会造成损坏，只会影响生产率；另一种是压力机能够提供的有效变形能大于锻件所需的变形能（见图 3-2-7b），因为螺旋压力机每次打击时，只有当运动部分所储存的能量全部释放后（即滑块速度变为零），才能回程。当螺纹压力机运动部分能量过大（即螺旋压力机的规格选得过大）时，在 K 点锻件变形已经完成，螺纹压力机运动部分的能量还没有完全消耗，这些多余的能量在变形过程结束后将被机身及模具等受力件所吸收，而转化成弹性变形功，螺旋压力机发出的模锻力比锻件的终锻力要大得多。有一部分能量被浪费掉了，同时螺旋压力机所承受的负荷也加大了，虽然设备不至损坏，但加剧了某些零件的磨损。因此，螺旋压力机的打击能量应该有调节的可能，使打击能量恰好符合锻件变形功的需要。对于中小型普通螺旋压力机（3000kN 以下），通常在工作台上加垫板，用减小滑块行程（即减小飞轮的转速）的方法来达到减少压力机打击时储备在飞轮中的转动动能（$J\omega^2/2$）的目的。而现代新式大型螺旋压力机上都设置有能量调节装置，所采用的能量调节装置包括控制滑块位移式、控制滑块速度式及时间控制式等几种。

设某锻件的力能参数为 F、E，螺旋压力机能量调节曲线如图 3-2-8 所示。当运动部分能量选得过大时，如图中能量为 E_1，就会出现图 3-2-7b 所示的情况。此时设备承受的打击力为 F_{M1}。若将能量降到 E_2，设备承受的打击力就会由 F_{M1} 降至 F_{M2}，与锻件变形力 F 接近。画出能量调节曲线 F 处的垂线，使 $cd=ab$，既可以从 d 点得到 E_2 的值，压力机就会趋近图 3-2-7a 所示的最佳状态。锻件的力能参数一般事先难以准确确定，使用中常常是通过试验来寻找最佳的打击能量，即先用不同的滑块回程进行试锻，当锻出满意的锻件后，就可确定出合适的滑块回程高度和相应的飞轮能量 E 值。

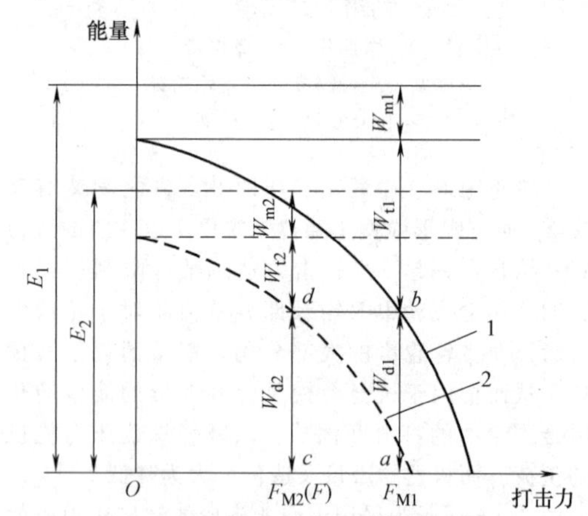

图 3-2-8　螺旋压力机能量调节曲线

1—运动部分能量大时的力能关系

2—调整后的力能关系

3. 螺旋压力机的基础与隔振

螺旋压力机与一些传统的机械压力机不同，直线运动动能只占螺旋运动动能较小的比例，对于飞轮螺杆固定式螺旋压力机，前者仅为后者的 2%～3%。因此，其基础需要考虑螺旋扭矩的传递特点。对于大型螺旋压力机，要同时考虑隔振问题。目前，螺旋压力机多采用液态弹簧阻尼隔振器和弹性体阻尼模块隔振系统。隔振器则布置在内基础（又称惯性块）与外基础之间，以减少振动向四周传播。

螺旋压力机打击工件时，激发振动的原因包括：滑块向下运动的动量，激起机身与基础的上下振动；飞轮、螺杆的动量矩，激起机身与基础的扭转振动；螺旋加载阶段作用于机身的纵向封闭载荷，使机身变形所吸收的能量在打击结束时释放出来，激起机身的伸缩振动。隔振后，螺旋压力机机身（以及与机身结为整体的惯性块）的主要振动参数，可按以下三种振动分别进行计算。

1）打击后，机身与惯性块的整体上下振动。

$$s_1=\frac{m_0v_0(1+e)}{(m_0+m_1)\omega_n} \tag{3-2-15}$$

式中　s_1——机身与惯性块的最大竖向位移；

m_0——滑块（以及与机身结为整体的惯性块）的质量；

m_1——隔振器上部总质量；

v_0——滑块打击时的速度；

e——回弹系数；

ω_n——隔振系统的固有频率。

2）打击后，机身与惯性块的扭转振动。

$$\theta=\frac{J_0\omega_0(1+e)}{(J_0+J_1)\omega_J} \tag{3-2-16}$$

式中　θ——机身与惯性块的最大扭转角度；

J_0——飞轮与螺杆的转动惯量；

J_1——机身与惯性块的转动惯量；

ω_0——打击时飞轮或螺杆的角速度；

ω_J——隔振系统扭振固有频率，由式（3-2-17）计算，其中 k_θ 为隔振系统的扭转刚度。

$$\omega_J=\sqrt{\frac{k_\theta}{J}} \tag{3-2-17}$$

3）机身弹性恢复力引起的伸缩振动。

卸载后，机身伸缩引起的工作台最大位移按式（3-2-18）计算。

$$s_1'=\frac{2Fm_a}{k(m_a+m_b)} \tag{3-2-18}$$

式中　s_1'——机身伸缩振动引起的工作台最大纵向位移；

F——压力机的最大工作载荷；

m_a——压力机头部的质量；

m_b——压力机底座及工作台的质量；

k——机身的纵向刚度。

由于螺旋压力机振动状态比较复杂，需分别按上述三种情况计算后进行叠加，才能找出隔振后工作台与惯性块的最大振动值。求出惯性块的最大线位移和角位移后，即可按隔振器的刚度计算出施加给外基础的动载荷，并按地基刚度求出外基础的振动参数。螺旋压力机既有竖向振动又有扭转振动，因而其隔振器既要有适当的竖向刚度与阻尼以吸收和耗散竖向振动，又要有适当的水平刚度与横向阻尼以吸收和耗散扭转振动。

中国南车集团资阳机车厂于 2001 年引进的 SPKA 5000 型离合器（高能）螺旋压力机采用德国 GERB（隔而固）的弹簧阻尼隔振系统，其额定打击力为 56MN，隔振系统选用了 20 件弹簧阻尼减振器，具体参数见表 3-2-2。

表 3-2-2　SPKA 5000 型离合器（高能）螺旋压力机隔振系统参数

参数名称	参数值
隔振器垂向总刚度/(kN/mm)	458
隔振器垂向总阻尼系数/[kN/(m/s)]	10000
隔振器水平向总刚度/(kN/mm)	286
隔振器水平向总阻尼系数[kN/(m/s)]	10000
隔振系统垂向固有频率/Hz	3.1
隔振系统垂向阻尼比	0.21
隔振系统绕 Z 轴扭转运动的固有频率/Hz	3.69
隔振系统绕 Z 轴扭转阻尼比	0.4
动载通过弹簧、阻尼传递到地面的值/kN	729

无锡透平叶片有限公司（原无锡叶片厂）于 1995 年、2008 年先后从德国引进 SPKA 11200 型、SPKA 22400 型离合器（高能）螺旋压力机，分别为当时世界上最大吨位的离合器螺旋压力机。

SPKA11200 型离合器螺旋压力机的最大打击力 180MN，其隔振基础结构如图 3-2-9 所示。在内基础（惯性块）的下部设置了 24 套弹簧隔振器和 16 套复合隔振器（包括弹簧和阻尼器），这两种隔振由德国 GERB 公司提供。

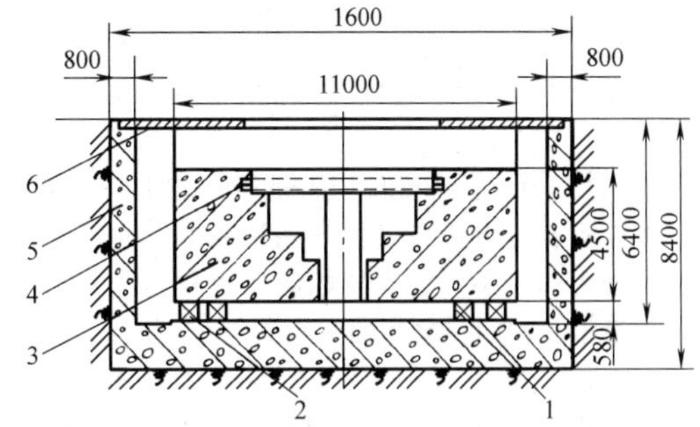

图 3-2-9　SPKA11200 型离合器螺旋压力机的隔振基础结构

1—复合隔振器　2—弹簧隔振器　3—内基础（惯性块）　4—防扭框架　5—外基础　6—基础盖板

SPKA22400 型离合器螺旋压力机的最大打击力为 355MN，脉冲载荷的作用持续时间比同类机器长，要求弹簧阻尼隔振系统的固有周期也长，即要求系统的固有频率更低。针对这一特殊情况，隔而固振动控制有限公司最终设计的基础块质量为 3045t，加上机器质量 2900t，得系统总质量为 5945t。选用 80 套弹簧隔振器和复合隔振器，如图 3-2-10 所示，系统竖直向固有周期为 0.364s，系统竖直向固有频率为 2.75Hz。

图 3-2-10 安装后的隔振器（部分）

2.1.3 工艺适应性

1. 工作性能

螺旋压力机应用面很广，可以完成各种不同的锻压工艺，既可用于金属的塑性成形，也可用于建筑材料、耐火材料等行业。

表 3-2-3 列出了机械压力机、锻锤、螺旋压力机三种锻造设备主要性能比较。从表中可以看出螺旋压力机的性能特点：

表 3-2-3 三种锻造设备主要性能比较

性能	机械压力机	锻锤	螺旋压力机
打击力	不可控	可控	可控
打击速度	慢	快	较快
闷模时间/ms	长(25~40)	短(2~10)	较长(8~25)
工作行程	固定	不固定	不固定
过载能力(%)	20~30	—	60~100
振动冲击	小	大	较小

1）打击力可控。螺旋压力机属于能量限定型设备，惯性螺旋压力机通过控制每次的打击能量，可控制打击力的大小。离合器螺旋压力机可通过离合器油压设定，控制打击力的大小。

2）打击速度适中。螺旋压力机的打击速度介于机械压力机与锻锤之间，成形速度可在 0.25~1.0m/s 间调整，螺旋压力机滑块最大速度一般不超过 0.7m/s，约为锻锤的 1/10、机械压力机的 10 倍。对于离合器螺旋压力机，由于其能量大，飞轮速降一般不超过 12.5%；成形时，有液压机成形速度稳定的特点。这种速度范围广泛适用于各种材料，如金属实体和粉末材料的锻造、耐火砖压制和建筑材料成形等；还由于打击速度比锻锤慢，有利于金属再结晶恢复，更适合低塑性合金钢和有色金属等航空材料的锻造。

3）工作行程不固定。由于工作行程不固定，能自动消除机身弹性变形对工件精度的影响。可通过多次打击获得所需的变形。允许模具打靠，在螺旋压力机上可以获得较高精度的锻件，一般比在曲柄压力机上高 1~2 级，较锤上模锻高 2~3 级。装模高度不固定，换模省时，适宜多品种、小批量生产。

4）过载能力大。螺旋压力机的强度是按极限冷击力设计的，螺旋压力机的极限冷击力是公称力的 3 倍左右。只要不是全能量冷击，最大锻击力总小于极限冷击力。表中的 60%过载是按螺杆的疲劳条件设定的，允许长期使用。但经验证明，长期过载可导致其他重要部件过早损坏。对于厚件（变形功大的），通常使用 1.3 倍公称力，因为它产生残余冷击较少，并保证了一定的锻击效率；对于薄件（变形功小的），最好不过载使用。

5）振动冲击较小。由于打击力被机身封闭，基础投资比锻锤低，但螺旋压力机机身有不平衡的转矩传到地基，基础设计要有相应措施。另外，噪声较小，容易满足环保要求，劳动条件较好。

螺旋压力机的工作性能主要看两个参数，即公称力和打击能量。从工作压力来看，现代螺旋压力机公称力系列从 0.063MN 到 224MN，惯性螺旋压力机长期可使用 1.6 倍的公称力。现有螺旋压力机最大冷击力可达 360MN。对一次锻造的能量而言，可输出锻件变形能最大为 10000kJ。螺旋压力机在公称力下使用的可输出到锻件上的有效能量不低于 60%。工业生产中使用最大的电动螺旋压力机和离合器螺旋压力机的公称力分别为 250MN 和 360MN。所以，在工作能力方面，现代螺旋压力机已远远超过了热模锻压力机，可生产的锻件重量约为 550kg。

根据中国锻压协会提供的资料，目前螺旋压力机是我国应用最为广泛的模锻设备，占全部模锻设备的 37%，超过蒸汽-空气模锻锤（31.4%）及热模锻压力机（3.4%）的总和。

图 3-2-11 所示为在现代螺旋压力机上生产的典型锻件，足以说明其工作能力。

2. 工艺适应性

在现代工业生产中，螺旋压力机被广泛应用到齿轮类、叶片、五金工具类零件的精密锻造中。表 3-2-4 列出了螺旋压力机适合完成的工序及其与其他设备的比较。由于螺旋压力机行程次数低，不适于进行拔长和滚挤。

螺旋压力机一般都是单模膛模锻，需要多模膛锻造的锻件，则采用多台螺旋压力机和其他设备组成生产线。例如，对于杆形件，在辊锻机上制坯，在螺旋压力机上锻造，在一台小型螺旋压力机上切边。

在模具上增加单独动力的分模机构，可在螺旋压力机上进行分模模锻。利用工作台的中间孔，可镦锻长杆的法兰，如汽车半轴，镦锻前先用电镦机聚料。螺旋压力机行程不固定，没有固定下死点，因此用作无飞边模锻和精整工序也比较适合。

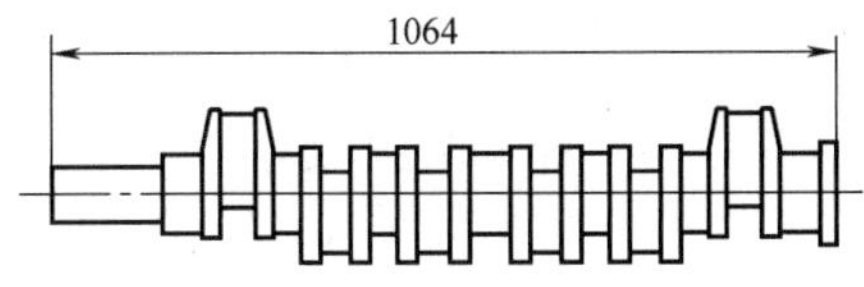

a) 曲轴，重130kg，在63MN HSPRZ－800型液压螺旋压力机上锻造，预制坯经2次打击锻成

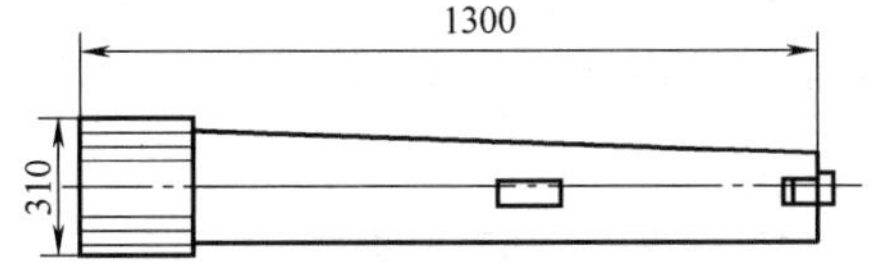

b) 叶片，钛合金，在140MN HSPRZ－1180型液压螺旋压力机上锻造，一次成形

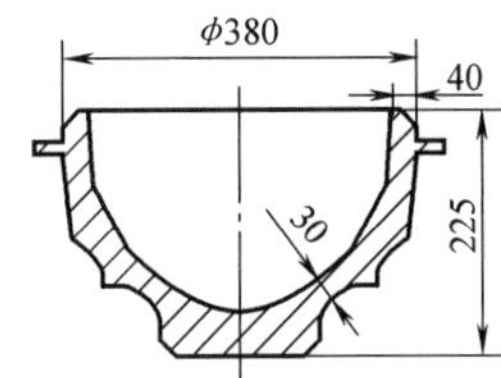

c) 半球座，重80kg，优质奥氏体钢，毛坯为 $\phi \times h$=180mm×240mm，在63MN HSPRZ－800型液压螺旋压力机上锻造，打击2次成形

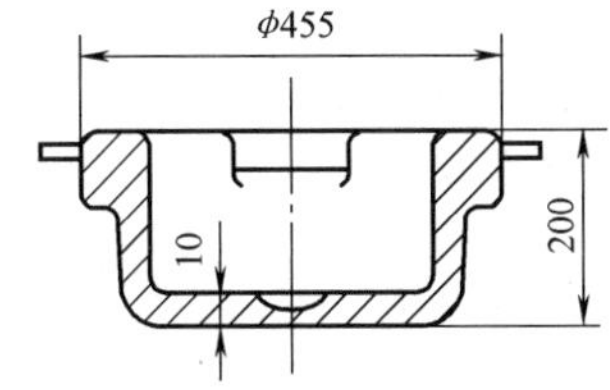

d) 轴座，在63MN HSPRZ－800型液压螺旋压力机上锻造，一次完成，而在无砧锤上需锻打10～15次

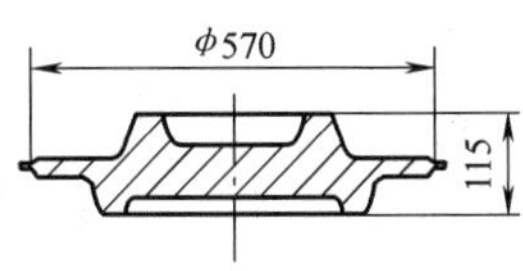

e) 饼形件，重115kg，毛坯275mm×275mm×200mm，在56MN HSPRZ－750型液压螺旋压力机上锻造，使用打击能量1900kJ，一次打击成形，用时0.125min，而在320kJ无砧锤上锻造需打击8～10次，用时2.5min

图 3-2-11 现代螺旋压力机生产的典型锻件

表 3-2-4 各类锻压设备适合完成的工序比较

工序名称		设备名称			
		蒸汽-空气锤	液气锤	螺旋压力机	热模锻压力机
制坯工序	拔长	+	+	−	−
	滚压	+	+	−	−
	镦粗、压扁	+	+	+	+
	弯曲	+	+	+	+
模锻工序	预锻	+	+	+	+
	终锻	+	+	+	+
	回转体深孔挤压	+	+	+	+
	非回转体挤压	+	+	+	+
	分模模锻	+	−	+	+
	无飞边模锻	+	+	+	−
	长杆镦锻	+	−	+	+
	精压	−	−	+	−

注：+表示适用，−表示可用。

2.2 摩擦螺旋压力机

摩擦螺旋压力机简称摩擦压力机，摩擦压力机是螺旋压力机的源头，所有惯性螺旋压力机，除了驱动飞轮的方式分别采用摩擦、液压马达、电动机以外，结构、工作原理与摩擦压力机是相同或由其演变而来，计算和设计理论相通。理解摩擦压力机，就可以理解惯性螺旋压力机。

近年来，随着电力驱动技术的发展，电动螺旋压力机因结构简单、节能、易维护等优势，中小规格上逐渐取代摩擦压力机。有观点认为，摩擦压力机将被完全淘汰。实际上，尽管有采用摩擦盘驱动飞轮会造成打滑损失，摩擦制动器也难以稳定控制滑块上死点等缺点，但在单工位打击、不偏载的情况下，摩擦压力机的机身和螺杆结构形式在所有螺旋压力机中是最合理的。其螺母安装在上横梁，螺杆是不带止推凸台的直杆，打击时完全承受压应力（带止推凸台的螺杆在凸台处承受拉应力）；同样直径的螺杆，具有更强的超载能力，所以摩擦压力机，特别是大吨位的摩擦压力机，其可使用的最大打击力比其他螺旋压力机高，在小批量、单工位情况下生产大锻件仍有优势，加之摩擦压力机价格低廉、操作简单，还存在相当发展空间。

2.2.1　用途

1. 摩擦螺旋压力机性能特点

摩擦螺旋压力机兼有锻锤和热模锻压力机的双重工作特性，摩擦螺旋压力机在工作过程中既能像锤一样带有一定的冲击作用，滑块行程不固定，使得它在一个型槽中可进行多次打击变形，且模具调整方便，又能像热模锻曲柄压力机一样，打击力由压力机封闭框架承受。从而既能为大变形工序（如镦粗等）提供大的变形能量和一定的锻击力，也能为小变形工序（如精压等）提供较大的变形力和一定的变形能。

摩擦螺旋压力机是定能设备，设备行程可变，没有固定的下死点，不会“闷车”，锻件精度不受设备自身弹性变形的影响，锻件的尺寸精度靠模具打靠和导柱导向（用于精密模锻）来保证。

摩擦螺旋压力机闷模时间短，仅为热模锻压力机的一半；传给模具上的热量少，温升低，模具寿命长。这对大批量生产尤为重要，能够保证各个锻件的精度基本一致。

摩擦螺旋压力机滑块速度为 0.6~0.7m/s，这对于各种金属及其合金，包括难变形合金的热模锻是较为合适的。由于滑块速度合适，所以金属变形过程中的再结晶现象进行的充分，因而特别适合于航空、航天等国防工业模锻一些再结晶速度较低的低塑性合金钢和有色金属材料的锻造成形。

（1）力能特性　摩擦螺旋压力机的工作原理是传力螺杆上端与飞轮刚性连接，下端与滑块相连，通过左右摩擦盘与飞轮交替摩擦，由铜螺母等螺旋机构将正反交替旋转的飞轮和螺杆的旋转运动转变为滑块的上、下直线运动，将运动部分的动能变为成形能。

摩擦螺旋压力机的能量也是固定的，它的能力的大小是由飞轮等运动部件在接触工件前所具有的最大能量而定的。其能量大小为

$$E=\frac{1}{2}J\omega^2+\frac{1}{2}mv^2 \tag{3-2-19}$$

由于螺旋压力机滑块速度较低，为了计算方便，常将滑块等部分的直线运动动能忽略，其值一般只占总能量的 1%~3%。

式中　E——机器的额定能量；

J——飞轮等转动部分的转动惯量总和；

ω——飞轮最大角速度；

m——滑块等运动部分的质量；

v——滑块速度。

虽然影响锻件所需打击力的因素很多，但其对锻件做的功 A 仍可简化为

$$A=P_f S \tag{3-2-20}$$

式中　A——锻件的变形功；

P_f——实际打击力；

S——锻件变形行程。

若忽略其他变形因素，飞轮的能量基本上转化为锻件的变形能，因此可近似为

$$E=A \tag{3-2-21}$$

则

$$P_f=E/S \tag{3-2-22}$$

所以，摩擦螺旋压力机的力能关系曲线可近似为如图 3-2-12 所示。

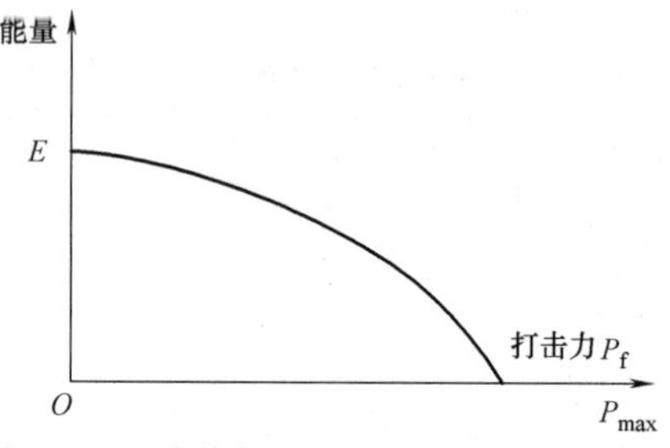

图 3-2-12　摩擦螺旋压力机的力能关系曲线

对一台选定的摩擦螺旋压力机，在额定能量 E 下，其力能曲线是一定的；对于某已知的锻件，它所需的成形能和终锻力也是一定的。根据摩擦螺旋压力机的力能曲线可知，对一台特定的压力机，打击力越大，其输出到锻件上的能量就越小。在能量相同的情况下，锻件变形越大，吸收的能量越多，打击力就越小；反之，锻件变形越小，吸收的能量越少，打击力就越大。

摩擦螺旋压力机很容易产生大于公称力的工作力，摩擦螺旋压力机通常最大允许工作力约等于公称力的 1.6 倍，但长期在最大工作力下工作，将会影响压力机的使用寿命。

摩擦螺旋压力机的公称力与其具体参数形成固定关系，在公称力下工作，压力机能同时释放出比较恰当的打击能量（≥60%E）和公称打击力，且有利于延长压力机的使用寿命。

（2）应用要点——打击力计算、偏载能力计算

1）打击力计算。当摩擦螺旋压力机用于锻造行业时，设备的最小打击力按式（3-2-23）确定：

$$P_f=KS/Q \tag{3-2-23}$$

式中　P_f——摩擦螺旋压力机打击力（kN）；

K——系数，热锻和精压时取 $K=80\text{kN/cm}^2$，当锻件轮廓比较简单时取 $K=$

$50kN/cm^2$；

S——锻件总变形面积（cm^2）（包括锻件水平投影面积、冲孔连皮面积及飞边桥部面积）；

Q——变形系数，变形程度小的精压件取 $Q=1.6$，变形程度不大的锻压件取 $Q=1.3$，变形程度大的锻压件取 $Q=0.9\sim1.1$。

式（3-2-23）适用于一次成形的设备最小打击力的计算，若采用 2~3 次打击成形，应按计算值减小一半。

2）偏载能力计算。使用摩擦螺旋压力机时，为避免滑块导向装置所承受的打击力特别大，滑块不允许偏心负载使用。压力机偏心打击如图 3-2-13 所示。如果不能避免滑块承受偏心负载，则偏载中心距不允许超过最大值。偏载中心距最大值选取参照式（3-2-24）进行计算，即

$$a_{max}<D\left(1-\frac{P_f}{2P_g}\right) \tag{3-2-24}$$

式中 a_{max}——偏载中心距（cm）；

D——螺杆大径（cm）；

P_f——打击力（kN）；

P_g——公称力（kN）。

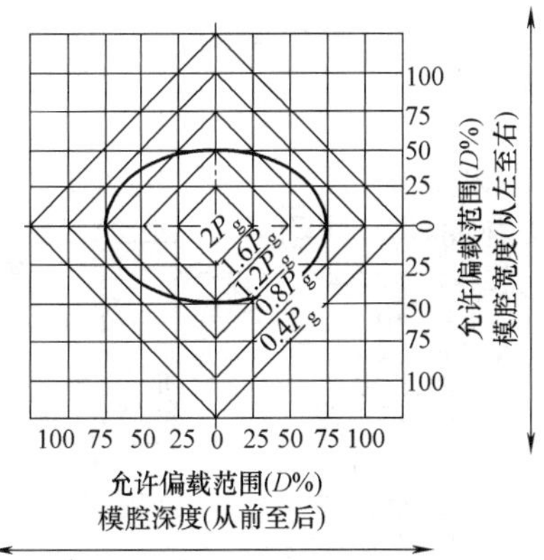

图 3-2-13 压力机打击偏心距范围

（3）重型摩擦螺旋压力机设计及技术优势 近几年来，摩擦螺旋压力机正朝着大吨位方向发展，尤其是随着我国铁路事业的快速发展，火车行驶速度不断加快，原来用铸造工艺成形的，如火车钩尾框等大型关键零件的铸造质量已不能满足火车性能要求，必须改为锻造工艺成形，以提高零件质量性能，从而确保火车高速、安全、可靠的运行。

我国摩擦螺旋压力机制造商在传统 25000kN 的产品基础上，通过市场调研，吸收国外先进技术，相继成功研制出 J53-3150 型 31500kN 摩擦螺旋压力机、J53-4000 型 40000kN 摩擦螺旋压力机、J53-6300 型 63000kN 摩擦螺旋压力机、J53-8000 型 80000kN 摩擦螺旋压力机和 J53-10000 型 100000kN 摩擦螺旋压力机。该系列重型摩擦螺旋压力机的研制成功为众多的锻造厂家提供了成本低、性能好、质量可靠、控制水平较高的大型锻造设备，为用户节约了投资，提高了效益。

目前，J53-12500 和 J53-16000 重型摩擦螺旋压力机已投入研制，大吨位重型摩擦螺旋压力机已成为今后摩擦螺旋压力机新的增长点和发展方向。

2. 摩擦螺旋压力机典型应用

（1）典型应用案例 摩擦螺旋压力机结构简单、维修方便，性能可靠，在锻造设备中售价较低。从 20 世纪 60 年代起，我国的摩擦螺旋压力机从无到有、从小到大，现已形成完整的系列。

许多用户采用 J53-8000 型 80000kN 摩擦螺旋压力机、J53-10000 型 100000kN 摩擦螺旋压力机进行火车钩尾框、心盘等铁路车辆锻件的锻造成形，投资少、见效快，经济效益显著。

我国已建成数十条以摩擦螺旋压力机为主机的汽车前轴锻造线，其中最大的为 J53-10000 型 100000kN 摩擦螺旋压力机。用长台面摩擦螺旋压力机代替热模锻曲柄压力机，汽车前轴的质量与万吨热模锻生产线相当，但投资不足热模锻曲柄压力机的一半，综合效益十分突出。目前，摩擦螺旋压力机仍是我国在用模锻设备中数量较多的通用热模锻设备，在工程机械锻件、汽车锻件、精锻齿轮、煤机锻件、五金工具等行业均有广泛应用。

（2）锻件样品（见图 3-2-14）

2.2.2 结构

1. 摩擦螺旋压力机主要结构形式

摩擦螺旋压力机的结构形式，由其不同的摩擦机构和螺杆螺母的运动组合所形成的传动形式来决定，图 3-2-15 所示为部分实用传动方案。因此，其主要结构形式可以分为双盘摩擦螺旋压力机结构、三盘摩擦螺旋压力机结构、双锥盘摩擦螺旋压力机结构和离合器式摩擦螺旋压力机结构。

（1）双盘摩擦螺旋压力机结构 J53 系列双盘摩擦螺旋压力机结构如图 3-2-16 所示。机身本体与机械压力机相同，机身上部竖置两个摩擦盘用以驱动横置的飞轮，摩擦盘与飞轮组成正交摩擦传动。图 3-2-15a、b、e、g 为不同形式的双盘传动。图 3-2-16 所示的摩擦盘固定在整体横轴上，由操纵系统控制横轴左右移动并带动摩擦盘，图 3-2-15a、b、h、i 中也采用此结构。图 3-2-17 所示的横轴为心轴，两个支臂固定在机身上。两个摩擦盘通过滚动轴承安装在心轴上，分别由两台电动机通过平带或 V 带驱动。工作行程或回程时，只需操作一个摩擦盘。由于采用两台电动机分别驱动，两个摩擦盘可设计成

a) 火车锻件(钩尾框)　　b) 精锻齿轮

c) 汽车锻件 (前轴、连杆、曲轴)　　d) 五金工具 (扳手)

e) 工程机械(链轨节)　　f) 煤机 (刮板)

图 3-2-14　摩擦螺旋压力机锻件样品

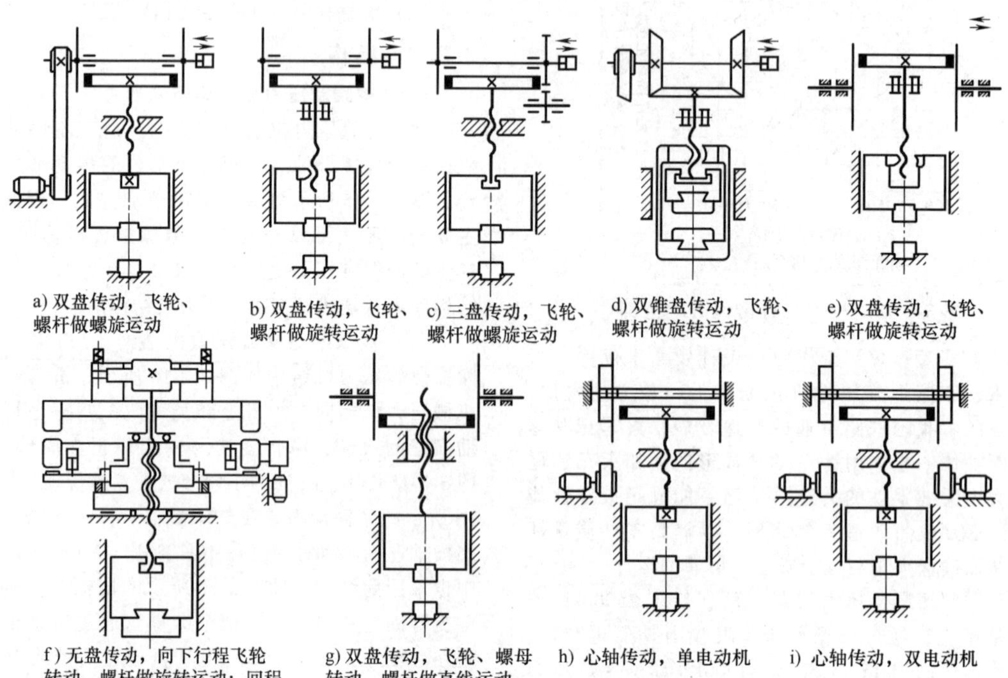

a) 双盘传动，飞轮、螺杆做螺旋运动　b) 双盘传动，飞轮、螺杆做旋转运动　c) 三盘传动，飞轮、螺杆做螺旋运动　d) 双锥盘传动，飞轮、螺杆做旋转运动　e) 双盘传动，飞轮、螺杆做旋转运动

f) 无盘传动，向下行程飞轮转动，螺杆做旋转运动；回程螺母转动，螺杆做直线运动　g) 双盘传动，飞轮、螺母转动，螺杆做直线运动　h) 心轴传动，单电动机　i) 心轴传动，双电动机

图 3-2-15　摩擦螺旋压力机的部分实用传动方案

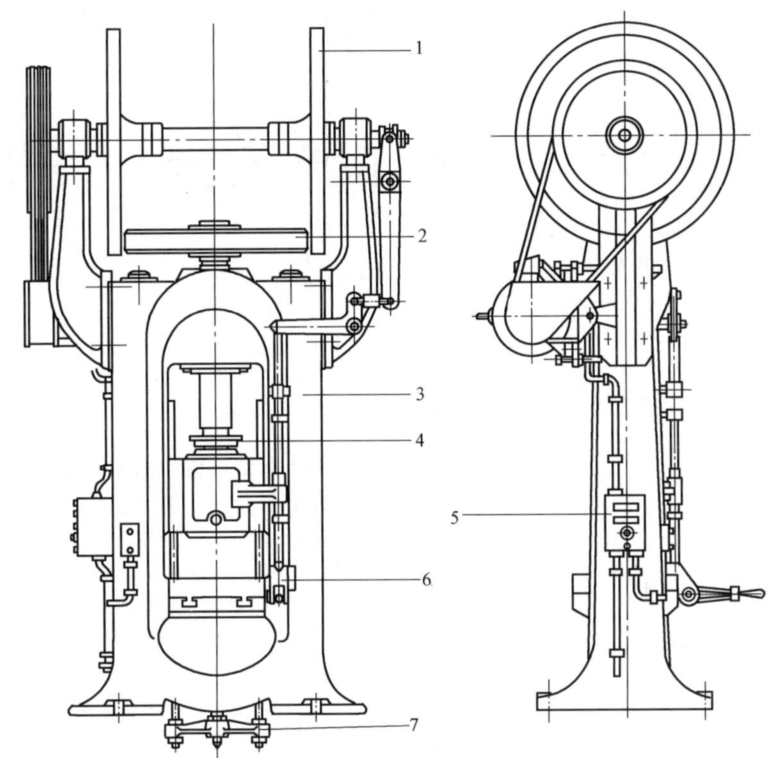

图 3-2-16　J53 系列双盘摩擦螺旋压力机结构

1—横轴部件　2—飞轮　3—机身　4—制动器　5—电器系统　6—控制系统　7—顶出器

不同转速，方便使用。另外，调模时可以只起动回程电动机。图 3-2-15e、g 中采用此结构。双盘摩擦螺旋压力机结构由于结构简单、制造容易，获得了广泛应用。

（2）三盘摩擦螺旋压力机结构　三盘摩擦螺旋压力机的结构如图 3-2-15c 所示。与双盘螺旋压力机的区别，主要在于回程摩擦盘由齿轮啮合的两个摩擦盘组成。回程开始时，先接触小盘，然后上升至大盘。因开始回程时接触半径小，打滑损失小，提高了传动效率。但由于三盘摩擦螺旋压力机结构零件明显增多，因此操纵系统相对复杂，我国应用较少，仅在欧洲少量使用。

（3）双锥盘摩擦螺旋压力机结构　双锥盘摩擦螺旋压力机结构如图 3-2-15d 所示。摩擦盘（传动盘）和飞轮均为圆锥形状，螺旋副采用螺杆旋转、螺母带动滑块做上下运动的结构。滑块采用框架式结构，工作行程时，滑块带动下模向上运动，使得锻击力由框形滑块封闭。双锥盘摩擦螺旋压力机结构的优点是传动无几何滑动，理论上可以提高传动效率。但由于工作状态是下模运动，不易操作，故此结构多用于镦挤螺栓头或螺母类的小型摩擦螺旋压力机上，或者是重型下传动摩擦螺旋压力机上。

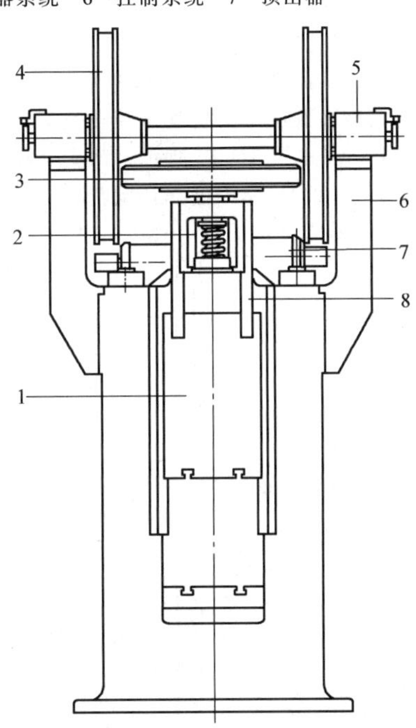

图 3-2-17　双电动机驱动双盘摩擦螺旋压力机结构

1—滑块　2—螺杆　3—飞轮　4—摩擦盘（传动盘）

5—控制缸　6—机身　7—电动机　8—制动器

（4）离合器式摩擦螺旋压力机结构　离合器式摩擦螺旋压力机也称为无盘摩擦螺旋压力机，如图 3-2-15f 所示。这种结构的特点是传动机构为组合盘式离合器，传动飞轮（副飞轮）起动后始终朝一个方向旋转。工作飞轮（主飞轮）通过摩擦超载保险装置与螺杆花键连接。螺母由另一个从动盘驱动。工作时，操纵系统先将螺母制动在机身上，然后使主飞轮与副飞轮结合，螺杆在静止的螺母中产生螺旋运动，驱动滑块位移，主飞轮不参与直线运动。回程时，先解除螺母制动，再使驱动螺母的从动盘与副飞轮结合，通过螺母旋转使螺杆和滑块提升。

离合器式摩擦螺旋压力机结构的传动特点是仅在向下行程时加速工作飞轮积累能量，回程时只需提升螺杆和滑块，重量较轻，因而可减少大量能耗。利用这一原理可以提高螺旋压力机的行程次数。因离合器式摩擦螺旋压力机的打击能量是主飞轮的全部动能，故其仍属于惯性螺旋压力机范畴。

2. 摩擦螺旋压力机主要部件

摩擦螺旋压力机的主要部件是摩擦盘支承轴，通常称为横轴。横轴是摩擦螺旋压力机上驱动飞轮的主要传动部件，在传动系统中同时起调速飞轮的作用。摩擦螺旋压力机的横轴部件大致有三种类型：简支转轴横轴、简支心轴横轴和悬臂转轴横轴。其中，悬臂转轴横轴仅在少数场合下应用，如大行程双盘摩擦螺旋压砖机 J67-200A 采用了此种结构。

（1）简支转轴横轴部件　简支转轴横轴部件是应用最为广泛的双盘传动部件。例如，国产 J53-63 ~ J53-300 型双盘摩擦螺旋压力机和意大利产 3000kN/4000kN 双盘摩擦螺旋压力机均采用简支转轴横轴部件，如图 3-2-18 和图 3-2-19 所示。简支转轴横轴部件由横轴 4、支臂 2、摩擦盘（传动盘）3、大带轮 1 和操纵滑环 5 等零件组成。

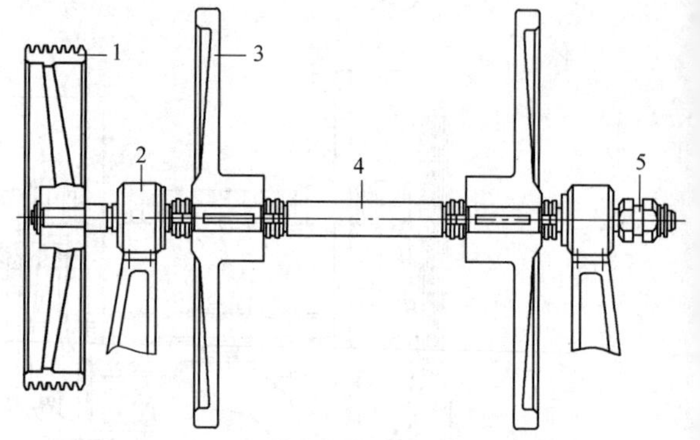

图 3-2-18　J53-63 ~ J53-300 型转轴横轴部件
1—大带轮　2—支臂　3—摩擦盘（传动盘）　4—横轴　5—操纵滑环

简支转轴横轴部件的特点是横轴为转动件，通过滚动轴承简支在机身上部的两个支臂上。两个摩擦盘（传动盘）用花键连接在横轴上，并由锁紧螺母或剖分式螺母轴向固定。横轴传递转矩，并允许轴向移动，以便调整摩擦盘之间的距离，保证与飞轮的正常工作间隙。滚动轴承为非推力轴承，允许轴向自由活动，以便通过操纵滑环使摩擦盘左右移动，交替压紧飞轮，控制螺旋压力机工作。

摩擦盘的轴向固定如图 3-2-18 所示，为双锁紧螺母锁紧。图 3-2-19 所示为剖分式螺母固定，主要用于小型摩擦螺旋压力机。对于大、中型摩擦螺旋压力机，由于摩擦盘较重，在轴上移动困难，多采用剖分式螺母和推拉螺钉组锁紧，较好地解决了锁紧和移动的问题。意大利 3000kN/4000kN 双盘摩擦螺旋压力机的横轴部件（见图 3-2-19），是将大带轮与一个摩擦盘（传动盘）结合成一个组合件。摩擦盘（传动盘）的轴向固定采用剖分式螺母，操纵滑环布置在支臂内侧，这样使得压力机外观显得简洁紧凑，缺点是增大了横轴跨度。

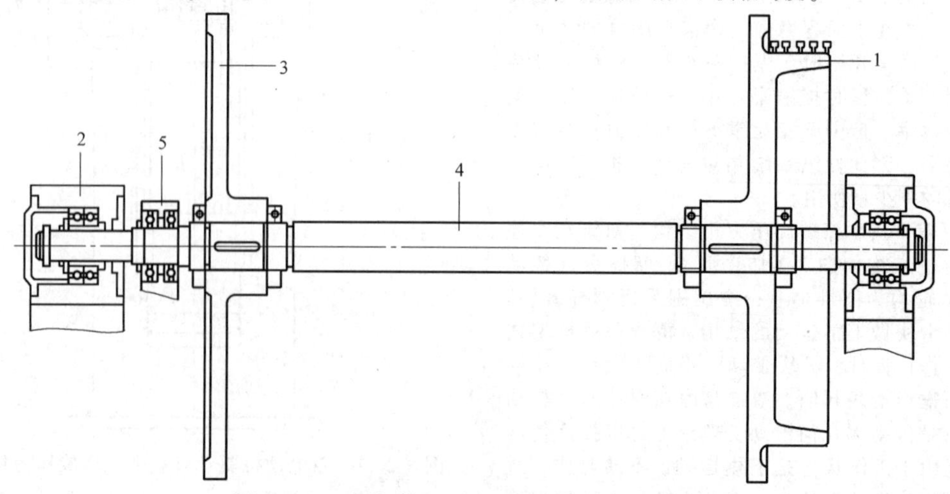

图 3-2-19　意大利 3000kN/4000kN 转轴横轴部件
1—大带轮和摩擦盘　2—支臂　3—摩擦盘（传动盘）　4—横轴　5—操纵滑环

（2）心轴横轴部件　哈森公司的FPRN型和FPPN型双盘摩擦螺旋压力机横轴部件均采用心轴结构，如图3-2-20所示。其心轴2为一根光轴，两端与支臂5固定连接。心轴上支承着两个摩擦盘（传动盘），并由一付轴壳组件3将其连接。轴壳组件中花键联轴节的使用，使得摩擦盘间的距离可以自由改变。为了减小轴壳3的直径，轴壳在心轴上采用了滚针轴承支承。两个摩擦盘与飞轮的工作间隙可分别由两个调节手柄4单独调节，使用方便。

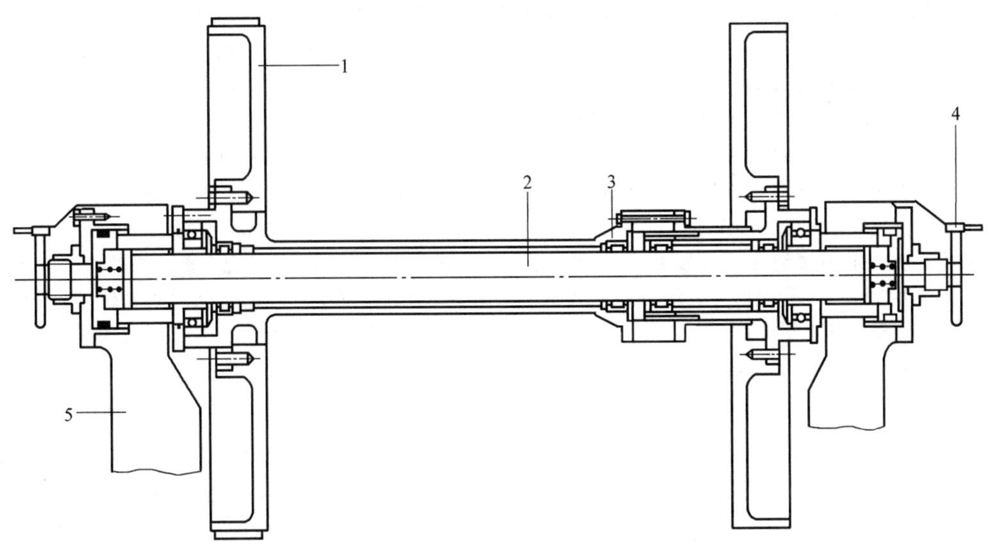

图3-2-20　FPRN型/FPPN型心轴横轴部件
1—摩擦盘（传动盘）　2—心轴　3—轴壳　4—调节手柄　5—支臂

（3）双电动机心轴横轴部件　双电动机心轴横轴部件是在心轴横轴部件的基础上发展起来的另一种心轴结构，如图3-2-21所示。主要用于双电动机传动。两个摩擦盘（传动盘）由滚柱轴承支承在心轴上，分别由不同的电动机驱动。与前述心轴横轴结构相比较，其主要特点如下：

1）省掉了复杂的轴壳组件，有利于降低制造成本。

2）每个摩擦盘（传动盘）仅在单行程工作，有更长的间歇时间，有利于转速恢复，采用高转差率电动机，可降低拖动电动机的总功率，降低运行成本。

3）两个摩擦盘（传动盘）可采用不同转速，能够获得更好的飞轮转动特性，因而提高了传动效率。

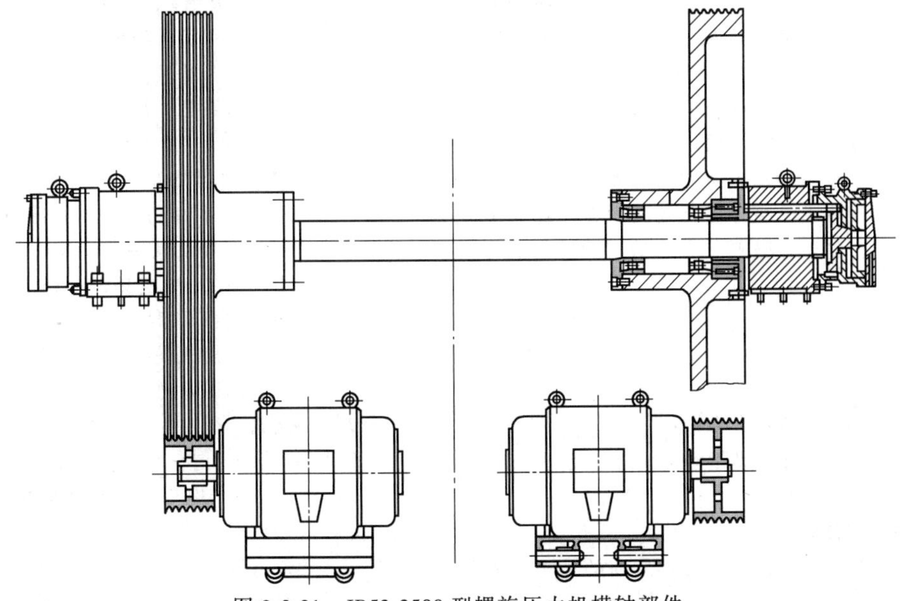
图3-2-21　JB53-2500型螺旋压力机横轴部件

4）工作间隙调整方便，可在不停机的情况下使用专用手柄进行调节。

5）由于各行程由单个摩擦盘（传动盘）驱动，为了保证其调速性能，须增大单个盘的转动惯量，因而增大了传动部件的重量。

（4）横轴部件结构比较　上述三种横轴部件的共同缺点是造成摩擦螺旋压力机总体结构头重脚轻。由于摩擦盘（传动盘）尺寸和质量大，在机器顶部以大约 300r/min 的转速旋转，造成机器的不稳定性。因此，装配后要很好地检查动平衡。大中型双盘摩擦螺旋压力机要安装平台和护栏，以方便维修、调整工作间隙，防止安全问题的发生。

简支转动横轴采用滚动轴承安装在支臂上，相当于铰支，刚度较差。而心轴与支臂为静止连接，形成一个封闭框架，改善了刚度。

机器工作时，简支转动横轴部件要带动整个构件一起动作，由于重量大、操作费力，与飞轮结合有较大冲击，造成飞轮轮缘上的摩擦材料局部磨损。而心轴横轴部件仅操作一个摩擦盘，相对容易，结合时冲击小，局部磨损较轻。

对于工作间隙的调整，心轴横轴部件是单独调整每个工作盘，有专用手柄，可在不停车时进行，而简支转动横轴必须在停车状态下使用手工工具调整。

3. 摩擦螺旋压力机的传动原理及控制

（1）摩擦螺旋压力机的传动原理　摩擦螺旋压力机传动的主要特征是飞轮由摩擦机构传动，其传动原理可以双盘摩擦传动机构来说明，如图 3-2-22 所示。整个传动链由一级带传动、正交圆盘摩擦传动和螺旋滑块机构组成。摩擦盘（传动盘）与飞轮形成可离合和换向的正交摩擦。当摩擦盘（传动盘）与飞轮结合驱动时，螺旋机构使飞轮螺杆产生螺旋运动，滑块消除旋转分量，获得锻造所需要的上下往复运动及锻造能量。摩擦螺旋压力机工作的有效传动，取决于下列 3 个因素。

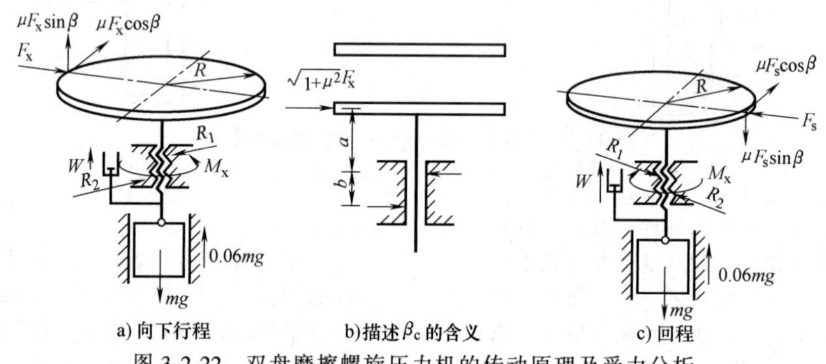

a) 向下行程　　b) 描述 β_c 的含义　　c) 回程

图 3-2-22　双盘摩擦螺旋压力机的传动原理及受力分析

1）摩擦盘压紧力的计算。摩擦螺旋压力机的飞轮依靠摩擦盘的摩擦力驱动，压紧力是产生摩擦力的正压力。显然，压紧力的大小直接影响飞轮的运动状态，并影响打击能量和滑块行程次数。

a. 向下行程压紧力。向下行程必须保证打击部分获得足够的动能。向下行程时（见图 3-2-22a），压紧力产生的摩擦力和重力所做的有效功应等于公称能量。考虑各种成分综合的有效做功力矩称为综合力矩。假定它在全行程 H 上为常数，则所需的综合力矩为

$$M_x=\frac{h}{2\pi H}E \tag{3-2-25}$$

式中　M_x——向下行程综合力矩；

E——公称能量，即运动部分总动能；

H——滑块行程；

h——螺杆导程。

根据图 3-2-22 所示，向下行程所需的最小压紧力为

$$F_x=\frac{M_x-(0.94-K)mgr_1}{\mu R-\beta_c\mu_1 r_d(1+2\mu)} \tag{3-2-26}$$

式中　F_x——向下行程所需的最小压紧力；

mg——运动部分重量；

K——平衡力系数，$K=W/mg$ 为平衡缸的平衡力，无平衡缸时 $W=0$，$K=0$；

r_1——螺杆的当量半径，与行程方向有关；$r_1=r_c\tan(\alpha+\rho)$，向下行程取负号，回程取正号（其中，r_c 是螺旋副螺纹中半径，α 是螺旋副螺纹升角，ρ 是螺旋副螺纹当量摩擦角）；

μ——摩擦盘对飞轮的摩擦系数，依摩擦材料不同而异，一般取 0.35~0.45；

R——飞轮半径；

β_c——与螺杆导向有关的常数，$\beta_c=1+(2a+H)/b$，a、b 为结构尺寸，见图 3-2-22b；

μ_1——螺杆对导向套的摩擦系数，非磨合轴颈（对新压力机）$\mu_1=0.157f$，磨合轴颈（对工作一段时间的压力机）μ_1

$=0.127f$（f 是对磨材料的摩擦系数，常取经验值 $f=0.1$）；

r_d——螺杆导向套半径。

由式（3-2-26）计算出来的压紧力，是假定综合力矩 M_x 为常数时的理论值，即飞轮按抛物线规律运动时的压紧力。实际上，综合力矩不一定是常数，为了提高行程次数，实际使用的压紧力比上述计算值大，即

$$F_{xt}>F_x \tag{3-2-27}$$

式中　F_{xt}——向下行程实际使用的压紧力。

b. 回程压紧力。对于回程压紧力，要求其能提升工作部分，并尽可能缩短回程时间，以便提高行程次数。绝大部分控制系统的向下行程和回程缸都采用相同的尺寸。因此，回程压紧力（见图 3-2-22c）实际上已由结构确定。

$$F_{st}=kF_{xt} \tag{3-2-28}$$

式中　F_{st}——回程实际使用的压紧力；

k——气缸活塞面积比。

确定实际压紧力后，需要计算实际综合力矩，以便核对飞轮运动特性和校核滑块行程次数。根据图 3-2-22 可写出实际压紧力作用下的综合力矩，即

$$M_{xt}=F_{xt}[\mu R-\beta_c\mu_1 r_d(1-2\mu)]+(0.94-K)mgr_1 \tag{3-2-29}$$

$$M_{st}=F_{st}[\mu R-\beta_c\mu_1 r_d(1-2\mu)]-(0.94-K)mgr_1 \tag{3-2-30}$$

式中　M_{xt}、M_{st}——实际压紧力作用下的向下行程和回程的综合力矩，其余参数意义同前。

2）滑块行程次数计算。摩擦螺旋压力机的滑块行程次数是理论行程次数，它是按往复行程所需时间计算出的往复次数。

$$n=60/(t_x+t_s) \tag{3-2-31}$$

式中　t_x、t_s——滑块向下行程和回程所需时间。

a. 向下行程所需时间。

当飞轮按抛物线运动特性运行时：

$$t_x=\frac{60R}{n_1 h}\sqrt{\frac{1}{\gamma_x m_r}} \tag{3-2-32}$$

当飞轮按相割运动特性运行时：

$$t_x=\frac{60R}{n_1 h}\left[\sqrt{\frac{\beta_x}{\gamma_x m_r}}+\frac{1+m_r}{m_r(1+\beta_x)}\right] \tag{3-2-33}$$

b. 回程所需时间。

$$t_s=\frac{60R}{n_2 h}\left[\sqrt{\frac{\beta_s}{\gamma_s m_r}}+e\ln\frac{1+m_r-\beta_s}{m_r+\psi}+\sqrt{\frac{\psi}{\gamma_z m_r}}\right] \tag{3-2-34}$$

式（3-2-34）考虑了制动行程。当未确定制动行程大小的情况下，可不考虑制动行程，用下面简化公式计算有很好的近似性。

$$t_s=\frac{60R}{n_2 h}\left[\sqrt{\frac{\beta_s}{\gamma_s m_r}}+e\ln\frac{1+m_r-\beta_s}{m_r+\psi}\right] \tag{3-2-35}$$

式中　n_1、n_2——向下行程和回程时的摩擦盘转速，对于单电动机拖动 $n_1=n_2$；

m_r——初始半径长度系数，$m_r=r_0/H$；

γ_x——向下行程实际综合力矩系数，$\gamma_x=M_{xt}/M_e$，其中，M_e 是按相切运行特性运行时的综合力矩，即

$$M_e=\frac{\pi m_0^2 hIr_0}{900R^2} \tag{3-2-36}$$

γ_s——回程实际综合力矩系数，$\gamma_s=M_{st}/M_e$；

β_x——向下行程按抛物线规律运行通过的行程长度系数，即

$$\beta_x=(2\gamma_x-1)-\sqrt{(2\gamma_x-1)^2-1};$$

β_s——回程按抛物线规律运行通过的行程长度系数，即

$$\beta_s=(1-m_r+2m_r r_s e)-\sqrt{(1-m_r+2m_r r_s e)^2-(1-m_r)^2};$$

e——双电动机向下行程与回程摩擦盘速比，$e=n_1/n_2$，对单电动机拖动 $n_1=n_2$，$e=1$；

γ_z——制动力矩系数，$\gamma_z=M_{zh}/M_e$，其中，M_{zh} 为制动力矩；

ψ——制动行程长度系数，$\psi=s_{zh}/H$，其中，s_{zh} 为制动行程长度。

下面以 JB53-400 型双电动机驱动摩擦螺旋压力机为例，说明滑块行程次数的计算步骤与方法。

技术数据：滑块行程 $H=400$mm，螺杆螺纹大径 $d=230$mm，中径 $d_c=2r_c=215.2$mm，螺纹升角 $\alpha=12.5°$，导程 $h=150$mm；当量摩擦角 $\rho=2.963°$（$f=0.005$ 时），飞轮直径 $D=1260$mm，初始半径 $r_0=200$mm，结构尺寸 $a=160$mm，$b=770$mm，工作部分当量转动惯量 $I=922\text{kg}\cdot\text{m}^2$，运动部分总质量 $mg=2625$kg，摩擦盘对飞轮的摩擦系数取 $\mu=0.3$，螺杆导向套对螺杆的诱导摩擦系数 $\mu_1=0.127$（对磨材料的摩擦系数 $f=0.1$ 时），向下行程摩擦盘转速 $n_1=312$r/min，回程摩擦盘转速 $n_2=211$r/min，设计压紧力 $F_{xt}=1.143\times10^4$N，$F_{st}=1.429\times10^4$N。

滑块行程次数的计算内容、计算公式及计算结果见表 3-2-5。

表 3-2-5　滑块行程次数的计算内容、计算公式及计算结果

序号	计算内容		计算公式	计算结果	备注
1	向下行程实际综合力矩		$M_{xt}=F_{xt}[\mu R-\beta_c\mu_1 r_d(1-2\mu)]+(0.94-K)mgr_1$	2257kN·m	K—平衡力系数，$K=W/mg$，W 为平衡缸的平衡力。无平衡缸时，$W=0$，$K=0$
	回程实际综合力矩		$M_{st}=F_{st}[\mu R-\beta_c\mu_1 r_d(1-2\mu)]-(0.94-K)mgr_1$	1528kN·m	
	相切特性运行综合力矩		$M_e=\dfrac{\pi m_0^2 hIr_0}{900R^2}$	2368kN·m	
2	计算各系数	向下行程实际综合力矩系数	$\gamma_x=M_{xt}/M_e$	0.953	无解，向下全程按抛物线特性
		回程实际综合力矩系数	$\gamma_s=M_{st}/M_e$	0.645	
		初始半径长度系数	$m_r=r_0/H$	0.5	
		向下行程按抛物线规律通过的行程长度系数	$\beta_x=(2\gamma_x-1)-\sqrt{(2\gamma_x-1)^2-1}$	—	
		回程按抛物线规律通过的行程长度系数	$\beta_s=(1-m_r+2m_r r_s e)-\sqrt{(1-m_r+2m_r r_s e)^2-(1-m_r)^2}$	0.416	
		双电动机正反行程摩擦盘速比	$e=n_1/n_2$	1.479	
		制动行程长度系数	$\psi=s_{zh}/H$	0	不考虑制动行程
3	向下行程所需时间		$t_x=\dfrac{60R}{n_1 h}\sqrt{\dfrac{1}{r_x m_r}}$	1.16s	β_x 无解，选式(3-2-33)计算
	回程所需时间		$t_s=\dfrac{60R}{n_2 h}\left[\sqrt{\dfrac{\beta_s}{\gamma_s m_r}}+e\ln\dfrac{1+m_r-\beta_s}{m_r+\psi}\right]$	1.84s	
4	行程次数		$n=\dfrac{60}{(t_x+t_s)}$	20 次/min	

3）飞轮运动特性和横轴转速。摩擦螺旋压力机飞轮圆周速度随行程的变化规律称为飞轮运动特性。摩擦螺旋压力机的摩擦盘和飞轮是一种正交摩擦无级变速机构，摩擦盘（传动盘）是驱动元件，飞轮为从动件。飞轮的圆周速度在摩擦材料的整个高度上是相等的，在接触区摩擦盘上的圆周速度是线性分布的。接触区内各接触单元的速度差不同，部分单元上的速度差可能为负值，这些单元上产生的摩擦力将成为飞轮运动的阻力，从而改变飞轮的运动规律。因此，飞轮的运行规律与各接触单元的圆周速度差有关。

a. 向下行程飞轮运动特性。以飞轮摩擦材料的上边缘作为计算行程 S 的参考点，摩擦盘上与此点重合的点的圆周速度呈线性分布，则

$$v_e=\frac{\pi n_0}{30}(r_0+S) \tag{3-2-37}$$

根据工作部分的动力学分析，当压紧力较小时，飞轮的圆周速度随行程 S 按抛物线规律变化，即

$$v_f=2R\sqrt{\frac{\pi M_{xt}}{hI}S} \tag{3-2-38}$$

式中各参数含义同前。

将两个圆周速度表示在同一速度-行程图上，即为某一摩擦螺旋压力机飞轮运动特性曲线，如图 3-2-23 所示。每台摩擦螺旋压力机都按一定的飞轮特性曲线运行。

当压紧力较小时，摩擦盘与飞轮接触的各点产生的摩擦力有效分量全部是驱动飞轮运动的。这时

综合力矩为常数，见式（3-2-30），飞轮按抛物线规律运行。这种运动规律称为抛物线运动特性，如图3-2-23a 所示。

当增加压紧力使其达到某一特定值时，在滑块运动到 $S=r_0$ 处，飞轮的圆周速度和摩擦盘上与飞轮摩擦材料上边缘接触的点的圆周速度相等，其余各接触单元飞轮圆周速度仍低于摩擦盘的圆周速度，这时飞轮以抛物线规律运行至行程终点。这种运动特性称为相切运动特性，如图 3-2-23c 所示。

进一步增大压紧力，由于综合力矩增大，飞轮的角加速度增大，接触区内某些点飞轮的圆周速度将超过摩擦盘的圆周速度，在这些单元上产生的摩擦力将变成阻力。此后，飞轮不能按照抛物线规律运行，出现飞轮圆周速度曲线与摩擦盘圆周速度斜直线相割的情形，如图 3-2-23b 所示。这种情况称为相割运动特性，由于出现了摩擦力反向区，飞轮运动受到摩擦盘的约束。飞轮圆周速度与摩擦盘圆周速度维持某种动态平衡，运动到行程末点。也可能在运动一段行程之后又退化为抛物线规律，视压紧力大小而定。在相割运动特性情形下，由于飞轮受到运动约束，无论怎样增大压紧力，飞轮的速度都不可能大幅度提高。

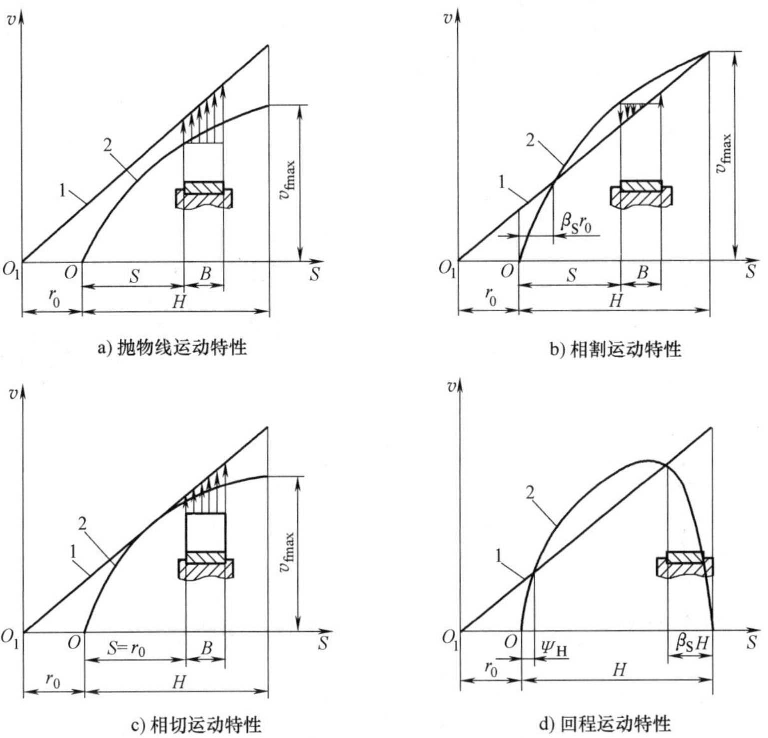

图 3-2-23　摩擦螺旋压力机飞轮运动特性曲线

1—摩擦盘圆周速度曲线　2—飞轮圆周速度曲线

国内有些研究者认为不可能出现相切或相割，那是因为分析时计算行程的参考点取在摩擦材料高度的中点。如果将参考点取在摩擦材料的边缘便会出现相切或相割。进一步的研究证明，无论怎样增大压紧力，出现的摩擦阻力区最多达到摩擦材料高度的 1/4。当滑块运动到行程终点时，飞轮的最大圆周速度近似等于摩擦盘相应点的圆周速度。

b. 回程运动特性。回程运动特性分为三段：第一段加速；第二段相割；第三段与摩擦盘脱离为滑行和制动，滑行阶段通常不考虑，将第三阶段作为制动阶段，如图 3-2-23d 所示。由于回程时摩擦盘的圆周速度由大变小，总能进入相割，压紧力不同只是进入相割的迟早不同，其性质不变，但压紧力大小对回程时间的影响比较明显。

c. 横轴转速。当选定相切运动特性时，横轴转速为

$$n_0=\frac{30Rv_{max}}{\sqrt{m_r}\,hH} \tag{3-2-39}$$

当选定相割特性时，横轴转速为

$$n_0=\frac{60Rv_{max}}{(1-m_r)hH} \tag{3-2-40}$$

式中　n_0——横轴转速；

v_{max}——滑块的最大速度；其余参数含义同前。

前面提到，增加压紧力对提高行程速度的效果

很有限。由图 3-2-23 可知，飞轮圆周速度受横轴转速限制，提高横轴转速使限制放宽，在此前提下再提高压紧力，压力机将以新的飞轮运动特性运行，可达到提高行程速度之目的。根据这一原理，有的企业在改造中小型 J53 型摩擦螺旋压力机时，车小大带轮，提高横轴转速，借以增加行程次数，提高生产率。但务必注意，改造后要保持原有打击能量，否则会造成螺旋压力机受力零件的安全问题。为此，需要减小转动惯量。

（2）摩擦螺旋压力机控制系统　摩擦螺旋压力机的控制系统主要是对摩擦盘（传动盘）的控制。摩擦螺旋压力机工作时，要反复操作摩擦盘交替压紧飞轮，以实现正（向下）反（回程）行程。在工作行程还要控制压紧时间，以便控制打击能量，实现轻重打击，满足工艺要求。

摩擦螺旋压力机的控制系统有手动、气动、液压和计算机控制等多种形式，分别应用于不同场合。

1）手动控制系统。

a. 手柄拨叉控制系统。手柄拨叉控制系统用于 3000kN 以下的摩擦螺旋压力机，其原理如图 3-2-24a 所示。它的最末一级杠杆上端带有拨叉，用来操作横轴上的滑环。压下手柄，经杠杆系统使横轴左移，右摩擦盘压紧飞轮产生向下行程。当滑块下行碰及限程块时，横轴复位，摩擦盘与飞轮脱离。打击时，摩擦盘不再与飞轮接触，防止摩擦材料过度磨损。

这类控制系统的限程块仅控制极限位置，一经调定则固定不变。因此，轻打重打依赖操作者的经验，而且压紧力的大小靠人工提供，大型螺旋压力机操作劳动强度很大。另外，这类控制系统采用串联弹簧对中（即横轴回到中立位置，保持摩擦盘与飞轮的间隙），在平衡位置附近弹簧力自相平衡，摩擦盘一旦偏移，它没有纠正能力，对中不可靠。

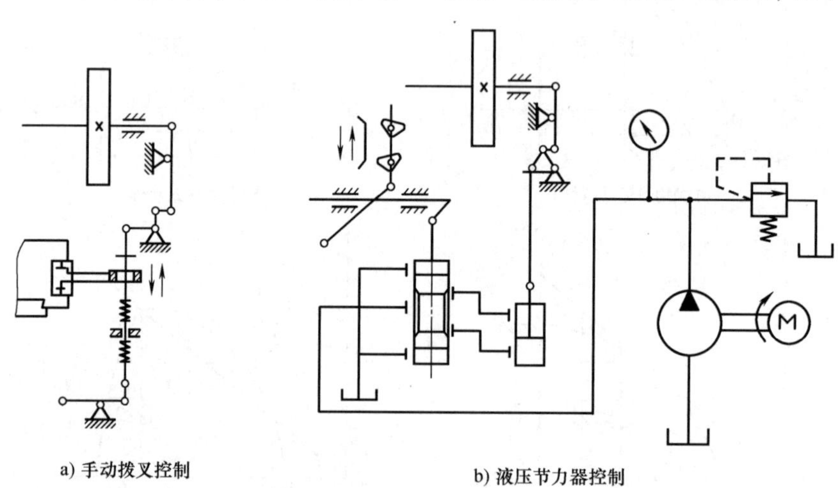

a) 手动拨叉控制　　b) 液压节力器控制

图 3-2-24　手动控制系统

b. 液压节力器控制系统。这种控制系统的原理如图 3-2-24b 所示。部分 J53-160 型和 J53-300 型产品采用了这种控制系统，即在手动杠杆系中串接了一个节力液压缸，由叶片泵组成的简单泵站供中低压油，采用手动滑阀进行操作。手柄只操纵滑阀，压紧力由液压缸提供，因而减轻了劳动强度，但打击轻重则通过控制滑阀换向时间实现，控制质量依赖于操作者的熟练程度。

2）气动控制系统。

a. 气动拨叉控制系统。该控制系统用气缸直接控制拨叉，如图 3-2-25 所示。广泛应用于 400 ~ 10MN 摩擦螺旋压力机上。气缸换向采用电磁阀，由按钮或脚踏开关控制。采用这种控制系统的螺旋压力机，制动器往往也是气动的。因此，不仅操纵省力，而且可与制动器联锁。如果配置了能量监测系统和程序控制系统，压力机便可按照预选的程序进行锻造，是比较完善的控制系统。该控制系统仍采用串联弹簧对中，校正摩擦盘偏离的能力不够理想。

b. 气动直推控制系统。气动直推控制系统的执行元件是安装在轴承座上的两个气缸。图 3-2-26 所示为 J53-1600 型摩擦螺旋压力机气动直推控制系统的气缸结构。活塞 3 推动顶杆 4，再通过推力轴承带动横轴 7 向左移动，使右摩擦盘压紧飞轮。压紧力的大小取决于活塞面积和气体压力。换向时，另一侧气缸工作。复位弹簧 5 具有一定初压力，迫使复位板 6 靠紧轴承座，这时横轴处于中立位置，两个摩擦盘均与飞轮保持适当间隙。当一个气缸工作时，另一个气缸内的复位弹簧受到进一步压缩，因而产生较大的复位力，此力不受另一个缸内的弹簧力的影响。例如，右缸工作时，横轴向左移动，顶杆大端与复位板 6 之间产生间隙，复位弹簧 5 被封闭在右缸内而不影响左缸复位。当复位至消除上述间隙后，两缸都以弹簧初始压力迫使横轴处于中位。横轴一旦偏离，不论偏向哪一边，都会遇到比弹簧初始压力更大的力使其恢复偏离。这种工况称为单弹簧强制对中（复位），复位力特性好，防止偏离能力强，从结构上保证了对中的可靠性。

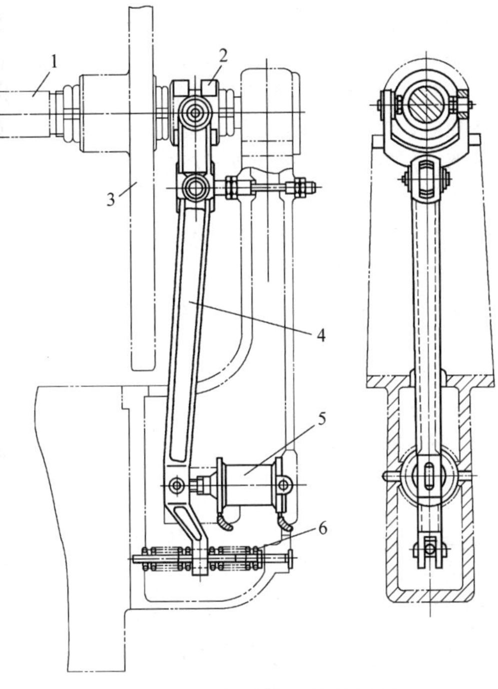

图 3-2-25　气动拨叉控制系统

1—横轴　2—摩擦盘　3—滑环　4—拨叉　5—气缸　6—复位弹簧

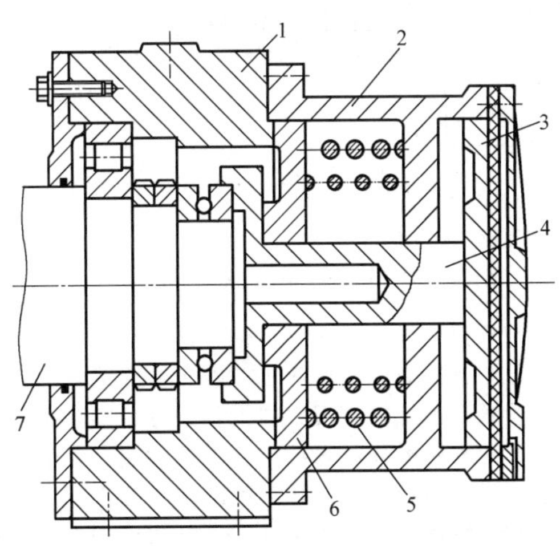

图 3-2-26　气动直推控制系统的气缸结构

1—轴承座　2—气缸　3—活塞　4—顶杆　5—复位弹簧　6—复位板　7—横轴

用于心轴的控制缸如图 3-2-20 和图 3-2-21 所示。其特点是两个缸各控制一个摩擦盘，需要结合时气缸进气，排气时弹簧使活塞复位，摩擦盘靠自身的惯性自动甩开一定间隙，其大小取决于活塞的初始位置。活塞的初始位置由手轮调节，调好后上方的弹簧卡板卡在手轮边缘的槽中使活塞定位。

c. 气动强制对中系统。气动直推系统较好地解决了复位和对中的可靠性问题。对于重型摩擦螺旋压力机，随着横轴部件质量增加，所需复位力加大，必须增大弹簧尺寸，从而引起控制缸尺寸增大。为了减小控制缸尺寸，J53-2500 型摩擦螺旋压力机采用了气动强制对中系统。气动强制对中系统原理和气动强制对中的控制缸结构如图 3-2-27 和图 3-2-28 所示。其结构特点是在控制缸内增加了一个复位活塞 1，工作过程如下（见图 3-2-27）：两阀均不得电时，C、B 两腔常通压缩空气，活塞 C、B 迫使横轴处于中位。工作时，阀 1 得电，B 腔排气，D 腔进气，将横轴推向左边，右摩擦盘压紧飞轮，产生向下加速行程。当飞轮的动能达到选定值时，阀 1 失电，B 腔立即得气，迫使横轴复位。反之，阀 2 得电，产生回程。当达到开始制动位置时，阀 2 失电，C 腔迫使横轴立即复位。

气动强制对中系统有如下优点：

由于气缸尺寸较小，当阀 1 得电右盘结合时，B 腔处于排气状态，D 缸只需提供压紧力，不受活塞 B 上的阻力影响。因此，比直推控制系统的气缸尺寸小。

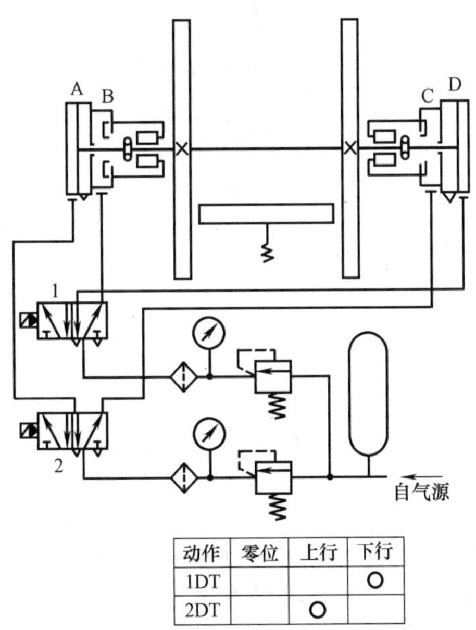

动作	零位	上行	下行
1DT			O
2DT		O	

图 3-2-27　气动强制对中系统原理

复位对中可靠。当复位尚未到位时，复位活塞能以活塞上的全部压力使其复位，复位力大。横轴无论向哪一方偏离，都会遇到同样大的阻力，此力与偏离量的大小无关。因此，这种结构的复位和对中都十分可靠。

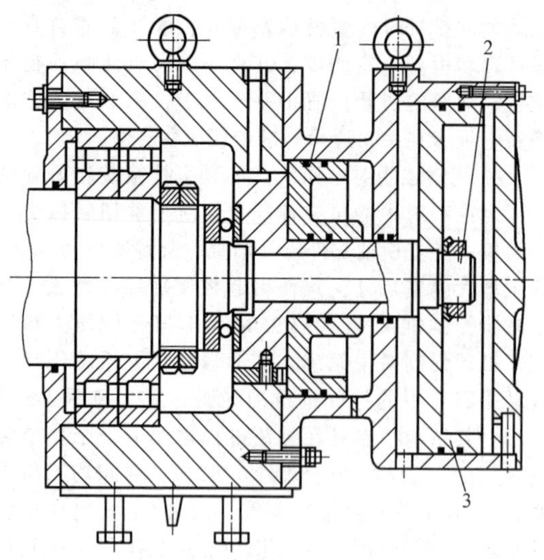

图 3-2-28 气动强制对中的控制缸结构

1—复位活塞 2—横轴 3—操作活塞

3）液压控制系统。液压控制系统的操作元件是一个差动缸，如图 3-2-29 所示。差动活塞 3 两端轮流进油和排油，即可驱使横轴往复移动，实现正反行程。

这种结构具有良好的复位和对中特性。复位力靠弹簧 7 提供，最小的复位力为弹簧的初压力。初压力的大小由调节螺母 9 和 10 调节。无论横轴向哪一边偏离，都会受到弹簧初压力的阻止。此外，液压力通常比压缩空气高得多，所以缸的体积较小，这种控制系统在俄罗斯应用比较普遍。我国的液压调节力器控制系统也可改造成这种系统，以提高复位和对中的可靠性。

4）计算机控制系统。在气动和液压控制的基础上，我国部分摩擦螺旋压力机采用了 PLC 和 IPC 控制，如 J53-3150A 型和 JA69 系列复合摩擦压砖机分别采用了 PLC 和 IPC 控制。下面介绍 IPC 在复合摩擦压砖机中的应用。

图 3-2-30 所示为 JA69 系列复合式摩擦压砖机的 IPC 控制系统的结构框图，它以 IPC 为核心，集监控、管理于一机。

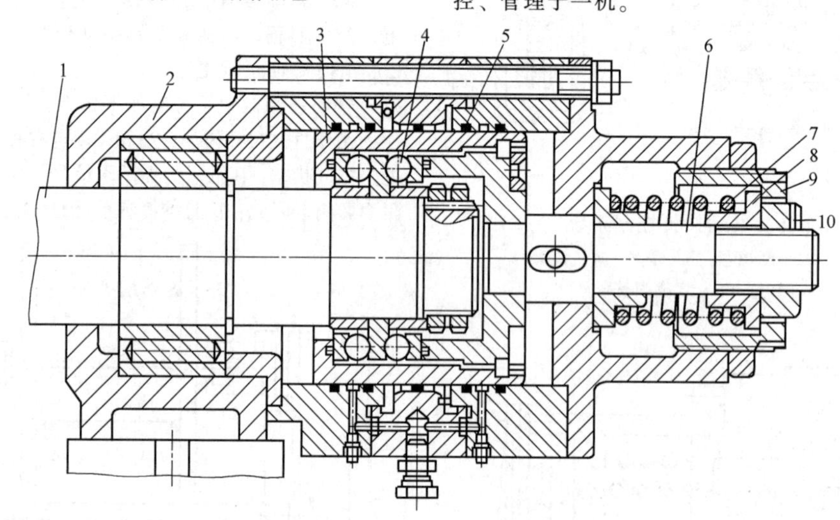

图 3-2-29 液压控制系统液压缸结构

1—横轴 2—轴承座 3—差动活塞 4—推力轴承 5—密封 6—尾杆 7—弹簧 8—弹簧座 9、10—调节螺母

复合式摩擦压砖机有液压系统、气动系统、抽真空系统、自动加料 4 大系统。液压系统的执行元件有滑块、顶料器、楔铁和上密封罩等；气动系统包括飞轮和下密封罩；抽真空系统包括真空泵和真空罐；自动加料系统包括进料输送机构、称重、送料机构等。执行元件由电磁阀控制，属于开关量控制。IPC 以开关量输入板与操作台和各行程开关相连，以开关量输出板与各电磁阀和信号灯相连。IPC 监控软件监控操作按钮动作并发出相应命令，从而驱动执行元件，同时监视行程开关，检测各部件是否到位，并通过 IPC 实时动画进行监测。砖厚测量仪表和峰值力仪表以串口通信方式与 IPC 相连，实现砖厚与峰值力的实时显示。以光电传感器为核心的能量预选系统可实现打击能量选择，实现精确打击。管理软件部分可进行工艺卡的编辑、存储和调用，提供打印峰值力，显示帮助信息等功能，通过显示器和键盘实现人机交互。主电动机工作状态恒定，不需逻辑判断，因此和操作台直接相连，不通过 IPC 进行控制。

根据压砖机有点动、单动、半自动、自动 4 种工作方式，控制核心程序分为 4 大模块，每个模块调用各元件的动作程序，实现相应的操作。

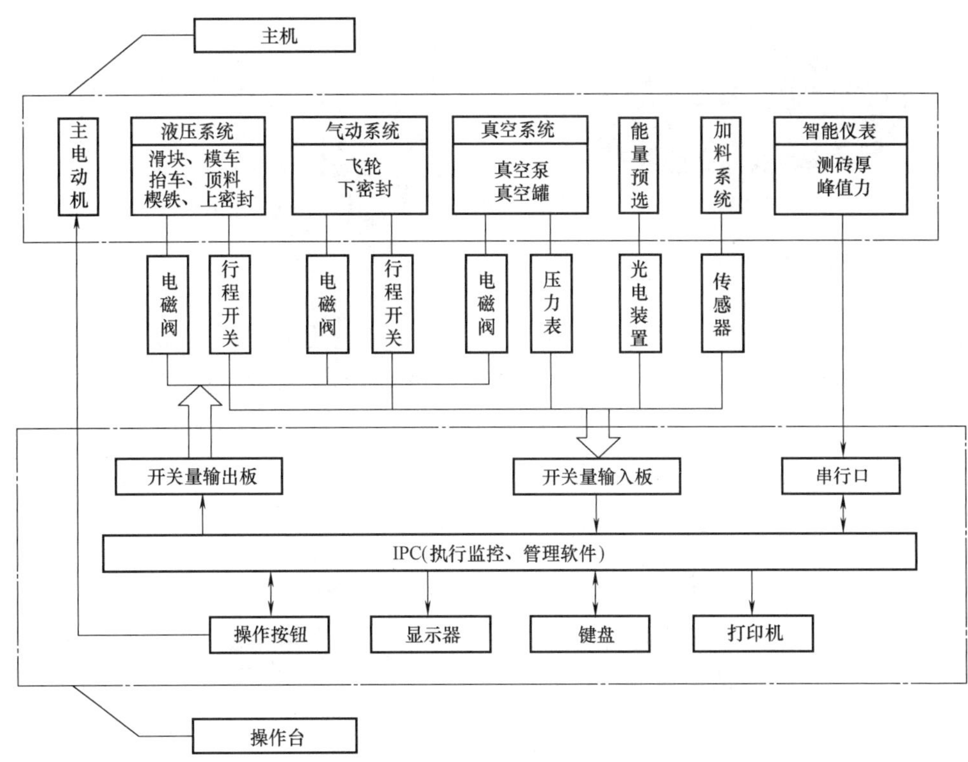

图 3-2-30　IPC 控制系统结构框图

与普通 PC 相比，IPC 抗干扰能力强，工作更加稳定可靠。与 PLC 相比，IPC 具有 PC 的所有软件资源，外设丰富，兼容性强；CPU 功能强大，运行速度快，适用于实时控制；IPC 的智能化、柔性化好，可移植性强；管理功能强，存储量大，具有较强的通信和联网能力。

2.2.3　典型设备及主要技术参数

1. 主要厂家及其典型产品

国内摩擦螺旋压力机的生产厂家主要有青岛青锻锻压机械有限公司（简称青锻）、辽阳锻压机床股份有限公司（简称辽阳锻压）和青岛宏达锻压机械有限公司（简称宏达锻压）等。青锻是原机械部定点企业，生产的摩擦压力机规格多、品种齐，主要以 J53-10000 型 100MN 双盘摩擦压力机等重型产品为主。目前，有企业正在研制 J53-16000 重型摩擦压力机，由于超载能力强、价格低廉、适合小批量大型模锻件成形，重型摩擦压力机是摩擦压力机的未来。摩擦压力机及其主要零部件结构如图 3-2-31 所示。

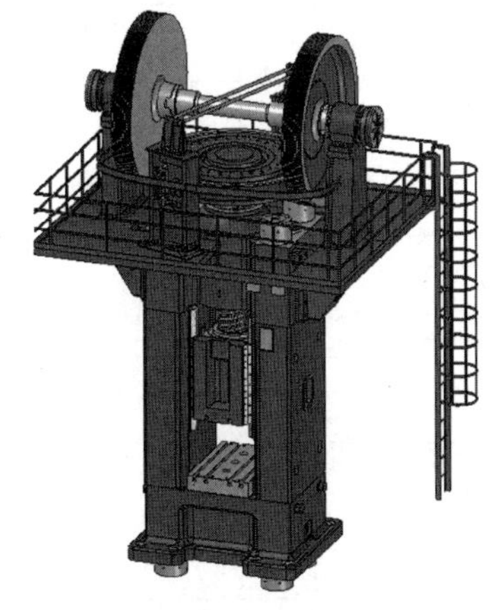

a) 摩擦压力机

b) J53 重型摩擦压力机前轴生产线

图 3-2-31　摩擦压力机及其主要零部件结构

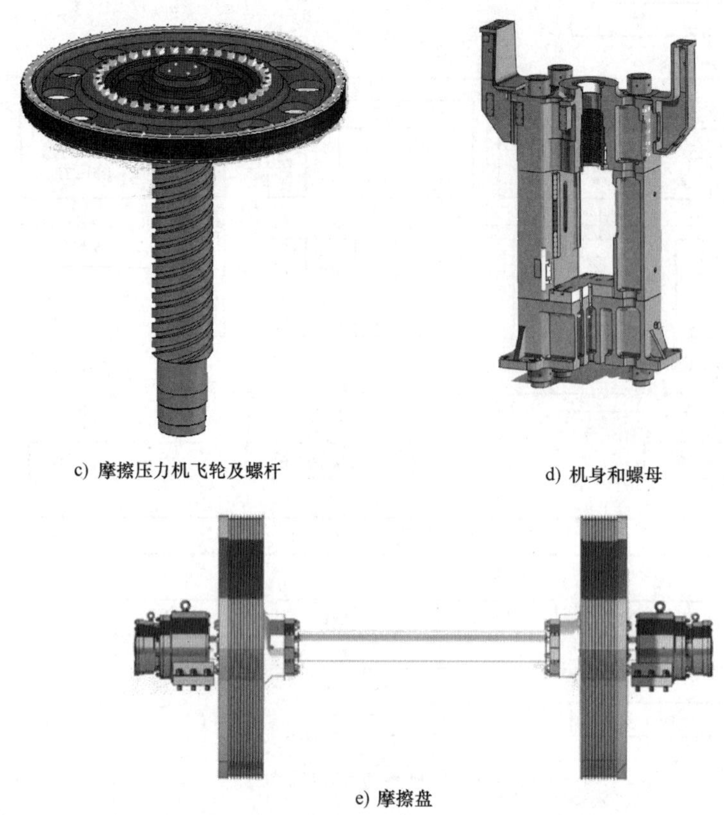

c) 摩擦压力机飞轮及螺杆　　d) 机身和螺母

e) 摩擦盘

图 3-2-31　摩擦压力机及其主要零部件结构（续）

2. 摩擦压力机的主要技术参数（见表 3-2-6～表 3-2-8）**及相关标准**

表 3-2-6　J53 系列摩擦压力机的主要技术参数（青锻）

型号	公称力/kN	允许使用力/kN	运动部分能量/kJ	滑块行程/mm	行程次数/(次/min)	最小装模高度/mm	工作台垫板厚度/mm	工作台面尺寸/mm（前后×左右）
JA53-63	630	1000	2.25	200	35	235	80	315×270
J53-100B	1000	1600	5	310	19	220	100	500×450
J53-160C	1600	2500	10	360	17	260	—	560×510
J53-300B	3000	4800	20	400	15	300	—	650×570
J53-400E	4000	6300	40	500	14	400	120	820×730
J53-630B	6300	10000	80	600	11	470	180	920×820
J53-1000C	10000	16000	160	700	10	500	200	1200×1000
J53-1600C	16000	25000	280	700	10	550	200	1250×1100
J53-1600D	16000	25000	280	700	10	550	200	1250×1100
J53-2500E	25000	40000	500	800	9	700	280	1560×1200
J53-3150A	31500	50000	700	800	9	800	300	2000×1300
J53-4000	40000	63000	850	800	9	800	300	2350×1300
J53-6300	63000	100000	1000	800	9	800	330	2350×1300
J53-8000	80000	125000	1150	800	8	800	330	2350×1300
J53-10000	100000	160000	1650	800	8	900	350	2600×1600
J53-16000	160000	256000	2650	850	9	1000	350	2950×2200

表 3-2-7　J53 系列摩擦压力机的主要技术参数（辽阳锻压）

型号	公称力/kN	允许使用力/kN	运动部分能量/kJ	滑块行程/mm	行程次数/(次/min)	最小装模高度/mm	工作台垫板厚度/mm	工作台面尺寸/mm（前后×左右）
J53-100A	1000	1600	5	310	19	220	100	500×450
J53-160A	1600	2500	10	360	17	260	120	560×510
J53-300	3000	4800	20	400	15	300	—	650×570
J53A-400	4000	6300	36	400	20	380	150	750×630
J53k-400	4000	6300	40	500	14	710	—	1200×900
J53-630C	6300	10000	80	600	11	470	180	920×850
J53-1000A	10000	16000	140	700	10	500	200	1200×1000
J53-1600A	16000	25000	280	700	10	550	200	1250×1100

表 3-2-8　J53 系列摩擦压力机的主要技术参数（湖北富升锻压机械有限公司）

型号	公称力/kN	允许使用力/kN	运动部分能量/kJ	滑块行程/mm	行程次数/(次/min)	最小装模高度/mm	工作台垫板厚度/mm	工作台面尺寸/mm（前后×左右）
J53-40A	400	630	1	180	40	190	80	365×350
J53-63A	630	1000	2.5	270	22	190	80	450×400
J53-100A	1000	1600	5	310	19	220	100	500×450
J53-160A	1600	2500	10	360	17	260	120	560×510
J53-300	3000	4800	20	400	15	300	—	650×570
J53A-300	3000	4800	20	400	15	300	110	650×580
J53-1000B	10000	16000	140	550	11	550	200	1120×900
J53-2500	25000	40000	500	800	9	700	280	2000×1200
JB53-400	4000	6300	36	400	20	380	150	750×630
JB53-630	6300	10000	72	450	14	450	180	900×750
JB53-1000	10000	16000	140	550	11	550	200	1120×900
JB53-1600	16000	25000	280	600	13	600	200	1280×1000

摩擦螺旋压力机现行的相关标准有 GB 5091—2011《压力机用安全防护装置技术要求》、GB 17120—2012《锻压机械　安全技术条件》、GB 28242—2012《螺旋压力机　安全技术要求》、JB/T 2547.1—2007《双盘摩擦压力机　第 1 部分：技术条件》、JB/T 2547.2—2010《双盘摩擦压力机　第 2 部分：基本参数》、JB/T 5198—2015《螺旋压力机　精度》。

2.3　电动螺旋压力机

2.3.1　用途

1. 电动螺旋压力机性能特点

电动螺旋压力机属惯性螺旋压力机，具有以下特点：

1）主机结构比摩擦压力机简单，故障率低，易于维护。与摩擦压力机相比，不需更换摩擦带易损件；与液压螺旋压力机、离合器式螺旋压力机相比，无液压驱动单元，使用维护费用明显减少。

2）打击能量可精确设置，成形精度高，制件公差小，特别适合于精密锻造。由于能精确控制打击能量，可减轻模具载荷，比摩擦压力机模具寿命明显提高。

3）可进行程序锻造，主机能自动按预先设置的每工步打击能量运行。打击后，滑块还可在下死点停顿，停顿时间能预先设置，以适应某些工艺的要求。

4）由于采用了变频驱动或开关磁阻伺服驱动，压力机工作时，不会对企业电网产生冲击和影响其他设备运行。当滑块静止时，电动机不工作，电耗低。当采用了飞轮能量回收装置后，还可进一步降低电耗，提高效率。

5）无下死点，不必调整模具高度，不会产生闷车现象。模具结构简单，换模容易。能方便地调整行程高度，回程位置准确。

2. 电动螺旋压力机典型应用

20 世纪 60 年代，德国公司开始制造电动螺旋压力机，限于当时电动机和电力电子技术，存在电流冲击大、电动机发热严重等缺点，影响其推广应用。变频电动机技术的发展，改进了电动螺旋压力机存在的上述问题，使这种机械设备结构简单、可靠性高的优点得以发挥。自 2000 年以后，随着进口电动螺旋压力机在航空、军工、汽车领域不断引进，我国也开始研制。目前，中小型电动螺旋压力机，除用于精锻叶片以外，国产设备基本取代进口。

电动螺旋压力机的应用范围广泛，凡摩擦压力机能锻打的所有锻件，它都可以生产。目前我国已经有数十台公称力超过 50MN 的进口电动螺旋压力机投入使用。

1）前轴、曲轴自动化生产线（见图 3-2-32）。采用公称力为 80MN，最大冷击力为 160MN 的 PZS900 电动螺旋压力机生产曲轴、前轴，在国内已经建成多条自动生产线。这些生产线一般配置中频、辊锻机、锻造主机、切边（校正）压力机，主机配有快换模座、换模车及液压模具夹紧装置、顶出装置，以电动螺旋压力机为主机的生产线，投资小、建设速度快、产品质量高。

图 3-2-32　前轴、曲轴自动化生产线

2）叶片及火车制动盘锻造。我国目前引进的最大规格的电动螺旋压力机（见图 3-2-33）是舒勒公司制造的 PZS1120 型，公称力为 125MN，最大冷击力 250MN，分别用于生产叶片、曲轴及火车刹车盘等。

图 3-2-33　250MN 电动螺旋压力机

2.3.2　结构

1. 主要结构形式

电动螺旋压力机目前主要有两种结构形式，一是直驱式，即电动机的转子与飞轮螺杆连为一体的电动机直接传动形式，如德国万家顿（Weingarten）公司 45000 kN 以下产品、日本榎本机工（Enomoto）公司 150DS 型产品、青锻 EP 系列 25000KN 以下的产品。这种传动形式的特点是传动环节少、可靠性高、精度好，维护简单，但需设计低速、大扭矩专用电动机，电动机的要求及成本相对较高。二是齿轮传动，即电动机-机械的传动形式，即电动机经齿轮或传动带带动飞轮、螺杆的机械传动形式。德国万家顿公司 PZS 系列 45000~320000 kN 产品、拉斯科（Lasco）公司产品和日本榎本机工公司 500ZES 型产品，以及我国青锻生产的 EPC 系列产品均采用这种传动形式。其中，万家顿、拉斯科和青锻采用高效的齿轮传动方式。榎本机工采用带传动方式，带传动多应用在耐火材料行业的压砖机中，在锻造行业应用比较少。电动机-机械传动形式的特点是电动机转速较高，转矩相对较小，电动机易制造、成本低，更换方便；但多了一级传动和维修环节。

1）直驱式电动螺旋压力机。直驱式电动螺旋压力机是电动机直接驱动飞轮、螺杆做旋转运动，其转子属飞轮的一部分。是一种被市场公认的传动链短、效率高、精度好、节能效果显著、性价比较高的锻造设备，优点极为突出，得到了国内外各界的关注，应优先推广应用。

直驱式电动螺旋压力机采用了专用低速大转矩电动机，电动机直接安装在主机顶部，电动机转子与螺旋压力机飞轮连为一体，与主螺杆直接连接，转子成为飞轮的一部分，结构简单可靠。电动机定子独立安装在机身上，只传递扭矩，无径向传动分力；电动机座受力简单无须特殊加固。但受电动机功率的限制，难以在大规格电动螺旋压力机上应用。

工作时，转子和定子之间的磁场产生了力矩，驱动转子飞轮和主螺杆做加速旋转运动并储蓄能量，通过固定在滑块上的主螺母，使滑块向下运动。若电动机反转，则滑块回程，最后由制动器使滑块停止于调定的上死点。图 3-2-34 所示为青锻生产的 EP 型直驱数控电动螺旋压力机的结构。图 3-2-35 所示为直驱型数控电动螺旋压力机的主机。

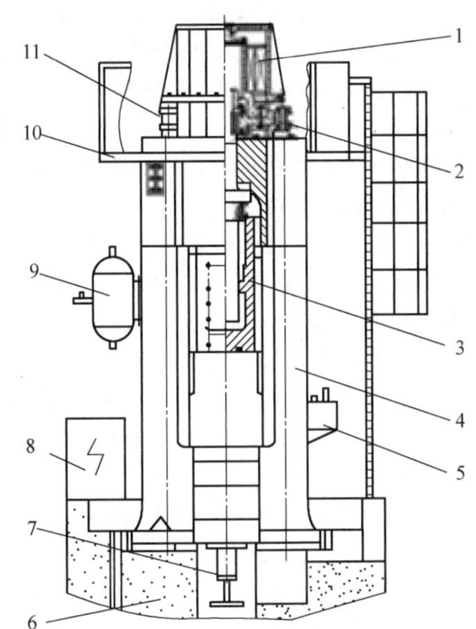

图 3-2-34　EP 型直驱数控电动螺旋压力机的结构

1—电动机　2—飞轮　3—滑块　4—机身　5—润滑　6—地基　7—顶出　8—电气　9—气囊　10—平台　11—制动

图 3-2-35　直驱型数控电动螺旋压力机的主机

2）齿轮传动电动螺旋压力机。齿轮传动电动螺旋压力机是电动机经小齿轮带动飞轮（大齿轮）和螺杆加速旋转，如图 3-2-36 所示。一般采用两台或多台相同规格的电动机对称安装在机身顶部横梁两侧。采用对称布置，是为了对冲齿轮传动过程中产生的径向分力，使飞轮受力均衡，以避免螺杆导套产生偏磨。

齿轮传动电动螺旋压力机的工作原理为：安装在电动机上的小齿轮借助一级齿轮减速机构间接驱动飞轮做正反向交替旋转运动，飞轮（大齿轮）经摩擦超载打滑装置（中小吨位压力机一般采用整体飞轮不带打滑结构）与螺杆连接，螺母安装在滑块内。通过螺旋副将飞轮的旋转运动转化为滑块的上下往复直线运动。

这一结构的特点是专用电动机转速相对较高，转矩相对较小，电动机容易制造。当电动机出现故障时，更换方便，螺杆导套磨损后一般不会影响电动机性能。但多出一级传动链和径向传动分力，安装结构变复杂，增加了维护成本，影响了传动链的可靠性。因可采用多个电动机，所以常适用于大规格电动螺旋压力机。图 3-2-36 所示为齿轮型数控电动螺旋压力机的主机。

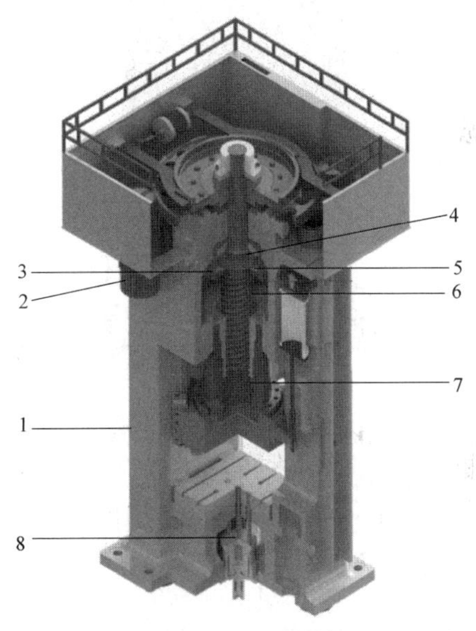

图 3-2-36　齿轮型数控电动螺旋压力机的主机

1—分体式预应力机身　2—开关磁阻电动机　3—止推轴承罩　4、5—上下止推轴承　6—浸泡式润滑　7—双重导向滑块　8—多工位液压顶料

2. 主要部件

（1）机身　常用机身结构有整体机身和组合式预应力机身。整体机身因内部铸造缺陷难以避免而存在机身断裂的隐患，在实际应用中受到制约，主要应用在小型压力机上；组合式预应力机身是通过拉紧螺栓将横梁、立柱和底座预紧成一封闭式框架结构，如图 3-2-37 所示。组合式预应力机身的主要受力件，即拉紧螺栓采用优质合金钢锻件并进行调质处理，从根本上避免了整体铸钢机身因铸造缺陷而潜在的机身断裂问题，同时可分开加工和运输，经济便捷，现已得到广泛应用。

压力机主体机身在工作时，通常要同时承受拉伸、弯曲和扭转应力的联合作用，机身既需要有足够的强度，也需要有一定的刚度。采用预应力组合机身，在这方面有一定的优势：主要受力件拉紧螺栓通过选用优质材料和制造工艺而避免了铸件材质的内部缺陷；再用一个远大于锻造成形力的预紧力将机身的横梁、立柱、底座组合预紧为整体，保证了机身拥有良好的强度和刚度；同时，组合机身消除了因应力集中而导致裂纹的危险界面。

通常情况下，6300kN 及以下产品多采用 U 形机身和横梁组合结构；6300kN 以上产品，为了加工和运输方便，多采用底座、立柱和横梁的三段组合结构形式。

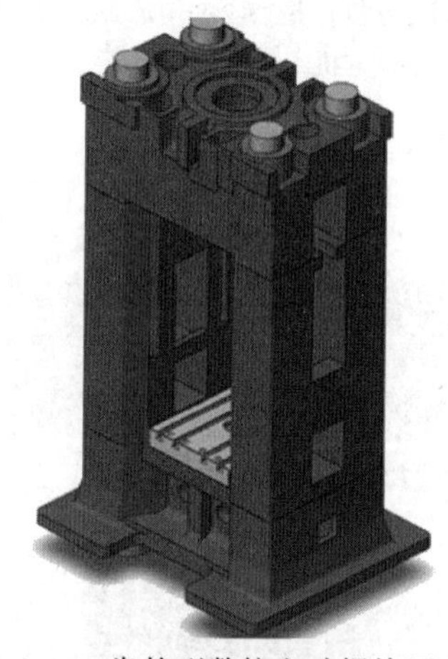

图 3-2-37　齿轮型数控电动螺旋压力机组合式预应力机身

（2）螺杆　螺杆是电动螺旋压力机的关键部件，其设计和制造水平，直接影响整机的使用性能和设备的使用寿命。在锻造工作过程中，压力机的工作原理决定了螺杆需承受双向交替拉伸、压缩、弯曲、扭转等多种力的合成应力和联合作用。在设计时，不仅要考虑其强度、刚度，而且要考虑其抗疲劳寿命，其设计计算公式为

$$d_w = K_d\sqrt{10P_n} \qquad (3\text{-}2\text{-}41)$$

式中　K_d——螺杆直径系数，一般取 1.0~1.2；

P_n——压力机公称力（kN）；

d_w——螺杆直径（mm）

考虑国产材料和制造工艺与国外公司尚有差距，采用的安全直径系数较大，同吨位的压力机的螺杆直径比国外要加大。在螺杆材料选取方面，既要考虑其使用性能，又要考虑其经济合理性。我国生产厂家根据设计数据和实践经验，在材料的选择上，根据压力机吨位不同和螺杆应力大小常分以下几种：

公称力≤4000kN，可选用 40Cr 等。

4000kN<公称力<25000kN，可选用 35CrMo 等。

公称力≥2500kN，可选用 34CrNi3Mo 等。

为增大螺牙的承压面积，减小比压和提高强度等，螺杆在结构设计上常采用多头螺纹。螺旋升角一般为 $12°<\alpha<16°$，公称力 $P_n \leqslant 4000$kN 时，取大值；$P_n>4000$kN 时，取小值。常用的角度是 12°30′，在此压力角传动效率较高。

螺杆一般采用优质合金锻钢制造，要求强度高，材质好，锻造工艺性好，锻造比要适当，锻坯需经探伤检查，并进行调质处理。加工精度要高，螺纹面要有良好的表面粗糙度，因为粗糙的加工痕迹极易形成应力集中而产生疲劳裂纹，不仅易导致螺杆疲劳断裂，也增加了与之配合的铜螺母的摩擦阻力，降低了螺旋副的使用寿命。

以青锻公司为例，为提高螺纹的精度，采用了专用大螺纹车床；为保证螺纹分头均匀，自制了专用螺纹测量仪，对梯形螺纹的分头均匀度及螺纹齿面与螺杆中心线的夹角精度进行较精确的检测；为提高牙面的表面粗糙度，自制了一台抛光专用工具，此工具的轮体材料采用夹布胶木，抛光后螺牙的表面粗糙度值可达到 $Ra1.6\mu m$ 以上，满足了传动用主螺杆的性能要求。

（3）飞轮　电动螺旋压力机属于定能量的锻造设备，主要依靠运动部分的能量对工件做功。飞轮是压力机储存运动能量的主要部件，旋转动能贮存在压力机转动的飞轮内。运动部分能量是压力机最重要的一个技术参数，直接反映了设备的打击力、打击能量与机器实际参数之间的关系，力能的选择对合理使用压力机具有指导意义。

压力机飞轮从结构上可分为整体结构与分体结构两种。整体飞轮一般应用于公称力≤6300kN 的压力机。当公称力>10000kN 时，须采用分体打滑结构。常用的结构是将飞轮分为内体和外体两部分，通过碟形弹簧和摩擦片把内外体压紧为一整体。

根据压力机的力能关系，当工件所需的成形能量较小时，会对工件产生很大的力，这些力将同时作用在压力机机身、螺杆和螺母等驱动部件上。当打击力超过公称力一定值时，必须采用一些过载保护装置。当采用打滑结构时，飞轮内外体打滑，可将多余的能量转化为摩擦功，从而限制了压力机的压力，对设备起到过载保护作用。图 3-2-38 所示为齿轮式数控电动螺旋压力机的螺杆飞轮。

（4）滑块　电动螺旋压力机的滑块主要分为两种结构形式：一种是 X-X 形长滑块导轨结构；另一种是 O-X 形短滑块导轨结构。后一种结构对圆导轨部分的加工精度和几何公差要求较高，一般多应用于行程较短的离合器式螺旋压力机上。电动螺旋压力机因行程长，圆导轨加工制造精度难以保证，圆

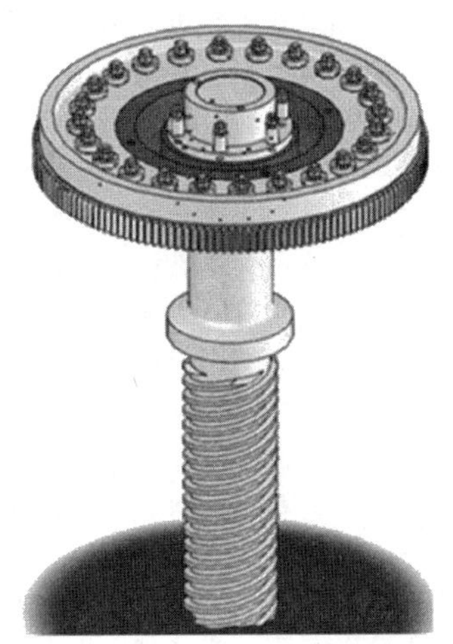

图 3-2-38　齿轮式数控电动螺旋压力机的螺杆飞轮

导轨的密封困难，维修也不方便，装配时上部圆柱形导向与下部 X 型导向的同步性也难以调整，因而很少采用。国外生产厂家万家顿和拉斯科都采用第一种结构，国内生产厂家也大都采用这种 X-X 型长滑块导轨。

在 X-X 型长滑块导轨结构中，导轨长度与滑块的宽度比达到 1.5 以上，导向长度长，导向精度高，能精确地引导滑块上下运动，抗偏载能力强。4 个导轨均可单独调节，可以满足间隙调整的需要。X 形导轨热敏感度低，受温度影响较小，导轨间隙可以调整得很小，以保证锻件的尺寸精度。受力导轨一般为方导轨，稳定性好，导向精度高。X-X 形长滑块导轨易于加工制造，制造精度高，上下导轨面的平行度易于保证，受力均匀，面压小。导轨上镶嵌铜导板，耐磨性好，寿命长。导轨的可维修性能好，维护简单、方便，已被广泛采用。

滑块内装有铜螺母，铜螺母的设计和制造与螺杆同等重要。使用时，螺杆与螺母的螺纹结合面精度要高，且必须在得到充分、可靠润滑的情况下才能达到预期的工作寿命。

螺旋副的润滑一般采用集中式自动循环稀油润滑，循环稀油润滑都是在循环过滤、流量监控和温度控制的情况下进行的。自动循环稀油润滑的主要作用是润滑螺旋副，带走磨损杂质和热量。

铜螺母在制造上选用耐磨铜合金材料，通过离心浇注而成，使用圆销固定在滑块内部，与螺杆组成螺旋副传递动力。

滑块上端装有缓冲装置，以保护滑块上行时对横梁的意外撞击，当滑块超越允许的最大行程时起限制作用。滑块撞击缓冲装置属设备故障，需及时排除。图 3-2-39 所示为数控电动螺旋压力机的滑块。

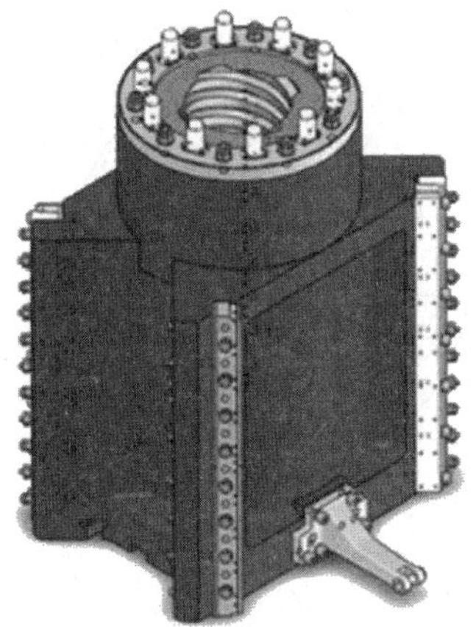

图 3-2-39　数控电动螺旋压力机的滑块

3. 工作原理及控制

(1) 开关磁阻电动机　开关磁阻电动机驱动系统是 20 世纪 80 年代国际上出现的新一代驱动系统。开关磁阻电动机既保留了交流异步电动机结构简单、坚固可靠和直流电动机良好的控制性能的优点，又具有效率高、适应能力强、控制灵活等突出优点。我国大约在 1985 年开始进行研究应用，早期在电动轿车、纺织机械行业中开始使用。2008 年，由青岛青锻锻压机械有限公司与北京中纺联合进出口有限责任公司首次将开关磁阻电动机控制技术用于 7000kN 直驱式电动螺旋压力机中，研制成功了我国第二代直驱数控电动螺旋压力机。通过用户的实践，达到了预期效果，获得了市场推广和应用。在此基础上，相继开发设计、制造了 16000kN、10000kN 直驱式电动螺旋压力机。在更大吨位产品的开发中，电动机定子、转子硅钢片尺寸受到国内硅钢片规格的限制，制造比较困难，增加了额外制造成本，因此多采用开关磁阻电动机驱动齿轮的传动形式。

开关磁阻电动机转子由硅钢片叠压为整体结构，能够承受螺旋压力机在打击瞬间的冲击和振动，转子内无绕组及电气损耗，故不发热，减轻了电动机的热负荷。损耗主要产生在定子产生的热量，通过定子外壳辐射和转子齿形槽透气直接散热，电动机易于冷却，延长了电动机使用寿命。在电动机起动转矩方面，可达到额定转矩的 3 倍以上，而起动电流仅为额定电流的 30%~50%，非常适合电动螺旋压力机频繁起停的工作状况要求，这些特点使得开关磁阻电动机很适合作为电动螺旋压力机的驱动电动机，是目前在国内市场中应用最多的驱动方式。图 3-2-40 所示为开关磁阻电动机控制的工作原理。

(2) 变频电动机　变频电动机是由普通鼠笼式异步电动机通过变频控制实现正反转驱动的。在锻造设备中，被认为是一种易维护、可靠性较高的驱动方式，也是国外应用比较早的驱动方式。电动机

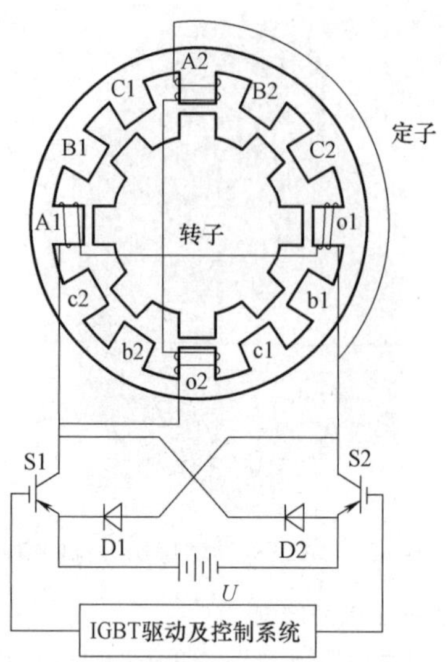

图 3-2-40　开关磁阻电动机控制的工作原理

功率可以做得较大，制造相对简单，但用变频控制的异步电动机驱动目前仍存在以下问题：电动螺旋压力机的工作方式是间歇性的，电动机在频繁起动时需要产生较高的起动扭矩，导致了电动机温度升高。温度的升高主要是由于损耗引起的，包括铜耗和铁耗。电动机转子内产生感应电流，产生了铜耗，损耗最终转化为热能，增加了电动机的热负荷，引起了电动机温度上升，因此必须额外增加强制机外冷却系统，才能保障电动机正常运行，这样使整机结构复杂，外形庞大。

（3）永磁伺服电动机　由于伺服电动机的转速可精确控制，能严格控制飞轮的角速度，从而精确控制打击能量，使设备的打击力更加精准。永磁电动机转子励磁采用永久磁铁励磁，由于无励磁电流，也就无励磁损耗，避免了转子发热。永磁材料提供稳定、持久的磁通量，不需要消耗电能，故电动机效率较高，更进一步节约了电能。永磁伺服电动机将伺服电动机与永磁电动机的优点结合起来，因而具有很好的应用前景，近几年得到了较快研究与开发。

根据永磁体安装方式不同，可分为表面式和内置式两种结构，可根据压力机所需驱动力矩，拼接永磁体组数，做成大功率驱动电动机，突破了制约大吨位直驱压力机发展的“瓶颈”问题。目前，主要由钕铁硼作为永磁材料，钕铁硼的原材料来源为稀土。我国是世界上稀土储量和产量最大的国家，对于制造永磁电动机具有明显的资源和成本优势。

永磁电动机永磁体的寿命与温度有关，过高的温升和振动会导致永磁体消磁现象，导致电磁电矩降低，不能发挥螺旋压力机正常的工作能力和性能参数要求。永磁材料在沿充磁方向的高度受到限制，当达到一定高度后，磁性强度增加将不再明显，处于平缓状态。同时，安装维护也需专业工装和人员，国内研究才刚刚起步。

2.3.3　典型设备及主要技术参数（见表 3-2-9～表 3-2-10）

表 3-2-9　EP 系列直驱式电动螺旋压力机的主要技术参数（青锻）

型号	公称力/kN	允许使用力/kN	运动部分能量/kJ	滑块行程/mm	行程次数/(次/min)	最小装模高度/mm	工作台垫板厚度/mm	工作台面尺寸/mm（前后×左右）
EP-160	1600	2500	10	300	30	300	120	560×600
EP-300	3000	4800	20	380	26	430	120	640×700
EP-400A	4000	6300	36	400	24	450	120	750×700
EP-500	5000	8000	50	425	22	530	120	750×700
EP-630A	6300	10000	72	450	20	550	140	800×750
EP-800	8000	12500	100	475	19	600	160	900×800
EP-1000A	10000	16000	140	500	18	600	180	1000×900
EP-1250	12500	20000	200	525	17	700	180	1100×1000
EP-1600	16000	25000	280	550	16	750	200	1200×1100
EP-2000	20000	32000	360	600	15	950	250	1350×1200
EP-2500	25000	40000	500	600	14	1020	280	1400×1250
EP-3150	31500	50000	700	700	13	1120	280	1500×1350

表 3-2-10　EPC 系列齿轮式电动螺旋压力机的主要技术参数（青锻）

型号	公称力/kN	允许使用力/kN	运动部分能量/kJ	滑块行程/mm	行程次数(次/min)	最小装模高度/mm	工作台垫板厚度/mm	工作台面尺寸/mm（前后×左右）
EPC-160	1600	2500	10	300	30	300	120	560×600
EPC-300	3000	4800	20	380	26	430	120	640×700

（续）

型号	公称力/kN	允许使用力/kN	运动部分能量/kJ	滑块行程/mm	行程次数（次/min）	最小装模高度/mm	工作台垫板厚度/mm	工作台面尺寸/mm（前后×左右）
EPC-400A	4000	6300	36	400	24	450	120	750×700
EPC-500	5000	8000	50	425	22	530	120	750×700
EPC-630A	6300	10000	72	450	20	550	140	800×750
EPC-800	8000	12500	100	475	19	600	160	900×800
EPC-1000A	10000	16000	140	500	18	600	180	1000×900
EPC-1250	12500	20000	200	525	17	700	180	1100×1000
EPC-1600A	16000	25000	280	550	16	750	200	1200×1100
EPC-2000	20000	32000	360	600	15	950	250	1350×1200
EPC-2500A	25000	40000	500	650	14	1020	280	1400×1250
EPC-3150	31500	50000	700	700	13	1120	280	1500×1350
EPC-4000A	40000	63000	1000	750	11	1200	300	1900×1600
EPC-5000	50000	80000	1120	800	9	1300	300	2000×1700
EPC-6300	63000	100000	1600	850	8	1380	320	2150×1800
EPC-8000	80000	125000	2280	900	8	1480	320	2350×2000

电动螺旋压力机现行的相关标准主要有 GB 5091—2011《压力机用安全防护装置技术要求》、GB 17120—2012《锻压机械　安全技术条件》、GB 28242—2012《螺旋压力机　安全技术要求》、JB/T 11194.1—2011《电动螺旋压力机　第 1 部分：型式与基本参数》、JB/T 11194.2—2011《电动螺旋压力机　第 2 部分：技术条件》和 JB/T 5198—2015《螺旋压力机 精度》。

2.4　离合器式螺旋压力机

2.4.1　用途

1. 离合器式螺旋压力机性能特点

摩擦、液压、电动螺旋压力机属惯性螺旋压力机。离合器式螺旋压力机与上述形式的螺旋压力机相比，在压机结构和锻件打击方式上不同。首先，螺杆与飞轮是分开的，是否结合由离合器控制。飞轮始终单方向旋转不会停止，电动机避免了反复正反向工作，飞轮惯量大小可以根据不同应用灵活设计。其次，有三种锻件打击方式：一种是离合器结合后，在滑块还没有打到锻件时就脱开，依靠滑块和螺杆的惯性打击锻件，这种工作方式与其他类型螺旋压力机相同，是锻锤的工作方式，适于镦粗、精压、校正、切边等工艺。另一种是离合器结合后，滑块向下打击锻件，接触锻件后离合器仍不脱开，飞轮与螺杆一直结合，此时作用在锻件上的力，由飞轮减速输出能量提供。离合器式螺旋压力机具有能量很大的飞轮，在工作期间降速 12.5%就可以输出额定（最大）打击能量（与曲柄压力机相似），因而滑块可以以几乎不变的速度使锻件变形（这一过程与液压机成形过程相似），当锻件变形或模具打靠产生的抗力达到离合器所能产生的变形力时，离合器就立刻脱开，所以调整离合器的结合压力就可以调整打击力和输出能量。这一方式适合于锻件结构复杂，材料流动复杂，需要大的打击能量的工艺。第三种方式是利用前两种方式的过渡状态进行打击。由于具有上述控制方式，这种压力机使用非常灵活，既可打击需要大能量、大变形锻件，也可打击需要小能量、大打击力锻件。离合器式螺旋压力机打击结束后，滑块依靠机身反弹力和回程缸推动返回上死点，此时由于离合器已经脱开，需要反向加速的只有惯量很小的滑块和螺杆，所以滑块回程迅速，闷模时间比摩擦压力机和热模锻压力机短，制动时消耗的能量远小于其他形式的螺旋压力机。

上述特点使离合器式螺旋压力机与传统的锻压设备相比，具有以下优点：

1）只要飞轮设计惯量大，每次打击可输出的能量可以很大。

2）滑块加速快，在超过 1/3 行程后的任何位置都可输出最大打击力和能量。

3）滑块行程次数高，生产率高。

4）滑块行程可预选，离合器压力可预选，从而可以多种形式控制滑块输出不同的打击力和打击能量，适合多工位锻造。

5）锻件精度不受机身刚度影响，适合精锻，不会产生闷车，模具调整方便。

6）滑块完成锻造后，锻件滞模时间短，模具寿命长。

2. 离合器式螺旋压力机典型应用

离合器式螺旋压力机适应工艺范围广泛，主要包括以下几个方面。

1）普通热模锻工艺：主要产品有汽车曲轴、连杆、履带节、转向节、齿坯、前轴等。

2）精锻工艺：产品有飞机发动机精锻叶片、汽车同步齿环、精锻齿轮。

3）精压和切边：用于精压连杆和前轴切边。

4）闭式锻造：HUB 轴承环闭塞锻造。

（1）40MN 曲轴、前轴联合生产线（见图 3-2-41）

图 3-2-41　40MN 曲轴、前轴联合生产线

（2）引进的 SMS MEER 公司 355MN 压力机（见图 3-2-42）

图 3-2-42　引进的 SMS MEER 公司 355MN 压力机

2.4.2　结构

1. 主要结构形式

以 J55 系列离合器式螺旋压力机为例，说明其主要结构形式。图 3-2-43 所示为 J55 系列离合器式螺旋压力机的基本结构。主要由离合器 1、飞轮 2、飞轮罩 3、螺杆 4、机身 5、滑块 6、回程缸 7，以及上、下顶出器、电控柜、液压站和操作盒等组成。

离合器式螺旋压力机的飞轮与螺杆是分开的，在压力机起动后，飞轮始终保持单向旋转，达到额定转速后允许工作。飞轮与螺杆通过离合器根据锻打需要结合或脱开，这种压力机由此得名。当打击锻件时，离合器结合，飞轮首先加速螺杆和滑块；当打到锻件时，飞轮降速输出能量，但最大速降一般不超过 12.5%额定转速（使用变频驱动时，允许最大 40%的速降）。完成锻件打击后，离合器快速脱开，电动机驱动飞轮很快恢复到额定转速。从原理上看，离合器式螺旋压力机的能量输出原理与热模锻压力机相同，只是执行机构不一样。这种压力机飞轮的惯量远远大于螺杆和滑块折算到轴向的等效惯量，相对其他螺旋压力机，加速滑块快，打击频率高；滑块回程时制动消耗能量少，飞轮在压力机工作时不会停止和正反转，电动机工作状态好，运转时节能效果突出。

2. 主要部件

（1）离合器　离合器是浮动镶块式的摩擦离合器，其结构原理如图 3-2-44 所示。离合器的工作原理：当离合器结合时，液压系统提供的压力油从回转头 7、经阀体 6 分配进入沿飞轮径向布置的多个液压缸 3，液压缸压下压盘 1，夹紧摩擦块 11 使摩擦盘 10 与飞轮结合，摩擦盘通过花键连接螺杆，由此飞轮带动螺杆旋转，驱动滑块向下打击。当达到需要的锻件打击力时或打到模具限位时，螺杆和滑块停止，飞轮打滑。此时与螺杆上部相连，安放在钢球上的惯性盘 9 因螺杆突然停止而惯性上冲，顶起主阀顶杆 8，将主阀 5（排油阀）打开，液压缸内压力油可在 10ms 左右时间内排出，复位弹簧 4 带动压盘返回，离合器脱开。离合器是连接飞轮与螺杆、传递能量的关键部件，控制飞轮与螺杆的结合、脱开，通过改变液压缸压力可调整打击力和输出能量。由于离合器的结合、脱开都非常迅速，摩擦块磨损及发热非常少，使用寿命很长。

（2）飞轮　如图 3-2-43 所示，飞轮由径向轴承和轴向轴承支承在机身 5 上，轴承采用稀油流动润滑及降温，通过 V 带与主电动机连接，由电动机带动沿固定方向不停旋转。锻打时，飞轮通过离合器摩擦盘和螺杆 4 结合，并驱动滑块 6 输出能量。

（3）飞轮罩　飞轮罩上安装主电动机、飞轮制动器、离合器控制阀组等，主电动机停电及出现紧急情况时，可用制动器使飞轮停止运转。

（4）螺杆　螺杆通过上部花键与摩擦盘连接，螺杆中部凸台通过止推轴承（球面铜瓦）将锻造力传递到机身上。工作时，螺杆只旋转，不做轴向运动，通过螺母带动滑块完成锻打。

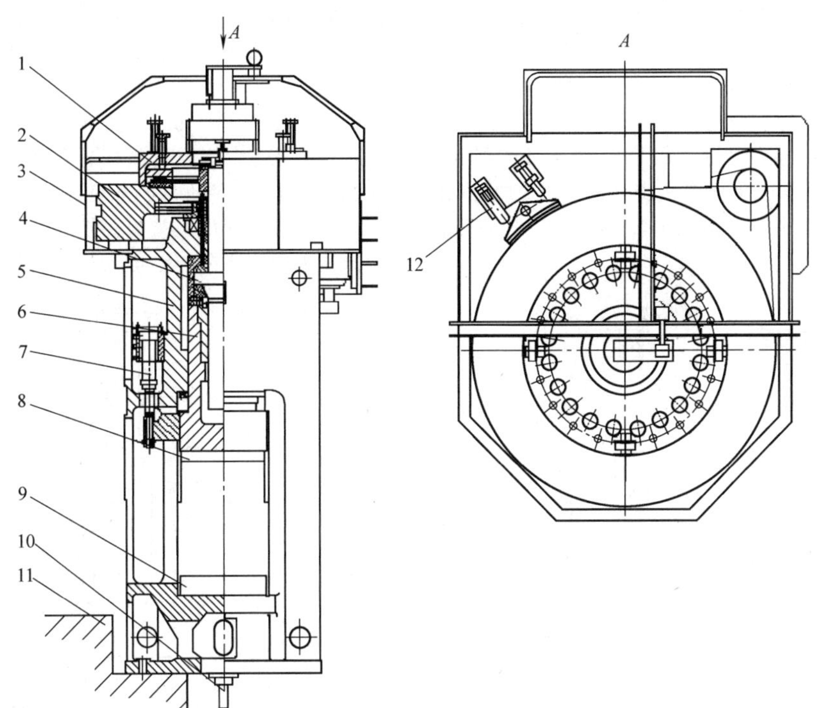

图 3-2-43　J55 系列离合器式螺旋压力机的基本结构

1—离合器　2—飞轮　3—飞轮罩　4—螺杆　5—机身　6—滑块
7—回程缸　8—上垫板　9—下垫板　10—下顶出　11—基础　12—飞轮制动器

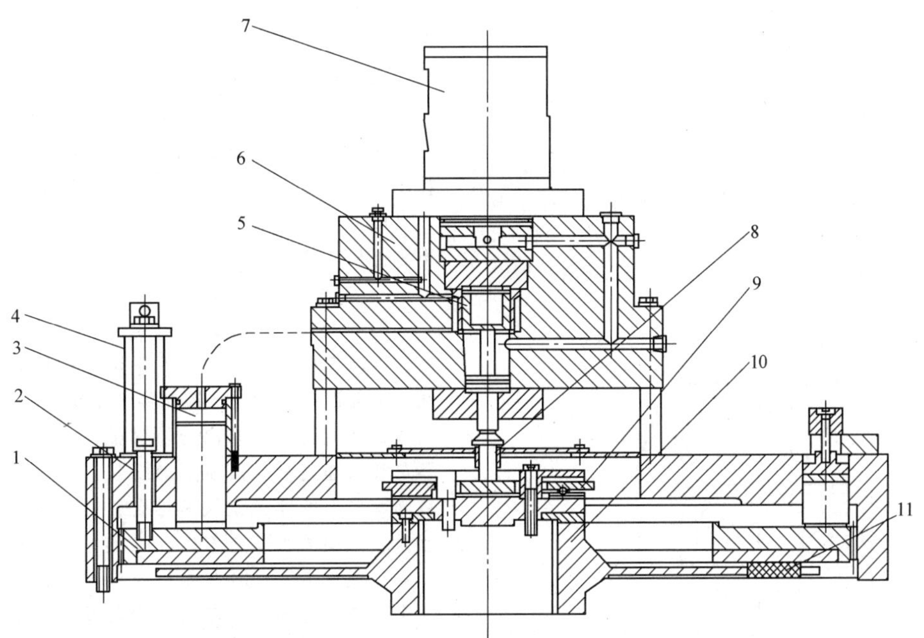

图 3-2-44　离合器的结构原理

1—压盘　2—支架　3—液压缸　4—复位弹簧　5—主阀　6—阀体　7—回转头　8—主阀顶杆
9—惯性盘　10—摩擦盘　11—夹紧摩擦块

(5) 机身　机身为整体封闭式或组合式铸钢结构，组合结构由拉杆和预紧螺母拉紧。机身上部上横梁中空腔兼作螺杆螺母润滑油箱。

(6) 滑块　滑块结构如图 3-2-45 所示。滑块本体 4 为铸钢件，内装铜螺母 7。滑块上部为圆柱形导轨与机身上横梁中铜套 6 配合起导向作用，下部为 X 形布置的导轨 5，导轨调整装置（见图 3-2-46）可精确调整导轨间隙。滑块双重导向，具有很强的抗偏载能力。X 形导轨由独立的润滑油泵开式供油。圆柱形导轨则浸润在上横梁机身油腔 A 中的润滑油中，滑块油腔 B 中也充满润滑油。上顶出 3 一般采用液压顶出。

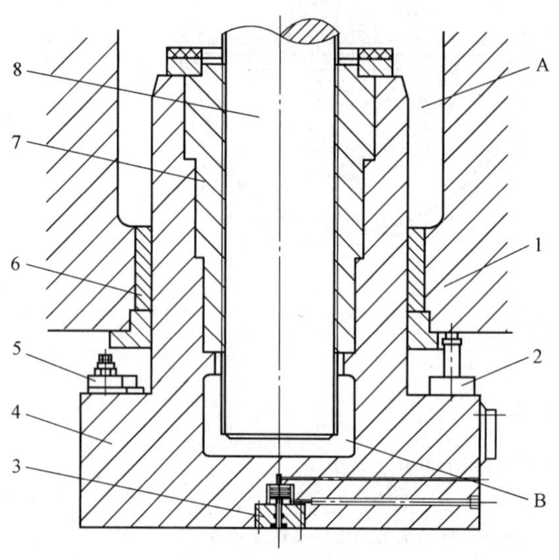

图 3-2-45　滑块结构

1—机身上横梁　2—滑块阻尼制动阀　3—上顶出　4—滑块本体　5—导轨　6—铜套　7—铜螺母　8—螺杆　A—机身油腔　B—滑块油腔

滑块上装有滑块阻尼制动阀 2（见图 3-2-47），滑块中有竖直油孔通过阻尼制动阀的孔 A、孔 B 连接机身油腔 A 和滑块油腔 B（见图 3-2-47）。当滑块向下运动时，螺杆缩入螺母，滑块油腔体积增大，同时阻尼阀杆 1 在弹簧作用下向上打开，孔 A、孔 B 连通，润滑油从机身油腔吸入滑块油腔；当滑块完成打击后回程时，螺杆伸出螺母，被吸入滑块油腔的油受螺杆挤压经孔 A、孔 B 返回机身油腔；当滑块接近上死点时，阻尼阀杆先接触上横梁，节流关闭孔 A、孔 B，使机身、滑块油腔间连接通道关闭，滑块油腔中的润滑油被封闭挤压并产生压力，使滑块减速平稳地停在上死点，同时润滑了螺旋副。

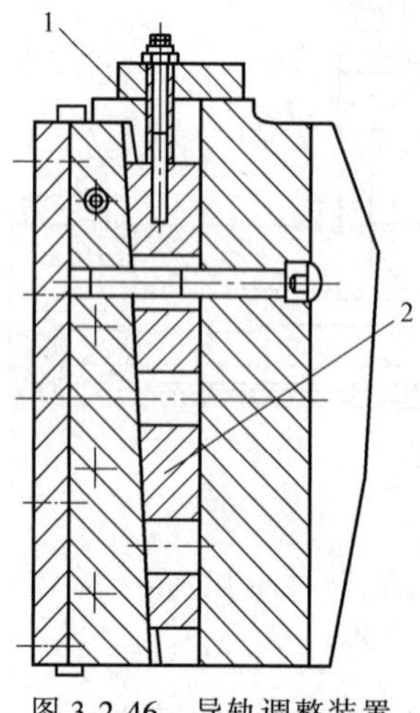

图 3-2-46　导轨调整装置

1—调整螺柱　2—楔形调整块

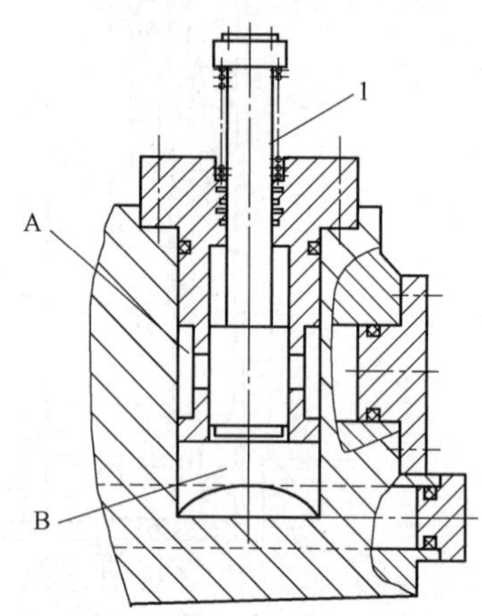

图 3-2-47　滑块阻尼制动阀

1—阻尼阀杆　A—机身油腔　B—滑块油腔

（7）回程缸　回程缸左右各一个，固定在机身左右立柱上，其活塞杆与滑块连接，滑块完成锻打后，离合器脱开，回程缸带动滑块返回上死点（此时回程缸通过滑块推动螺杆反转）。

（8）下顶出　下顶出在机身底座中，采用液压控制，具有顶出行程设定、顶出高位保持功能。

（9）飞轮制动器　飞轮制动器只有在紧急情况下和停机时使用，可以迅速制动飞轮。

3. 工作原理及控制

（1）整机工作原理　离合器式螺旋压力机工作时，主电动机带动飞轮达到额定转速后连续单向旋转；需要锻打工件时，控制系统根据用户设定参数，通过比例减压阀调整离合器进油压力并进油，离合器进油后通过液压缸压紧摩擦块，使飞轮通过摩擦块与螺杆上的摩擦盘快速结合，将飞轮与螺杆连接起来，带动滑块以约 500mm/s 速度向下运动打击锻件；完成打击后，离合器快速排油脱开，此时飞轮立即与螺杆分离。在左右回程缸及机身回弹力推动下，滑块回程；在滑块回到上死点前，滑块阻尼制动阀工作，将其平稳停在上死点，一个打击循环结束。

（2）液压系统　离合器式螺旋压力机的液压系统主要由 4 个独立回路组成，即离合器回路、回程缸回路、上下顶出回路和飞轮轴承及螺旋副润滑回路。虽然组成系统的回路多，但相互独立且全部是常规的中低压系统，对制造技术和元器件要求不高，主要元件均可采用国产，维修更换方便。

离合器回路系统的工作原理如图 3-2-48 所示。主要由泵 P、蓄能器 1、比例减压阀 2、常闭阀 3、常开阀 4、加载阀 7、传感器 8 等元件组成，用于控制离合器的结合和脱开。泵打出的油进入蓄能器并达到一定压力后，打击时比例减压阀将出口处的压力按照设定值减压到需要压力，开关阀的动作是首先关闭常开阀，然后打开常闭阀进油，蓄能器中的油快速充入离合器液压缸 6，离合器结合后常闭阀关闭。当滑块达到设定行程时，离合器常开阀打开；或者当惯性盘顶起时，插装阀 5（主阀）打开，离合器内压力油快速排出进入油箱，离合器在复位弹簧作用下脱开。传感器用于检测系统压力，当达到需要压力时，加载阀断电，泵打出的油卸荷回油箱；当低于一定压力时，加载阀通电，系统加载恢复压力。

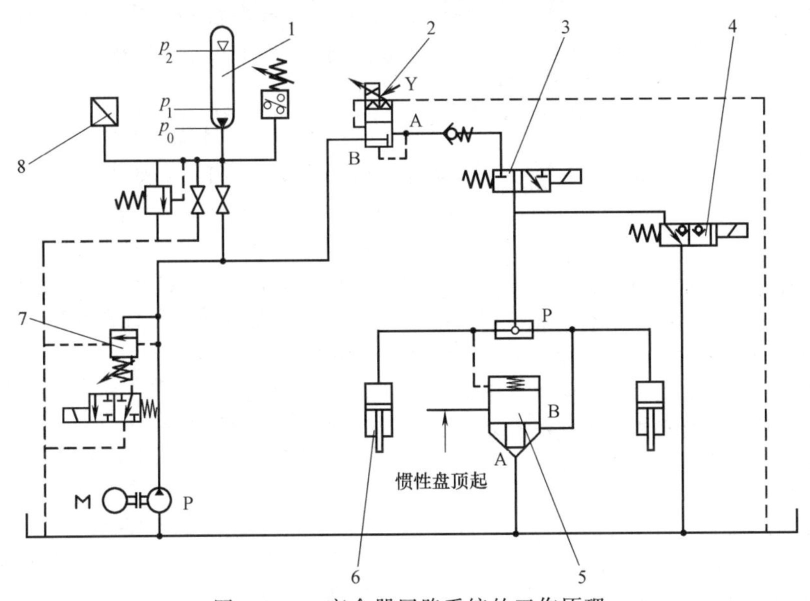

图 3-2-48　离合器回路系统的工作原理

1—蓄能器　2—比例减压阀　3—常闭阀　4—常开阀　5—插装阀　6—离合器液压缸　7—加载阀　8—传感器

回程缸回路系统的工作原理如图 3-2-49 所示。由泵 P、蓄能器 4、单向节流阀 2、放油阀 6 和安全阀 5 组成。压力机工作前，泵首先向蓄能器和回程缸 3 充油，使蓄能器和回程缸内油液压力达到 p_1，此时滑块被推到上死点。压力机工作时，除循环阀 1 排油时泵加载补油外，这一系统只是一个连通回程缸、蓄能器的封闭回路。滑块打击时，回程缸内的油被压入蓄能器，蓄能器内压力由 p_1 升高到 p_2。离合器脱开后，蓄能器内高压油推动回程缸反向运动使滑块回到上死点，此时蓄能器内压力降低到 p_1，这一过程随滑块运动反复进行。安全阀 5 保证在打击时回路压力不会超压，循环阀在工作时定时放出热油，与泵补充的冷油交换，保证油温稳定。放油阀用于在调整状态下排出回程缸和蓄能器内压力油，点动放下滑块。本回路传感器和加载阀功能与离合器回路相同。

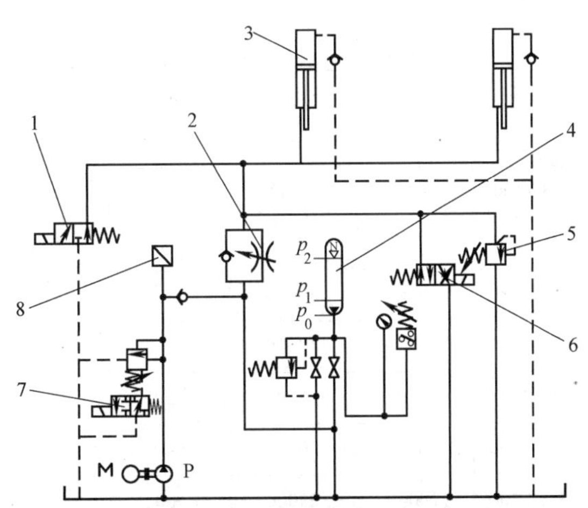

图 3-2-49　回程缸回路系统的工作原理

1—循环阀　2—单向节流阀　3—回程缸　4—蓄能器　5—安全阀　6—放油阀　7—加载阀　8—传感器

上、下顶出回路是各种压力机中经常使用的常规系统，本处不再详述。

飞轮轴承及螺旋副润滑回路采用的是循环稀油冷却润滑，泵从机身油箱抽出的油打到各润滑点，油液封闭返回机身油箱。此回路结构简单，需要注意的是，这部分必须使用特殊性能要求的润滑油，并需要定时检查更换。

（3）电气控制系统　电气控制系统由电气柜、电子柜和机身、泵站电器、按钮站、传感器、专用软件等组成，根据配置水平，由 2~3 台独立的计算机通过数据通道联成分布式控制系统，监视与控制整个压力机的运行。

PLC 担负前沿测控工作，处理各种开关量逻辑关系，主要检测、控制电动机、阀、离合器动作，进行滑块行程、飞轮转速的测量和控制。

模拟、数字处理单元主要控制比例阀放大板，调整离合器压力；进行打击力、离合器油压等模拟、数字量的采集和处理。

显示部分提供人机交互界面，使操作状态、当前过程数据、故障、系统运行状态可以图形、文字的形式进行显示，便于设备的操作及监控。

电气控制系统专用软件集成压力机整体设计思想，工艺应用经验，可以进行测量数据的分析、判断，协调几个部分的工作。离合器的控制对整个压力机安全运行最为重要，必须准确、快速，针对不同工艺对象，电气控制系统需要迅速判断压力机工作状态，如飞轮速度变化、滑块速度变化、打击力变化情况，滑块是否到达下死点，是否反弹等，并根据这些情况采取措施。专用软件的运行速度和分析、处理能力对压力机控制至为关键。

电气控制系统的基本功能：可以设定、显示多个工步的离合器油压、滑块行程、上下顶出是否动作，补充打击参数，使压力机每个工作循环按设定要求进行运行；更改压力机基本控制参数，如吨位和油压的标定参数；显示设备运行状态，如飞轮转速、打击力、滑块实际行程；显示报警及故障信息，故障列表；显示班产锻件数量，压力机总打击次数等。此外，还可以提供不同锻件工艺参数储存、工艺分析曲线及压力机超载记录等。

2.4.3　典型设备及主要技术参数

1. 国产离合器式螺旋压力机的主要技术参数（见表 3-2-11）

国产离合器式螺旋压力机由北京机电研究所设计，参照进口 NPS 系列自主研发。目前已经制造 100 多台，应用于汽车、航空、铁路等锻件生产线。国产离合器式螺旋压力机的研发，大大提升了我国螺旋压力机的设计制造水平，不仅形成了系列产品，而且其主要设计结构和制造经验为后来电动螺旋压力机的研发打下基础。

2. 国外离合器式螺旋压力机及其主要技术参数（见图 3-2-50 和表 3-2-12）

我国引进离合器式螺旋压力机始于 1989 年，共引进 Siempelkamp 公司的 NPS1600、NPS2500 3 台，SMS MEER 公司的 SPKA5600、SPKA11200、SPKA22400 等 4 台。其中有两台为世界上最大规格，最大打击力可以达到 360MN。

表 3-2-11　J55 系列离合器式螺旋压力机的主要技术参数

型号	公称力/kN	最大打击力/kN	滑块速度/(mm/s) ≥	有效变形能量/kJ	最大行程/mm	最小装模空间/mm	工作台面尺寸/mm (前后×左右)	主电动机功率/kW	主机重量/kg
J55-400	4000	5000	500	60	300	500	800×670	18	23000
J55-630	6300	8000	500	100	335	560	900×750	30	32000
J55-800	8000	10000	500	150	355	630	950×800	37	44000
J55-1000	10000	12500	500	220	375	670	1000×850	45	56000
J55-1250	12500	16000	500	300	400	760	1060×900	55	71000
J55-1600	16000	20000	500	420	425	800	1250×1000	90	110000
J55-2000	20000	25000	500	500	450	860	1200×1200	90	180000
J55-2500	25000	31500	500	750	500	960	1400×1400	132	250000
J55-3150	31500	40000	500	1000	500	950	1450×1450	132	290000
J55-4000	40000	50000	500	1250	530	1060	1600×1600	180	350000

注：此系列压力机由北京机电研究所设计，与青岛锻压机械有限公司合作生产。

表 3-2-12　SPKA22400 型离合器式螺旋压力机的主要技术参数（SMSMEER 公司）

参数名称		数值值
螺杆直径/mm		1320
公称力/MN		224(22400tf)
最大允许用连续打击力/MN		280(28000tf)
最大允许用力/MN		315(31500tf)
最大打击力(冷击力)/MN		355(35500tf)
飞轮总能量/kJ		27000
飞轮速降 15%时可获得的有用成形能量/kJ		7560
飞轮速降 21%时可获得的有用成形能量/kJ		10000
垂直方向的闭合高度/mm		3250
侧窗口宽度/mm		800
侧窗口高度/mm		2000
工作台有效尺寸/mm	深度(前后)	3150
	宽度(左右)	3500
滑块底面尺寸/mm	深度(前后)	3150
	宽度(左右)	3150
滑块行程/mm		1120
最小闭合高度(滑块下行)/mm		2500
电力驱动能力/kW	液压传动	500
	机械传动	230
最大打击频次/min^{-1}	半行程打击下	≈7.0
	全行程打击下	≈10.0
	飞轮速降 21%时最大打击能量和 0.5m/s 速度下	2.0
最大滑块速度/(m/s)		≈0.5
最小滑块速度/(m/s)		≈0.25
设备重量/t		≈2900
模具操作高度为 900mm 时,设备地面上高度/m		≈18.5

图 3-2-50　SPKA 离合器式螺旋压力机

参考文献

[1] 赵升吨，等. 高端锻压制造装备及其智能化 [M]. 北京：机械工业出版社，2018.

[2] 王敏，方亮，赵升吨. 材料成形设备及其自动化 [M]. 北京：高等教育出版社，2010.

[3] 李永堂，付建华，白墅洁，等. 锻压设备理论与控制 [M]. 北京：国防工业出版社，2005.

第3章

液气锤、液压锤与电液锤

太原科技大学　齐会萍　雷步芳
中国重型机械研究院股份公司　张君　董建虎

3.1　液气锤与液压锤概述

3.1.1　发展概况

液气锤与电液锤起步于20世纪30年代，最初目的仅是利用液压提锤头来代替夹板锤、带锤一类的落锤。液压锤具有单独驱动装置，效率较高，动力费用较低。随着液压元件不断完善、电控技术水平逐步提高和机器结构的逐步改进，从20世纪60年代以来发展迅速。

国外在液压锤的研究和开发方面起步较早（约20世纪30年代），最早的单作用液压落锤称为第一代产品。该类锻锤靠液压力提锤，落锤做功，其代表产品有Lasco公司生产的KH系列单作用锤。这种锻锤的锤头质量大、速度慢、能量小，设备锻打锻件的范围、生产率都受到很大限制。

于是出现了液气驱动双作用液气锤，该类产品靠液压力提锤，气体膨胀和落锤势能的双重作用做功打击，称为第二代产品。其代表产品有Lasco公司生产的KGK系列液气驱动双作用锤和SMERAL工厂生产的KJH和KHZ系列液压模锻锤。与单作用液压落锤相比，在同等落锤条件下，锤头打击速度快，打击能量、打击频次、生产率都有了很大的提高。这种锤的回程信号必须在打击完毕后方能发出，因而存在闷模时间长、回弹连击等现象，同时，由于无杆腔压缩气体作用，使回程阻力增大，回程速度不够快，打击频率不高。

全液驱动双作用电液锤为第三代产品，该类锻锤液压提锤，靠液压力和落锤势能的双重作用做功打击，代表产品有Lasco公司生产的HO-U/HO、GH系列全液压锤，Schuler公司的KGH型全液压电液锤和HG型全液压对击锤等。此种驱动方式的锤回程速度快，无闷模，打击频率高，能量易于控制，维修方便，易于实现自动化，成为当代锻锤驱动主流技术。

近年来，BECHE公司的以直线电动机直接驱动的双作用伺服直线锤，是锻锤驱动技术的最新技术，它采用电磁直接驱动，由电能直接转换成锤头动能，提高了传动效率，避免了现有锻锤液压油的泄漏，但也增加了电磁驱动系统复杂性，其可靠性、经济性需要验证。

我国的液压锤起步较晚，20世纪70年代末期，太原科技大学（原太原重型机械学院）、济南铸锻研究所和吉林工业大学等单位的研究人员吸收了国外先进技术，成功地研制了25kJ、63kJ和100kJ等规格的液压模锻锤，为我国液压模锻锤的研究和发展做了很多开拓性的工作。

在总结我国第一代液压模锻锤设计、研制和使用的基础上，太原科技大学与安阳锻压设备厂、长治锻压机床厂联合开发了6.3kJ、10kJ、25kJ等规格的液气模锻锤。该液气模锻锤采用液气驱动，液压联动，下锤头（或锤身）微动上跳与上锤头对击的结构形式。采用液气驱动，简化了动力源，提高了能量利用率，与蒸汽驱动锻锤比较，节能85%以上；采用对击式的结构形式，省去了庞大的砧座，减轻了机器总重，并可节约大量原材料；由于对击，减少了对地基的振动，可降低基础、厂房的投资，再加上工作期间不排气、噪声低，因此有利于改善锻造车间的工作环境；该系列液压模锻锤的液压驱动系统采用插装阀集成开式液压回路，系统工作可靠，动态响应灵敏。按钮控制、脚踏板控制和PLC相结合的控制形式，可供操作者选择。由于能够实现锻锤打击能量的程序控制，因此有利于实现锻造生产机械化和自动化。

20世纪末，德国程控锻锤以其优越的控制性能、工作精度与极高的可靠性进入中国市场，全液压锤成为当代锻锤发展方向，并迅速成为电液锤的主流技术。我国于21世纪初成功研发程控全液压模锻锤，经过十多年的努力，全液压动力驱动技术不仅仅应用于整机的研发，而且应用于旧锤的改造。我国从事全液压锻锤研究的主要有中机锻压江苏股份有限公司（简称中机锻压）、安阳锻压机械工业有限公司（简称安阳锻压）、中国重型机械研究院股份公司等，代表产品有 C61Y 单臂式自由锻电液锤、C66Y 双臂式自由锻锤电液锤、C86Y 模锻电液锤，更在此基础上开发了数控全液压模锻锤 C92K 系列。

2015 年，由安阳锻压自主研发、设计、生产的首台全球最大规格的 18tf 全液压自由锻锤在成都市双流恒生锻造有限公司试制成功。这种全液压自由锻锤性价比高、运行平稳、振动噪声小、打击频次高，操作灵活、简单，降低了工人劳动强度，达到了国内先进水平。全液压模锻电液锤最大落下质量达到 24t，打击能量可达 450kJ（400kJ 以上一般采用对击锤）。

3.1.2　工作原理与结构形式

1. 液气锤与液压锤的工作原理

液气锤的工作原理如图 3-3-1 所示。主缸上腔封闭高压氮气，下腔通液压油，系统对下腔单独控制。下腔进油，锤头在液压力的作用下提升，主缸上腔的高压氮气受到压缩，储存能量。打击时，下腔排油，高压氮气膨胀做功，锤头在自重和气体膨胀功的双作用下快速下行并完成打击。液气锤锤头质量相对较小，能量大小可利用手柄（或脚踏板）控制锤头的回程高度来实现；操纵部分可完成提锤、打击、回程、慢升、慢降和急停收锤、悬锤等多种动作。

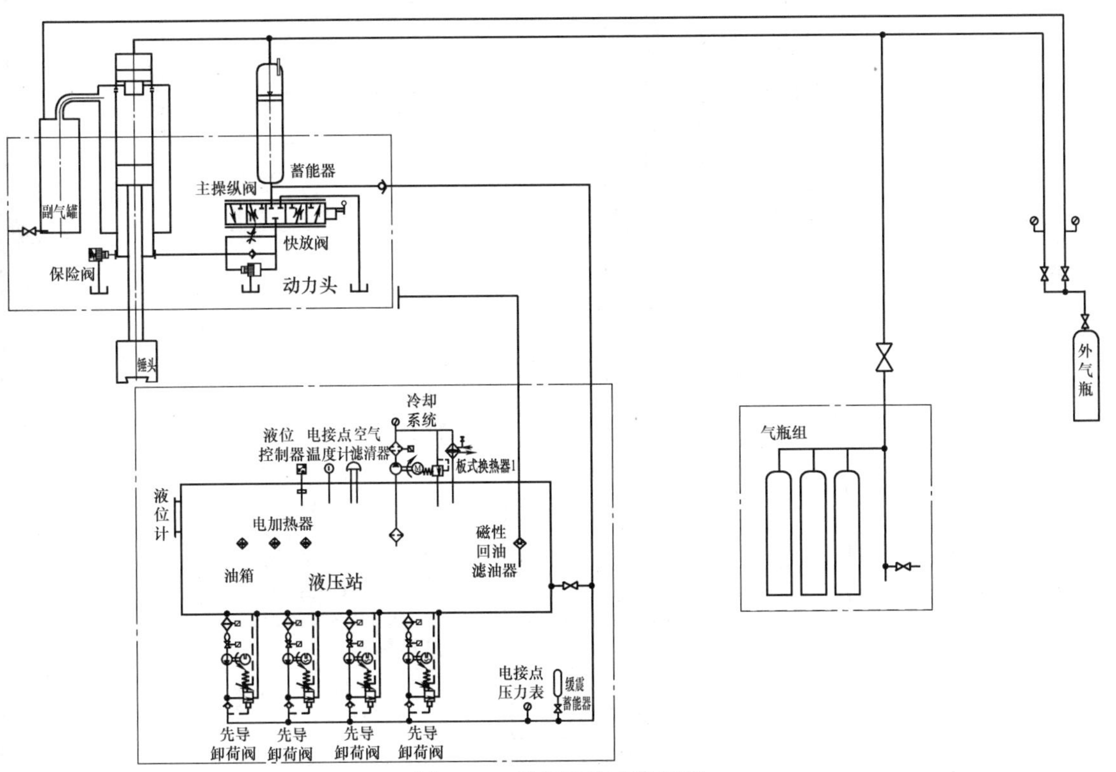

图 3-3-1　液气锤的工作原理

液气锤与蒸汽-空气锻锤相比，具有以下优点：

1）节能。液气锤的能源利用率在 90% 以上。

2）简化了动力源。只在工作前向锤的主缸中充一次氮气，工作过程中并不排气，不需要设置蒸汽锅炉或空气压缩机等动力设备。

3）环保。无须大型锅炉，消除了燃煤对环境的污染。

4）方便。无须等待锅炉产气过程，接通电动机电源便可生产。

5）易操作。单独用手或脚踏操作就可实现打击、回程、慢上、慢下、急停、悬锤等锻造工艺所需的各种动作。

由于回程信号必须在打击完毕后方能发出，因而存在闷模时间长、回弹连击等现象；同时，由于无杆腔压缩气体作用，使回程阻力增大，回程速度慢，打击频率不高，液气锤一般适用于蒸汽-空气锻锤的改造。

全液压锤的工作原理如图 3-3-2 所示。工作缸上下腔工作介质全部采用液压油，工作缸有杆腔始终通过恒定的压力油，当无杆腔进压力油时，有杆腔与无杆腔同时接通实现差动，锤头在自重及油压作用下快速下降，实现打击。打击后，无杆腔与回油口接通失压，同时无杆腔与有杆腔的通路被切断，锤头在有杆腔压力油作用下迅速回程，既克服了进油打击方式下，液气锤有杆腔压缩气体少量泄漏影响锤头不能正常回程，以及回程速度、位置难以得

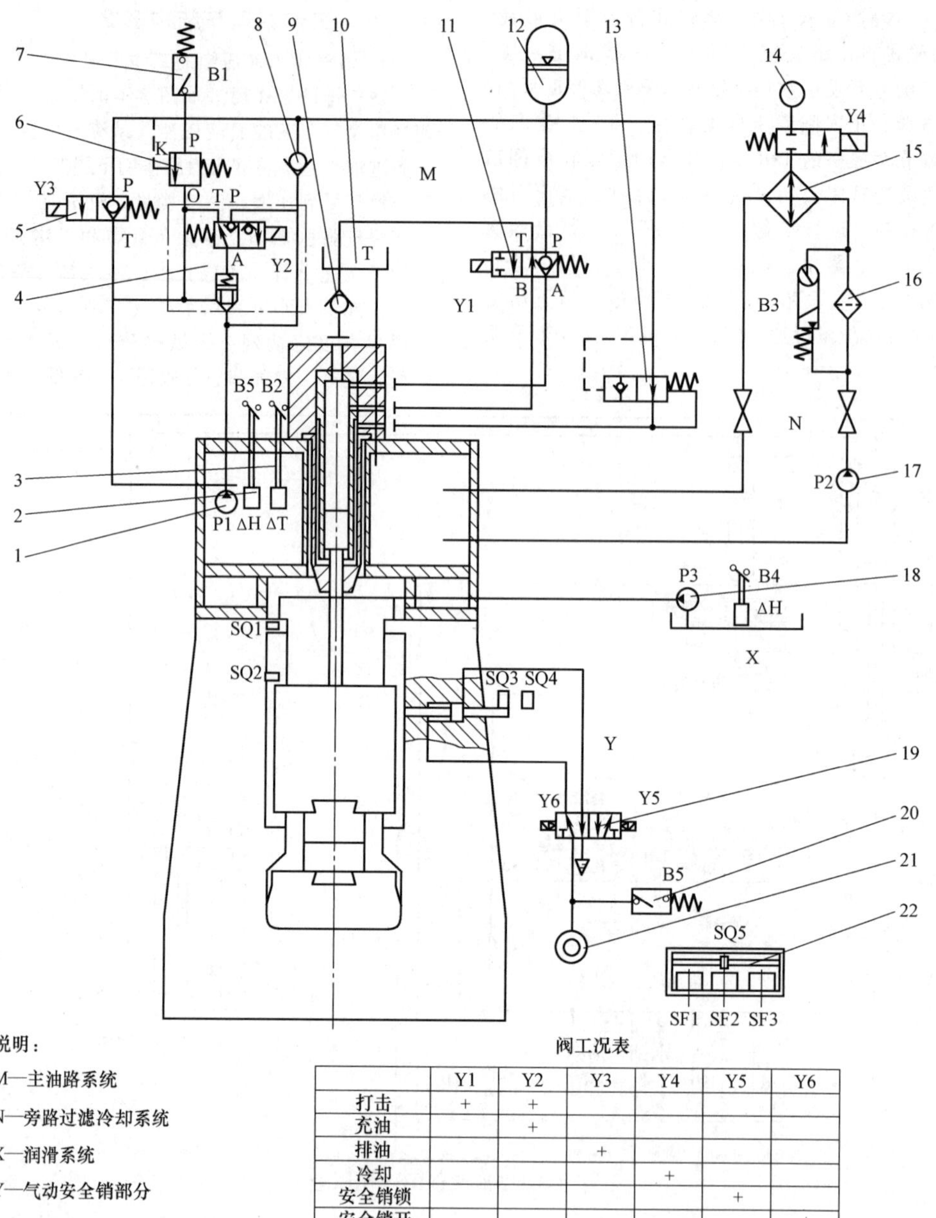

阀工况表

	Y1	Y2	Y3	Y4	Y5	Y6
打击	+	+				
充油		+				
排油			+			
冷却				+		
安全销锁					+	
安全销开						+

图 3-3-2　全液压锤的工作原理

1—主液压泵　2—液位继电器　3—油温继电器　4—充油阀　5—排油阀　6—安全溢流阀　7—压力继电器　8—单向阀　9—充液阀　10—小油箱　11—打击阀　12—蓄能器　13—安全阀　14—冷却水源　15—水冷却器　16—油过滤器　17—冷却液压泵　18—润滑液压泵　19—气阀　20—气压继电器　21—气源　22—脚踏开关

到控制的缺点，又克服了放油打击方式下，液气锤闷模时间长、回弹连击、回程速度慢、打击频率低等缺点。全液压驱动技术的应用，大大提高了锻锤的传动效率与能源利用率及可控性，基本实现了零排放，并可实现锻锤的数字化控制。

全液压锤是液压锤的换代产品，其原理决定了其具有能量足、频次快、无闷模、故障率低等特点：

1）杜绝了锤杆活塞的油气互窜和漏气问题，杜绝了缸衬下端油气互窜和漏气问题。

2）回程时活塞上腔没有背压，回程速度提高，打击频次加快，从而显著提高生产率。

3）去掉了主缸配气系统和副气罐，使结构简化。

4）由于锤杆活塞密封圈的工作环境得到改善，

同时由于对锤杆活塞的密封要求降低，使密封圈的寿命大大提高，更换次数大幅减少。

5）由于活塞下腔通常为高压，故打击后锤头回程不滞后，闷模时间短，模具（砧块）寿命延长，并且方便工人翻转工件。

6）对系统压力的影响因素少，从而容易实现打击能量的精确控制。

2. 液气锤与液压锤的结构形式

液气锤与液压锤按工艺性质可分为自由锻锤和模锻锤。

现有的自由锻锤可分为单臂自由锻锤、双臂自由锻锤（拱式自由锻锤）和桥式自由锻锤。

单臂自由锻锤的机身为单立柱式结构，锤头导轨支架与单立柱为一体或与单立柱用其他方法相连接，如图 3-3-3 所示。该锻锤三面开放，操作空间大，结构刚度差，适合中等尺寸的法兰盘类锻件、空心球类锻件的生产。

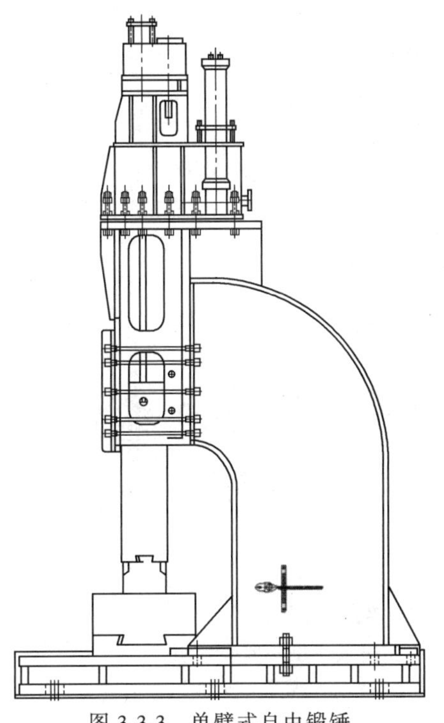

图 3-3-3　单臂式自由锻锤

双臂自由锻锤的机身为左右立柱式结构，两立柱中部由拉紧螺栓连接，锤头导轨分别安装在左右立柱上部，如图 3-3-4 所示。

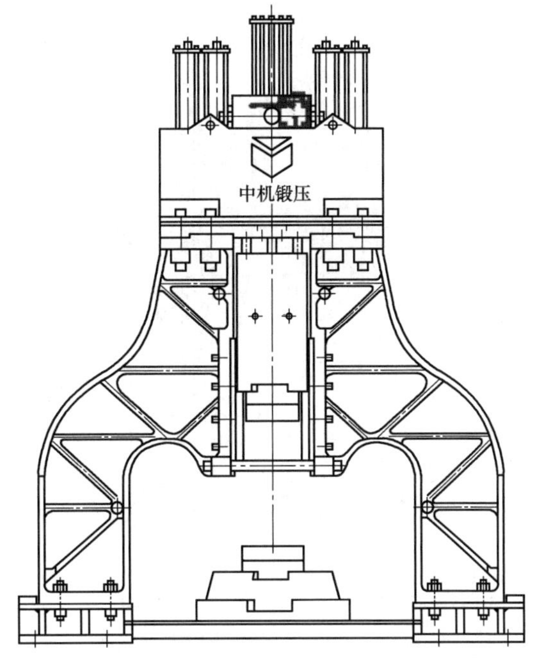

图 3-3-4　双臂式自由锻锤

桥式自由锻锤的机身是由左右立柱、横梁、左右支架组合而成的封闭结构。下部分为左右立柱，中部由横梁将左右立柱连接，上部为左右支架，锤头导轨分别安装在左右支架内，左右支架与横梁连接，如图 3-3-5 所示。

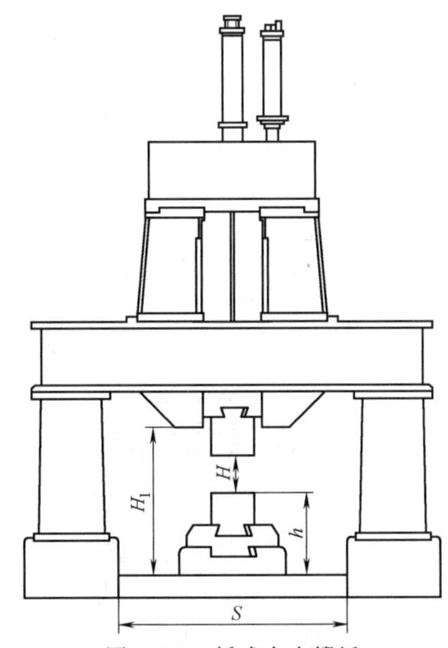

图 3-3-5　桥式自由锻锤

双臂自由锻锤和桥式双臂自由锻锤的结构稳定性较好，工作开间较大，适合各种大中规格自由锻件的生产，尤其是胎模锻生产。

模锻锤有整体 U 形机身、分体组合机身和对击锤结构。

160kJ 以下小规格模锻电液锤一般采用整体 U 形机身、放射形宽导轨结构，如图 3-3-6 所示。这种结构具有导向精度高、精度保持性好的优点，适合中小精密模锻件的生产。

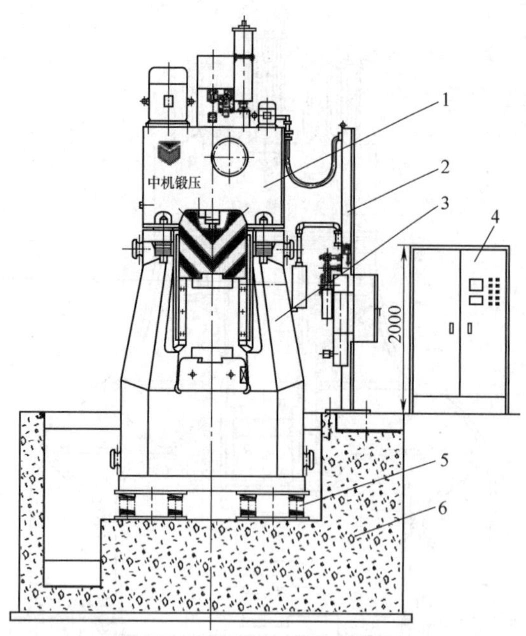

图 3-3-6　整体 U 形机身模锻电液锤

1—动力头部分　2—管道架部分　3—锤身部分
4—控制柜部分　5—隔振器　6—地基部分

考虑大件加工、运输和安装，200kJ 以上大规格模锻电液锤一般采用分体组合机身（见图 3-3-7）；对能量需求大的设备，采用对击锤结构（见图 3-3-8）。上下锤头相对运动、悬空打击的对击锤，一般适用于规格较大的模锻锤。对击锤与相同当量的有砧座锤相比，设备的力重比大，重量轻，对设备基础及周边环境的振动冲击小，可大大降低设备的总投资和车间的造价。

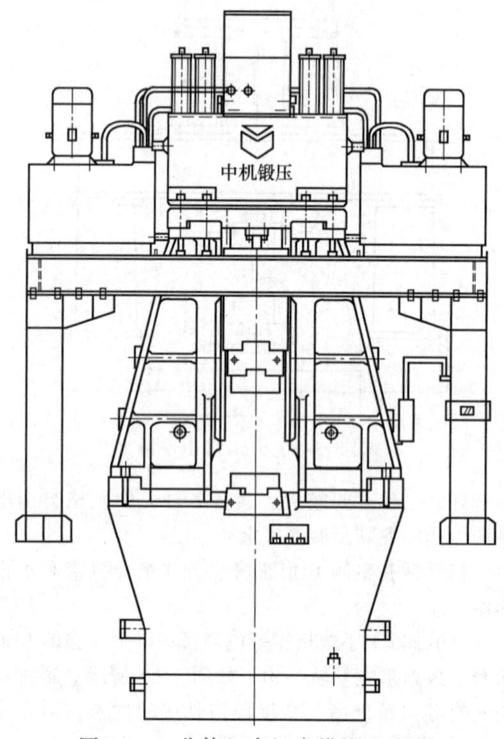

图 3-3-7　分体组合机身模锻电液锤

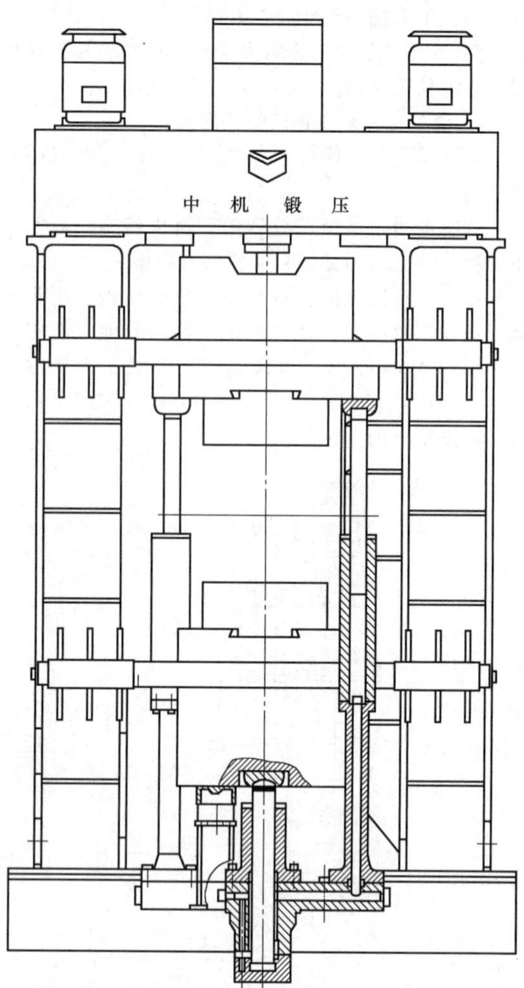

图 3-3-8　对击锤结构

3.1.3　型号与参数

1. 我国锻压设备型号说明

以 C88K-125 型数控全液压模锻锤为例：

C——锻压机械类代号，锤。

88——锤类名称及组、型（系列）代号，数控全液压模锻。

K——通用特性或结构特性代号，数控。

125——主参数，打击能量（kJ）。

2. 液气驱动和全液压驱动电液锤基本参数

1）打击能量（kJ）：当锤头进行打击时，落下部分所具有的动能，是电液锤的主参数。

2）打击频次（min^{-1}）：在最大行程下，打击能量达到公称值时的连续打击次数。

3）连续打击次数及时间：在最大行程下，打击能量达到公称值时的连续打击次数及所用时间。

4）平均打击频次（min^{-1}）：在最大行程下，打击能量达到公称值时间歇打击能达到的频次。

5）最大打击频率（min^{-1}）：在最小行程下，打击能量达到公称值时的连续打击频率。

6）最小打击频率（min^{-1}）：在最大行程下，打击能量达到最小值（接近零）时的连续打击频率。

3.2　高速锤

高速锤也称“高速高能锤”，是以打击速度命名的（打击速度可高达 12～25m/s），是 20 世纪 50 年代末期才发展起来的一种新型锻压设备。它适用于强度高、塑性低、锻造温度范围窄、形状复杂的金属件的精锻。其工作原理是气液驱动、机身微动的对击液压锤。高速锤可分为悬挂式高速锤和快放油式高速锤两类。

3.2.1　高速锤的特点

1. 高速锤的优点

高速锤的最大优点在于打击速度快。

1）由于打击速度快，金属在模腔中的流动速度很快，大大提高了金属的塑性变形能力和充填性，可用于强度高、塑性低、锻造温度范围窄（如镍合金、钛合金、耐热钢及钼、钨、钽等）的金属，也可用于形状复杂的金属件的精锻。利用这种设备已成功地挤压出铝合金、钛合金、不锈钢等材料的叶片，精锻出了各种回转体件，如圆柱齿轮、锥齿轮、杯形件等，加工精度高（可达 0.02mm），表面粗糙度值低（*Ra* 可达 1.6～0.2μm）。

2）由于打击速度快，相同打击能量高速锤的设备重量要比有砧座模锻锤轻得多，仅为其重量的 1/20～1/10。

3）高速锤工作时，锤头与框架对击，打击能量几乎不传到地基上，故地面震动小，对锤的基础要求低，对厂房无特殊要求，造价低。

2. 高速锤存在的问题

1）在高压高温下，模具易热裂或软化，加上金属变形流动速度快，使模具表面磨损加剧。一般模具钢（CrNiMo）不能适应高速模锻的要求，所以模具寿命短，是国内目前高速锤的主要问题。为延长模具寿命而降低打击速度，则显示不出高速锤的优越性。

2）设备使用的可靠性较差（如连接螺栓易松动、断裂，高压软管断裂，漏气、漏油等），操作不安全。

3）精密模锻时，须配备相应的精密下料和无氧化加热设备，并需解决模具润滑问题，维护费用也较高。

3.2.2　悬挂式高速锤

图 3-3-9 所示为北京重型电动机厂的 300kJ 悬挂式高速锤，采用三梁二柱式结构。高压缸 7 与上梁 6 相连，根据额定的打击能量充入高压空气或氮气，作为驱动力。上锤头 5 上部与锤杆连接，下部固定着上模。动梁 8 以两根立柱为导向，上下移动。下梁 2 上部固定着下模，两旁有支承缸。支承缸中事先充入高压气体，与锤体全重相平衡，使锤体呈悬浮状态。回程缸 9 固定在下梁上，通过管路、控制滑阀与高压液源相通。回程缸的作用是每次打击完毕后将动梁顶至原来的位置。

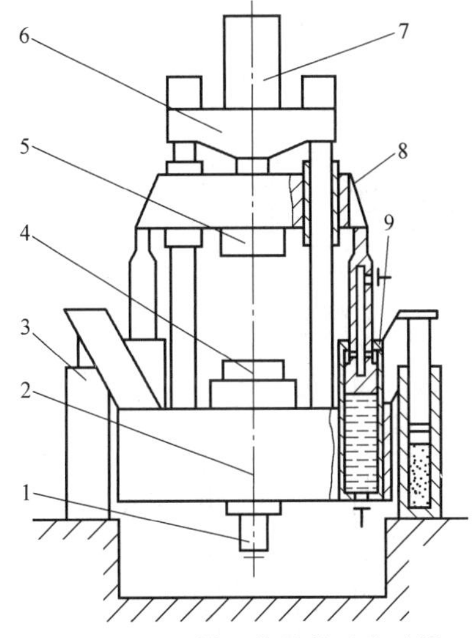

图 3-3-9　三梁二柱悬挂式高速锤

1—顶出缸　2—下梁　3—支承缸　4—下锤头　5—上锤头　6—上梁　7—高压缸　8—动梁　9—回程缸

悬挂式高速锻锤按运动情况可分为 3 个部分：

1）向下运动部分。包括上模、锤头、锤杆和锤杆端盖等。

2）向上运动部分。包括上梁、下梁、立柱、高压缸、回程缸、顶出缸、支承缸柱塞和下模等。

3）固定不动的部分。通过地脚螺钉固定到地基上的底板和支承缸等。

高速锤用事先充入高压缸的高压氮气或压缩空气（高达 140×10^5Pa）在极短的时间内膨胀做功来驱动，然后用液压泵输出的高压液体通过回程缸把膨胀了的气体压回到原来的压力，完成储能。当高压气体驱动上锤头（动梁）向下运动同时，也作用在顶出缸的缸底，使整个锤身框架（下锤头）向上运动，所以高速锤也是对击锤，其上、下锤头行程与各自质量成正比，下锤头行程较小。

1. 悬挂

如图 3-3-10 所示，当回程缸杆推动动梁和锤杆向上时，高压缸的高压气体被压缩。当锤杆端盖面 *A* 越过孔 6 后，锤杆端盖面 *A* 的气体经过孔 5、锥阀门、孔 3、孔 7 回至高压缸；与此同时，动梁带孔的保险钩 11 由于斜面的作用，在向上运动的同时使保险阀的活塞向右移。活塞在气体压力的作用下插入保险钩的孔内，使锤头处于保险状态。动梁继续向上，到锤杆端盖面 *A* 与高压缸接触时回程动作完毕。这时回程杆回程，由于锥阀的密封的作用，动梁和锤杆下降的很小，在锤杆端盖下部高压气体的作用下达平衡后，就自行悬挂在行程的上极限位置，此时保险钩上的孔与活塞杆应有间隙。若出现意外没有悬挂住，则保险钩压在保险阀的活塞杆上，动梁仍处于悬挂状态，不会掉下来。

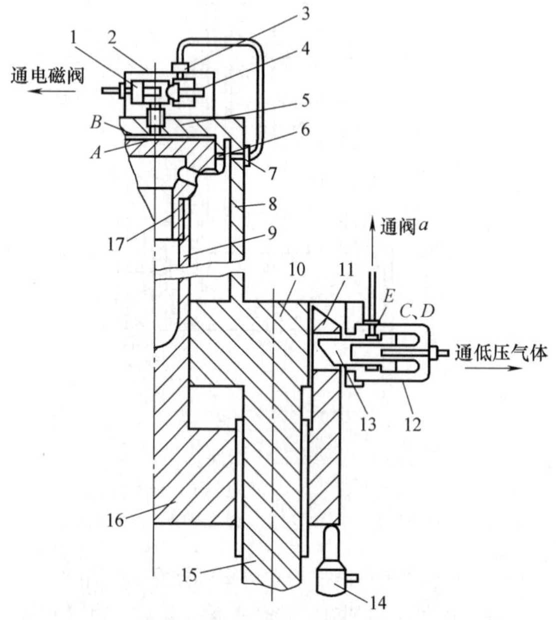

图 3-3-10　高速锤悬挂保险起动原理

1—小活塞　2—起动阀　3、5、6、7—孔　4—锥阀　8—气缸　9—锤杆　10—上梁　11—保险钩　12—保险阀　13—保险阀活塞　14—回程缸　15—立柱　16—动梁　17—锤杆端盖

2. 打击

1）回程杆下降。使回程缸下腔与油箱相通，因回程杆内气体膨胀（回程杆内部充低压气体，杆的下端开有径向孔通向回程缸上腔），使回程杆下降到底。

2）解脱保险。使高压油通过保险阀上的孔 E 推动活塞右移，把活塞杆抽出，解脱保险。活塞到底时使两电节点（*C*、*D*）接通。

3）起动。起动时使电磁操纵阀通电（联锁，*C*、*D* 接通后才能通电），高压油就进入起动阀，推动小活塞打开锥阀，高压缸内的高压气体通过孔 7、孔 3、锥孔及孔 5 进入面 *A*、面 *B* 之间，推动锤杆向下。

4）锤杆端盖下降一小段距离后，36 个 ϕ12 的孔与室 *A*、*B* 相通，锤杆急速向下打击。打击完毕后，电磁操纵阀断电，起动阀接通油箱，锥阀复位。与此同时，保险阀上的孔 E 接通油箱，保险阀活塞在气体压力作用下向左移，保险阀上的 *C*、*D* 通路断开。

3. 回程

使高压油进入回程缸下腔，回程缸上腔中的低压气体被压缩并排至回程缸内，回程杆向上，推动动梁至行程上极限位置。

4. 顶出

使高压油进入顶出缸下腔（上腔与低压气室相通），推动活塞杆向上，顶出工件。当下腔接通油箱时，活塞杆在上腔气体压力的作用下回程。

3.2.3　快放油式高速锤

快放油式高速锤除具有一般悬挂式高速锤的特点外，还具有快速连续打击的优点。既可进行一锤成形的精锻工艺，也可进行连打以适应普通模锻工艺，扩大了高速锤的应用范围。

图 3-3-11 所示为 80kJ 快放油式高速锤，图 3-3-12 所示为快放油阀，其工作原理如下所述。

1. 回程

当高压油由蓄能器 8 和高压液压泵 11 经打击阀 9 进入起动阀 7 时，推动单向阀 A 向左移动，将阀套 B 的放油口 O_1（见图 3-3-12）封闭，此时高压油经过单向阀 A 进入副油室 U_1（见图 3-3-12），推动浮动阀 2 上升，将快放油口 O_2（见图 3-3-12）封闭，使油从 *M* 处的缝隙通过，推动活塞 4 上升，实现锤头回程。与此同时，高压缸 5 内的气体被压缩。

2. 悬空

当锤头回到某一位置时，如果打击阀 9 的 *A* 口停止供油，则锤头可在任意位置悬挂，从而实现能量调节。

3. 打击

在锤头回程过程中或悬空状态下，当打击阀 9 的 *A* 口与 *O* 口接通时，起动阀 7 排油，单向阀 A 向右移动，副油室 U_1 的油便经阀套 B 的放油口 O_1 快速排入上油箱 6。与此同时，油室 U 的油经 *M* 处流入副油室 U_1。由于 *M* 处的节流作用，使浮动阀 2 的上下压差很大，浮动阀快速向下运动，将快放油口 O_2 迅速打开。这时，油室 U 的油从 O_2 快速排入上油箱，高压缸 5 内的气体膨胀，推动活塞快速向下运动，完成锤头高速向下打击。

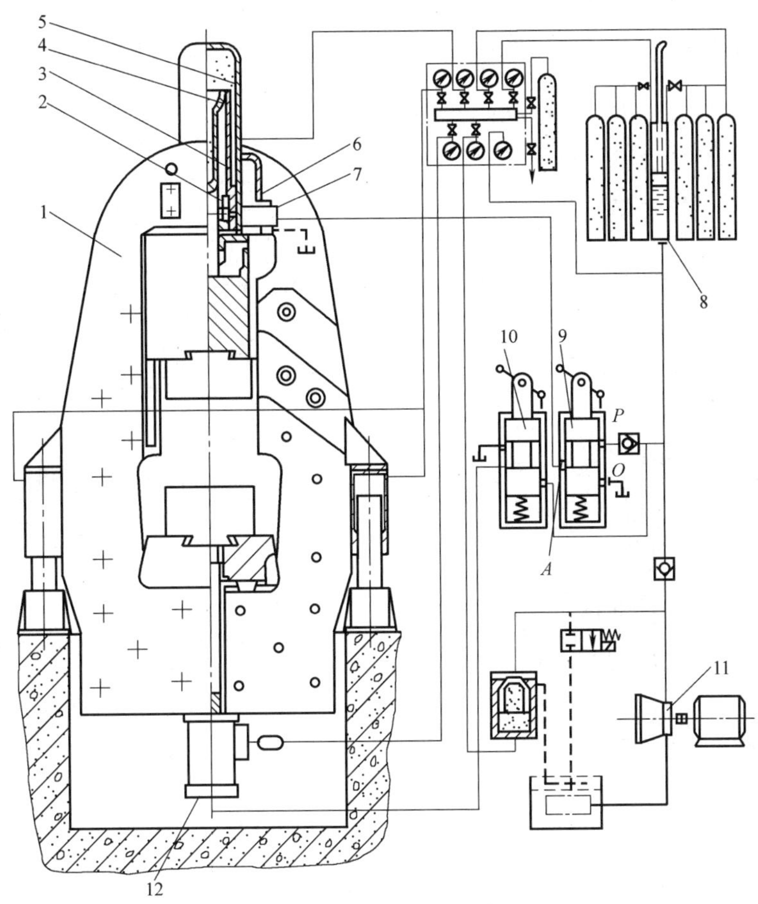

图 3-3-11　80kJ 快放油式高速锤

1—锤身　2—浮动阀　3—内缸套　4—活塞　5—高压缸　6—上油箱　7—起动阀
8—蓄能器　9—打击阀　10—顶出阀　11—液压泵　12—顶出缸

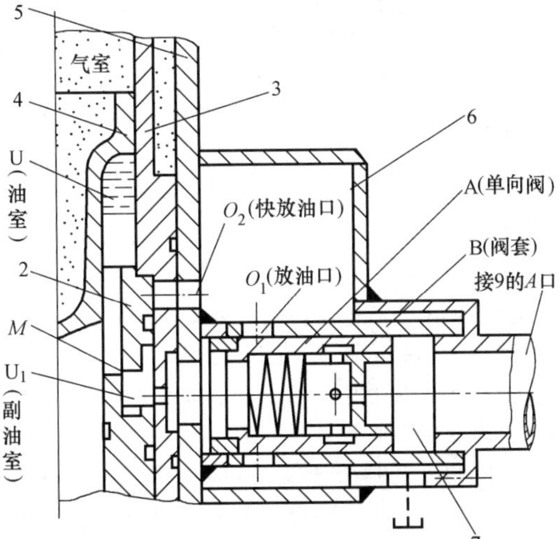

图 3-3-12　快放油阀

2—浮动阀　3—内缸套　4—活塞　5—高压缸　6—上油箱　7—起动阀

改变放油速度就可改变打击速度。打击阀缓慢放油，就可使锤头缓慢下降，进行模具调整。高压气体推动锤头向下的同时，由于反作用力，锤身 1 向上运动，直至上、下模进行打击。

3.3　电液锤

本节所述电液锤指采用液压动力头驱动的有砧座式液气锤或液压锤。这类液压锤具有坚固的锤身和砧座结构，在锤的顶部装有流量大、效率高、体积小的液压动力头，代替传统蒸汽-空气模锻锤的驱动系统。这种锤可以采用纯液压驱动，也可以采用液气驱动，其效率比蒸汽或压缩空气驱动的有砧座锤可提高几倍到十几倍。由于采用电液或电液气驱动，容易实现打击能量、打击次数等程序控制。

3.3.1　模锻电液锤

1. 液气驱动模锻电液锤

德国拉斯科（Lasco）公司从液压提升的 KH 系列单动锤发展到上腔充气、下腔液压提升、排油打击的 KGK 系列双作用模锻锤，并采用液气动力头来改造各类老式模锻锤的技术，一直位居世界锻锤改造技术的前列。

图 3-3-13 所示为德国拉斯科公司的 KGK 系列液压模锻锤，图 3-3-14 所示为 KGK 系列的液压动力头。

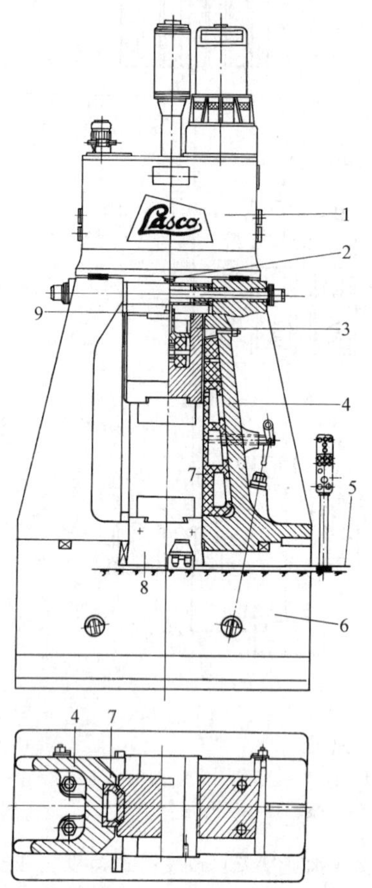

图 3-3-13　德国拉斯科公司的 KGK 系列液压模锻锤

1—液压动力头　2—锤杆密封　3—锤头　4—立柱　5—操纵板　6—砧座　7—导轨　8—模垫　9—锤杆

液压动力头是由带气室的液压缸、主泵和主控制阀组装的组合体、驱动电动机与飞轮组合体、控制泵与先导电磁阀、油温自动控制装置和油箱 5 部分组成。液压控制系统包括单向阀、排油阀、液压泵卸荷阀、溢流阀及两个先导电磁阀，主泵为大流量三螺杆泵。各液压元件之间直接连接，没有管道。整个液压系统比较紧凑，液压损失较小，效率较高。

当液压泵卸荷阀关闭时，主泵输出的油经单向阀进入液压缸下腔，锤头在液体压力作用下提升，活塞顶部空气被压缩，储蓄能量。这样，当进行下一次打击时，气垫便推动锤头向下加速运动，使锤头在行程较短的情况下，仍会获得足够的打击能量。

当卸荷阀打开，液压泵输出的油不再进入液压

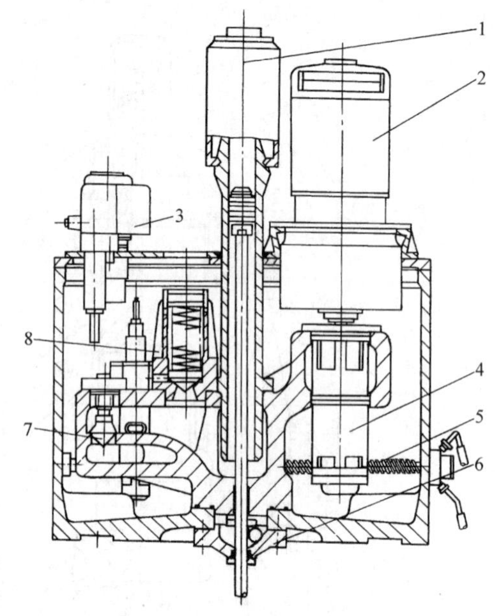

图 3-3-14　拉斯科公司 KGK 系列液压锤的液压动力头

1—液压缸　2—驱动电动机与飞轮组合体　3—控制泵电动机　4—三螺杆泵　5—油的冷却与加热装置　6—锤杆导向和球形密封装置　7—单向阀　8—溢流阀

缸，而通过卸荷阀回油箱，锤头实现“悬空”，停止不动。锤的打击是由排油阀控制。当排油阀打开时，液压缸下腔排液。由于液压缸活塞有效作用面积很小，排油通道较大，阻力较小，使锤头可实现快速下行。全行程的打击次数为 60～80 次/min。工作液压力为 24.5×10^5Pa，瞬时尖峰压力可达 7×10^6Pa。液压泵卸荷阀和排油阀分别由控制泵供油的先导电磁阀控制。气室的充气压力为 7×10^5Pa。

液压动力头内设有两个冷却器，每个冷却器包括一个支承管，以及绕在支承管外部的冷却水管，为了在寒冷季节开锤之前对油进行预热，在支承管内设有电热器，油的温度自动控制系统保证得到恒定的理想的油温，使锤的工作性能不受环境温度及工作情况的影响，并且延长了油的使用寿命。

由于采用气液传动，在由锤头加速向下、打击、加速回程、制动和上停顿组成的单次工作循环中，只在加速回程时液压泵有高压油输出。在刚提升的瞬间，因要克服惯性负载，需要较大的提升力，出现油压峰值。待提升速度达到液压泵元件数值后，油压就较低了。在工作循环的其他阶段，液压泵处于卸荷状态。这是典型的间歇性负载，正如图 3-3-14 所示，驱动电动机和液压泵之间带有一个惯量很大的飞轮，说明这是液压泵电动机带飞轮拖动，以工作循环的平均负载确定电动机功率，以负载图上

的盈亏功确定飞轮的转动惯量，这是 KGK 系列液压锤的主要节能措施。

对于 KGK 系列的液压锤，不同的打击能量只能依靠不同的落下高度来得到。固定在缸盖上的细长杆和中空的锤杆组成电容式位移传感器，随时向控制系统输送锤头的位置信号，按预先调定的转换点，使锤头能及时地改变运动方向。程序控制系统能以无级调整的 4 种高度连续进行六次轻重不同的锻击。对于一般锻件来说，有六次锻击就已足够。

KGK 系列液压锤采用细锤杆通过橡胶缓冲装置与锤头连接的结构形式（见图 3-3-13）。由于采用较低的打击速度和直径小而降低了锤杆的质量，大大降低了锤杆的冲击动能，而此能量大部分为缓冲装置所吸收。借助于缓冲件的不均匀变形和锤杆能做少量的径向移动，显著地减小了因偏心打击而产生于锤杆内的附加弯曲应力，使锤杆的受力条件改善，延长了锤杆的使用寿命。

我国电液锤的应用起始于 20 世纪 70 年代，当时国外出现了节能、减震的液压对击锤。为此，我国一些研究院所开始了液压对击锤的研制。1974 年，山西太原重型机械学院与海安锻压机床厂联合研制了我国第一台 63kJ 液压对击锤；同期，吉林工业大学也研制出了 25kJ 粗锤杆并以放油打击方式工作的液压对击锤。后来，以北京理工大学为代表的科研院所开始用电液传动方式对传统蒸汽-空气锻锤进行改造，并取得了明显的经济效益和社会效益。

我国成熟的液气驱动技术主要有北京理工大学研制的上气下液式和中国重型机械研究院股份公司研制的液气分缸式两种。

（1）上气下液式液气锤（也称单锤杆式）　其工作原理如图 3-3-1 所示。其特点是单锤杆、单缸，上腔充气，下腔连液压系统。当向下打击时，通过操纵随动阀，使二级阀中的快放油阀开启，液压缸下腔与油箱相连，活塞在上腔的气压与落下部分重量的作用下带动锤头快速下降并进行锻击；回程时，操作随动阀使快放油阀关闭，来自泵和蓄能器的高压油经二级阀进入液压缸下腔，锤头在液压力的作用下，克服重力、气腔压力和摩擦力提升，同时使气腔的气体压缩蓄能。蓄能器油面上升到一定位置，霍尔开关起作用，给先导溢流阀传递信号，使泵卸荷。当蓄能器油面下降到一定位置时，霍尔开关给先导溢流阀信号，主泵即转入高压负荷运行。通过手动或脚踏操纵机构控制随动阀，可实现回程、打击、急停收锤和寸动等多种工作状态。这种原理的气液锤技术成熟，得到了广泛的应用。其主要参数见表 3-3-1。

表 3-3-1　液气模锻电液锤的主要参数

参数名称	型号							
	C86-25（1T）	C86-50（2T）	C86-75（3T）	C86-125（5T）	C86-150（6T）	C86-200（8T）	C86-250（10T）	C86-400（16T）
	参数值							
额定打击能量/kJ	25	50	75	125	150	200	250	400
落下部分质量/kg	1100	2500	3380	5300	7000	8000	10000	16000
最大打击行程/mm	1000	1200	1250	1300	1350	1350	1400	1500
打击频次/min^{-1}	5s≥5hits①	5s≥5hits	5s≥5hits	6s≥5hits	6s≥5hits	7s≥5hits	8s≥5hits	8s≥5hits
主电动机功率/kW	55×1	55×2	55×3	55×4	55×5	75×5	75×6	75×8
最小闭模高度(不含燕尾)/mm	220	260	350	400	400	430	450	500
锤头/砧垫前后长度/mm	450/700	630/900	800/1000	950/1100	1000/1260	1100/1260	1200/1400	2000/2200
导轨间距/mm	540	600	700	740	800	900	1000	1200
主机外形尺寸/mm（长×宽×高）	2400×1400×6000	3000×1700×6500	3200×1800×7100	3700×2100×8600	3800×2300×9200	4300×2700×11200	4400×2700×1200	4500×2600×13100

① 5s≥5hits 表示连续 5 次打击小于 5s，依此类推。

（2）液气分缸式　中国重型机械研究院股份公司研制的液气分缸式（也称三锤杆式）模锻电液锤如图 3-3-15 所示。图中锤头处于待打击状态。将滑阀 12 的手柄放于打击位，*E* 腔进油，控制活塞 9 上升，循环阀 8 带动主锥阀 10 提起，液压缸 3 的 *B* 腔与上腔 *C* 连通而形成差动回路，锤头在自重和气压的作用下，加速下降并进行锻击。回程时，将滑阀 12 的手柄置于回程位，上腔 *F* 进油，控制活塞 9 下行关闭阀 8 和 10，使液压油进入液压缸下腔 *B*，将锤头提升，并对气缸 2 中的气体进行压缩蓄能。松开手柄，滑阀 12 自动回到中间位置，锤头自动停止，循环阀 8 开启，液压泵卸荷。在打击位置轻扳滑阀 12 的手柄，可实现锤头的慢降和轻击。

这种动力头高度集成化，节省空间，很少管道连接；油气分缸，避免油气互串，系统工作稳定，并可采用压缩空气；锤头锤杆采用球面连接，锤杆寿命长。其主要参数见表 3-3-2。

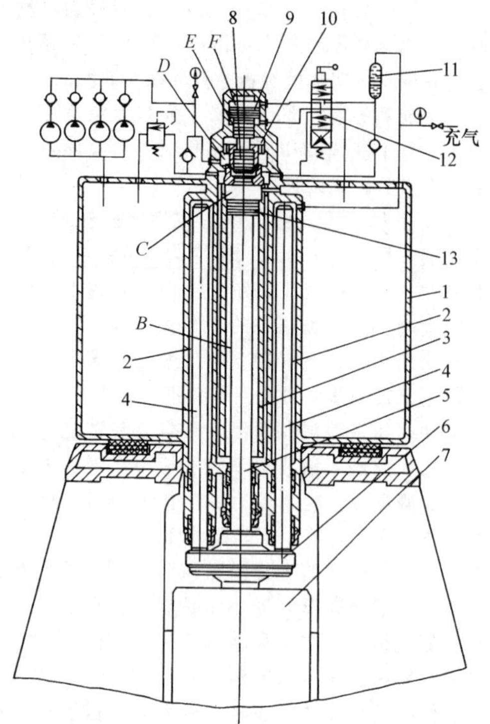

图 3-3-15　液气分缸式模锻电液锤

1—油箱　2—气缸　3—液压缸　4—气杆　5—锤杆　6—锤杆连接体　7—锤头　8—循环阀　9—控制活塞　10—主锥阀　11—蓄能器　12—滑阀

2. 全液压模锻锤

20 世纪 80 年代中后期，全液压模锻锤逐渐取代了液气模锻锤。Lasco 公司的 KGK 液气驱动模锻锤已停止生产，取而代之的是 HO-U 型和 HO 型全液压模锻电液锤，这种电液锤采用 U 形机身，如图 3-3-16 所示。该液压锤配有全电子和数控系统。通过顶部高液压作用使锤头加速，使得其在很短的行程内达到较快的打击速度（约 5m/s）。该系列产品的主要参数见表 3-3-3。考虑砧座的重量和运输问题，对需要大的打击能量的用户，Lasco 公司在模锻电液锤的基础上，开发了 GH 型对击锤，采用组合式机身。

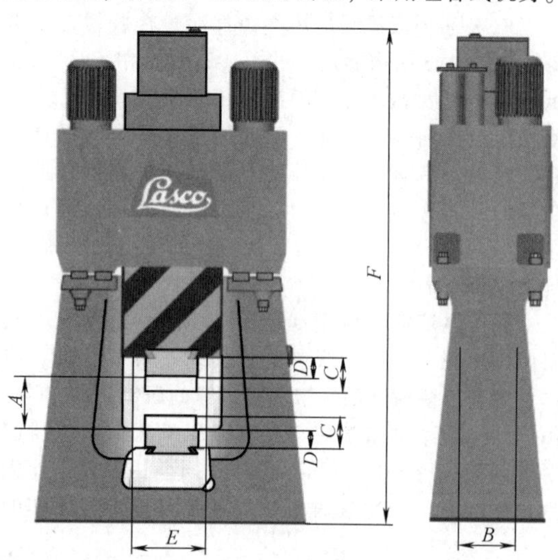

图 3-3-16　HO-U 型全液压模锻锤

A—锤头最大行程　*B*—锤头深度　*C*—不含燕尾模具最大高度　*D*—不含燕尾模具最小高度　*E*—导轨间距　*F*—地面以上高度

表 3-3-2　液气分缸式模锻电液锤的主要参数

参数名称	型号					
	CMY-25	CMY-50	CMY-75	CMY-125	CMY-250	CMY-400
	参数值					
额定打击能量/kJ	25	50	75	125	250	400
落下部分质量/kg	1200	2400	3600	6000	12000	18000
最大打击行程/mm	1000	1100	1200	1300	1400	1500
主电动机装机功率/kW	55	55×2①	55×3	55×4	55×5	55×7
打击频次/min^{-1}	60～120	55～120	50～110	45～100	35～90	30～80

① 55×2 表示有两个主电动机，每个主电动机的功率为 55kW，后依次类推。

表 3-3-3　HO/HO-U 系列程控全液压模锻锤的主要参数

参数名称	型号											
	100	125	160	200	250	315	400	500	630	800	1000	1250
	参数值											
打击能量/kJ	10	12.5	16	20	25	31.5	40	50	63	80	100	125
额定打击能下的打击频率/min^{-1}	110	110	100	95	90	90	90	90	85	80	80	75
锤头最大行程/mm	570	580	640	660	690	700	710	730	760	810	850	1000
锤头深度/mm	420	440	450	500	570	590	590	690	750	800	900	1000
不含燕尾模具最大高度/mm	280	300	320	360	370	400	450	450	460	530	550	730
不含燕尾时模具最小高度/mm	140	150	160	180	180	200	220	220	220	280	300	500

（续）

参数名称	型号											
	100	125	160	200	250	315	400	500	630	800	1000	1250
	参数值											
导轨间距/mm	440	480	580	580	650	700	700	700	800	850	850	1000
机身底部宽度/mm	1700	1740	2290	2290	2550	2800	2800	2800	3000	3390	3440	4100
机身底部深度/mm	1050	1050	1250	1400	1400	1400	1400	1600	2000	2450	2450	3100
地面到模座表面为 700mm 时，地面以上高度/mm	3800	3800	4050	4300	4700	4750	4750	4900	5000	5800	6050	6500
主电动机功率/kW	30	30	37	45	55	55	2×45	2×55	2×75	2×90	2×90	2×132
整机重量/t	19.5	24	32.5	37.5	51	54	67	78	98.5	118	164	213

国外另一具有代表性的电液锤产品是 Shuler 公司生产的 KGH 型全液压电液锤（见图 3-3-17），打击能量范围为 16~160kJ。该系列电液锤通过应用比例阀技术（见图 3-3-18）控制锤头的打击行程，从而控制打击能量，使得产品具有高的生产率，高精度，灵活的行程控制，高的能源利用率和自动化程度。表 3-3-4 列出了 KGH 系列全液压电液锤的主要参数。

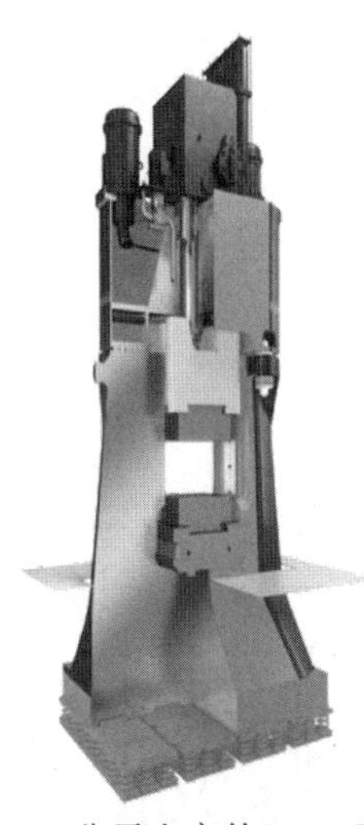

图 3-3-17　Shuler 公司生产的 KGH 型全液压电液锤

图 3-3-18　比例阀控制块

表 3-3-4　KGH 系列全液压电液锤的主要参数（Shuler 公司）

参数名称	型号										
	KGH1.6	KGH2	KGH2.5	KGH3.15	KGH4	KGH5	KGH6.3	KGH8	KGH10	KGH12.5	KGH16
	参数值										
打击能量/kJ	16	20	25	31.5	40	50	63	80	100	125	160
最大打击频率/min^{-1}	122	120	113	100	98	98	95	92	83	75	70
最大行程/mm	635	665	685	755	790	775	805	835	885	1160	1190
锤头深度/mm	470	510	550	595	640	695	750	830	890	1020	1050
导向宽度/mm	520	570	608	664	717	766	831	890	960	1060	1150
模具最大高度/mm	320	345	360	420	455	435	465	495	540	720	750
总重量/t	24	30	36	46	60	75	96	121	143	195	235

21 世纪初，国外的全液压模锻锤进入我国，我国高校和企业开始进行研制，并取得了成功。现已有多个企业进行了批量生产。其中，有代表性的有安阳锻压研制并生产的 C86Y（C86YT）系列全液压模锻电液锤，如图 3-3-19 所示，其主要参数见表 3-3-5，其液压系统工作原理如图 3-3-20 所示。锤头的打击和回程，即锤杆的上下行程均为液压油驱动。锤杆活塞下腔常通高压油，通过控制活塞上腔油的高压和低压转换来实现打击和回程。当锤杆活塞上腔通高压时，相通的高压油同时作用在锤杆活塞上部的圆面积和下部的环面积上，由于有面积差形成向下的作用力，再结合落下部分的自重实现向下打

图 3-3-19　C86Y 系列全液压模锻电液锤

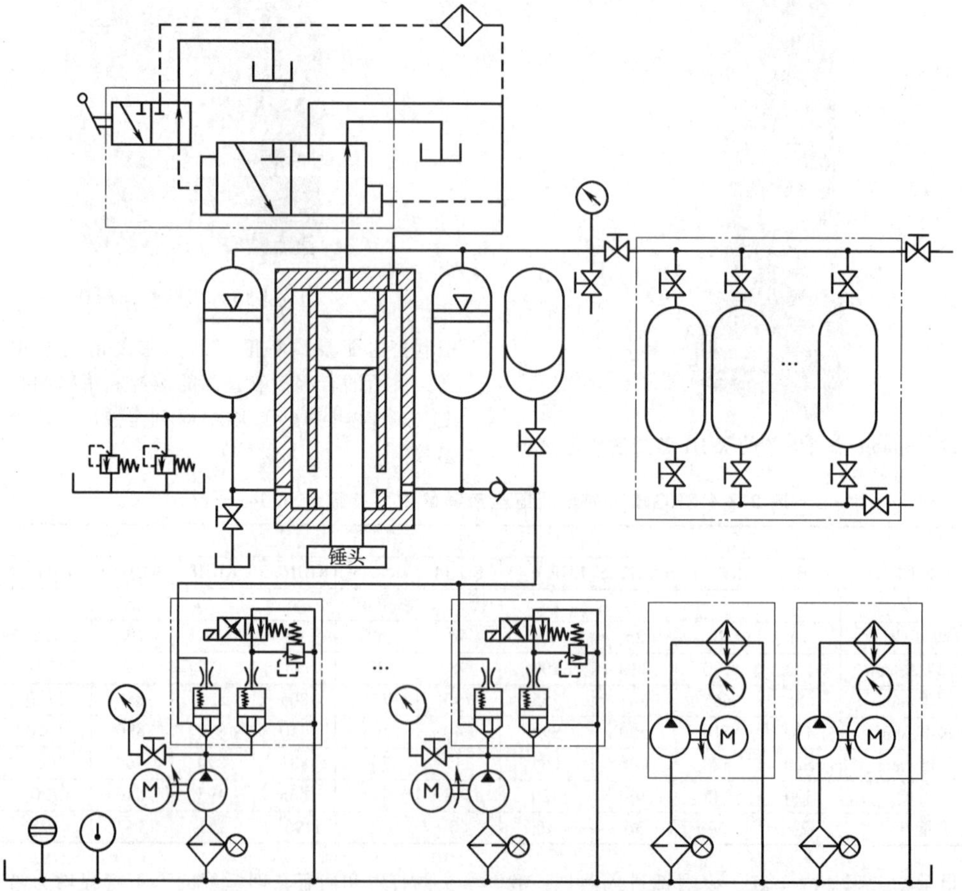

图 3-3-20　全液压模锻电液锤液压系统工作原理

击，同时活塞下腔的油通过联通油路返到活塞上腔。当活塞上腔卸为低压时，作用于活塞下腔环面积的油压产生的回程力克服落下部分的自重及相应的摩擦力实现回程。该系统单杆操纵即可实现锤头慢升、慢降、打击、回程、急收、任意位置悬挂、不同行程不同频次连续打击等动作，操作简便，灵活自如。

表 3-3-5　C86Y 系列全液压模锻电液锤的主要参数

参数名称	型号							
	C86Y-25	C86Y-50	C86Y-75	C86Y-125	C86Y-200	C86Y-250	C86Y-400	C86Y-450
	参数值							
打击能量/kJ	25	50	75	125	200	250	400	450
锤头质量/kg	1000	2000	3000	5000	8000	10000	16000	18000
最大行程/mm	1000	1200	1250	1300	1350	1400	1500	1500
打击频次/min^{-1}	55~70	55~70	55~70	55~65	50~60	50~60	50~55	45~55
主电动机功率/kW	1×75	2×75	3×75	4×75	5×75	6×75	8×75	10×75
最小闭模高度/mm	220	260	350	400	430	450	500	500
导轨间距/mm	540	600	700	740	900	1000	1200	1200

快进油口和快放液口均为伺服控制，杜绝了液气电液锤偶尔出现的误动作，操作更加安全可靠；执行阀具有滑阀运行和锥阀密封的双重特性，增加了阀口开闭的可控性和密封性，使系统内漏减小，生热减少。对系统的用油量进行实时监控，当系统用油量多时，多台泵同时带载，当系统用油量少时，个别泵带载，其余泵实施强行卸荷，这可大幅度降低泵和卸荷阀的卸荷频次，减少液压冲击，延长了泵和卸荷阀的寿命。系统设置有超压保护和失压保护，当主进油软管破裂或锤杆中部断裂从封下口喷油时，系统能及时关闭主油路出口并随即关停电动机，提高了系统的安全性。

安阳锻压在此基础上研制了 C92K 系列数控全液压模锻电液锤，如图 3-3-21 所示。数控全液压模锻电液锤是一种打击能量和打击工序可以数字化控制的锻造设备，打击能量可精确控制在±1.5%之间。锻造生产线采用数控全液模锻电液锤为主机进行锻造，打击能量可以精确控制，生产工序可以程序化。该机采用整体 U 形机身，在打击过程中，机身刚度很大，加之采用导轨间隙很小的 X 形导轨结构，实现了锻件的精密化生产。数控全液压模锻电液锤配以合适的机器人自动上下料，即可实现自动化生产。C92K 系列数控全液压模锻电液锤主要参数表见 3-3-6。

图 3-3-21　C92K 系列数控全液压模锻电液锤

中机锻压 C88K 系列程控全液压模锻电液锤（16~160kJ 小到中型模锻电液锤）如图 3-3-22a 所示，其主要参数见表 3-3-7。CT88K 系列大型程控全液压模锻电液锤（200~500kJ 的大能量锤）如图 3-3-22b 所示，其主要参数见表 3-3-8。液压泵站通过平台安装在全液压动力头的两侧，既减少了锤击振动对液压系统的影响，又减少了高压管道的传输，减少了占地面积。

其独有的缸阀一体化技术（见图 3-3-23）克服了现有程控锻锤技术的缺点，有效地提高了锻锤打击能量控制精度、锻锤可靠性及能源利用率，其技术性能指标超越现有程控锻锤，具有国际先进水平。缸阀一体程控全液压模锻电液锤技术是将独特的筒式结构锥阀（打击阀）同轴安装于工作缸顶部，实现缸阀一体化，真正实现了无管化连接。垂直设置的锥阀可彻底避免单面磨损；筒式结构锥阀的密封更为可靠，可实现回程动能的吸收。

3.3.2　自由锻电液锤

国外的电液锤主要发展模锻锤，而自由锻锤仍然采用蒸汽或压缩空气作为动力。目前，国内自由锻锤主要分为电动空气锤、液压自由锻锤。电动空气锤的设备能力都较小，工作开间较小，最小为 9kg 锤，即落下部分质量为 9kg，打击能量为 0.53kJ；最大的为 2t 锤，即落下部分质量为 2t，打击能量为 154kJ。电动空气锤具有动作灵活，打击频次快，能自动连续打击，非常适合中小自由锻件的生产，所以数量最多。

我国的自由锻电液锤按驱动方式也可分为液气驱动和全液压驱动两种。全液压自由锻电液锤目前正在逐渐取代液气驱动自由锻锤；从结构上可分为单臂、双臂两种，设备规格大多为 1~15t。由于安装空间的限制，液压系统的集成化相对模锻锤困难；由于自由锻件产品的随机性多样性，锻锤控制方式大多采用手动伺服随动控制。代表性的产品是 C61（液气）、C61Y（全液压）系列单臂自由锻电液锤（见图 3-3-24）和 C66（液气）、C66Y（全液压）系列双臂自由锻电液锤（见图 3-3-25）。表 3-3-9 和表 3-3-10 列出了它们的主要参数。

表 3-3-6　C92K 系列数控全液压模锻电液锤的主要参数

参数名称		C92K-16	C92K-25	C92K-31.5	C92K-50	C92K-63	C92K-80	C92K-100	C92K-125	C92K-160	C92K-200	C92K-250	C92K-320	C92K-400
主参数	打击能量/kJ	16	25	31.5	50	63	80	100	125	160	200	250	320	400
	最大打击频率/min^{-1}	90	90	85	85	80	75	75	70	55	60	50	45	40
	锤头最大行程/mm	640	685	700	740	760	810	850	1000	1000	1100	1150	1150	1250
	锤头最小行程/mm	480	495	500	510	520	560	600	770	800	850	900	900	1000
重量	总重/t	28	39.3	47.8	78.5	95	120	148	190	265	290	330	410	465
	机身(砧座)/kg	17200	27300	34500	54000	70000	88000	115000	148400	164000	160000	200000	256000	320000
	锤头/kg	1080	1700	2100	3400	4350	5650	6900	8500	10000	12000	13000	14000	20000
尺寸	总高/mm	5080	5275	5630	6290	6650	7300	7740	8280	9150	10815	11500	11500	12000
	地面以上高/mm	4540	4570	4780	5185	5260	5910	6200	6470	7010	7400	7800	7800	8000
	地面以下高/mm	540	705	850	1105	1390	1390	1540	1810	2140	3415	3700	3700	4000
	机身底面(长×宽)/mm	1850×1200	2150×1400	2320×1500	2720×1760	2950×1880	3150×2050	3420×2500	3800×2800	4100×3100	4440×2900	4400×2700	4400×2700	4500×2600
工作空间	导轨间距/mm	520	608	664	766	800	850	850	1000	1070	1000	1000	1000	1200
	锤头深度/mm	470	550	595	695	750	800	900	1000	1100	1200	1200	1200	2000
	最小装模高度/mm	160	180	200	220	220	280	300	500	700	450	450	650	650
	最大装模高度/mm	320	370	400	450	460	530	550	730	900	700	700	900	900
	模座距地面/mm	700	700	700	700	700	700	700	700	680	700	700	700	700
流体参数	主油泵流量/(L/min)	160	240	240	240×2	240×2	2290×2	290×2	362×2	290×3	290×4	290×4	362×4	362×4
	油箱容积/L	1300	1600	1800	2400	2600	2900	3600	5500	6000	11000	11000	12000	15000
	液压系统最大压力/MPa	18	20	18	20	20	20	20	20	20	16	16	16	16
	蓄能器预充压力/MPa	12	12	12	12	12	12	12	12	12	11	11	11	11
	主电动机功率/kW	37	55	55	55×2	55×2	90×2	90×2	132×2	90×3	90×4	90×4	110×4	110×6
电制冷机	型号	DZL180PA	DZL240PA	DZL300PA	DZL400PA	DZL500PA	DZL600PA	DZL600PA	DZL800PA	DZL1000PA	DZL500PA×2	DZL500PA×2	DZL800PA×2	DZL1000PA×2
	制冷量/(kcal/h)	18000	24000	30000	40000	50000	60000	60000	80000	100000	500000×2	500000×2	800000×2	100000×2
接口参数	压缩空气压力/MPa	0.5	0.5	0.5	0.5	0.5	0.5	0.5	0.5	0.5	0.5	0.5	0.5	0.5
	压缩空气流量/(m^3/h)	30	30	30	30	30	30	30	30	30	30	30	30	30
	电源电压/V	380	380	380	380	380	380	380	380	380	380	380	380	380
	电源容量/kW	82	125	120	220	220	250	250	340	345	430	430	520	750
顶料站	电机/kW	11	15	15	15	15	22	22	22	22	22	22	22	22
	流量/(L/min)	40	40	40	40	40	60	60	60	60	60	60	60	60
	压力/MPa	18	20	20	20	20	28	28	28	28	28	28	28	28

a) C88K

b) CT88K

图 3-3-22　C88K 和 CT88K 系列程控全液压模锻电液锤（中机锻压）

表 3-3-7　C88K 系列程控全液压模锻电液锤的主要参数（中机锻压）

参数名称	型号								
	C88K-16	C88K-25	C88K-31.5	C88K-50	C88K-63	C88K-80	C88K-100	C88K-125	C88K-160
	参数值								
打击能量/kJ	16	25	31.5	50	63	80	100	125	160
导轨间距/mm	500	610	665	770	830	890	960	960	960
最小打击行程/mm	495	520	560	560	640	630	600	700	800
最大打击行程/mm	630	680	720	720	800	880	850	900	1000
最大打击频率/min^{-1}	95	90	90	80	80	80	75	70	65
锤头重量/kg	1150	1860	2300	3750	4530	5700	7000	8600	9800
落下部分质量/kg	1350	2100	2700	4200	5000	6300	8000	10000	11000
整机重量/t	26	42	52	82	104	123	156	195	245
主电动机功率/kW	30	55	55	2×55	2×55	2×90	2×90	2×110	2×132

表 3-3-8　CT88K 系列程控全液压模锻电液锤的主要参数（中机锻压）

参数名称	型号					
	CT88K-200	CT88K-250	CT88K-320	CT88K-400	CT88K-450	CT88K-500
	参数值					
打击能量/kJ	200	250	320	400	450	500
当量参数/t	8	10	13	16	18	20
导轨间距/mm	1000	1000	1100	1200	1300	1300
最大打击频率/min^{-1}	55	50	45	40	40	35
锤头重量/kg	10500	11500	13000	16000	18000	20000
落下部分质量/kg	12500	15000	17000	20000	22000	24000
整机重量/t	300	350	450	530	560	590
主电动机功率/kW	4×90	4×90	4×110	4×132	4×132	4×132

2015 年，由安阳锻压自主研发、设计、生产的首台全球最大规格的 18t 全液压自由锻锤在成都双流试制成功。该设备落下部分质量为 20t，是我国现有最大拱式自由锻锤，全行程满负荷打击频次达 $60min^{-1}$，可锻造最大工件 50t。采用全液压驱动技术，彻底解决了液气锤由于锤杆活塞上下腔油气互窜造成设备被动停机的问题。配置有人机交互界面，可以随时观察并自动记录设备工作时的各项参数，对有异常的数据进行提示、报警。

3.3.3　蒸汽-空气锻锤的改造

蒸汽-空气锻锤的改造指设备的机身、砧座部分不变，配制新的液压动力站及电气控制系统，甩掉原来的蒸汽-空气动力网，如图 3-3-26。电液锤的节能效果在 90%以上，国内以电液锤动力头改造蒸汽-空气锤的技术已趋于成熟。已有多家企业提供该项技术，如安阳锻压的 C86YT 系列和中机锻压的 CT88KA 系列。

液压动力头是电液锤最为关键的部件，高度集

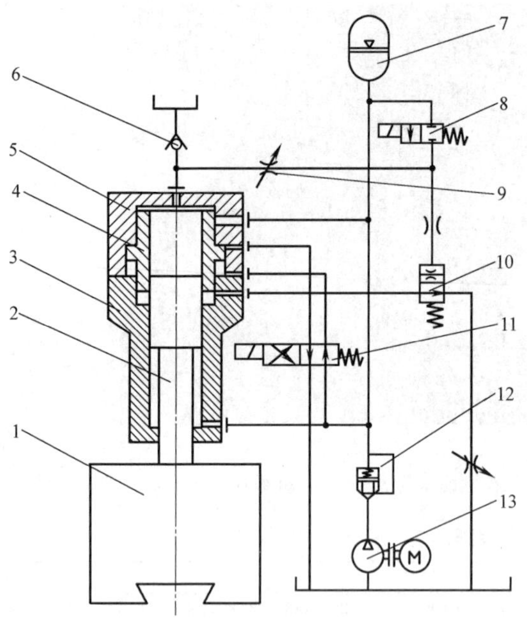

图 3-3-23　缸阀一体化技术

1—锤头　2—活塞杆　3—液压缸　4—阀芯　5—阀体　6—单向阀　7—蓄能器　8、11—电磁换向阀　9—液控节流阀　10—方向控制阀　12—二通阀　13—泵

成的液压动力头通过液压集成块将液压缸、主阀、蓄能器、液压控制元件与钢结构的油箱高度集成，实现无管化连接。中小吨位液压锤还集成了液压泵电动机。图 3-3-27 所示为安阳锻压全液压模锻锤的液压动力头。动力头主要由连缸梁、主缸、蓄能器、锤杆、主控阀、缓冲缸、缸衬、下封口、锤头等部分组成。连缸梁 1 是一箱体结构，作为工作时的暂存油箱，同时也作为主缸 2、蓄能器 3 和主控阀 5 等其他零部件的连接体。动力头中间为主缸，主缸 2 和缸衬 7 之间为连通油路，通过缸衬下部的油孔与活塞及下腔常通。缓冲缸 6 位于缸衬顶部，用于吸收锤头上升到顶时的动能。主控阀 5 安装在缓冲缸的顶部。主缸两侧装有蓄能器 3，蓄能器 3 的下部与系统油路常通。动力头由连接螺栓通过缓冲垫、预压弹簧固定在机身上。

图 3-3-24　单臂自由锻电液锤

图 3-3-25　双臂自由锻电液锤

表 3-3-9　C61Y 系列单臂全液压自由锻电液锤的主要参数

参数名称	型号							
	C61Y-30	C61Y-70	C61Y-105	C61Y-140	C61Y-175	C61Y-210	C61Y-245	C61Y-280
	参数值							
打击能量/kJ	30	70	105	140	175	210	245	280
落下部分质量/kg	1350	2600	3750	4400	5700	6600	7500	8000
最大行程/mm	1000	1260	1450	1450	1730	1800	1850	1900
打击频次/min^{-1}	80~160	75~120	65~100	60~95	50~95	45~90	45~85	40~75
主电动机功率/kW	55×2	55×3	55×4	55×5	55×6	55×7	55×8	55×9

表 3-3-10　C66Y 系列双臂全液压自由锻电液锤的主要参数

参数名称	型号							
	C66Y-35	C66Y-70	C66Y-120	C66Y-140	C66Y-175	C66Y-210	C66Y-245	C66Y-350
	参数值							
打击能量/kJ	35	70	120	140	175	210	245	350
落下部分质量/kg	1350	2600	3750	4400	5700	6600	7500	10000
最大行程/mm	1000	1260	1450	1450	1730	1800	1850	1950
打击频次/min^{-1}	80~160	75~120	65~100	60~95	50~95	45~90	45~85	40~75
主电动机功率/kW	55×2	55×3	55×4	55×5	55×6	55×7	55×8	55×10

图 3-3-26　蒸汽-空气锻锤的改造

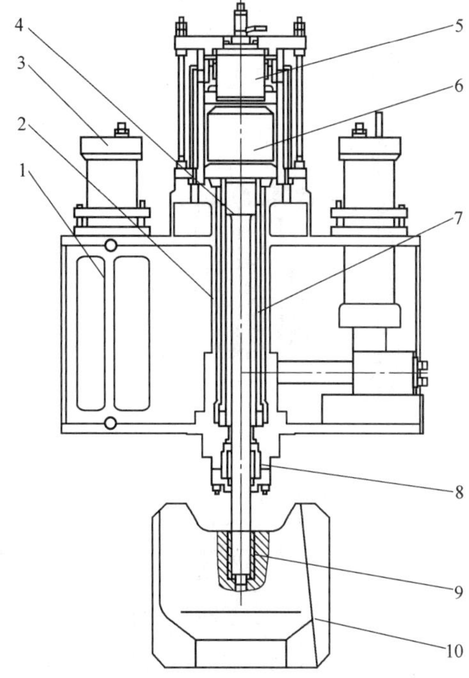

图 3-3-27　全液压模锻锤的液压动力头（安阳锻压）

1—连缸梁　2—主缸　3—蓄能器　4—锤杆　5—主控阀　6—缓冲缸　7—缸衬　8—下封口　9—锥套　10—锤头

由电动机驱动的液压泵向蓄能器及主缸中提供压力油，压力油的流量及方向由主控阀控制。工作中，锤杆活塞下腔常通压力油，锤头每完成一次行程后在压力油的作用下自动实现快速回程，不需要延时，可有效防止黏模，有利于延长模具寿命。

落下部分是由锤头、锤杆、锥套组成。锤杆与锥套依靠 1∶25 锥度的锥面连接。锤头、机身采用 X 形导轨（见图 3-3-28），合理增加锤头的导向长度，提高抗偏载、抗冲击性能，杜绝了导轨拉伤和卡锤现象，从而延长了锤杆寿命，提高了锻件精度。

锤头与锤杆根据摩擦学原理设计出的单锥钢套

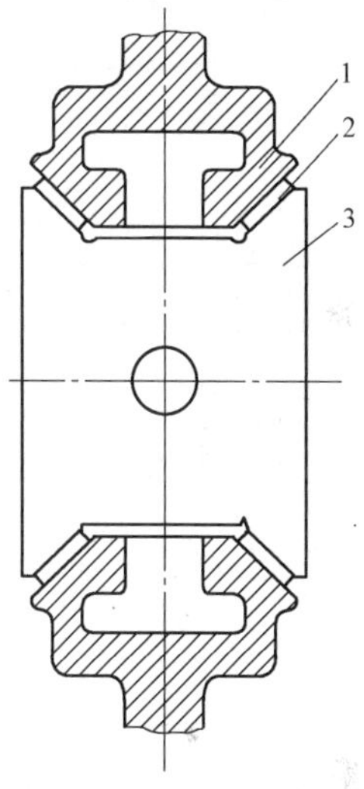

图 3-3-28　X 形导轨

1—机身　2—导轨　3—锤头

直插式结构连接，如图 3-3-29 所示。锤杆与锥套之

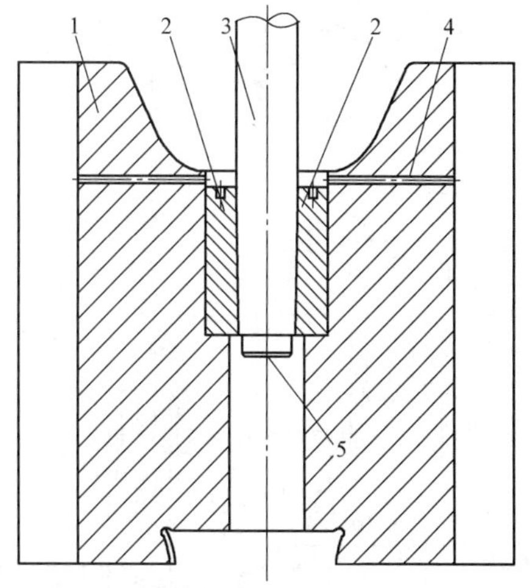

图 3-3-29　单锥钢套直插式结构

1—锤头　2—钢套　3—锤杆　4—排油口　5—镦锤杆用

间加装铜皮，锤头心部有拆卸孔，这样拆卸锤头时仅在中间孔内安装顶杆，锤头快速下落，就可拔出锤杆。液压动力头与锤头之间借助能承受弹性弯曲变形的锤杆连接，在导轨间隙内不可避免的颠覆运动、偏心载荷被锤杆柔性吸收。锤杆材料采用 40CrNiMoA 锻钢，热处理硬度为 32～38HRC，锤杆表面进行滚压处理，表面粗糙度值 Ra 达 0.4μm，活塞、锤杆同轴度≤ϕ0.02mm，延长了锤杆寿命。

液压站系统主要由动力源、冷却过滤系统、油箱、气瓶组、管路、润滑系统和管路支架、辅助液压泵等组成，设置有效监控报警装置（失压保护装置）。动力源由电动机、柱塞泵、卸荷阀等组成，冷却过滤系统由油冷机、管路过滤器等组成。

随动控制的电液锤液压站一般设置在泵房内，并通过管道与液压动力头连接，如图 3-3-30 所示。

为减少沿程压力损失，提高响应速度，减少发热，提高安全性，程控电液锤液压站一般采用与动力头高度集成顶置安装（见图 3-3-31）或在动力头两侧顶置安装（见图 3-3-32）。一般情况下，在动力头两侧顶置安装适用于 125kJ（5tf）以上规格的模锻电液锤。

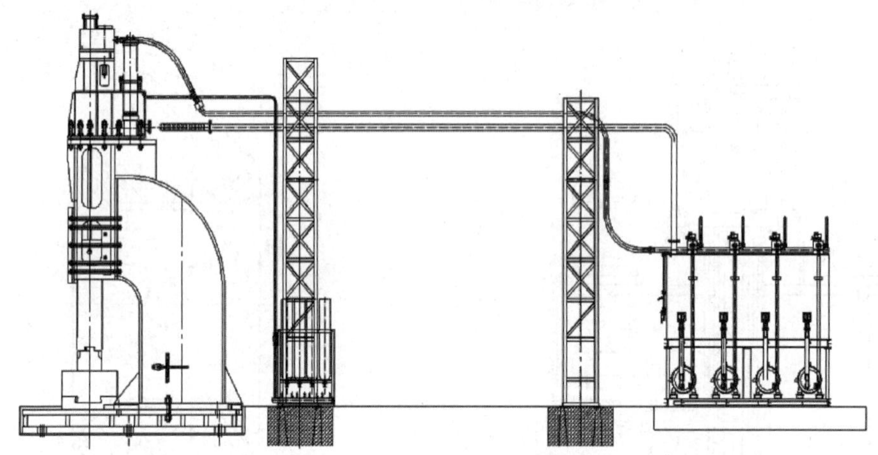

图 3-3-30　随动控制的电液锤液压站

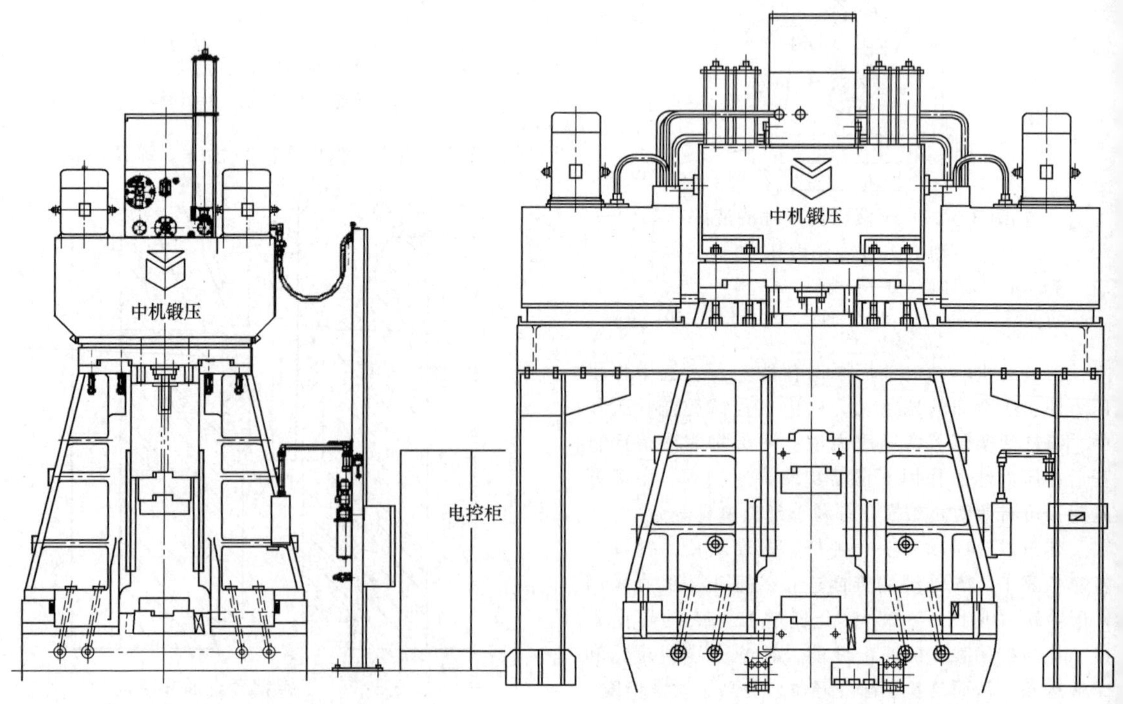

图 3-3-31　动力头高度集成顶置安装　　图 3-3-32　动力头两侧顶置安装

3.4　液压模锻锤

3.4.1　工作原理和特点

液压模锻锤指液气驱动或全液压驱动的无砧座锤，以活动的下锤头代替固定的砧座。落下部分在气压或液压与自重的双重作用下加速向下运动时，下锤头借助连接机构（钢带或液压装置）加速向上运动，从而实现上下锤头对击，使锻件产生塑性变形。

对击锤的规格用打击能量表示。打击能量等于上、下锤头对击时动能之和。在打击瞬间保持上、下锤头的动量相等是对击锤设计的基本原则，即

$$m_1 v_1 = m_2 v_2 \qquad (3\text{-}3\text{-}1)$$

一种新型设备的应用和发展，必有其特点，液压模锻锤也是如此。与蒸汽-空气模锻锤、高速锤和有砧座电液锤相比，液压模锻锤具有如下优点：

1）液压模锻锤能量利用率高，可以节约能源。与蒸汽-空气模锻锤不同，液压模锻锤采用液压或液气驱动。在采用液气驱动的情况下，工作前向锤的工作气缸一次性充入定量的压缩空气（或氮气），工作期间并不向外排气，通过液体压力的改变，使定量封闭的气体进行反复地压缩蓄能、膨胀做功。输入的是液体压力能，得到的是气体膨胀功并转变为打击能量。液压模锻锤的主要能源消耗是电动机消耗的电能，因此它的能量有效利用率比蒸汽-空气模锻锤高得多。据有关资料表明，我国自主开发研制的 C83 系列 25kJ、50kJ、75kJ、125kJ 液压模锻锤的能耗，只是相当能量 10kJ、20kJ、31.5kJ、50kJ 蒸汽模锻锤的 1/24、1/17、1/15 和 1/13.3。

2）液压模锻锤简化了动力源装置，可以节约投资。液压模锻锤的动力源装置是电动机、液压泵及液压传动系统。液压系统自成一个集成体系，与锻锤配合紧凑，而且也不复杂。工作前，向气缸进行一次充气只需一台小型充气设备或气瓶，既不需要蒸汽-空气模锻锤所必需的大型动力设备（锅炉或空气压缩站），又可以使用户安装方便，快速投入使用，且占地面积小，从而节约了投资。

3）液压模锻锤不需要很大的砧座，机器重量轻，仅为相同打击能力有砧座锤的 1/3~1/2。

4）采用对击式结构的液压模锻锤，可减少振动，从而减少地基投资。

不管是上、下锤头对击式或是锤身微升与锤头对击式的液压模锻锤，均不需用庞大的基础，因为对击式锤的一个主要优点就是在很大程度上消除了锻锤的强烈振动，既可以改善劳动条件，又节约了基础费用。砧座微动式液压模锻锤的基础仅为普通蒸汽-空气模锻锤基础重量的 1/4 左右。由于对击，液压模锻锤还提高了打击效率。

由于使用高压液体和具有一定压力的气体，因此对锤的制造精度和密封程度要求较高。例如，集成后的液压系统若加工精度不高或密封不好，就会出现漏油现象。液压锤在工作中，液压设备的维修工作要比蒸汽-空气模锻锤细致、复杂。此外，液压模锻锤需要适合其工作特性的液压元件来配套，如质量高、动作迅速可靠的液压阀及可靠的密封件等。

3.4.2　结构与参数

1. 国外液压模锻锤

液压模锻锤的共同特点是：采用液压或液气联合驱动，打击行程中，在上锤头下落的同时，下锤头（或锤身）上跳与上锤头实现悬空对击，这不仅吸取了蒸汽-空气模锻锤、对击锤和高速锤的优点，又在一定程度上克服了它们的缺点。在这一类锤中，Lasco 公司的 GH 型无砧座液压模锻锤和捷克 SMERAL 工厂的 KJH 系列、KHZ 系列锤身微升式液压模锻锤，具有一定的先进性和代表性。

Lasco 公司自 1952 年生产第一台液压模锻锤以来，一直致力于液压模锻锤的研究，其代表产品是 GH 型无砧座液压模锻锤。其主机包括机身部分、工作部分、驱动装置和操纵控制系统 4 大部分。机身部分主要包括底座、侧架和上梁，全部采用铸钢件或焊接件装配而成。工作部分又称运动部分，主要包括上锤头、锤杆、下锤头和上、下模块，锤杆导向长且安全。为了防止锤杆断裂、液体外流这一情况的发生，锤杆导向处装有自动闭锁装置。驱动装置，即液压动力头，通过隔振装置安装在机身上。动力头中装有油箱和全部液压系统，电动机通过挠性联轴节驱动轴向柱塞泵，液压泵泵出的压力油驱动液压锤工作。动力头内装有油温自动检测和控制装置，油液循环系统中装有过滤装置。操纵控制系统采用控制面板和脚踏板联合操作，可以实现电动机空转、单打、连打及程控连打等动作，并且可实现打击能量的程序控制。除此之外，还有锤头锁紧装置、导向装置、润滑系统和安全的顶出装置等。

图 3-3-33 所示为 GH 型无砧座液压模锻锤的工作原理。下锤头下方装有两个密封气垫 2，气垫内充有一定压力的气体，其作用力足以支承锤身并能使之产生加速运动。锤上方的驱动系统中有 3 个液压缸 1，当打击行程开始时，主阀使压力油进入中间缸上腔，中间缸的下腔液体进入两侧缸下腔，两侧缸上腔卸压。上锤头、锤杆等运动体在中间缸上腔液体压力作用下向下打击。与此同时，两侧的顶杆退回，下锤头在气垫中的气体压力作用下上跳与上锤头实现对击。打击完成后，主阀使两侧缸上腔进油，中间缸上腔排油，上锤头回程，两侧顶杆下压锤身

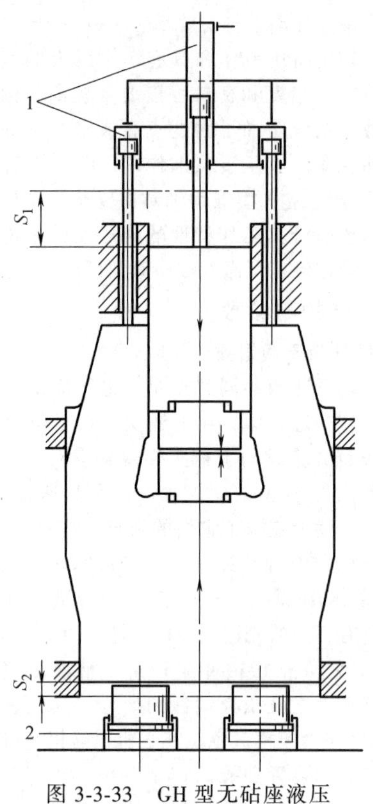

图 3-3-33 GH 型无砧座液压模锻锤的工作原理

1—液压缸 2—气垫 S_1—上锤头行程 S_2—下锤头行程

回程，气垫中的气体压缩蓄能，同时气垫也起缓冲和减振作用，使下锤头能平稳复位。气垫中无气体消耗，若有泄漏现象，用一台小型空气压缩机便可补充。

GH 型无砧座液压模锻锤的规格为 63～400kJ，加上能实现打击能量的程序控制，因此可作为大批量锻造生产线上的主要设备，并与热模锻压力机的锻造生产线竞争市场。表 3-3-11 列出了 GH 型无砧座液压模锻锤的主要参数。

国外另一种比较有代表性的液压模锻锤是捷克 SMERAL 工厂生产的 KJH 和 KHZ 系列液压模锻锤，它利用高速锤封闭气缸中气体膨胀做功的优点，甩掉动力站，结构上锤身向上微动与锤头实现对击。打击速度与普通蒸汽-空气模锻锤一致，可以说集中了各种锤的优点。推出之后大受欢迎，很快形成系列产品，打入了国际市场。

该锤在锤身顶部的气缸中充有 0.6MPa 的压缩空气。打击时，锤头在压缩空气的作用下加速，在锤头向下加速的同时，通过机器两侧杠杆机构、液压联动器和气缸内气体压力的反作用，使锤身向上运动，在动量相等的条件下实施对击。打击完成后，锤身内左右两回程缸进入高压液体，在液体压力的作用下，通过顶杆推动锤头回程，重新将气缸中的空气压缩蓄能。同时锤身也在部分自重作用下复位，它的大部分重量由平衡器平衡。

表 3-3-11 GH 型无砧座液压模锻锤的主要参数

参数名称	型号								
	GH 630	GH 800	GH 1000	GH 1250	GH 1600	GH 2000	GH 2500	GH 3200	GH 4000
	参数值								
打击能量/kJ	63	80	100	125	160	200	250	320	400
下锤头最大行程/mm	100	105	125	125	135	140	145	145	150
上锤头最大行程/mm	430	440	495	500	535	540	550	565	575
最大打击频率/min^{-1}	50	45	45	40	40	36	36	32	28
不含燕尾最大模具高度/mm	450	500	550	620	700	760	820	880	960
不含燕尾最小模具高度/mm	300	320	340	370	400	440	490	570	620
锤头深度/mm	750	900	1000	1100	1200	1250	1400	1600	1800
导轨间距/mm	660	710	770	830	900	970	1040	1130	1220
机身底面宽度/mm	2440	2800	3000	3200	3420	3800	4200	4500	4900
机身地基深度/mm	1400	1520	1650	1800	1900	2100	2400	2600	2900
地面到砧座上表面高度为 700mm 时，地面以上高度/mm	5100	5700	6000	6200	6400	6900	7500	7800	8400
总重量/t	46	57	73	89	112	142	178	240	320
主电动机功率/kW	2×45	2×55	2×75	2×90	2×110	2×145	2×160	2×200	4×145

KJH 系列锤身微升式液压模锻锤克服了有砧座锤的固有缺点，振动小，对环境影响小，对地基无特殊要求。该系列锻锤的重量仅为同等工作能力蒸汽-空气模锻锤重量的 40%～50%，锤头导向好，可用于偏心锻造；不仅可用于普通锻造和校正，而且可用于精密模锻；既可作为单机使用，又特别适合在模锻生产线上作为主机使用。

在 KJH 系列液压模锻锤长期使用的基础上，经过一系列改进，SMERAL 工厂又发展了 KHZ 型锤身微升式液压模锻锤，并系列生产，成功地用于锻造生产线，取得了良好的经济效益。

KHZ 型锤身微升式液压模锻锤由锤本体 1、压缩空气分配器 2、控制柜 3、液气管路 4 和液压驱动装置 5 等组成，如图 3-3-34 所示。与 KJH 系列液压模锻锤相比，改进后的 KHZ 系列液压模锻锤有如下特点：

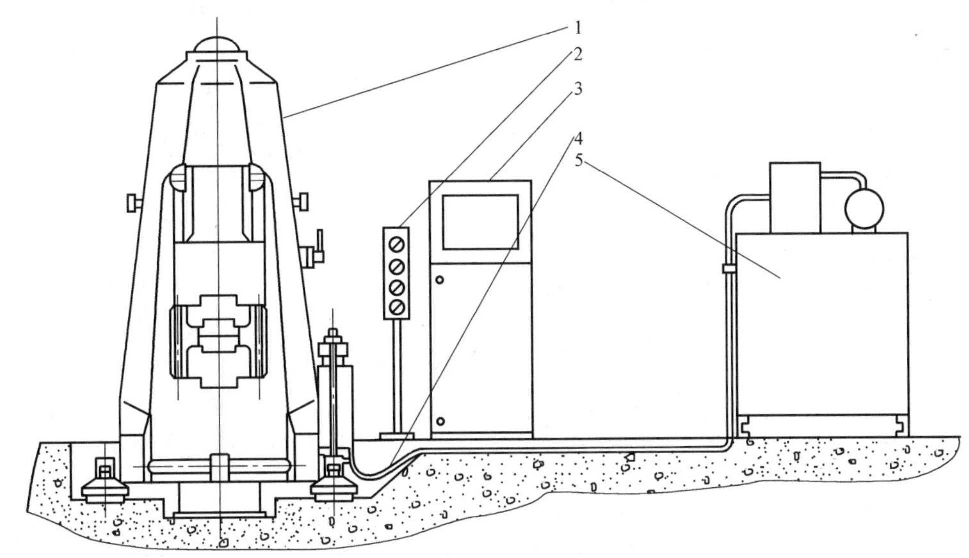

图 3-3-34　KHZ 型锤身微升式液压模锻锤
1—锤本体　2—压缩空气分配器　3—控制柜　4—液气管路　5—液压驱动装置

1）提高锻造精度。影响模锻件质量的因素很多，有模具的精度、锻造温度等，但主要影响因素是活动的锤头在锤身中的导向精度。KJH 系列液压模锻锤采用二分式锤身，两部分靠拉杆楔连接，而 KHZ 系列改成了整体闭式锤身，提高了锤身刚度和锻造精度。为了防止长期工作导向面磨损，锤身与锤头之间的导向装置采用楔形可调导轨，导轨间隙调整范围为 0~2mm。4 条导向面呈放射线分布，消除了由于温度的改变对导向间隙的影响，这些都有利于提高锻造精度和锻件质量。

2）锤身下方安装气垫。锻锤打击能量为打击时锤头与锤身动能之和，两者均来自气体膨胀功，KHZ 系列液压模锻锤在锤身下方装有一个空气垫，其中充有压缩空气，使气垫作用力平衡锤身重量的 80%左右，这样在打击行程中，气垫中气体膨胀做功推动锤身上跳，减少了为加速锤身运动而消耗的锤头动能，但锤身的运动仍依赖于联通油路，因此能保证打击时上、下运动体动量相等。回程时，锤身重力势能的一部分变成气垫中气体的压缩功，以备下一次打击用，并使锤身能平稳地复位。

3）采用开式液压回路。KJH 系列液压模锻锤采用闭式液压回路，而 KHZ 系列液压模锻锤改成了开式液压回路，这简化了液压系统，改善了油路的工作条件。为提高系统工作可靠性，保护液压元件，系统中装有油液温度、油箱中油面高度及主油路和顶出器油路的检测装置。

4）采用一体控制结构。控制锤身与锤头同步打击运动的液压联动器和打击控制阀，由原来 KJH 系列液压模锻锤的两套改为一套，既避免了两套时可能出现的不同步现象，又能使结构紧凑。

此外，KHZ 系列液压模锻锤降低了打击速度（约为 6m/s）；在不影响工人操作的条件下，锤身的上跳量稍有增加；为确保更换、调整和模具维修时的安全，在锤身立柱内安装了一套锤头的机械锁紧装置。

为了延长模具寿命，满足精密模锻工艺和生产自动化的要求，KHZ 系列液压模锻锤装有特殊的顶料装置，在每次打击完成后将锻件顶离下模，又在下一次打击前复位。最后一锤锻件成形后，才将锻件顶到最上位置，并停留一段时间，以便机械手取走锻件。

KHZ 系列液压模锻锤有可靠的程控能量预选装置，能根据工艺要求按预选的能量进行单锤锻造，也可按新编排的程序进行多锤锻造。程控系统能保证按预选的不同能量连打 8 锤。

所有这些，都扩大了锻锤的使用范围，使它适用于各种批量生产的锻造车间，特别适于作为机械化、自动化锻造生产线上的主要设备。表 3-3-12 列出了 KHZ 系列液压模锻锤的主要参数。

表 3-3-12　KHZ 系列液压模锻锤的主要参数

参数名称	型号			
	KHZ2A	KHZ4A	KHZ8A	KHZ16A
	参数值			
打击能量/kJ	20	40	80	160
模具尺寸/mm（前后×左右）	250×440	300×570	342×670	460×1000
模具最小高度/mm	250	350	400	500
锤头最大行程/mm	400	500	600	800
打击频率/min^{-1}	20	18	16	14
机身底面宽度/mm	3100	3100	3500	4500
机身地基深度/mm	2300	2300	2500	3500
高度/mm	3100	3600	3900	4500
主电动机功率/kW	30	55	110	160

国外另一种有代表性的对击锤是 Schuler 公司的等质量对击液压模锻锤（见图 3-3-35），这种对击锤采用上下锤头质量相等、速度相等的方式，其工作原理如图 3-3-36 所示。上、下锤头用液压耦合的方式连接在一起，上、下锤头质量近似相等，而且在工作中上锤头的下击速度和下锤头的上跳速度相等，这样的结构使得锤身有较大的操作空间。这种锤最大做到了 400kJ，其主要参数见表 3-3-13。再大的锤，依然采用空气锤来完成，最大做到了 1400kJ。等质量对击液压模锻锤属于中等能量锤，运用比例控制技术、精确的油温平衡使得能量始终得以精确控制，并相应延长了液压油的使用寿命。驱动装置、紧凑的阀块设计通过隔振装置安装在机身上。

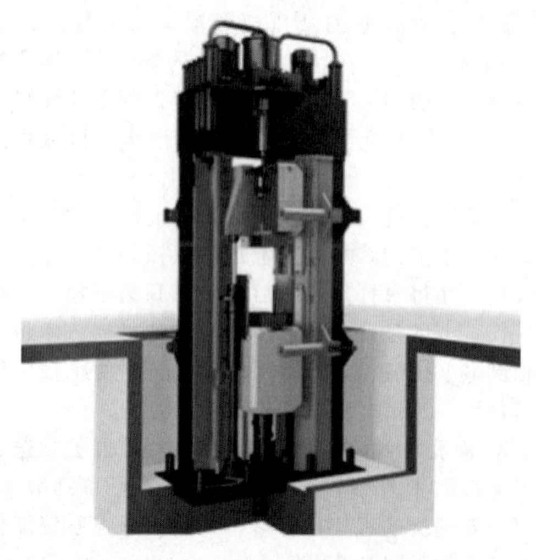

图 3-3-35　HG 型等质量对击液压模锻锤

对击锤的结构设计上采用宽的安装空间和大的

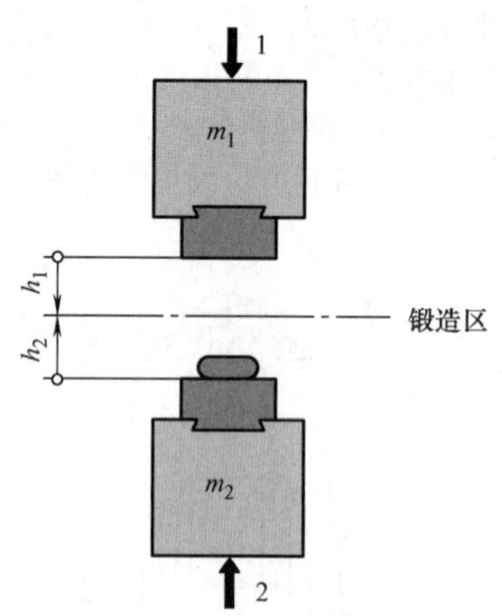

图 3-3-36　HG 型等质量对击液压模锻锤的工作原理

模具行程，可以安装长、宽和高尺寸较大的模具（锤头）。相对较低的锤头速度和锤头设计获得了较高的操作可靠性，使得锤头使用寿命延长，且不必拆卸机身即可更换锤头。

表 3-3-13　HG 型等质量对击液压模锻锤的主要参数

参数名称	型号				
	HG16	HG20	HG25	HG315	HG40
	参数值				
打击能量/kJ	160	200	250	315	400
最大打击频率/min^{-1}	50	50	50	45	45
最大行程/mm	745	840	840	910	960
锤头深度/mm	1450	1600	1750	1800	2150
导向宽度/mm	1100	1200	1300	1350	1500
最大模具高度/mm	630	710	710	800	900
总重量/t	133	161	203	255	322

由于上、下锤头质量相当，对地基的振动被消除。与有砧座锤和其他上下锤头不等质量的锤相比，地基费用显著降低。因此，大多数对击锤使用不需要隔振装置的地基，也特别适合长轴类件，如曲轴等锻件的生产。

2. 国内液压模锻锤

我国对液压模锻锤的研制起步较晚，始于 20 世纪 70 年代，但吸收了国外液压模锻锤设计、制造的成功经验，且具有自己的特色，取得了一定的成绩，先后制成了 16kJ、25kJ、50kJ 、63kJ 等不同规格、不同型式的液压模锻锤。

20 世纪 70 年代末，太原重型机械学院、济南铸锻研究所和吉林工业大学等单位的研究人员吸收了国外先进技术，成功地研制了 63kJ、100kJ 和 25kJ 等规格的液压模锻锤，为我国液压模锻锤的研究和发展做了很多开拓性的工作。但第一代液压模锻锤的研制，由于受液压元件和电器控制元件发展的制内，仍存在许多问题需要完善；在结构和原理上也存在一些有待改进的地方。为了保证液压模锻锤良好和健康地发展，国家颁布了砧座微动型液压模锻锤的基本参数（JB/T 3582—1999）（见表 3-3-14）。

表 3-3-14　砧座微动型液压模锻锤的基本参数（JB/T 3582—1999）

打击能量 E/kJ		2.5	3.15	4	5	6.3	8	10	16	25	40
打击行程 S /mm		450	475	500	530	560	595	630	710	800	900
导轨间距 B/mm		520	550	580	610	650	700	730	810	1000	1200
锤头下平面长度 L/mm		450	500	600	700	750	800	900	1200	1600	2000
最小模具高度 H/mm		250	265	280	300	320	350	370	410	460	520
砧座上跳量 S_1/mm		40~150									
打击次数/（次/min）	直接传动	70	70	60	60	50	50	45	40	35	30
	组合传动/（S/次）							30/1.2	25/1.3	20/1.5	15/2.0

注：1. 推荐所用氮气或压缩空气压力（p）为 0.6~1MPa。
2. 推荐膨胀比 $\Delta V/V$=0.25~0.35。
3. 推荐打击速度 v 为 6~8m/s。

为了解决第一代液压模锻锤存在的问题，使它在生产中发挥更大的作用，太原科技大学（原太原重型机械学院）与安阳锻压机械工业有限公司（原安阳锻压设备厂）、长治钢铁（集团）锻压机械制造有限公司（长治锻压机床厂）联合开发了 6.3kJ、10kJ、25kJ 等规格的液压模锻锤新产品。

新开发的液压模锻锤采用液气驱动，液压联动，下锤头（或锤身）微动上跳与上锤头对击的结构形式。采用液气驱动，简化了动力源，提高了能量利用率，与蒸汽驱动锻锤相比，节能 85% 以上；采用对击式的结构形式，省去了庞大的砧座，减轻了机器总重，并可节约大量原材料；由于对击，减少了对地基的振动，可降低基础、厂房的投资，再加上工作期间不排气、噪声低，因此有利于改善锻造车间的工作环境。该系列液压模锻锤的液压驱动系统采用插装阀集成开式液压回路，系统工作可靠，动态响应灵敏。设计有按钮控制、脚踏板控制和 PLC 控制器相结合的控制形式，可供操作者选择。由于能够实现锻锤打击能量的程序控制，因此有利于实现锻造生产的机械化和自动化。

我国目前发展的对击液压模锻锤主要有两种结构形式；一种是锤身微动型液压模锻锤，另一种是下锤头微动型液压模锻锤。它们工作原理的共同特点就是利用液压回程蓄能、气体膨胀做功，在上锤头向下打击的同时，通过联通油路驱动下锤头或锤身向上运动，与上锤头实现对击。下面就分别介绍它们的工作原理和结构形式。

（1）锤身微动型液压模锻锤　锤身微动型液压模锻锤将工作缸部分与运动的锤身连成一体，打击时随锤身一起上跳。其结构和工作原理如图 3-3-37 所示。工作缸上腔为气缸，内部充有压缩空气或氮气，当高压液体进入回程缸时，驱动活塞、锤杆和锤头向上运动，并使上腔气体压缩蓄能；当液压缸液体排出时，气体膨胀做功，推动锤头系统向下打击，并通过联通油路将液体排至下方联动缸，锤身系统（包括工作缸部分）在联通油压和下方气垫的联合作用下微动上跳，与锤头系统实现对击。

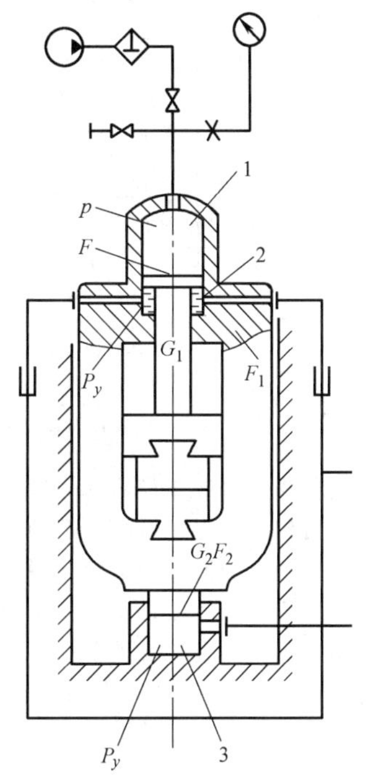

图 3-3-37　锤身微动型液压模锻锤的结构和工作原理
1—工作缸　2—回程缸　3—联动缸

锤身微动型液压模锻锤具有以下特点：

1）一缸多用。工作缸既是气缸又是回程缸，同时还采用了单缸式联动缸，这可使结构紧凑，又避免了采用双缸时可能出现的不同步现象。

2）空心锤杆。锤杆做成中空的，这样可增加气室容积，在满足强度要求的前提下可减小锤杆重量，使锤头系统的重量更多地分配在锤头上；在导轨间距和锤头前后长度相同的情况下，增加了锤头高度和导向长度。当偏心锻造时，可以改善锤头系统的受力情况。锤杆与锤头之间采用球铰连接，这对于改善锤杆的受力，提高锤杆导向精度和密封性能都有利。

3）锤身采用铸钢结构。在打击过程中，作用在锤身上的打击力由锤身的惯性力来平衡，所以从力学角度出发，按等强度结构要求，锤身做成上轻下重，有利于改善受力情况，提高结构强度和整体刚度。

4）打击时，锤头与锤身系统形成封闭力系，这样减少了对地基的冲击和振动，减轻外框架受力状态，同时提高了锻造精度。

5）采用气垫结构。该系列液压模锻锤在锤身下方安装了两个气垫，消除了回程时锤身对底座的冲击和振动，同时减少了打击时的联通油压，能量利用率提高了 11%。

25kJ 锤身微动型液压模锻锤的工作原理如图 3-3-38 所示。

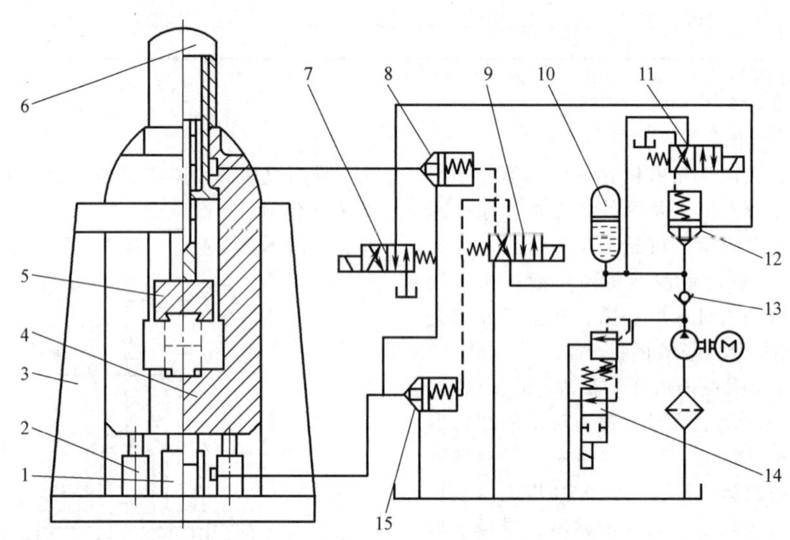

图 3-3-38　25kJ 锤身微动型液压模锻锤的工作原理

1— 联通缸　2—缓冲缸　3—机身　4—锤身　5—上锤头　6—气缸　7、9、11—电磁换向阀　8、12、15—插装阀　10—蓄能器　13—单向阀　14—电磁溢流阀

(2) 下锤头微动型液压模锻锤　锤头与锤身对击的结构形式有许多优点，但由于运动系统质量比较大，对于较大吨位的液压模锻锤来说，锤身质量较大，给加工、安装、运输都带来些困难。若采用组合式锤身则又带来了连接处的防松问题，同时还必须慎重考虑上、下联通油路上的活动接头设计问题。为解决这些问题，提出了采用上、下两锤头对击的结构形式。

太原科技大学与合作单位共同开发的新型 6.3kJ、25kJ 液压模锻锤便采用了上、下两锤头对击的结构形式。

对于液压模锻锤来讲，总的要求是，既要在经济上考虑节能，又要在技术措施上力求减振，以发挥砧座微动型液压模锻锤的基本特点。根据上述要求，所采用的具体实施方案是：

1）采用气-液联合驱动。这种驱动方式可以发挥液体、气体两种工作介质各自的特性，并使驱动系统容易安排。

2）采用上、下两锤头系统对击。上锤头系统行程大，下锤头系统微动上跳与上锤头系统对击，而且上锤头在下锤头的 U 形部分中导向，以保证模锻精度。两锤头对击式和锤头与锤身对击式相比，主要是简化了下运动体的较复杂的结构及改善其受力情况，能使不必随下运动体一起上跳的工作缸部分安装在固定的外框架上，从而相对地简化了液压系统油路与工作缸油腔连接上的复杂性。

3）上下锤头系统的同步运动采用液压联动。上锤头系统接受气体膨胀功而加速运动，为对击体系的主动件；下锤头的上跳运动依赖于上锤头运动，并通过液压联动来实现，因而下锤头系统是对击体系的从动件。正确设计工作缸油腔与联通缸油腔的有效截面积比，以确保上、下运动体的行程比、速度比，以及打击时上、下运动体运动的同步性，并可满足对击时上、下运动体的动量相等的条件，以提高打击效率。

4）机器几何形状力求简单。在保证构件强度、刚度和机器工作性能的前提下，机器的几何形状力求简单、制造方便。

下面以 1000J 液压模锻锤为例，分析上、下锤头对击式液压模锻锤的工作原理和结构特点。

图 3-3-39 所示为 1000J 上、下锤头对击式液压模锻锤的结构。工作缸（既是工作气缸，又是回程缸）固定装在外框架上。上腔是气室，工作前一次性充入压力为 0.6MPa 的压缩空气，当下腔通入高压液体时，高压液体推动活塞、上锤头向上运动，同时压缩气体蓄能；当下腔既不进液也不排液时，锤头在上腔气体压力、下腔液体压力、自身重力和摩擦力等综合作用下悬在上方；当操纵控制机构使回程缸的液体排出时，锤头便在气体压力作用下向下打击，与此同时，回程缸的液体通过联通管路排至下方联通缸。下锤头便在联通缸内液体压力和缓冲器的缓冲力联合作用下上跳，与上锤头实现对击。由于下锤头与上锤头的质量比为 5∶1，所以下锤头上跳行程只是上锤头行程的 1/5。

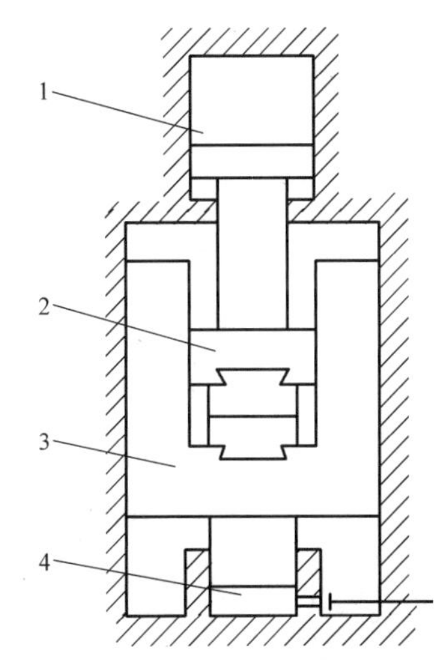

图 3-3-39　1000J 上、下锤头对击式液压模锻锤的结构

1—工作缸　2—上锤头　3—下锤头　4—联通缸

上、下锤头对击式结构具有如下一些特点：

1）由于这种结构的下锤头质量与上锤头质量比 γ（即 $m_2:m_1$）较小，因此相对减小了下锤头的重量，给加工、安装运输带来了方便。由于液压模锻锤的工作行程一般较蒸汽-空气模锻锤小，再加上下锤头的上跳量只是上锤头行程的 $1/\gamma$，所以工人操作起来比较方便。

2）由于回程缸和联通缸均固定在不动的机身上，工作期间无须运动，因此无须在联通油路上设置活动的连接装置或高压软管，既减少了漏油的可能性，又节省了加工维修的工作量。

3）锻锤工作时，上锤头在 U 形的下锤头中导向，下锤头在机身内导向，因此可以保证锤头、锤身与对击式液压模锻锤具有相同的导向精度和锻造精度。但是，从整体刚度出发，上、下锤头对击式液压模锻锤要求有一个刚度较大的机身。

与有砧座锤相比，对击液压模锻锤的最大的优点是设备对基础没有冲击振动作用，不足的是操作不便且抗偏击能力差等，所以仅用于模锻工艺。常用于回转体零件或对称类杆形件，如齿轮坯、航空发动机蜗轮盘、大型叶片等的锻造。

我国等质量对击液压模锻锤的代表产品是江苏百协精锻机床有限公司生产的 CDKA 系列程控对击液压模锻锤，其对击锤对击系统采用焊接结构件机身，可调整的放射形宽导轨结构，导轨单面间隙可精确到 0.2mm，特别适合于精密锻造；上下锤头在机身内等行程等能量相对运动，上、下锤头质量比为 1∶1，上、下锤头在机身内通过一组联动缸实现联动，在液压动力系统的驱动下实现悬空对击。联通缸采用独立的液压系统，当联通缸出现泄漏时，液压系统可以实现自动补油。其结构如图 3-3-40 所示。CDKA 系列产品包括 160～400kJ 对击液压模锻锤，其主要参数见表 3-3-13。

CDKA 系列程控对击液压模锻锤控制系统通过触摸屏实现人机对话、工作状态显示及常见故障显示，通过 PLC 实现打击能量控制及程序控制。

CDKA 系列程控对击液压模锻锤具有以下特点：

1）高度节能。采用液压传动，能源利用率可达 65%，打击效率可达 95%。

2）高精度。采用较高刚度焊接结构件机身、可调的放射形宽导轨结构，均给精密锻造创造了先决条件；打击能量的精确控制、程序打击的实现，可避免由于操作者技术水平的差异造成产品质量的不稳定。

3）基本无振动。上下锤头等能量相对运动，机身下面是混凝土基础块，在混凝土基础块安装有隔振器，打击时锻锤对厂房基础不形成冲击，彻底解决了锻锤工作时对基础的冲击振动问题。

4）相对投资少。对厂房的抗震要求也大为降低。与同吨位的有砧座锤相比，CDKA 系列数控对击液压模锻锤设备及基础投资大约可减少 1/4；如果考虑新建厂房，由于抗震要求降低，总投资大约可减少 30%。

5）使用成本低。打击能量的有效控制足以满足锻件成形需要的能量但不多给，不仅可以减少振动、降低噪声、提高设备可靠性，而且可以大大延长模具的使用寿命。

其工作原理如图 3-3-41 所示。打击时，由脚踏开关发信给 PLC，打击阀 Y1 得电，使先导阀换向、主阀换向实现无杆腔进油，使上锤头向下运动；通过联通缸使下锤头向上运动，实现对击。打击能量

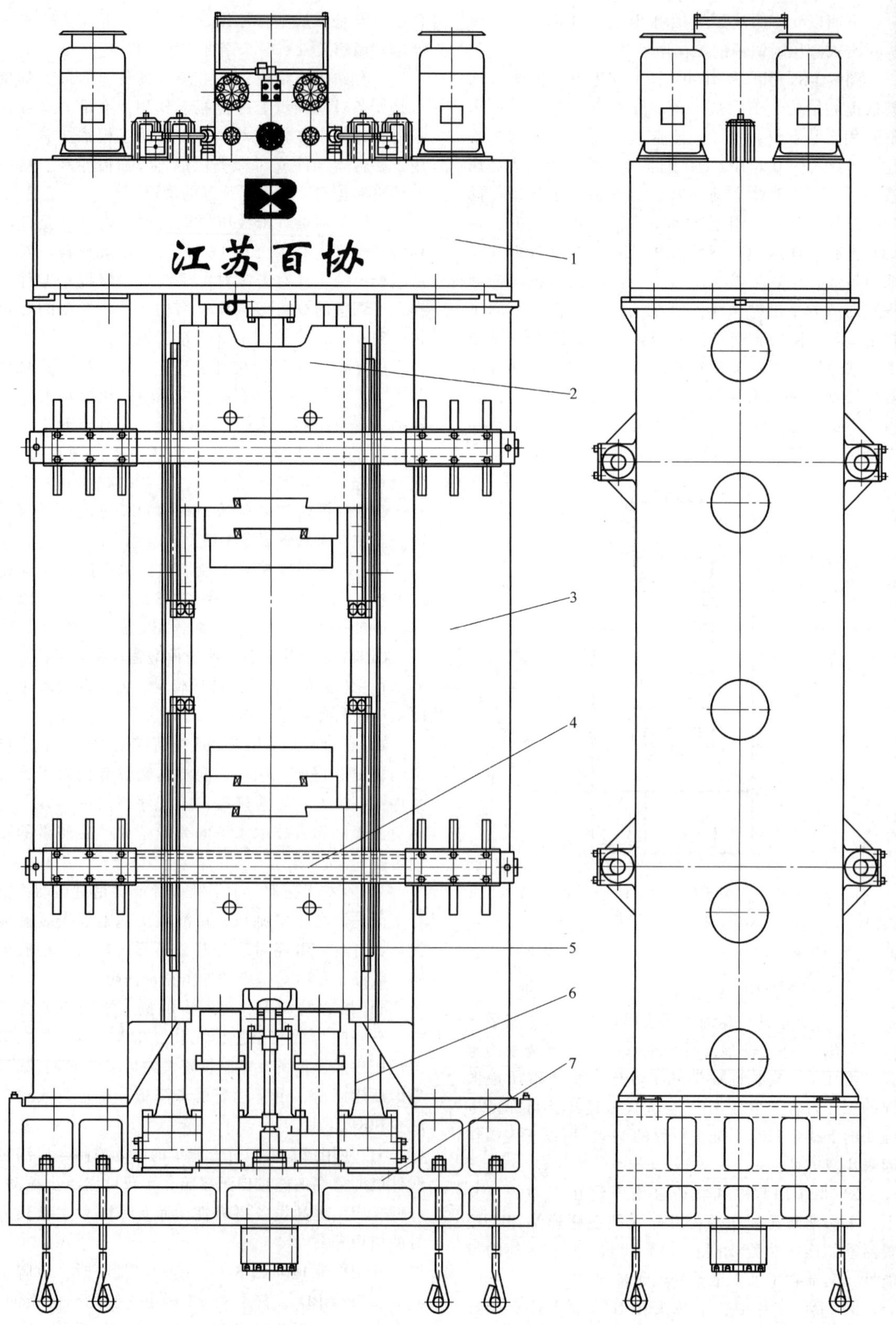

图 3-3-40　CDKA 系列程控对击液压模锻锤的结构

1—液压动力头　2—上锤头　3—锤架　4—拉杆　5—下锤头　6—对击液压缸　7—底座

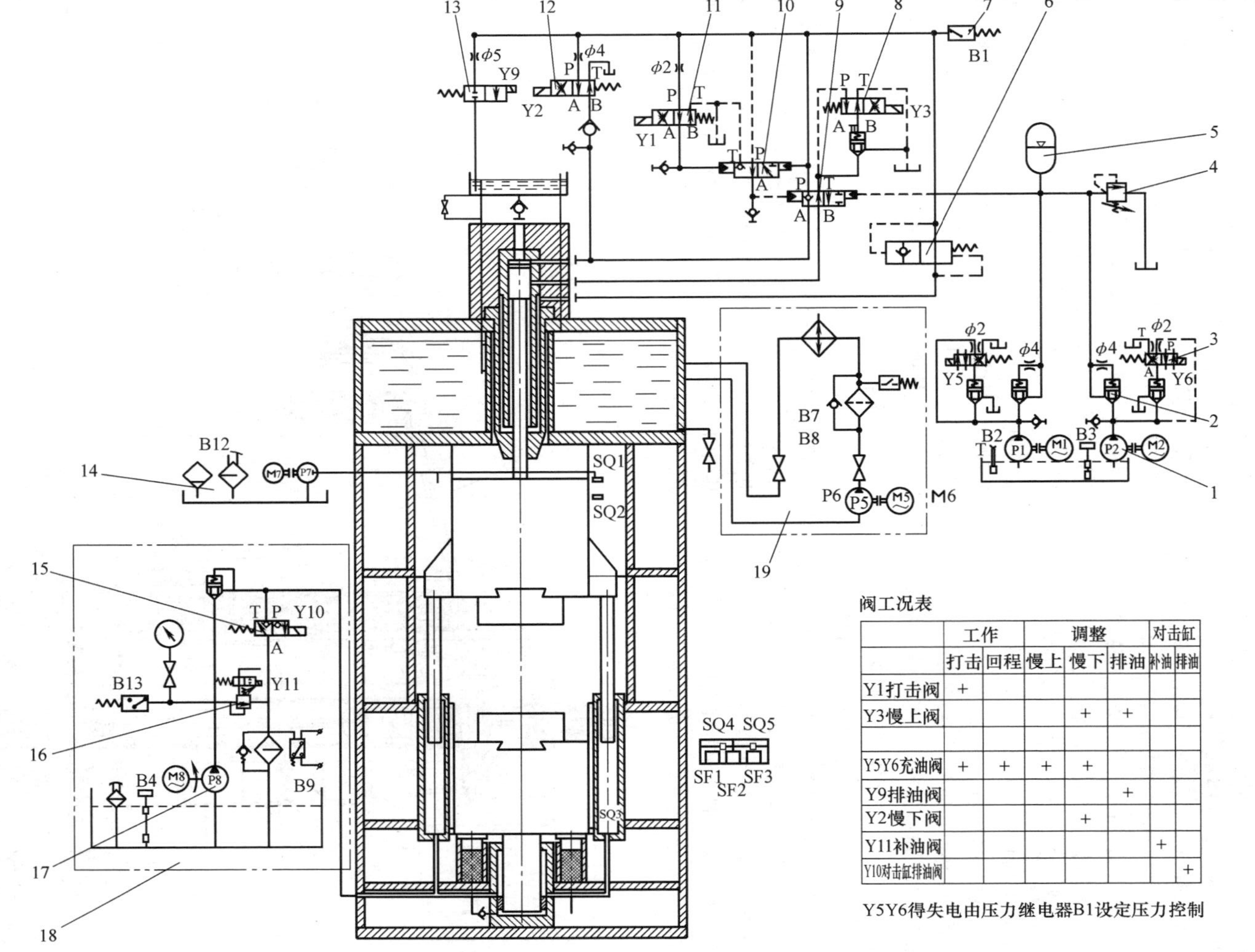

阀工况表

	工作		调整			对击缸	
	打击	回程	慢上	慢下	排油	补油	排油
Y1打击阀	+						
Y3慢上阀				+	+		
Y5Y6充油阀	+	+	+	+			
Y9排油阀					+		
Y2慢下阀				+			
Y11补油阀						+	
Y10对击缸排油阀							+

Y5Y6得失电由压力继电器B1设定压力控制

图 3-3-41　CDKA 系列程控对击液压模锻锤的工作原理

1—主液压泵　2—单向阀　3—充油阀　4—安全溢流阀　5—蓄能器　6—安全阀　7—压力继电器　8—慢上阀　9—主阀　10—先导阀　11—打击电磁阀　12—慢下阀　13—排油阀　14—润滑系统　15—对击缸排油　16—对击缸补油阀　17—油液压泵　18—对击缸补油系统　19—旁路过滤冷却系统

的大小通过控制打击电磁阀 Y1 得电时间来实现。回程时，Y1 失电，锤头在有杆腔高压油的压力作用下回程，同时通过联通缸使下锤头向下运动。慢上动作通过电磁阀 Y3 失电，慢下运作通过 Y2 得电实现。液压系统排油通过 Y9 得电实现。对击缸的排油和补油通过电磁阀 Y10 和 Y11 得电实现。

中国重型机械研究院股份公司生产的 180kJ 全液压对击锤由下锤头部分、机身、电液动力头、操作机构、液压动力站、管路系统和电气控制柜等组成，如图 3-3-42 所示。其主要参数：最大打击行程为 2×650mm，最小模具闭合高度为 2×200mm，最高打击次数为 45 次/min，平均打击次数 7 次/min，主电动机功率为 3×75kW。

其液压系统工作原理如图 3-3-43 所示。当主电动机、液压泵起动时，电磁溢流阀 6 不给电，主液压泵 2 空载起动。当电动机、主液压泵 2 起动后，电磁溢流阀 6 延时通电，系统上压，主液压泵 2 打出的压力油进入蓄能器 12，蓄能器 12 注满油后，发信装置 13 发信，电磁溢流阀 6 断电卸荷，系统进入空循环。当换向阀 14 处于上位时，蓄能器 12 中的压力油打开排液阀 15，锤杆 19 活塞上腔 C 中的油经打击阀 16 内腔通道经排液阀 15 流回油箱 32，上锤头 20 在锤杆 19 活塞下腔 D 中的常压作用下提升。柱塞杆 21 随之上升，下锤头 22 在柱塞杆 21 上升的同时下落。当换向阀 14 处于第一下位时，蓄能器 12 中的压力油小流量进入锤杆 19 活塞上腔 C，在 C 腔及 D 腔压力差及上锤头落下部分重力的作用下，上锤头慢速下降，下锤头 22 随之慢速上升，该慢降功能可用来调整上、下锤头的位置。当换向阀 14 处于第二下位时，蓄能器 12 中的压力油进入控制活塞 17 的上腔及排液阀 15 的左端，关闭排液阀 15，打开打击阀 16，锤杆 19 活塞下腔 D 的压力油返回上腔 C 中，同时蓄能器 12 给上腔 C 中补油，锤杆 19 推动上锤头 20 打击，下锤头 22 在柱塞杆 21 及 24 的作用下上击。补油泵 30 为液压缸 23 补油，通过电磁换向阀 27 和液控单向阀 26 来控制液压缸 23 的补油，用以调节上、下锤头的对击中心。

3.4.3　安装、使用和维护

1. 基础

为了保证液压模锻锤工作平稳可靠，需要有一个合理而牢固的基础。由于砧座微动型液压模锻锤的打击过程是锤头与锤身（或上锤头与下锤头）的对击过程，基础上所承受的载荷不是冲击载荷，故基础的体积要比相同打击能力的有砧座模锻锤小得多，而且简单得多。

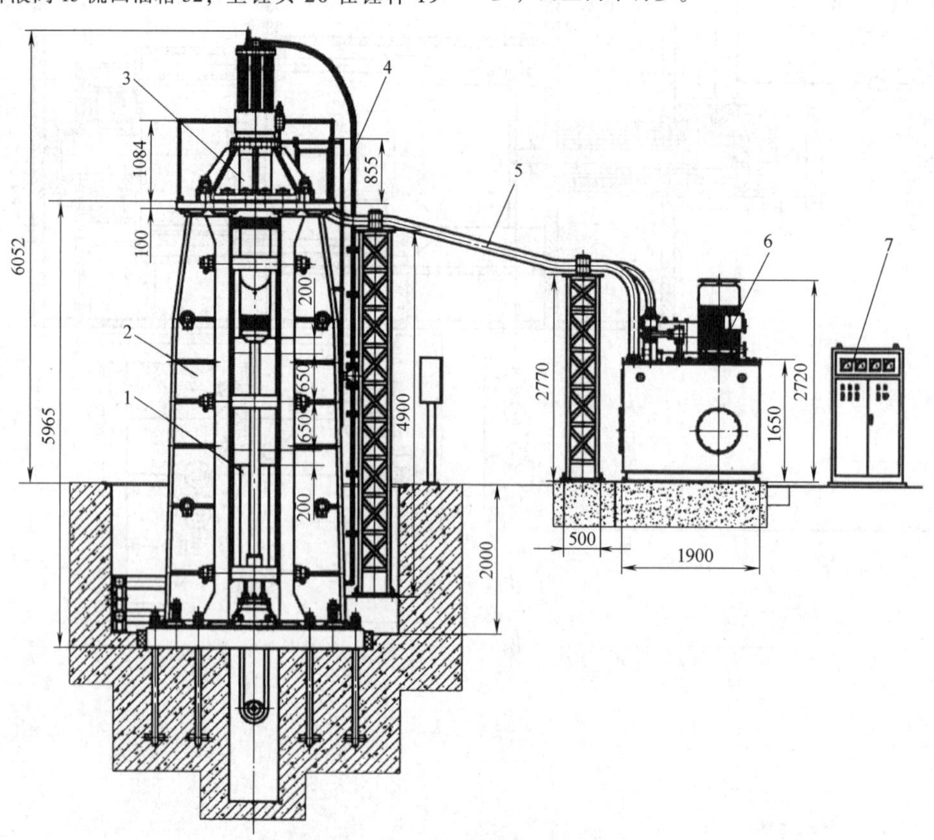

图 3-3-42　180kJ 全液压电液对击锤

1—下锤头部分　2—机身　3—电液动力头　4—操作机构　5—管路系统　6—液压动力站　7—电气控制柜

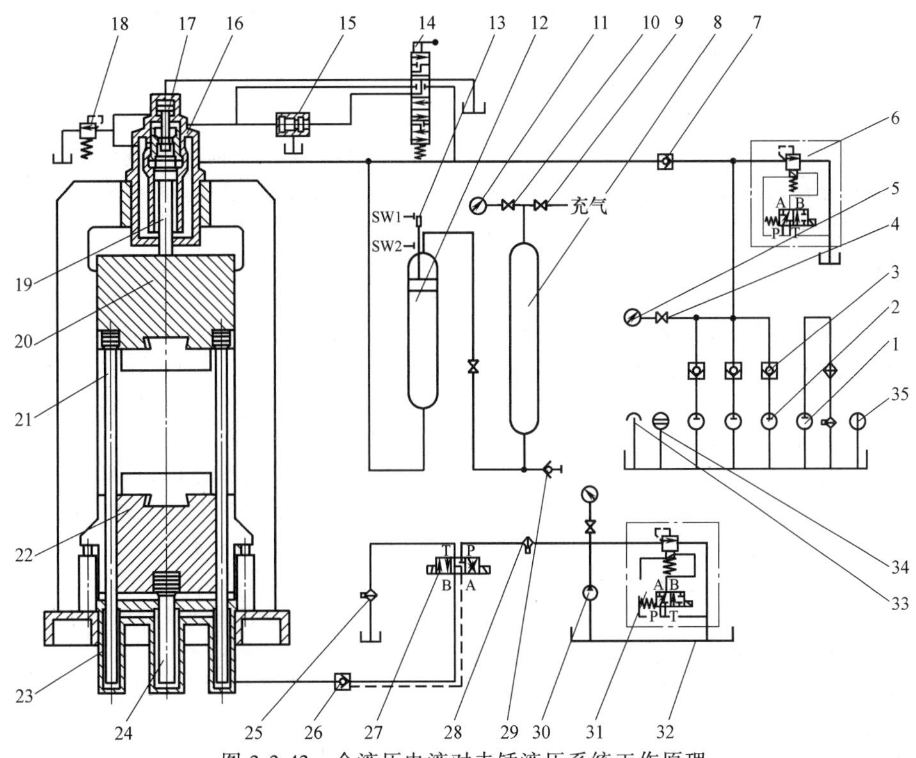

图 3-3-43　全液压电液对击锤液压系统工作原理

1—冷却滤油机组　2—主液压泵　3、7—单向阀　4、10、28—压力表开关　5—油压表　6、31—电磁溢流阀　8—储气瓶　9—截止阀　11—气压表　12—蓄能器　13—发信装置　14—换向阀　15—排液阀　16—打击阀　17—活塞　18—安全阀　19—锤杆　20—上锤头　21、24—柱塞杆　22—下锤头　23—液压缸　25—回油滤油器　26—液控单向阀　27—电磁换向阀　29—放气阀　30—补油泵　32—油箱　33—空气滤清器　34—液位计　35—温度计

有砧座模锻锤的基础是由钢筋混凝土和垫木层组成的。由于打击时受冲击载荷作用，同时要吸收锻锤部分打击能量，所以其基础要做得很庞大。另外，要使振动尽快消失，还要求基础具有一定的弹性和阻尼作用。

砧座微动型液压模锻锤的基础是由钢筋混凝土制成的，其底面积和深度与锤的大小及土壤的压力有关。作用于基础上的力主要是锻锤本身的重力，以及打击时联通缸液体压力通过底座作用在基础上的力。基础底面积 A 按式（3-3-2）确定：

$$A \geqslant \frac{W_e + W_J + W_{max}}{P_t} \quad (3\text{-}3\text{-}2)$$

式中　W_e——锻锤重力（N）；

W_J——基础重力（N）；

W_{max}——打击时联通缸液体通过底座作用在基础上的力（N）；

P_t——土壤许可压力，视土壤等级而定。Ⅰ级，$P_t \leqslant 1.5\times10^5$Pa；Ⅱ级，$1.5\times10^5\text{Pa} < P_t \leqslant 3.5\times10^5$Pa；Ⅲ级，$3.5\times10^5\text{Pa} < P_t \leqslant 6\times10^5$Pa；Ⅳ级，$P_t > 6\times10^5$Pa。

在设计基础时，还要考虑地脚螺栓的布置，留出安装工具转动空间和必要的检修空间。

2. 安装和调试

（1）液压模锻锤装配前应进行下列准备工作

1）对各零部件应进行外观检验，包括表面粗糙度、各种尺寸及尺寸精度、几何公差等应符合设计要求。重要零部件应进行内部质量检验，如工作缸等铸件要防止有各种铸造缺陷。

2）各压力缸、气缸要进行耐压试验。

3）外购液气元件检验标牌及动作性能，要与设计要求相符。

4）精确称出上锤头系统和锤身系统（或下锤头系统）质量，以备检验设备的有关参数。

（2）主机安装技术要求

1）主机装配时，各液压缸、气缸内表面应用煤油清洗，防止存有铁屑等杂物破坏密封。

2）锤头下平面和工作台面间的平行度公差不大于 0.15mm/m，锤头和内导轨间的单边间隙一般为 0.1～0.3mm。

3）锤身（或下锤头）工作台面的水平度公差

应小于 0.08mm/m，锤身（或下锤头）与外导轨间的单边间隙一般为 0.3~0.5mm。

4）机座安装的水平度和垂直度公差不大于 0.1mm/m。

（3）液压系统安装技术要求

1）液压驱动系统的安装位置与主机尽可能靠近，以减小系统能量损失，但又不影响锻造操作。

2）液压系统集成块及其他零部件的内部通道应清洗干净，严禁存有铁屑等杂物。

3）液压元件在装配前用煤油清洗干净。

4）各种管道应进行二次安装，管道内部要清洗干净。

5）液压系统最高处应装有放气螺塞。

（4）液压锤在调试时可以按下列程序进行

1）工作缸先充入压力为额定充气压力 1/2 的气体，其他充气地方，如蓄能器充压。

2）起动电动机在卸荷状态下泵空运转，检查卸荷回路工作是否正常。

3）卸荷回路电磁阀给电，系统升压，同时调节溢流阀和安全阀，并松开放气螺塞排除系统中气体，直至锤头提升。

4）锤头提升至上限位置，检查行程开关工作是否正常。

5）试车时可用平砧模，放好试件，进行单打试验和连打试验。

6）检验手动对模阀工作是否正常。

7）将气缸充气压力调整到额定压力进行上述试验，并检测一些简单参数，如打击次数、工作行程、工作油压及试件变形功等。

8）进行偏心打击试验。

9）连打数小时，并检测油温等工作是否正常。

3. 使用和维护

（1）打击能量的调节　液压模锻锤打击能量的调节通常可采用两种办法实现：

1）预调充气压力 p_1，以得到不同的最高气体压力，从而获得不同的打击能量。打击能量往往是根据一批锻件所需要的最大变形功来确定需要值，再在工作前预选充气压力。

2）通过调节行程高度来改变打击能量，以适应工艺需要。一般情况下，在工作中根据变形工步的需要，由操作工人控制提锤高度来实现，以完成各种锻造工艺。

为了方便，不同规格的液压模锻锤应事先做出预选能量图表，包括不同充气压力、不同模具闭合高度和不同提锤高度下的打击能量值，供操作工人参考。

（2）使用中（准备工作）注意的问题

1）检查锤内外导轨间隙是否符合要求，否则应进行调整。

2）检查液气系统是否有泄漏，压力表工作是否正常。

3）各运动零部件导轨要勤加润滑油。

4）根据锻造工艺所要求的最大打击能量，调整工作缸内的气体压力。

5）检查上锤头系统、锤身（或下锤头）系统和机身上所有连接件，如有松动应予紧固。

6）上、下模具连接楔块应保持紧密、牢固，不松动。

7）检查油箱中的油面高度是否满足要求。

（3）操作注意事项

1）模具高度应不低于最小模具闭合高度值。

2）检查环境温度和温升，应不超过机器工作温度范围，冬季环境温度不能过低。

3）严禁非工作人员按动控制按钮。

4）严禁空锤打击和锻打加热不足或未烧透的锻件。

5）定期更换密封件，若出现泄漏时应及时更换。

6）在工作过程中，发现设备不正常（如液压泵发出异常声响或温升过高，控制系统电器失灵，液气系统漏油、漏气等），应立即停止工作进行检修。

参考文献

[1]　高乃光．锻锤［M］．北京：机械工业出版社，1987.

[2]　李永堂，罗上银．液压模锻锤［M］．北京：机械工业出版社，1992.

[3]　卓东风，李永堂．25kJ 程控液压锤研制［J］．锻压机械，1994（4）：18-21.

[4]　李永堂．对击式液压锤运动部分动力学分析［J］．太原重型机械学院学报，1994（4）：309-315.

[5]　李永堂．我国液压模锻锤的研究、开发与展望［J］．机械工程学报，2003，39（11）43-46.

[6]　张长龙，严厚广．试论我国大吨位锻锤的发展方向［C］//2008 年中国机械工程学会年会暨甘肃省学术年会文集，2008：399-401.

[7]　张长龙．锻锤的全液压驱动及程序化控制［J］．锻压技术，2005（增刊）：20-24.

[8]　王卫东．数控模锻锤、自由锻模锻电液锤、数控锻造液压机技术的发展和创新［C］//第七届华北（扩大）塑性加工学术年会论文集，2010，8：151-155.

[9]　王玲军，林航，邢卫东．现代电液锤技术的发展［J］．锻压装备与制造技术，2006（2）：25-27.

[10]　张长龙．百协程控锻锤及其应用［C］//第八届中国国际锻造会议及展览会暨第八届全国锻造企业厂长会议，2006：107-109.

[11] 方秀荣，杨丹锋，董建虎. 全液压锻锤的技术研究［J］. 液压与气动，2010（4）：24-26.

[12] 董建虎，刘积录，辛宏斌，等. 全液压电液锤［J］. 重型机械，2002（05）：15-16.

[13] 全国锻压机械标准化技术委员会. 电液锤 型式与基本参数：GB/T 25718—2010［S］. 北京：中国标准出版社，2010.

[14] 全国锻压机械标准化技术委员会. 锻压机械 术语：GB/T 36484—2018［S］. 北京：中国标准出版社，2018.

第4章

其他能量锻造设备

太原科技大学　李永堂、雷步芳、牛婷
安阳锻压机械工业有限公司　刘玉斌
太原重工股份有限公司　张亦工

4.1　空气锤

4.1.1　结构形式和工作原理

空气锤用于自由锻和胎模锻，是中小型锻造车间使用最广泛的设备。图 3-4-1 所示为空气锤的外观，图 3-4-2 所示为空气锤的结构。

空气锤由以下 4 部分组成。

1）工作部分：包括落下部分（工作活塞、锤杆、上砧块）和锤砧部分（下砧块、砧垫、砧座）。

2）传动部分：由电动机、带和带轮、齿轮、曲柄连杆机构和压缩活塞等组成，小型空气锤为一级传动，大型空气锤为两级传动。

3）配气操纵部分：由上下旋阀、旋阀套和操纵手柄等组成。

4）机身部分：由工作缸、压缩缸、立柱和底座组成。

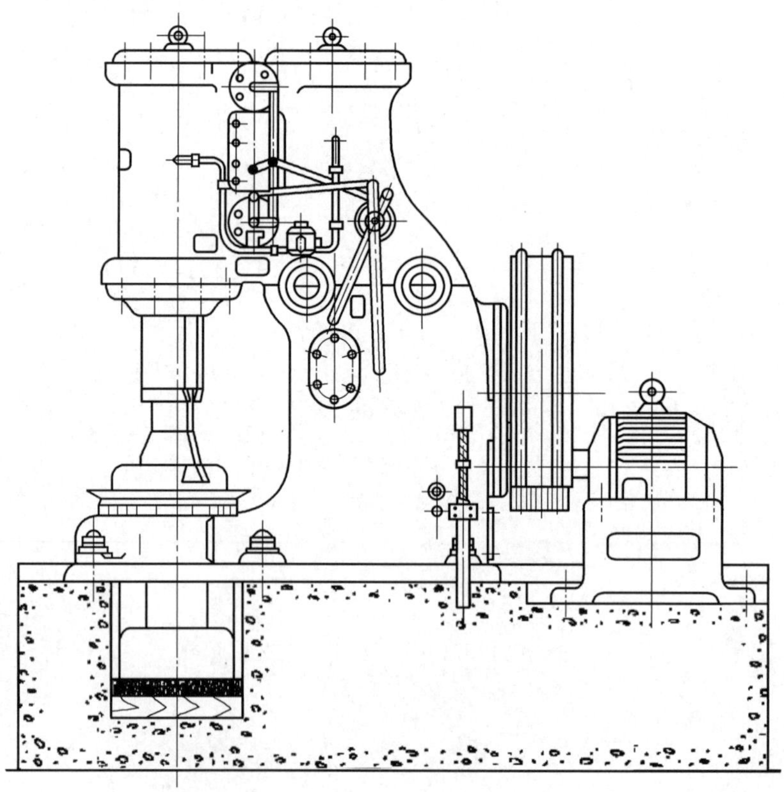

图 3-4-1　空气锤的外观

由图 3-4-2 可见，空气锤的工作原理：电动机 1 通过减速机构带动曲柄轴 5 做等速传动，再通过连杆 6 带动压缩活塞 8 做上下往复运动，在压缩缸 7 中制造压缩空气。压缩缸 7 的下腔通过下旋阀 13 与工作缸 12 的下腔连通；压缩缸 7 的上腔经上旋阀 9 与工作缸 12 的上腔连通。当压缩活塞 8 向下运动时，压缩缸 7 下腔的压缩空气进入工作缸 12 下腔，压缩缸 7 上腔气体膨胀，压力降低。工作缸 12 内的上、下腔空气的压力差在工作活塞的上、下面积上产生一个向上的作用力，克服落下部分的重力和摩擦阻力，使锤头向上加速运动。下腔的最大压力一般可达 2.5×10^5Pa，上腔压力可降至 0.5×10^5Pa。

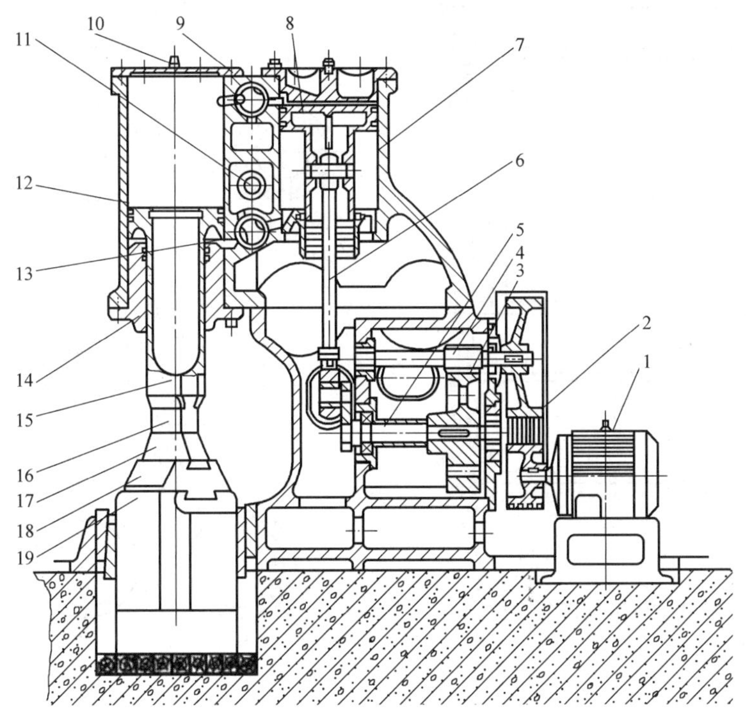

图 3-4-2　空气锤的结构

1—电动机　2—带轮　3—大齿轮　4—小齿轮　5—曲柄轴　6—连杆　7—压缩缸　8—压缩活塞　9—上旋阀　10—顶　11—中旋阀　12—工作缸　13—下旋阀　14—杆导套　15—杆　16—头（上砧）　17—下砧　18—砧垫　19—砧座

当压缩活塞 8 运动到下死点后改为向上运动时，上腔的空气被压缩，压力增高，下腔的空气膨胀。作用在工作活塞上的力逐渐由向上变为向下，于是锤头进入减速阶段直至速度为零。锤头向上运动，直至工作活塞将上腔连通压缩腔的通道切断进入缓冲腔，并且运动动能全部被缓冲气垫吸收为止。此时，压缩活塞上行一段距离。压缩活塞继续上行，上腔压力继续增高，下腔压力继续下降，锤头在上腔气体压力和落下部分重量的作用下加速下行，直至完成打击。当压缩活塞 8 接近行程的上极限位置时，锤头将至下极限位置。此后，压缩活塞回至原始位置。由此可知，曲柄转一周，压缩活塞往复运动一次，则锤头打击一次，即锤头打击次数与曲柄转数一致。不断重复上述过程，就可得到连续打击。

4.1.2　配气操纵机构

空气锤可以实现空行程、悬空、压紧和打击等 4 种工作循环，其中打击又包括单次打击和连续打击，单次打击又分轻打和重打。这些工作循环是通过配气操纵机构来实现的。目前，空气锤使用的空气分配阀主要有两种形式：三阀式和双阀式。空气锤气阀的形式和种类很多，我国目前标准型号的空气锤均采用 3 个水平旋阀的结构。3 个水平旋阀包括上旋阀、下旋阀和中旋阀，其中含有一个单向阀（止回阀）。上、下旋阀由拉杆组成联动，用一个长手柄操作。中旋阀单独由一个短手柄操作，它仅有左右两个水平操作位置。空气锤各种不同工作循环的配气关系如图 3-4-2 所示。

1. 三阀式空气分配阀

三阀式空气分配阀的结构图如图 3-4-3 所示。它有上、中、下三个旋阀。上、下旋阀各有阀体和阀套（见图 3-4-4 和图 3-4-5），中旋阀只有阀体（见图 3-4-6）。在中旋阀同一轴线的左端装有一止回阀。上下阀套固定在机身的阀座内。阀套上的孔与阀座上的孔相对应。上、下旋阀阀体通过平行四连杆联动，用一个长手柄操纵。中旋阀用一个短手柄操纵。转动手柄，就可以改变旋阀体在阀套中的位置，从而改变压缩缸和工作缸之间的气路情况（通、断、通道大小和通大气），实现各中动作和打击情况。中旋阀有全开、全关两种情况，如图 3-4-7 所示。

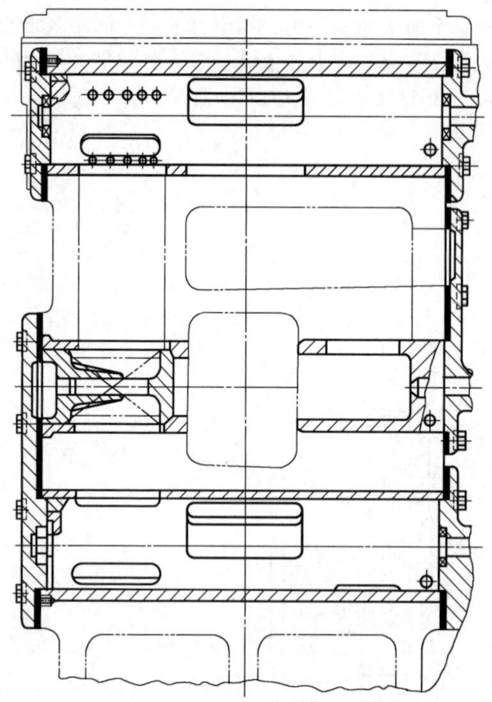

图 3-4-3　三阀式空气分配阀的结构

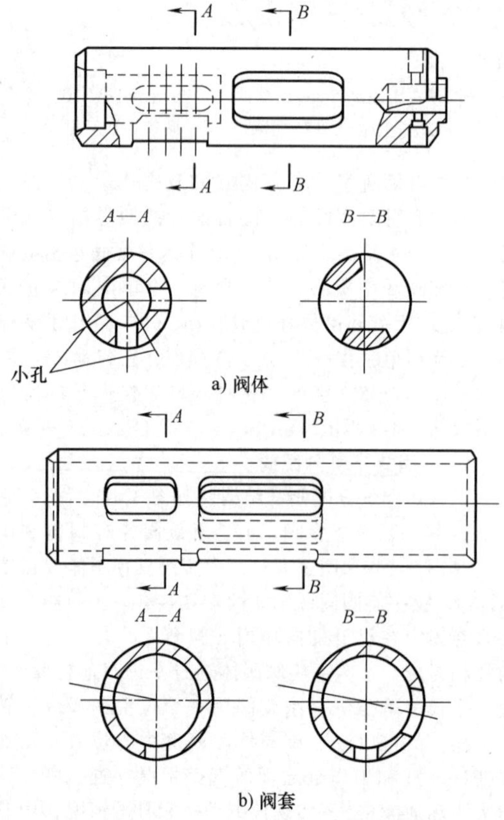

a) 阀体

b) 阀套

图 3-4-4　三阀式空气分配阀上旋阀

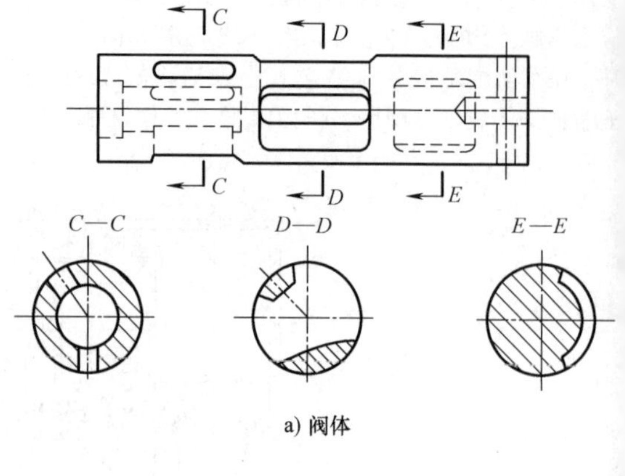

a) 阀体

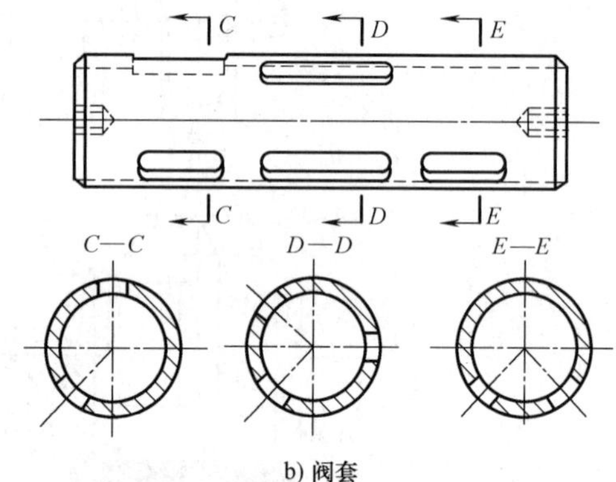

b) 阀套

图 3-4-5　三阀式空气分配阀下旋阀

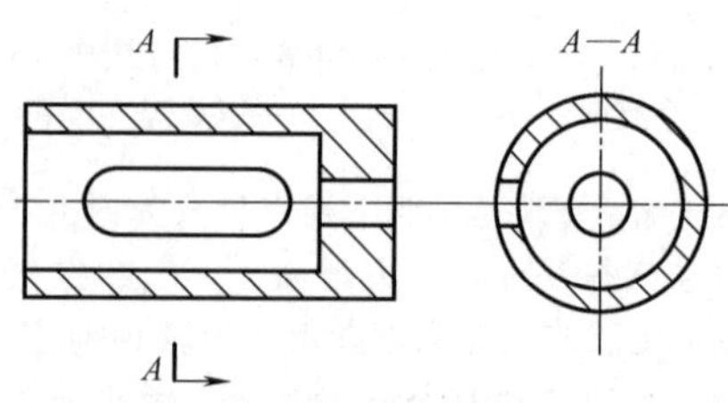

图 3-4-6　三阀式空气分配阀中旋阀

空气锤的工作循环有空行程、悬空、压紧和打击。先用立体示意图（见图 3-4-8）和空气分配阀截面图（见图 3-4-9）说明如何操纵三个旋阀实现不同的动作。

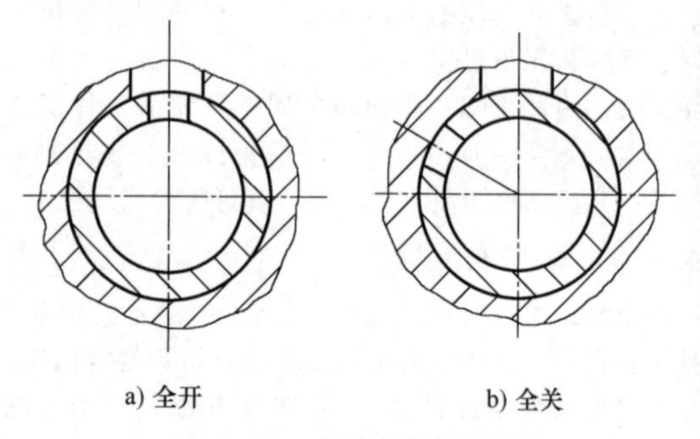

a) 全开　　b) 全关

图 3-4-7　中旋阀操纵情况

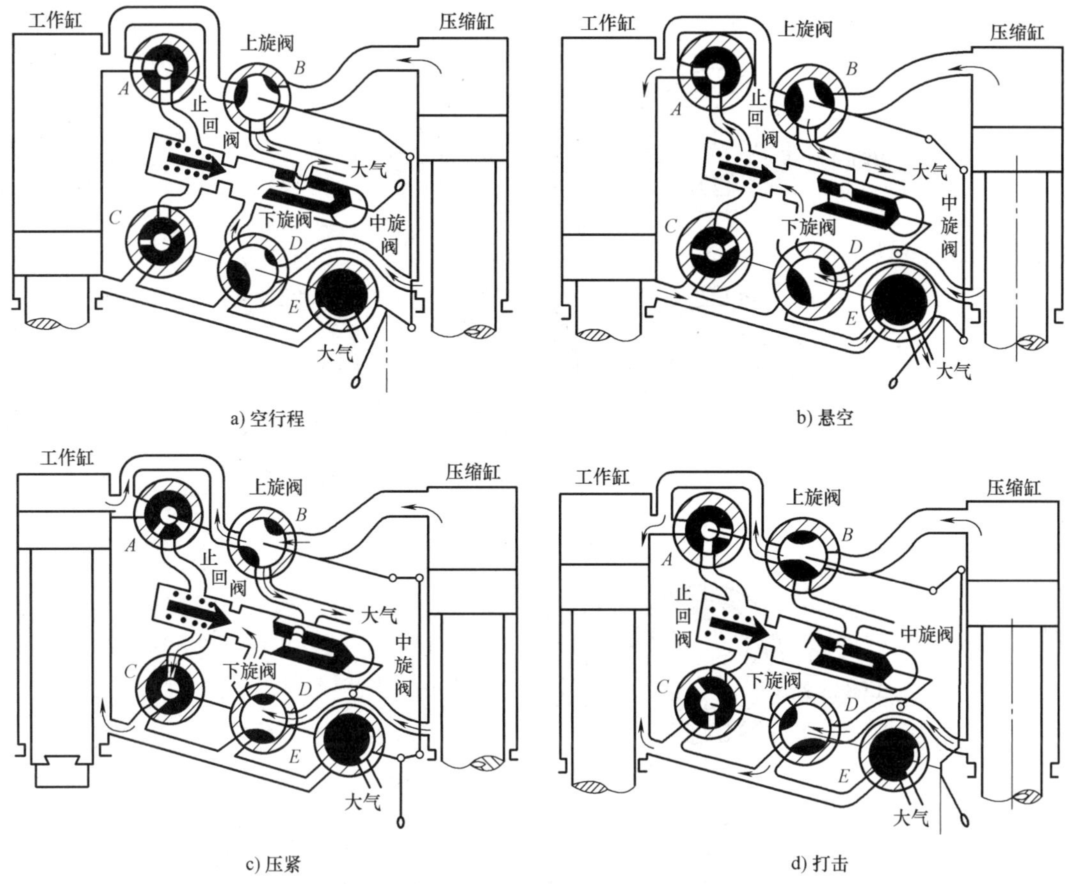

图 3-4-8　三阀式空气锤工作循环配气操纵立体示意图

(1) 空行程　把短手柄放在使中旋阀全开（见图 3-4-7a）的位置，上、下旋阀的长手柄放在相当于悬空时的垂直位置（或把手柄顺时针推转一角度，放在相当于压紧时的位置），使两缸上、下腔与大气相通（见图 3-4-8a 和图 3-4-9a），这时锤头在自重的作用下下落，并在下砧面上保持不动。

(2) 悬空　把短手柄放在使中旋阀全关（见图 3-4-7b）的位置（图中短手柄设在左边水平位置），长手柄放在垂直位置，这时两缸上腔通大气，压缩缸下腔的气体经下旋阀的 *D* 段、止回阀，再经下旋阀的 *C* 段进入工作缸的下腔（见图 3-4-8b 和图 3-4-9b）。在压缩空气的作用下，锤头被提起至行程的上方，直至工作活塞进入顶部的缓冲区，在缓冲腔气压的作用下达到平衡为止。止回阀的作用是防止工作缸下腔的压缩空气倒流。当止回阀两端压力达到平衡时，止回阀关闭。这时，压缩缸下腔的气体仅在其下腔及锤身气道内压缩、膨胀。当工作缸下腔压缩空气有泄露，止回阀两端压力不平衡时，止回阀被顶开，补入一部分压缩空气。悬空时，锤头在行程上方往复颤动。

(3) 压紧　把短手柄放在使中旋阀全关（见图 3-4-7b）的位置，长手柄从垂直位置顺时针方向转动一角度，使压缩缸上腔及工作缸下腔与空气相通，压缩缸下腔的气体经下旋阀的 *D* 段、止回阀、上旋阀的 *A* 段进入工作缸的上腔（见图 3-4-8c 和图 3-4-9c），则上砧在落下部分重量及工作缸上腔气体压力的作用下压紧下砧上的工件。在压紧状态下可对工件进行弯曲或扭转操作。

(4) 打击　把短手柄放在使中旋阀全关（见图 3-4-7b）的位置，长手柄从垂直位置逆时针转一角度，使两缸上、下腔分别连通（见图 3-4-8d 和图 3-4-9d），则可实现连续打击。当锤头打击一次后立即把长手柄移至“悬空”位置，锤头不再下落，就可得到单次打击。打击的轻重是靠操纵手柄来实现的。手柄回拉的角度越大，则两缸上下通道的开口越大，上旋阀中段通大气的通道的开口越小或完全被堵死，打击就越重；反之，打击就越轻。上旋阀 *A* 段的小孔是为了从“悬空”到“打击”有一段过渡，使工作缸上下腔瞬时连通，锤头快速下落，动作灵敏。

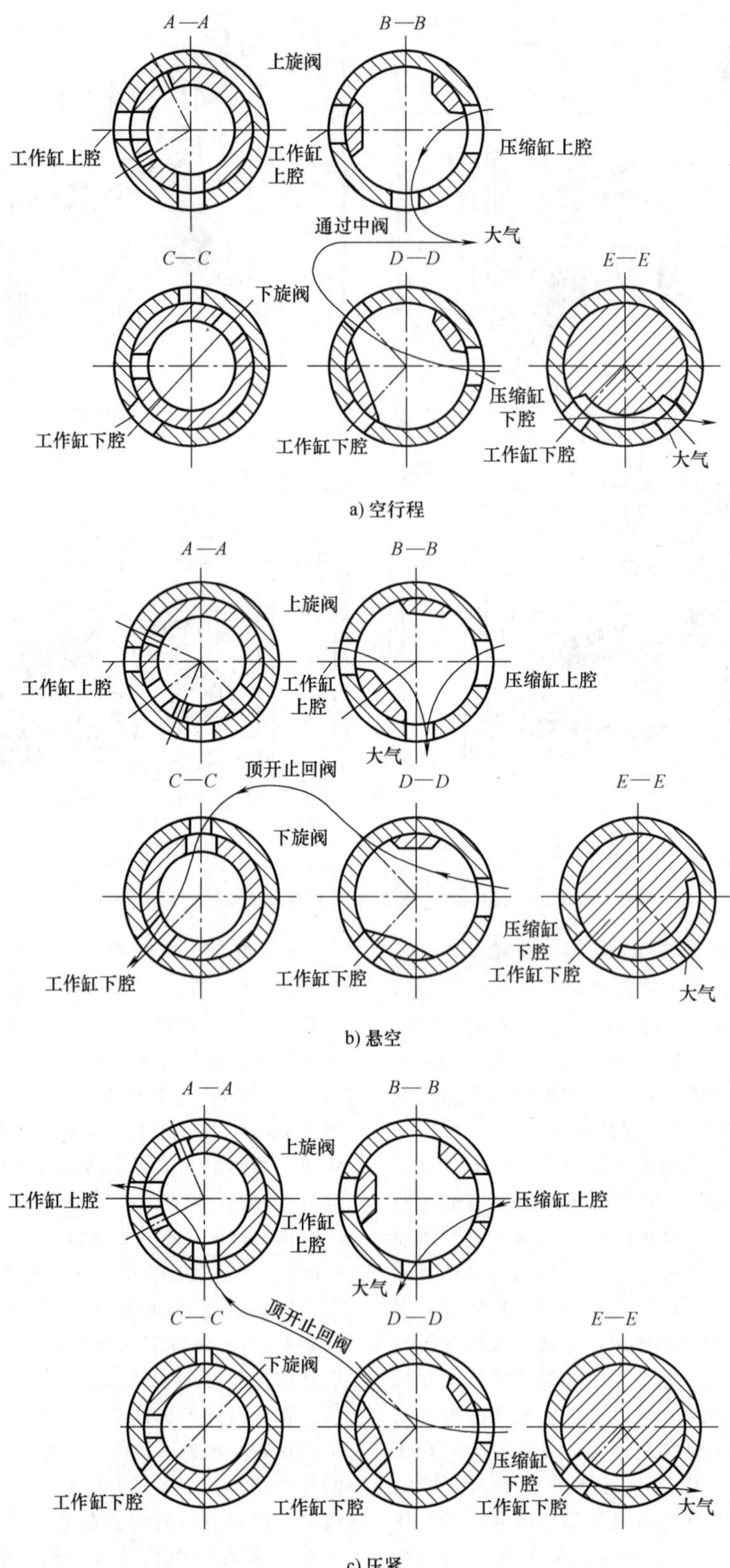

图 3-4-9　三阀式空气分配阀截面图

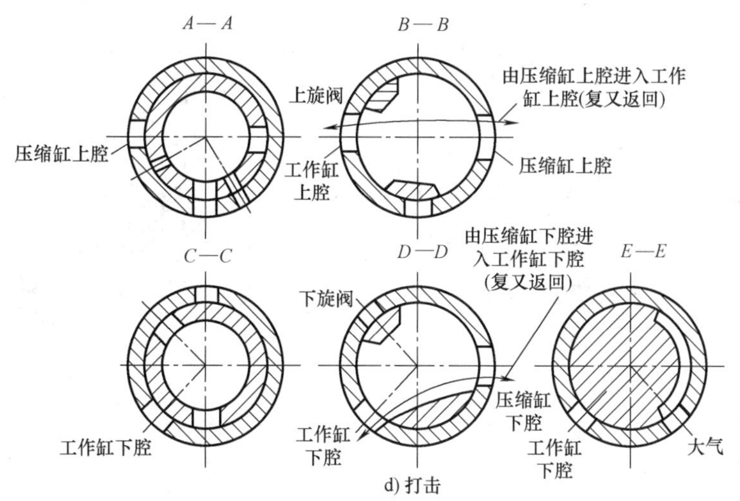

图 3-4-9　三阀式空气分配阀截面图（续）

2. 双阀式空气分配阀

双阀式空气分配阀的结构如图 3-4-10 所示。它只有上下两个旋阀。上下旋阀各有阀体和阀套。下旋阀阀体内装有一止回阀。上下旋阀体通过四连杆机构或链轮和链条联动，由一手柄操纵。转动手柄，就可以改变旋阀体在阀套中的相对位置（阀套固定在机身的阀座内），从而改变压缩缸和工作缸之间的气路情况（通、断、通道大小和通大气等），实现锤头各种动作。

双阀式空气锤的工作循环与三阀式空气锤相同，有空行程、悬空、压紧和打击。各工作循环时气路情况与三旋阀基本相同（见立体示意图 3-4-11）。

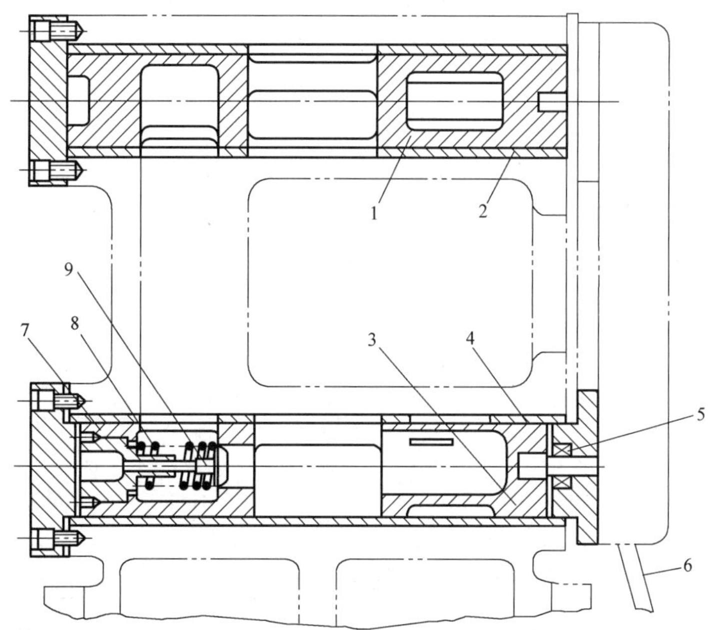

图 3-4-10　双阀式空气分配阀的结构（上、下旋阀处于空程位置）

1—上阀体　2—上阀套　3—下阀体　4—下阀套　5—轴承　6—手柄　7—止回阀座　8—弹簧　9—止回阀

4.1.3　规格与参数

在小吨位锻锤中，空气锤已经取代了 1t 以下的蒸汽-空气自由锻锤的地位。我国生产空气锤的厂家很多，安阳锻压机械工业有限公司（简称安阳锻压）生产的空气锤规格最全，质量优良，销量最大。2005 年，该公司研制成功了落下部分质量为 2000kg 的巨型空气锤。安阳锻压是受国家委托制定 C41 系列空气锤行业标准的厂家，其生产的空气锤型号从 C41-9 到 C41-2000，结构如图 3-4-12 所示，主要技术参数见表 3-4-1～表 3-4-3。

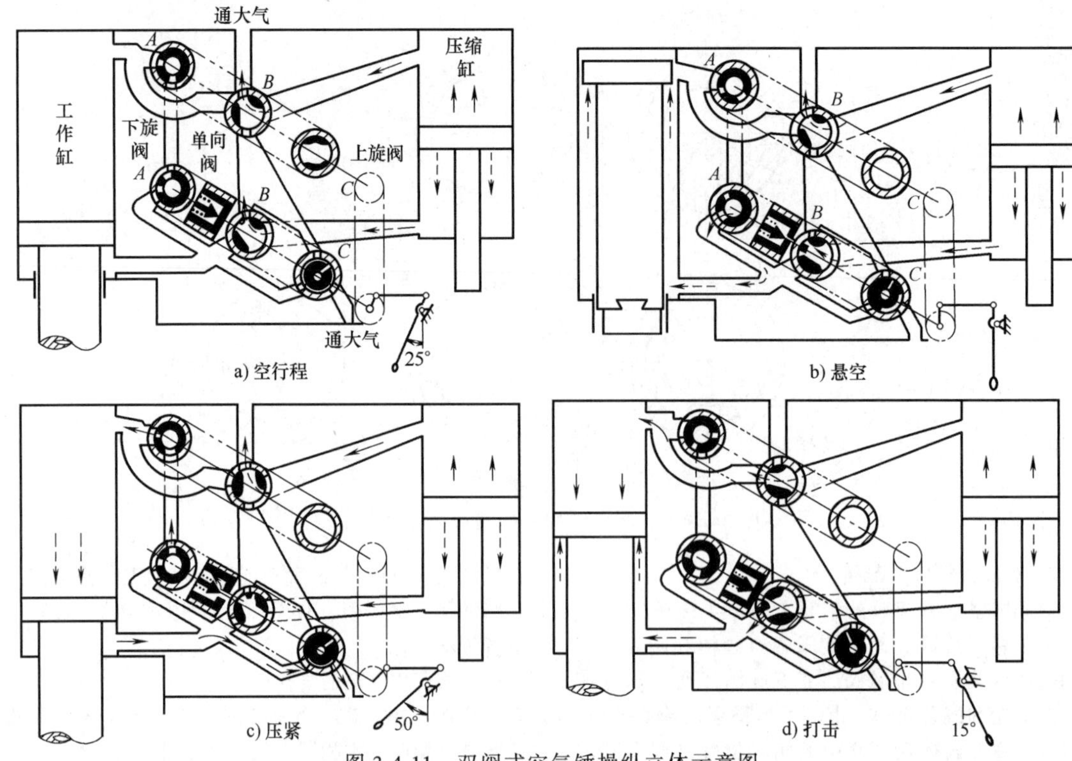

图 3-4-11　双阀式空气锤操纵立体示意图

表 3-4-1　大吨位分体锻造空气锤的主要技术参数（安阳锻压）

参数名称		型号						
		C41-150	C41-250	C41-400	C41-560	C41-750	C41-1000	C41-2000
		参数值						
落下部分质量/kg		150	250	400	560	750	1000	2000
打击能量/kJ		2.5	5.6	9.5	13.7	19	27	54
打击次数/(次/min)		180	140	120	115	105	95	80
工作区间高度/mm		370	450	530	600	670	800	1000
锤杆中心线至锤身距离/mm		350	420	520	550	750	800	950
可锻毛坯截面尺寸/mm	方形(长×宽)	130×130	145×145	220×220	270×270	270×270	290×290	350×350
	圆(直径)	145	175	240	280	300	320	400
电动机	型号	Y180M-4-B3	Y180L-4-B3	Y200L-4-B3	Y280S-6-B3	Y280M-6-B3	Y315S-6-B3	Y350L2-6-B3
	功率/kW	18.5	22	30	45	55	75	132
主机重量/kg		3260	5000	8000	9800	17000	20000	48000
机器外形尺寸/mm (长×宽×高)		2390×1085 ×2150	2639×1155 ×2540	2785×1400 ×2884	3464×1500 ×3157	3905×1370 ×3175	3770×1500 ×4125	4200×2300 ×4390

表 3-4-2　小吨位空气锤的主要技术参数（安阳锻压）

参数名称		型号					
		C41-9	C41-15	C41-25	C41-40	C41-55	C41-75
		参数值					
落下部分质量/kg		9	15	25	40	55	75
打击能量/kJ		0.09	0.16	0.27	0.53	0.7	1
打击次数/(次/min)		245	245	250	245	230	210
工作区间高度/mm		135	160	240	245	270	297
锤杆中心线至锤身距离/mm		120	140	200	235	270	280
可锻毛坯截面尺寸/mm	方形(长×宽)	25×25	30×30	40×40	52×52	60×60	110×110
	圆形(直径)	30	35	48	68	75	85

（续）

参数名称		C41-9	C41-15	C41-25	C41-40	C41-55	C41-75
电动机	型号	Y90L-4-B3	Y100L1-4	Y132S1-6	Y132M1-6	Y132M2-6	Y180L-6
	功率/kW	1.5	2.2	3	4	7.5	7.5
重量(含钢底座)/kg		430	470	970	1230	1600	2300
$H_1$①/mm		850	965	1220	1365	1600	1875
$H_2$①/mm		1450	1515	1725	1785	1950	—
$H_3$①/mm		920	920	925	920	965	750
$L_1$①/mm		1080	1150	1435	1615	1830	1570
$L_2$①/mm		420	555	685	765	845	930

① 见图 3-4-12。

表 3-4-3　L 型小吨位空气锤的主要技术参数（安阳锻压）

参数名称		C41-15L	C41-25L	C41-40L	C41-55L	C41-75L	C41-110L
落下部分质量/kg		15	25	40	55	75	110
打击能量/kJ		0.16	0.27	0.53	0.7	1	1.98
打击次数/(次/min)		245	250	245	230	210	180
工作区间高度/mm		160	240	250	270	300	355
锤杆中心线至锤身距离/mm		170	235	270	300	330	400
可锻毛坯截面尺寸/mm	方形(长×宽)	30×30	40×40	52×52	60×60	65×65	110×110
	圆形(直径)	35	48	68	75	85	120
电动机	型号	Y100L1-4	Y132S1-6	Y132M1-6	Y132M2-6	Y160M-6	Y180L-6
	功率/kW	2.2	3	4	7.5	7.5	15
重量(含钢底座)/kg		540	1100	1390	1700	2460	3300
$H_1$①/mm		1025	1330	1500	1750	2220	2382
$H_2$①/mm		1575	1835	1920	2100	—	—
$H_3$①/mm		920	925	920	965	915	917
$L_1$①/mm		1180	1470	1650	1860	1620	1910
$L_2$①/mm		650	740	800	880	670	1070

① 见图 3-4-12。

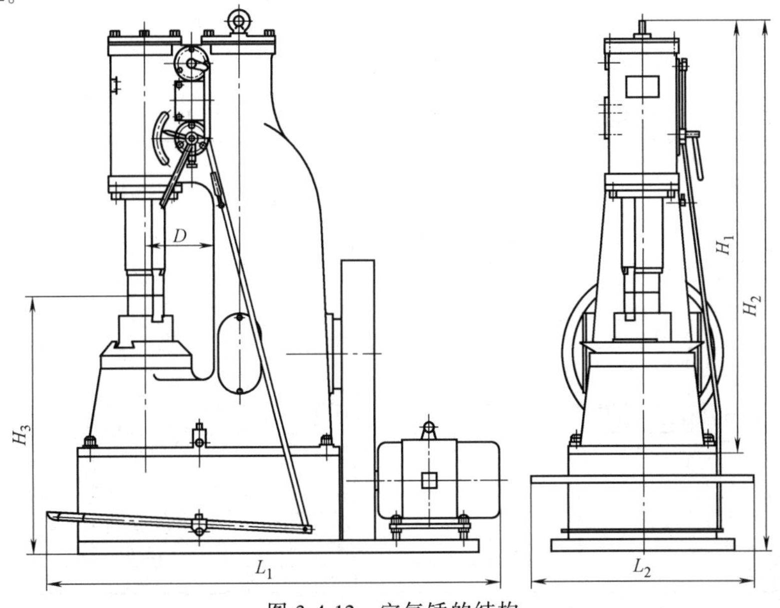

图 3-4-12　空气锤的结构

4.1.4　模锻空气锤

模锻空气锤的外观和结构如图 3-4-13 和图 3-4-14 所示，其主要技术参数见表 3-4-4。

模锻空气锤的动作原理和工作循环与空气锤相同。为了保证模锻件成形和尺寸精度，模锻空气锤有以下主要结构特点：

1）模锻空气锤机身放在砧座上，用六根带弹簧的拉紧螺栓连接在一起，砧座与机身之间装有两个“T”字形的键，防止左右、前后错位，保证锻锤工作时上下模对中及两模块的镜面平行。

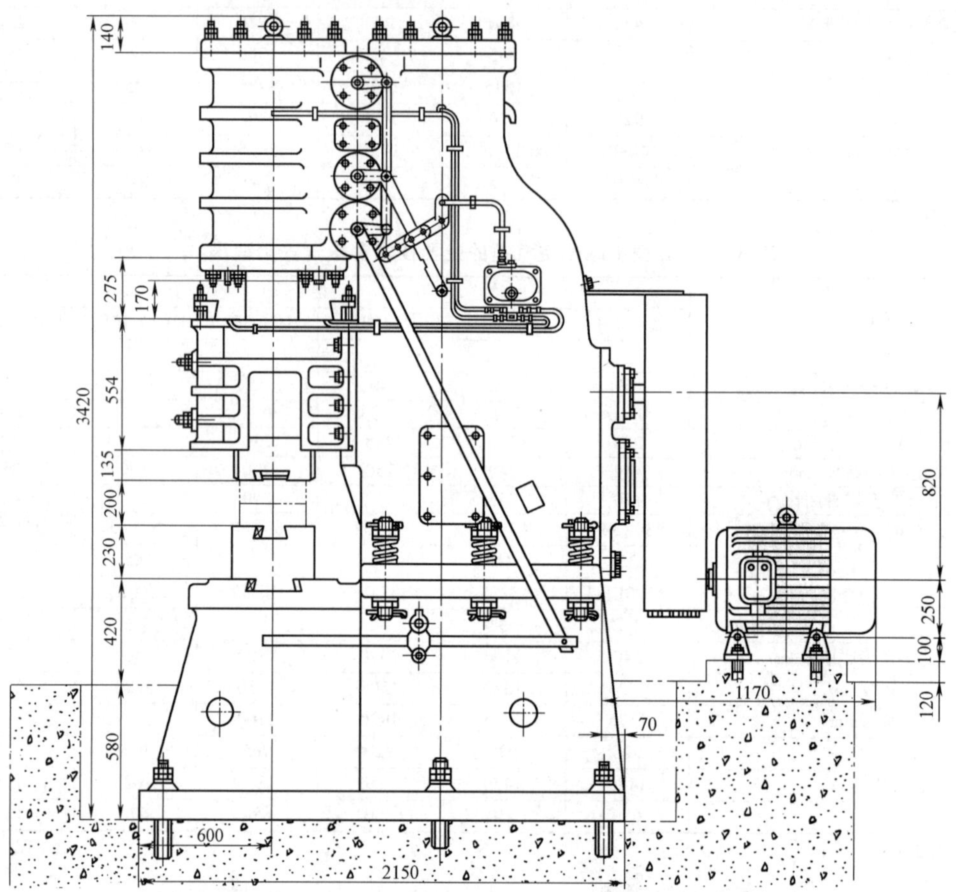

图 3-4-13　400kg 模锻空气锤的外观（廊坊锻压机床厂）

表 3-4-4　模锻空气锤主要参数（廊坊锻压机床厂）

参数名称		型号			
		C43-250	C43-400	C43-630	C43-1000
		参数值			
落下部分质量/kg		250	400	630	1000
最大打击能量/J		5600	9500	16000	27000
每分钟打击次数/(次/min)		140	120	115	95
上下模最大尺寸/mm(长×宽)		280×220	320×260	380×320	460×400
锻模最小闭合高度/mm		180	200	300	220
锤头安装行程/mm		580	650	750	890
锤头最大工作行程/mm			577	700	801
电动机	型号	Y200L-4	Y225S-4	Y280M-6	Y315S-6
	功率/kW	30	37	55	75
	转速/(r/min)	1470	1480	980	950
外形尺寸/mm(长×宽×高)			3250×1080×3420	2232×1150×3900	3400×1400×4180
底座重量①/t		5	8.5	12.6	20
总重量/t		11	17	23	38

① 底座重量不包括模座、下模块及紧固件的重量。

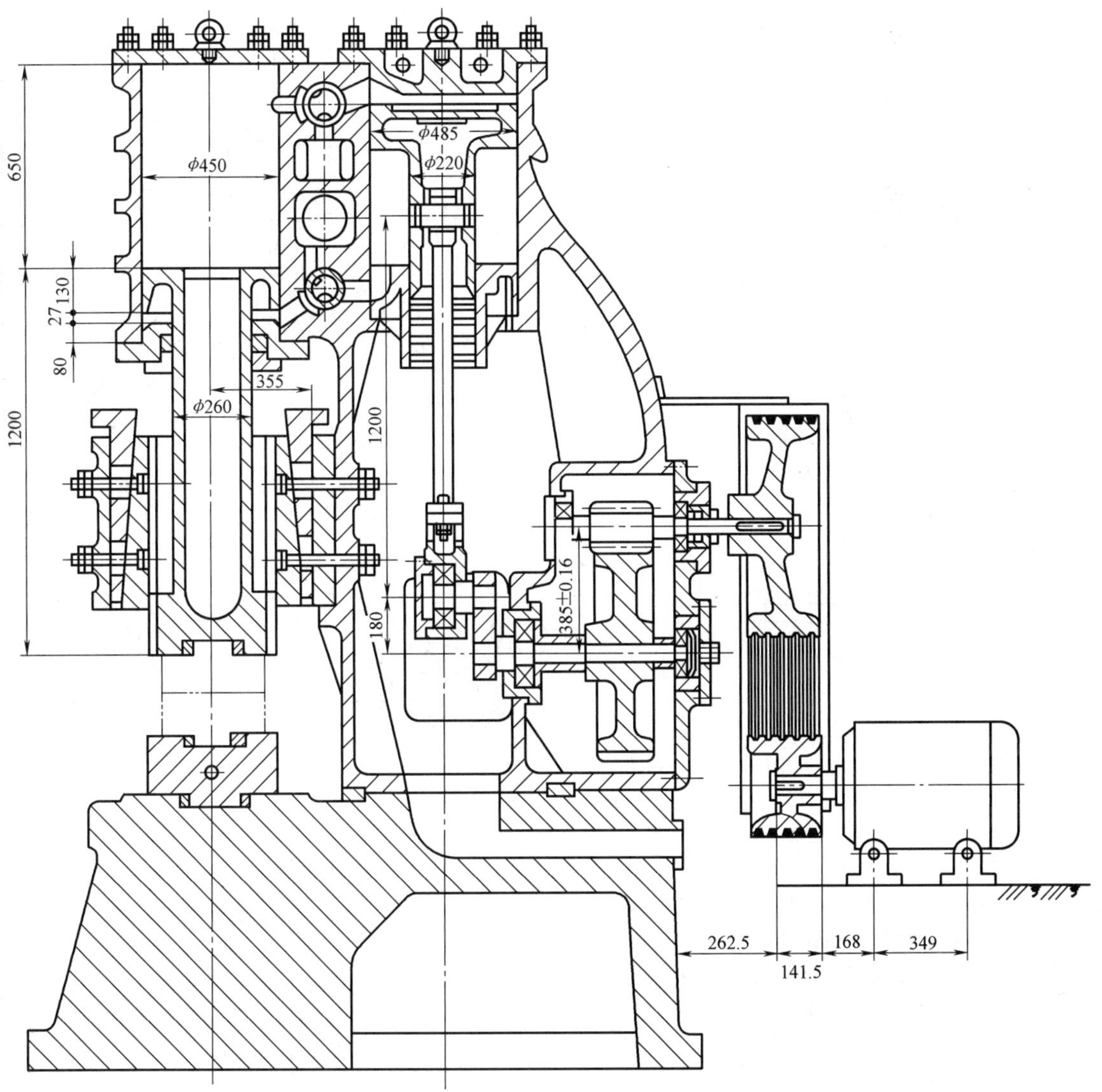

图 3-4-14　400kg 模锻空气锤的结构（廊坊锻压机床厂）

2）设有锤头导向装置。导向框架用八个螺栓与机身前部紧固连接。调节导向框架内的斜楔便可调节锤头导向平面与导轨间的间隙，提高导向精度。

3）为提高打击刚度和打击效率，使模锻件轮廓更清晰，采用较大的砧座，其重量为落下部分质量的 20 倍。

4.2　蒸汽-空气锤

蒸汽-空气锤是锻造车间最常用的锻造设备，根据工艺用途不同可分为蒸汽-空气自由锻锤和模锻锤。

蒸汽-空气锤是用蒸汽或压缩空气作为能量传递物，所使用的蒸汽压力为 0.7~0.9MPa；压缩空气压力为 0.6~0.8MPa，它们分别由蒸汽锅炉或空气压缩站提供，一般两种工作介质可以互换使用，但是，当改变工作介质时，锻锤的气阀等部件要做一些调整。

4.2.1　蒸汽-空气自由锻锤

蒸汽-空气自由锻锤是生产中小型自由锻件的主要设备。除用来完成自由锻外，还被用于进行胎膜锻造。

1. 蒸汽-空气自由锻锤的结构形式

（1）锤身　锤身的结构形式可分为单柱式、双柱拱式和桥式三种。

单柱式蒸汽-空气自由锻锤如图 3-4-15 所示。锤身只有一个立柱，工人可以从锤身正面、左面和右面等三面进行操作，因此操作和测量都很方便。但其锤身刚度较差，不适宜于大吨位。该类锻锤落下

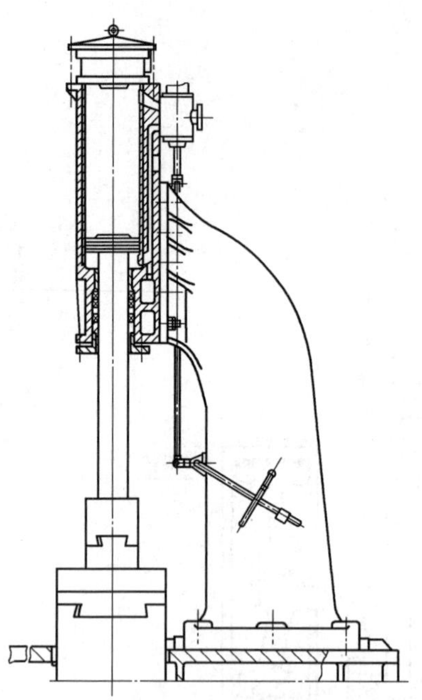

图 3-4-15　单柱式蒸汽-空气自由锻锤

部分质量一般在 1t 以下，最大吨位达 3t。

双柱拱式蒸汽-空气自由锻锤如图 3-4-16 所示。锤身由两立柱组成拱形状，刚度好，目前在锻造车间中应用极为普遍，其吨位为 1～5t。

桥式蒸汽-空气自由锻锤如图 3-4-17 所示。锤身由两个立柱和横梁（钢板焊接件或铆接件）用螺栓连接成桥形框架，锤身下面操作空间较大，适合于锻造轮廓尺寸较大的大型锻件。但因锤身结构尺寸大，刚度较差，吨位不易过大，一般有 3t、5t 两种规格。

（2）落下部分　落下部分包括锤头、锤杆、活塞和下砧块，它是锻锤的工作部分，其结构如图 3-4-18 所示。

（3）气缸　气缸结构如图 3-4-19 所示。缸体内一般镶有缸套，以便磨损后修理或更换。气缸顶部装有保险缸，起缓冲气压作用，避免锤杆折断或操纵机构损坏和操纵不当时，活塞猛烈向上撞击缸盖而造成严重的设备事故和人身事故。它的工作原理是：当工作活塞撞击保险活塞时，保险活塞把保险缸的进气口封闭（进气口紧靠保险活塞上方设置），形成缓冲气垫，吸收落下部分向上运动至上死点时的剩余动能，使缸盖不致损坏。气缸下端锤杆的密封装置用于防止漏气、漏水。

（4）砧座及基础　砧座及基础的结构如图 3-4-20 所示。

（5）配气-操纵机构　配气-操纵机构由节气阀、滑阀及操纵系统组成。

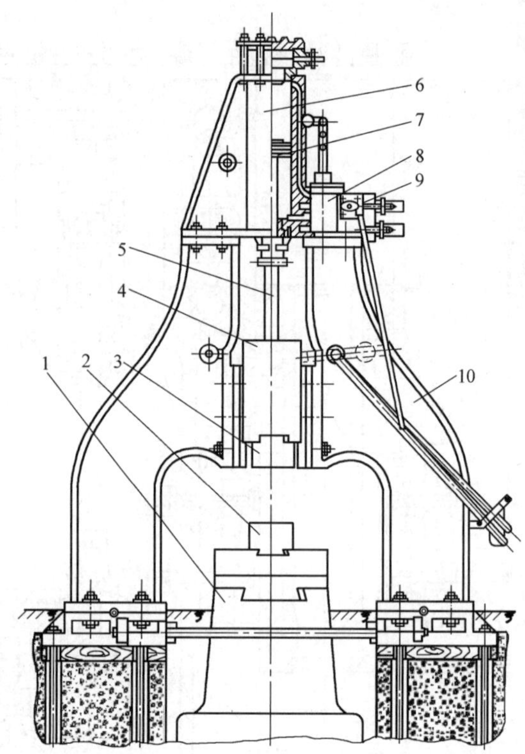

图 3-4-16　双柱拱式蒸汽-空气自由锻锤
1—砧座　2—下砧　3—上砧　4—锤头　5—锤杆　6—气缸　7—活塞　8—滑阀　9—节气阀　10—锤身

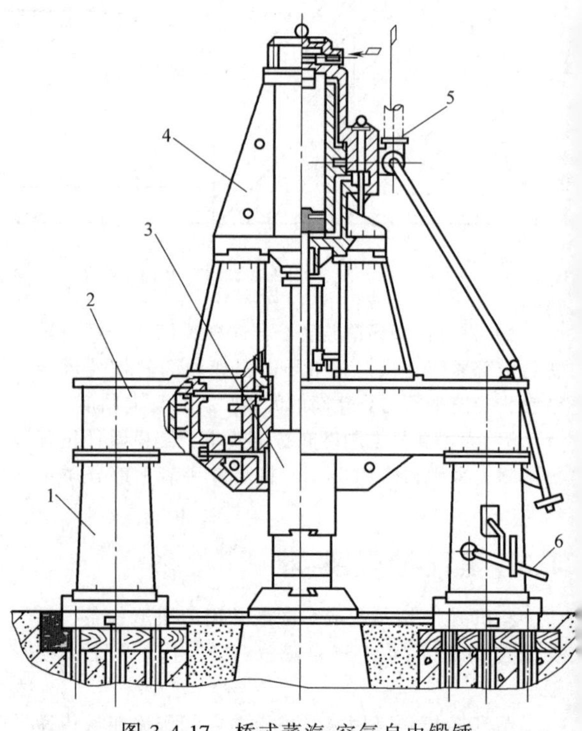

图 3-4-17　桥式蒸汽-空气自由锻锤
1—立柱　2—横梁　3—锤头　4—工作缸　5—滑阀　6—操纵手柄

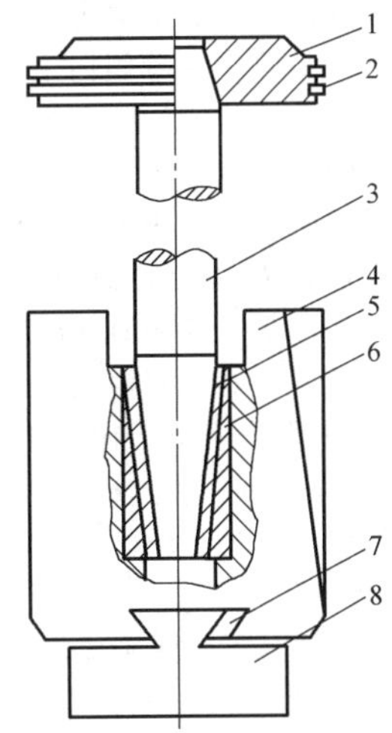

图 3-4-18　落下部分的结构

1—活塞　2—活塞环　3—锤杆　4—锤头　5—黄铜垫片　6—铜套　7—楔块　8—下砧块

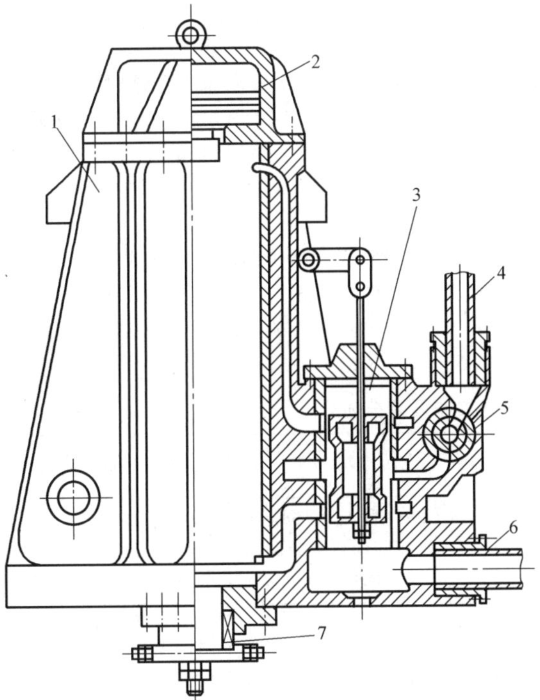

图 3-4-19　气缸结构

1—气缸体　2—保险杠　3—滑阀箱　4—进气管　5—节气阀　6—排气管　7—密封装置

2. 蒸汽-空气自由锻锤的配气操纵机构

（1）配气机构　配气机构的结构参照图 3-4-19，主要由节气阀和滑阀及其阀套组成。节气阀体为开有窗口的空气圆柱体（见图 3-4-19）或开有矩形开口的圆柱体（见图 3-4-21），通过操作手柄 G 使节气阀体在节气阀套中转动（见图 3-4-21），控制阀口的

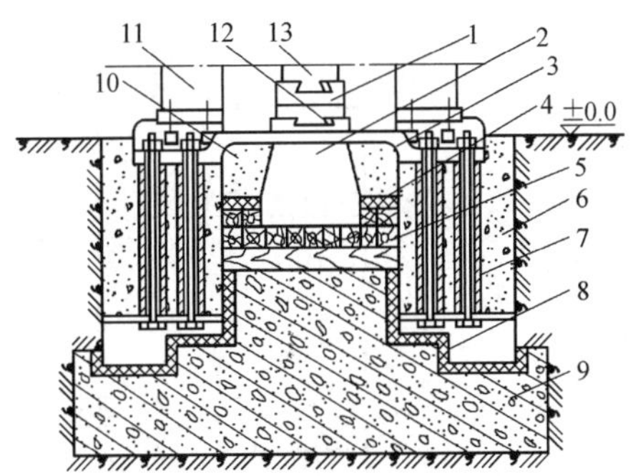

图 3-4-20　砧座及基础的结构

1—砧枕　2—砧座　3—底板　4、8—油毡　5—枕木　6—混凝土　7—螺栓　9—钢筋混凝土　10—填土　11—立柱　12—楔　13—下砧块

启闭，起到进气管路的开关作用；通过改变节气阀的开启面积，利用节流作用，控制进入滑阀箱和气缸的气体的压力，来调节锻锤的打击能量。这种调节方法称为质量调节法。当锻锤工作时，节气阀一般调节到通路全开的位置。

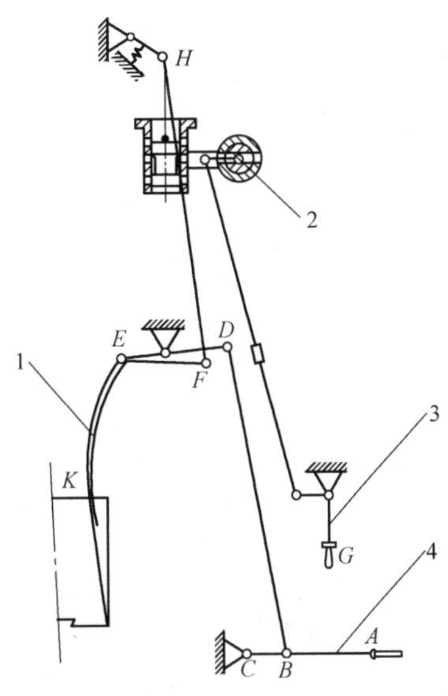

图 3-4-21　自由锻锤配气操纵机构

1—刀形杆　2—节气阀　3—节气阀手柄　4—操作手柄

滑阀体是两头直径大、中间直径小的空心圆筒形零件，它在滑阀套筒内上下移动。滑阀套筒上开有三排孔，每排孔沿周围均匀分布。中间一排孔通过节气阀与进气管道相通，上下两排孔分别与气缸上下腔相通。改变滑阀的位置，就可以实现上下腔的进气、排气、膨胀、压缩等不同的气体工作状态。自由锻锤滑阀的工作位置如图 3-4-22 所示。滑阀两头都开有小沟槽，当滑阀处于 b 位时，使上腔通过小沟槽缓慢地排气，下腔不断补充少量的新蒸汽，

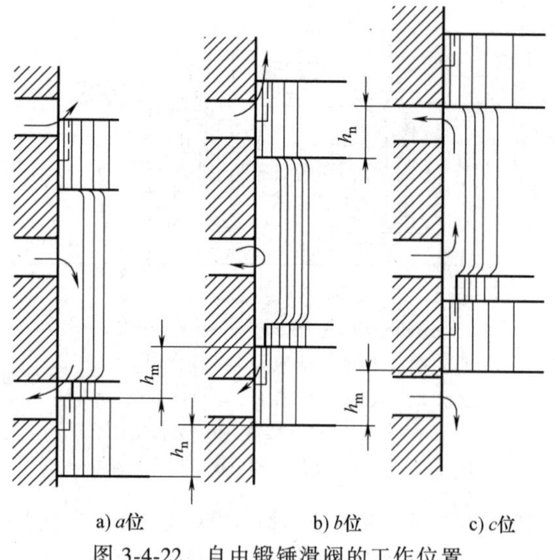

a) a位 b) b位 c) c位

图 3-4-22 自由锻锤滑阀的工作位置

以满足锤头悬空时的工作要求。

（2）操纵机构 滑阀的移动由图 3-4-21 所示的操纵机构来控制。可通过操作手柄 A 的上下移动，也可通过与锤头联动的机械随动机构，操纵滑阀的上下移动，实现气缸上下腔气体预期的工作阶段，使落下部分的运动具有相应的工作状态。

由图 3-4-21 可知，手动部分是由杆 AC、BD、DE、EF 和 FH 组成。当压下手柄 A 时，杆 AC 带动杆 BC 下移，杆 ED 绕支撑点旋转，使 E 点上移。由于锤头斜面的斜度很小，杆 FH 也向上移动，则拉动滑阀向上移动。反之，当手柄由下位提回至水平位置时，带动各杆件下移，使滑阀向下移动。手柄由上极限水平位置移到下极限位置，滑阀相应的移动距离用 h_n 表示（见图 3-4-22）。

机械随动机构由锤头、曲杆 KEF 和杆 FH 组成。当锤头向上运动时，通过锤头的斜面迫使曲杆 KEF 绕点 E 逆时针方向转动，通过杆 EF 使杆 FH 上升，带动滑阀向上移动。反之，当锤头向下运动时，滑阀在弹簧和曲杆作用下下降。在机械随动机构中，锤头与滑阀的运动方向一致。当锤头走全行程 H_m 时，滑阀相应的位移用 h_m 表示，即 $h_m = \alpha H_m$。一般取 $\alpha = 0.04 \sim 0.06$。

（3）工作循环 蒸汽-空气自由锻锤应具有打击、锤头悬空、压紧锻件等工作循环。为了实现不同的工作循环，从锤头的运动要求出发，配气操纵机构应呈什么样的工作状态，导致气缸上下腔实现什么样的工作状态和阶段，结合图 3-4-21 所示的配气操纵结构和图 3-4-22 所示的滑阀工作位置，表 3-4-5 中有具体的分析和说明。

当锻锤长时间不工作时，进气管闸门及节气阀应关闭，手柄 A 应处于下极限位置，这时锤头处于下死点，滑阀处于图 3-4-22 所示的 b 位。当锻锤短期不工作时，可不关进气阀闸门和节气阀，但手柄 A 仍应处于下极限位置，使锤头保持在下极限点不动。

3. 蒸汽-空气自由锻锤的规格与参数

蒸汽-空气自由锻锤的规格是用落下部分的质量（t）来表示，一般为 0.5～5t，其主要技术参数见表 3-4-6。

表 3-4-5 蒸汽-空气自由锻锤工作循环分析

锤头工作状态		锤头运动要求	操纵机构工作状态	滑阀的移动过程	缸内气体的工作阶段
单次行程	向上行程	加速向上转为减速向下，直至上死点速度减至零	手柄 A 上提至水平位置，锤头提升，机械随动机构带动滑阀提升	滑阀先下降 h_n，阀位转至 a 位，机械随动机构带动滑阀上升 h_m，阀位转至 b 位	下缸进气、上缸排气转为下缸膨胀、上缸压缩
	向下行程	锤头加速向下，直至接触锻件，锤头达到最大打击速度	手柄 A 下压，锤头加速向下，随动机构带动滑阀下降，通过手柄不同的压下量，实现重击和轻击	滑阀上升 h_n，阀位由 b 转至 c，机械随动机构使滑阀下降至 b 位	手柄最大压下量使滑阀有最大提升，上缸进气、下缸排气，实现重击。减小手柄压下盖，滑阀提升量小，上缸进气膨胀、下缸排气压缩，实现轻击
锤头悬空		锤头因气压支撑处于上死点，实现悬空状态	手柄 A 由压力位置转至水平位置，机械随动机构同时起作用	重复单打向上行程，阀位由 a 转向 b，使上下腔封闭，滑阀下沟槽补气，上沟槽少量排气	因上腔压缩、下腔膨胀，系统处于平衡状态，实现锤头悬空。因沟槽的补气排气，锤头不会下降
压紧锻件		锤头在下死点紧压锻件	手柄 A 处于压下位置	滑阀由 c 位转向 b 位	上缸为高压，下缸为低压

表 3-4-6　蒸汽-空气自由锻锤的主要技术参数

落下部分质量/t	0.63	1.0	2.0	2.0	3.0	3.0	5.0	5.0
结构形式	单柱式	双柱式	单柱式	双柱式	单柱式	双柱式	双柱式	桥式
最大打击能量/kJ	—	35.3	—	70	120	152.2	—	180
每分钟打击次数/(次/mm)	110	100	90	85	90	85	90	90
锤头最大行程/mm	—	1000	1100	1260	1200	1450	1500	1728
气缸直径/mm	—	330	480	430	550	550	660	685
锤杆直径/mm	—	110	280	140	300	180	205	203
下砧面至立柱开口距离/mm	—	500	1934	630	2310	720	780	—
下砧面至地面距离/mm	—	750	650	750	650	740	745	737
两立柱间距/mm	—	1800	—	2900	—	2700	3130	4850
上砧面尺寸/mm(长×宽)	—	230×410	360×490	520×290	380×686	590×330	400×710	380×686
下砧面尺寸/mm(长×宽)	—	230×410	360×490	520×290	380×686	590×330	400×710	380×686
导轨间距/mm	—	430	—	550	—	630	850	737
蒸汽消耗量/(t/h)	—	—	2.5	—	3.5	—	—	—
砧座质量/t	—	12.7	19.2	28.39	30.0	45.8	68.7	75.0
机器质量/t	14.0	27.6	44.8	57.94	61.1	77.38	120.0	138.52
外形尺寸/mm (长×宽×地面上高)	2250×1300 ×3955	3780×1500 ×4880	3750×2100 ×4361	4600×1700 ×5640	4900×2000 ×5810	5100×2630 ×5380	6030×3940 ×7400	6260×2600 ×7510

4.2.2　蒸汽-空气模锻锤

用于模锻件生产的蒸汽-空气锤称为蒸汽-空气模锻锤。由于它装模方便，能够进行多模膛模锻，可多次连续打击成形，至今仍是一种使用较多的模锻设备。蒸汽-空气模锻锤也是以蒸汽或压缩空气（来自空压站）为工作介质，无论是在工作原理上还是结构上，与蒸汽-空气自由锻锤都有许多相同之处。但由于模锻工艺的要求，因此在结构上、操作上和工作原理上有着一系列的特点。

1. 蒸汽-空气模锻锤的结构特点

蒸汽-空气模锻锤的结构如图 3-4-23 所示。为了保证模锻件的形状和尺寸精度，蒸汽-空气模锻锤在结构上主要采取了以下措施。

1）刚性框架机身。模锻过程要求上下模对准，所以模锻锤的立柱必须安装在砧座上。多模槽模锻必然有严重的偏心打击，为承受偏击时的倾斜力，在气缸下面有一气缸垫板与立柱相连，使砧座、左右立柱、气缸垫板、气缸体构成刚性框架。立柱与砧座、立柱与气缸之间都用带弹簧的螺栓连接，弹簧可起缓冲作用，避免螺柱拉断。立柱与砧座之间的连接螺栓向内倾斜 10°~20°，产生的水平分力使立柱能紧贴在砧座的凸肩上，使立柱在受偏心打击时仍能保持左右导轨间的距离不变，以保证模锻件的尺寸精度。

2）设有长而坚固的可调导轨，导轨间隙也比自由锻锤小，便于保证上下模准确对中和提高锤头的导向精度。

3）为了提高打击刚性和打击效率，砧座、锤头质量比自由锻锤大，模锻锤砧座质量为其落下部分质量的 20~30 倍。

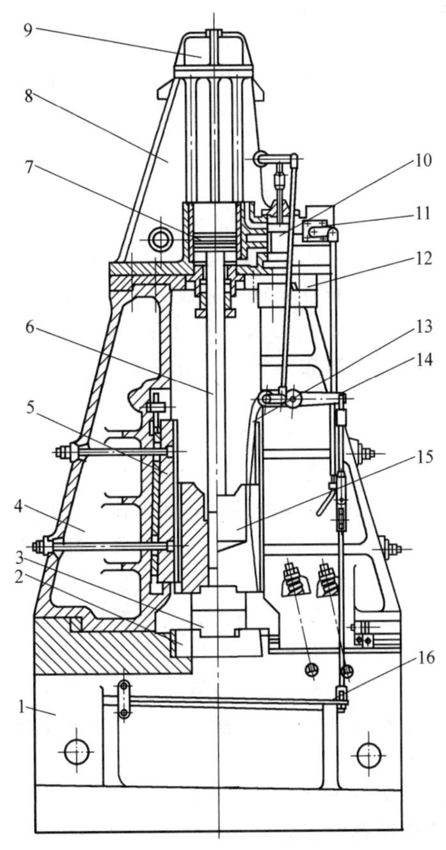

图 3-4-23　蒸汽-空气模锻锤的结构
1—砧座　2—模座　3—下模　4—立柱　5—导轨　6—锤杆　7—活塞　8—气缸　9—保险缸　10—滑阀　11—节流阀　12—气缸垫板　13—曲杆　14—杠杆　15—锤头　16—踏板

2. 蒸汽-空气模锻锤的工作循环和配气操纵机构

（1）工艺操作特点和工作循环的配置　模锻锤上进行的多模槽模锻是镦粗、拔长等制坯工序与预锻、终锻工序的组合，要求锤头动作灵敏、快速及易于调节打击轻重，因此蒸汽-空气有砧座模锻锤工作循环的配置如图 3-4-24 所示。除了能进行单次打击和连续打击外，还用摆动循环代替锤头悬空。所谓摆动循环，就是当放松脚踏板后，锤头在距下模 200~500mm 高度上方上下往复运动，以便工人操作和翻转锻件。

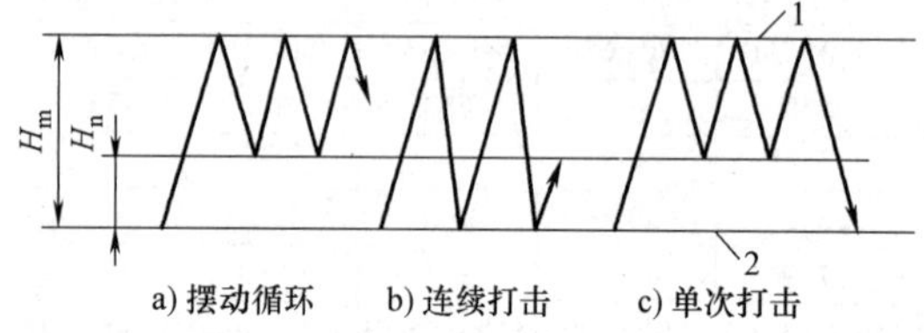

图 3-4-24　蒸汽-空气有砧座模锻锤工作循环的配置
1—锤头最上位置　2—锤头最下位置

用摆动循环代替锤头悬空主要是为了：

1）防止打击能量不足。自由锻锤头长时间悬空是靠滑阀阀芯上、下遮盖面上的小沟槽使气缸上腔排气、下腔补气来实现的。当由悬空转入打击循环时，上腔气压由低变高、下腔气压由高变低，这使得从悬空转入第一次打击的打击能量不能达到最大值。而模锻工艺要求，锻坯在终锻型槽里的第一次打击时，打击能量要尽可能地大。在摆动循环中，当锤头向上运动时，气缸上腔先排气后压缩再进气，下腔先进气后膨胀再排气；当锤头到达上顶点时，上腔气压很高，下腔气压很低，这与静止的悬空状态恰好相反。如果此时踩下脚踏板，可以得到最大的打击能量，显示出摆动循序特有的优越性。

2）易于调节打击能量。当进行制坯工序时，模锻锤打击能量要迅速和大范围地调节。锻锤的打击能量与锤头所走的行程大小密切相关，采用摆动循环时，锤头在行程上方的位置随时都是变化的，当锤头摆动到较低位置时踩下脚踏板，可以得到轻轻地打击；当锤头摆到较高位置时，踩下脚踏板，可以得到较重的打击。有了摆动循环，就可灵活调节打击能量。

（2）蒸汽-空气模锻锤的工作循环分析　为了满足多模槽模锻的工艺要求，实现上述的工作循环，蒸汽-空气模锻锤采用图 3-4-25 所示的配气操纵机构。模锻锤采用脚踏板操纵。模锻工用手操作锻件，用脚操纵锤头动作。对 10t 以上模锻锤，因锻件较重，才设司锤工。

模锻锤脚踏板可同时带动滑阀和节气阀。当踩

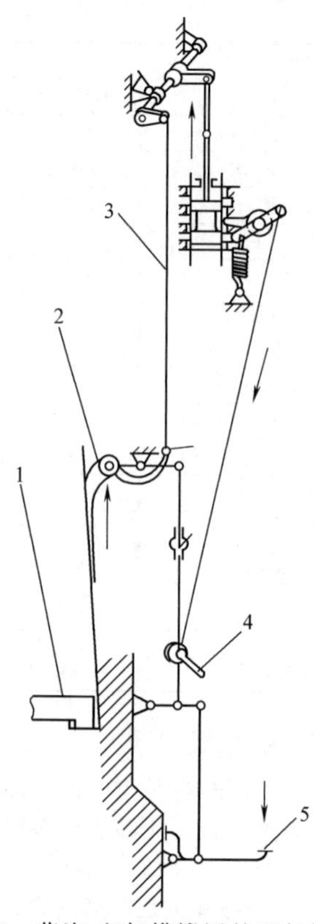

图 3-4-25　蒸汽-空气模锻锤的配气操纵机构
1—锤头　2—曲杆　3—拉杆　4—调节手柄　5—脚踏板

下脚踏板时，节气阀全部打开；当松开脚踏板时，节气阀关小一半。由于在操纵滑阀控制进气量的同时，还可以改变节气阀开口的大小以控制进气压力，即所谓能同时进行数量和质量的双重调节，因此能更加灵活地控制模锻锤的打击轻重。

采用图 3-4-25 所示的操纵机构，实现图 3-4-26 所示的滑阀位置，就能实现摆动、打击等工作循环，打击又分单次打击和连续打击。

1）摆动循环。模锻锤工作前，锤头落在下模上，脚踏板处于水平位置，节气阀处于关闭位置，滑阀处于最低位置（见图 3-4-26a）。开锤时，首先转动节气阀手柄，使节气阀稍微打开，蒸汽经滑阀套下窗口进入气缸下腔，而上腔经滑阀套上窗口排气，锤头提升。由锤头 1、曲杆 2、拉杆 3（见图 3-4-25）组成机械随动机构的联动关系，当锤头向上走全行程 H_m（见图 3-4-24）时，滑阀上升 h_m 距离，达到图 3-4-26 所示的 b 位，此时气缸上腔经历排气、压缩、提前进气，气缸下腔经历进气、膨胀、提前排气，锤头开始向下运动；与此同时，滑阀在自重、弹簧和机械随动机构作用下也向下移动，当锤头向下走（H_m-H_n）距离时（见图 3-4-24），滑阀相应下移（h_m-h_n），到达图 3-4-26 所示的 c 位，这时气缸

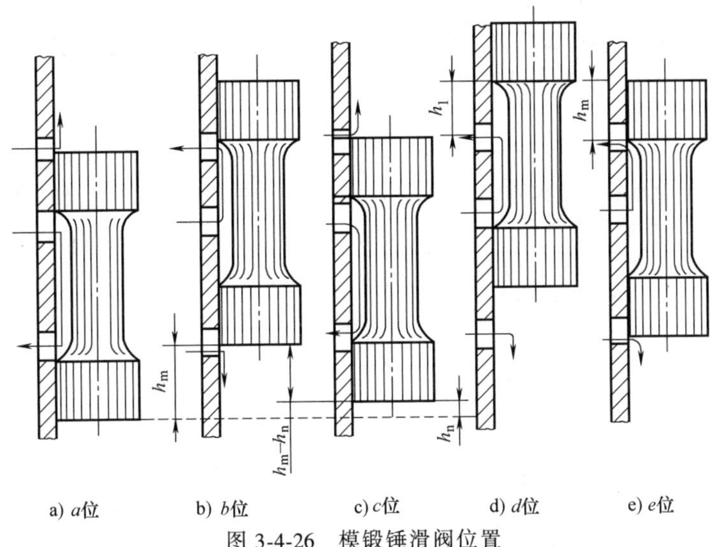

a) a位　b) b位　c) c位　d) d位　e) e位

图 3-4-26　模锻锤滑阀位置

下腔进气、上腔排气，锤头又上升。由此可见，由于锤头、曲杆、拉杆所组成的机械随动机构的作用，滑阀的工作位置为 $b \to c \to b \to c \cdots$ 就能实现锤头在上面不断摆动的摆动循环。通过调节节气阀开口量的大小即可调节摆动行程，开口量大，摆动行程则大，反之则小。

2）打击。模锻锤的打击是靠踩下脚踏板来实现的。当锤头在最高位置时，滑阀处于图 3-4-26 所示的 b 位，此时踩下脚踏板，滑阀又上升 h_1 高度，到达图 3-4-26 所示的 d 位，上腔进气，下腔排气，锤头向下运动进行打击。打击时，在机械随动机构的作用下，滑阀又降到图 3-4-26 所示的 c 位，松开脚踏板，滑阀又回到图 3-4-26 所示的 a 位，锤头转入向上行程，当锤头接近行程上死点时，再踩下脚踏板，即可进行第二次打击。如此连续进行，就能实现连续打击。若不踩脚踏板，就转入摆动循环，完成单次打击。

由图 3-4-26 可以看出，滑阀上升量 h_1 越大，尽管随动机构能带动滑阀下降 h_m，但上下窗口未被遮住，因而上腔一直进气、下腔一直排气，可得到最重的打击。可见，模锻锤也可以通过改变脚踏板的压下量，实现轻重不同的打击。压下量越大，打击能量则越大，反之则越小。

模锻锤除上述动作外，也能实现悬空，以便安装和调整模具。开锤时，转动节气阀手柄使节气阀稍微打开，锤头抬起；待锤头上升到一定高度时将节气阀关小，使进入下腔的气体刚好能支持落下部分的重量而不能使锤头上升，则锤头就保持不动。

模锻锤工作结束后，松开脚踏板，将节气阀转到关闭位置，锤头就慢慢落在下模上。

3. 蒸汽-空气模锻锤的规格与参数

蒸汽-空气模锻锤的规格是用落下部分质量（t）来表示的，标准系列中规定蒸汽-空气模锻锤有 1.0t、2.0t、3.0t、5.0t、10t、16t 等规格，其技术参数见表 3-4-7。

表 3-4-7　蒸汽-空气模锻锤的技术参数

落下部分质量/t		1.0	2.0	3.0	5.0	10	16
最大打击能量/kJ		25	50	75	125	250	400
锤头最大行程/mm		1200	1200	1250	1300	1400	1500
锻模最小闭合高度(不算燕尾)/mm		220	260	350	400	450	500
导轨间距/mm		500	600	700	750	1000	1200
锤头前后方向长度/mm		450	700	800	1000	1200	2000
模座前后方向长度/mm		700	900	1000	1200	1400	2110
每分钟打击次数/(次/min)		80	70	—	60	50	40
蒸汽	绝对压力/MPa	0.6~0.8	0.6~0.8	0.7~0.9	0.7~0.9	0.7~0.9	0.7~0.9
	允许温度 / ℃	—	200	200	200	200	200
砧座质量/t		20.25	40.0	51.4	112.55	235.53	235.85
总质量(不带砧座)/t		11.6	17.9	26.34	43.79	75.74	96.24
外形尺寸/mm (前后×左右×地面上高)		2380×1330 ×5051	2960×1670 ×5418	3260×1800 ×6035	2090×3700 ×6560	4400×2700 ×7460	4500×2500 ×7894

4. 蒸汽-空气锤采用不同介质的比较和调节

节约能源是我国的重要国策，蒸汽-空气锤采用哪种介质是有关节能的大课题。通过基建投资、经常费用和能量利用率的技术经济分析，可得出表 3-4-8 的相对比值。

表 3-4-8　蒸汽-空气锤采用不同工作介质的技术经济效果对比

对比项目	饱和蒸汽	压缩空气	
		不预热	预热
基建投资	1	2.47	1.94
动力部分的经常费用	2.84	1.27	1
锻锤的能量利用率(%)	1.62	51.02	38.41
动力体系的能量利用率(%)	1.08	2.38	2.97

由表 3-4-8 中的数据可以得出如下结论和建议：

1）蒸汽-空气锤在满足生产工艺的前提下，一般采用压缩空气作为动力介质，尤其是在锻锤负荷不足、不稳定的情况下，或者锻锤从排气管排出的气体在能量回收技术上存在问题，或虽能回收但无法充分利用时，更应如此考虑。

2）已采用压缩空气作为动力介质的，建议尽量利用余热加热压缩空气，加强空气压缩机和管道系统的维护管理，适当提高压缩空气的输送和进锤温度，以提高动能利用率，达到节能的目的。

3）使用热电站或区域锅炉房集中提供蒸汽，一般比自建空压站经济；在电力供应紧张、燃料供应方便的地区，宜采用蒸汽作为动力介质。

气体所传递的能量大小与其状态有关，即与比热容、压力及温度等状态参数有关。

锻锤的工作过程很快，气缸内的气体来不及与外界进行热交换，可认为是绝热过程。气体在绝热过程的状态变化按式（3-4-1）进行，即

$$pV^K = C \tag{3-4-1}$$

式中　p——气体压力；

V——气体体积；

C——常数；

K——气体绝热变化指数。

对蒸汽，取 $K=1$；对压缩空气，取 $K=1.4$。

设采用蒸汽和压缩空气的工作压力 p_1 相同，滑阀尺寸相同，则气体在气缸工作过程的进气段和膨胀段相同，则蒸汽所做的膨胀功比压缩空气所做的功大（见图 3-4-27，多做阴影面积部分的功）。反之，若压缩段相同时，则压缩空气的压缩阻力功比蒸汽要大。

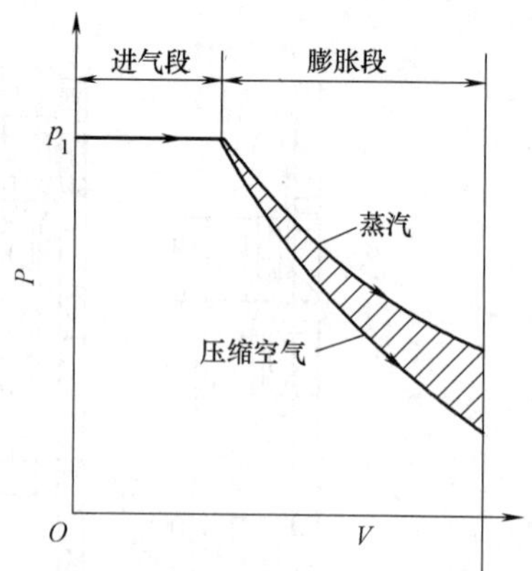

图 3-4-27　蒸汽和压缩空气膨胀功的比较

蒸汽-空气锤通常是按蒸汽为工作介质设计的，如果改用压缩空气作为工作介质，滑阀尺寸不变，由于压缩空气的膨胀小，压缩阻力大，则锤头升不到行程的上死点，从而减小了锤头向下行程时气缸上腔的进气段和下部分的位能，使锤头的打击能量降低。若压缩空气的压力（一般为 6×10^5Pa ~ 8×10^5Pa）比蒸汽压力（一般为 7×10^5Pa ~ 9×10^5Pa）低，则影响就更大。为了能将锤头提升到上死点，可采用方法是通过调节滑阀杆的调节螺母使滑阀相对滑阀套下调一段距离，让气缸下腔的进气段增加，这样做可使锤头达到上死点，但将使锤头向下行程时上腔的进气段缩短，打击能量会显不足。因此，最好是把滑阀体两端的台阶高度减短，以加长滑阀体中部长度。这样就可同时保证气缸上下腔有足够的进气时间，获得理想的打击能量。

当采用压缩空气作为工作介质时，压缩空气膨胀后温度会急剧下降，个别情况下气缸温度会下降到零度以下，发生结冰现象而卡住活塞，影响锻锤的正常工作。若把压缩空气预热到 150℃，即可消除这种不良现象，并可节省压缩空气 30%。

蒸汽-空气锤上的滑阀、节气阀与阀套间隙的大小，在一定程度上会影响锻锤的工作效率。间隙值不仅取决于阀的外形尺寸，还取决于使用的工作介质的种类。若用蒸汽作为工作介质时，阀的温度高于阀套的温度，除了正常的使用间隙外，还需考虑温差的因素。当使用蒸汽时，阀与阀套的间隙值可按表 3-4-9 选取。

表 3-4-9　使用蒸汽时阀与阀套的间隙值

锤的吨位/tf	1	2	3	5	10
节气阀外径/mm	90	110	130	120	120
节气阀与阀套间隙/mm	0.2	0.22	0.25	0.25	0.25
滑阀外径/mm	135	165	200	230	320
滑阀与阀套间隙/mm	0.23	0.25	0.27	0.30	0.35

滑阀、节气阀与阀套的间隙也可用式（3-4-2）计算，即

$$\Delta s = 0.12\left(\frac{D}{100}\right)\left(\frac{t_1-t_2}{100}\right)+(0.1\sim0.15) \tag{3-4-2}$$

式中　Δs——阀与阀套冷态下的间隙（mm）；

D——滑阀或节气阀的直径（mm）；

t_1——滑阀或节气阀的温度（℃）；

t_2——滑阀套或节气阀的温度（℃）。

通常认为，阀芯与蒸汽温度相等，而阀套温度为蒸汽温度的 1/2。

当使用压缩空气时，滑阀、节气阀与阀套的配合间隙比使用蒸汽时小，一般可按表 3-4-10 选取，加工时按使用给定间隙配制。

5. 蒸汽-空气锤零部件的改装设计和使用经验

（1）落下部分（见图 3-4-18）

1）活塞与活塞环。活塞是用 45 钢锻制并经热处理调制。活塞直径比气缸直径要小 1~2.5mm。活塞有一定的高度 H，使锤杆与活塞有足够的配合面。一般 2t 以下的锤取 $H=d$（d 是锤杆直径），大于 2t 的锤取 $H=0.85d$。

为使气缸上、下腔不串气，活塞上装有 2~4 个活塞环。活塞环由 20 钢制成，具有一定的弹力。由于钢环制造工艺复杂，对气缸套磨损严重，近年来一些工厂采用了聚四氟乙烯活塞环，它具有以下优点：①使用寿命约 3 个月，比钢环略长；②可在 250℃温度下长期工作（蒸汽温度一般在 200℃以下）；③具有很小的摩擦因数，并且硬度较低，因此气缸壁几乎不被磨损，从而可大幅度提高缸套的使用寿命；④塑料环在使用中虽有断碎现象，但因它强度低，不会产生卡缸现象；⑤制造工艺简单。

塑料环的材料成分除聚四氟乙烯外，还填有青铜粉 15%（质量分数，后同），二硫化钼粉 2%，石墨粉 5%，提高了环的强度，加强了对缸套表面润滑。塑料活塞环的尺寸见表 3-4-11。

表 3-4-10　使用压缩空气时阀与阀套的间隙值　（单位：mm）

名义直径	阀套的径向偏差		阀的径向偏差		径向间隙		使用给定间隙
	上限	下限	上限	下限	最小	最大	
80~120	+0.07	0	−0.05	−0.14	0.05	0.21	0.1~0.15
120~180	+0.08	0	−0.06	−0.165	0.06	0.245	0.15~0.2
180~260	+0.09	0	−0.075	−0.195	0.075	0.285	0.2~0.25
260~360	+0.1	0	−0.09	−0.225	0.09	0.325	0.25~0.3

表 3-4-11　塑料活塞环尺寸　（单位：mm）

设备型号	塑料环		
	D	d	H
1tf 模锻锤	ϕ280±0.1	ϕ240±0.1	20
2tf 模锻锤	ϕ380±0.1	ϕ340±0.1	25
3tf 模锻锤	ϕ460±0.1	ϕ410±0.1	25
5tf 模锻锤	ϕ540±0.1	ϕ490±0.1	25

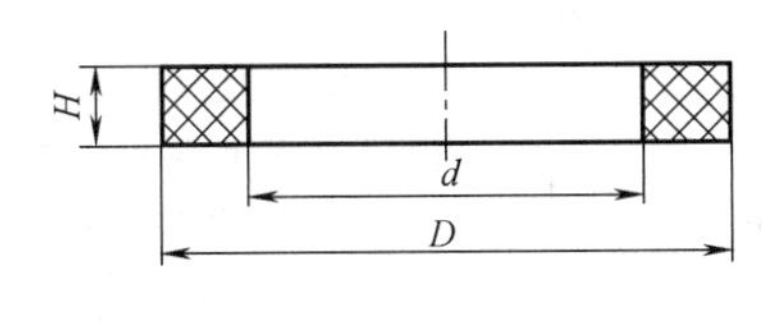

当采用塑料活塞环时，活塞结构进行了相应的改进（见图 3-4-28）。将原来三道活塞环窄槽改为两道宽槽，活塞的上端钻 4 个 ϕ8mm 的孔，活塞槽的侧面钻 ϕ3mm 的孔，使蒸汽由顶端经侧孔进入槽内，迫使塑料环贴合在缸壁上。槽宽为 20~25mm，槽深为 27~30mm，环与槽高度方向间隙为 0.1mm。

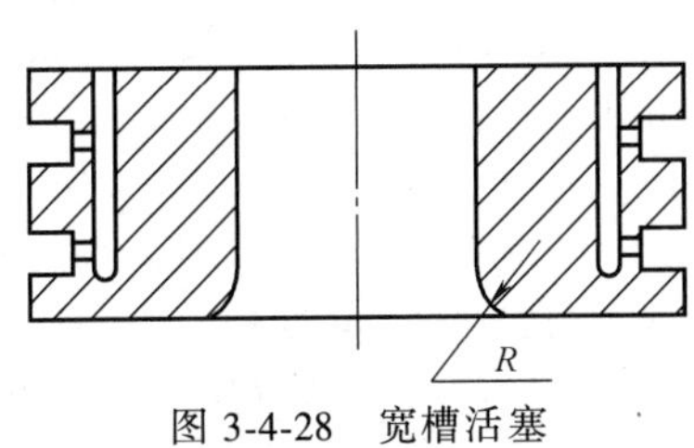

图 3-4-28　宽槽活塞

2）锤杆。自由锻锤锤杆材料一般用 45 钢或 40Cr；模锻锤锤杆应力高，要用 40CrNi。我国镍资源少，可采用 Cr-Mo、Cr-Mo-V 系列钢号制作锤杆。一些工厂采用 35CrMo、45Cr 等材料制作模锻锤锤杆。

锤杆（见图 3-4-29）是典型的承受多次冲击载荷的零件。锻锤在打击时，锤杆（特别是模锻锤锤杆）下端将承受很大的冲击压缩应力。值得注意的是，当活塞上移时，这种冲击压缩应力会被转变成拉应力波，并且其绝对值相当大；当偏心打击时，锤杆还受附加弯曲应力，所以锤杆是承受着交变的大压—小拉的轴向冲击载荷和附加弯曲应力的复合作用，在其表面层造成拉—压冲击应力。

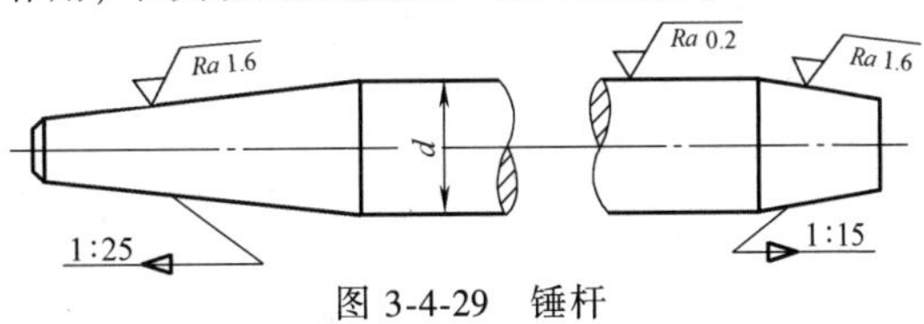

图 3-4-29　锤杆

锤杆的断裂多发生在锤头上方 100~150mm 处，一般是经多次冲击（几万次、几十万次甚至几百万次）后损坏，是冲击疲劳断裂。

模锻锤锤杆的使用寿命较短（平均不到3个月），无论国内还是国外，都是普遍存在的一个问题。锤杆的早期断裂，不仅造成大量的人力、物力浪费，而且因拆换锤杆消耗工时较长，将严重影响锻件的生产。因此，提高锤杆的使用寿命是人们普遍关注的问题。

锤杆的使用寿命与锻造（锻造比应大于3）、机械加工、热处理、安装和使用情况诸因素有关。实践证明，应用多次冲击抗力理论，改进锤杆的热处理工艺，可较大幅度地提高模锻锤锤杆的使用寿命。

由于受传统观念的影响，人们常用缺口试样一次摆锤冲击弯曲试验所得到的冲击韧度 a_K 值作为衡量金属材料承受冲击载荷的抗力指标。这种所谓“冲击韧度”只能表示这种形式试样的特定条件下大能量一次冲击破断的抗力，并不反映实际机件在工作条件下抵抗冲击破断的抗力。因为承受冲击载荷的机件，并不是在大能量下一次冲击破坏的，绝大多数破断过程是一个由多次冲击损伤积累导致裂纹的发生和发展的过程，这一点可从破断的断口清楚地得到证明。因此，衡量材料承受冲击载荷的能力应该是材料对小能量多次冲击的抗力，而不是一次冲击的抗力。

根据西安交通大学金属材料及强度研究所20世纪60年代中提出的多次冲击抗力理论及其实践，在小能量冲击的范围内，材料对多次冲击的抗力是以强度为主导的，仅要求较低的塑性和冲击韧度。过去常因追求高的 a_K 值而不惜牺牲强度，如不必要的提高回火温度，结果由于强度降低，常常导致机件在小能量多次冲击载荷下过早撕裂。

锤杆是在冲击几万次以上才破断的小冲击能量（指单位体积吸收的冲击功）范围内工作的，是属于小能量多次冲击范畴。因此，锤杆的热处理工艺规范应运用多次重复冲击载荷下的破断抗力规律来选择，即应采用低中温回火，以提高其强度（硬度），延长其使用寿命。

试验和使用证明：锤杆的多次冲击抗力是以材料的强度性能为主导的；锤杆的使用寿命与锤杆的热处理后的硬度（强度）及金相组织情况有密切关系。在保证锤杆不开裂和允许的热处理变形量范围内，应采用较强烈的冷却（如水淬、水淬油冷、盐水淬），使其表面层获得马氏体、下贝氏体的混合组织。它们在回火后仍具有较好的强度性能（回火后的金相组织为回火托氏体）。较强烈的冷却还可获得较深的硬化层深度，这对提高锤杆中心部分的强度也是需要的。如果淬火后得到的是上贝氏体甚至铁素体、珠光体组织（45Cr、35CrMo油淬就会出现这种情况），则力学性能很差。使用情况还表明，中碳钢和中碳合金钢淬火后采用中温（450～480℃）回火，其多冲抗力远高于高温（580～600℃）回火。中国一拖集团有限公司采用水淬油冷，中温回火空冷的热处理工艺后（锤杆表面硬度38～43HRC），与旧的热处理工艺（油淬，中温回火空冷，241～275HBW）相比，5tf、10tf模锻锤锤杆的使用寿命分别提高了4倍和6倍，平均使用半年和一年以上。

35CrMo模锻锤锤杆的热处理工艺见表3-4-12。锤杆经该工艺处理后的硬度为38～43HRC。

表3-4-12　35CrMo模锻锤锤杆的热处理工艺

设备吨位/tf	锤杆毛坯直径/mm	淬火			回火	
		加热温度/℃	加热和保温时间/h	冷却方法	加热温度/℃	加热和保温时间/h
10	ϕ258	860～870	8	水冷14～15min后入油	450～480	8
5	ϕ206	860～870	7	水冷8～9min后入油	450～480	7
3	ϕ184	860～870	6	水冷6～7min后入油	450～480	6
2	ϕ149	860～870	5	水冷4～5min后入油	450～480	5
1	ϕ124	860～870	4	水冷2～3min后入油	450～480	4

锤杆疲劳源产生于表面，因此又要求表面有较大的残余压应力。滚压可以降低表面的粗糙度值，强化金属并产生残余的压应力，有利于锤杆使用寿命的提高。

锤杆的安装和使用也应特别注意，否则也会使锤杆过早损坏。安装时，要保证锤杆中心线与锻锤中心线重合，以免锤杆承受附加弯曲的作用；导轨间隙要合理，间隙过大会使弯曲应力增加；锤杆与锤头的配合锥度要一致，否则会使锤杆在锤头锥孔内损坏。

在使用中要严防冷打，每次开锤前应将锤杆预热至120～150℃。

3）锤头。锤头是在很大的冲击载荷下工作，除了要有足够的强度和冲击韧度外，在形状设计上应避免应力集中，以提高锤头的冲击抗力。锤头形状应力求简单、对称（见图3-4-30），使锤头重心与锤杆中心重合，并便于制造。

锤头一般由45钢或35Cr钢锻制而成。锤头要进行调质处理。调质处理后，在燕尾及导轨部分要进行表面淬火，使硬度达300～350HBW，以提高耐

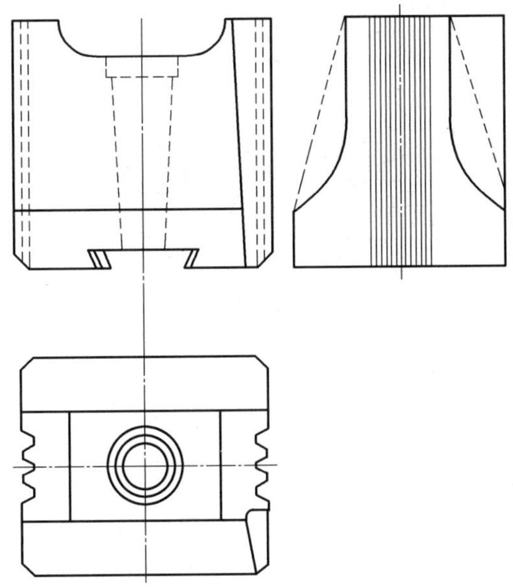
图 3-4-30　重型锻锤锤头

磨性。锤头大多因燕尾槽底面至侧面过渡处出现裂纹而损坏。使用中，导轨槽根部、固定键槽根部也会出现裂纹。

提高锤头寿命一般采用下列措施：

① 模具（砧块）安装在锤头上时，与燕尾槽平面 B 应紧密接触，与平面 A 应有 0.5~1mm 的间隙（见图 3-4-31）。

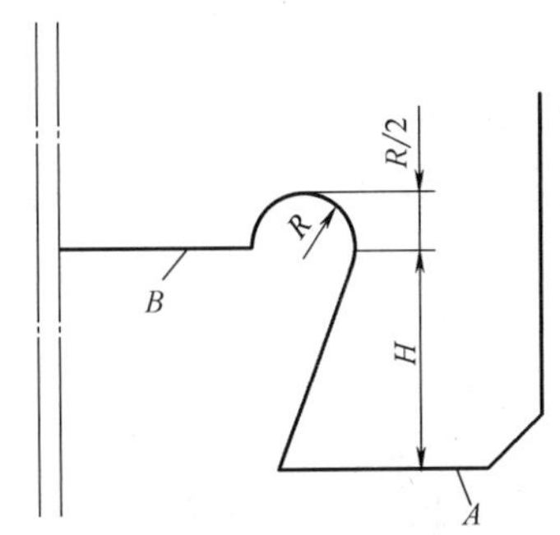

图 3-4-31　锤头燕尾

② 燕尾槽底面至侧面的过渡圆角应足够大，以减小应力集中，并应注意降低过渡圆角的表面粗糙度值（英国“马赛”锻锤的锤头过渡圆角处的表面粗糙度为 $Ra1.6\mu m$），以提高抗冲击疲劳的能力。圆角半径 R 的大小可按下式计算。

对于公称力>3tf 的锤：

$$R=\frac{1}{5}H \qquad (3\text{-}4\text{-}3)$$

对于公称力≤3tf 的锤：

$$R=\frac{1}{10}H \qquad (3\text{-}4\text{-}4)$$

式中　H——燕尾槽高度（见图 3-4-31）。

③ 将燕尾槽两侧面前后均铣出一长 100mm、深 5mm 的凹槽（见图 3-4-32），使模具及楔铁的前后端不与锤头接触，这样锤头的受力点就向内移，改善了受力情况，避免了锤头端部的开裂现象。

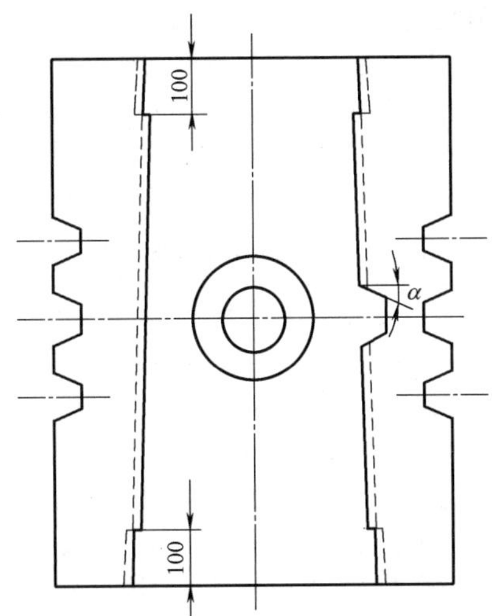

图 3-4-32　改进后的锤头燕尾

④ 把固定键槽的 α 角由 10°改为 20°，可减少轻型锤键槽根部的开裂（见图 3-4-33）。

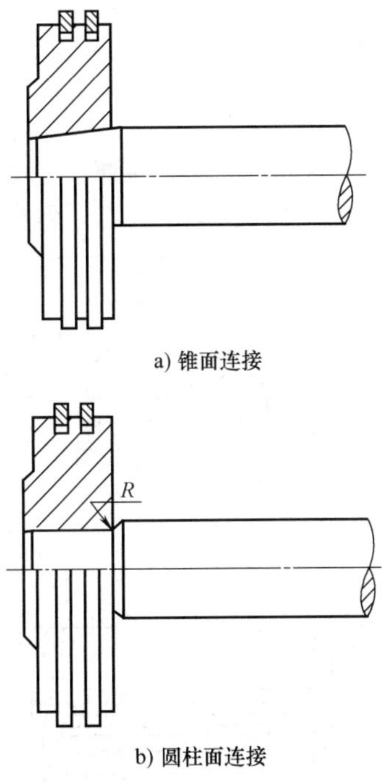

a) 锥面连接

b) 圆柱面连接

图 3-4-33　活塞与锤杆的连接形式

⑤ 加大导轨槽根部圆角半径，或者将槽根部做成圆弧形。

⑥ 增加锻锤锤头的前后尺寸（见图 3-4-30 侧

视图虚线），避免锥孔边缘因刚度不足而产生裂纹。

4）锤杆与活塞、锤头的连接。活塞与锤杆通常做出 1∶15 的锥面（每边倾斜角约 2°），用热套的方法连接在一起。活塞的加热温度一般为 450～500℃，以防止加热温度过高产生氧化皮，造成活塞脱落。热套后，锤杆顶部不应露在活塞之外，否则与保险活塞相碰时锤杆容易脱落。为此，当冷态试装时，锤杆顶部应比活塞顶部低一个“a”值。对不同吨位的锤可采用表 3-4-13 的数值。

表 3-4-13　活塞与锤杆冷装控制尺寸

落下部分质量/t	1	2	3	4	5
a/mm	10	13	15	18	20

采用锥面配合，加工工艺性差，加工后需研配。如果研配质量差，活塞易脱落。一些工厂改用圆柱面连接（见图 3-4-33b），既克服了活塞脱落现象，又减少了机械加工工时，有利于生产维修。为避免应力集中，圆柱配合面的根部过渡圆弧半径 R 值要大。采用圆柱面连接时，活塞与锤杆采用过盈配合并热套在锤杆上。

（2）气缸

1）保险气缸。保险气缸的结构形式有整体式和分开式两类。

① 整体式结构。整体式结构如图 3-4-34a 所示，其密封及连接件较少，结构紧凑，外形较美观，但活塞支承圈的紧固螺钉（承受活塞及支承圈的重量及气体压力）易被振断，活塞支承圈会脱落在气缸端口上。为此，一些厂改用图 3-4-35 所示的结构。

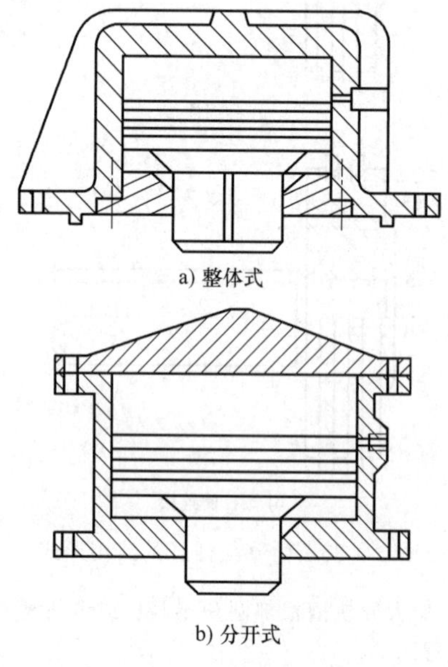

图 3-4-34　保险气缸

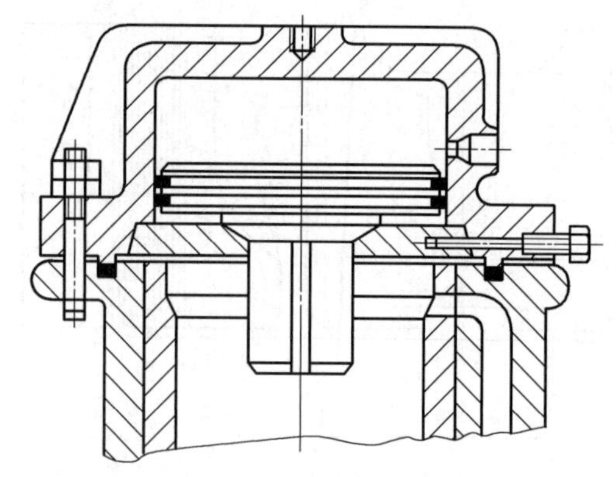

图 3-4-35　改进后的整体结构

② 分开式结构。与整体结构相比，这种结构（图 3-4-34b）多一道密封，紧固件较多，结构工艺性较差，但保险活塞下部有厚实的台阶支承，上端盖可用直径较粗、数量较多的螺栓连接（整体式由于结构限制，活塞支承圈螺钉采用 M12、M16），密封及固紧性好（图中止口未画出），使用可靠性好，一次装配后保险气缸可不必经常拆卸（甚至中修时都不用拆卸清洗），大大减轻了维修工作量。建议保险气缸仍采用此旧结构。

2）锤杆密封装置。锤杆密封装置如图 3-4-36 所示。维修锻锤时，主要工作量为紧固、添加或更换盘根，否则漏气、漏水，既浪费蒸汽，又影响操作。因此，改进锤杆密封结构，延长盘根的使用寿命，是一个重要的问题。

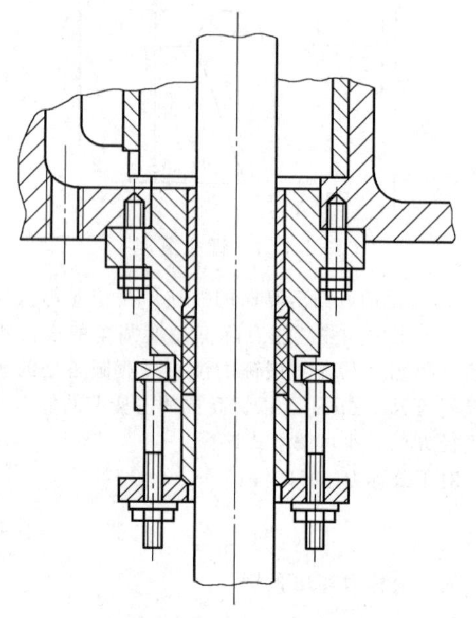

图 3-4-36　锤杆密封装置

图 3-4-37 左半部所示为改进前的结构，右半部所示为改进后的结构。改进后的结构上导套加长，使盘根下移，远离气缸高温区，盘根上的润滑油不易被烘干，减少了磨损。上导套上部高出缸底 40mm，这样可使冷凝水尽可能排到排气管。另外，缩短了下导套伸入气缸底孔内的长度，可便于更换盘根。

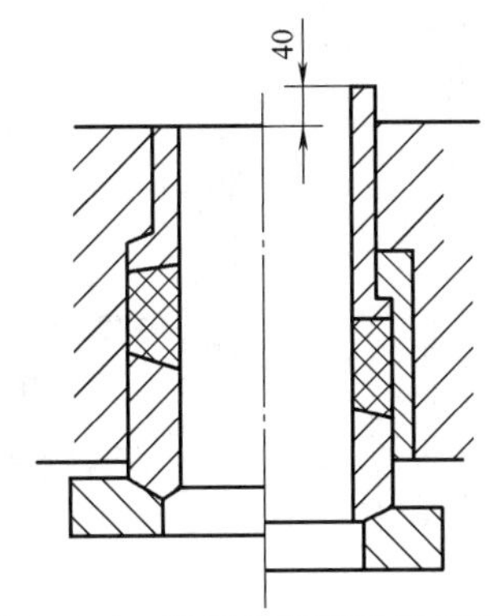

图 3-4-37 改进后的锤杆密封装置

盘根目前主要采用方形高压石棉石墨盘根。它是由石棉布以耐热橡胶（丁腈橡胶）黏合，浸以甘油制成。一些厂采用聚四氟乙烯（塑料）盘根，效果较好，使用寿命为 3~4 个月。塑料盘根配方与塑料活塞环相同。

3）滑阀密封装置。滑阀是锻锤的关键控制部位，要求密封良好，阀杆滑动无阻，所以密封填料（石棉盘根）不易压缩过紧或过松。

图 3-4-38a 所示为旧结构的滑阀法兰。这种结构不便于调节盘根的压缩量，小法兰的紧固螺栓容易损坏。

图 3-4-38b 所示为滑阀法兰的改进结构。它把小法兰改为大螺母，用以压缩盘根填料。大螺母用法兰的侧向螺钉紧固，防止松动，但使用长了，大螺母及螺孔螺纹仍可能被振坏。

图 3-4-38c 所示为滑阀法兰的新结构。它是在滑阀法兰上镶入一铜套，套长为 100mm，内径尺寸公差较小，间隙为 0.06~0.1mm，内径加工有数道迷宫槽。泄露的蒸汽要通过数道迷宫槽，会受到一定的阻力，所以蒸汽泄露量很少。实践证明，这种结构密封效果很好。近年来，锻锤均采用此结构。

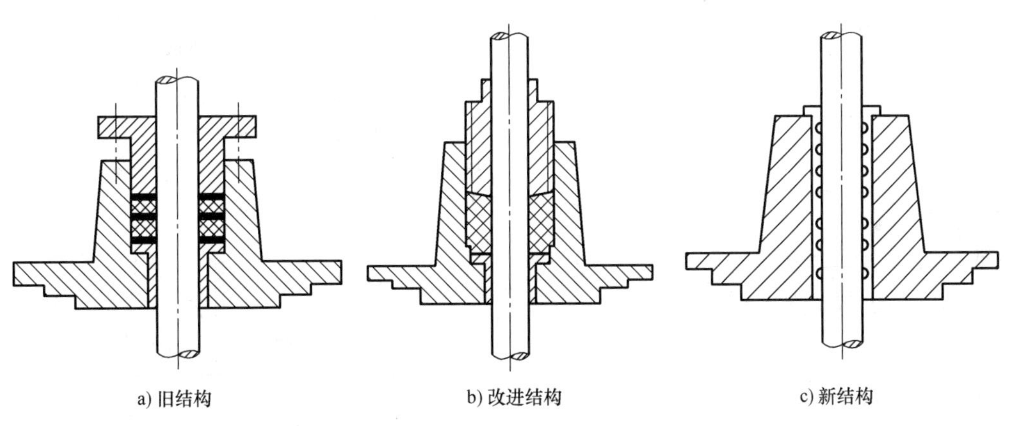

图 3-4-38 滑阀法兰

4）节气阀。在锻锤的操作中，经常由于节气阀转动不灵活而影响正常工作。图 3-4-39a 所示为旧结构，图 3-4-39b 所示为改进结构。在图 3-4-39b 所示的结构中，节气阀的两端加上了滚动轴承，取消了盘根，再加上阀杆中加工的几道迷宫槽进行密封，并用弹簧拉紧节气阀，防止前后窜动。图 3-4-39b 所示的节气阀阀体是空心的，当蒸汽进入阀内时，会产生一个向左的轴向推力，使节气阀转动受阻，故最好在阀盖上装一推力轴承。

5）气缸套。为便于更换，气缸套（见图 3-4-40）左侧 350~400mm 的一段采用过渡配合，其余长度均采用负公差，一般比公称尺寸小 0.55~0.65mm。

（3）锻身　为了避免模锻锤中的立柱与砧座、立柱与气缸垫板的接触面磨损，在这些接触面间均放置由夹布橡胶制成的一块厚度为 12~20mm 的橡胶垫。使用橡胶垫后，砧座表面磨损不大，仅由于盐水腐蚀和本身的锈蚀产生局部面积的凹凸不平，但大面积基本上是平整的。立柱与砧座间橡胶垫的使用寿命为一年，一般在中修时更换。立柱与气缸垫板间的橡胶垫使用寿命较短，一般为 3 个月。因橡胶垫不耐热，靠近蒸汽管道的一侧橡胶垫易被烫坏并脱出气缸垫板，使气缸倾斜。采用黄铜垫，寿命可维持一个中修周期。

立柱导轨的拉紧螺栓改用正方形螺母的弹性螺栓（光杆部分直径略小于螺纹内径），把缓冲弹簧

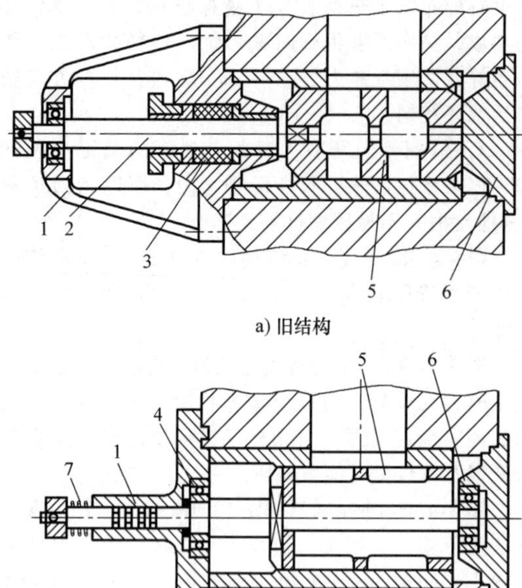

a) 旧结构

b) 改进结构

图 3-4-39　节气阀

1—阀盖　2—阀杆　3—密封　4—轴承
5—阀体　6—端盖　7—弹簧

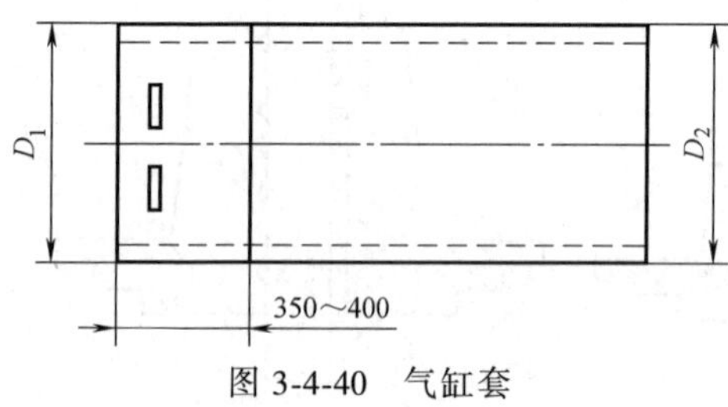

图 3-4-40　气缸套

改为橡胶衬垫，防止螺栓断裂后因弹簧的弹力射出伤人，既起缓冲作用，安全可靠，又便于锁紧导轨。

(4) 导轨及其调整方式　传统的蒸汽-空气锤一般都采用梳型导轨，目的是为了增加接触面积以提高抗偏载能力，但加工精度难以确保所有工作面都能良好的接触；同时，由于这种导轨结构对于锤头的热膨胀比较敏感，所以间隙较大，这就降低了锻件精度，或者增加模具的制造费用(必须带锁扣)。

为了克服上述缺点，现代锻锤一般都已采用所谓“放射性”（也称 X 形）导轨结构。由于锤头的热膨胀方向与导轨面方向基本一致，热胀时对导轨间隙影响不大，导轨间隙可以调得很小，有利于模锻精度的提高。

现以德国拉斯科（Lasco）公司锻锤的导轨调整方式为例，简单介绍如下。

1）采用弹性垫调整。导轨和机身之间设置弹性垫（见图 3-4-41），通过两个螺栓可以实现导轨间隙的无级和快速调整，一旦锤头卡住便能很快释放。由于导轨间隙小，可避免使用较为贵重的导向型模具（即可不必带锁扣）。

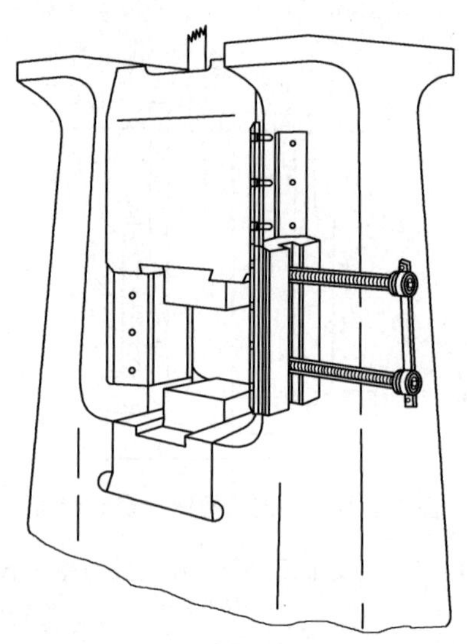

图 3-4-41　弹性垫调整式导轨

2）采用斜楔调整。

① 单斜楔调整（见图 3-4-42）：调整时，上部用不变厚度的垫片，下部通过转动螺栓带动斜楔做水平移动来调整导轨间隙。

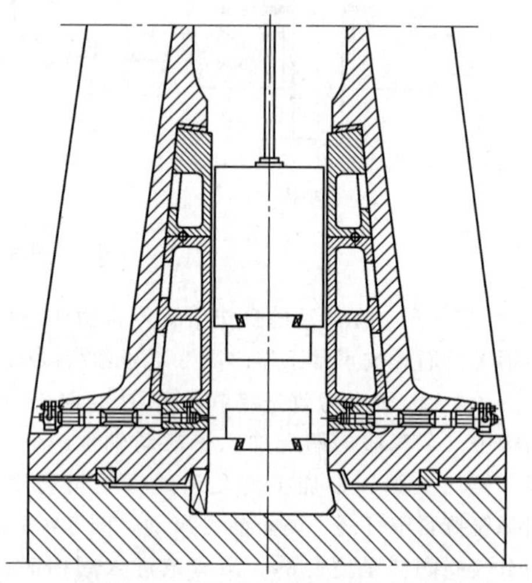

图 3-4-42　单斜楔调整式导轨

② 双斜楔调整（见图 3-4-43）：调整时，上部、下部都通过转动螺栓带动各自的斜楔做水平移动来调整导轨间隙。

由于导轨基面和调整斜楔之间斜度的适当匹配，导轨每升降 1mm，其导轨间隙变化为 0.07mm。

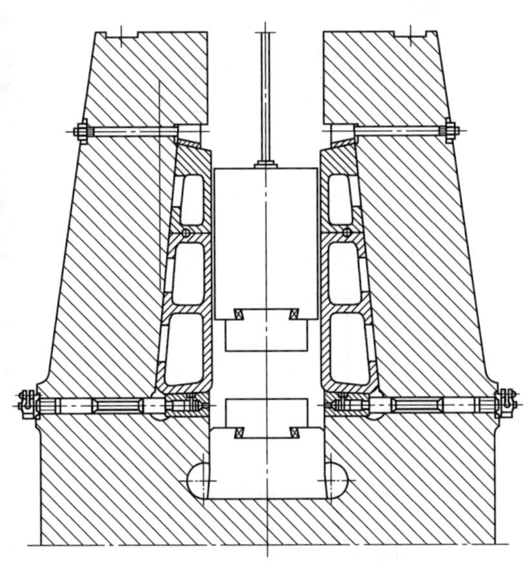

图 3-4-43　双斜楔调整式导轨

4.3　蒸汽-空气对击锤

4.3.1　工作原理与特点

对击锤的工作原理可参照图 3-4-2，它是以活动的下锤头代替固定的砧座。当气缸上腔进气、下腔排气，落下部分在上腔气压及自重的作用下，加速向下运动。在上锤头向下运动的同时借助连接结构（钢带或液压装置）的带动，下锤头向上加速运动使上下锤头对击，从而完成锻件的塑性变形。

对击锤的规格用打击能量表示。这个打击能量等于上、下锤头在对击时动能之和，见式（3-4-1）。在打击瞬间，保持上、下锤头的动量相等是对击锤设计的基本原则。为此，有

$$\frac{v_1}{v_1}=\frac{m_2}{m_1}=\frac{H_1}{H_2}=r \tag{3-4-5}$$

式中　H_1——上锤头的最大行程；

H_2——下锤头的最大行程；

r——上、下锤头的质量比或行程比，$r=1\sim1.2$。

1. 上、下锤头行程相等的对击锤

为了改善连接机构的工作条件，下锤头稍重，如钢带和液压联动都属于此类。它有 $E_0\approx10G$（E_0 的单位为 kJ，G 的单位为 t）的近似比例关系。例如，打击能量为 800kJ 的对击锤，相当于落下部分质量为 40t 的有砧座模锻锤，其上、下锤头的质量为 90t 和 100t，这在制造上是可能的。考虑砧座锤锤头和砧座应有的质量比，要做出大吨位的有砧座模锻锤，在制造和基础施工上都是极为困难的。所以，这类对击锤对解决大型模锻件是有利的。目前，世界上最大的气动对击锤的打击能量为 1500kJ，用于生产宇航和军工上重量达 25t 的模锻件。

2. 下锤头小行程的对击锤

这是为避免下锤头行程长带来模锻操作不便而发展出的新型对击锤。有 $r=5$ 的拉斯科公司 GH 系列液压对击锤，也有 $r=11\sim18$、机身微动的多种对击锤，如高速锤和捷克什米拉（Smeral）公司 KHZ 系列液压对击锤。

与有砧座模锻锤相比，对击锤模锻有下列主要优点：

1）不需要很大的砧座，故设备的总重量仅为相同能力的有砧座模锻锤的 1/2～1/3（见表 3-4-14）。另外，其基础体积仅为有砧座模锻锤的 1/3～1/8（见表 3-4-15）。

表 3-4-14　设备重量的比较

设备规格	有砧座模锻锤/t			对击模锻锤/kJ		
	2	5	23.5	40	100	500
总重量/t	60	145	550	20	49	325

表 3-4-15　设备基础的比较

设备规格	有砧座模锻锤/t			对击模锻锤/kJ		
	2	5	8	40	100	600
地基全深/m	3.9	6.2	10.0	2.2	3.0	3.155
俯视图尺寸/m	4.8×3.6	8×6.6	11.1×8.5	3.15×4.04	4.35×4.95	4.6×5.2
混凝土体积/m^3	60	230	550	22	46	60

2）工作时地面振动小，对邻近车间的精密机床及仪器的使用和附近建筑无影响，对厂房无特殊要求，厂房造价低。

目前，广泛应用的对击模锻锤下锤头行程很大，工艺操作不便，进行多模膛模锻很困难，故一般只适用于单模膛模锻，并需要在其他设备上预锻，生产率也较低。对击模锻锤适用于中、小批量生产。它是大型模锻的主要设备之一。

4.3.2　结构形式

按上、下锤头联动的方式区分，蒸汽-空气对击锤可分为钢带联动式、液压联动式和杠杆联动式等形式，吨位比较大的也有采用上、下气缸分别驱动的结构，但应用比较广泛的是钢带联动式和液压联动式。

1. 钢带联动式蒸汽-空气对击模锻锤（见图 3-4-44）

锤身有 4 根立柱，用螺栓 6、9 连成一体，并与气缸 3（或通过气缸底板）、底板 12 用螺栓连接。

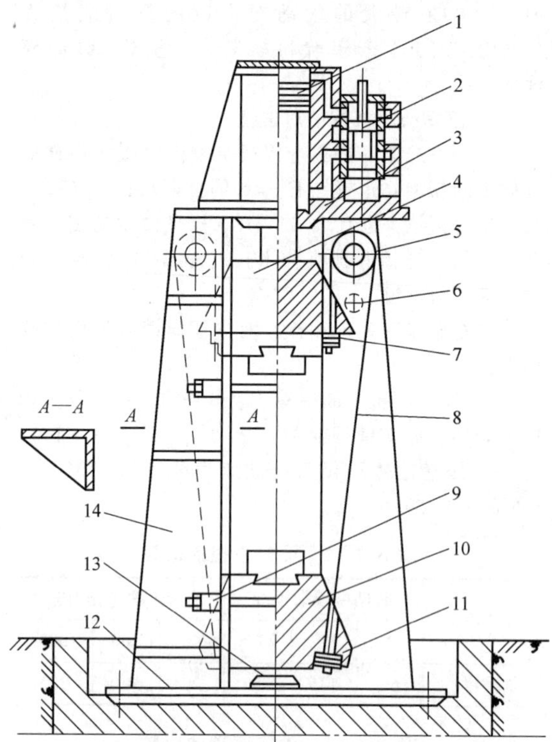

图 3-4-44　钢带联动式蒸汽-空气对击模锻锤
1—活塞　2—滑阀　3—气缸　4—上锤头　5—导轮
6、9—螺栓　7、11、13—缓冲垫　8—钢带
10—下锤头　12—底板　14—立柱

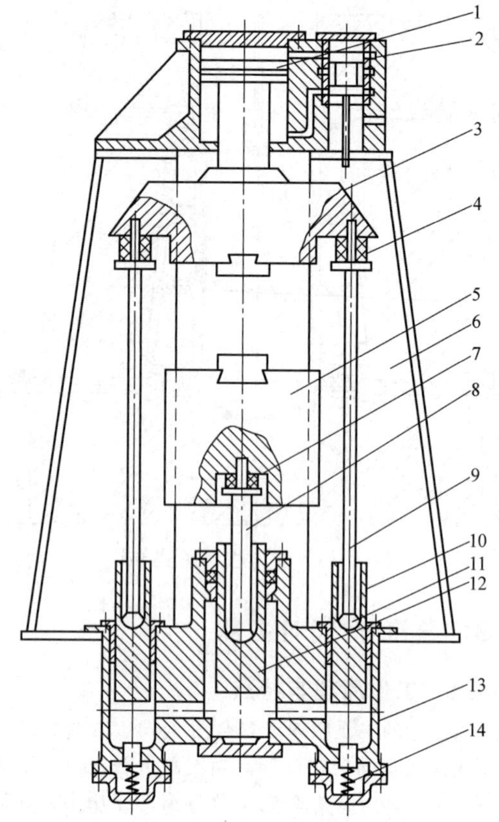

图 3-4-45　液压联动式蒸汽-空气对击模锻锤
1—活塞　2—滑阀　3—气缸　4、7—缓冲垫　5—下锤头　6—立柱　8—短连杆　9—长连杆　10—侧柱塞　11—球形面　12—中柱塞　13—缸体　14—弹簧补偿器

一般活塞 1、上锤头 4 和大直径的空心锤杆铸成一体，以提高强度和刚度。上、下锤头用钢带 8 相连。钢带由 20~30 片（厚度为 0.3~1mm，宽度为 120~200mm）的钢片组成。上下锤头在锤身立柱的导轨间移动。

设计时，下锤头一般比上锤头重 10%~20%。当锤头回程时，下锤头落在下缓冲垫 13 上，其剩余动能被缓冲器吸收。钢带式对击锤的钢带使用寿命较短，一般为 3~6 个月，故钢带式无砧座锤目前仅限于中、小型规格的对击锤，其最大打击能量为 500J。

2. 液压联动式蒸汽-空气对击锤

液压联动式蒸汽-空气对击模锻锤的结构如图 3-4-45 所示。液压联动装置的缸体 13 装在锤的下部。缸体内设有三个彼此连通的液压缸。中间缸中有柱塞 12，通过短连杆 8、缓冲垫 7 与下锤头相连。两个侧缸中有侧柱塞 10，通过长连杆 9、缓冲垫 4 与上锤头相连。连杆是用球面支撑在柱塞上，并留有侧向间隙，借以消除两锤头偏斜时对柱塞的侧向作用力，减少密封的磨损。

当上锤头向下运动时，侧柱塞 10 下移把两侧缸液体压向中间缸，推动中柱塞及下锤头向上运动，直至两锤头对击。若两侧柱塞面积之和等于中柱塞的面积，则上下锤头的行程和打击速度相等。为了减轻液压系统的冲击，在两侧缸底部装有弹簧补偿器 14。

液压联动式对击锤比钢带联动式对击锤可靠，但结构复杂，主要用于大、中型对击锤。目前最大规格达 1000kJ。

在欧洲和日本，对击模锻锤使用较多，如匈牙利的 Diosgyor 机械厂就有一个以对击模锻锤为主要设备的汽车模锻件车间，日本住友制钢所有两条以 350kJ 对击模锻锤为主要模锻设备的生产线，法国用 800kJ 对击锤模锻锻造重 390kg 的机翼接头。

4.3.3　技术参数

蒸汽-空气对击锤的规格不是用落下部分质量来表示，而是用打击能量（J 或 kJ）来表示的。在标准系列中规定有 160kJ、250kJ、400kJ、630kJ、1000kJ、1600kJ 等规格，其技术参数见表 3-4-16。太原重型机械集团有限公司生产的部分蒸汽-空气对击模锻锤如图 3-4-46~图 3-4-48 所示。

表 3-4-16　蒸汽-空气对击锤的技术参数

打击能量/kJ	160①	250①	400①	630①	1000①	1600
每分钟打击次数/(次/min)	45	45	35	35	25	25
导板间距/mm	850	1000	1200	1500	1740	2000
锤头前后长度/mm	1200	1800	2100	2500	3700	5000
锤头最大行程/mm	2×650	2×650	2×710	2×800	2×1000	2×1100
锻模公称闭合高度/mm	2×355	2×400	2×450	2×500	2×600	2×750
锻模最小闭合高度/mm	2×200	2×250	2×280	2×350	2×450	2×450
工作气体压力/MPa	0.7	0.8	0.8	0.8	0.9	0.7~0.9
排气压力/kg	1.5	1.5	1.5	1.5	1.5	—
最大顶出行程/mm	—	—	—	100	150	150
锻锤尺寸/mm(长×宽×地面上的高度)	地面上的高度:5300	4000×5800×5800	地面上的高度:6910	6000×8000×7410	9000×11000×9600	—

① 太原重型机械集团有限公司提供

图 3-4-46　1000kJ 蒸汽-空气对击模锻锤（太原重型机械集团有限公司）

图 3-4-47　630kJ 蒸汽-空气对击模锻锤（太原重型机械集团有限公司）

图 3-4-48　400kJ 蒸汽-空气对击模锻锤（太原重型机械集团有限公司）

参考文献

［1］　郝兴安，陈凯. 2MN 自由锻造油压机的设计［J］. 机床与液压，2012，40（16）：83-84.

［2］　王春晓，张宏. 大规格空气锤锤杆断裂原因探析与改进［J］. 矿山机械，2012，40（12）：33-35.

［3］　刘雷，余心宏，文永洪. 630kJ 对击锤锤杆冲击应力有限元分析及结构改进［J］. 重型机械，2013，4（1）：67-70.

［4］　张贺. 浅板蒸汽-空气锤的电液锤改造及使用［J］. 中国新技术新产品，2013，10（10）：122-123.

［5］　鲍宏伟. 1000kJ 大型冲击锤打击能量测试［J］. 锻压设备与制造技术，2021，56（1）：27-30.

第4篇　伺服压力机

概　述

西安交通大学 赵升吨　张大伟

伺服压力机通常指采用交流伺服电动机以近零驱动的方式带动执行元件实现塑性成形的设备，是第三次工业革命数控时代在锻压设备领域的代表性设备。伺服压力机往往会嵌入大量传感器等智能化元器件，具有较强的信息处理功能，装备伺服化是传统锻压设备升级为智能机器的途径之一。

伺服压力机由简洁的机械传动系统和先进的电气伺服控制系统组成。伺服电动机具备频繁起停的优良特性，其构成的传动系统中不需要装配控制滑块运动和停止的离合器与制动器，从而大大简化了伺服压力机机械传动系统的结构，减少了液压系统中的控制阀回路。先进的伺服控制系统使压力机保持了既有的机械驱动的优点，改变了滑块运动工作特性不可调的特点，使得机械驱动成形装备具有了柔性化和智能化的特性，工作性能和工艺适应性也得到了很大的提高，从而使伺服压力机具有高效率、高智能、高柔性、高精度和节能环保等优点，在高精度、难成形零件加工方面具有其他压力机无可比拟的优越性。

典型的伺服压力机根据传动类型和工作方式的不同可分为伺服机械压力机、伺服液压机等；根据应用场景又可分伺服冲铆设备、板料数控渐进成形设备等。伺服机械压力机通过伺服电动机驱动机械压力机的工作机构来实现滑块的往复运动，不需要离合器和制动器。伺服液压机是一种以液体为工作介质，应用伺服电动机驱动主传动液压泵，通过液压系统驱动滑块运动的一种液压机，可以减少控制阀回路。伺服冲铆设备是通过伺服电动机驱动曲柄连杆、螺纹等工作机构来实现冲铆连接的设备，结合伺服控制系统，可实现多层板材任意铆接点的底厚值的调整控制。板料数控渐进成形设备依托先进数控系统，通过简单工具对板料进行逐层成形，最终成形出具有预先设定复杂形状的零件。

本篇重点阐述了伺服机械压力机、伺服液压机、伺服冲铆设备和板料数控渐进成形设备的工作原理、用途与特点、主要技术参数及典型公司产品，并对不同伺服设备独具特色的典型结构或关键技术，如伺服机械压力机的储能机构、冲铆设备的增力机构、板料数控渐进成形设备的叠加外能量场装置等进行了介绍。

第 1 章

伺服机械压力机

西安交通大学　赵升吨　陈超
宁波精达成形装备股份有限公司　郑良才
济南二机床集团有限公司　张世顺
广东锻压机床厂有限公司　阮卫平　张贵成

1.1 伺服机械压力机的用途、特点及主要技术参数

1.1.1 发展简介

随着我国钢铁、有色冶金及航空航天、铁路高速机车、船舶、核电、风电和军工等行业的快速发展，对高性能锻件的需求量越来越大，同时对模锻设备的节能化、伺服化、精密化要求越来越高。

根据设备动力的不同，压力机可分为三代，即蒸汽锤（蒸汽作为动力）、机械压力机（交流异步电动机作为动力）、伺服压力机（交流永磁同步伺服电动机作为动力）。如图 4-1-1 所示，第一代蒸汽锤是用蒸汽作为动力的，这种锻压设备已经基本上被淘汰了。如图 4-1-2 所示，第二代机械压力机，俗称曲柄压力机，是一种依靠电动机作为原动机直接拖动的一种机械传动式机器。

图 4-1-1　蒸汽锤

第二代机械压力机是现代主流的锻压设备，占整个锻压设备的 80%左右，它采用交流异步电动机、离合器、制动器、齿轮减速系统和曲柄滑块机构等组成的机械传动方式。因为交流异步电动机的起动电流是额定电流的 5~7 倍，并且交流异步电动机不

图 4-1-2　机械压力机

能频繁起停（每分钟起停十几次或几十次），要满足每分钟起停十几次或几十次冲压工件的要求，必须带有离合器和制动器，并且机械压力机中的离合器和制动器常常被认为是机械压力机的心脏部件。因为有离合器和制动器，所以第二代机械压力机要多消耗 20%左右的离合与制动能量。此外，离合器和制动器还需要更换磨损过度的摩擦材料，导致使用和维护费用比较高。

何德誉在出版的《曲柄压力机》一书中将机械压力机在工作行程内的能量消耗分为 7 种，其中滑块停顿、飞轮空转时电动机所消耗的功率为机械压力机额定功率的 6%~30%。由于第二代机械压力机采用了离合器等，存在飞轮空转时消耗的能量，造成了严重的能量损耗。

以交流伺服压力机为代表的第三代锻压设备所采用的交流伺服电动机的起动电流是不会超过额定电流的，并且交流伺服电动机又允许频繁起停（每分钟起停十几次或几十次），因此交流伺服压力机的传动系统中不需要离合器和制动器，从而大大简化了结构，节约了离合器与制动器动作时的能量。

从 20 世纪 90 年代以来，日本几家主流冲压设备制造厂家率先推出了小型伺服压力机，对传统的

机械式冲压方式掀起了暴风般的冲击，被广泛认为是锻压制造业的一场技术革命，具有划时代的意义和里程碑的作用。虽然由于工艺、传统习惯、成本等方面的制约，目前冲压行业是传统冲压方式和伺服冲压方式混合并存，但在不远的将来，使用伺服压力机的领域、工艺环节和数量等的比重将会越来越大，伺服压力机的优势还会不断地被发现。

目前，伺服压力机根据工作方式可分为机械伺服压力机、液压伺服压力机和螺旋伺服压力机等。伺服驱动技术在锻压设备上应用广泛，国内外已研发出多种伺服驱动的锻压设备，如伺服式热模锻压力机、机械与液压混合型伺服压力机、交流伺服电动机直驱式回转头压力机、交流伺服式直线电动机驱动压力机、交流伺服电动机驱动的全数控旋压机、交流伺服电动机驱动的全数控式折弯机和伺服式数控卷板机等。

1.1.2　用途

伺服机械压力机可以取代机械压力机及油压机进行复杂形状、新型材料、深拉深零件的冲压生产，如进行复杂汽车覆盖件、深筒零件、高强度钢、铝镁合金、激光拼焊板等的冲压生产。现将伺服机械压力机的典型应用领域介绍如下：

1. 汽车覆盖件生产线

日本网野公司研发生产了大型机械多连杆式伺服机械压力机，在中国得到了较好的应用，目前已引入这种压力机的公司有东风汽车有限公司、天津汽车模具制造公司、成都飞机制造公司、广州日野汽车公司和湖北先锋模具公司等。其中，东风汽车有限公司于 2007 年引进的是由 1 台 10000kN、4 台 6000kN 的机械多连杆式伺服机械压力机组成的覆盖件生产线。该生产线承担了东风小霸王系列、东风之星系列、东风梦卡系列等车型白车身中小型冲压件的生产任务。主要工艺有下料、拉深、修边、冲孔、斜切、校正和弯边等。经过实际加工生产验证，该系列的伺服机械压力机显著提高了生产线的生产率，实现了重大突破，并且具有节省能源、噪声低、生产率高和生产过程管理可控等优点。

2. 镁合金挤压成形

在普通的曲柄压力机上很难成形镁合金材料，而日本小松公司在其研发的 HCP3000 伺服机械压力机上成功实现了镁合金杯形件的反挤压成形，如图 4-1-3 所示。首先将坯料放入凹模中，令凸模慢速下降，将毛坯压在凸模和顶料器之间，在下降过程中毛坯被加热到 300℃；当顶料器达到下极限位置时，滑块以恒压力低速度下行，开始挤压过程，直至完成反挤压；然后滑块快速回程。滑块在一个循环内经历了 4 种不同的速度，并且恒压控制挤压过程这一工艺对速度的控制提出了很高的要求，在普通的曲柄压力机上是很难实现的。

图 4-1-3　镁合金杯形件的反挤压成形

3. 圆筒拉深加工

图 4-1-4 所示为汽车用电动机外壳的拉深工序，被加工材料为镀锌低碳钢板。普通机械压力机因为行程长度不能根据加工内容而改变，只能依靠改变每分钟的行程次数来进行拉深加工。为防止拉深加工的失败，每分钟行程次数就要降到很低，从而使拉深速度降下来。但即使降低了每分钟行程次数，如果拉深的深度很大，那么拉深的开始速度仍然是很快的，这时拉深加工是在上模和下模的冲撞下开始的，常会发生拉深褶皱或材料破裂的情况。

而伺服机械压力机不但拉深速度能够任意设定，同时上下模开始时的接触速度也可以很慢，从而实现柔性接触，使得拉深加工能够在无振动条件下开始，从而在降低产品废品率的同时，提高生产率和产品质量。

4. 低噪声冲裁

在普通机械压力机上进行冲裁工艺时，由于材料突然断裂会产生较大的振动和噪声，不仅会影响制件的加工质量，还会形成噪声污染，危害工人健康。如果能够有效地控制滑块运动速度，使制件在变形过程中所储存的变性能在材料完全断裂之前就基本释放完毕，这将有可能大大减小振动，降低噪声。如图 4-1-5 所示，日本小松公司声称，采用伺服机械压力机可以消除 99% 的冲裁噪声，净化生产环境。

5. 精密冲裁

日本小松公司在普通机械压力机和 HAF 伺服机械压力机上进行了精密冲裁对比试验，工件为空调机凸轮，坯料尺寸（长×宽）为 40mm×13mm，负荷为 80tf，材料为 SPCC（日本牌号，一般用冷轧碳素钢薄板及钢带）。如图 4-1-6 所示，冲裁的速度越低，冲裁断面剪切带厚度就越大，断面质量就越好。普通压力机在 2000～3000 件后表面会出现裂纹，但伺服机械压力机在 3000 件后断面仍然保持完好。

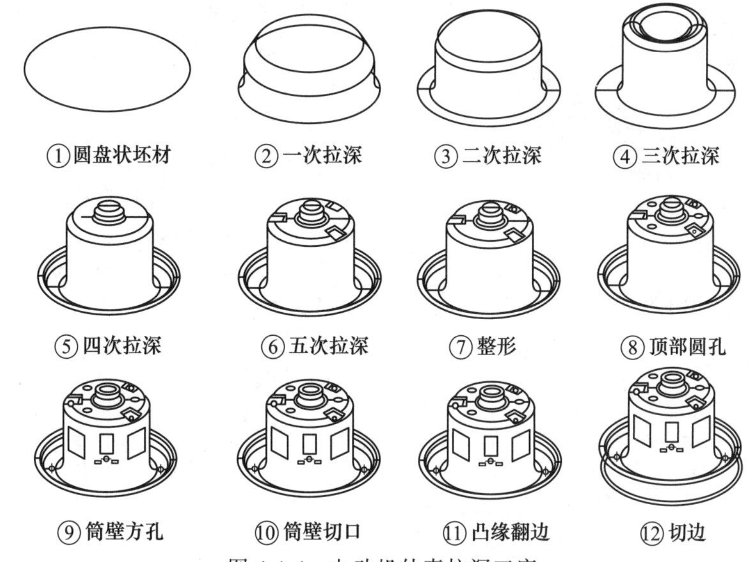

图 4-1-4　电动机外壳拉深工序

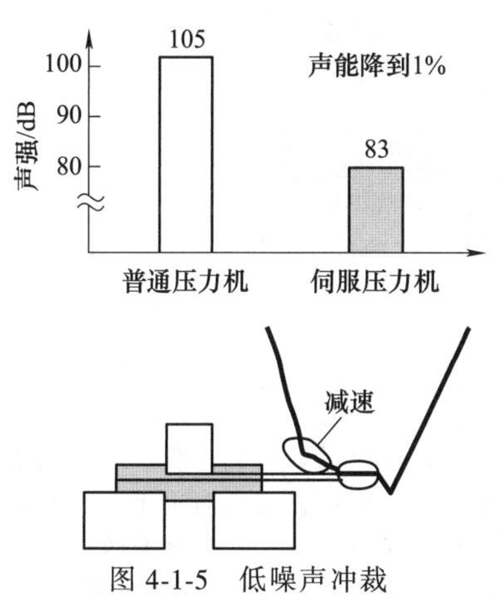

图 4-1-5　低噪声冲裁

6. 轴承垫块压制成形

图 4-1-7 所示的轴承垫块，原来是在机械压力机上压制成形，压力为 110tf，工件公差为 0.02mm。由于滑块下死点位置漂移，常常周期性地超差。采用伺服机械压力机后，由于可以严格控制滑块速度和位移及滑块在下死点的位置，工件实际偏差可以控制在 0.01mm 以内，而载荷反而可以减少一半，仅为 48tf。

7. 最优速度冲裁

对于 SPCC 钢板冲裁件，其最佳冲裁速度约为 9mm/s。通过设定曲柄、六连杆和八连杆压力机滑块行程为 1200mm，连续行程次数为 18 次/min。分析其运动特性可以看出，不同传动杆系压力机的工作速度也各不相同，以距离下死点 3mm 处为冲裁开始点，其工作速度分别为 133.7mm/s、118.5mm/s、95.6mm/s，远远高于最佳冲裁速度（见图 4-1-8），即采用传统机械压力机，在保证生产节拍的前提下难以实现最佳冲裁速度，而采用伺服机械压力机，在预达到冲裁点前通过急速降低伺服电动机转速即可达到最佳冲裁速度。

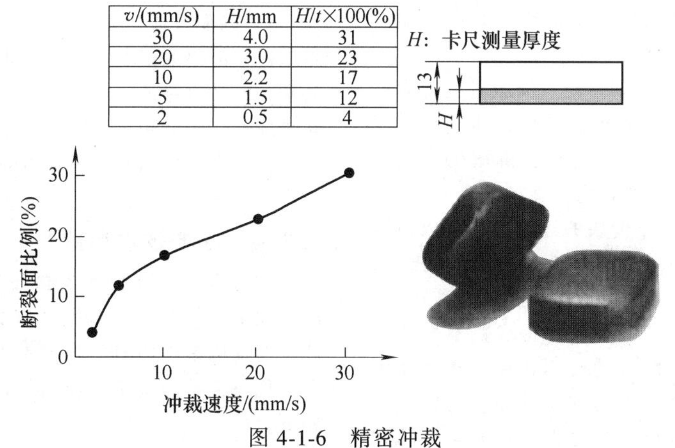

v/(mm/s)	H/mm	H/t×100(%)
30	4.0	31
20	3.0	23
10	2.2	17
5	1.5	12
2	0.5	4

图 4-1-6　精密冲裁

图 4-1-7 轴承垫块

1.1.3 特点

伺服机械压力机不同于普通的机械压力机，它具有很多普通机械压力机无法具有的特点。

1）锻压过程伺服控制，可以实现智能化、数控化、信息化加工。针对不同的加工材料和加工工艺，可以采用不同的工作曲线。锻压能量可以实现伺服控制，可以在需要的范围内设定滑块的工作曲线，有效提高压力机的工艺范围和加工性能。锻压参数可以实现实时记录，易于实现压力机的信息化管理。伺服机械压力机操作简单可靠，伺服控制性能好。

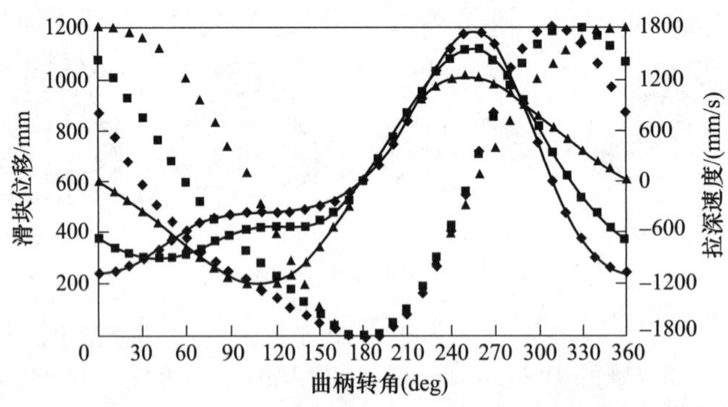

图 4-1-8 曲柄、六连杆、八连杆机械压力机运动特性曲线

2）节能效果显著。在工作状态下，伺服机械压力机本身的耗能就比普通机械压力机低。伺服机械压力机可以去除离合器等装置，没有了离合器结合耗能。当滑块停止时，伺服电动机即停止转动。相比于普通机械压力机，其消除了飞轮空转消耗的能量。当压力机低速运行时，伺服机械压力机相对于普通机械压力机的节能效果将更为突出。

3）滑块运动数控伺服。滑块的运动曲线可以根据需求进行设定。在锻压阶段，可以降低滑块的运动速度，满足低速锻压的工作要求。在回程阶段，可以提高滑块的运动速度，满足滑块对急回的工作要求。通过伺服控制滑块的运动曲线，有利于提高锻件精度，延长模具寿命。

4）压力机整体结构得到简化。伺服机械压力机去掉了传统机械压力机中的核心部件，即气动摩擦离合器，传动系统简单；同时，伺服机械压力机也不需要大飞轮等，结构得到简化，维修量减少。

5）提高生产率。由于滑块的运动曲线可以根据需求进行设置，所以可以根据需求调节滑块的运动速度和滑块行程次数。伺服机械压力机的行程可调，行程次数相应可以提高；在保证行程次数不变的情况下，可以提高非工作阶段的行程速度，降低冲压阶段的锻冲速度，提高工件的加工质量。同时，在自动化生产线上，伺服机械压力机更容易与自动化进行匹配，提高整线生产节拍。相比于普通机械压力机，伺服机械压力机使生产率得到了大幅提高。

6）超柔性、高精度。如图 4-1-9 所示，伺服机械压力机具有自由运动功能，滑块运动速度和行程大小可以根据成形工艺要求而设定，因此对成形工艺要求具有较好的柔性。伺服机械压力机采用滑块位移传感器实现全闭环控制，提高下死点的精度，补偿机身的变形和其他影响加工精度的间隙。滑块的运动特性可以采取最优策略，如弯曲成形时，采取合理的滑块运动曲线可以减少回弹，提高制件质量和精度。

7）降噪节能。去除传统机械压力机的离合器和制动器，滑块的运行完全由伺服电动机控制，在起动和制动过程中不会产生排气噪声和摩擦制动噪声，降噪环保；同时减少了摩擦材料的使用，节能省材。此外，减少了压力机工作时的振动，模具寿命可以提高 2~3 倍。

1.1.4 主要技术参数

压力机的主要技术参数用以反映其工艺能力、所能加工零件的尺寸范围及有关生产率等指标。目前，伺服机械压力机的技术参数尚无国家的统一标准，现将常见伺服机械压力机的主要技术参数分述如下。

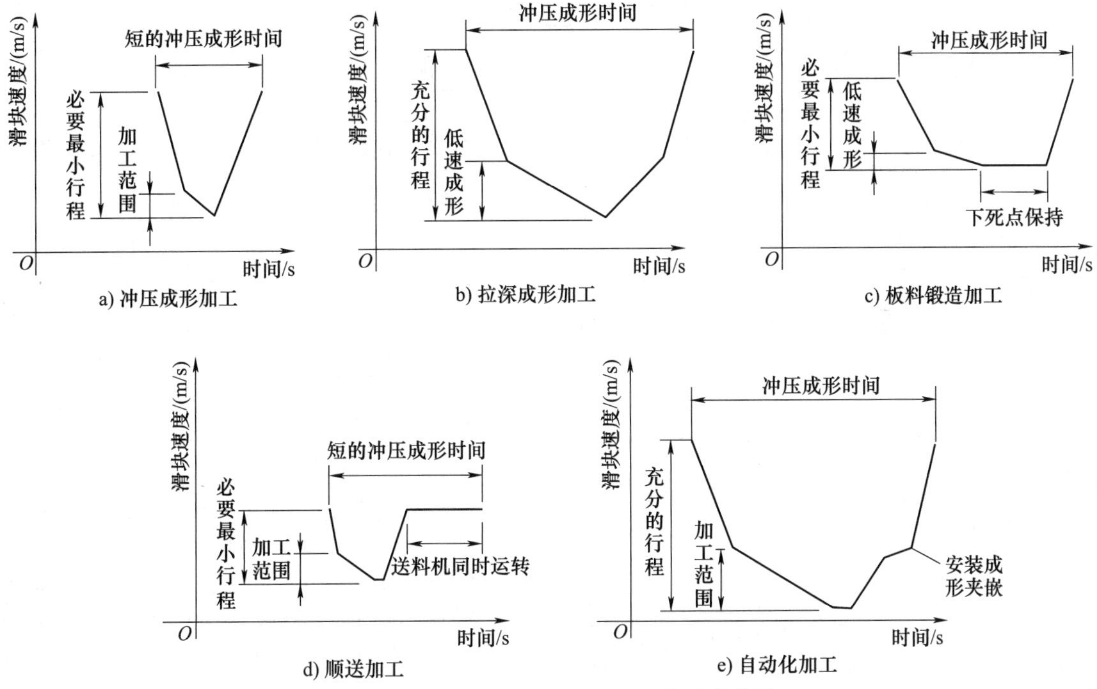

图 4-1-9　超柔性加工各种工艺滑块速度曲线

1）公称力。伺服机械压力机的公称力（或额定力、名义力）指滑块离下死点前某一特定距离（此特定距离称为公称力行程、额定力行程或名义力行程）或曲柄旋转到离下死点前某一特定角度（此特定角度称为公称力角、额定力角或名义力角）时，滑块上所允许承受的最大作用力。

2）滑块行程。滑块行程指滑块从上死点到下死点所移动的距离，它的大小随工艺用途和公称力的不同而不同。选用压力机时，应使滑块行程满足工艺要求，便于制件进出模具，满足操作要求。

3）滑块每分钟行程次数。滑块每分钟行程次数指滑块每分钟从上死点到下死点，然后再回到上死点，如此往复的次数。行程次数越多，压力机的生产率越高。

4）装模高度。装模高度指滑块在下死点时，滑块底面到工作台上表面的距离。当装模高度调节装置将滑块调整到最上位置时，装模高度达到最大值，为最大装模高度。上下模具的闭合高度应小于压力机的最大装模高度。装模高度调节装置所能调节的距离，称为装模高度调节量。

除上述主要技术参数外，还要考虑工件台板尺寸、滑块底面尺寸、工作台孔尺寸、模柄孔尺寸、喉口深度、伺服电动机功率及最大扭矩等参数。表 4-1-1 和表 4-1-2 列出了伺服机械压力机的主要技术参数。

表 4-1-1　国产六连杆机构伺服机械压力机的主要技术参数（济南二机床）

参数名称		型号					
		SL4-800	SL4-1000	SL4-1200	SL4-1600	SL4-2000	SL4-2500
		参数值					
公称力/kN		8000	10000	12000	16000	20000	25000
公称力行程/mm		8	8	8	8	8	8
滑块行程/mm		1300	1300	1300	1300	1300	1300
滑块行程次数/(次/min)		1~23	1~23	1~23	1~23	1~23	1~23
最大装模高度/mm		1600	1600	1600	1600	1600	1600
工作台板尺寸/mm	左右	4600	4600	4600	4600	4600	4600
	前后	2500	2500	2500	2500	2500	2500
滑块底面尺寸/mm	左右	4600	4600	4600	4600	4600	4600
	前后	2500	2500	2500	2500	2500	2500
能量/kJ		350	400	500	600	800	1000

表 4-1-2　偏心机构伺服机械压力机的主要技术参数（济南二机床）

参数名称		型号					
		SE4-800	SE4-1000	SE4-1200	SE4-1600	SE4-2000	SE4-2500
		参数值					
公称力/kN		8000	10000	12000	16000	20000	25000
公称力行程/mm		8	8	8	8	8	8
滑块行程/mm		1100	1100	1100	1100	1100	1100
滑块行程次数/(次/min)		1~27	1~27	1~27	1~27	1~25	1~25
最大装模高度/mm		1500	1500	1500	1500	1500	1500
工作台板尺寸/mm	左右	4600	4600	4600	4600	4600	4600
	前后	2500	2500	2500	2500	2500	2500
滑块底面尺寸/mm	左右	4600	4600	4600	4600	4600	4600
	前后	2500	2500	2500	2500	2500	2500
能量/kJ		350	400	500	600	800	1000

1.2　伺服机械压力机的工作原理、结构及关键技术

1.2.1　工作原理

伺服机械压力机通常指采用伺服电动机进行驱动控制的机械压力机。伺服机械压力机通过伺服电动机驱动工作机构运动，来实现滑块的往复运动过程。通过复杂的电气化控制，伺服机械压力机可以任意编程滑块的行程，速度，压力等，甚至在低速运转时也可以达到压力机的公称力。此外，伺服机械压力机不需要离合器和制动器，简化了结构，节约了能量。

伺服机械压力机工作一个循环所消耗的能量 A 可表示为

$$A=A_1+A_2+A_3+A_4+A_5$$

式中　A_1——工件发生变形所需要的能量（J）；

A_2——伺服机械压力机进行拉深工艺时消耗的能量（如果设计的伺服机械压力机无拉深工艺，则不考虑该能量消耗）(J)；

A_3——锻压过程中工作机构由于摩擦所引起的能量消耗（J）；

A_4——锻压过程中由于伺服机械压力机整体的弹性变形所引起的能量消耗（J）；

A_5——伺服机械压力机空程运转所引起的能量消耗（J）。

1.2.2　结构简介

伺服机械压力机的结构主要由主传动、执行机构和辅助机构等组成。伺服机械压力机主传动机构的主要作用是将锻压所需的能量从伺服电动机传到执行机构，常见的传动方式有齿轮传动、带传动、螺杆传动等。执行机构的主要作用是带动滑块做往复运动，完成锻压过程，常见的执行机构有曲柄-滑块机构和曲柄-楔块机构等。辅助机构的主要作用是提高伺服机械压力机工作的可靠性，扩大伺服机械压力机的工艺用途等，常见的辅助机构有平衡缸、制动器、顶出装置、位置检测装置等。

由于伺服机械压力机一般指采用伺服电动机驱动工作机构工作的压力机，而工作机构又有很多种选择，因此伺服机械压力机在结构形式的选择上具有多样性。目前，国内外已经开放和生产的伺服机械压力机按传动方式可分为以下几种：

1）伺服电动机直接驱动滑块。多采用直线伺服电动机，直接输出直线运动。

2）伺服电动机直接驱动曲轴。低速大扭矩伺服电动机直接与曲轴相连，不需要减速机构和离合器等，结构简单。

3）伺服电动机+螺母螺杆机构。行程长，在行程内的任何位置都可以承受载荷。

4）伺服电动机+带轮+螺母螺杆机构。锻压能力强，在行程内的任何位置都可以承受载荷。

5）伺服电动机+螺杆+肘杆。具有增力效果，但只能在下死点附近达到公称力。

6）伺服电动机+蜗轮蜗杆+肘杆。行程长度一定且行程速度受限。

7）伺服电动机+齿轮减速+曲柄轴+肘杆。增力效果好且滑块速度可控。

8）伺服电动机+齿轮轴+齿轮+曲轴。与传统的曲柄压力机结构相似，但没有飞轮和离合器等。

1.2.3　典型产品结构

如图 4-1-10 所示，日本小松的 HCP3000 型伺服机械压力机的两台伺服电动机布置在机身两侧，该伺服机械压力机省掉了离合器与制动器及复杂的减速传动系统。通过调速带与滚珠丝杠的螺母相连，滚珠丝杠的下端安装在滑块上。伺服机械压力机工作时，伺服电动机通过调速带驱动滚珠丝杠旋转，再通过滚柱丝杠将螺母的旋转运动转化为丝杠的直线运动，从而带动滑块做上下往复直线运动。

a) 产品

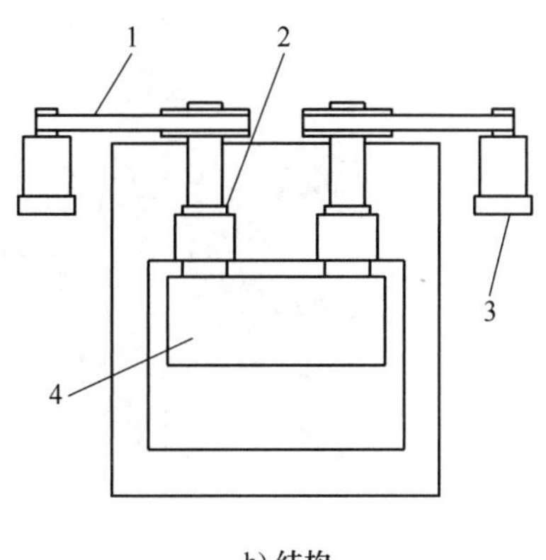

b) 结构

图 4-1-10　HCP3000 型伺服机械压力机

1—调速带　2—滚珠丝杠　3—伺服电动机　4—滑块

如图 4-1-11 所示，小松公司生产的 H2F、H4F 系列伺服机械压力机整体采用双边布局，两台伺服电动机安装在机身两侧，通过调速带与滚珠丝杠的螺母相连，滚柱丝杠的末端与连杆机构连接，连杆机构的下端与滑块相连。伺服机械压力机工作时，伺服电动机通过调速带驱动滚珠丝杠旋转，再通过滚柱丝杠将螺母的旋转运动转化为丝杠的直线运动，从而带动连杆机构工作，使连杆机构下端带动滑块做上下往复直线运动。

如图 4-1-12 所示，日本小松公司生产的 H1F 系列伺服机械压力机采用的工作机构为肘杆机构。伺服电动机通过一级带传动和一级齿轮传动与肘杆机构相连，肘杆机构下端通过导向柱塞式连杆与滑块相连。伺服机械压力机工作时，伺服电动机通过一级带传动和一级齿轮传动实现减速增力，带动肘杆机构做往复摆动，从而通过肘杆机构下端的导向柱塞式连杆带动滑块做上下往复直线运动，完成锻压工作。

如图 4-1-13 所示，日本网野公司（AMINO）研制的 25000kN 机械连杆伺服机械压力机整体采用了双边布局，该伺服机械压力机省掉了离合器与制动器及复杂的减速传动系统。通过伺服电动机驱动螺母旋转，又通过螺母螺杆运动副将螺母的旋转运动转化为螺杆的上下直线运动。螺杆的下端与具有增力效果的连杆机构相连，连杆机构的下端与滑块相连。上下运动的螺杆带动连杆机构做往复摆动，从而带动滑块做上下往复直线运动，完成锻压工作。

1.2.4　伺服控制技术

伺服机械压力机所采用的交流伺服电动机具有强耦合、时变、非线性等特点，为了能够实现高性能的交流伺服系统，使系统具备快速的动态响应和优良的动、静态性能，并且对参数的变化和外界扰动具有不敏感性，控制策略的正确选择发挥着至关

a) 产品

b) 结构

图 4-1-11　H2F、H4F 系列伺服机械压力机

1—滚珠丝杠　2—连杆　3—伺服电动机　4—滑块

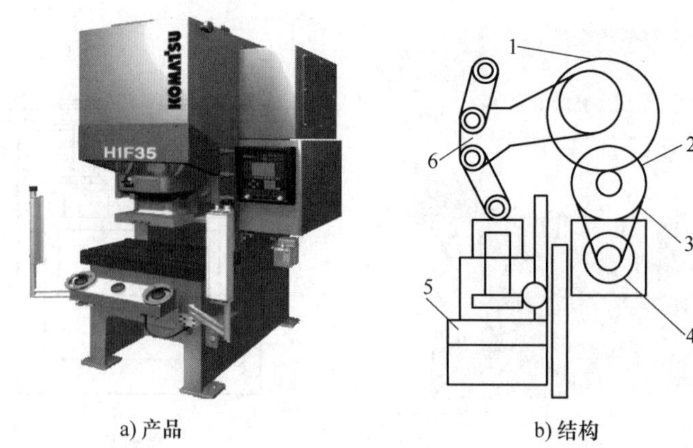

a) 产品　　b) 结构

图 4-1-12 H1F 系列伺服机械压力机

1—主齿轮、偏心轴 2—驱动齿轮、驱动轴 3—调速带 4—伺服电动机 5—滑块 6—连杆

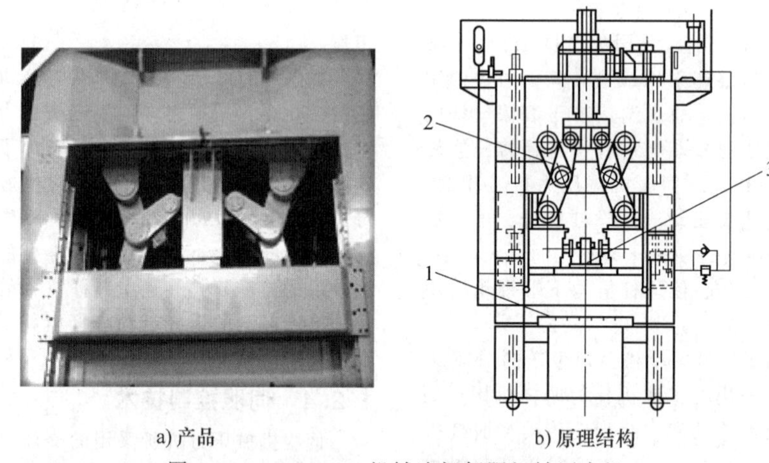

a) 产品　　b) 原理结构

图 4-1-13 25000kN 机械连杆伺服机械压力机

1—工作台 2—连杆机构 3—滑块

重要的作用。优良的控制策略不但可以弥补硬件设计上的不足，而且能进一步提高系统的综合性能。从交流电动机控制技术和系统控制策略来看，目前交流传动系统的控制策略主要有矢量控制、直接转矩控制、PID 控制、自适应控制、滑模变结构控制、线性化控制、模糊控制、神经网络控制及多种控制策略的复合控制等。

1. 矢量控制

矢量控制采用了矢量变换的方法，通过把交流电动机的磁通与转矩的控制解耦，将交流电动机的控制过程等效为直流电动机的控制过程，使交流调速系统的动态性能得到了显著改善和提高，从而使交流调速取代直流调速成为可能。实践证明，采用矢量控制的交流调速系统的优越性高于直流调速系统，但矢量控制的缺点是系统结构复杂、运算量大，而且对电动机的参数依赖性很大，难以保证完全解耦，从而影响系统性能。该技术一般适用于同步电动机的控制，尤其是对于交流永磁同步电动机的控制。

2. 直接转矩控制

直接转矩控制技术（Direct Torque Control, DTC）是将矢量控制中以转子磁通定向更换为以定子磁通定向，通过转矩偏差和定子磁通偏差来确定电压矢量，没有复杂的坐标变换，在线计算量比较小，实时性较强，但它会引起转矩脉动，带积分环节的电压型磁链模型在低速时误差大，这都影响系统的低速性能。该技术一般用于异步电动机的控制中，但近几年也开始探讨用于开关磁阻电动机的控制。

3. 反馈线性化控制

反馈线性化控制是研究非线性控制系统的一种有效方法，它通过非线性状态反馈和非线性变换，实现系统的动态解耦和全局线性化，从而从线性控制理论来设计，以使系统达到预期的性能指标。反馈线性化控制一般分两大类：

1）微分几何反馈线性化方法。使问题变得抽象，不利于工程应用。

2）动态逆控制。它采用非线性逆系统理论来设计控制律，有人也称它为直接反馈线性化方法。该方法物理概念明确，数学关系简单。

4. 自适应控制

自适应控制能在系统运行过程中不断提取有关模型的信息，使模型逐渐完善，所以是克服参数变化影响的有力手段，在交流电动机参数估计和提高系统动态特性方面有着广泛的应用。常见的自适应控制方法主要有模型参考自适应、参数辨识自校正控制，以及新发展的各种非线性自适应控制。其中，在实际中应用较多的是模型参考自适应控制。

5. 鲁棒控制

鲁棒控制是针对系统中存在一定范围的不确定性设计一个鲁棒控制器，使得闭环系统在保持稳定的同时，保证一定的动态性能品质。它主要包括两方面的内容：一是加拿大学者 G. Zames 在 20 世纪 80 年代初提出的 H∞ 控制理论；二是以分析系统的鲁棒稳定性和鲁棒性能为基础的系统鲁棒性分析和设计。在控制系统中应用较多的是 H∞ 控制。

6. 智能控制

智能控制不依赖于或不完全依赖于控制对象的数学模型，能够使系统中的不精确性和不确定性问题获得可处理性、鲁棒性。因此，近年来，交流传动系统智能控制策略的研究受到控制界的重视。智能控制包括模糊控制、神经控制、遗传算法等，这些方法已在交流传动系统等不同场合获得了实际应用。

虽然将智能控制用于交流传动系统的研究已取得了一些成果，但有许多问题尚待解决，如智能控制器主要凭经验设计，对系统性能（如稳定性和鲁棒性）缺少客观的理论预见性，而且设计一个系统需获取大量数据，设计出的系统容易产生振荡。另外，交流传动智能控制系统非常复杂，它的实现依赖于 DSP、FPGA 等电子器件的高速化。

根据对交流传动系统一些新型控制策略实际应用情况的分析和论述可以看出，每一种控制策略都是为了提高系统的静态性能或动态性能，或者两者兼顾，每一种控制策略都有其特长但又都存在一些问题。因此，各种控制策略应当互相渗透和复合，克服单一策略的不足，结合形成复合控制策略，提高控制性能，更好地满足各种应用的需要。复合控制策略的类型很多，有模糊神经网络控制、模糊变结构控制、直接转矩滑模变结构控制、自适应模糊控制等。随着应用研究的发展，复合控制策略的类型必将不断地衍生和发展，复合控制策略的优势也将越来越明显。今后在很长一段时间内主要是把各种控制理论加以综合，走交叉学科复合控制的道路来解决实际问题。因此，为了使系统具有较高的动静态性能及其鲁棒性，寻找更合适、更简单的控制方法或改进现有的控制策略，是未来一段时间的研究重点。

1.2.5　关键技术

交流伺服电动机直接驱动的压力机作为一种新型压力机，被称为第三代压力机，在国际上只有 10 年左右的发展历史，针对它的研发方兴未艾。根据作者对多种型号伺服机械压力机的分析和研究，总结出，如果需成功研制出 1 台性能完善、市场竞争力强的伺服机械压力机，必须解决伺服机械压力机涉及的关键技术问题。

（1）伺服机械压力机高效性与交流伺服电动机转速范围的矛盾　在实际生产中，为了提高压力机的行程次数，必然降低行程时间；同时，在不影响工件加工质量的前提下，必然要提高压力机非冲压阶段的速度，降低冲压阶段的速度，那就要求交流伺服电动机的转速范围足够大，尤其当使用滚珠丝杠这类线性速度传动装置时，这个问题特别明显。

（2）交流伺服电动机额定扭矩与阻力矩大小匹配矛盾　压力机冲压阶段具有非常高的冲击力，转换到电动机主轴上的阻力矩比较大，而在成本合理的前提下，交流伺服电动机提供的扭矩一般不能满足要求。对规格较小的 J23-63 型公称压力为 630kN 的通用机械压力机，曲柄上所需传递的扭矩为 22500N·m，而通常这种机械压力机滑块行程次数为 70 次/min 左右，在其传动系统中常采用交流异步电动机驱动，一级皮带和一级齿轮传动，这样总的传动比将会大于 100，通过这种简单计算，其需要电动机输出扭矩高达 22500/100 = 225N·m。而国内外仅有极少数的公司可生产具有较大扭矩和功率的交流伺服电动机，为满足 630kN 机械压力机工作时对电动机要求的 225N·m 的扭矩，必须选用堵转转矩为 280N·m、功率为 37kW 的交流伺服电动机，而目前国内外市场上 1kW 的交流伺服电动机的价格大致为 1 万元人民币，这样仅 37kW 的交流伺服电动机的费用就达数十万元，但工业生产中普通交流异步电动机驱动的 J23-63 型机械压力机总售价才 13 万元，因此采用交流伺服电动机直接驱动而不采用增力机构的机械压力机经济性太差，无市场推广前景。

（3）伺服机械压力机柔性化、高精度的实现　要体现伺服机械压力机加工高精度的特点，必须建立适当的闭环控制系统，能及时根据实际情况调整滑块行程和滑块下死点位置；伺服机械压力机柔性化生产必然要求滑块针对不同的工艺具有相应的速度曲线，所以需要根据不同的工艺编制相应的交流伺服电动机转速控制程序。

（4）无飞轮、无离合器压力机传动系统的设计开发　伺服机械压力机不需要飞轮和离合器等，工作形式也与传统的机械压力机有很大区别，伺服机械压力机采用新的设计理论和设计方法。是采用大导程滚珠丝杠（或滚柱丝杠）直驱，还是采用一级带传动或一级齿轮传动后驱动，或是采用具有增力效果的连杆工作机构等，这些都有必要进行深入的研究和分析。

（5）大功率、大扭矩交流伺服电动机及其控制技术　伺服机械压力机要求伺服电动机必须满足转动惯量小、动态性能好、大转矩、大功率和控制性能优良等要求。交流伺服电动机是伺服机械压力机中的核心部件，但目前的交流伺服电动机只能满足小型或中型伺服机械压力机的需求。由于功率和转矩受限，伺服电动机还无法满足大型压力机的需求。因此，目前还没有公司能够生产大型的伺服机械压力机。为了满足伺服机械压力机的柔性可控，伺服电动机的控制驱动技术也是未来需要研究的重点内容。此外，交流伺服电动机驱动控制单元的价格一般要高于伺服电动机本身，因此推动电子电力器件等硬件技术的进步也有助于促进伺服机械压力机的发展。

（6）高效重载的螺旋传动技术和方法　很多伺服机械压力机采用了伺服电动机驱动螺旋传动的方式将旋转运动转换为直线运动，从而带动工作机构或滑块做往复直线运动。目前，在伺服机械压力机上常见的螺旋传动方式为螺母螺杆机构和滚珠丝杠机构。螺母螺杆机构存在摩擦大、工作效率低等缺点，而滚珠丝杠又存在承载能力低、价格昂贵等缺点。因此，研发低成本、高承载能力的螺旋传动方式就成了伺服机械压力机亟须解决的问题之一。目前，很多公司投入资金研发生产行星滚柱丝杠，它具有承载能力强、运动平稳等优点，将成为未来螺旋传动方式的重要发展发现之一。此外，开发新的耐磨减摩材料，研发新的复合材料，改善润滑条件，也成为螺旋传动技术重要的研究内容。

（7）适用于伺服机械压力机的成形工艺　普通机械压力机的运动特性是固定不变的，工艺参数的设定也是固定的，无法根据实际需求进行配置和优化。但是，伺服机械压力机针对不同的加工材料和加工工艺，可以采用不同的工作曲线；锻压能量可以实现伺服控制，可以在需要的范围内数字设定滑块的工作曲线，有效提高压力机的工艺范围和加工性能；伺服机械压力机的锻压参数可以实现实时记录，能够实现压力机的信息化管理。研究各种材料和工艺的成形机理和规律，探讨适用于伺服机械压力机的成形工艺的优化参数，对于提高制件质量和生产率具有重要意义。对不同的材料和制件，可以按照不同的优化目标合理选择工艺参数，实现最优加工。

1.3　伺服机械压力机的储能机构

大型伺服机械压力机由伺服电动机直接驱动提供冲压能量，伺服电动机在工件成形时负载功率很大，如果直接从电网取电，需要极大的电网容量。同时，在一个冲压过程中，伺服电动机频繁加减速，加速运行时从电网取电，减速运行时向电网放电，会对电网造成极大的冲击。所以，对于大型伺服机械压力机及伺服冲压生产线，一般均配置能量管理系统。

目前，能量管理系统有三种方式，即回馈电网、电容储能和惯量电动机储能。

1）回馈电网。这种方式需增加一套逆变系统或整流单元本身支持回馈功能，对电网侧的波动较大。

2）电容储能。图 4-1-14 所示为电容储能。通过

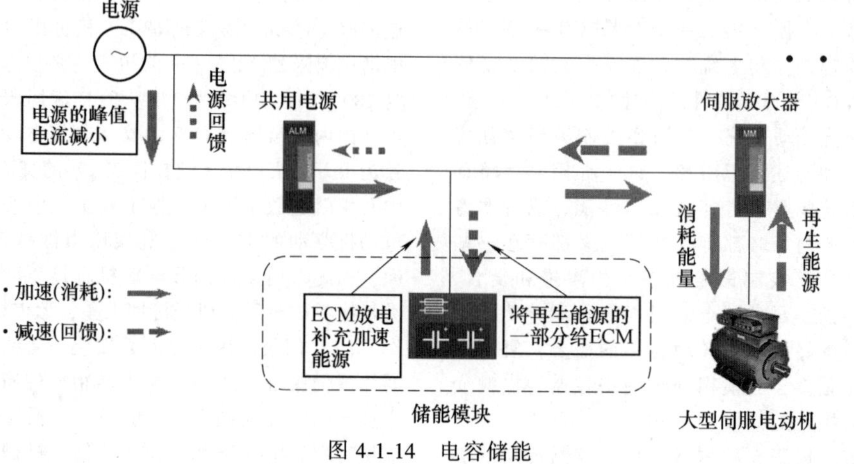

图 4-1-14　电容储能

在直流母线上增加一组大容量电容，存储伺服电动机再生所产生的电能，当压力机工作或伺服电动机加速时，再将电能释放出来。这种机构的优点是电容自动充放电，无须控制且响应非常快；缺点是成本较高，电容柜占地面积较大。所以，一般情况下，会采用部分峰值功率回馈电网，部分通过电容进行储存。

3）惯量电动机储能。图 4-1-15 所示为惯量电动机储能。通过在直流母线上增加一组逆变器和惯量电动机。惯量电动机采用转子转动惯量较大的电动机，或者在外部单独增加一个小飞轮的形式。通过控制惯量电动机的转速，达到储存和释放能量的目的。这种机构的优点是成本较低，占地空间小，可以实现全储能；缺点是响应较电容储能慢，控制比较复杂。

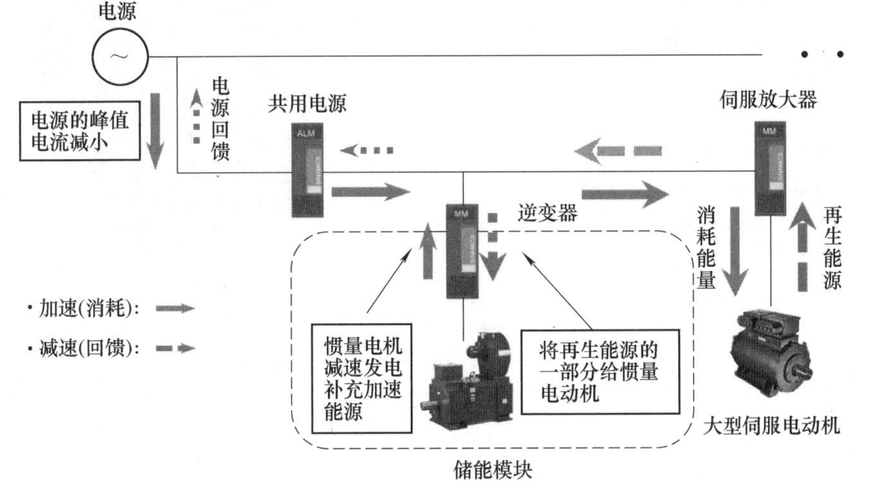

图 4-1-15　惯量电动机储能

1.4　典型公司产品简介

图 4-1-16 所示为日本天田（AMADA）集团推出的 SDEW 系列伺服机械压力机，其主要技术参数见表 4-1-3。该系列伺服机械压力机通过开发进行缜密加工作业控制的数字伺服直接驱动，采用高刚度一体双柱框架，可以最大限度发挥两点加工的能力。

图 4-1-16　SDEW 系列伺服机械压力机

图 4-1-17 所示为日本小松公司生产的 H1F 系列伺服机械压力机。复合交流伺服机械压力机 H1F 是 CNC 与复合驱动机构的组合，实现了其超高性能。

表 4-1-3　SDEW 系列伺服机械压力机的主要技术参数

型号	公称力 /kN	行程 /mm	行程次数 /(次/min)	装模高度 /mm
SDEW2025	2000	250	~40	500
SDEW3025	3000	250	~30	550

图 4-1-17　H1F 系列伺服机械压力机

该系列压力机采用了伺服效果“显现化”系统，该系统是利用外部的微型计算机对内置在压力机中的传感器的信息和运动数据进行显示和管理的系统，能够同时显示“滑块位置”和“负载”的实际测量值。由于“滑块位置”通过线性传感器进行实际测量，所以能够显示正确的数值。H1F系列伺服机械压力机与以往的机型相比，行程次数最大提高到 1.5 倍，实现了高速化；利用标准配置的高精度线性传感器，能够长时间地维持非常高的装模高度精度，能够在薄板冲压和精密成形中发挥卓越的性能；由于没有离合器，维护费用可大幅度减小，新开发的复合驱动机构，实现了小马达出大力，而且电费成本大大降低。表 4-1-4 列出了小松公司生产的 H1F 系列伺服机械压力机的主要技术参数。

图 4-1-18 所示为日本天田（AMADA）集团推出的 SDE 系列数字电动伺服机械压力机，其主要技术参数见表 4-1-5。SDE 系列伺服机械压力机可以对加工用途进行最合适的运动行程条件设定，使原来的生产方式进一步实现优化。

图 4-1-18　SDE 系列数字电动伺服机械压力机

表 4-1-4　H1F 系列伺服机械压力机的主要技术参数

参数名称		H1F35		H1F45			H1F60			H1F80			
		CS	CH	CS	CH	OH	CS	CH	OH	CS	CH	OS	OH
		C 型机身		C 型机身		O 型机身	C 型机身		O 型机身	C 型机身		O 型机身	
公称力/kN		350		450			600			800			
能力发生位置/mm		4.5	3	5.5	3		6.0	3.5		5			
滑块行程/mm		80	40	100	50		120	60		130	100	130	100
最大速度/(mm/min)		120	240	100	200		85	150		75	110	75	110
最大闭合高度/mm		210		250			300			320			
滑块高度调节量/mm		55		60			65			80			
滑块尺寸/mm	左右	350		400			500			550			
	前后	300		350			400			450			
模柄孔尺寸/mm		ϕ38.5		ϕ50.5			ϕ38.5			ϕ38.5			
工作台板尺寸/mm	左右	700		800		600	900		750	1000		800	
	前后	400		450			550			600			
	厚度	86		110			130			140			
主(伺服)电动机功率/kW		7		7			11			15	22	15	22
允许上模质量/kg		50		80			130			190			

参数名称		H1F110				H1F150				H1F180			
		CS	CH	OS	OH	CS	CH	OS	OH	CS	CH	OS	OH
		C 型机身		O 型机身		C 型机身		O 型机身		C 型机身		O 型机身	
公称力/kN		1100				1500				2000			
能力发生位置/mm		5				6				6			
滑块行程/mm		150	110	150	110	200	130	200	130	250	160	250	160
最大速度/(mm/min)		65	100	65	100	55	85	55	85	50	70	50	70
最大闭合高度/mm		350				420				450			
滑块高度调节量/mm		100				100				120			
滑块尺寸/mm	左右	620				700				850			
	前后	530				550				650			
模柄孔尺寸/mm		ϕ50.5				ϕ50.5				ϕ50.5			
工作台板尺寸/mm	左右	1100		900		1250		1050		1450		1200	
	前后	680				760				840			
	厚度	150				165				190			
主(伺服)电动机功率/kW		22	30	22	30	30	52	30	52	52			
允许上模质量/kg		350				500				650			

表 4-1-5　SDE 系列数字电动伺服机械压力机的主要技术参数

型号	公称力/kN	行程/mm	行程次数/(次/min)	装模高度/mm
SDE-4514C/BI	450	140	≈70	290
SDE-6016C/BO	600	160	≈70	335
SDE-8018/BO	800	180	≈75	350
SDE-1522C/SF	1500	225	≈50	430
SDE-2025C/SF	2000	250	≈50	460
SDE-3030/SF	3000	300	≈30	550

图 4-1-19 所示为舒勒（SCHULER）集团的 MSD 系列整体式设计伺服机械压力机，其主要技术参数见表 4-1-6。整体式设计伺服压力机由力矩电动机直接驱动，它们提供高转矩值，是动态成形工艺的正确驱动器。没有飞轮和离合/制动器组合装置，使得压力机更为灵活、节能，并且降低了维护要求。摆动行程模式极其节能，允许操作人员对滑块行程进行编程，没有任何额外的机械行程调节。

图 4-1-19　MSD 系列整体式设计伺服机械压力机

表 4-1-6　MSD 系列整体式设计伺服机械压力机的主要技术参数

参数名称	型号		
	MSD 250	MSD 400	MSD 630
	参数值		
公称力/kN	2500	4000	6300
工作台板长度/mm	2500	3050	4000
工作台板宽度/mm	1100	1400	1800
闭合高度/mm	600	700	1000
滑块行程/mm	40~200	60~300	80~400
滑块高度调节量/mm	200	250	300

我国济南二机床集团有限公司（简称济南二机床）生产的 SL4 系列六连杆机构伺服机械压力机和 SE4 系列偏心机构伺服机械压力机的主要技术参数见表 4-1-7 和表 4-1-8。图 4-1-20 所示为济南二机床设计制造的我国首条全伺服冲压生产线，2016 年交付给上汽通用汽车有限公司武汉工厂。该生产线由 1 台 20000kN 伺服压力机和 3 台 10000kN 伺服压力机构成。整线间距为 6000mm，整线最高生产节拍为 18 次/min，可用于高强度钢、铝合金、激光拼接板等各种材料、各种形状的大型汽车覆盖件的冲压生产。

图 4-1-20　全伺服冲压生产线

表 4-1-7　SL4 系列六连杆机构伺服机械压力机的主要技术参数

参数名称		型号					
		SL4-800	SL4-1000	SL4-1200	SL4-1600	SL4-2000	SL4-2500
		参数值					
公称力/kN		8000	10000	12000	16000	20000	25000
公称力行程/mm		8	8	8	8	8	8
滑块行程/mm		1300	1300	1300	1300	1300	1300
滑块行程次数/(次/min)		1~23	1~23	1~23	1~23	1~23	1~23
最大装模高度/mm		1600	1600	1600	1600	1600	1600
工作台板尺寸/mm	左右	4600	4600	4600	4600	4600	4600
	前后	2500	2500	2500	2500	2500	2500
滑块底面尺寸/mm	左右	4600	4600	4600	4600	4600	4600
	前后	2500	2500	2500	2500	2500	2500
能量/kJ		350	400	500	600	800	1000

表 4-1-8　SE4 系列偏心机构伺服机械压力机的主要技术参数

参数名称		型号					
		SE4-800	SE4-1000	SE4-1200	SE4-1600	SE4-2000	SE4-2500
		参数值					
公称力/kN		8000	10000	12000	16000	20000	25000
公称力行程/mm		8	8	8	8	8	8
滑块行程/mm		1100	1100	1100	1100	1100	1100
滑块行程次数/(次/min)		1~27	1~27	1~27	1~27	1~25	1~25
最大装模高度/mm		1500	1500	1500	1500	1500	1500
工作台板尺寸/mm	左右	4600	4600	4600	4600	4600	4600
	前后	2500	2500	2500	2500	2500	2500
滑块底面尺寸/mm	左右	4600	4600	4600	4600	4600	4600
	前后	2500	2500	2500	2500	2500	2500
能量/kJ		350	400	500	600	800	1000

作为江苏省重大科技成果转化资金项目，徐州锻压机床厂集团有限公司目前已经研制了 DP 系列伺服机械压力机、NCPH 系列数控厚板大梁压力机、NCP 系列平台式数控压力机和 NTP 系列数控转塔压力机等。DP21-63 采用伺服电动机经过一级齿轮传动直接驱动曲柄滑块机构工作。DP 系列伺服机械压力机由于采用了进口伺服电动机和 CNC 系统，能够在不降低生产率的情况下，实现低噪声、低振动工作。通过对不同材料设定最合适的滑块运动曲线，即使是高难加工的材料也可对其实现高精度、高效率的加工。DP 系列伺服机械压力机的伺服电动机与曲轴直接连接，结构简单，维护保养方便。NTP 系列数控转塔压力机是用于钣金加工的高效精密设备，采用进口伺服电动机和驱动器，西班牙专用数控系统，丝杠、导轨、气动润滑系统均采用名牌优质进口件。转塔使模具的对中性好、导向精度高、抗偏载能力强，大大延长模具使用寿命，国际标准长导向模具、气动浮动式夹钳保证零件加工精度。NTP 系列数控转塔压力机广泛应用于各行业金属板材加工，能完成各种孔型、轮廓步冲，以及百叶窗、压窝等各浅拉深工艺，特别适用于多品种小批量的钣金件加工。DP 系列伺服机械压力机和 NTP 系列数控转塔压力机如图 4-1-21 和图 4-1-22 所示，其主要技术参数见表 4-1-9 和表 4-1-10。

a) DP21–63型

b) DP31–80型

图 4-1-21　DP 系列伺服机械压力机

图 4-1-22　NTP 系列数控转塔压力机

表 4-1-9　DP 系列伺服机械压力机的主要技术参数

项目名称		DP21-63	DP31-80
公称力/kN		630	800
公称力行程/mm		4	5
滑块行程/mm	正反转模式	40/70/100	60/100/130
	正常模式	120	160
无负荷连续行程次数/(次/min)	正反转模式	100/80/70	100/80/70
	正常模式	60	60
最大封闭高度/mm		300	320
封闭高度调节量/mm		50	80
工作台板尺寸/mm(左右×前后)		850×500	900×600
滑块底面尺寸/mm(左右×前后)		480×400	700×460
主电动机/kW		20	30
模柄孔尺寸/mm		ϕ50×60	ϕ50×60
立柱间距/mm		560	780

图 4-1-23 所示为广东锻压机床厂有限公司研发的 GP2S 系列伺服控制闭式双点压力机。该系列伺服机械压力机具有以下特点：①通用性和柔性化、智能化水平高，可以伺服控制滑块的运动曲线；②精度高，采用了线性光栅尺检测滑块位置，使滑块在整个压力机工作全程都具有高的运动控制精度；③生产率高；④节省能源，无离合器结合消耗的能量，较普通压力机节能 20% 以上；⑤噪声低、振动小，模具寿命长；⑥因为无离合器、飞轮、大齿轮

等消耗保养部件，润滑油的用量大大减少，是生态环保型压力机，其结构也更简洁，维护保养成本大大降低。其主要技术参数见表 4-1-11。

表 4-1-10　NTP 系列数控转塔压力机的主要技术参数

参数名称	NTP255	NTP255A
传动方式	机械	机械
冲压能力/kN	250	250
最大冲压厚度/mm	6	
加工板材尺寸/mm(长×宽)	1250×2500	
加工精度/mm	±0.10	
冲压速度/(次/min)	230	200
X、Y 轴进给速度/(m/min)	60	
模位数/工位	16/20/24/32	16/20/24/32
控制轴数/个	3	
主电动机功率/kW	11	11
数控系统	FAGOR	
整机重量/kg	10800	8800

图 4-1-23　GP2S 系列伺服控制闭式双点压力机

表 4-1-11　GP2S 系列伺服控制闭式双点压力机的主要技术参数

参数名称	参数值
公称力/kN	3000
滑块行程(无级可调)/mm	30～250
工作能量/J	35000
装模高度调节量/mm	120
公称力行程/mm	6
最大装模高度/mm	550
工作台板尺寸/mm(左右×前后)	2400×900
滑块底面尺寸/mm(左右×前后)	2100×700
主电动机(AC 伺服)功率/kW	102
工作台上平面距地面高度/mm	1220
滑块调整电动机功率/kW	3.0
空气压力/MPa　≥	0.55
机器外形尺寸/mm(长×宽×高)	3500×2150×5000
机身侧孔尺寸/mm(高×宽)	820×550

图 4-1-24 所示为浙江锻压机械集团有限公司研发的 JS21 系列数控伺服开式压力机。该系列数控伺服机械压力机具有以下特点：①结构先进。采用伺服电动机驱动，无离合器和飞轮等结构。②性能优良。成形慢速均匀，而在滑块空行程运动速度快，提高了压力机的工作效率。③安全可靠。采用了数控系统内外运行调节综合判别、液压过载保护等措施，工作安全。④绿色压力机。延长模具使用寿命，降低生产成本，显著节约电能，改善作业环境。JS21 系列数控伺服开式压力机的主要技术参数见表 4-1-12。

表 4-1-12　JS21 系列数控伺服开式压力机的主要技术参数

参数名称		型号		
		JS21-60	JS21-110	JS21-160
		参数值		
公称力/kN		600	1100	1600
公称力行程/mm		6	5	6
滑块行程/mm		120	150	200
滑块行程次数/(次/min)		60	65	55
最大装模高度/mm		300	350	400
装模高度调节量/mm		70	90	100
工作台板尺寸/mm	左右	975	1140	1240
	前后	550	680	760
工作台孔直径/mm		150	150	180
滑块底面尺寸/mm	左右	475	620	700
	前后	400	520	580
模柄孔尺寸/mm	直径	50	70	70
	深度	75	85	80
立柱间距/mm		660	760	860
空气压力/MPa		0.5	0.5	0.5
伺服电动机功率/kW		11	22	35
外形尺寸/mm	前后	1882	2155	2523
	左右	1160	1411	1380
	高	3038	3610	3953
机身重量/kg		7200	13000	17300

江苏兴锻智能装备科技有限公司（简称兴锻）采用先进的伺服马达和控制技术研发了新型的伺服机械压力机，不仅可以根据客户的要求进行定制开发，而且有效降低了整机成本。滑块速度可以自由调节，系统中设置了多种不同的运行模式，可供客户根据加工产品的不同需求进行选择。目前，兴锻已经开发出了 ZXS1 系列、ZXS2 系列、ZXM1 系列和 ZXM2 系列等伺服机械压力机。图 4-1-25 所示为兴锻研发的 ZXS2 系列伺服机械压力机，其主要技术参数见表 4-1-13。

图 4-1-24　JS21 系列数控伺服开式压力机

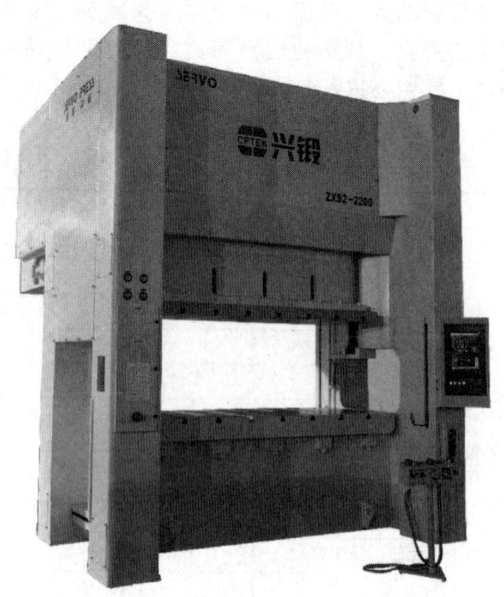

图 4-1-25　ZXS2 系列伺服机械压力机

表 4-1-13　ZXS2 系列伺服机械压力机的主要技术参数

参数名称	型号				
	ZXS2-1600	ZXS2-2200	ZXS2-3000	ZXS2-4000	ZXSH-1100
	参数值				
类型	(2)	(2)	(2)	(2)	(2)
加压能力/kN	1600	2200	3000	4000	1100
能力发生位置/mm	6	7	7	7	3
滑块行程/mm	200	280	300	350	60
无负荷连续行程次数/(次/min)	≈60	≈50	≈40	≈40	60~200
最大闭模高度/mm	450	550	650	650	350
滑块高度调节量/mm	100	120	130	130	70
滑块底面尺寸/mm(左右×前后)	1600×650	2000×700	2200×800	2400×1000	1300×600
工作台板尺寸/mm(左右×前后)	1900×800	2200×900	2400×1000	2600×1200	1300×600
工作台厚度/mm	165	170	200	220	145
允许上模最大质量/kg	950	1500	2000	2800	500
侧面开口尺寸/mm(前后×高度)	780×600	940×740	1250×900	1500×910	350×450
供给空气压力/MPa	0.5	0.5	0.5	0.5	0.5

1.5　其他伺服机械压力机

1.5.1　伺服机械落料压力机

图 4-1-26 所示为伺服落料压力机的传动机构。伺服电动机直接安装在高速轴上，通过惰轮轴带动左右偏心齿轮旋转，进而带动连杆滑块上下直线往复运动。其主要特点是：

1）伺服电动机直接驱动提供冲压能量，伺服电动机的转速可以任意调节、精确控制。

2）可以实现任意的滑块运动特性曲线，具有摆动冲压、多段冲压等模式。

3）通过任意组合滑块运动轨迹实现板料的变速冲裁工艺，提高了落料件的质量和生产率。

4）可以极大地削弱反向载荷幅值，大幅度减小压力机的振动与冲击。

5）减少模具损耗，延长模具的使用寿命。对于加工非等厚钢板、高强度钢板、合金板材等具有独特的优势，为板料成形工艺的柔性生产提供了理想的平台。

图 4-1-27 所示为济南二机床生产的 6300kN 伺服落料压力机。其技术参数为：偏心结构，公称力行程为 6mm，滑块行程为 200mm，工作台板尺寸（左右×前后）为 4750mm×2750mm，连续行程次数为 1~80 次/min，最大装模高度为 1100mm，装模高度调节量为 400mm。可用于高强度钢、镁铝合金、激光拼接板等各种材料的落料生产。

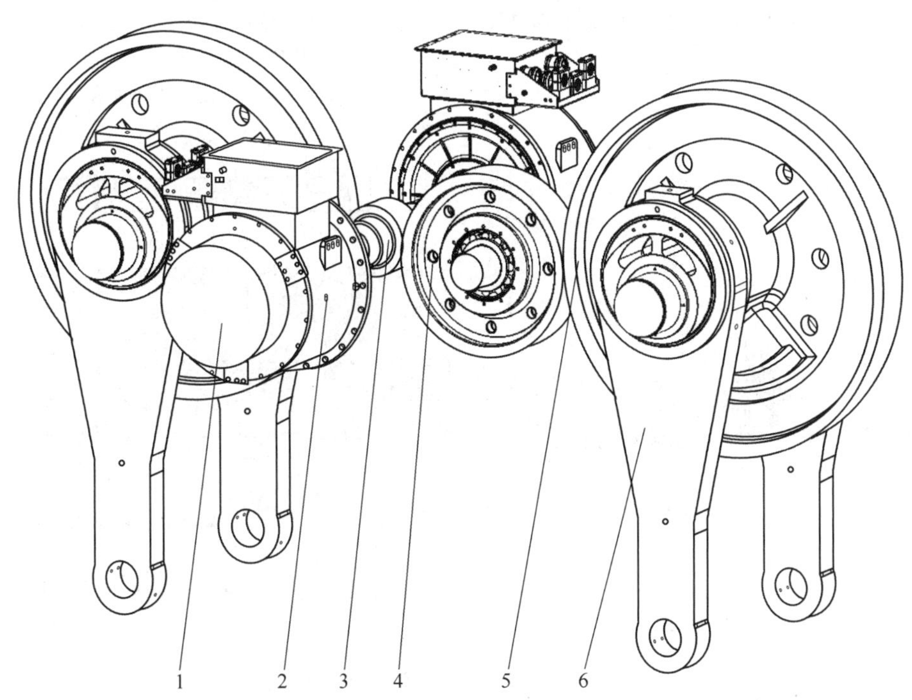

图 4-1-26　伺服落料压力机的传动机构

1—制动器　2—伺服电动机　3—高速轴　4—惰轮轴　5—偏心齿轮　6—连杆

图 4-1-27　6300kN 伺服落料压力机

图 4-1-28　伺服机械落料压力机（舒勒）

图 4-1-28 所示为舒勒开卷落料生产线上的伺服机械落料压力机。该压力机滑块运动曲线可以调节以适应不同的开卷落料模，从而提高产品质量和延长模具寿命。压力机可选公称力为 6300kN 和 12500kN，行程次数最高可达 105 次/min，配有一个或两个移动式工作台。

1.5.2　伺服机械多工位压力机

伺服机械多工位压力机生产线由伺服机械多工位压力机及拆垛送料系统等组成，相当于一条自动化冲压生产线，如图 4-1-29 所示。伺服机械多工位压力机取消了机械多工位压力机上的飞轮、离合器，由伺服电动机直接驱动提供冲压能量，具备以下特点：

1）可以实现任意的滑块运动曲线，具有摆动冲压、多段冲压、下死点保压等功能，极大地提高了生产率。

2）可以提高材料成形极限、节省工序、减噪减振，具有很高的安全性。

3）降低了模具接触速度，减少了模具磨损，延长了模具使用寿命。

4）结构简单，维修维护更加容易，运行成本低。

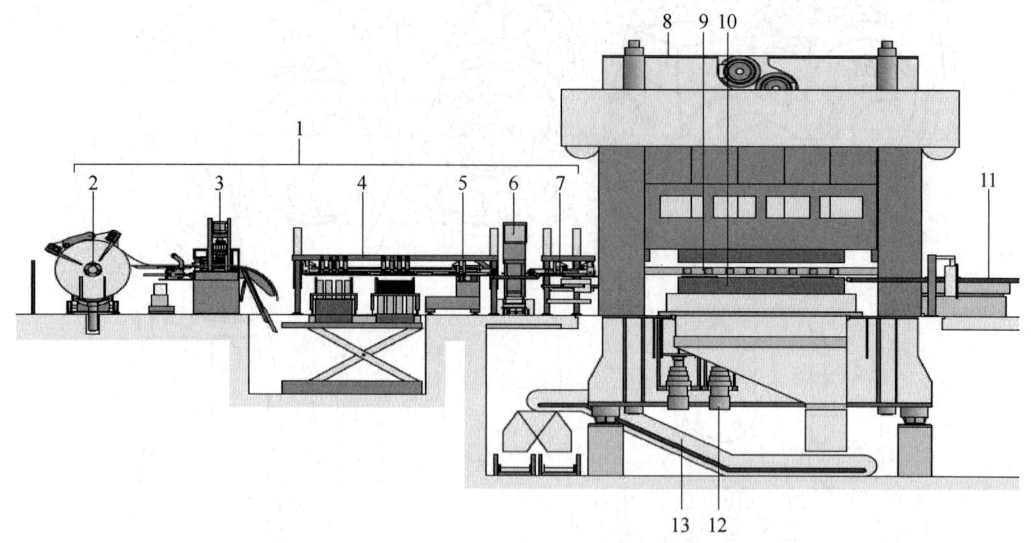

图 4-1-29　伺服机械多工位压力机生产线

1—送料系统（2—开卷机、3—矫直机、4—拆垛机、5—进料装置、6—润滑装置、7—对中装置）
8—伺服机械多工位压力机　9—送料系统　10—工位模　11—输送装置　12—拉伸垫　13—废料处理装置

表 4-1-14 列出了济南二机床伺服机械多工位压力机的主要技术参数。

表 4-1-14　伺服机械多工位压力机的主要技术参数

参数名称		型号					
		TSL4-1000	TSL4-1500	TSL4-2000	TSL4-2500	TSL4-3000	TSL4-3500
		参数值					
公称力/kN		10000	15000	20000	25000	30000	35000
公称力行程/mm		8	8	8	8	8	8
滑块行程/mm		600	700	700	800	800	800
滑块行程次数/(次/min)		1～30	1～30	1～25	1～25	1～25	1～25
最大装模高度/mm		1100	1100	1100	1100	1200	1200
工作台板尺寸/mm	左右	5000	5000	6100	6100	6500	6500
	前后	2200	2200	2400	2400	2400	2400
滑块底面尺寸/mm	左右	5000	5000	6100	6100	6500	6500
	前后	2200	2200	2400	2400	2400	2400

参考文献

[1]　王敏，方亮，赵升吨，等．材料成形设备及自动化［M］．北京：高等教育出版社，2010.

[2]　郝永江．变频高速压力机新型传动机构及动态特性的研究［D］．西安：西安交通大学，2007.

[3]　马海宽．大型覆盖件冲压用 JS39—1600 交流伺服压力机及其关键技术的研究［D］．西安：西安交通大学，2007.

[4]　张清林，丹野良一，等．金属冲压工艺与装备实用案例宝典［M］．北京：机械工业出版社，2015.

[5]　莫健华，张宜生，吕言，等．大型机械多连杆式伺服压力机的性能与生产应用［J］．锻压装备与制造技术，2009，44（05）：35-40.

[6]　孙友松，周先辉，黎勉，等．交流伺服压力机及其应用［J］．机械工人（热加工），2008（Z1）：93-98.

[7]　赵中华，张猛，韦习成．冲裁速度对冲压件断面质量的影响［J］．塑性工程学报，2010，17（04）：45-49.

[8]　李建．伺服压力机发展及其应用［J］．一重技术，2010（05）：1-5.

[9]　赵婷婷，贾明全，姜则东．新型开关磁阻伺服压力机

传动系统设计［J］. 锻压技术，2008，33（1）：112-115.

[10] 谢满垣. 伺服压力机与传统压力机的对比及其优势［J］. 机电工程技术，2012（8）：232-234.

[11] 闵建成，闫长海，祁长洲，等. 伺服压力机的特点与应用［J］. 金属加工（热加工），2010（23）：6-10.

[12] 张同同. 250 吨数控伺服压力机传动机构运动特性及机架有限元分析［D］. 长春：吉林大学，2013.

[13] 李忠民，卢喜，刘雨耕，等. 热模锻压力机［M］. 北京：机械工业出版社，1990.

[14] 孙友松，周先辉，黎勉，等. 交流伺服压力机及其关键技术［J］. 锻压技术，2008，33（4）：1-8.

[15] 丁雪生. 日本 AIDA 和山田 DOBBY 公司的直线电动机压力机［J］. 世界制造技术与装备市场（WMEM），1999（8）：64-65.

[16] 张春朋，林飞，宋文超，等. 基于直接反馈线性化的异步电动机非线性控制［J］. 中国电动机工程学报，2003，23（2）：99-102.

[17] 谢玉春，杨贵杰，崔乃政. 高性能交流伺服电动机系统控制策略综述［J］. 伺服控制，2011（1）：19-22.

[18] 于学涛. 异步电动机直接转矩控制系统的仿真研究［D］. 北京：北京交通大学，2007.

[19] 巫庆辉，邵诚，徐占国. 直接转矩控制技术的研究现状与发展趋势［J］. 信息与控制，2005，34（4）：444-449.

[20] 石艳妮，贾影. 鲁棒控制理论的研究与发展［J］. 重庆科技学院学报，2004，19（6）：13-16.

[21] 李文，欧青立，沈洪远，等. 智能控制及其应用综述［J］. 重庆邮电学院学报（自然科学版），2006（03）：376-381.

[22] 赵升吨，张志远，何予鹏，等. 机械压力机交流伺服电动机直接驱动方式合理性探讨［J］. 锻压装备与制造技术，2004（06）：19-23.

[23] 何德誉. 曲柄压力机［M］. 北京：机械工业出版社，1985.

第2章

伺服液压机

合肥合锻智能制造股份有限公司　李贵闪　王玉山

2.1　原理及概述

伺服液压机是应用伺服电动机驱动液压泵，减少控制阀回路，对液压机滑块进行控制的一种节能高效液压机，适用冲压、模锻、压装、矫直等工艺。与普通液压机相比，伺服液压机具有节能、噪声低、效率高、柔性好等优点，可以取代现有的大多数普通液压机，具有广阔的市场前景。

如图 4-2-1 所示，伺服液压机的主液压泵采用伺服电动机驱动，液压机的主缸上腔安装有压力传感器，在液压机滑块处安装有位移传感器。控制器根据压力反馈信号、位置反馈信号、压力给定信号、位置给定信号、速度给定信号等计算出伺服电动机的转速，从而控制液压泵的输出，以进行压力、速度、位置控制。伺服液压机依靠调节伺服电动机的转速来控制液压机的压力、速度、位置等参数，取消了液压控制回路中的压力控制阀、流量控制阀等元件，简化了液压控制回路。伺服液压机在滑块快降、滑块静止在上限位进行上下料时，伺服电动机转速为零；滑块加压和回程时，伺服电动机的转速由设定速度确定；滑块在保压时，伺服电动机的转速仅弥补泵和系统的泄露。传统液压机在整个工作过程中电动机始终处于恒定转速。图 4-2-2 所示为传统液压机与伺服液压机在整个工作过程中电动机转速的对比。

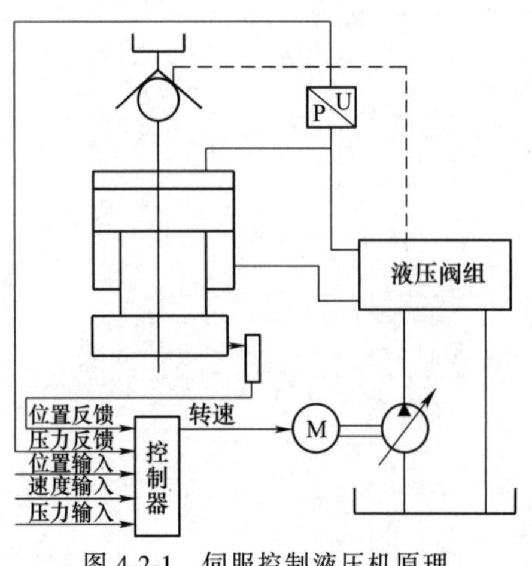

图 4-2-1　伺服控制液压机原理

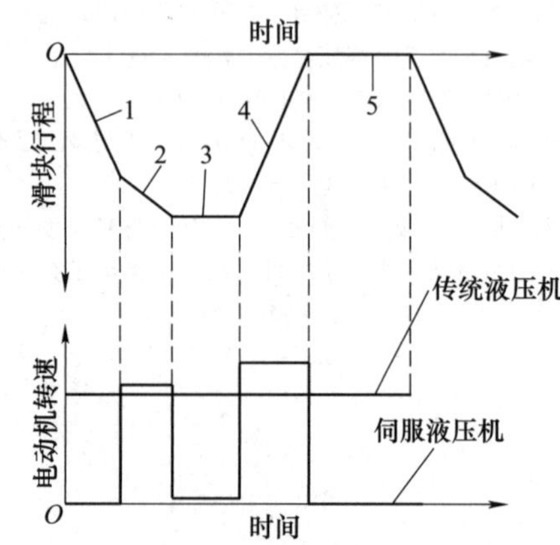

图 4-2-2　整个工作过程中的电动机转速对比

1—滑块快降阶段　2—滑块加压工作阶段

3—保压阶段　4—滑块回程阶段

5—滑块静止时的上下料阶段

伺服液压机的压力和位置通过伺服电动机的转速闭环控制，可以通过专用控制器进行控制，也可利用 PLC 或 PC 编程进行控制，一般采用 PID（比例、积分、微分）控制。通过设定 PID 的参数，可以满足大多数液压机对精度、响应速度的要求。

2.2　伺服液压机的特点

伺服液压机源于其系统设计及控制的独特性，与传统液压机相比具有以下显著优点：

1. 节能

与传统液压机相比，伺服液压机节能效果显著，根据加工工艺和生产节拍不同，伺服液压机可节电 20%～60%。图 4-2-3 所示为传统液压机和伺服液压机在整个工作过程中的电能消耗对比，图中阴影部分为伺服液压机在一个工作循环中相比较传统液压机节省的电能。以下对各工作阶段两种液压机消耗电能情况进行分析：

1）在滑块快降阶段及滑块在上限位静止时，伺服电动机不转动，故不消耗电能。传统液压机的电

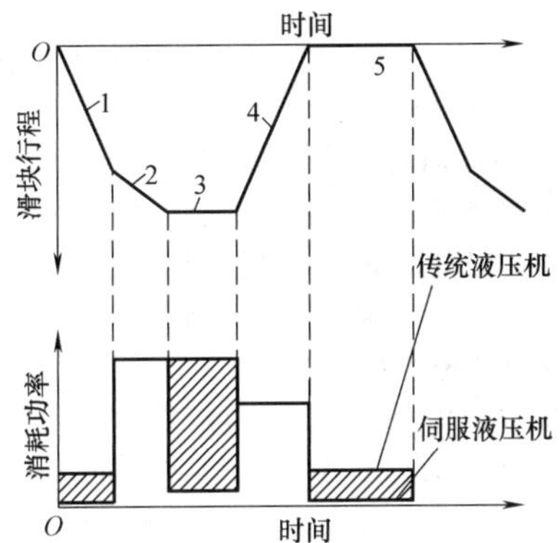

图 4-2-3　整个生产工作中的电能消耗对比
1—滑块快降阶段　2—滑块加压工作阶段
3—保压阶段　4—滑块回程阶段
5—滑块静止时的上下料阶段

动机仍在额定转速下转动，仍需要消耗额定功率的20%～30%的电能（包括电动机电缆、泵的摩擦、液压通道阻力、阀的压降、机械传动的连接等消耗的能量）。

2）在保压阶段，伺服液压机的伺服电动机的转速仅仅用于补充泵及系统的渗漏，转速一般在 10～150r/min 之间，消耗的功率只是额定功率的 1%～10%。传统液压机根据保压方式不同，在保压阶段实际消耗功率为额定功率的 30%～100%。

3）伺服电动机的效率比普通电动机的效率高出1%～3%，决定了伺服液压机更加节能。

2. 噪声低

伺服液压机的液压泵一般采用内啮合齿轮泵，而传统液压机一般采用轴向柱塞泵，在同样的流量和压力下，内啮合齿轮泵的噪声比轴向柱塞泵低 5～10dB。当伺服液压机在压制和回程时电动机在额定转速下运行，其排放噪声比传统液压机低 5～10dB。在滑块快降及滑块静止时，伺服电动机转速为 0，所以伺服液压机基本没有噪声排放。在保压阶段，由于伺服电动机转速很低，伺服液压机的噪声一般小于 70dB，而传统液压机的噪声为 83～90dB。图 4-2-4 所示为两种液压机在各工作阶段的噪声对比。经测试及推算，在一般工况下，10 台伺服液压机产生的噪声比一台同样规格的普通液压机产生的噪声还要低。

3. 发热少，减少制冷成本和液压油成本

如图 4-2-5 所示，伺服液压机的液压系统无溢流发热，在滑块静止时无流量流动，故无液压阻力发热，其液压系统发热量一般为传统液压机的 10%～30%。由于系统发热量少，大多数伺服液压机可不设液压油冷却系统，部分发热量较大的可设置小功率的冷却系统。

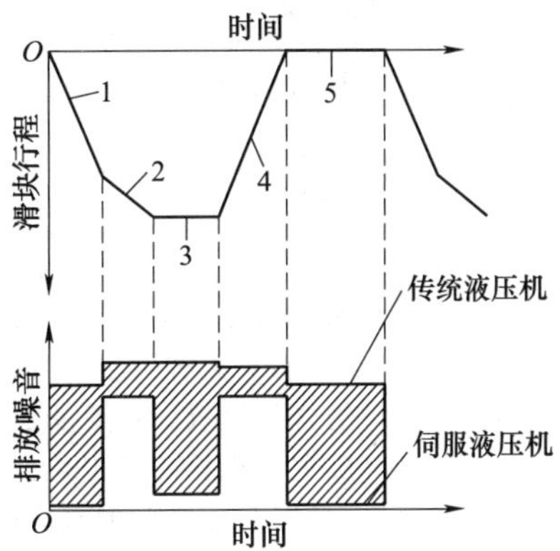

图 4-2-4　各工作阶段的噪声对比
1—滑块快降阶段　2—滑块加压工作阶段
3—保压阶段　4—滑块回程阶段
5—滑块静止时的上下料阶段

由于泵大多数时间为零转速和发热小的特点，伺服控制液压机的油箱可以比传统液压机油箱小，换油时间也可延长，故伺服液压机消耗的液压油一般只有传统液压机的 50%倍左右。

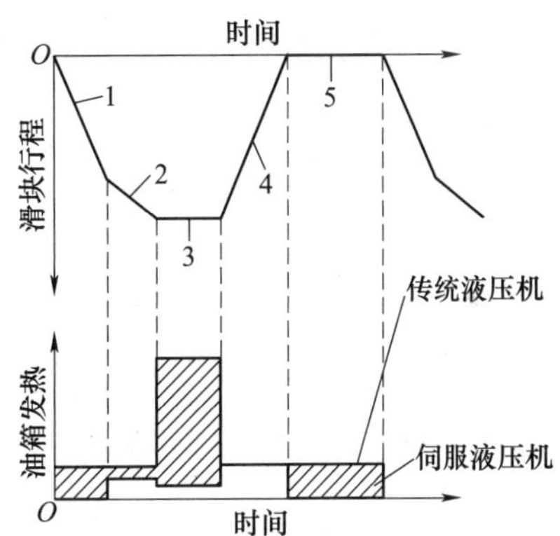

图 4-2-5　液压系统发热对比
1—滑块快降阶段　2—滑块加压工作阶段　3—保压阶段　4—滑块回程阶段　5—滑块静止时的上下料阶段

4. 自动化程度高、柔性好、精度高

伺服液压机的压力、速度、位置为全闭环数字控制，自动化程度高，精度好。另外，其压力、速度可编程控制，可满足各种工艺需要。

5. 效率高

通过适当的加减速控制及能量优化，伺服液压机的速度可大幅提高，工作节拍比传统液压机提高数倍，可达到 10～15 次/min。

6. 维修保养方便

由于取消了液压系统中的比例伺服阀、调速回路、调压回路，液压系统大大简化；其对液压油的清洁度要求远远小于液压比例伺服系统，大大减少了液压油污染对系统的影响。

2.3　关键元器件简介及选型

伺服电动机、伺服驱动器、控制器、定量泵等是伺服液压机的核心组件。

1. 伺服电动机

伺服电动机是伺服液压系统的动力执行元件，用于驱动液压泵转动，向液压缸提供液压油。

伺服控制是指对物体的位置、速度及加速度等变量的有效控制。伺服主要靠脉冲来定位，伺服电动机接收 1 个脉冲，就会旋转 1 个脉冲对应的角度，从而实现位移。伺服电动机本身具备发出脉冲的功能，每旋转一个角度，都会发出对应数量的脉冲，与伺服电动机接受的脉冲形成了呼应，或者称为闭环，如此一来，系统就会知道发了多少脉冲给伺服电动机，同时又收了多少脉冲回来，这样就能够很精确地控制电动机的转动。

伺服电动机内部的转子是永磁铁，驱动器控制的 U/V/W 三相电形成电磁场，转子在此磁场的作用下转动，同时电动机自带的编码器反馈信号给驱动器，驱动器根据反馈值与目标值进行比较，调整转子转动的角度。伺服电动机的精度取决于编码器的精度。

伺服电动机与其他电动机相比有以下优点：

1）精度高。实现了位置、速度和力矩的闭环控制。

2）转速快。高速性能好，一般额定转速能达到 2000～3000r/min。

3）适应性强。抗过载能力强，能承受 2～3 倍于额定转矩的负载，对有短时间负载大和要求快速起的场合特别适用.

4）稳定性高。低速运行平稳，低速运行时不会产生类似于步进电动机的步进运行现象。

5）响应时间短。电动机加减速的动态响应时间短，一般在几十毫秒内。

在伺服液压机设计过程中，伺服电动机主要参考以下参数：

1）额定转速。转速直接影响其直驱泵的最大输出流量，可根据液压系统速度参数匹配合适的泵大小及电动机转速。

2）额定转矩。转矩确定了液压机的负载能力，转矩可根据公式 $T=0.0159\Delta pV/\eta$ 计算。

式中，T 是转矩（N · m），Δp 是工作压力（bar）（$1\text{bar}=10^5\text{Pa}$），$V$ 是排量（cm^3），η 是液压机效率。

3）冷却方式。根据工作环境及负载的大小选择合适的冷却方式。伺服电动机的冷却方式有风冷、水冷、油冷。风冷一般使用在环境较好、负载小的工况下；水冷、油冷常用在环境较恶劣、负载大电动机发热量大的工况下。

2. 伺服驱动器

伺服驱动器又称伺服控制器、伺服放大器，是用来控制伺服电动机的一种控制器。一般是通过位置、速度和力矩三种方式对伺服电动机进行控制实现高精度的传动系统定位。

伺服控制器通过自动化接口可很方便地进行操作模块和现场总线模块的转换，同时使用不同的现场总线模块实现不同的控制模式，常用的如 EtherCAT、ProfiNET 等。伺服控制器直接连接旋转变压器或编码器，构成速度、位移控制闭环。目前常见的伺服系统有西门子、安川、埃斯顿、海天等。

3. 控制器

电气控制系统部分的核心功能由 PLC 来承担，采用 PLC 来控制液压机的各种工艺动作。PLC 是一种数字运算的电子系统，专门为工业环境下应用而设计的，它采用了可编程的存储器。根据工艺需要，由主令控制元件（选择开关、按钮等）发出的指令，依据位置、压力等检测元件所测得的信号，进行程序运算，驱动液压阀等器件，实现对液压执行元件，即液压缸的压力、位移等控制，进而完成机器的生产过程。通过人机界面进行各数据的显示和控制及预设置处理与存储，界面为人机交互式，可在屏幕上非常方便地预先对滑块、液压垫的行程、压力、时间等参数进行设定，人机界面可清晰地显示其位移、压力、速度和时间参数。控制器的选择与普通液压机一致，在此不再赘述。

4. 定量泵

定量泵是指在转速恒定的条件下输出流量不变的泵。目前，伺服液压系统中常用的是内啮合齿轮泵。内啮合齿轮泵具有压力波动小、效率高、噪声小等优点。相比其他定量泵，如叶片泵、柱塞泵，具有结构简单、工作可靠、价格低廉及对油品要求低的综合经济优势。

2.4　变频驱动液压机

变频驱动液压机一般指的是应用变频感应电动机加变频器驱动液压泵，对液压机滑块进行控制的一种节能液压机，适用冲压、模锻、压装、矫直等工艺。

与普通液压机相比，液压原理基本一致，但变频驱动液压机通过改变电动机的输出转速，具有节能、噪声低、效率高、起动转矩大等优点。变频驱动液压机可以改变电动机的输出转速，控制液压机的速度、压力，但与伺服液压机的闭环控制相比，控制精度低、抗过载能力差。变频驱动液压机一般用于对精度有一定的要求但不是很高的场合。

2.5　伺服液压机的应用

伺服液压机具有高效、高精度、高柔性、低噪环保性等特点，使得它的应用将越来越广泛，在成形工艺中的应用也将愈发重要。伺服液压机在一些重要的制造领域，如锻造、冲压领域发挥越来越重要的作用。

伺服液压机可用于拉深、冲裁、弯曲和冷锻等汽车零部件的生产制造。采用计算机控制，利用数字技术（以及反馈控制方法）达到高级精度控制：既可对液压机滑块位置进行控制（滑块的位置重复控制精度为±0.01mm），也可对滑块速度进行控制，还可对滑块的输出力进行控制（控制精度可达滑块的最大输出力的 1.6%），从而使汽车制造中采用高强度钢板、铝合金板材的大型覆盖件的成形成为可能。与此同时，改善了液压机工作环境，降低了噪声和振动，为拓展新成形加工工艺和模具制造方法提供了广阔前景。

合肥合锻智能制造股份有限公司作为国内液压机行业的龙头企业，于 2009 年便开始了伺服液压机的开发。目前，已有一系列产品，如 SHPH27 系列薄板拉伸液压机、SHPH96 系列汽车内饰件液压机、SHPH98 系列研配液压机等。表 4-2-1 列出了 SHPH27 系列薄板拉伸液压机的规格及主要参数。

表 4-2-1　SHPH27 系列薄板拉伸液压机的规格及主要参数

参数名称	规格				
	160	200	250	3150	400
	参数值				
公称力/kN	1600	2000	2500	3150	4000
开口高度/mm	1200	1300	1400	1500	1600
滑块行程/mm	700	800	900	1000	1000
快降速度/(mm/s)	400	400	400	400	400
工作速度/(mm/s)	5~45	4~37	4~37	3~30	3~30
回程速度/(mm/s)	300~400	300~400	300~400	250~300	250~300
顶出缸或液压垫力/kN	250	250	3150	400	500
顶出缸或液压垫行程/mm	200	200	250	250	300
电动机总功率/kW	≈40	≈40	≈50	≈50	≈70
工作台面尺寸/mm（长×宽）	1000×1000	1000×1000	1500×1200	1500×1200	2000×1500
	1500×1200	1500×1200	2000×1500	2000×1500	2400×1600
	—	2000×1500	2400×1600	2400×1600	2800×1800
对应液压垫尺寸（选项）/mm	—	—	1000 ×800	1000 ×800	1600×1000
	—	—	1600×1000	1600×1000	1800×1000
	—	—	1800×1000	1800×1000	2200×1200

第3章

伺服冲铆设备

西安交通大学　张大伟
中南大学　陈超

3.1 工作原理、特点及主要应用领域

随着汽车工业的发展，大量轻质材料，如铝合金、镁合金和高强度钢板等得到了广泛的应用。传统的板材连接方法存在生产效率低、成本高、对板材表面质量要求高等缺点，已经不能完全满足工业工程领域内的使用要求，而冲铆工艺能够满足钢材或铝等轻型材料的连接要求，铆接过程中无化学反应，其抗静拉力和抗疲劳性都要优于点焊工艺，而且板材在铆接时不需要钻孔，工艺步骤简化，节省成本，并能适合汽车车身高效率的生产，有效地攻破了铝点焊产生的各个难题，使得近年来冲铆连接方式被越来越多地应用于车身生产制造中。目前，冲铆工艺包括锁铆连接和无铆连接两种方式。

3.1.1 锁铆连接的工作原理、特点及主要应用领域

锁铆连接是汽车工业、金属钣金、家用电器、工业电器和建筑五金等领域中广泛使用的板材连接工艺，具有连接质量好，成本低和连接效率高、质量好等优点。

1. 锁铆连接的工作原理

锁铆连接指锁铆铆钉在外力的作用下，通过穿透第一层材料和中间层材料，并在底层材料中进行流动和延展，形成一个相互镶嵌的永久塑性变形的铆钉连接过程，如图 4-3-1 所示。

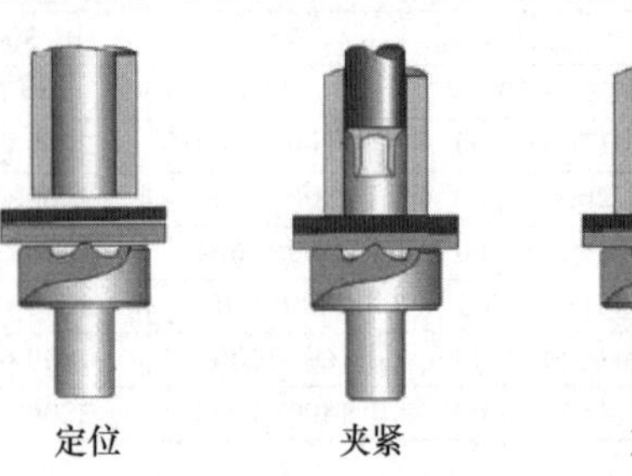
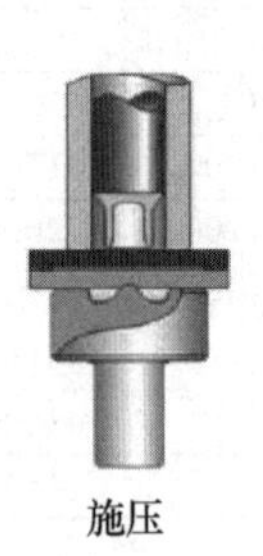
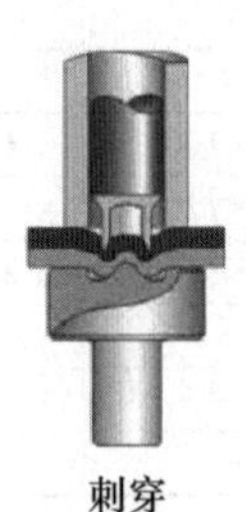
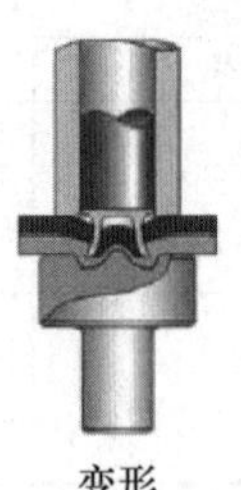
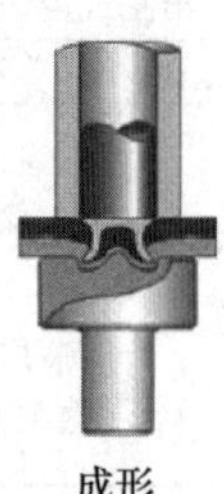

图 4-3-1　锁铆连接过程

一般情况下，锁铆连接工艺可分为 3 个阶段：

1）板料准备压入阶段。首先将被连接的工件放在凹模上，固紧件向下运动至被连接工件上，被连接的工件被固定在固紧件和凹模之间。

2）成形初期阶段。随着凸模向下运动，铆钉冲切凸模侧的被连接件。

3）成形阶段。继续加压，铆钉切断穿过凸模侧的被连接材料且铆钉本身张开，凹模侧的板料塑性变形产生了封闭端，封闭端的形状由凹模的形状决定。

影响锁铆连接接头质量的参数可分为三类：

1）几何参数：凹模的几何形状、铆钉的几何形状和基板的厚度等。

2）材料参数：基板材料参数和铆钉材料参数等。

3）工艺参数：冲头速度、铆接压力等。

铆接过程中，通过对铆接板材、铆钉和下模的选择，基本可以确定相关铆接工艺的参数。铆接过程中的质量控制通过载荷-行程曲线在线检测，在确定参考基准曲线之前，需要对锁铆连接接头的质量进行评价和确定。一般采取的方法是对接头剖面进行检测，检查标准为铆钉头高度、残余底厚、内锁长度和钉脚张开度。

1）铆钉头高度。铆钉头上表面与上层板材上表面之间的垂直距离。当钉头高度为正数时，钉头高于上层板材上表面，造成接头表面不平整，影响接头的密封性和防蚀性。反之，当钉头高度为负值时，钉头沉入上层板材上表面，造成接头表面不平整。原则上要求接头中铆钉头上表面与上层板材上表面平齐。然而，特殊应用场合中允许钉头高度在一定

范围内变化，但该范围必须注明。

2）残余底厚。铆钉脚尖与底层板材下表面之间的垂直距离。残余底厚为零时，铆钉脚尖刺穿底层板材，严重影响接头的密封、防蚀性和外观。残余底厚有时会出现在接头底面其他位置，如铆模中心锥尖处。当底层板材发生断裂时，可认为是该部位的残余底厚为零。

3）内锁长度。铆钉脚尖与刺入点之间的水平距离。内锁长度的大小要结合具体的铆钉和底层板材的材料组合情况，是接头最重要的强度指标。

4）钉脚张开度。钉脚柱外表面与铆钉脚尖之间的水平距离。它与内锁长度结合使用，可以更加全面地反映接头的真实连接质量。

2. 锁铆连接的特点

与传统连接工艺相比，锁铆连接具有如下优势：

1）连接质量好。锁铆连接的动态疲劳强度高，撞击能量吸收性能好，重复连接可靠性高，可无损检测连接质量。

2）综合成本低。锁铆连接无须连接前后的处理工序，工作效率高，操作成本低，能耗低，无须额外的环保和劳保投资。

3）连接组合广。锁铆连接可用于连接不同材质不同厚度组合，可连接不同硬度不同强度组合，可连接中间层有结构胶组合，可连接多层材料组合。

4）设备效率高。锁铆连接设备可实现铆接自动化，易于与生产过程自动化集成。

3. 锁铆连接主要应用领域

1）汽车工业中的应用，如图 4-3-2 所示。常应用于连接汽车车身、发动机盖、行李箱盖、车门边框等。

图 4-3-2　锁铆连接在汽车工业中的应用

2）在运输工具中金属和复合材料的组合件零件。

3）电器物品。

4）建筑技术。

3.1.2　无铆连接的工作原理、特点及主要应用领域

1. 无铆连接的工作原理

无铆连接（Clinching）指专用的无铆连接模具在外力的作用下，迫使被连接的材料组合在连接点处产生材料流动，形成一个相互镶嵌的塑性变形的连接过程。图 4-3-3 所示为无铆连接过程。

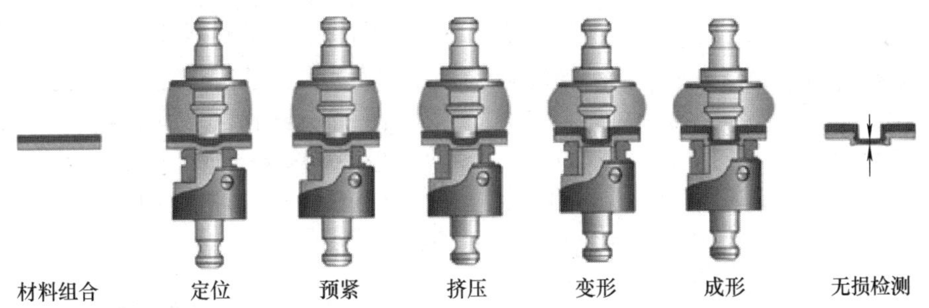

图 4-3-3　无铆连接过程

一般情况下，可以根据冲头的位置确定无铆连接过程的 4 个阶段：

（1）板料初压阶段　从冲头接触上侧板件开始，至下侧板件接触下模具底部平面为止。在这个过程中，上侧板件在冲头作用下弯曲并受挤压，局部发生塑性变形，下侧板件则发生弯曲。

（2）成形初期阶段　这一阶段从下侧板件接触下模具底部平面开始，至下侧板件与下模具底平面完全接触时为止。这一阶段开始时，冲头下行，下侧板件底部受到下模具底部平面的约束，此时，下侧板件变形后形成的侧表面尚未受到下模具内侧表面的约束。在此阶段，由于冲头的挤压作用，上侧板件在冲头的圆角处受挤压变薄，其颈部金相组织被强化。

（3）成形阶段　冲头继续下行，由于下模具的环形凹槽对下侧板件的圆角处无约束，材料在力的作用下向凹槽处流动，填充下模具的环形凹槽，而上侧板件圆角处的材料也同时向凹槽处流动。颈部的组织被强化，上侧板件材料沿着最小阻力的方向流动，材料被挤向两边，挤入凹模侧的板件中，使上侧板件嵌入下部材料中，此时冲压连接圆点基本形成。

（4）保压阶段　在这一阶段，冲头继续下压，材料完全充满整个凹槽，冲压圆点完全形成，保压能够防止回弹。

无铆连接变形过程相对比较简单，但在生产实际中，无聊连接点的质量会受到诸多因素的影响，主要包括连接设备、连接过程、材质组合和连接模具。

1）连接设备。主要包括连接设备的结构和动力及静态变形特性、连接过程的控制。

2）连接过程。主要包括空间定位、工作循环、周围环境的影响。

3）材料组合。主要包括材质、材料厚度、表面状况及连接位置的可进入性。

4）连接模具。主要包括上模结构、凹模结构、脱模器、预夹紧结构及连接力等。

无铆连接接头的强度主要包括抗冲击强度、静态强度、动态强度，主要决定因素是接头大小，接头的直径越大，连接强度越高。例如，在相同的连接参数条件下，直径为 6mm 的接头比直径为 4mm 的接头更牢固，因此在连接位置允许的条件下，应该选择更大的连接直径。

无铆连接接头的连接质量与成形的几何形状、尺寸直接相关，主要由两种不同板材之间的镶嵌量来决定，而镶嵌量的大小取决于无铆连接过程中的工艺参数、模具参数及材料性能。可以通过目测连接点外观，测量连接点尺寸进行检测，而接头质量一般通过接头底部厚度进行控制。通过测量无铆连接接点的底部厚度，可无损检测连接点强度。当板材组合厚度一定时，接头底部厚度为定量，使用带表卡规测量接头底部厚度对无铆连接接头进行质量控制和无损检测。

2. 无铆连接的特点

无铆连接与其他传统连接工艺相比，具有如下特点：

1）低成本优势。与焊接或铆钉连接相比，成本节约 30%～60%。

2）连接质量优势。动态疲劳强度高于点焊。

3）质量检测优势。连接点可无损检测，连接过程可自动监控，作业数据自动生成和存储。

4）生成简化优势。优化的连接工艺、无须铆接前后的处理工序，可实现多点同时连接，工作效率更高。

锁铆连接及无铆连接与传统的连接方法的对比见表 4-3-1。从表中可以明显看出锁铆连接和无铆连接的优点。

表 4-3-1　锁铆连接及无铆连接与传统的连接方法的对比

项目	无铆连接	锁铆连接	点焊	传统铆接	螺纹连接	胶接
动态连接强度	高	高	低	较低	低	较高
静态连接强度	高	较高	高	高	高	较高
连接镀层材料	能	能	通常不能	能	能	能
连接不同材料	能	能	困难	能	能	能
辅助材料	无	铆钉	焊条	铆钉	螺钉	胶黏剂
辅助工序	无	无	无	钻孔	钻孔	无
棱角、毛刺、铁屑	无	无	无	无	有棱角	无
能耗	很低	低	高	高	高	低
投资费用	低	较低	高	高	高	一般
工作环境	很好	很好	差	较差	好	较差
操作复杂程度	很简单	简单	简单	复杂	简单	简单
重复性	很好	好	好	可以	好	好
与粘接剂结合	很好	很好	差	一般	一般	很好

3. 无铆连接的主要应用领域

无铆连接常被应用于汽车车身连接、家用电器外壳连接等领域，其应用实例如图 4-3-4 和图 4-3-5 所示。

图 4-3-4　用无铆钉塑性成形连接的白车身零件

a) 废弃物容器/铝板

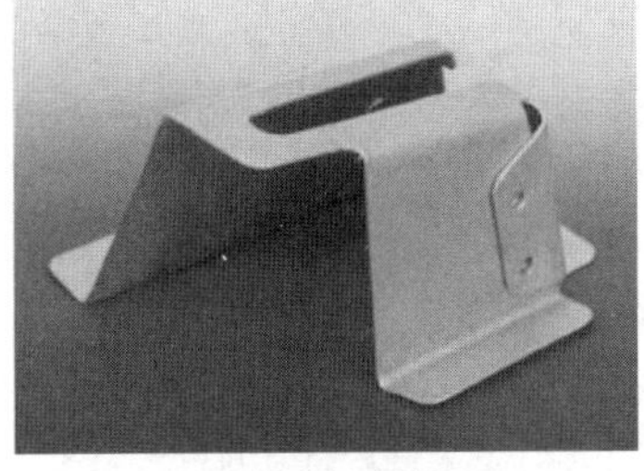

b) 缓冲架/钢板

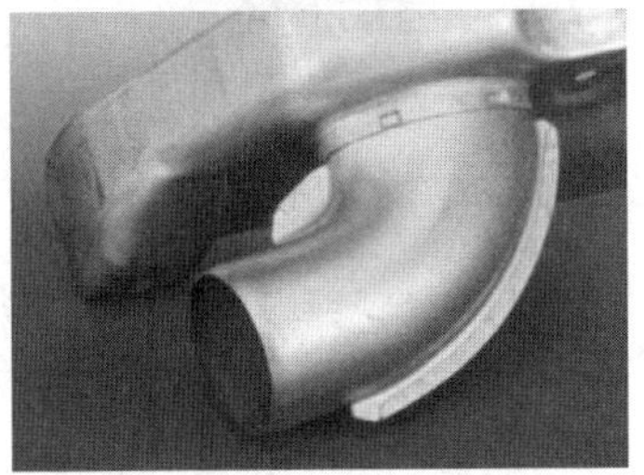

c) 通风管接头/钢板铝板

d) 固定带/铜板

图 4-3-5　无铆连接在其他行业中的应用

无铆连接的主要应用领域如下：

1）汽车制造业，如轿车的车门、发动机盖、加强件、转向装置及横梁部件等的固定。

2）通风和温度调节技术，如通风装置系统、冷却设备壳体、风轮、过滤网等的固定。

3）白色电器物品，如壳体的固定。

4）建筑领域，如管夹的连接和在屋檐的固定。

5）电子工业，如电子组件的固定。

6）照明技术，如顶板灯和霓虹灯的制造。

7）医学技术，如牙科仪器的壳体制造。

8）家用电器，如抽油烟机盖的生产。

9）计算机技术，如框架部分的连接等

10）家具工业，如扶手在基板上的固定。

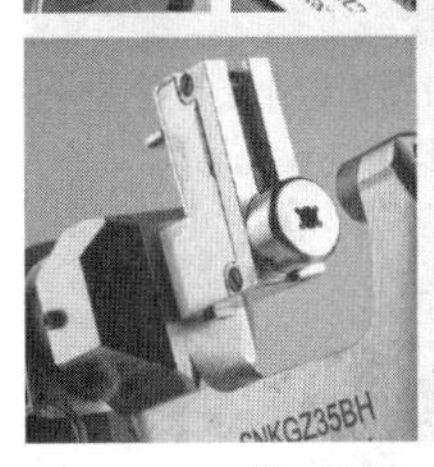

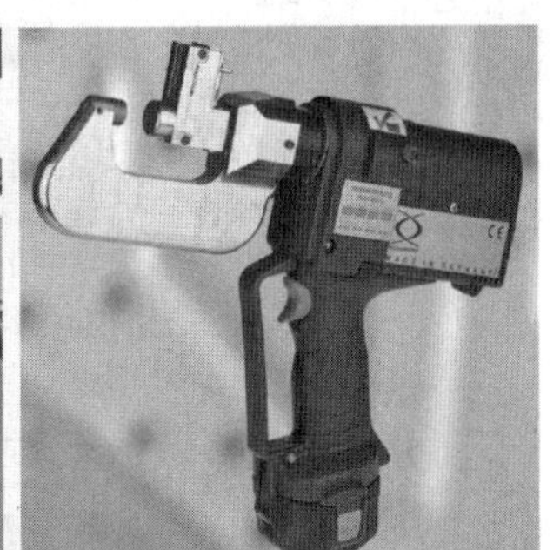

图 4-3-6　手钳型的设备装置

3.2　设备的主要结构

3.2.1　锁铆连接设备的主要结构

1. 主要结构形式

目前，锁铆连接设备主要包括手钳型、标准型和设备定制型。手钳型的设备装置如图 4-3-6 所示，主要用于大型固定件，试件车间原型样件的生产，生产线连接设备的补充、现场安装和维修。手钳型锁铆连接设备具有如下特点：

1）易于携带、操作简单。

2）连接力可调。

3）可匹配不同喉深的 C 型钳体。

深圳一浦莱斯（EPRESS）公司研制的部分手钳型锁铆连接设备如图 4-3-7 所示。图 4-3-7a 所示为电动手钳型，图 4-3-7b 所示为气液手钳型。手钳型设备的特点是易于携带，操作简单，可匹配不同喉深的 C 型钳体。主要应用于大型固定件，试制车间原型样件的生产，生产线连接设备的补充、现场安装和维修。图 4-3-7c 所示为液压台式型，特点是柔性化设备，与带状铆钉匹配使用，铆钉自动送料并定位，铆接时间短，铆接质量由铆接力决定，铆接力柔性可调，铆接质量可无损伤检测，结构紧凑，易于维修。图 4-3-7d 所示为数控伺服驱动型，可以满足客户的不同生产需求，与普通台式型不同的是该设备可与机器人自由对接，实现工业自动化。现应用于实验试制、自动化生产线和机器人铆接单元。图 4-3-7e 所示为汽车工业定制型，图 4-3-7f 所示为通用工业定制型，这两种结构的锁铆设备主要是针对特定工况设计的。

标准型锁铆连接设备如图 4-3-8 所示，主要用于手工单件生产、通用工业规模化铆接生产中。标准型锁铆连接设备具有如下特点：

1）柔性化设备，与带状铆钉匹配使用。

2）铆钉自动送料并定位。

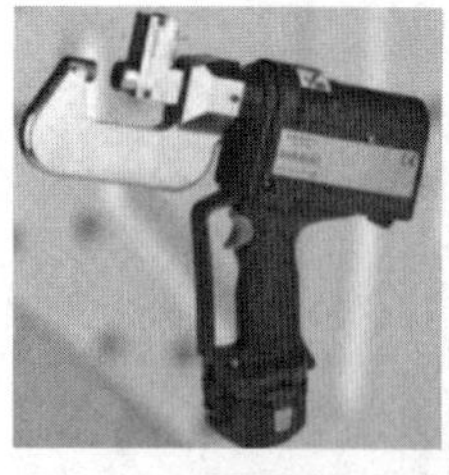
a) 电动手钳型

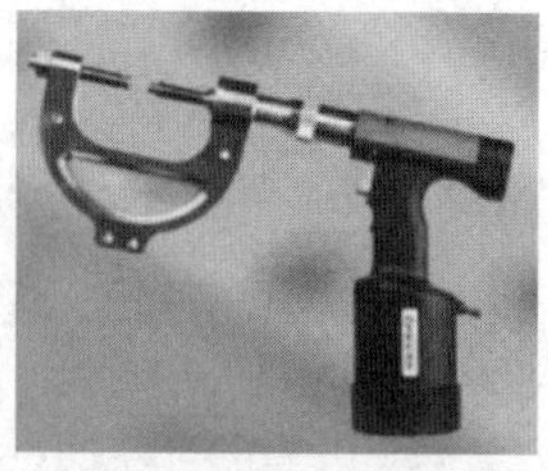
b) 气液手钳型

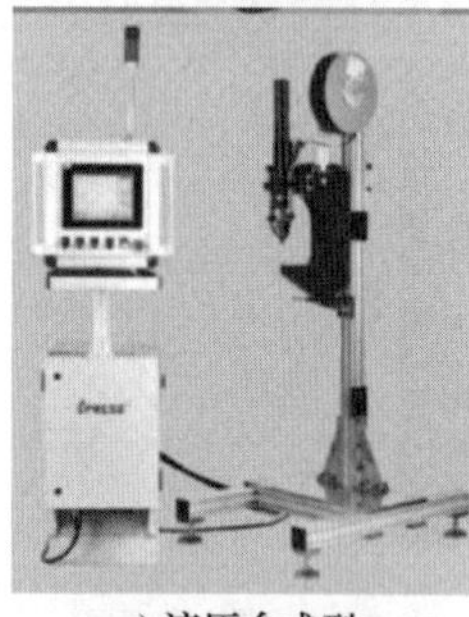
c) 液压台式型

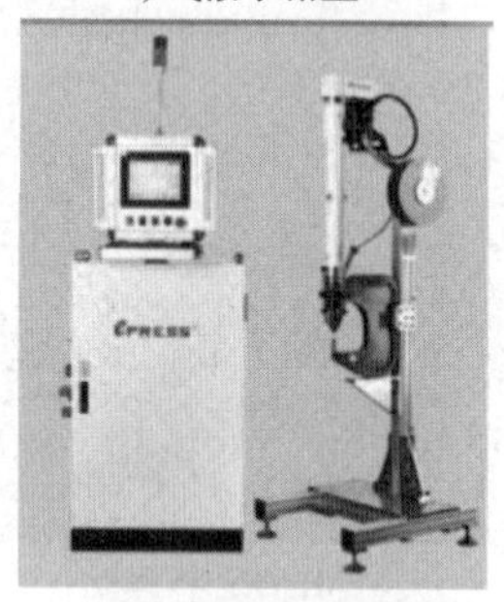
d) 数控伺服驱动型

e) 汽车工业定制型

f) 通用工业定制型

图 4-3-7　手钳型锁铆连接设备

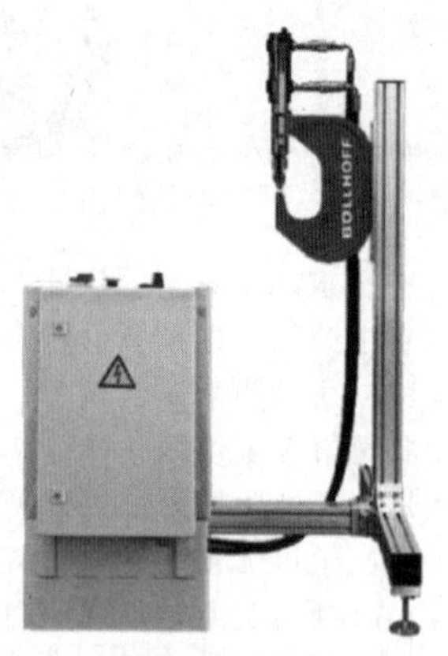

图 4-3-8　标准型锁铆连接设备

3）铆接时间短（<3s）。

4）铆接质量由铆接力决定，铆接力可根据应用任意调整设定。

5）结果紧凑，易于维修。

客户定制型锁铆连接设备如图 4-3-9 所示，主要根据客户的需求在连接设备上添加检测装置等其他附属模块化部件。这类设备多用于汽车工业要求铆接过程监控的工作场合。客户定制型锁铆连接设备具有如下特点：

1）满足客户不同生产要求。

2）模块化设计，系统结构紧凑，可以柔性组合，节约空间。

3）铆接过程自动监控，保证铆接质量。

4）系统具有自诊断功能，易于维护。

5）生产参数、过程参数和结果数据可以存储便于分析不良原因和工艺改进。

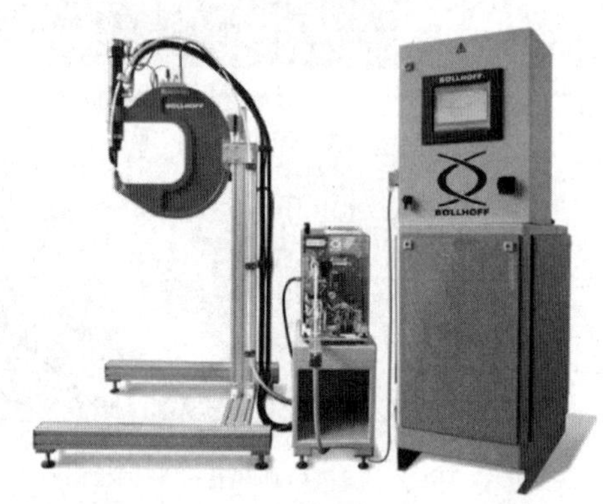

图 4-3-9　客户定制型锁铆连接设备

2. 主要增力结构

锁铆连接设备的主要增力结构包括气压式增力结构、液压式增力结构、气液混合式增力结构和机械式增力结构 4 种。

（1）气压式增力结构　气压式增力结构可以提供较大的驱动力，驱动速度高，动态响应较快，但构造较为复杂，定位精度差，难以在工作中转换传递信号。液压式增力结构的增力效果好，动态响应快，但也存在构造复杂、成本高等缺点。目前，市场上的锁铆连接设备对于气压式和液压式的单独应用已经逐渐被气液混合式增力缸所取代。

S 型 TOX 气液增力缸的工作过程如图 4-3-10 所示。

1）静止状态。如图 4-3-10a 所示，所有 TOX 气液增力缸返回行程、空气接口连通压缩空气。配置空气弹簧的 TOX 气液增力缸，其空气弹簧空气接口接入压缩空气，其他区域均无压力作用。此状态为静止状态，设备无任何操作。

2）快进行程。如图 4-3-10b 所示，主控阀 A 起动后，压缩空气进入活塞腔，而此时活塞腔排气。工作活塞 C 在快进起动压力作用下快速外伸。在快进行程中，储油活塞 G 在弹簧 H 的作用下，将储油腔 F 中的液压油挤压入工作油腔 D。当工作活塞 C 在某一位置碰到阻力，即待连接板料与冲头接触的瞬间，则力行程转换控制阀 B 自动打开。通过调节节流控制阀，可改变力行程转换控制阀 B 的开启速度。

3）力行程。如图 4-3-10c 所示，压缩空气进入增压活塞腔，增压活塞 I 穿过高压密封 E，将液压油腔分为工作油腔 D 及储油腔 F，并在工作油腔 D 内产生油压。由增压活塞 I 挤压产生的高压油作用在工作活塞 C 上，产生力行程。此时静载荷作用于板料，直到能量全部释放。

4）返回行程。如图 4-3-10d 所示，主控阀 A 转向后，力行程转换控制阀 B 自动换向，气腔排气，工作活塞 C 及增压活塞 I 返回静止状态。

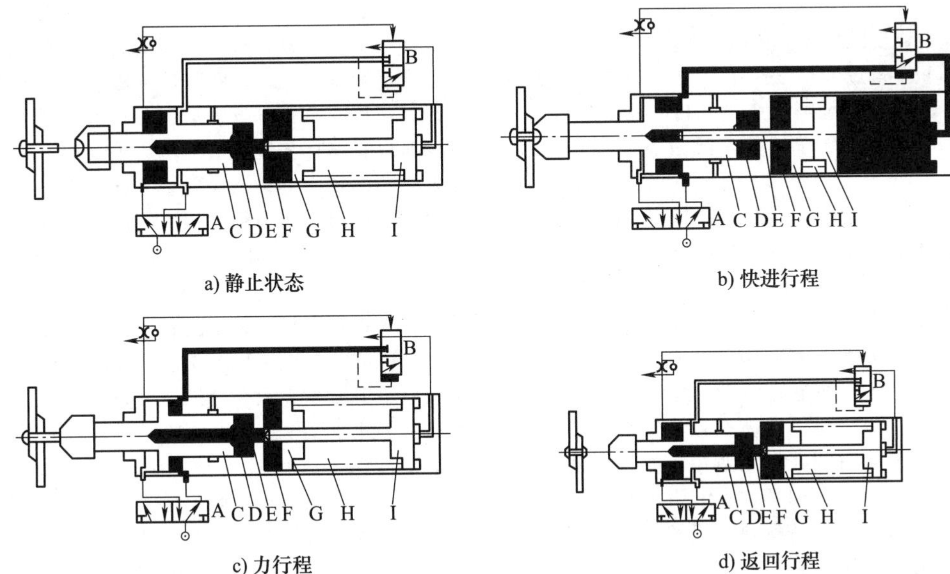

图 4-3-10　S 型 TOX 气液增力缸的工作过程

A—主控阀　B—力行程转换控制阀　C—工作活塞　D—工作油腔

E—高压密封　F—储油腔　G—储油活塞　H—弹簧　I—增压活塞

（2）机械式增力结构　机械式增力结构在锁铆连接设备上的应用较少，但随着交流伺服电动机技术的发展，机械式增力结构是未来锁铆连接设备发展的热门方向。图 4-3-11 所示为一种开式交流伺服机械式增力系统。该锁铆连接设备以交流伺服电动机作为动力源，通过减速器和带传动驱动滚珠丝杠做上下往复运动，从而完成锁铆连接。

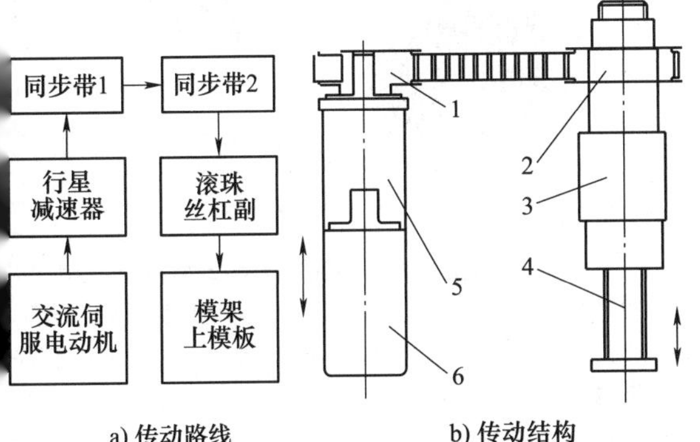

图 4-3-11　开式交流伺服机械式增力系统

1—左带轮　2—右带轮　3—螺母　4—丝杠

5—减速器　6—交流伺服电动机

交流伺服驱动装置在传动领域的发展日新月异，这也推动了机械锁锁铆设备的发展。交流伺服电动机有几个突出的优点：

1）电动机没有电刷和换向器，工作可靠，对维护和保养要求低。

2）电动机的定子绕组散热好，不易发热。

3）电动机的转动惯量小，系统动态特性好。

4）可用于高速大扭矩的工作状态。

5）在相同功率下，有相对较小的重量和体积。

6）无自转现象，正在运转的伺服电动机，只要失去控制电压，电动机立即停止。

7）交流伺服系统的加速性能较好，从静止加速到其额定转速 3000r/min 仅需几毫秒，可用于快速起停的场合。

行星减速器与伺服电动机直接相连，无须联轴器和适配器，结构紧凑，而且传动精度高，非常适合应用在锁铆连接设备上。同步带靠齿啮合传动，传动比精确，传动效率高，速度均匀，单位质量传递的功率大，齿根应力集中小。

该锁铆连接设备中滚珠丝杠的作用是将旋转运动转化为直线运动。滚珠丝杠传动系统的传动效率可达 90%~95%，比梯形丝杠传动效率高 3 倍左右。除此之外，滚珠丝杠传动还具有传动平稳、高精度、高耐用、同步性好、高可靠性、无背隙和高刚度等特点。

3. 送钉装置

自动冲铆装置中的铆钉由自动送钉装置输送。

因铆钉很小，人工取放不便，并且存在安全隐患，因此对送钉装置的技术要求是：

1）用送钉装置实现自动送料，操作安全、可提高生产率。

2）具有高的性价比，费用低廉。

3）体积不得过大、噪声小、便于安装与布置，不得影响或改变锁铆连接设备的结构与控制。

4）铆钉工装安装于锁铆连接设备的固定工装位置。

5）送钉装置与锁铆连接设备的动作不得干涉。

6）送钉装置与锁铆连接设备配合使用后，需要能够简单操作，运行安全、可靠，维修方便且成本低。

图 4-3-12 所示为一种多铆钉自动送钉装置。该装置包括振动盘、气液阻尼缸、多铆钉直线排列器、透明软管和定位盘，可以安装在自动锁铆连接设备上使用。把大量铆钉放在振动盘中，通过振动盘把铆钉送到多铆钉直线排列器，气液阻尼缸的活塞杆推拉多铆钉直线排列器的滑块，把铆钉送到透明软管中，铆钉从透明软管进入到定位盘中。

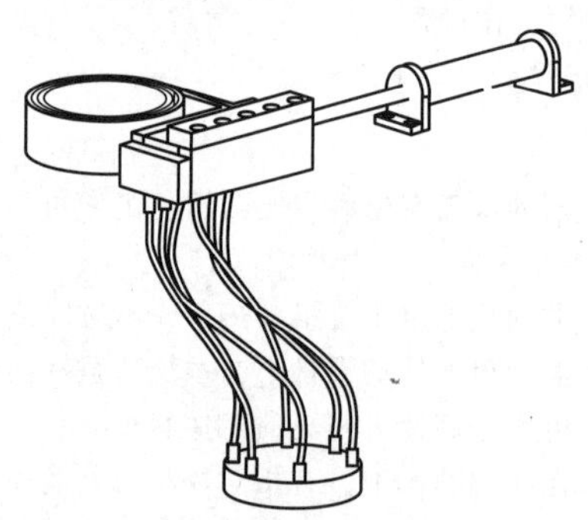

图 4-3-12　一种多铆钉自动送钉装置

图 4-3-13 所示为基于振动盘的铆钉自动铆钉送料装置。铆钉必须自动实现定向排列，送料到工作

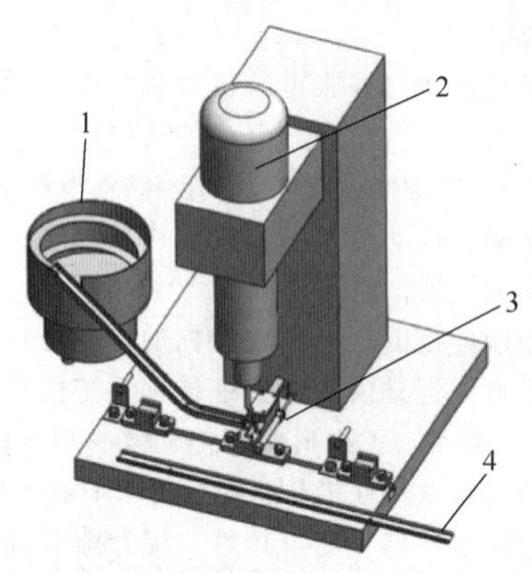

图 4-3-13　基于振动盘的铆钉自动铆钉送料装置
1—铆钉振动送料器　2—压铆机
3—送料装置、工装　4—工件

工位过程中需要始终保持定向排列的状态，可用气缸推送铆钉，工装需具有一定的耐磨性。

电磁振动送料是企业生产中加工与装配的一种自动送料装置。电磁振动送料工作原理是：因料槽的底部平面与电磁激振力作用线之间存在一定的夹角，利用衔铁、铁芯之间脉冲电磁力驱动板簧产生变形，使料槽向斜下方运动，在料槽向斜下方运动的同时板簧储存势能。当电磁力消失时，板簧释放出储存的能量，使料槽向斜上方向运动。通过物料与料槽通道间摩擦力的作用，使得料槽中的物料向上输送。电磁振动送料装置结构简单，能量消耗小，工作平稳可靠，在送料过程中，还可以利用缺口、偏重等方式对物料进行定向整理，达到分离筛选的目的，还可以在高、低温或真空环境下使用，因而广泛应用于电子工业、轻工业的自动加工、装配等生产中。此外，在工业中的粉状或颗粒状等非常微小的物料输送中也得到广泛的应用。

常见的自冲式铆钉如图 4-3-14 所示，内部中空有利于穿刺进入板材。料带式铆钉是为了配合手持式锁铆设备上料而专门设计的，料带上安装有铆钉，通过料带的移动，铆钉逐颗送到自冲铆接机枪室，从而完成铆接自动化的过程。散装铆钉是为了台式自冲铆接机而设计的，台式自冲铆接机安装有自动选钉盘、自动送料滑道，用户只需把散装铆钉导入自动选钉盘的铆钉储藏室即可，铆钉会全自动地送入铆接位置。

图 4-3-14　自冲式铆钉

一种采用自动送料装置的 ZCW-5 型锁铆连接设备的铆接头如图 4-3-15 所示。ZCW-5 型锁铆连接设备一般由铆接头、悬挂系统、液压系统、电控系统等部分组成，主要包括料带管、导向座、下基板、活塞等。ZCW-5 型锁铆连接设备的结构如图 4-3-16 所示。

3.2.2　无铆连接设备的主要结构

1. 主要结构形式

无铆连接设备是一种利用板料塑性变形实现机械连接的设备，被广泛应用于汽车、飞机、家用电器等领域中。目前市场上常见的无铆连接设备品牌有 TOX、BTM、Attexor、Bollhoff 等，这些公司已开

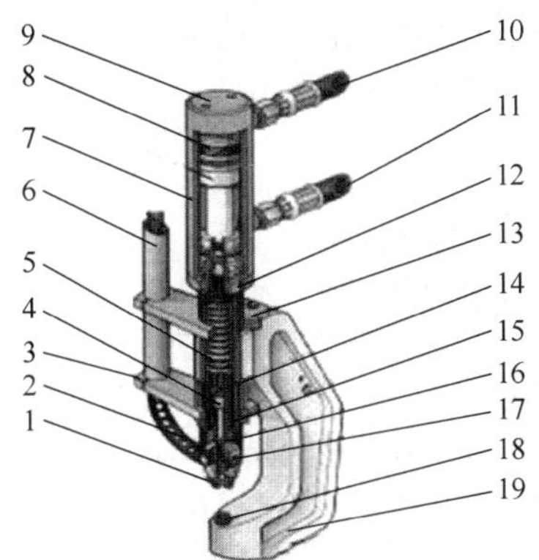

图 4-3-15　ZCW-5 型锁铆连接设备的铆接头

1—导向座　2—销轴　3—下基板　4—铆针　5—弹簧　6—料带管　7—活塞　8—导向带　9—上缸盖　10—送油管　11—出油管　12—下缸盖　13—上基板　14—限位销钉　15—定位套　16—弹片　17—摆块　18—下模　19—钳体

发出系列的模具产品和压力专用设备及配套监控设备。常见的无铆连接设备主要包括手钳型无铆连接设备、模板化型无铆连接设备和客户定制型无铆连接设备。

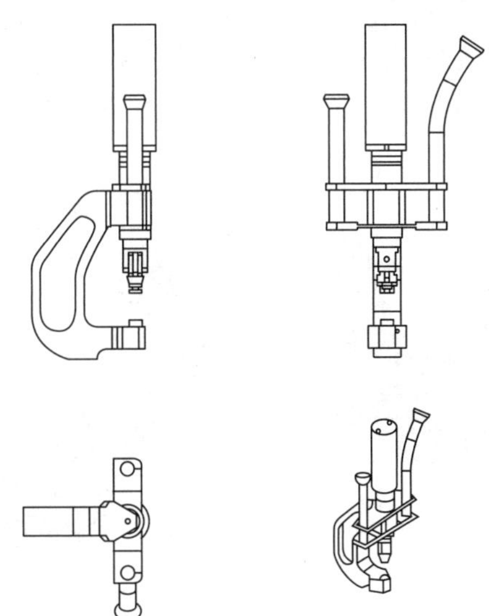

图 4-3-16　ZCW-5 型锁铆连接设备的结构

图 4-3-17 所示为 TOX 手钳型无铆连接设备，其结构尺寸如图 4-3-18 所示。手钳型设备在板材连接时方便携带，主要用于金属板材之间的连接。

a) TAGGER320

b) TAGGER320V1

图 4-3-17　TOX 手钳型无铆连接设备

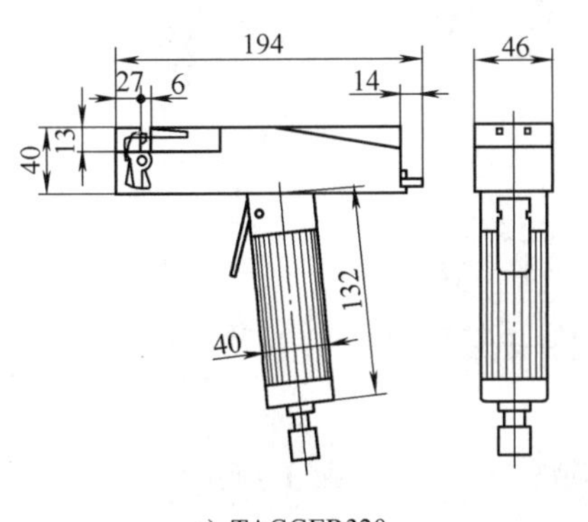

a) TAGGER320

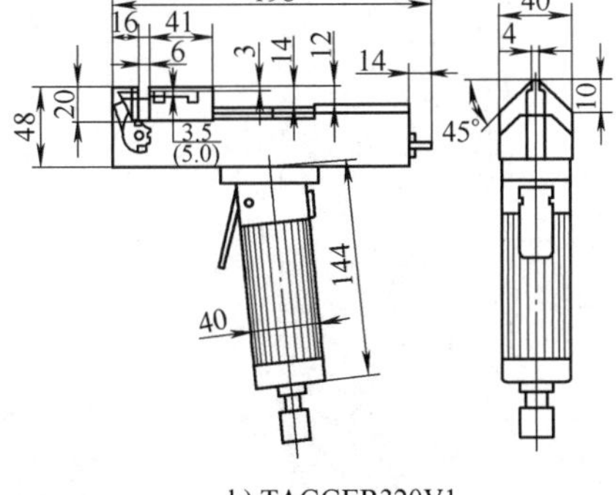

b) TAGGER320V1

图 4-3-18　TOX 手钳型无铆连接设备的结构尺寸

如图 4-3-19 所示，模块化型无铆连接设备与机器人臂组合在一起，可以大幅提高无铆连接的自动化水平。适用于无铆连接设备（机器人模具）的模块化结构如图 4-3-20 所示。机器人模块化生产主要适合于大批量自动化生产，根据生产实际需要更换无铆连接模块，可实现不同板材之间的连接，适用于铝板和铝板、铝板和钢板、钢板和钢板之间的连接。

图 4-3-19　机器人模具模块化型无铆连接设备

此外，还可以根据实际工况需求定制无铆连接设备。如果工况需要实时检测设备运行曲线，可以在无铆连接设备的工作机构上通过传感器输出工作运行曲线；如果连接工况需要较高的对中精度，可以在设备上增加调整块；还可以根据不同的成形控制需求采用不同的控制程序。

Bölloff 无铆连接设备主要包括驱动装置、IPC 显示器、控制单元和定位装置，如图 4-3-21 所示。该设备主要通过机械电子压力驱动，通过伺服电动机驱动曲柄连杆机构来实现无铆连接过程的控制。曲柄连接 IPC 显示器可以实时监测设备运行曲线，确保无铆连接接头的质量符合设计要求。

在无铆连接过程中，必须保证冲头和下模具的精确对中。为了保证冲头和模具完全对中，通常在肘杆和冲头基座之间设置一个调整装置，如图 4-3-22 所示。冲头调整装置分上下两层，分别用螺母丝杠机构实现冲头在水平方向上左、右和前、后位置的调节，从而精确调整冲头位置，以与下模具对中。

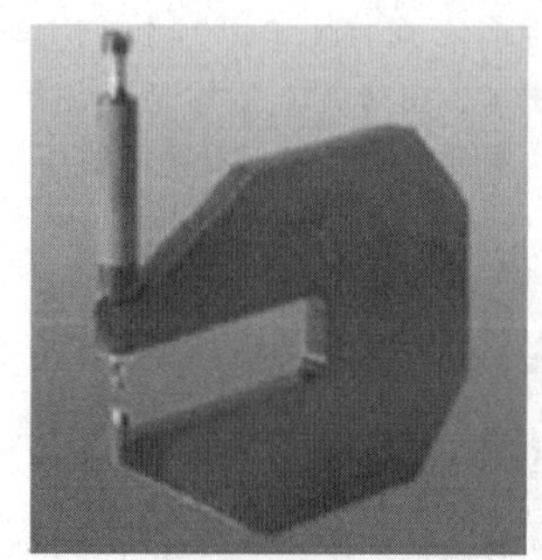

a) P35S

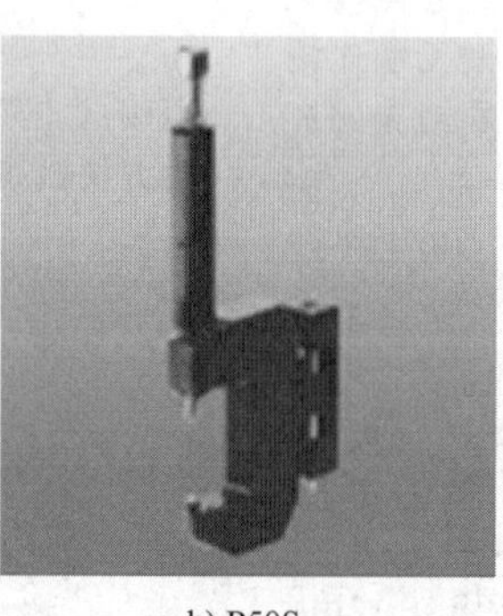

b) P50S

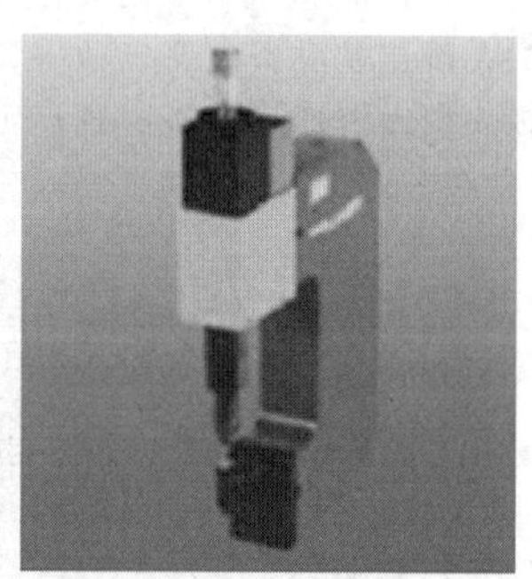

c) P75S

图 4-3-20　机器人模具模块化结构

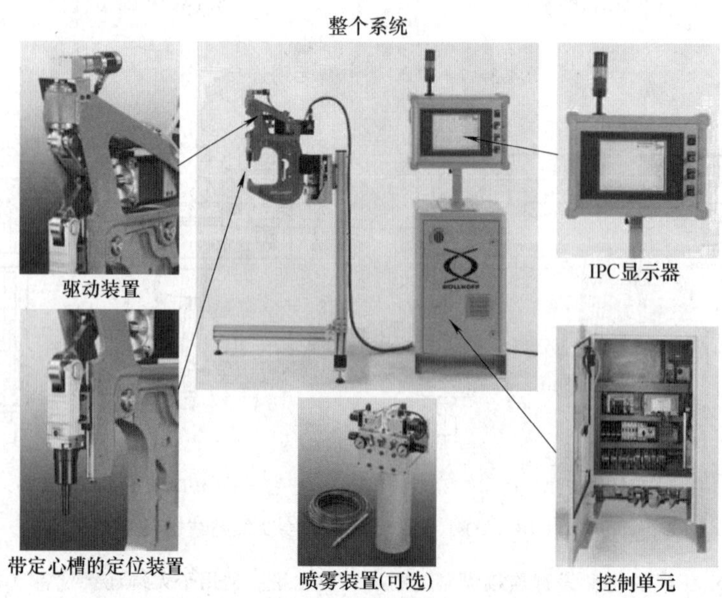

图 4-3-21　Bölloff 无铆连接设备的组成

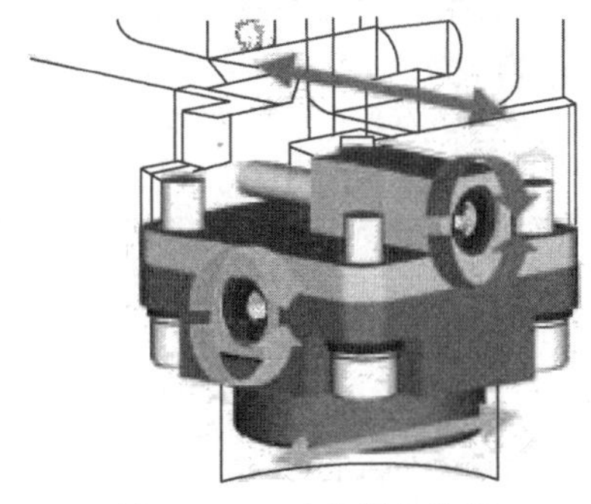
图 4-3-22　冲头调整装置

从工业需求角度来讲，一种最具柔性的铆接系统指的是一台能够制造的铆接接头为类型多、尺寸范围大的铆接接头设备。因此，首次在设备上采用 RIVCLINCH ARC-E 运动控制系统，如图 4-3-23 所示，可实现对任意一个铆接点的底厚值的调整控制。

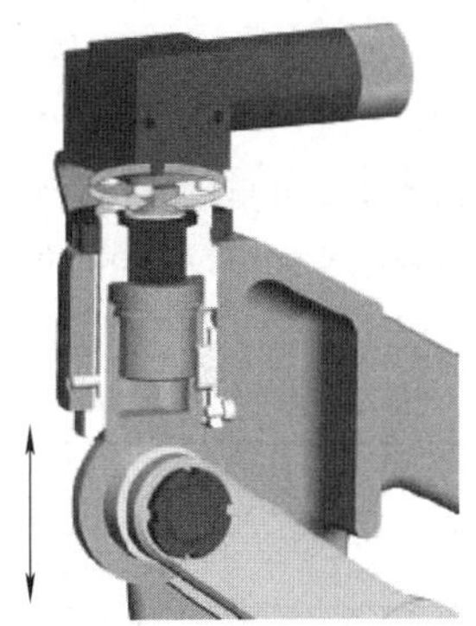
图 4-3-23　运动控制系统

2. 主要增力结构

无铆连接设备的主要增力结构可分为气压式、液压式、气液混合式和机械式 4 种。目前，国内外无铆连接设备公司多采用气液混合式增力结构和机械式增力结构。

一浦莱斯 FCE08-500 型无铆连接设备采用了气液混合式的增力结构。如图 4-3-24 所示，该无铆连接设备包括气液增力缸、数码压力开关、上下模具、电控箱、C 形框架、电磁阀、气源三联件和脚踏开关等。一浦莱斯无铆连接设备的核心是气液增力缸，它是一个内置液压油系统的气液增压动力装置，通过空气压缩机提供的气体实现设备能量的传递，采用 2~6bar（$1bar=10^5Pa$）压缩空气驱动，可使冲头产生 2~2000kN 的冲压力。

FCE08-500 型无铆连接设备采用脚踏开关控制设备起动，压力开关控制设备返程，并通过调节压力开关的油压设置来控制加工质量。在工作状态下，踩下脚踏开关，设备起动，气液增力缸进入快进行程，上模具快速小力到位，与工件无冲击软接触。在快进行程中的任意时刻或位置，松开脚踏开关或单手按钮，上模具立即自动返程，以此保护操作者的人身安全，也可以防止模具遭到损坏。上模具接触到工件后，气液增力缸即自动转为力行程进行冲压加工，同时系统自锁，此时无论是否松开脚踏开关或单手按钮，上模具都不会返程。当冲压力达到设定值，则压力开关提供返程信号，控制上模具自动返程。若冲压力达不到设定值，上模具则不返程。

图 4-3-24　FCE08-500 型无铆连接设备
1—下模具　2—上模具　3—数码压力开关
4—气液增压缸　5—电控箱　6—C 形框架
7—电磁阀　8—气源三联件　9—脚踏开关

如图 4-3-25 所示，西安交通大学的赵升吨等人开发了一种伺服式机械无铆连接设备。该设备采用伺服电动机作为动力源，通过行星齿轮减速器后与同步带轮相连。工作过程中，伺服电动机通过行星齿轮减速器带动同步带旋转，进而带动螺母旋转，

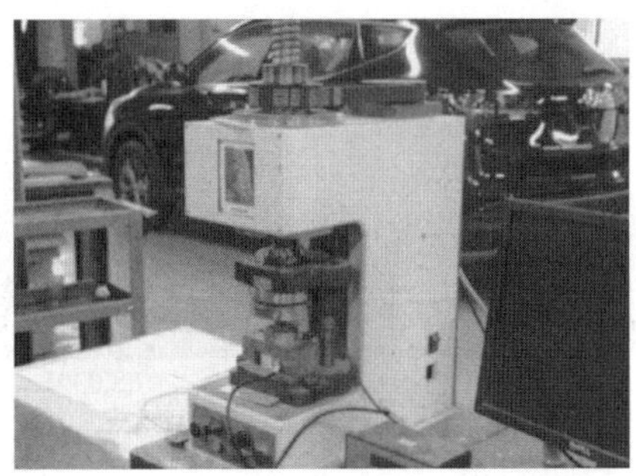
图 4-3-25　伺服式机械无铆连接设备

使丝杠带动冲头做上下往复运动。

3.3　典型公司产品简介及主要技术参数

3.3.1　博尔豪夫公司（Böllhoff）系列产品

博尔豪夫公司是一家紧固件和装配技术领域中提供服务的国际公司，拥有自己的生产基地和研发机构。作为连接紧固领域的领先供应商，它能够为客户提供创新的全套解决方案。博尔豪夫的产品均通过 DIN EN ISO 9001 和 QS 9000 质量认证并行销售到各行各业，尤其是汽车行业，包括车用空调业。

图 4-3-26 所示为博尔豪夫部分铆接设备。这些设备的核心部件均为增力机构，在工作过程中通过各类增力机构完成铆接工作。表 4-3-2 列出了博尔豪夫部分铆接设备参数。

图 4-3-26　博尔豪夫部分铆接设备

表 4-3-2　博尔豪夫部分铆接设备参数

产品型号	铆接范围	最大安装力/kN	最大行程/mm	气源压力/10^5Pa	净重/kg
B2007	M3~M10	—	7	—	2.42
P2007	M4~M10	2	7	5.5~7	2
P2000	直径 4~6.4mm	1.25	21	5~7	1.65
P1000	直径 2.4~4.8mm	0.73	17	5~7	1.25
P3000	直径 4.8~6.4mm	1.6	25	5~7	1.8
P1007	M3~M6	1.3	7	5.5~7	1.8
P3007	M8~M16	—	7	5~7	3.4
P2005	M3~M12	2.1	7	5.5~7	2.6

3.3.2　一浦莱斯公司系列产品

一浦莱斯精密技术（深圳）有限公司是由香港一浦莱斯国际控股有限公司于 2003 年 4 月在深圳投资的科技型公司，主要致力于自动化精密装配技术、在线装配质量管理系统技术的开发、设备制造和专业应用。图 4-3-27 所示为一浦莱斯手钳型无铆连接设备的工作原理。

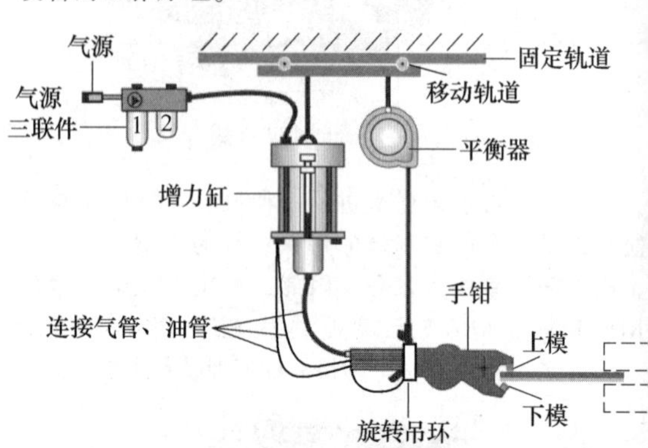

图 4-3-27　一浦莱斯手钳型无铆连接设备的工作原理

图 4-3-28~图 4-3-30 所示为一浦莱斯部分手钳型无铆连接设备，表 4-3-3~表 4-3-5 列出了其对应的参数。

表 4-3-3　一浦莱斯手钳型无铆连接设备参数

参数名称	型号			
	FS 0201	FS 0301	FS 0501	IP 0404
	参数值			
手钳重量/kg	1.7	3.5	3.9	5.0
系统总重量/kg	10	11.5	11.5	5.0
最小气压/10^5Pa	5	5	4	5
最大气压/10^5Pa	6	6	6	6
驱动油压/kPa	350	350	350	350
冲压力/kN	25	35	35	35
凸凹模开后高度/mm	6.5	6.5	8	7
循环时间/s	0.7~1.0	0.8~1.2	0.8~1.2	0.7~1.0
普通钢组合厚度/mm	2.5	3.0	4.0	3.0
不锈钢组合厚度/mm	1.8	2.0	3.0	2.0
铝铜组合厚度/mm	2.5	3.0	4.0	3.0

FS 0201

FS 0301

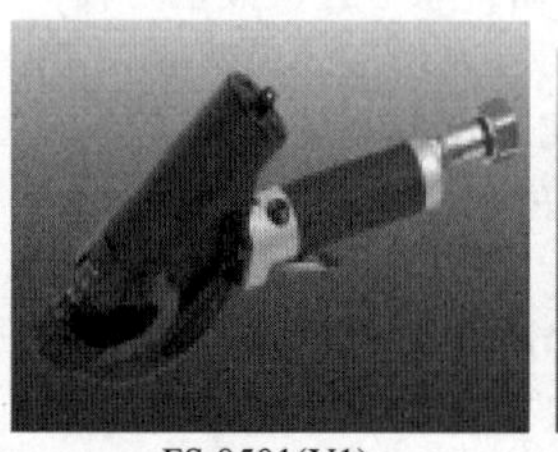

FS 0501(V1)

IP 0404

图 4-3-28　一浦莱斯手钳型无铆连接设备

注：FS 0501 下模为圆形，FS 0501（V1）下模为矩形。

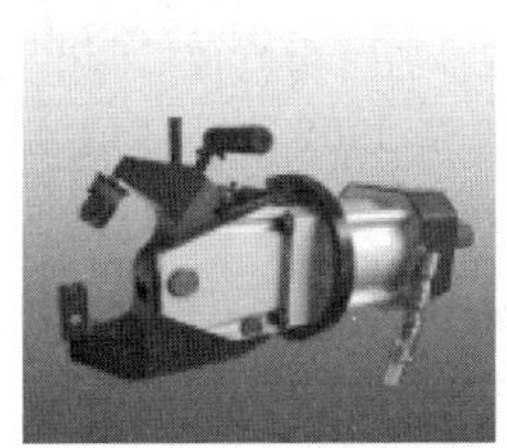

IP 0706

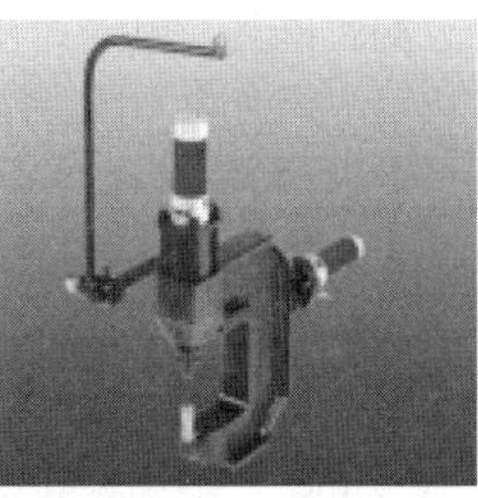

P50PASS 1106

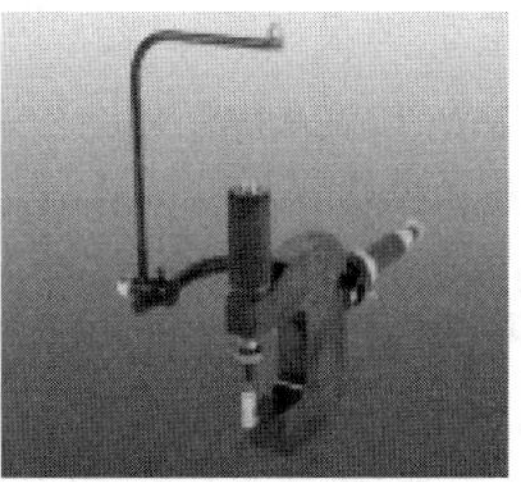

P50PASS 0706

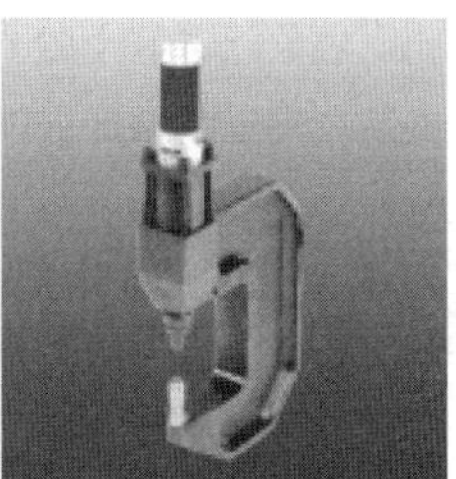

P35PASS 0706

图 4-3-29 一浦莱斯无铆连接设备

表 4-3-4 一浦莱斯无铆连接设备参数

参数名称	型号			
	IP 0706	P50PASS 1106	P50PASS 0706	P35PASS 0706
	参数值			
系统总重量/kg	27	16	14	—
最小气压/10^5Pa	5	4	4	4
最大气压/10^5Pa	6	6	6	6
驱动油压/kPa	350	350	350	350
610^5Pa 气压时的冲压力/kN	50	50	50	35
快进过程最大力/kN	—	50	50	50
力行程/mm	8	6.5	8	7
凸凹模开后高度/mm	60	60	60	60
喉深/mm	70	110	70	—
循环时间/s	0.8~1.0	0.9~1.5	0.9~1.5	0.9~1.5
普通钢组合厚度/mm	4.5	4.0	4.0	3.0
不锈钢组合厚度/mm	3.0	3.0	3.0	2.0
铝铜组合厚度/mm	4.5	4.0	4.0	3.0

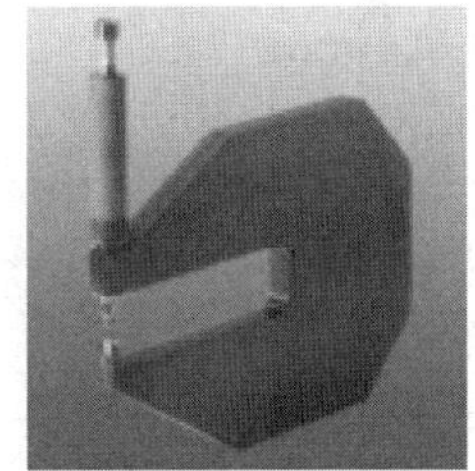

P35S

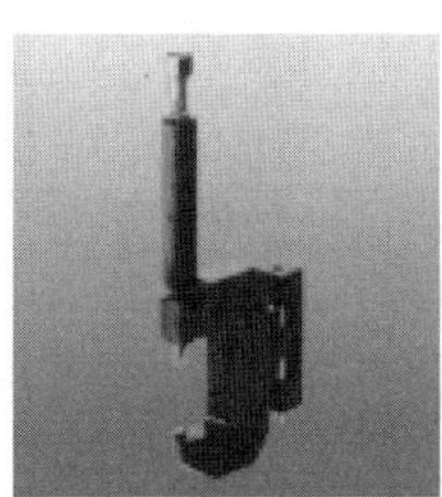

P50S

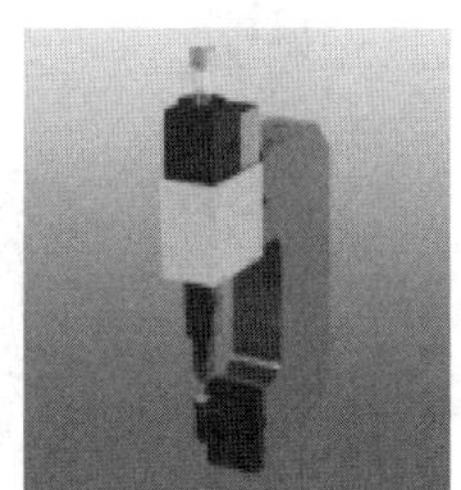

P75S

图 4-3-30 一浦莱斯模块产品

表 4-3-5 一浦莱斯模块产品参数

参数名称	型号		
	P35S	P50S	P75S
	参数值		
压缩空气压力/10^5Pa	6	6	6
最大连接力/kN	35	55	75
工作循环时间/s	0.8~1.5	0.8~1.5	1.5
增力气缸	S20 60	S40 60	S80 60
铝板组合厚度(圆点模具)/mm	3.0	4.0	6.0
铝板组合厚度(矩形模具)/mm	3.5	4.0	6.0
钢板组合厚度(圆点模具)/mm	3.0	4.0	6.0
钢板组合厚度(矩形模具)/mm	3.5	4.0	6.0
不锈钢组合厚度(圆点模具)/mm	2.0~2.4	3.0	4.0
适用的模具组合	圆点模具	矩形点/圆点	矩形点/圆点
行程/mm	10~15/25~50	10~15/25~50	10~15/25~50

3.3.3　ATTEXOR 公司系列产品

坐落在瑞士洛桑的 ATTEXOR 压铆系统公司是一家独立的制造公司。该公司在无铆连接技术领域一直处于领先地位。图 4-3-31 所示为 ATTEXOR 压铆系统公司设计生产的各种无铆连接模具，主要包括分瓣式模具、固定式模具、方形模具等。图 4-3-32 所示为便携式无铆连接设备的结构原理，操作人员可手持该类设备实现复杂工况下板材的连接。图 4-3-33 所示为该公司生产的其他无铆连接设备。

图 4-3-31　无铆连接模具

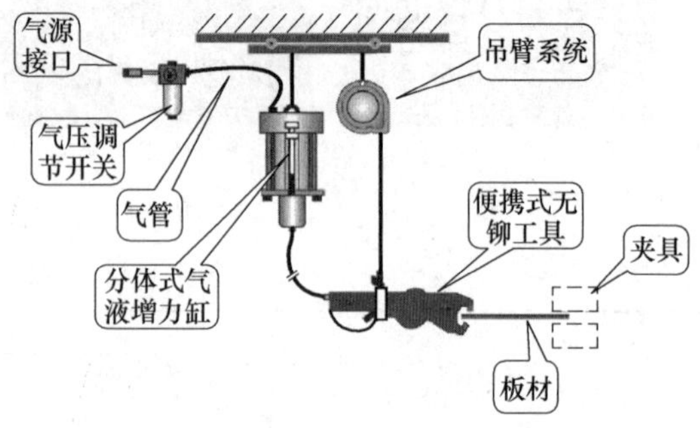

图 4-3-32　便携式无铆连接设备的结构原理

ATTEXOR 压铆系统公司的无铆连接设备主要由钳体、模具、吊臂（可选）、气液增力缸、气管、气压调节开关和控制器组成，该设备具有操作简单、携带方便、物美价廉等优点。表 4-3-6 列出了 ATTEXOR 公司生产的 FS 系列、IP 系列、PASS 系列无铆连接设备的主要参数。

a) 大喉深大喉高钳

b) 30tf 大压力设备

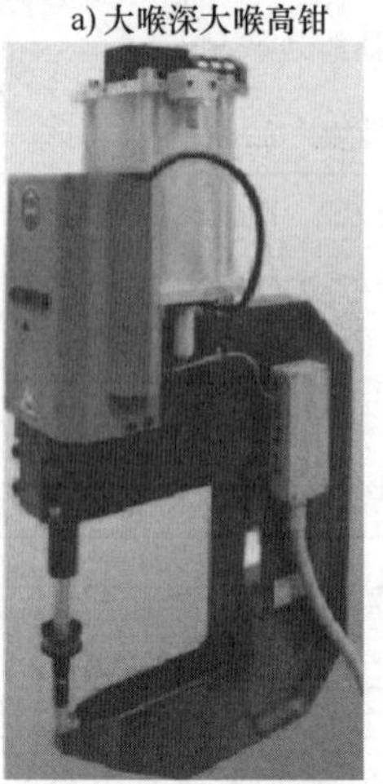

c) 机器人集成用C 型钳

d) 大行程钳

图 4-3-33　其他无铆连接设备

表 4-3-6 FS 系列、IP 系列、PASS 系列无铆连接设备的主要参数

FS 系列					
参数名称	SC 0201 FS	SC 0201 FS V2	SC 0301 FS	SC 0501 FS	SC 0501 FS V1
净重/kg	1.7	2.0	3.5	4.5	4.8
公称力/kN	25	22	35	35	24
循环时间/s	0.5~0.8	0.5~0.8	0.8~1.0	0.8~1.2	0.8~1.0
行程/mm	7	7	7	8	7
喉深/mm	16	6	35	35	20
喉高/mm	25	16	52	45	20
普通钢板/mm	2.5	2.0	3.0	4.0	2.5
不锈钢板/mm	1.8	1.2	2.0	2.5	1.8
IP 系列					
参数名称	SC 0201 IP	SC 0404 IP	SC 0404 IP V2	SC 0604 IP	SC 0707 IP
净重/kg	2.7	4.5	4.7~5.7	7.0~7.3	22
公称力/kN	25	35	35	35	50
循环时间/s	0.3~0.7	0.5~0.9	0.5~0.9	0.5~0.9	0.7~1.2
行程/mm	7	7	7	7	8
喉深/mm	—	34	34	36	70
喉高/mm	20	45	45	60	70
普通钢板/mm	2.5	3.0	3.0	3.0	4.5
不锈钢板/mm	1.8	2.5	2.5	2.5	3.0

PASS 系列				
参数名称	SC 1106 P35	SC 1106 P50	SC 4006 P50	SC 0606 P75
净重/kg	16	17	115	50
公称力/kN	35	50	50	75
循环时间/s	0.6~0.8	0.7~0.9	0.7~0.9	0.7~1.2
行程/mm	8	8	8	8
喉深/mm	60	60	60	60
喉高/mm	110	110	400	55
普通钢板/mm	3.0	4.0	4.0	6.0
不锈钢板/mm	2.5	3.0	3.0	3.5

3.3.4 TOX 公司系列产品

德国 TOX 公司是一家研究制造先进冲压技术及其产品的高科技企业，主要开发生产和销售各类冲压设备和无铆连接设备等。TOX 公司在铆接技术的研究位于世界前列，其名下产品类型多样、技术先进、可靠稳定，这里主要介绍该公司的无铆连接系列产品。德国 TOX 公司生产的无铆连接设备主要有 3 大系列，分别为旋铆式无铆连接设备、液液增压式无铆连接设备和气液增压式无铆连接设备。图 4-3-34 所示为 WAZ（高档）系列气液增压式无铆连接设备，表 4-3-7 列出了该系列设备的主要参数。

图 4-3-35 所示为简易型气液增压式无铆连接设备，表 4-3-8 列出了该系列设备的主要参数。

图 4-3-34 WAZ（高档）系列气液增压式无铆连接设备

a) WMTZ系列

b) WMZ系列

图 4-3-35 简易型气液增压式无铆连接设备

表 4-3-7　WAZ（高档）系列气液增压式无铆连接设备的主要参数

参数名称	型号				
	WAZ-5A	WAZ-10A	WAZ-15A	WAZ-20	WAZ-30
	参数值				
结构形式	立式单柱	立式单柱	立式单柱	立式双柱	立式双柱或四柱
公称力/tf	5	10	15	20	30
全行程/mm	75	75	75	100	100
力行程/mm	5	5	5	10	10
整机功耗/kW	50	60	65	70	70
重量/kg	380	400	450	720	850

表 4-3-8　简易型气液增压式无铆连接设备的主要参数

WMTZ 系列				
参数名称	WMTZ-5	WMTZ-8	WMTZ-10	WMTZ-15
结构形式	台式	台式	台式	台式
公称力/tf	5	8	10	15
行程/mm	75	75	75	75
力行程/mm	5	5	5	5
铆接次数/(次/min)	14～25	14～25	14～25	14～25
最大铆径(镀锌钢板)/mm	2	3	4	5
最大铆径(铝板)/mm	3	4	5	6
整机功耗/kW	50	60	65	70
重量/kg	105	112	120	135
WMZ 系列				
参数名称	WMZ-5	WMZ-8	WMZ-10	WMZ-15
结构形式	立式	立式	立式	立式
公称力/tf	5	8	10	15
行程/mm	75	75	75	75
力行程/mm	5	5	5	5
铆接次数/(次/min)	14～25	14～25	14～25	14～25
最大铆径(镀锌钢板)/mm	2	3	4	5
最大铆径(铝板)/mm	3	4	5	6
整机功耗/kW	50	60	65	70
重量/kg	215	240	280	325

参考文献

[1] CHEN C, ZHAO S D, CUI M C, et al. Numerical and experimental investigations of the reshaped joints with and without a rivet [J]. International Journal of Advanced Manufacturing Technology, 2017, 88: 2039-2051.

[2] CHEN C, ZHAO S D, CUI M C, et al. Mechanical properties of the two-steps clinched joint with a clinch-rivet [J]. Journal of Materials Processing Technology, 2016, 237: 361-370.

[3] 刘洋，何晓聪，邓聪，等. 钛合金异质 T 型自冲铆接头的剥离性能研究 [J]. 热加工工艺，2017，46(5)：115-118.

[4] 程强，何晓聪，张先炼，等. 钛合金同种自冲铆接头的拉伸与剥离性能 [J]. 热加工工艺，2017，46(1)：36-39.

[5] 邓聪，何晓聪，刘洋，等. TA1 钛合金异种板自冲铆接头剪切-剥离性能研究 [J]. 热加工工艺，2017，46 (9)：56-59.

[6] CHEN C, ZHAO S D, HAN X L, et al. Optimization of a reshaping rivet to reduce the protrusion height and increase the strength of clinched joints [J]. Journal of Materials Processing Technology, 2016, 234: 1-9.

[7] CHEN C, ZHAO S D, CUI M C, et al. An experimental study on the compressing process for joining Al6061 sheets [J]. Thin-walled Structures, 2016, 108: 56-63.

[8] CHEN C, ZHAO S D, HAN X L, et al. Investigation of flat clinching process combined with material forming technology for aluminum alloy [J]. Materials, 2017, 10: 1433.

[9] CHEN C, ZHAO S D, HAN X L, et al. Experimental investigation of the mechanical reshaping process for joining aluminum alloy sheets with different thicknesses [J]. Journal of Manufacturing Processes, 2017, 26:

105-112.

[10] CHEN C, FAN S Q, HAN X L, et al. Experimental study on the height-reduced joints to increase the cross-tensile strength [J]. International Journal of Advanced Manufacturing Technology, 2017, 91: 2655-2662.

[11] 邓聪，何晓聪，张先炼，等. TA1 钛合金自冲铆接与点焊连接抗拉剪性能的对比 [J]. 热加工工艺，2017 (7): 35-38.

[12] 张越，何晓聪，王医锋，等. 钛合金同种和异种板材压印连接研究 [J]. 热加工工艺，2015 (9): 23-26.

[13] 陈超，赵升吨，崔敏超，等. 铆压重塑形工艺的铆钉优化与试验研究 [J]. 西安交通大学学报，2016, 50 (03): 94-100.

[14] 陈超，赵升吨，崔敏超，等. AL5052 铝合金板平压重塑形连接试验 [J]. 吉林大学学报 (工学版)，2017, 47 (05): 1512-1518.

[15] 张越，何晓聪，卢毅，等. 钛合金压印接头热处理前后静态失效机理分析 [J]. 材料导报，2015, 29 (16): 98-101.

[16] 陈超，赵升吨，崔敏超，等. 汽车铝合金板材平压整形无铆连接技术的研究 [J]. 机械工程学报，2017, 53 (18): 42-48.

[17] 余童欣，何晓聪，高爱凤，等. 铝锂合金 T 型及单搭异种板压印接头力学性能研究 [J]. 热加工工艺，2016, 45 (15): 45-48.

[18] 余童欣，何晓聪，高爱凤，等. 铝锂合金与钛合金压印接头的力学性能 [J]. 宇航材料工艺，2015, 45 (5): 57-61.

[19] CHEN C, HAN X L, ZHAO S D, et al. Comparative study on two compressing methods of clinched joints with dissimilar aluminum alloy sheets [J]. International Journal of Advanced Manufacturing Technology, 2017, 93: 1929-1937.

[20] CHEN C, ZHAO S D, HAN X L, et al. Investigation of mechanical behavior of the reshaped joints realized with different reshaping forces [J]. Thin-walled Structures, 2016, 107: 266-273.

[21] CHEN C, ZHAO S D, HAN X L, et al. Experimental investigation on the joining of aluminum alloy sheets using improved clinching process [J]. Materials, 2017, 10 (8): 887.

[22] CHEN C, ZHAO S D, CUI M C, et al. Effects of geometrical parameters on the strength and energy absorption of the height-reduced joint [J]. International Journal of Advanced Manufacturing Technology, 2017, 90: 3533-3541.

[23] CHEN C, ZHAO S D, HAN X L, et al. Investigation of the height-reducing method for clinched joint with AL5052 and AL6061 [J]. International Journal of Advanced Manufacturing Technology, 2017, 89: 2269-2276.

[24] ZHANG D W, ZHANG Q, FAN X G, et al. Review on joining process of carbon fiber-reinforced polymer and metal: methods and joining process [J]. Rare Metal Materials and Engineering, 2018, 47 (12): 3686-3696.

[25] ZHANG D W, ZHANG Q, FAN X G, et al. Review on joining process of carbon fiber-reinforced polymer and metal: applications and outlook [J]. Rare Metal Materials and Engineering, 2019, 48 (1): 44-54.

第4章

板料数控渐进成形设备

上海交通大学　陈军

4.1　板料数控渐进成形设备的工作原理

板料数控渐进成形技术是一种柔性无模成形工艺，它充分利用了快速成形技术中“分层制造”的思想，采用“分层切片，逐层加工”，先将钣金件在三维空间上进行分层切片，分解成二维断面，然后沿着一定的加工方向，如从上到下（或从下到上），在这些二维面上进行局部塑性加工，通过对板料进行逐层成形，最终形成具有预先设定形状的零件。该工艺与数字控制设备结合，采用简单的工具（工具端部一般为半球形），利用预先生成的轨迹控制成形工具的运动，对板料进行局部加工，最终实现零件的整体成形。

板料数控渐进成形设备遵循板料数控渐进成形技术的思想，按照一定的加工方式进行工作。板料数控渐进成形设备的工作原理按照成形装置的加工方式简化之后大致可以分为无支撑方式、完全支撑方式、部分支撑方式，以及由两个数控系统驱动成形头同时作用的动态支撑加工方式，如图 4-4-1。此外，还有利用高压气体或高压液体等介质作为非刚性支撑的加工方式（以增加其柔性），以及预成形-复合渐进成形加工方式等。另外，按照成形方向可以将数控渐进成形分为正向成形和反向成形，正向成形是指加工的轴向进给方向与板料的成形方向相反，即板料成形后其主体处于压料板之上，呈凸状的全形支撑和局部支撑及动态支撑均属此类；反向成形则恰恰相反，轴向进给方向与板料的成形方向一致，板料成形后其主体处于压料板之下，无支撑成形方式即属此类。

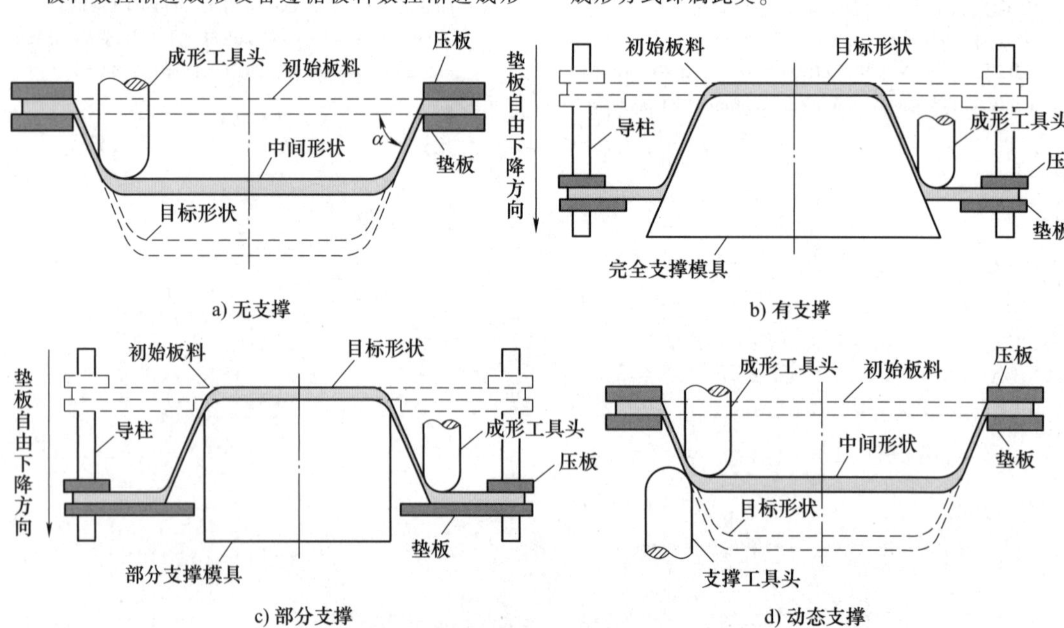

图 4-4-1　板料数控渐进成形设备的工作原理

板料数控渐进成形设备主要包括数控装置、执行装置、成形工具、支撑和定位装置、压边装置、移动升降装置、采集测量装置及其他辅助装置等，图 4-4-2 所示为单点/双面渐进成形结构原理。板料数控渐进成形设备可利用普通数控机床、机器人或专用平台、夹持成形工具，在无模具（或只需要简单半模）的情况下，按照目标零件的型面生成加工轨迹程序，在数控设备的驱动下，使成形工具按照预先生成的轨迹程序运动。数控装置由硬件和软件组成，一般包括上位机和下位机，上位机负责设备操作的人机交互和机床运动逻辑管理，下位机负责运动轨迹插补和实时控制。执行装置一般是数控机床、机械手臂或专用执行平台，用以实现空间 x、y、z 方向运动。为了满足不同的加工需要，改善板料的成形性，提高成形件的表面质量，成形工具的材质、结构形式多样。根据摩擦类型的不同，一般可分为固定式和滚动式；根据端部形状的不同，也可分为半球形、倾斜型、带圆角平头型和抛物线型。图 4-4-3 所示为各种成形工具头。

渐进成形设备的发展离不开机床技术的发展，从早期的简单半自动化机械装置，到一般的三轴数控铣床，完成了真正意义上的计算机控制。在欧美等一些发达国家，各种工业机器人及并联机构设备越来越受到人们的重视，在渐进成形技术中更是发挥着越来越重要的作用。可以预见，自由度更多、柔性化程度更高的并联运动机床和工业机器人将会在渐进成形中得到更广泛的应用。

目前，国际上渐进成形工艺装备大致分为 4 种：①切削加工中心；②工业机器人；③专用渐进成形机；④专门设计的机械机构。在以下章节中，将针对所依托的数控装置、具备的特殊功能和专用用途，主要介绍基于数控机床模式的渐进成形设备、基于工业机器人的渐进成形装备系统、双点渐进成形设备和叠加外能量场的数控渐进成形装备系统。

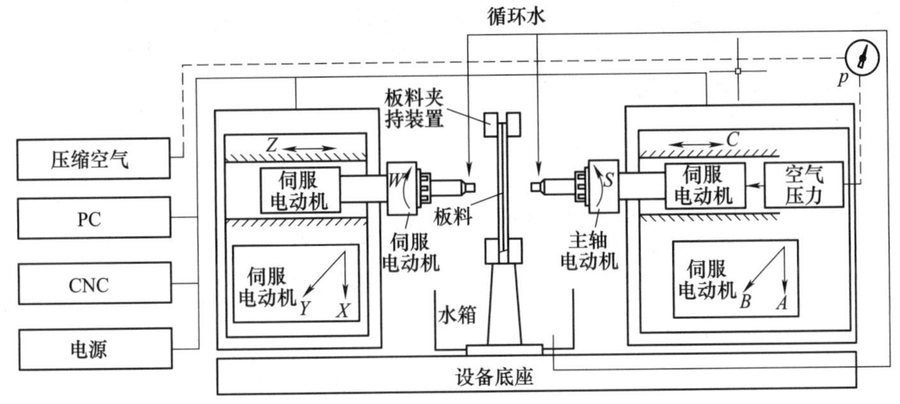

图 4-4-2　单点/双面渐进成形结构原理

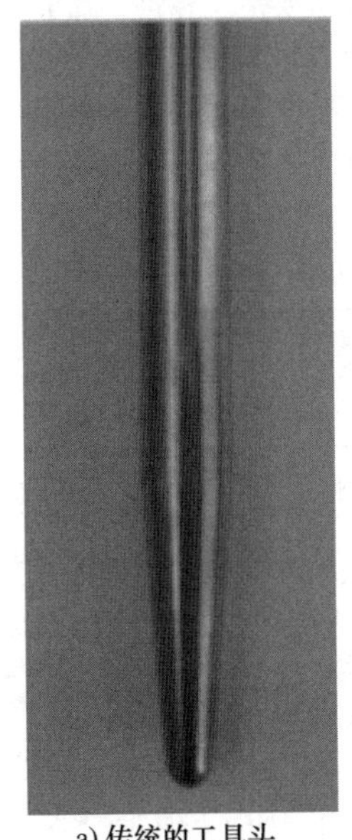
a) 传统的工具头

b) 可倾斜滚动工具头

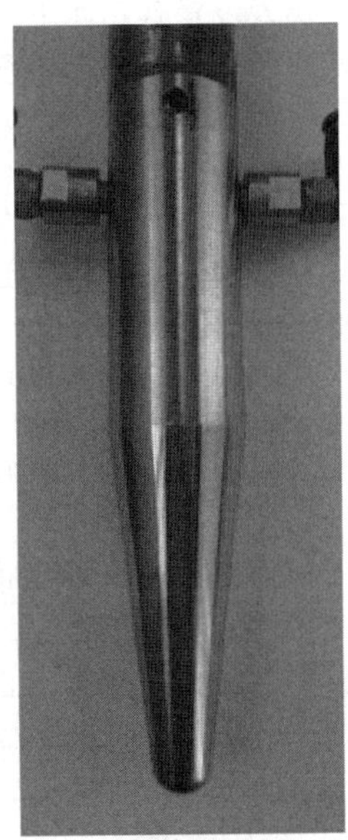
c) 带内部水冷系统的刚性工具头

图 4-4-3　各种成形工具头

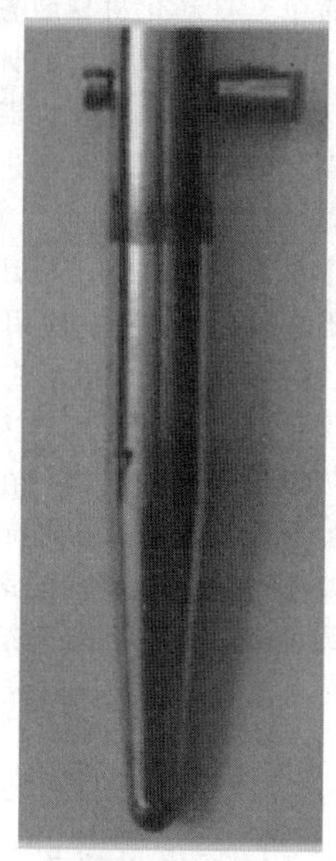
d) 带内部水冷系统的滚动工具头

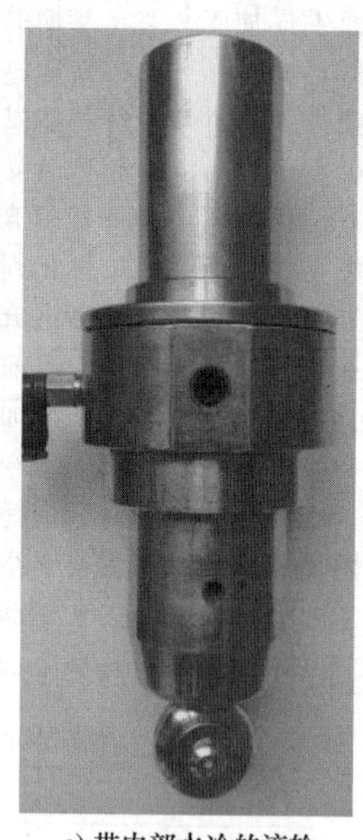
e) 带内部水冷的滚轮工具头

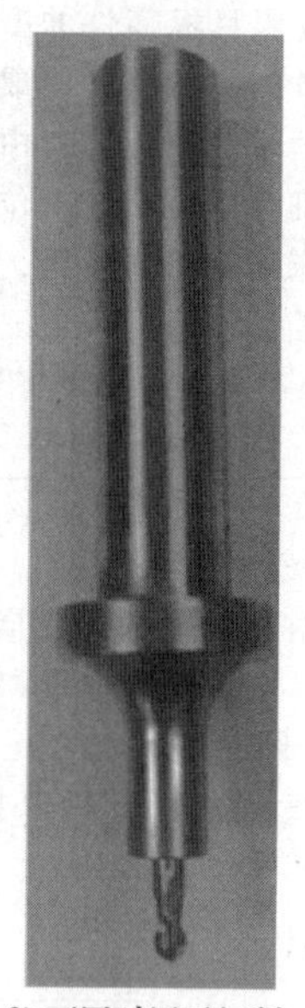
f) 可同时用于切削和翻孔的特征工具头

图 4-4-3　各种成形工具头（续）

4.2　基于数控机床模式的渐进成形设备

数控渐进成形对机床的依赖性较低，普通数控机床即可用于数控渐进成形加工。数控铣/车床是一种通用机械加工设备，其种类很多，按功能可分为普通数控铣/车床（加工过程中必须手动换刀）和加工中心（带有自动换刀装置和刀库，一把刀具使用完后，换刀装置自动将下一工序的刀具调出，而将本次使用的刀具放入刀库，无须人工干预，效率更高，安全性更好，加工范围更大，灵活性更好）。

数控铣/车床除了车削、铣削、钻孔等切削加工外，也为板料数控渐进成形提供了灵活的加工方式。对精度和表面质量要求不同的制件，可以采用不同的加工策略。对精度要求高的制件，在编程时可以将刀具路径设计得更密集，提高成形头转速和加工速度等；对型面复杂，尤其侧壁型面复杂或有负角的制件，还可采用不同的加工装置或五轴多面体数控铣床；对由局部复杂而大部分简单型面构成的制件，还可采用分区加工的策略，当成形大部分简单型面时可以加快加工速度、加大层间距和减小刀具路径密集度等，而在形状复杂的局部区域则采用相反的策略，以增加工具头的轨迹密度，从而提高成形质量。可用于板料渐进成形的部分数控机床及关键参数见表 4-4-1。

表 4-4-1　可用于板料渐进成形的部分数控机床及关键参数

序号	机床型号	工作范围/mm(X×Y×Z)	重复定位精度/mm	主轴正常功率/最大功率/kW	主轴转速/(r/min)	主轴最大负荷/MN	刀柄型号	工作台负载/kg	制造商
1	V10	1000×660×610	±0.003	11/15	6000(齿轮式)	539.5	BT50	1000	匠泽机械股份有限公司
2	VC0852	860×520×610	0.006/全长	7.5/15	12000	95.5	BT40	500	匠泽机械股份有限公司
3	MCV-1020A	1020×550×560	±0.002	7.4/10	5000(齿轮式)	284	BT50	1000	大立机械工业股份有限公司
4	MCV-860	860×550×550	±0.002	9.98/14.63	12000	62	BT40	800	大立机械工业股份有限公司
5	AF1000	1020×550×635	±0.002	5.5/7.5	10000	48	BT40	700	亚威机械股份有限公司
6	A+1020	1020×600×600	±0.003	11/15	6000(齿轮式)	382	BT50	1000	亚威机械股份有限公司
7	VH-1010	1010×500×530	±0.003	7.5/11	8000	70	BT40	600	绮发机械工厂股份有限公司
8	VE-1020L3	1020×510×510	±0.003	7.5/11	8000	70	BT40	600	绮发机械工厂股份有限公司

（续）

序号	机床型号	工作范围 /mm（X×Y×Z）	重复定位精度/mm	主轴正常功率/最大功率/kW	主轴转速 /(r/min)	主轴最大负荷 /MN	刀柄型号	工作台负载 /kg	制造商
9	VTH-1055	1020×550×510	±0.003	7.5/11	8000	70	BT40	500	绮发机械工厂股份有限公司
10	VTH-855	850×550×510	±0.003	7.5/11	8000	70	BT40	600	绮发机械工厂股份有限公司
11	VMC-S	2100×800×850	±0.012	22/26	4500	560	BT50	3000	沈阳机床集团
12	VMC1160	1100×500×600	±0.005	11/15	8000	—	BT40	1000	南通机床有限责任公司
13	VMC1270	1200×700×600	±0.005	11/15	7000	—	BT50	1000	宝鸡机床集团有限公司

数控渐进成形还需要一套成形装置配合加工，包括用于加工板料的由数控系统驱动的成形头和板料固定装置（有夹持板料兼起压边作用的压料板、在板料下方起支撑作用的支撑工具和底板）。

图 4-4-4a 所示为日本 Amino 公司研制的专用数控渐进成形机床。在类似三轴数控铣床的设备上添加了一套可以在数控系统控制下做上下运动的升降托架，如图 4-4-4b 所示。托架上的快速夹紧装置可以将板料四周固定。为了上下运动不被卡死，在结构上采用了转向器、齿轮、齿条等组成的联动机构。成形前，将预先加工好的支撑模型安装在机床工作台上，然后升起托架至适当高度并装夹板料，启动程序；渐进成形时，板料运动需要与 Z 向成形动作协调运动，即当有 Z 向进给时，托架需要有一个相应的进给量，最后完成成形操作。

德国亚琛大学集合了板料拉形和渐进成形技术的双重优势，研发出复合式数控渐进成形设备，如图 4-4-5 所示。利用该设备，可以成形出形状更复杂、

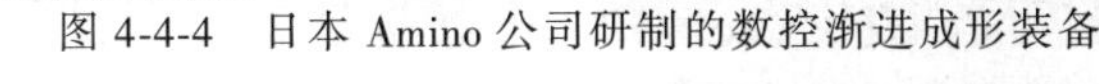

a) 专用数控渐进成形机床　　b)升降托架

图 4-4-4　日本 Amino 公司研制的数控渐进成形装备

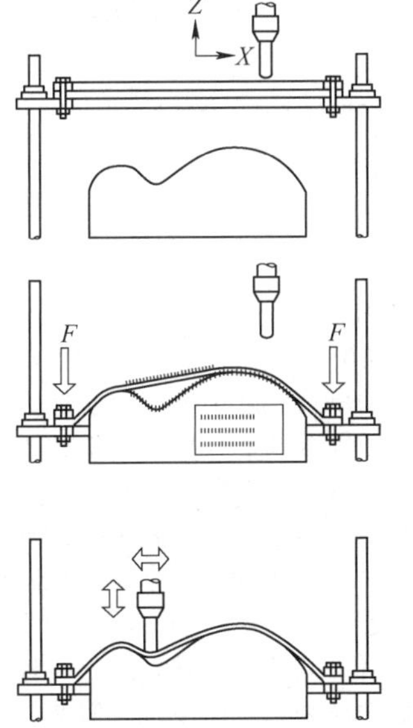

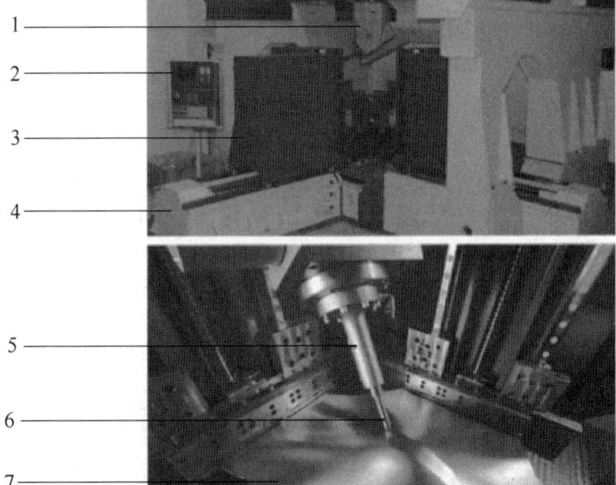

图 4-4-5　复合式数控渐进成形设备

1—计算机数字控制转塔　2—控制单元　3—拉形模　4—机床　5—工具头夹持器　6—成形工具头　7—板料

厚度更均匀、回弹更小的钣金件，提高了成形效率。该技术依托于一台五轴数控铣床，有 4 个预拉伸成形模，每个拉伸成形模有两个轴，即水平轴和垂直轴，由电动机驱动螺杆轴运动，并由闭环控制系统控制。成形时，先依托拉伸模进行一定的预拉伸，然后在数控机床上按照预先的运动轨迹完成渐进成形。

4.3　基于工业机器人的渐进成形装备系统

与传统的数控机床相比，工业机器人、机械手臂的动作更加灵活，柔性化程度更高，工作空间更大，也可作为板料渐进成形装备，由数控系统驱动成形工具沿着轨迹运动。如果采用两台工业机器人实施双点渐进成形，可以协调两个成形工具头的配合运动，摆脱成形空间的限制，无须支撑软模具，可以成形形状更复杂、尺寸更大的钣金件。

德国波鸿-鲁尔大学利用两台机器人实现了板料双面渐进成形，称为两点成形或双面成形，如图 4-4-6 所示。机器人为 KUKA 的 KR360 型，六轴数控驱动，有效负荷 360kg，每台机器人手臂安装有力/扭矩传感器，压边圈区域为 1000mm×1000mm。两台机器人互相集成到 KUKA 协调控制系统，控制系统允许程序协同、动作协同，程序协同按照两台机器人的同步轨迹点，定义两台机器人从何处开始运动，或者在何处等待另一台机器人，对应于自主开发的多线程算法；动作协同可以使两台或多台机器人实现几何轨迹协调耦合，一台机器人驱动主成形工具头，从属机器人按照主成形工具头坐标系协同运动，即使没有程序驱动，从属机器人也将随从主成形工具以恒定的间距运动。如果用额外的程序驱动从属机器人，则可以实现复杂坐标下的三维运动。

a) 原型系统

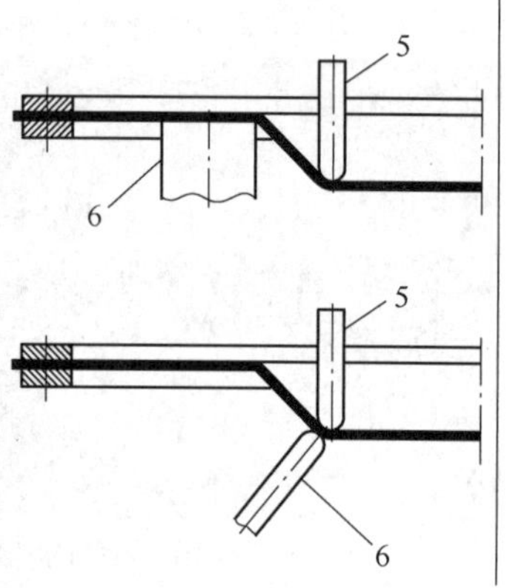

b) 工具头与板料的相对关系

图 4-4-6　基于两台机器人的板料双面渐进成形设备

1—KUKA KR360 机器人　2—板料夹持系统　3—成形扭矩传感器
4—成形工具头　5—移动成形工具头　6—移动支撑工具头

上海交通大学利用机器人代替数控机床，建立了基于机器人的数控渐进成形系统，并集成了柔性多点模具，用于板料渐进成形前的预成形，如图 4-4-7a 所示。机器人最大承载 250kg，可以沿六个自由度运动；渐进成形装夹工作台垂直布置，多点成形工作台水平布置，既可以进行板料数控渐进成形，也可以进行多点预成形-渐进终成形的复合成形工艺。如果只进行渐进成形，直接将板料固定在渐进成形装夹支架上，由数控系统驱动机器人手臂完成渐进成形；如果要进行复合成形工艺，首先在多点成形工作台上装夹板料，进行多点预成形，完成后压边圈上的预成形件从多点成形工作台上分离，旋转 90°到垂直方向，装夹在渐进成形支架上，进行渐进成形。图 4-4-7b 所示为采用多点预成形与基于机器人的渐进成形复合技术制造的试验件，即铝合金深腔零件。

与数控机床相比，单臂机器人运动空间大、自由度多，但刚度稍差、重复位置精度相对较低。为了提高机械手臂的刚度，减小单个运动杆的运动误差，使得在加工局部区域形状特征时机械手臂有更大的可操作性，可在在同一关节上并联多个运动杆，将多杆并联运动的机器人应用到板料渐进成形。西班牙 Fundación Fatronik 公司建立了柔性化程度更高的机器人数控渐进成形系统，如图 4-4-8 所示。它将三杆并联机械手臂与数控铣床相结合，在板料两侧均使用可编程控制运动轨迹的球形工具头，配置可以同步即时记录机器人和工作台运动的工具控制软件，用 PID 软件最小化两台机器的位置误差，将即

a) 板料复合渐进成形系统

b) 试验件

图 4-4-7　基于柔性多点模具和机器人的板料复合渐进成形系统与试验件

时记录处理的工具点发送给每台机器，使得两个工具头同步联动。

图 4-4-8　基于多杆联动机器人的数控渐进成形系统

表 4-4-2 列出了国内外知名机器人厂商制造的可用于渐进成形的机器人及关键参数。

表 4-4-2　用于渐进成形的机器人及关键参数

厂商	型号	有效载荷/kg	工作半径/mm	最大重复定位误差/mm
新松	SR50B	50	2150	±0.10
	SR80B	80	2150	±0.10
	SR120B	120	3007	±0.20
	SR360A	360	2525	±0.50
	SR500A	500	2525	±0.50
智诚	ZCR50	50	2200	±0.06
	ZCR180	180	2650	±0.06
	ZCR220	220	2650	±0.06
埃夫特	ER130	130	2800	±0.20
	ER180	180	3150	±0.20
	ER210	210	2674	±0.30
KUKA	KR60 HA	60	2033	±0.15
	KR240 R3200	240	3195	±0.15
	KR500-3F	500	2826	±0.15
	KR1000 TITAN	1300	3202	±0.20
ABB	IRB4600	45	2050	±0.19
	IRB6600	175	2250	±0.19
	IRB7600	500	3500	±0.19
FANUC	M-710iC	70	2050	±0.15
	M-900iA	600	2830	±0.30
	M-900iB	700	2832	±0.30
	M-2000iA	1200	3730	±0.30

4.4　双点渐进成形设备及其工作原理

双点渐进成形是在板料的两侧分别使用成形工具头和支撑工具头，成形工具头也称为主工具头，支撑工具头也称为从动工具头。主工具头对板料进行成形，同时在板料的背面增加的从动工具头对板料进行局部支撑，如图 4-4-9 所示。在成形过程中，主、从工具头协同运动，无须垫板和支撑模，仍然可以成形出具有复杂凸凹几何轮廓的钣金件，可提高板料的成形极限与成形精度。根据工具头的配合方式，双点渐进成形又可以分为近端支撑和同步支撑。对于近端支撑双点渐进成形，在整个成形过程中，从动工具头在周向上随主工具头运动，但在 Z 轴方向上其高度保持不变，支撑着板料边缘，避免产生过大的弯曲变形，如图 4-4-9a 所示。对于同步支撑双点渐进成形，在整个成形过程中，从动工具头紧随主工具头移动，主工具头所产生的成形力不仅施加于板料，同时也被从动工具头所承受，两个工具头之间保留一个预定距离，使其对板料产生一定的挤压作用；也有采用力传感器和气压装置，保证从动工具头一直接触板料并提供背压力，该模式有利于减少板料的回弹，如图 4-4-9b 所示。

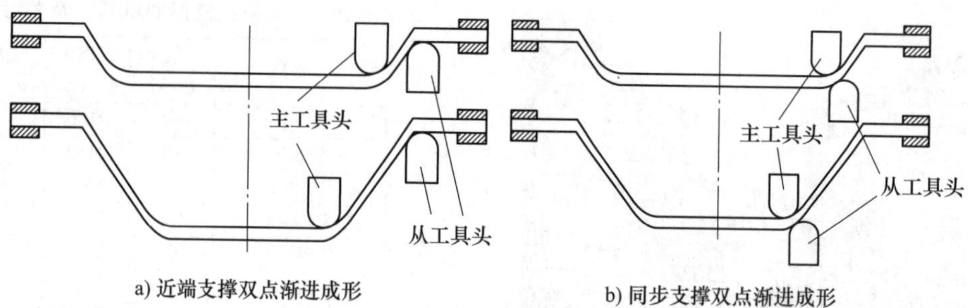

图 4-4-9　双点渐进成形原理

上海交通大学开发了卧式双点数控渐进成形设备，如图 4-4-10a 所示。当从运动单元处于待机而主运动单元被激活时，该设备相当于普通的卧式单点渐进成形设备。主、从工具单元分别安装了一个成形工具头，主、从工具单元又分别与主、从运动单元集成装配在一起。主、从工具头分别安置于立式成形平台的两侧，依靠一系列的直线导轨和电动机，通过主运动单元、从运动单元实现主工具头、从动工具头分别在 x、y、z 方向和 A、B、C 方向的平动。两工具单元根据预先设定的成形轨迹同步运动，通过控制气动装置的阀门，可以调节从动工具头对板料背压力的开关与大小，达到控制回弹的目的。一个用于夹持板料的主支架固定于两运动单元之间，两根调节横梁和子框架与主支架的配合使用可以使得加工空间可调。图 4-4-10b 所示为采用双点渐进成形设备制造的阶梯形钣金件。

a) 卧式双点数控渐进成形设备

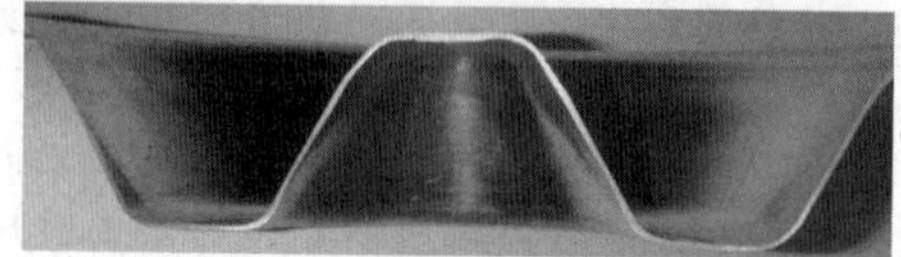
b) 阶梯形钣金件

图 4-4-10　卧式双点数控渐进成形设备与制造的阶梯形钣金件

4.5　叠加外能量场的数控渐进成形装备系统

对于钛合金、镁合金等变形能力差的板料，在成形过程中叠加外能量场，可以显著提高材料的成形特性，并在一定程度上改善制件的组织性能，还可以降低变形材料中的残余应力。

比利时鲁汶大学开发了叠加激光动态局部加热的数控渐进成形设备，如图 4-4-11 所示。在板料右侧，由一台六自由度机器人驱动成形工具头使板料产生变形。同时，冷却液通过供给装置铺洒在成形工具与板料接触的一侧，持续冷却板料，确保加热区域周围的材料不会因温度升高而失去支撑刚度，避免引起板料过大的几何变形；在板料的左侧装有 500W 的激光头，其运动轨迹同步于工具头，但相对位置超前于工具头轴线 2.4mm，以保证即将加工区域材料提前受热软化。

德国亚琛工业大学开发出一套同轴激光集成辅助数控渐进成形设备，如图 4-4-12 所示。该设备激光源与成形工具在同侧同步运动，由数控装置控制。将热电偶设计在成形工具端的内部，通过 PID 闭环控制保持激光输出的稳定，达到控制温度的目的（功率可达 1700W）。通过调节传输光纤，可以调节激光斑点与成形工具的相对位置。以上数控渐进成形装备都是以激光热辐射的方式叠加热场。

华中科技大学开发了 50kJ 电磁脉冲辅助数控渐进成形设备，通过电流回路叠加磁力场，如图 4-4-13 所示。该设备主要由电磁脉冲电路系统、线圈、三轴联动系统、板料夹持机构和底支撑模型组成，线圈在三轴联动系统的带动下可做三维运动。其原理是采用电磁线圈代替刚性工具头，利用脉冲电流产生的磁场力，通过逐次移动、逐次放电的方式，完成渐进成形的分层、逐点加工，动横梁和拖板通过手动的方式沿 T 形槽实现 x 方向和 y 方向的运动。

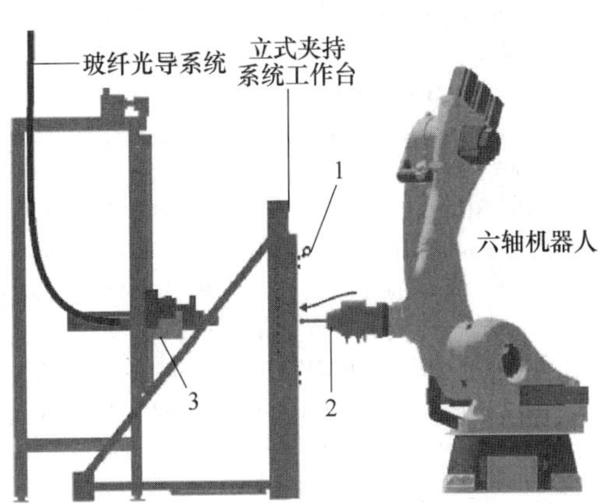

图 4-4-11　叠加激光动态局部加热的数控渐进成形设备

1—冷却系统　2—工具头主轴　3—三轴光纤定位系统

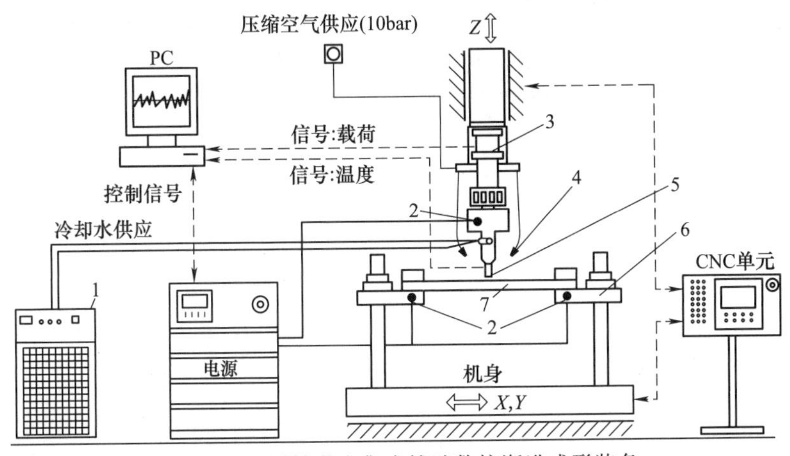

图 4-4-12　同轴激光集成辅助数控渐进成形装备

1—冷却单元　2—电源连接　3—载荷传感器　4—空气喷嘴　5—镶嵌热电偶的工具头　6—空支架　7—板料

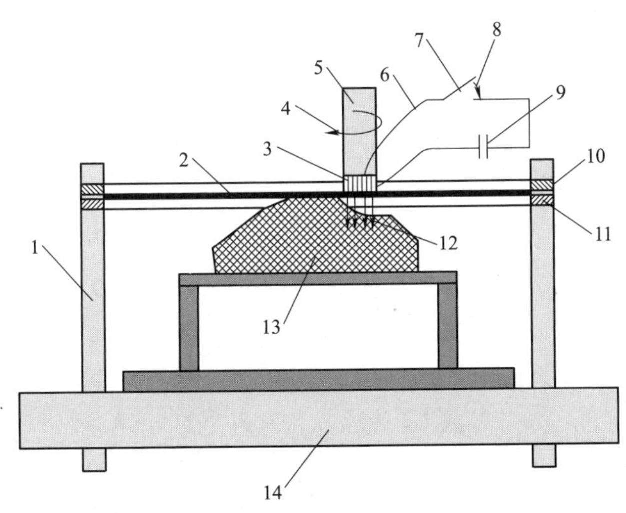

图 4-4-13　电磁脉冲辅助数控渐进成形设备

1—导柱　2—金属板料　3—线圈　4—线圈移动　5—夹持杆　6—导线　7—开关　8—开关闭合　9—电容器　10—压板　11—托板　12—磁场力　13—模型　14—工作台

参考文献

[1] 徐栋恺. 基于叠加热场的板料数控渐进成形技术开发及特性研究 [D]. 上海：上海交通大学，2015.

[2] 刘润泽. 钛合金薄板渐进成形技术的实验研究 [D]. 上海：上海交通大学，2016.

[3] 张旭. 金属板料数控渐进成形技术成形极限与回弹控制研究 [D]. 重庆：重庆大学，2010.

[4] ARAGHI B T, MANCO G L, BAMBACH M, et al. Investigation into a new hybrid forming process：Incremental sheet forming combined with stretch forming [J]. CIRP Annals - Manufacturing Technology, 2009, 58 (1): 225-228.

[5] ARAGHI B T, GÖTTMANN A, BAMBACH M, et al. Review on the development of a hybrid incremental sheet forming system for small batch sizes and individualized production [J]. Production Engineering, 2011, 5 (4): 393-404.

[6] MEIER H, MAGNUS C, SMUKALA V. Impact of superimposed pressure on dieless incremental sheet metal forming with two moving tools [J]. CIRP Annals - Manufacturing Technology, 2011, 60 (1): 327-330.

[7] MAIDAGAN E, ZETTLER J, BAMBACH M, et al. A new incremental sheet forming process based ona flexible supporting die system [J]. Key Engineering Materials, 2007, 344: 607-614.

[8] DUFLOU J R, CALLEBAUT B, VERBERT J, et al. Laser assisted incremental forming: formability and accuracy improvement [J]. CIRP Annals-Manufacturing Technology, 2007, 56 (1): 273-276.

[9] GÖTTMANN A, DIETTRICH J, BERGWEILER G, et al. Laser-assisted asymmetric incremental sheet forming of titanium sheet metal parts [J]. Production Engineering, 2011, 5 (3): 263-271.

[10] CUI X H, MO J H, LI J J, et al. Electromagnetic incremental forming (EMIF): a novel aluminum alloy sheet and tube forming technology [J]. Journal of Materials Processing Technology, 2014, 214 (2): 409-427.

第5篇　回转成形设备

概　述

武汉理工大学　华　林
华南理工大学　夏琴香

回转成形设备是由机器的工作部分和所成形的制件同时或其中之一做旋转运动，通过局部连续加载，使金属材料产生塑性变形，从而获得所需要的形状与尺寸，并达到一定尺寸精度和力学性能制件的锻压设备。

回转成形设备具有以下特点：

1）设备吨位小。由于是局部加载、连续成形，故制件成形所需要的变形力较小，设备所付出的力能也较小。

2）成形精度及材料利用率高。成形精度可以达到精密模锻成形或精车加工的精度，有些可实现近净成形，材料利用率高。

3）自动化、智能化程度高。易于实现机械化、自动化生产和智能化控制，可以与其他模锻设备联合组成程序控制、数控及柔性自动生产线和智能控制系统。

4）机器工作时所受到的冲击和振动较小，噪声小，劳动条件舒适，不需要高大的厂房和庞大的设备基础。

回转成形设备特别适用于轴对称制件的加工，其他形状的零件也可以加工出来，还可以成形一些其他设备难以成形的制件。

按设备工作部分和所成形制件二者的运动形式可将回转成形设备分为四类：

1）工作部分和制件均做旋转运动，如轧环机、楔横轧机、斜轧机、旋压机及卷板机。

2）工作部分做旋转运动，制件做螺旋运动或直线运动，如辊锻机、辊弯成形设备、连续挤压机。

3）工作部分（锤头）做直线往复运动，制件做螺旋运动，如旋转锻造机、径向锻造机。

4）工作部分在规定的轨迹上做锥形回转运动，制件被辗压成形，如摆动辗压机。

近年来，随着塑性成形理论的进一步完善和计算机技术的快速发展，新的回转成形设备不断涌现，如复杂型面滚轧机、管棒精轧机、弯管机、型材卷弯机等。

本篇在简要分析上述典型回转成形设备共性和普遍规律的基础上，重点对轧环机、楔横轧机与斜轧机、旋压机、卷板机等回转成形设备的基本结构、工作原理、用途及类型、典型产品等内容进行了系统性的介绍，力求为从事回转成形设备研究和生产的科研及工程技术人员提供有力的帮助，进而推动我国回转成形设备制造水平的进一步提升。

第1章

轧环机

武汉理工大学　华林　钱东升

中国重型机械研究院股份公司　谷瑞杰

1.1　径向冷轧环机

冷轧环机通常用来生产直径250mm以下的小型环件，一般采用径向轧环方式。常用冷轧环机根据结构形式差异有不同的类型，通常按机身结构形式区别有立式和卧式，按进给驱动形式区别有液压进给式和机械进给式。

1.1.1　结构形式

以机械进给式的机电伺服冷轧环机为例，其基本结构如图5-1-1所示。

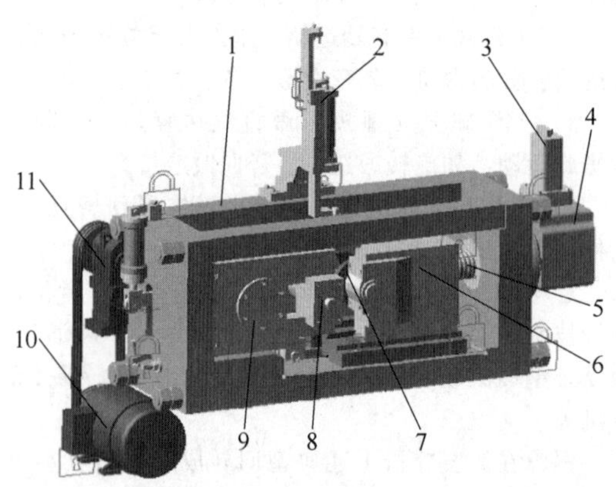

图5-1-1　机电伺服冷轧环机的基本结构

1—机身　2—机械手　3—伺服电动机　4—进给减速机　5—滚珠丝杠　6—主滑块　7—导向辊机构　8—芯辊机构　9—驱动辊机构　10—主电动机　11—传动减速机

1. 机身

冷轧环机的机身分为立式和卧式两种结构。立式机身如图5-1-1所示。其驱动辊、芯辊和导向辊的中心线与水平面平行，而卧式机身的轧辊中心线与水平面垂直。立式机身机构上下料方便，而且占地面积小，应用较为广泛。

机身主要包括机身和底座两部分。为了便于加工安装，机身通常采用组合预紧式结构，各组件采用球墨铸铁浇铸成形，以提高整体刚度；底座采用钢板整体焊接结构，并经退火时效处理，能够有效消除内应力，防止变形，并且能够减轻机身重量。

2. 传动系统

冷轧环机传动系统的主要作用是为驱动辊的旋转运动提供动力，通常由主电动机、传动减速机、联轴器和主轴构成。在轧环过程中，主电动机为动力源，通过传动减速机和联轴器传递转矩，驱动主轴旋转，从而带动与主轴连接的驱动辊完成旋转运动。

3. 进给系统

冷轧环机进给系统的主要作用是为芯辊的直线进给运动提供动力，通常采用伺服控制来保证进给精度，而根据传力方式的区别，可以分为液压伺服进给和机电伺服进给两种类型。

传统的冷轧环机普遍采用液压伺服进给系统，主要由伺服阀、液压管路、液压缸、活塞杆和滑块组成。冷轧环机液压伺服进给系统原理如图5-1-2所示。其组成核心为电液伺服阀、液压缸和位移传感器。

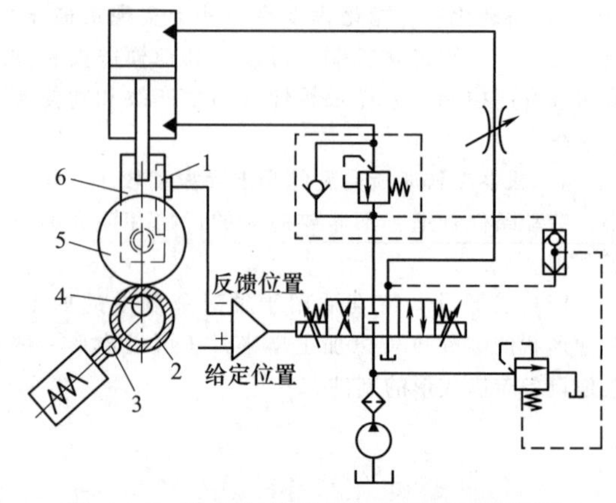

图5-1-2　冷轧环机液压伺服进给系统原理

1—滑块光栅尺　2—环件　3—测量辊　4—芯辊　5—驱动辊　6—驱动滑块

在轧环开始前，先由数控装置输入给定位置，经电子环节（主要包括电子比较器、电子放大器及校正器）处理后传递给伺服阀，伺服阀通过控制油液的流动方向及大小，从而控制液压缸的位移。在轧环过程中，液压缸作为动力源驱动滑块运动，由滑块推动芯辊做直线进给运动，位移传感器实时采集液压缸的位移数据，并将其反馈给电子环节部分，从而实现液压缸位移的闭环负反馈控制。

随着交流伺服电动机技术的发展，机电伺服系统逐渐在锻压设备中得到运用。冷轧环机的机电伺服进给系统结构如图 5-1-3 所示，主要由交流伺服电动机、进给减速机、滚珠丝杠、丝杠螺母和滑块构成。在轧环过程中，交流伺服电动机为动力源，进给减速机带动滚珠丝杠旋转，使丝杠螺母和滑块一起做直线运动。

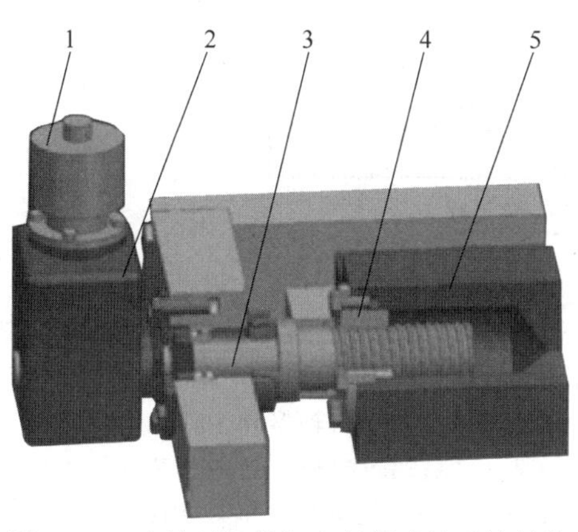

图 5-1-3　冷轧环机的机电伺服进给系统结构
1—交流伺服电动机　2—进给减速机　3—滚珠丝杠　4—丝杠螺母　5—滑块

液压伺服进给系统和机电伺服进给系统各有特点。液压伺服进给系统调速范围大、输出功率大，可满足重载进给需求，但是由于回路密封和伺服控制阀本身的特性，所提供的最小进给速度受到限制，同时由于液压油温升造成低速进给过程中出现爬行现象，影响进给的稳定性。机电伺服进给系统结构简单、精度和效率高，运行过程没有噪声，机械传动稳定性好。但是，由于受到交流伺服电动机、滚珠丝杠的限制，其传力能力不如液压进给，更适宜于中载和轻载进给系统。

4. 测控系统

冷轧环机测控系统包含测量和控制两个部分，前者的作用是对冷轧过程中环件尺寸进行动态在线测量，后者的作用是根据测量反馈信息实时控制执行元件的工作状态，从而控制环件最终尺寸。

测量机构通常由测量液压缸、测量杆和位移传感器构成，对环件外径和滑块位移进行测量。冷轧环机测量系统的位移传感器通常采用光栅位移传感器（即光栅尺），它响应速度快、检测范围大、检测精度高，广泛应用于数控机床闭环伺服系统中的直线位移或者角位移检测。安装在机身上的光栅尺在测量液压缸的压力作用下，随着始终接触环件外表面的测量杆水平移动而对环件外径进行测量，安装在滑块上的光栅尺则随着滑块移动对其位移进行测量。

可编程逻辑控制器（PLC）配合定位模块的数控系统适应能力强、可靠性高、结构简单，而且性价比高，能够较好地满足轧环机的单轴、简单轨迹控制，并且能够在重载和冲击下保持较高的控制精度，目前在数控轧环机中应用较为普遍。冷轧环机数控系统如图 5-1-4 所示，主要由 PLC、人机界面、执行元件、操纵及控制器件输入信号、光栅传感器信号反馈等组成。

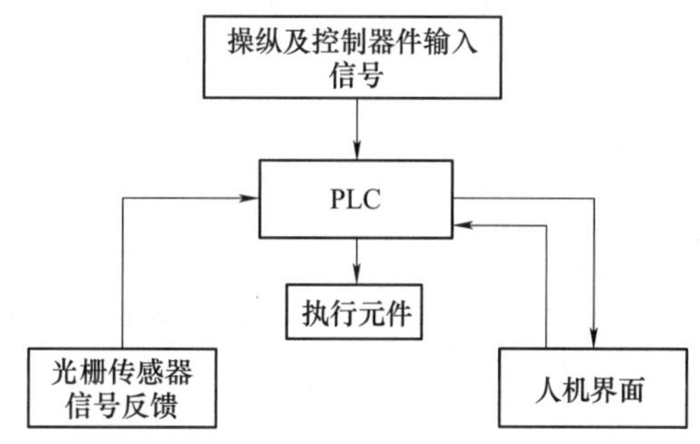

图 5-1-4　冷轧环机数控系统

5. 液压系统

冷轧环机液压系统的主要作用是为直线运动部件提供动力并控制运动状态。液压系统通常采用独立外置式结构，以避免液压系统温升对机床造成影响，主要由油箱、液压泵、电动机、液压缸、液压阀、电磁阀和油管等构成，其液压系统原理如图 5-1-5 所示。在轧环过程中，液压泵在电动机的驱动下，通过油箱分别向机械手、芯辊、测量辊和导向辊液压缸供油，液压阀用于控制油路的通断，电磁阀用于控制油路的压力、流量和方向。此外，测量辊和导向辊为了实现随动运动，其对应的电磁阀通常采用三位四通式电磁阀，满足电磁阀在中位时液压缸处于差动状态。

6. 冷却润滑系统

冷轧环机冷却润滑系统包含冷却和润滑两个部分，前者作用是对冷轧过程中的轧辊和工件进行冷却，避免因冷轧变形引起的温升过大而影响模具寿命和工件表面质量；后者作用是对轧环机滑块导轨、机械手导轨和滚珠丝杠等滑动副进行润滑，保障运动部件工作状态。冷却装置主要由冷却油箱、泵和油管组成。在轧环过程中，安装在底座下部的冷却泵从油箱抽出冷却油，经油管直浇到轧辊和工件上进行冷却。集中润滑装置安装在机身的侧板后部，

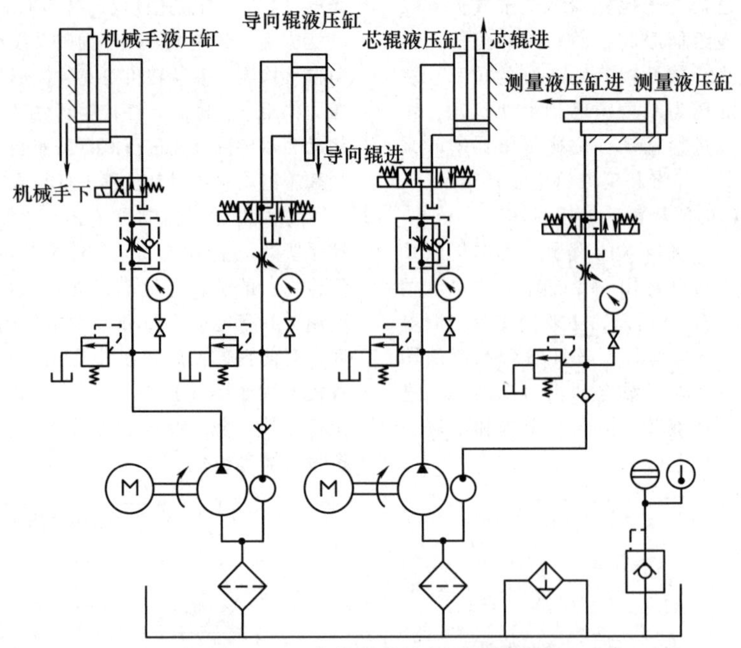

图 5-1-5　冷轧环机液压系统原理

由液压泵抽出的润滑油经分油器分散到各润滑点对运动部件进行润滑。

7. 上下料系统

冷轧环机上下料系统的主要作用是辅助实现环坯进料和环件出料，提高轧环自动化程度。上下料系统通常包含上料道、机械手（见图 5-1-6）和下料道等部分，上料道和机械手用于环坯进料，下料道用于环坯出料。在轧环过程中，由出料机送出的环坯经倾斜的上料道滚入机械手钳爪中，然后由机械手送至驱动辊型槽中完成上料，轧环过程结束后，成形的环件自动落入倾斜的下料道滚至轧环机旁的料槽完成出料。

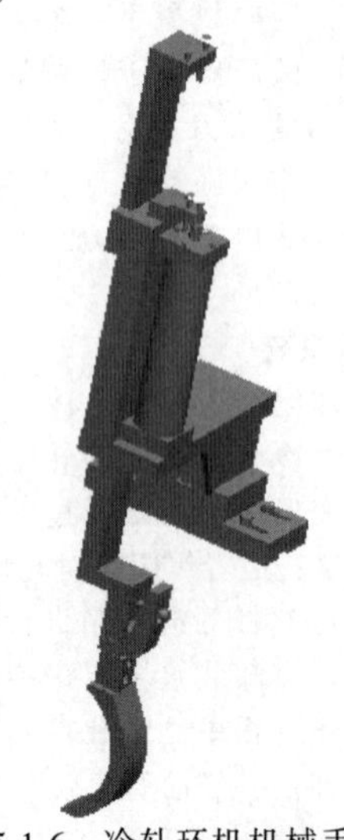

图 5-1-6　冷轧环机机械手部件

1.1.2　工作原理

以图 5-1-1 所示的机电伺服冷轧环机为例，其工作原理如图 5-1-7 所示。轧环开始时，首先由主传动电动机通过减速器、联轴器和主轴传动使驱动辊做旋转运动；随后通过机械手送料和芯辊穿料使环坯进入轧环孔型，同时导向辊和测量辊在液压缸压力作用下进入工作位置与环坯接触；然后伺服电动机通过减速器和滚珠丝杠传力驱动滑块，由滑块上的支撑轮推动芯辊做直线进给运动；环坯在驱动辊旋转和芯辊直线进给作用下产生径向轧环变形，导向辊和测量辊在环坯接触作用和液压系统作用下跟随环坯运动，对其进行随动导向和测量；当所测环坯外径达到设定值时，由测量机构发出信号，然后由控制系统控制进给系统动作，使芯辊停止直线进给运动而回程，轧环过程结束。

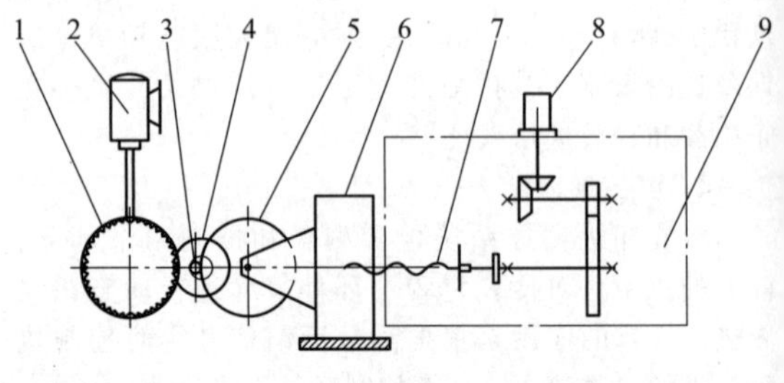

图 5-1-7　机电伺服冷轧环机工作原理

1—驱动辊　2—主传动电动机　3—芯辊　4—环坯　5—导向辊　6—滑块　7—滚珠丝杠　8—伺服电动机　9—进给减速器

在轧辊安装调试完成后，冷轧环机完成轧环工作的流程可分为 2 个环节：第 1 个环节是通过人机界面设定工作参数；第 2 个环节是启动轧环机按照设定参数进行轧环工作循环。

1．工作参数设定

不同类型和厂家的冷轧环机，人机界面形式和设定参数内容有所不同。根据设定的参数类型区分，冷轧环机需要设定的工作参数总体上可以分为模具参数、控制参数和进给参数。

对图 5-1-8 所示的某型号冷轧环机工作参数设定界面进行分析：模具参数设定包括输入驱动辊和芯辊直径等，主要用于测控系统根据模具参数建立和调整测量坐标；控制参数设定包括输入环坯极限尺寸、控制方式（控制外径或壁厚）、环件最终尺寸和整形尺寸等，主要用于检测环坯尺寸偏差和控制环件尺寸精度；进给参数设定包括输入各进给阶段的位移和速度、上料位置和极限保护位置等，主要用于规划进给行程。

2．工作循环

冷轧环机循环轧环过程中的工作循环流程如图 5-1-9 所示。轧环开始时，滑块从零点高速运动到上料位停下，依次完成机械手下料、芯辊穿料和测量辊送进动作；然后滑块继续快进至初始工进位置进入工进状态，推动芯辊完成轧环过程；当测量辊测得环件尺寸到达设定值后，主滑块停止进给，轧环进入整圆阶段；整圆完成后，滑块高速回程至上料位，等待下次工作循环。

1.1.3　技术参数

冷轧环机技术参数通常包括加工尺寸参数、力能参数、运动参数、外形尺寸参数等。目前，常用机电伺服冷轧环机、液压伺服冷轧环机的型号和技术参数分别见表 5-1-1 和表 5-1-2。

模具参数屏	
辊压轮外径	###.###
辊压轮槽底外径	###.###
芯辊外径	###.###
芯辊槽底直径	###.###
返回主屏	

控制参数屏	控制选择	#
	X 转换	#
	默认值	#
	尺寸到	###.###
返回主屏	末工进	##.###
	零工进	##.###
	毛坯上限	###.###
	毛坯下限	###.###

进给参数屏	1 工进	###.###	高速 1	###.###
	2 工进	###.###	高速 2	###.###
	3 工进	###.###	中速 1	###.###
	4 工进	###.###	中速 2	###.###
	5 工进	###.###	低速 1	###.###
返回主屏	6 工进	###.###	低速 2	###.###
	上料位	###.###	末速	###.###
	X 极限	###.###	高速	###.###
	上升率	###.###	下降率	###.###

图 5-1-8　冷轧环机工作参数设定界面

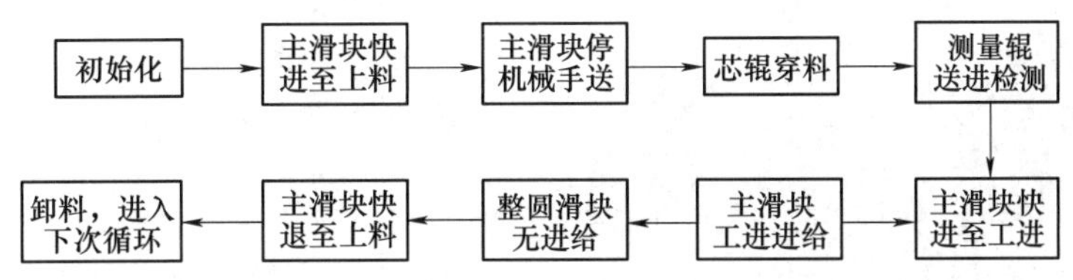

图 5-1-9　工作循环流程

表 5-1-1　常用机电伺服冷轧环机型号与技术参数

参数名称	型号		
	CRM90	CRM160	CRM220
	参数值		
最大工件外径/mm	90	160	220
最小工件内径/mm	20	45	80
最大工件宽度/mm	28	60	55
轧制力/kN	130	280	400
主电动机功率/kW	11	30	37
主轴转速/(r/min)	185	200	150
主滑块进给速度/(mm/s)	0.01-20	0.01-20	0.01-12
机床尺寸/mm(长×宽×高)	1685×1300×1910	2300×1800×2300	2400×1850×2400
重量/kg	3300	5500	8000

表 5-1-2　常用液压伺服冷轧环机型号与技术参数

参数名称	型号			
	PCR72	PCR90	PCR120	PCR160
	参数值			
最大工件外径/mm	72	100	120	160
最小工件内径/mm	20	25	60	100
最大工件宽度/mm	25	40	45	60
轧制力/kN	80	120	200	240
主电动机功率/kW	5.5	7.5	15	22
主轴转速/(r/min)	100	160	160	140
主滑块进给速度/(mm/s)	0-100	0-30	0-30	0-6
机床尺寸/mm(长×宽×高)	1800×1300×1500	2000×1800×1950	2360×2000×1800	2360×2000×1800
重量/kg	2600	4000	5000	5500

1.1.4　典型公司的产品简介

浙江五洲新春集团股份有限公司与武汉理工大学共同研发了 CRM 系列数控精密冷轧环机，该系列轧环机采用了伺服电动机-强力滚珠丝杠精密进给系统，具有自动上下料、冷轧过程在线测量控制、故障诊断与报警等功能，实现了环件精密冷轧成形过程的数字控制。图 5-1-10 所示为 CRM220 型数控精密冷轧环机，冷轧环件最大外径为 220mm，最大宽度为 55mm，最大轧制力 400kN，该设备可精密冷轧成形 ϕ220mm 的轴承环件，为我国高性能轴承的成形制造提供了装备保证。

图 5-1-10　CRM220 型数控精密冷轧环机

1.2　径向热轧环机

常用的径向热轧环机通常按机身结构形式区分为立式和卧式，按进给驱动方式区分为液（气）压进给式和机械进给式。

1.2.1　结构形式

热轧环机主要结构包括机身、传动系统、进给系统、测控系统、液压系统，以及辅助的上下料和冷却润滑系统。热轧环机的机身结构有立式和卧式两种类型。立式机身结构紧凑、占地面积小、设备吨位小、造价低，适用于中小型环件轧环。卧式机身结构复杂、占地面积大、设备吨位大、造价高，适用于大型环件轧环。

立式径向热轧环机通常还包含倾斜机身和垂直机身两种类型，如图 5-1-11 所示。倾斜机身立式径向热轧环机如图 5-1-11a 所示，机身与水平面呈一定角度倾斜，主要由底座承重。这种结构可借助环坯自身重力作用进行上料，但是机身整体刚性差，重载情况下振动明显，而且轧辊为悬臂梁结构，容易产生弯曲变形，适用于中、轻载轧环。垂直机身立式径向热轧环机如图 5-1-11b 所示，它与普通液压机

a) 倾斜机身

b) 垂直机身

图 5-1-11　立式径向热轧环机

结构类似，机身与水平面垂直，采用立柱承重，机身整体刚性好，轧辊为简支梁结构，适用于重载轧环，尤其是轴向高度较大的筒形环件轧制。

典型倾斜机身立式热轧环机基本结构如图 5-1-12 所示。立式热轧环机的传动系统主要由电动机、减速机、万向节和传动轴组成。传统立式热轧环机普遍采用液（气）压进给系统，主要由主（气）缸、活塞、活塞杆和滑块组成，目前新型机电伺服热轧环机采用机电伺服进给系统，主要由伺服电动机、减速机、滚珠丝杠和滑块等组成。

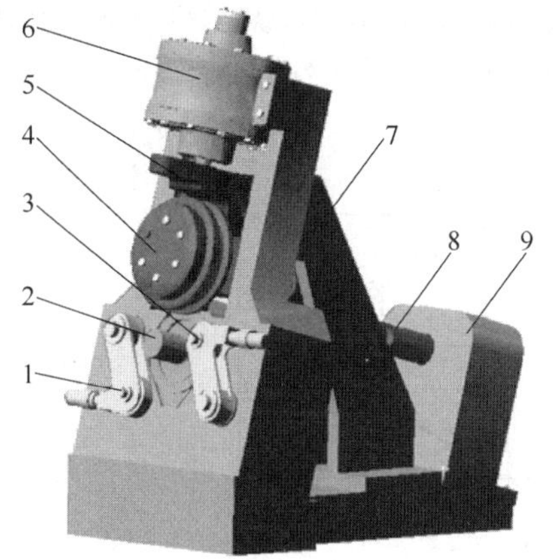

图 5-1-12　倾斜机身立式热轧环机基本结构
1—信号辊机构　2—芯辊　3—导向辊机构　4—驱动辊机构　5—滑块　6—液（气）压缸　7—机身　8—传动轴　9—减速机

传统立式热轧环机测量控制方法比较简单，由信号辊在接触环件后发送控制信号使进给系统停止进给。这种简单的测控系统容易在氧化皮碰上信号辊时发生误动作，而且信号辊刚性支承对环件的撞击容易影响轧环精度，从而使得实际生产中常常拆除控制系统，而采用人工目测控制环件外径，导致轧环环件尺寸精度及稳定性差。随着数控技术在冷轧环机中的应用，在借鉴冷轧环测控系统的基础上，国内已开发出热轧环数字测控系统和数控热轧环机，通过位移传感器在线测量滑块位移和环坯外径，由 PLC、人机界面、伺服电动机和伺服驱动器组成的控制系统对轧环过程进行闭环控制。

典型卧式径向热轧环机基本结构如图 5-1-13 所示。轧环过程中采用支架摆动机构固定芯辊，形成简支梁受力结构，提高芯辊支撑刚度。主缸带动芯辊进给，电动机带动驱动辊旋转。

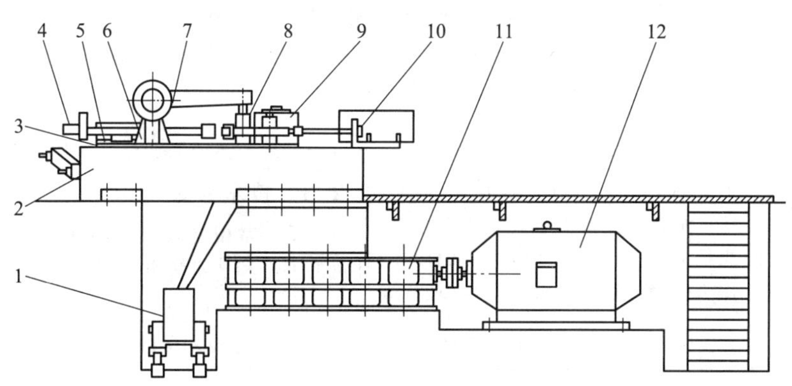

图 5-1-13　卧式径向热轧环机基本结构
1—落料箱　2—机身　3—支架摆动机构　4—检测机构　5—主缸　6—滑块　7—支架　8—芯辊　9—驱动辊　10—导向辊机构　11—减速箱　12—电动机

1.2.2　工作原理

以目前应用较广泛的液压进给立式热轧环机为例，其工作原理如图 5-1-14 所示。轧环开始时，首先由电动机通过减速机、万向节和传动轴使连接滑块的驱动辊做旋转运动；待环坯套在芯辊上后，由液压站将液压油送入液压缸上腔，在液压力作用下通过活塞和活塞杆推动滑块，带动驱动辊向下做直线进给运动；环坯在驱动辊旋转和直线进给作用下产生径向轧环变形；当环坯外径扩大至预定尺寸时与信号辊接触，信号辊发出控制信号，控制系统使液压缸下腔进油、上腔排油，通过活塞和活塞杆使滑块带动驱动辊回程，轧环变形结束。

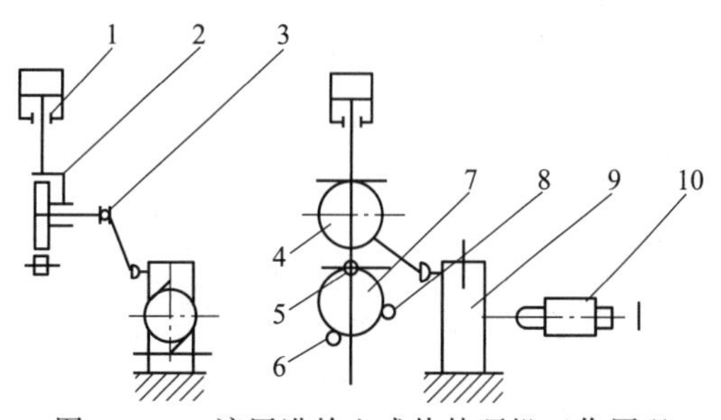

图 5-1-14　液压进给立式热轧环机工作原理
1—液压缸　2—滑块　3—万向节　4—驱动辊　5—芯辊　6—信号辊　7—环坯　8—导向辊　9—减速器　10—电动机

如图 5-1-15 所示，卧式径向热轧环机工作原理为：电动机 11 经联轴节 10、减速箱 9 带动驱动辊 6 转动。芯辊 5 下端安装在滑块 3 上，上端安装在上下摆动的支架 2 上，而支架又安装在滑块上，因此，支架、芯辊可随着滑块作进给和回程运动。当芯辊向右运动时，它对环件 13 施以一定压力，使环件被旋转的驱动辊连续咬入芯辊与驱动辊构成的轧环孔型，产生壁厚减小和直径扩大的塑性变形。当轧环变形结束时，芯辊停止向右的进给运动，并开始向左作回程运动。芯辊的运动和对环件施加的轧制压力，均由主液压缸 1 的进油情况而确定。当主液压缸右腔进油使滑块向左回程时，支架碰着机身 8 上的固定挡块 14 后，强制围绕连接销逆时针转动并抬起，以便于环件锻件下料和下一个环件毛坯上料。

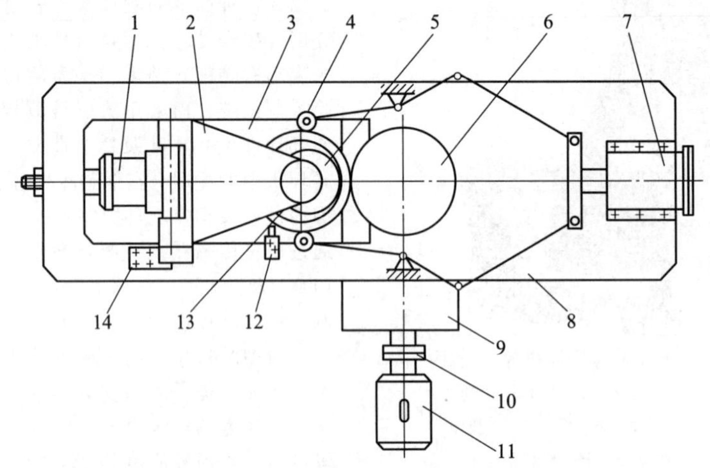

图 5-1-15　卧式径向热轧环机工作原理
1—主液压缸　2—支架　3—滑块　4—导向辊　5—芯辊　6—驱动辊　7—抱缸　8—机身
9—减速箱　10—联轴节　11—电动机　12—检测机构　13—环件　14—挡块

环件轧环过程由测控机构控制，环件轧环中的动态尺寸测量装置实时跟踪检测。当环件外径到位时，检测机构发出信号，使液压进给系统停止进给，芯辊和滑块回程。卧式径向热轧环机导向辊（又称抱辊）的运动和工作压力通过抱缸和连杆机构控制，并可通过液压系统来调整其工作参数。

1.2.3　技术参数

目前，常用立式径向热轧环机、卧式径向热轧环机的型号和技术参数分别见表 5-1-3 和表 5-1-4。

表 5-1-3　常用立式径向热轧环机的型号和技术参数

参数名称	型号							
	D51-160	D51-250	D51-350	D51-400	D51-500	D51-630	D51-800	D51-1000
	参数值							
最大工件外径/mm	160	250	350	400	500	630	800	1000
最大工件宽度/mm	35	50	85	200	200	250	350	350
轧制力/kN	60	98	155	300	320	320	400	420
主轴转速/(r/min)	120	80	62	40	40	38	38	38
滑块最大行程/mm	70	110	130	250	250	350	350	350
驱动辊与芯辊最小中心距/mm	185	265	365	375	375	385	410	410
主电动机功率/kW	18.5	37	75	90	90	110	132	132
机床尺寸/mm（长×宽×高）	2200×1550×1850	2890×1900×2400	4040×2000×3000	4595×2100×3370	4800×2200×3470	4800×2300×3770	4800×2350×3770	5000×2400×3520
机床总重量/kg	3200	7000	12000	14000	14500	15000	24000	25000

表 5-1-4　常用卧式径向热轧环机的型号和技术参数

参数名称	型号				
	D52-630	D52-1000	D52-1600	D52-2000	D52-3000
	参数值				
最大工件外径/mm	630	1000	1600	2000	3000
最大工件宽度/mm	160	250	300	350	400
轧制力/kN	500	800	1000	1250	2000
轧制线速度/(m/s)	1.3				
电动机功率/kW	110	200	280	355	500
机床尺寸/mm(长×宽×高)	5230×1900×2530	7500×2200×3600	9000×2500×3600	10000×3500×4000	12700×4100×4300

1.2.4　典型公司的产品简介

无锡市大桥轴承机械有限公司具有生产 D51 型倾斜式热轧环机的丰富经验，目前可生产 160~1000 系列热轧环机，该系列热轧环机采用倾斜式机身，以液压进给驱动为主，芯辊采用双支撑结构，具有结构紧凑、操作方便、成形精度高等优点。图 5-1-16 所示为 D51Y-1000F 倾斜式热轧环机，热轧环件最大外径为 1500mm，最大宽度为 450mm，最大轧制力 800kN。

图 5-1-16　D51Y-1000F 倾斜式热轧环机

1.3　径-轴向轧环机

径-轴向轧环机通常用来生产大型或超大型环件，常用的径-轴向轧环机通常为卧式结构，采用液压进给驱动方式。

1.3.1　结构形式

传统径-轴向轧环机结构如图 5-1-17 所示，它是对径向卧式热轧环机的改进，主要是增加了轴向轧环系统，用以提高环件端面尺寸精度和质量，这也是径-轴向轧环机相比径向轧环机的主要结构特点。

径-轴向轧环机的轴向轧环系统主要由轴向机身、轴向轧辊机构、轴向传动系统、轴向进给系统等组成。轴向机身有固定式和移动式两种，前者固定在轧环机机身上，轧环过程中端面轧辊不做水平运动，适用于尺寸规格相对固定的环件轧环；后者机身可通过导轨在机身上水平移动，带动端面轧辊做水平运动，适用于不同尺寸规格的环件轧环，实际应用更普遍。轴向轧辊机构主要由机身上的两个端面锥形轧辊组成。轴向传动系统由上下两个电动机、减速机、联轴器、传动轴等组成，通过电动机驱动上、下端面轧辊旋转。轴向进给系统由位于机身上部的液压缸、活塞、活塞杆和滑块组成，通过液压缸驱动上端面锥辊沿轴向进给。

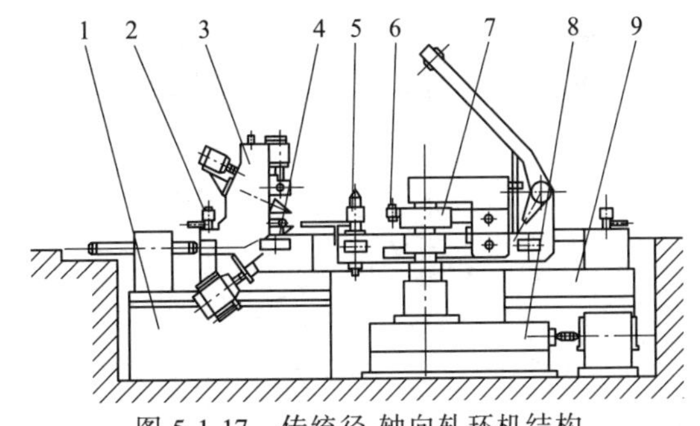

图 5-1-17　传统径-轴向轧环机结构
1—机身　2—润滑系统　3—轴向轧环系统　4—测量辊机构　5—芯辊机构　6—导向辊机构　7—驱动辊机构　8—主传动系统　9—液压系统

主滑块部件如图 5-1-18 所示。主滑块 6 采用钢板焊接而成，具有较大的刚度，用于支承芯辊 1。主缸 4 和芯辊支架 2 都安装在主滑块上。主缸的柱塞 7 固定在轧制辊 3 的辊座上，主缸的前后腔通过管道、换向阀与液压油箱相联通。在液压油的作用下，主滑块借安装在它两侧面的四个导向块，可以沿机身上的导轨在水平方向上做往复运动，以带动芯辊实现对环件的径向轧制。当环坯套入芯辊后，将支架紧扣在芯辊的上部锥端，借支架侧面的锁紧滚轮紧压在机身的凸台上，使芯辊支架不与芯辊脱开。芯辊上、下端部都设有滚动轴承支承，可随同环件做旋转运动。将下部的螺母8旋下可更换芯辊。

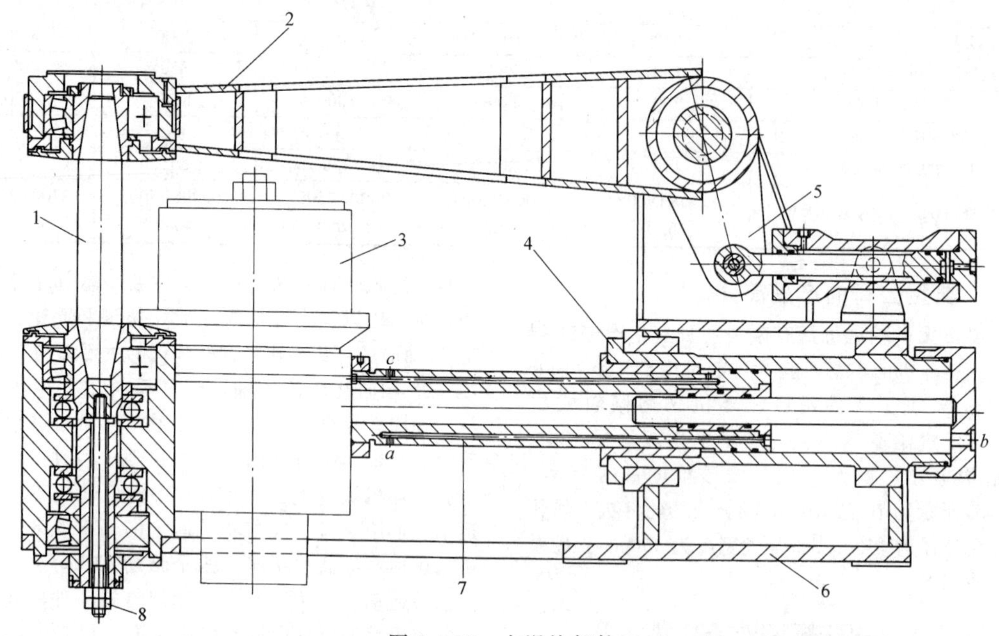

图5-1-18　主滑块部件

1—芯辊　2—芯辊支架　3—轧制辊　4—主缸　5—锁紧装置　6—主滑块　7—柱塞　8—螺母

轴向轧制机构如图5-1-19所示。由刚度较强的焊接机身3、上滑块6、压下液压缸5、平衡缸4以及上、下锥辊7、9等组成。上锥辊安装在机身的上滑块上，借压下液压缸中液压油的作用，使之做垂直方向上的往复运动。上、下锥辊由两个直流电动机经一级斜齿轮减速机构2分别传动，以实现环形件的轴向轧制。机身由四个小滑块10支承在轧制机的机身导轨11上，由随动液压缸1驱动，在水平方向上做往复运动。在轧制过程中，通过始终与环件外径相接触的测量滚轮8及位移传感器、随动阀和发讯装置等，组成随动跟踪系统。该系统安装固定在轴向轧制机身上，在轧制过程中，控制锥辊的顶尖随时保持汇交于环件旋转的轴心线上。随环件厚度的减小，其直径随之增加。通过测量装置的滚轮直接对环件直径连续测量跟踪，由液压随动系统来控制轴向轧制机身的后退速度，使之与环件直径的增大速度一致。

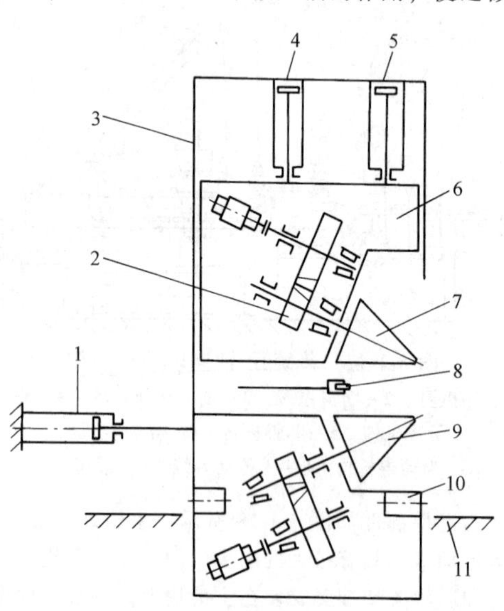

图5-1-19　轴向轧制机构

1—随动液压缸　2—斜齿轮减速机构　3—机身　4—平衡缸　5—压下液压缸　6—上滑块　7—上锥辊　8—测量滚轮　9—下锥辊　10—小滑块　11—机身导轨

定心机构如图5-1-20所示，在环件轧制过程中其作用为：①轧制初始阶段使导向辊牢固可靠地紧贴在环件的外圆表面上，以防止环件因预成形的不圆度而产生的跳动现象；②当环件轧制到最后阶段，随着环件的直径增加，壁厚减小，定心机构将环件位置摆正进而精轧成正圆形状。

通过数控系统控制，实现导向辊的位置调整以及对环件的作用力调节，使环件达到预定的尺寸，再经过精轧，使之达到一定的几何精度。在环件的轧制过程中，导向辊只是对环件施加与其直径增大的扩张力相互平衡的作用力，而绝不应该再施加其

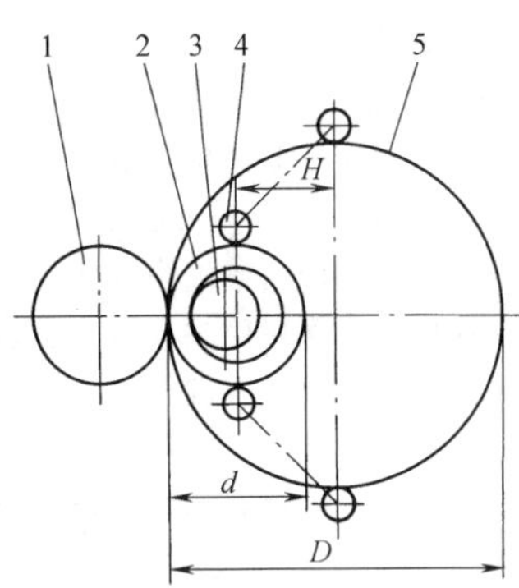

图 5-1-20　定心机构
1—驱动辊　2—环坯　3—芯辊
4—导向辊　5—成品环件

也附加作用力，否则将会把环件辗压成扁圆形状。

导向辊的最佳位置应随时跟踪在环件外径的两侧，两导向辊和驱动辊与环件外圆相接触的 3 个点，应恰好处在一个理想的几何圆上（见图 5-1-20）。导向辊与机器中心线成 45°角，这时导向辊的行程等于环坯与轧制成品环件直径之差的$\sqrt{2}/2$倍，即

$$H=\frac{D-d}{2}\sqrt{2} \tag{5-3-1}$$

式中　H——导向辊行程；

D——成品环外径；

d——环坯外径。

上述传统结构径-轴向热轧环机主机的主要特点是：①芯辊上支撑座绕铰轴旋转打开，上下料方便；②芯辊采用向下抽出方式，下抽芯装置更稳定；③轴向轧制机身采用整体焊接结构，结构复杂；④设备结构紧凑，适用于中小型和大型轧环机。

在该结构基础上，通过对芯辊部分和轴向轧制机身部分进行结构改进，可以得到先进径-轴向热轧环机的主机结构，其三维模型如图 5-1-21 所示。该主机结构的主要特点是：①芯辊上支撑座可独立运动，上下料更灵活方便；②芯辊采用向上抽出方式，

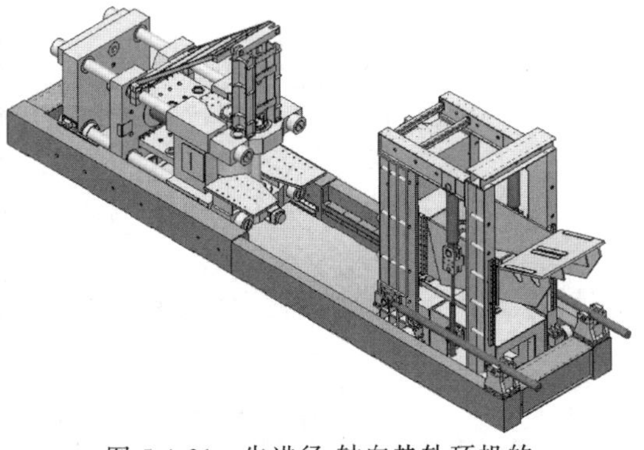
图 5-1-21　先进径-轴向热轧环机的主机结构三维模型

上抽芯装置维护方便；③轴向轧制机身采用梁柱式组合结构，加工难度低；④刚度和精度更好，适用于大型和超大型轧环机。

在环件轧制过程中的芯辊进给、导向辊运动、上锥辊进给和轴向机身行走均可以采用伺服液压系统控制。为了实现芯辊空程移动、芯辊升降运动、轴向机身空程行走的快速动作需求，以及以上动作的平稳启动和停止，以上动作液压传动均可以采用比例液压系统控制。径-轴向热轧环机采用伺服和比例联合控制液压传动系统，既可以满足设备轧制动作的精确控制，又可以实现设备空程时的快速动作。液压传动系统由液压泵站、液压阀站和液压管道等附件组成。

（1）液压油箱和泵站　油箱盛放油液，设有油温油位监控仪表、容量足够大的高精度空气滤清器、接油盘和人孔。径-轴向热轧环机的液压泵站设备全集中于油箱附近，如图 5-1-22 所示。为实现对径向轧制液压缸、导向辊液压缸（2 个）、轴向轧制液压缸和轴向机身行走液压缸的伺服控制，泵站专设有一套伺服控制压力源。为实现对径向轧制液压缸、芯辊升降液压缸、轴向机身行走液压缸等的比例控制，泵站专设有一套比例控制压力源。为了保证液压系统中油液高清洁度的要求，在主泵出口都设有高精度过滤器。

图 5-1-22　液压油箱和泵站设备

（2）液压阀站　为了提高液压执行机构的控制精度，径-轴向热轧环机的液压控制阀块都置于液压缸附近。由于设备主机庞大，液压缸分散，所以将控制阀块分区集中，如泵站控制阀块集中于油箱上，径向轧制装置液压缸和导向辊液压缸的控制阀块集中于径向轧制装置一侧（见图 5-1-23），轴向轧制液压缸控制阀块设置在轴向机身上面（见图 5-1-24），轴向机身行走液压缸控制阀块集中于轴向轧制装置后端。为了进一步提高伺服控制系统油液的清洁度，在伺服阀的先导控制口均设有高精度过滤器。

（3）液压管道等附件　液压管道等附件将液压泵站、液压阀站和液压缸等连接起来，构成了液压传动系统的油路。液压泵站出口和液压阀站入口都

设置了截止阀，可以将液压泵站和液压阀站单独隔开，方便设备的调试、检修和维护。

图 5-1-23　径向轧制装置旁的液压阀站

图 5-1-24　轴向轧制装置上的液压阀站

1.3.2　工作原理

径-轴向轧环机的基本工作原理：轧环开始时首先由主传动系统作用使驱动辊做旋转运动，并由液压系统作用使芯辊伸出（下抽式芯辊机构），将环坯套入芯辊；同时，轴向传动系统作用使端面锥辊做旋转运动，并由液压系统作用使轴向机身靠近环坯，端面轧辊与环坯接触；随后，主进给系统和轴向进给系统作用分别使芯辊和上端面锥辊做径向和轴向直线进给运动；环坯在径向驱动辊和芯辊、轴向上下端面锥辊的联合作用下，连续咬入径向孔型和轴向孔型而产生轧环变形；导向辊和测量辊在环坯接触作用和液压系统作用下跟随环坯运动，对其进行随动导向和测量；当所测环坯外径达到设定值时，由测量机构发出信号，然后由控制系统控制进给系统动作，使芯辊和上锥辊停止进给运动而回程，轧环过程结束。

径-轴向轧环机主要靠液压系统驱动，其液压系统原理如图 5-1-25 所示。

1. 主滑块运动液压系统

电磁铁 3DT 通电，由手动变量柱塞泵 2 供油经电液换向阀 30 进入主滑块液压缸 44 内柱塞 43 的小柱塞油腔内，柱塞向前（图示向左，下同）运动；这时主滑块液压缸内产生吸空，通过常开式充液阀

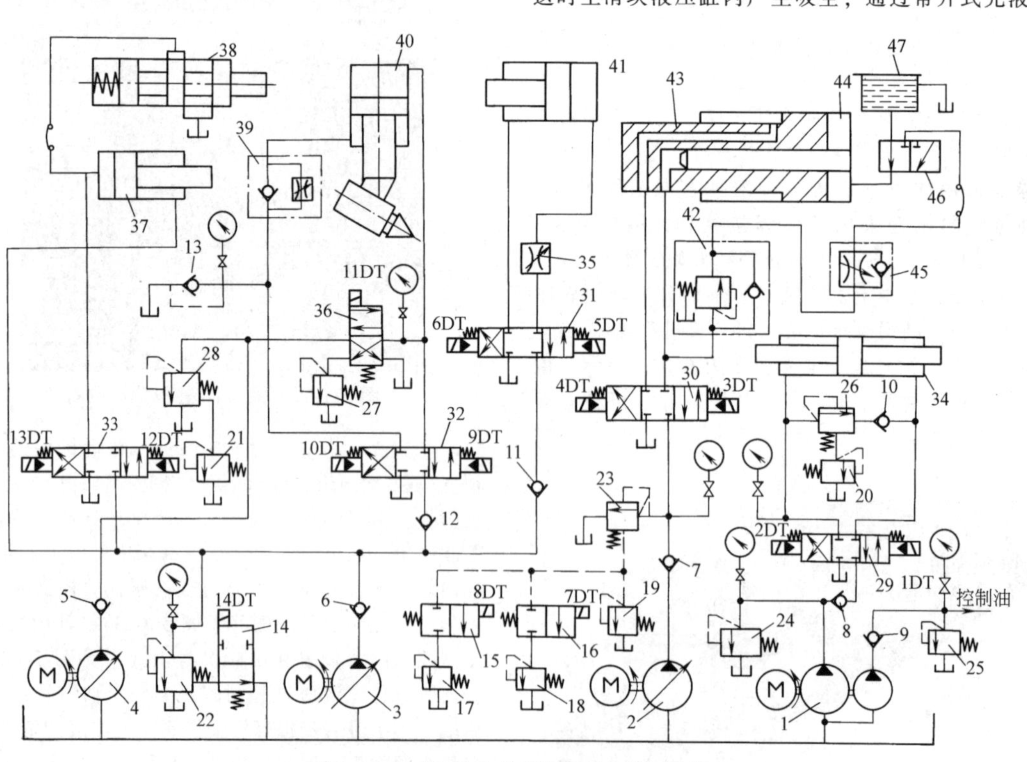

图 5-1-25　径-轴向轧环机液压系统原理

1—双联叶片泵　2、3、4—手动变量柱塞泵　5～13—单向阀　14～16—二通阀　17～21—远程调压阀　22～28—溢流阀　29～33—电液换向阀　34—定心机构液压缸　35—节流阀　36—二位四通阀　37—随动液压缸　38—随动阀　39、45—单向节流阀　40—轴向轧制液压缸　41—芯辊支架起落液压缸　42—顺序阀　43—主滑块液压缸柱塞　44—主滑块液压缸　46—常开式充液阀　47—常压充液箱

6 从常压充液箱 47 内吸入大量油液，使主滑块空程快速前进。当芯辊接触到环件后，油压逐渐上升至克服充液阀内的弹簧力，推动阀芯关闭充液油路。这时高压油经充液阀进入主滑块液压缸，开始对环件进行高压轧制。系统的压力由远程调压阀 19 控制。轧制过程中间阶段为中压轧制阶段，压力由远程调压阀 18 控制；最后阶段为低压精轧阶段，压力由远程调压阀 17 控制。远程调压阀均安装在操纵台上。

2. 定心机构运动液压系统

电磁铁 2DT 通电，液压泵供油经电液换向阀 29 进入定心机构液压缸 34 前腔，活塞向后移动，定心机构的夹爪（带滚轮）合拢。当电磁铁 1DT 通电，压力油经电液阀进入后缸时，活塞向前，夹爪张开。轧制过程中定心机构液压缸前腔进高压油，定心机构的夹爪合拢触及环件给予定心校正力。当环件在轧制力作用下，直径逐渐扩大，将迫使夹爪向外张开，致使液压缸前腔的油压迅速升高，促使单向阀 8 关闭。当液压缸前腔油压继续升高到一定值时，溢流阀 26 打开，一部分压力油进入液压缸后腔，多余的油经电液换向阀回油箱。轧制过程中，若环件出现椭圆时，定心夹爪即与环件之间产生间隙，这时液压缸前腔的油压降低，使单向阀 8 打开，压力油又经电液换向阀进入液压缸前腔，使活塞向后运动，夹爪再次夹紧环件。若溢流阀 26 的压力高于溢流阀 24 的压力，可用远程调压阀 20 调节其压力。双联叶片泵 1 所供的油液通向液压系统的控制油路。

3. 芯辊支架起落、轴向轧制及随动机构液压系统

（1）芯辊支架起落液压系统　电磁铁 6 DT 通电，手动变量柱塞泵 3 供油经电液换向阀 31 进入芯辊支架起落液压缸 41 的前腔，支架下落。用节流阀调节后缸的排油速度，使支架能够平稳地下落。电磁铁 5DT 通电，压力油经电液换向阀 31，再经节流阀 35 进入液压缸后腔，使支架平稳抬起。单向阀 11 起稳压作用，即当产生随动，系统的油压有波动时，不致引起芯辊支架起落液压缸内的油压下降，从而保证支架紧扣在芯辊上。

（2）轴向轧制液压系统　轴向轧制液压系统的轧制状态可以分为低压轧制状态和高压轧制状态。

1）低压轧制状态。电磁铁 9DT 通电，手动变量柱塞泵 3 供油经电液换向阀 32 进入轴向轧制液压缸 40 的上腔，上锥辊向下运动，对环件进行低压辗压；液压缸下腔的油经单向节流阀 39、电液换向阀 32 回油箱。此时，系统油液压力由溢流阀 27 控制，其压力低于溢流阀 22。

2）高压轧制状态。电磁铁 11DT 通电，手动变量柱塞泵 4 供高压油，经二位四通阀 36 进入轴向轧制液压缸 40 上腔，对环件进行高压轧制。

（3）随动机构液压系统　随动液压缸 37 后腔常通高压油，当电磁铁 13DT 通电时，由于活塞面积差，轴向锥辊机身向前运动。当电磁铁 12DT 通电时，机身运动方向相反。轧制过程中，若电液换向阀 33 在中间位置（各油路关闭），当环件轧制到一定尺寸并触及测量辊时，测量辊通过测量机构将位移传给齿轮齿条，齿条推开随动阀 38，随动液压缸 37 后腔的油经随动阀回油箱，则轴向锥辊机身便随着环件的扩大而后退，完成轧制过程中的随动。

为了保证轧环机顺利工作，除了液压系统正常工作之外，还需相应的电气系统进行控制。根据环件径-轴向轧制成形工艺的特点及轧环机机械设备和液压控制系统的构成，其电气自动控制系统主要由数据管理系统、人工操作系统、工艺控制系统、动作控制系统和传动控制系统五大部分组成。径-轴向热轧环机电气控制系统（见图 5-1-26）通过工业以太网和现场总线两层网络将五个控制单元有机连接起来。

1）数据管理系统是径-轴向热轧环机电气控制系统的数据管理和通信中心，它的主要任务是编制环件轧制工艺和管理环件轧制工艺数据，其功能主要包括工艺参数设定、工艺参数调用及用户权限管理等。

2）人工操作系统是电气控制系统的人机交换界面，可以实时监控数控轧环机在工作状态的轧制参数，操作人员在环件轧制过程中可以根据监测数据对设备运行状态进行适当的调整。

3）工艺控制系统是电气控制系统的一个过程控制中心，主要用于设备高精度动作的伺服控制，可以完成数控径-轴向轧环机在工作状态的芯辊进给、导向辊运动、上锥辊压下和轴向机身行走等工艺动作的精确控制。

4）动作控制系统是电气控制系统的另一个过程控制中心，主要用于设备常规动作的控制，可以完成数控轧环机的芯辊升降、芯辊上支撑移动等辅助动作的控制，同时还用于完成液压站和润滑站的开关控制等。

5）传动控制系统主要用于电动机传动的控制，其中包括交流电动机传动控制和直流电动机传动控制，可以完成轧环机的液压站交流电动机和电加热器控制、主轧辊直流传动控制和上下锥辊直流传动控制等。

1.3.3　技术参数

表 5-1-5 列出了目前常用于环件径-轴向轧环生产的径-轴向轧环机型号和技术参数。表 5-1-6 列出了中国重型机械研究院股份公司（简称：中国重型院）研发的径-轴向热轧环机主要技术参数，其驱动辊速度调节方式可以设置为定速和调速两种方式，线速度取值见表 5-1-7。

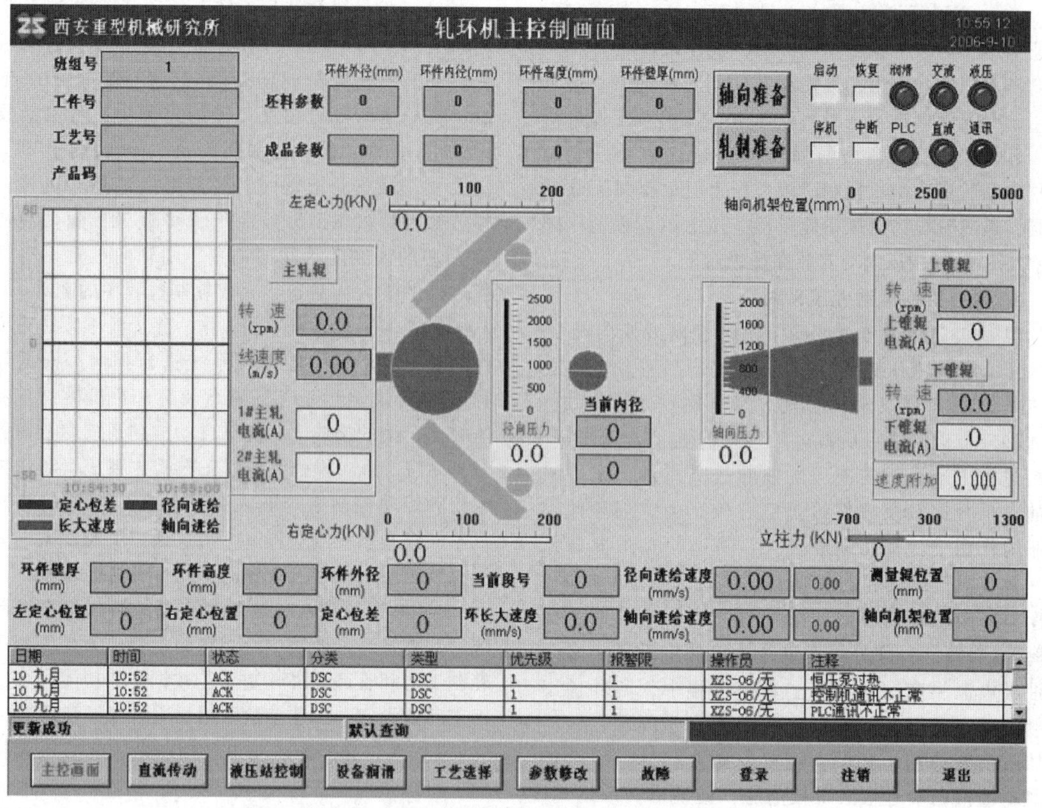

图 5-1-26　径-轴向热轧环机电气控制系统

表 5-1-5　常用径-轴向轧环机的型号和技术参数

参数名称	型号						
	D53-800	D53-2000	D53-3000	D53-4000	D53-5000	D53-7000	D53-9000
	参数值						
最大工件外径/mm	800	2000	3000	4000	5000	7000	9000
最大工件高度/mm	300	500	500	700	750	800	1500
径向轧制力/kN	1250	2000	2000	3150	3150	4000	800
轴向轧制力/kN	1000	1250	1600	2000	2500	3150	600
径向电动机功率/kW	280	2×280	2×315	2×355	2×400	2×550	2×1000
轴向电动机功率/kW	2×160	2×280	2×315	2×400	2×450	2×550	2×1000
轧环线速度/(m/s)	0.4~1.6	0.4~1.6	0.4~1.6	0.4~1.6	0.4~1.6	0.4~1.6	0.8~1.6
机床长度/mm	11000	14500	15200	18500	20000	22000	—
机床宽度/mm	2500	3500	3500	4500	4500	51005	—
机床高度/mm	3150	4300	4300	4400	5000	5300	—

表 5-1-6　中国重型院研发的径-轴向热轧环机主要技术参数

公称轧环外径/mm	轧环外径范围/mm	轧环厚度/mm	轧环高度/mm	径向轧制力/kN	轴向轧制力/kN
800	300~800	50~200	100~250	500	400
1000	400~1000	50~200	100~250	630	500
1250	500~1250	60~250	100~300	800	630
1600	600~1600	70~300	100~350	1000	800
2000	800~2000	80~350	110~400	1250	1000
2500	1000~2500	80~400	110~500	1600	1250
3150	1200~3150	90~500	110~600	2000	1600
4000	1400~4000	90~600	120~700	2500	2000

（续）

公称轧环外径/mm	轧环外径范围/mm	轧环厚度/mm	轧环高度/mm	径向轧制力/kN	轴向轧制力/kN
5000	1600～5000	100～700	120～800	3150	2500
6300	1800～6300	100～800	120～900	4000	3150
8000	2000～8000	100～900	130～1000	5000	4000
10000	2200～10000	110～1000	130～1100	6300	5000
12500	2500～12500	110～1100	130～1200	8000	6300

表 5-1-7　径-轴向热轧环机轧制线速度

轧制线速度/(m/s)	主辊驱动方式
1.0～1.3 定速	主辊交流定速驱动
0.8～1.6 调速	主辊直流调速驱动

1.3.4　典型公司的产品简介

中国重型院是国内研制数控径-轴向热轧环机的厂家之一，图 5-1-27 所示为该公司在 2010 年研发的数控径-轴向热轧环机，主机结构为先进结构，可轧制 8m 超大型环件，为当时国内自主研发的加工能力最强的数控径-轴向热轧环机，设备具有工艺辅助设计、轧制过程自动控制和信息管理功能，数控程度国内领先。

图 5-1-27　8m 先进结构数控径-轴向热轧环机

图 5-1-28 所示为浙江天马轴承集团有限公司与济南沃茨数控机械有限公司、武汉理工大学共同研发的 D53K-12000 数控径-轴向热轧环机，该设备最大径向轧制力和轴向轧制力分别为 16000kN 和 8000kN，可轧制成形环件最大外径 12000mm、最大高度 2600mm，该轧环机是目前国内自主开发的最大规格数控径-轴向轧环机，已实现了直径 ϕ10m 超大型环件的轧制成形。

图 5-1-28　D53K-12000 数控径-轴向热轧环机

参考文献

[1]　华林，黄兴高，朱春东．环件轧制理论和技术［M］．北京：机械工业出版社，2001.

[2]　胡正寰，夏巨谌．中国材料工程大典 第 21 卷：材料塑性成形工程（下）［M］．北京：化学工业出版社，2006.

[3]　胡正寰，华林．零件轧制成形技术［M］．北京：化学工业出版社，2010.

[4]　华林，钱东升．轴承环轧制成形理论和技术［J］．机械工程学报，2014，50（16）：70-76.

[5]　余康，华林，鄢奉林，等．冷轧环机虚拟设计与运动仿真［J］．武汉理工大学学报，2008，30（6）：91-93，104.

[6]　陈学斌，余世浩，华林，等．数控精密冷辗环机伺服进给系统的刚度分析［J］．轴承，2006（1）：15-17.

[7]　郝用兴，华林．冷轧环机液压系统设计与控制［J］．液压与气动，2006（8）：26-29.

[8]　汪小凯，华林，朱乾皓，等．轴承环数控精密径向热轧设备及自动化生产线技术［J］．机电工程技术，2015，44（9）：1-4.

[9]　汪小凯，华林，韩星会．热轧环过程尺寸公差控制方法［J］．机械工程学报，2014，50（14）：105-109.

[10]　杜学斌，韩炳涛，葛东辉，等．ϕ5000mm 径轴向数控轧环机［J］．锻压装备与制造技术，2007，42（3）：34-37.

[11]　庄仲凯，王强，谈玉龙，等．径-轴向辗环机轴向轧制机构结构分析［J］．精密成形工程，2012，4（5）：30-36，62.

第2章

楔横轧机与斜轧机

北京科技大学　刘晋平　王宝雨　胡正寰

2.1　楔横轧机与斜轧机的工作原理及用途

2.1.1　楔横轧机的工作原理及用途

楔横轧指圆柱形棒料在两辊式（或三辊式）模具或在两平板模具之间，模具做同方向旋转运动（板式模具做相向直线运动），带动圆柱形棒料反向旋转，棒料在模具楔形孔型的作用下径向压缩、轴向延伸，轧制成为回转体轴类零件。

楔横轧机的工作原理如图 5-2-1 所示。两个带楔形模具的轧辊以相同的方向旋转，带动圆柱形轧件反方向旋转，轧件在楔形模具的作用下，轧制成形台阶轴。楔横轧的变形主要是径向压缩、轴向延伸。

对于某些轴类零件的生产，楔横轧与一般锻造工艺相比，具有生产效率高（提高 3~7 倍）、材料利用率高（提高 20%~30%）、模具寿命高（提高 5~10 倍）、无冲击、噪声低、工人劳动条件好等优点。

但是楔横轧存在模具尺寸大、工艺调整复杂等缺点，故适合于批量大的轴类零件，如汽车、拖拉机、摩托车、内燃机等设备中轴类零件毛坯的生产。此外，还可以用它为模锻件提供尺寸比锻造方法更精确的预制坯，例如发动机连杆、五金工具等的预制坯。

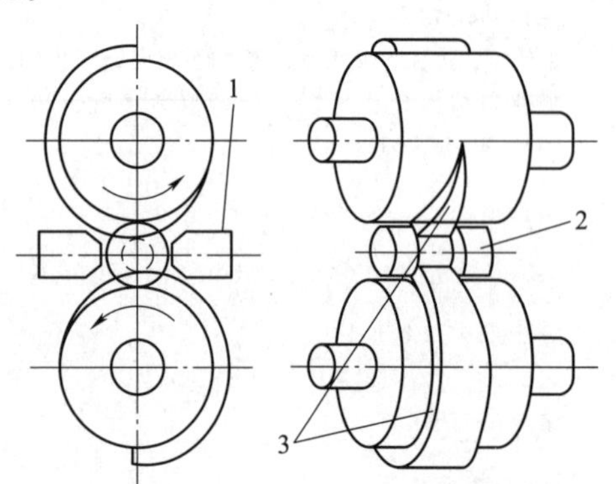

图 5-2-1　楔横轧机的工作原理

1—导板　2—轧件　3—带楔形模具的轧辊

2.1.2　斜轧机的工作原理及用途

螺旋孔型斜轧机的工作原理如图 5-2-2 所示。两个带螺旋孔型的轧辊，其轴线相互交叉，轧辊以相同方向旋转带动圆柱形轧件既旋转又前进，轧件在螺旋孔型的作用下，成形回转体零件毛坯。螺旋孔型斜轧的变形主要是径向压缩、轴向延伸。

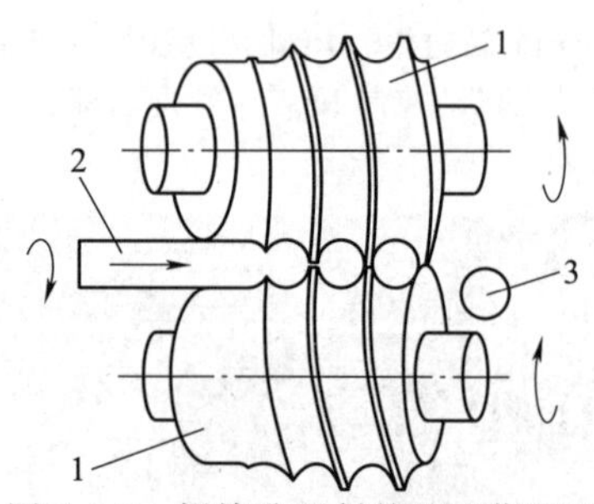

图 5-2-2　螺旋孔型斜轧机工作原理

1—轧辊　2—坯料　3—零件

螺旋孔型斜轧可以轧制球磨钢球、轴承钢球及滚子、铜球、铝球等零件。可以用穿孔斜轧工艺轧出空心毛管后，在带芯棒的螺旋孔型斜轧机上轧出空心的回转体零件毛坯，如轴承的内座圈等。还可以用钢管冷轧出新型的锚杆等。

2.1.3　楔横轧机与斜轧机设备技术特性比较

楔横轧机与斜轧机都是用来生产回转体零件或毛坯的，但是由于工艺特点不同，其设备性能也有所差异，楔横轧机与斜轧机的技术特性对比见表 5-2-1。

表 5-2-1　楔横轧机与斜轧机的技术特性对比

参数名称	楔横轧机	斜轧机
单机生产率/(件/min)	6~50	40~1200
产品长度/mm	30~1200	6~200
轧辊直径/mm	<1500	<700
轧辊宽度/mm	<1200	<800
进出料机构	较复杂	简单
轧辊设计与加工	较复杂	复杂
工艺调整	较复杂	复杂
经济批量/(件/年)	> 20000~50000	> 50000~200000

2.2　楔横轧机的类型

楔横轧机一般可以分为三种基本类型：单辊弧形式楔横轧机（见图 5-2-3a）、辊式楔横轧机（见图 5-2-3b）、板式楔横轧机（见图 5-2-3c）。

本节将对这三种基本类型楔横轧机的特点、应用范围及其主要技术特性等进行评述。

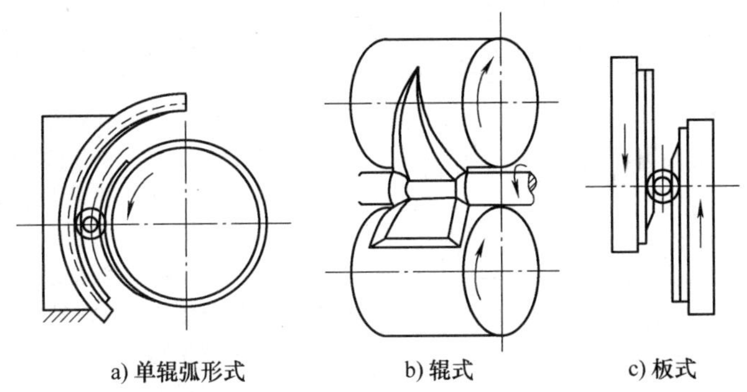

图 5-2-3　楔横轧机的三种基本类型

2.2.1　单辊弧形式楔横轧机

单辊弧形式楔横轧机的主要优点是结构简单、重量轻、设备造价低。

它与辊式楔横轧机相比，只需驱动一个轧辊，并取消了分速机构以及万向联轴器、相位调整机构等。

它与板式轧机相比较，没有空行程及往返时的惯性载荷，故生产率高，每分钟能生产 10～25 个（对）产品。

但是，这种类型的轧机存在下述缺点：

1）由于轧件做行星运动，无法加导板，轧制过程中轧件容易歪斜而卡住，尤其是非对称复杂零件更容易发生此情况，此外产品精度也难以控制。

2）其中一个楔形模具为内弧形，加工制造相当困难。

3）轧机的工艺调整，尤其是径向与喇叭口的调整很难实施，故工艺不够稳定。

由于该类型轧机存在上述较严重的缺点，因而无论国内、国外都应用较少，主要用于那些尺寸不大、形状较简单的产品生产。

单辊弧形式楔横轧机的传动原理如图 5-2-4 所示，安装在机身 1 上的电动机 5，通过带式减速机构 6，经过齿轮减速机构 7，带动轧辊 2 旋转，使轧件 3 在轧辊 2 和弧形模具 4 中成形。

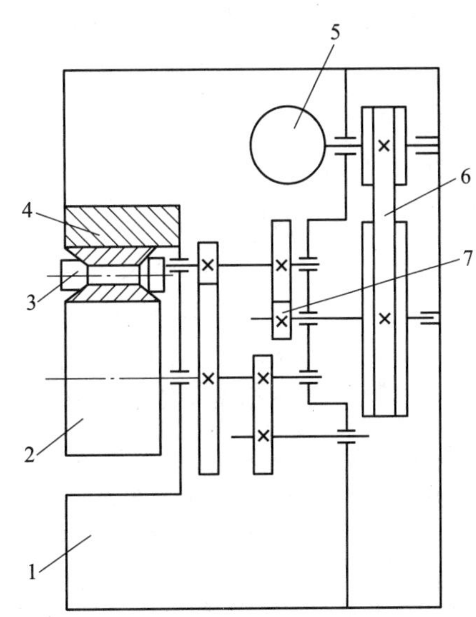

图 5-2-4　单辊弧形式楔横轧机的传动原理

1—机身　2—轧辊　3—轧件　4—弧形模具
5—电动机　6—带式减速机构　7—齿轮减速机构

苏联设计的单辊弧形式楔横轧机的型号和技术参数见表 5-2-2。

表 5-2-2　苏联设计的单辊弧形式楔横轧机的型号和技术参数

参数名称	型号			
	C3135	C3137	C3138	C3139
	参数值			
轧辊直径/mm	320	400	510	800
轧件最大直径/mm	25	35	50	80
轧件最大长度/mm	250	315	400	550
轧辊转速/(r/min)	60	50	32	25

（续）

参数名称	型号			
	C3135	C3137	C3138	C3139
	参数值			
电动机功率/kW	32	40	58	110
机器重量/t	4.8	6.8	9.5	18.5
外形尺寸/m(长×宽×高)	2.15×1.35×2.15	2.30×1.40×2.43	2.52×1.54×2.60	3.05×2.56×2.74

2.2.2　辊式楔横轧机

辊式楔横轧机是三种类型轧机中应用最广泛的。它的主要优点如下：

1）生产率高，一般为 6~15 个（对）/min。

2）轧制过程稳定，产品尺寸精度容易保证。

3）一般都设有径向、轴向、相位及喇叭口调整机构，能方便、准确地实现工艺调整等。

辊式楔横轧机的缺点是：

1）设备结构庞大、重量大、占地面积大。

2）模具加工需要大型机床等。

辊式楔横轧机按轧辊个数可分为二辊式楔横轧机（见图 5-2-5a、b）与三辊式楔横轧机（见图 5-2-5c）。

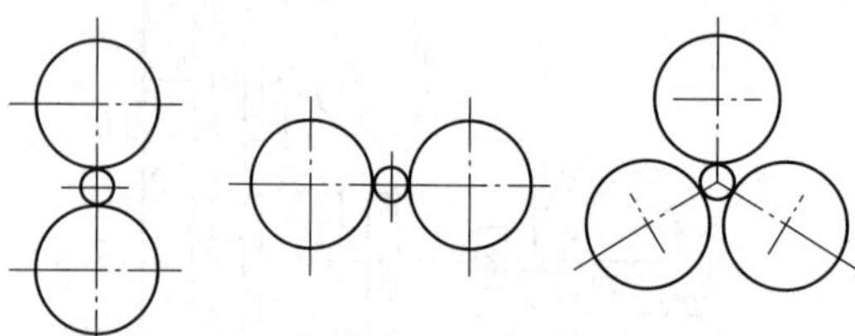

a) 二辊立式　　b) 二辊卧式　　c) 三辊式

图 5-2-5　辊式楔横轧机的轧辊配置

三辊式轧机的优点是：三个轧辊从三个方向（相差 120°）控制轧件，产品的精度高；轧件心部应力状态好，不易出现中心疏松缺陷；无须导板，不会发生导板刮伤轧件表面的缺点等。

三辊式楔横轧机突出的缺点是：轧辊允许的最大外径受轧件最小直径的限制，否则将发生三个轧辊在最大直径处相碰的问题。根据三个轧辊相接触，中心轧件允许的最小直径 $d_{\min}$ 与轧辊可能的最大直径 $D_{\max}$ 之间的关系为

$$D_{\max} \leqslant 6.464 d_{\min}$$

因此，三辊式与二辊式比较，尽管存在一些突出优点，但它只适合于轧件最小直径较大而长度较短的产品。而属于该类型的零件产品是很少的。加上三辊式较二辊式多一个轧辊，不仅结构复杂而且工艺调整难度也加大了，所以三辊式楔横轧机至今未被广泛采用。工业生产中以二辊式楔横轧机应用为主。

二辊式楔横轧机按轧辊布置形式分为立式楔横轧机（见图 5-2-5a）与卧式楔横轧机（见图 5-2-5b）。

立式楔横轧机与卧式楔横轧机相比具有占地面积小、进出料方便、导板装卸容易等优点。所以，国内外多采用立式楔横轧机，只是在小型楔横轧机上采用卧式。

二辊立式楔横轧机按设备总体配置分为整体式楔横轧机与分体式楔横轧机。

1. 整体式楔横轧机

整体式楔横轧机，是指将工作机构、传动机构及主电动机合为一体布置的轧机。图 5-2-6 所示为整体式楔横轧机外形图，这种轧机大多按锻压机床思路设计，力图使结构紧凑、减小占地面积，带离合器既能单动也可连续工作。这种轧机比较适合连续锻造生产线的制坯工序使用。

图 5-2-6　整体式楔横轧机

但整体式楔横轧机存在的缺点是：由于设备靠齿轮传动，两个轧辊的调整受到限制；当轧辊径向调整时，相位也发生变化；传动齿轮不是在独立封闭的箱体中，故传动精度、温度控制与润滑条件都较差。所以整体式楔横轧机在轧制大型、高精度工件，尤其是专业的楔横轧厂中很少采用。

整体式 D 型楔横轧机的型号和技术参数见表 5-2-3。

2. 分体式楔横轧机

分体式楔横轧机，是指工作机座、传动装置与电动机分开，中间通过万向联轴器连接布置的轧机，其结构及实物分别如图 5-2-7 和图 5-2-8 所示。电动机 1 通过联轴器带动减速机 2 与齿轮座 3 中的主动

表 5-2-3　整体式 D 型楔横轧机的型号和技术参数

参数名称	型号		
	D46-35×400	D46-50×600	D46-70×700
	参数值		
轧辊直径/mm	500	630	800
轧辊宽度/mm	500	700	800
轧件最大直径/mm	35	50	70
轧件最大长度/mm	400	600	700
轧辊转速/(r/min)	14	10	8
电动机功率/kW	22	30	75
机器重量/t	7	12	20
外形尺寸/m(长×宽×高)	1.95×1.5×1.8	2.3×1.8×1.9	2.9×2.4×2.6

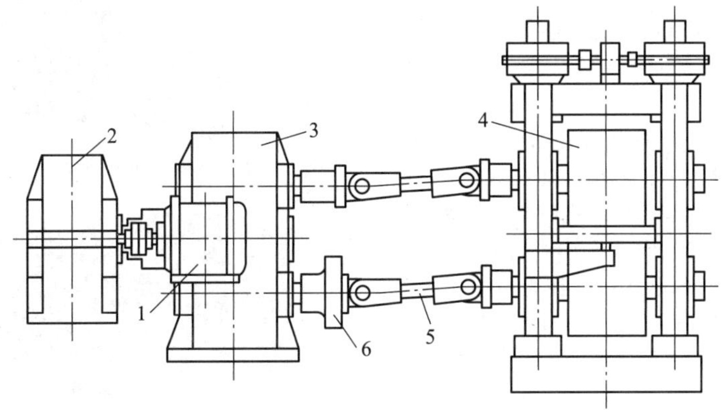

图 5-2-7　分体式楔横轧机结构

1—电动机　2—减速机　3—齿轮座　4—工作机座　5—万向联轴器　6—相位调整机构

图 5-2-8　分体式楔横轧机实物

齿轮，带动两个同向旋转的万向联轴器 5，然后驱动两个同向转动的轧辊工作。分体式楔横轧机是按冶金工厂用的轧钢机思路设计的，力图使轧机的刚度大、工艺调整方便可靠，轧机不带离合器连续工作。

分体式楔横轧机存在占地面积大等缺点，但优点非常突出：

1）全部齿轮采用闭式传动，齿轮啮合精度与稀油润滑条件都得到保证，因而寿命长，传动噪声小。

2）轧机机身采用闭式结构，并设有预应力装置，不仅产品精度高，工艺稳定，而且容易控制轴件心部的疏松。

3）轧辊可以方便、准确地实现径向、轴向、相位以及喇叭口的调整。

4）工作机座、万向联轴器与齿轮箱分开独立布置，设备安全可靠、维修方便。

5）设置了可以上下、左右调整的导板装置等。

上述优点已被生产实践所证实。分体式楔横轧机在我国得到广泛的应用，特别适合向用户提供各种高精度轴类零件的专业化楔横轧。

分体式 H 型楔横轧机的型号和技术参数见表 5-2-4。

2.2.3　板式楔横轧机

板式楔横轧机与弧形式、辊式楔横轧机比较，最突出的优点是模具制造容易，由于模具是平板式的，只需一般的刨床或铣床就可以加工。此外，用液压驱动的板式楔横轧机，还具有结构简单、占地

表 5-2-4　分体式 H 型楔横轧机的型号和技术参数

参数名称	型号				
	H500	H630	H800	H1000	H1200
	参数值				
轧辊直径/mm	500	620	800	1000	1200
轧辊宽度/mm	400	500	800	800	1200
轧件最大直径/mm	40	50	80	100	120
轧件最大长度/mm	400	450	600	700	1100
轧辊转速/(r/min)	5~10	4~8	3~6	3~6	2~5
电动机功率/kW	45	55	90	132	185
机器重量/t	6	9	34	48	70
外形尺寸/m(长×宽×高)	3.0×1.6×1.4	3.5×1.8×1.7	4.5×2.5×2.2	6.5×3.5×3	7.5×4.5×3.8

面积小的优点。

板式楔横轧机为往复运动，有空行程，与辊式、弧形式比生产率是最低的，一般为 4 ~ 10 件（对）/min。此外，板式楔横轧机还存在无法加导板以及调整比较困难等缺点，主要应用于生产率要求不高，长度较大的产品。

液压驱动的板式轧机，轧机部分结构简单紧凑，但有一套较庞大的液压装置。若用电动机驱动，将回转运动再转化为板的直线运动，结构简单与紧凑的优点不仅不存在，反而使结构问题成为设备的缺点。

板式楔横轧机有两种形式：一种为两个平板水平布置（卧式），白俄罗斯平板水平布置的板式楔横轧机如图 5-2-9 所示，我国设计的平板水平布置板式楔横轧机如图 5-2-10 所示。另一种为两个平板垂直地面布置（立式），德国设计的平板垂直布置板式楔横轧机如图 5-2-11 所示。垂直与平行布置相比较，前者设备高但占地面积小，轧件上脱落的氧化皮不会掉在平板上影响轧件的表面质量。

图 5-2-9　白俄罗斯平板水平布置的板式楔横轧机

图 5-2-10　我国设计的平板水平布置板式楔横轧机

德国、白俄罗斯与我国设计的板式楔横轧机的型号和技术参数见表 5-2-5。

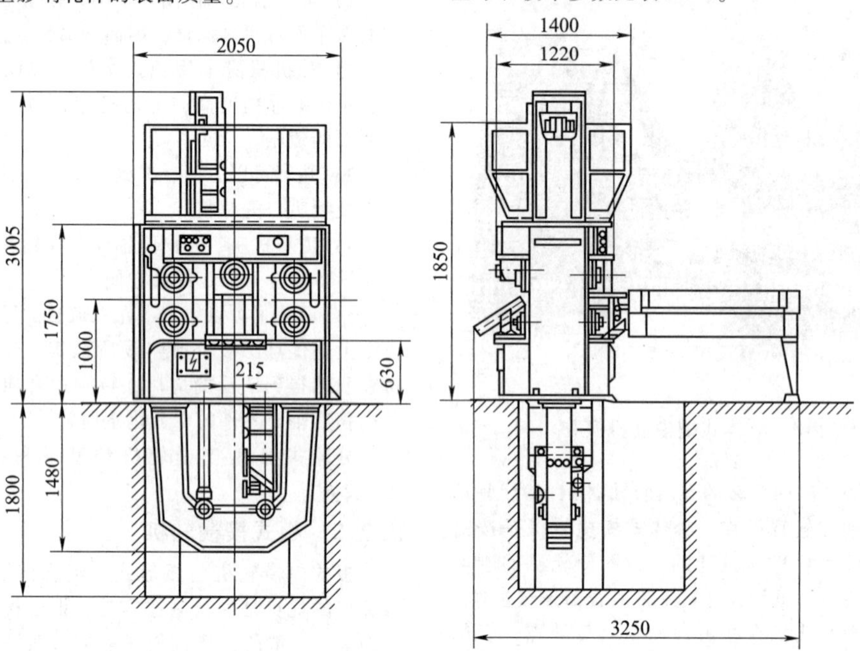

图 5-2-11　德国设计的平板垂直布置板式楔横轧机

表 5-2-5　德国（UWQ）、白俄罗斯（ПМ）、中国（D）板式楔横轧机的型号和技术参数

参数名称	型号					
	UWQ40	UWQ100	ПМ28	ПМ34	D25	D50
	参数值					
轧件最大直径/mm	40	100	40	70	25	50
轧件最大长度/mm	400	630	340	600	250	450
模具板行程/mm	1600	2500	1400	2400	1000	1600
电动机功率/kW	90	170	42	45	18.5	44
轧制力/kN	125	320	90	90	—	—
轧机重量/t	11.5	60	5	5	3.5	9
生产率/(个/min)	6.7	2.5	16.7	1.7	13	8
平板布置	立式	立式	卧式	卧式	卧式	卧式

为保持板式轧机的优点，又解决由往复运动带来生产率低的缺点，北京科技大学曾设计出一种链板式楔横轧机，其原理如图 5-2-12 所示。该机的模具装在带齿条的链板上，链板由齿轮驱动，这样就避免了由于空行程降低生产率的缺点。

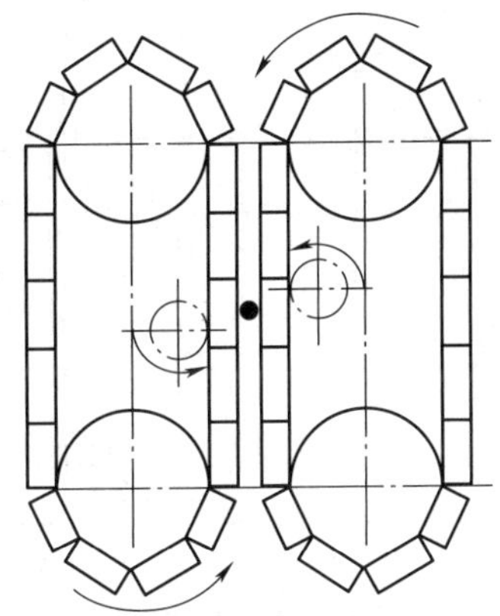

图 5-2-12　链板式楔横轧机原理

2.3　斜轧机的类型

无论国内或国外，在斜轧机总体结构的配置上，可以分为三种类型：一是将电动机、传动装置与工作机座等分开并分别安装在地基基础上；二是将电动机、传动装置及工作机座等配置在一起。前者是从轧制无缝钢管的斜辊式穿孔机发展来的，我们把这种类型的斜轧机称为穿孔式斜轧机。后者是从机器制造厂的机床，特别是辊式无心磨床发展来的，我们把这种类型的斜轧机称为机床式斜轧机。除上述两种基本类型的斜轧机外，还有一种机身做成钳式，我们把它称作钳式斜轧机。

下面将分别介绍这三类斜轧机的结构形式、优缺点及其运用范围。

2.3.1　穿孔式斜轧机

ϕ30mm 钢球斜轧机如图 5-2-13 所示。该斜轧机属于穿孔式斜轧机。

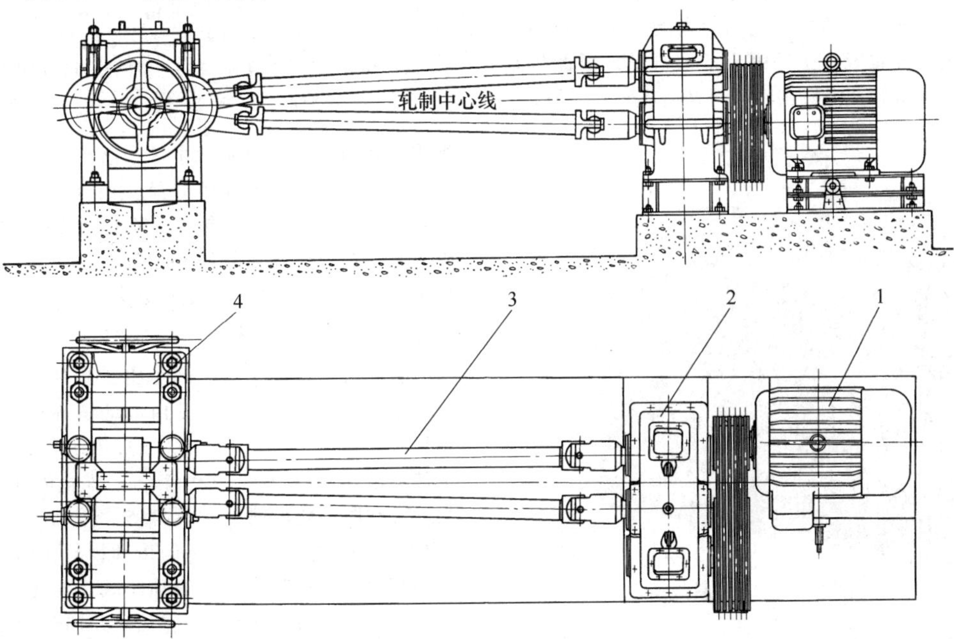

图 5-2-13　ϕ30mm 钢球斜轧机

1—电动机　2—齿轮减速器　3—万向联轴器　4—工作机座

穿孔式斜轧机的主要优点是：工艺性好、机器强度与刚性大、使用可靠和维护方便。缺点是：由于轧机机座、万向联轴器、齿轮减速器以及电动机是分开配置的，故占地面积大、设备重量大等。这类轧机优点突出，因此得到广泛应用，多用于生产球磨钢球、轴承钢球与铜球，为模锻制坯的产品等。穿孔式钢球斜轧机的规格和技术参数见表 5-2-6。

表 5-2-6　穿孔式钢球斜轧机的规格和技术参数

参数名称	规格尺寸/mm						
	ϕ20 钢球	ϕ30 钢球	ϕ40 钢球	ϕ50 钢球	ϕ60 钢球	ϕ80 钢球	ϕ100 钢球
	参数值						
轧球直径范围/mm	15~20	20~30	30~40	35~50	40~60	60~80	70~100
轧辊直径/mm	140	220	260	300	340	450	600
轧辊倾角范围/(°)	0~5	0~6	0~6	0~8	0~6	0~8	0~7
轧辊转速/(r/min)	120	110	80	70	70	64	50
电动机功率/kW	30	40	90	130	180	450	650
设备总重量/t	2	3	6	10	16	30	50

2.3.2　机床式斜轧机

穿孔式斜轧机虽然有许多优点，但是一般机器制造厂在生产某些小型、精度较高的产品时，多采用结构紧凑的机床式斜轧机。这种轧机的特点是电动机、减速机构与工作机构都安装在一个机体内，如图 5-2-14 所示。其传动原理如图 5-2-15 所示。它由电动机 11 通过带式减速装置 10，经三级圆柱齿轮减速装置 8，分速齿轮 9 后分两路，一路通过右轧辊辊系中的行星齿轮箱 5，锥齿轮转向装置 4 驱动右轧辊；另一路通过二级转向锥齿轮 1，经左轧辊辊系中的行星齿轮箱 2，锥齿轮转向装置 3 驱动左轧辊。当调整轧辊倾角时，轧辊辊系绕 *A* 轴线转动，此时行星齿轮箱中的大齿轮除自转外还绕 *A* 轴线上的小齿轮公转，从而实现角度调整。径向调整是靠转动螺栓带动装在轧辊辊系上的螺母 6 实现的。因此传动中需要有花键轴 7 来协调转动与移动之间的矛盾。

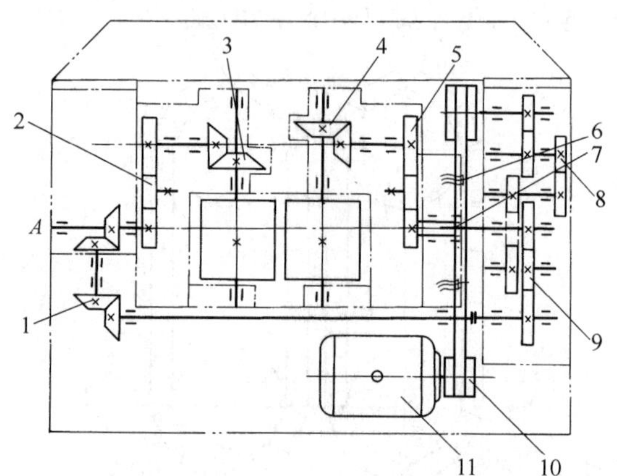

图 5-2-15　机床式斜轧机的传动原理
1—转向锥齿轮　2—左行星齿轮箱　3—左锥齿轮转向装置　4—右锥齿轮转向装置　5—右行星齿轮箱　6—螺母　7—花键轴　8—三级圆柱齿轮减速装置　9—分速齿轮　10—带式减速装置　11—电动机

图 5-2-14　机床式斜轧机

机床式斜轧机的优点是：结构紧凑占地小、易于配置前后进出料装置，工人操作方便。缺点是：维护检修困难、承载能力小等。这种轧机多用于轧制尺寸小、精度要求高的产品，如自行车钢珠、滚针等，而且多为冷轧和温轧。对于大尺寸件的轧制，由于电动机与传动齿轮等外形尺寸与重量过大，因而很难配置在一个机体内，故多采用穿孔式斜轧机。

2.3.3　钳式斜轧机

美国与我国都先后出现了钳式斜轧机，这种轧机的结构如图 5-2-16 所示。由电动机（或者通过减速机）经传动带 1 及带轮 2，通过传动齿轮 4 带动两个传动齿轮 12，再经传动齿轮 5 带动传动齿轮 6，然后带动两个轧辊轴 7。当调整轧辊角度时，轧辊轴 7 倾斜，装在轧辊轴 7 端部的传动齿轮 10 仍保持与传动齿轮 5 平行啮合。轧辊轴 7 端部为球形。由两个固定在传动齿轮 10 上的球瓦，并通过连板 11 实现角度的调整。

这种形式的斜轧机与穿孔式、机床式斜轧机的主要不同点在于齿轮数量少，而且没有用于转向的锥齿轮。通过调整机身拉杆螺栓 8，C 形机身 9 绕通轴 3 摆动，达到轧辊径向调整目的。这种轧机具有零部件少、制造容易、设备重量轻、占地面积少等优点。

钳式斜轧机的缺点是：传动齿轮是开放或者半闭式的，工作时噪声较大；进料或者出料受到传动齿轮影响；更换下导板比较麻烦等。

这种轧机主要用于冷轧小钢珠一类的产品。

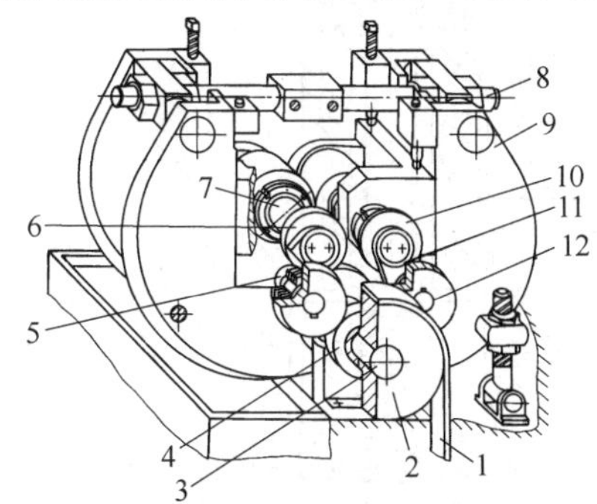

图 5-2-16　钳式斜轧机结构

1—传动带　2—带轮　3—通轴　4、5、6、10、12—传动齿轮　7—轧辊轴　8—机身拉杆螺栓　9—C 形机身　11—连板

2.4　楔横轧机与斜轧机的工作机座结构

楔横轧机与斜轧机都是靠轧辊实现成形的。为了控制轧件位置，还设有导板这个辅助工具。轧机机座的作用是实现轧辊与导板的固定与调整，以及承担它们工作时产生的载荷。

对工作机座的基本要求是：固定要牢靠；调整要准确、方便；要有足够的强度与刚度；能快速拆卸更换零部件等。

立式楔横轧机的工作机座（见图 5-2-17）由六个主要部分组成：轧辊辊系 2、轧辊轴向调整机构 6、轧辊径向调整机构 3、导板机构 1、工作机身 4 和预应力机构 5。

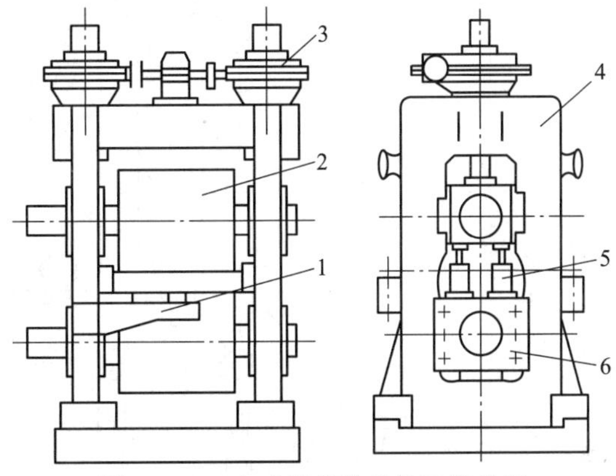

图 5-2-17　立式楔横轧机的工作机座

1—导板机构　2—轧辊辊系　3—轧辊径向调整机构　4—工作机身　5—预应力机构　6—轧辊轴向调整机构

钢球斜轧机的工作机座如图 5-2-18（主视图）与图 5-2-19（侧视图）所示。它由六个主要部分组成：轧辊辊系，轧辊轴向调整机构，轧辊角度调整机构，轧辊径向调整机构，上、下导板装置，机身部件。

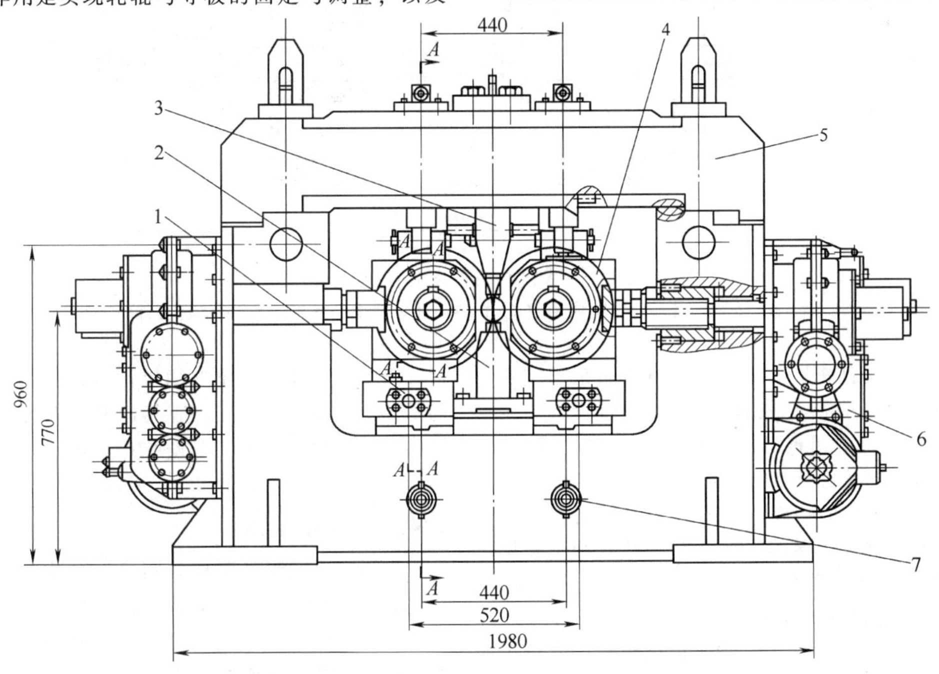

图 5-2-18　钢球斜轧机的工作机座（主视图）

1—轧辊轴向调整机构　2、3—导板装置　4—轧辊辊系　5—机身部件　6—轧辊径向调整机构　7—轧辊角度调整机构

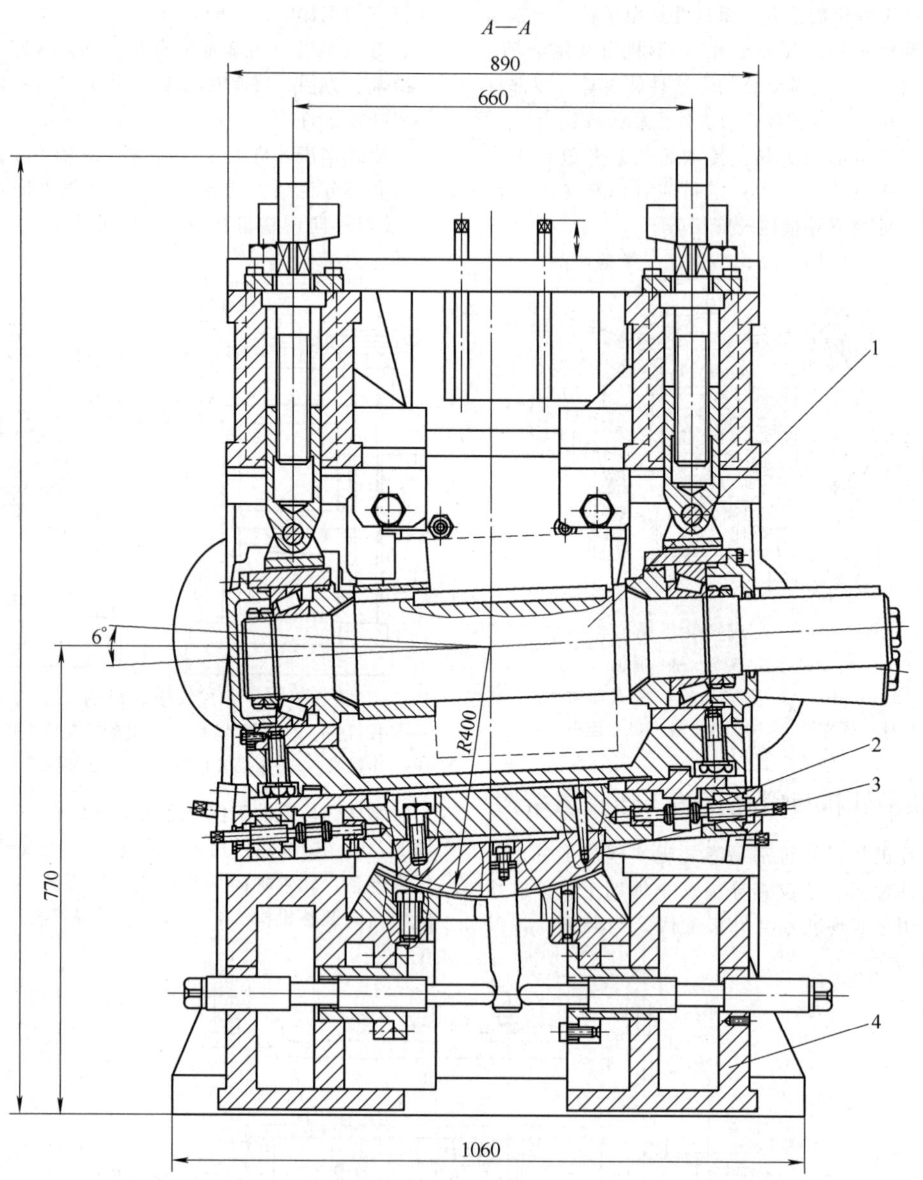

图 5-2-19　钢球斜轧机的工作机座（侧视图）

1—轧辊辊系　2—轧辊轴向调整机构　3—轧辊角度调整机构　4—机身部件

虽然机床式斜轧机的工作机座与传动系统结合成一个整体，但通常也是由轧辊辊系、轧辊轴向调整机构、轧辊角度调整机构、轧辊径向调整机构、上下导板装置以及机身部件六大基本部件组成。

此外，在轧辊的调整上还有一个对准轧辊转角的要求，两个都带孔槽的楔横轧与斜轧轧辊，在调整时要求轧辊角位置对正，称为轧辊的相位调整，这个调整机构称为相位调整机构。

对于单孔型轧制，显然无须相位调整，但对于两个都带型腔的轧辊则需要相位调整。因为大多数轧辊的相位调整机构都放在传动系统中，所以在工作机座中没有介绍轧辊的相位调整机构。需要指出的是，在一些斜轧机上虽有相位要求但无相位调整机构，其相位是靠加工与安装保证的。楔横轧机上的相位调整机构一般附加在齿轮座上。

2.4.1　轧辊辊系

楔横轧机的辊系结构如图 5-2-20 所示，由模具 1、轧辊芯轴 2、轴承 3 及轴承盒 4 组成。

楔横轧的模具与轧辊芯轴是分开的，模具分成若干块，再装在轧辊芯轴上。模具与芯轴分开的好处是：

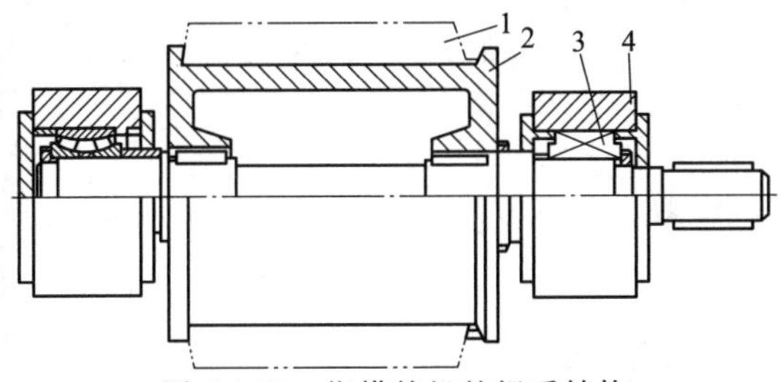

图 5-2-20　楔横轧机的辊系结构

1—模具　2—轧辊芯轴　3—轴承　4—轴承盒

1）模具更换频繁，模具报废时芯轴不报废。

2）产品更换只需换模具，不必将整个轧辊从机座中取出，缩短了换模具的时间。

3）模具按工具钢要求选取，芯轴按结构钢要求选取，可节省成本。

模具固定在轧辊轴上有两种常用的方法。

第一种：模具 2 的两侧都做成斜面，一面靠轧辊芯轴 1 的内斜面定位，另一面靠两面带斜面的楔块 4，通过内六角螺栓 3 压紧模具，如图 5-2-21 所示。这种固定模具方式的优点是快速方便，缺点是模具的宽度不能改变，对于某些长度短的产品，造成模具材料浪费。这种结构适合于小型楔横轧机。

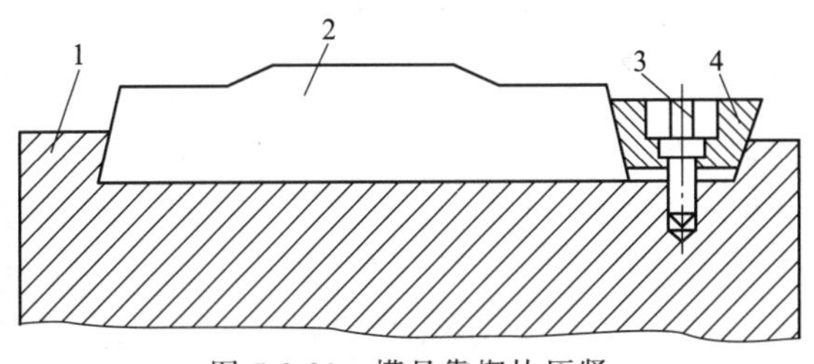

图 5-2-21　模具靠楔块压紧

1—轧辊芯轴　2—模具　3—内六角螺栓　4—楔块

第二种：在轧辊芯轴 2 上有多个贯通的燕尾槽，模具 1 通过内六角螺栓 3 固定在轧辊芯轴上，如图 5-2-22 所示。模具与芯轴的连接如图 5-2-23 所示。这种固定方式的优点是可以实现各种宽度尺寸模具的固定，包括在同一芯轴上固定，节省模具材料，缺点是模具上要打螺孔，模具安装耗时。这种结构多用于大型楔横轧机上。

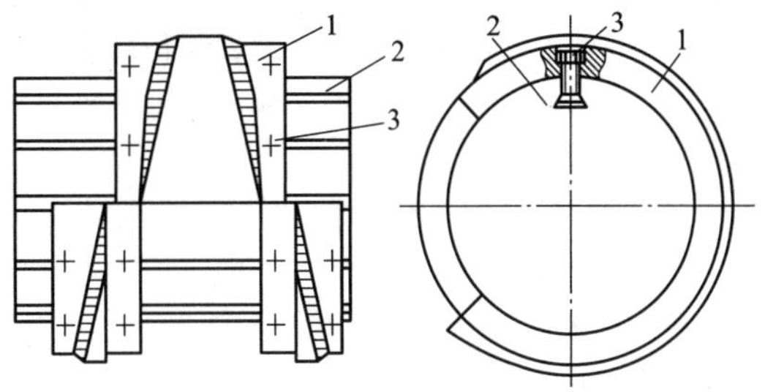

图 5-2-22　模具靠螺栓固定

1—模具　2—轧辊芯轴　3—内六角螺栓

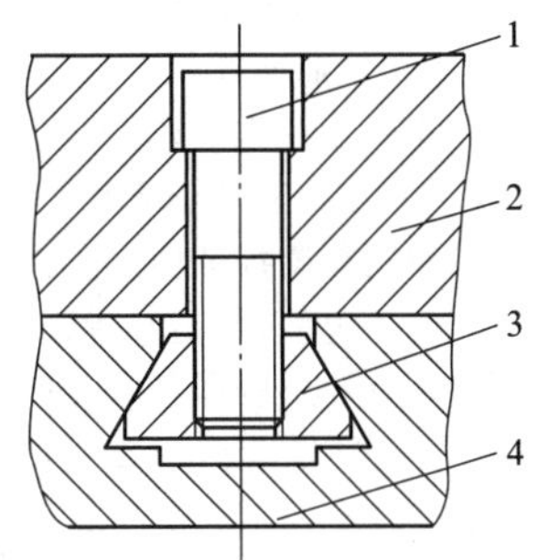

图 5-2-23　模具与芯轴的连接

1—螺栓　2—模具　3—燕尾螺母　4—轧辊芯轴

对于穿孔式斜轧机，通常将轧辊、轧辊轴、轴承和轴承座等组成一个独立的部件，称为轧辊辊系(也称轧辊箱)。一台斜轧机中有若干对这样的轧辊辊系，其目的是在轧辊磨损或者变更轧制品种时节省换辊时间。

图 5-2-24 所示为穿孔式 ϕ30mm 斜轧机的轧辊辊系。

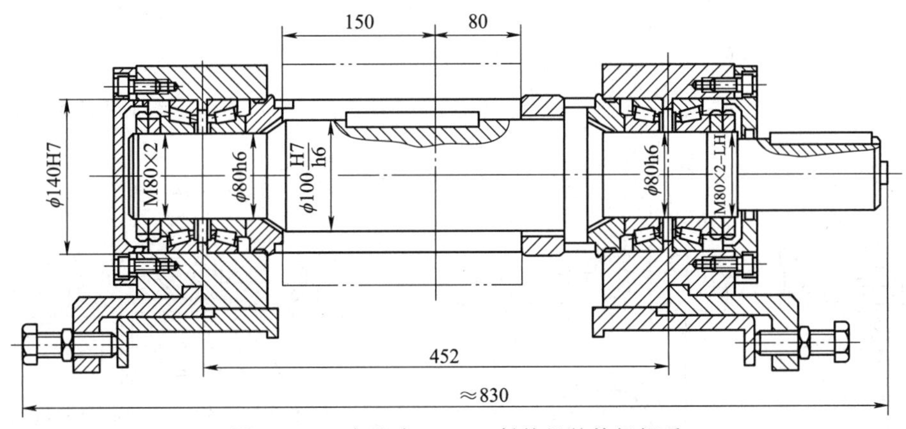

图 5-2-24　穿孔式 ϕ30mm 斜轧机的轧辊辊系

斜轧轧辊都是做成空心的，然后套装在轧辊轴上，而不像一般轧钢机的轧辊将二者做成一体。这是因为斜轧的轧辊使用周期较短，更换比较频繁，并且对轧辊及轧辊轴的材料性能要求差异很大。

轧辊与轧辊轴分成两件的好处：第一，当轧辊磨损或其他原因损坏时，轧辊轴仍能继续使用；第二，可以分别用不同材料与热处理方法做轧辊与轧辊轴，因为轧辊主要要求耐磨，而轧辊轴主要要求具有足够的强度与韧性。

2.4.2　轴向调整机构

无论楔横轧或斜轧，如果两个轧辊都是带型腔的，为了保证轴向对齐，必须设置轴向调整机构。即使一个轧辊为带型腔的，而另一轧辊为光面的，即所谓单孔型轧制，一般也要设立轴向调整机构。因为当两个轧辊出口端面没有对齐时，轧件轧到出口处容易被压偏，将已成形的轧件压出痕迹，造成废品。此外，对于精轧曲面轧辊，两轧辊的交叉点，即喉径位置，在轴向也要求对齐。所以无论是楔横轧机还是斜轧机，一般都应该设有轴向调整机构。

1. 楔横轧机的轴向调整机构

楔横轧机的轴向调整机构有三种。

图 5-2-25 所示为带翅轴承盒的轴向调整机构。轧辊辊系非传动端的轴承盒两边带翅缘，翅缘带长孔，上轧辊的上下调整，上下螺纹管向外的轴向调整，中间靠螺母移动管向内的轴向调整。

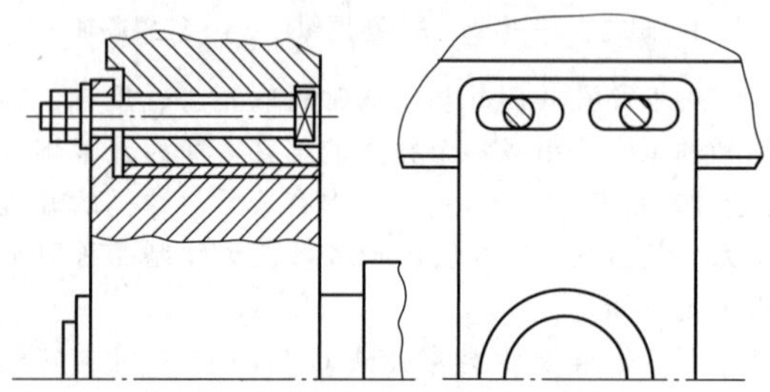

图 5-2-25　带翅轴承盒的轴向调整机构

图 5-2-26 所示为 C 形压板式轴向调整机构。这种机构虽然简单，但在机身的两个外侧都要设有这样的机构才能完成轴向左右的调整与固定，调整时相对于第一种更复杂。

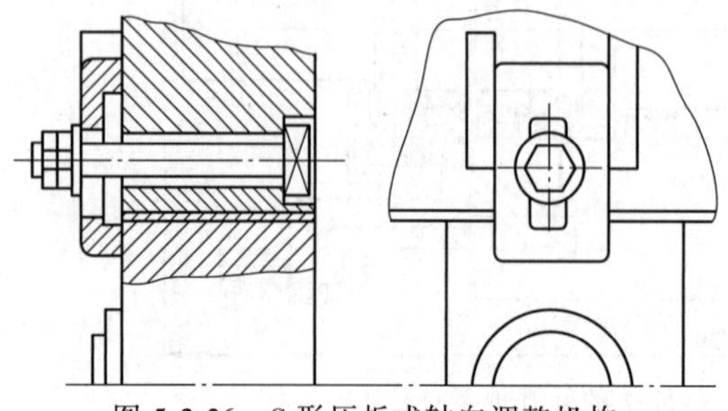

图 5-2-26　C 形压板式轴向调整机构

图 5-2-27 所示为双拉杆式轴向调整机构。拉杆上有正反螺纹，当螺母转动时，拉杆产生伸缩运动，实现轧辊的轴向调整。上下两个调整螺母，一个提供拉力，另一个提供推力，因此只需在机身一侧进行调整即可。

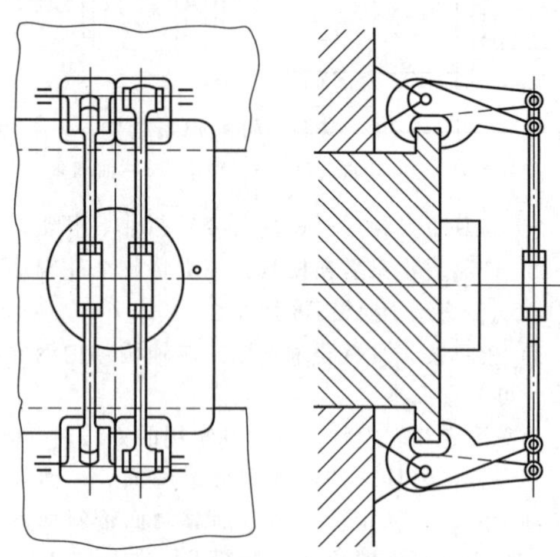

图 5-2-27　双拉杆式轴向调整机构

2. 斜轧机的轴向调整机构

斜轧机的轴向调整机构与楔横轧机的轴向调整机构有所不同，因为楔横轧机多为立式的，斜轧机多为卧式的，斜轧机常用的轴向调整机构有五种。

图 5-2-28 所示为双螺母式轴向调整机构。它是靠固定在轧辊轴上两个螺母的松与紧来进行轴向调整的。这种结构简单，适用于小型斜轧机，例如冷轧自行车钢珠及滚针的机床式轧机。

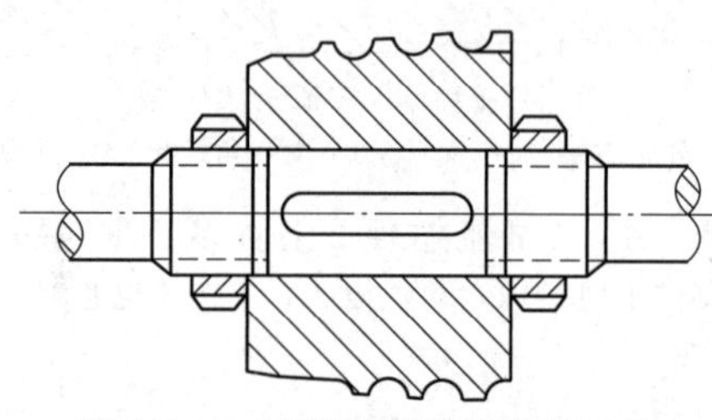

图 5-2-28　双螺母式轴向调整机构

图 5-2-29 所示为钩子式轴向调整机构。该结构

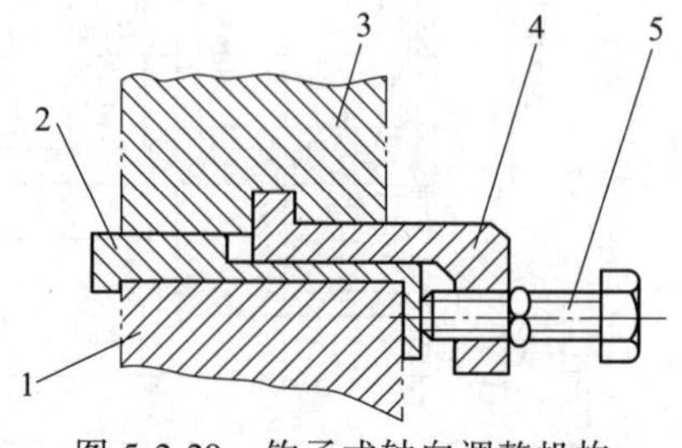

图 5-2-29　钩子式轴向调整机构

1—转鼓　2—滑板　3—轴承盒　4—钩子　5—调整螺钉

比较简单，调整比较方便；缺点是当轴向调整受力大时，钩子 4 受一力偶作用，容易翘起，所以一般多用于小型斜轧机上，如 ϕ30mm 钢球及滚子轧机就是采用这种结构。

图 5-2-30 所示为顶丝式轴向调整机构。该结构稍为复杂一些，但调整比较方便，能够解决翘起的问题；缺点是装卸轧辊箱较为麻烦。这种结构也多用在小型轧机上，如 ϕ20mm 穿孔式斜轧机就是采用这种机构。

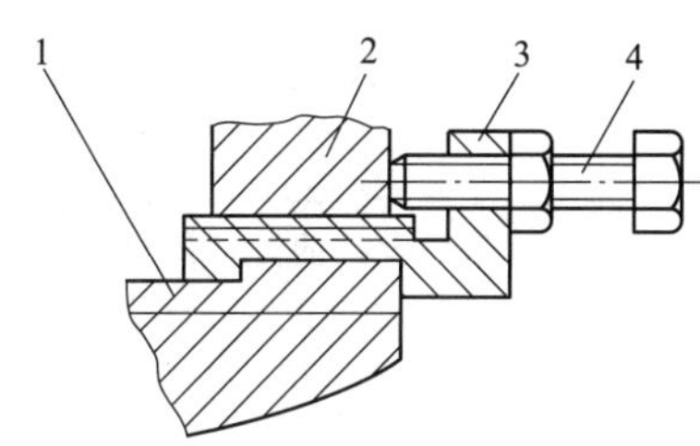

图 5-2-30　顶丝式轴向调整机构

1—转鼓　2—轴承盒　3—滑板　4—调整螺钉

图 5-2-31 所示为 C 形压板式轴向调整机构。该结构比较简单，调整比较方便，比较好地解决了翘起的问题，但是这种结构形式要求下面的转鼓托板 1 有足够的厚度。

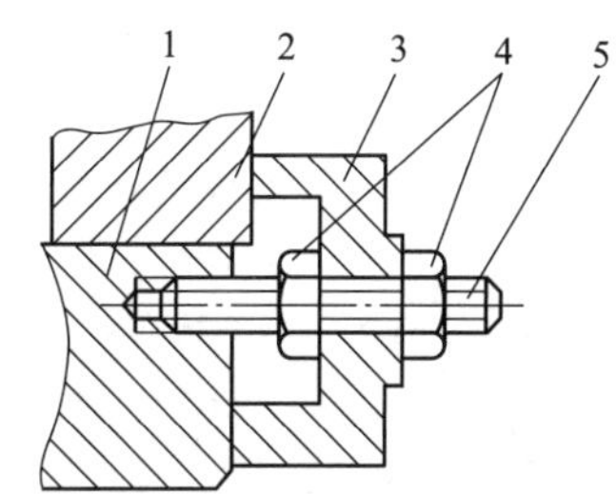

图 5-2-31　C 形压板式轴向调整机构

1—转鼓托板　2—轴承盒　3—C 形压板

4—调整螺母　5—固定螺钉

图 5-2-32 所示为滑块式轴向调整机构。该结构多用于较大型的穿孔式斜轧机。它的结构虽然复杂一些，但调整方便、可靠。我国设计的 ϕ75mm 球磨钢球轧机以及其他大型斜轧机都是采用这种轴向调整机构。

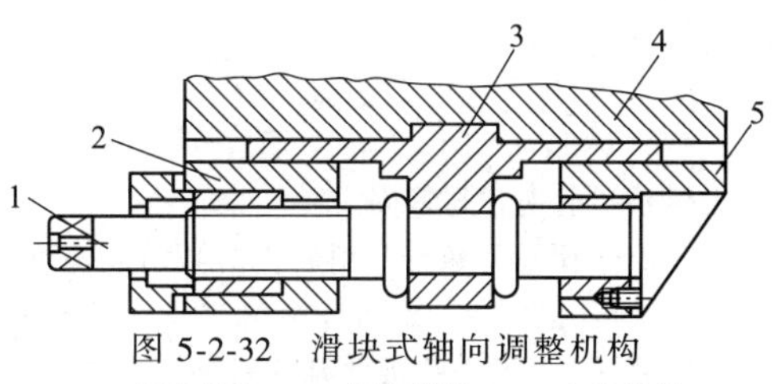

图 5-2-32　滑块式轴向调整机构

1—调整丝杠　2—固定螺母　3—十字滑块

4—轴承盒　5—转鼓

图 5-2-29、图 5-2-30、图 5-2-31 所示的三种轴向调整机构，在轧辊辊系的两端都应该设置，才能实现前后调整。图 5-2-32 所示的轴向调整机构，只要轧辊一侧设置就能完成轧辊前后调整的要求，但无法避免在滑块 3 的上部与轴承盒的配合处、滑块下部与丝杠 1 的两个凸环配合处存在间隙，因此轴向位置控制不准确，故还是两边都设置的调整机构控制精度高。

2.4.3　倾角调整机构

为了满足斜轧生产的工艺要求，斜轧机的轧辊大都设计成倾角可以调整的形式。一般斜轧机的倾角调整范围在 8°以内。楔横轧机没有此机构。

轧辊倾角调整机构的形式是多种多样的。我们只就其中具有代表性的几种加以介绍。

图 5-2-33 所示为穿孔机的倾角调整机构。它由电动机驱动，通过二级蜗杆减速器 1 带动链轮机构 2，链轮机构再带动转鼓 4 旋转，轧辊辊系 5 装在转鼓上，因此靠转鼓转动实现轧辊倾角的调整。机构 3 是转鼓松紧装置，调整倾角时松开，调整好后紧固。这种倾角调整机构在斜轧机上应用较少，因为它的结构比较大且比较复杂。

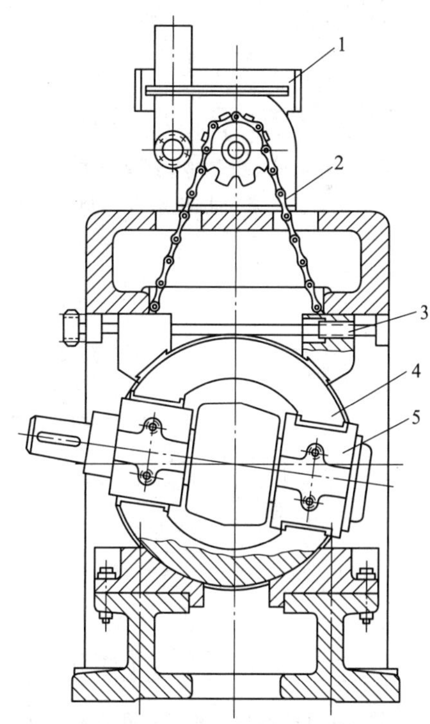

图 5-2-33　穿孔机的倾角调整机构

1—蜗杆减速器　2—链轮机构　3—转鼓松紧装置　4—转鼓　5—轧辊辊系

由于穿孔机的倾角调整机构比较复杂，故最早出现的斜轧机采用在轧辊辊系两侧垫上带倾角的垫块来改变倾角。垫块有 2°、3°、4°及 5°四组（或者更多），当改变倾角时，就更换这一组垫块。但这种倾角调整办法目前已较少采用，原因是虽然轧机结构简单，但倾角调整麻烦，而且不能实现倾角的连续微调。

图 5-2-34 所示为苏联设计的斜轧机机座及其倾角调整机构。轧辊辊系放在门形架内，在它的下面固定一个弧形板（转鼓）（见图 5-2-35 中的 4）。当调整倾角时，转动丝杠 1，螺母调整套筒 6 移动，带动摇杆 5 转动，从而带动弧形板以及整个门形架与轧辊辊系转动，实现倾角调整。在门形架上设有松紧装置，调整前松开，调整后锁紧。

上述倾角调整机构虽然能够满足倾角调整的要求，但是结构庞大且复杂。因为门形架既限制了辊径又不便换辊，所以我国设计的斜轧机的倾角调整机构如图 5-2-18 与图 5-2-19 所示，去掉了门形架，

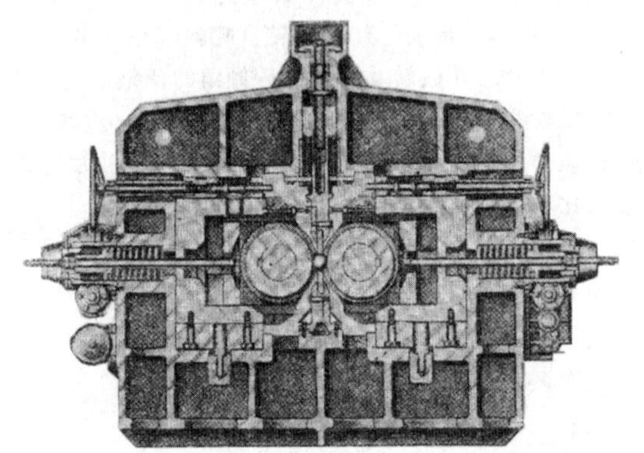

图 5-2-34　苏联设计的斜轧机机座及其倾角调整机构

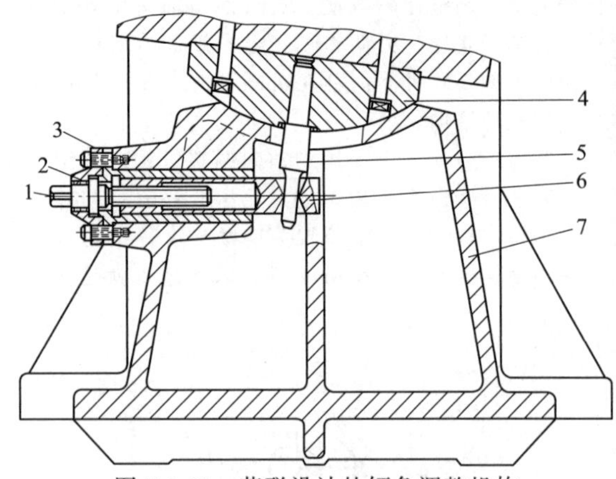

图 5-2-35　苏联设计的倾角调整机构
1—丝杠　2—端盖　3—支承套　4—转鼓　5—摇杆　6—螺母调整套筒　7—工作机身

在机身盖上面装有四个松紧机构，当丝杠转动时，丝杠不移动，螺母套筒上下移动。为了防止螺母套筒转动，在它与机身盖之间装有滑键。为保证轧辊在各种倾角位置时压板能压紧轴承盒，在螺母套筒与压板之间采用铰接。

与轴向调整机构一样，为防止松动与位置不稳定，我国设计的 ϕ30mm 钢球及滚子轧机倾角调整机构（见图 5-2-36）也采用两边都有调整机构的装置，通过一边退一边进进行调整。

实践证明，我国设计的这种倾角调整机构不仅结构简单，使用方便可靠，而且易于拆换轧辊，因而在穿孔式斜轧机上得到广泛的运用。

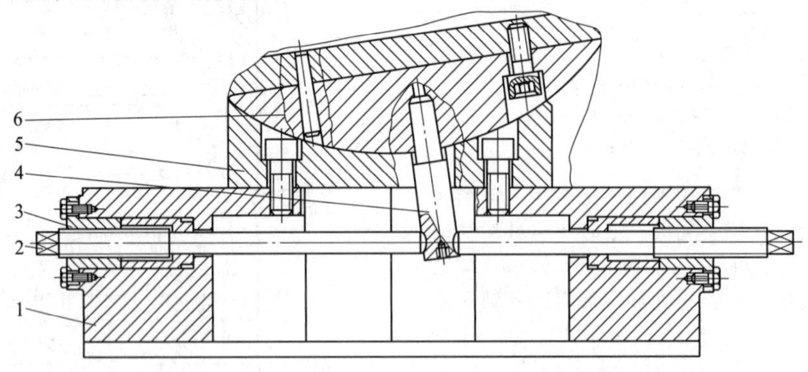

图 5-2-36　ϕ30mm 钢球及滚子轧机的倾角调整机构
1—工作机身　2—调整丝杠　3—固定螺母　4—摇杆　5—转鼓座　6—转鼓

机床式斜轧机的倾角调整与穿孔式斜轧机不同。图 5-2-37 所示为滚针斜轧机倾角调整机构。在调整倾角时，转动调整丝杠 5，轧辊辊系 4 便绕旋转中心转动。同样，在调整前要松开松紧机构，调整好后要紧固松紧机构。当转动松紧丝杠 1 时，带斜楔的螺母 2 产生上下移动，斜面推动或者松开拉杆 3 实现轧辊辊系 4 的松开与紧固。

图 5-2-38 所示为精密热斜轧机的倾角调整机构。它的调整精度达到 1′。在调整倾角时，靠专用工具转动花键套筒 1，带动花键丝杠 3 旋转。花键丝杠 3 比较特殊，它包含两段不同的螺纹，左边螺纹为 Tr36×4. 08，右边部分螺纹为 Tr31×6。右边的固定螺

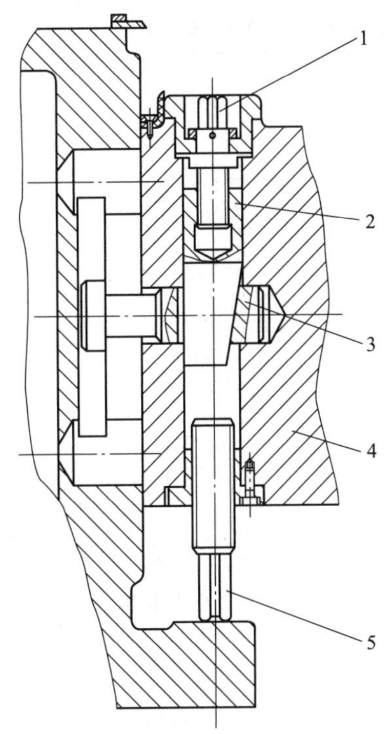

图 5-2-37　滚针斜轧机的倾角调整机构
1—松紧丝杠　2—带斜楔的螺母　3—拉杆　4—轧辊辊系　5—调整丝杠

母 8 固定在机身上，左边的滑动螺母 4 可在机身中左右滑动。因此，当花键丝杠转动一圈时，由于右固定螺母 8 固定，丝杠移动 6mm，而滑动螺母 4 除跟随丝杠 3 移动 6mm 外，还向反方向移动 4.08mm，所以滑动螺母 4 实际上（相对于机身）只移动 1.92mm。滑动螺母 4 通过两个连杆 6 带动压板 7，压板 7 固定在转鼓 5 上，从而实现转鼓 5 的转动，即实现轧辊的倾角调整。对于回转半径为 220mm 的圆，当圆周移动 1.92mm 时，转鼓正好转动 30′，在固定盘 2 上按 30 份分度，倾角指示精度可达 1′。

2.4.4　径向调整机构

为了控制产品的径向尺寸，楔横轧与斜轧一样都必须设置径向调整机构。因为径向调整比较常用，故要求它调整起来方便可靠。

此外，对径向调整机构还有以下要求：

1）为了保证轧辊平行移动，两边的径向压下机构应当同步。

2）为了能调喇叭口（孔型入口与出口间距离不等称为喇叭口），轧辊辊系的任意一边可以单独调整，这种调整虽用得不多，但不能没有。

3）除往里压有机构外，返回也应有机构（一般把返回机构称作平衡机构）。

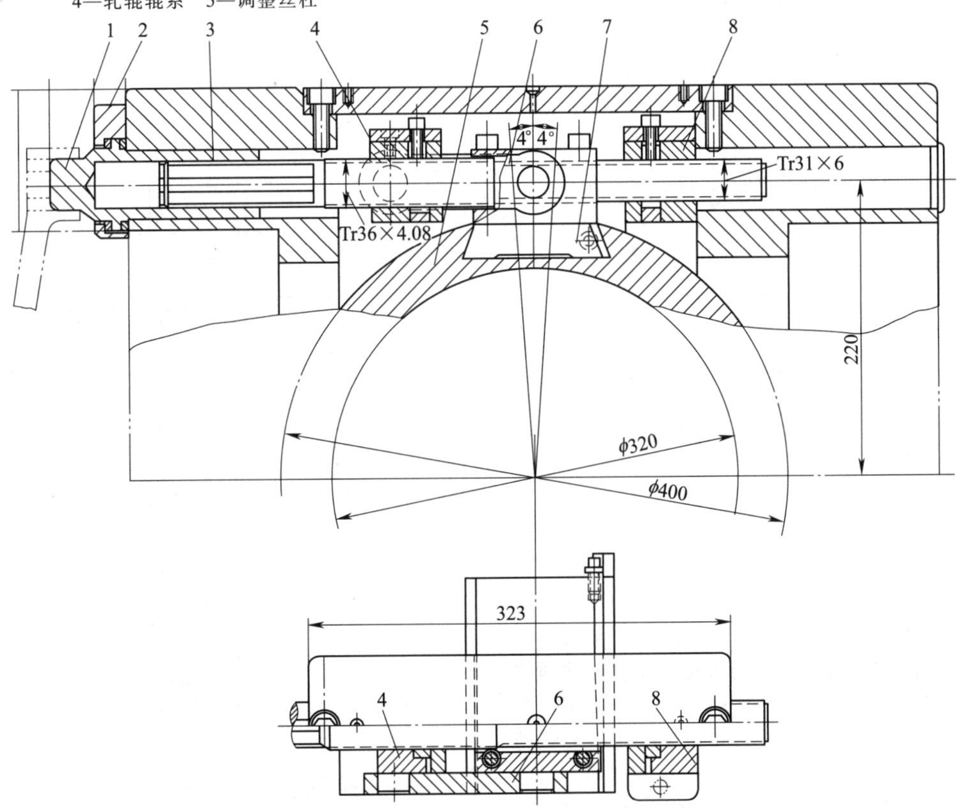

图 5-2-38　精密热斜轧机的倾角调整机构
1—花键套筒　2—固定盘　3—丝杠　4—滑动螺母　5—转鼓　6—连杆　7—压板　8—固定螺母

径向调整机构可以分为两类，一类为手动，另一类为电动。手动的多用在小型的轧机上，电动的多用在大型或者需要经常调整的轧机上。

图 5-2-39 所示为楔横轧机的手动径向调整机构。手轮 1 与蜗杆 5 连接，通过蜗杆带动蜗轮 4 转动，蜗轮通过键 3 带动压下螺栓 2 转动，由于压下螺栓与固定在机身内的压下螺母相啮合，故压下螺栓除转动外还做上下运动，推动轧辊辊系做径向调整运动。当中间的离合器 6 啮合时，两边的压下螺栓做同步移动，即轧辊辊系做平行于轧件的移动。当中间离合器 6 脱开时，两侧手轮可单独控制压下螺栓的移动，实现喇叭口调整。

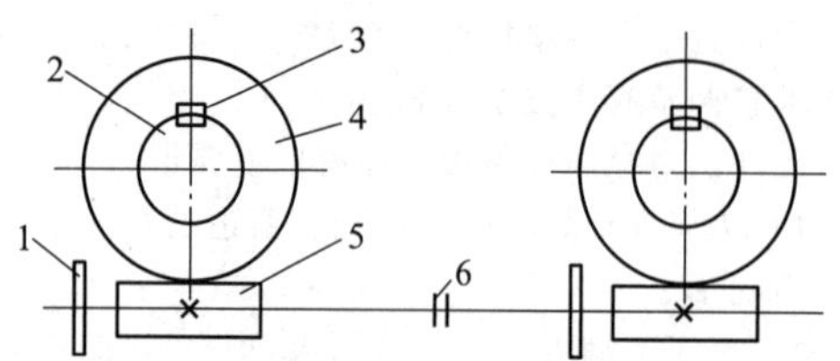

图 5-2-39　手动径向调整机构

1—手轮　2—压下螺栓　3—键　4—蜗轮　5—蜗杆　6—离合器

图 5-2-40 所示为楔横轧机二级蜗杆蜗轮减速的径向调整机构。其工作原理与手动工作原理相似。电动机 1 与蜗轮减速机 2 连接，通过蜗轮减速器 4 带动压下螺栓转动，由于压下螺栓与固定在机身内的压下螺母相啮合，故压下螺栓除转动外还做上下运动，推动轧辊辊系做径向调整运动。当中间的离合器 3 啮合时，两边的压下螺栓做同步移动，即轧辊辊系做平行于轧件的移动。当中间离合器 3 脱开时，两侧手轮可单独控制压下螺栓的移动，实现喇叭口调整。

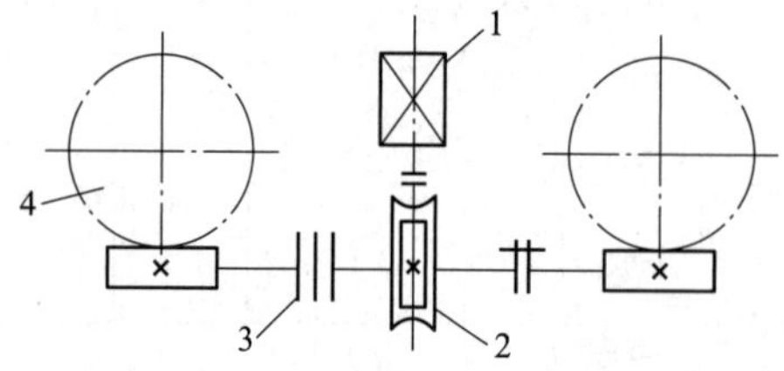

图 5-2-40　楔横轧机二级蜗杆蜗轮减速的径向调整机构

1—电动机　2—蜗轮减速机　3—离合器　4—蜗轮减速器

图 5-2-41 所示为我国设计的 ϕ30mm 钢球及滚子斜轧机的手动径向调整机构。调整时人工转动手轮 7，带动中间齿轮 6 转动，中间齿轮 6 同时带动两边装在丝杠 4 上的两个齿轮 5 转动，两根丝杠 4 同时转动实现同步径向压入。由于齿轮 5 边转动边跟随丝杠移动，为保证啮合，中间齿轮 6 做成宽齿轮。如果径向要退出，则反转手轮 7，两个丝杠退出，中间的弹簧 2 将轧辊辊系拉出。如果要调喇叭口，则移动一边的齿轮 5，使其脱离中间齿轮 6，这时再转动手轮 7，便一边压入或退出，实现喇叭口的调整。

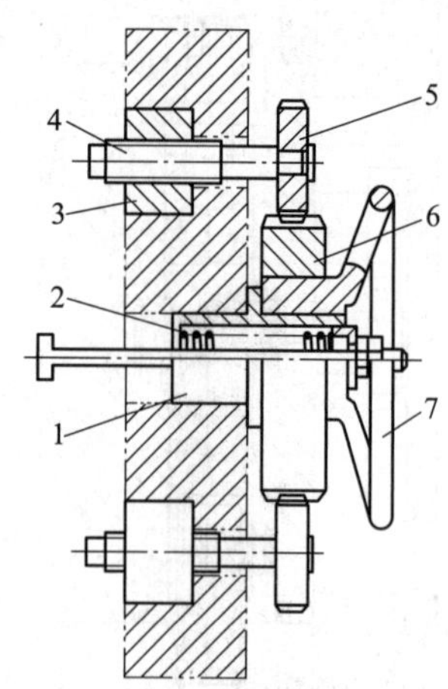

图 5-2-41　ϕ30mm 钢球及滚子斜轧机的手动径向调整机构

1—固定套筒　2—弹簧　3—螺母　4—丝杠　5—齿轮　6—中间齿轮　7—手轮

一般斜轧机的径向调整机构大多采用螺栓螺母作为移动机构，个别轧机采用斜楔作为移动机构。图 5-2-42 所示为精密热斜轧机的斜楔径向调整机构。

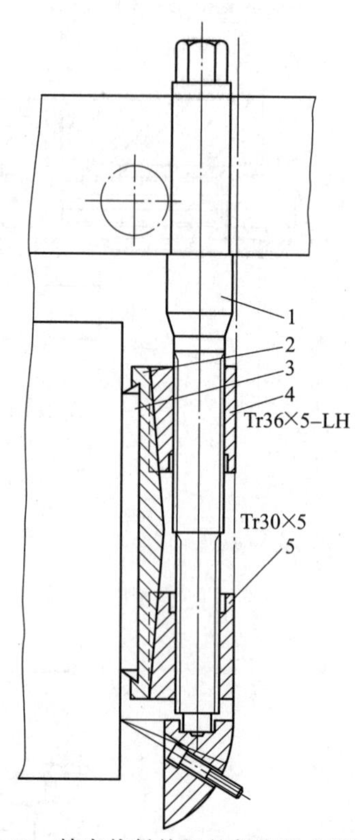

图 5-2-42　精密热斜轧机的斜楔径向调整机构

1—丝杠　2—V 形块　3—垫块　4—带左旋螺母的楔块　5—带右旋螺母的楔块

当转动丝杠 1 时，带螺母的楔块 4 与 5 相对移动，靠斜面推动 V 形块 2 左右移动实现轧辊辊系的径向调整。换辊时，将垫块 3 抽出，这样既节省转动丝杠时间又可缩短丝杠的行程。

对于大型斜轧机，手动调整费力，故多采用电动压下。此外，在球磨钢球轧机上，由于坯料直径尺寸公差较大，为保证钢球的质量，轧机径向要经常调整，而且要求在轧制过程之中调整，我们称这种径向调整为带钢压下。北京科技大学与包头钢铁公司联合设计的 ϕ75mm 球磨钢球轧机就采用了这种带钢压下装置，如图 5-2-43 和图 5-2-44 所示。

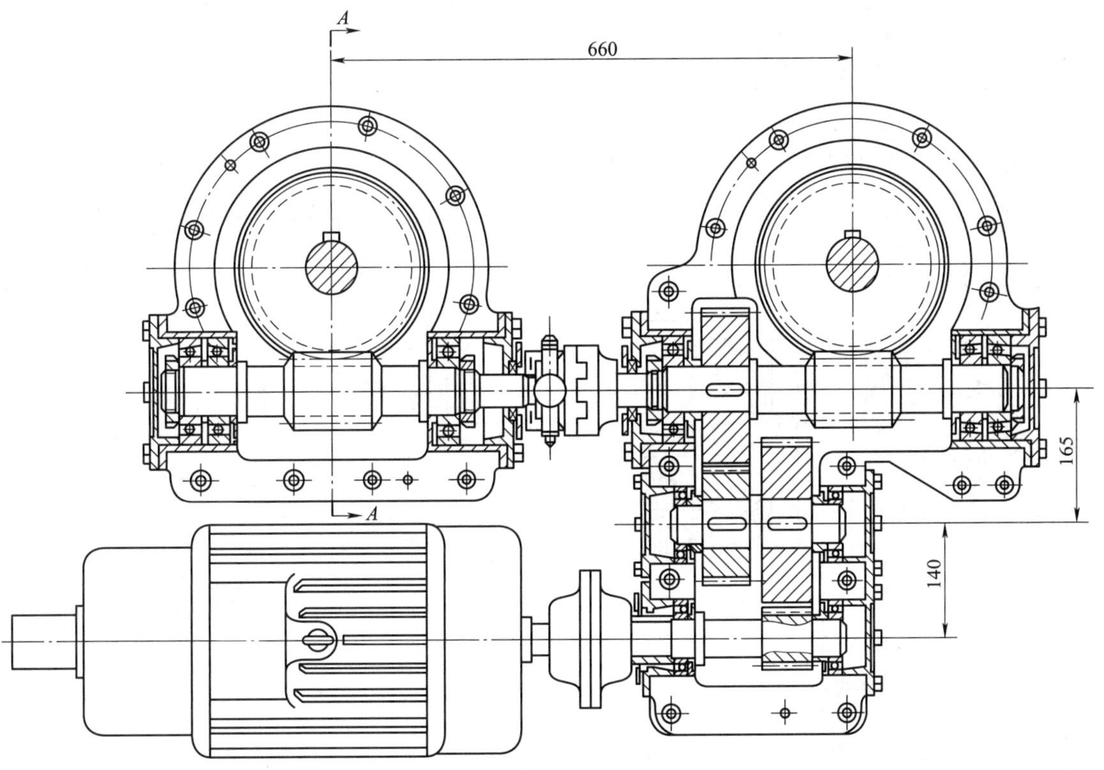

图 5-2-43　ϕ75mm 球磨钢球轧机的径向调整机构（主视图）

2.4.5　导板装置

二辊楔横轧机有的采用导板装置，有的采用前后支持装置。二辊斜轧机必须设有导板装置，当轧制时，由于导板固定不动而轧件高速旋转前进，故在导板与轧件相互接触处有很大的切向与轴向滑动摩擦。热轧时，如果导板不进行冷却，或者冷却效果不好，连续生产不到 0.5h，导板的接触表面温度可达 700℃以上。因此，在斜轧生产中，除对导板进行强力冷却外，还应选择高温下的耐磨材料。我国生产中常用的导板材料为：3Cr2W8V、高铬铸铁、高温合金以及在碳素结构钢上堆焊 D667 耐磨合金等。

对导板装置的要求是：①既要拆卸方便又要固定牢靠；②既要具有足够的强度与刚度又要便于调整，包括上下、左右的调整。

图 5-2-45 所示为楔横轧机的导板机构。

图 5-2-46 所示为穿孔式斜轧机的上导板装置，图中导板 10 通过螺钉 9 固定在滑板 4 上，滑板 4 通过圆螺母 3、丝杠 2 与导板座 1 联系。调节丝杠 2 可以调节导板 10 的上下高度。导板调整完后通过螺栓 7 和压板 8 把导板 10 压紧。为了增强导板的刚性，防止轧制过程中发生振动，一般在机身上横梁的内侧，导板座的两侧都有带固定螺母的支腿 6 用丝杠 5 顶住导板座。

这种上导板机构比较可靠，但调整不太方便。为了调整导板高度，必须把整个导板座从轧机上卸下来，这样就增加了操作者的劳动强度与更换导板的时间。

图 5-2-47 所示为穿孔式斜轧机的下导板装置。图中螺钉 5 将下导板 1 固定在下导板升降滑板 4 上，通过螺栓 6 和压板 2 把下导板和导板座 3 固定在一起。当需要调节下导板的高度时，通过调节丝杠 7 带动带斜面的滑块 8 来实现。

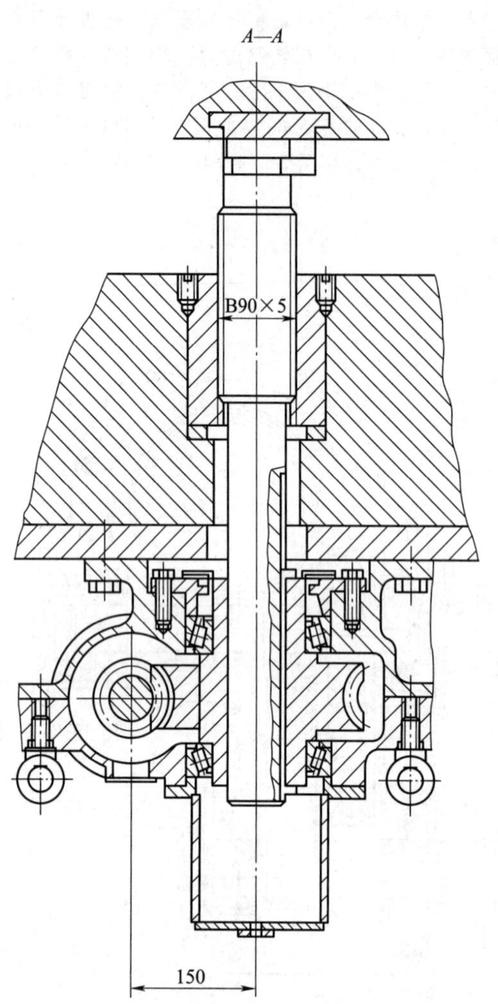

图 5-2-44　ϕ75mm 球磨钢球轧机的径向调整机构（侧视图）

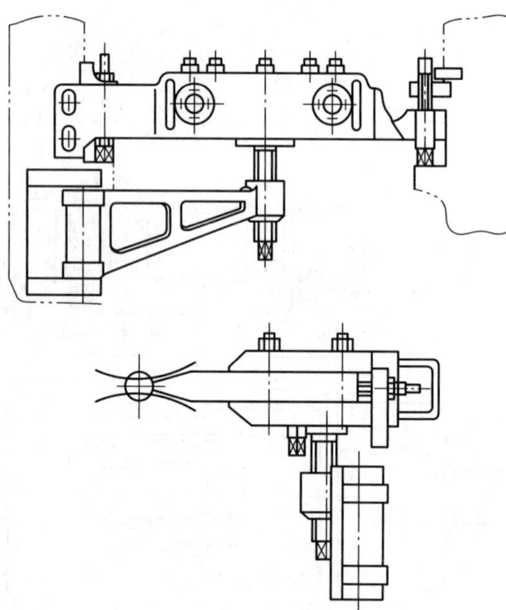

图 5-2-45　楔横轧机的导板机构

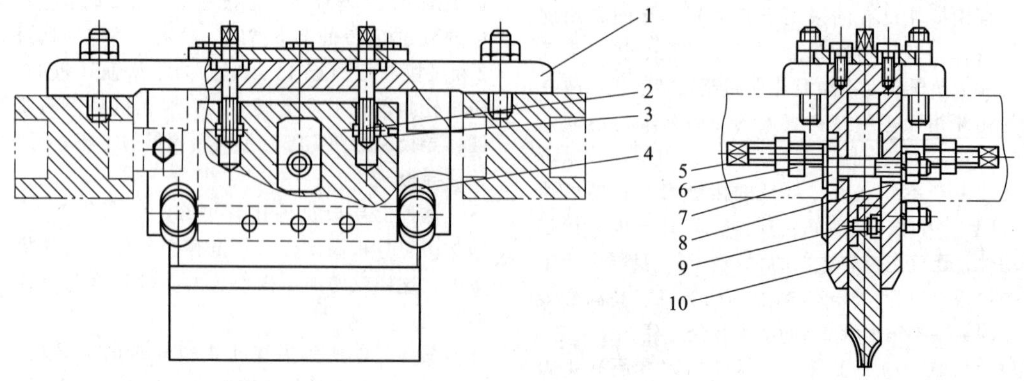

图 5-2-46　穿孔式斜轧机的上导板装置

1—导板座　2—调节丝杠　3—圆螺母　4—滑板　5—丝杠　6—固定螺母支腿　7—螺栓　8—压板　9—螺钉　10—导板

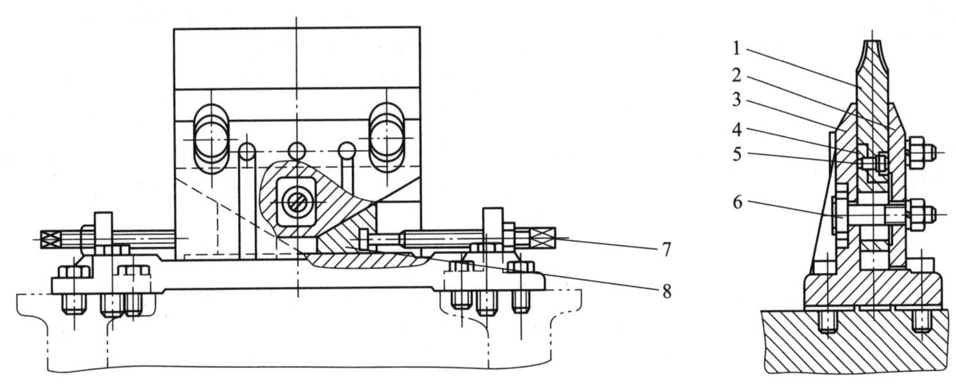

图 5-2-47　穿孔式斜轧机的下导板装置

1—下导板　2—压板　3—导板座　4—滑板　5—螺钉　6—螺栓　7—丝杠　8—带斜面的滑块

这种下导板装置比较可靠，但是调整不很方便。调整时需要移开轧辊辊系才能用扳手松开固定导板的螺栓 6。由于空间小，操作起来比较困难，此外，导板调好后还需重新对孔型。

2.4.6　工作机身的结构

楔横轧机与斜轧机的工作机身是整个轧机最基础的零件，也是最重要的零件之一。因为工作机身起到下述重要作用：承受并平衡轧制力；承受轧制力矩并传递给基础（机床式斜轧机、整体式楔横轧机除外）；机座中的各个零部件及相应的调整机构均安置在它上面。

因此，对工作机身有很高的要求：

1）要有足够的强度，在设计上要求绝对安全，一般情况不允许破坏与更换。

2）要有足够的刚度，因为斜轧是用来生产零件或零件毛坯的。刚度越大，轧制精度越高，尤其是精密轧制，对刚度的要求更高。

3）要有合理的结构，因为机身的结构不但对强度、刚度影响大，而且影响到零部件在它上面如何固定、拆卸与调整。

轧机的工作机身可分为立式与卧式两种形式。立式工作机身如图 5-2-48 所示，这种机身多用于楔横轧机。卧式工作机身如图 5-2-49 所示，这种机身多用于斜轧机。

常见的立式机身有 4 种（见图 5-2-48a ~ d）。常见的卧式机身有 3 种（见图 5-2-49a ~ c）。图 5-2-48a 与图 5-2-49a 所示的机身称为闭式机身，这种机身优点是刚度大，制造方便，其缺点是只能轴向换辊，换轧辊的时间长。此外，机身窗口尺寸限制了轧辊直径。

图 5-2-48b 与图 5-2-49b 所示的机身为开式机身。它由机身与机盖组成，两者靠拉杆打入钢楔（或拉杆加螺母）锁紧。这种机身的主要优点是换辊方便，只要拆除上盖，就能向上吊走轧辊辊系进行换辊，但这种机身的刚性不如闭式机身。

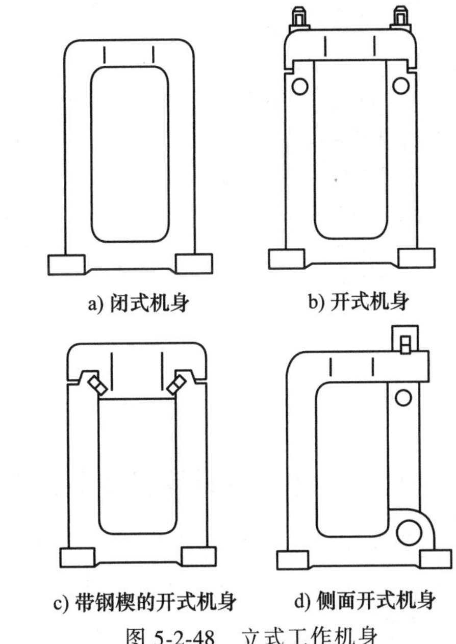

a) 闭式机身　b) 开式机身

c) 带钢楔的开式机身　d) 侧面开式机身

图 5-2-48　立式工作机身

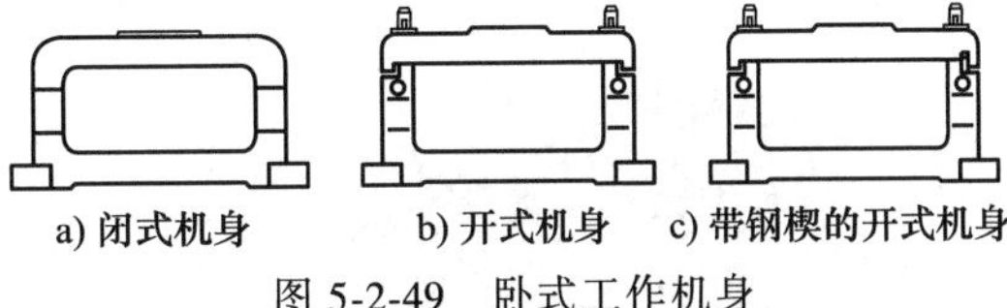

a) 闭式机身　b) 开式机身　c) 带钢楔的开式机身

图 5-2-49　卧式工作机身

为了保持开式机身换辊的优点，又能提高开式机身的刚度，设计了图 5-2-48c 与图 5-2-49c 所示的机身结构。这种由机盖与机身的侧面打入钢楔的机身称为带钢楔的开式机身。由于这种机身同时具有刚度大、换辊方便的优点，因而得到广泛运用。

图 5-2-48d 所示的机身为侧面开式机身。这种机

身主要用在整体式楔横轧机上，因为这种轧机在工作机身上面装置了电动机与传动装置，不便打开上盖换辊，故采取机身侧面打开的办法进行换辊，即把上面钢楔拆走后，侧面立柱绕下面铰链点转开，轧辊辊系从侧面取走。

根据制造工艺，工作机身分为铸造与焊接两种。

一般大型楔横轧机与斜轧机的机身与机盖通常均采用整体铸造。材料多用 ZG25、ZG30 与 ZG35。这种整体铸钢机身具有强度高、刚度大等优点，故大型的轧机，或者刚度要求高的轧机多用这种机身。

在国内外，有些工厂为了生产自用的楔横轧机与斜轧机，采用厚钢板焊接机身。但是，大型轧机采用焊接机身，加工制造相当麻烦，因为所有的焊接件要事先加工，焊接后要进行整体退火处理，最后再进行精加工。如果工件大，则加工周期较长，耗费工时也相当多，因此与铸件相比，不仅工艺复杂，而且造价也高。所以焊接机身多用于小型轧机上，而且往往是无铸钢能力的工厂。

在采用焊接机身时，在钢板下料中应保证机身的立柱与下横梁成一整体，避免立柱与下横梁拐弯处进行焊接，因为此处受力大且应力集中较严重，容易最先发生断裂。

此外，在我国还出现过把立柱与横梁分开制造，然后再用螺栓连接的机身形式，这种称为装配式工作机身（图 5-2-14 所示的机床式斜轧机就是这种机身），在穿孔式斜轧机上也有类似的轧机机身。实践表明，这种机身无论强度与刚度都比较差。

2.5 典型楔横轧机与斜轧机产品简介

2.5.1 典型楔横轧机产品简介

1. 德国 LASCO 成型技术（集团）有限公司楔横轧机产品样本（www.lasco.com）

LASCO QKW700 带进料系统的楔横轧机如图 5-2-50 所示。

图 5-2-50 LASCO QKW700 带进料系统的楔横轧机

LASCO 公司基于自己的机械原理，通过使用自动化辊轧预制坯设备而确保用户更有效地利用原材料，并确保成形产品的一致性。通过使用 LASCO 公司生产的 QKW 系列设备，LASCO 公司可以提供楔横轧自动化生产线。楔横轧设备主要用于圆料制坯。由于成形精度好，设备也可以用于做成形设备使用，例如用于生产台阶轴。

QKW 型设备的特点：①基架刚性高；②两台相互独立的伺服电动机驱动轧辊；③液压夹持辊轴；④换模时间短（低于 20min）；⑤无须辅助设备就可以更换辊；⑥在工作过程中可以检测和自动化调节辊间距；⑦辊间高度平行；⑧辊间调节范围大；⑨所有工程数据高度一致；⑩带有自动化定位装置，可以根据辊角调节和控制变形速度。

辅助设备：①自动换辊装置；②自动换辊时的设定装置；③辊（楔横轧辊）的温度（加热/冷却）补偿系统。

自动化系统：加热好的坯料自动放到楔斜横轧辊处，通过三角形滑槽定位，而后坯料通过伺服推杆被推入轧辊间，没有温度损失。

QKW 横楔轧辊：横楔轧辊系用于圆形锻造部件、阶级式轴和空心轴的预成形和精加工成形（材料分配）。经加热的圆柱形棒材在两个装有刀具的同步轧辊之间进行轧制。

QKW 楔横轧机的型号和技术参数见表 5-2-7，其生产的产品如图 5-2-51 所示。

图 5-2-51 LASCO 公司楔横轧机生产的产品

表 5-2-7　LASCO 的 QKW 楔横轧机型号和技术参数

参数名称	型号		
	QKW500	QKW700	QKW1000
	参数值		
轧辊直径/mm	500	700	1000
轧辊宽度/mm	500	700	1000
轧件最大直径/mm	50	70	110
轧件最大长度/mm	300	400	560
下辊调整量/mm	40	60	80
每个驱动电动机功率/kW	22	55	90
机器重量/t	15	25	50
外形尺寸/m(长×宽×高)	1.5×3.0×2.0	2.4×5.0×3.3	3.6×6.2×4.7

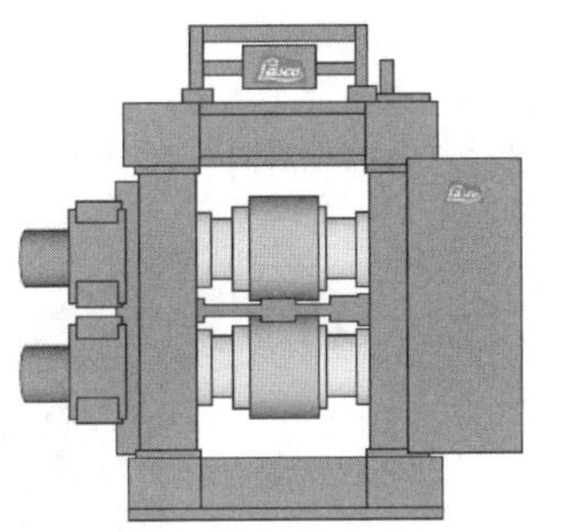

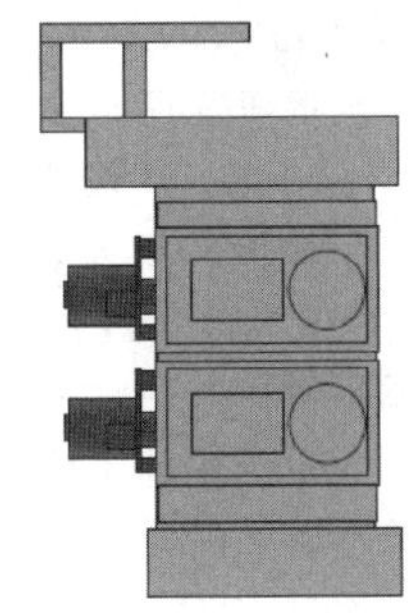

2. 捷克斯梅勒布尔洛（Smeral Brno a. s.）**公司的 ULS 楔横轧机产品样本**（www.smeral.cz）

捷克 Smeral 公司的 ULS160RA 楔横轧机如图 5-2-52 所示。ULS 型楔横轧机的具体型号和技术参数见表 5-2-8，捷克 Smeral 公司楔横轧机生产的产品如图 5-2-53 所示。

图 5-2-52　捷克 Smeral 公司 ULS160RA 楔横轧机

图 5-2-53　捷克 Smeral 公司楔横轧机生产的产品

表 5-2-8　捷克 Smeral 公司 ULS 型楔横轧机的具体型号和技术参数

参数名称	型号				
	ULS70	ULS70RA	ULS100RA	ULS100RA/RL	ULS160RA
	参数值				
毛坯直径/mm	35～80	40～70	40～100	40～100	50～160
毛坯最大长度/mm	300	300	500	500	500
轧件最大长度/mm	550	550	900	900	800
轧辊直径/mm	700	700	1000	1000	1000
轧辊宽度/mm	600	700	1000	1000	800
轧辊转速/(r/min)	13.6	5～13	5～10	5～10	5～10
工作循环时间/s	6.5	6.5	7.5	7.5	9
电动机功率/kW	93	102	240	240	268
外形尺寸/m(长×宽×高)	3.2×2.9×2.3	3.3×3.9×2.3	4.1×4.4×25	3.1×4.9×5.3	4.4×5.1×3.4

3. 白俄罗斯国家科学院物理技术研究所的板式楔横轧机产品样本 (fti-cwr. narod. ru)

白俄罗斯国家科学院物理技术研究所从事板式楔横轧工艺的研究开发工作已有 50 年，其板式楔横轧研究学派及工艺处于世界领先地位，与从事楔横轧研究与应用的众多国外机构有深入的交流与合作，如俄罗斯的全俄冶金机器制造科研设计所，波兰的柳勃林技术大学，德国的 FrauhoferIWU 机床和成形技术研究所，美国的比特斯堡大学，巴西的坎皮纳斯州立大学，韩国、中国和越南等国的科研机构。其板式楔横轧具有以下优点：①材料利用率高达 80%～98%；②模具寿命长，每套模具可加工产品近 100 万件；③生产效率高，每小时可生产 300～600 件；④轧件性能提高 10%～15%。

白俄罗斯国家科学院物理技术研究所的 PM5.150 移动机械式板式楔横轧机（见图 5-2-54）是一套自动化设备，包括进料装置、加热炉、轧机、坯料和成品运送装置。该系列板式楔横轧机的型号和技术参数见表 5-2-9，其生产的产品见图 5-2-55。

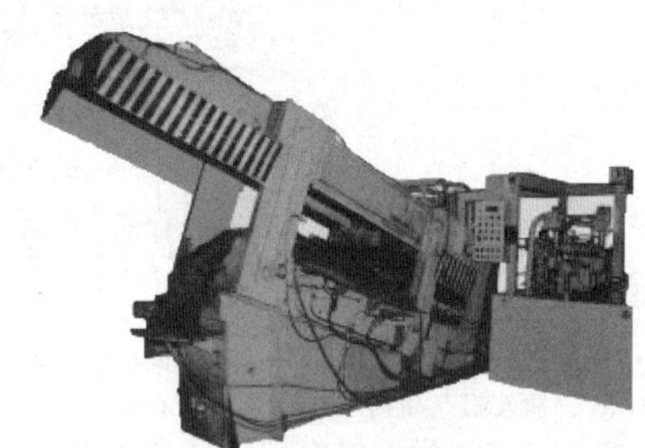

图 5-2-54　PM5.150 移动机械式板式楔横轧机

表 5-2-9　白俄罗斯国家科学院物理技术研究所板式楔横轧机的型号和技术参数

参数名称	型号					
	PM5.135	PM5.155	PM5.150	PM5.550	PM5.117	PM5.095
	参数值					
滑块行程/mm	2800	2200	2650	1900	1900	1400
滑块数量	2	2	1	1	1	1
模具长度/mm	2500	2000	1250	900	900	600
生产效率/(件/h)	180	240	240	600/720	300	600
毛坯直径/mm	60～120	60～120	50～110	30～60	33～50	14～25
轧件最大长度/mm	1000	860	520	350	250	160
电动机功率 /kW	120	130×2	90	75	60	60
感应加热功率/kW	800	250	250	—	250	100
感应加热炉的电流频率/Hz	1000	2400	2400	—	2400	8000
加热温度/℃	900～1200	900～1200	900～1200	900～1200	900～1200	900～1200
冷却水消耗量/(m^3/h)	50	5～10	1～10	1～12	1～12.5	1～10
操作人数	1	1	1	1	1	1
外形尺寸长/mm	16000	7660	5600	5600	9500	7500
外形尺寸宽/mm	8000	3000	2500	4200	6700	4500
外形尺寸高/mm	1700	2360	3100	1700	2750	2200
重量/kg	40000	40000	19000	8000	25000	12000

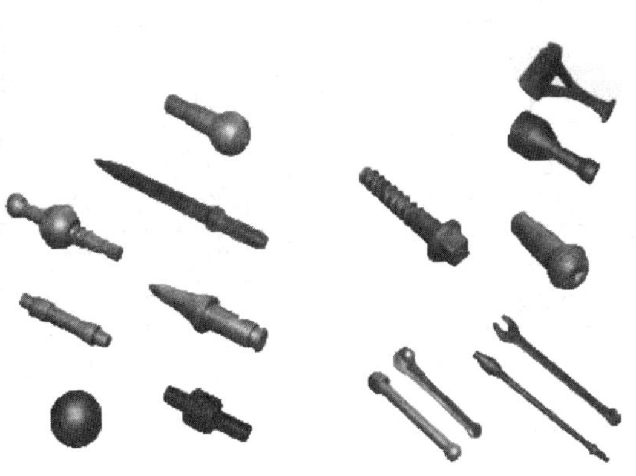

图 5-2-55　板式楔横轧机生产的产品

4. 北京科技大学零件轧制研究中心楔横轧机产品样本（www. partrolling. com）

北京科技大学零件轧制研究中心从 1973 年起，开始楔横轧轴类零件的研究、开发与推广工作，先后在国内外推广楔横轧生产线 150 多条，开发并投产的产品品种达 400 多种（见图 5-2-56），主要为汽车、拖拉机、摩托车、发动机等设备中的轴类零件，累计生产 100 多万 t，经济效益显著。

研究中心设计的楔横轧机为分体式（见图 5-2-57），是我国应用最广的楔横轧机，其主要特点：①工艺调整方便、调整范围大；②采用闭式齿轮传动，设备寿命长，可靠性好；③闭式轧机机身预应力机座具有高刚度，可保证轧制零件成形精度高。

该楔横轧机的型号和技术参数见表 5-2-10。

图 5-2-56　北京科技大学分体式楔横轧机生产的产品

图 5-2-57　北京科技大学的分体式楔横轧机

表 5-2-10　北京科技大学的分体式楔横轧机的型号和技术参数

参数名称	型号					
	H500	H630	H800	H1000	H1200	H1400
	参数值					
轧辊直径/mm	500	630	800	1000	1200	1400
轧辊宽度/mm	450	500	800	800	1200	1300
轧件最大直径/mm	40	50	80	100	120	165
轧件最大长度/mm	400	450	600	700	1100	1200
轧辊转速/(r/min)	5~10	4~8	3~6	3~6	2~5	1~4
电动机功率/kW	45	55	90	132	185	220
轧机重量/t	6	9	34	48	70	125
外形尺寸/m(长×宽×高)	3.0×1.6×1.4	3.5×1.8×1.7	4.5×2.5×2.2	6.5×3.5×3.0	7.5×4.5×3.8	10×5.7×3.9

5. 北京机电研究所楔横轧机产品样本(www.brimet.ac.cn)

北京机电研究所多年来致力于研究、开发和推广楔横轧精密成形生产线，先后在国内建成多条楔横轧生产线并向美国、韩国等国家出口。在汽车变速器轴类件、连杆、曲轴预制坯的生产上得到广泛的应用。

北京机电研究所的整体式高刚度精密楔横轧机(见图 5-2-58)，具有结构紧凑、占地面积少、调整方便、适用于自动化锻造生产线等优点，属于达到国际先进水平的新型锻压设备，轧辊中心距为1500mm 的世界最大规格楔横轧机已投入使用。

北京机电研究所的楔横轧机型号和技术参数见表 5-2-11，其生产的产品如图 5-2-59 所示。

图 5-2-58　北京机电研究所的整体式高刚度精密楔横轧机

表 5-2-11　北京机电研究所的楔横轧机型号和技术参数

参数名称	型号							
	D46-25×300	D46-35×300	D46-50×400	D46-60×500	D46-80×700	D46-100×800	D46-125×1100	D46-165×1200
	参数值							
轧辊中心距/mm	400	500	630	700	800	1000	1250	1500
轧辊工作直径/mm	320	400	500	560	630	800	1000	1200
轧辊工作宽度/mm	360	400	500	600	800	900	1200	1300
工件最大直径/mm	25	35	50	60	80	100	130	165
工件最大长度/mm	300	300	400	500	700	800	1100	1200
轧辊中心距调整量/mm	±8	±12	±15	±17	±20	±30	+50/-30	+55/-44
轧辊转速/(r/min)	20	16	14	12	10	7	6	5
轧辊相位调整量/(°)	±3	±3	±3	±3	±3	±3	±3	±3
电动机功率/kW	15	22	45	55	90	132	250	315

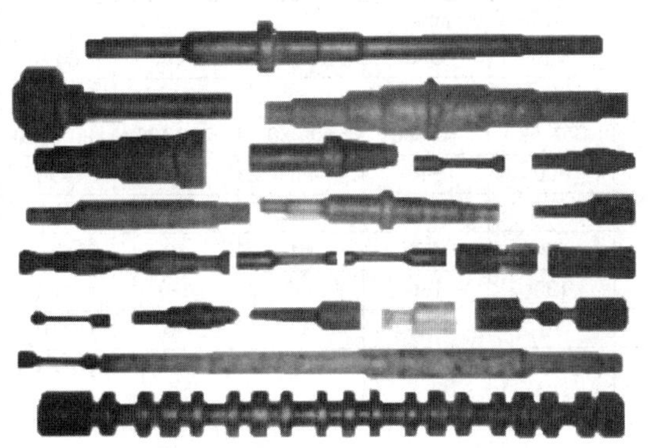

图 5-2-59　北京机电研究所整体式楔横轧机生产的产品

2.5.2　典型斜轧机产品简介

北京科技大学零件轧制研究中心斜轧机产品样本（www.partrolling.com）。

北京科技大学零件轧制研究中心从 1958 年起，开始斜轧钢球的研究、开发与推广工作，先后在国内外推广斜轧生产线 130 多条，出口美国、日本、土耳其等国多条生产线，主要产品（见图 5-2-60）：球磨钢球与钢段、轴承钢球与滚子、阳极磷铜球、电力五金工具等，已累计生产 300 多万 t，经济效益显著。

北京科技大学零件轧制研究中心设计的斜轧机（见图 5-2-61）是国内应用最广的斜轧机，其主要特点：①工艺性能好；②机器设备强度高、刚性大；③可靠性高；④维护方便。

北京科技大学斜轧机的规格和技术参数见表 5-2-12。

图 5-2-60　北京科技大学斜轧机生产的产品

图 5-2-61　北京科技大学的斜轧机

表 5-2-12　北京科技大学斜轧机的规格和技术参数

参数名称	规格尺寸/mm							
	ϕ20	ϕ30	ϕ40	ϕ50	ϕ60	ϕ80	ϕ100	ϕ120
	参数值							
轧球直径/mm	15~20	20~30	30~40	35~50	40~60	60~80	70~100	80~120
轧辊直径/mm	140	220	260	300	340	450	600	690
轧辊倾角/(°)	0~5	0~6	0~6	0~8	0~6	0~8	0~7	0~7
轧辊转速/(r/min)	145	110	80	72	72	64	50	40
电动机功率/kW	30	40	90	130	180	450	650	1000
轧机重量/t	2	3	8	10	20	30	50	110
外形尺寸/m(长×宽×高)	2.6×1.7×0.5	3.2×1.2×1.0	5.2×1.4×1.0	6.5×1.5×1.3	7.4×2.0×1.4	9.6×2.6×2.2	12.0×3.0×2.8	14.0×3.6×3.2

参考文献

[1] 胡正寰，王宝雨，刘晋平，等. 斜轧零件轧制成形技术 [M]. 北京：化学工业出版社，2014.

[2] 胡正寰，华林. 零件轧制成形技术 [M]. 北京：化学工业出版社，2010.

[3] 休金，科热夫尼娃. 板式楔横轧工艺及装备 [J]. 锻压技术，2009，34 (6)：4-7.

[4] 胡正寰，张康生，王宝雨，等. 楔横轧零件成形技术与模拟仿真 [M]. 北京：冶金工业出版社，2004.

[5] 胡正寰. 重视零件轧制装备的研究 [C] //《论文集》编辑组. 21 世纪前叶冶金装备发展及对策讨论会论文集. 北京：冶金工业出版社，1998.

[6] 胡正寰，张康生，王宝雨，等. 楔横轧理论与应用 [M]. 北京：冶金工业出版社，1996.

[7] 胡正寰，许协和，沙德元. 斜轧与楔横轧原理工艺及设备 [M]. 北京：冶金工业出版社，1985.

[8] 张庆生. 螺旋孔型斜轧工艺 [M]. 北京：机械工业出版社，1985.

第3章

旋压机

华南理工大学　夏琴香　肖刚锋　龙锦川
中国航天科技集团公司第四研究院　韩冬
西安交通大学　张大伟　范淑琴
北京航空制造工程研究所　李继贞

3.1　旋压机的工作原理与类型

3.1.1　旋压机的工作原理

旋压机是用以执行金属旋压工艺过程，制造薄壁空心回转体的塑性加工设备。其加工工件的尺寸范围较广，可加工工件的最小直径仅数毫米，最大直径达10m。

旋压机一般由床身、主轴箱、旋轮座及尾座等主要部件构成。在旋压过程中，旋轮相对坯料（板或管）旋转和进给加压使坯料逐点连续变形而成形为所需的工件。

3.1.2　旋压机的一般特点

一般说来，轻型的旋压机（包括普通旋压机和强力旋压机）都具有与普通车床相类似的结构特点。它一般由床身、主轴箱、旋轮座及尾座等主要部件组成，并能完成旋转和进给两项主要运动。旋压机通常具有一些独特的特点：

1）旋压机的床身、主轴及传动系统、旋轮座、尾座等各部分应具有足够的刚度，以减少机床的弹性变形和振动，保证成形质量。

2）旋轮座的横向、纵向进给机构多采用滚珠丝杠驱动，使其有足够的旋压力，并能进行平稳的调速，从而保证精度，满足工艺要求。

3）旋轮座具有足够的径向和轴向拖动力，以克服较大的径向和轴向旋压分力，可采用2~3个旋轮相对主轴轴线对称配置，以平衡旋压时的径向分力，减小主轴、芯模的弯曲挠度、偏摆和振动。

4）主轴具有足够的传动扭矩和功率。根据具体工艺要求，满足恒扭矩或恒功率调节。主轴转速和旋轮纵向进给速度为无级调节。

5）主轴采用重型滚动轴承，以承受在旋压时由于旋轮和尾座液压缸产生的较大工作力，并对主轴及其轴承进行良好的冷却与润滑。在加热旋压时，具有对主轴、旋轮头和尾顶等直接受热的零部件进行强制冷却和隔热设施。

6）尾座液压缸应使尾顶产生足够的顶紧力，以保证工作中夹紧毛坯，同时也有助于提高主轴等转动部分的刚度。

7）旋轮的横向进给多采用数字控制，少部分的采用液压仿形控制。

8）对于重型旋压机各部件之间相对位置的调节多采用机动，例如采用液压锁紧机构，这样既可以提高机械化、自动化程度，又可使工作可靠，并减轻工人劳动强度。

9）对普通旋压和异形件的强力旋压，都要求旋轮能进行转角-攻角调节，以利于金属流动，从而稳定旋压过程、提高工件质量以及使结构紧凑。

10）在设备上，除了主要工艺装备外，通常还备有各种辅助工艺装备，如毛坯装夹的对中装置、成品的卸料装置、芯模和毛坯加热装置（加热旋压时使用）、芯模车削、磨削和抛光装置、旋轮与芯模的间隙调整和测量显示装置、零件尺寸和质量的检测装置以及零件的平整、校形和边缘的剪切、翻边、卷边装置等。对于大型现代化旋压机来说，有时还要设置闭式回路工业电视监控装置等。

3.1.3　旋压机的类型

旋压机可按不同方法进行分类，具体分类如图5-3-1所示。

1）按成形原理不同可分为普通旋压机和强力（变薄）旋压机。普通旋压机有较复杂的旋轮运动系统和防板坯起皱的附件；强力旋压机有较高的强度、刚度和力能参数。在普通旋压机上也能完成轻型的强力旋压工作，在强力旋压机上也能完成简单的普通旋压工作。强力（变薄）旋压机采用多轮旋压，有助于平衡主轴所承受的旋压力和力矩，提高制件

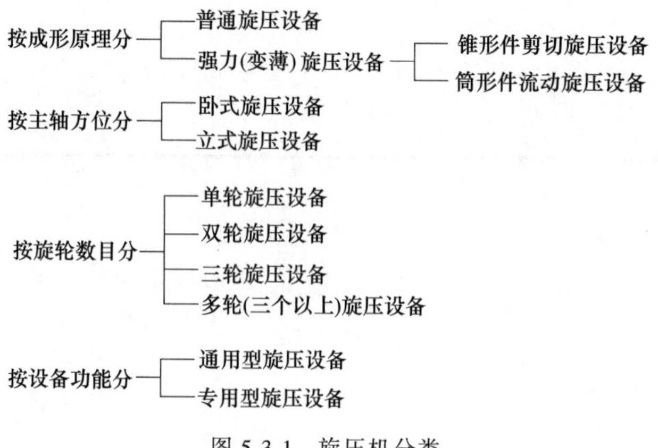

图 5-3-1　旋压机分类

精度。双轮旋压机常用于锥形件和较短筒形件的强力（变薄）旋压；三轮旋压机常用于细长件，尤其是高精度筒形件及一些锥形件的强力（变薄）旋压。在旋压机上也能进行一些分离和轧制工作，如借助于辅助工具架进行旋压件边沿的切割，借助于专用旋压机旋制劈开式、多楔式带轮以及带键、齿套环（下称“齿环”）等零件。

2）按主轴方位不同可分为卧式旋压机和立式旋压机。卧式旋压机的优点是机身和旋轮座导轨可用地脚螺钉牢固地固定在地基上，刚性好，工作区域敞开性较好，装卸料较方便，能旋较长工件，易于实现自动化生产。立式旋压机的优点是占地面积小，大型芯模不会因自重而偏离中心位置，便于装卸芯模及工件。缺点是旋轮架的导轨刚性比卧式的差，厂房高，需要很深的地坑，操作不方便。

3）按旋轮数目可分为单轮、双轮、三轮及多轮（三个以上）旋压机。单轮旋压机只有一个旋轮承担变形工作，其敞开性好、操作方便，但旋压时径向旋压力不能平衡，主轴受弯矩作用，易使芯模和主轴产生变形，因而只适用于旋压力不大的粗短工件。双轮旋压机的两旋轮对称分布，径向旋压力得以平衡，主轴不受弯矩作用、轴承受力情况好，芯模不会因受弯矩而变形，所以有较宽的适用范围，适用于比较大的细长零件及较大旋压力的大型旋压机。三轮旋压机旋轮布置一般有两种方式，一种为互成120°均布，这种布置径向力可完全平衡，芯模不受任何弯矩作用，是最合适的布置；另一种是将三个旋轮布置成平面对称的方式，一边一个轮，另一边两个轮，此时芯模仍然受到一定的弯矩作用。在立式旋压机中一般都采用前一种形式，在卧式旋压机中则两种形式都有采用。四轮以上的旋压机不太常见。

4）按旋压机功能不同可分为通用型旋压机和专用型旋压机。前者对旋压工作的适用性很强，既可用于普旋，又可进行强旋、缩旋、扩旋，还可进行整形修边。后者是为适应某特定形状的零件或为大量生产某种制品而专门设计制造的旋压机，例如生产各种筒形件、封头、带轮、轮辐、轮辋等零部件时使用的旋压机。

3.2　旋压机的选用

为了实施选定的工艺方案和旋压工艺规范，必须选用合适的旋压机，并选配合理的工艺装备，以便生产优质产品，获得较高的技术、经济效果。

3.2.1　旋压机的基本要求

对旋压机的基本要求如下：

1）旋压机的运动和行程范围应满足旋压件及毛坯的极限尺寸及加工要求。

2）旋压机的主轴功率及旋压作用力应满足加工要求。

3）旋压机应有足够的尾顶力以防工件转动。尾顶力 F_t 可由式（5-3-1）近似计算

$$F_t>(0.03\sim0.09)n_rF_r/\mu \tag{5-3-1}$$

式中　n_r——旋轮数；

F_r——旋轮径向力；

μ——摩擦系数。

4）旋压机应有足够的卸件力，尤其是在筒形件流动旋压时，有时卸件力与旋压力相当。

5）旋压机运动部件的工作速度应满足旋压工艺及生产批量的要求。普通旋压的旋压速度一般高于强力旋压。新的旋压机床主轴转速可达 5000r/min、旋压进给速度可达 15m/min。

6）在拉深旋压时旋压机须配有反推装置。

7）普通旋压机用于大批量生产时应配有成套辅件，包括：反推装置、切边、卷边装置、毛坯定位装置、卸载装置等。

8）在强力旋压件长径比较大时，应优先选用三

轮旋压机，对锥形件则可用双轮旋压机。

9）在变截面筒形件反旋压时，旋压机应配备反旋跟踪装置。

10）在强力旋压大小端差异大的大型锥形件时，旋压机宜配用主轴线速度恒定和旋轮进给比不变的系统。

3.2.2　旋压机的结构组成

1. 床身

（1）床身装置的作用和要求　床身是旋压机的重要受力构件之一，必须有足够的刚性。床身加强筋的形式对刚性有重要影响。一般多采用米字形筋使整个床身形成一个半封闭状态的盆形件以增强其抗拉、抗压和抗扭的性能。整个床身应能可靠地固定在地基上并便于调整。许多旋压机的其他部件直接固定在上面，有些是在它的导轨面上移动。

因此，床身装置的作用有：

1）支承作用。支承旋压机各部件，承受各部件的重量和旋压力等。

2）基础作用。在使用中或长期使用后仍能保持各部件间正确的相对位置，以保证旋压机的加工精度及其正常运转。

对床身装置，除了提出有足够的刚度、制造方便、节省金属和成本低等基本要求外，在工作时其形状应保持不变。因此，设计时必须注意如下几点：

1）正确地选择床身装置各零件的材料及制造工艺，并注意消除内应力等，以免床身产生变形。

2）床身装置应具有足够的刚度，在其自身的重量、工件和芯模的重量以及在最大旋压力和传动力的作用下，产生的变形和与其他部件的接触变形不得超过允许的数值。在设计时应考虑减少或补偿这些变形的措施。

3）床身装置应具有良好的抗振性。在旋压过程中，由于旋压力的变化或外界的激振，使旋压机产生不允许的振动，这会影响它的加工质量，严重时甚至不能工作。旋压机总体刚度与抗振性有一定的关系。如果总体刚度不足，则容易产生振动。其中，床身装置刚度的影响也很重要。

4）床身上的导轨应具有足够的耐磨性，使旋压机长期工作后仍保持良好的工作精度。这就必须对床身导轨的形状、润滑、防护以及材料和热处理等方面予以周密考虑，以保证整个设备的使用寿命。

5）设计时应考虑操纵方便，床身上冷却润滑液回收沟槽通畅，搬运装吊安全以及设备电气系统和液压系统部件有合适的安装位置等要求。同时也要考虑加工工艺性、经济性及美观大方等方面的要求。

（2）床身的结构　设计床身时在保证足够刚度和结构要求的前提下，应尽量节省材料并具有良好的工艺性。由于床身装置的受力情况和结构都很复杂，目前尚未能通过准确的计算来确定它的形状和尺寸。一般是参考同类型旋压机结构或在样机（或模型）的试验基础上运用相似原则进行类比法设计计算。

目前旋压机的设计，床身一般采用整体铸造或焊接结构，以避免变形。

（3）床身的材料　目前旋压机床身常用材料有铸铁、钢。

1）铸铁床身中最常用的是灰铸铁，其中有HT20-40、HT15-33 和 HT30-54 等。

为了提高床身的力学性能，有时在铸铁中加入一些合金元素或少量特种成分的调质剂，可提高其硬度、强度和耐磨性等性能，也可改善铸铁的组织和铸造工艺性。

2）用铸钢方法来制造旋压机床身是极少用的，但用钢板焊接床身和旋轮框架却是很有应用前景的。

焊接床身的导轨是用螺钉和销固定或焊接上去的。因此床身本体就不必用过于优质的材料，同时也须考虑材料的焊接性能，常用 Q235 钢，有时用 20 钢制成。

床身铸件在浇注后因冷却收缩而产生内应力，而且又因各部分的厚度不同，冷却速度也不相同，因而内应力分布不均匀。为了消除内应力，必须进行时效处理。焊接床身在焊后须经退火处理。

（4）导轨　导轨的作用概括来说，是起支承作用和导向作用，也就是支承运动部件和保证部件在外力的作用下能准确地沿一定的方向运动。因此，导轨的质量在极大程度上决定了旋压机的工作能力和加工精度。

目前在旋压机上常用的导轨是滚动导轨，也有采用整体镶钢结构。整体镶钢结构的导轨，其导轨用螺钉与床身连接，安装后整体磨削，表面调质处理，有较高的耐磨性，直线度可达到 0.02 ~ 0.03mm/m。

2. 主轴箱

主轴箱是旋压机的主轴回转运动和功率、扭矩传递的传动装置。除了少数的专用旋压机外，主轴回转运动都需要变速。旋压机的主轴目前都采用交流变频调速，其驱动电动机一般都可以采用普通交流电动机，在要求较高时才采用变频电动机，但价格相对较高。其他控制元件包括光栅、旋转编码器、位移传感器等。

为了适应主轴对精度和刚度的需求，应尽量设法减少由旋压力和传动力引起的主轴变形和轴承的受力，以提高旋压机的加工精度和主轴、轴承的寿命。为了满足这种要求，可采取如下措施：

1）使旋压力相对主轴轴线对称布置。为了减少主轴的变形，采用旋轮相对主轴轴线对称配置（见图 5-3-2），因而旋压时对主轴产生的径向力和轴向力也是对称的，径向力的合力等于零，而轴向力对主轴的弯矩大小相等而方向相反，其合成弯矩也可等于零，从而提高主轴的刚度。

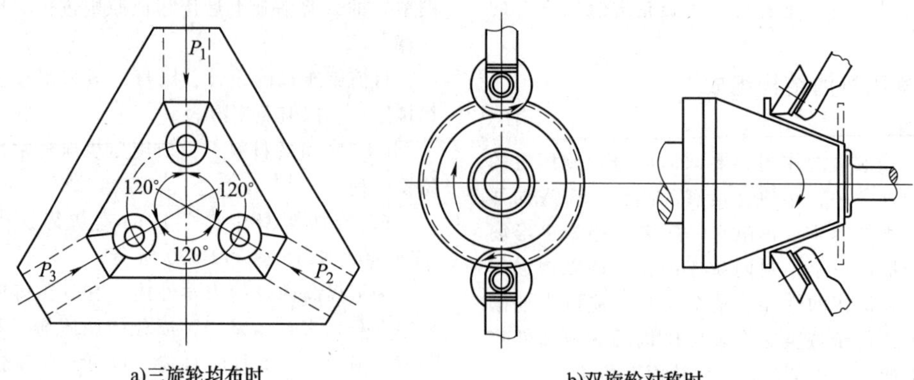

图 5-3-2　旋压力相对主轴轴线对称布置

2）合理布置传动力的位置。为了减少主轴的变形，传动力应尽量靠近主轴前轴承。

3）合理布置传动力的方向。传动力的方向布置应能使引起主轴的变形尽可能小，并与旋压力所引起的变形互相抵消一部分。主轴受力分析如图 5-3-3 所示，P 为旋压力，Q 为传动力。图 5-3-3a 所示的主轴，P 和 Q 两力所引起的变形可以互相抵消一部分，使得变形最小，但这时作用于前轴承 A 处的支反力将很大，因此只适用于较轻型的旋压机上。图 5-3-3b 所示的主轴则避免了上述的缺点，并可使主轴减少扭转变形，在大型旋压机中也有采用这种传动方式的情况。对于一般的通用旋压机，如果主轴的刚度较好，而加工精度较适中时，为提高轴承的寿命，常采用图 5-3-3c 所示的受力方式。此外，与传动力作用方向有关的还有传动轴的位置，因此正确地安排传动轴的位置也可以减小主轴的变形和轴承的受力。

4）推力轴承应尽量靠近主轴的前端。

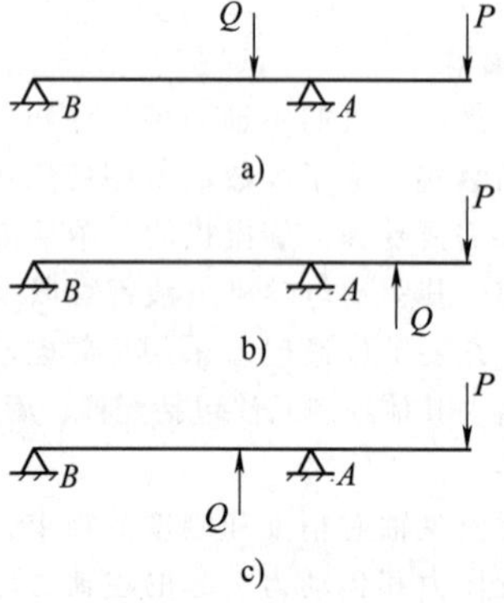

图 5-3-3　主轴受力分析

5）最后一级主轴传动齿轮副的小齿轮位置，最好在大齿轮的下方，与水平线成 20°左右的方位上，如图 5-3-4 所示。

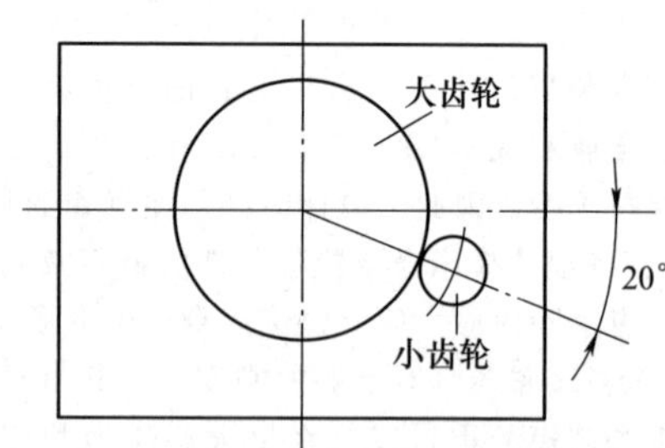

图 5-3-4　主轴传动齿轮副的小齿轮位置

6）在芯模和工件安装到中间过渡卡盘上之后，整个主轴系统的重心位置应在前端径向轴承以内 30~50mm 处，如图 5-3-5 所示。同时由于芯模较重，应使主轴的两个支点间跨距不宜太短。

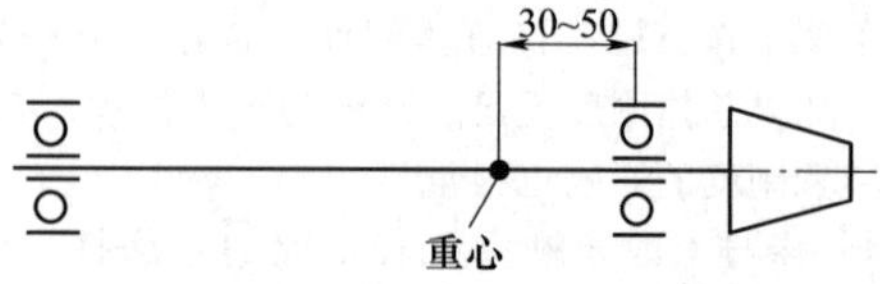

图 5-3-5　主轴系统的重心位置

7）设法减少主轴及其部件的热变形，对主轴部件而言，应设法避免在工作中产生温升而引起主轴的热变形和影响轴承的工作性能，因此，在运转中应予以大量冷却和润滑油液。对加热旋压情况尤其重要。

8）箱体要有足够的刚度，合理布置其加强筋，与床身的连接要牢固可靠。

3. 旋轮座

旋轮座是用来装夹旋轮头，并使旋轮按照工艺过程的要求，实现工作进给和快速行程，即完成旋压成形基本运动循环的部件。它们对旋压机的应用范围、加工精度、生产率和使用的方便程度等都有直接的影响。

旋轮座的组成部分包括纵、横滑座及其导轨，旋轮的驱动、调整及其运动轨迹的控制装置等。旋轮座的结构形式很多，主要分为鞍座式、框架式、转盘式和转臂式四种。

1）鞍座式旋轮座在结构上与一般仿形车床的刀架溜板相似。它的优点是可调环节多，适于多用途通用旋压机。一般，旋轮座可相对于床身做纵、横向移动和转动以扩大机床加工范围。纵导轨的旋转可以弥补横向行程的不足。它的主要缺点是床身和旋轮座导轨承受很大的径向旋压力和力矩，加剧旋轮座导轨面的磨损。鞍座式旋轮座多用于异形件旋压。

目前实现旋轮座纵、横向移动和转动的方式主要是纵导轨安装在 T 形槽的底座上，且可以在 T 形槽的底座上任意移动和转动，并用 T 形螺钉固定在底座上。这种结构刚性好，但调整不便、不准确。这样，纵导轨的转角误差便会造成双轮工作时，速度同步系统不能校正轴向位置误差。

2）采用框架式旋轮座可克服上述的弊病。图 5-3-6 所示为三旋轮均布的框架式旋轮座。在这样的结构中，由于旋轮均布而且同装于一个刚性很强的框架中，所以径向旋压力在框架中得以平衡。当三轮不均布时，可采用浮动式框架。因为其旋轮框架与旋轮座纵滑块不是刚性连接，而是通过垂直于机床轴线的滑动导轨相连，所以可自动定心并使芯模两侧的径向分力自动平衡。框架式旋轮座适用于筒形件强力旋压。

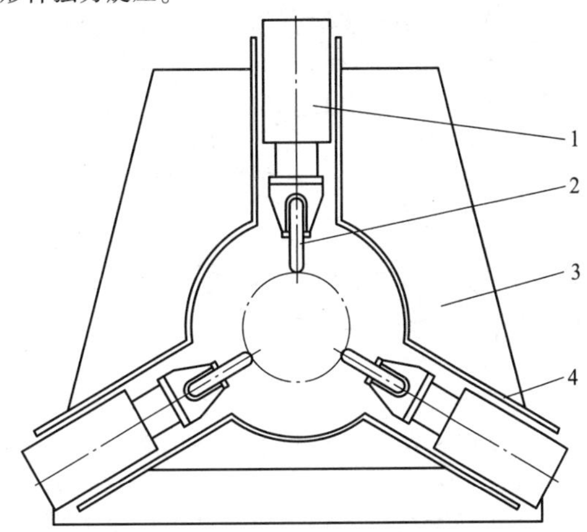

图 5-3-6　三旋轮均布的框架式旋轮座

1—液压缸　2—旋轮　3—旋轮座　4—导轨

3）转盘式旋轮座的结构与普通车床的自定心卡盘相似。三个旋轮安装在三个旋轮座上，三个旋轮的径向进退依靠转盘控制斜角楔块的升降来实现。三旋轮均布的转盘式旋轮座如图 5-3-7 所示。转盘式旋轮座多用于卧式旋压机，可旋压薄壁高精度管材。

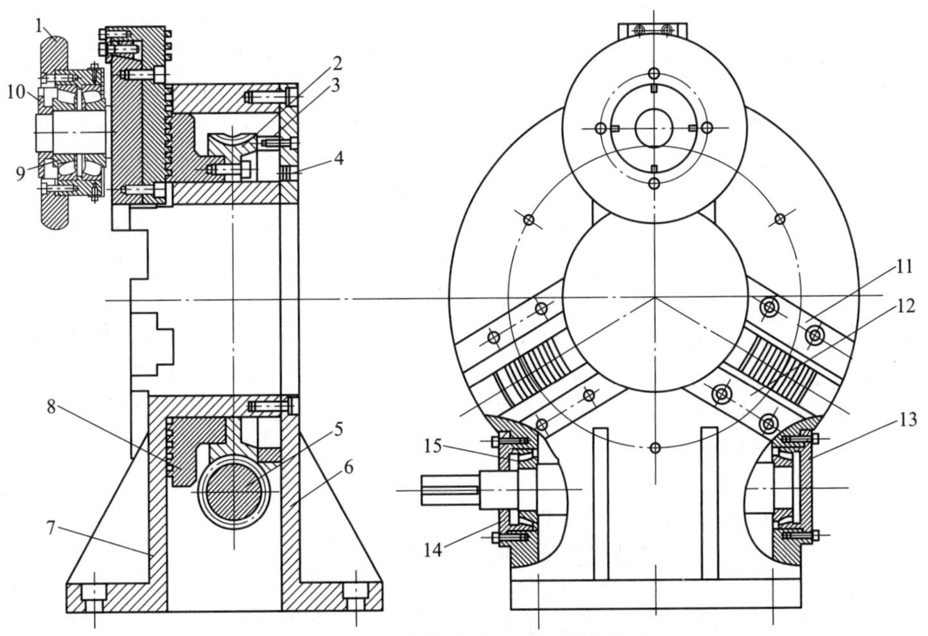

图 5-3-7　三旋轮均布的转盘式旋轮座

1—旋轮　2—蜗轮　3—蜗轮挡圈　4—油杯　5—蜗杆　6—后盖　7—框架　8—螺旋盘　9、15—滚动轴承　10—旋轮轴承端盖　11—左压板　12—右压板　13—蜗杆轴承闷盖　14—蜗杆轴承透盖

4）转臂式旋轮座是一个可绕水平轴线摆动的转臂，转臂上装有旋轮驱动液压缸。转臂的摆动由两个套筒形液压缸驱动，无须笨重的床身和旋轮座导轨。其结构如图 5-3-8 所示。

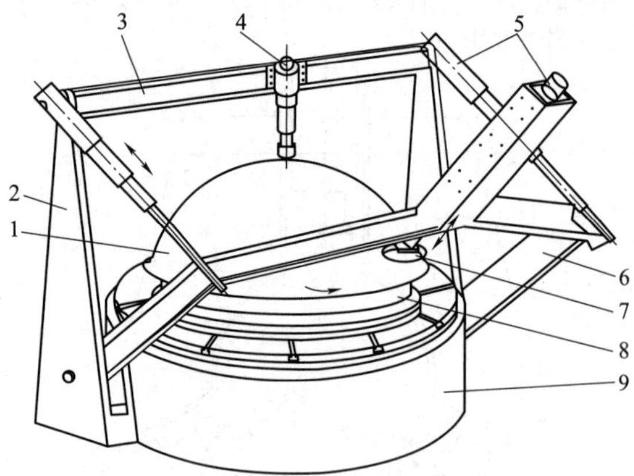

图 5-3-8　转臂式旋轮座的结构

1—工件　2—立柱　3—上横梁　4—尾顶缸　5—液压缸　6—旋轮座　7—旋轮　8—芯模　9—床身底座

4. 尾座

对于所有通用型旋压机、封头旋压机和部分管材旋压机等都有尾座部件。尾座通常被用来将毛坯顶紧在芯模的端面上，在旋压时以使毛坯、芯模随同主轴一起旋转，保证旋压过程顺利地进行。管材反旋时，有的不用尾座，有的也用于顶紧芯模。尾座应有足够的刚度，能可靠地夹紧毛坯，并有适当的运动速度以减少辅助时间。

设计时尽量考虑在旋压过程中减小或不承受倾倒力矩。

对旋压机尾座的主要要求有：

1）尾座承受很大的轴向力（在单轮工作时，还受很大的径向力），因而承受较大的倾倒力矩。为保证其稳定性，其长度应不小于中心高的 1.5 倍。

2）座体移动液压缸和毛坯顶紧液压缸一般不应合为一体，以分为两件安排为宜。移动液压缸装在下层，作为快速进、退用，最好在移动后与床身锁紧。为了提高机床效率，应采用自动液压锁紧机构。顶紧液压缸装在上层，用来压紧毛坯。顶紧缸活塞杆的伸出长度一般为 300~400 mm，不宜太长，以免弯曲、振动。

3）顶紧缸活塞杆的移动速度最好是可变的。当退回和趋近工件时快速移动，当尾顶块接近毛坯时自动减慢移动速度以免对机床和毛坯产生冲击。

4）尾座的锁紧要可靠，以防工件转动或甩出。在有些机床上，顶紧缸活塞杆上设有液压锁紧机构，工作时将活塞杆锁紧。

5）当工件太长时，为了减短床身长度，有时把尾座设计成能退离机床轴线的形式。有的侧向退出有的垂直向上提起。

6）要求尾座、尾顶块的轴线与主轴轴线应保持良好的同轴度。

旋压机尾座的作用与普通车床的尾座颇为相似在机构上也有相同之处。目前已广泛采用液压传动（即尾座的顶紧液压缸），液压缸的锁紧和尾座的侧移等都采用液压缸及其传动系统。

在不加长床身长度的情况下，为了能加工较长的零件，特别在旋制长管形件时，要把工件从芯模上卸下来，为此把尾座设计成在工作循环中可做较大的横向位移而离开旋压机轴线的形式。对于立式旋压机的尾座，其机构一般较为简单，不制成分层的。多半都以法兰形式固定在旋压机的机身（框架的横梁）上。有的立式旋压机为了便于加工长的零件，也将尾座设计成可向一侧（一般为向后）移动，以便卸取工件。

3.2.3　旋压机的液压系统

旋压机的液压系统包括油箱、泵站、管路和供压力油分配、调节用的各种阀。旋压机的液压系统与一般机床的液压系统基本相同。

由于旋压机具有冲击负荷，且一般吨位较大，因而大多采用液压驱动。为了与数控系统配合，旋压复杂型面时液压驱动系统必须采用电-液伺服驱动。电-液伺服驱动系统的液压缸使用伺服液压缸，以提高频率响应，减小动、静摩擦系数。液压缸的前级控制阀，采用比例伺服阀（又叫高频响比例阀）。比例伺服阀的供油系统选用恒压变量泵，以适应高/低速液压缸移动速度的要求，而不采用高/低压泵系统。

为了避免各轴间控制的干扰，各数控轴最好采用独立的供油系统。对于快速（空载）移动，采用精度低的比例阀控制，控制工进（慢速）的比例伺服阀通径选小一些，以降低造价，但这会使控制复杂一些。

当采用节流调速时，宜采用回油路调速。这样，调速阀使油液在回油腔形成背压，可以起回油阻尼作用，使运动平稳。这对于负载波动较大的旋压过程是很重要的。但采用回油路调速在停机后重新启动时，易产生冲击。为此，应在回油路上设置控制阀或单向阀，在停机时使回油路闭锁，以免形成空隙。

旋轮座纵、横液压缸供油可采用正弦分配器合理匹配纵、横液压缸的供油量，使纵、横液压泵相互补充，合理利用。

3.2.4　旋压机的运动

旋压机的运动有主轴的旋转运动、旋轮的进给运动和尾座及反推辊的辅助运动等。为了实现上述的运动，可以采用不同的驱动方式与控制系统。决定驱动方式与控制系统方案时，需从机器的全局出发，既要考虑能满足工艺上的要求，又要考虑技术、经济指标。

1. 主轴旋转运动

旋压机的主轴运动为旋转运动，大多采用电动机驱动，根据主轴恒功率负载特性，可以采用机械有级变速、电气无级变速和机电配合变速等方式。旋压机的主轴变速范围各不相同，根据旋压工艺的需要，应对主轴驱动进行相对应的设计。对于专用型旋压机，一般主轴调速范围 $R_0 \leqslant 5$（$R_0 = n_{zmax}/n_{zmin}$，其中，n_{zmax}、n_{zmin} 分别为主轴的最高和最低转速）；对于通用型旋压机，一般 $R_0 = 10 \sim 15$，部分设备甚至达到 $R_0 > 100$。

旋压机的主轴变速方法主要有以下三种：

（1）机械有级变速　这种变速方法是由交流笼型异步电动机和变速箱组成，采用异步电动机驱动主轴旋转，通过变速箱来实现变速。

（2）电气无级变速　依靠改变电动机的转速来调节旋压机主轴转速的方法，已被广泛应用在通用型旋压机上。

（3）机电配合变速　通用型旋压机的主轴负载基本上为恒功率调节，总的调速范围比较宽，单靠电气调速，无论从技术或经济性上，还是从结构性能上来看都是不合理的。因此，在实际设计中，往往采用具有恒功率变速性能的机械有级变速与电气无级变速配合，来获得较合理的主轴变速方式。

2. 旋轮进给运动

旋轮横、纵向进给运动通常是与旋轮滑架相连接，通过滑架构成坐标系，实现旋轮的直线运动、圆弧运动和旋转运动等。

进给调速范围 R_S 是指旋轮的最大进给速度和最小进给速度之比（$R_S = v_{smax}/v_{smin}$，其中，v_{smax}、v_{smin} 分别为最大和最小进给速度），旋轮进给调速范围与旋压工艺参数有关，特别是与旋压壁厚减薄率、生产效率、生产批量以及表面质量等有关。一般情况下，通用型旋压机的进给调速范围 $R_S = 50 \sim 100$；重型旋压机的进给调速范围要小些。现代旋压机要求具有高的生产率和高的刚度，故旋压机向着主轴高速度和旋轮快速进给的方向发展。目前国外生产的普旋机床快速进给速度可达 25000mm/s。

旋压机的进给机构是指使旋轮产生纵向和横向进给运动的装置。目前，旋压机的进给机构主要有以下五种：

（1）液压缸驱动的进给机构　液压缸是最常见的旋压机横向和纵向进给运动的驱动机构。它与液压马达一样具有运动平稳、无级调速、变速范围大、变速和换向方便以及结构紧凑等显著优点。但其缺点是不能完全避免的液压油泄漏、在低速运行时可能出现爬行现象等。

（2）液压马达和滚珠丝杠驱动的进给机构　旋轮架的纵向或横向进给采用液压马达和滚珠丝杠驱动，液压马达由电液调速阀或电液伺服阀控制。

（3）伺服电动机和滚珠丝杠驱动的进给机构　这种驱动是近代数控旋压机常用的形式，不论是旋轮的横向进给还是纵向进给都有采用，同时再配置滚动导轨就可实现旋轮的纵、横向进给。

（4）步进（伺服）液压马达驱动的进给机构　它由步进电动机（或伺服电动机）、旋转随动阀和液压马达等构成步进脉冲（或伺服）电动机，再经一对齿轮副与滚珠丝杠等实现纵向或横向进给。

步进电动机（或伺服电动机）由计算机数控系统输入指令信号，经液压力矩放大器的液力放大，再经齿轮副和滚珠丝杠再次放大，从而加大力矩以驱动旋轮滑架做进给运动。

（5）电液步进（伺服）液压缸的进给机构　旋轮做纵向和横向进给，还可以采用电液步进液压缸或电液伺服液压缸控制。这种数控元器件作为驱动件，可实现旋压机的计算机数控，达到对旋轮位置的控制。

3. 辅助执行机构的运动

辅助机构的运动是指旋压机的辅助机构，如尾座、毛坯对中、工件顶出卸料和整形修边等装置的电液控制动作。其中除尾座的顶紧负载、速度和定位需要根据工件尺寸和材质可调外，其余大多数装置不需要变速。

3.3　通用旋压机

3.3.1　普通旋压机

普通旋压机是指具有较复杂的旋轮运动系统和防板坯起皱附件的旋压机。

图 5-3-9 所示为一台国产 GSF-350PCNC 普通旋压机，采用鞍座式结构。在床身两端固定着床头箱和尾座（有的中心高大于 1m 的旋压机以基板代替床身），复合旋轮座安装在床身后延伸段上，可调整位置以适应不同外形的工件（有的旋压机增设数控辅助坐标控制旋轮座滑块移动）。旋压机主轴采用变频电动机（有的用直流电动机等）驱动，无级调速。选用高性能主轴轴承以适应普通旋压高转速需求。旋轮座进给采用伺服电动机-滚珠丝杠（有的用电液伺服阀-伺服液压缸）驱动。录返旋压时，是录下模具型面，设定工件厚度，对旋轮路径进行位置控制

(有的采用压力控制)。旋轮座横滑块设置双旋轮架，可在任意位置进行转换，但增加了惯量（有的采用多工具库，但需到规定位置才能转换，工具转换方式可为移动或转动)。辅助装置包括坯料定心装置、坯料修边装置（旋铝时用)、反推装置（防板坯起皱)、卸料装置（穿过主轴中央）以及设在床身前侧（有的设在主轴箱前上方）的辅助工具座（可用于局部成形、校形、压光、切割等)。有的旋压机为获得超净旋压表面在旋轮座传力环节中设置组合弹簧、气动机械枕垫等部件。

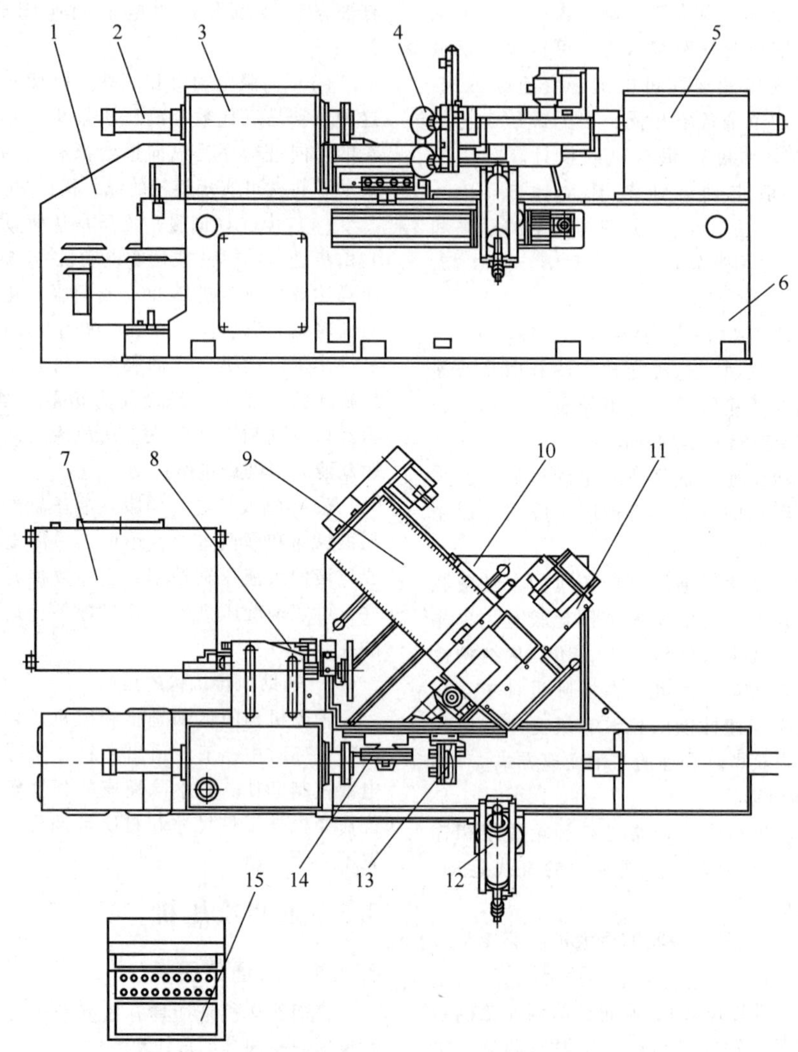

图 5-3-9　GSF-350PCNC 普通旋压机

1—主轴电动机位置　2—顶料装置　3—主轴箱　4—旋轮　5—尾座　6—床身　7—液压泵站　8—反推装置　9—旋轮座纵滑块　10—床身后延伸段　11—旋轮座横滑块　12—辅助工具座　13—坯料定心装置　14—坯料修边装置　15—操纵台

部分公司生产的卧式普通旋压机型号和技术参数见表 5-3-1。

3.3.2　双轮强力（变薄）旋压机

双轮强力（变薄）旋压机是指能提供较大的纵向和横向力，用于制备锥形或筒形零件的旋压机。

图 5-3-10 所示为一台 SY-6 强力旋压机，这是一台国产半自动液压仿形卧式双轮强力旋压机，采用左、右复合旋轮座结构，适用于航空航天等产品中的锥形及中、短筒形件。主轴借直流电动机驱动，实现分档无级调速，具有良好的刚性，采用重型圆

表 5-3-1　部分公司生产的卧式普通旋压机型号和技术参数

参数名称		型号						
		PNC690	GSF350 PCNC	HGPX-WSM-400	SP450CNC	PNC600	ZENN-100 CNC	HF750KR
		参数值						
中心高/mm		690	350	400	450	600	500	750
中心距/mm		2000	1100	1150	1200	1900	1200	1900
最大坯料直径/mm		1200	690	—	900	—	—	—
力 /kN	纵滑块	140	24	30	50	100	40	100
	横滑块	130	22	22	50	100	40	100
	尾座	60	12	15	30		20	80
行程 /mm	纵滑块	1100	500	800	700	1200	600	1000
	横滑块	250	275	250	400	500	400	500
	尾座	1300	500	550	600	—	400	950
主轴转速/(r/min)		450	700	1350	2000	660	3000	1200
功率 /kW	主电动机	30	15	13.5	30	22	30	35
	泵站	11	4	7.5	10	22	4	30
备注		数控+录返	数控+录返	数控	数控+录返 CAD/CAM	数控+录返	数控+录返	—

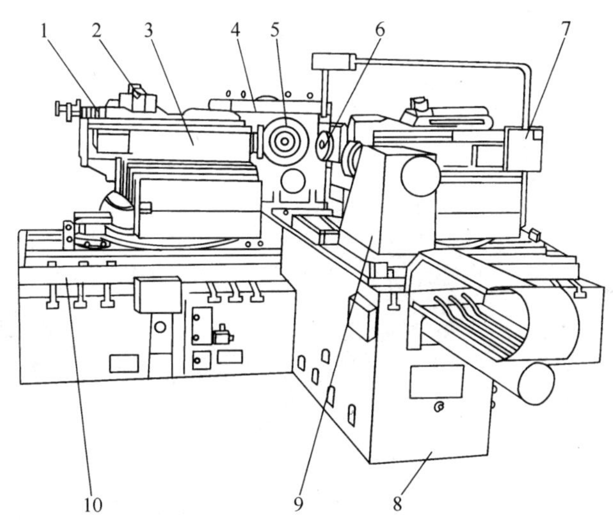

图 5-3-10　SY-6 强力旋压机

1—仿形装置　2—横梁　3—复合旋轮座　4—主轴箱　5—主轴　6—旋轮　7—操纵板　8—床身　9—尾座　10—复合基座

锥滚子轴承与双列滚子轴承组合以承受巨大的作用力。左、右复合旋轮座分别安装在双层基座上，可进行纵、横及角向位置调整。横滑块的驱动液压缸与旋轮中心等高，纵滑块的驱动液压缸则与其靠近以减小倾覆力矩。左、右复合旋轮座采用电液比例阀、自整角机及测速电动机等环节实现纵向速度同步（SY-3、W029、SY40 采用压力同步），可保持旋压线速度恒定。

图 5-3-11 所示为一台美制 1000kN 立式双轮强力旋压机，两个旋轮轴向和径向力均达 1000kN，主轴电动机功率达 150kW，工件直径与高度均可达 1.5m；下平台可移出以利模具装卸；可保持旋压线速度及旋轮攻角恒定。

图 5-3-12 所示为国内研制的 HGQX-WS-400 型卧式双轮多功能数控旋压机床。采用卧式、双旋轮结构，机床主要由主轴箱、床身、进给传动系统、数控旋轮座、液压尾座等组成。主轴由三相异步电动机驱动，尾顶为伺服液压驱动。采用滚珠丝杠作为旋轮进给传动结构，并设计同步带减速装置以获得旋压成形时所需的小进给速度；在旋轮座上设置分

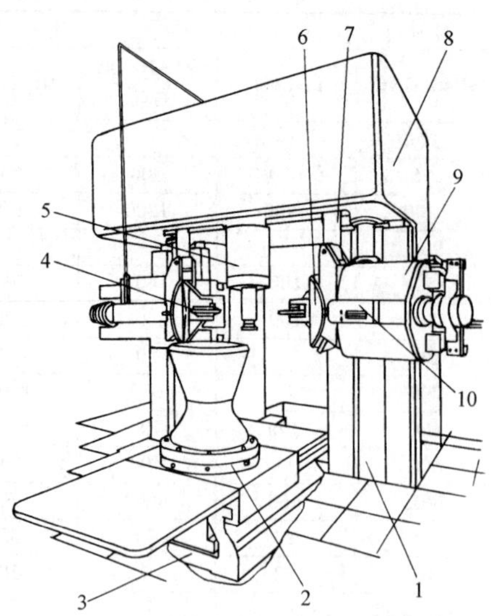

图 5-3-11　1000kN 立式双轮强力旋压机
1—立柱　2—主轴　3—导轨　4—旋轮
5—尾架　6—旋压头　7—液压缸　8—上横梁
9—纵滑块　10—横滑块

度盘装置，可实现旋轮安装角在 0°～90°范围内任意调整；以数控转塔刀架为主体，在各刀位处安装不同工艺所需旋轮以构建旋轮库（可安装 6 个旋轮），并利用数控转塔实现旋轮的自动切换，可实现多工艺、多工序产品的旋压成形。

部分国产卧式双轮强力旋压机的型号和技术参数见表 5-3-2。

3.3.3　三轮强力（变薄）旋压机

三轮强力旋压机主要用于旋制各种高精度细长筒形件。

图 5-3-13 所示为 3GFF-400CNC 三轮强力旋压机，这是一台国产卧式数控三轮强力旋压机，主轴由交流变频电动机驱动，无级调速；纵滑块为刚性封闭框架，其上 3 个横滑块呈 120°均布；所有滑块分别采用伺服电动机、滚珠丝杠（有的旋压机采用电液阀、伺服液压缸）驱动；具有数字绘图编程、芯模保护、故障自动检测及诊断等功能。旋压工作区域封闭，采用大流量冷却。辅助设施有：

（1）卸件装置　包括穿过主轴的顶料杆和在纵滑块上的一对卸料爪。

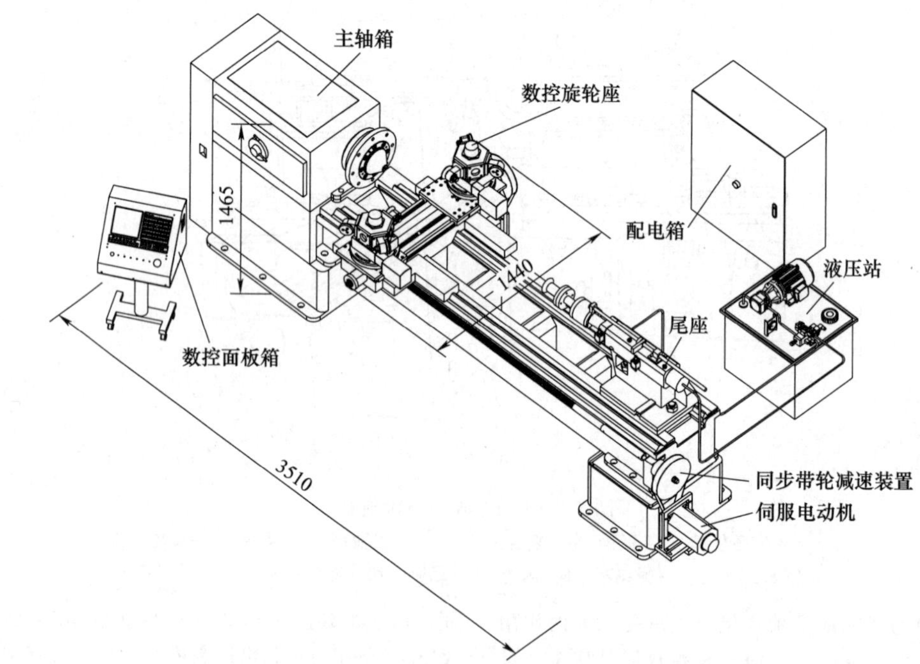

图 5-3-12　HGQX-WS-400 型卧式双轮多功能数控旋压机床

表 5-3-2　部分国产卧式双轮强力旋压机的型号和技术参数

参数名称	型号						
	SY-3	SY-6	SY-40	ZXC-450	XK690	AS23·40	HGQX-WS-400
	参数值						
中心高/mm	630	750	1200	450	600	600	400
中心距/mm	2500	2800	5000	1700	1700	1500	1500
最大坯料厚度/mm	12	20	25	—	—	—	—

（续）

<table>
<tr><td colspan="2" rowspan="3">参数名称</td><td colspan="7">型号</td></tr>
<tr><td>SY-3</td><td>SY-6</td><td>SY-40</td><td>ZXC-450</td><td>XK690</td><td>AS23 · 40</td><td>HGQX-WS-400</td></tr>
<tr><td colspan="7">参数值</td></tr>
<tr><td rowspan="3">力/kN</td><td>纵滑块</td><td>2×200</td><td>2×400</td><td>2×300</td><td>70</td><td>300</td><td>200</td><td>60</td></tr>
<tr><td>横滑块</td><td>2×200</td><td>2×400</td><td>2×400</td><td>2×60</td><td>2×100</td><td>120</td><td>2×50</td></tr>
<tr><td>尾座</td><td>150</td><td>280</td><td>420</td><td>—</td><td>69</td><td>—</td><td>30</td></tr>
<tr><td rowspan="3">行程
/mm</td><td>纵滑块</td><td>1200</td><td>1400</td><td>1600</td><td>—</td><td>800</td><td>650</td><td>1500</td></tr>
<tr><td>横滑块</td><td>250</td><td>320</td><td>650</td><td>—</td><td>400</td><td>400</td><td>215</td></tr>
<tr><td>尾座</td><td>1200</td><td>2200</td><td>800</td><td>—</td><td>750</td><td>—</td><td>—</td></tr>
<tr><td colspan="2">主轴转速/(r/min)</td><td>630</td><td>400</td><td>45</td><td>—</td><td>820</td><td>1300</td><td>800</td></tr>
<tr><td rowspan="2">功率
/kW</td><td>主电动机</td><td>75</td><td>125</td><td>125</td><td>—</td><td>45</td><td>45</td><td>45</td></tr>
<tr><td>泵站</td><td>13</td><td>43</td><td>40</td><td>—</td><td>65</td><td>30</td><td>—</td></tr>
<tr><td colspan="2">备注</td><td>双轮压力同步</td><td>双轮速度同步</td><td>—</td><td>单纵滑块，双横滑块</td><td>单纵滑块，双横滑块，纵滑块数控</td><td>—</td><td>双轮速度同步，数控</td></tr>
</table>

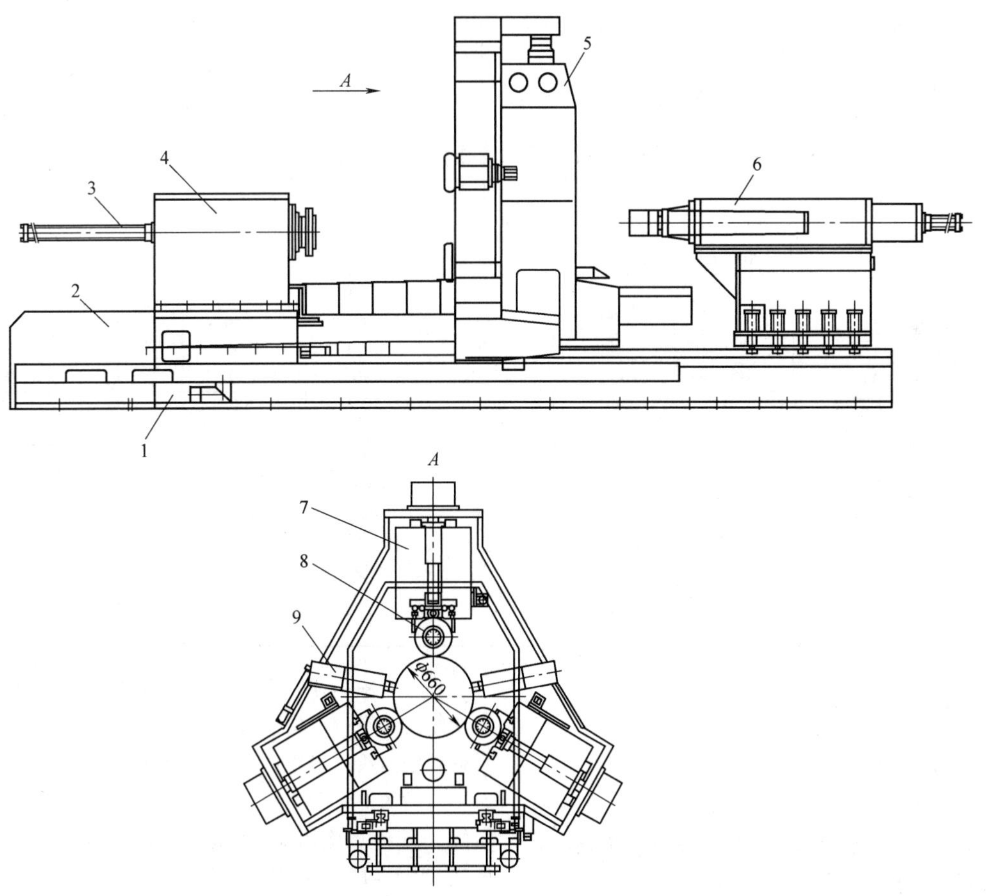

图 5-3-13　3GFF-400CNC 三轮强力旋压机

1—床身　2—主电动机位置　3—顶料缸　4—主轴箱　5—纵滑块　6—尾座　7—横滑块　8—旋轮　9—卸料器

(2) 旋轮预旋转装置　由液压马达驱动，防止旋轮刚接触坯料时因速度差导致坯料黏附至旋轮表面、压伤坯料或坯料与芯模相对转动、产生摩擦。

(3) 锥形件强力旋压装置　3 个旋轮与板坯保持一定攻角并充分利用横滑块行程。

(4) 冷却液过滤装置　用于保证旋压件表面质量。

此外，有的旋压机还附有反旋长度控制系统，借可动传感器确定坯料反旋延伸长度，控制工件不同壁厚段的长度。

图 5-3-14 所示为 2m 立式三轮旋压机，这是一台国内研制的立式三轮三柱悬臂式旋压机，可旋直径达 2m、长 1.1m（正旋）~2.2m（反旋）的工件。主轴由直流电动机驱动进行旋转并由液压缸驱动做上下往返运动，推力可达 700kN。三个旋轮座由伺服液压缸推动进行径向仿形运动，其推力可达 600kN。床身为一六角形大铸件，有三个周向呈 120° 分布的凸起底座分别安装旋轮座。各旋轮座之间用伸缩杆连接以增强刚性。旋轮攻角可借蜗杆副和弧形导轨调整 10°角。旋压机的控制系统为数控系统。

部分国产数控卧式三轮强力旋压机的型号和技术参数见表 5-3-3。

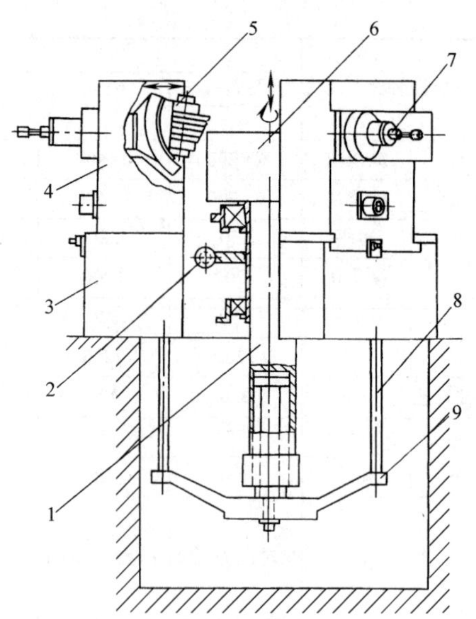

图 5-3-14　2m 立式三轮旋压机
1—主轴　2—主轴变速机构　3—床身
4—旋轮座　5—旋轮　6—成形模具
7—液压缸　8—连杆　9—支架

表 5-3-3　部分国产数控卧式三轮强力旋压机的型号和技术参数

参数名称		型号						
		3GFF-400CNC	QX63-350CNC	SY-11	3F-600CNC	SY-12	SY-14	SY-100L
		参数值						
中心高/mm			600	700	700	1030	500	—
中心距/mm		4700	3000	5000	4500	2900	4800	—
工件直径/mm		400	530	1200	400	450	300	2800
力/kN	纵滑块	150	350	600	500	300	160	700
	横滑块	3×120	3×240	3×600	3×400	3×300	3×160	1000
	尾座	50	80	—	200	—	—	—
行程/mm	纵滑块	1500	1530	2200	2600	2400	2100	3000
	横滑块	200	250	480	300	200	160	800
	尾座	1000	2450	—	2300	—	—	—
主轴转速/(r/min)		700	—	200	450	300	700	100
功率/kW	主电动机	45	90	315	130	75	60	—
	泵站	11.5	—	—	22	—	—	—

3.4　专用旋压机

3.4.1　封头旋压机

封头作为压力容器的重要构件，在石化、动力、锅炉、轻工纺织、食品饮料、环保设备、核能发电、海洋开发、生物工程等行业有着广泛需求。大型封头直径可达 10m，壁厚可大于 30mm（热旋可达 80mm 以上）。

1. 封头翻边机

图 5-3-15 所示为 WT6500-32 封头旋压翻边机，这是一台国内研制的大型液压封头旋压翻边机，采用闭式床身，可旋制厚 32mm，最大直径达 6.5m 的低碳钢封头。经压鼓成形所得的浅碟形坯料 2 置于可转动的上、下夹紧盘 18、17 之间，在上、下液压缸 4 和 19 的作用下保持适当高度并实现夹紧。横梁 3、20 上均设有导轨，上、下液压缸 4 和 19 可由电动机带动沿导轨同步水平移动。托轮 5 在液压缸 15 作用下顶住坯料底部作为辅助支撑以增加其稳定性。电动机 8 经减速器 7 驱动成形轮 6 并借摩擦力带动坯料旋转。前、后液压缸 14、13、旋压轮箱 12 及倾

斜液压缸 10 组成的运动机构使旋压轮 16 按一定的圆弧轨迹运动，并施力于坯料，使其逐渐贴靠成形轮 6。液压缸 11 调节倾斜液压缸 10 支承销的水平位置。液压缸 9 调节成形轮 6 轴线的倾斜度。

图 5-3-16 所示为美国产的采用开式床身的液压封头旋压翻边机，其最大旋压厚度和价位较前者低，型号和技术参数见表 5-3-4。

2. 封头成形机

图 5-3-17 所示为一台国产 W88K-5200×32 立式数控封头无模冷旋压成形机。采用板坯进行一步成形法旋出封头。床身为闭式框架。上顶紧缸将板坯夹持在主轴上。成形辊从内部支承板坯。成形辊与主轴分别由各自的液压马达驱动并借摩擦力带动板坯旋转。旋压辊按计算机给定轨迹（可数控编程或录返）运动并对板坯加压。成形辊与旋压辊保持稳定的间距同步运动。经若干旋压道次及主轴升降的贴模调节使封头最终成形。国产的系列数控封头无模冷旋压成形机的型号和技术参数见表 5-3-5。

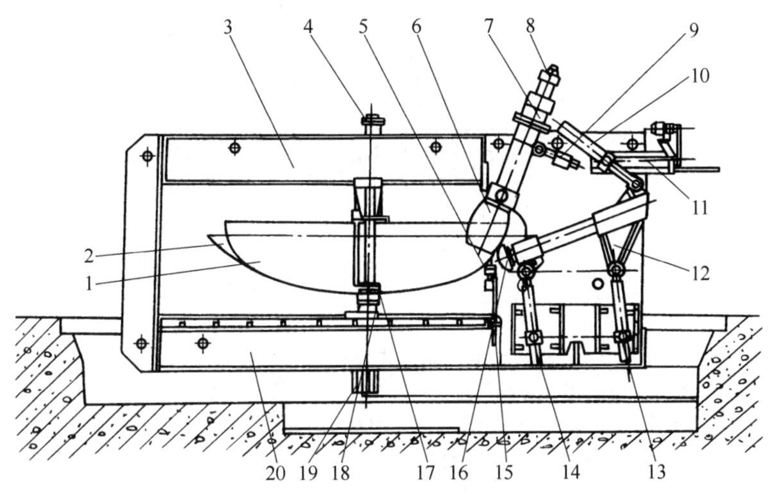

图 5-3-15 WT6500-32 封头旋压翻边机

1—封头工件 2—浅碟形坯料 3—上横梁 4—上液压缸 5—托轮 6—成形轮 7—减速器 8—电动机 9、15—液压缸 10—倾斜液压缸 11—液压缸 10 的支承销水平位置调节机构 12—旋压轮箱 13—后液压缸 14—前液压缸 16—旋压轮 17—下夹紧盘 18—上夹紧盘 19—下液压缸 20—下横梁

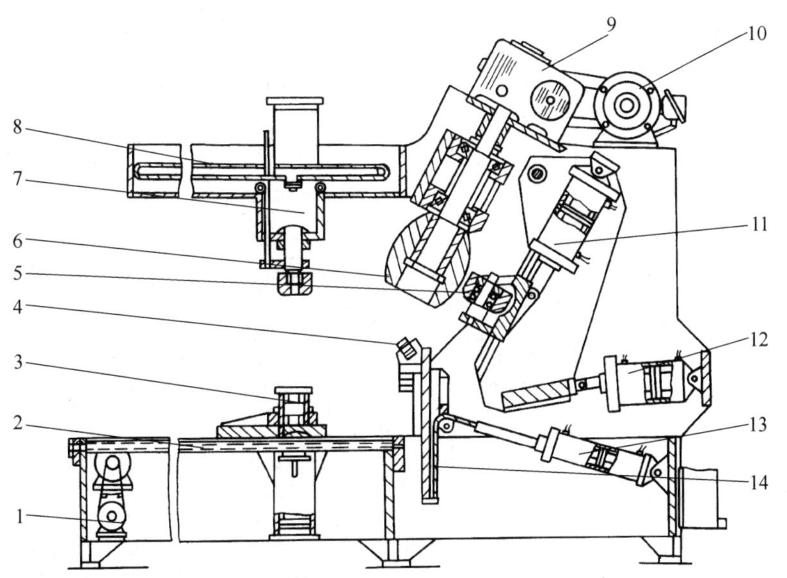

图 5-3-16 采用开式床身的液压封头旋压翻边机

1、10—电动机 2—丝杠 3、7、11、12、13—液压缸 4—托轮 5—外旋轮 6—内旋轮 8、14—键 9—减速器

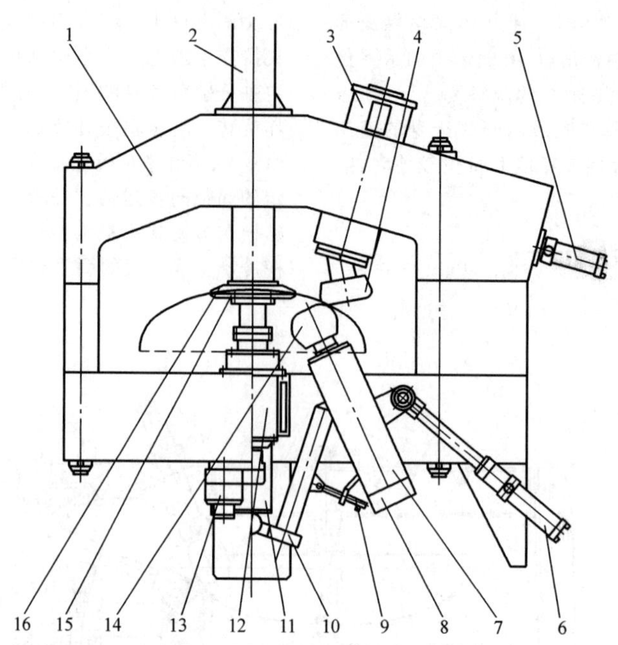

图 5-3-17　W88K-5200×32 立式数控封头无模冷旋压成形机

1—床身　2—顶紧缸　3—旋压辊进给机构　4—旋压辊　5—旋压辊横向液压缸　6—成形辊液压缸　7—成形辊驱动装置　8—成形辊液压马达　9—摆角调整机构及液压马达　10—成形辊摆动机构　11—主轴升降液压缸　12—主轴驱动机构　13—主轴驱动液压马达　14—成形辊　15—下顶料盘　16—上压料盘

表 5-3-4　美国产旋压翻边机的型号和技术参数

参数名称			型号 3	型号 4	型号 6	型号 8	型号 9	型号 10
			参数值					
坯料(软钢)厚度/mm			6	9	16	25	25	25
工件直径/mm	最大直径	平底碟形封头	3600	3600	6000	6000	5400	4200
		椭度 2∶1 封头	—	—	—	—	2100	2500
	最小直径		500	500	600	700	760	1200
圆角半径/mm	平底封头		6/19	6/19	6/19	10/25	—	—
	碟形封头		—	50	50/150	50/200	50/200	400
电动机功率/kW	主电动机		3.73	5.6	7.46	14.92	37.3	37.3
	液压马达		0.75	0.75	2.24	2.24	3.73	3.73
外形尺寸/mm(长×宽×高)			3350×660×1470	3860×915×1930	5180×1020×2185	5200×1020×2185	6300×1070×2480	4270×1070×3070
重量/t			1.8	3.1	5.3	5.8	9.1	11.4
备注			—	有碟形封头定心附件	有碟形封头定心附件	有碟形封头定心附件	有碟形封头定心附件	旋轮带液压跟踪，有位置数字显示，壁厚自动保持，主电动机测功

表 5-3-5　国产的系列数控封头无模冷旋压成形机的型号和技术参数

参数名称			W88K-1600 ×18	W88K-2400 ×20	W88K-3200 ×22	W88K-4000 ×26	W88K-5200 ×32	W88K-2500 ×22
			参数值					
加工直径/mm			800-1600	1200-2400	1600-3200	2000-4000	2500-5200	—
最大坯料厚度/mm	碳钢		18	20	22	26	32	—
	不锈钢		10	12	16	20	24	—
工作力/kN	旋压辊	纵向	250	300	450	700	1000	—
		横向	250	350	500	800	1200	—
	成形辊		300	400	600	1000	1500	—
	顶紧缸		300	400	600	800	1400	—
功率/kW	主轴电动机		55	75	80	85	118	—
	成形辊电动机		38	55	75	90	118	—
	泵站		30	45	60	70	80	—
重量/t			30	40	70	130	200	—
外形尺寸/m(长×宽×高)			3.8×2.3 ×5.5	5.2×2.5 ×6.5	7.5×2.8 ×8.5	8.2×3.0 ×9.5	9.6×3.2 ×10	—
成形辊进给机构形式			摆动机构	摆动机构	摆动机构	摆动机构	摆动机构	双坐标伺服进给机构

3.4.2　收口旋压机

收口旋压机主要用于气瓶、蓄能器的缩口和封底等工序。图 5-3-18 所示是一台数控加热收口旋压机。床身与水平面成 45°角，有助于排除氧化皮。复合旋轮座由纵滑块和摆动滑块构成。纵滑块可在床身上做平行于机床中心线的运动。摆动滑块置于纵滑块之上，装有旋轮。纵滑块和摆动滑块的复合运动可以保证在旋压过程中，使旋轮平面垂直于工件型面。管坯借机床主轴上的五爪卡盘夹紧并自动定心。高转速和高进给率保证了设备的高生产率。部分厂家生产的卧式数控加热收口旋压机型号和技术参数见表 5-3-6。

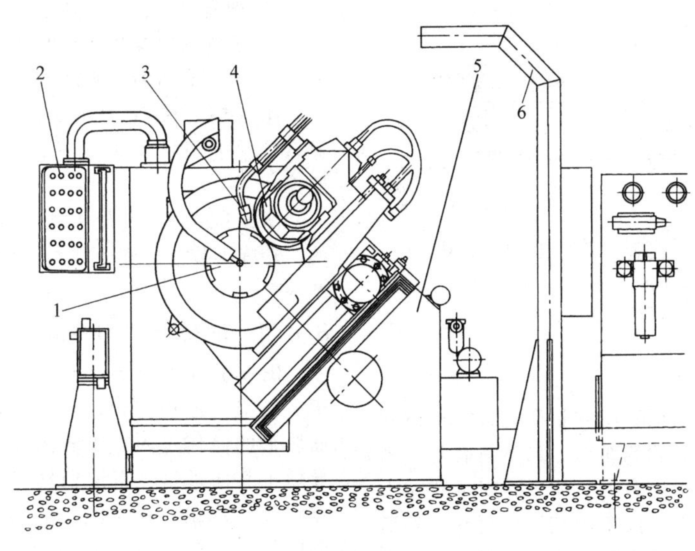

图 5-3-18　数控加热收口旋压机

1—五爪卡盘　2—操纵板　3—喷嘴　4—旋轮　5—床身　6—屏架

表 5-3-6　卧式数控加热收口旋压机的型号和技术参数

参数名称		型号				
		RXP-400CNC	SY-8	EN300CNC	EN500CNC	EN600/400CNC
		参数值				
工件直径/mm		270/400	420	50～204	70～275	200～406
坯料/mm	长度	2500	—	1500	2000	2500
	壁厚	18	10	6	13	18
中心高/mm		1300	—	800	1000	1200
纵滑块	力/kN	206	150	124	140	170
	行程/mm	450	—	300	300	550
	进给率/(m/min)	12	—	15	15	12
摆动滑块	转矩/kN·m	46	—	100	26	44
	回转角/(°)	100	—	100	100	100
	转速/[(°)/s]	41	—	72	70	42
主轴	电动机功率/kW	160	55	60	110	132
	转速/(r/min)	750	800	1200	1000	900
夹头	夹紧力/kN	800	—	300	358	450
	径向行程/mm	17	—	12	17	17
顶出器	顶出力/kN	—	—	300	358	540
	行程/mm	800	—	110	1800	2400
循环次数/(次/h)		—	—	120	80	60

图 5-3-19 所示为国内研制的 XPD 系列卧式数控收口旋压机，主要用于气瓶、保温瓶、咖啡壶、药瓶及各类铝瓶的收口成形。该设备设计有主、辅两个旋轮座，主旋轮座用于安装收口成形用旋轮，辅旋轮座用于安装切边轮、修边轮等，可加工最大毛坯直径为 200mm、可旋厚度为 0.4～0.8mm 的不锈钢，可实现除装卸料以外的多道次旋压自动循环。

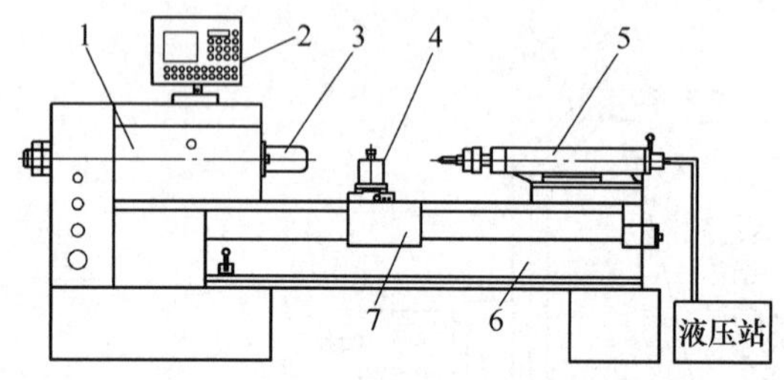

图 5-3-19　XPD 系列卧式数控收口旋压机
1—主轴箱　2—操纵板　3—芯模　4—旋轮座
5—尾座　6—床身　7—纵、横拖板

3.4.3　车轮旋压机

旋压汽车车轮包括钢质轮和铝质轮，呈整体式或组合式，包括轮辋、轮辐组合，二半拼合等。因其具有减重、延长使用寿命、节油、提高承载能力等功能而应用日益增多。按车轮旋压件材料、外形尺寸、批量的不同，可采用专用的普通旋压机、局部成形旋压机、二轮或三轮变薄旋压机组成生产线进行生产。

表 5-3-7 列出了三种数控卧式轮辐旋压机的技术参数，其结构形式与通用强力旋压机略同。其中，QX62-400CNC 与 HQ-65SK 为双轮旋压机。

QX62-400CNC 采用的是单纵滑块、双横滑块的三坐标系统，具有下列功能：

1）抗重载以满足近 50%的减薄率。

2）恒定线速度以提高表面光度。

3）错距旋压以提高精度。

4）旋轮预旋转以防止擦伤。

5）采用杠杆机构自动上下料。

HQ-65SK 采用的是双纵滑块和双横滑块的四坐标系统，采用机械手上下料，加强了油液冷却与监控。

图 5-3-20 所示的轮辐旋压机则是采用单纵滑块的三轮旋压装置，旋轮架为闭式结构，刚性好，生产率高。

3.4.4　油桶及消声器旋压机

图 5-3-21 所示为一台卧式双侧油桶波纹旋压机，其工作原理为：进料装置将经法兰推压和凸筋胀形的筒坯送入，双侧的液动滚压装置在重型导轨上相向进给，由滚动轴承支承的定心环在两端将坯料定位。在上滚轴旋转并下压的同时，两侧施加一定轴向力（见图 5-3-21b）。两侧的主轴分别采用交流电动机同步驱动，并备有气压离合器制动装置。

表 5-3-7　部分厂家生产的轮辐旋压机技术参数

参数名称		型号 QX62-400CNC	HQ-65SK	ST65-202CNC-R
		参数值		
中心高/mm		800	650	320/610
中心距/mm		200~1000	—	—
坯料直径/mm		—	380~600	380~750
旋轮数		2	2	3
力/kN	纵滑块	400	2×300	700
	横滑块	2×300	2×250	3×400
	尾座	150	150	250
行程/mm	纵滑块	500	350	530
	横滑块	240	300	210
	尾座	800	600	500
工作进给率/(mm/min)	纵滑块	1000	—	—
	横滑块	1000	—	—
主轴转速/(r/min)		150~800	—	40~1000
功率/kW	主电动机	—	—	300
	泵站	800	—	110

图 5-3-20　采用单纵滑块的轮辐旋压机

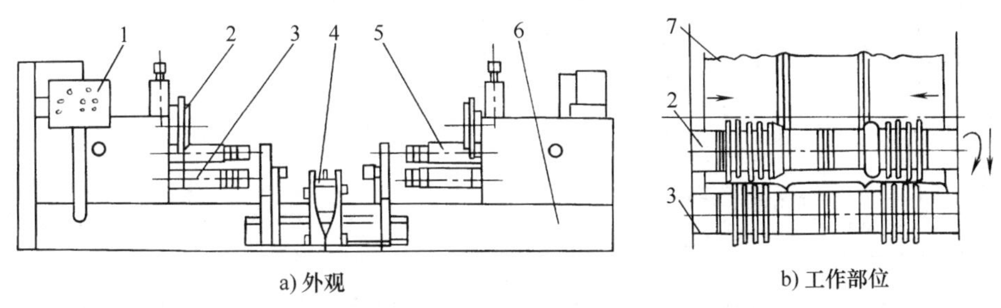

图 5-3-21　卧式双侧油桶波纹旋压机

1—操纵板　2—上滚轴　3—下滚轴　4—送料装置　5—定心杆　6—床身　7—工件

图 5-3-22 所示为卧式油桶咬边机，其工作原理是进料装置将组合好的坯料送入，淬火的内支承盘将其定位。两套预成形轮和两套压扁旋轮装置依次进行工作（见图 5-3-22b）。

在消声器咬边机工作过程中，咬接旋轮随消声器一起旋转，旋轮进给加压，在数转内完成咬接工作。当消声器外形呈椭圆形时，旋轮滑块借仿形装置随工件外形变化而移动。定位装置保证主轴总是停在同一位置。旋轮可沿轴向位移使预成形和校形由同一套旋轮完成。

系列油桶波纹滚压、两端咬边及消声器组合（咬边）旋压机的技术参数见表 5-3-8。

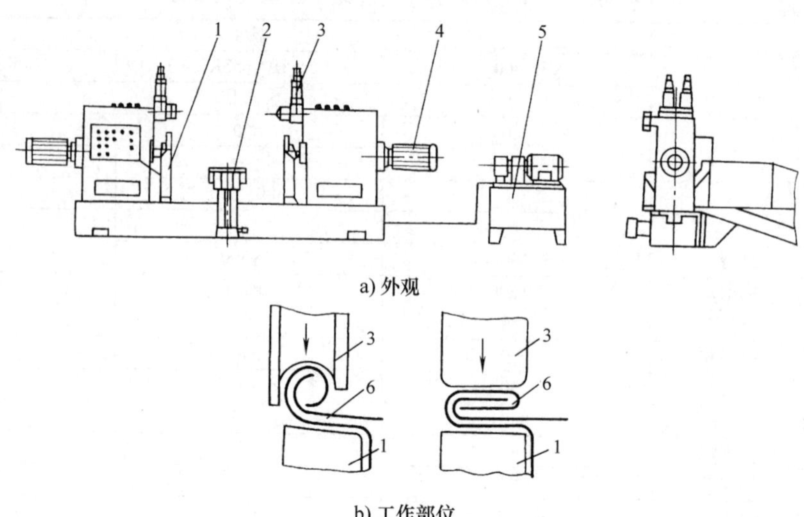

a) 外观

b) 工作部位

图 5-3-22　卧式油桶咬边机

1—内支承盘　2—送料装置　3—旋轮装置　4—电动机　5—泵站　6—工件

表 5-3-8　油桶、消声器旋压机技术参数

设备类别			油桶波纹滚压机				油桶咬边机					消声器咬边机
			A	B	C	D	E	F	G	H	I	J
工件	直径/mm	最大	600	600	600	600	600	600	600	600	600	300
		最小	280	280	280	350	280	280	280	280	350	75
	长度/mm	最大	1000	1000	1000	1000	1000	1000	1000	1000	1000	1000
		最小	330	330	330/450	450	330	330	330/450	330/450	450	500
	椭圆长短轴最大差值/mm		—	—	—	—	—	—	—	—	—	185
坯料	最大板厚/mm		1.25	1.5	1.5	1.5	1.25	1.25	1.5	1.5	1.5	2.5
	最小板厚/mm		0.4	0.4	0.4	0.4	0.4	0.4	0.4	0.4	0.4	0.5
主轴功率/kW			11	11	2×7.5	2×11	7.5	2×7.5	2×11	2×11	2×22	11
液压功率/kW			3	5.5	7.5	18.5	3	3	7.5	7.5	15.5	11
重量/t			2.8	3.1	4.2	6.2	15	25	39	49	80	42
生产率/(件/h)			180	300	500	720	100	180	300	500	720	450(椭圆)500(圆)
备注			单侧机，半自动	单侧机，全自动	双侧机，全自动	双侧机，全自动	手动	半自动	全自动	全自动	全自动	—

图 5-3-23 所示为国内研制的 HGPX-WS-300 型三元催化器壳体旋压机。机床床身采用整体焊接结构，主轴具有变频无级调速功能，并经编码器、数显表同步指示。采用单旋轮卧式结构布局，可以实现两个直线轴（纵向和横向）与一个尾架轴的三轴联动加工；同时还配有附属定位装置。该机床具备手动及自动循环两种操作系统，机床所具备的旋压及切边功能由卧式回转刀架驱动，并配备气动夹紧装置，可实现除手工装卸外的自动旋压成形，具有操作方便、可靠性高、刚性大、抗振性好、精度高等特点。HGPX-WS-300 型三元催化器壳体旋压机的技术参数见表 5-3-9。

管坯放置于托料装置 5 上，尾架装置 8 中的气缸顶杆 17 将管坯推入空心主轴夹紧装置 19 中，主轴内的夹紧装置 19 通过回转气缸顶杆 1 施加推力，实现管坯的胀形夹紧。工作台 14 设有纵向导轨 15 和横向导轨 12，旋轮座 11 可由滚珠丝杠副伺服驱动沿导轨运动，实现旋轮 18 的纵向与横向位移进给。电动机 10 经 V 带 9 驱动主轴及管坯旋转，旋轮在纵、横向伺服电动机 16、13 的驱动下按预设运动轨迹挤压管坯，完成缩颈或收口旋压成形。

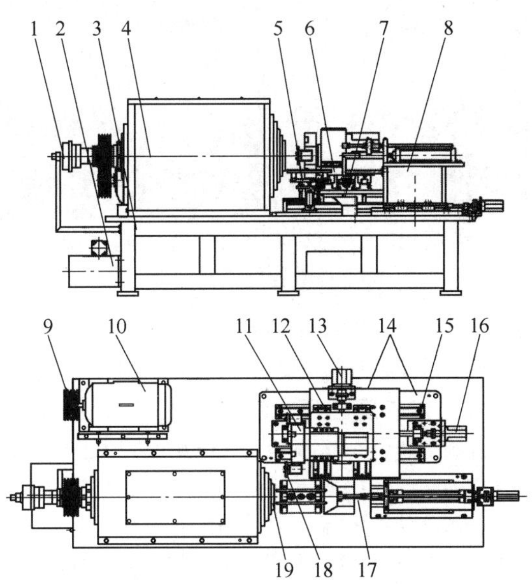

图 5-3-23　HGPX-WS-300 型三元催化器壳体旋压机

1—回转气缸顶杆　2—润滑油箱　3—床身　4—主轴箱　5—托料装置　6—旋轮架装置　7—废料斗　8—尾架装置　9—V 带　10—电动机　11—旋轮座　12—横向导轨　13—横向伺服电动机　14—工作台　15—纵向导轨　16—纵向伺服电动机　17—气缸顶杆　18—旋轮　19—夹紧装置

表 5-3-9　HGPX-WS-300 型三元催化器壳体旋压机的技术参数

参数	数值
主轴电动机功率/kW	15
外形尺寸/mm	2500 ×1300 ×1500
主轴转速范围/(r/min)	100 ~1460
旋轮架最大行程(z 轴)/mm	250
旋轮架最大行程(x 轴)/mm	150
z 轴快速移动速度/(mm/min)	10000
x 轴快速移动速度/(mm/min)	10000
旋轮库形式	卧式
旋轮库容量/轮	8
机床横/纵定位精度/mm	0.05
管坯直径/mm	80~130
机床横/纵重复定位精度/mm	0.025
管坯长度/mm	200~700
管坯厚度/mm	1.0~2.0

3.4.5　滚珠旋压机

为加工特薄壁精密回转体空心件（尤其是精密薄壁管材），目前广泛使用滚珠代替旋轮作为主要变形工具的一种旋压方法，称为滚珠旋压。滚珠旋压原理如下：套在芯模 1 的管坯 2 朝着装有滚珠 3、支承凹模 4 的旋压头做轴向直线进给运动。旋压头中的支承凹模 4 让滚珠 3 与芯模 1 之间保持一定的间隙（见图 5-3-24）。当旋压头旋转时，便可将管坯碾薄并轴向伸长。

滚珠旋压用于制造特薄壁管（壁厚 0.05~0.5mm）及非标准规格的管材，具有产品尺寸精度高、表面质量好等特点。图 5-3-25 所示为国内研制的 XYG15-110 立式数控滚珠旋压机。床身为三梁四柱式结构。在活动横梁下端中央设有十字轴式万向联轴器，通过卡盘与芯模相连。主轴位于下平台中央，其上端设有中空的滚珠盘。工作时主轴由变频调速电动机通过带轮驱动旋转，活动横梁下行。进给速度由光栅尺控制，可实时显示，速度转换由标尺上相应开关控制。下平台下端中央设有一对卸料装置。在油箱上还设有漏斗筛网装置对油液和滚珠进行回收。其主要加工参数：工件直径为 15~110mm，长度为 850（正旋）~1000（反旋）mm，最薄壁厚为 0.15mm。主要技术参数：主缸压力为 120kN，活动横梁行程为 1800mm，主轴转速为 50~600r/min，主电动机功率为 18.5kW，工作进给速度为 3~100mm/min。

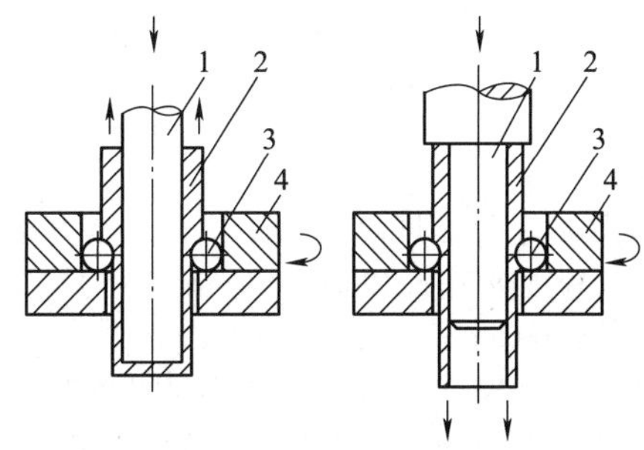

图 5-3-24　滚珠旋压成形原理

1—芯模　2—管坯　3—滚珠　4—支承凹模

3.4.6　三维非轴对称管件旋压机

图 5-3-26 及图 5-3-27 所示分别为国内研制的 HGPX-WSM-400 型三维非轴对称管件数控旋压机的总体结构和实物图。旋压成形时，管坯 6 固定在机床工作台 8 上的坯料夹紧装置 7 中并夹紧，工作台 8 设有横、纵向导轨，坯料夹紧装置 7 可由伺服电动机带动沿导轨进行横、纵向进给，同时还可进行转动；在机床的主轴箱 3 前端装有可随主轴旋转的楔式旋转旋轮座 4；机床主轴带动旋轮座 4（包含旋轮 5）绕主轴一起公转，从而使安装在旋轮座上的旋轮既能绕被加工零件公转，又能进行自转运动；在旋轮进给机构 2 的驱动下，楔式旋轮座 4 将液压缸顶杆的轴向运动转化为旋轮 5 的径向运动，实现旋轮的径向进给，并施力于管坯，从而成形出三维非轴

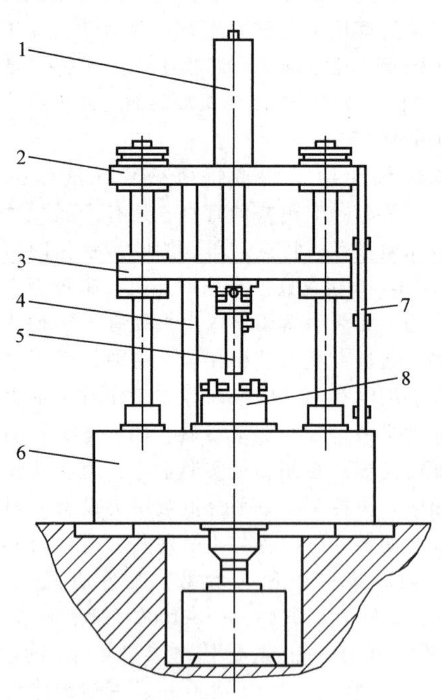

图 5-3-25　XYG15-110 立式数控滚珠旋压机
1—上顶缸　2—上横梁　3—活动横梁　4—光栅尺
5—芯模　6—下平台（主轴箱）
7—滚珠盘　8—标尺

对称零件。

该设备的主要技术参数为：最大坯料直径：350mm（轴对称件）、170mm（非轴对称件）；最大坯料长度：800mm；纵横向工作力：20~30kN；电动机功率：13.5kW。利用该机床不但可以加工各种复杂的轴对称零件，如乐器号口、灯罩、空调过滤器、离合器壳体、不锈钢厨具等，还可以加工出各部分轴线间相互平行或成一定角度的偏心及倾斜类非轴对称零件，实现了采用旋压技术代替冲压、焊接等成形工艺，实现汽车尾气排气歧管、消声器等形状复杂的三维非轴对称薄壁空心管件完整制造的目的。

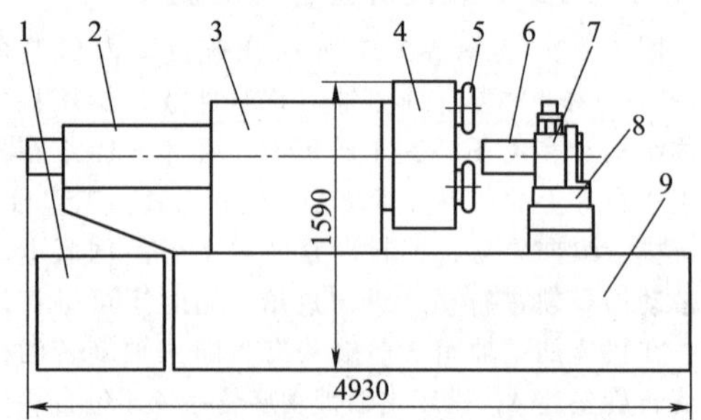

图 5-3-26　HGPX-WSM-400 型三维非轴对称管件数控旋压机总体结构
1—泵站　2—旋轮进给机构　3—主轴箱
4—旋转旋轮座　5—旋轮　6—管坯
7—坯料夹紧装置　8—工作台　9—床身

图 5-3-27　HGPX-WSM-400 型三维非轴对称管件数控旋压机实物

3.4.7　带轮及齿环旋压机

旋制带轮（包括折叠式、劈开式、多楔式）及齿环增加，以其重量轻、平衡性好而在农机及纺织机械，尤其是汽车部件中得到大量应用。图 5-3-28 所示为一台国产 VPS-30 数控立式带轮旋压机。其床身采用三梁四柱式结构。三个旋轮座分别安装在下平台的左、右和后方。下主轴位于下平台中间，其中心孔内设置偏心机构，偏心轴端安装内支承轮可用于卸件。在上活动横梁中间设置上顶轴，与下平台中间的主轴借传动轴和齿轮实现同步传动，以防止工件打滑擦伤。主轴借液压马达驱动，无级变速。主轴轴承选用大推力球面滚子轴承，并加预紧。采用光栅位移传感器控制旋轮位移，使与上顶模的位移达到最佳拟合。

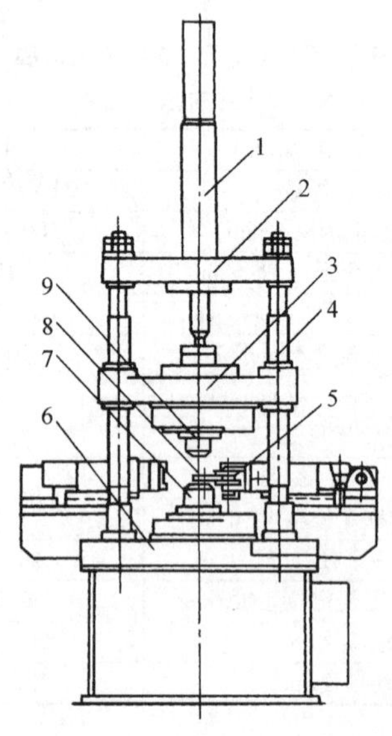

图 5-3-28　VPS-30 数控立式带轮旋压机
1—上顶缸　2—上横梁　3—活动横梁
4—立柱　5—旋轮组　6—下平台
7—主轴　8—偏心支承轮　9—上顶轴

随着带轮楔齿数增多，组合型面种类和数量增加，且产量增大，带轮旋压机的力能、刚度均趋增大，工位数增多，发展了卧式或立式的加工中心和自动线。部分厂家生产的带轮和齿环旋压机型号和技术参数见表 5-3-10。其生产率一般均能达到 60～250 件/h。用于旋齿环的旋压机，旋轮与主轴须有精确的周向定位装置。

表 5-3-10　部分厂家生产的带轮和齿环旋压机型号和技术参数

参数名称		型号							
		VPS-30	VPS-60	HGQX-LS45-CNC	VBA-300/4	VBA600²/4 CNC	VB2BS	VSTR400/3	HDC600
		参数值							
类型		立式	立式	立式	立式	立式	立式	立式	卧式
工件直径/mm		60～300	60～300	45～250	45～200	80～250	45～200	50～400	50～400
顶缸	力/kN	380	600	450	300	600	—	200	300
	行程/mm	250	300	500	—	—	—	—	—
旋轮座数		3	3	4	4	2	2	1	1
旋轮数		3×1	3×1	4×1	4×1	2×2	2×6	1×3	1×3
旋轮力/kN	径向	125	180	150	120	160	—	200	250
	轴向	—	—	—	—	—	—	350	—
旋轮轴向行程/mm		—	—	—	—	—	—	400	650
主轴转速/(r/min)		500	600	800	750	—	—	650	650
功率/kW	主电动机	25	59	37	45	80	80	115	115
	泵站	11	19	13	40	44	50	60	60
重量/t		6	7	10	9	12	16	20	20
备注		上下轴机械同步回转	上下轴机械同步回转	生产多楔轮，可增厚	—	—	生产多楔轮，吸振轮上下轴带度盘	可由板旋制带轮，旋轮组固定，主轴可纵移	可由板旋制带轮，旋轮组固定，主轴可纵移

3.4.8　非圆截面零件旋压机

图 5-3-29 所示为国内研制的非圆截面零件旋压机。板坯由尾顶 8 夹紧在芯模 9 上，并随主轴 10 旋转；在主轴箱一侧安装有靠模装置 3，并通过齿轮 1 实现与主轴 10 同步、同角度旋转。轴向移动平台 7 在伺服电动机的驱动下沿机床的轴向运动，实现轴向进给；同时安装在有直线导轨 2 的径向移动平台 5 上的旋轮座（连同旋轮 6）在靠模装置 3 的驱动下做快速径向运动，并施力于坯料，使其紧贴芯模 9，根据芯模形状设计靠模的型面，使旋轮 6 与芯模 9 之间的间隙在成形过程中保持不变，从而成形出非圆截面零件。

图 5-3-29　非圆截面零件旋压机

1—齿轮　2—导轨　3—靠模装置　4—靠轮　5—径向移动平台　6—旋轮　7—轴向移动平台　8—尾顶　9—芯模　10—主轴

3.5　对轮旋压机

3.5.1　工艺原理及应用

对轮旋压方法是在强力旋压的基础上发展而来的，它是用旋轮代替了传统芯模，采用一对或者几对旋轮同时对坯料内外表面进行加工，由于旋轮成对出现且呈对称分布，所以称为对轮旋压。其工艺原理如图 5-3-30 所示，内外两旋轮的中心线必须经过工件的中心，同时，为了保证工件的质量以及工装受力的合理性，旋轮沿工件的周向均匀分布。

基于工艺及设备因素，对轮旋压的旋轮数目选择多样，常用方案有 1~4 对。单对旋轮，主要优点为设备简单、成本低廉、拓展性强，但缺点明显，包括工艺稳定性差、易产生偏差等，较少采用。多对旋轮，典型对轮布置方案如图 5-3-31 所示，有利于提高工艺稳定性和加工效率，是目前常用的对轮布置方案。采用多对旋轮时，对轮旋压除常规的等距旋压外，还可方便实现错距旋压。

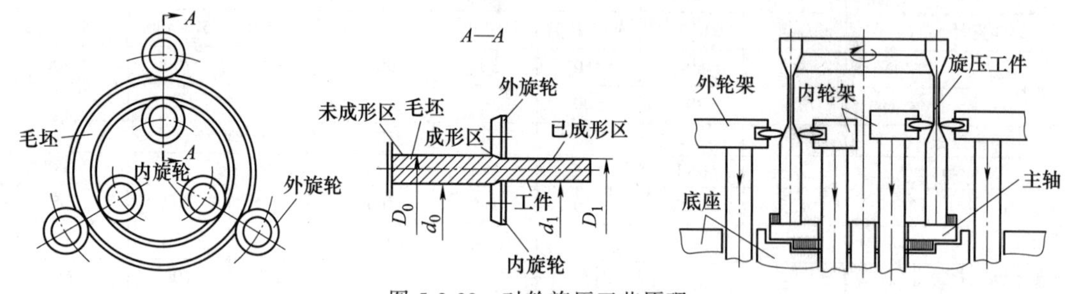

图 5-3-30　对轮旋压工艺原理

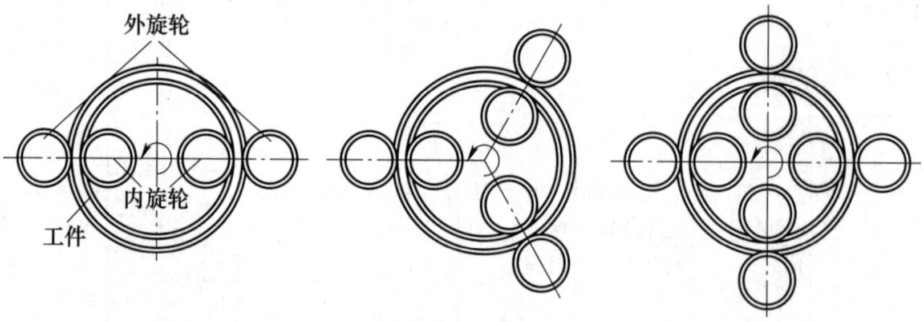

a) 双对轮　　b) 三对轮　　c) 四对轮

图 5-3-31　对轮布置方案

对轮旋压适用于质量要求较高的大型管件，是成形直径 2500mm 以上大型薄壁筒形件的有效方法，诸如固体火箭发动机壳体、油气运输管道等航天工业、石油工业产品。美国、德国在 20 世纪 70、80 年代就已经开始使用对轮旋压工艺并研制最大成形直径为 3000~4500mm 的对轮旋压机，用于美国战神火箭和欧洲阿里安 5 号火箭的筒形件以及原油输送管道的成形制造。这些对轮旋压的应用多基于强力旋压，而对轮旋压在带沟槽、横筋等筒形件的普通旋压成形也有广泛应用。

和传统带芯模旋压工艺相比，特别是在加工超大直径薄壁筒形件时，对轮旋压具有如下优势：

（1）无整体芯模　通过内外旋轮的运动配合，实现旋压加工。

（2）柔性好　传统旋压工艺，旋压不同尺寸、不同形状工件时，必须更换模具，而对轮旋压只需要调整内外旋轮的运动，即可实现同一副模具加工不同零件的需求。

（3）内表面质量高　在传统旋压中，芯模与坯料并不发生显著的相对运动，内表面质量决定于芯模的加工质量。而对轮旋压过程中，工件内外表面均为加工面，可以获得较好的表面质量。

（4）旋压力小　强力旋压中，得益于内外旋轮同时工作，在总减薄率相同的情况下，对轮旋压单侧的减薄率仅为整体减薄率的一部分，故对轮旋压的旋压力较芯模旋压明显降低。

（5）成本低　体现在模具成本的降低等方面。一般而言，芯模旋压中，模具成本占到总成本的 10%左右；对于小批量产品的加工，模具成本则会进一步成为总成本的主要部分。

（6）尺寸精度高　由于在对轮旋压过程中，坯料的受力状态对称，改善了受力情况，有效降低了残余应力，提高了工件的尺寸精度。实验表明，将对轮旋压件切开后，工件基本保持稳定，无显著回弹。

3.5.2　对轮旋压机结构及运动机构

1. 典型结构

（1）卧式结构　美国公司于 1966 年提出一种新式的对轮旋压机原理，如图 5-3-32 所示。该对轮旋压机为卧式结构，采用两对旋轮。

目前通过在车床上增加特定旋压装置来实现对轮旋压工艺的设备多采用卧式结构。图 5-3-33 所示为美国公司基于 LeBlond 2516 重型机床于 20 世纪 70 年代末研发的对轮旋压试验装置。该装置为单对轮的结构，该装置的整个旋轮架固定于工作平台，工作平台可沿机床导轨推进。内外旋轮轴安装在旋轮架上，外旋轮轴采用固定模式，确定其工作位置，内外旋轮的相对位置通过位于旋轮轴尾部的螺栓组进行调节。

图 5-3-34 所示为国内研制的一种对轮旋压机。主要由床身、转盘式外旋轮装置和斜楔式内旋轮装置组成。内、外旋轮成对布置，且两旋轮的中心连线经过工件的中心，3 对旋轮沿毛坯外圆周面呈间隔 120°角均匀设置。由伺服电动机通过内旋轮装置和外旋轮装置实现 3 个内旋轮和 3 个外旋轮各自的同步进退，从内、外表面同时加压于毛坯，使之产生塑性变形。该设备结构简单、可靠，控制精度高，加工工件质量高。

（2）立式框架结构　立式框架结构由上梁、下梁（底座）和立柱构成框架，整体刚度好。德国于 20 世纪 80 年代建成立式四对轮旋压机，并用于阿丽亚娜 5 号火箭发动机壳体的制备，该大型对轮旋压机的结构原理如图 5-3-35 所示。该设备拥有四对旋轮，各对旋轮之间相差 90°，同对旋轮处于同一平面，不同的旋轮有轴向的位置差异，实现错距旋压。

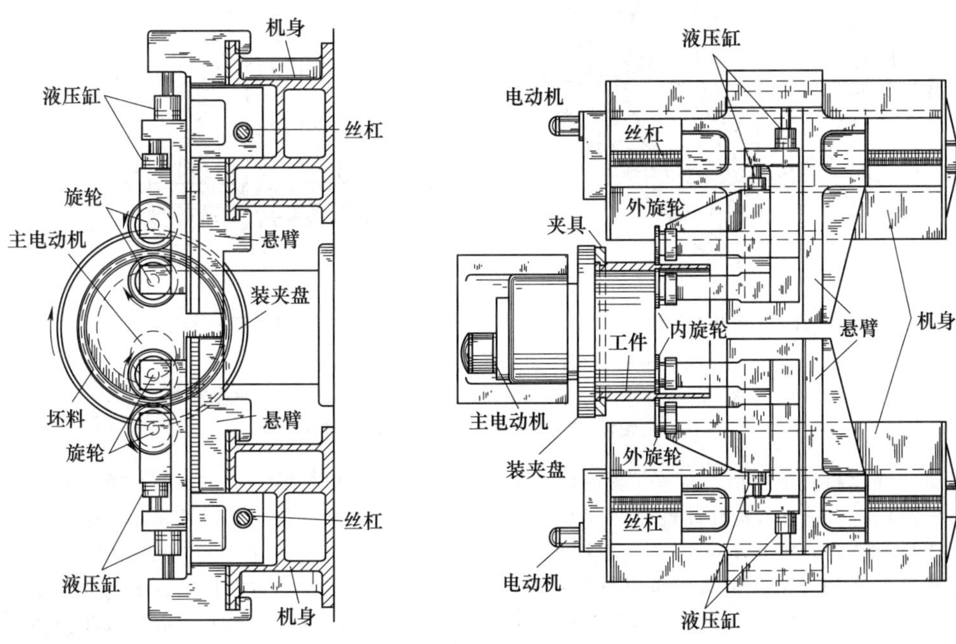

a) 右视图　　b) 俯视图

图 5-3-32　对轮旋压机原理

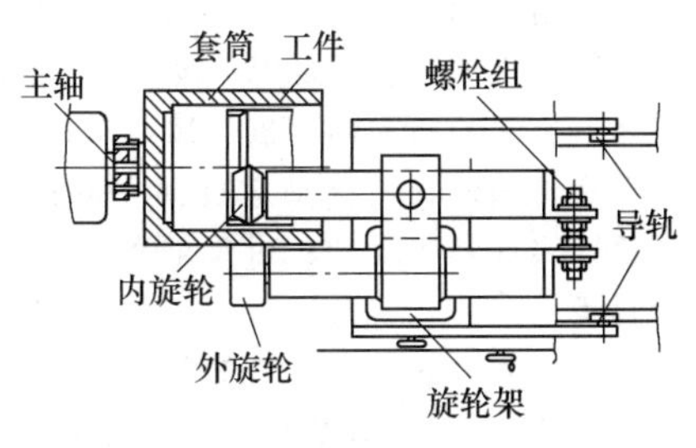

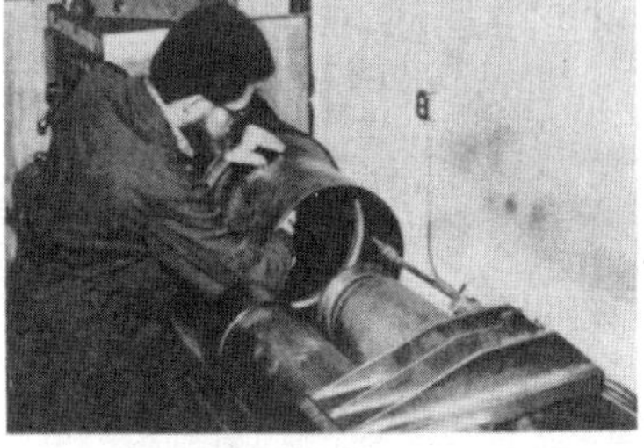

a) 原理图　　b) 试验过程

图 5-3-33　对轮旋压试验装置

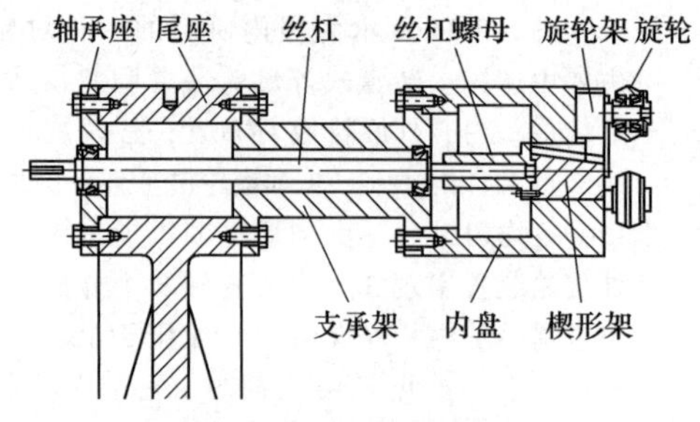

a) 内旋轮装置结构图

b) 旋轮架整体结构图

图 5-3-34　对轮旋压机

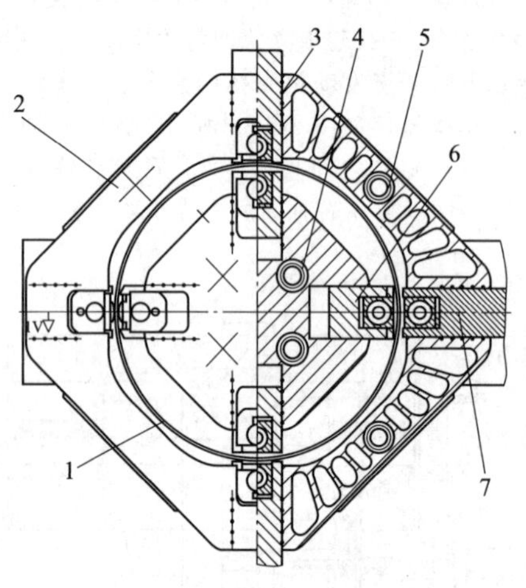

a) 俯视图及剖视图

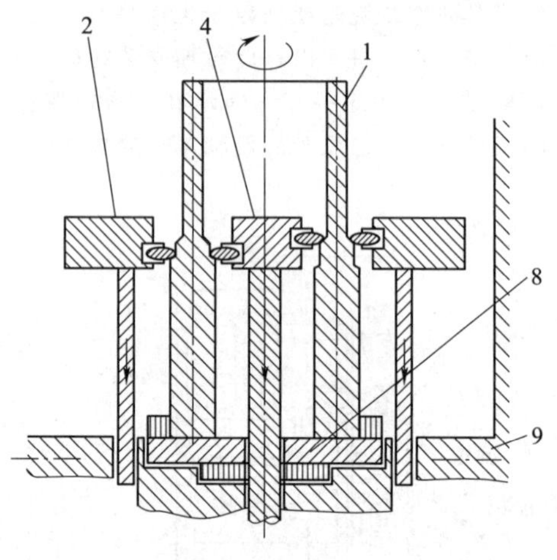

b) 工作原理(错距旋压)

图 5-3-35　德国研制的对轮旋压机结构原理

1—工件　2—外旋轮架　3—销钉装置　4—内旋轮架　5—外驱动装置　6—内旋轮臂　7—外旋轮臂　8—装夹盘　9—床身

旋压机的发展趋向于高精、高速、智能化、高柔性，以伺服直驱等新技术构建高性能及高柔性对轮旋压机为目前趋势。2010 年后，国内设计研发的对轮旋压机及制造的样机普遍采用全电伺服驱动，图 5-3-36 所示为 6m 级四对轮立式全电伺服对轮旋压机。该旋压机主要机构包括筒坯旋转机构、旋轮轴向进给机构和旋轮径向进给机构，采取分散多动力设计思路，即各个主要运动机构带有独立动力源，以减少传动系统的复杂度。设备的外部支承采用笼式结构，由上下框架和 8 根立柱连接组成，整体刚度良好。

图 5-3-36　6m 级四对轮立式全电伺服对轮旋压机

1—底座　2—内轮机构护架　3—外轮机构护架　4—伺服电动缸　5—承力框　6—内轮轴向电动机　7—外轮轴向电动机　8—立柱　9—外轮轴向丝杠　10—双夹辊机构　11—旋转电动机

（3）立式龙门结构　图 5-3-37 所示为国内研制的双对轮数控旋压机样机。该旋压机的机械部分采用龙门式结构，主轴系统由变频电动机、减速器、主轴转盘等组成。两对旋轮安装于动横梁之上，而动横梁由两侧伺服电动机通过丝杠驱动。内旋轮和外旋轮分别通过独立的伺服电动机控制丝杠实现轴向运动；由反向丝杠实现径向的反向同步运动。

2. 旋轮轴向、径向进给机构

早期的对轮强旋装置设计大量参考了轧管机的结构，代表为德国的 M. ROECKNER 于 1922 开发的四对轮旋压机，如图 5-3-38 所示。该设备的内外旋

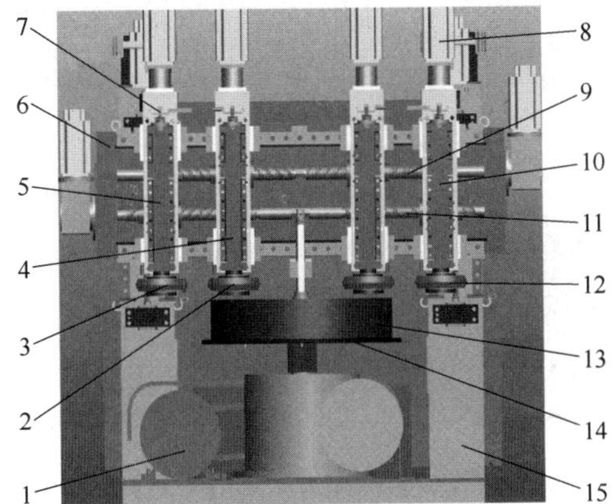

图 5-3-37　双对轮数控旋压机样机

1—异步电动机　2—左内旋轮　3—左外旋轮　4—左内旋轴　5—左外旋轴　6—升降横梁　7—轴向丝杠　8—伺服电动机　9—内轮横丝杠　10—右外旋轴　11—外轮横丝杠　12—右外旋轮　13—筒坯　14—转盘　15—支架

轮分别均布于两个独立的旋轮架上。内旋轮安装于内旋轮架，并通过丝杠带动斜楔调整内旋轮的径向位置，该内旋轮结构随后被众多对轮旋压装置及设备采用。

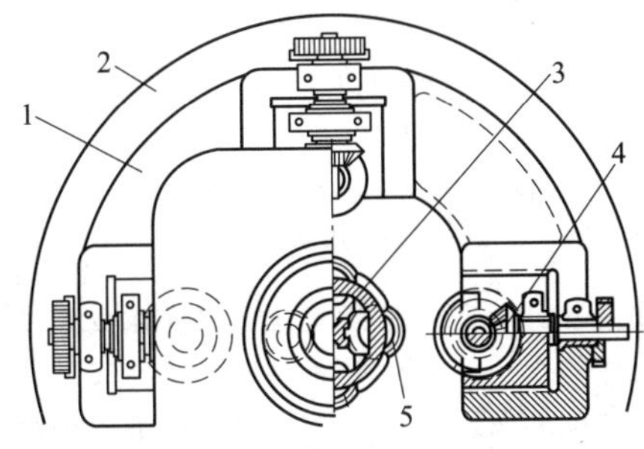

图 5-3-38　四对轮旋压机

1—外旋轮架　2—床身　3—内旋轮架　4—外旋轮装置　5—内旋轮

德国公司设计制造的对轮旋压机的内、外旋轮分别安装于内、外旋轮架上，由旋轮架的整体运动带动旋轮做轴向进给，如图 5-3-35b 所示。内外旋轮的径向相对位置可以通过销钉及斜楔调整，如图 5-3-35a 所示。

美国公司设计制造的对轮旋压机是将同一对旋轮安装于共用悬臂，悬臂整体由丝杠驱动实现轴向进给，如图 5-3-32b 所示；内外旋轮分别由同一悬臂上的两个不同液压缸驱动，分层实现径向进给，如图 5-3-32a 所示。

国内研制的龙门式对轮数控旋压样机的核心结构为动横梁（即旋轮运动部件），如图 5-3-39 所示。动横梁主要由床身、四个旋轮推杆装置、内旋轮和外旋轮径向进给装置、尾顶装置构成。动横梁整体由位于立柱的伺服电动机驱动，实现轴向运动，同时各个旋轮轴又具有独立的轴向调节丝杠，可以灵活调节轴向位置（运动）。两个内（或外）旋轮径向运动轨迹是反向同步的，故采用两侧带有反旋螺纹的丝杠带动同名旋轮的径向运动。而同名旋轮有固定的径向偏移，可通过丝杠螺母连接处的调整装置微调或加垫片获得。

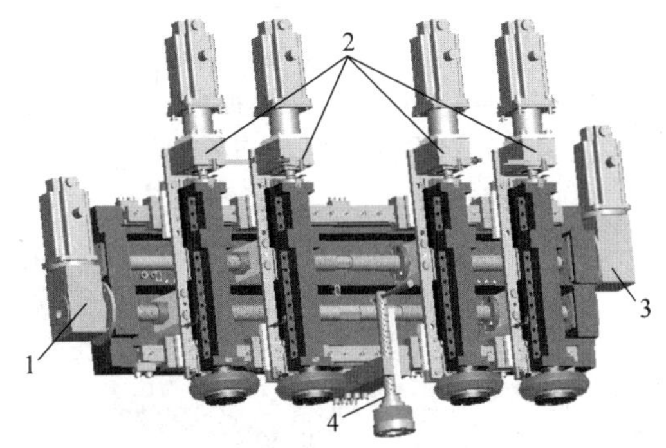

图 5-3-39　龙门式对轮数控旋压样机的动横梁

1—外旋轮径向进给装置　2—旋轮推杆　3—内旋轮径向进给装置　4—尾顶装置

对于图 5-3-36 所示的 6m 级对轮旋压机中每一个旋轮分别采用独立的伺服电动机驱动轴向进给丝杠，即可实现内、外旋轮的轴向进给运动；旋轮径向位移由伺服电动缸粗调机构和每个旋轮的伺服电动机独立驱动径向微调机构实现，如图 5-3-40 所示。

3. 工件旋转机构

一般旋压成形中工件（坯料）主动旋转，通过摩擦带动旋轮旋转，对轮旋压中旋转方式也是如此。工件夹持于主轴转盘，由主轴带动工件旋转，图 5-3-32、图 5-3-35 和图 5-3-37 所示的对轮旋压机均采用此种方式。如工件尺寸巨大，所需驱动转矩巨大，则不宜采用这种转盘方式。图 5-3-36 所示的设计中将 4 个带有独立异步电动机的双齿辊旋转机构呈十字形布置在铸铁底座上，实现筒坯主动旋转，该旋转机构如图 5-3-41 所示。机构前端安装有一对可利用液压缸调节中心距的齿辊，用以夹持筒坯底端，其中靠近异步电动机一侧的齿辊为主动辊，主动辊与异步电动机之间依靠伸缩式万向联轴器和传动齿轮连接，整个双齿辊机构通过底部滑块安放在闭式导轨上，并可进行滑动，以适应不同直径筒坯。

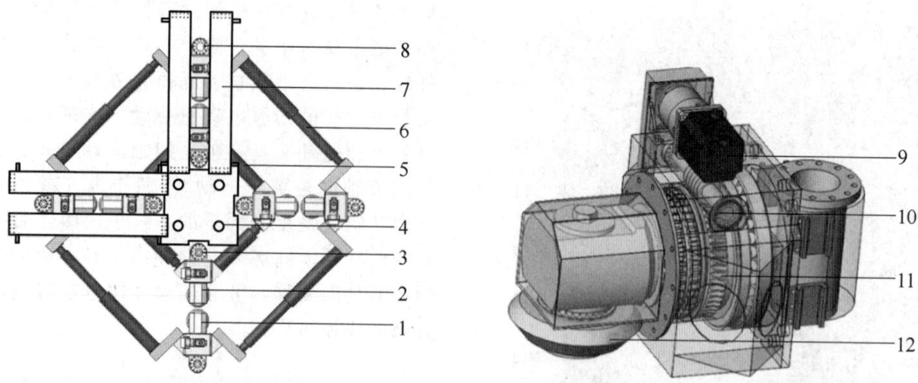

图 5-3-40　大型对轮旋压机内外旋轮两级径向调整机构

1—外旋轮机构　2—内旋轮机构　3—内轴向进给丝杠　4—顶板　5—伺服电动机Ⅱ　6—伺服电动机Ⅰ　7—顶端滑轨　8—外轴向进给丝杠　9—伺服电动机　10—蜗杆　11—蜗轮　12—旋轮

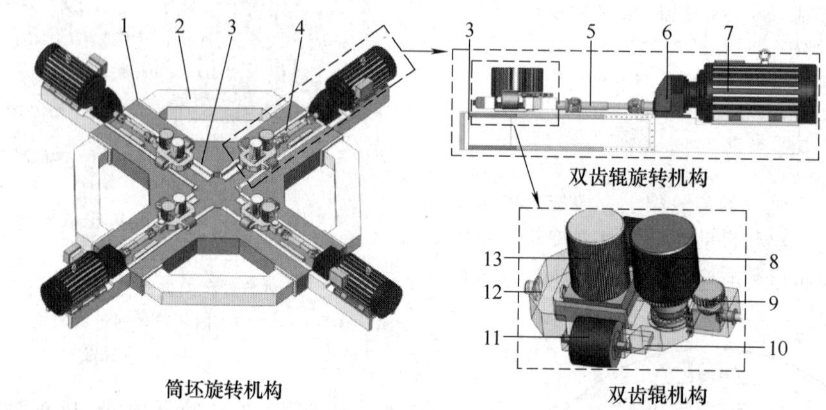

图 5-3-41　大型筒形件对轮旋压的筒坯旋转机构

1—底座　2—支承臂　3—闭式导轨　4—止退桩　5—伸缩式万向联轴器　6—减速器　7—异步电动机　8—主动辊　9—传动齿轮　10—滑块　11—托辊　12—液压缸　13—从动辊

3.6　双辊夹持旋压机

3.6.1　概述

随着制造业的迅速发展，实际生产中对一些具有复杂曲面法兰结构的薄壁回转体零件的需求量越来越大，例如广泛应用于供热通风与空气调节系统中的风机等通风设备、风力发电机聚风罩等。图 5-3-42 所示为这些典型零件的实物照片。风机是依靠外部输入的机械能，提高气体压力并排送气体的机械设备，广泛用于工厂、矿井、隧道、冷却塔、车辆、船舶和建筑物的通风、排尘和冷却，聚风罩用于增加叶片迎风面的风速。

一种适合于带有复杂曲面法兰的薄壁筒形件的双辊夹持旋压成形新工艺，成形力小、成形效率高、精度高，成形所得到的零件机械强度高、表面质量好。图 5-3-43 所示为带法兰的薄壁筒形件的双辊夹持旋压成形原理。在双辊夹持旋压成形前，薄壁回转体毛坯件装夹在内胀式夹具上，该夹具在轴向压力的作用下可沿径向胀开，以此实现在成形过程中夹紧毛坯的作用，同时两个旋辊夹住预成形的法兰部位，并施加翻边力，旋辊与毛坯接触的长度即为预翻边的法兰宽度。在旋压成形过程中，毛坯随着夹具一起旋转，而两个旋辊自转的同时在旋压头的带动下做 3 个自由度的运动：沿 z 轴的直线运动、沿 x 轴的直线运动、绕 y 轴的转动，3 个自由度运动的配合实现最终工件的成形。

利用该双辊夹持旋压成形方法，可以在回转体件的基础上直接成形出法兰边，不需要下料、焊接等工序，因此加工工序得到了简化，加工时间也将大大缩短，该工艺可以大幅度提高生产效率，降低原材料消耗成本。而且在法兰区没有焊缝，所加工的带法兰薄壁回转体件的外观、尺寸及几何公差都得到了有力保证，法兰区的金属材料在旋压过程中发生了硬化，从而进一步提高金属的强度，极大地提高了风机等薄壁回转体零件的质量。

a) 通风机

b) 聚风罩

图 5-3-42　具有复杂曲面法兰结构的薄壁回转体典型零件

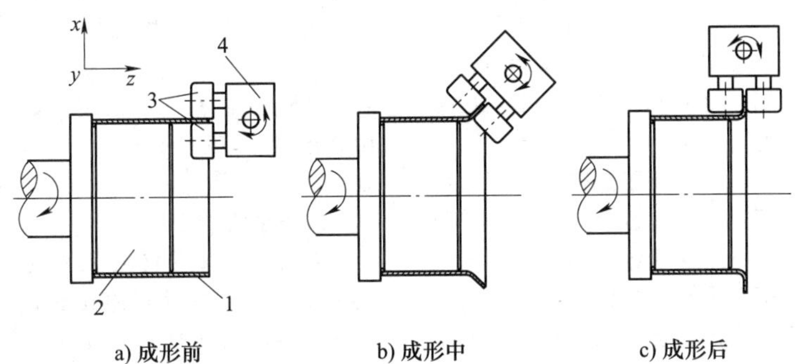

a) 成形前　　b) 成形中　　c) 成形后

图 5-3-43　双辊夹持旋压成形原理

1—工件　2—内胀式夹具　3—旋辊　4—旋压头

双辊夹持旋压成形属于普通旋压的范畴，因此它具有普旋的优点，即旋辊对工件局部施加压力，产生局部塑性变形，因此需要的成形力远小于普通压力成形工艺，大大降低了成形载荷和设备成本，而且所得到的零件强度高，表面质量好。除此之外，双辊夹持旋压成形还具有一些本质上区别于普通旋压的优点：

1）普通旋压一般仅采用一个旋轮进行成形，为单旋轮旋压，其板料单面承受严重的非对称旋压力，易发生起皱，且板料和旋轮的点接触使得单旋轮旋压每道次产生的塑性变形量很小，旋压道次多，生产效率低；普通单旋轮旋压对于不同材质、形状及尺寸的旋压件需要不同尺寸的旋轮，并且旋轮本身的曲面形状复杂、受力状况恶劣、寿命低、制造成本高。

2）双辊夹持旋压工艺采用制造成本低的两个形状简单的圆柱体旋辊，对板料进行对称夹持，板料在压应力作用下旋压，板厚方向承受足够大的压力，不易起皱，旋压件的尺寸精度高；板料与旋辊为线接触，载荷作用面积大，每道次的变形程度大，旋压生产效率高。

3）普通旋压中，最终零件的形状由芯模的外形轮廓决定，双辊夹持旋压成形中法兰边的形状与芯模的外形轮廓无关，而是由旋辊的运动轨迹决定的，属于无模、柔性旋压成形，可以实现包括 90°法兰等多种形状的法兰成形，图 5-3-44 所示为双辊夹持旋压成形的典型零件形状。

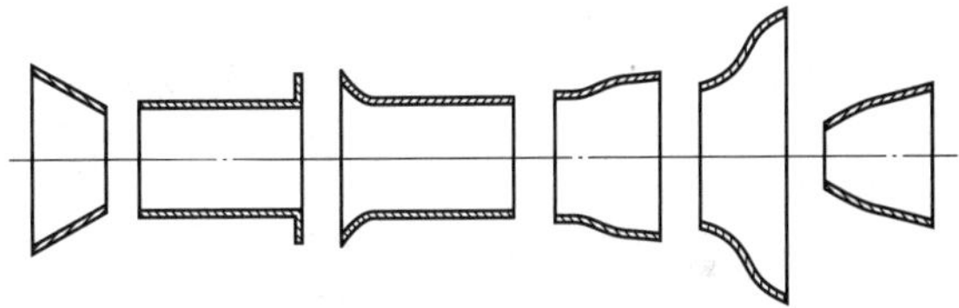

图 5-3-44　双辊夹持旋压成形的典型零件形状

3.6.2　典型结构及主要部件

双辊夹持旋压机一般由多功能旋压头、装夹机构、传动机构等构成，图 5-3-45 所示为该双辊夹持

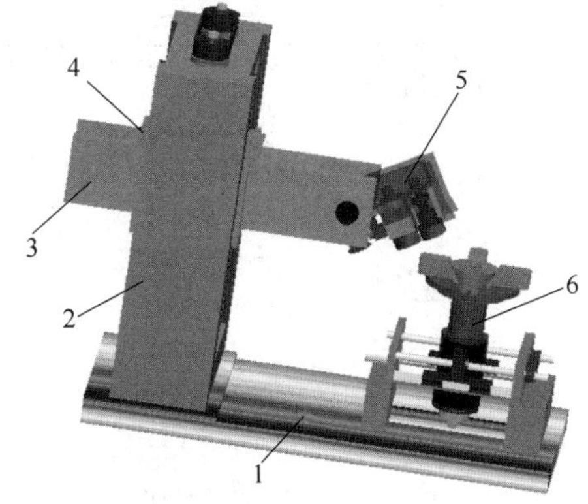

图 5-3-45　双辊夹持旋压机的结构示意

1—底座　2—床身　3—横向滑块　4—纵向滑块　5—多功能旋压头　6—装夹机构

旋压机的结构示意。

1. 装夹机构

双辊夹持旋压机的装夹机构主要有两种类型，一种是外撑胀紧式夹紧机构，另一种是爪盘式的装夹机构。外撑胀紧式夹紧机构外形类似于普通旋压的芯模，但它不承担芯模的作用，仅仅是对筒形件坯料进行装夹，成形直角法兰多用此装夹机构，有卧式和立式两种形式，图 5-3-46 所示为立式外撑胀紧式夹紧机构的结构示意。该装夹机构的布置形式为：夹紧装置主体上的液压缸通过拉杆与楔块连接，楔块上的滑块与其导轨配合，夹盘下的滑块与其导轨配合，定位盘、液压回转缸安装在空心主轴上。两根水平丝杠的同一端连接同步带轮，其中一根水平丝杠的另一端连接液压马达。

该装夹机构工作原理为：液压缸带动拉杆进而推动楔块沿其导轨上下运动；夹盘沿其导轨径向移动；定位盘对高度定位；液压回转缸驱动空心主轴进行旋转；液压马达驱动水平丝杠同步运转，实现夹紧装置主体在水平方向的移动。该装夹机构的工作过程为：控制拉杆驱动液压缸带动拉杆在竖直方向上下移动。当拉杆向上移动时，推动楔块向上移动；当拉杆向下移动时，推动楔块向下移动。在楔块移动的同时，夹盘沿夹盘移动用导轨径向移动，实现夹盘的扩张或收缩，从而实现不同直径工件坯料成形时的夹紧和成形后的卸载，并且通过定位盘可以对不同高度进行定位，使得工件的下端面在同一个基准面上。液压回转缸驱动空心主轴进行旋转，满足回转体板材件旋压成形时的转动要求，在液压马达的驱动下，通过同步带轮，两侧的水平丝杠进行同步运转，从而带动水平移动滑块沿着水平移动导轨进行水平移动，实现夹紧装置主体在水平方向的移动。该夹紧装置具有好的自锁功能，而且夹紧效率高、操作方便。

图 5-3-47 所示为国外双辊夹持旋压机的立式和卧式外撑胀紧式装夹机构。

爪盘式装夹机构也分为卧式和立式两种类型，图 5-3-48 所示为国外双辊夹持旋压机用的爪盘式装夹机构，它不仅可以装夹筒形件毛坯，还可以用来装夹圆环、平板毛坯，成形大直径喇叭口零件。

2. 多功能旋压头

双辊夹持多功能旋压机的旋压头结构一般由旋辊座、翻边装置和冲孔装置组成。翻边装置和冲孔装置中心线垂直，冲孔装置的冲孔驱动缸与翻边装置中动旋辊的夹紧缸为同一个液压缸，动旋辊靠近或远离定旋辊的运动采用滑块直线导轨的移动结构，一次装夹即可完成薄壁回转体法兰的翻边成形和冲孔加工，大大提高了工效，节省了传统多工序加工所需的不同工装设备，工艺成本显著降低。

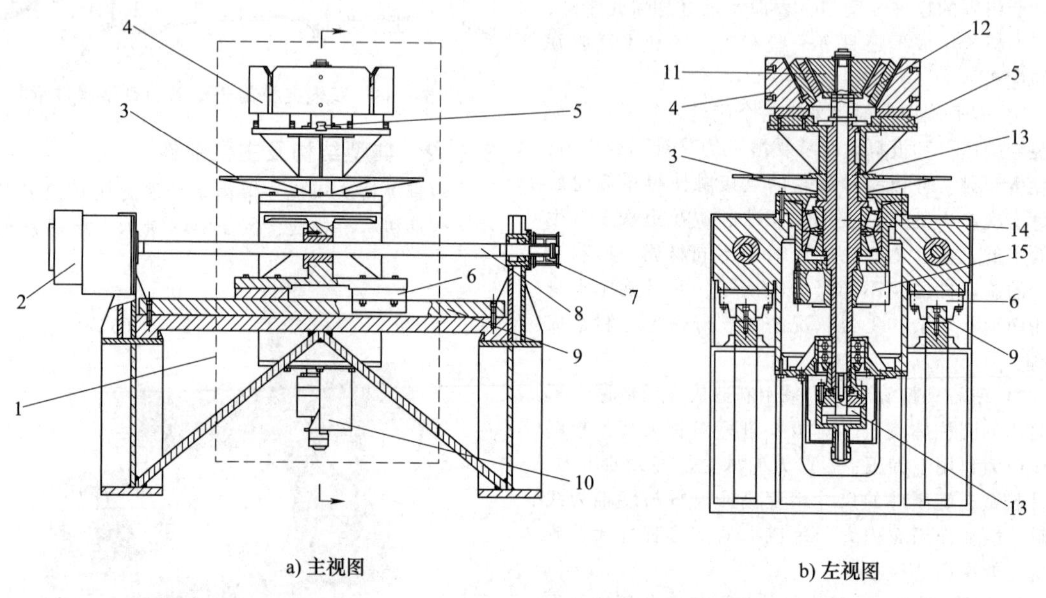

图 5-3-46　立式外撑胀紧式夹紧机构的结构示意

1—夹紧装置主体　2—液压马达　3—定位盘　4—夹盘　5—导轨（夹盘移动）　6—滑块　7—同步带轮　8—水平丝杠　9—水平移动导轨　10—液压缸（驱动拉杆）　11—楔块　12—导轨（楔块移动）　13—空心主轴　14—拉杆　15—回转液压缸

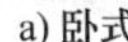
a) 卧式

b) 立式

图 5-3-47 外撑胀紧式装夹机构

a) 卧式

b) 立式

图 5-3-48 爪盘式装夹机构

多功能旋压头结构如图 5-3-49 所示。夹紧过程的运动为：旋压头在旋压机传动机构的带动下做水平和竖直运动，以此调整旋压头的位置，使得工件置于旋压头的定旋辊、动旋辊之间的空间内，定旋辊在工件坯料的内侧，动旋辊在工件坯料的外侧，动旋辊在冲孔-夹紧液压缸的推动下靠近定旋辊而夹紧工件。翻边工艺工作过程为：启动回转主轴，使夹在回转夹具上的工件随着夹具一起做回转运动。启动旋压头的定旋辊液压马达和动旋辊液压马达，使得定旋辊和动旋辊自转；驱动连接摆动轴的摆动缸，使得旋压头绕摆动轴旋转；同时在旋压机传动机构的带动下做水平和竖直方向的运动，即可实现对工件进行不同曲面形状的法兰翻边成形。翻边成形后，在冲孔-夹紧液压缸的带动下使得动旋辊和定旋辊分离，并停止定旋辊液压马达和动旋辊液压马达的旋转，旋压头在旋压机传动机构的带动下退出工件法兰。冲孔工艺工作过程为：由旋压机传动机构带动旋压头沿水平和竖直方向移动，以此调整冲孔装置的位置，直到冲头对准法兰边上欲打孔的位置。然后冲孔-夹紧液压缸开始工作，完成工件法兰冲孔加工。旋压头在旋压机传动机构带动下，退出工件法兰。图 5-3-50 所示为双辊夹持旋压机上的多功能旋压头，图 5-3-51 所示为旋压头上常用的旋辊。

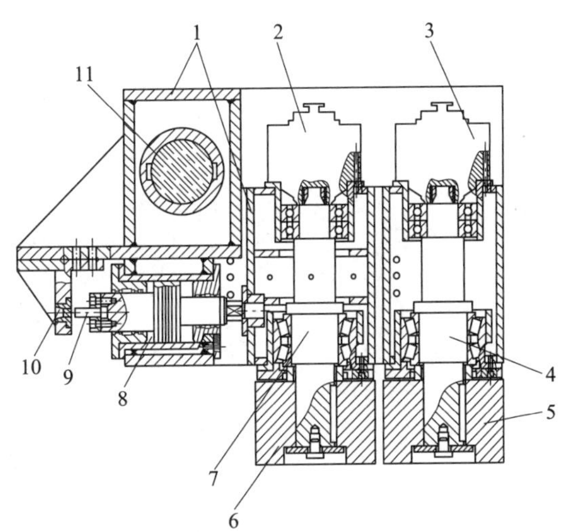

图 5-3-49 多功能旋压头结构

1—旋辊座 2—动旋辊液压马达 3—定旋辊液压马达 4—定旋辊转轴 5—定旋辊 6—动旋辊 7—动旋辊转轴 8—冲孔-夹紧液压缸 9—冲头 10—冲孔固定模 11—摆动轴

3. 传动机构

传动机构主要通过竖直横梁和水平横梁的平动以及液压马达驱动旋压头的转动，实现旋压头复杂轨迹控制。控制旋压头的运动轨迹采用液压马达与滚珠丝杠的组合形式，实现三轴联动伺服控制。双辊夹持多功能旋压机的典型传动机构如图 5-3-52 所示。

图 5-3-50　双辊夹持旋压机上的多功能旋压头

图 5-3-51　旋压头上常用的旋辊

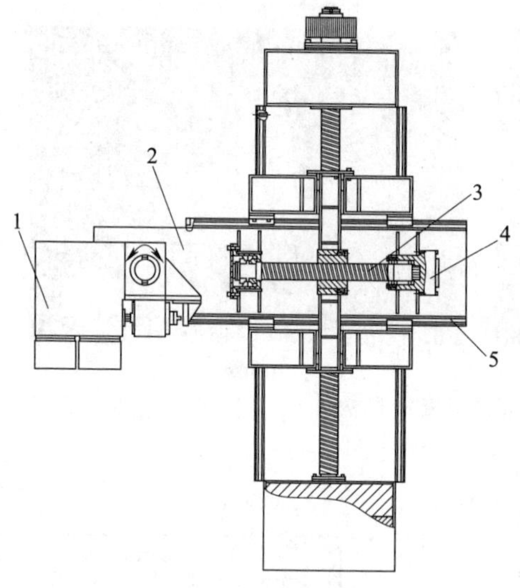

a) 主视图

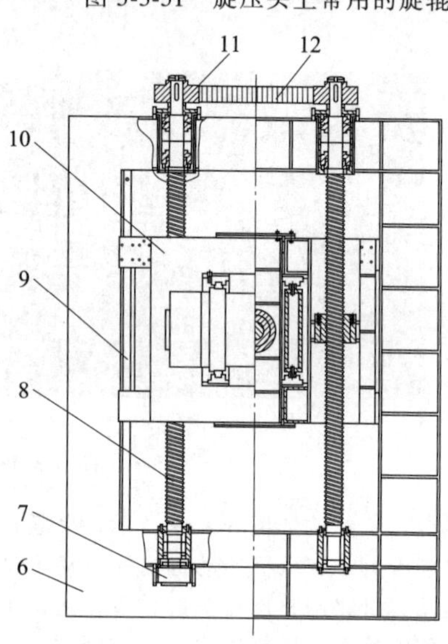

b) 左视图

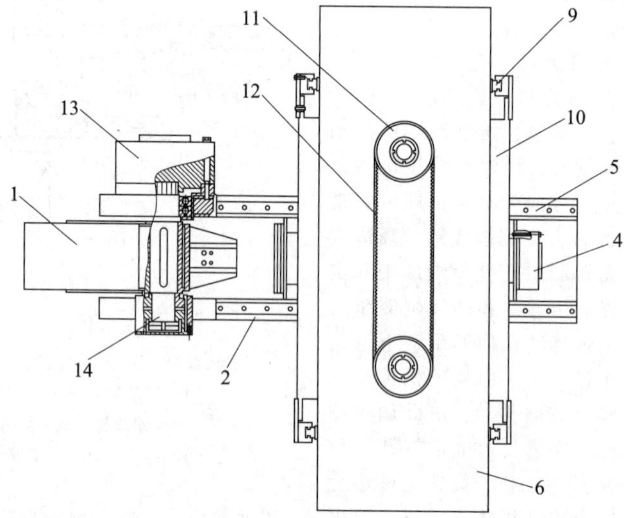

c) 俯视图

图 5-3-52　双辊夹持多功能旋压机的典型传动机构

1—旋压头　2—水平横梁　3—水平滚珠丝杠　4—水平丝杠液压马达　5—水平导轨　6—床身　7—竖直丝杠液压马达　8—竖直滚珠丝杠　9—竖直导轨　10—竖直横梁　11—同步带轮　12—同步带　13—旋压头液压马达　14—摆动轴

旋压头安装在水平横梁上，竖直方向平动过程为：两根竖直丝杠在竖直丝杠液压马达驱动下，通过同步带轮和同步带实现同步转动，两根竖直丝杠转动带动竖直横梁沿着床身上的竖直导轨进行竖直方向的平动，连接在竖直横梁上的水平横梁也跟随竖直横梁做竖直方向平动。水平方向平动过程为：水平滚珠丝杠在水平丝杠液压马达的驱动下进行转动，带动水平横梁沿着固定在竖直横梁上的水平导轨进行水平方向的平动。转动过程为：启动旋压头液压马达，带动旋压头摆动轴进行旋转。由此便实现了旋压头水平方向的平动、竖直方向的平动和绕旋压头摆动轴的转动，进而实现了不同的旋轮运动轨迹。

3.7　典型公司的产品简介

3.7.1　卧式双旋轮旋压机

图 5-3-53 所示为 W029 型封头强力旋压机，该旋压机是 20 世纪 70 年代我国自主研制出的适用于大型变壁厚封头旋压所需的卧式双轮强力旋压机。其加工直径范围为 600～2800mm，加工零件最大长度为 2500mm（正旋）/6000mm（反旋）；主轴调速范围为 2～100r/min。W029 型封头强力旋压机采用的是旋轮架纵横向移动静压导轨技术、左右旋轮架纵向移动压力同步控制技术、液压方形技术以及主轴恒线速控制技术等。主轴采用直流调速系统；纵横向旋轮运动采用液压仿形结构，控制采用液压比例阀；控制系统采用西门子的 PLC 控制，功能简单。

该设备的最大特点是既可以进行大型封头和异形回转件旋压，又可以实现双滚轮同步筒形件强力旋压；既可实现高强度钢、奥氏体不锈钢冷旋，也可实现钛合金、镍合金、铜合金热旋。其优良的刚性导轨和床身设计技术充分反映在旋压工件的精度上；同时静压技术的应用巧妙地解决了重载摩擦问题，延长了设备的使用寿命。该设备既可以实现单滚轮旋压，也可以实现双轮压力同步。

图 5-3-53　W029 型封头强力旋压机

图 5-3-54 所示为国内研制的卧式双轮强力旋压机，主要用于中等直径筒形件及变壁厚、曲母线轴对称工件的旋压加工。主要加工材料为碳钢、合金钢、超高强度钢、不锈钢及有色金属。该机能实现金属材料筒形件的错距旋压、锥形件的普通旋压及剪切旋压功能。

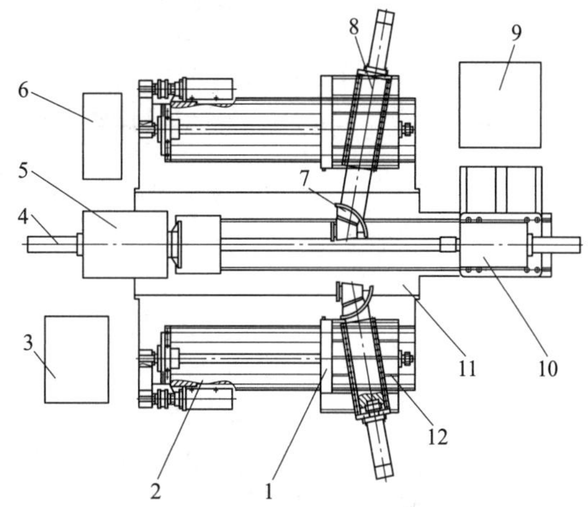

图 5-3-54　卧式双轮强力旋压机

1—拨料叉　2—纵向进给　3—操作台　4—中心顶料　5—主轴箱　6—主轴润滑装置　7—旋轮头　8—横向进给　9—冷却装置　10—尾顶座　11—床身　12—旋轮座

机械系统主要由下列部件组成：床身、主轴箱、尾顶座、旋轮座、主轴箱液压及润滑系统、旋轮座伺服系统、冷却系统及防护装置等。该机结构为双旋轮卧式结构，双旋轮对称分布在主轴两侧，旋压机纵向进给均采用伺服电动机滚珠丝杠驱动，横向进给采用电液伺服驱动，机床具有旋轮安装角调整功能及工件辅助顶料、卸料及尾顶横移功能。旋轮头分为单旋轮头和双旋轮头，可以进行双轮和四轮的强力旋压。旋轮头具有可更换、（机械式）可调整角度和固定功能，以实现不同攻角下筒形件和曲母线轴对称工件的旋压成形。液压系统主要特点是采用电液伺服系统闭环控制驱动，由伺服液压缸、比例伺服阀、伺服放大器及高精度光栅尺组成。

图 5-3-55 所示为 W099 型双旋轮数控强力旋压机，该机床主要用于大型曲母线轴对称工件的旋压加工，可进行筒形件的正旋、反旋，并可实现错距旋压，适用于高强钢、不锈钢、有色金属、碳钢和合金钢等金属材料的旋压加工。该机床主要由下列部件组成：床身、主轴箱、尾顶座、旋轮座、主轴箱液压及润滑系统、旋轮座液压及静压系统、旋轮座伺服液压系统、尾顶座液压及润滑系统、冷却系统、防护装置、电气系统及附件等。机床采用卧式

布置的形式和左、右旋轮座水平对称结构，可实现正旋、反旋的同步和错距旋压。旋轮座为开式结构，具有在床身上进行平移、角度调整及位置固定的功能，以实现曲母线轴对称工件筒形件旋压成形。

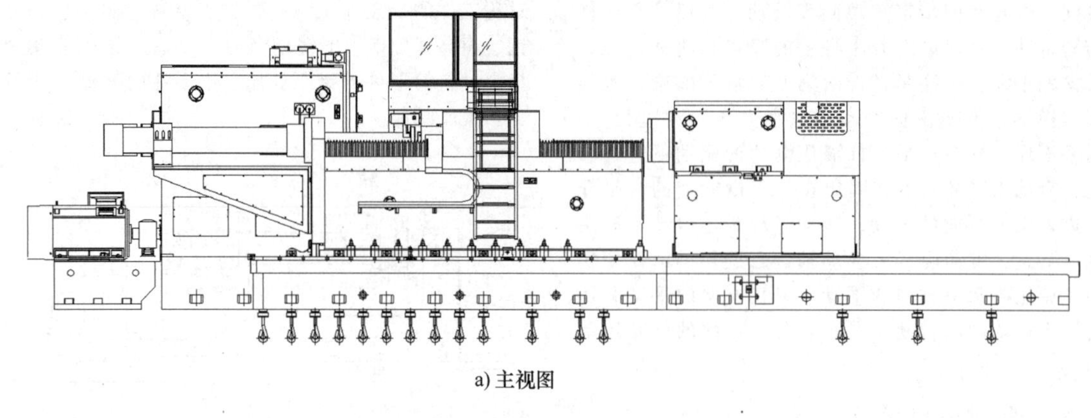

a) 主视图

b) 俯视图

图 5-3-55　W099 型双旋轮数控强力旋压机

3.7.2　立式强力旋压机

图 5-3-56 及图 5-3-57 所示分别为 SY-100L 型三轮强力旋压机结构及实物，该旋压机采用立式结构、三旋轮 120°均匀分布的组合式整体框架结构。每个旋轮座固定在横向滑枕上；横向滑枕由伺服液压缸驱动沿着滑动导轨对工件做径向（水平）进给，横向滑枕和纵向滑板之间通过滑动导轨副配合。纵向滑板由伺服液压缸驱动沿着直线导轨对工件做轴向（垂直）进给，纵向滑板和立柱之间通过滑动导轨副配合。每个旋轮座的纵向行程为 2500mm，横向行程为 350mm。三个立柱分别与立柱底座连接，立柱底座由调整垫铁支承和连接，调整垫铁与地基之间（在机床调整好之后）进行焊接，并且与地基之间采用大螺栓连接，机床顶部通过梁连接在一起。其加工工件的直径范围为 1400~2800mm，加工零件的最大长度（反旋）达 5000mm。

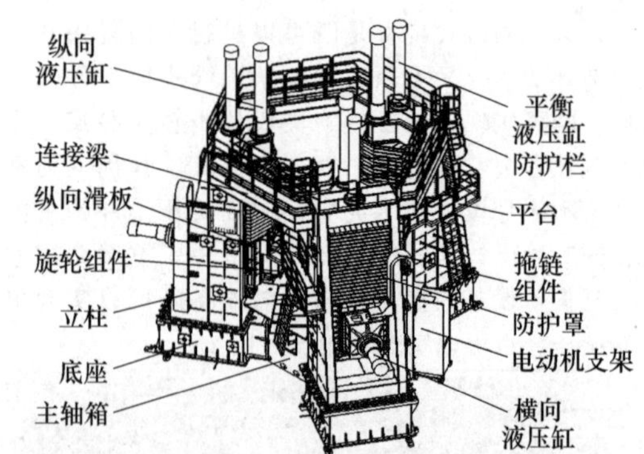

图 5-3-56　SY-100L 型三轮强力旋压机结构

图 5-3-58 及图 5-3-59 所示分别为 3600 立式多旋轮强力数控旋压机及其结构，它主要针对大直径的回转体及小锥度、曲母线零件进行正旋、反旋、内旋、内外旋等加工需求。可对直径为 1200~3600mm、壁厚为 80mm（高强度钢 $R_m \geq 650$MPa）的金属材料进行强力旋压加工。该设备具有超大行程、超高强度的设计，配合伺服液压控制系统和多轴联动伺服数控系统，可实现有模及无模旋压成形。旋轮座有可变旋轮攻角和自动错距功能，还能够对特种金属实施加热旋压成形加工。设备还具备车削、

图 5-3-57 SY-100L 型三轮强力旋压机

铣削等辅助加工功能，使旋压零件完成从坯料到成品的一次性成形。

该设备最多可控制 32 个伺服轴，开放式结构可满足高温加热旋压。旋轮可两两组合、三三组合、六轮组合实现高精度、高效率、高强度的旋压。中心旋轮机构可实现大直径内台阶的旋压。中心旋轮与外六旋轮座配合可实现大直径强力、曲母线无模旋压。

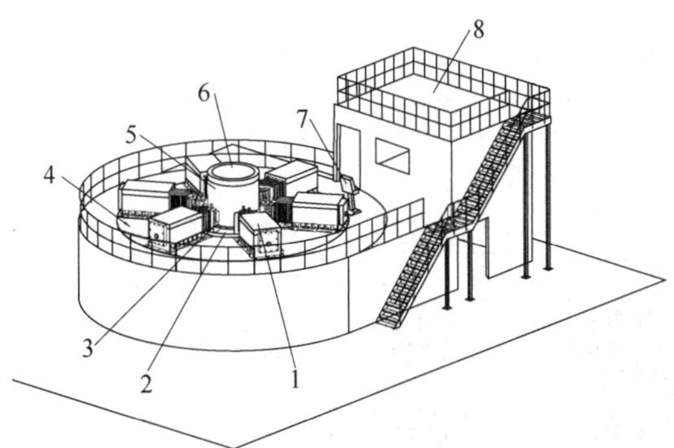

图 5-3-58 3600 立式多旋轮强力数控旋压机
1—径向滑台 2—主轴 3—旋轮 4—床身
5—产品 6—芯模 7—操作台 8—电控室

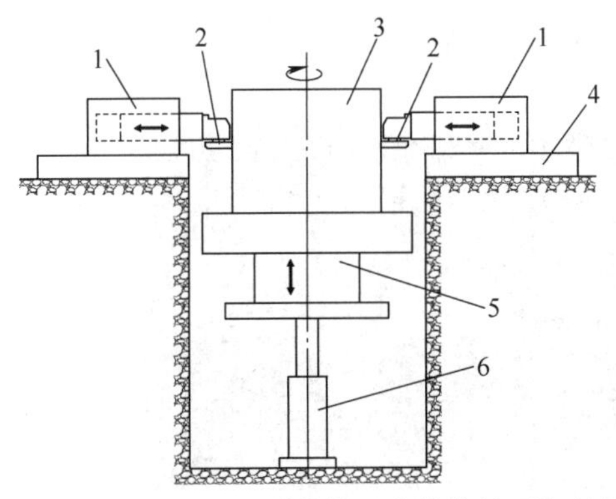

图 5-3-59 3600 立式多旋轮强力数控旋压机结构
1—径向滑台 2—旋轮 3—芯模 4—床身
5—主轴 6—液压缸（轴向上下伸缩）

3.7.3 立式数控带轮旋压机

图 5-3-60 所示为国内研制的 HGQX-LS45-CNC 型立式数控带轮旋压机，采用立式四柱结构，采用基于 ARM 的嵌入式控制系统作为主控机的控制系统；四个旋轮分别安装在机床下平台的前后左右，各工步所用旋轮安装在相应的旋轮座支架上，利用伺服电动机驱动四工位旋轮座的运动，主缸驱动力 45t，可与旋轮座进行位置联动，实现带轮毛坯增厚、预成形、成形及整形等加工过程。同时，该机床还具有温度在线监控功能，并采用冷却器强制冷却。机床具备手动及自动循环两种操作模式，可实现除手工装卸料外的自动旋压成形。利用该旋压机可加工直径不等的单槽劈开轮、单槽或多槽折叠轮以及多楔带轮等零件。

图 5-3-60 HGQX-LS45-CNC 型立式数控带轮旋压机

3.7.4 对轮旋压机

图 5-3-61 所示为国内研制的全电伺服对轮旋压机。因其为实验室样机，故旋压能力小于前述工业应用对轮旋压机，其主要参数见表 5-3-11，其旋压工件最大直径为 1000mm。该设备可进行普通旋压和

图 5-3-61 全电伺服对轮旋压机

强力旋压，可通过控制各旋轮轴的运动，完成各种复杂曲面的旋压加工。当采用不同的旋轮相对位置模式时，可实现等距旋压、错距旋压等多种工作方式；当使用具有特异形状的旋轮时，可完成槽轮等特殊件的旋压加工；当使用尾顶及模具时，该设备可进行普通旋压。

表 5-3-11　全电伺服对轮旋压机的主要参数

参数	前后方向(x 向)	左右方向(y 向)	竖直方向(z 向)
床身尺寸/mm	1477	3022	2774
最大行程/mm	—	1600	1200
进给速度/(mm/s)	—	<20	<130
最大推力/kN	—	100(短暂可达 120)	40(短暂可达 60)
主轴转矩/N·m	6600	—	—

图 5-3-62 所示的龙门式数控对轮旋压机系统可以分为硬件部分和软件部分，硬件部分主要包括机械本体系统和电气控制系统，还包括信号测量等辅助系统，如图 5-3-62a 所示。该样机的控制系统是自主开发的，基于固高运动控制卡与数据采集卡的低成本解决方案，如图 5-3-62b 所示。

3.7.5　双辊夹持旋压机

图 5-3-63 所示为丹麦生产的各种直角边和喇叭口旋压成形设备，可以对屈服强度在 210～600MPa 范围内的普通钢、不锈钢及铝合金材料进行加工。图 5-3-63a 所示的卧式翻边机可加工筒坯直径范围为 280～2000mm，板料壁厚为 2～10mm；图 5-3-63b 所示的卧式喇叭口成形机可成形径向和轴向通风机，可加工筒坯直径范围为 500～5600mm，板料厚度为 3～16mm；图 5-3-63c 所示的立式超大直径喇叭口成形机主要针对直径大于 4500mm 的坯料成形。

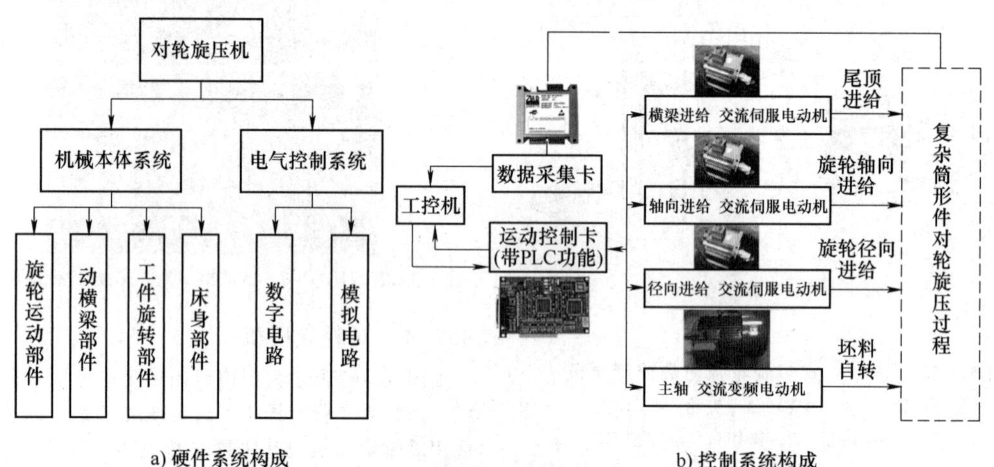

a) 硬件系统构成　　b) 控制系统构成

图 5-3-62　龙门式数控对轮旋压机系统

a) 卧式翻边机

图 5-3-63　丹麦生产的直角边和喇叭口旋压成形设备

b) 卧式喇叭口成形机

c) 立式超大直径喇叭口成形机

图 5-3-63　丹麦生产的直角边和喇叭口旋压成形设备（续）

图 5-3-64 所示为美国的 RBV-160 设备，可加工的法兰直径可达 1600mm。图 5-3-65 所示为意大利的 LUCAS 设备，可加工的直径范围为 250～2000mm，板料壁厚可达 8mm，可加工宽度 200mm 以下的法兰。图 5-3-66 所示为瑞典的 SF-2 设备，有 SF-1～SF-5 五种系列产品，可加工的直径范围为 330～3000mm，板料壁厚可达 12mm。

图 5-3-64　美国的 RBV-160 设备

图 5-3-65　意大利的 LUCAS 设备

图 5-3-66　瑞典的 SF-2 设备

图 5-3-67 所示为国产 PS-FGB1550 法兰翻边旋压

图 5-3-67　国产 PS-FGB1550 法兰翻边旋压机

机，可加工的直径范围为 300～1600mm，主要应用于管形零件的翻边、伺服分度冲孔及切边工作。这款机型适于风口零件、化工罐体、容器等产品的辅助加工。

一种卧式交流伺服电动机直驱双辊夹持翻边旋压机采用分散多动力伺服电动机直驱的思想，各自由度的驱动形式为交流伺服电动机直驱，或根据负载要求采用交流伺服电动机与减速器相结合的驱动形式，避免带传动或链传动以及复杂齿轮副传动等效率较低的传动形式，主要包括提供水平 x 方向和 z 方向运动的伺服进给系统、装夹成形工件的夹具系统、实现翻边运动的旋压头系统。伺服进给系统由交流伺服电动机、滚珠丝杠、滑块、导轨组成，旋压头部分和夹具部分均由交流伺服电动机驱动。图 5-3-68 所示为卧式交流伺服电动机直驱双辊夹持翻边旋压机的三维模型和实物照片，驱动旋压头绕 y 轴旋转的电动机和减速器为水平布置，x 轴和 z 轴方向的进给运动分别设立在夹具部分和旋压头部分，两者各承担一个方向上的进给运动，通过控制系统进行插补合成得到所需的运动轨迹。

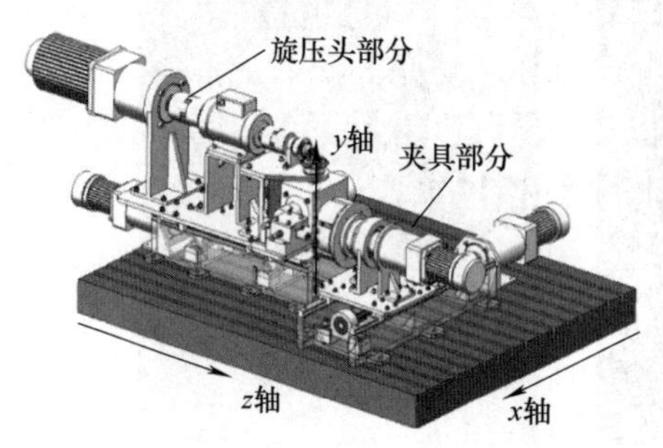

a) 三维模型

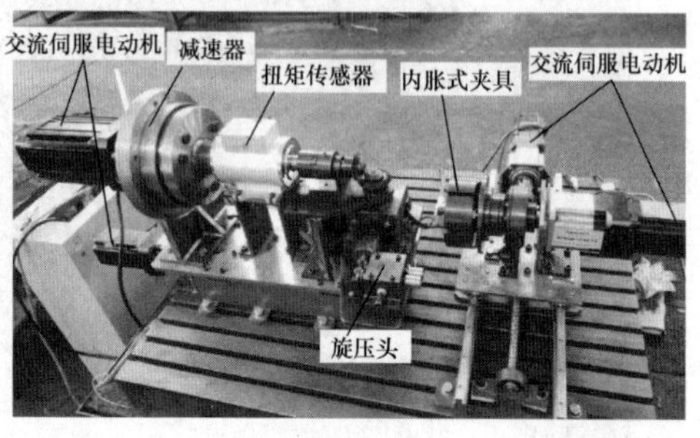

b) 实物照片

图 5-3-68　卧式交流伺服电动机直驱双辊夹持翻边旋压机

参考文献

[1] 夏琴香. 特种旋压成形技术 [M]. 北京：科学出版社，2017.

[2] XIA Q X, XIAO G F, LONG H, et al. A review of process advancement of novel metal spinning [J]. International Journal of Machine Tools and Manufacture, 2014, 85: 100-121.

[3] 王成和，刘克璋，周路. 旋压技术 [M]. 福州：福建科学技术出版社，2017.

[4] 陈适先，贾文铎，曹根顺，等. 强力旋压工艺与设备 [M]. 北京：国防工业出版社，1986.

[5] 夏琴香. 一种旋压成形方法及其装置：02114937. 2 [P]. 2004-12-29.

[6] 夏琴香. 一种多功能旋压成形机床：02149794. X [P]. 2005-02-16.

[7] 夏琴香，程秀全. 非圆截面零件的旋压成形方法及其设备：200810219517. 4 [P]. 2008-11-28.

[8] 夏琴香，程秀全. 一种带轮旋压成形方法及设备：200710031162. 1 [P]. 2009-06-03.

[9] 夏琴香，肖刚锋，程秀全，等. 一种对轮旋压成形装置：201310713630. 9 [P]. 2016-01-20.

[10] FAN S Q, ZHAO S D, ZHANG Q, et al. Finite-element modeling of a novel flanging process on a cylinder with a large diameter-thickness ratio [J]. Proceedings of the Institution of Mechanical Engineers Part B: Journal of Engineering Manufacture, 2011, 225 (7): 1117-1127.

[11] ZHANG D W, LI F, LI S P, et al. Finite element modeling of counter-roller spinning for large-sized aluminum alloy cylindrical parts [J]. Frontiers of Mechanical Engineering, 2019, 14 (3): 351-357.

[12] 张大伟，朱成成，赵升吨. 大型筒形件对轮旋压设备及应用动态 [J]. 中国机械工程，2020, 31 (9): 1049-1056.

[13] 赵升吨，范淑琴，刘辰，等. 大型回转体板材件旋压成形用外撑胀紧式工件夹紧装置：201010623300. 7 [P]. 2013-01-02.

[14] 赵升吨，范淑琴，张琦，等. 一种薄壁回转体法兰件双辊夹持旋压成形用旋压头：201010603496. 3 [P]. 2013-01-25.

[15] 赵升吨，范淑琴，张琦，等. 一种立式旋压机的三轴联动伺服传动系统：201010623308. 3 [P]. 2012-08-29.

第4章

卷板机

长治钢铁（集团）锻压机械制造有限公司　邢伟荣　赵晓卫　原加强　王国强
秦襄陵　孙胜　陈绳德　潘宪平
兰州兰石集团有限公司　周亚宁　乔健　曹建锋
泰安华鲁锻压机床有限公司　常欣

4.1 概述

卷板机是根据三点成圆原理，利用工作辊相对位置变化和旋转运动，使金属板材产生连续弹塑性弯曲而获得预定形状及精度工件的金属成形设备。它以轴线相互平行的工作辊为主要工作零件，通过机械、液压等能量转化为运动动能使工作辊实现位置变化和旋转运动，从而非常方便地将各种金属板料在冷态（常温）、温态或热态下弯卷成母线为直线的单曲率或多曲率的弧形或筒形件。通过改变辊子的形状或增加卷锥装置等限制材料的流动、改变同一工件不同部位的运动速度，还可卷制母线为斜线、弧线以及直线、斜线、弧线组合的单曲率或多曲率的弧形或筒形件，如椭圆形、方形以及不对称形工件等。

4.1.1 卷板机工作原理

金属板材送入卷板机上、下工作辊之间，强力移动上工作辊或下工作辊，使板材产生塑性变形而弯曲。当驱动工作辊转动时，由于工作辊面与受弯板材之间的摩擦力作用，板材得以沿其纵向方向卷弯。板材依次获得相同曲率的塑性弯曲变形。卷板工艺原理如图 5-4-1 所示。

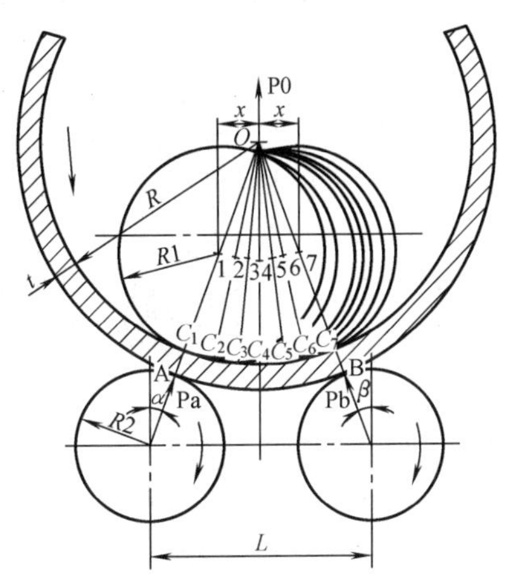

图 5-4-1　卷板工艺原理

调整工作辊的相对位置，可以获得不同的弯曲半径。但是如果某个工作辊位移形成的包络线与卷筒的内圆或外圆表面相重合，如上工作辊中心在 1~7 位置任意移动，则圆筒曲率不变。值得注意的是，只有当上、下工作辊轴线与筒形中心线位于同一平面时，即上工作辊位于 C_1 或 C_7 点夹紧板材时，筒形的左端或右端才能被良好地弯曲。

板材每次通过工作辊的最大弯曲变形程度，受到啮入力的限制。因此，对于相对弯曲半径（弯曲半径与板厚的比值，即 R/t）较小的工件，必须若干次调整工作辊的相对位置，使板材重复通过辊轴若干次，每次增加一定的弯曲程度，直至获得所需卷制的工件。

实际上，最小弯曲半径除了受到上辊直径和回弹量的限制外，还受到辊轴的刚度、机器的功率，以及金属冷作硬化等的限制。对于相对板厚（板厚与 2 倍弯曲半径的比值 $t/2R$）大于 3%的钢板，通常采用热卷。

4.1.2 卷板机的特点、用途及发展

将金属板料弯成单一或多曲率的筒形或弧形，通常可用压弯和卷弯两种方法。压弯是在液压机或折弯压力机上借助模具进行，主要依靠横向的塑性弯曲实现。卷弯与压弯相比具有以下特点：①其弯曲过程为有一定拉伸力的连续弹塑性弯曲，回弹较小，因而成形准确、弯曲质量高、工效高；②无须模具成形，运作成本低；③配备辅助装置可卷制锥形件，并可实现对管材、型材的弯卷。

卷板机广泛用于锅炉、造船、海洋工程、石油、化工、风电、核电、环保、金属结构及其他机械制造行

业，可在冷态、热态或温态下对金属板材进行卷圆、校圆或板端预弯，实现弧形或筒形件的卷制成形。

我国卷板机经历了从机械到液压、再到数控以至智能卷板单元的发展过程。目前，其液压和自动化控制技术已取得了长足的发展。近年来，国内陆续开发研制的数控卷板机，经过多年来的不断完善，正日趋成熟，已完成了从单机自动化到柔性制造单元的历程。

4.2　卷板机类型及基本参数

4.2.1　卷板机的类型

卷板机按辊数可分为两辊、三辊、四辊及多辊；按辊子轴线位置可分为卧式和立式；按辊子调整方式可分为上调式和下调式；按传动方式分为机械式和液压式；按上辊有无支承辊、横梁及侧出料装置可分为开式和闭式（船用型）；按功能可分为普通型和多用型；按卷制温度可分为冷卷、热卷、温卷；按控制方式可分为强电控制、NC 控制、CNC 控制、智能控制等。

卷板机通常按工作辊数量及其排布方式、位置调整方式等进行分类，卷板机的主要形式和特点见表 5-4-1。

表 5-4-1 列出的对称上调式、弧线下调式、水平下调式、上辊十字移动式（上辊万能式）三辊卷板机，四辊卷板机，两辊卷板机，立式三辊卷板机，闭式（船用）卷板机等较为常见。

表 5-4-1　卷板机的主要形式和特点

形式		示意图	结构特点	适用范围
三辊卷板机	对称上调式		三个工作辊成品字形对称布置。上辊可垂直升降，一般两下辊位置固定且为主驱动辊	无预弯边功能，剩余直边大。需另配预压边设备。结构简单，适用范围广
	非对称式		上、下辊相对偏移一较小距离，下辊可垂直升降，侧辊可倾斜升降。一般上、下辊为主驱动辊	单向预弯边，板料需调头弯边。中薄板应用较多，也有用于厚板大机型的
	垂直下调式		上辊固定旋转，下辊相对上辊可垂直升降。两下辊或上辊为主驱动辊	双向预弯边，预弯边和卷圆只需一次进料。中薄板应用较多
	倾斜下调式		上辊固定旋转，两下辊做倾斜运动。上辊为主驱动或三辊均为主驱动	双向预弯边，预弯边和卷圆只需一次进料。中薄板应用较多
	弧线下调式		上辊固定旋转，两下辊绕一固定中心做弧线升降。一般三辊均为主驱动	双向预弯边，预弯边和卷圆只需一次进料。一般用于厚度 80mm 以下板材的卷制，也有用于厚板卷制的
	水平下调式		上辊垂直升降，下辊水平移动。一般三辊均为主驱动或两下辊为主驱动	双向预弯边，预弯边和卷圆只需一次进料。不仅可用于中小型卷板机，更适用于重型卷板机
	上辊十字移动式（上辊万能式）		上辊既可垂直升降，又可水平移动。一般两下辊为主驱动	双向预弯边，预弯边和卷圆只需一次进料。用于中小型卷板机，卷制厚度一般小于 80mm
四辊卷板机	普通型		上辊位置固定，下辊垂直升降，两侧辊做倾斜升降运动。一般上辊为主驱动或上、下辊为主驱动	双向预弯边，剩余直边较短，板料对中方便，卷制精度和效率高，最适合 CNC 控制。不仅可用于中小型卷板机，也用于重型卷板机
	弧线型		上辊位置固定，下辊垂直升降，两侧辊绕固定点做弧线升降运动。一般上辊为主驱动或上、下辊为主驱动	双向预弯边，剩余直边较短，板料对中方便，卷制精度和效率高，最适合 CNC 控制。一般卷制厚度小于 100mm

（续）

形式		示意图	结构特点	适用范围
两辊卷板机	—		上辊固定旋转，下辊可垂直升降，下辊为主动辊或上、下辊均为主动辊。成形时上辊相当于旋转冲头，下辊相当于活动阴模（凹模）	可预弯边，卷制精度和效率高，可弯曲有涂层的多孔板材、波纹管、金属丝网等。多用于卷制 6mm 以下的高强度薄板
船用卷板机	对称式		三辊对称布置，上、下辊均带有支承辊及横梁。无倾倒式侧出料装置。一般两下辊各由一套独立驱动装置从两端分别驱动	一般只能卷制圆心角 180°以下的弧形工件，可卷制工件最大长度超过 20m。无预弯功能，剩余直边大
	水平下调式		上辊垂直升降，下辊水平移动，上、下辊均带有支承辊及横梁。无倾倒出料装置。一般两下辊各由一套独立驱动装置从两端分别驱动	一般只能卷制圆心角 180°以下的弧形工件，可卷制工件最大长度超过 20m。有预弯功能，剩余直边小
立式卷板机	三辊		辊子轴线与水平面垂直布置，其余基本同对称上调式三辊卷板机	钢板在垂直状态下弯曲，自重对精度影响小，有利于卷制薄壁大直径筒形件；锈蚀铁屑等不会卷入钢板和辊子之间形成压痕，可有效保护板面；占地面积小
	四辊		辊子轴线与水平面垂直布置，其余基本同四辊卷板机	
	—		辊子轴线与水平面垂直布置，一根主辊，全液压系统驱动	

4.2.2　卷板机的基本参数

根据 GB/T 28761—2012 标准，卷板机属于锻压机械八类产品中的弯曲校正机类设备。卷板机的型号规格标注方法为

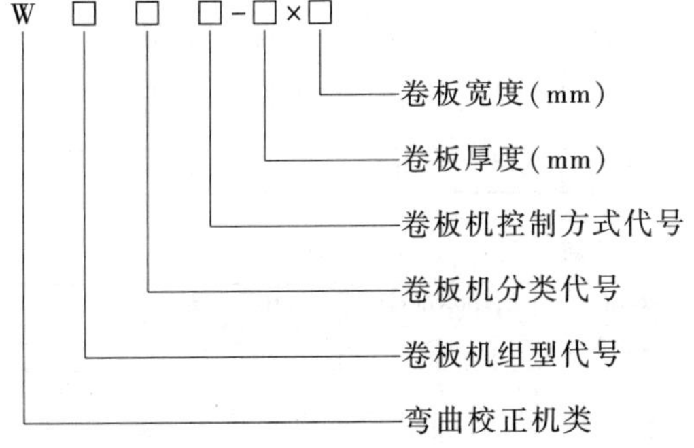

其中，卷板机组型代号：10 二辊卷板机，11 三辊卷板机，12 四辊卷板机；卷板机分类代号，有的制造厂紧跟 W 之后放置，标注方式也不尽相同，以长治钢铁（集团）锻压机械制造有限公司（简称：长治锻压）为例，对称上调式三辊不作标注，水平下调式三辊标注为 X，弧线下调式三辊为 H，普通型四辊不作标注，弧线型四辊标注为 H，闭式（船用）卷板机为 T 等；卷板机控制方式代号在各制造厂的标注方式也不尽相同，数控标注为 K 或 CNC，程控标注为 NC 等；卷板厚度和卷板宽度通常指屈服极限为 245MPa 钢板满载卷制时的参数。例如，W11NC-20×2500 为卷板厚度 20mm、卷板宽度 2500mm 的程控对称式三辊卷板机。

根据卷板能力可对卷板厚度、卷板宽度、屈服极限及弯曲半径等主要技术参数进行换算。由于上辊直径和上辊压下力对最小弯曲半径及可卷最大板厚具有决定作用，国外的卷板机常以上辊直径或上辊压下力和板宽等为主参数。

对称上调式、弧线下调式、水平下调式、上辊十字移动式三辊卷板机，四辊卷板机、闭式（船用）

卷板机的技术参数依次见表 5-4-2～表 5-4-7。

表 5-4-2　对称上调式三辊卷板机技术参数（JB/T 3185.1—2014）

技术规格尺寸/mm	20×2000	16×2500	12×3200	25×2000	20×2500	16×3200	30×2500	40×3200	50×3200	70×3200	100×3500	120×3500	140×3000
最大板厚/mm	20	16	12	25	20	16	30	40	50	70	100	120	140
最大板宽/mm	2000	2500	3200	2000	2500	3200	2500	3200	3200	3200	3500	3500	3000
最大规格时最小卷筒直径/mm	700			850			1100	1500	1800	2000	2500	3000	3500
板材屈服极限/MPa	245												
上辊直径/mm	280			340			440	550	580	760	800	900	950
下辊直径/mm	220			280			360	420	470	620	680	720	760
下辊中心距/mm	360			440			580	700	725	900	1000	1200	1350
卷板速度/(m/min)	5.5			5			4	4	3	3	3	3	3
主传动电动机功率/kW	15			30			37	45	55	75	110	180	220

表 5-4-3　弧线下调式三辊卷板机技术参数（JB/T 10924—2010）

技术规格尺寸/mm		6×2000	12×2500	20×2500	30×2500	50×3200	60×3200	70×3200
最大板厚/mm	卷圆	6	12	20	30	50	60	70
	预弯	3	8	16	20	40	50	60
最大板宽/mm		2000	2500	2500	2500	3200	3200	3200
最大规格时最小卷筒直径/mm		550	650	800	1200	4600	2000	2000
板材屈服极限/MPa		245						
上辊直径/mm		220	280	330	460	640	680	720
下辊直径/mm		220	280	330	460	590	630	670
卷板速度/(m/min)		5	5	5	4	3	3	3
主传动电动机功率/kW		5.5	15	18.5	22	55	55	75

表 5-4-4　水平下调式三辊卷板机技术参数（JB/T 11195—2011）

技术规格尺寸/mm		60×3200	80×3200	100×3200	120×3200	140×4000	160×3500	200×3500	250×3000	300×3200	350×3500
最大板厚/mm	卷圆	60	80	100	120	140	160	200	250	300	350
	预弯	50	70	90	100	130	140	180	230	250	330
最大板宽/mm		3200	3200	3200	3200	4000	3500	3500	3000	3200	3500
最大规格时最小卷筒直径/mm		1600	2000	2000	2500	3000	3000	3000	3000	4500	5000
板材屈服极限/MPa		245									
上辊直径/mm		680	780	860	950	1100	1200	1300	1320	1400	1500
下辊直径/mm		420	480	480	500	600	600	1050	800	850	1200
卷板速度/(m/min)		3.5	3	3	3	3	3	3	3	3	3.5
总装机容量/kW		55	112	155	210	4×30	4×55	360	4×55	4×55	700

表 5-4-5　上辊十字移动式三辊卷板机技术参数（JB/T 10929—2010）

技术规格尺寸/mm		32×4000	40×4000	60×4000	100×4000	110×4000	120×4000
最大板厚/mm	卷圆	32	40	60	100	110	120
	预弯	28	35	55	85	90	100
最大板宽/mm		4000	4000	4000	4000	4000	4000
板材屈服极限/MPa		245					
上辊压下力/kN		4300	5400	9300	16000	20000	24000
上辊直径/mm		580	630	780	940	980	1030

（续）

技术规格尺寸/mm	32×4000	40×4000	60×4000	100×4000	110×4000	120×4000
下辊直径/mm	290	340	440	560	580	630
卷板速度/(m/min)	4.5	4.5	4	3.5	3.5	3
主传动电动机功率/kW	55	55	75	90	110	150

表 5-4-6　四辊卷板机技术参数（JB/T 12829.1—2016）

技术规格尺寸/mm	30×3200	40×3200	50×3200	60×3200	70×3200	80×3200	100×3200	120×3200	160×4000	280×3000
最大板宽/mm	3200	3200	3200	3200	3200	3200	3200	3200	4000	3000
最大板厚/mm	30	40	50	60	70	80	100	120	160	280
最大预弯板厚/mm	25	32	40	50	60	70	85	100	140	250
最大规格时最小卷筒直径/mm	1100	1200	1200	1500	2000	2500	3000	3000	4000	4000
板材屈服极限/MPa	245	245	245	245	245	245	245	245	245	200
上辊直径/mm	560	660	680	700	720	800	930	950	1260	1500
卷板速度/(m/min)	4.5	4.5	4.5	4	3.5	3.5	3.5	3	3	2~4
装机容量/kW	37	45	55	55	75	90	100	150	350	1070

表 5-4-7　闭式（船用）三辊卷板机技术参数（JB/T 10927—2010）

技术规格尺寸/mm	20×8000	25×9000	20×10000	20×12000	30×13500	32×16000	35×21000
最大板宽/mm	8000	9000	10000	12000	13500	16000	21000
最大板厚/mm	20	25	20	20	32	32	35
最大预弯板厚/mm						30	32
最大规格时最小卷筒直径/mm	500	400	500	600	600	750	750
板材屈服极限/MPa	245	245	245	245	350	355	355
上辊直径/mm	360	380	420	420	480	500	520
下辊直径/mm	300	320	350	350	400	420	420
上辊最大压下力/kN	2800	4500	3300	3800	13000	18000	21000
卷板速度/(m/min)	4	4	3	3	3	3.4	3
电动机功率/kW	45	55	2×22	2×22	2×55	2×75	2×90

4.3　卷板能力计算

卷板机的工作能力主要是指卷板机卷制筒节的能力，通常包括最大卷制能力、最大预弯能力（具备预弯功能时）、卷锥能力（具备卷锥功能时）。不同的卷板机工作能力的大小主要取决于板材的规格性能、卷板机自身的结构特性、动力选型情况等因素，同时卷板设备的最大能力受工作辊材料的许用应力等条件限制。其中，动力选型主要包括卷板机驱动扭矩的确定、驱动功率的确定、工作辊受力的确定等，板材对卷板机工作能力的影响主要与板材的回弹特性、宽度、厚度等有关。本节主要从驱动扭矩、工作辊受力、板材回弹等几个方面进行简要阐述。

4.3.1　驱动扭矩

不同类型的卷板机有不同的驱动方式，作用在驱动辊上的驱动扭矩 M_n 主要包括四部分：消耗于板料变形的扭矩 M_{n1}、消耗于摩擦阻力的扭矩 M_{n2}、拉力在轴承中所引起的摩擦损失力矩 M_{n3} 以及卷板机空载扭矩 M_{n4}。其中消耗于摩擦阻力的扭矩 M_{n2} 又包括消耗于克服工作辊在弯曲板材上滚动的摩擦阻力矩和消耗于工作辊轴承中的摩擦阻力矩。作用在驱动辊上总的驱动扭矩 M_n（单位：N·mm）为

$$M_n = M_{n1} + M_{n2} + M_{n3} + M_{n4} \qquad (5\text{-}4\text{-}1)$$

卷板力计算过程中须进行校验，保证板料送进时不打滑，同时可根据驱动扭矩 M_n 的大小确定驱动功率 P（单位：kW），从而可完成卷板机的动力选型。

驱动功率的计算公式为

$$P = \frac{M_n v}{60 r \eta} \qquad (5\text{-}4\text{-}2)$$

式中　M_n——驱动扭矩（N·mm）；

v——卷板速度（m/s）；

r——驱动辊半径（mm）；

η——传动效率，$\eta = 0.9$。

根据卷板机的实际应用工况，分别对预弯（具有预弯功能的卷板机类型）和卷圆时驱动辊的驱动功率进行计算，主驱动系统的驱动功率为计算结果中的较大值，即

$$P_q = \max(P_Y, P_J) \qquad (5\text{-}4\text{-}3)$$

式中　P_q——主驱动系统的驱动功率（kW）；

P_Y——预弯时驱动辊的驱动功率（kW）；

P_J——卷圆时驱动辊的驱动功率（kW）。

4.3.2　工作辊受力

工作辊受力通常是指作用于各工作辊上的正压力，各工作辊上正压力的大小可通过弯曲板材的压力所造成的作用在各辊上的分力来确定。各工作辊受力主要受各工作辊的布置形式、卷制筒节的板材规格、筒节成形半径、板材性能等因素影响。目前卷板机行业中，普遍采用液压驱动形式，由液压缸直接驱动，实现辊子相对位置变化，同时配合完成板材卷制。

4.3.3　回弹

卷板机在弯卷过程中，板材前后经历了三个阶段：弹性加载阶段、弹塑性加载阶段和弹塑性卸载阶段（也称回弹阶段）。所有工件材料都有一定的弹性模量，因此在卸载时都会有一定的弹性恢复，这种恢复在弯曲时被称作回弹。回弹是整个卷板过程中板材所受应力的累积，板材材料的特性、轴辊的形状、相对曲率半径、摩擦等都会对板材的回弹产生影响。为了使弯曲工件达到所需的形状与尺寸，必须准确控制回弹量并确定回弹前筒体内径的大小。卷板机筒节回弹前筒体内径 D' 的计算公式为

$$D'=\frac{1-\dfrac{K_0R_{eL}}{E}}{1+\dfrac{K_1R_{eL}D}{Et}}D \tag{5-4-4}$$

式中　D'——回弹前的筒体内径（mm）；

D——回弹后的筒体内径（mm）；

R_{eL}——板材下屈服强度（MPa）

E——弹性模量（MPa）；

t——板材厚度（mm）；

K_0——板材相对强化系数；

K_1——板材截面形状系数。

4.4　三辊卷板机

三辊卷板机以交错排列的三个辊子为主要工作零件，常见结构形式见表 5-4-1。通常由机身部分、工作辊装置、主传动系统、平衡装置、倾倒机构、润滑系统、液压系统、电气系统等组成。

机身和底座采用铸造或钢板焊接成形，工作辊采用优质中碳钢、合金结构钢或轧辊钢并调质或表面淬火处理。工作辊两端支承采用自润滑复合材料滑动轴承或滚动轴承。在机器的传动侧安装有翘起机构，中、小型卷板机多采用手动的倾倒机构和翘起机构；大型卷板机多采用液压驱动翘起机构（见图 5-4-2），在机器的另一侧安装有液压驱动滑轨式倾倒机构（见图 5-4-3）。图 5-4-4 所示为碟形弹簧平衡机构。传动侧的翘起机构和卸料侧的轴承倾倒机构用于卸下卷弯成形的筒形工件。倾倒机构能把轴承体倾倒 85°～90°，翘起机构可把上工作辊翘起 1°～3°。

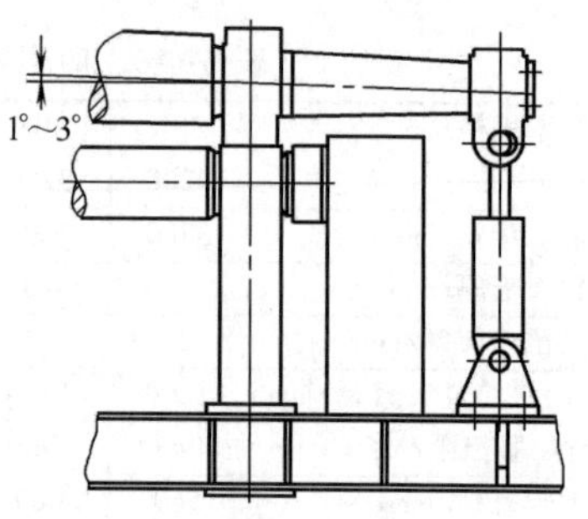

图 5-4-2　液压驱动翘起机构

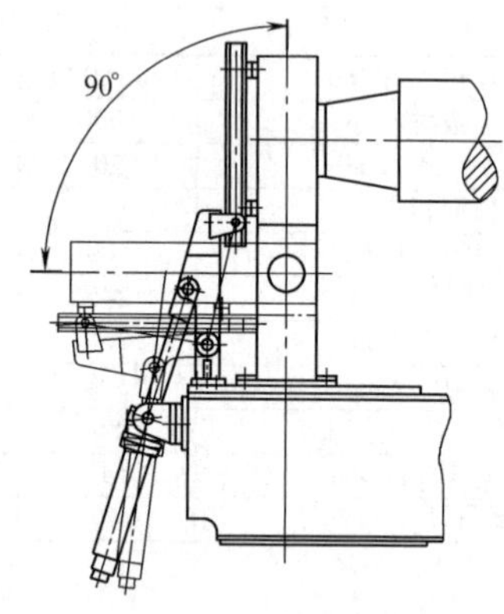

图 5-4-3　液压驱动滑轨式倾倒机构

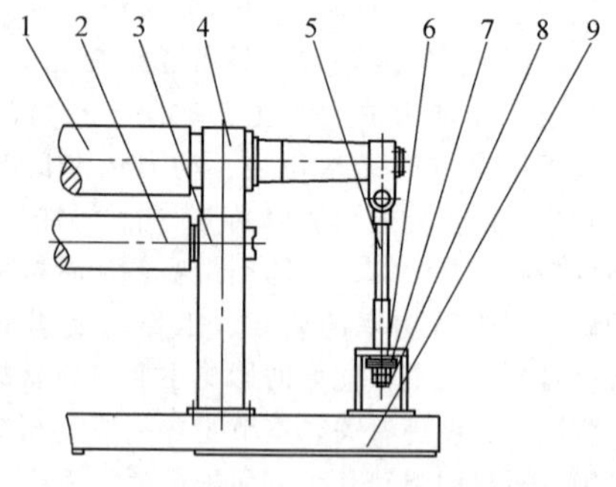

图 5-4-4　碟形弹簧平衡机构

1—上辊　2—下辊　3—机身　4—轴承体　5—拉杆　6—支座　7—碟形弹簧　8—调整螺母　9—机座

对卷制较宽板的机器，为了提高弯卷工件的精度，扩大最小卷筒直径的范围，设计时以上辊最大受力的约 70% 的均布载荷预置补偿上辊挠度，从而将辊身制成腰鼓形（见图 5-4-5）。大型和卷板较宽

的卷板机下辊可设一组或多组支承辊，以增加工作辊的刚度。采用下辊设一组或多组支承辊，利用下辊产生向上的反变形也可补偿上辊的挠度。另外，卷制超宽小筒径的卷板机，可在上辊两端增加反压力装置，使其预先产生一定的反向挠度，以补偿其在工作负荷下产生的挠度。

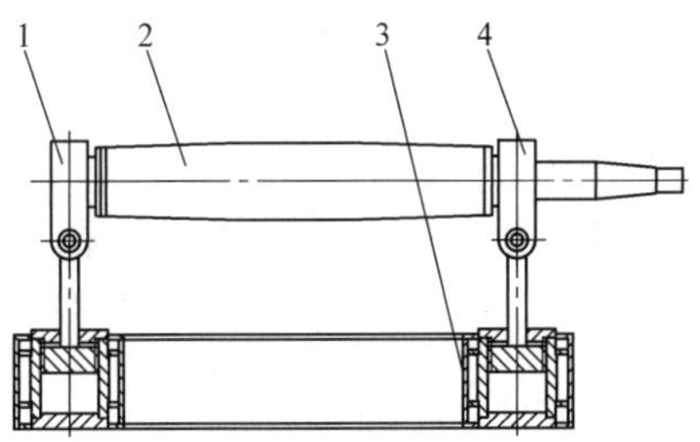

图 5-4-5　上辊升降机构
1—倾倒轴承体　2—上辊　3—底座和主液压缸　4—右轴承体

为了在喂料时使工件的母线与工作辊轴线平行，可在下辊辊身上开对中槽，或增加对料装置。

卷锥形工件用的附件可装在倾倒侧上辊端部，也可装在传动侧机身上。由于锥形工件展开是一个扇形，卷弯时需将小端靠紧摩擦块或摩擦轮减速，实现线速度大端快、小端慢，即可卷成锥形。

钢板厚度或卷制变形量在卷板机允许的工作范围内，采用在室温下冷卷最为适宜。当超出其冷卷工作能力时，可采用热卷或温卷。热卷是指板材在再结晶温度以上的卷弯，根据其材质及热处理状态在 850～1100℃ 范围内成形，一般终止温度不低于 800℃，并应注意避开热脆温度，对普通低合金钢要注意缓冷。热卷具有塑性好、易于成形、不产生加工硬化的优点，但存在成本高、操作复杂、易产生氧化皮等缺点。温卷是指钢板加热到 500～600℃ 低于再结晶温度进行的弯卷，并应避开蓝脆温度。当卷板机有热卷和温卷要求时，一般工作辊材料应选择热轧工作辊用钢，并选用耐热性能好、高温承载能力强、游隙较大的轴承，轴承、液压元件、减速机等应采取隔热措施，密封件耐热性应好，润滑脂的选择也应有较好耐温性。

卷板机的控制方式目前主要有强电控制、NC 控制、CNC 控制。强电控制一般主传动采用电动机、减速机，辊子升降、移动均采用机械传动，操作为手动操作；NC 控制一般辊子升降、移动采用液压传动，位移量由高精度传感器测量，由 PLC 控制，自动调平，屏幕显示，调平和定位精度为±0.2mm，并能实现简单的数据存储和编辑功能；CNC 控制其辊子升降、移动由液压驱动，位移量由高精度传感器测量，由 PLC 及工业控制计算机控制，由彩色显示器或触摸屏显示。从键盘或触摸屏输入板厚、板宽、卷筒直径、屈服极限、修正系数（与屈服极限等有关）等参数，计算机即可自动计算并优化出卷制次数，每次辊子升降量、位移量，每次升降的理论成形半径和各辊负载。预弯时可输出理论最小剩余直边值，并可在屏幕提示下任意选择弯曲次数和预弯直边长度。卷锥时可输出上辊的倾斜量。操作者可对计算出的工艺参数进行编辑、储存。

4.4.1　对称上调式三辊卷板机

对称上调式三辊卷板机（见图 5-4-6）的三个工作辊成品字形对称布置。上辊通过机械或液压传动实现升降运动，以适应不同卷弯半径的要求，并对板材施加弯曲压力。上辊一般为从动辊，下辊一般通过电动机、减速机实现同向主动旋转，以送进板材并提供卷板扭矩。该类机型上辊直径较大，下辊直径较小。卷弯板材时，两下辊中心固定，所以，在板材两端有长度约等于两下辊中心距一半的剩余直边，筒形件在卷制前须用专用设备和模具进行板端的预弯。由于该机型结构简单、操作方便，因而得到广泛使用。

为适应油罐车、储油罐等行业板厚 3～12mm、板宽 6000～12000mm 的特宽薄板卷制多曲率筒形件的要求，长治锻压研制出了上辊带横梁和支承辊、下辊带支承辊的新型三辊卷板机，一般为对称上调式结构，也可采用水平下调式结构（见图 5-4-7）。其三辊均为主驱动，两下辊电动机、减速机提供主要卷板扭矩，上辊通过液压马达驱动，防止特宽薄板卷制时打滑。有倾倒轴承体，可卷制封闭筒形件。同时采用计算机控制，特别适合多曲率薄壁长筒形件的卷制。

图 5-4-6　W11-20×2000 对称上调式三辊卷板机

4.4.2　非对称下调式三辊卷板机

非对称下调式三辊卷板机以工作辊不对称配置为特点（见表 5-4-1）。上、下工作辊轴线形成的垂直面相对有一较小的偏移距离，且下辊可垂直升降，

图 5-4-7　CDW11XCNC-8×9500 水平下调式三辊卷板机

侧辊可沿与上辊轴线形成的垂直面成一定角度的导轨面倾斜升降。工作时，处于上、下辊夹紧点前或后的板端很短，剩余直边一般仅达卷板公称厚度的两倍，预弯效果好。但预弯板材另一端须调头。该机型的上、下辊直径一般相等，侧辊直径略细；一般上、下工作辊为主驱动辊，侧辊为从动辊；也有的下辊、侧辊为主驱动辊，上辊为从动辊。

4.4.3　弧线下调式三辊卷板机

该机型是非对称下调式的变形与发展，是综合垂直下调式和倾斜下调式的一种结构形式（见表 5-4-1）。其上辊位置固定，只做旋转运动，两下辊为主驱动辊并绕一固定轴心分别做弧线升降，板材卷弯受力合理，一次装卸工件即可完成卷弯和前后板端的预弯。

该机型三个工作辊均为主动辊，避免了卷弯小筒径和卷弯薄板时打滑。主驱动系统由电动机或液压马达通过多级齿轮传动带动两下辊旋转，由链传动带动上辊旋转。为匹配上、下辊在卷弯工件过程中的线速度，在链传动机构中设置安全离合器装置。为了实现预弯板材时的准确定位，在传动系统的高速级设置制动装置。上述主驱动方式结构复杂，也有的采用三辊分别由液压马达或液压马达、行星减速器独立直联驱动的传动方式。

下辊弧线升降、倾倒侧轴承体立起与倾倒、对料装置的翻转与复位等由液压泵站供油，通过阀组控制液压缸实现。

下辊弧线升降机构如图 5-4-8 所示。通过转臂增大了上辊与下辊之间的包角，有利于小筒径工件卷制。同时通过转臂增大了液压缸的力量，与同规格倾斜下调式升降液压缸相比，体积可减小 1/4。为了保证机器的精度，要求转臂具有足够的强度和刚度。

上辊平衡机构采用上压式，其作用是保证倾倒侧轴承体倒下后，上辊处于水平状态。该机构由轴瓦、滚动轴承、调整丝杠、锁紧螺钉等组成。在倾倒侧上辊端部装有卷锥形工件用的附件。

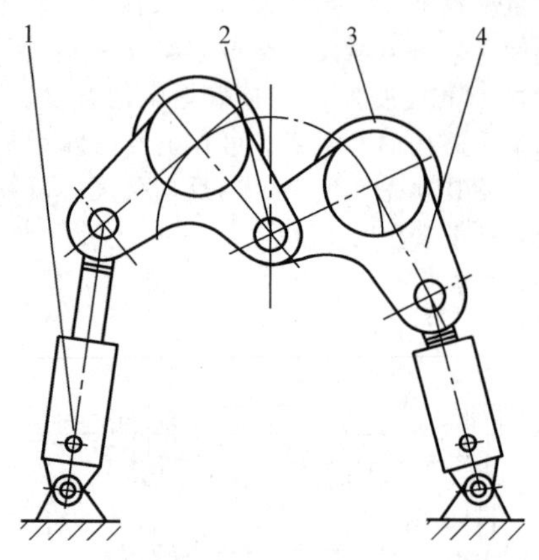

图 5-4-8　下辊弧线升降机构

1—液压缸　2—中心轴　3—下辊　4—转臂

4.4.4　水平下调式三辊卷板机

该机型上辊可做升降运动，两下辊可单独或同时水平移动，三个工作辊均为主动辊，也有的上辊为主动辊或两下辊为主动辊。在卷弯过程中，其两个下辊水平移动，每个下辊轮流执行下辊与侧辊的功能，即先后构成非对称式三辊卷板机，从而只需一次装卸工件，即可完成前、后板端的预弯工作，不仅适用于中小型卷板机，更适用于大型卷板机。

图 5-4-9 所示为长治锻压设计制造的 W11XCNC-300/420 水平下调式三辊卷板机。机器为整体卧式结构。轴承体与装于底座中的主缸活塞杆连接，安装在左、右大机身内。下辊与水平移动的左右小机身安装在整体底座上。机器的一端安装有倾倒机构，另一端安装有三个工作辊的传动系统和碟形弹簧平衡机构，满足工件的卸取。上辊升降（参见图 5-4-5）、下辊水平移动（见图 5-4-10）为液压驱动。

下辊水平移动机构有两种结构形式，一种为两下辊两端均安装在一个整体机身上，下辊中心距不可调（见图 5-4-10a）；另一种为两下辊两端分别安装在独立机身上（见图 5-4-10b）。前者卷板时水平分力可相互抵消，受力状况好；后者由于其中心距可调，扩大了机器的加工能力范围。

采用三辊全驱动时，上辊提供主要卷板扭矩。中小型机型上辊通过电动机或液压马达经减速机驱动，大机型采用四台电动机或液压马达通过行星减速器合流驱动（见图 5-4-11）。该传动系统安装在钢板焊接的箱体内外，并随上辊一起沿着大机身的导向面上下移动。

三辊全驱动时，下辊为辅助驱动。其回转运动由液压马达或马达、行星齿轮减速器来实现（见图 5-4-12）。该传动系统安装在下辊机身上，并随下辊移动机构一起水平移动。一般为一台液压马达及减速机同时驱动两下辊，大机型的两下辊各由一台液压马达及减速机分别驱动。在上辊和下辊传动系统的高速级均有制动装置。

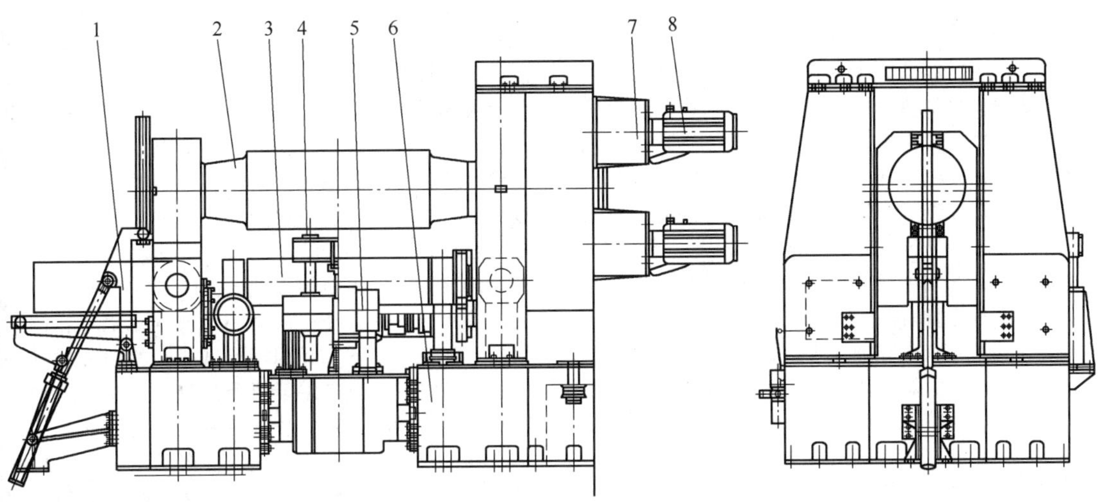

图 5-4-9　水平下调式三辊卷板机外形结构图

1—倾倒装置　2—上辊部分　3—下辊部分　4—对料装置　5—支承辊部分　6—架体部分　7—行星减速机　8—电动机

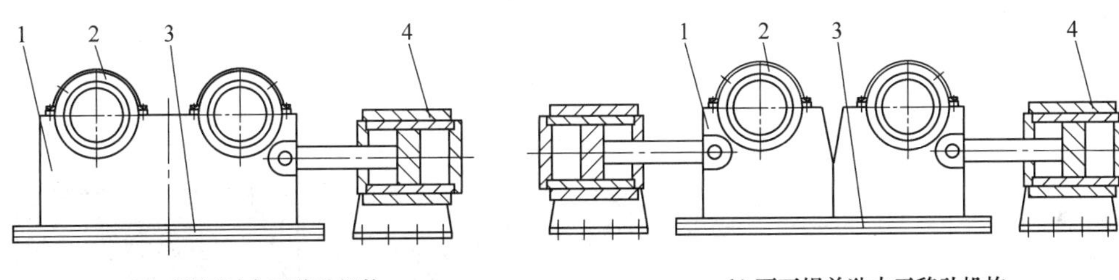

a) 两下辊同时水平移动机构　　b) 两下辊单独水平移动机构

图 5-4-10　下辊水平移动机构

1—下辊机身　2—下辊　3—T 形导辊　4—下辊液压缸

三辊全驱动的卷板机在卷薄板、小筒径时不易打滑，有利于提高卷板精度，扩大卷板工作范围。

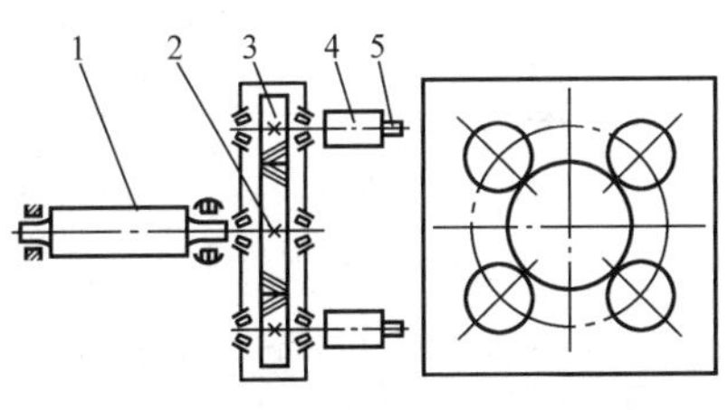

图 5-4-11　上辊传动简图

1—上辊　2—大齿轮　3—小齿轮　4—行星减速器　5—电动机

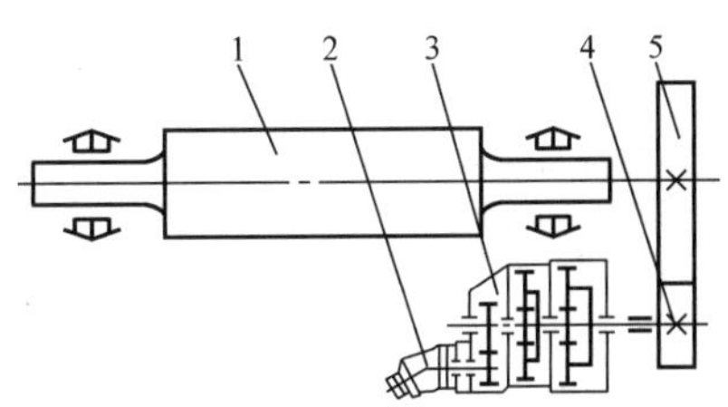

图 5-4-12　下辊传动简图

1—下辊　2—液压马达　3—行星减速器　4—小齿轮　5—大齿轮

4.4.5　上辊十字移动式三辊卷板机

上辊十字移动式三辊卷板机一般由上辊装置、下辊装置、水平移动装置、主传动装置、倾倒装置、左右侧机身、底座和平衡装置等组成，卷制较宽板时还包括托辊装置。其上辊可以垂直升降，也可以水平移动（见表 5-4-1）。预弯时通过上辊水平移动，使上辊相对下辊呈非对称布置来实现。

上辊装置由上置式主液压缸、上辊轴承座、上辊、双列调心轴承或滑动轴承等组成，两主液压缸提供卷制板材所需的压力，卷制较宽板时上辊可呈腰鼓形设计；下辊装置由下辊、下辊轴承座、下辊传动齿轮、下辊活动轴承等组成；水平移动装置由水平移动电动机提供动力，通过蜗轮蜗杆箱、蜗轮蜗杆、丝杠螺母机构带动上辊装置水平移动，实现板材的非对称卷制；托辊装置由托辊、蜗轮蜗杆机构、斜楔机构等组成，根据卷制板材规格的负荷大小，进行上下调节；主传动通过主电动机、带传动、圆柱齿轮减速器和一级齿轮传动驱动下辊实现，系统设有电液推杆制动器。

该机操作时只需调整上辊，较为简便。但液压缸为上置，轴承的倾倒机构为上辊机身及液压缸整体倾倒，占地面积大，主要用于中小型卷板机。

4.5　四辊卷板机

四辊卷板机以上辊、下辊及两根侧辊为主要工作零件。一般为上辊主驱动，也有的上下辊均为主驱动甚至四辊均为主驱动，上辊做固定旋转，下辊可垂直升降。按照侧辊的升降运动轨迹，其主要形式有两种：普通型（倾下调整式）和弧线型（见表 5-4-1）。当分别调节两个侧辊之一时，就构成非对称下调式三辊卷板机。当卷弯较厚的板材时，工作辊也可按对称排列方式进行工作，因而可视为对称式与非对称下调式三辊卷板机的复合。同时两侧辊倾斜或调整位置，可以方便地卷弯锥筒。另外侧辊也能起到对料的作用。预弯及卷圆板材时，不需调头可一次成形，预弯板材剩余直边小；上下辊能夹紧钢板，可防止打滑，便于进行仿形弯卷及弯椭圆形工件，易于实现数控化。同时，四辊卷板机也可对板材粗略地校平。但四辊卷板机结构较复杂，造价相对较高。

四辊卷板机的结构如图 5-4-13 所示，一般上辊直径较大，下辊直径一般略小于或等于上辊，侧辊较上辊直径小。下辊和侧辊通过两端的轴承体和液压缸连接在一起，安装于两个机身中。在机身中设置有滑动导向槽，由液压缸或机械传动驱动下工作辊直线位移，驱动侧工作辊在导向槽中做直线位移或绕固定轴线做弧线运动。下辊和侧辊轴承座下部采用弧形调心结构，以适应工作辊倾斜升降。主传动一般由电动机或液压马达通过行星减速器或用圆柱齿轮减速器及一级齿轮传动驱动，前者通常采用行星减速器直联在上辊轴端并带扭力臂的结构形式。

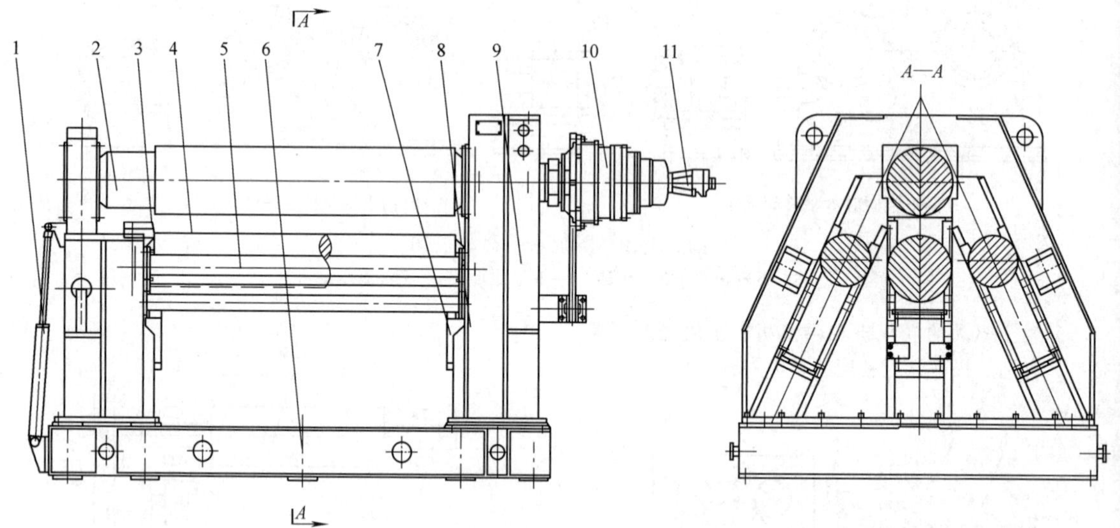

图 5-4-13　四辊卷板机

1—倾倒装置　2—上辊　3—卷锥装置　4—下辊　5—侧辊　6—底座　7—下辊液压缸　8—侧辊液压缸　9—机身　10—行星减速器　11—液压马达

机身为一个闭式机身和一个开式机身，采用钢板焊接件。大型和中型四辊卷板机的下辊中部设置有支承辊装置，以增加预弯板材端部时下辊的支承力及补偿下辊的挠曲变形，支承辊设置在液压缸上，由液压驱动实现支承力的调整。

4.6　两辊卷板机

两辊卷板机是金属板材通过一根刚性辊在一根弹性辊上压迫呈现径向凹陷变形后，两根辊对滚来实现板材弯曲成形的。其优点是：卷制精度高、效率高；可预弯板端；可以卷各种材质，并可弯曲已经过冲孔、对焊、压印后的板料，也可弯曲各种型钢、多层钢板、波纹钢、金属丝网等。缺点是卷制不同直径的板件时，需要更换相应的上辊或辊套；且一般只能卷制板厚小于6mm的薄板。

图5-4-14所示为两辊卷板机工作原理。卷板时上辊（弯曲辊）相当于一个旋转冲头，下辊（弹性辊）相当于活动阴模（凹模）。上辊压入下辊的深度，亦即弹性复层的变形量是决定所形成弯曲半径的主要工艺参数。压下量越大，弯曲半径越小，但当压下量达到某一数值后，弯曲半径不再受压下量的影响而趋于稳定。在稳定范围内，作用于辊上压力的大小，是确定辊径、计算弯曲力矩和驱动功率的主要依据。下辊（弹性辊）的复层材料一般系聚氨酯聚合物。

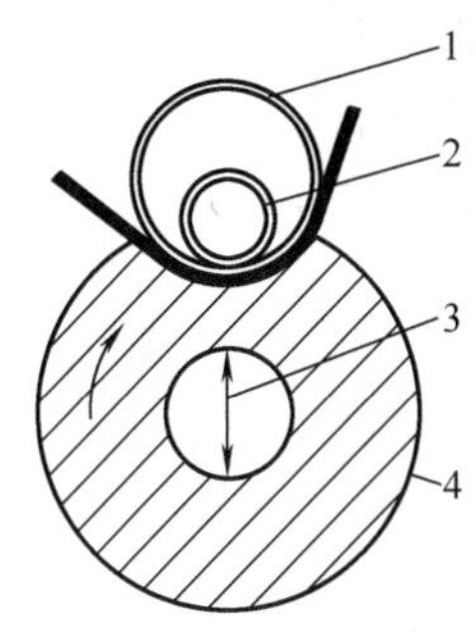

图5-4-14 两辊卷板机工作原理
1—套圈 2—上辊（弯曲辊） 3—下辊（辊芯） 4—下辊（弹性复层）

4.7 闭式（船用）三辊卷板机

在船舶、航空工业中通常会使用闭式（船用）卷板机，由于其卷板宽度通常会达到8~16m，甚至超过20m，因此其上下辊往往带有支承辊及横梁，即为上辊封闭结构，可以卷制各种曲率的圆弧形及一定范围的锥形工件，整圆工件的卷制可采用两件或多件圆弧拼接的方法加工。目前闭式卷板机主要有对称上调式、水平下调式、上辊十字移动式等形式。

该机通常由架体（左右机身、底座、连接梁等）、上横梁、上工作辊、上支承辊、下工作辊、下支承辊、上辊升降装置以及润滑、液压、电气等部分组成。一般两下辊为主动辊。

4.7.1 闭式（船用）对称上调式三辊卷板机

图5-4-15所示为W11TNC-32×13500闭式（船用）三辊卷板机。三个辊子成品字形对称布置，上辊为从动辊，两下辊由电动机或液压马达通过减速机分别从两端驱动。其辊子布置形式及特点同对称上调式三辊卷板机，在卷制较小曲率半径工件时需预弯板端，但结构简单，操作方便，造价低，使用广泛。

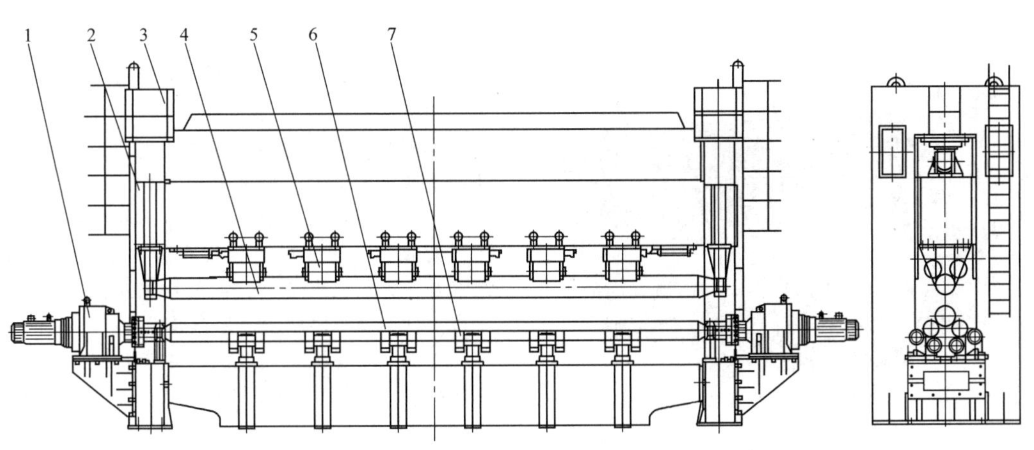

图5-4-15 W11TNC-32×13500闭式（船用）三辊卷板机
1—主传动装置 2—机身 3—主液压缸 4—上辊 5—上支承辊 6—下辊 7—下支承辊

4.7.2 闭式（船用）水平下调式三辊卷板机

该机型包括两下辊可单独调整（中心距可调）和两下辊同时水平移动（中心距固定）两种结构形式。图5-4-16、图5-4-17所示分别为长治锻压研制的W11TXNC-22000kN×16000mm闭式（船用）水平下调式三辊卷板机的结构及外形。该机可灵活地卷制、预弯一定范围内的弧形或锥形工件；又可作折弯机，借助折弯模具进行钢板的折弯。机器配置了可调节的液压预弯装置，通过液压缸推动支承辊具有不同斜度的斜铁机构，使上下工作辊预弯而补偿上下横梁的变形。两下工作辊及其支承辊的纵向中心线位置可相对调节，同一个工作辊及相应的支承辊的水平移动通过电动机、减速机及螺杆升降机构实现同步运动。上工作辊、支承辊及上横梁的垂直及倾斜升降由两端安装在机身上部的一个主液压缸和安装在机身内侧的两个回程液压缸驱动实现，主液压缸和回程液压缸均采用柱塞缸结构。

机器的两下工作辊为主动辊，分别由独立的液压马达、行星减速器双向驱动。机器为计算机控制，可根据卷制或折弯的板厚、板宽、屈服极限、卷制最小半径等工艺参数，设置上辊压下量、上辊压力、下辊水平位置、上下横梁补偿量等参数，并具有编辑、储存等功能。水平下调式一次上料即可实现弧形、锥形件的卷弯及板端的预弯，结构刚性好，操作简单，维修方便，工作精度高。

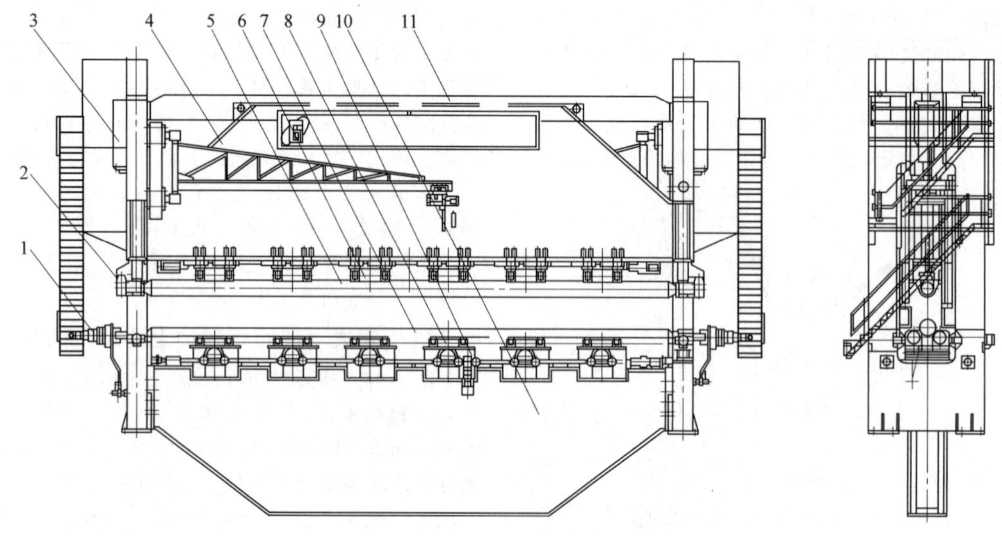

图 5-4-16　W11TXNC-22000kN×16000mm 闭式（船用）水平下调式三辊卷板机结构
1—主传动系统　2—机身　3—主缸　4—上横梁　5—上工作辊　6—上支承辊　7—下工作辊
8—下支承辊　9—下辊水平移动装置　10—下横梁　11—连接梁

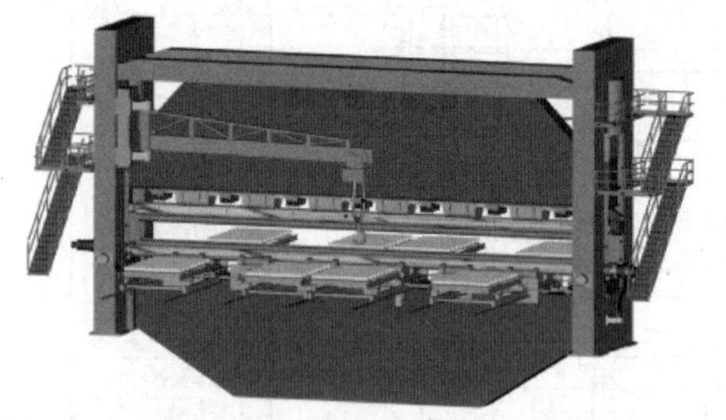

图 5-4-17　闭式（船用）水平下调式三辊卷板机外形

4.7.3　闭式（船用）上辊十字移动式三辊卷板机

该机型是上辊十字移动式三辊卷板机结构在闭式卷板机上的应用，一次上料即可实现弧形、锥形件的卷弯及板端的预弯。为实现板材的预弯，上工作辊及支承辊、上横梁、左右机身等须一起整体移动，重心高、结构刚性较差。

4.8　立式卷板机

立式卷板机的辊子轴线与水平面垂直，按照辊子数量目前主要有立式三辊和四辊卷板机。其优点是：钢板在垂直状态下弯曲，自重对精度影响小，有利于薄壁大筒径及窄而长工件的卷制；卷板时的锈蚀铁屑等不会卷入钢板和辊子之间形成压痕，可有效保护板面；占地面积小，取出卷成品时不必占用很大面积；卷成后可直接在原位用电渣焊焊接。缺点是：为了取出工件，需要增加车间高度；由于钢板下部与支承面摩擦，易形成锥形。

立式三辊卷板机（见图 5-4-18）通常为三辊对称式结构，其组成与对称上调式三辊卷板机相似。

图 5-4-18　立式三辊卷板机

立式四辊卷板机（见图 5-4-19）的结构组成与四辊卷板机相似，只是工作辊轴线垂直布置，传动系统安置在机器的下部，其箱体与机身成为一体并作为工作台使用。倾倒机构位于机器的上部。为方便大筒径工件的卷制，常配有移动式支架或辊道。

图 5-4-19　立式四辊卷板机

4.9　扩大卷板机使用范围的途径

扩大卷板机使用范围的途径（见图 5-4-20）一般有两种办法：在单机上附加各种附件或装置，进行多品种或多工序弯曲；或者改变机型结构，将不同功能的机种组合到一台机体上。

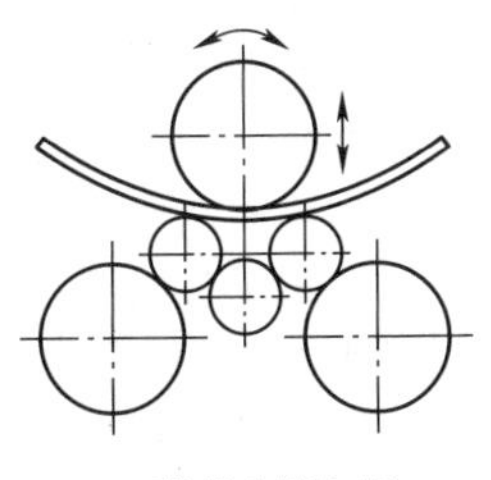

a) 可换辊和附加辊

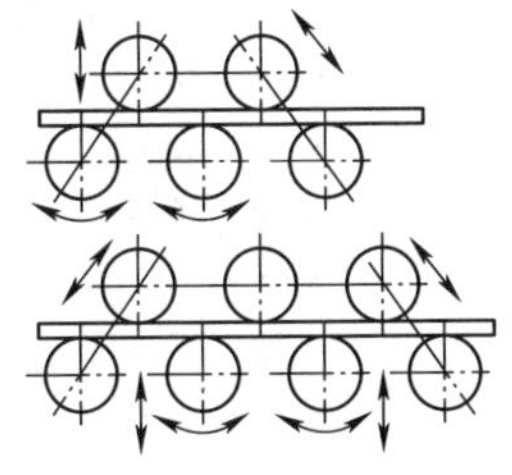

b) 附加校正辊

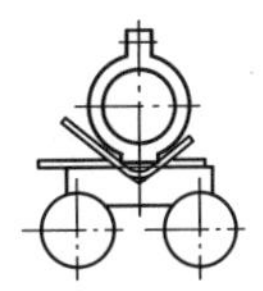

c) 辊筒上装模具

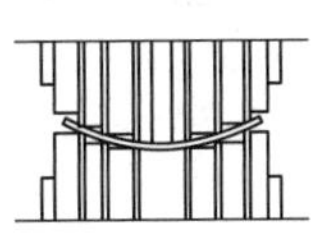

d) 辊身附加成形套筒

图 5-4-20　扩大卷板机使用范围的途径

4.9.1　可换辊或附加辊

通过更换或附加工作辊，扩大卷板厚度范围，扩展卷板厚度下限和弯曲曲率上限（见图 5-4-20a）。

4.9.2　上、下辊端部加装模具

将三辊卷板机上、下辊出料端延伸，加装专用模具，即可对型材进行弯曲。多用型三辊卷板机如图 5-4-21 所示。

图 5-4-21　多用型三辊卷板机

4.9.3　卷板校平联合机

在三辊或四辊卷板机的基础上，增加一个或数个附加校正辊（见图 5-4-20b），即可形成卷板校平联合机，这种机型用于卷板和校平生产规模都不大，校平质量要求也不高时。

4.9.4　辊筒上装模具

图 5-4-20c 所示为辊筒上装模具，可用于板料折弯。

4.9.5　辊身附加成形套筒

图 5-4-20d 所示为辊身附加成形套筒，可卷制非直线母线的工件。

4.10　卷板柔性加工单元

卷板柔性加工单元一般为一台数控卷板机或智能卷板机配置前段板料预处理和后段成品输送等设备，由一台或几台计算机组成的控制系统控制，组成卷板自动加工单元。该单元将信息流和物资流集成于 CNC 卷板机系统，可实现小批量加工自动化，为较理想的高精度、高效率、高柔性的制造系统。

图 5-4-22、图 5-4-23 为卷板柔性加工单元的布

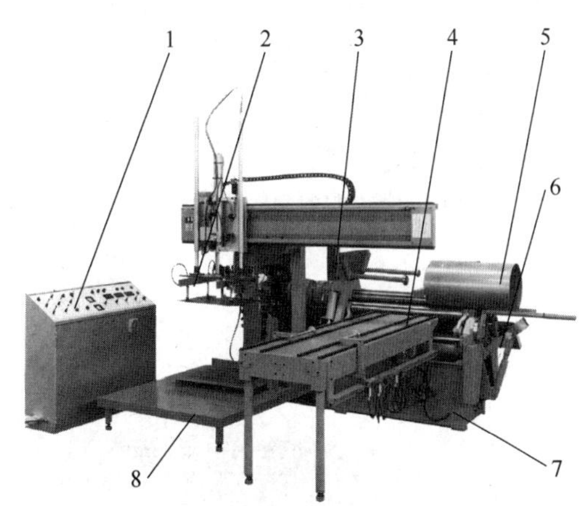

图 5-4-22　卷板柔性加工单元（一）

1—电气柜　2—上料机械手　3—托架装置　4—上料工作台　5—工件　6—卸料装置　7—卷板机主机　8—板料堆垛台

图 5-4-23　卷板柔性加工单元（二）
1—卷板机主机　2—托架装置　3—卸料装置
4—上料辊道　5—上料机械手　6—板料堆垛台

置图。该单元主要由板料存放台、上料机械手、上料工作台、托架装置、卸料装置等组成。卷板时上料机械手从板料存放台取料放至上料工作台，由机械手将板料对齐并送入卷板机，卷制过程中根据卷制工件形状、板厚、筒径需要，机械手从工件内侧或内外两侧始终附着工件（全自动设置），并随工件曲率改变始终附着和支承工件，直至工件成形。随后主机倾倒机构的轴承座倒下，下料机械手推出工件，出料机械手抓出工件至成品工作台，主机和各位置的机械手恢复原始位置，准备下一工件的卷制。除以上配置外，一些卷板柔性加工单元还可配置板料对中、筒形检测、焊接等设施。

4.11　典型产品简介

世界先进的卷板机生产厂家主要有瑞士 HAEUSLER、德国 SCHAFER、意大利 PROMAU DAVI、意大利 MG、意大利 FACCIN、意大利 SERTOM、意大利 BODRINI、瑞典 ROUNDO、日本 KURIMOTO、英国 HUGH SMITH 等公司。

瑞士 HAEUSLER 的四辊卷板机最为著名，德国 SCHAFER、意大利 PROMAU DAVI、意大利 MG、意大利 FACCIN、意大利 SERTOM、意大利 BODRINI 等公司的水平下调式三辊卷板机较常见，是卷制厚板及特厚板的理想机型。日本 KURIMOTO 的上辊十字移动式（上辊万能式）卷板机较常见，英国 HUGH SMITH、意大利 FACCIN、瑞士 HAEUSLER 等公司的大型船用卷板机技术水平很高。意大利 PROMAU DAVI，MG 等公司的弧线三辊、四辊卷板机较常见，其弧线三辊卷板机最大卷板厚度可达 140mm。PROMAU DAVI 公司的数控弧线四辊卷板机采用全液压驱动；两侧辊都是弧线运动方式，侧辊与上辊的切点更靠近上辊中心线，最小卷筒直径可达上辊直径的 1.1 倍，剩余直边较短，机构之间摩擦阻力几乎为零；液压行星驱动直接耦合在上辊和下辊的轴端，传动效率高，占地面积小；轴承为免维护轴承，无须润滑；自动线速度补偿，保证卷板时上下辊速度匹配；CNC 控制，卷制单曲率和多曲率半径工件可自动计算并生成程序，可对程序修正、储存，可提供网络控制；具有三维动画实时显示功能；装有 REAL AUTOCAD（直接用作 CAD/CAM）。

国内生产卷板机的企业较多，其中泰安华鲁锻压机床有限公司（简称：华鲁锻压）、长治锻压、兰州兰石重工有限公司（简称：兰石重工）、南通超力卷板机制造有限公司（简称：南通超力）、长治市钜星锻压机械设备制造有限公司（简称：钜星锻压）等在重型化、智能化等方面具有较强的设计制造能力。

4.11.1　W12-280×3000 重型全液压四辊卷板机

图 5-4-24 所示为兰石重工 W12-280×3000 重型全液压四辊卷板机，机器由主机、液压系统、电气控制系统三部分组成，卷板力可达到 75000kN，总扭矩达 6500kN · m（上辊 6000kN · m，下辊 500 kN · m），总装机容量 1070kW，具有卷制最大厚度 280mm、宽度 3000mm 钢板的能力。设备运行全部采用液压驱动和计算机控制，可对卷制不同的筒体无

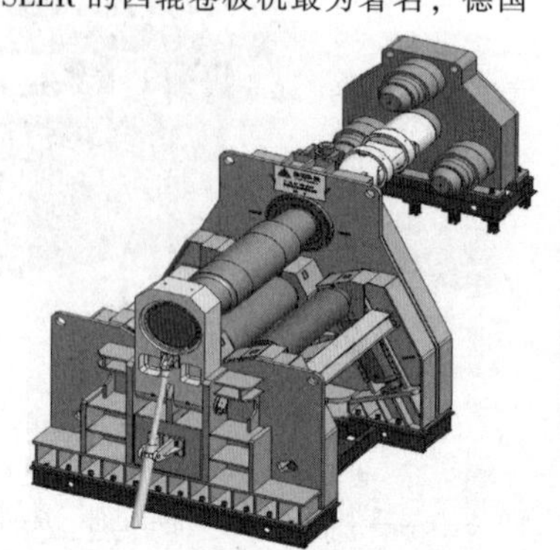

图 5-4-24　兰石重工 W12-280×3000 重型全液压四辊卷板机

级设定不同的压力、扭矩和旋转速度，控制精度高，卷制速度快，适合于冷、热卷制，预弯，校圆大规格的壁筒、罐、锥体等零部件，具有成形精确、效率高、剩余直边短、节省材料等特点。

据了解，目前世界上最大的四辊卷板设备为瑞士 HAEUSLER 公司生产的 VRM-hy 4000×150 型，其卷板力可以达到 78000kN，板材厚度为 250mm，板材宽度为 4000mm。上述兰石重工产品卷板能力和技术性能与其基本接近。

4.11.2　数控四辊卷板柔性加工单元

图 5-4-25 所示为长治锻压数控四辊卷板柔性加工单元，该柔性加工单元实现了板材的上料、卷圆、下料完全自动化，实现整个柔性加工单元（上料吸盘、送料辊道、卷板机、托料、推料、出料辊道）完整工艺的一键式操作。采用十轴闭环控制系统，有效实现了工件制造过程的智能化、柔性化。

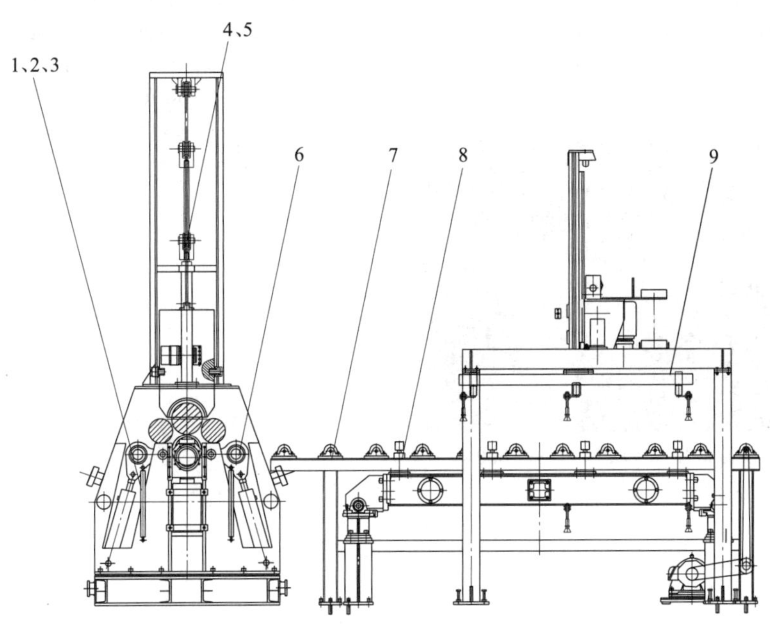

图 5-4-25　长治锻压数控四辊卷板柔性加工单元

1—出料辊道　2—液压部分　3—电气部分　4—工件托料机械手　5—卸料机械手　6—数控卷板机　7—进料辊道　8—板料对正装置　9—上料机械手

控制系统主要由平板计算机（PPC-6152A）、PLC（S7-200）、直线位移传感器、增量式光电编码器、变频调速器等元件组成，上位机为全功能工业级平板计算机（PPC-6152A），下位机为高性能 PLC（S7-200）。它们之间通过以太网线连接实现上、下位机的数据传输。直线位移传感器为卷板机前、后、下辊和托料装置的位置反馈元件，将各工作轴的实时绝对位置反馈 PLC，PLC 在对数据进行处理后对位置进行控制，并将数据传给上位机显示。

4.11.3　WS11K-350/450×3500 数控水平三辊卷板机

图 5-4-26 所示为华鲁锻压 WS11K-350/450×3500 数控水平三辊卷板机，该设备为数控全液压水平下调式结构，三个工作辊均为全液压主驱动，两下辊中心距可调，两主液压缸均为联体结构。最大冷、热卷板厚分别为 350mm、450mm，最大卷板宽度 3500mm，上辊最大压下力为 78000kN，总装机容量

图 5-4-26　华鲁锻压 WS11K-350/450×3500 数控水平三辊卷板机

700kW。电气系统采用西门子公司生产的智能型高速 PLC 以及相应的输入输出模块、西门子触摸屏等。位移传感器对位置进行检测，保证上下辊位置精度及监控上下辊位置；压力传感器对主液压缸上下腔压力进行设定和监控。该机操作简单、维修方便，

卷制精度高，是一种先进实用的大型卷板设备。

4.11.4　WEF11K-37×21000 数控船用卷板机

图 5-4-27 所示为华鲁锻压 WEF11K-37×21000 数控船用卷板机，该设备为数控全液压驱动船用卷板机，两下辊中心距可调，三辊均为主驱动。采用了上下辊多点独立挠度补偿及两主液压缸分别为联体结构等技术，不仅具备卷板功能，同时具有折弯功能。机器上辊最大压下力为 22000kN，总装机容量 300kW，卷制 A36 船用钢板时最大卷板厚度 37mm，最大卷板宽度 21000mm，最小卷弯半径为 600mm。该机功能全、精度高、操作方便，控制系统具备高度信息化和智能化。

图 5-4-27　华鲁锻压 WEF11K-37×21000 数控船用卷板机

参考文献

[1]　胡亚民，邢伟荣，原加强，等. 弯曲成形技术现状及发展趋势［C］//中国锻压协会. 中国金属成形行业现状与发展（钣金制作卷），2015.

[2]　邢伟荣，原加强，郭永平. 水平下调式结构在大型三辊卷板机上的应用［J］. 锻压装备与制造技术，2006，41（5）：20-23.

[3]　邢伟荣. 卷板机的现状与发展［J］. 锻压装备与制造技术，2010，45（2）：10-16.

[4]　机械工程手册编辑委员会，电机工程手册编辑委员会. 机械工程手册 第 7 卷：机械制造工艺［M］. 北京：机械工业出版社，1982.

[5]　王国强. 四辊卷板柔性加工单元控制系统的开发［J］. 锻压装备与制造技术，2017，52（2）：50-52.

第5章

辊锻机

北京机电研究所有限公司　张浩　孙国强

5.1　辊锻机的工作原理、用途及类型

5.1.1　辊锻机的工作原理

辊锻机的工作原理如图5-5-1所示。将毛坯通过两个旋转方向相反的锻辊上所安装的弧形辊锻模，在轴线方向上使之连续周期性地产生局部延伸变形。

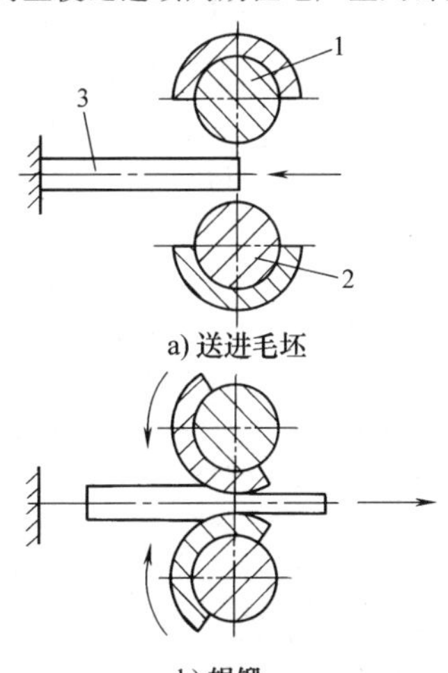

图5-5-1　辊锻机工作原理

1—上锻辊　2—下锻辊　3—毛坯

辊锻机具有的特点：生产率高，如辊锻汽车发动机连杆毛坯，与锤上制坯相比效率可提高3倍；节约材料，锻件尺寸稳定，提供模锻的毛坯体积小，可节约材料10%~20%；模具使用寿命高，可达万件或几万件；操作者劳动条件好，便于和其他模锻设备组合，实现机械化、自动化模锻生产线；辊锻件的金相组织纤维流线好，力学性能高；机器工作噪声小，平稳无振动，无公害，不需要大厂房和基础。

由于辊锻是连续局部成形，变形力小，所需设备作用力较小。

5.1.2　辊锻机的用途

辊锻机可辊制周期断面及各种几何形状断面的锻件，如圆形、椭圆形、方形、菱形及工字形等，广泛用于现代汽车、拖拉机、动力机、航空及日用品制造工业中。

辊锻机多用于制坯，经常与模锻设备配套使用，对长轴件拔长，如汽车连杆、曲轴、前梁及汽车操纵杆、汽轮机叶片等件的制坯。

辊锻机除用于制坯外，对形状简单的板形件和长轴件也可使之部分成形辊锻，如垦锄、犁铧、钢叉、十字镐、斧头和餐具刀等。航空发动机涡轮及汽轮机叶片已成功地用冷辊锻成形。几何形状简单的制件已采用完全成形辊锻，如医疗器具等。

5.1.3　辊锻机类型

辊锻机可以按结构形式和使用功能进行分类。

1. 按结构形式分类

（1）悬臂式辊锻机　悬臂式辊锻机如图5-5-2所示。锻辊的工作部分悬臂伸出于机身外部，便于装拆和更换锻模，特别适宜环形模的装拆。锻辊直径相同时，可比双支承辊锻机辊锻更长的锻件，其原因是环形模的工作包角可达240°~270°，可在锻辊轴线的前、左和右三个方位操作，特别灵活方便。在其上可完成毛坯的拔长，特别是完成横向展宽工艺极为方便，如垦锄的展宽。

悬臂式辊锻机的刚度较差，多用于制坯工序。机身通常采用铸铁铸造成整体或分体式的，分体式机身采用拉杆以预应力拉紧增加其强度与刚度。为了增加锻辊悬臂部分的强度与刚度，安装有特殊结构的拉杆装置，并装有轴承及调节机构，以适应锻辊的工作状况，实际上已构成双支承状态。

（2）双支承辊锻机　双支承辊锻机如图5-5-3所示。锻辊的工作部分安装在两机身轴承之间，锻辊具有较大的刚度。通常将锻模制成扇形，工作包角最大不超过180°。

为了辊锻较长的锻件，如汽车前梁，需要将锻模的工作包角增大到270°以上，近年来在大规格（锻模公称直径在800mm以上）的双支承辊锻机上，装设有单独的驱动机构，沿底座上的轨道将其外侧机身拖动，使之与两锻辊脱离开一段距离，可较容

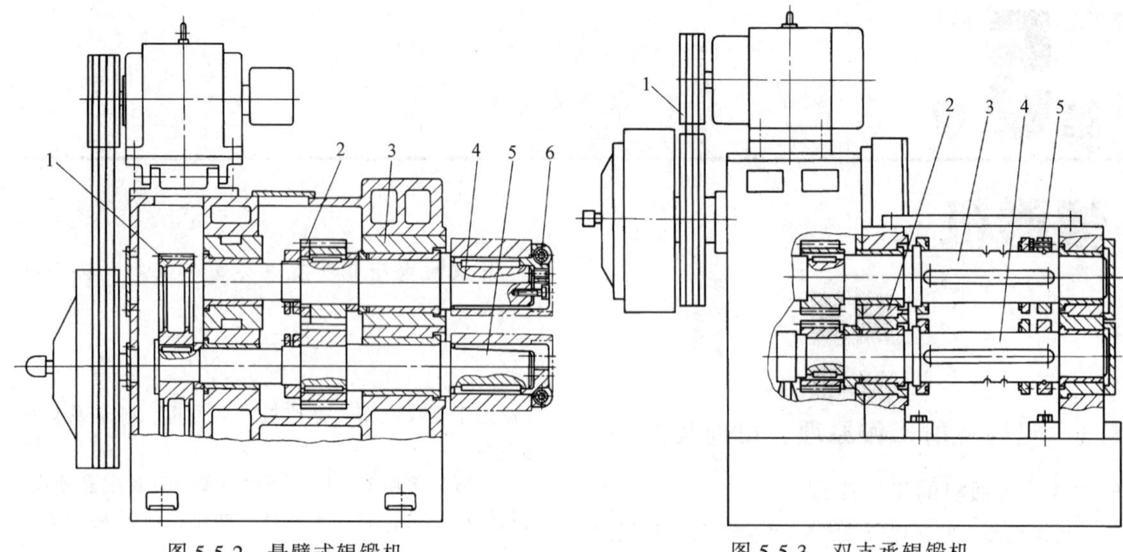

图 5-5-2　悬臂式辊锻机

1—传动装置　2—长齿调节机构　3—偏心套中心距调节机构　4—上锻辊　5—下锻辊　6—锻模固定及角度调节机构

图 5-5-3　双支承辊锻机

1—传动装置　2—偏心套中心距调节机构　3—上锻辊　4—下锻辊　5—锻模固定及轴向调节机构

易地将环形锻模套入锻辊上或拆下来。使外机身移动的速度有两档，以快速移开或返回，以慢速将锻辊装入机身上的轴承中，以保证安装精度。但该结构较复杂。

在上锻辊伸出于外机身的轴上装设曲柄滑块机构，并设工作台，在其上安装模具，可完成剪切、弯曲、切边及冲孔等工序。

双支承辊锻机多用于冷、热预成形辊锻，有时也用于制坯。机身受力大，多用铸钢或钢板焊接件制成，广泛采用整体封闭式框架或双圆孔整体式结构。为了便于加工制造，大规格者也有采用组合式框架结构的，分成上、下横梁及立柱等件，然后用拉杆预紧成一体。

（3）复合式辊锻机　复合式辊锻机如图 5-5-4 所示，在结构上充分集中了双支承式和悬臂式辊锻机的特点，兼有二者的性能和优越性。在双支承机身之间的锻辊工作部分称为内辊，悬伸的部分称为外辊。内、外辊由一台电动机通过 V 带和齿轮减速

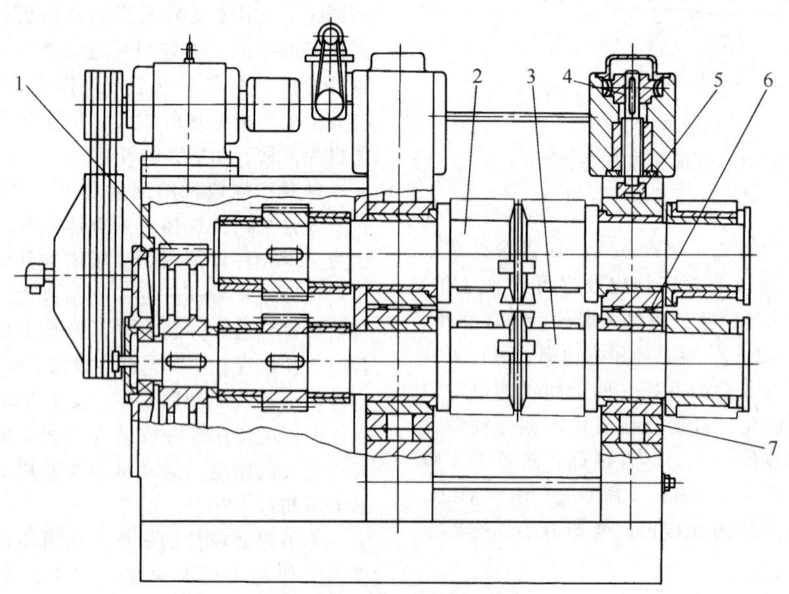

图 5-5-4　复合式辊锻机

1—传动装置　2—上锻辊　3—下锻辊　4—压下螺杆中心距调节机构　5—保险机构　6—碟形弹簧　7—楔铁

器直接驱动，结构紧凑，刚度好，强度高。

复合式辊锻机通用性极强，适用于大批量生产，在一台机器上可同时完成制坯和成形辊锻工艺，如薄板形垦锄锻件须先横向展宽，然后纵向延伸，在复合式辊锻机上锻造最为方便合理。大批量生产时可实现自动化，效益十分显著。

（4）摆动式辊锻机　该类辊锻机多为专用型，其形式有立式或卧式。

该类辊锻机通常多采用高压液压系统 5，推动主液压缸 4、曲柄连杆机构 3，进而驱动锻辊 2 做摆动往返运动。这样有利于锻件的送进，且减少空程时间，其结构原理如图 5-5-5 所示。

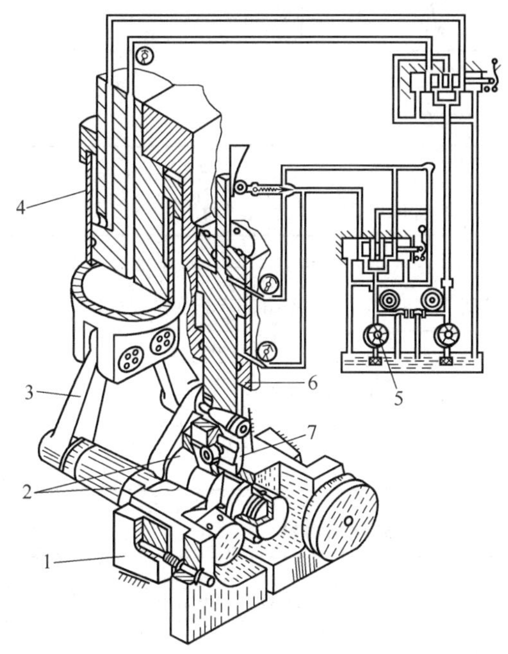

图 5-5-5　摆动式辊锻机结构原理

1—楔块（用以调节锻辊中心距）　2—锻辊　3—曲柄连杆机构　4—主液压缸　5—液压系统　6—送料液压缸　7—送料机构

有的机器还可按锻件的要求，制成更专用型，如在一台叶片冷辊锻机上，可完成镦锻叶根及辊锻叶身两道工序。因此，除了有摆动运动外，锻辊还要有提升和压下运动两种动作，这些动作全部由液压系统控制完成。

2. 按使用功能不同分类

随着辊锻机应用领域的发展，辊锻机按功能可分为以下几种。

（1）制坯辊锻机　用于一般锻件制坯成形，即常规辊锻机。

（2）精密成形辊锻机　主要用于前轴精密制坯，钩尾框精密制坯，大型叶片精密辊锻成形等。此类辊锻机有 ZGD680 和 ZGD1000 两种型号，是在制坯辊锻机的基础上专门设计的，成形能量大，转速低，便于成形复杂截面。采用这种辊锻机，可以部分或全部完成锻件成形，产品材料流线好，同时可大大降低锻造压力机的吨位参数。

（3）铝合金锻造专用辊锻机　主要用于铝合金锻造的制坯，这种辊锻机需要专门设计，成形能量大，飞轮速度可调。模具具有专门的加热机构，配备模具喷雾装置、换模装置。由于模具需要加热，这种辊锻机在设计上必须考虑隔热和冷却。

（4）冷轧成形辊锻机　用于冷轧叶片等零件。由于冷轧需要大的变形力，并且具有侧向力，须采用高刚性机身，结构设计上也要考虑克服轧制时锻辊承受的侧向力。目前先进冷轧成形辊锻机已经采用伺服电动机直接驱动锻辊，可实现轧制扭矩、轧制速度的按需调整，适合成形难变形锻件。

5.2　辊锻机的技术参数及传动形式

5.2.1　辊锻机的技术参数

1）JB/T 2403.1—2012 辊锻机的技术参数见表 5-5-1、表 5-5-2、表 5-5-3。

2）复合式辊锻机的技术参数见表 5-5-4。

3）国外辊锻机的型号和技术参数见表 5-5-5、表 5-5-6、表 5-5-7。

表 5-5-1　D42 型辊锻机的技术参数

参数名称		参数值					
锻模公称直径 D/mm		250	400	500	630	800	1000
锻辊直径 d/mm		170	260	330	430	540	680
锻辊可用宽度 B/mm		250	400	500	630	800	1000
锻辊转速 n /(r/min)	Ⅰ型	—	60	50	40	20	12
	Ⅱ型	55	40	32	30	10	8
锻辊中心距 A 的调节量 ΔA(不小于)/mm		10	12	14	16	18	20
可锻方坯边长(或圆坯直径)/mm		35	60	80	100	125	150

注：Ⅰ型适用于机械手上、下料的辊锻机；Ⅱ型适用于手工上、下料的辊锻机。

表 5-5-2　D42-RW 型辊锻机的技术参数

参数名称	参数值				
锻模公称直径 D/mm	370	460	560	680	930
锻辊直径 d/mm	240	300	360	440	520
锻辊可用宽度 B/mm	500	570	700	850	1000
锻辊转速 n/(r/min)	62	65	52	40	30
锻辊中心距 A 的调节量 ΔA(不小于)/mm	15	17	20	25	25
可锻方坯边长(或圆坯直径)/mm	55	75	100	125	160

表 5-5-3　D42-RWCX 型辊锻机的技术参数

参数名称		参数值	
锻模公称直径 D/mm		680	1000
锻辊直径 d/mm		440	680
锻辊可用宽度 B/mm		850	1000
锻辊转速 n /(r/min)	Ⅰ型	40	30
	Ⅱ型	20	15
锻辊中心距 A 的调节量 ΔA(不小于)/mm		20	20
可锻方坯边长(或圆坯直径)/mm		125	150

注：Ⅰ型、Ⅱ型辊锻转速根据成形工艺要求确定。

表 5-5-4　复合式辊锻机的技术参数（贵阳险峰机床有限责任公司产品）

锻模公称直径 D/mm	内、外辊	630
公称力 P/kN	内、外辊	160/100
锻辊直径 d/mm	内、外辊	400/320
锻辊可用宽度 B/mm	内、外辊	800/320
锻辊转速 n/(r/min)	内、外辊	40. 30
锻辊中心距 A 的调节量 ΔA/mm	内、外辊	30
	外辊补偿量	±2
可锻方坯边长 H/mm	内、外辊	80

表 5-5-5　日本万阳 FR 系列辊锻机的型号和技术参数

参数名称	型号					
	FR960AF	FR660AF	FR560AF	FR460AF	FR360AF	FR260AF
	参数值					
锻模公称直径 D/mm	960	660	560	460	360	260
锻辊可用宽度 B/mm	1200	700	640	570	450	320
锻辊中心距 A 的调节量 ΔA(不小于)/mm	8	8	8	6	4	3
锻辊转速 n/(r/min)	30	40	55	60	60	60
可锻方坯最大边长 H/mm	160	120	100	75	60	45
离合器、制动器	空气摩擦式					
所需空气压力/MPa	0.5~0.7	0.5~0.7	0.5~0.7	0.5~0.7	0.5~0.7	0.5~0.7
主电动机功率/kW	110	75	55	30	15	11
润滑	全自动循环加油系统					

表 5-5-6　美国 Ajax 辊锻机的型号和技术参数

参数名称		型号							
		No. 0 辊锻机(无模具)	No. 0 辊锻机	No. 1 辊锻机	No. 2 辊锻机	No. 3 辊锻机	No. 5 辊锻机	特制轧辊辊锻机 1	特制轧辊辊锻机 2
		参数值							
辊锻模宽度/in	半圆锻模	—	14	20	25	30	45	—	—
	平脊锻模	—	14	20	25	30	—	—	—
	悬臂式锻模	7	6	7	—	—	—	12 或 18	18

（续）

参数名称		型号							
		No. 0 辊锻机（无模具）	No. 0 辊锻机	No. 1 辊锻机	No. 2 辊锻机	No. 3 辊锻机	No. 5 辊锻机	特制轧辊辊锻机 1	特制轧辊辊锻机 2
		参数值							
辊锻模最大直径/in	半圆锻模	—	$12\frac{1}{2}$	$16\frac{3}{4}$	$20\frac{3}{4}$	28	38	—	—
	平脊锻模	—	$12\frac{1}{2}$	$16\frac{3}{4}$	$20\frac{3}{4}$	28	—	—	—
	悬臂式锻模	13	$12\frac{1}{2}$	$16\frac{3}{4}$	—	—	—	20	$22\frac{1}{2}$
最大可使用模具周长/in	半圆锻模	—	19	25	31	41	71（220°模具）	—	—
	平脊锻模	—	11	14	18	24	—	—	—
	悬臂式锻模	31	30	41	50	68	—	46	53
辊锻模最小直径/in	半圆锻模	—	$10\frac{1}{2}$	$14\frac{1}{4}$	$16\frac{3}{4}$	$23\frac{1}{2}$	33	—	—
	平脊锻模	—	$10\frac{1}{2}$	$14\frac{1}{4}$	$16\frac{3}{4}$	$23\frac{1}{2}$	—	—	—
	悬臂式锻模	11	$10\frac{1}{2}$	$14\frac{1}{4}$	—	—	—	—	—
最小可使用模具周长/in	半圆锻模	—	16	21	$24\frac{3}{4}$	34	63	—	—
	平脊锻模	—	$9\frac{1}{2}$	$12\frac{1}{2}$	16	—	—	—	—
	悬臂式锻模	26	25	36	41	—	—	—	—
电动机功率/kW（870～1150r/min）		20	5～20	10～30	20～40	40～75	150	75	100
占地空间/in	左-右	63	68	78	96	120	180	120	121
	前-后	59	50	72	84	102	144	100	105
设备重量/kg（不含空气离合器）		11000（含离合器）	8500	17000	26000	43500	135000（含离合器）	55000（含离合器）	57000（含离合器）

注：1. No. 0 和 No. 3 辊锻机只有在装好空气离合器和制动器时才可使用悬挂式圆柱形模具。

2. 1in = 25.4mm。

表 5-5-7　德国 LASCO RCW 系列辊锻机型号和技术参数

参数名称	型号		
	460	560	930
	参数值		
模具的外径/mm	460	560	930
模具的夹紧宽度/mm	560	700	1120
毛坯最大厚度/mm	63	80	125
毛坯的最大长度（≈）/mm	315	400	630
包括模具的设备重量（≈）/kg	1200	2200	8000
轧辊的调整量/mm	20	25	30
单只轧辊主驱动功率/kW	125	200	500
轧辊温度调节	可选	可选	可选
设备长度（约）/mm	3800	4800	7500
设备高度（约）/mm	1800	2300	3500
设备宽度（没有换辊机械手）（≈）/mm	1200	1500	2400
包括轧辊在内的重量（≈）/kg	15000	25000	100000

5.2.2　辊锻机的传动形式

辊锻机的传动通常采用机械传动，有时采用液压驱动。机械传动系统中的大带轮通常作为飞轮，并在其上装设离合器，在同一轴的另一端装设制动器，用于实现辊锻机的寸动调节及单次、连续循环运动规范的控制，同时也保证了安全停机。

1. 整体式传动

现代辊锻机普遍采用整体式传动，其特点是将减速传动部分同机身、锻辊部分紧密地连接成一个整体。该传动形式结构紧凑，占地面积小，操作维修方便，便于起重运输，易于与其他模锻设备组成自动生产线。

(1) 锻辊间多个齿轮传动　该系统如图 5-5-6 所示。由于上、下锻辊的传动齿轮不直接啮合，而是经中间反向传动齿轮间接啮合，因此锻辊中心距的调节量较大，调节后所产生的齿侧间隙较小，不影响传动。系统结构简单，制造、装配及维修方便。辊锻机通常采用这种形式。

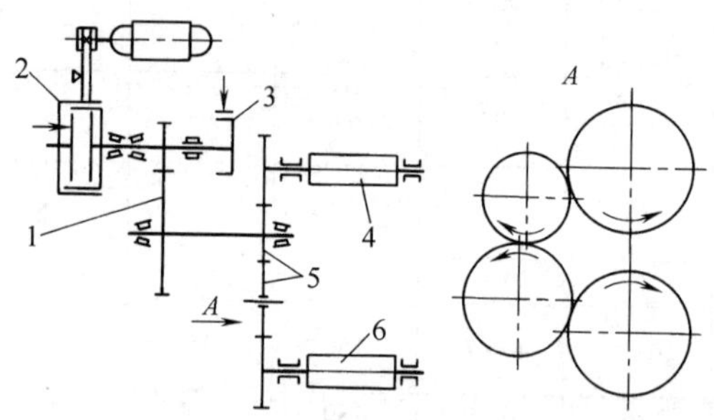

图 5-5-6　多个齿轮传动系统

1—传动装置　2—离合器　3—制动器
4—上锻辊　5—中间齿轮　6—下锻辊

(2) 长齿齿轮传动　该系统如图 5-5-7 所示。两锻辊间的传动直接采用一对加长齿形的齿轮传动。齿轮的齿顶高系数为 $1.25m$，齿根高系数为 $1.5m$(m 为模数)。为了消除锻辊中心距调节后所产生的齿侧间隙，在主传动长齿轮的一侧附加一片相同模数的长齿齿轮。它与主传动齿轮多采用弹性固定连接方式，以达到自动调节的目的，并保证传动平稳。也有采用刚性固定的，但调节麻烦。长齿齿轮传动系统可节省一对中间传动齿轮，结构简单紧凑，锻辊中心距调节量大。

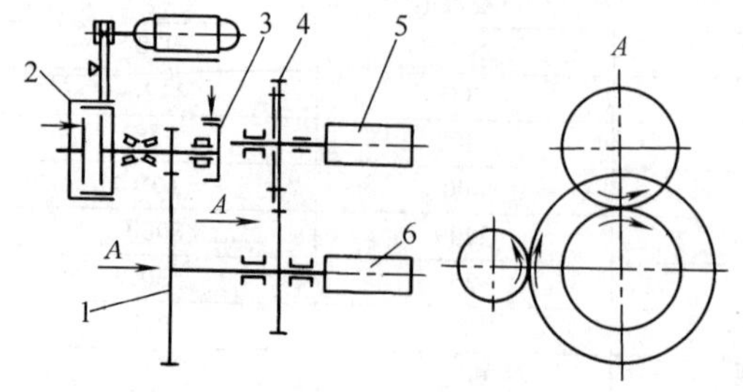

图 5-5-7　长齿齿轮传动系统

1—传动装置　2—离合器　3—制动器　4—长齿齿轮传动机构
5—上锻辊　6—下锻辊

(3) 三连杆浮动齿轮传动　该系统如图 5-5-8 所示。采用两套浮动齿轮连杆机构与锻辊上的主传动齿轮相啮合，特点是能使锻辊中心距获得较大的调节量，操作极为方便。该机构在大、小规格的辊锻机上均可采用。

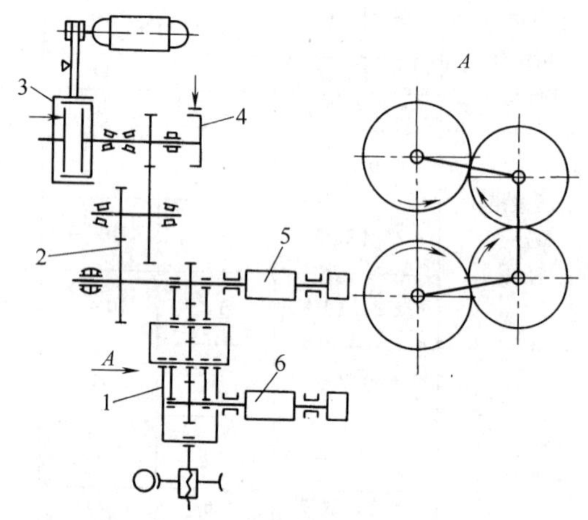

图 5-5-8　三连杆浮动齿轮传动系统

1—浮动齿轮　2—传动装置　3—离合器
4—制动器　5—上锻辊　6—下锻辊

2. 分体式传动

机器的减速部分与机身锻辊之间的连接采用刚性联轴器、齿形联轴器或万向联轴器。该传动形式机构简单、易于制造、维修方便，缺点是占地面积较大。分体式传动形式基本类似轧钢机，但截然不同之处是辊锻机一般都装有飞轮。其工作状态是间歇性的，每个循环中的工作时间一般约占一周期的 1/4，可以充分发挥飞轮的蓄能作用。

(1) 刚性联轴器、锻辊轴端齿轮直接传动　该系统如图 5-5-9 所示，减速器的输出轴与锻辊的连接采用刚性连接或齿形联轴器，轴端采用齿轮直接传动，结构简单，易于制造与维修。锻辊中心距调节量小。不设离合器、制动器，调节对模困难，操作不方便。

(2) 万向联轴器传动　该系统如图 5-5-10 所示，传动采用万向联轴器与锻辊相连接，锻辊中心距调节量较大，结构简单，易于制造维修。设有离合器、制动器，便于调节和操作，安全可靠。

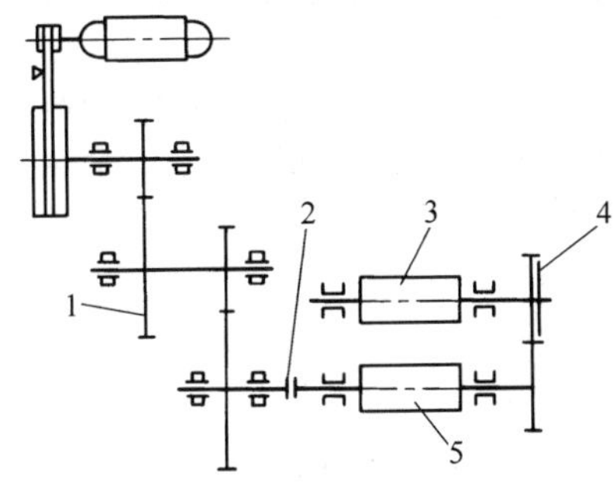

图 5-5-9　锻辊轴端齿轮直接传动系统
1—传动装置　2—刚性联轴器　3—上锻辊
4—角度调节机构　5—下锻辊

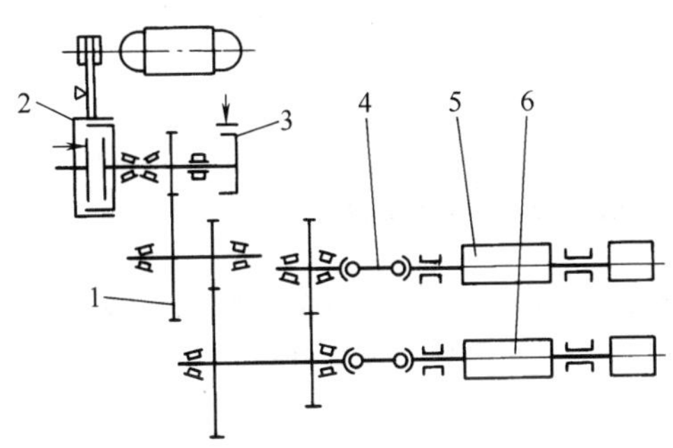

图 5-5-10　万向联轴器传动系统
1—传动装置　2—离合器　3—制动器
4—万向联轴器　5—上锻辊　6—下锻辊

5.3　辊锻模的固定形式

由于辊锻过程是间歇性的工作状态，锻件的品种、形状及生产批量的不同，使模膛形状多变，致使不能直接在锻辊上加工模膛。辊锻模通常呈扇形或环形，在其上加工模膛后再固定在锻辊上。辊锻模固定的形式要求结构简单紧凑、牢固可靠，易于安装及拆卸，并能充分利用锻辊的可用长度。

5.3.1　扇形模用楔形压块固定

楔形压块 2 在锻辊的圆周方向上可布置数块，扇形模用楔形压块固定结构如图 5-5-11 所示。压块斜角一般取 15°～30°，锻辊 1 与辊锻模 3 上也应具有相同的斜角。辊锻模在圆周方向上用平键 4 定位并承受切向力。该固定形式结构简单、牢固可靠，能够承受较大的轴向力，辊锻模装拆方便。各副辊锻模能够分别单独调整，互不影响。为了紧固楔块，需要在锻辊上加工螺孔，但不能影响其强度。

5.3.2　扇形模凸凹槽定位用压紧环固定

在扇形模 2 的两侧面加工凸凹槽相互配合定位，扇形模凸凹槽定位用压紧环固定结构如图 5-5-12 所示。轴向用压紧环 3 与螺钉 4 顶紧固定。圆周方向用平键 7 定位并承受切向力。挡环 5 及圆销 8 骑缝于锻辊之间以轴向定位。该结构简单，可固定多副模具，牢固可靠，装拆方便，但不能承受较大的轴向力，在每副锻模调节时，互不影响。无径向压紧力，只是靠凸凹槽配合定位紧固。锻模加工需精度高，锻模应有一定的厚度，以保证足够的强度和刚度。

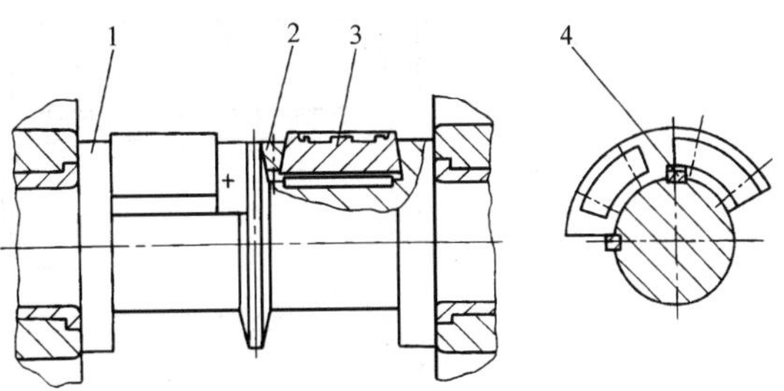

图 5-5-11　扇形模用楔形压块固定结构
1—锻辊　2—楔形压块　3—辊锻模　4—平键

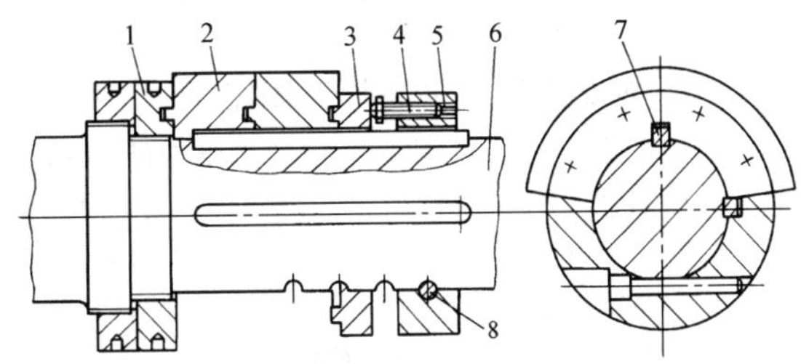

图 5-5-12　扇形模凸凹槽定位用压紧环固定结构
1—定位环　2—扇形模　3—压紧环　4—螺钉　5—挡环
6—锻辊　7—平键　8—圆销

5.3.3　筒形模用键固定

筒形模用键固定结构如图 5-5-13 所示。筒形模 1 多用于悬臂式辊锻机上。圆周方向用平键 2 固定，能够承受较大的切向力。轴向用轴端压盖 5 固定。筒形模在工艺上的优点是工作包角可大于 180°，便于辊锻较长的锻件，结构简单，容易加工制造，装拆锻模方便。

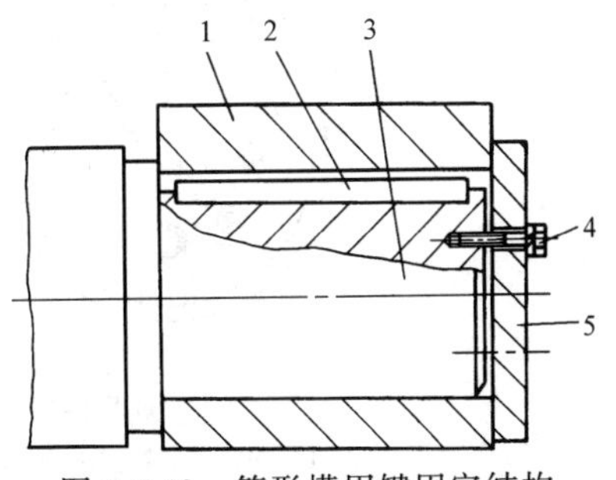

图 5-5-13　筒形模用键固定结构
1—筒形模　2—平键　3—锻辊　4—螺钉　5—压盖

5.3.4　筒形模用锥套固定

筒形模用锥套固定结构如图 5-5-14 所示。筒形模 1 套在具有 1∶20 锥度的锥套 7 上。用三个压紧螺钉 6 将有剖口的锥套 7 压入锻辊 2 的锥端轴头上，使锥套弹性张开，借摩擦力将筒形模紧固。锥套与锻辊间有导向平键 3 传递扭矩。用另三个顶出螺钉 4 拆卸锻模。锻模与锻辊轴肩间必须留有 0.5～0.8mm 的间隙，以保证紧固。

该结构简单，操作方便，同时也可用调节螺钉 5 完成角度调节。由于靠摩擦力工作，紧固力较小，适用于小规格的辊锻机上。

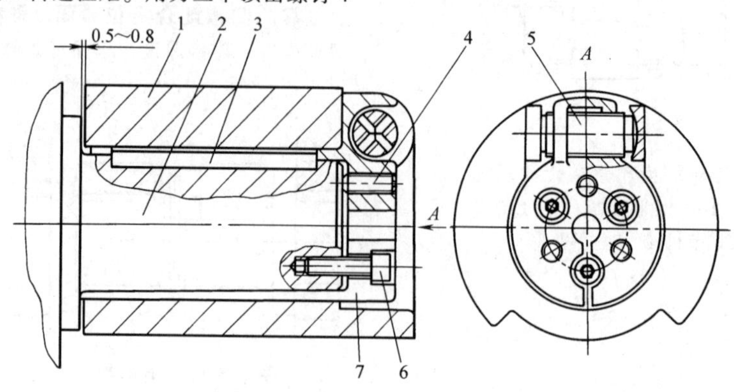

图 5-5-14　筒形模用锥套固定结构

1—筒形模　2—锻辊　3—导向平键　4—顶出螺钉　5—调节螺钉　6—压紧螺钉　7—锥套

5.3.5　弧形工作面平底模的固定

弧形工作面平底模固定结构如图 5-5-15 所示，该结构多用在复合式辊锻机上。由于内、外辊锻模都是同时安装在一个锻辊上，当内辊上的锻模调节完毕后，使外辊锻模中心距及角度方向上有了变动，于是必须对外辊锻模做出相应补偿调节。

将模套 7 燕尾槽底面沿锻辊的轴向加工成 1∶20 斜度的槽。楔形垫板 8 也相应地加工出相同的斜度与之配合。沿锻辊轴向移动楔形垫板以补偿调节平底模 2 的中心距。

上、下锻辊的端面键 3 及模套上的键槽均加工成渐开螺旋面。将端面键沿键槽的螺旋面进入或退出，可以实现外辊锻模的角度调节。

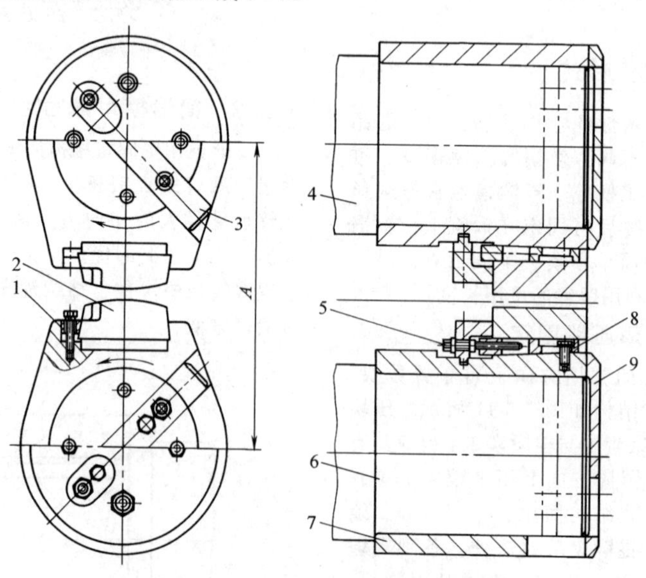

图 5-5-15　弧形工作面平底模固定结构

1— 楔形压块　2—平底模　3—端面键　4—上锻辊　5—调节螺杆
6—下锻辊　7—模套　8—楔形垫板　9—盖板

5.3.6　径向靠键和楔铁固定，轴向靠模具凸台、凹槽固定

采用这类模具固定方式的设备有 1000 和 1250 辊锻机。这类设备轧辊直径大，辊锻的锻件尺寸较大，受力比较大，所以模具在径向和轴向均需固定，防止模具窜动。

模具固定方式如图 5-5-16 所示。这两种型号辊锻机的锻辊 1 上有两个定位键 2，辊锻模 4 径向靠锻 1 上安装的定位键 2 和楔铁 3 固定，辊锻模 4 轴向靠模具之间的凸台和凹槽 5 固定。

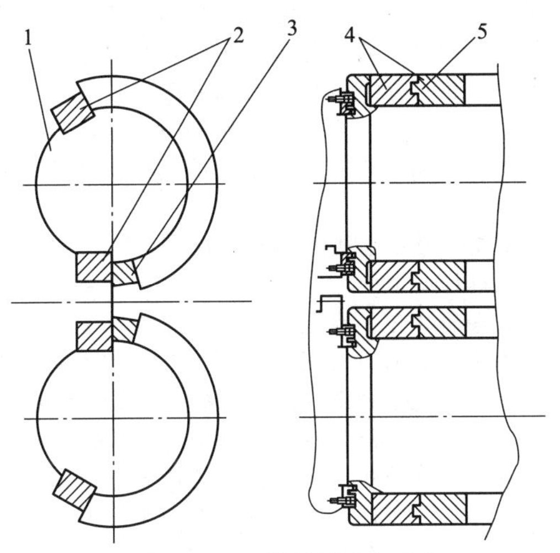

图 5-5-16　模具固定方式

1—锻辊　2—定位键　3—楔铁　4—辊锻模　5—凸台和凹槽

5.4　辊锻模的调节机构

由于锻辊与其轴承间存在着轴向和径向间隙，锻辊与机身系统在辊锻过程中产生弹性变形，又因辊锻模的制造、安装及使用中产生偏差等，致使锻件的尺寸、形状及精度上产生误差，故在锻辊上必须设置对锻辊中心距、角度及轴向等进行调节的机构。

5.4.1　锻辊中心距调节机构

1. 压下螺杆中心距调节机构

该机构如图 5-5-17 所示。通过安装在左、右机身 1 内的压下螺杆 7 做上、下移动，来实现对锻辊中心距的调节。在压下螺杆下面设有安全机构 6，该机构可以是机械或者液压式的，起超负荷安全保险作用，以保证机器安全可靠地工作。碟形弹簧组 4 起着平衡上锻辊 5 及安装于其上的轴承和齿轮传动系统重力的作用。楔铁机构 2 用于调整下锻辊 3 轴线的水平度。

压下螺杆中心距调节机构可实现平行调节和非平行调节。平行调节是使上锻辊轴线相对下锻辊轴线做平行移动。非平行调节是单独对上锻辊的左端或者右端进行调节。这两种调节是在左右机身之间，将调节机构联动或者将联轴器脱开，以实现锻辊的平行或者单独的非平行调节。该调节机构结构简单，易于加工制造，具有调节量大的特点，容易实现手动或机动操作，在双支承和复合式辊锻机上得到广泛应用。

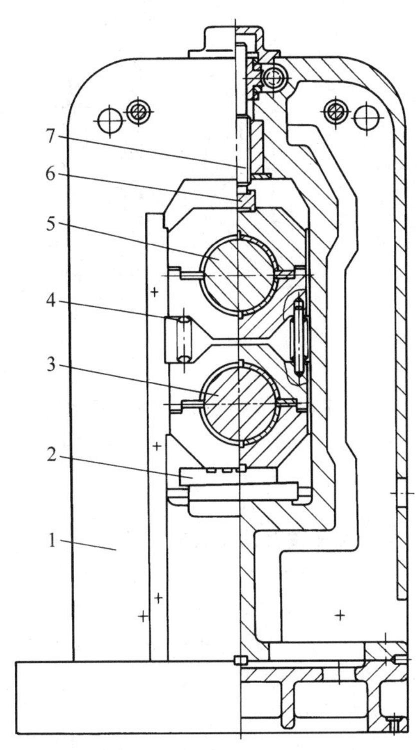

图 5-5-17　压下螺杆中心距调节机构

1—机身　2—楔形机构　3—下锻辊

4—碟形弹簧组　5—上锻辊

6—安全机构　7—压下螺杆

2. 偏心套中心距调节机构

该机构如图 5-5-18 所示。上锻辊 1 安装在双支承的偏心套 2 内，借连板 3 将两偏心套连接成一体。锻辊轴线与偏心套外圆中心线间有一偏心值。当旋转手轮 5 时，可通过两偏心套带动上锻辊，使其中心线相对于下锻辊在中心距上平行调节一微量值。调节完毕后应扳动锁紧手柄 6 使机构处于锁紧状态。限位器 7 对锻辊中心距的调节范围加以限制。

单偏心套中心距调节机构的缺点是调节后使上、下锻辊的中心点连线偏离铅垂线一距离。如果配用操作机时，则必须将送料中心线相对于水平线调节一个相应的角度，才能保证垂直送料的关系。

若在同一支承上采用两个偏心套，组成调节锻辊中心距的机构，使两偏心套的旋转方向相反，即

可保证上、下锻辊的中心线构成的平面呈垂直状态，保证垂直送料关系。该结构较复杂，很少采用。

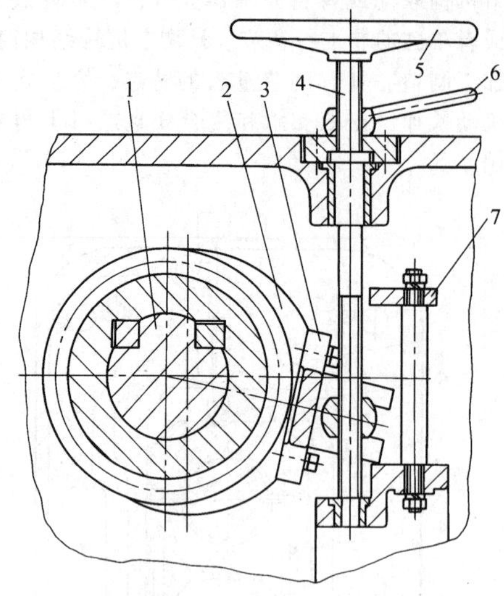

图 5-5-18　偏心套中心距调节机构

1—上锻辊　2—偏心套　3—连板　4—调节螺杆　5—手轮　6—锁紧手柄　7—限位器

3. 偏心齿轮轴套调节机构

该机构如图 5-5-19 所示。两轧辊（即上锻辊 1、下锻辊 2）平行安装于两立柱 3 间，下锻辊 2 轴颈与轴瓦配合。下锻辊 2 轴瓦外轴套是一对偏心齿轮 6（每种型号辊锻机偏心距不同），偏心齿轮 6 与中心距调节轴齿轮 5 啮合传动，当转动偏心齿轮时，上下轧辊之间的中心距即发生变化。偏心齿轮 6 外侧有刻度标尺和指针，调整中心距时，只需转动调整轴 7，观察指针刻度，当调整到所需中心距时，压紧锁紧盘 4，调整完成。

5.4.2　锻模角度调节机构

1. 三连杆浮动齿轮锻模角度调节机构

该机构如图 5-5-20 所示。通过手轮 4、链条传动机构 3 及蜗轮机构 9，使调节螺杆 8 做上下移动，带动浮动齿轮系 7、连杆 10，以驱动上锻辊 5 相对于处在制动状态的下锻辊 1 旋转一个角度。

该机构多用于双支承和复合式辊锻机上，调节操作时极为方便。在小规格的机器上，可以不停机进行调节，具有较大的锻模角度调节量，精度高，准确可靠。该机构可以同时完成较大的锻辊中心距调节量。但当中心距调节后，将引起锻模角度的变动，相应地应该再进行角度调节以恢复原状。

2. 轴套齿轮锻模角度调节机构

该机构如图 5-5-21 所示。轴套 2 用平键 9 固定在上锻辊 1 上，齿轮 3 空套在轴套 2 上。调节时，将带导柱的方头扳手 4 插入调节螺旋副 5 的方孔中，使棘爪轴 6 右移压缩弹簧 8 与端面棘轮 7 脱开。然后旋转扳手使调节螺母与螺杆相对移动，从而使上锻辊旋转一个角度。因齿轮空套在调节轴套上，调节螺杆在左右方向上为中间轴套所限位，右下锻辊齿轮处于制动状态，于是达到角度调节的目的。调节完毕后，取出方头扳手，弹簧便使棘轮机构恢复锁紧状态。该机构调节操作方便。

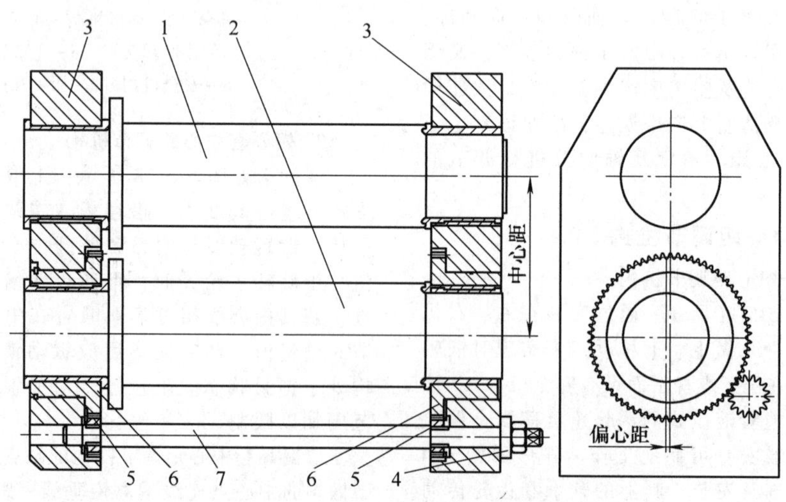

图 5-5-19　偏心齿轮轴套调节机构

1—上锻辊　2—下锻辊　3—立柱　4—锁紧盘　5—调节轴齿轮　6—偏心齿轮　7—调整轴

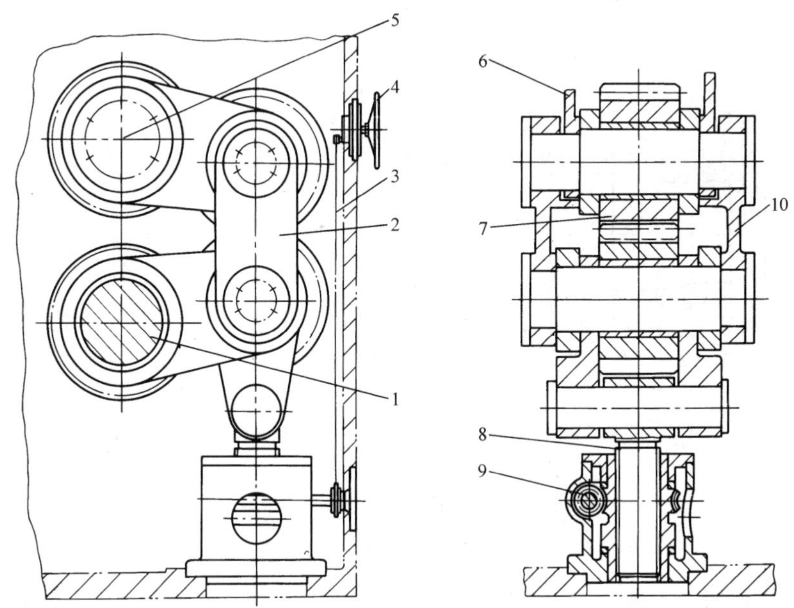

图 5-5-20　三连杆浮动齿轮锻模角度调节机构

1—下锻辊　2、10—连杆　3—链条传动机构　4—手轮　5—上锻辊　6—平衡装置　7—浮动齿轮系　8—调节螺杆　9—蜗轮机构

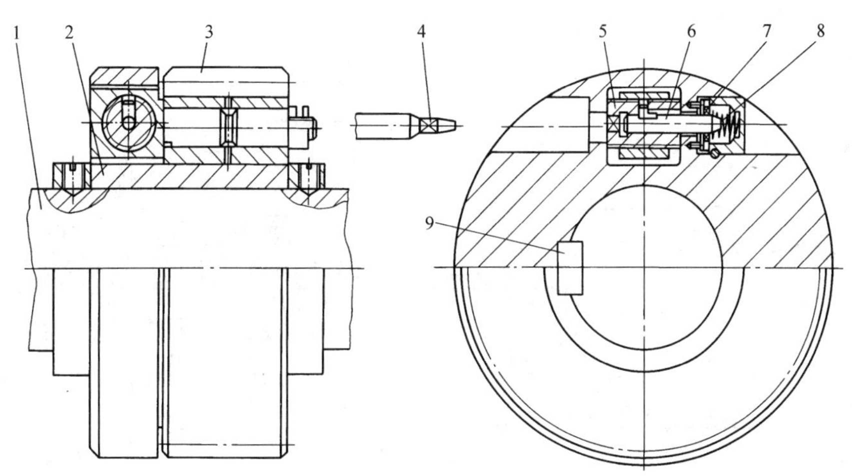

图 5-5-21　轴套齿轮锻模角度调节机构

1—上锻辊　2—轴套　3—齿轮　4—方头扳手　5—调节螺旋副　6—棘爪轴　7—端面棘轮　8—弹簧　9—平键

5.4.3　锻模的轴向调节机构

该机构设在下锻辊 4 的轴端，如图 5-5-22 所示。调节时应先将定位块 5 松开，调节完毕后再紧固。旋动螺母套 1 可使下锻辊相对于上锻辊做轴向移动，以达到锻模轴向调节的目的。

该机构调节操作方便，调节精度高，两锻辊轴向的相对位移量为 ±3mm，螺母套每转过一个齿槽，锻辊在其轴向的相对位移量为 0.25mm。

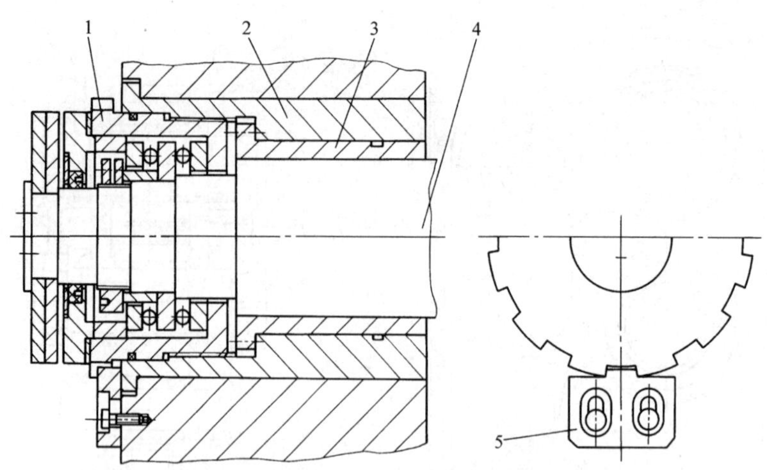

图 5-5-22　锻模的轴向调节机构

1—螺母套　2—支承套　3—轴套　4—下锻辊　5—定位块

5.5　辊锻机操作机械手

5.5.1　联动式辊锻机械手

联动式辊锻机械手如图 5-5-23 所示。辊锻机及机械手安装在专用底座 2 上，辊锻机通过螺栓 1 固定，机械手 4 浮置于底座导板 3 上，辊锻主机 10 与机械手 4 之间通过传动连杆 7 连接，传动连杆 7 一端连接上轧辊曲柄摆臂机构 9，另一端连接机械手手臂 6 并纵向移动单头摆杆 5，锻辊 8 转动从而带动机械手 4 前后移动。

机械手动作包括：手臂前后移动，手臂翻转 90°，手臂横向移动，夹钳夹紧，夹钳补偿。机械手手臂行程为 L。

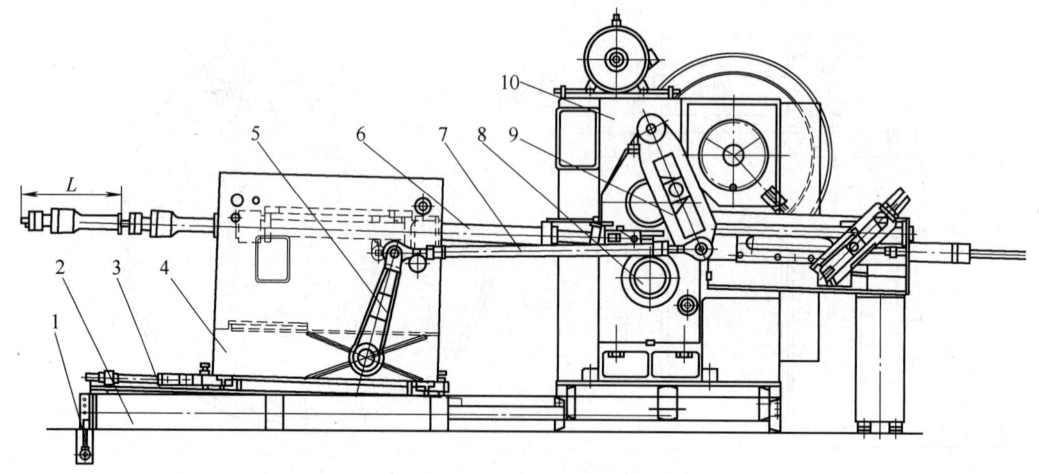

图 5-5-23　联动式辊锻机械手

1—螺栓　2—底座　3—底座导板　4—机械手　5—单头摆杆　6—机械手手臂　7—传动连杆　8—锻辊　9—曲柄摆臂机构　10—辊锻主机

5.5.2　分体式辊锻机械手

1. 全液压驱动辊锻机械手

机械手由夹钳车、横向传送机构、液压系统和电控部分组成，如图 5-5-24 所示。

机械手的动作包括：夹钳夹紧、夹钳翻转、大臂旋转、纵向移动、横向移动。

在辊锻机进行轧制过程中，机械手在第一道轧制工位的起始位置上，将加热炉传送到位的已加热毛坯夹紧，并逐次完成每一道的轧制工序。在每一道次轧制工序中间，机械手手臂还要完成旋转 90°或 45°，最终回转 180°将轧制好的辊锻精制坯准确地送到热模锻压力机的弯曲模上，然后返回到初始位置。

夹钳车装有夹钳以夹持工件，夹钳车装在横向传送机构上，可沿轧制方向运动。夹钳车和横向传送机构在液压缸的驱动下，一起做横向运动，由此将轧制工件从一个工位传送到下一个工位。机械手的运动采用液压驱动，液压缓冲机械定位，由 PLC 操纵控制，具有全自动、半自动、单次运动和调整四种不同工作方式，定位精确，工作可靠，调整方便，可以满足辊锻工艺不同的要求。

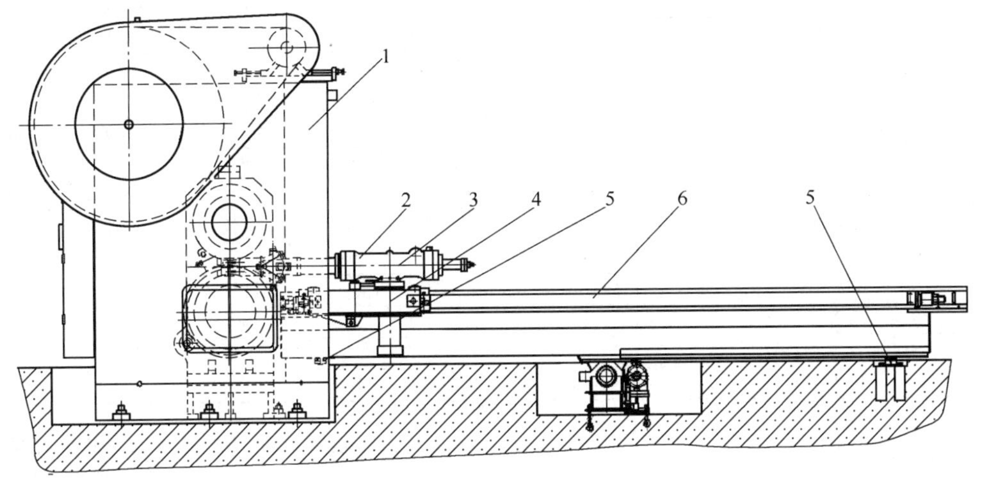

图 5-5-24　全液压驱动辊锻机械手

1—辊锻机主机　2—纵移车架　3—机械手夹钳 90°翻转中心　4—大臂旋转中心　5—横移滚轮　6—纵移导轨

2. 伺服电动机驱动辊锻机械手

伺服电动机驱动机械手和全液压驱动机械手的结构和功能一样，只是驱动执行元件由伺服电动机替代液压缸，如图 5-5-25 所示。

3. 辊锻机械手的主要技术参数

辊锻机械手的型号和技术参数见表 5-5-8。

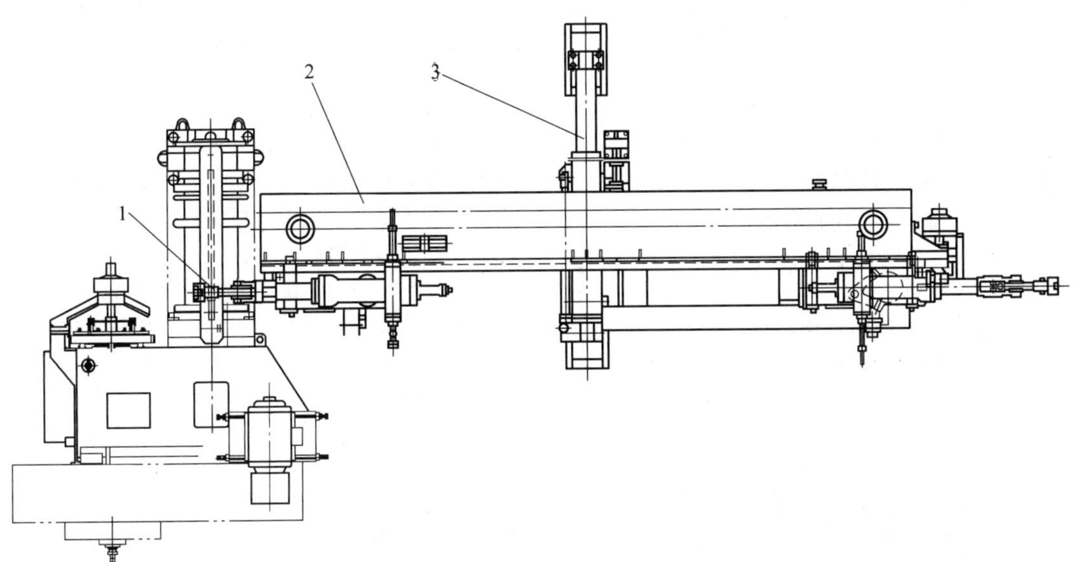

图 5-5-25　伺服电动机驱动辊锻机械手

1—机械手夹钳　2—横移箱体　3—横移导管

表 5-5-8　辊锻机械手的型号和技术参数

参数名称	型号					
	370	460	560	680	1000	1250
	参数值					
辊锻模外径/mm	370	460	560	680	1000	1250

（续）

参数名称	型号					
	370	460	560	680	1000	1250
	参数值					
轧辊使用宽度/mm	500	570	700	840	1100	1500
辊锻件最大长度/mm	570	710	870	1200	1920	2500
轧辊中心距可调量/mm	15	17	20	25	25	25
轧辊转速/(r/min)	62	56	52	20/40	15/30	8
最大坯料尺寸/mm	$\phi55$	$\phi75$	$\phi100$	$\phi125$	$\phi160$	$\phi200$
手臂纵向行程/mm	490	630	758	900	6000	6000
手臂横向行程/mm	435	505	550	650	850	1400
垂直、水平方向可调性	可调	可调	可调	可调	可调	可调
纵向位置调整量/mm	200	200	400	—	—	—
单道次行程	伺服可调	伺服可调	伺服可调	伺服可调	可调	可调
可夹持最大重量/kg	12	12	30	50	160	250
主电动机功率/kW	18.5	22	55	132	250	355
设备总重/t	10	12.5	22	60	75	130

5.6　自动辊锻机

为了充分发挥辊锻机的优越性，解决频繁操作之苦，减轻劳动强度，大幅度提高生产率，辊锻机的自动化已是必然趋势。将辊锻机和不同类型的辊锻机械手配合，就组合成自动辊锻机。

新型自动辊锻机的机械手现已逐渐改为伺服电动机控制，部分厂家的辊锻机机械手直接采用 6 轴机器人，可以提升机械手的灵活性和可靠性。

传统的机械式机械手和辊锻机匹配，组合成专用自动辊锻机，虽然这类自动辊锻机已经很少生产，但为全面了解辊锻机技术，下面仍做一些介绍。

5.6.1　自动辊锻操作机

图 5-5-26 所示为自动辊锻操作机，是单独由气动液压传动，和辊锻机采用电气联锁，二者之间无机械联系，因而便于装拆，易于装配到旧型号的辊锻机上。操作机可借助于辘轳滑车机构离开主机，以便装拆模具及维修机器。

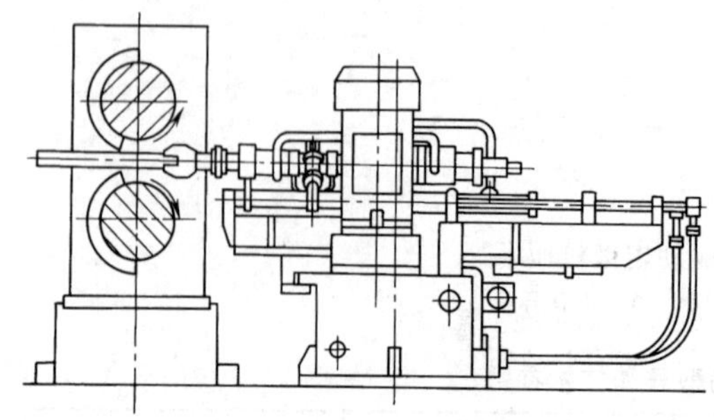

图 5-5-26　自动辊锻操作机

在第一道扇形辊锻模位置上，夹钳抓取加热好的坯料，将辊锻机的离合器接通，锻辊开始旋转。夹钳持料可在一副模具中多次重复辊锻。辊完一道工序后，夹钳横移，各工序之间的横移距离可不相等，每横移一步夹钳可绕自身轴线旋转 90°。辊锻完最后一道工序把锻件抛入锻辊后面的输送道运走。离合器脱开，操作夹钳复位。操作机的所有动作都是用预选式控制板预先选定的。

1. 夹钳运动速度与锻件辊出速度的同步

在辊锻过程中，锻辊的速度是固定不变的，而锻件在其轴线方向上各个断面的变形是不一致的。在此情况下，若送料夹钳的运动速度不能与锻件的辊出速度同步，便会使锻件拉长或压缩镦粗。又当送料夹钳系统的重量较大时，它的退后运动就不应该由锻件来推动，夹钳自身应有驱动力使之与锻件的辊出速度随动同步。

图 5-5-27 所示为使二者速度相等或近似相等的夹钳操作过程随动机构。加热好的坯料 1 顺 C 方向推入夹钳 3 中夹紧。夹钳杆 8 被推动后退，当触到定位器 14 时停止运动并定位。夹钳在前位置时，滑动缸 19 与定位面 6 相接触，这时油腔 5 通过油管路 7 与 16 接通。锻辊 2 与 4 旋转后，坯料按 C 方向咬入随着夹钳向后运动，当阀芯 9 把油管路 16 遮住时，阀芯 11 便把回油管路 10 打开，油腔 5 里的油便回油箱 。这时油管路 17 中的压力油随即流入油腔 18 中。由于油管路 16 被遮住，压力油在 B 方向上推动滑动缸使坯料后退。

如果滑动缸在 B 方向上的后退速度比坯料在 C 方向上的辊出速度快时，阀芯 11 将遮住油管路 10，这时滑动缸的运动则会暂时制动或者向前（或向后）。这样，在辊锻过程中滑动缸带着夹钳即可与锻件的辊出速度同步。

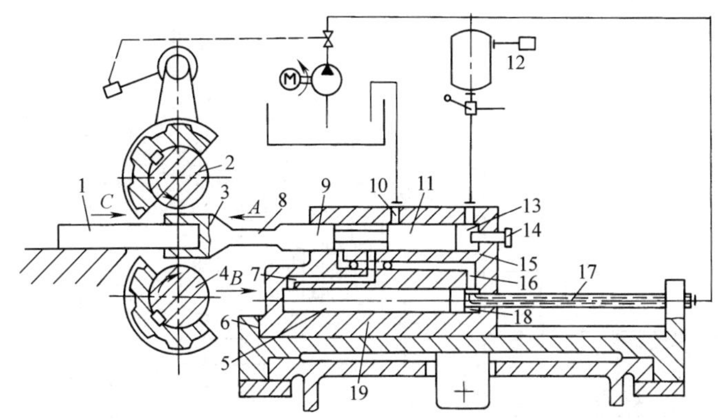

图 5-5-27　夹钳操作过程随动机构

1—坯料　2、4—上、下锻辊　3—夹钳　5、18—油腔　6—定位面　7、10、16、17—油管路　8—夹钳杆　9、11—阀芯　12—储气罐　13—气腔　14—定位器　15—气缸　19—滑动缸

如果滑动缸在 B 方向上的运动产生一次限程时，气缸 15 的气腔 13 将从储气罐 12 中充以压缩空气，使阀芯 9、11 向 A 方向运动，于是滑动缸向着 A 方向运动，直到碰到定位面 6 时为止。

2. 夹钳动作程序

自动辊锻操作机在进行多工位辊锻时，其夹钳的动作程序有两种，如图 5-5-28 所示。

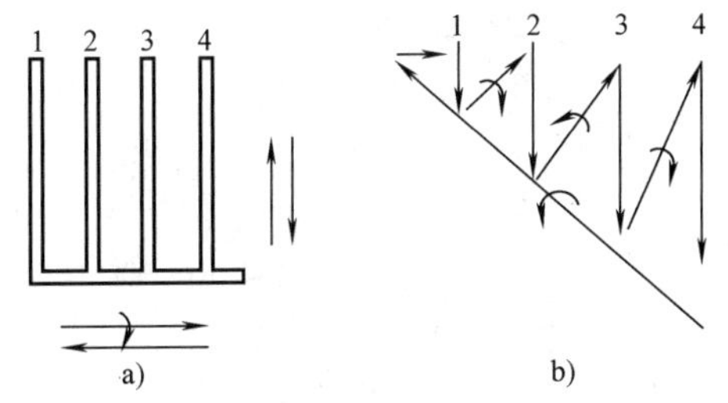

图 5-5-28　夹钳动作程序

1）夹钳的纵向运动与辊锻机用机械驱动的动作配合程序如图 5-5-28a 所示。因为夹钳每次纵向运动的行程受从锻辊轴端输出的传动机构约束不能随时调整，因而它的行程是等值而固定的，并且行程值应该是最长一道锻件的延伸值再加上一段余量的长度。在每辊完一道锻件后，夹钳横移一步并同时翻转一个角度。

2）夹钳的纵向送进运动与锻辊无机械联系而是通过电气控制时，只要锻件辊出模膛一段距离后，夹钳便可向下一个模膛的位置横移，并翻转一个角度待咬入模膛进行辊锻。夹钳的动作程序如图 5-5-28b 所示。这种动作程序，机械手可不停地工作。

5.6.2　立式自动辊锻机

这类辊锻机的两根锻辊轴线在同一水平面内，夹钳夹着坯料在垂直面内运动，锻件不会因为自重的作用而产生弯曲，夹钳可制成轻便快速式，其锻辊速度可达 1.4m/s。

1. 辊锻飞机螺旋桨叶片的自动辊锻机

图 5-5-29 所示为飞机螺旋桨叶片自动辊锻机。该自动辊锻机用于辊锻 3m 长的飞机螺旋桨叶片。锻辊公称直径为 1.5m，配置功率为 300kW 的专用电动机，通过飞轮齿轮传动到锻辊，能够承受短暂的超负荷运转，机器的操作完全是自动的。操作机采用压缩空气驱动。

当运料器将加热到锻造温度的坯料送到机器右边上料位置时，夹钳夹爪张开并下降，夹住坯料并提起。然后夹钳向左边运动到第一道预成形的位置上，开始第一道辊锻，坯料是从下向上辊锻出模的。如是依次进行各道工序。当完成最后一道工序后，夹钳夹着锻件向右回到初始位置，由旋转工作台上的卸料器将锻件放到运输带上送走。

2. 辊扭钻头的联合自动辊锻机组

图 5-5-30 所示为将钻头归拢在四副机身上来辊锻，下一步立即在扭卷机上将钻头扭成麻花的辊扭联合机组，具有的特点：①为了获得较精确的锻件，将机身制成分置式，在每一个机身上只安装一副模具，这样可使每副锻模的轴向、径向和角度的调节互不影响。②采用双支承辊锻机形式以保证每一机身上的模具有高的刚度。③各工作机身分布在正六边形上。

机器由电动机 1 通过 V 带驱动装有摩擦离合器 8 的飞轮。飞轮轴另一端装有与离合器联锁的带式制动器 10。飞轮的旋转运动通过齿轮减速器 9 传给两根输出轴。每根输出轴各带动两台辊锻机。由于夹头的导向长，故锻件的精度高。装有六个夹头的转轮由减速器和马氏机构 5 带动做间歇运动。气缸 2 使夹头位移，缸内有阻尼装置，它能使坯料夹头的运动速度调整到足够精确的程度。

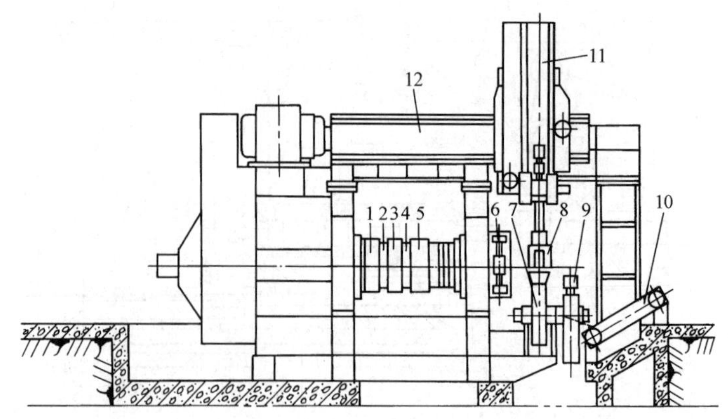

图 5-5-29　飞机螺旋桨叶片自动辊锻机

1～5—辊锻模　6—挤压工位　7—上料装置　8—夹钳　9—卸料装置
10—运输带　11—操作机　12—操作机滑轨

在四台辊锻机上辊锻出的锻件在第六工位上放到旋转工作台 7 上，工作台周期性地旋转 180°。然后把锻件转移到扭卷钻头的夹头 6 中去。扭卷机的传动也是从同一个减速器中传来的。其夹头滑块的运动是由齿轮和肘杆系统 4 传动的。当滑块由肘杆带动时，其上的夹头则借助于固定在机身上的齿条 3 与可更换的齿轮系统获得旋转运动，从而扭卷了钻头。

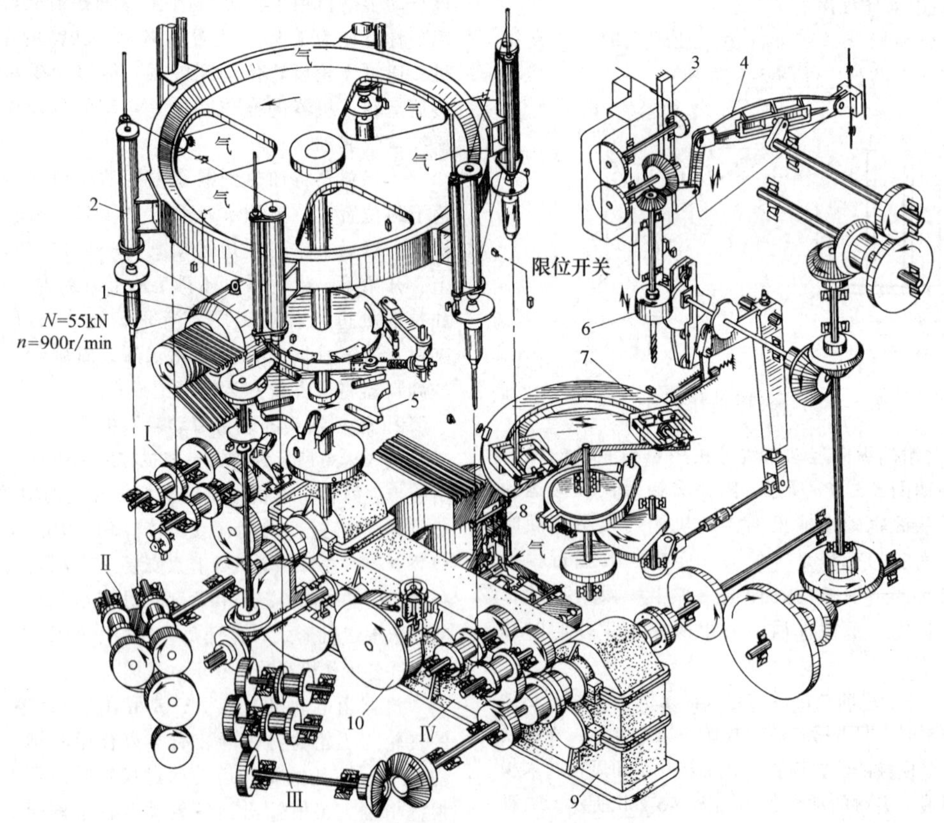

图 5-5-30　辊扭钻头联合自动辊锻机组

1—电动机　2—气缸　3—齿条　4—肘杆系统　5—马氏机构　6—扭卷钻头的夹头　7—旋转工作台
8—摩擦离合器　9—齿轮减速器　10—带式制动器　Ⅰ、Ⅱ、Ⅲ、Ⅳ—辊锻机

5.7　辊锻机的典型产品

5.7.1　辊锻机近年技术发展

由于节材、高效、产品流线好等原因，辊锻机成为现代化锻造生产线的重要辅助设备。近年随着企业对锻件质量要求及生产线生产效率，以及有色金属锻造对制坯要求的提高，辊锻机技术得到很大发展，分体式和悬臂式辊锻机逐渐被淘汰，很多新技术应用到辊锻机上。

1）采用湿式离合器取代浮动镶块式离合器，提升了整机可靠性和动作频率。

2）伺服驱动技术采用电动机直接驱动锻辊，取消了离合器和制动器，实现节能、高效、精确控制。

3）坐标式伺服驱动机械手取代传统机械液压式机械手，保证锻件定位准确，成形质量提高。

4）模具实现快速更换；配备模具加热和锻辊冷却装置；齿轮、轴承采用稀油润滑。

上述技术使现代辊锻机功能更加先进，技术变得越来越复杂，但这种趋势不可避免。

5.7.2　国产辊锻机产品

国产辊锻机产品主要有以下几种：

1. 引进德国 EUMUCO 公司技术为基础，吸收改进形成的整体式辊锻机产品

代表企业有北京机电研究所有限公司（简称：北京机电所）、中国第二重型机械集团有限公司（简称：中国二重）和天津市轩宇科技有限公司。产品技术参数见表 5-5-2（D42-RW 型辊锻机技术参数）和表 5-5-3（D42-RWCX 型辊锻机技术参数）。

D42-RW 型辊锻机参数与德国 EUMUCO 公司产品相同，系引进技术。各型号在我国均有生产，以 370、460、560 规格产品居多，主要用于连杆、拉杆、曲轴、转向节等各种中小型锻件制坯，可配备与辊锻机联动的箱式机械手（见图 5-5-23），组成全自动辊锻机，实现高效自动化生产。该型辊锻机是目前用量、产量最大的主流产品。

930 规格辊锻机的机身一侧立柱可以拉开，便于更换套筒模具。由于轧制锻件大，可配置移动横梁式机械手（见图 5-5-24、图 5-5-25），组成自动化辊锻机组，用于商用车曲轴、前轴锻件制坯，是 125MN 热模锻压力机生产线的标准配置辊锻机，可生产重达 170kg 的曲轴。

D42-RWCX 型辊锻机是我国自主研发的精密成形辊锻技术形成的专有设备，由北京机电所研制，目前已经有 680、1000、1250 三种规格，其特点是成形能量大、结构刚性强，锻辊和辊锻机抗偏载、抗冲击能力强。图 5-5-31 所示为 1000 辊锻机前轴生产线。该型辊锻机设计思想是采用适当的工艺和模具，利用辊锻精密成形大型锻件（如前轴）的一部分并完成制坯，从而在预锻、终锻时大大降低设备打击吨位，极大地降低生产线投资。这种辊锻机及其标志的精密成形辊锻技术已在我国广泛应用，目前已建立几十条前轴、钩尾框生产线，创造了重大价值。

图 5-5-31　1000 辊锻机前轴生产线

2. 贵阳险峰机床有限责任公司的分体式辊锻机

分体式辊锻机由于占地面积大、从动惯性大，不适合安装离合器制动器，目前已很少生产。

3. 引进自我国台湾的适合小型件辊锻的滚轧机

这种滚轧机是一种小型辊锻机，结构简单，刚性差，不适合自动化；但价格低廉，在小型零件的手工生产中还有不少应用。

由于整体式辊锻机结构紧凑、效率高、适合自动化，目前，不论国内还是国外，都是市场发展的主流方向。

国产辊锻机近年也做了不少技术改进，如采用伺服电动机驱动机械手；部分应用场合采用湿式离合器；设计制造 1250 成形辊锻机；正在开发 1600 辊锻机；制造了全伺服驱动的 250 辊锻机等。虽然国产辊锻机在整体设计、关键零部件制造、可靠性方面与国外设备还存在相当差距，但随着我国制造业整体技术的提升，国产辊锻机的发展前景是光明的。

5.7.3　国外辊锻机产品

辊锻机作为重要锻造辅助设备，国外也有多家企业生产。近年来，国外辊锻机在新技术应用、技术改良等方面具有领先地位。

1. 日本万阳 FR 系列辊锻机（型号和技术参数见表 5-5-5）

图 5-5-32 所示为万阳 FR960AF 辊锻机，万阳公司辊锻机是整体式双支承辊锻机。与国产 D42 系列辊锻机结构相仿，配有机械手。该公司近年来在技术上进行了不少改进：

1）改良了齿轮传动结构，缩小变速箱体积，实现了主机的小巧化。

2）主机变速箱采用油浴润滑，改善了润滑效果，提升了散热效率，提高了运行速度。

3）锻辊轴承及各相关运动部位均采用稀油润滑，降低了磨损，减少了维护。

4）横向工位间移动采用伺服电动机驱动，定位精度达到±0.1mm，可以实现横向的高速移动、精确定位。

近年来，虽然万阳辊锻机价格昂贵，我国还是引进了 FR960AF、FR360AF、FR560AF 等规格的多台设备，说明企业对高性能辊锻机有明确需求。

图 5-5-32　万阳 FR960AF 辊锻机

2. 德国 LASCO 公司 RCW 系列辊锻机

图 5-5-33 所示为 LASCO 公司 RCW900 辊锻机。该系列辊锻机在我国应用很少，但其技术代表一个发展方向，即可以像楔横轧机一样，采用换模机械手快速更换模具。

该系列辊锻机采用全伺服驱动，锻辊直接由伺服电动机驱动并控制正反转，所以，更换相应模具后，这种辊锻机同时可以作为楔横轧机使用。伺服电动机直接驱动还可以保证辊锻机相位精度，方便地调整锻辊轧制速度以适应有色金属轧制。

该系列辊锻机去掉了离合器和制动器，锻辊可以正反转，从而提升了设备可靠性，增加了工艺应用范围。

该系列辊锻机配用的是 6 自由度机器人作为机械手，并在手臂上增加了缓冲装置适应辊锻时的冲击以及坯料的延伸变形，这种方式提升了机械手的可靠性、灵活性，可以根据需要，在安排的不同道次模具之间按程序选择轧制道次。

机械手和辊锻机可以按主-从模式进行控制，与机械式耦合系统相比，这种方式振动小、维护少。同时，这种方式下的机械手和辊锻机配合精确，工件和锻辊速度匹配好，有利于成形高质量锻件。

LASCO 公司组合式机身的刚性高，对锻件精度提高非常有利。

图 5-5-33　LASCO 公司 RCW900 辊锻机

第6章

辊弯成形设备

北京科技大学　韩静涛
北方工业大学　韩飞

6.1　概述

辊弯成形一般是指经过有序配置的若干道次成形轧辊，把钢板或钢带不间断地进行横向弯曲，得到符合预期截面形状的塑性变形加工工艺，基本原理如图5-6-1所示。一般说来，辊弯成形机组的轧机和轧辊可以根据需要任意组合，这样人们可以根据需求设计不同的轧机和轧辊以生产各种截面复杂的辊弯成形产品。辊弯成形能够使辊弯产品截面保持良好的材料属性，而且最大程度地利用材料，辊弯成形产品具有形状截面均匀、产品质量高、能源消耗低和经济效益好等特点。此外，还具有很高的稳定性和易替代性，上述特点使得辊弯成形产品在建筑行业、汽车制造、农机制造、船舶制造和交通运输、石油化工及日常用品制造等领域得到了广泛的应用，在我国国民经济中起着很重要的作用。

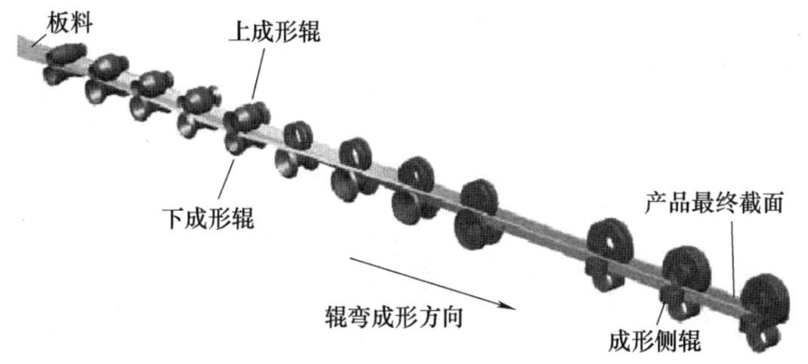

图5-6-1　辊弯成形工艺基本原理

辊弯成形生产线的核心是轧机，生产线如图5-6-2所示。轧机提供动力，并给所有的成形模具提供支承。整条辊弯成形线根据成形轧机的轴肩定位。轧机设计的变化不可胜数，但轧机可大致分为悬臂式、双端式、通轴双端式、标准式（传统的）、双层式、成组快换式（板式）和并列式等。

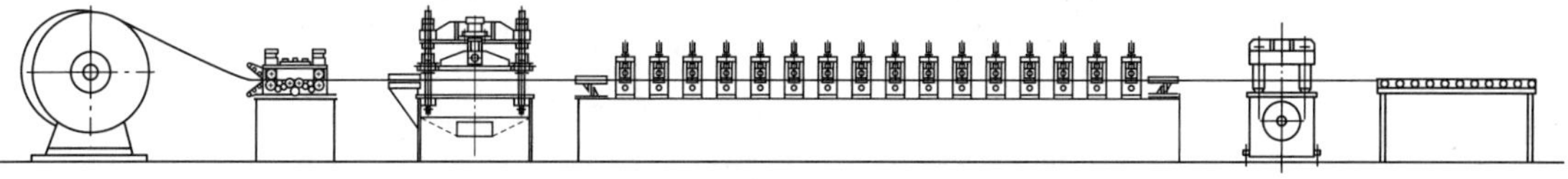

图5-6-2　辊弯成形生产线

辅助工艺和设备在辊弯工艺中同样很重要，很多产品都可以采用辊弯成形加工，但大多数都需要一些辅助的加工工序，如冲孔、切口、弯圆、焊接等。如果这些工序分别单独进行，那么型材会进行多次加工；也许还要一次又一次地送入存储库，取出并安装到设备上进行下一道工序，然后再次移走，最后才打包存放。采用这种方式，不仅浪费大量时间，而且还需要额外的存放空间，同时，大量的材料处理、装载和卸载，不仅增加了工人的劳动强度，还大大增加了加工成本。在技术条件允许，而且生产批量很大的情况下，采用高生产效率的辊弯成形生产线，能够把所有的辅助加工工序结合在一起。

6.2　辊弯成形机组的分类、命名及典型轧机

6.2.1　辊弯成形机组的分类

辊弯成形的生产设备是根据要生产的品种规格，按照其规定的生产工艺而进行配置的生产作业线。

由于辊弯成形产品断面形式多种多样，尺寸规格更是变化万千，因而也就很难用几种规格、类型的辊弯成形机组将所有辊弯成形机组设备表述清楚。下面就比较有代表性的辊弯成形机组设备基本类型、设备的组成、主要的技术参数以及主要设备的选型进行介绍。

辊弯成形机组的基本类型大致上可以分成以下几类。

1. 按带钢准备工艺分类

按带钢准备工艺可以将辊弯成形机组分为连续成形辊弯成形机组、单卷成形辊弯成形机组和单张成形辊弯成形机组。机组分类及特点见表 5-6-1。

表 5-6-1　辊弯成形机组分类及特点

机组类型	连续成形辊弯成形机组	单卷成形辊弯成形机组	单张成形辊弯成形机组
机组结构特点	1. 以成卷带钢为原料 2. 将头尾两卷带钢对焊起来 3. 带有带钢贮存设备 4. 成形后用飞剪或飞锯机切为定尺 5. 成形不予中断而连续进行	1. 以成卷带钢为原料 2. 逐卷钢卷喂入成形 3. 无带钢剪切对焊和贮存装置 4. 成形后用飞剪或飞锯机切为定尺 5. 换卷操作时成形予以中断	1. 以事先切成定尺的钢板为原料 2. 逐张钢板喂入成形 3. 无带钢剪切对焊和贮存装置 4. 成形为间歇成形 5. 不用成形后切断
成形的产品质量	好	在每卷钢卷的头尾两根型钢会出现喇叭口缺陷	每根型钢会出现喇叭口缺陷
生产效率	高	中	低
金属消耗	低	中	高
设备组成	复杂	中	简单
投资	大	中	少

连续成形辊弯成形机组装备齐全、产品质量好、生产效率高，适合大规模工业化生产。它包括开卷、矫直、带钢头尾剪切对焊、贮料、成形（焊接、整形）、定尺切断、检查收集等主要工序。其机组布置如图 5-6-3a 所示。

与连续成形辊弯成形机组相比，单卷成形辊弯成形机组在工艺上缺少带钢头尾剪切对焊及贮料两个工序，相应的设备组成中也没有带钢剪切对焊机和

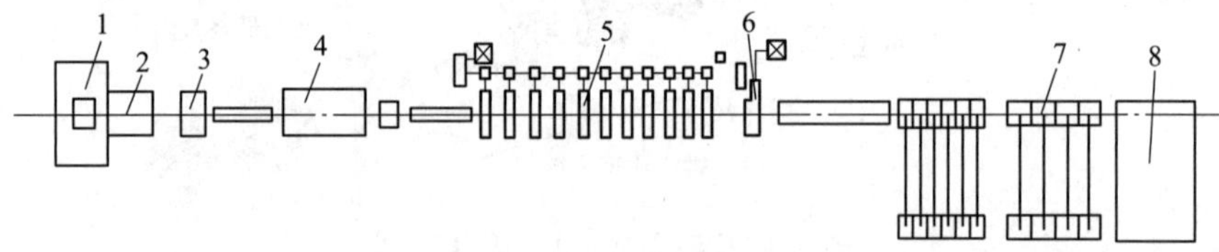

a) 连续成形辊弯成形机组

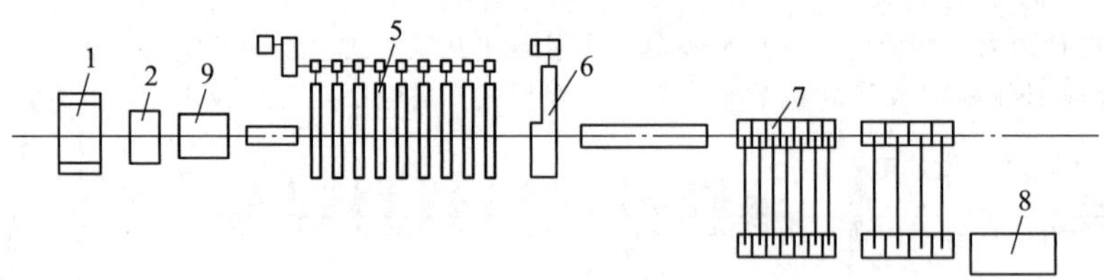

b) 单卷成形辊弯成形机组

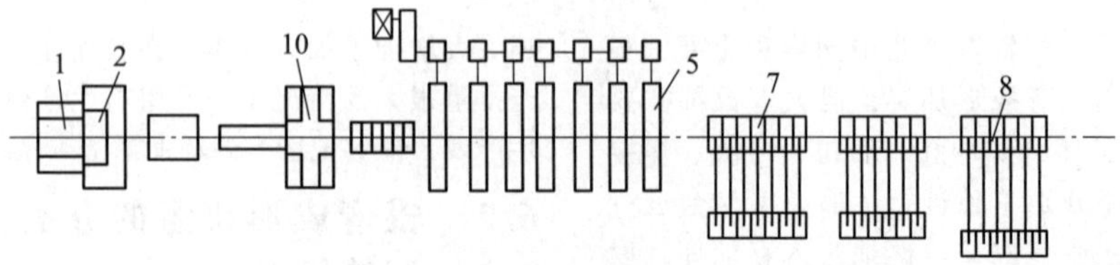

c) 单张成形辊弯成形机组

图 5-6-3　按带钢准备工艺分类的 3 种辊弯成形机组

1—开卷机　2—带钢矫直机　3—带钢剪切对焊机　4—贮料器　5—成形机组
6—型钢定尺切断设备　7—成品型钢收集设备　8—打捆机　9—切头剪　10—带钢定尺剪切设备

贮料器。因换卷操作需要停机，所以生产效率较连续成形辊弯成形机组低。这种形式的机组主要用于成形不适宜焊接或焊接困难的带材，如含涂（镀）层钢带、不锈钢带、铝带等。其机组布置如图 5-6-3b 所示。

单张成形辊弯成形机组的设备组成最为简单，它先将成卷带材按所需的定尺长度切成定尺板，或由机组外运来定尺长的原料板，然后逐张喂入成形。它不需要行走定尺切断设备、带钢剪切对焊机和贮料器。其定尺剪切机可采用普通的斜刃剪切机。它的主要工序包括：开卷、矫直、定尺切断、垛板、喂料、成形、检查收集等工序。因逐张喂入成形的间隙时间长，所以这种形式的机组生产效率低，只适用于开口型钢的生产。其机组布置如图 5-6-3c 所示。

2. 按辊弯成形产品的断面形状分类

（1）开口辊弯成形机组　一般是指用于生产各类简单和复杂断面、产品不带有纵向连续焊缝的开口型钢，同时也还包括一些锁口型钢，这类辊弯成形机组应用比较普遍。当然按照生产的品种、规格及复杂程度的差别，辊弯成形机组的组成和设备的结构形式也有所区别。

（2）闭口辊弯成形机组　主要是指用于生产产品带有纵向焊缝的空心辊弯型钢，除了圆管、方（矩）形管外，也包括所有的异形空心型钢。闭口辊弯成形机组与开口辊弯成形机组的主要差别是，前者由于生产工艺的需要而配置有焊接设备。虽然生产的产品规格和断面形状有所不同，但其基本设备的组成相同，若工艺上没有特殊的要求，成形机组设备只是规格大小的差别。

（3）宽幅辊弯成形机组　这类辊弯成形机组主要就是生产各类宽幅的波纹板型钢，除了一般对称的各种波形板型钢之外，也包括各种非对称的复杂异形波纹板型钢。根据其产品生产工艺的不同，生产方式的不同（连续生产或单张生产），宽幅辊弯成形机组的设备组成是有差别的。

（4）带有辅助工序的联合辊弯成形机组　这种类型的联合辊弯成形机组包含了多种其他生产工序，如冲孔、切口、压痕、点焊、弯曲等工序。

（5）专用辊弯成形机组　一般是指用于生产单一专门产品的辊弯成形机组。如张力钢构件辊弯成形机组、电冰箱或洗衣机外壳辊弯成形机组等。

3. 按辊弯成形所使用的坯料尺寸规格分类

表 5-6-2 列出了按坯料尺寸规格分类的辊弯成形机组。

表 5-6-2　按坯料尺寸规格分类的辊弯成形机组

机组名称	普通辊弯成形机组			宽幅波形钢板成形机组		
	超小型辊弯成形机组	小型辊弯成形机组	中型辊弯成形机组	大型辊弯成形机组	薄带钢波形钢板成形机组	厚带钢波形钢板成形机组
坯料厚度/mm	0.35~1.2	0.8~3	2~6	4~13	0.5~2.3	1.5~6
坯料宽度/mm	≤100	30~250	100~450	250~1100	600~1500	600~1500
成品高度/mm	≤30	20~60	40~100	80~350	≤60	≤120

6.2.2　辊弯成形机组的命名方式

综合国内辊弯成形行业的情况，国内辊弯成形机组的命名方式主要有以下几种。

（1）按机组的坯料规格命名　此种命名方式是以坯料带钢的厚度×宽度为辊弯成形机组命名的。如 0.8~3×40~200 通用辊弯成形机组，表示该机组所用坯料厚度范围为 0.8~3mm，宽度范围为 40~200mm。

（2）按机组成形机分配齿轮中心距命名　此种命名方式系从热轧成形轧机命名方式演化而来，是以成形机分配齿轮中心距为辊弯成形机组命名的。如 180 辊弯成形机组，表示该机组成形机分配齿轮的中心距为 180mm。

（3）按机组所生产的圆管最大直径命名　此种命名方式多用于焊管机组的命名。由于国内多数辊弯成形厂是由焊管机组制造厂家提供设备，因此这种命名方式在辊弯成形行业中较为常见。如 60 机组，表示机组所生产的圆管最大直径为 60mm。

（4）按成形机身辊轴直径命名　此种命名方式在国内制造的辊弯成形机组上并不多见，主要应用于由日本引进的焊管机组，如 FT45.12NU-110。

在上述 4 种命名方式中，按机组成形机分配齿轮中心距命名和按成形机身辊轴直径命名均不能表示机组的实际能力，而按圆管最大直径命名不能完全表示机组生产辊弯成形的能力，因此，这些命名方式都具有一定的局限性。而按机组的坯料规格命名的方式可表示机组的结构形式及实际生产能力，便于比较机组的技术、经济指标，是一种值得推广的命名方式。

6.2.3　轧机类型

1. 悬臂式轧机

悬臂式轧机的轴仅在一侧支承，因而有时又称为外伸轧机或轴端轧机，其剖视图如图 5-6-4 所示。生产板材锁边的悬臂式轧机在板金属成形工厂应用广泛。悬臂式轧机成本低、结构简单、调试方便，这些优点使得悬臂式轧机变得越来越流行，常常用于成形简单的窄断面，如图 5-6-5 所示。利用轧机的两侧，悬臂轴的另一端可以用来成形另一种截面，可双侧装辊的悬臂式轧机如图 5-6-6 所示。

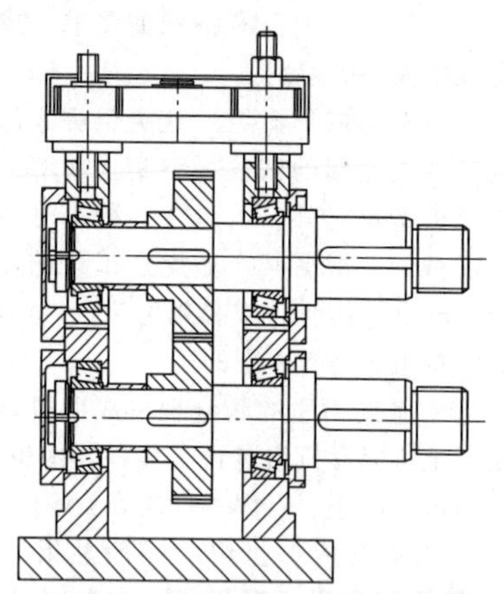

图 5-6-4　悬臂式轧机的剖视图

图 5-6-5　悬臂式轧机（Metform 公司照片）

图 5-6-6　可双侧装辊的悬臂式轧机

悬臂式轧机的优点：①相对低的成本。②具有成形任意宽度板边部的能力。

悬臂式轧机的缺点：①单一的调节螺杆使得轧辊间隙调节比较困难。②双调节螺杆使得在保持上下轴平行的同时，对轴上下移动调节非常困难。③在相同载荷下，两个轴的相向位移几乎是两端支承轴位移的 4 倍（$d_a \approx 4d_b$），如图 5-6-7 所示，悬臂轴的大挠度限制了悬臂长度（即最大成形宽度）。

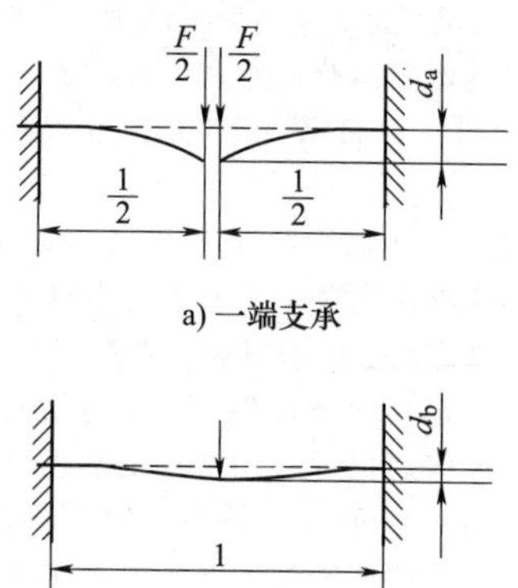

图 5-6-7　悬臂轴端与两端支撑轴的挠度对比

2. 双端式轧机

两个悬臂轧机对面安装，称为双端式轧机。双端式轧机有共同的基础和驱动。双端式轧机能成形窄边或离开中心面的宽边产品。最小的料宽取决于相对的轧辊移到一起时的最近距离，最大料宽取决于相对的轧辊能移开的最大距离。成形产品的宽度通过双端式轧机一侧或两侧机身向内或向外的调节而改变，如图 5-6-8 所示。

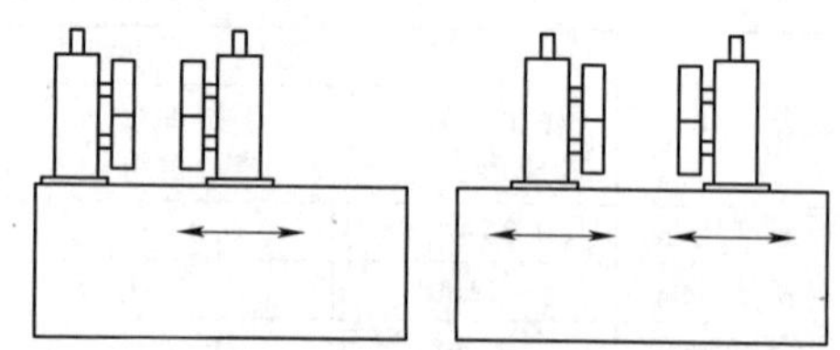

图 5-6-8　一侧或两侧机身可调整的双端式轧机

除了不能用轴端连接环以外，双端式轧机与悬臂式轧机具有相同的优点和缺点。一些双端式轧机在轧机的另一侧有延伸的轴，用于成形窄板带。

宽度调节可以由人工或电动完成。最复杂的生产线通过程序控制器或计算机控制宽度调节。安装在悬臂轴或双端式轧机上的成形轧辊，很少因生产不同轮廓的产品而更换。

3. 通轴双端式轧机

通轴双端式轧机是双端式轧机和传统轧机的组合，如图 5-6-9 所示。

通轴双端式轧机的主要特点：①通轴挠度小于悬臂式轧机。②轧辊安装在轴套上。③轴套固定到每一侧的机身上。④所有的操作侧轧辊被安装在一个共同的板上，随着板的移入移出即可改变机身横向间距（轧辊长度）。另一种类型的轧机允许两侧移入移出，调整量更大。⑤轴套固定轧辊，轴套通过

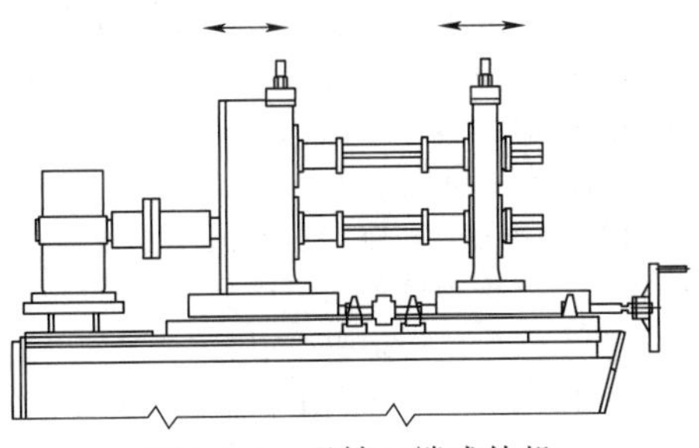

图 5-6-9　通轴双端式轧机

键在轴上滑动。⑥通轴可以在两个边的成形轧辊间加载中心轧辊。这些中心轧辊能支持或成形小凸起。

通轴双端式轧机的优点：①相对于具有相同轴径的双端式轧机来说，轴挠度的减少使得通轴双端式轧机能够成形厚料、高强度料。②传送辊能支承产品中心的上部或下部。③加入产品中心部分成形相对简单。④通轴双端式轧机没有限制板带边部成形的宽度，而双端式轧机仅能成形相对窄的板带边（100mm）。

通轴双端式轧机的缺点：①比双端式轧机更贵。②因为轧辊安装在轴套上，要求直径稍大。③重新定位中心轧辊比较麻烦。

在双端式轧机上许多变化的特性也能用于通轴双端式轧机，比如在一个生产线上安装两组轧机。

4. 标准轧机（传统轧机）

标准轧机的轴是两端支承的，如图 5-6-10 所示。这种结构能用于材料宽度和厚度不受限制的轧机设计和制造。因而，标准轧机是最常用的辊弯成形轧机。

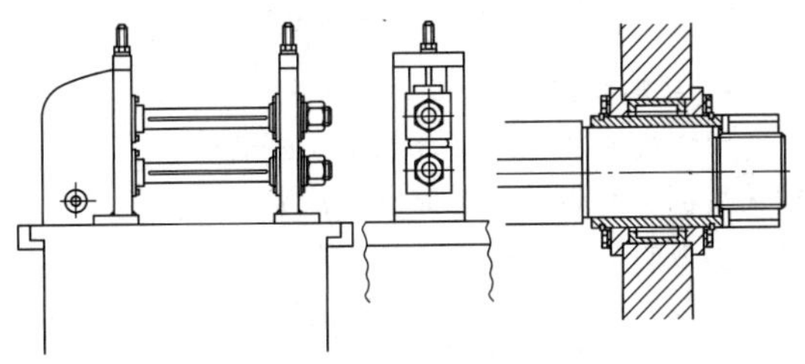

图 5-6-10　标准（传统）轧机

大多数情况下，驱动侧（内侧）机身是轴的定位侧，提供动力。操作者侧（外侧）机身支承轴的另一端。操作者侧机身可移动以方便更换轧辊。操作者侧的机身和驱动侧的机身都固定到同一个基础上。

大多数标准轧机都是单电动机驱动，并通过其他方式传动到每个道次，而随着产品截面形状的复杂化、高精度化等要求，标准轧机由单电动机驱动发展到每道次都配备一个伺服电动机单独驱动，由北方工业大学研制的多伺服电动机标准轧机如图 5-6-11 所示，该轧机能够随时调整和控制转速、转矩以优化工艺。

图 5-6-11　多伺服电动机标准轧机
（北方工业大学照片）

5. 双层轧机

为了满足在有限的场地成形两个断面，并且能迅速变换产品的需要，开发了双层轧机，如图 5-6-12 所示。双层轧机在高或低机身之间变换，生产一种轮廓的轧辊安装在低机身上，生产另一种轮廓的轧辊安装在高机身上。生产线有一个开卷机，一个切断压力机。如果材料喂入低层轧辊，成形一种断面的产品（如农用披叠板），如果材料喂入高层轧辊，则成形另一种断面的产品（如农舍屋顶）。

图 5-6-12　双层轧机（Metform 公司照片）

双层轧机节省空间，更换两种产品的时间短。然而，由于空间相对拥挤，难以安装辅辊机身，难以调节并检查成形状况。

6. 成组快换式（板式、盒式）**轧机**

成组快换式轧机的开发是减少轧辊更换时间方面的一个主要突破。成组快换式轧机将大波形钢板轧机的更换时间从大于或等于 8h（小型轧机更换时间为 4h）降低到 30～45min，甚至降低至 5min。图 5-6-13 所示为成组快换式轧机，它有一个基础，在这个基础上安装驱动和要更换的板，这个板可以安装 4～8 道次或更多的道次。板上道次的数量通常受用户工厂内起重机的提升能力限制。

图 5-6-13　成组快换式轧机（Dreistern 公司照片）

操作者侧和驱动侧机身都是典型的操作者侧机身，包括轴和模具。驱动侧机身通常有大的轴承座用于安装圆锥滚子轴承。在操作中或者偶尔更换轧辊，操作侧机身移走时，圆锥滚子轴承起到固定轴的作用。

7. 并列轧机

安装多组模具到轧机轴上，可以进一步减少模具更换时间。用于成形窄断面产品的最简单布置方式是在一个公共轴上安装两套轧辊，如图 5-6-14 所示。开卷机、预冲孔压力机、切断压力机适用于一套轧辊。当要求轮廓改变时，轧机基础横向移动，用第二套轧辊对准其他装备。整套更换时间少于2min。根据床身的宽度，2~3 组或更多组支承辊被固定到床身底面。这些辊在嵌入底板的轨道上移动，铜滑块和线性轴承也用于轧机侧向移动。通过电动机驱动丝杠或其他方式（液压缸）移动轧机基础。床身向定位块移动以确保正确的定位。有些情况下，轧机不动，开卷机和压力机侧向移动。

图 5-6-14　一台轧机上的并列轧辊

并列轧机的优点是高效利用工作时间，缺点是安装和调节一个截面的设置，将同时改变另一个截面的设置。然而，用 1~2 组增加的机身可以克服这种缺点。经常调节时，关键道次只装一组轧辊。另一个截面的关键道次，只装该截面的轧辊。这种布置确保一个截面的调节不影响另一个截面。

考虑到模具更换迅速的优点，一些客户要求在同一个轴上安装三套轧辊。显然，装辊轴越长，轴的挠度越大。应该考虑重加工要求（尽管磨损不一样，同一轴上的几套轧辊要求同时重加工），包括那些为了单独的调节而增加的道次。公差要求相对不高的三个截面，可以在同一个轴上使用三套轧辊成形，但是一般情况下，在一个轴上最好安装两套轧辊。

如果 3~5 个或更多的截面要辊弯成形，或者截面太宽，在一个轴上难以经济地并列放置，那么并列机身轧机能为迅速变换产品提供方案，如图 5-6-15 所示。在并列机身轧机上，共用的驱动通常在机身的中心，每一侧的驱动能分别断开，以避免意外启动。断开驱动通常是自动的或机械的，无须人工操作。

并列机身轧机可以在一组模具成形产品的同时，另一组（断开的）模具闲置，或更换轧辊。两侧轧辊的更换是迅速的，仅用几分钟。

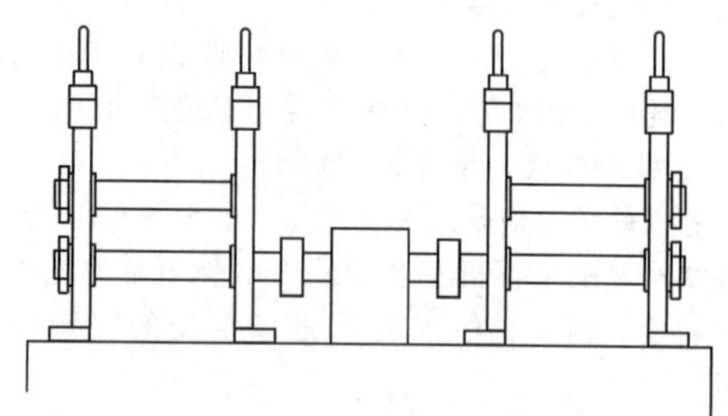

图 5-6-15　并列机身轧机

8. 拉料成形轧机

辊弯成形机可以包含无驱动的成形辊。大多数的辅辊道次无驱动，上辊也经常无动力。轴或轧辊都无动力的情况比较少。在此情况下，板带是用其他方式拉过轧机，同时由无动力辊成形。

当在小轧机上成形薄板（0.075~0.5mm）时，板带用履带、卷筒等其他方式拉过轧机。

如果薄料和较厚的料在型材的全长上接合，那么厚板料成形轧机可以拉动薄料通过另一个无驱动的机组。这种方法有时用在天花板龙骨线上，如图 5-6-16 所示。

拉料成形应用有限，但有巨大潜能。相比其他方法，它能以良好的断面公差生产直截面。

9. 螺旋管轧机

以锁缝、焊接或其他形式连接的波纹螺旋管用于刚性暗沟涵管、柔性水/电护管或其他方面。图 5-6-17 所示为螺旋管轧机成形波纹截面的过程。

图 5-6-18 所示为螺旋管轧机的弯曲头对板料的二次弯曲成形，通常板料边缘在弯曲头处进行锁缝连接（机械连接）或焊接。

图 5-6-16　无驱动的拉料成形轧机

图 5-6-17　螺旋管轧机

图 5-6-18　螺旋管轧机的弯曲头

成品管的直径通过变换螺旋角（入口轮廓和出口管产品的角度）而改变，在这个过程中辊弯断面的宽度不变。一般情况下，二次弯曲头和出料台固定，机身绕位于二次弯曲头处的支点摆动，从而改变螺旋角。

制造平滑的管壁锁缝（或焊接）通风管的方法与其原理相同。轻型通风管、螺旋管的弯曲通常用“铜靴”来完成。这种情况下，每一种直径（和螺旋角）的管材都要有专用的成形靴。

10. 车载轧机

车载轧机主要应用于工地现场成形产品的情况，比如，已有建筑的屋顶再建，建筑师也许要用超过 33m 长的板，而从工厂到工地的运输和搬运并不实际，这时把生产线搬到工地更方便，生产及运输成本更低。

多数专用的拖车安装有生产线自备柴油发电机、液压驱动（或其他驱动）的压力切断机和可以从地面加载的开卷机，整体组成辊弯成形线，如图 5-6-19 所示。

图 5-6-19　拖车上安装的辊弯成形线

这种自成一体式机组，也用于欠发达地区或其他缺少基本设施的地方。用一辆货车运装备（车载轧机），另一辆货车运料卷，比运很多车的成品更方便。

建筑承包商用几种类型的车载机组，在工地制造屋檐槽、墙板、拱腹和类似的产品。这些机组常用插拔式电动机驱动。小产品（如屋檐槽）经常以间歇启动方式生产，成品用安装在轧机末端的手工剪切断。

11. 变截面柔性辊弯成形机

传统的辊式辊弯成形工艺可以生产大批量的不变截面产品。随着市场竞争的加剧以及节能环保的要求，需要产品的改变能适应更多的变化，即具有灵活可变的柔性。采用计算机技术的柔性辊弯成形（Flexible Rollforming）成为辊式辊弯成形新技术的发展方向。

柔性辊弯成形设备如图 5-6-20 所示，具有的特点：①通过合理设计型材的几何断面，提高承载能力，减轻结构重量。②采用高强度材料，进一步减轻结构重量。③与冲压和折弯工艺相比，大批量的生产成本更低。④与现有辊弯成形技术结合，可生产更复杂的产品。

图 5-6-20　柔性辊弯成形设备（DataM 公司照片）

基于上述特点，近年来国内外在柔性辊弯成形技术方面投入了大量的研发力量。变宽度、变高度、变厚度等柔性辊弯产品广泛应用在汽车、建筑等领域，柔性辊弯产品如图 5-6-21 所示。

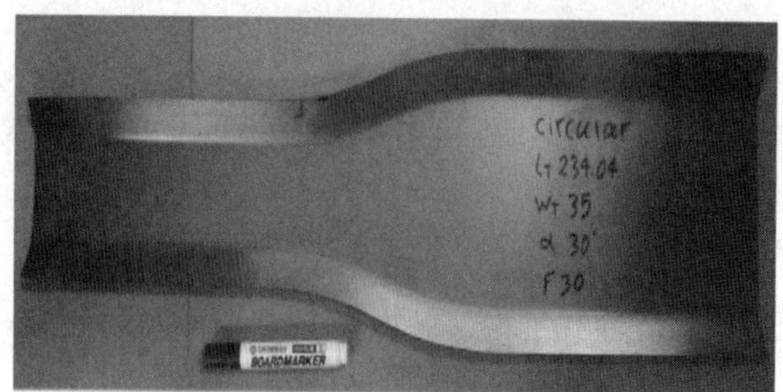

图 5-6-21　柔性辊弯产品

6.3　辊弯成形生产线的组成及主要设备

6.3.1　带钢准备阶段的组成及主要设备

1. 带钢卷上料装置

根据辊弯成形机组装备水平以及开卷机形式的不同，所配套使用的上料装置的形式也不同。通常的上料装置有如下几种：斜台式、回转悬臂式及小车式等。

上料装置的形式选择，应根据坯料带钢的宽度、钢卷的外径、卷重以及成形机组生产能力的要求来确定。一般的中、小型辊弯成形机组可以采用斜台式和回转悬臂式上料装置；对于高生产率的大、中型辊弯成形机组适合于采用小车式上料装置。在一些中小型辊弯成形机组中，也可以利用生产车间内的起重机或专门设置的固定式悬臂起重机将坯料带钢卷装入开卷机。

2. 带有打开装置的开卷机

根据成形机组生产使用的坯料带钢卷的规格，主要有如下几种形式的开卷机可供选择：双工位卷筒开卷机、箱式开卷机、悬臂式开卷机及双锥头式开卷机等。

一般在大、中型和宽幅的辊弯成形机组的开卷机上，都配置有带压紧辊的直头机装置。根据生产工艺与技术装备水平的要求，可以在开卷机上设置带卷对中装置。

开卷设备的结构形式及特点见表 5-6-3。

表 5-6-3　开卷设备的结构形式及特点

开卷设备名称	开卷箱	双锥头式开卷机	四连杆机构式悬臂开卷机	四棱锥式悬臂胀缩式开卷机
结构特点	1. 由数个辊子支承带卷外圈 2. 设有侧挡辊可调节其宽度以适应不同宽度带卷 3. 无制动装置 4. 被动式开卷方式	1. 靠两个圆台体顶头分别从两侧顶住带卷内圈 2. 设备有对中装置以保证带钢的宽度对中 3. 带有制动装置 4. 成形时采用被动开卷方式	1. 采用 3~4 组四连杆机构胀缩支承住带卷内圈 2. 带有制动装置 3. 成形时采用被动开卷方式	1. 采用四棱锥式卷筒胀缩支承住带卷内圈 2. 四棱锥胀缩动作由液压驱动 3. 带有制动装置 4. 可采用被动、主动开卷方式
结构复杂程度	简单	较简单	较简单	复杂
优点	1. 易于制造 2. 易保养维护	1. 设备刚度较大，可承载大卷重带卷 2. 可适应多种内径的带卷开卷	1. 带卷层与层之间无滑动，不会损伤带材表面 2. 可适应多种内径和宽度范围变化较大的带卷 3. 较易保养、维护	1. 带卷层与层之间无滑动，不会损伤带材表面 2. 可适应多种内径和宽度范围变化较大的带卷 3. 结构刚度较大，可承载大卷重带卷
缺点	1. 在开卷外径/宽度较大的带钢时易散卷 2. 带钢边缘易受伤 3. 所适应的带卷宽度范围较小	1. 设备重量大 2. 带卷最后几圈会受挤压变形 3. 不适用于宽度较窄的带卷	结构刚度较小，不适合于大卷重的带卷	1. 设备加工困难 2. 保养、维护较为困难
适用场合	适用于卷重较小的、外径/宽度不大的低速成形机组，现已基本淘汰	适用于带材宽度较大，卷重较大的中、大型辊弯机组	适用于中、小型辊弯成形机组及薄带钢宽幅波形钢板成形机组	适用于所有场合

3. 带有夹送辊的预矫直机

为了使带钢坯料具有良好的板形，都需要先对带钢进行预矫直，以保证两卷带钢的头尾能够顺利进入切头剪（有利于对缝焊接）或直接进入成形机（当单卷成形时）。

一些使用带钢坯料生产的小型辊弯成形机组，

其预矫直机可设置在成形机的入口端，矫直辊也可以采用非传动方式。

4. 带有剪断机的带钢头尾对焊机

在连续式生产的辊弯成形机组作业线中，需要设置带有剪断机的带钢头尾对焊机，用于两卷坯料带钢头尾的对接，以保证坯料带钢向下工序连续输送。

剪切机构一般为液压剪，剪刃多采用下双刃剪的形式。这样可以使坯料带钢头尾端部的切断坡口方向一致，有利于保证坯料带钢对缝焊接的质量。

对缝的焊接，通常采用闪光焊和气体保护电弧焊两种方式。无论采用哪种焊接方法，都要求焊接机构配套的坯料带钢对中和夹紧装置能够做到操作调整方便、控制准确，这也是实现高质量对接焊缝的重要条件之一。图 5-6-22 所示为德国 MIEBACH 公司的闪光对焊机结构。

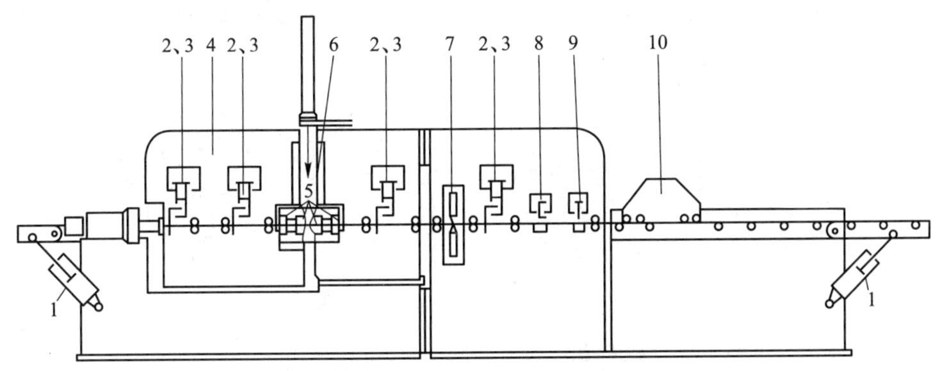

图 5-6-22　闪光对焊机结构

1—活套形成器　2—对中装置　3—找正装置　4—顶锻滑座　5—夹紧装置　6—定缝挡板　7—毛刺清理装置　8—缺口冲切装置　9—冲孔装置　10—移动夹紧装置

5. 活套贮料器

为保证辊弯成形机组不间断地连续生产，活套贮料器是必不可少的设备。活套贮料器的形式种类很多，如笼式、坑式、架空式、地下小车式以及螺旋式等。

（1）笼式活套贮料器　笼式活套贮料器具有设备结构简单、建设投资少、操作简单等优点。但是在贮料操作过程中，存在容易使带钢坯料折成死弯、表面擦伤等缺点。这种形式的贮料器适用于要求不高的小型辊弯成形机组，如图 5-6-23 所示。

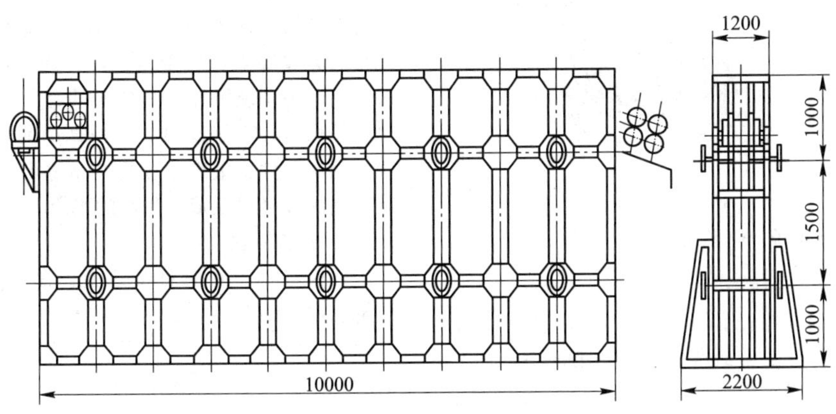

图 5-6-23　笼式活套贮料器结构

（2）地下小车式活套贮料器　地下小车式活套贮料器如图 5-6-24 所示，其优点是可以保证带钢原有的板形和质量，设备结构简单。但需占用很大的空间、造价昂贵，在车间布置上受到一定的限制，并且在运转时会产生较大的噪声。

（3）架空式活套贮料器　架空式活套贮料器类似于地下小车式活套贮料器，只是用地面上架空的钢结构代替了地下隧道。其使用条件与前一种形式的活套贮料器相似。

（4）螺旋式活套贮料器　螺旋式活套贮料器是近年来发展的一种具有较高自动化水平的贮料器。该种形式的贮料器在操作中可以保持良好的板形，不会擦伤带钢的表面，而且具有较大的贮料量，并且采用卧式螺旋活套贮料器可以为辊弯成形机组设

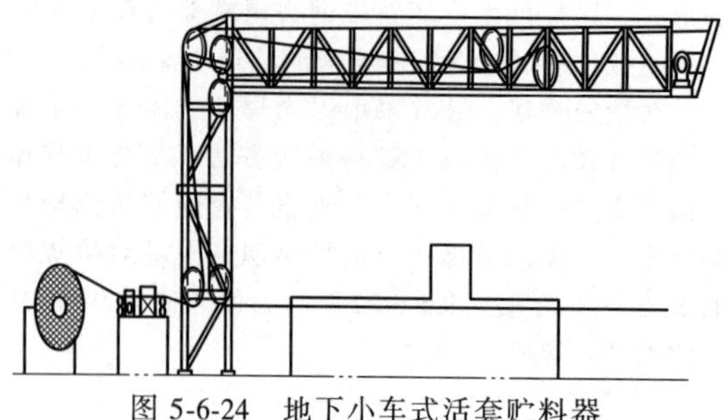

图 5-6-24　地下小车式活套贮料器

备的平面布置带来很大的灵活性；但是其设备造价较高，水平式布置时占用车间面积较大。此种形式的贮料器适用于高生产率的大、中、小型辊弯成形机组。

螺旋式活套贮料器主要有 3 种形式，即：

1）森吉米尔型，其贮存的带钢坯料宽度不宜太大。

2）Floop 型立式贮料器，如图 5-6-25 所示。此种形式的活套贮料器适用于中、小型辊弯成形机组。

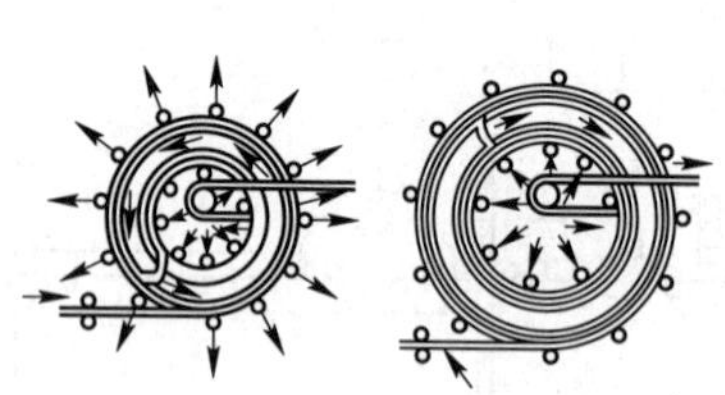

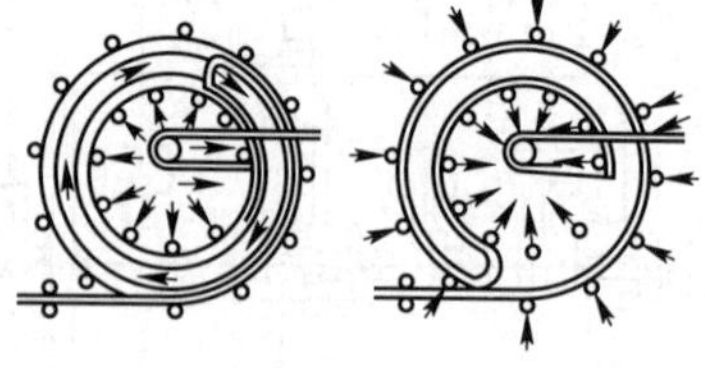

图 5-6-25　Floop 型立式贮料器

3）CCF 型（亦称蜗牛型）螺旋贮料器，如图 5-6-26 所示。此种形式的活套贮料器适用于较厚的带钢坯料贮存，同时也适用于贮存比较宽的带钢坯料。目前已有用于带钢最大宽度为 1700mm、最大厚度为 12.7mm 的 CCF 型活套贮料器投入生产运行。此种活套贮料器均呈水平式布置，故占用车间地面面积较大。

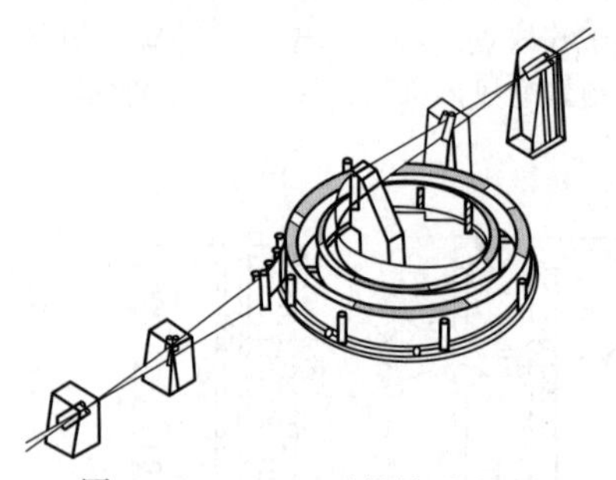

图 5-6-26　CCF 型螺旋贮料器

（5）其他活套贮料方式　地坑式自由悬挂活套贮料器对于长的冲压模式（例如 3～10ft 或 1～3m，1ft = 0.3048m），可采用地坑式活套（见图 5-6-27），这种结构有效，但是造价贵、不够安全，当移动生产线时还会增加额外费用。折叠式自由活套（见图 5-6-28）容易损伤型材表面，同时难以控制活套

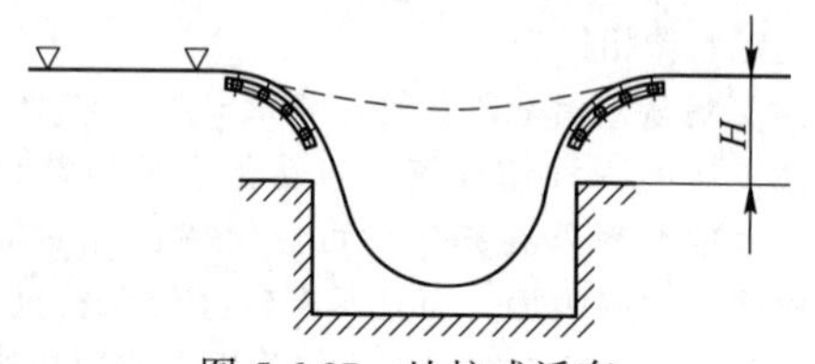

图 5-6-27　地坑式活套

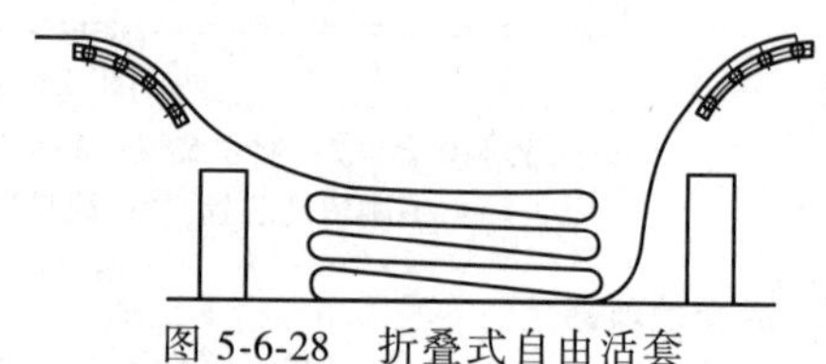

图 5-6-28　折叠式自由活套

以及板带移动的速度，不推荐生产线上使用该活套。

6.3.2　辊弯成形机组成形段

成形段是辊弯成形机组的核心部分，这部分的设备选型与技术参数的具体确定，主要是根据生产产品的有关要求进行确定，并考虑其配套。无论是大、中、小型或宽幅辊弯成形机组，还是专用的辊弯成形机组，在选型时均应根据产品尺寸和断面形状、原料条件、生产规模要求等条件，考虑成形机组类型的选择以及成形机组的组成。

1. 轧机床身

轧机基础，有时称为床身，是支撑机身、轴、轧辊、驱动链和其他成形结构所需的组件。对轧机基础最重要的要求是：①操作、运输和安装过程中的刚性。②用以安装组件的上表面的平整度、水平度。③用于机身定位的键槽或其他部件。④用于辊弯润滑的排水装备。

长轧机基础要分成两个或多个部分，以便于加工、搬运（起吊）和运输。如果预计要扩充结构，或以后要固定其他组件，就要将轧机基础分段，轧机基础的连接端要安装附加板和连接件。轧机基础一定要能实现辊弯成形中润滑液的再循环。基础分离时，注意每个基础要有独立的再循环润滑，或基础间有不漏水的连接。

轧机基础上通常安装驱动链，很少将驱动齿轮箱安装在分离的基础上。

轧机基础没有标准的床身设计，但大多数床身结构类似，一般用板或用管截面制造。图 5-6-29 所示为典型的辊弯成形轧机板结构床身。顶板的上表面可以全部加工，或者只在机身和齿轮箱安装位置沿纵向加工。定位键槽必须沿顶板全长加工。键槽的全长直线度误差应当在 0.025～0.05mm 之间，即使是分段装配的床身也要满足这一要求。床身上加工螺孔以安装机身和其他组件。基础侧的上侧焊接到床身的顶板，下侧被固定到框架结构上。水平板和基础板与框架固定。交叉板和其他组件焊接到基础腔，以增加刚性和支承。

为实现润滑液的回流，大多数轧机的床身周边有回流槽。该槽通常用角钢焊接到床身上，同时留足用于润滑和清洁的间隙。槽底向液体排放口倾斜。角钢外侧直边面应高于床身平面，并将其凸出部分加工到与床身等高，在模具更换和安装时为外侧机身提供额外支承。

对结构型框架或管型框架的基本要求与板型框架类似。如果床身没有连续的上板，要用一个薄板收集润滑液。电动机、轴承、驱动链的支承要另外考虑。如果为驱动带或链提供空间而切除轧机中心处的上板，那么要检查基础框架的刚性，判断是否要对切开处进行加强。如果轧机在导轨上侧向移动，要给滑道提供合适的支持，应该检查侧向移动力的影响。

大多数情况下，轧机基础的高度以提供舒适的成形线高度为宜。通常情况，成形线高度设为离地 900～1025mm。然而，机身尺寸、压力机类型、其他的在线操作和材料的处理方法也影响实际的成形线高度。如果成形线太高，要在轧机的操作者一侧提供走行/操作平台。这样就要额外考虑安全性和工作强度（操作者上下平台的频率）。为了获得操作舒适的成形线高度，剪切压力机或其他装备也可安装在地坑里。

2. 机身（牌坊）

多数情况下，驱动侧机身要考虑力和弯曲力矩。操作者侧（外侧）机身受力较小。机身通常用滚针轴承和长轴承套支承轴，因而，机身不受轴向力。外侧机身用 1～2 个螺栓固定到轧机床身，如图 5-6-30a～d 所示，其中图 5-6-30c～d 所示的机身装卸时间最短。垂直方向力由机身的直框承载。板料运动方向的水平力由成形阻力、开卷制动、轧辊线速度变化、偶尔的堆料产生，并因驱动力矩的作用而加大。驱动侧机身要与床身固定良好，以承受产生的合力。双侧的机身都要有足够的强度和刚度，以承受轴上的各种分力。错误的安装（操作者施加太大压力）、2～3 倍材料厚度的堆积或者外界材料强行通过轧辊，均会使这些力倍增。

为了避免因轴弯曲引起的停工和修复，一些供应商在机身的顶部设置了强度极限横板。该横板设计为在轴产生永久弯曲前断裂。然而，更换横板也需要花费时间，更进一步的方法是用校准强度螺栓将横板固定到机身上，校准强度螺栓用作“剪切安全销”，如图 5-6-31 所示。避免轴弯曲的最简单方案是用弹性的上轴压下机构，如预加载弹簧、气缸或液压缸。

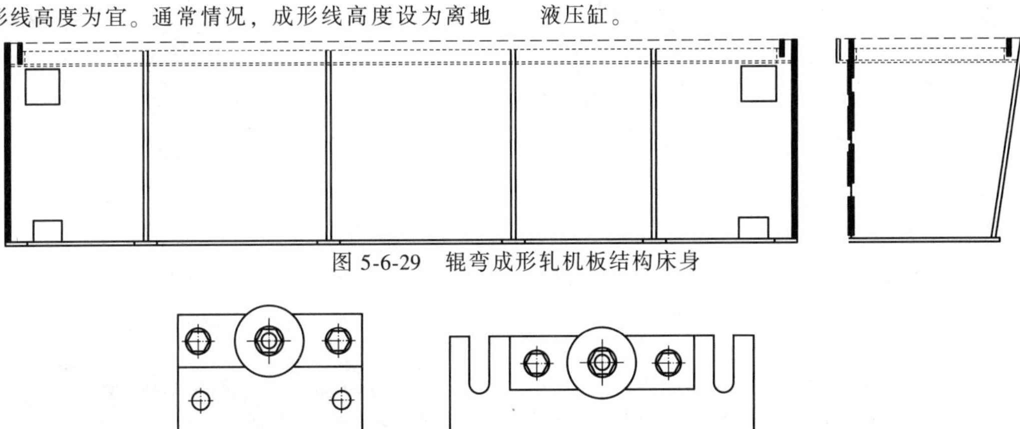

图 5-6-29　辊弯成形轧机板结构床身

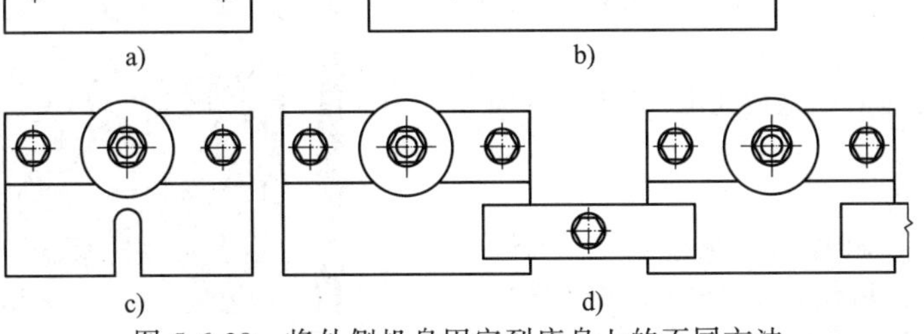

图 5-6-30　将外侧机身固定到床身上的不同方法

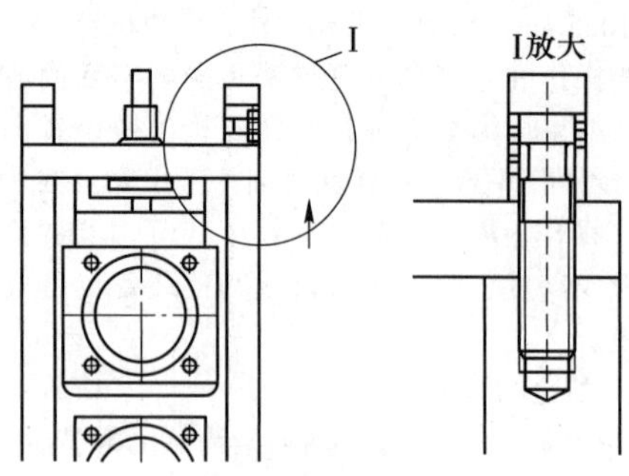

a) 使用校准强度弹簧

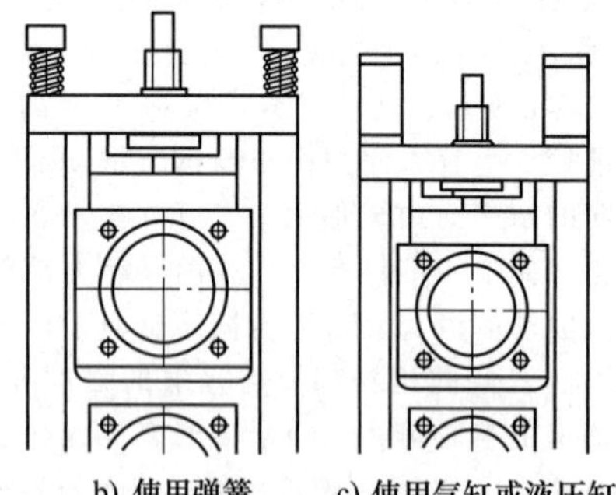

b) 使用弹簧　　c) 使用气缸或液压缸

图 5-6-31　避免轴产生永久弯曲变形的方案

轴承盒应能上下自由运动，但间隙要足够小，尤其是驱动侧，当操作侧机身被移走时，轴的末端不能出现用手可以晃动的情况，轴承组件结构如图 5-6-32 所示。

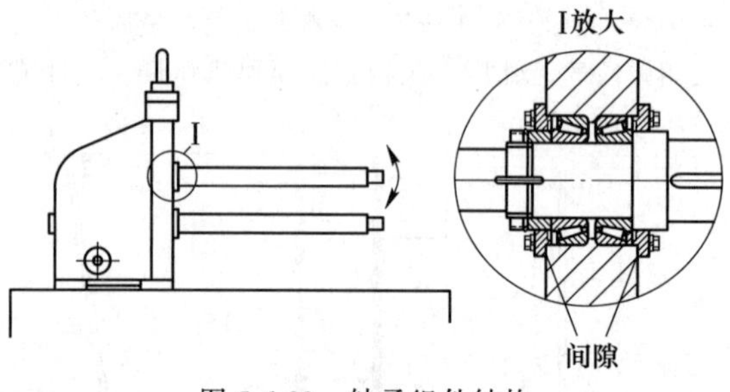

图 5-6-32　轴承组件结构

操作侧轴用滚针轴承支承，轴端螺母把滚针轴承轴承套推向隔套和轧辊，换言之，就是将隔套和轧辊压向轴肩，如图 5-6-33 所示。

当移开操作侧的机身时，长轴套两端的固定卡环可以防止轴承套掉出轴承盒。当机身安装在轧机上时，轴承盒应当大致在长轴套的中心位置，在轴承盒和固定卡环两侧留有一定的间隙，如图 5-6-34 所示。

3. 轴

悬臂轴和两侧支承轴的操作者侧结构是一样的。然而，为了节省空间，悬臂轴的轧辊常用埋头螺栓固定在轴端，如图 5-6-35 所示。

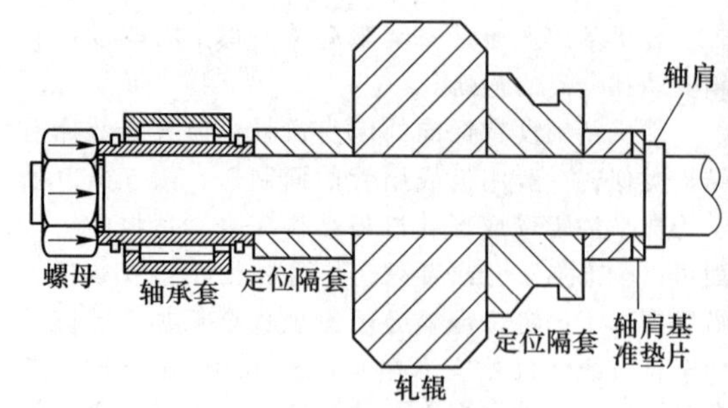

图 5-6-33　轴端螺母将轴承套、轧辊、定位隔套等压紧在轴肩上

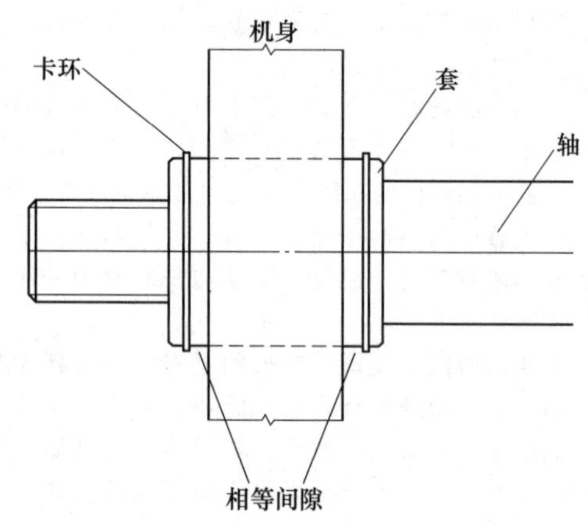

图 5-6-34　轴承套应在轴承盒的中部

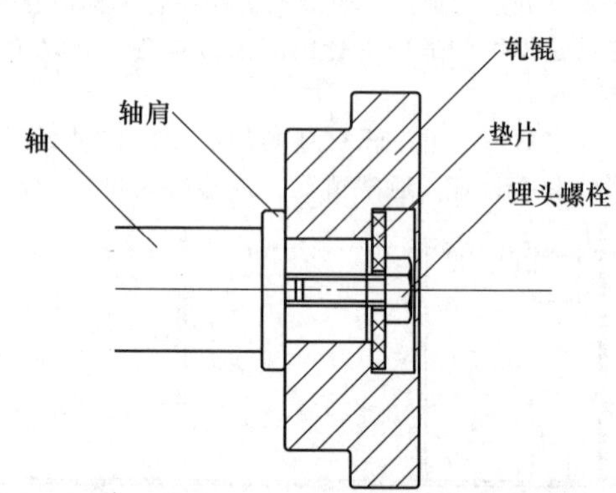

图 5-6-35　轧辊用轴端埋头螺栓紧固

一个典型的连杆型齿轮箱机身如图 5-6-36 所示。

图 5-6-36　典型的连杆型齿轮箱机身

轴采用直齿圆柱齿轮（见图 5-6-37a～c）、链轮（见图 5-6-38a）或万向轴（见图 5-6-38b）驱动。这种情况下，上、下轴的区别可用操作者侧螺纹的旋向判断。

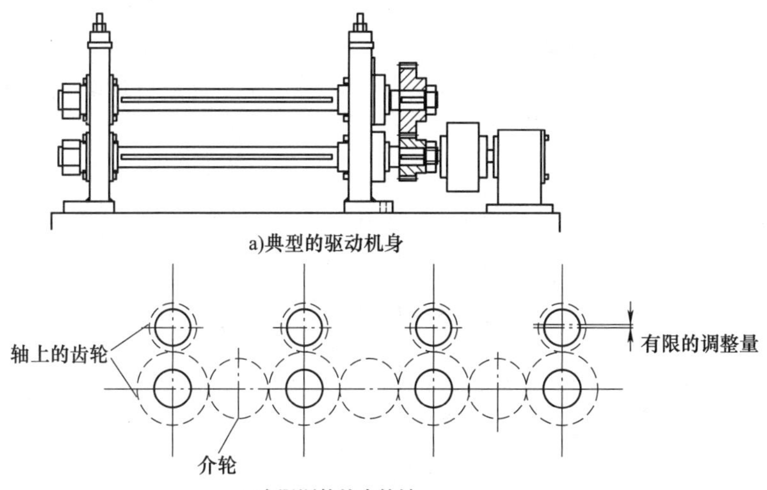

a)典型的驱动机身

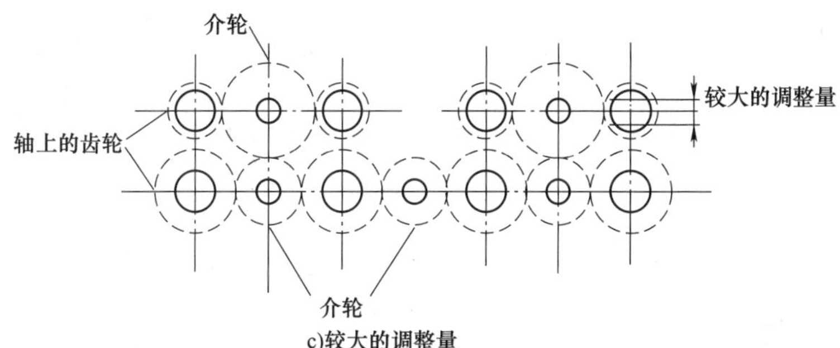

b)有限调整的齿轮链

c)较大的调整量

图 5-6-37　直齿圆柱齿轮

a)链轮驱动

b)万向轴驱动

图 5-6-38　链轮和万向轴驱动

经验表明，如果上、下轴的螺纹均是右旋的，那么上轴或下轴的螺母容易变松。为了避免这种情况，一层的轴全用右旋螺纹和螺母，而另一层的轴全用左旋螺纹和螺母，螺旋方向总与轴旋转方向相反，如图 5-6-39 所示。

轴的直径要根据特定的用途而选择，是厚度、成形材料力学特性、装辊宽度（两支撑间轴长）的函数，根据弯曲类型和每道次弯曲量选择。

轴径选择几乎全部根据以往经验，计算公式为

$$\mathrm{DIA}=1.46\left(0.173\sqrt[3]{L}+0.47+0.7abcdefghn\sqrt{t}\sqrt[6]{\frac{Y}{50}}\right)^{4} \tag{5-6-1}$$

式中　DIA——轴径；

L——轴长；

t——材料厚度；

Y——材料真实屈服强度；

a——弯曲边腿的长度；
b——弯曲类型；
c——成形波（如果没有槽成形则输入 1）；
d——延伸波（如果没有延伸波，则输入 1）；
e——起始弯曲角；
f——轴上受力位置；
g——平板断面的宽度；
h——半径/厚度比；
n——道次中的弯曲数。

其中，DIA、L、t、Y 是英制单位，其余系数是相对数，根据成形的程度从 1 偏离，如图 5-6-40 所示。

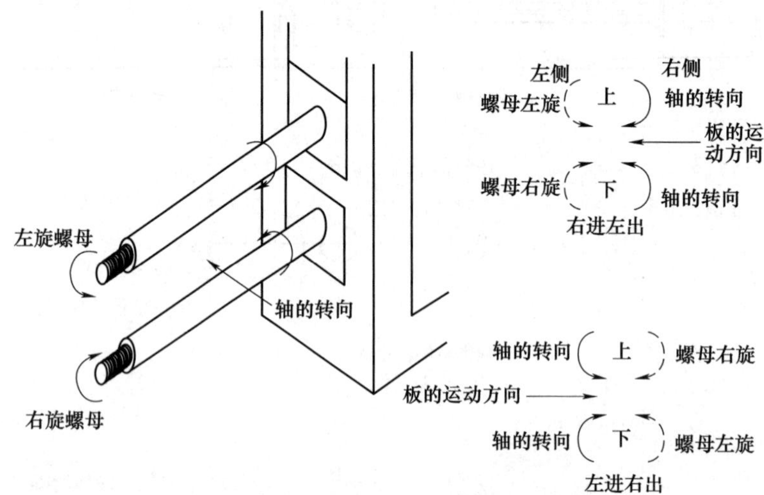

图 5-6-39　轴端的螺旋方向与轴的转向相反

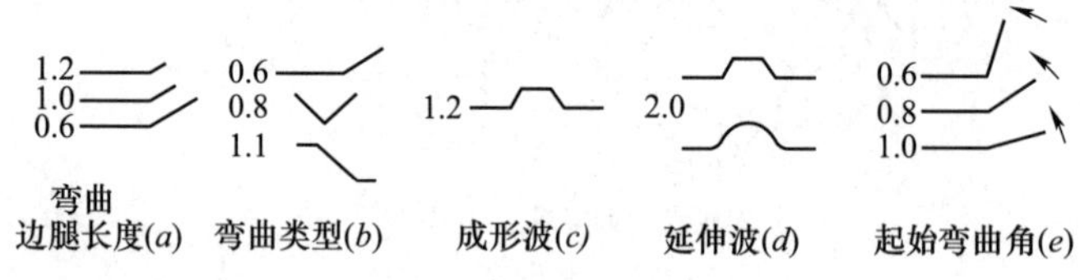

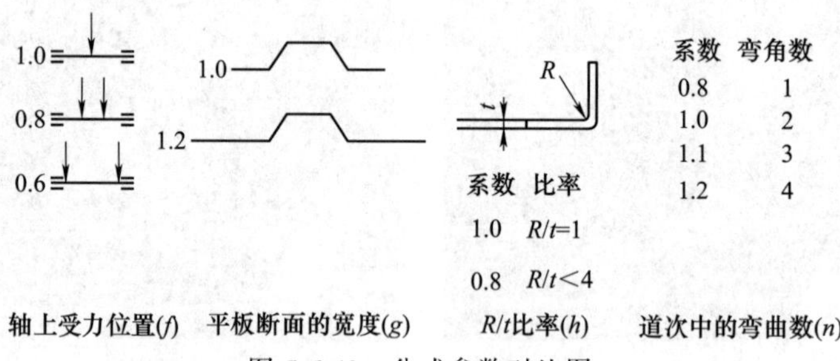

图 5-6-40　公式参数对比图

轴径选择要根据轴的挠度限度而定，短轴情况下，当挠度可以忽略不计时，要校核轴承的载荷承载能力和轴的剪切强度。

以上仅考虑轴的挠度，轴的挠度仅是轧机最大能力的一个标准。成功的辊弯成形也依赖于轧机结构、轴承类型、轴承盒、每道次最大许用扭矩、驱动链和许多其他的因素。因而，用一种轧机成功制造的一种断面，也许不能在另一个具有相同轴径和轴长的轧机上成形。

4. 驱动

辊弯成形线通常由电动机提供动力。在很少的情况下，轧机用液压马达驱动。大多数液压马达用电动机带动的液压泵提供能源。少数情况下，比如车载轧机在偏远的工地工作时，液压泵由柴油机驱动，如图 5-6-19 所示。

多数旧式辊弯成形线装配的是单速交流电动机。驱动机组通常用 V 带传动（从电动机到轧机）。每个机身由专用的齿轮减速器驱动。低成本的轧机模式，用链或者链轮进行减速和能量传输。电动机和轧机间偶尔安装单速齿轮减速器。

为了满足成形速度优化的要求，比如高速成形长型材和低速成形短型材，逐渐引入不同的方法以改变轧机驱动轴的转速。除了单速、双速交流电动机，生产线上还安装了 2~4 个输出速度的齿轮减速器。所有这些方法提供一定数量的固定轴转速。为进一步优化成形速度，传动链采用了变速电动机。减速器采用人工调节或电动调节的机械式或液压式结构。

动力从齿轮减速器或者直接从电动机传输到动力轴的一个位置（前端、末端或轧机的中部）。部分情况下，动力传输到两个位置（在两端，或者每一端的 1/4 处）。低成本的机组用链传输，但大多数情况，用 V 带或同步带传输。

5. 辅辊和插入式立辊道次

辅辊机身是设备和工装的组成部分。辅辊有几个优点：轴能定位在任意角度，而不像主道次仅有水平位置。这种灵活性允许辅辊在优化的角度定位。除少数特例（见图 5-6-41）外，辅辊一般无驱动。因而，它们不易在产品的表面产生印记或划痕。

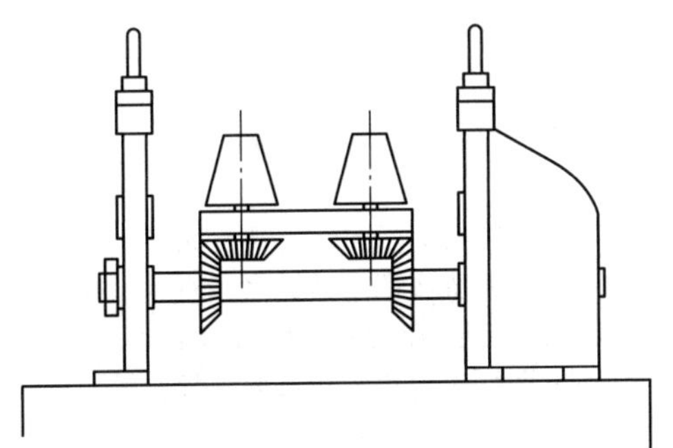

图 5-6-41 带有驱动的辅辊机身

辅辊很适于成形板边，经常起主成形辊的功用，尤其是成形接近垂直（与主轴的轴线成接近 90°角）的腿或板带边时。辅辊机身经过恰当的设计后容易调节，是补偿过弯角产生回弹的有效方法。

辅辊机身与主辊机身一样重要，因而它们应具有同样的刚性、精确性、可调节性。为了便于安装，辅辊机身应该在进行位置测试后用键定位。应用同类型和等尺寸的调节螺栓和定位螺栓，从而可用一个尺寸的六角扳手或其他工具完成固定。机身应当有易于达到的润滑点。

6. 道次间导引

成形产生的断面内部应力经常产生弓（向上或向下）、拱（侧向）、扭曲、张开或回弹。在板带出孔型时的料端，经常可以看到这些缺陷。板料在随后的冲孔或开槽时，会在直线或平面上显示类似的偏移。受这些缺陷影响，板料的前端经常无法进入孔型而撞在辊的其他部位，如图 5-6-42 所示。在每次新卷入料时，操作者经常要人工控制前端进入下一道辊的间隙。业界可以接受操作者以走停的方式将板料前端导入轧辊间，但这种方法浪费时间，降低生产效率，而且也不安全，因为在旋转轧辊的入口侧，操作者要用手把板料推入。

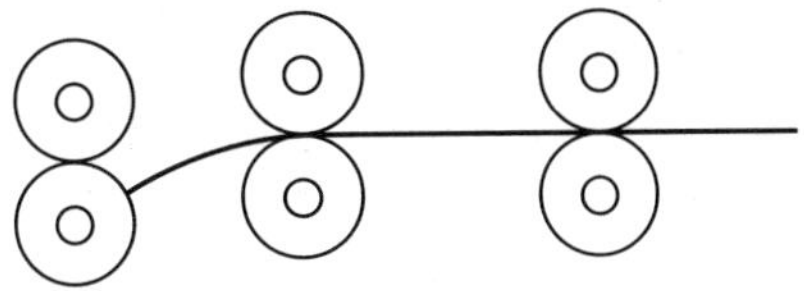

图 5-6-42 内应力导致料端偏离直线

好的轧辊设计应有足够的道次，轧辊导入角度大，轧辊导入半径大，而且，根据需要用道次间的导引以允许全速导入板料。板料单张成形时，应能够全速成形。

适当的道次间导引不仅有利于导入板料，而且能够防止道次间板料的翘曲。当前几个道次拉材料时，最后道次附近材料受到矫直头或其他阻力的作用，速度降低，这时，偶尔会发生翘曲。为了防止断面刚度不足以及在矫直头和切断模前的翘曲，需要在这些位置用导引控制断面。

必须说明，导引不能用于成形材料，它们仅在材料喂入过程与板料或截面瞬时接触，而成形过程中不接触，如图 5-6-43 所示。

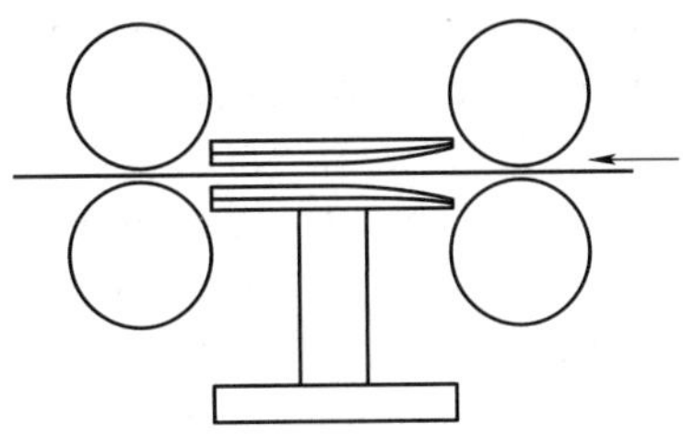

图 5-6-43 辅助料头进入轧辊孔型的导引装置

单张成形时，尤其是当型材很短时，零件的全长上要用全部接触的导引。导引的设计随截面变化而不断变化。

7. 润滑系统

润滑被用在成形件和轧辊间以减少摩擦，消除轧辊对锌、铝或其他金属的黏连，避免异物刮伤或黏结在产品表面。润滑也用于清洁松散的表面污物，如热轧钢上的氧化皮。当厚材料成形时，润滑液用做冷却，以消除成形产生的热量。

8. 轴肩定位

轧辊设计和制造过程中，假设所有轧辊和定位套的基准是一致的。在检查轧辊成品时，轧辊和定位套放在代表基准的花岗石石板上。在这个位置，仔细检查轧辊间隙。想象如果将放轧辊的花岗石石板转 90°，那么花岗石石板垂直水平面，轴变为水平。在这个位置，花岗石石板代表了放轧辊的轴肩位置。如果轧机轴肩定位不好，那么轧辊不可能准确定位。不幸的是，大量轧机存在这种问题。

在成形中因轴承磨损，轴变得越来越松。当操作侧的轴可以轻易上下晃动时，轴和轴肩通常可以移进移出。松动的轴肩不能精确地定位轧辊。为了纠正这个问题，紧固锥轴承把轴拉向驱动侧，这意味着轴肩向驱动侧移动。如果换装了新轴承，那么轴肩经常向外移向操作者侧。因而，用准确定位轴肩组装的轧机几年后会错位。轴承盒和机身结合面磨损也会影响轴肩定位。

9. 焊接装置

在大多数空心辊弯成形产品的生产工艺中，其纵向接缝需要经过高频焊接工序。高频焊接装置包括导向辊、挤压辊、高频发生装置、内外毛刺清除装置、外毛刺卷取装置及磨光辊等。下面主要介绍挤压辊和高频发生装置。

（1）挤压辊　挤压辊的形式主要有：二辊式、三辊式、四辊式、五辊式等。

挤压辊形式主要是根据高频焊接产品的规格和断面形状来确定。一般生产小规格、简单断面的空心辊弯成形产品时，选用二辊式挤压辊为宜；而对于生产大规格和一些特殊断面的空心辊弯成形产品时，则宜选用三辊式或四辊式的挤压辊。

在辊弯成形机组中配置的挤压辊选型，需要与辊弯成形工艺配合。如对某些辊弯成形机组来说，在生产方、矩形空心型钢时，采用的是直接成方的成形工艺，其高频焊接时是平边对焊，要求挤压辊必须是三辊式或四辊式。这是在辊弯成形机组中选择挤压辊形式时，需要特别注意的问题。

（2）高频发生装置　高频发生装置的形式主要有：电阻焊、点焊、缝焊以及电弧焊、感应焊、等离子弧焊、激光焊等焊接方式。

任何传统的电阻焊工艺都可以在辊弯成形生产线中结合使用。

在大多数情况下，单点焊接或多点焊接被用于成形和切断后对固定产品的焊接。可以采用两边对点焊接或者单边对点焊接，而另一侧是一个大平面。多点焊接是指用多个焊枪排列在一起同时进行焊接，但大部分情况下是阶段式的焊接。也可以用人工的钳式焊接工艺，但是该工艺目前逐渐被机器人焊接手臂所代替。

连续移动的型材可以采用缝焊。这种焊接可以是连续的，也可以是间断的。

电弧焊投资小，但是焊接速度较慢。而高频焊则是一个快速的过程，速度超过 1000ft/min（300mm/min），但是最初的投资很高。高频焊接设备的价格与整条成形线的价格相当。其他焊接方法的价格、焊接能力和焊接质量通常介于电弧焊和高频焊之间。

电弧焊、激光焊和等离子弧焊有时在型材完成成形之后固定焊接，但是在大多数情况下，要利用产品的连续运动来完成焊接。对于高质量的焊接，型材移动的速度要均匀，而且可按精确的增量来调整，这一点是非常重要的。可以直线焊接也可以螺旋式焊接。螺旋式焊接是在管材边移动边旋转的同时完成的。在所有将边部焊接在一起的焊接方式中，边部的对齐是非常重要的。为了避免边部不对齐或者出现边波，通常需要更多的成形道次。

在高频焊接和一些其他的焊接过程中，任何中断都会产生大量的废料。因此，许多连续焊接的产品（通常在管件的成形中）都使用双开卷机构来保持生产的连续性，一卷焊接时，另一卷准备。由于焊接速度很高，在成形线末端的产品处理和打包也必须认真考虑。

6.3.3　辊弯成形机组精整段

1. 矫直头

辊弯成形过程中，在经过最后成形道次后经常产生由内部应力造成的产品弯曲或扭曲。这些偏差能用安装在最后道次后侧的矫直头组件消除。

有许多直线弯曲的宽建筑波纹板，辊弯成形后通常保持直线。但是大多数较窄的，尤其是不对称的成形产品，需要矫直头。

矫直头由支承结构和矫直模具组成，如图 5-6-44 所示。模具或由一个具有断面孔型的组块，或由轧辊组成。两种情况下，模具接触断面以及给弯曲线施加压力都很重要。为了矫正弯曲线的直线偏移，在同一个时间点只施加一个方向的压力。因

图 5-6-44　矫直头（Metform 公司照片）

而，在内外矫直表面通常留有小间隙，矫直形式如图 5-6-45 所示。

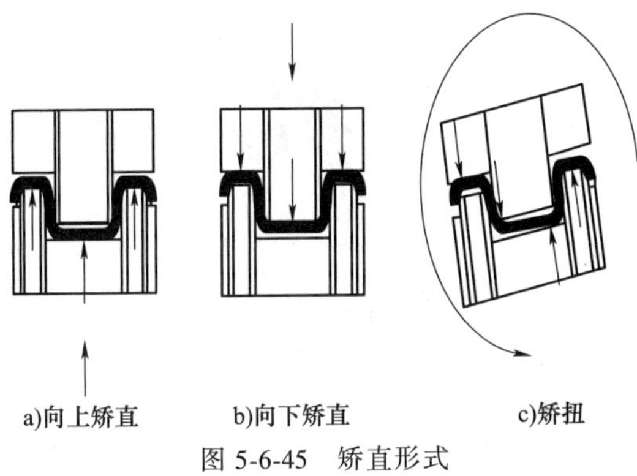

图 5-6-45　矫直形式

矫直头通常位于最后道次和切断模之间，尽可能地接近最后道次。矫直机身移动模具时应当有摆动，而不是平行地上下移动或侧向移动，这一点在任意地方都是合理的，如图 5-6-46 所示。

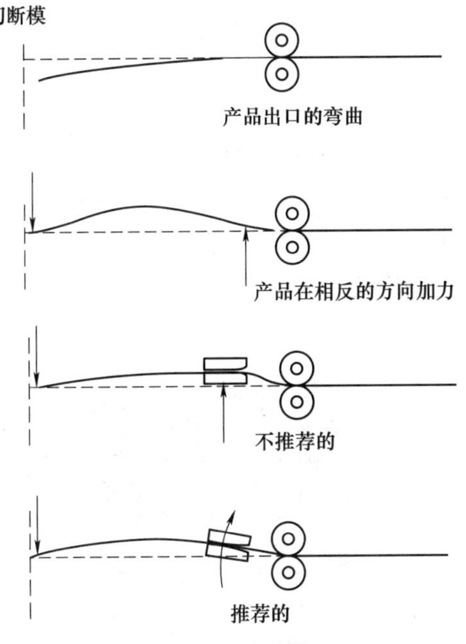

图 5-6-46　矫直头位置

如果使用矫直模具，应当有长而大的鱼嘴形入口来引导板料的前端全速进入模具。如果需要，应当在矫直头和切断模前端使用附加导引，如图 5-6-47 所示。

矫直头不是成形工具，在模具安装过程中，应当尽可能调试成形轧辊以成形直断面，从而不用矫直头。一旦达到上述目的，矫直头可被安装用来矫正残余的直线偏移。如果料型有很大的拱形或其他直线和平面偏移，那么辊弯成形产生的内部应力会很高，可能导致矫直头无法纠正这些缺陷。

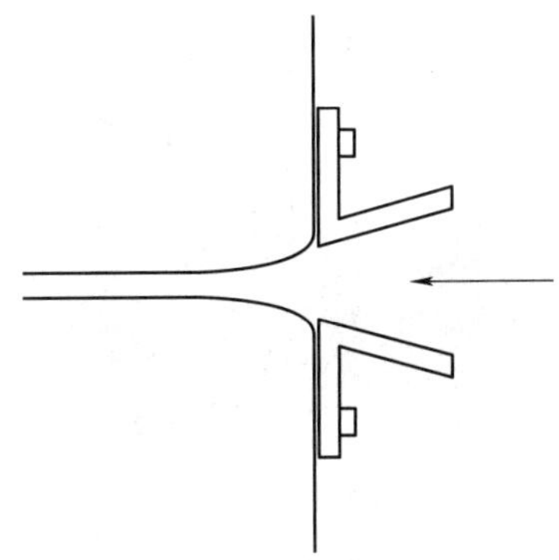

图 5-6-47　矫直头和切断模前端使用附加导引

2. 定尺切断装置

成形后的辊弯成形成品，需要切断成用户要求的定尺长度。通常用于在线剪切的切断设备有两种，即飞锯和飞剪。

以金属圆盘锯片的旋转来切断辊弯成形成品的飞锯，是较为普遍的切断设备。它可以切断各种断面形状的辊弯型钢，设备结构简单，造价低。但是，在生产中，锯片消耗高，锯切时有较大的噪声；切断后，成品的端面容易变形，而且有锯切毛刺存在。

压力式切断飞剪通常多用于切断开口辊弯成形产品，其切断的成品端面平整、无毛刺，而且无明显的变形，便于用户直接应用。剪切时无噪声，操作环境好。但由于压力式切断飞剪的设备造价高，并且多数空心辊弯成形产品不适于剪切，因而其应用范围受到了一定的限制。

3. 压力机

(1) 四柱式下曲柄压力机　任一型号的机械压力机都适用于辊弯成形生产线。在工厂里，产品生产者偶尔会用到 OBI（背开可倾斜）、直边或其他种类的标准压力机。有些情况下，对于尺寸长的产品要求压力机利用制动器来实现预冲孔，但是，这种类型的压力机通常很贵且速度也较慢。

辊弯成形工业已发明了适合本行业特色的低价位压力机。大部分的压力机都是四柱式结构、间歇式工作、带有下曲柄的压力机。这种压力机的典型样式如图 5-6-48 所示。利用电动机来驱动飞轮，飞轮通过旋转离合器连接曲轴支承在底座上，通过两根连杆，曲轴驱使两个曲拐带动两个动柱上下运动。

利用制动器停止曲轴的旋转，使其固定在滑块上死点（TDC），即滑块的最高位置。曲柄的偏心大小决定了行程的大小。离合/制动系统控制滑块的行程次数，一般的小压力机（20～40t）的冲压速度在 50～60 行程/min，中型压力机（60～150t）大概是 30～40 行程/min，大型压力机（200～300t）则只有

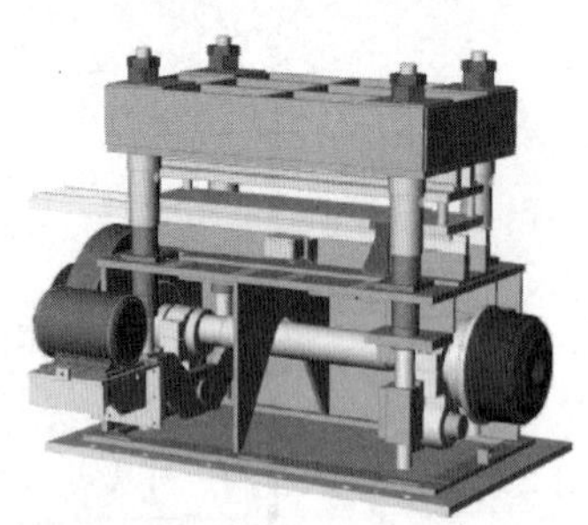

图 5-6-48　典型四柱式下曲柄压力机
（源于 Metform International Ltd.）

25～30 行程/min。

5～10t 的小型压力机一般只有两根立柱，但是四根立柱的压力机结构更可靠。

（2）气动压力机　小型的气动压力机（2.5～3.0t 或 11～13kN 以下）通常是由冲模固定器或相似装置的 C 形框架制成的，如图 5-6-49 所示。利用气缸、膜式气缸、气弹簧或利用其他压缩空气装置来提供冲孔和剪切的动力。这些小型压力机的冲压速度高而且价格低廉，由于它重量轻，常用在移动的随动装置上，要想在较长的模板上冲孔可以将多个气动压力机连接起来组成机组来实现。

图 5-6-49　典型的气动压力机
（源于 Metform International Ltd.）

（3）液压机　在液压机中，需要有一个或更多的液压缸来实现冲切。液压缸可安装在活塞上面向下推动活塞，也可安装在钢板底部将活塞向下拉，如图 5-6-50 所示。

大多数的情况下，液体压力是由电动机驱动泵提供的，有时也由气缸提供，如图 5-6-51 所示。

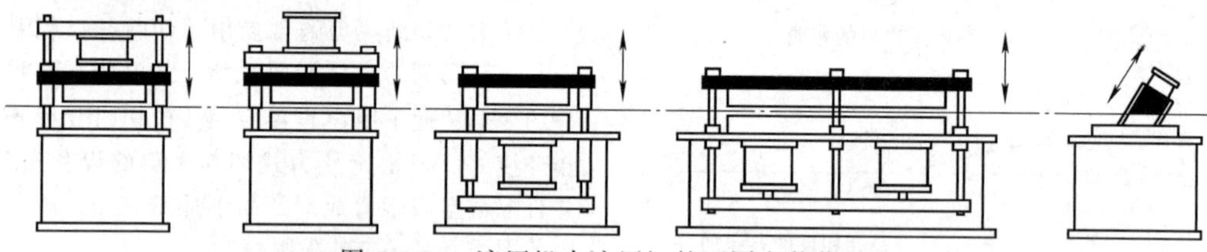

图 5-6-50　液压机中液压缸的不同安装位置

图 5-6-51　气液驱动压力机
（源于 Compuroll Inc.）

图 5-6-52　小型 C 形框架压力机

小型的 C 形框架压力机一般用来完成窄钢带的冲孔、开槽、压形，或者完成接近钢带边缘的冲压加工，如图 5-6-52 所示。对于规律性冲压和大批量的生产任务一般应用四柱式压力机。

液压机的优点是冲切力、行程、冲切速度容易调整，电子检测的精度具有可重复性。与机械和气动压力机相比，液压机的行程灵活，产生冲压力容易，振动和噪声更小。

由于液压机的运动部件很少，因此它不易过载，也不用太多的维护。

长久以来，速度的限制是液压机最大的缺点。

目前，液压部件生产厂家逐渐克服了这种限制，他们发明了一种液压阀，允许大量的油在很短时间内流过阀门。这种技术的发展使液压机能达到气动压力机的速度。

在冲孔的过程中，当孔穿透的时候会产生冲击载荷，这是很重要的。机械冲击是在构件间突然拉伸或压紧而产生的，液压冲击是由液压系统突然减压而产生的。利用斜角或阶梯冲孔可适当减少冲击载荷。在一些特殊情况下，在液压系统内部或外部安装一些缓冲装置。

滑块和工作台的平行度变化将会引起偏心载荷，线性传感器和伺服控制的液压缸能减少这种问题的产生。对于小型压力机，必须利用很长的刚性导向或同步齿轮来控制平行度。

4. 其他旋转切割设备

尽管旋转装置不能称之为压力机，但能实现冲压操作。旋转装置的优点是比压力机便宜，且能适应任何辊弯成形速度，并能在一个较小的公差范围内重复生产同一型号的产品；缺点是对材料的厚度有一定的限制，尽管其重复性比较好，但模板的调整非常困难。

旋转装置通常由两个辊子组成，因为旋转装置线速度和辊弯成形机的速度很难同步，因此大多数情况下，利用辊弯成形机拖动钢带从而实现辊子的旋转。如果旋转装置需要有很高的驱动力矩，通常要在旋转装置之前和之后各加一个回路控制器，这种控制器能够控制旋转装置或辊弯成形机的转速。

5. 移动模加速器

（1）气动冲模加速器　利用气缸使移动模从初始位置加速达到钢带速度是一种相对经济的方法，如图 5-6-53 所示，但这种气动冲模加速器的精度比较低。

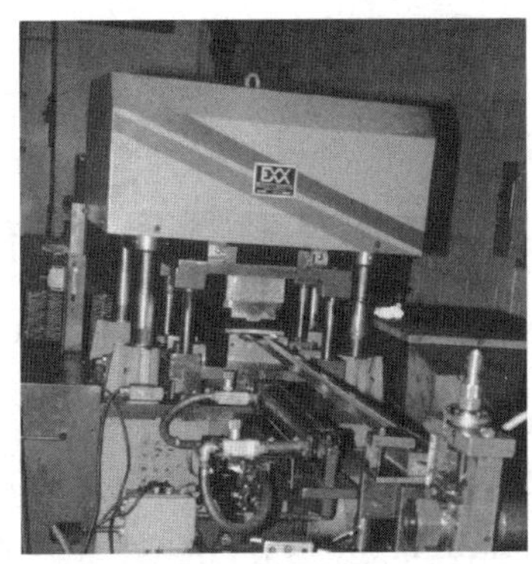

图 5-6-53　气动冲模加速器

最佳的状态是在冲切进行时，在压力机中心位置冲模与钢带速度能达到一致。一旦实现这种目的，模具就与产品等速运动，直到冲切完成，加速器与切削刃分离。在冲切完成后，气缸驱动移动模减速并返回到初始位置。

（2）气液增力系统　为了减小模具在加速和速度波动中引起的变化，有时采用液压速度控制系统。在这些情况下，动力源依然来自空气气缸，但是液压控制系统使模具的运动更加均衡一致。气液式加速器比气动冲模加速器的控制精度高，各个厂家提供的系统精度也不同。液压流体因黏性和其他因素的变化也影响着加速器所能达到的精度。

（3）齿条和小齿轮　一个小齿轮驱动齿条，齿条与模具相连接，也可以作为一种模具加速器，如图 5-6-54 所示。为尽量减小或消除齿隙，可以把齿条或小齿轮分为两片使用。齿条和小齿轮的型号、尺寸以及需要的扭矩是根据时间、运动距离、模具加速所需要的动力来决定的。

图 5-6-54　齿轮齿条模具加速器

（源于 Metform International Ltd.）

小齿轮一般通过一台直流电动机或辊弯成形机来驱动。

在辊弯成形机驱动齿条和小齿轮使模具加速的系统中，小齿轮只能单向转动。当操作完成后，离合器脱开，模具停止运动并由气缸推动返回初始位置。

（4）滚珠丝杠　用一种滚珠丝杠代替齿轮齿条结构也能达到加速模具的效果。由于这种结构很简单，因此常用于小型模具的加速和复位。丝杠安装于模具的下面，滚珠丝杠模具加速器如图 5-6-55 所示。在大型、高速、长行程的模具中，滚珠丝杠的弯曲强度是主要限制因素。

（5）凸轮机构　凸轮型模具加速器是一种简单、价廉、高精度的加速装置。通常仅用于小型的模具中。

在这种加速装置中，将一个凸轮固定在模具上，一个凸轮辊子和其他装置安装在滑块上，当感应装置发出信号时滑块向下移动，辊子撞击凸轮，从而驱动模具前进，如图 5-6-56 所示。滑块开始向上运

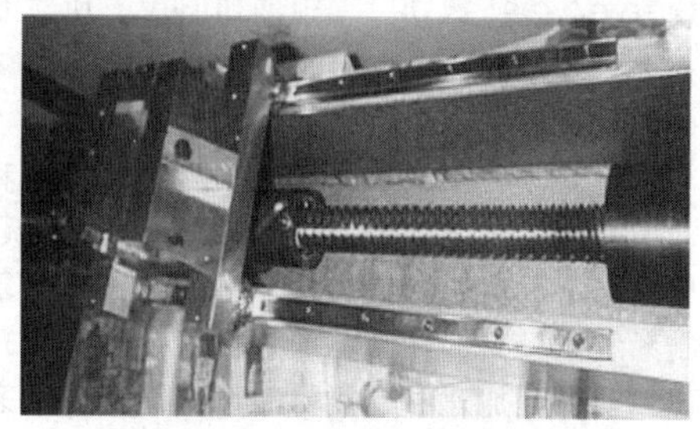

图 5-6-55　滚珠丝杠模具加速器

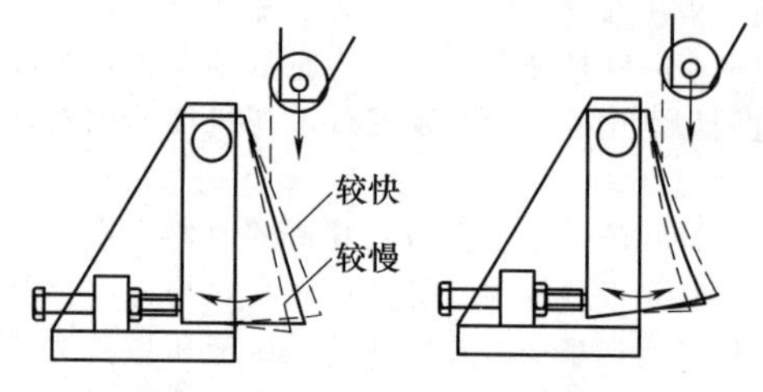

图 5-6-57　传统冲击加速与改进的渐进加速对比

动后，模具脱离材料，弹簧或其他装置推动模具返回初始位置。

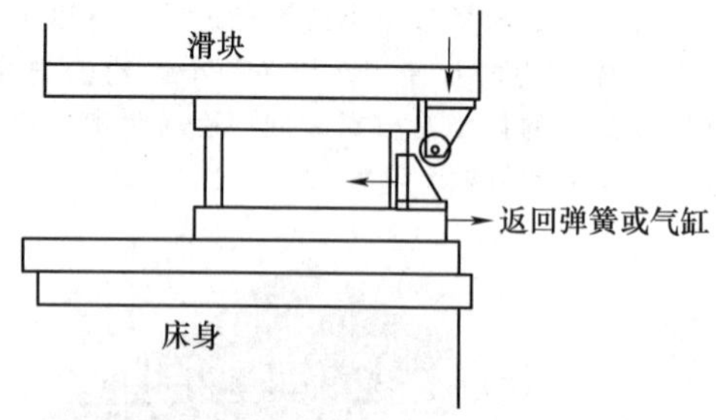

图 5-6-56　凸轮型模具加速器示意图

如果在滑块上安装垂直运动的辊子撞击直线凸轮，在原理上，凸轮将会推动模具在水平方向上突然运动。通过调整凸轮曲线，可以减少这种装置引起的冲击，更好地控制模具速度。此时模具的速度是由凸轮逐渐加速的变化来控制的，传统冲击加速与改进的渐进加速对比如图 5-6-57 所示。

（6）钢带/产品　移动模通常是通过产品来加速和驱动的。一般利用冲切工具与材料咬合带动模具运动；或者利用摩擦力将一个销或挡块插入预冲孔或预开槽的孔内；或者利用钢带上道次切断端来推动模具运动。有时，是这几种方法的综合使用。

1）一个刚性好的冲头插入移动的钢带能使模具加速，使其速度从零增加到与钢带相同而不损坏冲切工具或钢带。

2）在模具加速方法中前置挡块是经常使用的。在每次切断之后，产品的尾端从切断模具中出来，并以成形速度向前挡块运动。前挡块用一根连杆刚性连接在切断模具上，如图 5-6-58 所示。当产品尾端碰到前挡块时，它带动前挡块及与之相连的模具前移，运动的模具触发压力机工作。切断之后，前挡块被移开或转动与产品脱开，产品滑出，前挡块及所连模具返回初始位置。

因为前挡块和模具的距离是固定的，因此这种方法误差较小，而且造价相当低。

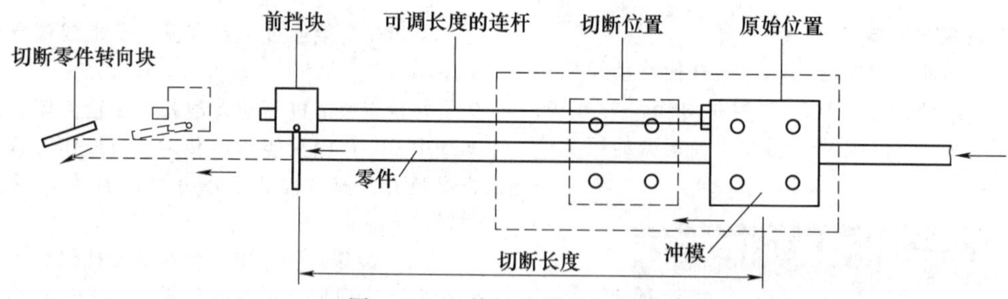

图 5-6-58　前挡块模具加速器

（7）插销装置　这种方法与前挡块有相似之处，它是利用插销或其他装置进入预冲孔和开槽孔区域拉动模具。这种情况下，产品的长度公差是由预冲孔的精确度决定的。

当后切断工艺需要预切槽时，插销是经常用到的方法。前面提到的限制条件（速度、模具重量、插销、尺寸等）同样适用于这种方法。为克服这种限制，可利用反冲弹簧或气动冲模加速器。

6.3.4　辊弯成形生产线上的辅助装置

很多产品都可以采用辊弯成形加工，但大多数都需要一些辅助的加工工序，如冲孔、切口、弯圆、焊接等。如果这些工序分别单独进行，那么型材会进行多次加工，也许还要一次又一次地送入存储库，取出后再次安装到设备上进行下一道工序，然后再次移走，最后才打包存放。采用这种方式，不仅浪费了大量时间，而且还需要额外的存放空间。同时，大量的材料处理、装载和卸载，不仅增加了劳动强度，还大大增加了加工成本。在技术条件允许，而且生产批量很大的情况下，高生产效率的辊弯成形生产线能够把所有的辅助加工工序结合在一起。

1. 输出辊道

成品经剪切成定尺后，需要迅速运送至收集台架处进行收集。在选择运输辊道的有关技术参数时，应考虑以下几点：①运输辊道的辊面线速度应高于辊弯成形机组出口速度一倍，以保持前后两根切断的成品拉开间距。②由于辊弯成形机组的成形速度范围较大，可以将运输辊道的速度分为两档，以分别适应成品的不同输出运送速度的要求。③运输辊道的辊面形状要与辊弯成形产品断面相适应，以保证成品在辊道上平稳运行。

2. 成组机身换辊

采用这种换辊方式的成形机组的底座是双层的，机身装在上层可更换的底座上。机身可以是侧拉出式换辊的机身，也可以是辊轴向上拉出换辊的机身。根据生产计划，当在线的一组机身在生产时，备用的那一组机身已装好新的成形辊并调整好。需要换辊时，将两层底座之间的连接螺栓松开，并卸下每根辊轴上的连接轴，将可更换底座连同其上的机身一起吊下并将备用的那组机身吊上底座装好即可进行生产。这种换辊方式换辊时间短（一般仅需几十分钟），但却需要备用的机身及其底座。

采用这种换辊方式需要注意的是：

1）两组机身的可更换底座必须具有相同的尺寸。

2）可更换底座与下层底座之间必须能够准确定位。

3）为了能够尽快完成换辊操作，应采用装卸容易且可靠的紧固方式来紧固上下层底座及连接辊轴与连接轴。

3. 弯曲

很多型材都需要在辊弯成形中横向进行弯曲。典型的例子就是搁板和门。多种横截面都可以在辅助加工中进行弯曲，如图 5-6-59 所示，在大多数情况下，与辊弯成形方向相垂直。

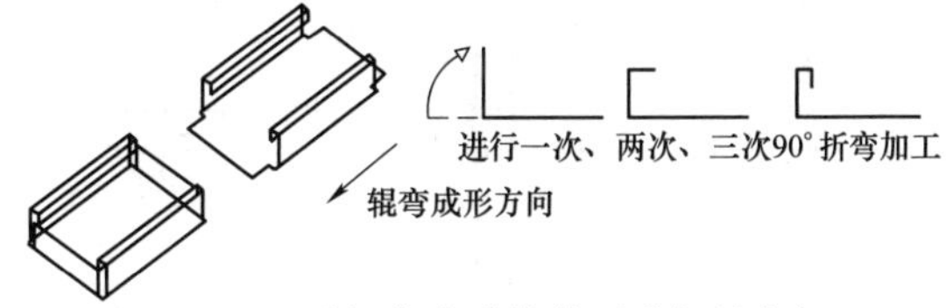

图 5-6-59　对辊弯成形横截面进行折弯加工

进行横向弯曲有不同的加工方式。

（1）切断模弯曲　在切断过程中，可以在一个工件的前端和另一个工件的末端用冲切模进行 90°弯曲。在一次冲压的过程中同时完成两次剪切，如图 5-6-60 所示。

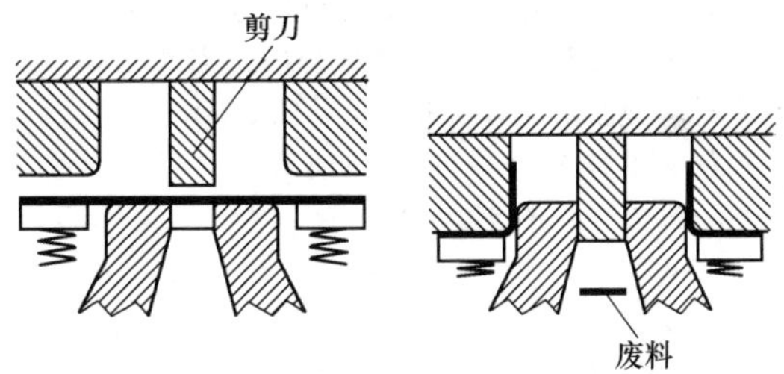

图 5-6-60　成形方向横向末端弯曲的产品

（2）边部两次折弯　在与辊弯成形方向垂直的方向上需要一个或者多个 90°折弯加工时，可以一个一个地进行弯曲，也可以在不同的折弯机上单独折弯，如图 5-6-61 所示，或者在组合的折弯机构上弯曲前一个产品的末端和下一个产品的前端。

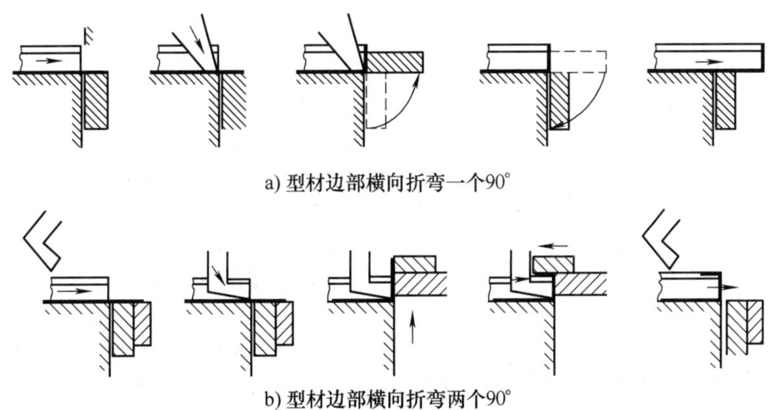

a) 型材边部横向折弯一个90°

b) 型材边部横向折弯两个90°

图 5-6-61　型材边部折弯

（3）辗弯　辗弯可以作为一种交互式的边部弯曲方法对产品的末端进行 90°弯曲。辗弯可以采用滑块（见图 5-6-62a ~ c）或采用轧辊（见图 5-6-62 d ~ f）来完成。

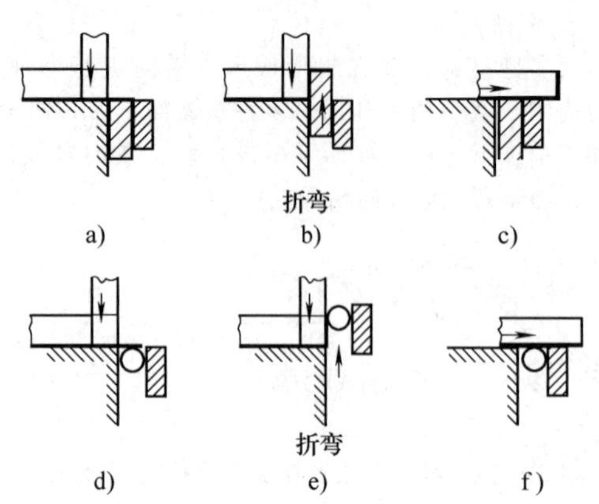

图 5-6-62　型材边部辗弯

4. 弯圆

（1）预切断型材的单独弯圆　预切断的薄板、厚板、热轧型材或辊弯成形型材必须在具有驱动的弯圆机构中进行弯圆加工。材料由弯圆辊驱动的典型安排是采用对称或者不对称型的三点式结构，或者夹送辊型的三辊弯圆机构（见图 5-6-63）、四辊弯圆机构（见图 5-6-64）或者具有弹性（下）辊的二辊弯圆机构（见图 5-6-65）。

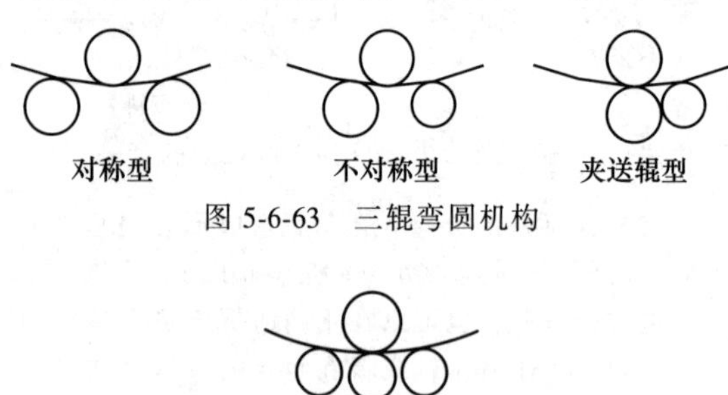

图 5-6-63　三辊弯圆机构

图 5-6-64　四辊弯圆机构

图 5-6-65　具有弹性（下）辊的二辊弯圆机构

（2）在辊弯成形机组上用轧辊进行弯圆　在辊弯成形中，型材由辊弯成形机组驱动着连续地通过弯圆机构。图 5-6-66a、b 所示为两种不需要额外增加弯圆机身的可行方法。这两种方法适用于加工相对较大的弯圆半径。

然而，通常情况下，弯圆采用的方法是在成形机组尾部单独增加一组三轧辊弯圆机构。在连续成形的情况下，弯圆轧辊通常是无驱动的。为了避免或最大限度地减小型材在最后一道成形辊与弯圆辊之间产生翘曲，此两道辊应尽可能地安装得近一些。另一种可以采用的方法是在型材的周围采用支承装置以避免起波。在设计阶段必须要考虑到如何把型材的末端从没有驱动的弯圆装置中取出来。

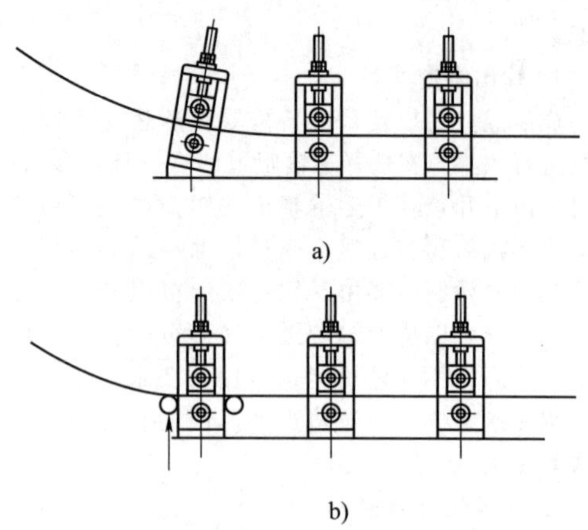

图 5-6-66　在辊弯成形机组上连续弯圆

（3）通过控制起皱进行弯圆　被弯圆的型材出现皱褶既不美观，也是不能接受的。通过预先起皱来进行弯圆是工人使用的一种较为原始且简易的方法，如图 5-6-67 所示。

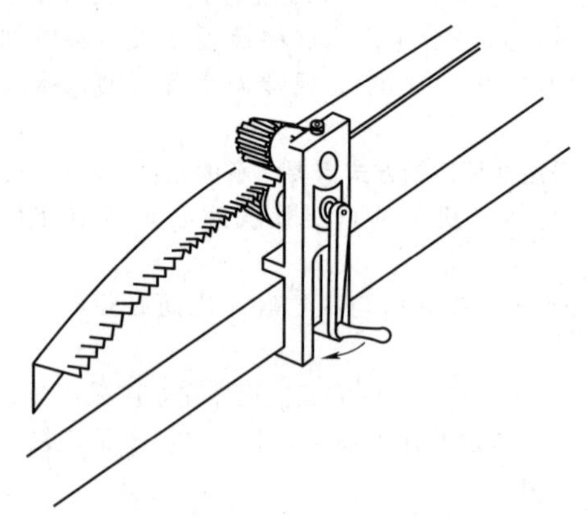

图 5-6-67　预先起皱

建筑用的屋面板也是采用辊弯成形加工的，弯圆方法与上面提到的方法类似，采用多次压力撞击来对型材进行弯圆。建筑侧面板也用相同的方法弯圆到很小的圆角半径，如图 5-6-68 所示。

通过横向起皱的方法进行连续弯圆常常被用来加工拱形建筑构件。按照这种方法用压力机或者弯圆轧辊可以弯圆波高为 7～8in（注：1in = 25.4mm）（175～200mm）的型材，如图 5-6-69 所示。

重要的是，在弯圆加工中，型材上原有的弯角不应该被破坏。弯角被压力模破坏后，型材截面的强度可能减少 35%～40%。保持型材在纵向的辊弯圆角在所有的弯圆加工中都是十分重要的。

（4）螺旋成形　很长时间以来，大家都知道用平板进行螺旋成形管材。螺旋管生产方法的巨大优点是通过改变螺旋角，用同样宽度的板带可以生产

图 5-6-68　在压弯成形机中弯圆建筑用板

图 5-6-69　通过横向起皱的方法来弯圆拱形的建筑构件

多种直径的管材，如图 5-6-70 所示。管材的最小直径受接合处强度的限制，而最大直径受到管壁的刚性和可用空间的限制。管材接合处通常采用锁缝或者焊接连接。

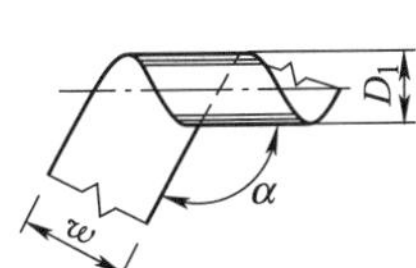

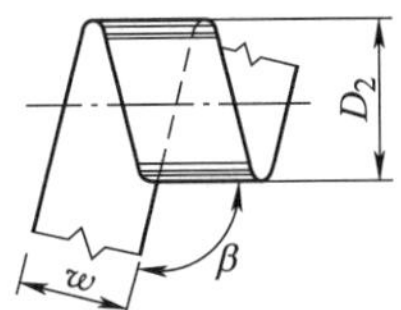

图 5-6-70　螺旋成形管材

管壁平滑的通风管、柔性电线导管、柔性水软管都可以用弯圆模进行弯圆。

波纹状涵管的螺旋弯圆可以采用三套弯圆辊来进行。轧辊的角度被调整到与螺旋角相匹配，而波纹间距自动保持相同的距离，如图 5-6-71 所示。

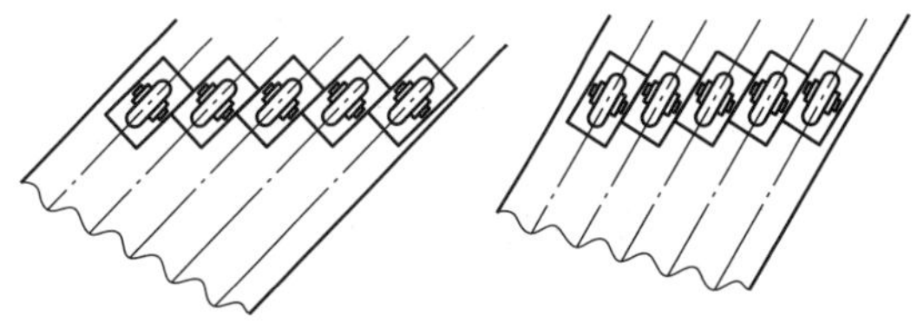

图 5-6-71　采用相同的模具进行涵管的螺旋弯曲

（5）用弯圆模或芯模弯圆　采用轧辊对辊弯型材进行弯圆比较简单，但是由于皱褶、纵向挠曲以及扭曲缺陷的产生，限制了型材的最小弯圆直径。在常温下要想使型材的弯圆半径更小，需要使用弯圆模或芯模进行弯圆。

弯圆模通常包裹了型材的整个表面，强迫型材进行弯圆。每一规格的弯圆半径需要一套弯圆模。弯圆模不能调整（如果由几部分组成的话，可以进行有限的调整）。弯圆模价格很贵，但是在很多情况下，采用这种机构是将型材弯圆到指定尺寸、小半径产品的唯一方法。

弯圆模必须包裹住型材，但不能阻碍材料的流动。弯圆模必须提供压力用于弯圆，同时还要阻止受压缩的区域产生波浪（翘曲）。后面的加工类似于深度拉拔中使用的压紧环功能，因此，可以考虑使用弹簧或者水压机构，但在实际生产中还从来没有用过。为了降低磨损，有时也将弯圆模与弯圆辊结合起来使用。

在管件弯圆时，为了防止皱褶，可以采用浮动的芯子。在轧辊弯圆中也使用类似的芯模，但是型材能够在内侧的芯模和外侧的弯圆模或轧辊之间滑动。因为芯模是浮动的，它们不对型材进行弯圆，但是在很多情况下，能够减少皱褶的产生。因为固定芯模的拉杆及支架必须在型材还没有完全封闭之前就要伸入到型材的内部，因此，固定装置与弯圆装置之间要有相当长的距离。

5. 打包

除了有些型材在生产线末端被直接装配到一个更大的产品中（例如，将一个防尘环焊接到一个汽车制动元件上）外，其他的型材必须要打包在一起，以便运到储藏库，方便后续的运输或者零售。

屋面板只需捆扎在一起，侧板则需要放入板条箱内。非嵌套的面板、U 形钢和 C 形钢要配对嵌套起来（第二个翻过来扣在第一个上）。柱头螺栓也是成对放置的，每十个（五对）螺栓捆成一小捆，然后将若干个小捆捆成一大捆，放入货架中准备运输。

由于包装的需要，当一人在操作生产线时，通常需要 4~6 人来完成包装工作。近年来，由于自动打包设备的出现，在生产线上只需要一名操作工人就可以了。而在有些生产线中，使用了自动的打包和运送包裹的设备后，一名操作工人可以同时操作两条或多条辊弯成形生产线。

6.4　辊弯成形生产自动化与信息化技术

作为工厂自动化生产、管理的一个环节，辊弯成形生产自动化与信息化已经取得了较大的进展，许多辊弯成形机组已局部或整条作业线实现了自动化控制。

自动化的目的在于提高劳动生产率，改善工作条件，提高产品质量，降低各种消耗，从而增加产品的竞争力。其所要求达到的功能为：

1）生产过程自动化。包括各单体设备、机构的工作过程自动控制，以及各单体设备、机构之间的速度控制等。

2）对产品质量的自动控制。对整个作业线进行自动监测，并通过信号反馈系统对工艺装备进行自动调节。如焊接自动控制、焊缝检查，以及对原料、钢管尺寸的自动测量及调整。

3）作业线的故障诊断及故障诊断系统的管理。

4）生产计划的编制、核算以及组织管理的自动化。

在不久的将来，N/C，PLC（可编程逻辑控制器）、计算机以及其他的装置会得到越来越多的应用。一些生产线可以根据预先编好的程序自动运行，有些可以根据传感元件传回的数据调整轧机、模具以及其他部件，以保证产品的品质一致。

计算机及相似的装置已经被很多企业用于控制产品长度和数量、启动压力机、更换冲孔模具、控制封装以及显示故障和维护计划。随着不断地发展，操作人员的一些工作将会被计算机控制装置或自动化装置所替代，这也使得一个操作人员操作多条生产线成为可能，一些先进的企业已经进行了实践。不管生产线是简单的还是复杂精密的，都需要熟练的、积极上进的、受过高等教育的操作人员。

参考文献

[1] HALMOS G T. 冷弯成形技术手册 [M]. 刘继英，艾正青，译. 北京：化学工业出版社，2009.

[2] 小奈弘，刘继英. 冷弯成形技术 [M]. 北京：化学工业出版社，2008.

[3] THEIS H E. Handbook of Metalforming Processes [M]. New York：Marcel Dekker，1999.

[4] 韩飞，刘继英，艾正青，等. 辊弯成形技术理论及应用研究现状 [J]. 塑性工程学报，2010，17（5）：53-60.

[5] 乔自平，韩静涛，刘靖. 复杂断面冷弯型钢在线切断模具设计 [J]. 锻压技术，2007，32（5）：94-98.

[6] 王世鹏，韩飞. 变截面辊弯回弹机理研究 [J]. 锻压技术，2013，38（5）：79-86.

第7章

连续挤压机

大连交通大学　宋宝韫　樊志新　孙海洋　刘元文

7.1　连续挤压机工作原理及特点

7.1.1　工作原理

连续挤压工作原理如图 5-7-1 所示，挤压轮在动力驱动下沿图示方向做旋转运动，在挤压轮圆周上有一环形轮槽，腔体的工作表面圆弧与挤压轮的外圆表面相吻合，腔体上的挡料块与挤压轮的轮槽相吻合，构成圆弧形的密封带。坯料经压实轮压紧在挤压轮的轮槽内，在摩擦力的作用下被连续送入由挤压轮轮槽和腔体弧形表面构成的挤压腔，坯料在腔体挡料块处沿圆周方向的运动受阻，转向沿挤压轮半径方向运动，通过腔体的入口进入腔体，然后通过装在腔体内的模具挤压成形，成为产品。由于这种方式产品的出料方向是沿着挤压轮的半径方向，所以也称为径向挤压。

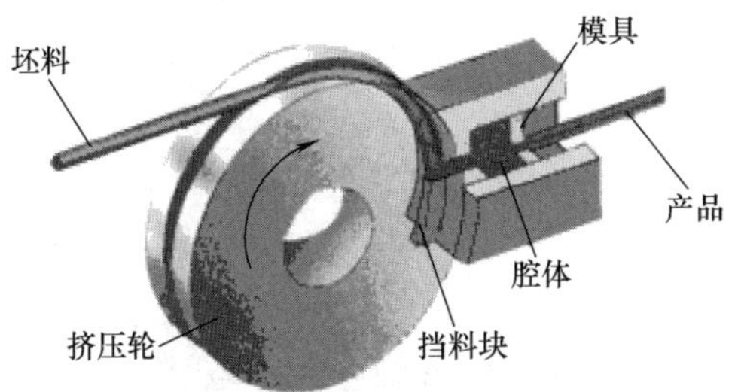

图 5-7-1　连续挤压工作原理

以连续挤压技术为基础，发展了一种新的包覆技术——连续挤压包覆技术，其工作原理如图 5-7-2 所示。通常两根坯料被压实轮压入挤压轮的沟槽，并随挤压轮的旋转向前运动，两根坯料在挡料块处受阻沿垂直方向进入模腔，在模腔内的高温、高压环境下，已经发生塑性变形的两根坯料被完全压合，形成对芯线的围合。随着芯线的连续送入和坯料的连续供应，可以实现近似“无限长”包覆产品的生产。电缆铝护套和铝包钢丝等生产均需要芯线以平直状态穿过模具，芯线在挤压轮的切线方向上出料，这种模式一般都称为切向包覆。

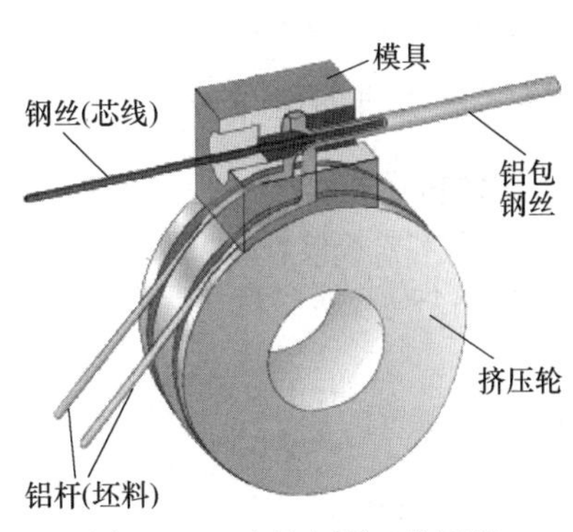

图 5-7-2　连续包覆工作原理

7.1.2　特点

连续挤压具有以下优点：

1）相对于传统的挤压机，由于连续挤压的挤压力来自于旋转的挤压轮而不是直线运动的挤压杆，因此可以实现真正意义上的无间断连续生产，获得长度达到数千米乃至数万米的大长度、大卷重制品。

2）显著减少间断性非生产时间，提高劳动生产率，缩短生产周期，大幅度减少挤压压余、切头尾等几何废料，可将挤压成材率提高到 96%以上。

3）挤压工艺过程的稳定性容易控制，启动和停止的不稳定过程占整个生产过程的比例微乎其微，大大提高制品沿长度方向的组织和性能的均匀性。

4）大大简化了生产工艺，坯料不需要加热，对于铜铝扁线、异形导体等的生产具有显著的优势，目前业界几乎完全摒弃了轧制、卧式挤压、拉拔、退火的传统工艺。

5）具有较为广泛的适用范围。从材料种类来看，连续挤压已广泛应用于铝及软铝合金、铜及部分铜合金的挤压生产。坯料的形状可以是杆状、颗粒状，也可以是熔融状态，制品种类包括管材、线材、型材，以及铝包钢线、电缆护套等包覆产品。

6）设备紧凑，占地面积小，设备造价及基建费用较低。

连续挤压具有许多常规挤压所不具有的优点，尤其适合于热挤压温度较低、断面尺寸较小的产品。然而，由于成形原理与设备构造上的原因，连续挤压法也存在如下的不足：

1）坯料表面必须保持干净。生产实际表明，线杆坯料的表面清洁程度会直接影响挤压制品的质量，表面清洁程度过低时甚至会产生夹杂、气孔等缺陷。因此，有时必须增加杆料表面预处理工序。

2）不适合生产断面尺寸较大、形状较为复杂的实心或空心型材，由于坯料尺寸与挤压速度的限制，连续挤压的单机产量低于常规卧式挤压。

7.2　连续挤压机的型号及主要技术参数

7.2.1　连续挤压机型号

按照挤压轮和轮槽的数量、靴座的运动方式和模腔的位置等不同，连续挤压机分类如图 5 7-3 所示。

连续挤压机分类
- 按挤压轮的数量分
  - 单轮挤压机
  - 双轮挤压机
- 按挤压轮上轮槽的数量分
  - 单槽挤压
  - 双槽挤压
- 按靴座运动方式分
  - 摆靴式
  - 滑靴式
- 按产品出料方向分
  - 径向挤压
  - 切向挤压（切向包覆）
- 按挤压机的功能用途分
  - 单功能挤压机
    - 铜材连续挤压机
    - 铝材连续挤压机
  - 多功能挤压机
    - 铜材铝材通用连续挤压机
    - 挤压包覆通用连续挤压机
- 按设备的布置方式分
  - 卧式连续挤压机
  - 立式连续挤压机

图 5-7-3　连续挤压机分类

目前，连续挤压机的规格型号在国际范围内尚没有统一的标准，都是设备制造商自行确定命名。能够表征连续挤压机设备能力的技术参数是挤压轮直径，直径越大，所能生产的产品规格就越大，生产效率也越高。

国内比较有代表性的连续挤压设备制造商是大连康丰科技有限公司，设备规格型号有 TLJ 系列（如 TLJ250、TLJ630 等）、LLJ 系列（如 LLJ 300、LLJ400 等）、SLB 系列（如 SLB 350 等），具体型号前面的三个字母是汉语拼音的首字母，分别表示铜材连续挤压机、铝材连续挤压机和双槽连续包覆机；后面的数字表示挤压轮的公称直径（单位：mm）。

国外比较有代表性的连续挤压设备制造商是英国 BWE 线材设备有限公司，设备规格型号为 Conform285、Conform315、Conklad350 等，具体型号中的 Conform 表示连续挤压机，Conklad 表示连续包覆机，后面的数字表示挤压轮的公称直径（单位：mm）。

目前市场上广泛应用的基本上都是卧式布置、摆靴式单轮连续挤压机。对于线材、型材和小规格铝管产品，多选择单轮单槽挤压的形式；对于大断面空心管材或金属包覆产品，多选择单轮双槽的形式；对于大规格的铝护套产品，可选择双轮双槽切向包覆的形式。

7.2.2　典型的连续挤压机

图 5-7-4 和图 5-7-5 所示分别为国产的 TLJ300 连续挤压机和英国 BWE 生产的 Conklad350 连续包覆机。

图 5-7-4　国产 TLJ300 连续挤压机

图 5-7-5　BWE Conklad350 连续包覆机

7.2.3　主要技术参数及用途

表 5-7-1～表 5-7-3 分别列出了铜材连续挤压机、铝材连续挤压机和连续挤压包覆机的型号和技术参数。表中列出的相关技术参数也是连续挤压机和连续挤压包覆机设备选型的主要依据。

表 5-7-1　铜材连续挤压机的型号和技术参数

参数名称	设备型号						
	TLJ250	TLJ300	TLJ350	TLJ400	TLJ500	TLJ550	TLJ630
	参数值						
挤压轮直径/mm	250	300	350	400	500	550	630
主电动机功率/kW	45	90	160	250	400	450	600
杆料直径/mm	8	12.5	16	20	25	27	30
产品最大宽度/mm	14	50	100	170	240	270	320
产品截面积/mm²	5~80	5~250	30~1000	75~2000	200~3800	240~4500	300~6400
最大产量/(kg/h)	140	400	760	1200	1800	2400	3000
主要产品	铜扁线，换向器线杆坯	铜扁线，换向器线杆坯	铜排	铜排，KFC 坯料，接触线	铜排，铜带坯，接触线	铜排，铜带坯，接触线	铜排，铜带坯，接触线
使用原材料	纯铜、铜合金						

表 5-7-2　铝材连续挤压机的型号和技术参数

参数名称	设备型号				
	LLJ300A	LLJ300B	LLJ350	LLJ400	LLJ500
	参数值				
挤压轮直径/mm	300	300	350	400	500
主电动机功率/kW	110	132	160	250	400
杆料直径/mm	9.5	12	9.5×2	15×2	15×2
产品尺寸范围/mm	1. 圆管直径 6~16 2. 扁管宽度 10~30 3. 扁线宽度 4~30	1. 圆管直径 7~20 2. 扁管宽度 10~30 3. 扁线宽度 5~30	1. 圆管直径 8~30 2. 扁管宽度 15~70 3. 铝排宽度 20~70	铝排宽度 20~150	1. 圆管直径 30~120 2. 铝排宽度 30~240
产量/(kg/h)	140	200	320	500	600

表 5-7-3　连续挤压包覆机的型号和技术参数

参数名称	设备型号				
	SLB350	SLB350	SLB400	SLB400	SSLB500
	参数值				
挤压轮直径/mm	350	350	400	400	500
主电动机功率/kW	200	160	250	250	600
杆料直径/mm	9.5×2	9.5×2	12×2	12×2	15×4
包覆产品外径/mm	4~8	5~30	6~10	8~50	50~180
铝层厚度/mm	0.35~1	0.6~2	0.4~1.2	1~3	2~6
最大线速度/(m/min)	160	80	160	60	10
主要产品	铝包钢丝	OPGW 铝护套 电缆光缆护套 CATV 同轴电缆 耐火电缆 浸油电缆	铝包钢丝	电缆护套 CATV 同轴电缆 耐火电缆 浸油电缆	电缆护套 浸油电缆 超高压电缆

7.3　连续挤压机的基本结构及组成

连续挤压机的主机由传动系统、主轴系统、靴座及锁靴机构、压实轮及溢料刮刀等四部分组成，并由主机与冷却系统、液压润滑系统、电气控制系统共同组成连续挤压机。

7.3.1　主机传动系统及组成

卧式连续挤压机的基本结构如图 5-7-6 所示，主要包括电动机、减速器、连续挤压机头和底座，电动机通过减速器减速以后，驱动机头内挤压轮旋转来提供连续挤压的动力。由于挤压不同规格或不同性能的产品往往需要不同的转速，所以电动机都选用直流调速或交流变频调速电动机，采用行星减速器可使设备结构紧凑，电动机、减速器和机头通过螺栓分别固定在底座上。

立式挤压机的基本结构如图 5-7-7 所示，这种挤

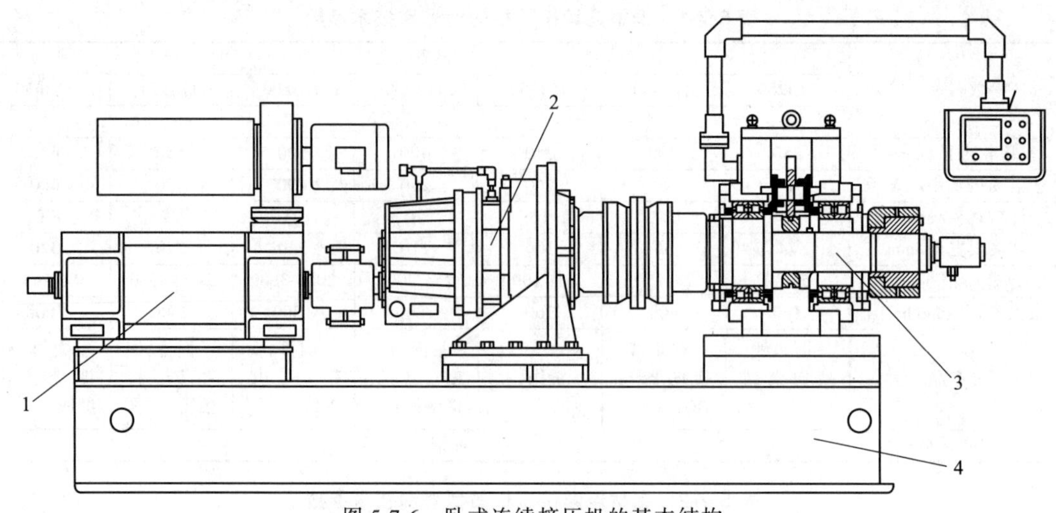

图 5-7-6　卧式连续挤压机的基本结构

1—电动机　2—减速器　3—连续挤压机头　4—底座

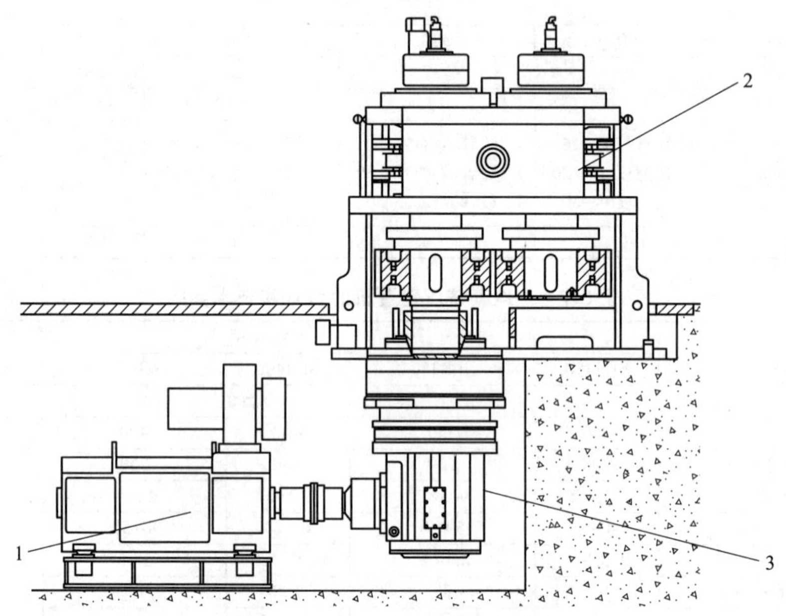

图 5-7-7　立式挤压机的基本结构

1—电动机　2—连续挤压机头　3—减速器

压机的电动机和减速器置于机头的下部，一般放在地面以下以保证生产线有合适的操作高度。这种结构的优点是占地面积小、更换挤压轮方便、挤压溢料容易排出，便于工人操作；缺点是车间需要挖地坑用于放置动力和传动部分。这种结构比较适合大型的和双轮的连续挤压机，用于生产大规格产品和大尺寸电缆的金属护套。

7.3.2　液压螺母串套预应力主轴

由连续挤压工作原理可知，挤压轮上的轮槽作为连续挤压的工作区域，依靠其产生的摩擦力驱动金属材料变形和升温，工作过程中需要承受巨大的载荷和很高的工作温度，因此挤压轮工作一定时间后将发生磨损（或产生裂纹）而失效。早期的连续挤压机采用整体主轴，即在一根整体轴上加工出轮槽作为连续挤压的驱动部分，这种结构最简单，但带来的问题是如果轮槽部分产生磨损或裂纹就会导致整个主轴报废，生产成本会非常高昂。所以后期的挤压机均采用挤压轮和轴身分体的组合结构，这样就可将带有轮槽的工作部分做成一个圆环（即挤压轮），失效后仅更换圆环即可，从而大大降低了这部分的工装成本。同时，挤压轮的材料可以选择更优质的工模具钢以进一步提高其使用寿命。

1. 整体芯轴式主轴系统

主轴系统包括：挤压轮、轴套、侧辊、液压螺母等零件，依次串套装配在芯轴上，如图 5-7-8 所示。主轴系统由机身支承，然后装配其他零部件，共同组成连续挤压机的机头。

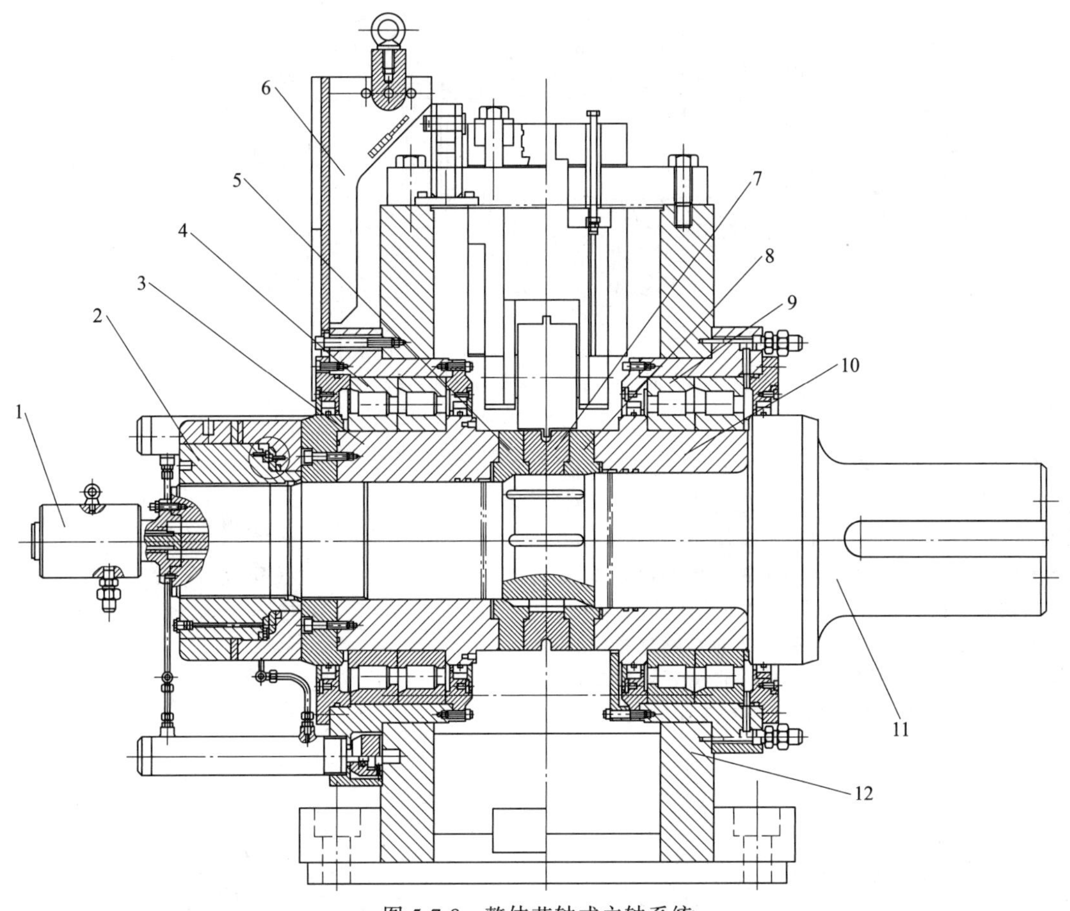

图 5-7-8　整体芯轴式主轴系统

1—旋转接头体　2—液压螺母　3—外轴套　4—外轴承座装配　5—外侧辊　6—轴承座吊装架　7—挤压轮　8—内侧辊　9—内轴承座装配　10—内轴套　11—芯轴　12—机身

主轴系统装配时，液压螺母加压将上述串套零件夹紧，达到需要的压紧力，再将锁紧螺母拧紧，最后将液压螺母内的压力油释放掉。芯轴的伸长变形和挤压轮及轴套等串套零件的压缩变形由于液压螺母的作用而将预紧力存储在主轴系统中，工作时芯轴扭矩主要通过串套零件间的摩擦力以及和挤压轮间的键连接传递到挤压轮上，这样装配夹紧后的芯轴和串套零件就相当于一个整体，在轴套部位有轴承支承，芯轴的轴端与减速机相连，从而在电动机和减速机的驱动下旋转，实现连续挤压的工艺过程，这种结构既可以传递很大的扭矩，又便于挤压轮的拆卸更换。

2. 分体芯轴式主轴系统

对于小型的连续挤压机，由于传递的扭矩和径向载荷相对较小，为了进一步降低设备成本，可将芯轴设计成分体组合式结构，如图 5-7-9 所示。半轴 2 与驱动轴 1 通过螺纹连接构成芯轴，挤压轮、侧辊、轴套等串套在芯轴上并通过液压螺母预紧。扭矩传递主要通过串套零件间的摩擦力实现，当转矩较大时，可在挤压轮、侧辊和驱动轴之间采用传动销 3 进行连接，从而进一步提高承载能力。

7.3.3　靴座及锁靴机构

连续挤压机的主轴带动挤压轮旋转作为连续挤压的驱动部分，挡料块和腔体作为材料的成形部分，在工作过程中相对于挤压轮是固定不动的，但考虑到模具需要定期更换，所以一般都需要设置一个靴座（模座），将挡料块、腔体、模具等固定安装在靴座内。工作时将靴座锁定在与挤压轮之间保持很小间隙的工作位置，更换模具时将其移动到一个敞开的空间，便于模具的拆装。

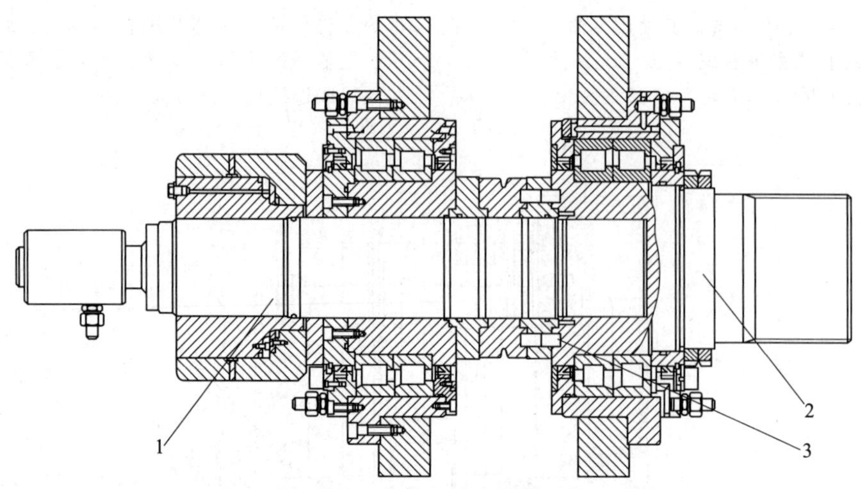

图 5-7-9　分体芯轴式主轴系统
1—驱动轴　2—半轴　3—传动销

靴座的移动有两种方式，即旋转摆动或直线移动，前者称之为摆靴式，后者称之为滑靴式。摆靴式机构中，靴座的压紧状态如图 5-7-10 所示。图 5-7-11 所示为该机构的运动示意，更换模具时靴座可以在液压缸或液压马达的驱动下绕铰轴旋转 90°以上使其完全打开，利用靴座上部的空间进行模具更换操作。工作时再将靴座复位，将压紧液压缸转到工作位置使靴座压紧，从而实现对靴座的锁定。

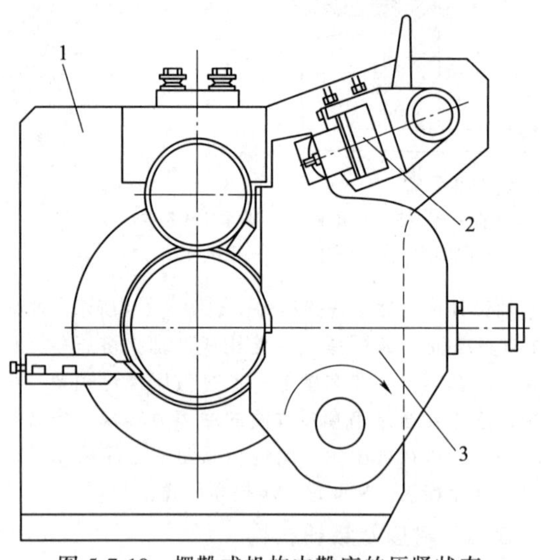

图 5-7-10　摆靴式机构中靴座的压紧状态
1—机身　2—压紧液压缸　3—靴座

滑靴式机构中，靴座的压紧状态如图 5-7-12 所示。图 5-7-13 所示为该机构的运动示意。该机构的靴座底部设有平直导轨，更换模具时将靴座拉出而离开挤压轮，从而让出装拆模具的操作空间，换模后再将靴座推入工作位置。然后关闭门板，插入门闩，再通过顶部液压缸和背部液压缸加压使靴座牢牢地锁定在工作位置。

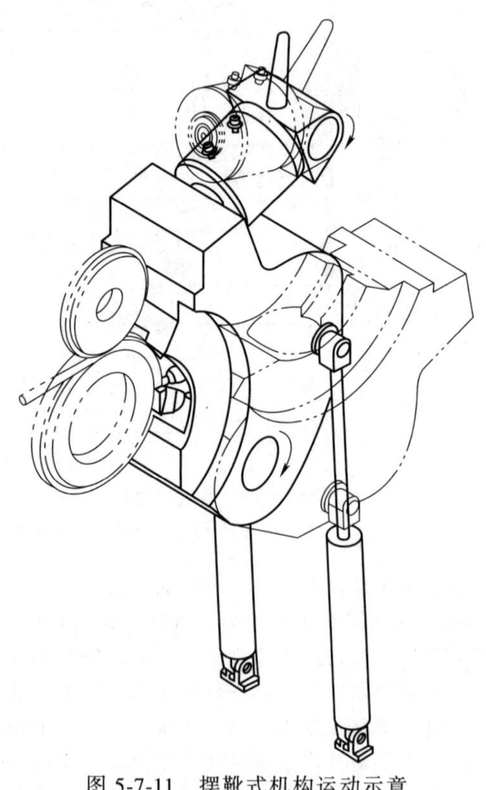
图 5-7-11　摆靴式机构运动示意

由于锁靴力较大并且受到结构尺寸的限制，所以使用的液压油压力都较高，一般采用高压和超高压（压力可达 40MPa）。

7.3.4　压实轮及溢料刮刀

由于连续挤压的动力来自于坯料和挤压轮轮槽间的摩擦力，为了保证坯料与轮槽有足够的接触面积，采用一个类似轧辊的轮子将坯料轧入槽内，一

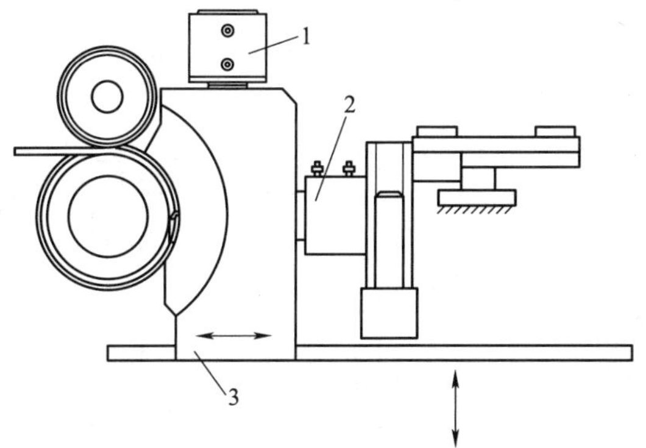

图 5-7-12　滑靴式机构中靴座的压紧状态

1—顶部液压缸　2—背部液压缸　3—靴座

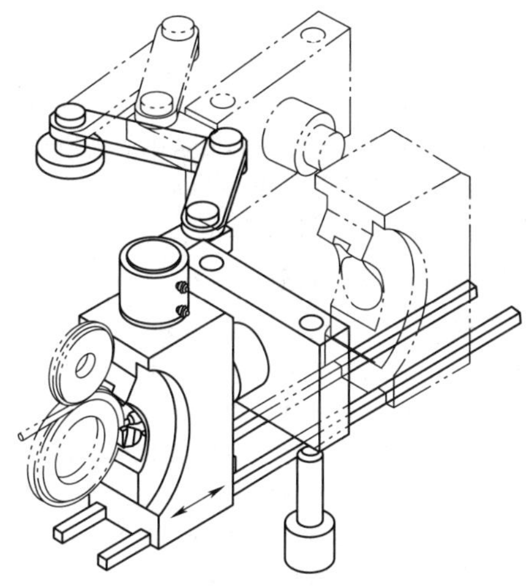

图 5-7-13　滑靴式机构运动示意

般将这个轮子称为压实轮。对于颗粒状坯料是将松散的坯料压得比较致密紧实以增加接触面积和提高生产效率；对于线杆坯料是通过类似孔形轧制的原理使其产生塑性变形并与沟槽贴合，最大限度地增加接触面积，从而提高摩擦力。由于压实轮要使坯料产生塑性变形，因此要有足够的压下力，同时考虑到坯料的尺寸公差，所以一般都将压实轮装置设计成压下量可调并带有弹性缓冲环节的浮动机构。典型的压实轮装置与溢料刮刀结构如图 5-7-14 所示，压实轮支承在轴承上，轴承座的高度可调并能锁定，上部的弹簧用于缓冲生产过程中线杆坯料尺寸变化引起的对压实轮的冲击。

由连续挤压的原理可知，挤压轮与模腔之间必须留有一定的工作间隙，生产过程中，由于挤压力的作用，通过这个间隙泄漏出的少量废料称为溢料。图 5-7-14 所示为典型的溢料刮刀结构，刮刀 1 固定在具有导轨的滑座 2 上，通过螺纹机构调整进给量

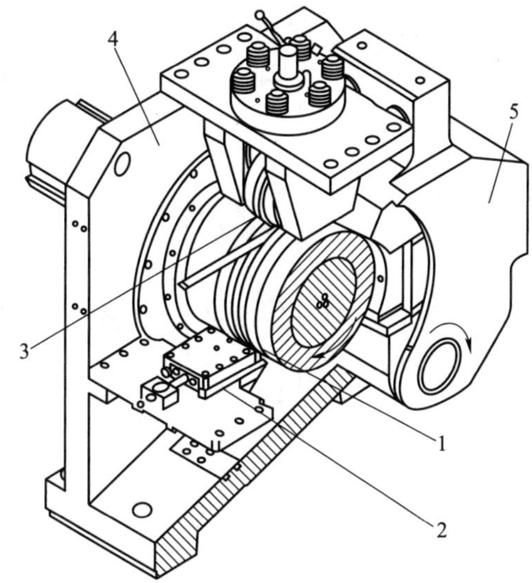

图 5-7-14　压实轮装置与溢料刮刀结构

1—刮刀　2—滑座　3—压实轮　4—机身　5—靴座

来保证清除溢料的效果。工作时挤压轮旋转，刮刀就会将溢料从挤压轮表面切削下来，从而防止这些废料被挤压轮重新带入挤压工作区而造成产品质量问题。

7.3.5　冷却系统

在挤压生产过程中，摩擦和变形会产生大量的热量，为了控制稳定的挤压温度必须采用水冷系统对连续挤压的工装模具（包括挤压轮、腔体、压实轮等）进行冷却。同时，挤压出来的产品也需要冷却到室温或要求的温度，以便于后续的卷取或定尺切断等工艺操作。图 5-7-15 所示为冷却系统的原理图，工装冷却和产品冷却为独立的内循环冷却系统，通过换热器（冷却器）与外循环冷却系统进行热交换，热量通过外循环系统的冷却塔或冷却池被散发掉。

7.3.6　液压润滑系统

1. 液压系统

连续挤压机上的靴座摆动、锁定等动作均需要液压缸或液压马达驱动。目前常用的是叠加阀液压系统（见图 5-7-16），考虑到靴座等运动部件的自重设有平衡回路。对于锁靴机构中的压紧缸，由于工作过程中需要长期处于保压状态，所以采用蓄能器为回路保压，压紧力通过蓄能器中存储的油压来维持，液压泵长期处于卸荷状态，仅当压紧力低于下限值时，液压泵才会自动启动补偿压力损失，这种回路可以最大限度地降低能耗。

2. 润滑系统

连续挤压机主轴轴承、减速机内的齿轮和轴承均需要润滑和冷却。由于挤压轮热量的一部分也会

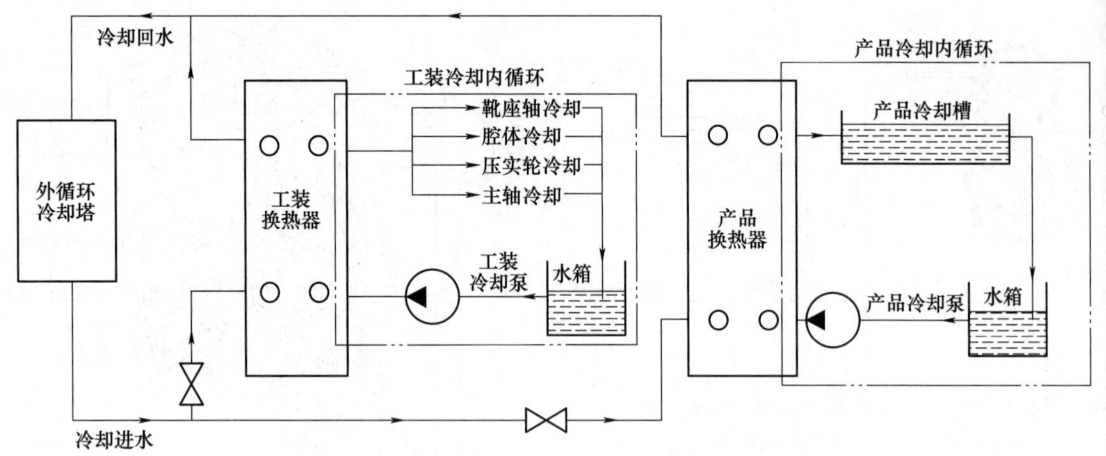

图 5-7-15　冷却系统

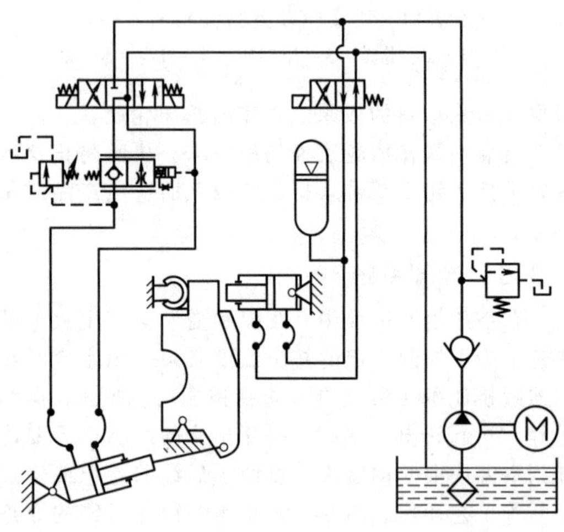

图 5-7-16　液压系统

传导到轴承上，同时行星减速机的工作载荷也很大，分别导致两者温度较高，所以一般都采用循环强迫润滑冷却，通过换热器控制轴承和减速机的工作温度。图 5-7-17 所示为冷却润滑系统。为了保证轴承和减速机内润滑油的压力尽量低，防止油封部位泄漏，一般都将换热器放置在润滑系统的进油管路上。旁路的节流阀用于润滑油低温启动时，防止压力过高损坏器件和调节润滑油的流量。

7.3.7　电气控制系统

连续挤压生产线包括主机（连续挤压机）和辅机两部分。以主机为核心，其电气控制系统主要完成主轴调速、液压动作和冷却、润滑系统工作等控制；按生产产品的不同还需要配以不同种类的辅机，如放线机、牵引机、收线机等。整条生产线按生产产品的工艺要求来实现逻辑控制、速度同步、温度调节等控制。主机的典型控制系统如图 5-7-18 所示，采用工业控制计算机和触摸屏作为上位机，可编程逻辑控制器（PLC）作为下位机，通过总线结构对变频调速单元等执行机构完成通信和控制，对主机、辅机各种工艺参数进行实时监控和记录，并提供各种故障的自动报警功能，实现整条生产线的高效稳定运行。

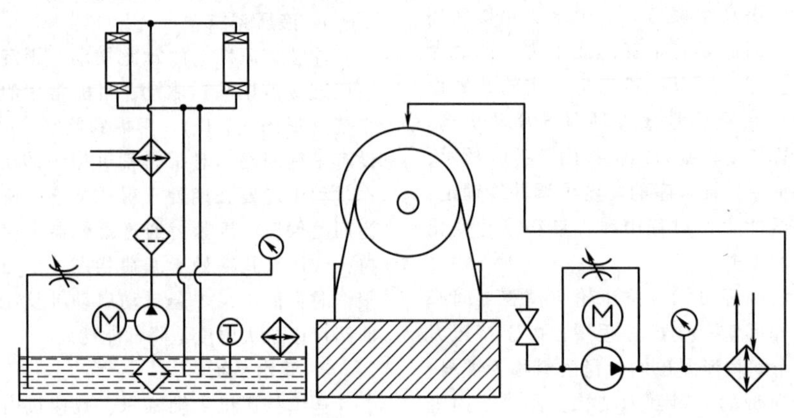

图 5-7-17　冷却润滑系统

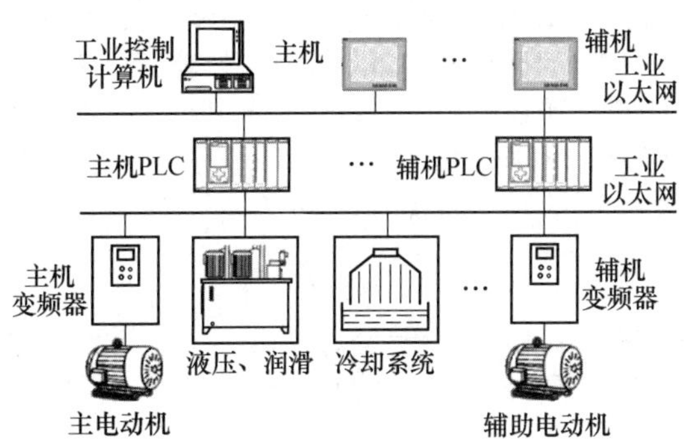

图 5-7-18　主机的典型控制系统

7.4　典型连续挤压生产线简介

连续挤压生产线是以连续挤压机为核心，按产品的工艺要求配以不同种类的辅助设备而组成的。整条生产线采用统一的控制系统实现要求的逻辑动作、速度同步、温度、张力等控制。根据生产产品的不同，生产线有多种形式，例如有生产单一产品的专用生产线，也有生产多种产品的通用（多功能）生产线。本节以国内具有代表性的连续挤压设备TLJ300 高精度铜扁线连续挤压生产线、LLJ300B 铝管连续挤压生产线、TLJ630 铜母线连续挤压生产线、SLB400 电缆无缝包覆铝护套生产线和 SLB350 铝包钢丝连续包覆生产线为例进行介绍。

1. TLJ300 高精度铜扁线连续挤压生产线

TLJ300 高精度铜扁线连续挤压生产线主要用于加工高精度铜扁线产品，产品要求成卷供应。图 5-7-19 所示为该生产线的配置图，卷状的线杆毛坯由放线盘 1 放出，通过校直装置 2、清洗系统 3 使毛坯平直，表面清洁干燥后喂入连续挤压机 4。连续挤压出所需形状、尺寸和性能的产品。由于具有较高的温度，所以必须通过冷却系统 5 使其达到室温，再通过计米器 7、活套 8 后由收排线机 9 卷取成盘。活套的作用是控制收线机的速度与挤压机挤出产品的速度同步，使挤出的产品实时卷取，模具出口处产品的张力保持恒定不变，从而保证产品尺寸的稳定性。

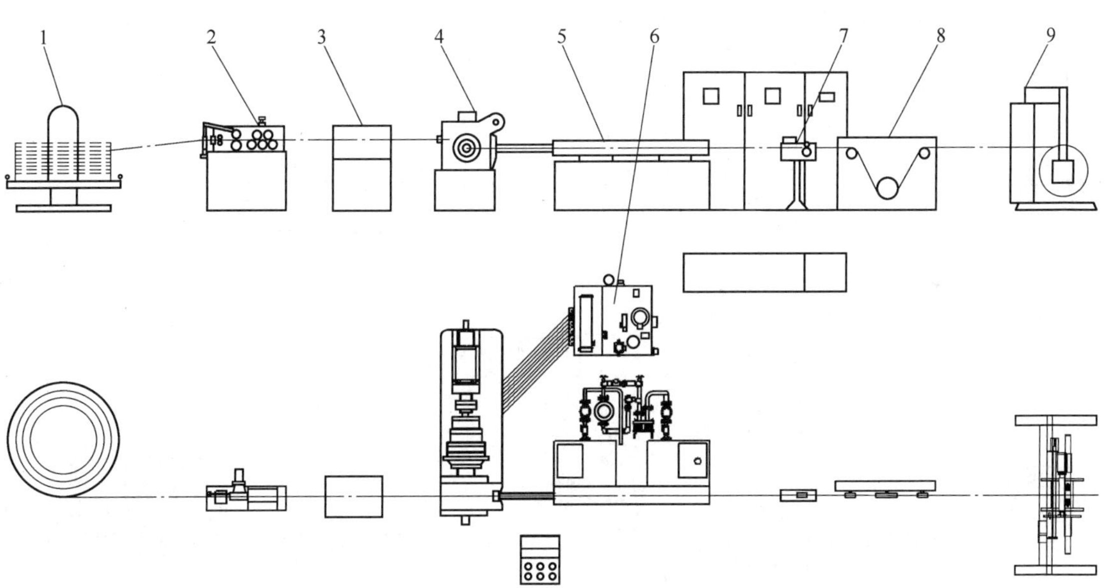

图 5-7-19　TLJ300 高精度铜扁线连续挤压生产线
1—放线盘　2—校直装置　3—清洗系统　4—连续挤压机　5—冷却系统
6—液压润滑系统　7—计米器　8—活套　9—收排线机

2. LLJ300B 铝管连续挤压生产线

LLJ300B 铝管连续挤压生产线主要用于加工铝管产品，产品要求成卷供应。图 5-7-20 所示为该生产线的配置图。与 TLJ300 高精度铜扁线连续挤压生产线相比，两者的坯料放线方式不同，TLJ300 高精度铜扁线连续挤压生产线采用水平放线，而 LLJ300B 铝管连续挤压生产线采用垂直放线。为了保证铝管产品的质量，LLJ300B 铝管连续挤压生产线增加了铝杆清洗装置 3，并且 LLJ300B 铝管连续挤压生产线采用两个收排线机 8 交替工作以保证连续挤压不中断。

3. TLJ630 铜母线连续挤压生产线

TLJ630 铜母线连续挤压生产线主要用于生产大截面、要求平直定尺供应的铜母线产品，图 5-7-21 所示为该生产线的配置图。TLJ630 铜母线连续挤压生产线前部与卷材生产线采用的辅助设备大体相同，所不同的是挤压出的产品通过冷却系统后，首先通过牵引机 8 将产品送入随动液压剪（或随动锯）9，液压剪在剪切时通过伺服系统保持和挤压机挤出的产品速度同步，剪切完成后复位到初始位置等待下一次工作循环的剪切动作。产品剪切完成后在动力辊道的带动下向前移动到料床 10，然后通过输送带横向移动到拉伸校直工位 11，校直工艺完成后再移动到定尺锯切料床 12。通过定尺锯切 13 后，放置在成品料台 14 进行码垛和打包。

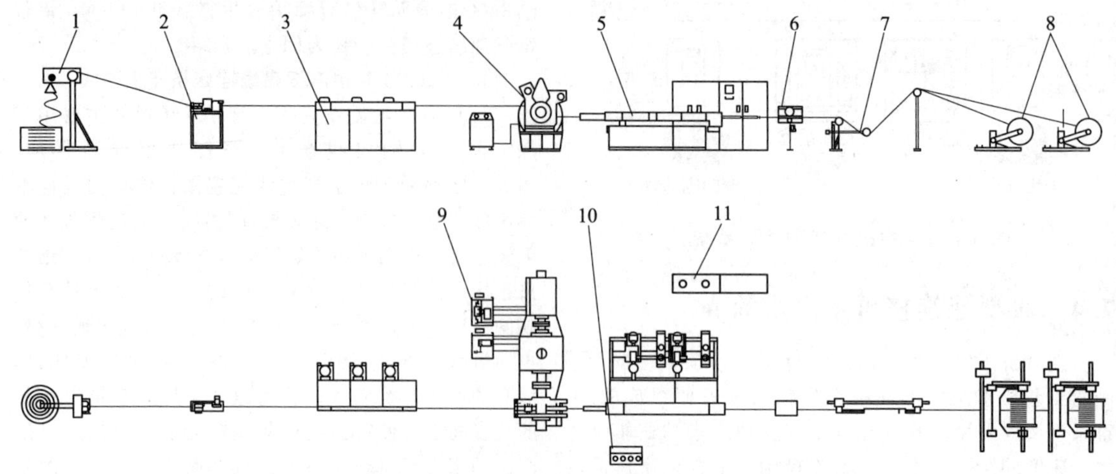

图 5-7-20　LLJ300B 铝管连续挤压生产线

1—铝杆放线装置　2—杆料校直装置　3—铝杆清洗装置　4—连续挤压机主机　5—冷却系统　6—计米器　7—摆臂　8—收排线机　9—液压润滑系统　10—控制台　11—电气柜

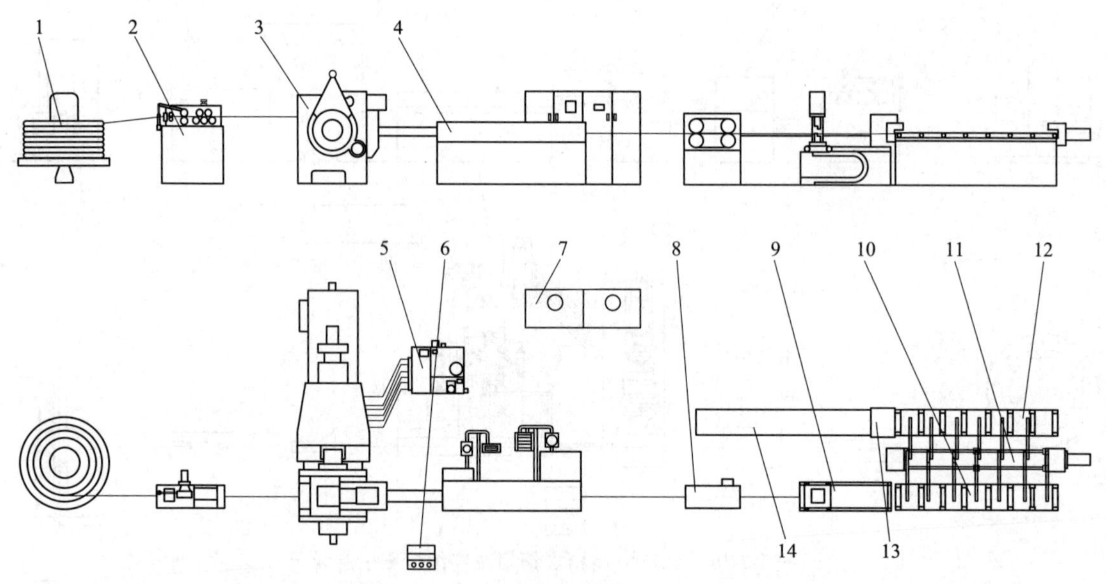

图 5-7-21　TLJ630 铜母线连续挤压生产线

1—铜杆放线盘　2—杆料校直装置　3—连续挤压机主机　4—冷却系统　5—液压润滑系统　6—控制台　7—电气柜　8—牵引机　9—随动液压剪　10—料床　11—拉伸校直工位　12—定尺锯切料床　13—定尺锯切　14—成品料台

4. SLB400 电缆无缝包覆铝护套生产线

SLB400 电缆无缝包覆铝护套生产线属于间接包覆生产线。该生产线主要用于生产同轴电缆、通信信号电缆、耐火电缆、光缆、超高压电缆护套等，图 5-7-22 所示为该生产线的配置图。间接包覆生产线的杆坯预处理包括：铝杆放线架 1、铝杆校直装置 2、导正装置 3、铝杆清理/清洗装置 4、铝杆送料装置 5、转弯装置 6；同时芯线由放线机 18 放出，通过芯线放线摆臂 17、芯线导正装置 16、连续挤压包覆机 7 后被包覆在铝管内，通过冷却系统 8 后，再通过拉拔站 13 拉拔减径，达到要求的松紧度和尺寸（对于大尺寸铝护套，铝管需要轧制波纹以提高电缆的可弯曲性和控制护套与缆芯的松紧度)，最后由收排线机 11 卷取成盘。拉拔的动力来自于履带牵引机 12，通过前置的牵引摆臂 14 控制牵引速度与挤压包覆铝管速度同步。收线摆臂 10 则保证收线机 11 的速度和牵引速度同步。

5. SLB350 铝包钢丝连续包覆生产线

SLB350 铝包钢丝连续包覆生产线属于直接包覆生产线（见图 5-7-23）。该生产线主要用于生产铝包钢丝、铝包铜导体等双金属复合线。直接包覆生产线与间接包覆生产线的设备组成有所不同，主要区别在于芯线放线需要带有一定的张力，保证芯线以平直状态进入包覆模具，同时包覆模具出口需要有足够的牵引力，一般采用双轮绞盘牵引机 9 将包覆好的双金属线从模具口中拉出，这样才可以保证生产过程的稳定性和芯线的对中性。为了保证两种金属材料有足够的结合强度和结合力，芯线在进入包覆模具前都需要采用芯线加热装置 13（感应加热、电阻加热等）进行预热，这样在连续挤压包覆腔的高温、高压下可使两种金属材料实现冶金结合。

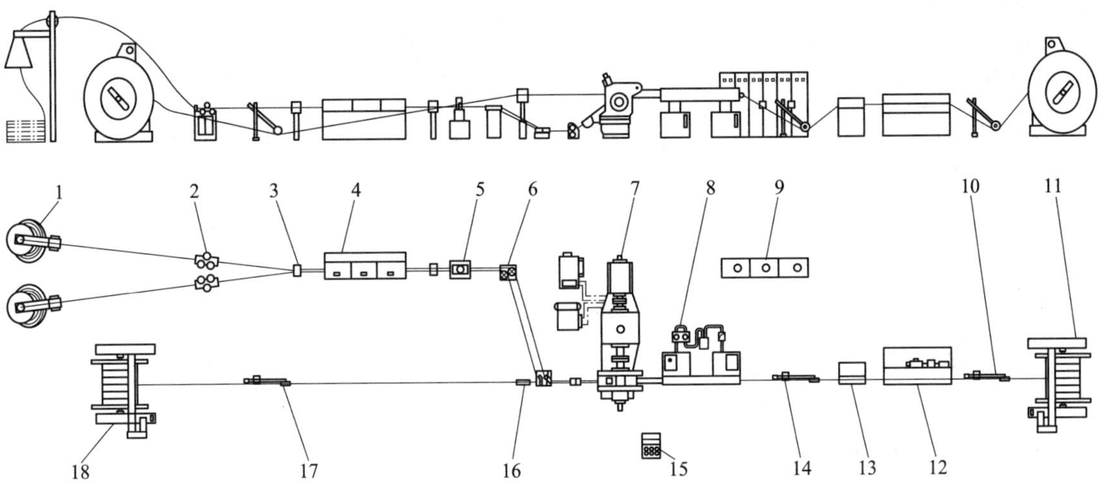

图 5-7-22　间接包覆生产线

1—铝杆放线架　2—铝杆校直装置　3—导正装置　4—铝杆清理/清洗装置　5—铝杆送料装置　6—转弯装置　7—连续挤压包覆机　8—冷却系统　9—生产线控制系统　10—收线摆臂　11—收线机　12—履带牵引机　13—拉拔站　14—牵引摆臂　15—生产线操纵台　16—芯线导正装置　17—芯线放线摆臂　18—放线机

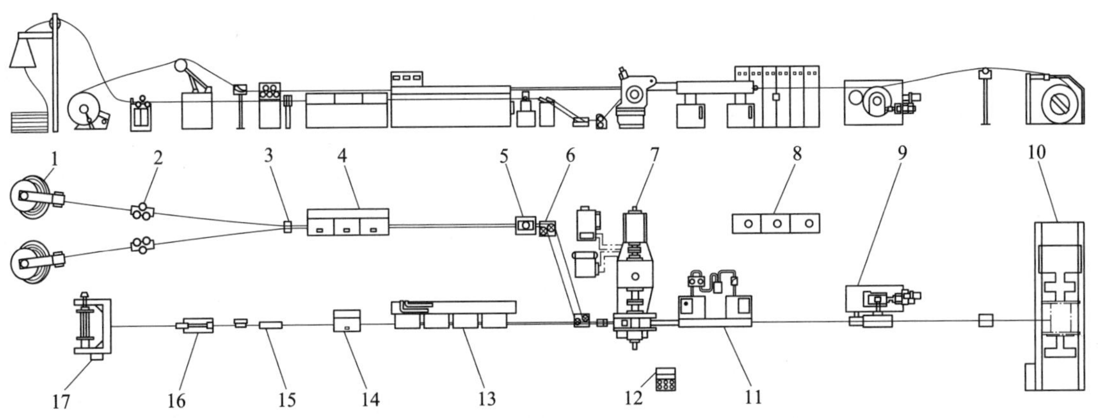

图 5-7-23　直接包覆生产线示意图

1—铝杆放线架　2—铝杆校直装置　3—导正装置　4—铝杆清理/清洗装置　5—铝杆送料装置　6—转弯装置　7—连续挤压包覆机　8—生产线控制系统　9—绞盘牵引机　10—收排线机　11—冷却系统　12—生产线操纵台　13—芯线加热装置　14—芯线清洗装置　15—芯线校直装置　16—张力缓冲装置　17—芯线放线

参考文献

[1] 宋宝韫，刘建华，樊志新，等. 250CONFORM 连续挤压机［J］. 重型机械，1990（5）：43-49.

[2] 宋宝韫. 连续挤压和连续包覆技术的理论研究与工程实践［J］. 中国机械工程，1998，9（8）：69-72.

[3] 宋宝韫，高飞，戴焕海，等. 铝包钢丝制造新技术的研究［J］. 中国机械工程，2001，12（3）：303-305.

[4] 谢建新，刘静安. 金属挤压理论与技术［M］. 北京：冶金工业出版社，2001.

[5] 宋宝韫，樊志新，刘元文. 应用连续挤压技术生产铜扁线［J］. 电线电缆，2001（1）：17-18.

[6] 刘元文，宋宝韫，樊志新，等. 铜扁线连续挤压工艺［J］. 锻压机械，2002，37（5）：31-32.

[7] 刘元文，宋宝韫，樊志新，等. TLJ300 铜扁线连续挤压机的研制［J］. 电线电缆，2003（1）：44-45，48.

[8] 钟毅. 连续挤压技术及其应用［M］. 北京：冶金工业出版社，2004.

[9] 樊志新，宋宝韫，刘元文，等. 电工铜排短流程制造新技术［J］. 有色金属加工，2007，36（1）：48-50.

[10] 刘元文，陈莉，宋宝韫. 汽车空调平行流多孔管的连续挤压技术［J］. 锻压技术，2007，32（1）：53-54，64.

[11] 宋宝韫，曹雪，樊志新，等. 铜母线连续挤压能力的分析［J］. 中国机械工程，2009，20（12）：1502-1507.

[12] 宋宝韫，宋娜娜，陈莉. 宽铜母线连续挤压扩展成形挤压力的分析［J］. 塑性工程学报，2011，18（4）：6-10.

[13] 樊志新，陈莉，孙海洋. 连续挤压技术的发展与应用［J］. 中国材料进展，2013，32（5）：276-282.

第8章

旋转锻造机与径向锻造机

西安交通大学　张琦　张大伟　王永飞
兰州兰石集团有限公司　高俊峰　马学鹏　刘强

8.1　旋转锻造机

旋转锻造工艺，简称旋锻，是一种用于棒料、管材或线材精密加工的回转成形工艺，属于渐进成形和近净成形的范畴。旋转锻造具有脉冲渐进加载和多向高频锻打两大特点，有利于提高金属塑性和实现近似均匀变形。旋转锻造具有加工范围广、加工精度高、产品性能好、材料利用率高和生产灵活性大等特点。该工艺已广泛应用于机床、汽车、飞机、枪炮和其他机械中实心台阶轴、锥形轴、空心轴、带膛线的枪管和炮管等轴类、管类零件的生产，尤其在长径比较大的空心薄壁轴类零件加工方面，相比传统的深孔钻削、珩磨等工艺具有明显的优势。

8.1.1　工作原理

旋转锻造工艺的原理如图 5-8-1 所示。旋转锻造成形过程中，2～4 块锻模一方面环绕坯料（棒材、管材或线材）轴线高速旋转，另一方面又对坯料进行高频锻打，锻打频率一般为 1500～10000 次/min，从而使坯料轴截面尺寸减小或形状改变。

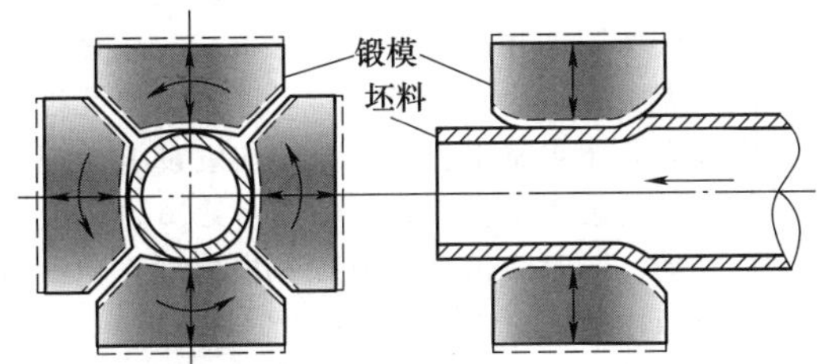

图 5-8-1　旋转锻造工艺原理

按照锻模径向锻打方式和坯料轴向进给运动的不同，旋转锻造可分为进料式和凹进式两大类，如图 5-8-2 所示。进料式旋转锻造成形过程中，坯料从锻模进料口沿轴向进给，锻模绕坯料高速旋转，并对坯料进行高频锻打。这种加工方式常用于单向加工细长台阶轴类零件。凹进式旋转锻造成形过程中，锻模兼有绕坯料轴线的旋转运动和径向高频锻打，并通过楔块调节锻模的径向压下量，但坯料无轴向进给运动。

旋转锻造工艺按照是否有芯轴可以分为无芯轴旋锻和带芯轴旋锻。管料无芯轴旋锻时，内孔成形精度较低，因此一般不应用于内孔成形精度要求较高的工件。带芯轴旋锻，如图 5-8-3 所示，在进给过程中坯料和芯轴同时进入模具，保持运动同步，这样在模具的锻打作用下，坯料内孔收缩并包紧芯轴，从而使得内孔按照芯轴的形状成形。

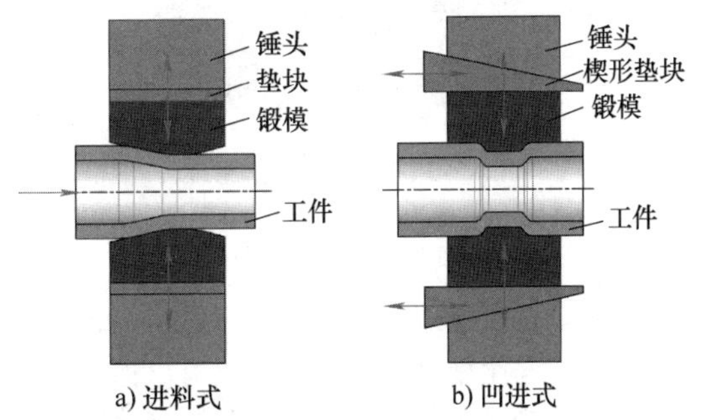

图 5-8-2　旋转锻造成形工艺的两种典型类型

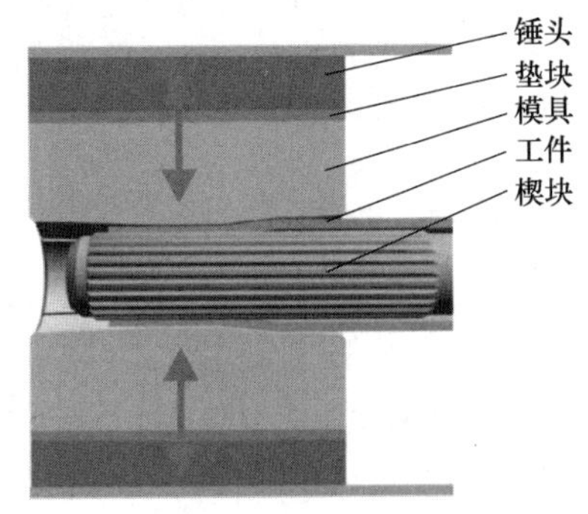

图 5-8-3　带芯轴旋锻

综合以上的划分方式，可以将旋转锻造工艺分为 4 种类型：无芯轴进料式、带芯轴进料式、无芯轴凹进式和带芯轴凹进式，如图 5-8-4 所示。

旋锻机工作原理如图 5-8-5 所示，旋锻机是一种锻模绕工件轴线旋转且产生径向高频打击的设备。

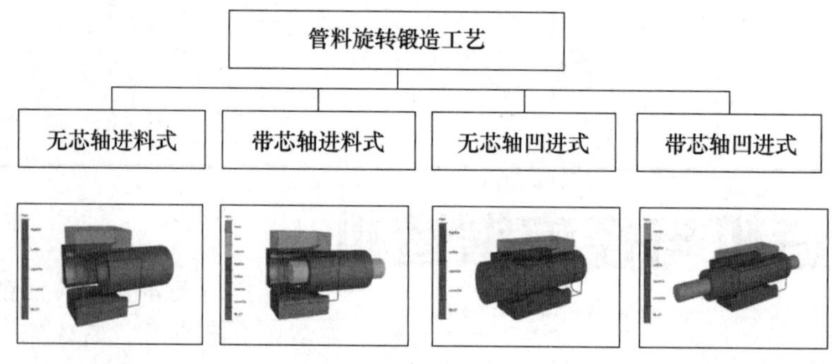

图 5-8-4　旋转锻造工艺分类

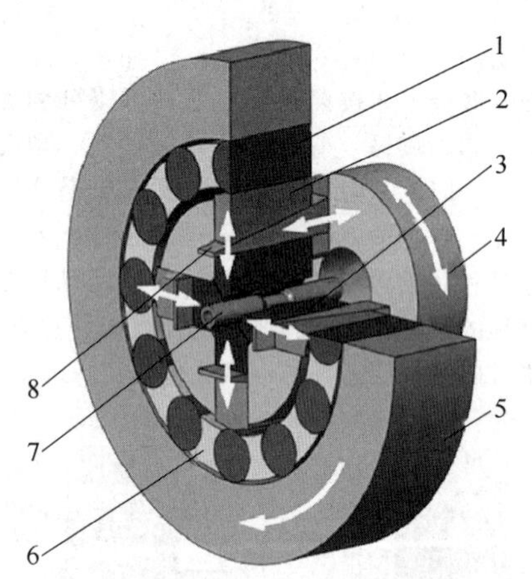

图 5-8-5　旋锻机工作原理

1—压力滚柱　2—锤头　3—锻模　4—主轴　5—外圈　6—滚柱支架　7—工件　8—垫块

当主轴旋转时，锻模和锤头由于离心力的作用沿径向外移；当主轴静止或旋转缓慢时，也可完全或部分借助弹簧来开启模具。一旦主轴旋转，锤头接触压力滚柱，便开始模具向工件轴心的锤击行程。当锤头顶部位于两个压力滚柱之间时，模具开启量最大，工件可向前送进。模具最大开启量及闭合时的位置可通过楔形垫块的轴向位置改变来调整。

与传统切削加工相比，旋转锻造成形技术在管材、棒材加工方面具有以下明显优势：

1）加工范围广，材料利用率高。旋转锻造成形适用于加工大量不同的外形和内腔，能实现淬火态和退火态金属的锻造加工。与其他机械加工方法相比，采用旋转锻造成形能够节省 20%～50%的材料。

2）近净成形，加工精度高。根据不同的加工尺寸，外表面尺寸公差可达到±0.01～±0.1mm，对应于 IT8～IT9 级精度；若采用芯轴加工时，内表面尺寸公差可达到±0.01～±0.03mm，对应于 IT6～IT8 级精度。旋转锻造成形的表面粗糙度可达到 $Ra \leq 0.1\mu m$。同轴度可相对毛坯同轴度提高 50%。

3）产品性能好，易实现轻量化成形。旋转锻造成形过程中，由于存在不间断的材料组织流动和加工硬化，使零件的强度增加，这样可以用较为便宜的原材料取代价格较贵的原材料，使零件成本下降。另外，由于旋转锻造适用于加工空心类零件，可实现轻量化成形，进一步降低成本。

4）自动化程度高，生产效率高。典型的旋锻工序高效，一般工序的加工周期在 12～30s 之间，并且可以由多台设备组成生产线，最大限度地提高生产效率，自动化程度高。

8.1.2　旋转锻造机的分类

1. 按主旋转运动的特征分类

旋锻装置是旋锻机最重要的结构，旋锻机的旋转锻造功能由旋锻装置实现。图 5-8-6 所示为旋转锻造装置的典型结构。主轴为旋锻装置的关键部件，进行主旋转运动，同时主轴上需要安装各种组件，因此主轴要有足够的强度和刚度以及良好的抗振性，主轴与其组件位置关系要准确，以便于安装调整。主轴通过两对角接触球轴承安装于焊接支架上，角接触球轴承可以同时承受径向载荷与轴向载荷，能在较高的转速下工作，由于其装球数量比较多，因而负载能力大、刚性高并且运转平稳。该旋锻机的四个锻锤安装于主轴上，因此主轴前端设有四个滑槽，锻锤即安装于滑槽中。锻锤通过锻锤盖板限制其轴向移动，同时锻锤盖板有保护锻锤的作用，锻锤盖板也通过螺栓安装于主轴上。

（1）内旋机　内旋机的主旋转运动原理如图 5-8-7 所示，主轴前段有一定数量的导槽，锻模、垫块及锤头安装在导槽内。垫板可以调整模具位置及闭合尺寸。滚柱保持架位于钢圈和主轴之间，可以自由旋转。滚柱则安装在精确加工的滚柱保持架定位凹槽中。当主轴旋转时，模具和锤头便借离心力的作用沿径向移动；当主轴静止或旋转缓慢时，也可完全或部分借助弹簧来开启模具。当主轴旋转、锤头接触滚柱时，便开始模具向工件轴心的锤击行程。

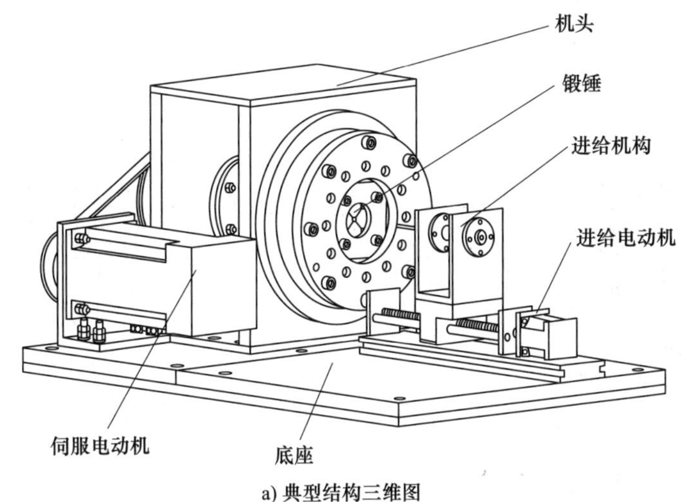

a) 典型结构三维图

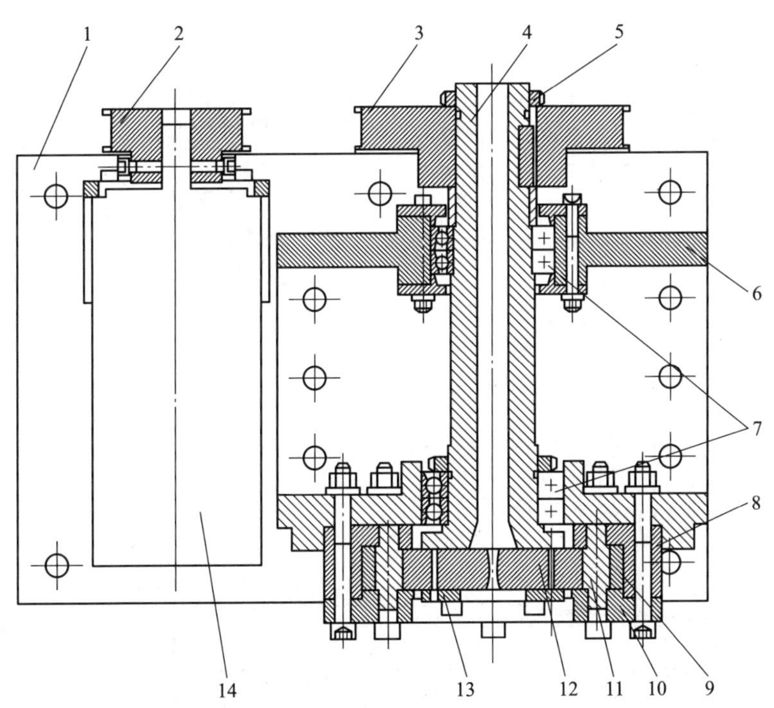

b) 俯视剖视图

图 5-8-6　旋转锻造装置典型结构

1—底板　2—电动机带轮　3—主轴带轮　4—主轴　5—圆螺母　6—支架　7—角接触球轴承　8——滚柱座　9—钢圈　10—滚柱盖　11—滚柱　12—锻锤　13—锻锤盖板　14—伺服电动机

（2）外旋机　外旋机的主旋转运动源自带轮的钢圈，而旋转主轴是静止的，或是沿正向或逆向缓慢旋转。当旋转主轴静止时，便可生产出非轴对称的横截面，其他构件的动作和内旋机是一样的，其工作原理如图 5-8-8 所示。

2. 按变径原理分类

（1）基于楔块变径的旋锻机　传统旋转锻造设备主轴转速是恒定的，其变径一般通过调整楔块实现，如图 5-8-9 所示，在锻模与锻锤之间增加楔块，通过调节楔块的位置来控制锻模的位置，由锻模的最终位置确定工件的成形直径。这种变径方式的关键是楔块位置的调节，需要通过楔块位置调节机构实现，楔块需要实现沿轴向的直线运动方能通过其斜面调节锻模位置。

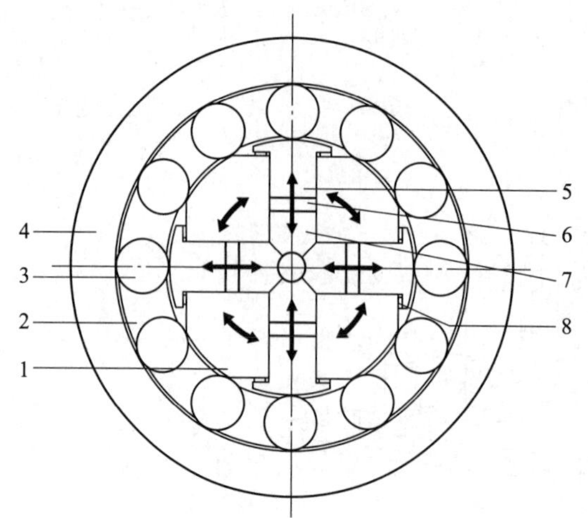

图 5-8-7　内旋机主旋转运动原理

1—主轴　2—滚柱保持架　3—滚柱　4—钢圈
5—锤头　6—垫板　7—锻模　8—弹簧

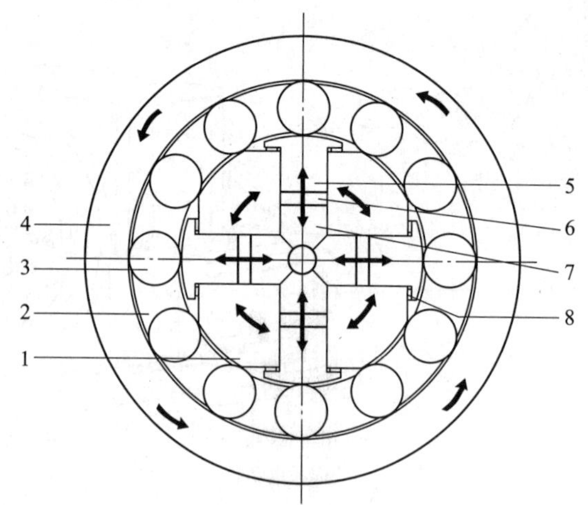

图 5-8-8　外旋机工作原理

1—主轴（组件）　2—滚柱保持架　3—滚柱
4—钢圈　5—锤头　6—垫板　7—锻模　8—弹簧

常用的推动楔块直线运动的方式主要有液压缸推动或者电动机通过丝杠带动。图 5-8-10 所示为伺服电动机驱动的变径系统，该变径系统通过伺服电动机驱动蜗轮蜗杆传动，带动丝杠运动，从而使楔块轴向移动。

（2）基于能量控制变径的旋锻机　基于能量控制管件变径的旋转锻造机如图 5-8-11 所示。其变径原理为：舍弃锻锤及楔块，由主轴直接带动锻模旋转，主轴转速可控，通过改变主轴的转速，锻模可以获得不同的锻打能量，由锻模的锻打能量决定工件的最终成形直径。

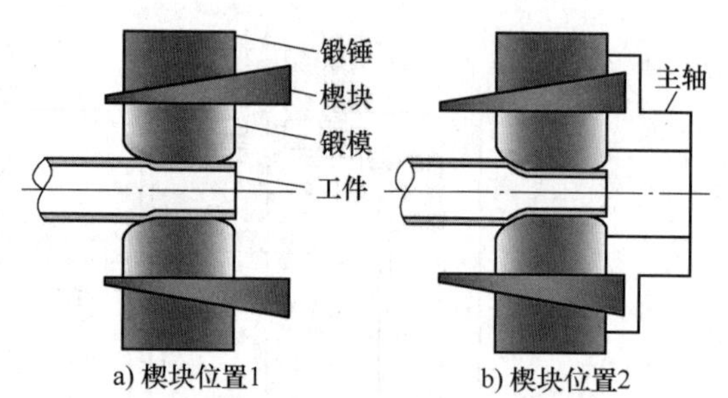

图 5-8-9　传统旋转锻造变径方式

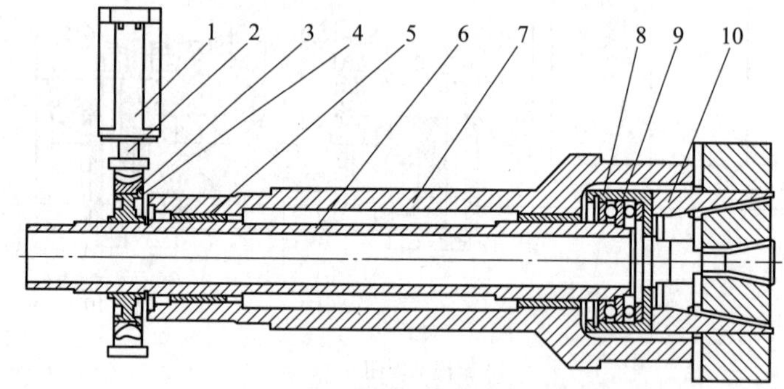

图 5-8-10　伺服电动机驱动的变径系统

1—伺服电动机　2—蜗杆　3—蜗轮　4—螺母　5—滑动轴承　6—滑动杆　7—主轴
8—楔块保持器　9—双向推力球轴承　10—楔块

基于能量控制变径的旋转锻造设备原理如图 5-8-12 所示。该设备以可编程逻辑控制器（PLC）为控制系统核心，通过伺服电动机驱动器控制伺服电动机的转速，伺服电动机通过同步带带动旋锻机构主轴旋转。锻模位于主轴的滑槽中，在随着主轴旋转的同时，由于离心力的作用与外侧均匀分布的滚柱撞击，然后沿径向收拢，从而实现对工件的锻打。改变伺服电动机转速，使主轴转速改变，从而使锻模具有不同的能量，其能量大小直接影响工件的成形直径。也即是说，通过控制伺服电动机转速可以控制工件的成形直径。工件通过夹持装置固定于丝杠滑台上，丝杠滑台通过步进电动机驱动可完成工件进给。步进电动机同样由 PLC 通过步进电动机驱动器控制。

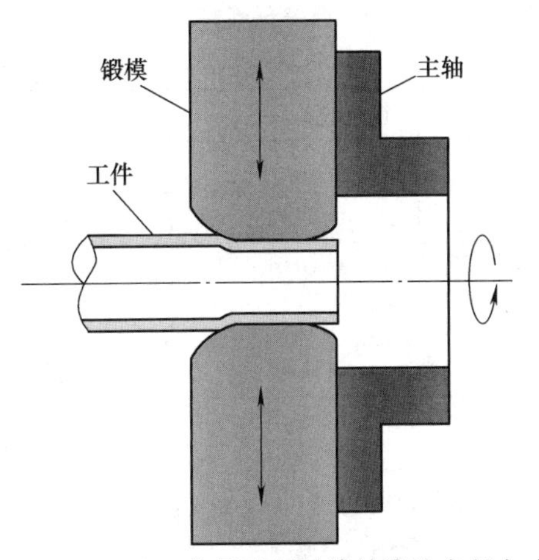

图 5-8-11　基于能量控制的旋转锻造变径方式

8.1.3　典型公司的产品介绍

国外旋转锻造成形工艺和设备成熟，能够加工外径为 0.2～100mm 的棒料和外径为 0.2～160mm 的管材，周边设备完善，已形成高度自动化的生产线。目前，在旋锻设备制造领域，德国的 HMP 公司和 FELSS 公司处于领先地位。图 5-8-13 所示为 FELSS 公司研制的多工位旋锻自动化生产线，使用了多台不同类型的旋锻工件头，可在一次装夹固定的情况下按工艺要求依次在机座上完成多道旋锻工序。图 5-8-14 所示为 HMP 公司的单工位旋锻机。表 5-8-1 列出了 HMP 公司旋锻机的加工范围。表 5-8-2 列出了西安创新精密仪器研究所研制的旋锻机的加工范围，该公司生产的旋锻机能加工外径为 0.5～40mm 的棒料和外径为 0.5～60mm 的管材，设备如图 5-8-15 所示。

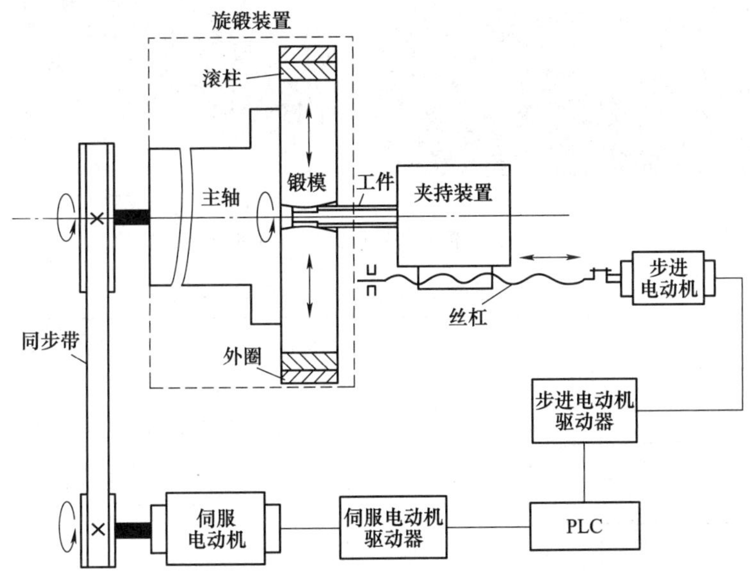

图 5-8-12　基于能量控制变径的旋转锻造设备原理

图 5-8-13　FELSS 公司研制的多工位旋锻自动化生产线

图 5-8-14　HMP 公司的单工位旋锻机

旋锻工艺可以高效、低成本地成形各种异形孔、内齿形零件、变径内孔等轴类零件，还可用于金属管材与非金属管材的连接，表 5-8-3 列出了旋转锻造可成形的一些典型零件结构。图 5-8-16 所示为旋锻技术制造的汽车、飞机典型零件。

表 5-8-1　HMP 公司旋锻机加工范围

旋锻机型号	棒料加工范围/mm	管材加工范围/mm
2	0.2～4	0.2～8
3	3～18	3～30
4	4～22	4～44
5	5～30	5～60
6	6～35	6～70
7	7～45	7～80
8	5～55	5～95
10	10～65	12～110
12	15～20	15～140

表 5-8-2　西安创新精密仪器研究所研制的旋锻机加工范围

旋锻机型号	棒料加工范围/mm	管材加工范围/mm
X05	0.5～4	0.5～7
X12	2～10	3～16
X20	3～16	4～25
X30	4～25	5～40
X50	5～40	5～60

a) CNC数控旋锻机

b) X40旋锻机

图 5-8-15　西安创新精密仪器研究所研制的旋转锻造设备

表 5-8-3　旋转锻造可成形的典型零件结构

可成形零件结构	工艺说明
	通过进料式旋锻生产的棒材
	通过凹进式旋锻生产的带有非圆外轮廓的棒材
	通过凹进式旋锻生产的棒材
	通过进料式旋锻和凹进式旋锻生产的管材
	通过进料式旋锻在型材芯轴上生产的管材

（续）

可成形零件结构	工艺说明
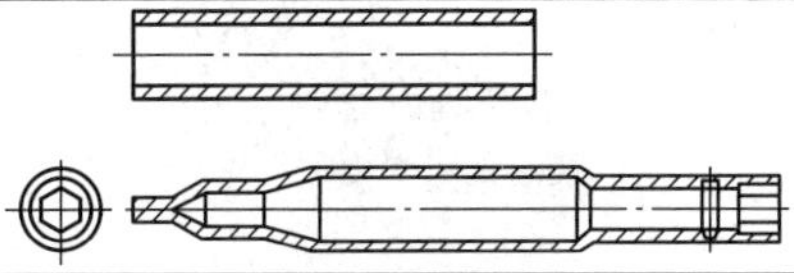	通过进料式旋锻和凹进式旋锻使用芯轴生产的管材
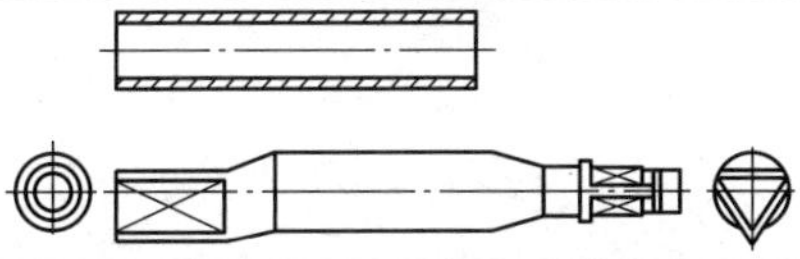	通过进料式旋锻和凹进式旋锻使用芯轴生产的三角形和六边形端管材
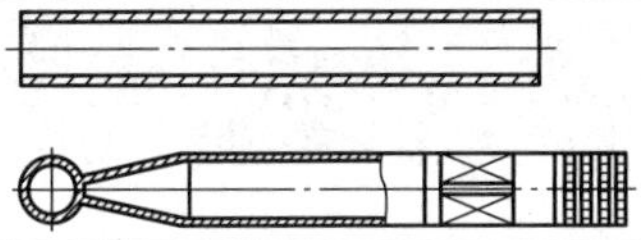	通过凹进式旋锻生产的管材
	两端有外花键、内壁上有不同壁厚的管材
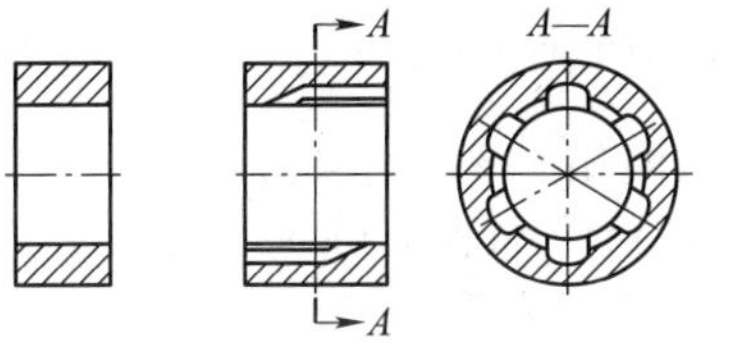 A—A a)　b)	用芯轴旋转锻造产生的复杂内部形式，其中图 a 为坯料，图 b 为成形工件
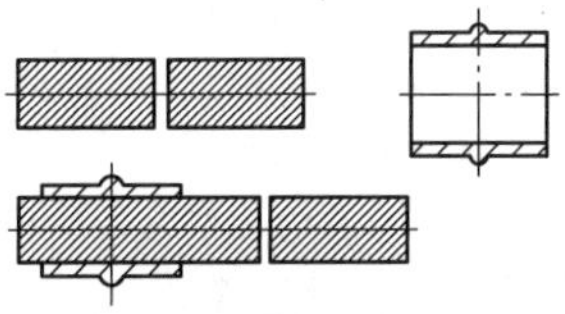	用芯轴旋转锻造产生的复杂内部形式，其中，上侧为坯料，下侧为成形工件

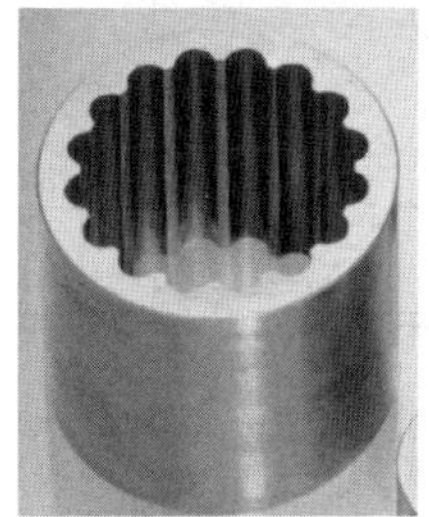

a) 异形孔零件

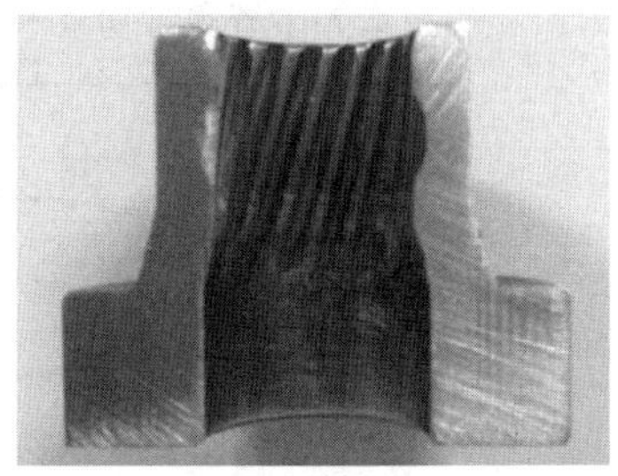

b) 内齿形零件

c) 台阶轴零件

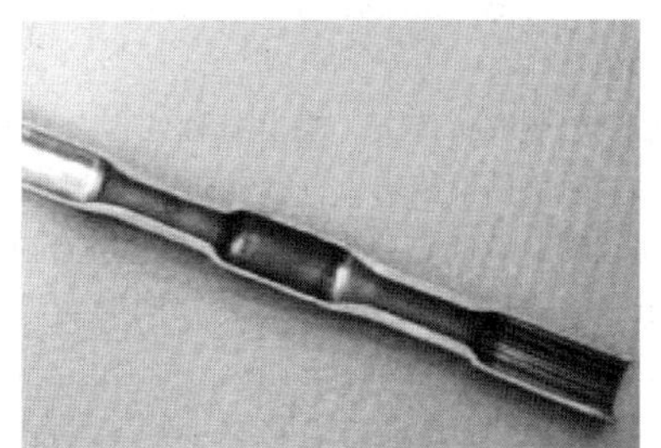

d) 变径内孔零件

图 5-8-16　旋转锻造成形的典型零件

e) 转向轴　　f) 半轴

g) 飞机拉杆

h) 汽车转向管柱

图 5-8-16　旋转锻造成形的典型零件（续）

8.2　径向锻造机

8.2.1　概述

径向锻造机是用于径向锻造工艺的专用设备，是锻造领域近净成形的高端装备。径向锻造机自 20 世纪 50 年代出现以来，由于其具有锻造效率高、自动化程度高、节能节材、工件质量好、劳动条件好和适用性强等优点，得到生产企业的认可和大力发展，尤其在特钢、军工和有色金属领域应用广泛。目前国内最大的是 GFM 公司为齐鲁特钢有限公司制造的 RF-100 型径向锻造机，其锻造力最大可达 22000kN，入口直径 1000mm。

1. 工作原理

径向锻造工艺的原理，如图 5-8-17 所示，工件在夹爪夹持下沿轴线做直线和旋转运动，锤头做直线往复运动，对工件进行径向高频打击，使之产生塑性变形。径向锻造工艺具有如下特点。

1）多锤头（两个或两个以上的锤头，一般为四个）在垂直于坯料（一般为轴类或管类件）轴线的平面上运动，对坯料同步打击，使之产生塑性变形。

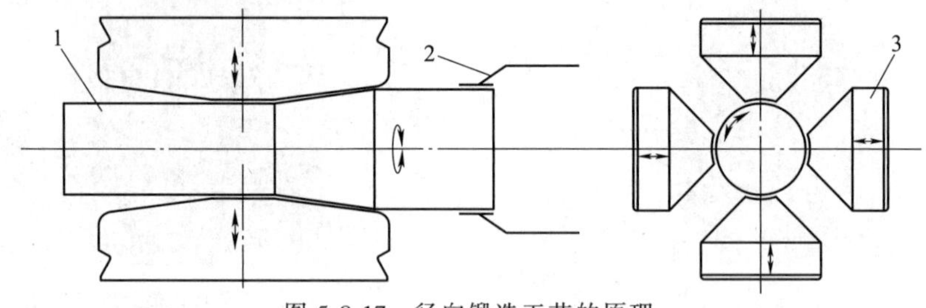

图 5-8-17　径向锻造工艺的原理

1—工件　2—夹爪　3—锤头

2）工件在夹爪夹持下，绕自身轴线做旋转运动，锻打方形截面时工件不旋转，只做轴向进给运动。

3）为了锻出不同直径的截面，即锻造台阶轴或锥形轴，锤头必须做径向进给运动，同时锤头的闭合直径要发生变化。

2. 径向锻造机优点

（1）锻造效率高　径向锻造工艺属于多锤头锻造，使坯料做螺旋运动的延伸工艺，兼有脉冲锻打和多向打击的特性。坯料在高频打击下，变形产生的热可以补偿工件温降，实现一火锻造成形，尤其对锻造温区窄的特殊材料，其锻造效率大幅提高。

（2）产品质量好　坯料截面周围受到多个锤头同步打击，使被锻打的坯料截面处于三向压应力状态，有利于提高金属的塑性。同时高频锻打使工件表面精度高，批量化生产的工件一致性好，可有效地节约能源和降低材料损耗。

(3) 设备自动化程度高　径向锻造设备采用自动化控制，操控简便，操作人员少，劳动条件好，工作环境安全、舒适。

3. 径向锻造机用途

径向锻造工艺应用范围较广，通过径向锻造可获得不同形状的轴类和管类零件。图 5-8-18 所示为部分典型径向锻造产品。

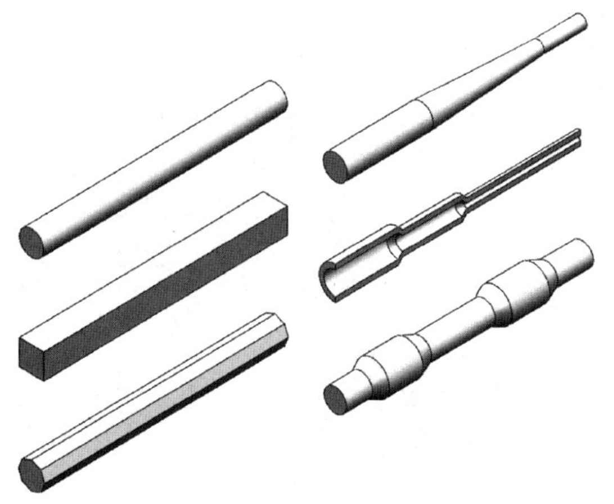

图 5-8-18　部分典型径向锻造产品

1）台阶轴、锥形轴，如机床、汽车、石油钻铤、火车及其他机械设备上的实心轴和锥形轴。

2）带有特定形状的内孔，如带来复线的枪管、炮管和内花键等。

3）异形材，矩形、六边形、八边形和十二边形等多边形截面棒材的生产。

此外，径向锻造工艺不仅可锻造一般碳钢、合金钢等常用材料，尤为适用于低塑性、高强度的难熔金属，如钨、钼、铌、锆、钛及其合金、特殊钢的开坯和锻造，可以以钢锭为原料，将其锻成圆棒料、方棒料、矩形棒料和各种形状的轴，也可以锻造塑性很差的白口铸铁、粉末烧结锭等。

8.2.2　径向锻造机的类型

随着径向锻造工艺范围的不断扩大，相应的径向锻造机类型也在增加。通常按照坯料送进方向的不同可分为立式径向锻造机和卧式径向锻造机。

1. 立式径向锻造机

立式径向锻造机的结构原理如图 5-8-19 所示，适用于锻造短的工件，一般坯料长度≤1600mm，直径约在 80mm 以内。

锻造机工作部分的运动是由处于机器底部的电动机带动的，通过齿轮传动系统分别驱动偏心轴及锤杆，带动滑块与锤头做同步往复运动。

立式径向锻造机的结构特点：锤杆、滑块由中心摆盘导向；径向送进为双偏心套结构，增加了反压弓形杆，消除了间隙和退锤动作，偏心套由齿轮

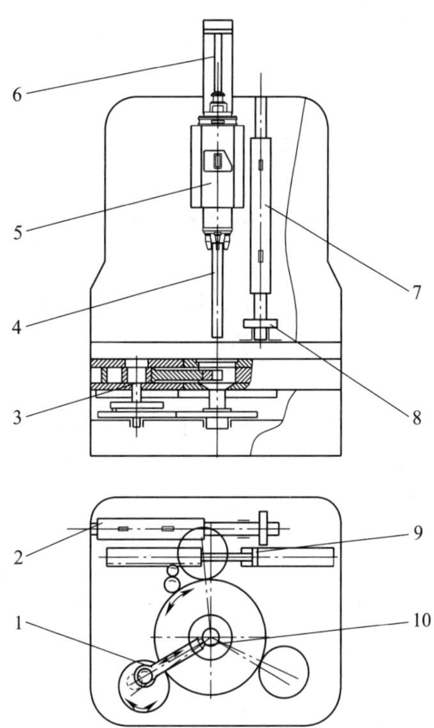

图 5-8-19　立式径向锻造机

1—锤杆　2—锤头水平控制鼓　3—偏心轴　4—工件　5—夹头　6—夹头液压缸　7—垂直控制鼓　8—螺旋齿轮　9—水平液压缸　10—锤头

驱动；具备双坐标程序控制的功能，即以垂直和水平两个联动的鼓轮实现工件轴向及径向尺寸控制。

2. 卧式径向锻造机

卧式径向锻造机的结构原理如图 5-8-20 所示。卧式径向锻造机在工艺上具有明显的优点：工件的可锻长度显著增加，最长可达 18m。锻坯直径可达 1000mm，锤头最大打击力可达 30000kN，打击次数可达 2000 次/min。

带有托料支架的卧式径向锻造机可以锻打长而细的工件。卧式径向锻造机一般配备两个夹头，锻打圆形截面坯料时，两夹头同步旋转。锻打矩形、八边形截面坯料时，两夹头间歇式旋转。

卧式径向锻造机按不同工艺用途可分为：

1）通用卧式径向锻造机。一般用于圆、方截面或变截面（台阶）实心轴类件的锻造。

2）管件成形径向锻造机。在通用机的基础上，增加芯棒夹持、送进等机构，用于管类件锻造成形。

3）其他专用径向锻造机。如枪管冷锻径向锻造机、管件缩口径向锻造机等。

8.2.3　径向锻造机主机基本结构形式

根据锻打驱动方式的不同，径向锻造机可分为机械式和液压式。

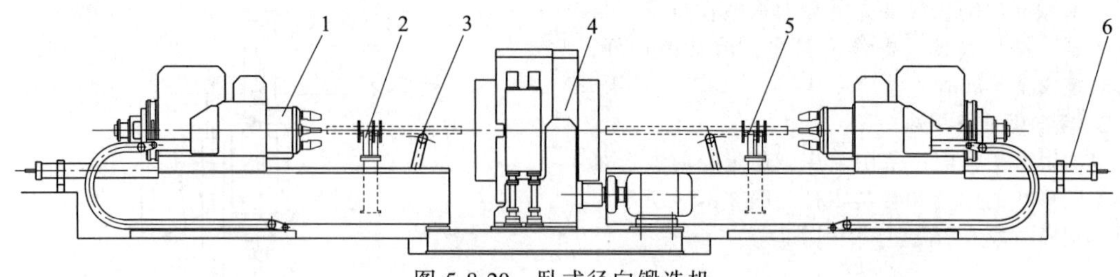

图 5-8-20　卧式径向锻造机

1—夹头　2—上料装置　3—托料支架　4—锻造主机　5—下料装置　6—行走装置

1. 机械式

机械式径向锻造机一般采用电动机或液压马达，通过齿轮箱传动，驱动锻造箱中的偏心轴旋转，带动锤杆往复运动，对工件进行锻打。为适应不同直径工件的锻造，锤头闭合直径可通过不同的结构形式进行调节，常见的有以下三种结构形式。

(1) 偏心轴驱动，偏心套锤头调节　偏心套锤头调节锻造箱内，偏心轴转动后通过双滑块机构使主滑块做往复运动，最后带动锤头打击坯料。其结构如图 5-8-21 所示。

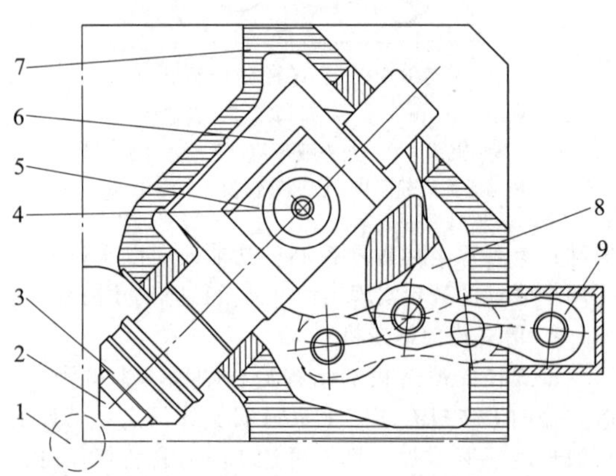

图 5-8-21　偏心套锤头调节结构

1—工件　2—锤头　3—锤头基板　4—偏心轴　5—滑块　6—锤杆　7—锻造箱　8—偏心套　9—拉杆

(2) 偏心轴驱动，丝杠螺母锤头调节　丝杠螺母锤头调节结构如图 5-8-22 所示。此结构的锻造箱设计更加紧凑，设备可靠性比较高，最高频次可以达到 2000 次/min。工件表面质量和精度比较高，主要应用在汽车和军工等领域，且以冷锻为主。

(3) 偏心轴驱动，液压缸锤头调节　液压缸锤头调节结构如图 5-8-23 所示，其特点是机械结构简单，频次可调，能够获得更高的锻造比。但液压与电控系统复杂，维护成本较高。

2. 液压式

此结构形式的锻造箱锤杆由液压驱动，4 个往复运动的锤杆由被集成在每个锻造缸中的一个阀门来进行控制，也称全液压式锻造箱，如图 5-8-24 所示。锤杆的运动速度和运动方向由液压先导缸伺服控制。

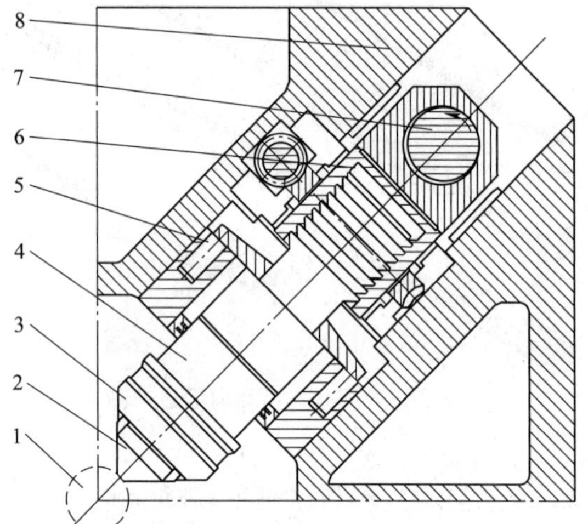

图 5-8-22　丝杠螺母锤头调节结构

1—工件　2—锤头　3—锤头基板　4—锤杆　5—回程缸　6—丝杠螺母调节装置　7—偏心轴　8—锻造箱

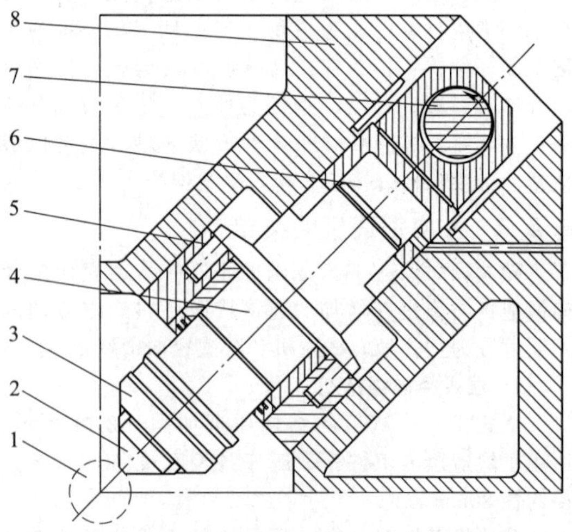

图 5-8-23　液压缸锤头调节结构

1—工件　2—锤头　3—锤头基板　4—锤杆　5—回程缸　6—调节液压缸　7—偏心轴　8—锻造箱

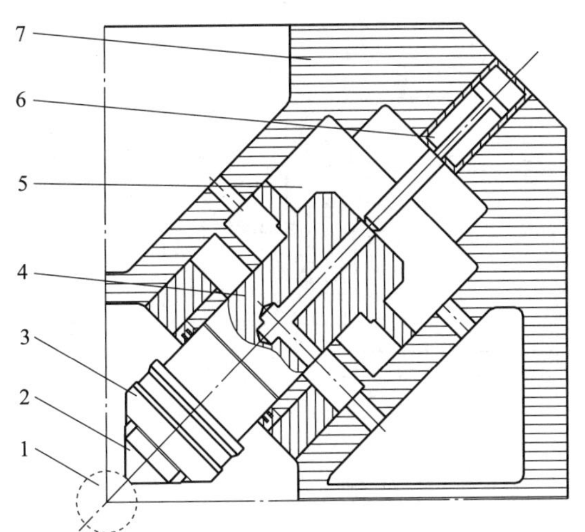

图 5-8-24　液压式径向锻造机锤头调节结构
1—工件　2—锤头　3—锤头基板　4—锤杆
5—锻造缸　6—液压先导缸　7—锻造箱

8.2.4　径向锻造机夹头基本结构形式

夹头是坯料的夹持机构，夹头可在导轨中做往复运动，钳杆夹持坯料又可做旋转运动，这样就构成了坯料在锻造工艺过程中的螺旋运动。

锻打时，锤头与工件从接触到离开的瞬间，工件须停止转动，即夹头钳杆做周期性的旋转与停止运动，所以要对夹头钳杆旋转进行制动。制动方式一般分为蜗杆制动和蜗轮制动。

1. 蜗杆制动

蜗杆制动是指对旋转的蜗杆主动施加力，使蜗杆轴向移动，从而使蜗轮保持相对静止，即夹头钳杆停止旋转；在碟簧和反向力的共同作用下，蜗轮旋转，蜗杆复位。其结构如图 5-8-25 所示。

2. 蜗轮制动

蜗轮制动是指直接对蜗轮进行制动，使夹头钳杆停止旋转，迫使旋转的蜗杆轴向移动；制动停止后，在碟簧作用下蜗杆复位。其结构如图 5-8-26 所示。

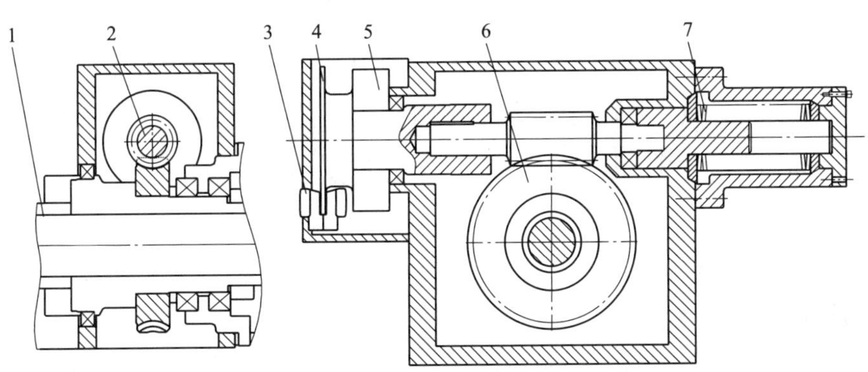

图 5-8-25　夹头蜗杆制动结构
1—夹头钳杆　2—蜗杆　3—制动器　4—制动盘　5—带轮　6—蜗轮　7—缓冲碟簧

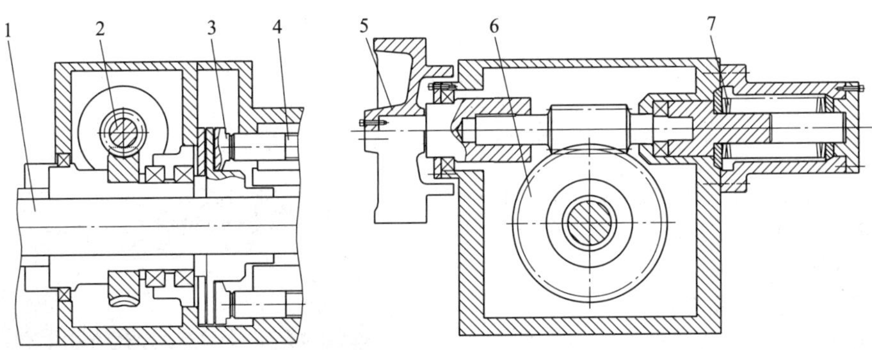

图 5-8-26　夹头蜗轮制动
1—夹头钳杆　2—蜗杆　3—制动系统　4—制动液压缸　5—带轮　6—蜗轮　7—缓冲碟簧

8.2.5　径向锻造机辅助装置

1. 上、下料机械手

图 5-8-27 所示为上、下料机械手，其功能是将辊道输送的坯料转移至夹头，或将锻打完毕的工件夹出放入出料辊道。机械手一般由液压或气压驱动。

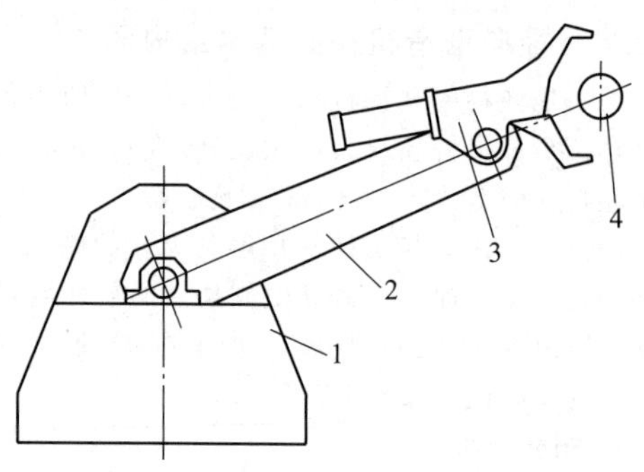

图 5-8-27　上、下料机械手

1—支座　2—翻转臂　3—夹钳　4—坯料

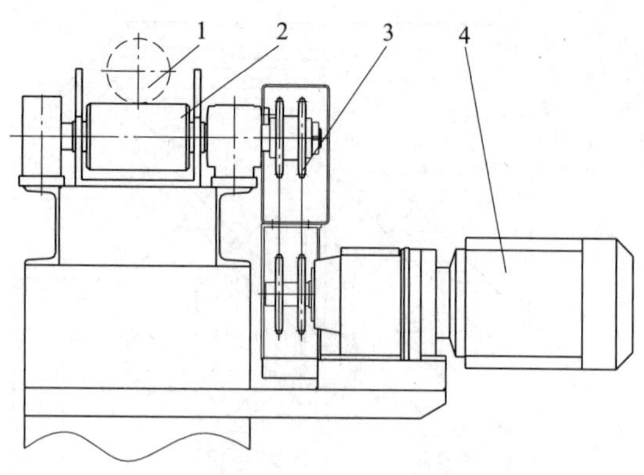

图 5-8-28　进、出料辊道

1—坯料　2—辊子　3—链轮　4—电动机

2. 进、出料辊道

图 5-8-28 所示为进、出料辊道，其功能是将准备好的坯料准确地送到上、下料机械手夹钳的夹持位置及把工件运走。

3. 其他装置

中型和大型径向锻造机一般还配有锤头更换装置，用于快速更换锤头；具有锻造管类工件功能的径向锻造机还配置有管件成形装置。

8.2.6　径向锻造生产线

径向锻造生产线平面布置如图 5-8-29 所示，其流程依次为钢坯加热、径向锻造、切头、工件打号、空冷、热处理。

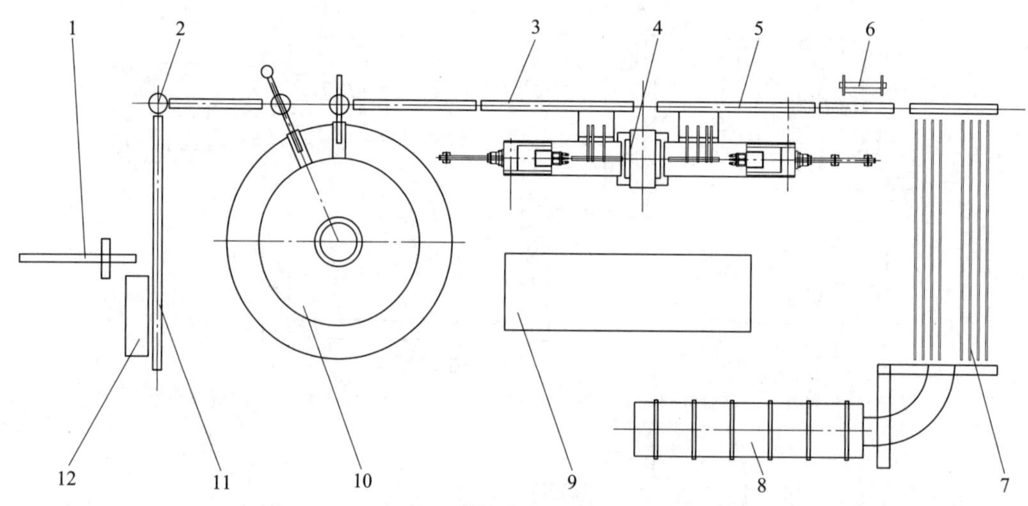

图 5-8-29　径向锻造生产线平面布置

1—钢坯切割机　2—转台　3—上料辊道　4—卧式径向锻造机　5—下料辊道　6—热锯　7—冷床　8—热处理炉　9—控制室　10—环形加热炉　11—辊道　12—上料台架

从钢坯上料到热处理，全流程由程序控制自动完成，生产效率高，产品一致性好，非常适合于车轴等大批量工件的生产。

8.2.7　典型公司的产品介绍

1. 奥地利 GFM 公司产品介绍

径向锻造机是奥地利 GFM 公司 1948 年的专有技术，至今已生产 600 多台，出口到世界各地。表 5-8-4 列出了奥地利 GFM 公司径向锻造机的技术参数。图 5-8-30 所示为该公司生产的 RF-70 型径向锻造机。

图 5-8-30　RF-70 型径向锻造机

表 5-8-4　奥地利 GFM 公司径向锻造机的技术参数

型号		最大入口尺寸(热锻)/mm	最大入口尺寸(冷锻)/mm	锻后最小尺寸(热锻)/mm	锻造力/MN	锻造频率/(次/min)	锤头调节范围/mm	输入功率/kW
SKK系列	SKK-06	$\phi60$	$\phi35$	$\phi16$	0.8	<1600	<60	100
	SKK-10	$\phi100$	$\phi55$	$\phi35$	1.25	<1200	<60	200
	SKK-14	$\phi140$	$\phi70$	$\phi40$	2	<800	<100	300
	SKK-17	$\phi170$	$\phi80$	$\phi45$	2.8	<400	<120	600
	SKK-19	$\phi190$	$\phi95$	$\phi40$	4	<500	<70	650
SX系列	SX-06	$\phi60$	—	$\Phi16$	0.80	1200	35	85
	SX-10	$\phi100$	—	$\phi20$	1.25	900	60	180
	SX-13	$\phi130$	—	$\phi25$	1.60	620	90	300
	SX-16	$\phi160$	—	$\phi30$	2	580	120	360
	SX-25	$\phi250$	—	$\phi50$	3.4	390	190	580
	SX-32	$\phi320$	—	$\phi60$	5	310	210	850
	SX-40	$\phi400$	—	$\phi70$	9	270	280	1600
	SX-55	$\phi550$	—	$\phi80$	12	200	330	2300
	SX-65	$\phi650$	—	$\phi100$	16	175	380	3000
	SX-85	$\phi850$	—	$\phi120$	30	143	400	6000
RF系列	RF-30	$\phi300$	—	$\phi50$	5	<340	180	600
	RF-35	$\phi350$	—	$\phi60$	7.5	<340	250	800
	RF-40	$\phi400$	—	$\phi70$	9	<290	280	950
	RF-45	$\phi450$	—	$\phi80$	12	<260	300	1600
	RF-60	$\phi600$	—	$\phi100$	13.5	<240	360	2000
	RF-70	$\phi700$	—	$\phi120$	18	<240	400	2500
	RF-100	$\phi1000$	—	$\phi130$	22	<200	460	2750

2. 德国 SMS-MEER 公司产品介绍

德国 SMS-MEER 从 20 世纪 80 年代开始研发并生产全液压式径向锻造机，目前已生产 20 多台。表 5-8-5 列出了德国 SMS-MEER 公司生产的 SMX 系列径向锻造机的技术参数。图 5-8-31 所示为德国 SMS-MEER 公司生产的液压式径向锻造机。

图 5-8-31　德国 SMS-MEER 公司液压式径向锻造机

3. 兰州兰石集团有限公司产品介绍

兰州兰石集团有限公司（简称：兰石集团）通过对国外径向锻造机的研究，广泛吸收国外先进技术，并结合多年来设计大型液压快锻设备的实际经验和技术优势，独立开发研制出了具有自主知识产权的径向锻造机，打破国外在该领域的垄断。根据不同的锤头调节和锻打驱动方式，该机分为机械式、机液式和液压式。表 5-8-6 列出了兰石集团径向锻造机的技术参数。图 5-8-32 所示为兰石集团自主研发设计的 1.6MN 机械式径向锻造机组。

表 5-8-5　SMX 系列径向锻造机的技术参数

型号	可锻毛坯最大尺寸/mm	可锻毛坯最小尺寸/mm	锻造力/MN	锻造频率/(次/min)	锤头调节范围/mm	最大夹紧扭矩/kN · m
SMX-200/3	$\phi200$	$\phi40$	3	300	85	14
SMX-350/6	$\phi350$	$\phi60$	6	260	120	50
SMX-450/13	$\phi450$	$\phi70$	13	240	180	70
SMX-650/15	$\phi650$	$\phi80$	15	240	220	120
SMX-800/18	$\phi800$	$\phi100$	18	220	280	160
SMX-1100/22	$\phi1100$	$\phi120$	22	200	400	200

表 5-8-6　兰石集团径向锻造机的技术参数

形式	型号	可锻毛坯最大尺寸/mm	可锻毛坯最小尺寸/mm	锻造力/MN	锻造频率/(次/min)	锤头调节范围/mm	输入功率/kW
机械式	LSJX-10/1.25	ϕ100	ϕ20	1.25	900	60	180
	LSJX-13/1.6	ϕ130	ϕ25	1.6	620	80	300
	LSJX-25/3.4	ϕ250	ϕ50	3.4	390	190	580
	LSJX-32/5	ϕ320	ϕ60	5	310	210	850
	LSJX-40/8	ϕ400	ϕ70	8	270	280	1600
	LSJX-55/10	ϕ550	ϕ80	10	200	330	2300
	LSJX-65/14	ϕ650	ϕ100	14	175	380	3000
机液式	LSJY-32/5	ϕ320	ϕ60	5	<340	210	1150
	LSJY-40/8	ϕ400	ϕ70	8	<280	280	1700
	LSJY-50/10	ϕ500	ϕ90	10	<240	300	3100
	LSJY-60/12	ϕ600	ϕ100	12	<240	360	3400
	LSJY-70/16	ϕ700	ϕ120	16	<240	400	4000
液压式	LSYY-40/8	ϕ400	ϕ75	8	280	280	1800
	LSYY-50/10	ϕ500	ϕ90	10	260	300	3200
	LSYY-65/13	ϕ650	ϕ120	13	240	360	3800
	LSYY-80/18	ϕ800	ϕ160	18	220	400	4200

图 5-8-32　兰石集团 1.6MN 机械式径向锻造机组

参考文献

[1] 苏建婷，黄艳龙，何雪龙，等. 精锻机锻造箱结构型式及特点［J］. 装备制造技术，2016（8）：186-188.

[2] 刘强，潘有武，黄艳龙，等. 车轴径锻生产线及径锻机现状与发展趋势［J］. 锻压装备与制造技术，2016，51（5）：7-9.

第9章

摆动辗压机

武汉理工大学　华林　韩星会　朱春东

哈尔滨工业大学　裴兴华

徐州市特种锻压机床厂　燕杨

9.1　概述

9.1.1　单辊摆辗机工作原理及分类

摆动辗压机是用于摆辗工艺的专用塑性成形设备，简称摆辗机。摆辗机通常是由摆头、滑块、液压缸、机身（上横梁、下横梁、立柱和拉紧螺栓等）和机械传动系统五大主要部分组成，如图5-9-1所示。其工作原理是：具有锥形的上模固定在摆头上，而摆头轴线与机器主轴中心线相交 γ 角，毛坯置于固定在滑块上的下模中，毛坯在上、下模的作用下产生连续局部塑性变形直至整体成形。

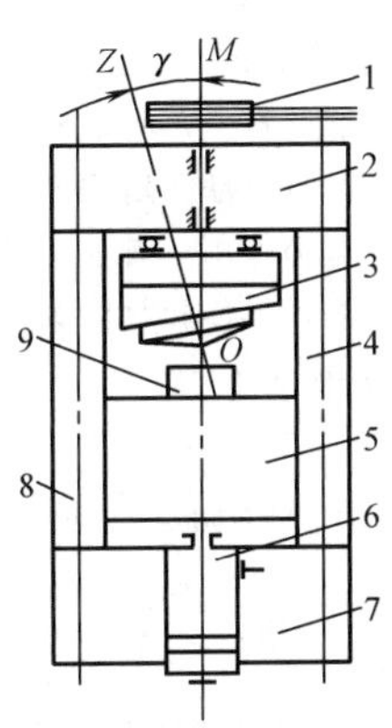

图5-9-1　摆辗机结构

1—机械传动系统　2—上横梁　3—摆头　4—立柱　5—滑块　6—送进液压缸　7—下横梁　8—拉紧螺栓　9—毛坯

1. 摆辗运动的传动方式

摆辗运动的传动方式有以下几种：

1）摆头做匀速旋转，即上模做均匀摆动，下模带动毛坯做等速或变速直线送进运动。这是一种分别传动形式，如图5-9-2a所示。

这种传动形式结构简单、维修方便、容易实现。国内外摆辗机大部分采用这种传动形式。但这种传动形式的机身受交变偏心载荷作用，受力复杂。

2）下模固定不动，上模不仅做均匀摆动，同时还做上下往复送进运动，如图5-9-2b所示。

这种传动形式较图5-9-2a所示的传动形式复杂，需要增加花键轴和花键套等零件。但它结构比较紧凑，适合小型摆辗机。国内外小型摆辗铆接机大部分采用这种传动形式。

3）通过机械传动或液压马达使下模做旋转运动，而上模则偏 γ 角，同时绕轴自转，并做上下往复运动，如图5-9-2c所示。

4）上模靠工件摩擦或机械驱动自转，其轴线固定不动，而下模做螺旋运动，如图5-9-3所示。

这种传动形式可以消除由于摆动而产生的交变偏心载荷，机身受力均匀稳定，辗压件精度高，不需要防转装置，可以辗压非对称锻件。

由上述传动方式可以看出，摆辗必须有两个运动副，即旋转运动副和直线运动副。这两个运动副可以用同一个动力源来实现，也可以分别用两个不同的动力源来实现。

目前国内外摆辗机大部分采用分别传动的方式来实现，即用机械传动实现摆头旋转摆动，用液压或气压传动实现送进加载运动。

2. 摆辗机基本类型

摆辗机的基本类型可以按以下方式进行分类。

（1）按用途分类　摆辗机根据用途不同分为锻造摆辗机和铆接摆辗机（也称摆辗铆接机）两大类。锻造摆辗机主要用于各类锻件的冷辗、温辗和热辗。根据结构不同，它又分为立式摆辗机、卧式摆辗机、专用摆辗机等三种。摆辗机适合加工各种饼盘类、薄壁高筋类、环类、带法兰的长轴类锻件和形状复杂的齿轮、齿条等锻件。

（2）按机身轴线位置分类　摆辗机的机身轴线有垂直于水平面和平行于水平面两种形式。与此对应，摆辗机可分为立式和卧式两类。立式摆辗机是国内外最常见的一种摆辗机，它占地面积小，受力情况较好，操作方便，适用范围广，易于实现机械化

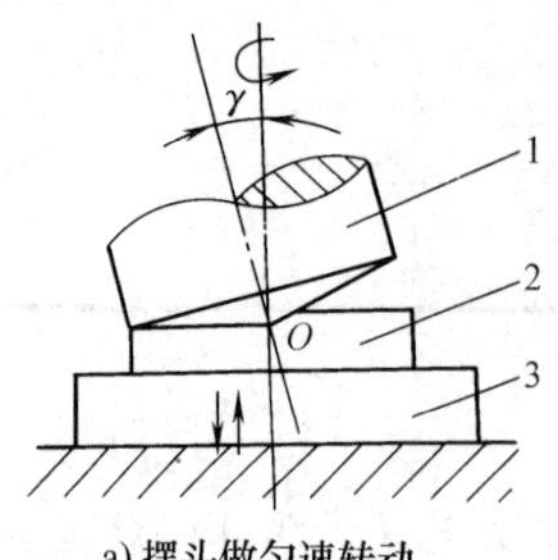

a) 摆头做匀速转动

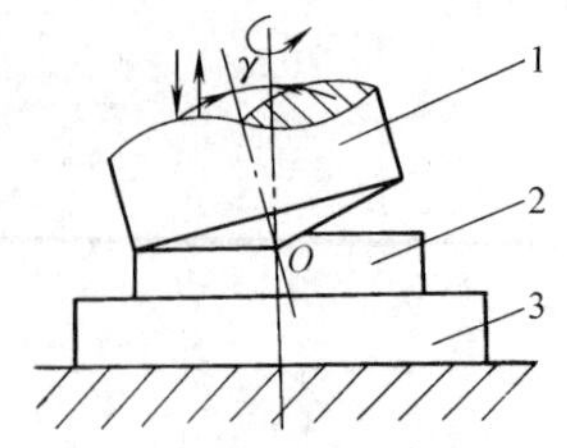

b) 上模做复合运动

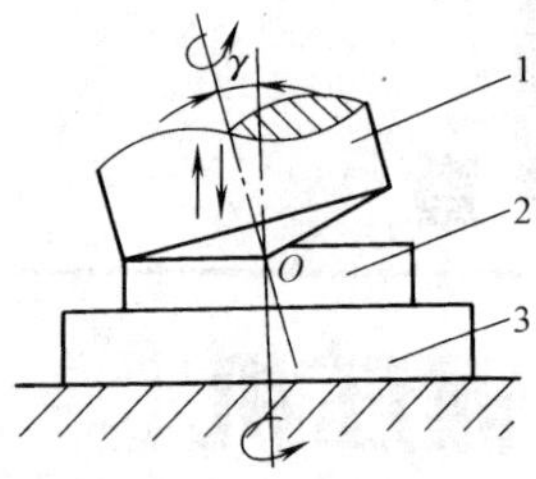

c) 上模进给、下模转动

图 5-9-2　传动方式

1—上模　2—毛坯　3—下模

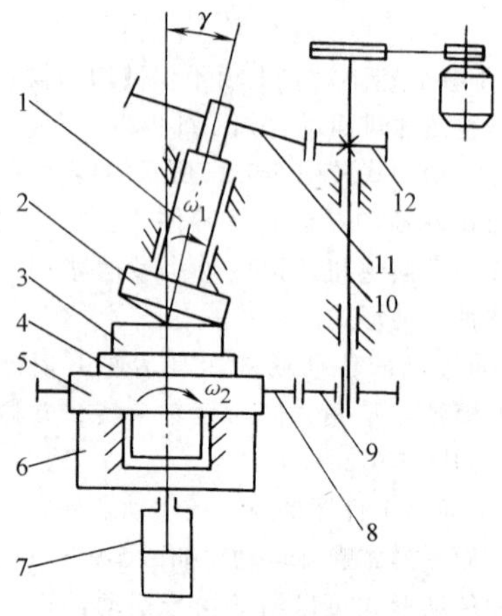

图 5-9-3　下模传动方式

1—摆轴　2—上模　3—工件　4—下模　5—工作台　6—滑块　7—送进液压缸　8、9、11、12—传动齿轮　10—旋转轴

和自动化。与立式摆辗机相比，卧式摆辗机的滑块行程一般较长，能摆辗成形带长轴的法兰零件。

（3）按机身结构分类　摆辗机按机身结构形式可分为组合式和整体式两种。大多数国产摆辗机和波兰 PXW 型摆辗机为整体机身。瑞士 Schmid 公司在波兰 PXW 型摆辗机的基础上进行了改进和发展，将整体式机身改为组合式机身。

9.1.2　单辊摆辗机技术参数

部分国产立式单辊摆辗机的型号和技术参数见表 5-9-1，部分国外单辊摆辗机的型号和技术参数见表 5-9-2。

9.1.3　双辊摆辗机工作原理及特点

由于摆辗机受交变偏心载荷作用，因此机身等部件受力复杂，易晃动。为克服上述缺点，技术人员研制出双辊摆辗机。该机的特点是两个上模对称地安装在摆头转动中心的两侧，且摆动倾角相等，转速相同，因此摆头不受交变偏心载荷作用。双辊摆辗机适用于大型薄壁构件成形以及环类件铆接和收口等。

表 5-9-1　部分国产立式单辊摆辗机的型号和技术参数

参数名称	型号						
	30	160	DTL99-160	DTL99-200	DTL99-260	400	DTL99-800
	参数值						
公称力/kN	300	1600	1600	2000	2600	4000	8000
辗压最大直径/mm	80	210	200	230	280	400(环件)	510(环件)
摆头摆动频率/(次/min)	298/399/594	69/92/138	200	300	200	96	200
进给量/(mm/r)	0.2~6	0.22~8.7	3~6	2~4	2~5	1.5	3~5
摆动倾角/(°)	3	3	3	2	2	3	2
滑块最大行程/mm	200	230	350	400	400	200	400
液体单位压力/MPa	21	25	20	25	25	21	25
顶出力/kN	15	40	160	200	300	200	630
工作台面尺寸/mm(长×宽)	440×460	650×610	860×600	860×80	720×600	1250×940	1200×980
空程快上速度/(mm/s)	—	—	80	80	100	—	70
工作速度/(mm/s)	—	—	8~20	8~20	6~15	—	10
回程速度/(mm/s)	—	—	75	75	70	—	70
电动机总功率/kW	13/13/19	20/25/28	68	78	85	130	150
摆头轴承形式	滚动	球面静压	滚动	滚动	球面滑动	滚动	球面滑动
机身结构形式	分体焊接	铸造	整体焊接	整体焊接	整体焊接	分体焊接	整体焊接

（续）

参数名称	型号						
	30	160	DTL99-160	DTL99-200	DTL99-260	400	DTL99-800
	参数值						
送进方式	液压缸下进给	液压缸下进给	液压缸下进给	液压缸下进给	液压缸下进给	液压缸下进给	液压缸下进给
研制单位	哈尔滨工业大学	上海工艺所新华轴承厂	徐州市特种锻压机床厂	徐州市特种锻压机床厂	徐州市特种锻压机床厂	哈工大哈齿轮厂	徐州市特种锻压机床厂

表 5-9-2　部分国外单辊摆辗机的型号和技术参数

参数名称	型号						
	200	PXW-100	PXW-200	T-200	MCOF-250	T-400	T-630
	参数值						
公称力/kN	2000	1600	—	2000	—	—	6300
顶出力/kN	—	—	—	400	800	700	700
摆头摆动频率/(次/min)	—	200	400	0~340	320	0~280	0~280
辗压最大直径/mm	150	120	150	≤90	160	<250	<250
摆动倾角/(°)	0~4	0~2	0~2	—	2	—	—
滑块最大行程/mm	310	140	140	200	200	285	300
空程快上速度/(mm/s)	300	210	135	125	—	180	150
工作速度/(mm/s)	75	13	10	26	0.5~30	28	22
回程速度/(mm/s)	600	200	120	150	—	200	200
顶出行程/mm	—	30~75	20~100	—	60	—	—
生产率/(件/min)	10	3~6	3~6	4~15	4~15	4~12	4~12
电动机总功率/kW	75	38	42	67	85	170	280
外形尺寸/mm(长×宽)	3500×3000	1700×2750	2100×2500	3408×2975	—	3450×3000	4900×3370
地面以上高度/mm	3900	2800	3300	3320	—	3590	4650
摆头轴承形式	—	球面滑动	球面滑动	球面滑动	球面滑动	球面滑动	球面滑动
整机重量/t	22	5.5	10	10.2	—	25.8	39
研制国家	英国	波兰	波兰	瑞士	日本	瑞士	瑞士

双辊摆辗机工作原理如图 5-9-4 所示。当启动机床时，工作台上升，摆头体旋转，两个上模摆头部与工件接触，上模随摆头体绕中心线 AO 转动，并在摩擦作用下绕各自中心线 BO 和 CO 转动，金属产生流动，进而使工件变形。

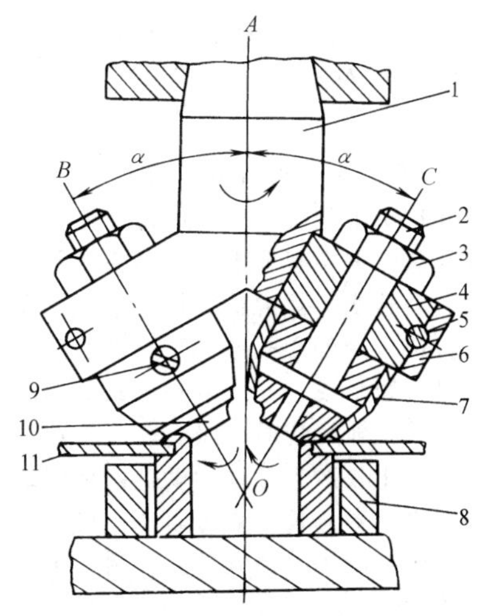

图 5-9-4　双辊摆辗机工作原理

1—摆头体　2—轴　3—螺母　4—套　5—圆锥销　6—垫套　7—锥形套　8—下模　9—沉头螺钉　10—上模　11—工件

双辊摆辗机的特点：

1）双辊摆辗机在辗压过程中以连续局部变形代替一般锻造方法的整体成形，降低了变形力。

2）双辊辗压不仅可以冷辗、热辗，而且可以进行铆接，加工质量高，可以实现少无切屑加工，节省原材料。

3）生产率较高，铆接链轮曲柄组件的辗压时间不到 3s。

4）双辊摆辗机两个上模对称地安装在摆头转动中心的两侧，且摆角 α 相等，转速相同，因此摆头不受交变偏心载荷作用，噪声小，晃动小。

5）双辊摆辗压力小，可以对某些已成形零件进行局部摆辗，只进行局部变形，其他部分不受影响。

9.2　摆辗机主要结构

9.2.1　单辊摆头

1. 摆头结构

根据摆头上轴承形式的不同，分为滚动轴承式、滑动轴承式和静压轴承式摆头。

1）滚动轴承式摆头结构如图 5-9-5 所示。它的结构特点是在摆头上安装一个上端为水平面，而下端与水平面成 γ 角的斜盘，以实现摆动运动。当传动部分带动摆轴 1 旋转时，偏心斜盘 4 随之旋转，而安装在斜盘偏心孔内的摆头模座 5 便带动上模 6 产生摆动运动。该结构优点是结构简单，容易加工制造，维修方便，功率消耗较小。但轴承受偏载力影响易损，需要选择合适的轴承，一般多采用推力调心球面滚子轴承。

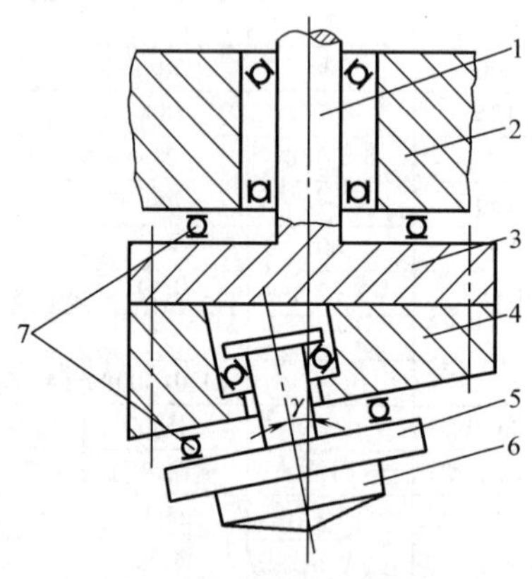

图 5-9-5　滚动轴承式摆头结构

1—摆轴　2—上横梁　3—摆轴盘

4—偏心斜盘　5—摆头模座

6—上模　7—推力轴承

2）滑动轴承式摆头结构如图 5-9-6 所示。其结构特点是在摆头上装有一个或内外两个偏心套以及一个滑动球头。偏心套上端与机器主轴相连，内有一偏心孔，其轴线与套的轴线相交 γ 角，滑动球头的尾柄部分嵌入到偏心孔中，于是滑动球头的轴线与机器主轴线也形成 γ 角，滑动球头另一端与球面衬套相配合，主轴旋转时，偏心套跟随旋转，于是滑动球头带动上模产生摆动运动。该结构的优点是传递载荷较大，寿命长，结构紧凑；缺点为结构较复杂，球面摩擦副的受力条件差，制造工艺及材料选用均要求较高。

3）静压轴承式摆头结构如图 5-9-7 所示。该结构特点是在滑动球头和球面衬套之间建立一层静压油膜，用以承受全部摆辗力，以保证球面摩擦副之间在相对运动时处于完全液体摩擦的润滑状态。

静压系统工作原理如图 5-9-8 所示。由高压液压

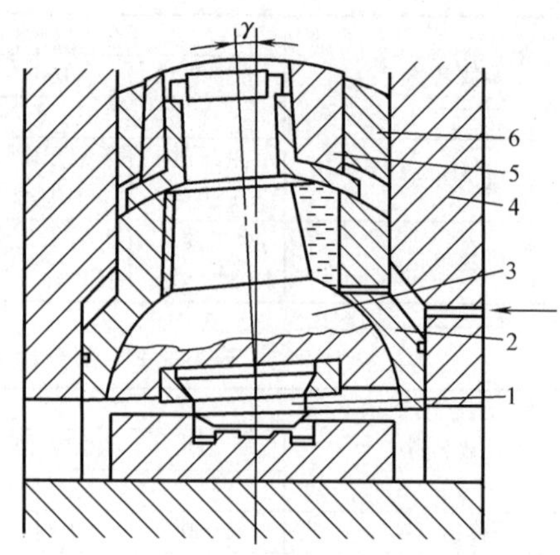

图 5-9-6　滑动轴承式摆头结构

1—上模　2—球面衬套　3—滑动球头

4—机身　5—内偏心套　6—外偏心套

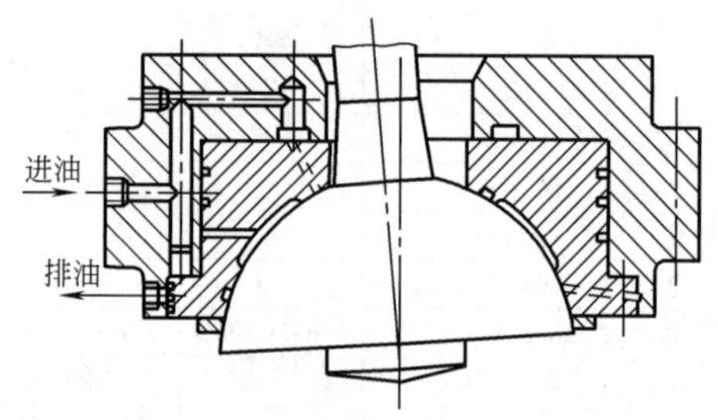

图 5-9-7　静压轴承式摆头结构

泵输出的高压油从回路中的 A 处分两路分别输往主液压缸（经过调速阀 1F 和单向阀 2F）和静压系统（经顺序阀 3F），油液经线隙式滤油器（1U～4U）和纸质滤油器 5U 过滤后，通过六个并联的毛细管节流器（1J～6J）进入开设在球座上的六个均匀分布的油腔，再通过油腔四周的封油面和回油槽流回油箱。该结构的优点是球面摩擦副间几乎无任何机械磨损，因而寿命大大提高。但静压油膜的建立很不稳定，受热影响后即会破坏油膜刚度造成球面摩擦副研死。

2. 摆头的运动轨迹

摆头运动轨迹有 4 种，分别为圆轨迹、玫瑰线轨迹、螺旋线轨迹和直线轨迹。摆头的运动轨迹不仅对金属的流动和填充影响很大，而且对电动机功率及设备刚度等均有影响，特别是对于形状不同的锻件成形影响更大，如连杆等长轴类工件用圆轨迹就不如采用直线轨迹容易充满成形。

摆辗机可以只有一种运动轨迹，也可同时具有几种轨迹。单一轨迹的机器结构简单，维修制造方便。大批量生产用的摆辗机多采用单一轨迹。波兰 PXW-100 型和瑞士 T 型摆辗机采用双偏心套结构，

可在一机上实现 4 种摆头运动轨迹，PXW-100 型摆辗机的工作原理如图 5-9-9 所示。球头尾柄装在内偏心套的偏心孔内，靠内外偏心套同向或反向、同速或不同速的相对转动而产生 4 种不同轨迹。

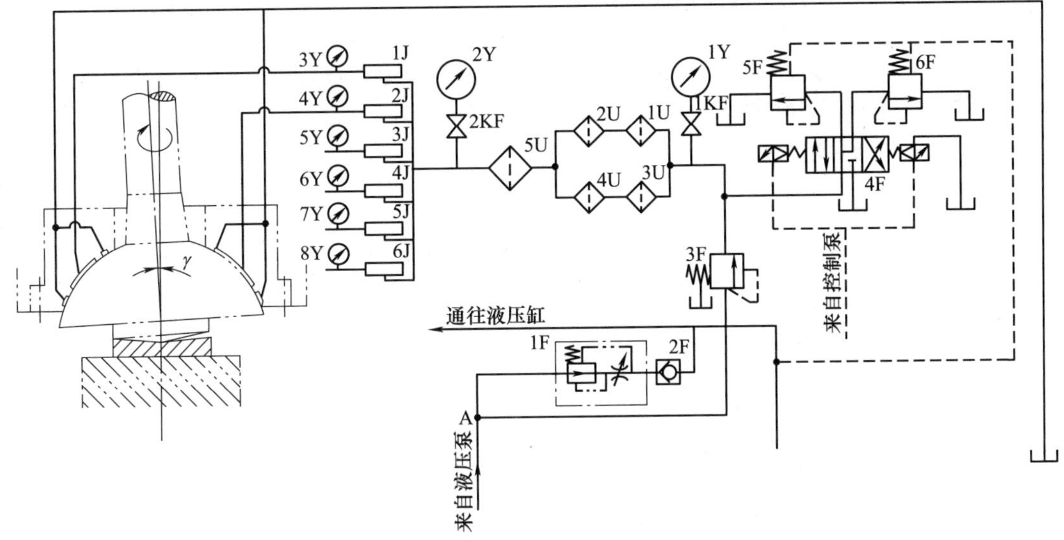

图 5-9-8　静压系统工作原理

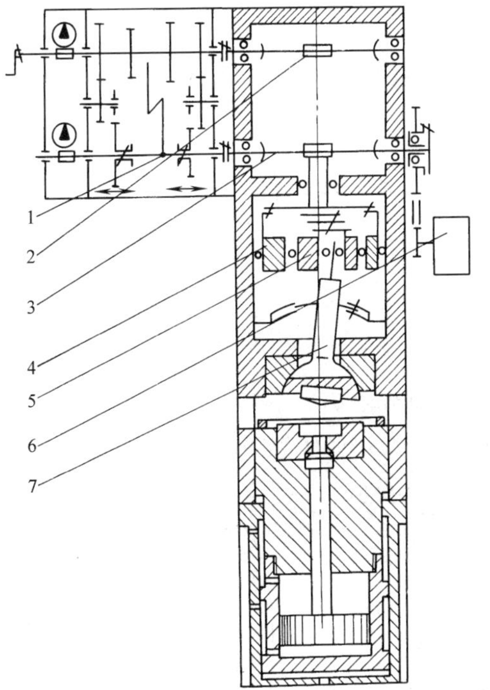

图 5-9-9　PXW-100 型摆辗机工作原理

1—变速箱　2—第二级蜗轮　3—第一级蜗轮　4—外偏心套　5—内偏心套　6—电动机　7—摆头

双偏心套摆辗机摆头运动轨迹计算模型如图 5-9-10 所示，摆头运动轨迹方程见式（5-9-1）。

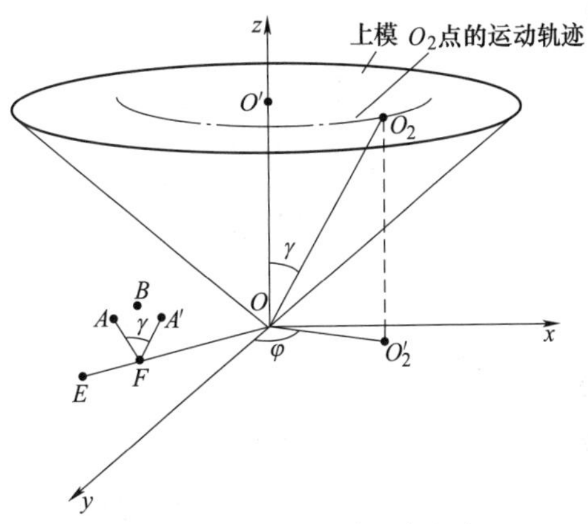

图 5-9-10　双偏心套摆辗机摆头运动轨迹计算模型

$$\begin{cases} x''=x'\cos^2\varphi+x'\cos\gamma\sin^2\varphi-y'\sin\varphi\cos\varphi(1-\cos\gamma)-z'\sin\varphi\sin\gamma \\ y''=y'\sin^2\varphi+y'\cos\gamma\cos^2\varphi-x'\sin\varphi\cos\varphi(1-\cos\gamma)-z'\cos\varphi\sin\gamma \\ z''=x'\sin\varphi\sin\gamma+y'\cos\varphi\sin\gamma+z'\cos\gamma \\ \varphi=\arccos\dfrac{c_1\sin\omega_1t+c_2\sin\omega_2t}{\sqrt{c_1^2+c_2^2+2c_1c_2\cos(\omega_1t-\omega_2t)}} \\ \gamma=\arcsin\dfrac{\sqrt{c_1^2+c_2^2+2c_1c_2\cos(\omega_1t-\omega_2t)}}{L} \end{cases} \tag{5-9-1}$$

式中　x'、y'、z'——摆头任意一点的坐标；

x''、y''、z''——摆头轴线上任意一点的坐标；

c_1、c_2——内、外偏心套偏心距；

ω_1、ω_2——内、外偏心套角速度；

L——点 O 到点 O_2 的距离；

t——摆头运动时长；

φ——摆头轴线在 Oxy 平面内的偏转角度；

γ——摆头的摆动倾角。

根据式（5-9-1）可以计算摆头任意一点的运动轨迹。

1）当内外偏心套同速同向旋转时（$\omega_1=\omega_2=\omega$），摆头轴线上任意一点运动轨迹为圆轨迹，如图 5-9-11 所示。它适合辗压各种圆形工件。

摆头表面上任意一点运动轨迹如图 5-9-12 所示。可以看出，不论是 $c_1=c_2$ 还是 $c_1\neq c_2$，摆头表面上任意一点运动轨迹是一个闭合的空间曲线，呈雨滴形状。

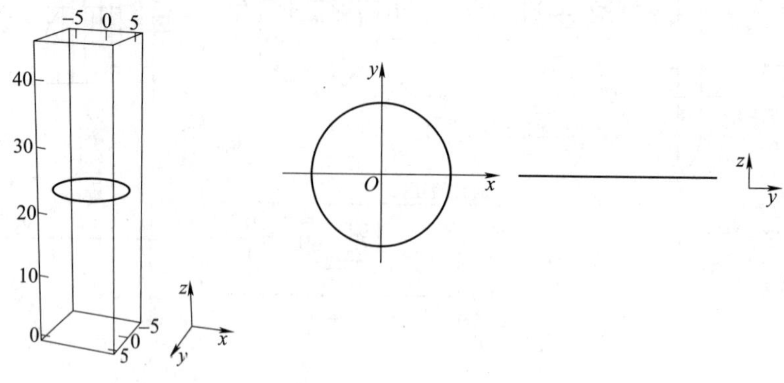

a) 摆头轴线上任意一点运动轨迹($c_1=c_2$)

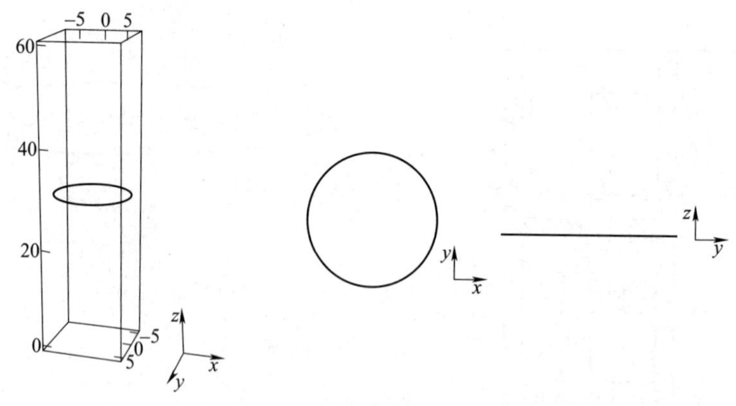

b) 摆头轴线上任意一点运动轨迹($c_1\neq c_2$)

图 5-9-11 摆头轴线上任意一点运动轨迹（$\omega_1=\omega_2=\omega$）

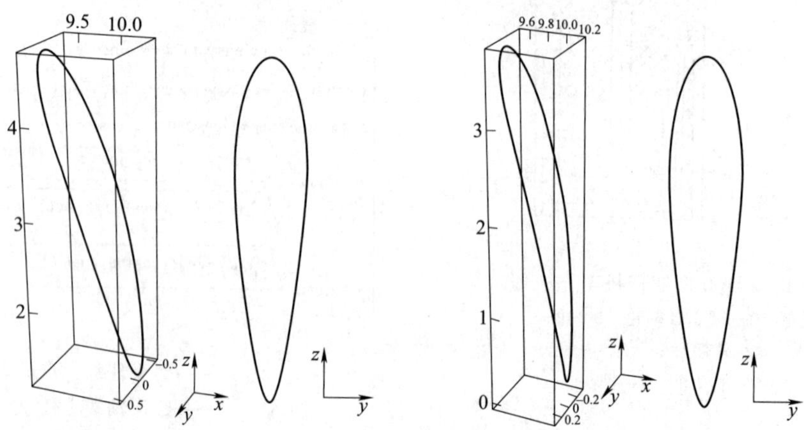

a) 摆头表面上任意一点运动轨迹($c_1=c_2$)　　b) 摆头表面上任意一点运动轨迹($c_1\neq c_2$)

图 5-9-12 摆头表面上任意一点运动轨迹（$\omega_1=\omega_2=\omega$）

2）当内外偏心套同速异向旋转时（$\omega_1=\omega$，$\omega_2=-\omega$），摆头轴线上任意一点运动轨迹如图 5-9-13 所示。当 $c_1=c_2$ 时，摆头轴线上任意一点运动轨迹是一条平面弧线，其在 xOy 平面内的投影是一条直线，此直线经过摆辗机的轴线 Oz。当 $c_1\neq c_2$ 时，摆头轴线上任意一点运动轨迹是一个空间椭圆，此椭圆不经过摆辗机的轴线 Oz。该类运动轨迹适合于加工椭圆或长轴类工件，如齿条等。

摆头表面上任意一点运动轨迹如图 5-9-14 所示。当 $c_1=c_2$ 时，摆头表面上任意一点运动轨迹是一条

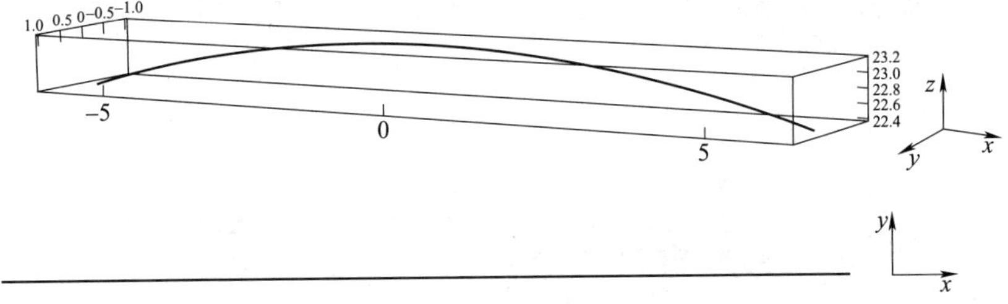

a) 摆头轴线上任意一点运动轨迹($c_1=c_2$)

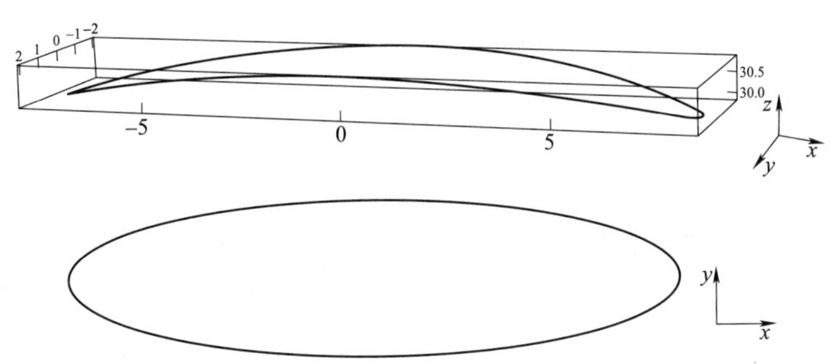

b) 摆头轴线上任意一点运动轨迹($c_1\neq c_2$)

图 5-9-13　摆头轴线上任意一点运动轨迹（$\omega_1=\omega$，$\omega_2=-\omega$）

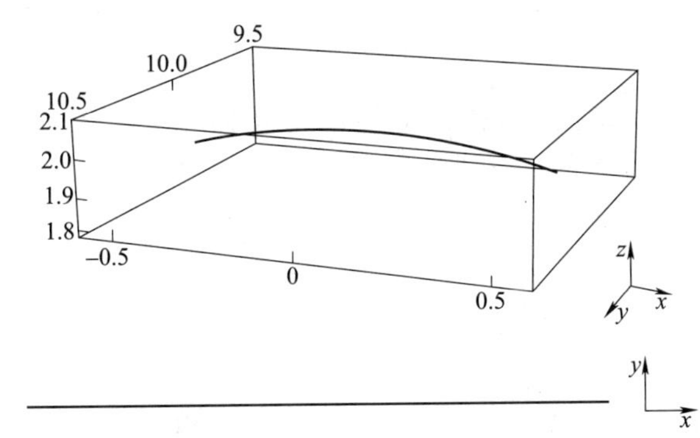

a) 摆头表面上任意一点运动轨迹($c_1=c_2$)

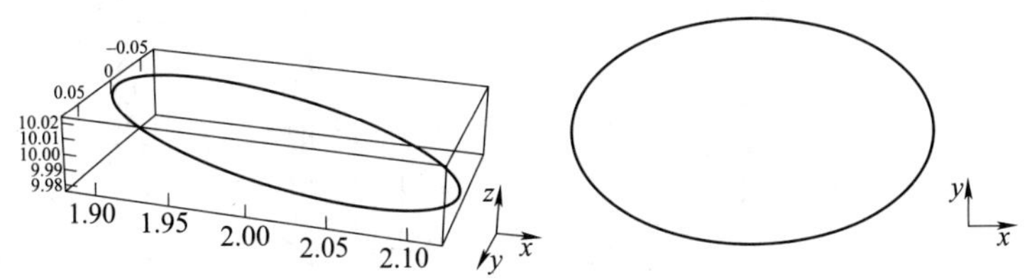

b) 摆头表面上任意一点运动轨迹($c_1\neq c_2$)

图 5-9-14　摆头表面上任意一点运动轨迹（$\omega_1=\omega$，$\omega_2=-\omega$）

平面弧线。当 $c_1 \neq c_2$ 时，摆头表面上任意一点运动轨迹是一个空间椭圆。

3）当内外偏心套异速异向旋转时（$\omega_1>0$，$\omega_2<0$，$|\omega_1| \neq |\omega_2|$），摆头轴线上任意一点运动轨迹为玫瑰线轨迹，如图 5-9-15 所示。当 $c_1=c_2$ 时，摆头轴线上任意一点运动轨迹是一个经过摆辗机轴线 Oz 的空间玫瑰线。当 $c_1 \neq c_2$ 时，摆头轴线上任意一点运动轨迹是一个不经过摆辗机轴线 Oz 的空间玫瑰线。该类运动轨迹适合于加工带齿形的齿轮等。

摆头表面上任意一点运动轨迹如图 5-9-16 所示。当 $c_1=c_2$ 时，摆头表面上任意一点运动轨迹是一个

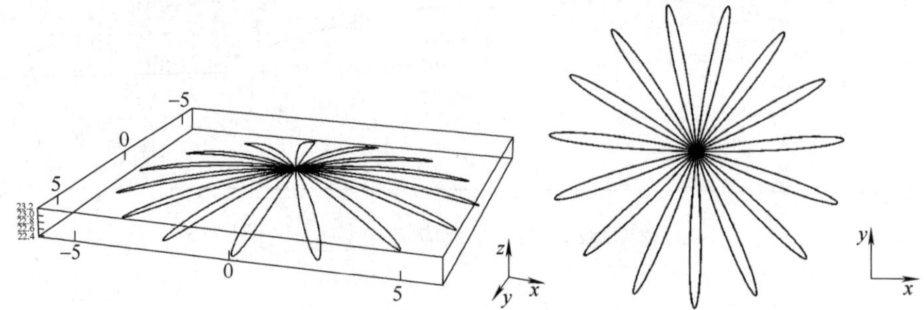

a) 摆头轴线上任意一点运动轨迹($c_1=c_2$)

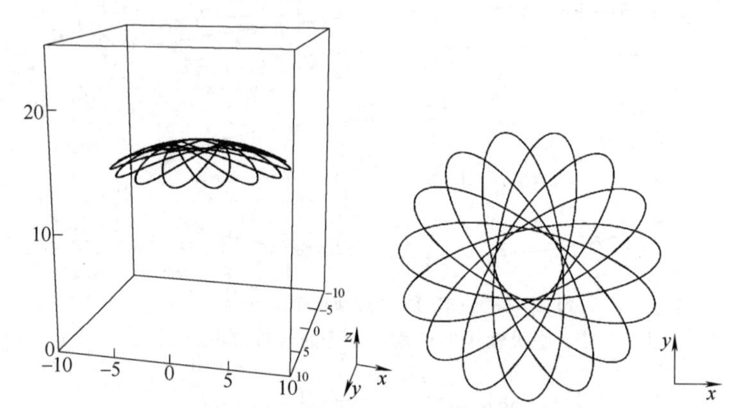

b) 摆头轴线上任意一点运动轨迹($c_1 \neq c_2$)

图 5-9-15　摆头轴线上任意一点运动轨迹（$\omega_1>0$，$\omega_2<0$，$|\omega_1| \neq |\omega_2|$）

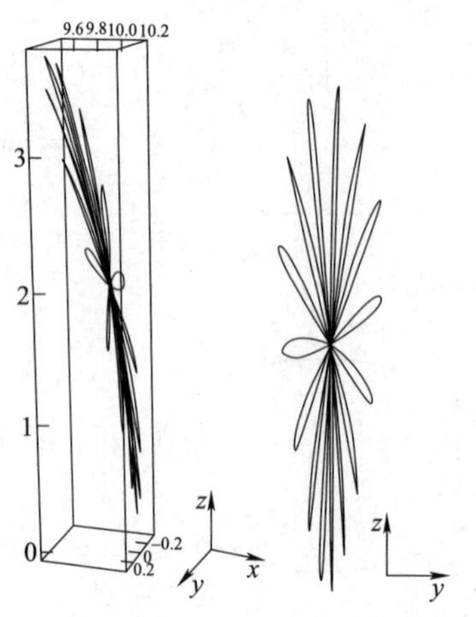

a) 摆头表面上任意一点运动轨迹($c_1=c_2$)

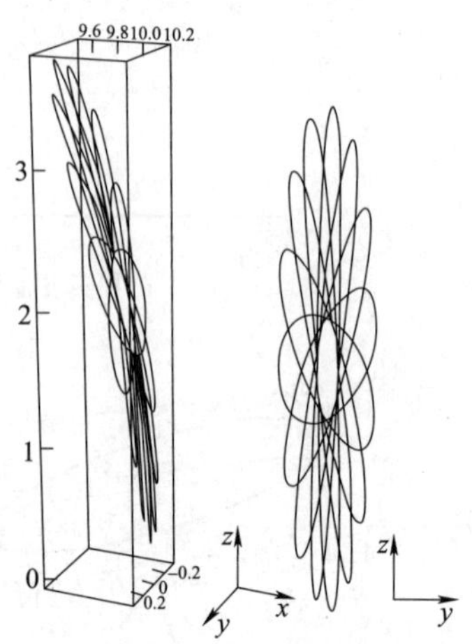

b) 摆头表面上任意一点运动轨迹($c_1 \neq c_2$)

图 5-9-16　摆头表面上任意一点运动轨迹（$\omega_1>0$，$\omega_2<0$，$|\omega_1| \neq |\omega_2|$）

被拉长的空间玫瑰线，此玫瑰线的中心不存在空白区域。当 $c_1 \neq c_2$ 时，摆头表面上任意一点运动轨迹也是一个被拉长的空间玫瑰线，但此玫瑰线的中心存在空白区域。

4）当内外偏心套异速同向旋转时（$\omega_1>0$，$\omega_2>0$，$|\omega_1| \neq |\omega_2|$），摆头轴线上任意一点运动轨迹为螺旋线轨迹，如图 5-9-17 所示。当 $c_1=c_2$ 时，摆头轴线上任意一点运动轨迹是一个经过摆辗机轴线 Oz 的空间螺旋线。当 $c_1 \neq c_2$ 时，摆头轴线上任意一点运动轨迹是一个不经过摆辗机轴线 Oz 的空间螺旋线。该类运动轨迹适合于加工具有不同直径台阶的工件。

摆头表面上任意一点运动轨迹如图 5-9-18 所示。

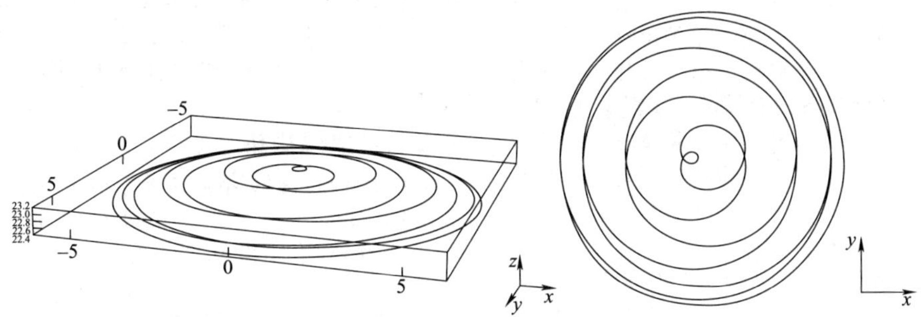

a) 摆头轴线上任意一点运动轨迹($c_1=c_2$)

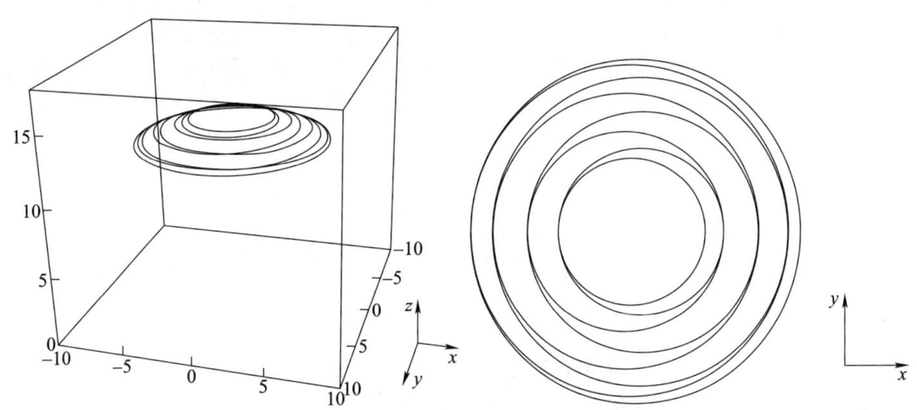

b) 摆头轴线上任意一点运动轨迹($c_1 \neq c_2$)

图 5-9-17　摆头轴线上任意一点运动轨迹（$\omega_1>0$，$\omega_2>0$，$|\omega_1| \neq |\omega_2|$）

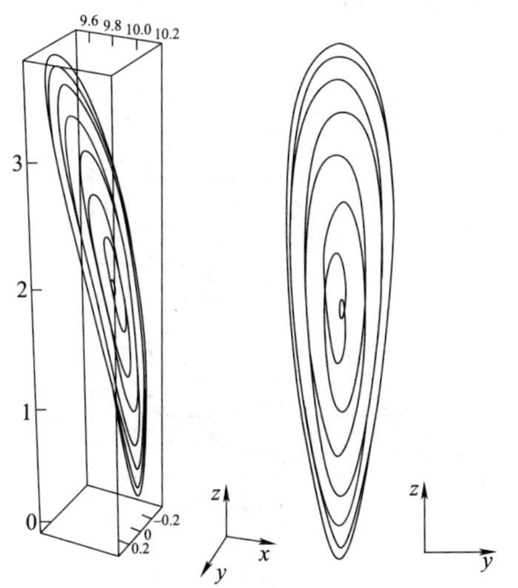

a) 摆头表面上任意一点运动轨迹($c_1=c_2$)

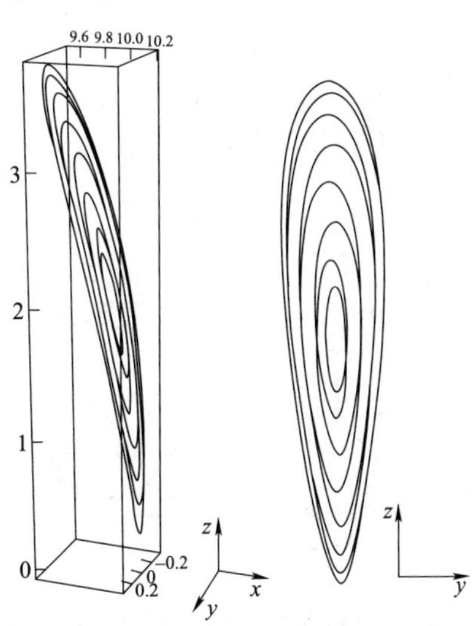

b) 摆头表面上任意一点运动轨迹($c_1 \neq c_2$)

图 5-9-18　摆头表面上任意一点运动轨迹（$\omega_1>0$，$\omega_2>0$，$|\omega_1| \neq |\omega_2|$）

当 $c_1=c_2$ 时，摆头表面上任意一点运动轨迹是一个被拉长的空间螺旋线，此螺旋线的中心不存在空白区域。当 $c_1\neq c_2$ 时，摆头表面上任意一点运动轨迹也是一个被拉长的空间螺旋线，但此螺旋线的中心存在空白区域。

3. 防止摆头自转装置（简称防转装置）

摆辗时，为了得到高质量的锻件和使上模具有良好的冷却和润滑，要求上模只做纯滚动，而不允许有自转。但是，由于受轴承摩擦力的作用，在空转时，上模往往要随摆轴一起转动，在辗压开始时，工件常被这种自转甩离原来的中心位置，使工件形状得不到保证，使水冷却模具也很难实现。同时锥形上模接触工件后相对工件产生滞后角，即摆动一周后不能回到原始位置。

防转装置有多种形式。一种是大齿圈防转装置，筒形的上齿圈固定在斜盘上，下齿圈固定在立柱上。下齿圈设计成横断面为齿条形的平面锥齿轮，而上齿圈下端为锥齿轮，其分度圆锥角的余角等于摆角，其节锥线应与锥形上模的母线在同一平面内。

另一种防转装置是拨杆机构，如图 5-9-19a 所示。这种结构的防转杆安装在球头或摆头模座上，挡板固定在机身上，防转滚轮在挡板之间滚动。该结构和大齿圈相同，它既可在空转时防止摆头自转，也可在辗压时防止上模滞后，保证上下模在任何时候均不产生相对错动。

还有一种是采用球面十字滑键形式的防转装置，如图 5-9-19b 所示。滑动球头 2 与内滑键块 3 固定连接，它通过带十字内、外滑动键槽的防转盘 5 与固定在机身 1 上的定位键 4 的键连接可以防止滑动球头转动。波兰的 PXW-100 型摆辗机即采用这种防转方式。

9.2.2　双辊摆头

双辊摆辗机摆头结构如图 5-9-4 所示，由摆头体 1、轴 2、螺母 3、套 4、圆锥销 5、垫套 6、锥形套 7、沉头螺钉 9、上模 10 等组成。摆头体 1 起传递扭矩和支承作用，两侧孔内用圆锥销 5 与套 4 紧固在一起。轴 2 和上模采用滑动配合。

双轮摆辗机摆头部件装配步骤如下：首先将垫套 6、套 4 装于轴 2 上端，将上模 10、锥形套 7 装于轴 2 下端，分别装上螺母 3 和沉头螺钉 9，再按圆锥销 5 孔方位把轴 2 部件从上往下装入摆头体的孔中，装上圆锥销 5，然后加润滑油即可工作。

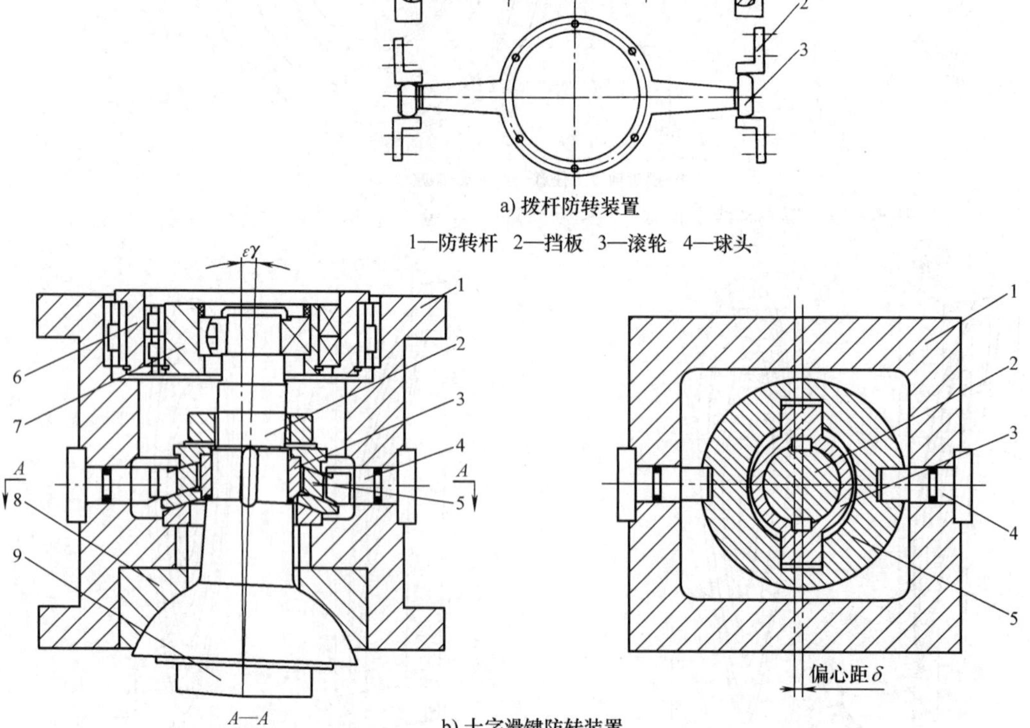

a) 拨杆防转装置

1—防转杆　2—挡板　3—滚轮　4—球头

b) 十字滑键防转装置

1—机身　2—滑动球头　3—内滑键块　4—定位键　5—防转盘　6—外偏心套　7—内偏心套　8—球面衬套　9—上模

图 5-9-19　防转装置

9.2.3　机身

摆辗机的机身多采用框架式结构。这类机身又分为整体式和组合式两种。整体式机身的加工、装配工作量较少，但需要大型加工设备，运输也比较困难。组合式机身（见图 5-9-20）由上、下横梁，左、右立柱和四个拉紧螺栓等组成。上、下横梁和立柱通过拉紧螺栓组成一个整体。为防止各部分间的相对错移，保证精确定位，采用圆形或方形的定位销在水平的两个方向定位。圆形定位销在装配后配钻销孔，而方形定位销在装配前加工好销孔，待装配后打入定位销。组合式机身的加工、运输都比较方便，大多数摆辗机采用这种结构。

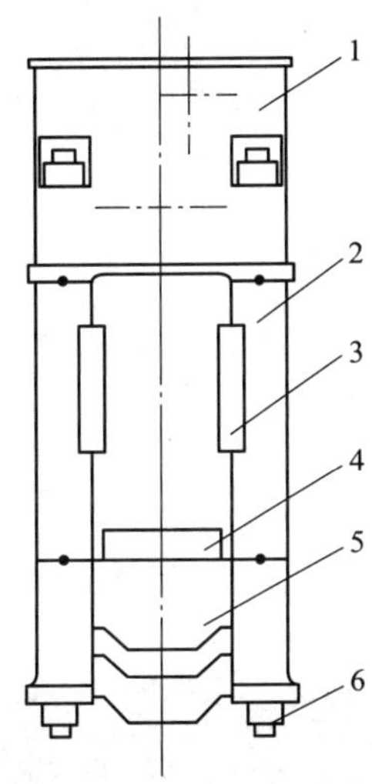

图 5-9-20　组合式机身

1—上横梁　2—立柱　3—导轨　4—下模垫板　5—下横梁　6—拉紧螺栓

9.2.4　滑块

滑块是一个传递力的部件，它将液压缸的推力传递给工件，使之产生塑性变形。滑块上端通过梯形槽与螺钉和下模固定在一起，滑块下端和液压缸中的活塞杆连接，滑块四周与导轨相配合。工作时，滑块在液压缸的推动下沿导轨做上下往复运动。

9.3　典型摆辗机产品简介

9.3.1　立式摆辗机

1. 立式单辊摆辗机

（1）波兰 PXW 型摆辗机　由波兰华沙工业大学马尔辛尼克教授发明，波兰锻压机械中央设计局设计，华沙第一自动压力机制造厂制造的 PXW 型摆辗机摆头具有 4 种运动轨迹。摆头可完成圆轨迹、直线轨迹、玫瑰线轨迹和螺旋线轨迹 4 种运动轨迹，图 5-9-21 所示为波兰 PXW-100 型摆辗机结构。

（2）瑞士 T 型摆辗机　瑞士 Schmid 公司生产的 T-200 型、T-400 型、T-630 型摆辗机，摆头可完成圆轨迹、直线轨迹、玫瑰线轨迹和螺旋线轨迹 4 种运动轨迹，摆辗机结构如图 5-9-22 所示。瑞士 T 型摆辗机是目前国际上应用最广泛的摆辗机，T-200 型摆辗机和 T-630 型摆辗机如图 5-9-23 所示。

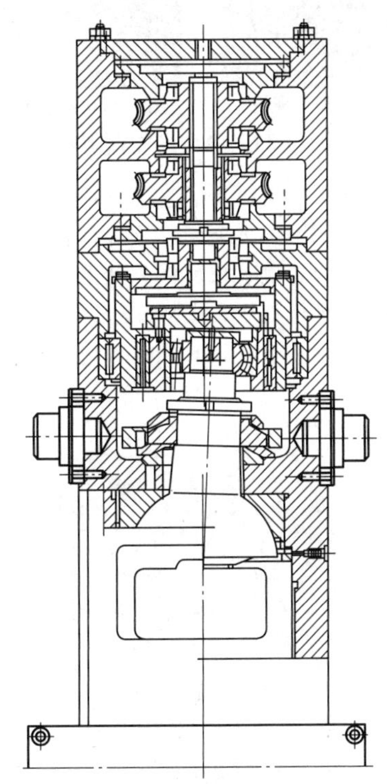

图 5-9-21　波兰 PXW-100 型摆辗机结构

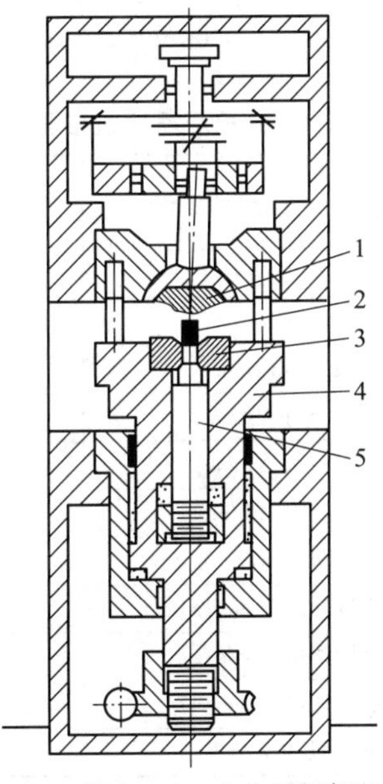

图 5-9-22　瑞士 Schmid 公司摆辗机结构

1—上模　2—工件　3—下模　4—工作台　5—顶料杆

a) T-200型摆辗机　　b) T-630型摆辗机

图 5-9-23　瑞士 T 型摆辗机

武汉理工大学和相关单位联合开发了 300t 数控冷摆辗机，如图 5-9-24 所示。该冷摆辗机摆头可完成圆轨迹、直线轨迹、玫瑰线轨迹和螺旋线轨迹 4 种运动轨迹，其技术参数见表 5-9-3。

图 5-9-24　300t 数控冷摆辗机

表 5-9-3　300t 数控冷摆辗机主要技术参数

参数名称	参数值
成形最大工件尺寸/mm	250
公称压力/kN	3000
顶出力/kN	500
滑块最大行程/mm	200
最大顶出行程/mm	80
最大开口高度/mm	380
摆头主轴转速/(r/min)	120
摆头摆动倾角/(°)	0~2
最大快进速度/(mm/s)	120
最大退回速度/(mm/s)	120
工作进给速度/(mm/s)	0~20
主电动机功率/kW	100

2. 立式双辊摆辗机

立式双辊摆辗机的结构如图 5-9-25 所示。武汉理工大学和相关单位联合开发的立式双辊摆辗机如图 5-9-26 所示，其技术参数见表 5-9-4。

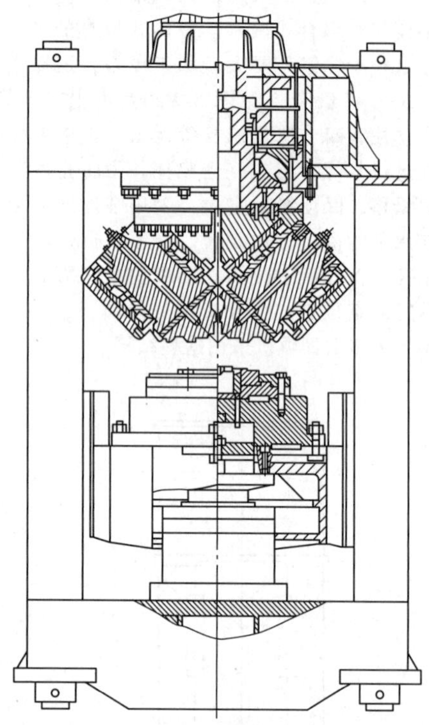

图 5-9-25　立式双辊摆辗机的结构

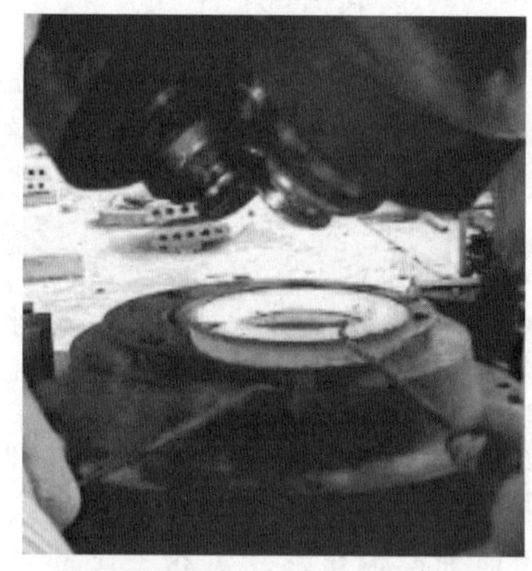

图 5-9-26　立式双辊摆辗机

9.3.2　卧式摆辗机

摆辗机不仅适合加工饼盘类、圆环类、法兰类等短轴类锻件，而且可以加工长轴类锻件，如汽车、拖拉机后半轴等，卧式摆辗机就是加工长轴类锻件的专用设备。

卧式摆辗机和立式摆辗机的区别在于它的凹模是由上下（或左右）两个半模组合而成。它比立式

表 5-9-4 立式双辊摆辗机技术参数

参数名称	参数值
热成形最大工件尺寸/mm	500
公称压力/kN	5000
顶出力/kN	1000
滑块行程/mm	≥500
最大顶出行程/mm	200
最大开口高度/mm	800
主轴转速/(r/min)	75
工作台面尺寸/mm	≥ϕ1200
快进速度/(mm/s)	≥150
退回速度/(mm/s)	≥150
工作进给速度/(mm/s)	0~20
主电动机功率/kW	≥120

摆辗机多一个能使上半凹模（或活动凹模）做上下（或旋转）往复运动的运动副。DN-100 型 1000N 卧式摆辗机的结构如图 5-9-27 所示。该机由电动机经带轮 4、万向联轴器 5 和锥齿轮等将动力传给摆轴，摆轴使凸模摆动。同时，固定在机身 1 上的顶镦液压缸 2 推动滑块 3 沿导轨向前移动。凸模和摆头固定在滑块上，凸模同时做摆动运动和直线进给运动。凹模由两个半模组成，上半模固定在活动机身上，下半模固定在固定机身上，两机身用销轴连接在一起。上半模在夹紧液压缸的作用下，使活动机身绕销轴转动，上半模向下移动，夹紧工件。当滑块继续向前移动时，坯料就在凸模和凹模之间产生变形。

部分国产卧式摆辗机的型号和技术参数见表 5-9-5。

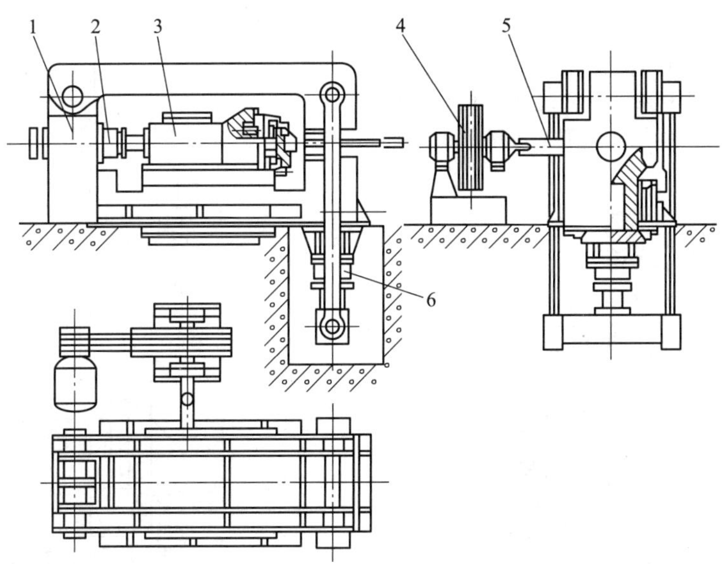

图 5-9-27 DN-100 型 1000N 卧式摆辗机结构

1—机身 2—顶镦液压缸 3—滑块 4—带轮 5—万向联轴器 6—夹紧缸

表 5-9-5 部分国产卧式摆辗机的型号和技术参数

参数名称	型号						
	100	160	DTW99-100	DTW99-160	200	DTW99-200	DTL99-260
	参数值						
公称力/kN	1000	1600	1000	1600	2000	—	—
热辗最大直径/mm	160	200	160	200	220	230	260
合模力/kN	1000	1600	100	150	2000	200	200
锁模力/kN	—	—	60	80	—	100	100
摆头摆动频率/(次/min)	200	200	200	200	240	200	200
摆动倾角/(°)	3	3	2	3	3	2	2
主缸最大行程/mm	250	300	350	400	300	400	400

（续）

参数名称	型号						
	100	160	DTW99-100	DTW99-160	200	DTW99-200	DTL99-260
	参数值						
合模缸行程/mm	200	250	120	120	300	125	125
最大装料长度/mm	—	—	1200	1500	—	1500	1500
空程快进速度/(mm/s)	—	—	100	75	—	75	70
工作速度/(mm/s)	—	—	16～24	9～24	—	9～24	7～19
回程速度/(mm/s)	—	—	120	75	—	75	60
摆头电动机功率/kW	40	55	37	45	80	55	55
液压泵电动机功率/kW	20	22	22	22	55	22	22
机身结构形式	分体焊接	分体焊接	整体焊接	整体焊接	分体焊接	整体焊接	整体焊接
防转机构	有	无	有	有	有	有	有
研制单位	武汉汽车齿轮有限公司	机电部一院徐锻设备厂	徐州市特种锻压机床厂	徐州市特种锻压机床厂	哈工大第一重机厂	徐州市特种锻压机床厂	徐州市特种锻压机床厂

9.3.3　摆辗铆接机

摆辗铆接是摆动辗压领域中一个新的分支，主要用于铆接。它的主要优点是：铆接力小、振动小、噪声小，可以铆接易碎材料，易实现自动化，可精确控制铆接的松紧程度和尺寸精度，摆辗铆接机如图 5-9-28 所示。

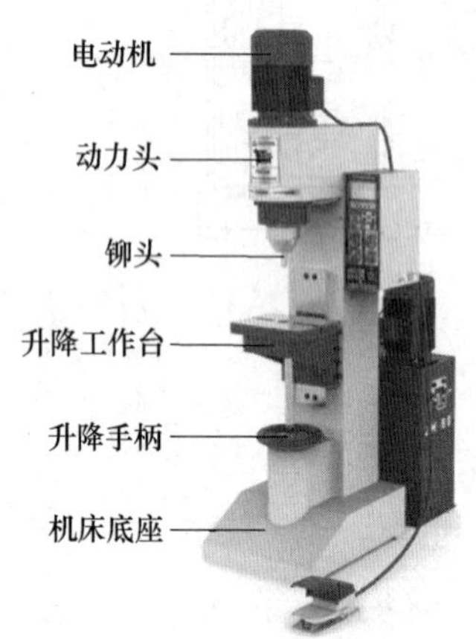

图 5-9-28　摆辗铆接机

摆辗铆接机（简称：摆铆机）根据摆头运动轨迹不同，分为圆轨迹和玫瑰线轨迹两种。

1. 圆轨迹摆铆机动力头结构

圆轨迹摆铆机动力头结构如图 5-9-29 所示。花键套把电动机轴和花键摆轴连接在一起，它在活塞杆内只旋转不移动，花键摆轴下端用螺纹和铆接头固定在一起。当电动机起动后，通过花键套和花键摆轴带动铆接头摆动，活塞杆在液体或气体压力推动下带动花键摆轴和铆接头向下运动，摆杆接触铆钉即开始铆接。活塞向下位移由限位螺母控制，尺寸精度可达 0.02mm。如果末端加工成齿轮轴，它可和几个齿轮轴啮合，因而一个花键摆轴可带动几个铆接头同时铆接，此类摆铆机被称为多头摆铆机，其动力头结构如图 5-9-30 所示。

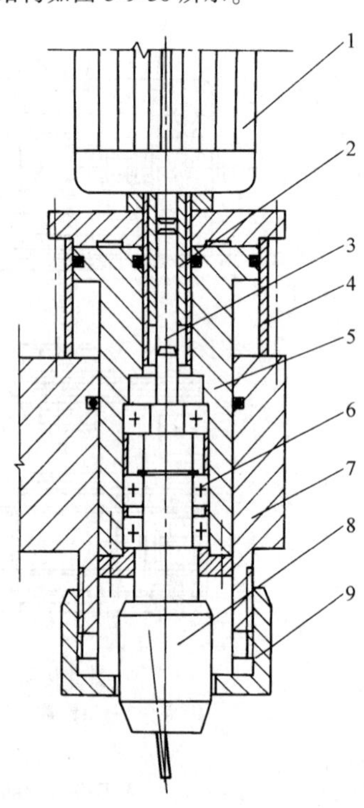

图 5-9-29　圆轨迹摆铆机动力头结构
1—电动机　2—花键套　3—花键摆轴　4—气缸　5—空心活塞杆　6—轴承　7—机身　8—铆接头　9—限位螺母

摆铆机动力头既可作为一个独立部件安装在生产线上任何一个位置上单独使用，也可和机身组合在一起构成台式摆铆机。根据铆接件铆钉位置和数量不同，在一台摆铆机上可安装一个或几个动力头；在机身上可垂直放置，也可水平放置，或与水平成一定角度放置；既可单面铆接，也可双面同时铆接，铆接时既方便又易实施自动化。

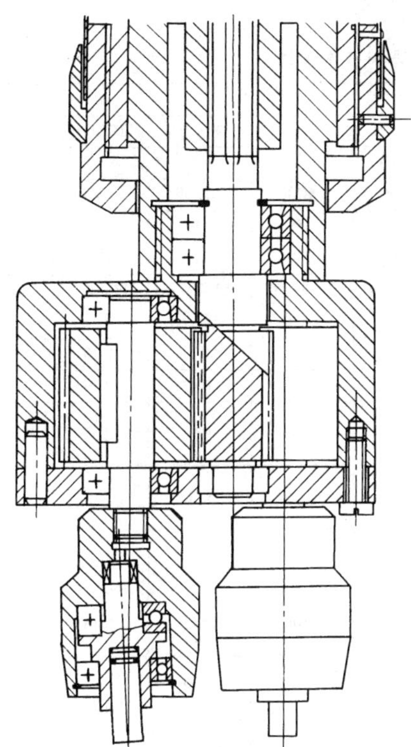

图 5-9-30　多头摆铆机动力头结构

铆接头是动力头的重要组成部分，其结构如图 5-9-31 所示。它由铆接头壳体 5、空心轴套 7、摆模 6、轴承 1、2、3 及弹簧挡圈等组成，可随时装卸更换。

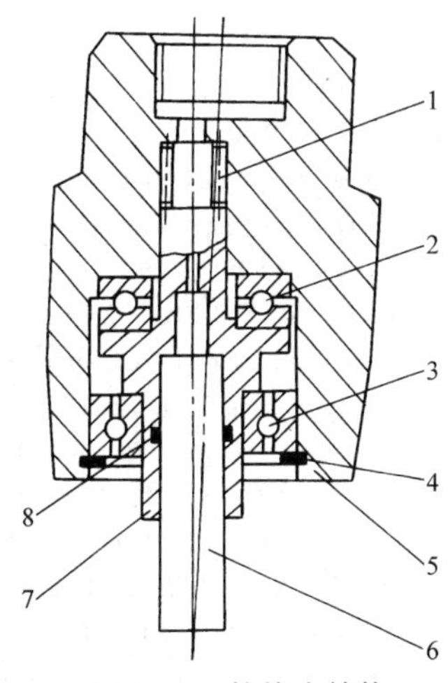

图 5-9-31　铆接头结构
1—滚针轴承　2—推力轴承　3—径向轴承　4—弹簧挡圈　5—壳体　6—摆模　7—空心轴套　8—胶圈

2. 玫瑰线轨迹摆铆机动力头结构

玫瑰线轨迹摆铆机动力头结构如图 5-9-32 所示。当电动机通过花键套带动花键轴旋转时，与花键轴固定在一起的偏心套同时旋转，并带动齿轮轴绕 *O* 公转，由于外齿轮同内齿轮相互啮合，因此外齿轮还绕自身的形心自转，圆柱中心 *B* 便形成玫瑰线轨迹。活塞和活塞杆在液体或气体压力作用下向下运动，因此同活塞杆连接在一起的所有零件也随之向下运动，铆接模接触铆钉，直至铆接结束为止。

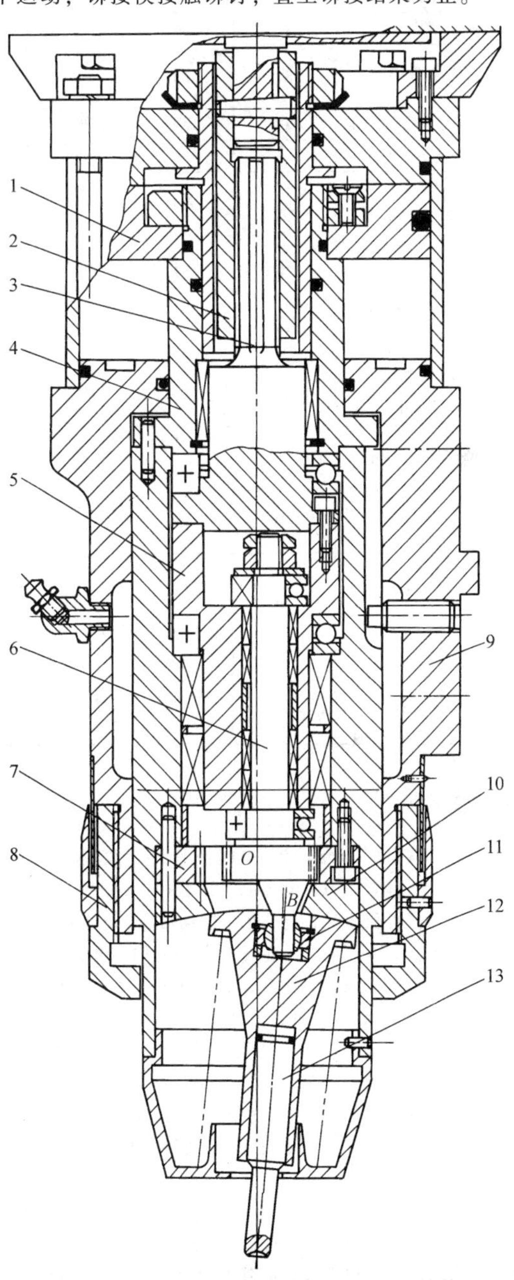

图 5-9-32　玫瑰线轨迹摆铆机动力头结构
1—活塞　2—花键套　3—花键轴　4—活塞杆　5—偏心套　6—齿轮轴　7—内齿轮　8—调节螺母　9—机身　10—球形座　11—关节轴承　12—球形摆杆　13—铆接装置

部分国产摆铆机的型号和技术参数见表 5-9-6。

表 5-9-6　部分国产摆铆机的型号和技术参数

参数名称	型号								
	MZXM-30	BM300-5A	YM-2	TA92-10	TA92-16	T1.4	FM-2	T92Q-3	JM-6
	参数值								
最大压力/N	1800	3000	20000	17000	35000	14000	20000	4000	20000
铆钉直径/mm	3	5	14	<10	<16	10	<15	3	6
铆头行程/mm	40	30	27	5~30	5~30	30	30	30	30
铆接轨迹	圆	圆	—	圆	圆	11 叶玫瑰线	11 叶玫瑰线	11 叶玫瑰线	11 叶玫瑰线
封闭高度调节量/mm	200	200	200	200	200	—	87	200	170
喉口深度/mm	—	—	185	235	270	—	140	174	—
铆杆端部至工作台距离/mm	—	250	—	225	225	200	128	207	—
摆动电动机功率/kW	0.09	0.12	0.8	0.8	1.5	0.55	1.1	0.37	0.75
液压泵电动机功率/kW	—	—	0.8	—	—	—	0.8	—	0.75
电动机转速/(r/min)	—	—	1070	—	—	1400	1410	1400	1440
单位压强/Pa	—	$(3\sim6)\times10^5$	46×10^5	$(2\sim6)\times10^5$	$(2\sim6)\times10^5$	6×10^5	30×10^5	$(2\sim5)\times10^5$	12×10^5
铆接时间调节范围/s	10	010	1.2~13	0~12	0~12	—	0.4~6	—	—
摆动倾角/(°)	—	5	—	5	5	—	6	5	—
机器重量/kg	54	60	1200	550	650	160	250	85	450
机器外形尺寸/mm(长×宽×高)	—	250×340×600	600×800×1750	—	—	627×320×760	765×540×800	385×260×860	660×820×1640
生产厂家	南京大桥厂	湖南工具厂	长空机械厂	徐州市锻压设备制造厂	徐州市锻压设备制造厂	上海动力机厂	昆仑机械厂	三门峡仪表机床厂	三门峡仪表机床厂

参考文献

[1]　中国机械工程学会. 中国模具设计大典：第 4 卷 [M]. 南昌：江西科学技术出版社，2003.

[2]　胡亚民，伍太宾，赵军华. 摆动辗压工艺及模具设计 [M]. 2 版. 重庆：重庆大学出版社，2008.

[3]　裴兴华，张猛，胡亚民. 摆动辗压 [M]. 北京：机械工业出版社，1991.

[4]　胡正寰，华林. 零件轧制成形技术 [M]. 北京：化学工业出版社，2010.

[5]　胡亚民，姚万贵，冯文成. 我国摆动辗压技术现状及展望（一）[J]. 锻压装备与制造技术，2011，46 (1)：9-13.

[6]　胡亚民，崔杜斌. 摆辗机的分类及发展 [J]. 锻压机械，1991 (1)：7-12.

[7]　孟凡生，底学晋. 国内外摆辗机的发展与应用 [J]. 锻压机械，1994 (4)：14-17.

[8]　YUAN S J, ZHOU D C. Design procedure of an advanced spherical hydrostatic bearing used in rotary forging presses [J]. International Journal of Machine Tools and Manufacture, 1997, 37 (5): 649-656.

[9]　HAN X H, ZHANG X C, HUA L. Calculation of kinetic locus of upper tool in cold orbital forging machine with two eccentricity rings [J]. Journal of Mechanical Science and Technology, 2015, 29 (10): 4351-4358.

[10]　HAN X H, ZHANG X C, HUA L. Calculation method for rocking die motion track in cold orbital forging [J]. Journal of Manufacturing Science and Engineering-Transactions of the ASME, 2016, 138 (1): 014501.

[11]　张猛，张韶华，徐伟. 双锥辊轴向轧机及轴向轧制技术 [J]. 现代制造工程，2004 (9)：59-60.

[12]　张韶华，徐伟，张猛. 双锥辊轴向轧机轧制原理及轧制力能参数计算 [J]. 塑性工程学报，2005，12 (3)：18-21.

[13]　朱春东，史双喜，华林. 对称双辊轴向轧制从动螺旋锥齿轮新工艺 [J]. 中国机械工程，2009，20 (15)：1877-1879.

[14]　史双喜. 基于 UG 的双锥辊轧机结构设计与运动仿真 [J]. 锻压装备与制造技术，2010，45 (1)：112-114.

第10章

其他回转成形机

西安交通大学　张大伟

山东省青岛生建机械厂　王利民

中国重型机械研究院股份公司　张超

长治钢铁（集团）锻压机械制造有限公司　邢伟荣　原加强　王国强

王敏　李新　王妙芬　杨艾青

深圳市万方自动控制技术有限公司　常增岩

10.1　复杂型面滚轧机

10.1.1　概述

复杂型面轴类件主要指在轴的外表面带有键槽、齿形、螺纹等结构的轴类零件，该类零件通常作为基础关键零部件广泛应用于汽车、机床、航空航天、兵器装备等工业领域，用于实现传递运动、转换运动形式以及连接紧固等功能。

复杂型面轴类件的滚轧成形工艺是以金属塑性成形理论为基础，利用金属材料在常温下具有一定塑性的特点，通过带有齿形、螺纹等结构的滚轧模具对轴类件表层局部区域的滚轧作用，使该区域金属发生明显塑性变形而成形齿形、螺纹等复杂型面的一种无屑、近净、渐进式塑性成形工艺。成形工艺基于横轧原理，带有一定形状（螺纹或齿轮/花键形状）的滚轧模具同步、同方向旋转，工件反向旋转，工件成形前后的轴向长度变化较小。

根据复杂型面轴类件滚轧成形工艺中滚轧模具结构以及运动方式的不同，可分为板式搓制成形、轮式滚轧成形、轴向推进主动旋转滚轧成形，工艺原理如图 5-10-1 所示。相应地，实现复杂型面轴类

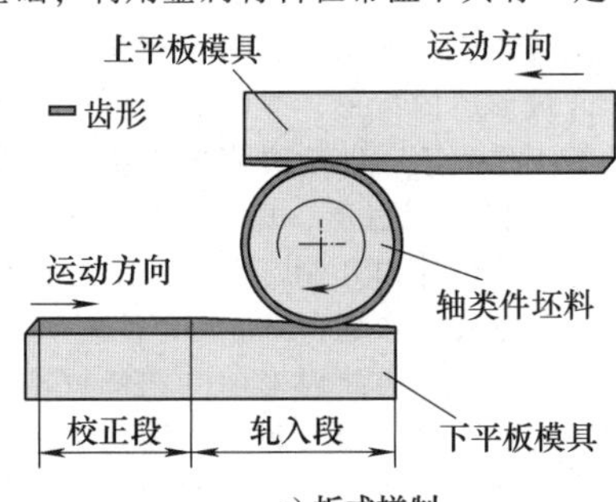

a) 板式搓制

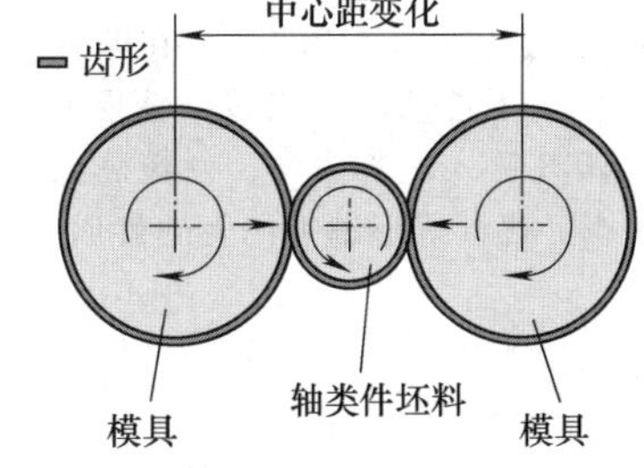

b) 轮式径向进给滚轧

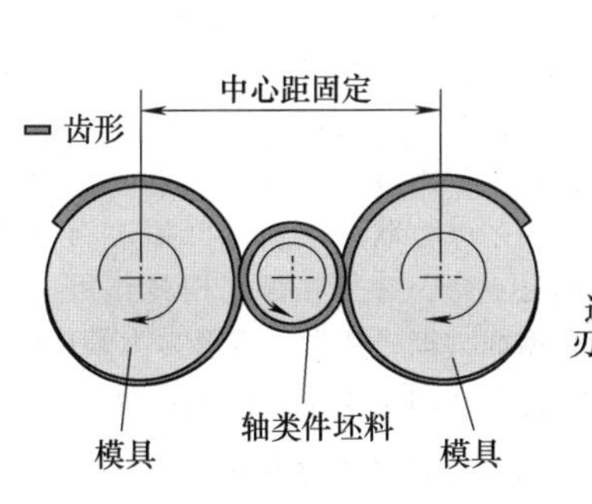

c) 轮式径向增量滚轧

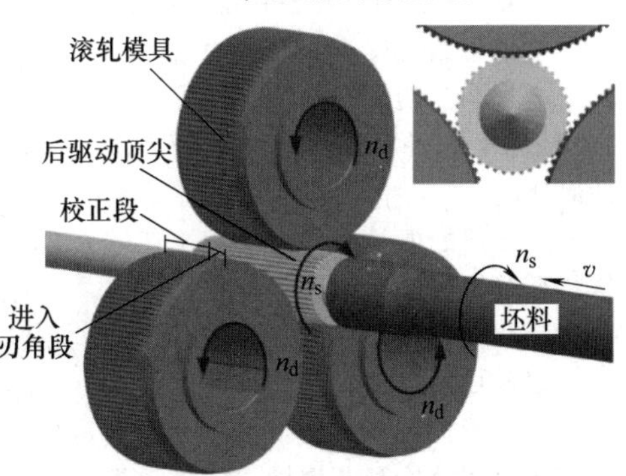

d) 轴向推进主动旋转滚轧

图 5-10-1　复杂型面滚轧工艺原理

零件成形的锻压设备称为复杂型面型面滚轧机，为满足不同滚轧工艺的运动形式，相应滚轧设备的结构和传动系统也有一定区别。

板式搓制成形，也称搓齿、搓丝，如图 5-10-1a 所示。平板模具（也称齿条模具）对称布局在轴类件坯料两侧，并且平板模具分为轧入段和校正段两部分。滚轧成形过程中，坯料由前后顶尖支承，平板模具以相同速度绕坯料做相对平行交错运动，在摩擦力矩、模具齿形压入作用下，平板模具带动坯料旋转，模具上轧入段逐渐增高的齿形、螺纹等结构连续滚轧压入坯料表层，使滚轧处金属连续发生塑性变形，逐渐成形轴类件上的齿形、螺纹等结构。通常平板模具滚轧成形工艺可加工阶梯轴类的花键轴、螺栓等复杂型面轴类件，生产效率高、表面质量好。板式搓制成形难以加工直径较大的零件，并且机床调整比较复杂，成形零件精度也低于轮式滚轧成形。此外，模具制作困难，易磨损，该工艺通常用于小尺寸的复杂型面轴类件的滚轧成形。

轮式滚轧成形采用两个及以上滚轧模具，沿工件周向均布。通常情况下采用两个或三个滚轧模具，四个滚轧模具的结构已有相关专利，但没有实际生产应用的文献报道。轮式滚轧机品种规格多，应用范围广，适用于直径较大零件的成形制造。轮式滚轧成形原理为：滚轧前，将轴类件坯料置于轮式滚轧模具间，坯料与模具无接触。滚轧成形过程中，滚轧模具同步、同向、同速旋转，一个或多个轮式滚轧模具以一定速度径向进给（见图 5-10-1b）。或滚轧模具无径向直线运动（见图 5-10-1c）。在摩擦力矩、模具齿形压入作用下带动坯料旋转，模具上的齿形、螺纹等结构滚轧压入坯料表层，使滚轧处金属连续发生塑性变形，逐渐成形轴类件上的齿形、螺纹等结构。

轮式径向进给滚轧成形中滚轧模具和工件中心距变化，滚轧模具的转速与径向进给速度间的关系对滚轧成形过程的稳定性以及齿形、螺纹等复杂型面成形质量的影响至关重要，但滚轧模具结构简单。轮式定中心距滚轧成形中滚轧模具和工件中心距不变，但滚轧模具结构复杂，模具上的齿形、螺纹高度沿圆周方向逐渐增加，并形成类似于平板模具中的轧入、校正两部分。

在此基础上通过合理的模具结构设计和工艺控制，螺纹和花键特征能够在一次滚轧成形中同时成形，如图 5-10-2 所示。同样基于横轧原理，其工艺过程与螺纹、花键滚压成形类似，只是模具结构不同，成形模具由螺纹牙形段和花键齿形段构成。同时滚轧模具要能够满足螺纹段和花键段滚轧成形过程的运动协调和滚轧前模具的相位差要求。

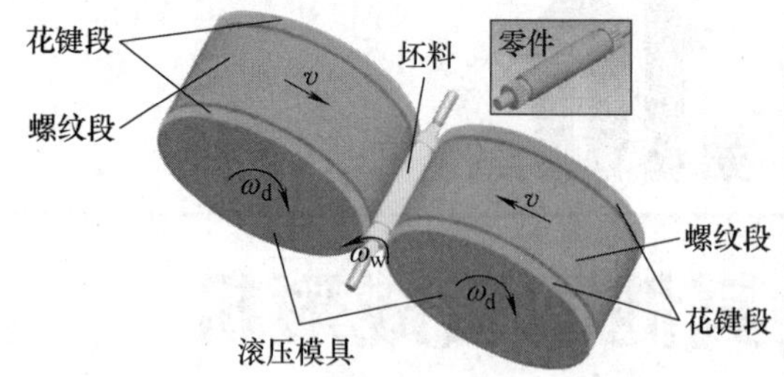

图 5-10-2　螺纹花键同步滚轧成形

上述滚轧成形中，工件在滚轧模具驱动（摩擦力矩）下被动旋转，滚轧初期存在相对滑动，造成多轴运动不协调，容易影响滚轧工件的成形质量。轴向推进主动旋转滚轧成形中工件通过集成驱动顶尖或已成形齿形同滚轧模具啮合主动旋转（见图 5-10-1d），成形原理为：多个滚轧模具沿轴类件坯料圆周方向均布（图中以 3 个模具为例），并且滚轧模具沿轴向分为进入刃角段和校正段两部分，进入刃角段齿形对花键轴齿形进行预滚轧成形，校正段齿形对花键轴预成形齿形进行精整；滚轧前，坯料置于滚轧模具前方，滚轧成形过程中，坯料沿轴向以一定速度推进，多个滚轧模具同步、同向、同速旋转，后驱动顶尖的齿形参数与成形花键轴的齿形参数相同，与滚轧模具间可通过齿形啮合传动带动工件主动旋转；在滚轧模具进入刃角段齿形、螺纹等结构的预滚轧作用下，坯料表层金属连续发生塑性变形，塑性变形区域较小，成形的齿形、螺纹等结构高度逐渐增加；由于坯料不断轴向推进，预滚轧成形后的齿形、螺纹等结构在滚轧模具校正段的校正作用下，继续提高成形精度和表面质量，轴类件坯料上的齿形、螺纹等结构逐渐沿轴向成形；后驱动顶尖退出轧制区域后，工件已成形区同滚轧模具校正段齿形啮合，带动工件主动旋转。

复杂型面滚轧成形的工艺特点：①复杂型面轴类件上的齿形、螺纹等结构内部形成晶粒细化、组织密度增加、流线连续性好的纤维组织，疲劳强度和硬度明显提高。②轴类件上齿形、螺纹等复杂型面成形效率高，齿形、螺纹间的材料无须切削去除，材料利用率高，生产成本低。③滚轧模具对坯料的作用方式为局部接触加载，与其他整体接触加载形式的成形工艺（轴向挤压成形）相比，滚轧模具与坯料间的摩擦状况由滑动摩擦改为滚动摩擦，摩擦力明显下降，并且在滚轧模具作用下，轴类件上的复杂型面为渐进成形，成形力大幅度降低。

10.1.2　板式搓制成形设备

板式搓制成形设备根据工件轴线位置可分为倾斜式设备（见图 5-10-3a）和水平式设备（见图 5-10-3b）。与倾斜式结构设备相比，水平式结构设备可提供更大的成形载荷、更高的成形精度，近年来有很大的发展，涌现较多的新产品。水平式结构板式搓制成形设备又可分为立式和卧式。两组板式模具中一组做直线往复运动或两组同时做直线往复运动。螺纹搓制成形设备多为倾斜式，竖直坯料经料斗倾斜后插入搓丝板，两组板式模具中一组做直线往复运动，常用于螺钉、螺栓等紧固件的搓制。少数搓制高精度、较长螺纹的搓制成形设备采用水平式结构。用于花键等齿形零件搓制成形的设备多采用水平式结构，并且两组板式模具同时做直线往复运动。

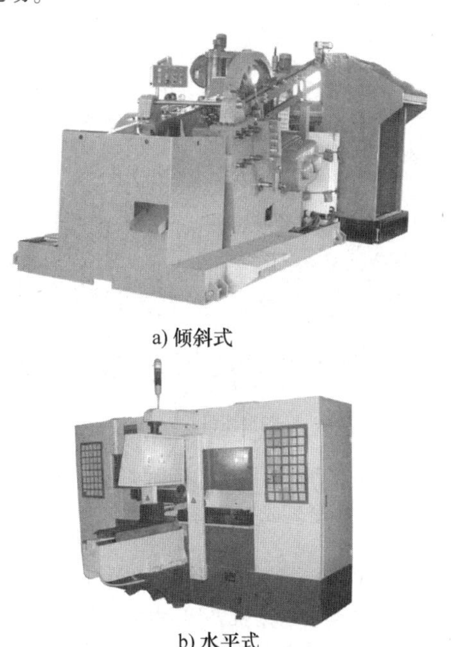

a) 倾斜式

b) 水平式

图 5-10-3　板式搓制设备结构形式

倾斜式板式搓制成形设备结构中的两组板式模具常采用一组做直线往复运动，板式模具的直线运动由电动机驱动。典型的主传动系统是通过一级带传动和一级齿轮传动，并通过安装在最后一级啮合传动齿轮上的曲柄销带动连杆使安装活动板式模具的滑块获得直线往复运动。设备带有自动的送料系统和料斗传动系统，工作效率高。

水平式板式搓制成形设备的板式模具直线运动由液压系统驱动。如山东省青岛生建机械厂最近成功开发的数控冷搓成形设备，设备由机身、上下滑座、前后尾座（顶尖座）及液压、电气等部分组成，如图 5-10-4 所示。图 5-10-4a 所示为设备整体结构，液压系统、电气控制系统分别独立置于主机的后侧；图 5-10-4b 所示为机身及工作机构，上下滑座、主缸、后尾座等安装在 C 形床身内。床身采用分体床身刚性把合技术，设置前后拉杆的结构，提高了设备的整体刚性。用于安装板式模具（搓刀）的上下滑座分别安装于上下床身的导轨上，由同步装置保证其动作的同步性，动力由两液压缸分别提供，机床的前后尾座保证工件轴心与两刀具齿面垂直和对称。

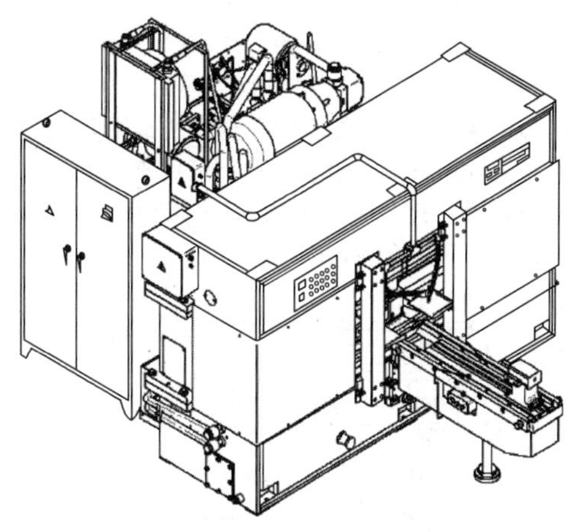

a) 设备整体结构

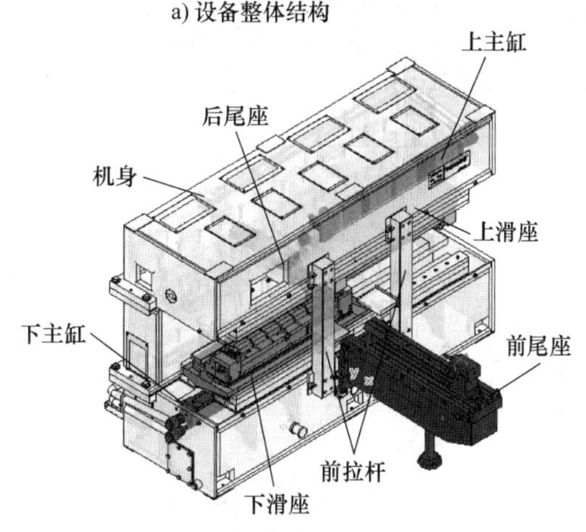

b) 机身及工作机构

图 5-10-4　水平式板式搓制设备

10.1.3　轮式滚轧成形设备

轮式滚轧成形设备多采用两轴（两滚轧模具）、三轴（三滚轧模具）结构，四轴以上较少采用。机床结构可分为立式和卧式，卧式结构适应产品规格多、范围广，适用于直径较大零件的滚轧，应用较多。

图 5-10-5 所示为两轴卧式轮式滚轧成形设备结构。设备包括机身、传动机构、液压系统、电气控制系统、润滑冷却系统以及夹具部分。两主轴座安装在进给机构的左右滑座上，在主轴上安装有轮式滚轧模具，传动系统保证两滚轧轮在主轴的带动下同步旋转。采用 U 形床身结构，增强了机床的整体

刚性，很好地解决了吸振与减振问题。主轴（滚轧模具）的旋转运动由电动机驱动，径向进给运动或径向滚轧力由液压系统提供。图 5-10-5 中两个主轴通过球笼万向联轴器与同一个电动机相连，通过高精度的整体式传动系统驱动两主轴，保证了两主轴的同步性；也可直接采用两个伺服电动机单独为两个主轴提供旋转运动（见图 5-10-6），减少传动环节，有利于保证两主轴的同步性，同时便于滚轧前模具的相位调整。对于螺纹类零件滚轧成形用设备，一般具有主轴倾斜角度调节功能，可用于滚轧丝杠。进给机构采用两套全闭环比例伺服液压系统驱动两滑座，实现了两滑座的精确定位。

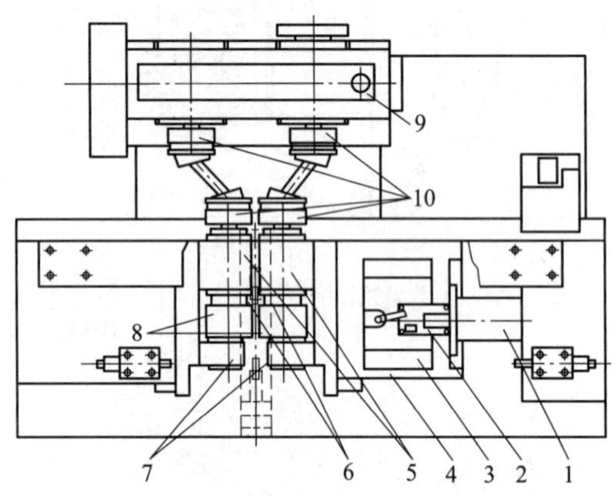

图 5-10-5　两轴卧式轮式滚轧成形设备结构

1—液压缸　2—比例伺服阀　3—导轨　4—滑台　5—主轴后支架　6—主轴　7—主轴前支架　8—轮式滚轧模具　9—传动箱　10—球笼万向联轴器

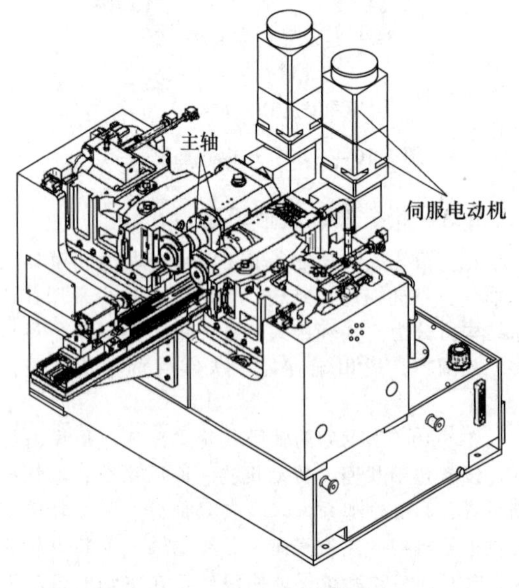

图 5-10-6　伺服直驱轮式滚轧设备结构

10.1.4　轴向推进主动旋转滚轧成形设备

轴向推进主动旋转滚轧成形设备的总体框架如图 5-10-7 所示，其主要包括实现滚轧模具旋转功能和径向位置调整功能的滚轧系统、实现花键轴坯料前后夹紧及轴向推进的推进系统；对于难变形材料滚轧还可能包括实现对花键轴坯料快速加热的感应加热系统，对于伺服驱动滚轧设备还包括实现对装置中动作执行元件进行精确控制的伺服控制系统。对于丝杠等螺纹类零件，可通过集成驱动顶尖或已成形的齿形同滚轧模具校正段啮合实现轴向移动，无须附加推进装置。

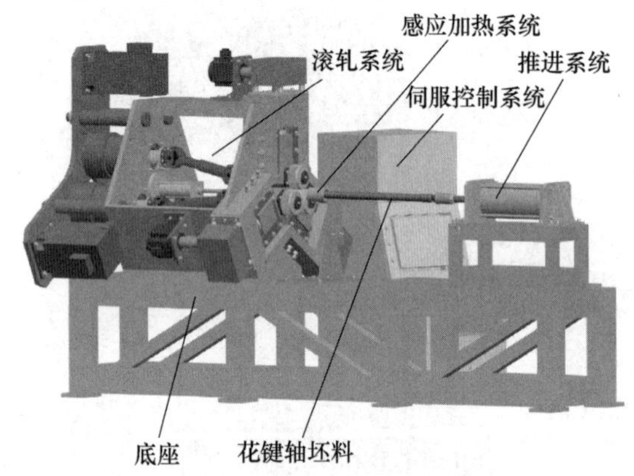

图 5-10-7　伺服驱动轴向推进主动旋转滚轧成形设备的总体框架

美国 KINEFAC 公司的轴向推进滚轧成形设备采用大功率交流异步电动机及大型减速机实现分轴同步运动输出，并且在减速机输出轴与模具轴之间串联分度调整机构，以实现对三组模具初始相位的调整。此外，该设备滚轧模具径向位置调整由液压缸推动封闭式驱动盘实现。

西安交通大学研制的伺服驱动轴向推进主动旋转滚轧成形设备样机采用 6 个伺服电动机分别实现 3 个滚轧模具的旋转和径向位置调整。图 5-10-8 所示为该设备滚轧系统的传动机构，在该传动机构上，3 个主动力交流伺服电动机动作，经由电动机带轮、同步带、减速机带轮、行星减速机、万向联轴器、滚轧模具轴等零部件将旋转运动传至滚轧模具，各自独立驱动滚轧模具旋转。通过伺服控制系统同时向 3 个主动力交流伺服电动机模块输出一致的驱动信号，即可实现 3 个滚轧模具同步、同向、同速旋转。在滚轧模具径向位置调整传动机构上，3 个调整交流伺服电动机动作，经由蜗轮减速机、滚珠丝杠螺母副、滑座等零部件各自独立驱动滚轧模具以及滑座在导轨内沿径向滑动。由伺服控制系统同时向 3 个调整交流伺服电动机输出相同的驱动信号，即可实现 3 个滚轧模具沿坯料径向位置的自动、同步精确调整。

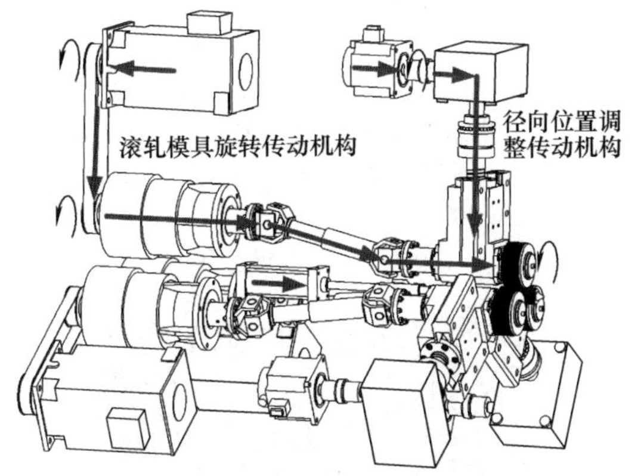

图 5-10-8　滚轧系统的传动机构

10.1.5　典型公司的产品简介

1. 板式搓制成形设备产品

由于平板模具滚轧成形工艺出现较早，国内外诸多企业都对其进行了系统深入的研究，所研发的成形设备已广泛应用于汽车、航空、农业机械、工程机械等领域。近些年发展迅速，取得新成果的主要是水平式结构的搓制成形设备。例如，日本的株式会社不二越（NACHI）基于平板模具滚轧成形原理研发了 PFM、PFL 系列的搓齿机，其型号和技术参数见表 5-10-1。

PFM-915X 型精密搓齿机外形如图 5-10-9 所示，其具有以下特点：

1）通过半干式刀具与高刚性主机的配合，实现半干式搓齿；通过驱动系统电气化，半干式搓齿能量消耗降低。

表 5-10-1　搓齿机型号和技术参数

参数名称	型号			
	PFM-330E	PFM-610E	PFM-915X	PFL-1220B
	参数值			
可搓齿的最大直径/mm	20	40	40	50
可搓齿最大模数/mm	1.0	1.3	1.3	1.75
齿条支架最大宽度/mm	60	150	150	125
可安装的齿条最大长度/mm	346	623	928	1252
齿条最大移动量/mm	—	800	1200	1600
开口部尺寸/mm	90	139.7	139.7	152.4
机器重量/t	2	4.4	14.5	18
结构形式	立式	立式	立式	卧式

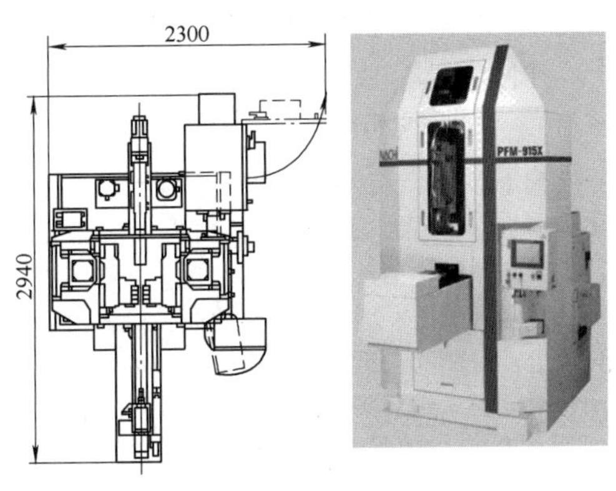

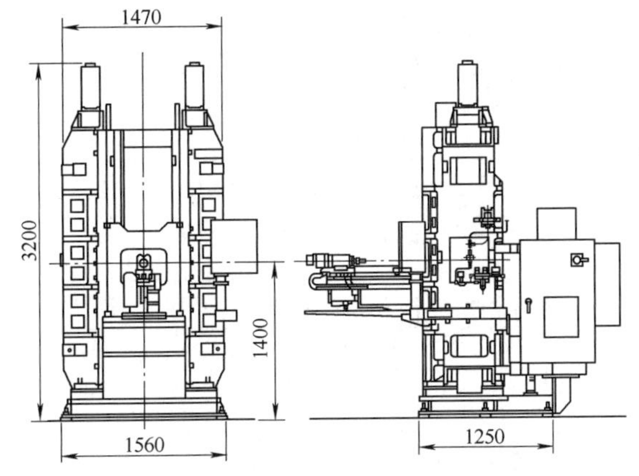

图 5-10-9　PFM-915X 型精密搓齿机外形

2）利用两台伺服电动机实现左右齿条模具高精度的数控同步，滚珠丝杠采用直接方式，并将以往通过垫片进行的相位调整数控化。

3）齿条可移动至易于更换的位置，不松齿条压板即可调整跨棒距尺寸。

4）实现齿条间尺寸调整数控化，可在同一齿条上加工不同齿数的花键轴零件。

此外，德国的 PROFIROLL 公司、法国的 Escofier 公司也基于平板模具滚轧成形原理进行了花键轴、螺纹等复杂型面轴类件搓齿（丝）机的研发。我国的山东省青岛生建机械厂最近成功开发了 LC 系列齿形板式搓制设备，特别是高性能的 LCK915 数控冷搓机（见图 5-10-10），采用全闭环比例伺服液压系统驱动两滑台，结合西门子控制系统，智能化控制机床两滑台，具备较高的同步精度和定位精度，操作方便、可靠，具备友好的人机对话功能，同时具有各种报警保护和显示功能。表 5-10-2 列出了不同国家典型搓制设备的参数对比。

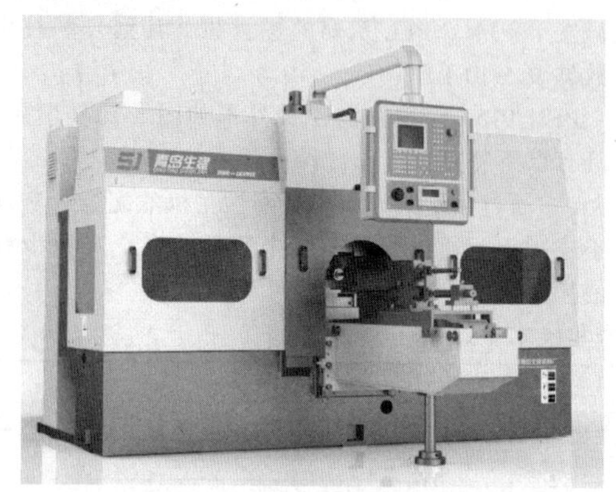

图 5-10-10　LCK915 数控冷搓机（卧式）

表 5-10-2　不同国家典型搓制设备的参数对比

参数名称		型号			
		LCK915	XK237	PFL-915	340-S
		参数值			
电动机功率/kW		34	15	22	18.5
滑座行程 /mm		1160	1065	—	1067
滑座间距/mm		152.4	—	139.7	—
刀具	长度/mm	915	915	915	914
	宽度/mm	200	92	100	92
工件	最大直径/mm	45	41	40	—
	最大模数/mm	1.27	1.27	1.25	—
外形尺寸	长度/mm	2994	3250	3300	2667
	宽度/mm	3720	2740	3000	940（主机）
	高度/mm	2060	1750	1950	1778
重量/kg		14270	11700	12000	11340
研发国家		中国	德国	日本	美国

2. 轮式径向进给滚轧设备产品

轮式径向进给滚轧成形工艺目前在花键轴、螺纹等复杂型面轴类件的生产中应用广泛，工艺及相应的成形设备技术成熟。德国 PROFIROLL 公司研发了 ROLLEX 系列花键轴滚轧成形设备，包括 ROLLEX-1、HP、L-HP、XL-HP 这 4 个型号，该系列花键轴滚轧成形设备的特征包括：采用了特殊的传动链、坯料加速度可控、多轴 CNC（计算机数字控制）、图形用户界面、工艺过程可视化、数据管理、高精度伺服机械驱动等。图 5-10-11a 所示为轮式径向进给滚轧成形设备的滚轧区，采用了圆形的滚轧模具，并且滚轧工位上最多可同时安装 5 组不同规格的滚轧模具，明显降低了更换模具的时间。此外，图 5-10-11b 所示为 ROLLEX 系列 L-HP 型花键滚轧机，其最大滚轧模具直径为 320mm，滚轧模具轴直径为 120mm，最大可成形的花键轴坯料直径和长度分别为 100mm、500mm，整机重量为 11t。

a) 滚轧区

b) L-HP型花键滚轧机

图 5-10-11　德国 PROFIROLL 公司轮式径向进给滚轧成形设备（一）

法国 Escofier 公司针对花键轴、螺纹等复杂型面轴类件研发了 FLEX 系列轮式径向进给滚轧成形设备，该系列花键轴滚轧机的特征包括：采用铸铁底座保证机器最佳刚度、滚轧模具座的同步运动由单一的液压或电动缸驱动、滚轧模具轴由传动装置或直驱轴驱动、滚轧模具轴可根据滚轧模具或滚轧工况更换、运动由 PLC 或 CNC 驱动等。轮式径向进给滚轧成形设备的滚轧区如图 5-10-12a 所示，FLEX40 型花键滚轧机如图 5-10-12b 所示，该滚轧机最大滚轧模具直径为 300mm，滚轧模具轴直径为 120mm，最大滚轧模具宽度为 100mm，最大滚轧花键轴坯料模数为 2.5mm，最大滚轧花键轴坯料直径和长度分别为 130mm、400mm，设备可提供的滚轧力为 40t，滚轧模具中心距可调范围为 290～490mm，滚轧模具转速范围为 0～55r/min，整机功率为 42kW，整机重量为 10t。

a) 滚轧区

b) FLEX40型花键滚轧机

图 5-10-12　法国 Escofier 公司轮式径向进给滚轧成形设备

此外，PROFIROLL 公司针对螺纹、丝杠等复杂型面轴类件研发了包括坚实可靠型、经济实用型、锐意创新型、高效节能型等系列的轮式径向进给滚轧成形设备（滚丝机），各型号的轮式径向进给滚轧成形设备如图 5-10-13 所示。

PROFIROLL 公司螺纹轴类件滚轧机的共同特征包括：C 形铸铁床身的静态、动态刚性高，足以确保加工精度和使用寿命；向上开放的加工区便于工件上下料；模具更换的良好可行性；滚压力 5~100t；切入式或穿过式滚轧方式；配合用户需要的驱动控制方式。

a) 坚实可靠型PR25.1

b) 经济实用型PR50e PRS

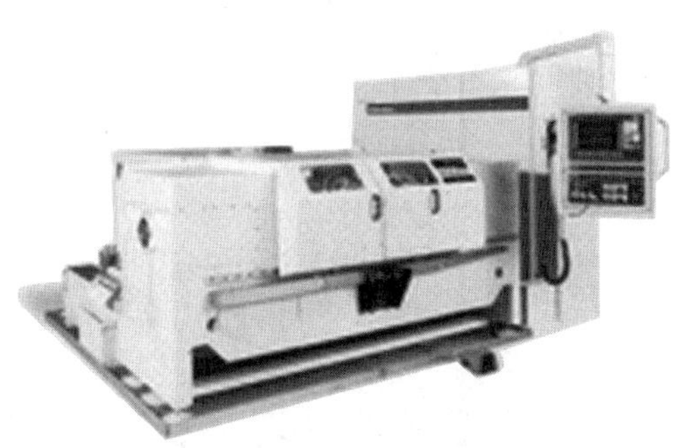

c) 锐意创新型2–PR 100 CNC/AC

d) 高效节能型PR15HP

图 5-10-13　德国 PROFIROLL 公司轮式径向进给滚轧成形设备（二）

经济实用型系列螺纹滚轧机中包括了 PR5e PRS、PR10e PRS、PR15e/2-PR15e PRS、PR30e/PR30e PRS、PR50e/PR50e PRS、PR60e PRS、2-PR80e PRS 和 2-PR100e PRS 等多个型号，其特点包括：单、双滑座设计；切入式和穿过式滚轧；专业的自动化系统；电子行程和直径调节；集中润滑；预设滑座曲线程序；对牙误差计算；推荐滚轧时间；自动对牙系统（Pitch Reference System，PRS）；滚轧区最佳可及性；最短换件时间等。

经济实用型螺纹滚轧机的最大滚轧模具直径范围为 120~335mm，滚轧模具轴直径为 28~130mm、60~300mm，滚轧螺纹坯料直径范围为 1~200mm，最大滚轧力范围为 5~100t，滚轧机重量范围为 1.6~13.7t。该系列的螺纹滚轧机可为螺纹滚轧成形提供经济的制造途径和生产线，其独特的自动对牙系统使模具更换后能快速找正，可应用于米制和 UN 螺纹、寸制螺纹、梯形螺纹、圆螺纹、蜗杆等螺纹轴类件的滚轧成形。

类似地，Escofier 公司针对螺纹轴类件研发了 MTR（Machine Thread Rolling）系列螺纹滚轧机，其主要特征包括：刚性床身保证设备的最佳刚度；滑架的精确运动由 3 个导轨保证；齿轮箱提供较宽的模具转速范围；由螺旋调节实现切入式/穿过式滚轧；调整方便；采用 Siemens、Rexroth 系统；数字面板操作；符合 CE 标准；可根据用户需求配置设备功能等。MTR 系列螺纹滚轧机使用单一液压缸驱动，在保证运动高精确度的同时限制施加在设备底座上的力。此外，滑架的对称运动通过一个独特的维持坯料回转轴固定的旋转连接臂实现，避免了在更换滚轧模具时对组件的调整。

美国的肯尼福公司研发的 Kine-Roller 系列圆形模具滚轧成形设备，可用于实现花键轴、螺纹、直纹、滚珠丝杠、蜗杆等复杂型面轴类件的精密冷滚轧成形。在 Kine-Roller 系列滚轧成形设备中，根据设备组成特点的不同可分为 PowerBox 系列、Double Arm 系列及 3Die 系列等。

同时，肯尼福公司针对航空航天、潜艇、军工和核电等工业领域对大尺寸、高强度和高精度螺纹轴类件的需求研发了 MC-200、MC-300 型螺纹滚轧机，其径向滚轧力分别可达 177.9t 和 293.6t，最大滚轧坯料直径分别可达 152mm 和 177mm，可完成压力容器螺柱、缸盖螺栓、涡轮壳螺栓、风机轴、管法兰螺栓等螺纹轴类件的高效高性能精密滚轧成形。图 5-10-14a 所示的 MC-300 型螺纹滚轧机可完成全球最高精度（3 级核工业级）、最高强度（12.9 级）螺纹轴类件的滚轧成形，代表了目前螺纹滚轧机制造领域的最高技术水平。此外，图 5-10-14b、c 所示为 Double Arm 系列中型号为 MC-10 的滚轧成形机，可实现螺纹、电动机轴、滚珠丝杠等复杂型面轴类件的滚轧成形。

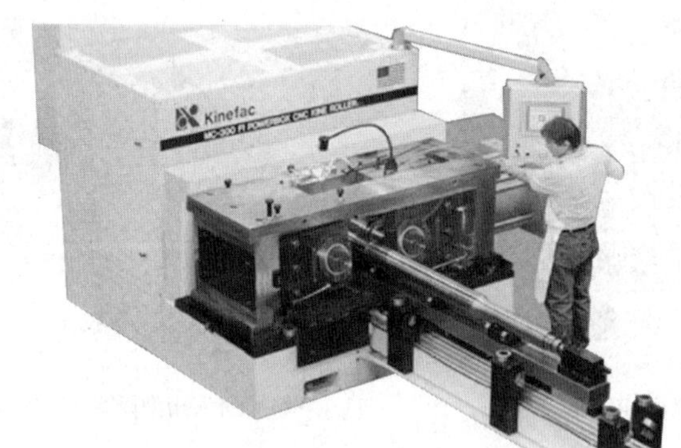

a) MC–300型螺纹滚轧机

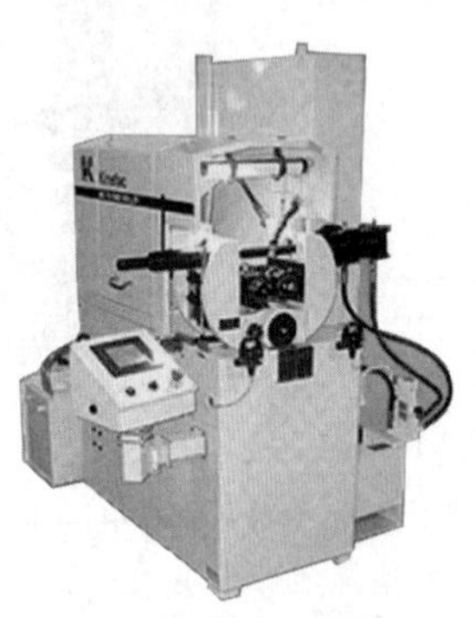

b) MC–10滚轧成形机(标准版)

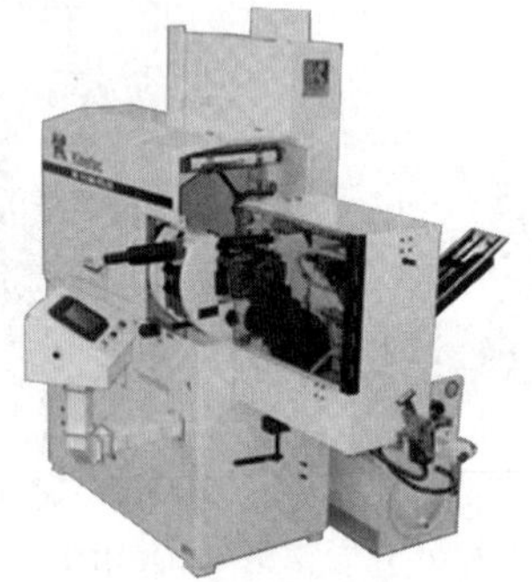

c) MC–10滚轧成形机(附加上下料处理单元版)

图 5-10-14　Kine-Roller 系列圆形模具滚轧成形设备

山东省青岛生建机械厂（简称：青岛生建）自 1957 年开始，从仿制苏联滚丝机起步到实现自主研发，数十年间逐渐形成 Z28、ZA28、ZC28、ZD28 系列轮式滚轧设备，如图 5-10-15 所示，覆盖从低端到高端的不同用户需求。表 5-10-3 列出了青岛生建 ZD/ZA 系列滚丝机的型号和技术参数。其中，ZD28 系列滚丝机全面实现了机械结构和电气系统的升级换代，其特点为：整体铸造机身，刚性更强；触摸屏操作面板，数显中心距；配备变频电动机和变频器实现主轴无级变速；液压泵站配备风冷机，油温更稳定；机身无拉杆，安装自动上下料机构更方便。

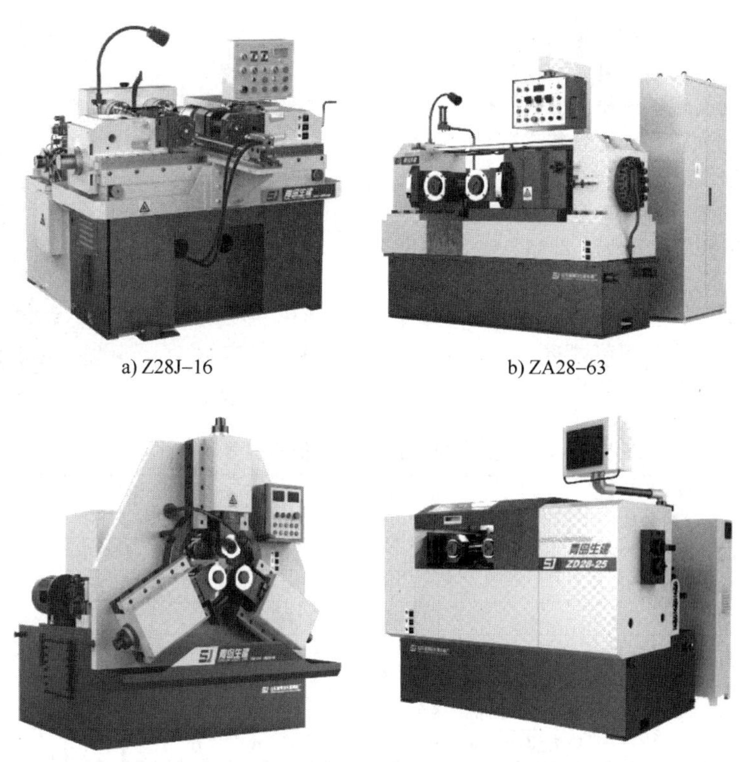

a) Z28J–16　　b) ZA28–63

c) ZC28–16　　d) ZD28–25

图 5-10-15　青岛生建轮式滚轧成形设备

表 5-10-3　青岛生建 ZD/ZA 系列滚丝机的型号和技术参数

参数名称			型号						
			ZD28-16	ZD28-12. 5B	ZD28-25	ZA28-20/25	ZA28-31. 5B/40	ZA28-63	ZA28-125
			参数值						
最大滚轧力/kN			160	125	250	200/250	2315/400	630	1250
滚轧工件	最大直径/mm	径向进给	70	60	90	80/90	100/120	130	145
		轴向进给	45	20	60	50/60	50/60	80	100
	最大螺距/mm	径向进给	6	5	8	8	10/12	16	18
		轴向进给	5	4	6	6	7	10	12
滚轧模具	最大直径/mm		175	170	210	210	220	300	300
	孔径/mm		54	54	75	75	85	100	100
	最大宽度/mm		120	120	120	160	160	250	280
外形尺寸	长度/mm		1460	1345	1460	1631	2077	2135	3568
	宽度/mm		1235	1250	1235	1630	2170	2490	2875
	高度/mm		1527	1515	1527	1700	1735	1952	1952
两主轴最大中心距/mm			240	240	290	260/270	300	400	400
主轴最大转速/(r/min)			0~70	25、40、63、100	0~70	16、22、32、45、63、90	16、24、32、48、64、96	10~25	8~30
两主轴最大交错角/(°)			±8	±10	±8	±7	±8	±8	±5
总功率/kW			10	6. 2	14	11	20	34	66
重量/kg			2300	1700	4000	2900/3050	6400/6500	7535	7535

青岛生建自主研发的高性能数控轮式滚轧设备适用于小模数渐开线花键、高精度外螺纹以及其他高精度牙形的滚轧成形。设备具有以下优点：双主轴、双滑座具有更高的同步精度和定位精度；全新的无间隙直联机构（发明专利）具有更高的控制精度；加工状态及参数可记忆储存，更换坯料品种快

捷方便；主轴伺服驱动系统可实现双功率运行；具有高效的自动调整牙位功能；具有径向滚轧、轴向滚轧、再滚轧、往复滚轧 4 种加工方式，可以对同一工件进行多工位依次滚轧；配置特殊部件，可实现对长花键零件的连续滚轧。

2014 年，青岛生建开发出的新结构 Z28K-16 型数控滚轧机以及随后推出的升级版 Z28K-25A 型数控滚轧机（见图 5-10-16），采用伺服直驱系统，伺服电动机直接驱动主轴旋转，简化了传动系统，提高了同步精度，便于滚轧模具相位调整。表 5-10-4 列出了其型号和技术参数。

图 5-10-16　伺服直驱数控轮式滚轧设备

表 5-10-4　青岛生建数控滚轧设备的型号和技术参数

参数名称		型号	
		Z28K-16	Z28K-25A
		参数值	
最大滚轧力/kN		160	250
主轴中心距/mm		160~240	160~315
主轴直径/mm		54	75
主轴转速/(r/min)		0~90	0~110
可径向滚轧螺纹	最大直径/mm	60	—
	最大螺距/mm	6	—
可轴向滚轧螺纹	最大直径/mm	50	—
	最大螺距/mm	4	—
可滚轧花键最大模数/mm		—	1.25
可安装滚轮直径/mm		120~180	160~230
可安装滚轮最大宽度/mm		100	—
总功率/kW		16	21
主机外形尺寸/mm(长×宽×高)		1590×1560×2150	1850×2530×2600
重量/kg		3660	4000

3. 轮式径向增量滚轧设备产品

在径向增量滚轧成形设备方面，德国 PROFIROLL 公司针对花键轴零件专门开发了 PR320INC 径向增量滚轧成形设备，成形设备中的滚轧区如图 5-10-17a 所示，采用了齿形不断增高的增量式滚轧模具，并且滚轧过程中不需要外加径向进给运动，花键、螺纹等齿形必须在滚轧模具旋转后完成加工成形，因此该成形机每次只能加工一件零件。此外，该成形机中采用了自动对牙系统（PRS），可实现最短时间内自动精确对牙，节省了大量的换件时间。PR320INC 径向增量滚轧成形机如图 5-10-17b 所示。

a) 滚轧区

b) PR320 INC 径向增量滚轧成形机

图 5-10-17　德国 PROFIROLL 公司径向增量滚轧成形设备

法国 Escofier 公司 FLEX 系列滚轧成形机中也包含了径向增量滚轧成形的方式，图 5-10-18a 所示为设备的径向增量滚轧区，其对应的滚轧模具如图 5-10-18b 所示。FLEX 系列径向增量滚轧机的最大滚轧模具直径为 300mm，滚轧模具轴直径为 120mm，最大滚轧模具宽度为 100mm，最大滚轧花键轴坯料模数为 1.25mm，最大滚轧花键轴坯料直径和长度分别为 50mm 和 90mm，设备可提供的滚轧力为 40t，滚轧模具中心距可调范围为 290～490mm，滚轧模具转速范围为 0～30r/min，整机功率为 40kW，整机重量为 10t。此外，美国 KINEFAC 公司也有轮式径向增量滚轧设备产品及相应的模具产品。

a) 滚轧区

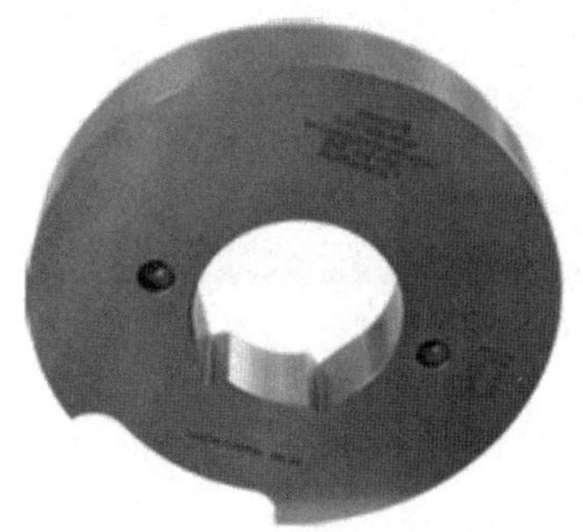

b) 滚轧模具

图 5-10-18　法国 Escofier 公司径向增量滚轧成形设备

4. 轴向推进主动旋转滚轧设备产品

美国的肯尼福公司针对花键轴、螺纹等复杂型面轴类件独创了动力推进式三模具增量式花键滚轧成形工艺，该工艺也代表了目前花键轴零件冷滚轧成形的最高水平。同时，肯尼福工艺对应研发了 MC-6、MC-9 型三圆形模具轴向进给式滚轧成形设备，其技术参数见表 5-10-5。

其中，MC-6 型三圆形模具轴向进给式滚轧机及滚轧区如图 5-10-19 所示，由图 5-10-19b 可以看出，3 个滚轧模具在空间间隔 120°均匀分布，滚轧成形过程中 3 个滚轧模具同步、同向、同速旋转，由集成驱动式顶尖带动花键轴坯料旋转，同时坯料由前顶尖及集成驱动式顶尖夹紧并轴向推进，在滚轧模具的作用下沿轴向逐渐成形花键轴。该花键轴的轴向进给式滚轧成形工艺属于增量渐近式成形，成形力小，表面质量高，产品性能好。

表 5-10-5　美国肯尼福公司轴向进给式滚轧成形设备技术参数

型号	MC-6	MC-9
最大径向滚轧力/kN	218	435
标准轴径/mm	38	63
标准模具间隙/mm	142	101
模具直径范围/mm	85～101	107～152
模具中心距范围/mm	47～76	63～85
标准模具驱动功率/kW	11	15
最大滚轧坯料直径/mm	76	88

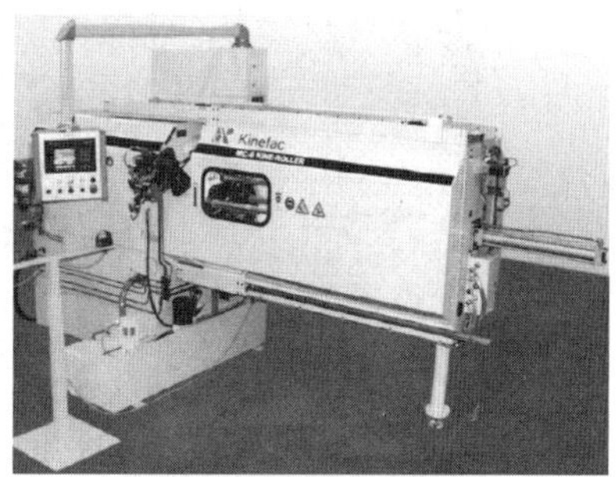

a) MC-6型滚轧机

b) 滚轧区

图 5-10-19　MC-6 型三圆形模具轴向进给式滚轧机及滚轧区

MC-6、MC-9 型三圆形模具轴向进给式滚轧成形设备可适应自动加载，从而最大限度地提高生产效率，并且也可针对小批量生产要求手动加载。此外，可选择使用 Kine-Spin centrifuge 系统来进行冷却液的清洁及回收。特别的是，MC-6、MC-9 型设备中均采用了肯尼福公司全球唯一的整体压铸式粉末冶金滚轧体，全封闭的结构特点为设备提供了充足的刚性，保证了花键轴零件的滚轧成形质量。

西安交通大学研制了由多个交流伺服电动机独

立驱动 3 个滚轧模具旋转及径向位置调整的轴向推进主动旋转滚轧成形设备样机及其计算机控制系统，其技术参数见表 5-10-6。

该装置（见图 5-10-20）由 4 个系统组成：

1）实现 3 个滚轧模具同步、同向、同速旋转和各自径向位置自动、同步精确调整的滚轧系统，其中各滚轧模具由对应的主动力交流伺服电动机经同步带、行星减速机、万向联轴器等零部件的传动实现独立驱动旋转，各滚轧模具的径向位置由调整交流伺服电动机经蜗轮减速机、滚珠丝杠螺母副、滑座等零部件的传动实现独立调整。

2）实现花键轴坯料前后夹紧及轴向恒速推进的推进系统。

3）实现花键轴坯料快速加热的感应加热系统。

4）实现对装置中滚轧模具旋转及径向位置调整、花键轴坯料前后夹紧及对轴向推进动作进行精确控制的伺服控制系统。

表 5-10-6　交流伺服驱动轴向推进滚轧设备技术参数

滚轧模具最大扭矩/N · m	1400
滚轧模具最大转速/(r/min)	75
滚轧模具最大径向滚轧力/kN	120
花键轴坯料直径范围/mm	20~80
最大轴向推进力/kN	15
后驱动顶尖夹紧力/kN	3
推进速度/(mm/s)	0.5~2
坯料最大加热温度/℃	1000
坯料加热时间/s	≤75

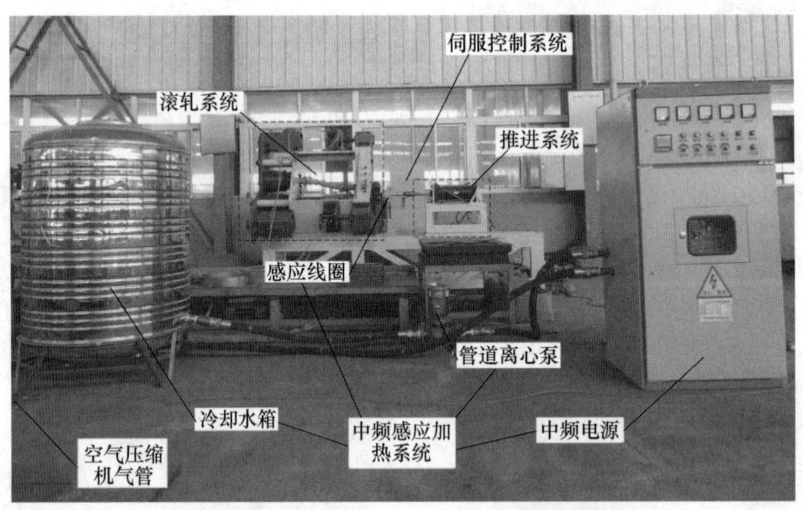

图 5-10-20　交流伺服驱动轴向推进滚轧成形设备

相对花键轴零件的其他滚轧成形工艺，该轴向进给式滚轧成形工艺在技术、成形过程上具有以下特点：3 个滚轧模具的分度圆与花键轴（坯料）的理论分度圆相切，降低花键轴齿形的齿距累积误差；滚轧成形过程中，3 个滚轧模具每一个齿沿径向同步连续滚轧坯料，同时坯料轴向进给，花键轴的齿形是由于受到径向滚轧发生塑性变形而成形，变形方向为径向，齿面产生压应力，齿面组织密度增加，疲劳强度高，表面质量好；花键轴是通过轴向渐进增量成形，成形力小，模具寿命高，并且模具可通过修磨翻新重复使用，成本低；滚轧成形过程中，3 个滚轧模具为 120°等间距排列，受力稳定性好，定位准确；滚轧成形前，3 个滚轧模具通过齿形啮合规律带动集成驱动式顶尖旋转，并进一步带动花键轴坯料旋转，使坯料在与滚轧模具接触前旋转线速度同步，避免二者的相对滑动。

10.2　管棒精轧机

10.2.1　管材精轧机

为了保证质量、扩大品种规格，需要对热轧钢管做进一步的热精轧加工。加工方式为定径和减径，两者变形原理基本相似，相应的设备有定径机、减径机、微张力定（减）径机和张力减径机。

定径机的目的是将均整后的荒管轧制成圆形及尺寸精确的成品管，钢管外径减小不显著。减径机的作用主要是减径，同时管材壁厚稍有增加。张力减径机则不但可以显著地减径，同时还可以显著地减小壁厚。

另外一种就是冷精轧方式的周期轧管，周期轧管是指在变化的孔型轧辊和芯棒上辗轧空心的毛管。由于轧辊孔型尺寸沿圆周方向在不断改变，使轧辊在每旋转一周中孔型的轮廓尺寸逐渐减小，实现管坯的直径和壁厚轧制变形。在轧辊孔型的最大半径处是孔型的空轧部分，孔型尺寸大于毛管直径，随后，毛管与芯棒一起被送进机构推进轧辊孔型中。在轧辊继续旋转过程中，由于孔型尺寸逐渐减小，且受芯棒的限制，毛管直径和管壁受到压缩。

1. 管材热精轧设备

实际生产中常用的管材热精轧设备有三辊微张力定（减）径机、张力减径机。

（1）三辊微张力定（减）径机　三辊微张力定（减）径机组一般采用 12 架机身，也有采用 14、10 架机身，个别采用 8 架机身。12 架机身微张力定径机组通常采用集中和单独传动两种传动形式。孔型设计时选用一定的微张力值来控制钢管轧制时的壁厚变化，使轧制后的钢管壁厚均匀。

三辊微张力定（减）径是在没有芯棒的空心轧制下对管材进行连续的三辊轧制，由每副轧辊的相对运动速度产生的张力使管材在轧制力和张应力的联合作用下产生变形。管径的减小主要是在每副孔型作用下的减径，而管壁的减薄主要依赖于机身间的张力作用，同时伴随着轧制压力使管壁增厚的综合结果。微张力定（减）径机由于张力系数较小，轧制压力使管壁增厚占主导地位，往往表现出增加壁厚的现象。

在计算钢管壁厚变化和各台机身轧辊转速时，均需要首先选定张力系数 Z，即作用于机身间金属截面上的实际应力与此时金属屈服强度的比值。张应力和平均张力系数与壁厚有关，张力相同时厚壁管的张应力和张力系数就小。经过单台机身的减径量越大，机身数目越多，减径管的径壁比越大，机组可提供的张力系数值越大。定（减）径机单台机身的减径量较小，机身数少，选用的最大张力系数不大于 0.5。

（2）张力减径机　为了提高轧管机组的生产效率和产量，在轧管机后配备张力减径机。这样，轧管机只需要轧出几种外径的荒管，通过张力减径机就可以生产出多种不同直径和壁厚的成品钢管，使轧管机轧制的荒管单一化，从而减少了管坯和芯棒的规格数量。张力减径机也是在无芯棒作用下进行轧制过程。

张力减径轧制中，钢管中间部分的管壁受到张力作用而被拉薄（减薄），头尾两端的管壁由于受不到张力或受到的张力不同（由小到大），出现增厚或由增厚到减薄的过渡壁厚。因此，必须切去钢管两（头）端增厚和过渡壁厚部分。但是，张力减径机如果采用限制管端增厚的控制技术，管端增厚的长度可以减少。

三辊张力减径机的传动有内、外传动两种方式，采用内传动结构居多。内传动结构的张力减径机，每个机身内设置有两对圆锥齿轮，简化了机座的结构，但一定程度上影响了机身间距的缩小。外传动是双位机座，机身间距小，承载大，管端增厚长度也减少。

最大减径率和最大减壁率是张力减径机的两个主要参数。在最大减径率及其允许的最大减壁率的条件下，用壁厚最薄的荒管生产出壁厚最薄的钢管，一般称为该台张力减径机的极限规格。张力减径机组的总减径量可达到 90%，单架减径量高达 12%（最高可达 17%）。为提高减径管的质量，单架减径量常被限制在 7%～9%的范围内。主要机身的单架减径量一般为 6%～12%。

张力减径机的进出口速度由生产能力决定。目前张力减径机的出口速度可达 18m/s，进口速度大多在 1～3m/s 之间。张力系数 Z 的最大允许值一般在 0.65～0.84 之间，轧制温度高时，张力系数 Z 取下限值。

2. 管材冷精轧设备

经过冷轧的管材精度高，冷轧工艺对原始管坯壁厚偏差的纠偏能力较强，表面粗糙度可达 $Ra0.2$～$Ra0.8$，管材冷轧后晶粒细密，机械性能和物理性能优越，机械强度和耐蚀性显著提高。冷轧过程中金属的变形条件要比冷拔好得多，可采用大变形量轧制，在每一个循环中管坯截面面积可减少 75%～85%。因此用冷轧方法生产薄壁无缝管，可以大大减少主要工序的辅助工序，显著降低金属、燃料、动力和辅助材料的消耗，可以改善和缩短生产流程。

用冷轧方法可以生产薄壁和极薄壁且内外表面无划痕的优质管材，管材直径和壁厚之比可达 50～100。采用冷轧方法可生产的成品管尺寸范围也在不断扩大，2010 年以前普遍使用加工直径为 $\phi3$～$\phi450$mm，壁厚为 0.1～30mm 的冷轧管机，随着国民经济的持续发展，对新技术、新材料和新产品提出了更高的要求。我国在 2014 年率先成功研发出世界最大、最先进的二辊伺服回转送进的冷轧管机，实现了外径 $\phi730$mm 高品质无缝管的工业化生产。

用冷轧方法不仅可以生产圆形管材，而且可以轧制三角形、正方形、矩形、椭圆形、六角形、锥形截面及不等壁厚的管材，还可以生产内、外表面有不同高度筋的带筋管。

可用于冷轧生产的管材材质可以是碳素结构钢、合金钢、不锈钢、铝、铜及其合金等有色金属，以及钛、锆、钨、钼、钽、铌及其合金等。

(1) 二辊冷轧管机　冷轧管机是一种具有周期性工作制度的二辊式轧机，安装轧辊的机身借助于曲柄连杆机构做往复运动。

图 5-10-21 所示为二辊冷轧管机主轧制机构，工作时轧管机机身 1 由曲柄连杆机构驱动做直线往复运动。两副轧辊总成 2 和 5 一上一下水平安装在轧管机机身 1 中。为了使上下两个工作辊相反方向同步转动，在每个轧辊轴的一端，各装有一个齿数和模数均相同的齿轮，齿轮与固定在主机座 4 上的齿条 3 和 6 啮合。在上下轧辊的轧辊辊环 7 上设置有按照特定变形规律设计的孔型。

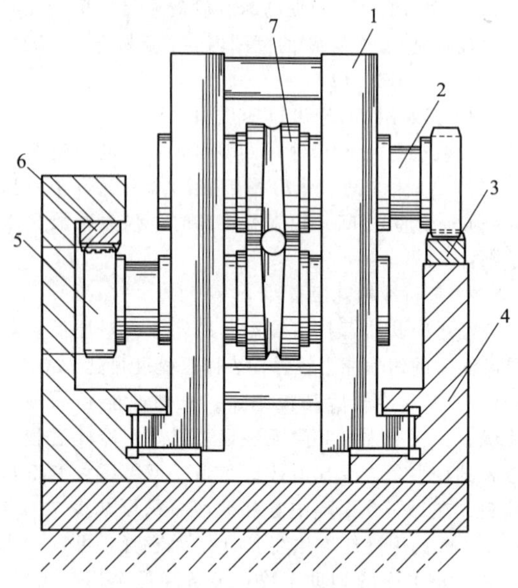

图 5-10-21　二辊冷轧管机主轧制机构
1—轧管机机身　2—上轧辊总成　3—上齿条　4—主机座　5—下轧辊总成　6—下齿条　7—轧辊辊环

图 5-10-22 所示为冷轧过程变形原理。当机身在前极限位置（ET 位）时，进行管坯的送进和回转；当机身在后极限位置（AT 位）时，再次进行管坯回转（也可送进）。在送进和回转的时候，轧辊和管坯是脱离接触的。其余机身所处位置，管材将在辊环和芯棒组成的环形间隙中强迫变形，经过多次轧制，管材将形成一个完整的变形锥体。在锥体的内部置有一个按照变形规律设计的母线为曲线的锥形芯棒以保证成品管的几何尺寸精度和表面粗糙度。

一条二辊冷轧管机轧线按照功能可分为四大功能区域：

1）动力输入区。该区域包含驱动电动机、制动器、减速器（大、小带轮传动装置）、曲柄连杆机构等。主电动机通过减速器或者带轮装置驱动曲柄连杆机构运动，曲柄连杆机构将主电动机的旋转运动转化为轧制机身的直线往复运动。

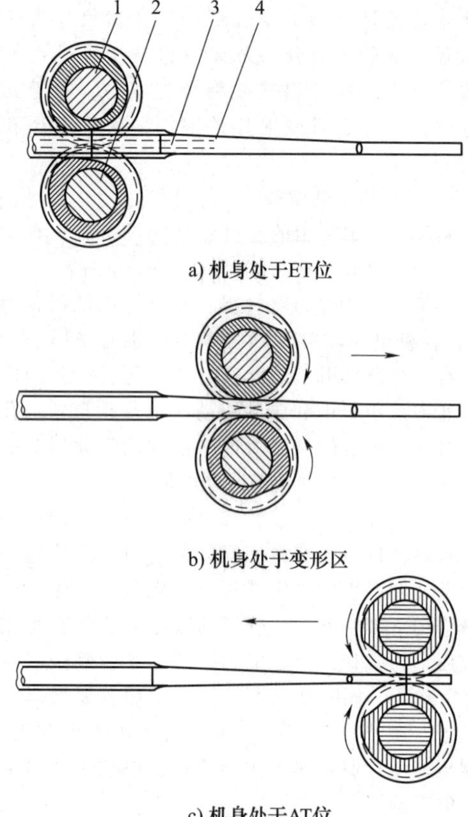

a) 机身处于ET位

b) 机身处于变形区

c) 机身处于AT位

图 5-10-22　冷轧过程变形原理
1—上轧辊　2—下轧辊　3—芯棒　4—管坯

为了提高轧制机身的摆动速度，提高生产效率，通常需要在曲柄连杆机构中采用适当的惯性力、力矩平衡技术，抵消或部分抵消机身高速运动时产生的水平惯性力。图 5-10-23 所示为几种常用的平衡机构，即双轴惯性力平衡机构（见图 5-10-23a）、曲轴重锤式惯性力平衡机构（见图 5-10-23b）和行星齿轮直线机构（见图 5-10-23c）。不同的惯性力平衡机构，设备的造价和使用效果都有所区别。根据平衡机构对轧制速度的影响，轧管机又可分为普通轧管机和高速轧管机，由于普通轧管机采用了简单的平衡方式，轧机的轧制速度受到限制，但造价相对低得多。高速轧机不仅在轧制速度上大大高于普通轧机，而且采用了连续上料、连续轧制的全自动化生产方式，进一步提高了生产效率。表 5-10-7 列出了 MEER 公司对几种常用轧机平衡机构平衡效果的测试数据。

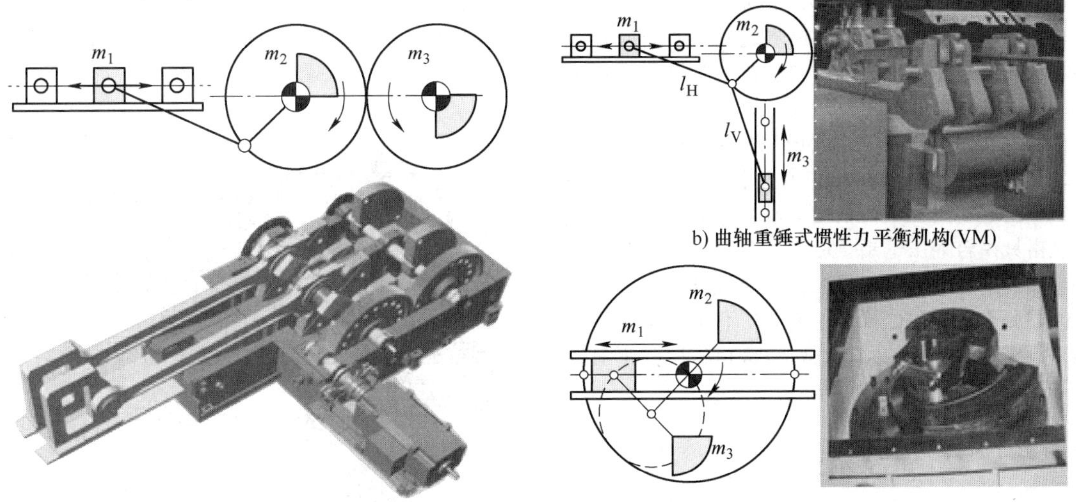

a) 双轴惯性力平衡机构(LC)　b) 曲轴重锤式惯性力平衡机构(VM)　c) 行星齿轮直线机构(HM)

图 5-10-23　几种典型惯性力平衡机构

表 5-10-7　平衡效果测试数据

测试项目	平衡机构		
	HM(18～25)	LC(50～100)	VM(100～150)
	测试数值		
残余一阶水平惯性力(%)	0	7	7
残余一阶垂直惯性力(%)	0	0	0
速度波动百分比(%)	0	4.2	2.5

2）轧制功能区。在轧制功能区管坯完成变形的过程，而这一变形过程主要由置于轧机机身中的轧辊总成来实现。轧机机身是一框架结构，开式或者闭式设计，是承受轧制力的重要部件。一般轧机机身由两部分组成，两部分之间通过 4 组或 6 组预应力拉杆连接在一起，如图 5-10-24 中所示。轧辊辊缝的调整是通过一拉杆带动辊缝调节斜楔 5 在上轧辊轴承座上移动，从而控制上下轧辊的辊缝值。轧辊的轴向调整机构位于上轧辊总成，通过轴向调整螺杆 7 使上轧辊总成位于正确的轴向位置，下轧辊总成轴向呈自由状态，钢管咬入后自动摆正到正确位置。在主机座中机身运动的前、后极限位置处各有一组大流量环形喷嘴，工作时将轧制油/乳液喷向轧辊辊环及管坯变形区，带走大量金属变形热的同时，改善金属的变形边界条件，减小轧制阻力，提高成品管表面质量。轧机机身滑动摩擦面均设置有纳米尼龙滑板，工作时机身在主机座两侧面呈 C 形的滑道内做往复运动，滑道面配有稀油润滑喷嘴，工作时对滑动面进行润滑。

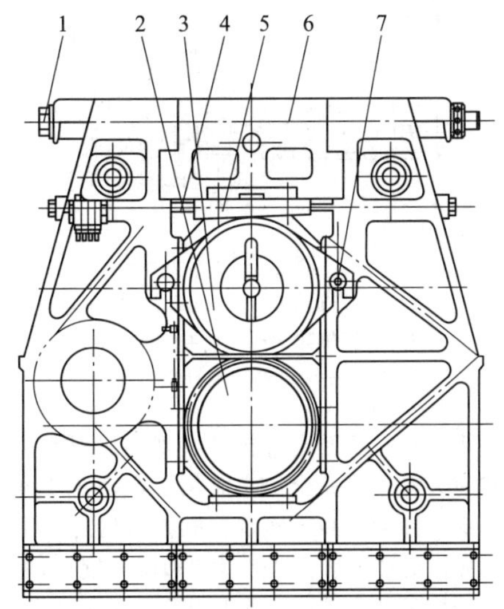

图 5-10-24　轧机机身

1—拉杆　2—下轧辊轴承座　3—上轧辊轴承座
4—辊缝调节螺杆　5—辊缝调节斜楔
6—凸形块　7—轴向调整螺杆

3）辅助功能区。辅助功能区包含管坯的回转送进机构（见图 5-10-25）、送料床身、芯棒杆卡紧装置、芯棒杆定心装置、芯棒内润滑装置、管坯外壁刮油装置、成品快速拉出装置等。回转送进装置的功能是在机身位于前后极限位置且管坯和轧辊脱离接触时，驱动管坯回转一定的角度，以便对管坯位于侧向开口处的金属进行轧制，得到壁厚均匀、外径一致的成品管材。图 5-10-25 所示为一高速连续上料型轧机的回转送进机构，该型轧机有两套回转送进机构和两套芯棒杆卡紧装置，这两套设备交替工作，类似长跑接力的工作模式，因此可实现管坯的连续送进和连续上料，完成冷轧管机的连续化生产。驱动送料机构小车的是一杆两丝的蜗轮蜗杆机构，一台伺服电动机驱动两根丝杠轴同步旋转。回转蜗杆轴由另一台伺服电动机驱动，两台伺服电动机的回转和送进由主轴编码器控制，当机身位于前极限（AT 位）和后极限位（ET）位时，伺服电动机将按程序设定转动一定的角度，回转机构将同步驱动管坯和芯棒旋转到设定角度值。

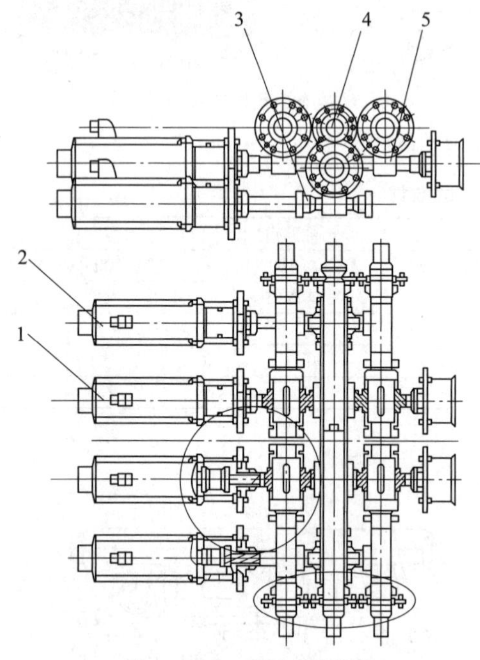

图 5-10-25　回转送进机构
1—回转伺服电动机　2—送进伺服电动机
3—回转蜗轮蜗杆副　4—空心轴
5—送进蜗轮蜗杆副

现代化的回转送进机构已实现伺服驱动，管坯的回转和送进动作完全由交流伺服电动机 1 和 2 驱动蜗轮蜗杆机构 3 和 5 实现，机械机构得到很大的简化，操作更加灵活，送进量和回转角度更加精确。伺服电动机驱动的回转送进机构可灵活组合和布置，易于实现多点驱动、协同动作。

芯棒杆卡紧装置（见图 5-10-26）用于轧制时限制芯棒杆沿轧制方向的运动以及对芯棒杆的轴向位置进行微调，保证芯棒始终处于正确的位置。芯棒杆上加工有环形或周向成 120°均匀分布的梯形凹槽，轧制时芯棒卡爪 1 将切入凹槽，在中心位置夹持住芯棒杆，驱动芯棒杆随管坯同步回转某一角度，卡爪对芯棒杆的夹紧和打开由夹紧液压缸 4 驱动。芯棒杆的回转动力来自伺服电动机，并通过蜗轮蜗杆机构 3 进行扭矩的放大。

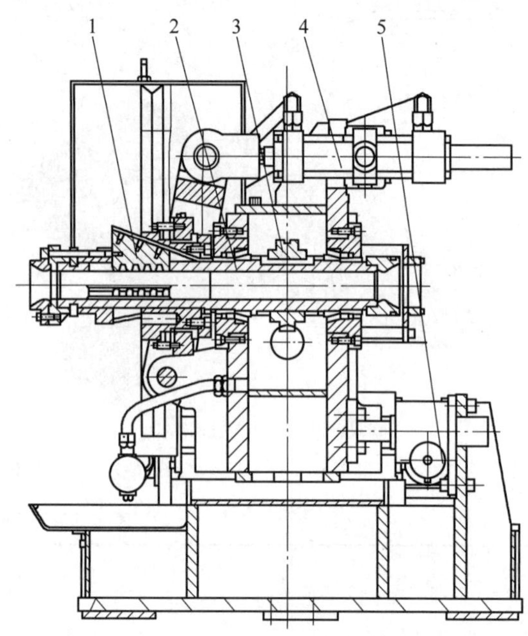

图 5-10-26　芯棒杆卡紧装置
1—卡爪　2—空心轴　3—蜗轮蜗杆机构　4—夹紧液压缸　5—微调装置

芯棒杆定心装置用来对工作中的长芯棒杆进行对中夹持，减少芯棒杆的跳动。芯棒内润滑装置在轧制时间歇向内部变形区注入润滑乳液，对芯棒和管坯接触表面进行润滑。管坯外壁刮油装置通过一小型电动机驱动减速齿轮旋转设定的圈数，使一根橡胶绳在成品管上缠绕数圈，管材延伸通过时，管材外径的润滑油大部分被橡胶绳刮掉，减少了油液跑冒和污染。成品快速拉出装置置于刮油装置之后，为避免两根管接头对插事故，当前一根管轧制完成后，在液压缸驱动下，两组夹送辊将管材夹持并快速拉出至出料 V 槽。

4）上、下料功能区。上料台架和出料台架分别处于轧制线的起始端和最终端。上料台架用来储存一定数量的待轧管坯，同时利用链条装置或钢丝绳驱动一推料小车，待轧管坯被推料小车送入中间床身。出料台架用来收集轧制完成的成品管，有些工厂还将定尺锯置于出料区域，将成品管材在线或离线切割成需要的长度后再进行收集。

冷轧管机生产线根据管坯和成品管的尺寸不同可分为多个系列，每个系列可生产一定尺寸范围的成品管材。冷轧管设备供应商有西马克集团所属梅尔公司，俄罗斯的 EZTM 公司以及国内的中国重型机械研究院股份公司（简称：中国重型院）等。表5-10-8、表5-10-9分别列出了国内外知名供货商系列冷轧管机的型号和技术参数。

表 5-10-8　中国重型院 LG 系列冷轧管机型号和技术参数

参数名称	型号											
	LG10	LG15	LG25	LG40	LG60	LG90	LG110	LG150	LG180	LG220	LG280	LG730
	参数值											
轧制速度/(r/min)	280	240	220	160	100	75	70	55	50	50	45	35
最大管坯直径/mm	25	34	48	60	89	120	135	180	245	250	360	790
最小管坯直径/mm	12	15	20	25	38	45	70	110	133	160	194	377
最大成品管直径/mm	16	20	30	45	64	90	114	168	180	219	280	730
最小成品管直径/mm	6	8	12	19	25	40	40	89	114	133	168	325
轧辊直径/mm	135	210	220	300	375	450	490	650	720	780	800	1360
机身行程/mm	381	492	602	802	952	1043	1102	1205	1205	1405	1249	1406
送进量/mm	0~5	0~5	0~6	0~6	0~15	0~24	0~15	0~15	0~20	0~25	0~25	0~20
最大轧制力/kN	150	400	600	1000	1600	2400	3000	4000	6000	9000	9600	20000

表 5-10-9　SMS&MEER 系列冷轧管机型号和技术参数

参数名称	型号(KPW 型)									
	10L	18LC	25LC	50LC	75LC	100LC	125LC	150L	225L	300L
	参数值									
轧制速度/(r/min)	300	350	320	200	150	130	110	100	80	65
最大管坯直径/mm	11	25	38	64	89	115	133	160	240	310
最小管坯直径/mm	6	9	12	25	38	47	67	85	130	200
最大成品管直径/mm	7.5	18	30	48	64	80	115	130	210	280
最小成品管直径/mm	2.5	5	8	14	19	30	48	50	110	150
轧辊直径/mm	71	130	205	300	375	450	520	620	700	850
机身行程/mm	200	380	490	860	1020	1200	1320	1400	1200	1200
变形区长度/mm	100	270	370	680	810	980	1050	1100	950	900
送进量/mm	0~10	0~5	0~8	0~15	0~25	0~24	0~15	0~15	0~25	0~30
最大轧制力/kN	40	150	440	1000	1600	2000	3000	3800	6000	8000

(2) 多辊冷轧管机　多辊冷轧管机轧制钢管的原理如图5-10-27所示。轧制时管子在圆柱形芯棒和刻有等半径轧槽的3~4个轧辊11之间进行变形，轧辊装在轧辊保持架4中，其辊颈压靠在具有一定形状的支承板（滑道）12上，支承板装在厚壁套筒3中，厚壁套筒就是冷轧管机的工作机身，它安装在小车上。

在轧制过程中，经曲柄连杆及摇杆系统，分别带动小车及其内部的轧辊架做往复运动。由于小车和轧辊架是通过大连杆8和小连杆7分别与摇杆9上的两点相联结的，所以，当摇杆摆动时，轧辊与支承板便产生相对运动。当辊颈在具有一定形状的支承板表面上做往复滚动时，由轧辊和圆柱形芯棒组成的环形孔型就由大到小再由小到大地周期性变化（见图5-10-28）。当小车运动到后极限位置时，通过送进回转机构送进一定长度的管坯，并回转一个角度。对于多辊式冷轧管机，为了降低返行程轧制时的轴向力以减少管料端的对头切入，一般管料的送进和回转是小车在后极限位置时同时进行的。当小车离开后极限位置继续向前移动时，孔型逐渐减小，工作锥得到轧制。这样周而复始的过程就是多辊式冷轧管机的轧制过程。

多辊式冷轧管机有下列主要优点：①辊径小，所以金属与轧辊及芯棒的接触面积小，这样可以降低轧制时的轧制压力和轧辊及芯棒的弹性变形量，从而可以轧制最小直径为3mm及壁厚与直径之比相当小的薄壁管。②由于轧槽切深小，金属与轧辊工作表面之间的滑移较小，能生产表面粗糙度值低、表面质量好的管材。③结构简单，轧制工具的制造和更换容易。

和二辊轧机相比，多辊冷轧管机轧制的管材规格范围较窄、总延伸系数和送进量较小，生产效率低。

在多辊冷轧管机上，由于使用等半径的轧槽，因此在轧制过程中，孔型的高度变化是通过改变轧辊轴线与轧制线之间的距离来实现的，而孔型的宽度是不变的。孔型的宽度根据成品管的尺寸选取，为了保证成品管材具有很高的几何精度，通过侧壁开口而确定的孔型宽度与孔型高度之比不能过大。因此，多辊冷轧管机主要用来减小管料的壁厚，特别是轧制壁厚很薄的管材。基于这样的原因，一个轧制周期中的送进量也只能取较小的值。

由于结构上的限制，这种轧机辊颈的长度不能过大，因此辊颈和支承板的接触长度较小，轧制时的接触应力较大，这也限制了送进量，送进量过大会加剧辊颈和支承板的磨损。

与二辊冷轧管机不同的另一个特点是：在同一个行程中，多辊冷轧管机的机身和轧辊具有不同的行程长度，机身的行程长，轧辊的行程短，前者约为后者的 1.8~2 倍。因此，若工作锥的长度相同，和二辊冷轧管机相比，多辊冷轧管机机身的行程长度几乎要增加一倍。这会降低机身每分钟的行程次数，从而影响轧机的生产率。表 5-10-10 列出了中国重型院开发的 LD 系列多辊冷轧管机的型号和技术参数。

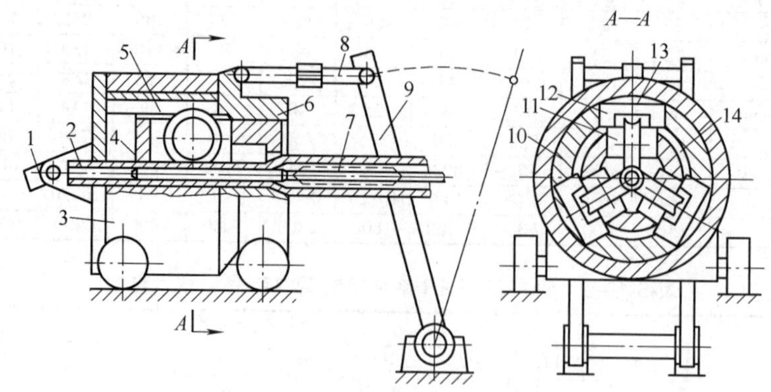

图 5-10-27　多辊冷轧管机轧制原理

1—中连杆　2—管坯　3—厚壁套筒　4—轧辊保持架　5—微调装置　6—小车　7—小连杆　8—大连杆　9—摇杆　10—扇形板　11—轧辊　12—支承板　13—调整斜楔　14—调整螺套

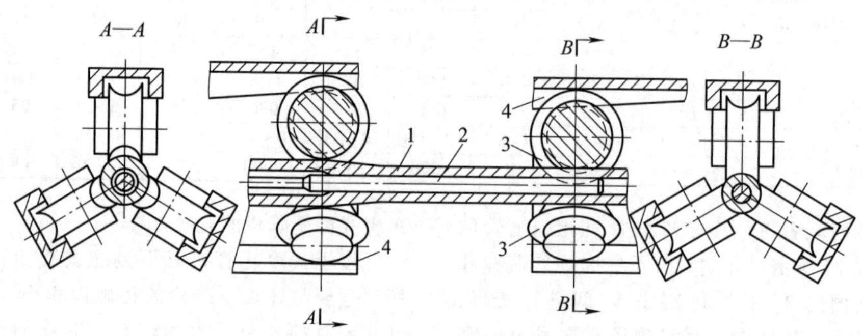

图 5-10-28　多辊冷轧管机轧制过程中孔型高度的变化

1—管坯　2—芯棒　3—轧辊　4—支承板

表 5-10-10　中国重型院 LD 系列多辊冷轧管机的型号和技术参数

参数名称	型号				
	LD-8	LD-15	LD-30	LD-60	LD-120
	参数值				
轧制速度/(r/min)	140	140	100	90	100
最大管坯直径/mm	9	17	34	74	127
最小管坯直径/mm	3.5	9	17	32	64
最大成品管直径/mm	8	15	30	70	120
最小成品管直径/mm	3	8	15	30	60
轧辊直径/mm	30	38/42	90	140/160	270/286
机身行程/mm	400	450	605	722	900
送进量/mm	1.5~4.3	1.5~7.2	0~15	0~15	1~10
主电动机功率/kW	5.5	7.5	30	55	160

10.2.2　棒材精轧机

为了提高棒材成品表面质量、控制产品尺寸公差、减少材料损失，现普遍采用的技术措施是在棒线材连轧机后增设棒材精轧机组。棒材组、中轧或粗、中轧及预精轧后，增设棒材减径定径机组用于特殊钢的精密轧制。经过发展的棒材减径定径机组具有以下三个突出优点：首先是由于其控轧控冷及低温轧制的特点，最终可获得晶粒度高、尺寸精度高以及表面质量优的成品；其次，通过短时间的机身及孔型调整获得一定范围内的任意成品尺寸，快速响应市场需求；最后是由于其机身的高刚度及工艺可控性，大大提高了材料利用率，降低了生产成本。减径定径机组分为二辊式、三辊式和四辊式，二辊减径定径机组主要应用在高速线材轧机，其形式主要有 MORGAN 机型、DANIELI 机型、SMS 机型三种，其中 MORGAN 和 DANIELI 机型应用比较广泛，SMS 机型应用较少。三辊技术早在 1954 年得到推广，并在 1980 年获得精密定径机组 PSB 和减径定径机组 RSB 技术上的突破。国内外主要的设备厂商有 KOCKS、SMS MEER 和中国重型院，现就主流的精轧机做如下介绍。

1. KOCKS 三辊减径定径机

在 20 世纪 70 年代中至 80 年代中，意大利、日本、韩国的几家公司在棒材轧线上采用了 12 架 KOCKS 减径定径机，但直至 20 世纪 90 年代初，各公司都不确定轧制合金钢，特别是高合金钢应该选用何种轧机。当时，欧洲、日本的合金钢厂有采用 KOCKS 机型的，有采用短应力线轧机的，还有采用闭口式牌坊轧机的。因世界其他国家钢铁产业发展有限，20 世纪 90 年代以后，在其他国家几乎没有任何公司在轧线上用 12 架以上的 KOCKS 机型。KOCKS 公司还曾想过将其用于线材精轧机或预精轧机，我国湖南华菱湘潭钢铁有限公司选择了 KOCKS 机型作为线材的预精轧机，但没有其他公司将其用于线材精轧机。在 20 世纪 90 年代，KOCKS 公司将三辊 KOCKS 轧机定位为棒材（棒材直径为 12～90mm）的减径定径机。KOCKS 公司的合理定位被世界市场所接受，从此得到比较好的推广。在随后建设的宝钢股份特殊钢分公司不锈钢棒材、湖北新冶钢股份有限公司小型合金钢棒材、石家庄钢铁有限公司大棒、湖南华菱湘潭钢铁有限公司线材-大盘卷、东北特钢集团大连特殊钢制品有限公司小棒、江阴兴澄特种钢铁有限公司小型、河南济源钢铁集团有限公司小棒等工程中采用了三辊 KOCKS 减径定径机。

(1) KOCKS 三辊机身的设计　KOCKS 已开发出两种类型的机型，早期出售的机身是只有一个驱动轴的精密定径机（PSB），近期出售的大多数减径定径机是经过进一步改进，采用三个输入驱动轴的机身（RSB），如图 5-10-29 所示。

三辊机型的三根辊轴与地坪成 120°布置，每一个三辊机身由电动机通过其自身的 C 模块齿轮系统驱动相邻机身彼此互成 180°布置。由于对机身和导卫进行同心调整，故轧制线是固定的。KOCKS 三辊机型的 C 形机身如图 5-10-30 所示。带偏心套的输入传动轴结构如图 5-10-31 所示。

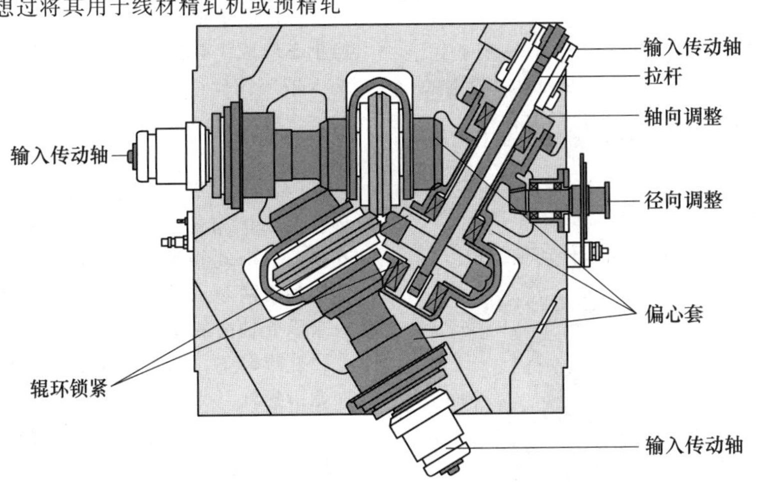

图 5-10-29　三根传动轴的 KOCKS 三辊机身

(2) C 模块及轧辊驱动系统　C 模块是用于三辊机组的新一代驱动系统，它为钢制的焊接外壳标准齿轮箱，被安装在一个带有公共顶架的公用底座上，形成紧凑的机组，如图 5-10-32 和图 5-10-33 所示。

标准 C 模块可以为 Y 形和倒 Y 形轧辊机身配置进行安装。模块的输入轴交替位于较高和较低的水平位置，因此电动机和各自的减速机同样安装在两个水平位置，构成一个非常紧凑且节省空间的布置形式。

每一个三辊机身安放在一个公用的支架上，在其上还安装有机身液压夹紧和机身平移系统。为更换机身，上下机身的联结将被断开，所有或单个机身通过液压缸被移出机组。

每一个三辊机身由一个单独的电动机传动，交流或直流电动机均可作为主电动机，每一个机身均采用安全联结以防止发生过载。

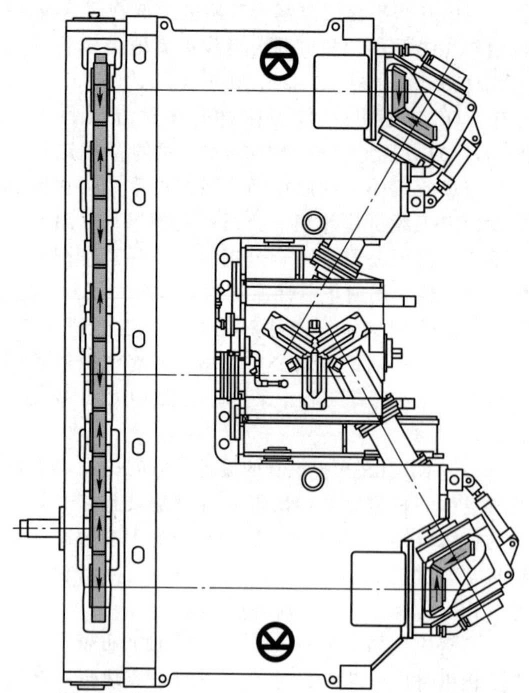

图 5-10-30　KOCKS 三辊轧机的 C 形机身

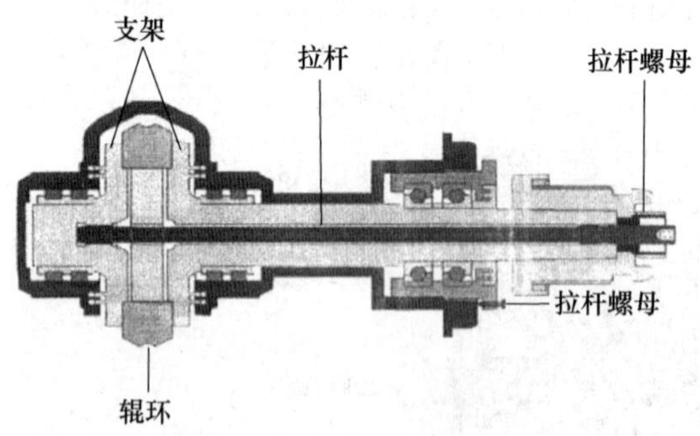

图 5-10-31　带偏心套的输入传动轴结构

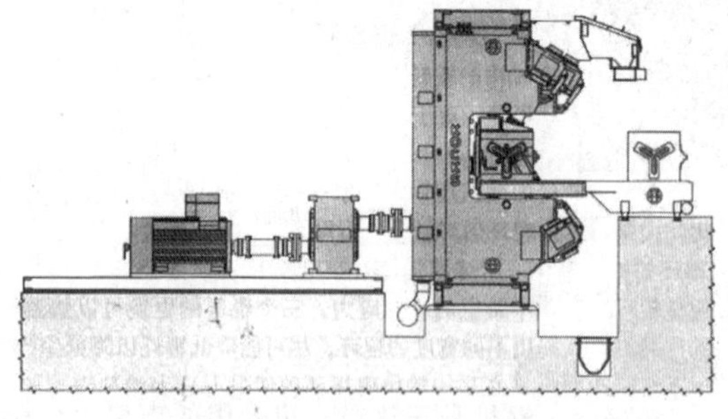

图 5-10-32　C 形架传动系统

(3) 机身快速更换系统　机身横移“出-进”，快速更换机身时将采用一套液压横移系统将机身从机身支架中移到更换小车上。该系统可以依照轧制程序的需要更换单个机身或者同时更换全部机身。

将载有使用过的机身更换小车移开，将载有为

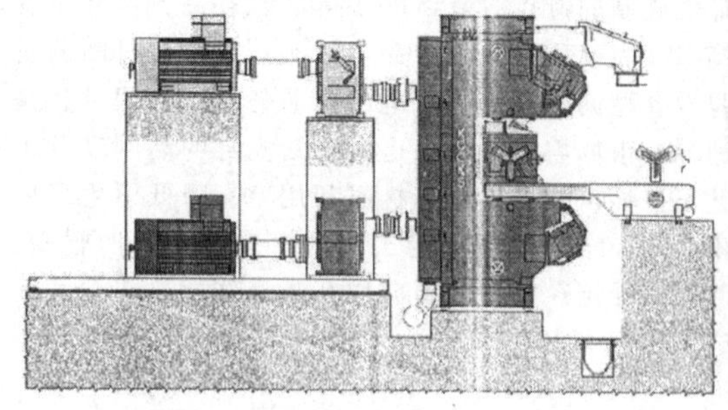

图 5-10-33　前后两个 C 形架的传动系统

下一个轧制规格准备的新机身的小车移到机组前方，在将新机身推进轧制线之后，即可继续进行轧制。

机身更换小车轨道系统可用两台更换小车，也可以用一台更换小车。根据车间的布置，两台机身更换小车可以横向移动（见图 5-10-34），也可纵向移动。

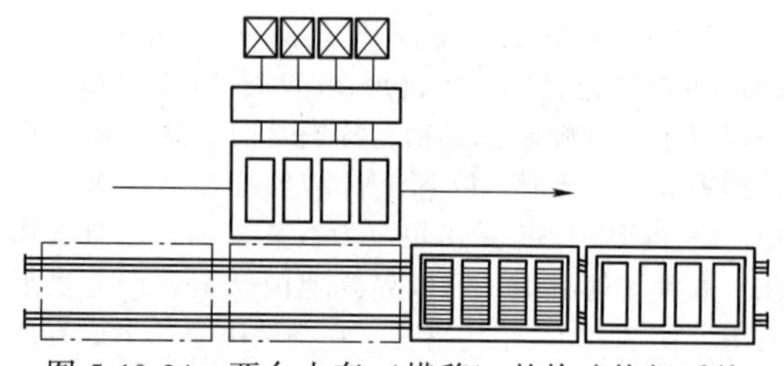

图 5-10-34　两台小车（横移）的快速换辊系统

标准的更换小车系统由两台连在一起的机身更换小车组成，轨道与轧制线平行，小车包括传送系统（液压钢丝绳绞盘或具有供电拖缆的电动小车）及一个用于将机身运出/运回轧辊间的特殊提升装置。

(4) 三辊机身快速换辊　三个轧辊沿轧制线各自互成 120°布置，机组中所有机身完全相同且可以互换。三个轧辊均为主动辊，且径向、轴向可调。轧辊轴由两个承受径向载荷的双列圆柱滚子轴承和一个承受轴向载荷的径向止推滚珠轴承所支撑。

轧辊调整：轧辊轴在偏心轴套中的旋转通过驱动调节螺杆（手动或通过远程控制），三个偏心轴套均同时旋转，从而同心调节辊缝。对于轴向调整（调整任一个轴），可旋转带有止推轴承的螺纹轴套（这一操作在轧辊间更换辊环后进行）。

采用特殊迷宫设计和机身中空气的微正压以防止水和氧化铁皮渗入机身和轴承中。机身几乎是免维护的，仅仅需要在轧辊间每次更换辊环后对轴承进行周期性的干油润滑。

辊环装配：辊环的材质可以采用球墨铸铁（NCI）、工具钢（TS）和碳化钨（TC）辊环。采用先进的装配技术，能避免辊环中出现径向应力。三个辊环的更换可以快速地通过一种液压工具完成。生产不同规格的产品，可以采用不同宽度的辊环，

尽可能降低辊材消耗以降低生产成本。

因为辊环可以在标准车床或磨床（在采用碳化钨辊环的情况下）上单独进行加工，所以不需要特殊的加工机床。

快速换辊：在轧制生产期间采用已换下机身的离线轧辊间的一个特殊换辊位置进行快速换辊，因此不会影响生产。这种半自动的轧辊更换装置由带有夹紧机构的机身支架、机身旋转装置和一个特殊的液压更换缸组成。

（5）机身和导卫的计算机辅助调整系统　这是一个面向用户的计算机系统，它能够对辊子及导卫的轴向和径向进行调整，并完成高精度的设定。调整工作可在理想状态下快速可靠地进行。该系统由如下主要部件组成：两个装配工位，每个工位具有自身独立的光学单元，包括光源和瞄准仪；安装在气动横移支架上的 CCD 照相机；配有键盘、监视器和打印机的工业计算机。

2. SMS MEER 公司的三辊棒材减径定径机

图 5-10-35 所示为机身带液压辊缝调节的 SMS-4 型三辊棒材定径机。SMS MEER 公司将三辊连轧管技术应用到棒材轧制，2006 年推出了高精度棒材定径机 PSM380/4。PSM 设计用来减小从中轧机输出轧件的外径，得到具有一定精度的各种规格成品。主要部件包括：PSM 机座、变速齿轮箱、液压调整系统、三辊机身、三辊导卫梁。

图 5-10-35　机身带液压辊缝调节的 SMS-4 型三辊棒材定径机

（1）PSM380/4 机座　棒材轧机机座为焊接结构，包括一个用于接纳机身的机座梁（见图 5-10-36）。机座顶部通过横向支撑与机座梁安装和连接，并在其上部有由螺栓紧固包含机身夹紧缸在内的支撑固定装置。液压小仓调节组合在机座内。机座内还设有传动轴的回缩和位置固定装置以及机身的电动调节装置。

机座的所有介质管路（不锈钢）和线路都接到规定的交界点，包括配对法兰。

技术数据如下：

1）机身型号：三辊机身。

2）机身数量：4 个。

3）机身间距：800mm。

4）最大来料直径：101 mm（满足最大成品规格 90mm，最终来料规格以孔型设计为准）。

5）成品直径：20～90mm。

6）出口速度：1～18m/s。

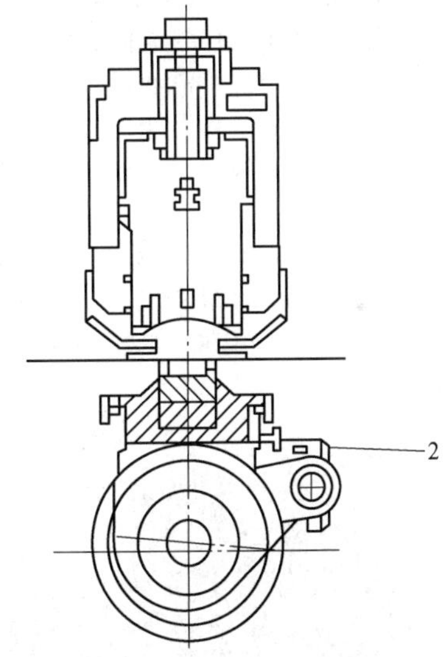

图 5-10-36　PSM380/4 机座

1—液压小仓　2—带辊环的旋臂

（2）变速齿轮箱　PSM 装备 4 套独立的传动机构，分别为各个机身所设。交流电动机通过安全联轴器和主齿轮箱连接。齿轮箱由变速齿轮部分和分配齿轮部分构成，每个齿轮箱配备 3 个输出轴（见图 5-10-37）。

（3）液压调整系统　液压调整系统的功能是允许在轧制过程中对各个辊环进行单独调整，其位置在各个机身位置处。液压调整系统技术数据如下：

1）工作行程：21mm。

图 5-10-37　PSM380/4 的传动齿轮箱

2）打开行程：30mm。

3）总行程：75mm。

4）每一机身位置处完整装配的液压小仓的数量：3 个。

5）每一机身位置位移传感器的数量：3 个。

6）每一机身位置伺服阀块的数量：3 个。

（4）380 三辊机身　机身包括三个轧辊，为长方形的单片箱体设计。所有的辊轴有带花键的联轴器套节，可与伞齿轮轴联轴器轴套自动连接。

滚子轴承和液压小仓表面集成在一个旋转架内，配备的气压阻尼使系统保持无间隙状态。辊轴的轴向位置将由旋转架上的可滑动轴来保证。调整工作在机身装配、轴承更换或周期性检修时进行。辊的径向位置由每次正常换辊后的校正程序确定，无须重新定位。

辊轴的滑动轴方案保证了无须打开机身进行快速换辊。扭矩控制系统将轴锁住，并在组装后将滚子轴承也锁住。三辊机身带导卫梁，如图 5-10-38 所示。

图 5-10-38　带导卫梁的三辊机身

轧机轴承和机身内迷宫环的油气润滑由集中油气润滑单元提供。辊子用水冷却，喷嘴处于轧辊表面附近，以保证良好散热。冷却水管在机身推入时自动连接。

轧辊也可以在标准的数控车床或磨床（用于碳化钨）上加工，这允许了自由式孔型的使用。

380 机身的技术数据如下：

1）机身型号：带径向和轴向轴承的三辊机身。

2）每个机身的轧辊数量：3 个。

3）最大辊径：390mm。

4）最小辊径：370mm（重车后）。

5）辊环材质：球墨铸铁、工具钢或碳化钨。

6）辊环宽度：100mm，对于不大于 35mm 的产品可用辊环宽度为 40mm。

7）辊环调节：轴向 1mm，径向 20mm。

8）每台机身上的辊环位置传感器数量：3 个。

（5）三辊导卫梁　导卫梁为紧凑型设计，安装在第 2~4 组机身前（见图 5-10-39）。导卫使轧件保持在正确位置。力恒定阻尼的使用保证了导卫的自动对中，有了这一特点，在自由尺寸范围内无须做任何额外的调整。

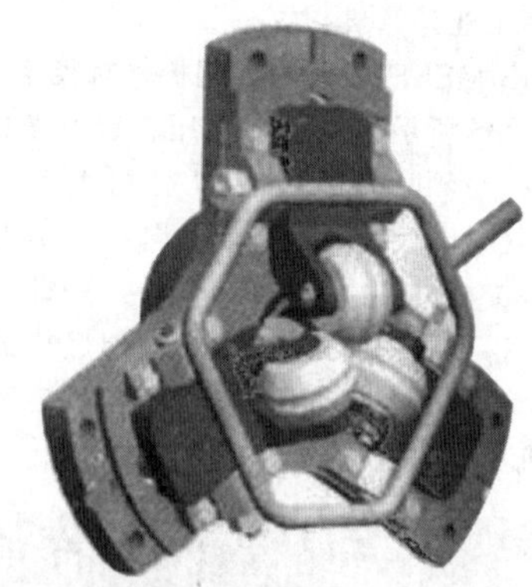

图 5-10-39　三辊导卫梁

3. 其他公司的棒材减径机

HPR（High- Precision Rolling，高精度轧制）轧机是一种既可用于型钢轧制，又可用于棒材轧制的高精度定径设备，产品尺寸精度小于±0. lmm。HPR 轧机的高刚度性能是基于预应力原理，采用轧辊的预压靠来实现的。

美国摩根公司在减径机方面有 TEKISUN 技术，该技术有两个机型，即 RSM 机型和二辊式机型。RSM 机型用于线材轧制。二辊棒材减径机性能参数如下：

1）产品参数见表 5-10-11。

表 5-10-11　产品参数

产品类型	尺寸范围/m	尺寸增量/mm
光圆	25~36	1.0
	38、40、42、45、48、50、53、55、56、58、60	—
	63、65、68、70、75、80、85、90	—

2）尺寸公差参数见表 5-10-12。

3）设备性能：摩根公司二辊棒材减径定径机的参数及照片分别见表 5-10-13 和图 5-10-40。

表 5-10-12　尺寸公差参数

产品规格/mm	公差/mm	椭圆度(%)
25.0~35.0	±0.15	60
36.0~50.0	±0.20	60
51.0~60.0	±0.25	60

表 5-10-13　摩根公司二辊棒材减径定径机的参数

轧机区域	机身号	轧辊		电动机	
		直径/mm	辊身长/mm	转速/(r/min)	功率/kW
棒材定径机	1H	386/338	130	750/1425	1500
	2V	386/338	130	750/1425	1500
	3H	386/338	130	700/1330	300

图 5-10-40　摩根公司 360mm 二辊棒材减径定径机

波米尼公司的定径机是从定径导卫发展起来的，这种定径机采用了一种具有液压预应力的悬臂式高精度二辊轧机。这种设备的辊缝能够以 0.01mm 为单位进行精确调整，辊缝还可以设定为零；并且由于存在预应力，可以消除机身间的间隙；同时可以精确地进行孔型的轴向调整，以满足高精度轧制的要求。

10.3　弯管机

10.3.1　弯管机用途及特点

弯管机是指金属管材采用缠绕式弯曲工艺，常温下使其基本不改变截面形状尺寸进行连续弹塑性弯曲，最终成形为一定曲率工件的金属成形设备。

除在弯管机上进行缠绕式弯管外，传统的冷弯（常温下）弯管方法还有压（顶）弯、滚弯、挤弯等。压（顶）弯在压力机或顶弯机上依靠横向塑性弯曲实现；卷弯则是在卷板机上附加模具或在型材卷弯机上进行连续的逐点横向塑性弯曲实现；挤弯是在压力机或专用推挤机上依靠挤推实现弯曲。

弯管机能在冷态下采用有芯或无芯缠绕式拉弯，将金属管材弯曲成一个或多个、相同或不同弯曲半径的平面或空间管件。利用专门设计的模具还能弯曲角钢、扁钢、方管及其他异型材料。由于其成形精确高、弯曲半径小、弯曲角度可达 180 以上、不易起皱、可连续弯曲、易实现数控化等优势，因此广泛应用于航空航天、高铁、汽车、船舶、石油化工等行业。

近年来，出现了在弯管机上增加推弯弯管的加工工艺，进一步拓展了其功能。具体为利用三点成圆原理，在弯管机机头部位加装三个滚轮，在管材后方施加一定的推力完成大弯曲半径的弯曲成形。

三维自由成形弯管是基于三维轨迹控制的柔性成形技术而研发的精确、高效的新兴管材弯曲成形装备，能够实现三维空间轴线、异形复杂截面、变曲率半径及无直线段连续弯曲等构件一次整体精确成形，在航空航天、核能、石化、汽车、医学工程以及建筑造型等领域具有重要而广泛的应用。

对于大规格的金属管材，通常采用中频弯管机进行热弯，是对管材连续进行中频加热、弯曲、冷却的弯管过程。根据弯管的受力形式可分为拉弯和推弯。

10.3.2　弯管机工作原理

图 5-10-41 所示为缠绕式弯管机工作原理，安装于主轴上的具有半圆形凹槽的弯管模通过液压缸带动链轮、链条或直接由电动机带动机械传动装置驱动主轴旋转。管子置于弯管模内用夹紧模压紧。导向装置（滚轮或滑槽）用来压紧变形区外的管材表面。芯棒装置上安装的芯头伸入管材内孔中，伸入至弯管模的中心线或稍许超前。当管材被夹紧模夹紧并同弯管模一起转动时，便紧靠弯管模发生弯曲。管材有不同的管径及弯曲半径尺寸要求时就要有一种不同的弯管模。管材的弯曲角度用角度传感器（光电编码器）控制，当弯管模转到一定角度时编程器发出指令，使液压缸或传动装置停止动作，弯管模随即停止转动完成所要求弯曲的管形。

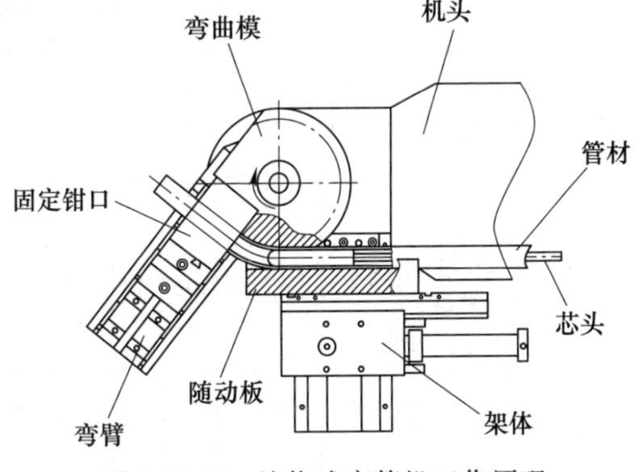

图 5-10-41　缠绕式弯管机工作原理

10.3.3　弯管机形式及技术参数

弯管机形式主要有：平面弯管机，通常为液压弯管机；立体弯管机，常见有数控（单模）弯管机、数控双模（或多模）弯管机、全电伺服弯管机以及数控推弯弯管机、数控顶镦弯管机、数控双头弯管机、数控蛇形弯管机等。此外，弯管生产线有智能弯管生产线、蛇形弯管生产线等。

根据 GB/T 28761—2012 标准，弯管机属于锻压机械八类产品中的弯曲校正机类设备，其型号规格标注方法为：

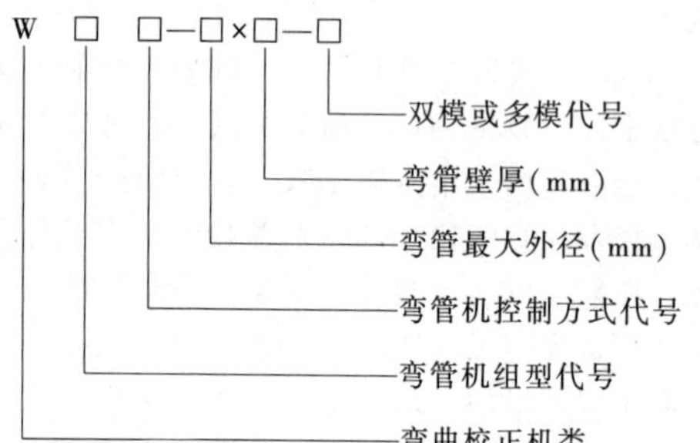

其中，弯管机组型代号：27 平面弯管机，28 立体弯管机，29 热弯弯管机。弯管机控制方式：一般数控可以标注为 K 或 CNC，程控可以标注为 NC，液压可以标注为 Y 等。弯管最大外径和壁厚通常指弯制屈服极限为 245MPa 钢管时的参数。双模或多模代号：有的制造厂双模标注为 ST，三模标注为 3T，四模标注为 4T 等。

常见液压弯管机、数控弯管机、数控中频热弯弯管机的型号和技术参数见表 5-10-14～表 5-10-16。

10.3.4　弯管工艺参数计算

1. 弯管总扭矩

弯管总扭矩指弯管时所需要的主驱动力矩 M_n，主要包括消耗于管材弯曲变形的力矩 M_{n1}、消耗于导向装置的滚轮或滑槽用来压紧变形区管材外表面产生的摩擦力矩 M_{n2} 以及芯棒装置上安装的芯头与管材内壁所引起的摩擦力矩 M_{n3} 等，主驱动力矩 M_n 可由式（5-10-1）计算，以下力矩单位均为 N·m。

表 5-10-14　液压弯管机的型号和技术参数（JB/T 2671.1—1998）

参数名称		型号(W27YNC-)									
		25×3	42×3	76×5	89×6	114×8	133×10	168×14	219×12	273×16	325×20
		参数值									
弯曲最大管材/mm（外径×壁厚）		25×3	42×3	76×5	89×6	114×8	133×10	168×14	219×12	273×16	325×20
管材屈服极限/MPa		245									
最大弯曲角度/(°)		195									
最大管材最小弯曲半径/mm		75	126	228	270	350	400	500	660	820	975
弯曲半径范围/mm		10～100	15～170	70～380	100～450	120～580	180～660	250～800	350～1000	500～1400	600～1600
夹块滚轮行程/mm		50	80	110	120	120	150	180	180	500	600
弯曲速度/(r/min)		4	3.5	2	1.9	1.1	0.8	0.4	0.4	0.2	0.15
标准芯棒长度/mm		2000	2200	3500	3800	4500	4500	4500	4500	8000	10000
芯棒液压缸行程/mm		100	100	150	320	320	320	320	320	600	800
液压系统工作压力/MPa		14	14	14	14	14	14	14	14	16	16
电动机功率/kW		2	3	7.5	11	11	15	22	30	37	55
外形尺寸	长度/m	2.6	2.75	4.5	4.6	5.1	6.1	6.15	6.3	12	14
	宽度/m	0.8	0.85	1.3	1.3	2.1	2.1	2.4	2.4	3.5	4
	高度/m	1.2	1.2	1.25	1.25	1.3	1.5	1.52	1.64	2.5	2.6

表 5-10-15　数控弯管机的型号和技术参数（JB/T 5761—1991）

参数名称	型号(W28CNC-)									
	10×1.25	16×1.25	25×3	42×3	76×5	114×8	168×14	219×12	273×16	325×20
	参数值									
弯曲最大管材/mm（外径×壁厚）	10×1.25	16×1.25	25×3	42×3	76×5	114×8	168×14	219×12	273×16	325×20
管材屈服极限/MPa	245									
最大弯曲半径/mm	40	65	100	200	300	580	800	1000	1200	1500
最小弯曲半径/mm	3	5	10	15	30	50	75	90	150	200
最大弯曲角度/(°)	190	190	190	190	190（193）	190	190	190	195	195

（续）

参数名称		型号(W28CNC-)									
		10×1.25	16×1.25	25×3	42×3	76×5	114×8	168×14	219×12	273×16	325×20
		参数值									
芯棒长度/mm		1800	2000	3000	4000	3000	5500	6000	6000	8000	8000
芯棒行程/mm		40	50	100	100	150	1000	1050	1400	1500	1600
芯棒行程调整量/mm		20	20	50	50	50	100	150	200	220	250
随动行程/mm		187	187	300	400	700	1000	1270	1400	1400	1500
管材末端最小长度/mm		50	50	50	50	160	500	900	1100	1300	1500
模具中心高度/mm		10	20	30	30	50	95	110/95	110/95	150/95	150/95
机器工作高度/mm		1015	1015	1015	1015	1015	1200	1500	1530	1530	1530
(*C* 轴)弯曲速度/(r/min)		0~50	0~45	0~40	0~35	0~13.5	0~3	0~1	0~1.5	0~0.3	0~0.2
(*Y* 轴)小车行走速度/(m/min)		0~70	0~70	0~65	0~65	0~50	0~16	0~10	0~8	0~6	0~3
(*B* 轴)夹紧套转速/(r/min)		0~65	0~65	0~60	0~50	0~30	0~6	0~3	0~2	0~2	0~2
(每个轴)速度级数		9	9	9	9	9	9	9	9	9	9
机器重复精度	*C* 轴/mm	±0.05	±0.05	±0.05	±0.05	±0.05	±0.10	±0.10	±0.10	±0.10	±0.10
	Y 轴/mm	±0.10	±0.10	±0.10	±0.10	±0.10	±0.15	±0.25	±0.25	±0.25	±0.25
	B 轴/mm	±0.05	±0.05	±0.05	±0.05	±0.05	±0.10	±0.10	±0.10	±0.10	±0.10
存储器容量		10^5	10^5	10^5	10^5	10^5	10^5	10^5	10^5	10^5	10^5
停(堵)转力矩 /N·m		93	260	1600	4460	24630	89000	323000	510000	1050000	1830000
电动机功率 /kW		3	8	13	18	23(30)	45	55	55	45/37	45/55
液压系统工作压力/MPa		15	15	15	15	15	14	14	14	17.5/14.8	17.5/14.8
外形尺寸	长度/m	3.10	3.15	4.79	5.70	5.20	9.90	13.50	12.60	15.97	15.97
	宽度/m	0.91	0.91	1.24	1.60	1.90	3.52	3.30	3.56	5.35	5.85
	高度/m	1.36	1.36	1.50	1.50	1.80	2.30	2.30	2.10	2.84	2.84

表 5-10-16　数控中频热弯弯管机的型号和技术参数

参数名称		型号(W29CNC-)					
		219×18	325×25	426×30	630×40	900×50	1220×50
		参数值					
弯曲管材外径 *D*/mm		219	325	426	630	900	1220
最大弯曲壁厚/mm		18	25	30	40	50	50
管材屈服极限/MPa		245					
弯曲角度/(°)		0~180	0~180	0~180	0~180	0~180	0~100
弯曲半径/mm		3*D*~5*D*	3*D*~5*D*	3*D*~5*D*	3*D*~5*D*	3*D*~5*D*	3*D*~5*D*
主液压缸最大行程/m		2	3	4	5.2	7.5	7.5
可控硅中频装置	型号	KGPS-160	KGPS-250	KGPS-350	KGPS-500	KGPS-1000	KGPS-1000
	功率/kW	160	250	350	500	800	1000
	频率/Hz	1000	1000	1000	1000	1000	1000
管材推进速度/(mm/s)		0.25~3	0.25~3	0.25~3	0.25~3	0.25~3	0.25~3
夹头返回速度/(r/min)		2.0	2.0	2.0	2.0	2.0	0.5
液压系统工作压力/MPa		10	10	14	18	21	16
外形尺寸/m(长×宽×高)		6×2.6×1.8	8×3.125×1.8	12×3.65×1.2	15×4.75×2.2	19×6×2.6	26.6×7×3.9

$$M_n = M_{n1} + M_{n2} + M_{n3} \tag{5-10-1}$$

式中　M_{n1}——管材弯曲力矩，$M_{n1} = \dfrac{M_0 + M}{2}$；

M_{n2}——压料摩擦力矩。用滚轮压料时，$M_{n2} = (0.05 \sim 0.08)\ M_{n1}$；用移动式滑槽压料时，$M_{n2} = (0.1 \sim 0.15)\ M_{n1}$；

M_{n3}——芯轴摩擦力矩，当相对壁厚（管材壁厚与其外径之比）$S_x = 0.03 \sim 0.06$ 时，相对弯曲半径 $R_x = 2 \sim 4$ 时，$M_{n3} \approx 1.5M_{n1}$；

M_0——初始弯矩，$M_0 = K_1 W R_{eL}$；

M——最大弯矩，$M = \left(K_1 + \frac{K_0}{2R_x}\right) W R_{eL}$；

K_1——截面形状系数；

K_0——材料相对强化系数；

R_{eL}——管材下屈服强度（MPa）；

W——管材抗弯截面模量（mm^3）；

R_x——相对弯曲半径（管材弯曲半径与其外径之比）。

2. 回弹前的弯曲半径和弯曲角度

塑性弯曲过程伴随有弹性变形，当外加弯矩卸去时，管材产生弹性恢复，表现形式为曲率减小、弯曲角减小。管材回弹前的弯曲半径（模具半径）R'可根据式（5-10-2）计算。

$$R' = \frac{R}{1 + 2m \frac{R_{eL}}{E} R_x} \qquad (5\text{-}10\text{-}2)$$

其中，
$$m = K_1 + \frac{K_0}{2R_x}$$

式中　R'——管材回弹前中性层的弯曲半径；

R——管材回弹后中性层的弯曲半径；

E——管材弹性模量（MPa）；

m——相对弯曲力矩；

R_x——相对弯曲半径（管材弯曲半径与其外径之比）。

回弹前的弯曲角度α'可根据式（5-10-3）计算。

$$\alpha' = \frac{\alpha}{1 - 2m \frac{\sigma_s}{E} R_x} \qquad (5\text{-}10\text{-}3)$$

式中　α'——管材回弹前的弯曲角度；

α——管材回弹后的弯曲角度。

10.3.5　弯管机的结构

1. 液压弯管机

液压弯管机的结构组成如图 5-10-42 所示，由机头、弯臂、架体（夹紧导向）、床身、油箱、主液压缸、芯头、电气控制、液压控制等部分组成。液压弯管机所有的动作均为液压传动，控制系统多采用 PLC 控制。机器结构简单，操作方便，制造成本低，一般用于室温下弯制管径不大于 ϕ325mm，单一曲率半径的二维平面管形。如果增加转管夹套等辅助装置，也可弯制空间立体管形。

2. 数控弯管机

数控弯管机是基于矢量弯曲原理，运用计算机控制，通过全自动有芯或无芯弯曲，完成所需任意空间立体管形的成形。机型可有单模、双模、甚至多模数控弯管机，是现代管材弯曲成形的重要加工设备。

无论多么复杂的管形，都是由直线段和圆弧段组成的。如果将管材放在坐标系中，并将管材直线段中心线以一系列的空间矢量来表示，求出它们的交点坐标，进而得到管形数据，再将管形数据通过测量机或其他方式输入计算机内存，机床在计算机程序的控制下，即可完成用户所需管形的成形。这就是矢量弯管的基本原理。

（1）数控（单模）弯管机及双模（或多模）弯管机　数控（单模）弯管机一次上料只能实现单一曲率的三维空间管形自动弯曲，其结构组成如图 5-10-43 所示，主要由弯曲角度控制系统（C 轴）、送料小车（Y 轴）、管材空间旋转系统（B 轴）、送管夹头、夹紧钳口、芯头、导向系统、随动系统等组成。

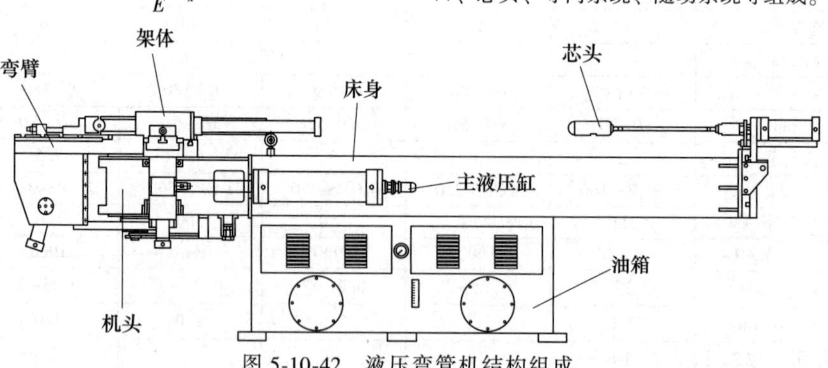

图 5-10-42　液压弯管机结构组成

数控双模（或多模）弯管机一次上料可以实现两个或多个曲率半径的空间管形自动弯曲。在前述数控（单模）弯管机的基础上，其结构组成增加了弯曲半径调整系统（X 轴）、夹管套筒升降或机头升降运动系统（Z 轴）等。X 轴通过交流伺服控制弯曲头或送料尾座实现横向移动；Z 轴通过交流伺服或液压伺服控制芯轴、夹管套升降或实现机头升降。一般 ϕ50mm 以下规格的管材采用机头上下左右运动完成多模换模；ϕ50～ϕ76mm 规格的管材采用机头左右运动，小车夹管套筒升降运动完成多模换模；ϕ89mm 以上规格的管材则采用小车夹管套筒和送料尾座左右及升降运动完成多模换模。

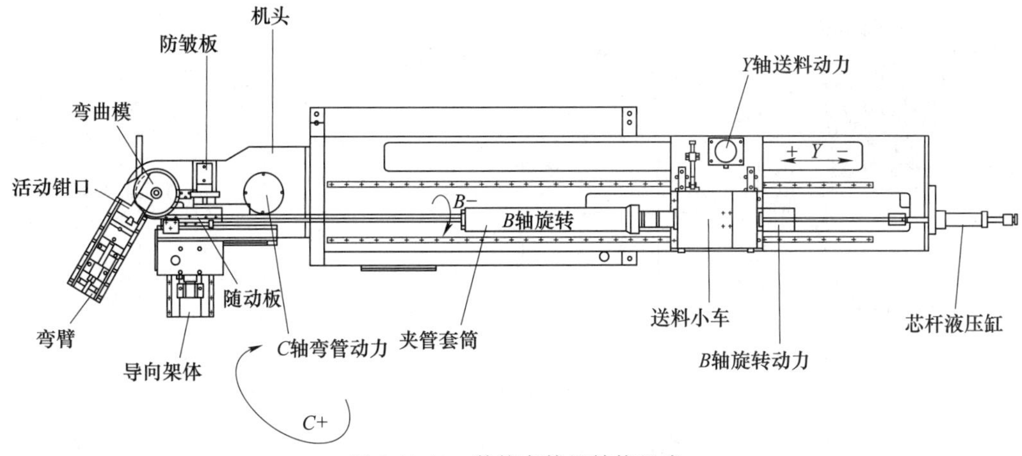

图 5-10-43　数控弯管机结构组成

数控弯管机的控制系统主要由人机界面、主控系统、多轴伺服系统（包括交流伺服系统和液压伺服系统）、开关量输入、开关量输出等组成。人机界面负责输入管形数据及编辑存储等功能；主控系统负责数据处理、逻辑运算及整机自动流程控制；伺服系统负责多轴位置控制。一般而言，送料小车（Y 轴）、管材空间旋转系统（B 轴）和弯曲半径调整系统（X 轴）普遍采用交流伺服系统；弯曲角度控制系统（C 轴）则采用两种方式控制，弯曲管径不大于 ϕ89mm 时大多采用交流伺服系统，弯曲管径大于 ϕ89mm 时大多采用液压伺服系统。这是由于在小力矩时交流伺服系统性价比较高，大力矩时液压伺服系统性价比较高的缘故。

数控弯管机的系统具有触摸式屏幕显示终端，可以输入并显示各种弯管机数据和指令，屏幕可以转换其工作状态，并具有很强的编辑功能，操作者可以任意选择和调用每个运动坐标轴的各级运动速度，并存入内存。机器良好的编辑功能使操作者可以增减或者修改程序中的管形数据，对于弯管时产生的回弹可实现补偿。计算机还具有安全自锁和诊断功能，对于因操作失误或其他原因导致的错误程序可自锁停机并显示诊断结果。

随着现代科学技术的飞速发展，管形数据彩色三维图形显示、管材成形过程的三维动态仿真、管形 CAD 数据自动转换及导入、互联网远程诊断与维护、管材弹塑性参数的大数据采集等已在数控弯管机上得到应用。由于金属管材弹塑性参数的离散性影响，造成管材成形的一致性无法完成保证，国内弯管机生产厂（如深圳市万方自动控制技术有限公司）正在研制弯管在线监测与动态调整技术，以实现动态回弹修正与实时弹塑性补偿。图 5-10-44 所示为三维管形图形显示，图 5-10-45 所示为深圳市万方自动控制技术有限公司与北京理工大学联合开发的管材成形过程的三维动态仿真。

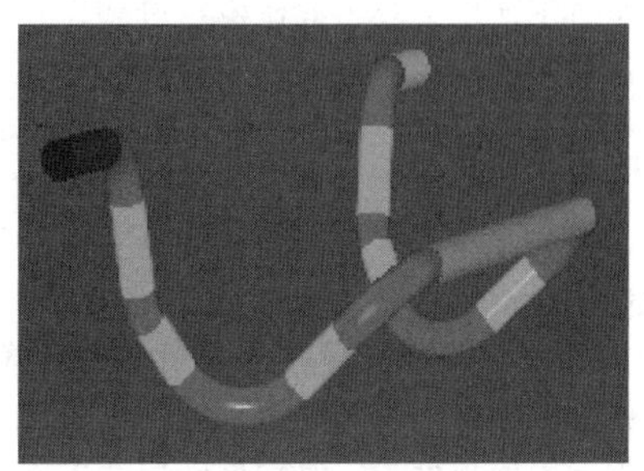

图 5-10-44　三维管形图形显示

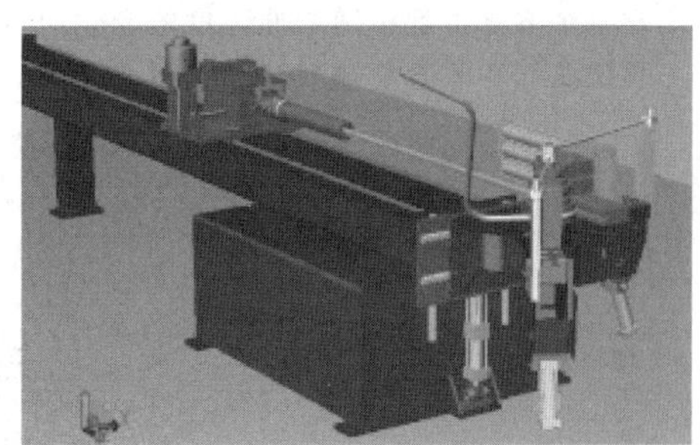

图 5-10-45　管材成形过程的三维动态仿真

（2）数控推弯弯管机　该机型（见图 5-10-46）是在前述数控弯管机的基础上增加推弯装置，不但可对管件在冷态下进行无芯、有芯的缠绕式弯曲，同时还能对管件进行大半径的三维推弯。在进行管件推弯时，分别装在弯臂和导向上的弯曲轮和导向轮在液压缸的驱动下靠近中间弯曲轮夹住管件，根据所需推弯弯曲半径的不同，弯臂带动弯曲轮向外偏转一定的角度，管件另一端则由送料小车的夹头夹住，Y 轴伺服电动机通过减速机将运动传递给齿轮齿条运动副，驱动小车推动管件向前运动。管件在中间弯曲轮、弯曲轮和导向轮的共同作用下完成弯曲变形。由于 C 轴、Y 轴及 X 轴都采用伺服电动

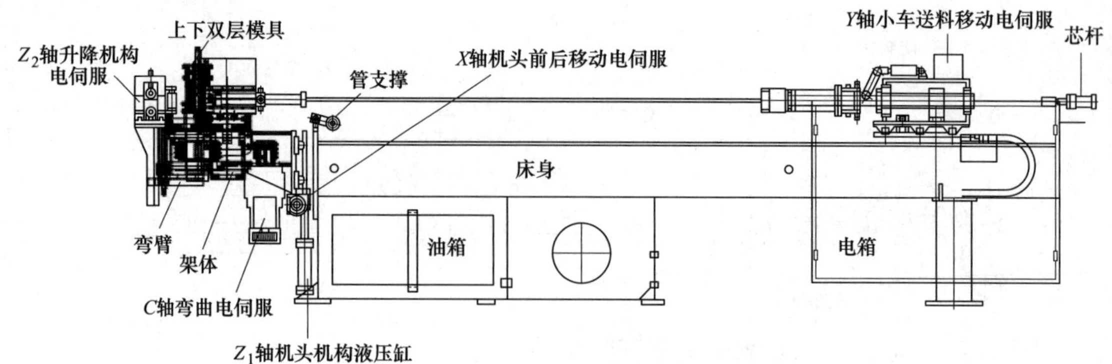

图 5-10-46　数控双模电伺服带推弯弯管机

机驱动，在进行推弯过程中，如果 C 轴随着 Y 轴的送进距离不断发生角度偏转将会完成由多个弯曲半径组成且具有光滑过渡的复杂构件。由于该机型能同时安装上下两层模具，推弯模一般装在拉弯模的上面。因此通过机头的上下左右移动，变换不同的模具，能够在同一管件上实现推弯和拉弯的加工工艺。

（3）数控顶镦弯管机　该机型是在前述数控弯管机上增加顶镦装置，实现厚壁小弯曲半径（$R \geqslant 1D$ 时，D 为管材外径）管材无芯弯曲的弯管设备。该机型两轴电伺服、两轴液压伺服。弯管时通过给管材附加一定的顶推力，使管材外侧产生附加应力以抵消外壁在弯曲时所受的拉应力，使其变形均匀，顶镦力在整个弯管过程中随弯曲角度的变化而自动调节。顶镦曲线在弯管前输入自动执行，满足管材不同角度的需求。助推液压缸的驱动与控制采用比例阀或伺服阀控制。

3. 全电伺服数控弯管机

近年来，数控弯管机出现了液压传动向机械传动回归的趋势，取消之前的液压控制单元，弯曲主轴由液压缸驱动等发展为伺服电动机通过行星减速机驱动或伺服电动机直接驱动，即成为所谓的全电伺服双模数控弯管机（见图 5-10-47）。其优点是传动更精确、平稳，效率更高，控制更简便、可靠，节能环保。国内目前此类设备的加工规格一般不大于 ϕ40mm，进口设备的加工规格已达 ϕ150mm。在结构形式和控制方式上，单模数控弯管机由原来单一的两轴电伺服和一轴液压伺服发展为三轴电伺服，双模、三模、多模数控弯管机发展到四轴电伺服、五轴电伺服，甚至发展到十轴及十轴以上电伺服。

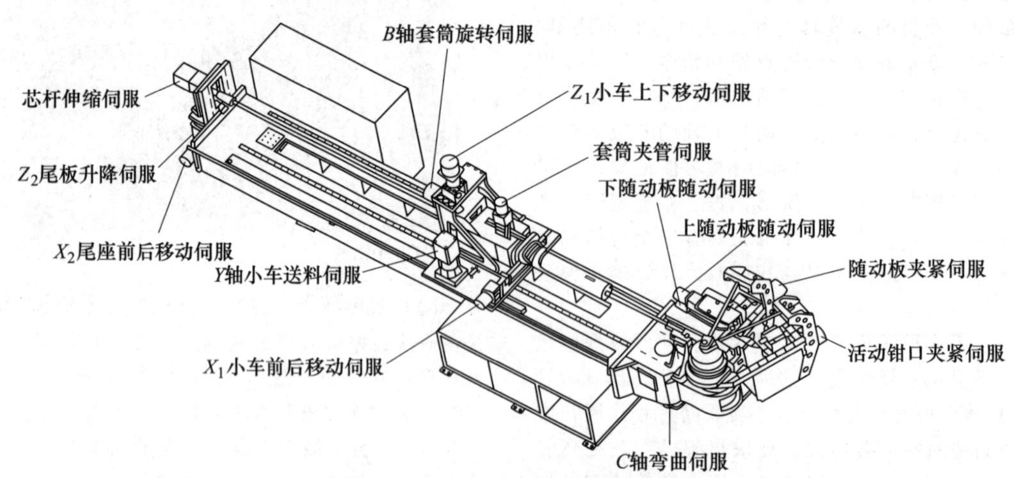

图 5-10-47　全电伺服双模数控弯管机

4. 中频热弯弯管机

该机型是满足大直径管材弯曲成形的弯管设备。利用中频电源对钢管进行局部加热，同时由驱动装置的液压缸将钢管匀速推进，使被加热的管体沿回转装置设定的参数转动从而形成相应弯曲半径和角度的弯管，并在弯曲后紧接着喷水冷却，从而获得所需的管件。该机由驱动装置、导向轮装置、预压紧装置、摇臂回转装置、夹头装置、底座、中频电源、液压系统等部件组成。摇臂回转装置是其核心部件，其作用是将加热后的管件弯曲成符合规定要求的半径，具有弯曲、回转、变径的功能。目前大型火力发电机组的主蒸汽管路的直径已达 ϕ1024mm（甚至更大），壁厚达 103mm，其材质为 12CrMoV 高温合金钢。对于这种大口径、厚壁及高强度钢管的弯制加工，最适宜的方法就是中频感应局部加热弯管法。

5. 弯管生产线

(1) 智能弯管生产线　智能弯管生产线（见图 5-10-48）是一种高度自动化的柔性加工单元，是通过数控弯管机和与之相匹配的测量机、料架以及上下料机器人等形成一个集控管材生产线，并可同工厂 CAD、CAM 系统联网。只需将待弯曲的管材放入料库中，上料、送料、定长切料、弯曲成形、机器人下料将全部在线自动完成，通过操作软件可直接读取相匹配的二维或三维指定格式的文件，能直接读取二维及三维等的相关管件数据，即自动获得 *Y*、*B*、*C* 轴工作值，并直接生成生产加工程序。每个单元有人工编程、自动编程、管形数据模式转换、回弹补偿、自诊断数据存储、三维图形显示等功能。

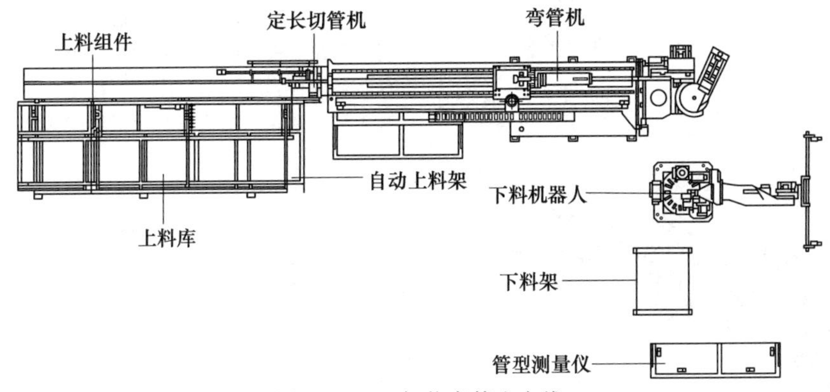

图 5-10-48　智能弯管生产线

在管材检测方面，五坐标光电感应测量机及视觉测量机的研制成功，使管材检测更快速、更准确。利用管形测量机可对立体管件进行测量，并可进行空间坐标和数控弯管机运动坐标之间的相互转换；可与数控弯管机联机形成闭环控制，实现数据传输与通信，达到仿形输入；能自动进行弯制过程中的回弹补偿、延伸修正、三维立体图形显示。

(2) 数控蛇形弯管生产线　数控蛇形弯管生产线用于蛇形管弯曲，是电站锅炉制造行业的关键设备，多数从德国、日本等国进口。国内弯管机制造厂家不断探索，目前已研发出双面系统蛇形弯管生产线和多模数控蛇形弯管生产线等数控蛇形弯管生产线。

双面系统蛇形弯管生产线采用先进的顶镦弯管技术，排管不动，机床主机转筒旋转实现对管材的左右 S 形连续弯曲。采用数控六轴联动方式（西门子 840D 控制系统），以电液伺服控制技术实现管材自动送进、左右弯曲及蛇形管起始端的立体弯曲，而且能弯制小弯曲半径的管材。该生产线具有操作简便、自动化程度高、弯管精度高等特点，缺点是一次上料只能实现单一弯曲半径的管件弯制。

多模数控蛇形弯管生产线主要由直线送管机、前后辅助夹紧装置、翻管机、环形推管机、带顶镦的小圆角弯管机、大圆角弯管机、双向单圆角末弯弯管机等部件组成，可以实现管材几个不同弯曲半径的双向蛇形弯曲。控制系统采用德国西门子公司 SINUMERIK828D 数控系统及 SINAMICS S120 交流伺服系统、1FT 交流伺服电动机、进口液压比例伺服阀组成十一轴全伺服闭环控制，分别是大圆角弯管机机床的垂直升降（*A* 轴）、水平横移（*B* 轴），小圆角弯管机机床垂直升降（*C* 轴）、水平横移（*D* 轴），末弯弯管机机床的垂直升降（*E* 轴）、水平横移（*F* 轴），大圆角弯管机、小圆角弯管机及末弯弯管机角度的精确定位控制，管材的送进，小圆角弯管机的顶镦压力精确控制。整个弯管过程实现了全线高速精确控制、管材的连续弯制以及辅助设备的全自动控制，生产效率高。

6. 三维自由成形弯管机

机器通过控制弯曲模具在三维空间内的运动轨迹实现管件快速准确的三维成形，工作原理及结构组成（以三轴式为例）分别如图 5-10-49、图 5-10-50 所示，其弯曲模中心的运动轨迹及自身姿态（主要指倾斜角 α）是决定弯曲构件形状及尺寸精度的关键参数。根据轴数的不同，可分为三轴、五轴及六轴式。根据弯曲模的运动方式又可分为被动式及主动式两种。三轴式属于被动式，五轴、六轴式及基于并联机构的自由弯曲结构属于主动式。被动式与主动式的主要区别在于弯曲模在从零点向偏心距为 *U* 转动的过程是否是主动发生的。三轴式弯曲模的转动姿态随管材形状的变化而变化，而三轴过渡式弯曲模的转动则是通过弯曲模和导向机构之间的一个接触配合来实现，即球面轴承在 xy 平面内平动时，弯曲模随之也产生平动和转动；五轴、六轴及基于并联机构的自由弯曲形式中弯曲模在各个方向上的平动和转动则都是由伺服电动机或电液伺服系统驱动完成的。五轴、六轴式与三轴式相比，最小弯曲半径更小，前者可达 2.0D（D 为管材直径），后者只可达 3.0D，同时前者弯曲模角度不受弯曲模偏心距影响，适用于各种异形截面形状管材、型材的弯曲；基于并联机构的形式与三轴、五轴及六轴式相比，在成形大尺寸厚壁管材时仍能获得较好的成形质量及精度，且弯曲能力相同时设备体积更小，制造成本也更低。

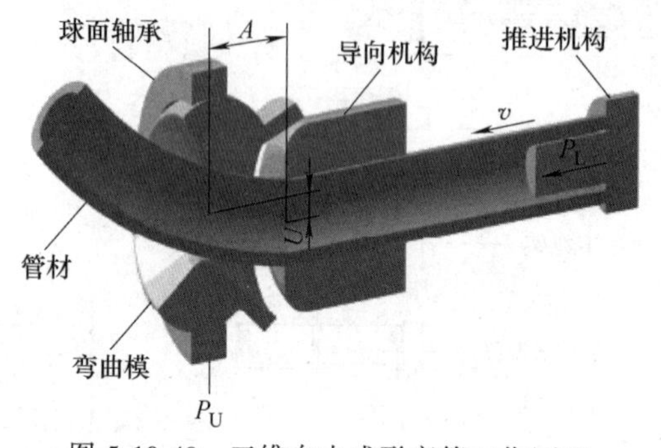

图 5-10-49　三维自由成形弯管工作原理

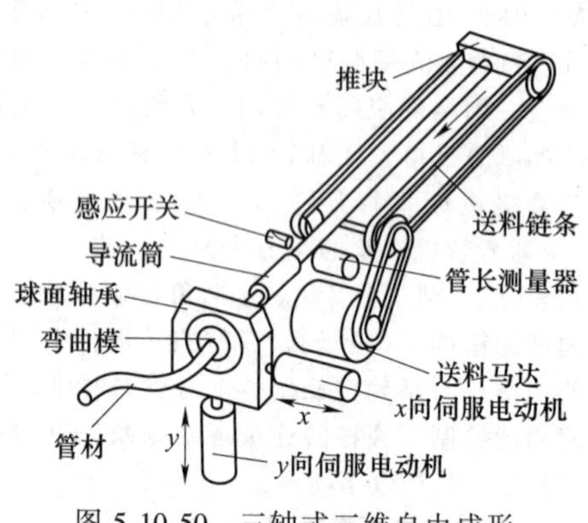

图 5-10-50　三轴式三维自由成形弯管机结构组成

三维自由成形技术由日本学者发明，日本和德国学者为三维自由弯曲成形工艺和装备的开发做了大量的基础研究工作，随后日本 Nissin 公司及德国 J. NEU 等多家企业陆续推出了商业化的自由弯曲成形装备。尤其是德国 J. NEU 公司的设备已经达到外径 ϕ6~ϕ90mm 管材的三维自由弯曲，且最小相对弯曲半径可达 2.5D，管材最大进给速度可达 400mm/s。另外，该机型更可实现空心构件轴线扭转成形。国内学者在三维自由弯曲成形技术及装备方面也进行了初步的探索研究。

10.4　型材卷弯机

10.4.1　型材卷弯机的用途及特点

型材卷弯机是利用三点成圆原理，利用辊模的位置变化和旋转运动，使金属型材如角钢、扁钢、槽钢、工字钢、钢管、异形钢等在基本不改变截面特征情况下完成塑性弯曲，使其成为圆形、弧形或螺旋形等工件的金属成形设备。型材卷弯机的工作原理如图 5-10-51 所示。

在辊式型材卷弯机上卷弯与回弯（用弯管机缠绕式拉弯）、压弯（用液压机借助模具）、拉弯（用液压机借助拉弯模）等型材弯曲方法相比，机器结构简单、模具通用性强、卷弯精度高，在化工、电力、造船、海洋工程、建筑钢结构等行业得到广泛的应用。

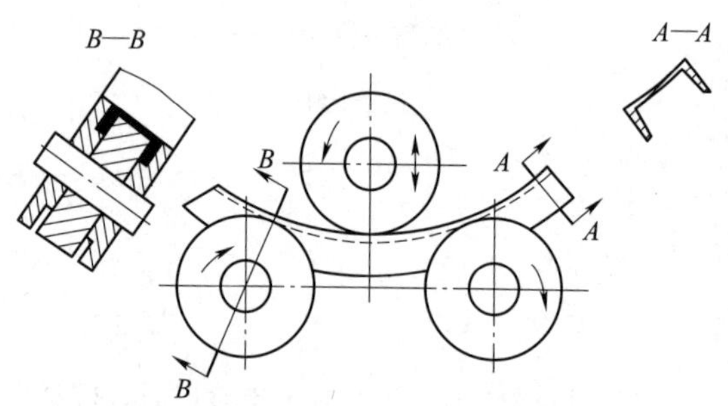

图 5-10-51　型材卷弯机工作原理

10.4.2　型材卷弯机形式及技术参数

型材卷弯机的常见形式有：对称式、弧线式、水平式三辊，侧辊倾斜调整式、弧线调整式四辊等。根据机器卷制工件的加工工艺和规格大小等的不同，可立式或卧式安装。通常，中小规格采用弧线式三辊或四辊结构；大规格通常采用水平式三辊结构。

根据 GB/T 28761—2012 标准，型材卷弯机属于锻压机械八类产品中的弯曲校正机类设备，其规格一般按型材抗弯截面模量来定义。其型号规格标注方法为：

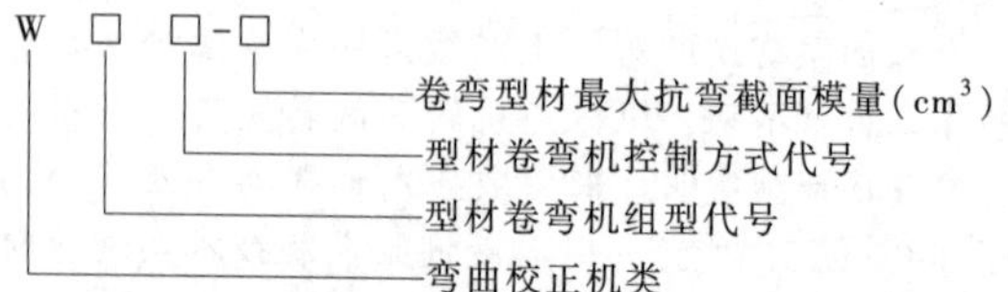

其中，型材卷弯机组型代号：三辊型材卷弯机为 24，四辊型材卷弯机为 25；型材卷弯机控制方式代号，各生产厂标注方式不尽相同，数控标注为 K 或 CNC，程控标注为 NC 等；卷弯型材最大抗弯截面模量通常指屈服极限为 245MPa 钢材的参数。

型材卷弯机参数执行 JB/T 6103.1—2017《型材卷弯机型式和基本参数》标准，主要技术参数见表 5-10-17。

表 5-10-17　型材卷弯机技术参数　　（单位：mm）

型材最大抗弯截面模量/cm^3		6	16	30	45
扁钢平弯	最大截面	100×18	150×25	180×30	200×36
	最小卷弯半径	200	280	320	340
扁钢立弯	最大截面	50×12	75×16	90×20	100×25
	最小卷弯半径	250	380	450	500
角钢外弯	最大截面	50×50×6	75×75×10	90×90×10	100×100×16
	最小卷弯半径	250	380	480	500
	最小截面	20×20×3	30×30×3	36×36×3	40×40×4
	最小卷弯半径	150	260	350	400
角钢内弯	最大截面	45×45×5	70×70×8	75×75×10	100×100×10
	最小卷弯半径	340	500	600	825
	最小截面	20×20×3	30×30×3	36×36×3	45×45×5
	最小卷弯半径	200	320	350	450
槽钢外弯	槽钢型号	8	14	16	22
	最小卷弯半径	250	380	400	560
槽钢内弯	槽钢型号	8	14	16	18
	最小卷弯半径	280	400	500	560
型材弯曲速度（不小于）/（m/min）		6	5		

型材最大抗弯截面模量/cm^3		75	100	140
扁钢平弯	最大截面	220×45	240×50	320×50
	最小卷弯半径	400	50	500
扁钢立弯	最大截面	110×40	120×40	150×30
	最小卷弯半径	550	600	750
角钢外弯	最大截面	120×120×10	140×140×16	160×160×16
	最小卷弯半径	700	750	800
	最小截面	40×40×3	45×45×5	50×50×5
	最小卷弯半径	420	450	500
角钢内弯	最大截面	120×120×10	140×140×10	140×140×16
	最小卷弯半径	1000	1100	1120
	最小截面	45×45×5	45×45×5	63×63×6
	最小卷弯半径	200	500	710
槽钢外弯	槽钢型号	25	28	36
	最小卷弯半径	600	650	900
槽钢内弯	槽钢型号	25	28	30
	最小卷弯半径	650	800	900
型材弯曲速度（不小于）/（m/min）		5		

型材最大抗弯截面模量/cm^3		180	250	320
扁钢平弯	最大截面	280×60	350×60	360×70
	最小卷弯半径	600	650	700

（续）

型材最大抗弯截面模量/cm³			180	250	320
扁钢立弯	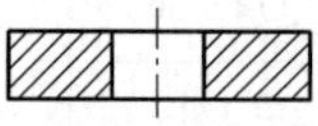	最大截面	180×30	180×40	190×30
		最小卷弯半径	850	900	950
角钢外弯	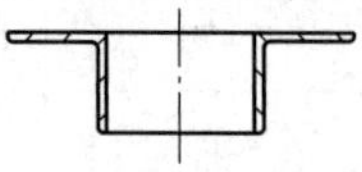	最大截面	150×150×16	150×150×18	180×180×20
		最小卷弯半径	1300	1200	1500
		最小截面	50×50×5	50×50×5	50×50×5
		最小卷弯半径	500	500	500
角钢内弯	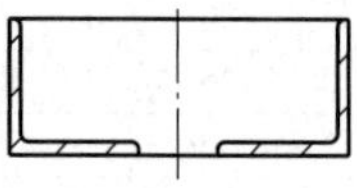	最大截面	150×150×16	180×180×18	160×160×25
		最小卷弯半径	1300	1300	1500
		最小截面	63×63×6	63×63×6	63×63×6
		最小卷弯半径	710	710	710
槽钢外弯	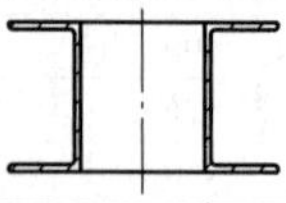	槽钢型号	32	32	36
		最小卷弯半径	900	1100	1200
槽钢内弯	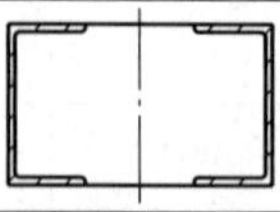	槽钢型号	30	32	32
		最小卷弯半径	900	1000	1000
型材弯曲速度(不小于)/(m/min)			4		

型材最大抗弯截面模量/cm³			450	600	800
扁钢平弯	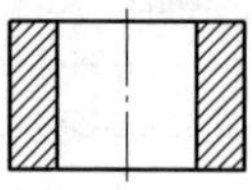	最大截面	400×80	420×90	450×100
		最小卷弯半径	750	1000	1300
扁钢立弯	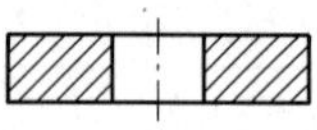	最大截面	200×65	200×85	220×90
		最小卷弯半径	1000	1250	1300
角钢外弯	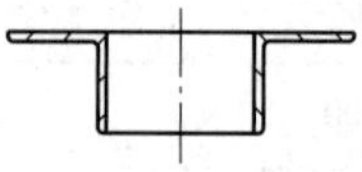	最大截面	200×200×24	250×250×25	250×250×25
		最小卷弯半径	1000	2000	2000
		最小截面	75×75×8	80×80×10	80×80×10
		最小卷弯半径	630	750	750
角钢内弯	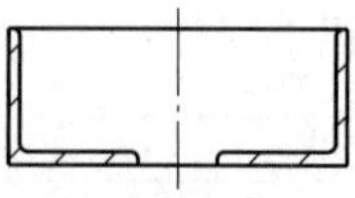	最大截面	160×160×16	200×200×24	200×200×24
		最小卷弯半径	1120	2000	2000
		最小截面	70×70×8	80×80×10	80×80×10
		最小卷弯半径	710	750	750
槽钢外弯	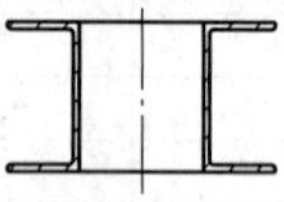	槽钢型号	40	50	50
		最小卷弯半径	1000	1200	1200
槽钢内弯	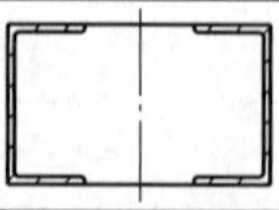	槽钢型号	36	40	40
		最小卷弯半径	1000	1200	1200
型材弯曲速度(不小于)/(m/min)			4	3	

型材最大抗弯截面模量/cm³			1000	1500	2500
扁钢平弯	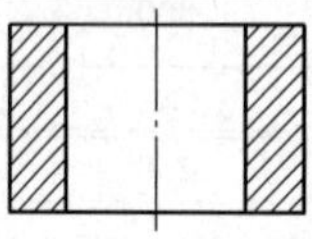	最大截面	450×115	500×130	520×160
		最小卷弯半径	1500	1600	2000
扁钢立弯	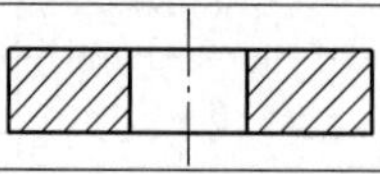	最大截面	250×90	280×110	350×120
		最小卷弯半径	1500	1600	2000

（续）

型材最大抗弯截面模量/cm³			1000	1500	2500
工字钢立弯		工字钢高(*H*)	250	300	350
		工字钢宽(*B*)	250	305	350
		最小卷弯半径	2500	3000	3500
钢管		最大截面	330×12	350×14	380×25
		最小卷弯半径	2300	2500	3000
		最小截面	70×3	89×4	114×6
		最小卷弯半径	450	500	800
圆钢		最大直径	215	240	280
		最小卷弯半径	1500	1600	2000
型材弯曲速度(不小于)/(m/min)			2		
型材最大抗弯截面模量/cm³			3500	4500	5500
扁钢平弯		最大截面	530×190	550×220	600×230
		最小卷弯半径	5000	6000	8000
扁钢立弯		最大截面	420×110	460×120	500×130
		最小卷弯半径	5000	6000	8000
工字钢立弯		工字钢高(*H*)	400	414	428
		工字钢宽(*B*)	400	405	407
		最小卷弯半径	8000	10000	15000
钢管		最大截面	450×25	500×25	550×25
		最小卷弯半径	5000	6000	8000
		最小截面	114×6	168×10	219×12
		最小卷弯半径	1000	2500	3500
圆钢		最大直径	320	355	380
		最小卷弯半径	5000	6000	8000
型材弯曲速度(不小于)/(m/min)			2		

10.4.3　型材卷弯工艺

型材弯曲时一般可按中性层通过型材的截面重心来计算坯料长度，按弯曲轴线位置来计算抗弯截面模量，弯曲力矩可参照卷板力矩计算公式计算。弯曲时由于型材中性层外侧受拉应力，内侧受压应力，使型材截面发生畸变。变形程度取决于相对弯曲半径，弯曲半径愈小，变形程度愈大。最小弯曲半径取决于型材可接受的变形程度。

型材卷弯时，按型材类型、规格、弯曲轴、弯曲半径及材质等工艺要求，通过主辊、边辊模、托辊以及附加模具等约束材料的流动使其成形。主辊、边辊模具具有一定的通用性，通常一套模具以不同方式组合可满足角钢、扁钢不同型材的弯曲，也可满足角钢、扁钢、槽钢等同一类型不同规格型材的弯曲（见图 5-10-51、图 5-10-52）。通常，扁钢的平弯、立弯，槽钢的内弯、外弯等，只需要主辊模、边辊模组合变化并配合托辊即可弯曲成形。

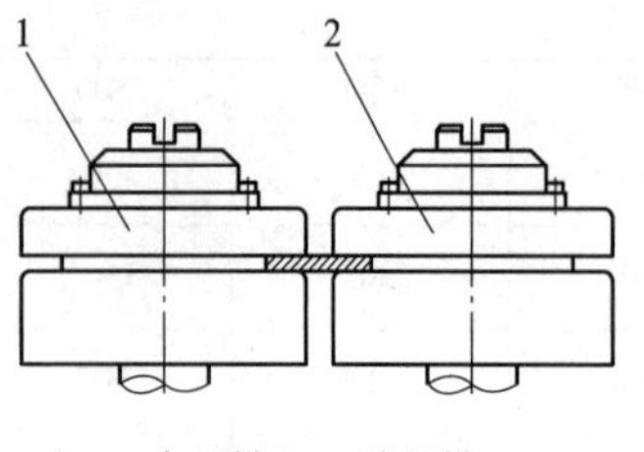

1—主辊模 2—边辊模

a) 扁钢立弯示意图

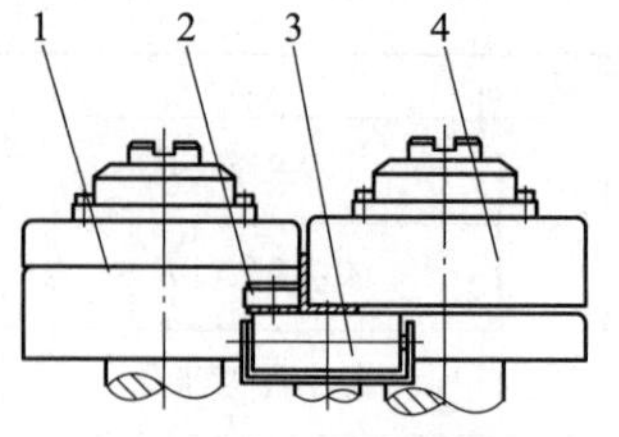

1—主辊模 2—立托辊
3—横托辊 4—左辊模

b) 角钢外弯示意图

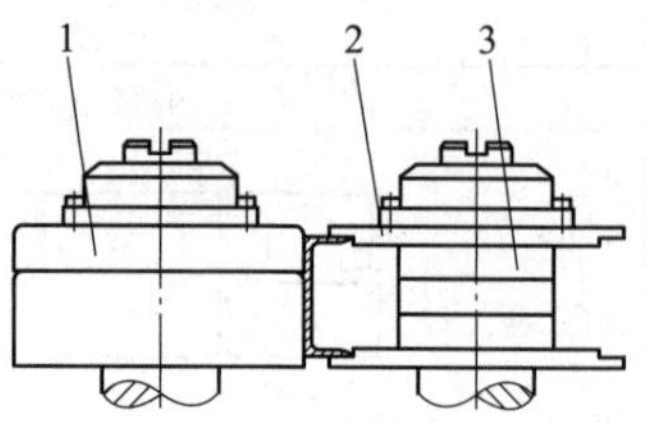

1—主辊模 2—边辊模 3—隔套

c) 槽钢外弯示意图

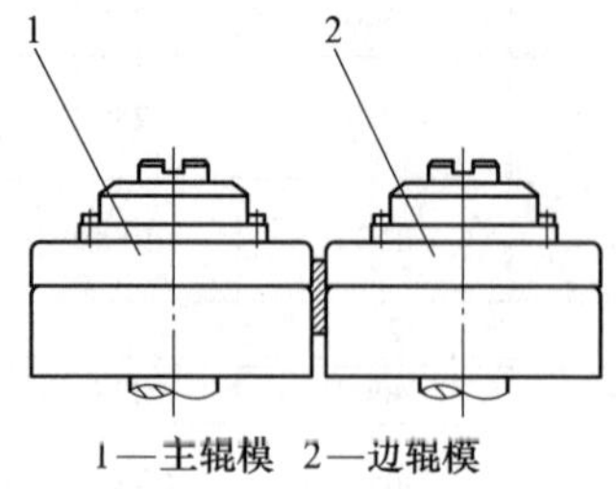

1—主辊模 2—边辊模

d) 扁钢平弯示意图

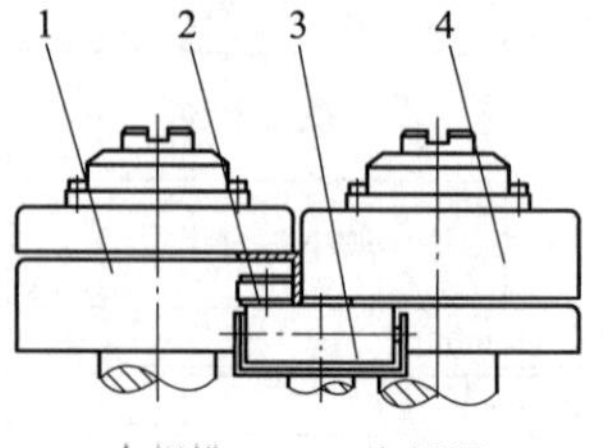

1—主辊模 2—立托辊
3—横托辊 4—左辊模

e) 角钢内弯示意图

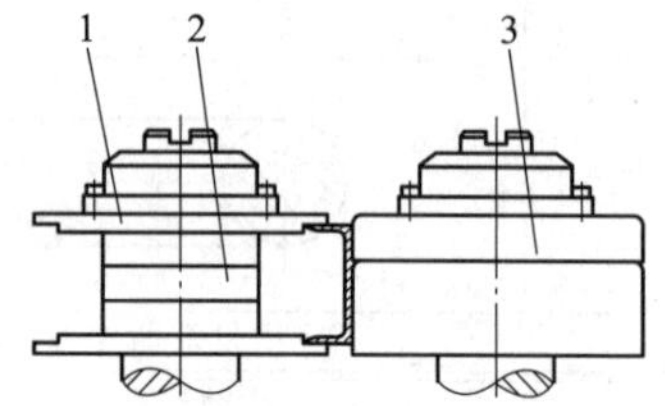

1—主辊模 2—隔套 3—边辊模

f) 槽钢内弯示意图

图 5-10-52 型材卷弯辊模组合示意

对于截面不对称型材的弯曲，如槽钢侧弯（弯曲时两翼板与弯曲轴平行），角钢外弯（参见图 5-10-52b）、内弯（参见图 5-10-52e）；或截面虽对称，但翼板较宽，如 H 型钢平弯（弯曲时两翼板与弯曲轴平行）等，除用主辊模、边辊模及托辊外，往往需要增加辅助模具。以槽钢侧弯为例，侧弯时槽钢两翼板的外侧由主辊模、边辊模限制，卷制过程中槽钢内侧翼板由于材料增厚会向内收，腹板底面会向外凸，造成槽钢的截面发生畸变。同时，槽钢为非对称截面，侧弯时易发生扭曲变形，大规格槽钢侧弯时更加明显。因此槽钢侧弯成形难度很大。图 5-10-53 所示为某公司研发的一套槽钢侧弯装置。滚轮结合体 2 安装在压紧装置 3 上，用于压紧槽钢腹板底部和翼板的内侧，控制槽钢腹板、翼板的变形，提高槽钢腹板的平面度、翼板与腹板的垂直度。滚轮结合体可以通过调整垫来调整与翼板内侧的左右间隙，两个滚轮可同时转动，还可相对转动，从而最大限度控制槽钢的变形。该方法成功用于海水淡化设备 22 号槽钢的侧弯。

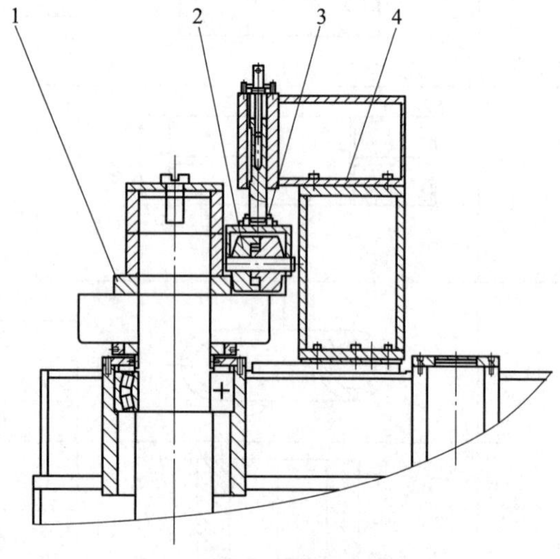

图 5-10-53 槽钢侧弯装置
1—主辊模 2—滚轮结合体
3—压紧装置 4—架体

10.4.4 型材卷弯机的结构

1. 弧线式三辊型材卷弯机

机器外形结构如图 5-10-54 所示，主要由主辊部分、边辊部分、托辊装置、边辊升降液压缸、托辊液压缸、主传动部分、液压部分和电气部分等组成。其主辊模位置固定，两个边辊模绕同一固定轴心分别做弧线升降运动，形成与主辊的不对称布置，实现型材的弯曲和端部预弯。机器一般为三辊全驱动，主传动为一个马达通过齿轮传动驱动两个边辊，并通过链传动同时驱动主辊，主辊传动链轮安装有安全离合器装置，以解决型材卷弯时超载打滑和速度匹配等问题；三个辊模也可各自由一个马达或马达、减速机独立驱动。型材卷弯扭矩主要由两个边辊提供。托辊安装在两个边辊的左右转臂上，可随边辊做弧线运动，同时托辊本身又可做升降运

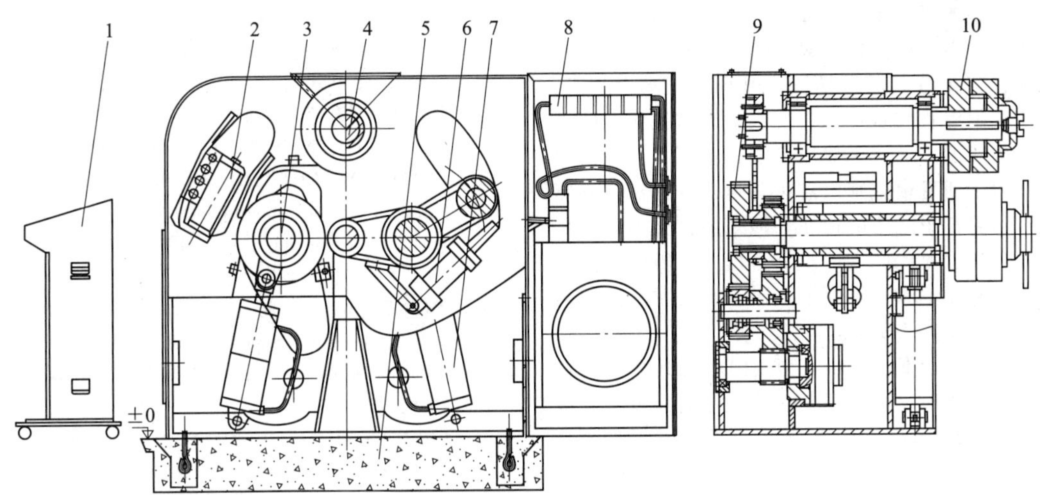

图 5-10-54　弧线式三辊型材卷弯机

1—电气部分　2—托辊部分　3—边辊部分　4—主辊部分　5—基础部分　6—托辊液压缸　7—边辊液压缸　8—液压系统　9—传动部分　10—模具部分

动和规定角度的旋转运动。大、中机型托辊的升降和旋转由液压缸来实现；小机型托辊的升降和旋转可由手动操作。边辊液压缸的升降配有传感测量装置。通过增加平行于主辊轴线方向的托辊运动及辅助装置，可以将型材卷制成简单的空间形状或螺旋形工件。

该机型一般适用于中小规格型材的卷制，型材的最大抗弯截面模量一般为 6~500cm^3，国外机型卷制型材的最大抗弯截面模量最大不超 1750cm^3。

2. 四辊型材卷弯机

机器工作部分主要由上辊、下辊和两个侧辊等组成。按侧辊的调整方式可分为倾斜式和弧线调整式。该机型上辊固定，下辊由液压缸驱动做垂直升降运动，两侧辊分别由液压缸驱动做倾斜或弧线升降运动。一般上辊、下辊为主驱动辊。各工作辊能实现运动位置的精确定位和旋转运动的精确控制，且型材在弯曲过程中始终被上辊模具和下辊模具所夹持，能有效地防止卷制过程中出现打滑现象，更容易实现数控。与其他型材卷弯机相比，其卷制精度和效率更高，特别适用于卷制多曲率半径的弧形工件和异形工件。

3. 大型水平三辊型材卷弯机

机器外形结构如图 5-10-55 所示，主要由前辊机身，后辊机身，前、后工作辊部分，托辊部分，连接梁部分，模具部分，液压部分，电气部分等组成。机器采用两后辊中心距水平可调、前辊前后移动（运动轨迹与后辊垂直）的结构形式。前辊在液压缸驱动下前后移动，为型材卷制提供压下力。两后辊

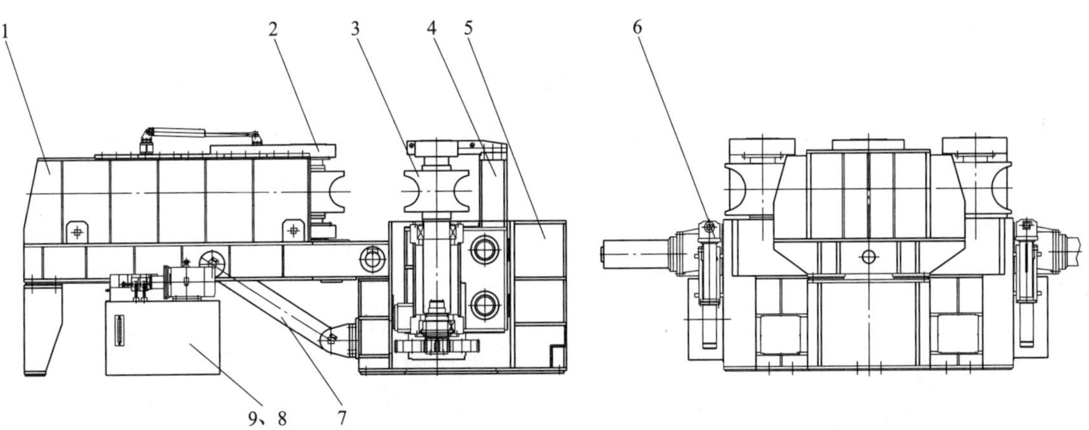

图 5-10-55　大型水平三辊型材卷弯机

1—前辊架体　2、4—前工作辊部分　3—模具部分　5—后辊架体　6—托辊部分　7—连接梁部分　8—电气部分　9—液压部分

相对于前辊既可调整为对称布置，也可调整为非对称布置。当卷制型材抗弯截面模量较大时采用较大中心距，当抗弯截面模量较小时采用较小中心距，前后辊的不对称布置还可实现型材端部预弯，改善机器受力状况，扩大机器加工能力范围。一般前辊为被动辊，两后辊分别由液压马达、减速机独立驱动，以消除辊子之间的运动干涉现象，合理分配传动扭矩，减少由此产生的模具磨损。托辊的升降运动由液压缸驱动。三辊主轴采用双点支撑，架体可拆分，方便制造及安装运输。

该类机器特别适合于大型建筑钢结构用大抗弯截面模量钢管及型材的卷制，其抗弯截面模量一般为 1000 ~ 5500cm^3，国外最大抗弯截面模量可达 14000cm^3。

参考文献

[1] 赵升吨，李泳峄，刘辰，等. 复杂型面轴类零件高效高性能精密滚轧成形工艺装备探讨 [J]. 精密成形工程，2014，6 (5)：1-8.

[2] 张大伟，赵升吨. 行星滚柱丝杠副滚柱塑性成形的探讨 [J]. 中国机械工程，2015，26 (3)：385-389.

[3] 赵升吨. 高端锻压制造装备及其智能化 [M]. 北京：机械工业出版社，2019.

[4] ZHANG D W，LI Y T，FU J H，et al. Mechanics analysis on precise forming process of external spline cold rolling [J]. Chinese Journal of Mechanical Engineering，2007，20 (3)：54-58.

[5] 王秀伦. 螺纹冷滚压加工技术 [M]. 北京：中国铁道出版社，1990.

[6] 张大伟，赵升吨，王利民. 复杂型面滚轧成形设备现状分析 [J]. 精密成形工程，2019，11 (1)：1-10.

[7] ZHANG D W，ZHAO S D. New method for forming shaft having thread and spline by rolling with round dies [J]. International Journal of Advanced Manufacturing Technology，2014，70：1455-1462.

[8] ZHANG D W. Die structure and its trial manufacture for thread and spline synchronous rolling process [J]. International Journal of Advanced Manufacturing Technology，2018，96：319-325.

[9] CUI M C，ZHAO S D，ZHANG D W，et al. Deformation mechanism and performance improvement of spline shaft with 42CrMo steel by axial-infeed incremental rolling process [J]. International Journal of Advanced Manufacturing Technology，2017，88：2621-2630.

[10] 邢伟荣. 管材弯曲成形技术的发展 [J]. 钣金与制作，2011 (5)：22-26.

[11] 陶杰，熊昊，万柏方，等. 三维自由弯曲成形装备及其关键技术 [J]. 精密成形工程，2018，8 (4)：1-13.

[12] 郗旭林，原加强. 后辊中心距可调结构在大型型材弯曲机上的应用 [J]. 锻压装备与制造技术，2017，52 (5)：49-51.

第6篇　自动化装置及机器人

概　　述

北京机电研究所有限公司　李亚军

锻压产业发展过程的一个显著特点是自动化技术的不断进步，从以改善劳动条件为目的的简易自动化，向提升生产效率、提高产品的质量一致性、追求节能绿色生产、实现数字化和智能化制造转型。出现了适用于锻压生产各环节的自动化装置，如材料自动分选、工件和模具温度自动测控、模具快速更换、模具自动润滑、工件自动传送和自动操作等自动化装置。这些自动化技术和装置的发展极大地促进了锻压产业的现代化。

21世纪初期，国内建成了第一个利用6自由度工业机器人完成5工位工件传送的转向节自动锻造单元，示范验证了工业机器人对锻造生产的适应性及其可靠性。工业机器人由此被引入国内锻造行业，使国内锻造行业进入了机器人作业的时代。

冲压成形在汽车工业中占据重要地位。轿车冲压成形零件占整车零件总数的75%以上，而中小型冲压零件占整车冲压零件总数的70%以上。先进的汽车制造厂均采用大型多工位压力机进行中小型冲压零件的生产，生产率高达25件/min。与大型多工位压力机配套的自动化装置包括垛料台车、垛料举升台、两坐标伺服拆垛机构、喷油装置、机械对中机构、三坐标伺服送料机构、线尾带式输送机等。对于汽车大型覆盖件，通常按照冲压工艺流程采用4~6台压力机通过自动化传送装置连成自动化生产线进行生产，自动化装置包括拆垛、清洗、涂油、板料对中、上料、工位间传送、取件等机构。提高生产率是冲压自动化追求的主要目标。

锻造操作机是集机械、电气、液压技术为一体的锻造辅助设备，与锻压机配合实现锻造生产的自动化。利用锻造操作机夹持锻件可实现升降、前后、俯仰、偏移、偏转、自转或者同时进行多种工艺动作。抗倾覆能力和承载能力是锻造操作机的主要技术指标。

装出料机作为一种可在恶劣环境下工作的自动作业装置，主要由钳杆、连接座、四连杆机构等构件组成，有轨道式和轮式两种主要形式。装出料机代替人工在高温恶劣环境下完成工件的装出炉工作，极大程度地降低了劳动强度，实现了生产加工的机械化及自动化，在锻造产业得到广泛的应用。

本篇仅仅选择了锻造产业应用的众多自动化装置中具有代表性的锻造机器人、冲压自动化装置、锻造操作机和装出料机等设备进行系统介绍。

第1章

锻造机器人

北京机电研究所有限公司 刘庆生 姚宏亮 徐 超 曾 琦

随着自动化技术的发展，机器人技术取得了巨大的进步，并在各个行业获得了广泛应用。2000年初，北京机电研究所在国内首次将多关节锻造机器人引入转向节锻造生产，从此锻造机器人逐步代替了机械手和传统的人工操作，在锻造生产中发挥出越来越重要的作用，其功能也由最初的锻件搬运和压力机上下料扩展渗透到喷雾润滑、锻件检测、刻字、打磨等锻造生产的各方面。

近年来，智能制造技术和工业4.0的提出，对现代化制造提出了更高的要求，锻造机器人不仅提升了锻造生产的自动化程度，而且为智能锻造打下了基础，在极大程度上提高了生产率、降低了成本、改善了工作环境，从而越来越成为促进社会化大生产发展的重要力量。

1.1 多关节锻造机器人

1.1.1 多关节机器人的结构组成

锻造机器人和普通的多关节机器人在结构上是完全相同的，但由于锻造生产会产生石墨粉尘和水汽，易使机器人的关节部分发生堵塞和磨损，因此锻造机器人采用通入压缩空气的方式，使机器人内部产生正压，从而防止石墨粉尘和水汽进入，达到保护机器人的目的。图6-1-1所示为典型多关节机器人的结构组成。

多关节机器人包含机器人本体和控制系统，其中机器人本体由基座、平衡缸、旋转轴、连接臂、机器臂和机器手腕组成，控制系统包含控制柜、与控制柜连接的电缆、以及用来编程进行机器人调试和操作的示教器。

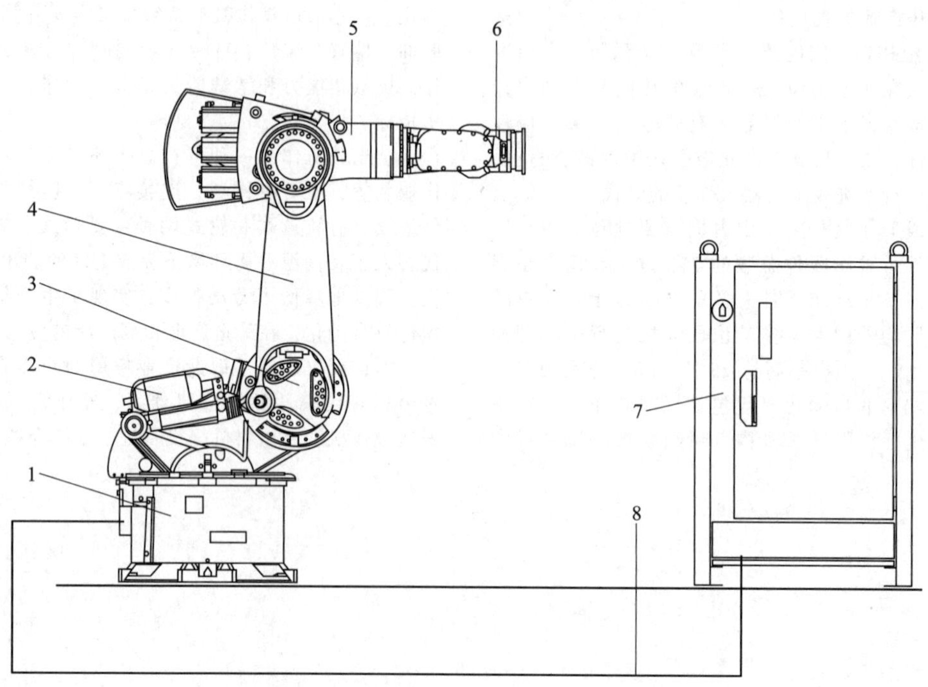

图6-1-1 典型多关节机器人的结构组成

1—基座 2—平衡缸 3—旋转轴 4—连接臂 5—机器臂 6—机器手腕 7—控制柜 8—电缆

根据机器人功能的复杂性不同，多关节机器人的轴数一般是 4~6 轴，最多可以扩展到 8 轴，其中锻造用多关节机器人基本上都采用 6 轴，在机器人运动半径达不到生产要求的情况下，可以增加 7 轴直线导轨，从而扩展机器人的运动半径。图 6-1-2 所示为典型 6 轴多关节机器人的轴关节示意。

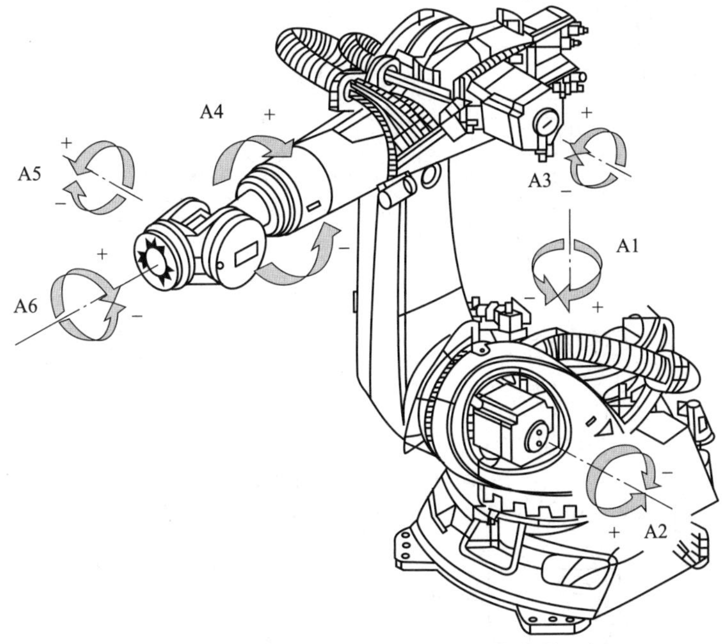

图 6-1-2　典型 6 轴多关节机器人的轴关节示意

6 轴多关节机器人的 A1 轴围绕基座旋转，A2 轴使连接臂摆动，A3 轴使机器臂摆动，A4 轴使机器臂旋转，A5 轴实现机器手腕翻转，A6 轴实现机器手腕旋转。6 轴配合运动，即可实现臂展空间范围内 360°的全覆盖。

1.1.2　多关节机器人的夹持器

传统的坐标式锻造机械手机械结构复杂、庞大，通常只有机械手升降、大臂纵向行走、大臂旋转等功能，自由度较低，有时必须依赖于夹钳实现更复杂的动作，因此夹钳本体多采用铸件，结构复杂、笨重，此类夹钳结构可参见 20 世纪 80 年代引进的欧姆科系列机械手的夹钳结构。

不同规格的多关节锻造机器人具有不同的负载要求，由于机器人的负载包含了锻件和夹持器的重量，为了提升同规格机器人夹持的锻件重量，就需要尽量减轻夹持器的重量，因此要求夹持器的结构简单、刚度高，夹持器主体多采用焊接件，为了适应高温锻件夹持要求，夹持器与锻件直接接触的夹钳块部分应采用耐热钢制作。

图 6-1-3 所示为一种用于垂直夹取的夹持器，该夹持器的夹持方向垂直于机器人的机器手腕，夹持器由支架、主动夹钳臂、被动夹钳臂、夹钳块和驱动气缸组成。其中支架是整个夹持器的支撑部分，通过其上的法兰盘安装到机器人的机器手腕上。主动夹钳臂和被动夹钳臂采用齿轮啮合，由与主动夹钳臂铰接的气缸传递动力。夹持器的夹钳气路图如图 6-1-4 所示。夹持器的夹钳臂分别围绕各自的支点旋转实现夹紧运动，夹持的时候需要根据夹钳臂旋转弧度进行调整，以便找到最佳的夹持定位。图 6-1-5 所示夹持器的夹钳臂相对支架平动，这种结构更易定位和调整。夹持器由前夹钳、后夹钳、齿轮齿条动力传递机构和驱动气缸构成，其中驱动气缸带动与后夹钳相连的齿条运动，该齿条通过齿轮将动力传递给与前夹钳相连的齿条，从而实现两个夹钳在同一直线上相向运动。

对于较小的锻件，驱动力可以采用安装和控制都相对简单的气缸实现，对于大的锻件，则倾向于采用液压驱动，虽然安装和控制都相对复杂，但液压缸可提供更大和更稳定的夹持力。

1.1.3　多关节机器人的控制系统

机器人控制系统是控制机器人完成预期运动轨迹的软件单元和硬件单元的统称，其结构如图 6-1-6 所示。机器人通常与周边设备集成为一个系统，作为一个整体来完成任务，机器人控制系统包括信息处理模块和运动控制模块，能够完成信息处理和运动控制任务。机器人的控制系统相当于人的大脑和小脑，信息处理模块与大脑类似，能够完成人机交互和对外界传感器的反馈做出反应；运动控制模块

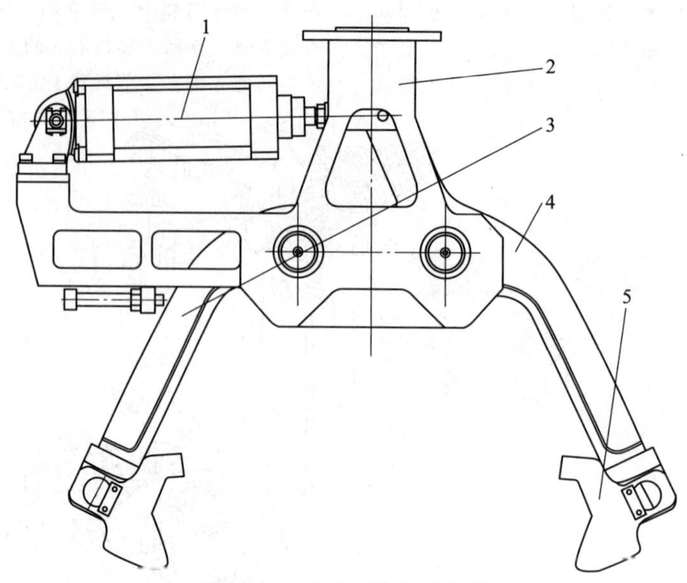

图 6-1-3　垂直夹取的夹持器

1—驱动气缸　2—支架　3—被动夹钳臂　4—主动夹钳臂　5—夹钳块

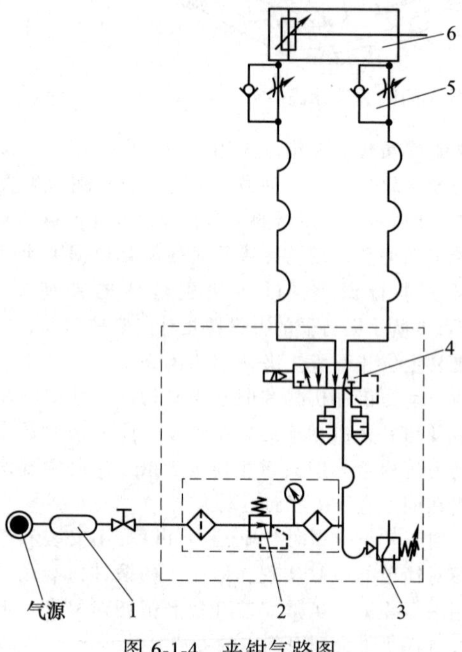

图 6-1-4　夹钳气路图

1—气罐　2—二联体　3—压力开关

4—电磁阀　5—单向节流阀　6—气缸

相当于小脑，根据对各个关节的位置和速度变化要求，控制电动机使关节按要求达到指定的位置。

1. 工业机器人控制系统所要达到的功能

机器人控制系统是机器人的重要组成部分，用于对机器人的控制，以完成特定的工作任务，其基本功能如下：

1）记忆功能：存储作业顺序、运动路径、运动方式、运动速度和与生产工艺有关的信息。

2）示教功能：离线编程、在线示教和间接示教。在线示教包括示教器和导引示教两种。

3）与外围设备联系功能：输入和输出接口、通信接口、网络接口、同步接口。

4）坐标设置功能：以库卡机器人为例，有轴、全局、工具三种坐标系。

5）人机接口：示教器、操作面板、显示屏。

6）传感器接口：位置检测、视觉、触觉等。

7）位置伺服功能：机器人多轴联动、运动控制、速度和加速度控制、动态补偿等。

8）故障诊断与安全急停功能：运行时系统状态监视、故障状态下的外部急停和故障报警提示。

2. 工业机器人控制系统的组成

工业机器人控制系统主要由以下几部分组成。

1）计算机控制系统：调度指挥机构，一般为工业控制计算机，微处理器有 32 位、64 位等规格。

2）示教器：操作机器人的运动、示教机器人的工作轨迹和参数设定以及所有人机交互操作，与计算机之间通信实现信息交互。可以用示教器对机器人进行在线编程，生产程序的在线编辑或修改。同时报警信息会显示在示教器上。

3）硬盘存储：存储机器人工作程序的外围存储器。

4）数字量和模拟量输入输出：各种状态和控制命令的输入或输出。

5）传感器接口：用于信息的自动检测，实现机器人柔性控制，一般为触觉和视觉传感器。

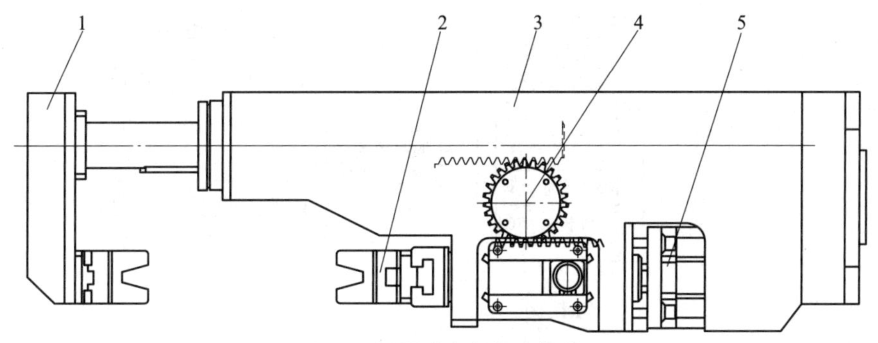

图 6-1-5　平动夹紧的夹持器

1—前夹钳　2—后夹钳　3—支架　4—齿轮齿条动力传递机构　5—驱动气缸

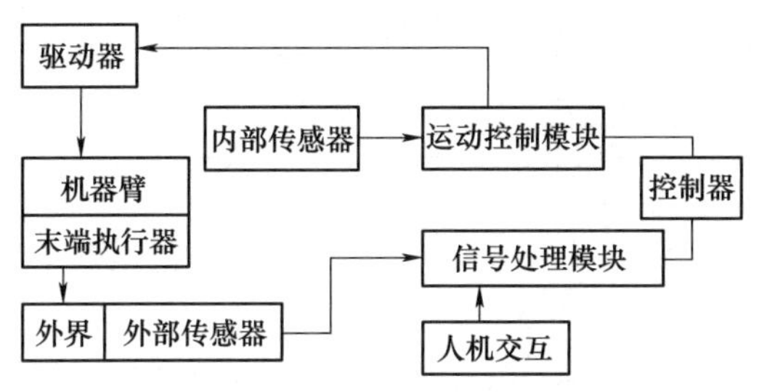

图 6-1-6　机器人控制系统结构

6）轴控制器：完成机器人各关节位置、速度和加速度控制。

7）辅助设备控制：用于和机器人配合的辅助设备控制，例如附加轴等。

8）通信接口：实现机器人和其他设备的信息交换，一般有串行接口、并行接口等。

9）网络接口：①Ethernet 接口，可通过以太网实现数台或单台机器人的直接 PC 通信，数据传输速率高达 10Mbit/s，支持 TCP/IP 通信协议，可直接在 PC 上用 Windows 库函数进行应用程序编程之后，通过 Ethernet 接口将数据及程序装入各个机器人控制器中。②Fieldbus 接口，支持多种流行的现场总线规格，如 Devicenet、ABRemoteI/O、Interbus-s、Profibus-DP、Profinet、M-NET 等。

3. 工业机器人总线及编程方式

1）点位式：要求机器人准确控制末端执行器的位姿，而与路径无关。

2）轨迹式：要求机器人按示教的轨迹和速度运动。

3）控制总线：国际标准总线控制系统。采用国际标准总线作为控制系统的控制总线，如 Profibus、Profinet、STD-bus、PC-bus。

4）编程方式：物理设置编程系统。由操作者设置固定的限位开关，实现起动、停车的程序操作。编程语言为英文，形式类似于 C 语言。

5）在线编程：通过人的示教来完成操作信息记忆过程的一种编程方式，包括直接示教、模拟示教和示教器示教。

6）离线编程：不对实际作业的机器人直接示教，而是脱离实际作业环境，示教程序使用高级机器人编程语言编写，远程式离线生成机器人的作业轨迹。

4. 工业机器人控制系统结构

控制系统对机器人系统的整体性能有决定性影响。较早的工业机器人控制系统基本是由厂商基于各自独立结构设计开发，采用专用微处理器和专用语言。随着微电子技术的发展，控制系统也开始采用工业计算机、PLC（可编程逻辑控制器）和通用微处理器等作为核心器件来搭建。虽然控制器种类繁多，但是按照其架构和实现方式主要有以下几种：

（1）集中控制系统　用一台计算机实现全部控制功能，结构简单，成本低，但实时性差，难以扩展，在早期的机器人中常采用这种结构，其框图如图 6-1-7 所示。基于 PC 的集中控制系统里，充分利用了 PC 资源开放性的特点，可以实现很好的开放性：多种控制卡、传感器设备等都可以通过标准 PCI 插槽或通过标准串口、并口集成到控制系统中。集中式控制系统的优点是：硬件成本较低，便于信息的采集和分析，易于实现系统的最优控制，整体性与协调性较好，基于 PC 的系统硬件扩展较为方便。其缺点是：系统控制缺乏灵活性，控制危险容易集中，一旦出现故障，其影响面广，后果严重；由于工业机器人的实时性要求很高，当系统进行大量数据计算时，会降低系统实时性，系统对多任务的响应能力也会与系统的实时性相冲突；此外，系统连线复杂，会降低系统的可靠性。

（2）主从控制系统　采用主、从两级处理器实现系统的全部控制功能，系统框图如图 6-1-8 所示。主处理器实现管理、坐标变换、轨迹生成和系统自诊断等；从处理器实现所有关节的动作控制。主从控制系统实时性较好，适于高精度、高速控制，但其系统扩展性较差，维修困难。

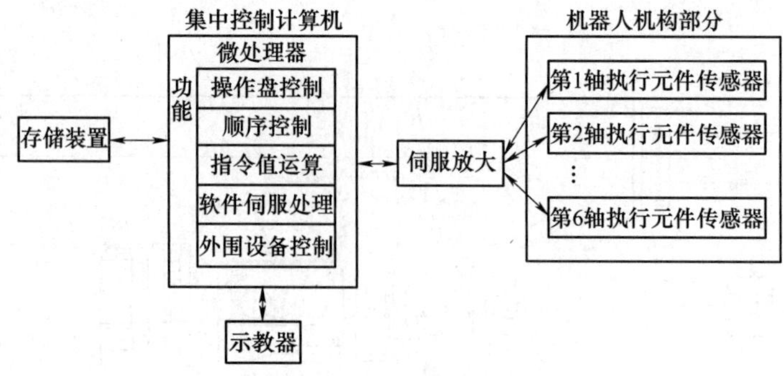

图 6-1-7　集中控制系统框图

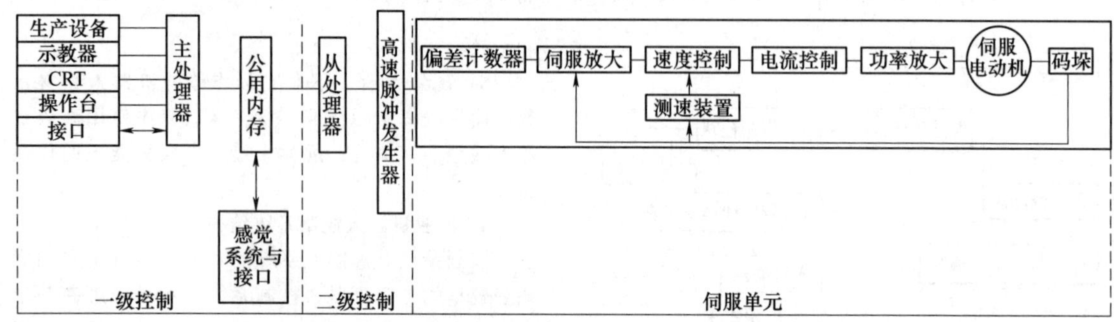

图 6-1-8　主从控制系统框图

(3) 分散控制系统　按系统的性质和方式将系统控制分成几个模块，每一个模块各有不同的控制任务和控制策略，各模式之间可以是主从关系，也可以是平等关系。这种方式实时性好，易于实现高速、高精度控制，易于扩展，可实现智能控制，是目前流行的方式。其主要原理是“分散控制，集中管理”，即系统对其总体目标和任务可以进行综合协调和分配，并通过子系统的协调工作来完成控制任务，整个系统在功能、逻辑和物理等方面都是分散的，所以该系统称为分散控制系统或集散控制系统。在这种结构中，子系统是由控制器和不同被控对象或设备构成的，各个子系统之间通过网络等相互通信。分布式控制结构提供了一个开放、实时、精确的机器人控制系统。分布式系统中常采用两级控制方式。

两级分布式控制系统通常由上位机、下位机和网络组成。上位机可以进行不同的轨迹规划和控制算法，下位机进行插补细分、控制优化等的研究和实现。上位机和下位机通过通信总线相互协调工作，这里的通信总线可以是 RS-232、RS-485、EEE-488 以及 USB 总线等形式。

现在，以太网和现场总线技术的发展为机器人提供了更快速、稳定、有效的通信服务。尤其是现场总线，它应用于生产现场、在微机化测量控制设备之间实现双向多节点数字通信，从而形成了新型的网络集成式全分布控制系统——现场总线控制系统（FCS，Filedbus Control System）。在工厂生产网络中，通过现场总线连接的设备统称为现场设备/仪表。工业机器人作为工厂的生产设备之一，也可以归纳为现场设备。在机器人系统中引入现场总线技术后，更有利于机器人在工业生产环境中的集成。机器人从更高一级的 PLC 处接收信号，进行生产任务，并向 PLC 反馈信号。这样的信号交互使得工业生产更加可靠。

(4) 以专用微处理器为核心的控制系统　采用专用芯片（ASIC）构建系统，能够实现很高的定制性和集成度，使得系统结构简单，体积也可以做得较小。同时，针对系统的特点，可以有针对性地进行定制，提高响应速度和性能。然而，专用芯片实现的算法一般都比较简单，不能进行修改，对精度性能要求比较高的系统并不适用。而且小批量的专用芯片价格高昂，使得整体成本较高。

(5) 以 PLC 为核心的机器人控制系统　PLC（可编程逻辑控制器）是一种新型的工业控制装置，专门为工业环境下的应用而设计，具有结构简单、编程方便、可靠性高等优点，在自动控制系统中应用极为普遍。PLC 可以驱动伺服系统，接收编码器反馈，控制气缸、阀门等自动化设备。以 PLC 为核心的机器人控制系统技术成熟、编程方便，在可靠性、扩展性、对环境的适应性上有明显优势。但是

PLC 主要是用来完成逻辑控制的，难以实现复杂的运动控制算法以满足机器人多轴联动等复杂的运动要求。

（6）以嵌入式芯片为核心的机器人控制系统

这种方案采用 ARM、DSP 和 FPGA 等高级芯片设计，同时具有（1）和（3）方案的优点。随着微电子技术的发展，微控制器的性能越来越强大，完全可以胜任人机交互和网络通信等任务并能运行 Linux 等通用操作系统。由嵌入式芯片构成的计算平台可以取代工业控制计算机，既能够满足机器人控制所需要的实时性，又能够减轻控制器重量。从而使得控制器结构紧凑、坚固，并能够安装到更多的位置。

1.1.4　多关节机器人的应用

经过近 20 年的发展，多关节机器人由起初仅运用到锻造工位间移料和传送，到如今已经可以参与包括锻后热处理上下料、模具喷雾润滑、加热炉上下料、锻压设备和工位间传送的整个锻造生产全流程，而且不仅限于此，机器人也逐步应用到产品在线检测、锻件热刻印、模具检测等流程中。可以说，多关节锻造机器人已经成为自动化锻造生产线的纽带，不仅充当着“手”的作用，将多关节锻造机器人与各种检测和感应装置结合起来，锻造机器人也能承担检测甚至更精细的功能。

1.1.5　多关节机器人的技术参数

目前国际上通用的多关节机器人主要有德国 KUKA 公司生产的 KUKA 机器人，瑞典 ABB 公司生产的 ABB 机器人，日本川崎重工业株式会社生产的川崎机器人，日本 FANUC 公司生产的 FANUC 机器人。下面分别对这几个主流公司的机器人参数进行说明。

1. 德国 KUKA 铸锻版多关节机器人

锻造车间作业温度高，存在灰尘、腐蚀性介质，对作业人员来说具有一定危险性，德国 KUKA 铸锻版多关节机器人拥有耐酸碱、耐高温和耐腐蚀的防护表面，可长期满足防护等级 IP65/67 的要求，其技术参数见表 6-1-1。

表 6-1-1　德国 KUKA 铸锻版多关节机器人技术参数

系列	型号	轴数	负载/kg	臂展/mm	重复精度/mm
KR30/60F	KR 50 R2500 F	6	50	2500	±0.05
	KR 70 R2100 F	6	70	2100	±0.05
KR QUANTEC F	KR 250 R2700-2 F	6	250	2701	±0.05
	KR 300 R2700-2 F	6	300	2701	±0.05
	KR 180 R2900-2 F	6	180	2900	±0.05
	KR 240 R2900-2 F	6	240	2900	±0.05
	KR 210 R3100-2 F	6	210	3100	±0.05
	KR 120 R2700-2 F	6	120	2701	±0.05
	KR 150 R2700-2 F	6	150	2701	±0.05
	KR 210 R2700-2 F	6	210	2701	±0.05
	KR 120 R3100-2 F	6	120	3100	±0.05
	KR 150 R3100-2 F	6	150	3100	±0.05
	KR 270 R3100-2 F	6	270	3100	±0.05
	KR 210 R3300-2K-F	6	210	3300	±0.05
	KR 180 R3500-2K-F	6	180	3500	±0.05
KR FORTEC F	KR 360 R2830 F	6	360	2826	±0.08
	KR 280 R3080 F	6	280	3076	±0.08
	KR 240 R3330 F	6	240	3326	±0.08
	KR 500 R2830 F	6	500	2826	±0.08
	KR 420 R3080 F	6	420	3076	±0.08
	KR 340 R3330 F	6	340	3326	±0.08
	KR 600 R2830 F	6	600	2826	±0.08
	KR 510 R3080 F	6	510	3076	±0.08
	KR 420 R3330 F	6	420	3326	±0.08
KR 1000 titanF	KR 1000 titan F	6	1000	3202	±0.1
	KR 1000 L750 titan F	6	750	3601	±0.1

2. 瑞典 ABB 铸锻版多关节机器人

瑞典 ABB 公司是全球领先的工业机器人技术供应商，提供包括机器人本体、软件和外围设备在内的完整应用解决方案，以及模块化制造单元及服务。

ABB 机器人在全球 53 个国家、100 多个地区开展业务，全球累计装机量 30 余万台，涉及广泛的行业和应用领域。表 6-1-2 列出了瑞典 ABB 铸锻版多关节机器人的技术参数。图 6-1-9 所示为瑞典 ABB 多关节机器人外形。

3. 日本川崎机器人

日本川崎重工业株式会社生产的川崎机器人主要以 B 系列机器人和 R 系列机器人为主。表 6-1-3 列出了日本川崎 B 系列机器人的型号和技术参数，表 6-1-4 列出了日本川崎 R 系列机器人的型号和技术参数。

4. 日本 FANUC 机器人

日本 FANUC 机器人 M 系列的主要型号和技术参数见表 6-1-5。

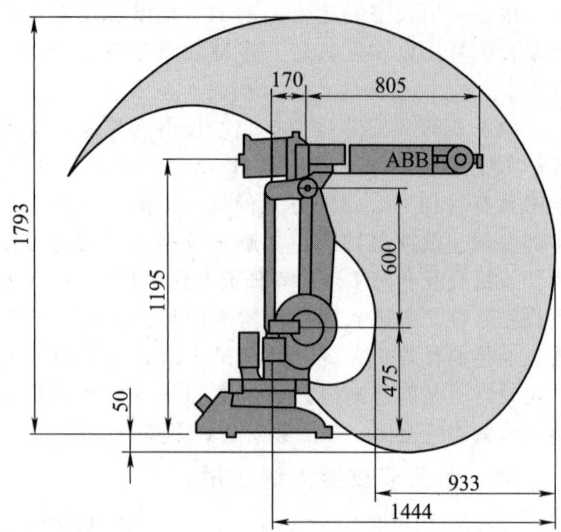

图 6-1-9　瑞典 ABB 多关节机器人外形

表 6-1-2　瑞典 ABB 铸锻版多关节机器人技术参数

型　号	负载/kg	工作范围/mm	轴数	重复定位/mm	质量/kg	防护等级
IRB 1600-10/1.45	10	1450	6	0.05	250	IP67
IRB 2400-10/1.55	10	1550	6	0.03	380	IP67
IRB 2400-16/1.55	16	1550	6	0.03	380	IP67
IRB 2600-20/1.65	20	1650	6	0.04	272	IP67
IRB 2600-12/1.65	12	1650	6	0.04	272	IP67
IRB 2600-12/1.85	12	1850	6	0.04	284	IP67
IRB 4600-60/2.05	60	2050	6	0.06	425	IP67
IRB 4600-45/2.05	45	2050	6	0.05	425	IP67
IRB 4600-40/2.55	40	2550	6	0.06	435	IP67
IRB 4600-20/2.50	20	2500	6	0.05	412	IP67
IRB 6700-235/2.65	235	2650	6	0.05	1250	IP67
IRB 6700-205/2.80	205	2800	6	0.05	1260	IP67
IRB 6700-200/2.60	200	2600	6	0.05	1205	IP67
IRB 6700-175/3.05	175	3050	6	0.05	1270	IP67
IRB 6700-155/2.85	155	2850	6	0.08	1220	IP67
IRB 6700-150/3.20	150	3200	6	0.06	1280	IP67
IRB 6700-300/2.70	300	2700	6	0.06	1525	IP67
IRB 6700-245/3.00	245	3000	6	0.05	1540	IP67
IRB 7600-500/2.55	500	2550	6	0.08	2400	IP67
IRB 7600-400/2.55	400	2550	6	0.19	2400	IP67
IRB 7600-340/2.8	340	2800	6	0.27	2425	IP67
IRB 7600-325/3.1	325	3100	6	0.10	2440	IP67
IRB 7600-150/3.5	150	3500	6	0.19	2450	IP67
IRB 8700-550/4.20	550	4200	6	0.08	4574	IP67
IRB 8700-800/3.50	800	3500	6	0.05	4525	IP67

表 6-1-3　日本川崎 B 系列机器人的型号和技术参数

型号	BX100L	BX130X	BX165N	BT200L
对应控制器	E22 E12	E22 E12	E22 E12	E22 E12
动作自由度/轴	6	6	6	6
最大负载/kg	100	130	165	200

（续）

型号		BX100L	BX130X	BX165N	BT200L
重复定位精度/mm		±0.06	±0.06	±0.06	±0.08
最大工作半径/mm		2597	2991	2325	3151
本体重量/kg		930	970	903	1100
最大行程/(°)	臂旋转(JT1)	±160	±160	±160	±160
	臂前后(JT2)	(+76~-60)	(+76~-60)	(+76~-60)	(+80~-130)
	臂上下(JT3)	(+90~-75)	(+90~-75)	(+90~-75)	(+90~-75)
	臂旋转(JT4)	±210	±210	±210	±210
	腕弯曲(JT5)	±125	±125	±125	±125
	腕扭转(JT6)	±210	±210	±210	±210
最大速度/(°/s)	臂旋转(JT1)	105	105	105	105
	臂前后(JT2)	130	90	130	85
	臂上下(JT3)	130	130	130	100
	臂旋转(JT4)	200	200	120	120
	腕弯曲(JT5)	160	160	160	120
	腕扭转(JT6)	300	300	300	200
安装方式		落地	落地，倒挂	落地	支架
适用用途		点焊、上下料、物料搬运			

表 6-1-4　日本川崎 R 系列机器人的型号和技术参数

型　　号		RS05N	RS10N	RS20N	RS50N
对应控制器		E74	E74	E94	E22
动作自由度/轴		6	6	6	6
最大负载/kg		5	10	20	50
重复定位精度/mm		±0.02	±0.03	±0.04	±0.06
最大工作半径/mm		705	1450	1725	2100
本体重量/kg		34	150	230	555
最大行程/(°)	臂旋转(JT1)	±180	±180	±180	±180
	臂前后(JT2)	(+135~-80)	(+145~-105)	(+155~-105)	(+140~-105)
	臂上下(JT3)	(+118~-172)	(+150~-163)	(+150~-163)	(+135~-155)
	臂旋转(JT4)	±360	±270	±270	±360
	腕弯曲(JT5)	±145	±145	±145	±145
	腕扭转(JT6)	±360	±360	±360	±360
最大速度/(°/s)	臂旋转(JT1)	360	250	190	180
	臂前后(JT2)	360	250	205	180
	臂上下(JT3)	410	215	210	185
	臂旋转(JT4)	460	365	400	260
	腕弯曲(JT5)	460	380	360	260
	腕扭转(JT6)	740	700	610	360
安装方式		落地，倒挂	落地，倒挂	落地，倒挂	落地，倒挂
适用用途		装配、喷雾、去毛刺、上下料			

表 6-1-5　日本 FANUC 机器人 M 系列的主要型号和技术参数

机器人型号	轴数	可搬运质量/kg	动作范围(X、Y)/mm	重复定位精度/mm
M-1iA/0.5A	6	0.5	φ280、100	±0.02
M-1iA/0.5AL	6	0.5	φ420、150	±0.02
M-2iA/3A	6	3	φ800、300	±0.03
M-2iA/3AL	6	3	φ1130、400	±0.03

（续）

机器人型号	轴数	可搬运质量/kg	动作范围(X、Y)/mm	重复定位精度/mm
M-3iA/6A	6	6	φ1350、500	±0.03
M-10iD/12	6	12	1441、2616	±0.02
M-10iD/10L	6	10	1636、3006	±0.03
M-10iD/8L	6	8	2032、3762	±0.03
M-10iA/12S	6	12	1098、1872	±0.03
M-10iA/12	6	12	1420、2504	±0.03
M-10iA/7L	6	7	1632、2930	±0.03
M-10iA/8L	6	8	2028、3709	±0.035
M-10iA/10MS	6	10	1101、1878	±0.03
M-10iA/10M	6	10	1422、2508	±0.03
M-20iD/25	6	25	1831、3461	±0.02
M-20iD/12L	6	12	2272、4343	±0.03
M-20iA	6	20	1811、3275	±0.03
M-20iA/12L	6	12	2009、3672	±0.03
M-20iA/20M	6	20	1813、3278	±0.03
M-20iA/35M	6	35	1813、3278	±0.03
M-20iB/25	6	25	1853、3345	±0.02
M-20iB/25C	6	25	1853、3345	±0.02
M-20iB/35S	6	35	1445、2591	±0.02
M-710iC/45M	6	45	2606、4575	±0.06
M-710iC/50	6	50	2050、3545	±0.03
M-710iC/70	6	70	2050、3545	±0.04
M-710iC/12L	6	12	3123、5609	±0.06
M-710iC/20L	6	20	3110、5583	±0.06
M-710iC/20M	6	20	2582、4609	±0.06
M-710iC/50S	6	50	1359、2043	±0.03
M-710iC/50H	6	50	2003、3451	±0.03
M-900iB/360	6	360	2655、3308	±0.10
M-900iB/280L	6	280	3103、4200	±0.10
M-900iB/280	6	280	2655、3308	±0.10
M-900iA/150P	6	150	3507、3876	±0.3
M-900iB/700	6	700	2832、3288	±0.10
M-900iB/400L	6	400	3704、4621	±0.10
M-900iA/200P	6	200	3507、3876	±0.30
M-2000iA/1200	6	1200	3734、4683	±0.18
M-2000iA/900L	6	900	4683、6209	±0.18
M-2000iA/2300	6	2300	3734、4683	±0.18
M-2000iA/1700L	6	1700	4683、6209	±0.27

1.2　坐标式锻造机械手

1.2.1　液压驱动坐标机械手

以 16MN HVP 型液压校正机机械手为例，这是东风汽车集团有限公司 125MN 热模锻压机曲轴、前梁自动锻造线上的一台设备。

1. 主要技术参数

抓取锻件重量：100kg。

夹钳头水平移动最大行程（手臂运动）：2000mm。

夹钳头旋转（手腕翻转）：90°。

机械手旋转（整体旋转）：90°。

夹钳头水平移动最大线速度：约 2m/s。

电动机功率与转速：N = 11.2kW；n = 1500r/min。

液压泵排量：35L/min。

2. 结构特点

此机械手共有五个动作：

1）夹爪抓取锻件。

2）夹钳头将锻件送入压力机和从压力机取出锻

件的水平移动。

3）夹钳头旋转将锻件翻转 90°。

4）夹钳头升降将锻件提起和放下。

5）将锻件送到分料处和从分料处取料送往压力机的机械手整体旋转运动。

图 6-1-10 所示为该机械手的工作位置示意图。图 6-1-11 所示为该机械手的机械结构简图。

机械手工作时，臂部由水平位置下降，手部抓取锻件，抓紧后臂部上升到水平位置，然后快速进入压力机，在接近第一工位时，转换为慢速。当锻件超过第一工位一小段距离后，臂部制动，返靠定位在第一工位上方，臂部下降到臂部上定位块与模具定位，手松开锻件，然后臂部又上升到水平位置离开压力机返回到等候位置。

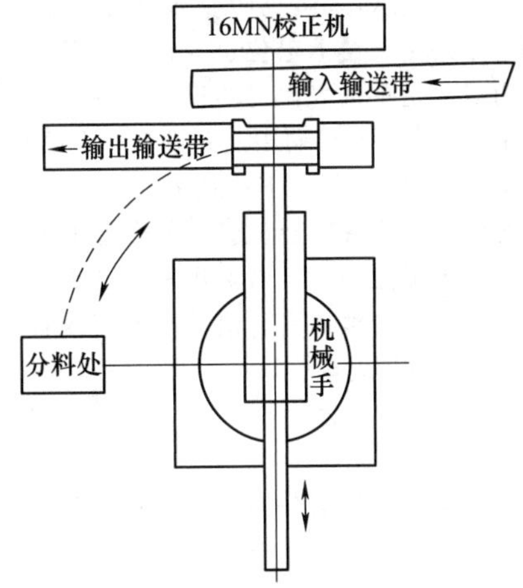

图 6-1-10　机械手工作位置示意图

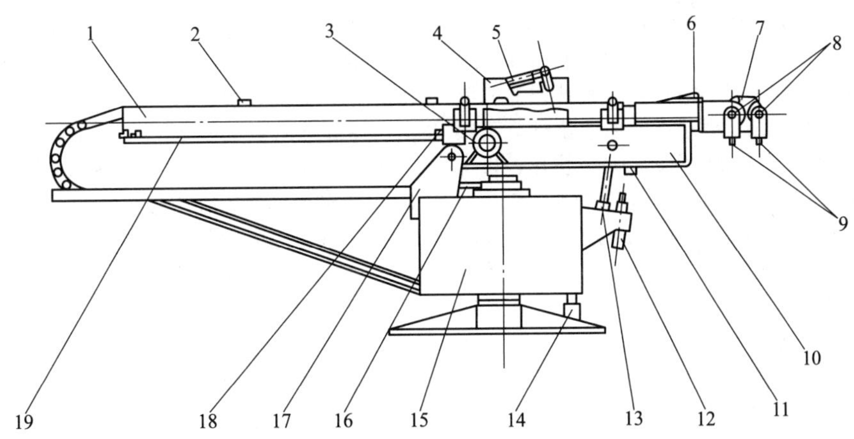

图 6-1-11　16MN HVP 型液压校正机机械手的机械结构简图

1—夹钳头　2—挡块　3—夹钳头驱动液压马达　4—棘爪　5—棘爪起液压缸　6—夹钳液压缸
7—夹钳头翻转液压缸　8—夹钳轴　9—夹爪　10—夹钳头导向座　11—限位缸Ⅱ　12—限位缸Ⅰ
13—夹钳头升降液压缸　14—锁紧液压缸　15—油箱　16—扇形齿轮　17—导向座支架　18—定位块　19—齿条

压力机工作后，臂部下降，又以快速转慢速前进，然后返靠定位在第一工位上方，臂部再下降抓取锻件。当臂部上升到水平位置时，腕部将锻件翻转 90°，臂部又向前进到极限位置（即第二工位），重复第一工位上方动作后，臂部又在第二工位抓取锻件，将锻件从压力机取出到另一条输出传送带上方，臂部下降，手松开锻件，臂部上升到水平位置，前进到初始位等候下一锻件。

在夹钳头中装有一副夹钳轴 8，轴上一侧各装有一个扇形齿轮，相互啮合。轴的两端各装一个夹爪体。根据不同锻件，将相应夹爪 9 固定在夹爪体中。在后夹钳轴的中部铣有齿轮，它与一个扇形齿轮相啮合，夹钳液压缸 6 的活塞杆与扇形齿轮的延伸部分铰接，活塞杆进退带动扇形齿轮和夹钳轴转动实现夹爪的张开与闭合。

夹钳头 1 的水平移动是由夹钳头驱动液压马达 3 上的小齿轮与夹钳头上的齿条 19 传动的，夹钳头水平移动前后极限位置是由前后两个可调机械挡块定位的。在挡块中镶有塑料缓冲垫，中间位置定位是由装在夹钳头上部的挡块 2 定位。挡块下面的细齿与夹钳头体中部相应部分的齿嵌合，这样挡块可作前后调整。夹钳头前进时，挡块上的斜面推开棘爪 4。夹钳头后退时，棘爪将挡块卡住（夹钳头上反靠定位即靠此挡块实现）。当棘爪起液压缸 5 将棘爪抬起时，夹钳头即可退到任意位置。

夹钳头旋转 90°是由夹钳头翻转液压缸 7 带动的，该液压缸的活塞杆与前夹钳轴上的摆臂铰接，当活塞杆进退时，两根夹钳轴即绕后夹钳轴线转动。

夹钳头的升降运动是由夹钳头导向座 10 前端的夹钳头升降液压缸 13 使整个夹钳头及导向座一起绕

导向座支架 17 旋转来实现的。夹钳头升降的定位，除模具上方是由夹钳上定位块与模具定位外，其他位置是由液压定位缸来实现的，即在油箱箱体上设有一个限位缸Ⅰ，在导向座上另设有一个限位缸Ⅱ，使夹钳头获得四个不同的升降位置。

在箱体的支承轴头上固定一扇形齿轮 16，箱体上还装有一个液压马达，当液压马达旋转时，其上的小齿轮即沿固定扇形齿轮滚动，因而使整个机械手旋转。为了准确定位，设有一个锁紧液压缸 14 将机械手定位在工作位置。

3. 液压系统

该机械手的液压系统见图 6-1-12，它由一台流量为 35L/min 的高压液压泵向系统供油。二位四通换向阀 1 由系统的油压来控制，而油压分别由压力继电器 4 和 5 的调定值来确定。12DT 断电和通电，决定油泵向系统供油或液压泵卸荷。

在机械手手臂纵向运动的回路中，液压马达用两个三位四通电液换向阀 12 和 11 控制其回油的流量。可得到三种不同的行程速度。回油通过节流阀（可调）7 和调速阀 9（4DT 通电）时为快速；通过节流阀 7 和调速阀 8（5DT 通电）时为中速；仅通过节流阀 7 时则为慢速。通过二位四通换向阀 13 和减压阀 10 的配合使用，可使液压马达以高压或低压运转，即当 3DT 通电时切断减压阀遥控口，回油减压阀不起减压作用，液压马达以高压运转。当 3DT 断电时减压阀的遥控口接通油箱，液压马达的油压降为低压运转。溢流阀 14 和四个单向阀的组合是为了手臂在纵向运动过程中电流突然中断而起到对液压马达的安全保护作用。

手臂在纵向行程到中间位置时的定位采用返靠定位方式，即纵向行程略超过预定位置时，1DT 断电；2DT 通电，手臂反向紧靠到棘爪上，从而得到精确定位。手臂后退时必须先使 11DT 通电，棘爪抬起，手臂才能后退。

在机械手其他动作的液压回路中，均设有可调节流阀或调速阀，使运动速度均可调节。在夹钳夹紧油路中，压力继电器 17 闭合时，表示油压已达到夹紧压力。而蓄能器 16 用来稳定夹紧液压缸内的油压。在限位液压缸Ⅰ、Ⅱ的油路中，压力继电器 18、19 的触点在定位块顶出后油压升高时闭合，表示定位块已经顶出而定位。

该机械手的动作较多，节拍时间短，定位精度高，而且对运动要求平稳，冲击也要小，因此在液压系统中均采用调节流量阀来控制速度。对行程较大的纵向运动也采用高压快速启动，然后制动再转慢速反靠定位来减小冲击力，并保证了定位精度。这对于设计模锻机械手的液压系统有一定的参考价值。

北京机电研究所已成功研制这种机械手。

1.2.2　步进梁式坐标机械手

步进梁式自动送料机构的结构主要由进料滑槽、左右驱动箱、步进梁、夹爪、误夹检测传感器、操作控制盘等组成。步进梁的长度、送料工位数等可根据具体工艺和压力机的规格而定，如果工位数较少，可使用单侧驱动的悬臂式送料机构。根据不同的工艺特点，可采用三维（进退、升降、开闭）或二维（进退、开闭）的送料动作。根据步进梁式送料机构的动力源的不同，机械手主要可分为机械传动方式和伺服驱动方式两种。

1. 机械传动步进梁式坐标机械手

以 GKA3 热模锻压机步进梁式坐标机械手为例，这是济宁推土机总厂连杆自动锻造生产线上与 MP4000 型热模锻压机相配套的一台专用机械手。

（1）主要技术参数

进给节距：	250mm
夹料最大行程：	78mm
抬起锻件最大高度：	80mm
运行次数（慢速/正常工作）：	4/16min
机械式运行节拍时间：	3.75s
锻件生产节拍：	7.5s
抓夹锻件重量：	50kg

（2）结构特点　GKA3 机械手的传动（见图 6-1-13）是通过电动机 1 经 V 带轮 2 减速，到气动离合制动器 3，经蜗轮副 4 传到主传动箱内的进给—返回凸轮轴，通过进给-返回凸轮 5（双片凸轮）和杆系 6 形成纵向进给节距。在进给—返回凸轮轴的另一端，通过一对螺旋弧齿锥齿轮 7，传到副传动箱内的一对夹料-提升凸轮 9，通过杆系 10 形成夹钳夹料—抬起—放下—夹钳松料动作，这样就完成了所需的整个传动过程。

夹钳的运动轨迹如图 6-1-14 所示。

进给-返回传动杆系如图 6-1-15 所示，其传动过程是凸轮 *KS* 在凸轮轴的带动下作旋转运动，凸轮 *KS* 是双片凸轮，各驱动一根带辊轮的摆杆 *SS*，使步进摆杆 *H* 绕扭矩保险离合器 *D* 上的支点摆动，*H* 推动推杆 *U* 通过摆杆 *ST* 使步进梁沿模腔布置方向往返运动一个节距。

夹料、抬起—放下、开钳传动杆系如图 6-1-16 所示，其传动过程是通过图 6-1-15 中 *KS* 凸轮轴由弧齿锥齿轮传动，借助传动轴带动一对完全相同的传动凸轮 *KH*，每个 *KH* 凸轮都是控制往返运动的双片凸轮，它使带辊轮的 *SH* 摆杆摆动，带动铰接杠杆 *G* 上下运动，在上升开始阶段由摆杆 *S* 绕角杠杆 *W* 上的支点摆动，通过拉杆 *Z* 及 St_1、St_2，使左右步进梁完成夹料运动，并由限位挡块 *AS* 限制其夹料行程。当完

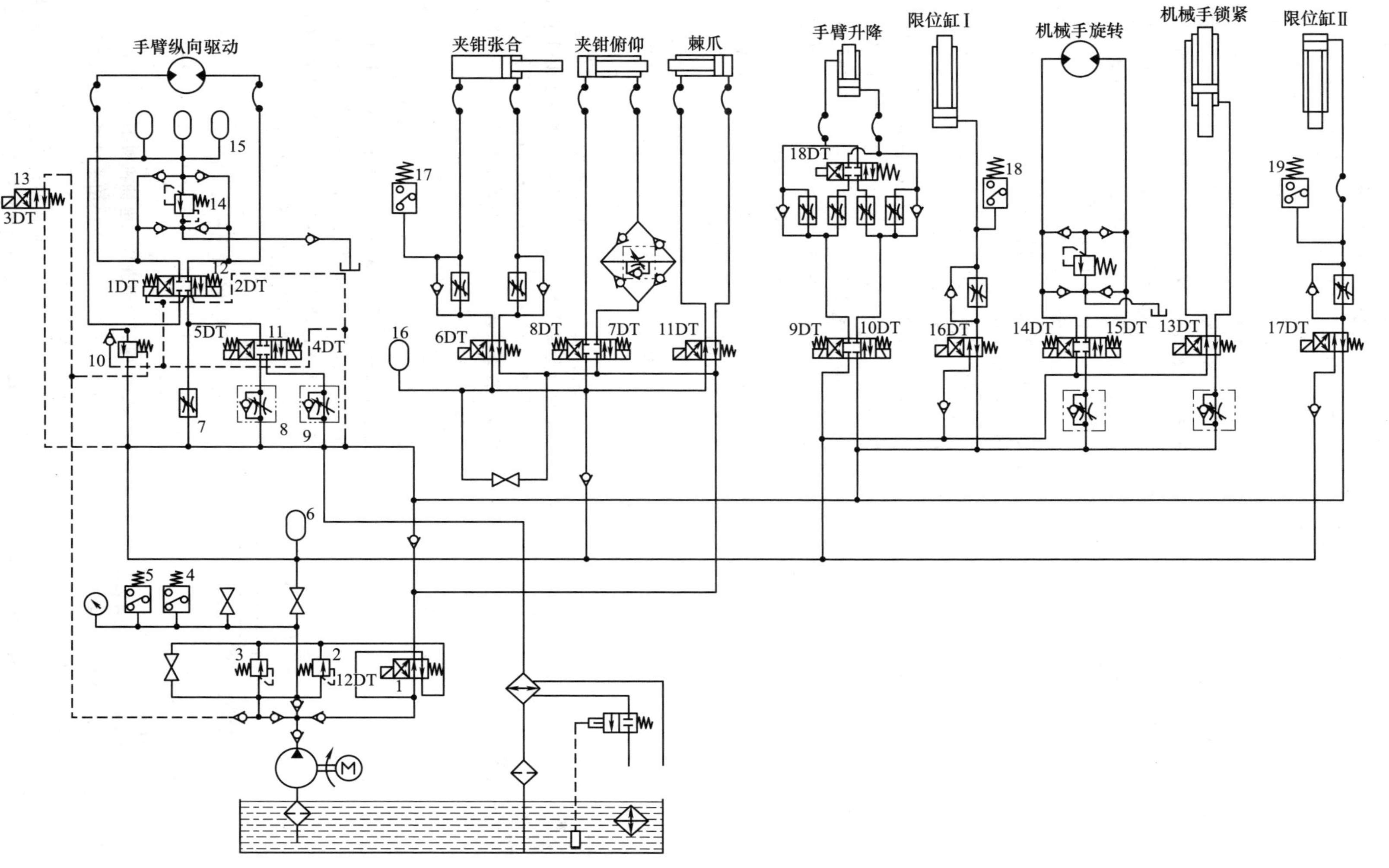

图 6-1-12　校正压力机机械手液压系统

1、13—二位四通换向阀　2、3、14—溢流阀　4、5、17、18、19—压力继电器　6、15、16—蓄能器　7—节流阀　8、9—调速阀　10—减压阀　11、12—三位四通电液换向阀

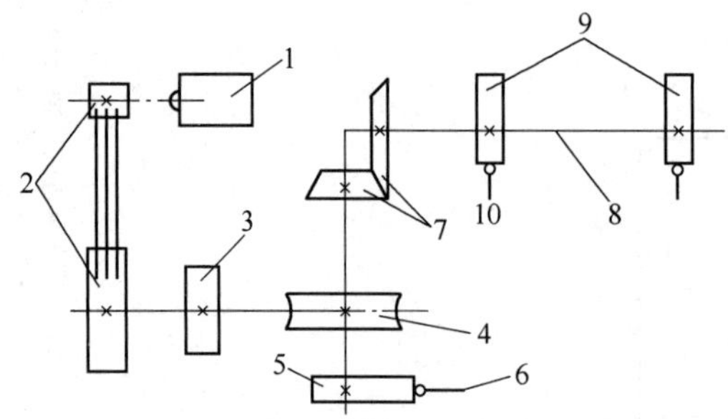

图 6-1-13 传动原理图

1—电动机 2—V 带轮 3—气动离合制动器 4—蜗轮副 5—进给-返回凸轮 6、10—杆系 7—螺旋弧齿锥齿轮 8—传动轴 9—夹料-提升凸轮

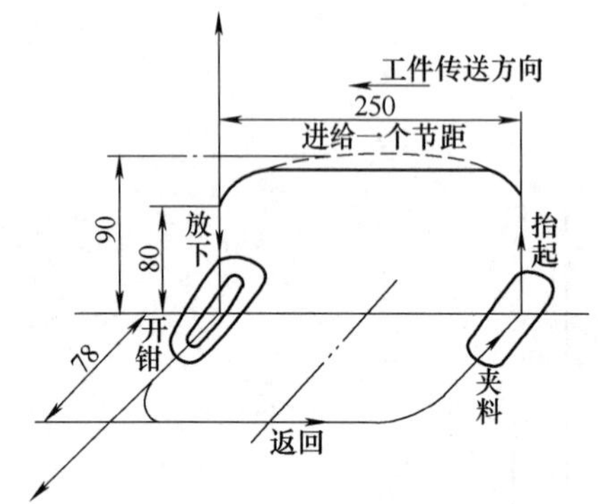

图 6-1-14 夹钳运动轨迹图

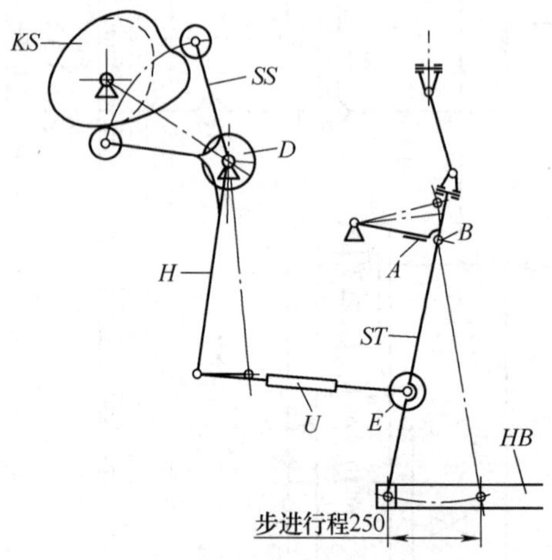

图 6-1-15 进给-返回传动杆系

KS—凸轮 *H*—步进摆杆 *E*—偏心铰接点 *A*—限位挡块 *ST*—摆杆 *SS*—步进摆杆 *U*—推杆 *D*—扭矩保险离合器 *HB*—步进梁 *B*—摆杆摆动支点

成夹料行程后，铰接拉杆 *G* 在凸轮 *KH* 控制下继续向上运动时，则拉杆 *Z*、St_1、St_2 和其支承梁 *T* 构成一体，随支承梁 *T* 绕固定框架的支点向上摆动，实现夹料运动后的抬起运动。在完成抬起运动之后，凸轮开始降程，支承梁 *T* 首先下摆，实现放下运动。当 *T* 和下部的限位挡块接触后，则开始开钳运动，直到凸轮的降程到原位，则夹钳开至最大，完成一个完整的夹钳夹料、抬起—放下，夹钳松料运动。

机械手传动箱的布置如图 6-1-17 所示，其中 *R* 为传动主电动机及带轮，*C* 为进给—返回转动凸轮，Z_1、Z_2 为一对弧齿锥齿轮，*A*、*B* 为一对完全相同的夹钳夹料、抬起—放下和夹钳松料的传动凸轮，*D* 为凸轮控制器，*E* 为凸轮定位销。

该机械手除主、副传动箱外，还有摆动料斗和摆动喂料夹钳与其配套，机械手与它们的相互位置如图 6-1-18 所示。

摆动料斗的作用是用来接料，并传递给摆动喂料夹钳，如图 6-1-19 所示。

其动作过程：当毛坯通过控制闸板由滑道滑向摆动料斗时，光电信号使 *A* 缸后腔进油，摆动定位块向上摆动，托住来料，然后 *B* 缸下腔进油使两根推杆 *C* 向上摆动，使毛坯在摆动定位块和可调定位块之间定位。此时摆动喂料夹钳已等在夹料位置，当给出夹料信号后，夹钳将料夹住，而摆动料斗则由 *B* 缸的回程而下摆到始位。

摆动喂料夹钳的作用是将摆动料斗上的毛坯夹住，借助曲柄连杆及杆系传动，将毛坯摆动并旋转 90°送到步进梁式机械手的第一工位，见图 6-1-20。

其动作过程：当压力机曲柄处于上死点位置时，摆动喂料夹钳处于 *A* 位，即处于毛坯送往步进梁式机械手第一工位位置，当压力机曲柄处于下死点时，摆动喂料夹钳处于 *B* 位，即处于摆动料斗处接料的位置。

(3) 控制系统 控制系统是指该机械手与主机协调动作的控制系统。总的控制原则是机械手运动，指令压力机工作，只有机械手处于正常工作开钳位置时，才指令压力机进入准备工作状态。控制系统的中心是微处理器，它的应用程序中主程序包括：启动条件、控制接通、调整、单行程、单行程带高度保持、自动。

由选择开关可从压力机的三种工作方式中选择，它有：①压力机调整。②压力机单行程/带高度保持。③自动。

2. 伺服驱动步进梁式坐标机械手

(1) 技术参数 伺服驱动步进梁式坐标机械手的技术参数见表 6-1-6。

(2) 结构特点 该伺服驱动步进梁式坐标机械手用于压力机的自动化操作，包含夹紧/松开、送料/后退、提升/下降 3 个方向的 6 个动作，分别由独

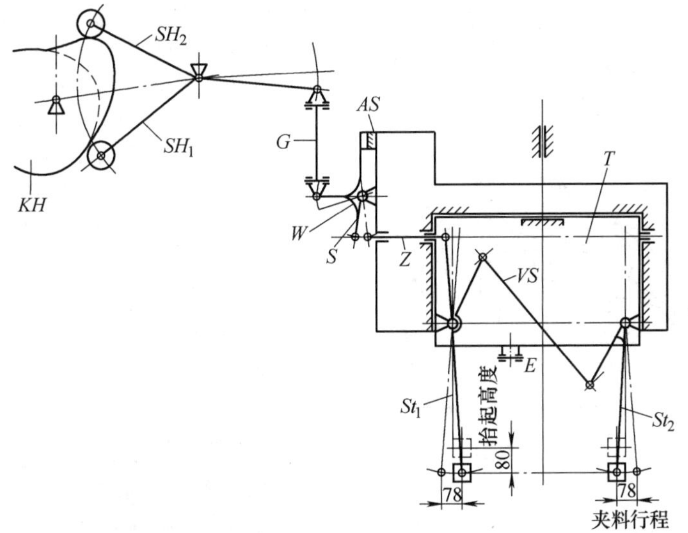

图 6-1-16　夹料、抬起机构传动杆系图

KH—夹料、抬起放下、开钳凸轮　SH_1、SH_2—摆杆 1、摆杆 2　W—角杠杆　Z—拉杆　T—支承梁　E—偏心铰接点（图 6-1-15 之 E）　G—铰接拉杆　AS—限位挡块　VS—连接杆　S—摆杆　St_1、St_2—摆杆

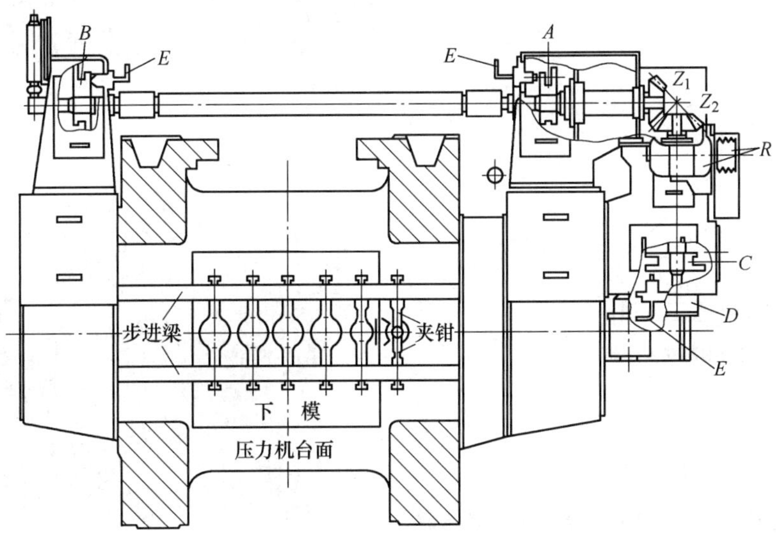

图 6-1-17　机械手传动箱布置图

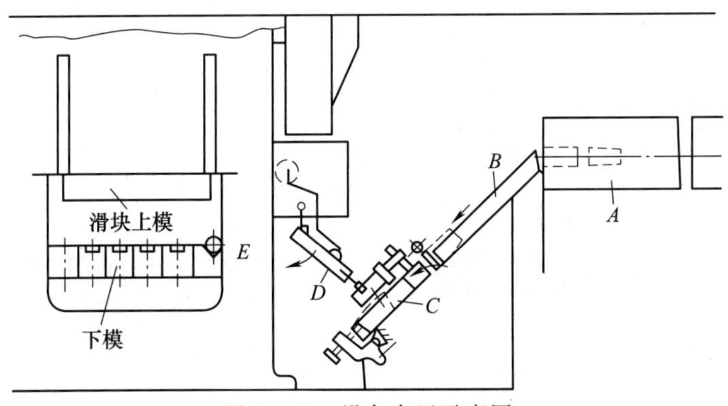

图 6-1-18　设备布置示意图

A—感应加热炉　B—滑道　C—摆动料斗　D—摆动喂料夹钳　E—热模锻压力机

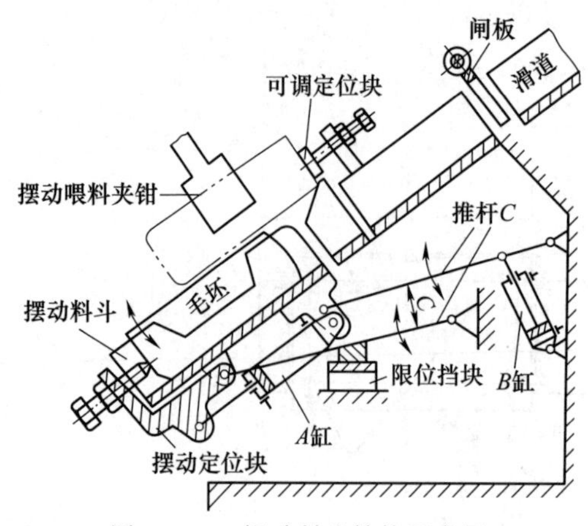

图 6-1-19　摆动料斗结构示意图

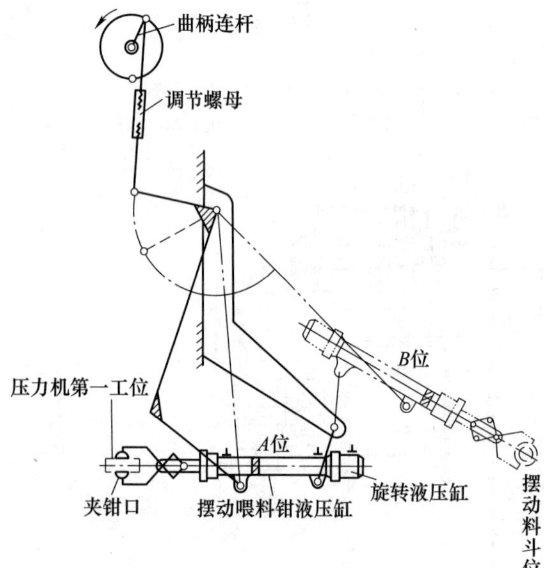

图 6-1-20　摆动喂料夹钳运动图

表 6-1-6　伺服驱动步进梁式坐标机械手的技术参数

送料行程/mm	280
夹料行程/mm	0~85(最大)
提升行程/mm	0~50(最大)
工位数	4
控制系统	数字式交流伺服控制及运动控制
(空载同期运转时)速度/(次/min)	≤18
主电源	3 相交流 200/220V, 50/60Hz
控制电源/V	24(单相,直流)
气压/(kg/cm^3)	5
每个工位夹持锻件重量/kg	3

立的伺服马达（共 6 个）驱动，各个方向的运动行程均可自由调节。

机械手主要由主从驱动箱体（含伺服马达、传动系统等）、伺服控制柜、步进梁（含夹爪、误夹检测传感器）、进料槽（含翻转装置）、分离装置、材料检测装置、黄油泵（自动型）等组成。驱动箱体分别固定在压力机左侧面和右侧面的安装基准面上，步进梁则安装在上下模具之间的送料面，左右分别与驱动箱体连接，夹爪则安装在步进梁上，通过步进梁的三维坐标式运动，实现工件的自动送料。各方向的运动主要由伺服马达带动滚珠丝杠实现，所以具有很高的定位精度。步进梁安装在热模锻压力机上的实际情况及三维示意分别如图 6-1-21、图 6-1-22 所示。

图 6-1-21　步进梁安装在热模锻压力机上的实际情况

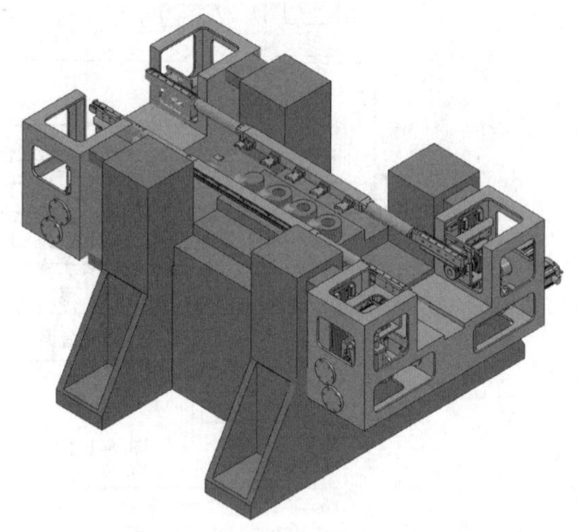

图 6-1-22　步进梁安装在热模锻压力机上的三维示意

机械手实现 3 个直角坐标轴方向（相对压力机操作面，左右方向为 Y 方向，前后方向为 X 方向，上下方向为 Z 方向）上的 6 个动作，步进梁运动轨迹如图 6-1-23 所示，由坐标原点起依次分别是：夹紧、提升、送料、下降、松开和后退，其中，夹紧/松开、提升/下降和送料/后退动作分别由 3 组机构完成。

机械手本体主要由主驱动箱、从驱动箱、步进梁、夹爪及无料传感器、六台伺服电动机（提升/下

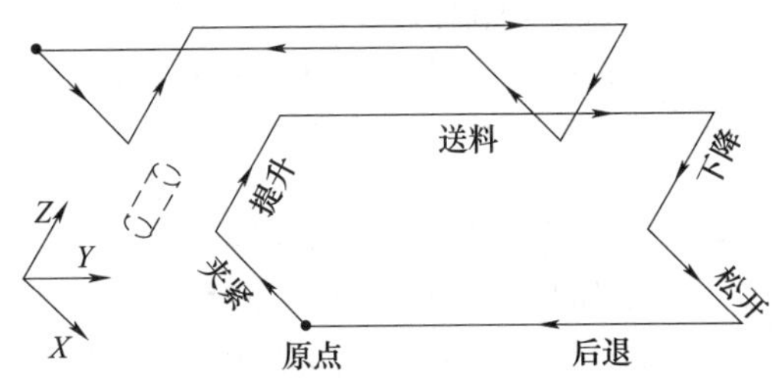

图 6-1-23 步进梁运动轨迹

降、夹紧/松开、送料/后退各两台)、四台减速机、升降杆系、夹紧滚珠丝杠、导轨、平衡气缸、干油润滑系统等组成，如图 6-1-24 所示。

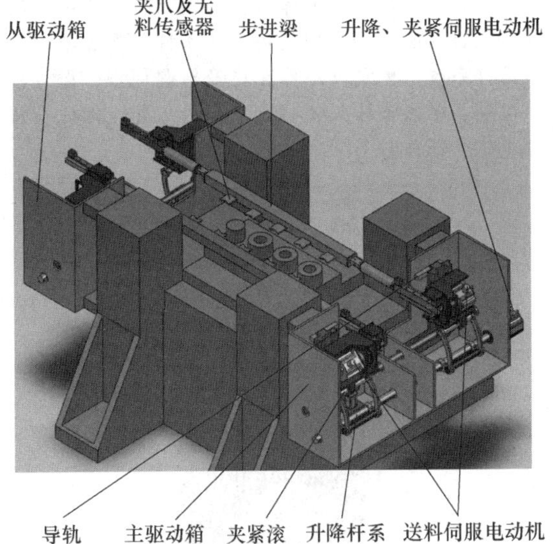

图 6-1-24 机械手本体的主要构成

步进梁的提升/下降由升降伺服电动机、减速机带动升降杆系来实现；步进梁的夹紧/松开由夹紧伺服电动机带动含左右旋螺纹的同一根丝杠来完成；步进梁的送料/后退由伺服电动机通过齿轮齿条机构来驱动。主驱动箱和从驱动箱的组成结构基本相同，只是从驱动箱内比主驱动箱内少 2 台送料伺服电动机，其送料/后退动作跟随主驱动箱完成，故称其为从驱动箱，主驱动箱的内部详细结构如图 6-1-25 所示。具体分析如下：

1）夹紧与松开（夹紧）。左、右两个单元均采用在两端加工左旋和右旋螺纹的丝杠，带动两个丝杠螺母做相对运动，推动前、后两个步进梁同步相对运动，实现夹钳的夹紧与松开。导向采用高精度直线导轨。

2）提升与下降（升降）。在左、右两个单元均采用伺服电动机驱动摆动连杆机构实现步进梁的升降，导向采用高精度直线导轨。

3）送料与后退（平移）。在右单元采用伺服电动机直接驱动齿轮齿条，带动两根步进梁同步送料、后退，从驱动箱随动。导向采用高精度直线导轨。

以上各方向的运动同步性均需要通过伺服电动机的同步运动控制来实现。

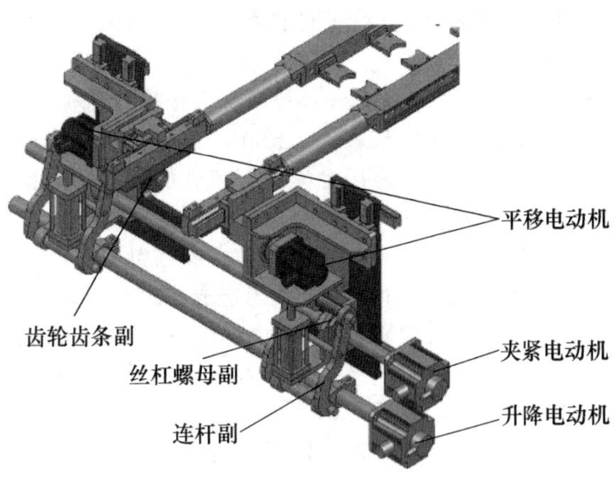

图 6-1-25 主驱动箱的内部结构

（3）控制系统　机械手控制系统主要由 PLC、运动控制器、伺服驱动器和 I/O 模块等组成，并配有人机操作触摸屏，便于查看步进梁状态、修改各运动参数和伺服控制参数。

另外，控制系统还需要处理同热模锻压力机之间逻辑信号及安全互锁信号的交换，比如，步进梁准备就绪后要提供给热模锻压力机启动信号、能够接收来自热模锻压力机的就绪信号、要能够识别并判断合理的无料状况并将不合理的无料状况作为故障信号提供给热模锻压力机等。

控制系统的操作方式设有调整模式、半自动模式、全自动模式及暂停。

1）调整模式。该模式下，每按下一次相应的按钮，相应的单元动作，松开按钮时，相应的动作停止。

2）半自动模式。每按一下启动按钮，机械手依次完成如下一次循环动作：初始位置、步进梁夹紧、步进梁提升、步进梁送料、步进梁下降、步进梁松开、步进梁后退、初始位置。

3）全自动模式。每按启动按钮一次，机械手按半自动模式的循环动作一直运行，直至收到停止信号后自动停止在初始位置。

4）暂停。按暂停按钮后，机械手动作暂停，复位后机械手能够完成暂停前未完成的动作。

最重要的是，控制系统必须有严格的伺服同步运动控制，才能实现步进梁 6 个运动的同步一致性，确保步进梁稳定运行。

1.3　模具冷却润滑系统

1.3.1　模具冷却润滑系统的作用

对于锻造生产而言，模具的冷却和润滑不仅关系到最终产品的质量，也关系到模具寿命。设计合理并且冷却润滑良好的模具可以达到上万件的产量，但缺乏合理润滑和冷却的模具在生产到 1000 件甚至几百件时可能就产生了磨损、型槽变形和裂纹，从而影响产品质量，频繁更换模具提高了模具成本。

传统锻造生产依赖人工操作，模具润滑也采用人工进行喷涂。用高压枪喷涂石墨乳的过程会对操作工造成直接伤害。此外，在锻件打击过程中会产生大量混合了氧化皮、石墨微粒、黏结剂、悬浮剂等物质的水汽，从而会对操作工造成二次伤害。

除了对人身健康产生威胁以外，由于人员经验和情绪波动，人工喷涂也存在着喷涂效果差，润滑剂覆盖不均匀，模具冷却不到位的现象，因此造成产品质量波动，模具寿命降低，甚至出现锻件粘模而不得不中断生产的故障。

在自动化锻造生产逐步普及以后，模具自动冷却润滑对于整条生产线的正常运转更是起着关键作用，也是保障产品质量的重要环节。

国外先进企业在 20 世纪 80 年代已经开始研究热加工的模具冷却润滑，例如美国的埃奇森公司，经过近 30 年的发展，已经积累了相当丰富的模具冷却润滑经验，并开发出全套的自动化冷却润滑设备，但是由于其高昂的价格和维护成本，限制了其在我国的发展。

国内目前绝大多数生产线仍采用人工进行模具的冷却润滑，劳动强度大，工作环境恶劣，喷涂效果差。北京机电研究所从 2006 年开始进行自动化锻造生产线模具冷却润滑系统的研究，经过近十年的研发和不断改进，目前已经成功研发出整套系统，并进行了生产应用和验证。

1.3.2　模具自动冷却润滑系统功能要求

模具自动冷却润滑系统的主要功能要求如下：

1）润滑后模具温度不超过 260℃。

2）润滑剂喷洒位置覆盖模具的宽度或长度，装置可在工作台长度或宽度方向上做直线运动。

3）可在模具宽度或长度方向上任意位置停住，同时喷洒润滑剂到上、下模膛，吹除氧化皮，使润滑剂均匀附着在模膛壁上。

4）模具型腔内的喷涂均匀、无死角。

5）喷涂顺序：清扫（吹走氧化皮）、喷水和石墨乳（冷却、润滑）、吹气（将多余的水和石墨乳吹走）。

6）喷洒量由时间电气开关控制，由计算机程序任意调整运动及喷洒时间。

7）喷嘴不允许出现堵塞，有自动利用流动气体或清水清理喷嘴的功能；易于维修、保养。

8）停产时，对所有石墨管路进行自清洗。

9）适应主机喷淋时高温、高湿的环境。

1.3.3　模具自动冷却润滑系统组成

本系统共分为五部分，分别是润滑液全时搅拌系统、气液控制柜及管线支架（含自清洗过滤器）、运动执行机构、喷头及喷嘴、喷淋调试装置。

1. 润滑液全时搅拌系统

图 6-1-26 所示为润滑液全时搅拌系统。人工将配比好的润滑液桶经由辊道推入搅拌器下方，搅拌器下降并开始搅拌，液体搅拌均匀后，泵开启将液体送入自动配比罐，即具备生产条件。配套两个全时搅拌系统，可实现不停车更换石墨原液，设计独立电路，单元整体关闭状态下仍可工作，保证石墨在无生产任务时不沉淀。

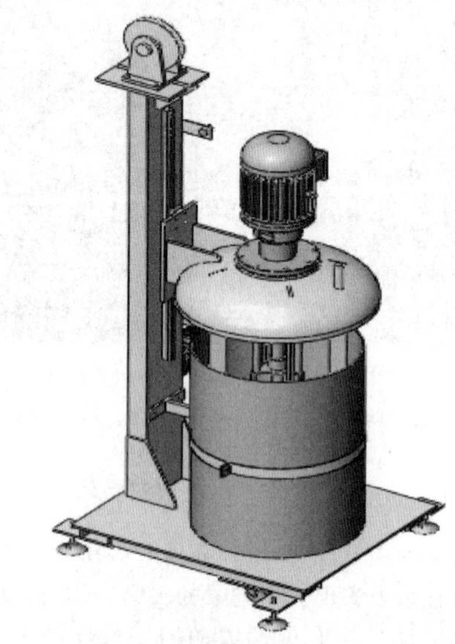

图 6-1-26　润滑液全时搅拌系统

2. 气液控制柜及管线支架

图 6-1-27 所示为气液控制柜，当系统需要配比好的润滑液时，系统将润滑液从储存罐中泵入控制柜，经由卧式自清洗过滤器和介质阀，将润滑液和压缩空气送入喷嘴中。当前端喷嘴需要清理时，清洁泵起动，将清洁液送入喷头中将管路清洁干净。当过滤器堵塞时，自动开启排污模式将杂物排放到废液车中。

3. 运动执行机构

喷雾系统的运动执行机构采用多关节机器人、坐标机械手或专门设计的机构，可实现任意位置精准喷涂和微调喷涂，保证无喷涂死角，喷涂效果达到优良。

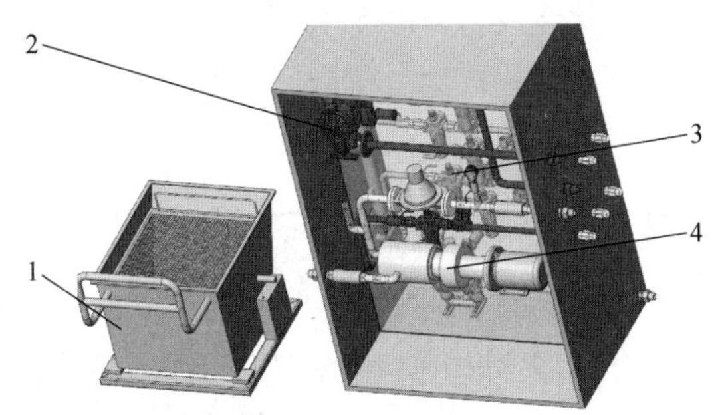

图 6-1-27　气液控制柜
1—废液车　2—清洁泵　3—压力传感器　4—卧式自清洗过滤器

4. 喷头及喷嘴

喷嘴通过法兰与执行结构连接，气和液经由法兰输送到喷头，润滑液由分配块分配给各个喷嘴，压力由气液控制柜的压力决定。喷嘴通过复杂的流道使气液充分内混并在喷嘴外完全雾化。雾化的好坏决定了喷淋的均匀性和产品的一致性。

5. 喷淋调试装置

开始生产前，独立操作喷淋装置至调试位置，调节喷淋的流量、压力等满足工艺要求质量，为自动化生产做准备，调试时液体须收集。

结束工作后，管路中液体流回储存罐，用清水清洗整个管路及喷头，清理的废水进入专门的收集装置。废液收集装置设计为可移动的结构，方便清理。

第2章

锻造操作机

中国重型机械研究院股份公司　张营杰
西安交通大学　李靖祥

2.1　概述

2.1.1　锻造操作机的用途及特点

锻造操作机是一种广泛应用于锻造行业的重型机械手，用于夹持坯料，与锻造设备配合完成各种锻造工艺，是锻造行业改善产品质量、提高劳动生产率、减轻劳动强度、实现锻造生产自动化操作控制的重要配套设备。常见的自由锻造机组设备配置如图 6-2-1 所示。

现代化锻造生产对锻造操作机提出了新的要求，锻造操作机设备在具备其传统上的基本功能之外，还应具备以下性能特点：更高的运行速度和转换频率，更高的控制精度，良好的缓冲性能，可实现自动化控制，配合液压机设备协调工作，强大的在线检测与故障诊断功能以及锻造过程的数据处理功能。因此，液压有轨锻造操作机成为锻造操作机发展的主导形式，得到了快速的发展。本章重点介绍具有先进结构与技术性能的液压有轨锻造操作机。

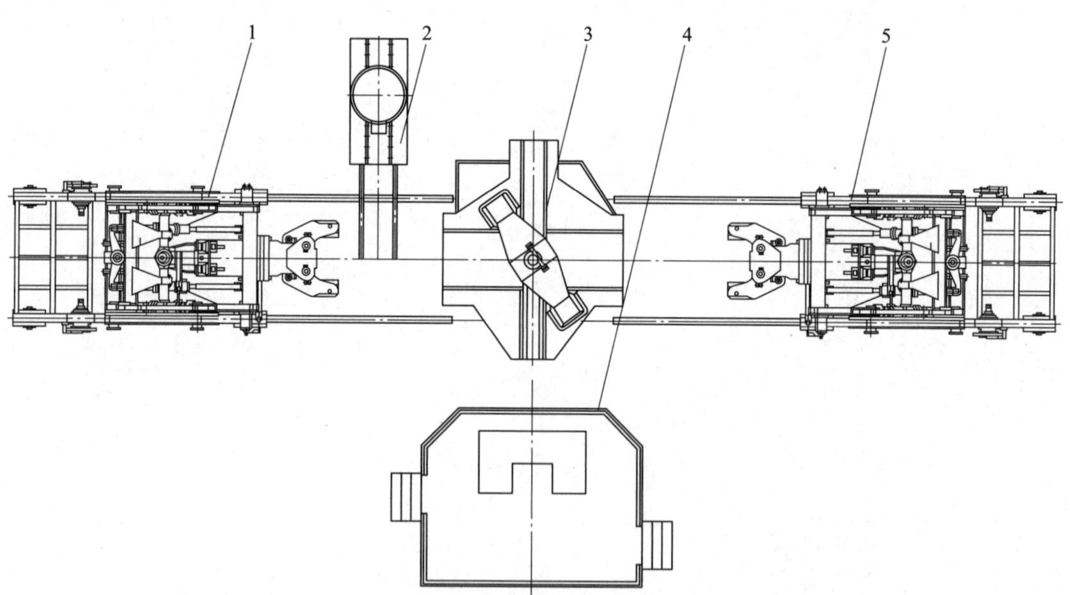

图 6-2-1　配置双操作机的自由锻造机组
1—主锻造操作机　2—上料小车　3—锻造液压机　4—操作室　5—辅助锻造操作机

2.1.2　锻造操作机的基本动作与功能介绍

锻造操作机设备由机械本体、液压控制系统、电气控制系统三大部分组成。一般具有以下五种基本动作：钳口的夹紧和松开，钳头旋转，大车行走，钳杆垂直方向的升降与仰俯，钳杆水平方向的侧向移动与摆动。

同时，为满足自由锻造液压机的锻造工艺要求，提高锻造生产效率，先进锻造操作机应具有如下功能：

1）强劲的动力，可提供较大的行走和旋转加速度。

2）高精度的步进行走和步进旋转控制。

3）具有垂直和水平方向的缓冲功能。

4）钳杆高度位置可控，可实现自动调平和

复位。

5）钳杆水平方向具有自动对中功能。

6）与锻造液压机配合可以实现手动、半自动、自动、联动等操作功能。

锻造操作机的结构如图 6-2-2 所示。

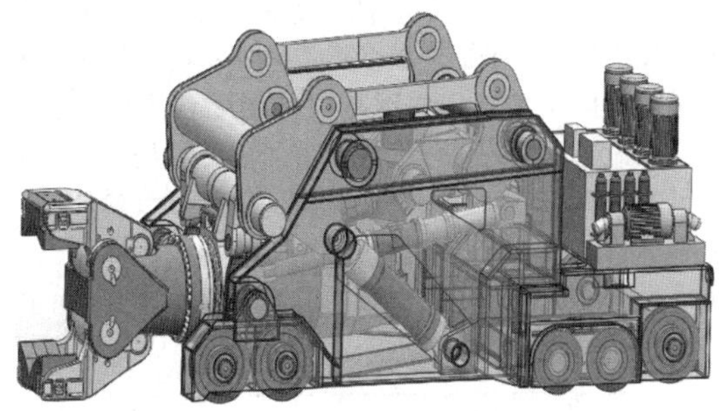

图 6-2-2　锻造操作机结构

2.1.3　锻造操作机的主要技术参数说明

锻造操作机的主要技术参数如下：

1）公称载重量 G（单位：kN）：指操作机夹持锻件的最大重量，是表征锻造操作机规格的主要参数。

2）公称夹持力矩 M（单位：kN · m）：指操作机夹持锻件重量与长度的最大综合能力，一般指锻件重力对钳口销轴中心的力矩，是表征操作机规格的主要参数。

3）夹持锻件尺寸范围（单位：mm）：指操作机钳口夹持圆料的直径范围或方料边长的尺寸范围。

4）钳头最大旋转直径 D（单位：mm）：指操作机钳头结构旋转时的最大尺寸，与其配合液压机的开档相关，表示操作机接近液压机的能力。

5）钳杆中心高调节范围（单位：mm）：指操作机钳杆中心线距轨顶的相对高度，表示钳杆在高度方向的提升能力。

6）夹钳伸出量 L（单位：mm）：指操作机钳口前端面至前轮中心的距离，表示操作机与其配合液压机的接近能力，一般应保证钳口前端面可以接近或接触液压机型砧。

7）钳杆上、下倾角 α［单位：（°）］：指操作机钳杆的上下仰俯能力，一般要求下俯时钳头能够接触基础零平面（地面）。

8）钳杆左右移动距离 c（单位：mm）：指操作机钳杆相对于液压机中心左右平行移动的距离。

9）夹钳左右摆动角度 β［单位：（°）］：指操作机钳头相对于液压机中心向左/右侧摆动的角度。

10）钳头旋转速度 n（单位：r/min）：指操作机钳头每分钟旋转的圈数，表示旋转送进速度。

11）夹钳旋转控制精度 γ［单位：（°）］：指操作机钳头旋转步进控制精度，一般在 0.5°~2°。

12）大车行走速度 v（单位：m/min）：指操作机大车行走时的运动速度，表示锻件轴向送进的快慢。

13）大车行走定位精度 e（单位：mm）：指操作机大车步进行走时的定位控制精度。

14）大车行走加速度 a（单位：m/s^2）：指操作机大车行走启动的加速能力，是先进锻造操作机的一个重要性能指标。加速度大，设备反应迅速，可显著提高生产效率。

15）轨距 S（单位：mm）：指操作机车轮或轨道中心的距离，与其配套液压机的工作台宽度尺寸有关。

2.1.4　锻造操作机的结构形式与规格参数表

20 世纪 60 年代中期，为了提高锻造液压机的锻造生产效率，国际上开始对液压锻造操作机进行研究，锻造操作机逐渐成为现代化自由锻造生产线的重要配套设备。

随着我国制造业的发展，到 20 世纪 80 年代初期，国内自由锻造行业开始引进和制造 30MN 以下的中小型锻造液压机组（或称快锻液压机组），与之配套使用的中小型液压锻造操作机得到了初步发展。中国重型机械研究院股份公司（简称：中国重型院）在长期开发研究的基础上，成功研制了国内首台 50kN/120kN · m 液压锻造操作机，配套应用于 8MN 快锻液压机组。当时的锻造操作机主要采用摆杆式四点吊挂结构、拉杆式夹紧液压缸、预应力组合机身、链轮链条驱动机构，具有一定的运行速度和控制精度，部分设备操作可以实现手动、半自动和自动控制，为自由锻造生产效率的提高起到了重要的推动作用。

国外供货厂家以日本三菱重工为代表，国内主要以液压机供货厂家设计和制造为主，供货数量相对较多的生产厂家有：中国重型院、兰州兰石重工新技术有限公司等。中国重型院供货的 100kN/250kN · m、200kN/400kN · m 摆杆式四点吊挂结构液压锻造操作机分别如图 6-2-3、图 6-2-4 所示。

图 6-2-3　100kN/250kN · m 摆杆式四点吊挂结构液压锻造操作机

图 6-2-4　200kN/400kN · m 摆杆式四点吊挂结构液压锻造操作机

摆杆式四点吊挂结构液压锻造操作机的技术参数见表 6-2-1。

进入 21 世纪，我国钢铁产能进一步扩大，自由锻造行业随之得到快速发展，自由锻造设备数量和保有量不断增加，而且大型自由锻造装备越来越多，到目前为止，仅万吨以上规格的自由锻造液压机就有近 20 台。作为重要配套设备的锻造操作机，也迎来了新的发展机遇。为了适应新型锻造液压机的锻造工艺要求，锻造操作机应具备更高控制精度和快速反应能力，因而要求锻造操作机具有更紧凑的结构形式、采用具有更高力学性能的合金材料，以降低设备外形尺寸和质量。悬吊式三点吊挂结构全液压锻造操作机应运而生，并迅速在业内得到推广应用。

表 6-2-1　摆杆式四点吊挂结构液压锻造操作机技术参数

公称载重量 G/kN	20	30	50	80	100	160	200	250	400	500	600
公称夹持力矩 M/kN · m	40	60	100	160	200	320	400	500	800	1000	1200
夹持锻件尺寸范围/mm (D_{min} ~ D_{max})	70~400	90~520	90~720	140~900	170~950	180~1050	190~1300	380~1400	600~1600	650~1750	700~1900
钳头最大旋转直径 D/mm	800	970	1270	1550	1750	2000	2200	2500	2900	3150	3200
钳杆中心线至轨顶高度/mm (H_{min} ~ H_{max})	550~1100	720~1240	820~1420	900~1580	1000~1700	1100~1820	1230~1950	1300~2100	1500~2400	1600~2550	1700~2700
夹钳上、下倾角 α/(°)	±7	±7	±7	±7	±7	±8	±8	±8	±8	±8	±8
夹钳左右移动距离 c/mm	±110	±140	±160	±180	±200	±200	±200	±200	±200	±280	±300
夹钳左右摆动角度 β/(°)	±5	±5	±5	±5	±5	±5	±5	±5	±5	±5	±5
夹钳伸出量 L/mm	1100	1300	1370	1680	1950	2250	2460	2550	2650	2730	2800
钳头旋转速度 n/(r/min)	1~18	1~18	1~18	1~18	1~18	1~18	1~18	1~16	1~16	1~16	1~16
钳杆旋转控制精度 γ/(°)	±1	±1	±1	±1	±1	±1	±1	±1	±1	±1	±1
大车行走速度 v/(m/min)	0~36	0~36	0~36	0~36	0~36	0~36	0~36	0~30	0~30	0~30	0~30
大车行走定位精度 e/mm	±10	±10	±10	±10	±10	±10	±10	±20	±20	±20	±20
轨距 S/mm	1900	2150	2500	2700	2900	3100	3200	3750	4250	4500	4750
装机功率/kW	~50	~60	~92	~130	~140	~250	~300	~360	~400	450	~500
设备外形尺寸/mm (长×宽×高)	5600×2550×2450	6500×2750×2800	7200×3050×3200	8200×3750×3680	8820×4030×3670	9500×3800×3000	11150×4320×3680	12500×4500×4000	13600×4950×4300	14500×5350×4500	15300×5550×4650

悬吊式三点吊挂结构全液压锻造操作机结构紧凑、运动灵活，钳杆提升高度大，夹持锻件尺寸范围广，且具有更大的夹紧力与夹持力矩；一般采用整体焊接机身、链轮与销齿条驱动，具有良好的刚性和更高的控制精度；更重要的是强调动力，具有足够的起动加速度和合理的运行速度。设备除具有手动、半自动、自动和联动操作功能外，还具有一般的程序锻造功能，具有数字化装备的基本要素。

中国重型院供货的 300kN/800kN · m、1250kN/3000kN · m 悬吊式三点吊挂结构液压锻造操作机分别如图 6-2-5、图 6-2-6 所示。

国外操作机设备的供货厂家主要以德国 DDS 公司和梅尔公司为代表；国内制造供货厂家众多，供货能力和设备质量参差不齐。以中国重型院为代表的重型机械行业，掌握了设备的核心技术，形成了全系列规格的供货能力，成功研制的 3000kN/7500kN · m 锻造操作机，应属当今性能最强、技术水平最高的锻造操作机。

悬吊式三点吊挂结构液压锻造操作机的技术参数见表 6-2-2。

2.1.5　锻造操作机的选用规则

锻造操作机是自由锻造液压机的重要配套设备，合理的选择锻造操作机可有效地发挥液压机的锻造能力，提高生产效率。

锻造液压机的锻造能力和性能特点决定了其适配操作机的合理选择范围，表 6-2-3 列出了一般情况

表 6-2-2　悬吊式三点吊挂结构液压锻造操作机技术参数

公称载重量 G/kN	10	30	50	80	100	160	200	300	400	500	600	800	1000	1250	1600	2500	3000
公称夹持力矩 M/kN·m	25	80	125	200	250	400	500	800	1000	1250	1500	2000	2500	3150	4000	6300	7500
夹持锻件尺寸范围/mm ($D_{min}\sim D_{max}$)	50~550	80~750	80~810	110~920	120~1000	120~1200	130~1300	165~1450	165~1600	175~1700	175~1860	200~2000	250~2200	300~2325	300~2500	390~2840	400~3500
钳头最大旋转直径 D/mm	890	1170	1270	1480	1600	1950	2100	2260	2530	2650	2860	3100	3500	3700	3980	4320	5560
钳杆中心线至轨顶高度/mm ($H_{min}\sim H_{max}$)	450~1200	550~1500	580~1680	620~1900	690~2130	815~2470	900~2700	920~2720	950~2750	1090~2990	1250~3250	1350~3350	1400~3600	1500~3700	1600~4120	1700~4400	2500~6300
夹钳上、下倾角 α/(°)	7/到地面	7/到地面	7/到地面	7/到地面	7/到地面	7/到地面	7/到地面	7/到地面	7/到地面	7/到地面	7/到地面	7/到地面	7/到地面	7/到地面	7/到地面	7/到地面	7/到地面
夹钳左右移动距离 c/mm	±100	±120	±140	±150	±150	±180	±200	±200	±225	±250	±300	±300	±300	±340	±400	±400	±400
夹钳左右摆动角度 β/(°)	±5	±5	±5	±5	±5	±5	±5	±5	±5	±5	±5	±5	±5	±5	±5	±5	±5
夹钳伸出量 L/mm	1150	1400	1450	1770	1920	2050	2170	2200	2270	2490	2540	2670	2700	2750	2860	3265	4000
钳头旋转速度 n/(r/min)	1~25	1~25	1~22	1~20	1~20	1~18	1~18	1~16	1~16	1~14	1~14	1~12	1~12	1~12	1~10	1~8	1~8
钳杆旋转控制精度 γ/(°)	±1	±1	±1	±1	±1	±1	±1	±1	±1	±1	±1	±1	±1	±1	±1	±1	±1
大车行走速度 v/(m/min)	0~60	0~60	0~48	0~48	0~48	0~48	0~48	0~48	0~48	0~36	0~36	0~36	0~36	0~36	0~36	0~24	0~24
大车行走定位精度 e/mm	±3	±3	±3	±3	±5	±5	±5	±5	±5	±8	±8	±8	±8	±8	±8	±8	±8
轨距 S/mm	1800	2000	2200	2500	2800	3000	3300	3600	3800	4000	4400	5000	5300	5700	6200	6800	7200
装机功率/kW	~40	~90	~125	~150	~180	~210	~260	~300	~360	~380	~500	~650	~700	~820	~1000	~1500	~1800
设备外形尺寸/mm (长×宽×高)	4500×1750×1800	6150×2400×2200	6500×2800×2550	7750×3100×2700	8600×3600×3500	9600×4600×3800	10500×4800×3900	10800×5100×4000	10950×5200×4150	11500×5600×4300	13000×5800×4700	15500×6300×5500	16300×6600×5800	17500×6900×6200	18600×7550×6800	20000×8300×8400	22000×8300×9500

图 6-2-5　300kN/800kN · m 悬吊式三点吊挂结构液压锻造操作机

图 6-2-6　1250kN/3000kN · m 悬吊式三点吊挂结构液压锻造操作机

表 6-2-3　液压机锻造能力及其匹配锻造操作机主参数

公称力/MN	镦粗钢锭重量/t	拔长钢锭重量/t	操作机额定夹持力/kN	操作机额定夹持力矩/kN · m
5	1	2	20	50
6.3	1.8	3.5	30	75
8	2	5	50	125
10	3	8	80	200
12.5	4	10	100	250
16	10	20	200	500
20	14	25	250	630
25	20	30	300	750
31.5	25	40	400	1000
40	30	60	500	1250
50	50	100	600	1500
63	75	150	800	2000
80	100	200	1000	2500
100	120	250	1250	3150
125	150	300	1600	4000
160	200	400	2500	6300
200	250	500	3000	7500

下液压机系列规格镦粗和拔长锻件的能力，并以锻件重量为依据，给出了匹配操作机的规格，可供初步选型参考。需要说明的是，表中所列液压机的镦粗能力是按普通碳素钢锭全断面镦粗确定的，拔长重量一般按照镦粗钢锭重量的 2 倍左右考虑。

实际选择过程中，由于锻造产品材料和工艺的不同，会存在较大的差异，应区别对待。盲目地追求最大配置，不仅增加设备投资成本，而且由于操作机自身运动质量的增加，还会带来能源浪费和生产效率降低等弊端。如果操作机配置过小，操作机动作灵活，适配锻造时效率较高，但难以充分发挥液压机的全部锻造能力，造成设备资源浪费。正确的做法是：对计划锻造产品及工艺进行认真分析，正确处理锻造产品适应性与锻造工作效率的关系，操作机能力选择以满足大部分锻造产品的正常锻造为主，以确保机组设备的高效节能运行，可能存在的少量超能力范围锻件通过其他工艺措施或辅助手段解决。

2.2　锻造操作机的机械结构

在锻造操作机结构演变进程中，悬吊式三点吊挂结构显示出明显的优势，得到了全球自由锻造行业的认可，是现阶段锻造操作机的优选结构。其结构主要包括：钳杆装置、吊挂系统、机身、行走驱动装置、车轮支撑装置、检测装置、润滑系统、水电拖链等，如图 6-2-7 所示。

2.2.1　钳杆装置

钳杆装置是锻造操作机的核心部件。通过钳杆进行锻件的夹持与松开、钳头旋转等主要功能。钳杆装置在结构上又分为钳头和钳杆两部分，如图 6-2-8 和图 6-2-9 所示。

钳头部分采用长杠杆形式驱动，夹持锻件时只需要相对较小的液压缸力量，而且钳头结构允许夹紧液压缸具有较大的行程，钳口夹持范围大。

钳杆内置缸动式夹紧液压缸，钳杆夹紧力由液压缸的活塞大腔产生，可以提供更大的夹紧力。夹紧或松开时缸体相对于钳杆轴进退，旋转时缸体随钳杆一起转动，通过回转接头解决夹紧缸的配油问题。钳杆旋转机构采用两套成 90°布置的斜轴式柱塞马达，通过回转减速机驱动固定在钳杆轴上的大齿轮，带动钳杆正/反方向连续旋转。

2.2.2　吊挂装置

吊挂装置是操作机的重要部件，操作机钳杆的升降与仰俯动作、侧向移动与摆动动作以及垂直与水平缓冲功能的实现，均离不开吊挂装置。其结构如图 6-2-10 所示。

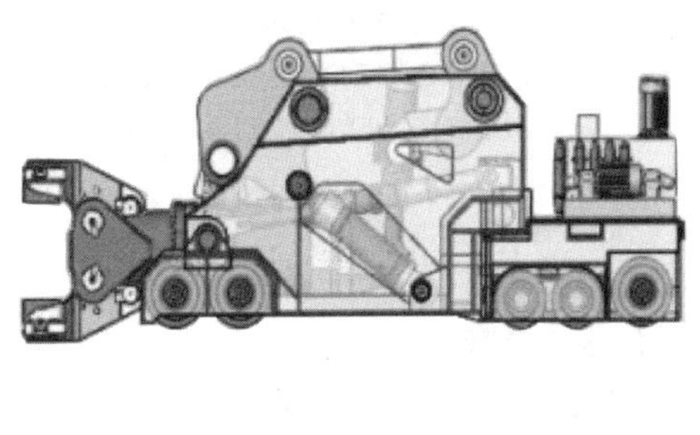
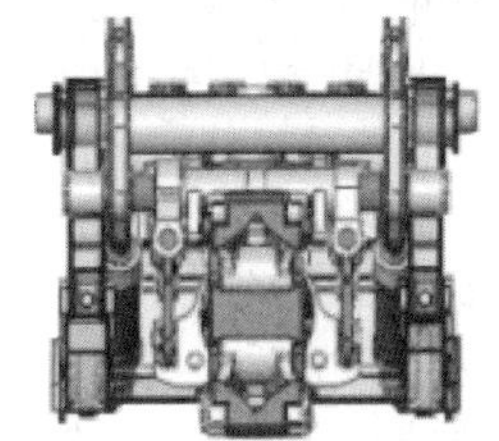
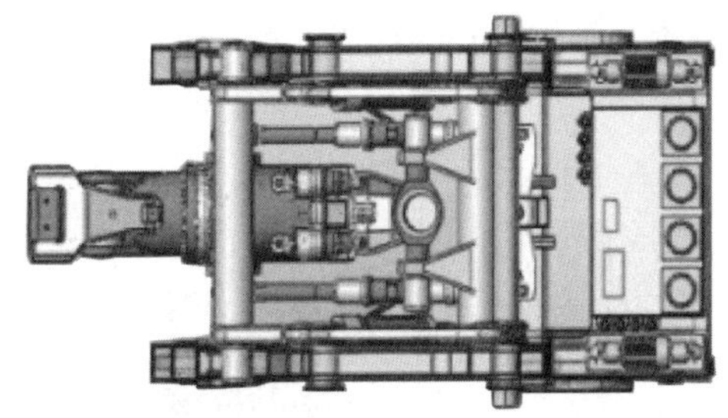
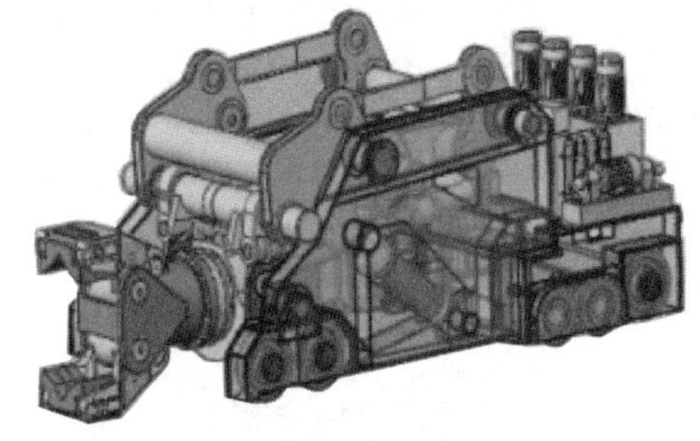

图 6-2-7　悬吊式三点吊挂结构锻造操作机结构

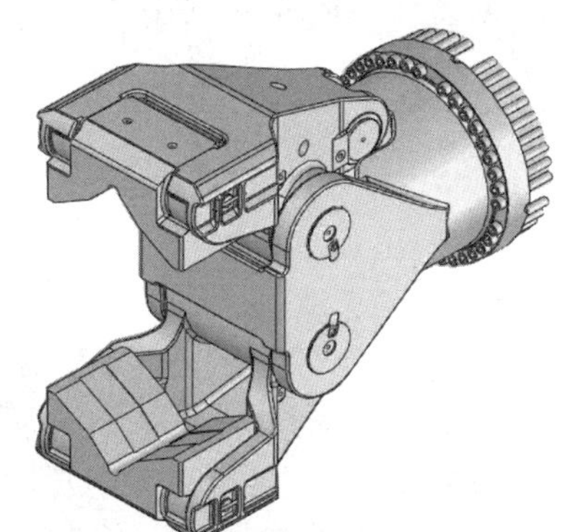
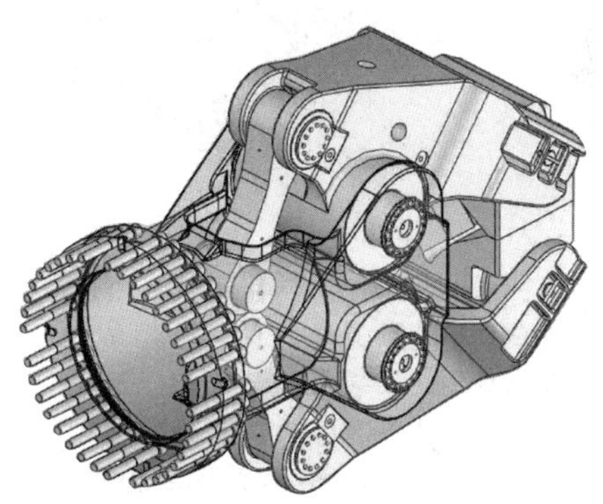

图 6-2-8　钳头部分结构

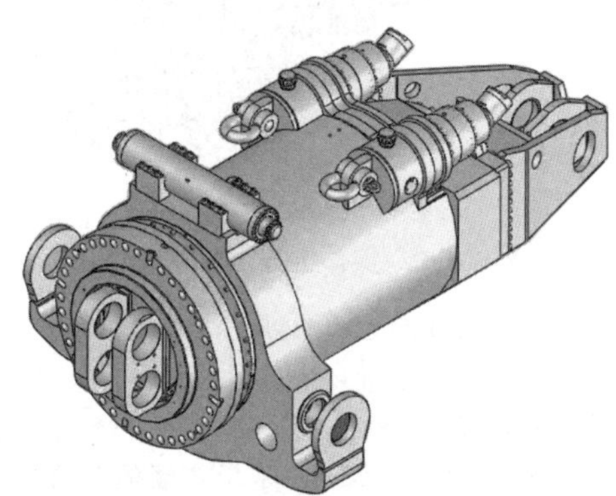

图 6-2-9　钳杆部分结构

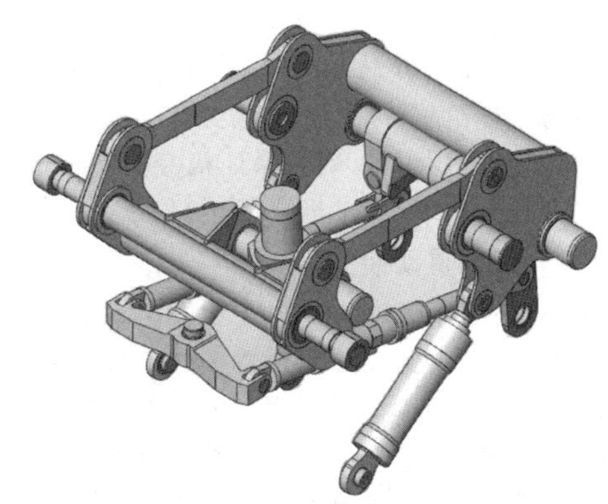

图 6-2-10　吊挂装置结构

吊挂装置中钳杆仰俯液压缸斜置在墙板内侧，对称布置，可有效增大钳杆提升高度。一只活塞式倾斜缸垂直倒装在后转臂上侧移装置的中心位置，活塞杆端与钳杆架后部相连。液压缸驱动转臂绕安装在机身两侧墙板上的铰轴转动，通过布置在转臂上端的两侧拉杆连接前后转臂，前部转臂上的两个吊杆和倾斜缸活塞杆共同连接钳杆构成吊挂机构。

钳杆升降时，仰俯液压缸保持不变，通过与转臂相连接的吊杆来带动钳杆机构提升或下降，运动过程中钳杆中心线在升降过程中一直保持水平状态，不会出现倾斜现象。当仰俯液压缸进/排液时，通过活塞杆带动钳杆后部上升或下降，从而使钳杆向下或向上倾斜。

钳杆提升缸与蓄能器连接，允许钳杆在锻造过程中具有一定的垂直缓冲量，并具有自动快速弹跳功能。水平缓冲缸为双作用液压缸，安装在前吊杆与转向臂之间，通过液压系统组成缓冲弹簧，保持工作时钳杆位置稳定，并允许钳杆相对于大车有一定的缓冲量，以满足快速锻造的工作要求。

钳杆侧移液压缸布置在与转臂相连接的前、后横杆上方（前后侧移缸的缸体兼作前后横杆）。钳杆侧移液压缸柱塞与转臂固定连接，缸体（即横杆）通过转臂滑套左右移动带动钳杆运动，实现钳杆的水平侧移及摆动。吊杆通过销轴与钳杆架实现紧凑连接。

所有液压缸、吊杆的连接均采用关节轴承，保证工作时每个运动副的动作灵活。

2.2.3　机身

钳杆通过吊挂系统与操作机机身连接，机身是载体；同时机身也是操作机行走与支撑的载体，在设备中有承上启下的作用。实际生产中要求机身结构紧凑、刚性好、重量轻。其结构如图6-2-11所示。

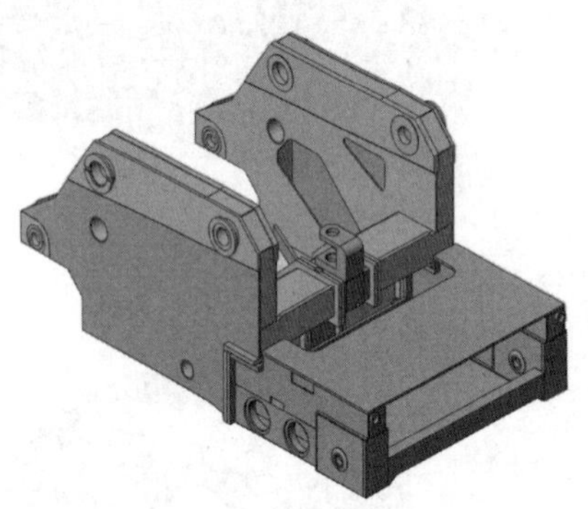

图6-2-11　机身结构

由于运输和安装限制，大中型操作机机身由前部机身和后部机身两部分组成，通过直角连接方式安装在一起。前部机身用于安装吊挂装置和前部车轮，后部机身用于安装行走装置、后部车轮装置和油箱管路总成等。小型操作机机身可整体焊接组成。

前部机身为机身中的关键部件，其刚性对设备性能影响大，且结构复杂，对焊接和加工工艺要求较高。一般将前部机身分成左右两部分进行焊接和加工，组装时通过在后下部的连接桥架进行机械连接，现场安装调整后对连接桥架连接面进行焊接，组成整体结构机身，以确切保证机身的整体刚性。后部机身的连接也增加了机身的整体刚性。

2.2.4　行走驱动装置

操作机大车行走驱动装置采用链轮与销齿条机构，如图6-2-12所示。小型锻造操作机采用一组液压马达驱动的行走减速机装置；大中型锻造操作机则采用两组独立控制的液压马达通过行走减速机驱动链轮实现大车的行走驱动。每组驱动含有两套马达减速机装置，左右对称安装在后部机身内，保证操作机的平稳运行。采用前后两组驱动装置驱动大车行走，定位过程中两组驱动相互支撑，有效消除运行时销轮的齿间啮合间隙，运行精度高，同时降低了销轮轴的磨损。

图6-2-12　操作机行走驱动装置

采用对称布置的双轮驱动，通过变量泵和比例阀联合控制，运动全过程均可以实现无级调速，制动前先减速以保证平稳停住，操作机车体行走平稳，易于实现较高的精度控制。采用合理的驱动扭矩，可以获得较大的加速度，以适应锻造工艺的快速性要求。

2.2.5　车轮组件

锻造操作机中的链轮是驱动轮，车轮是从动轮，前、后轮分别安装在机身上，在轨道上行走，对大车起支撑作用。操作机车轮组件如图6-2-13所示。

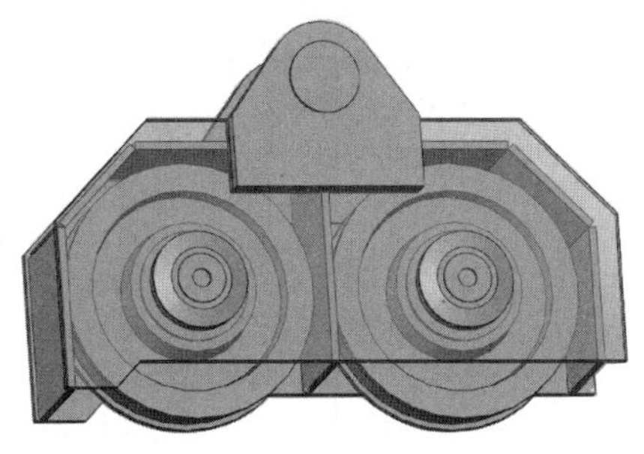

图 6-2-13　操作机车轮组件

2.2.6　尺寸检测装置

锻造操作机通过光电编码器对钳杆转角、大车行走位移进行检测与控制；通过位移传感器对钳杆位置（如提升高度、侧移距离、缓冲缸行程等）进行检测与控制；通过接近开关等非接触检测装置实现关联设备的连锁与安全保护。

2.2.7　设备润滑装置

根据运动副的工作、载荷特征，各运动副的润滑分别采用集中润滑、分散油杯润滑（如钳杆旋转部分中的销轴）、油浴润滑（如齿轮箱、减速机箱）等几种不同形式进行。集中润滑装置采用双路高压润滑系统，通过干油分配器将润滑油脂加入到各润滑部位。

2.2.8　水电拖链

锻造操作机油箱、执行机构、控制和检测元器件全部布置在大车上，其电线电缆、冷却水管等均需要通过拖链机构安装到大车上。

2.3　锻造操作机液压控制系统

液压控制水平直接决定着全液压锻造操作机设备的实用性能和运行可靠性，先进的锻造操作机液压控制系统采用恒压比例控制技术。由恒压变量泵、比例方向阀组成的电液比例控制系统，配置先进的泵、阀液压元件和各类检测传感器，通过电气控制系统的集中处理与控制，实现锻造操作机的各种动作要求，提高控制精度，保证其快速性、平稳性；同时，恒压比例控制系统更容易实现操作机多动作复合功能要求，保证锻造生产的连续性，提高生产效率。

2.3.1　液压控制系统总成及布置

操作机液压控制系统由油箱装置、循环装置、主辅液压泵及其泵头控制装置、动作控制阀块、以及压力、温度、液位等检测元件和液压附件等构成，以油箱管路总成方式集中布置，整体安装在操作机后部机身上。对于大型锻造操作机，根据空间位置和控制性能需要，动作控制阀块（如钳杆控制和行走控制阀块）可就近布置在相应执行机构附近。

图 6-2-14 所示为典型的操作机油箱管路总成结构。液压泵及其驱动电动机安放在油箱顶部，负责为系统提供工作油源与动力；循环装置围绕油箱布置，包括带有安全阀的供液螺杆泵、冷却器、加热器、过滤器等液压附件，负责对油箱油液进行处理；泵头控制阀块和动作控制阀块集中安放在前端支架上，方便与执行元件的连接；锻造操作机运动和工作时会受到较大的冲击和振动，所以应合理设计高低压管路连接方式和管夹的布置；为方便维护保养，一般应设有走台和梯子围栏。

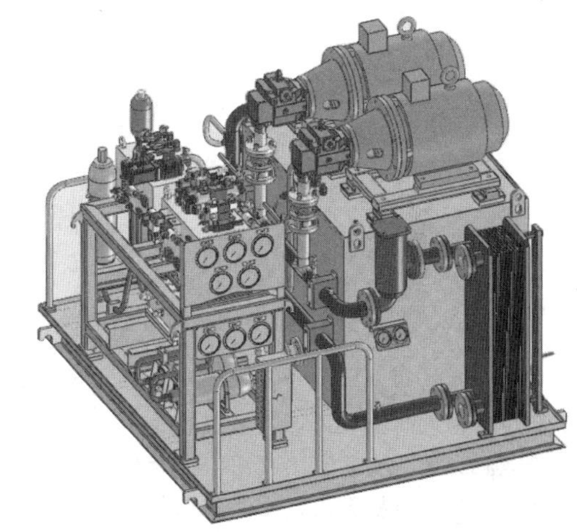

图 6-2-14　典型的操作机油箱管路总成

2.3.2　典型液压控制回路

在锻造操作机的五种基本动作中，按照工艺要求，在与液压机配合锻造过程中，钳口的夹紧与松开、大车行走、钳头旋转、钳杆的升降与仰俯等动作的控制至关重要，其运动速度、控制精度和力的大小直接影响着锻造生产效率和锻件产品质量。

1. 钳口的夹紧与松开动作控制

操作机夹紧与松开由夹紧缸实现，锻造过程中有夹紧、松开、保压三种状态，其液压控制回路如

图 6-2-15 所示。控制回路主要由比例方向阀、隔离阀、蓄能器、夹紧端比例溢流阀及松开端溢流阀组成。其中比例方向阀用来控制夹紧和松开动作的起停及运行速度；隔离阀主要用于保压时油路隔离，减少系统泄露；比例溢流阀可以根据锻件情况方便地设定与调整夹紧工作压力；溢流阀用于钳口松开动作压力的设定；蓄能器用于钳口夹紧时的压力保持。

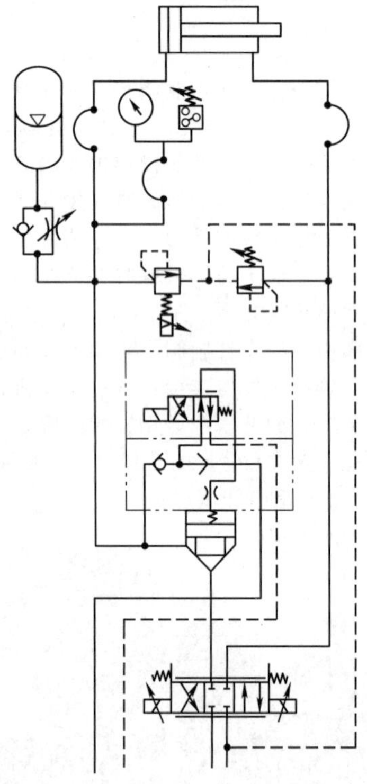

图 6-2-15　钳口夹紧与松开的液压控制回路

动作实现方法如下：当钳口夹紧时，比例方向阀左侧电磁铁和隔离阀电磁铁线圈通电，高压油液进入夹紧缸大腔，夹紧缸小腔油液经背压回油管路排回油箱；当钳口松开时，比例方向阀右侧电磁铁和隔离阀电磁铁线圈通电，高压油液进入夹紧缸小腔，夹紧缸大腔油液经背压回油管路排回油箱；当钳口保压时，比例方向阀与隔离阀关闭，由专门的保压油路给钳口夹紧缸大腔供油，以保证钳口处于夹紧状态。

2. 大车行走、钳头旋转动作控制

操作机大车行走和钳头旋转动作的执行元件都是液压马达，其液压控制回路基本相同，如图 6-2-16 所示。

液压控制回路主要由比例方向阀、隔离阀、安全补油阀及蓄能器组成。其中，比例方向阀用来控制动作的起停及运行速度；插装式隔离阀主要用于停止时完全切断马达进出口回路，保证动作可靠停止；安全补油阀用来限定动作的工作压力，并在被动受力时向马达补油，防止吸空现象发生；蓄能器用来吸收动作过程中的峰值压力。

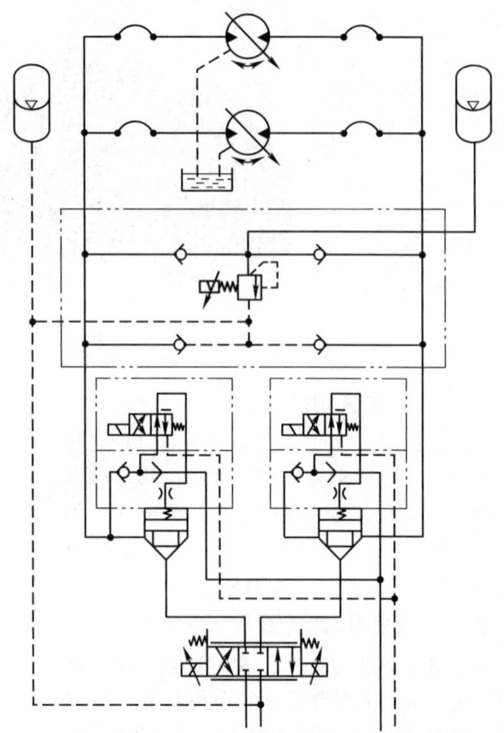

图 6-2-16　操作机大车行走、钳头旋转的液压控制回路

动作实现方法如下：

当比例方向阀一侧电磁铁和隔离阀电磁铁线圈通电时，油路打开，压力油通过马达进油腔进入，从回油腔排出，实现旋转与行走动作。在动作和起停过程中，比例阀按照预设曲线打开和关闭，可以实现动作和起停的快速性与平稳性、保证其角度和位置控制精度；通过设定程序或操作手柄调整比例阀开口比例可以方便地控制其运动速度。

3. 钳杆升降与仰俯动作控制

在悬吊式三点吊挂结构中，钳杆升降与仰俯动作分别实行独立控制，工作时既要保证钳杆垂直方向高度和状态满足工艺要求，又要承受锻造时液压机传递的被动力。其控制回路包含了提升缸控制回路和仰俯缸控制回路两部分，如图 6-2-17 所示。

钳杆升降动作控制回路由比例方向阀、隔离阀、两级电磁溢流阀及蓄能器组成。比例方向阀用来控制钳杆升降动作的起停及其运动速度；隔离阀用来隔离油路，防止因泄露引起钳杆下降；两级电磁溢

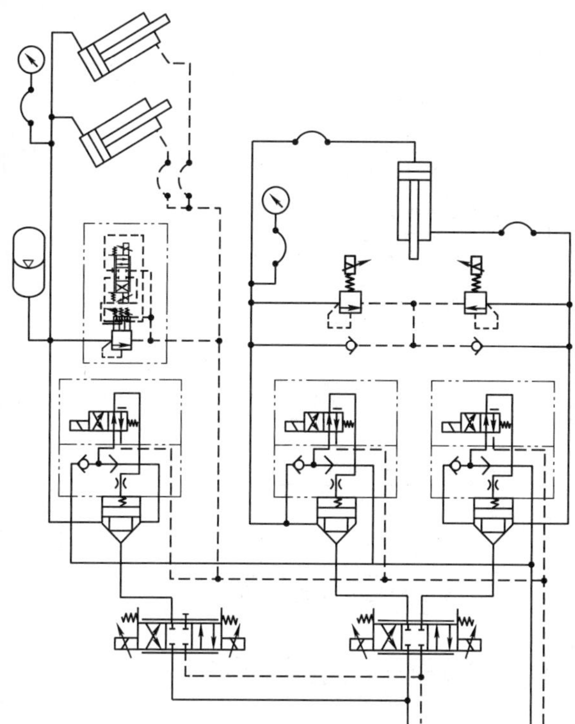

图 6-2-17 钳杆升降与仰俯的液压控制回路

流阀可以实现高、低两种压力的转换，电磁铁线圈不通电时提供较低的动作压力，电磁阀得电时实现较高的动作压力。较低的动作压力保证在液压机常锻加压时钳杆以较小的被动受力跟随锻件中心下降；较高的动作压力保证钳杆提升时有足够的动作力量，而且在精锻状态保证钳杆的自动快速回跳。

仰俯动作控制回路由比例方向阀、隔离阀、溢流阀和补油单向阀组成。比例方向阀用来控制钳杆仰俯动作的起停及其运动速度；隔离阀用来隔离油路，防止在停止过程中由泄露引起钳杆俯仰；溢流阀用来限制钳杆俯仰动作的工作压力；补油单向阀在钳杆被动受力时给液压缸补油防止吸空现象发生。

动作实现方法如下：

当钳杆提升时，比例方向阀左侧电磁铁和隔离阀电磁铁线圈通电，压力油进入提升缸下腔，上腔油液经背压回油管路排回油箱；当钳杆下降时，比例方向阀右侧电磁铁和隔离阀电磁铁线圈通电，下腔压力油经比例方向阀及背压回油管路排回油箱，上腔由背压回油管路吸油。

当钳杆上仰时，比例方向阀左侧电磁铁和隔离阀线圈通电，压力油进入仰俯缸上腔，下腔油液经背压回油管路排回油箱；当钳杆下俯时，比例方向阀右侧电磁铁和隔离阀电磁铁线圈通电，压力油进入仰俯缸下腔，上腔油液经背压回油管路排回油箱。

当液压机用于精锻时，两级电磁溢流阀线圈通电提供较高的工作压力，钳杆跟随锻件中心被动下降，提升缸下腔压力油进入蓄能器，当液压机回程时，进入蓄能器的压力油返回提升缸下腔，钳杆快速回跳至原高度，实现快速送进。

2.4 锻造操作机电气控制系统

锻造操作机动作复杂、控制变量多，为满足锻造工艺要求，锻造过程中需要对钳口夹紧、大车运行、钳头旋转、钳杆提升等动作的力量、速度、位置等参数进行实时精确控制，针对上述要求，电气控制采用现场总线控制系统结构，从高控制精度、高可靠性、抗干扰、易维护的目的出发，将控制系统按功能分布，实现集中监控、分片管理、分散控制。

锻造操作机电气控制系统由可编程逻辑控制器（PLC）、工业控制计算机（IPC）、控制阀组、传感器及检测元件联网组成，如图 6-2-18 所示。

PLC 是整个控制系统的核心，通过现场控制通信总线连接各个部件，实现 PLC 主站与分布式 I/O 从站之间的快速通信。IPC 作为人机操作界面，对系统的压力、位移、温度等参数进行实时采集、实时显示，接受操作台的信息，协调液压机和锻造操作机的运动关系。PLC 与 IPC 协调工作，实现操作机动作的手动、半自动、自动操作；通过以太网通信实现操作机与锻造液压机联动控制，执行机组设备各种辅助动作、进行参数检测与监控、模拟显示、故障报警与诊断等任务。

锻造操作机执行元件动作可以分为两大类，即马达旋转运动和液压缸直线运动。大车的直线步进决定了锻造时坯料的纵向送进量，钳头旋转的转角误差会影响锻件的几何形状和尺寸，钳杆的提升速度与高度位置也影响着锻件质量和生产效率。根据工艺要求，各种动作的运动速度和动作压力应实现无级调节。典型的全液压锻造操作机采用的恒压电液比例控制系统，包括由电液比例阀、执行元件液压缸或马达、检测元件位移传感器或旋转编码器和可编程控制器等组成的闭环位置控制系统，可保证锻造操作机动作响应迅速、运行平稳、定位精确。其控制系统结构如图 6-2-19 所示。

锻造操作机夹持负载能力越强，其自身结构重量就越大，动作时运动质量和转动惯量就越大。以钳杆旋转控制为例，随着锻件的伸长，转动惯量随之发生改变，控制系统具有快时变性的特性，采用传统的比例积分微分控制（PID 控制）很难满足其精度控制要求，一般采用预测型多模式控制系统，其结构如图 6-2-20 所示。其控制系统主要包括预测

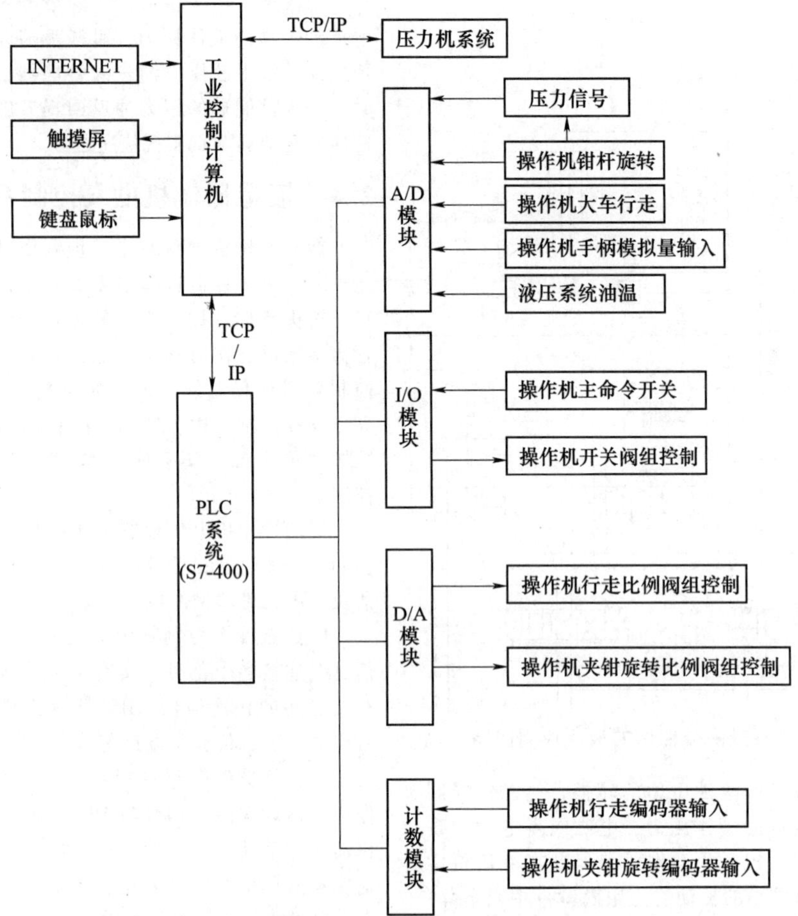

图 6-2-18　操作机电气控制系统结构

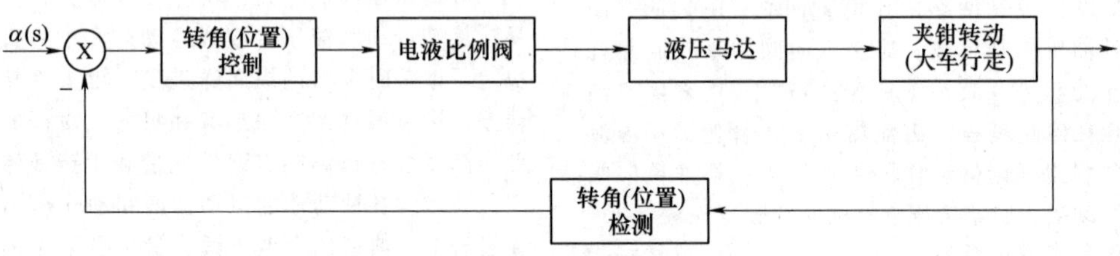

图 6-2-19　操作机动作控制系统结构

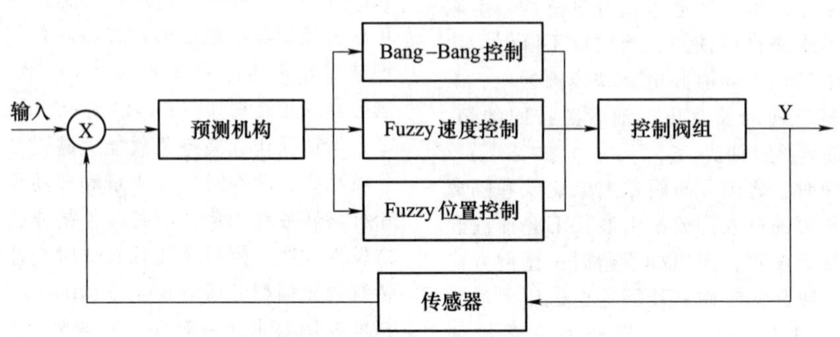

图 6-2-20　多模式预测控制系统结构

机构、Bang-Bang 控制、Fuzzy 速度控制、Fuzzy 位置控制、控制阀组以及传感器，以上部分组成实时闭环系统。根据操作机的工作特性确定控制方式，大偏差范围内采用 Bang-Bang 控制（开关控制），在趋向目标时采用速度控制，在接近目标时采用位置控制，预测机构决定控制方式的切换时机。运用这三种控制方法，既能缩短过渡时间，提高运行速度，又能保证系统超调量小，进行无超调量控制，使控制精度得到迅速提高。

2.5　典型的大型锻造操作机

近十几年，伴随着中国制造业的快速发展，我国自由锻造行业得到了极大的发展，自由锻造设备无论在数量、能力、控制水平等方面均有显著的提高，仅万吨以上的自由锻造液压机的保有量就接近 20 台。与此同时，仅 1600kN 以上的大型全液压锻造操作机就装备了 10 台之多，其中就包含了全球范围内能力最强大、结构最先进、控制水平最高的液压锻造操作机，代表着当今操作机技术发展的先进水平。本节重点介绍德国 MEER 公司的 2500kN/6300kN · m 锻造操作机、德国 DDS 公司的 2500kN/7500kN · m 锻造操作机和中国重型院 3000kN/7500kN · m 锻造操作机，其技术性能参数见表 6-2-4。所述操作机设备夹持能力与控制水平分别在不同时间段内处于国际领先水平。

表 6-2-4　典型大型操作机技术参数

参数名称		中国重型院 3000/7500	德国 DDS 公司 2500/7500	德国 MEER 公司 2500/6300
额定载荷/kN		3000	2500	2500
夹持力矩/kN · m		7500	6300	6300
夹钳夹持直径/mm		3500/400	3000/560	3000/630
抱钳夹持尺寸/mm		5500	4500	—
夹钳最大回转直径/mm		5560	4600	5700
钳杆回转速度/(r/min)		0~10	0~10	5
钳杆回转精度/(°)		±0.5	±0.5	±0.5
钳杆中心线垂直位置/mm(距地面)		6300/2500	5500/2000	5150/1500
钳杆提升高度/mm		3800	3500	3650
钳杆垂直倾角/(°)		+7/-9	+8/-10	10
钳杆提升速度/(mm/s)		120	125	90
钳杆左右平移/mm		±400	±350	±300
钳杆左右摆动/(°)		±5	±4	±5
大车行程/m		30	20	28
大车速度	锻压状态/(m/min)	0~24	0~24	15
	非锻压状态/(m/min)	0~48	0~48	30
大车运行加速度/(m/s^2)		1.2	1.2	—
大车行走精度/mm		±4	±4	±5
大车轨距/mm		7200	6800	6900
设备外形尺寸	总长度/mm	22000	20000	23804
	最大高度/mm	9500	8400	9336
	宽度/mm	9300	8300	8374

1. 德国 MEER 公司的 2500kN/6300kN · m 锻造操作机

中国第一重型机械股份公司和上海重型机器厂有限公司先后引进了由德国 MEER 公司设计供货的 2500kN/6300kN · m 锻造操作机，如图 6-2-21 所示，分别为 150MN 水压机和 165MN 液压机配套，分别于 2009 年前后投入使用。

该操作机采用摆杆式四点吊挂结构形式，其重要特点是吊挂装置通过前后四根吊杆连接钳杆装置，四台提升缸垂直安装，前后转臂之间没有机械连接。该结构的优点是易于实现钳杆的侧移和摆动动作；缺点是后提升缸受力不合理，当钳杆夹持锻件被动承受来自液压机的锻造力时，后提升缸环形腔需要对钳杆提供拉力，液压缸布置不尽合理，同时钳杆升降时要求液压电气系统控制前后提升缸实现运动速度和位移同步，对电液控制系统要求高，可靠性难以保证。

2. 德国 DDS 公司的 2500kN/7500kN · m 锻造操作机

图 6-2-22 所示为中信重工机械股份有限公司引进的，由德国 DDS 公司设计供货的 2500kN/7500kN · m 锻造操作机，与 185MN 锻造液压机配套，于 2011 年 6 月投产使用。

该操作机采用悬吊式三点吊挂结构形式，其重

图 6-2-21　德国 MEER 公司 2500kN/6300kN · m 锻造操作机

图 6-2-22　德国 DDS 公司 2500kN/7500kN · m 锻造操作机

要特点是钳杆前部由两根吊杆连接，钳杆后部由倒置安装在后转臂中部的一个仰俯缸直接连接，前后转臂通过下部拉杆连接，形成平行四边形提升机构。仰俯缸位置保持不变，只要控制提升缸下腔进、排油即可实现钳杆的垂直提升与下降；同样，提升缸位置保持不变，控制仰俯缸活塞杆的伸缩，即可实现钳杆的仰俯动作。该结构通过机身上的缓冲缸转臂装置，巧妙地解决了钳杆侧移与摆动问题。该布置方式结构紧凑、受力合理、控制方便。

3. 中国重型院的 3000kN/7500kN · m 锻造操作机

图 6-2-23 所示为中国重型院开发研制的 3000kN/7500kN · m 锻造操作机，与 195MN 锻造液压机配套，于 2014 年 4 月在江苏国光重型机械制造有限公司投产使用。

该操作机采用提升缸斜置式三点吊挂结构，增大了操作机的垂直提升能力和钳杆运动的灵活性；采用缸动式夹紧机构和长杠杆夹持的钳口结构，夹持锻件尺寸范围显著提高；采用了无隙传动控制技术，提高了行走定位控制精度；具备与万吨级大型锻造液压机的联动控制技术，实现了与 195MN 液压机的联动控制生产；采用先进的恒压电液比例控制系统，既能实现操作机多机构的复合运动，又可以方便地调整动作速度，实现精度控制。设备技术性能先进、运行稳定可靠。

图 6-2-23　中国重型院 3000kN/7500kN · m 锻造操作机

第3章

冲压自动化

吉林大学　韩英淳
济南奥图自动化股份有限公司　和瑞林
济南二机床集团有限公司　张世顺

3.1　冲压生产自动化概念

3.1.1　冲压生产自动化的意义及优点

冲压生产是借助于成形设备和工模具，在冷状态下对板料施加压力，使其产生分离或塑性变形，从而获得具有一定形状、尺寸和性能要求产品的高效且经济的生产技术。由于冲压多是在常温状态下进行，同时操作简便，生产效率高，易于实现自动化。故实现冲压生产自动化已成为当前冲压业界的发展潮流。

1. 冲压自动化的定义及内容

冲压自动化（Stamping Automation）系指为提高生产率和产品质量，通过机械传动或电气控制实现按一定规律自行完成所要求的冲压工序作业，并能连续生产的一套系统。它既包括冲压设备及模具，又包括板料的上料、工序间的传送装置（机械手、机器人）及成品下线装置，还应将其有序地布置成生产线后，通过先进的控制系统使全线有顺序地作业，并保证作业过程的同步协调与安全监控。

2. 冲压自动化的优点

冲压生产实现自动化后形成如下主要优点：

1）实现安全生产，既杜绝工伤事故，又能避免设备与模具的损害。

2）极大地提高了冲压生产率和产品质量。

3）显著改善劳动条件，降低工人劳动强度。

4）减少作业面积与作业人员。

5）降低成本，提高效益，由于可实现高速冲压加工，故可获得较高经济效益。

3.1.2　冲压生产自动化应用概况及发展趋势

半个多世纪以来，冲压行业不断提高生产率及扩大产能，降低成本，减少工伤事故，通过不断吸收新的材料成形、设备革新及电子技术的新成果，力求将传统的人工操作冲压生产转变为机械化与自动化生产，其间经历了以下几个阶段：

1. 冲压生产机械化阶段

在20世纪60年代以前，冲压生产开始配备机械化装置和连线成机械化生产线，采用机械手或传递横梁代替人工上、下料，并进行传送与翻转。但这种机械化冲压生产线结构复杂，并严格按照工件传送的运动规律设计，缺乏柔性，仅适合少品种、大批量的生产方式。

2. 冲压生产自动化发展阶段

20世纪70年代后，随着电子技术的发展，国际上冲压行业开始技术革新，迅速向高速化、自动化与柔性化方向发展。此时冲压生产机械化已无法满足生产要求。由于机器人技术的日益成熟及连续级进模技术、多工位压力机的推广应用，由机器人取代了传统的机械化自动装置。从而出现了冲压机器人及冲压自动化生产线，其典型代表有：

（1）汽车覆盖件冲压自动化生产线　如图6-3-1所示，该冲压自动化生产线由多台压力机串联，并配备有拆垛装置、上下料机器人、压力机中间翻转及传输装置，再加上电控系统所组成。该生产线可以通过编程的方式方便地改变机器人的运动轨迹和作业内容，具有较高的柔性，适合于多品种、小批量的生产方式。

图6-3-1　汽车覆盖件冲压自动化生产线

（2）中小件多工位自动化冲压线　如图6-3-2所

示，该多工位自动化冲压线是一个高效、先进的冲压成套设备，能将落料、冲孔、冲槽、拉深、成形等多个冲压工序在一台压力机上完成，可以替代由多台开式压力机串联而成的生产线。它具有生产率高、冲压件质量稳定、占地面积小、降低生产成本等优势。在电器、电子、仪表及汽车零部件行业获得了广泛应用。

图 6-3-2　多工位自动化冲压线

3. 冲压生产自动化的发展趋势

在 20 世纪 90 年代，由于大型多工位压力机及数控液压拉深垫技术的成功研制，冲压自动化发生了重大变革，有力地促进了汽车工业的快速发展。

1）数控液压拉深垫（Hydraulic stretch pad）技术应用引人注目。由于大吨位液压拉深垫技术日趋成熟，在汽车覆盖件冲压自动化生产线中迅速推广，配有数控液压拉深垫的单动（伺服）压力机便取代了结构复杂的双动压力机。应用数控液压拉深垫，可根据成形工艺要求实时操控压边力，对各处的压边力可设置不同的值并可对压边力进行操控，使各变形部位的压边力正好可以抑制起皱发生，能使极限拉深值达最大。数控液压拉深垫与伺服压力机相结合，在高精度、难成形汽车零件的冲压生产中显示出优势，备受汽车生产厂商的青睐。

2）大型多工位压力机用于柔性冲压自动化生产线。大型多工位压力机集机械、电子、控制与检测技术于一体，以其作为大型冲压自动化生产线的主机，仅用一台压力机便可实现全自动的柔性生产线，并具有操作安全、生产率高、制件质量高、综合成本低等优点。目前，欧洲和美国的各大汽车制造商已采用大型多工位压力机和横杆式自动压力机大量生产车身覆盖件，目前我国济南二机床集团有限公司、齐齐哈尔二机床（集团）有限责任公司已经研发出 25000kN 多工位重型压力机，并在国内投入使用。

3.1.3　冲压生产自动化的类型、组成与特点

根据产品特点的不同，冲压自动化生产线为适应不断增长的产量和提高生产率、降低成本的生产要求，便产生了级进模冲压自动化生产线、多工位冲压自动化生产线与多机串联冲压自动化生产线。

1. 级进模冲压自动化生产线

如图 6-3-3 所示，该生产线一般由开卷送料机、压力机、级进模、自动下料线组成，实现卷料开卷、矫平、定距送进、冲压成件、下线收集成品件的自动化作业。其关键部分是由多个工位组成的级进模，其各工位按顺序依次关联来完成不同的加工内容，一般依次为冲孔、切槽、弯曲、拉深、翻边、切断等，能在压力机的一次行程中完成多个不同的加工内容。一次行程完成后，由送料机构按固定的步距将带料向前方送进，再重复前述的工序加工。

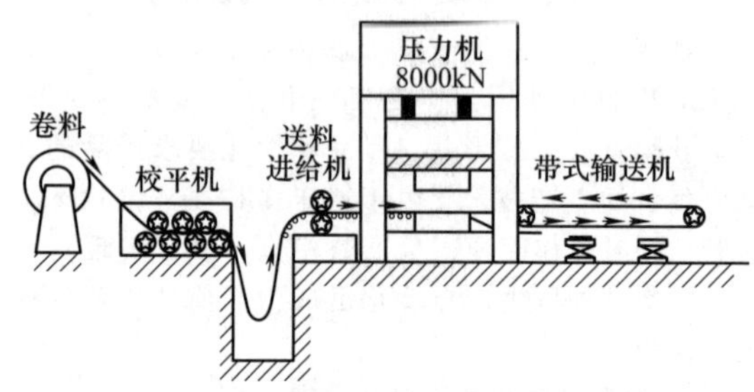

图 6-3-3　级进模冲压自动化生产线

级进模冲压自动化生产线适用于薄板（铜、铝合金）小尺寸冲压件的批量生产，具有如下特点：

1）生产节拍较高。一般可达 30 次/min 以上，生产效率高，在一副模具内可完成多种冲压工序。

2）易于自动化。上料、送料、加工、下件均可实现自动化，既节约人工成本，又能防止人工事故。

3）可以采用高速压力机生产，以适应大批量生产并进一步提高生产效率。

4）节省生产厂房面积且操作安全，仅一台压力机就组成了一条生产线，简化了底料及半成品的运输与检测。

5）材料利用率不高。由于需要保证料带的连续性和步距，以保证送料的稳定，需要在排样时留出搭边和载体，从而降低了材料利用率。

2. 多工位冲压自动化生产线

该自动化生产线的成形设备为一台大吨位压力机，该压力机的工作台上放置多副（一般为 4 ~ 5 副）独立工位模具，由拆垛机或开卷送料机上料，利用自动送料杆（传送横杆）进行工序件的传递，最后利用自动传送带收集下线产品，如图 6-3-4 所示。

多工位冲压自动化生产线适用于中型零件的快速生产（如不易变形的梁类件），具有如下特点：

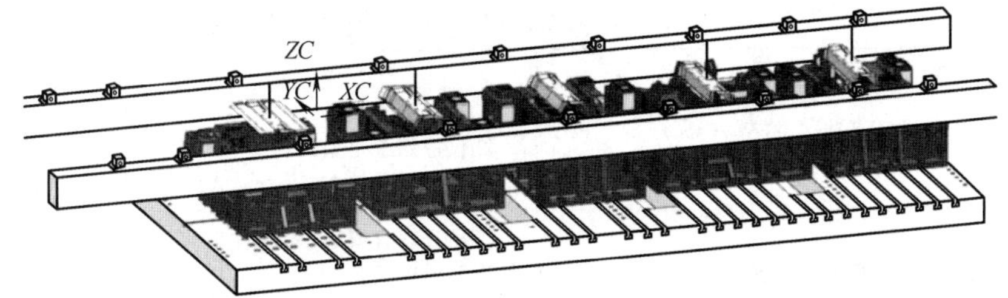

图 6-3-4　多工位冲压自动化生产线

1）底料可以是卷料，也可以是料片，灵活性大，有利于提高材料利用率。

2）使用自动杆送料，冲次低于级进模生产线，但高于传统的串联生产线，生产效率较高。

3）可添加上下料传感器、双料检测、夹子传感器、模内传感器等，对料片及生产中的制件进行位置及状态检测，安全性较高。

4）对各工位模具送料高度及冲压方向有较高要求，为保证送料的稳定，一般要保证各工序状态一致。

3. 多机串联冲压自动化生产线

如图 6-3-5 所示，该自动化生产线系由多台压力机依次排列，串联构成一条冲压自动化生产线。在每台压力机工作台上仅放置一副适用于本道工序的模具，由机器人完成拆垛、上料、工序间传送及线尾下料。该类自动化生产线特别适用于汽车覆盖件的生产。

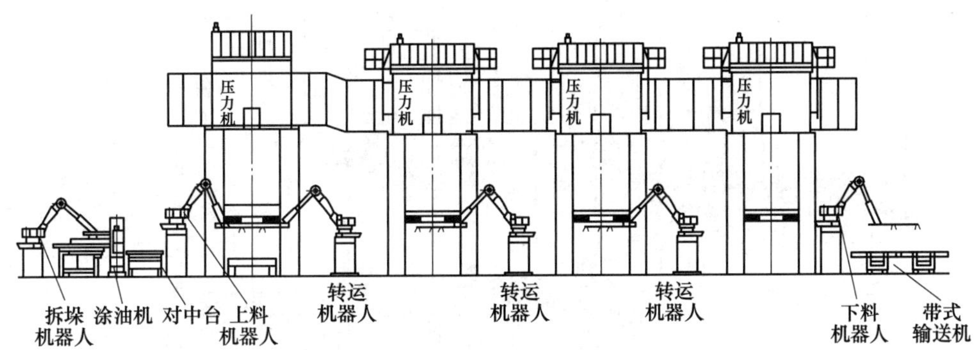

图 6-3-5　多机串联冲压自动化生产线

多机串联冲压自动化生产线是目前国内大型汽车覆盖件生产的基本模式，其特点是：

1）适用范围广，可以应用到各种大型冲压件的生产，对冲压件的尺寸大小、形状及板料厚度都没有较高要求。

2）生产率较低，由于使用机器人传送且工序又多，生产节拍较低。

3）利于模具维修调试。由于各副模具分属各自压力机且装夹独立、工作参数独立，故各模具维修调试可独立运行，互不影响。

4）占用生产厂房面积大，投资较大。

以上 3 种不同类型的冲压自动化生产线的特点对比及适用对象对比见表 6-3-1。

4. 大型汽车覆盖件冲压自动化生产线的总体布局与组成单元

汽车覆盖件的冲压生产，需要在由多台大型压力机连线组成的生产线上依次完成拉深成形、切边、冲孔、修边及翻边等工序，其劳动强度及操作相当繁重。为扩大产能，提高生产效率，必然要实现冲压自动化。以目前国内普遍采用的由 5 台压力机串联构成的覆盖件冲压自动化生产线为例，说明该线的总体布局与组成单元。该自动化生产线由压力机连线和自动化输送系统两大部分组成。

（1）压力机　作为完成冲压工艺作业的主体，根据工艺流程一般由 4～5 台压力机连线，首台 20000kN 双动压力机完成拉深工艺，后续工序由之后 3～4 台 10000kN 单动压力机完成。通过在压力机连线上配置冲压机器人及其他自动化辅助设备形成完整的大型汽车覆盖件冲压自动化生产线，如图 6-3-6 所示。

（2）冲压机器人　冲压机器人作为冲压自动线中自动化输送的主要单元，能够胜任板料拆垛、自动上下料，板件传输与翻转等操作，可完全代替人工作业。机器人通过控制系统保持与压力机的随动和连锁，完成其运动控制、系统监控与安全防护等。此处采用的是 6～7 台以作业空间大且持重能力大的六自由度机器人。

表 6-3-1　冲压自动化生产线的特点对比及适用对象

生产线名称	优　势	劣　势	适用对象
级进模冲压自动化生产线	①高冲次、高效率、高产量 ②占地面积小	①材料利用率低 ②仅适用于小型件制作 ③单体模具较大,不易调试	电子、仪表及汽车插接件等高需求量的结构件制件
多工位冲压自动化生产线	①自动效率较高 ②可生产产品种类多 ③材料利用率较高 ④自动化检测装置多、安全	①模具联合安装,对制件设计工艺要求较高 ②模具联合安装、调试维修不便利 ③生产线互换性低,专套模具指定专一生产线生产	需求量较大的梁类件、加强件挡板、小底板类型的形状较规则,方便夹持,全工序可布置于同一工作台上的制件
多机串联冲压自动化生产线	①适用产品种类最多 ②上下料及工序件传递方式灵活 ③生产线互换性高,具有柔性 ④模具调试维修方便 ⑤材料利用率较高	①占地面积大,投资大 ②生产效率较低	①汽车覆盖件等大型壳型制件 ②工艺复杂及质量要求高的制件

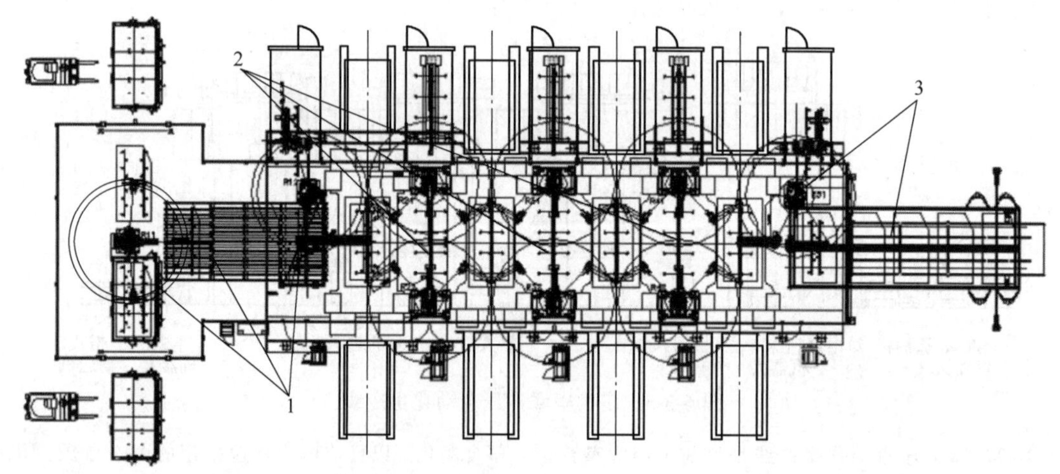

图 6-3-6　大型汽车覆盖件冲压自动化生产线
1—线首单元　2—压力机间单元　3—线尾单元

（3）拆垛机　拆垛机位于冲压自动化线的前沿，其功能是将垛料逐张拆分后通过端拾器将拆分的板料搬运至下道工序，常见的拆垛机有以下两种。

1）机器人/机械手式拆垛机。这种拆垛机主要由机器人（或机械手）、拆垛台车、磁力分张器、端拾器、双料检测单元及电气控制单元所组成。其中机器人（或机械手）是该拆垛机的关键部件，担负将板料由拆垛台车搬运到下序工位的任务，一般采用冲压专用六自由度机器人，如图 6-3-7 所示。每个机器人配备有以下设备：机器人底座、机器人端拾器、真空系统及双料检测系统。

拆垛机器人能判断料垛的高度并自动调节吸料高度。在一垛拆完时，可自动转向另外一垛料，不需要停机浪费生产线循环时间。对于生产每个制件时的运动轨迹和起始点位置都储存在程序中，每次生产时只需调整相应的制件号即可。

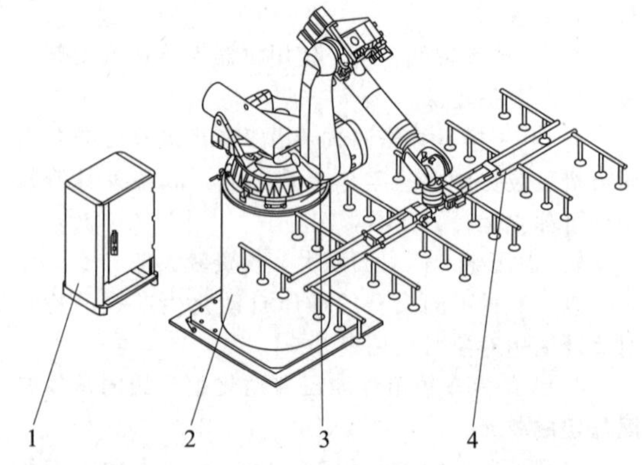

图 6-3-7　冲压专用六自由度机器人
1—电控箱　2—底座　3—机器人手臂　4—端拾器

该拆垛机系统还有拆垛台车与拆垛端拾器。其中，拆垛台车用以承载堆垛的板料，其应适应于所有规格的板料尺寸。台车由交流变频电动机驱动在导轨上移动，能实现在导轨上准确定位。其行走驱动系统由减速电动机、链轮链条、传动轴系及传动轮等组成。为防止机器人一次抓取多张板料，采用磁力分张器将板料分开，磁力分张器的原理是通过贴紧料堆放置的永磁体将板料磁化，则相邻板料因“同极相斥”而分开。另外，拆垛端拾器如图 6-3-8 所示，其使用真空吸盘抓取板料，吸盘支杆一般带有弹簧结构，在高度上可满足 150~200mm 的垛料间高度差，每个吸盘通断气均可通过拆垛系统上的阀岛进行控制，上方安装有快换盘，可与机器人六轴的快换主盘进行对接，实现机械气路和电信号的自动对接，端拾器上装有双料检测传感器，用以判断吸取的板料是否为单张。此外，端拾器上还安装有料检测器，以便识别端拾器上有料否。

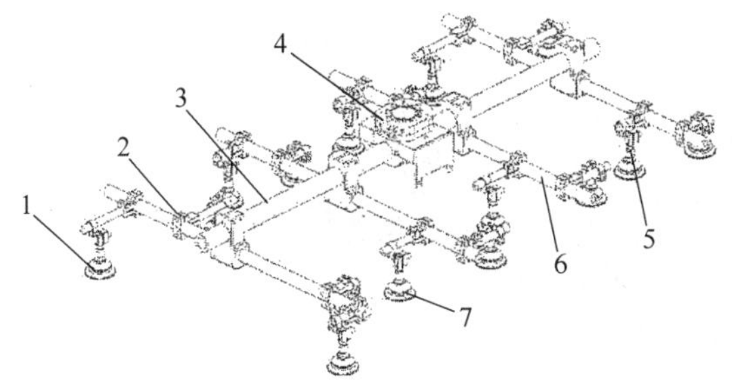

图 6-3-8　拆垛端拾器

1—吸盘支杆　2—转换夹头　3—主杆　4—快换盘　5—弹簧杆　6—分杆　7—吸盘

2）磁性带拆垛机。该类拆垛机由可移动式液压升降台车、磁性带传输系统、磁力分张系统、矩阵式真空吸盘组、光电传感器组成，如图 6-3-9 所示。

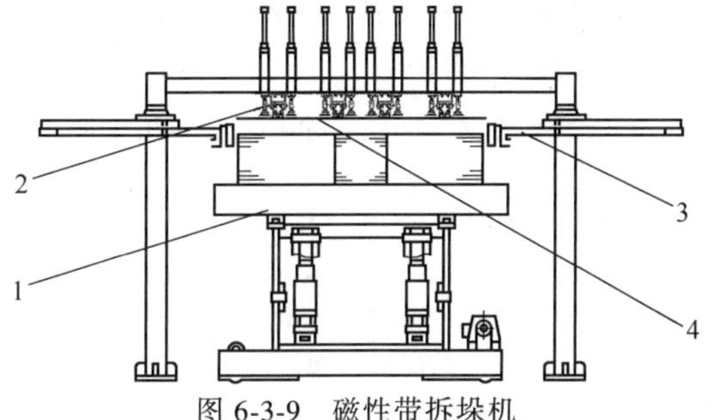

图 6-3-9　磁性带拆垛机

1—可移动式液压升降台车　2—矩阵式真空吸盘组　3—磁力分张系统　4—磁性带传输系统

磁性带拆垛机由液压缸驱动其上升下降。台车台面高度在光电传感器和比例阀控制下保持恒定。台车的移动和定位与固定台面台车相似。线外更换垛料时自动走到拆垛工作位置，真空吸盘拆垛头采用矩阵式真空吸盘组，由气缸驱动吸盘垂直升降。磁力分张系统的作用是将顶层板料拆成单张板料，分布在拆垛机两侧，可根据板料形状、厚度来调整分张器的左右位置。拆垛机的磁性带式输送机用于将拆垛取出的板料送入板料涂油机。

（4）板料自动涂油机　为防止高速拉深时易出现的拉深缺陷（起皱、破裂、表面不良），需要采用涂油润滑。板料自动涂油机在进行拉深之前向板料上下表面均匀地喷涂拉深润滑油，用以改善拉深条件、防止冲压缺陷并提高产品质量，是必不可少的设备。

板料自动涂油机按其工作原理分为辊式涂油机、喷雾式涂油机和静电式涂油机三种。辊式涂油机通过挤压的方式完成涂油工作，优点是比较省油，但成本高，而且维护不方便；喷雾式涂油机由上下两排独立的喷嘴组成，油膜的厚度由喷嘴的流量决定，并可以选择双面涂油或单面涂油，结构简单，使用方便，应用较广；静电式涂油机具有涂油均匀、节约用油、工作可靠及不污染环境等优点，但其结构复杂、价格昂贵。

济南奥图自动化股份有限公司的济南奥图 ABS 系列板料涂油机如图 6-3-10 所示。该涂油机系喷雾式，采用外掀式结构及圆形带式传输方式，具有中文人机界面、完善的故障自诊断系统以及连接云端的远程信息化系统方便接入智能制造执行系统（MES），可对每个喷枪独立编程，精确控制喷涂区域与油膜厚度，既节约成本又保证工件质量。

图 6-3-10　济南奥图 ABS 系列板料涂油机

国外产涂油机有德国 SMT 公司的喷雾式涂油机和舒勒公司的板料涂油机。

（5）对中台（系统）　在冲压自动化生产线的生产过程中，要求上料机器人准确地将板料放入压力机上的模具中定位。为此，需要在线首单元将经历拆垛、带式输送及涂油等预处理的板料进行对中定位，以保证上料机器人将板料准确抓取并放入位于第一道工序的压力机中。

板料对中台的作用是保证上料机器人从上料工位抓取的板料都位于相同的位置和角度；或者测量出板料的位置和角度变化值，使得系统得以分析计算并据以调整上料机器人的运动轨迹。板料对中台按工作原理可分为重力对中台、机械对中台和视觉对中台。其中，重力对中台系依靠板料自身的重量，沿着有倾斜角度并带有万向滚球的工作台下滑到一固定区域，以保证机器人每次都能在固定位置抓取板料并能准确地将其放入压力机的模具中，如图 6-3-11 所示。因该对中台具有成本低廉，结构简单，故障率低等优点，故应广泛应用。

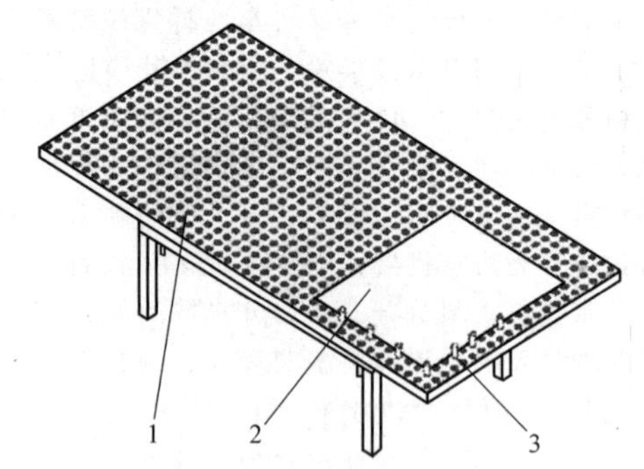

图 6-3-11　重力对中台

1—台面　2—板料　3—定位块

(6) 线尾出料及码垛系统　线尾出料及码垛系统的工作原理是当冲压自动化生产线末台压力机冲压完成后，冲压自动化生产线末台机器人将冲压件取出并放在出料带式输送机上。通过带式输送机输送后，经机械对中机构或视觉系统拍照定位，实现工件精确定位，再由机器人对定位后的冲压件抓取进行装框。根据机器人放入的冲压件数量，待料框装满后，再用叉车将料框运至物流库。图 6-3-12 所示为线尾机器人出料及自动装框示意。

线尾出料及码垛系统可以完成工件的自动传输、人工抽检、视觉定位、工作位料架精确定位、机器人端拾器自动快换等工作，以满足冲压工件下线并自动化装框的要求。

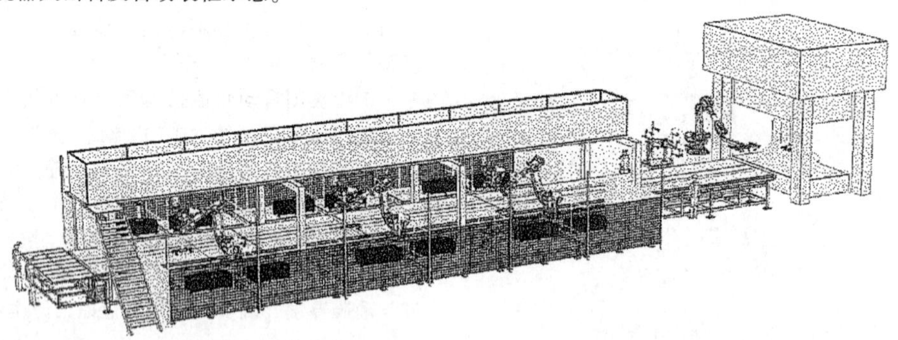

图 6-3-12　线尾机器人出料及自动装框示意

(7) 冲压自动化生产线的控制系统　冲压自动化生产线需要集成压力机、机器人、拆垛机、涂油机、对中台、双料检测装置、视觉识别系统、同步控制系统、安全防护系统，并具有无缝集成进工厂智能制造执行（MES）系统的能力。为了把如此多的智能控制系统有效集成，一般采用以太网与工业现场总线二级网络系统，其中现场总线系统可能同时搭载安全总线。

控制系统是机器人冲压自动线的核心，它控制着生产线各组成部分协调有序的工作。控制系统由连线控制系统、监控与安全防护系统组成。

1) 连线控制系统。其控制对象主要是压力机、机器人及辅助设备。连线控制系统主要负责协调这三大部分的各设备动作，设定工艺参数及进行调整，以使整条冲压自动化生产线维持正常的生产运行。其中最关键的是压力机与机器人之间的协调控制，应保证压力机的冲压动作和机器人的上下料动作相互协调，以防止出现干涉或碰撞等危险状况发生。二者协调控制方式有电气互锁控制和同步控制两种。

2) 监控与安全防护系统。采用工业组态软件 WinCC，基于工业以太网，通过 OPC 技术，实现对机器人冲压自动化生产线的生产流程监控。

3.2　冲压机器人及其在冲压自动化生产线中的应用

冲压机器人（Stamping robot）是专用于冲压生产线的工业机器人。多台冲压机器人与冲压设备所组成的冲压自动化生产线，可保证产品质量，提高生产率，改善劳动条件并避免大量工伤事故。该类生产线还具备智能制造特征，因此已成为冲压生产自动化的主流形式及发展方向。

3.2.1　冲压机器人的特点及功能

冲压机器人能模拟工人的取放料动作并跟踪压力机的运动节拍，实现压力机与机器人的同步功能，可以达到上下料与压力机及模具的重合度最大化，实现平稳切换和提高生产率的目的。具有高效智能的冲压机器人有以下显著特点：

(1) 拟人化　冲压机器人具有实现拟人行走、

腰转、大臂、小臂、手腕、手爪等的机械结构。其控制系统中有计算机。其拟人动作有腰部回转、大臂俯仰、小臂俯仰、手腕回转、手腕仰俯、手腕侧摆等，能在无人参与的情况下实现物料的拆垛、搬运、上下料及工序间传送、搬出成品等多项生产作业。

（2）可编程功能与示教再现　将预先设定的机器人动作经编程输入后，系统便可离开人的辅助而独立运行，并可接受示教而完成各种简单的重复动作。示教过程中机器人可依次通过工作任务的各个位置，这些位置序列全部记录在存储器内。在任务执行过程中，机器人的各个关节在伺服驱动下依次再现上述动作，故冲压机器人具有的这种功能被称为“可编程”和“示教再现”。冲压机器人可根据冲压自动化生产线的结构与环境特点再编程，故其能在多品种小批量生产中具有均衡高效的柔性制造特征。通过重复编程和自动控制能完成冲压过程的多种操作任务。

（3）智能化　冲压机器人中设有类似人类的仿生传感器，如皮肤接触传感器、力传感器、负载传感器、视觉传感器、语言功能等。通过传感器不仅能获取外部环境的信息，而且还具有记忆能力、图像识别能力、语言理解能力及推理判断能力等人工智能。

（4）通用性　冲压机器人能与冲压设备及模具同步协调，在执行不同的作业任务时具有较好的通用性。比如更换其手部末端的执行器（手爪、端拾器等），便可执行不同的冲压作业任务。

（5）适用于冲压作业的专用特点　冲压机器人具有比通用工业机器人更大的工作空间，以适应与压力机之间的距离和不同冲压作业任务的要求。其运动轨迹更精确，重复性好，工作过程稳定。

冲压机器人的控制系统系由基本控制系统和冲压控制系统所组成。其中冲压控制系统是为机器人适应冲压作业的工作任务而开设的专用功能模块，以实现冲压生产中的特殊功能，如本地流程作业、自动工作节拍优化、过程数据获取与处理、故障信息显示与维护功能等。

3.2.2　机器人的结构组成

冲压机器人的本体主要是一只类似人上肢功能的关节型机械手，它能模仿人的手臂至腰部的基本动作，其系统基本构成如图 6-3-13 所示。

冲压机器人的结构组成如图 6-3-14 所示。

1. 冲压机器人的本体基本结构

本体结构是指其基体结构及机器传动系统。机器人本体由机座、腰部、大臂、小臂、手腕及末端执行器和驱动装置组成。图 6-3-15 所示为美国优尼美逊（Unimation）公司产的 PUMA-262 关节型机器人的本体结构。

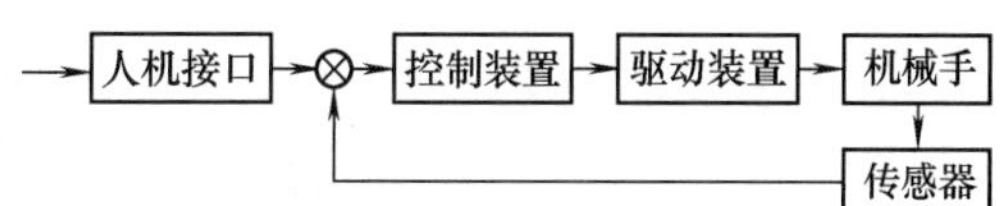

图 6-3-13　冲压机器人系统基本构成

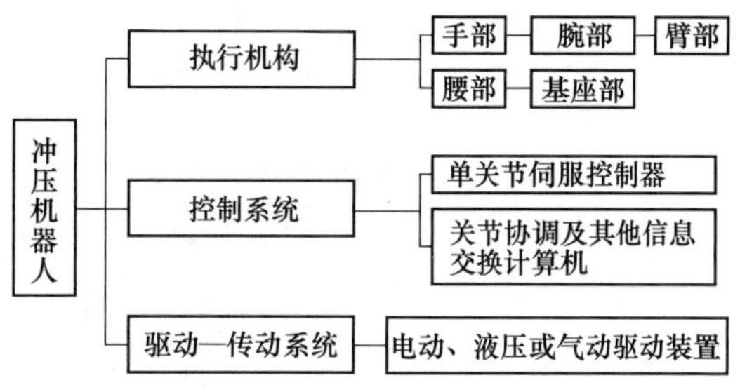

图 6-3-14　冲压机器人的结构组成

该类机器人共有六个自由度，即腰部回转、大臂仰俯、小臂仰俯、手腕回转、手腕仰俯、手腕侧摆。

（1）关节型机器人本体的传动系统及运动

1）关节型机器人手部转动关节。末端执行器（手部）是关节型机器人直接参与工作的部分。手部可以是各种夹持器，也可以是各种工具，如焊枪、喷头、涂刷等。操作时，往往要求手部不仅能达到指定的位置，而且要有正确的姿态。

组成关节型机器人的连杆和关节，按其功能可分为两类，一类是组成手臂的长连杆，亦称臂杆，产生主运动，是机器人的位置机构；另一类是组成手腕的短连杆，它实际上是一组位于臂杆端部的关节组（见图 6-3-16），是机器人的执行姿态机构，确定了手部执行器在空间的方向。图 6-3-16 所示的三自由度手腕能使机器人的手部取得空间任意姿态。

2）关节型机器人本体的传动系统。该系统包括驱动器和传动机构，它们常和执行机构联成一体，驱动臂杆和夹持的载荷完成指定的任务。常用的驱动器有电动机、液压及气动驱动装置等。其中电动机驱动器最常用，包括直流伺服电动机、交流伺服电动机及步进电动机等。电动机驱动具有精度高，可靠性好，能以较大的变速范围满足机器人应用要求等优点。液压驱动具有输出功率大，惯量小，压力和流量容易控制等优点，常用于负载较大或需要防爆的场合。气动驱动成本较低，易于管理，适用于结构较简单和负载较轻的机器人上。

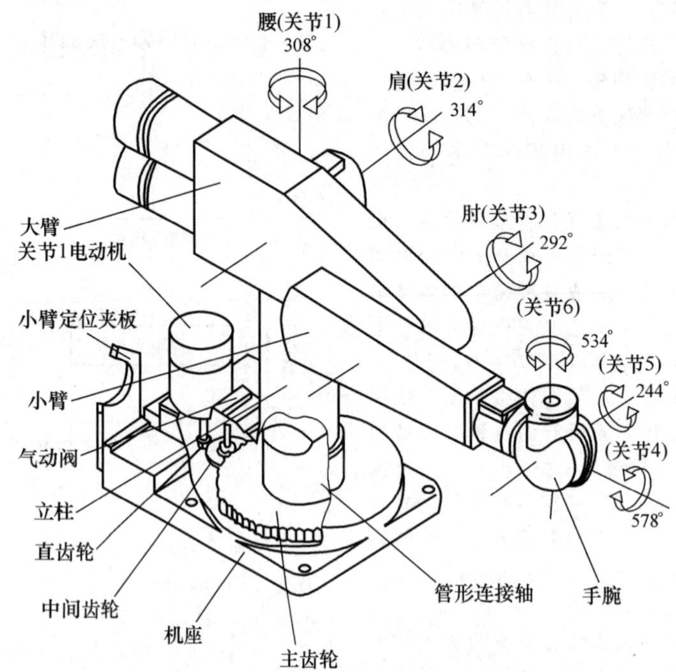

图 6-3-15　PUMA-262 关节型机器人本体结构

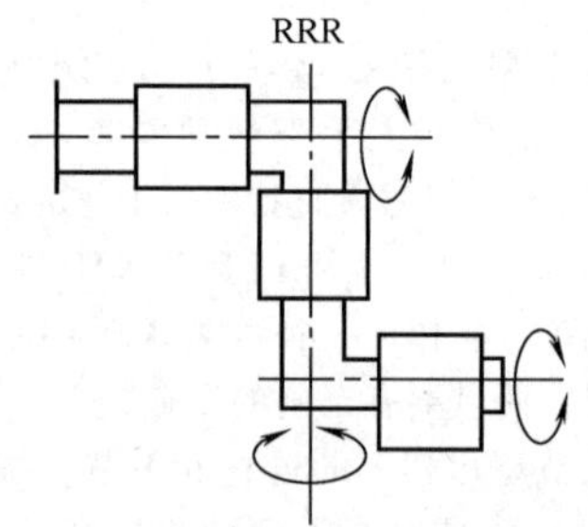

图 6-3-16　三自由度手腕关节组

腰关节驱动器和齿轮传动机构。图 6-3-17 所示为 PUMA-262 关节型机器人腰关节（关节 1）驱动器和齿轮传动机构。

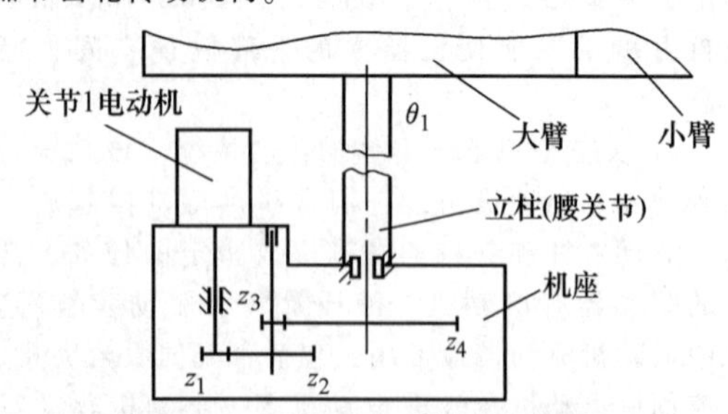

图 6-3-17　PUMA-262 关节型机器人腰关节驱动器和齿轮传动机构

大臂到手腕部的驱动与传动系统。图 6-3-18 所示为从大臂到手腕部 5 个关节的传动机构。

图 6-3-17、图 6-3-18 亦表明，机械传动系统共有 30 个齿轮，为了实现在同一平面改变传递方向 90°，其中有 10 个齿轮为锥齿轮，这样有利于简化系统运动方程式的结构形式，比采用蜗轮蜗杆机构方便。另外，在腕部空间紧凑处，还采用了 3 层嵌套的空心轴结构，这是多关节腕部的典型结构。

图 6-3-19 所示为 PUMA-262 关节型机器人的大臂关节（关节 2）和小臂关节（关节 3）的驱动结构，该图以立体图的形式作为图 6-3-18 所示传动机构的补充说明，图 6-3-20 所示则是表示手腕部三个关节（关节 4、5、6）的驱动结构。

关节型机器人的本体和其他机器相比，其结构特点为：①可以简化成各连杆首尾相接、末端无约束的开式连杆系，连杆系末端是自由而无支撑的，这决定了关节型机器人的结构刚度并不高，并且随连杆系在空间位姿的变化而变化。②开式连杆系中的每根连杆都具有独立的驱动器，属于主动连杆系，连杆的运动各自独立，不同连杆的运动之间没有依存关系，运动灵活。③连杆驱动扭矩的瞬态过程在时域中的变化是非常复杂的，且和执行件反馈信号有关。连杆的驱动属于伺服控制型，因而对机械传动系统的刚度、间隙和运动精度都有较高的要求。④连杆系的受力状态、刚度条件和动态特性都是随位姿的变化而变化的，容易发生振动或出现其他不稳定现象。

由上述特点可知，合理的机器人本体结构应当使其结构系统的工作负载与其自重的比值尽可能大一些，结构的静刚度尽可能高一些，并应尽量提高系统的固有频率和改善系统的动态特性。

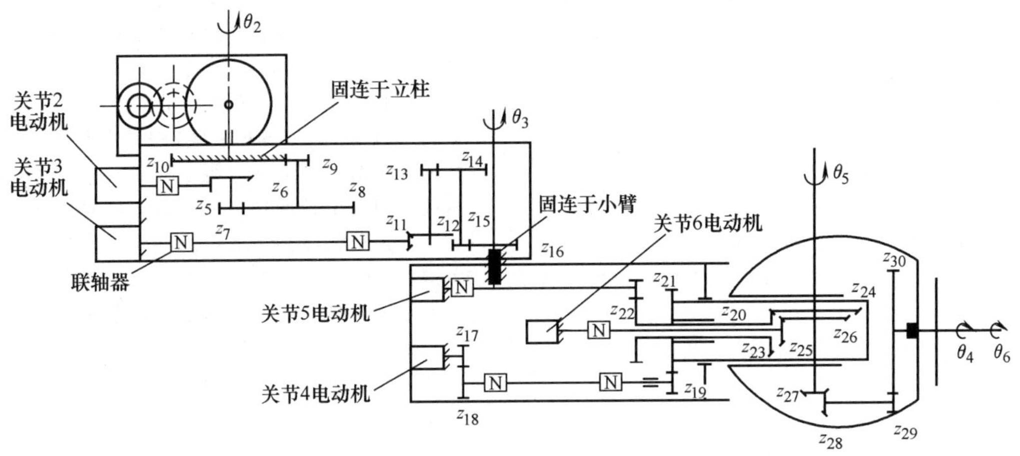

图 6-3-18　PUMA-262 关节型机器人传动机构

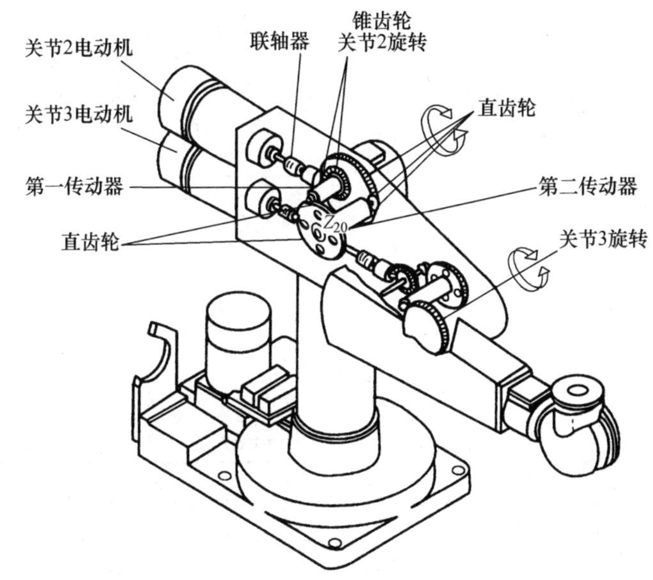

图 6-3-19　PUMA-262 关节型机器人大小臂关节驱动结构

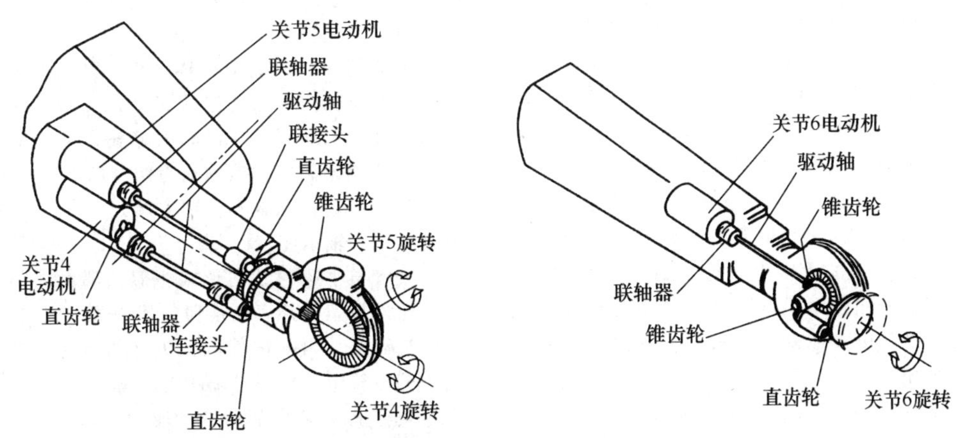

图 6-3-20　PUMA-262 关节型机器人手腕部三个关节的驱动结构

（2）关节型机器人的基本参数和特性

1）工作空间。工作空间是指机器人臂杆的特定部位在一定条件下所能到过空间的位置集合。通常工作空间指的是手腕上机械坐标系的原点在空间能到达的范围，也即手腕端部法兰的中心点（见图 6-3-15）在空间所能到达的范围。

2）自由度。机器人作为一个开式连杆系统，其每个关节运动副仅有一个自由度，故机器人的自由度数就等于它的关节数。目前生产中应用的机器人通常具有 4~6 个自由度。

3）有效负载。它表示机器人的负荷能力，即指机器人在工作时臂端可能搬运的物体质量或所能承受的力。机器人的有效负荷能力又可分为额定可搬运质量和有效负载，前者是指其臂杆在工作空间中任意位姿时腕关节端部都能搬运的最大质量，后者则用手腕法兰处的输出扭矩来标示。

4）运动精度。它主要包括位置精度和重复定位精度。其中位置精度是指机器人臂端定位误差的大小。位置误差除和系统分辨率有关外，还和机械系统的误差有关，尤其是和结构的间隙（如齿轮和齿轮间的间隙、丝杠螺母间隙、液压驱动器间隙等）以及臂杆的变形有关。通常机器人的位置误差约为 1mm，装配机器人的位置误差要小一些，约为 0. 1mm 或更小。重复定位精度是指手臂端点实际到达点最大分布宽度。机器人臂杆的重复定位精度一般都要高于其位置精度。

5）速度。速度和加速度是表明机器人运动特性的主要指标。这是因为由于驱动器输出功率的限制，从起动到达最大稳定速度或从最大稳定速度降速到停止，总需要一定时间。对于同样的运动参数，运动路线长则有效速度与最大稳定速度的差就小；运动路线短，则有效速度与最大稳定速度的差就会大一些。在机器人实际工作中，进行短距离工作的比例相当大，故在考虑机器人运动特性时，除规定最大稳定速度外，还应注意其最大允许的加减速度。

6）动态特性。动态特性是机器人机械设计和分析的重要内容。结构动态参数常用质量、惯性矩、刚度、阻尼系数、固有频率和振动模态来表征。在设计时应尽量减小质量和惯量，但须提高臂杆的刚度，增加系统的阻尼，提高系统的固有频率。

2. 关节型机器人的手臂及机身结构

关节型机器人的手臂由大臂、小臂（或多臂）以及手腕部分所组成。手臂驱动方式主要有液压驱动、气动驱动和电动驱动几种形式，并以电动驱动方式最为通用。

PUMA-262 型机器人的手臂（包括大小臂和手腕）传动系统（见图 6-3-18）和结构布局（见图 6-3-19）基本上可以反映出关节型机器人手臂的结构特点，具有一定的概括性和代表性，本节将主要分析该机器人手臂的结构特点。

（1）PUMA-262 型机器人手臂及机身结构的基本形式　PUMA-262 型机器人是美国优尼美逊公司制造的一种精密轻型关节式通用机器人。它具有 6 个自由度，即 6 个控制轴，采用直流伺服控制。它的设计具有传动精度高、结构小巧紧凑、质量轻、工作范围大、适应性广等优点，广泛应用于医药、食品、电子、机械等工业，可用来从事包装、材料配制、安装，以及小型机电元件的装配、搬运、喷涂、机器加载、试验、检查等工作。PUMA-262 型机器人的主要技术参数见表 6-3-2。

表 6-3-2　PUMA-262 型机器人的主要技术参数

项目	技术参数					
结构形式	关节式					
自由精度	6					
运动范围	θ_1	θ_2	θ_3	θ_4	θ_5	θ_6
	308°	314°	292°	578°	244°	534°
最大速度	1. 23m/s					
腕部最大负荷	1. 00kg					
驱动方式	直流伺服电动机					
重复定位精度	0. 05mm					
控制方式	PTP/CP					
操作方式	示教再现					
存储容量	19kW					
质量	机械本体 13. 2kg;控制柜 36. 33kg					
输入/输出	32/32 位					
电源	110~130V 交流;50~60Hz;1. 2kW					
安装环境	5~46℃;(20~90)%RH					

1）PUMA-262 型机器人结构简介。图 6-3-15 所示为 PUMA-262 的外形，旋转轴的位置、数量，旋转角度范围以及机器人本体的主要构成部件和第 1 关节（腰关节）的齿轮组。它的主要构成部件是：由立柱与机座组成的回转机座（腰关节 1）以及大臂、小臂、手腕等。

机座是一个铝制的整体铸件，其上装有关节 1 的驱动电动机，小臂定位（零位）夹板，两个控制手爪装置的气动阀、在机座内腔安置了关节 1 的两级直圆柱齿轮制成的减速齿轮组，即 z_1/z_2 和 z_3/z_4。立柱为薄壁铝管制成，内部安装了关节 1 的回转轴及其轴承、轴承座。

大臂与小臂的结构形式相似，都由内部铝制的整体铸件骨架与外表面很薄的铝板壳（约 1mm）相互胶接而成。内部铸件既作为臂的承力骨架，又作为内部齿轮组的轮壳与轴的支承座。

大臂上装有关节 2、3 的驱动电动机，内部装有对应的传动齿轮组，齿轮组传动细节可参见图

6-3-19。关节 2、3 都采用了三级齿轮减速，其中第一级采用锥形齿轮，以改变传动方向 90°。第二、三级均采用圆柱直齿轮进行减速。关节 2 传动的最末一个大齿轮固定在立柱上；关节 3 传动的最末一个大齿轮固定在小臂上。

小臂端部连接具有 3R（关节 4、5、6）手腕，在臂的根部装有关节 4、5 的驱动电动机，在小臂的中部，靠近手腕处装有关节 6 的驱动电动机（见图 6-3-20）。关节 4、5 均采用两级齿轮传动，不同的是关节 4 采用两级圆柱直齿轮，而关节 5 采用第一级圆柱直齿轮，第二级锥齿轮，使传动轴线改变方向 90°。关节 6 采用三级齿轮传动，第一级与第二级为锥齿轮，第三级为圆柱直齿轮。关节 4，5，6 的齿轮组除关节 4 的第一级齿轮装在小臂内以外，其余的均装在手腕内部。手腕外形为近似半径 32mm 的球体，是一个铜铸件，加工精密，安排紧凑，齿轮相互穿插，结构严密，运转灵活，是个十分精巧的部件（见图 6-3-18 和图 6-3-20）。

2）PUMA-262 型机器人传动原理。整个传动系统共有 6 条传动链，每条传动链负责驱动一个关节，其总的传动系统结构如图 6-3-17 和图 6-3-18 所示，其各传动链的主要特征、传输路线、传动参数分别见表 6-3-3、表 6-3-4 和表 6-3-5。

表 6-3-3　各传动链的主要特征

关节	传动级数	第一级	第二级	第三极	关节输出轴转速 n
1	2	直齿轮	直齿轮	—	$n_{1电}(z_1/z_2)(z_3/z_4)$
2	3	锥齿轮	直齿轮	直齿轮	$n_{2电}(z_5/z_6)(z_7/z_8)(z_9/z_{10})$
3	3	锥齿轮	直齿轮	直齿轮	$n_{3电}(z_{11}/z_{12})(z_{13}/z_{14})(z_{15}/z_{16})$
4	2	直齿轮	直齿轮	—	$n_{4电}(z_{17}/z_{18})(z_{19}/z_{20})$
5	2	直齿轮	锥齿轮	—	$n_{5电}(z_{21}/z_{22})(z_{23}/z_{24})$
6	3	锥齿轮	锥齿轮	直齿轮	$n_{6电}(z_{25}/z_{26})(z_{27}/z_{28})(z_{29}/z_{30})$

其中，手腕三个自由度（即关节 4、5、6）的动作原理如下：

① 关节 4 的动作原理。关节 4（见图 6-3-17 和图 6-3-18）的功能是使手腕做横滚运动。关节 4 的直流伺服电动机安装在小臂的后端，其输出轴先经第一级齿轮减速传动 z_{17}/z_{18} 后，借联轴器和连接轴将转动再传递到第二级齿轮副 z_{19}/z_{20}。减速传动，齿轮 z_{20} 具有一个大直径空心轴筒作为关节 5 和 6 的传动支撑骨架，因此齿轮 z_{20} 的转动使得关节 5 和 6 随之转动，从而实现了手腕做绕 θ_4 轴线的横滚运动。

表 6-3-4　各关节传动链的传输路线

关节	传输路线
1	关节 1 电动机→z_1/z_2→1 轴→z_3/z_4→2 轴(关节 1)
2	关节 2 电动机→z_5/z_6→4 轴→z_7/z_8→5 轴→z_9z_{10}→6 轴(关节 2)
3	关节 3 电动机→z_{11}/z_{12}→9 轴→z_{13}/z_{14}→10 轴→z_{15}/z_{16}→11 轴(关节 3)
4	关节 4 电动机→z_{17}/z_{18}→12 轴→z_{19}/z_{20}→15 轴(关节 4)
5	关节 5 电动机→z_{21}/z_{22}→17 轴→z_{23}/z_{24}→18 轴(关节 5)
6	关节 6 电动机→z_{25}/z_{26}→20 轴→z_{27}/z_{28}→21 轴→z_{29}/z_{30}→22 轴(关节 6)

表 6-3-5　各关节的传动参数

关节	关节转角/(°)	关节电动机输出转角/(°)	传动比 i
1	(由结构测得)		48.27
2	90	6270.67	69.67
3	45	1897.60	42.17
4	(见注)		47.83
5	90	3510	39
6	360	11430	31.75

注：关节 4 转角 90°，第一级齿轮输出 12 转角 2130.67°，其传动比 i_2 为第一级齿轮传动比，测试数据为 $i_2=2130.67°/360°=5.92$，$i_1=z_{17}/z_{18}=105/13=8.08$，所以 $i=i_1i_2=5.92\times8.08\approx47.83$。

② 关节 5 的动作原理。关节 5（见图 6-3-18 和图 6-3-20）的功能是使手腕做俯仰运动。关节 5 的直流伺服电动机也安装在小臂的后端，其输出轴先借联轴器和连接轴将转动传递到第一级齿轮副 z_{21}/z_{22} 减速传动，齿轮 z_{22} 具有一个较小直径的空心轴，穿过齿轮 z_{20} 的大直径空心轴筒的中心轴孔进入手腕外壳内部，齿轮 z_{22} 空心轴的前轴安装一锥齿轮 z_{23} 与另一锥齿轮 z_{24} 相啮合，完成第二级减速，同时，锥齿轮 z_{24} 与手腕壳体固装在一起，从而带动腕壳整体做绕 θ_5 轴线的俯仰运动。

③ 关节 6 的动作原理。关节 6（见图 6-3-18 和图 6-3-20）的功能是使手腕做绕 θ_6 轴线的回转运动。与关节 4 和关节 5 不同，关节 5 的直流伺服电动机安装在小臂中间靠前端位置处，因此关节 6 驱动距离最短，这种运动不是前面定义过的手腕侧摆运动，而且，θ_6 与 θ_4 共轴线时，还会使手部空间自由度退

化为五个。

3）PUMA-262型机器人本体结构特点：①大、小臂均采用薄壁与整体骨架构成的结构形式，有利于提高刚度，减轻质量。内部铝铸件形状复杂，既用作内部齿轮安装壳体与轴的支承座，又作为承力骨架，传递集中载荷。这样不仅节省材料，减少加工量，又使整体质量减轻。手臂外壁与铸件骨架采用胶接，使连接件减少，工艺简单，减轻了质量。②轴承外形环定位简单。一般在无轴向载荷处，轴承外环采用端面打冲定位的方法。③采用薄壁轴承与滑动铜衬套，以减少结构尺寸，减轻质量。④有些小尺寸齿轮与轴加工成一体，减少连接件，增加了传递刚度。⑤大、小臂，手腕部结构密度大，很少有多余空隙。如电动机与臂的外壁仅有0.5mm间隙，手腕内部齿轮传动安排亦是紧密无间。这样使总尺寸减小，质量减轻。⑥工作范围大，适应性广。PUMA-262除了自身立柱所占空间以外，它的工作空间几乎是它的手臂长度所能达到的全球空间。再加之其手腕轴的活动角度大（最大的达578°），因此使它工作时位姿的适应性很强。譬如用手腕拧螺钉，手腕关节4、6配合，一次就能旋转1112°。⑦由于结构上采取了刚性齿轮传动，采用了弹性万向联轴器，工艺上加工精密，多用整体铸件，使得重复定位精度较高。

4）机器人手臂材料的选择。机器人手臂的材料应根据手臂的工作状况来选择。根据设计要求，机器人手臂要完成各种运动。因此，对材料的一个要求是作为运动的部件，它应是轻型材料。而另一方面，手臂在运动过程中往往会产生振动，这将大大降低它的运动精度。因此，在选择材料时，需要对质量、刚度、阻尼进行综合考虑，以便有效地提高手臂的动态性能。

机器人手臂材料首先应是结构材料。当手臂承受载荷时，不应有变形和断裂。从力学角度看，即要具有一定的强度。手臂材料应选择高强度材料，如钢、铸铁、合金钢等。机器人手臂是运动的，又要具有很好的受控性，因此，要求手臂比较轻。综合而言，应该优先选择强度大而密度小的材料做手臂。其中，非金属材料有尼龙6、聚乙烯（PE）和碳纤维等；金属材料以轻合金（特别是铝合金）为主。

（2）关节型机器人的三自由度手腕　手腕是机器人的小臂与末端执行器（手部或称手爪）之间的连接部件，其作用是用自身的活动度确定手部的空间姿态。故手腕也称作机器人的姿态机构。对于一般机器人而言，与手部相连接的手腕都具有独特自转的功能，若手腕能在空间取任意方位，那么与之相连的手部就可在空间取任意姿态，即达到完全灵活。可以证明，三自由度手腕能使手部取得空间任意姿态。

手腕结构是机器人中最复杂的结构，而且因传动系统互相干扰，更增加了腕结构的设计难度。对腕部的设计要求是质量轻，满足工作对手部姿态的要求，并留有一定的余量（约5%～10%），传动系统结构简单并有利于小臂对整机的静力平衡。一般来说，由于手腕处在开式连杆系末端的特殊位置，它的尺寸和质量对操作机的动态特性和使用性能影响很大。因此，除了要求其动作灵活可靠外，还应使其结构尽可能紧凑，质量尽可能小。而在所有三自由度手腕结构中，RRR类型的三自由度手腕（见图6-3-16）构造较简单，应用较普遍。

从关节的驱动方式看，手腕一般有两种形式，即远程驱动和直接驱动。直接驱动是指驱动器安装在手腕运动关节的附近，直接驱动关节运动，因而传动路线短，传动刚度好，但腕部的尺寸和质量大，惯量大。远程驱动方式的驱动器安装在机器人的大臂、基座或小臂远端上，通过连杆、链条或其他传动机构间接驱动腕部关节运动，因而手腕的结构紧凑，尺寸及质量小，对改善操作机的整体动态性能有好处，但传动设计复杂，传动刚度也降低了。

根据转动特点的不同，用于手腕关节的转动又可细分为滚转和弯转两种，如图6-3-21所示。滚转是指组成关节的两个零件，自身的几何回转中心和相对运动的回转轴线重合，因而能实现360°无障碍旋转的关节运动，通常用R来标记。弯转是指两个零件的几何回转中心和其相对转动轴线垂直的关节运动，由于受到结构的限制，相对转动角度常小于360°，通常用B来标记。

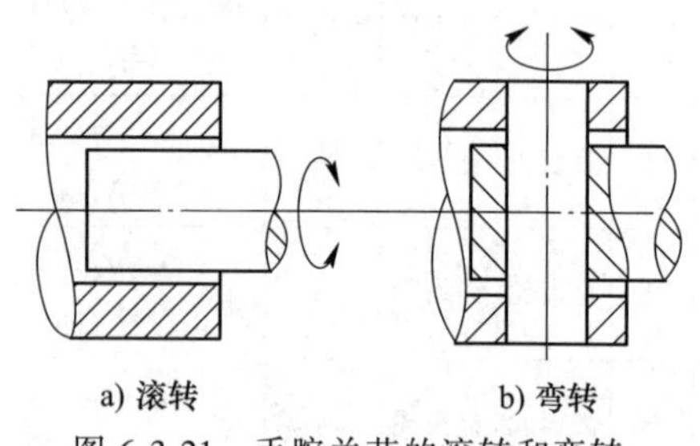

a) 滚转　　b) 弯转

图6-3-21　手腕关节的滚转和弯转

手腕具有的滚转和弯转关节的总数，以及它们结合时排列的方式和顺序，构成了机器人操作机手腕的各种基本形式。

1）腕部的结构和特点：为了使手部在工作空间中可以有任意的取向，腕部一般应具有3个自由度。为了特殊原因，如克服手腕自由度的退化现象，也可采用多于3个自由度的手腕结构。图6-3-22列出6种三自由度手腕不同滚转和弯转结合顺序时的结构。

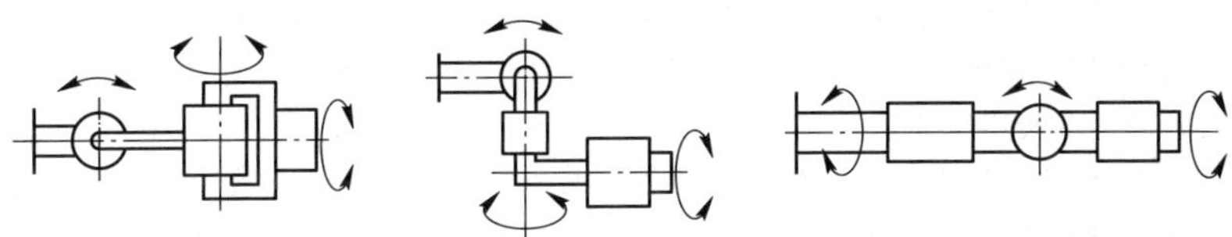
a) BBR型三自由度手腕结构　b) BRR型三自由度手腕结构　c) RBR型三自由度手腕结构

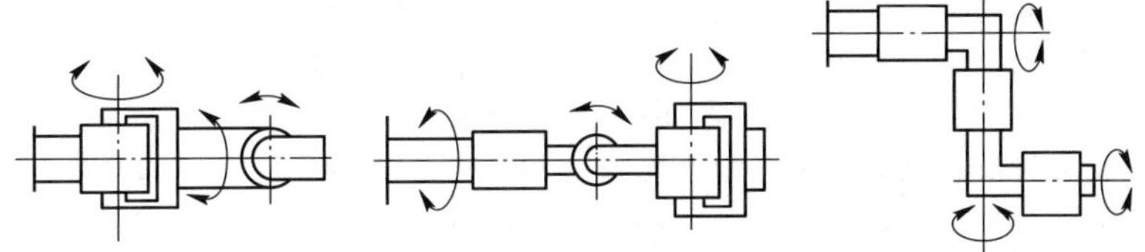
d) BRB型三自由度手腕结构　e) RBB型三自由度手腕结构　f) RRR型三自由度手腕结构

图 6-3-22　6 种三自由度手腕的结合方式

2）PYR 手腕的弯转关节有两种：①如果弯转轴线处于水平位置，则弯转运动在垂直平面内实现俯仰动作，通常称之为俯仰型弯转，简记作 P。②如果弯转轴线处于铅直位置，则弯转运动在水平面内实现偏摆动作，通常称为偏摆型弯转，简记为 Y。

例如，对于图 6-3-23 所示的 BBR 型三自由度手腕来说，它的第 1 个弯转关节（P）执行俯仰动作，第 2 个弯转关节（P）执行偏摆动作，最后一个关节则执行滚转（R），组成了 PYR 手腕。

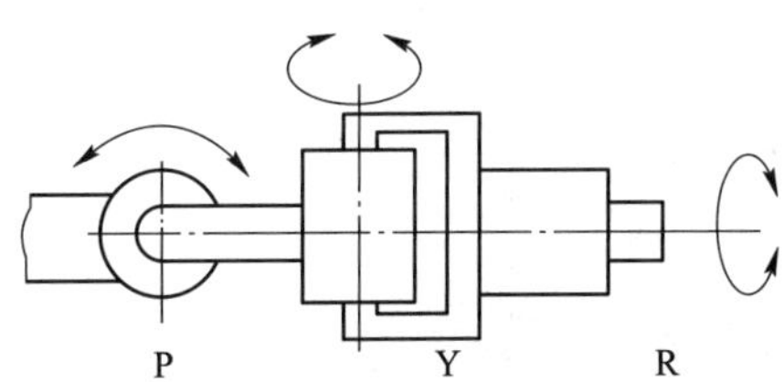

图 6-3-23　BBR 型三自由度 PYR 手腕关节

3）3R 手腕在实现远距离传动时要容易一些。3R 手腕的传动结构如图 6-3-24 所示。为了实现运动的传递，3R 手腕的中间关节是斜置的，三根转动轴内外套在同一转动轴线上，最外面的转动轴套直接驱动整个手腕转动，中间的轴套驱动斜置的中间关节运动，中心轴驱动第三个滚转关节。PUMA-262 型机器人的手腕就采用了这种远程关节传动形式。3R 结构手腕的制造简单、润滑条件好、机械效率高。

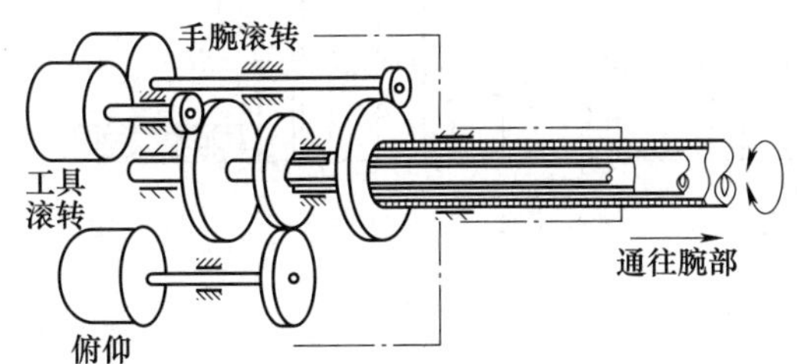

图 6-3-24　3R 手腕关节的传动结构

3. 冲压机器人的控制系统

机器人的控制系统是机器人的大脑，是决定机器人功能和性能的重要因素。机器人的控制技术涉及传感、驱动、机电一体化等，其主要任务是控制机器人在工作空间中的位置、动作姿态和轨迹、操作顺序及动作时间等。对冲压机器人而言，其控制系统应具有编程简单、软件菜单操作、人机交互界面友好、在线操作提示和使用方便等特点。

（1）开放性模块化控制系统体系结构　采用分布式 CPU 计算机结构，分为机器人控制器（RC）、运动控制器（MC）、光电隔离 I/O 控制板、传感器处理板和编程示教器等，完成机器人的运动规划、插补和位置伺服以及主控制逻辑、数字 I/O、传感器处理等功能；而编程示教器则完成信息的显示和按键的输入。

（2）模块化层次化的控制器软件系统　整个控制由软件系统分为三层次：硬件驱动层、核心层和应用层，三个层次分别面对不同的功能需求，对应不同层次的开发，整个系统中各层次内部由若干功能相对独立的模块组成，这些功能模块相互协作共同实现该层次所提供的功能。

（3）机器人的故障诊断与安全维护　通过各种信息，对机器人故障进行诊断，并进行相应维护。

（4）网络化机器人控制器技术　该控制器上具有串口、现场总线及以太网的联网功能，可用于机器人之间和机器人同上位机的通信，便于对机器人生产线进行监控、诊断和管理。

3.2.3　冲压机器人在冲压自动化生产线中的应用与配备

在冲压生产中采用自动化技术、机器人技术、伺服技术等先进制造技术，取代人工操作的落后生产方式，构建柔性冲压自动化生产线，已成为现代冲压生产技术的重要发展方向，尤其在汽车覆盖件冲压生产中已获得成功应用与推广。本节主要就汽车车身自动化生产线中冲压机器人在总体布局中的布置、上下料机器人的选型及连线等予以介绍。

1. 汽车车身冲压生产线的工艺流程与设备配置

大型汽车覆盖件的冲压生产方式已经由传统的人工操作方式（见图 6-3-25）发展为自动化生产方式（见图 6-3-26a、b）。冲压自动化生产线又分为机械手自动化生产线和机器人自动化生产线等。

其中机器人自动化生产线的优势在于：①机器人在地面安装，与压力机没有机械结构上的连接，更能发挥最大工作空间。②机器人生产线通过端拾器的切换和机器人动作轨迹的调整，更加柔性化，生产节拍高，工作稳定。

（1）机器人自动化生产线的工艺流程　该生产线的第一台设备为双动压力机，由其完成覆盖件的拉深成形。后面几台设备均为单动压力机，依次完成切边冲孔、校正、修边、卷边等各项冲压工艺。

此外，还有一些辅助工艺及相关装置：①一台磁力分层机和自动提升装置，用于将料堆上的板料互相分离并拆垛，位于生产线首部。②一台同步翻转传输装置，用于将拉深后的工件翻转并向第二台压力机传递。③尾端下料装置，用于将冲压成品件输送至成品料箱中。④由多台冲压机器人配装适应不同形状与尺寸冲压件的各种端拾器，完成上下料工作；并由 4 台穿梭传输装置完成相邻压力机之间的工件传输。

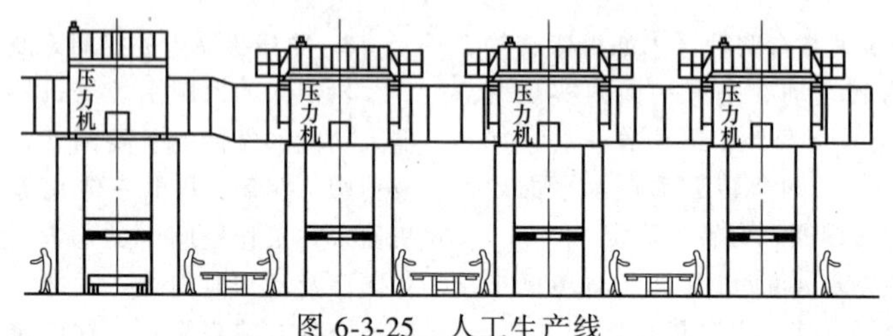

图 6-3-25　人工生产线

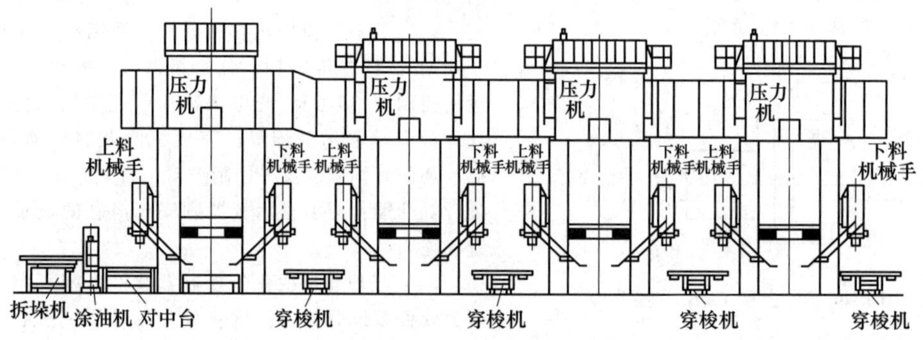

a) 机械手自动化生产线

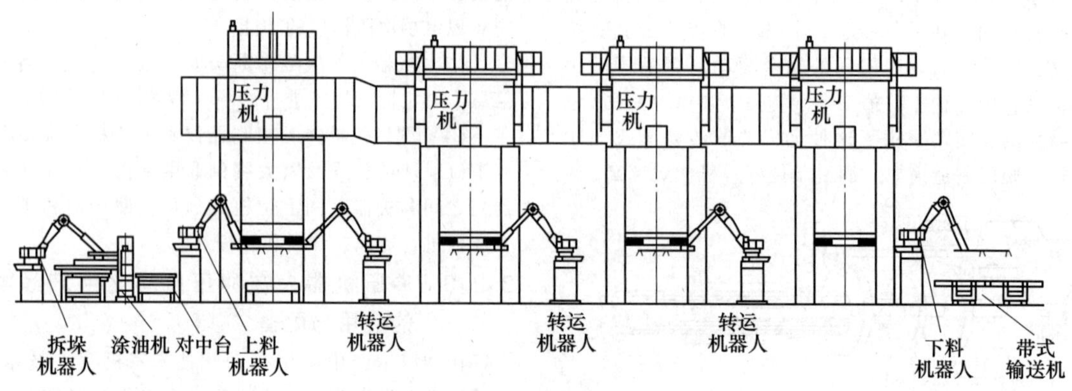

b) 机器人自动化生产线

图 6-3-26　自动化生产线

（2）生产线运行循环方式及系统组成　机器人自动化生产线的循环方式为：垛料拆垛（机器人拆垛）—板料传输—板料涂油—板料对中—上料机器人送料（首台压力机拉深）—下料机器人取料、送料（压力机切边、冲孔）—下料机器人取料、送料（末端压力机冲压）—线尾机器人取料、放料—带式输送机输送—人工码垛。

该生产线包括拆垛系统、涂油机、对中台、多台压力机以及上下料与传送系统、尾线输送系统。图 6-3-27 所示为冲压机器人柔性冲压自动化生产线的三维模拟图。

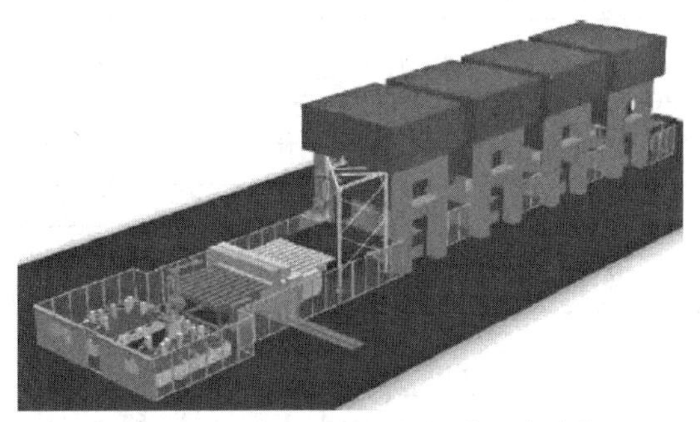

图 6-3-27　冲压机器人柔性冲压自动化生产线三维模拟图

2. 自动冲压生产线上下料机器人的选型原则与方法

（1）汽车覆盖件冲压线机器人选型原则　全面深入理解柔性冲压技术内涵及掌握包括冲压辅助设备在内的机器人整线搭配方法是进行冲压线机器人选型的重要前提。随着冲压机器人性能的不断提升及其辅助设备的开发，机器人自动化输送设备的生产率及柔性的提升不再仅限于作为通用设备的冲压机器人本身，而是越来越多地体现在柔性辅助设备的配置及先进的冲压协调方法等方面。

图 6-3-27 所示为由压力机、冲压专用机器人、柔性端拾器、视觉自动识别系统和智能协调系统组成的机器人柔性冲压自动化新型线，其自动化程度高且布局紧凑，已成为汽车生产企业实现高品质、高效率、多品种生产的生产线新模式。

冲压机器人作为冲压生产线的关键设备之一，其性能指标主要包括：机器人最大承重、最大运动半径、手臂最大拾取高度、定位精度、重复定位精度、惯性、稳定性以及易维护性。此外，机器人辅助柔性技术在很好地增强机器人冲压专业性的同时，也在很大程度上影响着整线生产节拍及成本的高低，其主要包括视觉自动识别、冲压同步协调、柔性 7 轴、运动轨迹虚拟仿真、机器人干涉校验、网络集成控制等技术。

根据冲压机器人及其辅助技术特点，并结合生产线的实际情况，提出如下冲压线机器人选型总体原则：①根据生产线结构与冲压工艺，初步确定所需机器人的工位与装机总量。②根据汽车覆盖件的质量及外形尺寸，估计端拾器的最大质量以初步确定机器人的最小载荷限制。③根据工件的传送方式、冲压线生产节拍要求和成本预算，确定机器人性能参数和工作空间范围特点，选择机器人与端拾器的搭配方式。④根据工件的生产种类和机器人工位，确定端拾器总套数及最大高度。⑤根据生产线布局和压力机工艺参数，确定机器人的水平最大臂展和安装位置。⑥根据压力机内滑块、模具等结构的垂直空间参数，确定机器人的实际最大臂展、上下料的最大干涉高度，机器人腰部、机器人底座的外形尺寸及高度。⑦根据冲压生产线机器人手腕承载与工具质心偏置，确定机器人的实际承载能力与选型要求是否相符，并在软件环境下进行机器人上下料干涉校验，确定机器人的精确位置及其在压力机间的运行轨迹。⑧根据自动化生产线结构和环境特点，选购或自行开发技术配套单元，配备相关外围设备，并进行生产编程调试。

（2）汽车覆盖件冲压生产线机器人选型方法　在进行机器人选型之前，需要对汽车覆盖件冲压生产线基本工艺特点及需求有明确的认识，根据冲压生产线的有关特点制定符合自身实际情况的工件、压力机、工艺等数据，而后根据需求按照一定的步骤逐步缩小工业机器人、辅助设备搭配方式的可选范围。具体方法如下：

1）根据冲压工艺确定购进机器人的总数为 N。由工序数 n 确定压力机台数为 n，进而确定压力机间的机器人数为 $n-1$，最终的机器人总数 $N=(n-1)+3$。其中，额外增加的 3 台机器人分别为拆垛机器人、首台压力机的上料机器人和尾台压力机的下料机器人。

2）根据最重工件质量 G、端拾器质量 D 估算机器人最大载荷 P。划定机器人选型范围时，一般按所抓取的最重工件与端拾器质量 1∶1 的经验值估算，即 $D \approx G$，机器人载荷需满足 $P \geqslant G+D \approx 2G$，由此初步确定机器人承载规格。

3）根据生产要求和成本预算确定机器人与端拾器的搭配方式与性能要求。工件的传送方式影响机器人单臂传输的速度和稳定性，合理选择机器人与端拾器的搭配方式可在保证效率的前提下尽量节约成本。一般来讲，工作空间全面的机器人，便于自动更换端拾器，价格也随着承载能力的增高而升高；而某些特殊冲压机器人仅保留了前俯工作空间以提高刚度与速度，该类机器人与工作空间全面、承载一般的机器人价格相近，但冲压效率更高。

机器人配备标准端拾器进行板料搬运时，为避免工件的长边撞击压力机支柱或碰触自身，需要将工件旋转 180°放入模具，一般适用于中小型线；而应用柔性 7 轴技术的机器人在末端增加了一个旋转或移动自由度，能弥补机器人在搬运大中型件时的手臂长度、工作空间灵活度、速度和平稳性的不足，适用于大中型件的平行高效搬运，其中，直线 7 轴结构的质量较重，需配备负载大的机器人，但板料的到位速度最快。

若以“①”代表“旋转 180°+标准端拾器”，以“②”代表“旋转 7 轴+标准端拾器”，以“③”代表“直线 7 轴+标准端拾器”，以“④”表示“工作空间全面、承载大的机器人”，以“⑤”表示“工作空间全面、承载一般的机器人”，以“⑥”表示“仅有前俯工作空间的机器人”，用户可结合自身的实际情况，参照汽车覆盖件板料的一般性数据（见表 6-3-6）划分冲压生产线类型，继而依据生产节拍要求和预算情况选择机器人及其附属设备的搭配方式（见表 6-3-7）。其中，大中型线以大型件的搬运需求来选，中小型线按小型件的搬运特点来选。

表 6-3-6　汽车覆盖件板料一般性数据

板料规格	尺寸范围/m （长×宽）	厚度/mm	最重零件/kg
大型件	(2.5×1.5)~(4.3×18)	0.5~2.0	50
中型件	(1.2×0.8)~(2.5×1.5)	0.5~2.0	30
小型件	(0.5×0.6)~(1.2×0.8)	0.5~2.0	15

表 6-3-7　机器人及附属设备选型

冲压线类型	大中型		中小型	
生产节拍/(次/min)	≥8	<8	≥10	<10
预算充足	④+③	④+②	⑥+②	⑤+②
预算不足	④+②	④+①	⑥+①	⑤+①

4）根据工件种类和机器人工位确定配套端拾器数量及其最大高度与质量。首台拆垛机器人所用端拾器为通用端拾器，适用于所有板料，一般只有 1 套，特殊情况下最多不超过 3 套（大、中、小）；其余机器人所用端拾器因工序的不同而有较大差别。若一条生产线上加工 M 种不同大小、质量的汽车覆盖件，机器人总数为 N，则需要 $(N-1)$ 系列端拾器，每系列端拾器分为 M 套，即需要 $(N-1)\times M$ 套端拾器。进而确认所选端拾器的实际最大高度为 H_{dsq} 和最大实际质量 D_{max}。

5）根据生产线结构布置估计机器人最大臂展及安装位置。生产线上压力机的布置分为并联和串联两种。压力机并联布置，机器人运动相对复杂，效率低；通常压力机为串联直线排列（单机联线），冲压件单向流动，相邻压力机在机器人两侧对称分布。

设工作台中心为 A，板料此时在工作台的模具内，两压力机连线的对称中心为 B，机器人底座中心为 C，工作台中心到压力机立柱内侧的距离为 L，机器人到两压力机工作台中心连线的垂直距离为 L_r。并设相邻两压力机中心距为 a，板料尺寸（长×宽）为 $k\times w$，两压力机立柱间距为 z，机器人底座尺寸（前后×左右）为 $b\times d$，工作台中心端拾器辅助加长杆长度为 j。按普通、旋转 7 轴、直线 7 轴端拾器 3 种情况来求取机器人最大臂展的水平投影 r，如图 6-3-28 所示。

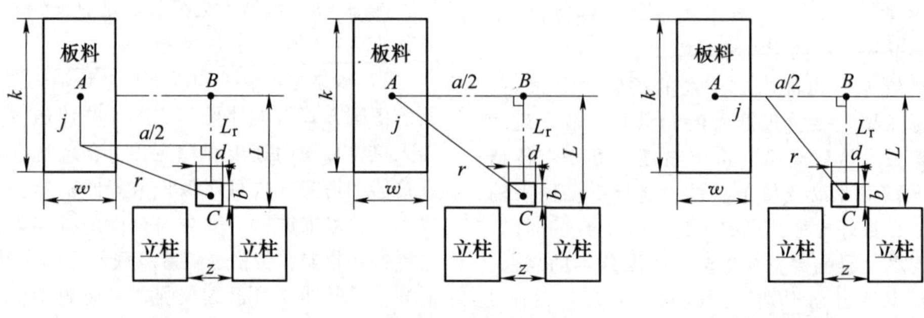

a) 配备普通端拾器　b) 配备旋转7轴端拾器　c) 配备直线7轴端拾器

图 6-3-28　配备普通/旋转 7 轴/直线 7 轴端拾器的机器人最大臂展

若压力机立柱间距 z 小于机器人底座左右尺寸 d，则机器人需要安装在立柱内侧或倒立安装；若压力机立柱间距 z 远大于机器人底座左右尺寸 d，则考虑为机器人加设导轨。

若配备普通端拾器，底座中心 C 离 AB 连线较近，以实现工件的 180°旋转，则有

$$r^2=(L_r-j)^2+(a/2-L_g)^2 \quad (6\text{-}3\text{-}1)$$

式中 $\left(\frac{w}{2}+\frac{b}{2}\right)<L_r<L$。

若配备旋转 7 轴端拾器，底座中心 C 离 AB 连线较远，以实现工件的平行移动，则有

$$(r+j)^2=L_r^2+(a/2-L_g)^2 \quad (6\text{-}3\text{-}2)$$

式中 $\left(\frac{k}{2}+\frac{b}{2}\right)<L_r$。

类似的，若配备直线 7 轴端拾器，则有

$$r^2=L_r^2+(a/2-j-L_g)^2 \quad (6\text{-}3\text{-}3)$$

式中 $\left(\frac{k}{2}+\frac{b}{2}\right)<L_r$。

6）根据压力机内垂直空间结构估算机器人底座高度和端拾器干涉高度。考虑到机器人轨迹的简化和整体节拍的优化，并为保证冲压频率的一致性与高效性，压力机内所安装的下模具中心点高度均保持在一条水平线上。

图 6-3-29 所示为压力机内部结构垂直空间，H_t 为工作台距地面高度，H_{db} 为工作台垫板厚度，H_g 为工件厚度，H_{xc} 为滑块行程，H_k 为压力机的最大开模高度，H_{sm} 为上模具厚度，H_{xm} 为下模具厚度。

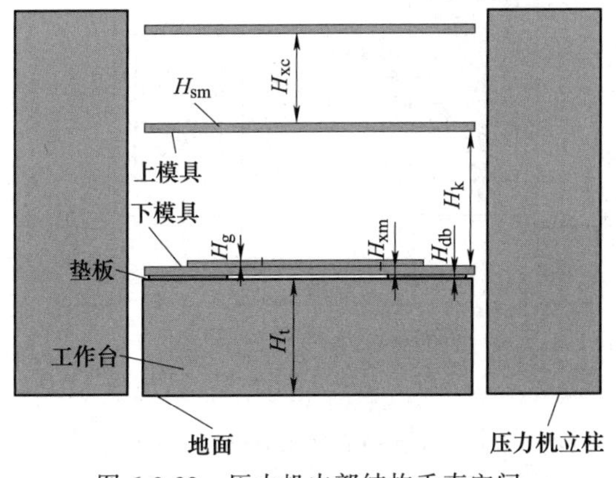

图 6-3-29　压力机内部结构垂直空间

根据图 6-3-29 所示，可估算机器人底座安装高度 H_{dz} 为

$$H_{dz}\approx H_t+H_{db}+H_{xm}+H_g \quad (6\text{-}3\text{-}4)$$

根据机器人与滑块行程进行高度调整以适应上下料的高度要求。若预留模具间余量为 H_{my}，则机器人上下料的干涉高度 H_{gs} 为

$$H_{gs}\approx H_{xc}-H_{my} \quad (6\text{-}3\text{-}5)$$

为了能让机器人顺利进入压力机内取料、放料，设机器人手臂与上下模具间的余量为 H_{jy}（包括安全距离、机器人手臂及手腕高度），则端拾器最大高度 H_{dsq} 须满足

$$H_{dsq}<H_{xc}-H_{jy}-H_{my} \quad (6\text{-}3\text{-}6)$$

7）根据底座高度和干涉高度估算机器人腰部高度和最大臂长。图 6-3-30 所示为机器人取放料垂直空间示意图，其左侧为配备普通端拾器的机器人取放料垂直空间，右侧为配备柔性端拾器的机器人取放料垂直空间，设 H_{yb} 为机器人腰部高度，r_m 为最大臂长，j_0 为标准端拾器加长杆长度、j_1 为直线 7 轴端拾器平移长度、j_2 为柔性 7 轴端拾器加长杆长度，$u\times v$（长×宽）为压力机滑块底面尺寸。

使用普通标准端拾器的机器人手臂须与板料中心线重合，参照图 6-3-28，为减少手臂伸长幅度，机器人必须靠近两压力机中心连线，机器人上下料的干涉高度 H_{gs} 应包括伸入压力机的机器人手臂高度。若机器人底座高于最高上料位置，则会造成大臂与滑块的干涉，故机器人底座的安装高度应满足如下限制条件

$$H_{yb}+H_{dz}<H_{gs}+H_t+H_{xm} \quad (6\text{-}3\text{-}7)$$

而使用柔性端拾器的机器人手臂摆动与伸长范围都大为减小，且当直线 7 轴端拾器的平移轴长度 j_1 超过 $\frac{v}{2}$、旋转 7 轴的加长杆长度 $j_2\cos\theta>\frac{v}{2}$（其中，$\theta$ 为机器人手臂与加长杆连线与两压力机对称线夹角）时，冲压机器人手臂可以完全在压力机外完成上下料任务。因此，使用柔性端拾器的机器人腰部高度与机器人端拾器上下极限位置的平分线重合为宜，即应满足以下关系

$$H_{yb}+H_{dz}\leqslant(H_{gs}+H_{dsq})/2+H_t+H_{xm} \quad (6\text{-}3\text{-}8)$$

冲压机器人手臂的实际伸长量应为

$$r_m>\sqrt{[(H_{gs}+H_{dsq})/2]^2+r^2} \quad (6\text{-}3\text{-}9)$$

8）根据最重工件质量 G、最重端拾器实际质量 D_{max}、最重加长装置质量 D'、端拾器中心点距离机器人法兰盘中心点处的偏差 L 来确定机器人最大载荷。

对照机器人参数图，查出工具质心距法兰盘中心 $L\geqslant0$ 时，机器人对应实际载荷 P_L，须满足

$$P_L\geqslant G+D_{max}+D' \quad (6\text{-}3\text{-}10)$$

据此排除不符合载荷条件的机器人。

9）根据所选机器人、端拾器和与压力机的相对位置，进行干涉校验。为保证冲压生产线顺利运行，利用机器人上下料干涉检测软件，仿真模拟实际压力机、模具、工件、端拾器、机器人的运行工况，不断调整相互的位置，找到最优性能的机器人安装调试方案，并确认询价。

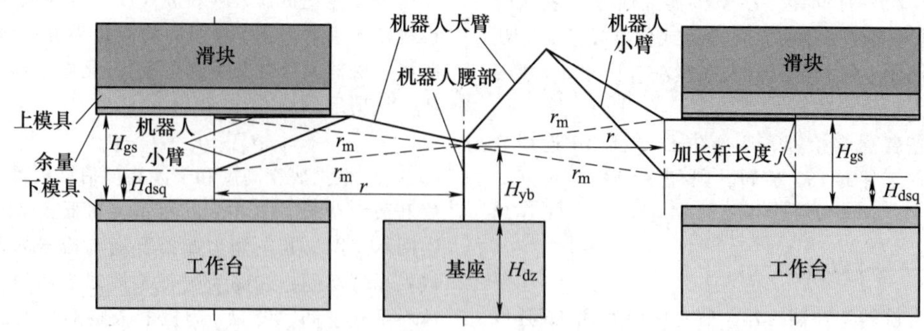

图 6-3-30 使用普通/柔性端拾器的机器人取放料垂直空间示意图

10）确定压力机、模具、机器人、端拾器位置后，选定生产线其他配套设备单元。

（3）汽车冲压生产线机器人选型实例 以某企业生产汽车侧围板等大型件冲压生产线为例进行上下料机器人选型说明。该冲压生产线分 4 道工序成形，由 1 台 25000kN 大型闭式四点伺服压力机、3 台 10000kN 的曲柄压力机直线串联排列组成，结构紧凑，传送方式为平移。

由压力机数量为 4 台，可推算该生产线所需机器人总数 N 为 6 台，进而根据工位的不同，可分为 1 台拆垛机器人、1 台首台压力机上料机器人、1 台尾台压力机下料机器人和 3 台压力机间传递机器人。在汽车冲压件中，侧围件属于最大、最重的工件，查阅相关数据知其质量可达 27kg，以此质量作为本文侧围件质量，按与端拾器质量 1∶1 估算，机器人末端承载至少应达到 54kg。

根据该生产线 10 次/min 的生产节拍及压力机的空间布局，参考表 6-3-7 可知最佳选项为直线 7 轴柔性端拾器搭配工作空间范围全、承载大的机器人。

机器人与压力机间上下料的位置布局如图 6-3-31 所示。由于生产线布局紧凑，因此无须为机器人增设导轨。

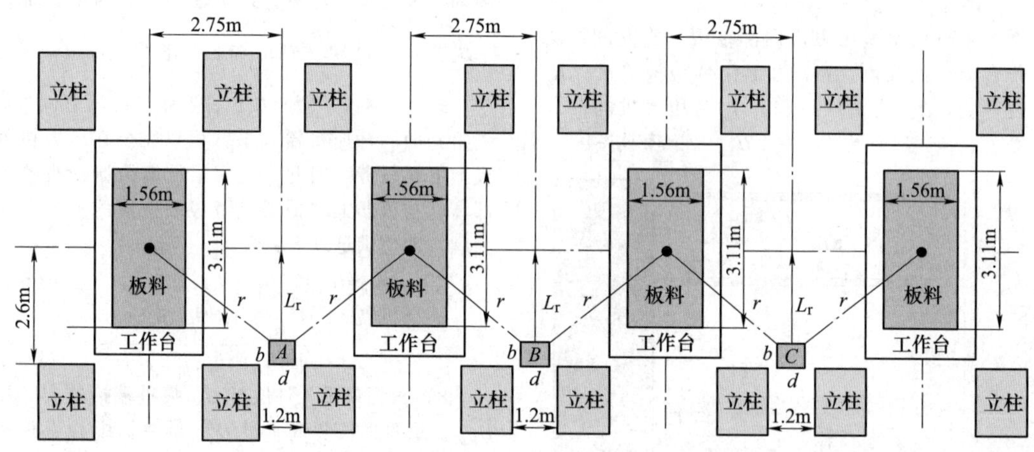

图 6-3-31 冲压机器人与压力机间上下料的位置布局

因侧围件传送方式为平移，故此机器人需保证板料的长边不能接触底座外沿，则有

$$L_r > \frac{k}{2} + \frac{b}{2} + L_y \qquad (6\text{-}3\text{-}11)$$

式中 k——侧围件长度；

b——机器人底座前后尺寸；

L_r——机器人与两工作台中心连线的垂直距离；

L_y——接触余量。

为避免压力机立柱对机器人手臂转动的影响，机器人底座中心应在立柱内侧，则有

$$L_r < L \qquad (6\text{-}3\text{-}12)$$

式中 L——工作台中心到压力机立柱内侧的距离。

已知 k 为 3.11m，L 为 2.6m，设 L_y 为 0.4m，联立式（6-3-11）、式（6-3-12）可推算 $b<1.29$m，取 $b=1.25$m，则 $L_r=2.58$m。

压力机滑块的底面尺寸与工作台尺寸相同，即长为 5m，宽为 2.6m。取其宽度的一半即 1.3m，加上压力机滑块的外围螺栓等的余量为 0.2m，即为机器人在水平方向上的干涉距离；若直线 7 轴端拾器的平移加长量 $j>1.5$m，则机器人手臂可在压力机外上下料，便于优化冲压轨迹，故取端拾器平移加长

量 $j=1.6\text{m}$。进而，由式（6-3-3）可知，机器人取、放料时的手臂伸长量在水平面内的投影距离 r 约为 2.83m。以安全计，取投影距离 r 为 2.9m，即机器人手臂水平方向上的伸长量至少为 2.9m。

工件厚度 H_g、垫板厚度 H_{db}、机器人底座的安装高度 H_{dz}、机器人上下料的最大干涉高度 H_{gs}、干涉高度余量 H_{yg} 及端拾器最大高度 H_{dsq} 之间存在关系式如下

$$\begin{cases} H_{dz} \approx H_t + H_{xm} + H_g + H_{db} \\ H_{gs} \approx H_{xc} - H_{my} - (H_k - H_{sm} - H_{xm}) \\ H_{dsq} \approx H_{gs} - H_{yg} \end{cases} \quad (6\text{-}3\text{-}13)$$

根据汽车侧围件板料数据及压力机设备参数，并结合式（6-3-13），可推算伺服压力机的机器人底座高度为 1.45m，普通压力机的机器人底座高度为 1.35m；为保证所有压力机间传送机器人高度在同一水平线上，给 3 台普通压力机加设垫板厚度为 0.5m；机器人底座的高度 H_{dz} 统一预设为 1.45m；首台压力机和其余 3 台压力机的干涉高度均为 1.1m，设干涉高度余量 H_{yg} 为 0.3m，则取端拾器最大高度 H_{dsq} 为 0.8m。

图 6-3-32 所示为配备直线 7 轴柔性端拾器的冲压机器人取放料时的垂直工作空间示意图，由图可见，机器人腰部顶端设在机器人直线 7 轴端拾器上、下极限位置的平分线上为宜，即应满足以下关系

$$H_{yb} + H_{dz} \leqslant (H_{gs} - H_{yx} + H_{dsq})/2 + H_t + H_{xm} \quad (6\text{-}3\text{-}14)$$

式中　H_{yx}——上模具下方的余量。

此时，手臂的最大伸长量应满足

$$r_m \geqslant \sqrt{[(H_{gs} - H_{yx} + H_{dsq})/2]^2 + r^2} \quad (6\text{-}3\text{-}15)$$

机器人底座的左右尺寸 d 应小于相邻压力机的立柱间距 z，即

$$d < z \quad (6\text{-}3\text{-}16)$$

根据相关数据，由式（6-3-14）、式（6-3-15）和式（6-3-16）可得 $H_{yb} \leqslant 0.9\text{m}$，$r_m > 3.04\text{m}$，$d < 1.2\text{m}$，进而可取 $H_{yb} = 0.8\text{m}$，$r_m = 3.1\text{m}$，$b = 1.1\text{m}$。

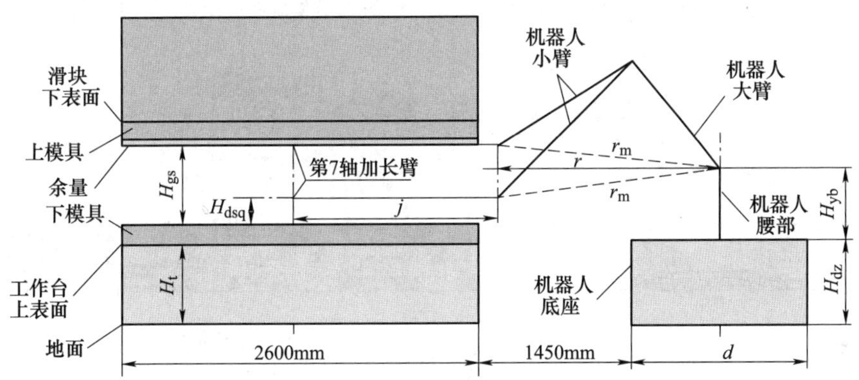

图 6-3-32　直线 7 轴冲压机器人取放料垂直工作空间示意图

该生产线共生产 9 种大型件，由机器人总数可知所需端拾器的总数为 46 套，根据板件外形尺寸，初步估算最重端拾器为 50kg，最大高度为 0.7m。

综上计算与分析结果，提出该条大型汽车覆盖件生产线所需配备的机器人及其辅助设备性能参数如下：该线共需 6 台机器人，其中 3 台是压力机间传送机器人，要求压力机间传送机器人工作空间全面，末端搭配的直线 7 轴柔性端拾器，其辅助增加平移量至少为 1.6m，机器人在极限偏载的情况下能承受的静载荷至少为 76kg，机器人手臂最大伸长距离至少为 3.1m；其余 3 台机器人分别为拆垛、首台压力机上料、尾台压力机下料机器人，应具有较高的操作速度。

所有机器人均为地面安装，其腰部高度最好在 0.85m 以内，基座尺寸（前后×左右）约为 1.25m×1.1m，机器人与两工作台中心连线的垂直距离为 2.58m 以内。整线所需端拾器共计 46 套，其中包括配备拆垛机器人的通用端拾器 1 套，其余端拾器 45 套共 9 个系列。端拾器高度限制在 0.8m 以内，端拾器最大质量限定在 50kg 以内。

若选用 ABB 公司产品构建生产线，则压力机间的物料传送可选择 ABB IRB 7600-325/3.1 型冲压专用机器人，而拆垛机器人、首台压力机上料机器人、尾台压力机下料机器人可选择 ABB IRB 6660-130/3.1 型冲压专用机器人。

3. 冲压自动化生产线连线中机器人的选型

由于六自由度关节型机器人不需要压力机或外围设备的动作来弥补就能确定自由空间中任意点的位姿，因而成为冲压自动化生产线应用的主流。下面就国内有代表性的汽车企业已建成的汽车覆盖件自动化生产线中所选用 ABB 公司的 IRB 系列专用冲压机器人做一简要介绍。

（1）冲压自动化生产线的工作流程分析及连线内容　现以一条由 5 台压力机组成的冲压生产线为

例，根据汽车覆盖件冲压成形的工艺流程，其典型的工作流程如图 6-3-33 所示。人工将料垛放进拆垛小车，由 1#机器人从小车上取下板料，经过双料检测后送入涂油装置，涂油完成后板料进入对中台进行对中定位。之后，2#机器人抓取已定位的板料送入第一台压力机；随后板件在后续各台压力机上依次完成各道冲压工序，此时板件在各台压力机之间的传送由 3#～6#机器人完成。完成冲压工序后的成品件由 7#机器人取出放在出料输送装置上。

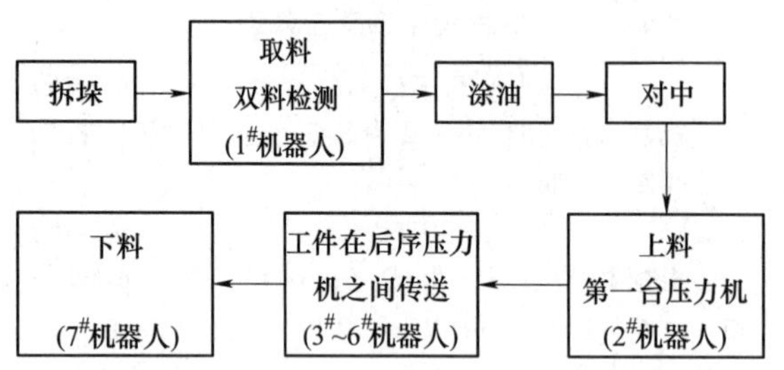

图 6-3-33　冲压自动化生产线的典型工作流程

1）冲压自动化生产线的构成。机器人冲压自动化生产线由多台压力机连线和自动化输送系统两大部分构成。其中自动化输送系统又由冲压机器人和其他辅助设备构成，而辅助设备包括拆垛单元、出料输送带、端拾器、真空系统等。

2）机器人是连线的纽带、实现自动化的关键。机器人作为冲压自动化生产线中自动化输送系统的主要组成部分，其担当的工作任务繁多，但因其通过控制系统能保持与压力机的随动和联锁，完成机器人的运动控制、气动与真空系统监控及安全防护等。具体选择机器人的根据是：①根据板件及端拾器的质量确定机器人的负载能力。②根据压力机之间的间距确定机器人的工作范围。③根据生产节拍等技术性能要求，设定机器人的运动参数。

3）机器人冲压自动化生产线的布局。机器人冲压自动化生产线（汽车覆盖件）是一个由多种机电一体化设备、多环节组成的大型复杂自动化系统。为了充分发挥其最大的产能优势，需要对自动化生产线进行合理的规划与布局。图 6-3-34 所示为某企业现生产的汽车覆盖件冲压自动化生产线的总体布局。

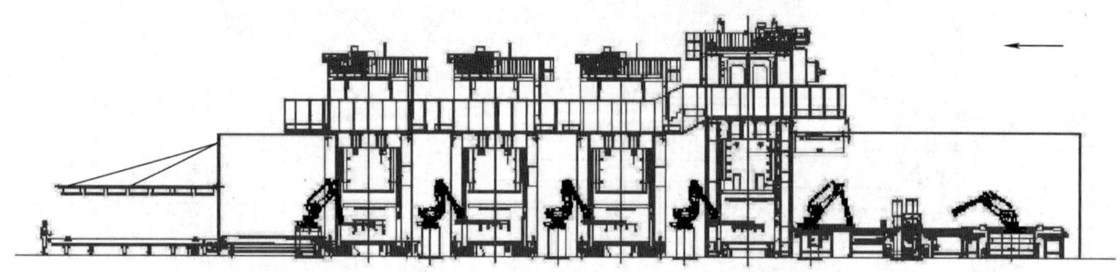
图 6-3-34　机器人冲压自动化生产线的总体布局

① ABB 公司的 IRB 系列冲压机器人。目前国内典型汽车覆盖件冲压自动化生产线多采用 ABB 公司的 IRB 系列冲压机器人。ABB 集团公司（1988）系由瑞典的阿西亚（ASEA）公司与瑞士的布朗勃法瑞（BBCBVOWn BOVeri）公司合并而成。该集团公司根据典型冲压作业的生产特点及工作节拍的要求，在通用机器人基础上，对其关键轴臂进行了强化，采用了平衡臂设计，显著提高了机器人的刚性和速度，同时便于控制与压力机同步。因此，其生产的冲压机器人深受国内外冲压行业的欢迎。下面介绍该公司的典型冲压机器人产品。

② ABB IRB6660 系列冲压机器人。该系列机器人系六自由度关节型机器人，在冲压自动化生产线中承担拆垛、首台压力机上料及尾台压力机的下料任务。其型号和技术参数见表 6-3-8。

表 6-3-8　ABB IRB6660 系列冲压机器人的型号和技术参数

参数名称	型号		
	IRB 6660-100/3.3	IRB 6660-130/3.1	IRB 6660-205/1.9
	参数值		
臂长/m	3.35	3.1	1.93
有效负荷/kg	100	130	205
臂负荷/kg	20	20	15
轴数	6	6	6
安装线	落地式	落地式	落地式
控制柜版本	IRC5	IRC5	IRC5

（续）

参数名称		型号		
		IRB 6660-100/3.3	IRB 6660-130/3.1	IRB 6660-205/1.9
		参数值		
机器人机座尺寸/mm（长×宽）		1206×786	1206×786	1206×786
质量/kg		1950	1910	1730
重复定位精度/mm		0.07～0.11	0.07～0.11	0.07～0.11
工作范围/(°)	轴 1 旋转	+180°～-180°	+180°～-180°	+180°～-180°
	轴 2 手臂	+85°～+42°	+85°～+42°	+85°～+42°
	轴 3 手臂	+126°～-20°	+126°～-20°	+126°～-20°
	轴 4 手腕	+300°～-300°	+300°～-300°	+300°～-300°
	轴 5 弯曲	+120°～-120°	+120°～-120°	+120°～-120°
	轴 6 转动	+360°～-360°	+360°～-360°	+360°～-360°
	轴 2～3	+160°～+20°	+160°～+20°	+160°～+20°
单轴最大速度/[(°)/s]	轴 1 旋转	75°/s	75°/s	75°/s
	轴 2 手臂	110°/s	110°/s	130°/s
	轴 3 手臂	130°/s	130°/s	130°/s
	轴 4 手腕	123°/s	130°/s	130°/s
	轴 5 弯曲	150°/s	150°/s	150°/s
	轴 6 转动	120°/s	120°/s	120°/s
	轴 2～3	240°/s	240°/s	240°/s

③ ABB IRB7600 系列冲压机器人。该系列机器人具有更大的工作空间和承重能力，主要用于冲压自动化生产线中多台压力机之间的工件传送。其型号和技术参数见表 6-3-9。

表 6-3-9　ABB IRB7600 系列冲压机器人的型号和技术参数

参数名称		型号				
		IBR7600-500	IBR7600-400	IBR7600-340	IBR7600-325	IBR7600-150
		参数值				
到达距离/m		2.55	2.55	2.8	3.1	3.5
承载能力/kg		500	400	340	325	150
重心高度/mm		360	512	360	360	360
最大手腕扭矩/N·m		3010	3010	2750	2660	1850
轴数		6	6	6	6	6
工作范围/(°)	轴 1 旋转	+180°～-180°				
	轴 2 手臂	+80°～-60°				
	轴 3 手臂	+60°～-180°				
	轴 4 手腕	+300°～-300°				
	轴 5 弯曲	+100°～-100°				
	轴 6 转动	+300°～-300°				
最大工作速度/[(°)/s]	轴 1 旋转	75°/s	75°/s	75°/s	75°/s	100°/s
	轴 2 手臂	50°/s	60°/s	60°/s	50°/s	60°/s
	轴 3 手臂	55°/s	60°/s	60°/s	55°/s	60°/s
	轴 4 手腕	100°/s	100°/s	100°/s	100°/s	100°/s
	轴 5 弯曲	100°/s	100°/s	100°/s	100°/s	100°/s
	轴 6 转动	160°/s	160°/s	160°/s	160°/s	160°/s

（2）冲压机器人的控制策略　冲压自动化生产线控制系统的技术先进性、完善性和可靠性以及控制策略的灵活性和有效性直接决定了生产线的自动化程度和生产效率。机器人冲压自动化生产线的控制系统由连线控制系统、监控系统和安全防护系统三大部分组成。其连线控制系统用于整条自动生产线流程的控制；监控系统基于工业以太网构成客户机/服务器模式，对整个冲压作业流程监控；安全防

护系统用于整条生产线的安全监控。

1）单元控制策略。工作单元的划分。主要以压力机为中心进行划分，又有以下三种划分方法：

① 将相邻压力机及二者之间的机器人划为一个工作单元。

② 将压力机与其上料机器人划为一个工作单元。

③ 将压力机及其两侧的机器人划为一个工作单元。

可按第②种方法进行工作单元划分，再加上拆垛单元、出料输送单元等整条线划分为七个工作单元。划分工作单元之后，每个工作单元中硬件结构主要包括机器人、压力机、编码器、真空系统及操作面板等设备。

2）机器人控制器。主要用于控制机器人，同时通过 Soft PLC 作为单元控制器，实现本工作单元内各设备的协调控制。此外，作为工作单元内的主站，控制器中安装通信卡，通过 CAN 总线与压力机、编码器、真空系统、操作面板等从站设备通信，并通过连线控制器与相邻的工作单元通信。

3）机器人与压力机的协调控制。这种控制是冲压自动化生产线诸多控制中的关键。因为只有保证生产线中冲压动作与机器人的上下料动作协调，才能防止干涉及碰撞事故，并提高效率。该控制策略有以下两种：

① 电气信号互锁控制。其工作过程为：压力机滑块在完成一次冲压作业后返回至上死点，停止运动后向干涉区外等待的机器人发出允许进入信号，机器人收到信号后进入压力机内进行上下料操作，同时发出互锁信号，禁止压力机滑块下行。当机器人完成上下料操作并完全退出干涉区后，即向压力机发出启动允许信号，允许压力机滑块进行下一次冲压作业。

② 同步运动控制。鉴于电气信号互锁控制方式存在不足之处，国外的机器人公司（KUKA、ABB等）研发了同步运动控制系统。该控制方式的核心是在运动控制系统中规划和协调机器人上下料操作与压力机滑块之间的关系，机器人通过实时监测压力机滑块的位置，不断调整自身的运动状态，实现机器人与压力机之间的协调。

4）连线控制策略。连线控制系统是按整个自动线的控制逻辑关系对各工作单元进行协调与控制。其主要控制策略有：

① 起动与停止策略。冲压自动化生产线起动时采取由后向前的顺序进行，停止时采取由前向后的顺序进行。这样可有效地防止某一中间环节发生故障而导致板件堆积和物流阻塞的发生。

② 故障处理策略。当自动化生产线中某一工作单元因故障而停止运行时，故障单元之前的各单元完成当前的工作后应暂停运行，而故障单元之后的各单元继续运行，直至物流信号停止传送为止。该策略保证了自动化生产线的运行效率。

③ 急停控制策略。急停作为最高级别的停止，会使机器人的所有工作立即停止，压力机立即停车，并切断动力回路。但由于整条线中设备众多，因某一环节急停而导致整线急停不利于生产节拍的提高。因而分布在生产线上的急停按钮只对相应区域内的设备起作用。

④ 安全区控制策略。由于冲压自动化生产线中的压力机及机器人均为高速运转设备，为避免人身伤害事故发生，不允许人员进入设备的工作范围。该安全区控制是由安装在安全门上的安全锁实现的。一旦检测到安全门被打开，机器人和压力机的动作将立即停止。

3.3　冲压机器人在冲压自动化生产线中的应用实例

由于冲压机器人冲压自动化生产线具有诸多优势，故近十几年来在我国的汽车行业、电器及金属制品行业获得了迅速推广应用。现举其典型应用实例如下。

3.3.1　冲压机器人在汽车车身冲压自动化生产线中的应用

自从 1995 年济南第二机床厂与美国 ISI 公司合作研制出国内第一条汽车覆盖件冲压自动化生产线并在重庆长安汽车有限责任公司投产之后，上汽大众汽车有限公司分别从德国舒勒公司和美国 ISI 公司引进了冲压机器人自动化生产线并投入使用。至 1997 年，国内第一条自行设计并具有自主知识产权的柔性化冲压自动化生产线在长春一汽-大众汽车有限公司投入生产使用。至今国内主要汽车制造企业的东风汽车有限公司、一汽轿车股份有限公司、长城汽车股份有限公司及湖南长丰汽车股份有限公司等均已建成冲压机器人冲压自动化生产线，投产后具有重大技术及经济效益。现就其典型生产线予以概要介绍。

1. 采用引进大型压力机和 ABB 机器人的冲压自动化生产线

该生产线用于汽车覆盖件 9 种产品的生产作业，其整线组成如图 6-3-35 所示。

（1）压力机的配备　该生产线首台双动压力机（伺服压力机）系由德国舒勒公司产的 20000kN 压力机，后边连线的是国产 10000kN 的宽台面单动压力机。

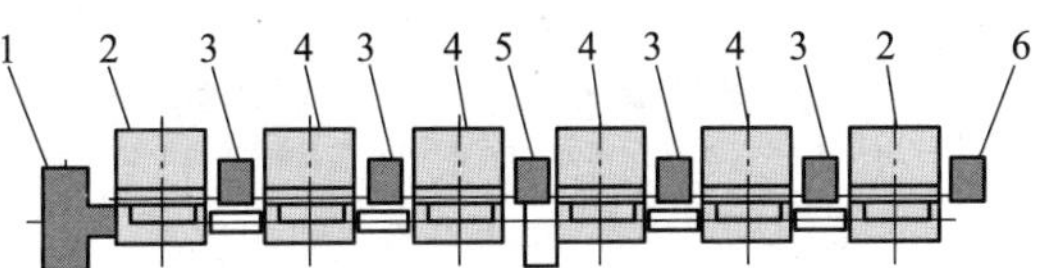

图 6-3-35　采用引进大型压力机和 ABB 机器人冲压自动化生产线的整线组成

1—拆垛、涂油系统　2—双动压力机　3—上、下料机器人　4—单动压力机　5—翻转传输机器人　6—搬出成品机器人

(2) 冲压机器人的配置及其特点　为加快工件在压力机之间的传送速度和扩大机器人的工作范围，线间工序传递采用 ABB IRB 7600-325/3.1 机器人，并配置有 L-90/1.75 型 7 轴端拾器，负载能力为 90kg，直线运行距离 1.75m，可实现压力机间工件在传送过程中的平行移动。其特点是集高负载能力、高速度和高柔性化于一体，工作节拍为 15 件/min。

用于拆垛和出件的机器人采用 ABB IRB 6660-130/3.1 型。该机器人的端拾器由碳纤维复合材料（CFRP）制主杆和铝合金制分支杆构成。IRB 7600 型机器人的端拾器的结构也同样如此，故具有刚性强、质量轻、惯性小的特点。

该两种系列机器人的控制柜采用 IRCS 型机器人控制器和示教器，控制系统的控制部件采用模块化设计，编程和设定采用窗口化显示及图形化触摸屏操作，使机器人控制工作可靠，操作维修方便。

2. 采用国产大型压力机的冲压自动化生产线

图 6-3-36 所示为国家“九五”重点科技攻关项目“一汽捷达轿车冲压线连线自动化系统的研究与开发”所研制的大型冲压自动化生产线，主要由以下部分组成：

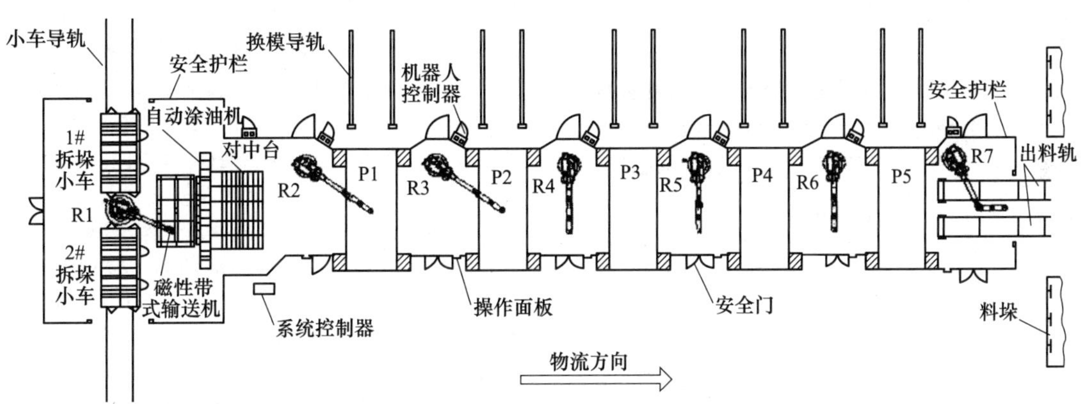

图 6-3-36　一汽捷达轿车大型冲压自动化生产线

1) 6 台串联排列的国产大型机械式压力机。其中第一台为双动压力机，完成冲压件的拉深工作，后续五台压力机均为国产单动压力机，完成切边、冲孔、校正及卷边等冲压工序。

2) 12 台摆臂式冲压机器人。完成各压力机的上、下料工作。

3) 适应冲压件形状和尺寸的多种机器人端拾器及相应的工位器具。

4) 1 台同步翻转传输装置。完成拉深成形后工件的翻转和向第二台压力机传送的工作。

3. 采用 KUKA 机器人的汽车覆盖件冲压自动化生产线

该生产线系由湖南长丰汽车股份有限公司与德国 KUKA 公司共同完成的。该线采用总线控制、网络连接先进技术及 KUKA 冲压机器人。全线由 4 台压力机、6 台 KUKA 机器人、总线控制台、两个拆垛工作台、对中台及磁性带式输送机、清洗机、涂油机和线末带式输送机及计数器组成。

(1) 压力机　1 台 20000kN 双动压力机和 1 台 10000kN、2 台 8000kN 单动压力机组成。压力机采用 PLC 控制，能储存、调用每个工件的参数并控制设备的闭合高度、压边力、平衡缸的压力等，而且能提供压力机的角度位置给机器人。

(2) KUKA 机器人　配备 6 台落地式 KUKA KR100P 机器人，额定负载 100kg，涵盖范围 R3501mm，控制箱 KRC2，中文或英文软件。控制面板带有 10m 电缆线连接机器人手臂与控制器，使用方便且为便携式，可采用中、英文界面。机器人为紧凑型和节省空间的设计，AC 服务器有 6 轴关节自由度，6 轴皆配置制动系统。机械手臂除承担原有抓取质量外，还可额外负载质量于第三轴手臂上。

4. 液压机柔性冲压生产线

汽车大型覆盖件液压机柔性冲压生产线由合肥合锻智能制造股份有限公司、济南铸造锻压机械研究所有限公司联合研制，具有完全自主知识产权。该生产线具有效率高、速度快、节能等优点。液压系统为电液比例阀伺服控制液压系统。电气系统采用 PLC+工业触摸屏控制，数显和安全功能齐全，并配有自动超越程测量装置，光机电一体化程度高。研制过程中，将数字泵、压力闭环控制、上置缓冲、大液压垫双驱动 T 形导轨侧移移动台等新技术应用于该线的系列产品。该柔性冲压生产线目前已在比亚迪、东汽、上汽、依维柯、重庆力帆、江淮汽车、吉利汽车等厂家形成示范线。该生产线如图 6-3-37 所示，由 1 台 22000kN 薄板冲压液压机和 3 台 10000kN 液压机及 1 台 8000kN 液压机组成。

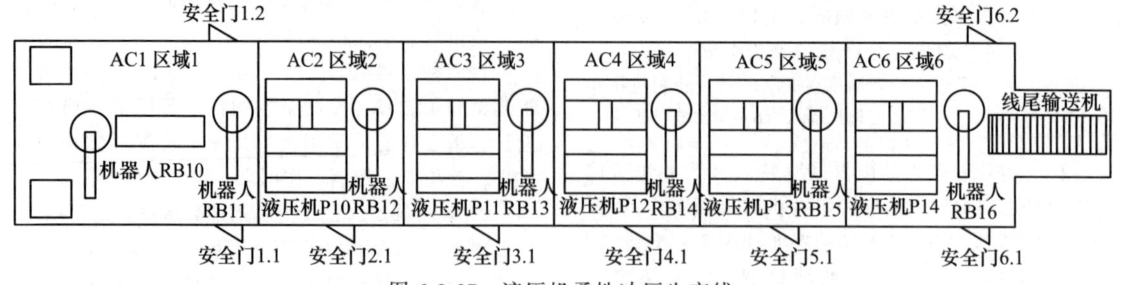

图 6-3-37　液压机柔性冲压生产线

1）生产线中的快速薄板冲压液压机（以 RZU2000 薄板冲压液压机为例），其主要性能参数见表 6-3-10。

表 6-3-10　RZU2000 薄板冲压液压机性能参数

参数名称	参数值
公称压力范围/kN	4000～25000（系列化产品）
工作台尺寸/ mm(长×宽)	5000×4000(最大)
压力分级、压力动态分级	有
空载工作节拍/(次/min)	≥10
平均工作节拍/(次/min)	5～7
液压垫四角调压	有
压边力动态调整	分 3～5 段控制
液压垫压力控制精度/ MPa	0.3
滑块位置重复控制精度/ mm	≤0.02
滑块快进速度/(mm/s)	450
滑块工作速度/(mm/s)	35
换模调整时间/min	30

2）该生产线集成了多项技术与组成单元，包括快速换模系统、拆垛机、清洗机、对中台、上下料机器人等设备，形成了功能齐全的柔性生产线。

3.3.2　热冲压机器人自动化生产线

热冲压成形技术是将初始强度为 500～700MPa 的钢板加热至 880～950℃ 达到奥氏体化状态，之后将其快速转移到有冷却系统的模具中冲压成形，在保持一定压力的状态下制件在模具本体中以大于 27℃/s 的冷却速度进行淬火处理，保压淬火一段时间以获得具有均匀马氏体组织的超高强度冲压件。采用热冲压成形生产的汽车结构件，具有超高强度、高硬度、轻量化（厚度比普通钢板减小约 35%），几乎无回弹等优点。另外，在冷冲压中需要多套模具和多次成形的冲压结构件，可用热冲压工艺一次成形。因此，相对于冷冲压成形而言，技术优势十分明显，值得推广应用。

1. 热冲压自动化生产线的构成

图 6-3-38 所示为热冲压生产线整线布局，该自动化生产线主要包括拆垛系统、加热炉、上下料系统、高速热冲压液压机和整线电气控制系统等。

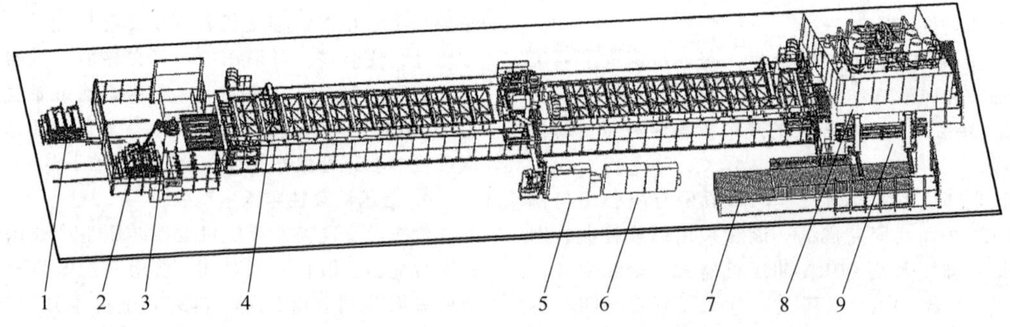

图 6-3-38　热冲压生产线整线布局

1—料垛　2—折垛系统　3—折垛机器人　4—转底式加热炉　5—加热炉控制箱
6—整线电气控制系统　7—出料台　8—液压机　9—出件机器人系统

（1）拆垛系统　拆垛系统一般包括送料小车、定位托盘、磁力分层器、拆垛端拾器、拆垛机器人（或机械手）。图 6-3-39 所示为使用桁架机械手的拆垛系统布局。目前常用 6 轴关节型机器人来拆垛，并为机器人配备端拾器快换装置，拆垛机器人系统如图 6-3-40 所示。

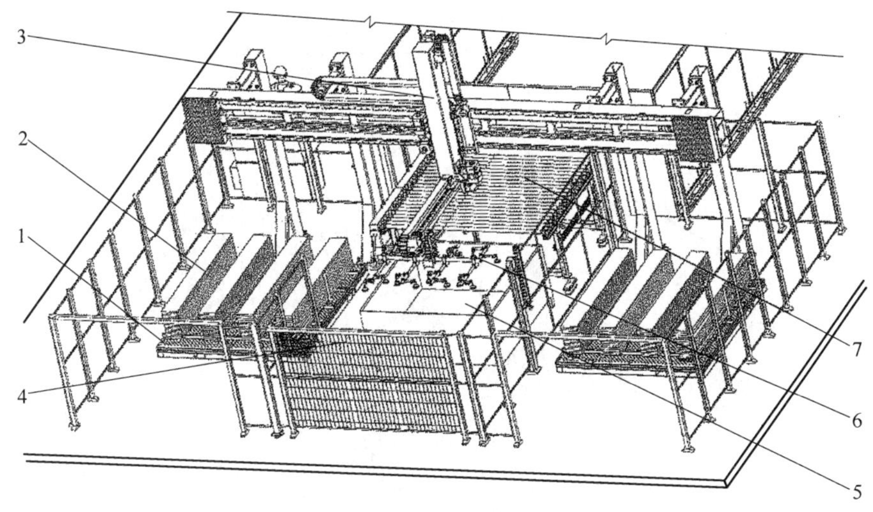

图 6-3-39　机械手拆垛系统布局

1—送料小车　2—料垛　3—拆垛机械手　4—护栏　5—料台　6—拆垛端拾器　7—加热炉上料平台

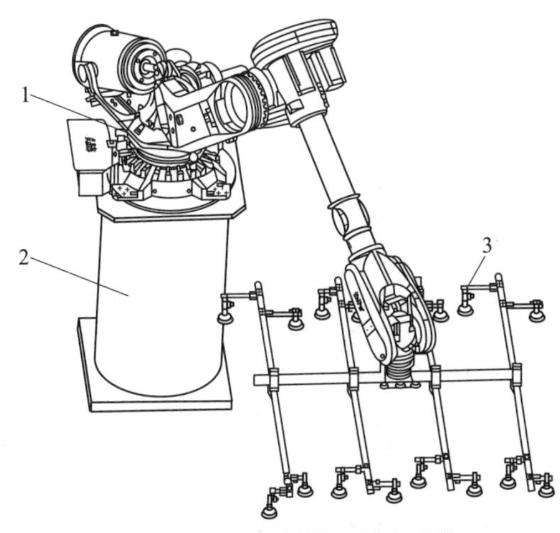

图 6-3-40　6 轴拆垛机器人系统

1—机座　2—腰部　3—端拾器

（2）加热炉　加热炉应具有加热和温控能力，能在指定时间内将高强度板加热至再结晶温度（约为930~950℃），达到奥氏体化状态，且能保证批量自动化连续生产的要求。对此采用转底式加热炉，以适应生产线的要求，其由上料平台、加热单元、出料对中台、氮气控制站、空气干燥站和维护用起重机等模块部分组成，如图 6-3-41 所示。

加热炉的主要性能参数见表 6-3-11。

（3）上下料系统　为避免板料出炉后送至压力机的过程中损失过多热量，应快速将出炉板料移送至压力机上的模具中。常用的上下料系统有 6 轴机器人，单臂机械手和双臂机械手。机器人上下料系统布局如图 6-3-42 所示。

（4）高速热冲压液压机　高速热冲压液压机的液压系统采用块位置的精确闭环控制、压力闭环比例控制等控制技术，实现了比例调压、四角比例调压、压边比例滑块四角调压、变压边力控制等功能。该液压机可实现滑块运动压力、位移、速度可任意设定，具有数显、数控功能、滑块运行的重复控制精度达到±0.1mm。其主要性能指标见表 6-3-12。

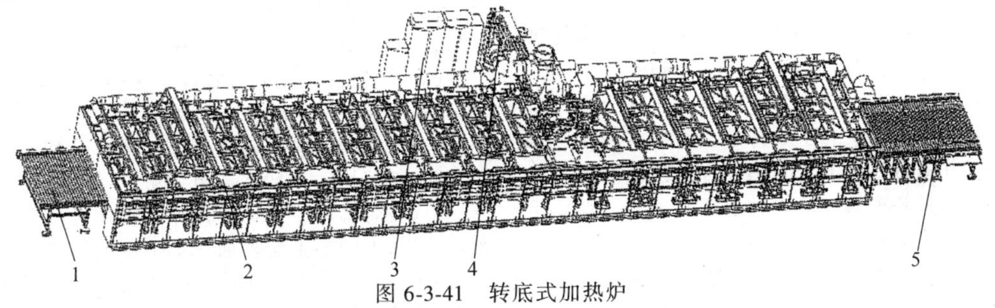

图 6-3-41　转底式加热炉

1—上料平台　2—输送辊　3—控制柜　4—机器人　5—出料对中台

表 6-3-11　加热炉的主要性能参数

参数名称	参数值	参数名称	参数值
最高加热温度/℃	980	最大料片尺寸/mm(长×宽)	1500×2300
每批大料片质量/kg	24	加热方式	电气混合
加热能力/(kg/h)	4700	炉内料片防氧化要求	有气体保护

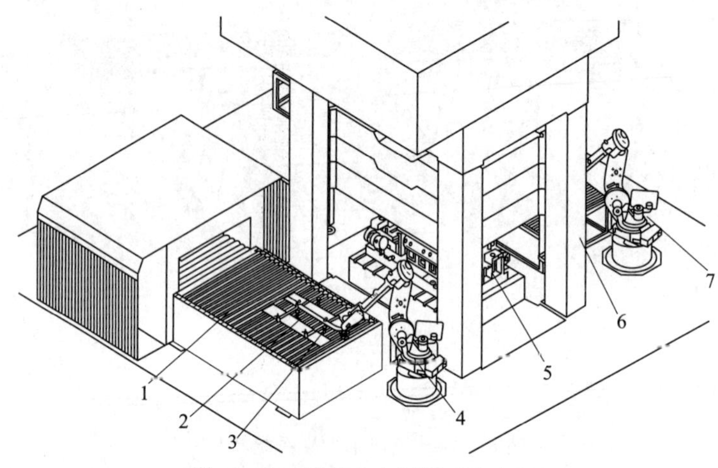

图 6-3-42　机器人上下料系统布局

1—加热炉　2—坯料　3—端拾器　4—上料机器人　5—模具　6—压力机　7—下料机器人

表 6-3-12　高速热冲压液压机主要性能参数

参数名称	参数值	备注
最大压力/kN	8000	—
滑块行程/mm	1200	—
闭合速度/(mm/s)	700	滑块下移速度不少于该值
工作台面/mm(长×宽)	3200×2200	不少于该尺寸
装模高度/mm	1000~2000	—

(5) 整线电气控制系统　整线电气控制系统采用集成安全系统与工业以太网的 PLC，压力机、加热炉控制 PLC 与自动化系统 PLC 的数据交换采用 ProfiNet 或 EtherCAT 现场总线进行通信。自动化系统 PLC 控制包括拆垛单元、机器人、上下料 MES 系统，实现智能制造。图 6-3-43 所示为整线电气控制系统构架图。

2. 热冲压生产线典型公司的产品简介

国外的德国本特勒公司、瑞典 AP&T 公司的热冲压生产线已在长春、上海等地投产应用。

国内济南奥图自动化股份有限公司与合肥合锻智能制造股份有限公司、本特勒公司研制的热冲压生产线采用双臂机械手上下料。目前已为国内客户提供数十条性能优越、运行稳定的热冲压自动化生产线。

此外，沈阳众拓机器人设备有限公司研发的国内首条热冲压机器人自动化生产线也已经投产使用。

3.3.3　冲压自动化生产线的其他传送形式及应用

根据冲压设备与冲压工艺的不同，冲压自动化生产线的输送系统也不同。目前主要有以下几种。

1. 生产线配备横杆式自动化输送系统

为提高冲压生产线的柔性度和生产效率，并降低设备的投入成本，研发采用快速横杆式输送系统的冲压自动化生产线。

(1) 快速横杆式传送的冲压线布局　快速横杆式（Speed BAR）输送系统是介于常规机械手系统和多工位压力机横杆输送系统之间的灵活高效的自动化输送系统。其用于冲压自动化生产线的布局如图 6-3-44 所示（未包括拆垛及尾端出料部分）。其特点是：两台压力机之间由一套单体的直线式输送机构连接；压力机之间的地面上没有穿梭小车。端拾器按照工件的形状安装在一根由两侧导轨导向的横杆上，其有效作用区域可以覆盖前后两台压力机的整个工作台面。设在横杆上的调节装置可以通过多达 5 个自由度的调节，实现工件在两个工位之间的任意“变位”。压力机之间中心距的缩短使整个生产线长度缩短，提高了工作效率。

(2) 快速横杆式输送系统　该输送系统的所有模块运动轴均采用数字调节伺服电动机驱动。沿运动方向安装有两个可伸缩的导轨，并通过安装在伸缩式导轨上的端拾器将前一个工位上的工件传送至下一工位，其他轴将完成端拾器横杆的升降和工件位置变化的移动。

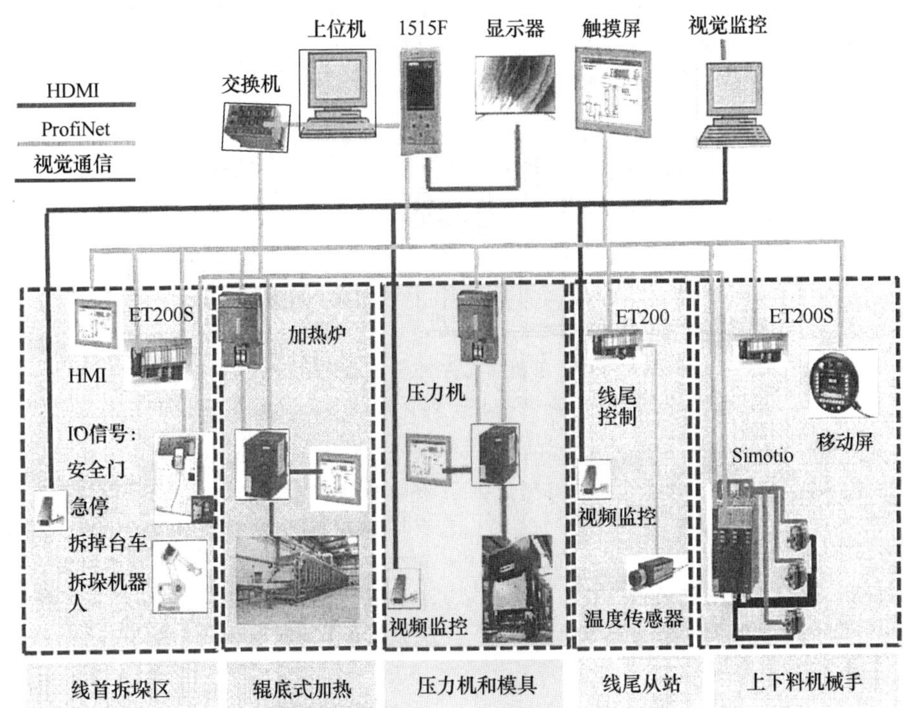

图 6-3-43　整线电气控制系统构架图

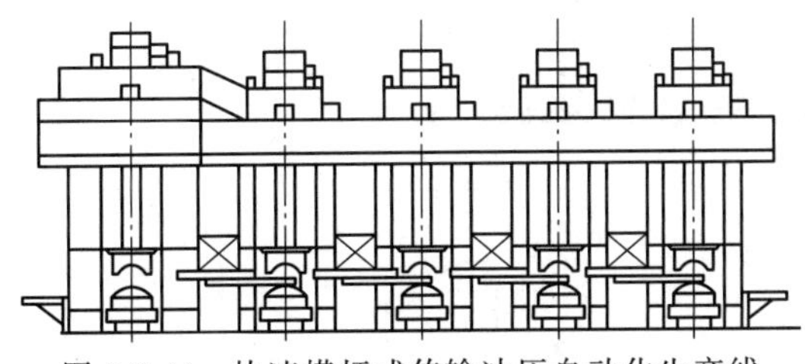

图 6-3-44　快速横杆式传输冲压自动化生产线

2. 多台开式压力机冲压自动化生产线采用单臂机械手传送

由多台开式压力机（吨位<200t）串联组成的冲压生产线，其设备之间的工件传送由多台单臂机械手完成。其冲压自动化生产线的布局如图 6-3-45 所示。

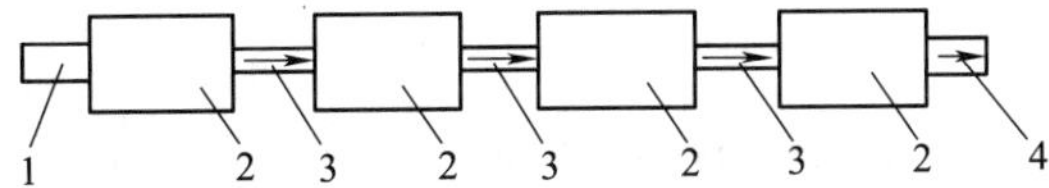

图 6-3-45　多台开式压力机冲压自动化生产线的布局
1—原料　2—压力机　3—机械手　4—出件

该类冲压自动化生产线用于电动机电器、五金工具、轻工等行业，适于中小冲压件的批量生产。

3. 多工位冲压自动化生产线

多工位冲压自动化生产线是压力机、多工位模具、快速换模系统、上下料系统、电气控制及网络控制的集成。其相对于单机生产或者多机连线生产的最大特点是：压力机在完成一次冲压后，不需要滑块停在上死点等待送料机械手进行工位间移动，而是压力机连续工作，同时机械手不停地进行工位间移送，即以连续冲程工作，从而提高了工作效率，减少了操作人员及作业场地。多工位冲压自动化生产线有如下两种方式：

（1）单机多工序冲压自动化生产线　该生产线主要由开式双点压力机、上料系统（开卷机或片料机）、单机多工序机械手、多工位模具等组成，如图 6-3-46 所示。

此生产线中压力机为开式双点压力机，其工作台应能安装多工位模具。其多工序机械手有伺服驱动机与中间站两个机构，分别固定到地面，两个机构之间装有一根传送横杆，横杆上有与多工位模具工位数量相对应的手臂，手臂末端装有真空吸盘或电磁吸盘。

在压力机连续冲压的空程中，通过压力机编码器检测曲轴旋转角度并向机械手传输信号后，机械手手臂降至规定行程把料片移送到模具处，放下料片后沿原路径返回原点，使生产线连续生产。

因开式压力机抗偏心载荷能力所限，压力机公称压力小于 5MN，制件质量 $G \leqslant 3$kg，用于生产中小型冲压件，整线生产效率为 25~35 次/min。

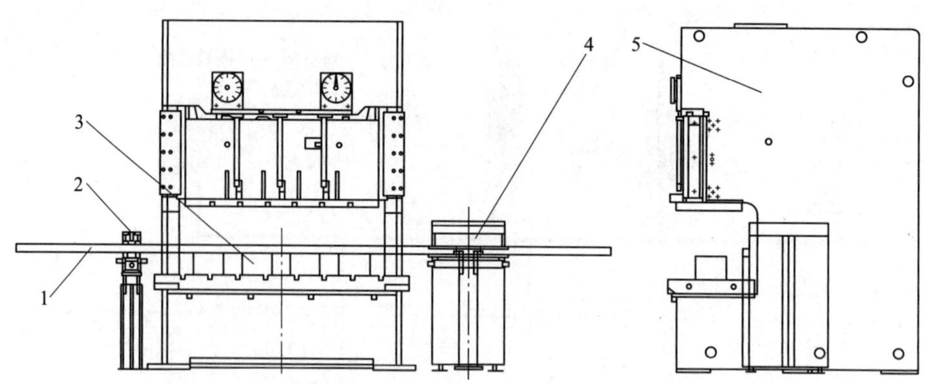

图 6-3-46　单机多工序冲压自动化生产线

1—横杆　2—中间站　3—模具　4—伺服驱动机　5—开式双点压力机

(2) 三维冲压自动化生产线　该线主要由闭式双点压力机、上料机、机械手、多工位模具等组成，如图 6-3-47 所示。

此冲压生产线的主机为闭式双点压力机，具有成形能力范围大、抗偏心载荷能力强等特点，其公称压力为 6.3～20MN。机械手采用龙门式机构，设备左右两侧分别装有两个伺服驱动机。两驱动机装有两根相对于模具前后方向对称的横杆，横杆上装有与多工位模具数量相对应的手臂，手臂末端装有真空吸盘或电磁吸盘。由于三维机械手比二维机械手多两套伺服电动机驱动，可以实现横杆上下移动，更方便多工位间板料的传送。

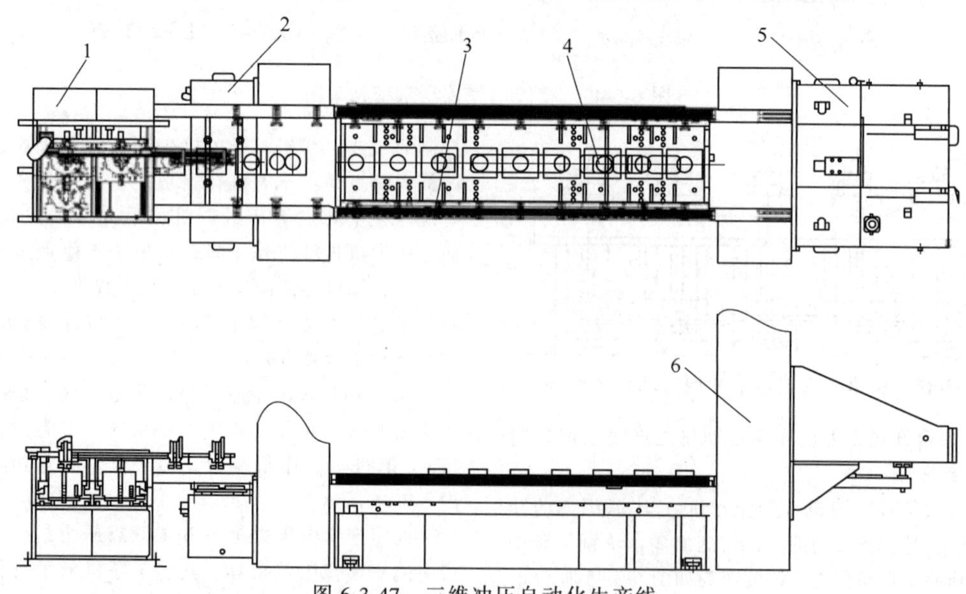

图 6-3-47　三维冲压自动化生产线

1—上料机　2—左伺服驱动机　3—横杆　4—模具　5—右伺服驱动机　6—闭式双点压力机

(3) 大型多工位压力机冲压自动化生产线　该冲压自动化生产线集机械、电子、控制与检测技术于一体，可实现冲压生产全自动与智能化。它代表当今国际冲压技术的最高水平，也是汽身覆盖件冲压技术的发展方向。其主要特征与优势为：

1) 冲压自动化生产线的构成。由一台带双动拉深工位的多工位压力机，在其前后分别配备拆垛装置和码垛装置，再配备传送机器人，便组成一条冲压自动化生产线，如图 6-3-48 所示。

2) 压力机的特征。此类多工位压力机多为四柱三滑块结构，其第一滑块下是第一工位双动拉深工位，其余工位均是单动冲压工位。由于拉深工位采取了反向拉深方式，从而避免了下一工序的工件翻转，省去了翻转装置。另外，此类压力机带有数控伺服液压拉深垫，从而摒弃了传统的双动拉深理念，真正将拉深与其他冲压工艺组合在一台压力机上完成。

3) 技术特点。采用数控伺服液压拉深垫可实现对压边力的优化控制，提高了冲压件的质量。

图 6-3-48　大型多工位压力机冲压自动化生产线

4）多工位压力机冲压自动化生产线的三坐标工件传送系统，可以在 *X*、*Y*、*Z* 三个方向的空间内实现与压力机动作节拍一致的夹持、上升、前进、下降、释放、后退、夹持的循环动作，从而在多个工位上将工件定距、步进传送。

该传送系统又分机械式和电子式两大类。

① 机械式三坐标传送系统。其传动轴通过链轮与压力机的曲柄连接而同步转动，传动轴通过凸轮将曲柄的旋转周期分配给 *X* 方向移动部、*Z* 方向升降部、*Y* 方向夹持部，实现夹持、上升、前进、下降、释放、后退等动作循环，将各工位工件传送到下一工位，循环往复。

② 电子式三坐标传送系统。其以伺服电动机为动力输出装置，在 PLC 控制下工作。动作协调性由压力机和控制器之间的电子信号来控制；运动轨迹由 PLC 控制，可适应不同的模具间距，与机械式相比，可调性更高。

5）典型公司的产品。国外有德国舒勒公司、日本小松、西班牙法格及瑞士固都（GÜDEL）公司生产的 20000kN、35000kN 大型多工位压力机组成的冲压自动化生产线。国内有济南二机床集团有限公司生产的 20000kN、50000kN 大型多工位压力机组成的冲压自动化生产线，齐齐哈尔二机床（集团）有限责任公司生产的 25000kN 大型多工位压力机冲压自动化生产线。

4. 冲压机器人或机械手在其他冲压生产线中的应用

（1）电饭锅锅身冲压自动化生产线　电饭锅锅身冲压自动化生产线如图 6-3-49 所示，分为拆垛、一次拉深、二次拉深、切边四部分。每个工位由一台压力机，对中台，上、下机械手组成。上料机械手的动作顺序为：下降、取料、上升、前进、后退。下料机械手的动作顺序为：前进、取料、后退、下降、放料、上升。

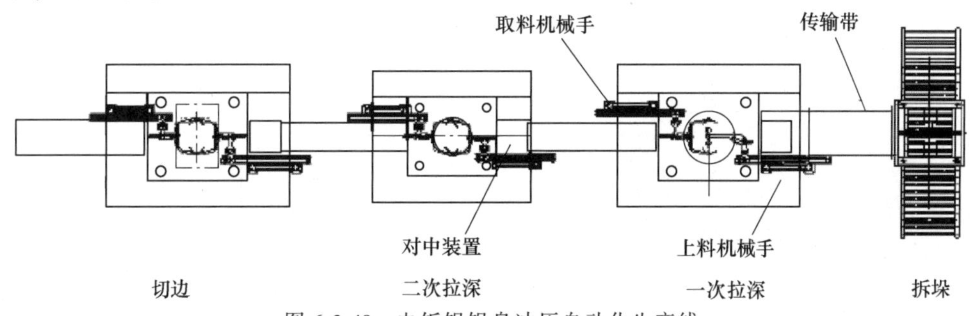

图 6-3-49　电饭锅锅身冲压自动化生产线

控制系统采用西门子 PLC（ST-200 系列的 CPU226），并配置 EM223、EM221 模块对该控制系统进行设计。以 Win CC flexble 为开发平台对人机界面进行设计。在控制程序方面，如安全互锁、交叉引用等予以注意并分析优化了系统运行的动作流程，并据此设计了相应的程序；通过每个机械手的动作响应时间与传感器之间的时间差设计了报警程序。

生产线的工艺安排为：圆形片料、一次拉深、二次拉深、切边。原材料采用 430 不锈钢板，生产直径为 180～260mm 的电饭锅锅身。生产线的总体布局结构为采用 YC24 型四柱液压机配气动机械手，并采用总线控制和 PLC 控制。

（2）关节型机器人在激光拼焊板生产线中的应用　激光拼焊板（Tailor-welded Blansk，简称 TWB）是采用激光拼焊的方法，将裁剪好的不同厚度、不同强度以及不同性质（如不同的表面涂覆）的钢板坯拼成整块坯，为需要局部改变性能（如局部增强）的汽车覆盖件生产专用板坯的先进制造技术。最近几年来，随着汽车车身件整体化制造和轻量化的发展，激光拼焊板在汽车冲压界获得了广泛应用。同时也出现了采用工业机器人的高效自动化激光拼焊板生产线（见图 6-3-50）。

该生产线共配置了 7 台关节型机器人，在两处激光焊接平台上，依次完成将下好料的不同母材搬送至焊接平台的传送带上并进行粗对拼的工作。经传送带的精对拼装置矫正后即移入焊接区进行自动焊接。焊接完成后的拼焊板经无损检测后，由机器人搬运至成品板坯料架。这几台机器人都配备有不同的吸盘用来夹持板坯，由中央控制器控制，按指定程序工作。

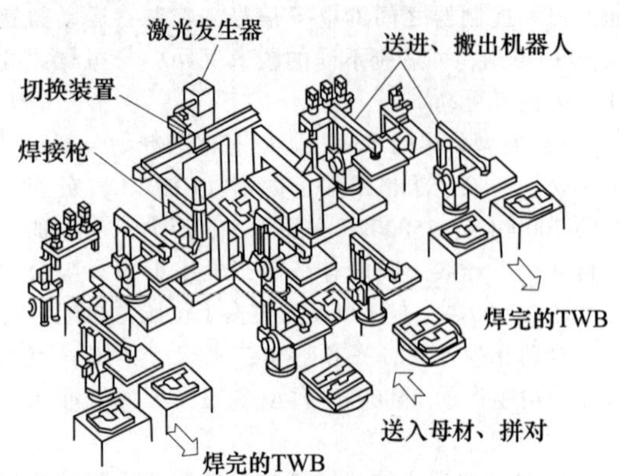

图 6-3-50　自动化激光拼焊板生产线中工业机器人的配置

参考文献

[1]　殷际英，何广平. 关节型机器人［M］. 北京：化学工业出版社，2003.

[2]　张天华. 六自由度工业机器人在冲压自动线中的应用［D］. 合肥：合肥工业大学，2006.

[3]　陈立新，郭文彦. 工业机器人在冲压自动化生产线中的应用［J］. 机械工程与自动化，2010（3）：133-135.

[4]　王明. 工业机器人在冲压自动线中的应用分析［D］. 合肥：合肥工业大学，2008.

[5]　侯雨雷，王嫦美，杜建革，等. 汽车冲压线上下料机器人选型原则与方法［J］. 制造技术与机床，2014（11）：149-154.

[6]　邱继红. 冲压自动化及机器人在冲压自动化生产线系统研究［D］. 沈阳：中科院沈阳自动化研究所，2000.

[7]　林成. 汽车覆盖件冲压自动化研究［D］. 长春：吉林大学，2006.

[8]　彭国庆. 电饭锅锅身自动冲压生产线的研究与开发［D］. 武汉：华中科技大学，2012.

[9]　沈阳众拓机器人有限公司. 国内首条热冲压机器人自动化生产线研发成功［J］. 锻压装备与制造技术，2005.

[10]　张明文. 工业机器人技术基础及应用［M］. 北京：机械工业出版社，2000.

[11]　王晓强，霍颖. 冲压生产线快速横杆式自动化输送系统［J］. 锻压装备与制造技术，2010（1）：34-36.

[12]　舒章钧. ABB 机器人在冲压自动线上的应用［C］//中国汽车工程学会年会论文集. 2016：1486-1489.

第4章

装出料机

中国重型机械研究院股份公司　张营杰

4.1　装出料机的用途及分类

装出料机是自由锻造机械化的典型配套装置，在自由锻造过程中能够方便地夹持坯料进行装炉、出炉并运送到锻压设备或锻件输送装置上自由锻造。

使用装出料机替代传统的起重吊钳，工作效率得到了显著提高，减少了物料转运过程中的温降，降低了加热炉热量损失，极大地提高了能源利用率；实现了装出料及物料运转的时间可控，从而达到锻件始锻温度的一致性，保证了产品质量的稳定。总之，锻造装出料机的机械化程度高、操作简便、效率高、安全性能好、节能效果显著，已成为锻造过程中坯料装出炉和上料的主要设备。

按照行走方式可分为轨道式装出料机和无轨装出料机两大类。

4.2　装出料机的基本功能与主要技术参数

4.2.1　装出料机的基本功能

为满足锻造过程中坯料装出炉和上料的工艺要求，装出料机一般应满足以下功能：

1）钳口夹持与松开动作，实现对坯料的夹持。

2）车体的行走与旋转运动，实现对坯料的运输。

3）钳杆的伸缩运动，实现对坯料的送进功能。

4）钳头相对于钳杆轴线的翻转运动，实现对坯料的翻转。

5）钳杆高度方向的仰俯或升降动作，实现高度方向的位置调整。

根据装出料机结构形式的不同，其动作与功能的实现方式也有所不同。对于有特殊功能要求的装出料机，还可以增加相应的结构。

4.2.2　装出料机的主要技术参数

装出料机的主要技术参数如下：

1）公称载荷（kN）：指稳定夹持毛坯的能力。

2）夹持范围（mm）：指夹持毛坯的外形尺寸。

3）钳杆控制高度（mm）：包括夹钳中心的高度位置和钳头能达到的最高和最低位置。

4）钳杆伸缩行程（mm）：指钳杆能够伸缩的最大距离。

5）运动速度（m/min）：包括车体运动速度、夹钳伸缩运动速度等。

6）回转速度（r/min）：包括小车回转速度和钳头翻转速度。

4.3　轨道式装出料机的结构形式与规格

轨道式装出料机是近几十年发展起来并日渐成熟的，具有多运动自由度的锻件装出炉和上下料设备。由于结构简单、技术发展相对成熟，轨道式装出料机已在自由锻造领域得到了广泛的推广和应用，基本满足了锻造作业时装炉、出炉及物料传输的需求。典型的轨道式装出料机如图 6-4-1 所示。

图 6-4-1　轨道式装出料机

4.3.1　轨道式装出料机的结构形式和基本功能

轨道式装出料机设备由机械结构、液压控制系统、电气控制与操纵系统三部分组成。机械结构包括：大车行走驱动机构、台架行走及回转驱动机构、钳杆伸缩及夹持机构、钳杆仰俯及翻转机构四部分，结构如图 6-4-2 所示。大车和小车行走采用电动机或液压马达驱动、脚踏开关或手动多路阀控制；台架回转、夹钳翻转采用液压马达驱动、手动多路阀控制；钳杆伸缩、钳头仰俯和钳口夹持采用液压缸驱动、手动多路阀控制。

轨道式锻造装出料机为满足生产要求，通常可以实现以下几种基本功能：

1）垂直于加热炉轴线方向的大车行走。

2）平行于加热炉轴线方向的小车行走。

3）平行于水平面的台架回转运动。

4）夹爪夹持与松开运动。

5）钳杆的前后伸缩运动。

6）钳杆的仰俯运动（八自由度包含平行升降和仰俯运动两个动作）。

7）相对于钳杆伸缩轴线的夹头翻转运动。

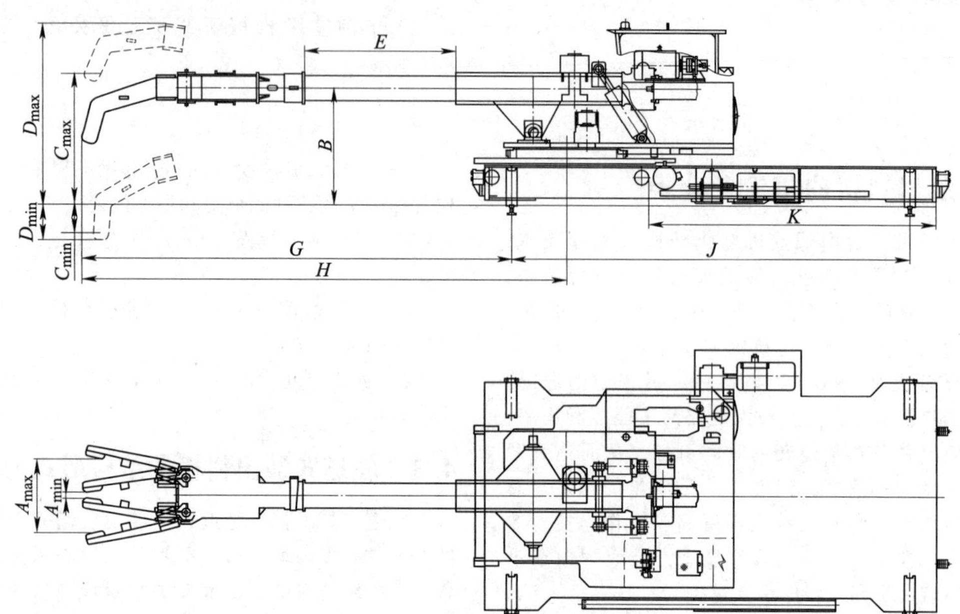

图 6-4-2　轨道式装出料机结构

4.3.2　轨道式装出料机主要技术规格参数

轨道式装出料机的主要技术规格参数见表 6-4-1。

4.3.3　轨道式装出料机的选用与车间布置

轨道式装出料机布置时必须保证锻造设备、加热炉、输料装置等处在装出料机夹钳活动范围之内，确保实现物料的夹取和放置，常见的布置方式如图 6-4-3 所示。

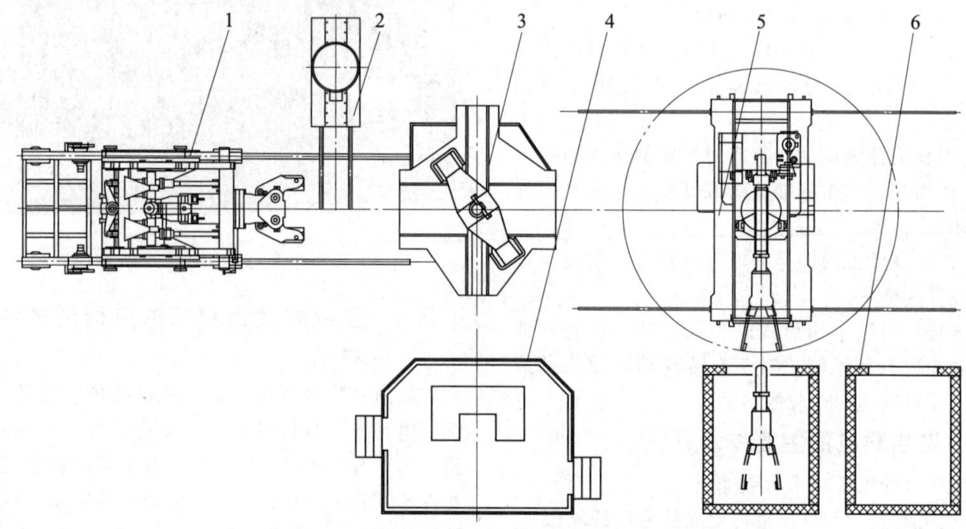

图 6-4-3　轨道式装出料机车间布置方式

1—锻造操作机　2—运锭车　3—锻造压力机　4—操作室　5—轨道式装出料机　6—加热炉

表 6-4-1　轨道式装出料机的主要技术规格参数

参数名称	设备吨位								
	0.5t	1t	2t	3t	5t	8t	10t	15t	20t
	参数值								
公称载荷/kN	5	10	20	30	50	80	100	150	200
夹持尺寸范围/mm	$\phi100 \sim \phi400$	$\phi100 \sim \phi500$	$\phi100 \sim \phi600$	$\phi120 \sim \phi700$	$\phi150 \sim \phi750$	$\phi200 \sim \phi900$	$\phi200 \sim \phi1050$	$\phi200 \sim \phi1250$	$\phi200 \sim \phi1400$
钳杆水平中心高度/mm	1000	1000	1100	1200	1300	1600	1750	1900	2150
钳头最低/最高尺寸/mm	-200/1600	-350/2000	-400/2000	-450/2100	-450/2200	-450/2400	-500/2600	-400/2850	-150/3300
夹钳最大悬臂长度/mm	~3200	~5000	~5000	~5100	~5500	~6000	~6200	~7000	~7000
夹钳伸缩行程/mm	1500	2000	2000	2000	2000	2000	2300	2300	2300
台架行走行程/mm	~2300	~2800	~3000	~3500	~3500	~4300	~4300	~3800	~3800
台架回转角度/(°)	±170	±170	±170	±170	±170	±170	±170	±170	±170
大车行走速度/(m/min)	~50	~40	~36	~36	~36	~40	~40	~35	~35
台架行走速度/(m/min)	~20	~20	~20	~20	~20	~20	~20	~15	~15
夹钳伸缩速度/(m/min)	16	16	16	16	16	12	12	10	10
台架回转速度/(r/min)	~5	~4	~4	~4	~4	~4	~4	~3.5	~3.5
夹钳旋转速度/(r/min)	~6	~6	~6	~6	~6	~6	~6	~5	~5
大车轨道中心距/mm	3500	4000	4000	4500	5000	6000	6000	6000	6000
推荐前轨距炉门距离/mm	1000~1500	1000~1500	1000~1500	1000~1500	1000~1500	1000~1500	1500~2000	1500~2000	1500~2000
额定工作压力/MPa	10	12	12	12	12	12	12	16	16
设备装机功率/kW	~11	~20	~27	~27	~46	~65	~70	~90	~145

4.4　无轨装出料机的结构形式与规格

与轨道式装出料机相比，无轨装出料机不需要铺设专用轨道，运行机动性更强，无须单独占用车间场地，加热炉和锻造设备的布置较灵活，实际需求量大。常见的无轨装出料机有两种，即叉车改装式装出料机和自驱式装出料机。由于自驱式装出料机自身结构复杂，技术发展起步较晚，长期以来国内主要以生产小吨位的叉车改装式装出料机为主。

4.4.1　叉车改装式装出料机的结构形式和基本功能

叉车改装式装出料机以标准叉车车体为载体，加配装取料用的钳杆及翻转机构，采用叉车液压系统驱动钳口的夹持与松开和钳杆翻转动作。由于叉车技术发展成熟，叉车改装式装出料机具有造价低、方便实用等特点，承载能力 5t 以下的型号在国内占有绝大部分的市场份额。其缺点是操作视线不佳，转弯半径较大，承载能力偏小。

叉车改装式装出料机由内燃平衡重式叉车、机械手夹持装置、机械手旋转装置等组成，如图 6-4-4 所示。该装出料机具有如下基本功能：①车体前进与后退，②钳杆上升与下降，③钳杆仰俯，④钳口夹紧与松开，⑤钳头翻转，其中前三项属于叉车本身具有的功能，后两项属于装出料机的特有功能。车体前进与后退采用液力传动、脚踏开关控制，其余动作采用液压缸或液压马达驱动、手动多路阀控制。

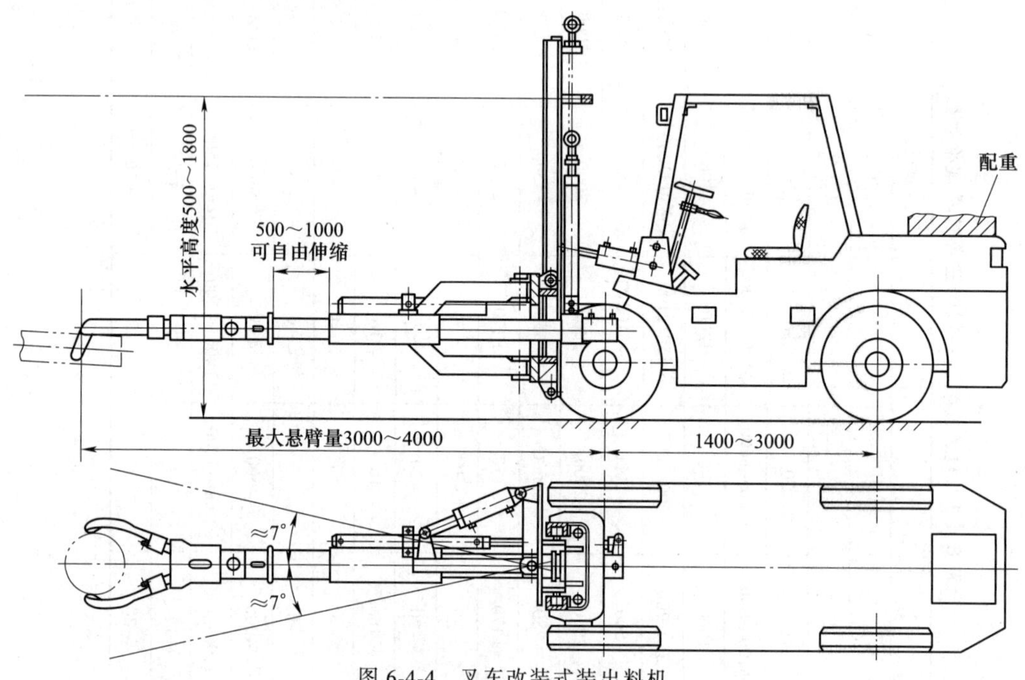

图 6-4-4　叉车改装式装出料机

叉车改装式装出料机的主要技术规格参数见表 6-4-2。

表 6-4-2　叉车改装式装出料机的主要技术规格参数

参数名称		设备吨位						
		0.5t	1t	1.5t	2t	2.5t	3t	5t
		参数值						
公称载荷/kN		5	10	15	20	25	30	50
夹持尺寸范围/mm		ϕ100～ϕ500	ϕ100～ϕ600	ϕ100～ϕ700	ϕ100～ϕ800	ϕ100～ϕ900	ϕ100～ϕ1000	ϕ100～ϕ1200
钳杆水平高度	最低/mm	500	500	500	600	600	800	1000
	最高/mm	2000	2000	2000	2000	2000	2000	2500
机械手起升高度/mm		1500	1500	1500	1400	1400	1200	1500
门架端面距前轴中心/mm		480	500	560	590	650	700	820
夹钳前端距门架端面/mm		2650～3400	2800～3500	2870～3600	2950～3700	2960～3750	2980～3800	3140～4000

（续）

参数名称	设备吨位						
	0.5t	1t	1.5t	2t	2.5t	3t	5t
	参数值						
钳杆旋转速度/(r/min)	~4	~4	~4	~3.5	~3.5	~3.5	~3
钳杆仰俯角度/(°)	6/12	6/12	6/12	6/12	6/12	6/12	6/12
最小转弯半径/mm	2400	2420	2720	3250	3370	3700	4500
提升速度/(mm/s)	440	330	450	390	325	380	350
行驶速度/(m/min)	300	300	300	300	300	300	300
选配叉车型号	CPC30	CPC35	CPC40	CPCD50	CPCD70	CPCD80	CPCD135

4.4.2　自驱式装出料机的结构形式和基本功能

自驱式装出料机是针对自由锻造工况装出料作业进行设计的一种轮胎移动式装出料机，如图 6-4-5 所示。其特点是：承载能力较大，动作灵敏，生产效率高，能够原地 360°旋转，转弯半径较小，机动性好，在车间内可以自由运动，即使在较狭小的空间也能正常工作。自驱式装出料机既能满足加热炉的装出料要求，也能实现多工位的物料转运，设备的市场需求大。近年来，青岛海德马克智能装备有限公司针对自驱式装出料机的复杂结构，经过技术攻关，成功研制了 10t 以下系列产品并投入工业应用。

自驱式装出料机具有车体行走（包括：前进、后退与转向）、钳杆平行升降、钳头仰俯三项基本功能，其他功能则根据需要进行配置。一般具有以下两种夹持结构形式：对轴类锻件采用双杆夹抱结构进行夹持；对饼、块类锻件则需要用夹持钳口，并配以钳杆翻转动作。

图 6-4-5　自驱式装出料机

自驱式装出料机的主要技术规格参数见表 6-4-3。

表 6-4-3　自驱式装出料机主要技术规格参数

参数名称		设备吨位					
		3t	5t	8t	10t	15t	20t
		参数值					
公称载荷/kN		30	50	80	100	150	200
夹持尺寸范围/mm		ϕ100~ϕ650	ϕ200~ϕ1800	ϕ300~ϕ2000	ϕ300~ϕ2200	ϕ300~ϕ2500	ϕ300~ϕ2650
钳杆水平高度	最低/mm	500	850	900	900	1000	1200
	最高/mm	2000	3250	3600	3600	3800	4000
机械手提升高度/mm		1200	2400	2700	2700	2700	2800
门架端面距前轴中心/mm		500	560	560	560	600	700
夹钳前端距门架端面/mm		3500	3500	3800	4000	4000	5200
钳杆旋转速度/(r/min)		5	5	4	4	3.5	3.5
钳杆仰俯角度/(°)		10/10	10/10	10/10	10/10	10/10	10/10
最小转弯半径/mm		3300	3550	3800	4250	4550	4900
提升速度/(mm/s)		300	300	300	260	260	260
行驶速度/(m/min)		160	160	160	160	160	160

4.5　典型产品介绍

选型使用时针对生产需求，综合考虑工厂布置、投资性价比，合理选用装出料机能够显著提高锻造设备的生产效率。综合考虑生产效率、投资性价比和使用可靠性，5t 以下的推荐选用叉车改装式装出料机，5~10t 的推荐选用自驱式装出料机，10t 以上的推荐选用轨道式装出料机。

本节介绍几种典型的、不同结构形式的国产大型装出料机。

4.5.1　30t 轨道式装出料机

30t 轨道式装出料机如图 6-4-6 所示，为全液压传动形式，具有大车行走、小车行走、台架回转、钳杆仰俯升降、钳杆伸缩、夹钳夹紧、夹钳翻转 7 个动作。其中，大车行走、小车行走、台面回转、夹钳翻转采用液压马达驱动；钳杆仰俯升降、钳杆伸缩、夹钳夹紧采用液压缸驱动。

图 6-4-6　30t 轨道式装出料机

该装出料机适用于钢锭装、出加热炉，以及将加热好的钢锭送至压力机型砧进行锻压，将锻压好的坯料送至热处理炉或其他热处理平台。

30t 轨道式装出料机的主要技术参数见表 6-4-4。

表 6-4-4　30t 轨道式装出料机的主要技术参数

参数名称	参数值
公称载荷/kN	300
夹持轴类直径范围/mm	ϕ200～ϕ1800
夹钳水平中心距轨面高/mm	2300
夹爪最低控制高度/mm	-200
夹爪最高控制高度/mm	2356
钳杆伸缩行程/mm	2000
小车行走距离/mm	5700
(最大)悬臂长度/mm	7000
(最大)回转半径/mm	8400
大车轨道中心距/mm	8000
小车回转速度/(r/min)	3
小车回转角度/(°)	±175
大车行走速度/(m/min)	48
小车行走速度/(m/min)	24
整机安装功率/kW	125

4.5.2　50t 轨道式装出料机

国内生产最大规格的 50t 轨道式装出料机如图 6-4-7 所示。该装出料机为全液压传动形式，能够实现大车行走、小车行走、钳杆升降、钳头夹紧松开和钳头回转动作，且运动速度快、定位精度高；可实现半自动操作、手动操作、联动及示教四种控制模式。示教模式主要用于确定某个固定点的确切位置：比如手动操作装出料机运行到 *A* 位置，调试准确后，按下记忆按钮，装出料机将会记住 *A* 点位置，下次通过按下 *A* 点按钮，大小车就能够自动运行到 *A* 点位置。设备能够完成将锻造坯料从某一固定取料点抓取并自动输送到指定的放料点，比如从加热炉到压力机。

图 6-4-7　50t 轨道式装出料机

50t 轨道式装出料机的主要技术参数见表 6-4-5。

表 6-4-5　50t 轨道式装出料机的主要技术参数

参数名称	参数值
公称载重量/kN	500
夹持轴类直径范围/mm	ϕ800～ϕ2800
夹持最大直径工件时的钳头回转直径/mm	3700
夹钳中心距轨面最低距离/mm	2100
夹钳中心距轨面最高距离/mm	4600
夹钳升降行程/mm	2500
夹钳平行提升速度/(mm/s)	0～180
夹钳平行升降定位精度/mm	±1
夹钳旋转速度/(r/min)	8
夹钳旋转精度/(°)	±0.5
大车行走速度/(m/min)	0～80
大车行走定位精度/mm	±2
大车轨距/m	10
小车行走速度/(m/min)	0～80
小车行走定位精度/mm	±2
小车行走行程(送料行程)/mm	5500
钳口中心至大车前轨中心最大距离/mm	6800
钳口中心至大车端部最大距离/mm	6600
整机安装功率/kW	515

4.5.3　10t 叉车改装式装出料机

国内生产最大规格的 10t 叉车改装式装出料机如图 6-4-8 所示，具有五组动作，即车体行走、夹钳升降、夹钳仰俯、钳头夹持、夹钳旋转。其中大车行走、夹钳升降、夹钳仰俯三组动作皆为叉车自带功能，改装加配了液压缸驱动的钳头夹持功能和回转马达驱动的夹钳翻转功能。

图 6-4-8　10t 叉车改装式装出料机

10t 叉车改装式装出料机的主要技术参数见表 6-4-6。

表 6-4-6　10t 叉车改装式装出料机的主要技术参数

参数名称	参数值
公称负载/kN	100
悬臂长度/mm	4300
夹持棒料尺寸/mm	0~2000
钳杆水平高度/mm	1220
钳杆控制高度范围/mm	—
钳杆升降速度/(mm/s)	350
行车速度/(m/min)	0~300
工作油压/MPa	12

4.5.4　10t 自驱式装出料机

国内研制最大规格的 10t 自驱式装出料机如图 6-4-9 所示，具有 6 组动作，即车体行走、车体转向、钳杆升降、钳杆仰俯、钳头回转、钳头夹紧。该装出料机采用柴油发动机液力传动，后轮驱动和转向，前轮制动，具有稳定性好、转弯半径小、机动灵活等优点。钳杆升降采用平行四连杆机构，可实现平行升降和仰俯。钳杆仰俯范围大，可以从地面夹持工件，也可以用来堆料和装卸。

图 6-4-9　10t 自驱式装出料机

10t 自驱式装出料机的主要技术参数见表 6-4-7。

表 6-4-7　10t 自驱式装出料机的主要技术参数

参数名称	参数值
额定载荷/kN	100
最大夹持力矩/kN·m	250
稳定力矩/kN·m	650
稳定系数	1.6
有效悬臂长/mm	4000
最低钳杆水平高度/mm	1000
最高钳杆水平高度/mm	3600
钳杆水平提升最大高度/mm	2600
钳杆升降速度/(mm/s)	0~150
钳杆上下倾斜角度/(°)	±10
垂直倾斜速度/[(°)/s]	0~3
后转弯半径/mm	≤4400
车体行走速度/(m/min)	0~160

第7篇　备料装备

概　　述

济南铸造锻压机械研究所有限公司　刘家旭
天水锻压机床（集团）有限公司　杨正法

随着时代的发展和科技的进步，尽管金属加工和成形方式发生了改变，但是，备料工序依然是常用机械零部件在整个生产工艺流程中的第一道工序。本篇从开卷与校平设备、剪板机、型材分离设备、激光切割机等备料装备的发展历程、结构形式、技术参数、使用范围、最新发展成果及代表性产品等方面进行了论述。

开卷与矫平设备是把卷料展开矫平后，定尺剪切成单张板材并堆垛捆扎包装，或者纵向剪成若干条窄带，再重新卷成若干个窄卷并捆扎包装的生产线设备。第1章论述了开卷与矫平设备的类型、主要技术参数、主要单机设备的结构性能、设备配置选型以及配套辅机等。随着各个行业轻量化的需求，高强度中厚板的应用范围越来越广，开卷与矫平设备对如何消除原板内应力、稳定加工质量提出了更高要求。

剪板机由于在效率、加工成本和加工质量上的比较优势，依然是使用最为普遍的板材剪切备料设备。国内自主研发的剪切装备，经历了从填补空白，到基本满足用户使用；从基本满足用户使用，向高速度、高精度、高可靠性的方向发展，提升了自动化和信息化水平。特别是以重型剪板机为主，配置送料、出料等辅助设备的全自动一体化全面解决方案已成为市场的主流需求，是生产厂家新产品研发、老产品改造升级的方向。第2章在介绍了剪板机分类、结构形式、工作原理基础上，重点介绍了数控剪切中心和基于三维物料输送的自动剪切生产线，详细论述了其用途、组成、主要技术参数、工作流程、主要功能部件结构形式与工作原理。

型材的剪切下料分离工序是齿轮、螺栓、滚动轴承滚子等金属标准件、模锻件和冷热挤压件等常用机械零部件整个生产工艺流程中必备的第一道工序，有锯切下料、剪切下料、斜轧下料、切割下料等方式。第3章对典型型材下料分离工艺的优缺点及应用领域做了详细对比，同时介绍了多种形式的棒料剪切机，以及低应力精密疲劳剪切机结构形式与工作原理，同时介绍了该类设备的国内外典型产品与设备参数。

激光切割机是近年来备料装备应用较多的工艺设备，采用激光切割技术能实现各种金属板材、非金属板材、复合材料等的切割。随着激光技术的快速发展，其相比其他切割技术具有很多优势。第4章介绍了二维光纤激光切割机的构成、技术参数和国内外知名企业生产的激光切割机，以及三维光纤激光切割机，管材、型材激光切割机；论述了激光切割中激光聚焦，激光切割功率，被切材料材质、厚度，切割速度，辅助气体及压力等工艺参数与切割质量的关系，最后介绍了激光切割机的最新技术、工艺与装备。

由于金属成形零件形状千差万别，品种繁多，对质量和精度的要求越来越高，由此对备料装备的要求也在提高，既要考虑成形所需要的形状，又要考虑下料质量和精度对后续工序和制件质量的影响，还要考虑原材料的消耗和加工成本，致使备料装备类型、品种繁多，性能、精度及可靠性等全面提高。本篇为广大读者学习、研究、选型、使用、保养维护备料装备提供了翔实的参考依据。

第1章

开卷与矫平设备

济南铸造锻压机械研究所有限公司　徐济声 张波

1.1　开卷与矫平设备的应用与发展

1.1.1　开卷与矫平设备的工作原理及特点

开卷与矫平设备的作用是把卷料展开矫平后，定尺剪切成单张板材，并堆垛捆扎包装，或者纵向剪成若干条窄带，再重新卷成若干个窄卷并且捆扎包装。其基本组成和典型工艺线路如图 7-1-1、图 7-1-2 所示。

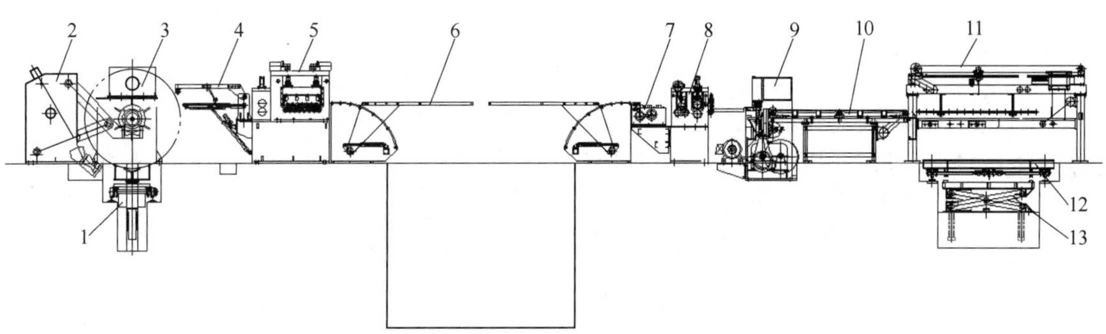

图 7-1-1　典型开卷与矫平设备（横剪线）的工艺布置图

1—上料小车　2—辅助支撑　3—开卷机　4—引料装置　5—矫平机　6—摆桥（活套）　7—导向装置　8—伺服送进机　9—横剪机　10—输送带　11—排料架　12—出料台车　13—升降堆垛台

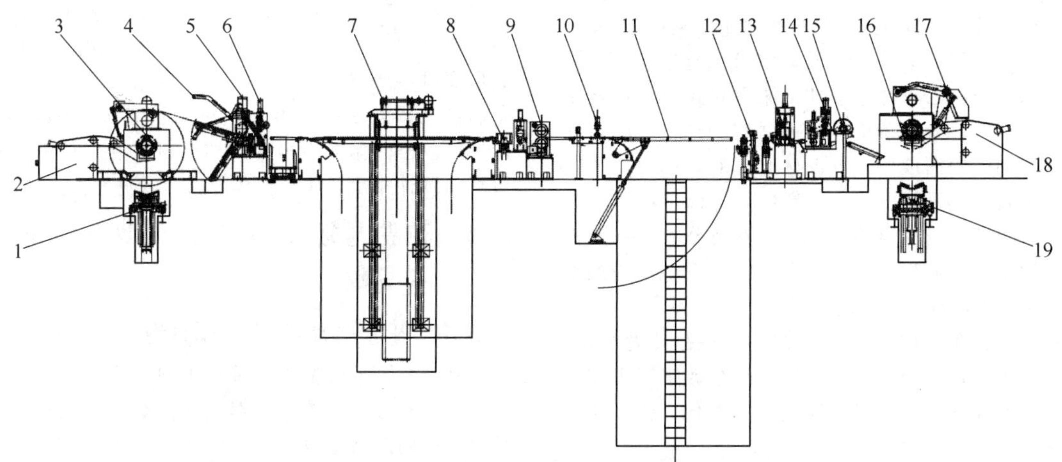

图 7-1-2　典型开卷与矫平设备（纵剪线）的组成示意图

1—上料小车　2—辅助支撑　3—开卷机　4—引料装置　5—直头装置　6—切头剪　7—过桥（活套）　8—导向装置　9—纵剪机　10—废边收卷及尾料处理　11—摆桥（活套）　12—条料分离装置　13—张紧机　14—分卷剪　15—测速及后桥　16—收卷机　17—分料压头　18—辅助支撑　19—下料小车

1.1.2　开卷与矫平设备的主要工作领域

在钣金使用领域，随着科学技术的进步和生产力的迅速发展，卷材相对于板材的使用有了长足的进步。这是因为在物料周转方面，卷材在由钢厂周转到用户过程中，更便于包装运输，减少变形和损耗；在使用方面，由于用户可以在现场直接按产品的需要备料，并且可以最大限度地利用卷材配料生产，大大地提高了材料的利用率，使得用户的经济效益得以提高。而这一切变化都依托于板材开卷自动生产线的发展和改进。近 20 年来，板材开卷自动生产线的技术水平随着产品工艺要求的不断提高而提高，其品种规格多，适用范围广。

板材开卷自动生产线可以将宽卷料纵向或横向剪切加工成所需尺寸的窄卷料或单张板材，然后送入工厂内的冲压生产线或板材柔性加工系统使用。这种方式在货架制造、家用电器、开关电柜、不锈钢厨具、钢结构办公用品、机器制造等行业使用较多。也有一些大型冲压件生产厂家建立带有大型机械压力机的板材开卷矫平冲压自动线，冲裁出形状复杂的板坯，然后送到冲压成形生产线上加工出成品。如汽车工业中的车门等覆盖件生产线、电冰箱的外壳生产线等。另外，各种碳素钢、低合金钢、有色金属卷材和彩色镀层卷材等使用得越来越多，卷材的规格范围也逐渐扩大。目前厚度可从 0.1～25mm，宽度从 100～2500mm，重量达 40t，开卷线横剪生产线速度已达 80m/min（停剪状态），120m/min（飞剪状态）；开卷线纵剪生产线线速度已达 200m/min。

1.1.3　开卷与矫平设备的发展趋势

从产品发展趋势上讲，社会对各类板材的使用量不断增长，对板材加工的精度提出了更高的要求，因而对开卷与矫平设备的质量要求也越来越高；另外，随着企业之间的竞争日益加剧和人力资源成本的上升，厂家为了在竞争中占据有利地位，除了保证板材加工的精度外，对板材加工的效率也提出了更高的要求。因此飞剪线和高档高速纵剪线已逐渐取代普通横剪线（停剪）和普通纵剪线，而已有开卷与矫平设备的生产厂家，为适应其下游用户的需求，也需更新换代原有的开卷与矫平设备。

同时，在“中国制造 2025”发展战略背景下，不仅要求设备的基本功能，还要配合数字化智能工厂，各类设备必须具有智能化、柔性化、数字化等特征。

从用户需求上讲，随着人口红利的消失，以及年轻人观念的改变，对劳动强度高、劳动环境差、安全防护不到位的工作已少有人愿意从事。因此，开卷与矫平设备的自动化控制，减少操作强度，改善生产环境，加强设备防护等需求已提上议事日程。现已有生产厂家要求：上料自动化、穿料自动化、各类规格产品的加工操作自动化，出料自动化等。同时还要求：操作集中控制，设有关键部位的视频监控，加工数据、操作数据、人员数据等可记录及上传，配置单独的电气控制室，改善劳动环境。再者，为保证加工环境及安全防护，必须要有防护罩及安全联锁等。

需要重视的是，随着汽车工业的发展，高强度中厚板的应用范围越来越广，强度也越来越高，现有钢卷的技术参数已提到 $R_m=1200\text{MPa}$，高强度板内部应力的不均匀性及硬度差板厚差大，使之在剪切卷料时的应力释放极不均匀，尤其是重卡汽车大梁板的加工精度要求还非常高，原有的开卷与矫平设备工艺线路已不能满足加工要求，因此，消除原板内应力、稳定加工质量至关重要。可喜的是，济南铸造锻压机械研究所有限公司已研发成功该类设备，并在用户使用中收到了良好效果。

从产品种类上讲，单一的横剪线和纵剪线已不能满足市场的需求。近年来，已有不少开卷与矫平设备制造商开始拓展产品种类，如：用于轧制后卷料处理的切边重卷机组、用于非正品料的检查重卷机组、开卷拉矫机组、压机落料线、摆飞剪线及激光落料线等。

从产品范围上讲，传统的黑色金属加工的开卷与矫平设备已拓展到有色金属行业，尤其是铝材加工业。近几年来，随着手机生产制造业的发展及航空航天业的发展，铝制品的应用范围越来越广，需求量也越来越大，相应于其原料供应的加工业，铝卷开卷与矫平设备的需求也逐渐增长。由于铝材的材料特性及加工要求与钢卷有差别，要求更高，前些年铝材加工设备大多数为进口设备，国内只有少数厂商可生产中低档产品。随着国内开卷与矫平设备制造水平的提高，再加上进口设备成本的压力，国产厂商已开始抢占国内高档铝材开卷与矫平设备市场，预计今后几年，将成为新的经济增长点。

1.2　开卷与矫平设备的类型及主要技术参数

1.2.1　开卷与矫平设备的类型

开卷与矫平设备是板带加工剪切设备的一个泛称，其分类方法很多，根据不同的分类方法可将其分为不同的产品类型。

1）根据待加工产品厚度的不同，可将开卷与矫平设备分为薄板开卷线（板厚 0.1～3mm）、中板开卷线（板厚 3～8mm）、厚板开卷线（板厚 8～25mm）等类型。

2）根据下游需求行业的不同，可将开卷与矫平设备分为汽车制造行业用开卷线、轻工行业用开卷线、家电行业用开卷线、机电行业用开卷线、冶金行业用开卷线、造船行业用开卷线、农机行业用开卷线等类型。

3）根据待加工产品宽度的不同，可将开卷与矫平设备分为加工板宽为 200~800mm 的开卷与矫平设备、加工板宽为 500~1300mm 的开卷线、加工板宽为 500~1600mm 的开卷线、加工板宽为 800~1850mm 的开卷线、加工板宽为 800~2000mm 的开卷线等类型。

4）根据加工工艺流程的不同可分为以下五个方面：

开卷矫平横剪生产线（图 7-1-3），开卷矫平纵剪生产线（图 7-1-4），开卷矫平纵横剪复合生产线（图 7-1-5），开卷矫平落料生产线（图 7-1-6），拉矫修边重卷机组（含钢厂重卷机组、修边机组）（图 7-1-7）。

图 7-1-3　12×2000 横剪生产线

图 7-1-4　3×1650 纵剪生产线

1.2.2　开卷与矫平设备的主要技术参数

虽然开卷与矫平设备的分类方法有很多，但在板材加工设备市场上基本上还是以可加工板厚和可加工板宽来表示开卷与矫平设备的基本参数规格的（见表 7-1-1）。

1.2.3　开卷与矫平设备的配置选型

开卷与矫平设备的用户主要有三类：一是卷材加工配送中心，二是大型钢铁（有色金属）企业卷材出厂前的再加工，三是家电、装饰、厨具、电机电器等企业自用。

对于第一种用户，因其服务的对象类型较多，加工板料的规格变化较大，较普遍的配置是两横一纵或一横一纵，见表 7-1-2。

图 7-1-5　16×1850 纵横剪复合生产线

图 7-1-6　3×1850 开卷矫平落料生产线

图 7-1-7　1.2×1450 拉矫修边重卷机组

需要说明的是，上述规格配置只是基本需求，根据每个用户的具体需求，其工艺线路的配置也有很多参数需要选择。如纵剪线中，纵剪主机是单刀座还是双刀座，堆垛工位的数量和长度等。

因本类用户的服务对象所需产品有变化较大特性，要想全部覆盖所有可加工板料，所需生产线的产能配置较高，进而造成设备成本及使用成本大幅提高，影响盈利能力，因此建议能覆盖 80%~90% 的可加工板料即可，剩余部分可人工或委外处理，这种选择既可提高设备利用率，又能降低成本。

对于第二类用户，因只针对本单位前序工艺段的产品进行再加工，故产品规格较为明确，且其产品的吨位较大，要求的加工效率高，所以更注重生产线的产能、效率及自动化程度。其常规配置是一纵或一横一纵，生产线规格依据其前序工艺段的产品。

表 7-1-1　开卷与矫平设备的基本技术参数（济南铸造锻压机械研究所有限公司生产）

<table>
<tr><th rowspan="3">卷料厚度/mm</th><th rowspan="3">卷料宽度系列/mm</th><th colspan="3">生产线速度/(m/min)</th><th rowspan="3">卷料内径系列/mm</th><th rowspan="3">卷料最大重量/kg</th><th rowspan="3">剪切板长 mm</th></tr>
<tr><th colspan="2">横剪</th><th rowspan="2">纵剪</th></tr>
<tr><th>飞剪</th><th>停剪</th></tr>
<tr><td>0.1~0.5</td><td rowspan="10">650
800
1000
1300
1600
1850
2000
2200
2500</td><td rowspan="4">60~120</td><td rowspan="4">30~60</td><td rowspan="4">80~200</td><td rowspan="4">450
508
610</td><td rowspan="2">10000</td><td rowspan="4">500~6000</td></tr>
<tr><td>0.3~1.2</td></tr>
<tr><td>0.5~2.0</td><td rowspan="2">25000</td></tr>
<tr><td>0.8~3.0</td></tr>
<tr><td>1~5</td><td rowspan="2">40~80</td><td rowspan="2">20~50</td><td rowspan="2">30~120</td><td rowspan="6">508
610
762</td><td rowspan="2">30000</td><td rowspan="6">1000~13500</td></tr>
<tr><td>2~8</td></tr>
<tr><td>3~12</td><td rowspan="2">20~60</td><td rowspan="2">20~40</td><td rowspan="2">30~100</td><td rowspan="4">40000</td></tr>
<tr><td>4~16</td></tr>
<tr><td>6~20</td><td rowspan="2">40~80</td><td rowspan="2">20~50</td><td rowspan="2">—</td></tr>
<tr><td>8~25</td></tr>
</table>

注：表中参数按卷料材料力学性能 $R_{eL}\leqslant 245\text{MPa}$、$R_m\leqslant 460\text{MPa}$ 计算。

表 7-1-2　开卷与矫平设备的加工板料规格

板厚系列/mm	生产线类型	生产线规格(板厚×板宽)/mm	备注
0~3	飞剪线	2(3)×800	—
	横剪线	3×1850(1600、2000)	也可配置飞剪线
	纵剪线	3×1850(1600、2000)	—

（续）

板厚系列/mm	生产线类型	生产线规格(板厚×板宽)/mm	备注
3~8	横剪线	5(6)×1800(2000)	也可配置跟踪剪
	纵剪线	5(6)×1800(2000)	—
4~16	横剪线	12(16)×1800(2000、2200)	也可配置跟踪剪
	纵剪线	12(16)×1800(2000、2200)	—
	纵横剪	12(16)×1800(2000、2200)	—
5~25	横剪线	20×2000(2200)	也可配置跟踪剪

对于第三类用户，因其大多是自用，要满足本单位下一道工序的需求。其加工板料的特点是规格多、批量小、时间紧，因此常规配置是一横一纵、一横或纵横剪，生产线的规格和第一类用户的大致相同。本类用户的重点在于加工板料规格的可满足性，相对来说效率低些，故而生产线大多需要经济实用型。

1.3　开卷与矫平设备的组成及主要单机的结构性能

1.3.1　开卷与矫平设备的组成

开卷与矫平设备的组成单机有上料小车、开卷机、引料机、矫平机、纵剪机、活套、导向装置、伺服送进装置、输送带、堆垛装置、收卷机、废边卷取机、张紧机、下料小车、一字臂（十字臂）等。根据用户的不同需求，可组合成多种不同配置的开卷与矫平设备。

辅助设备有收纸机、贴纸机、覆膜机及清洗涂油设备等。

1.3.2　主要单机的结构性能

1. 上（下）料小车

上料小车主要功能是将卷料运至开卷机芯轴处。上料小车由行走底盘及升降料架构成。

上料时，升降料架由液压缸推动将料卷举升至与开卷机卷筒轴线等高，由电动机或液压缸带动行走底盘沿开卷机卷筒轴线方向移动，将料卷穿套在开卷机卷筒上。送料到位后，料架下降，小车开回至下次装料位置。

行走有电动机驱动和液压缸驱动两种方式，升降均为液压缸驱动。升降料架有 V 形和辊式两种结构。图 7-1-8 是 V 形料架电动机驱动的上料小车。

下料小车结构相似。

图 7-1-8　上料小车

2. 开卷机

开卷机用于支撑钢卷，与引料压头、引料机配合展开钢卷（或者回卷收紧钢卷）。可横向移动调整钢卷与机组中心线的对中。生产过程中可与夹送粗矫机建立适当的后张力，防止松卷及钢带跑偏。有制动器可使卷筒在断电或停车后制动防止钢卷松圈。

开卷机按支撑方式有双支撑和单支撑两种；按芯轴胀缩方式有手动、液压两种；按芯轴结构有三瓣、四瓣和八瓣等。图 7-1-9 是单支撑开卷机，图 7-1-10 是双支撑开卷机。

单支撑开卷机通常配有辅助支撑，以便保证钢卷的支撑稳定性。

图 7-1-9　单支撑开卷机

图 7-1-10　双支撑开卷机

3. 矫平机

矫平机的作用是对钢板进行矫平并引导钢板正确进入后工序。

矫平机按功能分：粗矫机和精矫机；按矫平辊工作辊数分：3 辊、5 辊、7 辊、9 辊、11 辊、13 辊、15 辊、17 辊、19 辊、21 辊、23 辊等；按矫平辊组合方式分：二重（上下各一组矫平辊）、四重（上下各一组矫平辊和支撑辊）、六重（上下各一组矫平辊、中间辊和支撑辊）；按矫平辊组的结构分：辊盒固定式和辊盒可移出式。

矫平机由机身、活动横梁、矫平辊组、升降及平衡机构、传动系统等组成。上（下）矫平辊组与活动横梁一起可上下升降，调整矫平辊的开口间隙，下（上）矫平辊组固定在机身上。图 7-1-11 所示为六重式精矫机。

图 7-1-11　六重式精矫机

4. 纵剪机

纵剪机是将钢板纵剪成所需宽度的装置。通过组合式隔套，可灵活改变剪切的成品宽度。

纵剪机按刀轴间距调节方式分有偏心式和螺杆升降式。

纵剪机按刀座数量分有双刀座和单刀座两种。

纵剪机组主要由上下刀轴、固定支座及活动支座、刀轴间距调节机构、传动系统等组成。双刀座的纵剪机还有移动机座、固定机座、交换台车等组成。

双刀座纵剪机主要是便于离线更换纵剪刀具组合，节约时间，提高效率。

上下刀轴均主动旋转，旋转动力由调速电动机自刀轴固定端输入，转速由调速控制器调整。图 7-1-12 是双刀座偏心式纵剪机。

5. 张紧机

张紧机用于收卷机在卷取钢带时产生后张力，保证卷取的钢带紧密不松散。

张紧机可分为毛毡式张紧机、辊式张紧机、皮带式张紧机。

图 7-1-12　双刀座偏心式纵剪机

毛毡式张紧机由上下压料梁组成，上压料梁由一只液压缸驱动其升降，总压紧力由液压缸提供，压力可随时调节。

皮带式张紧机一般是由皮带+毛毡组合式结构。工作时，由上下皮带单元或上下毛毡板通过液压力夹住钢带，使钢带通过导向辊与收卷机卷筒间形成张力。皮带与钢带建立张力过程中，皮带外表面与钢带相对静止，因而不会对钢带表面产生划伤。而皮带内表面与皮带架间相对运动，会产生大量摩擦热，为消除摩擦热保护皮带，皮带架内腔通循环水进行冷却。

辊式张紧机一般由三根张力辊和两根压辊组成，通过包绕覆有聚氨酯的张力辊及速度控制产生后张力。中间的张力辊可以升降，以便穿料。

图 7-1-13 所示是皮带张紧机。

图 7-1-13　皮带张紧机

6. 收卷机

收卷机将剪切后的钢带收成带卷。卷筒为悬臂胀缩式，由主轴、楔形滑块、拉杆、弧形板等组成；卷筒采用调速电动机驱动旋转，液压驱动径向胀缩方式，夹紧部分为寸动定位液压胀缩结构。带有气动快速制动装置。退料采用液压推板退料，以保证退料时钢卷不错层、不散卷。

收卷机按芯轴结构有三瓣、四瓣和八瓣，图 7-1-14 所示为三瓣式收卷机。

7. 剪板机

剪板机是将卷料按照设定的长度剪断，成为定

图 7-1-14 三瓣式收卷机

尺平板。

剪板机按动力形式分为液压剪板机、机械剪板机；按板料状态分为停剪、跟踪剪、飞剪；按剪切方向分为上剪式、下剪式。

普通横剪线均为停剪式剪切，有机械和液压两种方式；飞剪机主要应用于薄板不停机剪切；跟踪剪主要应用于厚板不停机剪切。

图 7-1-15 是停剪式机械剪板机，图 7-1-16 是飞剪机，图 7-1-17 是跟踪剪。

图 7-1-15 停剪式机械剪板机

图 7-1-16 飞剪机

8. 码垛装置

码垛装置为自动将矫平并定尺裁剪后的钢板整齐堆垛的装置，结合升降堆垛台及出料台车，还可将整齐堆垛的钢板输送到包装区域进行打包等作业。

码垛装置一般由排料架、升降堆垛台和出料台车（辊道）组成，薄板线一般配有吹风装置。

当薄板由输送机输送至垛板台时，前挡板内风口会向堆垛区域内鼓风，薄板凭借鼓风装置产生的飘浮作用，缓慢下落至堆垛板料上面，厚板经由自动接料架承接缓冲后堆垛至板料上方，对钢板表面起到很好的保护作用。

图 7-1-17 跟踪剪

该装置具有长宽限位，侧端尾端自动打板，升降工作台自动升降等功能。

图 7-1-18 所示为薄板线的码垛装置。

图 7-1-18 薄板线的码垛装置

1.3.3 配套辅机简介

1. 收纸机和贴纸机

主要应用于不锈钢生产线或彩涂板生产线，以保护板面不被划伤、擦伤等。

收纸机位于开卷机前端，开卷机放卷的同时，将卷料的防护纸收回。一般由电动机及收卷芯轴组成，与卷料保持恒定张力，以便回收纸收卷。

收纸机有顶针式和气胀轴式（图 7-1-19）两种。

贴纸机（覆纸机）在横剪线中一般位于伺服送进的入口端，在纵剪线中位于纵剪机入口端。由覆纸芯轴、展平辊、静电装置、覆纸辊组成，张力一般由制动机构提供。静电装置的作用是将覆纸均匀地吸附于板面，增加保护纸的附着力。

贴纸机（覆纸机）与收纸机结构相似，增加了静电装置。

2. 覆膜机

覆膜机广泛应用于各生产线上，尤其对板面质量

图 7-1-19　气胀轴式收纸机

要求高的生产线。其主要由气胀轴、张力装置、橡胶弯辊、覆膜辊组成。图 7-1-20 为气胀轴式覆膜机。

图 7-1-20　气胀轴式覆膜机

1.4　典型产品

1.4.1　全自动飞剪生产线

图 7-1-21 所示为全自动飞剪生产线。

产品功能描述：用于将金属卷材开卷、矫平、定尺剪切、堆垛。

产品特点：

1）适合于各种冷轧板、热轧板、镀锌板、彩涂板、硅钢、马口铁、不锈钢、铜、铝等材料。

2）适合于加工 0.3～3.5mm 之间不同厚度的板材。

3）适合于最大板宽 2000mm 的板材。

4）适合于加工不超过 30t 的卷材。

5）平均加工速度最大 80m/min（适合剪切长度大于 500mm 的加工）。

6）最高剪切次数可以达到 150 次/min。

7）和普通静态剪切的横剪线比较，飞剪线具备剪切效率高，加工稳定，占地面积小等特点。

1.4.2　摆飞剪生产线

产品功能描述：用于将金属卷材开卷、矫平、摆动剪切、收集；

图 7-1-21　全自动飞剪生产线

产品特点：

1）带料送进的过程中被剪切。

2）摆动角度：±30°。

3）伺服电动机驱动。

4）生产线速度可以达到 120m/min，甚至更高。

5）生产节拍：120 件/min，甚至更高。

6）剪切板料形状：矩形料、平行四边形料、梯形料、弧形料等。

图 7-1-22 所示为摆飞剪生产线，图 7-1-23 所示为摆飞剪机。

图 7-1-22　摆飞剪生产线

图 7-1-23　摆飞剪机

1.4.3　张力皮带式高速纵剪线

产品功能描述：用于将金属卷材开卷、矫平、纵剪分条、卷取。

产品特点：

1）适合于各种冷轧板、热轧板、镀锌板、彩涂板、硅钢、马口铁、不锈钢、铝等材料。

2）适合于加工厚度为 0.15～16mm 的板材。

3）适合于最大板宽为 2500mm 的板材。

4）适合于加工不超过 35t 的卷材。

5）加工速度最大 200m/min.

6）最多分条数量 50 条。

图 7-1-24 所示为张力皮带式纵剪生产线，图 7-1-25 所示为皮带张紧机。

图 7-1-24　张力皮带式纵剪生产线

图 7-1-25　皮带张紧机

1.4.4　高强度厚板跟踪剪切线

1. **主要技术参数**（表 7-1-3）

表 7-1-3　主要技术参数

原料		热轧、不锈钢、酸洗、高强度钢板（16mm，Q345）
板厚		12～16mm　R_{eL}≥345MPa 8～12mm　R_{eL}≥600MPa 6～8mm　R_{eL}≥800MPa 4～6mm　R_{eL}≥900MPa
板宽		800～2150mm
卷重		≤40t
横剪成品参数	表面质量	加工后不改变原板的厚度及宽度，板带表面平整，不增加任何加工缺陷；
	长度公差	≤±2mm /6m
	对角线公差	≤3mm/6m（切边板）
	平整度	≤1.5mm/m^2
	堆垛长度	1500～13000mm
	堆垛重量	最大 15t
纵剪成品参数	纵剪宽度	250～2150mm
	宽度公差	±0.5mm
	纵剪条数	9 条，板厚≤4～6mm　R_m≥800MPa　R_{eL}≥700MPa 8 条，板厚≤6～8mm　R_m≥700MPa　R_{eL}≥600MPa 7 条，板厚≤8～10mm　R_m≥600MPa　R_{eL}≥450MPa 6 条，板厚≤10～12mm　R_m≥450MPa　R_{eL}≥345MPa 3 条，板厚≤12～16mm　R_m≥450MPa　R_{eL}≥345MPa
矫直机线速度		≤45m/min

2. 工艺布置图（图 7-1-26）

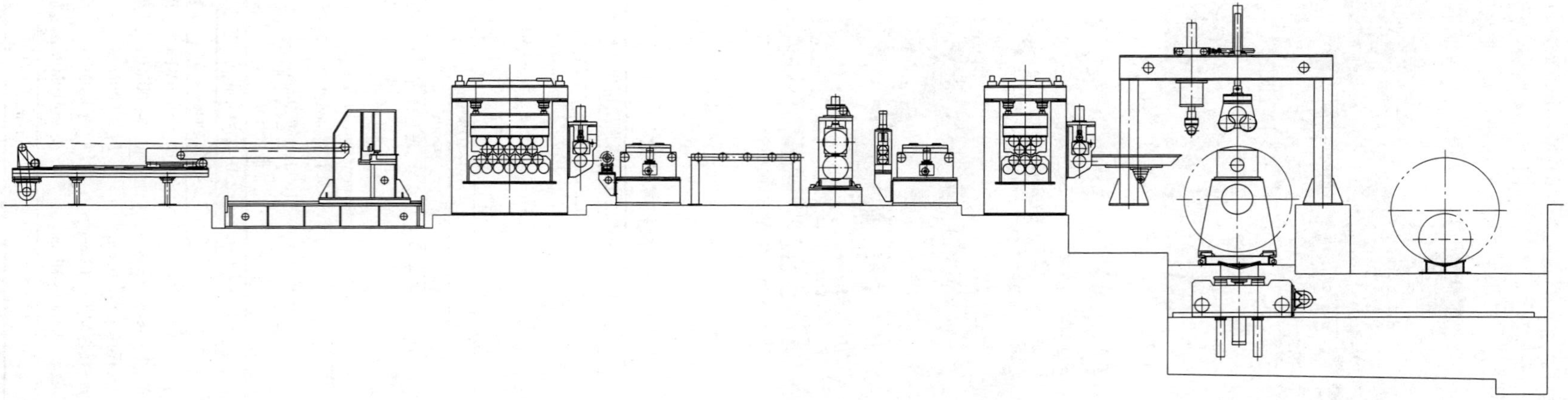

图 7-1-26　JCL4-16×2150 纵横剪线工艺布置图

第2章

剪板机

天水锻压机床（集团）有限公司　王东明 杨正法

随着时代发展和科技进步，金属板料下料方式也在不断丰富和发展，各行业广泛需要板材剪切下料，由于在效率、加工成本和加工质量上的比较优势，剪板机依然是使用最为普遍的板材剪切备料设备。

2.1 剪板机用途发展及分类

2.1.1 剪板机用途

剪板机属于直线剪切下料通用设备，主要用于剪裁各种尺寸金属板材的直线边缘。利用后挡料或前挡料装置，可以对板材进行定尺剪切。当后挡料板翘起时，可进行任意长度的剪切。剪板机机身大部分都设有喉口，在喉口深度范围内可窜动剪切宽度较大的板条。设置在工作台上的角度剪切装置，可以对板材进行角度剪切。另外，角度剪切机可以一次性剪切出90°或不同角度的切口。

剪板机广泛应用于生产或使用金属板材的行业，例如轧钢、汽车制造与改装、飞机、船舶、轨道交通、桥梁、钢管、管塔、电工电器、仪器仪表、压力容器、装配式建筑等各个行业。

2.1.2 剪板机的发展

近年来，我国剪板机科研、技术水平、生产制造能力得到迅速发展，设备不断更新，品种规格更加齐全。可剪切板厚从1mm到50mm；可剪切宽度从1m到16m。为满足某些行业的特殊需要，可剪切厚度16mm、宽度16m，可剪切厚度25mm、宽度12m，可剪切厚度20mm、宽度13m的重型剪板机与自动剪切中心相继研发成功。

剪板机发展趋势是中、小型机械传动式剪板机逐渐被液压传动式取代；中、小型摆式剪板机逐渐被闸式取代；重型剪板机全部是闸式剪板机。另外，剪板机精度、效率、自动化程度、生产线一体化水平正在快速提高，应用领域还在不断扩展。图7-2-1为数控剪板机外形图。

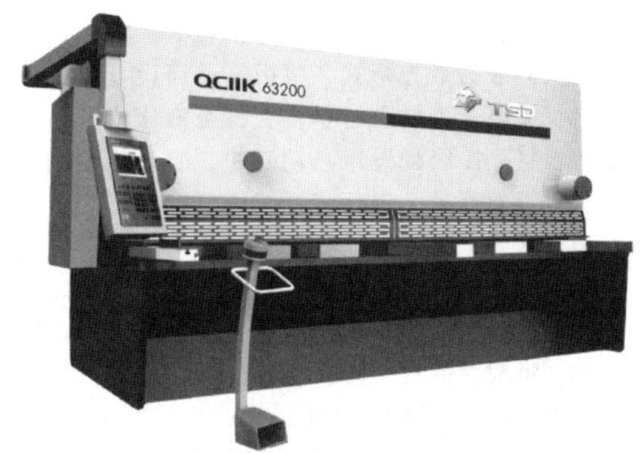

图7-2-1 数控剪板机外形图（天水锻压）

2.1.3 剪板机分类

剪板机的种类较多，按主机结构形式、刀架驱动方式、控制方式、剪切断面面积等可分为几类。

1）按主机结构形式，剪板机分为摆式剪板机和闸式剪板机。摆式剪板机因刀架上下摆动而得名，刀架一般为封闭箱式焊接结构，刀架运行以刀架支撑轴为中心，以中心到上剪刃的距离为半径摆动，上剪刃运行轨迹为一条圆柱螺旋线。摆式剪板机结构、液压系统、控制系统相对简单，工作可靠，剪切角固定，适合于中、小型机型。

闸式剪板机因刀架上下直线运动而得名，刀架一般焊接成开放式三角形结构。被剪板厚度小于10mm时刀架剪切角取1°30′，被剪切板厚小于32mm时刀架剪切角取2°。闸式剪板机剪切角可调，重量轻，剪板断面质量好。近年来，闸式剪板机市场占有率不断提升，特别是重型剪板机全部采用闸式结构。

2）按传动方式，剪板机分为机械剪板机和液压剪板机。机械剪板机，驱动电动机通过一级带传动-飞轮传动-蜗轮蜗杆传动-曲柄-连杆机构传动，驱动刀架往复运动。机械剪板机运行次数较高，使用维护简便，但噪声大。

液压剪板机无论是闸式还是摆式，已经成为剪板机的主流机型，工作安全，通用化程度高，重量较轻，不需要制造大的传动构件，易于对某些参数进行调节并实现自动化，但行程次数较低。

3）按控制方式，剪板机分为普通剪板机和数控剪板机。普通剪板机一般是指刀架控制，后挡料控制，间隙调整均为手动或机动形式的剪板机。剪切不同厚度板料时，需要人工调整剪切间隙；剪不同尺寸板料时需要人工调整后挡料位置，适用于批量化生产。

数控剪板机是刀架或挡料采用数控系统控制的剪板机。采用数控系统对后挡料、刀片间隙、剪切角度、刀架行程进行编程控制。与普通剪板机相比数控剪板机调整方便快捷、准确，适用于单件小批量，规格更换频繁的场合。

4）按板料定位方式，剪板机分为后挡料和前送料剪板机。后挡料是剪板机的标准配置。前送料定位剪板机一般为数控形式，剪板机前面设有数控前送料台，被剪板料放在送料台上，由液压或气动夹钳夹持板料，按编程设定自动送进，自动定位，并与剪板机刀架联动，进行步进式连续自动剪切，能提高剪切精度、减轻劳动强度。

随着自动化控制技术不断成熟，高效率、高可靠性、无人操作的一体化生产线得以实现。以剪板机为主，将辅助上料、辅助出料、码垛集成一体的数控剪生产线已经得到了广泛应用。

5）按剪切板料最大断面面积划分，剪板机分为小型、中型、大型和重型几类。断面面积 S（mm^2）定义为剪板机可剪切最大厚度（mm）与可剪切最大宽度（mm）的乘积。按断面面积分类的意义在于细分剪板机系列，区分不同系列剪板机整机性能指标值，检验标准、加工精度标准，为剪板机生产厂家设计、生产、检验及用户验收和使用提供更加细化的依据。$S\leqslant 4\times10^4mm^2$ 定义为小型剪板机；$4\times10^4mm^2<S\leqslant 10\times10^4mm^2$ 定义为中型剪板机；$10\times10^4mm^2<S\leqslant17\times10^4mm^2$ 定义为大型剪板机；$S>17\times10^4mm^2$ 定义为重型剪板机。

2.1.4　剪板机相关国家标准

近年来，我国剪板机标准体系建设不断加强，新旧标准更替速度不断加快。GB 28240—2012《剪板机　安全技术要求》，规定了剪板机的安全技术要求和措施，提出了详细的安全要求、保护措施及验证方法。GB 24389—2009《剪切机械　噪声限值》，规定了机械剪板机和液压剪板机不同噪声限值、测量标准和方法。GB/T 14404—2011《剪板机　精度》，对一般用途的剪板机，规定了精度检验、精度允许值及检验方法，包括剪板机的几何精度和工作精度。GB/T 28762—2012《数控剪板机》，规定了数控剪板机的术语和定义、技术要求、精度、试验方法、标志、标牌、包装、运输和储存。特别是对数控挡料装置的定位精度，重复定位精度的要求及检验方法做了详细规定。一些与剪板机相关的行业标准、团体标准、地方标准、企业标准已经被剪板机生产厂家和用户引用并执行。

2.2　剪板工作原理与结构形式

2.2.1　板料剪切机理

板料剪切就是借助剪板机运动的上刀片和固定的下刀片，选择合理的刀片间隙，对各种厚度的金属板材施力剪切，使板材按所需要的尺寸断裂分离。板料被剪切过程大致分为弹性变形、塑性变形、断裂分离三个阶段。板材被剪切断面具有明显的区域特征，断面可区分为塌角 a、光亮带 b、撕裂带 c 和毛刺 d 四个部分。材料受压部位是塌角，剪断光滑部分是光亮带，非剪断裂部位是撕裂带，边沿凸起部位是毛刺。图 7-2-2 为板料剪切断面图。

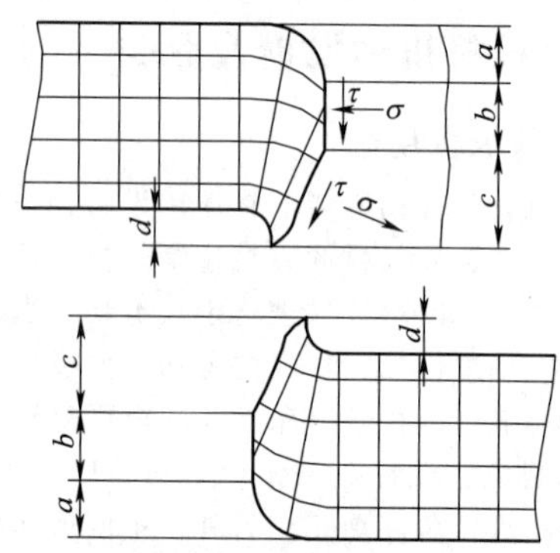

图 7-2-2　板料剪切断面图

a—塌角　b—光亮带　c—撕裂带

d—毛刺　σ—正应力　τ—切应力

为提高剪切质量和扩大工艺范围，剪板机的上刀片有不同的运动轨迹，如图 7-2-3 所示。图 7-2-3a 是上刀片 3 在垂直平面内上下运动，由于运动无前倾角，刀片断面必须是菱形，板料剪切断口与板面不是直角。图 7-2-3b 是刀架带前倾角 γ 运行，前倾角一般为 1.5°~2°，剪切断口与板面基本上成直角。图 7-2-3c 是上刀片沿一圆弧面摆动，刀片断面可以是菱形，剪切的断口与板面基本上成直角。图 7-2-3d 是上刀片前倾式运动在垂直平面运动形式的基础上做些改进，有利于提高剪切质量，可以采用四刃刀片，提高刀片寿命。

2.2.2　剪板机结构形式

摆式剪板机由刀片 1、压料脚 2、液压系统 3、前墙板 4、刀架 5、液压缸 6、后挡料 7、机架 8、电气系统 9、间隙调整机构 10 等部件组成，如图 7-2-4 所示。

闸式剪板机由机架 1、前支撑 2、刀架 3、液压缸 4、液压系统 5、后挡料 6、电气系统 7、间隙调整机构 8 等部件组成，如图 7-2-5 所示。

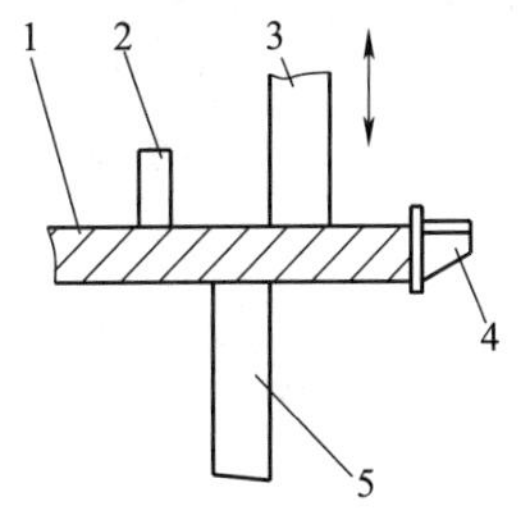

a) 刀片在垂直平面内运动

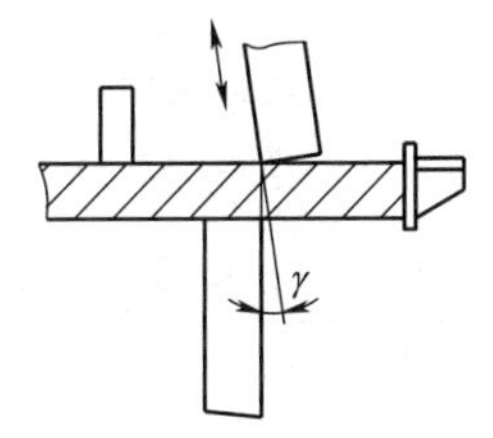

b) 刀片在前倾角γ的平面内运动

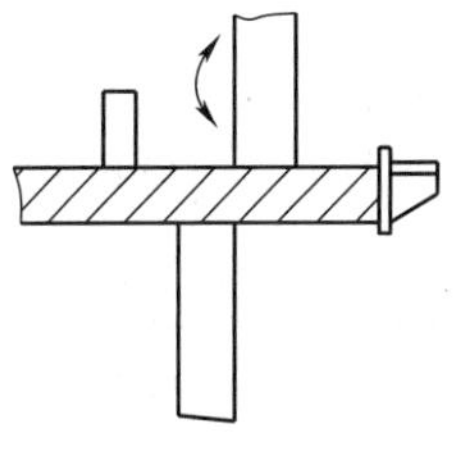
c) 刀片沿一圆弧面摆动

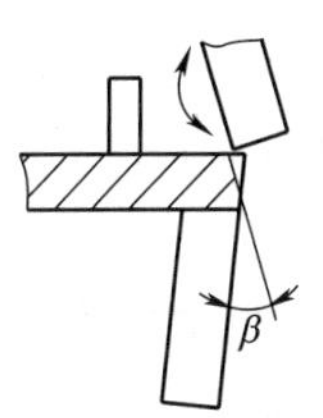

d) 上刀片沿弧面摆动

图 7-2-3　上刀片运动轨迹图

1—金属板材　2—压料脚　3—上刀片　4—后挡料　5—下刀片

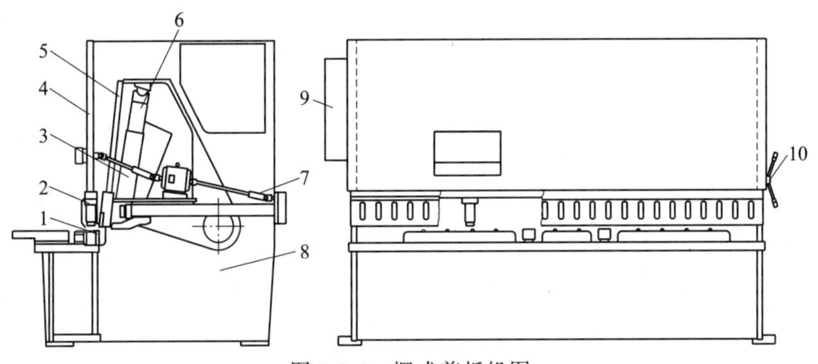

图 7-2-4　摆式剪板机图

1—刀片　2—压料脚　3—液压系统　4—前墙板　5—刀架　6—液压缸　7—后挡料　8—机架　9—电气系统　10—间隙调整机构

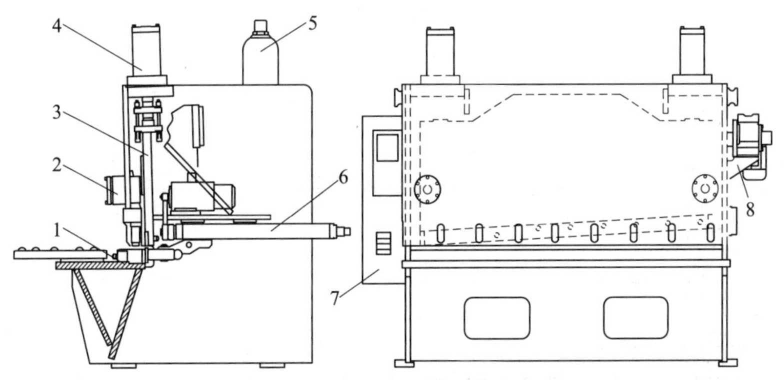

图 7-2-5　闸式剪板机图

1—机架　2—前支撑　3—刀架　4—液压缸　5—液压系统　6—后挡料　7—电气系统　8—间隙调整机构

2.2.3　剪板机工作原理

剪板机在使用过程中，首先，通过间隙调整机构调整合适的刀片间隙，间隙值与材料力学性能、厚度等因素有关。一般情况下对 Q235 普通碳素钢，间隙推荐值为板厚的 6%~8%左右；对高牌号钢板、超厚钢板间隙推荐值为板厚的 8%~12%左右；对有色金属板料间隙推荐值为板厚的 6%~10%左右。实际使用中根据剪切断面质量修正间隙值，保证剪切质量。其次，调整挡料装置到要求的尺寸，挡料板到下刀刃的距离就是剪切板料的尺寸。最后，借助机械或液压力剪切，剪切过程压料脚先将板料压紧，然后刀架下行剪切，板料按照挡料所需要的尺寸断裂、分离、落下，刀架返程，压料脚返回，完成一次剪切。

2.2.4　剪板机型号与技术参数

剪板机的型号按照 JB/T 9965—1999《锻压机械型号编制方法》的规定编制，以 QC11K-6×3200 剪板机为例，说明具体意义：Q 为锻压机械分类号中的剪切机类；C 为剪板机生产厂家的系列号；K 为通用特征号中的数字控制代号；11 为 Q 类板料直线剪切机中的闸式剪切机；6 表示可剪切最大板厚为 6mm；3200 表示可剪切最大板宽 3200mm。

剪板机主要参数以可剪板厚与板宽表示，国内外剪板机生产厂家较多，编号方法不尽相同，结合各厂家产品结构特点，制定了各自的系列参数表。表 7-2-1 为天水锻压机床（集团）有限公司生产的中小型液压摆式剪板机基本参数，表 7-2-2 为其生产的中小型闸式剪板机基本参数。

表 7-2-1　中小型液压摆式剪板机基本参数

<table>
<tr><th>可剪板厚
/mm</th><th>可剪板宽
/mm</th><th>额定剪切角</th><th>后挡料距离
/mm</th><th>工作台地面以上
高度/mm</th><th>总功率
/kW</th><th>行程次数/
(次/min)</th></tr>
<tr><td rowspan="6">6</td><td>2000</td><td rowspan="6">1°30′</td><td rowspan="6">10～800</td><td rowspan="6">810</td><td rowspan="6">11</td><td>≥24</td></tr>
<tr><td>2500</td><td>≥22</td></tr>
<tr><td>3200</td><td>≥18</td></tr>
<tr><td>4000</td><td>≥16</td></tr>
<tr><td>5000</td><td>≥14</td></tr>
<tr><td>6300</td><td>≥12</td></tr>
<tr><td rowspan="6">8</td><td>2000</td><td rowspan="6">1°30′</td><td rowspan="6">10～800</td><td rowspan="6">810</td><td rowspan="6">15</td><td>≥14</td></tr>
<tr><td>2500</td><td>≥12</td></tr>
<tr><td>3200</td><td>≥10</td></tr>
<tr><td>4000</td><td rowspan="2">≥8</td></tr>
<tr><td>5000</td></tr>
<tr><td>6300</td><td>≥6</td></tr>
<tr><td rowspan="6">10</td><td>2000</td><td rowspan="6">1°30′</td><td rowspan="6">10～800</td><td rowspan="6">850</td><td rowspan="6">15</td><td>≥14</td></tr>
<tr><td>2500</td><td>≥12</td></tr>
<tr><td>3200</td><td>≥10</td></tr>
<tr><td>4000</td><td rowspan="2">≥8</td></tr>
<tr><td>5000</td></tr>
<tr><td>6300</td><td>≥6</td></tr>
<tr><td rowspan="6">12</td><td>2000</td><td rowspan="6">1°30′</td><td rowspan="6">10～800</td><td rowspan="6">850</td><td rowspan="6">22</td><td>≥13</td></tr>
<tr><td>2500</td><td>≥11</td></tr>
<tr><td>3200</td><td>≥9</td></tr>
<tr><td>4000</td><td rowspan="2">≥7</td></tr>
<tr><td>5000</td></tr>
<tr><td>6300</td><td>≥5</td></tr>
<tr><td rowspan="6">16</td><td>2000</td><td rowspan="6">2°</td><td rowspan="6">10～800</td><td rowspan="6">900</td><td rowspan="6">22</td><td>≥12</td></tr>
<tr><td>2500</td><td>≥10</td></tr>
<tr><td>3200</td><td>≥8</td></tr>
<tr><td>4000</td><td rowspan="2">≥6</td></tr>
<tr><td>5000</td></tr>
<tr><td>6300</td><td>≥4</td></tr>
</table>

表 7-2-2　中小型闸式剪板机基本参数（天水锻压）

<table>
<tr><th>可剪板厚
/mm</th><th>可剪板宽
/mm</th><th>剪切角
/(°)</th><th>后挡料距离
/mm</th><th>工作台地面以上
高度/mm</th><th>主电动机功率
/kW</th><th>行程次数/
(次/min)</th></tr>
<tr><td rowspan="4">6</td><td>2500</td><td rowspan="4">0.5～2</td><td rowspan="4">10～800</td><td rowspan="4">810</td><td rowspan="3">11</td><td>≥13</td></tr>
<tr><td>3200</td><td>≥11</td></tr>
<tr><td>4000</td><td>≥10</td></tr>
<tr><td>6000</td><td rowspan="4">15</td><td>≥8</td></tr>
<tr><td rowspan="6">8</td><td>2500</td><td rowspan="6">0.5～2</td><td rowspan="6">10～800</td><td rowspan="6">810</td><td>≥12</td></tr>
<tr><td>3200</td><td>≥10</td></tr>
<tr><td>4000</td><td rowspan="3">≥8</td></tr>
<tr><td>5000</td><td>22</td></tr>
<tr><td>6000</td><td rowspan="2">30</td></tr>
<tr><td>8000</td><td>≥6</td></tr>
</table>

（续）

可剪板厚/mm	可剪板宽/mm	剪切角/(°)	后挡料距离/mm	工作台地面以上高度/mm	主电动机功率/kW	行程次数/(次/min)
10	6000	0.5~2.5	10~1000	850	37	≥6
	8000	0.5~2				≥5
	10000				45	≥4
	12000	0.5~3				
12	2500	0.5~2.5	10~1000	850	18.5	≥9
	3200					≥8
	4000			900		≥7
	5000				30	
	6000				37	≥6
	7000				45	
	8000				55	≥5
16	2500	0.5~2.5	10~1000	850	30	≥7
	3200					
	4000					≥6
	5000			1000	45	
	6000					≥5
	7000					
20	2500	0.5~3	20~1000	1000	45	≥7
	3200					≥6
	4000					≥5
	5000					
	6000				55	≥4
25	2500	0.5~3	20~1000	1000	45	≥6
	3200					≥5
	4000					
	6200				55	≥4

近年来剪板机品种规格不断增加，重型剪板机在剪切厚度、剪切宽度方面都在不断突破，市场占有率在不断增加。表 7-2-3 为天水锻压机床（集团）有限公司生产的重型闸式剪板机基本参数。

表 7-2-3　重型闸式剪板机基本参数

可剪板厚/mm	可剪板宽/mm	额定剪切角/(°)	后挡料距离/mm	工作台地面以上高度/mm	总功率/kW	行程次数/(次/min)
16	8000	0.5~2.5	20~1000	850	55	≥5
	9000					
	10000				2×37	
	12000				2×55	
20	8200	0.5~3	20~1000	800	55	≥4
	9000					
	10000	0.5~2.5			2×45	≥5
	12000				2×55	≥4
	13000					
25	7000	0.5~3	20~1000	800	55	≥4
	8000				2×37	≥5
	9000	0.5~2.5			2×45	
	1000				2×55	≥4
	12000					≥3
32	2500	0.5~3.5	20~1000	1000	2×45	≥6
	3200					
	4000					≥5

（续）

可剪板厚/mm	可剪板宽/mm	额定剪切角/(°)	后挡料距离/mm	工作台地面以上高度/mm	总功率/kW	行程次数/(次/min)
35	3000	0.5~3.5	20~1000	1000	2×55	≥6
	3500					≥5
	4000					
40	2500	0.5~3.5	20~1000	1000	75	≥3
	3200					
	4000				2×45	

2.3　剪板机关键功能部件

2.3.1　剪板机机身结构形式

剪板机机身一般由左立柱 4、右立柱 5、工作台 1、前墙板 2 和油箱 3 等组成，如图 7-2-6 所示。早期剪板机机身大多采用铸铁件，通过螺栓销钉把工作台、前墙板和左右立柱紧固在一起，这种组合结构的机身较重。随着大型加工装备及整体退火的普及，剪板机逐渐向采用整体式钢板焊接结构发展。焊接机身重量轻，刚性好，外形美观。

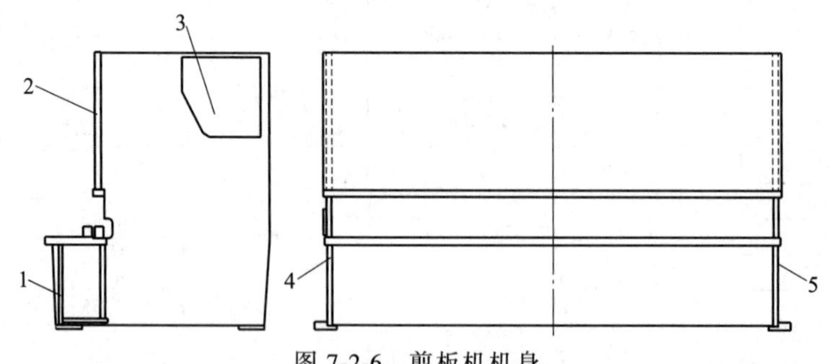

图 7-2-6　剪板机机身

1—工作台　2—前墙板　3—油箱　4—左立柱　5—右立柱

2.3.2　剪板机刀架结构形式

刀架是剪板机的重要部件，决定着被剪板料的剪切精度和断面质量，刀架的刚度，特别是刀架水平方向的变形对剪切质量影响较大。早期剪板机刀架多采用铸铁件，较大型的多采用铸钢件。近年来，剪板机刀架基本上采用钢板焊接结构。刀架结构形式有整体焊接摆式运动刀架，整体焊接直线运行的闸式刀架。

如图 7-2-7 所示，刀架 4 的一端通过偏心套 5、固定轴 7 与机架铰接，当液压缸 3 工作时，液压缸柱塞作用在液压缸座 2 上，推动刀架绕固定轴 7 摆动，实现剪切。上刀片 1 运行轨迹为一条圆柱螺旋线，保证与工作台上安装的下刀片之间的间隙均匀。

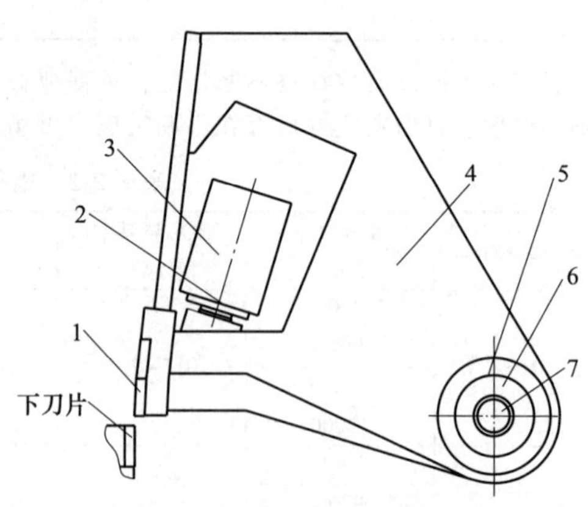

图 7-2-7　液压摆式剪板机刀架

1—上刀片　2—液压缸座　3—液压缸　4—刀架　5—偏心套　6—轴承　7—固定轴

如图 7-2-8 所示，刀架 8 通过拉杆 5、支撑块 3、锁紧螺母 2 及弹簧 6 与液压缸 1 相连，刀架前后安装有导轨板。当液压缸 1 工作时，液压缸活塞作用在液压缸座块 4 上，推动刀架 8 在前支撑 9、后上支撑 7 及后下支撑 10 的导向范围内，带动上刀片 11 上下运动，实现剪切。

2.3.3　剪板机液压缸结构形式

剪板机液压缸根据主机结构形式、类型与规格的不同，形式多样。摆式剪板机采用柱塞液压缸，氮气缸返程，结构简单，两个液压缸并联运行，刀架剪切时液压油推动柱塞向下运动完成剪切，同时压缩气缸中氮气。刀架返程时液压缸卸荷，气缸中的氮气膨胀使刀架返回。闸式剪板机采用活塞式液压缸，两液压缸串联运行，蓄能器氮气返程。图 7-2-9 所示为摆式剪板机液压缸，图 7-2-10 所示为闸式剪板机液压缸。

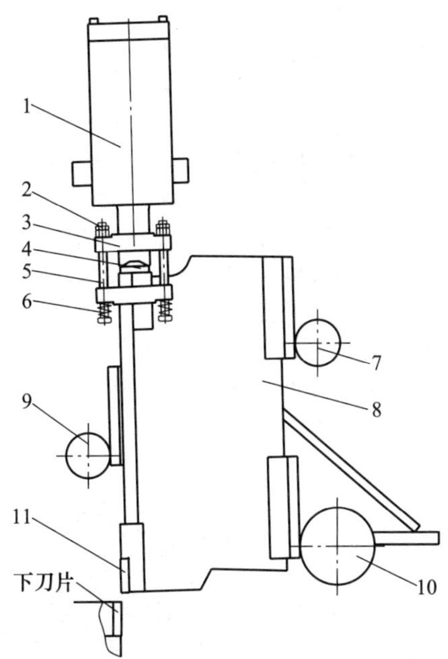

图 7-2-8　液压闸式剪板机刀架

1—液压缸　2—锁紧螺母　3—支撑块　4—液压缸座块　5—拉杆　6—弹簧　7—后上支撑　8—刀架　9—前支撑　10—后下支撑　11—上刀片

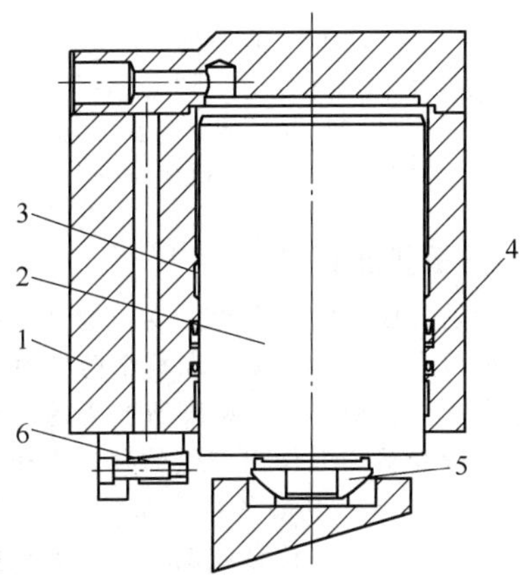

图 7-2-9　摆式剪板机液压缸

1—缸体　2—柱塞　3—导向带　4—密封圈　5—关节轴承　6—斜块

2.3.4　剪板机刀片形式与规格

剪板机刀片有平刃和斜刃两种，平刃刀片剪切质量较好，扭曲变形小，一般在小型机械传动式剪板机上使用。每一个刀片上有两个或四个刃口。刀片在使用中，特别是在剪切高强度板料和有色金属板料过程中容易磨钝，板料剪切断面质量变差，在使用过程中要根据实际情况变换刀片刃口，一个刀

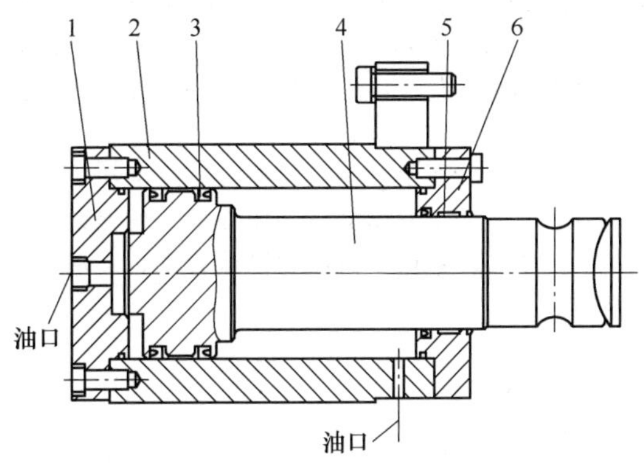

图 7-2-10　闸式剪板机液压缸

1—上缸盖　2—缸体　3—密封圈　4—活塞杆　5—导向带　6—下缸盖

片几面刀刃磨钝后，用磨削的方式恢复，刀片的几何尺寸会变小。

剪板机刀片是标准件，机械行业标准 JB/T1828.1《剪板机用刀片　型式与基本参数》，规定了剪板机刀片的型式与基本参数，刀片按照安装通孔与刃角形式分为四种，每种型式规定了详细的几何尺寸与参数值。机械行业标准 JB/T1828.2《剪板机用刀片　技术条件》，规定了剪板机刀片的技术要求、试验方法和检验规则，对刀片材质、硬度、尺寸公差、几何公差、表面粗糙度等做出了明确规定，同时规定了刀片各部分的名词术语。

2.3.5　剪板机间隙调整机构

剪板机需要经常调节刀片间隙，以适应不同厚度板材的剪切，合适的间隙可以有效提高剪切断面质量，延长刀片寿命。剪板机间隙调整机构分为工作台前后移动式和刀架前后移动式，刀架移动式是最常见的间隙调整方式。

如图 7-2-11 所示，转动旋转手柄 1，带动小齿轮

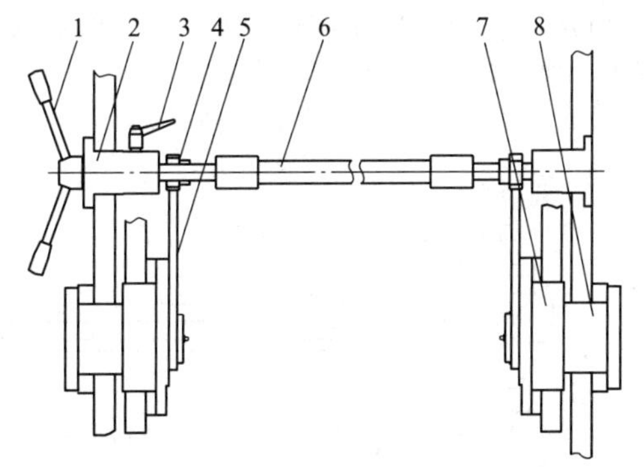

图 7-2-11　液压摆式剪板机间隙调整图

1—旋转手柄　2—轴承座套　3—锁紧手柄　4—小齿轮　5—扇形齿板　6—长轴　7—偏心套　8—支撑轴

4 旋转，带动扇形齿板 5 旋转，扇形齿板 5 固定在偏心套 7 上，偏心套 7 与刀架相连，使刀架前后移动，实现间隙调整。左右立柱两侧传动机构，通过长轴 6 连接。

如图 7-2-12 所示，间隙调整时通过电动机 7 带动减速机 6 旋转，减速机通过偏心轴 5 使刀架前后移动，长轴 4 使得两侧偏心轴同步转动，实现刀架间隙调整。

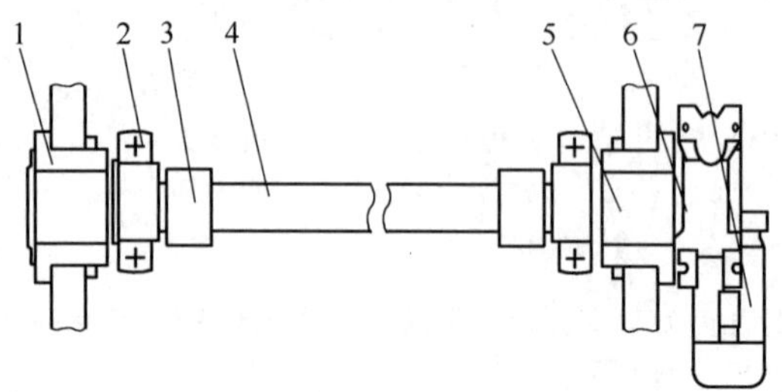

图 7-2-12　液压闸式剪板机间隙调整图
1—轴承套　2—支撑轴承　3—联轴套
4—长轴　5—偏心轴　6—减速机
7—电动机

2.3.6　剪板机挡料机构

挡料机构分前挡料和后挡料，用于满足板料的定尺剪切。后挡料是挡料的主流形式。后挡料分为手动与机动两种形式。剪板机后挡料定位后，挡料板需要少许退让，以防止剪切时挡料板与板料刮擦。数控后挡料设有退让功能，普通后挡料挡板设计有与刀架摆动角度相反的倒角。普通后挡料装置包括挡料板、丝杠、导轨、传动链、电动机、挡料位置计数器、微调机构等。

数控后挡料采用高精度传动副，如滚珠丝杠、直线导轨、齿形带、伺服电动机等。如图 7-2-13 所示，伺服电动机 3 旋转带动同步带轮 1、齿形同步带 2 旋转，使得滚珠丝杠 5 旋转、螺母 4 移动，带动挡料板 7 前、后移动，完成挡料板精确定位。

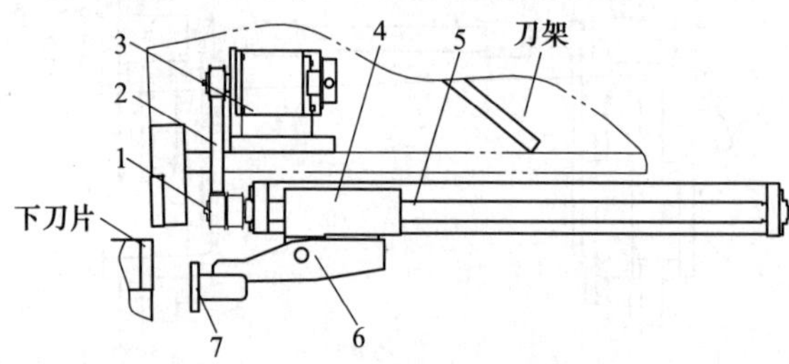

图 7-2-13　数控后挡料
1—同步带轮　2—同步带　3—伺服电动机
4—螺母　5—滚珠丝杠
6—转臂　7—挡料板

2.3.7　剪板机前送料机构

随着自动化技术、数控技术的发展，市场对剪板机精度、效率、自动化程度提出了新的要求。特别是重型剪板机人工推料困难，效率低下且存在安全隐患，因此前送料剪板机得到了快速发展。

如图 7-2-14 所示，伺服电动机 9 带动滚珠丝杠 3 旋转，夹钳梁 7 沿直线导轨 2 方向慢速运行。当检测开关 8 检测到板料后，夹钳 4 加紧板料，夹钳带动板料快速送料。根据数控系统编程值，送料到位后剪板机剪切，完成所有编程工步后，夹钳 4 打开，推料装置 6 将剩余板料推出。夹钳梁 7 快速退回，完成板料的自动送料与剪切。

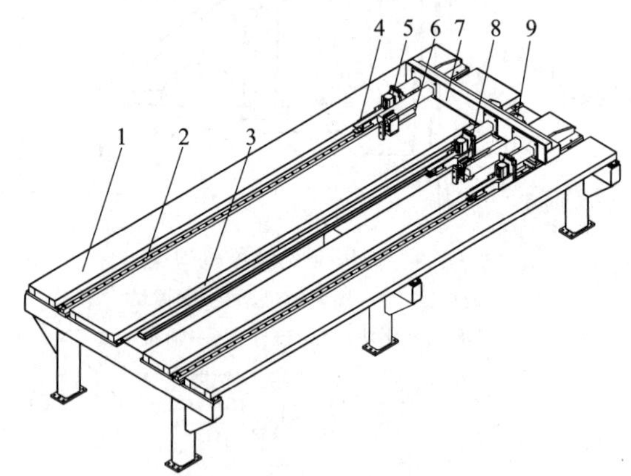

图 7-2-14　前送料机构
1—工作台　2—直线导轨　3—滚珠丝杠　4—夹钳
5—夹料气缸　6—推料装置　7—夹钳梁
8—检测开关　9—伺服电动机

2.3.8　剪板机压料脚

压料脚是剪板机的一个重要受力部件。剪板机上刀片前面设有压料脚，板料在整个剪切过程中始终被压紧在工作台面上，压料脚所产生的压料力要能克服板料因受剪切力作用产生的翻转力矩，使板料在剪切过程中所承受的各种力系处于平衡状态，避免板料在剪切时产生位移或翻转。除机械剪板机采用机械压料梁外，液压剪板机全部采用液压式压料脚，压料力由液压系统提供，返程力由弹簧力提供，弹簧分内装与外装两种形式，如图 7-2-15 所示。

2.3.9　剪板机托料与出料机构

在板料送到超出下刀片后，超出的板料因重力原因自然下垂。在剪切过程中，板料剪断末端，已剪切板料的重量太大，会引起板料撕裂。托料装置能有效保证剪切板料的尺寸稳定和剪切断面精度。出料机构能将板料输出到剪板机外面。托料与随动装置形式较多，有一体式或独立式。如图 7-2-16 所示，板料输送前托料气缸 1 将托料架 2 升起，压料

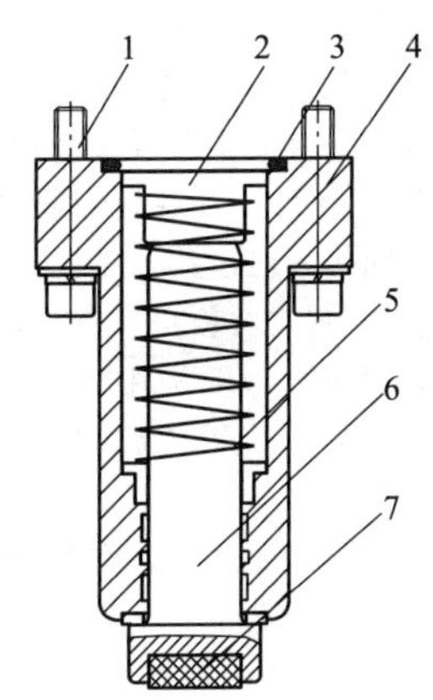

图 7-2-15　压料脚

1—安装螺钉　2—压块　3—密封圈
4—缸体　5—弹簧　6—活塞
7—缓冲垫

脚压紧板料后，托料架 2 下降，同时刀架下行剪切，剪切完成后板料落在托料架 2 上，托料架 2 继续下降，低于传送带 3 后，工件由传送带 3 输出。传送带 3 由电动机 5 通过链轮 7、链条 6 驱动。

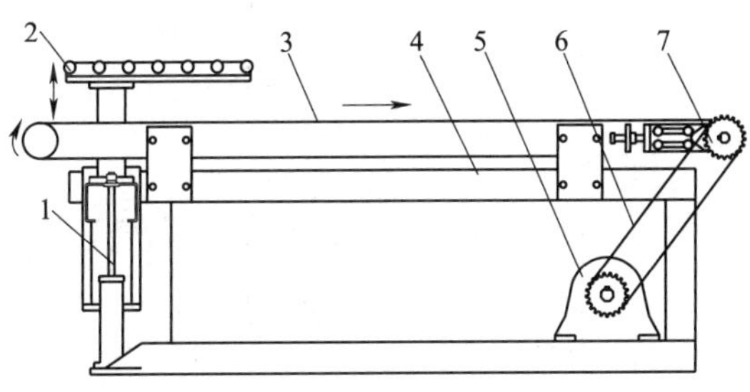

图 7-2-16　托料与出料

1—托料气缸　2—托料架　3—传送带　4—支架
5—电动机　6—链条　7—链轮

2.3.10　剪板机液压系统

剪板机液压系统根据主机形式不同，分为摆式剪板机液压系统和闸式剪板机液压系统。剪板机液压系统主要为压料脚、刀架剪切、刀架返程提供动力。

1）摆式剪板机液压系统。摆式剪板机剪切角固定，柱塞式油缸为并联连接方式。刀架依靠气缸返程，液压系统简单，维修方便、可靠性高，如图 7-2-17 所示。

工作原理：

第一，刀架剪切。电磁阀 YV1 通电，液压泵 1 排出的液压油，使压料脚 3 下行压紧板料，系统压力升高到 4~5MPa 时，顺序阀 4 打开，液压缸 5 驱动刀架 7 下行，开始剪切。同时气缸 6 中的氮气受到压缩，气压升高。当刀架下行至下死点，下限位开关动作，YV1 断电，剪切完成。

第二，刀架返程。电磁阀 YV2 接通，液压泵卸荷，压料脚由弹簧复位，返程阀 9 打开，刀架在氮气缸作用下返程，当刀架上行至上死点时，上限位开关动作，YV2 断电，返程完成。

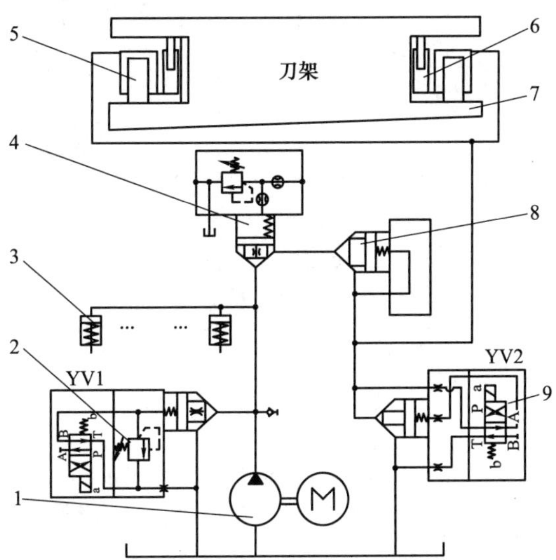

图 7-2-17　摆式剪板机液压系统图

1—液压泵　2—溢流阀　3—压料脚　4—顺序阀　5—液压缸
6—气缸　7—刀架　8—单向阀　9—返程阀

2）闸式剪板机液压系统。闸式剪板机液压缸采用串联方式连接，剪切角需要调整，液压系统相对复杂，如图 7-2-18 所示。

工作原理：

第一，刀架剪切。电磁铁 YV1、YV5 通电，压料脚 9 下行，压紧板料，然后 YV2 带电，液压油经过方向阀组 2 进入大液压缸 4 无杆腔，刀架 5 下行，同时小液压缸 6 下腔液压油压入蓄能器 8，当刀架下行至下死点，下限位开关动作，电磁铁断电，剪切完成。

第二，刀架返程。YV2 带电，蓄能器 8 内液压油进入小液压缸下腔，大液压缸上腔液压油经方向阀组 2 回油箱，压料脚由弹簧复位，当刀架上行至上死点时，上限位开关动作，YV2 断电，返程完成。

第三，剪切角调整。YV1、YV3 带电，串联腔补油，剪切角变大；YV3 带电时，蓄能器作用下串联腔液压油经电磁球阀 3 回油，剪切角变小。

第四，蓄能器充液。YV1、YV4 带电，油液经换向阀 7 为蓄能器 8 补液。

2.3.11　剪板机数控系统

GB/T 28762—2012《数控剪板机》对数控剪板机定义为刀架和/或挡料装置采用数控系统控制的剪板机。*X* 轴为控制挡料装置前后运动的数控轴；A

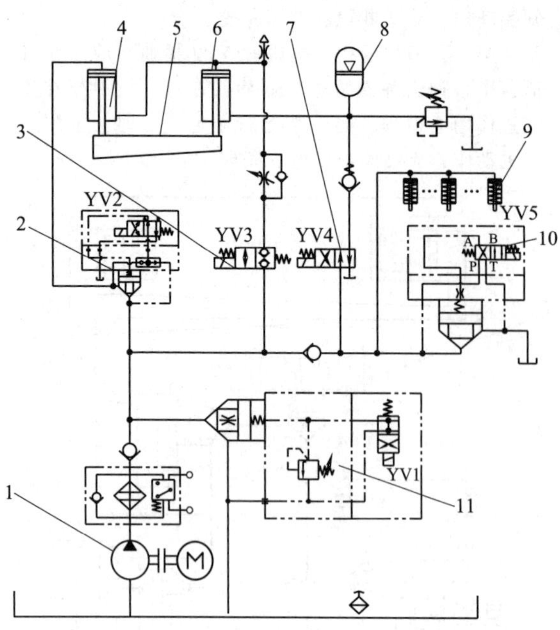

图 7-2-18　闸式剪板机液压系统图

1—液压泵　2—方向阀组　3—电磁球阀　4—大液压缸　5—刀架　6—小液压缸　7—换向阀　8—蓄能器　9—压料脚　10—卸荷阀　11—溢流阀

轴为控制剪板机刀架剪切角的数控轴；G 轴为控制剪板机上下刀片剪切间隙的数控轴；S 轴为控制剪板机刀架剪切行程的数控轴。剪板机数控系统以后挡料或前送料的位置控制为主要功能轴，剪切间隙、剪切角、剪切行程的控制为辅助轴。

1）X 轴后挡料或前送料控制，一般采用半闭环位置控制模式，精度要求较高的场合采用伺服电动机+伺服驱动+数控系统组成半闭环位置控制系统，伺服驱动器与伺服电动机之间是速度反馈环，伺服驱动器与数控系统之间是位置反馈环。精度要求不高的场合，可采用普通电动机或变频电动机+变频驱动器+光电编码器+数控系统组成半闭环位置控制系统，光电编码器与数控系统之间是位置反馈环。为防止刀架剪切时挡料板与板料刮擦，影响剪切精度，数控后挡料设有退让功能，在压料脚压紧板料后，后挡料后退一段距离，然后刀架剪切，剪切完成后，后挡料再次定位。

2）G 轴间隙控制，剪切不同厚度板料时，需要调整间隙。一般采用数控系统控制普通电动机，模拟量间隙位置传感器，组成半闭环位置控制系统。由于实际间隙值与模拟量传感器之间是非线性关系，在使用线性传感器时，一种方法是将间隙非线性值通过机械机构转换为传感器线性值，另一种方法是数控系统采用几组不同斜率直线，近似非线性曲线，进行多段直线控制，也能满足工程使用要求。

刀片间隙自动补偿。剪板机后挡料安装在刀架下底板上，在刀架间隙调整过程中，后挡料会跟随刀架间隙变化产生整体位移。为保证刀片间隙调整过程中后挡料挡板与下剪刃之间绝对位置不变，后挡料位置随间隙变化，通过数控系统得到补偿。

3）A 轴控制，闸式剪板机在剪切不同规格板料时，需要调整剪切角，一般采用数控系统控制液压电磁阀，模拟量剪切角位置传感器，组成半闭环位置控制系统。

4）S 轴控制，剪切不同宽度板料时，为提高效率，剪切行程需要控制，一般采用数控系统控制刀架下行液压电磁阀，模拟刀架行程位置传感器，组成半闭环位置控制系统。由于刀架行程控制精度要求不高，控制刀架下行液压电磁阀通电时间，也能满足刀架行程控制。图 7-2-19 数控剪板机电气控制系统框图，图 7-2-20 数控剪板机动作时序图。

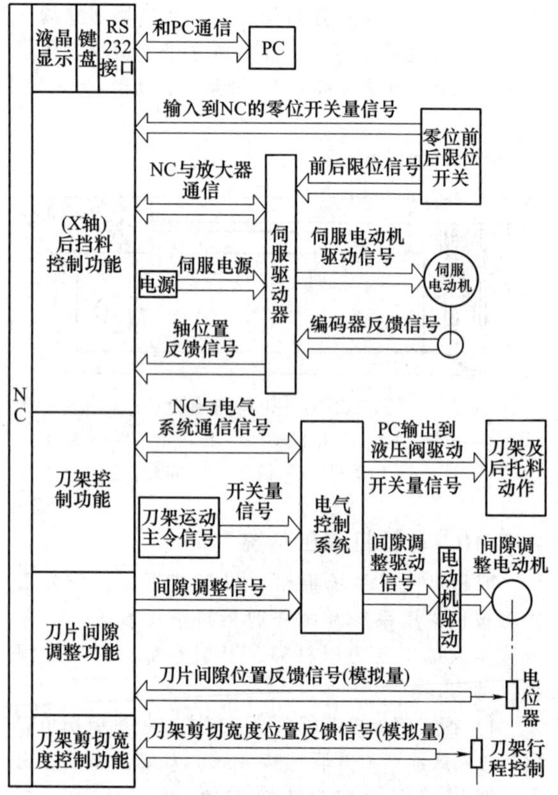

图 7-2-19　数控剪板机电气控制系统框图

5）剪板机专用数控系统简介。国外剪板机数控系统，国内市场占有率较高的产品有荷兰 Delem 公司 DAC350 系统、DAC310 系统、DAC360S/362S 系统；瑞士 CYBELEC 公司的 DNC10G 系统、DNC60G 系统等。国产数控系统有南京埃斯顿的 E210S 和天水锻压的 PWC-100 等系统。国内外数控系统都能实现后挡料、剪切间隙、剪切角、剪切行程的控制。后挡料控制采用伺服电动机、双速交流电动机、变频调速控制，后挡料可选择双向定位或单向定位方式，以消除丝杠间隙。后挡料可设置为自动寻找参考点，或断电记忆挡料位置值。LCD 人机界面编程简单便利，后挡料的实际位置值和编程值同时显示，编程的每个工步能单独设置退让距离、重复剪切计数等功能。

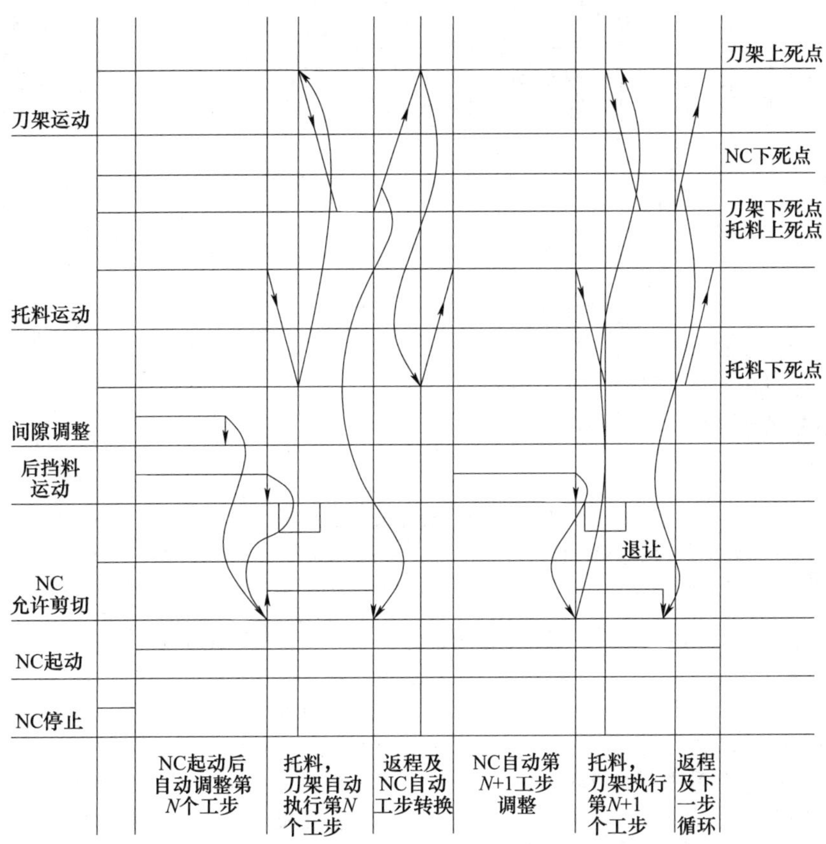

图 7-2-20 数控剪板机动作时序图

2.4 典型产品介绍

国内自主研发的剪切装备，经历了从填补空白，到基本满足用户使用的过程。现在从基本满足用户使用，向高速度、高精度、高可靠性，提升自动化和信息化水平升级。以重型剪板机为主，配置送料、出料等辅助设备的全自动一体化全面解决方案是市场需求、生产厂家新产品研发、老产品改造升级的方向。重型剪切一体化生产线系统集成较早，市场占有率较高的有天水锻压等少数几家企业。

2.4.1 数控剪切中心

（1）数控剪切中心用途　数控剪切中心是针对大型汽车制造厂或汽车改装厂要求，研发生产的全自动板料剪切设备机组。通过全自动方式将整张原材料钢板（8~25mm 厚、6~13m 长）的板料，剪切成不同尺寸的工件，主要应用于大型汽车横梁、钢结构件生产行业、电力和通信铁塔行业的全自动剪切下料。具有剪切精度高、自动化程度高、效率高、需要操作人员少等特点。

（2）数控剪切中心组成　数控剪切中心包括重型闸式主剪板机，闸式侧剪板机，吸盘上料机，两轴前送料与单轴侧送料一体化单元，末板翻料机构，托料机构，出料车，备料车，自动控制系统等，如图 7-2-21 所示。

（3）主要技术参数

1）主剪板机：可剪钢板最大厚度 25mm，可剪切钢板最大长度 13m，重量约 220t。

2）侧剪板机：可剪钢板最大厚度 25mm，可剪切钢板最大长度 4m；重量约 29t。

3）吸盘上料机：最大上料尺寸：14m × 8m（长×宽），最大上料重量 10t，前后行程 8.5m，上下行程 1m。

4）两轴前送料与单轴侧送料一体化单元：送料行程 4m，最大送料速度 400mm/s。侧送料行程 1.6m，最大送料速度 350mm/s。

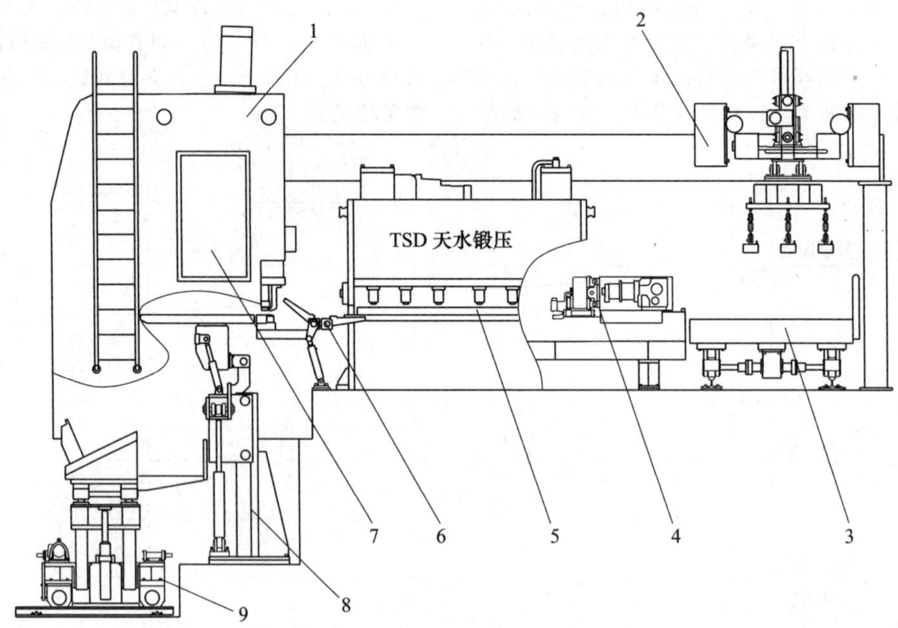

图 7-2-21　数控剪切中心图

1—主剪板机　2—吸盘上料机　3—备料车　4—两轴前送料与单轴侧送料一体化单元
5—侧剪板机　6—末板翻料机构　7—自动控制系统　8—托料机构　9—出料车

5）末板翻料结构：最大翻料尺寸 13m×1m（长×宽），最大托料重量 2.2t。

6）托料机构：最大托料尺寸 13m×1m（长×宽），最大托料重量 2.2t。

7）出料车：出料车最大尺寸 13m×1m（长×宽），最大托料重量 30t。

8）备料车：13.2m×4.1m（长×宽），最大托料重量 60t。

（4）数控剪切中心工作流程

第一，将一批板料吊装在备料车 3 上，备料车 3 进入吸盘上料机 2 下面停止。

第二，吸盘上料机 2 下行，自动控制系统 7 检测到板料后，电磁吸盘吸持板料，吸盘上料机 2 向上、向前、向下运行，下行到工作台后电磁吸盘释放板料，板料落下，吸盘上料机 2 原路返回，准备运送下一张板料。

第三，工作台上的板料，由两轴前送料与单轴侧送料一体化单元 4 的夹钳夹持，先进行板料自动测长，然后自动计算修边量，根据计算结果，将板料精确送入侧剪板机 5 中剪切。

第四，由两轴前送料将板料送入主剪板机 1，按自动控制系统 7 的编程值完成修边剪切，送料、剪切，直到完成所有工步循环。

第五，夹钳将剩余板料拉回到末板翻料机构 6 处，夹钳松开继续回退，末板翻料机构 6 将板料翻转。

第六，夹钳继续加持板料前行，按照编程值剪切边料，剩余的板料为成品料，再由推料器将板料推到托料机构 8 上，两轴前送料与单轴侧送料一体化单元 4 快速退回，准备下一张板料加工。

第七，托料机构 8 在板料输送过程中，上升到与主剪板机 1 下剪刃平齐位置。主剪板机压料后，托料机构 8 下行到接料位置，主剪板机剪切，被剪切后的成品料下落到托料机构 8 上。主剪板机返程，同时托料机构 8 翻转，将成品料滑入出料车 9 内，托料机构 8 再次返回到接料位置，等待下次循环。

第八，出料车 9 收集从托料机构 8 滑落的成品料，出料车 9 随成品料不断增高，其高度自动降低，保证成品料滑落时的落差最小，减少噪声。待成品料收集完成，出料车 9 自动运行出主剪板机 1，全部工作流程结束。如图 7-2-22 所示为数控剪切中心。

图 7-2-22　数控剪切中心（天水锻压）

（5）主要部件功能介绍

1）吸盘上料机。将板料从备料车向夹钳送料机工作台输送，具有前/后、上/下送料功能。由控制器+变频器控制+变频电动机驱动+高精度齿轮齿条传动+编码器组成半闭环位置控制。其运行速度、位置编程控制。永磁式电磁吸盘适合吸持铁磁性板料，永磁式电磁铁具有通电失磁，断电吸持功能，容易实现掉电保护功能，具有较大吸力，使用成本较低。图 7-2-23 所示为吸盘上料机。

2）两轴前送料与单轴侧送料一体化单元。主要实现向主机和侧剪机送料，早期的前送料与侧送料是两套独立设备。天水锻压发明专利产品两轴前送料与单轴侧送料一体化单元，实现了前送料与侧送料的一体化。主机前送料由控制器+两台伺服电动机+高精度齿轮齿条传动组成半闭环位置控制，送料流程简单，送料速度快、效率高。侧送料由控制器+单轴伺服电动机+滚珠丝杆+直线导轨组成半闭环位置控制，完成板料自动测长，自动计算修边量，实现将板料精确送入侧剪板机。图 7-2-24 所示为两轴前送料与单轴侧送料一体化单元。

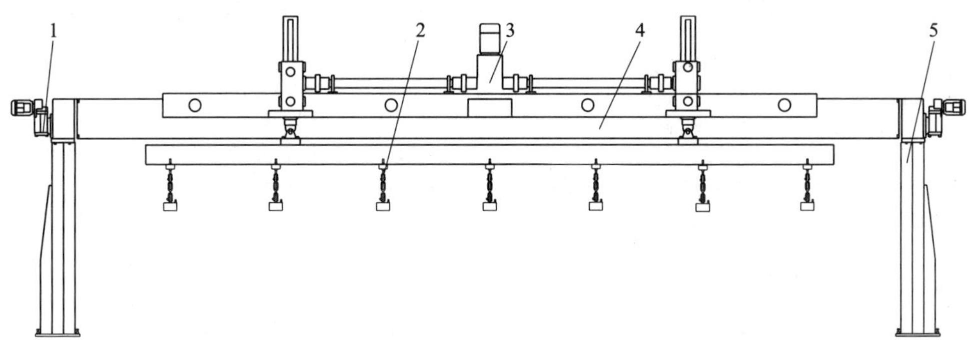

图 7-2-23　吸盘上料机

1—前/后传动机构　2—永磁式电磁吸盘　3—上/下传动机构　4—前/后移动横梁　5—支架

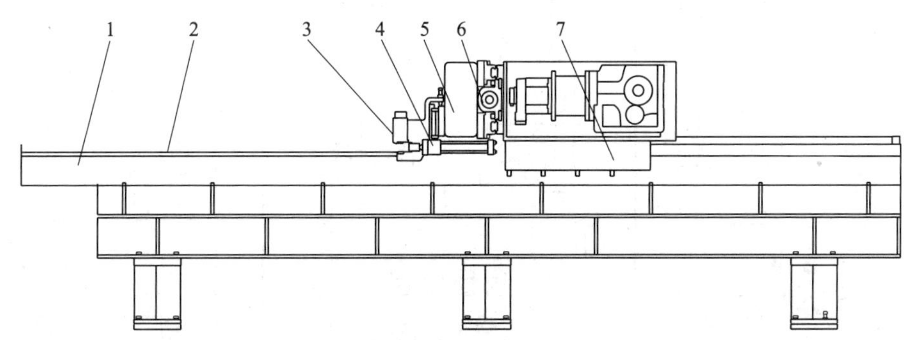

图 7-2-24　两轴前送料与单轴侧送料一体化单元

1—纵向导轨　2—传动齿条　3—夹钳　4—推料液压缸　5—移动梁　6—单轴侧送料单元　7—两轴前送料单元

3）末板翻料机构。由于机械结构限制，在主剪板机下剪刃与夹钳之间有一段距离，最后一块余料无法送料剪切，采用末板翻料机构将余料翻转后修边剪切，成品板料在料台上，提高材料利用率。如图 7-2-25 所示。液压缸 7 通过连杆机构 3 带动齿轮 2 旋转，前托料架 1 跟随转动 93.5°，同时齿轮 4 旋转，驱动后托料架跟随转动 84.5°，板料可靠翻转。

4）主剪板机液压系统。主机刀架重量达数十吨，从结构合理性、可靠性、安全性等因素考虑，主液压缸大缸采用活塞形式，小缸采用柱塞形式，两主液压缸串联运行，单独设置返程液压缸，剪切时主液压缸工作，返程时返程液压缸工作。图 7-2-26 为剪切中心主剪板机液压系统图。

液压系统工作原理：

第一，液压泵起动。各电磁铁不通电，两台主液压泵 1 运行。液压泵排出的液压油经主溢流阀 15 流回油箱，液压泵空载运行。

第二，压料脚轻压。电磁铁 YV1、YV3、YV8、YV10 通电，液压泵排出的液压油经方向阀组 14、压料阀组 12，使压料脚 13 压下，轻压压力由轻压调压阀 16 调定。

第三，压料脚压料。YV1、YV2、YV3、YV8、YV10 通电，压料脚控制液压泵 18 排出的液压油进入压料脚 13，压料压力由压料脚调压阀 17 调定。

第四，刀架剪切。压料完成后 YV1、YV2、YV3、YV4、YV8 通电，延时约 0.5s 后 YV1 断电，

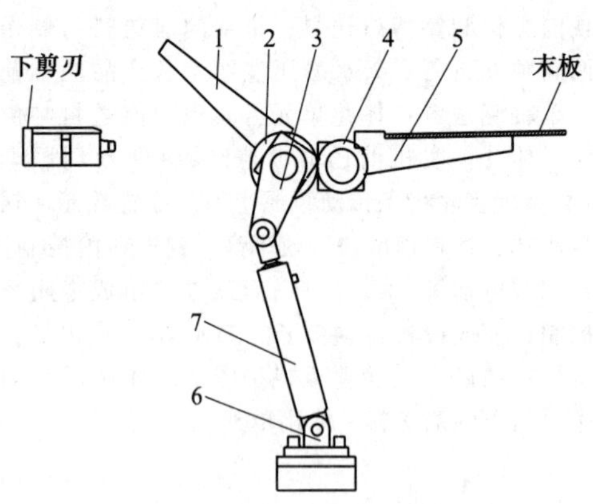

图 7-2-25　末板翻料机构

1—前托料架　2、4—齿轮　3—连杆机构

5—后托料架　6—支座　7—液压缸

液压泵排出的液压油经方向阀组 14，进入主液压缸大缸 7 无杆腔，有杆腔液压油通过串联油管，进入主液压缸小缸 9 上腔，刀架 8 下行剪切。同时，返程液压缸 6 下腔液压油压入蓄能器 5。剪切主压力由主溢流阀 15 调定。

第五，刀架返程。YV4、YV7 通电，压料脚通过压料脚卸荷阀组 10 卸压。蓄能器 5 内液压油进入返程液压缸 6 下腔，主液压缸液压油经方向阀组 14 和返程阀组 11 流回油箱，刀架 8 返程。

第六，剪切角调整。剪切角变小，YV3、YV6 通电，液压泵排出的液压油经换向阀 3 进入主液压缸小缸 9 上腔，返程液压缸 6 下腔油液进入蓄能器 5，剪切角变小。剪切角变大，YV3、YV9 带电，蓄能器 5 液压油进入返程液压缸 6 下腔，主液压缸小缸 9 上腔液压油经过双液控阀 19 和电磁阀 YV9 流回油箱，刀架剪切角变大。

第七，蓄能器充液。YV3、YV5 带电，液压泵排出的液压油经过换向阀 3 对蓄能器 5 进行充液，蓄能器充液压力由蓄能器调压阀 4 调定。

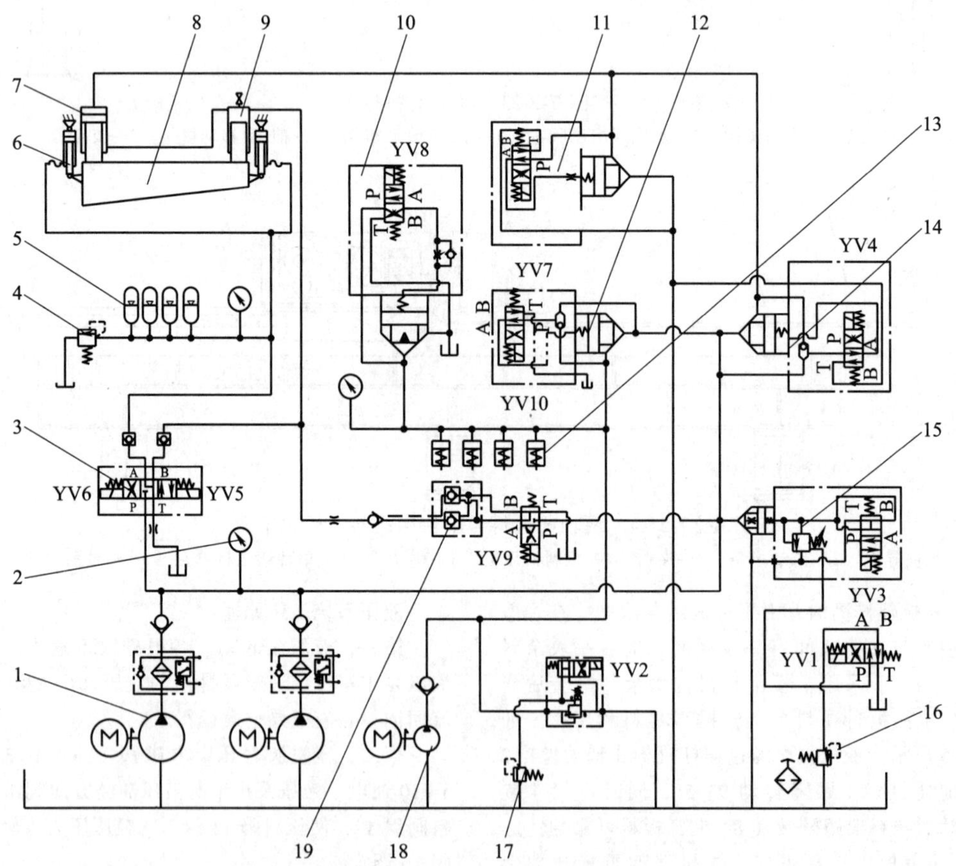

图 7-2-26　剪切中心主剪板机液压系统图

1—主液压泵　2—压力表　3—换向阀　4—蓄能器调压阀　5—蓄能器　6—返程液压缸　7—主液压缸大缸　8—刀架　9—主液压缸小缸　10—压料脚卸荷阀组　11—返程阀组　12—压料阀组　13—压料脚　14—方向阀组　15—主溢流阀　16—轻压调压阀　17—压料脚调压阀　18—压料脚控制液压泵　19—双液控阀

5）数控剪切中心自动控制系统。自动控制系统设有单动、半自动、全自动操作模式，涉及从主机到备料车等设备的集中统一控制。早期各生产厂家的控制系统采用 DAC350（或 DNC10G）剪板机专用数控系统+PLC 的控制方式。DAC350 专用数控系统完成主机后挡料伺服、剪切角、剪切间隙、剪切行程等控制功能。PLC 完成所有剩余设备控制。PLC 与专用数控系统之间通过 I/O 量来交换逻辑信号，无法通信、传输数字量信号。

天水锻压研发的基于西门子 T-CPU 技术的全集成控制系统平台，开发的剪切中心数控系统，除了能实现 DAC350（或 DNC10G）所有控制功能外，T-CPU 提供了 S7-300 PLC 逻辑控制的同时，提供了典型的多轴联动运动控制功能。应用 T-CPU 技术的前送料 X1、X2 伺服电动机组成的两轴数控系统，和侧送料 Z 轴伺服电动机组成的单轴数控系统。三轴伺服驱动器挂接在 IM-174 模块上，通过 ProfibusDP（DRIVE）接口和 IM-174 模块链接，IM-174 模块和 T-CPU 的同步通信速率最大到 12MB/s。X1、X2 轴为双伺服电动机位置半闭环控制，同时 X1、X2 轴实现同步控制，Z 轴为伺服电动机半闭环控制。如图 7-2-27 三轴伺服控制系统图。

控制系统预留的以太网接口实现将控制系统与车间级管理系统高度集成，实现整机自动控制数据共享与无缝链接，实现车间级 MES 系统通信的软硬件组态方便快捷。图 7-2-28 为数控剪切中心自动控制系统图。

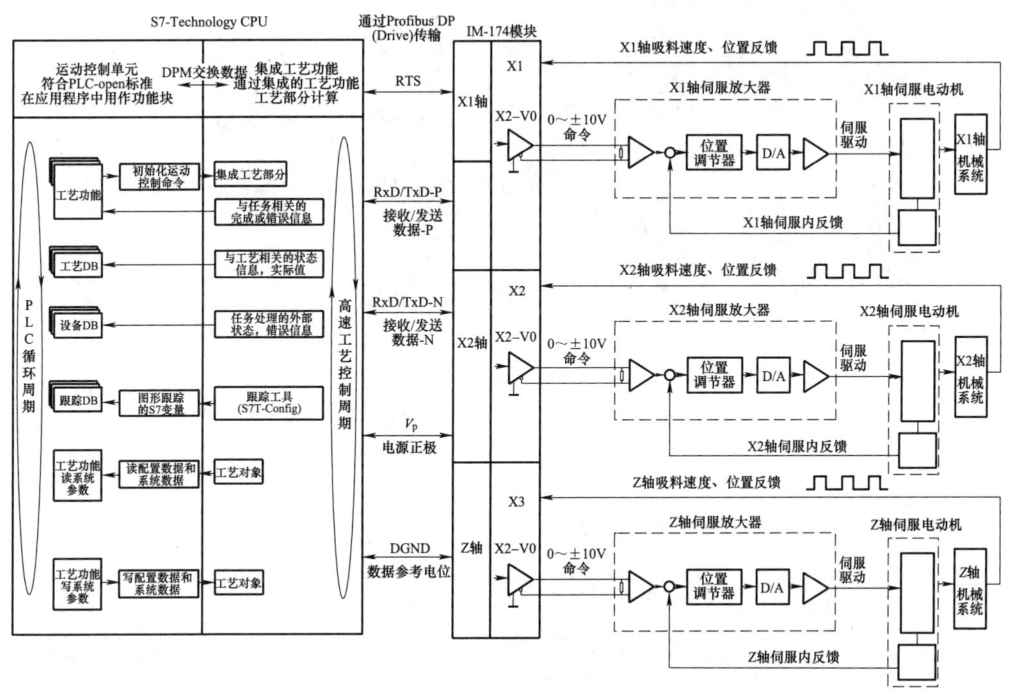

图 7-2-27　三轴伺服控制系统图

2.4.2　基于三维物料输送的自动剪切生产线

（1）自动剪切生产线用途　我国轨道交通特种车箱箱体板料普遍使用不锈钢板，需要对原料剪切四个边，精度和生产效率要求很高。生产线实现了板料储料、上料、送料、侧边定位、板料旋转、依次剪切四边、托料、落料、成品料堆垛等工序的全自动运行。

（2）自动剪切生产线组成　自动剪切生产线由自动控制系统 2、主剪板机 3、三维旋转吸料机 4、成品料台 5、备料车 6、大跨度长距离夹钳送料机 7、侧挡料装置 8、托料装置 10、后出料车 11 等组成，如图 7-2-29 所示。

（3）主要技术参数

1）整机加工效率：板材加工周期≤ 3min。

2）加工精度：最大剪切板厚 16mm（$R_m \leq$ 450MPa），最大剪切板宽 6200 mm，工件全长剪切精度不大于±0. 8mm；剪切对角线误差不大于 2mm；全长剪切直线度不大于 1mm。

3）大跨度长距离夹钳送料机：最大送料距离 7000mm，滚珠丝杠长度 8450mm；最大送料速度 600mm/s；双边驱动跨距 8000mm；送料定位精度 0. 04mm、重复定位精度 0. 02mm。

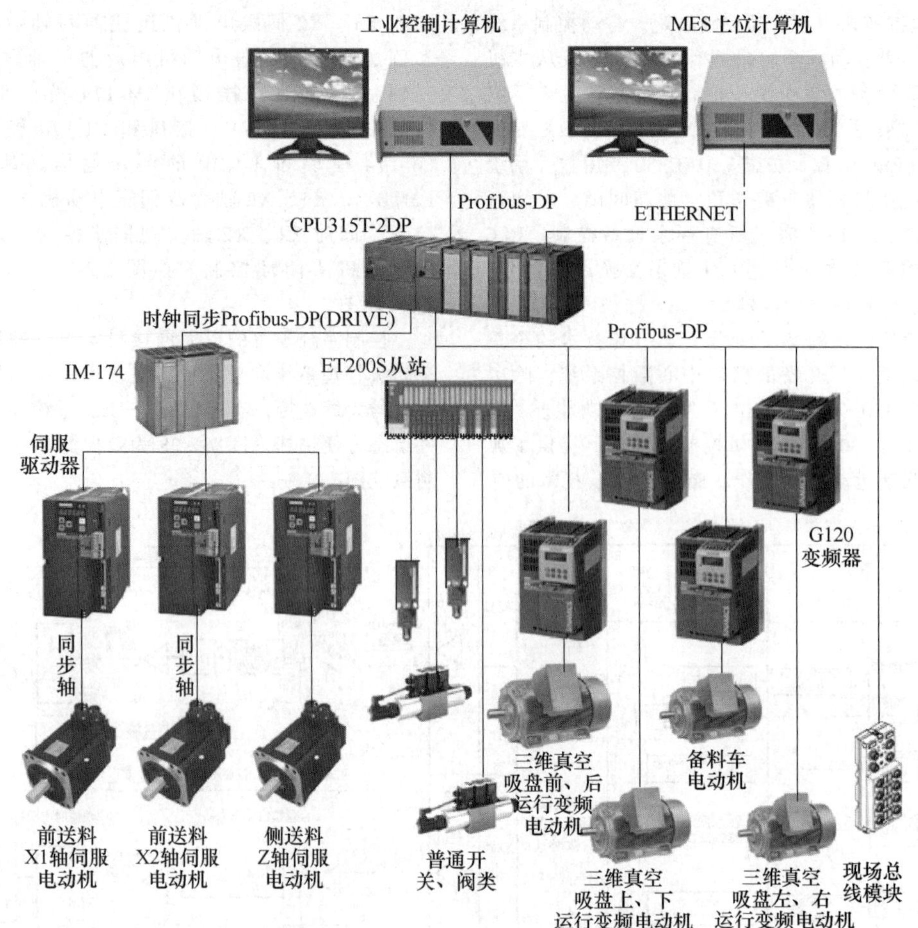

图 7-2-28　数控剪切中心自动控制系统图

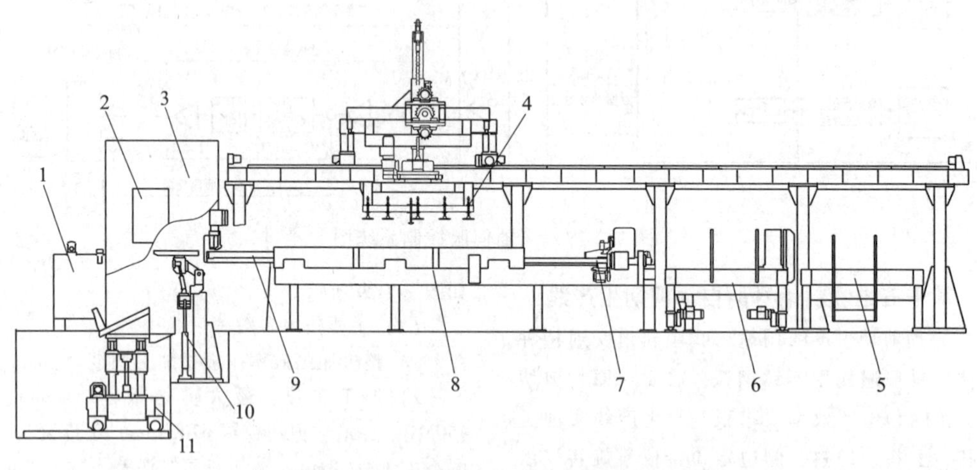

图 7-2-29　基于三维物料输送的自动剪切生产线图

1—液压系统　2—自动控制系统　3—主剪板机　4—三维旋转吸料机　5—成品料台　6—备料车　7—大跨度长距离夹钳送料机　8—侧挡料装置　9—工作台　10—托料装置　11—后出料车

4）三维旋转吸料机：最大上料尺寸 6250mm×2150mm×16mm；前/后最大速度 500mm/s，无级调速；左/右最大速度 400mm/s，无级调速；上/下最大速度 300mm/s，无级调速。

5）真空吸盘：真空发生器功率 45kW；吸盘直径 100mm，共 72 个，分 5 组。

6）主剪板机：剪切厚度16mm；剪切板宽6200mm；剪切次数8~16次/min。

（4）自动剪切生产线工作流程

第一，用天车将一批板料吊装到备料车6上，同时后出料车11自动进入主剪板机3内。

第二，三维旋转吸料机4自动运行到备料车6位置，吸盘落下，检测到板料后，真空吸料系统工作，吸持板料。

第三，板料可靠吸持后，三维旋转吸料机4按照编程工步与编程位置值，将板料输送到侧挡料装置处。

第四，利用侧挡料装置8挡正板料，将挡正后的板料，落到工作台9上。

第五，大跨度长距离夹钳送料机7，加持板料按照编程的工步与送料值依次送料、剪切、带料退回。三维旋转吸料机4继续吸持板料，在360°内旋转板料，利用侧挡料装置8继续挡正板料，直到板料四边剪切完成。

第六，按编程工步依次完成剪切四个边后，将成品料输送到成品料台5上。

第七，待主剪板机压料后，托料装置10下行，主机剪切，托料接住边料，然后翻转落料。

第八，后出料车11收集从托料装置10滑落的边料，待边料收集完成，后出料车11自动运行出主剪板机3，全部工作流程结束。图7-2-30为基于三维物料输送的自动剪切生产线。

（5）主要部件功能介绍

1）三维旋转吸料机。由前后移动机构9、左右移动机构2、上下升降机构3、吸料旋转机构4和真空吸料系统10等组成。实现板料吸料、旋转、侧定位、工件码垛等功能，如图7-2-31所示。

前后和左右移动机构采用控制器+变频器控制+变频电动机驱动+高精度齿轮齿条传动+编码器组成半闭环位置控制系统，运行速度、位置可编程控制。

上下升降机构3由升降导向机构7、传动链轮5、传动链条6、链轮驱动装置等组成。采用控制器+变频器控制+变频电动机驱动+减速机+主动链轮+传动链条+编码器组成半闭环位置控制系统，运行速度、位置可编程控制。

吸料旋转机构4由电磁离合器12、旋转驱动齿轮11、外齿式回转支承13、减速电动机组等组成。减速电动机组驱动旋转驱动齿轮11，通过外齿式回转支承13啮合使外圈旋转，实现板料剪切过程中

图7-2-30 基于三维物料输送的自动剪切生产线（天水锻压）

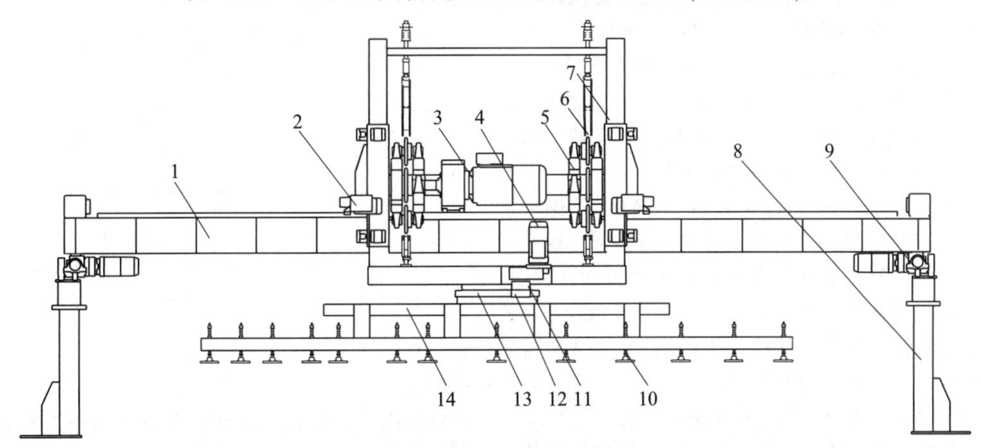

图7-2-31 三维旋转吸料机图

1—前后移动横梁 2—左右移动机构 3—上下升降机构 4—吸料旋转机构 5—传动链轮 6—传动链条 7—升降导向机构 8—支架 9—前后移动机构 10—真空吸料系统 11—旋转驱动齿轮 12—电磁离合器 13—外齿式回转支承 14—旋转吸料梁

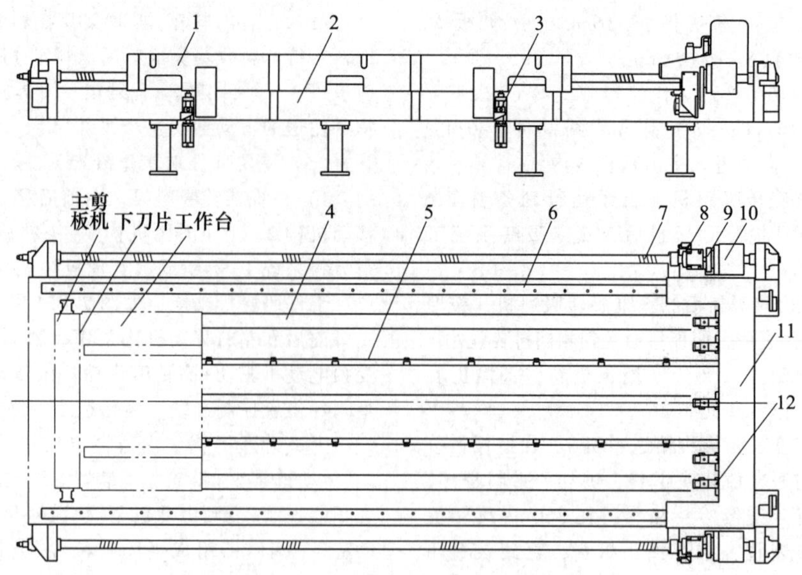

图 7-2-32　大跨度长距离夹钳送料机图

1—侧挡料梁　2—工作台　3—侧挡料气缸　4—防划伤装置　5—滚轮　6—直线导轨　7—滚珠丝杠　8—伺服电动机　9—齿形带传动副　10—滚珠丝杠螺母　11—送料横梁　12—夹钳

360°旋转。采用控制器+变频器控制+变频电动机驱动+电磁离合器+小齿轮+外齿式回转支承+编码器组成半闭环旋转角度控制，运行速度、旋转角度可编程控制。侧挡料定位时电磁离合器 12 脱开，便于板料侧定位找正。

2）大跨度长距离夹钳送料机由夹钳 12、送料横梁 11、左右驱动单元、侧挡料梁 1 等组成（图 7-2-32）。实现板料在工作台 2 上面的找正、夹紧、送进、回退、侧挡料定位等功能。

长距离左右驱动单元分别由控制器+伺服驱动器+伺服电动机+齿形带传动副+螺母旋转式滚珠丝杠副+直线导轨组成半闭环位置控制系统。为保证长距离输送精度，采用滚珠丝杠 7 固定，滚珠丝杠螺母 10 旋转方式。伺服电动机 8、齿形带传动副 9、滚珠丝杠螺母 10 移动。为保证大跨度送料横梁左右移动平行，左右伺服电动机必须保证同步运转，同时需要双边驱动同步检测和偏斜保护装置。

3）后托料机构由托料横臂 1、托料横梁 2、翻转液压缸 3、升降液压缸 4、导轨 5 和支座 6 等部分组成（图 7-2-33）。主要功能是将剪切后的板料依次接料、落料和翻转，将板料滑入后出料车。在升降液压缸 4 作用下，托料横梁 2 带动托料横臂 1 升降，实现接料功能。在翻转液压缸 3 作用下，托料横梁 2 带动托料横臂 1 倾斜翻转，板料滑落，实现落料功能。

4）真空吸料系统。该系统可应用于所有板料的吸持，特别是非铁磁性板料的吸持。真空吸料系统由吸盘 1、真空自锁阀 2、真空传感器 3、真空泵 5、真空罐 8 等组成（图 7-2-34）。当吸盘 1 与板料接触

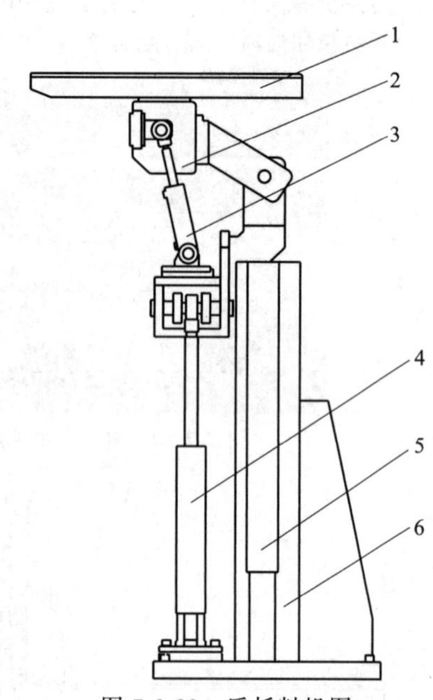

图 7-2-33　后托料机图

1—托料横臂　2—托料横梁　3—翻转液压缸　4—升降液压缸　5—导轨　6—支座

后，真空泵 5 工作，开始吸持板料，当真空传感器 3 检测真空度达到设定值后，板料吸持完成，三维旋转吸料机开始带板料工作。真空自锁阀 2 检测到吸盘吸持未达到真空度要求时，自动闭锁，保证系统真空度。当板料放置在工作台面后，真空电磁阀 4 切换真空回路，将压缩空气接入吸盘，空气迅速充满吸盘，完成板料释放。当吸盘吸持板料后，发生

断电，真空单向阀 6 自动闭锁，形成封闭真空，真空罐 8 保持真空度，确保板料不会掉落。

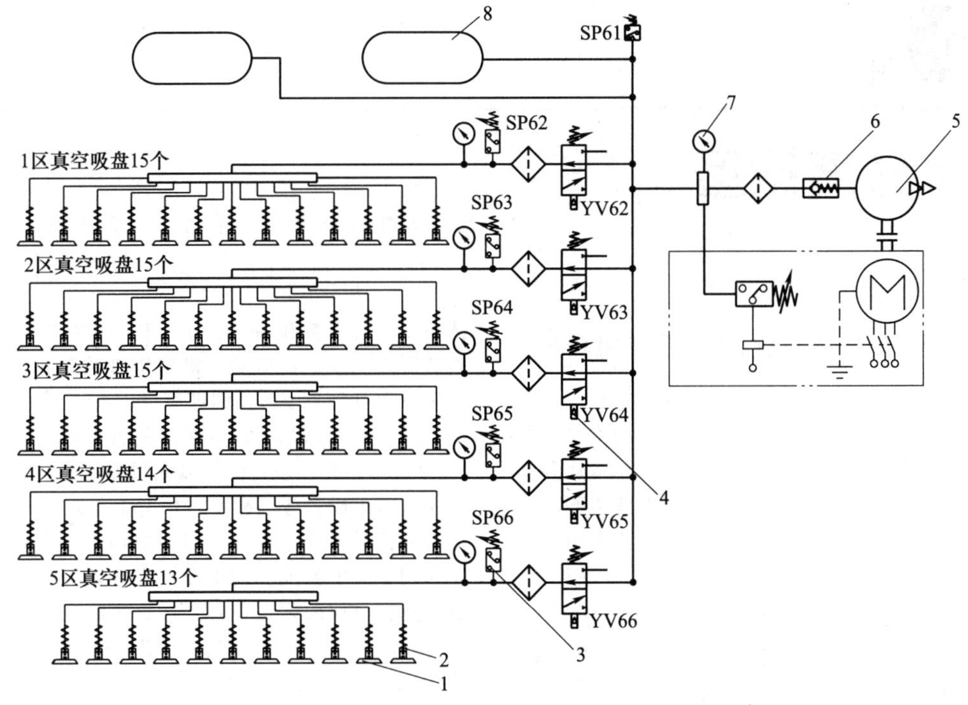

图 7-2-34　真空吸料系统图

1—吸盘　2—真空自锁阀　3—真空传感器　4—真空电磁阀　5—真空泵　6—真空单向阀　7—真空压力表　8—真空罐

参考文献

[1] 中国机械工程学会塑性工程学会. 锻压手册：第 3 卷　锻压车间设备 [M] .3 版 . 北京：机械工业出版社，2008.

[2] 沈阳锻压机床厂，济南铸造锻压机械研究所 . 剪板机设计 [Z]. 1978.

[3] 李硕本. 冲压工艺学 [M]. 北京：机械工业出版社，1982.

[4] 田波，王东明. QC12K-6X3200 数控剪板机 [M] //机电一体化技术手册编委会. 机电一体化技术手册：第 2 卷. 北京：机械工业出版社，1999.

[5] 王东明. 数控剪切中心自动控制系统设计 [J]. 机械研究与应用，2010 (2)：78-82.

[6] 吉田弘美，等. 冲压技术 100 例 [M]. 长春：吉林人民出版社，1978.

[7] 王东明. 基于三维板料输送的重型数控剪切中心技术升级与改造 [J]. 制造技术与机床，2018 (6)：167-179.

[8] 马立强，骆桂林，陈道宝，等. 剪板机 安全技术要求：GB 28240—2012 [S]. 北京：中国标准出版社出版，2012.

[9] 周建军，曾立泉，陈文进，等. 剪切机械 噪声限值：GB 24389—2009 [S]. 北京：中国标准出版社出版，2009.

[10] 岳春娟，岳汗生，蔡礼泉，等. 剪板机精度：GB/T 14404—2011 [S]. 北京：中国标准出版社出版，2011.

[11] 周建军，蔡礼泉，吴波，等. 数控剪板机：GB/T 28762—2012 [S]. 北京：中国标准出版社出版，2013.

[12] 李德明，骆桂林，汪立新，等. 剪板机 第 2 部分 技术条件：JB/T5197. 2—2015 [S]. 北京：中国标准出版社出版，2016.

[13] 白慧杰，王东明，郑永刚，等. 宽厚板二维送料定位剪切装置及剪切方法：201510878501. 4 [P]. 2016-02-17.

第3章

型材分离设备

西安交通大学　赵升吨　李靖祥　王永飞　范淑琴

3.1　工作原理、特点及主要应用领域

型材的剪切下料分离工序是机械工业与汽车工业中的齿轮、螺栓、螺母、销钉等金属标准件，摩托车、自行车链条销，滚动轴承滚子，金属轴和非标齿轮，模锻件和冷热挤压件等常用机械零部件整个生产工艺流程中必需的第一道工序，其应用非常广泛。

3.1.1　工作原理及特点

型材的下料分离作为锻造工艺的第一道工序，下料质量和精度直接影响后续锻件的加工质量，还关系到原材料的消耗和加工成本。按照工作原理，型材下料分离方法主要包括锯切下料、剪切下料、车铣削下料、斜轧下料、切割下料等。

1. 锯切下料

在型材分离下料工艺中，锯切下料由于具有较高的适应性、生产率及锯切精度，无变形，热影响区小等优点，型材锯切下料得到了广泛的应用。锯切下料是利用边缘具有不同结构形状的连续锯齿刀具（如圆锯片、锯带、锯条或薄片砂轮）将加工工件或原材料切割出窄槽而对其进行分离的切削加工工艺。锯切下料按所用加工刀具分为弓锯锯切、圆锯锯切、砂轮锯切和带锯锯切等，如图7-3-1所示。

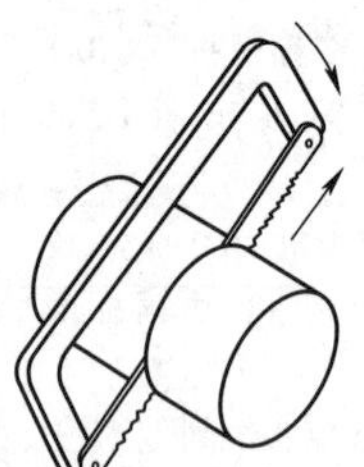
a) 弓锯锯切

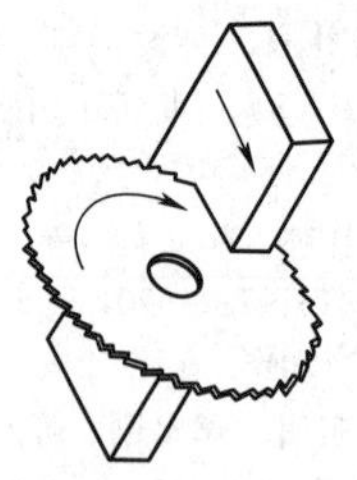
b) 圆锯或砂轮锯切

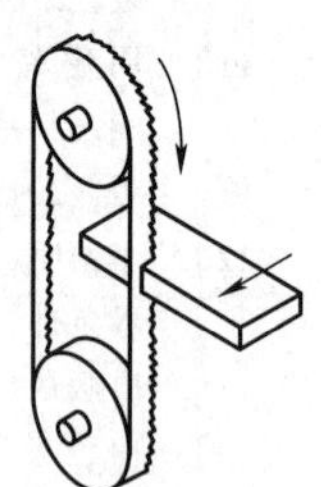
c) 带锯锯切

图7-3-1　锯切下料工作原理示意图

2. 剪切下料

剪切下料是工厂中最基础的也是应用范围最广的下料工序之一。剪切下料按型材的下料精度可分为自由剪切下料和精密剪切下料，按被剪切金属棒料的温度可分为冷剪切、温剪切以及热剪切，根据剪断方向可分为横剪切和纵剪切。

（1）自由剪切下料　传统的自由剪切下料如图7-3-2所示，剪切模具由平刃或圆弧形刃口的动剪刃和定剪刃组成，剪切速度为0.3~0.5m/s。剪切过程中被剪棒料不仅承受动剪刃的剪切力，同时也在弯矩作用下向下弯曲，使得动、定剪刃与被剪毛坯沿剪刃宽在剪切面附近局部接触，造成该区域内应力增大、产生塑性变形，变形过程中金属一方面沿着剪切面横向流动，使剪切毛坯截面形成塌陷；同时变形金属沿轴向流动，使得被剪坯料局部伸长。自由剪切下料后的坯料断面会出现毛刺、平面度及圆度误差较大，有“马蹄形”等缺陷，无法满足精密锻造的工艺要求。目前，实际生产中自由剪切下料正逐渐被不断出现的新精密剪切下料技术所替代。

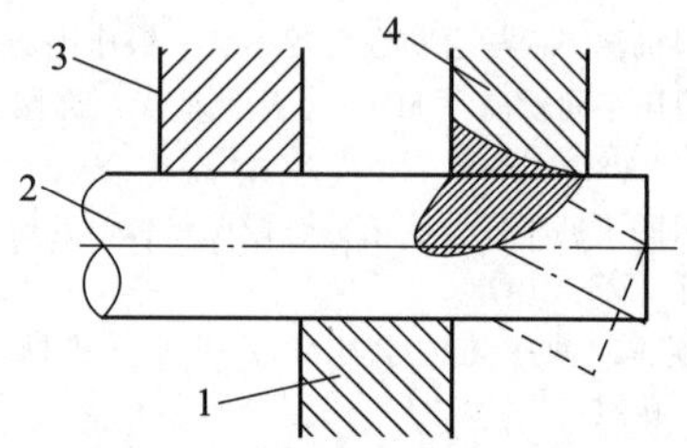

图7-3-2　自由剪切工艺原理

1—静剪刃　2—棒料　3—压料块　4—动剪刃

（2）径向约束精密剪切下料　径向约束精密剪切下料的工作原理如图7-3-3所示，利用沿棒料径向方向的约束夹紧作用力限制棒料在剪切过程中发生弯曲及轴向的流动，从而对棒料进行约束夹紧，消除自由悬臂状态时的间隙，使被剪棒料在剪切过程中始终处于三向压缩状态，不仅提高了非剪切区材料的抗力而不被破坏，同时使得棒料的受力状态尽可能地接近纯剪切。因剪切过程中所涉及的剪切变形区域变窄，剪切变形过程中动态裂纹的扩展方向更接近于主剪应力方向，使得剪下的坯料断面倾角

小，无“马蹄形”畸变，且光滑平整，从而提高了剪切坯料的断面质量。在对金属管材进行下料时，为了防止剪切空心管材被压扁，采用在管材内设置芯轴的方法。

径向约束精密剪切下料过程中所施加的径向力当与剪切力之间存在一定的比例关系时，此时的径向约束精密剪切又被称为是差动夹紧精密剪切。试验表明，当约束夹紧作用力为剪切力的 0.8~1.5 倍时，被剪坯料的断面质量达到最佳。径向约束精密剪切下料适用于各类金属材料的圆形管棒料及方形棒料的冷、温及热剪切，其剪切精度高、断面倾斜度小，误差小，生产率高，在实际生产中得到了广泛的应用。

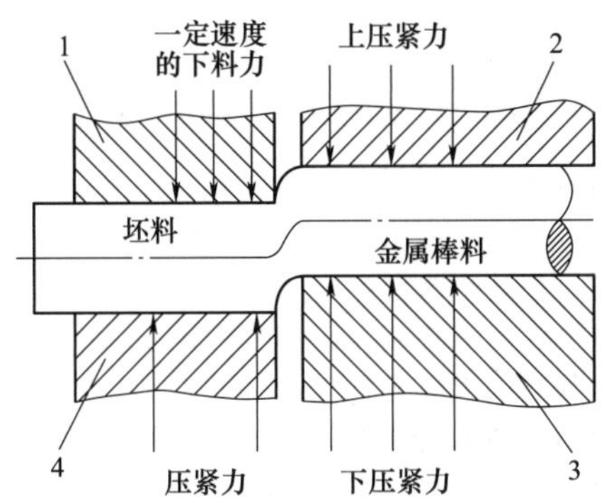

图 7-3-3　棒料径向约束精密剪切工艺原理
1—动剪刃　2—压料块　3—下刀板　4—托料板

(3) 轴向加压精密剪切下料　轴向加压精密剪切下料是指棒料在剪切下料过程中，沿棒料轴向方向额外施加压紧力，使被剪材料始终处于三向压应力状态，在此应力状态下，提高了材料的塑性及断裂韧性，有效地抑制了剪切过程裂纹的萌生和扩展，使塑性剪切延续整个剪切过程；同时，轴向夹紧力限制材料的轴向流动，改变被剪材料的速度场，使剪切区的拉伸应力难以产生，从而减小坯料的几何畸变，使剪切面光滑而平整。由于轴向加压精密剪切法能获得几何畸变小、断面质量好、垂直度好的优质坯料，因此，轴向加压精密剪切下料又称为冷流剪切或镜面剪切下料法，其工作原理如图 7-3-4 所示。

轴向加压精密剪切下料方法适用于直径 $\phi20$~$\phi100$mm 的有色金属及其合金管棒料及异型材的下料；对于高屈服应力的黑色金属，下料时所需的轴向压力和剪切力会更大，使得能耗升高、噪声变大、模具寿命降低，模具结构更加复杂和专用化。

(4) 高速精密剪切下料　高速精密剪切技术利用金属材料在高应变率下的脆化效应来提高剪切质量。按照结构形式，高速精密剪切下料机可分为机械传动式和流体传动式两类。机械式高速剪切机又

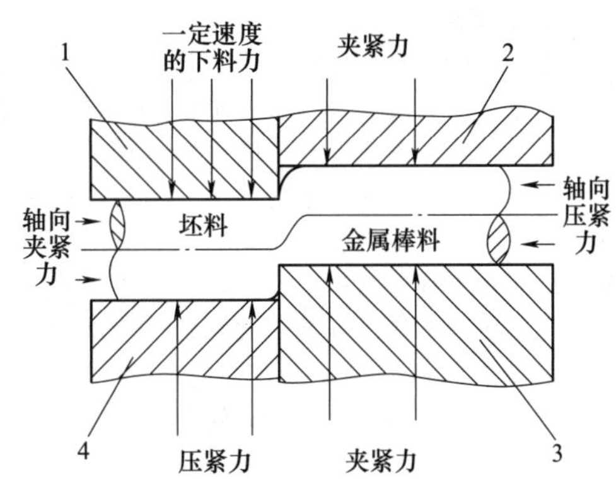

图 7-3-4　轴向加压精密剪切下料工作原理
1—动剪刃　2—上夹紧模具　3—下夹紧模具　4—托料块

可细分为飞轮式和凸轮式（又称双飞轮式）两种类型，采用飞轮等作为剪切原动力。其结构庞大、设备昂贵，还具有惯性冲击力引起的振动大、噪声大，剪切模具寿命低等缺点。这类设备主要用于小直径的黑色金属线材及棒料的剪切。流体传动式高速精密棒料剪切机可分为内燃式、压缩空气式、液气式、液压冲击式等。液气式高速剪切机工作原理如图 7-3-5 所示，采用进油阶段打击、高压气体回程，进行循环高速剪切，其最大剪切速度可达 6~7m/s，断面光滑平整；液压式采用快速液压机结构，通过改进液压系统设计、采用快速缸或快速换向阀提高液压机的行程速度，特别是空程和回程速度，提高行程次数。但流体传动式剪切机的动力来源于液体或气体的燃烧或流动能，存在振动大、噪声大、能量利用率低等问题。

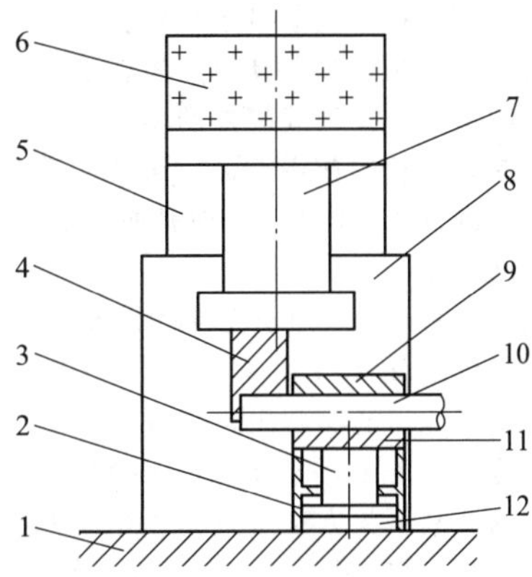

图 7-3-5　液气式高速精密棒料剪切机工作原理图
1—机身底座　2—夹紧缸筒　3—夹紧缸活塞杆
4—动剪刃　5—液压轴　6—高压气体
7—液压缸活塞杆　8—液压缸筒
9—上夹紧模具　10—金属棒料
11—下夹紧模具　12—夹紧缸

3. 斜轧下料

斜轧下料源于斜轧成形技术，是指利用两个相互倾斜的轧辊（一般夹角为 2°～6°）进行同方向旋转，其中一个轧辊表面带有高度逐渐增加的螺旋形凸棱，当棒管料被送入两辊之间时，倾斜的轧辊使得棒管料同时回转并做轴向运动，随螺旋线高度递增的凸棱便在棒管料圆周上轧切出深度不一且相互平行的环形仿形凹槽，直至凹槽深到连接部分材料无法再承受斜轧压力而发生断裂，完成一次下料，这整个过程就称为斜轧下料。斜轧下料的工作原理如图 7-3-6 所示。

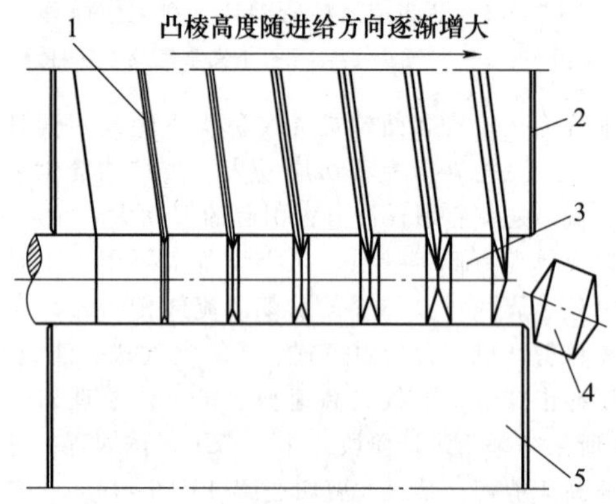

图 7-3-6　斜轧下料工作原理示意图
1—螺旋形凸棱　2—成形轧辊　3—金属棒料
4—坯料　5—光滑轧辊

斜轧下料一定程度上可以提高下料效率，但也有无法避免的缺陷。如螺旋形凸棱的高度和螺距是固定的，不能进行实时调节，导致下料坯料的长度和直径是一定的；斜轧下料过程中，随螺旋形凸棱形状的改变，存在较多的废料；斜轧下料所得的坯料断面呈圆锥状，需后续额外的整形工序；斜轧下料时为了提高轧辊的使用寿命，通常在进行斜轧下料前对棒料进行加热处理，从而增加了能耗。

4. 切割下料

狭义的切割是指利用硬度较高的物体（如刀具）切开硬度较低的物体（如工件）；而从广义定义而言，切割是指一切能够利用燃烧或电弧放电释放的高温高热能、冲击压力能等使被切割物体分离的方法。常用的切割下料方法有气体火焰切割、等离子弧切割、激光切割、高压水射流切割、线切割等。

（1）气体火焰切割下料　气体火焰切割下料技术是最古老的热切割方式，最早出现于 20 世纪初期，是利用金属氧化燃烧过程中释放的高热来进行切割下料的。其工作原理为：首先将可燃性气体与氧气组成混合气体进行燃烧，利用预热火焰释放的热能预热切割处工件表面金属，达到其燃烧温度后，喷射出高速切割氧流使得预热处的金属在高纯氧流中发生剧烈的放热氧化反应，同时在高速切割氧流的喷射下去除掉反应后的金属氧化物熔渣，如图 7-3-7 所示。

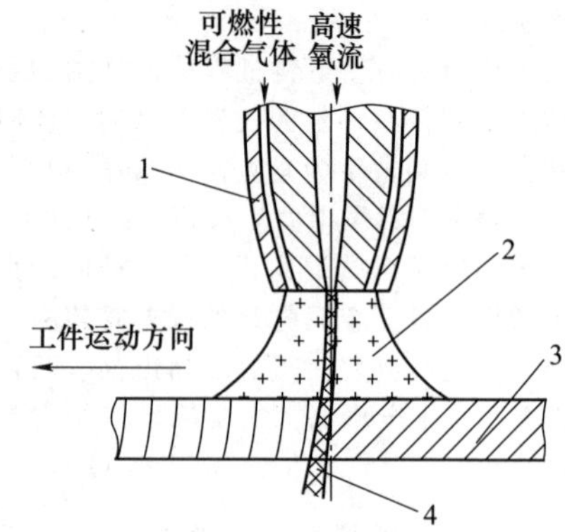

图 7-3-7　气体火焰切割下料工作原理示意图
1—割嘴　2—预热火焰　3—工件　4—熔渣

气体火焰切割下料设备及切割成本相对较低，污染小，可切割尺寸较大，具有高效、节能和安全等优点，但其切割精度及质量差，切口处常有预热坡口存在，切割断面受影响区域较大，并且不是所有的金属材料都能进行气体火焰切割下料，常用的可以进行气体火焰切割下料的金属材料如中低碳钢、低合金钢及纯铁等，而无法进行切割的包括不锈钢及各种有色金属等，该工艺适用于对加工精度要求不高的粗加工。

（2）等离子弧切割下料　等离子弧切割下料技术最早于 20 世纪 60 年代在美国的工业企业得到应用。等离子弧切割利用经过机械压缩、热收缩及磁收缩三种压缩效应后获得的高温、高速及高能密度的等离子气流来加热熔化和蒸发局部区域内的材料，同时借助内部高速等离子流或外部水流的巨大冲击力排除已经熔化的材料，形成切口断面。按所使用切割电流的大小，等离子弧切割分为三类：小电流非转移型等离子弧（主要用于非金属材料的切割）、大电流转移型等离子弧及混合型等离子弧。等离子弧切割并不是依靠金属氧化反应的大量放热，而是一种利用电能转化为熔融热能的切割方法。其工作原理如图 7-3-8 所示。

等离子弧切割适用材料范围很广，包括大部分金属及非金属材料，尤其适用于切割高熔点及其他切割方法无法切割的材料，具有切割速度快，切缝细窄光洁而平整、无粘渣，并且切口热影响变形区小，可加工各类成形工件等特点；但受到等离子弧长度的限制，其切割厚度较小，在切割厚度超过 20mm 板材时，因需使用专用等离子电源，其切割成本与切口变形区也将随之增加，切口宽度和断面倾角变大，切割尺寸误差大，并且等离子弧切割时因高

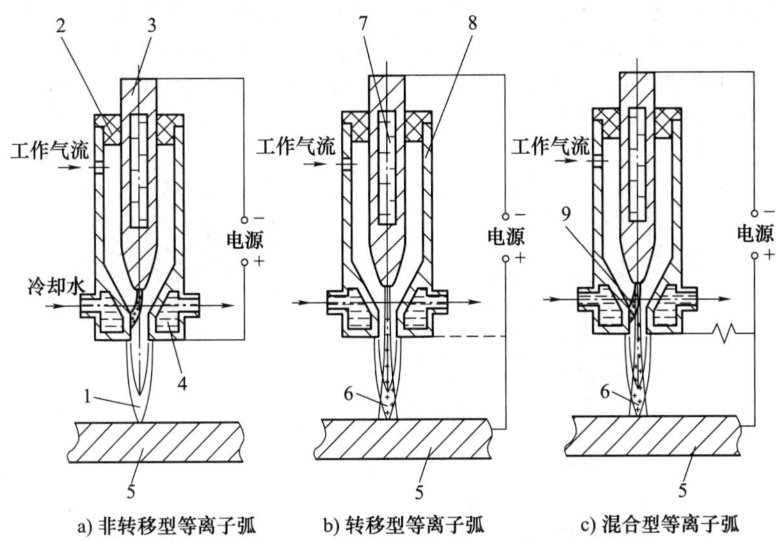

图 7-3-8　等离子弧切割下料工作原理示意图

1—等离子焰流　2—绝缘块　3—钨电极　4—径向冷却水　5—工件
6—等离子主弧　7—轴向冷却水　8—喷嘴　9—等离子弧小弧

能电弧的存在使得粉尘、噪声、有害气体及弧光辐射污染较重，设备费用高。

(3) 激光切割下料　激光切割是一种热切割加工方法，利用聚焦凸透镜将固体或气体激光器发射的激光束聚焦后得到的高能量密度的激光束照射到切割工件表面，使激光照射点的工件材料在吸收大部分激光能量后在极短的时间内迅速升温至其燃点发生燃烧烧蚀，或达到其熔点开始熔化、汽化，同时借助与激光束同轴的高压辅助气流吹除残渣，并使工件或激光束按一定轨迹进行运动，形成特定形状的切缝，从而完成工件的切割下料。其工作原理如图 7-3-9 所示。

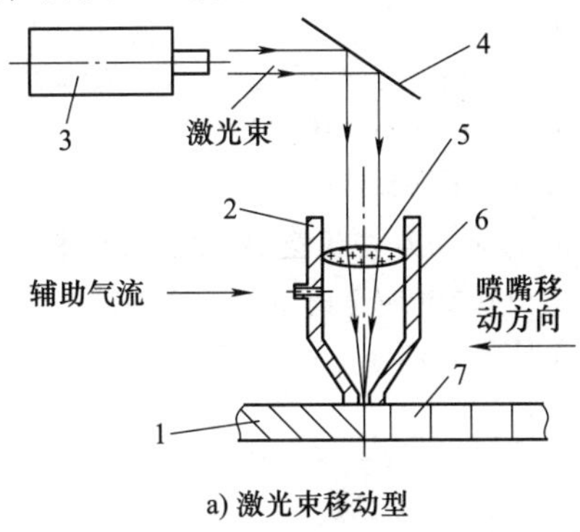

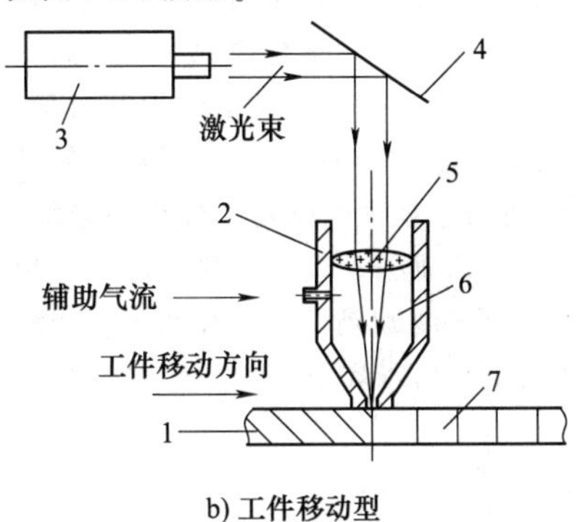

图 7-3-9　激光切割下料工作原理示意图

1—工件　2—喷嘴　3—激光器　4—反射镜　5—聚焦凸透镜　6—气流通道　7—切割面

激光切割技术适用的材料范围广，既可以切割金属也可以切割非金属，还可以满足复合材料及碳化钨、碳化钛等硬质材料的切割，具有切割速度快、切缝细窄、切割热变形影响区小、切口光滑平整无毛刺、无机械加工残余应力、加工精度高等特点。但激光切割一般只能用于切割中、小厚度的板材和管材，随着工件厚度增加，切割效率较低，成本升高。

(4) 高压水射流切割下料　高压水射流切割技术是指利用高压泵或增压器将机械能转换成射流体的压力能，再将高速高压的射流体通过小孔喷出，使压力能转换为射流体的冲击动能，当射流体碰到待切割工件时，冲击动能再次转换为切割材料的表面压力能，一旦压力超过材料的临界破坏强度，工件材料即被射流体切割分离，从而完成水射流切割。其工作原理如图 7-3-10 所示。

高压水射流切割适用于绝大多数材料的切割，切割加工反作用力及侧向力小，简化了工件的夹紧系统，切割时几乎无热量产生，材料的热变形影响区及热损伤极小，切缝细窄且断口光滑平整，切割过程污染小，便于实现自动控制，适合于切割形状复杂的工件。但是高压水射流设备及磨料费用较高，切割效率较低，切割精度不高，且对于较薄的韧性材料，容易发生弯曲从而导致飞边，采用磨料会降低高压喷嘴及密封的寿命，且需要增加专门的废液回收设备。

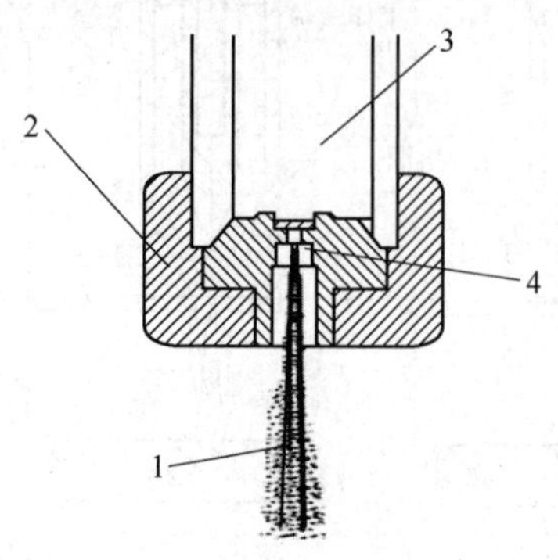

a) 纯水型高压水射流

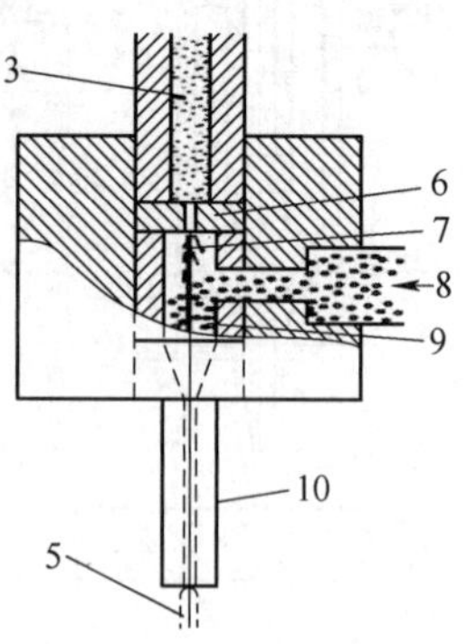

b) 磨料水射流

图 7-3-10　高压水射流切割工作原理示意图

1—高压水射流　2、6—喷嘴　3—高压水　4—小孔　5—磨料水射流　7—水射流　8—磨料入口　9—混合室　10—磨料喷嘴

(5) 线切割下料　线切割属于电化学加工领域，按工作原理可分为电火花线切割和电解线切割两种。电火花线切割利用连续运动的细金属丝（电极丝）作为电极，在脉冲电源的加载下对待切割工件进行火花放电，使切割区局部范围内温度骤升，并在切割液的不断冲蚀下排出切缝内熔化腐蚀后的金属材料，由工作台驱动电动机带动工件运动切割成形。电解线切割基于金属电化学阳极溶解原理对工件进行切割，在电解切割过程中，切割工件作为阳极，电极丝作为阴极，二者通过驱动电动机带动产生相对运动，在脉冲电源与电解液的双重作用下，切割区局部范围内的金属材料以离子形式开始溶解形成一定形状的切缝。线切割工作原理如图 7-3-11 所示。

线切割加工是一种非接触式外形轮廓切割加工工艺，可针对不同种类、不同硬度的导电或半导电材料进行加工，加工成本低，加工预备时间短，切缝细窄，无切削力，无加工残余应力，加工精度较高，利用多轴联动控制系统可实现复杂形状零件的加工。但线切割速度较低，尤其是电解线切割，无法达到下料要求。

3.1.2　典型工艺优缺点及应用领域

典型型材分离下料工艺的优缺点及应用领域对比见表 7-3-1。

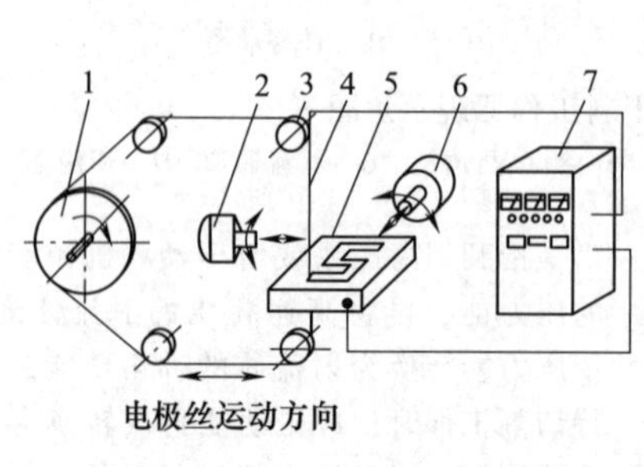

a) 电火花线切割

b) 电解线切割

图 7-3-11　线切割工作原理示意图

1—储丝筒　2、6—工作台驱动电动机　3—导轮　4、9—电极丝　5、10—工件　7、8—脉冲电源　11—电解液

表 7-3-1　典型型材分离下料工艺的优缺点及应用领域对比

型材分离下料工艺		优点	缺点	应用领域
剪切下料	自由剪切	无切口损耗、生产率高、设备成本低，操作简单	尺寸及重量精度低，断面出现飞边、平面度及圆度较差；对直径大的高碳钢、高合金钢棒料，剪切前需要预热	用于有飞边和开式模锻坯料的大批量生产，适用于冷剪切中碳钢及低合金钢
	径向约束精密剪切	断面倾角小，且平滑光整	剪切力大，剪下的棒料断面仍有一定程度的塌角	各类金属材料的圆形棒料及方形棒料的冷、温及热剪切
	轴向加压精密剪切	有色金属及其合金棒料可获得平整光滑的断面	下料时所需的轴向压力和剪切力大，生产率低、剪切刃口磨损快、模具结构复杂且寿命低	直径 ϕ20～ϕ100mm 的有色金属及其合金棒料及异型材的下料
	高速剪切	剪切效率高，断面光滑平整	振动大、噪声大、剪切模具寿命低	小直径的黑色金属线材及棒料的剪切
切割下料	气体火焰切割	成本相对较低，污染小，可切割尺寸较大，高效、节能、安全	切割效率较低，切割精度及质量差，切口处常有预热坡口存在，切割断面受影响区域较大	适用于中低碳钢、低合金钢及纯铁等的粗加工
	等离子切割	切割速度快，切缝细窄光洁而平整、无粘渣，切口热影响变形区小	切割公差大，存在粉尘、噪声、有害气体及弧光辐射等污染，设备费用高	用于大部分金属及非金属材料，尤其适用于高熔点材料
	激光切割	切割速度快、切缝细窄、热变形影响区小、切口光滑、无机械加工残余应力、加工精度高	只能用于切割中、小厚度的板材和管材，随着工件厚度增加，切割效率降低，设备费用增高	适用于金属、非金属，满足复合材料及碳化钨、碳化钛等硬质材料的切割
	高压水射流切割	无污染、无热变形或热效应，切口光滑，生产成本低，自动化程度高	费用较高，切割效率较低，精度不高；对于较薄的韧性材料，容易发生弯曲从而导致飞边	适用于绝大多数材料，如金属、大理石、玻璃、陶瓷、复合材料等
	线切割	成本低，预备时间短，切缝细窄，无切削力，无残余应力，加工精度较高	切割速度较低	不同种类、不同硬度的导电或半导电材料，复杂形状零件分离

3.2　棒料剪切机

3.2.1　棒料剪切机的特点

金属棒料在许多机械零件中被广泛用到，例如各种冷、热挤压件和模锻件、金属链条、轴承以及各类轴类零件等，但凡与短轴相关的零件加工几乎都用到棒料的下料工序。相较于传统的车床切削下料和锯切下料，采用棒料剪切机下料生产率高、没有切口损耗、工具费用较低、适合于大批量生产。

目前在棒料剪切机中应用的精密剪切方法主要包括：

(1) 径向夹紧约束　先将棒料夹紧，然后完成棒料的剪切。径向夹紧剪切消除了普通自由剪切时棒料受力而产生的倾斜，从消除被剪棒料所受的弯曲力矩的角度，解决了坯料先弯后剪、影响断面质量的问题。

(2) 轴向加压约束　通过在坯料端面施加轴向压力，增加剪切过程中棒料剪切区的轴向压力，实现整个棒料下料过程的塑性剪切分离，适用于铜、铝和低碳钢等软材料。

(3) 高速剪切　采用高速剪切加载提高坯料剪切质量，在高速载荷作用下，被剪材料的韧性下降，脆性增加，剪切变形区域变窄，塑性变形小，从而提高了剪切质量。研究表明，当加载速度达到 4.5m/s 以上时，棒料断面质量可以得到显著提高。

意大利 FICEP 公司生产的 Caddy 系列机械式棒料精密冷剪切生产线就是采用径向约束的原理进行冷剪切下料的，如图 7-3-12 所示，其最大圆棒料下料直径可达 ϕ180mm，最大方形棒料可达 180mm×180mm，最快每分钟可下 85 段坯料，利用 CNC 或 PLC 控制可实现全自动送料、冷剪、计数、分选、监控以及称重等功能，所下棒料的长度误差在±0.2mm 以下，重量误差在±0.5%以内。

德国 Kieserling & Albrech 公司生产的 HT 系列高速精密棒料剪断机，其最高剪切速度可达 8m/s，最大剪切直径可达 ϕ64mm；日本小松制作所生产的

图 7-3-12　FICEP 公司生产的 Caddy 系列
机械式棒料精密冷剪切生产线

MSR-115 型高速精密剪切机可剪直径范围为 $\phi16\sim\phi51$mm；德国 MAYPRESS 公司生产的 MSR32 型精密棒料剪断机，最大剪切力为 320kN，可剪棒料直径为 $\phi5\sim\phi36$mm，最大剪切长度为 350mm，最高生产效率可达 125 件/min；意大利 Sasib 公司生产的双凸轮式高速精密棒料剪切机最大可剪直径为 $\phi10$mm 的合金钢料，$\phi32$mm 的低碳钢料，其最高生产率可达 220 件/min；美国 Fenn 公司生产的高速精密冲击型剪切机，其最大可剪材料的抗拉强度为 630MPa，直径为 $\phi50$mm 的圆棒料，最高生产率可达 300 件/min。以上几家公司生产的高速剪切机都是采用机械式传动作为剪切原动力，其结构相对庞大，惯性力较大，冲击引起的振动成为主要问题，主要用于小直径线材及棒料的剪切。

高速精密剪切下料所获得的棒料断面平整，几何精度高，断面几何畸变小，目前已成为优先重点发展的一种精密下料技术，然而，高速精密剪切下料仍存在许多问题，如能量传递效率低、冲击振动噪声大、设备昂贵、剪切模具寿命较低，为了达到较好的剪切质量及较小的剪切力，剪切模具的刃口必须时刻保持锋利，此外，高速精密剪切下料较适用于黑色金属且长径比在 1～1.2 之间的冷拔棒料。

3.2.2　机械传动式棒料剪切机的结构

机械传动式棒料剪切机通过主电动机驱动飞轮高速转动提供剪切的原动力，配合专用的剪切模具完成棒料的下料。

1. 曲柄-滑块式剪切机结构

曲柄-滑块式剪切机主要由电动机、传动装置、剪切模具、制动器、离合器及控制装置等组成，其中传动装置包括有传动带、齿式联轴节、减速机、开式齿轮等。图 7-3-13 所示为德国 Schubert 集团的 STS 系列棒料剪切机结构图。

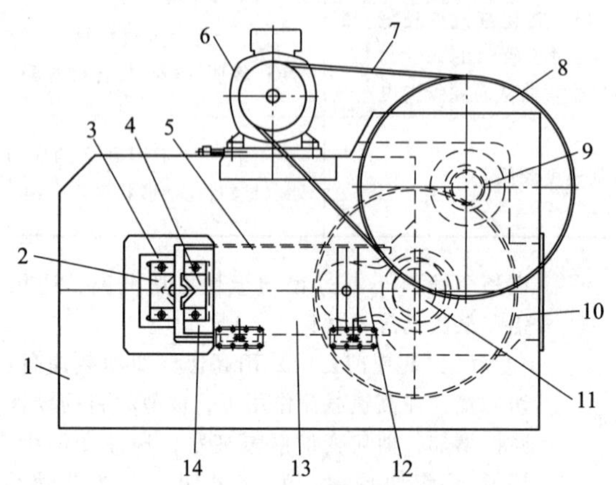

a) STS系列曲柄-滑块式剪切机机构图

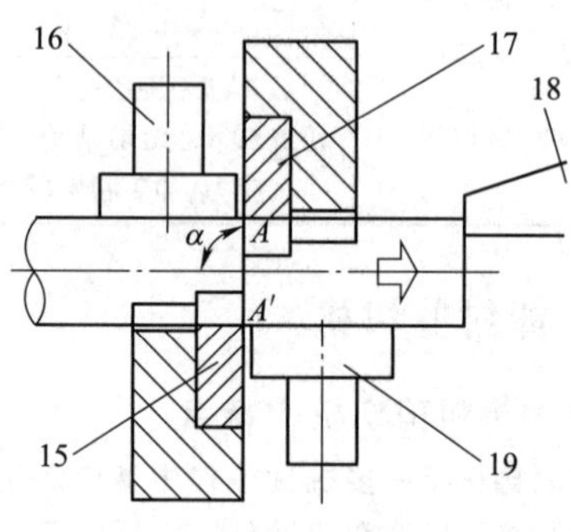

b) 径向约束机构

图 7-3-13　STS 系列曲柄-滑块式剪切机及径向约束机构

1—机身　2—定剪　3—刀座　4—动剪　5—导轨　6—主电动机　7—传动带　8—飞轮　9—传动轴　10—齿轮　11—支撑轴　12—曲柄　13—滑块　14—刀托　15—定刀　16—压料机构　17—动刀　18—挡料机构　19—托料机构

电动机通过传动带经飞轮、齿轮组带动曲柄，推动滑块上的动剪刃完成棒料的剪切下料。为进一步提高棒料的剪切精度，采用了径向约束机构（托料和压料机构）及挡料机构。来自辊道上的料，碰到挡料机构后，挡料头发出信号，令压料机构下行、托料机构上行，将棒料的剪下端和留下端紧紧夹住，当被剪棒料达到约束状态后，滑块下行，随着切入深度的增加，剪切力、压料力、托料力也同步增加，被剪棒料在剪切过程中始终被紧紧约束，只能沿着滑块运动方向平行移动，确保剪切断面平整。德国 Peddinghaus 公司的 Caddy 系列棒料剪切机，以及国内求实精密剪切公司的 Q45 系列棒料剪切机，均采用了上述结构。

2. 曲柄-杠杆-滑块式剪切机结构

曲柄-杠杆-滑块式剪切机，主电动机通过传动带将动力传递到飞轮后，经离合器带动传动轴，传动轴上的齿轮将动力传递到与之啮合的两个齿轮，再通过两个齿轮驱动带有曲柄的大齿轮。随着大齿轮的转动，曲柄将转动变成摆动再驱动大杠杆动作，杠杆支承轴作为支点，杠杆将动力传递到滑块上，完成剪切过程。当需要滑块停止动作时，传动轴左侧的离合器断开、右侧制动器将传动轴制动，传动轴以下部分停止动作。相较于无法实现在行程中点处发挥出最大公称能力的曲柄-滑块剪切机，增加的杠杆机构可以实现在整个行程的任意位置上发出最大的公称能力。

日本万阳株式会社在杠杆式压力机的基础上开发了 LBS 系列棒料剪切机，如图 7-3-14 所示。剪切过程中产生的冲击力在传导给驱动曲轴前就已经被杠杆吸收，不但保护机身不会受到磨损，减少加工刀具的损耗，延长设备和刀具的使用寿命，而且大幅削减运行成本，实现高精度、大批量、高产能的下料。剪切时再配以径向约束机构，可获得精度高、变形量少、重量误差小、无时效开裂的高品质的剪切坯料。

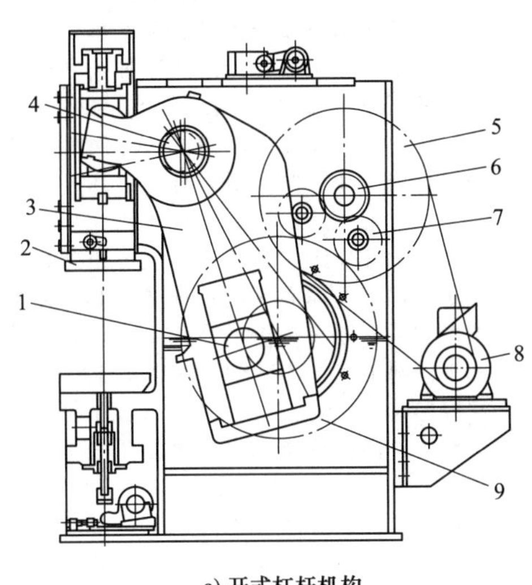

a) 开式杠杆机构

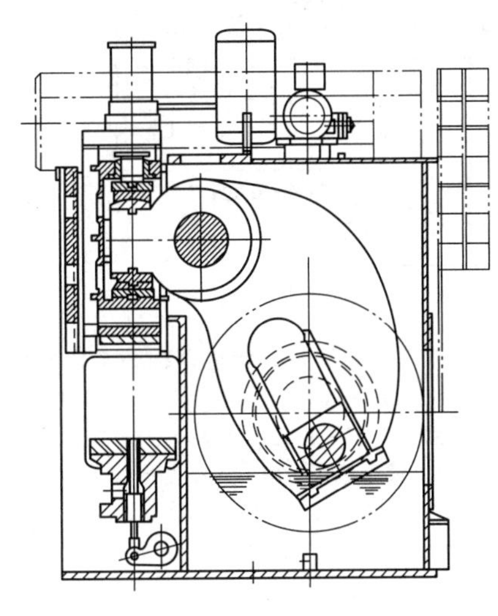

b) 闭式杠杆机构

图 7-3-14　LBS 系列棒料剪切机采用的杠杆式机构

1—曲柄　2—滑块　3—大杠杆　4—支撑轴　5—飞轮　6—传动轴　7—齿轮　8—主电动机　9—大齿轮

3.2.3　流体传动式棒料剪切机的结构

1. 流体传动式棒料剪切机的分类

流体传动式棒料剪切机采用液体或气体的燃烧或流动能作为原动力，按照动力源类型可分为内燃式、压缩空气式、液气式、液压冲击式等。

英国伯明翰大学研制的 Petro-Forge 液化气高速锤便采用的是内燃式结构，其打击能量 13800J，最大可剪棒料直径为 ϕ22mm，最高生产率 55 件/min，该设备结构复杂、造价高、噪声大、剪切刀具寿命低，且对有色金属的剪切效果较差。瑞典 HJO 公司生产的压缩空气式 PSA 系列高速棒料剪切机，通过调节压缩空气的气压和冲头的行程获得冲头的高速冲击效果，其最大剪切速度可达 10m/s，其中 PSA20 型高速棒料剪切机可剪切 ϕ12mm 的钢棒料，PSA60 型高速棒料剪切机可剪切 ϕ20mm 的钢棒料和 ϕ25mm 的铜、铝棒料。国内的济南铸锻所与第二机械厂联合生产的 QA45-125 型高速精密棒料剪切机同样采用的是压缩空气式结构，其生产的目的主要用于剪切冷拔料，有较好的剪切质量，消除氧化皮后也可用于热轧棒料的剪切。液气式高速剪切机适用于各种尺寸的棒料剪切，采用进油打击、气压回程实现高速剪切的工作循环，其最大剪切速度可达 6~7m/s，断面光滑平整。液压式一般采用快速液压机结构，通过改进液压系统设计、采用快速缸或快速换向阀提高液压机的行程速度，特别是空程和回程速度，提高行程次数。

2. 液气式棒料剪切机结构

兰州理工大学设计的液气式高速棒料剪切机结构和工作原理如图 7-3-15 所示。当高速剪切机处于停机状态时，蓄能器与液压缸油腔的通道关闭，液压泵输出的油直接进入加压蓄能器的油腔，由溢流阀自动控制卸荷。溢流阀和卸荷阀分别用于低压和加压蓄能器的排油和安全保护。液压缸低压下腔接通时，活塞向上运动并停在上限位置，并把油腔的油排入油箱。棒料被送到预定位置后，控制高速开关阀换向，加速阀迅速上移，连通液压缸油腔和加

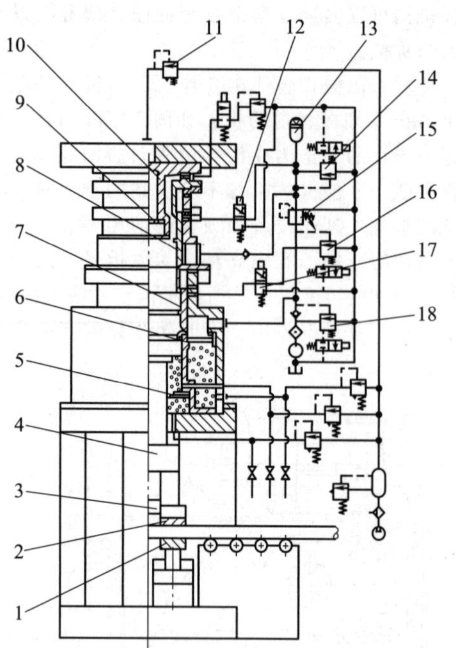

图 7-3-15 液气式高速棒料剪切机结构和工作原理
1—下夹紧块 2—上夹紧块 3—动剪刃 4—活塞杆 5—液压缸下腔套筒 6—蓄能器活塞环 7—加压阀 8—加速阀 9—减容活塞 10—减容气缸 11—稳压阀 12—高速开关阀 13—加速蓄能器 14—溢流阀 15—降压阀 16—卸荷阀 17—高速开关阀 18—卸荷溢流阀

速蓄能器油腔。在加速蓄能器和泵压力油的联合作用下，活塞加速下行，获得所需的速度，准备实现剪切过程。在剪切瞬间，高速开关阀换向，从而使加压阀迅速上移，连通液压缸油腔和加压蓄能器油腔。加压蓄能器的压力油进入液压缸上腔，液压缸上腔压力急剧上升，动剪刃向下高速运动实现棒料的剪切。棒料被剪断后，高速开关阀换向，加压阀关闭通道，动剪刃在惯性作用下继续下行。当减容活塞的上部压力高于下部压力时，油活塞向下运动，相当于补充油液，活塞与液压缸下腔套筒相接触。由于液压缸高压下腔的高压气体被压缩，活塞得到缓冲，并迅速回到原位，准备下一个工作循环。

3. 液压冲击式棒料剪切机结构

南京理工大学设计的液压冲击式棒料剪切机结构和液压原理如图 7-3-16 所示。液压冲击式棒料剪切机由底座、锤头、缓冲机构、润滑系统和送料系统等组成。锤头包括活塞杆、缸体、行程手动调节装置等，活塞杆采用 CALMAX 材料，硬度 54～56HRC，具有良好的韧性和抗冲击特性；缓冲机构采用可调节支撑高度的缓冲垫，起到复位模具初始位置和承受锤头冲击的作用。剪切过程中，缓冲和锤头协同工作，其工作原理为：当 PR 口进油后，液控换向阀 V_2 到达左位，缓冲液压缸活塞杆位置下降到底部并落在可调节缓冲垫的压板上，同时锤头下落冲击模具，切割棒料；然后，电磁阀 V_1 换向，V_2 到达右位，锤头和缓冲液压缸复原到顶部位置，至此完成一次切割动作，随后送料系统送料，重复以上剪切动作。

a) 剪切机结构

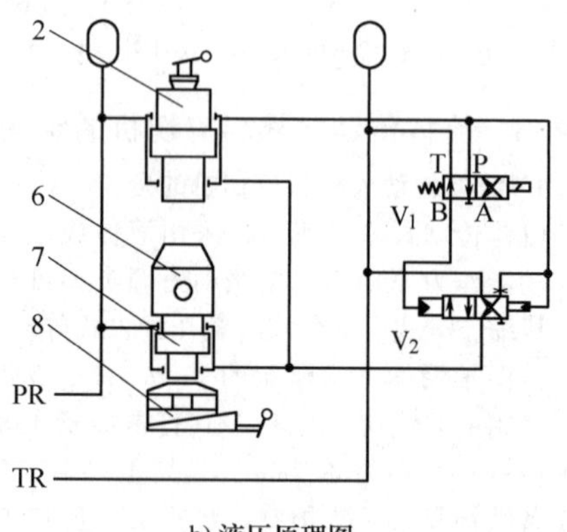

b) 液压原理图

图 7-3-16 液压冲击式棒料剪切机结构和液压原理
1—送料系统 2—锤头 3—润滑系统 4—缓冲机构 5—底座 6—剪切模具 7—缓冲液压缸 8—可调缓冲垫

3.3 低应力精密疲劳剪切机

3.3.1 低应力疲劳剪切工作原理

低应力疲劳剪切下料最早在 20 世纪 70 年代由苏联人提出，是指有意在棒料上制造应力集中源，使得微结构裂纹萌生于最大应力集中源处并由此逐步扩展，直至最终瞬断，完成一次下料。由于应力集中源的存在，大大降低了外加载荷的幅值，低应力下料由此而得名。低应力下料采用的是扩展裂纹技术，下料过程中不存在材料浪费，材料利用率高，同时降低了下料机的能耗。

低应力疲劳剪切下料的工作原理如图 7-3-17 所示。首先在棒料表层预制出环形槽，由于该环形槽根部存在显著的应力集中效应，这样施加较小的径向循环载荷使裂纹沿着上述环形槽的断面快速平整可控扩展，直至分离。

3.3.2　低应力精密疲劳剪切机结构

根据载荷施加方式不同，低应力精密疲劳剪切机可分为低应力冲击剪切机、低应力弯曲疲劳剪切机、低应力偏心旋转弯曲疲劳剪切机及径向锻冲疲劳剪切机等四种。

1. 低应力冲击剪切机

低应力冲击剪切下料是基于剪切下料而提出的，利用冲击载荷的速度效应，加快裂纹萌生和扩展。低应力冲击剪切下料机，其结构原理及实物照片如图 7-3-18 所示。该剪切下料机利用锻压用中速空气锤作为冲击载荷源对不同直径的金属棒料进行冲击剪切下料。该剪切机下料效率高，对于碳素钢及合金钢等高硬度低塑性的圆棒材可获得较好的断面质量，工件畸变小，可实现自动下料。但下料过程中由于冲击载荷的存在，冲击噪声和振动比较大，同时存在动模具磨损问题。

2. 低应力弯曲疲劳剪切机

低应力弯曲疲劳剪切机采用双向弯曲疲劳断裂方法，通过三相异步电动机带动扇形偏心激振块产生上下两个方向的激振力施加到棒料上，完成下料过程，其系统结构如图 7-3-19a 所示。由于采用离心力振动剪切机构，因此也称为离心力变频振动剪切机，其振动频率可以通过电动机转速进行调节。为了创造足够的激振力条件，在剪切机与底座之间没有采取传统的固定焊接或螺栓固定方式，而是采用了支撑弹簧连接，这样在电动机与偏心激振块作用时，将力传递到弹簧上，达到增强激振力的效果。图 7-3-19b 是采用该下料系统所得的坯料断面实物图，断面上存在两个起裂源，疲劳裂纹由此分别向中心扩展，使得中心断面最后呈现一狭长的瞬断区。该型剪切机主要适用于 $\phi2 \sim \phi15$mm 小直径棒料的下料。

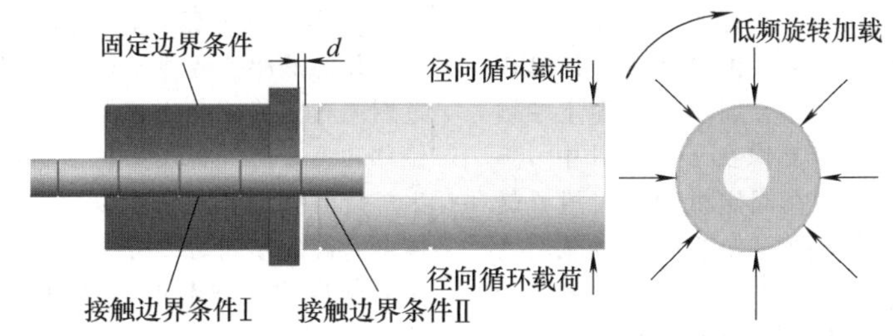

图 7-3-17　低应力疲劳剪切下料的工作原理

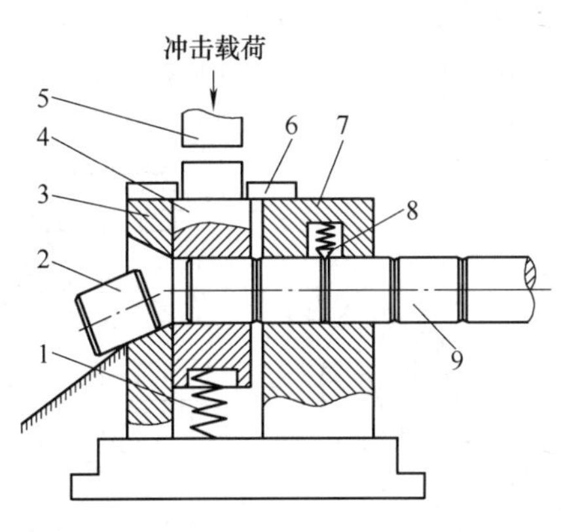

a) 结构原理

b) 实物照片

图 7-3-18　低应力冲击剪切机

1—回位弹簧　2—坯料　3—导向块　4—动模　5—冲击锤头　6—限位挡板　7—静模具　8—限位器　9—金属棒料

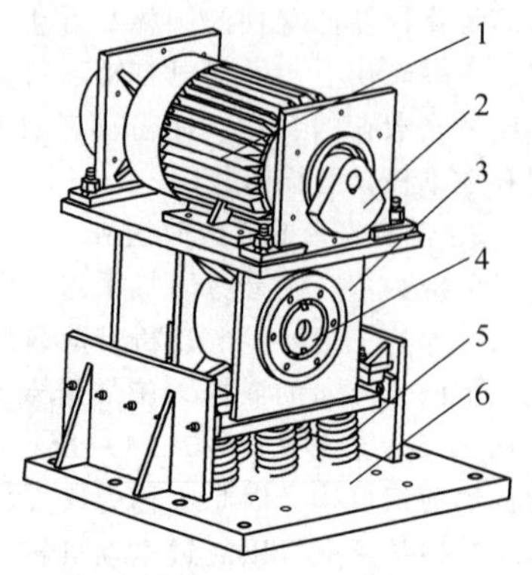

a) 结构原理图

b) 45钢下料　实物照片

图 7-3-19　低应力弯曲疲劳剪切机

1—电动机　2—扇形偏心激振块　3—振动体　4—动模　5—支撑弹簧　6—底座

3. 低应力偏心旋转弯曲疲劳剪切机

低应力偏心旋转弯曲疲劳剪切机采用偏心模具对金属管棒料进行周向加载，工作原理和加载装置结构如图 7-3-20 所示。偏心加载装置固定连接在剪切机主轴的下料端，通过圆柱销、螺栓和深沟球轴承，将下料模具和偏心模具固定盘固定在主轴上。轴承可以保持下料模具转动，保证下料过程中偏心载荷的加载；同时起到连接下料模具和偏心模具固定盘的作用，传递偏心载荷。金属管棒料固定端被固定套筒夹持固定，另一端支撑在下料模具中。下料过程中，主轴带动偏心模具固定盘和下料模具转动，向金属管棒料施加径向的应力比 $R=0$ 的偏心弯曲载荷。该载荷循环施加，会在管棒料预制的环形缺口处形成应力集中，萌生微裂纹并沿径向扩展直到失稳断裂。通过调节电动机转速，可以改变循环载荷的加载频率，提高下料效率，改善断面质量。

西安交通大学设计研制的低应力偏心旋转弯曲疲劳剪切机结构和实物照片如图 7-3-21 所示。该剪切下料机主要包括机身、升速传动机构、径向加载装置、管棒料固定装置、电动机以及电控系统等。升速传动机构采用带轮传动，增加循环载荷的加载频率，提高下料效率。根据下料管棒料外径，可以方便地更换下料模具。该型剪切机主要适用于 $\phi2\sim\phi30$mm 小直径棒料的下料。

4. 径向锻冲疲劳剪切机

径向锻冲疲劳剪切机借鉴径向锻造的原理，通过周向布置的锤头交替向金属棒料悬臂端施加循环位移和力载荷，实现棒料预制环形缺口处的裂纹萌生、疲劳裂纹扩展和断裂。径向锻冲疲劳剪切机根据动力源的不同可以分为机械式和气动式，根据锤头向棒料施加载荷的形式可以分为对称式和非对称式。

西安交通大学设计研制的适用于 $\phi20\sim\phi70$mm 的中大直径棒料的气动式多缸径向锻冲剪切机，如图 7-3-22 所示，包括机身、多缸体机构、打击锤头、管棒料套筒、气动系统和电控系统等。主要技术特

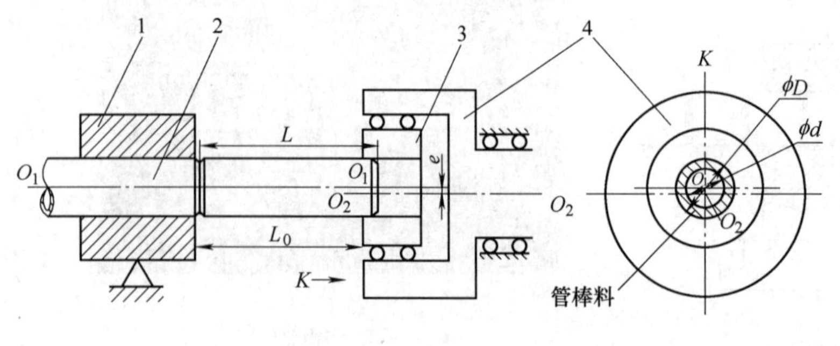

a) 工作原理

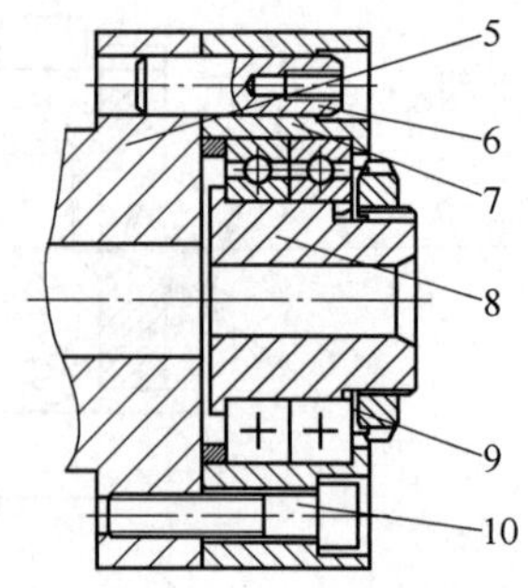

b) 旋转偏心加载装置结构

图 7-3-20　偏心旋转疲劳加载工作原理和结构

1—固定套筒　2—管棒料　3、8—下料模　4、7—偏心模具固定盘　5—主轴　6—圆柱销　9—止动垫圈　10—螺栓

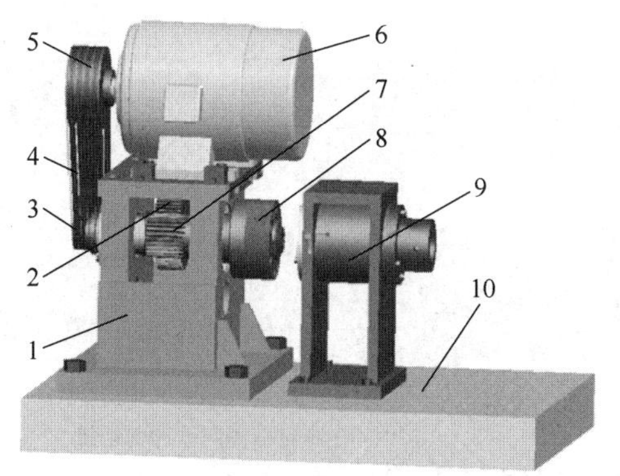

a) 结构图

b) 实物照片

图 7-3-21　低应力偏心旋转弯曲疲劳剪切机

1—机身　2—传动轴　3—小带轮　4—V 带　5—大带轮　6—电动机　7—主轴　8—加载结构　9—固定装置　10—底座　11—管棒料　12—下料模

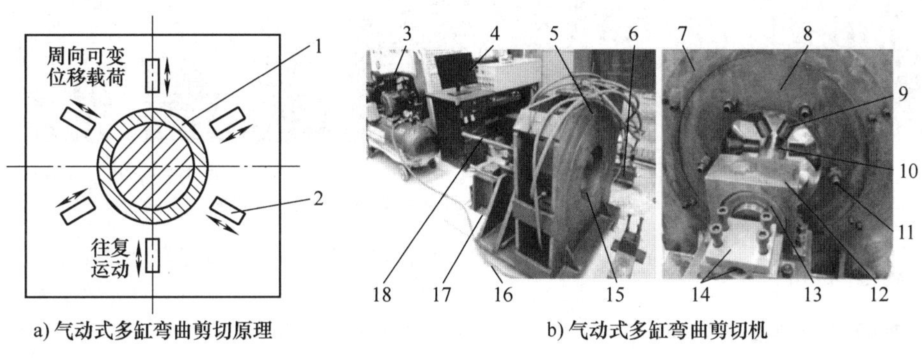

a) 气动式多缸弯曲剪切原理　　b) 气动式多缸弯曲剪切机

图 7-3-22　气动式多缸弯曲剪切原理及装备

1、10—管棒料套筒　2、9、15—打击锤头　3—空压机　4—PLC 控制柜　5、7—机身　6—电磁阀组　8—多缸机构　11—排气口　12—套筒支架　13—聚氨酯套筒　14—管料夹具　16—进气管　17—夹具座　18—管料

征为：预制环形槽的管棒料一端固定于夹持模具间，另一端深入套筒并处于悬臂状态，六个周向对称均布的打击锤头在气缸和活塞驱动下对套筒施加循环可变的径向位移载荷，使得中大直径棒料的环形槽根部微裂纹扩展，直至瞬断。该剪切机通过调节气源压力可以控制锤头作用力大小，通过调节电磁阀组换向频率可以控制循环载荷加载频率。

西安交通大学设计研制的适用于 $\phi15\sim\phi50$mm 的中大直径管棒料的非对称径向锻冲剪切机，如图 7-3-23 所示，包括机架、主电动机、非对称径向锻冲模具、涡轮蜗杆行程调节机构、管棒料固定架等。其技术特征为：环形槽根部萌生微裂纹的管棒料一端固定于夹持模具间，另一端周向均匀 4 个锤头和静止不动的 7 个圆柱滚子，锤头镶嵌于主轴端部导向滑槽内，在随主轴同步周向旋转的同时依次对棒料进行径向疲劳锻冲，从而实现中大直径棒料的精密切断。该剪切机可控径向行程范围为 0~4mm，蜗轮蜗杆的转动行程范围为 0°~11°，剪切过程中占空比为 50%，通过伺服电动机可以调整施加于管棒料的位移载荷，通过调节主电动机的转速可以调整对棒料的打击频率。

图 7-3-24 为采用径向锻冲疲劳剪切机所剪切的不同材质、直径和长度的 GCr15、20 钢、40Cr、H59 等材质的棒料，当所剪切棒料直径为 2~70mm，分离断面斜率为 0.3°~0.6°；剪断时间≤(7~12) s；重量公差仅为 0.2%~0.96%。所剪切的棒料坯料可直接用于螺栓、螺母、销钉等金属标准件，金属轴和齿轮等模锻件和冷热挤压件的精密制造。

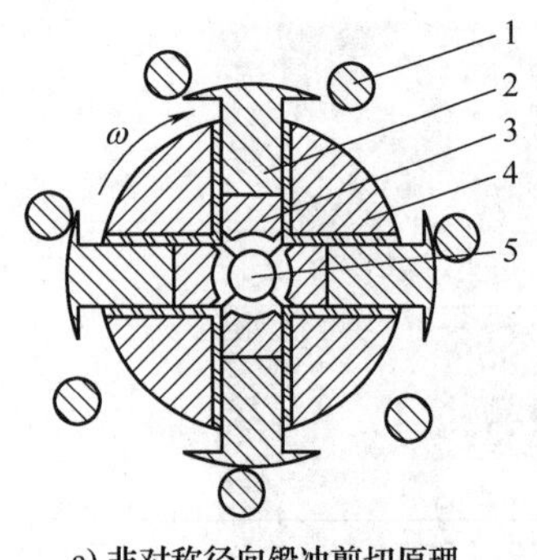

a) 非对称径向锻冲剪切原理　　b) 非对称径向锻冲剪切机

图 7-3-23　非对称径向锻冲剪切原理及装备

1、12—圆柱滚子　2—锤头滑块　3、13—锤头　4—主轴　5—棒料　6—控制柜　7—机架　8—电动机　9—管棒料固定架　10—调整圈　11—进给凸轮　14—模具　15—蜗杆　16—蜗轮　17—伺服电动机

a) GCr15、20钢、40Cr等材质的棒料　　b) H59黄铜材质的棒料

图 7-3-24　所剪切的不同材质、直径和长度的棒料照片

3.4　型材锯断机

3.4.1　锯断机的特点和分类

锯断机采用锯切的切割加工工艺，通过连续锯齿刀具对加工工件或原材料进行切割分离，具有材料适应性强、生产率较高、锯切精度较高、无变形、热影响区小等优点，是一种广泛应用的型材分离设备。按照刀具的不同，主要包括弓锯机、圆锯锯断机、砂轮切断机和带锯锯断机等。

弓锯机是将长条形锯条张紧在弓形的锯架主体上，利用直线式往复运动对加工工件进行手动或自动锯切，因弓锯锯断的回程运动不对工件进行有效切削造成锯切效率较低；圆锯锯断机是利用圆锯床上旋转的主轴带动圆锯片旋转，从而对工件进行连续有效的切削，故圆锯锯断机的锯切效率较高，圆锯锯断机下料又分为冷锯切和热锯切两种。砂轮锯断机与圆盘锯断机结构类似，利用高速旋转的砂轮片对工件进行切割，适用于难加工材料的下料。带锯锯断机是利用带锯床的动力驱动张紧的薄而长的环形锯带对工件做连续的切割，其效率较高，切口窄。

1. 圆锯锯断机

圆锯片下料方法很简单，也是最常用的管材下料方法之一。首先将管材夹持住，固定不动，以旋转的锯盘进行锯切，按照进给方式分为立式、卧式以及剪刀式；按照控制方式可分为手动、半自动以及全自动。国内主要的圆锯锯断机厂家有东莞市晋诚机械有限公司、济南雷德锯业有限公司、张家港市福龙机械有限公司、浙江锯力煌锯床股份有限公司等；国外主要的圆锯锯断机厂家有德国罗森博格、美国里奇、日本西岛等。图 7-3-25 所示为一些国内外的圆锯锯断机产品。

通用材料圆锯片主要针对拥有低硬度碳钢及有色金属的管材下料。超硬材料的切管圆锯片可以用于难切削材料，如耐热铁，高硬度钢的锯切加工。该种切管机装有硬质钨合金钢锯片，能高效高质量地切割不锈钢、铜、铝材、合金等各类金属及非金属型材。多角度快速固定与切割，能够满足多种工况需求。锯片表面特殊设计的消声线，可大幅降低工作噪声及整机振动。但是常见的圆锯片的厚度一般为 6mm 左右，约是带锯条厚度的 6 倍，也就意味着下料一次浪费的材料就是圆锯片的 6 倍，材料利用率非常低，且下料效率较低。

2. 带锯锯断机

带锯锯切代表了当今锯切技术的最先进水平，由于其锯切速度快、精度高、材料利用率高、节能节材效果显著、经济效益较高、能耗低、操作简单且易于维护，并可进行任意角度的锯切，带锯锯切

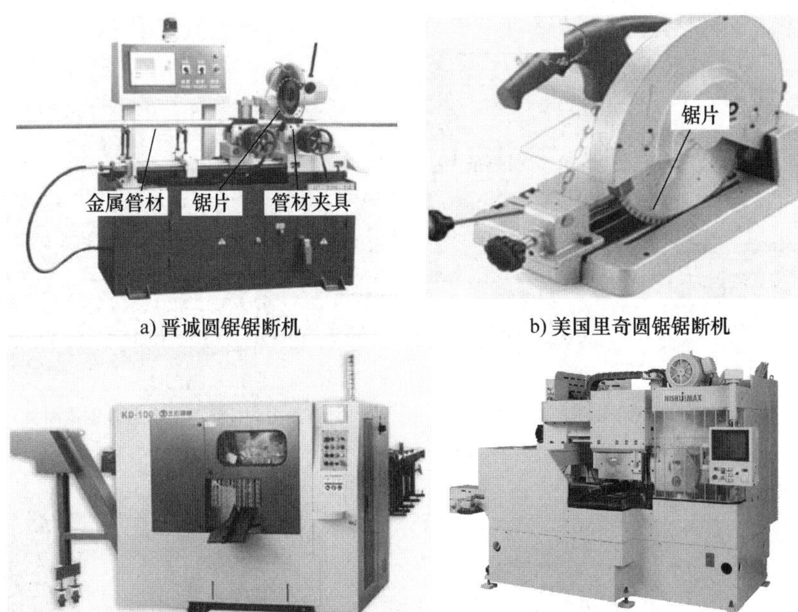

a) 晋诚圆锯锯断机　b) 美国里奇圆锯锯断机

c) 浙江锯力煌数控圆锯锯断机　d) 日本西岛数控圆锯锯断机

图 7-3-25　国内外的圆锯锯断机产品

正逐步取代传统的弓锯和圆锯锯断机而开始占据锯切市场主导地位。已开发的带锯锯断机按锯架主体结构可分为卧式、立式和龙门式三种，卧式又可分为剪式、单立柱式和双立柱式，立式可细分为滑车式和滑台式两类；按自动化程度可分为全自动型、半自动型、手动型及数控锯切系统；按锯切角度可分为斜切式和垂直切式。

在各类型带锯锯断机中尤以采用双导向柱双液压缸的双立柱式带锯锯断机性能最佳，其锯切方式采用平行法锯切，坚固的机身保证了锯架的平稳工作，提高了带锯条的使用寿命。带锯锯切主要适用于锯切碳素钢、合金钢及各种难加工金属材料等的圆棒、方棒、管料及型材，随着锯条材料及技术的不断发展，甚至连普通玻璃、单晶硅等非金属材料也可以用带锯加工了。目前，国内最大的带锯锯断机可锯切直径 ϕ2000mm 的管料，而德国贝灵格公司生产的卧式带锯锯断机可锯切规格为 2500mm×2000mm 的实心方材（目前最大），尺寸误差达到 0.1/100mm。图 7-3-26 所示为一些国内外的数控带锯锯断机产品。

3.4.2　带锯锯断机的主要结构

金属带锯锯断机系统结构如图 7-3-27 所示，主要由进给液压缸、进给导向柱、夹紧液压缸、主动带轮、从动带轮、带锯条、锯架、控制柜等组成。具体工作原理为：带锯条张紧在主动带轮和从动带轮上，并由主动轮驱动实现带锯条的往复式锯切运动；锯架由进给导向柱和进给液压缸支撑，并由进给液压缸驱动实现带锯条的锯切进给运动。

1. 带锯条

恰当地选用带锯条对实现科学、经济、合理的切削至关重要，应根据不同材质、不同截面形状选用相应的带锯条。

(1) 齿节的选择　小直径、高硬度、高韧性的材料锯切宜选用细齿锯条，反之选用粗齿锯条。选用较细齿锯条，要保证在锯切时切削齿数不少于 2 齿，以 3~4 齿为宜。

(2) 齿形的选择　一般情况下选用标准齿（前角为 0°）的带锯条既可满足锯切的需要又较经济；对于特殊形状断面的工件、各种型钢可选用细齿带锯条，也可选用变齿距带锯条。

2. 导向装置

为了保证机床的切削精度，通常将带锯条偏转 45°角，此时锯条在其宽度上的张力不同，在边缘获得足够的刚度的同时，中间位置仍有一定韧度，使锯条不易断裂。带锯床锯条的偏转是靠机床部件导向装置来实现的，导向装置在锯条切削过程中始终约束控制着锯条的位置和方向，导向装置导向口三面采用合金钢提高其耐磨性。

导向装置位置的确定至关重要，是保证锯条按理想位置运行，使其所受各种弯曲，交变应力降低到最低限度的关键。合理精确的导向装置位置，既能够保证机床的切削精度，又可以延长锯条的使用寿命（不断锯条），在机床装配中应给予重视及保证。

a) 山东法因数控带锯锯断机

b) 浙江锯力煌GZK系列数控带锯锯断机

c) 日本Amada带锯锯断机

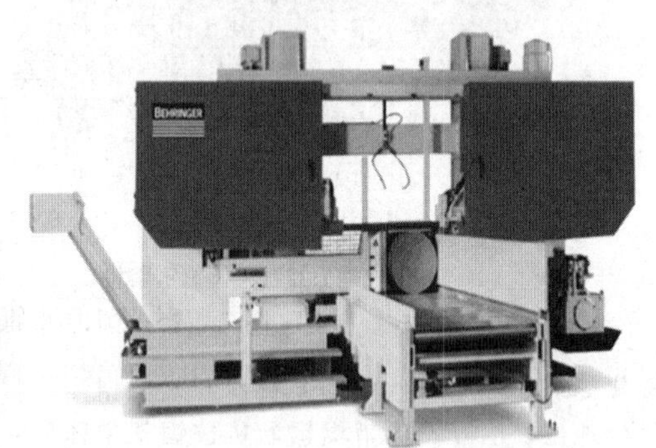

d) 德国贝灵格数控带锯锯断机

图 7-3-26　国内外的带锯锯断机产品

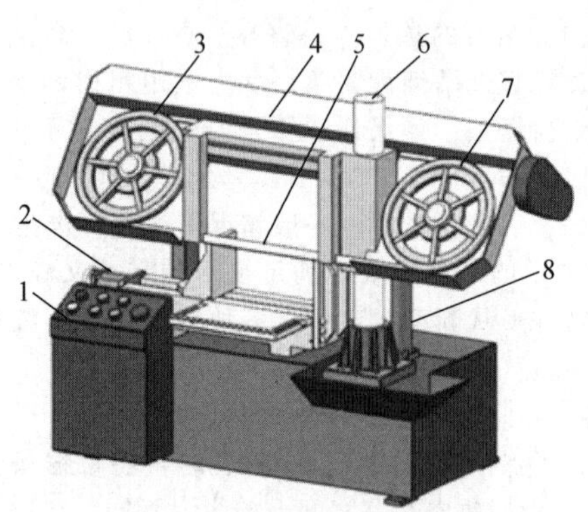

图 7-3-27　金属带锯锯断机结构图

1—控制柜　2—夹紧液压缸　3—从动轮　4—锯架　5—带锯条　6—进给导向柱　7—主动轮　8—进给液压缸

3. 锯架

带锯锯断机的锯架结构如图 7-3-28 所示，包括支撑机构、主动带锯轮、从动带锯轮（张紧轮）、张紧机构、导向柱等。带锯条安装于带锯轮上，从动带锯轮安装在锯架的左端，带锯条装入主动带锯轮和从动轮后，为了能够使带锯条正常锯切，张紧装置通过调整带锯轮的间距使锯条达到合理的张紧状态。

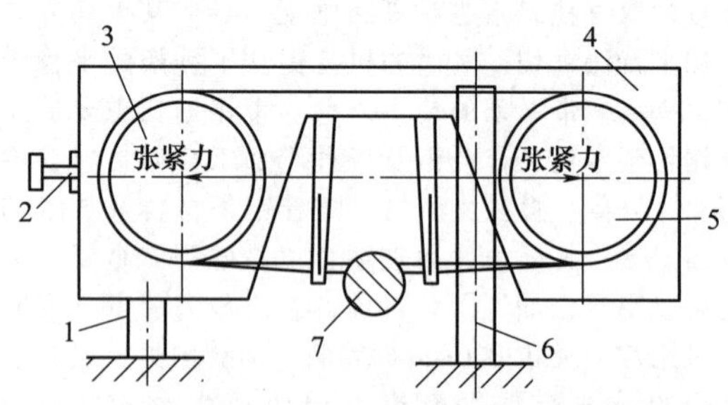

图 7-3-28　带锯锯断机锯架结构

1—导向柱　2—张紧机构　3—从动带锯轮（张紧轮）　4—锯架支撑结构　5—主动带锯轮　6—液压柱　7—棒料

合适的张紧装置，结构紧凑、重量轻、张紧力保持恒定、操作方便，其与锯条的寿命和锯切精度直接相关。张紧方式主要有螺纹张紧、凸轮滑块张紧、液压张紧等 3 大主要类型。通过比较不同张紧方式的优缺点，选择具体的张紧方式见表 7-3-2。

表 7-3-2　张紧装置不同功能原理结构

张紧方式	原理结构
螺纹张紧	
凸轮滑块张紧	
液压张紧	

3.5　典型产品

3.5.1　典型国外产品

1. 德国 STS 系列机械式棒料精密冷剪切机

工业发达国家中一些著名企业已生产出具有各自特色的适合锻造下料的节材节能下料设备。德国 Schubert 集团生产的 STS 系列机械式棒料精密冷剪切下料机（STS 450）如图 7-3-29 所示，STS 系列棒料剪切机技术参数见表 7-3-3，具有以下特点：水平式机械构造，具有径向约束机构，最大棒料下料直径可达 ϕ180mm，最快每分钟可下 85 段坯料，利用 CNC 或 PLC 控制可实现全自动送料、冷剪、计数、分选、监控以及称重等功能，所下坯料的长度误差在±0. 2mm 以下，重量误差在±0. 5%以内。

图 7-3-29　Schubert 集团 STS 450 棒料剪切机

表 7-3-3　Schubert 集团 STS 系列精密棒料剪切机技术参数

技术参数	STS 100	STS 200	STS 450	STS 800	STS 1250
额定剪切力/kN	1000	2000	4500	8000	14000
最大剪切直径/mm	52	65	90	140	180
标准剪切长度/mm	0~500	0~500	0~500	0~500	0~500
行程次数/(次/min)	85	68	60	40	35
行程/mm	55	65	85	110	125
驱动功率/kW	10	37	75	110	160
长/mm	2300	2800	3750	4200	6000
宽/mm	2100	2200	2400	2400	3250
高/mm	2100	2500	2720	3000	3400
质量/kg	2500	9800	19600	36000	46000
控制系统	Siemens SPS7-300				

2. 意大利 CTCH 系列液压式棒料精密热剪切机

意大利 FICEP 公司生产的 CTCH 系列液压式棒料精密热剪切生产线及其所下坯料实物如图 7-3-30 所示，可剪切棒料直径参数（1150℃）见表 7-3-4。其最高加热温度可达 1150℃，圆棒剪切直径可达 ϕ30~ϕ300mm，方棒剪切尺寸 30mm×30mm~250mm×250mm，最大剪切长度为 500mm。此外，意大利 Sasib 公司生产的双凸轮式高速精密棒料剪切机最大可剪直径为 ϕ10mm（合金钢料）或 ϕ32mm（低碳钢料），其最高生产率可达 220 件/min；美国 Fenn 公司生产的高速精密冲击型剪切机，其最大可剪抗拉强度为 630MPa，直径为 ϕ50mm 的圆棒料，最高生产率可达 300 件/min。

表 7-3-4　CTCH 系列下料机可剪切直径（1150℃）

（单位：mm）

CTCH 系列型号	70	100	140	180	250	300
min	30	40	50	80	100	150
max	70	100	140	180	250	300

3.5.2　典型国内产品

国内的求实精密剪切机厂所生产的 Q45 系列高速精密棒料剪切机采用约束剪切原理进行剪切，被剪棒料在径向轴向均受到强力约束，迫使被剪棒料只能沿着滑块运动方向平行移动，剪断面承受纯剪切，剪断面平整，剪切下坯料的工作精度较国内传统 Q42 型棒料剪切机提高 2~3 倍，断面倾斜度最高可达 41°，重量误差在 0. 5%以内，剪下料段长度公差小于 0.5mm。同时，先后生产出精密剪切中、高强度材料用的 S-Q45A 型生产线，如图 7-3-31b 所示，适用于低强度材料（如 08、Q235A）用的 S-Q45B 型生产线，适用于高、中、低强度材料用的 S-Q45T 型生产线等，具体型号及技术参数见表 7-3-5。图 7-3-31c 所示为通过 S-Q45A 系列棒料精密剪切机下料的铝合金、T2 纯铜及 Q235A 坯料实物照片，其所下坯料断面倾斜度在 1.5°以内，剪切精度高，断面较为平整。

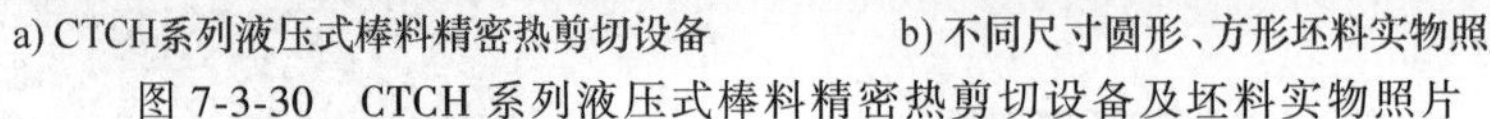

a) CTCH系列液压式棒料精密热剪切设备　　b) 不同尺寸圆形、方形坯料实物照片

图 7-3-30　CTCH 系列液压式棒料精密热剪切设备及坯料实物照片

a) Q45精密棒料剪切机

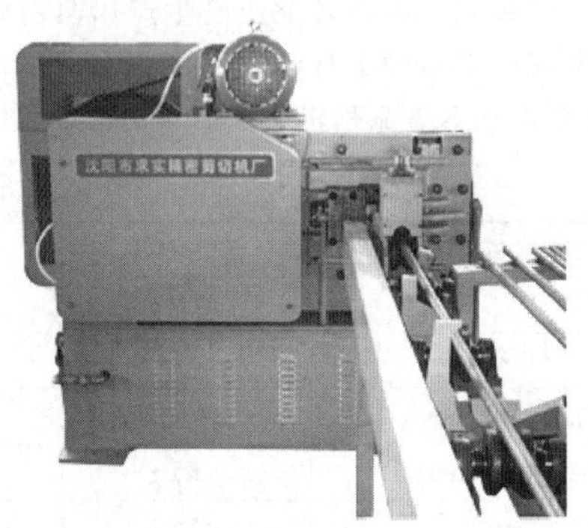

b) S–Q45A软钢精密棒料生产线

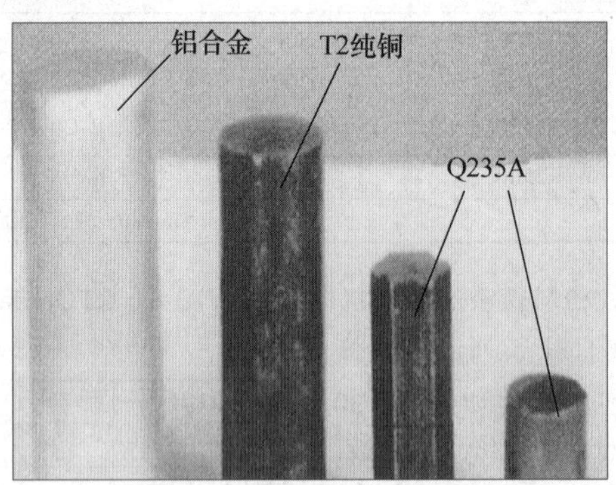

c) 铝合金、T2纯铜及Q235A坯料实物照片

图 7-3-31　S-Q45A 系列棒料精密剪切生产线及其所下坯料实物照片

表 7-3-5　求实精密剪切公司 Q45 系列精密剪切设备技术参数表

型号参数	Q45-30/ S-Q45-30	Q45-63/ S-Q45-63	Q45-125/ S-Q45-125	Q45-220/ S-Q45-220	Q45-315/ S-Q45-315	Q45-500/ S-Q45-500	Q45-630/ S-Q45-630
最大剪切力/kN	300	630	1250	2200	3150	5000	6300
剪切直径/mm	$\phi24$	$\phi40$	$\phi50$	$\phi70$	$\phi80$	$\phi100$	$\phi115$
行程次数/(r/min)	60	60	60	45	38	38	36
挡料范围/mm	30~100	50~200	48~250	50~300	80~300	80~300	100~400

（续）

<table>
<tr><td colspan="2">型号参数</td><td>Q45-30/
S-Q45-30</td><td>Q45-63/
S-Q45-63</td><td>Q45-125/
S-Q45-125</td><td>Q45-220/
S-Q45-220</td><td>Q45-315/
S-Q45-315</td><td>Q45-500/
S-Q45-500</td><td>Q45-630/
S-Q45-630</td></tr>
<tr><td colspan="2">主电机功率/kW</td><td>3</td><td>5.5</td><td>11</td><td>18.5</td><td>22</td><td>37</td><td>45</td></tr>
<tr><td rowspan="3">机床外形尺寸</td><td>长/mm</td><td>6680/6680</td><td>6800/6800</td><td>7200/7200</td><td>8070/8070</td><td>8000/8000</td><td>7400/7400</td><td>7500/7500</td></tr>
<tr><td>宽/mm</td><td>1450/2050</td><td>1670/3080</td><td>1960/3300</td><td>2310/3650</td><td>2460/3880</td><td>3220/4400</td><td>3540/4530</td></tr>
<tr><td>高/mm</td><td>1190/1190</td><td>1400/1400</td><td>1700/1700</td><td>1850/1850</td><td>2150/2150</td><td>2450/2450</td><td>2610/2610</td></tr>
<tr><td colspan="2">机器质量/kg</td><td>2800/3200</td><td>3500/4000</td><td>5000/6000</td><td>8000/9000</td><td>8800/9800</td><td>18000/20000</td><td>23000/24000</td></tr>
</table>

注：Q45 表示精密棒料剪切机，S-Q45 表示精密棒料生产线，在表中的外形尺寸和机器质量有所区别。

参考文献

[1] 郝滨海. 金属材料精密压力成形技术 [M]. 北京：化学工业出版社，2004.

[2] 田福祥. 圆钢径向夹紧精密剪切模设计 [J]. 模具工业，2006，32 (1)：35-39.

[3] 巨丽，李永堂，雷步芳. 液气棒料精密剪切机设计 [J]. 锻压机械，2002 (3)：19-20.

[4] 陈金德，陈明安. 轴向加压剪切机理的研究 [J]. 西安交通大学学报，1990 (3)：53-61.

[5] 陈明安，李慧中，李学谦，等. 紫铜棒材轴向加压精密塑性剪切变形区的金相组织和断面特征 [J]. 中国有色金属学报，2005，15 (4)：513-518.

[6] 高丽娟. 金属棒料高速精密剪切的实验研究 [D]. 太原：太原科技大学，2008.

[7] 李有堂，付林，于国红. 液气式高速棒料剪切机的原理及动态分析 [J]. 兰州理工大学学报，2006，32 (6)：36-39.

[8] Hirschhaeuser，Hans；Schubert，Reinhard. Die folgenden Angaben sind den vom Anmelder eingereichten Unterlagen entnommen：DE102004040101A1 [P]. 2005.

[9] 塩川博康. 切断装置：JP 2010-158728A [P]. 2009.

[10] 陆浩. 机械式杠杆压力机 [J]. 锻压装备与制造技术，2000，35 (6)：3-15.

[11] 成宗胜. 棒料高速剪切机设计及其关键技术研究 [D]. 锦州：辽宁工业大学，2012.

[12] 李友堂，付林，于国红. 液气式高速棒料剪切机的工作原理及动态分析 [J]. 兰州理工大学学报，2006 (06)：36-39.

[13] 朱广腾，顾晓辉，肖坤，等. 液压冲击式棒料快速切割机设计 [J]. 机床与液压，2013，41 (13)：90-92.

[14] 赵仁峰，赵升吨，钟斌，等. 低周疲劳精密下料新工艺及试验研究 [J]. 机械工程学报，2012，48 (24)：38-43.

[15] ZHANG L J，ZHAO S D，LEI J，et al. Investigation on the bar clamping position of a new type of precision cropping system with variable frequency vibration [J]. International Journal of Machine Tools & Manufacture，2007，47 (7)：1125-1131.

[16] LI J X，QIU H，ZHANG D W，et al. Acoustic emission characteristics in eccentric rotary cropping process of stainless steel tube [J]. International Journal of Advanced Manufacturing Technology，2017，92 (1-4)：777-788.

[17] ZHAO R F. Experimental Study on new low cycle fatigue precision cropping process [J]. Journal of Mechanical Engineering，2012，48 (24)：38.

[18] ZHONG B，ZHAO S D，ZHAO R F，et al. Investigation on the influences of clearance and notch-sensitivity on a new type of metal-bar non-chip fine-cropping system [J]. International Journal of Mechanical Sciences，2013，76 (6)：144-151.

[19] 江平，丁泽林，丁侠胜，等. 带锯床张紧装置结构设计 [J]. 轻工机械，2017，35 (01)：82-85，90.

[20] KO T J，KIM H S. Mechanistic cutting force model in band sawing [J]. International Journal of Machine Tools and Manufacture，1999，39 (8)：1185-1197.

[21] 梁利华，韩斌，陈栋栋，等. 带锯床锯切过程的力学建模 [J]. 浙江工业大学学报，2013，41 (04)：375-379.

[22] 陶冬东. 贝灵格与现代锯切技术 [J]. 现代零部件，2006 (09)：72-73.

[23] 黄国成，于洪斌. 带锯床导向装置位置的确定 [J]. 组合机床与自动化加工技术，2000 (08)：48-49.

第4章

激光切割机

江苏亚威机床股份有限公司　凌步军　倪振兴　朱鹏程

4.1　概述

4.1.1　激光切割原理

激光切割是材料加工中一种应用较为广泛的先进切割工艺。它是利用经聚焦的高功率密度的激光束照射工件，使被照射处的材料迅速熔化、汽化、烧蚀或达到燃点，同时借助与光束同轴的高速气流去除熔融物质，从而实现将工件割开，如图 7-4-1 所示。

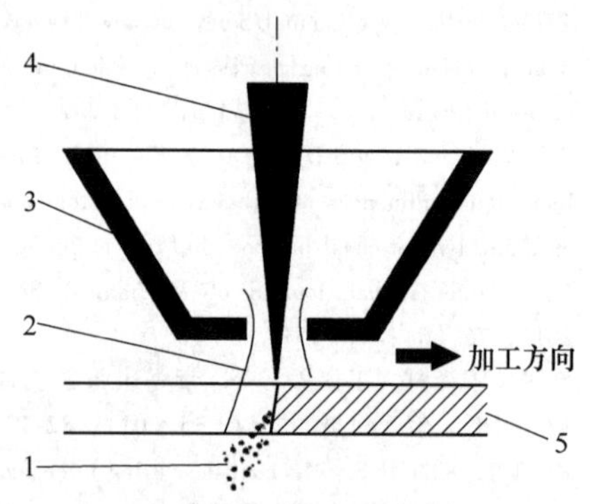

图 7-4-1　激光切割原理

1—熔融物　2—气体　3—喷嘴　4—激光束　5—工件

采用激光切割技术可以实现各种金属、非金属板材、复合材料等的切割，在各领域都有广泛的应用。

激光切割可分为激光熔化切割、激光汽化切割和激光氧化切割三种：

1）激光熔化切割。激光熔化切割是用激光加热使金属材料熔化，然后通过与光束同轴的喷嘴喷吹非氧化气体（N_2、Ar、He 等）依靠气体的强大压力使液态金属排出，形成割缝。激光熔化切割主要用于一些不易氧化的材料或活性金属的切割，如不锈钢、钛、铝及其合金等。切割质量好，但成本比氧气切割高。

2）激光汽化切割。利用高功率密度的激光束加热工件，使温度迅速上升，在非常短的时间内达到材料的沸点，材料开始汽化，形成蒸气。这些蒸气的喷出速度很大，在蒸气喷出的同时，在材料上形成切口。材料的汽化热一般很大，所以激光汽化切割时需要很高的功率和功率密度。激光汽化切割多用于极薄金属材料，不能用于那些没有熔化状态因而不太可能让材料蒸气再凝结的材料。

3）激光氧化切割。激光氧化切割原理类似于氧乙炔切割，它是用激光作为预热热源，用氧气等活性气体作为切割气体。喷出的气体一方面与金属作用，发生氧化反应，放出大量的氧化热；另一方面把熔融的氧化物与熔化物从反应区吹出，在金属中形成切口。

4.1.2　激光切割产品分类

激光切割产品功能和切割产品的不同可以分为：

（1）二维激光切割机　主要用于平面板材的加工。

（2）三维激光切割机　可以在立体的加工对象上，进行各种工艺所需的加工，可以在任意一个面上进行工作，无须人工调整角度。

（3）管材、型材激光切割机　专业进行管材切割加工的设备，其通过前后数控旋转盘带动管材进行旋转运动，利用切割头相对管材的径向运动合成切割轨迹。

（4）冲裁切割复合机　冲头可加工如折弯边或螺纹等标准轮廓与成形件。激光器切割出优质的外轮廓和精细的内轮廓。仅使用冲裁激光机床即可接近甚至在已生成的成形件上进行高精度切割。

（5）激光落料线　将连续卷材送料与先进的激光加工结合起来，为客户提供了灵活的创造条件。

4.1.3　激光发生器种类

激光技术中的关键概念早在 1917 年爱因斯坦提出“受激辐射”时已经开始建立起来了，激光这个词曾经饱受争议，Gordon Gould 是记载中第一个使用这个词汇的人。

根据工作物质物态的不同可把所有的激光器分为以下几大类：①固体激光器（晶体和玻璃），这类激光器所采用的工作物质，是通过把能够产生受激辐射作用的金属离子掺入晶体或玻璃基质中构成发光中心而制成的；②气体激光器，它们所采用的工作物质是气体，并且根据气体中真正产生受激发射作用的工作粒子性质的不同，而进一步区分为原子气体激光器、离子气体激光器、分子气体激光器、准分子气体激光器等；③液体激光器，这类激光器所采用的工作物质主要包括两类，一类是有机荧光染料溶液，另一类是含有稀土金属离子的无机化合物溶液，其中金属离子（如 Nd）起工作粒子作用，而无机化合物液体（如 $SeOCl_2$）则起基质的作用；④半导体激光器，这类激光器是以一定的半导体材料作为工作物质而产生受激发射作用，其原理是通过一定的激励方式（电注入、光泵或高能电子束注入），在半导体物质的能带之间或能带与杂质能级之间，通过激发非平衡载流子而实现粒子数反转，从而产生光的受激发射作用；⑤自由电子激光器，这是一种特殊类型的新型激光器，工作物质为在空间周期变化磁场中高速运动的定向自由电子束，只要改变自由电子束的速度就可产生可调谐的相干电磁辐射，原则上其相干辐射谱可从 X 射线波段过渡到微波区域，因此具有很诱人的前景。

目前激光器市场上广泛应用的主要为二氧化碳和光纤激光器。二氧化碳激光器是一种分子气体激光器，作为商业模型来说其转换效率达到 10%，超过了其他气体激光器，但是较之光纤，其转换效率又略显低下（光纤激光器电光转换效率可达 30%），因此近年来光纤激光发生器得到了迅速发展，在激光切割行业的应用已远超二氧化碳激光器。光纤是以 SiO_2 为基质材料拉成的玻璃实体纤维，其导光原理是利用光的全反射原理，即当光以大于临界角的角度由折射率大的光密介质入射到折射率小的光疏介质时，将发生全反射，入射光全部反射到折射率大的光密介质，折射率小的光疏介质内将没有光透过。普通裸光纤一般由中心高折射率玻璃芯、中间低折射率硅玻璃包层和最外部的加强树脂涂层组成。光纤按传播光波模式可分为单模光纤和多模光纤。单模光纤的芯径较小，只能传播一种模式的光，其模间色散较小。多模光纤的芯径较粗，可传播多种模式的光，但其模间色散较大。

和传统的固体、气体激光器一样，光纤激光器也是由泵浦源、增益介质、谐振腔三个基本要素组成。泵浦源一般采用高功率半导体激光器，增益介质为稀土掺杂光纤或普通非线性光纤，谐振腔可以由光纤光栅等光学反馈元件构成各种直线型谐振腔，也可以用耦合器构成各种环形谐振腔。泵浦光经适当的光学系统耦合进入增益光纤，增益光纤在吸收泵浦光后形成粒子数反转或非线性增益并产生自发发射。所产生的自发发射光经受激放大和谐振腔的选模作用后，最终形成稳定激光输出，图 7-4-2 为市场常见 IPG 光纤激光器的光斑示意图。

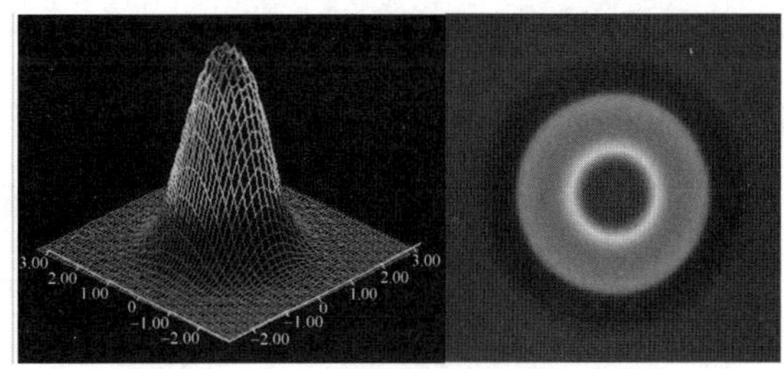

图 7-4-2　IPG 光纤激光器光斑示意图

4.1.4　板材激光切割的特点与应用

随着激光技术的快速发展，板材激光切割越来越得到广泛的应用，与其他切割技术相比，具有以下突出特点：

（1）高精度　定位精度 ±0.03mm，重复定位精度 ±0.02mm；切缝宽度小，切口宽度一般为 0.10～0.20mm。

（2）切割速度快，效率高　最大定位速度可达 170m/min，加速度最高可达 3g。

（3）工件变形小　激光切割是一种高能量密度可控性好的无接触加工，激光束聚焦成很小的光点，使焦点处达到很高的功率密度，材料很快加热至气化程度，蒸发形成孔洞，周边热影响区域很小，工件变形小。

（4）切割面光滑　切割面无毛刺，切口表面粗糙度一般控制在 Ra12.5μm 以内。

（5）维护成本低　随着光纤激光技术的发展，光电转换效率大大提升，最高可达 30%，且后期光路维护成本低；同时不需要模具，大大缩短生产周期和降低成本，没有工具磨损，易于实现自动化控制。

（6）环保、安全　清洁、对环境污染少，安全、劳动强度低。

（7）加工材料广泛　可加工各种材料，包括金属材料、非金属材料、脆性材料、柔性材料、管材等。

（8）加工灵活　可以加工各种形状各异、大小不一的非标产品。打标、切割、打孔、焊接等一系列功能都能利用激光技术上实现。

由于激光切割的相对优势，目前已经应用于大多数领域，包括专业钣金行业、钢材市场及配送行业、工程机械及配套行业、轨道交通及配套行业、电力电气、电梯及部件、汽车制造业、农畜机械、手机制造等行业，预计 2021 年我国激光切割设备市场规模可达 361 亿元。

4.2 板材激光切割机介绍

4.2.1 二维光纤激光切割机

1. 二维光纤激光切割机的构成

激光切割机主要由床身、横梁、工作台、外围护罩、激光器、水冷机、稳压电源、除尘设备及其他外围设备等组成。

图 7-4-3 所示为典型激光切割机结构示意图。激光器发出的激光通过光纤传输到切割头上方，然后再通过切割头内的聚焦镜片，产生极高功率密度的光束进行热切割。主机系统通过 X、Y、Z 三数控轴联合运动，实现对切割区域平面板材的切割；工作台交换系统与主机系统协作实现板材的连续切割；水气路系统对切割过程起辅助作用，循环水冷系统冷却激光器与切割头，气控系统既可以驱动气缸，也可以提供切割用辅助气体；除尘设备对切割过程中产生的粉尘进行有效收集，减少烟尘对于操作者的身体伤害以及对机器的附着污染；稳压电源为水冷机、激光器及主机提供优质电源。

（1）床身部件　如图 7-4-4 所示，床身一般采用

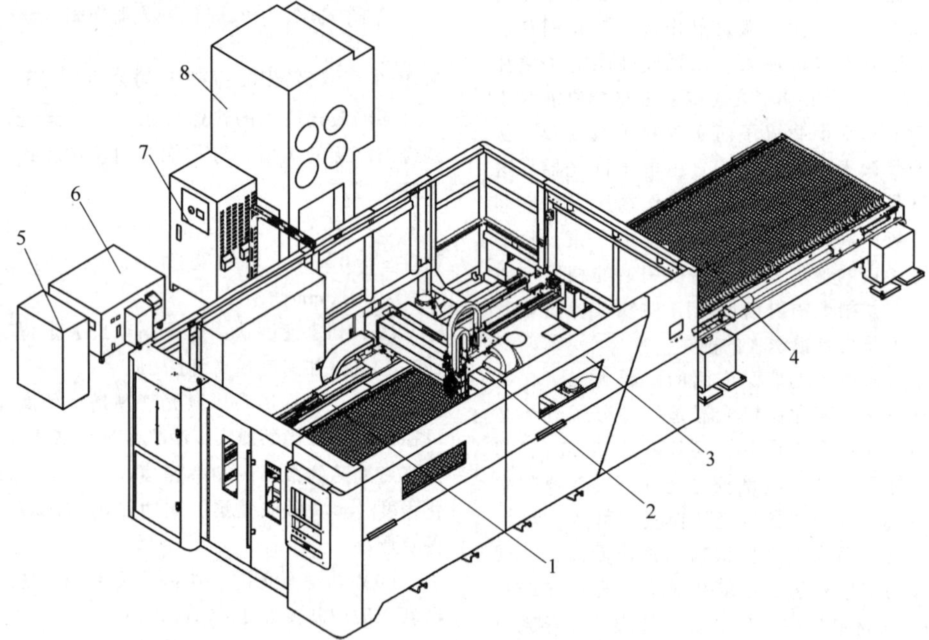

图 7-4-3　激光切割机结构示意图

1—床身　2—横梁　3—外围护罩　4—工作台　5—稳压电源　6—激光器　7—水冷机　8—除尘设备

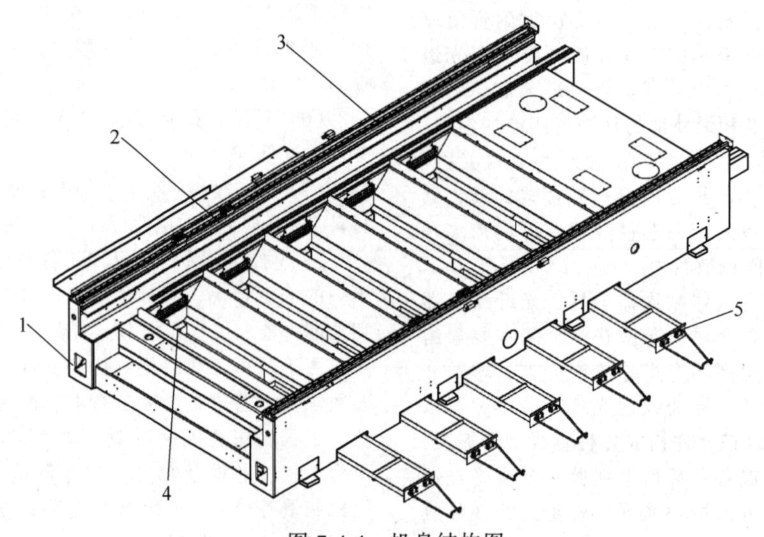

图 7-4-4　机身结构图

1—机架　2—直线导轨　3—齿条　4—除尘分区　5—废料小车

整体焊接或铸造的方式。主要包含机架、直线导轨、齿条、集料斗、废料小车等。其中直线导轨进行 X 方向传动导向，齿条配合横梁上齿轮进行 X 方向传动，集料斗对废料以及小工件进行导向，最终由废料小车进行收集。

（2）工作台部件　一般采用交换工作台形式，包含两个工作台小车，其中一个小车在切割区域切割时，另一个小车可在外部进行上料、下料动作。图 7-4-5 为一种典型的双层同步交换工作台示意图，可由数控系统实现小车的交换。工作台部件通过液压升降机构实现了工作台高度方向的升降，通过链轮链条传动机构驱动工作台小车将板材输送到切割区域进行切割，与主机系统协作实现了板材的连续切割，有效地保证了切割效率。

（3）横梁部件　结构如图 7-4-6 所示，可以实现 X、Y、Z 三数控轴联合运动。通过数控系统控制交流伺服电动机，电动机驱动减速机等部件实现 X 、Y 方向的往复运动，从而实现高速定位和快速插补。切割头的上下运动是由数控系统控制伺服电动机，电动机驱动滚珠丝杠，带动其上下往复运动来完成的。控制系统控制 Z 轴电动机驱动切割头上下运动，可根据非接触式电容传感器的闭环反馈来调整焦点的位置，从而使割嘴与板材的距离保持恒定，有效地保证切割质量。

（4）激光器　TruLaser 系列所用的 TruFlow 和 TruDisk 激光器参数见表 7-4-1。IPG 激光器技术参数见表 7-4-2。

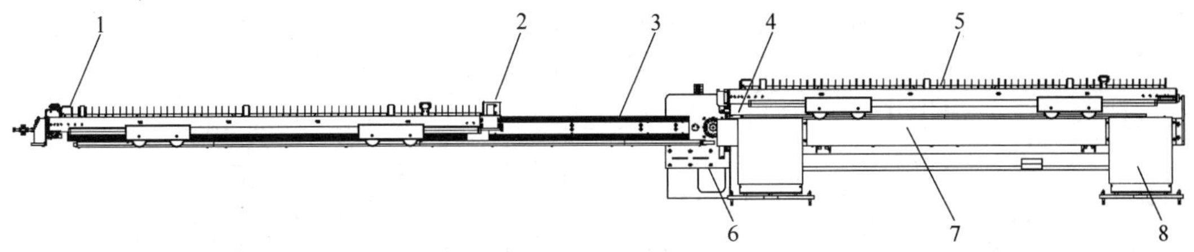

图 7-4-5　双层同步交换工作台

1—1#工作台小车　2、4—定位机构　3—传动链　5—2#工作台小车　6—牵引电动机　7— 液压站　8—液压升降机构

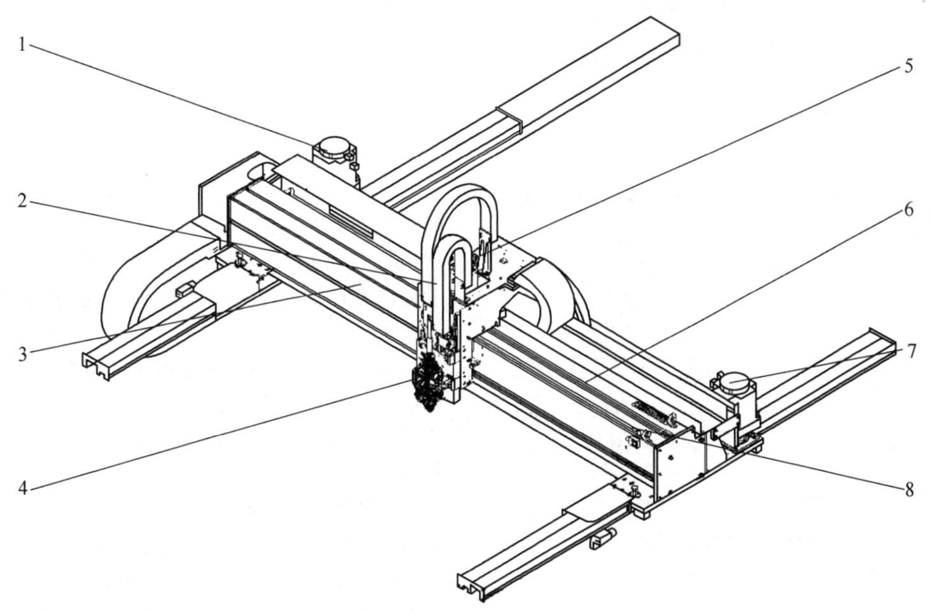

图 7-4-6　横梁结构图

1—X_1 轴伺服电动机　2—Z 轴伺服电动机　3—铝合金横梁　4—激光切割头　5—Y 轴伺服电动机　6—直线导轨　7— X_2 轴伺服电动机　8—齿条

表 7-4-1　TruFlow 和 TruDisk 激光器技术参数

激光器	TruFlow 3200	TruFlow 4000	TruFlow 5000	TruFlow 6000	TruDisk 3001	TruDisk 4001	TruDisk 6001	TruDisk 8001	TruDisk 10001	TruDisk 12001
最大功率/W	3200	4000	5000	6000	3000	4000	6000	8000	10000	12000

（续）

激光器		TruFlow 3200	TruFlow 4000	TruFlow 5000	TruFlow 6000	TruDisk 3001	TruDisk 4001	TruDisk 6001	TruDisk 8001	TruDisk 10001	TruDisk 12001
波长/μm		10.6	10.6	10.6	10.6	1.03	1.03	1.03	1.03	1.03	1.03
可切最大板厚/mm	碳素钢	20	20	25	25	20	25	25	25	30	35
	不锈钢	12	15	20	25	15	20	25	40	40	50
	铝合金	8	10	12	15	15	20	25	25	30	30
	黄铜	—	—	—	—	6	8	10	10	12.7/16	12.7/16
	纯铜	—	—	—	—	6	8	10	10	12.7	12.7
平均功耗/kW		29	31	35	38	13	15	18	20	25	25

表 7-4-2　IPG 激光器技术参数

激光器		YLR 1000	YLS 2000	YLS 3000	YLS 4000	YLS 6000	YLS 8000	YLS 12000	YLS 15000	YLS 20000
最大功率/W		1000	2000	3000	4000	6000	8000	12000	15000	20000
波长/μm		1.07	1.07	1.07	1.07	1.07	1.07	1.07	1.07	1.07
可切最大板厚/mm	碳素钢	12	16	20	25	25	30	40	50	80
	不锈钢	5	8	12	14	20	30	50	60	100
	铝合金	3	8	10	12	16	25	40	50	50
	黄铜	—	—	8	10	12	14	18	25	25
	纯铜	—	—	6	8	10	12	14	20	20
平均功耗/kW		4	8	12	27	36	45	60	80	100

（5）切割头　切割头组要由镜组、传感器跟踪系统、水冷、吹气、喷嘴这几个部分组成，目前市场常见的切割头厂家有普雷茨特、HIGHYAG、嘉强、万顺兴等。表 7-4-3 是普雷茨特 ProCutter 切割头技术参数。

表 7-4-3　普雷茨特 ProCutter 切割头技术参数

波长	1030～1090nm
功率	最大支持 30kW
准直焦距(f_C)	100mm
聚焦焦距(f_F)	125mm,150mm,175mm,200mm
调焦范围	100/150[f_C/f_F]:-16～+10mm 100/200[f_C/f_F]: -30～+15mm
切割气体	最大 2.5MPa
运行温度	5～55℃

2. 二维光纤激光切割机技术参数

世界上很多知名企业都生产激光切割机，如德国通快（Trumpf）、瑞士百超（Bystronic）、日本天田（Amada）、江苏亚威机床股份有限公司、济南捷迈数控机械公司等均有生产。

德国通快的 TruLaser30 系列光纤激光切割机，激光器功率最大为 12kW，可加工板材的最大尺寸为 3000mm×1500mm，可切割板厚分别为 35mm（低碳钢）、50mm（不锈钢）和 30mm（铝板材）；定位精度±0.05mm，重复精度 0.03mm，TruLaser30 系列激光切割机的技术参数见表 7-4-4。

TruLaser 机床的技术数据概要见表 7-4-5。

70 系列配有 2 个切割头、2 个 TruFlow 激光器，80 系列是超大规格机床，可切割长达 16m 板材。

瑞士百超公司的 ByStar Fiber 型数控激光切割机可加工板材的最大尺寸为 3048mm×1525mm，可切割的板厚分别为 0.5～20mm（碳钢）、0.5～12mm（不锈钢）和 0.5～8mm（铝）；加工精度±0.05mm/m，重复精度 0.025mm；激光器功率 4000W，具体技术参数见表 7-4-6。

日本天田公司的 FOL-3015AJ 型数控激光切割机采用功率为 4kW 的光纤激光器，板材最大加工范围达到 3070mm × 1550mm × 100mm，最大加工板厚为 22mm。

江苏亚威机床股份有限公司生产的 HLF 系列数控激光切割机机型采用龙门设计和全封闭护罩，极大地提高了安全性。定位精度达到 0.03mm，重复定位精度达到 0.02mm，复合速度最高达 170m/min，复合加速度最高可达 2g，相关技术参数见表 7-4-7。具有空气切割、飞行切割、自动寻边切割以及自动更换割嘴切割等多种切割方案，可以根据板材厚度来选择所需要的激光功率、切割速度、辅助气体种类、辅助气体压力等最佳工艺参数，最终确定最优的切割方案。

济南捷迈数控机床公司生产的 LC2-15×30 型数

控激光切割机具有飞行光路技术，快速定位精度达到 70m/min，定位精度达到了 0.03mm。该机配置了南京东方激光公司开发的 NEL2000A 型 2kW 开关电源的 CO_2 激光器，机床运动控制系统采用西班牙 FAGOR 公司的 8055M 数控系统。

表 7-4-4　TruLaser30 系列光纤激光切割机技术参数（德国通快）

参数名称		单位	TruLaser 3030	TruLaser 3040
工作范围	*X* 轴	mm	3000	4000
	Y 轴	mm	1500	2000
	Z 轴	mm	115	115
最大速度（联动）		m/min	170	170
精度	定位精度	mm	0.05	0.05
	重复定位精度	mm	0.03	0.03
激光器功率		kW	4/6/8/10	4/6/10/12
工件最大允许质量		kg	1100	2000

表 7-4-5　TruLaser 机床的技术数据（Trumpf）

参数名称	单位	TruLaser 30	TruLaser 30 fiber	TruLaser 50	TruLaser 50fiber	TruLaser 70	TruLaser 80
最大 *XY* 合成速度	m/min	140	170	300	283	304	304
定位精度	mm	0.05	0.05	0.05	0.05	0.03	0.05
重复定位精度	mm	0.03	0.03	0.03	0.03	0.02	0.03
可用激光器	—	TruFlow3200/4000/5000/6000	TruDisk4001/6001/8001/10001/12001	TruFlow 3200/4000/5000/6000	TruDisk4001/6001/8001/10001/12001	2×TruFlow 4000/6000	TruFlow4000/6000

表 7-4-6　ByStar Fiber 型数控激光切割机技术参数（瑞士百超）

参数名称	单位	ByStar Fiber 3015	ByStar Fiber 4020
板料额定尺寸	mm	3000×1500	4000×2000
切割范围	mm	3100×1580×100	4105×2100×100
X-Y 轴联动最大定位速度	m/min	120	120
联动最大定位速度	m/min	169	169
R 轴双向重复定位精度	mm	0.05	0.05
M 轴平均双向定位精度	mm	0.1	0.1
寻边精度	mm	±0.5	±0.5
最大工件质量	kg	1100	1900
机床质量	kg	11000	14500
激光器功率	kW	3/4/6/8/10	3/4/6/8/10

表 7-4-7　HLF 系列高速光纤激光切割机主要技术参数（江苏亚威）

参数名称	单位	HLF-1530	HLF-2040
加工范围	mm	3000×1500	4000×2000
X 轴行程	mm	3050	4040
Y 轴行程	mm	1550	2050
Z 轴行程	mm	120	120
X 轴定位速度	m/min	120	120
Y 轴定位速度	m/min	120	120
X/Y 轴最大合成速度	m/min	170	170
X/Y 轴加速度	*g*	2.0	2.0
定位精度	mm	±0.03	±0.03
重复定位精度	mm	±0.02	±0.02
工作台最大载荷	kg	1000	1800
机床外形尺寸(L×W×H)	mm	10000×4800×2100	12000×5000×2100
整机质量	kg	10000	14500
激光发生器功率	kW	2/3/4/6/8/10/12/15/20/30	

3. 二维光纤激光切割功能、性能

通快公司 TruLaser 系列激光切割机，分为 30、50、70、80 系列，30 系列激光器为 TruFlow3200/4000/5000/6000、TruDisk3001/4001/6001/8001/10001/12001，50 系列激光器为 TruFlow6000、TruDisk4001/6001/8001/10001/12001，70 系列激光器为 TruFlow4000/6000，80 系列激光器为 TruFlow4000/6000。其技术特点如下：

1）亮面切割技术：可用二氧化碳激光实现完美的切割效果，切割断面呈现光亮效果。

2）光纤型亮面切割技术：可用固体激光器切割出近似二氧化碳激光器的切割效果。

3）状态指引：HMI 上状态指引的灯光信号会显示影响机床切割性能的重要因素的状态，如有必要，程序还会提供建议行动步骤并预测何时需要维护。

4）水雾冷却：智能的水雾冷却技术，在厚碳素钢板上切割精密轮廓。

5）二次定位生产：通过探测，可精确定位已冲压成形的半成品，从而实现复杂轮廓的二次加工。

6）点阵二维码：激光器可以直接在工件上标记二维码，其中包含流程链的重要信息。

7）双切割头：两个切割头可以使机床的生产力提高 1 倍。

8）暴风切割技术：进行氮气切割时，采用这种技术可以使中厚碳素钢板和不锈钢板材加工进给速度和板材产量几乎提高一倍。该技术将切割气体用量减少 70%，甚至能防止尖角轮廓形成毛刺。

9）碰撞保护：有效减少碰撞对切割头的冲击，将影响降到最低。

10）智能切割优化技术：当切割劣质板材时，AdjustLine 会自动调整切割参数，从而能够可靠切割劣质的材料，减少废品并降低材料成本。

11）智能光束控制：自动检查焦点设置是否正确，如有必要，可自动调整焦点位置，既节省了时间又保证了工艺的可靠性。

12）智能碰撞规避：机床加工工件和内部轮廓的智能顺序考虑到了工件翻转的因素，保证了生产的可靠性。

13）智能喷嘴自动化：可切换到合适的割嘴并检查割嘴状态和光束对中，有助于确保可靠性并节约时间。

14）穿刺监控技术：可实现精确的穿刺和极少的飞溅，并将材料穿刺所需时间缩短至最低。

15）快速再生产：凭借摄像头的支持，仅需数秒就能利用现有程序生产工件，让客户充分利用剩余板材。

4.2.2 其他类型的激光切割机产品介绍

1. 三维光纤激光切割机

三维激光切割作为一种具有高度柔性和智能化的制造技术，被广泛应用于国内外汽车制造、航空航天、机车制造、医疗器械等领域，实现对复杂曲面钣金件的高效三维切割加工。

目前市面上三维激光切割机从结构上可分为龙门式三维激光切割机、悬臂式三维激光切割机以及机器人式三维激光切割机。其中悬臂式结构相对于龙门式结构，其空间布局开放，零件加工灵活、效率高；相对于机器人式结构，其加工精度更高。但旋臂式结构要求本体具有更高的刚性，通常旋臂式横梁选用高强度铸铝材料。

（1）龙门式三维激光切割机　根据加工件工艺制造要求、自动化程度、厂房布局等情况，三维激光的总体布置也是不一样的，图 7-4-7 为江苏亚威针对乘用车热成形件三维切割的一款方案布置图，主要包括：主机、集料架、数控系统、电气柜、一体式防护罩、除尘装置、水冷机、激光器等设备装置组成，客户根据需要可额外选配旋转式变位台及排屑机。

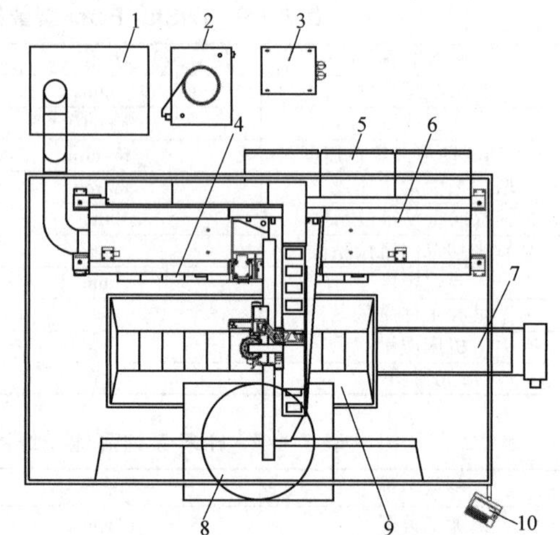

图 7-4-7　三维切割机平面布置图

1—除尘设备　2—水冷机　3—光纤切割器　4—除尘分区　5—电气柜　6—主机　7—排屑机　8—旋转式变位台　9—集料架　10—数控系统

（2）悬臂式三维激光切割机　图 7-4-8 所示为江苏亚威最新研发的悬臂式三维激光切割机主机结构：包括主机床身、悬臂梁、立梁及三维切割头。

（3）机器人式三维激光切割机　三维光纤激光切割机是由专用光纤激光切割头、高精度电容式跟踪系统、光纤激光器以及工业机器人系统组成，对

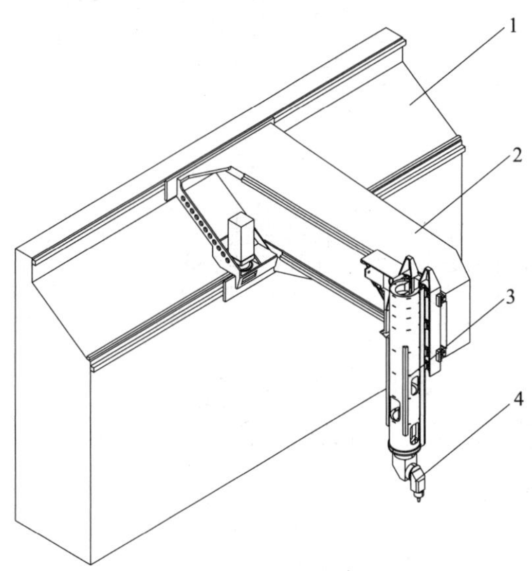

图 7-4-8　悬臂式三维激光切割机主机结构图
1—主机床身　2—悬臂梁　3—立梁
4—三维切割头

不同厚度的金属板材进行多角度、多方位柔性切割的先进设备。国外品牌有通快 Trumpf 和 Prima Power，而国内主要有亚威创科源和大族等。

通快 TruLaser Cell 系列三维激光切割机的技术参数见表 7-4-8。

江苏亚威创科源公司生产的 CYFP 2010 型三维激光切割机结构示意图如图 7-4-9 所示，采用光纤传输的方式，配合机械手六轴联动，切割头随动技术，实现工件的三维切割，重复定位精度达到±0.05mm。拥有以下技术特点：

（1）摩擦系数探测补偿　各轴电动机减速机装备和实际运动过程中受力方向和大小不同，造成关节位置摩擦力大小不一致，在特定的位置启用特定的摩擦系数。

（2）特定的运动插补算法　小轨迹在法线要求不严格的情况下，可以通过 4、5、6 轴的任意两轴组合完成，少一些轴的参与可以排除这些关节轴的误差达到更高的加工精度。

（3）TCP 自动校准功能　利用光电检测原理，快速确定切割头尖点。此功能适用于更换割嘴、机器人碰撞后的精度恢复。

（4）专家数据库　专家数据库中储存了常规切割以及坡口加工的切割参数，并且支持用户自定义更改。

对于不同三维工件，可以提供多种切割方案：

1）针对热成形钢切割，可配置往复式移动平台、双机器人协同等方案。

2）针对异形管件切割，可配置回转变位机、旋转变位机等。

表 7-4-8　TruLaser Cell 系列三维激光切割机（Trumpf）

参数名称		单位	TruLaser Cell 3000	TruLaser Cell 7000	TruLaser Cell 8030
工作范围	X 轴	mm	800	2000/4000	3000
	Y 轴	mm	600	1500/2000	1500/2000
	Z 轴	mm	400	750	600
	B 轴	°	±135	±135	±135
	C 轴	°	—	n×360	n×360
最大工件尺寸	X 轴	mm	—	1540/3540	2540
	Y 轴	mm	—	1040/1540	—
	Z 轴	mm	—	520	370
最大速度	X 轴	m/min	50	100	100
	Y 轴	m/min	50	100	100
	Z 轴	m/min	50	100	100
	B 轴	°/s	720	540	540
	C 轴	°/s	—	540	540
最大（角）加速度	X 轴	m/s^2	10	9	10
	Y 轴	m/s^2	10	10	10
	Z 轴	m/s^2	10	10	10
	B 轴	rad/s^2	200	200	200
	C 轴	rad/s^2	—	100	100
激光器	型号		TruFlow，TruDisk	TruFlow，TruDisk	TruFlow，TruDisk
	功率	W	2000～8000	2000～6000	2000～4000
定位精度	X/Y/Z 轴	mm	0.015	0.08	0.08
	B/C 轴	°	0.02	0.015	0.015

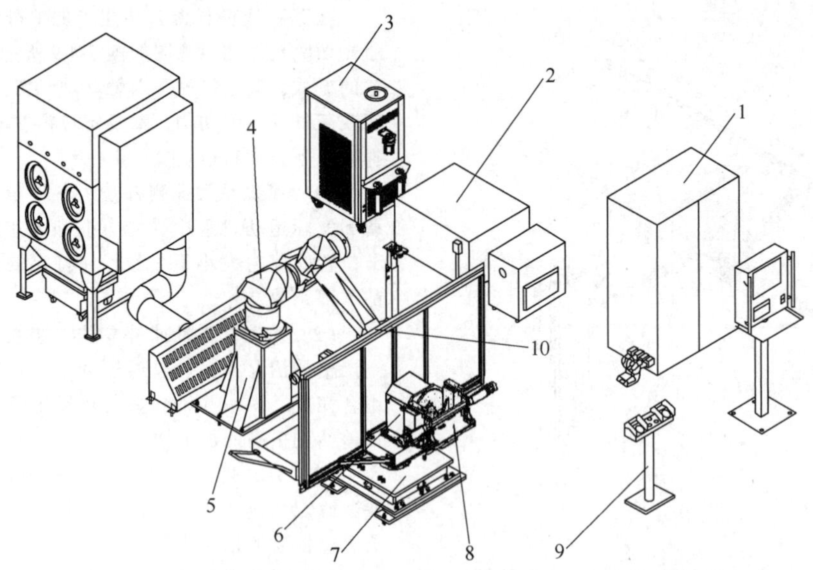

图 7-4-9　CYFP 2010 型三维激光切割机结构示意图

1—电控柜　2—光纤激光器　3—水冷机　4—六轴机器人　5—安装座　6—旋转变位机　7—回转变位机　8—异形管件与工装　9—操控台　10—切割头

江苏亚威创科源公司生产的 CYFP 系列三维激光切割机技术参数见表 7-4-9。

表 7-4-9　亚威创科源 CYFP 系列三维激光切割机

参数名称	单位	CYFP2010	CYFP1450
机器人臂展	mm	2010	1450
机器人重复精度	mm	±0. 05	±0. 05
切割重复精度	mm	±0. 10	±0. 10
切割圆度	mm	±0. 10	±0. 10

2. 管材、型材激光切割机

管材、型材激光切割机一般配备两个（或多个）旋转卡盘，卡盘夹住管材或型材并带动其旋转，其中移动卡盘除了该旋转运动外还可带动管材或型材进行轴向运动。切割头固定在横梁上，可进行管材或型材径向移动以及上下方向移动，对其进行切割加工。在大批量管材和型材加工的场合，该类设备一般配备自动上下料装置，成批进行工件加工。目前主要生产厂家有德国通快、意大利 BLM、深圳大族、江苏亚威等。图 7-4-10 所示为亚威生产的管材和型材激光切割专用机床结构。

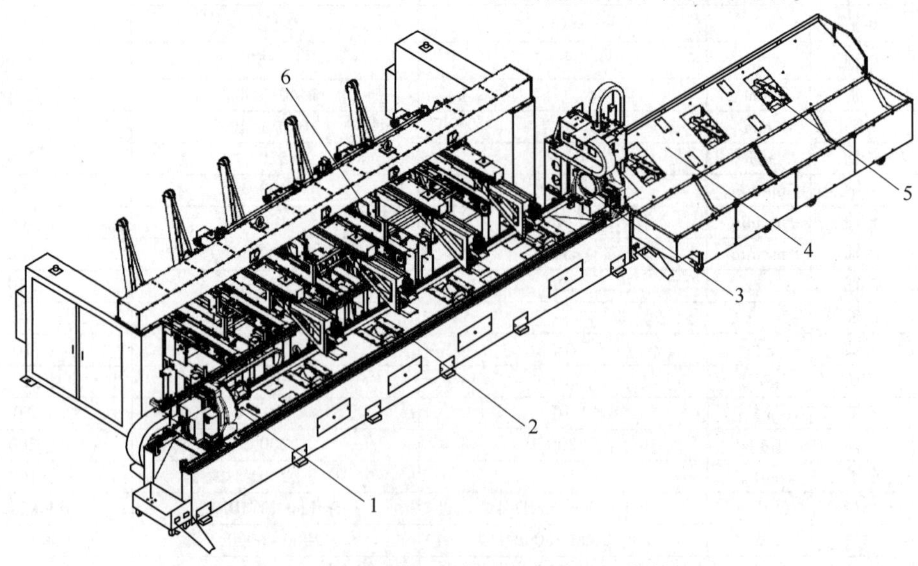

图 7-4-10　管材和型材激光切割专用机床结构

1—移动卡盘　2—床身　3—固定卡盘　4—横梁　5—自动下料装置　6—自动上料装置

TruLaser Tube 5000 fiber 型机床可以在一次装卡后进行圆管、矩形管、椭圆管以及其他型材的切割加工，其技术参数见表 7-4-10。

表 7-4-10 管材和型材激光切割机

（TruLaser Tube 5000 fiber）

参数名称		单位	参数值	
最大管径		mm	152	
最大管长		mm	6500/8000	
最大成品管长		mm	3000/4500/6500/8000	
最大管重		kg/m	20	
激光器功率		W	2000	3000
平均加工功耗		kW/h	11	13
最大壁厚	碳素钢	mm	8	8
	不锈钢	mm	4	5
	铝合金	mm	2	4

4.3 激光切割质量与工艺参数

4.3.1 影响激光切割质量的因素

1. 切口质量

（1）切口宽度　切口的宽度取决于激光聚焦后的光斑直径以及喷嘴直径大小。

光斑直径越大，切口宽度越宽；喷嘴直径越大，切口宽度越宽。

相同的光学配置以及割嘴选用，板材越厚，切口宽度越宽。

（2）切口坡度　激光加工后的切口断面，上窄下宽，工件上表面切口宽度略大于下表面。

同时切口坡度随着板材厚度的增加而增加，板材越厚，切口坡度越大。

（3）切割面表面粗糙度　影响切割面的表面粗糙度因素很多，除了光束模式和切割参数外，还有功率密度，板材材质和板材厚度。一般情况，断面的表面粗糙度值随着板材的厚度增大而增大。

2. 焦点位置

激光切割机的焦点位置是激光焦点到工件表面的距离，它直接影响到切面的表面粗糙度、切缝的坡度和宽度以及熔融残渣的附着状况。

焦点位置与切割面的关系，如图 7-4-11 所示。

喷嘴

切幅

a)零焦距

喷嘴

切幅

b)正焦距

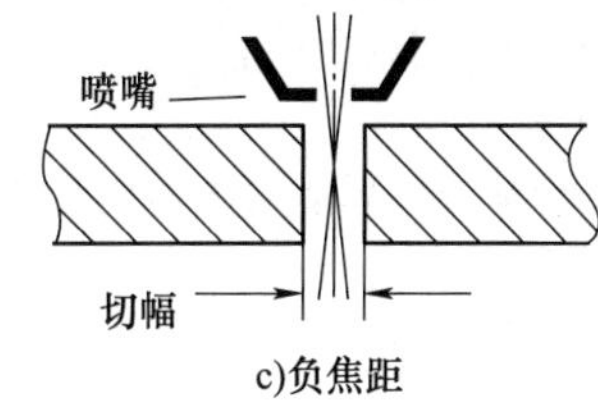

c)负焦距

图 7-4-11 焦点位置与切割面的关系

1）零焦距一般指激光束焦点在工件表面，适用于 1mm 及以下的碳素钢板切割。

2）正焦距一般指激光束焦点在工件表面上方，适用于氧气切割厚碳素钢板。该类板材切断时，氧气的氧化作用必须从上面到底部，故切幅要宽，正焦距设定可得到较宽的切幅。

3）负焦距一般指激光束焦点在工件表面以下，适用于铝板、不锈钢等材料的切割。焦点位置在板材内部，因此其平滑面的范围较大。较之零焦切割，其切割气压更大，穿孔时间更长。

在工业生产中确定激光切割机的焦点位置有三种简便的方法：

1）打印法。使切割头从上往下运动，在塑料板上进行激光束打印，打印直径最小处为焦点。

2）斜板法。用和垂直轴成一角度斜放的塑料板使其水平拉动，寻找激光束的最小处为焦点。

3）蓝色火花法。去掉喷嘴，吹空气，将脉冲激光打在不锈钢板上，使切割头从上往下运动，蓝色火花最大处为焦点。

3. 激光功率与切割厚度

激光功率越大，能切割的材料厚度也越厚，表 7-4-11 为各种功率的光纤激光切割不同金属材料的最大厚度。

表 7-4-11 激光功率与材料切割厚度

光纤激光功率/W	最大切割厚度/mm				
	碳素钢	不锈钢	铝合金	黄铜	纯铜
1000	12	5	3	2	1
2000	20	10	8	6	5
3000	25	12	10	8	6
4000	25	14	12	10	8
6000	25	20	16	12	10
8000	35	30	20	14	12
12000	40	50	40	20	14
15000	50	60	50	25	16
20000	80	100	50	40	18
30000	100	130	60	50	20

4. 切割速度

切割速度直接影响切口宽度和切口表面粗糙度。不同材料的板厚，不同的切割气体压力，切割速度有一个最佳值，这个最佳值约为最大切割速度的 80%，如图 7-4-12 所示。

切割速度过快时会造成以下后果：

1）可能无法切透，火花乱喷。

2）有些区域可以切透，但有些区域无法切透。

3）整个断面较粗，但不产生熔渍。

4）切割断面呈斜条纹路，且下半部产生熔渍。

速度太慢时会造成以下后果：

1）造成过熔，切断面较粗糙。

2）切缝变宽，尖角部位整个熔化。

3）影响切割效率。

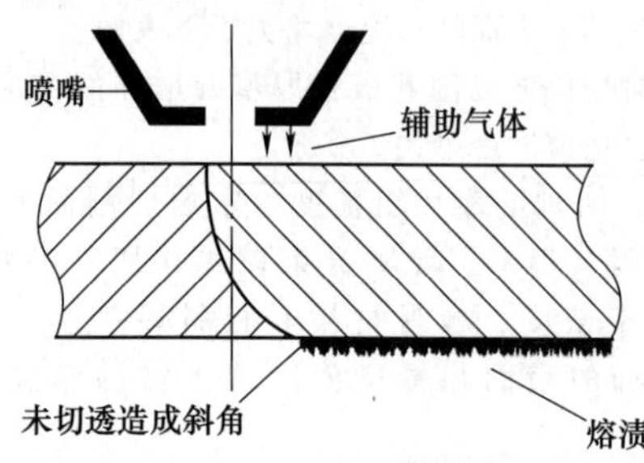

图 7-4-12　速度过快与断面关系图

5. 辅助气体的种类和压力

激光切割机在运行过程中，经常用到的辅助气体有：氮气、氧气和空气。它们的作用主要有两个方面：

1）清理工件熔渣，加快切割头的散热。

2）气体对切割的性能（如切割速度、厚度等）有一定的影响。

不同的辅助气体适用于不同材质、不同厚度的金属板材切割。

（1）氧气切割（纯度≥99.6%）　氧气切割是我们应用最多、最传统、最标准的切割方法，一般用来切割碳素钢板和纯铜板，其纯度要求一般在99.6%或者更高。主要作用是助燃和吹掉切割时产生的融熔物。

（2）氮气切割（纯度≥99.9%）　氮气切割的作用不同于氧气，氮气主要作用是杜绝氧化反应和吹掉熔融物，因此对氮气的纯度要求较高，要求一般要达到 99.9%以上，可以有效地达到切割面光洁，无毛刺无挂渣的效果。一般用来切割不锈钢、铝合金、黄铜、镀锌板等。

（3）空气切割　空气切割的最大优点就是加工成本极低，因为空气本身就存在于我们身边，所以应用空气切割的金属激光切割机只需要考虑激光器本身和空压机使用时所产生的电费即可，无须产生高昂的辅助气体费用，而且在薄板上的切割效率却可以和氮气切割相提并论，是一种既经济又高效的切割方法。但是空气切割的缺点就在于在切断面上的缺点也同样明显。第一，应用空气切割时切割的面会产生毛刺；其次，空气切割的断面容易发黑，影响产品的质量。

但需要注意的是，不论选择什么类型的辅助气体，压力的调节很重要。当在适当的气压上切割时，会很好地提升切割效率和切割质量。如果气压过大，会降低切割速度；气压过小，将不能很好地清洁工件，造成熔渣对镜片的损伤等。

4.3.2　光纤激光切割常用材料的工艺参数

1. 钢材

常用钢材光纤激光连续切割的工艺参数见表 7-4-12。

表 7-4-12　常用钢材光纤激光连续切割工艺参数

材料	板厚/mm	激光功率/kW	切割速度/(m/min)	辅助气体
碳素钢	1	1	7~9	O_2
		2	8~12	
	6	2	2~2.8	
		6	2.8~3.3	
	16	3	0.7~0.9	
		8	0.9~1.9	
	25	4	0.4~0.6	
		8	0.5~0.8	
	40	12	0.2~0.3	
不锈钢	1	1	15~18	N_2/Air
		3	35~50	
	5	2	1.8~2.5	
		6	8~12	
	12	4	0.4~0.7	
		8	2~2.7	
	20	6	0.3~0.4	
		8	0.7~0.9	
	50	12	0.1~0.2	
镀锌钢	1	2	20~30	N_2/Air
		4	35~48	
	2	3	15~20	
		6	20~30	
	3	2	3.5~4.5	
		4	8~15	
	4	4	4~6	
		8	6~9	

2. 铝及铝合金

铝及铝合金激光切割工艺参数见表 7-4-13。

表 7-4-13　铝及铝合金激光切割工艺参数

材料	板厚/mm	激光功率/kW	切割速度/(m/min)	辅助气体
铝/铝合金	1	1	8~10	N_2 Air
		3	30~50	
	4	2	2.5~3.5	
		6	10~14	
	10	4	0.55~1	
		8	2.5~3.5	
	20	8	0.6~1	
		12	1~1.5	
	40	12	0.3~0.4	

3. 铜及铜合金

铜及铜合金激光切割工艺参数见表 7-4-14。

表 7-4-14　铜及铜合金激光切割工艺参数

材料	板厚/mm	激光功率/kW	切割速度/(m/min)	辅助气体
纯铜	1	2	10~16	O_2
		6	45~55	
	3	3	1.8~2.4	
		6	5~8	
	6	4	1.3~2.0	
		8	2.0~2.7	
	12	4	0.7~1.2	
黄铜	1	2	10~15	N_2
		6	30~50	
	3	3	1.8~2.4	
		6	5~8	
	6	4	0.9~1.5	
		8	1.5~3	
	12	12	0.6~1.5	

4.4 激光切割机的新发展

4.4.1 新技术、新工艺

1. 光纤激光的应用

近些年来，光纤激光技术是激光领域备受关注的热点，已经在许多领域取代了传统的加工技术。而作为其核心的光纤激光器也具有许多独特的优点，如光束质量好，体积小，重量轻，免维护，易于操作，运行成本低，可在工业环境下长期使用；而且加工精度高，速度快，节能环保；尤其以智能化，自动化等特点广受各加工领域的青睐。因此光纤激光技术将是第三代最先进的工业加工、印刷、通信、医疗、化工，尤其是国防领域必不可少的一部分。

光纤激光技术常用于切割、焊接、标刻、材料热处理等方面，尤其是现下正热的管板一体切割、三维五轴等更是灵活多变。

(1) 激光焊接应用　激光焊接属非接触式熔融焊接，以激光束为主要能源，焊接过程无须加压，焊接速度快、效率高、残余应力和变形小，其焊接质量不受操作工水平和环境条件的限制，也更加安全和便捷。相较于传统的焊接技术，激光焊接还能加工一些高熔点的金属材料，甚至一些非金属材料；对于一些异形工件，其焊接灵活性更大，精度也更高。另外激光焊接智能化、自动化程度也更高，因此广泛应用于手机通信、电子元件、眼镜钟表、首饰饰品、五金制品、精密器械、医疗器械、汽车配件、工艺礼品等行业。

(2) 激光标刻应用　一套光纤激光打标系统可以由一台功率低至 25W 的光纤激光器，一个传导激光的扫描头以及一台工控机组成。其工作精度可达 10μm，工作范围灵活多变，十分便捷。

(3) 材料处理应用　光纤激光器的材料处理是基于材料吸收激光能量的部位被加热的热处理过程。可用于材料改性、成形等。研究发现用激光处理的微弯曲远比其他方式具有更高的精密度，这在微电子制造是一个很理想的方法。

2. 新型固体激光器——DDL

一直以来，钣金行业用户都希望拥有一台既能高速切割薄板，又能高品质切割厚板的激光切割机。目前，市场上应用于钣金加工的激光器主要分为气体激光器和固体激光器。以 CO_2 为介质的气体激光器，虽然对薄板和厚板都可以切割，但是在加工效率、日常维护保养和使用成本方面几乎没有优势。相比之下，固体激光器在节约成本方面则更具优势，但在厚板的切割品质上却稍有欠缺。试想如果有一台采用固体激光光源的激光器，既能胜任薄板高速切割，又能实现厚板高品质切割，再加上其成本优势，那就堪称完美组合了。在此背景下，MAZAK 顺应市场需求，极具前瞻性地推出了第 3 代 DDL（Direct Diode Laser）激光切割机。

DDL 激光加工技术是通过棱镜衍射光栅技术，直接对激光光源进行合成，有效地提高了光电转换率，高达 40%~50% 的光电转换率和高功率密度，也为客户的生产带来诸多优势。DDL 原理如图 7-4-13 所示，通过激光二极管（LD）激励起来的光，直接经光学部件进行合成，输出集光后的激光束。

众所周知，材料对激光的吸收率会影响到切割速度，吸收率越高，越多光能转化为热能，切割速度也就越快。除此之外，波长也是影响材料吸收率的关键参数。如图 7-4-14 所示，在目前市面上常见

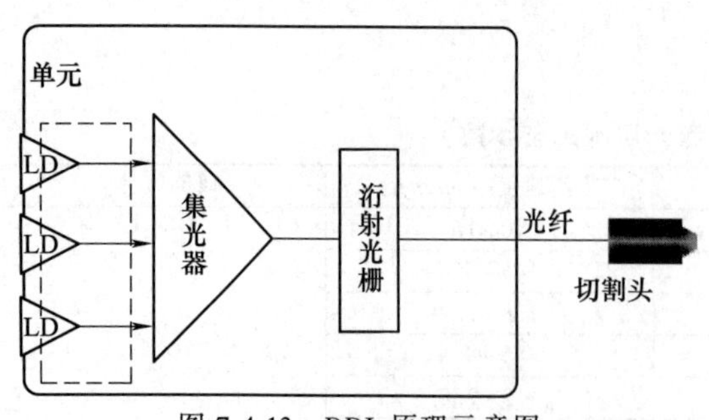

图 7-4-13　DDL 原理示意图

的金属切割类激光发生器中，970nm 的 DDL 波长无疑是最短的。

与光纤激光相比，DDL 在光电转化、切割效率、切割质量和使用成本等诸多方面都具有优势。

（1）更高的光电转化率，更加节能　图 7-4-15 所示为同功率（4kW）激光耗电比较。

（2）更高的切割效率　图 7-4-16 所示为 DDL 和光纤激光切割效率对比。

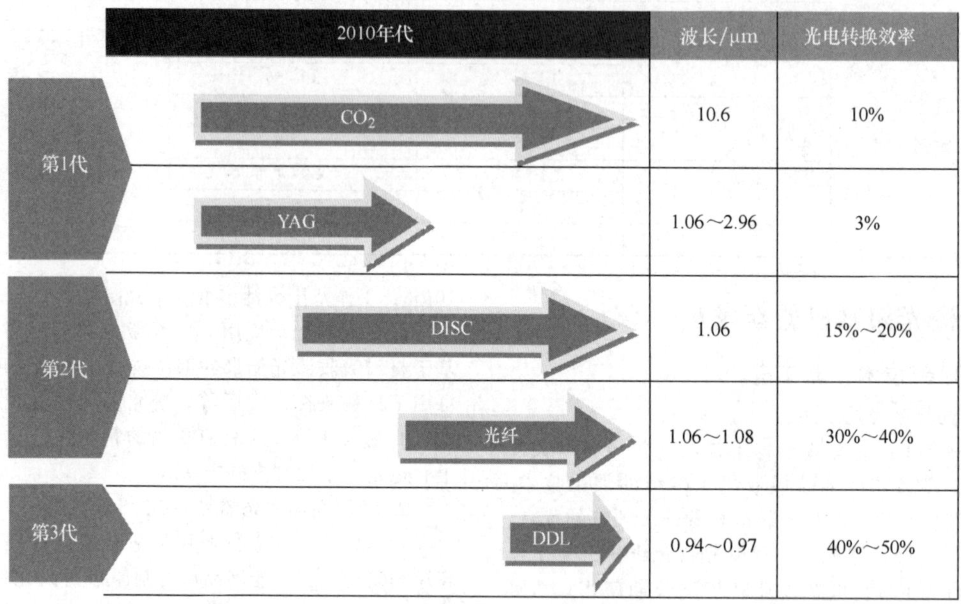

图 7-4-14　不同激光器的光电转换率对比

发生器	功率	加工耗电量		待机耗电量	
		kW	比较	kW	比较
CO_2	4.0kW	61	—	45	—
光纤	4.0kW	34	-44%	28	-38%
DDL	4.0kW	31	-49%	24	-47%

图 7-4-15　同功率激光耗电对比

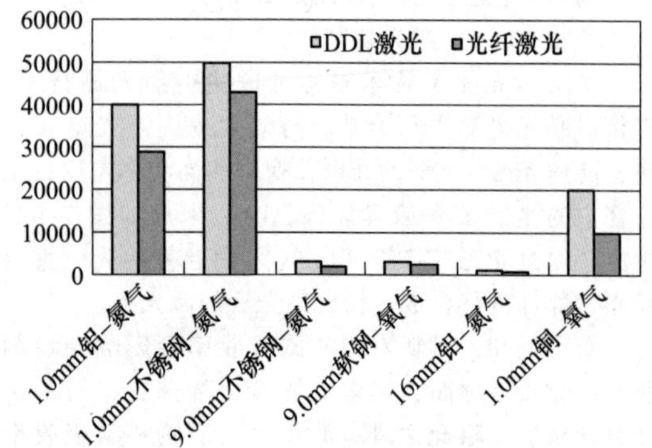

图 7-4-16　DDL 和光纤激光（4kW）的切割效率对比

（3）更高的厚板切割品质　图 7-4-17 展示了 4kW 的 DDL 激光切割机、光纤激光切割机和 CO_2 激光切割机在切割 16mm 厚低碳钢材料时的表面粗糙度对比情况。通过对比可以看出，在厚板材料切割应用中，DDL 加工工件的表面品质和边缘质量均优于光纤激光切割，DDL 与 CO_2 激光切割机的加工品质已经非常接近。

3. 先进新工艺

（1）雷暴穿孔技术　以亚威激光切割机的高性能、高稳定性的硬件平台为基础，根据高功率激光的光学特性开发而成。通过对功率、焦点、气压、

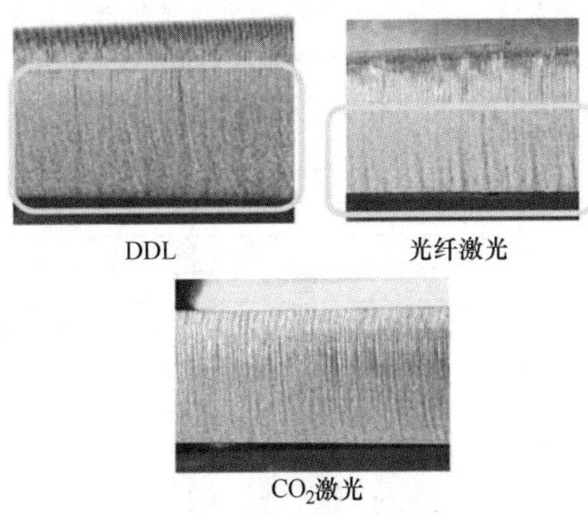

图 7-4-17　不同激光器切割断面表面粗糙度

高度等工艺参数的分析，深度优化穿孔流程，将 10mm 以下厚度的板材穿孔过程压缩至毫秒级，发挥了高功率激光的优势，极大地提高了机床整体加工效率。

（2）不锈钢高效节能切割技术　以往激光切割不锈钢，为保证切割断面效果，减小切割毛刺，氮气压力会调得很高，厚板不锈钢加工时一般压力都在 1.4MPa 以上，且板材越厚，压力越大。目前经工艺人员深度研究而开发的新工艺。切割气压小，切割速度快，极大地降低了激光切割机的使用成本。以 12mm 不锈钢为例，正常切割的氮气气压为 1.4MPa，采用亚威独特工艺切割的气压仅为 0.8MPa。

（3）超厚板材的切割技术　激光切割正从薄板向厚板，厚板向超厚板的方向发展。已局部取代等离子、火焰切割为主的中厚板切割。12kW 超高功率切割已能切割厚度达到 50mm 的不锈钢，40mm 的碳素钢板和铝合金，如图 7-4-18 所示。

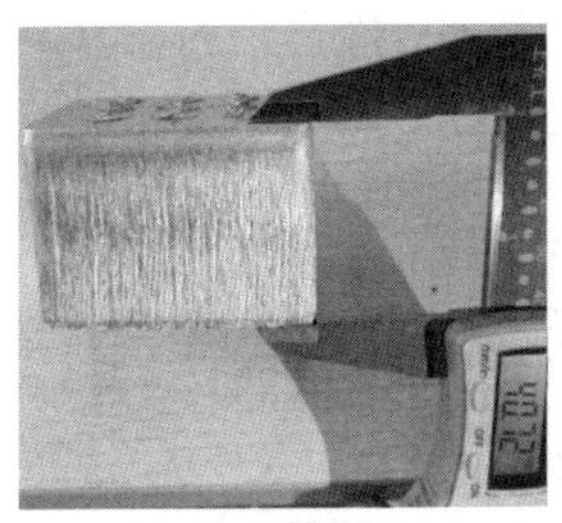

a) 40mm不锈钢切割

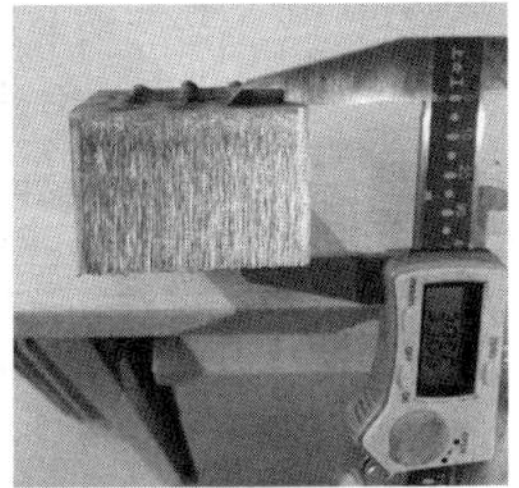

b) 40mm铝合金切割

图 7-4-18　切割厚度展示

（4）铝合金的高品质切割技术（氮氧混气）　铝合金激光加工，由于铝合金质地较软，传统切割工艺会使切割面有毛刺（金属熔渣）如图 7-4-19 所示，客户需要进行二次打磨，耗费大量时间和额外加工成本。新型的氮氧混气切割工艺可一次成形，断面光滑无毛刺，如图 7-4-20 所示，无须二次打磨，提高了切割质量和效率，同时也为客户节省了生产成本。

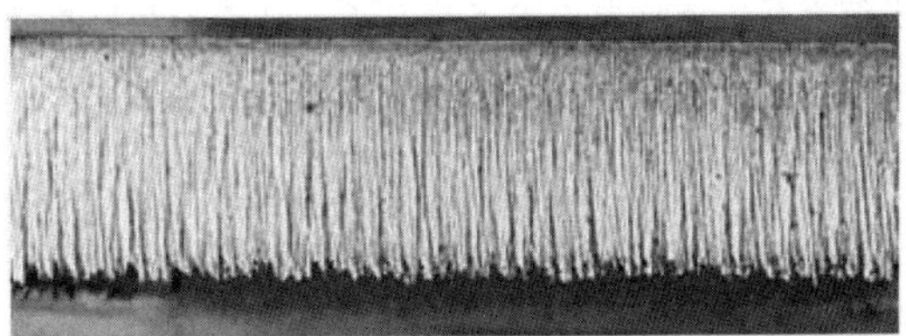

图 7-4-19　传统铝合金切割断面毛刺图

图 7-4-20　铝合金氮氧混气切割断面图

4.4.2　新设备

1. 万瓦级超大幅面激光切割机

在传统观念里由于切割质量不佳的原因，光纤型激光切割机给客户留下并不擅长于切割厚板的印象。随着万瓦级光纤激光器迅猛发展和激光切割技术的不断进步，使得在厚板和大幅面板材加工中，以光纤激光切割来取代 CO_2 激光切割、等离子切割、火焰切割的趋势显著，并不断体现其切割精度高、效率高、热影响区小的优点。

由于切割工件的尺寸和板厚不断增大，研制适合于大尺寸板、厚板的高性能宽幅面数控光纤激光切割机是一个重要的发展趋势。

亚威万瓦级激光切割机切割能力如图 7-4-21 所示。

江苏亚威生产的 HLG-25240 结构如图 7-4-22 所示。

HLG-25240 超大幅面数控激光切割机技术参数见表 7-4-15。

德国通快生产的 TruLaser 8000 系列柔性超大幅面激光切割机，可切割长达 16m 的超大规格板材，快速的超大幅面自动交换工作台，智能流程可确保实现最佳的工件质量和切割成果，不会发生错位，采用动态直线电动机驱动，可选配第二切割头，让生产率翻倍成为可能。

2. 三轴超高速磁悬浮驱动激光切割机

激光切割过程中 X 轴和 Y 轴是主要运动，它是一个高速定位、快速插补的运动过程，目前国际上用直线电动机驱动方式的高速定位速度可达到 254m/min，加速度可达到 $10g$，而一般用伺服电动机和丝杆传动的高速定位速度则达到 200m/min，加速度为 4.0 g。其导轨副最好采用轻预压或中预压的精密直线滚子导轨，以保证高速运行的精度。近年来随着万瓦级激光技术飞速发展，高速、高精度机床备受青睐，国际上直线电动机激光切割机技术已经成熟并开始量产，国内尚未开始量产。

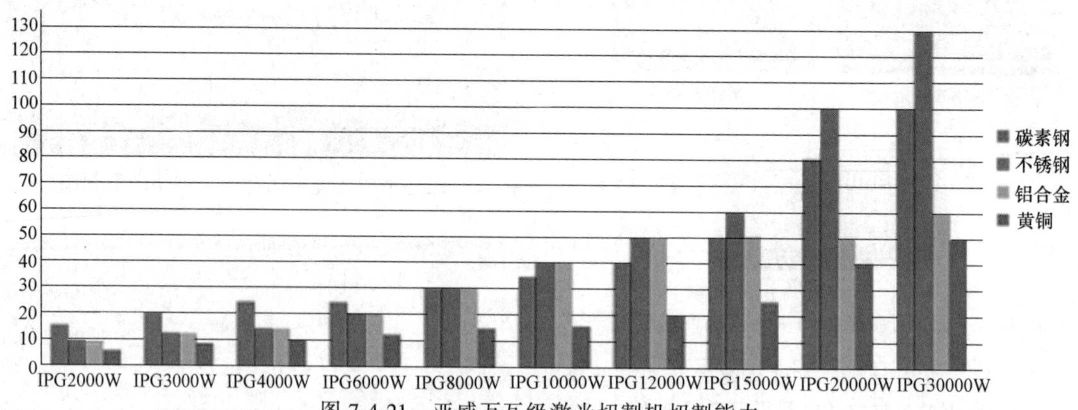

图 7-4-21　亚威万瓦级激光切割机切割能力

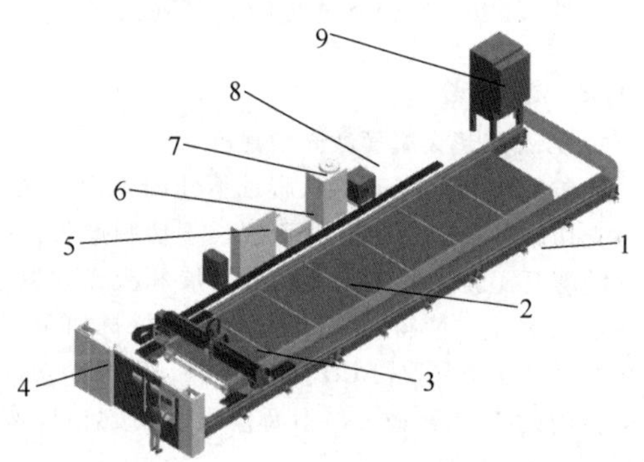

图 7-4-22　亚威 HLG-25240 结构示意图

1—机架　2—工作台　3—横梁　4—护罩　5—电柜　6—激光器　7—冷水机　8—空气净化装置　9—除尘系统

表 7-4-15　HLG-25240 超大幅面数控激光切割机技术参数（江苏亚威）

参数名称	单位	参数值
加工范围	mm	24000×2500
X 轴行程	mm	24040
Y 轴行程	mm	2520
Z 轴行程	mm	180
X-Y 轴最大联动速度	m/min	90
X/Y 轴最大加速度	g	1
定位精度	mm	±0.1/10m
重复定位精度	mm	±0.06
工作台最大载荷	kg	16000
机床外形尺寸	mm	31500×6500×2200
整机质量	kg	30000
激光发生器功率	kW	6/8/12/15/20/30
数控系统	—	SIEMENS/BECKHOFF

亚威公司新推出的 HLS 系列三轴超高速磁悬浮激光切割机采用直线电动机驱动及伺服驱动控制技术大幅度缩短穿孔时间、提高机床性能，实现高速度、高精度加工。此系列搭载新型 IPG YLS-CUT -8 kW 光纤激光发生器。

如图 7-4-23 所示，三轴磁悬浮驱动（直线电动机）的全闭环回路控制可将激光头位置直接反馈给 NC，从而提供高精度定位。

3. 三维多轴数控激光切割机

三维多轴数控激光切割主要应用于汽车制造、航空航天等工业，目前已发展了各种五轴或者六轴的三维激光切割机，在一些国家的汽车生产线上，光纤激光切割机器人的应用越来越多。如意大利普瑞玛公司的 Laser Next 型三维五轴激光切割机是专为汽车热成形零部件切割而设计的，采用人造大理石床身，直线电动机和传感器配光栅尺传动以及双重保护的防撞保护系统（SIPS）和全金属传感器，以满足复杂零件的加工精度和更高的单位面积产出率。其 X 轴行程 3050mm，Y 轴行程 1530mm，Z 轴行程 612mm，A 轴旋转角度 $n\times360°$ 连续旋转（无限制），B 轴摆动角度±135°，C 轴（随动轴）行程±12mm，最大轴向进给速度 120m/min，复合速度 208m/min，最大旋转速度 540°/s，轴向加速度 1.2g，复合加速度 2.1g。

三维激光切割机的关键技术在于三维激光切割头，目前多采用直接驱动系统和高数字信号处理器，使伺服驱动时间比一般 CNC 系统快 25~50 倍，并配有自动焦点控制功能和多极快速反应防撞装置。

由于立体件的切割不同于平面切割，需配有专门进行立体切割的工艺及专用自动编程软件。

4. 激光切割柔性制造系统（FMS）**及网络化**

激光切割柔性制造系统是建立在单台或多台激光切割机基础上，配有立体仓库、自动上下料、分拣码垛装置以及其他辅助装置，由数控系统对全线实现自动控制，实现 24h 无人化生产。立体料库实现金属板料及工件的自动输入、输出和储存；烦琐耗时的材料搜索由系统自动完成，繁重的人工上下

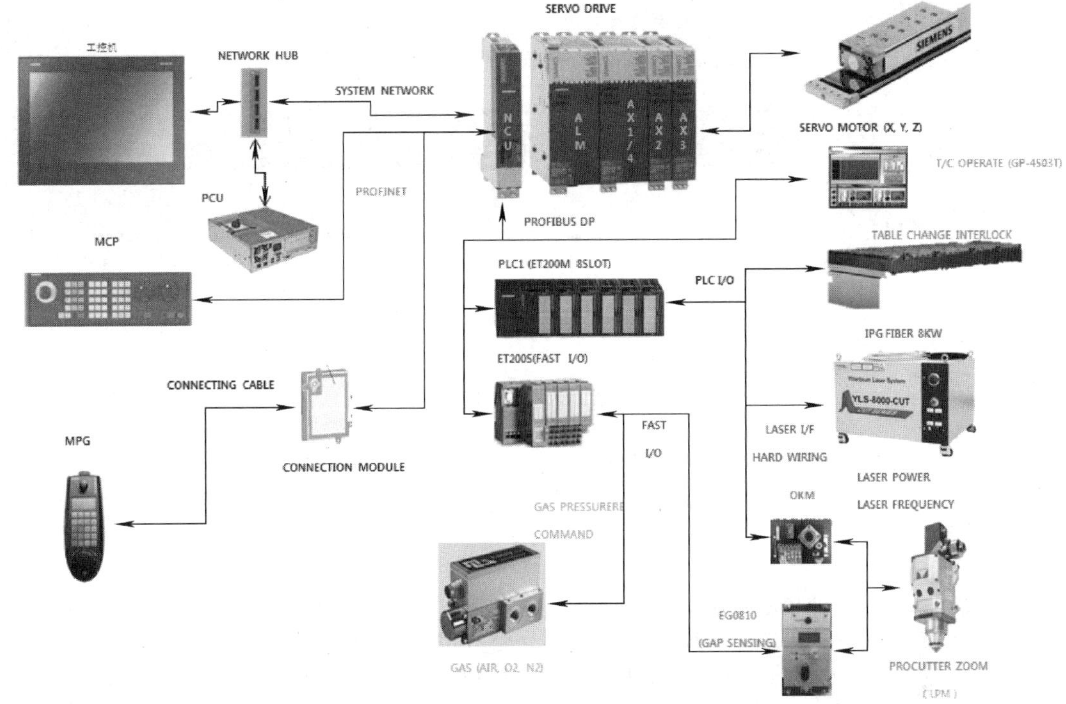

图 7-4-23　全闭环回路控制（江苏亚威）

料搬运由上下料装置取代；成品工件无须人工分拣和码垛，自动分拣码垛装置可以代劳。不仅节约了人工成本，更提高了设备生产效率。

如江苏亚威生产的 HLF-2040 激光切割机，可以配备 F. SXL2040A 自动上料装置、F. LKL2040 立体仓库、AM. FLL2040A 分拣码垛装置等多种自动化配置，再配以中央控制系统及网络编程软件以实现网络化，该 HLF-2040-FMS 系统如图 7-4-24 所示。

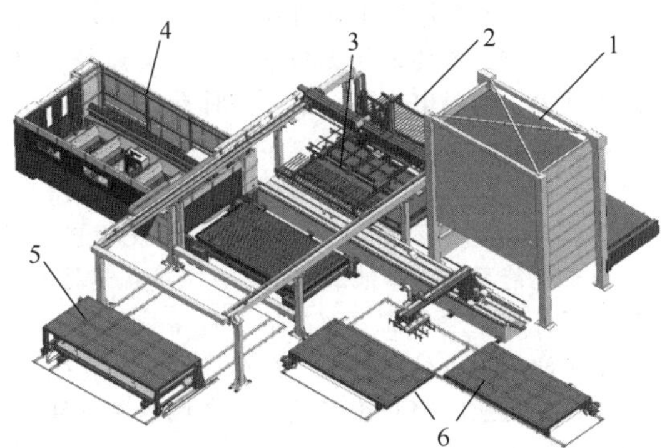

图 7-4-24　HLF-2040-FMS 系统示意图
1—立体仓库　2—自动上料装置　3—原料车
4—激光切割机　5—废料车
6—分拣码垛装置

参考文献

[1] 朱鹏程. 基于正交试验的激光切割机穿孔工艺参数优化 [J]. 锻压装备与制造技术，2017（12）：6.

[2] 金冈优. 图解激光加工实用技术 [M]. 北京：冶金工业出版社，2013.

[3] NORMAN S. Latest development of high power fiber laser in SPL [J]. Proc. SPIE，2004，5335：229 -237.

[4] 纪源. 磁悬浮技术原理及其应用 [J]. 数字通信世界，2017（08）：27，158.

[5] 崔国起. 激光器水冷机关键技术研究 [D]. 天津：河北工业大学，2011.

[6] 徐刚. 我国金属成形机床的技术进步与发展 [J]. 锻压装备与制造技术，2018.

第8篇　智能化装备

概　　述

西安交通大学　赵升吨

锻压设备在我国制造业领域起着至关重要的作用，高性能冲压件与锻件的需求量不断增大，对锻压设备的智能化要求也越来越高。中高端精密自动锻造机床和高档精密冲压机床是锻压智能化领域中亟待研究发展的重点方向，这要求我国在引进国外先进技术的基础上，应加强自主研发，不断创新，全面发展我国的中高端智能锻压设备。因此，研制具有自主知识产权的高性能、高精度伺服式智能化锻压设备，对提高我国制造业和锻压设备的国际竞争力具有重要的意义。

全球制造业正以前所未有的速度飞速发展，机械产品的市场竞争越来越激烈，制造业所面临的压力越来越大。为了保持工业生产的国际领先地位，德国推出“工业 4.0”项目以提高德国工业竞争力。同时，欧美日等发达地区和国家纷纷推行“再工业化”，力图通过产业结构和技术升级降低生产成本，给众多失业者提供便利的就业平台和再就业机会，根据国家特色和产业结构积极寻找并大力发展国家支柱型高端产业，作为未来经济增长的强有力支撑，从而保持强大的国际综合竞争力。2015 年 3 月 5 日，李克强总理在《政府工作报告》中首次提出“中国制造 2025”的宏大计划。同年 5 月 19 日，国务院印发《中国制造 2025》，提出了实现中国制造向中国创造转变、中国速度向中国质量转变、中国产品向中国品牌转变，完成中国从制造大国向制造强国转变。而德国工业 4.0 与中国制造 2025 的目标之一就是实现智能制造，而智能化装备是智能制造实现的基石。

本篇简要介绍了德国工业 4.0 和中国制造 2025 产生的背景，以及国内外制造业和锻压设备面临的问题与挑战。论述了智能制造重点发展的五大领域与十项关键技术，并介绍了 21 世纪的现代制造模式——“互联网+”协同制造及其重点发展任务。指出智能工厂的 3 个重要架构领域，即产品和系统架构、增值和企业架构、数据和信息等组成的 IT 架构，指出智能机器的三大基本要素，即信息深度自感知、智慧优化自决策、精准控制自执行。讨论了工业 1.0 到工业 4.0 这 4 个不同工业时代的锻压设备及其特点，重点探讨了智能锻压设备的 3 个实施途径，即分散多动力、伺服电直驱、集成一体化，阐述了国内外典型智能化锻压设备的基本原理、特点及研究现状，分析了交流伺服直驱型压力机、交流伺服直线电动机驱动的新型锻锤、伺服直驱冲压生产线、电子飞轮储能系统等智能锻压设备具备的优良特性，并指出了各实施途径需要解决的关键科技问题。简要介绍了汽车覆盖件生产线、汽车纵梁数字化生产线、全自动高强度钢间接热成形生产线等典型智能化塑性成形生产线。

第1章

智能制造及关键技术

西安交通大学　赵升吨

1.1　工业的四个时代及其特点简介

1.1.1　工业的四个时代及其特点

工业1.0是指从18世纪60年代至19世纪中叶的第一次工业革命，瓦特改良了蒸汽机，从而开创了机器代替人工的工业浪潮，创造了机器工厂的“蒸汽时代”。工业1.0使用的机器都是以水力和蒸汽机作为动力驱动，虽然效率并不高，但是因为首次使用机械生产代替了手工劳动，经济社会从以农业、手工业为基础转型到以工业、机械制造带动经济发展的新模式，因此具有重大的划时代意义。

工业2.0是指从19世纪70年代至20世纪初的第二次工业革命。在工业1.0中，使用水力和蒸汽的机器满足不了人类社会高速发展的需求，新的能源动力和机器引导了第二次工业革命的发生。在工业2.0中，得益于内燃机和发电机的问世，电器得到了广泛的使用，将人类带入分工明确、大批量生产的流水线模式和“电气时代”，机械设备由继电器、电气自动化控制，交流异步电动机驱动。通过零部件生产与产品装配的成功分离，开创了产品批量生产的高效新模式。汽车、轮船、飞机等交通工具得到了飞速发展，机器的功能也变得更加多样化。并且，得益于电话机的发展，人类之间的通讯变得简单快捷，信息在人类之间的传播为第三次工业革命奠定了基础。

工业3.0是指从20世纪50年代开始一直延续至今的第三次工业革命。在升级工业2.0的基础上，广泛应用电子与信息技术，使制造过程自动化控制程度进一步提高。生产效率、良品率、分工合作、机械设备寿命都得到了前所未有的提高。在此阶段，工厂大量采用由PC、PLC/单片机等电子、信息技术自动化控制的机械设备进行生产。自此，机器能够逐步替代人类作业，不仅接管了相当比例的体力劳动，还接管了部分脑力劳动。

工业4.0概念是德国政府2013年《高技术战略2020》确定的十大未来项目之一，并已上升为国家战略，旨在支持工业领域新一代革命性技术的研发与创新。工业4.0代表着一种新的生产技术和生产方式，被定义为“万物互联环境下的智能生产”，通过信息流与实物流的深度融合建立一种新的生产方式。工业4.0以及智能制造是工业发展的必然趋势。

如果说工业1.0（见图8-1-1）是蒸汽机驱动的“蒸汽时代”，那么工业2.0（见图8-1-2）就是交流异步电动机驱动的“电气时代”，工业3.0（见图8-1-3）则是交流伺服同步电动机驱动的“数控时代”，而工业4.0将开启一个精彩的产品全生命周期的信息物理系统（见图8-1-4）的“网络智能化时代”。事实上，中国目前仍处于工业2.0的后期。对中国企业来讲，工业1.0要淘汰，工业2.0要补课，工业3.0要普及，工业4.0要在有条件的情况下尽可能做一些示范。

瓦特蒸汽机

图8-1-1　工业1.0

普通机床　　交流异步电动机

图8-1-2　工业2.0

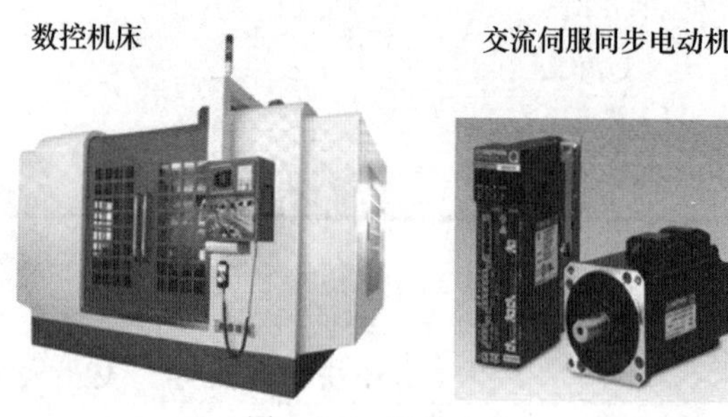

图 8-1-3　工业 3.0

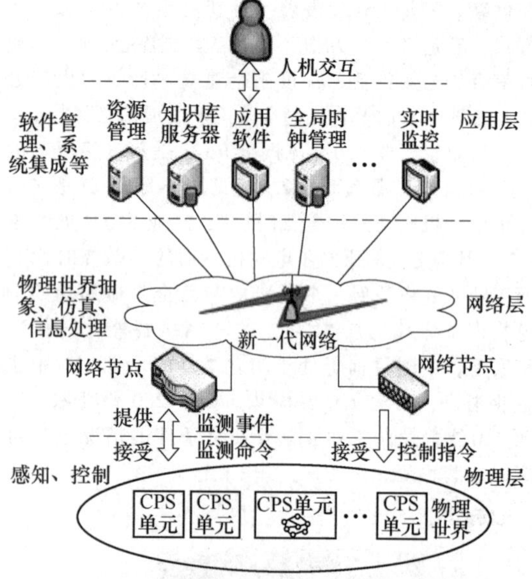

图 8-1-4　信息物理系统（CPS）的结构

1.1.2　四个不同工业时代的锻压设备及其特点

1. 工业 1.0 的蒸汽锤

蒸汽锤是工业 1.0——“蒸汽时代”锻压设备的典型代表，如图 8-1-5 所示。它利用蒸汽作为动力，能量利用率非常低，通常仅为 3%左右，为了提供驱动锤头所需的蒸汽，需要燃烧大量的煤用以产生蒸汽，同时也会消耗大量的水资源，并且会排放出大量的二氧化碳（CO_2）及其他有害气体，不但资源、能量利用率低，而且还会污染空气。蒸汽锤工作环境恶劣，配套设施庞大且复杂，日常维修、保养工作量较大，工作效率低。因锅炉、管路、锻锤等系统多而复杂，加上设备老化，故障率极高，更可怕的是易出现突然停汽现象，致使锤头下落或无法抬起，易造成人身事故。在工作中，系统气压偏低时，锻锤无法操纵；系统气压过高时，锤头又会出现移动不稳定的情况，难以控制其运动。因此，生产加工环境相当恶劣，不利于技术人员长期正常工作，工作效率低，能源耗费大，难以适应正常生产工艺的要求。目前，蒸汽锤设备已经基本被淘汰或者改造为电液锤。

图 8-1-5　蒸汽锤

2. 工业 2.0 的机械压力机与液压机

工业 2.0——“电气时代”锻压设备的主流产品是指采用交流异步电动机驱动的机械压力机和液压机。具体来讲，图 8-1-6 所示的机械压力机以交流异步电动机为动力源，采用带和齿轮组合的减速方式，通过飞轮存储能量，根据离合器的接合与分离来控制机械压力机滑块的运动和停止，而电动机一直不停地旋转。所以，滑块运动特性曲线往往固定不变，通常滑块运动曲线为正弦曲线形式，难以满足不同材料锻压时对滑块运动曲线柔性化的需求。因为机械压力机传动系统中需要靠离合器和制动器完成滑块的运动控制，会多消耗 20%左右的离合与制动能量，而且飞轮空转时也会消耗一定的能量，所以机械压力机存在严重的能量损耗。此外，离合器和制动器内部的摩擦材料属于易消耗零部件，需要经常更换和维护，导致使用和维护费用比较高。离合器和制动器的动作需要压缩空气作为动力源，动作过程中会产生较大的排气噪声。

图 8-1-6　机械压力机

工业 2.0 的液压机是采用交流异步电动机驱动液压泵，然后通过液压阀控系统实现液压机液压缸的直线运动。液压机按照机身的类型可分为三梁四柱式液压机与框架式液压机两大类，如图 8-1-7 和图 8-1-8 所示。

图 8-1-7　三梁四柱式机身的液压机

图 8-1-8　框架式机身的液压机

工业 2.0 的液压机采用交流异步电动机驱动，因为其启动时间长，启动电流是额定电流的 5~7 倍，电动机不能自动调速，从而造成工业 2.0 所使用的液压机在工作时驱动液压泵的交流异步电动机不停地进行旋转，而液压缸的运动与停止则通过液压阀控制液压泵输出的油液流入液压缸内部或者流回油箱来实现，往往造成空载能耗大，液压油容易发热。

3. 工业 3.0 的交流伺服压力机

交流伺服压力机为工业 3.0——“数控时代”的锻压设备，结构如图 8-1-9 所示。依靠交流伺服电动机提供压力机工作所需的驱动力，交流伺服电动机启动时，启动电流不会超过额定电流，而且具备频繁启停的物理特性，每分钟可以允许启停十几次或几十次，因此，传动系统中不需要装配控制滑块运动和停止的离合器与制动器，从而大大简化了交流伺服压力机传动系统的结构，避免了离合器与制动器动作时的能量消耗。伺服压力机由简洁的构造驱动系统和先进的伺服控制系统组成，交流伺服电动机驱动滑块进行直线运动，依靠曲柄连杆等机构实现交流伺服电动机与滑块之间的传动。先进的伺服控制系统使压力机保持了既有的机械驱动的优点，改变了滑块工作特性不可调的特点，使得机械驱动成形装备具有了柔性化以及智能化的特性，工作性能和工艺适应性也得到了很大提升。

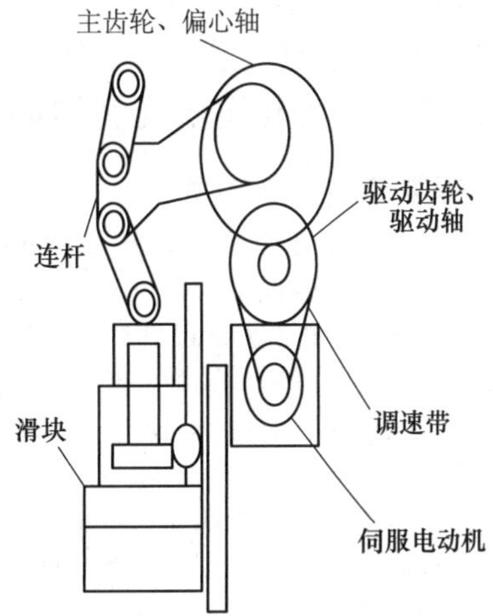

图 8-1-9　交流伺服压力机结构

随着交流伺服压力机在汽车、电子等行业的推广和应用，交流伺服压力机的柔性和节能性等优良特性在高精度、难成形零件加工方面表现出了其他压力机无可比拟的优越性。交流伺服锻压设备凭借其高效率、高智能、高柔性、高精度、节能环保等优点，成为国内外先进锻压设备研究的热点。但是，我国目前依然处于落后水平，主要表现在整体技术水平和产品竞争力方面。在高端冲压装备、产品种类、制造质量、产品品质控制、能源再利用以及环境保护等方面，我国的技术水平和世界先进水平之间的差距还非常大，尤其在大型交流伺服压力机设计和制造技术等方面。具有自主知识产权的大吨位直驱型伺服式智能锻压设备的传动机构构型设计、能量管理、伺服控制、冲压加工工艺曲线优化设计以及高速传输线设计等关键技术，在我国仍然属于研究起步阶段。

4. 工业 4.0 的智能锻压设备

伺服式智能锻压设备符合“智能一代”的思想，取代了传统机械中的变速箱、飞轮等变量控制方式，实现动力源（包含位置、速度、力矩等进行数字化）的伺服控制，构建产品全生命周期的信息物理系统，由此实现制造装备节能高效、智能可靠地运行。《机械工程学科发展战略 2011~2020》中对于“机械驱动与传动科学”发展的论述认为：随着材料、机械、电力电子及控制技术等学科的发展和制造技术的进步，机电系统的驱动方式将朝向以交流伺服为代表的智能化、节能化驱动方向发展。目前、随着现代电动机设计理论的完善和永磁材料的应用发展，出现了不同拓扑结构的永磁电动机，通过合理的结构设计及优化实现更大的转矩输出和更低的保养费用。这些关于电动机的研究为伺服驱动提供了很好的基础。采用伺服电动机驱动，智能化精准控制，建立产品全生命周期的信息物理系统，构建高性能的塑性成形设备，是实现复杂工件高效、高性能成形的重要一环，是智能锻压设备的发展趋势。

1.2　德国工业 4.0 实质及其核心思想

1.2.1　德国工业 4.0 实质

德国是全球制造业中最具竞争力的国家之一，其装备制造行业在全球范围内处于领先地位。这是由于德国在创新制造技术方面的研究、开发和生产，以及在复杂工业过程管理方面的高度专业化。德国拥有强大的机械和装备制造业、占据全球信息技术能力的显著地位，在嵌入式系统和自动化工程领域具有很高的技术水平，这些都意味着德国确立了其在制造工程行业中的领导地位。因此，德国以其独特的优势开拓新型工业化的潜力——工业 4.0（Industry 4.0），并开始推进这个产官学一体项目的新一代工业升级计划。作为全球工业实力最为强劲的国家之一，德国在新时代发展压力下，为进一步增强国际竞争力，从而提出了该概念。

制造业的数字化、虚拟化正在彻底改变人们制造产品的方式。为此，以德国为代表的欧洲以及美国都打算大幅提升工业产值。美国的通用电气（GE）于 2012 年秋季提出了工业互联网（Industrial Internet）概念，这是一个将产业设备与 IT 融合的概念，目标是通过高功能设备、低成本传感器、互联网、大数据收集及分析技术等的组合，大幅提高现有产业的效率并创造新产业。而日本的各企业也在推进 M2M（Machine to Machine）和大数据应用。

德国工业 4.0 的大体概念是在 2011 年于德国举行的汉诺威工业博览会（Hannover Messe 2011）上提出的。当时，德国人工智能研究中心董事兼行政总裁沃尔夫冈·瓦尔斯特尔教授在开幕式中提到，要通过物联网等媒介来推动第四次工业革命，提高制造业水平。在德国政府推出的《高技术战略 2020》中，工业 4.0 作为十大未来项目之一，联盟政府投入 2 亿欧元，其目的在于奠定德国在关键技术上的国际领先地位，夯实德国作为技术经济强国的核心竞争力。2 年后，在 2013 年 4 月举办的汉诺威工业博览会（Hannover Messe 2013）上，由产官学专家组成的德国“工业 4.0 工作组”发表了最终报告——《保障德国制造业的未来：关于实施“工业 4.0”战略的建议》（包括德语版和英文版）。与美国流行的第三次工业革命的说法不同，德国将 18 世纪引入机械制造设备定义为工业 1.0，20 世纪初的电气化定义为工业 2.0，始于 20 世纪 70 年代的信息化定义为工业 3.0，而物联网和制造业服务化宣告着第四次工业革命到来。

工业 4.0 是继第 1 个自动纺织机、第 1 条流水线和第 1 个可编程逻辑控制器（PLC）诞生之后，互联网、大数据、云计算、物联网等新技术给工业生产带来的革命性变化。四次工业革命的特点及标志性事件如图 8-1-10 所示。本质上而言，工业革命是对劳动生产率的非线性革命。每一次工业革命，都意味着劳动力的进一步解放。

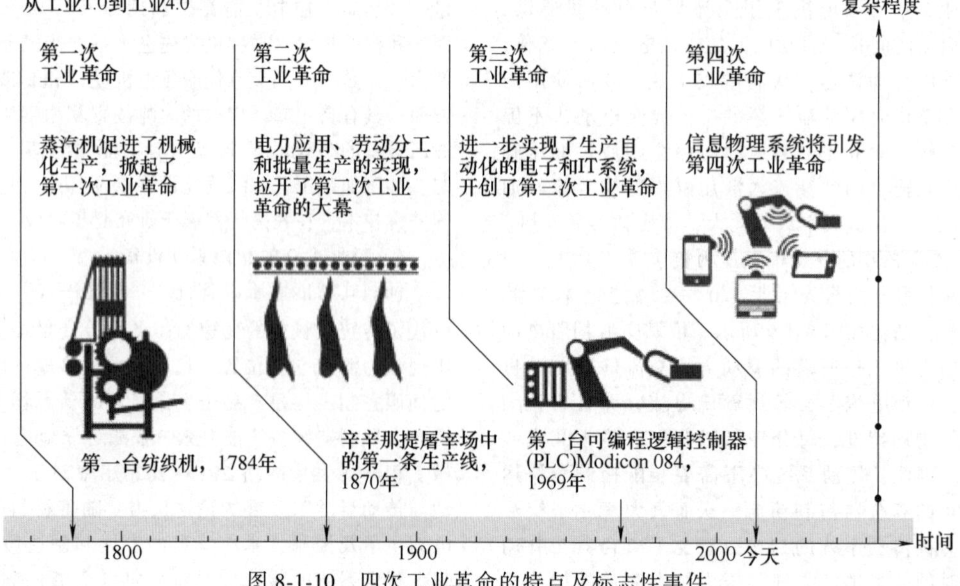

图 8-1-10　四次工业革命的特点及标志性事件

德国工业 4.0 概念的关键是将软件、传感器和通信系统集成于所谓的物理网络系统。在这个虚拟世界与现实世界的交汇之处，人们越来越多地构思、优化、测试和设计产品。工业 4.0 概念包含了由集中式控制向分散式增强型控制的基本模式转变，目标是建立一个高度灵活的个性化和数字化的产品与服务的生产模式。在这种模式中，传统的行业界限将消失，并会产生各种新的活动领域和合作形式。创造新价值的过程正在发生改变，产业链分工将被重组。

德国工业 4.0 的关键技术是信息通信技术（ICT），具体包括联网设备之间自动协调工作的 M2M（Machine to Machine）、通过网络获得的大数据的运用、与生产系统以外的开发/销售/企业资源计划（ERP）/产品生命周期管理（PLM）/供应链管理（SCM）等业务系统联动等。而第三次工业革命的自动化只是在生产工艺中运用 ICT，工业 4.0 将大幅扩大应用对象。

德国工业 4.0 在很大程度上是信息技术在工业上的更深层次应用，是第三次工业革命的重要组成部分。未来的工厂将是人、机器和资源共同在社交的虚拟网络中协同作业。工厂则将被巨大的智能移动、智能物流和智能网络系统平台取代，从生产到最后的产品回收服务都能实现实时监控。

德国工业 4.0 的实施旨在推动德国制造业向智能化升级，向服务业转型。所需的网络平台有互联网、大数据、物联网、服务网等，与恰当的自动化等系统配合，将使所有行业实现智能化，并取代传统的机械和机电一体化的产品。工业 4.0 理念意在通过充分利用嵌入式控制系统（即整合软硬件的系统），实现创新交互式生产技术的联网与相互通信。德国工业 4.0 战略的信息物理系统包括智能机器、存储系统和生产设施等，它们自动交换信息、触发动作和控制，从入厂物流到生产、销售、出厂物流和服务等各个环节，实现数字化和端到端集成。工业 4.0 战略作为一种全新的工业生产方式，通过技术实现了实体物理世界和虚拟网络世界的相互融合，反映了人机关系的深刻变革，反映了网络化和社会化组织模式的应用。

德国工业 4.0 的实质就是信息物理系统（CPS，Cyber Physical System），它是通过人机交互接口实现和物理进程的交互，使物理系统具有计算、通信、精确控制、远程协作和自治功能。社会各界对 CPS 可能推动改善生产自主性、功能性、可用性、可靠性和网络安全等已经形成了较为一致的认同。在工业 4.0 时代，机器、存储系统和生产手段构成了一个相互交织的网络，在这个网络中，可以进行信息的实时交互、调准。同时，信息物理系统还能给出各种可行性方案，再根据预先设定的优化准则，将它们进行对比、评估，最终选出最佳方案。从而使得生产更具效率，更环保，更加人性化。信息物理系统分为嵌入式、智能型嵌入式、智能及合作型嵌入、成体系和信息物理系统五个演化阶段。

德国工业 4.0 计划强调，未来工业生产形式的主要内容包括：在生产要素高度灵活配置的条件下大规模生产高度个性化产品，顾客与业务伙伴对业务过程和价值创造过程广泛参与，以及生产和高质量服务的集成等。物联网、服务网以及数据网将取代传统封闭性的制造系统成为未来工业的基础。

德国电气电子和信息技术协会表示，在计划框架下，规划生产要素、技术和产业互联集成的关键前提是，各参与方需要就工业 4.0 涉及的技术标准和规格取得一致意见。该协会称，由其下属的德国电工委员会编纂的全球首个工业 4.0 标准化路线图正是向这一目标迈出的重要一步，为所有参与方就工业 4.0 涉及的现有相关标准和规格提供一个概览和规划基础。

1.2.2　德国工业 4.0 核心思想

德国工业 4.0 战略的要点可以概括为：建设一个网络、研究四大主题、实现三项集成、实施八项计划。工业 4.0 战略构架如图 8-1-11 所示。

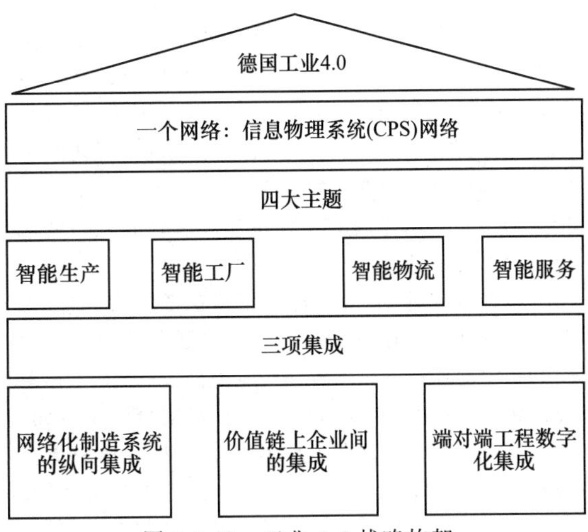

图 8-1-11　工业 4.0 战略构架

建设一个网络：信息物理系统网络。信息物理系统就是将物理设备连接到互联网上，让物理设备具有计算、通信、精确控制、远程协调和自治等五大功能，从而实现虚拟网络世界与现实物理世界的融合。CPS 可以将资源、信息、物体以及人紧密联系在一起，从而创造物联网及相关服务，并将生产工厂转变为一个智能环境。这是实现工业 4.0 的基础。

研究四大主题：1）智能工厂，重点研究智能化生产系统及过程，以及网络化分布式生产设施的实现。2）智能生产，主要涉及整个企业的生产物流管理、人机互动以及 3D 技术在工业生产过程中的应用等。该计划将特别注重吸引中小企业参与，力图使中小企业成为新一代智能化生产技术的使用者和受益者，同时也成为先进工业生产技术的创造者和供应者。3）智能物流，主要通过互联网、物联网、务联网，整合物流资源，充分发挥现有物流资源供应方面的效率，而需求方则能够快速获得服务匹配，得到物流支持。4）智能服务，主要涉及智能产品、状态感知控制和大数据处理，将改变产品的现有销售和使用模式。增加了在线租用、自动配送和返还、优化保养和设备自动预警、自动维修等智能服务新模式，促进新的商业模式，促进企业向服务型制造转型。

实现三项集成：横向集成、纵向集成与端对端集成。工业 4.0 将无处不在的传感器、嵌入式终端系统、智能控制系统、通信设施通过 CPS 形成一个智能网络，使人与人、人与机器、机器与机器以及服务与服务之间能够互联，从而实现横向、纵向和端对端的高度集成。

横向集成是企业之间通过价值链以及信息网络所实现的一种资源整合，是为了实现各企业间的无缝合作，提供实时产品与服务；纵向集成是基于未来智能工厂中网络化的制造体系，实现个性化定制生产，替代传统的固定式生产流程（如生产流水线）；端对端集成是指贯穿整个价值链的工程化数字集成，是在所有终端数字化的前提下实现的基于价值链与不同公司之间的一种整合，这将最大限度地实现个性化定制。

实施八项计划：1）标准化和参考架构。2）为工业建立宽带基础设施，同时，这套宽带网络必须要满足工业控制网络的各项性能指标。3）安全和保障。包括物理安全、功能安全、信息安全三个方面。对于信息安全应该理性化认识，否则将会浪费更多成本还达不到信息安全的要求。4）管理复杂系统。5）工作的组织和设计。6）培训和持续的专业发展。7）监管框架。8）资源利用效率。

德国学术界和产业界普遍认为，工业 4.0 概念即是以智能制造为主导的第四次工业革命，或革命性的生产方法，旨在通过充分利用信息通信技术和网络物理系统等手段，推进制造业的智能化转型。

德国工业 4.0 的核心思想是指在整个产品生命周期中，从开发、生产、使用到回收，机械装置和嵌入式软件相互融合、不可分割，即信息物理系统，也就是全生命周期的机电软一体化。信息物理系统是一个综合计算、通信和控制的多为复杂系统，通过 3C（Computation、Communication、Control）技术的有机融合与深度协作，实现大型工程系统的实时感知、动态控制和信息服务，如图 8-1-12 所示。

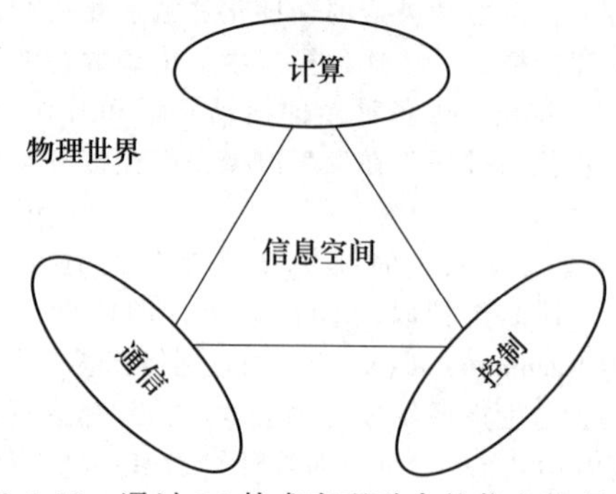

图 8-1-12　通过 3C 技术实现融合的信息物理系统

工业 4.0 中机器的软件不再仅仅是为了控制仪器或者执行某步具体的工作程序而编写，也不再仅仅被嵌入产品和生产系统里，产品和服务借助于互联网和其他网络服务，通过软件、电子及环境的结合，生产出全新的产品和服务。工业 4.0 涉及 5 个创新的主要技术领域：

1）移动计算：人和计算机在移动状态下进行的人机交互。这种人和计算机的机动性极大延伸了增值和实用的可能。移动终端设备在地点和时间上更智能、更灵活，且设备体积更小。

2）社会化媒体：互联网协作产生的平台，创造并存储数据，这些数据可贯穿产品生命周期的各个阶段，数据成为高效增值的极有价值的原始材料。其可被访问，开始渗透到社会和生活的许多领域。

3）物联网 IoT（Internet of Things）：物联网清晰地描述了一种唯一确定的物理对象间的连接，物品能够通过这种连接自主地相互联系，并由此获得了扩展功能，创造额外的客户价值。物联网的形成开启了创新、产品功能和增值过程效益的新维度。

4）大数据：就是收集巨大的数据集。这些数据集产生于多种多样的模拟或者数字资源——物联网、人联网 IoH（Internet of Humans），它们以不同的速度、容量和协议被传输。

5）分析、优化和预测：原始的大数据被不同的面向数据的过程所提纯，然后通过分析和优化工具而成为有增值的、可销售的产品。

1.3　智能制造

1.3.1　智能制造体系

智能制造产业已成为各国占领制造技术制高点的重点研发与产业化领域。美欧日等发达国家和地区将智能制造列为支撑未来可持续发展的重要智能技术。我国也将智能制造作为当前和今后一个时期推进两化深度融合的主攻方向和抢占新一轮产业竞争制高点的重要手段。2012 年 3 月 27 日，科技部组织编制了《智能制造科技发展“十二五”专项规划》。智能制造体系如图 8-1-13 所示。

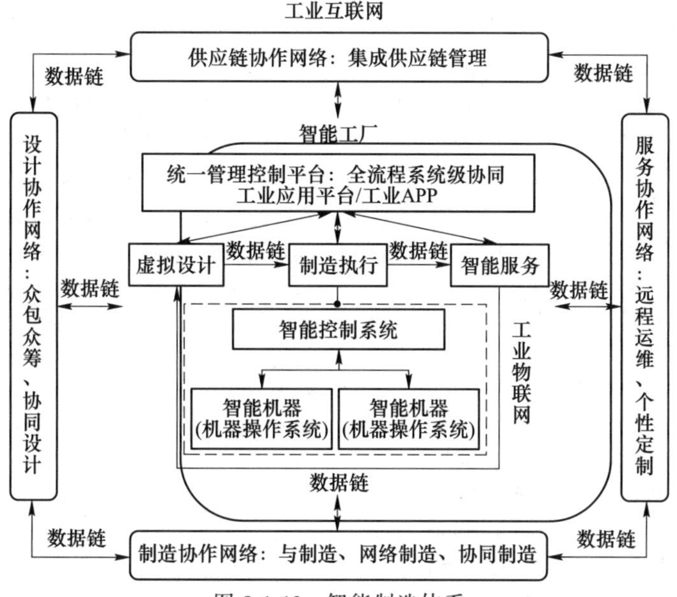

图 8-1-13　智能制造体系

智能制造是基于新一代信息技术，贯穿设计、生产、管理、服务等制造活动各个环节，是先进制造过程、系统与模式的总称。智能产品通过独特的形式加以识别、可以在任何时候被定位、并能知道它们自己的历史、当前状态和为了实现其目标状态的替代路线。在产品的全生命周期内具有信息深度自感知（全面传感）、智慧优化自决策（优化决策）、精准控制自执行（安全执行）。

智能制造的基本思路是以促进制造业创新发展为主题，以加快新一代信息技术与制造业深度融合为主线，以推进智能制造为主攻方向，强化工业基础能力，提高综合集成水平，完善多层次人才体系，从而增强综合国力，提升国际竞争力，保障国家安全，坚持走中国特色新型工业化道路。

1.3.2　智能制造的内涵

智能制造，就是面向产品全生命周期实现泛在感知条件下的信息化制造。智能制造技术是在现代传感技术、网络技术、自动化技术、拟人化智能技术等先进技术的基础上，通过智能化的感知、人机交互、决策和执行技术，实现设计过程、制造过程和制造装备智能化，是信息技术、智能技术与装备制造技术的深度融合与集成。智能制造，是信息化与工业化深度融合的大趋势。

智能制造技术是世界制造业未来发展的重要方向，依靠技术创新，实现由“制造大国”到“制造强国”的历史性跨越，是我国制造业发展的战略选择，为了实现制造强国的战略目标，加快制造业转型升级，全面提高发展质量和核心竞争力，需要瞄准新一代信息技术、高端装备、新材料、生物医药等战略重点，引导社会各类资源集聚，推动优势和战略产业快速发展。

智能制造并非只是一个横空出世的概念，而是制造业依据其内在发展逻辑，经过长时间的演变和整合而逐步形成的。

关于智能制造的研究大致经历了以下三个阶段：

（1）20 世纪 80 年代智能制造概念的提出源于人工智能在制造领域的应用　1998 年，美国赖特（Paul. Kenneth. Wright）、伯恩（David. Alan. Bourne）正式出版了智能制造研究领域的首本专著《制造智能》，就智能制造的内涵与前景进行了系统描述，将智能制造定义为“通过集成知识工程、制造软件系统、机器人视觉和机器人控制来对制造技工们的技能与专家知识进行建模，以使智能机器能够在没有人工干预的情况下进行小批量生产”。在此基础上，英国技术大学 Williams 教授对上述定义进行了更为广泛的补充，认为“集成范围还应包括贯穿制造组织内部的智能决策支持系统”。麦格劳-希尔科技词典将智能制造界定为“采用自适应环境和工艺要求的生产技术，最大限度地减少监督和操作，制造物品的活动”。

（2）20 世纪 90 年代发展于智能制造技术、智

能制造系统的提出　在智能制造概念提出不久后，智能制造的研究获得欧、美、日等工业化发达国家和地区的普遍重视，围绕智能制造技术（IMT）与智能制造系统（IMS）开展国际合作研究。欧、美、日共同发起实施的“智能制造国际合作研究计划”中提出“智能制造系统是一种在整个制造过程中贯穿智能活动，并将这种智能活动与智能机器有机融合，将整个制造过程从订货、产品设计、生产到市场销售等各个环节以柔性方式集成起来的能发挥最大生产力的先进生产系统”。

（3）21 世纪以来深化于新一代信息技术的快速发展及应用　21 世纪以来，随着物联网、大数据、云计算等新一代信息技术的快速发展及应用，智能制造被赋予了新的内涵，即新一代信息技术条件下的智能制造。美国、德国、中国智能制造的内涵如下：

1）美国工业互联网中的智能制造。工业互联网的概念最早由通用公司于 2012 年提出，随后美国 5 家行业领头企业联手组建了工业互联网联盟，通用电气（GE）在工业互联网（Industrial Internet）概念中，更是明确了“希望通过生产设备与信息技术相融合，目标是通过高性能设备、低成本传感器、互联网、大数据收集及分析技术等的组合，大幅提高现有产业的效率并创造新产业。

2）德国推出工业 4.0 中的智能制造。德国工业 4.0 的概念包含了由集中式控制向分散式增强型控制的基本模式转变，目标是建立一个高度灵活的个性化和数字化的产品与服务的生产模式。在这种模式中，传统的行业界限将消失。核心内容可以总结为：建设一个网络（信息物理系统），研究两大主题（智能工厂、智能生产），实现三大集成（纵向集成、横向集成、端到端集成），推进三大转变（生产由集中向分散转变、产品由趋同向个性转变、用户由部分参与向全程参与转变）。

3）中国制造 2025 中的智能制造。《智能制造发展规划（2016-2020 年）》给出了一个比较全面的描述性定义：智能制造是基于新一代信息通信技术与先进制造技术深度融合，贯穿于设计、生产、管理、服务等制造活动的各个环节，具有自感知、自学习、自决策、自执行、自适应等功能的新型生产方式。推动智能制造，能够有效缩短产品研制周期、提高生产效率和产品质量、降低运营成本和资源能源消耗，并促进基于互联网的众创、众包、众筹等新业态、新模式的孕育发展。智能制造具有以智能工厂为载体、以关键制造环节智能化为核心、以端到端数据流为基础、以网络互联为支撑等特征，这实际上指出了智能制造的核心技术、管理要求、主要功能和经济目标，体现了智能制造对于我国工业转型升级和国民经济持续发展的重要作用。

综上所述，智能制造是将物联网、大数据、云计算等新一代信息技术与先进自动化技术、传感技术、控制技术、数字制造技术结合，实现工厂和企业内部、企业之间和产品全生命周期实时管理和优化的新型制造系统。

1.3.3　中国制造 2025 及其十大重点领域、五大工程

1. 中国制造 2025 简介

改革开放三十年来，中国制造业已建立了雄厚的基础，取得了长足的发展。2014 年中国国民生产总值 GDP（Gross National Product）超过 63.6 万亿元，正式成为第二个 GDP 总量超过 10 万亿美元的国家。全球近 80%的空调、70%的手机以及 60%的鞋类都是“中国制造”。但与世界先进水平相比，我国制造业仍然大而不强，在自主创新能力、资源利用效率、产业结构水平、信息化程度、质量效益等方面差距明显，转型升级和跨越发展的任务紧迫而艰巨。尽管中国制造发展到今天面临劳动力成本上升等诸多挑战，但制造业对中国未来的发展仍举足轻重，制造业的转型升级对中国完成从制造大国到制造强国的转型将起到至关重要的作用。

事实上，中国目前仍处于工业 2.0 的后期。目前，世界各国正在掀起新一轮的工业技术革命，美国政府十分重视先进制造业的发展，在不同的州建立了 45 个制造业创新研究中心，构建全国制造创新网络。为了完成中国由“制造业大国”向“制造业强国”的转变，我们有必要借鉴德国工业 4.0 战略的基本思路和实施机制，借助于正在迅速发展的新产业革命的技术成果，加快推进制造业生产制造方式、产业组织和商业模式等方面的创新，加快促进制造业的全面转型升级。我国处于追求持续性发展、实现转型升级的阶段，制造业的国际竞争力依然是支撑我国就业和经济增长的核心。

2014 年 12 月，“中国制造 2025”这一概念被首次提出。2015 年 3 月 5 日，李克强总理在《政府工作报告》中首次提出“中国制造 2025”的宏大计划。同年 5 月 19 日，国务院印发《中国制造 2025》，提出了实现中国制造向中国创造转变、中国速度向中国质量转变、中国产品向中国品牌转变，完成中国制造由大变强的任务、重点领域和重大工程。

“中国制造 2025”的宏大计划力争通过“三步走”来实现战略目标。

第一步：力争用十年时间，迈入制造强国行列。

第二步：到 2035 年，我国制造业整体达到世界制造强国阵营中等水平。

第三步：新中国成立一百周年时，制造业大国

地位更加巩固，综合实力进入世界制造强国前列。

"三步走"战略是比较实事求是的，是立足于我国制造业实际的安排。它不同于德国工业 4.0 计划只针对高新技术，而是将围绕整个制造业做大、做精、做强。我国制造业中不同的行业差异很大，某些行业需要长期积累。工信部部长苗圩也表示："中国制造必须走工业 2.0 补课、工业 3.0 普及和工业 4.0 示范的并联式发展道路。"

《中国制造 2025》的五个基本方针是"创新驱动、质量为先、绿色发展、结构优化、人才为本"，坚持"市场主导、政府引导，立足当前、着眼长远，整体推进、重点突破，自主发展、开放合作"的基本原则，通过三个阶段实现制造强国的目标，如图 8-1-14 所示。

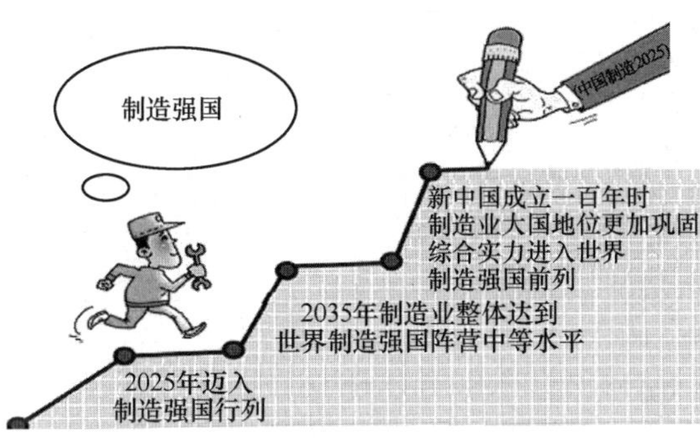

图 8-1-14　"三步走"制造强国的战略目标

《中国制造 2025》包含的重大工程之一就是智能制造装备的研发。先进智能化高端装备是先进制造技术、信息技术和智能技术的集成和融合，通常是具有感知、分析、推理、决策和控制功能的装备的统称，体现了制造业的智能化、数字化和网络化的发展要求。

装备智能化首先要实现产品信息化，即越来越多的制造信息被录制、被物化到产品中；产品中的信息含量逐渐增高，一直到其在产品中占据主导地位。产品信息化是信息化的基础，含两层意思：一是产品所含各类信息比重日益增大、物质比重日益降低，产品日益由物质产品的特征向信息产品的特征迈进；二是越来越多的产品中嵌入了智能化元器件（如交流伺服压力机），使产品具有越来越强的信息处理功能。

2. 中国制造 2025 的十大领域

中国正处于加快推进工业化的进程中，制造业是国民经济的重要支柱和基础。落实政府工作报告部署的"中国制造 2025"，对于推动中国制造由大变强，使中国制造包含更多中国创造因素，更多依靠中国装备、依托中国品牌，促进经济保持中高速增长、向中高端水平迈进具有重要意义。

在《中国制造 2025》中，核心转变是从"中国制造"到"中国创造"；改革创新则是勾勒中国制造上天入海蓝图的一条主线。《中国制造 2025》规划最后提出八项措施作为战略支撑和保障，包括：深化体制机制改革、营造公平竞争市场环境、完善金融扶持政策、加大财税政策支持力度、健全多层次人才培养体系、完善中小微企业政策、进一步扩大制造业对外开放、健全组织实施机制等。八项战略支撑都是针对我国制造业当前面临的突出问题提出的系统性举措。其中有长期举措，如健全人才培养体系；而完善金融扶持政策和加大财税政策支持力度则是中短期需要做的。

在《中国制造 2025》规划中提出提高国家制造业创新能力、推进信息化与工业化深度融合、强化工业基础能力、加强质量品牌建设、全面推行绿色制造、大力推动重点领域突破发展、深入推进制造业结构调整、积极发展服务型制造和生产性服务业、提高制造业国际化发展水平等九项任务，其中还将要突破发展的重点领域细化为包括信息技术产业在内的十大领域。

要顺应"互联网+"的发展趋势，以信息化与工业化深度融合为主线，重点发展新一代信息技术、高档数控机床和机器人、航空航天装备、海洋工程装备及高技术船舶、先进轨道交通装备、节能与新能源汽车、电力装备、新材料、生物医药及高性能医疗器械、农业机械装备这十大领域，强化工业基础能力，提高工艺水平和产品质量，推进智能制造、绿色制造。促进生产性服务业与制造业融合发展，提升制造业层次和核心竞争力。

中国制造 2025 的核心包括十大重点领域及 23 个重点方向。为了可靠地保障这十大领域中 23 个优先发展方向的人才与知识。教育部于 2017 年 7 月规划了相关的高校进行 23 个优先发展方向的人才培养方案及其知识体系的撰写，具体分工见表 8-1-1。由表 8-1-1 可看出，这些高校几乎都是 985 院校，在国内的工学领域都是名列前茅的，为《中国制造 2025》规划中的五个方针之一的"人才为本"的实施奠定了良好的基础。

3. 中国制造 2025 的五大工程

（1）国家制造业创新中心（工业技术研究基地）建设工程　围绕重点行业转型升级和新一代信息技术、智能制造、增材制造、新材料、生物医药等领域创新发展的重大共性需求，形成一批制造业创新中心（工业技术研究基地），重点开展行业基础和共性关键技术研发、成果产业化、人才培训等工作。制定完善制造业创新中心遴选、考核、管理的标准和程序。

表 8-1-1　十大重点领域及 23 个优先发展方向的人才培养新模式的规划分工

重点领域	优先发展方向	负责高校
新一代信息技术产业	集成电路及专业设备	浙江大学
	信息通信设备	东南大学
	操作系统与工业软件	清华大学
	智能制造核心信息设备	西安交通大学
高档数控机床和机器人	高档数控机床与基础制造装备	华中科技大学
	机器人	清华大学
航空航天装备	飞机	北京航空航天大学
	航空发动机	北京航空航天大学
	航空机载设备、系统及配套	北京航空航天大学
	航天设备	哈尔滨工业大学
海洋工程装备及高技术船舶	海洋工程装备及高技术船舶	上海交通大学
先进轨道交通装备	先进轨道交通装备	西南交通大学
节能与新能源汽车	节能汽车	同济大学
	新能源汽车	同济大学
	智能网汽车	清华大学
电力装备	发电装备	天津大学
	输变电装备	天津大学
农业机械装备	农业机械装备	浙江大学
新材料	先进基础材料	西安交通大学
	关键战略材料	哈尔滨工业大学
	前沿新材料	哈尔滨工业大学
生物医药及高性能医疗器械	生物医药	华中科技大学
	高性能医疗器械	东南大学

到 2020 年，重点形成 15 家左右制造业创新中心（工业技术研究基地），力争到 2025 年形成 40 家左右制造业创新中心（工业技术研究基地）。

（2）智能制造工程　紧密围绕重点制造领域关键环节，开展新一代信息技术与制造装备融合的集成创新和工程应用。支持政产学研用联合攻关，开发智能产品和自主可控的智能装置并实现产业化。依托优势企业，紧扣关键工序智能化、关键岗位机器人替代、生产过程智能优化控制、供应链优化，建设重点领域智能工厂/数字化车间。在基础条件好、需求迫切的重点地区、行业和企业中，分类实施流程制造、离散制造、智能装备和产品、新业态新模式、智能化管理、智能化服务等试点示范及应用推广。建立智能制造标准体系和信息安全保障系统，搭建智能制造网络系统平台。

到 2020 年，制造业重点领域智能化水平显著提升，试点示范项目运营成本降低 30%，产品生产周期缩短 30%，不良品率降低 30%。到 2025 年，制造业重点领域全面实现智能化，试点示范项目运营成本降低 50%，产品生产周期缩短 50%，不良品率降低 50%。

（3）工业强基工程　开展示范应用，建立奖励和风险补偿机制，支持核心基础零部件（元器件）、先进基础工艺、关键基础材料的首批次或跨领域应用。组织重点突破，针对重大工程和重点装备的关键技术和产品急需，支持优势企业开展政产学研用联合攻关，突破关键基础材料、核心基础零部件的工程化、产业化瓶颈。强化平台支撑，布局和组建一批“四基”研究中心，创建一批公共服务平台，完善重点产业技术基础体系。

到 2020 年，40%的核心基础零部件、关键基础材料实现自主保障，受制于人的局面逐步缓解，航天装备、通信装备、发电与输变电设备、工程机械、轨道交通装备、家用电器等产业急需的核心基础零部件（元器件）和关键基础材料的先进制造工艺得到推广应用。到 2025 年，70%的核心基础零部件、关键基础材料实现自主保障，80 种标志性先进工艺得到推广应用，部分达到国际领先水平，建成较为完善的产业技术基础服务体系，逐步形成整机牵引和基础支撑协调互动的产业创新发展格局。

（4）绿色制造工程　组织实施传统制造业能效提升、清洁生产、节水治污、循环利用等专项技术改造。开展重大节能环保、资源综合利用、再制造、低碳技术产业化示范。实施重点区域、流域、行业清洁生产水平提升计划，扎实推进大气、水、土壤污染源头防治专项。制定绿色产品、绿色工厂、绿色园区、绿色企业标准体系，开展绿色评价。

到 2020 年，建成千家绿色示范工厂和百家绿色示范园区，部分重化工行业能源资源消耗出现拐点，重点行业主要污染物排放强度下降 20%。到 2025 年，制造业绿色发展和主要产品单耗达到世界先进水平，绿色制造体系基本建立。

（5）高端装备创新工程　组织实施大型飞机、航空发动机及燃气轮机、民用航天、智能绿色列车、节能与新能源汽车、海洋工程装备及高技术船舶、智能电网成套装备、高档数控机床、核电装备、高端诊疗设备等一批创新和产业化专项、重大工程。开发一批标志性、带动性强的重点产品和重大装备，提升自主设计水平和系统集成能力，突破共性关键技术与工程化、产业化瓶颈，组织开展应用试点和示范，提高创新发展能力和国际竞争力，抢占竞争制高点。

到 2020 年，上述领域实现自主研制及应用。到 2025 年，自主知识产权高端装备市场占有率大幅提升，核心技术对外依存度明显下降，基础配套能力显著增强，重要领域装备达到国际领先水平。

1.4 智能制造十项关键技术

1.4.1 智能制造重点发展的五大领域

智能制造重点发展的五大领域包括：高档数控机床与工业机器人、增材制造装备、智能传感与控制装备、智能检测与装配装备、智能物流与仓储装备。

（1）高档数控机床与工业机器人　数控双主轴车铣磨复合加工机床；高速高效精密五轴加工中心；复杂结构件机器人数控加工中心；螺旋内齿圈拉床；高效高精数控蜗杆砂轮磨齿机；蒙皮镜像铣数控装备；高效率、低重量、长期免维护的系列化减速器；高功率大力矩直驱及盘式中空电动机；高性能多关节伺服控制器；机器人用位置、力矩、触觉传感器；6~500kg 级系列化点焊、弧焊、激光及复合焊接机器人；关节型喷涂机器人；切割、打磨抛光、钻孔攻丝、铣削加工机器人；缝制机械、家电等行业专用机器人；精密及重载装配机器人；六轴关节型、平面关节（SCARA）型搬运机器人；在线测量及质量监控机器人；洁净及防爆环境特种工业机器人；具备人机协调、自然交互、自主学习功能的新一代工业机器人。

（2）增材制造装备　高功率光纤激光器、扫描振镜、动态聚焦镜及高品质电子枪、光束整形、高速扫描、阵列式高精度喷嘴、喷头；激光/电子束高效选区熔化、大型整体构件激光及电子束送粉/送丝熔化沉积等金属增材制造装备；光固化成形、熔融沉积成形、激光选区烧结成形、无模铸型、喷射成形等非金属增材制造装备；生物及医疗个性化增材制造装备。

（3）智能传感与控制装备　高性能光纤传感器、微机电系统（MEMS）传感器、多传感器元件芯片集成的 MCO 芯片、视觉传感器及智能测量仪表、电子标签、条码等采集系统装备；分散式控制系统（DCS）、可编程逻辑控制器（PLC）、数据采集系统（ScadA）、高性能高可靠嵌入式控制系统装备；高端调速装置、伺服系统、液压与气动系统等传动系统装备。

（4）智能检测与装配装备　数字化非接触精密测量、在线无损检测系统装备；可视化柔性装配装备；激光跟踪测量、柔性可重构工装的对接与装配装备；智能化高效率强度及疲劳寿命测试与分析装备；设备全生命周期健康检测诊断装备；基于大数据的在线故障诊断与分析装备。

（5）智能物流与仓储装备　轻型高速堆垛机；超高超重型堆垛机；高速智能分拣机；智能多层穿梭车；智能化高密度存储穿梭板；高速托盘输送机；高参数自动化立体仓库；高速大容量输送与分拣成套装备、车间物流智能化成套装备。

可以看出，当前国家针对智能制造装备产业推出的多项政策，将从智能化、精密化、绿色化和集成化等方面提升我国装备制造产业走向智能高端领域。

1.4.2 智能制造的十项关键技术

智能制造的最终目的是实现智能决策，其主要实施途径包括：开发和研制智能产品；加大智能装备的应用；按照自底向上的层次顺序，建立智能生产线，构建智能车间，打造智能工厂；践行和开展智能研发；形成智能物流和供应链体系；开展实施环节的智能管理；推进整体性智能服务。

目前，智能制造的“智能”还处于“Smart”的层次，智能制造系统具有数据采集、数据处理、数据分析的功能，能够准确执行控制指令，能够实现闭环反馈；而智能制造的趋势是真正实现“Intelligent”，即智能制造系统能够实现自主学习、自主决策，不断优化。

在智能制造的关键技术当中，智能产品与智能服务可以帮助企业带来商业模式的创新；智能装备、智能生产线、智能车间和智能工厂可以帮助企业实现生产模式的创新；智能研发、智能管理、智能物流与供应链则可以帮助企业实现运营模式的创新；而智能决策则可以帮助企业实现科学决策。如图 8-1-15 所示，智能制造的十项关键技术分别为：智能产品（Smart Product）、智能服务（Smart Service）、智能装备（Smart Equipment）、智能产线（Smart Production line）、智能车间（Smart workshop）、智能工厂（Smart Factory）、智能研发（Smart R&D）、智能管理（Smart Management）、智能物流与供应链（Smart Logistics and SCM）、智能决策（Smart Decision Making）。这十项技术之间是息息相关的，制造企业应当理性地渐进式推进这些智能技术的应用。

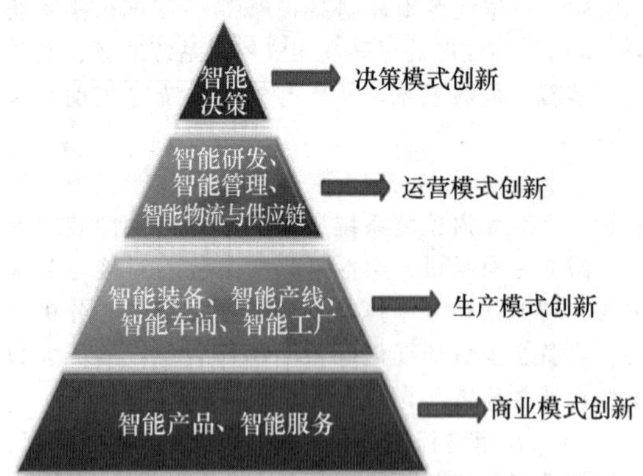

图 8-1-15　智能制造的十项关键技术

1.4.3　智能制造试点专项的五个方向

2015 年 3 月 18 日，工信部网站发布了《2015 年智能制造试点示范专项行动实施方案》，正式启动 2015 年智能制造试点示范专项行动。

智能制造是制造技术和信息技术的结合，涉及众多行业产业，聚焦智能制造试点的关键环节，有助于准确把握与其相关的产业投资机会。而根据智能制造试点通知，将分类开展：流程制造及离散制造、智能装备和产品、智能制造新业态新模式、智能化管理、智能服务等五大重点方向。

上述试点中瞄准的五个方向，各具针对性。

第一，针对生产过程的智能化，更准确地说是生产方式的现代化、智能化。根据通知要求，在以智能工厂为代表的流程制造、以数字化车间为代表的离散制造分别选取 5 个以上的试点示范项目。其中，在流程制造领域，重点推进石化、化工、冶金、建材、纺织、食品等行业，示范推广智能工厂或数字矿山运用；在离散制造领域，重点推进机械、汽车、航空、船舶、轻工、家用电器及电子信息等行业。

第二，针对产品的智能化，体现在以信息技术深度嵌入为代表的智能装备和产品试点示范。也就是把芯片、传感器、仪表、软件系统等智能化产品嵌入到智能装备中去，使得产品具备动态存储、感知和通信能力，实现产品的可追溯、可识别、可定位。根据通知，在包括高端芯片、新型传感器、机器人等在内的行业中，选取十个以上智能装备和产品的集成应用项目。

第三，针对制造业中的新业态新模式予以智能化，也就是所谓的工业互联网方向。根据通知，在以个性化定制、网络协同开发、电子商务为代表的智能制造新业态新模式推行试点示范，比如，在家用电器、汽车等与消费相关的行业，开展个性化定制试点；在钢铁、食品、稀土等行业开展电子商务及产品信息追溯试点示范。

第四，针对管理的智能化。在物流信息化、能源管理智慧化上推进智能化管理试点，从而将信息技术与现代管理理念融入企业管理。

第五，针对服务的智能化。以在线监测、远程诊断、云服务为代表的智能服务试点示范。工信部电子信息司副司长安筱鹏认为，服务的智能化，既体现为企业如何高效、准确、及时挖掘客户的潜在需求并实时响应，也体现为产品交付后对产品实现线上线下（O2O）服务，实现产品的全生命周期管理。两股力量在服务的智能化方面相向而行，一股力量是传统的制造企业不断拓展服务业务，一股力量是互联网企业从消费互联网进入到产业互联网。

1.4.4　智能制造试点示范专项

在 2015 年启动 30 个以上智能制造试点示范项目，聚焦于以下 6 个领域，试点范围将于 2017 年进一步扩大。

1）以智能工厂为代表的流程制造。

2）以数字化车间为代表的离散制造。

3）以信息技术深度嵌入为代表的智能装备和产品。

4）以个性化定制、网络协同开发、电子商务为代表的智能制造新业态新模式。

5）以物流信息化、能源管理智慧化为代表的智能化管理及在线监测、远程诊断。

6）以云服务为代表的智能服务。

智能制造试点示范项目要实现五个维度的愿景，运营成本降低 20%，产品研制周期缩短 20%，生产效率提高 20%，产品不良品率降低 10%，能源利用率提高 4%。2015 年和 2016 年中国智能制造专项立项情况见表 8-1-2 所示。

表 8-1-2　中国智能制造专项立项情况

年份	项目申报数	初评通过数	复评通过数	立项数
2015	340	239	94	93
2016	416	277	144	133

智能制造专项主要支持方向有综合标准化试验验证，如基础共性标准试验验证、关键应用标准试验验证；重点领域智能制造新模式应用，如新一代信息技术产品、高档数控机床和机器人、航空装备、

海洋工程装备及高技术船舶、先进轨道交通装备、节能与新能源汽车、电力装备、新材料、农业机械。

1.4.5　智能制造核心信息设备

近年来 IPv6 迅速发展，国内外厂商都在加速设备研发与换代使产品支持 IPv6。国内生产 IPv6 产品的主要有思科、华为、中兴、瞻博网络等企业。

为贯彻落实《中国制造 2025》，引导社会各类资源集聚，推动优势和战略产业快速发展，国家制造强国建设战略咨询委员会于 2015 年 9 月 29 日在北京召开发布会，正式发布《〈中国制造 2025〉重点领域技术路线图（2015 年版）》。

中国制造 2025 的十大重点领域中，第一个是新一代信息技术产业。它的四个优先发展方向包括：集成电路及专用设备、信息通信设备、操作系统与工业软件、智能制造核心信息设备。

1. 智能制造核心信息设备的需求和目标

智能制造核心信息设备是制造过程各个环节实现信息获取、实时通信和动态交互及决策分析和控制的关键基础设备。当前，我国工业发展已经到了“爬坡过坎”的重要关口，经济新常态要求制造业必须加快转型升级，加快发展智能制造已成为突破发展瓶颈、提升国际竞争力和应对经济下行压力的关键选项。要实现中国制造 2025 的远景，必须建设与中国制造业配套的基础设施体系，其中重要的是信息基础设施和为制造服务的现代服务业。

2. 智能制造核心信息设备的重点产品

智能制造核心信息设备的重点产品如下：

（1）智能制造基础通信设备　开发适应恶劣工业环境的高可靠、高容量、高速度、高质量的支持 IPv6 的高速工业交换机、高速工业无线路由器/中继器、工业级低功耗远距/近场通信设备、快速自组网工业无线通信设备、工业协议转换器/网关、工业通信一致性检测设备等工业通信网络基础设备，构建面向智能制造的高速、安全可靠的工业通信网络，为实现制造信息的互联互通奠定基础。部分智能制造基础通信设备如图 8-1-16 所示。

IPv6（Internet Protocol Version 6）是互联网工程任务组 IETF（Internet Engineering Task Force）设计的，是为了解决 IPv4 所存在的一些问题和不足而提出的，用于替代现行版本 IP 协议（IPv4）的下一代 IP 协议。

IPv6 地址长度为 IPv4 的四倍，解决了网络地址资源数量的问题；在 IPv6 的网络中，病毒和互联网蠕虫不可能通过扫描地址段的方式找到有可乘之机的其他主机，因为 IPv6 的地址空间巨大，大大提高了安全性。但是与 IPv4 一样，IPv6 同样会造成大量的 IP 地址浪费。

a) IPv6的核心路由交换机

b) 高速工业无线路由器

c) 工业协议转换器

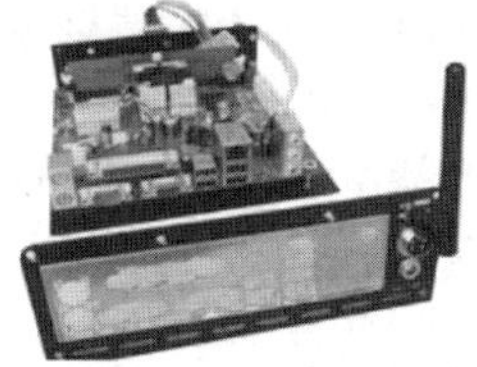
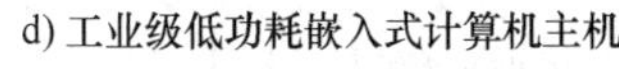

d) 工业级低功耗嵌入式计算机主机

e) 无线自组网路由器

图 8-1-16　智能制造基础通信设备

在 IPv6 的网络世界里，病毒、互联网蠕虫的传播将变得非常困难。但是，基于应用层的病毒和互联网蠕虫是一定会存在的，电子邮件的病毒还是会继续传播。此外，还需要注意 IPv6 网络中关键主机的安全。

（2）智能制造控制系统　开发支持具有现场总线通信功能的分布式控制系统（DCS）、可编程控制系统（PLC）、工业控制计算机系统（PAC）、嵌入式控制系统以及数据采集与监视控制系统（SCADA），提高智能制造自主安全可控的能力和水平。图 8-1-17 所示为智能制造控制系统的结构。

1）分布式控制系统 DCS（Distributed Control System）。分布式制造作为未来工业制造过程的发展方向，是一种以快速响应市场需求和提高企业集群竞争力为主要目标的先进制造模式。它是由过程控制级和过程监控级组成的以通信网络为纽带的多级计算机系统，可靠性高、灵活性高、功能齐全、协调性好、易于维护。当前处于国际一流水平有的霍

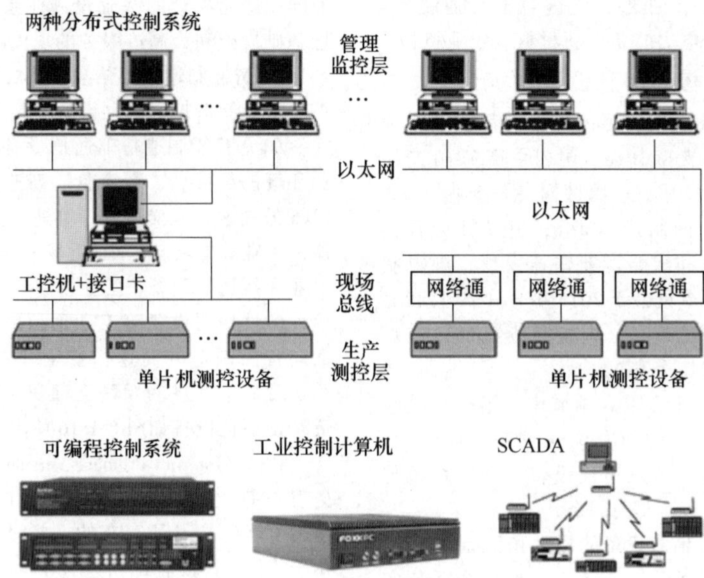

图 8-1-17　智能制造控制系统结构

尼韦尔（HONEYWELL）、施耐德（SCHNEIDER）、ABB、西门子（SIEMENS）、艾默生（EMERSON）等企业。

2）可编程控制系统 PLC（Programmable Logic Controller）。PLC 采用可以编制程序的存储器，可在其内部存储执行逻辑运算、顺序运算、计时、计数和算术运算等操作的指令，并能通过数字式或模拟式的输入和输出，控制各种类型的机械或生产过程。它具有使用方便、功能强、可靠性高、抗干扰能力强、调试工作量少、维修方便等优点。生产 PLC 的国外企业有西门子、罗克韦尔、ABB、GE、三菱、欧姆龙、松下等，国内企业有光洋、台达、永宏、中控、信捷等。

3）工业控制计算机系统 PAC（Programmable Automation Controller）。工控机 IPC（Industrial Personal Computer），即工业控制计算机，是一种采用总线结构，对生产过程及机电设备、工艺装备进行检测与控制的工具总称。工业自动控制系统装置制造业是传统制造业中的高新技术行业，其技术水平直接反映了国家装备制造业的水平。

当前处于国际一流水平的有西门子、发那科、霍尼韦尔、艾默生、横河、ABB 等国际跨国企业。近年来，大中型国内企业和国内部分合资企业通过技术引进和自主研发，技术水平处于国内领先，部分产品技术达到国际先进水平，例如研华科技（中国）有限公司、凌华科技（中国）有限公司等；但行业内数量最大的国内中小企业，其技术水平仍停留在 20 世纪 90 年代水平。

4）嵌入式控制系统以及数据采集与监视控制系统 SCADA（Supervisory Control And Data Acquisition）。SCADA 系统是以计算机为基础的生产过程控制与调度自动化系统，可以对现场的运行设备进行监视和控制。作为能量管理系统的一个最主要的子系统，它有信息完整、提高效率、正确掌握系统运行状态、加快决策、能帮助快速诊断出系统故障状态等优势，已经成为电力调度不可缺少的工具。它对提高电网运行的可靠性、安全性与经济效益，减轻调度员劳动强度，实现电力调度自动化与现代化，提高调度的效率和水平等方面有着不可替代的作用。开发 SCADA 系统的有施耐德、西门子、MDS、北京易控等企业。

（3）基于物联网的新型工业传感器　工业 4.0 的核心思想就是物联网与服务网深度融合，从而确保机器动作执行决策的优化性以及运行过程的安全性。

《〈中国制造 2025〉重点领域技术路线图（2015 年版）》要求，到 2020 年智能型光电传感器、智能型接近传感器、中低档视觉传感器、MEMS 传感器及芯片、光纤传感器的国产化率要提高到 20%。

智能工厂的实质就是生产运行过程中数据的采集、分析和处理实现智能化，而传感器在其中每个环节都起到至关重要的作用。对当前智能制造而言，作为所有智能设备的感官，传感器已不仅仅是采集数据的“眼睛”和“耳朵”，更是高端制造、流程控制、联网操作的“大脑”和“心脏”。图 8-1-18 所示为部分新型工业传感器。

美国早在 20 世纪 80 年代就声称世界将进入传感器时代，甚至把传感器技术列为国家重点开发技

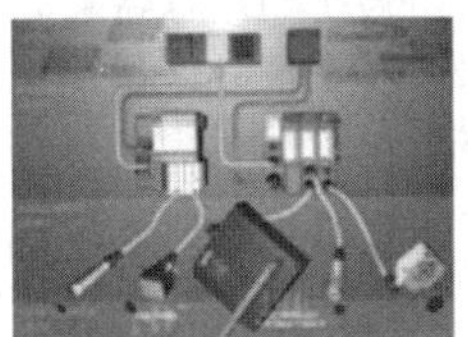

a) 智能型光电传感器

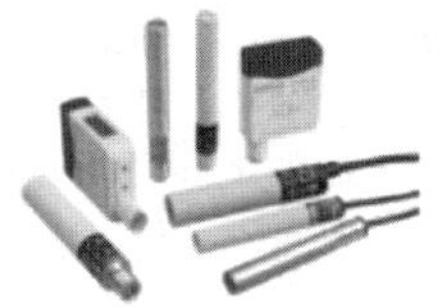

b) 电感式接近传感器

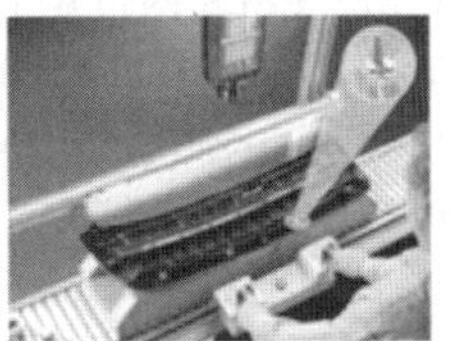

c) 高分辨率视觉传感器

d) 高精度流量传感器

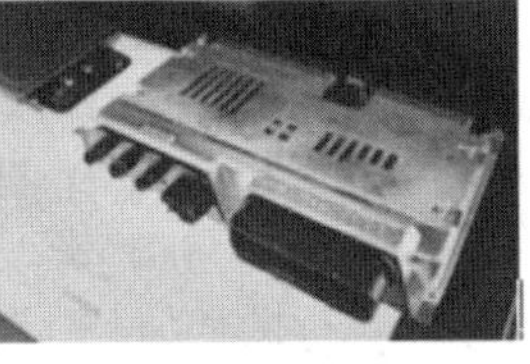

e) 车用域控制器

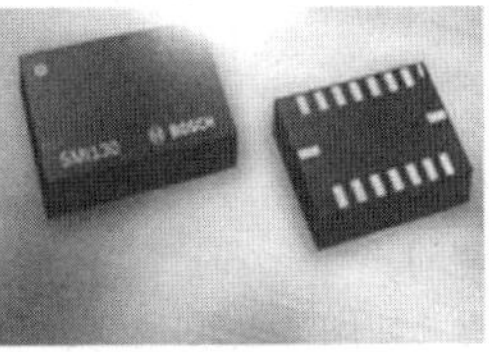

f) 车用惯性导航传感器

图 8-1-18　新型工业传感器

术之一。目前全球约有 40 个国家从事传感器研制、生产和应用开发，其中美、日、德、丹等国的市场总占有率超过 60%。例如生产直线光栅传感器的著名国际品牌有德国海德汉（HEIDENHAIN）、英国雷尼绍（RENISHAW）。相比之下，国内传感器存在水平偏低、研发实力较弱、规模偏小、产业集中度低等问题，对于高端电动机、视觉、力学等高附加值的传感器，进口占比高达 90%，严重依赖国外技术。

目前，在全球范围内有 20000 多种传感器，我国能完全国产的种类大约只有 6000 多种，且其种类远远不能满足国内生产生活的需要。我国传感器产品技术水平、工艺、新产品开发、应用研究与国外相比仍存在一定差距。传感器在重大技术装备中所占价值量不足 5%，技术攻关及产业化难度大，较重大技术装备主机与国外先进水平差距更大。

传感技术及产品已成为制约智能制造等产业发展的瓶颈，我国迫切需要提升传感器产业技术层次和规模化发展。在制造业升级计划中，要让工业机器人表现更优异，传感器技术至关重要。

未来的传感器应该突破的问题是：首先要突破通信能力有限这个最大的瓶颈；其次是能量的消耗；第三是节点易于定位；第四是传感器智能化和多功能化。当前迫切需要开发具有数据存储和处理、自动补偿、通信功能的低功耗、高精度、高可靠性的智能型光电传感器、智能型接近传感器、高分辨率视觉传感器、高精度流量传感器、车用惯性导航传感器、车用域控制器等新型工业传感器，以及分析仪器用高精度检测器，满足典型行业和领域的泛在信息采集的需求。

（4）制造物联设备　物联网通过全面感知、可靠传递、智能处理使信息迅速、精确共享，实现“物-物”相联，其本质是深度的信息化。

制造物联是物联网技术在制造领域的应用，它是一种新的制造模式，通过网络、嵌入式、射频识别元件 RFID（Radio Frequency Identification Devices）和传感器等电子信息技术与制造技术相融合，将物联网技术应用于产品制造以及全生命周期，实现对产品制造与服务过程及全生命周期中制造资源与信息资源的动态感知、智能处理与优化控制、工艺和产品的创新等。信息物理系统也是网络平台的一种，数量众多且具有一定功能的微芯片（嵌入系统）可完全借助于此平台高质量、高效率地促进机器与机器之间的对话，从而形成“智能”化，取代之前需由人工控制的生产活动。图 8-1-19 所示为部分制造物联设备。

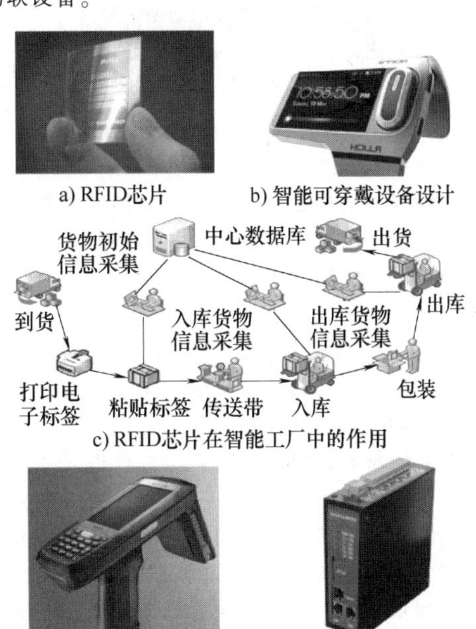

a) RFID芯片　b) 智能可穿戴设备设计

c) RFID芯片在智能工厂中的作用

d) 便携式超高频工业手持终端　e) 工业物联网智能网关

图 8-1-19　制造物联设备

互联设备的不断普及及物联网市场的蓬勃发展极大促进了包括 RFID 读取器在内的制造物联设备的研发，未来需要大力发展 RFID 芯片和读写设备、工业便携/手持智能终端、工业物联网关、工业可穿戴设备，实现人、设备、环境与物料之间的互联互通和综合管理。

生产制造物联设备的企业有 IBM、思科、广州飞瑞敖、上海企想、广东妙购和智能、深圳英孚达和贝特尔等。

（5）仪器仪表和检测设备　仪器仪表和检测设备是实现智能制造信息测量与控制的基础手段和重要设备，在信息化带动工业化和产业化的过程中发挥着举足轻重的作用，如图 8-1-20 所示。

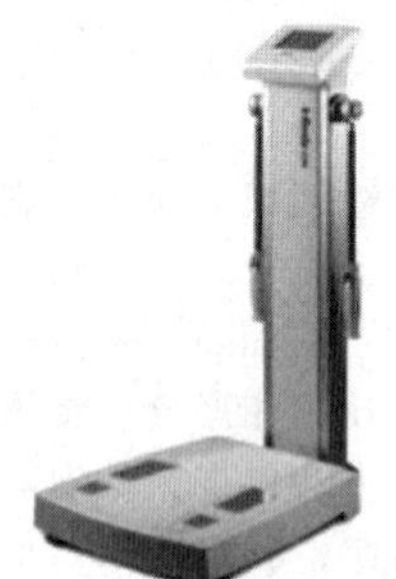

a) 人体成分分析仪

b) 高精度透镜综合测量仪

c) 高温动态弹性模量无损检测仪

图 8-1-20　仪器仪表和检测设备

制造业发达的国家和地区，必有国际领先的仪器仪表企业，如美国有艾默生、霍尼韦尔、罗克韦尔，欧洲有西门子、ABB、施耐德，日本有横河、欧姆龙等。

目前我国仪器仪表产业的发展状况不容乐观，只能生产一些中低档的仪器仪表，高档仪器仪表进口产品占据 90%以上的份额。

虽然我国核心智能测控装置与部件进入产业化阶段。其中，仪器仪表领域、包装和食品机械领域发展较为突出，但智能测控装置与部件整体技术水平依然较低，关键核心部件的相关技术亟待突破。

在检测仪器领域，国内企业同质化竞争、国外隐性技术壁垒制约、盲目采购国外仪器等因素，使得大量高价进口仪器长期占据中、高甚至低端市场，一定程度上阻碍了国产仪器发展。业内人士和专家建议，应提高国产检测仪器行业竞争力，缩小与国外先进技术水平的差距。

当前，迫切需要系统地研究开发符合智能制造特点和应用需求的高端测量仪器仪表设备，突破限制我国高端制造水平的一批精密测量核心技术和加工制造、装配工艺，实现高端测量仪器仪表设备的国产化。重点发展在线成分分析仪、在线无损检测装置、在线高精度三维数字超声波探伤仪、在线高精度非接触几何精度检测设备，实现智能制造过程中的质量信息采集和质量追溯。

（6）制造信息安全保障产品　信息技术与控制技术的深度结合，在为控制技术带来新的创新机会的同时，也将信息安全问题带入现代工业控制系统中。以网络化传感器、数据互操作性、多尺度动态建模与仿真、智能自动化为核心的智能制造面临的信息安全问题主要来自以下两个方面：

1）传统工业控制系统信息安全问题：工业控制软件、硬件、设备、协议、网络、工艺本身等；工业控制网络体系架构以及各个重点环节。

2）虚拟网络与实体物理系统（CPS）技术使制造业和物流业的统一，导致工业控制信息安全面临新的挑战。

工业软件是智能制造系统的核心，数据和服务的安全可靠是智能制造企业的首要诉求，信息安全对于制造企业的重要性尤为迫切。关键生产数据传输于产品、设备、工厂、客户之间，信息的安全、知识产权的保护、生产设备与环境的安全等等都是在智能生产过程中必须维护的要素。因此，以美国为代表的工业互联网、以德国为代表的工业 4.0，都将信息安全作为重中之重。目前在两化融合加剧的情况下，脆弱的工业控制系统亟须保护，国内工业控制信息安全防护设备应用尚未普及，普遍使用的是信息系统防火墙产品，无法对工业控制系统实施有效的信息安全防护，急需加大在工业控制网络安全设备的投入，防止相关企业受到攻击，造成巨大损失。只有在保证工业控制网络安全的前提下，才能够促进企业生产制造安全，从而保障工业智能化带来的生产效率的提高和附加效益的实现。图 8-1-21 所示为工业控制系统网络安全与智能制造生产的关系。

着力发展工业控制系统防火墙/网闸、容灾备份系统、主动防御系统、漏洞扫描工具、无线安全探测工具、入侵检测设备，提高智能制造信息安全保障能力。国内目前开发制造信息安全保障产品的有北京安讯奔、亿赛通、方德信安，上海上讯、华御等。

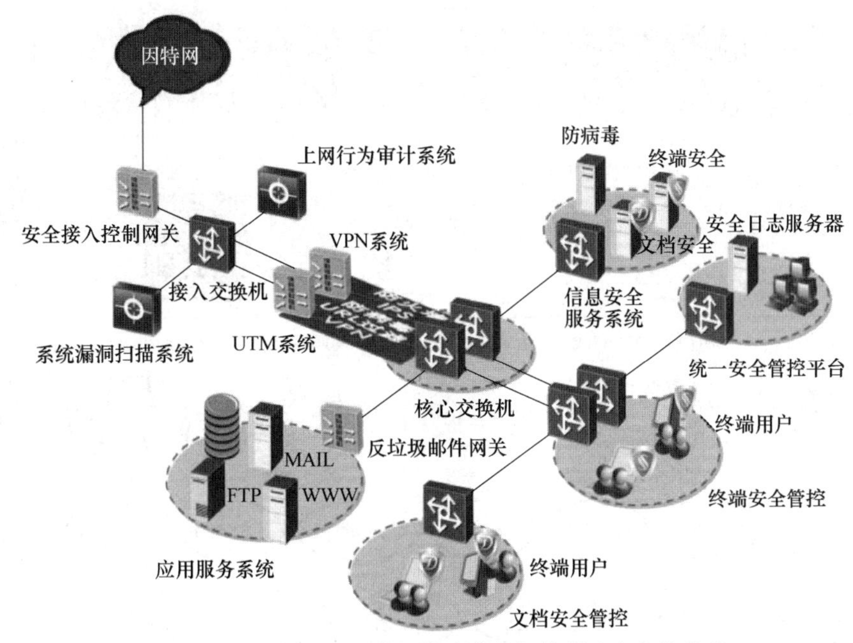

图 8-1-21　工业控制系统网络安全与智能制造生产的关系

1.5　物联网及其关键技术

1.5.1　物联网的体系结构

物联网是在互联网和移动通信网等网络通信基础上，针对不同领域的需求，利用具有感知、通信和计算的智能物体自动获取现实世界的信息，将这些对象互联，实现全面感知、可靠传输、智能处理，构建人与物、物与物互联的智能信息服务系统。

物联网体系结构主要由感知层（感知控制层）、网络层和应用层三个层次组成，如图 8-1-22 所示。

（1）感知层　主要分为两类，自动感知设备：能够自动感知外部物理信息，包括 RFID，传感器，智能家电等；人工生成信息设备：包括智能手机，个人数字助理（PDA）、计算机等。

（2）网络层　网络层又称为传输层，包括接入层、汇聚层和核心交换层。接入层相当于计算机网络的物理层和数据链路层，RFID 标签、传感器与接入层设备构成了物联网感知网络的基本单元。接入层网络技术分为无线接入和有线接入，无线接入有无线局域网、移动通信中 M2M 通信；有线接入有现场总线、电力线接入、电视电缆和电话线。汇聚层位于接入层和核心交换层之间，进行数据分组汇聚、转发和交换，进行本地路由、过滤、流量均衡等。汇聚层技术也分为无线和有线，无线包括无线局域网、无线城域网、移动通信 M2M 通信和专用无线通信等，有线包括局域网、现场总线等。核心交换层为物联网提供高速、安全和具有服务质量保障能力的数据传输，可以为 IP 网、非 IP 网、虚拟专网或者它们之间的组合。

（3）应用层　应用层分为管理服务层和行业应用层。管理服务层通过中间件软件实现感知硬件和应用软件之间的物理隔离和无缝连接，提供海量数据的高效汇聚、存储，通过数据挖掘、智能数据处理计算等，为行业应用层提供安全的网络管理和智能服务。主要通过中间件技术，海量数据存储和挖掘技术以及云计算平台支持。行业应用层为不同行业提供物联网服务，可以是智能医疗、智能交通、智能家居、智能物流等等，主要由应用层协议组成，不同的行业需要制定不同的应用层协议。在物联网整个体系结构中，信息安全、网络管理、对象名字服务和服务质量保证是用到的共性技术。

1.5.2　物联网的关键技术

1. 感知技术

感知技术也可以称为信息采集技术，它是实现物联网的基础。目前，信息采集主要采用电子标签和传感器等方式完成。

（1）电子标签　在感知技术中，电子标签用于对采集的信息进行标准化标识，数据采集和设备控制通过射频识别读写器、二维码识读器等实现。射频识别（RFID）是一种非接触式的自动识别技术，属于近程通信，与之相关的技术还有蓝牙技术等。RFID 通过射频信号自动识别目标对象并获取相关数据，识别过程无须人工干预，可工作于各种恶劣环境。RFID 技术可识别高速运动物体并可同时识别多

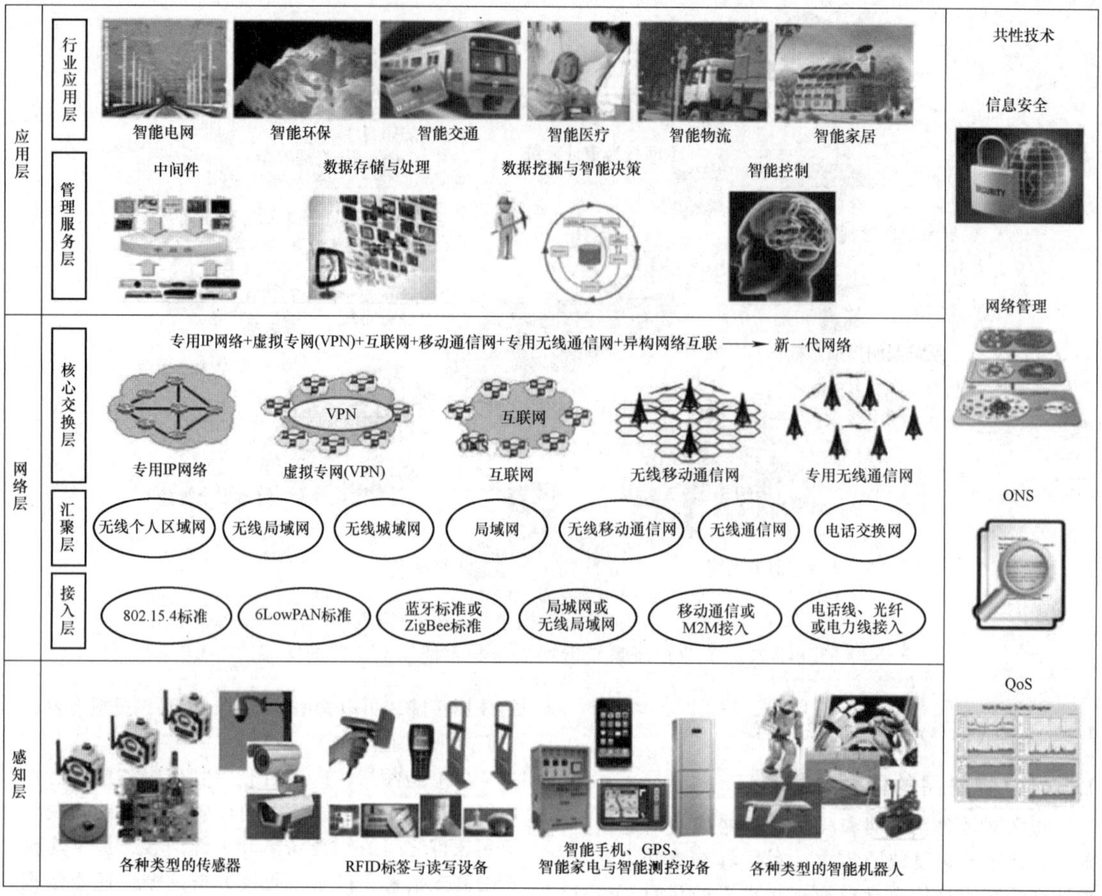

图 8-1-22　物联网体系结构

个标签，操作快捷方便。RFID 技术与互联网、通信等技术相结合，可实现全球范围内的物品跟踪与信息共享。

RFID 电子标签是近几年发展起来的新型产品，也是替代条形码走进物联网时代的关键技术之一。所谓 RFID 电子标签就是一种把天线和 IC 封装到塑料基片上的新型无源电子卡片，如图 8-1-23 所示，具有数据存储量大、无线无源、小巧轻便、使用寿命长、防水、防磁和安全防伪等特点。RFID 读写器

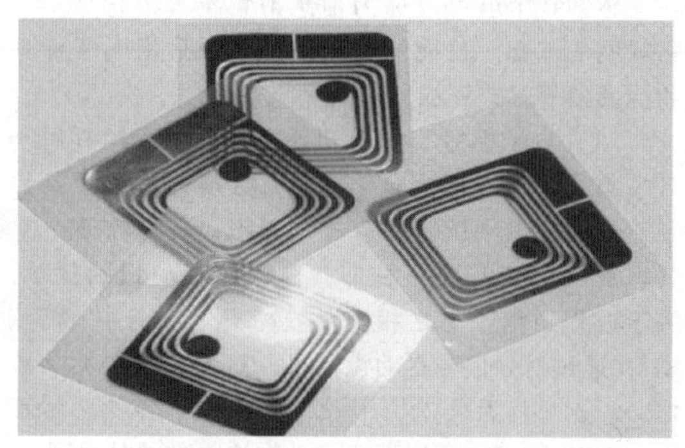

图 8-1-23　RFID 电子标签

（即，PCE 机）和电子标签（即，PICC 卡）之间通过电磁场感应进行能量、时序和数据的无线传输。在 RFID 读写器天线的可识别范围内，可能会同时出现多张 PICC 卡。如何准确识别每张卡，是 A 型 PICC 卡的防碰撞（也叫防冲突）技术要解决的关键问题。

（2）传感器　传感器是机器感知物质世界的“感觉器官”，用来感知信息采集点的环境参数；它可以感知热、力、光、电、声、位移等信号，为物联网系统的处理、传输、分析和反馈提供最原始的信息，常见的各类传感器如图 8-1-24 所示。随着电

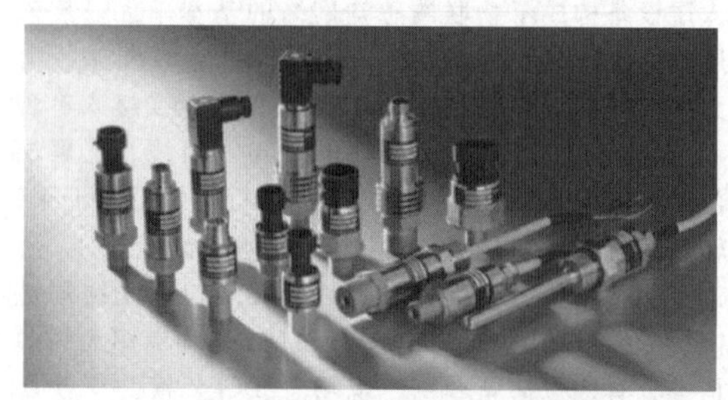

图 8-1-24　常见的各类传感器

子技术的不断进步，传统的传感器正逐步实现微型化、智能化、信息化、网络化；同时，我们也正经历着一个从传统传感器到智能传感器再到嵌入式Web传感器不断发展的过程。目前，市场上已经有大量门类齐全且技术成熟的传感器产品可供选择。

2. 网络通信技术

在物联网的机器到机器、人到机器和机器到人的信息传输中，有多种通信技术可供选择，他们主要分为有线（如 DSL、PON 等）和无线（如 CDMA、GPRS、IEEE 802.11a/b/g、WLAN 等）两大类技术，这些技术均已相对成熟。在物联网的实现中，格外重要的是无线传感网技术。

（1）无线传感网主要技术　无线传感网（WSN）是集分布式信息采集、传输和处理技术于一体的网络信息系统，以其低成本、微型化、低功耗和灵活的组网方式、铺设方式以及适合移动目标等特点受到广泛重视。物联网正是通过遍布在各个角落和物体上的形形色色的传感器以及由它们组成的无线传感网络，来感知整个物质世界的。

（2）物联网的部分网络通信技术　根据目前物联网所涵盖的概念，其工作范围可以分成两大块：一块是体积小、能量低、存储容量小、运算能力弱的智能小物体的互联，即传感网；另一块是没有上述约束的智能终端的互联，如智能家电、视频监控等。对于智能小物体网络层的网络通信技术目前有两项：一是基于 ZigBee 联盟开发的 ZigBee 协议进行传感器节点或者其他智能物体的互联；另一技术是 IPSO 联盟所倡导的通过 IP 实现传感网节点或者其他智能物体的互联。

（3）ZigBee 技术　ZigBee 技术是基于底层 IEEE 802.15.4 标准，用于短距离范围、低数据传输速率的各种电子设备之间的无线通信技术，它定义了网络/安全层和应用层。ZigBee 技术经过多年的发展，技术体系已相对成熟，并已形成了一定的产业规模。在标准方面，已发布 ZigBee 技术的第 3 个版本 v1.2；对于芯片，已能够规模生产基于 IEEE 802.15.4 标准的网络射频芯片和新一代的 ZigBee 射频芯片（将单片机和射频芯片整合在一起）；在应用方面，ZigBee 技术已广泛应用于工业、精确农业、家庭和楼宇自动化、医学、消费和家用自动化、道路指示/安全行路等众多领域。

（4）与 IPv6 相关联的技术　若将物联网建立在数据分组交换技术基础之上，则将采用数据分组网即 IP 网作为承载网。IPv6 作为下一代 IP 网络协议，具有丰富的地址资源，能够支持动态路由机制，可以满足物联网对网络通信在地址、网络自组织以及扩展性方面的要求。但是，由于 IPv6 协议栈过于庞大复杂，不能直接应用到传感器设备中，需要对 IPv6 协议栈和路由机制作相应的精简，才能满足低功耗、低存储容量和低传送速率的要求。目前有多个标准组织进行相关研究，IPSO 联盟于 2008 年 10 月发布了一种最小的 IPv6 协议栈 μIPv6。

3. 数据融合与智能技术

物联网是由大量传感网节点构成的，在信息感知的过程中，采用各个节点单独传输数据到汇聚节点的方法是不可行的。因为网络存在大量冗余信息，会浪费大量的通信带宽和宝贵的能量资源。此外，还会降低信息的收集效率，影响信息采集的及时性，所以需要采用数据融合与智能技术进行处理。

（1）分布式数据融合　所谓数据融合是指将多种数据或信息进行处理，组合出高效且符合用户需求的数据的过程。在传感网应用中，多数情况只关心监测结果，并不需要收集大量原始数据，数据融合是处理该类问题的有效手段。例如，借助数据稀疏性理论在图像处理中的应用，可将其引入传感网用于数据压缩，改善数据融合效果。

分布式数据融合技术需要人工智能理论的支撑，包括智能信息获取的形式化方法、海量信息处理的理论和方法、网络环境下信息的开发与利用方法以及计算机基础理论。同时，还需掌握智能信号处理技术，如信息特征识别和数据融合、物理信号处理与识别等。

（2）海量信息智能分析与控制　海量信息智能分析与控制是指依托先进的软件工程技术，对物联网的各种信息进行海量存储与快速处理，并将处理结果实时反馈给物联网的各种控制部件。智能技术是为了有效地达到某种预期的目的，利用知识分析后所采用的各种方法和手段。通过在物体中植入智能系统，可以使得物体具备一定的智能性，能够主动或被动地实现与用户的沟通，这也是物联网的关键技术之一。智能分析与控制技术主要包括人工智能理论、先进的人机交互技术、智能控制技术与系统等。物联网的实质是给物体赋予智能，以实现人与物体的交互对话，甚至实现物体与物体之间的交互或对话。为了实现这样的智能性，例如，控制智能服务机器人完成既定任务（包括运动轨迹控制、准确的定位及目标跟踪等），需要智能化的控制技术与系统。

4. 云计算

随着互联网时代信息与数据的快速增长，有大规模、海量的数据需要处理。当数据计算量超出自身 IT 架构的计算能力时，一般是通过加大系统硬件投入来实现系统的可扩展性。另外，由于传统并行编程模型应用的局限性，客观上还需要一种易学习、使用、部署的并行编程框架来处理海量数据。为了节省成本和实现系统的可扩放性，云计算的概念因此应运而生 。云计算最基本的概念是通过 M 络将庞大的计算处理程序自动分拆成无数个较小的子程序，再交由多部服务器所组成的庞大系统处理。通过云计算技术，网络服务提供者可以在数秒之内，处理数以千万计甚至亿计的信息，提供与超级计算机同样强大效能的网络服务。云计算作为一种能够满足海量数据处理需求的计算模型，将成为物联网发展的基石。之所以说云计算是物联网发展的基石，一是因为云计算具有超强的数据处理和存储能力，二是因物联网无处不在的信息采集活动，需要大范围的支撑平台以满足其大规模的需求。实现云计算的关键技术是虚拟化技术。通过虚拟化技术，单个服务器可以支持多个虚拟机运行多个操作系统，从而提高服务器的利用率。虚拟机技术的核心是虚拟机监控程序（Hypervisor）。Hypervisor 在虚拟机和底层硬件之间建立一个抽象层，它可以拦截操作系统对硬件的调用，为驻留在其上的操作系统提供虚拟的 CPU 和内存。实现云计算系统目前还面临着诸多挑战，现有云计算系统的部署相对分散，各自内部能够实现 VM 的自动分配、管理和容错等，云计算系统之间的交互还没有统一的标准。关于云计算系统的标准化工作还存在一系列亟待解决的问题，需要更进一步的深入研究。然而，云计算一经提出便受到了产业界和学术界的广泛关注。目前，国外已经有多个云计算的科学研究项目，比较有名的是 Scientific Cloud 和 Open Nebula 项目。产业界也在投入巨资部署各自的云计算系统，参与者主要有谷歌（Google）、IBM、微软（Microsoft）、亚马逊（Amazon）等。国内关于云计算的研究也已起步，并在计算机系统虚拟化基础理论与方法研究方面取得了阶段性成果。

物联网已经在仓储物流，假冒产品的防范，智能楼宇、路灯管理、智能电表、城市自来水网等基础设施，医疗护理等领域得到了应用。

人类社会在相当长的时间内将面临两大难题：其一是能源短缺和环境污染；其二是人口老龄化和慢性病增加。物联网首要的应用在于能耗控制和医疗护理。人类社会目前遇到的问题是恐怖活动和信任危机，物联网目前急需的应用在于安防监控、物品身份鉴别。另外，物联网在智能交通、仓储物流、工业控制等方面都有较大的应用价值。

参考文献

[1] 高广波，侯经川. 工业 4.0 视角下的中国制造业——困境、动力与导向［J］. 理论视野，2015（11）：46-48.

[2] 刘辛军，谢福贵，汪劲松. 当前中国机构学面临的机遇［J］. 机械工程学报，2015，51（13）：2-12.

[3] 王守华. 蒸汽锤改造为电液锤的应用［J］. 热加工工艺，2011，40（19）：207-208.

[4] 鲁文其，胡育文，黄文新. 基于交流电机重载驱动的复合型伺服压力机［J］. 电机与控制应用，2008，35（9）：11-14.

[5] 郑雄. 伺服压力机控制系统关键技术研究［D］. 武汉：华中科技大学，2012.

[6] 俞新陆，俞新. 液压机［M］. 北京：机械工业出版社，1982.

[7] 姚保森. 我国锻造液压机的现状及发展［J］. 锻压装备与制造技术，2005，40（3）：28-30.

[8] 王敏. 材料成形设备及自动化［M］. 北京：高等教育出版社，2010.

[9] 邹军. 新型交流伺服直接驱动双点压力机设计理论及其关键技术的研究［D］. 西安：西安交通大学，2007.

[10] 孙友松，周先辉，黎勉，等. 交流伺服压力机及其应用［J］. 金属加工，2008（1-2）：93-98.

[11] 赵升吨，陈超，崔敏超，等. 交流伺服压力机的研究现状与发展趋势［J］. 锻压技术，2015，40（2）：1-7.

[12] HSIEH M F，TUNG C J，YAO W S，et al. Servo design of a vertical axis drive using dual linear motors for high speed electric discharge machining［J］. International Journal of Machine Tools & Manufacture，2007，47（3－4）：546-554.

[13] ZHENG J M，ZHAO S D，WEI S G. Fuzzy iterative learning control of electro-hydraulic servo system for SRM direct-drive volume control hydraulic press［J］. Journal of Central South University，2010，17（2）：316-322.

[14] 国家自然科学基金委员会工程与材料科学部. 机械工程学科发展战略报告：2011-2020［M］. 北京：科学出版社，2010.

[15] AYDIN M，HUANG S，LIPO T A. Axial flux permanent magnet disc machines：A review［J］. Conf. Record of Speedam，2004.

[16] CHENG M，HUA W，ZHANG J，et al. Overview of stator-permanent magnet brushless machines［J］. IEEE Transactions on Industrial Electronics，2011，58（11）：5087-5101.

[17] 赵升吨，梁锦涛，赵永强，等. 机械压力机伺服直驱式新型永磁电动机的设计与应用研究［J］. 锻压技术，2014，39（4）：59-66.

[18] GRUBER F E. Industry 4.0：A Best Practice Project of the Automotive Industry［J］. Digital Product and Process Development Systems，2013（411）：36-40.

[19] 刘建丽. 工业 4.0 与中国汽车产业转型升级［J］. 经济体制改革，2015（6）：95-101.

[20] KEINERT M，KRETSCHMER F. Making Existing Production Systems Industry 4.0 Ready［J］. Production

Engineering, 2015 (2): 143-148.

[21] SAILER J. M2M-Internet of Things-Web of Things-Industry 4.0 [J]. Elektrotechnik & Informationstechnik, 2014 (2): 3-4.

[22] 裴长洪, 于燕. 德国"工业 4.0"与中德制造业合作新发展 [J]. 财经问题研究, 2014 (10): 27-33.

[23] BAHETI R, GILL H. Cyber- Physical Systems [J]. The Impact of Control Technology, 2011 (12): 161-166.

[24] 熊有伦. 智能制造 [J]. 科技导报, 2013, 31 (10): 3.

[25] 冷单, 王影. 我国发展智能制造的案例研究 [J]. 经济纵横, 2015 (8): 78-81.

[26] 李新创, 施灿涛, 赵峰. "工业 4.0"与中国钢铁工业 [J]. 钢铁, 2015, 50 (11): 1-13.

[27] 李光正, 宋新刚, 徐瑜. 基于"工业 4.0"的智能船舶系统探讨 [J]. 船舶工程, 2015, 37 (11): 58-60, 71.

[28] 杜传忠, 杨志坤. 德国工业 4. 0 战略对中国制造业转型升级的借鉴 [J]. 经济与管理研究, 2015 (7): 82-87.

[29] 封凯栋, 赵亭亭, 付震宇. 生产设备与劳动者技能关系在工业发展中的重要性: 从工业 4.0 模式谈起 [J]. 经济社会体制比较, 2015, 180 (4): 46-55.

[30] 李金华. 德国"工业 4.0"与"中国制造 2025"的比较及启示 [J]. 中国地质大学学报 (社会科学版), 2015, 15 (5): 71-79.

[31] 屈挺, 张凯, 罗浩. 物联网驱动的"生产-物流"动态联动机制、系统及案例 [J]. 机械工程学报, 2015, 51 (20): 36-44.

[32] 黄顺魁. 制造业转型升级: 德国"工业 4.0"的启示 [J]. 学习与实践, 2015 (1): 44-51.

[33] 王影, 冷单. 我国智能制造装备产业的现存问题及发展思路 [J]. 经济纵横, 2015 (1): 72-76.

[34] 杨庆广. 智能制造引领"中国制造 2025" [J]. 电子技术应用, 2015, 41 (12): 3-5.

[35] 于寅虎. 控制智能化拉开工业 4.0 生产方式的序幕 [J]. 电子技术应用, 2015, 41 (2): 8, 10.

第2章

智能工厂、智能机器及其实施途径

西安交通大学　张琦　张大伟
上海交通大学　赵震
济南铸造锻压机械研究所有限公司　赵加蓉

2.1 智能工厂及其三个维度

2.1.1 智能工厂

第四次工业革命将要来临，只有对工业4.0与工业互联网进行深入分析，掌握以德美为代表的发达国家在本轮产业变革中的施政路径、方向和重点，才能进一步完善我国两化融合战略，真正做到知己知彼，才能不断缩小我国与发达国家间的差距，甚至在某些领域进一步赶超。未来的趋势是互联网与制造业紧密联合，21世纪无处不在的互联网平台与其他先进计算机科技都将推动制造业的发展，工业4.0的重点是创造智能产品、程序和过程。工业4.0的一个关键特征是智能工厂，如图8-2-1所示。

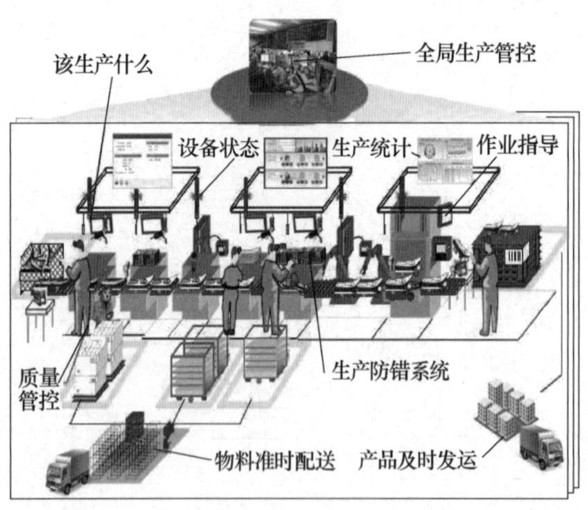

图8-2-1　智能工厂

智能工厂是在制造过程中能以一种高度柔性与高集成度的方式，借助计算机模拟人类专家的智能活动进行分析、推理、判断、构思和决策等，从而取代或者延伸制造环境中人的部分脑力劳动。同时，收集、存贮、完善、共享、集成和发展人类专家的智能。智能工厂支持产品全生命周期的3个重要架构领域，包括产品和系统架构（研发与制造）、增值和企业架构（全生命周期）、数据和信息等组成的IT架构（网络平台）。

在智能工厂中，数字世界与物理世界无缝融合，工厂中的产品包含有全部必需的生产信息，产品的识别、产品定位、生产工艺方案、实际运行状况、达到目标状态的可选路径等，智能工厂也是实现去中心化的重要一步，实体的物理数据将通过传感器的方式获得。联网将通过数字化通信技术实现，而实体世界中的运营将由人类或者机器人来实现。智能工厂的目标是根据终端客户的不同，以特定方式来提供定制化服务。只有通过阶层性较弱的网络来互相配合，才能让这种服务在经济上取得成功。

在未来智能工厂中的核心系统就是网络-物理生产系统CPPS（Cyber-Physical Production Systems）。它包括3个层面：在应用层面，信息从生产控制和运营中获取；在平台层面，负责各种IT服务的整合；在元器件层面，提供了传感器、促动器、机器、订单、员工和产品。将这些所有层面集成在一起，就有了数字化制造。在智能工厂里，人、机器和资源如同在一个社交网络里一般自然地相互沟通协作。智能机器是具有感知、分析、推理、决策和控制功能的装备的统称。

智能产品通过独特的形式加以识别，可以在任何时候被定位，并能知道它们自己的历史、当前状态和为了实现其目标状态的替代路线。

2.1.2 智能工厂的三个维度

结合中国工业现状，未来5年，中国很多制造型企业将搭建3层架构模式（SFC-MES-ERP）的智能工厂，从三个维度对企业资源计划、制造过程执行和生产底层进行严密监控，实时跟踪生产计划、产品的状态，可视化、透明化地展现生产现场状况，推进企业改善生产流程、提高生产效率，实现智能化、网络化、柔性化、精益化以及绿色生产。

生产现场集中控制管理系统 SFC（Shop Floor Control）、制造执行系统 MES（Manufacturing Execution System）和制造资源计划管理系统 ERP（Enterprise Resource Planning），分别处于工厂生产底层（控制层）、制造过程（执行层）和制造资源（计划层）。通过采用这 3 套系统，企业能够充分利用信息技术、物联网技术和设备监控技术，加强生产信息管理和服务，清楚掌握产销流程、提高生产过程的可控性、减少生产线上人工的干预，同时，还能即时正确地采集生产线数据，合理编排生产计划与生产进度，打造“三维”智能工厂。

“三维”智能工厂集绿色、智能等新兴技术于一体，构建了一个高效节能、绿色环保、环境舒适的生产制造管理控制系统，其核心是将生产系统及过程用网络化分布式生产设施来实现。同时，企业管理包括生产物流管理、人机互动管理以及信息技术在产品生产过程中的应用，形成新产品研发、生产、制造、管理一体化。

2.2　智能机器的三个基本要素

2.2.1　智能机器的基本要素

机器由机械本体系统与电气控制系统两大系统组成。机械本体系统由动力装置、传动部件和工作机构三大部分组成。常见的动力装置包括电动机、内燃机等；传动部件是机器的一个中间环节，它把原动机输出的能量和运动经过转换后提供给工作机构，以满足其工作要求，主要有机械、电力、液压、液力、气压等传动方式；工作机构是执行机器规定功能的装置，如直线运动缸、摆动缸、旋转轮、曲柄连杆滑块机构等。电气控制系统是依据对工作机构的动作要求，对机器的关键零部件进行检测（传感）、显示、调节与控制的装置，如开关、阀门、继电器、计算机、按钮等。

智能制造是基于新一代信息技术，贯穿设计、生产、管理、服务等制造活动各个环节，是先进制造过程、系统与模式的总称，是先进制造技术、信息技术和智能技术的集成和融合。

智能机器是全生命周期内机电软一体化，智能机器的三个基本要素为：信息深度自感知（全面传感），准确感知企业、车间、系统、设备、产品的运行状态；智慧优化自决策（优化决策），对实时运行状态数据进行识别、分析、处理，自动做出判断与选择；精准控制自执行（安全执行），执行决策，对设备状态、车间和生产线的计划做出调整。

装备智能化包括产品信息化，产品信息化是指越来越多的制造信息被录制、被物化在产品中；产品中的信息含量逐渐增高，一直到其在产品中占据主导地位。产品信息化是信息化的基础，含两层意思：一是产品所含各类信息比重日益增大、物质比重日益降低，产品日益由物质产品的特征向信息产品的特征迈进；二是越来越多的产品中嵌入了智能化元器件（如交流伺服压力机），使产品具有越来越强的信息处理功能。智能装备是具有感知、分析、推理、决策和控制功能的装备的统称，体现了制造业的智能化、数字化和网络化的发展要求。

智能制造的特征包括智能工厂（载体）、关键环节智能化（核心）、端到端数据流（基础）和网络互联（支撑）。智能制造的核心信息设备主要包括四大部分：传感器、自动控制系统、工业机器人、伺服和执行部件等为代表的关键基础零部件、元器件及通用部件。智能制造的任务之一就是在这些智能装备上实现突破并达到国际先进水平，重大成套装备及生产线系统集成水平大幅度提升。

传感器：重点发展智能化压力、温度、扭矩、流量、物位、成分、材料、力学性能、位置、速度、加速度、流量的检测；

自动控制系统：最有代表的就是国际上著名的西门子与发那科数控系统、国内的广州数控与华中数控系统；

伺服和执行部件：主要包括交直流伺服电动机、伺服电动缸、液压与气动比例及伺服阀、变频器、伺服驱动器等。

因此，发展智能锻压设备有三大实施途径：分散多动力、伺服电直驱和集成一体化，其目标是数字高节能、节材高效化和简洁高可靠。

2.2.2　典型智能机床的特征

在应对机床热变形方面，大隈的热亲和、马扎克的智能热盾（ITS）、日本三菱重工（MITSUBISHI HEAVY INDUSTRIES）的热位移抑制技术（ATDS）等智能技术的研发与应用，实现了普通工厂环境下的高精度加工。大隈的热亲和智能技术由热适应性结构（热对称结构、均匀的结构材料分布）、热适应性总体布局（发热部位的均衡布局）和热位移自动补偿三部分组成，是规则热位移的机械结构设计技术和智能化的自动补偿技术三位一体的有机结合。其中的热位移自动补偿，又可细分为主轴热位移控制（TAS-S）和结构热位移控制两部分，利用传感器和热变形模型进行准确的补偿。浙江海德曼智能装备股份有限公司也将展出专有的热补偿技术。

在对机床实施高品质“顺滑”的动态控制方面，智能技术发挥了重要作用。如海德汉 TNC 640 数控系统的加速度位置误差补偿（CTC）、动态减振（AVD）、控制参数的位置自适应调节（PAC）、控制参数的负载自适应调节（LAC）、控制参数的运动自适应调节（MAC）技术；马扎克 SMOOTH 数控系统的新型智能型腔铣削控制（IPM）、无缝拐角控制（SCC）、变加速控制（VAC）、加工参数精细调整（SMC）技术；西门子 840Dsl 数控系统的动态伺服控制（DSC）和精优曲面技术；三菱电动机 M700V 数控系统的超级平滑表面控制（SSS）技术；牧野（MAKINO）的 SGI.4 专利软件；发那科的高响应矢量（HRV）技术；大限的伺服控制优化（SERVO NAVI）技术等，其数控加工中心如图 8-2-2 所示，在不同层面表现出了对多种动态因素强大的控制和适应能力，特别是在高精度复杂曲面加工领域表现尤为突出。此外，线切割和激光加工中对零件拐点（包括象限点）、脉冲频率、输出能量、切削液压力等进行精确控制方面，牧野、三菱电动机、GF 加工方案、沙迪克以及北京安德建奇数字设备股份有限公司、苏州三光科技股份有限公司等都具有自己独到的技术。

图 8-2-2　大限数控加工中心

在保障机床安全工作方面，大限的防撞击功能（COLLISIONAVOIDANCE SYSTEM）、海德汉的动态碰撞检测（DCM）、马扎克的防止干涉功能（ISS）等智能技术，在保障机床和人员安全，节省辅助时间和专注操作者注意力上发挥了重要作用。这些技术可在线或通过与脱线的 3D 虚拟监视器数据联动，领先模拟预测干涉碰撞危险，并在碰撞发生前及时停车。该功能可应用于自动和手动两种工作方式下，还可通过多种方式读取或生成零部件的外形信息而简单方便地建立干涉模型。

在机床加工和方便简化操作方面，智能技术发挥了重要作用。大限的加工条件搜索技术（MACHINING NAVI），通过传感器对加工振动状态的检测分析和预演，既可自动导航至最佳的主轴转速，也可将多种优选方案显示在显示屏上供操作者自由选择。该技术应用在车削和螺纹加工模式时，能够将主轴导航至最优的转速变化幅度和周期，实现无振动切削和最佳的加工效果。三菱电动机的数控电火花机床具有高效、低损耗、镜面和硬质合金精加工四种套装加工模式，方便操作者选择。日本沙迪克公司（SODICK）的 Q3vic 智能软件，通过直接导入 3D 模型，可对具有复杂形状和高度差别的零件在秒级时间内自动提取加工要素轮廓，然后自动生成包括全部切削参数在内的程序，该项智能功能还能自动计算出工件的重心位置，提出最佳夹持位置。日本牧野（MAKINO）电火花机床的 MPG 导航软件，存有上百种加工条件和数十个模型工艺，可根据客户的实际使用要求，通过左右移动导航条简单操作即可在加工效率和精度之间做出抉择。英国雷尼绍公司（RENISHAW）的 Inspection plus 智能软件，如图 8-2-3 所示，能够实现机床测头测量速度的智能控制，在保证同样测量精度条件下，自动确定和选择机床可达到的最高进给率，并且还可以运用智能序中决策，针对每种测量程序选择一次碰触或二次碰触测量方法。

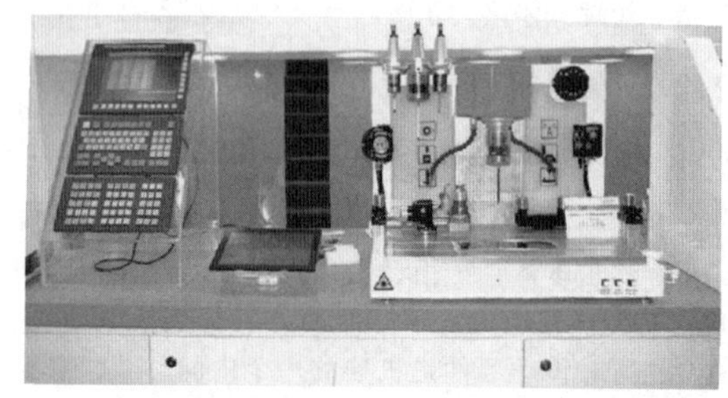

图 8-2-3　Inspection plus 智能软件

在机床维护保养方面，马扎克的保养监控智能技术（IMS）能够时刻监控各功能单元的工作状况和消耗品，预防机床意外故障的发生。大限的五轴智能调校技术，能够在 10 分钟之内对五个联动轴的 11 项几何精度参数进行快速高精度调校。马扎克的五轴高精度调准功能（IMC-INTELLIGENT MAZACHECK）也具有异曲同工之妙。

2.3　分散多动力

2.3.1　内涵与外延

分散多动力，狭义上是指机器采用单独的动力源来驱动每个自由度动作的方式，即每个自由度使用各自独立的动力源，每个自由度全面深度地传感机器内部信息，每个自由度均可柔性地实现控制。广义上来讲就是机器的每个自由度的运动零部件可采用一个或者多个独立的动力源来驱动。可供采用的动力源类型包括机械、液压、气动等，多个传动零部件同时带动下一级的同一零部件，例如双边齿轮传动、多根三角带传动、行星齿轮传动、多点机械压力机以及多液压缸液压机等，如图 8-2-4 所示。

也就是说，机器的每一个自由度的动作依靠动力源、传动机构和各类传感器之间构成的控制回路来完成。“分散多动力”的思想使机器实现了全面传感——信息深度自感知的基本功能，准确感知企业、车间、系统、设备、产品的运行状态，从而实现动力源、传动机构的数字化控制，机器的高效、节能运行。

a) 多点机械压力机

b) 多液压缸液压机

图 8-2-4　典型的分散多动力锻压设备

大吨位锻压设备若采用集中动力源则存在输出特性单一、动力特性固定、可调节性差等缺点，完成不同工件加工时的实际负荷差异大，往往会造成严重的能量浪费。智能型集中动力源的规格大、造价高、能量利用率低，甚至目前还没有制造出来的产品；传统的集中动力源，动力特性单一，动力源的能量与运动的传递路线长，机械整体传动系统结构复杂且庞大；传动系统中摩擦与间隙等非线性因素多，机器工作可靠性差。因此，集中动力源无法满足智能化锻压设备生产过程高效、柔性、节能、高质量的要求，无法实现对机器内各个环节的能量与运动特性的实时监控。

伺服压力机在工作中受到的负载是典型的冲击负载，只是在模具接触工件并进行加工时承受较高的工作载荷，而其他较长的时间段内只受运动部件的摩擦力和重力的影响，这段行程基本没有负载要求。如果按照短时的冲击负载情况来选择单个伺服电动机直驱压力机运转，势必会造成电动机容量的增大，成本过高。因此，现有的伺服压力机驱动经常采用多电动机及增力机构，如图 8-2-5 所示。

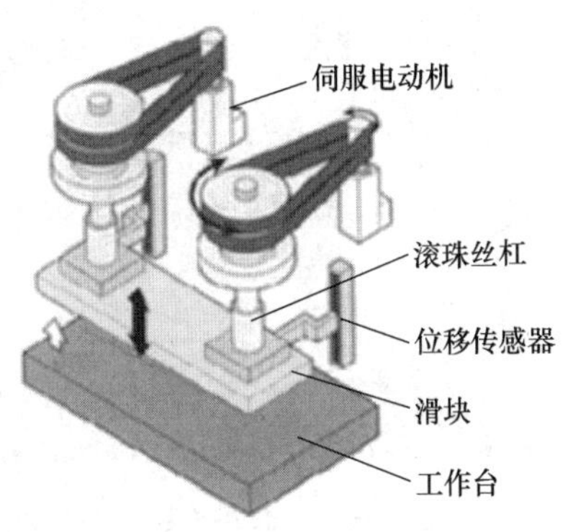

a) 日本小松HCP3000伺服压力机驱动结构

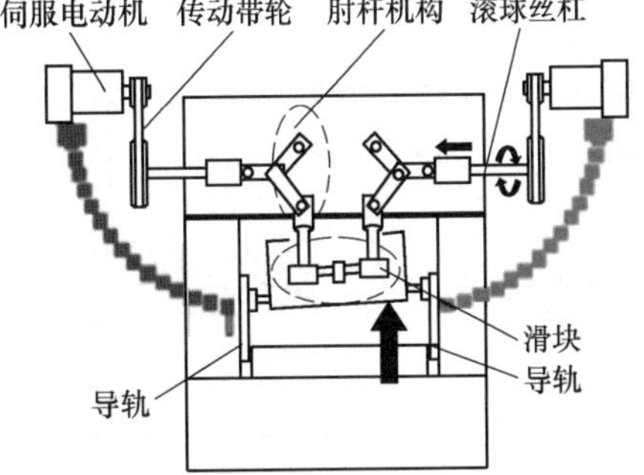

b) 日本小松H2F和H4F系列伺服压力机驱动结构

图 8-2-5　典型的伺服压力机驱动与传动方式

2.3.2　典型的分散多动力锻压设备

1. 多电动机驱动

多电动机驱动即采用多台电动机分别驱动多套传动系统带动同一个滑块完成锻压工作。大吨位的伺服式热模锻压力机需要大功率的伺服电动机，但受限于伺服电动机技术的发展，伺服电动机的功率很难设计得非常大。即便是那些大功率的伺服电动机，价格也非常昂贵。为了降低单个电动机的功率，可以采用多边布局，采用多电动机进行驱动的方案，这将显著降低伺服式热模锻压力机的成本。图 8-2-6 所示的 SE4-2000 伺服压力机采用了 4 台电动机进行驱动的方案，能够同时运转并驱动滑块运动。

图 8-2-6　SE4-2000 多电动机驱动伺服压力机

2. 多齿轮分散传动

大中型机械压力机所需的减速比高达 30～90，甚至上百，当采用普通的齿轮减速方式（一级齿轮减速比最多 7~9 级）时，需要将齿轮做得很大，导致减速的齿轮传动系统体积庞大，重量大，惯性大，动作灵敏性差，生产成本高，大尺寸的齿轮切削加工费用高，传动效率低，消耗材料多，不利于装配和运输等。多齿轮分散传动方案有低惯量、轻量化的特点，提高了压力机的承载力，降低了转动部分的转动惯量，减小了压力机传动部分的尺寸。

采用多齿轮分散传动方案，可以大大降低传动部分的质量，降低传动机构在工作时的转动惯量。以 400t 热模锻压力机为例，根据计算，采用多齿轮传动方案的质量仅为普通齿轮减速方式质量的 30% 左右，转动惯量为普通齿轮减速方式的 20%。如图 8-2-7 所示，采用 4 个齿轮分散驱动中心齿轮，有利于实现传动过程中的多齿啮合，提高传递扭矩和传动平稳性，降低质量和转动惯量。

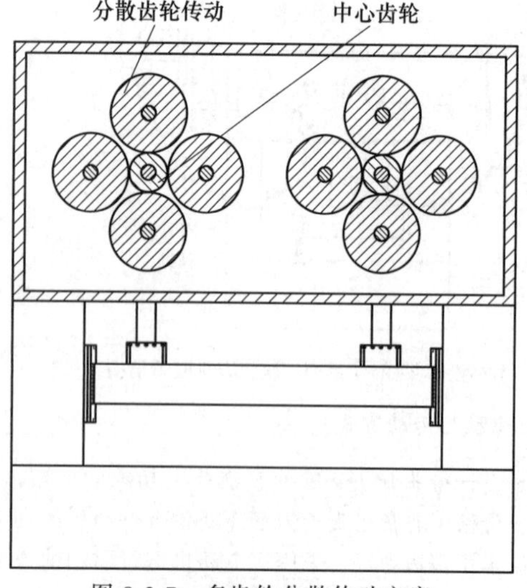

图 8-2-7　多齿轮分散传动方案

3. 多套传动机构同步传动

为了实现多套传动机构的同步，可以在传动齿轮间加过桥齿轮，从而使传动机构能够实现同步工作，保证滑块在运动过程中不产生偏转和倾覆。图 8-2-8 所示为在两套传动机构间安装的过桥齿轮。

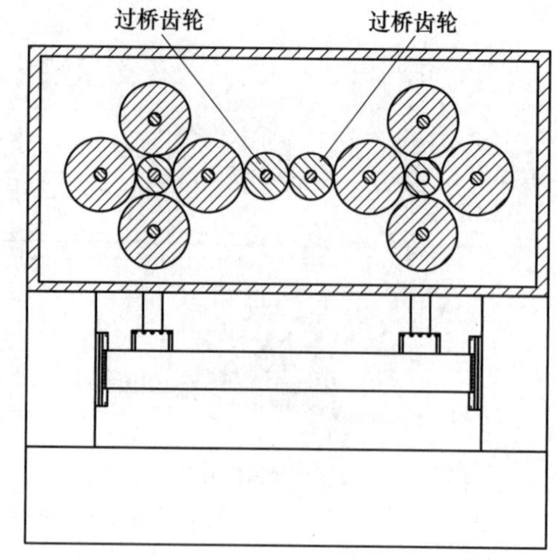

图 8-2-8　多套传动机构同步传动

4. 行星齿轮传动

图 8-2-9 所示的行星齿轮传动机构具有传动效率高、承载能力强、传递功率大、传动比大、结构紧凑、传动平稳等优点，非常适合应用于伺服式热模锻压力机。采用了行星齿轮后可以明显减小压力机的体积，使布局更为紧凑，同时也有利于提高热模锻压力机的锻压能力，提高传动平稳性。

图 8-2-9　行星齿轮传动机构

5. 典型设备

捷克专家 J. Hlaváč 和 M. Čechura 设计了一种 25 MN 直驱式压力机，采用双边电动机进行驱动，采用行星齿轮机构传动。图 8-2-10 所示为 Hoden Seimitsu Kako（HSK）公司研发的一种滚珠丝杠型同步伺服压力机，其公称压力为 5000 kN，压力机创新性的采用 4 个交流伺服电动机作为动力源，4 套滚柱丝杠副作为传动机构来驱动滑块，此种结构可以随时调整滑块平行度，而且偏心负载时，滑块平行度误差可以控制在 0.03 mm/m 以内，很好地解决了机床偏载问题。德国 Heitkamp & Tumann 公司和 Synchro Press 公司也研发了类似的滚珠丝杠直驱型伺服压力机，如图 8-2-11 所示。

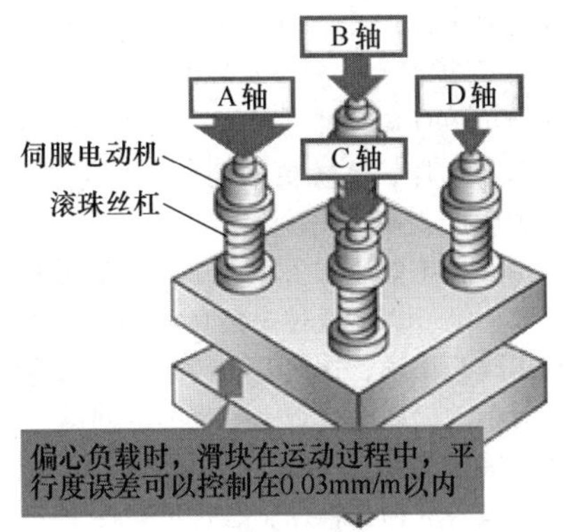

a) 四轴驱动结构　　b) 5000kN 滚珠丝杠同步伺服压力机

图 8-2-10　HSK 公司研发的滚珠丝杠型同步伺服压力机

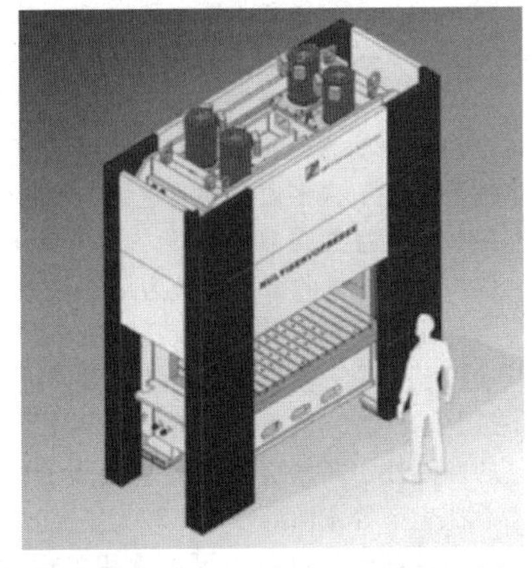

a) Heitkamp & Tumann 公司研发的压力机　　b) Synchro Press 公司研发的压力机

图 8-2-11　滚珠丝杠直驱型伺服压力机

C. Mitsantisuk 等人研究了一种机器人机械臂，采用模态空间的方法建立了该系统的两电动机驱动模型并进行了仿真研究。M. Itoh 等人提出了一种应用于两电动机驱动系统的振动抑制方法，并对模型中的位置环控制影响进行了仿真研究。Y. Ohba 等人研究了系统的共振频率，并基于两电动机驱动系统建立了一种具有摩擦的新型可逆模型。德国通快公司设计了一种新型双电动机螺旋副伺服直驱式回转头压力机，该压力机采用两个交流伺服同步电动机作为动力源，且两个电动机的转子分别与两个螺母固定连接，通过两个伺服电动机的转动实现滑块的上下往复运动。

刘福才等人通过仿真实例研究了多电动机同步协调运转控制方法，指出了电气同步控制系统中需要解决的实际问题。李耿铁等人讨论了普通机床和数控机床双轴与多轴交流电动机的同步控制方法。西安交通大学研发的 1600 kN 两电动机双肘杆伺服压力机如图 8-2-12 所示，采用自主研制的由内环主从控制方式、外环带有误差偏置补偿的双闭环控制策略的伺服压力机控制系统，实现滑块位移精度为 0.1 mm，并使得两电动机的输出转矩瞬时差控制在额定转矩的 0.3%以内。

多电动机驱动方式可以有效分散电动机动力，避免出现单个大容量电动机及其驱动器设计制造成本过大的问题。同时，多电动机驱动有时也可以更好地平衡压力机传动结构的受力。通过设计合理的增力机构可以使压力机滑块运动具备低速锻冲、快速空程的运动特性。压力机中常用的增力机构包括曲柄连杆增力机构、肘杆增力机构、多连杆增力机构、螺旋增力机构、混合输入增力机构等。

图 8-2-12　1600kN 两电动机双肘杆伺服压力机

2.3.3　分散多动力的关键科技问题

分散多动力需要解决的关键科技问题包括：

1）不同类型、形式的动力源及其组合下，智能型分散多动力设计理论的建立。

2）质量最轻、体积最小、能量利用率最高、经济性最好等为优化目标的分散多动力优化模型的建立与求解算法的研究。

3）新原理的不同类型智能型动力源的研发。

4）机器常用智能型分散多动力源数据库的建立与完善。

5）新原理的分散多动力标准化传动部件的研发。

6）新原理的分散动力机械传动方案数据库的建立与完善。

7）标准化、系列化、模块化、信息化的高性能和高可靠性的机器常用的智能型分散多动力功能部件的研发。

8）工业生产实际中量大面广的典型机器的分散多动力技术方案的确定及其推广。

9）智能型分散多动力部件全生命周期的全面传感、优化决策与可靠执行的远程服务网络的构建与合理布局方案的研发。

2.4　伺服电直驱

2.4.1　内涵与外延

直接驱动与零传动是由电动机直接驱动执行机构，驱动工作部件（被控对象）完成相应的动作，取消了系统动力装置与被控对象或执行机构之间的所有机械传动环节，缩短了系统动力源与工作部件、执行机构之间的传动距离。直驱系统是真正意义上的“机电一体化”。直接驱动的三个层次为：直驱被控对象；直驱执行元件，精简传动环节；短流程工艺与直驱设备一体化。结合交流伺服电气控制系统，进行机器实时运行状态数据的实时检测和识别，并对所采集的实时运行参数进行相应分析和实时处理，从而可以使系统根据机器的实时运行状态自动做出判断与选择，系统更加简洁，机器工作效率可以得到大幅度提高。

在传统锻压装备中，从动力源到工作部件之间的动力传动，需要通过一整套复杂的运动转换和机械传动机构来实现，这些运动转换和机械传动机构在实现动力传动的同时会带来一系列的问题，如造成较大的转动惯量、弹性变形、反向间隙、运动滞后等，使得锻压装备的加工精度、运行可靠性降低；传动环节存在机械摩擦，产生机械振动、噪声及磨损等必定会增加维护、维修的时间和成本；复杂的传动环节会造成锻压装备的工作效率下降、工作成本升高。传统锻压设备多采用交流异步电动机驱动，其起动电流是额定电流的 5~7 倍，且不能频繁起动，不能满足每分钟需启停十几次或几十次的锻压工件的要求，必须带有离合器和制动器。长期以来，针对机械传动环节的传动性能开展了很多研究和改进，虽取得了一定的节能效果，传动性能得到了优化，但并未从根本上解决问题。工业 3.0 的锻压设备为第 3 代锻压设备，一般称为伺服压力机，其将传统压力机上的交流异步感应电动机、飞轮、离合器、制动器等通过伺服电动机的直接驱动代替。伺服压力机仍然保持了作为机械压力机的高刚性、高精度和高做功能力的特点，并在节能、柔性生产等方面的性能有较大提高。

目前锻压设备上可以采用的电动机有交流异步电动机、变频调速电动机、开关磁阻电动机和交流伺服电动机等。

（1）交流异步电动机　目前工业设备上应用最广泛的电动机，具有结构简单、价格便宜、牢固耐用和维护方便等优点，但也有电动机频繁启停时发热严重，起动电流过大等缺点。目前国内常见的传统热模锻压力机都是采用交流异步电动机作为驱动源的，这种热模锻压力机需要离合器和制动器等，能量利用率低。将交流异步电动机直接应用到热模锻压力机上会带来很多问题，由于不能实现频繁起动，严重影响了热模锻压力机的控制性能。

（2）变频调速电动机　利用变频器驱动的电动机的总称。变频器主要通过控制半导体元件的通断把电压和频率不变的交流电变成电压和频率可变化的交流电源。变频调速电动机具有调速效率高、噪声低、调速范围宽、适应不同工况下的频繁变速等优点，非常适合应用于需要频繁启停或变速的场合。

但是，目前变频调速电动机技术也有很多的问题。我国发电厂的电动机供电电压高于功率开关器件的耐压水平，造成电压上的不匹配。变频调速系统由于大量使用了电子元器件，造价较高。由于目前变频调速电动机主要应用于小功率场合，因此变频调速电动机在热模锻压力机上的应用受到了限制，但随着变频调速电动机的发展及相关电子元器件价格的降低，变频调速系统在热模锻压力机伺服驱动上将会得到更多的应用。

（3）开关磁阻电动机　一种新型的调速电动机，具有结构简单、可靠性高、成本低、动态响应好等优点，但也具有转矩脉动大、振动和噪声大等缺点。西安交通大学的赵升吨教授等人在将开关磁阻电动机应用于热模锻压力机方面做了很多研究工作。由开关磁阻电动机驱动的伺服式热模锻压力机与传统热模锻压力机最大的区别是没有离合器和飞轮等。开关磁阻电动机通过一级或多级齿轮减速机构驱动工作机构运动，由工作机构带动滑块做上下往复直线运动，完成工件的锻压工作。

（4）交流伺服电动机　交流伺服电动机的速度控制和位置精度非常准确，通过控制电压信号来控制电动机的转矩和转速。伺服电动机的抗过载能力强，非常适合应用于有转矩波动或快速起动的场合。伺服电动机的响应速度快、发热少、噪声低、工作稳定。但伺服电动机目前也存在价格高等缺点，尤其是大功率的伺服电动机，造价非常高。目前的伺服压力机多采用交流伺服电动机作为动力源，在伺服压力机领域，日本的小松、天田和会田，德国的舒勒等公司生产的伺服压力机处于世界领先水平。

2.4.2　典型的伺服电直驱锻压设备

现有交流伺服电动机直接驱动的机械压力机传动机构主要有 4 种：

1）由伺服电动机带动丝杠旋转，使多杆机构推动滑块完成冲压工作。

2）由伺服电动机带动曲柄旋转，使多杆机构推动滑块完成冲压工作。

3）由直线电动机直接驱动滑块完成冲压工作。

4）由直线电动机经一级增力肘杆机构驱动滑块完成冲压工作。

工业 4.0 的锻压设备采用伺服电动机直接驱动与零传动，锻压过程采用智能化伺服控制，可以实现智能化、数控化、信息化加工。锻压时的工作曲线可以根据需求进行设置，对打击能量进行伺服控制，可以有效拓宽锻压设备的工艺范围，提高锻压设备的工艺性能。在工作时，实时监测记录设备的锻压参数，对伺服式锻压设备进行信息化管理，实现真正意义上的“机电软一体化”。

1997 年，世界上第 1 台 800kN 伺服压力机 HCP3000 由日本小松公司生产问世。从那以后，日本、德国、西班牙和中国纷纷开始研制伺服压力机，相继生产出各种类型的伺服压力机。日本会田和小松公司将传统机械压力机驱动部分更换为伺服电动机驱动，开发出小型伺服压力机。德国舒勒公司将偏心驱动与伺服驱动技术相结合，开发了新型伺服压力机。西班牙法格公司开发了伺服电动机直接驱动的曲柄压力机。日本网野公司推出了大型机械连杆式伺服压力机和液压式伺服压力机。液压式伺服压力机及其驱动原理如图 8-2-13 所示，采用交流伺

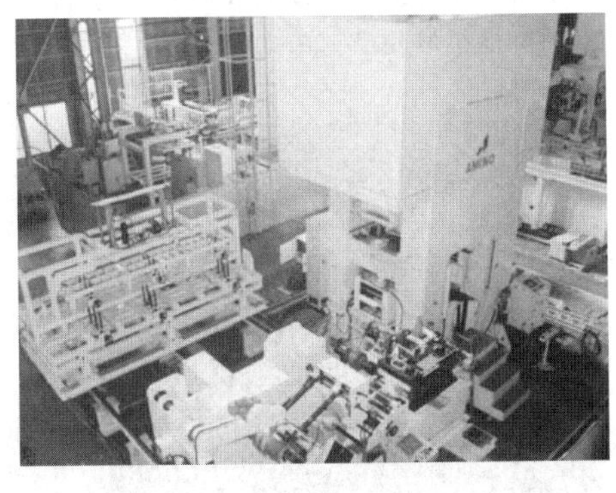

a) 12000kN液压式伺服压力机

特殊驱动螺杆
增压液压缸
安全平衡装置

b) 驱动原理

图 8-2-13　日本网野液压式伺服压力机及其驱动原理

服电动机通过减速器和特殊驱动螺杆驱动液压缸进行直线运动，不使用液压泵和伺服阀等，电能消耗是普通压力机的 1/3，发热少、（75dB 以下噪声低）和振动小且工作用油少。德国舒勒公司研发了一种新型直线锻锤，原理如图 8-2-14 所示，其摒弃了传统的动力源，使用直线电动机提供动力，将直线电动机的动子和锻锤的锤头直接相连，并利用锤头自身的重力势能使得锤头高速运动，从而实现对锻件的打击。

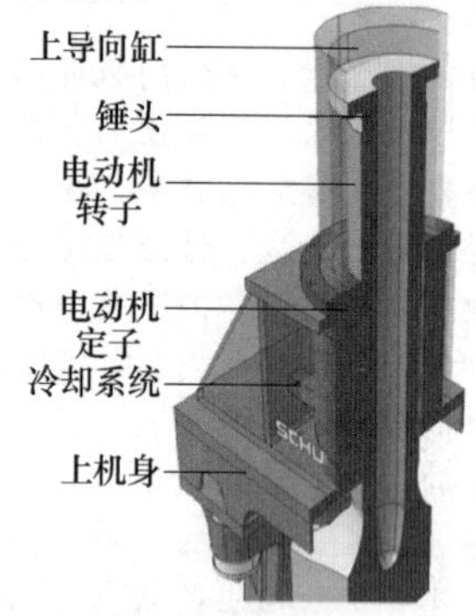

图 8-2-14　新型直线电动机驱动锻锤原理

图 8-2-15 所示为会田（AIDA）工程技术有限公司研发的一种采用直线电动机为动力源、传动方式为直接驱动、主要用于小型精密零件加工的新型成形压力机，其最大工作压力为 5kN，对制品加压压力小，成形过程中几乎没有噪声，进一步实现了高精度化成形。该压力机甚至可以在对环境条件要求较高的半导体制造工程等生产线上使用。此外，该成形机操作简便，对模具不需要设置机械限位装置，容易实现质量控制。

图 8-2-15　L-SF 型新型成形压力机

山田公司与发那科（FANUC）公司联合开发了一种智能型高精度直线电动机驱动压力机，压力机采用示教式数控技术，下死点精度可控制在 5μm 之内，驱动直线电动机为下置式结构，这种下传动方式使机床具备了良好的、便捷的操作性，改善了生产加工环境，如图 8-2-16 所示。

图 8-2-16　智能型高精度压力机

华中科技大学研发了一种新型同步直驱式伺服压力机，公称压力为 1000 kN，率先采用低速大扭矩新型伺服电动机直接驱动，如图 8-2-17 所示。提出了适用于伺服压力机的高性能曲线规划方法，能够实现滑块运动曲线的高精度控制。研发人员开展了多电动机同步控制策略研究，采用电子虚拟主轴控制策略，实现了多电动机位置同步精确控制，将两电动机最小偏差控制在 0.18°以内。

a) 1000kN伺服压力机

b) 扭矩电动机

图 8-2-17　同步直驱式伺服压力机

西安交通大学和广东锻压机床厂有限公司共同设计了一种新型双电动机直驱式伺服压力机，主工作机构如图 8-2-18 所示。以“分散多动力、伺服电直驱”的思想为主导，运用两个开关磁通永磁电动机作为动力源，电动机直接与曲轴连接，实现零传动，取消了复杂的飞轮、离合器与制动器传动机构，提高了传动效率；控制系统采用速度环+电流环双闭环控制策略，可以控制滑块实现“快速空行程-慢速冲压-快速回程”的动作，运动控制精度高，大大提高了生产效率。

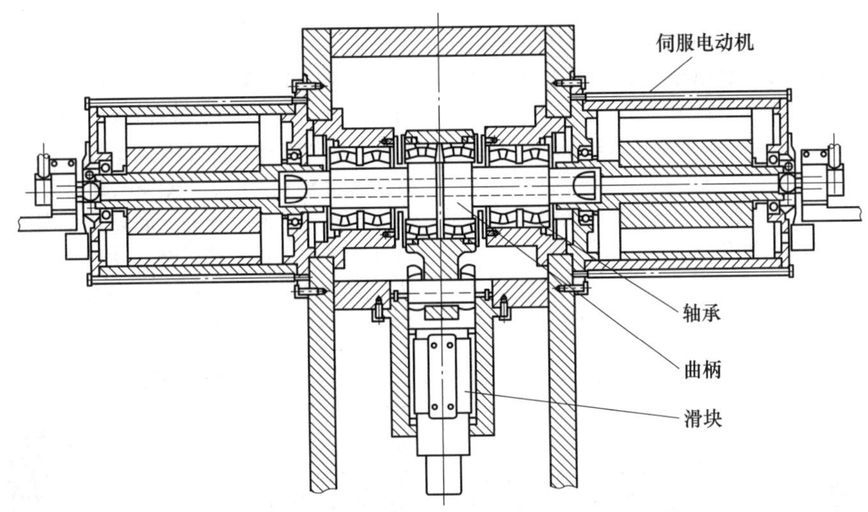

图 8-2-18　双电动机直驱式曲柄连杆主工作机构

张瑞等人认为电动螺旋压力机的综合刚度是影响锻压成形工艺效率的重要因素之一，对 6 种电动螺旋压力机的结构、成形工艺效率和综合刚度进行了定性分析，阐明了双端轴承伺服直驱型电动螺旋压力机具有高刚度的机理。

苏州大学的王金娥等人提出一种直线电动机驱动式肘杆-杠杆二次增力数控压力机，如图 8-2-19 所示，由下置直线伺服电动机提供驱动力，传动机构对称布置，采用肘杆-杠杆二次增力机构，弥补了目前直线电动机驱动式压力机重心偏高、动力学性能较差、动态稳定性差和噪声大等缺点。

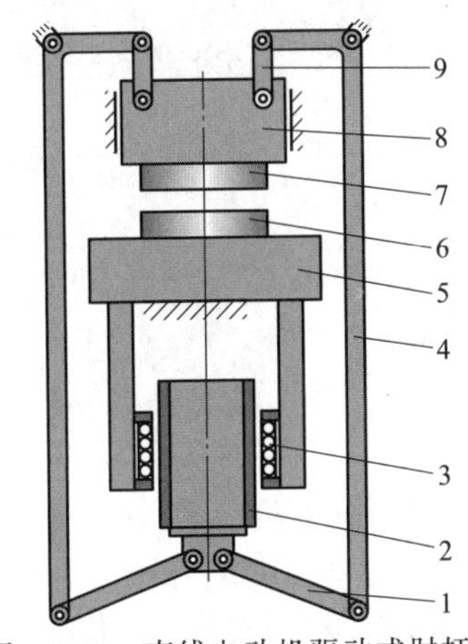

图 8-2-19　直线电动机驱动式肘杆-杠杆二次增力数控压力机

1—肘杆　2、3—直线伺服电动机次级　4—L 形杠杆　5—工作台器　6—下模　7—上模　8—滑块　9—连杆

2017 年，扬力集团在机床展览会上展出了 GM-315K 数控门式万能液压机，通过取消压力控制、速度控制等液压回路简化了液压传动系统，采用伺服电动机直接驱动液压泵，实现滑块运动的高精度控制，且滑块运动速度控制更加平稳，解决了传统液压机滑块运动过程中存在的振动、冲击等问题。采用伺服电动机直接驱动，系统噪声低、发热量小、工作效率高、重复定位精度高，不需要额外安装空调等设备进行液压系统冷却，能耗大大降低。液压机采用伺服电动机驱动液压泵、液压系统与液压缸，可以不再使用节流阀和溢流阀等，通过实时监测数字压力表和电动机转数、转速反馈值，实时数字化控制液压机运动和压力。可根据速度与位置预设值、压力表实时反馈值来控制电动机转数和转速，可实现对液压缸的无级调速和调压，实现液压系统由阀控向智能数控的转化。

2.4.3　伺服电直驱的关键科技问题

伺服电直驱（伺服电动机直接驱动）的关键科技问题包括：

1）不同机器的直接驱动或近直驱的动力学理论研究。

2）适合不同使用机器的高性能新原理的伺服电动机研发。

3）典型机器的伺服电动机直驱或近直驱的方案研究。

4）不同行业的标准化、系列化的直驱与近直驱的功能部件研发。

5）大功率伺服电动机用驱动器与控制器的研发。

6）大功率伺服电动机的储能方式与器件的研发。

7）伺服电动机与机械减速器合理匹配理论的研究。

8）伺服电动机与机械减速器、液压泵、气泵一体化产品的研发。

9）典型机器直驱与近直驱系统的能量与运动转换过程的计算机仿真软件研制。

10）典型工业行业或领域的整体直驱与近直驱技术的规划。

2.5　集成一体化

2.5.1　内涵与外延

集成一体化是基于全生命周期理念，在机器功能及其关键零部件结构两个层面进行机械、电气与软件的全面深度融合，实现机器的智能、高效、精密、低能耗的可靠运行。机器实现精准控制自执行，系统具备高可靠性，也就是系统安全执行各项决策，实时对设备状态、车间和生产线的计划自行做出优化、调整。

集成一体化是基于智能机器的三个基本要素，进行机械传动、液压传动、气压传动、电气传动各自内部零部件及其相互融合，研发出资源利用率高的环境友好的产品。

集成一体化有 6 个层次：①复杂与大型的高性能机械零件的整体化。②传动系统的零件一体化。③机器每个自由度的动力源与传动系统的一体化。④机器每个自由度的动力源与传动、工作机构的一体化。⑤智能作动器与全面传感器嵌入机械零部件的一体化。⑥智能材料、工艺与设备的一体化。

2.5.2　典型的集成一体化锻压设备

20 世纪 90 年代末期，美国国家宇航局（NASA）已经将自行研制的飞轮储能系统应用于低地球轨道卫星，飞轮储能系统同时具备电源和调姿调控功能。1998 年夏，美国进一步开展复合材料在飞轮储能系统的应用研究，并开始进入试制阶段。日本交通公害研究院对一款混合动力汽车采用蓄电池和超级电容组合储能方式，并对整车制动能量回收系统进行了仿真和台架实验研究。J. Hlaváč 和 M. Čechura 研讨了直驱式压力机的能量回收与储存方法。A. M. Gee，F. V. P. Robinson 和 R. W. Dunn 分析了电池、超级电容、飞轮等几种能量储存方式。H. Ibrahim，K. Belmokhtar 和 M. Ghandour 提出了一种利用压缩气体进行电能储存的技术。

图 8-2-20 所示的舒勒 Servoline 伺服冲压线采用伺服直接驱动技术，冲压线配备装载机、横杆机械手和尾线系统，可用于大规模批量生产和小批量生产，很好地解决了多品种生产问题。针对热冲压零部件的生产，舒勒提出并开发了一种高效热成形技术，该技术是实现汽车轻量化生产的关键技术之一。建立完善的售后服务 APP 系统，也是舒勒智能冲压车间的理念之一。据报道，舒勒的 Servoline 生产线目前在中国有 10 条，欧洲有 16 条。图 8-2-21 所示的舒勒横杆机器人 4.0 具备超强的灵活性，弥补了原机器人无法定义速度和运动曲线的弊端，极大提高了生产速度和产出率，是装载、卸料以及现有生产线改造的理想之选。

图 8-2-20　舒勒 SDT 伺服直驱冲压生产线

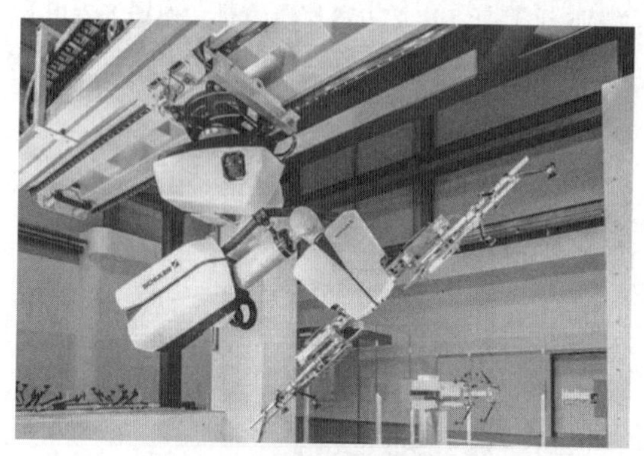

图 8-2-21　舒勒横杆机器人 4.0

德国舒乐公司研制的一种交流伺服直线电动机驱动的新型直线电动机锻锤，如图 8-2-22 所示，将动力源、传动系统与工作机构三者有机地集成复合在一起。利用交流伺服直线电动机取代传统的气缸或液压缸，将锤头直接与电动机动子相连，无中间传动机构。由于直线电动机取代了气缸或是液压缸，这也省去了较多的管路系统及各种密封零部件，大大降低了结构的复杂性，增强了系统的集成化。在一定程度降低了系统的故障率。由于电动机的运动和所通电流的大小、方向、相位有着直接关系，而现阶段，对于电流的控制系统已十分发达，所以相对于控制气压或是油压，控制电动机就显得方便很多。

图 8-2-22　德国舒乐公司研制的新型直线电动机锻锤

纪锋等人设计了由异步电动机、飞轮和双向变流器三大模块组成的直流并联型飞轮储能装置，以空间矢量脉宽调制技术为基础，提出了飞轮调节阶段和保持阶段的双模式双闭环控制策略，设计并研制了直流并联型飞轮电池用的控制器，通过负载试验验证了控制策略的可行性并进行了控制器参数优化等。余俊等人为自主研发的 2000 kN 曲柄连杆伺服压力机设计了一套电容储能系统。韦统振等人提出制动能量综合回收利用方法以及超级电容器储能单元储能量和充放电变流器功率优化设计方法。西安交通大学研究了压力机减速制动过程中能量储存的方式，并研制了外转子开关磁通永磁电动机和飞轮一体式储能系统。电子飞轮集成结构如图 8-2-23 所示，将电动机转子与飞轮集成一体。

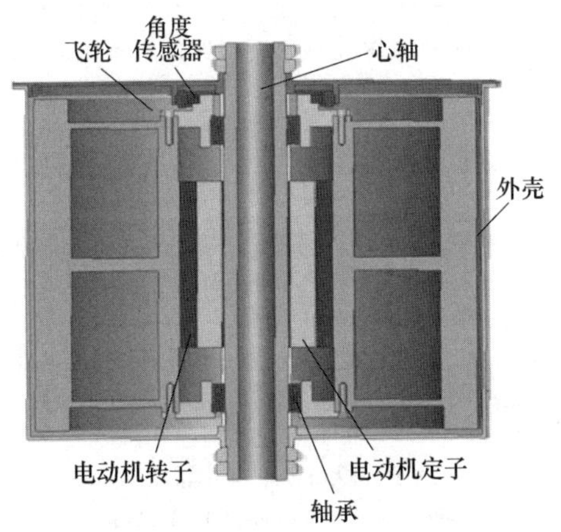

图 8-2-23　电子飞轮基本原理

图 8-2-24 所示为扬力集团自主研发的 HFP 2500t 热模锻压力机全自动生产线，高度集成了主电动机变频驱动、现代化智能控制等先进技术，产品稳定性好，可靠性和生产效率高。

图 8-2-24　热模锻压力机全自动生产线

赵国栋等人基于 Virtools 渲染引擎和 C++语言编写的可视化集成仿真引擎，开发了锻造液压机成套设备可视化集成平台，实现了对成套设备组成、基本运动、工艺过程和工作性能的可视化仿真。

2.5.3　集成一体化的关键科技问题

集成一体化的关键科技问题包括：

1）不同机器的集成一体化的动力学设计理论的研究。

2）适用类型机器的高性能新原理的交流伺服电动机的研发。

3）典型机器的一体化驱动与传动方案的研究。

4）不同行业的标准化、系列化、信息化与网络化的一体化功能部件的研发。

5）大功率伺服电动机用驱动器与智能控制器的研发。

6）大功率伺服电动机的储能方式与器件的研发。

7）伺服电动机与机械减速器合理匹配理论的研究。

8）伺服电动机与机械减速器、液压泵、气泵的一体化产品的研发。

9）典型机器集成一体化的能量与运动转换过程的计算机仿真软件的研制。

10）典型工业行业或领域智能机器的集成一体化的规划。

11）典型材料、工艺与设备一体化。

参考文献

[1]　杨帅. 工业 4.0 与工业互联网：比较、启示与应对策略 [J]. 当代财经，2015 (8)：99-107.

[2]　赵升吨，张鹏，范淑琴，等. 智能锻压设备及其实施途径的探讨 [J]. 锻压技术，2018，43 (7)：32-48.

[3]　陈超，赵升吨，崔敏超，等. 伺服式热模锻压力机关

键技术的探讨［J］. 机床与液压，2017，45（7）：158-161.

［4］ HLAVÁČ J，ČECHURA M. Direct drive of 25MN mechanical forging press［J］. Procedia Engineering，2015，100：1608-1615.

［5］ YONEDA T. Development of high precision digital servo press ZENFormer：Features of direct drive 4-axis parallel control system［J］. Journal of the Japan Society of Electrical-machining Engineers，2007，41：28-31.

［6］ OSAKADA K，MORI K，ALTAN T，et al. Mechanical servo press technology for metal forming［J］. CIRP Annals - Manufacturing Technology，2011，60（2）：651-672.

［7］ MITSANTISUK C，KATSURA S，OHISHI K. Force control of human-robot interaction using twin direct-drive motor system based on modal space design［J］. Industrial Electronics IEEE Transactions on，2010，57（4）：1383-1392.

［8］ ITOH M. Vibration suppression control for a twin-drive geared win on study on effects of model-based system：Simulation control integrated into the position control loop［C］//International Conference on Intelligent Mechatronics & Automation. Chengdu，2004.

［9］ OHBA Y，OHISHI K. A force-reflecting friction-free bilateral system based on a twin drive control system with torsional vibration suppression［J］. IEEJ Transactions on Industry Applications，2010，159（1）：72-79.

［10］ 贾先，赵升吨，范淑琴，等. 新型 200 kN 双电机螺旋副直驱式回转头压力机运动学和动力学研究［J］. 机械科学与技术，2017，36（8）：1205-1211.

［11］ 刘福才，张学莲，刘立伟. 多级电机传动系统同步控制理论与应用研究［J］. 控制工程，2002，9（4）：87-90.

［12］ 李耿轶，王宇融. 数控机床多轴同步控制方法［J］. 制造技术与机床，2000，454（5）：23-25.

［13］ BAI Y，GAO F，GUO W. Design of mechanical presses driven by multi-servomotor［J］. Journal of Mechanical Science and Technology，2011，25（9）：2323-2334.

［14］ HE J，GAO F，ZHANG D. Design and performance analysis of a novel parallel servo press with redundant actuation［J］. International Journal of Mechanics and Materials in Design，2014，10（2）：145-163.

［15］ KWON O S，CHOE S H，HEO H. A study on the dual-servo system using improved cross-coupling control method［C］// International Conference on Environment & Electrical Engineering. Rome，2011.

［16］ HSIEH W H，TSAI C H. On a novel press system with six links for precision deep drawing［J］. Mechanism & Machine Theory，2011，46（2）：239-252.

［17］ CHOI H J. A study on the optimization of a mechanical press drive［J］. Proceedings of the Institution of Mechanical Engineers Part B Journal of Engineering Manufacture，2004，218（2）：189-196.

［18］ 何予鹏，赵升吨，杨辉，等. 机械压力机低速锻冲机构的遗传算法优化设计［J］. 西安交通大学学报，2005，39（5）：490-493.

［19］ 王敏. 材料成形设备及自动化［M］. 北京：高等教育出版社，2010.

［20］ 陈超，赵升吨，崔敏超，等. 伺服式热模锻压力机关键技术的探讨［J］. 机床与液压，2017，45（7）：158-161.

［21］ 赵升吨，张志远，何予鹏，等. 机械压力机交流伺服电动机直接驱动方式合理性探讨［J］. 锻压装备与制造技术，2004，39（6）：19-23.

［22］ 王金娥. 一种新型的直线电机驱动肘杆-杠杆二次增力数控压力机［J］. 机床与液压，2015，43（22）：12-13.

［23］ MIYOSHI K. Current trends in free motion presses［C］//Proceedings of 3rd International Conference on Precision Forging. Nagoya，2004：69-74.

［24］ 袁金刚. 伺服压力机整机有限元分析与机身的结构优化［D］. 武汉：华中科技大学，2009.

［25］ 孙友松，周先辉，黄开胜，等. 交流伺服电机驱动——成形装备发展的新方向［J］. 锻压技术，2005，30（Z1）：1-6.

［26］ 吕言，周建国，阮澍. 最新伺服压力机的开发以及今后的动向［J］. 锻压装备与制造技术，2006，41（1）：11-14.

［27］ 丁雪生. 日本 AIDA 和山田 DOBBY 公司的直线电机压力机［J］. 世界制造技术与装备市场，1999，（3）：64-65.

［28］ 郑雄. 伺服压力机控制系统关键技术研究［D］. 武汉：华中科技大学，2012.

［29］ ITOH M. Vibration suppression control for a twin-drive geared win on study on effects of model-based system：Simulation control integrated into the position control loop［C］//International Conference on Intelligent Mechatronics & Automation. Chengdu，? 2004.

［30］ 张瑞，赵婷婷，罗功波. 伺服直驱型电动螺旋压力机的综合刚度分析［J］. 现代制造工程，2017，（2）：142-148.

［31］ 徐刚，崔瑞奇，王华. 我国金属成形（锻压）机床的现状与发展动向［J］. 锻压装备与制造技术，2017，52（3）：7-16.

［32］ 赵婷婷，田江涛，杨思一，等. 大重型锻压设备技术发展新动向［C］//中国机械工程学会年会暨甘肃省学术年会. 兰州，2008.

［33］ 赵升吨，张鹏，范淑琴，等. 智能锻压设备及其实施途径的探讨［J］. 锻压技术，2018，43（7）：32-48.

［34］ MCLALLIN K，FAUSZ J. Advanced energy storage for NASA and US AF-missions［R］. AFRL/NASN Flywheel Program，2000.

[35] KOIKE Y, FUJIKI N, ITO Y, et al. Development of an Electrically Driven Intelligent Brake System [J]. SAE International Journal of Passenger Cars - Mechanical Systems, 2011, 65 (1): 399-405.

[36] HLAVÁČ J, ČECHURA M. Direct drive of 25MN mechanical forging press [J]. Procedia Engineering, 2015, 100: 1608-1615.

[37] GEE A M, ROBINSON F V P, DUNN R W. Analysis of Battery Lifetime Extension in a Small-Scale Wind-Energy System Using Supercapacitors [J]. IEEE Transactions on Energy Conversion, 2013, 28 (1): 24-33.

[38] IBRAHIM H, BELMOKHTAR K, GHANDOUR M. Investigation of Usage of Compressed Air Energy Storage for Power Generation System Improving-Application in a Microgrid Integrating Wind Energy [J]. Energy Procedia, 2015, 73: 305-316.

[39] 纪锋，付立军，王公宝，等. 舰船综合电力系统飞轮储能控制器设计 [J]. 中国电机工程学报，2015，35 (12): 2952-2959.

[40] 余俊，张李超，史玉升，等. 伺服压力机电容储能系统设计与实验研究 [J]. 锻压技术，2014，39 (11): 47-52.

[41] 韦统振，吴理心，韩立博，等. 基于超级电容器储能的交直交变频驱动系统制动能量综合回收利用方法研究 [J]. 中国电机工程学报，2014，34 (24): 4076-4083.

[42] 赵升吨，梁锦涛，赵永强，等. 机械压力机伺服直驱式新型永磁电动机的设计与应用研究 [J]. 锻压技术，2014，39 (4): 59-66.

[43] 汤世松，仲太生，项余建，等. 热模锻压力机生产线控制系统的设计 [J]. 锻压装备与制造技术，2016，51 (2): 44-47.

[44] 赵国栋，王丽薇，刘振宇，等. 锻造液压机成套设备可视化集成平台开发 [J]. 锻压技术，2015，40 (6): 79-83.

第3章

典型智能机器及生产线

济南铸造锻压机械研究所有限公司　赵加蓉
西安交通大学　赵升吨　李靖祥　王永飞
合肥合锻智能制造股份有限公司　张海杰　严建文　李贵闪

3.1　汽车覆盖件生产线

汽车覆盖件主要是指覆盖汽车发动机、底部、驾驶室和车身的用金属薄板冲压成的表面零件和内部零件，一般都具有形状复杂、结构尺寸大、材料厚度相对较小、成形质量要求高等特点。汽车覆盖件冲压成形的基本工序有：落料、预弯、拉深、修边、冲孔、翻边、整形等。典型结构的汽车覆盖件一般需要4~6道工序，并可根据需要将一些工序合并，如落料拉深、修边冲孔、翻边整形等。

3.1.1　汽车覆盖件典型零件

图8-3-1所示为典型汽车覆盖件零件。汽车覆盖件零件的表面多为曲面，形状复杂多变，而且大多是覆盖在车的表面，任何微小的缺陷都会在涂漆后引起光线的漫反射而损坏外形的美观。因此覆盖件表面不允许有波纹、折皱、凹痕、擦伤、边缘拉痕和其他破坏表面美感的缺陷。覆盖件本身应有一定的强度和刚度，以保证车身设计的造型和线条要求。另外覆盖件的批量较大，因此互换性要好，组装时才能达到设计要求。

汽车覆盖件成形一般采用冲压生产线的方式进行生产。冲压生产线上的设备按工艺流程排布，即以双动压力机为首，3~5台单动压力机和其他辅助设备（上料、下料、传递等）共同组成。

a) 汽车外板零件

b) 汽车内板零件

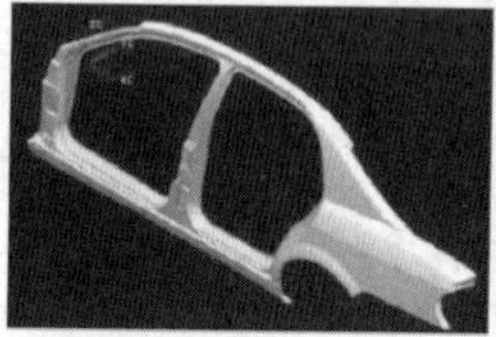

c) 整体侧围

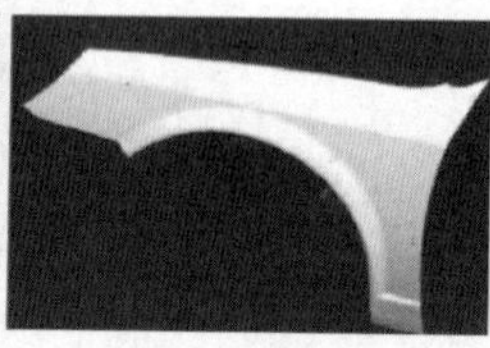

d) 翼子板(左右)

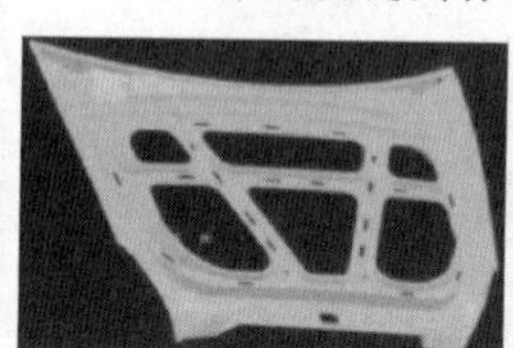

e) 机盖内板

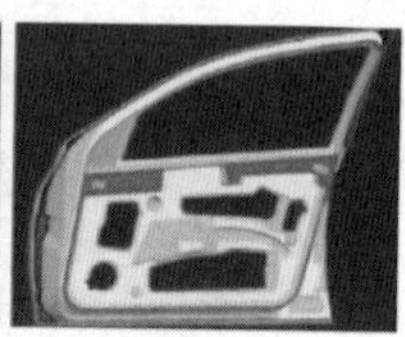

f) 前门内板

g) 行李箱外板

h) 行李箱内板

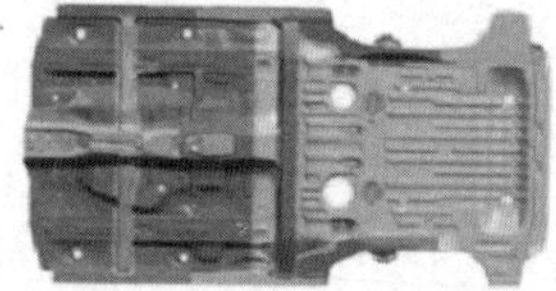

i) 底板

图8-3-1　典型汽车覆盖件零件

由于汽车覆盖件的特点和精度要求，因此对压力机生产线的加工柔性、加工精度可控性及效率都有很高的要求。随着能源消耗带来的世界环境的不断恶化，世界各国对节能环保要求日益提高。伺服压力机以柔性、高效、节能等极为显著的优势而得到广泛推广。20 世纪 90 年代时，伺服压力机的技术已基本成熟并得到广泛应用。

高速柔性伺服冲压生产线即根据工艺需求，由 4 ~5 台千吨级多连杆伺服压力机以及自动上料、自动送料、自动出料等装置组成的生产线，能够满足汽车覆盖件高效、柔性及绿色的生产要求。

3.1.2　典型设备

图 8-3-2 所示的双臂高速柔性冲压生产线是目前国产技术水平最高的柔性冲压生产线，由 1 台 2100~2400t 和 3~4 台 1000~1200t 多连杆伺服压力机以及自动上料、双臂送料装置、自动出料等部件组成。该生产线应用了伺服驱动、数控液压、同步控制等多项自主核心技术，与传统全自动冲压线相比，全伺服线生产节拍达到 18 次/min，效率提高 40%，压力机制造精度比现行国家标准提高了 20%；拆垛、送料、成形、码垛全部实现自动化，并能实现远程通信、故障诊断；集机、电、仪、计算机控制于一体，采用人机对话、自动调整、模具识别、联网过程监控等技术，通过编程将 50 多个动作或顺序、或并行、或交叉自动进行，自动实现全线模具更换的全部过程。自动换模时间仅 3 分钟，耗时是普通自动线的三分之一，生产柔性也更加优越，可实现“绿色、智能、融合”的全伺服高速冲压生产。该生产线是济南二机床集团有限公司为美国福特、上汽通用、一汽大众等汽车厂提供的汽车覆盖件冲压生产线，代表国内冲压生产线的最高水平。

双臂高速柔性冲压生产线的主要型号和技术参数见表 8-3-1。压力机滑块行程-速度-加速度曲线如图 8-3-3 所示。

另外，济南二机床集团有限公司还有单臂高速柔性冲压生产线（见图 8-3-4）及机器人冲压生产线（见图 8-3-5）。

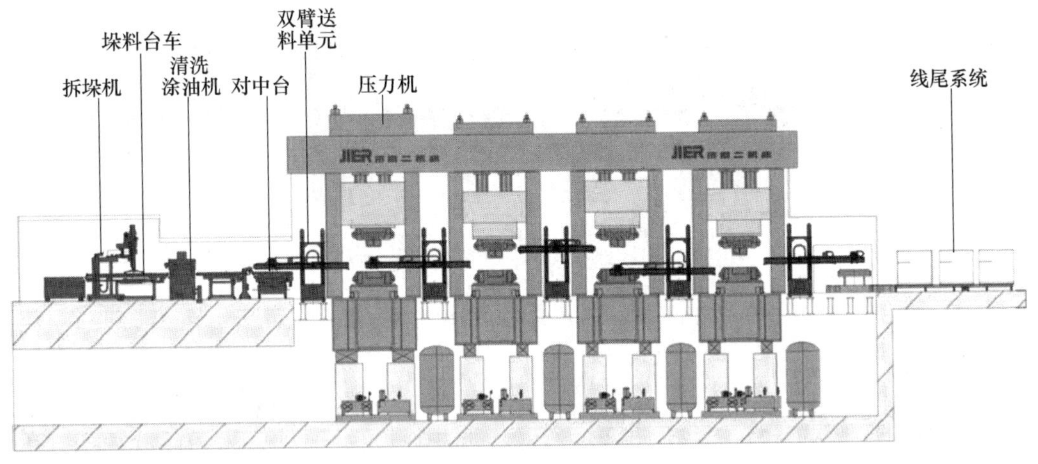

图 8-3-2　双臂高速柔性冲压生产线

表 8-3-1　双臂高速柔性冲压生产线的主要型号和技术参数

参数名称	型号										
	69000kN 冲压线		61000kN 冲压线			54000kN 冲压线		52500kN 冲压线		42000kN 冲压线	
	LS4-2100	LS4-1200	LS4-2500	LS4-1600	LS4-1000	LS4-2400	S4-1000	LS4-2250	S4-1000	LS4-1800	S4-800
	参数值										
数量/台	1	4	1	1	2	1	3	1	3	1	3
节拍/(次/min)	15~18		15~18			15~18		15~18		15~18	
行程/mm	1400	1350	1400	1350	1350	1400	1250	1400	1250	1400	1250
台面尺寸/mm（长×宽）	2400×4500	2200×4500	2500×4600	2500×4600	2500×4600	2500×4600	2500×4600	2500×4500	2500×4500	2400×3800	2400×3800
拉伸垫吨位/kN	4000	—	4500	—	—	4500	—	4500	—	4000	—
拉伸垫行程/mm	300	—	350	—	—	300	—	350	—	300	—

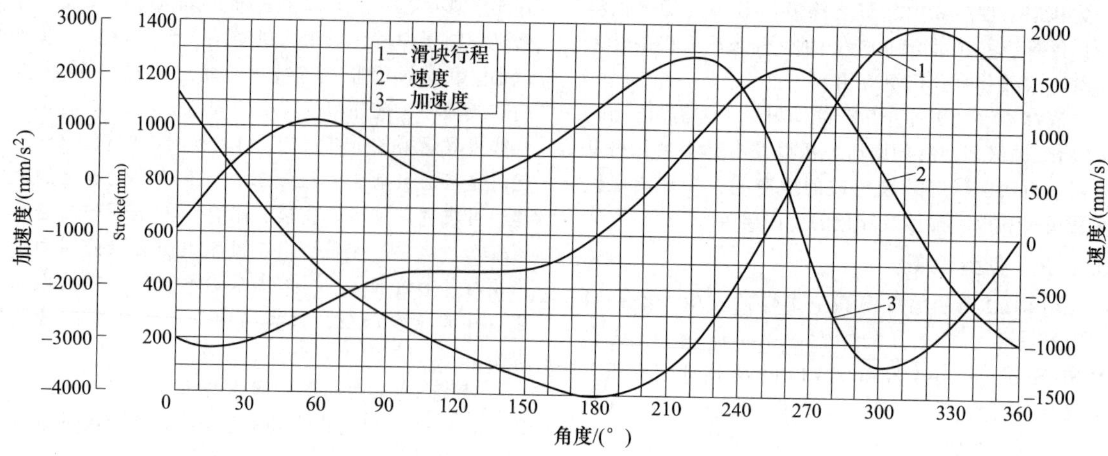

图 8-3-3　滑块行程-速度-加速度曲线（行程为 1400mm，节拍为 15 次/min）

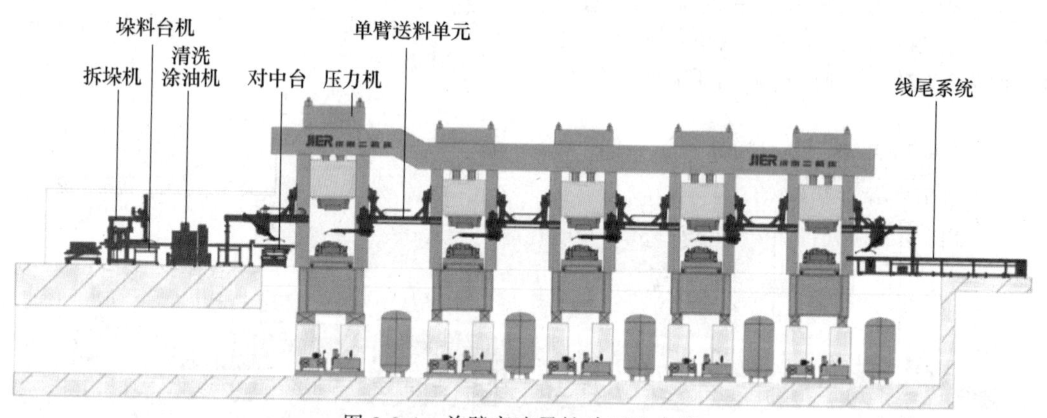

图 8-3-4　单臂高速柔性冲压生产线

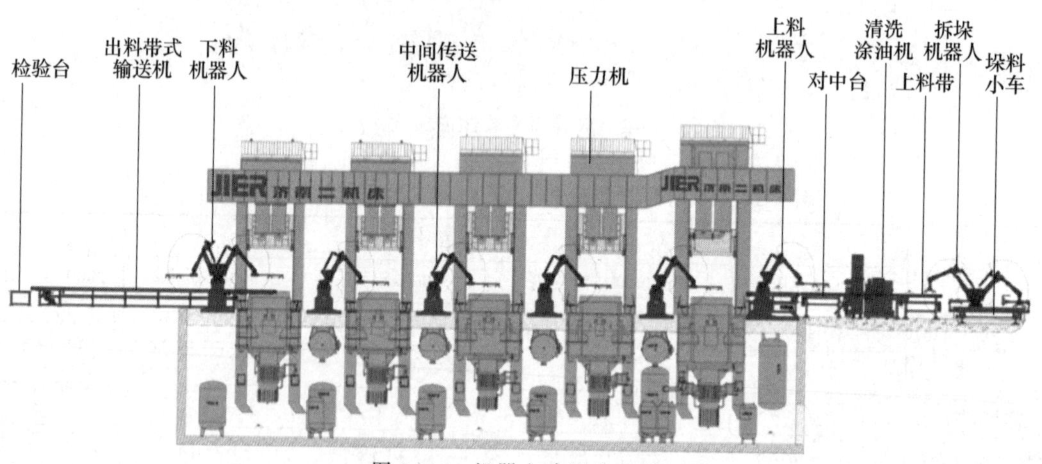

图 8-3-5　机器人冲压生产线

主要用户有美国福特汽车、上汽通用、一汽大众、上汽大众、东风日产、长安铃木、广州本田及奇瑞、比亚迪、长城、吉利、哈飞等自主品牌汽车企业，相关设备受到用户广泛好评。

国外同类产品厂家，如日本小松（KOMATSU）、会田（AIDA）、德国舒勒公司西班牙法格塞达（FAGOR ARRASATE）等，分别开发了各种不同形式的伺服驱动压力机。但目前德国舒勒公司的伺服冲压生产线水平最高，应用较广。

图 8-3-6 所示为德国舒勒公司的伺服冲压生产线，

图 8-3-6　德国舒勒公司的伺服冲压生产线

该冲压线采用伺服直驱技术，具有速度快、结构紧凑、生产灵活三大特点。自 2010 年首条冲压线投入运行以来，这些设备就服务于几乎所有知名制造商。中国以及德国等欧洲国家都在使用该冲压线进行生产。

凭借舒勒的料片装载机、横杆机械手以及尾线系统，该冲压线能够实现较高的产能与产品质量，同时缩短模具与端拾器的更换时间。这对于降低零部件的单件成本进而提高压力机的经济效益具有十分重要的意义。

为更好地满足零部件的尺寸以及其他具体要求，舒勒现提供两种采用伺服直驱技术但配置不同的冲压线：舒勒伺服冲压线 ServoLine L 与舒勒伺服冲压线 ServoLine XL。

舒勒公司的伺服冲压线 ServoLine 布置如图 8-3-7 所示。舒勒公司的伺服冲压线的型号和技术参数见表 8-3-2。

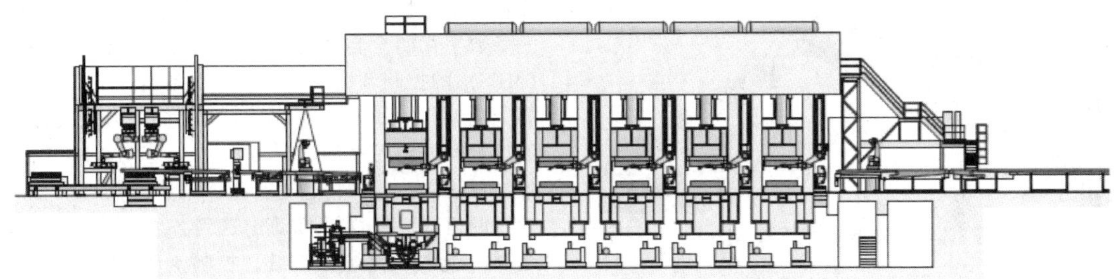

图 8-3-7　舒勒伺服冲压线 ServoLine 布置

表 8-3-2　设备型号和技术参数

参数名称	型号	
	ServoLine L	ServoLine XL
	参数值	
生产最大行程速率/(次/min)	23	18
压力机最大行程速率/(次/min)	28	22
压力机最小行程速率/(次/min)(使用最大冲压力)	3	3
驱动	SDT	SDT
第一台拉深压力机中主电动机数量/台	3	4
第二台压力机中主电动机数量/台	2	2(或 3)
电动机冷却系统	水冷	水冷
第一台拉深压力机的滑块行程/mm	1100	1300
第二台压力机的滑块行程/mm	1100	1300
第一台压力机的冲压力/kN	20000	25000(21000)
第二台压力机的冲压力/kN	14000	12000(18000)
最大夹持面/mm(长×宽)	3600×2000	4600×2500
模具型面/mm(长×宽)	4100×2100	5000×2600

3.2　汽车纵梁数字化生产线

3.2.1　汽车纵梁及纵梁工艺简介

汽车制造业是国民经济的重要支柱产业之一，汽车装备制造业的技术水平决定了汽车产品的技术水平和制造质量。随着汽车科技的发展和制造成本的不断降低，汽车市场的竞争日益激烈，汽车企业对先进装备的依赖程度越来越大，要求越来越高。目前，汽车制造业的需求正从大批量产品生产转向小批量、客户化单件产品的生产。为了在这样的市场环境中立于不败之地，必须从产品的时间、质量、成本、服务和环保等方面提高自身的竞争力，以快速响应市场频繁的变化。要求企业必须拥有由数控设备组成的自动化、柔性化生产线，满足现代汽车小批量的生产模式需求，提供快捷、优质的服务。

承载式车架作为卡车的基本部件，如图 8-3-8 所示，一般由若干纵梁和横梁组成，它将发动机和车身等总成连成一个有机的整体，经由悬挂装置、前桥、后桥支承在车轮上。车架承受着卡车各总成的质量和有效载荷，并承受卡车行驶时所产生的各种力和力矩，因此车架应具有足够的强度、刚度以保证车辆的使用寿命和安全性。高强度 U 形纵梁如图 8-3-9 所示，是制约车架总成质量和能力的瓶颈。作为车架的主要零件和关键零件，高强度 U 形纵梁本身的成形精度、孔位精度以及刚性、强度对车架的质量和性能都会有很大影响。从车架纵梁本身的特点可看出一根纵梁从原材料到成品需要经过成形、冲孔、切割、折弯等制造工艺才能实现。

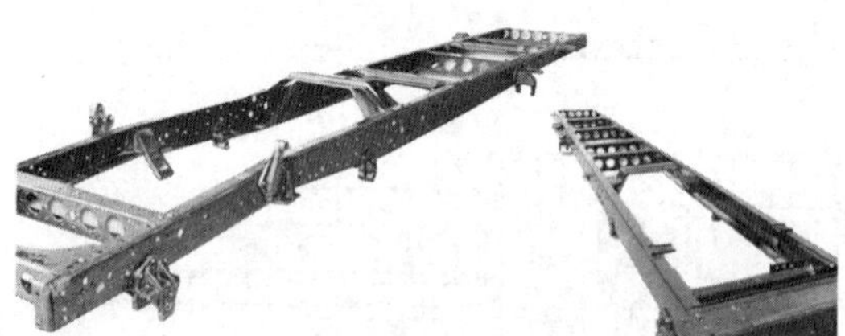

图 8-3-8　典型承载式车架

图 8-3-9　高强度 U 型纵梁

3.2.2　汽车纵梁数字化车间

1. 纵梁车间简介和主要技术参数

汽车车架对应于种类繁多的车型有很多变化，汽车企业面临的是一个瞬息多变的市场需求和激烈的国际化竞争环境，客户的需求正从大批量产品生产转向小批量、定制化单件产品的生产。要满足这种需求，必须从产品生产过程中的各个环节提高自身的竞争力，以快速响应市场频繁的变化。因此，车企已越来越不满足于单个自动化生产设备的应用，他们对车间的物流管理要求也越来越高，在享受单个自动化生产线带来快捷生产的便利的同时，希望实现原材料准备、设备分配、工件程序管理、产品质量检验和产品信息、客户信息管理等大量繁杂工作的数字化管理。

汽车纵梁柔性制造数字化车间采用国际上最先进的数控柔性辊压成形和纵梁腹面、翼面数控冲孔生产线新工艺，实现了重型、中型卡（客）车纵梁单件或小批量多种规格的车架纵梁的混流生产要求，将车架纵梁零部件制造水平提升到一个新高度。

车架纵梁柔性制造数字化车间就是通过自动化传输设备，将生产线上各工序主要生产设备连接成一条数字化的全自动生产线，在制造执行管理系统（MES）的控制调度下，自动实现各生产线生产计划的优化编制、计划下达、计划修改、零件工艺路线的设定、加工程序的选择等作业；生产线 MES 控制各物料输送执行机构，进行生产线物料的自动分配、跨线调运等，将物料自动输送到各生产设备；生产线 MES 通过网络通信系统，控制生产线各主加工设备，自动调用加工程序，对来料进行加工，实现生产线全自动连线生产，达到生产线无人或少人化作业的目的。

调查发现，通过实施数字化柔性制造能给企业带来的价值包括：

1）提高生产规划效率，降低工艺计划以及一般性的产品开发成本。

2）通过缩短工艺规划时间和从试制到量产的时间，加快新产品投放市场的速度。

3）依靠智能控制、数字化生产、实时检测保证产品精度，提高产品质量。

以济南铸造锻压机械研究所有限公司与一汽解放青岛汽车有限公司、西安交通大学联合开发的汽车纵梁柔性制造数字化车间项目，是采用数控化生产设备、物流设备和信息化管理系统，实现生产线上各主要设备的全自动化联线生产和集中监控，达到汽车纵梁生产的智能化、绿色化。整个车间根据工艺要求不同，实现订单自动生产。纵梁数字化生产线的主要技术参数见表 8-3-3，各工序节拍见表 8-3-4。

表 8-3-3　纵梁数字化生产线的主要技术参数

工件宽度/mm	工件长度/mm	工件翼面高度/mm	工件厚度/mm	工件重量/(kg/根)	折弯高度差/mm	工件传送状态	传送精度/mm(上料)	年纲领/万根
220~360	4000~12000	60~108	5~12	430~600	30~100	开口向下	±1(横向) ±10(纵向)	27.6

表 8-3-4　纵梁数字化生产线各工序节拍

工序名称	数控柔性辊型线	数控腹面冲孔	数控翼面冲孔	等离子切割机	液压矫正机	数控折弯机
设备数量/台	1	6	2	4	2	4
单台设备节拍	0~24m/min	4~7min/件	2~3 min/件	1~9 min/件	1 min/件	4.3 min/件

2. 纵梁数字化车间布局

一汽青岛纵梁数字化车间布局主要包括车间总体布局设计、加工设备布局、自动化传输设备布局三个子模块。首先，根据纵梁制造车间总体地理信息模型、面积、工厂规划纲要等数据，结合纵梁加工工艺要求采用按工艺布局的车间设施基本布局方法进行总体布局设计，这种布局方式适用于产品种类多、批量小并且具有类似生产工艺的情况，因此又称为机群布局或者是功能布局，是将功能一样或者相似的设备集中在一起，这样可以提高设备的利用率，减少设备的数量，提高设备和工作人员的柔性程度。在设备布局模块中，主要实现生产线设备的建模和摆放。根据纵梁加工工艺将设备分为辊压设备、腹面数控冲孔设备、翼面数控冲孔设备、激光切割设备、纵梁折弯设备、自动化传输设备等，以车间布局的结果作为参考，根据设备规划的要求，对加工设备的数字模型合理布局。

纵梁数字化车间如图 8-3-10 所示，包括 1 条数控柔性辊型线、2 台打码机、6 台数控腹面冲孔机、2 台数控翼面冲孔机、4 台机器人等离子切割机、2 台校直机、4 台纵梁腹面折弯机等生产设备和自动输送系统、高速辊道系统、上下料系统、智能识别系统、在线检测装置等，其中主要的生产线单元如图 8-3-11 所示。车间集成生产控制系统（MES）、网络通信系统、物料管理系统、物料输送执行机构、检测系统、信息显示与输出系统完成生产线计划管理、设备管理、品质管理，实现生产线生产计划的优化编制、计划下达、计划修改、零件工艺路线的设定、加工程序的选择等作业；生产线 MES 控制各物料输送执行机构，进行生产线物料的自动分配、跨线调运等，将物料自动输送到各生产设备，自动调用加工程序，对来料进行加工，实现生产线全自动连线生产，达到柔性化、智能化生产。

a) 纵梁数字化车间三维模型

b) 纵梁数字化车间现场

图 8-3-10　汽车纵梁数字化车间

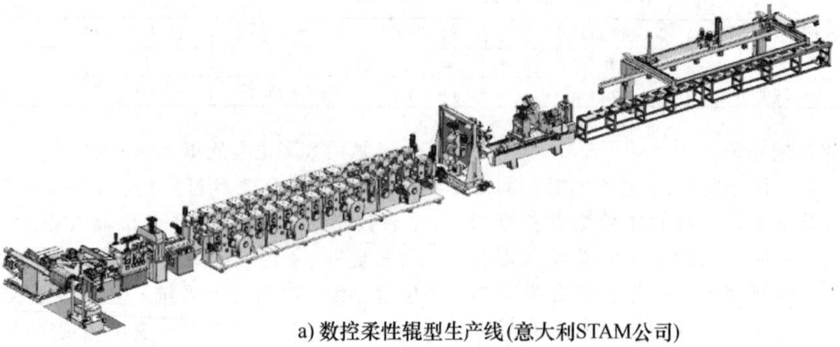

a) 数控柔性辊型生产线(意大利STAM公司)

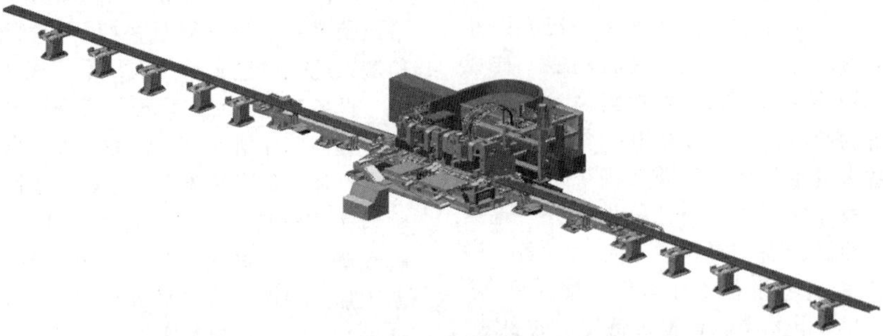

b) 数控腹面冲孔生产线(江苏金方圆数控机床有限公司)

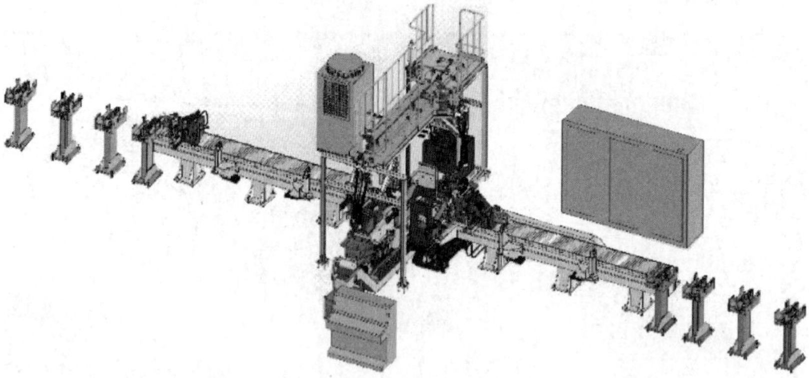

c) 数控翼面冲孔生产线(江苏金方圆数控机床有限公司)

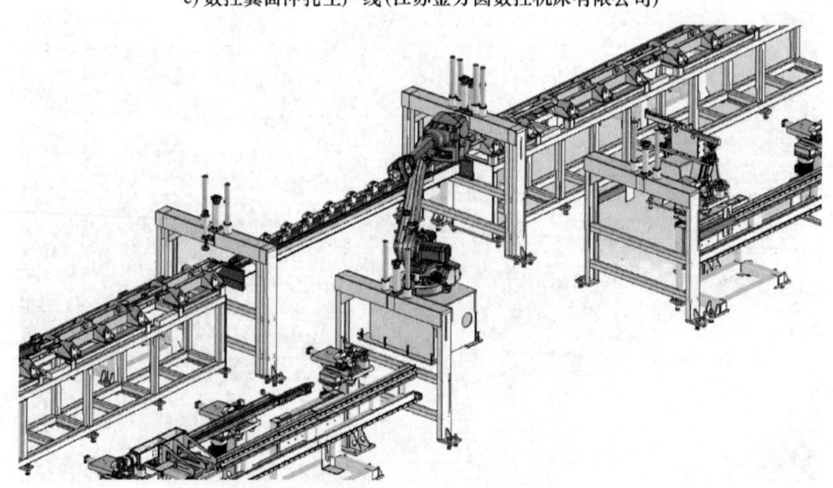

d) 机器人切割生产单元(山东法因数控机械股份有限公司)

图 8-3-11　纵梁数字化生产线的主要单元

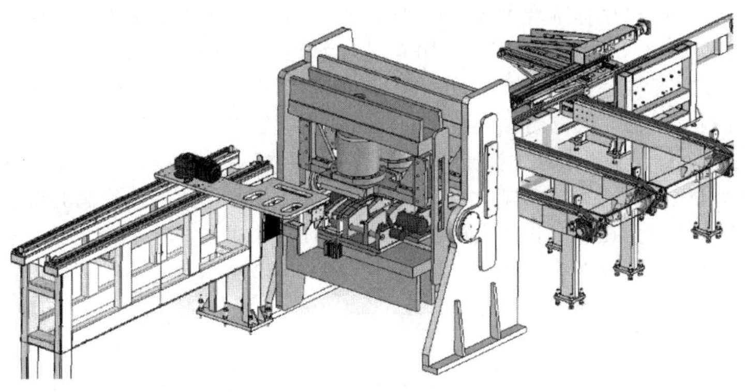

e) 纵梁腹面折弯生产单元(济南铸造锻压机械研究所有限公司)

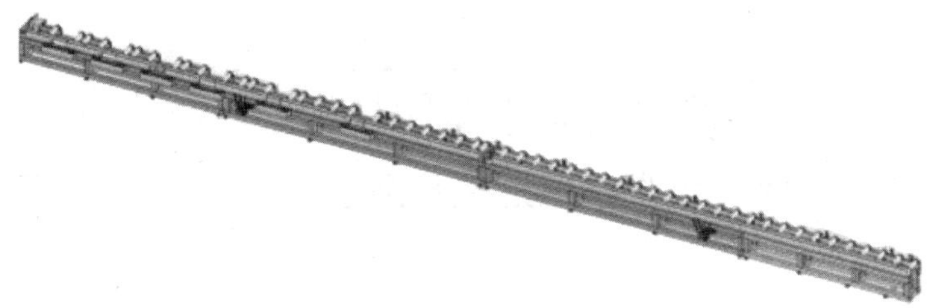

f) 高速辊道单元(济南铸造锻压机械研究所有限公司)

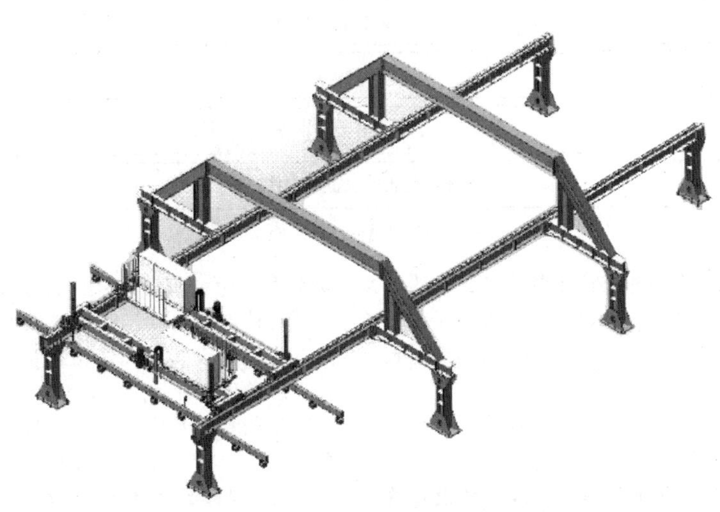

g) 无线伺服行吊单元

图 8-3-11　纵梁数字化生产线的主要单元（续）

3. 纵梁数字化车间特点

按照数字化车间的设计理念，采用先进的自动化、数字化、远程化和生产程序标准化技术，使用网络信息化平台，结合数据库、计算机网络、OPC技术、自动识别和专用组态等各种计算机软硬件技术手段，将上层的管理信息与底层的自动化设备进行有机的结合，对生产全过程实现信息化管理。

(1) 与 ERP 以及 FCS 高度集成　智能化设备管理和监控系统（MES）作为企业信息化建设的重要组成部分，起到承上启下、前后贯穿的作用，它通过收集生产过程中大量的实时数据，并对实时事件进行及时的反应和处理，来进行生产过程的优化管理，既接收生产实绩数据并反馈生产结果给上一层管理系统（ERP），又把上一层管理系统的生产指令下达到现场控制层（FCS）。上下连通现场控制设备与企业管理平台，实现数据的无缝连接与共享；前后贯通所有生产线，实现全过程的一体化产品质量跟踪、一体化计划与物流调度、一体化生产控制与管理，从而形成以 MES 为核心的企业信息系统，如图 8-3-12 所示。

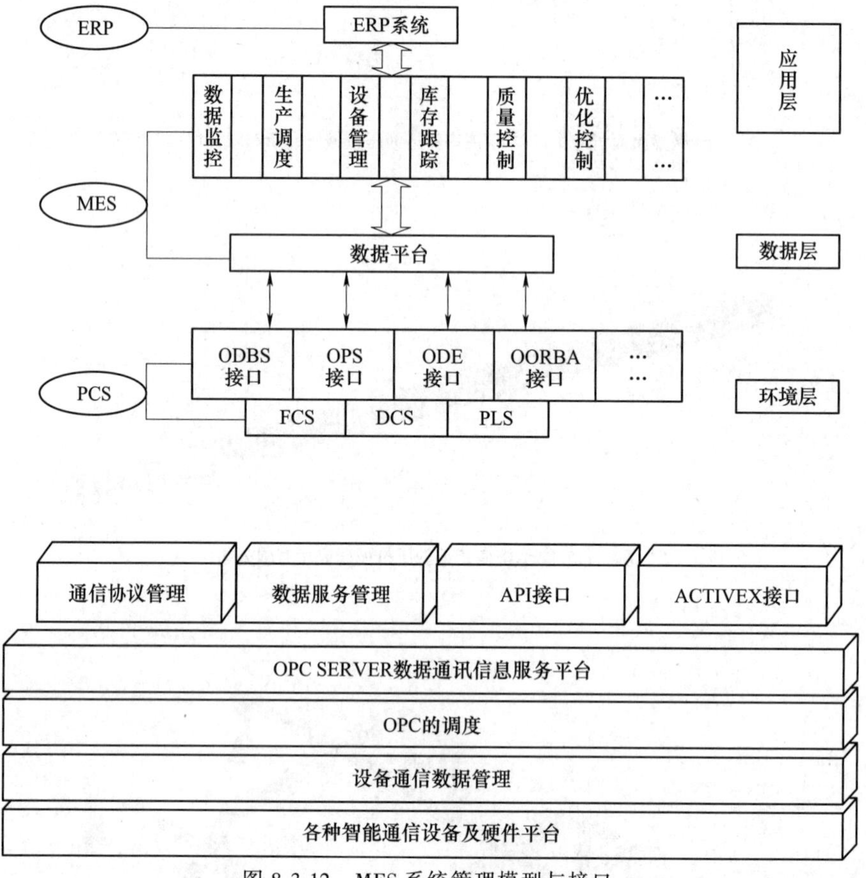

图 8-3-12　MES 系统管理模型与接口

车间智能化设备管理和监控系统（MES）的主要功能包括：进行生产线生产计划、工艺路线的编制、各在线生产设备加工程序的存储管理、选用、传输；对生产线生产状况、设备状况进行监控，并根据监控结果进行各支线生产力平衡计算，优化在线物料流转路线，控制程控行吊设备等执行机构进行物料调运，从而最大化地发挥生产线上各设备的产能，并降低操作人员工作强度和人员数量。

(2) 均衡化排产　生产均衡化是实现“适时、适量、适物”生产的前提条件。为了充分利用 6 台数控腹面冲孔机、2 台数控翼面冲孔机、4 台等离子切割机、2 台校直机、4 台折弯机的生产效率，提高车间总体加工速度，解决工位忙闲不均的矛盾，根据优先级、设备能力、均衡生产等方面对工序级、设备级的作业计划进行调度。

生产管理人员在 MES 上按工厂生产计划、工艺要求录入信息，MES 自动编制生成生产线的执行计划，并将辊型线生产出的产品（纵梁及加强梁），根据各生产线设备布局及分工，按工艺要求控制物料输送机构全自动分配给后续各生产设备进行加工生产，同时通过网络通信系统向各设备传输物料信息，供各生产设备自动调用加工程序完成加工；即建立一套柔性物流调度与管理系统，完成生产线生产计划及物料信息的录入、编辑、修改、删除作业，对在线生产设备状况进行监控，对在线物料根据生产线实时情况进行路线优化，进行随机跨线调度、吊运和存储作业，并对生产线上各设备控制系统通过网络输送加工物料的信息和加工指令，实现物料信息的实时传递、校验和柔性设备的程序自动调用，最大限度地利用各支线设备的生产能力，避免因某一工序生产时间过长或设备故障等原因，造成其他设备等待的现象，达到无人化或少人化生产的目的。同时可实时生成生产线及各设备的产量报表、设备状态报表等。

这种调度是基于有限能力的调度，并通过考虑生产中的交错、重叠和并行操作来准确地计算工序的开工时间、完工时间、准备时间、排队时间以及移动时间，确保在恰当的时间将恰当的物料送到恰当的设备上。工件加工的物流信息，如图 8-3-13 所示。

计划编制 | 计划审核 | 计划下发 | 计划调整 | 工件加工信息 | 工件基础信息 | 卷料型号 | 辊压材料信息 | 查询卷料库存 | 辊压线生产明细 | 生产线产量报表

条件选择

选择日期：2016/04/19　到　2016/04/19　查询

计划号	梁型号	计划数量	已生产数量	剩余数量	不合格数量	合格数量
201604190014	2801021DU400	1	1	0		
201604190020	2801032DY040	2	0	2		
201604190031	2801021DF301	1	0	1		
201604190037	2801021DF101	1	0	1		
201604190049	280122DY001S	6	0	6		
201604190007	2801021DY040	2	1	1		
201604190045	2801021DG014	2	0	2		
201604190011	2801021DL001	13	13	0		
201604190002	2801022DL035	4	4	0		
201604190005	280121DY030Q	5	3	2		
201604190009	280121DL001D	7	7	0		
201604190013	2801022DL001	20	20	0		
201604190015	2801022DU400	1	1	0		
201604190017	2801021DG071	11	11	0		
201604190021	280131DL001D	7	0	7		
201604190022	280132DL001D	7	0	7		
201604190026	2801032DG018	12	11	1		
201604190029	2801031DG071	13	13	0		
201604190032	2801022DF301	1	0	1		
201604190035	2801021DH102	15	0	15		

图 8-3-13　工件加工物流信息

（3）生产过程实时监控　对生产过程的实时监控是生产过程信息化的重要组成和体现，而车间生产所强调的过程分析、实时控制，又直接关系到制造过程的运行质量、产品的质量成本和所形成的最终产品质量，因此对生产过程中所涉及的物料、设备、工具、作业等的实时监控是数字化生产车间必须具备的功能。具体包括：

1）设备作业计划监控。实时显示生产计划的完成情况，包括已完成计划、正在执行计划、剩余生产计划、点检产品新加计划、报废产品抽离工序等信息。

2）物料分区库存监控。对于设备上料区、缓存区、点检区、报废产品在本区各位置的数量进行实时监控。

3）设备运行监控。实现对设备实际生产信息、设备状态记录、设备报警记录等信息进行监控。通过总控系统实时反馈设备的运转情况，以图形显示设备的运行情况并在设备出现故障时进行报警，便于管理人员和维修人员及时对故障进行处理。

系统中的物料管理模块对于各分区的物料缓存区、点检区、下料区、报废产品在本区各位置的数量和型号等信息进行实时监控。图 8-3-14 所示为纵梁生产线的生产实时监控系统界面。

（4）数字化物流跟踪和工件质量追溯　为跟踪物料在各个工序之间的流动情况，实现对物流信息的自动采集和标识，对物料的编码、标识、检测和控制是实现数字化车间的关键。本项目中物料的生产主要有辊型、腹面冲孔、翼面冲孔、切割、矫正、折弯等工艺过程，利用金属二维码技术，智能化设备管理和监控系统从辊压成形开始，利用标识系统为每件物料挂上金属条码，如图 8-3-15 所示，经过腹面冲孔、翼面冲孔、切割、矫正、折弯等工艺整个过程进行实时跟踪，通过采集点对金属二维码的扫描，反映物料制造的动态情况并进行调度控制，实现对物流情况的实时监控和跟踪，再由底层 PLC 把物料的加工过程实时反馈到 MES 系统中。在 MES 系统的工件追溯模块下存储着每个生产过的工件加工记录，每一条加工记录都会保存在 MES 系统的数据库中，当产品出现质量问题后，可根据工件上的物流码查询 MES 系统数据以实现产品的质量追溯，其中每个产品的加工记录可永久保存和存储，直至产品的整个生命周期结束。

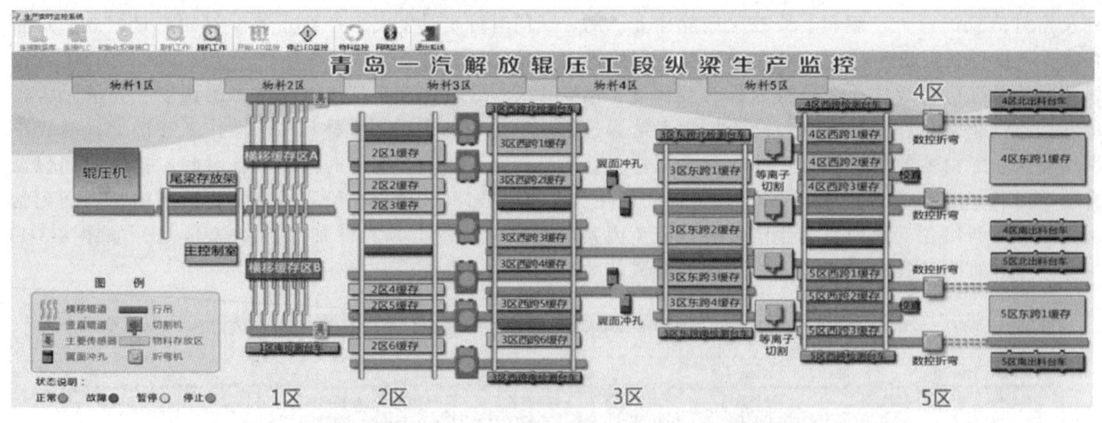

a) 车间总体监控界面

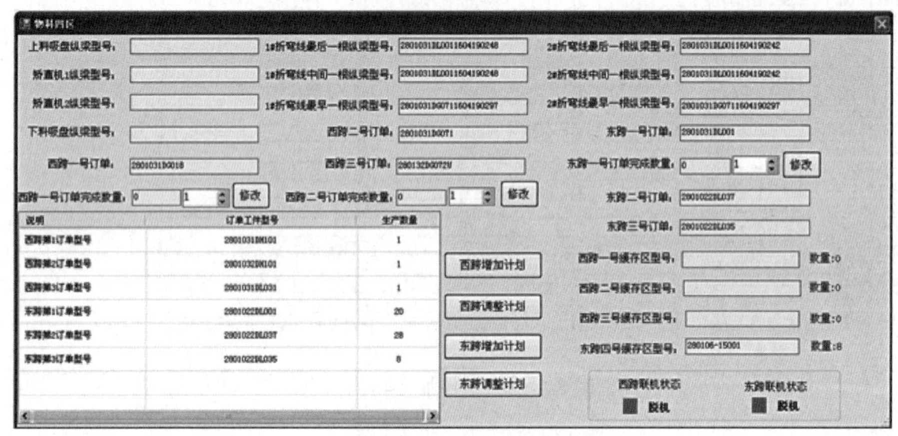

b) 物料区生产订单监控界面

图 8-3-14　纵梁生产实时监控系统界面

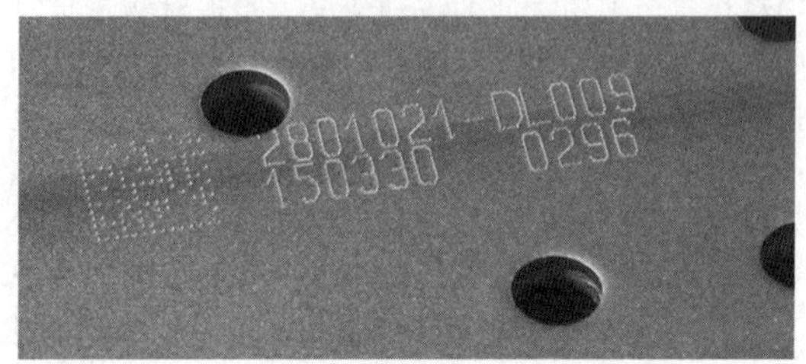

图 8-3-15　物料上含有加工信息的二维码和明码

（5）设备全生命周期健康检测及在线故障诊断　全生命周期的健康检测技术主要包括基于物联网的装备和产品智能信号采集与管理系统、装备全生命周期整机性能监测和运行可靠性监测以及远程健康状态预警、评估服务系统等。

基于互联网的汽车纵梁智能制造车间全生命周期健康检测和故障诊断远程服务平台，如图 8-3-16 所示。在济南铸锻所和西安交通大学的服务平台上建立汽车纵梁智能制造车间的运行状态数据库，通过对车间装备和纵梁产品加工过程数据的远程网络传输，检测和分析装备整机及整个车间的数据信息，通过与历史数据比对分析、健康评估专家系统分析等，评测和预报车间装备的健康状况，向用户推送综合分析结果；根据产品加工过程参数和成品信息，综合分析设备运行状况，向用户提供工艺优化建议等。

通过用户的实际运行，汽车纵梁数字化车间已经显示出很好的应用效果，主要是在人力资本、生产成本、生产效率及产品质量上得到较充分的体现。目前国内一汽、东风等主要商用车车架厂已有应用，相关纵梁配套生产厂家也在积极布局。综合实际应用效果，生产效率提升 121%，运营成本降低 26.8%，产品研制周期缩短 83%，产品不良品率降低 50%，能源利用率提高 39%。随着工艺技术的不断进步，相信数字化车间、智能化车间的应用会更加广泛。

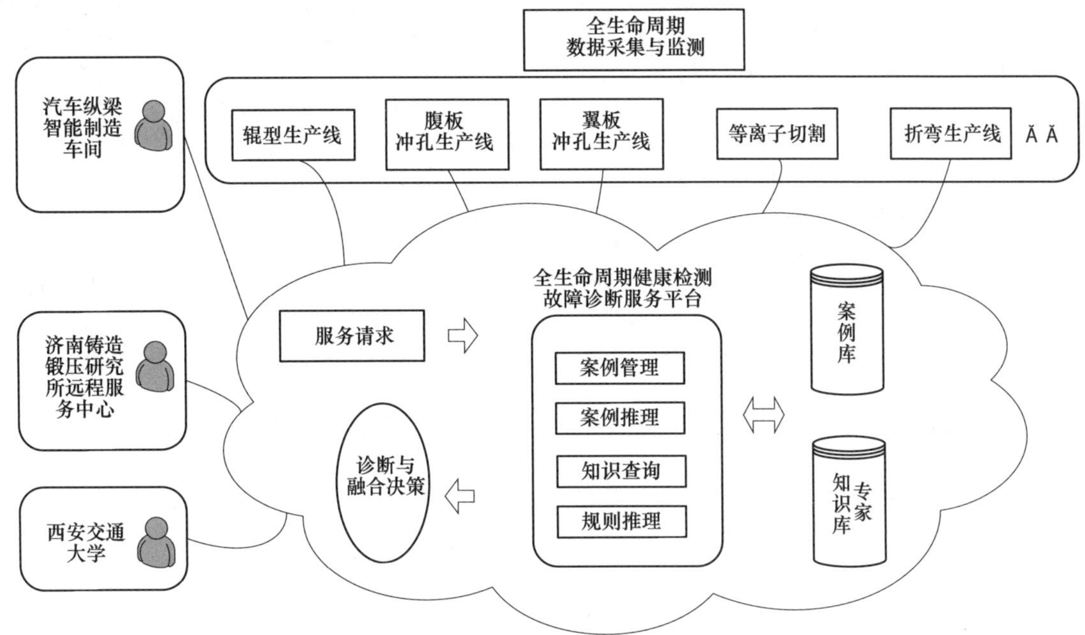

图 8-3-16　全生命周期健康检测和故障诊断远程服务平台

3.3　全自动高强度钢间接热成形生产线

3.3.1　概述

近年来，节能减排的标准在不断提高，在交通领域——特别是汽车行业，对节能减排最主要方法之一的轻量化，提出了更高的要求。广泛使用高强度钢板是目前实现汽车轻量化的最常用、也是可行性最高的途径，但是高强度钢板的成形加工是普通冲压技术无法实现的，特别是抗拉强度 1500MPa 以上的超高强度钢板，普通冲压工艺完全无法实现成形加工，只能采用热成形工艺。因此，目前热成形工艺在汽车行业应用最为广泛。图 8-3-17 所示为热成形制件在车身上的实际应用，深色零件为目前在市场上需求最多、汽车主机厂应用最广泛的热成形零件。

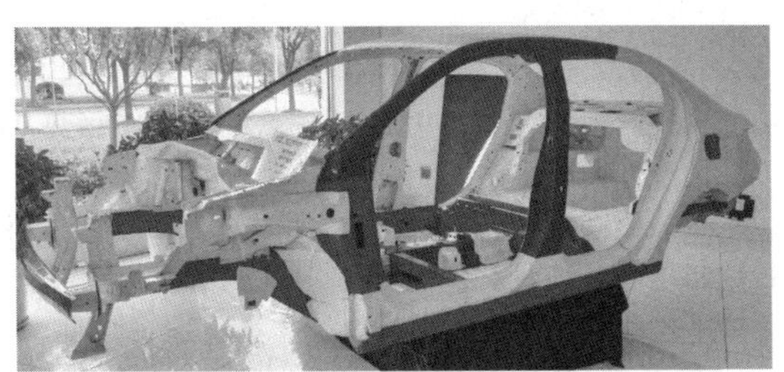

图 8-3-17　热成形制件在汽车车身上的应用

图 8-3-18 所示为实际投入量产化使用的典型箱式炉热成形生产线，该生产线由合肥合锻智能制造股份有限公司（简称：合锻智能）设计，使用两台 6 层箱式炉加热，搭配 7 轴机器人上下料，实际生产节拍根据不同的零件有所差异，大约在 2.5～3.5 次/min。图 8-3-19 所示为实际投入量产化使用的典

图 8-3-18　箱式炉热成形生产线

图 8-3-19　辊底炉热成形生产线

型辊底炉热成形生产线，该生产线同样由合锻智能设计，使用一台 32 米辊底炉加热，搭配 3 轴机械手，实际生产节拍根据不同的零件有所差异，大约在 3~4 次/min。

热成形工艺的本质是：将工件加热并保温至材料完全奥氏体化，然后送入特制的水冷模具中，在模具中按一定的速率冷却，使奥氏体组织转变为马氏体组织，从而使材料强度大幅度提高，并在冷却过程中利用模具的型腔对工件形状进行约束，消除淬火变形，保证成品具有良好的尺寸精度。

热成形工艺目前分两大类：直接热成形工艺和间接热成形工艺。直接热成形工艺出现较早，是目前使用比较广泛的热成形工艺；间接热成形工艺出现较迟，目前应用不多，但是其可加工的产品范围可以完全覆盖并超过直接热成形工艺，具有很高的发展潜力，未来有望完全取代直接热成形工艺。

直接热成形工艺的主要工艺流程如图 8-3-20 所示。直接热成形工艺完整过程为：开卷落料线（批量件）或激光切割机（实验件）完成落料、送入加热炉中加热至奥氏体化、送入压力机在模具内成形-淬火、激光切割机切边割孔、拼装焊接、防腐处理、清洗涂油。直接热成形工艺是目前使用较多的工艺。

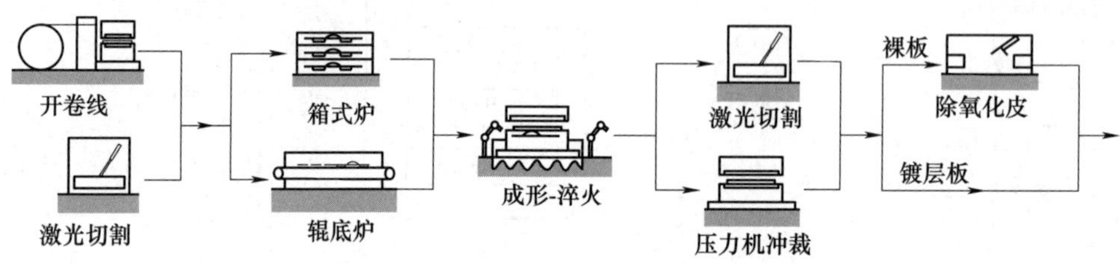

图 8-3-20　直接热成形工艺主要工艺流程

间接热成形工艺是近几年刚出现的最新热成形工艺，潜力极大，技术门槛高，目前行业内只有三家企业掌握间接热成形技术。间接热成形工艺的主要工艺流程如图 8-3-21 所示。间接热成形工艺完整过程为：①冷冲压线落料、预成形、切边冲孔。②送入加热炉加热至奥氏体化。③送入模具内保形-淬火。④清洗涂油。

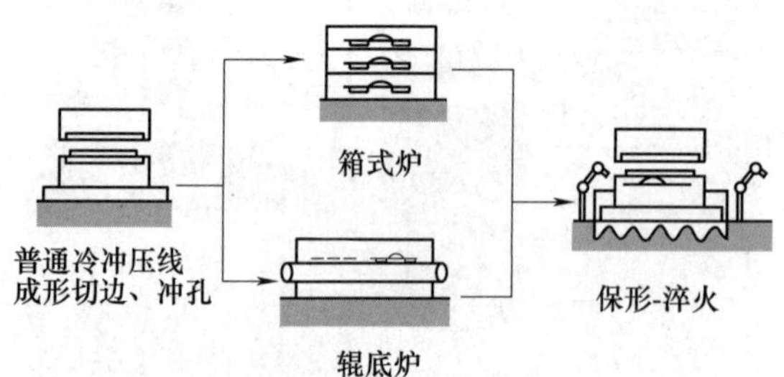

图 8-3-21　间接热成形主要工艺流程

间接热成形工艺的优势：

1）没有零件尺寸和形状限制，可以生产任意形状和任意拉深深度的零件，所有使用普通冷冲压工艺和直接热成形工艺生产的零件均可以使用间接热成形工艺生产。

2）在核心淬火环节中工件没有变形过程，模具应力分布均匀，工件与模具表面几乎没有相对运动，使得模具损耗很小，几乎不会损伤工件表面。

3）工件可以使用锌镀层板，只有间接热成形工艺不会导致镀锌层损伤。

4）工序较少：①落料工序和激光切割工序在预成形工序由冷冲压线一次完成，提高了生产效率，降低了产线建设投入。②取消焊接工序，较大零件如中通道、前围、门槛等可以整体加工，一次成形。③可选择性取消防腐工序，使用锌镀层板的零件无须再做防腐处理，只有裸板需要再次做镀锌等防腐处理。

5）可以较容易地控制不等强度板的成形过程，保证成品质量稳定性，实现不等强度板的批量生产。

3.3.2　间接热成形生产线

间接热成形生产线一般由以下设备构成：

1）冷冲压线。间接热成形生产线配套的预成形冲压线为通用型的冷冲压线，并非间接热成形工艺专用设备；一条冷冲压线即可完成落料、预成形、切边冲孔三道工序，无须专门的开卷落料线。冷冲压线进行的工艺流程为：落料/浅拉深、深拉深、切边/冲孔、整形。

2）自动化搬运系统。自动化搬运系统以机器人或机械手为核心，包含端拾器、对中装置等部件以及生产线总控系统。

3）热成形压力机。目前间接热成形压力机均为液压机，其他类型的压力机暂时无法满足间接热成形工艺特性的要求。

4）加热炉。间接热成形的加热炉目前也分为箱式炉和辊底炉两种，均采用辐射加热方式，间接热成形生产线的分类也是以加热炉种类进行分类。

5）水冷模具。间接热成形水冷模具的体积大，型面的形状复杂、起伏幅度大，设计和加工难度均高于其他类模具。

以上设备中除了冷冲压线为通用设备外，其余四类设备均为专用设备，同时这四类设备也是间接热成形生产线的核心设备。

间接热成形生产线是全自动、智能化的生产线。

生产线的所有设备均采用 PLC 控制，同时使用总线技术进行设备之间的相互通信，并有一台装载了总控系统的上位机对所有设备进行统筹调度，协调各设备间的工作状态，保障整条生产线的稳定、有序、可靠运行。生产线的所有工序和工件工序间转运环节均可实现无人干预的自动化生产，只有在线首装填原料和线尾取走成品时需要人工完成，中间过程可以全部自动完成。

生产线可以实现智能化生产：可以自动换模、换端拾器、换料架等；可以自动检测并排出中间工序产生的不合格件；可以记录每个工件在每个工序时对应设备的工作状态，实现每个工件的质量追溯。

1. 间接热成形生产线的分类

高强钢间接热成形生产线的分类也是以加热炉的类型进行分类，目前也分为两大类：箱式炉生产线和辊底炉生产线。

由合锻智能设计的箱式炉间接热成形生产线如图 8-3-22 所示。箱式炉生产线通常由以下部分组成：

1）单层或多层箱式加热炉。工件为成形件而非板料，每层炉膛的尺寸比直接热成形加热炉要大一些，加热炉的整体尺寸也更大。

2）以 6 轴或 7 轴机器人为核心的自动化系统。工件形状复杂且是三维体，自动化系统的端拾器、出/入炉机构和对中系统要复杂很多。

3）热成形压力机。间接热成形工艺可以做复杂、大型的深拉深件，压力机的吨位、台面、工艺动作等均有所不同，技术难度更高。

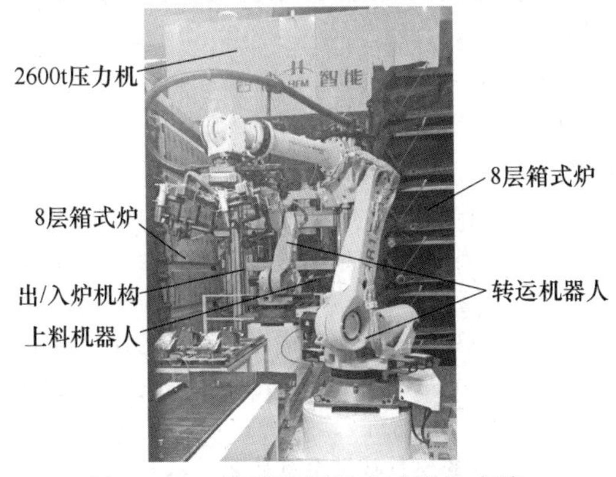

图 8-3-22　箱式炉间接热成形生产线

辊底炉间接热成形生产线如图 8-3-23 所示。辊底炉生产线通常由以下部分组成：

1）双层辊底式加热炉。工件为成形件而非板料，工件传送不能使用辊棒直接传送，需要使用专用料架，加热炉分两层，下层加热，上层用于料架返回线首。

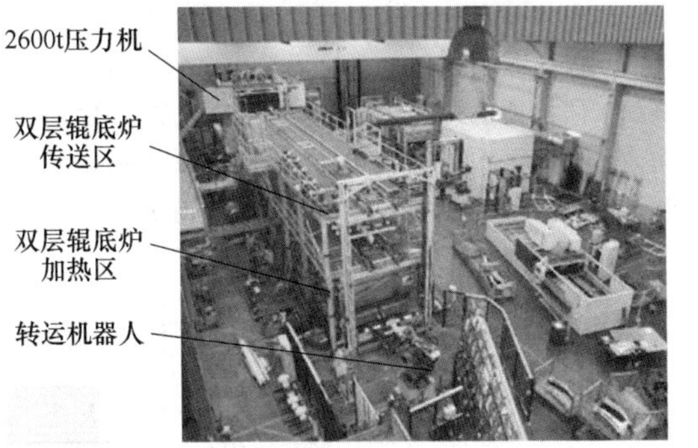

图 8-3-23　辊底炉间接热成形生产线

2）以单臂或双臂机械手为核心的自动化系统。工件形状复杂且是整体件，重量较大，需要高负重的快速机械手。

3）热成形压力机。压力机要求与箱式炉生产线相同。

2. 间接热成形生产线的特点

（1）工艺适应性好　工艺兼容性好，所有直接热成形生产线可以加工的零件均可以放在间接热成形生产线上加工；间接热成形零件尺寸不受限制，大型零件可以整体热成形，不用分段进行直接热成形加工后焊接；零件所用板材不受限制，裸板、铝硅镀层板、锌镀层板均可加工，其中锌镀层板只能用间接热成形加工。可以完全取代直接热成形生产线。

（2）工序更少，总成本更低　直接热成形工序从开卷落料开始至成品件出厂一共 6 道（镀层板）或 7 道（裸板）工序，而间接热成形工序从开卷落料开始至成品件出厂一共 3 道（锌镀层板）或 5 道（裸板）工序，总工序少 2～3 道，且由于淬火后的高硬度工件不用进行切边冲孔，因此生产效率更高、设备投入更少，因此间接热成形生产线的加工成本比直接热成形生产线更低。

（3）生产线核心设备技术难度高　因间接热成形的毛坯件均为成形件，所以生产线的各核心设备与直接热成形工艺有所区别。箱式炉的炉膛容积更大，热能计算更复杂；辊底炉需要双层往复式结构，机械结构更复杂；自动化机器人和机械手的端拾器结构和负重要求远高于直接热成形的设备，运动速度和运动稳定性的要求更高；压力机的尺寸、重量更大，工艺曲线实现难度高，大质量体的运动控制、惯性控制难度更高。

（4）占地面积大　相对直接热成形生产线来说，间接热成形生产线由于加热炉（箱式炉、辊底炉）尺寸更大；自动化搬运系统的机构多，单个机构的体积大；压力机的吨位、台面更大。因此间接热成形生产线的总占地面积要比直接热成形生产线更大、更高。例如，同样是箱式炉生产线，直接热成形生产线占地约 26m×15m，而间接热成形生产线占地约 46m×18m。

3.3.3　间接热成形生产线核心设备

间接热成形生产线的核心设备有：热成形压力机、自动化搬运系统、加热炉、水冷模具。行业内以压力机为主导，自动化搬运系统、加热炉等均由压力机厂家配套供应。图 8-3-24 所示为典型间接热成形箱式炉生产线的核心设备布置。

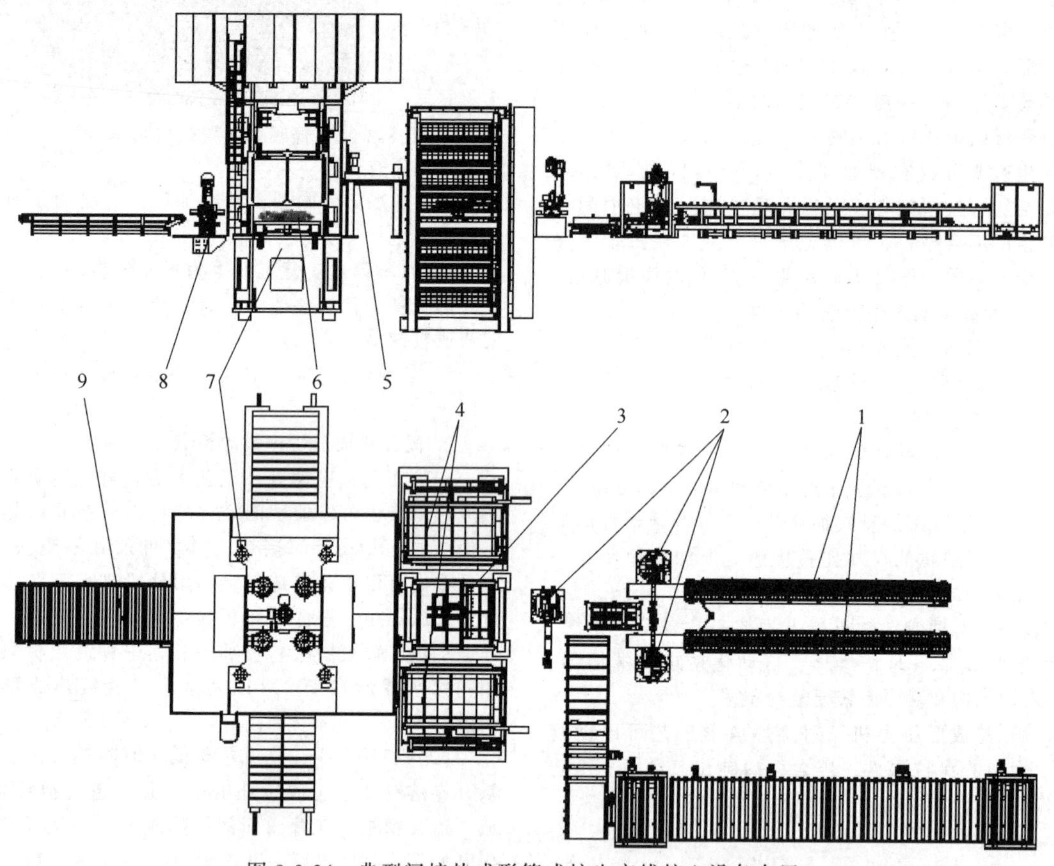

图 8-3-24　典型间接热成形箱式炉生产线核心设备布置

1—视觉对中系统　2—中转机器人　3—升降式出/入炉系统　4—箱式加热炉　5—上料机器人　6—水冷模具　7—间接热成形压力机　8—下料机器人　9—下料输送带

1. 热成形压力机

间接热成形压力机（见图 8-3-25、图 8-3-26）相较于直接热成形压力机有以下几个特点：

1）更快的合模速度。为减少工件的空冷热量损失，需要更快的合模速度。

2）更长的保压时间。更大的工件需要更长的保压时间来实现淬火和形状稳定。

3）更精确的板料温度检测系统。工件尺寸更大、形状更复杂，温度区更多，需要更精确的温度检测系统来保证工件温度场在合格范围内。

4）效率更高的冷却系统。更大的工件需要更高效的冷却系统来保证合模淬火效果。

5）滑块建压速度更快。间接热成形压力机的成形行程为零，没有压力渐变过程，需要在合模后的极短时间内将压力提升到最高，才能保证工件在合模淬火阶段有足够的合模力抵消剧增的内部应力，保证产品质量合格。

6）吨位更大。直接热成形压力机的使用吨位为 600~1100t，而间接热成形压力机的使用吨位为 1500~2500t。

7）较低的模具辅助系统要求。具备模具冷却水和辅助气路即可，一般不需要模具辅助油路。

8）不同的压力-行程特性曲线。间接热成形工作过程中的压力-行程特性曲线与直接热成形区别较大（见图 8-3-27），对速度和压力的敏感性更高，工艺曲线贴合的技术难度高。

图 8-3-25　典型 2600t 间接热成形压力机

图 8-3-26　合锻智能在某公司现场的间接热成形压力机

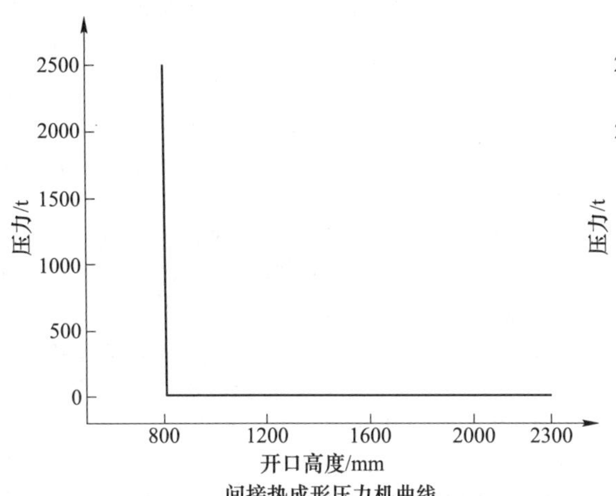

间接热成形压力机曲线

2500
2000
1500
1000
500
0
压力/t
800
1200
1600
2000
2300
开口高度/mm

直接热成形压力机曲线

图 8-3-27　间接热成形和直接热成形压力机的压力-行程特性曲线

2. 自动化搬运系统

间接热成形生产线的自动化搬运系统（见图 8-3-28）一般包含以下几个部件：拆垛输送线、视觉对中系统（见图 8-3-29）、转运机器人、中转台、出/入炉升降台，上料机械手、热成像系统、下料机械手、下料传送带、整线总控系统。

图 8-3-28　合锻智能的间接热成形生产线的自动化搬运系统

图 8-3-29　间接热成形生产线的视觉对中系统

与直接热成形生产线相比有以下区别：

1）采用人工拆垛而不是机器人拆垛。

2）打标工作在预成形工序完成，没有单独的打标系统。

3）对中系统采用视觉对中而不是机械对中。

4）工件入模温度检测采用精度更高的热成像系统而不是红外传感器。

3. 加热炉

间接热成形生产线目前所使用的加热炉加热方式仅有辐射加热一种，因为间接热成形工件形状的特殊性，其他加热方式很难应用在间接热成形工艺上，均未实际投入市场。

间接热成形目前主流的加热炉结构也分为箱式加热炉和辊底式加热炉两种。

间接热成形箱式炉与直接热成形箱式炉的结构基本相同，都是叠层型多层炉，如图 8-3-30 所示。间接热成形箱式炉每一层的炉膛尺寸和总体外形尺寸更大，内部有更多的温区，可以通过控制各温区的温度来满足不同零件的工艺需求；炉内的托料架采用矩阵式结构，通用性好，可以通过调整/更换定位销来满足不同形状零件的需求；考虑上料时间问题，炉体不是直接安装在地面，而是有一半在地下。箱式炉的工作过程：炉门打开、出/入炉升降台将冷件送入炉膛、炉门关闭加热、炉门打开、出/入炉升降台将热件取出。工件加热过程保持静止状态，炉门开口较大，炉内气氛和温度控制比较复杂。

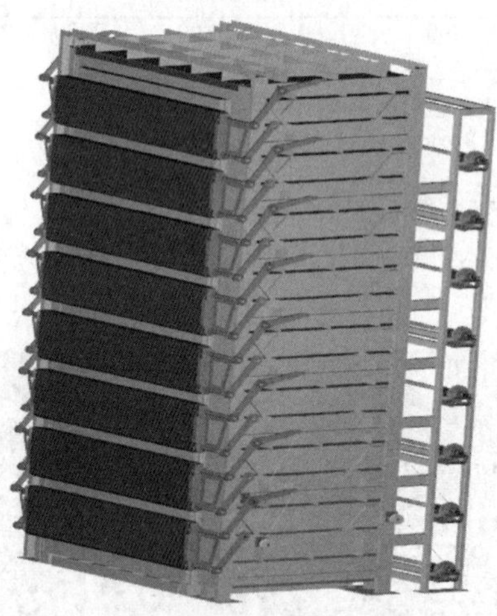

图 8-3-30　间接热成形 8 层箱式炉

图 8-3-31 所示的间接热成形辊底炉与直接热成形辊底炉结构不同，为双层结构，下层为封闭式加热层；上层为半开放式传送层，用于将炉内托料架送回线首。间接热成形辊底炉的加热层结构与直接热成形辊底炉相同，只是加热层炉膛更高、炉门开口更大，工件不能直接传送，需要放置在特制的炉内托料架上。其优点是工件不与加热炉的传送装置直接接触，没有炉辊损耗；炉内温度和气氛控制难度低。其缺点是每种零件都需要一整套托料架，且托料架因反复升温、降温的工作环境，对材料要求极高，成本难以控制；炉内托料架输送系统结构复杂，使用成本高。

图 8-3-31　间接热成形双层辊底炉

辊底炉工作过程：①工件放置在加热层入口等待的炉内托料架上。②托料架带工件一起进入加热层加热。③加热完成后，托料架带工件一起从加热层出口出来。④工件取走压制，托料架被出炉升降机构抬升至上层传送区。⑤托料架传送至线首。⑥托料架被出炉升降机构下降至加热层入口等待。

因为间接热成形工艺的特殊性，箱式炉生产线的节拍大约在 3～3.5 次/min，辊底炉生产线的节拍大约在 3～4 次/min，两者的效率并没有决定性的差距。

4. 水冷模具

热成形生产线广泛使用的水冷模具如图 8-3-32 所示。按模具结构分为三类：钻孔式结构、分层式结构、熔铸式结构。

1）钻孔式结构：以锻件为毛坯，加工型面，冷却水路采用钻孔工艺加工，只能加工直孔；易加工，便于维修更换，但是无法做到随形加工，冷却均匀性差；一般用于制造工件形状简单的模具；几乎不用于制造间接热成形水冷模具。

2）分层式结构：使用板材折弯、机械加工后拼装成形；随形性好，换热面积大，密封性好，但是设计复杂，对机械加工精度要求高；适用于模具损耗小的间接热成形产品以及生产不等强度件的模具，是间接热成形模具的主要发展方向。

3）熔铸式结构：以钢管弯曲焊接成冷却水路后埋入铸造模具浇铸成形，然后机械加工型面；冷却

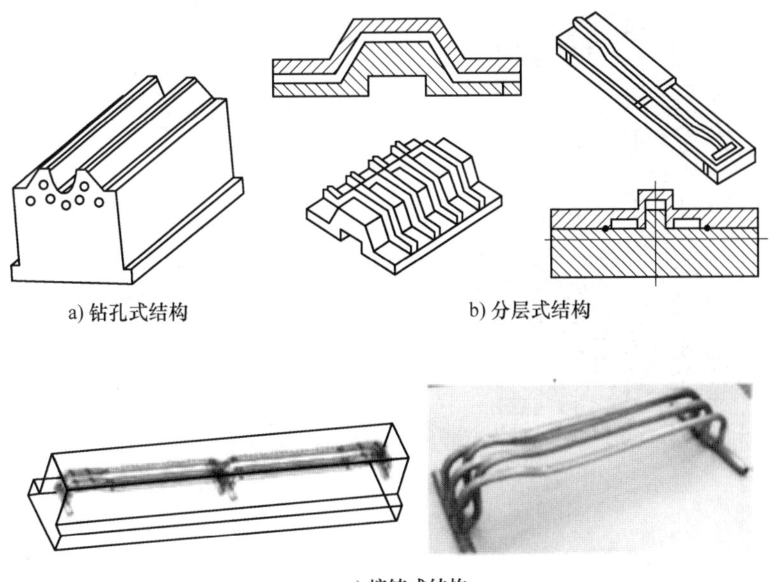
a) 钻孔式结构
b) 分层式结构
c) 熔铸式结构

图 8-3-32 热成形水冷模具结构种类

通道设计简单，随形性好，加工简单，但是模具强度较差，难以维修；适用于模具压力小、产品形状复杂的间接热成形工艺产品，是目前间接热成形模具的主流制造工艺。

3.3.4 典型公司的产品介绍

行业内目前有舒勒、APT、合锻智能三家企业供应间接热成形生产线。

图 8-3-33 所示为合锻智能供货的 2600t 间接热成形生产线。该生产线以 2600t 间接热成形液压机为主体，搭配两台 8 层箱式加热炉、视觉对中系统、3 台转运机器人、升降式出/入炉机构、1 台上料机器人、1 台下料机器人、下料输送带共同组成核心生产线。该生产线不包含前序预成形冷冲压线。

图 8-3-33 合锻智能供货的 2600t 间接热成形生产线

图 8-3-34 所示为舒勒公司供货的 2600t 间接热成形生产线。该生产线以 2600t 间接热成形液压机为主体，搭配 1 台双层辊底式加热炉、循环式上料输送线、1 台转运机器人、出/入炉升降机构、1 台上料机器人、1 台下料机器人、下料输送带共同组成核心生产线。该生产线不包含前序预成形冷冲压线。

图 8-3-34 舒勒公司供货的 2600t 间接热成形生产线

图 8-3-35 所示为 APT 公司供货的 2600t 间接热成形生产线。该生产线以 2600t 间接热成形液压机为主体，搭配 1 台双层辊底式加热炉、循环式上料输送线、1 台转运机器人、出/入炉升降机构、1 台上料机器人、1 台下料机器人、下料输送带共同组成核心生产线。该生产线不包含前序预成形冷冲压线。

图 8-3-35　APT 供货的 2600t 间接热成形生产线

参考文献

[1] 赵升吨. 高端锻压制造装备及其智能化 [M]. 北京: 机械工业出版社, 2019.

[2] 何春生, 柳玉起. 汽车纵梁数字网络集成化制造 [J]. 机械工程学报, 2010, 46 (20): 118-124.

[3] 赵升吨, 贾先. 智能制造及其核心信息设备的研究进展及趋势 [J]. 机械科学与技术, 2017, 36 (1): 1-16.

[4] 赵升吨, 张鹏, 范淑琴, 等. 智能锻压设备及其实施途径的探讨 [J]. 锻压技术, 2018, 43 (7): 32-48.

[5] 贡博. 重型卡车纵梁模具数字化设计与制造 [D]. 西安: 西安石油大学, 2012.

[6] 单利华, 刘晓晨, 王玉光. 汽车行业数字化车间技术探索 [J]. 汽车实用技术, 2017 (10): 117-119.

[7] 隋少春, 牟文平, 龚清洪, 等. 数字化车间及航空智能制造实践 [J]. 航空制造技术, 2017, 526 (7): 46-50.

[8] 郭敏杰, 曾珊琪. 基于 Dynaform 的汽车纵梁工艺分析及冲压数值模拟 [J]. 热加工工艺, 2011, 40 (5): 112-114.

[9] 周奎, 史旅华, 程耕国. Hough 变换在汽车纵梁漏孔检测中的应用 [J]. 湖北汽车工业学院学报, 2006, 20 (2): 38-40.

[10] 郑钢, 魏良庆. 高强度钢汽车纵梁的冲压成形模拟和回弹补偿 [J]. 锻压技术, 2016 (2): 64-67.

[11] 付三令. 汽车纵梁冲压工艺分析与改进 [J]. 模具工业, 2015, 41 (6): 37-42.

[12] 周丽丽, 赵新天, 迟志波, 等. 汽车纵梁数控生产线的检测装置 [J]. 锻压装备与制造技术, 2010, 45 (1): 61-63.

[13] 迟志波, 赵加蓉, 何梦辉. 国内汽车纵梁数控冲孔生产线的发展动向 [J]. 数控机床市场, 2009 (9): 51-56.

[14] 吕庆存. 数控冲孔生产线在汽车纵梁加工中的应用 [J]. 锻压装备与制造技术, 2011 (2): 23-25.

[15] 何丽娜. MASTEEL MPFMS 系列汽车纵梁平板和 U 形梁腹面数控复合冲孔柔性加工生产线 [J]. 金属加工 (冷加工), 2011 (11): 20-20.

[16] 张海杰, 严建文, 李贵闪. 全自动高强钢间接热成形生产线 (上) [J]. 锻造与冲压, 2020 (20): 63-67.

[17] 张海杰, 严建文, 李贵闪. 全自动高强钢间接热成形生产线 (下) [J]. 锻造与冲压, 2020 (22): 58-61.